Enke

Begründet von Hans-Hasso Frey und Wolfgang Löscher

Lehrbuch der Pharmakologie und Toxikologie für die Veterinärmedizin

Herausgegeben von
Wolfgang Löscher und Angelika Richter

Unter Mitarbeit von
Getu Abraham, Hermann Ammer, Marion Bankstahl, Wolfgang Bäumer, Ulrich Ebert, Heidrun Fink, Hans-Hasso Frey, Daniela Fux, Manuela Gernert, Joachim Geyer, Melanie Hamann, Andreas W. Herling, Walther Honscha, Manfred Kietzmann, Alan Kovacevic, Thomas A. Lutz, Meike Mevissen, Hanspeter Nägeli, Heidrun Potschka, André Rex, Chris Rundfeldt, Rudolf Scherkl, Veronika Sexl, Stephan Steuber, Jörg-Peter Voigt

4., vollständig überarbeitete Auflage

331 Abbildungen

Enke Verlag · Stuttgart

Bibliografische Information der Deutschen Nationalbibliothek
Die Deutsche Nationalbibliothek verzeichnet diese Publikation in der Deutschen Nationalbibliografie; detaillierte bibliografische Daten sind im Internet über http://dnb.d-nb.de abrufbar.

Ihre Meinung ist uns wichtig! Bitte schreiben Sie uns unter:
www.thieme.de/service/feedback.html

Rüdigerstraße 14
70469 Stuttgart
Deutschland

www.enke.de

Printed in Germany

1. Auflage 1996
2. Auflage 2002
3. Auflage 2010

Satz: L42 AG, Berlin
Druck: Aprinta Druck GmbH, Wemding
Zeichnungen: Fa. willscript Dr. Wilhelm Kuhn, Tübingen; BITmap, Mannheim; Angelika Brauner, Hohenpeißenberg; Christiane und Dr. Michael von Solodkoff, Neckargemünd
Umschlaggestaltung: Thieme Verlagsgruppe

DOI 10.1055/b-004-129 671

ISBN 978-3-13-219581-3 1 2 3 4 5 6

Auch erhältlich als E-Book:
eISBN (PDF) 978-3-13-219571-4
eISBN (epub) 978-3-13-219561-5

Wichtiger Hinweis: Wie jede Wissenschaft ist die Veterinärmedizin ständigen Entwicklungen unterworfen. Forschung und klinische Erfahrung erweitern unsere Erkenntnisse, insbesondere was Behandlung und medikamentöse Therapie anbelangt. Soweit in diesem Werk eine Dosierung oder eine Applikation erwähnt wird, darf der Leser zwar darauf vertrauen, dass Autoren, Herausgeber und Verlag große Sorgfalt darauf verwandt haben, dass diese Angabe **dem Wissensstand bei Fertigstellung des Werkes** entspricht.

Für Angaben über Dosierungsanweisungen und Applikationsformen kann vom Verlag jedoch keine Gewähr übernommen werden. **Jeder Benutzer ist angehalten**, durch sorgfältige Prüfung der Beipackzettel der verwendeten Präparate und gegebenenfalls nach Konsultation eines Spezialisten festzustellen, ob die dort gegebene Empfehlung für Dosierungen oder die Beachtung von Kontraindikationen gegenüber der Angabe in diesem Buch abweicht. Eine solche Prüfung ist besonders wichtig bei selten verwendeten Präparaten oder solchen, die neu auf den Markt gebracht worden sind. **Jede Dosierung oder Applikation erfolgt auf eigene Gefahr des Benutzers.** Autoren und Verlag appellieren an jeden Benutzer, ihm etwa auffallende Ungenauigkeiten dem Verlag mitzuteilen.

Vor der Anwendung bei Tieren, die der Lebensmittelgewinnung dienen, ist auf die in den einzelnen deutschsprachigen Ländern unterschiedlichen Zulassungen und Anwendungsbeschränkungen zu achten.

Geschützte Warennamen (Warenzeichen ®) werden nicht immer besonders kenntlich gemacht. Aus dem Fehlen eines solchen Hinweises kann also nicht geschlossen werden, dass es sich um einen freien Warennamen handelt.

Vorwort zur 4. Auflage

20 Jahre nach der 1. Auflage ist die jetzt vorliegende 4. Auflage komplett überarbeitet und teilweise neu konzipiert worden. Professor Hans-Hasso Frey, der dieses Buch einmal initiierte und die ersten drei Auflagen zusammen mit Professor Wolfgang Löscher (Hannover) herausgab, übergab dieses Lehrbuch für die Erarbeitung der 4. Auflage in dessen Hände und die von Frau Professor Angelika Richter (Leipzig).

Für die Neugestaltung der 4. Auflage wurden viele neue Autoren von tierärztlichen Bildungsstätten in Deutschland, der Schweiz und Österreich gewonnen, zum einen durch den Generationswechsel unter den bisherigen Autoren, zum anderen durch das Diktum, dass ein Lehrbuch von Autoren verfasst werden sollte, die aktiv in Lehre und Prüfung involviert sind. Aus diesem Grund erhielten viele Kapitel eine neue Diktion.

Bei der Zusammensetzung der Autoren gelang es erfreulicherweise Hochschullehrer aller 8 deutschsprachigen Bildungsstätten zur Mitarbeit an diesem Buch zu gewinnen. Dies erleichtert die Verwendung des Lehrbuchs als Grundlage für Lehre bzw. Prüfung in Pharmakologie und Toxikologie an allen tierärztlichen Bildungsstätten des deutschen Sprachgebiets. Das wird natürlich bis zu einem gewissen Grad eine Illusion bleiben, da der individuelle Hochschullehrer in seiner Gestaltung der Lehre frei bleibt. Etwaige Abweichungen des Lehrbuchs vom aktuellen Unterricht dürften aber Anlass zur Diskussion geben, und das kann dem Fach nur förderlich sein.

Neben der geänderten Autorenschaft bedingte der starke Wechsel innerhalb der tierärztlich zur Verfügung stehenden Arzneimittel eine intensive Überarbeitung des Lehrbuchs. Arzneimittel, die der Tierarzt noch vor einigen Jahren für unentbehrlich hielt, sind inzwischen aus den verschiedensten Gründen vom Markt genommen oder die Zulassung für Tiere ist erloschen. Sie sind durch neuentwickelte Arzneimittel mit teilweise neuem Wirkungsmechanismus ersetzt worden, und dieser Tatsache wurde in der neuen Auflage Rechnung getragen.

Dabei kann sich ein Lehrbuch für Studierende der Veterinärmedizin nicht nur auf spezifisch für Tiere zugelassene Arzneimittel beschränken. Besonders in der Kleintierpraxis werden neue Arzneimittel aus der Humanmedizin sehr häufig eingesetzt, und deshalb ist die Kenntnis tierartlicher Unterschiede, besonders der Pharmakokinetik, solcher Stoffe beim Tier unverzichtbar. Von der ersten Auflage war es das Ziel, mit diesem Buch dem angehenden Tierarzt eine kompetente Diskussion mit Ärzten und Apothekern unter den Tierbesitzern zu ermöglichen. Eine in die Tiefe gehende Besprechung der Arzneimittelwirkungen in einem Pharmakologielehrbuch ist hierfür eine gute Voraussetzung. Dies gilt auch für die Toxikologie, da Vergiftungen oft durch Medikamente oder Stoffe ausgelöst werden, die eben nicht für Tiere zugelassen oder gedacht waren. Insofern gibt dieses Buch auch den laufenden Fortschritt bei der Entwicklung humanmedizinischer Arzneimittel wieder, soweit dies für die Tiermedizin relevant ist.

Schließlich wurde das Layout des Buches komplett neugestaltet, um dem Studierenden das Erfassen und das Erlernen der Inhalte zu erleichtern. Die verschiedenen didaktischen Bestandteile des neuen Layouts werden auf einer Übersichtsseite direkt zu Beginn des Buches erläutert. Hierbei ist zu beachten, dass die „Fazitbox" keinesfalls das Lesen des Kapitels ersetzt, und natürlich die Inhalte einer Fazitbox allein bei Weitem nicht reichen, um Prüfungsfragen zum jeweiligen Kapitel ausreichend beantworten zu können.

Die Herausgeber danken dem Verlag für die gute Ausstattung des Buches und den Autoren für das Eingehen auf die Wünsche der Herausgeber und des Verlags. Wie bei den früheren Auflagen sind wir für Kritik und Anregungen aus dem Leserkreis dankbar und möchten uns für kritische Bemerkungen zur 3. Auflage sehr herzlich bedanken.

Hannover und Leipzig, im April 2016
Wolfgang Löscher und Angelika Richter

Abkürzungsverzeichnis

A

A *Adrenalin*

A *Angiotensin*

AC *Adenylatcyclase*

ACC *Acetylcystein*

ACE *angiotensin converting enzyme*

Ach *Acetylcholin*

AChE *Acetylcholinesterase*

ACTH *adrenocorticotropes Hormon*

ADH *antidiuretisches Hormon, Vasopressin*

ADI *Acceptable Daily Intake*

ADP *Adenosindiphosphot*

ALA *δ-Aminolävulinsäure*

ALT *Alanin-Aminotransferase*

AMG *Arzneimittelgesetz*

AMP *Adenosinmonophosphat*

AMPA *α-Amino-3-hydroxy-5-methylisoxazol-4-propionsäure*

AP *alkalische Phosphatase*

APC *antigenpräsentierende Zellen*

ASS *Acetylsalicylsäure*

AST *Aspartat-Aminotransferase*

AT *Antithrombin (früher AT-III = Antithrombin III)*

ATP *Adenosintriphosphat*

AV *Atrioventrikular*

AUC *area under the curve*

B

BE *base excess*

BHS *Blut-Hirn-Schranke*

C

cAMP *zyklisches Adenosinmonophosphat*

CG *Choriongonadotropine*

cGMP *zyklisches Guanosinmonophosphat*

ChemG *Chemikaliengesetz*

CoA *Coenzym A*

COMT *Catechol-O-Methyltransferase*

COPD *chronic obstructive pulmonary disease*

COX *Cyclooxygenase*

C_{max} *Spitzenkonzentration*

C_p *Plasmakonzentration*

CRBP *zelluläre Retinolbindungsproteine*

CRH *Corticotropin-releasing-Hormon*

CSF *colony-stimulating factor*

CTZ *Chemorezeptor-Triggerzone*

D

D *Dalton (Molekülmasse)*

D 1 *Dezimalverdünnung (Homöopathie)*

DA *Dopamin*

DAG *Diacylglycerol*

DCMP *dilatative Kardiomyopathie*

DDT *Dichlordiphenyltrichlorethan*

DNA *Desoxyribonucleinsäure*

DOPA *Dihydroxyphenylalanin*

DP *Prostanglandin-D-Rezeptor*

DPI *dry powder inhalers*

DVG *Deutsche Veterinärmedizinische Gesellschaft*

E

EC_{50} *Konzentration, die einen 50 %igen Effekt auslöst*

eCG *equines Choriongonadotropin*

ECL-Zellen *enterochromaffinen Zellen*

ED *effektive Dosis*

EDTA *Ethylendiamintetraacetat*

EGF *epidermal growth factor*

ELISA *enzyme-linked immunosorbent assay*

EP *Prostanglandin-E-Rezeptor*

EPM *equine protozytäre Myeloenzephalitis*

ESBL *Extended-Spectrum-β-Lactamasen*

ESP *ex-sekretorisches Protein*

EZR *Extrazellularraum*

EZV-D *extrazelluläres Volumendefizit*

F

FAD *Flavin-Adenin-Dinukleotid*

FDA *Food and Drug Administration*

FdUMP *5-Fluorodesoxyuridinmonophosphat (Zytostatikum)*

FeLV *felines Leukämievirus*

FIV *felines Immundefizienz-Virus*

FMN *Flavin-Mononukleotid*

FP *Prostaglandin-F-Rezeptor*

FSH *Follikel-stimulierendes Hormon*

FUTP *5-Fluorouridintriphosphat (Zytostatikum)*

G

G-Protein *Guaninnukleotid-bindendes Protein*

GABA *γ-aminobutyric acid, γ-Aminobuttersäure*

GDP *Guanosindiphosphat*

GH *growth hormone = Somatotropin, Wachstumshormon*

GHIH *growth hormone-inhibiting hormone*

GHRH *growth hormone-releasing hormone*

GIP *gastric inhibitory polypeptide = glucose-dependent insulinotropic polypeptide*

GLDH *Glutamatdehydrogenase*

GLP *glucagon-like peptide*

GLUT *Glucose-Transporter (Uniporter)*

GM-CSF *granulocyte-monocyte colony-stimulating factor*

GMP *Guanosinmonophosphat*

GnRH *gonadotropin-releasing hormone, Syn.:Gonadoliberin*

GSH *Glutathion*

GSSG *Glutathion-Disulfid*

γ-GT *γ-Glutamyltranspeptidase*

GTP *Guanosintriphosphat*

H

HAB *Homöopathisches Arzneibuch*

HDL *High-density-Lipoproteine*

HES *Hydroxyethylstärke*

H-Rezeptor *Histaminrezeptor*

Hsp90 *Hitzeschockprotein 90 kDa*

I

IGF *insulin-like growth factor, Somatomedin IH inhibiting hormone*

IL *Interleukin*

IFN *Interferon*

IP_3 *Inositol-1,4,5-trisphosphat*

IS *Isosorbid*

IUPHAR *International Union of Pharmacology*

J

JAK *Januskinase*

JHA *Juvenilhormonagonisten*

K

KIU *Kallikrein inhibitory units*

KG *Körpergewicht*

KM *Körpermasse*

L

LADA *latent autoimmune diabetes of the adults*

LD *letale Dosis*

LDH *Lactat-Dehydrogenase*

LDL *low density lipoproteins*

LH *luteinisierendes Hormon*

LM-Potenzen *Verdünnungsschritt von 1:50 000*

LSD *Lysergsäurediethylamid*

LT *Leukotrien*

M

MAC *minimale alveoläre Konzentration*

MAK *maximale Arbeitsplatzkonzentration*

MAO *Monoaminoxidase*

MDR *multidrug-resistance*

MDI *metered dose inhalers*

MG *Molekulargewicht*

MHK *minimale Hemmkonzentration*

MODY *maturity onset diabetes of the young*

M-Rezeptor *muskarinerger Rezeptor*

mRNA *messenger RNA*

MRP *multidrug-resistance-peptide*

MRSA *Methicillin-resistenter Staphylococcus aureus*

MTP *mikrosomales Triglyzerid-Transfer-Protein*

N

NAD *Nicotinamid-Adenin-Dinukleotid*

NADH *reduzierte Form von Nicotinamid-Adenin-Dinukcleotid*

NADP *Nicotinamid-Adenin-Dinukleotidphosphat*

NADPH *reduzierte Form von Nicotinamid-Adenin-Dinukleo tidphosphat*

NK *Neurokinin*

NMDA *N-Methyl-D-Aspartat*

NMH *niedermolekulare Heparine*

NNR *Nebennierenrinde*

NOAEL *no observed adverse effect level*

NOAK *neue orale Antikoagulanzien*

N-Rezeptor *nikotinerger Rezeptor*

NSAID *nichtsteroidale entzündungshemmende Stoffe, nonsteroidal anti-inflammatory drugs*

NYHA *New York Heart Association (veröffentlichte ein Schema zur Klassifikation von Herzkrankheiten)*

P

PA *Plasminogenaktivator*

PAA *partiell agonistische Aktivität*

PAF *platelet activating factor*

PAI *Plasminogenaktivator-Inhibitoren*

PARP *Poly(ADP-ribose)Polymerase*

PBP *Protein-bindenden Protein(e)*

PCB *polychlorierte Biphenyle*

PCR *polymerase-chain-reaction (Nachweisverfahren)*

PDE *Phosphodiesterase*

PG *Prostaglandin(e)*

PGI *Prostacyclin(e)*

PK *Proteinkinase (z. B. PKC, PKA)*

pK *Säurekonstante (pK_s, engl.: pK_a)*

PL *Phospholipase (z. B. PLA, PLC)*

PP *Plasmaprotein*

PVC *Polyvinylchlorid*

Q

QAV *quartäre Ammoniumverbindungen*

R

RAO *Recurrent Airway Obstruction*

RAR *retinoic acid receptor, Retinsäure-Rezeptor*

RARE *Retinsäure-Response-Elemente*

RAS *Renin-Angiotensin-System*

RBP *Retinol-Bindungsprotein*

RH *releasing hormone*

RNA *Ribonucleinsäure*

RNAi *RNA-Interferenz*

RXR *Retinsäure-X-Rezeptor*

S

SGLT *sodium-dependent glucose transporter, Na^+-abhängiger Glucosetransporter (Niere)*

SID *strong ion difference*

siRNA *small interfering RNA*

SSRI *selektive Serotonin-Rückaufnahme-Inhibitoren*

ST *Somatotropin = GH, growth hormone, Wachstumshormon*

STAT *signal transducer and activator of transcription*

SVCT *sodium-dependent vitamin C transporter, Na^+-abhängiger Vitamin-C-Transporter*

T

T_3 *Trijodthyronin (Schilddrüsenhormon)*

T_4 *Tetrajodthyronin, Syn.:Thyroxin (Schilddrüsenhormon)*

TAP *Trypsinaktivierungspeptid*

TBG *Thyroxin-bindendes Globulin*

TCCD *2,3,7,8-Tetrachlordibenzo-p-dioxin*

TD *toxische Dosis*

TDI *tolerable daily intake*

TF *tissue factor*

TFPI *tissue factor pathway inhibitor*

TGF-β *transforming growth factor β*

Th-Zellen *Helfer-T-Zellen*

TIVA *totale intravenöse Anästhesie*

TNF *Tumor-Nekrose-Faktor*

t-PA *tissue plasminogen activator*

TPH *Tryptophanhydroxylase*

Treg *regulatorische T-Zellen*

TRH *thyreotropin-releasing hormone*

TSH *Thyreoidea-stimulierendes Hormon, Syn.:Thyreotropin*

TX *Thromboxan(e)*

V

V_d *scheinbares Verteilungsvolumen*

VDR *Vitamin-D-Rezeptor*

VIP *vasoactive intestinal polypeptide*

VLDL *very low density lipoproteins*

W

WHO *World Health Organisation*

Z

ZNS *Zentralnervensystem*

Inhaltsverzeichnis

Allgemeine Pharmakologie

Spezielle Pharmakologie

Besondere Therapierichtungen

Anschriften

Herausgeber

Univ.-Prof. Dr. med. vet. Wolfgang **Löscher**
Stiftung Tierärztliche Hochschule Hannover
Institut für Pharmakologie, Toxikologie und Pharmazie
Bünteweg 17
30559 Hannover
Deutschland

Univ.-Prof. Dr. med. vet. Angelika **Richter**
Universität Leipzig
Veterinärmedizinische Fakultät
Institut für Pharmakologie, Pharmazie und Toxikologie
An den Tierkliniken 15
04103 Leipzig
Deutschland

Autoren

Prof. Dr. med. vet. Getu **Abraham**
Universität Leipzig
Veterinärmedizinische Fakultät
Institut für Pharmakologie, Pharmazie und Toxikologie
An den Tierkliniken 15
04103 Leipzig
Deutschland

Univ.-Prof. Dr. med. vet. Hermann **Ammer**
Ludwig-Maximillians-Universität München
Tierärztliche Fakultät
Institut für Pharmakologie und Toxikologie
Königinstr. 16
80539 München
Deutschland

Prof. Dr. med. vet. Marion **Bankstahl**
Stiftung Tierärztliche Hochschule Hannover
Institut für Pharmakologie, Toxikologie und Pharmazie
Bünteweg 17
30559 Hannover
Deutschland

Prof. Dr. med. vet. Wolfgang **Bäumer**
North Carolina State University
College of Veterinary Medicine
Department of Molecular Biomedical Sciences
1060 William Moore Drive
27607 Raleigh, NC
U.S.A.

Prof. Dr. rer. nat. Ulrich **Ebert**
Boehringer Ingelheim Pharma GmbH & Co. KG
Birkendorfer Str. 65
88400 Biberach
Deutschland

Univ.-Prof. Dr. med. Heidrun **Fink**
Freie Universität Berlin
Fachbereich Veterinärmedizin
Institut für Pharmakologie und Toxikologie
Koserstr. 20
14195 Berlin
Deutschland

Prof. Dr. med. vet. (emer.) Hans-Hasso **Frey**
Ziegeleiweg 16
23730 Neustadt/Holstein
Deutschland

Prof. Dr. med. vet. Daniela **Fux**
Veterinärmedizinische Universität Wien
Abteilung für Klinische Pharmakologie
Veterinärplatz 1
1210 Wien
Österreich

Prof. Dr. rer. nat. Manuela **Gernert**
Stiftung Tierärztliche Hochschule Hannover
Institut für Pharmakologie, Toxikologie und Pharmazie
Bünteweg 17
30559 Hannover
Deutschland

Univ.-Prof. Dr. oec. troph. Joachim **Geyer**
Justus-Liebig-Universität Gießen
Fachbereich Veterinärmedizin
Institut für Pharmakologie und Toxikologie
Schubertstraße 81
35392 Gießen
Deutschland

Univ.-Prof. Dr. med. vet. Melanie **Hamann**
Justus-Liebig-Universität Gießen
Fachbereich Veterinärmedizin
Institut für Pharmakologie und Toxikologie
Schubertstraße 81
35392 Gießen
Deutschland

Prof. Dr. med. vet. Andreas W. **Herling**
Justus-Liebig-Universität Gießen
Fachbereich Veterinärmedizin
Institut für Pharmakologie und Toxikologie
Schubertstraße 81
35392 Gießen
Deutschland

Univ.-Prof. Dr. rer. nat. Walther **Honscha**
Universität Leipzig
Veterinärmedizinische Fakultät
Institut für Pharmakologie, Pharmazie und Toxikologie
An den Tierkliniken 15
04103 Leipzig
Deutschland

Univ.-Prof. Dr. med. vet. Manfred **Kietzmann**
Stiftung Tierärztliche Hochschule Hannover
Institut für Pharmakologie, Toxikologie und Pharmazie
Bünteweg 17
30559 Hannover
Deutschland

Dr. med. vet. Alan **Kovacevic**,
Dipl. ECVIM-CA/cardiology
Universität Bern
Vetsuisse-Fakultät
Dept. für klinische Veterinärmedizin
Länggassstrasse 128
27607 Bern
Schweiz

Univ.-Prof. Dr. med. vet. Thomas A. **Lutz**
Universität Zürich
Vetsuisse-Fakultät
Institut für Veterinärphysiologie
Winterthurerstrasse 260
8057 Zürich
Schweiz

Univ.-Prof. Dr. med. vet. Meike **Mevissen**
Universität Bern
Vetsuisse-Fakultät
Veterinär-Pharmakologie und Toxikologie
Länggassstr. 124
3012 Bern
Schweiz

Univ.-Prof. Dr. med. vet. Hanspeter **Nägeli**
Universität Zürich
Vetsuisse-Fakultät
Institut für Veterinärpharmakologie und -toxikologie
Winterthurerstrasse 260
8057 Zürich
Schweiz

Univ.-Prof. Dr. med. vet. Heidrun **Potschka**
Ludwig-Maximilians-Universität München
Lehrstuhl für Pharmakologie, Toxikologie und Pharmazie
Königinstr. 16
80539 München
Deutschland

PD Dr. med. vet. André **Rex**
Charité - Universitätsmedizin Berlin
Universitätsklinik für Neurologie
Abt. Experimentelle Neurologie
Charitéplatz 1
10117 Berlin
Deutschland

PD Dr. med. vet. Chris **Rundfeldt**
Drug Consulting Network
Melanchthonstr. 11
01640 Coswig
Deutschland

PD Dr. med. vet. Rudolf **Scherkl**
Freie Universität Berlin
Fachbereich Veterinärmedizin
Attilastr. 150
12105 Berlin
Deutschland

Univ.-Prof. Dr. med. Veronika **Sexl**
Veterinärmedizinische Universität Wien
Institut für Pharmakologie und Toxikologie
Veterinärplatz 1
1210 Wien
Österreich

Dr. med. vet. Stephan **Steuber**,
Dipl. EVPC
Bundesamt für Verbraucherschutz und Lebensmittelsicherheit (BVL)
Federal Office for Consumer Protection and Food Safety Referat 303
Mauerstr. 39-42
10117 Berlin
Deutschland

Prof. Dr. rer. nat. Jörg-Peter **Voigt**
University of Nottingham
School of Veterinary Medicine and Science
College Road
LE12 5RD Loughborough
Großbritannien

Autorenvorstellung

Herausgeber

Univ.-Prof. Dr. med. vet. Wolfgang Löscher

Wolfgang Löscher ist Professor and Direktor des Instituts für Pharmakologie, Toxikologie und Pharmazie der Tierärztlichen Hochschule Hannover sowie Sprecher des Zentrums für Systemische Neurowissenschaften (ZSN) in Hannover. Löscher studierte an der Freien Universität (FU) Berlin Veterinärmedizin. Er promovierte 1975 mit einer pharmakologischen Arbeit und verbrachte seine Postdoc-Zeit im pharmakologischen Institut des Fachbereichs Veterinärmedizin der FU Berlin, einer pharmazeutischen Firma (Leo) in Dänemark und den National Institutes of Health (NIH) der USA. Löscher habilitierte sich 1981 für Pharmakologie an der FU Berlin, wurde 1985 zum außerplanmäßigen Professor ernannt, und ging 1986 zur Firma Schering in Berlin. 1987 wurde er zum Universitätsprofessor (C 4) und Leiter des Instituts für Pharmakologie, Toxikologie und Pharmazie der Tierärztlichen Hochschule Hannover berufen. Löscher's Forschungsschwerpunkt liegt im Bereich der Epilepsieforschung. Löscher hat über 450 Originalarbeiten und zahlreiche Übersichtsarbeiten publiziert. Er ist Autor bzw. Herausgeber mehrerer Lehrbücher, Mitgründer und langjähriger Herausgeber der Zeitschrift „Epilepsy Research", sowie Mitglied der Editorial Boards bzw. Gutachter für mehr als 40 Zeitschriften. Er hat für seine Forschung zahlreiche internationale Preise erhalten und ist Mitglied in 12 nationalen und internationalen Wissenschaftsgesellschaften.

Univ.-Prof. Dr. med. vet. Angelika Richter

Angelika Richter ist Professorin und Direktorin des Instituts für Pharmakologie, Pharmazie und Toxikologie der Veterinärmedizinischen Fakultät, Universität Leipzig. Nach einer pharmazeutischen Ausbildung studierte sie an der Freien Universität (FU) Berlin Veterinärmedizin und war als Tierärztin von 1989–2002 am Institut für Pharmakologie, Toxikologie und Pharmazie der Tierärztlichen Hochschule Hannover tätig. Sie promovierte 1990 und habilitierte sich 1998 für Pharmakologie und Toxikologie. Von 2002–2012 war Angelika Richter als Professorin (C 3) am pharmakologischen Institut, FB Veterinärmedizin der FU Berlin tätig. Seit April 2012 leitet sie das Leipziger Institut (W3). Ihre Forschungsschwerpunkte liegen im Bereich der Neuropharmakologie, in dem sie für wissenschaftliche Arbeiten auf dem Gebiet der Bewegungsstörungen Forschungspreise erhielt. Ein weiterer Arbeitsschwerpunkt liegt in der klinischen Pharmakologie. Angelika Richter ist Autorin von rund 150 Publikationen in Zeitschriften sowie von vielen Kapiteln in Fachbüchern, außerdem wissenschaftliche Beirätin für verschiedene Fachzeitschriften sowie als Sachverständige für pharmakologische und arzneimittelrechtliche Fragestellungen in einigen Ausschüssen tätig.

Allgemeine Pharmakologie

1 Allgemeine Pharmakologie

H. Fink, H.-H. Frey

1.1 Grundbegriffe

DEFINITION Die **Pharmakologie** befasst sich mit den Wechselwirkungen zwischen **Pharmakon** und Organismus und ist die Lehre von den biologischen Wirkungen der Pharmaka. Als Pharmaka werden wertneutral Stoffe bezeichnet, die in einer bestimmten Dosierung eine Wirkung auf ein biologisches System ausüben. Pharmaka können körpereigene oder körperfremde Stoffe sein. Die biologische Wirkung, die ausgelöst wird, hängt wiederum von der Wirkungsqualität und der Wirkstärke des jeweiligen Pharmakons ab.

Bewerten wir die durch Pharmaka induzierten Wirkungen und sind sie von Vorteil für Mensch und Tier, so bezeichnen wir die Wirkstoffe als **Arzneimittel**. Arzneimittel werden zur Behandlung, Diagnostik und Prophylaxe von Krankheiten bzw. zur Beeinflussung von Körperfunktionen eingesetzt.

Haben Pharmaka schädliche Wirkungen auf den Organismus, so benutzen wir die Begriffe Schadstoff oder **Gift** (Toxin). Gegenstand der Toxikologie sind die Mechanismen der Toxizität. Die **Toxikologie** beschäftigt sich somit auch mit den unerwünschten Wirkungen von Arzneimitteln und dabei speziell mit der Vermeidung, Erkennung und Therapie dieser Wirkungen. Aufgabe der regulatorischen Toxikologie ist es, durch Befundbewertung Risiken von Wirkstoffen, insbesondere Arzneimitteln, abzuschätzen.

Als pharmakologische Wirkung wird nicht nur eine Wechselwirkung zwischen Substanz und körpereigenen Zellen angesehen, sondern auch eine Wirkung zwischen Substanz und anderen im Körper befindlichen Organismen, z. B. Bakterien, Pilzen und Parasiten.

Die **Pharmakodynamik** beschreibt nicht nur, wie ein Arzneimittel auf den Organismus wirkt (Qualität der Wirkung), sondern sucht nach dem Wirkungsmechanismus. Die **Pharmakokinetik** hat zum Ziel, im Zeitverlauf die quantitative Interaktion von Arzneistoffen und Organismus aufzuklären.

Die **allgemeine Pharmakologie** leitet aus Gemeinsamkeiten der Wirkungen verschiedener Pharmaka generell geltende Gesetzmäßigkeiten und Grundregeln für die Wirkungen auf den Organismus ab. Die allgemeine Pharmakologie bemüht sich auch, für Gruppen von Arzneimitteln gemeinsame Mechanismen der Wirkung zu finden. Das Finden allgemeiner Prinzipien und Grundregeln trifft auch für die Toxikologie zu, die als integraler Bestandteil der Pharmakologie im Hinblick auf die Untersuchung von Arzneimitteln aufgefasst werden kann.

Die **spezielle Pharmakologie** betrachtet umfassend die Wirkungen der einzelnen Arzneimittel. Die **klinische Pharmakologie** untersucht die Bedingungen für die Anwendung von Arzneimitteln an Tier und Mensch und erbringt in klinischen Prüfungen den Nachweis für Wirksamkeit und Unbedenklichkeit entsprechend den gesetzlichen Grundlagen.

Der zukünftige Tierarzt benötigt die pharmakologischen Grundkenntnisse für eine **rationale Arzneimitteltherapie**. Von großer Bedeutung sind für ihn Kenntnisse der allgemeinen Pharmakologie. Damit kann er auch dem raschen Zuwachs an Wissen folgen und neue Entwicklungen auf dem Arzneimittelsektor bewerten. Das Verständnis dieser allgemein gültigen Prinzipien ist eine Voraussetzung für ein effektives Studium der speziellen Pharmakologie. So kann vermieden werden, dass eine kaum überschaubare Ansammlung von Fakten auswendig gelernt werden muss, sondern verbindende Gesichtspunkte können erkannt und Wirkungen und unerwünschte Wirkungen von Arzneimittelgruppen zusammengefasst werden.

1.2 Wirkorte der Pharmaka

DEFINITION Primäre Orte der Wirkung eines Pharmakons, auch Zielstrukturen oder **Targets** genannt, sind zumeist komplexe Proteinstrukturen, die eingeteilt werden in:
- pharmakologische Rezeptoren
- Ionenkanäle
- Carrier-Moleküle/Transporter
- Enzyme

Wenn ein Pharmakon an diesen Zielstrukturen angreift, löst es eine spezifische Wirkung aus, die abhängig von der Struktur des Wirkstoffs und der verabreichten Dosis ist. Von Wirkstoffen mit unterschiedlichen chemischen Strukturen, aber mit einem gemeinsamen Angriff an demselben Wirkort lässt sich oft eine pharmakophore Gruppe identifizieren.

„Unspezifische“ Wirkungen, d. h. Wirkungen ohne Beteiligung der o. a. Zielstrukturen, werden über die physikochemischen Eigenschaften eines Stoffes, wie z. B. das Wasserbindungsvermögen oder den Säurecharakter, ausgelöst. Als Beispiele sind osmotische Diuretika, Laxanzien und Desinfektionsmittel zu nennen. Auch die Wirkung von Chelatbildnern, die zur Behandlung von Schwermetallvergiftungen eingesetzt werden, beruht auf einer Reaktion, bei der mehrere Bindungsstellen des Chelatbildners ein Koordinationszentrum, in diesem Falle das Schwermetallion, komplexieren.

1.2.1 Pharmakologischer Rezeptor

DEFINITION Als **Rezeptor** wird in der Pharmakologie eine komplexe Molekülstruktur (Makromolekül), in der Regel ein Protein, bezeichnet, an das endogene Liganden, wie Transmitter oder Hormon, binden und das physiologische Funktionen ausübt, diese moduliert oder einen bestimmten Zustand aufrecht erhält.

Rezeptoren stellen spezifische Bindungsstellen dar, die in der Lage sind, neben den natürlich vorkommenden Liganden Pharmaka zu erkennen und sie zu binden. Der Rezeptor wird durch die Bindung des Pharmakons aktiviert und dabei meist in seiner Konformation verändert. Die Antwort der Effektorzelle ist die Auslösung einer Signalkaskade, die mit der Signalübertragung in eine Zelle oder zwischen Kompartimenten innerhalb einer Zelle beginnt.

Die Effektuierung läuft über eine Kette sehr verschiedener Einzelmechanismen, an denen in unterschiedlicher Zahl und Vielfalt Signaltransduktionsmechanismen, eingeschlossen die verschiedenen Second-Messenger-Systeme, beteiligt sind.

Am Ende der Kaskade steht ein **biologischer Effekt**, der auch ein therapeutischer sein kann.

Rezeptoren finden wir mit einer spezifischen Organverteilung an drei unterschiedlichen Stellen:

- in der Plasmamembran (z. B. Rezeptoren für Neurotransmitter, Trophine, Wachstumsfaktoren, Zytokine, andere Immunmediatoren, zirkulierende Hormone; **Abb. 1.1**)
- an Membranorganellen (z. B. Rezeptoren, bei denen die Freisetzung von Kalziumionen aus intrazellulären Speichern am Signaltransduktionsprozess beteiligt ist)
- im Zytosol oder Zellkern (z. B. Rezeptoren, die zur Superfamilie der Ligand-regulierten Transkriptionsfaktoren gehören, wie Rezeptoren für Steroidhormone)

Die **Selektivität** für Pharmakon und Rezeptor ist eine wechselseitige. Es gibt Pharmaka, die nur an eine Art von Rezeptoren (z. B. β-Adrenozeptoren) bzw. einen Subtyp (z. B. β_2-Adrenozeptoren) oder an eine durch alternatives

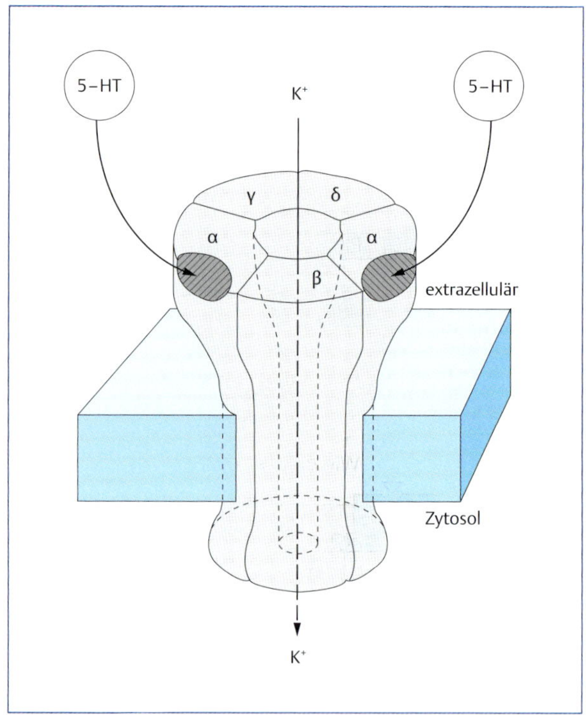

Abb. 1.1 Schematische Darstellung der Struktur eines Serotonin-Rezeptors (5-HT_3-Rezeptor).

Splicing hervorgegangene Splice-Variante (Isoform) binden. Umgekehrt gibt es Rezeptoren, die nur eine ganz bestimmte Art von Pharmaka binden, z. B. nur ein Enantiomer des Arzneistoffes. Die Selektivität ist meist nicht absolut, und die Pharmaka binden oft in höherer Dosierung an mehrere Rezeptortypen bzw. Subtypen.

Das Wissen über Rezeptoren trägt dazu bei, neue Arzneimittel zu entwickeln, da jeder Rezeptorsubtyp die Zielstruktur für ein neues Arzneimittel mit einer hochspezifischen Wirkung bzw. weniger unerwünschten Wirkungen darstellen kann.

Die Bezeichnung und die **Einteilung von Rezeptoren** wurden nach den endogenen Liganden vorgenommen, z. B. Serotonin-Rezeptoren, Dopamin-Rezeptoren. Das Nomenklatur-Komitee der International Union of Pharmacology hat ein alphanumerisches Klassifikationssystem für Rezeptoren (IUPHAR Receptor Code) erarbeitet. Die Rezeptorfamilien werden zum einen in „Strukturklassen“ und zum anderen auch nach den „Trivialnamen“ in Familien (z. B. Serotonin-Rezeptor, Dopamin-Rezeptor) eingeteilt und weiter in Subklassen bzw. Subtypen untergliedert.

Die Klassifikation von Rezeptoren nach „Strukturklassen“ erfolgt nach strukturellen (Aminosäuresequenz), funktionellen (ausgelöster biologischer Effekt nach Aktivierung) und operationalen (Affinität, Signaltransduktion) Gesichtspunkten.

Es werden vier große Strukturklassen von Rezeptoren unterschieden (**Abb. 1.2**):

1. Ionenkanal-Rezeptoren
2. G-Protein-gekoppelte Rezeptoren (7 Transmembran-Domänen, **Abb. 1.3**)

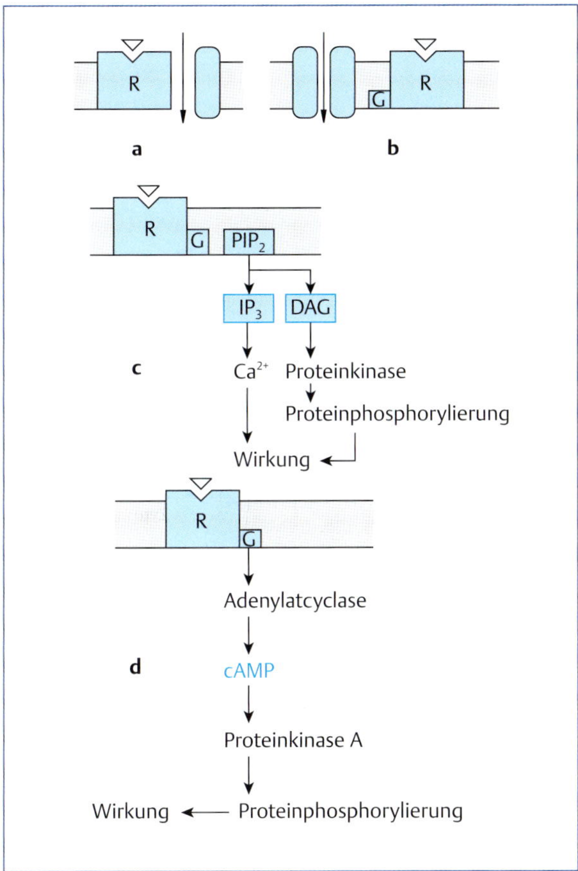

Abb. 1.2 Beispiele von Rezeptoren ohne und mit Second-Messenger-Systemen:
a) an den Ionenkanal gekoppelter Rezeptor, z. B. $GABA_A$-Rezeptor
b) der Ionenkanal wird über ein G-Protein aktiviert, z. B. α_2-Rezeptor
c) G-Protein-vermittelte Aktivierung von Phospholipase mit vermehrter Bildung von IP_3 und DAG, z. B. α_1-Rezeptor
d) G-Protein-vermittelte Aktivierung der Adenylatcyclase mit vermehrter Bildung von cAMP, z. B. β-Rezeptor

3. Enzym-assoziierte Rezeptoren (eine Transmembran-Domäne)
4. Rezeptoren, die Regulatoren der Transkription sind

Das Problem bei der Klassifizierung besteht darin, dass Mitglieder einer Familie verschiedenen Strukturklassen angehören können. So sind in der Familie der Serotonin-Rezeptoren G-Protein-gekoppelte Rezeptoren und ein Ionenkanal-Rezeptor vereint.

Ionenkanal-Rezeptoren

Ligand-gesteuerte Ionenkanäle (auch ionotrope Rezeptoren genannt) bestehen aus Untereinheiten (4 oder 5), die einen Ionenkanal bilden und Bindungsstellen für Liganden besitzen. Der Ligand löst direkt, d. h. ohne Vermittlung von Second-Messenger-Systemen, eine Konformationsänderung an der Bindungsstelle und damit am Ionenkanal aus. Im Ergebnis ist die Ionenpermeabilität verändert. Dieser Effekt tritt sehr schnell – innerhalb von Millisekunden – ein.

Beispiele für diesen Rezeptortyp sind der Nikotin-Rezeptor, der NMDA-Rezeptor, der $GABA_A$-Rezeptor und der

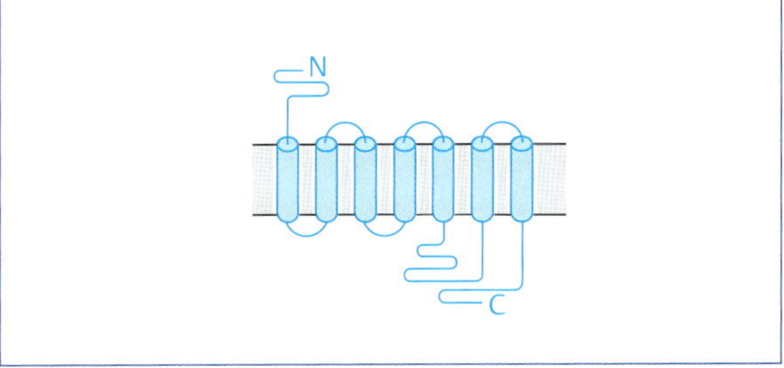

Abb. 1.3 Schematischer Aufbau von Rezeptoren mit 7 transmembranösen Domänen; N = N-terminales Ende, C = C-terminales Ende.

Serotonin$_3$($5\text{-}HT_3$)-Rezeptor. Eine Besonderheit dieser Ligand-gesteuerten Ionenkanäle ist das Phänomen der schnellen Desensibilisierung durch Dauerstimulation.

Einige dieser Ionenkanäle werden von der intrazellulären Seite her durch Liganden wie Arachidonsäure oder ATP gesteuert.

G-Protein-gekoppelte Rezeptoren

Gemeinsames molekulares Strukturmerkmal der Familien der G-Protein-gekoppelten Rezeptoren (auch metabotrope Rezeptoren genannt) ist eine Polypeptidkette (bis 1100 Aminosäuren), die 7 transmembranöse Schleifen bildet (α-Helices), deren Aminoterminus extrazellulär und deren Carboxyterminus intrazellulär liegen.

G-Protein-gekoppelte Rezeptoren besitzen eine extrazelluläre oder transmembranöse Bindungsdomäne für einen Liganden. Die Rezeptoren koppeln intrazellulär an G-Proteine (Guaninnukleotid-bindende Proteine), die die Rolle eines molekularen Schalters spielen, indem sie zwischen einem „An"-Zustand, bei dem sie Guanintriphosphat binden, und einem „Aus"-Zustand, bei dem sie Guanindiphosphat binden, wechseln können. Nur im „An"-Zustand sind zwei variable Regionen so positioniert, dass sie mit Effektoren interagieren können. Die verschiedenen G-Proteine werden nach Strukturmerkmalen, mit denen wiederum bestimmte Funktionen verknüpft sind, unterschieden.

Über die Aktivierung von G-Proteinen wird die Aktivität von Effektoren reguliert, z. B. von Adenylatcyclasen (neu: Adenylylcyclasen), Phospholipasen und auch Ionenkanälen. Die Wirkung eines Pharmakons an diesem Rezeptortyp setzt innerhalb von Sekunden bis Minuten ein.

Viele Effektoren können bestimmte Second Messenger synthetisieren. Die häufigsten Second Messenger sind zyklisches Adenosinmonophosphat (cAMP), Diacylglycerol (DAG), Inositol(1,4,5)triphosphat (IP_3). Auch Kalzium ist ein Signalmolekül.

Der Pool an G-Proteinen einer Zelle kann frei in der Membran diffundieren und mit verschiedenen Rezeptoren und Effektoren interagieren. Ein aktivierter Rezeptor kann nacheinander mehrere G-Proteine aktivieren, sodass auf dieser Ebene auch ein Verstärkungsfaktor existiert.

Die G-Protein-gekoppelten Rezeptoren werden in Unterklassen eingeteilt:

- Rhodopsin-Unterklasse
  - größte Unterklasse, zu der die Rezeptoren für die meisten aminergen Transmitter, für viele Neuropeptide, Purine, Cannabinoide etc. gehören

- Beispiele: Dopamin-Rezeptoren, die meisten Serotonin-Rezeptoren, Opiat-Rezeptoren, Adrenozeptoren, viele Peptidrezeptoren, Muskarin-Rezeptor
- Sekretin/Glukagon-Unterklasse
  - Rezeptoren für Peptidhormone
- metabotrope Glutamat-Rezeptor-/$GABA_B$-/Kalzium-Sensor-Unterklasse
  - z. B. metabotroper Glutamat-Rezeptor, $GABA_B$-Rezeptor

Enzym-assoziierte Rezeptoren

Die Enzym-assoziierten Rezeptoren sind ebenfalls Membranrezeptoren und vermitteln die Wirkung von vielen Protein-Überträgerstoffen, z. B. Wachstumsfaktoren, Zytokinen, Leptin, auf die Proteintranskription. Die Rezeptoren sind große Proteine mit einer Kettenlänge bis zu 1000 Aminosäuren, die eine die Membran überspannende Helix und eine größere extrazelluläre Ligand-Bindungsstelle besitzen. Die Funktion der Rezeptoren ist die Kontrolle und Regulation von Zellteilung, Wachstum, Differenzierung, Apoptose, Reparaturmechanismen, Entzündung und Immunantworten.

Die Wirkung von Pharmaka tritt innerhalb von Minuten bis Stunden ein.

Es werden unterschieden:

- Rezeptoren mit intrinsischer Tyrosinkinaseaktivität
  - Tyrosinkinase ist im intrazellulären Abschnitt eingebaut
  - z. B. Insulinrezeptor und die Rezeptoren für mehrere Neurotrophine und EGF (epidermal growth factor)
- Rezeptoren, die mit extrinsischer Tyrosinkinase assoziiert sind
  - Kinase bindet am Rezeptor
  - z. B. Rezeptor für IL-1 (Interleukin-1), Rezeptor für GDNF (glial cell derived neurotrophic growth factor)
- Serin-/Threoninkinasen
  - z. B. Rezeptor für TGF-β (transforming growth factor β)
- Guanylatcyclase-gekoppelte Rezeptoren
  - z. B. ANF (Atrialer Natriuretischer Faktor)

Im Prozess der Signaltransduktion des Tyrosinkinase-Rezeptors erfolgt nach einer Dimerisierung des Rezeptors durch die aktivierten Tyrosinkinasen eine Autophosphorylierung der Tyrosinreste, die dann wieder intrazelluläre SH_2-Domänen-Proteine (eine Proteindomäne, die ca. 100 Aminosäuren lang ist und insbesondere Peptide mit phosphoryliertem Tyrosin erkennt) binden. Die so rekrutierten Proteine besitzen z. T. selbst enzymatische Aktivität und können auch andere Proteine phosphorylieren, die wiederum in Wechselwirkung mit Teilen des G-Proteinsystems treten. Über Weiterleitungskaskaden kann so ein Signal verstärkt werden, da ein aktiviertes Protein wiederum mehrere Proteine der nächsten Ebene des Signalweges aktiviert.

Familie der intrazellulären Rezeptoren

Die Klasse der intrazellulären oder sog. nuklearen Rezeptoren (auch bezeichnet als Ligand-gesteuerte Transkriptionsfaktoren oder Rezeptoren, die Regulatoren der Transkription sind) umfasst 48 lösliche Rezeptoren, die im Zytoplasma oder im Zellkern vorkommen und auf Hormone oder Lipide ansprechen und die Gen-Transkription beeinflussen. Ihre Funktion liegt in der Regulation endokriner Prozesse und des Metabolismus. Die Wirkung tritt nach Stunden bis Tagen ein.

Es werden unterschieden:

- Rezeptoren, die Homodimere bilden und zum Zellkern wandern
  - v. a. im endokrinen System zu finden
  - wichtigste Vertreter: Rezeptoren für Steroidhormone
- Kernrezeptoren
  - v. a. an der Übertragung endokriner Signale beteiligt
  - z. B. Rezeptoren für die Schilddrüsenhormone
- Kernrezeptoren, die Heterodimere mit dem Retinoid-X-Rezeptor bilden
  - Liganden sind meist Lipide, z. B. Retinolderivate
  - hierzu gehört auch der Peroxysomen-Proliferator-aktivierte Rezeptor (PPAR)

Zu dieser Gruppe der intrazellulären Rezeptoren zählen auch diejenigen für den Mediator NO, der wiederum die zytosolische Guanylatcyclase aktiviert und dessen Wirkungen nach Sekunden bis Minuten eintreten.

1.2.2 Second-Messenger-Systeme im Zytoplasma

Nach Bindung eines Agonisten am Rezeptor und Bildung des Pharmakon-Rezeptor-Komplexes können Signalkaskaden in Gang gesetzt werden (**Abb. 1.2**, **Tab. 1.1**), wobei der First Messenger, d. h. der endogene Ligand bzw. der Agonist, die Produktion oder Mobilisation der Second Messenger fördert. Die komplexe Interaktion der Second-Messen-

Tab. 1.1 Beispiele für Second-Messenger-Systeme in Verbindung mit Rezeptoren.

Rezeptor		Second Messenger
Acetylcholin(ACh)-Rezeptoren		
M_1	G-Protein	IP_3, DAG
M_2	G-Protein	cAMP ↓
nikotinerger ACh-Rezeptor	direkt an Ionenkanal gekoppelt	
Adrenozeptoren		
α_1	G-Protein	IP_3, DAG
α_2	G-Protein	cAMP ↓, Ca-Einstrom ↓
β_1, β_2	G-Protein	cAMP ↑
Dopamin-Rezeptoren		
D_1	G-Protein	cAMP ↑
D_2	G-Protein	cAMP ± oder ↓
Histamin-Rezeptoren		
H_1	G-Protein	IP_3, DAG
H_2	G-Protein	cAMP ↑

ger-Systeme führt am Ende zu einer physiologischen Antwort. Die wichtigsten Second-Messenger-Systeme sind gut untersucht: cAMP, zyklisches Guanosinmonophosphat (cGMP), zyklische ADP-Ribose, Kalziumionen, Inositol-Phosphate, Diacylglycerol, NO.

1.2.3 Ionenkanäle

DEFINITION Ionenkanäle sind membranübergreifende Proteine, die mit Wasser gefüllte Poren bilden, die sich schnell öffnen und schließen können. Die Bewegung des jeweiligen Ions erfolgt entlang des elektrochemischen Gradienten, der wiederum abhängt von der Konzentration des Ions zu beiden Seiten der Membran und dem Membranpotenzial. Ionenkanäle sind selektiv für bestimmte Ionen und werden generell in kationenselektive (Natrium-, Kalzium-, Kaliumionen) und anionenselektive (Chloridionen) Kanäle unterteilt.

Wie bereits erläutert, gibt es Ionenkanäle, die direkt von außen über Rezeptoren gesteuert werden (**ionotrope Rezeptoren**) oder deren Öffnungszustand von innen durch **Second-Messenger-Systeme** (G-Protein-gekoppelte Rezeptoren) beeinflusst wird. Weiterhin können **spannungsabhängige** (spannungsgesteuerte) Ionenkanäle direkt in ihrer Funktion verändert werden, wenn sich ein Pharmakon an Kanalproteine bindet (z. B. Lokalanästhetika und Antiarrhythmika).

Weitere Gruppen von Ionenkanälen stellen die Kalzium-freisetzenden Kanäle am endoplasmatischen oder sarcoplasmatischen Retikulum dar wie auch die Kalziumkanäle an der Plasmamembran, die über Entleerung der Kalziumspeicher in der Zelle gesteuert werden.

1.2.4 Transporter-Moleküle

DEFINITION Transporter oder Carrier sind transmembranöse Proteine, die die zu transportierenden Moleküle zunächst reversibel über nicht kovalente Wechselwirkungen binden und dann entweder mit oder ohne Energieverbrauch durch die Membran transportieren. Die Bindung erfolgt relativ selektiv.

Da Ionen und kleinere organische Moleküle aufgrund ihrer physikochemischen Eigenschaften (Polarität, zu geringe Lipidlöslichkeit) nicht durch die Membranen diffundieren können, werden sie von Transportern weiterbefördert. Nicht nur Glukose oder Aminosäuren gelangen auf diesem Weg in die Zelle, auch die Transportfunktion des Nierentubulus wird durch Carrier erfüllt, und viele Neurotransmitter oder ihre Vorstufen bzw. Metaboliten werden so in die Präsynapse (Nervenendigung, Vesikel) transportiert.

Häufig ist der Transport organischer Moleküle an einen Ionentransport gekoppelt, und wir unterscheiden **Symporte** (Ionen gehen in dieselbe Richtung) und **Antiporte** (Ionen gehen in entgegengesetzte Richtung). Die Carrier besitzen eine bestimmte Spezifität für die zu transportierenden Moleküle, wir unterscheiden **Monoporte** (ein Molekül) und **Multiporte** (zwei oder mehr verschiedene Moleküle). Die Transportrate von Molekülen mit Carriern ist sehr viel langsamer als die durch Kanäle.

Die Transportkinetik gehorcht der Michaelis-Menten-Gleichung.

Carrier können kompetitiv und nicht kompetitiv gehemmt werden. Als Targets für Arzneimittel haben z. B. die Amintransporter im Gehirn (Serotonin- oder/und Noradrenalintransporter werden durch Antidepressiva gehemmt) und die Protonenpumpen in der Magenschleimhaut große Bedeutung.

1.2.5 Enzyme

Die in ihrer Aktivität beeinflussten Enzyme können bei Tier und Mensch vorkommen, aber auch nur bei Mikroorganismen wie Bakterien und Viren.

Es gibt mehrere Möglichkeiten, wie ein Pharmakon die Funktion von Enzymen verändern kann. Als Hemmer kann es kompetitiv und nicht kompetitiv bzw. reversibel und irreversibel wirken. Ein Pharmakon kann auch als falsches Substrat fungieren, wodurch ein anormales Produkt entsteht, das wiederum eine bestimmte Funktion haben kann.

1.2.6 Vom Rezeptor zum Arzneimittel

Pharmakologen, Biochemiker und Molekularbiologen haben sich intensiv mit der Isolierung und Strukturaufklärung von Rezeptoren beschäftigt, sodass wir uns heute von vielen Rezeptoren ein genaues Bild machen können. Immer schneller werden biologische Strukturen entdeckt, die in physiologischen und pathophysiologischen Vorgängen eine Rolle spielen und somit auch Kandidaten für den Angriff neuartiger Arzneimittel darstellen können. Man ist bemüht, Liganden für diese neuen Zielstrukturen (biologische Targets) zu finden. Ausgehend von der Zielstruktur und auch von den natürlich vorkommenden endogenen Liganden werden Methoden des high throughput screening und der kombinatorischen Chemie eingesetzt, um vom biologischen Target ausgehend Agonisten oder Antagonisten für den Rezeptor zu finden.

Mittels gentechnologischer Verfahren kann der Rezeptor bzw. das Enzymprotein hergestellt werden. Wenn die Kristallisation des Proteins gelingt, lässt sich die dreidimensionale Struktur durch Röntgenstrukturanalyse darstellen, wobei das aktive Zentrum von besonderem Interesse ist. Über Techniken des molecular modelings (Computer-unterstütztes Arzneistoffdesign) erhält man Informationen darüber, wie der Wirkstoff aussehen sollte. Nach Synthese des Prototyps wird die biologische Aktivität getestet, es folgen Schritte einer Strukturoptimierung, und neue Liganden werden getestet. Aber auch der körpereigene Ligand kann als Ausgangspunkt für eine Arzneistoffentwicklung dienen.

Ein weiterer Weg bei der Wirkstoffsuche ist das **high throughput screening.** Automatisiert kann so in kürzester Zeit ein Massentest einer großen Zahl von Substanzen durchgeführt werden. Dabei greift man auf riesige Sammlungen von Substanzen unterschiedlicher Herkunft zurück, und eine Auswahl dieser wird mit dem Ziel getestet, Leitstrukturen zu finden. In den 90er-Jahren wurden in Rezeptor-Bindungsstudien unzählige Substanzen getestet, und es wurde so der erste nicht peptidische Neurokininrezeptor-Antagonist aufgefunden. **Kombinatorische Chemie** bedeutet, dass eine Vielzahl an Substanzen nach dem gleichen Verfahren hergestellt wird, die sich aber in Anordnung oder Art der Bausteine unterscheiden. Sowohl Synthese von Mischungen als auch Parallelsynthese in getrennten Gefäßen werden durchgeführt, um diesen Prozess der Wirkstoffsuche zu vereinfachen.

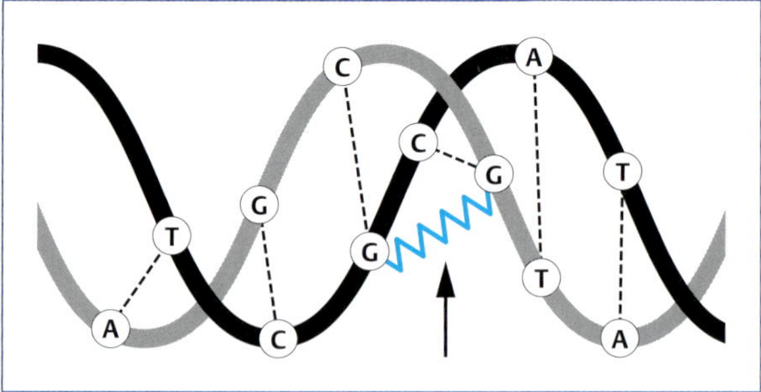

Abb. 1.4 Cross-linking durch ein bifunktionales alkylierendes Agens.

1.3 Pharmakon-Rezeptor-Interaktion

1.3.1 Bindung am Rezeptor

Die spezifische Bindung eines Pharmakons am Rezeptor ist die Voraussetzung für die Auslösung eines biologischen Effektes. Die Möglichkeiten der Bindung sind verschieden, zumeist sind lockere und dissoziable Bindungen erwünscht. Jedoch gibt es auch genügend Beispiele für Arzneimittel, die **kovalent** und damit praktisch irreversibel am Rezeptor binden und demzufolge eine lang anhaltende Wirkung auslösen (Alkylanzien in der Tumorbehandlung, **Abb. 1.4**; Organophosphate als Insektizide). Die kovalente Bindung ist die energiereichste (etwa 400 kJ/Mol).

Die **Ionenbindung** ist auch eine sehr stabile Bindungsart (etwa 20 kJ/Mol). Sie entsteht durch elektrostatische Anziehung zweier Ionen mit entgegengesetzter Ladung. Die Wechselwirkungskräfte zeigen eine relativ große Reichweite (Coulomb'sche Kräfte), die Anziehungskraft nimmt aber mit dem Quadrat der Entfernung ab. Diese Bindungsart ist stark pH-abhängig, da sich die Ionisation der Gruppen entsprechend dem pH-Wert ändert.

Sehr häufig sind an der Bildung des Pharmakon-Rezeptor-Komplexes **Dipol-Dipol-Bindungen** beteiligt. Ein wichtiges Beispiel dafür stellt die **Wasserstoffbrückenbindung** dar. Sie beruht auf der Fähigkeit eines Protons, ein Elektronenpaar von Elektronendonatoren (N, O, S) anzunehmen. Die Bindungsenergie ist relativ gering (10–20 kJ/Mol). Da viele dieser Bindungen gleichzeitig auftreten können, kann sich jedoch insgesamt eine größere Stabilität ergeben.

Die geringste Bindungsenergie finden wir bei den **Van-der-Waals-Kräften** (ca. 2 kJ/Mol). Die Bindungsenergie nimmt mit der 7. Potenz des Abstands ab. Bei guter struktureller Übereinstimmung von Pharmakon und Rezeptor können sie jedoch in großer Zahl bei einem Pharmakon-Rezeptor-Komplex auftreten und trotzdem relevante Bindungsenergien entwickeln.

Am Beispiel des Acetylcholin-Rezeptor-Komplexes kann demonstriert werden, dass mehrere Typen an Bindungen beteiligt sind: Wasserstoffbrückenbindungen am esteratischen Zentrum, Ionenbindung am kationischen Kopf des Moleküls und Van-der-Waals-Kräfte an der zentralen Methylenkette (**Abb. 1.5**).

Vereinfachend wird im Allgemeinen von der Vorstellung ausgegangen, dass das Pharmakon zusammen mit dem Rezeptor einen Pharmakon-Rezeptor-Komplex bildet, der dem **Massen-Wirkungsgesetz** gehorcht:

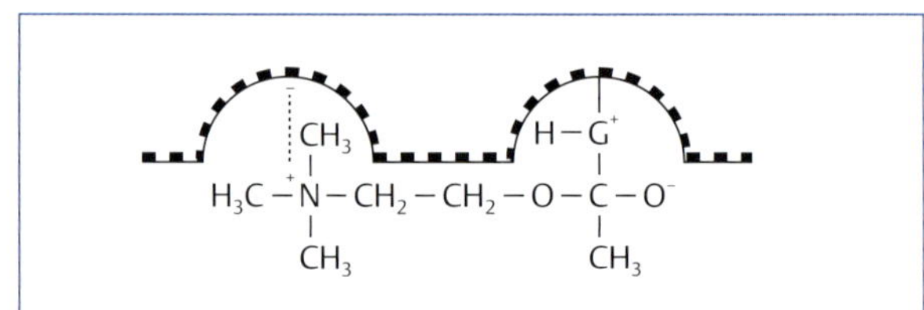

Abb. 1.5 Bindung von Acetylcholin an den Rezeptor; G = elektronenreiches Zentrum, z. B. N der Imidazolgruppe von Histidin.

$$\frac{[P][R]}{[PR]} = \frac{k_{-1}}{k_{+1}} = KD \qquad (1.1)$$

P steht für Pharmakon, R für Rezeptor und PR ist der Pharmakon-Rezeptor-Komplex, k_{+1} und k_{-1} sind die Geschwindigkeitskonstanten für die Hin- und Rückreaktion, KD ist die Dissoziations-Gleichgewichtskonstante und der reziproke Wert 1/KD ist die Assoziations-Gleichgewichtskonstante KA. Diese wird als direktes Maß für die Affinität eines Pharmakons zum Rezeptor angesehen.

Affinität ist die Fähigkeit bzw. Zuverlässigkeit, mit der ein Pharmakon an freie Rezeptoren bindet (Bindungsstärke). Die spezifische Bindung eines Pharmakons an den Rezeptor wird mithilfe von Pharmaka ermittelt, die radioaktiv markierte Atome besitzen. In vitro werden die **Zahl der Rezeptoren** und ihre Affinität in Ligand-Bindungsstudien an Gewebepräparationen bestimmt. Autoradiografiestudien, bei denen das Tier das radioaktiv markierte Pharmakon verabreicht bekommt, zeigen die **Verteilung** und semiquantitativ die Dichte der Rezeptoren in Geweben und Organen an. Mithilfe der Positronen-Emissions-Tomografie (PET) können auch in vivo mit bestimmten Liganden Rezeptorverteilungen und deren Veränderungen dargestellt und sogar mit pharmakologischen Wirkungen korreliert werden.

Affinität und Bindung sagen noch nichts über die Wirkung aus, die ein Pharmakon auslösen kann. Die pharmakodynamische Wirkung, d. h. die Arzneimittelwirkung, zeigt sich in einem objektivierbaren biologischen Effekt. Die Art der Wirkung, d. h. die Wirkqualität, wird durch die Struktur des Pharmakons bzw. den adressierten Rezeptor bestimmt, während die Wirkstärke in bestimmten Grenzen von der Dosis abhängt. Affinität und Bindung bestimmen wiederum den Dosisbereich, in dem ein Pharmakon wirksam ist.

1.3.2 Auslösung eines biologischen Effekts

Über ein und denselben Rezeptor lösen meist mehrere verschiedene Pharmaka in Abhängigkeit von ihrer Struktur bei ausreichender Dosierung einen jeweils maximalen Effekt aus, der eine unterschiedliche Stärke haben kann.

Intrinsische Aktivität

DEFINITION Der maximal erreichbare Effekt eines Pharmakons wird als relative Wirkaktivität oder auch **intrinsische Aktivität (I)** bezeichnet.

Die intrinsische Aktivität eines zu untersuchenden Pharmakons wird mit der des körpereigenen Liganden (I = 1), z. B. eines Transmitters, in Relation gesetzt.

Agonisten

DEFINITION Ein Pharmakon, das generell in der Lage ist, einen Rezeptor zu besetzen, ihn zu aktivieren und einen biologischen Effekt auszulösen, d. h. zu wirken wie ein endogener Ligand, nennt man **Agonist**.

Ein **voller Agonist** hat wie der endogene Ligand eine intrinsische Aktivität von I = 1 und ist weiterhin durch seine Affinität charakterisiert. Allgemein wird von der Vorstellung ausgegangen, dass ein Rezeptor in zwei Zuständen vorliegt, aktiv und inaktiv. Ein Agonist bindet nun bevorzugt am Rezeptor im aktiven Zustand und verschiebt das Gleichgewicht von freien aktiven/inaktiven Rezeptoren weitgehend zur Seite der aktiven Rezeptoren. Dem Massen-Wirkungsgesetz folgend werden immer wieder neue, vorher inaktive Rezeptoren in den aktiven Zustand überführt, an die sich wiederum der Agonist binden kann. Die Zahl der inaktiven Rezeptoren nimmt ab und die der aktiven zu. Im Gleichgewichtszustand wird ein bestimmtes größeres Verhältnis von aktiven zu inaktiven Rezeptoren erreicht.

Antagonisten

DEFINITION Pharmaka, deren intrinsische Aktivität I = 0 ist, sind **Antagonisten**. Sie besetzen einen Rezeptor, d. h. sie sind durch ihre Affinität zum Rezeptor charakterisiert und binden, aber sie aktivieren den Rezeptor nicht und lösen somit keinen biologischen Effekt aus.

Ein Antagonist zeigt seine Wirkung nur in Anwesenheit eines Agonisten. Es werden zwei Formen des Antagonismus unterschieden: kompetitiver und nicht kompetitiver Antagonismus.

Ein **kompetitiver** Antagonist konkurriert um dieselben Bindungsstellen am Rezeptor wie der Agonist. Der kompetitive Antagonist ist charakterisiert durch den pA_2-Wert (negativer dekadischer Logarithmus der molaren Konzentration des Antagonisten, bei der die Konzentration des Agonisten verdoppelt werden muss, um wieder den ursprünglichen Effekt zu erreichen). Entsprechend den für den Agonisten dargestellten Vorstellungen zum Modell der aktiven/inaktiven Rezeptoren nimmt man an, dass der kompetitive Antagonist mit derselben Affinität an aktiver und inaktiver Konformation des Rezeptors bindet und dabei das jeweilig vorliegende Verhältnis von aktiven und inaktiven Rezeptoren nicht verschiebt. Er verhindert die Wirkung des Agonisten.

Ein **nicht kompetitiver** Antagonist vermindert die Agonistenwirkung durch eine „allosterische" Interaktion (bindet dabei an anderer Stelle als der Agonist) oder greift in Prozesse der Signaltransduktion ein. Der pD'_2-Wert wird als negativer dekadischer Logarithmus der Konzentration des nicht kompetitiven Antagonisten definiert, die den Effekt des Agonisten auf die Hälfte des maximal erreichbaren Effektes verringert.

Partialagonisten

DEFINITION Agonisten, die unabhängig von der Affinität eine relative Wirkaktivität I < 1 haben, sind **Partialagonisten**.

Partialagonisten binden sowohl an aktiven als auch inaktiven Rezeptoren, aber die aktiven werden bevorzugt. Im Vergleich zu einem vollen Agonisten halten sie den Rezeptor mit geringerer Effizienz in einer aktiven Konformation. Dies spiegelt sich in der intrinsischen Aktivität wider. Die intrinsische Aktivität von Partialagonisten kann sehr gering sein, und sie lösen dann nur einen entsprechend geringen biologischen Effekt aus. Gleichzeitig verhindern sie, dass ein endogener Ligand bindet und eine stärkere Wirkung auslöst (Abb. 1.6). Sie wirken in diesem Falle funktionell betrachtet als Antagonist, weshalb auch für Partialagonisten mit geringer intrinsischer Aktivität die Bezeichnung Partialagonist/Antagonist gewählt wird. Als weiterer Grund für die Auslösung nur eines Teileffektes wird angenommen, dass die tatsächliche Bindungszeit des Partialagonisten am Rezeptor zu kurz sei, um einen Maximaleffekt auszulösen.

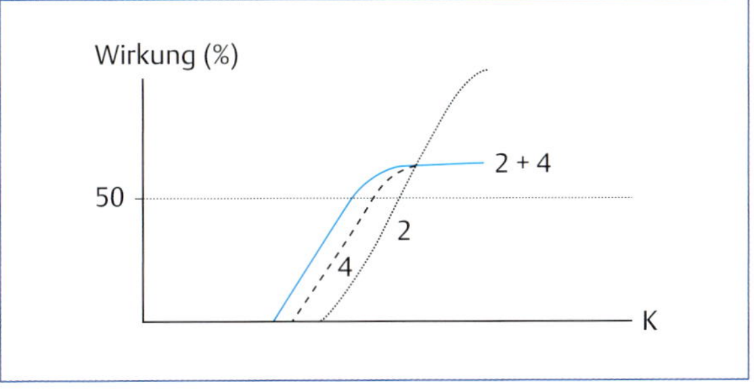

Abb. 1.6 Bei Kombination von 2 und 4 aus **Abb. 1.9** wirkt 4 in geringen Konzentrationen synergistisch, in höheren antagonistisch (= partieller Antagonist); K = Konzentration der Agonisten.

Inverse Agonisten

DEFINITION **Inverse Agonisten** binden bevorzugt am Rezeptor im inaktiven Zustand und erzeugen einen biologischen Effekt, der qualitativ im Gegensatz zu dem eines Agonisten steht.

Die Wirkung eines inversen Agonisten ist nur zu zeigen, wenn der Anteil an Rezeptoren inaktiv/aktiv in Abwesenheit eines Pharmakons in etwa im Gleichgewicht liegt und eine ausreichende Fraktion von aktiven Rezeptoren bereitsteht. Wenn der inverse Agonist am inaktiven Rezeptor bindet, wird aufgrund des Massen-Wirkungsgesetzes der Anteil an aktiven Rezeptoren geringer und reicht für den Ruhetonus bzw. die Basalaktivität nicht mehr aus. Im Vergleich zum vollen Agonisten wird durch den inversen Agonisten somit ein gegensätzlicher Effekt ausgelöst. Beispiele für inverse Agonisten an bestimmten G-Protein-gekoppelten Rezeptoren sind Losartan (Angiotensin-Rezeptor-Antagonist), Metoprolol (β-Blocker), Risperidon (atypisches Antipsychotikum).

Rezeptorreserve

Alle bis jetzt eingeführten Modellvorstellungen über Rezeptoren haben noch nicht die Zahl der Rezeptoren betrachtet, die für die Auslösung eines Effektes notwendig sind. Die Rezeptoren, die im Moment nicht an der Signaltransduktion beteiligt sind, stellen eine **Rezeptorreserve** dar. Die Rezeptorreserve kann viel größer sein als die Anzahl der Rezeptoren, die für die Auslösung eines biologischen Effektes notwendig ist. Bei der komplexen Wirkung von Partialagonisten in einem biologischen System muss auch die Rezeptorreserve berücksichtigt werden. So ist es denkbar, dass in Abhängigkeit von den unterschiedlichen Rezeptorreserven in einzelnen Geweben die Partialagonisten unterschiedliche Wirkaktivitäten zeigen. In Organen, in denen keine Rezeptorreserve vorhanden ist, werden sie eine geringere intrinsische Aktivität zeigen und als Partialagonist wirken, während sie in Organen mit großer Rezeptorreserve und einer ausreichenden Möglichkeit einer Aktivierung der Signaltransduktionsprozesse eine dem vollen Agonisten vergleichbare intrinsische Aktivität zeigen können. Die Vorstellung geht dabei davon aus, dass in bestimmten Organen und Geweben eine sehr viel höhere Zahl von Rezeptoren zur Verfügung steht und der Partialagonist unter diesen Umständen in der Lage ist, eine ausreichende Anzahl von Rezeptoren in den aktiven Zustand zu überführen und eine dem vollen Agonisten vergleichbare Wirkung auszulösen. Diese Hypothese bietet z. B. eine Möglichkeit der Erklärung der unterschiedlichen Wirkung von Serotoninpartialagonisten an unterschiedlichen Lokalisationen im Gehirn.

KLINISCHER BEZUG Es werden die Wirkung und die gute Verträglichkeit der in der Klinik eingesetzten Partialagonisten am Serotonin$_{1A}$-Rezeptor damit erklärt, dass in der Hirnstruktur, die den Ort der Auslösung einer anxiolytischen Wirkung (Raphekerne) darstellt, eine große Rezeptorreserve existiert, während in den Hirnregionen, die für nicht erwünschte Wirkungen verantwortlich sind, keine Rezeptorreserve existiert.

1.3.3 Regulation der Rezeptoren

Wenn ein Antagonist für einige Zeit verabreicht wird, kann eine **Neusynthese** an Rezeptoren erfolgen und ihre Zahl deutlich über das normale Maß hinaus gesteigert werden. Wenn nun die Gabe des Antagonisten unterbrochen wird, kann der Agonist eine deutlich gesteigerte Antwort auslösen. Aber auch indirekt ist eine **Upregulation** auszulösen. Zu einer Zunahme der Zahl von β-Adrenozeptoren im noradrenergen System kommt es, wenn Schilddrüsenhormone verabreicht werden.

Eine **Downregulation** von Rezeptoren wird beobachtet, nachdem ein Agonist über längere Zeit gegeben wurde. Ein Grund dafür kann eine Internalisierung von Rezeptoren durch Endozytose des Agonist-Rezeptor-Komplexes sein. In den Endosomen dissoziiert der Agonist-Rezeptor-Komplex, und die freien Rezeptoren können durch lysosomale Enzyme abgebaut werden. Die resultierende Abnahme der Zahl an Rezeptoren an der Zelloberfläche wird als Downregulation bezeichnet. Erst nachdem neue Rezeptoren synthetisiert und zur Zelloberfläche transportiert worden sind, ist die Antwort auf einen Agonisten wieder normal.

Bei anhaltender Rezeptorstimulation kann es auch zu einer **Desensibilisierung** kommen. Einer Desensibilisierung liegen wiederum verschiedene Mechanismen zugrunde. So bewirkt die Aktivierung von G-Protein-gekoppelten Rezeptoren auch gleichzeitig eine Phosphorylierung des Rezeptors, die nun dazu führt, dass die intrazellulären Proteine, die β-Arrestine, besser binden und dadurch die G-Protein-Signaltransduktion gehemmt wird.

Es können aber auch hemmende G-Proteine in größerer Zahl gebildet werden. Weitere Möglichkeiten sind die verringerte Expression von Rezeptorgenen und ein beschleunigter Abbau von Rezeptor-mRNA. Die Expression von einzelnen Protein-Untereinheiten und somit die Zusammensetzung eines Rezeptors sind variabel.

1.3.4 Dosis-Wirkungs-Kurven und Konzentrations-Wirkungs-Kurven

Untersuchungen zur Beziehung zwischen Dosis bzw. Konzentration des Pharmakons und der ausgelösten Wirkung können auf zwei unterschiedliche Arten erfolgen:

- Häufigkeit des Auftretens eines Effektes in einer **Gruppe** von Tieren oder
- Wirkstärke eines Effektes **an einem Präparat oder Versuchsobjekt** (isoliertes Organ, Enzymsystem) werden registriert.

Am Versuchstier aus einer Gruppe wird meist eine **alternative** Aussage getroffen, d.h., es wird ermittelt, ob das Tier ein vorgegebenes Kriterium erfüllt oder nicht. Der betrachtete Effekt muss genau definiert werden, z.B. 5 min Seitenlage für den narkotischen Effekt oder eine Reaktionszeit von > 5 Sekunden auf einen schmerzhaften Reiz für die analgetische Wirkung. Zum Aufstellen einer Dosis-Wirkungs-Kurve werden nach Festlegung des gewünschten Kriteriums Gruppen von jeweils z.B. 10 Tieren (meist Mäuse oder Ratten) mit steigenden Dosen des zu untersuchenden Pharmakons behandelt, und es wird bei jeder Gruppe bzw. Dosis festgestellt, wie viele Tiere das gewünschte Kriterium erfüllen. Hier spricht man von **effektiven Dosen (ED)** und kann eine $\mathbf{ED_{50}}$ bestimmen, bei der 50 % der Tiere der Gruppe diesen definierten Effekt zeigen. An Gruppen können auch Effekte, deren Stärke mit der Dosis variiert, erfasst werden (quantitativ abgestufte Effekte).

Am isolierten Organ bzw. bei Enzymsystemen sind die Aussagen im Allgemeinen **quantitativ**, d.h., man bestimmt z.B. die Kontraktionsstärke oder -frequenz eines glattmuskulären Präparates oder die prozentuale Hemmung einer Enzymaktivität nach Zusatz verschiedener Konzentrationen des Pharmakons und kann auf diese Weise ebenfalls die Konzentration, die einen 50 %igen Effekt auslöst ($\mathbf{EC_{50}}$), ermitteln.

Die Beziehung zwischen Dosis und Wirkung lässt sich grafisch in Form von **Dosis-Wirkungs-Kurven** darstellen. Am häufigsten finden wir eine nicht lineare Beziehung zwischen Dosis und Wirkung. Mit zunehmender Dosis nimmt die Wirkung zunächst ziemlich rasch zu, während sie mit weiterer Dosissteigerung weniger zunimmt und schließlich ein Maximum erreicht. Werden die Werte in einem halblogarithmischen Koordinatensystem so dargestellt, dass auf der Abszisse die Dosen (logarithmisch) aufgetragen sind und auf der Ordinate der Effekt (linear), so erhalten wir im Allgemeinen eine Kurve mit **sigmoidem** (S-förmigem) Verlauf, die im mittleren Teil annähernd linear verläuft. Die Kurven haben einen Wendepunkt, der zugleich 50 % des Maximaleffektes (100 %) angibt. Die Darstellung im Wahrscheinlichkeitsnetz ergibt eine Gerade (**Abb. 1.7**). Als grundlegender Parameter gibt die ED_{50} eines Pharmakons die Dosis an, bei der 50 % des Maximaleffektes ausgelöst werden. Bei einem Vergleich von Dosis-Wirkungs-Kurven einer Serie von Agonisten wird auch der Begriff der Potenz (**potency**) verwendet (**Abb. 1.8**). Die größte Potenz hat der Agonist, der mit der niedrigsten Dosis die ED_{50} erreicht. Der negative dekadische Logarithmus der ED_{50} ist der pD_2-Wert, der als Maß für die Potenz eines Pharmakons verwendet wird. Je kleiner der ED_{50}- bzw. je größer der pD_2-Wert, desto größer ist die Affinität (S.24) des Pharmakons zum Rezeptor (**Abb. 1.9**).

Weitere wichtige Kenngrößen, die aus den **Dosis-Wirkungs-Kurven** entnommen werden können, sind die Dosis, die zur Erzeugung eines **Maximaleffektes** notwendig ist, und die **Schwellendosis**, d.h. die kleinste Dosis, bei der ein biologischer Effekt ausgelöst wird. Anstelle des Begriffs der relativen Wirkaktivität (S.25) wird bei der Diskussion von Dosis-Wirkungs-Kurven häufig auch der Begriff der **Wirksamkeit (efficacy)** verwendet (**Abb. 1.8**). Dieser Begriff umfasst dann sowohl die relative Wirkaktivität als auch die nach der Rezeptoraktivierung stattfindenden Signaltransduktionsprozesse. So kann es sein, dass einer großen Rezeptorzahl nur eine beschränkte Zahl von G-Proteinen gegenübersteht und der biologische Effekt geringer als erwartet ausfällt.

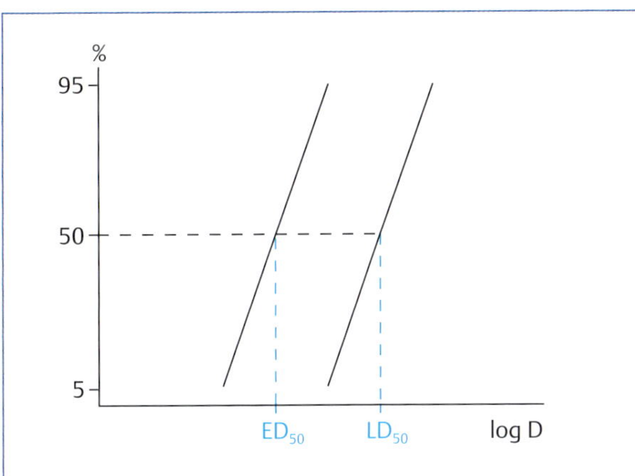

Abb. 1.7 Effektive (ED) und letale (LD) Dosis-Wirkungs-Beziehung eines Stoffes im Wahrscheinlichkeitsnetz.

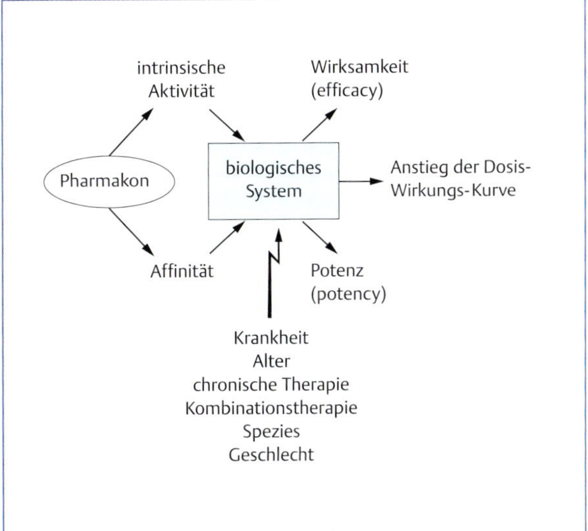

Abb. 1.8 Wechselwirkung Pharmakon und biologisches System.

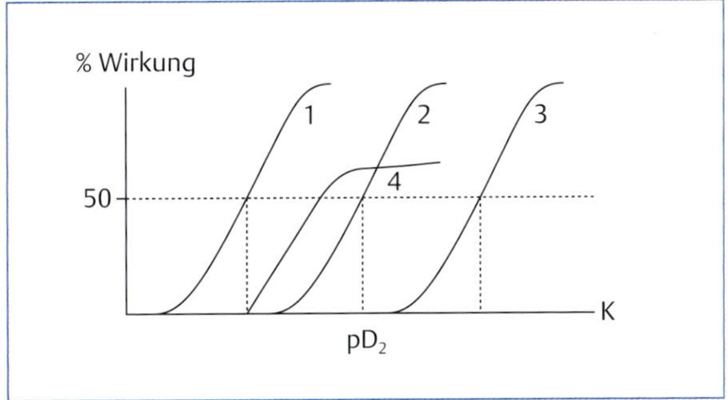

Abb. 1.9 Dosis-Wirkungs-Kurven von drei vollen Agonisten (**1–3**) und einem partiellen Agonisten (**4**); K = Konzentration der Agonisten.

Die **Steilheit** der Dosis-Wirkungs-Kurve (im Bereich von etwa 16–84 % Wirkung verläuft die Kurve quasi linear) ist ein weiterer Parameter für die Charakterisierung eines Wirkstoffs. Je steiler die Kurve verläuft, umso enger liegen die Dosen beieinander, die für eine Wirkungszunahme notwendig sind. Unterschiede in der Steilheit der Dosis-Wirkungs-Kurven sprechen dafür, dass die untersuchten Substanzen unterschiedliche Wirkungsmechanismen besitzen, z. B. andere Rezeptoren besetzen.

Entsprechend dem experimentellen Ansatz werden nicht nur Dosis-Wirkungs-Kurven, sondern auch Konzentrations-Wirkungs-Kurven (z. B. Organpräparationen in einer Badflüssigkeit, der unterschiedliche Konzentrationen eines Pharmakons zugegeben werden) betrachtet.

Durch eine Analyse des Verlaufs der Dosis-Wirkungs-Kurve eines Agonisten bei Zusatz von ansteigenden Konzentrationen eines Antagonisten kann eine Differenzierung zwischen kompetitiven und nicht kompetitiven Antagonisten vorgenommen werden: Im Allgemeinen verschiebt ein **kompetitiver Antagonist** entsprechend den zugegebenen Dosisstufen die Dosis-Wirkungs-Kurve des Agonisten nach rechts, wobei die Stärke der Parallelverschiebung von der Dosis und der Affinität des Antagonisten zum Rezeptor abhängt (**Abb. 1.10**).

Dagegen senkt ein **nicht kompetitiver Antagonist** die Dosis-Wirkungs-Kurve des Agonisten ab (scheinbare Verringerung der intrinsischen Aktivität des Agonisten), da er die Wirksamkeit des Agonisten über eine allosterische Wirkung am Rezeptor verringert (**Abb. 1.11**). Absenkungen einer Dosis-Wirkungs-Kurve können auch andere Ursachen haben. So werden sie z. B. auch nach Gabe irreversibel wirkender kompetitiver Antagonisten oder nach Gabe von höheren Dosen eines kompetitiven Antagonisten beobachtet.

In einem gewissen Abstand – häufig parallel – zu dieser „effektiven" Dosis-Wirkungs-Kurve verlaufen die Dosis-Wirkungs-Kurven für **unerwünschte Arzneimittelwirkungen (UAW, Nebenwirkungen)** und in noch höheren Dosen diejenige für den **letalen Effekt (LD)**, an der sich entsprechend die LD_{50} ablesen lässt. Als Maß für die **therapeutische Breite** (therapeutischer Quotient, therapeutischer Index) wird gern der 50 %-Index, also das Verhältnis LD_{50}/ED_{50}, benutzt. Er gibt aber insofern ein falsches Sicherheitsgefühl, da der Tierarzt weder zufrieden ist, wenn 50 % seiner Patienten sterben, noch, wenn nur 50 % geheilt werden. Der wirklichen therapeutischen Breite kommt das Verhältnis LD_5/ED_{95} nahe. Die Dosen für einen Effekt von 0 % und 100 % sind aus statistischen Gründen nicht bestimmbar. Bei Darstellung der Kurven im Wahrscheinlichkeitsnetz als Geraden können die Dosen für die ED_{95} und die LD_5 direkt abgelesen werden (**Abb. 1.7**). Eine isoliert angegebene ED_{50} oder LD_{50} hat keinen großen Aussagewert, wenn nicht eine Vergleichssubstanz derselben Wirkungsklasse mit untersucht wird. Erst dann sieht man, ob das neue Produkt gegenüber dem eingeführten einen Fortschritt erwarten lässt, z. B. eine höhere LD_{50} oder eine niedrigere ED_{50}. Zur Bewertung der Verträglichkeit (Sicherheitsbreite) ist auch der Bezug zur toxischen Dosis (TD), die schwere unerwünschte Wirkungen hervorruft, üblich.

Die oben genannten Kenndosen beziehen sich immer auf bestimmte Tierspezies und Applikationsarten. So können sich die Organverteilung und Dichte von Rezeptoren bzw. Rezeptor-Subtypen in verschiedenen Organen tierartlich unterscheiden. Das Ausmaß und die Geschwindigkeit der An- und Abflutung eines Pharmakons hängen stark von der Art der Applikation ab und können erheblichen tierartlichen Unterschieden unterliegen. Man sollte auch beachten, dass Dosis-Wirkungs-Kurven meist an gesunden Versuchstieren aufgestellt werden. Bei kranken Tieren werden die Dosis-Wirkungs-Kurven u. U. sehr viel flacher verlaufen, und die „therapeutische Breite" ist dann geringer. In der Gebrauchsinformation angegebene Dosierungen können bei schwer kranken Tieren schon zum lebensbedrohenden Zwischenfall führen, sodass bei kranken Tieren stark wirksame Präparate mit gebührender Vorsicht (z. B. individuelle Dosierung nach Wirkung bei Kurznarkotika) eingesetzt werden müssen. Daher sind entsprechende **Kontraindikationen (Gegenanzeigen)** in den Gebrauchsinformationen dringend zu beachten.

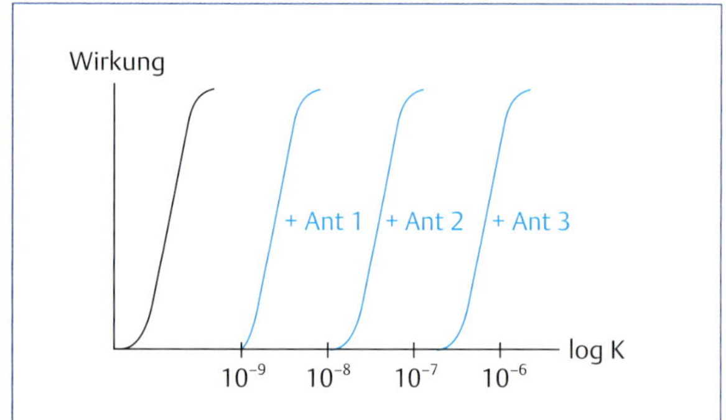

Abb. 1.10 Kompetitiver, reversibler Antagonismus. Durch steigende Konzentrationen des Antagonisten wird die Dosis-Wirkungs-Kurve des Agonisten (linke Kurve) parallel nach rechts verschoben.

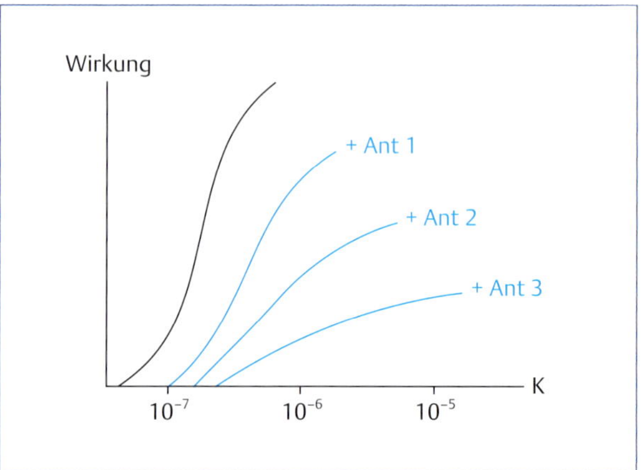

Abb. 1.11 Kompetitiver, irreversibler Antagonismus oder nicht kompetitiver Antagonismus; links = Dosis-Wirkungs-Kurve des Agonisten, rechts = Dosis-Wirkungs-Kurven nach steigenden Dosen eines Antagonisten.

1.4 Bedingungen für die Wirkung eines Arzneimittels

Damit ein Arzneimittel nach extravasaler Verabreichung an den Wirkort im Organismus gelangt, muss es meist resorbiert werden, d. h. vom Applikationsort (z. B. Magen-Darm-Trakt) in den Blutkreislauf gelangen. Danach kann es sich mit dem Blutkreislauf im Organismus verteilen und gelangt zum Rezeptor oder einem anderen Wirkort.

Damit ein Pharmakon resorbiert wird und aus den Blutgefäßen zum eigentlichen Wirkort gelangen kann, hat es Membranen zu überwinden und muss dafür entsprechende chemische und physikalische Eigenschaften besitzen.

1.4.1 Größe

Mit zunehmendem Molekulargewicht werden die Möglichkeiten eines Membrandurchtritts eingeschränkt. Rein hydrophile Pharmaka können die Membranbarrieren der Schleimhäute nur noch bis zu einem Molekulargewicht von 100 ausreichend durchqueren (Porendiffusion), hydrophile Pharmaka mit höherem Molekulargewicht müssen parenteral gegeben werden. Lipophile Stoffe dieser Größe haben jedoch hierbei keine Probleme. Mit der Molekülgröße wird gewöhnlich aufgrund der komplizierter werdenden Geometrie in der Struktur die Rezeptorspezifität größer.

1.4.2 Geometrie des Moleküls

Da der Organismus der Säugetiere aus chiralen Makromolekülen aufgebaut ist und auch die Zielstrukturen wie Rezeptoren oder Enzyme bestimmte chirale Makromoleküle enthalten, treten Arzneimittel mit diesen in Wechselwirkung. Der Effekt hängt entscheidend von der dreidimensionalen Struktur sowohl des Rezeptors als auch des Arzneimittels ab. Wenn bei fester Konstitution eines Moleküls verschiedene Raumanordnungen für die Atome infrage kommen, spricht man von Stereoisomeren. Enantiomere sind Stereoisomere, die spiegelbildlich zueinander sind. Sie können erheblichen Einfluss auf die pharmakodynamischen Eigenschaften eines Pharmakons haben. Es ist verständlich, dass bei chiralen Arzneistoffen das eine **Enantiomer** gut an die Rezeptorstruktur passt und das andere Enantiomer schlechter damit interagiert. Die Stereoisomerie eines Arzneimittels hat nicht nur Bedeutung für die Rezeptorwirkung, sondern auch für die Bindung an Transportproteine oder metabolisierende Enzyme. Ältere Arzneimittel enthalten häufig Racemate, jedoch sind in den letzten Jahren vermehrt reine Enantiomere als Arzneimittel auf den Markt gebracht worden. Ketamin ist ein Injektionsanästhetikum und liegt als Racemat vor. Es hat sich gezeigt, dass die stärkere anästhetische Wirksamkeit des S-Enantiomers (Ketamin-S) mit der höheren Affinität zur Phencyclidin-Bindungsstelle des NMDA-Rezeptors korreliert. Ofloxacin, ein Antibiotikum aus der Gruppe der Fluorchinolone, ist ein Racemat. Da nur das S-Enantiomer antibakteriell wirksam ist, wurde es als Levofloxacin in den Handel gebracht.

1.4.3 Wasserlöslichkeit und Lipidlöslichkeit

Für den Transport eines Pharmakons auf dem Blutwege durch den Organismus ist Wasserlöslichkeit (Hydrophilie) eine Voraussetzung. Rein wasserlösliche Pharmaka können nur über Poren der verschiedenen Membranen im Organismus zum Wirkort gelangen.

Wenn ein Arzneistoff nicht über Poren zum Wirkort gelangen kann und deshalb durch Membranen hindurchwandern muss, dann ist eine gewisse Lipidlöslichkeit unabdingbar für die Auslösung einer Wirkung. Die Lipid- und die Wasserlöslichkeit von Wirkstoffen wird durch den **Lipid-Wasser-Verteilungskoeffizienten** als Quotient der Konzentration des Stoffes in der Lipidphase/Konzentration des Stoffes in der Wasserphase beschrieben. Die Bestimmung des Verteilungskoeffizienten erfolgt in einem Gefäß, in dem sich Wasser (zumeist Puffer, um pH-Einflüsse auszuschalten) und ein organisches Lösungsmittel (z. B. Octanol) befinden. Nach Zugabe der Substanz und Schütteln des Gefäßes stellt sich ein Gleichgewicht der Konzentration des Stoffes in den beiden Phasen ein.

1.4.4 Ionisationsgrad und biologische Wirkung

Die Membrandiffusion hängt ebenfalls vom Ionisationsgrad einer Substanz ab. Die Lipophilie einer Substanz wird entsprechend dem Ionisationsgrad geringer.

Ionisationskonstante

Während starke Säuren und Basen, z. B. HCl und NaOH, in verdünnter Lösung über den gesamten pH-Bereich voll ionisiert vorliegen, sind zahlreiche Arzneimittel (z. B. Barbiturate, Alkaloide, Lokalanästhetika, Antihistaminika) schwache Säuren und Basen, die in Abhängigkeit vom Umgebungs-pH Unterschiede in der Ionisation zeigen. Ihre Salze ionisieren in Lösung und somit auch im Organismus voll. Das Ion, das die Wirkung trägt, hydrolysiert aber teilweise zur freien Säure (AH) bzw. Base (B), und es stellt sich ein Gleichgewicht zwischen beiden Formen ein:

$$[AH] \leftrightarrow [A^-] + [H^+] \tag{1.2}$$

bzw.

$$[B] \leftrightarrow [BH^+] + [OH^-] \tag{1.3}$$

Dieses Gleichgewicht wird durch die **Ionisationskonstante** angegeben, die sich aus dem Ionenprodukt geteilt durch die Konzentration an freier Säure oder Base berechnet. Man unterscheidet eine Ionisationskonstante für Säuren (**K_a**) und eine für Basen (**K_b**). Der K_b-Wert lässt sich in einen K_a-Wert umformen, wenn man annimmt, dass das basische Kation (BH) unter Abgabe eines Protons in den nicht ionisierten Zustand übergeht und damit eine Analogie zu den Säuren hergestellt wird:

$$K_a = \frac{[H^+][B]}{[BH^+]} \tag{1.4}$$

pK$_a$-Wert

DEFINITION In Analogie zur Ableitung des pH-Wertes aus der Wasserstoffionenkonzentration wird der negative dekadische Logarithmus des K$_a$-Wertes als pK$_a$-Wert bezeichnet. Er kann als der pH-Wert verstanden werden, bei dem die jeweilige Substanz gerade zu 50 % in der ionisierten Form vorliegt.

Nach der Henderson-Hasselbalch'schen Gleichung gilt:

$$\text{für Säuren: } pK_a = pH + \log\left(\frac{[AH]}{[A^-]}\right) \quad (1.5)$$

$$\text{für Basen: } pK_a = pH + \log\left(\frac{[BH^+]}{[B]}\right) \quad (1.6)$$

Eine Base mit hohem pK$_a$-Wert ist eine starke Base, eine Säure mit hohem pK$_a$-Wert ist eine schwache Säure. Es ergibt sich eine pH-abhängige Ionisationskurve, die für jeden Stoff entsprechend dem pK$_a$-Wert auf der Abszisse verschoben ist (**Abb. 1.12**). Da der mittlere Teil der Ionisationskurve steil verläuft, können geringe pH-Veränderungen im Organismus bei Arzneimitteln, die einen pK$_a$-Wert im Bereich des physiologischen pH-Wertes haben, zu erheblichen Veränderungen des Ionisationsgrades führen.

Tab. 1.2 zeigt einige pK$_a$-Werte für wichtige Pharmaka.

Der ionisierte Anteil lässt sich bei gegebenem pH mit den folgenden Formeln berechnen:

$$\text{Säure: } \%\ \text{ionisiert} = \frac{100}{1 + \text{antilog}\ (pK_a - pH)} \quad (1.7)$$

$$\text{Base: } \%\ \text{ionisiert} = \frac{100}{1 + \text{antilog}\ (pH - pK_a)} \quad (1.8)$$

Die ionisierte und die freie Form von Arzneimitteln unterscheiden sich bezüglich der Wasser- und Lipidlöslichkeit: Ionen sind gut wasserlöslich und nicht oder kaum lipidlöslich.

Biologische Grenzmembranen (Darmwand, Zellmembran, Blut-Hirn-Schranke) werden nur von der gut lipidlöslichen, nicht ionisierten Form eines Arzneimittels überschritten, während die ionisierte Form im Wesentlichen auf den Extrazellularraum beschränkt bleibt.

In einer Vielzahl der Fälle gilt, dass die pharmakologische Wirkung eines Arzneimittels an die freie Form gebunden ist.

Für Arzneimittel, die nur in der ionisierten Form wirken, muss eine ionisierte Gruppe auf dem Rezeptor angenommen werden, mit der das Arzneimittel über eine Ionenbindung reagiert. Beide Gruppen ionisieren pH-abhängig und unabhängig voneinander. Für diese Arzneimittel gibt es ein pH-Optimum, bei dem beide Komponenten ein Maximum an Ionisation zeigen.

Der Warmblüterorganismus hält seinen pH-Wert innerhalb relativ enger Grenzen konstant, aber selbst innerhalb dieser Grenzen lassen sich Einflüsse auf biologische Arzneimittelwirkungen durchaus nachweisen.

Das Lokalanästhetikum Procain (pK$_a$ = 9,09) zeigt im entzündeten Gewebe, in dem eine lokale Azidose herrscht,

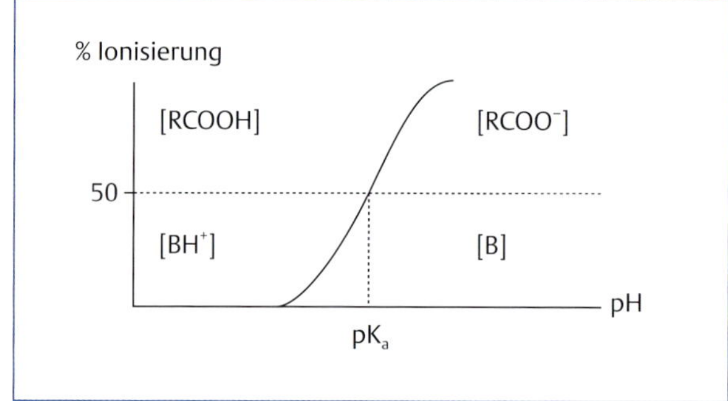

Abb. 1.12 Ionisationsdiagramm für Säuren und Basen.

Tab. 1.2 pK$_a$-Werte einiger Arzneimittel.

Säuren		Basen	
Benzylpenicillin	2,8	Coffein	0,6
Salicylsäure	3,0	Theophyllin	0,7
Acetylsalicylsäure	3,5	Benzocain	2,8
Phenylbutazon	4,4	Pilocarpin	6,8
Sulfadiazin	6,5	Apomorphin	7,0
Sulfamerazin	7,1	Morphin	7,9
Phenobarbital	7,4	Codein	7,9
Thiopental	7,6	Cocain	8,4
Barbital	7,8	Promethazin	9,1
Pentobarbital	8,0	Ephedrin	9,4

nur eine geringe lokalanästhetische Wirkung. Procain ist bei physiologischem pH-Wert zu 98 % ionisiert, liegt also nur zu 2 % in der lipidlöslichen freien Form vor. Nur diese kann in die lipidreichen Nervenscheiden eindringen, während die ionisierten Anteile über das Lymph- und das Blutsystem abtransportiert werden und zudem einem schnellen Abbau durch ubiquitäre Esterasen unterliegen. Diese 2 % freie Base sind aber ausreichend, um eine gute Anästhesie zu gewährleisten. Liegt nun eine lokale Azidose von pH 7,0 vor, so sind nur noch 0,8 % Procain in freier Form vorhanden, und die gute Durchblutung im entzündeten Gewebe sorgt für einen raschen Abtransport der ionisierten Form. Damit sind für eine gute Lokalanästhesie die Voraussetzungen nicht mehr gegeben und die Schmerzausschaltung wird unvollständig. Auch den im Vergleich zu Procain sehr viel schnelleren Wirkungseintritt von Lidocain kann man sich über den Grad der Ionisation erklären: Lidocain hat einen pK$_a$-Wert von 7,86 und liegt damit beim physiologischen pH-Wert von 7,4 zu 26 % in der ungeladenen, gut lipoidlöslichen Form vor. Man kann sich vorstellen, dass dieses höhere Angebot an freier Base, die sich in der Nervenscheide verteilen kann, zu einem schnelleren Wirkungseintritt führt. Auch bei einer Azidose von pH 7,0 ist Lidocain noch voll wirksam. Sobald das Lokalanästhetikum durch die Nervenscheide diffundiert ist, bildet sich im Axon wieder ein Gleichgewicht zwischen ionisierter und ungeladener Form aus, und das Kation unterbricht die Nervenleitfähigkeit. An marklosen (autonomen) Nerven und freien Nervenendigungen löst die ionisierte Form direkt ihre Wirkung aus.

Manche Arzneimittel haben in ihrem Molekül eine basische und eine saure Gruppe, die unabhängig voneinander ionisieren können. Wenn beide Gruppen in der ionisierten Form vorliegen, spricht man von einem **Zwitterion**. Zwei Moleküle solcher Arzneimittel können sich mit ihren entgegengesetzten Ladungen aneinanderlegen und werden damit elektroneutral und resorptionsfähig.

Die **Diffusionsgeschwindigkeit durch Lipidmembranen** ist entsprechend dem Diffusionsgesetz abhängig vom Konzentrationsgradienten. Ein Stoff mit einem hohen Öl-Wasser-Verteilungskoeffizienten, d. h. ein Stoff, dessen Lipidlöslichkeit viel größer ist als die Wasserlöslichkeit, wird zwischen Wasserphase und Lipidmembran einen steileren Konzentrationsgradienten aufbauen und demzufolge mit höherer Geschwindigkeit die Membran passieren. Desgleichen ist bei wenig ionisierten Molekülen der Anteil an Substanz, die diffundieren kann, sehr viel größer als bei stärker ionisierten Stoffen. Entsprechend ist der Konzentrationsgradient für die nicht so stark ionisierte Form in der Membran größer und der Diffusionsprozess läuft schneller ab.

Wenn eine Lipidmembran zwei Flüssigkeitsräume mit sehr unterschiedlichen pH-Werten trennt, dann häufen sich basische Pharmaka im Raum mit dem niedrigen pH-Wert, z. B. Magen, an und Säuren in dem Raum mit dem vergleichsweise höheren pH-Wert. Dieses Prinzip einer **Ionenfalle** hat z. B. Bedeutung bei der Anreicherung von Basen im Magenlumen (**Abb. 1.13**) oder Euter.

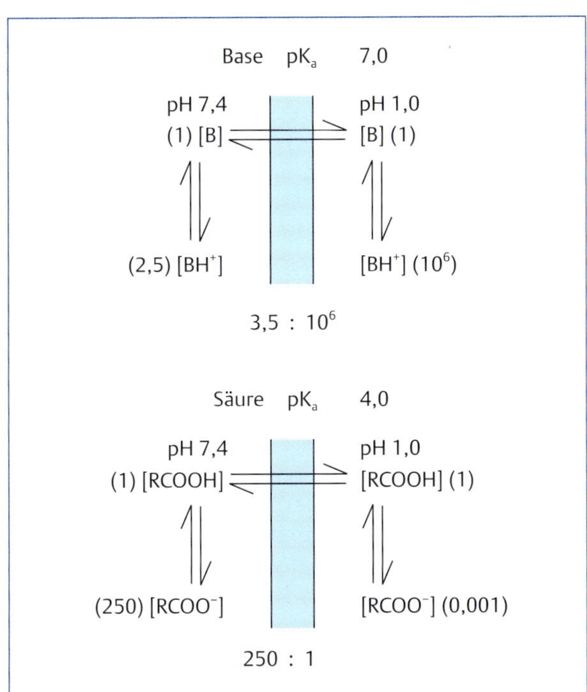

Abb. 1.13 Verteilung einer Base (pK_a 7,0) und einer Säure (pK_a 4,0) über die Magenwand. Die Zahlen in Klammern geben die Konzentrationen der Ionen relativ zur freien Base oder Säure (= 1,0) an.

1.4.5 Prodrugs

DEFINITION Prodrugs sind Substanzen ohne eigene pharmakologische Wirksamkeit, die erst nach einer chemischen oder enzymatischen Reaktion im Organismus in einen Wirkstoff umgewandelt werden.

Ziel dieses Konzepts ist es, die Eigenschaften des Pharmakons zu verbessern. Dazu gehören:

- verbesserte Wasserlöslichkeit und damit Applizierbarkeit
- Verhinderung von Schmerz oder Entzündung an der Applikationsstelle
- Geschmackskorrektur
- Stabilität im Magen-Darm-Trakt
- bessere Membrangängigkeit durch stärkere Lipophilie
- keine Bindung an Effluxtransporter
- Nutzung von Carriertransport
- Veränderung der Plasma-Proteinbindung
- höhere Targetspezifität
- Verlängerung der Wirkung durch Schutz vor Metabolismus oder Ausscheidung
- verringerte Toxizität

Die Protonenpumpenhemmer zur Therapie von Magenulzera oder L-Dopa zur Behandlung der Parkinson-Erkrankung stellen bekannte Beispiele dar.

1.5 Schicksal von Arzneimitteln im Organismus

In diesem Abschnitt wird das Schicksal von Arzneimitteln von der Verabreichung beginnend über die Resorption, die Verteilung im Körper, den Stoffwechsel (Biotransformation) und schließlich zu den verschiedenen Wegen der Ausscheidung (Exkretion) kommend besprochen. Dazu gehören auch die Arzneimittelwechselwirkungen, die von Bedeutung sein können, wenn zwei Arzneimittel gleichzeitig oder nacheinander gegeben werden.

1.5.1 Verabreichung und Resorption

DEFINITION Als **Resorption (Syn.: Absorption)** wird der Prozess der Aufnahme eines Stoffes von der Stelle der Verabreichung in die Blutbahn bezeichnet.

Damit ein Arzneimittel im Organismus seine Wirkung entfalten kann, muss es in die Blutbahn (Lymphbahn) gelangen. Dem Tierarzt stehen verschiedene Wege der Zufuhr von Arzneimitteln zur Verfügung, die abhängig von der jeweiligen Situation und den Eigenschaften des Arzneimittels ihre Vor- und Nachteile haben. Arzneimittel setzen sich in der Regel aus Wirkstoffen und Hilfsstoffen (z. B. Füllmittel und Bindemittel in Tabletten) zusammen. Die Herstellung von geeigneten Arzneiformen ist ein Teilgebiet der **Pharmazie** (Galenik, pharmazeutische Technologie). Voraussetzung für die Resorption ist die Freisetzung (**Libe-**

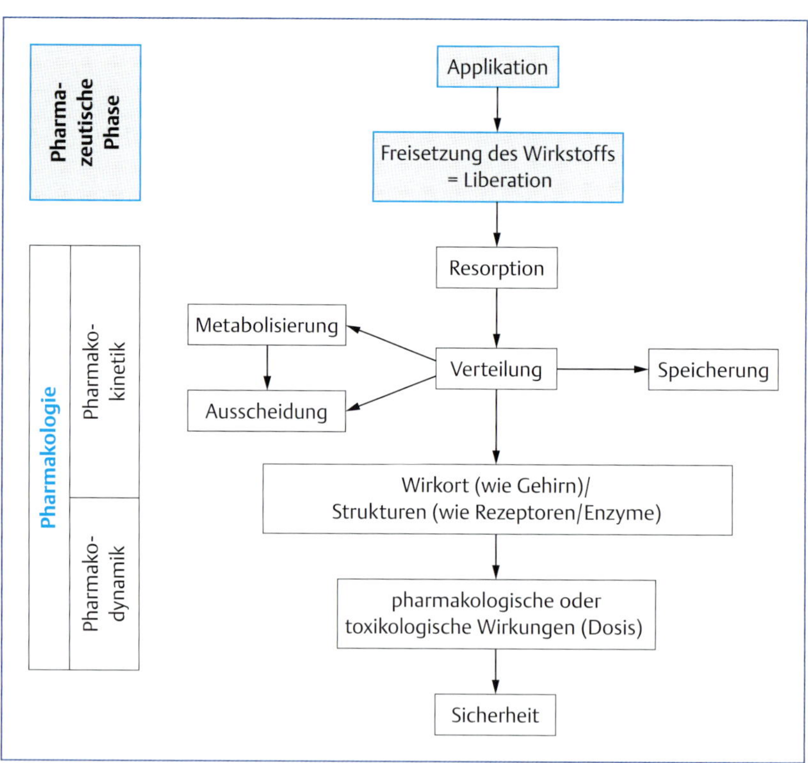

Abb. 1.14 Vorgänge im Organismus nach Gabe des Pharmakons.

ration) des Wirkstoffs aus der Arzneiform. Die pharmazeutische Formulierung kann erheblichen Einfluss auf das Ausmaß und die Geschwindigkeit der Liberation des Arzneistoffs und somit auf alle weiteren pharmakokinetischen Teilprozesse (Resorption, Verteilung, Metabolisierung und Exkretion) sowie die Wirksamkeit und Sicherheit eines Arzneimittels haben (**Abb. 1.14**).

1.5.2 Applikationsarten

Die Arten der Verabreichung eines Arzneimittels können in Gaben unter **Einschaltung** und in Gaben unter **Umgehung eines Resorptionsprozesses** unterteilt werden. Weiterhin werden die **enteralen** und die **parenteralen** Verabreichungsarten unterschieden, wobei enteral alle Arten der Verabreichung in den Gastrointestinaltrakt (oral, rektal) umfasst und alle anderen Applikationsarten als parenteral bezeichnet werden. Mit den verschiedenen Applikationsarten kann jeweils wieder eine lokale oder eine systemische Wirkung erzielt werden.

Orale Zufuhr, Resorption im Verdauungstrakt und Retardierungsprinzipien

Bestimmende Faktoren für die Resorption aus Magen oder Darm sind die Lösungsgeschwindigkeit der Pharmaka, die von der Partikelgröße abhängt, und der Magen- und Darminhalt. Bevor eine Resorption stattfinden kann, muss die Arzneiform zerfallen sein und der Wirkstoff muss gelöst vorliegen. Lipophile Pharmaka können sich in fettreichem Mageninhalt anreichern.

Die Resorption aus dem Verdauungstrakt wird im Wesentlichen durch die lipophilen Eigenschaften des Arzneimittels bestimmt. Die Membrangängigkeit von sauren oder basischen Pharmaka wird von ihrem Ionisationsgrad beeinflusst. Besondere Verhältnisse finden wir im **Magen** aufgrund des niedrigen pH-Wertes des Magensaftes und der großen pH-Differenz zwischen Magenlumen (Belegzellen als Ort der Salzsäureproduktion) und dem umgebenden Gewebe. Für die Resorption aus dem Magen ist demnach zu erwarten, dass saure Arzneimittel besser resorbiert werden als basische (**Tab. 1.3**). Es ist sogar eine Anreicherung von Basen nach parenteraler Injektion auf der Seite des Mageninneren zu beobachten, da Basen, wie Morphin, bei dem stark sauren pH-Wert des Magens überwiegend in die ionisierte Form überführt werden und so

Tab. 1.3 Resorption von Arzneimitteln aus dem Magen der Ratte.

Substanz	pK_a	resorbierter Anteil (%) in 1 h
Säuren		
Salicylsäure	3,0	61
Acetylsalicylsäure	3,5	35
Thiopental	7,6	46
Secobarbital	7,9	30
Basen		
Acetanilid	0,3	36
Coffein	0,8	24
Antipyrin (Phenazon)	1,4	14
Aminopyrin (Aminophenazon)	5,0	2
Chinin	8,4	0
Mecamylamin	11,2	0

nicht zurückdiffundieren können (Ionenfalle des Magens). Für Säuren ist dagegen nur ein geringer Übertritt in den Magen zu erwarten, da diese beim pH-Wert des Magens nahezu ausschließlich ungeladen vorliegen, also diffusionsfähig sind, und damit immer im Gleichgewicht mit dem ungeladenen Anteil im Plasma bleiben (**Abb. 1.13**).

Eine Besonderheit zeigen starke Säuren und Basen, da diese selbst beim pH-Wert des Magens fast ausschließlich ionisiert vorliegen. Einzelne Arzneimittel, die beim pH-Wert des Magens ausgefällt werden, sind dann unlöslich, sodass eine Resorption nicht stattfinden kann. Andere Arzneimittel, wie Benzylpenicillin, werden durch die Magensäure zerstört. Auch Peptide unterliegen im Magen-Darm-Kanal einer Verdauung. Dragees oder Tabletten können mit einem Überzug versehen werden, der im Magen unlöslich ist und der Vermeidung von unerwünschten Wirkungen am Magen oder dem Schutz des Wirkstoffs vor dem Milieu des Magens dient.

Beim **Wiederkäuer** mit seinem voluminösen Vormagensystem sind die Verhältnisse für die Resorption aus dem Magen etwas anders gelagert. Das Pansenepithel ist zwar grundsätzlich resorptionsfähig, der pH-Wert im Pansen liegt bei 5,6–6,5, bedingt durch die großen Mengen an Speichel (100–200 l/Tag beim Rind) mit einem pH-Wert von über 8. Basen werden demnach besser und Säuren schlechter als aus dem Magen von monogastrischen Tieren resorbiert. Allerdings kommt es im Panseninhalt, der 10–20 % des Körpergewichts ausmachen kann, zu einer sehr starken Verdünnung des Arzneimittels, von dem wiederum nur ein kleiner Teil mit der Pansenwand Kontakt hat, und das Konzentrationsgefälle als treibende Kraft für die Aufnahme ins Blut sinkt. Das verlangsamt die Resorption. Schließlich werden zahlreiche Pharmaka in dem mikrobiellen Milieu des Pansens inaktiviert. Man kann versuchen, den Haubenrinnenreflex bei der Eingabe von Arzneimitteln auszulösen, damit das Arzneimittel direkt in den Labmagen (pH-Wert von etwa 3) gelangt, wo es vor mikrobieller Zersetzung sicher sein sollte.

Aufgrund der großen Oberfläche des **Dünndarms** ist dieser Darmabschnitt für die Resorption der wichtigste. Der virtuelle pH-Wert beträgt 5,3 im Dünndarm und 6,5 im Dickdarm. Sowohl Säuren als auch Basen werden vom Darm gut resorbiert, solange Säuren einen pK_a-Wert von über 2,5 und Basen von unter 8,5 aufweisen. Bei gleichem pK_a-Wert wird die besser lipidlösliche Substanz schneller resorbiert werden, bei gleicher Lipidlöslichkeit die Substanz, die zu einem höheren Anteil in der ungeladenen Form vorliegt (**Tab. 1.4**). Bei Nichtelektrolyten ist allein die Lipidlöslichkeit für die Resorption entscheidend.

Streptomycin und quarternäre Ammoniumbasen, die bei praktisch jedem pH-Wert voll ionisiert vorliegen, werden nicht enteral resorbiert.

Für die enterale Resorption spielen außerdem die Stabilität im Magen-Darm-Kanal (Benzylpenicillin wird von der Magensäure hydrolysiert) und die absolute Löslichkeit im Magen-Darm-Kanal eine Rolle. Beträgt diese weniger als 0,1 mg/ml, so ist die Resorption schlecht.

Die Resorptionsverhältnisse im Dickdarm, die bei der rektalen Verabreichung von Bedeutung sind, gleichen bis auf den bereits oben angeführten Unterschied im pH-Wert denen im Dünndarm (**Tab. 1.5**).

Tab. 1.4 Resorption von Arzneimitteln aus dem Dünndarm der Ratte.

Substanz	pK_a	resorbierter Anteil (%)
Säuren		
Salicylsäure	3,0	59
Acetylsalicylsäure	3,5	18
Phenylbutazon	4,4	64
Thiopental	7,6	54
Basen		
Theophyllin	0,7	27
Antipyrin (Phenazon)	1,4	32
Aminopyrin (Aminophenazon)	5,0	33
Ephedrin	9,6	4
Tolazolin	10,3	7
Mecamylamin	11,2	0

Tab. 1.5 Beziehungen zwischen der Resorption aus dem Dickdarm der Ratte und der Lipidlöslichkeit bei Verbindungen mit einem pK_a-Wert im Bereich von 7,4–8,1. Die Lipidlöslichkeit ist als Verteilungskoeffizient zwischen Chloroform und Wasser angegeben.

Substanz	Verteilungskoeffizient Chloroform/Wasser	resorbierter Anteil (%)
Barbital	0,7	12
Phenobarbital	4,8	20
Cyclobarbital	13,9	24
Pentobarbital	28,0	30
Secobarbital	50,7	40

Für manche Substanzen, die im Organismus eine kurze Verweildauer (Halbwertszeit) haben, oder bei denen man Plasmakonzentrationsspitzen vermeiden möchte, sind **Retardierungsprinzipien** (sustained release oder delayed release) entwickelt worden, durch die der Wirkstoff verzögert freigegeben wird und womit sich die Zahl der erforderlichen Einzelgaben reduziert.

Die größte Bedeutung haben heute überzogene Arzneiformen, insbesondere Diffusionspellets, Matrices oder Hydrokolloideinbettungen. Diffusionspellets finden sich in Retardkapseln, können aber auch zu Tabletten verpresst werden. Die Kontrolle der Wirkstofffreigabe erfolgt durch einen Polymerfilm, der nicht löslich ist. Wasser dringt von außen ein und löst den Wirkstoff, der nun langsam durch den Polymerfilm diffundiert. Der Wirkstoff kann auch in eine unlösliche Matrix (PVC) oder eine Hydrokolloidmatrix eingebettet sein. Im letzteren Fall wird er freigesetzt, wenn die kolloidlösliche Matrix quillt und erodiert. Die Auflösegeschwindigkeit von bestimmten Arzneistoffen lässt sich auch steuern, indem Kristalle definierter Größe und Form eingesetzt werden.

Zur Erzielung ganz bestimmter Abgabeprofile werden besondere Arzneiformen mit zwei- und mehrphasiger Abgabe benutzt, z. B. „Coat-core"-Tabletten, die aus einem rasch zerfallenden Mantel und einem hart gepressten Kern bestehen. Der Letztere zerfällt langsam und gibt den Wirkstoff über Stunden frei.

Bei der Push-Pull-Technologie wird der Wirkstoff in eine Art Tablette gebracht, die aus zwei Teilen besteht, einem osmotisch aktiven wirkstoffhaltigen und einem quellfähigen, aber wirkstofffreien Teil. Die Tablette ist umhüllt von einer semipermeablen Membran, in die ein kleines Loch genau definierter Größe gebrannt worden ist. Im Magen-Darm-Trakt diffundiert Wasser in die Tablette, es löst sich der Wirkstoff, das Quellgel nimmt an Volumen zu, und die Wirkstofflösung wird mit Druck aus dem Loch in der Umhüllungsmembran hinaus gepresst.

CAVE

Am Kleintier ist die Verwendung von Retardpräparaten, die für den Menschen bestimmt sind, mit einem gewissen Risiko verbunden: Wenn das Präparat schneller als beim Menschen resorbiert wird, kann es zu einer Vergiftung kommen; wird es langsamer resorbiert, werden wirksame Konzentrationen unter Umständen nicht erreicht.

Bei Wiederkäuern werden Sustained-release-Präparate, z. B. in Form eines Bolus aus Kunststofffolie, in den Pansen eingebracht und führen von dort zu einer langsamen Freigabe.

Generell muss beim Einsatz von Retardpräparaten beachtet werden, dass eine Teilung nur möglich ist, wenn die Darreichungsform dies gestattet.

Sublinguale und buccale Gabe

Die sublinguale Applikationsart wird bei Tieren selten angewandt. Beim Pferd können Arzneistoffe seitlich in der Backentasche deponiert werden. Von Vorteil ist, dass Pharmaka ohne vorherige Leberpassage gleich in den großen Kreislauf gelangen.

Rektale Anwendung

Vorteil einer rektalen Anwendung ist es, dass Pharmaka in den unteren Abschnitten des Rektums die primäre Leberpassage umgehen. Nachteile ergeben sich aus einer im Vergleich zur oralen Gabe geringeren und interindividuell stark schwankenden Resorptionsrate.

Applikation auf Haut und Schleimhäute und Resorption

Applikationen auf die Körperoberfläche betreffen die Haut und die Schleimhäute. Die sogenannte **äußerliche Anwendung** beschränkt sich auf die Verabreichung auf die Haut. Die Begriffe **topische** oder **lokale** Applikation schließen die Verabreichung auf Schleimhäute (Auge, Nase, Euter, Uterus) ein.

Die Haut ist als eine sehr dicke Lipidmembran anzusehen, die zudem mit dem Stratum corneum, das nur einen geringen Wassergehalt aufweist, die Resorption von hydrophilen höhermolekularen Pharmaka verhindert. Die Schleimhaut stellt aufgrund ihrer guten Durchblutung und der geringeren Dicke eine kleinere Resorptionsbarriere dar. Bei der Applikation auf Haut und Schleimhaut kann die Resorption erwünscht oder unerwünscht sein. So sollen beispielsweise Antimykotika zur Lokaltherapie möglichst nicht resorbiert werden. Wenn eine Resorption des Wirkstoffs über die Haut gewünscht ist, dann bedient man sich beim Kleintier und Pferd mittlerweile der aus der Humanmedizin stammenden transdermalen therapeutischen Systeme (TTS). TTS sind eine besondere Art von Pflastern, die eine konstante Wirkstoffabgabe über längere Zeit ermöglichen und bei Umgehung des Magen-Darm-Traktes einen First-Pass-Effekt (S. 42) vermeiden. Aufgrund der Barrierefunktion der gesunden Haut ist allerdings mit verzögertem Wirkungseintritt zu rechnen. Außerdem variiert die Hautdicke bei den Haustieren, sodass die veterinärmedizinische Anwendung der für Humanpatienten bestimmten Pflaster problematisch ist.

Die intakte Haut stellt zwar eine erhebliche Barriere gegen eine Vergiftung mit Arzneimitteln dar, dies trifft jedoch bei Vorliegen von Abrasionen und chronischen Entzündungen der Haut nicht mehr zu. Dies ist z. B. bei der Anwendung von Ektoparasitika zu beachten. **Perkutane Vergiftungen**, z. B. mit Alkylphosphaten, sind durchaus bekannt. Die Wirkstoffpenetration durch die Haut kann beeinflusst werden durch physikalische Verfahren wie Hydratation, Wärme und chemische Modulatoren (Penetrationsenhancer) wie Alkohole, Sulfoxide, Tenside, Fettsäuren, Ester. Dimethylsulfoxid bzw. ($OS(CH_3)_2$, DMSO) kommt in hohen Konzentrationen ein resorptionsfördernder „Schlepper"-Effekt durch die Haut zu. Es schafft mit Lösungsmittel gefüllte Räume und löst in Konzentrationen ab 60 % die Ordnung der Barrierelipide auf.

Eine Resorption durch die Haut wird durch Okklusionsverbände oder auch Ethanol gefördert. Um das Eindringen in tiefe Hautschichten bzw. die Resorption zu verbessern, werden weiterhin Arzneistoffe als lipidlöslichere Prodrugs (häufig Ester) gegeben. Starken Einfluss auf die dermale Resorption nehmen bestimmte Arzneistoffformulierungen, wie **liposomale Zubereitungen**. Liposomen sind kleine kugelförmige Vesikel; ihre Hülle besteht aus einer Doppelschicht von Phospholipiden, deren Aufbau einer Biomembran sehr ähnelt. Nano-Emulsionen sind Öl-in-Wasser-Emulsionen, wobei die Lipidtropfen einen Durchmesser von 100–500 nm haben. Nano-Emulsionen sind geeignet für den Transport lipophiler Komponenten und werden bis jetzt meist zur unterstützenden Therapie bei Dermatitiden eingesetzt.

Die in der Veterinärmedizin oft verwendete **intrazisternale (intramammäre) Injektion** am Euter und die intrauterine Anwendung von Arzneimitteln sind in erster Linie zur Erzielung eines lokalen Effektes gedacht, eine gewisse Resorption findet natürlich auch von diesen Stellen statt. Lokal verabreichte Arzneimittel können entlang des Konzentrationsgefälles aus dem Euter oder Uterus in das Blut diffundieren, sodass auch bei lokalen Behandlungen eine Wartezeit für essbare Gewebe erforderlich sein kann.

Die nasale Mukosa bietet eine ausreichende Resorptionsfläche und gute Vaskularisierung mit direktem Zugang zur systemischen Zirkulation (kein First-Pass-Effekt). Sogar Peptide können in Form von Nasensprays appliziert werden. In der Veterinärmedizin sind Impfstoffe zur intranasalen Anwendung zugelassen.

Inhalation und Resorption über die Atemwege und Lunge

Die Lunge hat aufgrund der großen Oberfläche und guten Durchblutung der Alveolen eine sehr gute Resorptionskapazität, und entsprechend kommt es zu einem schnellen Wirkungseintritt eingeatmeter Arzneimittel. Davon macht man bei der **Inhalationsnarkose** und der Behandlung mit **Aerosolen** Gebrauch.

Die Geschwindigkeit der pulmonalen Aufnahme von Arzneimitteln hängt von mehreren Faktoren ab:

- Lungenventilation (Atemminutenvolumen)
- Lungendurchblutung (Herzminutenvolumen)
- Verteilungskoeffizient Blut/Luft (λ)
- Verteilungsvolumen

Die Aufnahme erfolgt umso schneller, je größer die ersten beiden Werte und je kleiner die letzten beiden Werte sind.

Ein Partialdruckausgleich wird umso schneller erreicht, je geringer die Löslichkeit des Narkotikums im Blut ist.

Bei der Behandlung mit **Aerosolen** mittels Inhalator mit Vernebler oder Druckgas-Dosierinhalator (Dosieraerosol) ist die Tröpfchengröße entscheidend: Große Tropfen bleiben in den oberen Luftwegen hängen, die Alveolen werden praktisch nur von Tröpfchen < 2 µm erreicht. Für gute Vernebler ist deshalb eine Tröpfchengröße von 1 µm anzustreben, dann ist der Wirkungseintritt fast so schnell wie nach i. v. Injektion. Die gleichen Gesetzmäßigkeiten gelten für die Inhalation fester Partikel über einen Pulverinhalator.

Die Verabreichung eines Arzneimittels als Aerosol hat aber auch häufig zum Ziel, einen lokalen Effekt, d. h. eine Bronchodilatation, auszulösen. Der Wirkstoff sollte lokal in hoher Konzentration vorliegen und damit möglichst geringe systemische Effekte zeigen, um unerwünschte Wirkungen zu vermeiden. Zur Asthmatherapie wird Ipratropium, ein Antagonist am Muskarinrezeptor, inhalativ angewendet. Es ist ein quarternäres Ammoniumion-Analogon von Atropin und wird deshalb schlecht resorbiert.

Um die systemischen Wirkungen von Glucocorticoiden bei inhalativer Anwendung zu verringern, sind Prodrugs in Form von Estern entwickelt worden, die vor Ort (On-site-Aktivierung) gespalten werden und dann eine feste Rezeptorbindung eingehen (z. B. Ciclesonid). Eine andere Möglichkeit ist die lokale Anwendung von Glucocorticoiden mit sehr großem First-Pass-Effekt (S. 42). So wird Budesonid zu über 80 % bei der ersten Leberpassage inaktiviert.

Injektionen in Gewebe, Gefäße und Hohlräume

Nach **intramuskulärer** (i. m.) Injektion erfolgt die Resorption rasch, da die Muskulatur relativ gut durchblutet ist. Der Wirkungseintritt wird also innerhalb von Minuten erfolgen. Die Voraussetzung ist jedoch eine gute Kreislauffunktion.

Bei **subkutaner** (s. c.) Injektion in Fettdepots oder in schlecht vaskularisierte Gebiete der Unterhaut kann der Wirkungseintritt verzögert sein. Eine Beeinflussung der Resorption aus der Unterhaut lässt sich durch Vasokonstringenzien (z. B. Zusätze zu Lokalanästhetika) und Hyaluronidase erreichen. Die subkutane Injektion ist nicht für lokal irritierende Stoffe geeignet. Durch Implantation von Pellets in die Subkutis lässt sich eine gleichmäßige Wirkstoffabgabe über längere Zeit erzielen, was bei einer Hormontherapie erwünscht sein kann. Nach subkutaner und nach intramuskulärer Injektion entsteht ein **Resorptionsdepot**. Auch hier gibt es viele Möglichkeiten, um den Resorptionsvorgang zu beschleunigen oder zu verzögern (z. B. Insulinanaloga mit schnellerem Wirkungseintritt oder mit lang anhaltender Wirkung, Procain-Penicillin als Depotpenicillin). Eine verzögerte Wirkstofffreigabe kann auch dadurch erreicht werden, dass der Wirkstoff in schwer löslicher Form, z. B. als Kristallsuspension, vorliegt. Derartige Injektionssuspensionen mit dem Ziel eines Depoteffektes dürfen deshalb nicht vor der Gabe verdünnt werden.

Die **intraabdominale (intraperitoneale)** Injektion führt zu einem sehr schnellen Wirkungseintritt. Ein First-Pass-Metabolismus bei der Leberpassage (S. 42) ist stärker ausgeprägt als bei anderen parenteralen Injektionswegen, sodass die intraabdominale Injektion im Einzelfall der intramuskulären bezüglich der Bioverfügbarkeit des Arzneimittels unterlegen sein kann.

Die **intravasale** Gabe – im Regelfall intravenös (i. v.), selten intraarteriell – umgeht den Prozess der Resorption, und das Arzneimittel ist nach einigen Sekunden voll bioverfügbar. Der Vorteil dieser Art der Zufuhr liegt in der sofortigen Wirkung, auch bei schlechter Kreislauffunktion, und sie eröffnet die Möglichkeit einer Dosierung nach Wirkung, z. B. mit hoch lipophilen Injektionsnarkotika. Durch intravenöse Dauerinfusion über Venenverweilkatheter lassen sich erwünschte Arzneimittelkonzentrationen im Plasma über längere Zeit aufrechterhalten. Schließlich werden irritierende Stoffe intravenös injiziert, da durch die schnelle Verdünnung mit dem Blutfluss an der Injektionsstelle lokale gewebereizende und gewebeschädigende Wirkungen vermieden werden, die allerdings bei versehentlicher paravenöser Injektion zur Phlebothrombose bzw. Periphlebitis führen können (z. B. Thiopental). Weitere Komplikationen bei einer intravenösen Gabe können Kreislaufwirkungen bei zu schneller Injektion in herznahe Gefäße (V. jugularis) sein.

Für intraarterielle Injektionen gibt es in der Medizin nur wenige Indikationen, z. B. Zytostatikagaben in die Strombahn zum Hirn oder in die Extremitäten bei Tumorerkrankungen. Auch die intrakoronare Verabreichung von Thrombolytika beim Menschen ist eine intraarterielle Injektion, wird aber meist nicht als solche bezeichnet.

Selten gebräuchliche Formen der parenteralen Anwendung sind die intrathekale (in den Liquorraum des Rückenmarks), intravesikale (mit Katheter in die Harnblase), intrakardiale (im Notfall direkt in die rechte Herzkammer) oder intravitrale (in den Glaskörper des Auges) Injektion. Lokalanästhetika können auch rückenmarknah, d. h. in den Subarachnoidalraum (Spinalanästhesie) oder den Epiduralraum gegeben werden.

1.5.3 Verteilung

Nach Verabreichung und Resorption gelangt das Arzneimittel zu seinem Wirkort. Hierzu ist ein Verteilungsprozess nötig. Die Verteilung erfolgt zumeist über die Blutbahn, nur in geringem Ausmaß über die Lymphwege. Wichtigster Mechanismus beim Übertritt von Membranen zum Erreichen des Wirkortes ist die Diffusion.

Scheinbares Verteilungsvolumen

DEFINITION Das **scheinbare Verteilungsvolumen** (V_d) ist der Quotient aus der gegebenen Gesamtdosis D und der Plasmakonzentration zum Zeitpunkt Null (g/l). Es kann nur nach i. v. Injektion bestimmt werden, die Plasmakonzentration zum Zeitpunkt Null (Cp_0) wird durch Extrapolation ermittelt.

$$V_d(l) = \frac{D(g)}{Cp_0(g/l)} \tag{1.9}$$

Das scheinbare Verteilungsvolumen ist eine rechnerisch ermittelte, fiktive Größe. Für die Veterinärmedizin mit ihrer Speziesvielfalt ist es günstiger, das **relative Verteilungsvolumen** (V'_d) zu bestimmen, das auf das Körpergewicht normiert ist.

$$V'_d(l/kg) = \frac{D(mg/kg)}{Cp_0(mg/l)} \tag{1.10}$$

Die Bestimmung des Verteilungsvolumens gibt Aufschluss über die Verteilung eines Arzneimittels auf die Verteilungsräume bzw. Kompartimente des Organismus:

- 0,04–0,05 l/kg = Verteilung im Intravasalraum (Plasmaexpander)
- 0,15–0,2 l/kg = Verteilung im Extrazellularraum (Inulin)
- ca. 0,6 l/kg = Verteilung im Gesamtkörperwasser (Antipyrin)
- > 1 l/kg = Bindung bzw. Anreicherung in bestimmten Geweben

Dieser Rückschluss ist aber selten zuverlässig, da das Verteilungsvolumen verfälscht werden kann durch Bindung an Plasmaproteine oder auch durch schnelle renale Ausscheidung, durch die bereits während des Zeitraumes, in dem Blutproben entnommen werden, beträchtliche Mengen des Pharmakons eliminiert werden können. Ein stark an Plasmaproteine gebundenes Pharmakon wird z. B. ein geringes „scheinbares" Verteilungsvolumen aufweisen, da bei der Bestimmung auch der gebundene Anteil im Blut mit erfasst wird. Deshalb ist dieser Wert nur eine fiktive Größe, die grobe Schätzungen über die Verteilung in verschiedenen Flüssigkeitsräumen zulässt, aber nichts über die reale Verteilung des freien Arzneimittels in bestimmten Organsystemen aussagt. Das scheinbare Verteilungsvolumen hat als Proportionalitätskonstante seinen Wert für pharmakokinetische Berechnungen.

Bindung an Plasmaproteine

Arzneimittel werden im Plasma mehr oder weniger stark an Proteine, meist Albumin, gebunden und dadurch in ihrer weiteren Verteilung behindert, denn sie können in der gebundenen Form den Intravasalraum nicht verlassen. Es handelt sich dabei meist um eine reversible Bindung des ionisierten Arzneimittels an ebenfalls ionisierte Gruppen auf den Plasmaproteinen. Die Anzahl der Bindungsstellen auf einem Albuminmolekül ist beschränkt, es sind etwa je 100 anionische und kationische Bindungsstellen. Bei hohen Arzneimittelkonzentrationen ist eine Sättigung der jeweils infrage kommenden Bindungen möglich, und der Anteil an frei vorliegendem Arzneimittel wird infolgedessen zunehmen. Dies kann zu einer erheblichen Wirkungszunahme führen, da der freie Anteil für die Wirkung verantwortlich ist. Einzelne Pharmaka, z. B. die Gruppen der entzündungshemmenden Pharmaka und der Antikoagulanzien sowie bestimmte Sulfonamide oder Digitoxin, haben eine Plasmaproteinbindung von weit über 95 %, teilweise über 99 %. Solche Arzneimittel können, wenn sie einen großen Teil der für sie in Betracht kommenden Bindungsstellen auf dem Protein besetzen, andere, weniger stark gebundene Substanzen aus der Plasmaeiweißbindung verdrängen und so zu einer Wirkungssteigerung des verdrängten Mittels führen. Diese Art der Arzneimittelinteraktion ist eher selten.

Auch für die renale Ausscheidung hat die Plasmaproteinbindung eine Bedeutung: Bei der glomerulären Filtration wird der gebundene Anteil im Plasma zurückgehalten, bei der tubulären Sekretion (aktiver Transport) wird er jedoch mit ausgeschieden.

Passage durch biologische Membranen

Die Passage durch biologische Membranen erfolgt als:

- einfache (passive) Diffusion durch die Lipidmatrix der Membran
- Diffusion durch Poren einer Membran
- Filtration
- aktiver Transport
- erleichterte Diffusion

Die **einfache Diffusion** durch die Phospholipid-Doppelschicht (Lipiddiffusion) der Biomembranen spielt für die Passage von Arzneistoffen die größte Rolle und gehorcht dem Diffusionsgesetz nach Fick. Demnach ist die Geschwindigkeit der Diffusion proportional dem Konzentrationsgradienten, der Oberfläche der Membran sowie dem Verteilungskoeffizienten der betreffenden Substanz und umgekehrt proportional der Membrandicke. Ein Ödem kann die Diffusionsgeschwindigkeit erheblich vermindern.

Die **Diffusion durch die Poren** einer Membran hat nur Bedeutung für schlecht lipidlösliche oder vollständig ionisierte Stoffe mit geringer Molekülgröße.

Bei der **Filtration** sind nicht nur die gelösten Teilchen des entsprechenden Stoffes in Bewegung, sondern das Lösungsmittel wandert zusammen mit ihnen durch die Membran. Treibend ist der hydrostatische Druck. Auch hier ist die Molekülgröße begrenzend, da die Bewegung durch Poren in der Membran oder Lücken in der Endothelschicht erfolgt. Sehr wichtig ist die Filtration für die Ausscheidung von Fremdstoffen mit dem Harn.

Der **aktive Transport** ist energieabhängig, denn es wird eine Substanz entgegen dem Konzentrationsgradienten

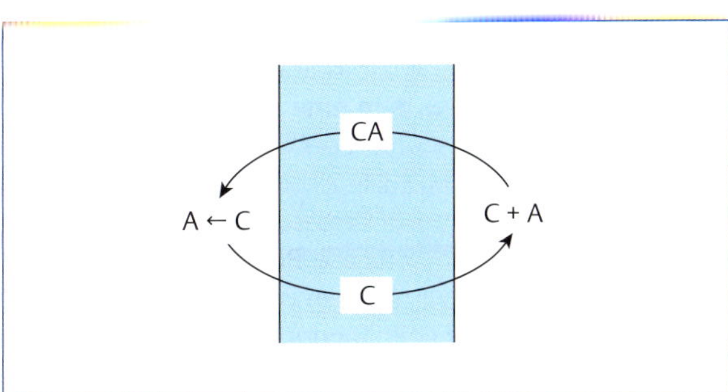

Abb. 1.15 Schematische Darstellung eines carriervermittelten Transports über eine Membran; C = Carrier, A = Arzneimittel, CA = Transportform des Arzneimittels (Bindung an den Carrier).

mittels sog. Pumpen (ATPasen) durch die Membran transportiert. Die Pumpen sind kompetitiv durch strukturell ähnliche Substanzen und nicht kompetitiv durch Stoffwechselgifte hemmbar. Für Fremdstoffe sind sie von Bedeutung, wenn die Spezifität der Pumpen nicht groß ist. Wichtig ist der aktive Transport für die Sekretion von Pharmaka in die Nierentubuli.

Die **erleichterte Diffusion** benötigt keine Stoffwechselenergie und verläuft unter Benutzung von Transportproteinen, mit denen sich der zu transportierende Stoff zu einem Komplex verbindet. Es ist ein passiver Transport, bei dem der Konzentrationsgradient zwischen beiden Seiten der Membran die treibende Kraft darstellt. Es werden Uniporter (eine Substanz), Symporter (mehrere Substanzen in die gleiche Richtung) und Antiporter (mehrere Substanzen in entgegengesetzte Richtungen) unterschieden. Carriertransporter haben eine hohe Substratspezifität und sind wie aktive Transporter sättigbar (**Abb. 1.15**).

Bei Pinozytose und Phagozytose werden in Vesikeln Flüssigkeit bzw. Partikel aus dem Extrazellularraum transportiert.

Der Durchtritt von Pharmaka durch biologische Membranen (Endothel, Epithel) wird zum einen durch die physikochemischen Eigenschaften des Pharmakons bestimmt, zum anderen ist er abhängig vom Porenradius beim transzellulären Durchtritt, von der „Lückengröße“ bei der parazellulären Passage (tight junctions) und von Transportproteinen. Große Lücken weisen die Kapillarmembranen von Leber, Pankreas und Niere auf. Die Blut-Hirn-Schranke ist sehr dicht (tight junctions und Auflagerung von Gliazellen), sodass in der Regel nur kleine lipophile Pharmaka sie durchtreten. Auch die Plazentarschranke und die Blut-Milch-Schranke weisen jeweils ihre Besonderheiten auf. Bei Entzündungen nimmt im Allgemeinen die Permeabilität durch die verschiedenen Schranken zu. In den verschiedenen Geweben existieren besondere Transportmechanismen, die auch von Fremdstoffen mitgenutzt werden können. Zahlreiche Transportproteine sowohl für den Auswärtstransport zum Schutze des Organismus vor Fremdstoffen als auch für die Aufnahme verschiedener Stoffe (z. B. für Glukose und Aminosäuren vom Blut in das Gehirn) wurden identifiziert.

Kapillarwand

Die erste Schranke, der sich das Arzneimittel bei seiner Resorption gegenübersieht, ist die Kapillarwand oder die Wand eines Lymphgefäßes. Sie kann auf drei Wegen überwunden werden:

- Ungeladene lipidlösliche Moleküle können durch die Kapillarwand diffundieren.
- Die Porendurchmesser zwischen den Endothelzellen der Kapillaren differieren erheblich zwischen den Organen. Wenn die Kapillarwand zwischen den Endothelzellen Poren von etwa 30 Å Durchmesser aufweist, können wasserlösliche Moleküle bis zu einer Molekülmasse von etwa 60 000 Da durch diese Poren den Extrazellularraum erreichen. Die Bindung an Plasmaproteine (Albumin hat eine Molekülmasse von etwa 69 000 Da) verhindert die Verteilung des gebundenen Anteils über die Kapillarwand.
- Makromoleküle können die Kapillarwand durch Pinozytose überwinden.

Zellmembran

Nach Passage der Kapillarwand sieht sich das Arzneimittel der Zellmembran als einer weiteren Barriere gegenüber. Auch hier bestehen drei Möglichkeiten der Permeation:

- Durch Diffusion für lipidlösliche, ungeladene Moleküle. Ionisierte Arzneimittel werden dagegen durch entgegengesetzte Ladungen in der Zellmembran zurückgehalten. Eine beschränkte Aufnahme auch wenig lipidlöslicher oder stark ionisierter Arzneimittel ist aber bei längerem Kontakt durch die außerordentlich große Zelloberfläche möglich.
- Die Zellwand enthält auch kleine Poren (ca. 2 Å), durch die kleine wasserlösliche Moleküle (Harnstoff, Wasser) treten können. Diese Poren können je nach Organ in unterschiedlicher Anzahl vorhanden sein, eine hohe Anzahl findet sich z. B. in der Leber.
- Durch aktiven, Energie erfordernden Transport, der nach Besetzung aller verfügbaren Carrier zu sättigen ist.

Außer der Zellmembran gibt es im Organismus noch einige spezielle Barrieren, die Arzneimitteln den Zugang zu gewissen Organen erschweren oder unmöglich machen. Es handelt sich hierbei u. a. um die **Blut-Hirn-Schranke**, die **Plazentarschranke** und die **Blut-Milch-Schranke**.

Blut-Hirn(Liquor)-Schranke

Für den Arzneimitteltransport ins Gehirn hat die passive Diffusion die größte Bedeutung. Nur lipophile Substanzen können weitgehend ungehindert im Rahmen einer freien Diffusion die Blut-Hirn-Schranke (BHS) passieren und somit in das Zentralnervensystem (ZNS) gelangen. Es besteht auf beiden Seiten der Schranke derselbe pH-Wert, und es ist ein Konzentrationsausgleich des nicht proteingebundenen Arzneimittels zu erwarten. Weitgehend in nicht ionisierter Form vorliegende Pharmaka, z. B. Barbital, können aufgrund einer schlechten Lipidlöslichkeit nur langsam durch die BHS permeieren.

Bezüglich der Geschwindigkeit des Übertritts kann man unterscheiden:

- Substanzen, die außerordentlich schnell übertreten, erreichen maximale Konzentrationen innerhalb von 1–5 min, also praktisch ebenso schnell wie in Organen ohne Schranke (z. B. Leberzellen); Beispiele: Thiopental und Pentobarbital.
- Der Konzentrationsausgleich erfolgt zwar, ist aber erst nach 30–180 min abgeschlossen; Beispiel: Phenobarbital.
- Es kommt zwar zum Übertritt, aber nicht zum Konzentrationsausgleich; Beispiele: Salicylsäure und Loperamid.
- Ein Übertritt findet nicht oder nur in ganz geringem Maß statt; Beispiel: periphere Muskelrelaxanzien.

Ihre komplexen Funktionen können die Nervenzellen im Gehirn nur zuverlässig in einem konstanten Milieu erfüllen. Neben einer Kontrolle der Blutversorgung wird das neuronale Gewebe höherer Wirbeltiere durch die BHS, die den unkontrollierten Übertritt von im Blut zirkulierenden Stoffen in das Hirngewebe verhindert, geschützt. Das Endothel der zerebralen Mikrokapillaren bildet die zelluläre Grundlage der physiologischen BHS. Diese Endothelschicht unterscheidet sich grundlegend von anderen: Die Zell-Zell-Kontakte (tight junctions) sind sehr fest, Fenestrierungen fehlen völlig, und die Zahl von pinozytotischen Vesikeln ist vergleichsweise gering. Perizyten befinden sich auf der vom Lumen abgewandten Seite zumeist auf den Endothelkontaktstellen. Aufgabe der Perizyten ist die Phagozytose von Molekülen, die die Endothelschicht passiert haben. Endothelzellen und Perizyten sind in eine Basalmembran eingebettet, die von Astrozyten bedeckt ist. Astrozyten haben bei höheren Vertebraten nicht die Funktion einer Schranke, sondern sie versorgen die Neurone mit Nährstoffen, erhalten die extrazelluläre Ionenkonzentration und bewirken damit, dass die Eigenschaft der Schrankenfunktion in den benachbarten Endothelzellen ausgeprägt wird.

Das Ergebnis ist eine fast vollständige Impermeabilität für Elektrolyte und Proteine wie Albumine. Dieser Teil der BHS stellt eine eher passive Barriere dar, die die Diffusion be- und verhindert. Um die Barriere trotzdem zu überwinden, existieren spezifische Transportsysteme, z. B. für Glukose, für Aminosäuren und die Rezeptor-vermittelte Transzytose. Bei Letzterer binden Rezeptoren an der luminalen Seite der Membran den Liganden, der Ligand-Rezeptor-Komplex wird internalisiert und in sog. pits zur anderen Seite der Membran transportiert. Beispiele dafür sind der Insulin- und Transferrintransport.

In Endothelzellen von Blutkapillaren mit spezieller Schrankenfunktion wurde außerdem ein luminal exprimiertes **P-Glykoprotein**, ein kanalbildendes Transmembranprotein mit intrazellulärer ATP-Bindungsstelle, gefunden. Seine Funktion ist der retrograde Transport von Molekülen, die die Endothelzellen bereits erreicht haben, zurück in das Kapillarlumen. Es ist eine Effluxpumpe, die den Organismus vor potenziell toxischen Fremdstoffen schützt. Bekannt geworden ist dieses Membranprotein als der wichtigste Verursacher der **multidrugresistance** (MDR). Das Protein wurde ursprünglich an Krebszellen, die resistent gegen mehrere Zytostatika waren, entdeckt. Das MDR1-Gen, das für P-Glykoprotein kodiert, wurde nach dieser Funktion benannt. P-Glykoprotein wird nicht nur in Tumorzellen bzw. den Endothelzellen zerebraler Blutgefäße exprimiert, sondern auch in weiteren Geweben mit Ausscheidungsfunktion, wie Leber, Niere, Darm und auch in Plazenta, Testis oder Knochenmark. P-Glykoprotein kann durch verschiedene Arzneimittel gehemmt oder induziert werden. Das Opioid Loperamid gelangt nur in geringem Ausmaß in das ZNS, weil es durch P-Glykoprotein wieder heraustransportiert wird. Auch Antidepressiva wie Paroxetin oder Venlafaxin werden von P-Glykoprotein transportiert.

Die BHS kann in ihrer Funktion verändert werden. Bestimmte Erkrankungen bewirken eine Überexpression des MDR1-Gens (Tumor, Epilepsie), und es existieren Polymorphismen oder Defekte des Transporters, z. B. **MDR1-Defekt bei Hunden** (häufig z. B. bei Collies), der für die hohe Empfindlichkeit gegenüber bestimmten Arzneistoffen, wie Ivermectin, und damit für Vergiftungen bei diesen Hunden verantwortlich ist.

Eine weitere Familie von Transportern, die ebenfalls ATP benötigen und die hydrophile Konjugate aus Zellen schleusen können, sind die multidrug-resistance-Proteine (MRP). Die Lokalisation der verschiedenen MRP ist beschrieben worden, einige kommen ubiquitär vor. Andere Transporter sind die Anionen- und Kationen-Transporter, die kein ATP verbrauchen.

Einen weiteren metabolischen Mechanismus zum Schutze des Hirngewebes gegenüber Fremdstoffen stellen bestimmte Enzyme in den Endothelzellen dar.

Eine **Blut-Liquor-Schranke** wird vom Endothelgewebe des Plexus chorioideus gebildet und ähnelt in vieler Hinsicht der Blut-Hirn-Schranke.

Einige Teile des Gehirns liegen außerhalb der Blut-Hirn-Schranke, z. B. die Hypophyse, die Epiphyse und die Area postrema.

Plazentarschranke

Die Plazentarschranke beansprucht besonderes Interesse im Zusammenhang mit der geburtshilflichen Schmerzausschaltung und außerdem hinsichtlich teratogener Arzneimittelwirkungen. Sie verhält sich (ebenso wie die Darmwand und die Blut-Hirn-Schranke) wie eine Lipidmembran, die durch passive Diffusion des nicht geladenen lipidlöslichen Arzneimittels überwunden werden kann.

KLINISCHER BEZUG Für folgende Beispiele von Arzneimitteln ist ein Übertritt über die Plazenta nachgewiesen:

- Inhalationsnarkotika
- Barbitursäure-Derivate
- Chloralhydrat
- Steroid-Narkotika
- starke (morphinähnliche) Analgetika (Entzugserscheinungen bei Säuglingen süchtiger Mütter)
- Neuroleptika
- Antiepileptika
- Lokalanästhetika

Die Analogie zur Blut-Hirn-Schranke geht so weit, dass man für alle Stoffe, die das ZNS erreichen, auch einen Übertritt über die Plazenta erwarten kann.

Nicht permeabel ist die Plazentarschranke für quarternäre Ammoniumbasen, z. B. Muskelrelaxanzien. Da die Plazenta ein sehr gut durchblutetes Organ darstellt, ist für Arzneimittel, die zu einem Teil in ungeladener Form vorliegen und somit gut lipoidlöslich sind, ein schneller Konzentrationsausgleich zu erwarten.

Die Plazentationsform (Semiplacenta, Placenta vera) spielt dabei eher eine untergeordnete Rolle. Beim Menschen trennt nur eine Endothelschicht den maternalen vom fetalen Kreislauf, und es können sogar korpuskuläre Elemente durch Lücken des Endothels übertreten, sodass eine vollständige Barrierefunktion nicht zu erwarten ist. Hier kann auch ein partieller Übertritt von sonst nicht permeablen Substanzen erfolgen, es kommt aber meist nicht zum Konzentrationsausgleich.

Prinzipiell kann es bei bestimmten Arzneimitteln, z. B. Thiobarbituraten, auch zu einer Anreicherung auf der fetalen Seite kommen, für die man bei etwa gleichem pH-Wert auf beiden Seiten und einer vergleichbaren Proteinbindung (diese ist beim Fetus eher geringer) einen aktiven Transport annehmen kann. Da die Reaktion des Fetus oder Neugeborenen auf diese Stoffe eher schwach ist, zeigen z. B. durch Kaiserschnitt entwickelte Ferkel trotz höherer Plasmakonzentrationen als beim narkotisierten Muttertier keine Narkose, sondern nur eine sedativ-hypnotische Beeinflussung (hoher Wassergehalt des fetalen Gehirns). Auf der anderen Seite ist der neugeborene Organismus noch nicht zur oxidativen Entgiftung übergetretener Arzneimittel fähig und die Wirkung kann infolgedessen lang anhalten.

Blut-Milch-Schranke

Die Blut-Milch-Schranke ist sowohl therapeutisch für die Behandlung von Mastitiden als auch lebensmittelhygienisch und -technologisch (Rückstände; selbst geringe Konzentrationen von Antibiotika können den Käsereiprozess nachhaltig stören) von Interesse.

Zur Behandlung von Mastitiden beim Wiederkäuer wird das Arzneimittel oft intramammär zugeführt, die Blut-Milch-Schranke also umgangen. Dies ist nicht unbedingt optimal, da das Medikament von der Zisterne des Euters durch u. U. verlegte Milchgänge den Infektionsherd erreichen muss, sodass oft latente Infektionen zurückbleiben. Bei Tieren mit Gesäuge muss das Arzneimittel dagegen oral oder parenteral zugeführt werden, und für diese Fälle ist die Permeabilität der Blut-Milch-Schranke von besonderem Interesse.

KLINISCHER BEZUG Zu den Stoffen, für die ein Übertritt in die Milch nachgewiesen ist, gehören:

- Alkaloide (Atropin, Morphin, Physostigmin, Pilocarpin, Strychnin)
- Anthelminthika (Leberegelmittel, Phenothiazin, Thiabendazol)
- Antibiotika, Sulfonamide, Nitrofuran
- Antihistaminika
- Narkotika, Schlafmittel, Analgetika, Neuroleptika
- Diuretika
- Estrogene
- Alkylphosphate
- Abführmittel (Anthrachinone)

Die Schranke verhält sich als Lipidmembran, die nur durch die nicht ionisierte und lipidlösliche Form des Arzneimittels überwunden werden kann. Da die Milch gegenüber dem Plasma stärker sauer ist (etwa pH 6,5), kommt es zur Anreicherung basischer Substanzen in der Milchdrüse. Mit Erythromycin erreicht man eine Anreicherung um einen Faktor von 6–8 in der Milchdrüse, während das stark saure Benzylpenicillin nur 10–20 % der Plasmakonzentration in der Milch erreicht. Entsprechend ist bei parenteraler Mastitisbehandlung eine sehr hohe Dosis β-Laktam-Antibiotika erforderlich.

Benzylpenicillin wird neben der Diffusion durch Transportprozesse in die Milchdrüse gebracht, bei Hemmung dieses aktiven Transports ist die in der Milch erreichte Konzentration noch niedriger.

Durch Veresterung von Benzylpenicillin mit Diethylaminoethanol (Penethamat, **Abb. 1.16**) hat man einen basischen Stoff geschaffen, der einen pK_a-Wert von 8,5 hat und nach parenteraler Injektion eine hohe Konzentration im Euter erreicht. Der Stoff ist selbst unwirksam, wird aber durch ubiquitäre Esterasen zu Benzylpenicillin gespalten.

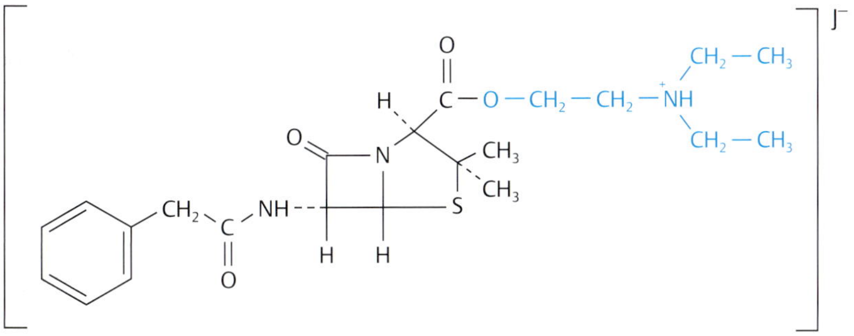

Abb. 1.16 Penethamat-Hydrojodid.

Durch diesen pharmazeutischen Kunstgriff lassen sich nach parenteraler Injektion höhere Konzentrationen von Benzylpenicillin in der Milchdrüse erzielen. Penethamat war das erste Arzneimittel, bei dem das Prodrug-Prinzip angewendet wurde. Hier wird ein Arzneimittel auf ein bestimmtes Organ oder Gewebe gelenkt (drug targeting).

1.5.4 Ausscheidung

Die Ausscheidung von Arzneimitteln kann entweder unverändert oder in Form von Metaboliten erfolgen. Hauptausscheidungsorgan ist die Niere, von pharmakologischem Interesse sind auch die Ausscheidung über die Lunge und die biliäre „Ausscheidung", bei der es sich entweder um eine Ausscheidung über den Darm, oder, wenn der Stoff einem enterohepatischen Kreislauf unterliegt, um keine echte Ausscheidung handelt. Haut, Speichel und Milchdrüse sind als Ausscheidungsorgane quantitativ von untergeordneter Bedeutung. In diesem Abschnitt wird die Ausscheidung in unveränderter Form besprochen.

Renale Ausscheidung

In der Niere finden die glomeruläre Filtration, eine tubuläre Sekretion und eine tubuläre Rückresorption statt. Alle drei Prozesse können an der Ausscheidung von Arzneimitteln beteiligt sein:

- Durch die **glomeruläre Filtration** wird ein Ultrafiltrat des Plasmas erzeugt. Auf diesem Weg kann freies (nicht proteingebundenes) Arzneimittel in den Primärurin gelangen.
- Die **tubuläre Sekretion** bewirkt vor allem die Ausscheidung von starken Basen und Säuren durch aktiven Transport, eine Proteinbindung der Arzneimittel bildet dabei kein Hindernis.
- Die **tubuläre Rückresorption** erfolgt nach dem Prinzip der passiven, nicht ionischen Diffusion in der gesamten Länge des Nephrons. Sie ist durch Änderung des pH-Wertes im Nephron zu beeinflussen.

Renale Clearance

DEFINITION Die **renale Clearance** gibt an, wie viele ml Plasma pro Minute von dem Stoff gereinigt werden.

Die Berechnung der **renalen Clearance** erfolgt nach folgender Gleichung:

$$\text{renale Clearance (ml/min)} = \frac{K_u(\text{mg/ml}) \times V_u(\text{ml/min})}{\text{Plasmakonzentration(mg/ml)}} \qquad (1.11)$$

K_u ist die Arzneimittelkonzentration im Urin, V_u ist das Urinvolumen.

Damit erlaubt die renale Clearance Rückschlüsse auf die Art der Ausscheidung:

- Ist die renale Clearance gleich der glomerulären Durchblutung (Inulin-Clearance), so wird der Stoff glomerulär filtriert und nicht rückresorbiert.
- Ist die Clearance kleiner als die glomeruläre Durchblutung oder die Clearance der Modellsubstanz Inulin, so wird der Stoff glomerulär filtriert und außerdem tubulär rückresorbiert.
- Liegt die Clearance oberhalb der glomerulären Filtrationsrate, so erfolgt die Ausscheidung durch glomeruläre Filtration und zusätzlich durch tubuläre Sekretion.
- Entspricht die Clearance dem effektiven renalen Plasmafluss (= p-Aminohippursäure-Clearance), so findet eine maximale Ausscheidung durch glomeruläre Filtration und tubuläre Sekretion statt, der gesamte renale Plasmafluss wird bei einem Durchgang durch die Niere von dem Stoff befreit.

Stoffe werden in der Regel nicht nur über die Niere, sondern auch über andere, extrarenale Wege ausgeschieden. Die renale Clearance ist nur die Kenngröße für den Anteil der Niere an der Elimination eines Stoffes aus dem Organismus, d. h. der totalen oder **Gesamtkörperclearance** (Eliminationsleistung des Organismus).

Plasmahalbwertszeit

DEFINITION Die Halbwertszeit eines Stoffes im Organismus wird gewöhnlich als Plasmahalbwertszeit angegeben und entspricht dem Zeitraum, in dem die Plasmakonzentration auf die Hälfte des Ausgangswertes gesunken ist.

Die **Plasmahalbwertszeit** ist proportional zum Verteilungsvolumen (V_d; bei einem hohen Wert für V_d ist das Angebot an die Niere gering) und umgekehrt proportional zur Clearance (Cl; eine hohe Clearance bedeutet rasche Ausscheidung):

$$t_{0,5} \sim \frac{V_d}{Cl} \qquad (1.12)$$

Nur wenn ein Pharmakon ausschließlich renal eliminiert wird, sind renale Clearance und totale Clearance identisch.

Viele Arzneimittel sind in unveränderter Form so lipidlöslich, dass sie beim Durchgang durch das Nephron fast vollständig rückresorbiert werden, sie verhalten sich also wie Wasser, das im Nephron zu mehr als 99 % rückresorbiert wird. Ein Beispiel ist die renale Ausscheidung von Ethanol, für das eine Halbwertszeit von 24 Tagen zu erwarten wäre, wenn es lediglich unverändert durch die Niere ausgeschieden würde. Daraus ist ersichtlich, welche Rolle der Stoffwechsel für die Inaktivierung von Arzneimitteln spielt.

Die renale Ausscheidung weist Speziesunterschiede auf, die durch den unterschiedlichen pH-Wert des Urins bedingt sind. Pflanzenfresser mit ihrem alkalischen Urin scheiden Säuren (Sulfonamide, Salicylate) schneller aus als Fleischfresser, bei deren saurem Urin diese Stoffe einer beträchtlichen Rückresorption unterliegen können.

Eine Alkalisierung des Urins bewirkt z. B. bei Barbituraten einen vermehrten Rückstrom aus dem Gehirn. Noch vor einiger Zeit ist man in der Vergiftungstherapie davon ausgegangen, dass ein Alkalisieren des Urins sinnvoll sei, um Säuren besser renal eliminieren zu können. Das Konzept ist jedoch umstritten.

KLINISCHER BEZUG Nur bei Vergiftung mit sehr hohen Dosen an Acetylsalicylsäure wird eine Alkalisierung empfohlen. Eine Alkalisierung wird außerdem vorgenommen, wenn eine Rhabdomyolyse (z. B. bei maligner Hyperthermie) droht, um eine Hemmung der Bildung von Myoglobinpräzipitaten zu erreichen. Das Myoglobin aus dem zerstörten Muskelgewebe ist im alkalisierten Urin besser löslich und damit ausscheidbar.

Die **forcierte Diurese** ist zwar ein einfaches Mittel zur Ausscheidung von Substanzen aus dem Körper, hat sich in der Praxis aber nicht als so wirkungsvoll erwiesen, um die renale Ausscheidung von Giften zu beschleunigen. Sehr viele Gifte und toxische Metabolite sind nicht nierengängig oder haben ein zu großes Verteilungsvolumen. Die modernen Dialyseverfahren sind effektiver. Mit der **Hämodialyse** lassen sich hydrophile Substanzen, die frei in hoher Plasmakonzentration vorliegen, entfernen. Mit der **Hämoperfusion** (das Blut wird über eine Säule geleitet, die eine adsorbierende Substanz, z. B. Aktivkohle, enthält) werden auch lipophile Substanzen erreicht.

Ausscheidung über die Lunge

Durch die Lunge werden Inhalationsnarkotika und andere Stoffe mit einem hohen Dampfdruck ausgeschieden, selbst wenn sie nicht über die Lunge zugeführt wurden. Die für die Elimination geltenden Gesetzmäßigkeiten entsprechen grundsätzlich denen bei der Aufnahme in den Organismus, allerdings mit umgekehrtem Vorzeichen.

Bei Stoffen mit einem hohen Wert für den Verteilungskoeffizienten Blut/Luft λ, die also nur zu einem geringen Teil aus dem kleinen Kreislauf in die Ausatmungsluft gelangen, wird sich die Ausscheidung durch eine Erhöhung des Atemminutenvolumens beschleunigen lassen, da sich dann eine größere Menge Luft mit dem kleinen Kreislauf äquilibrieren kann (**Tab. 1.6**).

Umgekehrt wird bei einem Stoff mit einem niedrigen Wert für λ das Herzminutenvolumen zur geschwindigkeitsbestimmenden Größe. Von einem solchen Stoff wird praktisch die gesamte mit dem Blut der Lunge zugeführte Menge abgeatmet, eine Erhöhung des Atemminutenvolumens hätte also keinen Effekt auf die Ausscheidung.

Tab. 1.6 Halbwertszeit von durch die Lunge ausgeschiedenen Stoffen. Die Angaben beziehen sich auf ein Verteilungsvolumen von 70 l, eine Lungendurchblutung von 4 l/min und eine Lungenventilation von 6 l/min (Mensch); λ = Verteilungskoeffizient Blut/Luft.

Stoff	Lambda (λ)	Halbwertszeit
Isofluran	1,4	10 min
Stickoxydul	0,5	16 min
Ether	15	135 min
Ethanol	1300	7,4 Tage

Biliäre Ausscheidung

Viele Pharmaka und ihre Metaboliten werden von der Leber in die Gallflüssigkeit ausgeschieden. Jedoch bedeutet dies nicht zugleich, dass sie damit mit den Fäzes ausgeschieden werden. Oft unterliegen die mit der Galle ausgeschiedenen Arzneimittelglucuronide im Dünndarm einer Spaltung zur wirksamen Muttersubstanz und werden wieder resorbiert, wenn die physikochemischen Eigenschaften eine passive Diffusion durch die Darmbarriere erlauben. Dieser **enterohepatische Kreislauf** erklärt z. B. die lange Wirksamkeit von Digitoxin, einem Digitalisglykosid, beim Menschen. Ketoprofen hat beim Hund eine längere Plasmahalbwertszeit als beim Menschen. Beim Menschen wird es primär glucuronidiert und auch renal ausgeschieden. Der Hund zeigt eine stärkere und schnellere Glucuronidierung in der Leber, und danach unterliegt die Substanz dem enterohepatischen Kreislauf.

Die Ausscheidung von Arzneimitteln durch die Galle stellt eine energieverbrauchende Sekretion dar, die über Carrier vermittelt verläuft. Damit ist eine maximale Transportkapazität gegeben. Man hat sie als Leberfunktionsprobe, z. B. mit Indocyangrün, ausgenutzt. Eine kompetitive Hemmung durch ein anderes Arzneimittel mit Affinität zum gleichen Carrier ist möglich.

Es sind verschiedene Transporterproteine identifiziert worden, die zum einen an der basolateralen Membran der Hepatozyten für die Aufnahme ihrer Substrate aus dem Pfortaderblut in die Leberzelle und zum anderen für die Exkretion in die Gallengänge verantwortlich sind. Von den Letzteren, den kanalikulären Transporterproteinen der Hepatozytenmembran, sind mittlerweile einige gut charakterisiert: das o. a. P-Glykoprotein, MRP2, das Anionen in die Gallflüssigkeit transportiert, und SPGP (sister of P-glycoprotein), das Gallensäuren transportiert.

Intestinale Sekretion

Auch in der Darmmukosa üben Transporterproteine, die hier in der apikalen Enterozytenmembran lokalisiert sind, eine Barrierefunktion aus. Als Exporter transportieren sie aktiv und damit energieabhängig Arzneimittel und andere Fremdstoffe, die sich bereits in den Darmzellen befinden, wieder heraus. Unter den Pumpen mit ATPase-Aktivität nehmen wiederum P-Glykoprotein und die MRPs eine wichtige Stellung ein. Des Weiteren wird die Barrierefunktion des Darmes auch von den Fremdstoff-metabolisierenden Enzymen in den Enterozyten, z. B. Cytochrom-P450-Monooxygenasen, ausgeübt. Die in den Enterozyten entstandenen Metabolite können nun wiederum von den Transporterproteinen aus der Zelle heraus zurück in das Darmlumen gebracht werden.

Nicht gesichert ist bis jetzt, wie groß der Anteil dieser Art der Arznei- und Fremdstoffelimination tatsächlich am Gesamtumfang der Eliminationsprozesse im Organismus ist.

1.5.5 Arzneimittel-Stoffwechsel (Biotransformation)

Biotransformation ist die chemische Umwandlung von Fremdstoffen, zu denen auch Arzneimittel und Gifte zu rechnen sind, durch das biologische System. Gemeinsam mit den Exkretionsprozessen führt die Biotransformation zur Elimination eines Fremdstoffes.

Die meisten chemischen Veränderungen, die Arzneimittel im Organismus erfahren, sind erforderlich, um Arzneistoffe in eine ausscheidungsfähige Form zu bringen. Die Ausgangssubstanz ist oftmals so lipophil, dass sie in der Niere einer Rückresorption unterliegt und ohne die Möglichkeit des Metabolismus eine sehr lange Wirkungsdauer hätte (Halbwertszeit für Ethanol bei alleiniger Ausscheidung durch die Niere 24 Tage, bei alleiniger Ausscheidung durch die Lunge 7,4 Tage).

Die Biotransformation hat aber nicht nur Einfluss auf die pharmakokinetischen Eigenschaften eines Arzneimittels, sondern auch auf die pharmakodynamischen. So kann durch die Biotransformation ein Metabolit entstehen, der

- wirkungslos ist oder schwächer wirksam als die Ausgangssubstanz (Arzneimittel bzw. Gift); Beispiel für unwirksame Metaboliten sind die Seitenkettenoxidationsprodukte von Barbituraten;
- wirksamer als (z. B. Desulfurierung von Parathion zu Paraoxon) oder gleich wirksam wie (Produkte der N- und O-Dealkylierung) die Ausgangssubstanz (Arzneimittel bzw. Gift) sein kann;
- toxische (kanzerogene) Wirkungen zeigt.

Außerdem werden Prodrugs in die wirksame Form überführt.

Das wichtigste Organ für den Fremdstoffmetabolismus ist die Leber, aber auch in den Mukosazellen des Darmes und in Lunge und Niere befinden sich Biotransformationssysteme. Der Großteil der beteiligten Enzyme liegt im endoplasmatischen Retikulum der Körperzellen, aber auch nicht mikrosomale Enzyme, wie die Alkoholdehydrogenase, sind am Fremdstoffmetabolismus beteiligt.

Wege des Arzneimittelstoffwechsels

DEFINITION Als **First-Pass-Effekt** wird bezeichnet, wenn Arzneimittel bereits während ihrer ersten Leberpassage zu einem beträchtlichen Anteil metabolisiert werden. Arzneistoffe mit hohem First-Pass-Effekt haben eine geringere Bioverfügbarkeit und damit auch eine geringere Wirksamkeit.

Die Biotransformation umfasst zwei Stufen. Zuerst werden die Stoffe in den Phase-I-Reaktionen (Funktionalisierung) strukturell verändert. In den sich anschließenden Phase-II-Reaktionen werden mit den Produkten aus der Phase-I-Reaktion und endogenen Stoffen, die zumeist sehr gut wasserlöslich sind, Konjugate, d. h. hydrophile Ausscheidungsprodukte gebildet, die bis auf wenige Ausnahmen (Morphin-6-glucuronid) unwirksam sind. Diese Konjugate werden nun aus der Zelle heraustransportiert und verlassen den Körper meist über die Niere und die Galle.

Tab. 1.7 Biotransformationsreaktionen.

Stufen	Reaktionen
Phase-I-Reaktionen	
Oxidation	▪ N-Dealkylierung ▪ O-Dealkylierung ▪ Deaminierung ▪ Sulfoxid-Bildung ▪ aromatische Hydroxylierung ▪ Seitenkettenoxidation ▪ Oxidation von Alkoholen und Aldehyden
Reduktion	▪ Azo-Reduktion ▪ Nitro-Reduktion
Hydrolyse von Estern und Säureamiden	
Austauschreaktionen	▪ C = S zu C = O ▪ P = S zu P = O
Phase-II-Reaktionen	
Konjugationsreaktionen	▪ Glukuronidierung ▪ Sulfatierung ▪ Methylierung ▪ Acetylierung ▪ Konjugation mit Aminosäuren und Glutathion

Die Vielzahl von Arzneimitteln wird auf verhältnismäßig wenigen Wegen metabolisiert (**Tab. 1.7**).

Phase-I-Reaktionen

Oxidative Stoffwechselvorgänge

Diese Vorgänge werden in erster Linie in der Leber durch das in den Lebermikrosomen, daneben aber auch in geringerem Umfang in Darm, Haut und anderen Organen lokalisierte Cytochrom-P450-System bewerkstelligt. Die Leber enthält über 90 % der P450-Enzyme des menschlichen Organismus, über die Hälfte ist am Arzneimittelmetabolismus beteiligt. Für die meisten Arzneimittel erfolgt der Abbau in der Phase I überwiegend durch P450-Enzyme.

Als Cytochrom-P450-Enzymsystem wird eine große Enzymklasse membrangebundener und Hämoproteine enthaltender Monooxygenasen bezeichnet. Die Einteilung erfolgt in Genfamilien, Subfamilien und innerhalb der Subfamilie in entsprechende Isoformen. Die Aufgabe des Enzymsystems ist es, ein Sauerstoffatom aus dem molekularen Sauerstoff in das Substrat einzubauen. Das Enzymsystem benötigt für die oxidativen Reaktionen NADPH. Die Gesamtreaktion läuft nach folgendem Schema ab:

$$RH + NADPH + H^+ + O_2 \xrightarrow{P450} ROH + NADP^+ + H_2O \quad (1.13)$$

RH ist das als Substrat dienende Arzneimittel.

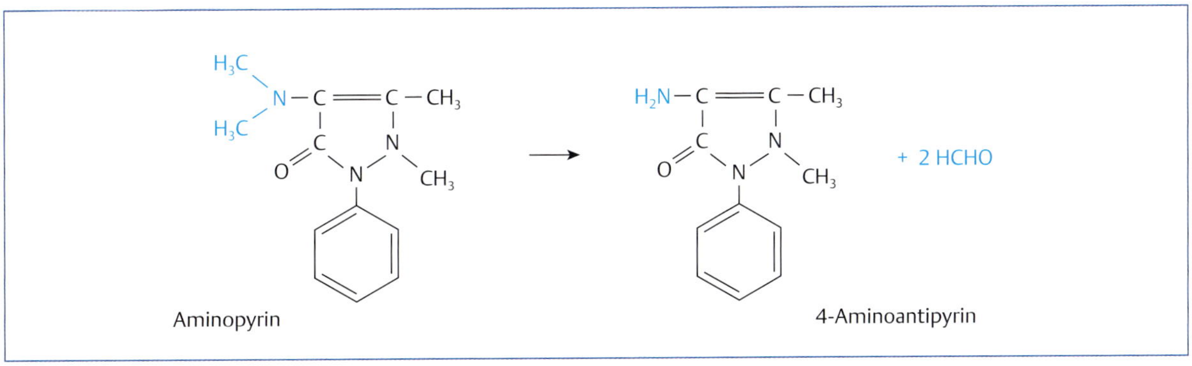

Aminopyrin → 4-Aminoantipyrin + 2 HCHO

Abb. 1.17 N-Dealkylierung.

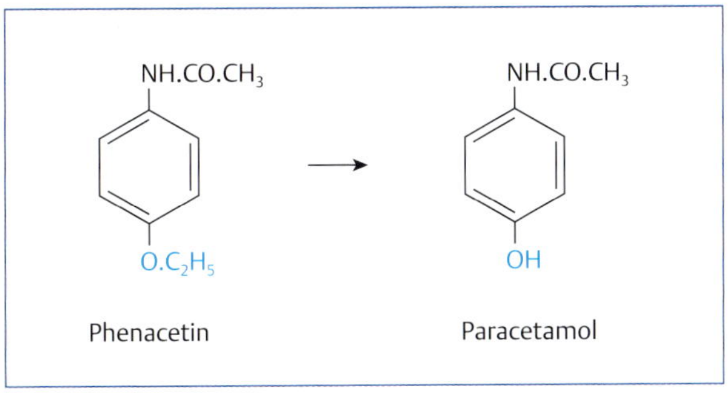

Phenacetin → Paracetamol

Abb. 1.18 O-Dealkylierung.

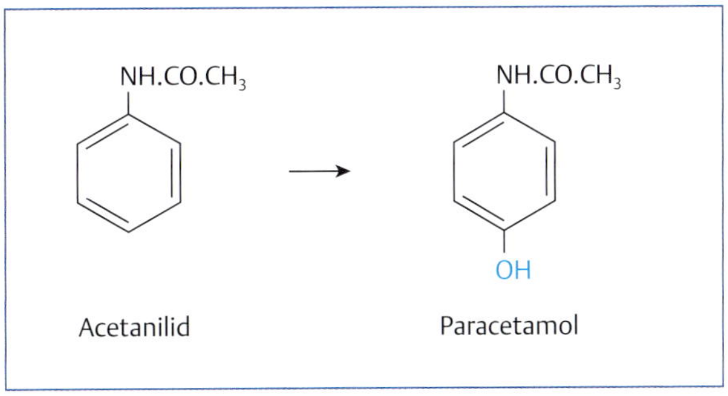

Acetanilid → Paracetamol

Abb. 1.19 Aromatische Hydroxylierung.

Amphetamin → Phenylaceton

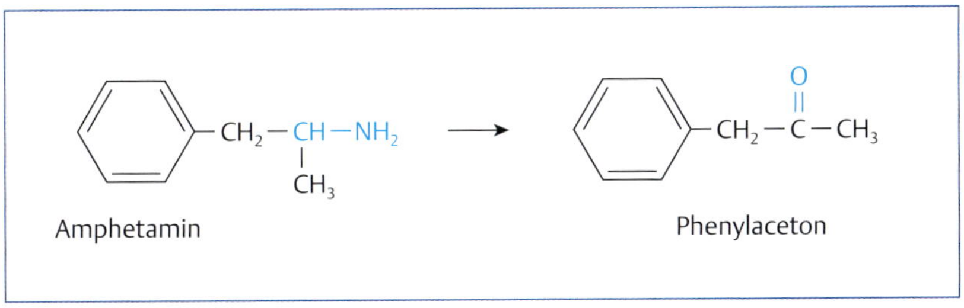

Abb. 1.20 Oxidative Deaminierung.

Die Enzyme des Cytochrom-P450-Systems zeigen ein hohes Maß an Substratspezifität und große Speziesunterschiede. Beim Menschen ist als eine Ursache für interindividuelle Unterschiede in der Stärke der Wirkung, der Dauer und in den Nebenwirkungen eines Arzneimittels eine Variabilität der Funktion der Cytochrom-P450-Enzyme festgestellt worden. Für alle am menschlichen Arzneimittelmetabolismus beteiligten Cytochrom-P450-Enzyme liegen Befunde zu genetischen Polymorphismen vor. Im Gegensatz zu den umfangreichen Datenbanken, die für die menschlichen Cytochrom-P450-Monooxygenasen und mittlerweile auch für die der Nager existieren, ist die Charakterisierung des Enzymsystems von Tieren, die als Patienten zum Tierarzt kommen, immer noch lückenhaft. Grund dafür sind nicht nur die bisher gefundenen Speziesunterschiede, sondern auch die großen Unterschiede, die z. B. zwischen verschiedenen Hunderassen und sogar in Subpopulationen einer Rasse gefunden wurden.

Die **N-Dealkylierung** findet z. B. bei Sympathomimetika und Antihistaminika statt. Die Oxidationsprodukte können wirksam oder unwirksam sein (**Abb. 1.17**).

Eine **O-Dealkylierung** wandelt Phenacetin in Paracetamol um. Codein wird partiell (etwa 10 %) zu Morphin umgewandelt. Die Stoffwechselprodukte einer O-Dealkylierung sind meist aktiv (**Abb. 1.18**).

Durch **aromatische Hydroxylierung** wird Acetanilid zu Paracetamol (**Abb. 1.19**) oxidiert, andere Beispiele sind Amphetamin und Steroide. Die Metaboliten sind meist wirksam.

Das bei der N-Dealkylierung entstandene 4-Aminoantipyrin wird durch **oxidative Deaminierung** zu 4-Hydroxyantipyrin umgewandelt. Das Kaninchen ist zur Deaminierung von Amphetamin befähigt (**Abb. 1.20**). Produkte der Deaminierung sind unwirksam.

Die **Sulfoxid-Bildung** findet bei Thioethern und Phenothiazin-Derivaten statt, wobei schwach wirksame oder unwirksame Metaboliten (**Abb. 1.21**) entstehen.

Durch **Seitenkettenoxidation** werden Barbiturate, die Seitenketten von mindestens drei C-Atomen haben, zu ausnahmslos unwirksamen Produkten entgiftet (**Abb. 1.22**).

Auch **Alkohol- und Aldehyd-Dehydrogenasen** gehören zu den oxidativen Stoffwechselenzymen und bewirken

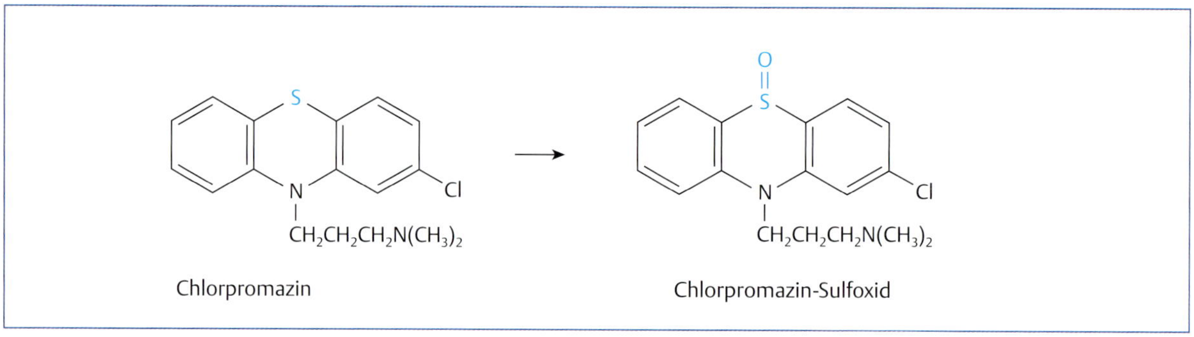

Chlorpromazin → Chlorpromazin-Sulfoxid

Abb. 1.21 Sulfoxid-Bildung.

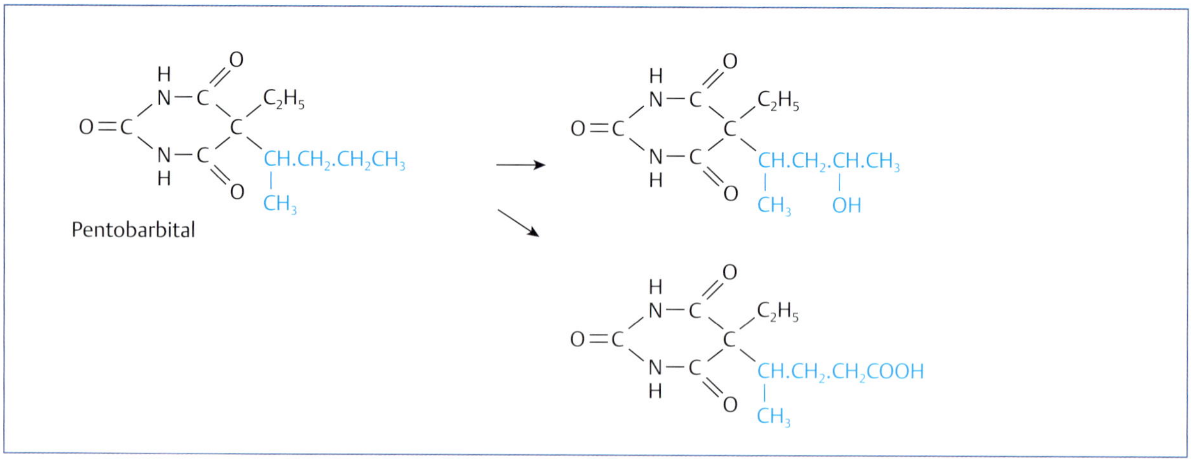

Pentobarbital

Abb. 1.22 Seitenkettenoxidation.

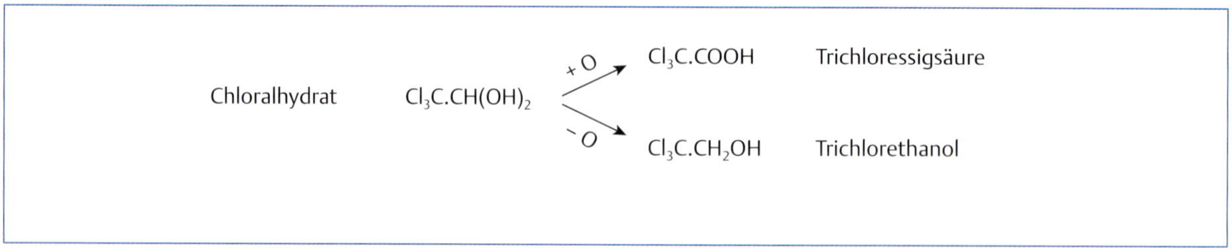

Chloralhydrat $Cl_3C.CH(OH)_2$ → +O → $Cl_3C.COOH$ Trichloressigsäure

→ −O → $Cl_3C.CH_2OH$ Trichlorethanol

Abb. 1.23 Stoffwechsel von Chloralhydrat.

eine Entgiftung, z. B. Umwandlung von Chloralhydrat zu Trichloressigsäure (**Abb. 1.23**).

Reduktive Stoffwechselvorgänge

Hieran sind verschiedene Enzymsysteme, aber auch wieder Cytochrom-P450-Enzyme beteiligt.

Durch einen reduktiven Vorgang entsteht aus Chloralhydrat Trichlorethanol als wirksamer Metabolit (**Abb. 1.23**).

Der Azofarbstoff Prontosil wird durch eine **Azo-Reduktase** zu Sulfanilamid reduziert, das Ausgang für zahllose Synthesen von Sulfonamiden war. Ohne Tierversuch, d. h. nur in einer Bakterienkultur, wäre die chemotherapeutische Wirkung von Prontosil nicht entdeckt worden!

Eine **Nitro-Reduktase** entgiftet Clonazepam zu dem nahezu wirkungslosen 7-Aminoclonazepam. Auch im Molekül von Chloramphenicol findet eine Reduktion der Nitrogruppe zur Aminogruppe statt.

Spaltung von Ester- und Säureamidbindungen (Hydrolyse)

Die **Esterspaltung** findet durch ubiquitäre Esterasen, die in nahezu allen Geweben vorkommen, statt und verläuft im Allgemeinen sehr schnell. Beispiele sind die Inaktivierung von Ester-Lokalanästhetika, z. B. Procain, Cocain, und von Succinylcholin (**Abb. 1.24**). Wenn atypische Esterasen (Plasmacholinesterase) vorliegen, kann die Wirkung dieser Pharmaka beträchtlich verlängert sein.

Im Gegensatz dazu findet die Spaltung von **Säureamidbindungen** nur in der Leber statt und erklärt damit die längere Wirkung von Lokalanästhetika vom Säureamid-Typ und von Procainamid (**Abb. 1.24**).

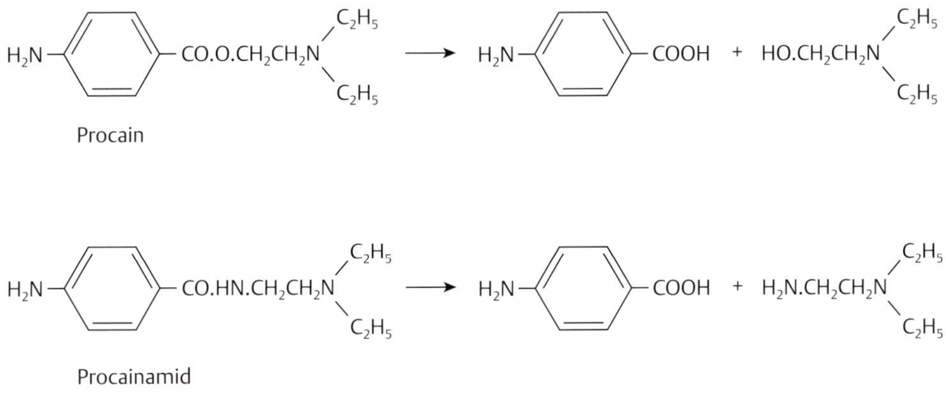

$$H_2N-C_6H_4-CO.O.CH_2CH_2N(C_2H_5)_2 \longrightarrow H_2N-C_6H_4-COOH + HO.CH_2CH_2N(C_2H_5)_2$$

Procain

$$H_2N-C_6H_4-CO.HN.CH_2CH_2N(C_2H_5)_2 \longrightarrow H_2N-C_6H_4-COOH + H_2N.CH_2CH_2N(C_2H_5)_2$$

Procainamid

Abb. 1.24 Oben: Esterspaltung. Unten: Amidspaltung.

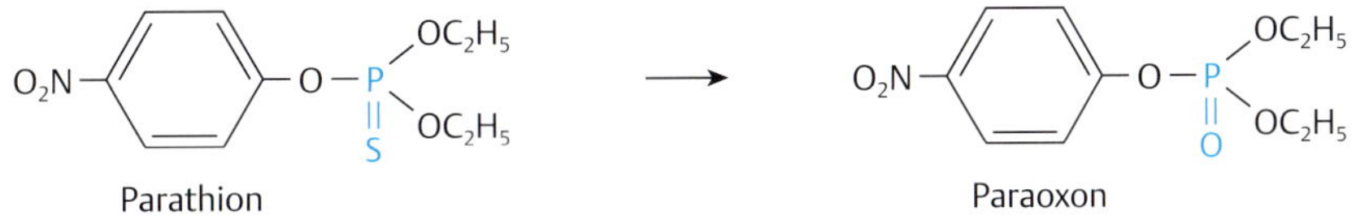

$$O_2N-C_6H_4-O-P(=S)(OC_2H_5)_2 \longrightarrow O_2N-C_6H_4-O-P(=O)(OC_2H_5)_2$$

Parathion   Paraoxon

Abb. 1.25 Desulfurierung.

N- und O-Alkylierung

Eine N-Methylierung von Noradrenalin führt zu Adrenalin, womit ein qualitativ anderer Wirktyp verbunden ist.

Histamin wird überwiegend durch N-Methylierung am ringständigen Stickstoff in 1-Stellung entgiftet.

Eine O-Methylierung findet im Stoffwechsel von Adrenalin und Noradrenalin an der 3-OH-Gruppe des Phenylringes statt. Diese durch die O-Methyltransferase bewirkte Reaktion ist mit einem weitgehenden Wirkungsverlust verbunden.

Austauschreaktionen S gegen O

Diese Reaktionen laufen in der Leber ab, haben aber einen etwas anderen enzymatischen Bedarf als die oxidativen Reaktionen. Desulfurierungen spielen bei Thiobarbituraten eine Rolle, gebildet wird das entsprechende klassische Barbiturat. Damit ist kein Wirkungsverlust verbunden, das entstehende Barbiturat hat sogar eine längere Wirkung als das Thiobarbiturat. Dieser Desulfurierungsprozess findet in größerem Ausmaß nur bei einzelnen Patienten statt, er kann den Hangover bei diesen Patienten nach einer Kurznarkose erklären.

Ebenfalls durch Desulfurierung entsteht aus Parathion Paraoxon, das 5–7-mal toxischer ist als das Ausgangsprodukt (**Abb. 1.25**).

■ Phase-II-Reaktionen

Nachdem im Verlauf der oxidativen und reduktiven Stoffwechselprozesse eine Phenol-, Hydroxyl-, Carboxy-, Amino- oder Sulfhydrylgruppe entstanden ist, ist eine weitere Entgiftung durch Kopplungsreaktionen (Phase-II-Reaktionen) möglich. Arzneimittel, die bereits eine der obigen Gruppen im unveränderten Molekül haben, können direkt durch Kopplung (Konjugation) metabolisiert werden. Es werden funktionelle Gruppen mit sehr polaren, negativ geladenen endogenen Molekülen gekoppelt. Häufig wird eine Glucuronyl-, Acetyl- oder Sulfatgruppe auf das Molekül übertragen. Die Kopplungsprodukte sind pharmakologisch unwirksam und hochgradig polar, sodass sie bei der Nierenpassage nahezu komplett ausgeschieden werden. Eine Ausnahme in dieser Beziehung nimmt Morphin-6-glucuronid ein, für das eine beträchtliche Wirkung nachgewiesen ist.

Die Kopplungsprozesse verlaufen als enzymatische Reaktionen, bei denen der zur Kopplung benutzte Partner erst in eine aktivierte Form überführt werden muss, die dann auf das Arzneimittel (Metaboliten) übertragen werden kann.

Die Glucuronidierung stellt quantitativ den bedeutendsten Prozess bei den Phase-II-Reaktionen dar.

Glucuronsäure wird folgendermaßen aktiviert:

$$\text{Glucose-1-phosphat} + \text{UTP} \rightarrow \text{UDP-Glucose} + \text{Pyrophosphat} \quad (1.14)$$

$$\text{UDP-Glucose} + 2\ \text{NAD} \rightarrow \text{UDP-Glucuronsäure} + 2\ \text{NADH} \quad (1.15)$$

UDP-Glucuronsäure ist die aktivierte Form der Glucuronsäure und kann auf Arzneimittel (Metaboliten) mit einer Carboxy-, Hydroxyl- oder Aminogruppe übertragen werden:

$$-\text{R.COOH} \rightarrow \text{R.CO.O-glucuronid (Ester-Bindung)} + \text{UDP} \quad (1.16)$$

$$\text{UDP-Glucuronsäure} + -\text{R.OH} \rightarrow \text{R.O-glucuronid (Ether-Bindung)} + \text{UDP} \quad (1.17)$$

$$-\text{R.NH}_2 \rightarrow \text{R.N-glucuronid (Säureamid-Bindung)} + \text{UDP} \quad (1.18)$$

Auch hier bestehen Tierartunterschiede. Die Katze kann nur bestimmte Substrate glucuronidieren, und das erklärt die hohe Toxizität und lange Wirkungsdauer vieler Arzneimittel bei dieser Tierart. Ursache ist eine Mutation am UDP-Glucuronyltransferase-1A6-Gen, sodass ein funktionsloses Protein resultiert. Phenole, Alkohole und Carboxylsäuren können nicht glucuronidiert werden.

Das **Sulfat-Anion** wird zu 3'-Phosphoadenosin-5'-phosphosulfat aktiviert und in dieser Form z. B. auf phenolische Produkte übertragen.

Der endogene aktivierte Acetylrest (Acetyl-CoA) wird durch N-Acetyltransferasen auf exogene Verbindungen mit einer Aminogruppe übertragen. Bei der **Acetylierung** wird die Lipidlöslichkeit nicht verringert, d. h., die Reaktion begünstigt nicht die Ausscheidung, aber sie verändert die Eigenschaften der funktionellen Gruppe und damit auch die Wirkung. Bei Sulfonamiden führt die Acetylierung zum Wirkungsverlust. Einige Sulfonamide sind nach ihrer Acetylierung sogar weniger wasserlöslich.

Es existieren tierartliche Unterschiede in der Acetylierungsfähigkeit. So ist der Hund nicht zur Acetylierung fähig, das erklärt die hohe Toxizität von Sulfanilamid bei dieser Tierart.

Tierart-, Geschlechts- und Stammesunterschiede im Arzneimittelstoffwechsel

Im Arzneimittelstoffwechsel bestehen zum Teil erhebliche **Tierartunterschiede**, die besonders in der Wirkungsdauer und der Toxizität der betreffenden Arzneimittel zum Ausdruck kommen. Diese Unterschiede erschweren einerseits die Extrapolation von Ergebnissen aus Tierversuchen zum Menschen, andererseits auch die Rückrechnung von bekannten Dosierungen beim Menschen auf das Tier. Qualitative Unterschiede zwischen Tierarten, also eine Änderung der Wirkungsqualität, sind eher die Ausnahme. Sie kommen bei morphinähnlichen Analgetika vor, wo z. B. die Katze mit Erregungserscheinungen reagieren kann, während beim Hund die zentraldepressive Wirkung ausgeprägt ist.

Succinylcholin wird als ein sehr kurz wirkendes Muskelrelaxans bei der Intubation eingesetzt. Beim Menschen hat es bei einer Dosis von 0,45 mg/kg eine Apnoe von weniger als 1 min zur Folge. Die Erklärung liegt in der außerordentlich schnellen Spaltung durch die Serumcholinesterase. Es gibt aber Patienten mit einer „atypischen“ Serumcholinesterase (Enzympolymorphismus), die Succinylcholin nicht oder nur sehr langsam spalten kann, bei denen die Apnoe daher u. U. für Stunden anhält. Bei den Haustieren reagieren Pferd und Katze etwa wie der Mensch, bei Hund und Wiederkäuern ist Succinylcholin dagegen ein lang wirkendes Muskelrelaxans. Die Erklärung ist beim Wiederkäuer ein Mangel an Serumcholinesterase, das Enzym des Hundes verhält sich dagegen wie das des Menschen mit der „atypischen“ Esterase.

Besonders ausgeprägt sind die Unterschiede im Arzneimittelstoffwechsel bei der Wirkung und Toxizität von antiinflammatorischen Mitteln. Sie erklären, dass es bei dem in der Kleintierpraxis häufigen Vorgehen, Dosierungen vom Menschen auf Haustiere umzurechnen, zur Wirkungslosigkeit des Arzneimittels oder zu Vergiftungen (z. B. Acetylsalicylsäure bei der Katze aufgrund ihrer schlechten Glucuronidierungsfähigkeit; Naproxen beim Hund aufgrund eines ausgeprägten enterohepatischen Kreislaufs) kommen kann, wenn nicht für jede Tierart auf der Grundlage der jeweiligen Pharmakokinetik eine sinnvolle Dosierung ausgearbeitet wird.

Ein **Geschlechtsunterschied** im Arzneimittelstoffwechsel ist ausgeprägt bei Ratte und Maus, während er bei höheren Tierarten eine geringere Rolle zu spielen scheint. Allerdings zeigen neuere Untersuchungen beim Menschen, dass in der Vergangenheit die Geschlechtsunterschiede in der Wirkung von Arzneimitteln unterschätzt worden sind. Die Geschlechtsunterschiede in der Wirksamkeit von Arzneimitteln lassen sich nicht nur auf einen Einfluss der Sexualhormone auf Leberenzymaktivitäten und damit die Pharmakokinetik reduzieren. So haben Männer eine größere Zahl an β-Rezeptoren, Frauen profitieren weniger von ACE(Angiotensin-converting-Enzym)-Hemmern bei häufigeren Nebenwirkungen, und κ-wirksame Opioidagonisten müssen bei Männern um 30 % höher dosiert werden. Bei der Ratte haben Männchen die höhere Stoffwechselaktivität, sie entgiften im Allgemeinen Arzneimittel schneller als Weibchen. Bei der Maus liegen die Verhältnisse genau umgekehrt. Diese Geschlechtsunterschiede bei Nagern reflektieren die Enzymaktivität in der Leber und sind in diesem Falle hormonal determiniert, da sich der Unterschied erst in einem Alter von 4–5 Wochen ausprägt.

Schließlich gibt es auch Unterschiede zwischen verschiedenen **Stämmen** und sogar Zuchtlinien kleiner Labortiere, die sich innerhalb derselben Tierart wie 1:2 oder darüber verhalten können. Es ist deshalb wichtig, dass vergleichende Untersuchungen stets mit einem Stamm bzw. einer Zuchtlinie und einem Geschlecht ausgeführt werden. Diese Art von Geschlechts- und Stammesunterschieden sind sicher auch bei Haustieren vorhanden, sind jedoch bislang kaum untersucht. Bekannt ist, dass der Beagle nahezu alle Arzneimittel schneller verstoffwechselt als andere Hunderassen. Dies lässt die Verwendung dieser Rasse für die Prüfung chronischer Toxizitäten, die Rückschlüsse auf den Menschen erlauben sollen, zweifelhaft erscheinen.

Genetische Unterschiede im Arzneimittelstoffwechsel

Genetische Unterschiede im Stoffwechsel von Arzneimitteln sind zuerst beim Menschen aufgefallen, und man hat den Begriff der **Pharmakogenetik** für sie geprägt. Das erste näher untersuchte Beispiel war die Aufdeckung einer atypischen Serumcholinesterase (S. 46) bei Patienten, die Succinylcholin nur langsam spalten konnten. Inzwischen kennt man eine Vielzahl von **Polymorphismen** von Enzymen, Transportern und Rezeptoren. Als genetischer Polymorphismus wird ein monogen vererbtes Merkmal bezeichnet, das in der Population in mindestens zwei Phänotypen bzw. Genotypen auftritt und das in einer bestimmten Allelhäufigkeit vorkommt. Ansonsten spricht man von seltenen genetischen Varianten, die sich erst deutlich bemerkbar machen, wenn 30 % der Dosis eines Arzneimittels durch dieses Enzym verstoffwechselt werden. Von therapeutischer Relevanz kann es auch sein, wenn Prodrugs durch Enzyme, die einen Polymorphismus aufweisen, verstoffwechselt werden (z. B. Poor Metabolizer von Tamoxifen, das ein Prodrug ist und zu einem Estrogenrezeptormodulator metabolisiert wird; Tamoxifen wird bei der Brustkrebsbehandlung eingesetzt).

In der Veterinärmedizin sind bislang nur wenige dieser pharmakogenetischen Unterschiede aufgedeckt worden. Obwohl die Aminosäuresequenz der Cytochrom-P450-Enzyme vom Hund einen hohen Grad an Übereinstimmung mit anderen Spezies aufweist, ist aber kein Schluss auf eine Substratspezifität erlaubt. So wird Dextromethorphan beim Hund von CYP2D 15 und vom Menschen von CYP2D 6 metabolisiert. Auch die Hemmung von CYP-Isoenzymen und die Metabolitenmuster unterscheiden sich speziesabhängig. Darüber hinaus variieren die Kapazitäten bestimmter Enzyme zwischen Hunderassen. Neben den o. a. Polymorphismen in den MDR-Transportern und Hinweisen auf Polymorphismen an Cytochrom-P450-Enzymen beim Beagle (CYP2C 41) gibt es weitere pharmakogenetische Besonderheiten beim Tier. Bekannt sind Kaninchen mit einer Atropin-Esterase, die das normalerweise lang wirkende Parasympatholytikum schnell entgiftet. Die Resistenz von Ratten gegenüber Warfarin, einem Rattengift, das die Vitamin-K-Synthese hemmt und damit zum innerlichen Verbluten der Ratten führt, konnte auf eine Mutation des Vitamin-K-Epoxid-Reduktase-Gens zurückgeführt werden.

Eine maligne Hyperthermie kann in seltenen Fällen bei einigen Schweinerassen und Hunden durch die Gabe von halogenierten Inhalationsnarkotika und Succinylcholin ausgelöst werden. Grund dafür ist eine Punktmutation im Gen für den Ryanodinrezeptor, die zur Ausprägung der hypermetabolischen Antwort führt. Ein Gentest steht mittlerweile zur Unterscheidung der drei möglichen Genotypen zur Verfügung.

1.6 Arzneimittelinteraktionen

1.6.1 Metabolische Interaktionen

Die besten Kenntnisse über Mechanismen der Arzneimittelinteraktionen beziehen sich auf den Fremdstoffmetabolismus in der Leber.

Wenn zwei Arzneimittel gleichzeitig oder nacheinander gegeben werden, kann es durch eine gegenseitige Beeinflussung ihrer Biotransformation zu Arzneimittelwechselwirkungen kommen. Die Arzneimittelinteraktionen können sowohl durch Induktion als auch Hemmung der für den Metabolismus wichtigen Enzyme bedingt sein. In beiden Fällen ergeben sich Änderungen in der Wirkungsdauer von Arzneimitteln. Diese erstrecken sich auf alle Arzneimittel, die durch das betreffende Enzymsystem (z. B. Cytochrom-P450-Subfamilie) abgebaut werden und auch auf den induzierenden Stoff selbst. Eine Induktion am Cytochrom-P450-System erfolgt besonders durch Stoffe, die selbst schwer metabolisierbar sind (**Tab. 1.8**), und kann als Versuch des Organismus gedeutet werden, durch Mehrbildung des Enzymsystems zu einer effektiveren Entgiftung des Arzneimittels zu kommen. Die häufigste Ursache für eine Hemmung von Cytochrom-P450-Enzymen ist die Einnahme von Arzneimitteln, die um dasselbe Enzym konkurrieren. Die Enzymhemmung setzt innerhalb von Minuten bis Stunden nach Einnahme des Inhibitors ein, während die Enzyminduktion häufig um Tage verzögert einsetzen kann. Ein bekanntes Beispiel für eine Interaktion von Arzneimitteln auf metabolischer Ebene ist die Interaktion von zwei Antiinfektiva: Tiamulin, ein Pleuromutilin-Antibiotikum, ist ein Hemmer der CYP3A-Enzyme. Dadurch wird bewirkt, dass das zweite Antiinfektivum, Monensin, ein Antiprotozoikum, das zur Gruppe der Ionophore gehört und bei Rindern nur eine therapeutische Breite von 1,4 hat, kumuliert und zur Intoxikation führt.

Ein historisches Beispiel für die Prüfung metabolischer Wechselwirkungen ist die Interaktion von Hexobarbital mit anderen Arzneimitteln: Eine Phenobarbital-Behandlung verkürzt die Schlafzeit von Mäusen nach Injektion von Hexobarbital auf die Hälfte der Schlafzeit von nicht vorbehandelten Kontrollen, während die Schlafzeit durch eine Vorbehandlung mit Chloramphenicol um den Faktor 3

Tab. 1.8 Beispiele von Stoffen, die zu einer Induktion des Cytochrom-P450-Systems in den Lebermikrosomen führen.

Pharmakon	Intensität der Induktion
Phenobarbital	+ + +
Barbital	+ + +
Phenytoin	+ + +
Carbamazepin	+ + +
Dichlordiphenyltrichlorethan (DDT)	+ + +
Chlordan	+ + +
Pentobarbital	+ +
Phenylbutazon	+ +

+ + + = hochgradige Induktion; + + = mittelgradige Induktion

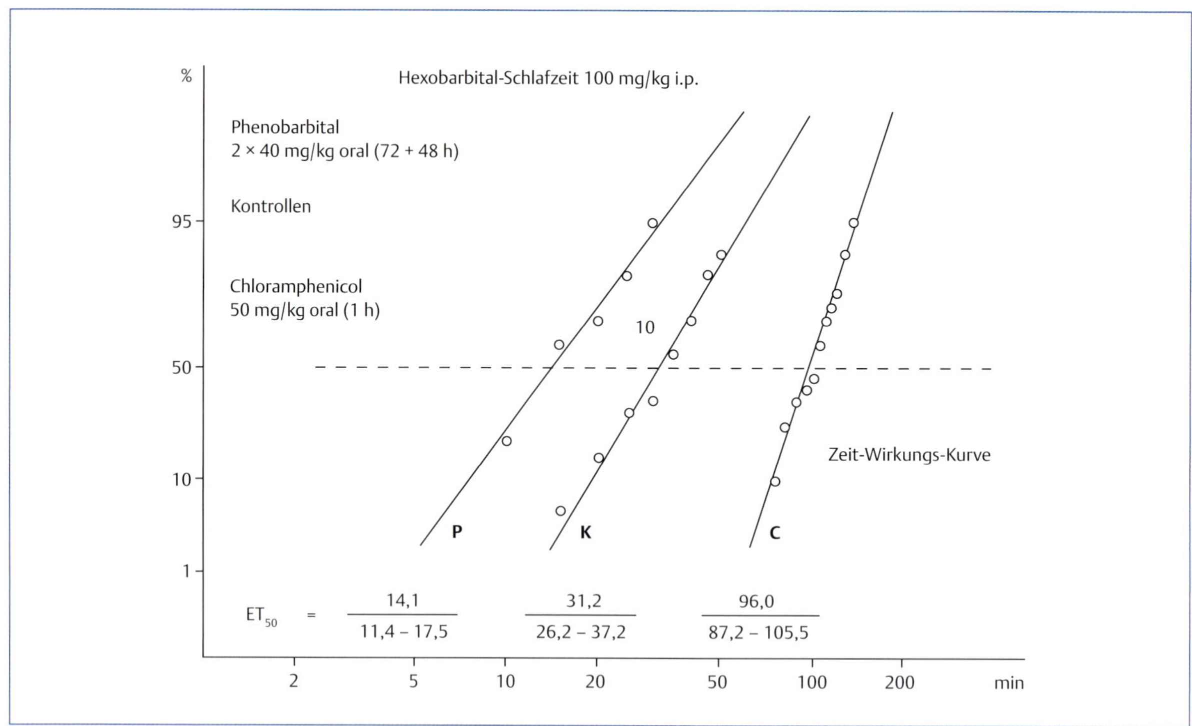

Abb. 1.26 Beispiele von Arzneimittelwechselwirkungen. Eine Vorbehandlung mit Phenobarbital (**P**) verkürzt die Hexobarbital-Schlafzeit, durch Vorbehandlung mit Chloramphenicol (**C**) wird sie verlängert; K = Kontrollen, ET_{50} = mittlere Wirkungsdauer in min.

verlängert wird (**Abb. 1.26**). Im einen Fall kommt es zu einer Induktion von Enzymen, die sich morphologisch in einer Zunahme des glatten endoplasmatischen Retikulums (Mikrosomen) und des Lebergewichts äußert, im anderen Fall werden Enzymsysteme durch die Anwesenheit von Chloramphenicol gehemmt. Hexobarbital ist nicht mehr auf dem Markt.

Eine Hemmung von Leberenzymen ist beispielsweise für Dicumarol, Chloramphenicol und Cimetidin bekannt. Dabei können die Veränderungen durchaus zweiphasisch verlaufen: Solange hohe Konzentrationen des hemmenden Stoffes bestehen, wird die Wirkungsdauer eines zweiten Stoffes verlängert. Später, wenn die Konzentration des ersten Stoffes abgefallen ist, kann es zu einer Induktion mit entsprechender Wirkungsverkürzung des zweiten Arzneimittels kommen.

KLINISCHER BEZUG Die Arzneimittelwechselwirkungen haben eine praktische Bedeutung, insbesondere nach Vergiftungen mit Stoffen, die die Leberenzyme induzieren oder hemmen. Es kann Monate dauern, bis die ursprüngliche Metabolisierungsrate wieder erreicht ist. Sie können aber auch schon bei normalen therapeutischen Dosierungen auftreten.

Ein Beispiel für eine Beschleunigung des eigenen Stoffwechsels durch Induktion ist die Wirkung von Phenytoin und Carbamazepin beim Hund: Bei wiederholter Gabe fällt die Halbwertszeit beider Stoffe innerhalb weniger Tage auf die Hälfte, sodass sich mit diesen Arzneimitteln beim Hund keine wirksamen Konzentrationen aufrechterhalten lassen (**Tab. 1.9**).

Tab. 1.9 Halbwertszeit von Phenytoin bei Hunden vor und nach einer 7-tägigen Behandlung mit 3 × 20 mg/kg Phenytoin pro Tag [3].

Hund, ID-Nr.	Halbwertszeit	
	vor der Behandlung	nach 7 d Behandlung
39	4,9 h	2,2 h
40	3,6 h	1,9 h
41	5,5 h	1,9 h
45	2,5 h	1,3 h

Während sich Arzneimittelwechselwirkungen beim Labornager mit hoher Sicherheit reproduzieren lassen, sind die Verhältnisse beim höheren Säugetier und beim Menschen nicht so einfach. Die individuellen Reaktionen sind auch durch die bereits erläuterten Polymorphismen von Enzymen und Transportern bedingt. Es ist plausibel, dass die Reaktion des Einzeltieres deshalb nicht immer mit Sicherheit voraussagbar ist. Bei allen Kombinations- und Dauerbehandlungen ist von Zeit zu Zeit eine Kontrolle der Plasmakonzentrationen ratsam. Für den Menschen existieren mittlerweile elektronische Datenbanken und Computerprogramme, mit denen die ärztliche Verordnung auf mögliche Arzneimittelinteraktionen und Kontraindikationen überprüft werden kann. Mithilfe einer Genotypisierung können in Blutproben Polymorphismen auf den Genen für die infrage kommenden Enzyme und Transporter erkannt werden.

1.6.2 Pharmakokinetische Interaktionen

Sie beruhen auf einer Beeinflussung der Resorption, der Verteilung, der Plasma-Eiweiß-Bindung, des Arzneimitteltransports und der Ausscheidung. So können die Resorption eines Arzneistoffes durch Änderungen des pH-Wertes des Magens und die Ausscheidung durch Veränderung des Urin-pH-Wertes beeinflusst werden. Digoxin hat unter Antacida eine bessere orale Bioverfügbarkeit, währenddessen diejenige von Azolantimykotika reduziert ist. Verteilungsvorgänge können durch Verdrängung aus Plasma-Eiweiß-Bindungen beeinflusst werden.

Das System der Membrantransporter, insbesondere des P-Glykoproteins, kann durch Arzneimittel induziert oder gehemmt werden, und es kann so die Wirkung eines zweiten Arzneimittels klinisch bedeutsam beeinflusst werden. Digoxin ist ein Substrat dieses Transporterproteins, das sich bemüht, die Konzentration des Herzglykosids im Organismus niedrig zu halten. Chinidin ist ein Hemmstoff von P-Glykoprotein und bewirkt damit einen Anstieg der Digoxin-Konzentration im Organismus.

1.6.3 Pharmakodynamische Interaktionen

Eine pharmakodynamische Interaktion ist immer dann zu erwarten, wenn zwei oder mehr Arzneimittel an einem Rezeptor, einem Organ oder Gewebe bzw. einem Funktionskreis synergistisch (additiv, sehr selten überadditiv) oder antagonistisch wirken. Beispiele für synergistische Interaktionen sind zum einen die Kombinationstherapie bei Herzinsuffizienz, ACE-Hemmer plus Diuretikum, zum anderen die Kombination von Sulfonamiden mit Diaminopyrimidinen. Bei Letzterem wird der Syntheseweg zur Tetrahydrofolsäure an zwei unterschiedlichen Stellen (sequenziell) unterbrochen.

Ein auf Rezeptorebene ablaufender Antagonismus wird bei Überdosierungen oder Vergiftungen mit Arzneimitteln diagnostisch oder therapeutisch genutzt. Eine durch Opiate induzierte Atemdepression kann durch Antagonisten aufgehoben werden, ebenso eine Überdosierung mit Xylazin, einem α_2-Agonisten, mit dem entsprechenden Antagonisten am Rezeptor.

1.6.4 Pharmazeutische Arzneimittelinteraktionen

Pharmazeutische Interaktionen sind zumeist Inkompatibilitäten der Arzneimittel, die kombiniert werden sollen. Diese können bereits makroskopisch erkennbar sein (Ausfällungen bei Mischinjektionen) und sind damit bereits außerhalb des biologischen Systems nachweisbar. Kritischer ist es, wenn beispielsweise eine chemische Zersetzung des Arzneistoffes durch Oxidanzien im Verdünnungsmittel erfolgt.

1.7 Zeitlicher Verlauf der Arzneimittelkonzentrationen im Organismus (Pharmakokinetik)

DEFINITION Ziel in der **Pharmakokinetik** ist es, die Konzentrationsverläufe eines Arzneimittels zu ermitteln, mathematisch zu beschreiben und zu modellieren. Mithilfe kinetischer Modelle wird versucht, pharmakokinetische Parameter zu ermitteln, die der Dosisfindung in der Klinik dienen.

Der Verlauf der Arzneimittelkonzentration im Organismus wird durch die Vorgänge der **Resorption** und der **Elimination** bestimmt. Durch die Resorption wird die Arzneimittelkonzentration im Organismus erhöht. Ihr wirkt die Elimination entgegen, unter der man sowohl die Ausscheidung in unveränderter Form als auch die Biotransformation zusammenfasst, also Vorgänge, die die Konzentration im Organismus senken. Eine Besonderheit stellt die intravenöse Injektion direkt in das Gefäßsystem dar, da die Resorption umgangen wird und die Konzentration des Arzneimittels allein durch die Elimination bestimmt wird.

Zugänglich für Messungen von Konzentrationsverläufen ist das Blut, sodass sich im Folgenden, wenn nicht anders vermerkt, die Konzentrationsangaben auf Blutplasma beziehen. Auch unter klinischen Bedingungen wird die Plasmakonzentration von Arzneimitteln bestimmt (drug level monitoring).

Die Pharmakokinetik zeigt in vielen Fällen eine Altersabhängigkeit: Die Elimination ist bei Neugeborenen aufgrund teilweise noch nicht ausgebildeter Enzymaktivitäten und einer noch nicht voll entwickelten Nierenleistung langsamer. Bei alten Tieren kann sie aufgrund nachlassender Funktionen von Leber und Niere verzögert sein.

1.7.1 Resorption

Die Resorption kann vom Magen-Darm-Kanal, von einer parenteralen Injektionsstelle, aber auch durch Lunge, Haut usw. erfolgen. Bezüglich ihrer Geschwindigkeit unterscheidet man zwischen einem Prozess 0. Ordnung und einem Prozess 1. Ordnung.

Bei einer Resorption nach einer Kinetik **0. Ordnung** wird eine konstante Menge pro Zeiteinheit resorbiert, bis schließlich das gesamte Depot aufgenommen ist, d. h., die Änderungsgeschwindigkeit der Konzentration ist konstant. Eine Kinetik 0. Ordnung ist jedoch die Ausnahme, sie trifft z. B. für eine Dauerinfusion mit konstanter Geschwindigkeit oder subkutane Implantate, die den Wirkstoff mit konstanter Geschwindigkeit abgeben, zu (**Abb. 1.27**).

Bei einem Prozess **1. Ordnung** wird pro Zeiteinheit eine bestimmte Fraktion der noch im Darm oder an der Injektionsstelle befindlichen Arzneimittelmenge aufgenommen. Die Änderungsgeschwindigkeit ist proportional der jeweils vorliegenden Konzentration. Damit ergibt sich am Resorptionsort eine Konzentrationsabnahme in Form einer Exponentialkurve, die sich asymptotisch der Null-Linie annähert.

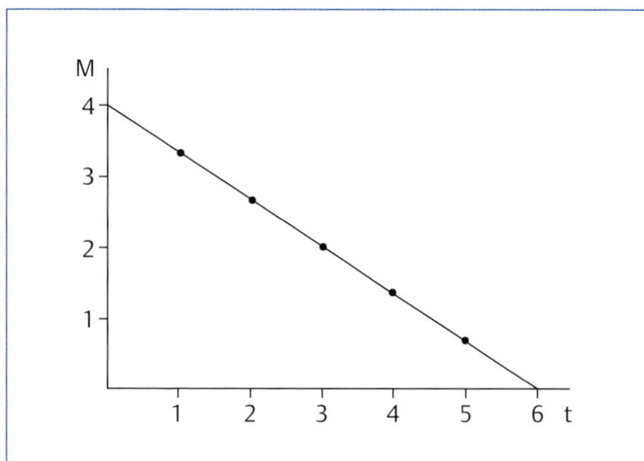

Abb. 1.27 Resorption nach einem Prozess 0. Ordnung: Die Resorption erfolgt mit einer konstanten Menge pro Zeiteinheit; M = Menge im Depot (Magen-Darm-Kanal, s. c. Implantat).

Durch Logarithmierung der Ordinate (Konzentration) kann diese Kurve in eine Gerade umgewandelt werden, aus der sich die Resorptionshalbwertszeit abgreifen lässt (**Abb. 1.28**). Aus der Neigung der Geraden ergibt sich die Resorptionskonstante k_a. Wenn die Resorptionskonstante k_a, die die pro Zeiteinheit resorbierte Fraktion angibt, bekannt ist, kann daraus die Resorptionshalbwertszeit am Resorptionsort berechnet werden:

$$t_{0,5} = \frac{\ln 2}{k_a} = \frac{0,693}{k_a} \qquad (1.19)$$

Da die Arzneistoffmenge am Resorptionsort normalerweise nicht zugänglich ist, haben diese Darstellungen eher theoretischen Charakter.

1.7.2 Elimination

Die Elimination aus dem Organismus (= Ausscheidung in unveränderter Form plus Metabolismus) kann ebenfalls nach einem Prozess 0. Ordnung oder einem Prozess 1. Ordnung verlaufen.

Prozesse **1. Ordnung**, d. h. ein exponentieller Abfall der Arzneistoffkonzentration im Blut (Plasmaspiegel), sind die Regel. Eine Elimination nach einer Kinetik 0. Ordnung tritt auf, wenn sättigbare Eliminationsmechanismen vorliegen. Dies kann eine maximale Transportkapazität, z. B. Carriersysteme in der Niere, oder die begrenzte Kapazität eines Enzymsystems sein.

Ein Beispiel für eine Elimination 0. Ordnung (konstante Elimination, d. h., pro Zeiteinheit wird eine konstante Arzneistoffmenge ausgeschieden), ist Ethanol, die Ursache liegt in einer langsamen Reoxidation von NADH zu NAD. Die Eliminationsgeschwindigkeit von Ethanol beträgt beim erwachsenen Menschen etwa 10 ml pro h.

DEFINITION Die **Eliminationshalbwertszeit** ist einer der am häufigsten angegebenen klinischen Parameter für ein Arzneimittel, das nach einer Kinetik 1. Ordnung eliminiert wird. Sie gibt die Zeitspanne an, in der die Konzentration eines Arzneistoffes auf die Hälfte des ursprünglichen Wertes abgefallen ist. Für die Berechnung der Eliminationshalbwertszeit ($t_{0,5}$) bei einer Kinetik 1. Ordnung gilt die für die Resorptionshalbwertszeit angeführte Formel (1.19), bei der k_a durch k_e, die Eliminationskonstante, ersetzt wird. Die Eliminationshalbwertszeit hängt vom Verteilungsvolumen und der Gesamtkörperclearance (S. 40) ab.

Liegt eine Kinetik 0. Ordnung vor, ist die pro Zeiteinheit eliminierte Menge eines Pharmakons gleich und damit unabhängig von der jeweiligen Konzentration. Die Halbwertszeit ist jedoch nicht konstant. Bei einer Kinetik 1. Ordnung ist die Halbwertszeit über den gesamten Eliminationsprozess konstant (**Abb. 1.28**).

1.7.3 Beziehungen zwischen Dosis und Wirkungsdauer

Da die Eliminationshalbwertszeit im Allgemeinen von der Dosis unabhängig ist, findet bei Erhöhung der verabreichten Dosis im halblogarithmischen Koordinatensystem ein paralleler Abfall der Konzentration statt und die Dauer der Wirkung nimmt wie der Logarithmus der Dosis zu.

Bei Kenntnis von Verteilungsvolumen, minimal erforderlicher Konzentration und Eliminationshalbwertszeit

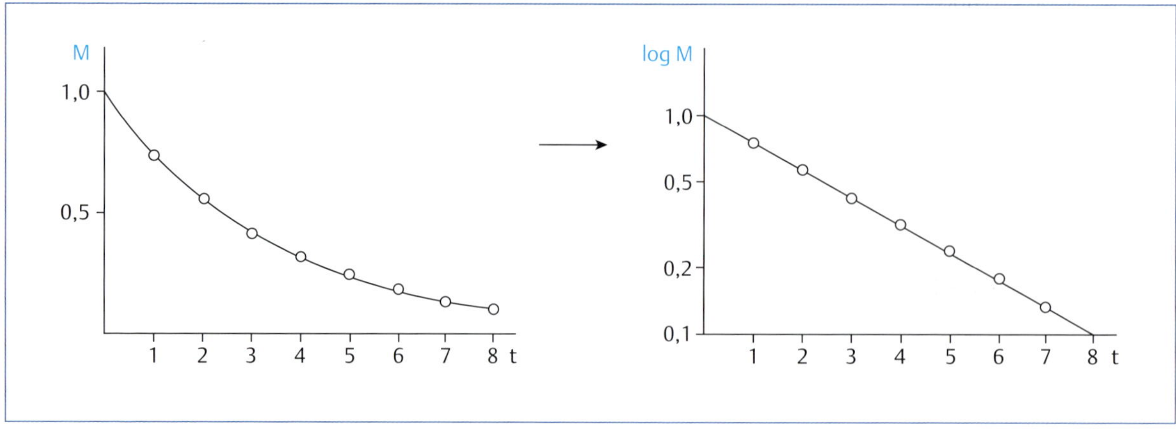

Abb. 1.28 Resorption 1. Ordnung: Pro Zeiteinheit wird eine konstante Fraktion des noch im Depot befindlichen Arzneimittels resorbiert. Durch Logarithmierung der Ordinate erhält man eine Gerade; M = Menge im Depot.

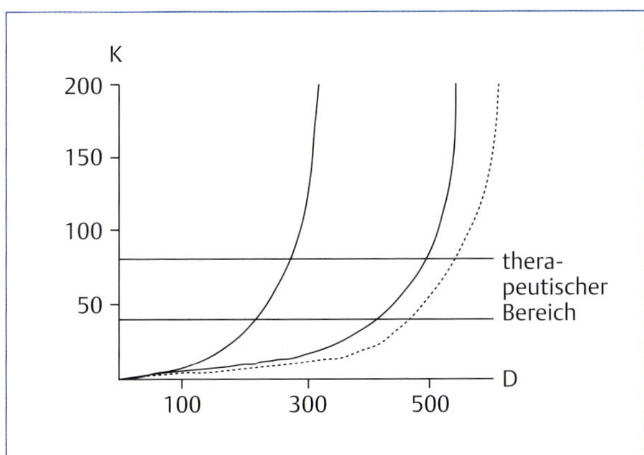

Abb. 1.29 Beziehung zwischen Dosis und Plasmakonzentration bei Vorliegen einer Sättigungskinetik. Von einer bestimmten, von Fall zu Fall unterschiedlichen Dosis steigt die Konzentration überproportional in den toxischen Bereich.

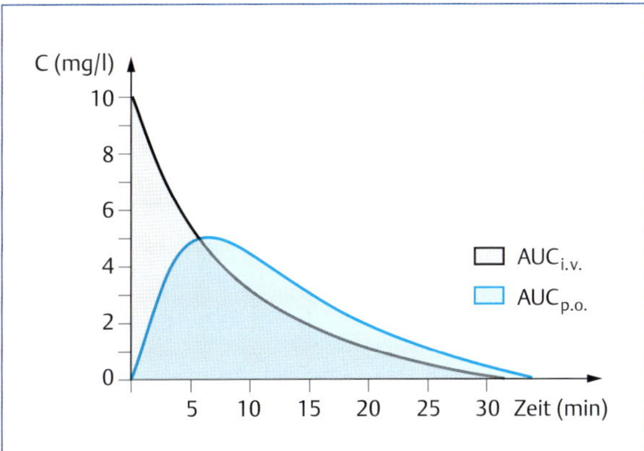

Abb. 1.30 Bioverfügbarkeit (F) eines Pharmakons: $AUC_{i.v.}$ = Fläche unter der Kurve nach intravenöser Applikation; $AUC_{per\ os}$ = Fläche unter der Kurve nach oraler Applikation als Beispiel einer Applikation mit nachfolgendem Resorptionsprozess; der Quotient von $AUC_{e.v.}$ geteilt durch $AUC_{i.v.} \times 100$ = F in %.

kann man deshalb die Dosis, die für eine bestimmte Wirkungsdauer erforderlich ist, und auch das Dosierungsintervall berechnen.

Eine Ausnahme von dieser Regel machen Stoffe mit einer sogenannten **Sättigungskinetik**, wie sie für Phenytoin beim Menschen und für Clonazepam beim Hund bekannt ist. Hier kommt es von einer gewissen Dosis an, die individuell unterschiedlich sein kann, bei Dosiserhöhungen zu einem überproportionalen Anstieg der Plasmakonzentration (**Abb. 1.29**), der mit unerwünschten Wirkungen und Toxizität verbunden sein kann. Bei Stoffen, für die das Vorliegen einer solchen Sättigungskinetik bekannt ist, müssen Dosiserhöhungen sehr vorsichtig und möglichst unter Kontrolle der Plasmakonzentration vorgenommen werden.

Es gibt weitere Ausnahmen von der Beziehung zwischen Dosis und Wirkungsdauer. Nach Gabe von Aminoglykosiden oder Fluorchinolonen wird ein „postantibiotischer Effekt“ beobachtet. Die Bakterien benötigen nach der bakteriziden Chemotherapie eine gewisse Zeit, bis sie ihr Wachstum wieder aufnehmen, eine Unterschreitung der minimalen Hemmkonzentration ist deshalb für einen bestimmten Zeitraum vertretbar. Da außerdem die Wirkung von Aminoglykosiden bei einer schnell darauffolgenden Gabe geringer wird (first exposure effect), sind in diesem Falle einmalige hohe Dosen wirksamer als die wiederholte Gabe.

KLINISCHER BEZUG

- Bei den entzündungshemmenden Pharmaka kann die Gewebekinetik deutlich langsamer sein als die Eliminationshalbwertszeit im Plasma (z. B. Phenylbutazon beim Hund). Dies erklärt die Diskrepanz zwischen Plasmahalbwertszeit und klinischer Wirkungsdauer.
- Irreversible Enzymhemmstoffe bewirken eine dauernde Inaktivierung der respektiven Enzyme. Es müssen erst die Enzyme neu synthetisiert werden. Obwohl der Wirkstoff den Organismus längst verlassen haben kann, wird eine anhaltende Wirkung nachgewiesen. Das gleiche gilt für irreversible Antagonisten am Rezeptor. Ein bekanntes Beispiel sind die als Insektizid verwendeten Organophosphate.

1.7.4 Bioverfügbarkeit und Konzentrationsverlauf nach Einzeldosen

DEFINITION Die Bioverfügbarkeit gibt Aufschluss darüber, zu welchem Anteil und in welcher Geschwindigkeit das Pharmakon in den systemischen Kreislauf gelangt (**Abb. 1.30**). Durch Vergleich der **Flächen unter der Kurve** (AUC = area under the curve) nach einer intravenösen Injektion und einer enteralen oder parenteralen Applikation lässt sich die **Bioverfügbarkeit** (F) ermitteln.

Das wiederum ist die Voraussetzung für das Erreichen des Zielortes und die Auslösung einer Wirkung. Für lokal wirksame Arzneistoffe, z. B. Dosieraerosole zur Bronchialerweiterung, ist die systemische Bioverfügbarkeit nur hinsichtlich unerwünschter Effekte wichtig.

Bestimmt wird die Bioverfügbarkeit durch die physikochemischen Eigenschaften des Wirkstoffs (Molekülgröße, Löslichkeit), die Freisetzung aus der Darreichungsform, die Resorption und den First-Pass-Effekt. Auch die enterale Rückresorption kann Einfluss haben.

DEFINITION Die **absolute Bioverfügbarkeit** ist vor allem ein Maß für die Resorption und gibt den prozentualen Anteil des Wirkstoffs an, der im Vergleich zur intravenösen Gabe (100 %) nach extravasaler Applikationsart im systemischen Blutkreislauf verfügbar ist. Eine nicht vollständige Bioverfügbarkeit kann auf einer unvollständigen Resorption und auf einem First-Pass-Effekt (S. 42) beruhen (**Abb. 1.31**).

Die **relative Bioverfügbarkeit** gibt an, wie ein Wirkstoff im Vergleich zu einer Referenzzubereitung verfügbar ist. Hier können sowohl die Produktqualität (z. B. Partikelgröße) als auch der Einfluss einer Darreichungsform (z. B. Vergleich Tablette und Kapsel) ermittelt werden.

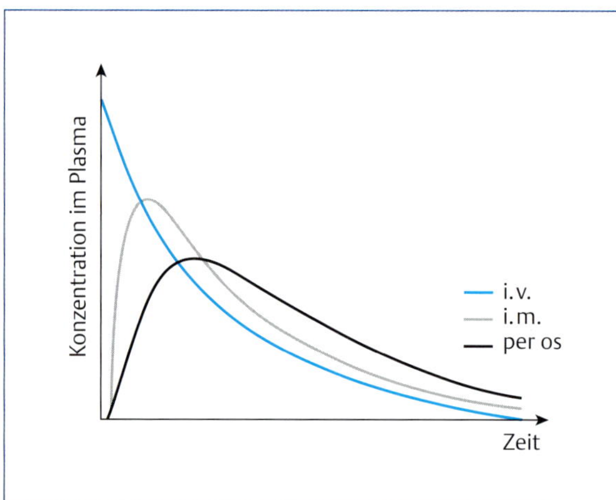

Abb. 1.31 Plasmakonzentrationen eines Pharmakons nach intravenöser (i. v.), intramuskulärer (i. m.) und oraler Applikation.

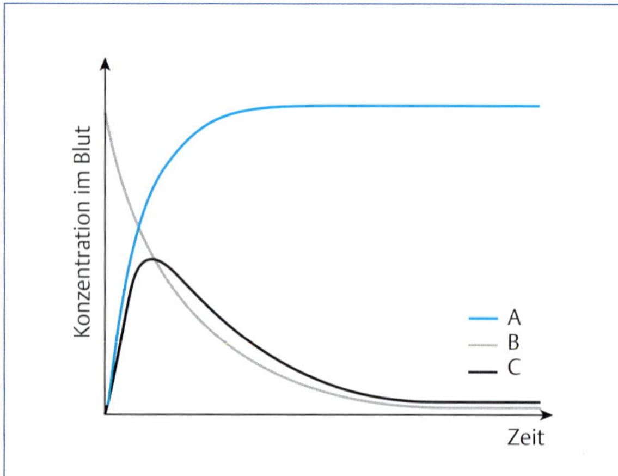

Abb. 1.32 Grafische Darstellung eines Plasmakonzentrationverlaufs bei gleichzeitig ablaufender Resorption und Elimination (Bateman-Funktion); A = Resorption, B = Elimination, C = Überlagerung von A und B (Plasmakonzentration).

KLINISCHER BEZUG Bei der Zulassung und Beurteilung von Präparaten, die wirkstoffgleich sind, insbesondere von Generika, wird starker Wert auf die **Bioäquivalenz** gelegt, die außer der Fläche unter der Kurve auch die maximale Plasmakonzentration und die Zeit bis zum Erreichen der maximalen Plasmakonzentration berücksichtigt. Es wird also die Geschwindigkeit der Verteilung mitberücksichtigt. Diese Parameter gehen auch in die Bewertung von Retardarzneimitteln ein. Bioäquivalenzstudien dienen der Qualitätskontrolle, um eine therapeutische Äquivalenz zu sichern. Die Kenngrößen eines Testprodukts (Generikums) im Vergleich zu einem Referenzprodukt (Original) müssen innerhalb fest definierter Grenzen liegen.

Bei Resorption und Elimination nach Prozessen der 1. Ordnung kann, wenn die Dosis (D), die Resorptionskonstante (k_a), die Eliminationskonstante (k_e), das relative Verteilungsvolumen (V'_d) und die Bioverfügbarkeit (F) bekannt

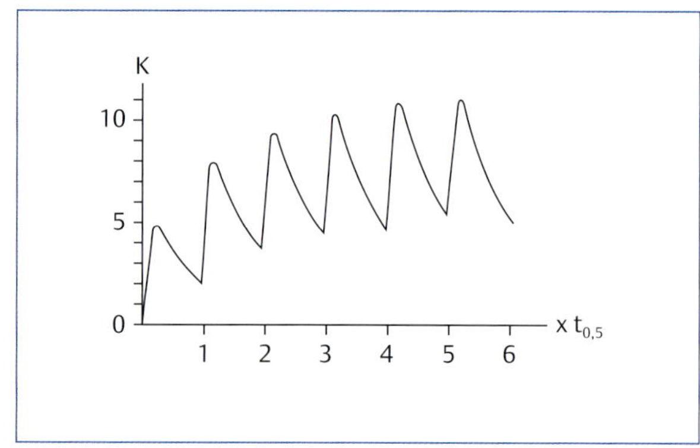

Abb. 1.33 Kumulation eines Arzneimittels bei konstanter Zufuhr (Einzeldosen) und Elimination 1. Ordnung. Nach etwa 5 Halbwertszeiten wird das Steady state erreicht.

sind, mit der folgenden Formel die Plasmakonzentration zu jedem Zeitpunkt berechnet werden:

$$Cp_t = \frac{D}{V'_d} \times \frac{k_a}{k_a - k_e}\left(e^{-k_e t} - e^{-k_a t}\right) \times F \qquad (1.20)$$

Da Resorption und Elimination zumeist gleichzeitig ablaufen, ergibt sich aus der Überlagerung beider Prozesse eine für die Applikationsart charakteristische Verlaufskurve für die Plasmakonzentration des jeweiligen Pharmakons (**Abb. 1.32**).

1.7.5 Konzentrationsverlauf bei Dauerbehandlung

Bei konstanter Zufuhr (Infusion, wiederholte Gabe der Tagesdosis) und Elimination als Prozess 1. Ordnung kommt es zunächst zu einer progressiven Zunahme der Wirkstoffmenge, d. h. zur **Kumulation** des Arzneistoffes, und schließlich stellt sich ein Plateau (**Steady state**) ein, in dem die Konzentrationen in Abhängigkeit vom Dosierungsintervall und der Dosis zwischen einem Maximum und einem Minimum fluktuieren. Die Grenzen der Fluktuation werden durch die benötigte Konzentration und das Erreichen toxischer Konzentrationen vorgegeben. Dieses Steady state wird erreicht, wenn die pro Zeiteinheit zugeführte Dosis gerade der Fraktion entspricht, die pro Zeiteinheit eliminiert wird (**Abb. 1.33**).

Die Halbwertszeit für das Erreichen der Steady-state-Konzentration entspricht der Eliminationshalbwertszeit, das **Steady state** wird nach etwa 5 Halbwertszeiten erreicht.

Nach jeder Dosisänderung vergehen wieder 5 Halbwertszeiten, bis sich das neue Steady state einstellt, und nach einer ausgelassenen Dosis werden 5 Halbwertszeiten benötigt, um das alte Steady state wieder einzustellen. Auch durch Veränderungen der Eliminationsgeschwindigkeit k_e wird das Steady state beeinflusst (selten).

Stoffe mit einer langen Halbwertszeit wie Phenobarbital benötigen bis zur Einstellung des Plateaus eine relativ lange Zeit (beim Hund 10–15 Tage), während dieser Zeit ist die therapeutische Wirkung noch nicht vollständig, und es können im Falle der Behandlung einer Epilepsie noch

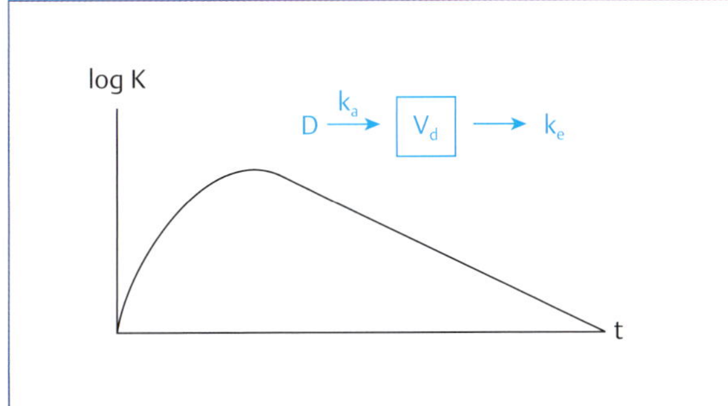

Abb. 1.34 Konzentrationsverlauf bei oraler Aufnahme und einem offenen 1-Kompartiment-Modell.

Krämpfe auftreten. Höhere Anfangsdosen können jedoch wegen der erheblichen sedativ-hypnotischen Wirkungen von Phenobarbital nicht verabreicht werden. Wenn das Steady state erreicht wird, hat sich gegen die sedative Wirkung von Phenobarbital bereits eine Toleranz entwickelt. Bei anderen Pharmaka (Herzglykoside) können höhere Sättigungsdosen an den ersten Tagen zur schnelleren Einstellung eines Steady state verabreicht werden.

Wenn das Dosierungsintervall größer als die Halbwertszeit gewählt wird, ergeben sich erhebliche Fluktuationen zwischen den Minimal- und Maximalkonzentrationen. Solche Fluktuationen können im Maximum bereits unerwünschte Wirkungen hervorrufen, im Minimum ist die gewünschte Arzneimittelwirkung u. U. nicht mehr gegeben. Dies muss bei Behandlungen mit relativ kurz wirkenden Stoffen beachtet werden. Da eine mehr als dreimalige Gabe am Tage meist nicht praktikabel ist, ist der Einsatz von Depotpräparaten von Vorteil.

1.7.6 Pharmakokinetische Modelle

Im einfachsten Fall verläuft eine Konzentrationskurve monoexponentiell, und man spricht von einem offenen 1-Kompartiment-Modell (**Abb. 1.34**). Dabei wird der Stoff mit einem bestimmten k_a-Wert in ein zentrales Kompartiment aufgenommen. Er verteilt sich also scheinbar völlig einheitlich im Organismus und wird aus diesem mit einer bestimmten k_e eliminiert. Oftmals erfolgt der Konzentrationsabfall aber bifunktionell, d. h., der Stoff verteilt sich zunächst in einem zentralen Kompartiment, das meist aus dem Kreislauf und den gut durchbluteten Organen (Leber, Lunge, Herz, Nieren, Gehirn) besteht, und wird dann weiter in ein peripheres Kompartiment, z. B. ein minder gut durchblutetes Gewebe (Fettgewebe, Muskulatur), verteilt. Dies ist für die Ermittlung der **terminalen Halbwertszeit** (β-Phase in der **Abb. 1.35**) zur Abschätzung der Ausscheidungszeit des Arzneistoffs von Bedeutung. Für dieses offene 2-Kompartiment-Modell ergibt sich ein Schema nach **Abb. 1.35**. Entsprechend gibt es 3- und Viel-Kompartiment-Modelle, eine zufriedenstellende Anpassung gelingt jedoch meist mit einem 2- oder 3-Kompartiment-Modell.

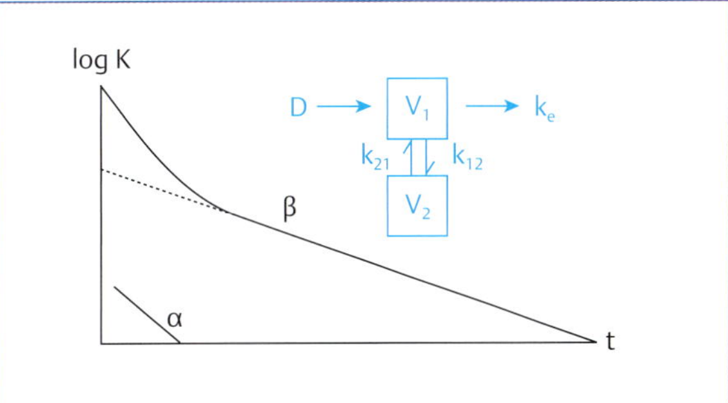

Abb. 1.35 Konzentrationsverlauf und Blockdiagramm für die i. v. Zufuhr eines Stoffes, der sich nach einem offenen 2-Kompartiment-Modell im Organismus verteilt; α = Geschwindigkeitskonstante für die Verteilungsphase; β = Eliminationsphase; k_{12}, k_{21} = Geschwindigkeitskonstanten für den Übertritt von V_1 nach V_2 bzw. von V_2 nach V_1; V_1 = zentrales Kompartiment; V_2 = peripheres (tiefes) Kompartiment.

1.8 Toleranz und Abhängigkeit

1.8.1 Toleranz

DEFINITION Als Toleranz bezeichnet man einen Zustand herabgesetzter Reaktivität gegenüber dem pharmakologischen Effekt eines Stoffes bei wiederholter Exposition.

Es gibt verschiedene Ursachen einer Toleranzentwicklung.

Metabolische Toleranz

Die metabolische Toleranz wird durch Enzyminduktion hervorgerufen, der Stoff wird vermehrt abgebaut und seine Wirkung ist verkürzt. Der Stoff muss demnach in immer kürzeren Zeitabständen gegeben werden, um die für den Effekt erforderliche Plasmakonzentration aufrechterhalten zu können. Die am Rezeptor erforderliche Konzentration und auch die letale Dosis verändern sich bei der metabolischen Toleranz nicht. Beispiele für Auslöser einer metabolischen Toleranz sind Phenytoin und Carbamazepin beim Hund.

Funktionelle Toleranz

Bei der funktionellen Toleranz „gewöhnen“ sich die Zellen des Zentralnervensystems an die Anwesenheit eines Arzneimittels und reagieren nach einiger Zeit wieder völlig normal. Um den erwünschten Effekt aufrechtzuerhalten, muss eine höhere Konzentration am Wirkort eingestellt werden. Beispiele für funktionelle Toleranz sind das Nachlassen der sedativen Wirkung von Benzodiazepinen bei längerer Behandlung oder die Toleranz gegen die sedativ-hypnotische Wirkung von Phenobarbital bei der Epilepsiebehandlung. Epilepsiepatienten verhalten sich mit Phenobarbital-Konzentrationen im Plasma, die beim nicht toleranten Organismus eine Schlafmittelvergiftung hervorrufen würden, neurologisch unauffällig. Die Toleranz kann nur gegenüber bestimmten Wirkungsqualitäten auftreten.

So bleibt die antikonvulsive Wirkung von Phenobarbital bei Dauermedikation meist erhalten.

Metabolische und funktionelle Toleranz können nebeneinander gegen ein und denselben Stoff auftreten, z. B. bei Barbituraten. Mit dem Absetzen des auslösenden Stoffes bildet sich die Toleranz zurück, dieser Vorgang ist aber in seinem zeitlichen Ablauf kaum voraussagbar. Bis zum vollen Verlust der Toleranz können Monate vergehen.

Akute Toleranz

Als akute Toleranz bezeichnet man einen Zustand, in dem sich bereits während der Wirkung einer Dosis des Arzneimittels Toleranz einstellt. Beispielsweise ist oft beobachtet worden, dass Patienten nach einer Narkose bei Plasmakonzentrationen erwachen, die höher sind als jene, bei denen sie eingeschlafen sind.

Tachyphylaxie

DEFINITION Von Tachyphylaxie spricht man, wenn der Effekt eines Arzneimittels bereits bei wiederholter Zufuhr in nur kurzen Zeitabständen nachlässt.

Wenn der Wirkung des Arzneimittels eine Transmitterfreisetzung zugrunde liegt, kann es sein, dass die Speichervesikel leer sind und deshalb kein Effekt mehr ausgelöst werden kann. Ein Schulbeispiel für eine Tachyphylaxie stellen die indirekt wirksamen Sympathomimetika dar. Wenn Ephedrin wiederholt innerhalb eines Versuches injiziert wird, so lässt die pressorische Blutdruckwirkung progressiv nach und ist nach der 6.–8. Injektion nicht mehr eindeutig nachweisbar. Dieser Effekt kann durch eine Entleerung der Noradrenalin-Speicher in den sympathischen Nerven erklärt werden, und tatsächlich lässt sich der pressorische Effekt von Ephedrin nach einer Noradrenalin-Infusion teilweise wiederherstellen.

Eine Tachyphylaxie gegen Histamin-Liberatoren lässt sich über eine weitgehende Erschöpfung des Histamins in den Mastzellen bereits bei der ersten Injektion erklären.

1.8.2 Abhängigkeit

Das Abhängigkeitssyndrom besteht aus einer Gruppe von Verhaltens-, kognitiven und körperlichen Phänomenen, die sich nach wiederholtem Substanzgebrauch entwickeln.

Bei der Abhängigkeit kann man zwischen psychischen und physischen Abhängigkeitselementen unterscheiden. Die **psychische Abhängigkeit** wird von der Weltgesundheitsorganisation als ein sehr starker innerer Zwang definiert, sich das Abhängigkeit verursachende Medikament oder ein anderes mit entsprechender Wirkung wieder zuzuführen (craving). Typischerweise bestehen außerdem Schwierigkeiten, den Konsum zu kontrollieren, und der Substanzgebrauch hält trotz schädlicher Folgen an. Dem Substanzgebrauch wird Vorrang vor anderen Aktivitäten oder Verpflichtungen gegeben, und er beruht auf einer individuellen Wertschätzung der Effekte desselben (meist Distanzierung von allen unangenehmen Einflüssen der Umwelt). Die psychische Abhängigkeit ist für alle Suchtgifte obligat.

Tab. 1.10 Beispiele für Abhängigkeit und Toleranz bei Suchtgiften.

Stoff bzw. Stoffgruppe	psychische Abhängigkeit	physische Abhängigkeit	Toleranz
morphin-ähnliche Analgetika	+++	+++	+++
Barbiturate, Ethanol, Benzodiazepine	±/+	++	++
Cocain	+++	(+)	–
Amphetamin	++	–	++

Die **physische Abhängigkeit** ist durch die Notwendigkeit der Anwesenheit des Stoffes für die Homöostase des Organismus gekennzeichnet. Ein Absetzen (Entzug) führt zu einem charakteristischen Entzugssyndrom. Entzugserscheinungen und Toleranz können aufgrund von Neuroadaptationsprozessen bei Suchtgiften auftreten, sie sind aber nicht obligat (**Tab. 1.10**).

Das Abhängigkeitssyndrom kann sich auf einen einzelnen Stoff (z. B. Alkohol), auf eine Substanzgruppe (z. B. opiatähnliche Substanzen) oder auch ein weites Spektrum pharmakologisch unterschiedlicher Substanzen beziehen. Die psychische Abhängigkeit spielt naturgemäß in der Veterinärmedizin nur eine untergeordnete Rolle. Experimentell hat man aber gezeigt, dass bei Ratten und Affen, die sich Suchtstoffe über einen Katheter auf Knopfdruck selbst zuführen können, eine Abhängigkeit auftritt, die sich in immer häufigerer Betätigung des Injektionsmechanismus und in entsprechend erhöhter Tagesdosis äußert. Auch das Craving-Verhalten kann bei Labornagern nachgewiesen werden. Je größer der Drang nach Substanzzufuhr ist, desto mehr ist das Tier bereit, dafür zu „arbeiten“, z. B. einen Hebel zu drücken.

Häufiger kann eine physische Abhängigkeit in der Veterinärmedizin beobachtet werden, z. B. nach einer längeren Behandlung mit Benzodiazepinen. Beim Entzug entwickelt sich ein Abstinenzsyndrom, das sich als unphysiologisches Verhalten (Angst, Apathie und wet dog shakes), Tremor, tonisch-klonische Krämpfe, Anstieg der Körpertemperatur und Gewichtsverlust äußert. Der Tod kann im Status epilepticus eintreten. Die Entzugserscheinungen erreichen ihr Maximum 2–3 Tage nach dem Absetzen des Medikaments und klingen dann über 8 Tage langsam ab (**Abb. 1.36**). Bei Benzodiazepinen lassen sich sofort Entzugserscheinungen durch Benzodiazepin-Antagonisten (Flumazenil), bei morphinähnlichen Analgetika durch Morphin-Antagonisten (Naloxon) auslösen. Milde Entzugserscheinungen lassen sich schon nach einer Behandlungsdauer von 2–3 Tagen nachweisen. Auch beim Absetzen von Phenobarbital oder Primidon nach einer längeren Epilepsiebehandlung besteht theoretisch die Gefahr von Entzugserscheinungen.

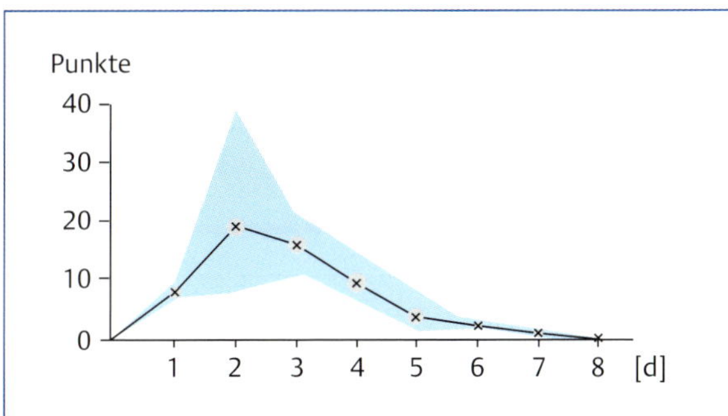

Abb. 1.36 Schwere der Entzugserscheinungen nach Absetzen einer längeren Clonazepam-Behandlung beim Hund. [Nach Scherkl, Frey: Physical dependence on clonazepam in dogs. Pharmacology 1986; 32: 18–24]

1.9 Innovationen in der Arzneimittelentwicklung

Als Innovationen können angesehen werden:

- Entwicklung neuer Wirkstoffe gegen zuvor nicht medikamentös behandelbare Erkrankungen
- neue Wirkprinzipien bei bisher nicht hinreichend behandelbaren Krankheiten
- Einsatz bekannter Arzneimittel mit neuen Indikationen (repurposing)
- neue Therapien durch Kombination von mehreren Arzneimitteln
- neue Darreichungsformen, durch die bekannte Wirkstoffe besser verfügbar werden oder/und geringere unerwünschte Wirkungen zeigen oder eine bessere Applizierbarkeit (Vereinfachung der Therapie durch z. B. dermale statt orale Verabreichungen bei Katzen) aufweisen
- neue Technologien, die das Risiko unerwünschter Wirkungen von Medikamenten senken

1.9.1 Gentechnisch hergestellte Arzneimittel

Mittlerweile wird eine große und stetig wachsende Zahl von Arzneistoffen gentechnisch mit großtechnischen Methoden hergestellt. Bei der Produktion gentechnisch hergestellter Wirkstoffe steht Deutschland hinter den USA weltweit an zweiter Stelle. So werden die als Arzneimittel genutzten Proteine meist von Bakterien produziert, die mit dem entsprechenden Transfektionsvektor transfiziert wurden und das gewünschte Gen exprimieren. Der bekannteste gentechnisch produzierte Arzneistoff ist das Humaninsulin. Später wurde auch dieses modifiziert, und es werden verschiedene Insulinanaloga auf diesem Wege produziert, die pharmakokinetische Vorteile bieten.

Derzeit sind in Deutschland mindestens 175 Arzneimittel mit mehr als 130 Wirkstoffen zugelassen, die gentechnisch hergestellt werden und als rekombinante Arzneimittel bezeichnet werden. Die wichtigsten Anwendungsbereiche sind Diabetes (Insuline), Anämie (Erythropoetin-Präparate), Multiple Sklerose, rheumatoide Arthritis (Immunmodulatoren), Tumorerkrankungen (monoklonale Antikörper), angeborene Stoffwechsel- und Gerinnungsstörungen (Enzyme, Gerinnungsfaktoren) und Schutzimpfungen (Zervixkarzinom, Hepatitis B). Mittlerweile sind jährlich etwa 15–25 % aller neu zugelassenen Wirkstoffe gentechnischen Ursprungs.

1.9.2 Therapie mit monoklonalen Antikörpern

Sowohl in Diagnostik als auch Therapie spielen monoklonale Antikörper (von einer Zelllinie produziert) bereits eine große Rolle, da sie mit hoher Spezifität verschiedene Moleküle binden können. Monoklonale Antikörper leiten sich von den natürlichen ab, die die B-Lymphozyten zur Abwehr von pathogenen Organismen und Toxinen bilden. Wie diese sind sie Y-förmig mit spezifischen Bindungsstellen an den beiden Enden der Molekülarme. Im Unterschied zu natürlichen Antikörpern sind die monoklonalen Antikörper, die für die Therapie eingesetzt werden, in ihrer Bindungsspezifität gegen einzelne körpereigene Moleküle wie Rezeptoren, Bindungsstellen oder Modulatoren (z. B. Bindungsstellen von verschiedenen Wachstumsfaktoren, Tumor-Nekrose-Faktor α, Virusbestandteile, IGE, Interleukin 6) gerichtet. Tyrosinkinase-Rezeptoren lassen sich mit monoklonalen Antikörpern, die sich gegen die Ligand-Bindungsstelle richten, hemmen. Für den therapeutischen Einsatz am Menschen sind mehr als 30 monoklonale Antikörper als Arzneimittel in Europa zugelassen. Ihre Freinamen enden auf „mab“, das als Abkürzung für monoclonal antibody steht. Mittlerweile werden vollständig humane Antikörper produziert, die die Endung „umab“ tragen. Viele andere befinden sich in der Entwicklung oder klinischen Prüfung. Die ersten therapeutisch genutzten monoklonalen Antikörper haben bereits ihren Patentschutz verloren, und die ersten Biosimilar-Zulassungen sind 2013 erfolgt. Die wichtigsten Indikationsgebiete finden sich in der Hämatologie, Onkologie, in der Therapie von Autoimmunerkrankungen und der Transplantatabstoßung, in der Augenheilkunde, Dermatologie, der Therapie von Herz-Kreislauf-Erkrankungen, Infektionskrankheiten und allergischen Erkrankungen.

1.9.3 Medizinische Gentechnologie und Gentherapie

Methoden der Übertragung von spezifischen Genen in Säugetierzellen werden mittlerweile beim Menschen zur Behandlung von Erbkrankheiten genutzt. Im Rahmen von Gentherapien wird ein normales Allel in eine somatische Zelle übertragen, die ein oder mehrere mutierte Allele trägt. Die Expression des „normalen“ Genproduktes führt zu einem funktionellen Genprodukt, über dessen Wirkung ein normaler Phänotyp ausgeprägt wird. Die Strukturgene und deren regulatorische Sequenzen werden mithilfe von Vektoren oder einem Gentransfersystem übertragen. Bis jetzt ist nur die **somatische Therapie** zur Behandlung von Erbkrankheiten mit Einzelgendefekt, multifaktoriellen genetischen Erkrankungen (Tumoren, Herz-Kreislauf-Erkrankungen) und bestimmten erworbenen Erkrankungen erprobt worden. Das erste Gentherapie-Medikament in Europa wurde 2012 für Patienten mit Lipoprotein-Lipase-Defizienz zugelassen.

Eine unerwünschte Genexpression kann durch **Antisense-Oligonukleotide** oder andere Antisense-Medikamente blockiert werden. Antisense-Oligonukleotide sind kurze RNA-Fragmente, die aus der komplementären Sequenz einer m-RNA bestehen. Als Antisense-RNA wird die RNA bezeichnet, die bei der Transkription vom falschen DNA-Strang gebildet wurde. Durch die Bildung von Duplexstrukturen zwischen einer Sense- und einer Antisense-RNA wird die Genexpression blockiert. Die Antisense-Strukturen werden entweder in die Zellen eingeschleust, oder man schleust Gene in die Zelle ein, die diese Strukturen synthetisieren. Das erste Antisense-Medikament, das in Deutschland zugelassen wurde, war gegen das Zytomegalievirus gerichtet.

Weitere Medikamente befinden sich in der klinischen Testung. Ein Antisense-Wirkstoff, der selektiv die Synthese von TGF-β_2 hemmt, war bislang in klinischen Studien bei guter Verträglichkeit wirksam in der Therapie von verschiedenen Karzinomen.

Eine weitere vielversprechende Methode zur Stilllegung von Genen ist in letzter Zeit entwickelt worden, die **RNA-Interferenz** (RNAi). Man nutzt eine kurze doppelsträngige RNA (R oder siRNA), die spezifisch mit Nukleotidsequenzen einer mRNA interferiert und zusammen mit Enzymen eine bestimmte Ziel-RNA abbaut und so die Expression eines bestimmten Proteins verhindert. Die Entwicklung von siRNA-Therapeutika war bislang noch nicht erfolgreich.

(Weiterführende) Literatur

[1] Craigmill AL, Riviere JE, Webb AI. Tabulation of FARAD comparative and veterinary pharmakokinetic data. Hoboken, New Jersey: Blackwell Publishing; 2006

[2] Derendorf H, Gramatte T, Schäfer HG, Staab A. Pharmakokinetik kompakt. 3. Aufl. Stuttgart: Wissenschaftliche Verlagsgesellschaft; 2011

[3] Frey H-H, Löscher W. Clinical pharmacokinetics of phenytoin in the dog: A reevaluation. Am J Vet Res 1981; 41: 1635–1638

[4] Hernandez MA, Rathinavelu A. Basic Pharmacology. Boca Raton, Florida: Taylor and Francis; 2006

[5] Rang HP, Dale MM, Ritter JM, Flower RJ, Henderson G: Rang and Dale's Pharmacology. 8th Ed. München: Elsevier; 2015

Spezielle Pharmakologie

2 Pharmakologie des vegetativen (autonomen) Nervensystems

W. Löscher, M. Bankstahl

2.1 Anatomische und physiologische Grundlagen

Das gesamte Nervensystem kann man in ein dem Willen unterworfenes zerebrospinales (somatisches) und ein in morphologischer und funktioneller Hinsicht mit diesem eng verknüpftes, aber durch den Willen im Allgemeinen nicht beeinflussbares autonomes (vegetatives) Nervensystem einteilen.

2.1.1 Gliederung und Wirkungen des vegetativen Nervensystems

DEFINITION Das autonome oder unwillkürliche Nervensystem regelt den Ablauf der vegetativen, d. h. der zur Unterhaltung des Lebens notwendigen Leistungen der Organe. Es innerviert im Wesentlichen die glatte Muskulatur aller Organe und Organsysteme, das Herz und die Drüsen und regelt die lebenswichtigen Funktionen der Atmung, des Kreislaufs, der Verdauung, des Stoffwechsels, der Sekretion, der Körpertemperatur und der Fortpflanzung.

Das vegetative Nervensystem kann in einen peripheren und einen zentralen Teil unterschieden werden. Die dem peripheren Teil übergeordneten vegetativen Zentren (z. B. Kreislaufzentrum, Atmungszentrum) sind im Hirnstamm lokalisiert und arbeiten wie das periphere autonome Nervensystem automatisch und reflektorisch. Das periphere vegetative Nervensystem besteht aus drei verschiedenen Systemen: dem **Sympathikus**, dem **Parasympathikus** und dem **Darmnervensystem**.

Die Neurone des **Darmnervensystems** liegen in den Wänden des Gastrointestinaltraktes und sind zum Teil identisch mit den postganglionären parasympathischen Neuronen. Das Darmnervensystem funktioniert auch ohne zentralnervöse Einflüsse von Sympathikus und Parasympathikus und ist in der Lage, die vielfältigen Bewegungen des Darmes zur Durchmischung und zum Weitertransport des Darminhaltes und zum Teil die Sekretionsvorgänge autonom zu regeln. Es besteht aus Ansammlungen von Nervenzellen (kleinen Ganglien), die zwischen der glatten Längsmuskulatur und der glatten Ringmuskulatur im Plexus myentericus (Auerbach-Plexus) und unterhalb der Ringmuskulatur im Plexus submucosus (Meissner-Plexus) liegen. Die Neurone des Darmnervensystems sind:

1. sensorische Neurone, die auf Dehnung und Kontraktion der Darmwand erregt werden
2. motorische Neurone, die die glatte Ring- und Längsmuskulatur erregen
3. Interneurone, die zwischen afferenten und motorischen Neuronen geschaltet sind

Neben Transmittern (S. 60) des vegetativen Nervensystems sind eine Vielzahl anderer Transmitter (z. B. GABA, Serotonin, endogene Opioide, Prostaglandine, Bradykinin, Angiotensin, Histamin) an der autonomen Steuerung der Darmfunktion beteiligt.

Sympathikus und **Parasympathikus** zeigen gewisse anatomische und funktionelle Gemeinsamkeiten. Beide sind aus zwei hintereinander geschalteten Neuronen aufgebaut (**Abb. 2.1**. Der Zellkörper des ersten oder präganglionären Neurons liegt im Zentralnervensystem (ZNS; Gehirn oder Rückenmark) und sendet sein Axon bis zum vegetativen Ganglion in der Peripherie, wo es synaptischen Kontakt mit dem Zellkörper des zweiten oder postganglionären Neurons aufnimmt.

Die Zellkörper aller präganglionären Neurone des peripheren **sympathischen Nervensystems** liegen im Brustmark (Th 1–12) und oberen Lendenmark (L 1–3). Die Axone dieser Neurone verlassen das Rückenmark über die Vorderhornwurzeln und ziehen zu den außerhalb des ZNS liegenden vegetativen Ganglien. In den sympathischen Ganglien werden die Axone der präganglionären Neurone auf die Zellkörper der postganglionären Neurone umgeschaltet. Die sympathischen Ganglien sind im Bereich der Hals-, Brust- und Lendenwirbelsäule rechts und links segmental angeordnet. Diese paarweise angeordneten Ganglien sind von oben nach unten durch Nervenstränge miteinander verbunden. Man nennt diese paravertebralen Ganglienketten linker und rechter Grenzstrang. Außer diesen in den Grenzsträngen paarweise angeordneten Ganglien gibt es

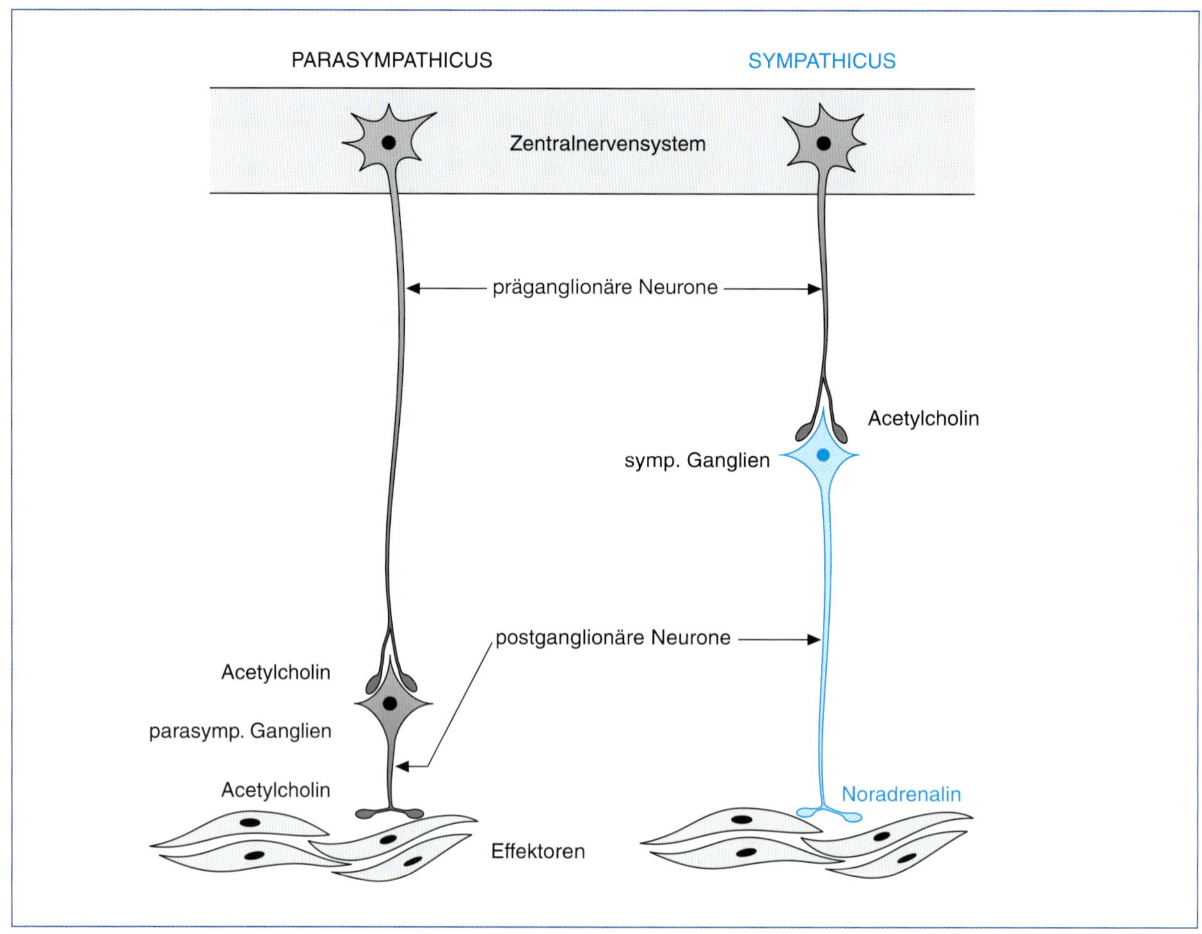

Abb. 2.1 Schematische Darstellung prä- und postganglionärer sympathischer und parasympathischer Neurone. Die synaptischen Überträgerstoffe in den Ganglien und an den Effektoren sind bezeichnet.

im Bauch- und Beckenraum unpaare Ganglien (Ggl. coeliacum, Ggl. mesentericum craniale und caudale), in denen die Axone präganglionärer Neurone aus beiden Rückenmarkshälften enden. Die präganglionären Axone dieser Ganglien ziehen, ohne umgeschaltet zu werden, durch die Grenzstrangganglien. Die Axone der postganglionären Neurone (gepunktet in **Abb. 2.1**) treten aus den Ganglien aus und innervieren die Erfolgsorgane (Effektoren) des Sympathikus. Diejenigen postganglionären Neurone, auf die präganglionäre Neurone aus dem Brustmark konvergieren, innervieren die Kopforgane, den Brust- und Bauchraum und die vorderen Extremitäten. Diejenigen postganglionären Neurone, auf die präganglionäre Neuronen aus dem Lendenmark konvergieren, innervieren den Beckenraum und die hinteren Extremitäten. Da die Ganglien des Sympathikus relativ weit entfernt von den Erfolgsorganen liegen, sind die postganglionären sympathischen Axone meistens sehr lang (**Abb. 2.1**). Die Erfolgsorgane des Sympathikus sind die glatte Muskulatur aller Organe (Gefäße, Eingeweide, Ausscheidungsorgane, Haarwurzeln, Pupillen), der Herzmuskel und manche Drüsen (Schweiß-, Speichel-, Verdauungsdrüsen). Die Wirkungen des sympathischen Nervensystems auf diese Effektoren werden später besprochen (**Tab. 2.1**).

Die Zellkörper der präganglionären Neurone des peripheren parasympathischen Nervensystems liegen im Kreuzmark und im Hirnstamm. Die präganglionären parasympathischen Fasern sind, wie in angedeutet, im Gegensatz zu den präganglionären sympathischen Fasern sehr lang, da die parasympathischen Ganglien in der Nähe der Erfolgsorgane liegen. Die parasympathischen Axone aus dem Hirnstamm laufen einerseits im N. vagus zu den Organen in der Brust- und Bauchhöhle, andererseits in anderen Hirnnerven zu den Organen im Kopfbereich. Die Fasern aus dem Kreuzmark laufen in den Beckennerven zu den Organen im Beckenraum. Die vegetativen Ganglien, in denen prä- und postganglionäre parasympathische Fasern miteinander verschaltet werden, liegen verstreut in den Wänden der Erfolgsorgane (z. B. in der Darmwand) oder bei den Erfolgsorganen. Die postganglionären parasympathischen Fasern sind deshalb im Gegensatz zu den entsprechenden sympathischen Fasern sehr kurz (**Abb. 2.1**). Alle parasympathisch innervierten Organe, wie z. B. Harnblase, Magen-Darm-Trakt, Herz, Lunge und Speicheldrüsen, werden auch von sympathischen Fasern innerviert und funktionell zumeist entgegengesetzt beeinflusst (**Tab. 2.1**). Dagegen werden nicht alle sympathisch innervierten Organe durch den Parasympathikus innerviert. Dies gilt besonders (mit einigen Ausnahmen) für das gesamte Gefäßsystem.

Tab. 2.1 Die wichtigsten Wirkungen von Parasympathikus und Sympathikus.

Organ	Effektoren	Parasympathikus	Beteiligter Cholinozeptor[1]	Sympathikus	Beteiligter Adrenozeptor
I. Postsynaptisch					
Herz	Herzfrequenz	Abnahme	M	Zunahme	$\beta_1 > \beta_2$
	Kontraktionskraft	Abnahme	M	Zunahme	$\beta_1 > \beta_2$, α_1
	Leitungs-geschwindigkeit	Abnahme	M	Zunahme	$\beta_1 > \beta_2$
	Automatie	Abnahme	M	Zunahme	$\beta_1 > \beta_2$
Gefäße (v. a. Arteriolen)	Gefäßtonus	Dilatation	M (physiolog. Bedeutung unklar)	Konstriktion, Dilatation	$\alpha_1 > \alpha_2$, $\beta_2 > \beta_1$
Lunge	Bronchialmuskulatur	Kontraktion	M	Relaxation	$\beta_2 > \beta_1$
	Bronchialdrüsen	Sekretion	M	Sekretion	β_1, β_2
Magen-Darm-Trakt	Motilität und Tonus	Steigerung	M	Abnahme	α_1, α_2, β_2
	Sphinkteren	Relaxation	M	Kontraktion	α_1
	Sekretion	Steigerung	M	Abnahme	α_2
Uterus	Endometrium	Kontraktion	M	Relaxation	β_2
	Endometrium			Kontraktion	α_1
Harnblase	Detrusor	Kontraktion	M	Relaxation	β_2
	Sphinkter	Relaxation	M	Kontraktion	α_1
männl. Geschlechtsorgane	–	Erektion	M	Ejakulation	α_1
Speicheldrüse	–	Sekretion von serösem Speichel	M	Sekretion von serösem Speichel	α_1
Schweißdrüsen	–	Sekretion	M	Sekretion	α_1, β_2
Auge	M. sphincter pupillae	Kontraktion (Miosis)	M	–	–
	M. dilatator pupillae	–	–	Kontraktion (Mydriasis)	α_1
	M. ciliaris	Kontraktion	M	Relaxation	β_2
Stoffwechsel	Leber	Glykogen-Synthese	M	Glykogenolyse	α_1, β_2
		–	–	Glukoneogenese	–
	Fettgewebe	–	–	Lipolyse	$\beta_{1/2/3}$[2]
	Skelettmuskulatur	–	–	Glykogenolyse	β_2
Pankreas	–	Sekretion	M	Insulinsekretion erhöht	β_2
	–	–	–	Insulinsekretion gesenkt	α_2
Niere	–	–	–	Reninfreisetzung	β_1
vegetative Ganglien	–	Erregung	N	–	–
Nebennierenmark	–	Sekretion von Adrenalin u. Noradrenalin	N	–	–

Tab. 2.1 Fortsetzung

Organ	Effektoren	Parasympathikus	Beteiligter Cholinozeptor[1]	Sympathikus	Beteiligter Adrenozeptor
II. Präsynaptisch					
noradrenerge Varikosität	Freisetzung von Noradrenalin	Hemmung	M	Hemmung	α_2
	–	–	–	Steigerung	$\beta_{2/1}$
cholinerge Nervenendigung	Freisetzung von Acetylcholin	Hemmung	M	Hemmung	α_2

M = muskarinartige Rezeptoren, N = nikotinartige Rezeptoren;
[1] M- und N-Cholinozeptoren sind heterogen (M1–M5, N1 und N2), was im Text besprochen wird und in **Abb. 2.2** für M-Rezeptoren illustriert ist;
[2] je nach Tierart sind unterschiedliche β-Rezeptor-Subtypen an der Lipolyse beteiligt, beim Hund z. B. β_1- und β_2-, bei Mensch, Schwein und Ratte neben β_1- und β_2- auch „atypische" (β_3-)Rezeptoren.

2.1.2 Synaptische Übertragung

DEFINITION Die synaptische Übertragung von den präganglionären Axonen auf die postganglionären Neurone im Parasympathikus und Sympathikus ist **cholinerg**, d. h., sie wird durch **Acetylcholin** vermittelt (**Abb. 2.1**). Die Übertragung der Aktivität postganglionärer Neurone auf die Effektoren erfolgt im sympathischen Nervensystem durch Freisetzung von **Noradrenalin** und im parasympathischen Nervensystem durch Freisetzung von **Acetylcholin** (**Abb. 2.1**).

Im Bereich des sympathischen Nervensystems besteht außerdem die Möglichkeit, durch eine Abgabe von **Adrenalin** und **Noradrenalin** aus dem Nebennierenmark in die Blutbahn sympathische Funktionen auf dem Blutweg zu beeinflussen. Noradrenalin wirkt also nicht nur als Neurotransmitter, sondern neben Adrenalin auch als Hormon. Das Nebennierenmark ist ein umgewandeltes sympathisches Ganglion und besteht aus modifizierten postganglionären Neuronen, die durch präganglionäre Axone (die in den Nn. splanchnici verlaufen) aktiviert werden. Bei Erregung dieser präganglionären Neurone schütten die chromaffinen Zellen des Nebennierenmarks ein Gemisch von etwa 80 % Adrenalin und 20 % Noradrenalin in den Kreislauf aus, wobei das Verhältnis von Adrenalin zu Noradrenalin allerdings tierartlich unterschiedlich sein kann. Die Ausschüttung von Adrenalin und Noradrenalin unterstützt möglicherweise die neuronalen sympathischen Wirkungen auf die Organe, hat aber vor allem eine Bedeutung bei der Mobilisation von Stoffwechselvorgängen bei Belastungen, wie extremer körperlicher Anstrengung, Erschöpfung oder psychischer Überlastung.

2.1.3 Acetylcholin, nikotinartige (N) und muskarinartige (M) Rezeptoren

DEFINITION Die Wirkungen von Acetylcholin werden über **cholinerge Rezeptoren** vermittelt, die zwei Bindungszentren (anionisches Zentrum und esterophiles Zentrum) für Acetylcholin aufweisen.

Über die Bindung von Acetylcholin an diese Bindungszentren der Cholinozeptoren kommt es zur Reaktion mit dem Rezeptor. Dies führt entweder zu einer Veränderung der Permeabilität der postsynaptischen Membran für verschiedene Kationen (Na^+, K^+, Ca^{2+}) und löst damit je nach beteiligtem Kation eine Depolarisation (durch Anstieg des Na^+-Einstroms) oder eine Hyperpolarisation (durch Anstieg des K^+-Ausstroms) der Membran aus, oder es kommt über die Aktivierung membranständiger Enzyme zur Bildung von Second Messengers und damit zu Veränderungen intrazellulärer Prozesse. Am Herzen hat dies beispielsweise die Erhöhung der Kaliumpermeabilität und im Vorhofbereich die Erniedrigung der Kalziumpermeabilität zur Folge. An glattmuskulären Organen führt die Stimulation von Cholinozeptoren zu einer Aktivierung der membranständigen Phospholipase C und damit zu einer vermehrten Bildung von Inositolphosphaten, die die Freisetzung von Kalzium aus dem sarkoplasmatischen Retikulum und damit die Kontraktion auslösen. Die vasodilatatorische Wirkung von Acetylcholin wird über die Bildung von Stickstoffmonoxid (NO) in der Gefäßwand vermittelt.

Da in pharmakologischen Versuchen Nikotin auf die postganglionären Neurone in den vegetativen Ganglien die gleiche Wirkung hat wie Acetylcholin, dagegen aber an den Effektororganen die Wirkung von Acetylcholin nicht simuliert, werden die cholinergen Rezeptoren an den vegetativen Ganglien auch **nikotinartige (nikotinerge) Acetylcholinrezeptoren** oder **N-Cholinozeptoren** genannt. Da andererseits das Fliegenpilzalkaloid Muskarin die Wirkung von Acetylcholin an parasympathischen Effektororganen, nicht aber an vegetativen Ganglien simuliert, werden die cholinergen Rezeptoren der Effektororgane **muskarinartige (muskarinerge) Acetylcholinrezeptoren** oder **M-Choli-**

nozeptoren genannt. Je nach beteiligtem Rezeptortyp spricht man von **muskarinartigen** bzw. **nikotinartigen Wirkungen**. Nikotinartige Rezeptoren sind unempfindlicher gegenüber Acetylcholin als muskarinartige Rezeptoren. Die beiden cholinergen Rezeptortypen lassen sich in weitere Untertypen unterteilen. So gibt es mindestens fünf verschiedene Subtypen (M1–M5) von M-Cholinozeptoren, die unterschiedlich lokalisiert sind (z. B. M2 im Herzen, M3 in der glatten Muskulatur, M5 nur im Gehirn) und verschiedene Signaltransduktionswege verändern (**Abb. 2.2**). N-Cholinozeptoren sind direkt an Ionenkanäle gekoppelt, während M-Cholinozeptoren zu den sogenannten G-Protein-gekoppelten Rezeptoren gehören. Neben postsynaptisch lokalisierten M-Rezeptoren gibt es auch **präsynaptisch** lokalisierte; so kann freigesetztes Acetylcholin über präsynaptische M-Cholinozeptoren an cholinergen Neuronen seine eigene Freisetzung hemmen. Auch N-Cholinozeptoren sind heterogen; N1-Rezeptoren sind an der neuromuskulären Endplatte lokalisiert und N2-Rezeptoren in den vegetativen Ganglien. Die Subtypen von M- und N-Rezeptoren erklären die pharmakologischen Unterschiede zwischen Substanzen, die diese Rezeptoren stimulieren oder hemmen.

Die Stimulation nikotinartiger Cholinozeptoren an vegetativen Ganglien führt zur Erregung postganglionärer sympathischer bzw. parasympathischer Axone und damit zur Freisetzung von Noradrenalin bzw. Acetylcholin an den jeweiligen Erfolgsorganen. Zusätzlich sind nikotinartige Rezeptoren im Nebennierenmark lokalisiert, wo ihre Stimulation zu einer Freisetzung von Adrenalin und Noradrenalin ins Blut führt.

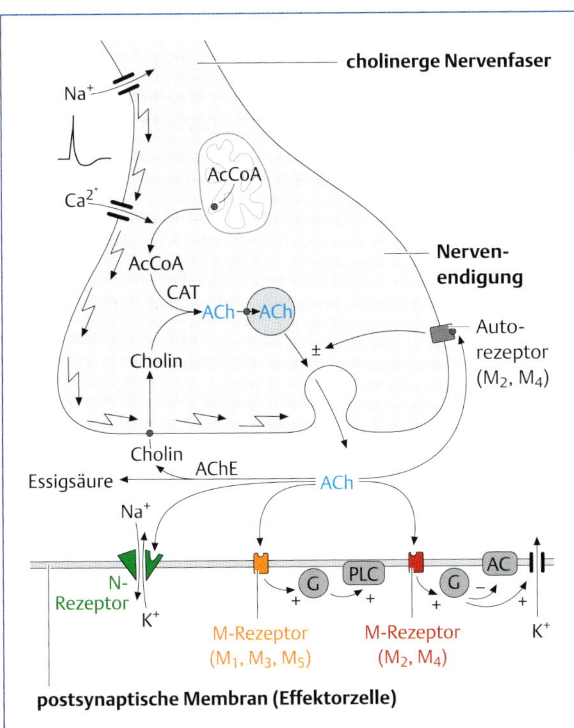

Abb. 2.2 Schematische Darstellung einer cholinergen Synapse mit Biosynthese, Speicherung, Freisetzung, Rezeptorwirkungen und Abbau von Acetylcholin; ACh = Acetylcholin, AChE = Acetylcholin-Esterase, AcCoA = Acetyl-CoA, AC = Adenylatcyclase, CAT = Cholinacetyltransferase, G = G-Protein, M-Rezeptor = muskarinartiger Rezeptor, N-Rezeptor = nikotinartiger Rezeptor, PLC = Phospholipase C.

Neben nikotinartigen Cholinozeptoren an vegetativen Ganglien und im Nebennierenmark sind N-Cholinozeptoren auch an der neuromuskulären Endplatte lokalisiert. Die Erregungsübertragung der somatomotorischen Nerven an der neuromuskulären Endplatte, die über Acetylcholin erfolgt, wird über diese N-Cholinozeptoren vermittelt. N-Cholinozeptoren an der neuromuskulären Endplatte lassen sich pharmakologisch und molekulargenetisch von N-Cholinozeptoren der vegetativen Ganglien unterscheiden; es handelt sich also um unterschiedliche Subtypen von N-Cholinozeptoren. Eine Stimulation von N-Cholinozeptoren an der neuromuskulären Endplatte durch Acetylcholin, Nikotin oder andere Verbindungen führt zu einer Erhöhung der Leitfähigkeit für Kationen (vor allem Na^+) und damit zur Membrandepolarisation, die über die Weiterleitung eines Aktionspotenzials und die elektromechanische Kopplung zur Muskelkontraktion führt.

Acetylcholin wird in terminalen präganglionären vegetativen Neuronen, postganglionären parasympathischen Neuronen und den Endigungen somatomotorischer Nerven aus Cholin und aktivierter Essigsäure (Acetyl-CoA) durch das Enzym Cholinacetyltransferase gebildet (**Abb. 2.2**). Cholin gelangt aus der Umgebung der Neurone über einen aktiven Transportmechanismus in das Zytoplasma. Synthetisiertes Acetylcholin wird in Vesikeln gespeichert und aus diesen durch ein an der Nervenendigung eintreffendes Aktionspotenzial in den synaptischen Spalt freigesetzt (Exozytose). Für die Freisetzung sind Kalziumionen notwendig. Im synaptischen Spalt stimuliert Acetylcholin die entsprechenden Cholinozeptoren, was, wie bereits beschrieben, über Veränderungen der Membranpermeabilität zu Effekten auf die jeweiligen Organfunktionen führt. Die Wirkung von Acetylcholin wird durch enzymatischen Abbau des Transmitters beendet. Das verantwortliche Enzym, die **spezifische Cholinesterase (Acetylcholinesterase)** ist in hohen Aktivitäten in der prä- und postsynaptischen Membran lokalisiert und spaltet Acetylcholin innerhalb von Millisekunden in Cholin und Essigsäure. Wie der postsynaptische Acetylcholinrezeptor besitzt die Acetylcholinesterase zwei Bindungszentren für Acetylcholin: Der quaternäre Stickstoff des Transmitters wird an eine anionische Bindungsstelle (COO–) des Enzyms, die Estergruppe an eine esteratische Bindungsstelle (an Histidin oder Serin) gebunden. Die Hydroxylgruppe des Serins ist für die hydrolytische Spaltung von Acetylcholin in Cholin und Essigsäure verantwortlich. Cholin kann durch Wiederaufnahme in die Nervenendigung zur Resynthese von Acetylcholin verwendet werden. Neben der substratspezifischen Acetylcholinesterase gibt es eine in Blut, Leber und zahlreichen anderen Geweben lokalisierte **unspezifische Cholinesterase** (Pseudocholinesterase; Butyrylcholinesterase). Diese baut das Acetylcholin ab, das nicht bereits von der spezifischen Acetylcholinesterase abgebaut worden ist und aus dem synaptischen Spalt abdiffundiert. Endogenes Acetylcholin hat deshalb ebenso wie exogen zugeführtes Acetylcholin nur eine sehr kurze physiologische bzw. pharmakodynamische Wirkung. Die unspezifische Cholinesterase baut neben Acetylcholin auch andere Cholinester ab, darunter auch Arzneimittel wie z. B. das periphere Muskelrelaxans Succinylcholin (S. 79).

2.1.4 Noradrenalin, Adrenalin, α- und β-Adrenozeptoren

DEFINITION Die Rezeptoren, die die Wirkung von Noradrenalin (und aus dem Nebennierenmark freigesetztem Adrenalin) vermitteln, werden Adrenozeptoren genannt.

Adrenozeptoren sind in der Zytoplasmamembran der Zielzellen lokalisiert und in Richtung Extrazellularraum gerichtet. Man unterscheidet nach pharmakologischen Kriterien **α- und β-Adrenozeptoren** und entsprechend α- und β-Wirkungen von Noradrenalin bzw. Adrenalin. Die meisten Organe, die durch Noradrenalin und Adrenalin beeinflusst werden, enthalten sowohl α- als auch β-Rezeptoren in ihren Membranen, die meistens entgegengesetzte Wirkungen von Noradrenalin bzw. Adrenalin vermitteln (**Tab. 2.1**). Unter physiologischen Bedingungen hängt die Antwort eines Organs auf Noradrenalin und Adrenalin jedoch davon ab, in welchem Verhältnis α- und β-Rezeptoren an dem betreffenden Organ verteilt sind (β-Rezeptoren z. B. überwiegen an Gefäßen der Skelettmuskulatur, an den Bronchien und am Herzen, α-Rezeptoren dagegen an renalen Gefäßen). Außerdem unterscheiden sich Noradrenalin und Adrenalin erheblich in ihrer Affinität zu α- und β-Rezeptoren. So wirkt Adrenalin (S. 65) wesentlich stärker auf β-Rezeptoren als Noradrenalin.

Ähnlich wie M- und N-Cholinozeptoren sind auch α- und β-Rezeptoren in **Subtypen** zu unterteilen. So werden α-Rezeptoren in α_1- und α_2-Rezeptoren unterteilt, die beide postsynaptisch vorkommen, während präsynaptische α-Rezeptoren immer vom Typ α_2 sind. β-Rezeptoren werden ebenfalls in zwei Typen (β_1, β_2) unterteilt, die sowohl postsynaptisch als auch präsynaptisch lokalisiert sein können. Außerdem wurde ein sogenannter atypischer β-Rezeptor (β_3) identifiziert, der vor allem an Fettzellen lokalisiert zu sein scheint.

Postsynaptische α_1- und β_1-Adrenozeptoren werden wahrscheinlich unmittelbar durch den nerval freigesetzten Transmitter Noradrenalin erregt, während postsynaptische α_2- und β_2-Adrenozeptoren, die in größerem Abstand vom synaptischen Spalt lokalisiert sind, vor allem per diffusionem oder über den Blutweg durch Noradrenalin und v. a. Adrenalin erreicht werden können.

Die postganglionär-sympathischen, noradrenergen Nervenfasern durchsetzen alle noradrenerg innervierten Organe mit einem **Terminalretikulum**. Im Gegensatz zu postganglionär-parasympathischen, cholinergen Nervenfasern kommen echte Nervenendigungen nicht vor. Das Terminalretikulum weist sogenannte **Varikositäten**, d. h. bläschenartige Auftreibungen, auf, die durch eine Anhäufung Noradrenalin speichernder Vesikel zustande kommen. **Noradrenalin** wird in den Varikositäten des noradrenergen Terminalretikulums synthetisiert und gespeichert (**Abb. 2.3**). Die Synthese beginnt mit der Aufnahme der Aminosäure Tyrosin aus der Blutbahn in den intraneuronalen Raum, wo sie im Zytosol durch die Tyrosinhydroxylase zu 3,4-Dihydroxyphenylalanin (DOPA) hydroxyliert wird. DOPA wird durch die Dopadecarboxylase zu Dopamin decarboxyliert, das über einen aktiven Transportmechanismus in die Vesikel eingeschleust wird und durch die in den Membranen der Vesikel lokalisierte Dopamin-β-hydroxylase zu Noradrenalin umgewandelt wird. Während in den noradrenergen Varikositäten die Biosynthese hier endet, wird in den chromaffinen Zellen des Nebennierenmarks und in adrenergen Neuronen des ZNS Noradrenalin durch die Phenylethanolamin-N-Methyltransferase zu **Adrenalin** (N-Methyl-Noradrenalin) methyliert. **Dopamin**, das einerseits eine Zwischenstufe in der Synthese von Noradrenalin und Adrenalin bildet, ist andererseits ein eigenständiger Transmitter im ZNS, der in dopaminergen Neuronen synthetisiert wird. Eindeutige Beweise für eine Transmitterfunktion in der Peripherie gibt es nicht. Allerdings existieren spezifische Dopamin-Rezeptoren in den arteriellen Gefäßen der Niere und des Mesenterialgebietes, was vor allem für den pharmakotherapeutischen Einsatz von Dopamin (S. 84) von Bedeutung ist.

Noradrenalin wird zusammen mit ATP, Magnesium und dem Protein Chromogranin in Vesikeln der Varikositäten gespeichert (in den chromaffinen Zellen des Nebennierenmarkes erfolgt die Speicherung von Adrenalin und Noradrenalin analog zur Speicherung in noradrenergen Varikositäten). Die bei Erregung eines Nervs an der Varikosität eintreffenden Aktionspotenziale depolarisieren kurzfristig deren Membran und führen dadurch zu einem Einstrom von Kalziumionen aus dem Extrazellularraum. Die hierdurch ausgelöste elektrosekretorische Koppelung führt zur Fusion der Vesikelmembran mit der Oberflächenmembran der Varikosität und durch Exozytose zur Ausschüttung des Vesikelinhalts (Noradrenalin, ATP, Dopamin-β-hydroxylase, Chromogranin) in den synaptischen Spalt. Das Ausmaß der Freisetzung von Noradrenalin wird durch **präsynaptische Adrenozeptoren („Autorezeptoren")** reguliert, wobei präsynaptische β_2-Adrenozeptoren die Freisetzung fördern und α_2-Rezeptoren die Freisetzung hemmen. Neben diesen beiden Typen von Autorezeptoren sind weitere präsynaptische Rezeptoren an noradrenergen Varikositäten identifiziert worden, z. B. inhibitorische M-Cholinozeptoren.

Die Wirkung von Noradrenalin auf post- bzw. präsynaptische Adrenozeptoren im synaptischen Spalt wird im Gegensatz zu Acetylcholin nicht durch enzymatischen Abbau, sondern zu bis zu 95 % durch Wiederaufnahme in die Varikosität beendet. Der hierfür verantwortliche, natriumabhängige Transportmechanismus ist in der Membran der Varikosität lokalisiert. Das wiederaufgenommene Noradrenalin wird entweder in die Speichervesikel reinkorporiert oder in den Mitochondrien der Varikosität durch die **Monoaminoxidase (MAO)** abgebaut. Das im synaptischen Spalt verbleibende, nicht in die Varikosität wiederaufgenommene Noradrenalin wird in Zellen in der Umgebung des synaptischen Spalts aufgenommen und vor allem durch die **Catechol-O-Methyltransferase (COMT)** inaktiviert. Nur ein kleiner Teil des freigesetzten Noradrena-

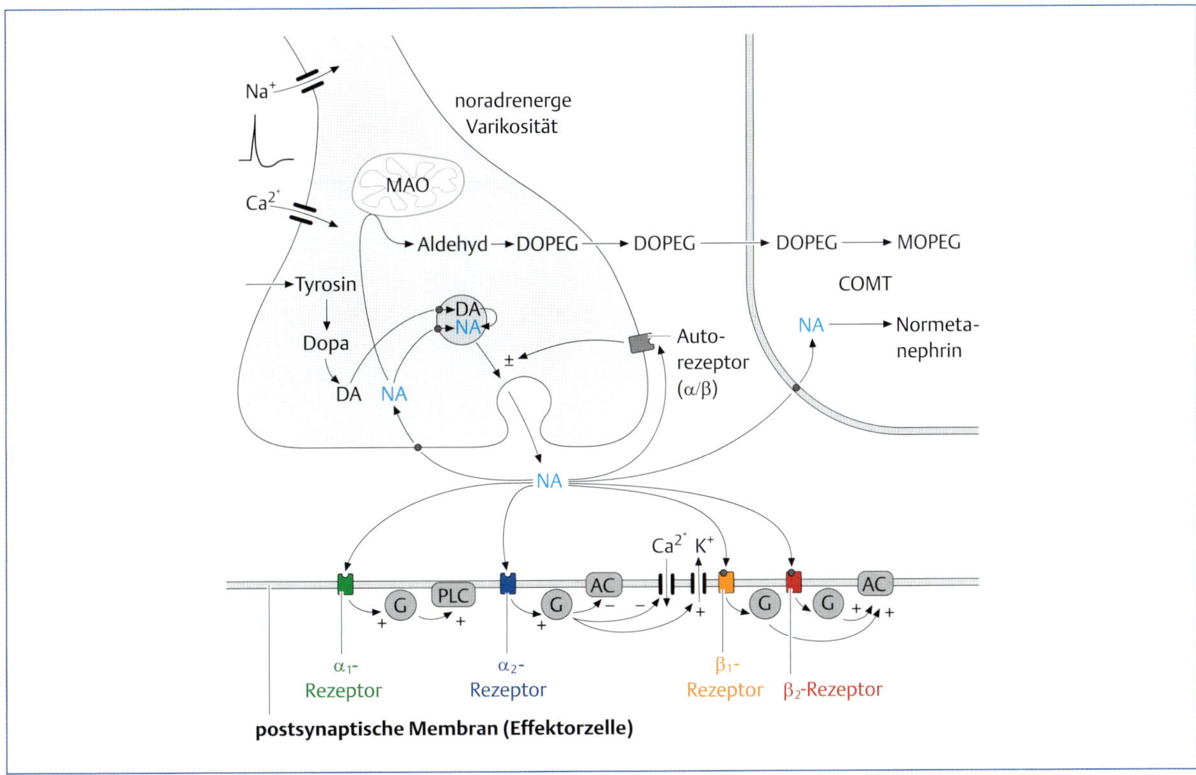

Abb. 2.3 Schematische Darstellung einer noradrenergen Synapse mit Biosynthese, Speicherung, Freisetzung, Rezeptorwirkungen, Wiederaufnahme und Abbau von Noradrenalin. In der Peripherie kommen die hier dargestellten noradrenergen Nervenendigungen nicht vor, sondern Auftreibungen der adrenergen Nervenfasern, sog. Varikositäten, auf deren Darstellung hier verzichtet wurde, in denen aber alle hier skizzierten Vorgänge in der gleichen Weise ablaufen wie in Nervenendigungen. Noradrenalin wird in der (nor-)adrenergen Nervenendigung bzw. Varikosität aus Dopamin gebildet, in Vesikeln gespeichert und durch über die Zellmembran eintreffende elektrische Impulse in Gegenwart von Ca^{2+} in den synaptischen Spalt freigesetzt. Noradrenalin diffundiert durch den synaptischen Spalt zu den postsynaptischen Adrenozeptoren (α oder β), die über die Koppelung an G-Proteine einen Effektor (z. B. die AC) und damit die Aktivität der postsynaptischen Zelle beeinflussen. Die Adrenozeptoren der postsynaptischen Membran können auch durch Adrenalin und Noradrenalin, die aus dem Nebennierenmark in das Blut sezerniert worden sind, stimuliert werden. Neben postsynaptischen Adrenozeptoren gibt es präsynaptische α- und β-Rezeptoren, die die Freisetzung von Noradrenalin modulieren. Die Wirkung von Noradrenalin im synaptischen Spalt wird in erster Linie durch aktive Wiederaufnahme in die Nervenendigung (bzw. Varikosität) durch einen Noradrenalin-Carrier beendet; aus dem synaptischen Spalt diffundierendes Noradrenalin wird extraneuronal (vor allem in der Leber) durch die Catechol-O-methyltransferase (COMT) abgebaut. Wiederaufgenommenes Noradrenalin geht hauptsächlich wieder in die Speichervesikel zurück; im Zytoplasma zurückbleibendes Noradrenalin wird intraneuronal durch die Monoaminooxidase (MAO) abgebaut, der aus der Nervenendigung diffundierende Metabolit (DOPEG) wird extraneuronal durch die COMT weiter abgebaut; AC = Adenylatcyclase, DA = Dopamin, DOPEG = Dihydroxyphenylglycol, G = G-Proteine, MOPEG = 3-Methoxy-4-hydroxyphenylglycol, NA = Noradrenalin, PLC = Phospholipase C.

lins gelangt durch Diffusion in unveränderter Form zu den Kapillaren. Noradrenalin oder Adrenalin aus dem Nebennierenmark gelangen auf dem Blutweg zu den Effektorzellen und unterliegen den gleichen Inaktivierungsmechanismen wie neuronal freigesetztes Noradrenalin. Zusätzlich spielen hier der Abbau in der Leber durch MAO und COMT sowie die Sulfatierung eine Rolle. Auch endogen gebildetes oder exogen zugeführtes Dopamin wird schnell durch MAO und COMT abgebaut.

Im Gegensatz zum parasympathischen System, in dem die Stimulation cholinerger Rezeptoren zumindest teilweise zu einer direkten Beeinflussung der Permeabilität von Ionenkanälen führt, bewirkt die Stimulation von Adrenozeptoren je nach Rezeptortyp eine Kaskade biochemischer Folgereaktionen, die die jeweilige Organwirkung der Rezeptorstimulation vermittelt. Dabei spielt für alle über die Stimulation von β-Rezeptoren vermittelten Wirkungen die Bildung von zyklischem 3',5'-Adenosinmonophosphat (cAMP) die entscheidende Rolle und für alle über die Stimulation von α-Rezeptoren vermittelten Wirkungen Veränderungen der intrazellulären Kalziumkonzentration.

Die **Stimulation von β-Rezeptoren** aktiviert das membrangebundene Enzym AC und regt damit die intrazelluläre Bildung vom cAMP aus ATP an. cAMP aktiviert als Second Messenger die cAMP-abhängige Proteinkinase (Proteinkinase A) der Zelle, die verschiedene Proteine phosphoryliert und damit ihre Aktivität verändert. Zum Beispiel werden durch die cAMP-vermittelte Aktivierung der Proteinkinase A inaktive Phosphorylasen oder Lipasen aktiviert, was zum Abbau von Muskel- oder Leberglykogen (Glykogenolyse) oder zur Abspaltung von freien Fettsäuren aus Triglyzeriden des Fettgewebes (Lipolyse) führt. Am Herzen werden durch die Phosphorylierung von Kanalproteinen vermehrt Kalziumkanäle der Zellmembran während des Aktionspotenzials eröffnet, der Einstrom von Kalziumionen gesteigert und auf diese Weise die myokardiale Kontraktilität erhöht (positiv inotrope Wirkung). An glatten Muskelzellen wird durch cAMP der Auswärtstransport von Kalziumionen gesteigert und damit die Muskulatur erschlafft. Die Wirkung des durch β-Adrenozeptor-Stimulation gebildeten cAMP wird durch Abbau von cAMP zu 5'-Adenosinmonophosphat beendet. Die hierfür verantwortliche Phosphodiesterase kann durch Methylxanthine (Theophyllin, Coffein) gehemmt werden, was erklärt, warum die Applikation von Methylxanthinen zu pharmakodynamischen Effekten führt, die zumindest teilweise der Wirkung einer β-Rezeptor-Stimulation entsprechen.

Die **Stimulation von α_1-Rezeptoren** aktiviert die membranständige Phospholipase C, die die Bildung von Inositol-1,4,5-triphosphat (IP_3) und 1,2-Diacylglycerol (DAG) katalysiert. IP_3 diffundiert aus der Membran in das Zellinnere und bewirkt eine Freisetzung von Ca^{2+} aus intrazellulären Speichern, z. B. dem sarkoplasmatischen Retikulum. Die erhöhte intrazelluläre Konzentration von freiem Ca^{2+} bewirkt die Aktivierung kontraktiler Proteine und damit eine Kontraktion (z. B. Gefäßmuskulatur) oder Sekretion (Drüsenzellen). IP_3 (und Ca^{2+}) aktivieren weiterhin die Bildung von zyklischem 3',5'-Guanosinmonophosphat (cGMP), was zu weiteren metabolischen Reaktionen führt. In Leberzellen bewirkt die erhöhte Kalziumkonzentration über Calmodulin eine Aktivierung von Phosphorylasen und damit eine gesteigerte Glykogenolyse. Das neben IP_3 durch die Phospholipase C gebildete DAG aktiviert die Proteinkinase C, die analog zur Proteinkinase A Proteine phosphoryliert. Die **Stimulation von α_2-Adrenozeptoren** führt zu einer Aktivierung von Kaliumkanälen, Hemmung des Kalzium-Einstroms durch N-Typ-Kanäle, Stimulation des Kalziumeinstroms durch L-Typ-Kanäle und Mobilisierung von Kalziumionen aus intrazellulären Speichern. Weiterhin können α_2-Rezeptoren in einigen Geweben die AC hemmen und damit die Wirkung von β-Rezeptoren antagonisieren.

Das Ausmaß der Wirkung einer Stimulation von Adrenozeptoren auf intrazelluläre Vorgänge wird durch membranständige, stimulierende oder inhibierende Guanylnukleotid bindende Proteine (G-Proteine) moduliert, die die Adrenozeptoren an Second-Messenger-Systeme koppeln. β-Rezeptoren sind an stimulierende G-Proteine (Gs; AC-stimulierend) gekoppelt, während α_2-Rezeptoren an inhibitorische G-Proteine (Gi; AC-inhibierend) gekoppelt sind und damit, wie bereits angesprochen, die AC-abhängige Wirkung von β-Rezeptoren antagonisieren können. Auch α_1-Rezeptoren sind an ein G-Protein (Gq; AC-unabhängig) gekoppelt, das sich von den an β-Rezeptoren und α_2-Rezeptoren gekoppelten G-Proteinen unterscheidet (Abb. 2.3).

2.1.5 Physiologische Wirkungen, die durch eine Erregung parasympathischer und sympathischer Nerven ausgelöst werden

Die wichtigsten Wirkungen von Sympathikus und Parasympathikus sind in Tab. 2.1 dargestellt. Bei den Wirkungen des Parasympathikus werden muskarinartige und nikotinartige Wirkungen unterschieden.

Muskarinartige Wirkungen

KLINISCHER BEZUG Die wichtigsten **muskarinartigen Wirkungen** sind die über den N. vagus vermittelte Senkung von Herzfunktionen, die Kontraktion glattmuskulärer Organe (Bronchien, Magen-Darm-Trakt, Uterus, Harnblase), die Steigerung von sekretorischen Vorgängen (Bronchien, Speicheldrüse, Magen-Darm-Trakt) und die durch Kontraktion des M. sphincter pupillae und M. ciliaris ausgelöste Engerstellung der Pupille (Miosis). Der Vagus wird auch als „Ruhenerv" bezeichnet, da er dem Stoffwechsel, der Erholung und dem Aufbau körpereigener Reserven dient (trophotrope Wirkung).

An der Wirkungsvermittlung einer parasympathischen Erregung der Darmwand scheint dabei zumindest zum Teil die Freisetzung von Serotonin aus enterochromaffinen Zellen beteiligt zu sein, die zu einer Anregung von Peristaltik und Sekretion führt. Die Dilatation von Gefäßen ist experimentell (z. B. durch Erhöhung der Acetylcholinkonzentration) auslösbar, ihre physiologische Bedeutung ist unklar, da die M-Cholinozeptoren der Gefäßwand überwiegend nicht parasympathisch innerviert sind. Alle muskarinartigen Wirkungen des Parasympathikus lassen sich durch Applikation von Parasympatholytika wie Atropin (S. 72) blockieren.

Nikotinartige Wirkungen

KLINISCHER BEZUG Die **nikotinartigen Wirkungen** des Parasympathikus gehen zum einen auf die Stimulation vegetativer Ganglien und des Nebennierenmarks, zum anderen auf die Stimulation der neuromuskulären Endplatte zurück. Die Stimulation vegetativer Ganglien und des Nebennierenmarks führt zu einer Aktivierung aller vegetativen Funktionen, da sowohl parasympathische als auch sympathische postganglionäre Fasern erregt werden und zusätzlich eine Ausschüttung von Adrenalin und Noradrenalin aus dem Nebennierenmark erfolgt.

Um nikotinartige Wirkungen experimentell auszulösen, sind wesentlich höhere Dosen von Acetylcholin erforderlich als zur Auslösung muskarinartiger Wirkungen. Bei Stimulation nikotinartiger Rezeptoren an vegetativen Ganglien überwiegen muskarinartige Wirkungen, die die Effekte der Stimulation sympathischer Fasern überdecken. Erst bei Blockade muskarinartiger Wirkungen durch Parasympatholytika treten nach Stimulation vegetativer Ganglien Sympathikus-vermittelte Wirkungen in den Vordergrund. Die nikotinartige ganglienstimulierende Wirkung des Parasympathikus kann durch Ganglienblocker wie z. B. Hexamethonium (S. 76) aufgehoben werden. Die nikotinartige Wirkung des Parasympathikus an der motorischen Endplatte äußert sich in Faszikulationen und Kontraktionen. Bei fortgesetzter Applikation hoher Dosen von Acetylcholin kommt es zunächst zu Faszikulationen, dann zu asynchronen Kontraktionen und schließlich zur Paralyse, da die laufend depolarisierte Membran der Skelettmuskelzellen nicht mehr repolarisiert wird. Die Wirkung des Parasympathikus an der neuromuskulären Endplatte kann durch periphere Muskelrelaxanzien aufgehoben werden. Ein Beispiel hierfür ist d-Tubocurarin (S. 77).

Wirkungen des Sympathikus

Die Wirkungen des Sympathikus sind abhängig von der Verteilung von α- und β-Adrenozeptoren an den jeweiligen Organen. Am Herzen dominieren β_1-Rezeptoren, an Bronchien und an Gefäßen der Skelettmuskulatur β_2-Rezeptoren. α- und β-Adrenozeptoren wirken an vielen Organen antagonistisch, an der Längsmuskulatur des Magen-Darm-Traktes jedoch synergistisch. Beide Rezeptorpopulationen erhöhen auch synergistisch durch Steigerung der Glykogenolyse in der Leber den Blutzucker. Aufgrund der Stoffwechsel-aktivierenden Wirkung des Sympathikus (Anregung von Glykogenolyse und Lipolyse) nimmt der Sauerstoffverbrauch der Gewebe zu. Zu beachten ist, dass Adrenalin an β-Rezeptoren (vor allem β_2) sehr viel stärker wirksam ist als Noradrenalin, sodass sich die Stimulation des Nebennierenmarks qualitativ anders auswirken kann als die alleinige Stimulation der Noradrenalinfreisetzung aus postganglionären sympathischen Fasern.

KLINISCHER BEZUG Die wichtigsten Wirkungen des Sympathikus bestehen in der Regulation der Gefäßweite (α = konstriktorisch, β = dilatatorisch) und der Stimulation von Herzfunktionen (primär über β_1). Die Bronchialmuskulatur wird über β_2-Rezeptoren relaxiert; hier wirkt der Sympathikus wie am Herzen als Gegenspieler des Parasympathikus. Bei Gefahr dient das sympathische System der Alarmbereitschaft oder dem Fluchtverhalten.

Am Auge führt die Stimulation sympathischer Fasern zu einer Erweiterung der Pupille (Mydriasis) und zur Kontraktion des 3. Augenlides. Die Reaktion des Uterus auf eine sympathische Erregung ist abhängig von der Spezies und der Zyklusphase. Generell wird über α-Rezeptoren der Uterus kontrahiert und über β_2-Rezeptoren relaxiert. Bei der Katze kommt es aber zum Beispiel am nicht graviden Uterus durch Adrenalin zur Relaxation, am graviden Uterus aber zur Kontraktion. Auch beim Menschen sind während der Schwangerschaft durch Adrenalin oder Noradrenalin Kontraktionen auszulösen. Am Magen-Darm-Trakt wirkt der Sympathikus als Gegenspieler des Parasympathikus und führt zu einer Abnahme von Motilität, Tonus und Sekretion. Am Pankreas wird über Adrenozeptoren die Sekretion von Insulin moduliert. An der Niere führt die Stimulation sympathischer Fasern zu einer Freisetzung von Renin. An der Skelettmuskulatur wird neben der Steigerung der Glykogenolyse auch die Kaliumaufnahme und die Kontraktilität gesteigert. Außerdem gibt es Hinweise auf eine proteinanabole Wirkung sympathischer β-Adrenozeptoren an der Skelettmuskulatur.

Bei pharmakologischer Manipulation der Konzentrationen der körpereigenen Transmitter Acetylcholin und Noradrenalin (bzw. des Hormons Adrenalin) ist es nicht möglich, die vielfältigen Wirkungen der Transmitter gezielt zu beeinflussen, sodass eine spezifische Veränderung einzelner Organfunktionen nicht erreicht werden kann. Die Heterogenität der an parasympathischen und sympathischen Wirkungen beteiligten Rezeptoren ermöglichte es jedoch, durch Entwicklung Subrezeptor-spezifischer Agonisten bzw. Antagonisten einzelne Wirkungen von Sympathikus und Parasympathikus gezielt zu erzeugen bzw. zu unterdrücken, was für die pharmakotherapeutische Beeinflussung des Systems von erheblicher Bedeutung ist.

FAZIT VEGETATIVES NERVENSYSTEM

- Das vegetative Nervensystem **reguliert lebenswichtige Körperfunktionen**, die der **willkürlichen Kontrolle weitgehend entzogen** sind. In der Peripherie setzt es sich anatomisch und funktionell aus Sympathikus, Parasympathikus und Darmnervensystem zusammen.
- Mit wenigen Ausnahmen werden **alle Organe sowohl von parasympathischen als auch sympathischen Anteilen innerviert**, welche dort in der Regel **gegensätzliche Wirkungen** hervorrufen.
- Insbesondere über das Nebennierenmark (Ausschüttung von Noradrenalin und Adrenalin) besteht eine **enge funktionelle Zusammenarbeit des vegetativen Nervensystems mit dem endokrinen System**.
- Die Erregungsübertragung erfolgt im Parasympathikus sowohl präganglionär als auch an den Erfolgsorganen über den Neurotransmitter **Acetylcholin**. Die verschiedenen Wirkungen des Acetylcholins werden über **nikotinartige und muskarinartige Cholinozeptoren** vermittelt, die sich in ihrer anatomischen Verteilung und in ihrer Empfindlichkeit auf Acetylcholin unterscheiden. Der Abbau von Acetylcholin durch die **Acetylcholinesterase** beendet dessen Wirkung.
- Im sympathischen Nervensystem wird nur die präganglionäre Reizweiterleitung über Acetylcholin vermittelt; an den Effektorzellen erfolgt sie über **Noradrenalin**. Die Wirkungen von Noradrenalin werden über **α- und β-Adrenozeptoren** vermittelt, an die auch Adrenalin bindet. Ausschlaggebend für das Wirkungsende von Noradrenalin ist sein Rücktransport in die Varikosität.

2.2 Pharmakologische Beeinflussung des parasympathischen Nervensystems

2.2.1 Pharmakologische Manipulation der Synthese und Freisetzung von Acetylcholin

Eine Reihe von lediglich experimentell verwendeten Substanzen (Triethylcholin, Diethylaminoethanol) hemmt die Synthese von Acetylcholin in cholinergen Neuronen. Die Synthese von Acetylcholin kann auch indirekt durch **Hemicholinium** gehemmt werden, da diese Substanz die Wiederaufnahme von Cholin in die cholinerge Nervenendigung blockiert (**Abb. 2.2**) und damit nicht mehr ausreichend Cholin für die Neusynthese von Acetylcholin zur

Verfügung steht. Folgen sind eine langsame Abnahme der Muskelkontraktion bis zur Muskelblockade.

Die Freisetzung von Acetylcholin wird durch Magnesiumionen, Lokalanästhetika und Botulinustoxin, dem Toxin von *Clostridium botulinum*, gehemmt.

KLINISCHER BEZUG **Botulinustoxin** ist eines der potentesten bekannten Gifte. Die tödliche Dosis nach einmaliger Aufnahme beträgt beim erwachsenen Menschen etwa 10 µg oral oder 3 ng i. v. Das Toxin führt zu einer irreversiblen Blockade der Freisetzung von Acetylcholin. Die Behandlung einer Botulinusvergiftung erfolgt durch Verabreichung von Parasympathomimetika, Antitoxin (d. h. Botulinum-Antiserum) und symptomatische Maßnahmen, verläuft aber häufig trotz Therapie tödlich.

Botulinustoxin wird in der Humanmedizin zur lokalen Behandlung (intramuskuläre Injektion) fokaler Dystonien eingesetzt. Eine Erhöhung der Freisetzung von Acetylcholin wird durch den Cholinester Carbachol (S. 67) induziert, dessen Hauptwirkung aber in einem agonistischen Effekt auf cholinerge Rezeptoren beruht.

2.2.2 Parasympathomimetika

STECKBRIEF PARASYMPATHOMIMETIKA

Substanzen, die zu einer Stimulation cholinerger Rezeptoren führen, werden als Parasympathomimetika (**Tab. 2.2**) bezeichnet. Bei Verabreichung von Parasympathomimetika stehen die muskarinartigen Wirkungen (**Tab. 2.1**) im Vordergrund. Dies beruht zum einen auf der höheren Empfindlichkeit muskarinartiger gegenüber nikotinartigen Rezeptoren, zum anderen auf einer je nach Substanz höheren Affinität zu muskarinartigen Rezeptoren. Insbesondere bei Überdosierung führen die meisten Parasympathomimetika aber auch zu nikotinartigen Wirkungen. Parasympathomimetika können in direkt und indirekt wirkende Stoffe eingeteilt werden. Direkt wirkende Parasympathomimetika sind Substanzen, die wie Acetylcholin direkt Cholinozeptoren (vor allem M-Rezeptoren) stimulieren, während indirekt wirkende Parasympathomimetika durch Hemmung des Abbaus von Acetylcholin und die damit verbundene Erhöhung der Konzentration des Transmitters zu parasympathomimetischen Effekten führen.

Tab. 2.2 Verschiedene Parasympathomimetika.

Wirkstoff	Wirkstoffgruppe	Hauptindikation und Bedeutung
direkt wirkende Parasympathomimetika		
Acetylcholin	▪ Cholinester	▪ für die klinische Anwendung ungeeignet
Carbachol	▪ Cholinester	▪ Glaukombehandlung
Bethanechol[1]	▪ Cholinester	▪ Darm- und Blasenatonie
Muskarin	▪ Alkaloide	▪ für die therapeutische Anwendung ungeeignet
Pilocarpin	▪ Alkaloide	▪ Glaukombehandlung
Arecolin	▪ Alkaloide	▪ obsolet (früher Einsatz als Anthelminthikum)
Oxotremorin	▪ Alkaloide	▪ Einsatz nur experimentell
reversible Hemmstoffe der Cholinesterase		
Physostigmin	▪ Carbamate	▪ Antidot bei Vergiftungen mit Parasympatholytika
Neostigmin[2]	▪ Carbamate	▪ Darmatonie, Antagonisierung peripherer Muskelrelaxanzien
Pyridostigmin	▪ Carbamate	▪ Myasthenia gravis
Demecarium	▪ Carbamate	▪ Glaukombehandlung
Edrophonium[1]	▪ Carbamate	▪ Antagonisierung peripherer Muskelrelaxanzien
schwer reversible Hemmstoffe der Cholinesterase		
Parathion	▪ Organophosphate	▪ Insektizid (kein therapeutischer Einsatz)
Fluostigmin	▪ Organophosphate	▪ kein therapeutischer Einsatz

[1] Wirkstoff ist in der Positivliste für Equiden aufgeführt
[2] Anwendung bei Lebensmittel liefernden Tieren erlaubt

Direkt wirkende Parasympathomimetika

STECKBRIEF DIREKT WIRKENDE PARASYMPATHOMIMETIKA

Direkt wirkende Parasympathomimetika sind Agonisten an cholinergen Rezeptoren des muskarinartigen Typs. Sie werden in Cholinester und Alkaloide mit parasympathischer Wirkung unterteilt.

Zu den Cholinestern gehört auch **Acetylcholin**, das aber aufgrund seines sehr schnellen enzymatischen Abbaus und der bei parenteraler Applikation im Vordergrund stehenden starken kreislauf- und herzdepressiven Wirkungen nicht als Arzneimittel geeignet ist. Schon 1–5 µg/kg Acetylcholin i. v. reichen in vivo, um einen Blutdruckabfall auszulösen; eine Bradykardie wird durch etwa 10 µg/kg induziert, während nikotinartige Wirkungen erst bei etwa 50–100 µg/kg i. v. nach Prämedikation mit dem Parasympatholytikum Atropin ("Atropinschutz“) auftreten. Acetylcholin gelangt aufgrund seiner Polarität (quarternäre Ammoniumgruppe, Abb. 2.4) bei systemischer Applikation nicht ins ZNS. Wenn es jedoch zentral appliziert wird, kommt es zu Erregungserscheinungen bis hin zu Krämpfen, da cholinerge Rezeptoren auch im ZNS lokalisiert sind und dort eine erregende Wirkung auf neuronale Membranen vermitteln.

Parasympathomimetikum	Struktur
Cholinester	
Acetylcholin	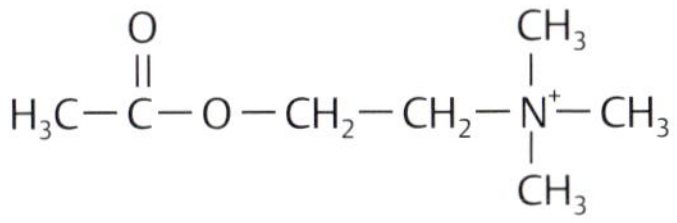 $H_3C-C(=O)-O-CH_2-CH_2-N^+(CH_3)_3$
Carbachol	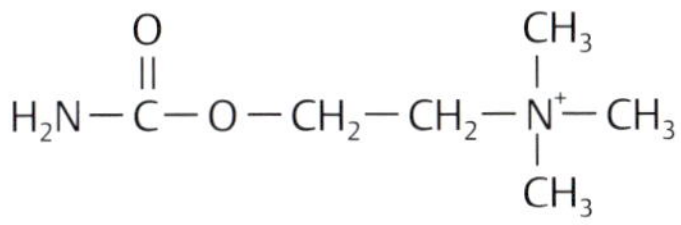 $H_2N-C(=O)-O-CH_2-CH_2-N^+(CH_3)_3$
Bethanechol	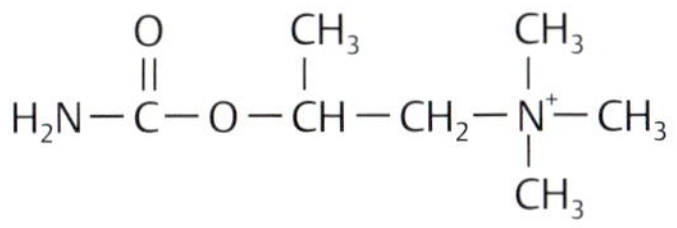 $H_2N-C(=O)-O-CH(CH_3)-CH_2-N^+(CH_3)_3$
Alkaloide	
Pilocarpin	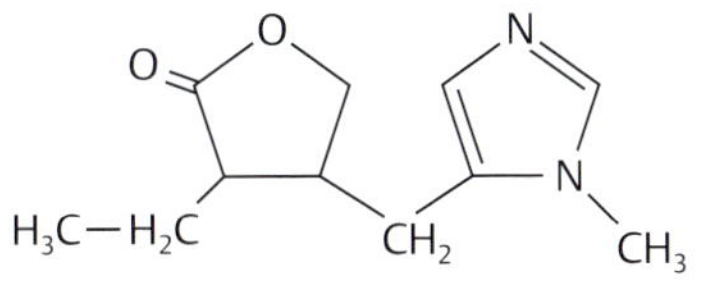 O, O, N, N, H_3C-H_2C, CH_2, CH_3
Muskarin	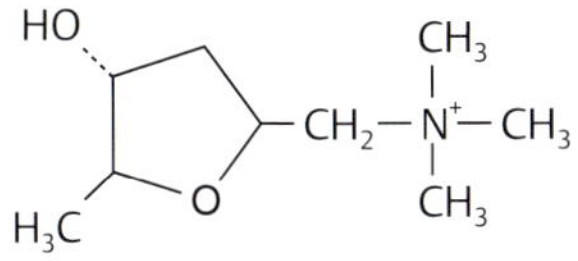 HO, H_3C, O, $CH_2-N^+(CH_3)_3$
Arecolin	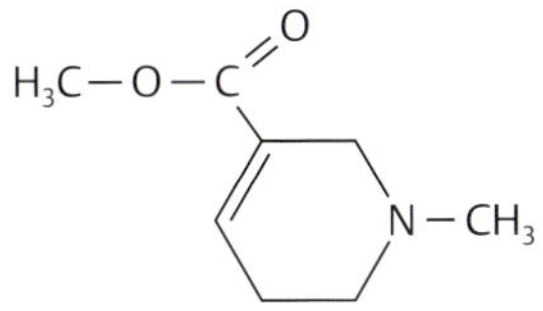 $H_3C-O-C(=O)$, $N-CH_3$

Abb. 2.4 Strukturformeln direkt wirkender Parasympathomimetika.

Im Gegensatz zu Acetylcholin wird der Carbaminsäureester **Carbachol** (Abb. 2.4) nur sehr langsam durch die Cholinesterase hydrolysiert. Die somit im Vergleich zu Acetylcholin wesentlich längere Wirkung macht Carbachol für eine therapeutische Anwendung geeignet. Wie Acetylcholin stimuliert auch Carbachol sowohl muskarinartige als auch nikotinartige Rezeptoren und bleibt dabei in seiner Wirkung auf die Peripherie beschränkt. Ein weiterer Cholinester ist **Bethanechol**, das durch Substitution mit einer Methylgruppe aus Carbachol entwickelt wurde. Bethanechol wirkt aufgrund der nur sehr langsamen Hydrolysierung im Gegensatz zu Acetylcholin auch nach oraler Applikation.

Selektiv auf Muskarinrezeptoren wirken die enteral resorbierbaren Alkaloide **Muskarin** aus dem Fliegenpilz *Amanita muscaria* und **Pilocarpin** aus den Blättern von *Pilocarpus jaborandi* (Abb. 2.4). Muskarin, das neben den peripheren Wirkungen auch eine zentrale (halluzinogene) Wirkung besitzt, hat im Gegensatz zu Pilocarpin nur toxikologische Bedeutung, d. h., es wird nicht therapeutisch eingesetzt. **Arecolin**, ein Alkaloid aus der Betelnuss, besitzt sowohl muskarinartige als auch nikotinartige Wirkungen. **Oxotremorin** ist eine synthetisch hergestellte Verbindung, die selektiv M-Cholinozeptoren erregt, aber nur für Versuchszwecke verwendet wird. Im Gegensatz zu den Cholinestern penetrieren die Alkaloide Pilocarpin, Arecolin und Oxotremorin auch die Blut-Hirn-Schranke. Weiterhin werden Alkaloide im Gegensatz zu den Cholinestern nicht von der Cholinesterase hydrolysiert.

Pharmakodynamik Obwohl direkte Parasympathomimetika theoretisch alle Gewebe oder Organe mit Acetylcholinrezeptoren beeinflussen können, wirken einige von ihnen mit gewisser Bevorzugung auf bestimmte Organe. Neben Unterschieden in der Verteilung ist hierfür vor allem die Heterogenität der M- und N-Rezeptoren verantwortlich zu machen. Carbachol wirkt im Vergleich zu Acetylcholin stärker erregend auf die glatte Muskulatur des Darmes und der Blase und weniger stark gefäßerweiternd bzw. blutdrucksenkend. Pilocarpin besitzt eine besonders starke Wirkung auf Schweiß- und Speicheldrüsen und kardiale Funktionen, sodass es nicht systemisch angewendet wird. Neben seinen muskarinartigen Wirkungen hat Carbachol nikotinartige Wirkungen an vegetativen Ganglien, die stärker ausgeprägt sind als die von Acetylcholin. Unabhängig von diesen quantitativen Unterschieden in der Ausprägung einzelner Wirkungen führen alle direkt wirksamen Parasympathomimetika in Abhängigkeit von der Dosis zu einem Blutdruckabfall, zu Bradykardie (mit der Gefahr von ektopisch ausgelösten Extrasystolen) und zur Senkung der Kontraktionskraft des Herzens, ferner zu Bronchokonstriktion und -sekretion, Erhöhung von Motilität, Tonus und Sekretion des Magen-Darm-Traktes, Erhöhung von Speichel- und Schweißsekretion, Kontraktion von Gallenblase und Harnblase sowie zur Miosis. Aufgrund einer Wirkung auf nikotinartige Rezeptoren können bei sehr hohen Dosen (mit Ausnahme von M-Rezeptor-selektiven Stoffen wie Muskarin oder Pilocarpin) nikotinartige Wirkungen wie Muskelzittern, Spasmen und schließlich Lähmungen auftreten sowie gemischte parasympathische/sympathische

Effekte durch Stimulation vegetativer Ganglien. Stoffe, die die Blut-Hirn-Schranke penetrieren (Pilocarpin, Arecolin), können zentralnervöse Erregungserscheinungen induzieren, bei weiterer Dosiserhöhung kann es zur Lähmung des Atemzentrums kommen.

Pharmakokinetik Wie bereits ausgeführt, wird von außen zugeführtes Acetylcholin von Cholinesterasen im Blut sofort hydrolysiert, sodass Acetylcholin für therapeutische Zwecke zu kurz wirkt. Außerdem ist seine Wirkung wenig selektiv. Der Ersatz der Acetyl- durch eine Carbamylgruppe (Carbachol, Bethanechol) verlangsamt den Abbau durch die Cholinesterase und verlängert somit die Halbwertszeit. Die Methylsubstitution in β-Stellung (Metacholin, Bethanechol) schützt vor Abbau durch die unspezifische Cholinesterase. Die cholinergen Alkaloide pflanzlichen Ursprungs wie Pilocarpin werden von der Cholinesterase nicht hydrolysiert und haben daher eine lange Wirkungsdauer.

Indikationen und Dosierung Drei Wirkungen der direkt wirksamen Parasympathomimetika können therapeutisch genutzt werden (Tab. 2.3):

1. Die Aktivierung von Darm und Harnblase bei Darm- und Blasenatonien; hierfür kann Bethanechol eingesetzt werden; das früher hierfür gebräuchliche Carbachol wird nur noch lokal am Auge eingesetzt.
2. Die Kontraktion des M. ciliaris und M. sphincter pupillae, die zu einer Erweiterung des Kammerwinkels, Eröffnung des Schlemm'schen Kanals und damit zum Abfluss von Kammerwasser führt, was bei der Glaukombehandlung (Winkelblockglaukom) ausgenutzt werden kann; hierfür können Pilocarpin oder Carbachol lokal (in den Bindehautsack geträufelt) eingesetzt werden.
3. Die nikotinartige Wirkung von Arecolin (oder seines besser verträglichen Abkömmlings Arecolinacetarsol) wurde früher zur Behandlung des Bandwurmbefalls ausgenutzt, da die Muskulatur der Würmer gelähmt und der Wurm dadurch aus dem Darm eliminiert werden kann. Neben diesen Indikationen wurden in der Humanmedizin Parasympathomimetika (Bethanechol) zur Behandlung der Refluxesophagitis und von paroxysmalen Tachykardien oder Sinustachykardien eingesetzt.

Bethanechol wird bei Pferden zur Behandlung von Darmverschluss, gastroduodenalen Verengungen bei Fohlen sowie wiederkehrender Verstopfungen des kleinen Kolons bei adulten Equiden angewendet und ist dafür in der sogenannten „Positivliste für Equiden“ (Verordnung [EU] Nr. 122/2013) aufgeführt. Die Dosierung liegt um 0,05 mg/kg. Pilocarpin wird zur Glaukombehandlung in 2 %iger Lösung in den Bindehautsack eingeträufelt, was innerhalb von 15 min zu einer Miosis für 12–24 h führt.

Insgesamt muss betont werden, dass alle direkten Parasympathomimetika (mit Ausnahme von lokal angewendetem Pilocarpin oder Carbachol beim Glaukom sowie Bethanechol zur Behandlung der Blasenatonie) aufgrund ihrer ungünstigen therapeutischen Breite und ihrer unerwünschten Wirkungen als obsolet zu betrachten sind und indirekt wirksame Parasympathomimetika zur Behandlung von Darm- und Blasenatonien vorzuziehen sind.

Nebenwirkungen, Toxizität Nebenwirkungen bestehen aus unerwünschten muskarinartigen Wirkungen wie Speichelfluss, Bronchokonstriktion und -sekretion, Bradykardie, Blutdruckabfall, vermehrter Schweißsekretion sowie Kot- und Harnabsatz. Bei Tieren (v. a. Schweinen) mit einer genetischen Disposition für maligne Hyperthermie kann es zur Auslösung einer solchen Myopathie kommen.

Bei Überdosierungen kommt es zu einer Verstärkung der muskarinartigen Wirkungen mit der Gefahr von starken Atembeschwerden und Kreislaufkollaps und, je nach Substanz, zum Auftreten nikotinartiger Effekte bis hin zu Lähmungserscheinungen. Antidot gegen die muskarinartigen Wirkungen ist das Parasympatholytikum Atropin (S. 72).

Tab. 2.3 Indikationen für Parasympathomimetika.

Indikation	Verwendete Substanzen
I. lokal	
Glaukombehandlung (am Auge)	Pilocarpin, Carbachol, Physostigmin, Neostigmin
Wurmbehandlung, v. a. bei Cestoden, Nematoden (aber: Gefahr von systemischen Wirkungen beim Wirt ⇨ obsolet)	Arecolin, Arecolinacetarsol, organische Phosphorsäureverbindungen (z. B. Metrifonat)
Ektoparasitenbehandlung (auf der Haut)	Coumafos, Fenthion, Dimpylat
II. systemisch	
Darm- und Blasenatonien	Bethanechol, Neostigmin, Pyridostigmin, Distigmin
Myasthenia gravis	Neostigmin, Pyridostigmin
Vergiftung mit Parasympatholytika (z. B. Atropin)	Physostigmin (wirkt auch zentral)
Vergiftungen mit Arzneimitteln mit anticholinerger Wirkungskomponente (z. B. Neuroleptika)	Physostigmin
verzögertes Wachwerden aus der Narkose	Physostigmin (humanmedizinisch)
Beendigung der Wirkung von peripheren Muskelrelaxanzien	Neostigmin (plus Atropin!)
Schädlingsbekämpfung	organische Phosphorsäureester (Alkylphosphate), Carbamate
humanmed.: Alzheimer-Demenz	neue Cholinesterase-Hemmstoffe (z. B. Rivastigmin)

Achtung! Antidot bei allen Parasympathomimetika ist Atropin!

Kontraindikationen Gegenanzeigen für die systemische Verabreichung von Parasympathomimetika sind Lungenerkrankungen, Herzinsuffizienz, Magenulzerationen, Magenüberladung und Anschoppungskolik beim Pferd, Hochträchtigkeit und Kreislauflabilität bei alten Patienten. Pilocarpin darf nicht bei akuter Irisentzündung angewendet werden.

Indirekt wirkende Parasympathomimetika

STECKBRIEF INDIREKT WIRKENDE PARASYMPATHOMIMETIKA

Die Wirkung indirekter Parasympathomimetika ist an eine intakte parasympathische Innervation gebunden. Die Wirkung dieser Substanzen beruht auf einer Hemmung der Acetylcholinesterase (und unspezifischer Cholinesterasen) und der damit verbundenen Erhöhung der endogenen Konzentrationen von Acetylcholin, was einer Tonuszunahme des parasympathischen Systems entspricht. Obwohl neben der spezifischen Acetylcholinesterase auch unspezifische Cholinesterasen durch indirekte Parasympathomimetika gehemmt werden, beruhen die pharmakodynamischen Wirkungen der Substanzen primär auf der Hemmung der Acetylcholinesterase. Nach ihrer Wirkung auf die Acetylcholinesterase lassen sich zwei Gruppen von indirekten Parasympathomimetika unterscheiden:

- **reversible Hemmstoffe der Cholinesterase**, die wie Acetylcholin selbst an die anionische und esteratische Bindungsstelle des Enzyms gebunden werden, aber sehr viel langsamer als Acetylcholin gespalten werden
- **schwer reversible Hemmstoffe der Cholinesterase,** die nur an die esteratische Bindungsstelle des Enzyms gebunden werden, das Enzym phosphorylieren und damit ohne Behandlung (durch Enzymreaktivatoren wie Obidoxim) irreversibel hemmen

Reversible Hemmstoffe der Cholinesterase

Die wichtigsten, therapeutisch eingesetzten Vertreter dieser Gruppe sind das pflanzliche Alkaloid **Physostigmin** (Syn.: Eserin) und die synthetisch hergestellten Substanzen **Neostigmin** und **Pyridostigmin**. Es handelt sich bei diesen Substanzen um Verbindungen, die eine Carbamatgruppe enthalten (**Abb. 2.5**) und deshalb auch als **Carbamate** oder Carbaminsäureester bezeichnet werden. Physostigmin, ein Alkaloid aus der Kalabarbohne, dem Samen einer afrikanischen Schlingpflanze (*Physostigma venenosum*), ist der älteste Vertreter der Gruppe und wurde bereits 1877 erstmals zur Glaukombehandlung eingesetzt. Eine längere Wirkungsdauer als die Carbamate hat z. B. **Demecarium**, das aber in Deutschland nicht im Handel ist. **Edrophonium**, das keine Carbamatgruppe enthält und sich nur an die anionische Seite des Enzyms bindet, ist in Deutschland nicht mehr im Handel, aber in die Positivliste für Equiden zur Antagonisierung der Muskelrelaxierung durch periphere Muskelrelaxanzien aufgenommen worden. Dieser Effekt ist auch mit Neostigmin zu erreichen.

Pharmakodynamik In Abhängigkeit vom Ausmaß der Cholinesterasehemmung wird das aufgrund der elektrischen Aktivität aus cholinergen Neuronen laufend freigesetzte Acetylcholin im synaptischen Spalt nicht mehr oder nicht mehr vollständig abgebaut. Das in der Synapse kumulierende Acetylcholin führt zu einer verstärkten Stimulation von muskarin- oder nikotinartigen Cholinozeptoren. Mit steigenden Dosen eines Cholinesterasehemmers machen sich die cholinomimetischen Wirkungen aufgrund der unterschiedlichen Empfindlichkeit von M- und N-Rezeptoren zunächst an Synapsen mit muskarinartigen Rezeptoren bemerkbar; Synapsen mit nikotinartigen Rezeptoren (vegetative Ganglien, neuromuskuläre Endplatte) sind erst bei höherer Dosierung betroffen. Wirkungen und Nebenwirkungen sind im Prinzip die gleichen wie bereits für direkt wirksame Parasympathomimetika beschrieben. Als einziger Vertreter der Gruppe kann Physostigmin auch die Blut-Hirn-Schranke penetrieren, während die anderen Substanzen dies aufgrund ihrer quaternären Ammoniumstruktur (**Abb. 2.5**) nicht vermögen. Neostigmin und Pyridostigmin haben im Gegensatz zu Physostigmin daher keine ZNS-Wirkungen, darüber hinaus aber auch eine geringere Wirkung auf das Herz und eine stärker stimulierende Wirkung auf Darm- und Blasenmuskulatur als Physostigmin. Einige Vertreter der Gruppe haben neben der indirekten Wirkung auch direkte Wirkungen auf Cholinozeptoren; so stimuliert Neostigmin nikotinartige Rezeptoren der neuromuskulären Endplatte.

Indikationen und Dosierung Wie das direkte Parasympathomimetikum Pilocarpin werden auch einige indirekte Parasympathomimetika (Neostigmin, Physostigmin) zur lokalen Behandlung des Glaukoms eingesetzt. Die Wirkungsdauer beträgt nach Einträufelung in den Bindehautsack etwa 12 h. Nachteil gegenüber Pilocarpin ist, dass die Wirkung von Neostigmin und Physostigmin langsamer einsetzt, sodass diese Stoffe aufgrund ihrer längeren Wirkungsdauer vor allem zur **Dauertherapie des Glaukoms** eingesetzt werden. Neostigmin und Pyridostigmin werden zur Behandlung von **Darm- und Blasenatonien** verwendet. Die Dosierungen von Pyridostigmin liegen bei 0,05–0,1 mg/kg i. m. oder s. c. (Wirkungsdauer 3–4 h), die von Neostigmin bei 0,01–0,05 mg/kg s. c. (Wirkungsdauer 1–2 h). Physostigmin wird wegen seiner stärkeren kardialen Nebenwirkungen nicht zur Behandlung von Darm- und Blasenatonien eingesetzt, spielt aber aufgrund seiner zentralen Wirkungskomponente eine Rolle als **Antidot bei Vergiftungen mit Parasympatholytika** (z. B. Atropin). Die Dosierung in dieser Indikation (auch bei Vergiftungen durch andere Pharmaka mit anticholinerger Wirkungskomponente, z. B. Antihistaminika, Antidepressiva und Neuroleptika) beträgt 0,05 mg/kg i. v. Die zentral stimulierende Wirkung von Physostigmin wird in der Humananästhesiologie auch zur Verkürzung von Narkosen eingesetzt (**Tab. 2.3**). Weiterhin werden reversible Hemmstoffe der Cholinesterase zur Behandlung der **Myasthenia gravis** und zur Beendigung der Wirkung von peripheren Muskelrelaxanzien (bzw. bei Vergiftung mit curareähnlichen Stoffen) verwendet. Myasthenia gravis ist eine Autoimmunerkrankung, bei der Autoantikörper gegen N-Cholinozeptoren

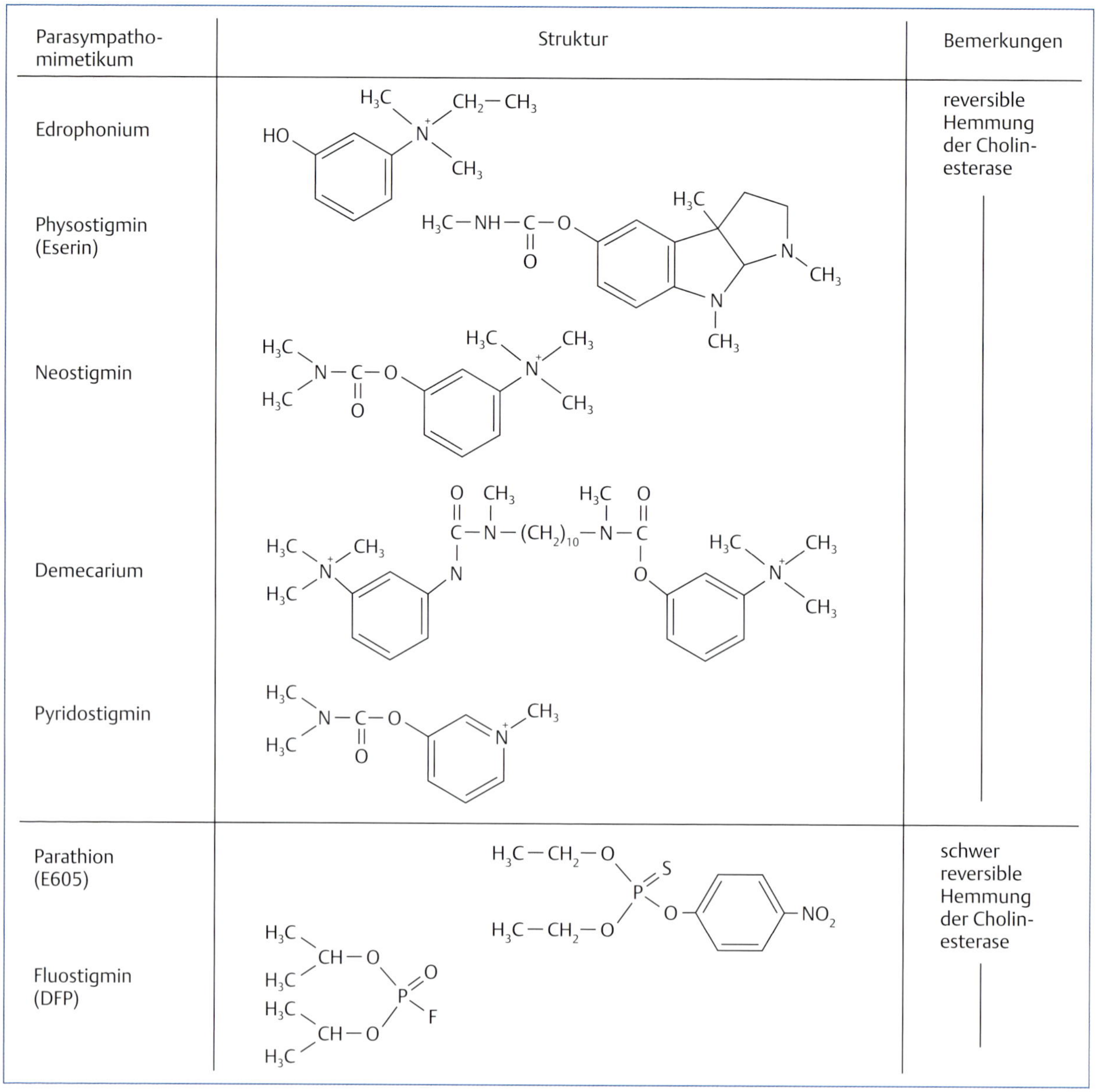

Parasympathomimetikum	Struktur	Bemerkungen
Edrophonium		reversible Hemmung der Cholinesterase
Physostigmin (Eserin)		
Neostigmin		
Demecarium		
Pyridostigmin		
Parathion (E605)		schwer reversible Hemmung der Cholinesterase
Fluostigmin (DFP)		

Abb. 2.5 Strukturformeln indirekt wirkender Parasympathomimetika; DFP = Diisopropylfluorphosphat.

der neuromuskulären Endplatte gebildet werden. Folgen sind Schwäche und rasche Ermüdbarkeit der Skelettmuskulatur. Zur Behandlung werden indirekte Parasympathomimetika und/oder Immunsuppressiva (z. B. Glucocorticoide) eingesetzt. In der Veterinärmedizin wird die Myasthenia gravis bei Hunden diagnostiziert und erfolgreich mit Neostigmin (und Immunsuppressiva) behandelt. Neostigmin eignet sich auch besonders als **Antidot bei Vergiftungen mit peripheren Muskelrelaxanzien** (vom d-Tubocurarin-Typ), wobei das Parasympathomimetikum mit Atropin kombiniert wird, um die muskarinartigen Wirkungen zu blockieren. Die Dosierung von Neostigmin in dieser Indikation beträgt 0,02 mg/kg (langsam i. v.). Neben den verschiedenen therapeutischen Indikationen werden einige Carbamate (z. B. Propoxur) auch in der Schädlingsbekämpfung als Insektizide und Ektoparasitika (S. 486) eingesetzt.

Nebenwirkungen, Toxizität Die Nebenwirkungen entsprechen weitestgehend den bereits bei den direkten Parasympathomimetika besprochenen unerwünschten Wirkungen. Bei Schweinen mit einer Prädisposition für maligne Hyperthermie können indirekte Parasympathomimetika durch Stimulation der neuromuskulären Endplatte eine maligne Hyperthermie induzieren. Bei Überdosierung mit indirekten Parasympathomimetika kann es wie bei allen Parasympathomimetika zu lebensbedrohlichen Vergiftungssymptomen (vor allem aufgrund der Kreislaufeffekte) kommen. Je nach Ausmaß der Überdosierung treten Muskelschwäche, Nausea, Erbrechen, Durchfall, Miosis, Bronchospasmen, Bronchosekretion, Bradykardie und Kreislaufkollaps auf; Antidot ist Atropin.

Kontraindikationen Die Gegenanzeigen (S. 67) sind bei allen direkten und indirekten Parasympathomimetika gleich.

Schwer reversible Hemmstoffe der Cholinesterase

Es handelt sich strukturell um **organische Phosphorsäureester** (Alkylphosphate, Organophosphate, **Abb. 2.5**).

Aufgrund der sehr lang anhaltenden und deshalb schwer kontrollierbaren Wirkung dieser Substanzen auf die Cholinesterase werden schwer reversible Hemmstoffe des Enzyms heute überwiegend nicht als Therapeutika eingesetzt, sondern als Pestizide, v. a. zur Insektenbekämpfung im Pflanzenschutz. Weniger toxische Organophosphate werden als Ektoparasitika bei Haustieren eingesetzt.

> **CAVE**
> Durch die große Verbreitung der Substanzen als Pestizide und die hohe akute Toxizität kommt es häufig zu Vergiftungen bei Haustieren (vor allem Rind, Schwein und Hund) und Menschen.

Es handelt sich um Ester oder Amide der Phosphorsäure, Phosphonsäure oder Phosphinsäure. Bekanntester Vertreter der Gruppe ist **Parathion** (E 605, Nitrostigmin, **Abb. 2.5**), das wie alle Thionverbindungen der Gruppe durch metabolische Umwandlung (Oxidierung) zu Paraoxon (E 600) wirksamer wird, während andere Alkylphosphate (z. B. **Fluostigmin**) sofort wirksam sind. Die Gruppe der Alkylphosphate umfasst über 50 Verbindungen. Alle Stoffe zeichnen sich durch ihre hohe Lipophilie aus, sodass Biomembranen einschließlich der Haut rasch durchdrungen werden und damit jeder Kontakt mit diesen Stoffen zu Vergiftungen führen kann. Aufgrund ihrer Lipophilie verteilen sich Alkylphosphate im Organismus in allen Geweben und penetrieren auch durch die Blut-Hirn-Schranke. Einige hochtoxische und flüchtige Verbindungen (Soman, Sarin, Tabun) wurden im 2. Weltkrieg als Kampfstoffe („Nervengase") entwickelt.

Pharmakodynamik Alkylphosphate sind starke Inhibitoren der Acetylcholinesterase, die das Enzym durch Bindung an die esteratische Bindungsstelle phosphorylieren, was zu einer praktisch irreversiblen Hemmung des Enzyms führt. Als Konsequenz kann Acetylcholin erst nach Neusynthese des Enzyms wieder abgebaut werden, sodass der Organismus mit Acetylcholin überschwemmt wird. Zu toxischen Effekten kommt es, wenn die Cholinesterase zu mehr als 80 % gehemmt ist.

Indikationen Früher wurden einige Alkylphosphate (z. B. Fluostigmin) aufgrund ihrer langen Wirkungsdauer zur Dauerbehandlung der Myasthenia gravis verwendet, was aufgrund der schlechten Steuerbarkeit der Behandlung aber rasch in Misskredit geriet. Weiterhin wurde Fluostigmin bei therapieresistenten Glaukomarten eingesetzt (Wirkungsdauer nach lokaler Einträufelung in den Bindehautsack 100–200 h!). Während der therapeutische Einsatz von Alkylphosphaten humanmedizinisch verlassen wurde und auch die Verwendung von Alkylphosphaten zur oralen Behandlung von intestinalen Wurminfektionen beim Tier obsolet ist, spielen einige dieser Substanzen (**Coumafos, Fenthion, Dimpylat, Phoxim, Tetrachlorvinphos**) noch eine Rolle in der Behandlung von Ektoparasitenbefall bei Hund und Katze sowie bei Bienen (S. 509).

Nebenwirkungen, Toxizität Die Symptome bei einer Vergiftung mit Alkylphosphaten lassen sich drei Komplexen zuordnen, die je nach Dosis und Tierart zeitgleich oder zeitlich versetzt auftreten:

1. muskarinartige Wirkungen wie Miosis (beim Schwein Nystagmus), Speichelfluss (besonders bei Wiederkäuern und Schwein), Erbrechen (besonders beim Hund), Durchfall, Kolik, Harnabsatz, Bradykardie, Bronchokonstriktion und -sekretion; diese Effekte treten in abgeschwächter Form auch als Nebenwirkungen bei einer therapeutischen Anwendung von Alkylphosphaten auf (z. B. zur Behandlung von Ektoparasiten)
2. nikotinartige Wirkungen wie Muskelfaszikulationen, Muskelsteife und schließlich Paralyse
3. zentralnervös ausgelöste Wirkungen wie Ataxien, Tremor, Krämpfe und schließlich Koma mit Atemlähmung

> **KLINISCHER BEZUG** Die **Behandlung einer Alkylphosphatvergiftung** besteht aus symptomatischen Maßnahmen (Beatmung, Absaugen des Bronchialsekrets etc.) sowie intravenöser Verabreichung des **Antidots Atropin** (S. 72), das auch die zentralen Wirkungen antagonisiert. Atropin muss fraktioniert, gegebenenfalls über mehrere Tage nachappliziert werden. Außerdem ist es innerhalb der ersten 24 h nach Eintritt der Vergiftung bei einigen Alkylphosphaten noch möglich, die Acetylcholinesterase zu reaktivieren. Hierfür wird **Obidoxim** verabreicht (2–5 mg/kg i. v. oder i. m.), das die noch freie anionische Bindungsstelle der Cholinesterase einnimmt und durch eine Reaktion mit dem Alkylphosphat dieses von der Cholinesterase ablöst.

> **CAVE**
> In zu hohen Dosen kann Obidoxim die Acetylcholinesterase noch zusätzlich hemmen, weshalb es bei Vergiftungen mit reversiblen Hemmstoffen der Cholinesterase kontraindiziert ist!

Ob eine Enzymreaktivierung gelingt, ist stark von dem für die Vergiftung verantwortlichen Alkylphosphat abhängig. Außerdem wird die ebenfalls gehemmte Pseudocholinesterase durch Obidoxim nicht reaktiviert. Deshalb ist in jedem Fall die möglichst schnelle Verabreichung von Atropin Mittel der ersten Wahl! Die Prognose hängt wesentlich davon ab, wie schnell nach Eintritt der Alkylphosphatvergiftung die Therapie eingeleitet werden konnte. Humanmedizinisch wird zur Unterstützung der Therapie Humanserum-Cholinesterase i. v. injiziert, um zirkulierendes Acetylcholin zu spalten und intravasal verteiltes Alkylphosphat zu binden.

2.2.3 Antagonisten von Acetylcholin

Gegenüber den verschiedenen Angriffspunkten von Acetylcholin gibt es spezifische Antagonisten (**Tab. 2.4**): Muskarinartige Cholinozeptoren werden durch **Parasympatholytika**, nikotinartige Cholinozeptoren an vegetativen Ganglien durch **Ganglioplegika** und nikotinartige Cholinozeptoren an der neuromuskulären Endplatte durch **periphere Muskelrelaxanzien** blockiert.

Tab. 2.4 Antagonisten von Acetylcholin.

Wirkstoff	Wirkstoffgruppe	Hauptindikation und Bedeutung
Parasympatholytika		
Atropin[2]	▪ natürliches Alkaloid	▪ Narkoseprämedikation ▪ Antidot bei Vergiftung mit Parasympathomimetika
Scopolamin	▪ natürliches Alkaloid	▪ Reisekrankheit
N-Butylscopolamin[2], N-Methylscopolamin	▪ halbsynthetische Alkaloide	▪ Spasmen des Magen-Darm-Traktes und der Gallen- und Harnwege
Pirenzepin	▪ synthetische Alkaloide	▪ obsolet (früher zur Reduktion der Magensäuresekretion eingesetzt)
Ipratropiumbromid[1]	▪ synthetische Alkaloide	▪ Bronchodilatation
Tropicamid[1], Homatropin	▪ synthetische Alkaloide	▪ Glaukom ▪ Augendiagnostik
Prifiniumbromid	▪ synthetische Alkaloide	▪ Spasmen im Magen-Darm-Trakt und Urogenitalsystem
Fenpipramid[2]	▪ synthetische Alkaloide	▪ in Kombination mit Levomethadon zur (Neurolept-)Analgesie
Ganglioplegika		
Tetraethylammonium		▪ Einsatz nur experimentell
Pentamethonium, Hexamethonium		▪ Einsatz nur experimentell
periphere Muskelrelaxanzien		
Curare	▪ nicht depolarisierende Muskelrelaxanzien	▪ obsolet (früher zur Muskelrelaxierung eingesetzt)
d-Tubocurarin	▪ nicht depolarisierende Muskelrelaxanzien	▪ obsolet (früher zur Muskelrelaxierung eingesetzt)
Alcuronium	▪ nicht depolarisierende Muskelrelaxanzien	▪ Muskelrelaxierung während Narkosen
Pancuronium	▪ nicht depolarisierende Muskelrelaxanzien	▪ Muskelrelaxierung während Narkosen
Atracurium[1], Cisatracurium, Mivacurium, Vecuronium	▪ nicht depolarisierende Muskelrelaxanzien	▪ Muskelrelaxierung während Narkosen
Suxamethonium	▪ depolarisierende Muskelrelaxanzien	▪ Muskelrelaxierung während Narkosen
Decamethonium	▪ depolarisierende Muskelrelaxanzien	▪ Einsatz nur noch experimentell
Hexacarbacholin	▪ depolarisierende Muskelrelaxanzien	▪ Muskelrelaxierung während Narkosen (humanmed.; nur noch sehr selten eingesetzt)
Dantrolen[1]	▪ myotrope Spasmolytika	▪ maligne Hyperthermie

[1] Wirkstoff ist in der Positivliste für Equiden aufgeführt
[2] Anwendung bei Lebensmittel liefernden Tieren erlaubt

Parasympatholytika

STECKBRIEF PARASYMPATHOLYTIKA

Parasympatholytika hemmen kompetitiv die Wirkung von Acetylcholin an den postganglionären muskarinartigen Cholinozeptoren. Erst in hohen (toxischen) Dosen wird auch die Übertragung an autonomen Ganglien und der motorischen Endplatte durch eine Blockierung nikotinartiger Cholinozeptoren gehemmt.

Prototyp der Gruppe ist **Atropin**, ein pflanzliches Alkaloid, das in zahlreichen Nachtschattengewächsen (am bekanntesten ist die Tollkirsche, *Atropa belladonna*) vorkommt. Atropin ist ein Ester aus Tropasäure und Tropin (L-Hyoscyamin), der beim Aufarbeiten der Pflanzen oder in wässriger Lösung zu D,L-Hyoscyamin razemisiert (**Abb. 2.6**). ▸

Neben Atropin kann auch **Scopolamin** (L-Hyoscin), ein Ester aus Tropasäure und Scopin, aus Nachtschattengewächsen extrahiert werden (**Abb. 2.6**). Aus diesen beiden natürlich vorkommenden Alkaloiden wurden durch halbsynthetische Abwandlung **N-Butylscopolamin** (**Abb. 2.6**) und **N-Methylscopolamin** entwickelt, die aufgrund ihrer quaternären Ammoniumstruktur im Gegensatz zu Atropin und Scopolamin nicht die Blut-Hirn-Schranke penetrieren und auch geringere Wirkungen auf die Speichelsekretion und das Auge haben.

Neben diesen natürlich vorkommenden bzw. halbsynthetischen Parasympatholytika gibt es zahlreiche synthetische Verbindungen, bei denen zum Teil versucht wurde, durch

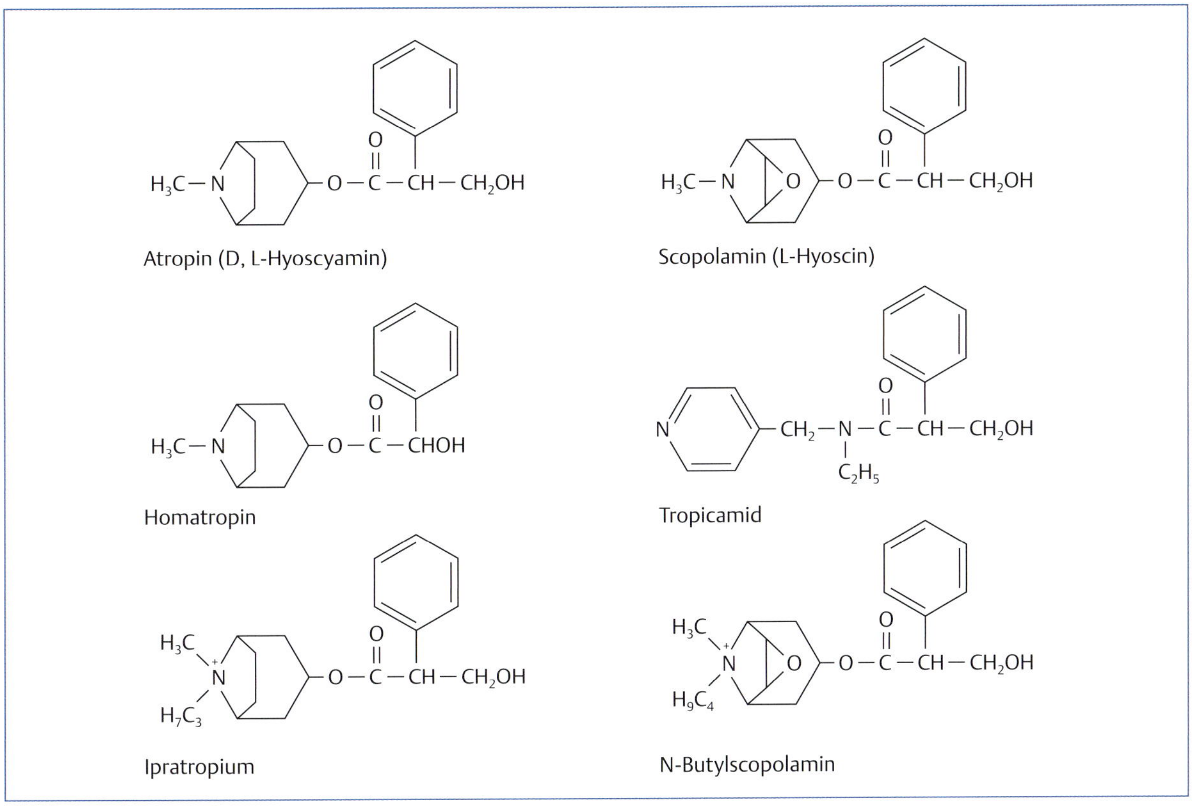

Atropin (D, L-Hyoscyamin)

Scopolamin (L-Hyoscin)

Homatropin

Tropicamid

Ipratropium

N-Butylscopolamin

Abb. 2.6 Strukturformeln von Parasympatholytika.

die Ausnutzung der Heterogenität muskarinartiger Rezeptoren selektivere Wirkungen auf bestimmte Organe oder Organsysteme zu erreichen. Obwohl das Ziel einer Organselektivität nicht zu erreichen war, scheinen einige Verbindungen (z. B. **Pirenzepin**) mit leichter Präferenz gesteigerte Magensaftsekretion und gastrointestinale Spasmen zu hemmen bei weniger ausgeprägter Verminderung der Speichelsekretion, die als eine der unangenehmsten Nebenwirkungen der Parasympatholytika angesehen wird. **Ipratropiumbromid** wird als Bronchospasmolytikum bei obstruktiven Atemwegserkrankungen eingesetzt. Einige synthetische Parasympatholytika (**Tropicamid**, **Homatropin**; Abb. 2.6) werden ausschließlich lokal am Auge in der Augendiagnostik und Therapie von Augenerkrankungen (zur Pupillenerweiterung bei Keratitis, Skleritis, Iritis, Iridozyklitis, Uveitis, Ulcus corneae) angewendet. Zusätzlich zu den genannten Parasympatholytika gibt es einige synthetische Verbindungen (**Prifiniumbromid**, **Fenpipramid**), die ausschließlich zur Behandlung von Tieren eingesetzt werden.

Pharmakodynamik Aufgrund der Selektivität der Parasympatholytika für Cholinozeptoren ergeben sich die pharmakodynamischen Wirkungen der Parasympatholytika zwangsläufig aus der Verminderung oder Einschränkung parasympathischer Wirkungen (Tab. 2.1, Tab. 2.5). Dabei steht in therapeutischen Dosierungen die Reduktion muskarinartiger Wirkungen im Vordergrund; erst bei extrem hohen Dosen sind auch nikotinartige Wirkungen betroffen. Die Empfindlichkeit der verschiedenen Organe gegenüber Atropin oder verwandten Verbindungen ist unterschiedlich. Am empfindlichsten sind Schweiß- und Speichelsekretion, die schon durch sehr geringe Dosierungen reduziert bzw. blockiert werden. Mit steigenden Dosierungen folgen Pupillenerweiterung, Tachykardie, Akkommodationsstörungen, Schluckbeschwerden, verminderte Peristaltik des Magen-Darm-Traktes und Harnverhaltung. Atropin gelangt ins Gehirn und führt durch Blockade zentraler Cholinozeptoren zu zentralen Erregungserscheinungen (Halluzinationen, Tremor), bei Vergiftungen zu Krämpfen, Koma und Atemlähmung. Scopolamin, das wie Atropin ins ZNS gelangt, wirkt beim Menschen im Gegensatz zu Atropin zentral dämpfend und wurde deshalb in der Humanmedizin auch als Sedativum verwendet. Beim Tier wirkt Scopolamin dagegen wie Atropin meist zentral erregend. Bei allen Verbindungen mit quaternärer Ammoniumgruppe (N-Methylscopolamin, N-Methylatropin, N-Butylscopolamin, Prifiniumbromid) fehlt dagegen die zentrale Wirkungskomponente.

Pharmakokinetik Atropin und Scopolamin werden vom Gastrointestinaltrakt rasch und fast vollständig resorbiert. Sie werden auch vom Bindehautsack und anderen Schleimhäuten des Organismus aufgenommen, dagegen nur in geringem Maße von der intakten Haut. Die lange Wirkung von Atropin (und Scopolamin) bei lokaler Anwendung am Auge wird mit einer Bindung an das Melanin der Pigmentzellen der Iris und allmählicher Wiederabgabe aus diesem Speicher erklärt. Atropin verschwindet rasch aus dem Blut und verteilt sich im ganzen Organismus. In das ZNS penetriert es schlechter als Scopolamin. Bis zu 50 % des Atropins werden unverändert in den Urin aus-

Tab. 2.5 Wirkungen von Parasympatholytika.

Zielorgan	Wirkung	therapeutische Indikation beim Tier	unerwünschte Wirkung bei Verwendung des Stoffes in anderer Indikation
Speicheldrüsen	Hemmung der Speichelsekretion	Narkoseprämedikation	Mundtrockenheit, Gefahr der Parotitis
Magen	Hemmung der Magensaftsekretion	Gastritis, Hyperazidität, Ulcus ventriculi und duodeni	Verdauungsbeschwerden
Magen, Darm, Gallenwege	Hemmung der Motorik	Spasmen, Pylorusspasmen	Obstipation, Darmatonie
Harnblase	Hemmung des M. detrusor	–	Harnverhaltung
Auge	Erschlaffung des M. ciliaris und des M. sphincter pupillae	Erweiterung der Pupille (Mydriasis) in der Augendiagnostik und -therapie	Akkommodationsschwäche, Gefahr der Steigerung des intraokulären Drucks (cave Glaukom!)
Bronchien	Hemmung der Bronchialmuskulatur	bronchospasmolytische Wirkung bei vagal bedingten Bronchospasmen (Bronchitis)	–
	Hemmung der Bronchialsekretion	Reduktion der gesteigerten Bronchialsekretion in der Narkose	Bildung zähen Schleims
Herz	Zunahme der Schlagfrequenz	Schutz vor vagalen kardialen Kreislaufreflexen (Anästhesiologie), bradykarde Herzrhythmusstörungen	erhöhter O_2-Verbrauch des Herzens (Gefahr bei Koronarinsuffizienz)
	Zunahme der Erregungsleitung	Antagonisierung der negativ chronotropen Wirkung von Digitalisglykosiden	Auslösung von Arrhythmien
ZNS	Antiemesis	Verhinderung von Erbrechen bei Transporten („Reisekrankheit")	–
praktisch alle Organsysteme	–	Vergiftungen mit Parasympathomimetika	–

geschieden. Scopolamin wird dagegen fast vollständig metabolisiert. Atropin und Scopolamin durchdringen die Plazentarschranke und treten in geringen Mengen auch in die Muttermilch über. Im Gegensatz zu Atropin und Scopolamin werden die Verbindungen mit quaternärem Stickstoff (z. B. N-Butylscopolamin) nur zu 10–25 % vom Darm resorbiert und penetrieren nicht in das ZNS.

Indikation, Dosierung Die wichtigsten Indikationen für Parasympatholytika sind in **Tab. 2.5** dargestellt. Ob die Wirkung eines Parasympatholytikums therapeutisch nutzbar oder unerwünscht ist, hängt von der Indikation und von der Höhe der Dosierung ab. Die wichtigsten Indikationen sind die Narkoseprämedikation (Schutz vor vagalen Reflexen, Reduktion der Bronchialsekretion bei Inhalationsnarkosen, Reduktion parasympathomimetischer Wirkungen von morphinähnlichen Analgetika, zusätzlicher sedativer Effekt bei Scopolamin), bradykarde Herzrhythmusstörungen, Erkrankungen des Magen-Darm-Traktes (spastische Gastritis oder Enteritis, Hyperazidität, Ulcus ventriculi, Pylorusspasmus oder Kardiaspasmus, Dysenterien), Spasmen der Gallen- und Harnwege, die Verhinderung von Übelkeit und Erbrechen bei Transporten („Reisekrankheit"), vagal bedingte Spasmen der Bronchialmuskulatur, die Mydriasis in der Augendiagnostik und -therapie und die Behandlung von Vergiftungen mit Parasympathomimetika. In der Humanmedizin werden zentral wirksame Parasympatholytika (z. B. **Biperiden** oder **Trihexyphenidyl**) außerdem zur Behandlung des Morbus Parkinson verwendet. Prinzipiell ist Atropin bei all diesen Indikationen einzusetzen, je nach Indikation werden heute aber halbsynthetische oder synthetische Verbindungen vorgezogen.

Die größte Rolle spielt Atropin nach wie vor in der Narkoseprämedikation und bei der Behandlung von Vergiftungen mit Parasympathomimetika.

In der Narkoseprämedikation liegen die wirksamen Dosierungen bei Hund und Katze bei 0,025–0,05 mg/kg s. c., bei Schweinen und Wiederkäuern bei bis zu 0,05 mg/kg s. c. und beim Pferd bei bis zu 0,01 mg/kg s. c. Die Wirkungsdauer beträgt etwa 6 h. Als Antidot bei Vergiftungen mit Parasympathomimetika muss Atropin sehr viel höher dosiert werden (möglichst i. v. nach Wirkung), wobei mit etwa 0,1 mg/kg begonnen wird und je nach Reaktion die Applikation von Atropin alle 3–10 min bis zur erkennbaren Normalisierung vegetativer Funktionen (Speichelfluss, Herzfrequenz) wiederholt wird. Zur Dauerbehandlung (z. B. bei bradykarden Rhythmusstörungen) kann Atropin auch oral verabreicht werden. Die lokale Anwendung von Atropin am Auge führt zu tagelangen Akkommodationsstörungen, sodass andere, kürzer wirksame Substanzen vorgezogen werden sollten. Zur lokalen Anwendung am Auge werden heute aus der Gruppe der Parasympatholytika vor allem **Homatropin** (Wirkungsdauer je nach Dosis 12–24 h), **Cyclopentolat** (Wirkungsdauer 6–24 h) oder **Tropicamid** (Wirkungsdauer 1–2 h) verwendet. Diese Stoffe werden auch zur Therapie von akuter Iritis, Iridozyklitis, Keratitis und Uveitis verwendet. Zur Behandlung von Bronchospasmen wird humanmedizinisch heute häufig **Ipratropium** (Abb. 2.6) verwendet, das auch als Aerosol zur Inhalation bei Asthma bronchiale, der spastischen Bronchitis oder der chronisch obstruktiven Bronchitis eingesetzt werden kann. Zur Behandlung von Erkrankungen der Verdauungsorgane und der Gallen- und Harnwege eignen sich vor allem Verbindungen, die im Gegensatz zu Atropin oder Scopolamin nicht ins Gehirn gelangen und deren Wirkungen daher auf die Peripherie beschränkt bleiben. Am gebräuchlichsten in diesen Indikationen ist **Butylscopolamin**. Wirksame Dosierungen (i. v., i. m., s. c.) liegen bei 0,2 mg/kg bei Pferd und Rind, 0,4 mg/kg beim Schwein und bis zu 0,8 mg/kg bei Kleintieren. Beim Tier ist neben Butylscopolamin auch Prifiniumbromid für diese Indikationen im Handel. Prifiniumbromid wird in Dosierungen von 0,8–1 mg/kg bei Hund und Katze i. m. oder s. c. verabreicht. Das Parasympatholytikum Fenpipramid ist tiermedizinisch in einer festen Kombination mit dem starken Analgetikum Levomethadon enthalten, um die parasympathomimetischen Nebenwirkungen des Opioids zu minimieren.

Nebenwirkungen, Toxizität Auf das Problem der Nebenwirkungen von Parasympatholytika wurde bereits ausführlich eingegangen (Tab. 2.5). Die Toxizität von Parasympatholytika zeigt große tierartliche Unterschiede. Mit Ausnahme des Pferdes sind Pflanzenfresser wesentlich unempfindlicher als Fleischfresser.

CAVE

Prinzipiell sollte Atropin aufgrund seiner hohen Wirkungspotenz und der damit verbundenen Vergiftungsgefahr abgesehen von der Verwendung als Antidot bei Vergiftungen mit Parasympathomimetika nicht intravenös verabreicht werden.

Symptome einer Atropinvergiftung sind bei allen Spezies gleich und bestehen vor allem in Verstopfung, Tachykardie, Hyperpnoe, Unruhe, Delirium, Ataxie, Muskelzittern und, bei sehr hohen Dosen, Krämpfen, curareähnlicher Lähmung der Skelettmuskulatur, Atemdepression und Tod durch Atemversagen. Diese Symptomatik tritt in ähnlicher Form auch bei anderen Parasympatholytika auf, wobei Verbindungen mit quaternärer Ammoniumgruppe nicht zu zentralen Vergiftungssymptomen führen. Wirksamstes **Antidot** ist **Physostigmin**, das auch zentrale Vergiftungssymptome antagonisiert.

Kontraindikationen Parasympatholytika sind kontraindiziert bei Glaukom, tachykarden Arrhythmien und Obstipation aufgrund von mechanischen Verengungen des Magen-Darm-Kanals.

Ganglionär wirksame Substanzen

STECKBRIEF GANGLIONÄR WIRKSAME SUBSTANZEN

Bei dieser Gruppe handelt es sich um Stoffe, die nikotinartige Cholinozeptoren an vegetativen Ganglien stimulieren oder blockieren.

Ganglien-blockierende Substanzen (Ganglioplegika) sind Antagonisten der Acetylcholinwirkung an vegetativen Ganglien; aufgrund der pharmakologisch/toxikologischen Bedeutung Ganglien-stimulierender Stoffe sollen diese aber zunächst besprochen werden.

Ganglien-stimulierende Substanzen

Prototyp dieser Gruppe ist **Nikotin** (Abb. 2.7), das aufgrund seiner selektiven Wirkung auf Cholinozeptoren der vegetativen Ganglien und der neuromuskulären Endplatte dieser Untergruppe von Rezeptoren den Namen „nikotinartige Cholinozeptoren“ bzw. „Nikotinrezeptoren“ gab. Das aus Tabakblättern gewonnene Nikotin führt wie Acetylcholin durch Bindung an N-Cholinozeptoren zu einer Depolarisation, also Erregung, der postsynaptischen Membran in vegetativen Ganglien. Höhere Dosen von Nikotin bewirken eine persistierende Depolarisation des postganglionären Neurons und damit einen Transmissionsblock (ganglionäre Lähmung) der ganglionären Erregungsübertragung. Neben der Wirkung auf vegetative Ganglien stimuliert Nikotin über N-Cholinozeptoren die Freisetzung von Adrenalin und Noradrenalin aus dem Nebennierenmark und erregt die neuromuskuläre Endplatte. Im ZNS stimuliert Nikotin zentralnervöse N-Cholinozeptoren. Die i. v. Injektion von Nikotin (0,1–1 mg/kg) bei einem Versuchstier führt je nach Höhe der Dosis zunächst durch Erregung parasympathischer Ganglien (Vagus) zu einer kurz anhaltenden Bradykardie und Blutdrucksenkung. Dann kommt es durch Sti-

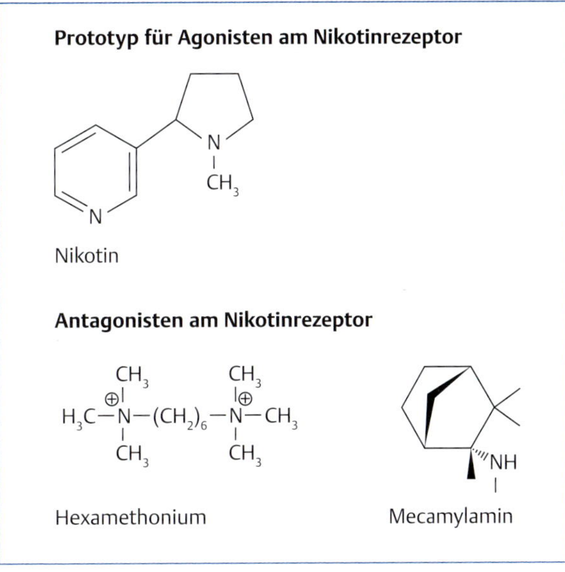

Abb. 2.7 Strukturformeln von Agonisten und Antagonisten an nikotinartigen Cholinozeptoren der vegetativen Ganglien.

mulation sympathischer Ganglien und Freisetzung von Adrenalin und Noradrenalin aus dem Nebennierenmark zu einer kurzzeitigen Erhöhung des Blutdrucks, die in eine anhaltende Blutdrucksenkung übergeht, was auf einer Dauerdepolarisation sympathischer Ganglien und der damit verbundenen Abnahme des sympathischen Tonus der Gefäße beruht. Die ganglionäre Stimulation parasympathischer Ganglien des Darmes bewirkt eine Steigerung von Tonus und Motorik des Darmes, die von einer Abnahme der Peristaltik gefolgt ist. Die Skelettmuskulatur wird über N-Rezeptoren der neuromuskulären Endplatte erregt, anschließend aber durch Dauerdepolarisation gelähmt. Durch zentrale Stimulation von N-Rezeptoren kommt es zu zentralnervösen Erregungserscheinungen (Tremor, u. U. Krämpfe), anschließend zu einer Depression. Die Erregung von Chemorezeptoren im Glomus caroticum und im Aortenbogen wie auch die Stimulation des Atemzentrums im Stammhirn hat einen atemstimulierenden Effekt zur Folge. Die Nikotindosen, die Erregung und Lähmung verursachen, liegen jedoch so dicht beieinander, dass Nikotin als Pharmakon zur isolierten Auslösung erregender oder hemmender Effekte auf N-Rezeptoren nicht genutzt werden kann. Beim Rauchen stehen die stimulierenden Wirkungen im Vordergrund. Eine Vergiftung mit Nikotin führt zu Kreislaufkollaps, Erbrechen, Durchfall, Krämpfen und Atemlähmung. Die Therapie besteht in symptomatischer Kreislaufbehandlung (keine zentralen Analeptika!), Beatmung und, bei Krämpfen, der Verabreichung von Antikonvulsiva (z. B. Diazepam). Nikotin wird gut durch Inhalation, orale Applikation oder perkutan resorbiert, aber relativ rasch durch oxidativen Abbau entgiftet (Halbwertszeit beim Menschen etwa 2 h). Die tödliche Dosis beim Menschen liegt um 1 mg/kg. Bei laufender Aufnahme von Nikotin (Rauchen) kommt es zu einer Abnahme der Empfindlichkeit der N-Rezeptoren und zur Steigerung des oxidativen Abbaus von Nikotin (funktionelle und metabolische Toleranz). Nikotin führt bei chronischer Aufnahme zur Abhängigkeit. Die gesundheitlichen Schäden durch Rauchen werden teilweise durch Nikotin und teilweise durch die beim Tabakrauchen entstehenden Begleitstoffe, z. B. karzinogene polyzyklische Kohlenwasserstoffe, verursacht.

ZUM WEITERLESEN Bei Tieren ist Nikotin aufgrund der muskellähmenden Wirkung hoher Dosen zum Wildtierfang und zum Einfangen von Hunden verwendet worden, was aufgrund der Nebenwirkungen und hohen Toxizität der Substanz abzulehnen ist. Nikotin wurde als Anthelminthikum bei Schafen und Geflügel und zur Bekämpfung von Ektoparasiten (z. B. der roten Vogelmilbe) beim Geflügel eingesetzt; da Nikotin nicht für Lebensmittel liefernde Tiere zugelassen ist, ist dies heute nicht mehr erlaubt.

Ein weiteres Alkaloid mit Ganglien-stimulierender Wirkung ist **Lobelin**, ein Inhaltsstoff des Lobelinkrautes (*Lobelia inflata*) mit nikotinartigen Wirkungen, der früher zur Atemanregung bei Tieren (z. B. Pferden) verwendet wurde, aber nicht mehr im Handel ist. Die atemanregende Wirkung, die nur kurz anhält (nach i. v. Applikation 1–2 min), beruht ähnlich wie bei Nikotin primär auf einer Stimulation von Chemorezeptoren.

ZUM WEITERLESEN Synthetische ganglionär erregende Substanzen sind **Dimethylphenylpiperazin** (DMPP) und **Tetramethylammonium** (TMA). Beide Verbindungen besitzen eine quaternäre Ammoniumstruktur und gelangen daher im Gegensatz zu Nikotin und Lobelin nicht ins ZNS. Beide Substanzen werden lediglich zu Versuchszwecken eingesetzt.

Ganglioplegika

STECKBRIEF GANGLIOPLEGIKA

Ganglioplegika (Ganglienblocker) hemmen die ganglionäre Transmission durch eine kompetitive Blockade an nikotinartigen Rezeptoren, ohne selbst den Nikotinrezeptor zu erregen. Ihre Wirkung erstreckt sich auf sympathische und parasympathische Ganglien, auf das Nebennierenmark und z. T. auch auf die neuromuskuläre Endplatte. Die wichtigsten Wirkungen der Ganglioplegika sind Blutdrucksenkung, Steigerung der peripheren Durchblutung (durch Vasodilatation und Senkung des peripheren Widerstands), Lähmung von Darm und Blase, Muskelschwäche, Mydriasis und Akkommodationsschwäche.

Die Ganglioplegika waren die ersten stark wirksamen Antihypertensiva zur medikamentösen Behandlung von Bluthochdruck. Der durch Ganglienblockade ausgelöste Ausfall der vegetativen Regulation des Kreislaufs führt jedoch zu starken orthostatischen Regulationsstörungen mit Kollapsgefahr. Vergiftungen mit Ganglioplegika lassen sich aufgrund des reversiblen Rezeptorblocks durch Erhöhung der Acetylcholinkonzentration über indirekte Parasympathomimetika (z. B. Neostigmin) behandeln.

ZUM WEITERLESEN Die Ganglienblocker **Tetraethylammonium** (TEA), **Penta-** und **Hexamethonium** (Abb. 2.7) werden nur experimentell verwendet. Zahlreiche andere Ganglioplegika (z. B. **Mecamylamin** oder **Trimethaphan**) wurden humanmedizinisch früher als Antihypertensiva eingesetzt, sind aber durch besser verträgliche andere Pharmaka ersetzt und deshalb vom Markt genommen worden. Veterinärmedizinisch spielten Ganglioplegika nie eine Rolle.

Periphere Muskelrelaxanzien

STECKBRIEF PERIPHERE MUSKELRELAXANZIEN 

Periphere Muskelrelaxanzien hemmen die Wirkung von Acetylcholin an nikotinartigen Rezeptoren der neuromuskulären Endplatte.

Die einzige Ausnahme von diesem Wirkungsmechanismus stellt **Dantrolen** dar, das eine direkte Wirkung auf die quer gestreifte Skelettmuskulatur besitzt, ohne die neuromuskuläre Erregungsübertragung zu beeinflussen. Im Gegensatz zu den peripheren Muskelrelaxanzien beeinflussen **zentrale Muskelrelaxanzien** den Muskeltonus über eine Dämpfung polysynaptischer Reflexbahnen in Stammhirn oder Rückenmark. Aufgrund dieses zentralnervösen Angriffspunktes werden die zentralen Muskelrelaxanzien (S. 168) später besprochen.

Haupteinsatzgebiet von peripheren Muskelrelaxanzien mit Wirkung auf die neuromuskuläre Endplatte ist die Relaxierung der Skelettmuskulatur bei Narkosen. Dadurch kann die Narkose flacher gehalten und das Risiko von Narkosezwischenfällen gesenkt werden. Außerdem ermöglicht die Hemmung der Spontanatmung (durch Relaxierung der Atemmuskulatur) eine kontrollierte Beatmung ohne Gegenatmung während der Narkose, was ebenfalls das Narkoserisiko erheblich senkt. Periphere Muskelrelaxanzien werden deshalb vor allem bei „großen", lang andauernden Operationen verwendet, spielen in der Veterinärmedizin aber eine geringere Rolle als in der Humanmedizin. Haupteinsatzgebiete in der Tiermedizin sind thorakale und Augenoperationen (verhindern Rotation des Bulbus). Bei Pferden wurden periphere Muskelrelaxanzien (vor allem Succinylcholin) früher häufig zum Ablegen der Tiere vor der Narkose eingesetzt. Dabei konnten durch Aufregung der Tiere erhebliche Kreislaufeffekte auftreten und Todesfälle sind wiederholt beschrieben worden. Die Anwendung von peripheren Muskelrelaxanzien zum Ablegen von Pferden ist deshalb heute abzulehnen. Für diese Indikation können zentrale Muskelrelaxanzien (S. 168) wie Guaifenesin oder Diazepam verwendet werden, die den Vorteil haben, auch beruhigend (sedierend) zu wirken. Aufgrund der Lähmung der Atemmuskulatur muss bei Anwendung von peripheren Muskelrelaxanzien grundsätzlich die Möglichkeit einer Beatmung vorhanden sein bzw. es muss von vornherein beatmet werden. Grundsätzlich gilt, dass bei ausreichender Muskelrelaxation durch periphere Muskelrelaxanzien auch die Spontanatmung aussetzt, also beatmet werden muss!

CAVE

Periphere Muskelrelaxanzien sollten nie allein oder mit zu flachen Narkosen zur Vornahme schmerzhafter Eingriffe verwendet werden, da sie zwar Abwehrbewegungen unterdrücken, die Schmerzempfindung aber nicht beeinflussen.

Nach dem Wirkungsmechanismus lassen sich drei Typen von peripheren Muskelrelaxanzien (**Abb. 2.8**) unterscheiden:

1. stabilisierende oder nicht depolarisierende Muskelrelaxanzien, die zu einer kompetitiven Blockierung des N-Cholinozeptors der neuromuskulären Endplatte führen und damit die Depolarisation der postsynaptischen Membran durch Acetylcholin verhindern, ohne eine Eigenwirkung (intrinsische Aktivität) am Rezeptor zu haben
2. depolarisierende Muskelrelaxanzien, die zu einer lang anhaltenden Depolarisation des N-Cholinozeptors führen und damit die Erregungsübertragung durch Acetylcholin verhindern
3. myotrope Spasmolytika wie Dantrolen, das durch Hemmung der Kalziumfreisetzung aus dem sarkoplasmatischen Retikulum zu einer Muskelrelaxierung führt

Während die Wirkung der Gruppe 1 durch Erhöhung der Acetylcholinkonzentration wieder aufzuheben ist, ist die Wirkung der Gruppen 2 und 3 dadurch nicht beeinflussbar.

Nicht depolarisierende (stabilisierende) Muskelrelaxanzien

Die Entwicklung dieser Gruppe nahm ihren Ausgang von **Curare**, einem Gemisch verschiedener Alkaloide aus Strychnos- und Chondodendronarten, das von südamerikanischen Indianern als Pfeilgift verwendet wurde. Klinisch wurde Curare seit etwa 1930 zunächst bei Patienten mit Tetanus und spastischen Erkrankungen angewendet, seit 1942 dann zur Muskelrelaxierung in der Anästhesiologie. Das wichtigste Alkaloid in Curare ist **d-Tubocurarin**, dessen Struktur 1935 aufgeklärt wurde (**Abb. 2.8**) und das den Prototyp für alle weiteren Entwicklungen der Gruppe darstellte.

Pharmakodynamik d-Tubocurarin hat eine ähnliche Affinität zu N-Cholinozeptoren der motorischen Endplatte wie Acetylcholin selbst, ist am Rezeptor allerdings neutral, d. h., es hat keine intrinsische Aktivität. Je nach Anzahl der durch d-Tubocurarin besetzten N-Rezeptoren wird das Endplattenpotenzial der Muskelendplatte zunächst nur abgeschwächt, sodass es für einen Teil der Muskelfasern unterschwellig wird, während es an anderen noch ausreicht, um eine Kontraktion herbeizuführen. Dies bezeichnet man als einen partiellen Block. Von einem totalen Block wird gesprochen, wenn alle N-Rezeptoren der Endplatte durch den Antagonisten besetzt sind. Resultat des totalen Blocks ist eine vollständige Lähmung des Muskels. Da die Blockade der Rezeptoren durch d-Tubocurarin kompetitiver Natur ist, kann sie jederzeit durch Erhöhung der Acetylcholinkonzentration, z. B. durch Applikation von Neostigmin, unterbrochen werden.

Mit steigender Dosis von d-Tubocurarin (und anderen Muskelrelaxanzien) werden zunächst die schnellen, dicht innervierten Muskeln (z. B. Auge) gelähmt, dann die Nacken-, Stamm- und Extremitätenmuskulatur und erst zuletzt die Interkostal- und Zwerchfell-, also die Atemmuskulatur. Die Funktionen der verschiedenen Muskelgruppen stellen sich bei Abklingen der Wirkung in umgekehrter Folge wieder ein. Neuere synthetische, nicht depolarisierende Muskelrelaxanzien unterscheiden sich von d-Tubocurarin vor allem in ihrer Selektivität für N-Rezeptoren der Muskelendplatte (**Tab. 2.6**). Während d-Tubocurarin (nicht mehr im Handel) relativ unspezifisch ist und neben der muskelrelaxierenden Wirkung auch zu ganglioplegischen und parasympatholytischen Wirkungen führt, fehlen diese unerwünschten Wirkungen bei den Nachfolgesubstanzen **Alcuronium**, **Pancuronium**, **Atracurium**, **Cisatracurium**, **Mivacurium** und **Vecuronium** oder sind reduziert. Dies gilt auch für den unerwünschten, Histamin-liberierenden Effekt von d-Tubocurarin (**Tab. 2.6**). Aufgrund der quaternären Ammoniumstruktur (**Abb. 2.8**) gelangen die peripheren Muskelrelaxanzien nicht ins Gehirn, haben also keine zentralnervösen Wirkungen.

Pharmakokinetik Periphere Muskelrelaxanzien werden aufgrund ihrer physikochemischen Eigenschaften (Molekülgröße, schlechte Lipidlöslichkeit) nur schlecht aus dem Gastrointestinaltrakt resorbiert und müssen deshalb parenteral (bevorzugt i. v.) appliziert werden. Sie dringen nicht in das ZNS ein und passieren die Plazentarschranke

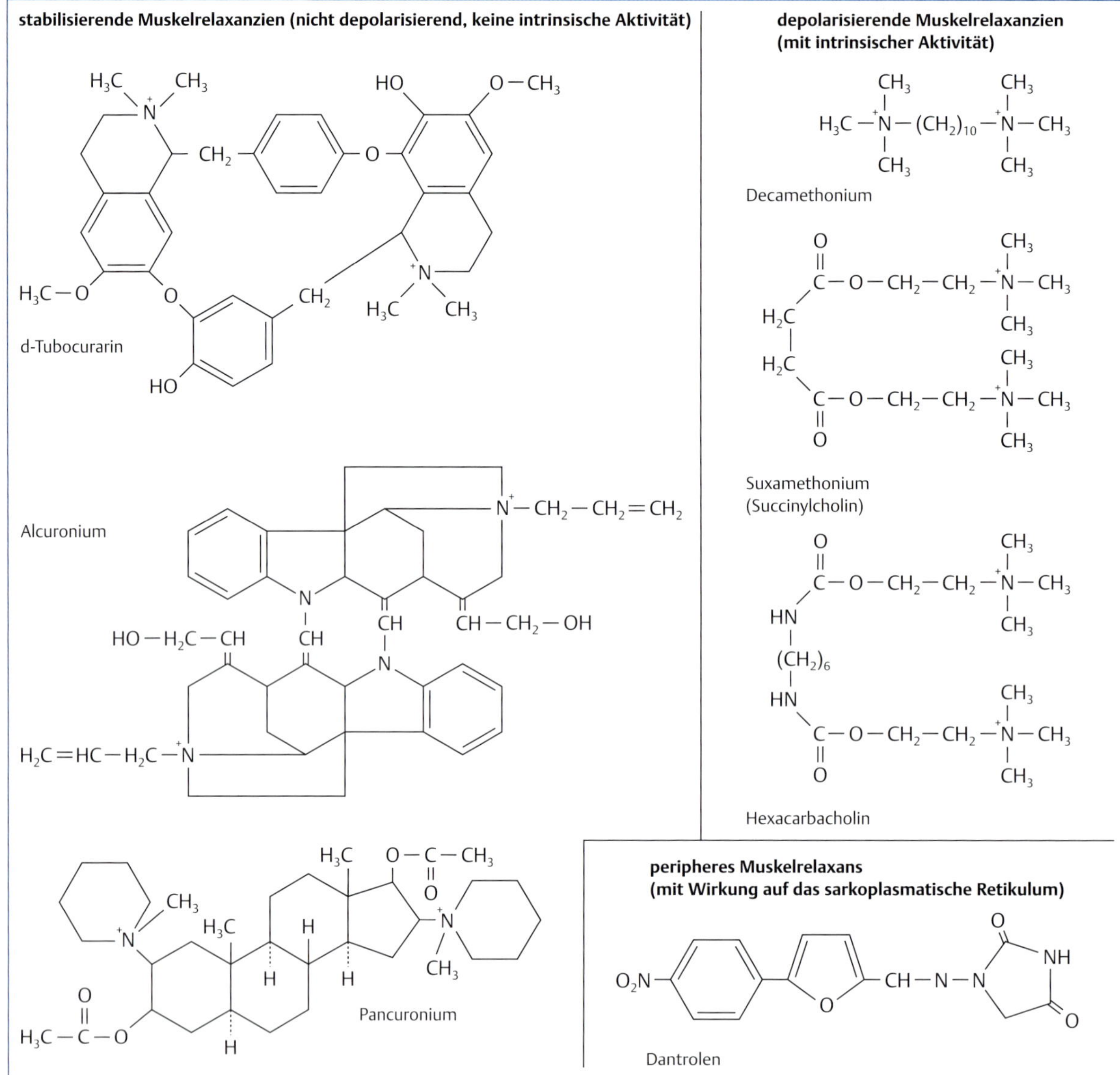

Abb. 2.8 Periphere Muskelrelaxanzien.

nur in geringem, für den Fetus ungefährlichem Ausmaß. Die Verteilung findet hauptsächlich im Extrazellularraum statt. Die kurze Wirkungsdauer der meisten Muskelrelaxanzien beruht größtenteils auf einer Neuverteilung in das Stützgewebe. Die Elimination erfolgt langsam durch glomeruläre Filtration, wobei in den ersten 24 h von d-Tubocurarin oder Pancuronium etwa 50 %, von Alcuronium 80–90 % der zugeführten Dosis im Urin gefunden werden. Pancuronium und d-Tubocurarin werden zum Teil auch metabolisiert bzw. gekoppelt.

Indikationen, Dosierung Die Indikationen von nicht depolarisierenden Muskelrelaxanzien zur Unterstützung der Narkose und zur Erleichterung der künstlichen Beatmung wurden bereits besprochen. Die hierfür notwendigen Dosierungen sind in **Tab. 2.6** dargestellt. Der wirksamste Stoff der Gruppe ist Pancuronium. Bei Kleintieren werden vor allem Atracurium und Vecuronium eingesetzt. In den angegebenen Dosen tritt durch vollständige Relaxation der Atemmuskulatur eine periphere Atemlähmung auf, es muss also beatmet werden! Die Wirkung kann jederzeit durch indirekte Parasympathomimetika (Neostigmin) antagonisiert werden, wobei die Parasympathomimetika in Kombination mit Atropin gegeben werden, um muskarinartige Wirkungen zu verhindern. Alle nicht depolarisierenden Muskelrelaxanzien haben eine kurze Wirkungsdauer (**Tab. 2.6**), die größtenteils auf einer Neuverteilung in das Stützgewebe beruht.

Nebenwirkungen, Toxizität Bei Überdosierung von Muskelrelaxanzien kommt es zu einer Verstärkung der unspezifischen Wirkungen; Antidot ist Neostigmin in Kombination mit Atropin.

Wechselwirkungen Bei Verwendung von peripheren Muskelrelaxanzien müssen eine Reihe von Wechselwirkungen beachtet werden. Zahlreiche andere Arzneimittel verstärken die muskelrelaxierende Wirkung peripherer Muskelrelaxanzien. Hierzu gehören Aminoglykosid-Antibiotika (Streptomycin, Neomycin, Kanamycin, Gentami-

Tab. 2.6 Wirkungen, Wirkungsdauer und Dosierung peripherer Muskelrelaxanzien. Alcuronium und Pancuronium sind stellvertretend für die Gruppe der nicht depolarisierenden Muskelrelaxanzien gezeigt. Weitere Vertreter dieser Gruppe sind Atracurium, Vecuronium, Cisatracurium, Mivacurium und Rocuronium.

Wirkungen und Wirkungsdauer	Alcuronium	Pancuronium	Suxamethonium
Wirkungen			
Blockade von N-Cholinozeptoren der Muskelendplatte	+	+	+ (nach initialer Erregung)
Blockade von N-Cholinozeptoren an vegetativen Ganglien	(+)	(+)	–*
Blockade von M-Cholinozeptoren	–	(+)	–**
Histaminfreisetzung	(+)	(+)	(+)
Dosierung zur Muskelrelaxation (mg/kg i. v.)			
Hund	0,2–0,25	0,02–0,03	0,1–0,3
Katze	–	–	0,2
Pferd***	–	–	0,1
Wiederkäuer***	–	–	0,01–0,02
Wirkungsdauer bei diesen Dosierungen (min)			
Hund	60	40–50	10–30
Katze	–	–	3
Pferd***	–	–	10
Wiederkäuer***	–	–	15

* Ganglienerregung möglich
** parasympathomimetische Wirkung möglich
*** periphere Muskelrelaxanzien sind für Lebensmittel liefernde Tiere nicht zugelassen

cin), Polypeptid-Antibiotika (Colistin, Polymyxin B), einige Antiarrhythmika (Chinidin, Procainamid), Schleifendiuretika (z. B. Furosemid) und Narkotika mit muskelrelaxierender Wirkung. Wenn z. B. Aminoglykosid-Antibiotika postoperativ zur Infektionsprophylaxe angewendet werden, kann es zu einer **Recurarisierung** mit Gefahr der Atemlähmung beim schon wieder aus der Narkose erwachten Patienten kommen.

Kontraindikationen Hierzu gehören das Glaukom (Erhöhung des Augeninnendrucks durch die parasympatholytische Wirkung) und Leber- und Nierenfunktionsstörungen.

Depolarisierende Muskelrelaxanzien

Die Vertreter dieser Gruppe führen aufgrund ihrer intrinsischen Aktivität am N-Rezeptor der neuromuskulären Endplatte wie Acetylcholin zu einer Depolarisation der Endplatte und damit zu fibrillären Zuckungen der Muskulatur, denen aufgrund der Dauerdepolarisation (ähnlich wie bei Nikotin) eine Relaxierung folgt.

Prototyp der Gruppe ist **Suxamethonium** (**Succinylcholin**, Abb. 2.8). Weitere Vertreter sind **Decamethonium** und **Hexacarbacholin** (Abb. 2.8), die aber beide in Deutschland nicht im Handel sind.

Pharmakodynamik Beim Menschen hält die Relaxierung durch Suxamethonium nur kurz an (bei einer Dosierung von 0,6 mg/kg 1–2 min), da die Substanz durch die Serumcholinesterase rasch abgebaut wird. Succinylcholin wird daher beim Menschen vor allem für die kurzzeitige Relaxierung zur Intubation vor Inhalationsnarkosen verwendet, eignet sich aber auch aufgrund der kurzen Wirkung für eine gut steuerbare Infusion. Bei einzelnen Patienten kann die Wirkung von Succinylcholin bis zu mehreren Stunden verlängert sein, was auf einen genetischen Defekt der Cholinesterase oder einen erworbenen Mangel an Cholinesterase zurückzuführen ist. Die Häufigkeit des Vorkommens einer defekten (atypischen) Serumcholinesterase beim Menschen liegt zwischen 1:1000 und 1:3 000. Da bei depolarisierenden Muskelrelaxanzien keine Antagonisierung der Wirkung durch Parasympathomimetika wie Neostigmin möglich ist, muss in derartigen Fällen bis zum Abklingen der Wirkung künstlich beatmet oder aus Humanserum gewonnene Cholinesterase gegeben werden.

Während Suxamethonium im Regelfall beim Menschen nur sehr kurz wirkt, gibt es beim Tier erhebliche Unterschiede in der Abbaugeschwindigkeit und damit Wirkungsdauer der Substanz (Tab. 2.6). Hunde besitzen eine der atypischen Serumcholinesterase des Menschen ähnliche Serumcholinesterase, die Suxamethonium erheblich langsamer abbaut als die Serumcholinesterase anderer Spezies (z. B. Mensch). Die Katze baut dagegen Suxamethonium ähnlich schnell ab wie der Mensch (Tab. 2.6). Wiederkäuer haben nur relativ geringe Mengen von Serumcholinesterase, sodass sie besonders empfindlich gegenüber Suxamethonium sind.

Ähnlich wie nicht depolarisierende Muskelrelaxanzien wirkt auch Suxamethonium nicht selektiv nur an N-Cholinozeptoren der muskulären Endplatte, sondern kann aufgrund intrinsischer Aktivität an N-Rezeptoren vegetativer Ganglien und M-Rezeptoren zu ganglienstimulierenden und parasympathomimetischen Wirkungen führen. Die Histamin-liberierende Wirkung von Suxamethonium ist gering. Zu zentralen Effekten kommt es aufgrund der quaternären Ammoniumstruktur nicht (**Abb. 2.8**).

Decamethonium und Hexacarbacholin entsprechen in ihren Wirkungen Suxamethonium, sind aber etwa 10-mal wirkungsstärker als Suxamethonium und wirken länger. Decamethonium wird nicht von der Cholinesterase abgebaut, sondern unverändert über die Nieren ausgeschieden.

Indikationen, Dosierung Suxamethonium kann wie die nicht depolarisierenden Relaxanzien zur Unterstützung von Narkosen eingesetzt werden, wobei die tierartlichen Unterschiede in Dosierung und Wirkungsdauer zu beachten sind (**Tab. 2.6**). Zur Durchführung länger dauernder Operationen empfiehlt sich bei Hund und Katze eine Infusion. Dabei wird Suxamethonium beim Hund in einer Initialdosis von 0,1 mg/kg mit nachfolgender Infusion mit 0,01 mg/kg/min verabreicht. Bei der Katze betragen Initialdosis und Infusionsdosis aufgrund der schnelleren Elimination 0,2 mg/kg und 0,03–0,05 mg/kg/min.

Nebenwirkungen, Toxizität Suxamethonium führt je nach Spezies, Ausgangslage und Dosis am Herzen zu Bradykardien, Tachykardien oder Arrhythmien. Gelegentlich kommt es aufgrund der parasympathomimetischen Wirkung zu Salivation, Bronchokonstriktion und Blutdrucksenkung. Bei Patienten mit einem angeborenen Defekt der Skelettmuskulatur kann es durch Gabe von Suxamethonium aufgrund der initialen Erregung der Muskelendplatte zur Auslösung einer malignen Hyperthermie (S. 80) kommen. Diese Gefahr besteht vor allem bei bestimmten Schweinerassen. Bei Überdosierung kommt es wie bei allen peripheren Muskelrelaxanzien zu einer lang anhaltenden peripheren Atemlähmung. Da es keine spezifischen Antidota gibt, muss bis zur Wirkungsabnahme beatmet werden.

Kontraindikationen Kontraindikationen und Wechselwirkungen entsprechen den bereits bei den nicht depolarisierenden Relaxanzien dargestellten Ausführungen.

Dantrolen

Dantrolen (**Abb. 2.8**) beeinflusst im Gegensatz zu den klassischen peripheren Muskelrelaxanzien nicht die neuromuskuläre Endplatte, sondern hat einen spasmolytischen Effekt auf die Skelettmuskulatur durch eine Reduzierung der Kalziumfreisetzung aus dem sarkoplasmatischen Retikulum. Die Substanz wurde primär zur Behandlung der malignen Hyperthermie entwickelt, kommt heute in der Humanmedizin aber auch bei spastischen Zuständen infolge zerebraler und spinaler Schädigungen zum Einsatz, z. B. bei Querschnittslähmungen, Kinderlähmung oder multipler Sklerose. Dantrolen beeinträchtigt im Gegensatz zu den klassischen peripheren Muskelrelaxanzien nicht die Atmung.

KLINISCHER BEZUG Bei der **malignen Hyperthermie** handelt es sich um eine angeborene Störung der Skelettmuskulatur, die auf einen defekten Freisetzungsmechanismus von Kalzium aus dem sarkoplasmatischen Retikulum zurückzuführen ist. Wichtigste Ursache sind Mutationen im Kalziumkanal (**Ryanodinrezeptor**) des sarkoplasmatischen Retikulums der Skelettmuskelzelle. Durch unterschiedliche auslösende Faktoren (Inhalationsnarkotika wie Isofluran, depolarisierende Muskelrelaxanzien wie Suxamethonium, Serotoninagonisten, Stress) kommt es zu einer überschießenden Freisetzung von Kalzium im Muskel und damit zu einer generalisierten Kontraktion von Skelettmuskeln, die über den massiv erhöhten Muskelstoffwechsel zu Hyperthermie und einem Anstieg von pCO_2 und Laktat und damit zu einem Abfall des pH führt. Ohne sofortige Behandlung kommt es zum Tod durch Herzversagen, wahrscheinlich aufgrund des nicht zu kompensierenden Sauerstoffmehrverbrauchs und des in großem Umfang aus den Muskelzellen austretenden Kaliums. Maligne Hyperthermie tritt bei unterschiedlichen Spezies (Mensch, Hund, Pferd, Schwein) auf. Am häufigsten ist sie jedoch bei Schweinerassen (z. B. Pietrain) mit hohem Muskelansatz und erklärt das „porzine Stresssyndrom“, das bis zur Aufklärung der genetischen Ursachen (Mutation des Ryanodinrezeptors) und den damit möglichen züchterischen Maßnahmen zu erheblichen Transportverlusten führte.

In der Humananästhesiologie war bis zur Entwicklung von Dantrolen keine spezifische Behandlung der malignen Hyperthermie beim Menschen möglich, sodass die vor allem während Halothannarkosen auftretende Myopathie häufig tödlich verlief. Dantrolen wurde an Schweinen mit einer genetischen Prädisposition für maligne Hyperthermie entwickelt, ist für den Einsatz beim Schwein (Transportstress) aber zu teuer und außerdem nicht für Lebensmittel liefernde Tiere zugelassen. Die wirksamen Dosierungen von Dantrolen beim Schwein liegen bei 3–5 mg/kg i. v. Ein Nachteil für den intensivmedizinischen Einsatz ist die schlechte Wasserlöslichkeit der Substanz.

CAVE

Dantrolen muss unter Vermittlung von NaOH und Mannitol unmittelbar vor Applikation gelöst werden (die Lösung ist nicht stabil), sodass wertvolle Minuten für das Lösen der Substanz verstreichen, bevor sie injiziert werden kann. Wegen des hohen pH-Wertes der alkalischen Lösung darf Dantrolen nur i. v. appliziert werden.

In der „Positivliste für Equiden“ ist Dantrolen zur Behandlung von maligner Hyperthermie, Rhabdomyolyse sowie spastischen Syndromen mit krankhaft gesteigerter Muskelspannung unterschiedlicher Ätiologie aufgeführt.

Kontraindikationen für Dantrolen sind Leberschäden und Myokardinsuffizienz. Die häufigste Nebenwirkung beim Menschen ist eine Leberschädigung bei 1–2 % der behandelten Patienten mit einer Mortalität von 20–30 %.

FAZIT PARASYMPATHIKUS

Die Effekte des Parasympathikus können pharmakologisch **durch direkte oder indirekte Parasympathomimetika verstärkt** oder **durch Acetylcholin-Antagonisten** (Parasympatholytika, Ganglioplegika, periphere Muskelrelaxanzien) **gehemmt** werden.

Parasympathomimetika

- **Direkte Parasympathomimetika** sind **Agonisten an Cholinozeptoren**. Durch Modifikation ihres molekularen Aufbaus konnten ausreichend lange Halbwertszeiten für eine therapeutische Anwendung erzielt werden.
- **Indirekte Parasympathomimetika hemmen die Cholinesterase reversibel** (Carbamate) oder **schwer reversibel** (Alkylphosphate).
- Parasympathomimetika finden vor allem Anwendung zur lokalen Glaukom-Therapie, bei Darm- und Blasenatonien, Myasthenia gravis, Ektoparasitenbefall und Vergiftungen mit anticholinergen Wirkstoffen.

Hemmstoffe des Parasympathikus

- **Parasympatholytika** sind **kompetitive Hemmstoffe von Acetylcholin** an **postganglionären muskarinartigen Rezeptoren**. Abhängig von ihrer Gehirngängigkeit finden sie Anwendung beispielsweise zur Narkoseprämedikation, Emesis-Prophylaxe oder zur Behandlung von Spastiken der Bronchien oder des Magen-Darm-Traktes. Das Parasympatholytikum **Atropin** ist **Antidot bei Vergiftungen mit Parasympathomimetika**.
- **Ganglioplegika** sind **kompetitive Hemmstoffe von Acetylcholin** an **nikotinartigen Cholinozeptoren der vegetativen Ganglien**. In der Humanmedizin fanden sie besonders aufgrund ihrer blutdrucksenkenden Wirkung Anwendung, sind aber mittlerweile obsolet.
- **Periphere Muskelrelaxanzien blockieren die Acetylcholin-Wirkung** an den **nikotinartigen Rezeptoren der neuromuskulären Endplatte**, was zur Relaxierung der Skelettmuskulatur führt. Bei Eingriffen unter Narkose kann so der Bedarf an Narkotikum reduziert und eine künstliche Beatmung ermöglicht werden. Die **Wirkung nicht depolarisierender Muskelrelaxanzien** (kompetitive Blockade der Cholinozeptoren) kann durch indirekte Parasympathomimetika **antagonisiert werden**. Dies ist bei depolarisierenden Muskelrelaxanzien aufgrund ihrer intrinsischen Aktivität am Cholinozeptor nicht möglich.

2.3 Pharmakologische Beeinflussung des sympathischen Nervensystems

2.3.1 Sympathomimetika

STECKBRIEF SYMPATHOMIMETIKA 

Sympathomimetika sind Substanzen, die zu gleichen oder ähnlichen Effekten wie die Reizung sympathischer Nerven führen. Analog zu den Parasympathomimetika werden auch sie in direkt und indirekt wirksame Substanzen eingeteilt. **Direkte Sympathomimetika** binden sich an Adrenozeptoren und führen damit zu einer direkten Erregung der Rezeptoren, während **indirekte Sympathomimetika** in die noradrenergen Varikositäten eindringen und zu einer verstärkten Freisetzung von Noradrenalin führen sowie dessen Wiederaufnahme hemmen, also die Konzentration von Noradrenalin am Adrenozeptor erhöhen.

Zwischen diesen beiden Gruppen liegen Substanzen (z. B. Ephedrin), die beide Wirkungsarten (direkt/indirekt) in unterschiedlichem Verhältnis vereinen. Der Vorteil direkt wirksamer Sympathomimetika ist die Möglichkeit, Substanzen zu entwickeln, die selektiv auf bestimmte Adrenozeptoren (z. B. nur β) wirken, während sich diese Möglichkeit bei indirekten Sympathomimetika nicht ergibt. Direkte Sympathomimetika spielen daher für die Pharmakotherapie eine erheblich größere Rolle als indirekt wirksame Substanzen. Ein weiterer Vorteil der direkten Sympathomimetika ist, dass ihre Wirkung unabhängig von der Konzentration des endogenen Transmitters Noradrenalin ist, während die Wirkung der indirekten Sympathomimetika bei wiederholter Verabreichung aufgrund der zunehmenden Verarmung der noradrenergen Varikosität an Noradrenalin rasch nachlässt, ein Phänomen, das als Tachyphylaxie (S. 54) bezeichnet wird.

Die direkt wirksamen Sympathomimetika lassen sich zum einen nach ihrer Selektivität für die verschiedenen Typen von Adrenozeptoren einteilen, zum anderen nach ihrer chemischen Struktur. Ihrer chemischen Struktur nach lassen sich die Sympathomimetika im Wesentlichen in zwei Gruppen einteilen, und zwar in solche, die sich vom Phenylethylamin herleiten (**Abb. 2.9**), und in Imidazolinderivate (**Abb. 2.11**). Die Grundstruktur des Phenylethylamins findet sich in den physiologisch vorkommenden Transmittern oder Hormonen Noradrenalin, Adrenalin und Dopamin (**Abb. 2.9**), die als Prototypen der Gruppe der direkten Sympathomimetika zu betrachten sind, gegenüber synthetischen Abkömmlingen des Phenylethylamins aber den Nachteil einer nur kurz anhaltenden Wirkung haben. Phenylethylamin selbst hat keine Affinität zu α- oder β-Adrenozeptoren, führt aber zu einer erhöhten Freisetzung von Noradrenalin, wirkt also als indirektes Sympathomimetikum. Die Affinität zu Adrenozeptoren wird erreicht durch die Substitution einer Hydroxylgruppe in β-Stellung und beträchtlich verstärkt durch phenolische Hydroxylgruppen. Die Methylierung der Aminogruppe (wie bei

Spez. Pharmakologie

Tab. 2.7 Verschiedene Sympathomimetika.

Wirkstoff/ Wirkstoffgruppe	Wirkung	Hauptindikation und Bedeutung
direkt wirksame Sympathomimetika		
Adrenalin[2]	stimuliert α- und β-Adrenozeptoren	Notfalltherapie (anaphylaktischer Schock, AV-Block, Reanimation) Wirkungsverlängerung von Lokalanästhetika
Noradrenalin[1]	stimuliert α- und β-Adrenozeptoren	Wirkungsverlängerung von Lokalanästhetika Hypotonie bei Fohlen
Dopamin[1]	stimuliert α- und β-Adrenozeptoren	Notfalltherapie (peripheres Kreislaufversagen)
Norfenefrin, Phenylephrin[1], Etilefrin	stimulieren v. a. α-Adrenozeptoren	Kreislaufstimulation Glaukom
Naphazolin, Tetryzolin, Oxymetazolin, Xylometazolin	stimulieren v. a. α-Adrenozeptoren	Schleimhautabschwellung (nur Humanmedizin)
Clonidin	stimuliert v. a. α-Adrenozeptoren	Hypertonie (Humanmedizin)
Xylazin[2]	stimuliert v. a. α-Adrenozeptoren	Sedation Analgesie
Romifidin[2], Detomidin[2], Medetomidin	stimulieren v. a. α-Adrenozeptoren	Sedation Analgesie
Secale-Alkaloide (Ergotamin)	stimulieren v. a. α-Adrenozeptoren	kein klinischer Einsatz
Isoprenalin	stimuliert β_1- und β_2-Rezeptoren	obsolet
Orciprenalin	stimuliert β_1- und β_2-Rezeptoren	Notfalltherapie, insbesondere AV-Block
Dobutamin[1]	wirkt selektiv auf das Herz	Notfalltherapie (Herzinsuffizienz)
Salbutamol, Terbutalin, Formoterol, Salmeterol	stimulieren v. a. β_2-Adrenozeptoren	Tokolyse, Bronchospasmolyse (v. a. Humanmedizin)
Clenbuterol[2]	stimuliert v. a. β_2-Adrenozeptoren	Tokolyse Bronchospasmolyse
Fenoterol	stimuliert v. a. β_2-Adrenozeptoren	Tokolyse (Humanmedizin)
indirekt wirksame Sympathomimetika		
Phenylethylamin	erhöht die Freisetzung von Noradrenalin	kein klinischer Einsatz
Tyramin	erhöht die Freisetzung von Noradrenalin	vorwiegend experimenteller Einsatz
Ephedrin	erhöht die Freisetzung von Noradrenalin	Harninkontinenz bei kastrierten Hündinnen
Amphetamin, Phenmetrazin, Methylphenidat, Fenetyllin	erhöht die Freisetzung von Noradrenalin	dopingrelevant Adipositasbehandlung (Humanmedizin)
Hemmstoffe der metabolischen Inaktivierung der Catecholamine		
Iproniazid	Hemmstoff der Monoaminoxidase A und B	obsolet
Tranylcypromin	Hemmstoff der Monoaminoxidase A	obsolet
L-Deprenyl (Selegilin)	Hemmstoff der Monoaminoxidase B	Verhaltensstörungen beim Hund Parkinsontherapie (Humanmedizin)
Moclobemid	Hemmstoff der Monoaminoxidase A	Depressionen (Humanmedizin)
Entacapon	Hemmstoff der Catechol-O-Methyl-transferase	Parkinsontherapie (Humanmedizin)

[1] Wirkstoff ist in der Positivliste für Equiden aufgeführt

[2] Anwendung bei Lebensmittel liefernden Tieren erlaubt (Achtung: Clenbuterol beim Rind nur zur Tokolyse sowie bei Equiden zur Tokolyse, bei Atemstörungen, Hufrollenerkrankung und Hufrehe)

Tab. 2.8 Indikationen für Sympathomimetika.

Indikation	Verwendete Substanzen
I. lokal	
1. Sperrkörper bei Lokalanästhetika	Adrenalin, Noradrenalin
2. Mydriasis in der Augendiagnostik	α-Sympathomimetika (Phenylephrin), indirekte Sympathomimetika (Ephedrin)
3. lokale Abschwellung von Schleimhäuten (z. B. Nase)	α-Sympathomimetika (z. B. Oxymetazolin)
II. systemisch	
1. peripheres Kreislaufversagen („Schock")	Dopamin, β-Sympathomimetika
2. anaphylaktischer Schock	Adrenalin
3. bradykarde Überleitungsstörungen am Herzen; Notfalltherapie bei AV-Block	β_1-wirksame Stoffe wie Adrenalin, Orciprenalin, Isoprenalin, Ephedrin
4. Erhöhung des Schlagvolumens bei Herzversagen	Dobutamin
5. hypotone Kreislaufdysregulationen	α-Sympathomimetika (Norfenefrin), Etilefrin, indirekte Sympathomimetika (Ephedrin)
6. Kreislaufzwischenfälle mit Neuroleptika oder Narkotika	α-Sympathomimetika (Norfenefrin)
7. periphere Durchblutungsstörungen	β_2-wirksame Sympathomimetika
8. Atemwegserkrankungen mit bronchokonstriktorischer Komponente	β_2-selektive Sympathomimetika, indirekte Sympathomimetika (Ephedrin)
9. Wehenhemmung (z. B. zur Verhinderung einer Frühgeburt)	β_2-selektive Sympathomimetika
10. Narkolepsie	Amphetaminderivate
illegal	
1. Wachstumsförderung während der Mast	oral wirksame β_2-Sympathomimetika

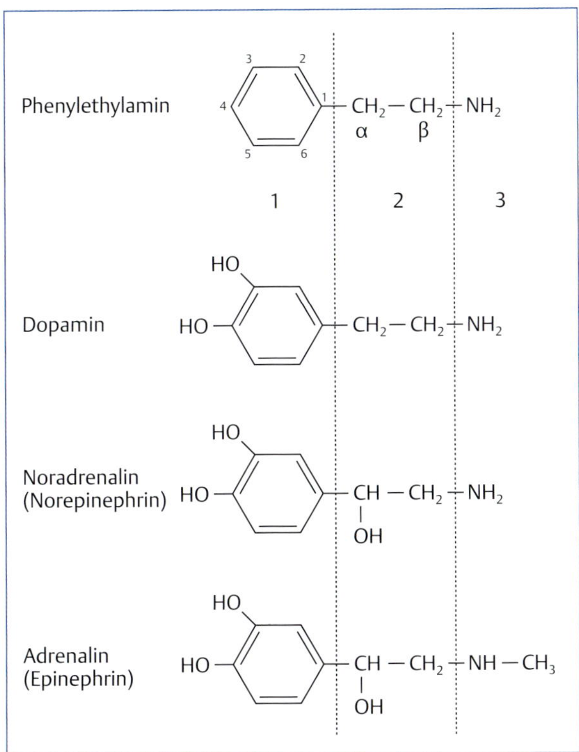

Abb. 2.9 Vergleich der chemischen Strukturen von Phenylethylamin und der direkt am Adrenozeptor angreifenden Catecholamine Dopamin, Noradrenalin und Adrenalin.

Adrenalin) verstärkt die Wirkung auf β-Rezeptoren. Mit zunehmender Größe der Substituenten am Stickstoff der Aminogruppe entstehen synthetische Verbindungen, deren Affinität zum β-Rezeptor erheblich zunimmt, während ihre Affinität zum α-Rezeptor sinkt (**Abb. 2.12**). Mit dieser strukturellen Abwandlung der natürlichen Transmitter gelang daher die Entwicklung β-selektiver Sympathomimetika. Die Wegnahme der phenolischen Hydroxylgruppe in Stellung 4 führt dagegen zu einer Zunahme der Selektivität für α-Rezeptoren bei gleichzeitiger Abnahme der Affinität für β-Rezeptoren (**Abb. 2.11**). Auch die Gruppe der indirekt wirksamen Sympathomimetika entstand aus chemischen Veränderungen der Grundstruktur des Phenylethylamins.

Eine Übersicht über die wichtigsten therapeutischen Indikationen der verschiedenen Sympathomimetika gibt **Tab. 2.8**.

Direkt wirksame Sympathomimetika mit Wirkung auf α- und β-Adrenozeptoren (Catecholamine)

STECKBRIEF DIREKT WIRKSAME SYMPATHOMIMETIKA

Zur Gruppe der direkt wirksamen Sympathomimetika gehören die natürlichen Überträgerstoffe **Adrenalin** (Syn.: Epinephrin), **Noradrenalin** (Syn.: Norepinephrin) und **Dopamin**. Aufgrund ihrer chemischen Struktur (3,4-Dihydroxyphenylalkanolamine) werden Dopamin, Noradrenalin und Adrenalin auch als **Catecholamine** oder (zusammen mit Serotonin) als Monoamine bezeichnet.

Dopamin ist im Gegensatz zu Noradrenalin und Adrenalin nicht selektiv für Adrenozeptoren, sondern ist im Organismus in der Peripherie und im ZNS ein eigenständiger Transmitter, der über Dopamin-Rezeptoren wirkt. In hohen Konzentrationen hat Dopamin aber Wirkungen auf α- und, weniger ausgeprägt, β-Adrenozeptoren, die denen von Noradrenalin ähneln (**Abb. 2.10**). Noradrenalin und Dopamin wirken also vor allem auf α-Rezeptoren, während ihre Wirkung auf β_1- und β_2-Rezeptoren wesentlich schwächer ist als die von Adrenalin. Dieses unterschiedliche Wirkungsverhältnis der Catecholamine auf α- und β-Rezeptoren sowie die zusätzliche Wirkung von Dopamin auf Dopamin-Rezeptoren hat erhebliche Auswirkungen für die pharmakodynamischen Wirkungen der drei Substanzen.

Pharmakodynamik Am deutlichsten werden die Konsequenzen der unterschiedlichen Affinität von Catecholaminen für α- und β-Rezeptoren an ihren **kardiovaskulären Wirkungen**. **Abb. 2.10** zeigt einen Vergleich der Kreislaufwirkungen von Noradrenalin und Adrenalin mit denen des synthetischen Catecholamins **Isoprenalin**. Außerdem sind die Wirkungen von Dopamin mit aufgeführt. Im Gegensatz

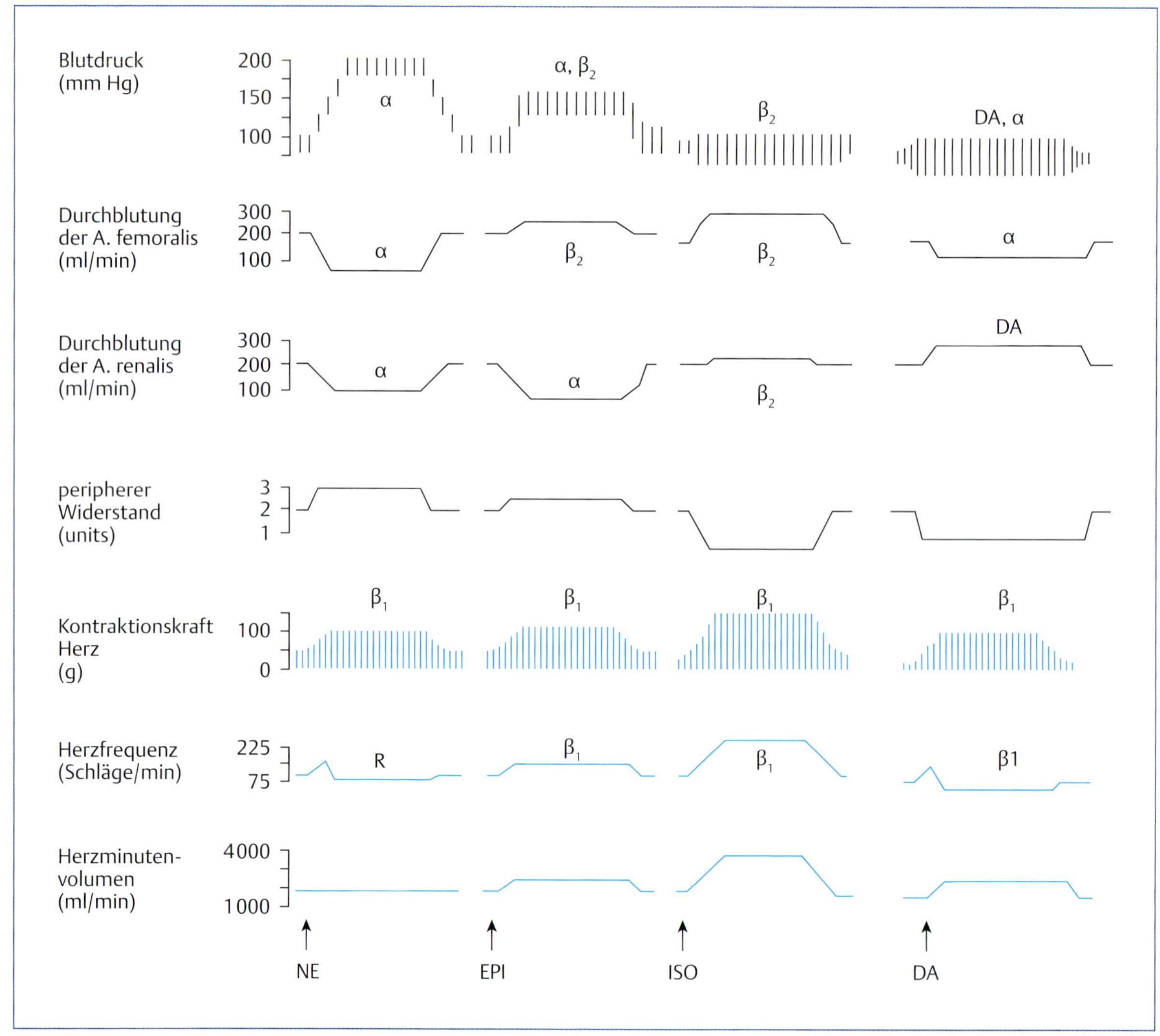

Abb. 2.10 Kardiovaskuläre Effekte einer i. v. Applikation von Noradrenalin (Norepinephrin, NE), Adrenalin (Epinephrin, EPI), des β-Rezeptor-selektiven Sympathomimetikums Isoprenalin (ISO) und von Dopamin (DA) bei einem Hund. Alle vier Substanzen wurden in äquivalenten Dosen verabreicht. „α“ bedeutet, dass der beobachtete Effekt in erster Linie über α-Adrenozeptoren vermittelt wurde, „β“, dass der Effekt in erster Linie über β-Adrenozeptoren (β_1 oder β_2) vermittelt wurde, „DA“, dass der Effekt über Dopamin-Rezeptoren vermittelt wurde. „R“ bedeutet Reflex-vermittelt. Die einzelnen Wirkungen werden im Text erklärt [1].

zu den körpereigenen Catecholaminen Adrenalin und Noradrenalin ist die nicht körpereigene, synthetisch hergestellte Substanz Isoprenalin aufgrund des längeren Substituenten an der Aminogruppe (**Abb. 2.12**) ein selektives β-Sympathomimetikum, hat also praktisch keine Wirkungen auf α-Rezeptoren. Noradrenalin aktiviert nach i. v. Applikation die postsynaptischen α-Rezeptoren der Gefäßmuskulatur bei geringer Wirkung auf β_2-Rezeptoren und führt daher zu einer ausgeprägten Vasokonstriktion. Als Konsequenz steigen arterieller Blutdruck und peripherer Widerstand, und die Durchblutung peripherer Gefäße und damit die Organdurchblutung sinken (**Abb. 2.10**). Auch Adrenalin ist ein potentes α-Mimetikum, gleichzeitig aber ein sehr potentes β_2-Mimetikum. Die Gefäßwirkung von Adrenalin nach i. v. Applikation hängt zum einen von der verabreichten Dosis ab, zum anderen von der Verteilung von α- und β_2-Rezeptoren am jeweiligen Gefäß bzw. Gefäßgebiet. Da die Affinität von Adrenalin für β_2-Rezeptoren höher ist als die für α-Rezeptoren, werden bei niedrigen Dosen (kleiner als 1 µg/kg i. v.) je nach Gefäß β-Wirkungen dominieren, während bei hohen Dosen (1–3 µg/kg und höher) die α-Wirkungen von Adrenalin die β-Wirkungen überdecken können. Bei geringen Dosen (unter 1 µg/kg i. v.) kommt es aufgrund der im Vordergrund stehenden β-mimetischen Wirkungen zu einem Abfall von peripherem Widerstand und diastolischem Blutdruck. Da jedoch gleichzeitig Frequenz und Schlagvolumen des Herzens durch die starke β_1-Wirkung von Adrenalin zunehmen, kommt es zu einem Anstieg des systolischen Druckes. Der Mitteldruck bleibt unverändert oder nimmt zu. In dem gewählten Beispiel in **Abb. 2.10** wurde eine relativ hohe Dosis von Adrenalin injiziert. Bei Applikation hoher Dosen wird eine Vasokonstriktion vor allem in Gefäßgebieten auftreten, in denen die α-Innervation überwiegt, z. B. im Bereich der Niere, während eine Vasodilatation überwiegend in β-innervierten Gebieten auftritt, z. B. in der Skelettmuskulatur. Infolgedessen steigt, wie in **Abb. 2.10** gezeigt, die Durchblutung bei regionaler Vasodilatation, z. B. in der A. femoralis, die die Skelettmuskulatur mit Blut versorgt, und sinkt in Gebieten, in denen die Vasokonstriktion überwiegt, z. B. in der A. renalis. Als Konsequenz der Konstriktion α-innervierter Gefäßgebiete steigen systolischer und diastolischer Blutdruck sowie der periphere Widerstand an, wobei der Anstieg aufgrund der β-Wirkungskomponente von Adrenalin weniger stark ausgeprägt ist als bei Noradrenalin. Beim Abklingen der Wirkung von Adrenalin beobachtet man oft, dass der arterielle Mitteldruck kurzzeitig unter das Ausgangsniveau fällt, weil mit sinkender Adrenalinkonzentration nun wieder die Wirkung auf β-Rezeptoren überwiegt.

Isoprenalin als selektives β-Sympathomimetikum verursacht eine periphere Vasodilatation und damit einen Abfall des diastolischen Blutdrucks und einen Abfall des peripheren Widerstandes (**Abb. 2.10**). Der Blutfluss steigt in Gefäßen, die β-innervierte Kapillargebiete versorgen, z. B. in der A. femoralis, während Gefäße, die überwiegend α-innervierte Gebiete versorgen, z. B. die A. renalis, kaum beeinflusst werden (**Abb. 2.10**).

Alle drei Catecholamine (Noradrenalin, Adrenalin, Isoprenalin) aktivieren das Herz (**Abb. 2.10**). Isoprenalin ist durch seine ausgeprägte Wirkung auf β_1-Rezeptoren am potentesten und erhöht Herzfrequenz, Kontraktionskraft und Herzminutenvolumen stärker als Adrenalin. Noradrenalin wirkt ebenfalls positiv inotrop, es kommt jedoch nur zu einem kurzzeitigen Anstieg der Herzfrequenz, dem eine Bradykardie folgt, da über die Stimulation von Pressorezeptoren reflektorisch der vagale Tonus erhöht wird und damit die geringe, durch Noradrenalin bedingte Erregung von β_1-Rezeptoren im Sinusknoten praktisch überspielt wird. Nachteil der Herzwirkung der Catecholamine (und anderer β-wirksamer Substanzen) ist, dass der Sauerstoffverbrauch des Herzens unter dem Einfluss der Substanzen mehr ansteigt, als es der Zunahme der geleisteten Arbeit entspricht. Das Herz arbeitet weniger ökonomisch und es kann ein Missverhältnis zwischen myokardialer Sauerstoffversorgung und myokardialem Sauerstoffverbrauch entstehen.

Die Kreislaufwirkungen von Dopamin sind denen von Noradrenalin vergleichbar, es kommt jedoch im Gegensatz zu Noradrenalin zu keiner Erhöhung des peripheren Widerstandes, da Dopamin über Dopamin-Rezeptoren zu einer selektiven Vasodilatation im Bereich der renalen und mesenterialen Arterien führt.

KLINISCHER BEZUG Dopamin führt aufgrund seiner kombinierten Wirkungen auf Adrenozeptoren und Dopamin-Rezeptoren zu einer für die Organperfusion günstigen selektiven Vasodilatation im Bereich der renalen und mesenterialen Arterien. Daher ist ihm bei der Behandlung von akutem Kreislaufversagen (Schock) gegenüber Noradrenalin und Adrenalin der Vorzug zu geben. Allerdings ist zu beachten, dass mit steigender Dosis von Dopamin die α-Wirkungen stärker ausgeprägt werden, und bei hohen Dosen (über 10 µg/kg/min i. v.) Dopamin zusätzlich zu einer Freisetzung von Noradrenalin aus Varikositäten führt, sodass die Kreislaufwirkungen von Dopamin ähnlich wie bei Adrenalin stark von der applizierten Dosis abhängen.

In Dosen zwischen 1 und 3 µg/kg/min wirkt Dopamin überwiegend auf Dopamin-Rezeptoren und führt damit zu einer selektiven Vasodilatation im Bereich der Nierengefäße und der Mesenterialgefäße. In Dosen über 5 µg/kg/min kommt es zusätzlich zu einer Steigerung des Herzzeitvolumens über die Stimulation von β_1-Rezeptoren, in Dosen über 10 µg/kg/min kommt es zu einer starken α-Stimulation, die die Erweiterung der Nierengefäße aufheben kann.

Die Kreislaufwirkungen der körpereigenen Catecholamine Adrenalin, Noradrenalin oder Dopamin halten aufgrund ihrer sehr geringen Plasmahalbwertszeiten (2–5 min) nur kurz an, sodass diese Substanzen für therapeutische Maßnahmen im Allgemeinen i. v. infundiert werden. Die kurze Wirkung wird durch den raschen Abbau der Catecholamine durch die Enzyme MAO bzw. COMT und durch Aufnahme in Varikositäten bedingt.

Die kreislaufunabhängigen Wirkungen von Adrenalin, Noradrenalin und Dopamin sind eine Konsequenz der Stimulierung von α- und β-Rezeptoren der verschiedenen Organsysteme (**Abb. 2.10**). Ähnlich wie die Kreislaufwirkungen sind auch die kreislaufunabhängigen Wirkungen aufgrund der schnellen Inaktivierung der Substanzen bei parenteraler Applikation von Einzeldosen nur von kurzer Dauer. Am Gastrointestinaltrakt kommt es über α- und β-Rezeptoren zu einer Hemmung der Peristaltik und zu einer Senkung der Sekretion. Diese Wirkungen werden nicht therapeutisch ausgenutzt, sondern stellen unerwünschte Nebenwirkungen dar. Über eine Stimulation von α-Rezeptoren kann es am graviden Uterus zur Auslösung von Kontraktionen kommen. Auch die glatte Muskulatur der Harnblase wird durch Stimulation von α-Rezeptoren kontrahiert. Am Auge kommt es zur Mydriasis, Kontraktion des 3. Augenlides und Steigerung des intraokulären Druckes. Die glatte Muskulatur der Bronchien wird durch Adrenalin aufgrund der Stimulation von β_2-Rezeptoren relaxiert, durch Noradrenalin und Dopamin dagegen kaum. Am Stoffwechsel kommt es über Stimulation von α-Rezeptoren durch Noradrenalin zu einer Hemmung der Insulinsekretion. Die Mehrzahl der Stoffwechselwirkungen wird jedoch von β-Rezeptoren vermittelt, nämlich Lipolyse durch β-Rezeptoren des Fettgewebes und Glykogenolyse durch β-Rezeptoren der Leber und der Skelettmuskulatur, sodass aufgrund der unterschiedlichen Wirkungspotenz der Catecholamine an β-Rezeptoren die Stoffwechselwirkungen von Adrenalin wesentlich stärker ausgeprägt sind als die von Noradrenalin und Dopamin. Die Folge ist ein Anstieg der Fettsäure- bzw. Glukosekonzentrationen im Blut. Unter dem Einfluss von Sympathomimetika nimmt der Grundumsatz zu, und der Sauerstoffbedarf der Gewebe steigt. Die an den Stoffwechseleffekten beteiligten β-Rezeptoren scheinen je nach Spezies unterschiedlichen Subtypen zuzuordnen zu sein. Dabei wurden neben β_1- und β_2-Rezeptoren auch „atypische“ (d. h. weder β_1 noch β_2) β-Rezeptoren am Fettgewebe charakterisiert, die auch als β_3-Rezeptoren bezeichnet werden (**Tab. 2.1**). Der Proteinstoffwechsel scheint durch Stimulation von β-Rezeptoren durch Hemmung des Proteinabbaus und Steigerung der Proteinsynthese anabol beeinflusst zu werden, wobei die Steigerung der Insulinfreisetzung durch Stimulation von β-Rezeptoren und eine Freisetzung des Wachstumshormons involviert zu sein scheinen.

Wegen ihres stark polaren Charakters gelangen Catecholamine bei systemischer Applikation praktisch nicht ins ZNS, sodass sie keine zentralnervösen Wirkungen ausüben. Erst bei sehr hohen Dosierungen kommt es zu zentralen Erregungserscheinungen.

Pharmakokinetik Die Catecholamine Noradrenalin, Adrenalin und Dopamin sind bei oraler Verabreichung wirkungslos. Der Grund liegt zum einen in der schlechten Resorbierbarkeit dieser polaren Verbindungen (phenolische Hydroxylgruppen), zum anderen in der durch die α-Stimulation ausgelösten, lokalen Vasokonstriktion, die die Resorption der Catecholamine hemmt. Die dennoch resorbierten Anteile der Substanzen werden sehr rasch von MAO und COMT in Darmwand und Leber inaktiviert. Auch bei s. c. Applikation führt die durch die Substanzen ausgelöste, lokale Vasokonstriktion zu einer geringen Bioverfügbarkeit. Dadurch kommt es auch bei i. m. Applikation zu einem nur langsamen Wirkungseintritt. Als Konsequenz führt nur die i. v. Applikation zu einer raschen und sicheren Wirkung der Substanzen. Adrenalin ist früher außerdem in Aerosolform zur Asthmatherapie angewendet worden. Die intratracheale Applikation von Adrenalin spielt heute auch veterinärmedizinisch eine Rolle in der Notfalltherapie. Wie bereits angesprochen, ist die Wirkungsdauer der Catecholamine aufgrund des raschen enzymatischen Abbaus nur kurz (d. h. wenige Minuten), sodass sie im Allgemeinen je nach Therapieziel i. v. infundiert werden.

Indikationen, Dosierung Noradrenalin spielt heute nur noch eine Rolle als Sperrkörperzusatz (d. h. vasokonstriktorischer Zusatz) zu Lokalanästhetika, um die lokale Resorption des Lokalanästhetikums zu verzögern und damit dessen lokale Wirkung zu verlängern. In allen anderen Indikationen ist Noradrenalin durch andere Sympathomimetika verdrängt worden. Gelegentlich wird es noch zur Blutdruckerhöhung in der Schocktherapie verwendet; hierbei empfiehlt sich eine Infusion mit 0,1–1 µg/kg/min. Von Nachteil ist die verschlechterte Organperfusion infolge des vasokonstriktorischen Effekts, sodass andere Behandlungsmaßnahmen (z. B. Dopamin) vorzuziehen sind. Adrenalin hat aufgrund des vasokonstriktorischen Effekts ähnliche Nachteile für die Schocktherapie wie Noradrenalin, ist aber nach wie vor Mittel der ersten Wahl bei der Behandlung des anaphylaktischen Schocks. Bei dieser allergisch bedingten, durch Bronchokonstriktion und Blutdruckabfall lebensbedrohlichen Schockform steigert Adrenalin durch seine β-Wirkungen die Herzfunktion, führt zur Bronchospasmolyse und hemmt die weitere Freisetzung von Histamin aus Mastzellen. Die eingesetzten Dosierungen von Adrenalin liegen bei 0,5–1 µg/kg i. v. (je nach Wirkung muss u. U. höher dosiert werden). Bei anderen Schockzuständen sind heute andere Arzneimittel zu bevorzugen (z. B. Dopamin), da Adrenalin in vasokonstriktorisch wirkenden Dosen die Perfusion lebenswichtiger Organe (z. B. Niere) verschlechtert. Beim Herzstillstand bzw. bei akuten bradykarden Rhythmusstörungen sind im Allgemeinen β-selektive Mimetika vorzuziehen, das gleiche gilt für die Anwendung bei Bronchialerkrankungen. Allerdings wird Adrenalin in Dosen um 5 µg/kg i. v. zur Reanimation (z. B. bei Narkosezwischenfällen) als unterstützende Maßnahme nach Einleitung von Beatmung und Herzmassage eingesetzt. Aufgrund der kurzen Wirkung ist eine Infusion (Gesamtdosis bis zu 100 µg/kg) der Applikation von Einzeldosen vorzuziehen. Bei Problemen bei der i. v. Applikation in der Notfalltherapie kann Adrenalin als Injektionslösung auch intratracheal appliziert werden. Bei Herzstillstand kann Adrenalin z. B. beim Hund in einer Dosis von 50–100 µg (entspricht 0,5–1,0 ml einer 1:10 000-Verdünnung oder bis zu 0,1 ml einer 1:1000-Verdünnung) auch direkt in die linke Herzkammer injiziert werden. Aufgrund seiner vasokonstriktorischen Wirkung wird Adrenalin analog zu Noradrenalin als Sperrkörperzusatz bei Lokalanästhetika und zur lokalen Blutstillung bei oberflächlichen Haut- und Schleimhautblutungen eingesetzt.

Dopamin ist heute eine der wichtigsten pharmakotherapeutischen Behandlungsmaßnahmen bei peripherem Kreislaufversagen (Schock), da es nach ausreichender Volumensubstitution die Kreislaufverhältnisse verbessert und dabei im Gegensatz zu Adrenalin und Noradrenalin auch die Durchblutung der Niere erhöht und die Perfusion der Mesenterialgefäße steigert. Aufgrund der kurzen Wirkung wird Dopamin in Dosierungen von 5–10 µg/kg/min infundiert.

Nebenwirkungen, Toxizität Unerwünschte Effekte bei systemischer Applikation bestehen in ventrikulären Rhythmusstörungen, überschießenden Blutdruckanstiegen, Hyperglykämie, Beeinträchtigung der Magen-Darm-Tätigkeit und anderen, aus **Tab. 2.1** ableitbaren Effekten. Bei bradykarden Herzrhythmusstörungen wird daher bevorzugt Atropin eingesetzt (geringere Gefahr ventrikulärer Arrhythmien). Bei Überdosierung sind vor allem Tachykardien und Tachyarrhythmien gefährlich. Antidota sind α- und β-Adrenolytika (S. 95).

Kontraindikationen Gegenanzeigen für den Einsatz von Adrenalin, Noradrenalin oder Dopamin sind Herz- und Koronarinsuffizienz (Erhöhung des Sauerstoffverbrauchs der Herzmuskulatur), Hypertonie, Tachyarrhythmien, Trächtigkeit im letzten Drittel, Glaukom (da Steigerung des intraokulären Druckes) und schwere Nierenfunktionsstörungen. Bei diabetischer Stoffwechsellage ist aufgrund der Blutzuckererhöhung (diabetogener Effekt) vor allem bei Adrenalin Vorsicht geboten. Bei narkotisierten Tieren ist an die Sensibilisierung des Herzens gegenüber der Wirkung von β-wirksamen Sympathomimetika durch halogenierte Kohlenwasserstoffe (z. B. Inhalationsnarkotika wie Isofluran und Injektionsnarkotika wie Chloralhydrat) zu denken. Eine Vorbehandlung von Tieren mit Arzneimitteln, die α-Rezeptoren blockieren (α-Adrenolytika, Neuroleptika) kann zu einer „Adrenalinumkehr" führen, d. h., durch die Blockade der α-Rezeptoren treten die β-mimetischen Wirkungen von Adrenalin in den Vordergrund und es kommt zu einem starken Blutdruckabfall (**Abb. 2.16**)

Direkt wirksame Sympathomimetika mit vorwiegender Wirkung auf α-Adrenozeptoren

Die Verbindungen dieser Gruppe wurden zum einen aus einer Veränderung der Struktur der körpereigenen Catecholamine Noradrenalin und Adrenalin entwickelt, zum anderen durch die Einführung von Imidazolinderivaten (**Abb. 2.11**). Durch Elimination der phenolischen Hydroxylgruppe in Stellung 4 im Noradrenalin entstand das α-selektive **Norfenefrin**, durch entsprechende Veränderung von Adrenalin das α-selektive **Phenylephrin** (**Abb. 2.11**). Durch Verlängerung des Substituenten an der Aminogruppe des Phenylephrins ergab sich **Etilefrin**, das bei starker α-mimetischer Wirkung auch eine erhebliche β-mimetische Wirkungskomponente aufweist. Alle drei Substanzen leiten sich also wie die körpereigenen Catecholamine von Phenylethylamin ab, sind aber aufgrund der fehlenden phenolischen Hydroxylgruppe keine Catecholamine mehr.

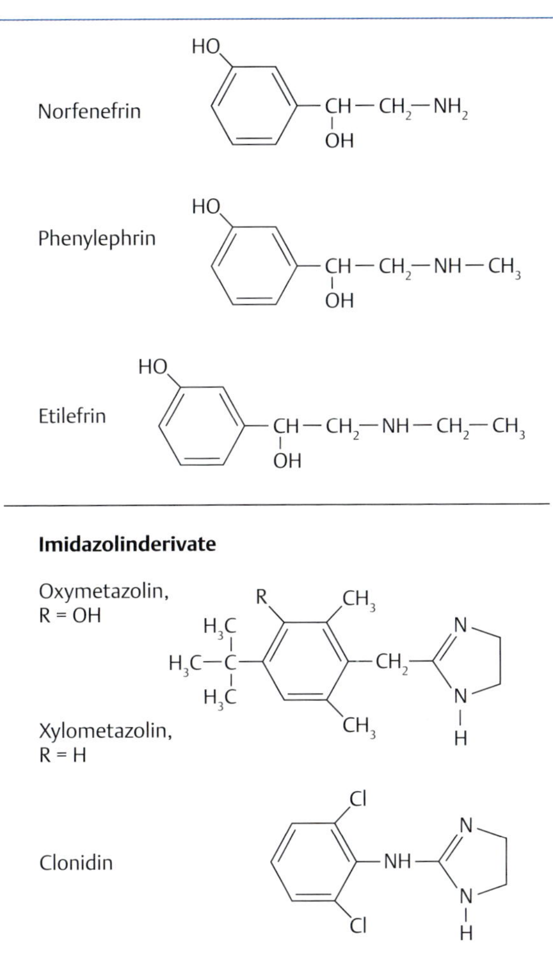

Abb. 2.11 Strukturformeln von direkt wirksamen Sympathomimetika mit vorwiegender Wirkung auf α-Adrenozeptoren.

Durch die Einführung eines Imidazolinringes gelang die Entwicklung hochpotenter und selektiver α-Sympathomimetika wie **Naphazolin**, **Tetryzolin**, **Oxymetazolin** und **Xylometazolin** (**Abb. 2.11**). Diese Substanzen werden aufgrund ihrer starken vasokonstriktorischen Wirkung humanmedizinisch ausschließlich zur lokalen Gefäßkonstriktion in Form von Nasensprays bei Rhinitis (zur Abschwellung der Schleimhäute) oder in Form von Augentropfen zur Behandlung von allergischer und unspezifischer Konjunktivitis verwendet. Auch das Imidazolinderivat **Clonidin** (**Abb. 2.11**) wurde zunächst als Schnupfenmittel verwendet; da Clonidin jedoch im Gegensatz zu anderen α-Sympathomimetika die Blut-Hirn-Schranke penetriert und durch seine Wirkung auf α_2-Rezeptoren im Vasomotorenzentrum des Stammhirns den Blutdruck senkt, wird es heute mit systemischer Applikation zur Blutdrucksenkung bei Hypertonien eingesetzt. Auch das veterinärmedizinisch als Sedativum und Analgetikum eingesetzte **Xylazin**, das Clonidin strukturell stark ähnelt, sowie die später als Sedativa/Analgetika entwickelten Substanzen **Romifidin**, **Detomidin** und **Medetomidin** sind selektive, zentral wirksame α-Sympathomimetika mit ähnlichen Wirkungen wie Clonidin (S. 106). Weiterhin finden sich Substanzen mit starker α-mimetischer Wirkung in der Gruppe der **Secale-Alkaloide** (S. 98), wie z. B. **Ergotamin**. Im Folgenden werden nur die peripher wirksamen α-Sympathomimetika besprochen; eine Besprechung der zentral wirksamen Substanzen erfolgt an anderen Stellen des Buches.

Pharmakodynamik Norfenefrin und Phenylephrin stimulieren fast ausschließlich α-Rezeptoren, sind aber schwächer wirksam als Noradrenalin oder Adrenalin. Bei systemischer Applikation kommt es aufgrund der vasokonstriktorischen Wirkung der Substanzen zu einer Erhöhung von Blutdruck und peripherem Widerstand. Die Herzfrequenz nimmt aufgrund der Blutdruckerhöhung reflektorisch ab. Eine direkte Herzwirkung durch Stimulation von β-Rezeptoren tritt erst bei sehr hohen Dosen auf. Die Wirkung von Norfenefrin und Phenylephrin hält länger an als die der körpereigenen Ausgangsstoffe. Nach oraler Gabe werden sie nur unzuverlässig resorbiert, sodass sie zur Erzielung systemischer Effekte parenteral verabreicht werden müssen. Etilefrin, das ähnlich wie Adrenalin neben einer starken α-mimetischen Wirkung auch β-Rezeptoren stimuliert, ist dagegen nach oraler Applikation zuverlässig wirksam und weist die beste Bioverfügbarkeit aller direkten Sympathomimetika auf. Die peripher wirksamen Imidazolinderivate (z. B. Oxymetazolin, Xylometazolin, Tetryzolin) sind wie Norfenefrin und Phenylefrin selektive α-Mimetika, die aufgrund ihrer sehr starken Wirkung ausschließlich lokal gegeben werden.

Indikation, Dosierung Die therapeutische Bedeutung von selektiven, peripher wirksamen α-Mimetika ist relativ gering. Norfenefrin, Phenylephrin und Etilefrin kommen bei Mensch und Tier bei hypotonen Kreislaufdysregulationen mit verminderter sympathischer Gegenregulation zum Einsatz. Norfenefrin kann bei Kreislaufzwischenfällen mit Neuroleptika verwendet werden, um die durch diese Substanzen verursachte α-Adrenolyse zu durchbrechen.

> ZUM WEITERLESEN In der Humanmedizin sind Norfenefrin und Etilefrin beim Orthostase-Syndrom wirksam. Dabei handelt es sich um eine posturale Hypotension, d. h., beim Aufrichten des Patienten kommt es durch eine nicht kompensierte Umverteilung des Blutes zur Minderdurchblutung des Gehirns.

Blutdruckwirksame Dosen von Norfenefrin beim Tier betragen 0,2–1 mg/kg s. c. oder i. m. bzw. 0,05–0,1 mg/kg i. v. Die parenteral wirksamen Dosierungen von Etilefrin liegen bei 0,05–0,1 mg/kg i. v. bzw. 0,2–1 mg/kg i. m. oder s. c. Die Wirkungsdauer von Norfenefrin und Etilefrin beträgt etwa 2–3 h nach i. m./s. c. bzw. 20–40 min nach i. v. Applikation. Phenylephrin wird heute vorwiegend nur noch lokal am Auge und zur Abschwellung der Nasenschleimhaut eingesetzt. Indikationen am Auge sind hyperämische Reizerscheinungen der Konjunktiva, abakterielle und allergische Konjunktivitiden und die Auslösung einer Mydriasis zur Untersuchung des Augenhintergrundes. In diesen Indikationen werden auch Imidazolinderivate wie Naphazolin, Tetryzolin, Oxymetazolin und Xylometazolin eingesetzt.

Nebenwirkungen, Toxizität Nach Gabe therapeutischer Dosen von Norfenefrin und Phenylephrin kommt es zu Reflexbradykardie, bei Überdosierung dagegen durch die β-Restwirkung der Substanzen zu Tachykardie und Arrhythmien. Etilefrin kann aufgrund der stärkeren β-Wirkung bereits bei therapeutischen Dosierungen zu Tachykardien und ventrikulären Rhythmusstörungen führen. Bei lokaler Anwendung von α-Sympathomimetika sind auch unerwünschte systemische Wirkungen möglich. Eine lang anhaltende Applikation von α-Sympathomimetika im Nasenraum hat möglicherweise atrophische Schleimhautschädigungen zur Folge. Bei lokaler Anwendung am Auge oder an der Nasenschleimhaut kann eine reaktive Hyperämie ausgelöst werden.

Kontraindikationen Die systemische Gabe von α-Sympathomimetika (Norfenefrin, Phenylephrin, Etilefrin) ist bei Glaukom, Hochträchtigkeit, Thyreotoxikose und primären Herzerkrankungen kontraindiziert.

Direkt wirksame Sympathomimetika mit vorwiegender Wirkung auf β-Adrenozeptoren

Prototyp der β-selektiven Sympathomimetika ist das Catecholamin Isoprenalin (Isoproterenol), dessen Kreislaufwirkungen (S. 84) bereits zusammen mit Adrenalin und Noradrenalin besprochen wurden. Isoprenalin (**Abb. 2.12**) wurde durch Vergrößerung des Substituenten an der Aminogruppe von Adrenalin entwickelt. Isoprenalin wirkt wie Adrenalin sowohl auf β_1- als auch β_2-Rezeptoren (**Tab. 2.9**), hat im Gegensatz zu Adrenalin aber praktisch keine α-Wirkungen. Durch eine Veränderung der Anordnung der phenolischen Hydroxylgruppen von Stellung 3,4 auf Stellung 3,5 entstanden die Substanzen Orciprenalin, Terbutalin und Fenoterol (**Abb. 2.12**), die stärker auf β_2- als β_1-Rezeptoren wirken (**Tab. 2.9**). Diese Substanzen sind aufgrund der strukturellen Veränderungen keine Catecholamine mehr und werden deshalb auch nicht von der COMT (z. B. in der Leber) abgebaut. Dadurch sind sie länger wirksam als Isoprenalin. Durch weitere strukturelle Veränderungen entstanden β_2-selektive Verbindungen wie Salbutamol, Formoterol, Salmeterol und Clenbuterol (**Abb. 2.12**, **Abb. 2.13**, **Tab. 2.9**). Eine herzselektive Wirkung konnte durch die Entwicklung des Dopaminderivats Dobu-

Tab. 2.9 Relative Potenz einiger β-Sympathomimetika an verschiedenen Zielgeweben [2]. Die Aktivierung der Lipolyse und die Steigerung der Herzfrequenz wurde an Geweben der Ratte, die Relaxierung der Trachea an Trachealpräparaten des Meerschweinchens in vitro mit Dosis-Wirkungs-Kurven bestimmt. Die Dosis, die jeweils eine 50 %ige Steigerung der Lipolyse auslöste, wurde als 1 gesetzt, um die relative Potenz von β_2-Rezeptor-vermittelten und β_1-Rezeptor-vermittelten Wirkungen zur lipolytischen Wirkung in Beziehung zu setzen.

Substanz	Relative Potenz (Lipolyse = 1)		
	Lipolyse	Herzfrequenz	Relaxierung der Trachea
	(β_3)	(β_1)	(β_2)
Nicht selektive β-Sympathomimetika			
Isoproterenol	1	7	4
β_2-selektive Sympathomimetika			
Fenoterol	1	5	66
Salbutamol	1	3	88

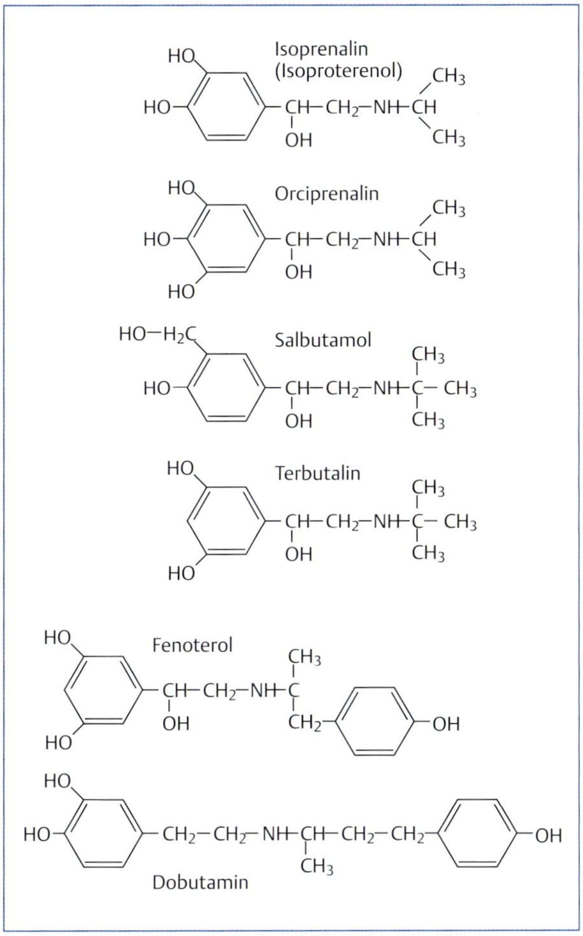

Abb. 2.12 Strukturformeln von direkt wirksamen Sympathomimetika mit vorwiegender Wirkung auf β-Adrenozeptoren. Zur Struktur von Clenbuterol, **Abb. 2.13**.

tamin (**Abb. 2.12**) erreicht werden. Die pharmazeutische Industrie versuchte außerdem, Substanzen mit selektiver Wirkung auf „atypische" (β_3) Rezeptoren des Fett- und Muskelgewebes zur Gewichtsreduktion zu entwickeln, da die Wirkung herkömmlicher β-Sympathomimetika auf β_3-Rezeptoren nicht von der Wirkung auf andere Typen von β-Rezeptoren zu trennen ist (**Tab. 2.9**). Einige Sympathomimetika (z. B. Synephrin und Norsynephrin oder Octopamin) scheinen jedoch stärker auf β_3-Rezeptoren zu wirken als auf andere β-Rezeptoren. Aufgrund der unterschiedlichen Wirkungen und Indikationen von β-Mimetika mit unterschiedlicher Selektivität für β-Rezeptorsubtypen sollen die verschiedenen Typen von β-Mimetika im Folgenden getrennt besprochen werden.

β-Sympathomimetika mit Wirkung auf β1- und β2-Rezeptoren

In diese Gruppe gehören **Isoprenalin** und **Orciprenalin** (**Abb. 2.12**).

Pharmakodynamik Isoprenalin wirkt stärker auf β_1- und β_2-Rezeptoren als Adrenalin. Die Kreislaufwirkungen (S. 84) von Isoprenalin wurden bereits zusammen mit denen von Adrenalin und Noradrenalin besprochen. Isoprenalin führt nach systemischer Applikation zu einer peripheren Vasodilatation, was einen starken Abfall des diastolischen Blutdrucks und eine Abnahme des peripheren Widerstandes bewirkt (**Abb. 2.10**). Am Herzen nehmen Kontraktionskraft, Frequenz und Minutenvolumen stark zu. Aufgrund der Vasodilatation werden Gefäßgebiete mit starker β-Innervation besser durchblutet (z. B. Skelettmuskulatur), während Gefäßgebiete mit starker α-Innervation (Niere, Mesenterialgefäße) wenig beeinflusst werden. Durch Stimulation von β_2-Rezeptoren relaxiert Isoprenalin die Bronchial- und Uterusmuskulatur. Bei Orciprenalin ist die β_2-Wirkung stärker ausgeprägt als die β_1-Wirkung; wie bei Isoprenalin sind β_2-vermittelte Organwirkungen (z. B. Bronchospasmolyse oder Uterusrelaxation) jedoch nicht ohne gleichzeitige Herzstimulation zu erreichen.

Indikationen, Dosierung Die Anwendungsgebiete für Isoprenalin und Orciprenalin sind durch die Entwicklung von β_2-selektiven Sympathomimetika stark eingeschränkt worden, da bei β_2-vermittelten Wirkungen (z. B. Bronchospasmolyse zur Asthmatherapie oder Tokolyse zur Verzögerung von Wehen) die kardiale Stimulation durch Isoprenalin und Orciprenalin unerwünscht ist. Zur Verbesserung der Nierenperfusion bei Schockzuständen ist Dopamin vorzuziehen, da Isoprenalin und Orciprenalin (und andere β-Mimetika) die Nierenperfusion kaum beeinflussen. Von therapeutischer Bedeutung sind deswegen heute nur noch die β_1-Wirkungen von Orciprenalin (Isoprenalin ist nicht mehr im Handel). Orciprenalin wird bei bradykarden Überleitungsstörungen am Herzen eingesetzt. Es verbessert die AV-Überleitung und kann damit partielle oder totale Überleitungsblocks aufheben. Orciprenalin wird aufgrund seiner herzstimulierenden (und gefäßerweiternden) Wirkung auch in der Schocktherapie verwendet. Die Dosierung von Orciprenalin beträgt bis zu 20–40 µg/kg langsam i. v.; die Wirkung von Orciprenalin kann mit Injektionen von 7–14 µg/kg i. m. oder s. c. im Abstand von 4 h aufrechterhalten werden. Einer Gabe von Einzeldosen ist die Infusion mit 0,1–0,3 µg/kg/min unter Pulskontrolle vorzuziehen. Zur Notfalltherapie bei Herzstillstand ist Orciprenalin gegebenenfalls in µg-Dosen direkt in die linke Herzkammer zu geben. Die Wirkungsdauer von Orciprenalin beträgt etwa 2 h. Bei wiederholter Gabe kommt es zur Wirkungsabnahme durch Reduktion der Empfindlichkeit der β-Rezeptoren. Zur Dauerbehandlung von bradykarden Rhythmusstörungen ist deshalb z. B. Atropin zu bevorzugen. Bei Erkrankungen der Atemwege sind β_2-selektive Sympathomimetika vorzuziehen.

Nebenwirkungen, Toxizität Die Nebenwirkungen von Isoprenalin und Orciprenalin leiten sich von der Stimulation von β-Rezeptoren ab (**Abb. 2.10**). Bei Überdosierung können tachykarde Herzarrhythmien ausgelöst werden. Antidota sind β-Adrenolytika.

Kontraindikationen Gegenanzeigen sind tachykarde Arrhythmien, Thyreotoxikose und Hypertonie. Vorsicht ist bei diabetischer Stoffwechsellage geboten. Halogenierte Kohlenwasserstoffe (z. B. Inhalationsnarkotika) sensibilisieren das Herz gegenüber der Wirkung von β_1-wirksamen Substanzen.

Sympathomimetika mit selektiver Wirkung auf das Herz

Während Isoprenalin und Orciprenalin neben ihrer β_1-Rezeptor-vermittelten, herzstimulierenden Wirkung zahlreiche β_2-Rezeptoren-vermittelte Wirkungen haben, wurde durch die Entwicklung des Dopaminderivats **Dobutamin** (Abb. 2.12) eine Substanz mit scheinbar selektiver Wirkung auf das Schlagvolumen des Herzens eingeführt.

Pharmakodynamik Dobutamin wurde zunächst für eine β_1-selektive Substanz gehalten. Inzwischen ist klar, dass die selektive Herzwirkung der Substanz durch ein Zusammenspiel unterschiedlicher Wirkungen der (+)- und (–)-Enantiomere des Dobutamins zustandekommt. (+)-Dobutamin ist ein nicht selektives β_1/β_2-Sympathomimetikum und ein potenter α_1-Antagonist, während (–)-Dobutamin nur schwach an β-Rezeptoren wirkt, aber eine starke α_1-mimetische Wirkung aufweist. Durch die Kombination der beiden Enantiomere im (±)-Dobutamin kommt es zu einer Aufhebung der α-Wirkungen. Außerdem antagonisiert die α-agonistische Wirkung des (–)-Enantiomers die β_2-mimetische Wirkung des (+)-Enantiomers. Es resultiert also eine scheinbar selektive β_1-Wirkung am Herzen. Die Wirkung am Herzen ist durch eine starke Zunahme der Kontraktionskraft und damit des Schlagvolumens charakterisiert, während die Frequenz im Gegensatz zu Adrenalin, Isoprenalin oder Orciprenalin in therapeutischen Dosierungen deutlich weniger verändert wird. Die Ursachen für diesen (therapeutisch nützlichen) Unterschied zu anderen β_1-wirksamen Substanzen sind nicht klar; möglicherweise spielen der durch Dobutamin unveränderte periphere Widerstand und eine Wirkung auf kardiale α_1-Rezeptoren eine Rolle.

Indikation, Dosierung Dobutamin wird zur Erhöhung des Schlagvolumens bei Herzversagen als Notfalltherapie eingesetzt. Aufgrund seiner extrem kurzen Wirkung (Halbwertszeit etwa 2 min) muss die Substanz infundiert werden. Die Infusionsdosen betragen 5–20 µg/kg/min beim Hund und 4–10 µg/kg/min beim Pferd; bei anderen Tierarten gibt es kaum Erfahrungen.

Nebenwirkungen, Toxizität Als unerwünschte Wirkung kann Dobutamin Blutdrucksteigerung und Arrhythmien (ektopische Extrasystolie) verursachen. Bei Überdosierung kann es zu starkem Blutdruckanstieg und Tachykardien bzw. Tachyarrhythmien kommen.

Kontraindikationen Gegenanzeigen sind tachykarde Arrhythmien.

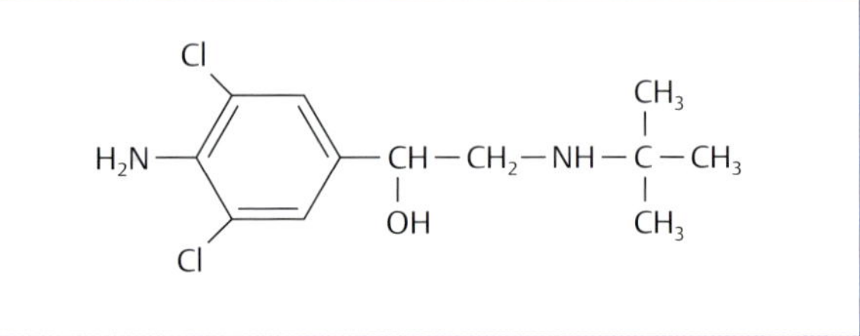

Abb. 2.13 Strukturformel des selektiven β_2-Sympathomimetikums Clenbuterol.

β_2-selektive Sympathomimetika

STECKBRIEF β_2-SELEKTIVE SYMPATHOMIMETIKA

In diese Substanzgruppe gehören **Salbutamol**, **Terbutalin**, **Fenoterol**, **Formoterol**, **Salmeterol** und **Clenbuterol** (Abb. 2.12, Abb. 2.13). Nach ihren Hauptanwendungsgebieten werden Vertreter dieser Gruppe häufig als **Bronchospasmolytika** (bzw. **Broncholytika**) und **Tokolytika** bezeichnet, wobei die Grenzen zwischen beiden Gruppen fließend sind, d. h., jeder Vertreter der Gruppe wirkt sowohl broncho- als auch tokolytisch.

Pharmakodynamik In therapeutischen Dosierungen wirken die Vertreter der Gruppe selektiv auf β_2-Rezeptoren mit nur minimaler β_1-Restwirkung (Tab. 2.9). Erst bei erheblicher Dosissteigerung können auch β_1-Wirkungen auftreten. Trotz dieser Selektivität kann es zu unerwünschten Herzwirkungen kommen, da

- die durch β_2-Sympathomimetika ausgelöste Vasodilatation zu einer reflektorischen Aktivierung des Herzens führen kann und
- β_2-Sympathomimetika durch eine Stimulation **präsynaptischer** β_2-Rezeptoren zu einer Freisetzung von Noradrenalin führen können (Tab. 2.1).

Im Vordergrund des therapeutischen Interesses stehen die bronchospasmolytische und uterusrelaxierende Wirkung der β_2-Sympathomimetika. Daneben eignen sich β_2-selektive Sympathomimetika aufgrund ihrer vasodilatatorischen Wirkung zur Behandlung von peripheren Durchblutungsstörungen. Alle weiteren pharmakodynamischen Wirkungen lassen sich aus Tab. 2.1 ableiten.

Beim Tier sind lange Zeit vor allem die Stoffwechselwirkungen der β_2-Sympathomimetika von wissenschaftlichem Interesse gewesen, da β_2-Sympathomimetika im Gegensatz zu den bisher besprochenen Sympathomimetika nach oraler Applikation gut wirksam sind und ihre Wirkungsdauer im Allgemeinen lang ist, sodass durch Verabreichung mit dem Futter das Wachstum von Tieren (Schwein, Kalb, Schaf, Geflügel) beeinflusst werden kann. Unter der Wirkung der Stoffe kommt es zu einer Verbesserung der Futterverwertung, einer Zunahme des Wachstums (speziesabhängig), einer Erhöhung des Muskelansatzes und einer Verminderung des Fettansatzes durch Lipolyse, sodass das Muskel/Fett-Verhältnis steigt. Die Ursache für diese Effekte ist eine Umverteilung (repartitioning) der Nährstoffverwertung vom Fett- zum Muskelgewebe, da β-Sympathomimetika die Fettsäurenbildung hemmen und die Lipolyse fördern, woran auch ein Effekt auf β_3-Rezeptoren beteiligt ist (**Tab. 2.9**). Außerdem scheinen β-Mimetika den Abbau von Muskelprotein zu hemmen und die Proteinsynthese zu steigern. Dabei kommt es im Muskel vor allem zu einer Hypertrophie von Typ-II-Fasern (d. h. schneller, weißer Fasern). Die Kontraktionsrate der schnellen weißen Fasern wird erhöht (die der roten, langsamen Fasern erniedrigt), sodass es zu Tremor und vermehrter Wärmebildung im Bereich der Skelettmuskulatur kommt. An diesen Wirkungen scheint, wie bereits angesprochen, eine Freisetzung von Insulin und Wachstumshormon beteiligt zu sein, wobei es allerdings Unterschiede zwischen akuten und chronischen Effekten von β-Sympathomimetika gibt. Auch Glucocorticoide und die durch β_2-Sympathomimetika erhöhte Durchblutung der Skelettmuskulatur sind im Zusammenhang mit den ernährungsphysiologischen Wirkungen von Bedeutung. Die Nachteile des Einsatzes von β_2-Sympathomimetika zur Steigerung der Mastleistung von Jungtieren sind allerdings erheblich:

- Da sich die ernährungsphysiologischen nicht von den pharmakologischen Effekten trennen lassen, kann es zu erheblichen Auswirkungen auf den Kreislauf (vor allem Tachykardien) beim Tier kommen, insbesondere wenn die Substanzen in hohen (übertherapeutischen) Dosen verabreicht werden; allerdings treten derartige Effekte vor allem initial auf und lassen während einer Dauerverabreichung infolge von funktioneller Toleranz nach.
- Die Verbesserung des Fleisch/Fett-Verhältnisses hält nur solange an, wie das β_2-Sympathomimetikum verabreicht wird; nach Absetzen der Behandlung kommt es zu einem kompensatorischen Fettwachstum und damit zu einer Aufhebung der Wirkung des β_2-Mimetikums.
- Aufgrund des kompensatorischen Fettwachstums nach Absetzen der Behandlung müssten β-Mimetika bis unmittelbar vor Schlachtung der Tiere verabreicht werden, was aufgrund von Rückständen in den Geweben und der damit verbundenen Verbrauchergefährdung problematisch ist.
- Durch die Veränderung der Muskelzusammensetzung (Hypertrophie der Typ-II-Fasern, Reduktion des intramuskulären Fettgehaltes) kommt es u. U. auch zu geschmacklichen Veränderungen des Fleisches und damit zu einer Verschlechterung der Fleischqualität.

Trotz derartiger Einwände sind β_2-Sympathomimetika (z. B. Clenbuterol) in großem Umfang illegal zur Steigerung der Mastleistung vor allem in Kälberbeständen eingesetzt worden. Da hierbei häufig sehr hohe Dosen mit dem Futter verabreicht wurden, kam es zu Todesfällen bei Kälbern, wahrscheinlich infolge der erheblichen initialen Kreislaufeffekte. Weiterhin hatte der illegale Einsatz von Clenbuterol in der Kälbermast wiederholt Lebensmittelvergiftungen beim Menschen zur Folge! So traten zum Beispiel in Spanien nach dem Genuss von Kälberleber bei insgesamt 135 Menschen Symptome wie Tachykardie, Muskelzittern und Muskelschmerzen auf. Die Beschwerden betrafen meist ganze Familien und hielten durchschnittlich 40 h an. Bei den Patienten wurde kurz nach Beginn der Beschwerden Clenbuterol im Urin sowie in Resten der Mahlzeit nachgewiesen (Lancet 1990; 336: 1311).

CAVE

Der illegale Einsatz β_2-wirksamer Stoffe wie Clenbuterol und die damit verbundenen Risiken für Tier und Mensch führten dazu, dass innerhalb der EU β-Sympathomimetika („β-Agonisten") mit anaboler Wirkung seit 1997 bei Lebensmittel liefernden Tieren für alle Anwendungsgebiete verboten sind, ausgenommen zur Induktion der Tokolyse bei Rindern und Equiden sowie zur Behandlung von Atemstörungen, Hufrollenerkrankung und Hufrehe bei Equiden.

Indikation, Dosierung Wie bereits angesprochen, werden β_2-selektive Sympathomimetika therapeutisch vor allem als Bronchospasmolytika, Tokolytika und zur Behandlung peripherer Durchblutungsstörungen eingesetzt (Einschränkungen bei Lebensmittel liefernden Tieren).

Im Prinzip können alle β_2-selektiven Sympathomimetika zur **Bronchospamolyse** verwendet werden. Humanmedizinisch sind hierfür folgende Substanzen im Handel: **Terbutalin**, **Fenoterol**, **Clenbuterol** und **Salbutamol** (**Abb. 2.12**, **Abb. 2.13**).

ZUM WEITERLESEN Humanmedizinisch wird bei allen Bronchospasmolytika die lokale Applikation durch Inhalation (Dosieraerosol) der systemischen Gabe vorgezogen, weil auf diese Weise die Stärke der systemischen Nebenwirkungen verringert werden kann; ferner bietet die Inhalation den Vorteil des schnelleren Wirkungseintritts. Beim Tier spielt diese Applikationsform aber bisher eine untergeordnete Rolle.

Das einzige Bronchospasmolytikum, das auch als Tierarzneimittel (für Pferde) im Handel ist, ist **Clenbuterol** (**Abb. 2.13**). Anwendungsgebiete sind vorwiegend chronische Erkrankungen der Atemwege mit Bronchospasmen (unterstützend zu anderen Behandlungsmaßnahmen) wie z. B. die chronic obstructive pulmonary disease (COPD). Beim Pferd sind gute Behandlungsergebnisse auch bei akuter Bronchitis beschrieben worden. Die Dosierung von Clenbuterol beträgt 0,8 µg/kg 2-mal täglich i. v. beim Pferd. In den gleichen Dosen kann Clenbuterol auch oral verabreicht werden, da es fast vollständig vom Magen-Darm-Trakt resorbiert wird. Die Wirkungsdauer von Clenbuterol beim Pferd ist lang; die Halbwertszeit liegt bei etwa 20 h.

Zur **Tokolyse**, d. h. zur Erschlaffung des graviden Uterus und damit zur Hemmung von Wehen, können prinzipiell alle β_2-selektiven Sympathomimetika eingesetzt werden. Die gebräuchlichsten Tokolytika sind jedoch **Clenbuterol** und humanmedizinisch **Fenoterol**.

Clenbuterol ist als Tokolytikum zur Anwendung beim Rind im Handel und wird zur Verhinderung einer Frühgeburt, zur Verschiebung des Geburtstermins („Geburtsverzögerung") und zur Erweiterung der Geburtswege in Dosen von bis zu 0,8 µg/kg i. m. oder langsam i. v. verabreicht, u. U. wird die Applikation nach 24 h wiederholt.

Nebenwirkungen, Toxizität Bei der Anwendung von β_2-selektiven Sympathomimetika als Bronchospasmolytika, Tokolytika und Vasodilatatoren ist die kardiale Stimulation die wichtigste unerwünschte Begleitwirkung. Wie bereits angesprochen, wird die Tachykardie sowohl indirekt (reflektorisch durch die Vasodilatation) als auch direkt (durch

Freisetzung von Noradrenalin über eine Stimulation präsynaptischer β_2-Rezeptoren) verursacht. Bei hohen Dosen kann außerdem die β_1-Restwirkung der Substanzen eine Rolle spielen. Aufgrund der direkten und indirekten Effekte am Herzen können Tachykardien, Angina-pectoris-Anfälle und Arrhythmien (infolge heterotoper Erregungsbildung) auftreten.

Wechselwirkungen Bei Kombination mit anderen Sympathomimetika bzw. gefäßerweiternden Mitteln kommt es zu additiven Wirkungen. Die Wirkung von Methylxanthinen (z. B. Aminophyllin), Herzglykosiden und Pimobendan wird verstärkt, Wehenmittel werden in ihrer Wirkung abgeschwächt. Halogenhaltige Narkotika verstärken die Herzwirkungen β_2-selektiver Sympathomimetika.

Kontraindikationen Aufgrund ihrer Nebenwirkungen sind β_2-Mimetika kontraindiziert bei Koronarinsuffizienz, Arteriosklerose, Bluthochdruck, Tachyarrhythmien und Thyreotoxikose. Bei einigen Spezies (Hund, Schwein, Pferd) sind nach Verabreichung therapeutischer Dosen von Clenbuterol Herznekrosen beobachtet worden! Unter der Behandlung mit β_2-Mimetika kann es zu Muskeltremor und Schweißausbruch kommen. Bei Überdosierung werden alle beschriebenen Nebenwirkungen verstärkt, wobei die Tachyarrhythmien lebensbedrohlich werden können (siehe Todesfälle in Kälberbeständen nach illegalem Einsatz von Clenbuterol!). Bei Kombination mit Glucocorticoiden kann es zu einer Wirkungsverstärkung, aber auch zu vermehrten Nebenwirkungen (bei Pferden Müdigkeit, Konditionsschwäche, Kreislaufdepression) kommen.

Indirekt wirksame Sympathomimetika

STECKBRIEF INDIREKT WIRKSAME SYMPATHOMIMETIKA

Die Stoffe dieser Gruppe führen zu einer erhöhten Freisetzung von Noradrenalin aus noradrenergen Varikositäten und hemmen gleichzeitig die Wiederaufnahme von Noradrenalin aus dem synaptischen Spalt (**Abb. 2.3**). Dadurch wird die Wirkung von Noradrenalin verstärkt (höhere Konzentration im synaptischen Spalt) und verlängert. Die Hemmung der Wiederaufnahme von Noradrenalin resultiert aus einer Konkurrenz am Transportmechanismus; indirekte Sympathomimetika verdrängen Noradrenalin vom Transportcarrier und werden in die Varikosität transportiert, wo sie bzw. ihre Metaboliten in die Speichervesikel aufgenommen werden. Bei wiederholter Verabreichung indirekter Sympathomimetika nimmt ihre Wirkung ab (Tachyphylaxie), da die Speichervesikel der Varikositäten an Noradrenalin verarmen. Die Freisetzung von Noradrenalin und Adrenalin aus dem Nebennierenmark wird durch indirekte Sympathomimetika nicht beeinflusst.

Zu unterscheiden sind Substanzen mit rein indirekter Wirkung (z. B. Phenylethylamin und Tyramin) und Substanzen, die neben der indirekten Wirkung auch direkte Wirkungen auf Adrenozeptoren ausüben (z. B. Ephedrin). Im Gegensatz zu den bisher besprochenen Sympathomimetika, die aufgrund ihrer phenolischen Hydroxylgruppen nur in geringem Umfang die Blut-Hirn-Schranke penetrieren und deshalb überwiegend rein periphere Wirkungen haben, gehen Ephedrin und Amphetamin (**Abb. 2.14**) bzw. Amphetaminderivate aufgrund des Fehlens phenolischer Hydroxylgruppen bei systemischer Applikation in das ZNS über und führen zu ausgeprägten zentralen Effekten. Dabei ist ihre Wirkung jedoch nicht auf Noradrenalin beschränkt, sondern umfasst auch Veränderungen der Freisetzung und Wiederaufnahme anderer Catecholamine (v. a. Dopamin). In diesem Zusammenhang könnte auch das Lokalanästhetikum Cocain (S. 185) als indirektes Sympathomimetikum aufgefasst werden, da es wie Amphetamin die Wiederaufnahme von Noradrenalin und Dopamin in Peripherie und ZNS hemmt. Auch einige trizyklische Antidepressiva (z. B. Imipramin) hemmen die Wiederaufnahme von Noradrenalin an zentralen noradrenergen Neuronen, was zur Erklärung der antidepressiven Wirkung herangezogen wird.

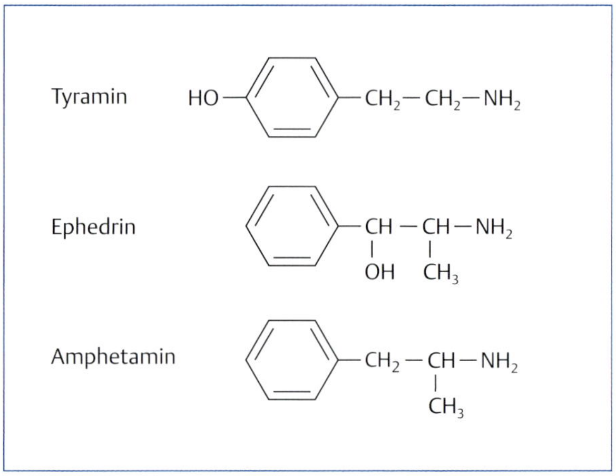

Tyramin: HO–C_6H_4–CH_2–CH_2–NH_2

Ephedrin: C_6H_5–CH(OH)–CH(CH_3)–NH_2

Amphetamin: C_6H_5–CH_2–CH(CH_3)–NH_2

Abb. 2.14 Strukturformeln vorwiegend indirekt wirksamer Sympathomimetika.

Pharmakodynamik Indirekte Sympathomimetika leiten sich wie nahezu alle Sympathomimetika vom Phenylethylamin ab (**Abb. 2.9**). Phenylethylamin hat keine Affinität zu Adrenozeptoren, verdrängt aber bereits Noradrenalin aus seinen Speichern in Varikositäten. Die indirekte sympathomimetische Wirkung wird durch Substitution mit einer phenolischen Hydroxylgruppe verstärkt (Tyramin, **Abb. 2.14**). Tyramin ist aufgrund der phenolischen Hydroxylgruppe überwiegend peripher wirksam und wird vorwiegend experimentell als indirektes Sympathomimetikum verwendet. Seine Wirkung, die qualitativ der von Noradrenalin entspricht, hält nur kurz an. Medizinisch wurde Tyramin früher vor allem als kurz wirksames Mydriatikum benutzt.

ZUM WEITERLESEN Tyramin kommt in Nahrungsmitteln, z. B. Käse, Hering, Hühnerleber, Bier, Rotwein und Kaffee vor. Aufgrund des hohen Tyramingehaltes einiger Nahrungsmittel (v. a. Käse) kann die Verabreichung von MAO-Hemmstoffen (S. 94) durch Abbauhemmung des mit der Nahrung aufgenommenen Tyramins einen ausgeprägten und lang anhaltenden Blutdruckanstieg verursachen.

Ephedrin ist der Hauptwirkstoff aus dem Meerträubelgewächs *Ephedra vulgaris*. Durch das Fehlen phenolischer Hydroxylgruppen (**Abb. 2.14**) passiert die Substanz die Blut-Hirn-Schranke und führt (vor allem bei Überdosierung) zu zentralen Erregungserscheinungen. Aufgrund der Hydroxylgruppe in β-Stellung und des Substituenten an der Aminogruppe hat Ephedrin neben indirekten sympathomimetischen Wirkungen direkte Wirkungen (z. B. auf β_2-Rezeptoren), sodass die Kreislaufwirkungen von Ephedrin denen von Adrenalin ähneln. Durch die Substitution in α-Stellung wirkt Ephedrin jedoch wesentlich länger als Adrenalin, da es nur langsam durch die MAO abgebaut wird. Ephedrin führt durch seine β_2-Wirkungskomponente zu einer ausgeprägten bronchospasmolytischen Wirkung. Durch Erregung des Atemzentrums im Stammhirn wird die Atmung angeregt.

Die zentrale Wirkungskomponente des Ephedrins wurde durch Entwicklung von **Amphetamin** und seinen Derivaten erheblich verstärkt. Amphetamin ist ein rein indirekt wirkendes Sympathomimetikum, das außerdem die MAO hemmt und deshalb die mit Abstand längste Wirkung aller Sympathomimetika aufweist. Peripher wird aufgrund des indirekten sympathomimetischen Effekts in therapeutischen Dosierungen der Blutdruck stark erhöht, die Herzfrequenz sinkt meist reflektorisch ab. Aufgrund der starken zentral stimulierenden Wirkung werden Amphetaminderivate häufig als „**Weckamine**" bezeichnet. Pharmakologisch könnte man sie den **zentralen Analeptika** zuordnen, wobei die zentral erregende Wirkung vor allem auf die Freisetzung von Dopamin zurückzuführen ist. Im Gegensatz zu zentralen Analeptika steht aber bei Amphetaminderivaten der periphere Kreislaufeffekt eindeutig im Vordergrund. Eine eigentliche Weckwirkung, die nach der deutschen Bezeichnung „Weckamine" erwartet werden könnte, lässt sich allenfalls bei flachen Narkosen oder gegenüber der sedativen Wirkung von Hypnotika nachweisen; in tiefer Narkose oder bei Narkosezwischenfällen reicht die Weckwirkung nicht. Beim Menschen führen Amphetaminderivate zu einer starken psychomotorischen Stimulation; bei wiederholter Anwendung kommt es zu Toleranz und Abhängigkeit. Wichtigste Vertreter der Gruppe sind neben Amphetamin **Phenmetrazin**, **Methylphenidat** und **Fenetyllin**.

CAVE

Aufgrund der Suchtpotenz unterliegen Amphetamin und seine Derivate der Betäubungsmittelgesetzgebung.

Die zentrale Wirkung der Weckamine betrifft überwiegend den Kortex, während das im Stammhirn gelegene Atemzentrum nur schwach erregt wird. Das ebenfalls im Stammhirn lokalisierte Kreislaufzentrum wird in therapeutischen Dosen kaum beeinflusst; in hohen, übertherapeutischen Dosen kommt es jedoch durch die Noradrenalinfreisetzung im Kreislaufzentrum über die Stimulation postsynaptischer α_2-Rezeptoren zu einer zentral ausgelösten Senkung des Sympathikustonus und damit zu einem Blutdruckabfall (S. 104). Eine weitere zentrale Wirkung der Amphetaminderivate ist die Unterdrückung des Hungergefühls („appetitzügelnder Effekt"). Einige Amphetaminabkömmlinge mit geringem Suchtpotenzial (z. B. β-Hydroxyamphetamin = Phenylpropanolamin) werden deshalb in der Behandlung der Adipositas eingesetzt. Durch die auch bei Amphetaminderivaten bei Dauerbehandlung rasch auftretende Tachyphylaxie lässt sich eine antiadipöse Wirkung jedoch allenfalls vorübergehend erreichen. Aufgrund ihrer psychomotorisch stimulierenden Wirkung werden Amphetaminderivate bei Tier und Mensch missbräuchlich zum Doping verwendet.

Pharmakokinetik Wegen des Fehlens von Hydroxylgruppen weisen Amphetaminderivate von allen Sympathomimetika die besten Voraussetzungen für eine gute enterale Resorption und Hirngängigkeit sowie für hohe Bioverfügbarkeit auf, da sie sehr lipophil und keine Substrate für MAO oder COMT sind. Dadurch haben Amphetaminderivate eine lange Wirkungsdauer, die lediglich durch die Geschwindigkeit der renalen Elimination begrenzt wird. Ähnliches gilt für Ephedrin.

Indikation, Dosierung Ephedrin kann bei Bronchialerkrankungen, Kreislaufschwäche, Kollaps und AV-Block in Dosierungen um 1 mg/kg p. o. (2–3-mal täglich) eingesetzt werden, spielt aber im Gegensatz zur Veterinärmedizin humanmedizinisch keine Rolle mehr, wo vor allem das strukturverwandte **Pseudoephedrin** eingesetzt wird. Bei Bronchialerkrankungen sind β_2-selektive Sympathomimetika vorzuziehen. Als Monosubstanz ist Ephedrin zur Behandlung von neurohormonal bedingten Dysfunktionen der Blasenverschlussmechanismen, insbesondere Incontinentia urinae nach Kastration der Hündin, zugelassen. Für diese Indikation ist auch das indirekt wirkende Sympathomimetikum **Phenylpropanolamin** im Handel. In der Humanmedizin wird Ephedrin (bzw. Pseudoephedrin) lokal zur Abschwellung der Nasenschleimhaut bei Rhinitis verwendet. Amphetaminderivate spielen aufgrund ihrer Suchtpotenz keine therapeutische Rolle mehr. Vertretbar ist die Anwendung dieser Gruppe beim Tier nur zur Blutdruckstabilisierung bei operativen Eingriffen (vor allem unter hohen Rückenmarkanästhesien) bei kreislauflabilen Tieren. Hierbei haben sie gegenüber anderen Kreislaufmitteln den Vorteil der langen Wirkung. Die Dosierung für diese Indikation beträgt 0,1–0,3 mg/kg Amphetamin i. v. Die Wirkungsdauer ist tierartlich unterschiedlich. Halbwertszeiten von Amphetamin sind 2 (Pferd), 4,5 (Hund) und 6,5 (Katze) h. Die analeptische Wirkung von Ephedrin oder Amphetamin ist für medizinische Indikationen (z. B. Narkosezwischenfälle) nicht ausreichend. Hier sind andere, nicht der Betäubungsmittelgesetzgebung unterliegende zentral erregende Stoffe wie z. B. Doxapram (S. 175) vorzuziehen. Eine Anwendung von Amphetamin-Derivaten als Appetitzügler bei Kleintieren ist abzulehnen, ihre Verwendung zum Doping (z. B. bei Pferden) ein Verstoß gegen die Betäubungsmittelgesetzgebung! Humanmedizinisch werden sie bei Narkolepsie (eine Hirnerkrankung mit anfallsweisem Auftreten von Schlafzuständen) und präpubertären Verhaltensstörungen (Aufmerksamkeits-Defizit-Syndrom bei Kindern und Jugendlichen) eingesetzt. Narkolepsie kommt gelegentlich auch beim Hund vor.

Nebenwirkungen, Toxizität Ephedrin kann in therapeutischen Dosierungen zu Tachykardie, ventrikulären Rhythmusstörungen und zentraler Erregung (dadurch z. B. Tremor) führen. Bei Überdosierung kommt es zur Verstärkung dieser Symptome. Die Nebenwirkungen von Amphetamin sind durch eine stärker zentral erregende Wirkung charakterisiert. Bei Überdosierung kann durch Senkung des Sympathikustonus ein Blutdruckabfall auftreten. Hauptnachteil der Amphetaminderivate ist ihre Suchtpotenz.

Hemmstoffe der metabolischen Inaktivierung von Noradrenalin und anderen biogenen Aminen

STECKBRIEF HEMMSTOFFE DER MAO UND COMT

Pharmaka, die die Inaktivierung von Noradrenalin und Adrenalin hemmen, führen zu einer Erhöhung ihrer Konzentration an Adrenozeptoren und damit zu einer Verstärkung der sympathomimetischen Wirkung am Erfolgsorgan. Die Konsequenz ist also eine indirekte sympathomimetische Wirkung. Da Hemmstoffe der MAO bzw. COMT jedoch nicht nur den Abbau von Noradrenalin und Adenalin blockieren, ordnet man diese Substanzen nicht den indirekten Sympathomimetika zu.

Hemmstoffe der Monoaminoxidase (MAO)

Die Monoaminoxidase (MAO) bewirkt physiologisch die oxidative Desaminierung biogener Amine wie Noradrenalin, Adrenalin, Dopamin und 5-Hydroxytryptamin (Serotonin). Die Blockierung dieses Enzyms führt zu einem Anstieg der synaptischen Konzentration dieser als Transmitter wirkenden Monoamine in Peripherie und Gehirn. Es werden zwei Isoenzyme (A und B) unterschieden, die sich durch eine gewisse Substratspezifität, besonders aber durch eine hohe Hemmstoffspezifität und unterschiedliche Lokalisation auszeichnen. So findet sich in catecholaminergen Neuronen ausschließlich MAO-A, während in nicht neuronalen Zellen (z. B. den Astrozyten) die MAO-B überwiegt. MAO-A kommt ferner in der Dünndarmwand und der Plazenta, MAO-B in der Leber und den Blutplättchen in hohen Aktivitäten vor. Die früher als MAO-Hemmstoffe in der Psychiatrie zur Behandlung von Depressionen gebräuchlichen Hydrazinderivate (z. B. **Iproniazid**, Abb. 2.15) wirkten unspezifisch. Durch irreversible Hemmung der MAO-A und -B im Gehirn und im Intestinaltrakt bei gleichzeitig erhöhter Bioverfügbarkeit von Tyramin aus aminreicher Nahrung (z. B. Käse) kam es durch dessen verminderten metabolischen Abbau im Organismus zu einer extrem gesteigerten indirekt sympathomimetischen Wirkung dieses Stoffes und ähnlicher Amine. Die dadurch ausgelösten, gefürchteten hypertonen Krisen (cheese effect) unter MAO-Hemmstoffen haben mit dazu beigetragen, auf diese Verbindungen bei der Therapie von Depressionen zu verzichten. Mit der Entwicklung des Amphetaminderivats **Tranylcypromin** (Abb. 2.15) gelang es, die MAO-Hemmung relativ selektiv auf die MAO-A zu beschränken; wiederum

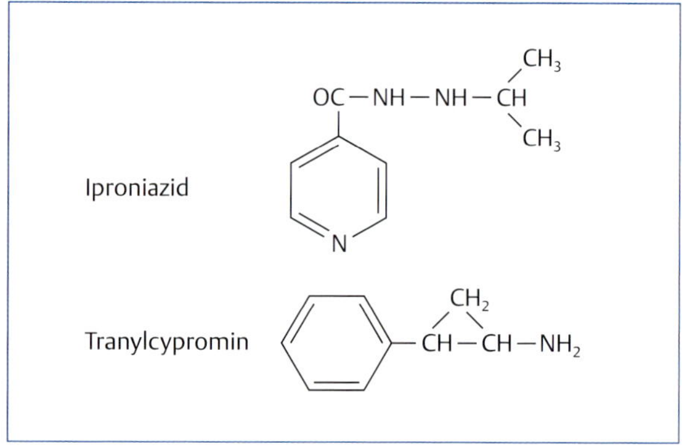

Abb. 2.15 Strukturformeln von Hemmstoffen der Monoaminoxidase (MAO).

kam es aber aufgrund der irreversiblen und damit lang anhaltenden und schwer steuerbaren Enzymhemmung zu Problemen mit aminreicher Nahrung. Wird dagegen durch entsprechende Diät auf aminreiche Nahrung verzichtet, wirken MAO-Hemmstoffe blutdrucksenkend. Tranylcypromin führt ähnlich wie Amphetamin neben der MAO-Hemmung auch zu einer Hemmung der Monoaminwiederaufnahme und erhöht die Transmitterfreisetzung. Aufgrund der häufigen und zum Teil ernsthaften Nebenwirkungen sind MAO-Hemmer in der Behandlung von Depressionen heute weitgehend durch andere Antidepressiva (trizyklische Antidepressiva, Lithium) verdrängt worden. Eine relativ neue Gruppe von MAO-Hemmstoffen, die selektiv wirksamen MAO-B-Hemmer, scheinen aber in Kombination mit L-DOPA zur Behandlung des Morbus Parkinson geeignet zu sein. Prototyp der MAO-B-Hemmer ist **L-Deprenyl** (Selegilin). Durch Kombination mit Deprenyl kann die Dosis von L-DOPA in der Parkinson-Therapie gesenkt und können die Intervalle zwischen den Dosierungen verlängert werden. Im Gegensatz zu den klassischen MAO-Hemmstoffen führt Deprenyl nicht zu Problemen in Kombination mit tyraminhaltiger Nahrung. In hohen Dosen hat Deprenyl eine antidepressive Wirkung und wird deshalb seit einigen Jahren zur Behandlung von Verhaltensstörungen bei Hunden eingesetzt. Eine relativ neue Gruppe von MAO-Hemmstoffen sind reversible Inhibitoren der MAO-A wie Moclobemid, die als Antidepressiva humanmedizinisch eingesetzt werden.

Hemmstoffe der Catechol-O-Methyltransferase (COMT)

Die COMT inaktiviert die Catecholamine Noradrenalin, Adrenalin und Dopamin durch Methylierung des Phenylringes. Neue selektive COMT-Hemmstoffe wie **Entacapon** werden in Verbindung mit L-DOPA zur Parkinson-Therapie eingesetzt.

2.3.2 Adrenolytika

STECKBRIEF ADRENOLYTIKA

Substanzen, die zu einer Blockierung von α- oder β-Adrenozeptoren führen, werden als Adrenolytika oder Adrenozeptorenblocker bezeichnet. Adrenolytika blockieren selektiv entweder α-Rezeptoren (α-Adrenolytika) oder β-Rezeptoren (β-Adrenolytika). Daneben gibt es Mischtypen (z. B. Carvedilol), die sowohl α- als auch β-Rezeptoren blockieren. Neben der Bezeichnung α- bzw. β-Adrenolytika wird häufig auch die Bezeichnung **α- bzw. β-Blocker** verwendet. Adrenolytika hemmen zum einen die Wirkung der körpereigenen α- und β-Sympathomimetika (Noradrenalin, Adrenalin, Dopamin), zum anderen die Wirkung von exogen zugeführten Sympathomimetika. Die Wirkungen von Adrenolytika auf Organfunktionen hängen davon ab, welcher Rezeptortyp am Organ überwiegt bzw. welches Sympathomimetikum antagonisiert wird.

Inwieweit die Wirkung der Adrenolytika von dem am jeweiligen Organ vorherrschenden Rezeptortyp abhängt, lässt sich gut am Beispiel der sog. Adrenalinumkehr demonstrieren (**Abb. 2.16**). Die i. v. Injektion von Adrenalin verursacht aufgrund des Überwiegens der durch α-Rezeptoren vermittelten Vasokonstriktion in der Summe aller Gefäßgebiete einen kurzfristigen Blutdruckanstieg. Nach Blockade von α-Rezeptoren mit z. B. Phentolamin bleibt innerhalb des arteriellen Systems die Wirkung von Adrenalin auf dilatatorische $β_2$-Rezeptoren beschränkt, und es kommt zur Blutdrucksenkung. Eine derartige Umkehr der Wirkung durch α-Blockade gibt es bei Noradrenalin nicht, da dafür die $β_2$-stimulierende Wirkung von Noradrenalin zu schwach ist (**Abb. 2.16**). Die durch β-Rezeptoren vermittelten Wirkungen von Adrenalin und Noradrenalin am Herzen werden durch ein α-Adrenolytikum nicht beeinflusst, dagegen durch Vorbehandlung mit einem β-Adrenolytikum verhindert (**Abb. 2.16**). Die Verabreichung eines β-Adrenolytikums (z. B. Propranolol) hat keinen Einfluss auf die pressorische Wirkung von Noradrenalin und Adrenalin (die pressorische Wirkung von Adrenalin wird leicht verstärkt), hebt aber die blutdrucksenkende Wirkung von β-Sympathomimetika (z. B. Isoprenalin) auf (**Abb. 2.16**). Weiterhin werden die Herzwirkungen von Sympathomimetika durch β-Adrenolytika antagonisiert.

Bei der Wirkung von α- und β-Adrenolytika ist zu beachten, dass die Substanzen eine unterschiedliche Selektivität zu verschiedenen α- und β-Rezeptorsubtypen haben. Im Beispiel der **Abb. 2.16** wurden nicht selektive Substanzen gewählt, die $α_1$- und $α_2$-Rezeptoren (Phentolamin) bzw. $β_1$- und $β_2$-Rezeptoren (Propranolol) blockieren. Daneben gibt es unter den α-Adrenolytika Substanzen mit selektiver Wirkung auf $α_1$- (z. B. Prazosin) oder $α_2$-Rezeptoren (z. B. Yohimbin, Atipamezol) und unter den β-Adrenolytika Substanzen mit sog. kardioselektiver (d. h. $β_1$-selektiver) Wirkung (z. B. Atenolol). Ein β-Adrenolytikum mit Präferenz für $β_2$-Rezeptoren steht dagegen für die klinische Anwendung bisher nicht zur Verfügung und dürfte aufgrund des heutigen Kenntnisstandes auch ohne therapeutisches Interesse sein.

Neben Substanzen mit blockierender Wirkung auf α- oder β-Rezeptoren gibt es sogenannte **Hybridblocker** wie **Carvedilol**, die α- und β-antagonistische Eigenschaften vereinen (**Abb. 2.19**).

α-Adrenolytika

STECKBRIEF α-ADRENOLYTIKA 

α-Adrenolytika, die aufgrund ihrer peripheren Kreislaufwirkungen klinisch eingesetzt werden, lassen sich in zwei Gruppen unterteilen:

- **Haloalkylamine** wie **Phenoxybenzamin** (Abb. 2.17)
- $α_1$-selektive Adrenolytika wie **Prazosin**, **Doxazosin**, **Tamsulosin** und **Urapidil** (Abb. 2.17)

Phenoxybenzamin ist ein **irreversibler Blocker** an $α_1$- und, in geringerem Maße, $α_2$-Rezeptoren. Die irreversible Blockade beruht auf einer Alkylierung des α-Rezeptors. $α_1$-selektive Adrenolytika wie Prazosin, Doxazosin, Tamsulosin und Urapidil sind kompetitive Antagonisten. Phenoxybenzamin blockiert nicht nur postsynaptische, sondern auch präsynaptische α-Rezeptoren, sodass die Freisetzung von Noradrenalin aus Varikositäten steigt, da normalerweise Noradrenalin durch Stimulation präsynaptischer α-Rezeptoren seine eigene Freisetzung reduziert (**Abb. 2.3**). Bei Prazosin und anderen $α_1$-selektiven Adrenolytika fehlt diese Wirkung auf präsynaptische α-Rezeptoren, sodass es im Gegensatz zu anderen α-Adrenolytika unter diesen Stoffen zu keiner Erhöhung der Herzfrequenz durch vermehrte Freisetzung von Noradrenalin kommt. Dies erklärt, dass die Vertreter der Gruppe 2 ($α_1$-selektive Adrenolytika) die Gruppe 1 klinisch verdrängt haben.

Der am längsten bekannte α-Rezeptorenblocker ist das Mutterkornalkaloid **Ergotamin**. Da Ergotamin und die aus Ergotamin durch Strukturänderungen entstandenen Verbindungen (z. B. Dihydroergotamin) aber keine „neutralen" α-Rezeptorantagonisten, sondern partielle Agonisten am α-Rezeptor sind, sollen diese Substanzen gesondert besprochen werden.

Eine ebenfalls sehr lange bekannte Substanz mit α-adrenolytischer Wirkung ist **Yohimbin** (**Abb. 2.17**), ein Alkaloid aus der Borke von *Pausinystalia yohimbe*, das auch in der Wurzel von *Rauwolfia* gefunden wird. Yohimbin ist ein kompetitiver α-Antagonist, der selektiv an $α_2$-Adrenozeptoren wirkt, daneben aber auch Serotonin-antagonistische Wirkungen hat. Yohimbin penetriert rasch die Blut-Hirn-Schranke und erhöht durch zentrale Angriffspunkte Blutdruck und Herzfrequenz. Außerdem erhöht es die motorische Aktivität und führt zu Tremor. Yohimbin wird beim Menschen (gelegentlich auch bei Tieren) zur Potenzsteigerung und zur Behandlung von sexuellen Dysfunktionen des Mannes verwendet. Außerdem wird es aufgrund seiner zentralen Wirkung an $α_2$-Rezeptoren zur Aufhebung der Wirkung des $α_2$-Mimetikums Xylazin (S. 87) eingesetzt. Zur Antagonisierung zentral wirksamer $α_2$-Mimetika wurde gezielt das $α_2$-Adrenolytikum **Atipamezol** entwickelt, das als spezifisches Antidot für das $α_2$-stimulierende Sedativum Medetomidin zugelassen wurde. Da primär zentral wirksame Substanzen wie Yohimbin und Atipamezol sich

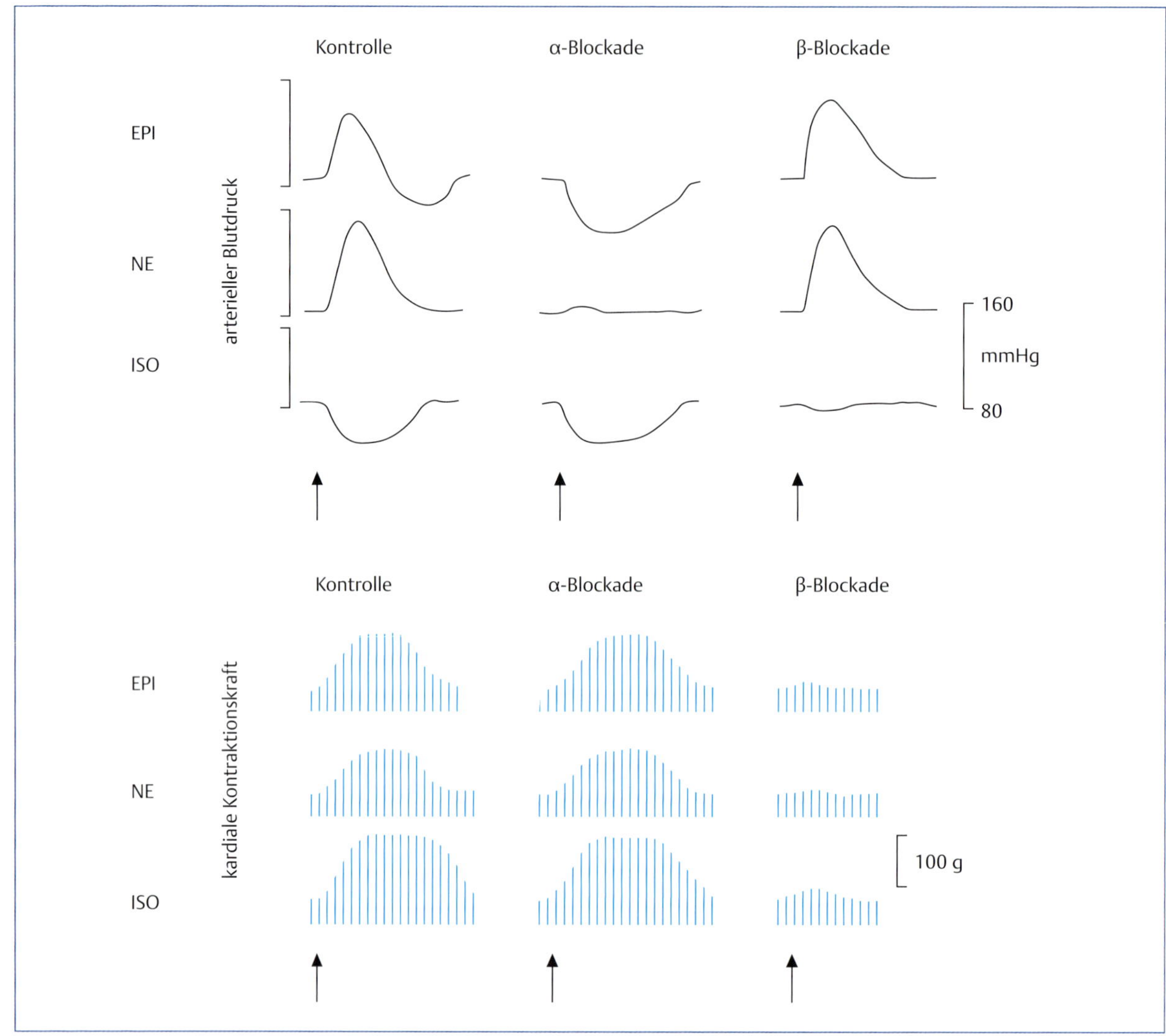

Abb. 2.16 Wirkung einer Blockade von α- und β-Rezeptoren auf die Blutdruck- und Herzeffekte von Adrenalin (Epinephrin; EPI), Noradrenalin (Norepinephrin; E) und Isoprenalin (ISO) beim Hund; **Kontrolle** = Wirkungen der Catecholamine in der Abwesenheit von Adrenolytika. **α-Blockade** = Wirkungen der Catecholamine nach Gabe eines α-Adrenolytikums (z. B. Phentolamin). **β-Blockade** = Wirkung der Catecholamine nach Injektion eines β-Adrenolytikums (z. B. Propranolol). Adrenalin, Noradrenalin und Isoprenalin wurden zu den durch die Pfeile markierten Zeitpunkten intravenös injiziert. Die α-Blockade hemmt die pressorische Wirkung von Noradrenalin, hat keinen Einfluss auf die depressorische Wirkung von Isoprenalin, verändert die biphasische pressorisch/depressorische Wirkung von Adrenalin in eine rein depressorische Wirkung („Adrenalinumkehr“) und hat keinen Effekt auf die Herzwirkung der Catecholamine. Die β-Blockade verändert nicht die pressorische Wirkung von Noradrenalin, hemmt die depressorische Wirkung von Isoprenalin, hemmt den sekundären depressorischen Effekt von Adrenalin und blockiert die positiv inotrope Wirkung aller drei Catecholamine [1].

nicht für klassische Indikationen von α-Adrenolytika (z. B. zur Gefäßdilatation) einsetzen lassen, sollen sie im Folgenden nicht weiter berücksichtigt werden.

Pharmakodynamik Bedeutsam für das Verständnis der kardiovaskulären Wirkungen der α-Adenolytika ist die Tatsache, dass nicht nur die α-Rezeptoren der arteriellen, sondern auch die der venösen Gefäße von der Blockade betroffen sind. Das äußert sich auf der arteriellen Seite des Kreislaufs in einer Erweiterung der den peripheren Gefäßwiderstand maßgeblich bestimmenden Arteriolen. Auf der venösen Seite nimmt der Tonus der Kapazitätsgefäße ab. Dieser Vorgang kann beim Menschen zu einer charakteristischen Nebenwirkung der α-Adrenolytika werden, wenn bei aufrechter Körperhaltung Blut in den erweiterten Venen der unteren Körperpartien versackt und der venöse Rückstrom zum Herzen und damit zwangsläufig das Herzminutenvolumen abnehmen. Der sich aus dieser Situation entwickelnde Blutdruckabfall wird als orthostatische Hypotonie bezeichnet.

Der durch α-Adrenolytika bei Mensch und Tier induzierte Blutdruckabfall löst über den Barorezeptorenreflex eine Erhöhung der Aktivität im sympathischen Nervensystem und eine Hemmung des vagalen Zustroms zum Herzen aus. Zusätzlich schalten nicht selektive (α_1/α_2) α-Adrenolytika (z. B. Phenoxybenzamin) den durch präsynaptische α_2-Rezeptoren vermittelten, lokalen Rückkoppelungsmechanismus der Noradrenalinfreisetzung aus, wodurch die pro Aktionspotenzial ausgeschüttete Noradrenalinmenge ansteigt. Diese ungebremste Noradrenalinfreisetzung führt am Herzen zu einer übermäßigen Aktivierung von β-Rezeptoren und damit zu Tachykardie und unter

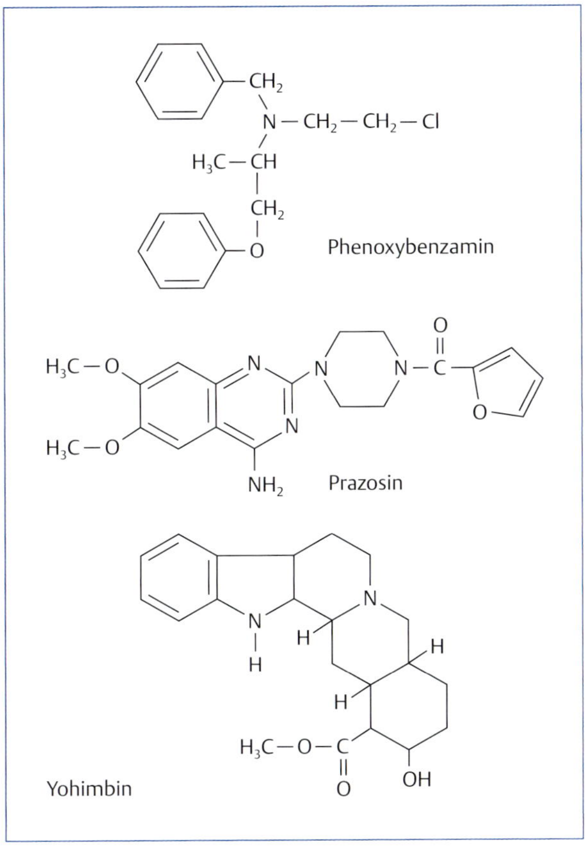

Abb. 2.17 Strukturformeln von α-Adrenolytika.

Umständen zu Rhythmusstörungen. Bei Patienten mit koronarer Herzkrankheit besteht die Gefahr, dass die verstärkte Stimulation des Herzens und die damit einhergehende Zunahme des Sauerstoffverbrauchs Anfälle von Angina pectoris oder sogar einen Myokardinfarkt auslöst.

α_1-selektive Adrenolytika wie Prazosin beeinflussen den lokalen Rückkoppelungsmechanismus der Noradrenalinfreisetzung nicht. Das erklärt, dass eine Tachykardie unter diesen Substanzen seltener auftritt oder weniger ausgeprägt ist als bei Gabe anderer α-Adrenolytika.

Pharmakokinetik Die α-Rezeptorenblockade geht nach einer Einzeldosis von Phenoxybenzamin mit einer Halbwertszeit von ca. 24 h zurück, d. h., nachweisbare Wirkungen bestehen noch nach 3–4 Tagen. Diese lange Wirkungsdauer erklärt sich aus der irreversiblen Hemmung der α-Rezeptoren (Alkylierung) und ihrer langsamen Neubildung. Die Bioverfügbarkeit von Prazosin beträgt 50–60 %, die Halbwertszeit im Plasma 3–4 h (Mensch).

Indikation, Dosierung Obwohl eine durch α-Rezeptorenblockade hervorgerufene Abnahme des bei der essenziellen Hypertonie pathologisch erhöhten Gefäßwiderstandes auf den ersten Blick eine ideale Therapiemethode zu sein scheint, haben sich, abgesehen von Prazosin und anderen α_1-selektiven Hemmstoffen, α-Adrenolytika in der Behandlung der arteriellen Hypertonie nicht bewährt. Der Grund liegt in den bereits genannten erheblichen Nebenwirkungen von α-Adrenolytika. Obwohl durch Entwicklung α_1-selektiver Adrenolytika das Problem der Tachykardie reduziert werden konnte, kommt es auch unter diesen Stoffen zu orthostatischer Hypotonie, die besonders zu Beginn der Behandlung bis zum Bewusstseinsverlust führen kann. Bei vorsichtiger Dosierung sind Prazosin und andere α_1-selektive Adrenolytika zur Behandlung des Bluthochdrucks beim Menschen gut wirksam, spielen in dieser Indikation veterinärmedizinisch aber keine Rolle.

Weitere Indikationen für α-Adrenolytika sind die Behandlung der hypertonen Krisen beim Phäochromozytom (einem Tumor des Nebennierenmarks mit erhöhter Sekretion von Adrenalin und Noradrenalin), periphere Durchblutungsstörungen, Schockzustände mit ausgeprägter peripherer Vasokonstriktion sowie die Senkung von Vor- und Nachlast des Herzens bei Herzinsuffizienz. Zur Durchbrechung der postkapillären Vasokonstriktion im Spätstadium des Schocks kann Phenoxybenzamin eingesetzt werden. Für Phenoxybenzamin wird in dieser Indikation eine langsame i. v. Infusion von 0,4–2 mg/kg in isotoner Kochsalzlösung empfohlen.

Eine weitere humanmedizinische Indikation für α-Adrenolytika sind funktionelle Blasenentleerungsstörungen, vor allem bei Prostatahyperplasie, da über α_1-Blockade eine Erschlaffung der glatten Muskulatur von Blasenhals, proximaler Urethra und Prostata bewirkt wird, sodass der Blasenauslasswiderstand sinkt. Früher benutzte man Phenoxybenzamin oder Prazosin, heute vorwiegend Prazosinderivate oder Tamsulosin, das durch seine selektive Wirkung auf den α_{1A}-Untertyp weniger Blutdrucksenkung verursacht als die anderen α_1-Adrenolytika.

Prazosin ist bei Hunden mit Herzinsuffizienz eingesetzt worden, ist aber derzeit nicht im Handel erhältlich und für diese Indikation auch nicht sinnvoll (Nebenwirkungen!). Die empfohlenen Dosierungen liegen bei etwa 0,1 mg/kg 3-mal täglich oral.

Beim Tier wird Atipamezol zur Antagonisierung der Wirkungen zentraler α_2-Mimetika (Xylazin, Romifidin etc.) eingesetzt. Früher wurden in dieser Indikation auch Yohimbin und Tolazolin verwendet.

Insgesamt spielen α-Adrenolytika veterinärmedizinisch nur eine untergeordnete Rolle.

Nebenwirkungen, Toxizität Auf die Probleme mit Tachykardie und orthostatischer Hypotonie wurde bereits eingegangen. Weiterhin führen α-Adrenolytika zu einer Retention von Wasser und Natrium und zu Gewichtszunahme. Die Natrium- und Wasserretention beruht auf einer reflektorischen Erhöhung der Sympathikusaktivität, die über eine verstärkte Stimulation von β-Rezeptoren am juxtaglomerulären Apparat der Niere die Reninsekretion und damit die Bildung von Angiotensin und Aldosteron steigert. Ferner kommt es bei Gabe nicht selektiver α-Adrenolytika zu gastrointestinalen Nebenwirkungen wie Übelkeit, Erbrechen, Durchfall und erhöhter Säureproduktion. Ursache ist neben dem Wegfall der zum Teil durch α-Rezeptoren vermittelten Hemmung der Darmperistaltik (**Tab. 2.1**) die Blockade inhibitorischer α-Rezeptoren an cholinergen Nerven mit der daraus resultierenden Steigerung der Acetylcholinfreisetzung und Zunahme der Darmmotorik.

Kontraindikationen Zustände, bei denen eine Blutdrucksenkung unerwünscht ist.

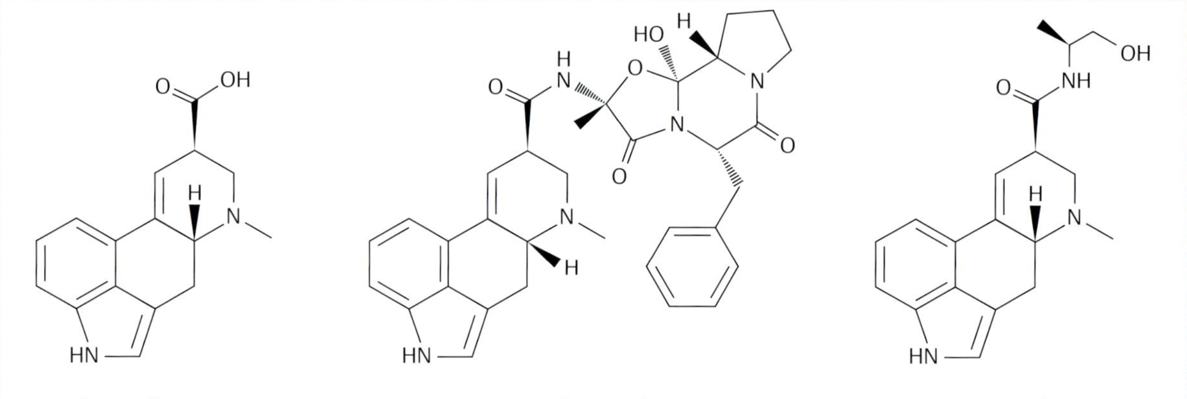

Lysergsäure Ergotamin Ergometrin

Abb. 2.18 Strukturformeln von Mutterkornalkaloiden (Secale-Alkaloiden, Ergot-Alkaloiden). Grundkörper der Substanzen ist die (+)-Lysergsäure, die in verschiedenen Secale-Alkaloiden unterschiedlich substituiert ist. Ergotamin ist der Prototyp der Secale-Alkaloide. Ergometrin, das wie Ergotamin ein Inhaltsstoff des Pilzes *Claviceps purpurea* ist, wirkt überwiegend auf den Uterus.

Substanzen, die unter bestimmten Vorbedingungen α-adrenolytisch wirken (Secale-Alkaloide mit partiell agonistischer Wirkung auf α-Rezeptoren)

Die Mutterkornalkaloide (Syn.: Ergot-Alkaloide, Secale-Alkaloide) sind Produkte des in Getreideähren wachsenden Pilzes *Claviceps purpurea*. Bei vollständiger Durchwachsung mit dem Pilz werden die einzelnen Getreidekörner in feste, violette Körper umgewandelt. Das veränderte Getreide wird Mutterkorn genannt (da es bei Verzehr des Getreides durch schwangere Frauen zu Abortauslösung kommt) bzw. *Secale cornutum*. Durch Mehl aus Mutterkorn kam es jahrhundertelang zu endemischen Vergiftungen, die gefürchtet waren wie Pest, Cholera und Pocken. Charakteristisch für die Vergiftung war vor allem das Absterben der Akren (Finger, Zehen) unter brennendem Schmerzgefühl (St.-Antons-Feuer, Ergotismus), verursacht durch die starke α-mimetische Wirkung einiger Secale-Alkaloide. Bereits 5–10 g Mutterkorn wirkten tödlich. Das Problem des Pilzbefalls wurde durch Saatgutreinigung und durch den Einsatz von Fungiziden gelöst; in neuerer Zeit sind allerdings wieder Mutterkornvergiftungen durch Mehl aus Biobetrieben, in denen auf Fungizide und andere Pflanzenbehandlungsmittel verzichtet wird, aufgetreten.

KLINISCHER BEZUG Mutterkornvergiftungen kommen auch bei Tieren vor. Dabei wird je nach Symptomatik eine chronische (gangränöse) und akute (nervöse oder konvulsive) Form unterschieden. Rinder und Geflügel scheinen am empfindlichsten zu sein.

Die wichtigsten Inhaltsstoffe (**Abb. 2.18**) von *Claviceps purpurea* sind **Ergotamin**, **Ergotoxin** (ein Gemisch aus α-Ergocriptin, Ergocristin und Ergocornin) und **Ergometrin** (Syn.: Ergobasin, Ergonovin). Durch halbsynthetische Abwandlung der natürlich vorkommenden Secale-Alkaloide sind zahlreiche weitere Substanzen mit unterschiedlichen Wirkungsqualitäten entwickelt worden, z. B. durch Hydrierung **Dihydroergotamin** und **Dihydroergotoxin**, durch Methylierung **Methylergometrin** und durch Substitution von Brom **Bromocriptin**. **Methysergid** entstand durch weitere Methylierung aus Methylergometrin.

Die Mutterkornalkaloide sind strukturell Derivate von **d-Lysergsäure** (**Abb. 2.18**). Da d-Lysergsäure einen Indolring enthält, werden sie deshalb oft auch als Indolalkaloide bezeichnet. Je nach der Substitution am Kohlenstoffatom 8 werden die Mutterkornalkaloide in **Peptid- oder Aminosäure-Alkaloide** (Ergotamin, Ergotoxin, Bromocriptin) oder **Aminalkaloide** (Ergometrin, Methylergometrin, Methysergid) unterteilt. Auch das aus d-Lysergsäure entwickelte starke Halluzinogen **Lysergsäurediethylamid** (LSD) kann zu den Aminalkaloiden gezählt werden.

Pharmakodynamik Die Mutterkornalkaloide haben mit unterschiedlicher Stärke die folgenden Wirkungen (**Tab. 2.10**):

- An α-Adrenozeptoren der Gefäße sind Mutterkornalkaloide **partielle Agonisten**, d. h., um durch solche Stoffe eine ähnliche Wirkung auszuüben wie durch einen vollen Agonisten (z. B. Noradrenalin), ist eine höhere Rezeptorbesetzung notwendig. Da die Affinität des partiellen Agonisten zum Rezeptor aber ähnlich ist wie die des vollen Agonisten, wird die Wirkung des partiellen Agonisten (a) von der Konzentration (und damit dem Ausmaß der Rezeptorbesetzung), (b) dem Ausmaß der intrinsischen Aktivität, (c) der Menge des gleichzeitig anwesenden Agonisten (Noradrenalin) und (d) dem Gefäßtyp (z. B. arteriell oder venös) abhängen. Bei einem durch Noradrenalin tonisierten Gefäß werden bereits geringe Konzentrationen des partiellen Agonisten α-adrenolytisch wirken (da sie Noradrenalin vom Rezeptor verdrängen, die Rezeptorbesetzung für den partiell agonistischen Effekt aber noch zu niedrig ist), während ein erschlafftes (nicht durch Noradrenalin tonisiertes) Gefäß auf die gleiche Menge des partiellen Agonisten u. U. schon mit einer Kontraktion reagiert. In hohen Konzentrationen führen Mutterkornalkaloide in Abhängigkeit von ihrer intrinsischen Aktivität zu α-sympathomimetischen Wirkungen. Die stärkste α-sympathomimetische Potenz (d. h. die höchste intrinsische Aktivität) hat Ergo-

Tab. 2.10 Wirkungsspektrum und Indikationen einiger Mutterkornalkaloide (Secale-Alkaloide).

Secale-Alkaloid	Wirkung auf					Indikationen
	Uterus	Gefäßmuskulatur	α-Adrenozeptoren	Serotonin-Rezeptoren	Dopamin-Rezeptoren	
Ergotamin	+ +	+ + + +	partieller Agonist	partieller Agonist	–*	Migräne
Ergotoxin	+	+ + +	partieller Agonist	?	?	–
Dihydro-ergotamin	+	+	partieller Agonist (Venen + ZNS), Antagonist (Arterien)	partieller Agonist	?	Migräneprophylaxe, orthostatische Dysregulation (Anwendung gilt aufgrund des Risikos schwerer Nebenwirkungen als obsolet)
Dihydro-ergotoxin	+	+	partieller Agonist (ZNS), Antagonist (Arterien)	?	?	Durchblutungsstörungen (z. B. zerebrovaskuläre Insuffizienz)
Ergometrin	+ + + +	+	schwacher partieller Agonist	partieller Agonist bis Antagonist	?	Nachgeburtsperiode (z. B. Blutungen)
Methylergo-metrin	+ + + +	+	schwacher partieller Agonist	partieller Agonist bis Antagonist	?	Nachgeburtsperiode (z. B. Blutungen)
Bromocriptin	–	–	sehr schwacher Antagonist	–	Agonist bis partieller Agonist	Morbus Parkinson; Hemmung der Prolactinfreisetzung (Laktomanie bei Scheinträchtigkeit)

+ + + + im Vordergrund stehende, starke Wirkung; + + + ausgeprägte Wirkung; + + schwache Wirkung; + sehr schwache Wirkung; – fehlende Wirkung

* aber emetische Wirkung bei i. v. Applikation

tamin, während Dihydroergotamin nur ein schwacher partieller Agonist ist und an Arterien praktisch keine intrinsische Wirkung auf α-Rezeptoren hat, d. h. α-adrenolytisch wirkt (**Tab. 2.10**). An venösen Kapazitätsgefäßen verhält sich Dihydroergotamin jedoch wie ein partieller Agonist und steigert deren Tonus. Die Wirkung der Secale-Alkaloide, unter bestimmten Vorbedingungen Gefäße zu relaxieren und den pressorischen Effekt voller Agonisten (z. B. Noradrenalin) zu antagonisieren, hat dazu geführt, dass die Substanzen über lange Zeit für reine α-Adrenolytika gehalten wurden. Tatsächlich beruht aber ein Großteil ihrer toxischen (z. B. das durch Vasokonstriktion bedingte Absterben der Akren bei Mutterkornvergiftungen) und therapeutischen Wirkungen (z. B. die vasokonstriktorische Wirkung von Ergotamin in der Migränetherapie) auf dem (partiell) agonistischen Effekt an α-Rezeptoren. Zu beachten ist, dass die periphere Wirkung der Secale-Alkaloide auf die Gefäßmuskulatur durch die zentralen Wirkungen der Substanzen überlagert werden kann. Einige Secale-Alkaloide stimulieren α-Rezeptoren im Bereich des Kreislaufzentrums in der Medulla oblongata, was zu einer Senkung des Sympathikustonus und damit zu Bradykardie und Blutdruckabfall (S. 104) führt.

- Secale-Alkaloide führen zu einer Kontraktion der Uterusmuskulatur. Wirkungsmechanismus ist wahrscheinlich der partiell agonistische Effekt an α- und/oder Serotoninrezeptoren (**Tab. 2.10**). Da die einzelnen Substanzen Gefäße und Uterusmuskulatur in unterschiedlichem Ausmaß kontrahieren (Ergometrin führt z. B. zu starken Uteruskontraktionen, hat aber nur geringe Gefäßwirkungen), muss von einer unterschiedlichen Beeinflussung adrenerger oder serotonerger Subrezeptoren an Gefäß- und Uterusmuskulatur ausgegangen werden. Außerdem wird angenommen, dass die Uterusstimulation teilweise auch durch einen direkten Angriff an der glatten Muskulatur zustande kommt. Die erregende Wirkung der Mutterkornalkaloide auf den Uterus äußert sich in einer Zunahme der rhythmischen Kontraktionen; bei steigender Dosierung kommt es zu einer tonischen Dauerkontraktion (Tetanus uteri). Am empfindlichsten ist der Uterus zur Zeit der Geburt.
- Mutterkornalkaloide sind partielle Agonisten am Serotoninrezeptor. Durch halbsynthetische Abwandlung wurde die intrinsische Aktivität so weit gesenkt, dass einige Vertreter (z. B. Methysergid) als reine Antagonisten am Serotoninrezeptor wirken (**Tab. 2.10**). LSD wurde lange Zeit für einen Serotoninantagonisten gehalten; inzwischen ist klar, dass die halluzinogenen Wirkungen der Substanz durch einen partiellen Agonismus an zentralen Serotoninrezeptoren vermittelt werden.
- Einige Vertreter (Bromocriptin, Lisurid) stimulieren Dopamin-Rezeptoren in verschiedenen Teilen des ZNS. Von praktischer Bedeutung sind die dadurch hervorgerufene Hemmung der Sekretion von Prolactin und Somatotropin sowie die Besserung der Symptomatik beim Morbus Parkinson. Die emetische Wirkung von i. v. injiziertem Ergotamin dürfte ebenfalls auf einer Stimulation von Dopamin-Rezeptoren in der Chemorezeptoren-Triggerzone der Medulla oblongata zurückzuführen sein.

Pharmakokinetik Aminosäure-Alkaloide wie Ergotamin werden bei oraler Gabe langsam und unvollständig resorbiert; durch Coffein kann die Resorption gesteigert werden. Die nach i. v. Injektion wirksame Dosis von Ergotamin beträgt etwa 5 % der oral wirksamen Dosis. Die Elimination erfolgt durch Metabolismus in der Leber und Ausscheidung der Metaboliten mit der Galle. Dihydroergotamin und Dihydroergotoxin werden schlechter, Bromocriptin etwas besser als Ergotamin enteral resorbiert. Dagegen werden die Aminalkaloide Ergometrin und Methylergometrin rasch und nahezu vollständig vom Darm resorbiert. Die uterotone Wirkung setzt bereits nach 10–15 min ein.

Indikation, Dosierung Methylergometrin (früher auch Ergometrin, das nicht mehr im Handel ist) wird bei Mensch und Tier in der Geburtshilfe verwendet, um in der Nachgeburtsperiode den Uterus zur Dauerkontraktion zu bringen. Indikationen sind Uterusatonie post partum, Blutungen nach Ausstoßung der Plazenta, Lochialstauungen und mangelhafte Involution des Uterus; bei Lebensmittel liefernden Tieren sind alle Ergot-Alkaloide verboten. Die Wirkung setzt rasch ein und ist relativ selektiv, sodass die Nebenwirkungsquote gering ist. Die Dosierungen betragen beim Tier 2–5 (–10) µg/kg bei parenteraler Injektion. Die Wirkung auf den Uterus hält etwa 2–4 h an.

CAVE

Wegen der starken und vor allem sehr langen Wirkung darf Methylergometrin keinesfalls zur Einleitung der Geburt und bei primärer oder sekundärer Wehenschwäche eingesetzt werden.

Bromocriptin hemmt durch seine dopaminerge Wirkung die Sekretion der Hypophysenvorderlappenhormone Prolactin und Somatotropin. Die Unterdrückung der Prolactinsekretion wird benutzt zur Laktationshemmung nach der Geburt und zur Behandlung der Galaktorrhö und der durch Prolactin hervorgerufenen Amenorrhö und Sterilität. Wegen der Sekretionshemmung von Somatotropin dient Bromocriptin auch als Adjuvans zur Behandlung der Akromegalie. Auch in der Tiermedizin wird Bromocriptin aufgrund der Hemmung der Prolactinfreisetzung zur Laktationshemmung eingesetzt, z. B. bei der Laktomanie (Scheinträchtigkeit) der Hündin. Die Dosierung beträgt 10 µg/kg 2-mal täglich oder 30 µg/kg 1-mal täglich.

Alle anderen Indikationen für Secale-Alkaloide spielen veterinärmedizinisch keine Rolle. Die vasokonstriktorische Wirkung von Ergotamin wird humanmedizinisch zur Therapie der Migräne genutzt, um die Gefäßdilatation in den Meningen zu beseitigen. Ergotamin ist nach wie vor ein Mittel der 1. Wahl zur Behandlung des akuten Migräneanfalls. Zur Dauertherapie ist es nicht geeignet, da mit Schädigungen der Gefäße zu rechnen ist. Dagegen kommt Methysergid zur Dauerprophylaxe in Betracht. Auch Dihydroergotamin fand in der Migränebehandlung und der Therapie hypotoner Kreislaufstörungen Verwendung, seit 2014 wird jedoch aufgrund von Risiken schwerer Nebenwirkungen (Fibrose, Ergotismus) von der Anwendung abgeraten. Dihydroergotoxin, das vornehmlich adrenolytisch wirkt, dient überwiegend zur Behandlung von Durchblutungsstörungen. Bromocriptin und Lisurid werden zur Therapie des Morbus Parkinson eingesetzt.

Nebenwirkungen, Toxizität Die unerwünschten Wirkungen der Secale-Alkaloide lassen sich aufgrund ihrer unterschiedlichen Affinitäten zu α-Adrenozeptoren und Dopamin-Rezeptoren erklären. Sie äußern sich vor allem in Übelkeit, Erbrechen und Durchfall. Gefäßspasmen führen zu Kälte- und Taubheitsgefühl sowie Parästhesien in den Extremitäten und Akren, in sehr seltenen Fällen zu ischämischen Läsionen an den Extremitäten. Vergiftungen sind durch ischämische Läsionen der Akren und zentralnervöse Symptome (Kopfschmerzen, Übelkeit, Schwindel, Erregungserscheinungen) charakterisiert.

Kontraindikationen Secale-Alkaloide sind bei ischämischen Gefäßkrankheiten, schweren Leber- und Nierenerkrankungen und Trächtigkeit kontraindiziert.

β-Adrenolytika

STECKBRIEF β-ADRENOLYTIKA

β-Adrenolytika binden mit großer Selektivität an β-Adrenozeptoren und verhindern deren Stimulation durch Sympathomimetika (**Abb. 2.16**). Synonyme Bezeichnungen sind **β-Sympatholytika**, **β-Rezeptorenblocker** oder **β-Blocker**. β-Adrenolytika sind heute Mittel der Wahl bei den wichtigsten kardiovaskulären Erkrankungen.

Alle bisher bekannten β-Adrenolytika sind kompetitive Antagonisten am β-Rezeptor. Die therapeutische Bedeutung der β-Adrenolytika ist wesentlich größer als die der α-Adrenolytika. Im Handel befinden sich über 30 β-Adrenolytika, die sich in ihren klinischen Eigenschaften z. T. deutlich unterscheiden. Prototyp der β-Adrenolytika ist **Propranolol** (**Abb. 2.19**), das erste klinisch eingeführte β-Adrenolytikum.

Im Gegensatz zu den α-Adrenolytika zeigen alle bisher bekannten β-Adrenolytika strukturelle Gemeinsamkeiten. Sie haben eine Seitenkette, die der des Isoprenalins entspricht (**Abb. 2.12**), d. h. eine Propranolaminseitenkette mit einem Isopropylsubstituenten am Stickstoff. Aufgrund der fehlenden Catecholstruktur wirken die β-Adrenolytika im Gegensatz zu Isoprenalin jedoch nicht mehr β-mimetisch; einige Substanzen (z. B. Pindolol) haben aber noch einen schwachen partiell agonistischen Effekt. Die aliphatische Hydroxylgruppe, die dem Molekül optische Aktivität verleiht, ist von wesentlicher Bedeutung für die β-blockierende Wirkung. Die linksdrehenden Formen sind die aktiven Verbindungen, die rechtsdrehenden haben eine 50–100-fach geringere und damit praktisch zu vernachlässigende β-blockierende Wirkung. β-Adrenolytika sind im Allgemeinen in Form des Racemats (±-Form) im Handel. Der aromatische Teil des Moleküls und dessen Substituenten bestimmen die β-adrenolytische Wirkungsstärke, eine eventuelle partiell agonistische Aktivität am β-Rezeptor, eine relative Selektivität gegenüber $β_1$- oder $β_2$-Rezeptoren und eine unspezifische (lokalanästhetische oder Chinidin-ähnliche) Wirkung an erregbaren Membranen.

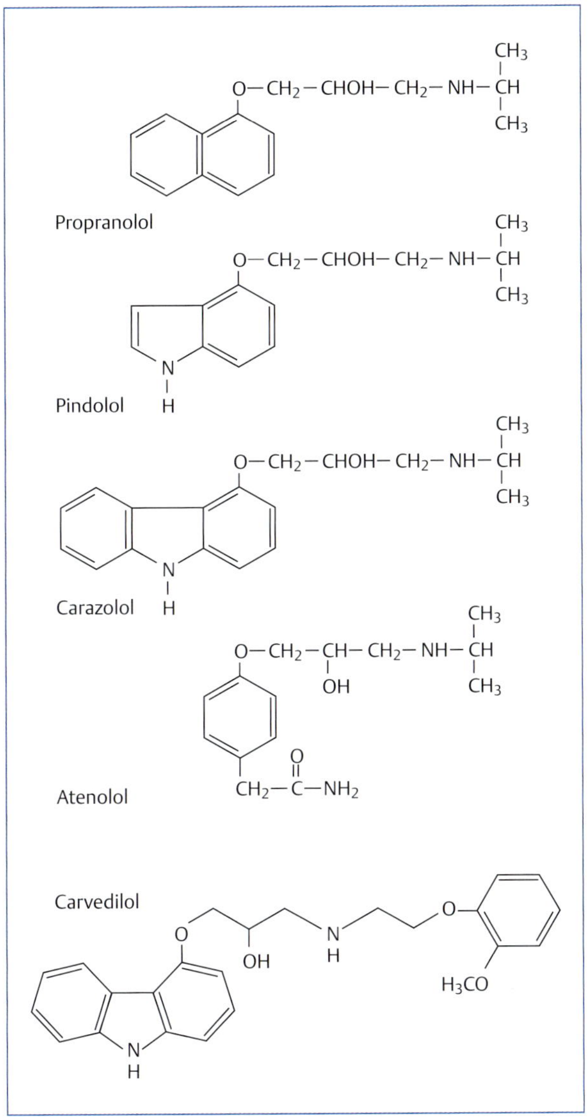

Abb. 2.19 Strukturformeln einiger β-Adrenolytika.

KLINISCHER BEZUG Anhand ihrer Eigenschaften ist eine gewisse Unterteilung der β-Adrenolytika möglich (**Tab. 2.11**):
- nicht Subtyp-selektive β-Adrenolytika ohne partiell agonistische Aktivität (PAA); Prototyp ist **Propranolol**
- nicht Subtyp-selektive β-Adrenolytika mit PAA; Prototyp ist **Pindolol**
- β-Adrenolytika mit relativer Selektivität für $β_1$-Rezeptoren („kardioselektive β-Adrenolytika") ohne PAA; Prototyp ist **Atenolol**
- β-Adrenolytika mit relativer Selektivität für $β_1$-Rezeptoren mit PAA (z. B. **Acebutolol**)

Eine ausgeprägte unspezifische Membranwirkung hat dabei nur Propranolol, wobei im Gegensatz zur β-adrenolytischen Wirkung die unspezifische Membranwirkung sowohl durch die (–)-Form als auch die (+)-Form der Substanz ausgelöst wird. Diese unspezifische Membranwirkung spielt jedoch unter klinischen Bedingungen für die therapeutische Wirkung von β-Adrenolytika keine wesentliche Rolle, da sie nur in Konzentrationen auftritt, die 10–300-fach über den therapeutisch wirksamen, β-rezeptorblockierenden Konzentrationen liegen. Bei Intoxikationen kann dagegen die unspezifische Membranwirkung zum Vergiftungsbild beitragen.

Substanzen wie Atenolol oder Acebutolol werden häufig als „kardioselektive β-Adrenolytika" bezeichnet. Dies ist jedoch unpräzise, da neben dem Herzen auch andere Gewebe über $β_1$-Rezeptoren verfügen (z. B. das Fettgewebe und die Niere, **Tab. 2.1**) und die Selektivität nicht absolut ist, d. h., sie besteht nur in einem relativ niedrigen Dosisbereich und geht mit steigender Dosierung verloren. β-Adrenolytika mit selektiver Wirkung für $β_2$-Rezeptoren sind nicht im klinischen Einsatz. Da der therapeutische Haupteffekt der β-Adrenolytika in der Beeinflussung von Herzfunktionen liegt, wäre die Einführung von $β_2$-Adrenolytika ohne therapeutisches Interesse.

Zu beachten ist, dass zahlreiche β-Adrenolytika (z. B. Pindolol) neben der Wirkung auf β-Adrenozeptoren eine Affinität zu Serotonin-(5-HT-)Rezeptoren vom Subtyp 5-HT_{1A} haben. β-Adrenolytika wirken als Antagonisten bzw. partielle Agonisten an diesen Rezeptoren. Die mögliche klinische Bedeutung dieser Wirkung ist nicht klar. Da partielle Agonisten am 5-HT_{1A}-Rezeptor, wie z. B. Buspiron oder Ipsapiron, eine anxiolytische Wirkung haben, wäre vorstellbar, dass der Effekt der β-Adrenolytika auf 5-HT_{1A}-Rezeptoren an der anxiolytischen Wirkung der β-Adrenolytika beteiligt ist.

Pharmakodynamik Haupt- und Nebenwirkungen der β-Adrenolytika lassen sich größtenteils aus der Hemmung der durch $β_1$- oder $β_2$-Rezeptoren vermittelten Effekte (**Tab. 2.1**) ableiten. Dabei gilt, dass die Konsequenzen einer β-Blockade umso ausgeprägter sind, je stärker das betreffende Zielorgan unter (nor-)adrenergem Tonus steht.

Am **Herzen** (> 80 % $β_1$-Rezeptoren, < 20 % $β_2$-Rezeptoren) wird der positiv chronotrope, dromotrope, bathmotrope und inotrope Einfluss des Sympathikus abgeschwächt oder aufgehoben. Gekoppelt ist damit eine Verminderung des myokardialen Sauerstoffverbrauchs, die therapeutisch wichtigste Wirkung der β-Adrenolytika. β-Adrenolytika mit partiell agonistischer Wirkung wie Pindolol haben theoretisch den Vorteil, zu einer geringeren Bradykardie als neutrale β-Adrenolytika zu führen; der klinischen Erfahrung nach spielt dieser Unterschied aber keine wesentliche Rolle.

KLINISCHER BEZUG Konsequenz der β-Blockade am Herzen ist eine verminderte Anpassungsfähigkeit des Herzens an hohe Leistungen. Vom therapeutischen Gesichtspunkt bedeutet das aber auf der anderen Seite, dass das Herz durch starke adrenerge Stimulation nicht mehr zu einem exzessiven Sauerstoffverbrauch getrieben werden kann. Der Nutzen für Erkrankungen mit eingeschränkter koronarer Blutversorgung (Koronarinsuffizienz) liegt auf der Hand.

Im Sinusknoten des Herzens wird die Geschwindigkeit der Depolarisation der Schrittmacherzellen durch β-Adrenoly-

Tab. 2.11 Pharmakodynamische und pharmakokinetische Eigenschaften einiger β-Adrenolytika.

Substanz	β-adrenolytische Wirkung β_1	β_2	Potenz der β-Adrenolyse (Propranolol = 1)	PAA*	unspezifische Membranwirkung (Chinidin-ähnlich)	Bioverfügbarkeit (%) nach oraler Applikation
Propranolol	+++	++	1	–	++	20–50
Pindolol	+++	+++	3	++	(+)	70–90
Carazolol	++++	+++	5–30	–	–	?
Atenolol	+++	+	0,06	–	–	40–60

* partiell agonistische Aktivität (auch als „ISA", intrinsische sympathomimetische Aktivität, bezeichnet)
++++ im Vordergrund stehende, starke Wirkung; +++ ausgeprägte Wirkung; ++ schwache Wirkung; + sehr schwache Wirkung; – keine Wirkung

tika verlangsamt und die Herzfrequenz gesenkt. Ektopische Schrittmacher werden ähnlich beeinflusst. Die Geschwindigkeit der Erregungsausbreitung in den Vorhöfen und die Leitungsgeschwindigkeit durch den AV-Knoten werden reduziert. Auf diesen Effekten gründet sich die Verwendung von β-Adrenolytika als Antiarrhythmika.

CAVE
Bei AV-Überleitungsstörungen sind β-Adrenolytika kontraindiziert, da sie die Leitungsgeschwindigkeit durch den AV-Knoten noch zusätzlich reduzieren.

An den **arteriellen Blutgefäßen** führt die Blockade von vasodilatatorischen β_2-Rezeptoren zu einem Überwiegen der durch α-Rezeptoren vermittelten Vasokonstriktion und zu einem Anstieg des Gefäßwiderstandes. Bei Bluthochdruckpatienten kommt es jedoch unter Behandlung mit β-Adrenolytika zu einem sich langsam entwickelnden Blutdruckabfall. Dieser antihypertensive Effekt hängt mit der Wirkung auf β-Rezeptoren zusammen, da rechtsdrehende, an β-Rezeptoren praktisch unwirksame Isomere, wie z. B. (+)-Propranolol, nicht blutdrucksenkend wirken. Bei Behandlung eines Bluthochdruck-Patienten mit β-Adrenolytika tritt der blutdrucksenkende Effekt im Verlauf von mehreren Tagen bis zu 2 Wochen ein und ist häufig erst nach 6–8 Wochen voll ausgeprägt. Die hämodynamischen Veränderungen zu Beginn der Behandlung mit einem β-Adrenolytikum ohne PAA bestehen in einer Abnahme der Herzfrequenz und des Herzzeitvolumens, einer Zunahme des peripheren Gefäßwiderstandes und einem geringen Blutdruckabfall. Beim Fortführen der Therapie über mehrere Wochen sinkt der erhöhte Blutdruck weiter ab, und nach 4–8 Wochen fällt auch der Gefäßwiderstand unter den Ausgangswert. Das Herzzeitvolumen bleibt gesenkt. β-Adrenolytika mit PAA verändern bei akuter Gabe Herzfrequenz und Gefäßwiderstand nicht oder vermindern letzteren sogar. Das Ausmaß der möglichen Blutdrucksenkung bei chronischer Behandlung ist für die zahlreichen im Verlauf der letzten 30 Jahre entwickelten β-Adrenolytika (mit oder ohne PAA) aber praktisch gleich. Die dafür erforderlichen Dosen variieren bei den einzelnen Substanzen in Abhängigkeit von ihrer β-blockierenden Wirksamkeit. Die mit Abstand wirkungsstärkste Substanz ist Carazolol (Tab. 2.11).

Zur Erklärung der blutdrucksenkenden Wirkung von β-Adrenolytika bei chronischer Behandlung gibt es verschiedene Hypothesen:

- Verminderung des Herzzeitvolumens; dieser Effekt entwickelt sich aber wesentlich schneller als der antihypertensive Effekt
- Verminderung der Reninsekretion durch β-Blockade am juxtaglomerulären Apparat der Niere; dadurch kommt es zu einer verminderten Bildung des pressorisch wirkenden Angiotensins
- Verminderung der Noradrenalin-Freisetzung durch Blockade präsynaptischer β-Rezeptoren an Varikositäten (Tab. 2.1)
- Verminderung der Sympathikusaktivität aufgrund einer zentralen Wirkung der β-Adrenolytika

Alle β-Adrenolytika erreichen das ZNS und binden dort an β_1- bzw. β_2-Rezeptoren. Die Verteilung der β-Rezeptorentypen im Gehirn ist sehr unterschiedlich. Im cerebralen Cortex, im Nucleus caudatus und im Diencephalon überwiegen β_1-Rezeptoren (β_1:β_2 etwa 80:20), während im Cerebellum β_2-Rezeptoren überwiegen (β_1:β_2 etwa 15:85). β-Adrenolytika scheinen eine anxiolytische Wirkung zu besitzen und werden zum Teil mit Erfolg bei Depressionen oder Psychosen eingesetzt. Nebenwirkungen aufgrund zentraler Effekte sind Sedation, aber auch Schlaflosigkeit und Erregungszustände.

An den **Atemwegen** kommt es durch β-Blockade zu einem Überwiegen des parasympathischen Tonus und damit zur Gefahr der Bronchokonstriktion. Bei Patienten mit chronischer Bronchitis, Emphysem oder Asthma wächst daher nach Einnahme von β-Adrenolytika die Gefahr der Bronchokonstriktion und der Auslösung eines Asthmaanfalls.

CAVE
β-Adrenolytika sind bei obstruktiven Atemwegserkrankungen kontraindiziert. Die Bronchokonstriktion lässt sich durch β_2-Sympathomimetika (z. B. Clenbuterol) aufheben.

Am **Auge** senken β-Adrenolytika den Augeninnendruck und werden deshalb lokal zur Behandlung des Glaukoms verwendet. Die Wirkung beruht auf einer Senkung der Kammerwasserproduktion. Der Mechanismus hierzu ist unbekannt.

Die Blockade der β-Rezeptoren in der **Leber** und im **Fettgewebe** führt zu einer Hemmung der durch adrenerge Stimulation hervorgerufenen Glykogenolyse bzw. Lipolyse. Diese Effekte sind beim Stoffwechselgesunden bedeutungslos.

CAVE

Bei Insulin-behandeltem Diabetes mellitus besteht die Gefahr, dass β-Adrenolytika einen hypoglykämischen Schock auslösen, da der Patient einen medikamentös hervorgerufenen Blutzuckerabfall nicht mehr über eine vermehrte Glykogenolyse auffangen kann.

Da die Glykogenolyse in der Leber von β_2-Rezeptoren vermittelt wird, ist die Gefahr eines hypoglykämischen Schocks bei Verwendung von β_1-selektiven Adrenolytika geringer als bei nicht selektiven. Grundsätzlich sind β-Adrenolytika beim Diabetiker aber mit Vorsicht anzuwenden.

Am graviden **Uterus** kann es durch β-Blockade zur Auslösung von Wehen kommen. Am **Darm** können verstärkte Darmmotilität und Diarrhö ausgelöst werden.

Die Höhe der **unspezifischen Membranwirkung** von β-Adrenolytika ist eine Funktion ihrer Lipophilie. Hochlipophile β-Adrenolytika wie Propranolol werden in biologisch erregbaren Membranen angereichert und führen dadurch zu einer unspezifischen Hemmung der Permeabilität und damit der Erregbarkeit der Membran. Am Herzen kommen negativ inotrope und chronotrope, chinidinartig antiarrhythmische Wirkungen zustande, am Auge lokalanästhetische und an der glatten Muskulatur spasmolytische Wirkungen. Wie bereits ausgeführt, treten diese Wirkungen jedoch erst bei übertherapeutischen Dosierungen auf.

CAVE

Unter chronischer Behandlung mit β-Adrenolytika nimmt die β-Rezeptorendichte zu, d. h., es kommt zu einer Sensibilisierung des β-adrenergen Systems. Bei abruptem Absetzen der Behandlung kann es daher zu einem sog. **Rebound-Phänomen** kommen, das entweder nur aus uncharakteristischen Symptomen (Unruhe, Angstgefühl, Schweißausbruch), aber u. U. auch aus lebensbedrohlichen Blutdruckerhöhungen und Tachyarrhythmien bestehen kann.

Zur Vermeidung von Rebound-Effekten muss prinzipiell eine chronische Behandlung mit β-Adrenolytika „ausschleichend" beendet werden. Bei Auftreten von gravierenden Symptomen wird das β-Adrenolytikum erneut, u. U. parenteral, verabreicht.

Pharmakokinetik Die Bioverfügbarkeit vieler β-Adrenolytika ist nach oraler Verabreichung nicht hoch (oft nur 20–50 %), wenn auch aus unterschiedlichen Gründen. So unterliegen stark lipophile β-Adrenolytika (z. B. Propranolol) einem hohen präsystemischen Metabolismus („First-Pass-Effekt") durch die Leber, während ausgeprägt hydrophile β-Adrenolytika (z. B. Atenolol) schlecht vom Darm resorbiert werden. Einige β-Adrenolytika nehmen diesbezüglich eine Mittelstellung ein und weisen eine gute Bioverfügbarkeit auf, z. B. Pindolol (**Tab. 2.11**). Die Plasmahalbwertszeiten der meisten β-Adrenolytika liegen im Bereich von 2–6 h. Allerdings lassen die Halbwertszeiten von β-Adrenolytika im Gegensatz zu den meisten anderen Arzneimitteln keinen Rückschluss auf die Wirkungsdauer der β-Blockade zu, da die Substanzen in Abhängigkeit von ihrer Lipophilie nur langsam vom β-Rezeptor abdissoziieren. So hat z. B. Carazolol eine pharmakokinetische Halbwertszeit von nur 80 min, am Herzen ist jedoch noch nach 12 h eine β-Blockade festzustellen.

Indikation, Dosierung β-Adrenolytika gehören in der Humanmedizin zu den am häufigsten eingesetzten Arzneimitteln. Indikationen für eine Behandlung sind vor allem Koronarinsuffizienz (Angina pectoris) und Prophylaxe eines Reinfarkts nach überlebtem Herzinfarkt, kardiale Tachyarrhythmien, überhöhter kardialer Sympathikustonus, essenzielle und renale Hypertonie (β-Adrenolytika sind Antihypertensiva der ersten Wahl), Überdosierung von β-Sympathomimetika, Hyperthyreose und Thyreotoxikose, Phäochromozytom (in Kombination mit α-Adrenolytika), Angstsyndrome, essenzieller Tremor, Glaukom und Migräne (prophylaktisch). In der Glaukombehandlung werden Substanzen ohne lokalanästhetische Wirkung eingesetzt (z. B. **Timolol**).

Weiterhin haben sich β-Adrenolytika in den letzten Jahren neben den ACE-Inhibitoren, Diuretika und Ionotropika zu wichtigen Medikamenten in der Behandlung der Herzinsuffizienz entwickelt. Der Einsatz von β-Adrenolytika in dieser Indikation galt lange als kontraindiziert, bis gezeigt wurde, dass bei niedriger Dosierung mit langsamer Dosiseskalation die Mortalität der Herzinsuffizienz erheblich reduziert werden kann. Verwendet werden β-Blocker ohne intrinsische sympathomimetische Aktivität wie **Carvedilol** (das auch α_1-Rezeptoren blockiert) und die β_1-selektiven Adrenolytika **Bisoprolol** oder **Metoprolol**. Eine Erklärung der therapeutischen Wirkung dieser Substanzen bei Herzinsuffizienz ist die Reduktion der Herzwirkungen der bei Herzinsuffizienz auftretenden Aktivierung des Sympathikus, da Catecholamine (ähnlich wie Angiotensin II) auf das Myokard nicht nur erwünscht positiv inotrop, sondern auch toxisch wirken und seinen progredienten Umbau (remodeling) bei der Insuffizienz fördern.

In der Veterinärmedizin wird vor allem die kardioprotektive Wirkung der β-Adrenolytika genutzt; die Erfahrungen bei der Herzinsuffizienztherapie des Hundes sind allerdings gering.

Die größte Bedeutung hat **Carazolol**, das als einziges β-Adrenolytikum für Tiere (Schweine) zugelassen wurde, zurzeit in Deutschland aber nicht mehr im Handel ist. Da Carazolol in der EU einen MRL-Wert hat, kann es bei Vorliegen der entsprechenden arzneimittelrechtlichen Voraussetzungen aber aus Spanien bezogen werden, wo es sich nach wie vor zur Behandlung von Lebensmittel liefernden Tieren auf dem Markt befindet. Indikationen sind tachykarde Rhythmusstörungen (sog. Belastungstachykardien), die bei gesunden Tieren durch Belastung (z. B. durch Verladen, Transport, Umstallen, Deckakt, Geburt) auftreten, sowie die Prophylaxe des plötzlichen Herztodes. Außerdem wird Carazolol bei Schweinen zur Verkürzung der Geburtsdauer eingesetzt, um die Belastung der Tiere beim Geburtsvorgang und die Gefahr von Ferkelverlusten zu reduzieren. Die wirksamen Dosierungen für diese Indikationen liegen bei 10 µg/kg i. m., die Wirkungsdauer beträgt 8–12 h. Die Einführung von Carazolol zur Verhinderung von Belastungstachykardien des Schweines hat den Umfang von Transportschäden beim Schwein erheblich reduziert.

Zu beachten ist jedoch, dass aufgrund der gesetzlich vorgeschriebenen Wartezeit von Carazolol die Substanz nur bedingt für den Transport von Schweinen zum Schlachthof geeignet ist. Außerdem ist Carazolol (wie andere β-Adrenolytika auch) nicht in der Lage, die Entwicklung einer malignen Hyperthermie durch Transportstress zu antagonisieren, sodass es auch unter Carazolol zur Minderung der Fleischqualität kommen kann.

Auch bei Windhunden wird Carazolol in gleicher Dosis wie beim Schwein zur Verhütung des plötzlichen Herztodes eingesetzt.

Weitere Indikationen sind supraventrikuläre Tachyarrhythmien bei Hund und Pferd. In dieser Indikation kann auch **Propranolol** beim Tier eingesetzt werden. Die wirksamen Dosierungen liegen beim Hund bei 50–100 µg/kg langsam i. v., beim Pferd werden 30 µg/kg i. v. empfohlen; bei oraler Gabe muss die schlechte Bioverfügbarkeit beachtet werden. Die Wirkungsdauer von Propranolol (etwa 6–8 h) ist kürzer als die von Carazolol, sodass es mehrmals täglich gegeben werden muss.

Bei der Dosierung anderer β-Adrenolytika beim Tier (z. B. Pindolol, Atenolol) kann von den in **Tab. 2.11** angegebenen relativen Potenzen ausgegangen werden. Auch beim Hyperthyreoidismus ist Propranolol mit Erfolg bei Tieren zur Verhinderung von Tachykardie, Tachyarrhythmien und neuromuskulärer Übererregbarkeit eingesetzt worden. Weiterhin sind β-Adrenolytika indiziert, um Tachykardien bzw. Tachyarrhythmien durch halogenierte Kohlenwasserstoffe zu antagonisieren.

Beim Pferd ist Carazolol in einer Dosierung von 10 µg/kg i. v. mit Erfolg zur Sedation bzw. Anxiolyse für Untersuchungen eingesetzt worden.

In Untersuchungen an Kälbern konnte durch eine Behandlung mit β-Adrenolytika vor Belastungen (z. B. Transport) die Anfälligkeit gegenüber Erkrankungen des Respirationstraktes erheblich reduziert werden. Die Erklärung für diese Wirkung ist die Verhinderung einer durch Stress induzierten Immunsuppression.

Nebenwirkungen, Toxizität Die meisten unerwünschten Wirkungen kommen durch ein Überwiegen des Vagustonus (z. B. am kardialen Erregungsbildungs- und -leitungssystem und an der Bronchialmuskulatur) oder durch ein Überwiegen α-sympathomimetischer Wirkungen (z. B. initiale Erhöhung des peripheren Gefäßwiderstandes mit entsprechender Minderperfusion) zustande. Dementsprechend sind typische Nebenwirkungen von β-Adrenolytika Bradykardie, Bronchospasmen, verstärkte Darmtätigkeit (u. U. Durchfall) und Sedation (aufgrund zentraler Effekte).

Beim Menschen kommt es bei Dauerbehandlung mit β-Adrenolytika gelegentlich zu Psoriasis-ähnlichen, hyperproliferativen Hautveränderungen.

Bei Überdosierung kommt es zu starker Bradykardie bis zum AV-Block, wobei z. B. Propranolol beim Hund wesentlich stärker kardiodepressiv wirkt als bei der Katze. β-Adrenolytika mit unspezifischen Membranwirkungen (vor allem Propranolol) führen zu Lokalanästhetika-ähnlichen Vergiftungserscheinungen mit starker zentraler Dämpfung (Ataxie, Hypopnoe, u. U. Bewusstlosigkeit) oder Erregungserscheinungen bis hin zu Krämpfen.

Kontraindikationen β-Adrenolytika sind kontraindiziert bei bradykarden Rhythmusstörungen bzw. AV-Block, chronisch obstruktiven Atemwegserkrankungen, Hochträchtigkeit; Vorsicht bei Insulin-behandeltem Diabetes mellitus. Antidota bei Vergiftungen sind β-Sympathomimetika oder gegebenenfalls Atropin.

2.3.3 Antisympathotonika

STECKBRIEF ANTISYMPATHOTONIKA

Antisympathotonika reduzieren im Gegensatz zu Adrenolytika die Aktivität des sympathischen Nervensystems nicht durch Blockade von Adrenozeptoren, sondern durch Beeinflussung von Steuerungszentren der Sympathikusaktivität innerhalb des ZNS (Clonidin, α-Methyldopa), durch Aufhebung der Speicherfähigkeit noradrenerger Varikositäten für Noradrenalin (Reserpin) oder durch Hemmung der Noradrenalinfreisetzung aus noradrenergen Varikositäten (Guanethidin).

Die Wirkungsmechanismen von Antisympathotonika sind also unterschiedlich; unabhängig von Angriffsort und Wirkungsmechanismus führen aber alle Antisympathotonika zu einer Senkung der Noradrenalinfreisetzung aus Varikositäten und folglich zur Reduktion der Stimulation postsynaptischer Adrenozeptoren, also zu einem geringeren Tonus des Sympathikus. Von gewissen Ausnahmen abgesehen, werden alle Antisympathotonika zur Behandlung der arteriellen Hypertonie eingesetzt. Veterinärmedizinisch spielen Antisympathotonika in dieser Indikation keine Rolle.

Reserpin, das aufgrund seiner zentralen Wirkungen auch veterinärmedizinisch eingesetzt wurde, ist durch die Einführung der Neuroleptika verdrängt worden.

Clonidin, das ähnliche sedative und analgetische Wirkungen aufweist wie Xylazin, ist beim Tier (z. B. beim Pferd) gelegentlich als Alternative zu Xylazin eingesetzt worden und war Ausgangsstruktur für eine Reihe neu entwickelter zentral wirksamer α_2-Sympathomimetika mit sedativer und analgetischer Wirkung.

Die Bedeutung der Antisympathotonika zur Blutdrucksenkung ist aufgrund ihrer zum Teil schwerwiegenden Nebenwirkungen stark zurückgegangen. Da diese Stoffe aber erheblich dazu beigetragen haben, die sympathische Kreislaufregulation und ihre zentrale Steuerung zu verstehen, sollen sie im Folgenden ausführlich behandelt werden.

■ Reserpin

Reserpin kommt zusammen mit anderen Alkaloiden in den Wurzeln der indischen Pflanze *Rauwolfia serpentina* vor. In Indien wandte man seit Jahrhunderten Arzneimittel, die aus der Wurzel von Rauwolfia gewonnen wurden, zur Sedierung an. Dass diese Mittel eine zusätzliche blutdrucksenkende Wirkung besitzen, war Anlass, die einzelnen der etwa 20 Rauwolfia-Alkaloide auf ihre antihypertone Wirkung hin zu untersuchen. Dabei stellte sich Reserpin (**Abb. 2.20**) als das wirksamste heraus. Reserpin war das erste Arzneimittel, das aufgrund einer Interaktion mit

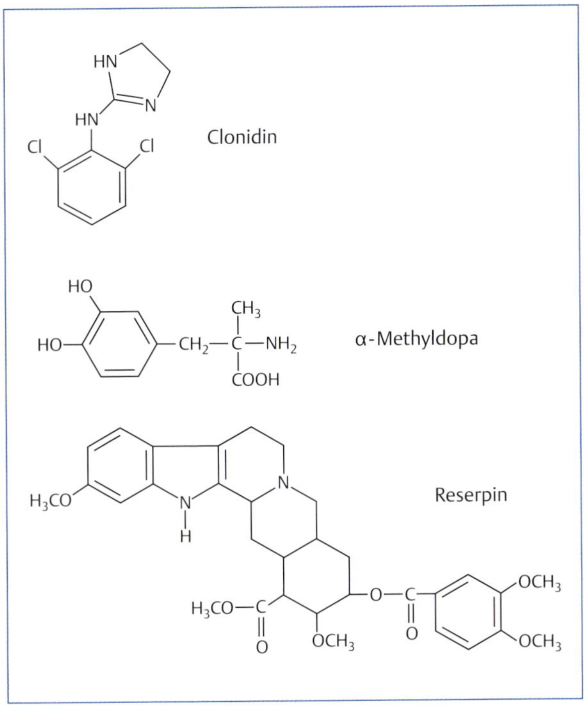

Abb. 2.20 Strukturformeln von Antisympathotonika.

dem sympathischen Nervensystem eine Blutdrucksenkung ermöglichte. Mit der Einführung von Reserpin begann die Ära der effektiven Therapie des Bluthochdrucks.

Pharmakodynamik Das stark lipophile Alkaloid Reserpin hat eine hohe Affinität zu Speichervesikeln peripherer und zentraler (nor-)adrenerger Neurone. Durch eine quasi irreversible Bindung an den Membranen der Vesikel wird die Mg^{2+}-abhängige ATPase gehemmt, die für die Aufnahme und Speicherung von Noradrenalin notwendig ist. Damit verlieren die Vesikel ihre Speicherfähigkeit, Noradrenalin gelangt ins Axoplasma und wird durch die mitochondriale MAO abgebaut (**Abb. 2.3**). Da auch die Aufnahme von Dopamin in die Vesikel und damit die Synthese von Noradrenalin in den Vesikeln gehemmt wird, kommt es zu einer Verarmung an Noradrenalin in peripheren und zentralen Neuronen. Konsequenz ist eine verminderte Freisetzung von Noradrenalin in den synaptischen Spalt und damit ein Absinken des peripheren Gefäßwiderstandes. Blutdruck, Herzfrequenz und Herzzeitvolumen nehmen ab; bei chronischer Gabe von Reserpin normalisiert sich das Herzzeitvolumen wieder. Die Senkung des Blutdrucks setzt langsam ein (Maximum etwa 24 h nach Applikation) und hält über Tage an, da aufgrund der praktisch irreversiblen Störung der Vesikelfunktionen erst neue Vesikel gebildet werden müssen. Auch das Nebennierenmark ist von dieser Wirkung betroffen. Entscheidend für die kreislaufdepressive Wirkung von Reserpin ist aber die Wirkung auf das ZNS.

Neben (nor-)adrenergen Neuronen führt Reserpin im ZNS auch an dopaminergen und serotonergen Neuronen zu einer lang anhaltenden Entleerung der Transmitterspeicher. Es kommt also zu einer generellen Verarmung des ZNS an Monoaminen. Aufgrund dieser zentralen Wirkung wurde Reserpin früher als Neuroleptikum zur Behandlung von Psychosen (z.B. Schizophrenien) und als Sedativum beim Tier eingesetzt. Heute stellen die zentralen Wirkungen von Reserpin nur noch unerwünschte Nebenwirkungen bei der Bluthochdruckbehandlung dar und schränken die therapeutische Anwendbarkeit der Substanz ein.

Indikation, Dosierung Die Häufigkeit der Verwendung von Reserpin als allein verordnetes Antihypertensivum ist in den letzten Jahren zurückgegangen, vor allem aufgrund seiner zentralnervösen Nebenwirkungen und der Verfügbarkeit besser verträglicher Präparate. In Kombination mit anderen Antihypertonika wird es aber immer noch angewendet. Die üblichen Tagesdosen beim Menschen betragen 0,05–0,25 mg.

Nebenwirkungen, Toxizität Der Ausfall des Sympathikus und die damit verbundene Dominanz des Parasympathikus kann zu orthostatischen Beschwerden, Bradykardie und gastrointestinalen Beschwerden mit Erbrechen, gesteigerter Magensaftproduktion und Magen-Darm-Motilität mit Durchfall führen. Der erniedrigte Blutdruck hat eine gesteigerte Retention von Natrium und Wasser in der Niere zur Folge. Aufgrund der zentralnervösen Wirkung kommt es zu Sedation und Depressionen sowie (durch Dopaminverarmung bei hohen Dosen) zu Parkinson-ähnlichen, extrapyramidalen Symptomen. Aufgrund der Nebenwirkungen wird Reserpin heute kaum noch als Antihypertonikum verwendet.

α-Methyldopa

Die Aminosäure α-Methyldopa (**Abb. 2.20**) ist ein am α-C-Atom methyliertes Analogon von L-Dopa, der physiologischen Vorstufe von Dopamin und Noradrenalin. α-Methyldopa gelangt wie L-Dopa in periphere und zentrale noradrenerge und dopaminerge Neurone. Wie L-Dopa wird auch α-Methyldopa durch die Dopa-Decarboxylase decarboxyliert, das entstehende α-Methyldopamin dann wie Dopamin in noradrenergen Neuronen durch die Dopamin-β-Hydroxylase hydroxyliert. Das entstehende α-Methylnoradrenalin ist in peripheren und zentralen noradrenergen Neuronen ein „falscher Transmitter", d. h., es wird wie Noradrenalin gespeichert, freigesetzt und wiederaufgenommen.

Pharmakodynamik Zunächst dachte man, dass die blutdrucksenkende Wirkung von α-Methyldopa auf einer Beeinträchtigung der Synthese von Noradrenalin beruht, da der anstelle von Noradrenalin gebildete falsche Transmitter α-Methylnoradrenalin an peripheren Adrenozeptoren schwächer wirkt als Noradrenalin. Inzwischen wird aber angenommen, dass die zentralen Wirkungen von α-Methyldopa die entscheidende Bedeutung für den blutdrucksenkenden Effekt der Substanz haben. Das aus α-Methyldopa entstehende α-Methylnoradrenalin hat zu zentralen α_2-Rezeptoren im unteren Hirnstamm (Nucleus tractus solitarii) eine höhere Affinität als Noradrenalin selbst. Da zudem α-Methylnoradrenalin wesentlich langsamer inaktiviert wird als Noradrenalin, wirkt es wahrscheinlich stärker und länger am α_2-Rezeptor als Noradrenalin. Die Wirkung von α-Methyldopa ähnelt deshalb der von Clonidin, setzt aber langsamer ein, da zunächst α-Methylnoradrenalin gebildet werden muss. Durch Stimulation von postsynaptischen α_2-Rezeptoren im Nucleus tractus solitarii, d. h. dem sympathischen Kreislaufzentrum, kommt es zu einer Senkung des peripheren Sympathikustonus, und die periphere Freisetzung von Noradrenalin aus Varikositäten wird reduziert. Die zentral induzierte antihypertensive Wirkung kommt vor allem durch eine Erniedrigung des peripheren Gefäßwiderstandes, weniger durch eine Senkung des Herzzeitvolumens zustande. Eine Senkung des Herzzeitvolumens spielt nur am Anfang der Behandlung eine Rolle.

Die Wirkungen von α-Methyldopa sind nicht auf noradrenerge Neurone beschränkt, da α-Methyldopa auch in dopaminerge Neurone aufgenommen und weiter verstoffwechselt wird. Konsequenz ist die Bildung des falschen Transmitters α-Methyldopamin, der anstelle von Dopamin gespeichert und freigesetzt wird. Durch die schwächere Wirkung des falschen Transmitters kommt es zu Reserpin-ähnlichen, zentralen Nebenwirkungen.

Pharmakokinetik α-Methyldopa wird nach oraler Gabe schnell zu etwa 50 % resorbiert und rasch eliminiert (Halbwertszeit etwa 2 h). Aufgrund des Wirkungsmechanismus wird ein Wirkungsmaximum aber erst nach 6–8 h erreicht, und die Wirkung hält für etwa 24 h an.

Indikation, Dosierung Wegen der häufigen Nebenwirkungen gehört α-Methyldopa ähnlich wie Reserpin nicht zu den Antihypertensiva der ersten Wahl. Vor allem in Kombination mit Diuretika ist α-Methyldopa aber ein sehr effektives Antihypertensivum. Die therapeutisch verwendeten Dosierungen liegen beim Menschen bei bis zu 2 g pro Tag (auf mehrere Einzeldosen verteilt).

Nebenwirkungen, Toxizität Aufgrund der zentralen Wirkungen kommt es relativ häufig zu Sedation, Depressionen und Parkinson-ähnlichen, extrapyramidalen Symptomen. Wie bei anderen Antisympathotonika treten gastrointestinale und orthostatische Beschwerden, Libido- und Potenzstörungen und erhöhte renale Natrium- und Wasserretention auf. Charakteristisch für α-Methyldopa sind unerwünschte Wirkungen allergischer Natur: kutane Reaktionen, Arzneimittel-Fieber und (selten) hämolytische Anämie. Aufgrund der Nebenwirkungen wird α-Methyldopa heute kaum noch als Antihypertonikum verwendet.

Clonidin

Das Imidazolinderivat Clonidin (**Abb. 2.20**) ist wie andere Imidazolinderivate (z. B. Oxymetazolin und Xylometazolin, **Abb. 2.11**) ein selektives α-Sympathomimetikum. Wie andere Imidazolinderivate wurde Clonidin zunächst zur lokalen Abschwellung der Nasenschleimhaut entwickelt und klinisch eingesetzt. Dabei fiel auf, dass die Substanz nach Resorption im Gegensatz zu anderen α-Sympathomimetika zu Blutdrucksenkung, Bradykardie und Sedation führt. Clonidin penetriert sehr gut in das ZNS, was die unterschiedliche Wirkung der Substanz erklärt. Clonidin hat eine höhere Affinität zu prä- und postsynaptischen α_2-Rezeptoren als zu α_1-Rezeptoren.

Pharmakodynamik Nach Gabe von Clonidin kommt es initial durch Stimulation peripherer postsynaptischer (vaskulärer) α-Rezeptoren zu einem kurzanhaltenden Blutdruckanstieg. Danach sinkt der Blutdruck aufgrund eines absinkenden Herzzeitvolumens ab, bei länger andauernder Verabreichung auch aufgrund einer Senkung des peripheren Gefäßwiderstandes. Die blutdrucksenkende Wirkung ist auf die zentrale Wirkung von Clonidin zurückzuführen. Die Substanz penetriert ins ZNS und stimuliert dort im unteren Hirnstamm (Nucleus tractus solitarii) postsynaptische α_2-Rezeptoren. Durch diese Wirkung im sympathischen Kreislaufzentrum wird ähnlich wie bei α-Methyldopa der sympathische Tonus der Peripherie gesenkt und der Vagustonus überwiegt. Diese Wirkung von Clonidin lässt sich durch zentral wirksame α_2-Adrenolytika (z. B. Yohimbin) aufheben. Die zentral ausgelöste antihypertensive Wirkung von Clonidin wird unterstützt durch eine Verminderung der peripheren Freisetzung von Noradrenalin aufgrund der Stimulation präsynaptischer α_2-Rezeptoren an Varikositäten durch Clonidin. Dadurch wird z. B. die Reninfreisetzung aus dem juxtaglomerulären Apparat der Niere reduziert.

Die zentralen Wirkungen von Clonidin sind nicht auf das sympathische Kreislaufzentrum im Hirnstamm beschränkt. Aufgrund der Wirkung auf α-Rezeptoren in anderen Regionen des ZNS kommt es zu einer bei Bluthochdruckpatienten unerwünschten sedativen Wirkung. Außerdem hat Clonidin beim Menschen eine analgetische Wirkung, die im Gegensatz zu morphinartigen Analgetika nicht mit atemdepressiven oder suchterzeugenden Wirkungen verbunden ist. Aufgrund dieser zentralen Wirkungen ist Clonidin beim Menschen versuchsweise in der Narkoseprämedikation eingesetzt worden. In den letzten Jahren wurden eine Reihe von selektiven α_2-Sympathomimetika mit zentraler Wirkung, die in der Tiermedizin schon lange im Einsatz sind, als Sedativa und Analgetika für den Menschen entwickelt (z. B. **Medetomidin**). Diese Substanzen könnten möglicherweise eine Alternative zu morphinartigen Analgetika sein.

Zu beachten ist, dass Xylazin, das etwa zeitgleich mit Clonidin entwickelt wurde und ihm strukturell sehr ähnlich ist, in seinen peripheren und zentralen Wirkungen Clonidin entspricht, da es wie Clonidin ein peripher und zentral wirksames α-Sympathomimetikum ist. Xylazin wurde aber im Gegensatz zu Clonidin nicht zur Bluthochdruckbehandlung des Menschen eingeführt, sondern als Sedativum und Analgetikum für Tiere. Auch beim Tier hat Clonidin die oben beschriebenen blutdrucksenkenden, sedativen und analgetischen Wirkungen. In der Tiermedizin sind neue, Xylazin- bzw. Clonidin-ähnliche, zentral wirksame α_2-Sympathomimetika zur Sedation und Analgesie im Einsatz: **Romifidin**, **Medetomidin** und **Detomidin**. Da diese Substanzen nicht aufgrund ihrer Wirkung auf den Sympathikus eingesetzt werden, werden sie bei der Besprechung der Pharmakologie des ZNS (S. 165) näher erläutert.

Indikation, Dosierung Clonidin gilt als Antihypertensivum der 2. Wahl, weil es häufig zu ausgeprägter Sedation führt. Neben seiner Bedeutung als Antihypertensivum findet Clonidin therapeutische Anwendung beim Opiat-Entzug. Die symptomatische Milderung des Abstinenz-Syndroms wird auf die Hemmung der Noradrenalinfreisetzung durch Stimulation präsynaptischer α_2-Rezeptoren im ZNS zurückgeführt. Weiterhin wird Clonidin beim Menschen in der Migränebehandlung eingesetzt.

Nebenwirkungen, Toxizität Im Vordergrund der unerwünschten Wirkungen von Clonidin stehen Sedation sowie Abschwächung von Libido und Potenz. Im Gegensatz zu anderen Antisympathotonika kommt es zu ausgeprägter Mundtrockenheit, Hemmung der Magensaftsekretion und Obstipation, was auf eine Hemmung der Acetylcholinfreisetzung durch Stimulation von präsynaptischen α_2-Adrenozeptoren an cholinergen Nerven (**Tab. 2.1**) zurückzuführen ist. Orthostatische Beschwerden sind seltener als bei Reserpin oder Guanethidin, da sympathische Reflexe noch erhalten bleiben. Bei plötzlichem Absetzen nach längerer Behandlung kann es zu einem Entzugssyndrom (Rebound-Phänomen) mit krisenhaftem Blutdruckanstieg und Tachykardie kommen. Deshalb muss bei Beendigung einer Therapie die Dosis langsam (d. h. über mehrere Tage) graduell verringert werden. Die Wirkung von anderen zentral dämpfenden Substanzen (z. B. Alkohol, Sedativa, Hypnotika) wird durch Clonidin stark potenziert. Bei Überdosierung mit Clonidin kann es neben einer Verstärkung der Kreislaufeffekte und der Sedation zu Atemdepression kommen. Aufgrund der Nebenwirkungen wird Clonidin heute nur noch als Reservemittel zur Blutdrucksenkung sowie bei hypertensiven Krisen verwendet.

(Weiterführende) Literatur

[1] Adams R. Veterinary Pharmacology and Therapeutics. Ames, Iowa: State University Press; 1995

[2] Arch JRS, Ainsworth AT, Cawthorne MA, Piercy V, Sennitt MV, Thody VE, Wilson C, Wilson S. Atypical β-adrenoceptor on brown adipocytes as target for anti-obesity drugs. Nature 1984; 309: 163–165

[3] Brunton LL, Chanber BA, Knollmann BC (Eds.): Goodman & Gilman's The Pharmacological Basis of Therapeutics. 12th Edition. New York: McGraw-Hill; 2011

[4] Riviere JE, Papich MG (Eds.): Veterinary Pharmacology & Therapeutics. 9th Ed. Ames, Iowa: Wiley-Blackwell; 2009

FAZIT SYMPATHIKUS

- Die Effekte des Sympathikus können pharmakologisch **durch direkte und indirekte Sympathomimetika verstärkt** oder **durch Adrenolytika und Antisympathotonika gehemmt** werden.
- **Direkte Sympathomimetika** wirken durch **Bindung an Adrenozeptoren**. Durch eine bevorzugte Bindung an α-, β- oder beide Adrenozeptortypen werden differenzierte Anwendungen möglich (z. B. Bronchospasmolyse durch β_2-Mimetika). Catecholamine werden überwiegend zur Notfalltherapie (anaphylaktischer Schock: Adrenalin; kardiovaskulärer Schock: Dopamin) oder als Sperrkörperzusatz bei Lokalanästhetika (Adrenalin, Noradrenalin) eingesetzt.
- **Indirekte Sympathomimetika** erhöhen die **Noradrenalinkonzentration am Adrenozeptor** durch **Verstärkung seiner Freisetzung** in den Varikositäten und **Hemmung seiner Wiederaufnahme.** Sie werden beim Tier u. a. zur Therapie der kastrationsbedingten Incontinentia urinae eingesetzt. Einige indirekte Sympathomimetika können die Blut-Hirn-Schranke penetrieren und auch zentrale Effekte hervorrufen (Ephedrin, Amphetamin).
- **Adrenolytika blockieren** entweder **α- oder β-Adrenozeptoren**. Die Effekte hängen davon ab, welche Adrenozeptortypen an den Erfolgsorganen überwiegen und für welche der α- oder β-Adrenozeptor-Subtypen die Adrenolytika selektiv sind. Klinisch spielt das **α_2-Adrenolytikum Atipamezol** beim Tier zur Antagonisierung von zentral wirksamen α_2-Mimetika wie Medetomidin eine Rolle. **β-Blocker** finden beim Tier z. B. zur Behandlung bzw. Prophylaxe kardiovaskulärer Erkrankungen Einsatz.
- **MAO-Hemmstoffe inhibieren die Inaktivierung von Noradrenalin und Adrenalin**, wodurch sich deren Konzentration an Adrenozeptoren erhöht (Einsatz von Deprenyl zur Verhaltenstherapie beim Hund).
- **Antisympathotonika** führen durch **Stimulation zentraler α_2-Rezeptoren und peripherer präsynaptischer α-Rezeptoren** zu einer **verminderten Freisetzung von Noradrenalin** mit konsekutiver Blutdrucksenkung. Beim Tier finden α_2-Agonisten wie Xylazin (S. 165) aufgrund ihrer sedativen, analgetischen und muskelrelaxierenden Wirkung Anwendung.

3 Periphere und zentral wirksame Mediatoren

H. Fink, J.-P. Voigt

Periphere Mediatoren (auch Autakoide genannt) werden aus bestimmten Zellen und Zellverbänden freigesetzt und lösen meist parakrine Effekte aus. Zu diesen Mediatoren gehören **Histamin**, **Serotonin**, **Angiotensin** und die **Eicosanoide**, die auch im ZNS als Überträgerstoffe dienen. Nachdem nicht nur die physiologischen Funktionen dieser Mediatoren bekannt waren, sondern auch welche Schlüsselrolle sie in der Pathogenese bestimmter Erkrankungen spielen, ist in der pharmakologischen Forschung das Ziel verfolgt worden, Arzneimittel mit Angriffspunkten an den Systemen dieser Mediatoren zu entwickeln. Im vorliegenden Abschnitt werden die Biosynthese, der Abbau sowie die biologischen Wirkungen von Histamin, Serotonin, Angiotensin und der Eicosanoide vorgestellt und die davon abgeleiteten pharmakotherapeutischen Ansätze erläutert.

3.1 Histamin

3.1.1 Historische Betrachtung

Nachdem 1907 Histamin synthetisiert wurde, begann die Suche nach Antihistaminika. Ein Histaminasepräparat scheiterte. In Analogie zum adrenergen und cholinergen System nahmen 1937 Daniel Bovet (Nobelpreis für Medizin, 1957) und Anne-Marie Staub an, dass die Suche nach Antagonisten am Histaminrezeptor sinnvoll sei und präsentierten 1939 positive Ergebnisse mit dem ersten Antagonisten. Viele weitere Substanzen wurden untersucht, und die ersten therapeutisch genutzten Antihistaminika waren Diphenhydramin und Mepyramin. In den nächsten 10 Jahren wurden 5 000 Substanzen mit dem Ziel, Antihistaminika zu entwickeln, synthetisiert. Die ersten Antihistaminika waren sedativ wirksam. Vorteil der nächsten Generation von Antihistaminika war die auf die Peripherie beschränkte Wirkung.

1972 haben Sir James W. Black (Nobelpreis für Medizin, 1988) und seine Mitarbeiter die Histamin-Rezeptoren an Magen und Lunge unterschieden und charakterisiert und bereits 1975 Cimetidin als Mittel zur Behandlung von Magenulzera vorgestellt. Jean-Charles Schwartz hat 1983 einen dritten Rezeptor, der im Hirn vorkommt, in klassischen pharmakologischen Untersuchungen dargestellt. Der vierte Rezeptor wurde um die Jahrtausendwende von verschiedenen Arbeitsgruppen kloniert und charakterisiert.

3.1.2 Vorkommen und Synthese

DEFINITION Histamin ist ein basisches Amin (**Abb. 3.1**), das in Säugetieren durch Histidindecarboxylase aus der Aminosäure Histidin gebildet wird.

Es kommt in vielen Organen vor, am häufigsten jedoch in der **Lunge**, der **Haut** und in besonders hohen Konzentrationen im **Gastrointestinaltrakt**. Zellulär kommt Histamin in **Mastzellen**, in denen der Histamingehalt am höchsten ist, in **basophilen Leukozyten** und **Thrombozyten** des Blutes, aber auch in **histaminspeichernden Zellen („Histaminozyten") des Magens** und in **Neuronen des Gehirns** vor.

Im Gehirn ist die Histaminkonzentration im Vergleich zur Peripherie gering. Dennoch ist das neuronale Histamin als Neurotransmitter wirksam. In Mastzellen und basophilen Granulozyten wird Histamin im Komplex mit Heparin und saurem Protein in intrazellulären Granula gespeichert. Es wird dort durch Exozytose im Verlauf von inflammatorischen oder allergischen Reaktionen freigesetzt. Der Histamingehalt verschiedener Organe zeigt eine deutliche Speziesabhängigkeit (**Tab. 3.1**). Besonders empfindlich gegenüber Histamin sind Hund und Pferd.

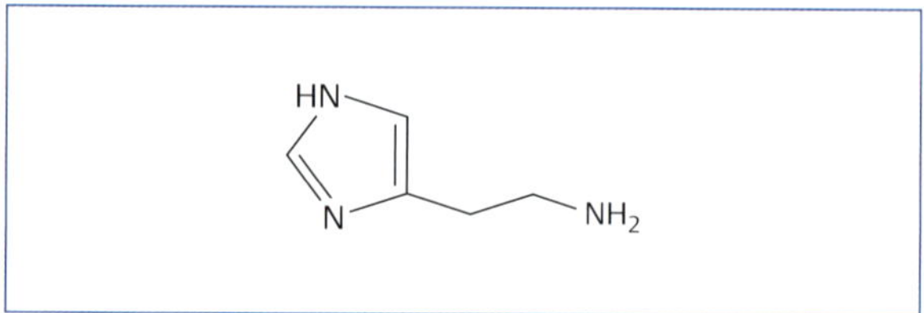

Abb. 3.1 Histamin.

Tab. 3.1 Histamingehalte in Geweben in µg/g Frischgewebe (nach Golbs u. Scherkl, 1. Auflage dieses Lehrbuchs, 1996).

Spezies	Lunge	Leber	Magen	Milz	Bauchhaut
Schwein	222,0 ± 35,0	21,4 ± 7,8	150,0 ± 66,7	44,8 ± 5,4	29,6 ± 6,2
Hund	66,8 ± 45,4	38,3 ± 16,0	101,0 ± 15,0	20,9 ± 10,5	18,5 ± 7,0
Kaninchen	16,9 ± 11,5	2,3 ± 1,4	10,0 ± 4,5	47,9 ± 15,7	–
Mensch	24,1 ± 17,6	3,9 ± 2,6	13,6 ± 5,6	2,8 ± 1,8	4,8 ± 3,4

3.1.3 Freisetzung

Verschiedene Mechanismen können eine Histaminfreisetzung bewirken:

- Allergische Typ-1-Reaktionen (IgE-vermittelt): IgE-Antikörper binden an einen IgE-spezifischen Rezeptor (Fcε-RI-Rezeptor) auf der Oberfläche von Mastzellen und Basophilen. Eine Kreuzvernetzung (cross-linking) von mehreren derart gebundenen IgE durch weitere Antigenexposition bewirkt dann die Degranulation der sensibilisierten Zelle.
- Anaphylatoxine wie die Komponenten des Komplementsystems C 3a und C 5a, die mit spezifischen Oberflächenrezeptoren der Mastzellen interagieren, setzen ebenfalls Histamin frei.
- Histamin wird außerdem bei verschiedenen unspezifischen Zellschädigungen freigesetzt. Eine Reihe basischer Verbindungen, Peptide und Zytokine bewirken auch eine Mastzellaktivierung.

Der Freisetzung geht, wie auch bei anderen sekretorischen Prozessen, ein Anstieg der intrazellulären Ca^{2+}-Konzentration voraus.

Neben einer Freisetzung von Histamin durch verschiedene Arzneimittel kann es auch durch Aufnahme histaminreicher Nahrung (z. B. Käse) bei gleichzeitig insuffizientem Histaminabbau zu erhöhten Histaminkonzentrationen kommen (Histaminunverträglichkeit).

3.1.4 Metabolismus

Histamin wird durch Diaminoxidase (DAO, früher: Histaminase) oxidativ in mehreren Schritten zu Imidazolessigsäure desaminiert oder durch das methylierende Enzym Histamin-N-Methyltransferase methyliert und anschließend durch Monoaminoxidase B (MAO-B; Gehirn, Peripherie) bzw. DAO (Peripherie) und Aldehyd-Dehydrogenase in t-N-Methylimidazolylessigsäure umgewandelt. Voraussetzung ist die zelluläre Aufnahme des Histamins.

3.1.5 Rezeptoren

Histamin wirkt über die G-Protein-gekoppelten Histamin1 (H_1)-, H_2-, H_3- und H_4-Rezeptoren. Über H_1-Rezeptoren werden die Symptome der allergischen Reaktion vom Sofort-Typ ausgelöst, der H_2-Rezeptor ist an der Kontrolle der Magensäuresekretion beteiligt. H_3-Rezeptoren kommen im Gehirn als präsynaptische Autorezeptoren vor und hemmen die Freisetzung von Histamin, als Heterorezeptoren regulieren sie die Freisetzung verschiedener Neurotransmitter. H_4-Rezeptoren befinden sich auf Immunzellen und spielen bei der Ausprägung von Juckreiz eine Rolle. Die pharmakologischen Eigenschaften der G-Protein-gekoppelten Histamin-Rezeptoren zeigen Speziesunterschiede, die bei der Wirkstoffentwicklung und Arzneimitteltherapie beachtet werden müssen.

3.1.6 Physiologische und pathophysiologische Effekte

Die wichtigsten Wirkungen von Histamin sind:

- Stimulation der Säuresekretion im Magen (H_2-Rezeptor): Dieser Effekt spielt eine Rolle bei der Pathogenese peptischer Ulzera.
- Kontraktion der glatten Muskulatur des Ileums (beim Meerschweinchen stark ausgeprägt), der Bronchien, Bronchiolen und des Uterus, aber nicht der Blutgefäße (H_1-Rezeptor). Histamin vermindert den Fluss der Atemluft in der ersten Phase des Bronchialasthmas.
- Histamin bewirkt eine Vasodilatation (H_1-, H_2-Rezeptor beteiligt) mit der Folge systemischer Hypotonie.
- Erhöhung der vaskulären Permeabilität (H_1-Rezeptor)
- Herzfrequenzanstieg und Steigerung der Herzleistung (kardiale H_2-Rezeptoren)
- Juckreiz (H_1-Rezeptor)
- Sedation: Die zentralnervösen Wirkungen von Histamin im Zentralnervensystem werden durch H_1- und H_3-Rezeptoren vermittelt.

ZUM WEITERLESEN Histamin spielt bei der Regulation des Schlaf-Wach-Rhythmus, des Appetits und kognitiver Leistungen eine Rolle.

Die wichtigsten pathophysiologischen Effekte sind die Bildung von Säure bedingten Magenulzera, die Rolle als Mediator bei Typ-I-allergischen Reaktionen und die Auslösung von Urtikaria.

3.1.7 Pharmakologische Beeinflussung der Histaminwirkungen

Die pathophysiologischen Effekte von Histamin sind therapeutisch durch eine Hemmung der Histaminfreisetzung (Mastzellenstabilisierung) oder durch kompetitive Antagonisten oder inverse Agonisten an Histamin-Rezeptoren zu beeinflussen.

ZUM WEITERLESEN Agonistische Wirkungen am Histamin-Rezeptor werden nur für wenige und spezielle Indikationen genutzt:

- Zur Behandlung der akuten myeloischen Leukämie wird im Rahmen einer Immuntherapie Interleukin-2 mit Histamindihydrochlorid kombiniert. Histamindihydrochlorid schützt über einen nicht ganz geklärten Mechanismus die Lymphozyten, die für die Zerstörung von Leukämiezellen verantwortlich sind.
- Zur Diagnostik von Asthma bronchiale kann eine inhalative Histaminprovokation durchgeführt werden.
- Betahistin wird zur Behandlung von Schwindelanfällen beim Morbus Meniere verwendet. Es ist strukturverwandt mit Histamin und zeigt agonistische Wirkungen am H_1-Rezeptor. Der genaue Wirkungsmechanismus ist unklar.

Stimulation der Histaminfreisetzung

Dieser Effekt tritt als unerwünschte Wirkung bei einer Reihe von Arzneimitteln auf. Opioide (z. B. Pethidin, Morphin) setzen nach i. v. Applikation Histamin frei. Diese Wirkung betrifft Mastzellen in der Zirkulation und wird nicht über den Opioidrezeptor vermittelt. Acetylsalicylsäure und Heparin gehören gleichfalls zu den Histamin-freisetzenden

Pharmaka. Einige Bienen- und Wespengifte sowie jodhaltige Röntgenkontrastmittel, Polyvinylpyrrolidon und Plasmaexpander sind ebenfalls Histaminliberatoren. Die Histaminfreisetzung durch die genannten Substanzen erfolgt ohne Beteiligung des Immunsystems.

Hemmung der Histaminfreisetzung

Mastzellstabilisatoren (Cromoglicinsäure, Nedocromil, Ketotifen) können die Histaminfreisetzung bei allergischen Erkrankungen hemmen. In Deutschland sind aus dieser Gruppe keine Tierarzneimittel zugelassen. Glucocorticoide und Pharmaka, die die intrazelluläre cAMP-Konzentration erhöhen (z. B. β-Rezeptor-Agonisten), hemmen ebenfalls die Histaminfreisetzung.

Antihistaminika

Während Agonisten an Histamin-Rezeptoren gegenwärtig nur eine sehr eingeschränkte Bedeutung besitzen, können durch Antagonisten oder inverse Agonisten an verschiedenen Histamin-Rezeptoren die vorher beschriebenen Effekte des Histamins aufgehoben werden.

Die H_1-Rezeptor-Antagonisten wurden bereits in den 30er Jahren des letzten Jahrhunderts eingeführt, obwohl die Klassifikation der Histamin-Rezeptoren zu diesem Zeitpunkt noch nicht existierte. Aus diesem historischen Grund bezog sich der Begriff Antihistaminika zunächst auf diese Gruppe („klassische Antihistaminika") von Antagonisten. H_2-Antagonisten sind ebenfalls „Antihistaminika". H_1-Rezeptor-Antagonisten beeinflussen inflammatorische und allergische Prozesse, während H_2-Antagonisten die Magensäuresekretion hemmen.

H_1-Antihistaminika (H_1-Rezeptor–Antagonisten)

H_1-Antihistaminika werden häufig auch als H_1-Rezeptor–Antagonisten bezeichnet. Da sie inverse Agonisten (S. 26) sind, reflektiert die neue Terminologie ihren Wirkungsmechanismus besser. Die H_1-Antihistaminika werden in zwei Gruppen unterteilt. Die älteren überwinden die Blut-Hirn-Schranke, sind deshalb ZNS-wirksam und haben sedative bis hypnotische Effekte. In der Humanmedizin werden H_1-Antihistaminika aufgrund ihres geringen Abhängigkeitspotenzials als Schlafmittel eingesetzt (Doxylamin). Die älteren H_1-Antihistaminika wirken weder selektiv am H_1-Rezeptor, noch ist ihre Wirkung auf das histaminerge System begrenzt. Sie wirken außerdem adrenolytisch und anticholinerg. Der Histaminantagonist Cyproheptadin ist ein Antagonist am 5-HT_2-Rezeptor und wird zur Behandlung von Kälteurtikaria eingesetzt.

Die neueren Vertreter wirken nicht sedierend, da sie die Blut-Hirn-Schranke nicht passieren.

KLINISCHER BEZUG In der Veterinärmedizin werden H_1-Antihistaminika der ersten Generation vorwiegend zur Behandlung von allergischem Pruritus bei Hund und Katze eingesetzt. Lokale Anwendungen sind bei Insektenstichen möglich. Sie werden auch als Adjuvans bei der Behandlung des anaphylaktischen Schocks (S. 390) benutzt.

Darüber hinaus besitzen H_1-Antihistaminika eine antiemetische Wirkung (Reisekrankheit), einige (z. B. Diphenhydramin, Promethazin) auch eine lokalanästhetische.

H_2-Rezeptor–Antagonisten

Indikation der H_2-Rezeptor-Antagonisten (z. B. Ranitidin) ist die Hemmung der Magensäuresekretion aus den Parietalzellen der Magenschleimhaut. Die daraus folgende Anwendung ist die Therapie des peptischen Ulkus (S. 285). Sie werden auch bei weiteren Magenerkrankungen, z. B. funktionelle Dyspepsie, eingesetzt.

H_3- und H_4-Liganden

Es gibt gegenwärtig noch keine klinischen Anwendungen von H_3- und H_4-Rezeptor-Liganden. Mit dem inversen Agonisten Pitolisant befindet sich ein Medikament gegen Narkolepsie in der klinischen Testung. Für H_3-Rezeptor-Antagonisten wird außerdem eine mögliche Anwendung zur Behandlung kognitiver Störungen diskutiert, während H_4-Rezeptor-Antagonisten eine Rolle bei der Behandlung von Juckreiz und Entzündungserkrankungen (Asthma, Kolitis) spielen könnten.

3.2 Serotonin

3.2.1 Historische Betrachtung

Die Geschichte der Entdeckung von Serotonin (5-Hydroxytryptamin, 5-HT) begann in den 30er Jahren des letzten Jahrhunderts. Unabhängig voneinander untersuchten in Italien Erspamer mit seinen Mitarbeitern und in den USA Page und seine Mitarbeiter die Wirkungen ein und derselben Substanz. Erspamer, der an enterochromaffinen Zellen des Magen-Darm-Traktes arbeitete, nannte seinen Wirkstoff in Anlehnung an die biologische Wirkung, die er auslöste, Enteramin. Page suchte nach vasokonstriktorischen Faktoren und fand einen „serum vasoconstrictor", der aus Blutplättchen freigesetzt wurde. Der Chemiker Rapport stand vor dem großen Problem der Isolation des „serum vasoconstrictors". Nach der Reindarstellung und Charakterisierung des nun von Rapport „Serotonin" genannten Faktors begann ein langer Prozess der Strukturaufklärung. 1949 hat Rapport den Strukturvorschlag publiziert. Zu einer wahren Flut an Ergebnissen aus Untersuchungen zu den Wirkungen von Serotonin kam es, als die Australier Reid und Rand Anfang der 50er-Jahre den Schluss zogen, dass es ein und dieselbe Substanz sei, die Erspamer und Rapport so sehr beschäftigt hatte.

3.2.2 Vorkommen und physiologische Funktionen von Serotonin

Ungefähr 90 % des im Körper vorkommenden Serotonins befinden sich im Gastrointestinaltrakt, wobei die enterochromaffinen Zellen die Hauptmenge enthalten. Nur ein Zehntel des intestinalen Serotonins enthalten die Neuronen des enterischen Nervensystems. Etwa 5 % des körpereigenen Serotonins sind in Thrombozyten, Mastzellen, peripheren Arterien und inneren Organen verteilt. Die restlichen 5 % des Gesamtkörpergehalts an Serotonin befinden sich im ZNS.

Im Darm reguliert Serotonin die Darmmotilität, die Sekretion, steigert peristaltische Reflexe und die Flüssigkeitsretention. Die lokale Serotoninfreisetzung führt zu einer Aktivierung sensorischer Neurone im enterischen Nervensystem und zu einer Aktivierung vagaler Afferenzen.

Serotonin aus den enterochromaffinen Zellen wird auch an das Blut abgegeben, gelangt in verschiedene Gewebe und übt eine Vielzahl von Funktionen aus: Das im Blutkreislauf befindliche Serotonin wird zu 99 % in Thrombozyten gespeichert. In Thrombozyten gespeichertes Serotonin ist für die Aufrechterhaltung der primären Hämostase notwendig. Weiterhin hat Serotonin einen mitogenen Effekt auf glatte Muskelzellen, ist an der Hepatozytenproliferation bei der Leberregeneration beteiligt und kontrolliert Schritte in der Embryonalentwicklung.

Im Gehirn liegt der Großteil der serotonergen Neurone in den Raphekernen im Hirnstamm. Sie werden in eine kraniale und eine kaudale Zellgruppe unterteilt. Aus den kaudalen Raphekernen ziehen die Projektionen zum Rückenmark, zu den Hirnstammkernen und zum Kleinhirn. Die serotonergen Neurone aus dem kranialen Kernkomplex innervieren alle wichtigen kortikalen und subkortikalen Hirnareale wie Großhirnrinde, Thalamus, Hypothalamus, limbisches System, Basalganglien.

Die Gesamtzahl der Rapheneurone im Gehirn ist relativ gering. Eine Besonderheit der Rapheneurone ist jedoch ihre große Anzahl an Kollateralen, wodurch gleichzeitig unterschiedliche biologische Effekte ausgelöst bzw. unterschiedliche physiologische Funktionen beeinflusst werden können. Außerhalb der Raphekerne gibt es nur wenige serotonerge Neurone.

Das zentrale Serotoninsystem ist an der Kontrolle vieler Hirnfunktionen beteiligt und reguliert Stimmungen (von Angst bis depressiver Verstimmung), Schlaf-Wach-Rhythmus, Lernen und Gedächtnis, Nahrungsaufnahme, Sexualverhalten und wird mit vielen Erkrankungen im Zusammenhang gesehen (Depression, Angststörung, Essstörungen, Demenz, Schizophrenie).

Insgesamt erscheint es, dass Serotonin vorwiegend modulatorische Funktionen erfüllt, da ein fast kompletter Ausfall des serotonergen Systems nach Neurotoxinläsion so gut kompensiert wird, dass kaum Folgen für das Verhalten nachzuweisen sind.

Serotonin kann die Blut-Hirn-Schranke nicht überwinden. Deshalb existieren das zentrale System, in dem Serotonin die Aufgaben eines Transmitters erfüllt, und das periphere System, in dem Serotonin sowohl als parakrines Signalmolekül als auch als Neurotransmitter fungiert, weitgehend getrennt voneinander. Diese Dualität des Serotoninsystems ist für alle Vertebraten charakteristisch.

3.2.3 Serotoninsynthese, -abbau und -transport

Serotonin wird aus der essenziellen Aminosäure L-Tryptophan in einer zweistufigen Reaktion synthetisiert. Der erste Schritt ist geschwindigkeitsbestimmend. Durch eine Tryptophanhydroxylase wird 5-Hydroxytryptophan (5-HTP) hergestellt. Die Tryptophanhydroxylase (TPH) existiert in zwei Isoformen, in peripheren Geweben finden wir TPH1, im ZNS TPH2. Anschließend wird 5-Hydroxytryptophan durch die aromatische Aminosäuredecarboxylase zu Serotonin (5-Hydroxytryptamin, 5-HT) decarboxyliert (**Abb. 3.2**).

Als polares Molekül kann Serotonin biologische Membranen nicht passieren und wird aktiv durch Monoamintransporter transportiert. Die Speicherung von Serotonin und auch anderer Monoamine erfolgt in sekretorischen Vesikeln. In diese Vesikel wird Serotonin aus dem Zytoplasma durch einen vesikulären Monoamintransporter aufgenommen, der als Antiport mit Protonen funktioniert.

Der Transporter, der Serotonin selektiv aus dem synaptischen Spalt zurück in das Neuron bringt, ist ein integrales Protein der präsynaptischen Plasmamembran und funktioniert als Symport mit Natrium- und Chloridionen bei gleichzeitigem Antiport von Kaliumionen.

Der Abbau von Serotonin erfolgt durch oxidative Desaminierung, katalysiert durch vornehmlich Monoaminoxydase-A (MAO-A). Das entstehende 5-Hydroxyindolacetaldehyd wird durch die Aldehyddehydrogenase zu 5-Hydroxyindolessigsäure oxidiert und mit dem Urin ausgeschieden (**Abb. 3.2**).

In der Epiphyse und in der Retina wird Serotonin als Ausgangssubstanz für die Melatoninsynthese genutzt.

3.2.4 Serotonin-Rezeptoren

Für die Serotonin-Rezeptoren wurde eine dynamische Einteilung geschaffen, die sich in das System der Klassifikationen pharmakologischer Rezeptoren vom Nomenclature Committee of the International Union of Pharmacology (NC-IUPHAR) einpasst.

Den Vorschlägen dieses Komitees folgend, werden die Subtypen des Serotonin-Rezeptors nach ihrer molekularen Struktur, dem Profil der pharmakologischen Wirkungen und den Prozessen der Signalweiterleitung durch Second-Messenger-Systeme eingeteilt. Zum jetzigen Zeitpunkt werden die Serotonin-Rezeptoren entsprechend den Vorschlägen des NC-IUPHAR in 7 Familien mit 16 Rezeptorsubtypen eingeteilt (**Tab. 3.2**).

Bis auf eine Ausnahme sind alle Subtypen des Serotonin-Rezeptors Proteine mit sieben Transmembrandomänen und an G-Proteine gekoppelt. Nur der 5-HT_3-Rezeptor ist ein Liganden-gesteuerter Ionenkanal.

Die Wirkungen von Serotonin sind auch deshalb sehr komplex, da auf einer Zelle/einem Neuron mehrere Serotonin-Rezeptoren unterschiedlichen Typs vorkommen können. In der Peripherie kommen fast alle Rezeptortypen auf den enterischen Neuronen im Verdauungstrakt vor.

3.2.5 Pharmakotherapeutische Ansätze

Für den therapeutischen Einsatz werden folgende pharmakologische Möglichkeiten des Eingriffs in die Prozesse der serotonergen Transmission genutzt:

- Steigerung der Synthese von Serotonin
- Hemmung der Aufnahme in die Präsynapse
- Hemmung des Abbaus und Förderung der Freisetzung
- Stimulation oder Blockade von Rezeptoren

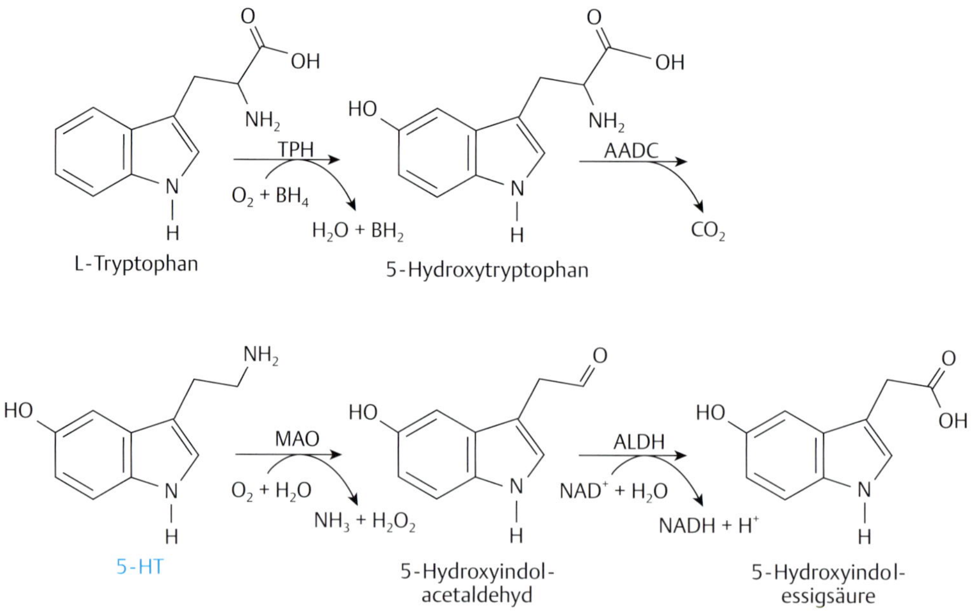

Abb. 3.2 Biosynthese und Abbau von Serotonin (5-HT); AADC = aromatische Aminosäuredecarboxylase, ALDH = Aldehyddehydrogenase, BH_2 = Dihydrobiopterin, BH_4 = Tetrahydrobiopterin, MAO = Monoaminoxidase, TPH = Tryptophanhydroxylase.

Tab. 3.2 Klassifikation der Serotonin-Rezeptoren.

Rezeptorsuperfamilie	Rezeptor-Signal-Transduktion	Wirkung	Rezeptorfamilie	Rezeptortyp
G-Protein-gekoppelte Rezeptoren	cAMP	gehemmt	5-HT_1	▪ 5-HT_{1A} ▪ 5-HT_{1B} ▪ 5-HT_{1D} ▪ 5-ht_{1e}* ▪ 5-HT_{1F}
		stimuliert	5-HT_4	▪ 5-HT_4
			5-ht_5	▪ 5-ht_{5a}* ▪ 5-ht_{5b}*
			5-HT_6	▪ 5-HT_6
			5-HT_7	▪ 5-HT_7
	Phospholipase C	stimuliert	5-HT_2	▪ 5-HT_{2A} ▪ 5-HT_{2B} ▪ 5-HT_{2C}
Ionenkanal-gekoppelte Rezeptoren	–	Öffnung	5-HT_3	▪ 5-HT_{3A} ▪ 5-HT_{3B} ▪ 5-ht_{3c}*

* In Kleinbuchstaben, wenn noch nicht von IUPHAR anerkannt.

Steigerung der Synthese von Serotonin

In der Humanmedizin wird Tryptophan zur Förderung der Schlafbereitschaft und Erleichterung des Einschlafens eingesetzt.

Ausgehend von der volkstümlichen Vorstellung, dass Serotonin ein „Glückshormon" sei und deshalb der Spiegel möglichst hoch im ZNS zu halten sei, gibt es Anbieter von 5-HTP (Nahrungszusatzstoff), der Vorstufe von Serotonin, die ZNS-gängig ist. Ein Wirksamkeitsnachweis steht aus.

Hemmung der Aufnahme in die Präsynapse

Die Monoaminhypothese der Depression wird allgemein akzeptiert und stützt sich vor allem auf den Wirkungsmechanismus der in der Therapie erfolgreichen Arzneimittel. Die in der Klinik eingesetzten Antidepressiva führen in der überwiegenden Zahl dazu, dass akut über verschiedene Mechanismen die extrazellulären Konzentrationen von Serotonin und/oder Noradrenalin im Gehirn erhöht werden.

So beruht die primäre Wirkung der heute am häufigsten eingesetzten Antidepressiva auf einer Hemmung der Wiederaufnahme von Serotonin und/oder Noradrenalin in die Präsynapse.

Die neueren Antidepressiva werden hinsichtlich ihrer Selektivität für den Transporter von Serotonin oder Noradrenalin eingeteilt, haben aber zumeist auch Wirkungen an weiteren Rezeptoren, z.B. die für Dopamin, Acetylcholin (sekundäre Eigenschaften). Die selektiven Serotonin-Rückaufnahme-Inhibitoren (SSRI) werden stark beworben, und die Verordnungshäufigkeit steigt weiter.

KLINISCHER BEZUG Der SSRI Fluoxetin ist in den USA seit 2007 und mittlerweile auch in Deutschland zur Therapie von Verhaltensstörungen in der Veterinärmedizin zugelassen. Ältere Antidepressiva sind die sog. „klassischen Antidepressiva", zu denen die trizyklischen Antidepressiva gehören. Clomipramin ist ein trizyklischer Wiederaufnahmehemmer mit bevorzugter Wirkung auf die Serotoninwiederaufnahme. Es wird in der Humanmedizin als potentes Antidepressivum mit leicht antriebssteigernder Wirkkomponente bewertet. In der Veterinärmedizin wird es zur Behandlung von Verhaltensstörungen beim Hund eingesetzt.

Sowohl für die trizyklischen Antidepressiva als auch für die mehr selektiven Wiederaufnahmehemmer sind in den letzten Jahren zunehmend Indikationserweiterungen zu beobachten. Sie werden mittlerweile zur Behandlung von neuropathischem Schmerz, Panikattacken, Phobien, Zwangssyndromen, Essstörungen, Schlafstörungen und Stress- und Belastungsinkontinenz eingesetzt.

CAVE

Das **Serotoninsyndrom** ist eine in der humanmedizinischen Praxis relativ häufige Intoxikation durch Arzneimittel, die zu einem Anstieg der freien Serotoninkonzentration im ZNS führen bzw. Agonisten an Serotoninrezeptoren sind.

Mittlerweile ist das Serotoninsyndrom auch in der Praxis an Hunden beobachtet worden. Die Symptome des Serotoninsyndroms werden in drei Gruppen zusammengefasst:

- zentralnervöse Übererregung (z.B. Bewegungsunruhe, Koordinationsstörungen, Krämpfe)
- Überaktivität des vegetativen Systems (z.B. Diarrhö, Hypersalivation)
- neuromuskuläre Erregung (z.B. Tremor, Myoklonus)

Hemmung des Abbaus und Förderung der Freisetzung

Auf einer Hemmung des Enzyms MAO-A, wodurch der Abbau von Serotonin, Dopamin und Noradrenalin vermindert wird, beruht die Wirkung von Moclobemid. Es wird ebenfalls als Antidepressivum eingesetzt.

Andere Wirkstoffe wie Fenfluramin und Dexfenfluramin führen zu einer verstärkten Freisetzung von Serotonin und hemmen gleichzeitig die Wiederaufnahme. Sie kamen als Appetitzügler zum Einsatz, mussten aber aufgrund ihrer Herz-Kreislauf-Wirkungen vom Markt genommen werden. Ausgehend von diesen unerwünschten Wirkungen wurden eine „Serotonin-Hypothese der pulmonalen Hypertonie" und darauf aufbauend Konzepte für eine Pharmakotherapie entwickelt.

Stimulation oder Blockade von Rezeptoren

5-HT_{1A}-Rezeptor

Dieser Rezeptorsubtyp ist im Gehirn weit verbreitet und an einer Vielzahl von physiologischen Funktionen und Verhaltensäußerungen beteiligt: Regulation von Körpertemperatur, Nahrungsaufnahmeverhalten, Blutdruck, Sexualverhalten, Lernen, Gedächtnis und Angstverhalten.

Agonisten am 5-HT_{1A}-Rezeptor wirken bei Mensch und Tier anxiolytisch. Der Partialagonist Buspiron ist der bekannteste Vertreter der 5-HT_{1A}-Rezeptoragonisten, der als Anxiolytikum beim Menschen zugelassen ist. In der Veterinärmedizin wird Buspiron in der Therapie von Verhaltensstörungen eingesetzt.

5-HT_{1A}-Rezeptoren sind im Hirnstamm an der Blutdruckregulation und über diesen Mechanismus an der blutdrucksenkenden Wirkung von Urapidil beteiligt (vornehmlich Angriff am Noradrenalinrezeptor vom Typ α_1).

5-$HT_{1B/D}$-Rezeptoren

Die derzeit wirksamsten Mittel für eine akute Migränetherapie sind die „Triptane". Sie sind selektive **Agonisten** an 5-$HT_{1B/D}$-Rezeptoren, die allerdings nicht zwischen diesen beiden Rezeptorsubtypen unterscheiden. Ihr therapeutischer Effekt wird damit erklärt, dass sie dilatierte meningeale Arterien verengen und die Koronararterien relativ unbeeinflusst lassen (Vorsicht jedoch bei kardialen Vorerkrankungen). Weiterhin hemmen sie die Aktivierung trigeminaler Neurone und die Freisetzung vasoaktiver Peptide von den Trigeminusendigungen, und sie führen zur Hemmung der nozizeptiven Neurotransmission innerhalb des trigeminozervikalen Komplexes im Hirnstamm und oberen Rückenmark. Triptane haben über ihren Angriff an peripheren Rezeptoren auf enterischen Neuronen eine Erweiterung des Magenfundus zur Folge. Die verschiedenen Triptane binden auch am 5-HT_{1F}-Rezeptor, und eine neue Therapieoption für die Migräne mit selektiveren 5-HT_{1F}-Agonisten wird geprüft.

5-HT_2-Rezeptoren

Einige **Antagonisten**, die nicht selektiv für die Subtypen des 5-HT_2-Rezeptors sind, haben oder hatten zeitweise therapeutischen Einsatz gefunden.

Ketanserin ist ein selektiver 5-HT_2-Antagonist, der nicht zwischen den Subtypen des 5-HT_2-Rezeptors unterscheidet. Die Substanz hat eine antihypertensive Wirkung, die in Zuständen einer Prä-Eklampsie ausgenutzt wurde. Außerdem fand Ketanserin in der Behandlung von chronischen Ulzera der Haut, z.B. bei Diabetikern, Verwendung. Die Wirkung beruht auf der Antagonisierung der vasokonstriktorischen Wirkungen von Serotonin. Ketanserinhaltige Salbe wurde in der Veterinärmedizin im Rahmen der Wundbehandlung bei Pferden versuchsweise angewendet, da es die Wundheilung beschleunigen und Hypergranulationen verhindern soll.

Cyproheptadin ist in der Humanmedizin als Antiallergikum und Appetitanreger im Handel. Die Indikationsgebiete reichen von Heuschnupfen über vaskular bedingten Kopfschmerz bis zu verschiedenen Anorexieformen. Allerdings beruhen die therapeutischen Effekte von Cyproheptadin eher auf der Wirkung als Antihistaminikum mit anticholinerger und sedierender Wirkung.

Bei Metergolin, das zur Prolaktinhemmung eingesetzt wird, tragen die 5-HT_2-antagonistischen Eigenschaften (Eingriff in den Regelkreis Hypophyse/Hypothalamus – Freisetzung des adrenocorticotropen Hormons – Prolaktinausschüttung) sicherlich zur Hauptwirkung bei. Die Prolaktinhemmung beruht jedoch vor allem auf einer weiteren Wirkungskomponente, nämlich auf einer direkten Dopaminrezeptor-D_2-agonistischen Wirkung am tuberoinfundibulären System in der Hypophyse.

5-HT_{2A}-Rezeptor

Verschiedene atypische Neuroleptika, z. B. Clozapin und Risperidon, sind nicht nur Antagonisten am Dopaminrezeptor, sondern wirken auch als **Antagonisten** am 5-HT_{2A}-Rezeptor. Der 5-HT_{2A}-Rezeptor wird als sogenannte „Dopaminbremse" angesehen, da er sich entweder postsynaptisch auf Dopaminneuronen befindet oder über GABA-Interneurone die Aktivität von Dopaminneuronen hemmt. Durch Antagonisten am 5-HT_{2A}-Rezeptor kann diese „Dopaminbremse" im Striatum aufgehoben werden, weshalb verschiedene „atypische Neuroleptika" weniger extrapyramidale Nebenwirkungen zeigen.

5-HT_{2C}-Rezeptor

5-HT_{2C}-**Agonisten** zeigen anorexigene Wirkungen, die in klinischen Studien vergleichbar sind mit den appetitzügelnden Wirkungen von Serotonin-Wiederaufnahmehemmern. Als Vorteil wird dargestellt, dass weniger unerwünschte Wirkungen zu erwarten sind.

5-HT_3-Rezeptor

5-HT_3-Rezeptoren sind sowohl in der Peripherie als auch im Gehirn zu finden.

In der Peripherie sind die Rezeptoren auf prä- oder postganglionären Neuronen des peripheren Nervensystems bzw. auf Neuronen des sensorischen und enterischen Systems lokalisiert. Im Gastrointestinaltrakt sitzen die 5-HT_3-Rezeptoren v. a. auf den enterochromaffinen Zellen und an den extrinsischen, primär afferenten Neuronen mit Zellkörpern im vagalen Ganglion nodosum. Sie informieren das ZNS über den Funktionszustand des Darmes und leiten Schmerzimpulse dorthin weiter.

Im Gehirn ist der 5-HT_3-Rezeptor in verschiedenen Regionen nachgewiesen worden. Die höchste Dichte an 5-HT_3-Rezeptoren ist im Hirnstamm zu finden, insbesondere in den Regionen, die an der Auslösung des Brechreflexes beteiligt sind, wie Area postrema, Nucleus tractus solitarii und dorsaler Motorkern des N. vagus.

Die 5-HT_3-Rezeptoren sitzen aber nicht nur auf Nervenzellen, wie man lange geglaubt hat, sondern auch auf Monozyten, T-Lymphozyten, dendritischen Zellen, Makrophagen und Chondrozyten.

Der 5-HT_3-Rezeptor ist die Ausnahme unter den Serotoninrezeptoren. Er gehört zu den Liganden-gesteuerten Ionenkanälen, die auch ionotrope Rezeptoren genannt werden. Eine Aktivierung des 5-HT_3-Rezeptors führt zu einem sehr schnell einsetzenden Einwärtsstrom von Natrium- und Kaliumionen. In der Folge wird die Zelle rasch und für kurze Zeit depolarisiert. Als weiterer Schritt in der Effektuierung kommt es durch einen verstärkten Influx an Kalzium und seiner Freisetzung aus intrazellulären Speichern zu einem raschen Anstieg der intrazellulären Kalziumionenkonzentration. Durch Aktivierung der Phospholipase A_2 bzw. Zunahme der NO-Bildung erfolgt ein Anstieg an cGMP.

Im ZNS und in der Peripherie führt eine Aktivierung des 5-HT_3-Rezeptors zur Freisetzung einer Reihe von Neurotransmittern, wie Dopamin, Cholecystokinin, GABA und auch Serotonin selbst, sowie von Neuromodulatoren, z. B. Substanz P.

Für Ethanol, Lokalanästhetika, Narkotika und auch Kalziumionen wurde gezeigt, dass sie die Funktion des Rezeptors sehr wahrscheinlich über allosterische Mechanismen beeinflussen.

Therapeutischen Einsatz finden vor allem **5-HT_3-Antagonisten**.

KLINISCHER BEZUG Durch eine zytotoxische Chemotherapie und auch als Folge einer Strahlenbehandlung wird in Darm und ZNS Serotonin freigesetzt. Dieses stimuliert die 5-HT_3-Rezeptoren auf Neuronen in der Peripherie, und es kommt zur Vaguserregung. Im ZNS werden die 5-HT_3-Rezeptoren in der Area postrema aktiviert. Da über diese Mechanismen Brechreiz hervorgerufen werden kann, stellt der Antagonismus am 5-HT_3-Rezeptor, z. B. durch Ondansetron, ein wirksames pharmakologisches Prinzip der Unterdrückung oder Verminderung des Brechreflexes dar.

Derzeit wird davon ausgegangen, dass eine Kombination von einem 5-HT_3-Antagonisten mit einem Glucocorticoid und mit Arepitant, einem Neurokinin-Antagonisten, die wirksamste Therapieform gegen das durch Strahlen- oder Zytostatikatherapie ausgelöste Erbrechen darstellt.

5-HT_3-Rezeptor-Antagonisten finden auch Anwendung beim Reizdarmsyndrom und der funktionellen Dyspepsie. Die Blockade der 5-HT_3-Rezeptoren im Gastrointestinaltrakt hemmt die viszeralen sensorischen Afferenzen, führt zu einer gesteigerten Flüssigkeits- und Elektrolytresorption und über die Beeinflussung des peristaltischen Reflexes zu einer Verlängerung der Passagezeit.

Da eine funktionelle Wechselwirkung zwischen den 5-HT_3- und 5-HT_4-Rezeptoren besteht, scheint pharmakologisch gesehen eine antagonistische Wirkung an beiden Rezeptorsubtypen aussichtsreich.

Eine analgetische und antiphlogistische Wirkung der 5-HT_3-Antagonisten ist in der Klinik nach lokaler und systemischer Anwendung beobachtet worden. Serotonin aktiviert Nozizeptoren, was sich durch 5-HT_3-Antagonisten unterbinden lässt. Es wird angenommen, dass bei verschiedenen Schmerzformen Serotonin zu einer neuronalen Freisetzung von Peptiden führt, z. B. von Substanz P, Neurokinin A, und Calcitonin gene related peptide.

5-HT_4-Rezeptor

Über den 5-HT_4-Rezeptor werden die lokale Freisetzung von Acetylcholin, Substanz P sowie von vasointestinalem Peptid (VIP) im Magen-Darm-Trakt reguliert und außerdem die viszerale Nozizeption und der Tonus der glatten Muskulatur beeinflusst.

5-HT_4-Rezeptor-Agonisten fanden in der Vergangenheit in der Humanmedizin zur Behandlung des Reizdarmsyndroms bzw. als Prokinetika Verwendung, mussten aber aufgrund kardialer Nebenwirkungen vom Markt zurückgezogen werden. In der Veterinärmedizin waren die erhöhte Peristaltik des Esophagus sowie die Beschleunigung der Magenentleerung und der Dünn- und Dickdarmpassage therapeutisch von Nutzen. Derzeit befinden sich Substanzen in der klinischen Testung, die selektiv nur am 5-HT_4-Rezeptor angreifen und von denen deshalb erwartet wird, dass sie keine unerwünschten Wirkungen auf das Herz zeigen.

5-HT_6-Rezeptor und 5-HT_7-Rezeptor

5-HT_6-Rezeptoren kommen fast ausschließlich im ZNS vor und dort in Regionen, von denen bekannt ist, dass sie an Lern- und Gedächtnisprozessen beteiligt sind. Eine Rezeptorblockade aktiviert die cholinerge und glutamaterge Neurotransmission, sodass eine Behandlung kognitiver Dysfunktionen mit 5-HT_6-Antagonisten aussichtsreich erscheint.

Dem 5-HT_7-Rezeptor wird eine Rolle bei der Relaxation der glatten Muskulatur, der Kontrolle der Herzfrequenz und der Ausprägung psychotischer Symptome zugeschrieben. Deshalb wird derzeit nach Substanzen gesucht, die als Rezeptorantagonisten geeignet sind, Psychosen zu behandeln.

3.3 Angiotensin

Das Renin-Angiotensin-System (RAS) mit dem physiologisch wirksamen Oktapeptid Angiotensin II ist ein wichtiger endokriner Regulator des Natriumhaushalts, des Blutvolumens und des Blutdrucks. Angiotensin II stimuliert ebenfalls das Wachstum des Herzens und der Blutgefäße. Insgesamt sind über 60 biologische Wirkungen des Angiotensins bekannt.

3.3.1 Historische Betrachtung

Im Jahr 1898 veröffentlichten der Physiologe Robert Tigerstedt und sein Student Per Gunnar Bergman die Studie „Niere und Kreislauf". Darin berichten sie, dass die Injektion von Extrakten einer Kaninchenniere in die Jugularvene eines anderen Kaninchens beim Empfänger eine Steigerung des Blutdrucks bewirkte. Sie lokalisierten die wirksame Substanz in der Nierenrinde und nannten sie „Renin". In den 30er-Jahren des vorigen Jahrhunderts wurde dann vermutet, dass Renin nicht selbst der Vasokonstriktor, sondern ein Enzym sei. In der Folge wurde von zwei Gruppen unabhängig voneinander der eigentliche Konstriktor („Hypertensin", „Angiotonin") identifiziert, der jetzt als Angiotensin bekannt ist.

3.3.2 Synthese und Freisetzung

Gebildet wird Angiotensin II aus dem hepatischen α_2-Globulin Angiotensinogen, das in zwei proteolytischen Schritten zu Angiotensin II umgewandelt wird (**Abb. 3.3**). Im ersten und geschwindigkeitsbestimmenden Schritt spaltet die Protease Renin vom Angiotensinogen das Dekapeptid Angiotensin I ab. Renin wird im juxtaglomerulären Apparat der Niere synthetisiert, gespeichert und in die renale arterielle Zirkulation freigesetzt.

Die Reninfreisetzung wird stimuliert durch:

- Agonisten an β_1-Rezeptoren der juxtaglomerulären Zellen der Niere
- Abfall der Na^+-Konzentration in der Macula densa im distalen Tubulus des Nephrons
- Abnahme des renalen Perfusionsdrucks im Vas afferens des Glomerulus
- vermehrte Freisetzung von Prostacyclin I_2 und Prostaglandin PGE_2 und PGD_2

Die Reninfreisetzung wird gehemmt durch:

- Angiotensin II (negatives Feedback)
- Aktivierung von Adenosin-1-Rezeptoren
- das atriale natriuretische Peptid (ANP)
- eine erhöhte Na^+-Konzentration in der Macula densa im distalen Tubulus

Über die Aktivierung von Angiotensinrezeptoren (AT_1-Rezeptoren) der juxtaglomerulären Zellen bewirkt Angiotensin II eine Hemmung der Reninfreisetzung und damit der Angiotensin-II-Bildung (Short-loop-negatives Feedback). Ein erhöhter Blutdruck hemmt unter physiologischen Bedingungen die Reninfreisetzung ebenfalls. Das geschieht über 1. eine Stimulation von Barorezeptoren und folgender Reduktion des Sympathikotonus, 2. erhöhten Druck in den präglomerulären Gefäßen und 3. reduzierte NaCl-Reabsorption im proximalen Tubulus (pressure natriuresis) und die dadurch erhöhte Na^+-Konzentration in der Macula densa (Long-loop-negatives Feedback). Aus Angiotensin I wird schließlich durch die Peptidase Angiotensin-converting-Enzym (ACE) das Oktapeptid Angiotensin II gebildet. ACE entfernt dabei das carboxyterminale Dipeptid vom Angiotensin I. ACE (identisch mit Kinase II) ist ein membrangebundenes Enzym von Endothelzellen, das besonders häufig in der Lunge vorkommt. ACE ist aber auch am Metabolismus weiterer Substanzen wie Kallidin, Substanz P und Bradykinin beteiligt. Obwohl die physiologische Relevanz dieser letztgenannten Effekte nicht vollkommen verstanden wird, erklären sie sowohl erwünschte (zusätzliche Blutdrucksenkung) als auch unerwünschte Arzneimittelwirkungen (Angioödem, Husten) von Inhibitoren dieses Enzyms (ACE-Hemmer).

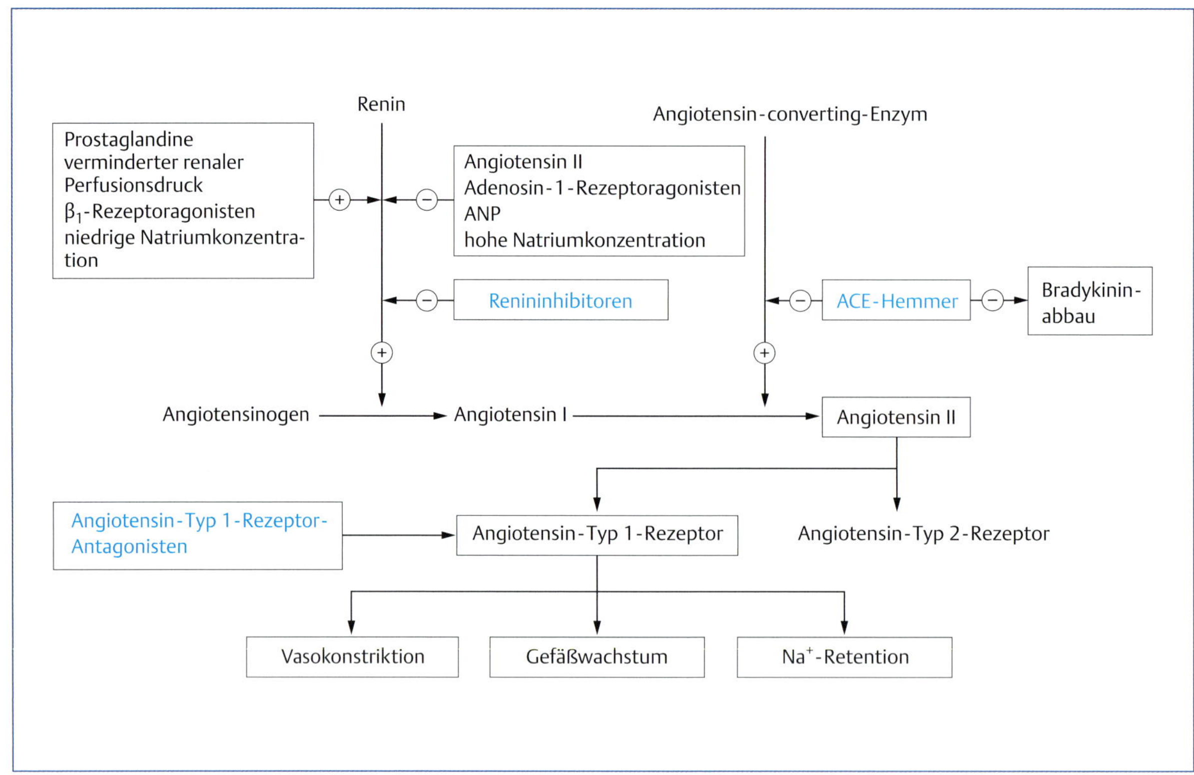

Abb. 3.3 Synthese von Angiotensin II und pharmakologisch wichtige Beeinflussungen des Renin-Angiotensin-Systems (RAS). Die Abbildung stellt die komplexen Zusammenhänge vereinfacht dar und konzentriert sich auf die pharmakologischen Effekte, die gegenwärtig therapeutisch bedeutsam sind. Die Hemmung des Bradykininabbaus durch ACE-Inhibitoren trägt zu deren blutdrucksenkender Wirkung bei.

Die beschriebenen Mechanismen der Bildung von Angiotensin II sind Bestandteil des Renin-Angiotensin-Systems (RAS). Da Angiotensin II auch die Aldosteronsynthese in der Zona glomerulosa der Nebennierenrinde stimuliert, wird das endokrine System häufig auch Renin-Angiotensin-Aldosteron-System (RAAS) genannt. Neben Renin können auch weitere Enzyme wie Tonin und Cathepsin Angiotensin I bilden. Dessen Umwandlung in Angiotensin II kann auch durch Trypsin erfolgen.

3.3.3 Metabolismus

Das Oktapeptid Angiotensin II wird in weitere Fragmente abgebaut, die wichtigsten sind Angiotensin III (Angiotensin 2–8) und Angiotensin IV (Angiotensin 3–8). Angiotensin III löst ähnliche Wirkungen aus wie Angiotensin II. Es stimuliert ebenfalls die Aldosteronsekretion. Der vasokonstriktorische Effekt von Angiotensin III ist aber schwächer als der von Angiotensin II. Angiotensin IV ist Ligand am Angiotensin-4-Rezeptor des Gehirns und beeinflusst möglicherweise das Gedächtnis.

Neben Angiotensin II werden durch ACE-unabhängige Enzyme weitere Peptide von Angiotensin I abgespalten, von denen Angiotensin 1–7 das wichtigste ist. Angiotensin 1–7 ist ein Gegenspieler verschiedener Angiotensin-II-Wirkungen und bewirkt Vasodilatation. Die Aldosteron- und Noradrenalinfreisetzung stimuliert es nicht.

3.3.4 Angiotensin-Rezeptoren und biologische Wirkungen von Angiotensin

In den letzten Jahren wurden in verschiedenen Organen **lokale RAS** nachgewiesen, unter anderem im Herzen, in den Gefäßwänden, im Reproduktionstrakt, in der Haut, im Gastrointestinaltrakt, im Gehirn, im Pankreas, in der Nebenniere und im Fettgewebe. Diese lokalen Systeme wirken auf zellulärem Niveau über autokrine und parakrine Mechanismen. Es wird angenommen, dass diese lokalen RAS als ein integrierter Bestandteil des endokrinen RAS Anpassungen in den entsprechenden Organen vermitteln.

Die **physiologischen Effekte** von Angiotensin II werden über G-Protein-gekoppelte Angiotensin-II-Rezeptoren vermittelt. Aus Sicht der klinischen Pharmakologie steht gegenwärtig der AT_1-Rezeptorsubtyp im Vordergrund, da über diesen folgende wichtige Effekte vermittelt werden:

- Zunahme des peripheren Widerstandes durch Vasokonstriktion (schneller Effekt – rapid pressor response), direkt vermittelt über AT_1-Rezeptoren und indirekt über Stimulation der symphatischen Noradrenalinfreisetzung und Freisetzung von Catecholaminen aus dem Nebennierenmark
- Stimulation der sympathischen Noradrenalinfreisetzung (am Herzen positiv chronotrop und inotrop)
- Wirkungen auf die Nierenfunktion: verstärkte Na^+-Reabsorption direkt im proximalen Tubulus und über Stimulation der Aldosteronfreisetzung aus der Nebennierenrinde
- Zellwachstum in Herz und Arterien (Hypertrophie und Hyperplasie – remodeling)

- Stimulation von Durst
- Stimulation von Salzappetit
- Stimulation der Vasopressinfreisetzung (Vasopressin = antidiuretisches Hormon = ADH) aus dem Hypophysenhinterlappen

AT_1-Rezeptoren kommen sowohl in der Peripherie als auch im Zentralnervensystem vor. In der Peripherie sind sie unter anderem in der Nebenniere (Rinde und Mark), im Nephron (Glomerulus, proximaler Tubus, Gefäße, Interstitium) und in der kardiovaskulären Muskulatur lokalisiert. Im Gehirn sind sie besonders in zirkumventrikulären Organen, den Basalganglien, im Thalamus, im zerebellaren Kortex und in der Medulla oblongata zu finden.

Darüber hinaus existieren noch **AT_2-** und **AT_4-Rezeptoren**. AT_2-Rezeptoren werden besonders in der fetalen Phase exprimiert. Sie finden sich in Gefäßen der Niere, in der Nebenniere und am Herzen, aber auch in verschiedenen Regionen des adulten Gehirns (Thalamus, zerebellarer Kortex), wenngleich ihre Expression im Laufe der Ontogenese abnimmt. Sie scheinen bei der Regulation von Wachstum, Differenzierung und Regeneration von neuronalem Gewebe eine Rolle zu spielen. Über AT_2-Rezeptoren werden, wenngleich eher subtil, gegenregulatorische Effekte wie eine Hemmung der AT_1-vermittelten Zellproliferation vermittelt. Eine therapeutische Anwendung von AT_2-Rezeptoragonisten wird deshalb diskutiert. AT_4-Rezeptoren existieren in verschiedenen Organen, der endogene Ligand ist Angiotensin IV. Im Gehirn kommen AT_4-Rezeptoren in Regionen vor, die für die Verarbeitung sensorischer und motorischer Funktionen wichtig sind.

3.3.5 Pathophysiologische Bedeutung des RAS

Die Effekte von Angiotensin II auf das sympathische Nervensystem, die Gefäße und den Na^+-Haushalt führen zu Hypervolämie und zur Blutdrucksteigerung. Diese physiologischen Effekte stehen im Dienste der Natrium- und Volumenhomöostase. So verhindert das RAS unter physiologischen Bedingungen, dass Änderungen der Na^+-Konzentration, beispielsweise diätetisch oder durch Volumenänderungen bedingt, den Blutdruck beeinflussen.

KLINISCHER BEZUG Eine Überaktivierung des RAS spielt eine Rolle bei der Hypertonie, der Pathogenese der chronischen Herzinsuffizienz, beim Myokardinfarkt und der diabetischen Nephropathie. Eine verminderte Herzauswurfleistung führt zu einer gegenregulatorischen Sympathikusaktivierung. Eine dadurch verminderte Nierendurchblutung und ein verminderter effektiver Filtrationsdruck stimulieren die Reninsekretion. Die folglich gesteigerte Angiotensin-II-Bildung ist Bestandteil der Gegenregulation, führt aber auch zu einer Erhöhung des diastolischen Drucks und demzufolge einer weiteren Zustandsverschlechterung. Schleifendiuretika (S. 239) können ebenfalls das RAS aktivieren. Dieser Effekt hat mehrere Ursachen (Volumenverlust und verminderte Na^+-Konzentration, Hemmung des Natriumtransports an der Macula densa und vermehrte Prostaglandinfreisetzung).

3.3.6 Pharmakologische Beeinflussung des RAS

Die übermäßige Aktivierung des RAS kann pharmakologisch sowohl durch Interferenz mit der Angiotensinsynthese als auch durch Blockade von Rezeptoren beeinflusst werden.

Darüber hinaus kann das RAS durch Blockade von β_1-Rezeptoren (Hemmung der Reninfreisetzung) und Aldosteronantagonisten (S. 242) gehemmt werden.

Gegenwärtig existieren für eine direkte Hemmung des RAS drei verschiedene Ansatzpunkte:

- Renininhibitoren
- ACE-Hemmer
- AT_1-Rezeptor-Antagonisten

Renininhibitoren

Die Blockade der Umwandlung von Angiotensinogen zu Angiotensin I durch Renininhibitoren stellt eine Möglichkeit dar, die Aktivität des RAS zu hemmen. Dieser Ansatz wird gegenwärtig nur in der Humanmedizin mit dem ersten zugelassenen **Renininhibitor** Aliskiren verfolgt, der an das aktive Zentrum der Protease Renin bindet und damit die Bindung von Angiotensinogen verhindert.

ACE-Hemmer

Pharmaka dieser Gruppe hemmen den zweiten Syntheseschritt vom Angiotensin I zum physiologisch wirksamen Angiotensin II. Sie binden an der Stelle an das ACE, an ein Zinkatom, an welche auch Angiotensin I bindet. Gemeinsam ist allen ACE-Hemmern die blutdrucksenkende Wirkung, welche über die Hemmung der Angiotensin-II-Bildung vermittelt wird. Die dadurch verminderte Aldosteronsekretion führt zu einem Anstieg des Serumkaliumspiegels. ACE-Hemmer hemmen auch die Inaktivierung vasodilatatorischer Peptide wie Bradykinin, Kallidin und Substanz P, was zu ihrer antihypertensiven Wirkung beiträgt, aber auch unerwünschte Wirkungen wie Husten und Angioödem verursachen kann. ACE-Hemmer sind in der Humanmedizin wichtige Antihypertensiva.

KLINISCHER BEZUG Der erste in der Humanmedizin angewandte ACE-Hemmer Captopril wird in der Veterinärmedizin wegen kurzer Halbwertszeit und relativ häufiger Nebenwirkungen nicht eingesetzt. Allerdings kommen eine Reihe weiterer Substanzen, welche Prodrugs sind, in der Veterinärmedizin bei Hund und Katze zur Anwendung. Wichtigste Indikation ist die kongestive Herzinsuffizienz (S. 210). ACE-Hemmer gehören hier zu den wenigen Arzneimitteln, die nicht nur Symptome bessern, sondern auch die Überlebenszeit beim Menschen und die Zeit bis zum Therapieversagen beim Hund verlängern. Sie verhindern die sich bei der Herzinsuffizenz entwickelnde Hypertrophie und Fibrose des Myokards (remodeling). ACE-Hemmer verzögern wie Sartane auch das fortschreitende Nierenversagen bei Proteinurie-assoziierter Nephropathie.

■ AT_1-Rezeptor-Antagonisten

Diese Wirkstoffe aus der Gruppe der Sartane wirken im Vergleich zu ACE-Hemmern spezifischer auf das RAS, da andere Peptidsysteme nicht beeinflusst werden. Indikationsgebiete in der Humanmedizin sind Hypertonie und chronische Herzinsuffizienz sowie diabetogene Nephropathie.

KLINISCHER BEZUG AT_1-Rezeptor-Antagonisten wie auch ACE-Hemmer wirken dem bei der Herzinsuffizienz auftretenden remodeling durch die Hemmung der durch Angiotensin vermittelten Wachstumsprozesse entgegen. In der Veterinärmedizin ist der AT_1-Rezeptor-Antagonist Telmisartan bei chronischen Nierenerkrankungen der Katze zur Reduzierung der Proteinurie zugelassen.

3.4 Eicosanoide

DEFINITION Prostaglandine, Thromboxan A_2 und Leukotriene sind Derivate mehrfach ungesättigter C_{20}-Fettsäuren, insbesondere der Arachidonsäure. Sie werden als sogenannte Eicosanoide (εικοσ = 20) zusammengefasst, obwohl im allgemeinen Sprachgebrauch Prostaglandine häufig als Sammelbezeichnung verwendet wird.

3.4.1 Geschichte der Entdeckung

Bereits 1930 hatten zwei amerikanische Gynäkologen beobachtet, dass Samenflüssigkeit die Kontraktion des Myometriums beeinflusst. Später berichteten Goldblatt in England und von Euler in Schweden unabhängig voneinander über glattmuskelkontrahierende Wirkungen der Samenflüssigkeit. In der Annahme, dass der Wirkstoff aus der Prostata stammt, nannte von Euler die wirksame Säure dann Prostaglandin.

In den folgenden Jahren wurde die Struktur mehrerer Prostaglandine aufgeklärt, die ersten Synthesen gelangen, und weitere Eicosanoide wurden entdeckt (**Abb. 3.4**). In den 70er-Jahren konnte gezeigt werden, dass Acetylsalicylsäure und andere NSAID (non-steroidal antiinflammatory drugs) die Prostaglandinsynthese hemmen. Bergström, Samuelson und Vane erhielten 1982 den Nobelpreis für ihre wegweisenden Arbeiten auf diesem Gebiet. Die Identifizierung der Lipide und der darin enthaltenen Fettsäuren, die lange als passive Membranbestandteile galten, als Mediatoren von Zellproliferation, Entzündung und Schmerz, war die Voraussetzung für das Verständnis des Wirkungsmechanismus der NSAID und die Entwicklung neuer Arzneimittel wie Leukotrienrezeptor-Antagonisten und 5-Lipoxygenase-Hemmer.

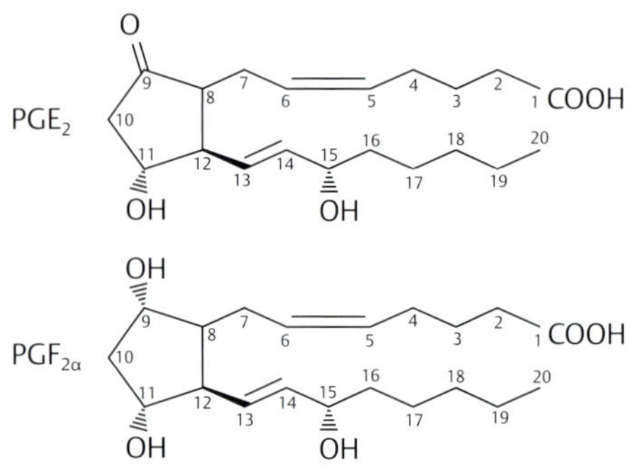

Abb. 3.4 Chemische Struktur von zwei Prostaglandinen.

3.4.2 Biosynthese und Abbau der Eicosanoide

Die **Arachidonsäure** ist eine vierfach ungesättigte Fettsäure und Bestandteil vieler Phospholipide; sie wird so mit der Nahrung zugeführt. Arachidonsäure kann aber auch in tierischen Zellen aus Linolsäure durch Kettenverlängerung und Desaturierung synthetisiert werden.

Die Arachidonsäure liegt in der Zelle meist in veresterter Form in Membranphospholipiden vor und nur wenig als freie Arachidonsäure.

Aus den Arachidonsäure-haltigen Membranphospholipiden wird von einer zytosolischen **Phospholipase A_2** Arachidonsäure (Eicosatetraensäure) abgespalten oder entsteht in zwei Schritten durch Phospholipase C und Diacylglyceridlipase. Die zytosolische Phospholipase A_2 wird durch Phosphorylierung aktiviert. Dies geschieht im Rahmen von Signaltransduktionsprozessen, ausgelöst durch vielfältige Stimuli, z. B. Zellschädigung. Die Aktivität der Phospholipase ist geschwindigkeitsbestimmend für den Prozess der Eicosanoidsynthese und kann durch Erhöhung der intrazellulären Kalziumkonzentrationen gesteigert werden.

Die Arachidonsäure kann über verschiedene Wege weiter metabolisiert werden (**Abb. 3.5**):

- Die Produkte der **Cyclooxygenase** (COX) sind Prostaglandine, Thromboxan A_2 und Prostacyclin; sie werden gemeinsam als **Prostanoide** bezeichnet.
- Durch die **Lipoxygenase** werden die Leukotriene gebildet.

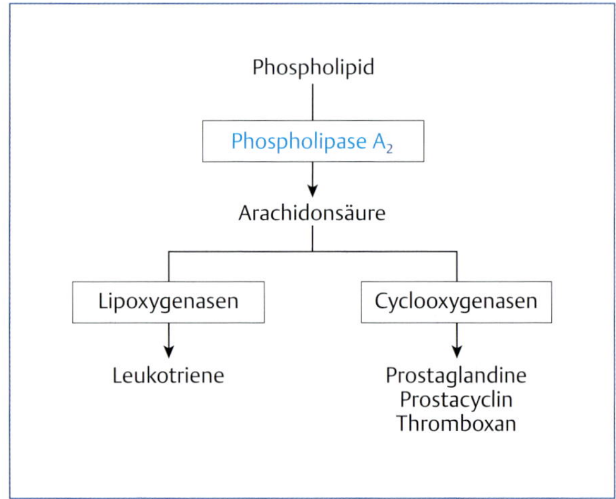

Abb. 3.5 Biosynthese der Eicosanoide.

Synthese der Prostaglandine

Die Synthese der Prostaglandine wird von der COX katalysiert. Bisher sind zwei Isoformen der COX (**COX-1, COX-2**) charakterisiert worden, das Vorkommen einer dritten Isoform ist umstritten.

Die **COX-1** wird konstitutiv in fast allen Geweben exprimiert und ist für die Synthese der Prostaglandine verantwortlich, die für den physiologischen Stoffwechsel benötigt werden.

Die Synthese der **COX-2** wird durch verschiedene Faktoren, z. B. oxidativen Stress, Zytokine, Endothelin, Angiotensin II und Noradrenalin schnell induziert. Sie wird deshalb auch bei pathophysiologischen Prozessen aktiv, wie beispielsweise Entzündungen, Schmerzreaktionen, Gewebeschädigungen und Tumoren. Das Gen für die COX-2 zählt deshalb zu den immediate early genes. Die COX-2 wird auch im Rahmen physiologischer Adaptationsprozesse, z. B. in Gefäßendothelzellen, oder bei der Nidation im Uterus vermehrt gebildet und ist bedeutsam für die Proliferation von Tumorzellen. Entgegen früherer Annahmen wird die COX-2 aber ebenfalls konstitutiv, und zwar in Gehirn, Rückenmark, Uterus, Plazenta und Niere, gebildet. Auch wenn in vielen Zellorganellen eine Ko-Expression beider COX-Isoenzyme stattfindet, so sind diese häufig an verschiedene Synthetasen gekoppelt. Unterschiede zwischen den beiden Isoformen der COX finden sich nicht nur in der Struktur und der Kopplung an Enzyme, sondern auch in ihrer Lokalisation. Die COX-1 wird in der Niere vor allem in den Sammelrohrzellen, Arterien, Arteriolen und Glomeruli exprimiert, während die COX-2 in den interstitiellen Zellen des Nierenmarks, im geraden Teil des distalen Tubulus und den prä- und postglomerulären Gefäßen lokalisiert ist.

COX ist ein bifunktionelles Enzym, das aus einer Prostaglandin-G- und einer Prostaglandin-H-Synthetase besteht.

Arachidonsäure bindet zuerst an die Dioxygenase-aktive Seite des Enzyms, dabei entsteht ein instabiles Prostaglandinendoperoxid (PGG_2). Da hierbei ein Ringschluss und eine Oxygenierung stattfinden, ist dieser Reaktionsschritt mit der eigentlichen COX-Reaktion gleichzusetzen. Bei der sich anschließenden schnellen Peroxidasereaktion entsteht das Prostaglandin PGH_2, das als Ausgangssubstanz für biologisch aktive **Prostaglandine** wie PGE_2, PGF_2, $PGF_{2\alpha}$, PGD_2 dient, die durch die ko-lokalisierten, spezifischen Synthetasen gebildet werden. Über 20 verschiedene natürliche Prostaglandine werden nach ihrer Struktur unterschieden. Die Zahl der Doppelbindungen in den Seitenketten wird durch einen Index nach der Grundbezeichnung angegeben (**Abb. 3.4**).

Prostaglandine werden nicht vesikulär gespeichert, sondern direkt aus der Zelle mittels spezifischer Transporter freigesetzt. Die Freisetzung aus der Zelle erfolgt durch Mediatoren wie Histamin, neuronale Transmitter wie Noradrenalin und auch gastrointestinale Hormone wie Gastrin.

Als Derivat von PGD_2 kann PGJ_2 weiter derivatisiert werden. Eine besondere Bedeutung unter diesen Derivaten hat 15d-PGJ_2 erlangt, das sich als ein natürlich vorkommender Ligand des Peroxisom-Proliferator-aktivierten Rezeptors γ (PPARγ) gezeigt hat.

Prostaglandine werden sehr schnell durch intrazelluläre Enzyme inaktiviert, sodass die Plasmahalbwertszeit oft weniger als 1 min beträgt. Die höchsten Aktivitäten eines der wichtigsten abbauenden Enzyme, der 15-Hydroxyprostaglandin-Dehydrogenase, sind in Lunge, Milz, Nieren, Gastrointestinaltrakt und Plazenta zu finden. Die bereits inaktiven Metaboliten werden, wie auch andere Fettsäuren, in der Leber durch β-Oxidation abgebaut.

Thromboxan A_2 und Prostacyclin

In Makrophagen und Thrombozyten werden die Prostaglandinendoperoxide zumeist durch eine Thromboxansynthetase zu Thromboxanen, speziell **Thromboxan A_2**, verstoffwechselt. In anderen Geweben, z. B. im Gefäßendothel, findet die Metabolisierung der Prostaglandinendoperoxide zu dem funktionellen Antagonisten von Thromboxan A_2, **Prostacyclin** (PGI_2), statt. Thromboxan A_2 und PGI_2 werden schnell hydrolysiert und damit unwirksam.

3.4.3 Leukotriene

Ein anderer Weg der Verstoffwechselung der Arachidonsäure erfolgt über die **5-Lipoxygenase**. Es entsteht das **Leukotrien A_4 (LTA_4)**. Leukotriene sind benannt nach Leukozyten, aus denen sie freigesetzt werden können, und drei Doppelbindungen, die bei der ersten Isolation gefunden wurden. LTA_4 wird insbesondere in den Leukozyten durch weitere Enzyme in ein proinflammatorisch wirkendes Leukotrien LTB_4 und die Leukotriene LTC_4, LTD_4 und LTE_4 umgewandelt. Letztere sind an allergischen Prozessen beteiligt und werden als slow reacting substance of anaphylaxis (SRS-A) oder aufgrund eines gemeinsamen Strukturmerkmals als Cysteinyl-Leukotriene zusammengefasst. Im Gegensatz zur COX-2 wird die Aktivität der 5-Lipoxygenase nicht über eine Induktion des Enzyms gesteuert, sondern erfährt eine Steigerung durch Erhöhung des intrazellulären Kalziumspiegels oder durch Phosphorylierung des Enzyms durch Proteinkinasen. Allerdings finden sich Lipoxygenaseaktivitäten nur in bestimmten Zellarten (z. B. Eosinophile, Neutrophile, Thrombozyten, Retikuloyzyten, Makrophagen, Mastzellen und Epithelzellen des Bronchialsystems), die wiederum spezifische Lipoxygenasen ausprägen. Leukotriene haben nur eine kurze Halbwertzeit, sodass sie ihre Wirkungen in der Nähe des Ortes ausüben, an dem sie synthetisiert wurden.

3.4.4 Rezeptoren der Eicosanoide

Ihre Wirkung lösen die Eicosanoide an speziellen mit G-Protein gekoppelten Rezeptoren aus, die wiederum mit verschiedenen Second-Messenger-Systemen arbeiten. Die Rezeptoren werden entsprechend der Einteilung der Prostaglandine in 5 Haupttypen und einige weitere Subtypen unterteilt. Die Prostaglandine binden spezifisch an Rezeptoren, die je nach Rezeptorsubtyp als Prostanglandin-D-Rezeptor (DP), -E-Rezeptor (EP; mit vier Subtypen) und –F-Rezeptor (FP) bezeichnet werden. Der DP_2-Rezeptor wurde zuerst als chemoattractant receptor homologous molecule expressed on Th 2 cells (CRTh 2) bekannt. Interessant ist, dass der COX-Hemmer Indomethazin den DP_2-Rezeptor stimuliert. Der EP_1-Rezeptor ist nach neueren Erkenntnissen an der Impulskontrolle, insbesondere bei Stress induzierter Impulsivität, beteiligt.

Der Rezeptor für Prostacyclin (PGI_2) ist der IP-Rezeptor und der Rezeptor für Thromboxan A_2 (TXA_2) ist der TP-Rezeptor. Nach Stimulation der Rezeptoren kommt es zu einem Anstieg oder einem Abfall der cAMP-Konzentration bzw. zu einem Anstieg der Inositol(1,4,5)triphosphat(IP_3)- und der Diacylglycerol-Konzentration und darüber letztlich zu einem Anstieg der intrazellulären Kalziumkonzentration.

Die sehr unterschiedlichen Effekte der Prostaglandine beruhen darauf, dass mehrere Prostaglandin-Rezeptoren an ein und demselben Organ vorkommen und dass verschiedene Prostaglandine gleichzeitig gebildet werden und wirken. Für manche Rezeptoren ist gezeigt worden, dass sie an mehrere Signaltransduktionswege koppeln können.

Leukotriene werden von Transportern aus der Zelle gebracht und wirken über ihre jeweiligen Rezeptoren (zwei Rezeptortypen mit je zwei Subtypen). LTB_4-Rezeptoren finden sich an Leukozyten. Über sie werden eine Aktivierung der Phospholipase C, eine vermehrte Bildung von Inositoltriphosphat, eine Erhöhung der intrazellulären Kalziumkonzentration und am Ende eine Steigerung der Chemotaxis von Entzündungszellen bewirkt.

3.4.5 Biologische Wirkungen der Eicosanoide

Prostaglandine und Thromboxan A_2

Prostaglandine und Thromboxan A_2 sind an vielfältigen physiologischen und pathophysiologischen Prozessen beteiligt. Dazu gehören Schmerz- und Entzündungsprozesse, Säure- und Schleimsekretion im Magen, Blutdruckregulation, Thrombozytenaggregation und Uteruskontraktion (Tab. 3.3).

Schmerz wird primär durch Gewebeschädigung oder Störung des Gewebestoffwechsels verursacht. In der Folge werden körpereigene Schmerzmediatoren in den geschädigten Zellen synthetisiert bzw. aus ihnen freigesetzt. Diese Schmerzmediatoren, zu denen die Prostaglandine, Histamin, Serotonin und Bradykinin zählen, aktivieren oder sensibilisieren die Nozizeptoren, die wiederum über eine Vielzahl von Ionenkanälen und Rezeptoren (Prostaglandin-Rezeptoren, aber auch Rezeptoren, die durch Wärme, Protonen oder Capsaicin aktivierbar sind) verfügen.

Es kommt zu einer überschießenden Synthese von Prostaglandinen, vor allem von PGE_2 und PGI_2, mit Stimulierung der G-Protein-gekoppelten Prostaglandin-Rezeptoren auf der Nozizeptormembran. Über diese Rezeptoren wird eine Phosphorylierung des TRPV-1-Kanals (TRPV-Kanäle oder Transient-receptor-potential-Kanäle sind eine Familie von Ionenkanälen, zu der auch der Vanilloidrezeptor vom Typ1-V1 gehört) und des Tetrodotoxin-resistenten Natriumkanals NaV1.8 vermittelt. Dadurch sind die Aktivierungsschwellen dieser Kanäle herabgesetzt und die Nozizeptoren leichter erregbar. Der Gewebeschaden führt so zur peripheren **Hyperalgesie**.

Bradykinin kann in Makrophagen die Phospholipase A stimulieren. Es wird somit mehr Arachidonsäure aus Phospholipidmembranen freigesetzt, die für die Prostaglandinsynthese zur Verfügung steht.

Auf spinaler Ebene wird durch die starke Aktivität der Schmerzfasern in Rückenmarkneuronen die zytosolische Phospholipase A_2 aktiviert, und es kommt damit zur schnellen Steigerung der Prostaglandinsynthese ohne Veränderung der COX-Expression. Die Prostaglandine sensibilisieren hier entweder postsynaptische Neurone oder stimulieren die Ausschüttung der Transmitter Glutamat und Substanz P an der Präsynapse.

Bei jeder peripheren Gewebsschädigung werden auch Zytokine, z. B. Interleukin, Interferon γ und Tumor-Nekrose-Faktor α, freigesetzt, und es kommt zu einer Aktivierung von Transkriptionsfaktoren in Makrophagen, Fibroblasten und Endothelzellen. Das wichtigste Genprodukt ist die COX-2.

Auch im Rückenmark führen die proinflammatorischen Zytokine zur Induktion der COX-2 und damit zur vermehrten Bildung von Prostaglandinen.

Im Gehirn unversehrter Tiere wird die COX-2 primär konstitutiv in Neuronen exprimiert, bei Entzündungen dagegen vermehrt neuronal induziert. Allerdings ließ sich auch in nicht neuronalen Zellen wie Gliazellen eine Induktion der COX-2 nachweisen. Bei Entzündungen wird in den Gefäßendothelzellen des Hypothalamus vermehrt Fieber induzierendes PGE_2 gebildet.

In das **Immungeschehen** bei einer Entzündung greifen die Prostaglandine in sehr komplexer Weise ein. Proinflammatorische Wirkungen zeigt vor allem PGE_2. Es hemmt die Differenzierung und Aktivierung von Lymphozyten in nanomolaren Konzentrationen und ist an der Vasodilatation, der Erhöhung der Gefäßpermeabilität und der Ödembildung beteiligt. PGEs hemmen die Freisetzung von Histamin aus Mastzellen.

PGE_1 hat eine mit PGE_2 vergleichbare inhibitorische Wirkung auf Granulozyten und Makrophagen und hemmt außerdem die Thrombozytenfunktion.

Leukotriene

LTB_4 ist für die Wundheilung bedeutsam. Da LTB_4 an Entzündungsprozessen beteiligt ist, wie der Bildung reaktiver Sauerstoffspezies und der Freisetzung lysosomaler Enzyme, die wiederum Bindegewebsbestandteile depolymerisieren, Enzyme denaturieren und Membranen und Gefäßstrukturen schädigen, wurde ein Zusammenhang mit entzündlichen Darmerkrankungen vermutet. LTC_4, LTD_4 und LTE_4 führen über einen weiteren Rezeptor, den Cysteinyl-Leukotrien-1-Rezeptor und gleiche Second-Messenger-Systeme zur Kontraktion der Bronchialmuskulatur, Migration der Eosinophilen und in den Drüsenzellen zu Schleimsekretion. Sie wirken sehr stark bronchokonstriktorisch, wobei die Wirkung relativ langsam eintritt.

Ursache für ein sog. Analgetika-Intoleranz-Syndrom (Morbus Widal) ist eine verstärkte Aktivität der Leukotriensynthase (durch Überexpression infolge eines Enzympolymorphismus). Nach Hemmung der Aktivität der COX kann es zu massiv gesteigerter Leukotriensynthese und in der Folge zur Ausbildung eines asthmatischen Entzündungsgeschehens und nasaler Polypen, zu Urtikaria und gastrointestinalen Beschwerden kommen.

Tab. 3.3 Wirkungen der Eicosanoide.

Organsystem	Eicosanoid	Wirkung
Herz-Kreislauf	PGE_1	▪ Vasodilatation ▪ Blutdruckabfall ▪ positiv inotrop ▪ positiv chronotrop
	PGE_2	▪ Vasodilatation ▪ Blutdruckabfall ▪ Erythem
	PGD_2	▪ Blutdruckabfall ▪ Erythem
	$PGF_{2\alpha}$	▪ Blutdruckanstieg (speziesabhängig)
	PGI_2	▪ Vasodilatation ▪ Blutdruckabfall ▪ Reflextachykardie
	TXA_2	▪ Vasokonstriktion
	LTC_4, LTD_4	▪ Blutdruckabfall ▪ negativ inotrop
Niere	PGE_2, PGI_2	▪ Reninfreisetzung ▪ Steigerung des renalen Blutflusses
	PGD_2	▪ Reninfreisetzung
	TXA_2	▪ Verringerung des renalen Blutflusses und der glomerulären Filtrationsrate
Magen-Darm-Trakt	PGEs, PGFs	▪ Kontraktion der Längsmuskulatur ▪ Relaxation der Ringmuskulatur ▪ Sekretion von Wasser und Elektrolyten in den Darm, Diarrhö
	PGE_1, PGE_2, PGI_2	▪ Hemmung der Magensäuresekretion ▪ Steigerung der Schleimproduktion und Bicarbonatsekretion ▪ Steigerung der Durchblutung
	TXA_2, PGI_2	▪ schwächere Kontraktion der Längsmuskulatur
Bronchialmuskulatur	PGE_1, PGE_2, PGI_2	▪ Dilatation
	PGD_2, $PGF_{2\alpha}$	▪ Kontraktion
	TXA_2	▪ Kontraktion
	LTC_4, LTD_4, LTE_4	▪ Kontraktion
Uterus	$PGF_{2\alpha}$, PGE_2	▪ Kontraktion (abhängig vom Funktionszustand) ▪ Wehenauslösung (abhängig vom Funktionszustand)
	PGI_2, PGD_2	▪ Relaxation
	TXA_2	▪ Kontraktion, wenn keine Trächtigkeit

Tab. 3.3 Fortsetzung

Organsystem	Eicosanoid	Wirkung
Reproduktion	PGE_2	▪ Physiologie der Ovulation und Fertilisation
	$PGF_{2\alpha}$	▪ Hemmung der Freisetzung von Progesteron ▪ Regression des Corpus luteum ▪ Unterbrechung früher Trächtigkeit ▪ Abortauslösung beim Menschen
Auge	PGFs (insbes. $PGF_{2\alpha}$)	▪ Kontraktion des M. sphincter pupillae ▪ Abnahme des Augeninnendrucks ▪ Verbesserung des Kammerwasserabflusses
ZNS	PGE_2	▪ Fieberauslösung durch Pyrogene
	PGI_2, $PGF_{2\alpha}$	▪ Fieberauslösung
	PGD_2	▪ Schlafförderung
	PGE_2	▪ Hyperalgesie
	LTB_4	▪ Hyperalgesie
Thrombozyten	PGE_2	▪ in niedrigen Dosen Verstärkung der Aggregation ▪ in hohen Dosen Hemmung der Aggregation
	TXA_2	▪ Induktion der Aggregation
	PGI_2	▪ Hemmung der Aggregation

3.4.6 Pharmakotherapeutische Ansätze

Prostaglandine

Vertreter der Prostaglandine und Derivate werden als Arzneistoffe eingesetzt.

KLINISCHER BEZUG In der Humanmedizin werden $\mathbf{PGE_2}$ oder synthetische Analoga zur Geburtseinleitung und Beschleunigung der Öffnung des Muttermundes bzw. zur Auslösung eines frühen Abortes eingesetzt. **Sulproston** ist ein PGE_2-Mimetikum, das bei atonischen postpartalen Blutungen zum Einsatz kommt. Veterinärmedizinisch werden vor allem $PGF_{2\alpha}$ und –Analoga verwendet.

In der Humanmedizin wird mit derselben Indikation auch ein $\mathbf{PGE_1}$-Derivat, Misoprostol, verwendet. Aufgrund seiner positiven Wirkungen auf Säure- und Schleimsekretion am Magen war es in der Humanmedizin und der Veterinärmedizin ursprünglich als Zytoprotektivum für den Magen mit der Indikation einer Ulkusprophylaxe bei NSAID-Einnahme bzw. zur Therapie und Prävention gastrointestinaler Ulzerationen gedacht. Es wirkt auch abortiv und kann nach der Geburt uterine Blutungen stoppen.

KLINISCHER BEZUG Mifepriston und das für die Veterinärmedizin entwickelte Derivat Aglepristone sind Antagonisten am Progesteronrezeptor und werden zum Abbruch einer Trächtigkeit genutzt. Durch die abortive Wirkung der Prostaglandine, z. B. Misoprostol, wird der Effekt von Mifepriston deutlich verstärkt.

PGE_1 wirkt auch vasodilatierend und wird deshalb in der Humanmedizin zur lokalen Behandlung erektiler Dysfunktion und zur Therapie schwerer Formen der arteriellen Verschlusskrankheit eingesetzt. Das PGE_1-Analogon Iloprost findet Anwendung bei der pulmonalen Hypertonie.

Von den PGEs ist es vor allem PGE_1, das den Ductus arteriosus Botalli zeitweilig offen hält und auch mit dieser Indikation angewandt wird. Ibuprofen als COX-Hemmer wird zum Schließen des Ductus eingesetzt.

Für PGE_2 sind bronchodilatatorische Wirkungen bei der Katze beobachtet worden.

KLINISCHER BEZUG $PGF_{2\alpha}$ und seine Derivate verfügen über eine ausgeprägte luteolytische Wirkung und werden veterinärmedizinisch mit dieser Indikation eingesetzt, d. h. zur Zyklusmanipulation, zur Geburts- und Aborteinleitung.

Die Wirkung ist allerdings spezies- und zyklusabhängig und nicht in allen Stadien der Trächtigkeit auszulösen. Bei Wiederkäuern, Equiden und Schweinen kann mit $PGF_{2\alpha}$ und seinen Derivaten eine Luteolyse ausgelöst werden, nicht bei Fleischfressern und Primaten, bei denen sich erst in höheren Dosierungen durch die direkte Wirkung auf die glatte Uterusmuskulatur Wehen auslösen lassen. Aufgrund der glattmuskelkontrahierenden Wirkung kommt es zudem zur Vaso- und Bronchokonstiktion wie auch zu einer Steigerung der gastrointestinalen Motorik.

KLINISCHER BEZUG **$PGF_{2\alpha}$-Derivate** verbessern am Auge den Kammerwasserabfluss und werden deshalb auch bei Offenwinkelglaukom angewandt (z. B. Latanoprost, Bimatoprost).

Die Anwendung am Auge hat weiterhin gezeigt, dass Agonisten am FP-Rezeptor eine haarwuchsfördernde Wirkung haben, was gegenwärtig Anlass für weitere Untersuchungen ist. Auch wurde beobachtet, dass das periorbitale Fettgewebe reduziert wird.

Synthetische Derivate von **Prostacyclin**, z. B. Iloprost, sind zur Behandlung schwerer arterieller Durchblutungsstörungen und pulmonaler Hypertonie indiziert.

Die COX ist an der Bildung sowohl von Thromboxan A_2 als auch von Prostacyclin beteiligt. Die Thrombozytenaggregation kann durch Hemmung der COX beeinflusst werden. Dies ist jedoch nur durch Hemmung der Thromboxan-A_2-Synthese möglich und nicht durch die des Gegenspielers PGI.

KLINISCHER BEZUG **Acetylsalicylsäure** (ASS) weist eine Besonderheit auf, weshalb die Substanz zur Prophylaxe thromboembolischer Erkrankungen immer noch besonders geeignet ist. ASS führt zu einer Acetylierung der Plättchenmembranproteine und Plasmaproteine und damit auch der COX. Die COX-1 der Thrombozyten wird irreversibel gehemmt (Thrombozyten sind kernlos und können keine Enzyme und auch keine neue COX synthetisieren), sodass sich Wirkdauer von ASS und Plättchenlebenszeit entsprechen. Die COX-Hemmung im Endothel, die zur Blockade der Prostacyclinsynthese führt, hält kürzer an, da Endothelzellen die COX neu synthetisieren können. Da ASS die COX-1 der Thrombozyten bereits im Pfortaderblut, in dem die ASS noch unmetabolisiert und damit in hoher Konzentration vorliegt, hemmen kann, reichen niedrige Dosierungen für eine Hemmung der Thrombozytenaggregation aus.

In mehreren Ländern ist ein dualer Antagonist am DP_2-Rezeptor und am Thromboxan-Rezeptor zur Behandlung von Rhinitis und Asthma zugelassen (Ramotaban).

Leukotriene und Lipoxygenase

Aufgrund der pathophysiologischen Bedeutung der Leukotriene wurde versucht, sowohl über die Synthesehemmung als auch über den Rezeptorantagonismus therapeutische Wirkungen zu erzielen. Beide Klassen an Arzneimitteln werden unter dem Begriff der „Leukotrien-Modifier" zusammengefasst.

KLINISCHER BEZUG **Antagonisten am Cysteinyl-Leukotrien-1-Rezeptor** werden in der Asthmatherapie verwendet. Sie verhindern die Auslösung der Effekte durch die Cysteinyl-Leukotriene. Ihre Wirksamkeit ist bei allergischem Asthma, Anstrengungsasthma und Analgetikaasthma gezeigt worden. Sie werden aufgrund der gemeinsamen Kennsilbe im internationalen Freinamen als „Lukaste" zusammengefasst.

Da auch LTB_4 eine wichtige pathophysiologische Rolle bei entzündlichen Gelenkerkrankungen, Darmerkrankungen und Psoriasis spielt, erscheint das therapeutische Prinzip der Synthesehemmung hier wirksam zu sein. Sulfasalazin und 5-Aminosalizylsäure werden seit Langem zur Therapie chronisch entzündlicher Darmerkrankungen eingesetzt. Sie hemmen auch die Leukotriensynthese im Darm.

Lipoxygenasehemmer können ebenfalls für die Asthmatherapie genutzt werden, allerdings ist der einzige Vertreter, Zileutan, nur in den USA erhältlich.

Bei den etablierten Arzneimitteln zur Behandlung chronisch entzündlicher Darmerkrankungen, die vielfältige Wirkungsweisen haben, wie Mesalazin und Sulfasalazin, soll zumindest ein Teil ihrer Wirkung auf Hemmung der Lipoxygenase beruhen. Über diesen Mechanismus werden auch die Erfolge dieser Arzneimittel bei der Therapie der rheumatoiden Arthritis erklärt.

Cyclooxygenase (COX)

Die Wirkung der NSAID beruht größtenteils auf einer Hemmung der COX.

Prostaglandine sind an der Entstehung von Schmerz, Fieber und Entzündung beteiligt, sodass die therapeutischen Effekte der NSAID über die COX-Hemmung erklärbar sind. Da jedoch Prostaglandine weitere Wirkungen zeigen, z. B. Verringerung der Magensaftsekretion, Zytoprotektion am Magen, Verringerung der Darmmotilität, Erhöhung der renalen Natriumausscheidung und Steigerung des Uterustonus, kommt es durch die COX-Hemmung zu den entsprechenden unerwünschten Wirkungen, die von der Hauptwirkung nicht zu trennen sind. Bei körperlicher Hochleistung fehlt der Schutz gegen Überlastungsnierenschäden. Die Hemmung der Plättchenaggregation, die in der Humanmedizin zur Vorbeugung thromboembolischer Erkrankungen therapeutisch genutzt wird, führt deshalb bei einer Schmerztherapie zu einer erhöhten Blutungsneigung.

Bei Patienten mit einer verstärkten Aktivität der Leukotrien-C_4-Synthase kommt es unter COX-Hemmung zu einer überschießenden Bildung an Leukotrienen mit nachfolgender Ausprägung des Analgetika-Intoleranzsyndroms. Die Leukotriene sind nun für unerwünschte bronchokonstriktorische Wirkungen, z. B. Auslösung eines Asthmaanfalls bei prädisponierten Patienten, verantwortlich.

Aufgrund der Annahme, die sich allerdings mittlerweile als überholt gezeigt hat, dass die COX-1 ein konstitutiv exprimiertes Enzym und die COX-2 ausschließlich unter pathophysiologischen Umständen induzierbar sei, sind große Hoffnungen in **COX-2-selektive Hemmer** gesetzt worden. Es wurde angenommen, dass die COX-2 bei Entzündungen, Schmerz- und Fieberzuständen schnell induziert wird und ausschließlich therapeutische Wirkungen über die Unterdrückung ihrer Aktivität erzielt werden können. Es hat sich aber gezeigt, dass auch die COX-2 zum Teil konstitutiv exprimiert wird. So sind von den unerwünschten Wirkungen bei selektiver COX-2-Hemmung nur noch etwa die Hälfte der gastrointestinalen Komplikationen (Blutungen und Ulkus) und keine Hemmung der Thromboyzytenaggregation (Thrombozyten zu 99 % COX-1-Expression) zu verzeichnen. Allerdings hemmen die COX-2-Hemmer auch die PGI_2-Synthese in der Gefäßwand, wodurch das Risiko für Thrombosen gesteigert ist. Aufgrund dessen kam es zu Marktrücknahmen von COX-2-Hemmern (z. B. Rofecoxib).

Die älteren NSAID hemmen beide Enzyme in gleichem Maße, neuere werden als „präferenzielle COX-2-Hemmer" bezeichnet, und die „selektiven" (in therapeutischer Dosierung) sind an ihrer Kennsilbe im internationalen Freinamen zu erkennen und werden unter „Coxibe" zusammengefasst.

Da gezeigt wurde, dass über eine COX-2-Hemmung auch das Wachstum von Tumorzellen und Dickdarmpolypen gehemmt wird, sind mittlerweile COX-2-Hemmer (Celecoxib) zur Behandlung familiärer adenomatöser Polyposis zugelassen.

COX-2 hat aber noch eine weitere, weniger bekannte Funktion: Das Enzym metabolisiert die Endocannabinoide Donoylethanolamid (AEA) und 2-Arachidonoylglycerol (2-AG). Damit wird nicht prinzipiell die Wirksamkeit der Endocannabinoide beendet, sondern die COX-2 bildet wirksame PG-Derivate. Es sind im Moment noch viele Fragen zu Rezeptoren und biologischen Effekten dieser PG-Analoga offen. Die Endocannabinoide können auch von der Lipoxygenase oder P450-Enzymen verstoffwechselt werden, die Metabolite sind ebenfalls pharmakologisch wirksam. Es gibt Untersuchungen, die auf proinflammatorische Wirkungen von Endocannabinoid-Metaboliten hinweisen, während einige an antiinflammatorischen Wirkungen beteiligt sind. Eine COX-2-Hemmung würde der letzteren, positiven Wirkung entgegenstehen.

Eine endgültige Bewertung und Nutzung dieser Erkenntnisse sind zum gegenwärtigen Zeitpunkt noch nicht möglich. An der Entwicklung von Substrat-selektiven COX-2-Hemmern zur Behandlung psychischer Erkrankungen wird gearbeitet. Diese sollen eine Inaktivierung endogener Cannabiniode durch die COX-2 verhindern, ohne die Prostaglandinbildung aus Arachidonsäure zu beeinflussen.

Phospholipase

Die Hemmung der Phospholipase A_2 erfolgt wahrscheinlich indirekt, d. h. über eine Induktion von Proteinsynthesen, speziell der Annexine. Die Expression der COX-2, aber nicht der COX-1, wird durch Glucocorticoide herabgesetzt.

Die Wirkungen der Glucocorticoide basieren auf einer Blockade der T-Zellkaskade. Sie greifen in sehr frühe Phasen der Immunreaktion ein und hemmen auch Enzymsynthesen. In diesem Zusammenhang sind die Hemmung sowohl der COX-2 als auch der Phospholipase A_2 bedeutsam. Damit sind die antientzündlichen Wirkungen der Glucocorticoide zu erklären.

KLINISCHER BEZUG Die Entwicklung von dualen Hemmern, d. h. Substanzen, die sowohl die COX als auch die Lipoxygenase hemmen, hat bereits Erfolge gezeigt. Mit **Tepoxalin** steht ein Arzneistoff mit diesem Wirkungsmechanismus zur Behandlung von Hunden mit Osteoarthritis zur Verfügung.

Spez. Pharmakologie

FAZIT PERIPHERE UND ZENTRAL WIRKSAME MEDIATOREN

Histamin

- Histamin ist ein basisches Amin, das in hohen Konzentrationen im Gastrointestinaltrakt, in der Lunge und in der Haut vorkommt.
- Die wichtigsten pathophysiologischen Effekte sind die säurebedingten Magenulzera, die Rolle als Mediator bei Typ-I-allergischen Reaktionen und die Auslösung von Urtikaria.
- H_1-Antihistaminika dienen zur Behandlung von allergischem Pruritus bei Hund und Katze, während H_2-Antagonisten bei der Therapie von Magen- und Duodenalgeschwüren zum Einsatz kommen.

Serotonin

- Serotonin ist in der Peripherie und im Gehirn an zahlreichen physiologischen Funktionen und an pathophysiologischem Geschehen beteiligt.
- In der Veterinärmedizin werden Antagonisten am 5-HT_3-Rezeptor als Antiemetika, 5-HT_{1A}-Rezeptor-Agonisten als Anxiolytika und Hemmer der synaptischen 5-HT-Wiederaufnahme zur Behandlung von Verhaltensstörungen eingesetzt.

Angiotensin

- Das Renin-Angiotensin-System (RAS) ist ein wichtiger endokriner Regulator des Natriumhaushalts, des Blutvolumens und des Blutdrucks.
- Pharmakologische Beeinflussungen sind klinisch durch Hemmung der an der Synthese beteiligten Enzyme (Renin, ACE) oder durch Blockade von Angiotensin/AT_1-Rezeptoren möglich.
- In der Veterinärmedizin werden vorwiegend ACE-Inhibitoren, aber auch AT_1-Rezeptorantagonisten zur Therapie der kongestiven Herzinsuffizienz und bei chronischen Nierenerkrankungen angewandt.

Eicosanoide

- Arachidonsäure wird über die COX zu den Prostanoiden Prostaglandin, Thromboxan A_2 und Prostacyclin und über die Lipoxygenase zu Leukotrienen metabolisiert.
- Die Wirkung der NSAID beruht vor allem auf einer Hemmung der COX-1/2 oder einer selektiven Hemmung der COX-2.
- Duale Hemmer der COX und der Lipoxygenase werden zur Therapie entzündlicher Gelenkerkrankungen eingesetzt.
- Antagonisten am Leukotrienrezeptor sind wirksam beim Asthma.
- Ausgewählte Prostaglandine und Derivate kommen in der Fortpflanzung und in der Glaukomtherapie zum Einsatz.

(Weiterführende) Literatur

Histamin

[1] Panula P, Nuutinen S. The histaminergic network in the brain: basic organization and role in disease. Nat Rev Neurosci 2013; 14: 472–87

[2] Peters LJ, Kovacic JP. Histamine: metabolism, physiology, and pathophysiology with applications in veterinary medicine. J Vet Emerg Crit Care 2009; 19: 311–28

[3] Strasser A, Wittmann HJ, Buschauer A, Schneider EH, Seifert R. Species-dependent activities of G-protein-coupled receptor ligands: lessons from histamine receptor orthologs. Trends Pharmacol Sci 2013; 34: 13–32

Serotonin

[4] Baumgarten HG, Göthert M. Serotonergic Neurons and 5-HAT-Receptors in the CNS. Handbook of Experimental Pharmacology 129. Berlin, Heidelberg, New York: Springer-Verlag; 1997

[5] Stahl SM: Stahl's Essential Psychopharmacology. 4 rd Ed. Cambridge: University Press; 2013

[6] Trends in Pharmacological Sciences 2008; 29: 13–32

Angiotensin

[7] Bader M. Tissue renin-angiotensin-aldosterone systems: Targets for pharmacological therapy. Annu Rev Pharmacol Toxicol. 2010; 50: 439–65

[8] Dendorfer A, Dominiak P, Schunkert H. ACE inhibitors and angiotensin II receptor antagonists. In: A v Eckardstein (Ed.). Handb Exp Pharmacol 2005; 170: 407–442

[9] Montani, JP, Van Vliet BN. General Physiology and Pathophysiology of the Renin-Angiotensin System. In: TH Unger, BA Schoelkens (Eds). Handb Exp Pharmacol 2004; 163/1: 3–29

[10] Robles NR, Cerezo I, Hernandez-Gallego R. Renin-angiotensin system blocking drugs. J Cardiovasc Pharmacol Ther 2014; 19: 14–33

Eicosanoide

[11] Hermanson DJ, Gamble-George JC, Marnett LJ, Patel S. Substrate-selective COX-2 inhibition as a novel strategy for therapeutic endocannabinoid augmentation. Trends Pharmacol Sci 2014; 35: 358–367

[12] Katz JA. Cox-2 inhibition: What we learned – a controversial update on safety data. Pain medicine 2013; 14: 29–34

[13] Woodward DF, Jones RL, Narumiya S. International Union of Basic and Clinical Pharmacology. LXXXIII: Classification of prostanoid receptors, updating 15 years of progress. Pharmacol Rev 2011; 63: 471–538

[14] Zeilhofer HU: Prostanoide in nociception and pain. Biochem Pharmacol 2007; 73: 165–174

4 Pharmakologie des zentralen Nervensystems (ZNS)

H. Ammer, H. Potschka

4.1 Einleitung

DEFINITION Das zentrale Nervensystem (ZNS) besteht aus dem Gehirn und dem Rückenmark. Die Funktionen des ZNS dienen der Verarbeitung von äußeren Einflüssen, der Einleitung einer adäquaten Reaktion auf diese Einflüsse sowie der Aufrechterhaltung der inneren Homöostase.

Das ZNS besteht im Wesentlichen aus zwei Typen von Zellen, den Nervenzellen oder **Neuronen** und den **Gliazellen**. Die Neurone geben Informationen in Form chemischer Signale (Neurotransmitter) an andere Zellen weiter. Sie können mit ihren Ausläufern, den Axonen, weite Distanzen im ZNS überbrücken. Dabei wird die Erregung in Form von sich selbst verstärkenden Potenzialänderungen, sog. Aktionspotenzialen, weitergeleitet. Zur Ausbildung von Aktionspotenzialen sind Membranproteine notwendig, die Kanäle für Natrium- und Kaliumionen bilden und sich nur bei Veränderungen des Membranpotenzials kurzzeitig öffnen. Die Kommunikation zwischen den Nervenzellen findet an den **Synapsen** statt, an denen Aktionspotenziale die Öffnung spannungsabhängiger Kalziumkanäle bewirken. Der Kalziumeinstrom induziert dann die Ausschüttung kleiner Moleküle, der **Neurotransmitter**, in den Extrazellularraum. Die freigesetzten Transmitter binden an Membranproteine des nachfolgenden Neurons und bewirken dort Potenzialveränderungen.

Eine pharmakologische Beeinflussung der Aktivität des ZNS dient in der Regel der Verstärkung oder Dämpfung der neuronalen Erregbarkeit bzw. der synaptischen Aktivität. Zielstrukturen für Pharmaka sind entsprechend die spannungsgesteuerten Ionenkanäle, die Neurotransmitterrezeptoren oder die Enzyme, die Neurotransmitter synthetisieren oder abbauen.

In der Veterinärmedizin werden Pharmaka mit Wirkung auf das ZNS insbesondere zu folgenden Zwecken eingesetzt:

- Ausschaltung des Bewusstseins, der Abwehrreflexe und des Schmerzempfindens sowie Dämpfung der Muskelspannung für chirurgische Eingriffe (**Narkotika** und **Anästhetika**)
- Unterdrückung der Schmerzempfindung und Schmerzverarbeitung im ZNS (**Analgetika**)
- Beruhigung erregter Tiere, z. B. für die veterinärmedizinische Untersuchung und den Transport (**Sedativa**)
- Hemmung der synaptischen Übertragung im Hirnstamm und Rückenmark zur Senkung des Muskeltonus (zentrale **Muskelrelaxanzien**)
- Unterbrechung einer synchronisierten Übererregung im ZNS, die epileptische Anfälle hervorruft (**Antiepileptika**)
- Anregung des Atem- und Kreislaufzentrums im Hirnstamm bei Narkosezwischenfällen (**zentral erregende Stoffe**)
- Unterdrückung von angstassoziierten Verhaltensweisen (Trennung, Reise) bei Kleintieren (**Antidepressiva**)

Verschiedene generelle Gesichtspunkte müssen bei der Verabreichung von Pharmaka mit ZNS-Wirkung beachtet werden. Zum einen existiert eine besondere anatomische Barriere, die **Blut-Hirn-Schranke**, die das ZNS vom restlichen Organismus abgrenzt und den Übertritt zahlreicher Wirkstoffe limitiert oder verhindert. Zudem ist die **Komplexität neuronaler Verschaltungen** bei Eingriffen in ein Transmittersystem zu berücksichtigen. Ein Beispiel hierfür ist die pharmakologische Aktivierung der inhibitorischen (hemmenden) Neurotransmission durch bestimmte Narkotika, die sich bei der Anflutung in das ZNS zuerst auf die hemmenden Neurone auswirkt. Als Konsequenz einer verstärkten Hemmung inhibitorischer Neurone resultiert somit zunächst eine paradoxe Erregung, bevor nachfolgend eine allgemeine Sedation eintritt.

4.1.1 Barrieren des Zentralnervensystems

Wegen der Empfindlichkeit der neuronalen Übertragung gegenüber äußeren Einflüssen bedarf das Gehirn einer besonderen Abschirmung. Die Blut-Hirn-Schranke schützt auf der Basis verschiedener zellulärer und molekularer Komponenten das Gehirngewebe effizient vor Fremdstoffen sowie vor dem schädigenden Einfluss körpereigener Stoffe (z. B. Bilirubin). Die Blut-Hirn-Schranke wird morphologisch aus den Endothelzellen der Kapillaren, einer Basalmembran, Ausläufern von Astrogliazellen und Perizyten gebildet (**Abb. 4.1**).

Die Barrierefunktion wird dabei von den Endothelzellen getragen, die durch die Ausbildung von tight junctions eine kontinuierliche, dichte Zellschicht bilden, die den Übertritt von Stoffen aus dem Blut limitiert. Angrenzende Zellen (Astrozyten, Perizyten) geben Botenstoffe ab, die für die Ausbildung der dichten endothelialen Zellschicht und deren Barrierefunktion Voraussetzung sind.

Da das Gehirn effektiv mit essenziellen Stoffen (wie Glukose) zu versorgen ist, muss die Blut-Hirn-Schranke eine Permeabilität für bestimmte Stoffe aufweisen. Dies ist durch vier Wege gewährleistet, auf denen die Blut-Hirn-Schranke überwunden werden kann. Kleine Moleküle (z. B. Wasser, Sauerstoff, Kohlendioxid, Lachgas) können durch kleinste **Poren** diffundieren. Größere lipophile Moleküle (z. B. Inhalations- und Injektionsnarkotika) passieren die Blut-Hirn-Schranke durch **passive Diffusion** aufgrund eines Konzentrationsgradienten zwischen Blutplasma und Extrazellularraum des ZNS. Die Geschwindigkeit des Über-

Spez. Pharmakologie

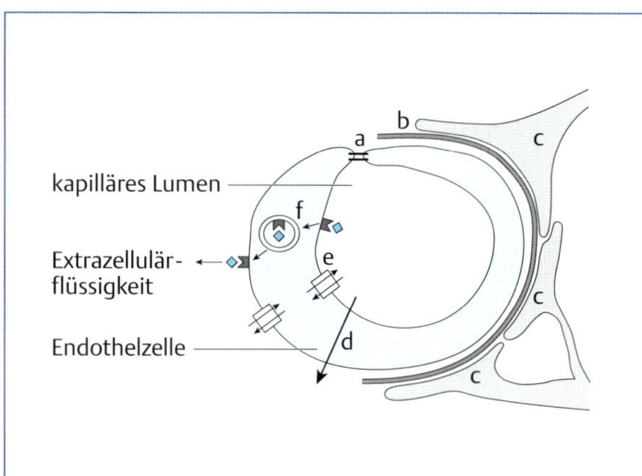

Abb. 4.1 Schematische Darstellung der Blut-Hirn-Schranke. Im Gegensatz zum restlichen Kapillarsystem bilden die Endothelzellen im Gehirn keine größeren Poren. Zudem sind sie durch dichte Verbindungen, die sogenannten tight junctions, miteinander verbunden (**a**). Diese Barriere wird durch eine Basalmembran (**b**) und Fortsätze von Astrogliazellen (**c**) ergänzt. Kleine und lipidlösliche Proteine können die Endothelzellen durch passive Diffusion überwinden (**d**). Glukose und essenzielle Aminosäuren werden durch aktiven Transport ins ZNS aufgenommen (**e**). Einige Proteine (z. B. Insulin) werden nach Bindung an Rezeptoren in Vesikel verpackt und durch das Endothel geschleust (**f**).

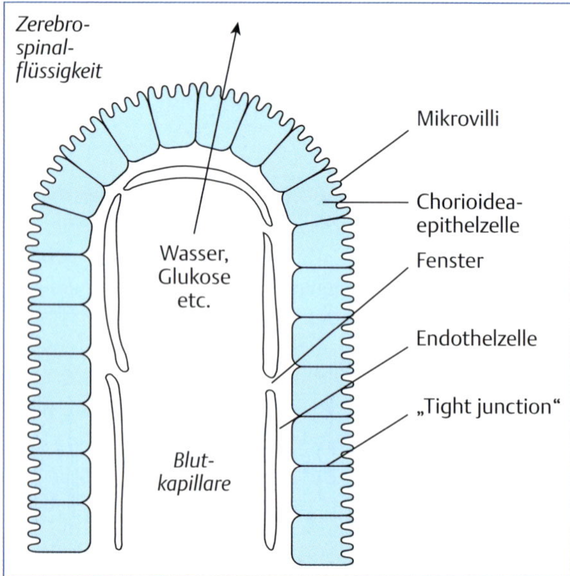

Abb. 4.2 Schematische Darstellung der Blut-Liquor-Schranke. Die dicht verbundenen Ependymzellen des Plexus chorioideus liefern die Basis für die Barrierefunktion. Moleküle können unter denselben Bedingungen wie bei der Blut-Hirn-Schranke diese Barriere passieren (**Abb. 4.1**). Nicht dargestellt sind aktive Transportsysteme, die Moleküle aus der Zerebrospinalflüssigkeit in Richtung Blut transportieren.

tritts in das ZNS hängt für diese Moleküle von der Hirndurchblutung und der Lipidlöslichkeit ab. Für die Funktion des Gehirns wichtige Moleküle mit hydrophilen Eigenschaften, wie z. B. Glukose, Monocarbonsäuren (Laktat, Acetat), Cholin, essenzielle Aminosäuren und Vitamine, werden mithilfe von aktiven (= energieabhängigen) **transzellulären Transportmechanismen** eingeschleust. Einige Proteine, wie Insulin, Transferrin und Vasopressin, können die Blut-Hirn-Schranke offenbar über die Bindung an einen Rezeptor auf der Oberfläche der Endothelzellen überwinden. Der Protein-Rezeptor-Komplex wird auf der dem Blut zugewandten Seite durch Pinozytose aufgenommen und auf der ZNS-Seite wieder durch Exozytose abgegeben (**rezeptorvermittelte Transzytose**).

Aktive, energieabhängige Transportsysteme können auch in umgekehrter Richtung als **Effluxtransporter** fungieren und damit zur Funktion der Blut-Hirn-Schranke beitragen. Sie reduzieren den Übertritt von Substanzen in das Gehirngewebe bzw. vermitteln deren Ausschleusung aus dem Gehirn in das kapilläre Lumen. Einer der bedeutendsten Effluxtransporter ist P-Glykoprotein, das ein breites Spektrum von überwiegend lipophilen Substanzen an der Blut-Hirn-Schranke, aber auch in weiteren biologischen Barrieren und in den Exkretionsorganen transportiert.

KLINISCHER BEZUG Ein **genetischer Defekt von P-Glykoprotein** ist bei den Hunderassen Collie, Australian Shepherd, Shetland Sheepdog, Weißer Schweizer Schäferhund, Bobtail, Wäller und Border Collie mit unterschiedlicher Häufigkeit beschrieben. Der Funktionsausfall von P-Glykoprotein kann die Empfindlichkeit gegenüber verschiedenen Wirkstoffen erhöhen. Bekannt ist insbesondere, dass der Gendefekt eine Überempfindlichkeit gegenüber Antiparasitika aus der Stoffklasse der makrozyklischen Laktone (z. B. Ivermectin) bedingt. Wiederholt beschrieben wurden z. B. schwere Vergiftungen nach akzidenteller Aufnahme von Ivermectin.

Ein Großteil der Versorgung des ZNS mit den für den Metabolismus notwendigen Molekülen wird von der **Zerebrospinalflüssigkeit (Liquor cerebrospinalis)** übernommen, die an mehreren Stellen des Gehirns sezerniert wird. Die Zerebrospinalflüssigkeit ist dabei durch die **Blut-Liquor-Schranke** vom Blut abgegrenzt. Die Blut-Liquor-Schranke beruht jedoch nicht auf tight junctions der Endothelzellen, sondern auf entsprechend dichten Verbindungen eines Epithels aus Ependymzellen, die die Kapillaren umgeben (**Abb. 4.2**). Für den Übertritt von Molekülen aus dem Blutplasma in den Liquor gelten dieselben Gesetzmäßigkeiten wie bei der Blut-Hirn-Schranke. Der Liquor wird in großen Mengen in den Plexus chorioidei der Hirnventrikel sezerniert (Katze: 1,2 ml/h, Ziege: 11,5 ml/h), tritt im vierten Ventrikel in den Subarachnoidalraum des Gehirns und des Rückenmarks ein und wird dort durch eine ventilartige Funktion der Subarachnoidalvilli in das venöse Blut zurückgeführt. Dadurch können Moleküle auch über den allgemeinen Flüssigkeitsstrom aus dem Liquor entfernt werden (bulk flow).

Neurone und Gliazellen können nur durch Pharmaka beeinflusst werden, die die Blut-Hirn-Schranke oder die Blut-Liquor-Schranke überwinden können. Dies ist entweder durch passive Diffusion oder aktiven Transport möglich. Für Wirkstoffe, die nicht aktiv transportiert werden, ist der Grad der Lipidlöslichkeit positiv korreliert mit der Geschwindigkeit des Übertritts in das Gehirngewebe. Ist das verabreichte Pharmakon geladen bzw. hydrophil, so kann es die Blut-Hirn-Schranke nur überwinden, wenn es auf einen vorhandenen Transportmechanismus zurückgreifen kann.

KLINISCHER BEZUG Unter bestimmten physiologischen oder pathologischen Umständen kann die Blut-Hirn-Schranke eine veränderte Permeabilität aufweisen. Hyperglykämie, Meningitiden und Tumore können die Blut-Hirn-Schranke schädigen und damit zeitweise durchlässiger werden lassen.

Einige Bereiche des ZNS, z. B. die Hypophyse, die Epiphyse oder die Area postrema, sind nicht von einer Blut-Hirn-Schranke umgeben, weil deren Zellen auf hormonelle Signale des Körpers oder auf chemische Stoffe reagieren müssen. So vermittelt die Area postrema chemisch induziertes Erbrechen.

4.1.2 Neurotransmitter und Rezeptoren

Die **Kommunikation** zwischen den Nervenzellen des ZNS erfolgt durch **Neurotransmitter**, die nach Depolarisation aus den präsynaptischen Varikositäten freigesetzt werden und ihre entsprechenden Zielstrukturen an der postsynaptischen Membran regulieren. So komplex die chemische Neurotransmission im Einzelnen abläuft, sie folgt dennoch einem einheitlichen Grundschema. Die Prinzipien der synaptischen Informationsübertragung sind in **Abb. 4.3** dargestellt.

Bis auf wenige Ausnahmen können alle Neurone und Synapsen des ZNS auf ähnliche Art und Weise beeinflusst werden, unabhängig von der Natur des Neurotransmitters. Daraus können folgende allgemeine **Angriffspunkte** für Neuropharmaka abgeleitet werden:

- Bereitstellung des Neurotransmitters
- Transmitterfreisetzung
- Informationsübertragung auf die postsynaptische Membran
- Beendigung der Informationsübertragung

Auf die genauen Wirkungsmechanismen der einzelnen Substanzen wird bei der Besprechung der Stoffgruppen eingegangen.

Im ZNS wurde eine Vielzahl unterschiedlicher Neurotransmitter identifiziert, die von ihrer chemischen Struktur her **Aminosäuren**, **Amine** oder **Peptide** darstellen. Zur Komplexität des zentralen Nervensystems trägt bei, dass viele Neurone nicht nur einen, sondern zwei oder mehrere Neurotransmitter speichern. Dabei charakterisiert der funktionell bedeutendste Transmitter das Neuron. Werden mehrere Transmitter gleichzeitig freigesetzt, so spricht

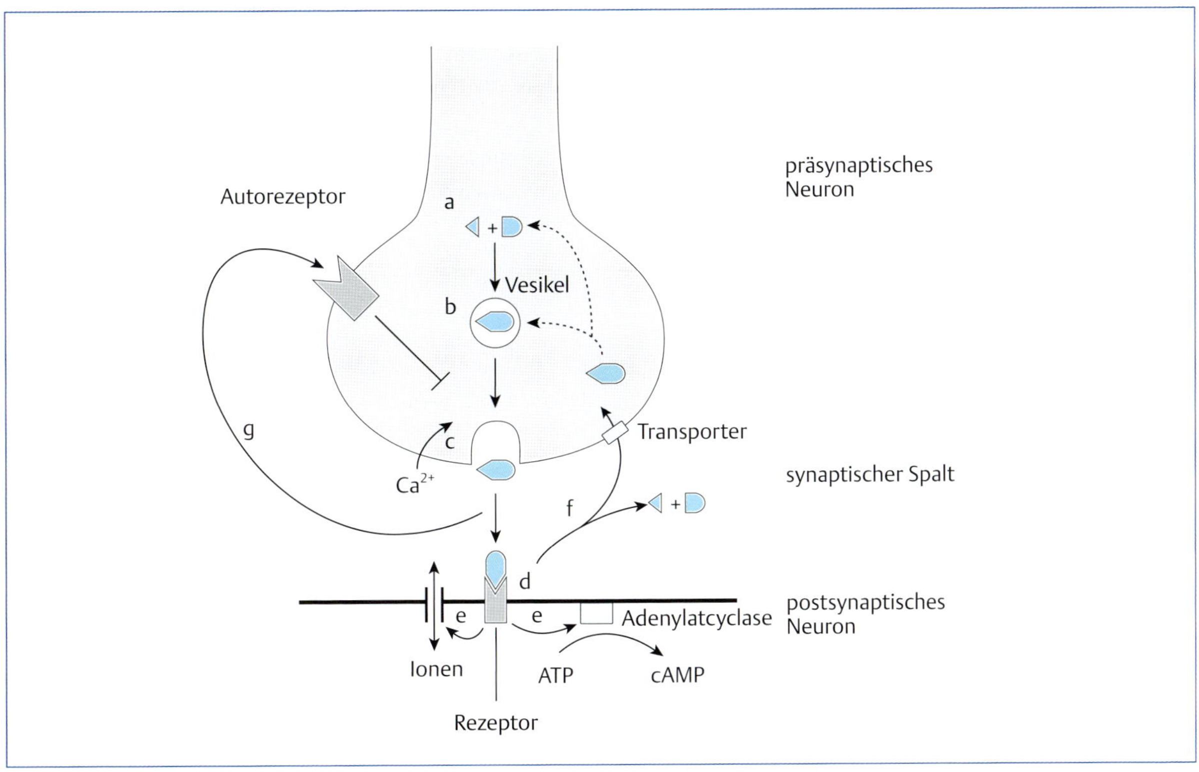

Abb. 4.3 Pharmakologische Angriffspunkte in der Neurotransmission. Ein Neurotransmitter wird im präsynaptischen Neuron synthetisiert (**a**) und in Vesikeln gespeichert (**b**). Nach Depolarisation der präsynaptischen Membran und/oder Erhöhung der intrazellulären Kalziumkonzentration wird der Neurotransmitter in den synaptischen Spalt freigesetzt (**c**). An der postsynaptischen Membran binden die Neurotransmitter an ihre spezifischen Rezeptoren (**d**) und bewirken Funktionsveränderungen im postsynaptischen Neuron (**e**), z. B. aufgrund der Öffnung eines Ionenkanals oder der Synthese eines sekundären Botenstoffes (z. B. cAMP). Die Wirkung des Neurotransmitters wird durch ein abbauendes Enzym und/oder durch die Wiederaufnahme in das präsynaptische Neuron beendet (**f**). Der Abbau kann im synaptischen Spalt (**f**), aber auch in dem präsynaptischen Neuron oder in benachbarten Zellen (z. B. Gliazellen) erfolgen. Der Transmitter kann aber auch über Autorezeptoren an der präsynaptischen Membran seine eigene Freisetzung modulieren (**g**).

man von Ko-Transmission. Eine Übersicht über die wichtigsten Neurotransmitter, ihre Rezeptoren, Signalmechanismen und Wirkungen zeigt Tab. 4.1.

Die fundierte Kenntnis der Funktion und Regulation von Neurotransmittersystemen ist Voraussetzung für das Verständnis der vielfältigen Wirkungen von Neuropharmaka.

Werden z. B. dominierende inhibitorische (γ-Aminobuttersäure, GABA) oder exzitatorische Transmittersysteme (Glutamat) aktiviert bzw. gehemmt, so resultiert daraus eine allgemeine Dämpfung der Gehirnfunktion. Diese äußert sich unter anderem in einer Sedation, Narkose, Krampflösung oder psychomotorischen Antriebshemmung. Da die genannten Neurotransmitter aber in allen Regionen des ZNS eine wichtige Rolle spielen, ist die Applikation solcher Neuropharmaka häufig mit vielfältigen Nebenwirkungen verbunden.

Die bedeutendsten Neurotransmitter sind die Aminosäuren **GABA**, **Glutamat**, **Aspartat** und **Glyzin**. Sie sind an der Regulation wichtiger zentralnervöser Funktionen beteiligt und agieren an mehr als 80 % der Synapsen.

Tab. 4.1 Wichtige Neurotransmitter des ZNS inkl. Rezeptoren, Wirkungen und Liganden.

Neurotransmitter	Rezeptortypen	Wirkung	Effekt auf das Neuron	Agonist	Antagonist
Glutamat, Aspartat	NMDA*	exzit./schnell (Kanal)	Kationenkanal öffnet	NMDA	Ketamin, Memantin
	AMPA	exzit./schnell (Kanal)	Natrium-/Kaliumkanal öffnet	AMPA	Perampanel
	Kainat	exzit./schnell (Kanal)	Natrium-/Kaliumkanal öffnet	Kainat	(CNQX)**
	metabotrop (7 versch.)	versch./G-Proteine	IP_3/DAG ↑ oder cAMP ↓	DHPG/L-AP-4	AIDA/MAP4
GABA	$GABA_A$	inhib./schnell (Kanal)	Chloridkanal öffnet	Muscimol	Bicucullin
	$GABA_B$	inhib./G-Proteine	Kaliumkanal öffnet, Kalziumkanal schließt	Baclofen	Phaclofen
Glyzin	$Glyzin_A$	inhib./schnell (Kanal)	Chloridkanal öffnet	Taurin	Strychnin
	$Glyzin_B$*	exzit./schnell (Kanal)	Kationenkanal öffnet	D-Serin	7-Chloro-Kynurensäure
Acetylcholin	muskarinerg	exzit./G-Proteine	IP_3/DAG ↑ oder cAMP ↓	Muskarin	Atropin
	nikotinerg	exzit./schnell (Kanal)	Kationenkanal öffnet	Nikotin	Mecamylamin
Noradrenalin	α_1	exzit./G-Proteine	IP_3/DAG ↑	Phenylephrin	Prazosin
Adrenalin	α_2	inhib./G-Proteine	cAMP ↓	Clonidin	Yohimbin
	β_2	exzit./G-Proteine	cAMP ↑	Isoproterenol	Propranolol
Dopamin	D_1	exzit./G-Proteine	cAMP ↑	SKF 38 393	SCH-23 390
	D_2	inhib./G-Proteine	IP_3/DAG ↑ oder cAMP ↓	Lisurid	Sulpirid
Serotonin	$5\text{-}HT_1$ (4 versch.)	inhib./G-Proteine	cAMP ↓	Buspiron, Sumatriptan	WAY 100 635
	$5\text{-}HT_2$ (2 versch.)	exzit./G-Proteine	IP_3/DAG ↑	α-Methyl-5-HT	Ketanserin
	$5\text{-}HT_3$	exzit./schnell (Kanal)	Kationenkanal öffnet	2-Methyl-5-HT	Ondansetron
Histamin	H_1	exzit./G-Proteine	IP_3/DAG ↑	–	Mepyramin
	H_2	inhib./G-Proteine	cAMP ↑	–	Cimetidin
Endorphine	μ	inhib./G-Proteine	cAMP ↓, Kaliumkanal öffnet/Kalziumkanal schließt	Endomorphine	CTAP
Enkephaline	δ	inhib./G-Proteine		Enkephaline	Naltrindol
Dynorphine	κ	inhib./G-Proteine		Dynorphin A	Norbinaltorphimin

Nur die häufigsten Neurotransmitter und ihre wichtigsten Rezeptortypen sind aufgeführt. Eine G-Protein-vermittelte Modulation der intrazellulären zyklischen Adenosinmonophosphat(cAMP)-Konzentration (über die Aktivierung der AC) kann je nach Neuron inhibitorisch oder exzitatorisch wirken, z. B. über die Öffnung oder Schließung von Kaliumkanälen. Eine Produktion von Inositoltriphosphat (IP_3) und Diacylglycerol (DAG) führt in der Regel zu einer erhöhten Kalziumkonzentration im Neuron.

Abkürzungen: AIDA = 1-Aminoindan-1,5-dicarboxylsäure, AMPA = α-Amino-5-hydroxy-5-methylisoxazol-4-propionsäure, CNQX = 6-Cyano-7-nitroquinoxalin-2,3-dion, CTAP = D-Phe-Cys-Tyr-D-Trp-Arg-Thr-Pen-Thr-NH2, DHPG = 3,5-Dihydroxyphenylglyzin, L-AP-4 = 2-Amino-4-phosphonobuttersäure, GABA = γ-Aminobuttersäure, 5-HAT = 5-Hydroxytryptamin (Serotonin), MAP4 = (S)-2-Amino-2-methyl-4-phosphonobuttersäure, NMDA = N-Methyl-D-Aspartat, SKF 38 393, SCH-23 390, WAY 100 635 = Entwicklungssubstanzen verschiedener pharmazeutischer Firmen.

* Der NMDA/$Glyzin_B$-Rezeptor ist ein Komplex, an dem Glyzin als Ko-Agonist fungiert.

** Wirkt auch als Antagonist am AMPA-Rezeptor.

γ-Aminobuttersäure (GABA)

DEFINITION GABA ist der wichtigste inhibitorische Neurotransmitter im ZNS. Sie wird hauptsächlich von inhibitorischen Interneuronen, aber auch von langen GABAergen Bahnen im Zerebellum und Striatum freigesetzt und führt zu einer allgemeinen Hemmung neuronaler Funktionen.

Synthese GABA wird aus dem exzitatorischen Transmitter Glutamat gebildet. Die hierfür erforderliche Glutamatdecarboxylase wird ausschließlich in GABAergen Neuronen des ZNS exprimiert. Bei der Bereitstellung von GABA kommt dem Glutaminzyklus eine Schlüsselrolle zu. In den synaptischen Spalt freigesetzte GABA wird entweder wieder in die präsynaptische Zelle oder aber von benachbarten Gliazellen aufgenommen. Hier wird sie in Glutamin umgewandelt und als solche wieder in GABAerge Nervenendigungen abgegeben, wo sie mittels Glutaminase zunächst in Glutamat umgewandelt und anschließend zu GABA decarboxyliert und vesikulär gespeichert wird.

Rezeptoren GABA vermittelt ihre Wirkungen über 3 verschiedene Rezeptortypen: $GABA_A$, $GABA_B$ und $GABA_C$. Der **$GABA_A$-Rezeptor** stellt einen aus 5 Untereinheiten zusammengesetzten ligandengesteuerten Chloridkanal dar. Insgesamt sind beim Säuger 19 verschiedene Untereinheiten bekannt (α_{1-6}, β_{1-3}, γ_{1-3}, δ, ε, θ, π). Hieraus resultiert eine Vielzahl unterschiedlicher Kombinationsmöglichkeiten, die je nach Alter, Differenzierungszustand, Fasertyp und Lokalisation variieren können. Dies erklärt, warum sich die Wirkung verschiedener Arzneimittel an $GABA_A$-Rezeptoren z. B. altersabhängig teils erheblich unterscheiden kann. Die Öffnung der Chloridkanäle durch Agonisten resultiert in einer Hyperpolarisation und damit einer verminderten Erregbarkeit der Nervenzelle. $GABA_A$-Rezeptoren sind Zielstruktur einer Reihe bedeutender Neuropharmaka wie z. B. der Benzodiazepine oder Barbiturate, aber auch von Krampfgiften wie Picrotoxin oder Bicucullin. Die pharmakologischen Wirkungen von Arzneimitteln am $GABA_A$-Rezeptor sind in **Tab. 4.2** zusammengefasst.

Der **$GABA_B$-Rezeptor** ist ein inhibitorischer, G-Protein-gekoppelter Rezeptor, der präsynaptisch die Freisetzung von GABA moduliert. **$GABA_C$-Rezeptoren** stellen wiederum dem $GABA_A$-Rezeptor eng verwandte pentamere Chloridkanäle dar, die eine besonders hohe Affinität zu GABA aufweisen und in hohen Konzentrationen in der Retina und im Hippocampus vorkommen, aber nicht durch die klassischen $GABA_A$-Liganden wie Barbiturate und Benzodiazepine gesteuert werden.

Glutamat

DEFINITION Glutamat ist der wichtigste exzitatorische Neurotransmitter im ZNS und an der Verarbeitung von Sinneswahrnehmungen, Kontrolle der Motorik und bei Lernvorgängen beteiligt.

Synthese **Glutamat** ist fast über das gesamte ZNS verteilt. Neben seiner Funktion als Neurotransmitter besitzt es eine bedeutende Rolle im Stoffwechsel. Es entstammt hauptsächlich dem **Glutaminzyklus**, der ein Verbindungsglied zwischen exzitatorischen und inhibitorischen Transmittersystemen darstellt. Nach seiner Freisetzung wird es von benachbarten Gliazellen über Carrierproteine aufgenommen und dort durch die Glutaminsynthetase in Glutamin umgewandelt. Das Glutamin wiederum wird von glutamatergen Axonen aufgenommen und dort schließlich durch die Glutaminase wieder in Glutamat gespalten, wobei Ammoniak entsteht. Nach Aufnahme von Glutamat in Speichervesikel steht dieses wieder für die Freisetzung bereit.

Rezeptoren Die Wirkung von Glutamat wird über verschiedene **ionotrope** und **metabotrope** Rezeptoren vermittelt. Die **ionotropen** Rezeptoren werden nach den für sie jeweils **spezifischen Agonisten** differenziert in **AMPA-**, **NMDA-** und **Kainat-**Rezeptoren (**Tab. 4.1**). Diese Rezeptoren bestehen jeweils aus fünf Untereinheiten. Aktivierte AMPA-Rezeptoren ermöglichen den Einstrom von Na^+ und Ausstrom von K^+, was im Ruhezustand zu einer Depolari-

Tab. 4.2 Pharmakotherapeutische Wirkungen durch Angriff an der GABAergen Neurotransmission.

Substanzgruppe	Wirkung an der GABAergen Synapse	pharmakologische Wirkung (dosisabhängig)
Barbiturate	direkte Aktivierung der $GABA_A$-Rezeptoren	antikonvulsiv, sedierend, hypnotisch, narkotisch
Benzodiazepine	Verstärkung der endogenen Aktivierung von $GABA_A$-Rezeptoren	appetitanregend, amnestisch, antikonvulsiv, sedierend, hypnotisch
Inhalationsnarkotika, Neurosteroide	Verstärkung der endogenen Aktivierung der $GABA_A$-Rezeptoren	narkotisch
Pentetrazol, Picrotoxin	Blockade des Chloridkanals der $GABA_A$-Rezeptoren	atem- und kreislaufanregend, konvulsiv
Propofol	Potenzierung der endogenen Aktivierung von $GABA_A$-Rezeptoren	narkotisch
Vigabatrin, Tiagabin	Erhöhung der GABA-Konzentration in der Synapse durch Blockade des abbauenden Enzyms oder der Wiederaufnahme aus dem Spalt	antikonvulsiv

Die Besonderheiten der Wirkung am $GABA_A$-Rezeptor und der sich daraus ergebenden pharmakologischen Wirkqualitäten werden für die verschiedenen, in der Tiermedizin gebräuchlichen Stoffgruppen vergleichend dargestellt.

sation der postsynaptischen Membran führt. Nach Aktivierung durch Glutamat sind sie für die Auslösung schneller erregender postsynaptischer Potenziale (EPSPs) verantwortlich. NMDA-Rezeptoren werden im Ruhezustand durch Mg^{2+} blockiert. Erst nach leichter Depolarisation der Membran kann Glutamat den Ionenkanal öffnen und hauptsächlich für Ca^{2+}, aber auch für Na^+, K^+ und durchlässig machen. Das einströmende Ca^{2+} wirkt in der Zelle als sekundärer Botenstoff, der die neuronale Homöostase für längere Zeit verändern kann. Bei einer pathologisch verstärkten Aktivierung von NMDA-Rezeptoren kann es so zur irreversiblen Zellschädigung mit Zelltod kommen. NMDA-Rezeptoren besitzen eine zusätzliche Bindungsstelle für **Glyzin**, das sowohl die Wirkung von Glutamat als auch von NMDA potenzieren kann. Am NMDA-Rezeptor greifen Arzneistoffe wie Ketamin oder das Antiparkinsonmittel Amantadin an, die den Kanal blockieren. Neben ionotropen Rezeptoren vermitteln verschiedene G-Protein-gekoppelte Rezeptoren die zellulären Effekte von Glutamat.

Glyzin

DEFINITION Glyzin ist ein bedeutender inhibitorischer Neurotransmitter an Interneuronen des Hirnstammes und im Rückenmark. Im Vorderhirn aktiviert er zusammen mit Glutamat exzitatorische **N**-**M**ethyl-**D**-**A**spartat(NMDA)-Rezeptoren.

Glyzin vermittelt seine Wirkung über Glyzinrezeptoren, die in Analogie zum $GABA_A$-Rezeptor einen Chloridkanal mit vergleichbarem Aufbau und ähnlicher Funktion darstellen. Im Rückenmark bewirkt es eine Hyperpolarisation von Motoneuronen. Als Agonist wirkt Taurin, als Antagonist Strychnin.

Monoamine

DEFINITION Unter dem Begriff Monoamine (oder biogene Amine) werden die Neurotransmitter Noradrenalin, Adrenalin, Dopamin und 5-Hydroxytryptamin (Serotonin) zusammengefasst (**Tab. 4.1**). Aminerge Neurone sind dadurch charakterisiert, dass ihre Zellkörper in eng umgrenzten Gebieten des Hirnstammes und des Vorderhirns lokalisiert sind. Ihre Axone projizieren in weite Teile des ZNS und auch anderer Gehirnareale, wo sie vor allem höhere Gehirnfunktionen und die motorische Aktivität modulieren.

Noradrenerge Neurone sind insbesondere in der Brücke und der Medulla oblongata lokalisiert. Vor allem aus dem Locus coeruleus ziehen ihre Axone in weite Gebiete des Kortex, des Kleinhirns und des Rückenmarks. Noradrenerge Neurone regulieren den Schlaf-Wach-Rhythmus, die Nahrungsaufnahme und den Kreislauf.

Dopamin ist Neurotransmitter dreier wichtiger neuronaler Systeme, den nigrostriatalen Bahnen, den mesolimbisch/mesokortikalen Bahnen und dem tuberhypophysealem System. Ihre Funktion liegt in der Kontrolle motorischer Bahnen, der emotionalen Bewertung von Ereignissen (Belohnungsbahn) und in der Regulation der Prolaktinfreisetzung.

Serotonin (S. 110) findet sich im Zentralnervensystem in den Somata (Zellkörper) serotonerger Nervenbahnen in den Raphe-Kernen, deren Axone in sämtliche Teile des Gehirns ausstrahlen. Es beeinflusst unmittelbar oder mittelbar fast alle Gehirnfunktionen. Zu den wichtigsten Funktionen des Serotonins im Gehirn zählen die Steuerung oder Beeinflussung der Wahrnehmung, des Schlafs, der Temperaturregulation, der Sensorik, der Schmerzempfindung und Schmerzverarbeitung, des Appetits, des Sexualverhaltens und der Hormonsekretion.

Acetylcholin

Acetylcholin wird vor allem von Interneuronen des Corpus striatum und von den Neuronen des Nucleus basalis Meynert und der Formatio septalis medialis gebildet. Diese sind an Lern- und Gedächtnisvorgängen beteiligt. Auf zellulärer Ebene vermittelt Acetylcholin auch im ZNS seine Wirkung über zwei verschiedene Rezeptortypen, die muskarinergen und nikotinergen Acetylcholin-Rezeptoren. Muskarinartige Rezeptoren sind meist präsynaptisch lokalisiert. Sie kontrollieren die Acetylcholinfreisetzung. Agonisten vermindern, Antagonisten verstärken die synaptische Entladung. Im Gegensatz zu den G-Protein-gekoppelten muskarinergen Rezeptoren stellen die nikotinergen Acetylcholin-Rezeptoren ligandengesteuerte, zusammengesetzte Ionenkanäle (S. 23) für Na^+ und K^+ dar. Im Kortex regulieren sie unter anderem die Freisetzung anderer Neurotransmitter wie Glutamat und Dopamin.

Weitere Neurotransmitter

Neben den Aminosäuren und Aminen fungieren im Nervensystem **Peptide** als weitere Informationsträger. Beispiele für diese sogenannten **Neuropeptide** sind Substanz P, Neuropeptid Y sowie die Endorphine als endogene Liganden der Opioidrezeptoren. Neuropeptide sind in der Regel mit klassischen Neurotransmittern ko-lokalisiert, d. h., sie werden als zweiter Botenstoff in Neuronen gebildet. In dieser Funktion modulieren und regulieren Neuropeptide die Effekte des jeweiligen Neurotransmittersystems.

4.2 Narkotika und Anästhetika

DEFINITION Ziel der **Anästhesie** (= Unempfindlichkeit) ist die reversible Ausschaltung von Empfindungs- und Sinneswahrnehmungen (aesthesie = Vermögen, sensible Reize wahrzunehmen).

Die **Narkose** stellt eine Form der Allgemeinanästhesie dar, die durch Bewusstlosigkeit, Aufhebung der Schmerzempfindung und Muskelrelaxation charakterisiert ist. Hingegen wird bei der **Lokalanästhesie** ohne Beeinflussung des Bewusstseins in einem begrenzten Körperbereich eine Reduktion oder Aufhebung der Empfindungs- und Sinneswahrnehmungen erzielt. ►

Die **Analgesie** resultiert in einer Unterdrückung des Schmerzempfindens, während das Bewusstsein und andere Sinneswahrnehmungen erhalten bleiben. Zu beachten ist, dass die meisten Narkotika keinen analgetischen Effekt besitzen und die Schmerzempfindung lediglich infolge der Bewusstlosigkeit aufgehoben ist.

Die **klassischen Narkotika** (z. B. Inhalationsnarkotika oder Barbiturate) bewirken mit steigender Konzentration zunächst eine Ausschaltung des Kortex, die dann über Basalganglien, Kleinhirn und Rückenmark fortschreitet. Bei entsprechend angepasster Dosierung bleibt die Funktion des Atem- und Kreislaufzentrums in der Medulla oblongata unbeeinflusst. Es resultieren eine Aufhebung des Bewusstseins, eine damit verbundene Aufhebung der Schmerzwahrnehmung sowie eine Muskelentspannung; die vegetativen Reflexe werden im Idealfall so weit gedämpft, dass chirurgische Eingriffe möglich sind. Heute wird dieses Ziel meistens durch eine Kombination von Wirkstoffen erreicht.

Der Narkoseablauf kann durch die Einteilung in verschiedene Stadien mit fortschreitender Narkosetiefe charakterisiert werden. Nach der Einteilung von Guedel (1951) lassen sich vier Stadien unterscheiden, die teilweise noch weitergehend zu unterteilen sind (**Abb. 4.4**). Zu beachten ist, dass die ursprüngliche Einteilung nach Guedel sich auf die Ethernarkose beim Menschen bezog. Verschiedene Autoren haben das Schema inzwischen erweitert und für verschiedene Spezies angepasst. Allerdings ist der beschriebene klassische Narkoseablauf ausschließlich bei Mononarkosen mit Inhalationsnarkotika ohne Prämedikation bzw. Kombination eindeutig zu beobachten.

Stadium I (Analgesie) Beim Menschen wird in Abhängigkeit vom eingesetzten Narkotikum in diesem Stadium bereits die Schmerzempfindung reduziert, weshalb dieses Stadium auch als „Analgesiestadium" bezeichnet wird. Die Reaktion auf Schmerzreize bleibt allerdings erfahrungsgemäß bei Tieren in diesem Stadium noch erhalten. Das Bewusstsein kann gedämpft sein, ist aber nicht vollständig aufgehoben. Die Wirkung ist im Wesentlichen durch eine Dämpfung kortikaler Zentren bedingt. Vegetative Reflexe sind auslösbar.

Stadium II (Exzitation) Dieses Stadium ist durch einen Bewusstseinsverlust und durch starke Erregungserscheinungen gekennzeichnet. Reflexabläufe sind extrem gesteigert, und die Tiere reagieren entsprechend heftig auf äußere (mechanische und akustische) Reize. Erbrechen kann auftreten, Blutdruck und Herzfrequenz steigen an. Es ist das Ziel einer geeigneten Kombinationsanästhesie, das Exzitationsstadium zu vermeiden, d. h., den Patienten ohne Übergang vom Stadium I in das Toleranzstadium (Stadium III) zu überführen. Diesem Zweck dient insbesondere die Prämedikation mit morphinähnlichen Analgetika, Neuroleptika oder Benzodiazepinen.

Stadium III (Toleranzstadium) In diesem Stadium besteht eine fortschreitende Depression der Atmung, eine Aufhebung des Muskeltonus, eine Einschränkung der Tränen-

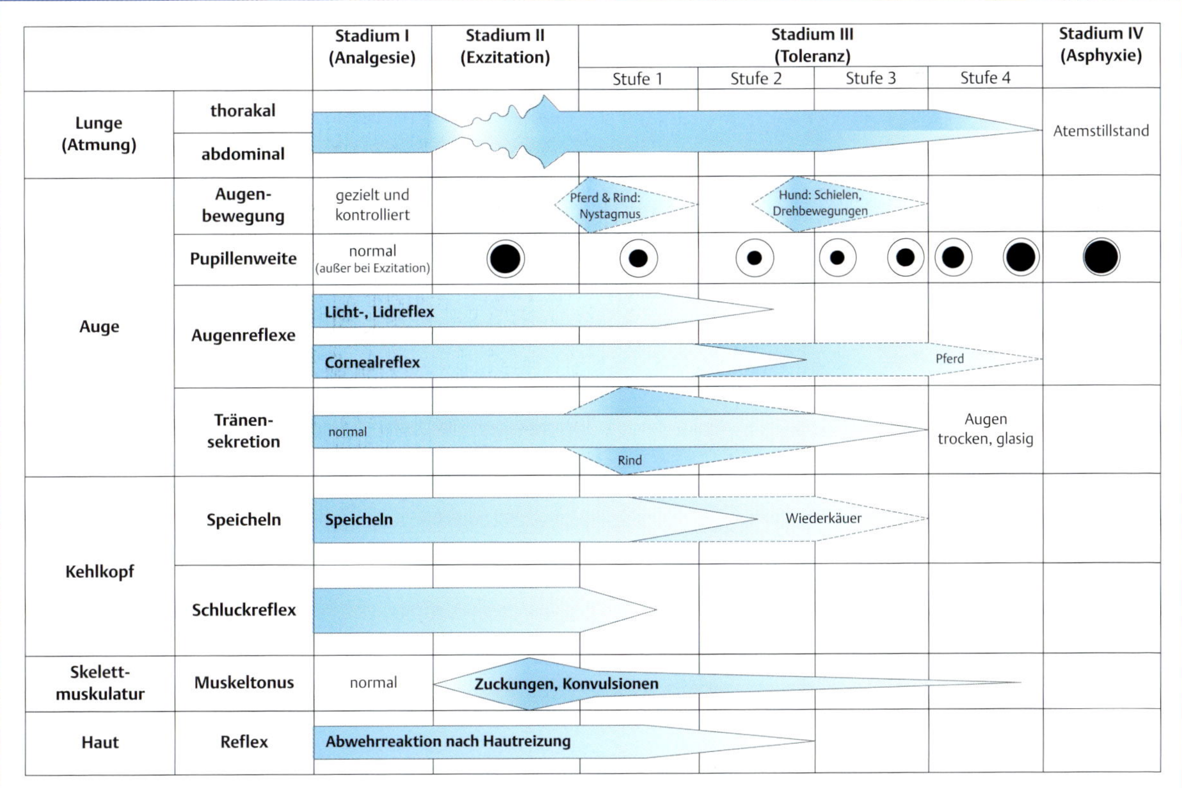

Abb. 4.4 Darstellung der Atmungs- und Reflexveränderungen, die im Verlauf der einzelnen Narkosestadien eintreten. Die Darstellung bezieht sich im Allgemeinen auf mehrere Tierarten, Besonderheiten (wie z. B. verlängerte Phase) sind zusätzlich aufgeführt [2].

sekretion und je nach Substanz und Tierart eine Ausschaltung vegetativer Reflexe. Operative Eingriffe werden in der Regel im Stadium III/2 bis III/3 durchgeführt. Die Unterstadien lassen sich mit den in **Abb. 4.4** aufgeführten Kriterien unterscheiden. In der frühen Phase des Toleranzstadiums ist eine Miosis zu beobachten, während sich in tieferen Stufen die Pupille wieder erweitert (dieses Narkosezeichen ist z. B. bei Prämedikation mit morphinähnlichen Analgetika oder Atropin nicht verwertbar). Im Stadium III/3 erfolgt die Atmung abdominal, im Stadium III/4 resultiert schließlich durch fortschreitende Ausschaltung der Thoraxmuskulatur eine „paradoxe" Atmung. Ein Fortschreiten der Narkosetiefe bis zum Stadium IV, das durch insuffiziente Atmung und Depression des Kreislaufs gekennzeichnet ist, ist durch entsprechende Narkosesteuerung zu vermeiden.

Stadium IV (Asphyxie) Wenn die Narkose weiter vertieft wird, resultieren eine Lähmung des Atemzentrums und ein Atemstillstand, der in der Regel dem Kreislaufversagen zeitlich vorausgeht. Die Beeinflussung der Vitalfunktionen wird durch die depressiven Effekte des Narkotikums auf die lebenswichtigen Zentren in der Medulla oblongata vermittelt.

Wenn die Wirkung des Narkotikums durch Umverteilung, Metabolisierung und/oder Elimination wieder abnimmt, werden die Stadien in umgekehrter Reihenfolge durchlaufen, wobei die Gefahr von postnarkotischen Exzitationserscheinungen besteht. Je nach Spezies und Wirkstoff kann ein unterschiedlich langer Nachschlaf beobachtet werden.

KLINISCHER BEZUG Grundsätzlich sind heutzutage Mononarkosen zu vermeiden, um Risiken der Narkose zu reduzieren. Durch Kombination geeigneter Substanzen (**Kombinationsnarkose**) werden die Narkoseziele Bewusstlosigkeit, Analgesie, Muskelrelaxation und Aufhebung vegetativer Reflexe in optimierter Weise gewährleistet.

Bei der Kombination von Wirkstoffen wird z. B. das Bewusstsein durch ein Injektionsnarkotikum (Propofol) ausgeschaltet, die Schmerzempfindung durch ein Opioid (z. B. Fentanyl), übermäßige Reflexerregbarkeit durch Atropin und ggf. der Muskeltonus durch ein peripheres Muskelrelaxans.

CAVE

Bei Applikation eines peripheren Muskelrelaxans ist eine Beatmung obligatorisch.

Untersuchungen zu den molekularen Mechanismen deuten darauf hin, dass verschiedene Zielstrukturen zu der narkotischen Wirkung beitragen können. Allerdings geben diverse Studien Hinweise dafür, dass die Verstärkung der GABAergen Neurotransmission durch Effekte am **$GABA_A$-Rezeptor** als gemeinsamer Mechanismus der Mehrzahl der Inhalationsnarkotika und Injektionsnarkotika (z. B. Barbiturate, Propofol, Etomidat) betrachtet werden kann. Der $GABA_A$-Rezeptor wird dabei gegen GABA sensitiviert, wodurch der Chlorideinstrom in die postsynaptischen Zellen und damit die hemmende Neurotransmission verstärkt wird. Als weitere Zielstrukur der Inhalations- und Injektionsnarkotika werden Glyzin-Rezeptoren diskutiert, die durch einen Chlorideinstrom in postsynaptische Zellen zur hemmenden Neurotransmission im Rückenmark und Hirnstamm beitragen.

Von den Narkotika im klassischen Sinn sind die dissoziativen Anästhetika (z. B. Ketamin) zu differenzieren, die einen oberflächlichen Schlaf, Analgesie und einen erhöhten Muskeltonus (Katalepsie), aber keine Bewusstlosigkeit bewirken. Bei der dissoziativen Anästhesie besteht eine Hemmung und Dämpfung bestimmter Gehirnregionen, während in anderen Gehirnregionen erregende Mechanismen dominieren. Der Effekt dissoziativer Anästhesie (S. 141) wird durch einen nicht kompetitiven Antagonismus am NMDA-Rezeptor vermittelt.

ZUM WEITERLESEN In der Mitte des 19. Jahrhunderts führte man erstmals operative Eingriffe unter Ausschaltung des Bewusstseins durch. Bewusstlosigkeit wurde bei diesen ersten Narkosen durch Applikation der inhalierbaren Stoffe Diethylether oder Chloroform erzielt.

Im gleichen Zeitraum unternahm man bei der Durchführung von Zahnextraktionen auch erste Versuche, die Wirkung des schwach narkotischen Gases Stickoxydul zu nutzen. Stickoxydul wird aufgrund seiner stark analgetischen Wirkung noch heute in Kombination mit anderen Inhalationsnarkotika eingesetzt.

Nach der Einführung von Diethylether und Chloroform in die Medizin fanden die Substanzen auch zur Tiernarkose Verwendung. Nachdem Chloroform wegen seiner Leber- und Herztoxizität bald als obsolet angesehen wurde, dauerte es nach der Einführung von Halothan im Jahr 1956 nicht mehr lange, bis dieses Narkotikum langsam auch den Ether aus den Operationsräumen verdrängte. In den folgenden Jahrzehnten gelang es, weitere Inhalationsnarkotika mit optimierten Eigenschaften zu entwickeln, was wiederum zur Ablösung von Halothan führte, das heute nicht mehr im Handel ist. Derzeit kommen in der Veterinärmedizin vorwiegend Isofluran und Sevofluran zur Anwendung.

4.2.1 Inhalationsnarkotika

STECKBRIEF INHALATIONSNARKOTIKA

Inhalationsnarkotika erreichen durch Diffusion über die Alveolarmembranen der Lunge das Blut. In Abhängigkeit von ihren physikochemischen Eigenschaften und begünstigt durch die hohe Durchblutungsrate treten die Inhalationsnarkotika schnell in das Gehirngewebe über. Heutzutage verwendete Inhalationsnarkotika werden größtenteils wieder über die Lunge eliminiert. Diese Eigenschaft bedingt den Hauptvorteil der Inhalationsnarkose: die Steuerbarkeit der Narkosetiefe über die Konzentration oder den Partialdruck im Inspirationsgemisch.

Allgemeine Grundlagen der Inhalationsnarkose Da die An- und Abflutung von Inhalationsnarkotika im Wesentlichen dem Konzentrationsgefälle folgt, lässt sich die Inhalationsnarkose nach Belieben vertiefen, indem die Konzentration in der Einatmungsluft erhöht wird. Ist umgekehrt die Narkose zu tief, kann man durch Senkung der angebotenen Konzentration oder vorübergehendes Unterbrechen der Zufuhr das Konzentrationsgefälle umkehren, sodass das Narkotikum abgeatmet wird und die Narkose abflacht. Im Gegensatz dazu werden Injektionsnarkotika durch Metabolisierung inaktiviert und über die Niere oder Leber eliminiert. Dieser Prozess nimmt in den meisten Fällen längere Zeit in Anspruch. Maßgeblich für die An- und Abflutungsgeschwindigkeit sind die physikochemischen Eigenschaften des Inhalationsnarkotikums.

Siedepunkt Die Mehrzahl der Inhalationsnarkotika befindet sich bei Raumtemperatur in flüssigem Zustand (Ausnahme: Stickoxydul). Sie müssen daher für die Narkose durch spezielle Verdampfer in den gasförmigen Zustand überführt werden. Der Siedepunkt des Narkotikums bestimmt den erzielten **Dampfdruck** in Abhängigkeit von den Temperaturbedingungen. Die Umgebungstemperatur kann dabei die Narkosedurchführung erschweren oder unmöglich machen, wenn z. B. in den Tropen die Umgebungstemperatur höher ist als der Siedepunkt des Inhalationsnarkotikums (z. B. früher bei der Ether-Narkose).

Blut/Gas-Verteilungskoeffizient Der Blut/Gas-Verteilungskoeffizient (λ) ist negativ korreliert mit der Geschwindigkeit der An- und Abflutung. Je geringer der Blut/Gas-Verteilungskoeffizient ist (d. h. geringe Verteilung im Blut), desto schneller erfolgt der Übertritt in das Gehirn und umso schneller erfolgt der Narkoseeintritt. Entsprechend erfolgen auch eine schnelle Abflutung und ein zügiges Erwachen aus der Narkose (z. B. Stickoxydul). Bei einem hohen Wert für λ (z. B. Diethylether) nimmt die Narkoseeinleitung dagegen längere Zeit in Anspruch und das Wiedererwachen ist verzögert.

Öl/Gas-Verteilungskoeffizient Der Öl/Gas-Verteilungskoeffizient bestimmt die Wirkungspotenz des Narkotikums. Stark lipophile Inhalationsnarkotika fluten besonders rasch im Gehirngewebe an. Allerdings erfolgt die Abgabe aus lipidreichen Geweben (z. B. Gehirn und Fettgewebe) verzögert, da stark lipophile Stoffe nur eine geringe Tendenz haben, in das Blut zu diffundieren. Daraus können länger anhaltende Narkosenachwirkungen resultieren, wie z. B. ein ausgeprägter Nachschlaf. Dies macht sich insbesondere bei Narkosen längerer Dauer bemerkbar, wenn es zu einer Aufsättigung des wenig durchbluteten Fettgewebes kommt.

Tab. 4.3 zeigt die physikochemischen Daten für einige gebräuchliche Inhalationsnarkotika.

Neben den physikochemischen Eigenschaften beeinflusst auch der Grad der Metabolisierung den Ablauf der Inhalationsnarkose. Eine Metabolisierung der Inhalationsnarkotika ist aus zwei Gründen unerwünscht. Die Steuerbarkeit der Narkose ist beeinträchtigt, und es können toxische Metaboliten entstehen, die die Exkretionsorgane schädigen.

Ein ideales Inhalationsnarkotikum würde folgende Eigenschaften aufweisen:

- rasche An- und Abflutung
- hohe Wirksamkeit, sodass geringe Konzentrationen ausreichen und die Sauerstoffversorgung des Organismus nicht eingeschränkt wird
- fehlende Reizwirkung auf die Atemwege
- große therapeutische Breite
- gute Muskelentspannung
- gute analgetische Wirkung
- fehlende Explosionsgefahr und Brennbarkeit

Keines der verfügbaren Inhalationsnarkotika erfüllt sämtliche dieser Anforderungen. Daher werden Inhalationsnarkotika mit anderen Wirkstoffen kombiniert, um z. B. eine gute Analgesie oder Muskelrelaxation zu erzielen. Um die – für den Patienten unangenehme und wegen der erhöhten Reflexerregbarkeit während des Exzitationsstadiums nicht ungefährliche – Einleitungsphase zu umgehen und die Intubation zu erleichtern, werden Inhalationsnarkosen z. B. durch die Gabe eines kurz wirksamen Injektionsnarkotikums vorbereitet.

CAVE

Halogenierte Inhalationsnarkotika sensibilisieren das Herz gegenüber Catecholaminen (Adrenalin, Noradrenalin und andere β-sympathomimetisch wirkende Stoffe). Eine stressinduzierte Freisetzung von Adrenalin oder Noradrenalin noch vor der Narkose kann deshalb lebensbedrohliche **Herzarrhythmien** zur Folge haben.

Bei Verwendung halogenierter Inhalationsnarkotika empfiehlt es sich, aufgrund der Sensibilisierung des Herzens gegenüber Catecholaminen Aufregung während der Vorbereitung wie auch eine zu flache Narkose zu vermeiden. Der Gefahr von Herzarrhythmien kann durch Prämedikation z. B. mit Neuroleptika oder β-Blockern vorgebeugt werden. Nachteilig wirkt sich bei beiden Wirkstoffgruppen allerdings die Beeinflussung des Blutdrucks aus.

Tab. 4.3 Inhalationsnarkotika: physikochemische Eigenschaften, minimale alveoläre Konzentration (MAC) und Metabolisierungsrate.

Inhalationsnarkotikum	Siedepunkt °C	Verteilungsverhältnis		MAC* Vol.-%	Metabolisierung
		Blut/Gas	Öl/Gas		
Stickoxydul	–89	0,5	1,4	> 100**	–
Diethylether***	35	15	65	2–3	gering
Isofluran	49	1,4	91	1,4	0,2 %
Sevofluran	55	0,7	53	2,2	3–5 %

* minimale alveoläre Konzentration, die bei 50 % der Tiere zur Narkose führt (Bsp. Hund)

** kein Toleranzstadium erreichbar

*** keine klinische Anwendung mehr

CAVE

Eine gefürchtete Nebenwirkung der halogenierten Inhalationsnarkotika ist die **maligne Hyperthermie**, die aufgrund genetisch bedingter Überempfindlichkeit (Mutation des Ryanodin-Rezeptors) insbesondere bei Schweinen, Hunden und beim Menschen auftreten kann.

Das Krankheitsbild der malignen Hyperthermie beruht auf einer genetisch bedingten Störung, die in der Skelettmuskulatur eine vermehrte Freisetzung von Ca^{2+}-Ionen aus dem sarkoplasmatischen Retikulum zur Folge hat. Bei betroffenen Patienten kann die Anwendung halogenierter Inhalationsnarkotika zu Muskelkontrakturen und -rigidität sowie zu einem raschen Anstieg der Körpertemperatur, erhöhtem Sauerstoffverbrauch, starker Azidose und Hyperkaliämie führen. Wenn diese Situation nicht sofort erkannt wird, endet sie in 60–70% der Fälle letal. Die Gefahr einer malignen Hyperthermie erhöht sich, wenn gleichzeitig andere Triggersubstanzen, z. B. Succinylcholin, verwendet werden. Die Therapie besteht in sofortigem Beendigen der Zufuhr des Narkotikums, Beatmung mit Sauerstoff, physikalischer Abkühlung und Korrektur der Azidose. In der Humanmedizin hat sich Dantrolen bewährt, das die intrazelluläre Ca^{2+}-Freisetzung hemmt. Von dieser Substanz müssen mehrfach 1 mg/kg i.v. verabreicht werden. In der Veterinärmedizin wird Dantrolen aufgrund der hohen Kosten nur selten verwendet. Da beim Schwein eine Korrelation der malignen Hyperthermie mit dem unerwünschten PSE(pale, soft and exsudative)-Syndrom besteht, wird bei dieser Spezies ein molekularbiologischer Test zur Bestimmung des Gendefektes eingesetzt.

CAVE

Kontraindikationen für Inhalationsnarkosen sind Erkrankungen, bei denen die Diffusion in der Lunge beeinträchtigt ist, wie z. B. bei entzündlichen Veränderungen der Lunge, einem Lungenödem oder -emphysem.

Isofluran

STECKBRIEF ISOFLURAN

Isofluran ist ein halogenierter Ether mit Eigenschaften, die den Anforderungen an ein ideales Inhalationsnarkotikum weitestgehend entsprechen. Aus diesem Grund besitzt Isofluran die größte Bedeutung unter den derzeit zur Verfügung stehenden Inhalationsnarkotika (**Abb. 4.5**).

Pharmakodynamik Isofluran induziert eine gute Muskelrelaxation. Die analgetische Wirkung ist schwach ausgeprägt. Isofluran sollte daher für schmerzhafte Eingriffe mit Analgetika kombiniert werden.

```
    F       H   F
    |       |   |
H — C — O — C — C — F
    |       |   |
    F       Cl  F
```

Abb. 4.5 Isofluran.

Pharmakokinetik Isofluran ist durch eine niedrige Blutlöslichkeit und hohe Lipidlöslichkeit gekennzeichnet. Es flutet daher schnell im Gehirn an. Durch die rasche Elimination über die Lunge ist die Erholungsphase nach Beendigung der Narkose mit etwa 10 min sehr kurz. Die Metabolisierungsrate ist sehr gering (< 0,2 %), sodass Isofluran vorwiegend unverändert abgeatmet wird.

Dosierung Speziesabhängig werden folgende Konzentrationen zur Einleitung und Erhaltung einer Inhalationsnarkose mit Isofluran empfohlen:

- Pferd: Einleitung 3–5 Vol.-%, Erhaltung 1,5–2,5 Vol.-%
- Hund: Einleitung bis zu 5 Vol.-%, Erhaltung 1,5–2,5 Vol.-%
- Katze: Einleitung bis zu 4 Vol.-%, Erhaltung 1,5–3 Vol.-%

Nebenwirkungen, Toxizität Isofluran besitzt eine atemdepressive Wirkung, die sich allerdings bei kontrollierter Beatmung nicht negativ bemerkbar macht. Infolge einer Reduktion des peripheren Gefäßwiderstandes senkt Isofluran den Blutdruck. Die Effekte auf den Gefäßwiderstand sind an den Haut-, Muskulatur- und Koronargefäßen besonders ausgeprägt.

Zu beachten ist, dass Isofluran als halogenierter Ether das Herz gegenüber der Wirkung von Catecholaminen und anderen β_1-mimetischen Substanzen sensibilisiert. Die Sensibilisierung ist allerdings schwächer ausgeprägt als bei dem vormals eingesetzten Inhalationsnarkotikum Halothan.

Isofluran kann bei Tieren mit genetischer Prädisposition eine maligne Hyperthermie auslösen.

Da Isofluran nahezu vollständig durch Abatmung eliminiert wird, besitzt es keine Parenchymtoxizität.

Wechselwirkungen Nach Vorbehandlung mit Wirkstoffen, die das Cytochrom-P450-System induzieren, ist die Metabolisierungsrate von Isofluran erhöht. Isofluran verstärkt die Wirkung depolarisierender und nicht depolarisierender Muskelrelaxanzien. Wegen der Herzsensibilisierung ist eine Kombination mit β_1-mimetischen Substanzen (z. B. Adrenalin, Isoprenalin, Orciprenalin, Dobutamin) zu vermeiden.

Kontraindikationen Siehe allgemeine Kontraindikationen für Inhalationsnarkotika.

Wartezeit Nach Anwendung bei Pferden beträgt die Wartezeit für essbare Gewebe bei aktuell im Handel befindlichen Fertigarzneimitteln 2 Tage.

Sevofluran

STECKBRIEF SEVOFLURAN

Sevofluran (**Abb. 4.6**) ist ein halogenierter Ether, der durch eine sehr rasche An- und Abflutung gekennzeichnet ist und daher auch zur Einleitung einer Inhalationsnarkose eingesetzt werden kann.

Pharmakodynamik Sevofluran besitzt eine gute narkotische und muskelrelaxierende Wirkung. Der analgetische Effekt von Sevofluran ist schwach ausgeprägt.

Pharmakokinetik Aufgrund seiner geringen Blutlöslichkeit und hohen Lipophilie flutet Sevofluran in der Einleitungsphase sehr rasch an. Die Metabolisierungsrate von

```
     F           H
     |           |
F—C——C—O—C—F
     |     |     |
     F  F—C—F   H
           |
           F
```

Abb. 4.6 Sevofluran.

Sevofluran liegt bei 3–5 %. Die Halbwertszeit der terminalen Eliminationsphase beträgt etwa 50 min.

Indikationen Neben der Aufrechterhaltung der Anästhesie kann Sevofluran als einziges Inhalationsnarkotikum auch zur Einleitung eingesetzt werden. Neben der sehr raschen Anflutung erweist sich dabei der angenehme Geruch und die damit verbundene Akzeptanz durch den Patienten als vorteilhaft.

Dosierung Beim Hund werden zur Einleitung Konzentrationen von 5–7 Vol.-% benötigt, für die Erhaltung sind bei vorheriger Prämedikation mit sedierenden Wirkstoffen 3,3–3,6 Vol.-% bzw. bei alleiniger Applikation 3,7–3,8 Vol.-% erforderlich.

Nebenwirkungen, Toxizität Bei der Metabolisierung von Sevofluran werden Fluoridionen freigesetzt, die ab bestimmten Konzentrationen nephrotoxisch wirken. Zudem reagiert Sevofluran mit Atemkalk unter Bildung einer als „Compound A" bezeichneten nephrotoxischen Substanz. Während bei Versuchstieren Nierenschäden zu beobachten waren, sind derartige Folgen bei klinischer Anwendung von Sevofluran bislang nicht beschrieben worden. Wie andere volatile Inhalationsnarkotika wirkt Sevofluran atemdepressiv, blutdrucksenkend und am Herzmuskel negativ inotrop. Im Gegensatz zu Halothan sensibilisiert Sevofluran den Herzmuskel nicht gegenüber Catecholaminen. Sevofluran kann bei genetischer Prädisposition eine maligne Hyperthermie auslösen.

Wechselwirkungen Sevofluran verstärkt die Wirkung nicht depolarisierender Muskelrelaxanzien an der neuromuskulären Endplatte.

Kontraindikationen Wegen der potenziellen nephrotoxischen Eigenschaften sollte Sevofluran bei Patienten mit eingeschränkter Nierenfunktion vermieden werden. Zudem gelten die allgemeinen Kontraindikationen für Inhalationsnarkotika.

Stickoxydul (N_2O, Lachgas)

STECKBRIEF STICKOXYDUL 

Stickoxydul ist das einzige derzeit veterinärmedizinisch verwendete gasförmige Inhalationsnarkotikum. Das Gas ist geruchlos und für die Schleimhäute des Respirationstraktes nicht reizend. Stickoxydul wird neben Sauerstoff häufig als Trägergas für die volatilen Narkotika eingesetzt.

Pharmakodynamik Stickoxydul besitzt eine gute analgetische Wirkung, die ab einer Konzentration von 50 Vol.-% zu verzeichnen ist. Zu beachten ist, dass der analgetische Effekt bei der Mehrzahl der Tierarten deutlich geringer ausgeprägt ist als beim Menschen. Eine relevante muskelrelaxierende Wirkung fehlt dem Stickoxydul. Die narkotische Wirkung ist schwach ausgeprägt. Bewusstlosigkeit würde erst ab einer Konzentration von 80 Vol.-% erzielt. Diese Konzentration ist bei der klinischen Anwendung aufgrund des notwendigen Sauerstoffpartialdrucks nicht erreichbar. Stickoxydul wird daher in Kombination mit anderen Inhalationsnarkotika (Isofluran, Sevofluran) verwendet. Als vorteilhaft erweist sich die gute Steuerbarkeit von Stickoxydul und die Reduktion des Verbrauchs der teureren volatilen Inhalationsnarkotika, deren Konzentration im Gemisch gesenkt werden kann.

Pharmakokinetik Aufgrund des niedrigen Blut/Gas-Koeffizienten (geringe Blutlöslichkeit) flutet Stickoxydul sehr rasch im Gehirn an. Stickoxydul reichert sich kaum in peripheren Geweben an. Es wird daher bei Beendigung der Zufuhr sehr schnell in unveränderter Form mit der Atemluft eliminiert.

Indikationen, Dosierung Stickoxydul findet insbesondere als Kombinationspartner anderer Inhalationsnarkotika (z. B. Isofluran) Anwendung. Um eine ausreichende Sauerstoffversorgung zu gewährleisten, dürfen bei der Kombination Konzentrationen von 70 Vol.-% nicht überschritten werden.

Nebenwirkungen, Toxizität Wenn eine Hypoxie vermieden wird, ist Stickoxydul als gut verträgliches Inhalationsnarkotikum einzustufen. Atem- und Kreislaufzentrum werden kaum beeinflusst, ebenso fehlen direkte Effekte auf das kardiovaskuläre System. Überdosierung resultiert infolge der zu geringen Sauerstoffversorgung in einer Gewebehypoxie.

Wechselwirkungen In Kombination mit Stickoxydul kann die Konzentration volatiler Inhalationsnarkotika reduziert werden.

Kontraindikationen Lachgas dringt rascher in luftgefüllte Hohlräume ein, als Stickstoff diese Räume verlassen kann. Somit kommt es zu einer weiteren Volumenexpansion in diesen Hohlräumen. Der Einsatz ist daher kontraindiziert, wenn pathologisch bedingt Luft in abgeschlossenen Körperräumen vorliegt, wie z. B. bei einem Pneumothorax, einer Magendrehung, Ileus oder Zysten.

Weitere dampfförmige Inhalationsnarkotika

Diethylether ist in der klinischen Anwendung durch die halogenierten Inhalationsnarkotika verdrängt worden. Gegenüber neueren Inhalationsnarkotika erweist sich Diethylether als nachteilig, da er leicht brennbar und in Kombination mit Sauerstoff explosiv ist, eine erhebliche Reizwirkung an den Schleimhäuten besitzt und aufgrund seiner hohen Blutlöslichkeit nur langsam an- und abflutet. Vorteile sind seine analgetischen und muskelrelaxierenden Eigenwirkungen und seine geringen Effekte auf Atmung und Kreislauf.

Hinsichtlich weiterer Details zu den pharmakologischen Eigenschaften von Diethylether, Halothan, Enfluran und Methoxyfluran wird auf ältere Auflagen dieses Buches verwiesen.

Desfluran ist ein neuerer halogenierter Ether, der sich durch eine schnelle Anflutung, eine rasche Elimination und eine niedrige Metabolisierungsrate auszeichnet. Als nachteilig erweisen sich die hohen Kosten, der niedrige Siedepunkt, der einen technisch aufwendigen Verdampfer erforderlich macht und der unangenehme, stechende Geruch, der einen Einsatz zur Inhalationseinleitung verbietet. Desfluran hat bislang keine Bedeutung in der Veterinärmedizin erlangt.

4.2.2 Injektionsnarkotika

STECKBRIEF INJEKTIONSNARKOTIKA

Die Injektionsnarkose weist gegenüber der Inhalationsnarkose den Nachteil der mangelnden Steuerbarkeit auf. Die Injektionsnarkose kann zwar bei bestimmten Wirkstoffen durch Nachinjektion jederzeit vertieft werden, das Erwachen ist aber von den Vorgängen der Verteilung und des Metabolismus abhängig und erfolgt damit verzögert. Als vorteilhaft unter den Injektionsnarkotika erweisen sich Substanzen, die rasch eliminiert werden und daher per Infusion verabreicht werden können (z. B. Propofol). Bei dieser Applikationsform ist eine begrenzte Steuerbarkeit gegeben. Eine Übersicht über derzeit in der Veterinärmedizin zugelassene Injektionsnarkotika gibt **Tab. 4.4**.

ZUM WEITERLESEN Bis Mitte der 30er-Jahre des letzten Jahrhunderts standen nur in begrenztem Ausmaß parapulmonal applizierbare Substanzen (z. B. Chloralhydrat) zur Verfügung, die zur Durchführung operativer Eingriffe verwendet wurden. Diese Substanzen erfüllten nicht alle Kriterien eines geeigneten Injektionsnarkotikums. Die Basis für die Injektionsnarkose lieferte erst die Einführung der N-Methyl- und Thiobarbiturate, die sich durch einen Wirkungseintritt noch unter der Injektion und eine kurze Wirkungsdauer auszeichneten. Das bereits ab 1930 zur Narkose eingesetzte Pentobarbital wies unter anderem durch einen verzögerten Wirkungseintritt Nachteile gegenüber diesen neueren Barbituraten auf. Mit der Einführung weiterer injizierbarer Narkotika, v. a. Propofol, ging die Bedeutung der Barbiturate zur Injektionsnarkose stetig zurück, da neuere Wirkstoffe ein geringeres Risiko aufweisen.

Barbitursäurederivate

STECKBRIEF BARBITURATE

Barbiturate sind Derivate der Barbitursäure, einem Kondensationsprodukt aus Harnstoff und Malonsäure. Durch zweifache Substitution am C_5 (**Tab. 4.5**) entstanden die **klassischen Barbiturate wie Pentobarbital**, die eine hypnotische bis narkotische Wirkung besitzen. Neben den klassischen Barbituraten wurden zwei weitere Gruppen entwickelt, die ebenfalls bei der Narkose zum Einsatz kommen: **N-Methylbarbiturate**, die zusätzlich am N_1 eine Methylgruppe tragen (nicht mehr im Handel) und **Thiobarbiturate**, bei denen der Harnstoffanteil durch Thioharnstoff ersetzt ist.

Für die Herstellung wässriger Lösungen werden stark alkalische Natriumsalze der Barbiturate verwendet. Die Injektionslösungen besitzen einen pH-Wert von 9–11, sind durch eine starke Reizwirkung gekennzeichnet und müssen daher streng i. v. appliziert werden. Wässrige Lösungen von Barbituraten sind nur wenige Stunden haltbar, da unter Einwirkung der Kohlensäure der Luft die freie Säure gebildet wird, die eine schlechte Wasserlöslichkeit aufweist. Daher sind viele Präparate in Form von Trockenampullen auf dem Markt, die mit Natriumcarbonat abgepuffert sind und unmittelbar vor Gebrauch in Wasser gelöst werden.

Tab. 4.4 Übersicht zu den Injektionsnarkotika, die aktuell in der Veterinärmedizin zugelassen sind.

Wirkstoff	Wirkungsdauer	Applikationsart	Zu beachten
Pentobarbital	lang (1–3 h)*	i. v.	▪ ausgeprägte atemdepressive Wirkung ▪ kreislaufdepressiv ▪ langer Nachschlaf
Thiopental	kurz (10–20 min)	i. v.	▪ Umverteilung, daher keine Nachdosierung ▪ periphere Vasokonstriktion (→ Blutungen ↑, Herzarrhythmien)
Propofol	kurz (5–10 min)*	i. v., auch als Dauertropfinfusion	▪ mäßige atemdepressive Wirkung (aber cave: Gefahr des Atemstillstands bei rascher Applikation) ▪ Vasodilatation, negativ inotrop ▪ Msch.: selten Myoklonien und Krämpfe sowie Propofol-Infusionssyndrom
Alphaxalon (= Alfaxalon)	kurz (ca. 10 min)	i. v., auch als Dauertropfinfusion	▪ mäßige atemdepressive und blutdrucksenkende Wirkung

*bei einmaliger Injektion ohne Nachdosierung

Tab. 4.5 Struktur wichtiger Barbiturat-Narkotika.

Barbiturate				
Grundstruktur				
Barbitursäurederivat	**X**	**R_1**	**R_2**	**R_3**
Pentobarbital	O	$-C_2H_5$	$-CH(CH_3)-CH_2-CH_2-CH_3$	–H
Methohexital*	O	$-CH_2-CH=CH_2$	$-CH(CH_3)-CH=CH-CH_2-CH_3$	$-CH_3$
Thiopental	S	$-C_2H_5$	$-CH(CH_3)-CH_2-CH_2-CH_3$	–H

* nicht mehr im Handel

Im Folgenden werden nur die Eigenschaften der aktuell im Handel befindlichen klassischen Barbiturate und der Thiobarbiturate beschrieben. Für Informationen zur Gruppe der N-Methylbarbiturate wird auf frühere Auflagen dieses Lehrbuches verwiesen. Aufgrund der Nachteile von Barbituraten im Vergleich zu neueren Injektionsnarkotika ist die Anwendung der Wirkstoffgruppe stark zurückgegangen. Alternative Möglichkeiten sind vor der Anwendung intensiv zu prüfen. Pentobarbital ist unverzichtbar zur Euthanasie von Tieren.

Pharmakodynamik Barbiturate wirken agonistisch am $GABA_A$-Rezeptor. Sie erhöhen die Öffnungszeit des Chloridkanals des Rezeptors, steigern damit den Chlorideinstrom und begünstigen die Hyperpolarisation von Neuronen. Im Gegensatz zu Benzodiazepinen entfalten Barbiturate auch bei Erschöpfung der präsynaptischen GABA-Speicher weiterhin Effekte am $GABA_A$-Rezeptor, daher steigert sich die zentral dämpfende Wirkung der Barbiturate dosisabhängig von der Schlafinduktion über Hypnose und Narkose bis hin zur Asphyxie. Zu beachten ist, dass Barbiturate keine analgetische Wirkung besitzen. Eine Schmerzunempfindlichkeit wird daher erst bei bestehender Aufhebung des Bewusstseins erreicht.

Pharmakokinetik Klassische Barbiturate wie Pentobarbital sind durch eine geringere Lipidlöslichkeit gekennzeichnet als Thiobarbiturate. Sie passieren daher die Blut-Hirn-Schranke langsamer und erzielen wirksame Konzentrationen im ZNS erst nach einer entsprechenden Latenzzeit. Pentobarbital erreicht nach etwa 2–3 min narkotisch wirksame Konzentrationen. Andere klassische Barbiturate wie Phenobarbital sind nicht als Narkotika geeignet, da die Latenzzeit bis zum Erreichen von Maximalkonzentrationen im Gehirn zu lang ist (Phenobarbital bis zu 30 min). Im Gegensatz zu den klassischen Barbituraten können Thiobarbiturate i.v. nach Wirkung dosiert werden, da die Substanzen sofort eine narkotische Wirkung entfalten.

Thiobarbiturate wie Thiopental oder Thiamylal sind als **Kurznarkotika** einzustufen. Die begrenzte Wirkungsdauer ist bei dieser Gruppe durch eine ausgeprägte **Umverteilung** bedingt (Abb. 4.7). In Organen mit hoher Durchblutungsrate, wie z. B. Gehirn, Leber, Lunge und Niere, steigen unmittelbar nach der Applikation die erreichten Konzentrationen stark an. Im Gehirn, das etwa 2 % des Körpergewichtes ausmacht, aber 17 % des Herzminutenvolumens erhält, wird daher sehr schnell die Maximalkonzentration erreicht. Infolge des Konzentrationsgradienten zwischen den gut durchbluteten Organen und der weniger gut durchbluteten Muskulatur (50 % des Körpergewichtes, aber nur 25 % des Herzminutenvolumens) resultiert eine Umverteilung in das Muskelgewebe. Durch diese Umverteilung fällt die Gehirnkonzentration rasch ab, wodurch die Narkosedauer limitiert wird (je nach Wirkstoff und Dosis 5–20 min). Im Weiteren werden die Stoffe langsam in das schlecht durchblutete Fettgewebe umverteilt. Da die Speicherung im Fettgewebe sehr langsam erfolgt, bleibt diese ohne Auswirkung auf die Narkosedauer. Allerdings prägt die Anreicherung im Fettgewebe die Nachschlafdauer von Thiobarbituraten. Magere Tiere wie z. B. Windhunde zeigen einen längeren Nachschlaf und stärker ausgeprägte postnarkotische Exzitationen als Tiere, bei denen das Fettgewebe einen hohen Anteil der Körpermasse ausmacht.

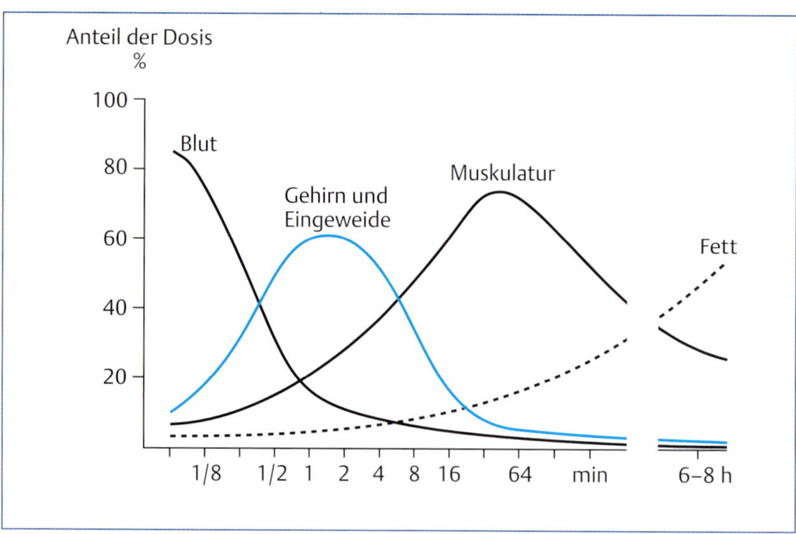

Abb. 4.7 Schema der Verteilung eines Thiobarbiturates im Körper in Abhängigkeit von der Zeit nach der i. v. Injektion. Als „Eingeweide" sind die gut durchbluteten Organe zusammengefasst [12].

CAVE

Nachinjektionen von Thiobarbituraten sind zu unterlassen. Diese haben aufgrund der ausgeprägten Umverteilung eine unkontrollierbare Wirkungsverlängerung und -verstärkung zur Folge, da zu diesem Zeitpunkt noch Wirkstoff in Gehirn, Muskulatur und weiteren Geweben vorhanden ist und somit nach wiederholter Applikation die Konzentrationsgradienten geringer sind.

Da klassische Barbiturate wie Pentobarbital weniger lipophil als die Thio- und N-Methylbarbiturate sind und langsamer im Gehirn anfluten, werden bei dieser Stoffgruppe keine großen Konzentrationsgradienten aufgebaut. Aus diesem Grund spielt die Umverteilung bei den klassischen Barbituraten eine untergeordnete Rolle. Da keine relevante Speicherung im Fettgewebe erfolgt, können klassische Barbiturate ohne Probleme zur Narkoseverlängerung nachdosiert werden.

Während der chemische Abbau für die Wirkungsdauer der klassischen Barbiturate ausschlaggebend ist, hat die Metabolisierung bei Thiobarbituraten nur einen geringen Einfluss auf die Narkosedauer. Der metabolische Abbau erfolgt bei den klassischen und den Thiobarbituraten mit einer Rate von etwa 10–15 % pro h. Die metabolische Inaktivierung erfolgt durch Seitenkettenoxidation zu inaktiven Metaboliten (Alkohole und Säuren), die renal eliminiert werden. Daneben entsteht bei Thiobarbituraten durch Desulfurierung das wirksame klassische Barbiturat-Analogon (z. B. Pentobarbital aus Thiopental). Die Bedeutung der Desulfurierung weist erhebliche interindividuelle Unterschiede auf, wobei die Entstehung der wirksamen Metaboliten auch einen individuell verlängerten Nachschlaf erklären kann. Eine Hypoxie reduziert die Metabolisierungsrate.

Nebenwirkungen, Toxizität Alle Barbiturate besitzen eine atemdepressive Wirkung. Daher ist eine Intubation grundsätzlich zu empfehlen, um im Notfall eine kontrollierte Beatmung durchführen zu können. Bei zu tiefer Narkose kann sich die Atemdepression in Form eines Cheyne-Stokeschen-Atmungstyps ausprägen: Dabei vertiefen sich die Atemzüge zunehmend, gefolgt von einer längeren Atempause. Der Kreislauf wird durch klassische Barbiturate depressiv beeinflusst. Aufgrund des Blutdruckabfalls und der durch die Atemdepression verursachten Hypoxie können unter Umständen reflektorische Tachykardien auftreten. Thiobarbiturate erhöhen hingegen durch periphere Vasokonstriktion den Blutdruck, wodurch die Blutungsneigung gesteigert sein kann. Da sich die Vasokonstriktion auch an den Koronararterien ausprägt und das Herz gleichzeitig durch die Erhöhung des peripheren Widerstands vermehrt belastet ist, können Extrasystolen induziert werden. Besonders häufig sind solche Extrasystolen bei der Anwendung von Thiobarbituraten beim Hund zu beobachten (bei Thiopental 40 % aller Hunde). Autonome Reflexe, die vom Pharynx und Larynx ausgehen, sind nur unzureichend gedämpft und können somit Auslöser von Narkosezwischenfällen sein. Thiobarbiturate bewirken eine Vagusstimulation, die sich insbesondere während der Einleitungsphase durch eine erhöhte Speichel- und Bronchialsekretion, Husten und Laryngospasmus äußern kann. Sowohl die vermehrte Sekretion als auch vegetative Reflexe sollten durch Atropin-Prämedikation unterdrückt werden. Thiobarbiturate führen bei längerer oder wiederholter Anwendung zur Leberverfettung. Alle Barbiturate passieren die Plazentarschranke. Da Neugeborene eine reduzierte Empfindlichkeit gegenüber Barbituraten aufweisen, hat dies für geburtshilfliche Eingriffe im Allgemeinen nur begrenzte Konsequenzen. Bei paravenöser Applikation resultieren entzündliche Reaktionen, insbesondere Thrombophlebitiden und Gewebsnekrosen.

CAVE

Die atemdepressive Wirkung und die Wirkung auf das Herz-Kreislauf-System sind bei einer möglichen Anwendung von Barbituraten zu beachten. Alternative Möglichkeiten sind sorgfältig zu prüfen.

Wechselwirkungen Barbiturate potenzieren die Wirkung anderer zentral dämpfender Pharmaka (z. B. Benzodiazepine, Neuroleptika, Xylazin, Opioide). Bei Kombination von Thiobarbituraten mit halogenierten Kohlenwasserstoffen wird die Inzidenz für das Auftreten von Herzarrhythmien erhöht. Zudem können β-wirksame Sympathomimetika die Herzwirkung von Thiobarbituraten verstärken. Thiopental wird bei Tieren zu einem relativ hohen Prozentsatz an Plasmaproteine gebunden, es kann daher andere Wirkstoffe aus der Plasmaproteinbindung verdrängen und dadurch deren Wirkung verstärken. Der umgekehrte Weg, wobei andere Wirkstoffe mit hoher Plasmaproteinbindung Barbiturate aus ihrer Bindung verdrängen und dadurch die Narkosedauer und -tiefe beeinflussen, ist gleichfalls möglich.

Kontraindikationen Wegen des Risikos der Auslösung von vegetativen Reflexen empfiehlt es sich, Eingriffe im Pharynx/Larynx-Bereich nicht ohne Prämedikation mit Parasympatholytika (wie z. B. Atropin) durchzuführen. Barbiturate sind zu meiden, wenn bei schweren Leber- und Nierenfunktionsstörungen mit einer Beeinträchtigung der Metabolisierung und Elimination zu rechnen ist. Da bei Patienten mit reduziertem Allgemeinzustand oder Schock mit einer unkontrollierbaren Wirkungsverstärkung und -verlängerung zu rechnen ist, sollten in diesen Fällen andere Narkotika bevorzugt werden.

Klassische Barbiturate

Indikationen Aufgrund seiner ausgeprägten atem- und kreislaufdepressiven Wirkung wird das klassische Barbiturat Pentobarbital nur noch selten als Narkotikum verwendet. Die Narkosedauer beträgt etwa 1–3 h, wobei Pentobarbital gegebenenfalls nachdosiert werden kann. Als nachteilig erweisen sich insbesondere der atemdepressive Effekt und der lange Nachschlaf (bis zu 6–8 h), der unter Umständen mit Exzitationen verbunden sein kann.

Anwendung findet Pentobarbital heutzutage vorwiegend zur Euthanasie von Tieren. Da es aufgrund seiner Suchtpotenz als Betäubungsmittel eingestuft wurde, ist bei der Verwendung die entsprechende Betäubungsmittelgesetzgebung zu berücksichtigen.

Dosierung Pentobarbital wird wie folgt dosiert:
- Injektionsnarkose
  - Hund/Katze: 25–35 mg/kg i. v. (zunächst ⅔ dieser Dosis rasch verabreichen, abwarten, bis die narkotische Wirkung eintritt und dann den Rest langsam nachinjizieren)
- Euthanasie
  - Hund/Katze: 50–60 mg/kg i. v.

N-Methylbarbiturate

Da keine N-Methylbarbiturate in Deutschland mehr im Handel sind, wird hinsichtlich Details dieser Wirkstoffgruppe auf die 2. Auflage verwiesen.

Thiobarbiturate

STECKBRIEF THIOPENTAL

Das Thiobarbiturat Thiopental kann zur Einleitung oder zur Kurznarkose eingesetzt werden. Die atemdepressiven und vasopressorischen Wirkungen sind zu beachten.

Indikation Bei der Anwendung von Thiopental liegt die Narkosedauer bei etwa 10–20 min. Zu beachten ist der oft stundenlange Nachschlaf, der insbesondere bei mageren Tieren ausgeprägt ist, sowie die pressorischen Effekte auf den Kreislauf. Herzarrhythmien können durch Prämedikation mit blutdrucksenkenden Wirkstoffen (z. B. Neuroleptika, Opioide) vermieden werden, durch die Kombination wird allerdings der Nachschlaf zusätzlich verlängert und damit die Gefahr der Unterkühlung gesteigert.

Dosierung Zur Einleitung oder Kurznarkose wird Thiopental individuell nach Wirkung dosiert; mittlere Dosierungen liegen in folgendem Bereich:
- Hund: 15–30 mg/kg i. v.
- Katze: 10–30 mg/kg i. v.
- Schwein: 5–10 mg/kg i. v.
- Wiederkäuer: 10–20 mg/kg i. v.
- Pferd: 9–17 mg/kg i. v.

Propofol

STECKBRIEF PROPOFOL

Propofol ist ein schnell und kurz wirksames Injektionsnarkotikum (**Abb. 4.8**), das in Form einer Öl/Wasser-Emulsion zur i.v. Anwendung auf dem Markt ist und auch als Dauertropfinfusion appliziert werden kann.

Nachteil der Formulierung von Propofol als Öl/Wasser-Emulsion ist die Empfindlichkeit für mikrobielle Verunreinigungen, sodass angebrochene Ampullen innerhalb von 8 h verbraucht werden sollten.

Kürzlich wurde Fospropofol als wasserlösliches Prodrug entwickelt. Alkalische Phosphatase setzt aus der Vorstufe die aktive Substanz Propofol frei. Bislang wurde Fospropofol in Deutschland nicht zugelassen, und es bestehen zudem nur sehr limitierte veterinärmedizinische Erfahrungen mit dieser Substanz.

Pharmakodynamik Die pharmakologische Wirkung von Propofol basiert auf einer Interaktion mit dem $GABA_A$-Rezeptor, dem Einfluss auf präsynaptische Zellen GABAerger Synapsen und der damit assoziierten Verstärkung der inhibitorischen Neurotransmission. Zudem scheint eine Interaktion von Propofol mit Ca^{2+}-Kanälen zur Wirkung beizutragen. Aufgrund seiner Eigenschaften als Radikalfänger kann Propofol dosisabhängig vorteilhafte neuroprotektive und kardioprotektive Effekte entfalten. Propofol reduziert die zerebrale Sauerstoffaufnahme, den Sauerstoffverbrauch und die zerebrale Stoffwechselrate. In subhypnoti-

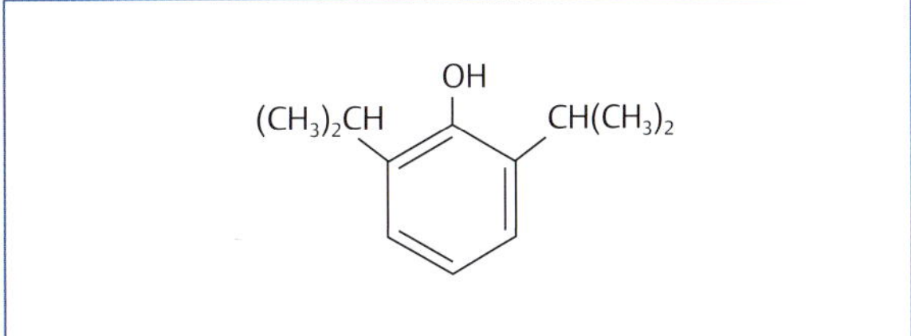

Abb. 4.8 Propofol.

schen bzw. subnarkotischen Dosierungen wirkt Propofol sedativ und anxiolytisch. Zu beachten ist, dass Propofol keine analgetischen Effekte besitzt.

Pharmakokinetik Propofol tritt sehr schnell durch die Blut-Hirn-Schranke, sodass es nach Wirksamkeit i.v. appliziert werden kann. Nach einmaliger Injektion lässt die Wirkung beim Hund innerhalb von 5–10 min nach, eine vollständige Erholung kann bereits nach 20–40 min beobachtet werden. Die kurze Wirksamkeit beruht auf der schnellen und effektiven Metabolisierung von Propofol. Dabei erfolgt eine Glukuronidierung oder Sulfatierung an der bestehenden Hydroxylgruppe. Des Weiteren wird das Molekül in Position 4 hydroxyliert, durch darauffolgende Kopplung in einen wasserlöslichen Metaboliten überführt und schließlich vorwiegend renal eliminiert. Die schnelle Metabolisierung verhindert bei Hunden eine Kumulation der Substanz und erlaubt damit eine Nachdosierung bzw. auch die Applikation in Form einer Dauerinfusion. Zu beachten ist, dass bei Windhunden die Metabolisierung von Propofol verlangsamt und daher mit einer längeren Wirkungsdauer zu rechnen ist. Bei Katzen ist grundsätzlich zu bedenken, dass infolge der eingeschränkten Phenolkonjugation bei mehrmaliger Nachinjektion von Propofol Kumulationsgefahr besteht.

Das Verteilungsvolumen von Propofol ist durch dessen Lipophilität sehr hoch (ca. 4 l/kg beim Hund). Einer relevanten Kumulation im Gewebe wird allerdings durch eine hohe Clearance entgegengewirkt. Die Verteilung entspricht einem offenen 3-Kompartiment-System, bei dem sich an die β-Phase mit einer Halbwertszeit von 15–23 min (Hund) noch eine terminale Phase mit längerer Halbwertszeit und Rückstrom aus schlechter durchbluteten Geweben anschließt.

Indikation, Dosierung Propofol kann bei einmaliger Applikation zur Narkose für Eingriffe von kurzer Dauer oder zur Einleitung von Inhalationsnarkosen eingesetzt werden. Die Nachdosierung und die Infusion ermöglichen allerdings auch die Durchführung längerer Eingriffe. Bei schmerzhaften Eingriffen ist durch geeignete Kombination mit anderen Wirkstoffen für eine ausreichende Analgesie zu sorgen. Propofol kann nach Wirkung verabreicht werden, die durchschnittliche initiale Dosierung liegt bei etwa 6,5 mg/kg i. v. für Hunde und 8 mg/kg i. v. für Katzen. Die Nachdosierung erfolgt deutlich niedrigerer (Größenordnung häufig 1,25–2,5 mg/kg i. v.) individuell nach Wirkung. Bei i. v. Infusion im Anschluss an eine Bolusapplikation führt eine Infusionsdosis von 0,4 mg/kg/min zur Aufrechterhaltung der Narkose beim Hund, wobei aufgrund der atemdepressiven Wirkung in jedem Fall beatmet werden muss. Die Möglichkeit zur Beatmung sollte allerdings auch bei Bolusapplikation von Propofol bestehen.

Bei sedativer Prämedikation sind geringere Mengen von Propofol zu verwenden. Die Dosierungen sind zudem grundsätzlich individuell dem Patienten anzupassen. So liegen diese bei geschwächten und älteren Patienten unter Umständen deutlich niedriger.

In Kombination mit einem i.v. applizierbaren Opioidanalgetikum (z. B. Fentanyl) kann Propofol für die **totale intravenöse Anästhesie (TIVA)** verwendet werden.

Nebenwirkungen, Toxizität Propofol verursacht eine mäßige Atemdepression, die bei rascher Applikation der Gesamtdosis allerdings zu einem Atemstillstand führen kann. Die Möglichkeit zur kontrollierten Beatmung sollte daher bei dessen Anwendung gegeben sein. Propofol induziert einen transienten Blutdruckabfall durch venöse und arterielle Vasodilatation. Am Herzen wirkt es schwach negativ inotrop. Aus dem Blutdruckabfall kann ein reflektorischer Anstieg der Herzfrequenz resultieren. Insgesamt zeichnet sich Propofol durch eine vergleichsweise gute kardiovaskuläre Verträglichkeit aus. Hinsichtlich möglicher Nebenwirkungen erweist sich die kurze Wirkungsdauer als vorteilhaft, da unerwünschte Wirkungen rasch abklingen. Die i. v. Injektion kann aufgrund einer Reizung der Gefäßwand mit einer Schmerzreaktion verbunden sein.

Beim Menschen wurde das gehäufte Auftreten von Myoklonien und seltener auch von Krampfanfällen in den ersten Stunden nach Anwendung beschrieben. Als besonders schwere unerwünschte Reaktion ist in seltenen Fällen von einem fatalen Propofol-Infusionssyndrom mit schwerer metabolischer Azidose, Rhabdomyolyse, Nieren- und Herzversagen berichtet worden. In der Veterinärmedizin liegen Beschreibungen vergleichbarer Fälle bislang nicht vor. Beim Hund sind gelegentlich anaphylaktoide Reaktionen beobachtet worden. Bei Katzen kann aufgrund des Phenolanteils die wiederholte Applikation in kurzem Zeitraum eine Schädigung der Erythrozyten zur Folge haben. In der Aufwachphase können bei Hunden und Katzen Erregung und Erbrechen auftreten.

Wechselwirkungen Andere Wirkstoffe mit zentral-depressiver Wirkung (z. B. Benzodiazepine, Neuroleptika) können die Wirkung von Propofol verstärken. Darum sollte dessen Dosierung bei entsprechender Kombination um 25–40 % gesenkt werden. Die atemdepressive Wirkung von Propofol wird durch Opioide verstärkt.

Kontraindikationen Propofol sollte nur mit Vorsicht bei Patienten mit Herz-, Leber-, Nieren- oder Atemfunktionsstörungen eingesetzt werden.

Alphaxalon (= Alfaxalon)

STECKBRIEF ALPHAXALON 

Alphaxalon ist ein Steroidnarkotikum mit kurzer Wirkung, das bei Bedarf nachdosiert werden kann.

Während früher ein Gemisch aus den Steroidnarkotika Alphaxalon und Alphadolon (Althesin) zur Narkose bei Katzen eingesetzt wurde, steht heute ein Präparat zur Verfügung, das ausschließlich das Injektionsnarkotikum Alphaxalon enthält (**Abb. 4.9**).

Pharmakodynamik Es wird vermutet, dass die Wirkung von Alphaxalon auf einer Interaktion mit dem $GABA_A$-Rezeptorkomplex und einer Verstärkung der GABAergen Neurotransmission basiert. Ein Beitrag weiterer Mechanismen wird postuliert. Alphaxalon induziert eine gute Muskelentspannung. Durch Reduktion des zerebralen Blutflusses wird der intrakranielle Druck reduziert.

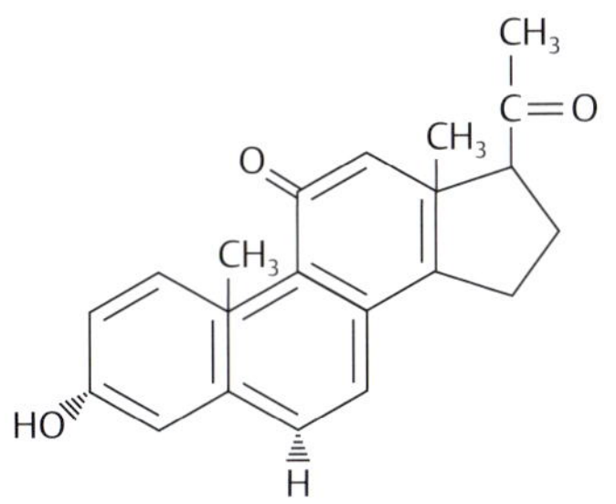

Abb. 4.9 Alphaxalon.

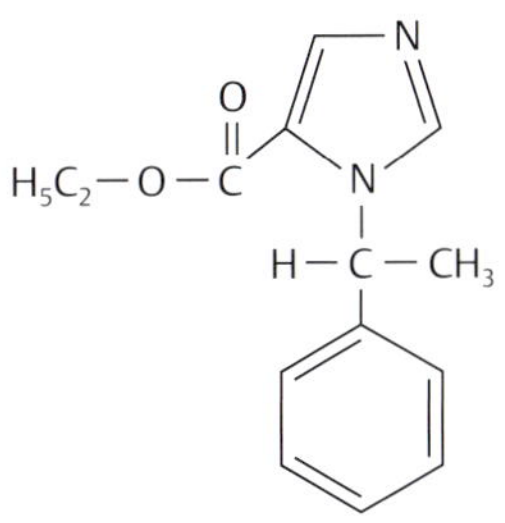

Abb. 4.10 Etomidat.

Pharmakokinetik Alphaxalon erreicht aufgrund der hohen Lipophilität sehr rasch wirksame Konzentrationen im Gehirn, sodass die Wirkung sehr schnell eintritt. Die Biotransformation erfolgt rasch. Nach Metabolisierung in vorwiegend inaktive Metaboliten erfolgt eine Ausscheidung über die Galle in den Darm.

Indikation, Dosierung Alphaxalon wird als Kurznarkotikum und zur Einleitung einer Inhalationsnarkose bei Hunden und Katzen eingesetzt. Empfohlen wird eine Dosierung von 3 mg/kg i. v. für den Hund und 5 mg/kg i. v. für die Katze für die Narkoseeinleitung. Im Falle einer sedierenden Prämedikation sollte die Dosierung zur Narkoseeinleitung beim Hund auf 2 mg/kg i. v. reduziert werden. Die Narkosedauer kann durch Nachinjektion verlängert werden, da keine Kumulationsgefahr gegeben ist. Außerdem besteht die Möglichkeit, Alphaxalon als Infusion zu verabreichen.

Nebenwirkungen, Toxizität Alphaxalon hat eine große therapeutische Breite. Es beeinflusst die Atmung nur mäßig und besitzt einen geringgradig blutdrucksenkenden Effekt. Die Hypotension beruht auf einer Vasodilatation und einem geringfügigen negativ inotropen Effekt. Als Folge kann eine reflektorische Tachykardie auftreten.

Wechselwirkungen Die Anwendung anderer zentral dämpfender Pharmaka kann die Effekte von Alphaxalon verstärken. Benzodiazepine sollten nicht als alleinige Prämedikation angewendet werden, da die Narkosequalität bei einigen Patienten suboptimal ausfallen könnte. Die Prämedikation mit α_2-Adrenozeptoragonisten, wie zum Beispiel Xylazin und Medetomidin, kann die Narkosedauer dosisabhängig deutlich verlängern.

Weitere Injektionsnarkotika

Etomidat ist ein ultrakurz wirksames Injektionsnarkotikum (Abb. 4.10). Vorteilhaft ist das Fehlen einer atem- und kreislaufdepressiven Wirkung. Etomidat induziert allerdings häufig Myoklonien, die durch Vorbehandlung mit Diazepam unterdrückt werden können. Als Kontraindikation ist eine bestehende Krampfneigung zu betrachten (z. B. nach Schädel-Hirn-Trauma oder bei Patienten mit Epilepsie). Besonderer Nachteil von Etomidat ist dessen ausgeprägt depressiver Effekt auf die Nebennierenrindenfunktion. Wegen dieses Effekts auf den Hormonhaushalt wird Etomidat heute nur noch unter strengster Indikation klinisch eingesetzt. Bei länger dauerndem Einsatz oder Schockgefahr müssen Glucocorticoide mit mineralocorticoidem Effekt substitutiert werden (z. B. Prednisolon). Die Anwendung bei Humanpatienten löste sehr selten anaphylaktoide Reaktionen infolge einer Histaminfreisetzung aus. Die strukturähnliche Substanz **Metomidat** wurde früher als Hypnotikum bei Schweinen eingesetzt, ist aber heute nicht mehr im Handel.

Chloralhydrat kam früher häufig bei Pferden zum Einsatz, heute wird es aber aufgrund moderner und effektiverer Narkoseverfahren kaum noch angewendet. Für Details zu den pharmakologischen Eigenschaften wird auf die 1. Auflage dieses Lehrbuchs verwiesen.

4.2.3 Injektionsanästhetika

Ketamin

STECKBRIEF KETAMIN

Ketamin (**Abb. 4.11**) induziert einen Zustand, der als **dissoziative Anästhesie** bezeichnet wird und durch Analgesie, oberflächlichen Schlaf und Katalepsie gekennzeichnet ist. Mit diesen Eigenschaften ist Ketamin **nicht als Narkotikum im klassischen Sinn zu betrachten.**

Erster Vertreter der dissoziativen Anästhetika war Phencyclidin, das aufgrund seiner ausgeprägten halluzinogenen Wirkung ein hohes Missbrauchspotenzial aufwies und daher schnell vom Markt zurückgezogen wurde. Auch Ketamin wird aufgrund seiner, wenn auch im Vergleich zu Phencyclidin kürzeren und schwächeren halluzinogenen Wirkung in großem Umfang missbraucht, sodass wiederholt diskutiert wurde, es in die Betäubungsmittelgesetzgebung aufzunehmen.

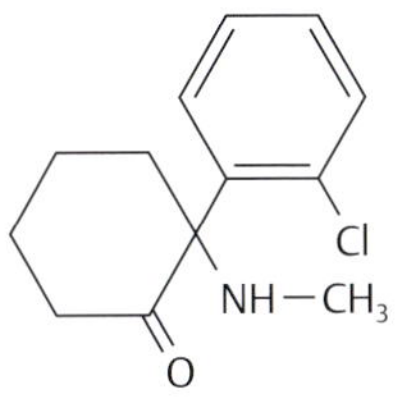

Abb. 4.11 Ketamin.

Pharmakodynamik Ketamin wirkt als nicht kompetitiver Antagonist am NMDA-Rezeptor, einem Subtyp der Glutamat-Rezeptorgruppe. Durch Bindung im Ionenkanal blockiert Ketamin effizient die Ströme von Natrium-, Kalium- und Kalziumionen. Weitere Wirkungsmechanismen werden diskutiert, deren Bedeutung bei therapeutischen Wirkstoffkonzentrationen ist allerdings fraglich.

Bereits in anästhetisch relevanten Konzentrationen erregt Ketamin bestimmte Gehirnregionen des limbischen Systems, während thalamokortikale Bahnen gehemmt werden. Im Gegensatz zu klassischen Narkotika, die mit steigender Dosis durch Verstärkung hemmender Mechanismen Sedation, Hypnose, Narkose und bei Überdosierung Asphyxie bewirken, induziert Ketamin in zunehmenden Konzentrationen Katalepsie, Anästhesie und bei Überdosierung Krampfanfälle. Der Begriff Katalepsie beschreibt einen Zustand, der mit hochgradiger motorischer Antriebslosigkeit bei gleichzeitig erhöhtem Muskeltonus assoziiert ist. Ketamin induziert somit keine Muskelrelaxation, sondern eine Tonussteigerung. Durch die mit der Katalepsie verbundene motorische Immobilisierung besteht die Gefahr, den Patienten in subanästhetischen Dosierungen zu operieren. Außerdem wird die Reflexaktivität nicht unterdrückt. Durch Effekte am Gefäßsystem bewirkt Ketamin eine Steigerung des Blutdrucks.

Ketamin reduziert die Schmerzempfindung. Besonders effizient erfolgt dies bei Schmerzen im Bereich der Körperhülle (somatischer Schmerz). Viszerale Schmerzen werden hingegen nur unzureichend beeinflusst. Zu beachten ist hierbei, dass aufgrund der Katalepsie Abwehrreaktionen unterbleiben. Bei Eingriffen mit Induktion viszeraler Schmerzen ist in jedem Fall eine Kombination mit anderen analgetisch wirksamen Mitteln vorzunehmen.

Für Ketamin sind Effekte auf Sensitivierungsvorgänge in der Schmerzverarbeitung beschrieben, sodass Ketamin auch in der präventiven Analgesie als geeigneter Wirkstoff diskutiert wird.

Pharmakokinetik Die Eliminationshalbwertszeit von Ketamin beträgt bei Hund und Katze etwa 1 h, beim Pferd etwa 40–60 min. Die Bioverfügbarkeit nach i. m. Applikation beträgt etwa 90 %. Die Wirkung setzt nach i. m. Applikation beim Hund nach 3–10 min ein und hält etwa 15–45 min an. Als Metaboliten werden Norketamin und Dehydronorketamin gebildet. Ketamin kann grundsätzlich nachdosiert werden, aufgrund der ausgeprägten Lipophilie besteht allerdings die Gefahr einer Kumulation.

Indikation, Dosierung Ketamin ist in Form des Razemats als Tierarzneimittel im Handel. Es wird als Anästhetikum bei zahlreichen Tierarten eingesetzt. Zumeist geschieht dies in Kombination mit einem α_2-Adrenozeptoragonisten wie z. B. Xylazin. Beim Hund ist Ketamin aufgrund ausgeprägter initialer Erregungserscheinungen nur kombiniert zu verwenden. Nach i. v. Applikation hält die Wirkung von Ketamin nur kurz an, daher wird es häufig i. m. appliziert.

Anästhetische Dosierungen betragen:

- Katze: 20–30 mg/kg i. m. oder s. c., 5–8 mg/kg i. v. bzw. in Kombination mit Xylazin 6–10 mg/kg i. m.
- Hund: 6–10 mg/kg i. m. (in Kombination mit α_2-Adrenozeptoragonisten)
- Schwein: 20 mg/kg i. m., Saugferkel: 25 mg/kg i. m.
- Rind: 3–5 mg/kg i. v. oder 7–10 mg/kg i. m. in Kombination mit Xylazin
- Pferd: 2–3 mg/kg i. v. nach vorausgehender Applikation von Xylazin

Zu beachten ist jeweils, dass Ketamin bei schmerzhaften Eingriffen – insbesondere bei viszeralen Schmerzen – mit analgetischen Wirkstoffen zu kombinieren ist. Für die Humanmedizin wurde inzwischen auch ein Präparat entwickelt, das nur das wirksamere (S)-(+)-Enantiomer enthält, welches durch geringere halluzinogene Eigenschaften gekennzeichnet ist.

Nebenwirkungen, Toxizität Ketamin wirkt vasopressorisch und am Herzen positiv ino- und chronotrop. In der häufig eingesetzten Kombination mit α_2-Adrenozeptoragonisten kann Ketamin daher kreislaufdepressive Effekte des Kombinationspartners teilweise ausgleichen. Der vasopressorische Effekt geht zuweilen mit einer Steigerung der Blutungsneigung einher. Die zentral erregende Wirkung von Ketamin kann mit noch lange nach der Applikation anhaltenden Halluzinationen verbunden sein. Für die illusionären Wahrnehmungen, die von Menschen häufig als sehr unangenehm beschrieben werden, besteht keine Amnesie. Durch Prämedikation mit Benzodiazepinen lässt sich die Inzidenz für Halluzinationen reduzieren. Bei Hunden, Pferden und Raubkatzen besitzt Ketamin ausgeprägte zentral erregende Effekte, die sich in Form von Krampfanfällen äußern können. Ketamin ist bei diesen Spezies daher mit geeigneten zentral dämpfenden Substanzen zu kombinieren (α_2-Adrenozeptoragonisten, Benzodiazepine).

Wechselwirkungen Durch Kombination mit α_2-Adrenozeptoragonisten wie Xylazin wird eine Muskelrelaxation sowie eine verbesserte Analgesie erzielt. Allerdings ist hierbei mit einer Aufhebung der pressorischen Kreislaufwirkung von Ketamin zu rechnen. Gleiches gilt für die Kombination mit Neuroleptika.

Kontraindikationen Tachykarde Herzrhythmusstörungen und koronare Herzerkrankungen stellen eine relative Kontraindikation für die Anwendung von Ketamin dar. Bei Neigung zu Krampfanfällen, z. B. nach schwerem Schädel-Hirn-Trauma oder bei bestehender Epilepsie, sollte Ketamin nicht eingesetzt werden.

Wartezeit Die Wartezeit für essbare Gewebe von Pferden, Rindern, Schafen, Ziegen und Schweinen beträgt bei aktuell im Handel befindlichen Präparaten 3 Tage.

Tiletamin

Tiletamin ist ebenfalls ein Phencyclidin-Derivat. In Deutschland ist zurzeit kein Präparat im Handel, das diesen Wirkstoff enthält. In anderen Ländern ist Tiletamin in Kombination mit dem Benzodiazepin Zolazepam zugelassen. Nach einmaliger Applikation wird bei Katzen eine Anästhesie über einen Zeitraum von 30–60 min erzielt. Für die Anwendung des Kombinationspräparates sind tachykarde Herzrhythmusstörungen beschrieben. In der Aufwachphase besteht eine erhöhte Neigung zu Krampfanfällen. In den USA wird ein entsprechendes Kombinationspräparat auch bei Wild- und Zootieren eingesetzt.

FAZIT NARKOTIKA UND ANÄSTHETIKA

- Der Hauptvorteil der Inhalationsnarkose liegt in der Steuerbarkeit der Narkosetiefe. Die Geschwindigkeit der An- und Abflutung von Inhalationsnarkotika wird bestimmt durch den Blut/Gas-Verteilungskoeffizient (negative Korrelation) und den Öl/Gas-Verteilungskoeffizient (positive Korrelation).
- **Isofluran** und **Sevofluran** sind aktuell für die veterinärmedizinische Anwendung zugelassene, dampfförmige Inhalationsnarkotika. Die Eigenschaften beider Wirkstoffe kommen denen eines idealen Inhalationsnarkotikums relativ nahe. Zu beachten ist, dass die analgetische Wirkung beider Wirkstoffe schwach ausgeprägt ist, weshalb eine perioperative Analgesie eingeplant werden sollte. Stickoxydul ist ein gasförmiges Inhalationsnarkotikum, das in Kombination mit anderen Inhalationsnarkotika eingesetzt wird.
- Bei den Injektionsnarkotika ist ebenfalls eine möglichst gute Steuerbarkeit wünschenswert. Während die Anwendung von Barbituraten für die Narkose aufgrund der Nebenwirkungen und Risiken deutlich zurückgegangen ist, wird das Injektionsnarkotikum **Propofol** vor allem bei Kleintieren häufig eingesetzt. Es kann per Dauertropfinfusion appliziert werden, die eine gute individuelle Dosierungsanpassung ermöglicht. Für Kurznarkosen oder zur Einleitung einer Inhalationsnarkose steht außerdem das Steroidnarkotikum **Alphaxalon** zur Verfügung.
- Das dissoziative Anästhetikum **Ketamin** wird bei Veterinärpatienten sehr häufig in Kombination mit α_2-Adrenozeptoragonisten wie Xylazin eingesetzt. Bei der Anwendung von Ketamin ist die Beeinträchtigung von Abwehrbewegungen durch die ausgelöste Katalepsie zu berücksichtigen. Zu beachten ist des Weiteren, dass viszerale Schmerzen im Gegensatz zu somatischen Schmerzen durch Ketamin nur unzureichend beeinflusst werden. Daher sollte insbesondere bei Eingriffen mit Induktion viszeraler Schmerzen eine Kombination mit weiteren analgetischen Wirkstoffen erfolgen.

4.3 Analgetika

DEFINITION **Analgetika** (αλγοσ, Schmerz) sind schmerzstillende Arzneimittel. Sie unterdrücken die Schmerzempfindung, indem sie mit der Aktivierung von Schmerzrezeptoren, der Transmission von Schmerzimpulsen und der Schmerzverarbeitung in Rückenmark und Gehirn interferieren. Analgetika werden zur Linderung akuter und chronischer Schmerzzustände, zur Narkoseprämedikation und zur Behandlung postoperativer Schmerzen eingesetzt.

Schmerz ist definiert als eine unangenehme Sinneswahrnehmung, die mit einer tatsächlichen oder potenziellen Gewebeschädigung einhergeht. Ausgelöst werden Schmerzen durch eine Reihe verschiedener Noxen wie Traumata, Entzündungsprozesse, mechanische und thermische Reize oder Durchblutungsstörungen. Die physiologische Bedeutung des Schmerzes liegt in einer Warnfunktion, die sich mit fortschreitender Dauer abschwächt. Schmerzen können eingeteilt werden entweder nach ihrer Dauer (akut, chronisch), Lokalisation (somatisch, viszeral, oberflächlich, tief), Qualität (hell, dumpf) oder den beteiligten Pathomechanismen. Neben dem Nozizeptorenschmerz werden neuropathische und psychogene Schmerzen unterschieden. Die weitaus häufigste Schmerzart ist der Nozizeptorenschmerz, der im Folgenden näher besprochen wird.

4.3.1 Das nozizeptive System

Unter Nozizeption versteht man die Auslösung und Verarbeitung von Schmerzreizen (**Abb. 4.12**). Neuroanatomisch besteht das nozizeptive System aus den peripheren sensorischen Afferenzen, den aszendierenden spinothalamischen bzw. spinoretikulothalamischen Bahnen und den kortikalen Projektionen. In der Peripherie führt eine Gewebeschädigung zur Freisetzung von **Schmerzmediatoren** (z. B. K^+- und H^+-Ionen, Prostaglandine, biogene Amine, Kinine), die ihre entsprechenden **Rezeptoren** an den Membranen der freien Nervenendigungen afferenter Aδ- und C-Fasern aktivieren. Thermisch-chemische Reize werden über **TRPV**(transient receptor potential vanilloid receptor)-Kanäle vermittelt, den Angriffspunkt für Capsaicin in der Schmerztherapie. Die Transduktion über **Mechanozeptoren** ist noch nicht vollständig geklärt. Nach Aktivierung der Nozizeptoren wird der Schmerzreiz in ein Aktionspotenzial umgewandelt, das über die zentralen Fortsätze der in den Spinalganglien liegenden Neurone an die Laminae I und V (Aδ-Fasern, heller Schmerz) sowie Laminae II und III (C-Fasern, dumpfer Schmerz) des Hinterhorns weitergeleitet wird. Dieser Bereich des Rückenmarks wird auch als **Substantia gelatinosa** (graue Substanz) bezeichnet. Hier erfolgt eine Umschaltung auf das zweite Neuron. Während Aδ-Fasern insbesondere in der Lamina I direkt umgeschaltet werden, erfolgt die Umschaltung von C-Fasern unter Einbeziehung von Interneuronen in der Lamina V, wo sie zusammen mit Motoneuronen **polysynaptische Reflexbögen** ausbilden. Die Axone der Projektionsneurone steigen von hier aus gebündelt im **Tractus spinothalamicus** oder **Tractus spinoreticularis** zum Gehirn auf. Das spinothalamische System endet im Nucleus ventralis posterolateralis des **Thalamus**, einem Kerngebiet, das weiter zum **somatosensorischen Kortex** projiziert. Zusammen mit dem Thalamus findet hier die bewusste **Schmerzempfindung** statt. Der Tractus spinoreticularis wird in der **Formatio reticularis** umgeschaltet. Seine Projektionen enden im Nucleus centralis lateralis und parafascicularis des Thalamus. Diese sind für die Erhöhung des **Wachzustandes** bei schmerzhaften Stimuli verantwortlich. In der Formatio reticularis erfolgt weiterhin eine Umschaltung auf vegetative Zentren, das limbische System und das Stammhirn, die für

Spez. Pharmakologie

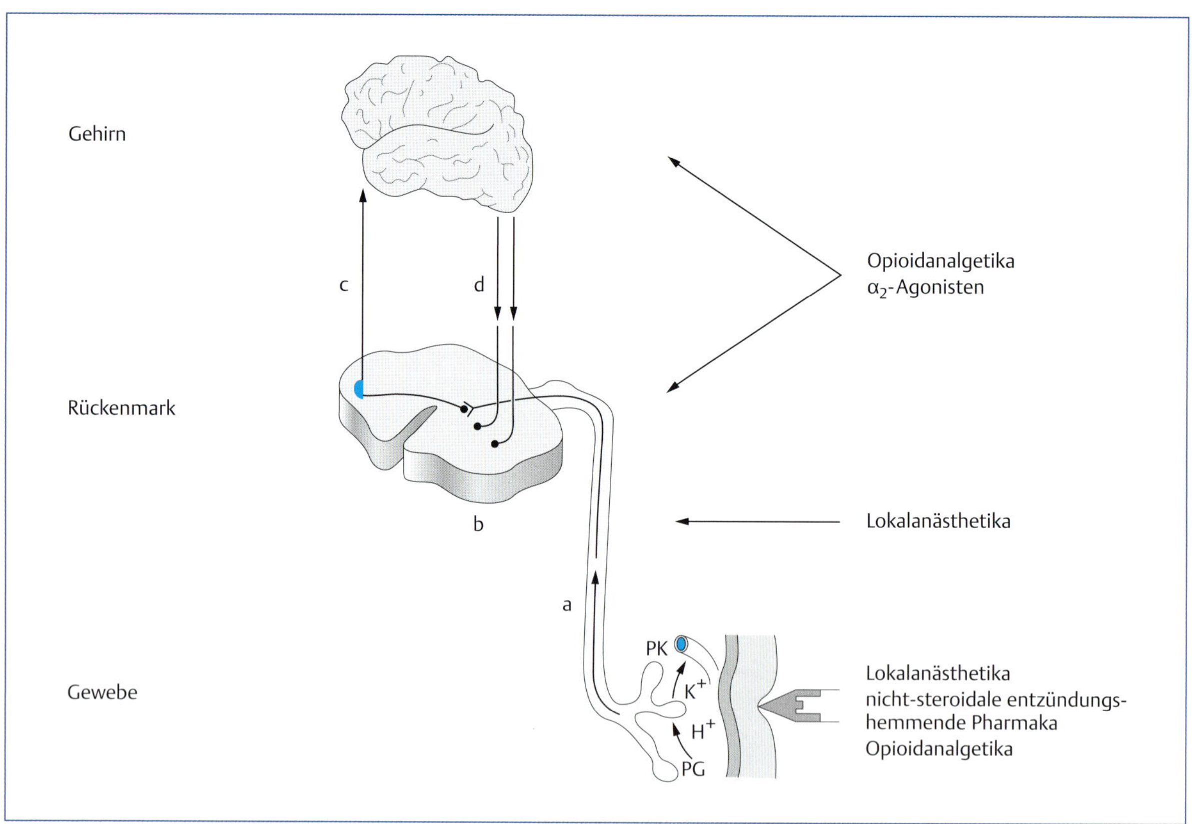

Abb. 4.12 Schematische Darstellung des nozizeptiven Systems mit den verschiedenen Angriffspunkten für Analgetika. Infolge einer Gewebeschädigung werden in der Peripherie Schmerzmediatoren freigesetzt, die Schmerzrezeptoren aktivieren (**a**). Das Signal wird anschließend über afferente Schmerzfasern über die Hinterwurzel an das Rückenmark weitergeleitet (**b**). Hier erfolgt eine synaptische Erregungsübertragung auf aszendierende Schmerzbahnen (**c**), die zum Gehirn, dem Ort der Schmerzwahrnehmung, ziehen. Hier werden die ankommenden Schmerzimpulse entweder zum Kortex oder auf deszendierende Bahnen umgeschaltet (**d**), die wiederum auf Rückenmarksebene die Umschaltung afferenter Schmerzimpulse hemmen. Mit den genannten Pharmaka kann auf verschiedenen Ebenen in die Schmerzbahn eingegriffen werden.

die schmerzinduzierte Auslösung **vegetativer Reaktionen** und affektive **Schmerzbewertung** verantwortlich sind.

In der Lamina II der Substantia gelatinosa des Hinterhorns befinden sich opioiderge Interneurone (β-Endorphin, Dynorphin), die von deszendierenden serotoninergen Schmerzbahnen aus dem Nucleus raphae magnae gesteuert werden und die synaptische Erregungsübertragung der primär-afferenten nozizeptiven Fasern auf die spinothalamischen Neurone hemmen. Darüber hinaus treten deszendierende noradrenerge Bahnen aus dem Locus coeruleus in das Hinterhorn des Rückenmarks ein und tragen zur inhibitorischen Kontrolle spinothalamischer Neurone bei.

4.3.2 Wirkweise von Analgetika

STECKBRIEF ANALGETIKA

Analgetika greifen sowohl auf peripherer, spinaler und supraspinaler Ebene in die Schmerzbahn ein. Je nach pharmakodynamischen Angriffspunkt können folgende Wirkstoffgruppen unterschieden werden:
- Analgetika vom Opioid-Typ
- sedativ-hypnotische Analgetika vom Xylazin-Typ (α_2-Adrenozeptoragonisten)
- Hemmstoffe der Prostaglandinsynthese (nichtsteroidale Antiphlogistika)
- steroidale Entzündungshemmer (Glucocorticoide)

Darüber hinaus kann eine Schmerzfreiheit im Einzugsgebiet sensorischer Nerven durch Blockade der Reizleitung mithilfe von Lokalanästhetika erreicht werden.

Die Auswahl eines geeigneten Analgetikums zur Behandlung von Schmerzzuständen orientiert sich sowohl an den pathophysiologischen und neuroanatomischen Begebenheiten, als auch an den pharmakodynamischen und -kinetischen Eigenschaften der Wirkstoffe. Nichtsteroidale Antiphlogistika (NSAID) empfehlen sich besonders zur Behandlung von entzündlichen Schmerzen, indem sie die

Synthese von Schmerzmediatoren in der Peripherie (z. B. Prostaglandine) hemmen. Die Kontrolle afferenter Schmerzimpulse aus Aδ- und C-Fasern ist dagegen durch Opioidanalgetika sehr effizient möglich. Zu beachten ist, dass bei bestimmten Indikationen die früher als „schwach" wirksame Analgetika bezeichneten nichtsteroidalen Antiphlogistika den „stark" wirksamen Analgetika vom Opioid-Typ überlegen sind.

Im Folgenden werden die stark wirksamen Analgetika vom Opioid-Typ besprochen. Auf die Pharmakologie der nichtsteroidalen Antiphlogistika (S. 379), der sedativ-hypnotischen Analgetika (S. 165) sowie der steroidalen Entzündungshemmer (S. 372) wird in den entsprechenden Kapiteln eingegangen.

4.3.3 Körpereigene Schmerzkontrolle

Endorphine

Unter bestimmten Umständen sind Tier und Mensch in der Lage, schwerste Noxen ohne Schmerzempfindung (z. B. Geburtsvorgang, schwere Traumata) zu erleben. Dieses Phänomen kann durch die Existenz eines endogenen (körpereigenen) Schmerzkontrollsystems, dem endorphinergen System, erklärt werden. **Endorphine (endo**genes **M**orphin) sind **Peptidhormone**, die sowohl im zentralen und peripheren Nervensystem als auch in nicht neuronalen Geweben (z. B. Immunzellen) gebildet werden. Aufgrund ihrer Verbreitung übernehmen sie eine Vielzahl physiologischer Funktionen, die sie über Aktivierung entsprechender Opioidrezeptoren vermitteln. Tab. 4.6 gibt einen Überblick über den Aufbau endogener Opioidsysteme. Insgesamt existieren drei Opioidsysteme (Proenkephalin-A, Proenkephalin-B und Proopiomelanocortin), aus denen durch graduelle Proteolyse die endogenen Opioide Met- und Leu-**Enkephalin**, β-**Endorphin** und **Dynorphin** gebildet werden. Darüber hinaus wurden zwei weitere Endorphine isoliert, das **Endomorphin 1** und **2**, die in hohen Konzentrationen im somatosensorischen Kortex, dem Ort der Schmerzwahrnehmung, vorgefunden werden. Das Vorläuferpeptid für diese beiden Endorphine ist bis heute unbekannt.

Opioidrezeptoren

Opioidrezeptoren werden in drei Typen eingeteilt, die mit den griechischen Buchstaben δ, κ und μ bezeichnet werden. Diese stellen eigenständige Genprodukte dar und werden im zentralen und peripheren Nervensystem, aber auch im nicht neuronalen Gewebe exprimiert. Die drei Rezeptortypen unterscheiden sich in ihrer Selektivität gegenüber den verschiedenen endogenen Opioidpeptiden, wobei β-Endorphin eine vergleichbare Affinität zu δ- und μ-Opioidrezeptoren besitzt. Durch pharmakologische Klassifizierung konnten die einzelnen Opioidrezeptortypen weiter in **Subtypen** unterteilt werden (z. B. μ_1-, μ_2- und μ_3-Opioidrezeptoren), deren molekulare Grundlagen jedoch weitgehend unbekannt sind.

Opioidrezeptoren sind typische **Klasse-II-Rezeptoren**, die ihre akute Wirkung über inhibitorische G-Proteine vermitteln. Auf zellulärer Ebene bewirken sie eine Aktivierung von K^+-Leitfähigkeiten, Inaktivierung spannungsabhängiger Ca^{2+}-Kanäle und Hemmung der cAMP-Produktion, woraus eine allgemein inhibitorische Wirkung resultiert. **Präsynaptische** Opioidrezeptoren hemmen die Transmitterfreisetzung, **postsynaptische** Opioidrezeptoren unterdrücken die Bildung von Aktionspotenzialen. Trotz ihrer allgemein dämpfenden Wirkung können Opioide durch Desinhibition inhibitorischer Interneurone auch neuronale Systeme aktivieren.

Opioide werden dadurch definiert, dass ihre Wirkung durch **Naloxon**, einen spezifischen Antagonisten an allen drei Opioidrezeptoren, aufgehoben werden kann. Hinsichtlich ihrer Wirkung am Rezeptor werden volle, partielle und gemischte Agonisten/Antagonisten unterschieden, die je nach Rezeptorselektivität und intrinsischer Aktivität teilweise substanzspezifische Wirkeigenschaften besitzen.

4.3.4 Opioidanalgetika

DEFINITION Die Bezeichnung „**Opioid**" stellt einen Überbegriff für alle Substanzen dar, die ihre Wirkung über Opioidrezeptoren vermitteln. Diese können entweder eine von Morphin abgeleitete Alkaloidstruktur (= Opiat) besitzen oder synthetische Verbindungen mit unterschiedlichem chemischen Aufbau darstellen. Opioide vermitteln ihre Wirkung durch Eingriff in endogene Opioidsysteme, woraus verschiedene Wirkqualitäten resultieren.

Im Folgenden werden zunächst kurz die allgemeinen Wirkungen der Opioide vorgestellt, im Anschluss daran die pharmakologischen Eigenschaften der therapeutisch genutzten Wirkstoffe.

Tab. 4.6 Organisation endogener Opioidsysteme.

Precursor	Proenkephalin-A	Proopiomelanocortin	unbekannter Vorläufer	Proenkephalin-B
endogene Opioide	Met-Enkephalin Leu-Enkephalin	β-Endorphin	Endomorphin 1, 2	Dynorphin A, B
Rezeptortyp	δ-Opioidrezeptor	δ- und μ-Opioidrezeptoren	μ-Opioidrezeptor	κ-Opioidrezeptor
definierender Ligand	Deltorphin	–	Morphin	Ketocyclazocin
Rezeptorsubtypen	δ_1, δ_2	–	μ_1, μ_2	$\kappa_{1\text{-}a}$, $\kappa_{1\text{-}b}$, $\kappa_{2\text{-}a}$, $\kappa_{2\text{-}b}$, κ_3

Spez. Pharmakologie

Allgemeine Opioidwirkungen

Zentrales Nervensystem

Analgesie Opioide bewirken eine **starke Analgesie**, die durch Aktivierung von Opioidrezeptoren vermittelt wird. Aufgrund der charakteristischen Verteilung der einzelnen Opioidrezeptoren in der Schmerzbahn können periphere, spinale und supraspinale Komponenten der Opioidanalgesie unterschieden werden.

Die analgetische Wirkung von Opioiden wird durch folgende Teilmechanismen vermittelt:

- Hemmung freier **Nervenendigungen** viszeraler (κ-Opioidrezeptoren!) und sensorischer (μ-Opioidrezeptoren!) Afferenzen
- Hemmung der **Erregungsübertragung** zwischen afferenten nozizeptiven Fasern und aszendierenden Bahnen auf Rückenmarksebene durch Hemmung der Transmitterfreisetzung (z. B. von Substanz P)
- Aktivierung **deszendierender Schmerzbahnen** aus dem Thalamus, die entweder direkt oder indirekt über opioiderge Interneurone die Aktivierung aszendierender Schmerzbahnen auf Rückenmarksebene hemmen
- Modulation der Erregungsübertragung auf supraspinaler Ebene im Thalamus und limbischen System, wodurch eine emotionale und affektive **Bewertung** des Schmerzes erfolgt

Atemdepression Eine gefürchtete unerwünschte Wirkung der Opioide ist die Hemmung des Atemzentrums, die durch eine Herabsetzung der Empfindlichkeit medullärer Neurone gegenüber dem pCO_2 im Blut vermittelt wird. Da Schlaf diesen Mechanismus verstärkt, kann der Atemdepression durch Wachhalten der Tiere entgegengewirkt werden.

> **CAVE**
> Die atemdepressive Komponente tritt bei stark wirksamen μ-Opioidrezeptoragonisten bereits in **therapeutischen Dosierungen** auf. Sie stellt zugleich die häufigste Komplikation bei der Anwendung von Opioiden dar.

Extrapyramidale Symptome Opioide bewirken über eine Aktivierung **extrapyramidaler dopaminerger Bahnen** eine Tonuserhöhung der Skelettmuskulatur. Diese äußert sich bei Opioiden mit geringer Affinität (z. B. Morphin) in einer **Katalepsie**. Die Tiere verharren in jeder beliebigen Position, in die sie verbracht werden. Sehr hochaffine Substanzen (z. B. Etorphin) bewirken eine **Katatonie**, die sich in einer ausgeprägten Starre der gesamten Skelettmuskulatur darstellt. Die Tiere sind in diesem Zustand völlig bewegungsunfähig. Die katatone Wirkung von Etorphin wird zur Wildtierimmobilisation ausgenutzt.

Opioide können bei einigen Spezies **Stereotypien** auslösen, die sich z. B. bei Mäusen und Equiden in einem starken Laufdrang äußern. Rind, Schaf, Ziege, Schwein und insbesondere Katzen reagieren dagegen mit Exzitationen. Die Ausbildung motorischer Nebenwirkungen kann wie alle dopaminergen Wirkungen mit Neuroleptika aufgehoben werden. Die Steigerung des Laufdrangs von Pferden geht mit einer Erhöhung der Schrittfrequenz einher und wird häufig missbräuchlich zu Dopingzwecken verwendet.

Euphorie μ-Opioidrezeptoragonisten lösen ein Gefühl des **Wohlbefindens** aus, das den Begleiterscheinungen akuter Schmerzzustände und anderen unangenehmen Empfindungen entgegenwirkt. κ-Opioidrezeptoragonisten lösen dagegen eine **Dysphorie** aus.

Antitussive Wirkung Durch Dämpfung der reflektorischen Erregbarkeit des **Hustenzentrums** kann der Hustenreiz unterdrückt werden. Diese Wirkung wird durch μ_2-Opioidrezeptoren vermittelt und ist besonders stark bei Morphinderivaten ausgeprägt, deren phenolische OH-Gruppe substituiert ist (z. B. Codein). Codein besitzt eine besonders starke antitussive Wirkung.

Erbrechen Bei der Verabreichung von Opioiden kann es initial zum Erbrechen kommen. Durch Aktivierung von Opioidrezeptoren in der **Chemotriggerzone** kann vor allem beim Hund mit Morphin sicher Erbrechen ausgelöst werden. Dieser schnelle emetische Effekt wird von einer antiemetischen Wirkung abgelöst, die durch Dämpfung des Brechzentrums in der Medulla oblongata bewirkt wird. Katzen sind weniger empfindlich, während bei Schwein, Rind und Geflügel kein Erbrechen ausgelöst werden kann.

Neuroendokrine Störungen Opioide hemmen im Hypothalamus die Freisetzung von **GnRH** (Gonadotropin-releasing hormone) und **CRH** (Corticotropin-releasing hormone), sodass die Konzentrationen des luteinisierenden Hormons, des follikelstimulierenden Hormons und des adrenocorticotropen Hormons im Blut abfallen. Darüber hinaus hemmen Opioide die Freisetzung von **Prolaktin** und stimulieren die Freisetzung von **Vasopressin**.

> **CAVE**
> Bei längerfristiger Anwendung von Opioiden können neuroendokrine Störungen induziert werden.

Auge Morphin beeinflusst über μ- und κ-Opioidrezeptoren den N. oculomotorius, über den die **parasympathische** Aktivität am M. sphincter pupillae beeinflusst wird. Morphin bewirkt bei Hund, Kaninchen und Mensch eine **Miosis**, bei Ratte, Maus, Pferd, Rind, Schaf und Katze dagegen infolge einer Aktivierung des Sympathikus eine **Mydriasis**. Die Regulation der Pupillenweite wird durch parasympathische Mechanismen gesteuert.

Periphere Wirkungen

Magen-Darm-Trakt Der Magen-Darm-Trakt unterliegt einer komplexen opioidergen Kontrolle sowohl über das zentrale Nervensystem als auch über Opioidrezeptoren im Plexus submucosus (= Meissner'scher Plexus) und Plexus myentericus (= Auerbach'scher Plexus) des Darms. An der basolateralen Seite der Enterozyten lokalisierte δ-Opioidrezeptoren hemmen die Sekretion von Chlorid und steigern die Rückresorption von Wasser und Elektrolyten. Über δ- und μ-Opioidrezeptoren wird der Tonus der glatten Muskulatur des Darms beeinflusst, indem Opioide die Freisetzung von Acetylcholin, Serotonin und Prostaglandin E_2 stimulieren (Mensch, Hund, Pferd, Schwein) oder hemmen (Meerschweinchen). Auf diese Weise wird die segmentale Muskulatur des Darms entweder kontrahiert oder relaxiert. In jedem Fall wird jedoch die Peristaltik reduziert und somit eine **Konstipation** ausgelöst. Geringe Konzentrationen von Morphin bewirken über eine Aktivierung des N. vagus eine Zunahme der Darmmotorik, während höhere Dosierungen über die peripheren Mechanismen eine Abnahme der **propulsiven** Darmmotorik bedingen. Geringe Opioiddosierungen (δ-Agonisten) führen insbesondere bei Pferd und Hund zu einer Steigerung der Darmmotorik, sodass dieses Prinzip auch therapeutisch zur Behandlung einer Darmatonie eingesetzt werden kann. Das bei Hund und Katze beschriebene Speicheln unter der Wirkung von Opioiden wird dem gesteigerten Vagotonus zugeschrieben. Die Behandlung von Durchfallerkrankungen mit Loperamid basiert auf der antisekretorischen und motilitätshemmenden Wirkung von Opioiden.

Schließmuskeln Opioide aktivieren vornehmlich über μ-Rezeptoren im Rückenmark den Harnblasenschließmuskel, hemmen den Blasenentleerungsreflex und lösen eine Konstriktion der Ureteren aus. Opiate verursachen weiter eine Konstriktion des Magenschließmuskels (Pylorus) sowie des M. sphincter oddi (Ductus choledochus). Bei Verwendung von Opioiden zur Narkoseprämedikation ist bei länger dauernden chirurgischen Eingriffen die Entleerung der Harnblase sicherzustellen.

Herz-Kreislauf-System Vor allem beim Hund kann nach i. v. Gabe von Morphin ein starker Blutdruckabfall und eine Konstriktion der Herzkranzgefäße beobachtet werden. Ursache hierfür ist eine massive Freisetzung von Histamin aus Mastzellen. Die begleitende Bradykardie ist Folge einer Stimulation des N. vagus.

Lunge Über Steigerung des Vagotonus und Freisetzung von Histamin aus Mastzellen können Opioide einen Bronchospasmus bewirken.

Toleranz und Abhängigkeit

Die längerfristige Anwendung von Opioiden führt zur Ausbildung von **Toleranz** und **Abhängigkeit**. Damit schwächt sich die Wirkstärke ab, nach dem Absetzen eines Opioids können Entzugserscheinungen auftreten.

Obwohl sich beide Phänomene zeitgleich entwickeln können, basieren sie auf unterschiedlichen biochemischen Mechanismen. Während Toleranz mit einer verminderten Ansprechbarkeit von Opioidrezeptoren (Affinitätsverlust, Abnahme der Rezeptorkapazität) einhergeht, werden kompensatorische Veränderungen auf Ebene der den Rezeptoren nachgeschalteten G-Proteine sowie den assoziierten Second-Messenger-Systemen für die Entstehung von **Abhängigkeit** diskutiert. Die Induktion von Toleranz und Abhängigkeit hängt u. a. von der Dosis, dem beteiligten Rezeptortyp und der intrinsischen Aktivität des Opioids ab. So besitzen κ-Agonisten ein geringes oder fehlendes Abhängigkeitspotenzial, da diese eine Dysphorie (Aversion) bewirken. Der Entzug eines Opioids im Zustand der Abhängigkeit, z. B. nach Beendigung der Applikation oder durch die Zufuhr eines Opioidantagonisten, kann schwere **Entzugserscheinungen** (Hyperalgesie, Diarrhö) auslösen. Entzugserscheinungen sind grundsätzlich den akuten Opioidwirkungen entgegengesetzt (Analgesie – Hyperalgesie, Konstipation – Diarrhö). In der Tiermedizin können Entzugserscheinungen nach der Beendigung einer längerfristigen Behandlung mit Codein beobachtet werden. Die Applikation eines Opioids kann dabei die Entzugssymptomatik augenblicklich bessern. Neben der physischen Abhängigkeit, die die Entzugssymptome bei Absetzen erklärt, kann es durch Opioide zur Ausbildung einer stark ausgeprägten psychischen Abhängigkeit (Sucht) kommen. Deshalb unterliegen Opioide, von wenigen Ausnahmen abgesehen, der Betäubungsmittelgesetzgebung.

Indikationen

Aus den verschiedenen Wirkungen der Opioide können folgende Anwendungsgebiete abgeleitet werden:

Schmerzen Opioide werden zur Behandlung akuter und chronischer Schmerzzustände eingesetzt. Dabei weisen Agonisten an μ-Opioidrezeptoren eine gute analgetische Wirkung beim Nozizeptorenschmerz auf. Viszerale Schmerzen dagegen sprechen besonders gut auf κ-Opioide an. Aufgrund der Lokalisation von Opioidrezeptoren auf Rückenmarksebene eignen sich Opioide auch zur intrathekalen Applikation, bei der z. B. nach einmaliger Verabreichung von Morphin eine ca. 12–24 h anhaltende Analgesie ohne systemische Nebenwirkungen erzielt werden kann. Aufgrund der Existenz von Opioidrezeptoren an peripheren Nervenendigungen und seiner immunmodulierenden Eigenschaften eignet sich Morphin auch zur lokalen intraartikulären Analgesie vor chirurgischen Eingriffen oder zur Spülung infizierter Gelenke.

Diarrhö Opioide mit Aktivität an μ- und δ-Opioidrezeptoren eignen sich zur Behandlung von Durchfallerkrankungen, da sie neben einer konstipatorischen auch eine antisekretorische Wirkung aufweisen. Um zentrale Nebenwirkungen zu vermeiden, werden peripher wirksame Substanzen wie Loperamid eingesetzt.

Husten Agonisten an μ_2-Opioidrezeptoren weisen bereits bei niedrigerer Dosierung eine starke antitussive Wirkung auf. Beispielhaft sei hier das Codein genannt, das die antitussive Wirksamkeit des Morphins, nicht jedoch dessen über μ_1-Rezeptoren vermittelte analgetische Komponente besitzt.

Neuroleptanalgesie Durch die Lokalisation von Opioidrezeptoren in verschiedenen Gehirnregionen kann die Wirkung einer Reihe von Neuropharmaka beeinflusst werden. Derartige funktionelle Interaktionen werden bei der Neuroleptanalgesie ausgenutzt, d. h. der kombinierten Applikation eines Neuroleptikums mit einem Opioid. Beide Wirkstoffgruppen potenzieren sich in ihrer analgetischen und sedativen Wirkung. Hingegen wird die exzitatorische, emetische und vagusstimulierende Komponente der Opioide durch das Neuroleptikum abgeschwächt. Insbesondere kann die Dosierung der beiden Komponenten reduziert werden, wodurch die atemdepressive Wirkung der Opioide zurücktritt. Nachteilig ist der starke Blutdruckabfall. Weitere Wirkungssteigerungen von Opioiden können mit Benzodiazepinen (Ataranalgesie) oder α_2-Adrenergika, z. B. Detomidin, erzielt werden. Wechselwirkungen mit Amphetaminen heben dagegen Opioideffekte auf.

Aufgrund der stark exzitatorischen Wirkung sind Opioide bei Wiederkäuern, insbesondere beim Rind, kontraindiziert.

4.3.5 Natürliche und halbsynthetische Opioide

Morphin

STECKBRIEF MORPHIN

Morphin ist das klassische Opioidanalgetikum. Es weist hohe Affinität gegenüber µ- und κ-Opioidrezeptoren auf. Es eignet sich daher gleichermaßen gut zur Behandlung starker traumatischer und viszeraler Schmerzen sowie zur Narkoseprämedikation. Die Wirkstärke aller anderen Opioidanalgetika wird auf Morphin bezogen. Es kann sowohl parenteral, oral oder intrathekal verabreicht werden.

Morphin (**Abb. 4.13**) wurde 1805 erstmals von **Adam Sertürner** aus Rohopium, dem getrockneten Milchsaft aus *Papaver somniferum*, isoliert. Es stellt den Prototyp eines Opioid-Analgetikums dar.

Pharmakodynamik Morphin besteht aus einem Phenanthrenkern mit einer phenolischen und einer alkoholischen Hydroxylgruppe. Es besitzt hohe Affinität zu µ-Opioidrezeptoren. An κ- und δ-Opioidrezeptoren ist es nur in höheren Dosierungen wirksam. Die Wirkung von Morphin ist stereoselektiv, wobei nur das D(–)-Isomer pharmakologische Aktivität besitzt. Substitutionen der phenolischen Gruppe reduzieren die analgetische, atemdepressive und antidiarrhoische Aktivität, wohingegen Substitutionen der alkoholischen Gruppe eine Zunahme der Analgesie und Atemhemmung bewirken.

Pharmakokinetik Morphin ist ein Alkaloid (pK_a 7,9), das aufgrund der geringen Lipidlöslichkeit der nicht ionisierten Form bei physiologischem pH die Blut-Hirn-Schranke nur verzögert überwinden kann. Nach oraler Gabe unterliegt Morphin durch Metabolisierung in Leber und Darmwand einem ausgeprägten First-Pass-Effekt, wobei im Wesentlichen die phenolischen und alkoholischen Hydroxylgruppen glukuronidiert werden. Als Besonderheit weist **Morphin-6-Glukuronid** eine höhere Wirkpotenz als die Ausgangssubstanz auf. Mehr als 90 % des Opiats werden jedoch in das inaktive Morphin-3-Glukuronid umgewandelt und durch glomeruläre Filtration eliminiert. Obwohl Morphin die Plazentarschranke passiert, wurde bei geburtshilflichen Anwendungen dieses Opiates beim Hund keine besondere Hemmung des Atemzentrums der Feten beobachtet.

Dosierung Morphin wird wie folgt dosiert:

- Katze: 0,1 mg/kg s. c.
- Hund: 0,3 mg/kg s. c. (bei Prämedikationen bis zu 1–2 mg/kg)
- Schwein: 0,2 mg/kg i. m.
- Pferd: 0,1–0,2 mg/kg i. m., i. v.

Die analgetische Wirkung hält beim Hund ca. 4–6 h an. Für eine längerfristige Behandlung chronischer Schmerzen stehen aus der Humanmedizin geeignete Retardformulierungen zur Verfügung.

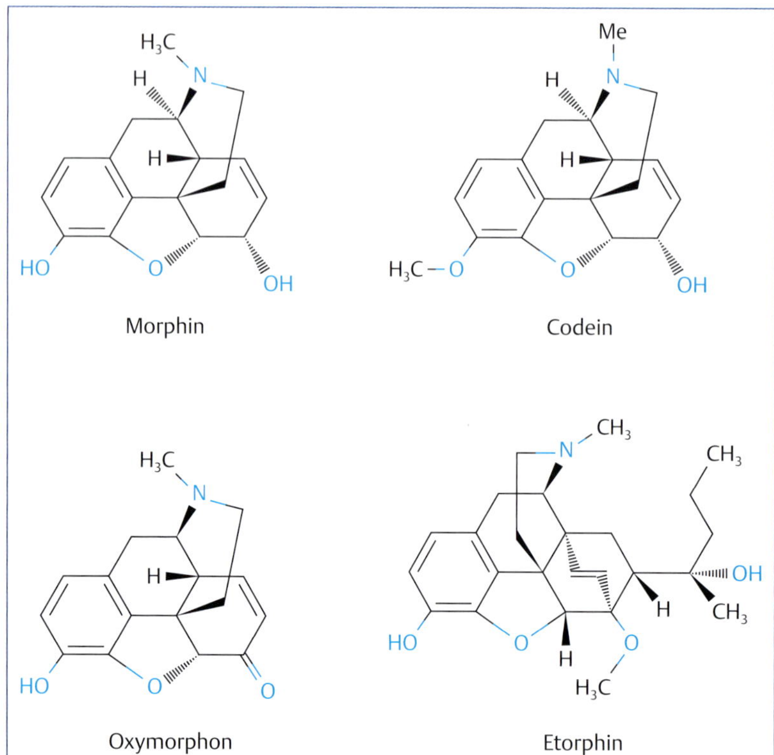

Abb. 4.13 Natürliche und halbsynthetische Opioide vom Morphin-Typ.

Nebenwirkungen Bei der Anwendung von Morphin können grundsätzlich alle vorgenannten Nebenwirkungen auftreten. Morphin löst eine starke Salivation, Emesis und Bronchialsekretion aus. Deshalb wird eine Prämedikation mit Atropin (0,05 mg/kg, s. c., i. m.) empfohlen. Nach i. v. Injektion können besonders bei Hund und Meerschweinchen anaphylaktoide Reaktionen ausgelöst werden. Bei der Hündin kann nach längerfristiger Anwendung eine Lactatio falsa auftreten.

Sonstiges Morphin besitzt keinen MRL-Wert. Es ist in der VO(EG)122/2013 gelistet und kann bei schlachtbaren Equiden zur Analgesie eingesetzt werden.

Codein (Methyl-Morphin)

STECKBRIEF CODEIN

Codein (3-methyl-Morphin) besitzt gute antitussive Eigenschaften und eignet sich zur Behandlung des trockenen Reizhustens. Die analgetische Wirkung ist tierartlich unterschiedlich stark ausgeprägt und stellt sich erst mit Verzögerung ein.

Pharmakodynamik Codein ist ein halbsynthetisches Morphinderivat (**Abb. 4.13**), das eine hohe Affinität zu μ_2-Opioidrezeptoren des Hustenzentrums aufweist. Im Vergleich zu Morphin besitzt es am μ_1-Opioidrezeptor eine lediglich 100-fach geringere Affinität. Bei den verwendeten Dosierungen weist Codein eine gute antitussive Wirkung auf, während die allgemeinen Nebenwirkungen der Opioide zunächst in den Hintergrund treten.

Pharmakokinetik Im Vergleich zu Morphin unterliegt Codein nur einem geringen First-Pass-Effekt, sodass es gut oral verabreicht werden kann. Es wird in der Leber tierartlich unterschiedlich stark zu Morphin demethyliert, wodurch die analgetische Wirkung verzögert eintritt.

Dosierung Hund: 1–2 mg/kg p.o. bei Reizhusten, 25 mg/kg p.o. zur Analgesie

Hydromorphon

STECKBRIEF HYDROMORPHON

Hydromorphon (6-Morphinanon) ist etwa 5-fach stärker analgetisch wirksam als Morphin und somit zur Behandlung starker und stärkster Schmerzzustände geeignet.

Hydromorphon weist ein dem Morphin vergleichbares Wirkungsspektrum auf, wobei insbesondere für den Hund geringere Magen-Darm-Nebenwirkungen (Erbrechen, Konstipation) berichtet wurden. Aus der Humanmedizin stehen sowohl Injektionslösungen oder retardierte orale Arzneiformen zur Verfügung. Die analgetische Dosis wird beim Hund mit 1–2 mg/kg angegeben.

Etorphin

STECKBRIEF ETORPHIN 

Etorphin (Syn.: M99) löst bereits in geringsten Dosierungen eine starke Katatonie aus und eignet sich daher zur Wild- und Zootierimmobilisation.

Pharmakodynamik Das halbsynthetische Morphinderivat besitzt eine mindestens 1000-fach höhere Affinität zu μ-Opioidrezeptoren als Morphin. Aufgrund seiner außerordentlich **hohen Wirkpotenz** ist seine Anwendung als Analgetikum problematisch. Es wird daher nur zur Wild- und Zootierimmobilisation verwendet.

Dosierung Etorphin wird in Dosierungen von ca. 0,5–1,0 μg/kg i. m. eingesetzt.

CAVE

Aus Sicherheitsgründen ist bei der Handhabung von Etorphin immer der Opioidantagonist **Diprenorphin** vorzuhalten, da die versehentliche Selbstinjektion eine tödliche Atemlähmung nach sich ziehen kann. Diprenorphin ist in diesem Fall dem Naloxon oder Naltrexon überlegen, da es eine höhere Affinität zu μ-Opioidrezeptoren als Etorphin selbst besitzt.

4.3.6 Synthetische Opioide

Auf der Suche nach Opioiden mit möglichst geringem Abhängkeitspotenzial wurde eine Vielzahl unterschiedlicher synthetischer Verbindungen entwickelt, die sich in ihrer Rezeptorselektivität, intrinsischen Aktivität und Pharmakokinetik von den natürlichen und halbsynthetischen Morphinderivaten unterscheiden. Entsprechend ihrer pharmakologischen Besonderheiten haben sich für einige dieser Stoffe in der Tiermedizin spezielle Anwendungsgebiete entwickelt.

Piperidin-Derivate

Pethidin (Meperidin)

STECKBRIEF PETHIDIN 

Pethidin ist ein kurz wirksames μ-Opioid. Es wird zur Narkoseprämedikation und Behandlung von Kolikschmerzen bei Cholelithiasis eingesetzt.

Pharmakodynamik Pethidin (**Abb. 4.14**) besitzt ein Piperidingerüst, das sich vom Atropin ableitet. Es bindet selektiv an μ-Opioidrezeptoren, weist aber nur etwa **ein Zehntel der analgetischen Wirkung des Morphins** auf. Pethidin zeigt einige Besonderheiten, wodurch es sich gut zur Narkoseprämedikation eignet. Es löst keine Bradykardie und kein postoperatives Zittern aus. Erbrechen, Konstipation und Harnverhaltung werden selten beobachtet. Auf den M. sphincter oddi wirkt es spasmolytisch, weshalb es bei **Cholelithiasis** eingesetzt wird.

Pharmakokinetik Nach oraler Verabreichung wird Pethidin gut aus dem Darmtrakt resorbiert. Pethidin weist eine hohe Plasmaproteinbindung auf (60 %) und wird schnell

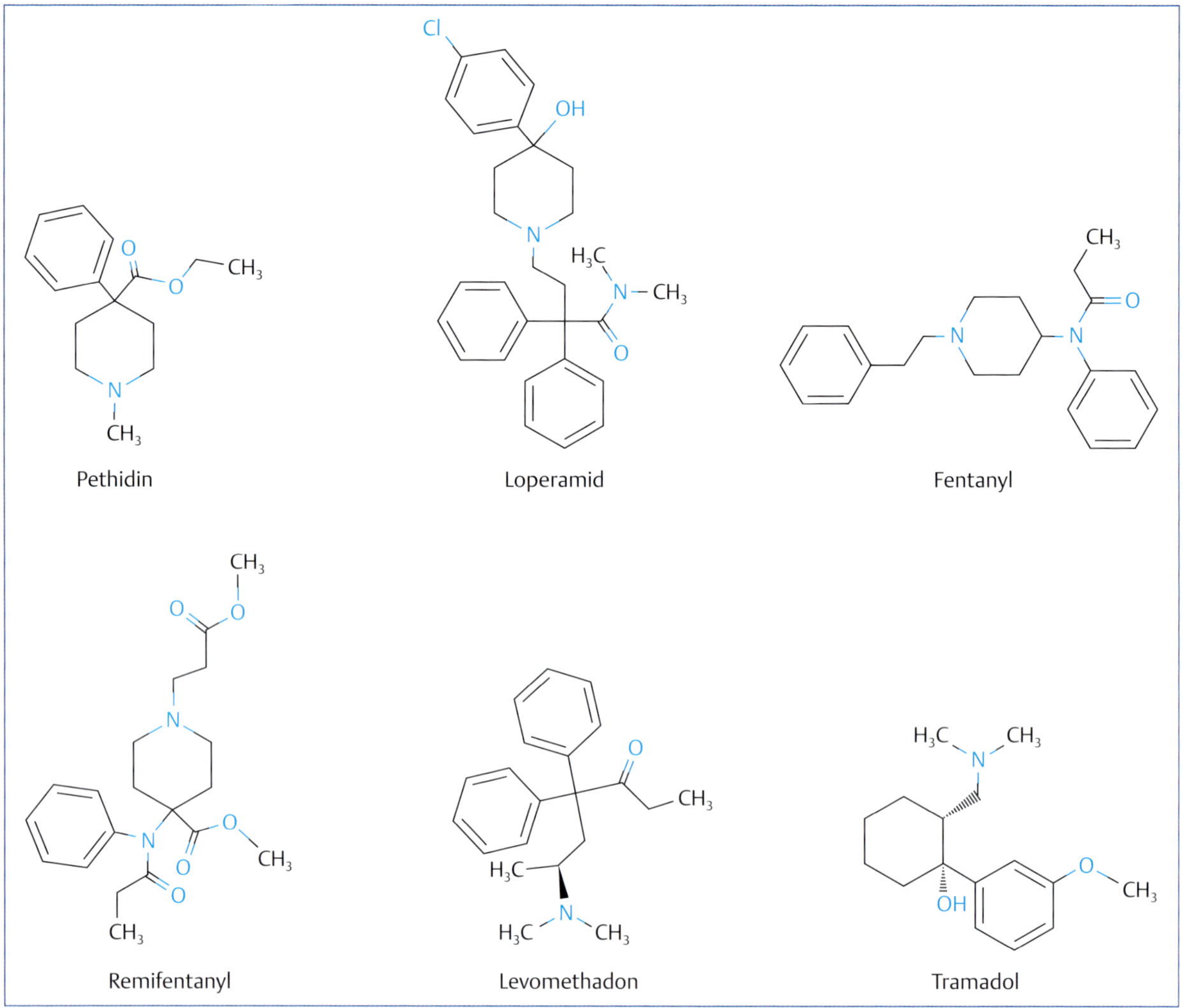

Pethidin

Loperamid

Fentanyl

Remifentanyl

Levomethadon

Tramadol

Abb. 4.14 Synthetische Opioide.

und vollständig in der Leber in den aktiven Metaboliten Norpethidin umgewandelt. Norpethidin besitzt prokonvulsive Eigenschaften und wird bei Niereninsuffizienz verzögert ausgeschieden. Um die prokonvulsiven Eigenschaften des Norpethidin zu reduzieren, kann Pethidin rektal in Form von Zäpfchen verabreicht werden (Dolcontral® Zäpfchen). Pethidin verfügt über eine relativ kurze Wirkdauer (Pferd 20, Hund 40, Katze 120 min).

Dosierung Pethidin wird wie folgt dosiert:

- Katze: 2 mg/kg i. m.
- Hund: 10 mg/kg i. m.
- Pferd: 1–5 mg/kg i. m.

Nebenwirkungen, Wechselwirkungen, Toxizität Pethidin führt wie Morphin an Mastzellen zur Histaminfreisetzung, sodass bei schneller i. v. Applikation ein starker Blutdruckabfall eintritt. Beim Hund führen höhere Dosierungen zu starken Exzitationen (Krämpfe, Muskelzittern). Wechselwirkungen mit MAO-Hemmern wurden beschrieben, wobei Atemhemmung, Hyperthermie und Konvulsionen das klinische Bild kennzeichnen. Chlorpromazin verstärkt die Atemhemmung und den sedativen Effekt.

Sonstiges Pethidin besitzt keinen MRL-Wert. Es ist in der VO(EG)122/2013 gelistet und kann bei schlachtbaren Equiden zur Analgesie eingesetzt werden.

Loperamid

STECKBRIEF LOPERAMID 

Loperamid ist ein peripher wirksames Opioid zur symptomatischen Behandlung der akuten und chronischen Diarrhö.

Pharmakodynamik Loperamid (**Abb. 4.14**) ist eine Weiterentwicklung des heute nicht mehr verfügbaren Diphenoxylats. Es wird als **Antidiarrhoikum** eingesetzt, da es über die Aktivierung intramuraler µ-Opioidrezeptoren die Darmmotilität und an Enterozyten über δ-Opioidrezeptoren die Sekretion hemmt.

Pharmakokinetik Loperamid weist als Substrat von **P-Glykoprotein** keine relevante Gehirngängigkeit auf. Es reichert sich an den µ-Opioidrezeptoren im Darmgewebe an und vermittelt so eine lang anhaltende konstipatorische Wirkung. Die fehlende zentralnervöse Aktivität gestattet es, Loperamid in geringerer Dosierung auch bei der Katze als Antidiarrhoikum einzusetzen.

Dosierung

- Katze, Hund: 0,05–0,1 mg/kg p. o.

Mit höheren Dosierungen von Loperamid kann der Befall des Hundes mit Darmparasiten (*Acanthocephala*) erfolgreich behandelt werden.

> **CAVE**
> Bei gestörter Blut-Hirn-Schranke kann Loperamid zentralnervöse Nebenwirkungen hervorrufen!

Fentanyl

> **STECKBRIEF FENTANYL**
>
> Fentanyl ist ein selektiver Agonist an μ-Opioidrezeptoren. Es weist eine etwa 80–120-fach höhere Wirkpotenz als Morphin auf. Es wird zur peri- und intraoperativen Medikation, Behandlung stärkster Schmerzzustände und zur Neuroleptanalgesie verwendet.

Pharmakodynamik Fentanyl (**Abb. 4.14**) ist ein stark lipophiles Phenylpiperidinderivat. Es besitzt eine hohe Selektivität gegenüber μ-Opioidrezeptoren und weist eine etwa 80-fach höhere Wirkpotenz als Morphin auf. Aufgrund seiner hohen Lipophilität löst Fentanyl in höheren Dosierungen eine **Katatonie** aus. Bei Equiden bewirkt Fentanyl bereits in geringer, subtherapeutischer Dosierung eine **Hyperlokomotion**, die sich zunächst in einer gesteigerten Schrittzahl pro Zeiteinheit ausdrückt. Die Darmperistaltik wird in niedrigen Dosierungen ebenfalls gefördert. Höhere Dosierungen führen beim Pferd zu **Exzitationen**, die auf einer Freisetzung adrenerger Neurotransmitter im ZNS beruhen.

Pharmakokinetik Fentanyl wird hauptsächlich hepatisch durch Hydroxylierung und Dealkylierung metabolisiert. Es besitzt eine nur kurze Wirkdauer von ca. 30–60 min. Beim Hund beträgt die Plasmaproteinbindung ca. 60 %, das Verteilungsvolumen liegt über 5 l/kg. Aufgrund seines hohen Verteilungsvolumens korreliert bei Fentanyl die analgetische Wirkung nicht mit den Plasmaspiegeln.

Dosierung

- Hund: 5–10 μg/kg i. v. als Bolusinjektion, gefolgt von 12–24 μg/kg/h i. v. als Dauertropfinfusion
- Pferd: 1–2 μg/kg i. v. zur Prämedikation und Analgesie

Zur Behandlung chronischer Schmerzzustände steht neben den transdermalen Pflastern aus der Humanmedizin seit Kurzem auch eine für Hunde zugelassene transdermale Lösung zur Verfügung. Die Dosierung beträgt 2,6 mg/kg einer Zubereitung mit Octylsalicylat, die mithilfe eines speziellen Applikators auf die dorsale Schulterblattregion aufgebracht wird. Dabei bildet sich ein Depot im Stratum corneum, aus dem Fentanyl über mindestens 4 Tage in therapeutischer Dosierung systemisch abgegeben wird.

Nebenwirkungen Zu den Nebenwirkungen zählen starke Sedierung, Hypothermie, Bradykardie, Atemdepression und Erbrechen.

Sonstiges Fentanyl besitzt keinen MRL-Wert. Es ist in der VO(EG)122/2013 gelistet und kann bei schlachtbaren Equiden zur Analgesie eingesetzt werden.

Remifentanyl

> **STECKBRIEF REMIFENTANYL** 
>
> Remifentanyl ist ein selektiver μ-Agonist mit großer therapeutischer Breite und kurzer Wirkdauer, der zur Narkoseprämedikation und intrathekalen Analgesie geeignet ist.

Remifentanyl (**Abb. 4.14**) weist im Vergleich zu Fentanyl eine noch höhere Lipophilität und Wirkpotenz auf, es wird jedoch schnell durch Plasmaesterasen hydrolysiert. Aufgrund der hohen therapeutischen Breite und kurzen Halbwertszeit von 7,5 min ist es sicher in der Anwendung. Remifentanyl ist als Konzentrat für die Herstellung einer Injektionslösung für die Humanmedizin verfügbar. Als Dosisempfehlung werden für den Hund zur intraoperativen Analgesie 0,5 μg/kg pro min angegeben.

Weitere synthetische Opioide

Levomethadon

> **STECKBRIEF LEVOMETHADON** 
>
> Levomethadon ist ein stark wirksames Opioidanalgetikum, das gleichermaßen gut zur Behandlung traumatischer und viszeraler Schmerzen geeignet ist. Für die Tiermedizin ist es aktuell als Injektionslösung für Pferde und Hunde zur Prämedikation und Neuroleptanalgesie zugelassen.

Pharmakodynamik Levomethadon (**Abb. 4.14**) ist etwa 4-fach stärker analgetisch wirksam als Morphin. Es stellt das **S-Enantiomer** des Methadons (D/L-Methadon) dar und ist ein selektiver Agonist an μ- und κ-Opioidrezeptoren. Levomethadon kann sowohl oral als auch parenteral verabreicht werden. Es löst eine lang anhaltende Atemdepression, Miosis und Bradykardie aus. Wegen der starken **Vaguswirkung** ist Levomethadon veterinärmedizinisch in Kombination mit dem Parasympatholytikum **Fenpipramid** im Handel.

Pharmakokinetik Levomethadon besitzt eine lange Halbwertszeit, die sich durch seine hohe Lipophilität und Plasmaproteinbindung (90 %) erklärt. Nach oraler Applikation ist die maximale Konzentration im Gehirn nach 90 min erreicht. Es wird größtenteils in der Leber durch Demethylierung verstoffwechselt.

Dosierung

- Hund: 0,1–0,2 mg/kg i. v., 0,1–0,5 mg/kg, i. m., s. c. zur Prämedikation
- Pferd: 0,05–0,1 mg/kg s. c.

Nebenwirkungen Als wichtigste Nebenwirkung wird beim Hund eine hohe Geräuschempfindlichkeit beobachtet. Während der Aufwachphase kann es zum Heulen und Winseln kommen.

Spez. Pharmakologie

Neben Levomethadon ist auch **Methadon** als Razemat zur Analgesie bei Hund und Katze im Handel; die Wirkungspotenz beträgt nur etwa 50 % von Levomethadon, und das Präparat enthält im Gegensatz zum levomethadonhaltigen Handelspräparat kein Parasympatholytikum.

Tramadol

STECKBRIEF TRAMADOL

Tramadol ist ein schwach wirksames Opioid-Analgetikum mit zusätzlichen serotonergen und noradrenergen Eigenschaften. Es wird in der Tiermedizin zur Prämedikation und Behandlung postoperativer Schmerzen eingesetzt. Durch sein geringes Abhängigkeitspotenzial unterliegt es nicht den betäubungsmittelrechtlichen Bestimmungen.

Pharmakodynamik Tramadol (**Abb. 4.14**) ist ein Razemat mit dualem Wirkungsmechanismus. Das (+)-Enantiomer besitzt eine agonistische Aktivität an µ-Opioidrezeptoren und hemmt die Wiederaufnahme von 5-HT. Das (–)-Enantiomer hemmt die Noradrenalin-Aufnahme. Damit besitzt Tramadol zusätzlich antidepressive und sedativ-hypnotische Eigenschaften der α_2-Adrenergika, was eine **multimodale** Analgesie bewirkt. Die analgetische Wirkung von Tramadol ist insgesamt gering. Sie beträgt nur ein Zehntel der des Morphins und reicht zur Kontrolle milder bis moderater Schmerzen aus. Der aktive Hauptmetabolit von Tramadol, o-Desmethyltramadol (früher auch als M1-Metabolit bezeichnet) hat einen großen Anteil an der analgetischen Wirkung von Tramadol. Da bei Hunden dieser Metabolit in deutlich geringeren Konzentrationen gebildet wird als beim Menschen, ist die analgetische Wirkung von Tramadol beim Hund oft nicht ausreichend.

Pharmakokinetik Die orale Bioverfügbarkeit von Tramadol liegt bei 65 % (Hund) bis 93 % (Katze). Die Plasmaproteinbindung von Tramadol ist gering (20 %). Tramadol wird in der Leber hauptsächlich zu o-Desmethyltramadol, einem aktiven Metaboliten, umgewandelt (tierartliche Unterschiede s. o.). Die Eliminationshalbwertszeit liegt bei ca. 1,8 (Hund) und 2,5 (Katze) h. Durch eine im Vergleich zum Hund verzögerte Clearance von o-Desmethyltramadol treten bei der Katze vermehrt opioidähnliche Nebenwirkungen auf. Die Elimination von Tramadol und seiner Metabolite erfolgt renal.

Dosierung

- Katze, Hund: 2 mg/kg i. v., 1–4 mg/kg p. o. 2–3-mal täglich

Tramadol steht aus der Humanmedizin als Injektionslösung, orale Tropfen und Retardtabletten zur Verfügung.

CAVE

Tramadol darf bei neugeborenen Tieren nur mit Vorsicht angewendet werden. Die i. v. Injektion muss hier sehr langsam erfolgen.

Nebenwirkungen Bei Tramadol sind die opioidähnlichen Nebenwirkungen insgesamt gering ausgeprägt. Beim Hund können nach einer schnellen i. v. Injektion Tremor und Exzitationen auftreten. Bei der Katze wurden Speicheln, Dysphorie und Euphorie beobachtet. Tramadol kann Erbrechen auslösen. Insgesamt ist die konstipatorische Wirkung gering.

CAVE

Tramadol senkt die Krampfschwelle. Es sollte bei erhöhter Krampfempfindlichkeit nur mit Vorsicht angewendet werden.

Wechselwirkungen Carbamazepin reduziert, Cimetidin erhöht die Plasmakonzentration von Tramadol. Aufgrund des Wirkungsmechanismus darf Tramadol nicht zusammen mit MAO-Hemmern (Selegilin), 5-HT-Reuptake-Hemmern (Fluoxetin) und trizyklischen Antidepressiva angewendet werden.

Partielle und gemischte Agonisten/Antagonisten

DEFINITION Partielle Agonisten (S. 25) verfügen über keine volle intrinsische Aktivität an einem Rezeptor. Die Wirkung hängt von der Ausgangslage des Systems und der Dosierung ab. Höhere Dosierungen können antagonistisch wirken. Gemischte Agonisten/Antagonisten aktivieren einen Rezeptortyp, während sie einen anderen blockieren.

Pentazocin

STECKBRIEF PENTAZOCIN 

Pentazocin ist ein gemischter κ-Agonist/µ-Antagonist und besitzt etwa ⅓ der analgetischen Wirkung des Morphins. Es besitzt ein günstiges Nebenwirkungsprofil, ist aber derzeit nicht im Handel.

Pharmakodynamik Pentazocin ist ein Benzomorphanderivat (**Abb. 4.15**), das sich aufgrund seiner geringen sedativen Eigenschaften gut zur **Narkoseprämedikation** eignet. Durch seine antagonistische Aktivität an µ-Opioidrezeptoren weist es beim Menschen ein nur **geringes Abhängigkeitspotenzial** auf. In höheren Dosierungen stellt sich jedoch eine aversive Komponente mit Dysphorie und Halluzinationen ein, die durch κ-Opioidrezeptoren vermittelt wird.

Pharmakokinetik Pentazocin weist eine umfangreiche Plasmaproteinbindung (80 %) und ein hohes Verteilungsvolumen (5,7 l/kg) auf. Es besitzt beim Hund eine Plasmahalbwertszeit von 20 min und beim Pferd von 90 min. Es wird umfangreich hepatisch metabolisiert und zu etwa 30 % als Glukuronid ausgeschieden. Spuren davon können noch 5 Tage nach einer einmaligen Applikation im Urin nachgewiesen werden (Doping!).

Dosierung

- Katze: 2–3 mg/kg i. v., i.m, s. c.
- Hund: 2–3 mg/kg i. m.
- Pferd: 1 mg/kg i. v.

Toxizität Bei Überdosierung reagiert der Hund mit Muskelzittern und Konvulsionen. Beim Pferd wurden Ataxie, Muskelzittern, Rigor und erhöhte Geräuschempfindlichkeit beobachtet.

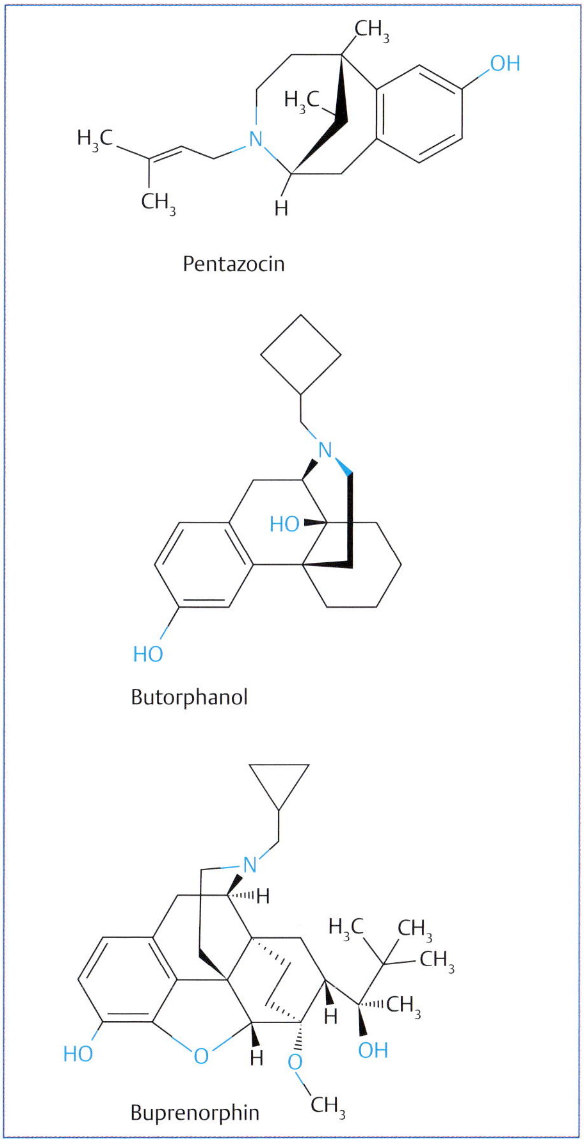

Pentazocin

Butorphanol

Buprenorphin

Abb. 4.15 Gemischte Opioidagonisten oder -antagonisten.

Butorphanol

> **STECKBRIEF BUTORPHANOL**
>
> Butorphanol ist ein hochaffiner κ-Agonist mit guter Wirksamkeit bei viszeralen Schmerzen. Durch Blockade von μ-Opioidrezeptoren ist es zur Behandlung von traumatischen Schmerzen ungeeignet. Beim Menschen besitzt es eine stark ausgeprägte dysphorische Komponente. Da es zudem bei opioidabhängigen Patienten einen Entzug auslöst, unterliegt es in Deutschland nicht den betäubungsmittelrechtlichen Bestimmungen.

Pharmakodynamik Das pharmakologische Profil von Butorphanol (**Abb. 4.15**) ähnelt dem des Pentazocins, es besitzt aber eine stärker ausgeprägte antagonistische Wirkung an μ-Opioidrezeptoren. Durch seine κ-agonistische Wirkung ist Butorphanol besonders gut zur Kontrolle **viszeraler** Schmerzen geeignet. Die Wirksamkeit ist jedoch speziesspezifisch unterschiedlich. Beim Pferd beträgt sie etwa das 5-Fache des Morphins. Durch Kombination mit einem α_2-Adrenozeptoragonisten kann die analgetische Wirkung verstärkt und eine Immobilisation der Tiere ausgelöst werden. Bei **Hund** und **Katze** ist die analgetische Wirkung nur bei geringen bis mäßigen viszeralen Schmerzen ausreichend. Bei diesen Tierarten wird Butorphanol vorwiegend in Kombination mit α_2-Adrenozeptoragonisten oder Ketamin eingesetzt. Bei der Katze hat Butorphanol den Vorteil, dass es keinen exzitatorischen Effekt besitzt.

Pharmakokinetik Die Plasmahalbwertszeit beträgt beim Pferd ca. 1, beim Hund 2 und bei der Katze etwa 6 h. Butorphanol wird weitgehend in der Leber metabolisiert und mit dem Urin ausgeschieden.

Dosierung

- Katze: 0,1 mg/kg i. v. oder 0,4 mg/kg i. m., s. c. zur Prämedikation
- Hund: 0,2–0,3 mg/kg i. v., im. oder s. c. als Analgetikum; 0,1 mg/kg i. v. oder i. m. als Prämedikation
- Pferd: 0,1 mg/kg i. v. als Analgetikum; 0,02–0,025 mg/kg i. v. als Sedativum in Kombination mit einem α_2-Agonisten

Nebenwirkungen Butorphanol kann die Darmmotilität herabsetzen. Beim Pferd wurde zudem initial eine leichte Ataxie und Sedation beobachtet. Beim Hund sind Anorexie und Diarrhö als Nebenwirkungen beschrieben.

Wechselwirkungen Zusammen mit einem α_2-Adrenozeptoragonisten kann eine kardiopulmonale Depression ausgelöst werden.

Wartezeit Beim Pferd beträgt die Wartezeit 0 Tage auf essbare Gewebe.

Buprenorphin

> **STECKBRIEF BUPRENORPHIN**
>
> Buprenorphin ist ein partieller Agonist mit hoher Affinität zu μ-Opioidrezeptoren. Bei der Anwendung ist hinsichtlich der Dosis-Wirkungs-Beziehung ein Ceiling-Effekt zu beachten. Buprenorphin eignet sich zur perioperativen Analgesie bei mäßig schmerzhaften Eingriffen.

Pharmakodynamik Buprenorphin ist ein Thebainderivat (**Abb. 4.15**). Es weist eine partielle agonistische Aktivität an μ-Opioidrezeptoren und eine antagonistische Aktivität an κ-Opioidrezeptoren auf. Seine analgetische Potenz reicht für **Weichteiloperationen** aus, ist für knochenchirurgische Eingriffe dagegen ungenügend. Beim Menschen besitzt Buprenorphin eine glockenähnliche Dosis-Wirkungs-Kurve, d. h., die Wirkung nimmt zunächst mit steigender Dosis zu, dann wieder ab (= Ceiling-Effekt). Als Ursache hierfür wird eine Desensibilisierung der Rezeptoren vermutet. Aufgrund seiner langsamen An- und Abdissoziation vom Rezeptor tritt die analgetische Wirkung verzögert ein und hält etwa 8–12 h an.

CAVE

Durch seine partielle agonistische Aktivität kann Buprenorphin die Wirkung voller µ-Agonisten limitieren. Dieser Effekt ist beim Einsatz als postoperatives Analgetikum zu beachten. Hier kann Buprenorphin z. B. das zur Prämedikation verwendete, aber weitaus stärker analgetisch wirksame Fentanyl von seinen Rezeptoren verdrängen und Durchbruchschmerzen auslösen.

Pharmakokinetik Buprenorphin wird nach oraler Applikation, einschließlich sublingualer Applikation, gut resorbiert. Aufgrund seiner hohen Lipophilität stehen für die längerfristige Behandlung von Schmerzen aus der Humanmedizin transdermale Applikationssysteme zur Verfügung. Beim Hund wird Buprenorphin fast vollständig nach N-Dealkylierung als Glukuronid über die Galle ausgeschieden.

Dosierung

- Katze: 0,01–0,02 mg/kg i. m. zur postoperativen Analgesie. Die Anwendung kann nach 2 h wiederholt werden.
- Hund: 0,01–0,02 mg/kg i. m. zur Sedation und postoperativen Analgesie. Die Anwendung kann nach 3–4 oder 5–6 h mit Dosen von 0,01 bzw. 0,02 mg/kg wiederholt werden.

Nebenwirkungen Wichtigste Nebenwirkung von Buprenorphin ist eine lang andauernde Atemdepression. Beim Hund wurden zudem Salivation, Bradykardie, Hypothermie, Agitation, Dehydratation und Miosis, in seltenen Fällen auch Hypertension und Tachykardie beobachtet. Katzen reagieren mit Mydriasis und Zeichen der Euphorie, die innerhalb von 24 h wieder verschwinden.

Sonstiges Buprenorphin besitzt keinen MRL-Wert. Es ist in der VO(EG)122/2013 gelistet und kann bei schlachtbaren Equiden zusammen mit Sedativa zur Beruhigung eingesetzt werden.

Opioidantagonisten

DEFINITION Durch Substitution der N-Methylgruppe durch eine Allyl- oder Methylcyclopropylgruppe nimmt die intrinsische Aktivität von Morphin ab. Die daraus resultierenden Verbindungen stellen kompetitive Antagonisten dar.

Naloxon, Naltrexon, Methylnaltrexon und Diprenorphin

Opioidantagonisten werden bei Überdosierung, zur Aufhebung des Opioidanteils bei einer vollständig und partiell antagonisierbaren Injektionsnarkose oder zur Behandlung von Krankheiten mit erhöhter endogener Opioidaktivität eingesetzt.

Pharmakodynamik Diese Morphinderivate (**Abb. 4.16**) binden mit unterschiedlicher Affinität an alle 3 Rezeptortypen, besitzen aber keine intrinsische Aktivität mehr. Werden nach ihrer Applikation dennoch pharmakologi-

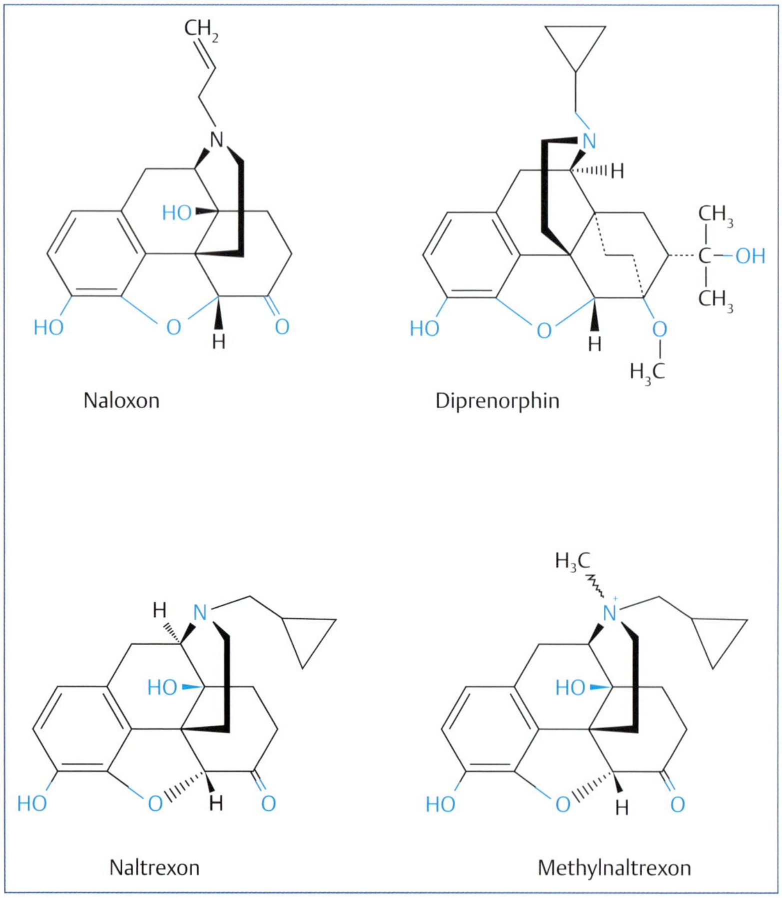

Naloxon
Diprenorphin
Naltrexon
Methylnaltrexon

Abb. 4.16 Antagonisten des Morphins.

sche Effekte am Tier beobachtet, so sind diese Ausdruck der Antagonisierung einer Endorphinwirkung. Dies lässt sich z. B. dadurch demonstrieren, dass Naloxon die durch Stress bedingte Erhöhung der Schmerzschwelle senkt, die Asphyxie bei Neugeborenen behebt und die Wirkung der „Nasenbremse" beim Pferd aufhebt. Zur Behandlung einer **Überdosierung** mit Opioiden werden die reinen Antagonisten Naloxon, Naltrexon und Diprenorphin eingesetzt.

Pharmakokinetik **Naloxon** ist sehr lipophil und oral gut verfügbar. Es wird schnell aus dem Darm resorbiert. Aufgrund seines ausgeprägten First-Pass-Effekts ist die Bioverfügbarkeit jedoch gering. Daher sollte Naloxon parenteral verabreicht werden. Die Plasmahalbwertszeit von Naloxon nach i. v. Applikation beträgt 20 min. Demgegenüber besitzen **Naltrexon** und **Diprenorphin** längere Halbwertszeiten von 1–3 h (i. v.), sodass diese durch einmalige Applikation zur Blockade längerfristig wirkender Opioide herangezogen werden können. **Methylnaltrexon** ist als quaternäre Stickstoffverbindung ausschließlich peripher wirksam. Es wird zur Behandlung der opioidassoziierten Konstipation eingesetzt.

Dosierung

- Zur Antagonisierung bei allen Tierarten:
  - Naloxon: 0,003–0,05 mg/kg i. v., i. m.
  - Naltrexon und Diprenorphin: 0,01–0,05 mg/kg i. v., i. m.
- Hund
  - Zur Behandlung der durch endogene Opioide bedingten postpartalen Hypoxie der Welpen werden 0,02 mg Naloxon pro Tier (i. v.) empfohlen.
  - Zur Behandlung der Laktomanie der Hündin werden 0,01 mg/kg Naloxon 2-mal täglich (s. c.) über 1 Woche eingesetzt.
- Pferd
  - Zur Behandlung von Stereotypien beim Pferd können 0,02–0,04 mg/kg i. v. oder i. m. eingesetzt werden.

Nebenwirkungen Naloxon bedingt eine Hyperalgesie. Bei Verwendung der Kombination eines Imidazolhypnotikums (Etomidat) mit einem Opioid darf beim Hund die Opioidkomponente nicht mit Naloxon antagonisiert werden, da sonst Exzitationen die Folge sind.

Sonstiges Naloxon ist als Humanmedikament verfügbar. Es ist in der VO(EG)122/2013 gelistet und kann bei schlachtbaren Equiden zur Antagonisierung einer Überdosierung eingesetzt werden.

FAZIT ANALGETIKA 

- **Opioide** eignen sich besonders zur Behandlung des Nozizeptorenschmerzes, da sie auf verschiedenen Ebenen in die Schmerzbahn eingreifen.
- Bei der Auswahl eines geeigneten Opioids ist zu berücksichtigen, dass sich die einzelnen Vertreter teils erheblich in der Rezeptorselektivität, intrinsischen Aktivität und in ihren pharmakokinetischen Eigenschaften unterscheiden. Aus klinischer Sicht haben sich daher für manche Opioide besondere Anwendungsgebiete bzw. Applikationsformen herausgebildet.

4.4 Sedativa einschließlich Hypnotika

DEFINITION **Sedativa** (lat. sedare, beruhigen) sind Arzneimittel mit einer allgemein dämpfenden Wirkung auf das ZNS (**Tab. 4.7**). **Hypnotika** (ψπνοσ, Schlaf) hemmen das Wachzentrum in der Formatio reticularis und induzieren einen erweckbaren Schlafzustand.

Sedativa wirken dämpfend auf das ZNS und werden zur **Beruhigung** erregter Tiere eingesetzt, z. B. für Untersuchungen oder zur Durchführung kleinerer chirurgischer Eingriffe mit lokaler oder allgemeiner Schmerzausschaltung. Niedrige Dosierungen von **Hypnotika** finden in der Tiermedizin zur **Sedation**, höhere zur **Narkoseprämedikation** oder **Kombinationsanästhesie** Verwendung.

Die zur Sedation verwendeten Pharmaka besitzen keinen einheitlichen Wirkungsmechanismus, sie greifen vielmehr in die unterschiedlichsten Transmittersysteme des ZNS ein. Ihre sedative Wirkung ist daher häufig durch zusätzliche Wirkqualitäten charakterisiert, an denen sich je nach klinischer Situation die Auswahl einer geeigneten Wirkstoffgruppe orientiert. Aus didaktischer Sicht empfiehlt sich die Einteilung der Sedativa anhand ihrer charakteristischen Hauptwirkungen. Folgende Stoffgruppen werden unterschieden:

- Barbiturate
- Benzodiazepine
- Neuroleptika
- Analgetika vom Xylazin-Typ

Barbiturate weisen sich dadurch aus, dass sie dosisabhängig eine Sedation, Hypnose und Narkose bewirken. Diese Stoffgruppe wird deshalb zu den Hypnotika gezählt. **Benzodiazepine** besitzen neben ihrer sedativen Wirkung auch eine anxiolytische (angstlösende) Komponente. Sie vermitteln beim Menschen einen Zustand der Ataraxie (Unerschütterlichkeit), weshalb diese Stoffgruppe auch als **Ataraktika** bezeichnet wird. Im Vergleich zu den Barbituraten wirken Benzodiazepine in hohen Konzentrationen nicht narkotisch. Ataraktika werden im englischen Sprachgebrauch auch „**Minor Tranquilizer**" genannt. **Neuroleptika** (Neurolepsie, psychische Spannungslösung) werden durch ihre **antipsychotische** Komponente definiert, die sich in der Tiermedizin in Form einer psychomotorischen Antriebshemmung äußert. Typische Vertreter dieser Stoffgruppe sind die **Phenothiazine** oder **Butyrophenone**, die synonym auch als „**Major Tranquilizer**" bezeichnet werden. Schließlich induzieren die **Analgetika vom Xylazin-Typ** neben der Analgesie auch eine Sedation, Hypnose und Muskelrelaxation. Diese Stoffgruppe wird deshalb auch als sedativ-hypnotische Analgetika bezeichnet. In **Abb. 4.17** wird die Abgrenzung der einzelnen Stoffgruppen zueinander dargestellt. Neben diesen Hauptgruppen besitzen noch weitere zentral gängige Arzneistoffe, wie H_1-Antihistaminika, eine sedierende Wirkung. Diese kann z. B. bei der Behandlung von allergisch bedingtem Juckreiz vorteilhaft sein. Im Folgenden werden die einzelnen Stoffgruppen mit sedativer Wirkung besprochen.

Tab. 4.7 Verschiedene Sedativa.

Wirkstoff	Wirkstoffgruppe	Indikation und Bedeutung
Hypnotika		
Pentobarbital	Barbitursäure-Derivat	Narkose Euthanasie
Phenobarbital	Barbitursäure-Derivat	Antiepileptikum
Ataraktika		
Diazepam	Benzodiazepin	Sedation Narkoseprämedikation Behandlung spastischer Zustände und Myalgien
Clonazepam	Benzodiazepin	Behandlung des Status epilepticus
Brotizolam	Benzodiazepin	Steigerung des Fresstriebs
Midazolam	Benzodiazepin	Narkoseprämedikation
Lorazepam	Benzodiazepin	Narkoseprämedikation
Clorazepat	Benzodiazepin	Antiepileptikum
Zolazepam	Benzodiazepin	Kombination mit Tiletamin zur dissoziativen Anästhesie
Neuroleptika		
Acepromazin	Phenothiazin-Derivat	Sedation erregter Tiere Zähmung aggressiver Tiere Unterbindung des Fluchtreflexes Narkoseprämedikation Neuroleptanalgesie
Promethazin	Phenothiazin-Derivat	Antiemetikum Sedation bei allergisch bedingten Hauterkrankungen
Chlorprothixen	Thioxanthen-Derivat	Narkoseprämedikation
Azaperon	Butyrophenon-Derivat	Sedation bei Stress und Umgruppierung beim Schwein Narkoseprämedikation
Sedativ-hypnotische Analgetika		
Xylazin	Thiazol-Derivat	dosisabhängige Sedation Muskelrelaxation und Analgesie große tierartliche Unterschiede
Romifidin	Imidazol-Derivat	Sedation beim Pferd für diagnostische Untersuchungen und wenig schmerzhafte Eingriffe
Detomidin	Imidazol-Derivat	Sedation und Analgesie bei Rind und Pferd
Medetomidin, Dexmedetomidin	Imidazol-Derivate	Sedation und Narkoseprämedikation (Medetomidin bei Rind und Pferd, Dexmedetomidin bei Hund und Katze)

4.4.1 Barbitursäure-Derivate

STECKBRIEF BARBITURSÄURE-DERIVATE

Barbiturate besitzen sedativ-hypnotische Eigenschaften. Sie hemmen die neuronale Erregbarkeit durch Aktivierung von $GABA_A$-Rezeptoren. Als klassische Schlafmittel wurden sie vor etwa 20–30 Jahren von den weniger toxischen Benzodiazepinen abgelöst. In der Veterinärmedizin spielen Barbiturate als Sedativa und Injektionsnarkotika nur noch eine untergeordnete Rolle. Barbiturate werden heute überwiegend zur Behandlung von Epilepsien und zur Euthanasie eingesetzt. Die allgemeine Pharmakologie der Barbiturate (S. 136) wurde bereits in einem vorangegangenen Kapitel beschrieben.

Pentobarbital ist ein Vertreter der klassischen Barbiturate mit langer Wirkdauer. Die Wirkung setzt innerhalb von 1 min ein. Höhere Dosierungen gehen mit Erregungszuständen einher, die bei weiterer Dosiserhöhung in eine Hypnose und Narkose übergehen. Pentobarbital kann als Injektionsnarkotikum bei Hund, Katze und Labornagern eingesetzt werden. Außerdem wird es in stark überhöhter Dosierung (> 50 mg/kg i. v. oder i. p.) zur Euthanasie von Tieren verwendet. Pentobarbital besitzt keinen MRL-Wert und darf daher nicht bei Lebensmittel liefernden Tieren eingesetzt werden.

Phenobarbital, ebenfalls ein klassisches Barbiturat, wird hauptsächlich zur Epilepsiebehandlung (S. 170) eingesetzt. Gelegentlich kommt Phenobarbital auch für eine längerfristige Sedierung von Pferden in einer Dosis von 5–

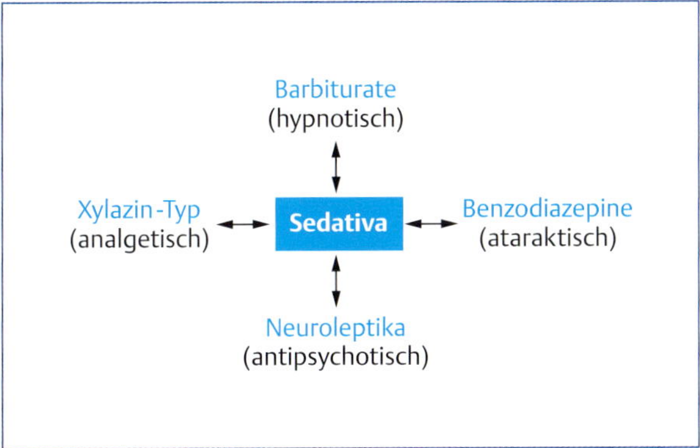

Abb. 4.17 Einteilung von Arzneimitteln mit sedativer Wirkkomponente: Die verschiedenen Stoffgruppen der Sedativa werden anhand ihrer charakteristischen Wirkeigenschaften unterschieden. Barbiturate bewirken in höheren Konzentrationen eine Hypnose, die nach weiterer Dosissteigerung in eine Narkose übergeht. Benzodiazepine dagegen wirken in höheren Dosierungen nicht narkotisch, sie zeichnen sich durch ihre ataraktische Wirkung aus. Neuroleptika sind wiederum durch ihren Eingriff in die Psyche charakterisiert, während die Analgetika vom Xylazin-Typ in höheren Konzentrationen hypnotisch und muskelrelaxierend sind.

10 mg/kg i. v. zum Einsatz. Beim Hund kann Phenobarbital als orales Sedativum oder Hypnotikum in einer Dosis von 2-mal täglich 2–6 mg/kg verabreicht werden. Durch die Hemmung der Temperaturregulation in höheren Dosierungen ist auf eine warme Lagerung des Patienten zu achten. Ein Injektionspräparat für Phenobarbital steht aus der Humanmedizin zur Verfügung.

Barbiturat-Vergiftung: Die akzidentelle Aufnahme hoher Dosen führt zur Schlafmittelvergiftung, die dosisabhängig von einem schwer erweckbaren Schlaf bis zur narkoseartigen Vergiftung mit Atem- und Kreislaufstillstand reichen kann. Ein spezifischer Antagonist existiert für Barbiturate nicht. Die Behandlung der Vergiftung erfolgt ausschließlich symptomatisch. Bei leichteren Vergiftungen sind keine besonderen Maßnahmen nötig, bei schwerwiegenden Vergiftungen dagegen ist eine intensive Therapie angezeigt. Bei bestehender Atemdepression muss beatmet werden, Atemanaleptika (z. B. Doxapram) sind kontraindiziert. Die renale Ausscheidung der Barbiturate kann gleichzeitig durch Erzeugung einer Alkalose gefördert werden, zusätzlich ist eine forcierte Diurese mit Schleifendiuretika durchzuführen. Bei bewusstlosen Patienten ist dabei auf einen ausreichenden Flüssigkeitsersatz zu achten. Bei Azidose kann die Rückverteilung von Barbituraten aus dem zentralen Nervensystem durch Alkalisierung des Organismus mit Natriumbicarbonat beschleunigt werden.

4.4.2 Benzodiazepine

STECKBRIEF BENZODIAZEPINE 

Benzodiazepine oder „Minor Tranquilizer“ besitzen sedative, anxiolytische, muskelrelaxierende, antiepileptische und appetitsteigernde Eigenschaften, die auf zellulärer Ebene durch eine Verstärkung der $GABA_A$-Neurotransmission vermittelt wird. In der Veterinärmedizin finden Benzodiazepine zur Sedation, Narkoseprämedikation, Epilepsiebehandlung, Appetitsteigerung und bei Vergiftungen mit prokonvulsiven Stoffen (z. B. Strychnin und Tetanustoxin) Anwendung.

Als erstes Präparat dieser Stoffgruppe kam Chlordiazepoxid 1960 in den USA auf den Markt, das aufgrund seiner „zähmenden“ Wirkung in der Veterinärmedizin Interesse weckte. Ihm folgte 1962 Diazepam, das bis heute bei Mensch und Tier das wohl am häufigsten eingesetzte Benzodiazepin ist. Neben Diazepam stehen zahlreiche weitere Benzodiazepin-Derivate zur Verfügung, die sich vornehmlich in ihrer Pharmakokinetik und Wirkstärke, zum Teil aber auch in der Wirkqualität unterscheiden. Da die einzelnen Benzodiazepinwirkungen teilweise unterschiedliche Dosierungen erfordern, lassen sich aus der Wirkdauer und -stärke der einzelnen Vertreter besondere Anwendungsgebiete ableiten.

Chemie Benzodiazepine sind schwach basische Stoffe, bestehend aus einem charakteristischen Diazepin-Grundgerüst mit ankondensiertem Benzen-Ring. Für die Wirksamkeit sind eine Phenylgruppe in Stellung 5 des Diazepin-Rings und eine Halogen- oder NO_2-Gruppe an Position 7 von Bedeutung (**Abb. 4.18**). Durch Veränderung dieser Grundstruktur hat man sehr wirksame Stoffe erhalten. Der Stickstoff steht in der Regel in 1,4-Stellung des Diazepin-Rings, es sind aber auch 1,5-Benzodiazepine bekannt. Die Benzen-Gruppe ist bei einigen Wirkstoffen (z. B. Midazolam, Brotizolam, Zolazepam) durch eine Heterozyklen-Gruppe ersetzt. Bei Brotizolam ist ein weiterer heterozyklischer Ring an den Diazepin-Ring ankondensiert.

Vertreter Von den zahlreichen Derivaten werden in der Veterinärmedizin vor allem **Diazepam** als Sedativum, **Clonazepam** zur Behandlung des Status epilepticus und **Brotizolam** zur Appetitsteigerung ausgenutzt. **Midazolam** und **Lorazepam** werden zur Narkoseeinleitung verwendet. **Clorazepat** ist ein „Prodrug“ des Desmethyldiazepams, das beim Hund etwa dieselben Wirkungen aufweist wie Diazepam. **Zolazepam** kann zusammen mit Tiletamin zur Kombinationsnarkose bei der Katze eingesetzt werden.

Pharmakodynamik Die Bindungsstelle für Benzodiazepine liegt auf den α/γ-Untereinheiten des pentameren Chloridkanals des $GABA_A$-Rezeptors, wodurch die Affinität für GABA an ihrer Bindungsstelle am α/β-Dimer erhöht wird. Durch den erhöhten Chlorideinstrom erfolgt eine Hyperpolarisation der Neurone. Dieser Mechanismus ist für sehr niedrige Benzodiazepin-Konzentrationen (0,3–3 ng/ml) nachgewiesen, die in freier Form bei normaler Dosierung vorkommen. Aufgrund ihrer molekularen Heterogenität

Spez. Pharmakologie

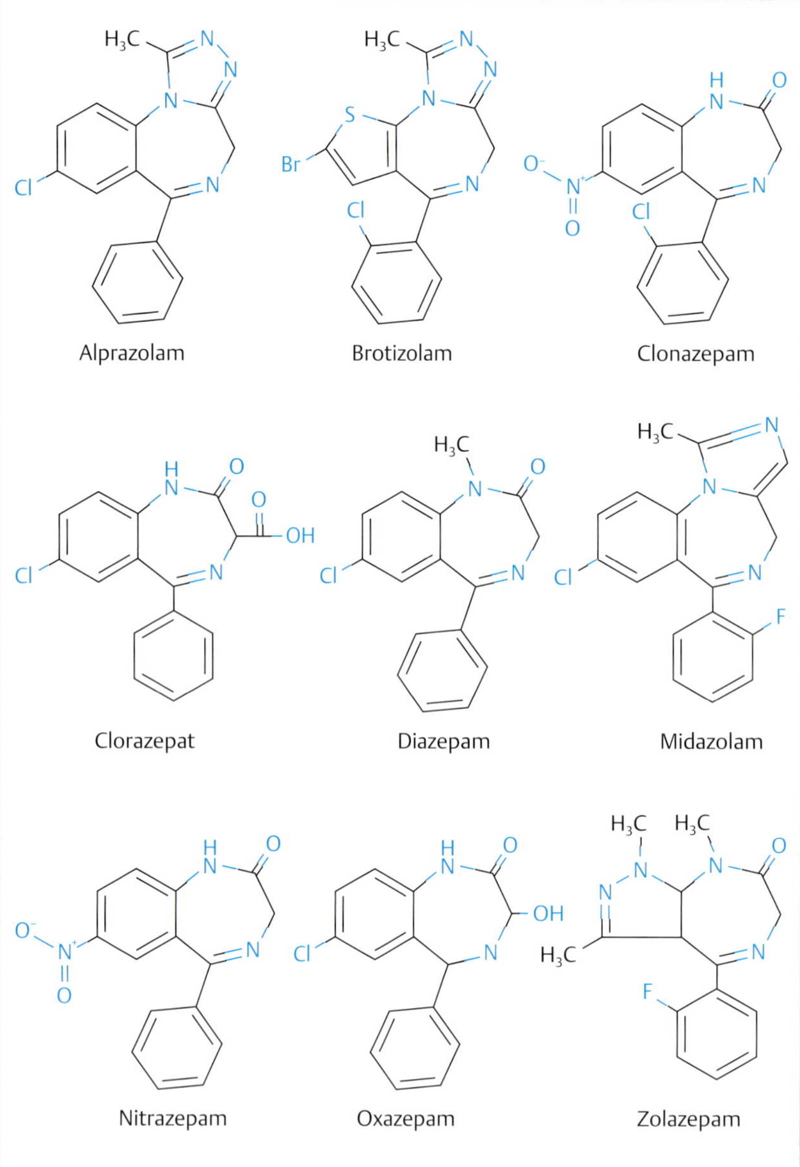

Alprazolam Brotizolam Clonazepam

Clorazepat Diazepam Midazolam

Nitrazepam Oxazepam Zolazepam

Abb. 4.18 Chemische Struktur der Benzodiazepin-Derivate.

weisen nicht alle Subtypen des $GABA_A$-Rezeptors eine Bindungsstelle für Benzodiazepine auf. Dies erklärt, warum manche GABAerge Gehirnfunktionen nicht oder nur unvollständig durch Benzodiazepine beeinflusst werden.

$GABA_A$-Rezeptoren kommen in besonders hoher Zahl im **limbischen System** vor. Die Dämpfung dieses Gehirnareals ist für die Auslösung der 5 Kardinalwirkungen der Benzodiazepine verantwortlich:

- Sedation/Hypnose
- Anxiolyse
- Muskelrelaxation
- antikonvulsive Wirkung
- Appetitsteigerung

Sedation/Hypnose Im Vordergrund der Wirkung von Benzodiazepinen steht die **psychosedative Wirkung**. Bei aggressiven Tieren kann unter Umständen ein zähmender Effekt erzielt werden. Die sedative Wirkung lässt sich bereits mit Dosen erzielen, bei der noch keine zentrale Muskelrelaxation ausgelöst wird. Benzodiazepine wirken schlafinitiierend, nicht aber narkotisch. Sie besitzen **keine** analgetische Komponente.

Anxiolyse Benzodiazepine besitzen eine stark dämpfende Wirkung auf Kerne des limbischen Systems, die funktionell mit Angst („anxiolytische Wirkung") und Spannungszuständen in Verbindung gebracht werden. Diese Wirkung ist wahrscheinlich auch für die paradoxen Reaktionen auf Benzodiazepine verantwortlich: So können z. B. Angstbeißer unter der Wirkung von Benzodiazepinen wirklich beißen!

Muskelrelaxation In höheren Dosen besitzen Benzodiazepine eine zentral muskelrelaxierende Wirkung, die auf einer Hemmung polysynaptischer Reflexe beruht und hauptsächlich an den Synapsen der absteigenden Formatio reticularis angreift. Damit wird die Aktivität spinaler γ-Motoneurone gehemmt, wodurch ein spastisch erhöhter Muskeltonus erniedrigt wird. Diazepam hat sich in Kombination mit Ketamin und Xylazin zum Ablegen von Pferden bewährt.

Antiepileptische Wirkung Alle Stoffe dieser Reihe besitzen einen ausgeprägten antikonvulsiven Effekt, der bei Krämpfen verschiedener Genese unterschiedlich stark ausgeprägt ist. Sie sind damit zur Behandlung der Epilepsie (S. 170) geeignet.

Appetitsteigerung Benzodiazepine, wahrscheinlich sogar alle Sedativa mit GABA-potenzierender Wirkung, besitzen eine appetitsteigernde Wirkung. Diese wird bei Brotizolam therapeutisch ausgenutzt. Die Wirkung ist von kurzer Dauer und wird bereits während der Verteilungsphase beendet.

In therapeutischen Dosierungen beeinflussen Benzodiazepine andere zentrale Funktionen kaum, auch fehlt eine Wirkung auf das autonome Nervensystem. Hochpotente Benzodiazepine können durch Hemmung des Langzeitgedächtnisses eine anterograde Amnesie bewirken. Derselbe Mechanismus wirkt dem Erfolg verhaltenstherapeutischer Maßnahmen entgegen.

Pharmakokinetik Die pharmakokinetischen Eigenschaften der einzelnen Wirkstoffe unterscheiden sich teils erheblich. Die meisten Informationen stehen für das Diazepam beim Hund zur Verfügung. Es wird fast vollständig aus dem Gastrointestinaltrakt **resorbiert**, unterliegt aber einem ausgeprägten **First-Pass-Effekt**. Dabei wird Diazepam zu mehr als 97 % in die aktiven Metaboliten Nordazepam (Desmethyldiazepam) und Temazepam demethyliert bzw. hydroxyliert, die ihrerseits wiederum in Oxazepam umgewandelt werden können (**Abb. 4.19**). Die **Bioverfügbarkeit** von Diazepam ist daher nahezu vollständig. Für Clonazepam wird eine Bioverfügbarkeit aus handelsüblichen Tabletten von 20–50 %, für mikronisierte Tabletten von 100 % angegeben. Die **Plasmaproteinbindung** der Benzodiazepine ist hoch und beträgt bei Diazepam und Nordazepam 94–96 %, bei Clonazepam 82 %. Die Verteilung erfolgt im gesamten Organismus, aufgrund einer Anreicherung in stark lipidhaltigen Organen und Geweben ist das Verteilungsvolumen hoch. Der Übertritt ins Gehirn erfolgt außerordentlich schnell, bereits 1 min nach i. v. Injektion werden maximal wirksame Konzentrationen im Gehirn erreicht.

Benzodiazepine werden hauptsächlich durch Metabolisierung eliminiert. Dabei wird Clonazepam schnell zu inaktiven **Metaboliten** umgewandelt. Dagegen bleibt die pharmakologische Wirkung von Diazepam durch seine aktiven Metabolite Nordazepam, Oxazepam und Temazepam aufrechterhalten. Ihre Wirksamkeit beträgt ⅓ bis ½ derjenigen von Diazepam. Nach oraler Gabe von Diazepam lassen sich nur geringe Konzentrationen von Diazepam nachweisen, während hohe Konzentrationen von Nordazepam und auch von Oxazepam erreicht werden (**Abb. 4.20**). Nordazepam wird hauptsächlich als Glukuronid renal ausgeschieden. Clonazepam besitzt beim Hund eine dosisabhängige Halbwertszeit, die bei einer Dosis von 0,3 mg/kg durchschnittlich 1,4 h beträgt. Nach Dauerbehandlung mit Dosierungen von 2–3-mal täglich 0,5 mg/kg p. o. wurde ein Anstieg der Eliminationshalbwertszeit bis auf das 10-Fache bestimmt. Brotizolam hat beim Rind eine Eliminationshalbwertszeit von 4–10 h.

Dosierung Die verschiedenen Benzodiazepine werden bei ihren Hauptindikationen wie folgt eingesetzt:

- Alprazolam: 0,02–0,1 mg/kg p. o. 2-mal täglich (Anxiolytikum)
- Brotizolam: 0,02 mg/kg i. v. (Appetitsteigerung)
- Clonazepam: 0,05–0,2 mg/kg i. v. (Status epilepticus)
- Clorazepat: 0,5–2,0 mg/kg p. o. 2–3-mal täglich (Antiepileptikum)

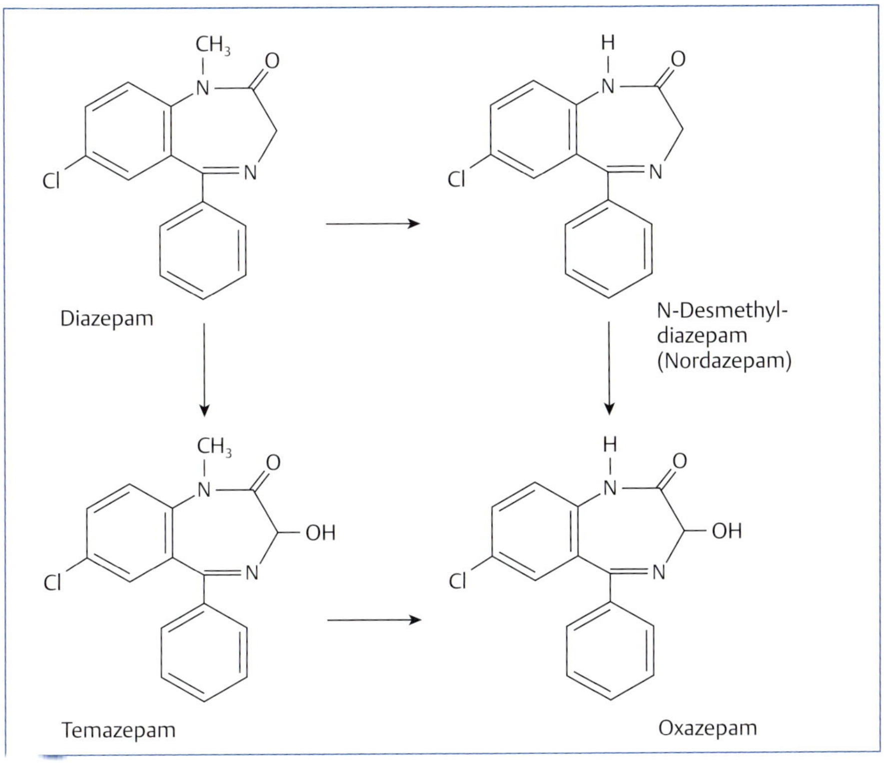

Abb. 4.19 Metabolisierung von Diazepam beim Hund.

- Diazepam:
  - Katze, Hund: 0,1–0,2 mg/kg i. v. oder 0,5–1,0 bzw. 2,0 mg/kg p. o. (Myalgien, spastische Zustände, Sedation, Narkoseprämedikation, Vergiftungen mit zentral erregenden Stoffen)
  - Pferd: 0,2 mg/kg i. v. (Prämedikation), höhere Dosierungen zusammen mit Ketamin oder sedativ hypnotischen Analgetika zum Ablegen
- Midazolam: 0,1–0,25 mg/kg i. v. (Narkoseprämedikation)
- Nitrazepam: 1,0–2,0 mg/kg p. o. (Hypnotikum)
- Oxazepam: 0,4 mg/kg p. o. (Anxiolytikum, Appetitsteigerung)
- Zolazepam: 2–4 mg/kg i. m. (in Kombination mit Tiletamin zur dissoziativen Anästhesie)

Nebenwirkungen Nach Überdosierung kommt es zu Muskelschwäche, Ataxie, Muskelzittern und zum Niederlegen der Tiere. Bei der Katze werden häufig Polyphagie und paradoxe Erregungszustände beobachtet. Gegen die sedative Wirkung bildet sich rasch eine funktionelle Toleranz aus. Eine längerfristige Behandlung löst Abhängigkeit aus, die sich bei Wirkstoffentzug in typischen Entzugserscheinungen mit Angst, Rückenlage, Teilnahmslosigkeit, wet dog shakes, Tremor, erhöhter Körpertemperatur und tonisch-klonischen Krämpfen äußert. Ein Ausschleichen der Behandlung ist erforderlich.

Wechselwirkungen Benzodiazepine intensivieren die Wirkung von Barbituraten und Propofol. Ebenso werden die Opioidwirkungen einschließlich der atemdepressiven Wirkung verstärkt.

Toxizität Benzodiazepine verfügen über eine ausgesprochen große therapeutische Breite, lediglich bei starker Überdosierung können ein schwer erweckbarer Schlaf und Unterkühlung auftreten. Letale Vergiftungen wurden z. B. bei gleichzeitiger Gabe von Barbituraten beobachtet. Bei schneller i. v. Gabe kann es zu Blutdruckabfall und Atemstillstand kommen. Bei Hund und Katze wurden ebenso wie beim Menschen Fälle von fulminanter Leberinsuffizienz nach längerfristiger oraler Gabe von Diazepam beschrieben.

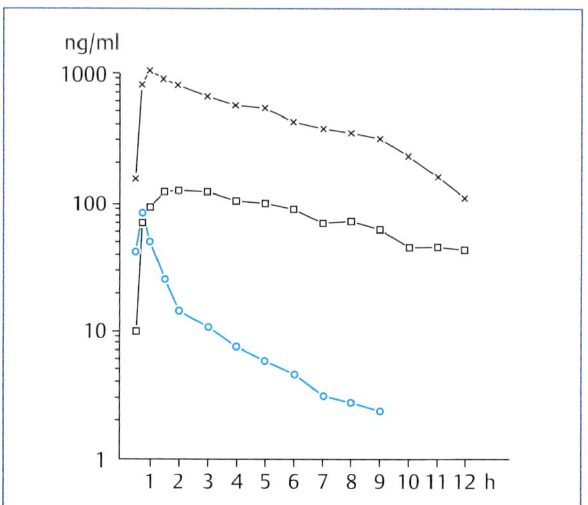

Abb. 4.20 Plasmakonzentrationen von Diazepam (∘), Desmethyldiazepam (×) und Oxazepam (□) nach oraler Gabe von 2 mg/kg Diazepam beim Hund [9].

Sonstiges Brotizolam besitzt als einziges Benzodiazepin einen MRL-Wert. Diazepam, Midazolam und Zolazepam sind in der VO(EG)122/2013 genannt. Sie dürfen daher beim Lebensmittel liefernden Pferd zur Narkoseprämedikation und bei Muskelspasmen wie z. B. bei Tetanus (Diazepam, Midazolam) oder in Kombination mit Tiletamin zur dissoziativen Anästhesie eingesetzt werden.

4.4.3 Benzodiazepin-Antagonisten

Flumazenil und **Sarmazenil** (Abb. 4.21) verdrängen Benzodiazepine mit hoher Affinität von ihrer Bindungsstelle am $GABA_A$-Rezeptor und heben dadurch ihre zentralen Wirkungen auf. Als Indikationen gelten lebensbedrohliche Intoxikationen durch Benzodiazepine oder die (partielle) Aufhebung einer Kombinationsanästhesie unter Beteiligung von Benzodiazepinen. Wegen der kurzen Wirkungsdauer kann die Benzodiazepinwirkung nach etwa 1 h wieder zum Durchbruch kommen. Als Richtwert werden für Flumazenil beim Hund 0,01–0,1 mg/kg i. v. und beim Pferd 0,01–0,02 mg/kg i. v. angegeben. Die Dosierung orientiert sich im Allgemeinen an der klinischen Wirkung. Sarmazenil wurde in einer Dosierung von 0,04 mg/kg i. v. und in Intervallen von 2 h zur Behandlung einer Vergiftung mit Moxidectin beim Fohlen erfolgreich eingesetzt. In höheren Dosierungen besitzt Flumazenil durch einen partiellen Agonismus am $GABA_A$-Rezeptor eine eigene antikonvulsive Wirkung.

Flumazenil und Sarmazenil sind in der VO(EG)122/2013 genannt. Sie werden beim Pferd in der Aufwachphase nach Allgemeinanästhesie zur Aufhebung einer eventuellen Muskelschwäche eingesetzt.

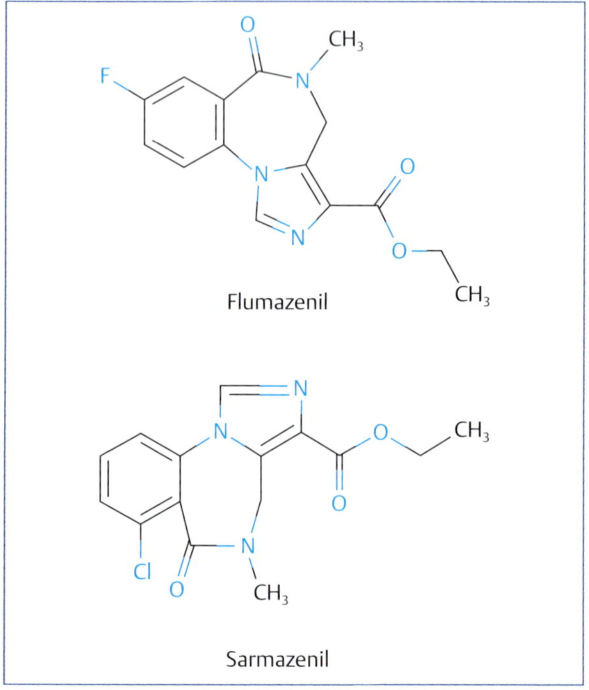

Flumazenil

Sarmazenil

Abb. 4.21 Strukturformel von Flumazenil und Sarmazenil.

4.4.4 Neuroleptika

Bedeutung in der Tiermedizin

DEFINITION Unter **Neurolepsie** versteht man eine psychische Spannungslösung, die bei erhaltener Ansprechbarkeit durch eine Dämpfung der emotionalen Erregbarkeit, des Antriebs, der Spontanbewegungen und der Ausdrucksmotorik gekennzeichnet ist. Pharmaka, die einen solchen Zustand induzieren, werden als **Neuroleptika** bezeichnet.

Neuroleptika nehmen aufgrund ihrer **antipsychotischen** Wirkung in der Psychiatrie eine bedeutende Rolle ein, z. B. bei der Behandlung der Schizophrenie. Sie werden deshalb auch als „**Major Tranquilizer**" oder **Antipsychotika** bezeichnet. In der Veterinärmedizin nutzt man ihre ausgeprägte **psychosedative** Wirkung zur Zähmung aggressiver Tiere und zum besseren Handling der Tiere bei Untersuchungen, Transporten und Umgruppierungen aus. Darüber hinaus werden sie zur Prämedikation vor Eingriffen mit lokaler und allgemeiner Schmerzausschaltung, zur Neuroleptanalgesie und zur Behandlung von Verhaltensstörungen eingesetzt. Der Einsatz von Neuroleptika erleichtert den Umgang mit Tieren in der Praxis und vermeidet die Auslösung von Stressreaktionen.

Charakteristika und Einteilung

STECKBRIEF NEUROLEPTIKA

Neuroleptika stellen von ihrem chemischen Aufbau her eine heterogene Stoffgruppe dar, die ihre Wirkung im Allgemeinen über eine Beeinflussung aminerger Neurotransmittersysteme vermitteln. Als charakterisierendes Kriterium steht dabei ihre **antidopaminerge Wirkung** im Vordergrund. Von ihrem Aufbau her können „konventionelle" Neuroleptika mit trizyklischer Struktur (Antagonisten an Dopamin- und anderen inhibitorischen Rezeptoren) von „atypischen" Verbindungen (z. B. Hemmstoffe von Dopamintransportern) unterschieden werden.

Während die teilweise stark ausgeprägte sedative Komponente konventioneller Neuroleptika in der Humanmedizin von Nachteil ist und zur Entwicklung einer Vielzahl neuerer Stoffgruppen führte, wird diese in der Veterinärmedizin therapeutisch genutzt. Insgesamt stehen für den Einsatz von Neuroleptika in der Tiermedizin nur wenige gesicherte Daten zur Verfügung. Konventionelle Neuroleptika können eingeteilt werden in:

- Phenothiazine
- Azaphenothiazine
- Thioxanthene
- Butyrophenone

Phenothiazin-Derivate

STECKBRIEF PHENOTHIAZIN-DERIVATE 

Phenothiazine werden aufgrund ihrer Struktur auch als „trizyklische" Neuroleptika bezeichnet. Sie stellen kompetitive Hemmstoffe an D_2-Dopamin-Rezeptoren dar. Sie besitzen zusätzliche antiadrenerge, -serotoninerge und -histaminerge Eigenschaften, die für besondere Indikationen ausgenutzt werden.

Als erster Vertreter dieser Stoffgruppe mit charakteristischer trizyklischer Struktur wurde **Chlorpromazin** in den 50er-Jahren in die Tiermedizin eingeführt. Es wurde später durch das stärker wirksame Acepromazin verdrängt. Die Strukturformeln der Neuroleptika sind in **Abb. 4.22** zusammengestellt.

CAVE Vor allem ältere Vertreter der Phenothiazin-Derivate (zuerst beschrieben bei Chlorpromazin und Promethazin) können beim Menschen bei wiederholtem Hautkontakt eine schwere fototoxische Reaktion hervorrufen, die einen idiosynkratischen oder allergischen Charakter hat und bei Kontakt mit UV-Licht zu einer schweren, sonnenbrandähnlichen Dermatitis führen kann.

Acepromazin

STECKBRIEF ACEPROMAZIN 

Acepromazin stellt den prototypischen Vertreter der trizyklischen Neuroleptika dar. Es wird zur **Sedierung** unruhiger Tiere, Zähmung aggressiver Tiere, Unterdrückung des Fluchtreflexes, Sedation bei stark juckenden Hauterkrankungen, Narkoseprämedikation und **Neuroleptanalgesie** eingesetzt. Acepromazin kann als **Antidot** bei Überdosierung mit sedativ-hypnotischen Analgetika und Vergiftungen mit Amphetaminen verabreicht werden.

Pharmakodynamik Aufgrund ihrer stereochemischen Ähnlichkeit mit Catecholaminen blockieren Phenothiazinderivate relativ unspezifisch Rezeptoren für inhibitorische aminerge Neurotransmitter, insbesondere D_2-Dopamin- und α_1-Adrenozeptoren. Sie besitzen dadurch eine ausgesprochen starke **antidopaminerge** und **antiadrenerge** Wirkung. Die antiadrenerge Wirkung bedingt eine „**Deafferenzierung**" des Kortex mit einer entsprechenden Dämpfung der **Vigilanz**. Diese äußert sich in einer Teilnahmslosigkeit der Tiere und Aufhebung bedingter Reflexe. Narkotische Wirkungen werden dadurch stark verlängert, obwohl den Phenothiazin-Derivaten selbst kein hypnotisch-narkotischer Effekt zukommt. Ebenso fehlt ihnen eine analgetische Eigenwirkung, die Wirkung von morphinähnlichen Analgetika wird aber verstärkt. Der antidopaminerge Effekt unterbindet die Spontanmotorik und hemmt den Fluchtreflex durch Dämpfung **extrapyramidaler motorischer Bahnen**. Acepromazin besitzt durch Blo-

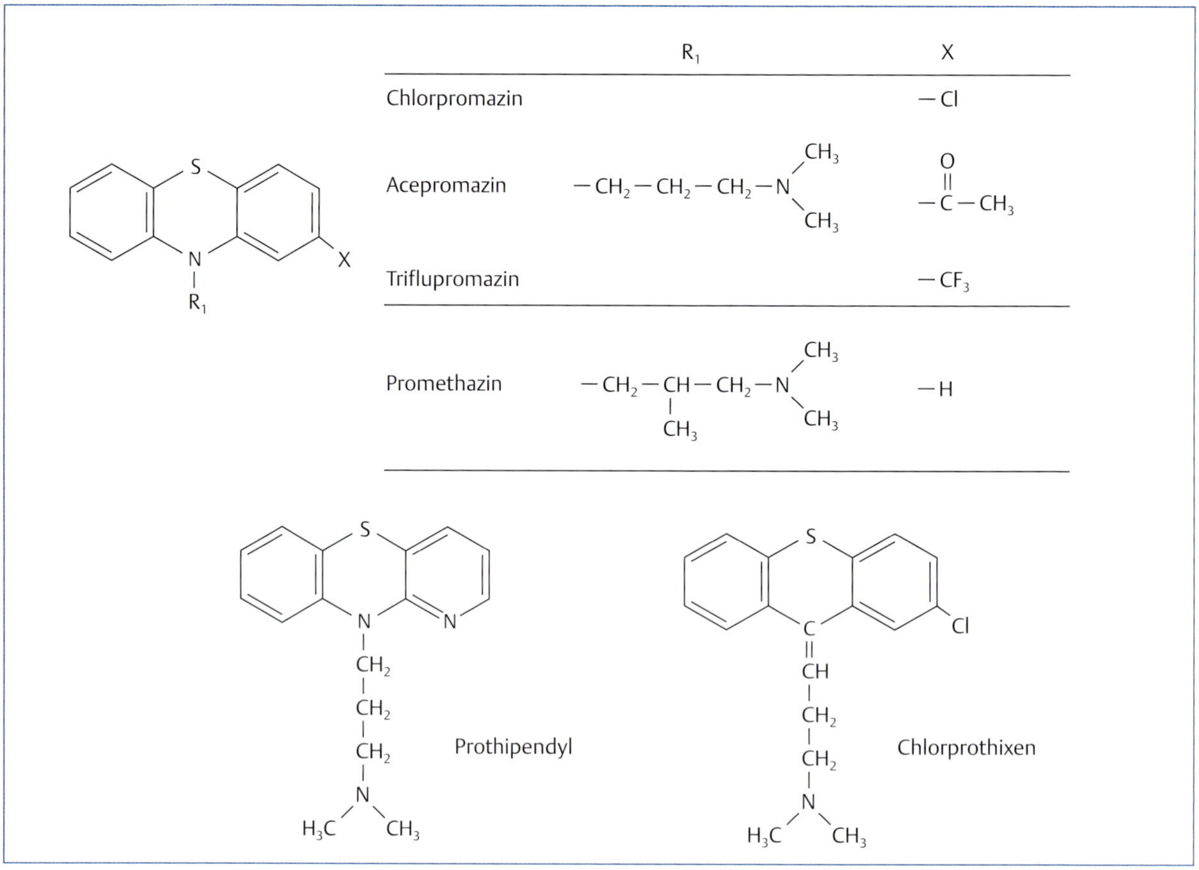

	R_1	X
Chlorpromazin		$-Cl$
Acepromazin	$-CH_2-CH_2-CH_2-N(CH_3)_2$	$-C(=O)-CH_3$
Triflupromazin		$-CF_3$
Promethazin	$-CH_2-CH(CH_3)-CH_2-N(CH_3)_2$	$-H$

Prothipendyl

Chlorprothixen

Abb. 4.22 In der Veterinärmedizin verwendete Neuroleptika.

ckade von D_2-Dopamin-Rezeptoren in der Area postrema zudem eine **antiemetische** Wirkung. Die **sedative** Wirkung der Phenothiazin-Derivate wird durch ihren Antagonismus an zentralen Histamin-H_1-Rezeptoren vermittelt. Dieser wird auch mit ihrer **schlafinduzierenden** Wirkung in Verbindung gebracht. Schließlich wurde auch ein Antagonismus an 5-HT_{2A}-Rezeptoren nachgewiesen, der eine **Anxiolyse** bewirkt. In höheren Dosen kann zusätzlich noch ein **anticholinerger** Effekt auftreten, der bei der Narkoseeinleitung vorteilhaft ist und die Applikation von Atropin erübrigt. Trotz der zentral depressiven Wirkungen kann es, insbesondere nach i. v. Applikation, zu Erregungszuständen kommen. Bei wiederholter Anwendung entwickelt sich gegen die sedative Wirkung eine Toleranz.

Neuroleptika besitzen vielfältige periphere Wirkungen, die hauptsächlich durch Antagonismus an α_1-Adrenozeptoren vermittelt werden. Zusammen mit den zentralen Effekten führt dies zu einer Ausschaltung der Kreislaufregulation. Es kann zum Kollaps kommen. Die Weitstellung der Gefäße bedingt eine starke Wärmeabgabe über die Haut und die Gefahr der Unterkühlung. Adrenalin wirkt zusammen mit Neuroleptika blutdrucksenkend (Adrenalin-Umkehr), und die pressorische Wirkung von α-Adrenergika ist stark abgeschwächt. Die blutdrucksenkende Wirkung überdauert die sedative Wirkung des Acepromazins.

Pharmakokinetik Acepromazin wird nach oraler Gabe gut und schnell resorbiert und unterliegt einem erheblichen **First-Pass-Effekt**. Die Bioverfügbarkeit wird beim Hund mit 20 %, beim Pferd mit 55 % angegeben. Die Plasmaproteinbindung erreicht bis zu 99 % (Pferd). Bei oraler Applikation setzt die sedative Wirkung nach 15–30 min ein. Während die sedative Wirkung ca. 6–7 h anhält, dauern die Auswirkungen auf das autonome Nervensystem bis zu 12 h an. Nach i. m. Applikation ist die Wirkung nach 30 min bereits voll ausgeprägt. Die Ausscheidung von Acepromazin erfolgt hauptsächlich über die Nieren, teils in unveränderter Form, teils als Sulfoxid-Metabolit, als Schwefelsäurekonjugat oder als Glukuronid. Beim Pferd können die Metabolite noch 4 Tage nach einer einmaligen Applikation nachgewiesen werden (Doping!). Die terminale Halbwertszeit weist bei Acepromazin nur eine geringe Beziehung zur pharmakologischen Wirkung auf. Sie wird beim Pferd mit 2–3 h (i. v. Injektion) angegeben.

Dosierung Als Richtwerte werden für das Acepromazinmaleat angegeben:

- Katze, Hund: 0,02–0,1 mg/kg i. v. oder i. m., 1–3 mg p. o.
- Pferd: 0,07 mg/kg i. v., 0,14–0,27 mg/kg i. m., 0,15–0,5 mg/kg p. o.

CAVE

Boxer reagieren sehr empfindlich auf Acepromazin; zu beobachten sind Hypotension, Bradykardie und Bewusstlosigkeit. Es sollen maximal 0,02 mg/kg verabreicht werden!

Nebenwirkungen Bei einigen Hunden wurde ein aggressives Verhalten beobachtet. Die Blockade der Kreislaufregulation kann zum orthostatischen Kollaps führen, die Entkopplung der zentralen Thermoregulation eine Hypothermie bedingen. In höheren Dosierungen werden Muskelzittern, Steifheit, Unruhe und Übererregbarkeit ausgelöst, die Atemfrequenz ist oftmals gesenkt. Bei Hengsten und Wallachen kann es zum Penisvorfall und Niederstürzen kommen. An unpigmentierten Hautstellen ist eine Fotosensibilisierung möglich. Eine solche kann auch nach Hautkontakt beim Anwender auftreten. Bei längerfristiger Verabreichung kann durch Steigerung der Prolaktinfreisetzung im Hypophysenvorderlappen eine Galaktorrhö oder Gynäkomastie verursacht werden. Neuroleptika können die Krampfschwelle senken.

Wechselwirkungen Die Wirkungen von Narkotika und starken Analgetika werden verstärkt und verlängert. In Verbindung mit Metamizol kann es zu starken Hypothermien kommen.

Toxizität Die akute Toxizität liegt weit oberhalb der therapeutischen Dosierungen. Bei starkem Blutdruckabfall sind Noradrenalin und Plasmaexpander angezeigt.

Kontraindikationen Gegenanzeigen sind Herz- und Kreislaufinsuffizienz, Epilepsie und Vergiftungen mit Krampfgiften.

Sonstiges Acepromazin besitzt keinen MRL-Wert. Es ist in der VO(EG)122/2013 gelistet und darf daher beim Lebensmittel liefernden Pferd unter Einhaltung einer Wartezeit von 6 Monaten eingesetzt werden.

Promethazin

STECKBRIEF PROMETHAZIN

Promethazin ist ein trizyklisches Neuroleptikum mit stark ausgeprägter antihistaminerger Wirkung. Es wird zur Behandlung allergisch bedingter Hauterkrankungen und als Antiemetikum bei Reisekrankheit eingesetzt.

Pharmakodynamik Promethazin ist für die Humanmedizin in Form von Tropfen, Filmtabletten oder als Injektionslösung verfügbar. Seine sedative und antihistaminerge Wirkkomponente wird in der Tiermedizin bei der Behandlung stark juckender, allergisch bedingter Hauterkrankungen ausgenutzt. Auch eignet es sich gut als Antiemetikum bei Reisekrankheit. Bei der Katze hebt es die durch Xylazin induzierte Emesis wirksam auf.

Pharmakokinetik Die orale Bioverfügbarkeit von Promethazin beim Hund ist niedrig und liegt bei etwa 10 %. Die biologische Halbwertszeit beträgt 8–27 h, wodurch es sich für eine 1-mal tägliche Anwendung eignet.

Dosierung Katze, Hund: 2–4 mg/kg i. m., 2–5 mg p. o. 1-mal täglich

Azaphenothiazine und Thioxanthen-Derivate

Prothipendyl, ein Azaphenothiazin-Derivat, entspricht von seinem Wirktyp und seiner Wirkungsstärke her dem Chlorpromazin. Der Dopamin-Antagonismus ist jedoch schwächer ausgeprägt. **Chlorprothixen**, ein Thioxanthen-Derivat, weist eine im Vergleich zu Chlorpromazin stärkere sedative Komponente auf. Es eignet sich besonders gut zur Narkoseprämedikation, da es die Wirkung von Allgemeinanästhetika stark potenziert und eine exzitationsfreie Einleitung und Erholung aus der Narkose bedingt. Chlorprothixen wird beim Hund in einer Dosierung von 1–2 mg/kg eingesetzt.

Butyrophenon-Derivate

STECKBRIEF BUTYROPHENON-DERIVATE

Butyrophenone (**Abb. 4.23**) stellen in der Humanmedizin die Wirkstoffklasse mit dem stärksten antipsychotischen Effekt dar. Veterinärmedizinisch ist nur noch Azaperon im Handel. Es wird als Sedativum bei Schweinen eingesetzt.

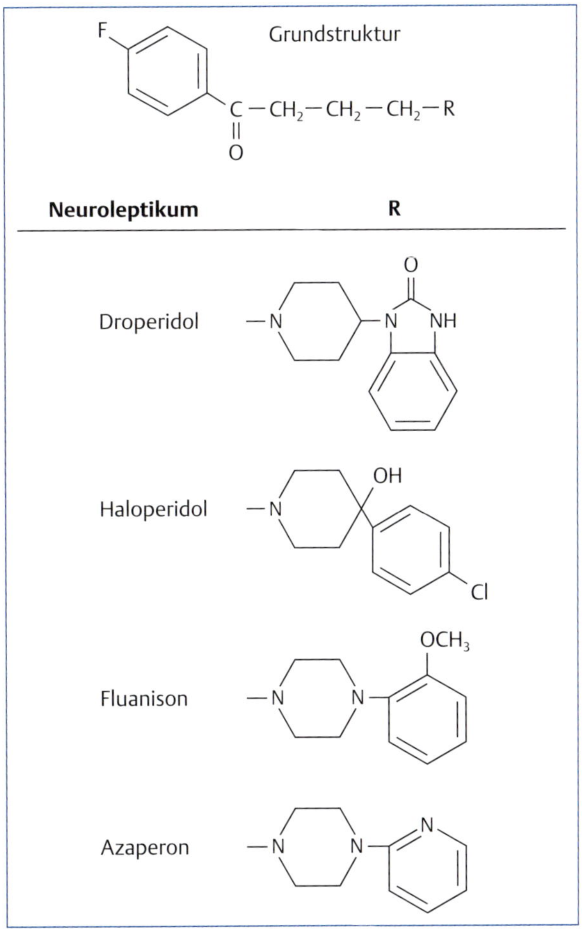

Grundstruktur

F–C₆H₄–C(=O)–CH_2–CH_2–CH_2–R

Neuroleptikum	R
Droperidol	
Haloperidol	
Fluanison	
Azaperon	

Abb. 4.23 Neuroleptika vom Butyrophenontyp.

Pharmakodynamik Butyrophenone zeichnen sich durch einen starken antidopaminergen Effekt aus, der mit einer **antiemetischen** Wirkung und in hohen Dosen mit einer ausgeprägten **motorischen Antriebshemmung** einhergeht. Der sedative Effekt ist gering ausgeprägt. Den Butyrophenonen fehlt eine antihistaminerge und anticholinerge Komponente. Durch Apomorphin induziertes Erbrechen kann mit dem Butyrophenon Haloperidol effizient gehemmt werden. Der antidopaminerge Effekt von Butyrophenonen führt bei längerfristiger Anwendung zu einer Steigerung der Prolaktinausschüttung. Droperidol und Azaperon besitzen einen ausgeprägten adrenolytischen Effekt. Durch zentrale Lähmung der Thermoregulation und die periphere Vasodilatation kann bei letztgenannten Wirkstoffen eine Hypothermie ausgelöst werden.

Pharmakokinetik Butyrophenone werden aus dem Magen-Darm-Trakt gut resorbiert, die Bioverfügbarkeit liegt aber wegen des ausgeprägten **First-Pass-Effekts** bei nur etwa 60 %. Butyrophenone werden hepatisch umfangreich metabolisiert. Die sedative Wirkung von Azaperon setzt beim Schwein 5–10 min nach einer therapeutischen Dosierung ein. Sie hält etwa 1–3 h an.

Dosierung Von den Butyrophenonderivaten wird in der Veterinärmedizin nur noch Azaperon in größerem Umfang eingesetzt, und zwar beim Schwein zur Beruhigung aggressiver Sauen (Ferkelfressen), zur Umgruppierung, vor Transporten, zur Behandlung von Stresszuständen und zur Prämedikation in einer Dosierung von 0,4–1 mg/kg i. m.

Höhere Dosen (5–10 mg/kg) können zur Immobilisierung und Unterdrückung von Abwehrbewegungen gegeben werden. Azaperon kann in einer Dosierung von 1–2 mg/kg zusammen mit Ketamin und Metomidat zur Allgemeinanästhesie kombiniert werden. Azaperon überwindet die Plazentarschranke. Die Wartezeit beim Schwein beträgt 9 Tage auf essbare Gewebe.

Nebenwirkungen Droperidol kann Angstgefühle auslösen. Bei Pferden können nach Anwendung von Droperidol Exzitationen, Panikreaktionen und Ataxien auftreten. Azaperon führt in hohen Dosen (40 mg/kg) zu Hyperpnoe und Salivation.

Amperozid

Amperozid (**Abb. 4.24**) weist eine chemische Verwandtschaft zu Azaperon auf, ist aber ein starker Antagonist an 5-HT_{2A}-Rezeptoren. Es blockiert nur in geringem Ausmaß sympathische α- und Dopamin-Rezeptoren. Der Wirkstoff besitzt eine ausgeprägte antiaggressive Wirkung, ohne die Motilität der Tiere zu beeinflussen. Amperozid ist aktuell in Deutschland nicht zugelassen. Es wurde früher in einer Dosierung von 1 mg/kg i. m. zur Reduktion von Angst und Stress bei Schweinen eingesetzt.

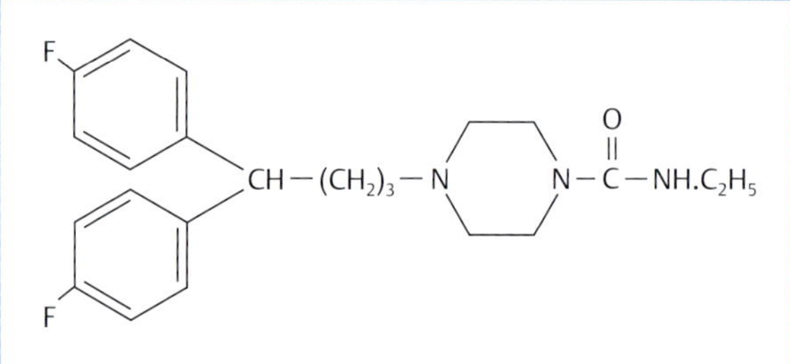

F F CH – $(CH_2)_3$ – N N – C(=O) – $NH.C_2H_5$

Abb. 4.24 Strukturformel von Amperozid.

Neuroleptanalgesie

DEFINITION Durch Kombination eines Neuroleptikums mit einem starken Opioidanalgetikum lässt sich eine operationsfähige Schmerzausschaltung erzielen, in der auch größere chirurgische Eingriffe toleriert werden. Die Tiere sind nicht bewusstlos, reagieren noch auf äußere Reize und sind immobilisiert. Die Neuroleptanalgesie wurde in den letzten Jahren von der totalen intravenösen Anästhesie (TIVA) abgelöst.

Pharmakodynamik Bei der Neuroleptanalgesie potenzieren sich die sedativen Wirkungen des Neuroleptikums und des Opioidanalgetikums. Das Neuroleptikum verstärkt die analgetische Wirkung der Opioide, hebt die emetische Komponente der Opioide auf und wirkt aufgrund seiner anticholinergen Wirkung der Opioid-induzierten Speichelsekretion und Bradykardie entgegen. Diese Eigenschaft ist jedoch vom Alter und Allgemeinzustand des Patienten abhängig. Während bei älteren Tieren mit reduziertem Allgemeinzustand oder bei Geburten die Schmerzausschaltung zufriedenstellend ist, ist bei kleineren Eingriffen an jungen Patienten oft eine Zusatzanästhesie (Lachgas) erforderlich. Bei kreislaufstabilen Patienten besitzt die Neuroleptanalgesie trotz der α-adrenolytischen Wirkung der Neuroleptika und der zentralen antisympathotonen Wirkung der Opioide kaum Auswirkungen auf den Kreislauf. Bei vorgeschädigtem Herzen kann es jedoch zum orthostatischen Kollaps, z. B. bei Umlagerung des Patienten, kommen. Adrenalin ist in diesem Fall wegen der „Adrenalin-Umkehr“ kontraindiziert. Das morphinähnliche Analgetikum kann zudem eine Atemdepression auslösen, die u. U. eine Beatmung erforderlich macht. Sie kann in Notfällen durch Naloxon aufgehoben werden. Infolge der $α_1$-adrenolytischen Wirkung des Neuroleptikums und der entsprechenden Weitstellung der Gefäße in der Peripherie ist eine Auskühlung der Patienten möglich. Diese Nebenwirkung wird in der Humanmedizin für Operationen in Unterkühlung („künstlicher Winterschlaf“) ausgenutzt. Bei Leberinsuffizienz kann die Wirkungsdauer der Analgesie verlängert sein.

Für die Neuroleptanalgesie eignen sich Analgetika wie **Levomethadon** mit Fenpipramid-Zusatz (0,25–0,5 mg/kg) und **Fentanyl** (0,02–0,05 mg/kg). Die Neuroleptanalgesie mit Fentanyl ergibt dabei eine verhältnismäßig kurze Schmerzausschaltung (20–40 min), während sie mit Methadon etwa 1 h anhält.

4.4.5 Sedativ-hypnotische Analgetika

DEFINITION **Sedativ-hypnotische Analgetika** vom Xylazin-Typ haben zusätzliche analgetische und muskelrelaxierende Eigenschaften. Wiederkäuer reagieren empfindlicher als Pferde und Kleintiere. Sedativ-hypnotische Analgetika werden zur zuverlässigen Sedierung von Tieren und zur Prämedikation eingesetzt.

Sedativ-hypnotische Analgetika leiten sich vom Clonidin ab, einem präferenziellen α_2-Adrenozeptoragonisten, der in der Humanmedizin als Antisympathotonikum eingesetzt wird. Neben starken blutdrucksenkenden Eigenschaften besitzt Clonidin noch schwach sedative und analgetische Wirkungen. Diese Wirkqualitäten treten bei dem 1962 in die Tiermedizin eingeführten **Xylazin** in den Vordergrund, bei gleichzeitiger Abnahme der blutdrucksenkenden Wirkung. **Romifidin**, **Detomidin** und **Medetomidin** stellen Weiterentwicklungen des Xylazins dar. Sie zeichnen sich durch eine steigende Lipophilität, Affinität und Rezeptorselektivität gegenüber α_2-Adrenozeptoren aus, die sich in einer Zunahme der Wirkpotenz und einer Abnahme der durch α_1-Adrenozeptoren vermittelten Nebenwirkungen äußern.

Die pharmakologischen Wirkungen von Xylazin und seiner Derivate sind komplex und werden hauptsächlich durch Aktivierung präsynaptischer α_2-Adrenozeptoren im Hirnstamm vermittelt. Insbesondere die Dämpfung noradrenerger Zellkerne im Locus coeruleus wird für die sedative und zentral analgetische Wirkung verantwortlich gemacht. Zudem kontrollieren α_2-Adrenozeptoren die Übertragung sensibler Reize im Hinterhorn des Rückenmarks, woraus sich die gute opioidähnliche Wirkung bei traumatischen Schmerzen erklärt. Dieser Angriffspunkt ermöglicht auch den Einsatz von sedativ-hypnotischen Analgetika zur epiduralen Anästhesie. Die muskelrelaxierende Wirkung wird durch Hemmung von Interneuronen auf Rückenmarksebene erreicht. Sedativ-hypnotische Analgetika können auch postsynaptische α_2-Adrenozeptoren aktivieren. So kann durch Stimulation von α_2-Adrenozeptoren in der Chemotriggerzone bei Katze und Hund Erbrechen ausgelöst werden. Grundsätzlich besitzen diese Stoffe auch eine überlappende Aktivität auf α_1-Adrenozeptoren, sodass substanz- und dosisabhängig auch über diese das klinische Bild geprägt wird. Periphere Nebenwirkungen seitens des Herz-Kreislauf-Systems und des Magen-Darm-Traktes werden durch Aktivierung insbesondere von α_1-Adrenozeptoren auf der glatten Muskulatur vermittelt.

CAVE
Die Wirksamkeit sedativ-hypnotischer Analgetika vom Xylazin-Typ kann bei gestressten Tieren mit erhöhtem Catecholaminspiegel eingeschränkt sein!

KLINISCHER BEZUG Durch ihren Angriffspunkt an α_2-Adrenozeptoren können sämtliche pharmakologischen Effekte der sedativ-hypnotischen Analgetika durch α-Adrenolytika wie Yohimbin und Atipamezol antagonisiert werden. Die Dosierungen orientieren sich dabei am verwendeten Agonisten.

Xylazin

STECKBRIEF XYLAZIN 

Xylazin (**Abb. 4.25**) stellt den Prototyp dieser Stoffgruppe dar. Es wird entweder alleine oder in Kombination mit anderen Sedativa und Analgetika zur Sedation, Analgesie oder Kombinationsanästhesie eingesetzt. Xylazin kann auch zur epiduralen Anästhesie verwendet werden.

Pharmakodynamik Die Wirkung von Xylazin ist wie die der anderen sedativ-hypnotischen Analgetika stark dosis- und speziesabhängig. Die **Sedation** tritt bereits in niedrigen Dosierungen auf und überdauert die **analgetische** und **muskelrelaxierende** Wirkung beträchtlich. Exzitationen, wie sie z. B. nach Opioiden bei Katze, Rind, Pferd beobachtet werden, treten nicht auf.

Hinsichtlich der Wirkung gilt es folgende tierartliche Besonderheiten zu berücksichtigen:

- Schwein:
  - Die analgetisch wirksame Dosis liegt bereits im toxischen Bereich.
- Rind:
  - Zur Erzielung der sedativen Wirkung ist nur etwa ein Zehntel der Dosis von Pferd, Hund und Katze nötig.
  - Die Analgesie ist bei traumatischen Schmerzen im Kopf-, Nacken- und Rumpfbereich ausreichend, aber nur von geringer Dauer. Schmerzhafte Eingriffe an den Extremitäten erfordern eine zusätzliche Lokalanästhesie.
  - Der muskelrelaxierende Effekt lässt sich bereits mit sehr geringen Dosierungen erzielen, bei höheren Dosierungen legen sich die Tiere ab.
- Pferd
  - Die Wirksamkeit des Xylazins bei viszeralen Schmerzen (z. B. bei Kolik) ist sehr stark ausgeprägt und denjenigen des Butorphanols überlegen.
  - Aufgrund der muskelrelaxierenden Wirkung entwickeln Pferde eine Bewegungsunlust. Darum kann es schwierig sein, die Tiere nach der Applikation an einen anderen Ort zu führen.

Pharmakokinetik Xylazin wird insbesondere beim Rind in nur kurzer Zeit nahezu vollständig metabolisiert. Der größte Teil der Metaboliten wird innerhalb von 2–4 h renal eliminiert. Die Plasmahalbwertszeiten liegen nach i. v. Applikation bei 20 min für das Schaf, bei 30 min für Hund und Rind sowie bei 50 min für das Pferd. Die Wirkung tritt bereits wenige Minuten nach einer i. v. Applikation ein. Die Bioverfügbarkeit beträgt nach i. m. Applikation beim Hund 50–90 %, beim Schaf 20–70 % und beim Pferd 40–50 %.

Dosierung Für die einzelnen Tierarten werden folgende allgemeine Dosisbereiche angegeben:

- Katze: 2–4 mg/kg i. m. oder s. c.; 2 mg/kg i. m. zur dissoziativen Anästhesie mit Ketamin; 0,5–1 mg/kg i. m. zur Emesis
- Hund: 1–3 mg/kg i. v. oder i. m.; 2 mg/kg i. m. in Kombination mit Levomethadon und Ketamin; 1–2 mg/kg i. m. zur Emesis
- Schaf, Ziege: 0,05–0,1 mg/kg i. m. zur Sedation und Analgesie
- Rind: 0,05–0,3 mg/kg i. m. (die Wirkung reicht von einer deutlichen Sedation bis hin zu einer besonders starken und lang anhaltenden Analgesie und Muskelrelaxation); bei i. v. Verabreichung Reduzierung der Dosis um etwa die Hälfte
- Pferd: 0,6–1 mg/kg i. v.; 0,6 mg/kg i. v. in Kombination mit Levomethadon für Operationen am stehenden Tier; 1 mg/kg i. v. in Kombination mit Ketamin als Prämedikation

Eine Antagonisierung der Xylazinwirkung kann wie folgt erzielt werden:

- Hund: 0,3–0,5 mg/kg Atipamezol i. v.
- Hund, Katze, Pferd: 0,1 mg/kg Yohimbin i. v.
- Rind: 0,2 mg/kg Yohimbin i. v.

Nebenwirkungen Bei der Anwendung von Xylazin treten vielfältige Nebenwirkungen auf:

Herz-Kreislauf-System Durch Aktivierung peripherer α_1-Adrenozeptoren erfolgt initial ein kurz andauernder Anstieg des arteriellen Blutdrucks, der von einer lang andauernden zentralen Hypotension mit Bradykardie, Atemdepression und Hypothermie abgelöst wird. Nach i. v. Applikation können durch direkte Aktivierung myokardialer α_2-Adrenozeptoren Herzrhythmusstörungen wie Sinusbradykardie, Sinus- und AV-Block 1.–3. Grades einsetzen.

Respirationstrakt Beim Schaf können sich nach Verabreichung von Xylazin ein Lungenödem und Lungenblutungen entwickeln.

Magen-Darm-Trakt Beim Wiederkäuer hemmt Xylazin den Schluckreflex und löst eine Pansenatonie aus. Zur Vermeidung einer Aspirationspneumonie und Tympanie sollen Rinder 24 h vor der Verabreichung von Xylazin nicht gefüttert werden. Bei anderen Spezies ist die Darmmotorik reduziert. Bei Wiederkäuern besitzt Xylazin zudem eine sekretionssteigernde Wirkung. Bei einigen Hunderassen kann eine Tympanie im Magen und/oder Zäkum bis zu mehreren Stunden nach der Applikation auftreten. Wegen der Gasentwicklung ist Xylazin daher zur Ruhigstellung bei röntgenologischen Untersuchungen ungeeignet.

Urogenitaltrakt Bei Rindern wird nach Xylazin eine deutliche Zunahme der Harnproduktion über einige Stunden beobachtet. Somit darf Xylazin nicht an dehydrierte Rinder oder bei Harnwegsbehinderungen appliziert werden.

Glukosestoffwechsel Durch Hemmung der Insulinfreisetzung und Steigerung der hepatischen Glukoneogenese kann Xylazin eine Hyperglykämie induzieren.

Thermoregulation Xylazin hemmt die Thermoregulation mit der Gefahr der Unterkühlung.

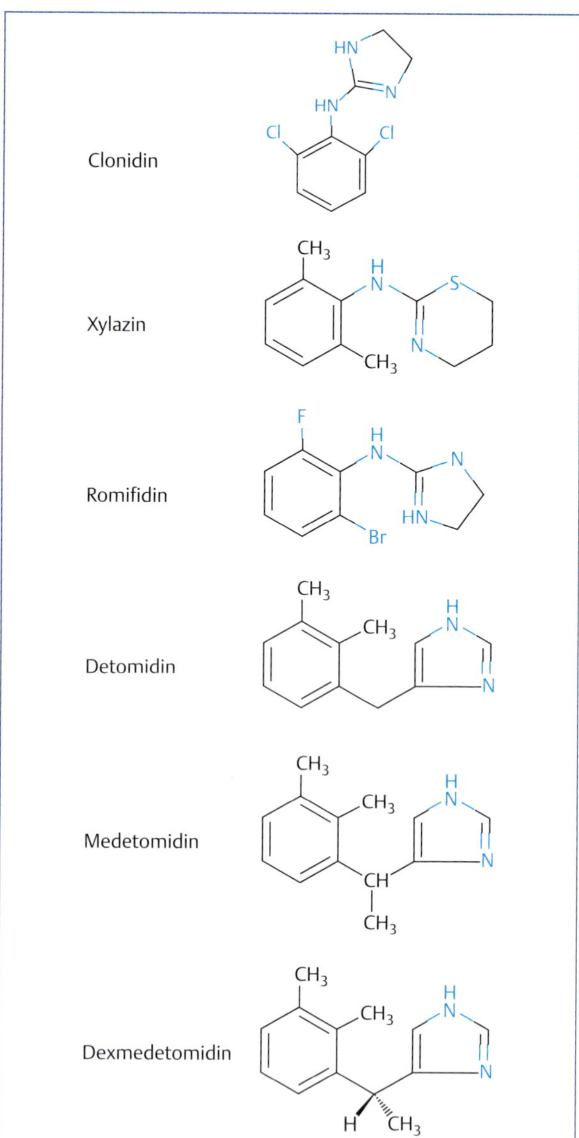

Abb. 4.25 Analgetika vom Xylazin-Typ.

Gravidität Im letzten Drittel der Trächtigkeit des Rindes ist Xylazin wegen der Induktion von Uteruskontraktionen (Oxytocin) mit der Gefahr eines Aborts kontraindiziert. Diese Gefahr kann durch kombinierte Anwendung eines Tokolytikums (Clenbuterol) limitiert werden.

Toxizität Die therapeutische Breite von Xylazin ist gering. Bereits geringe Überdosierungen können bei Wiederkäuern (> 0,5 mg/kg) zu Pansenlähmung, Tympanie, Atemlähmung, Kollaps und längerer Hypothermie führen. Intraarterielle Injektionen führen zum Kollaps. Vorsicht ist ebenfalls bei kombinierter Applikation mit Neuroleptika oder Sedation geboten, da die depressive Wirkung von Xylazin verstärkt wird.

Kontraindikationen Kontraindiziert sind die Kombination mit Reserpin sowie die Anwendung bei Diabetes mellitus.

Wartezeit Wartezeit auf essbare Gewebe und Milch: Rind 0, Pferd 1 Tag.

Romifidin

STECKBRIEF ROMIFIDIN

Romifidin weist eine geringfügig höhere Affinität und Selektivität gegenüber α_2-Adrenozeptoren auf als Xylazin. Es wird vor allem zur Sedation für diagnostische Untersuchungen und wenig schmerzhafte Eingriffe beim Pferd eingesetzt.

Pharmakodynamik Romifidin (**Abb. 4.25**) verfügt beim Pferd über eine etwas längere Wirkdauer als Xylazin und Detomidin. Seine analgetische Wirksamkeit reicht für schmerzhafte Eingriffe an den Hintergliedmaßen nicht aus. Hier kann es zusammen mit einem Analgetikum vom Opioid-Typ kombiniert werden.

Pharmakokinetik Romifidin wird umfangreich hepatisch metabolisiert und zu etwa 78 % über den Harn ausgeschieden. Die Plasmaproteinbindung liegt bei 20 %. Die Eliminationshalbwertszeit beträgt nach Applikation von 0,08 mg/kg i. v. etwas mehr als 2 h.

Dosierung

- leichte Sedierung für etwa 0,5–1 h: 0,04 mg/kg i. v.
- tiefe Sedierung bis zu etwa 1,5 h, Prämedikation zum Ablegen oder Kombination mit Levomethadon: 0,08 mg/kg i. v.
- tiefe Sedierung mit verlängerter Wirkdauer von bis zu 3 h: 0,12 mg/kg i. v.

Nebenwirkungen Neben den allgemeinen Nebenwirkungen der sedativ-hypnotischen Analgetika fällt auf, dass die Pferde nach Verabreichung von Romifidin stark schwitzen. Die Durchblutung der Muskulatur erscheint vermindert. Gelegentlich kann ein Penisvorfall beobachtet werden, auch wurde von Urtikaria berichtet. Die Wahrscheinlichkeit der Ausbildung von Ataxien ist dagegen im Vergleich zu Xylazin und Detomidin geringer.

CAVE

Romifidin erhöht die Empfindlichkeit gegenüber taktilen Reizen. Die Pferde können daher bei Berührung unvermittelt und heftig ausschlagen.

Wartezeit Diese wird beim Pferd mit 6 Tagen auf essbare Gewebe angegeben.

Detomidin

STECKBRIEF DETOMIDIN

Detomidin weist im Vergleich zu Xylazin eine etwa 2-fach höhere Selektivität gegenüber α_2-Adrenozeptoren und eine höhere Wirkpotenz auf. Daher treten partielle agonistische Aktivitäten an α_1-Adrenozeptoren bei therapeutischen Dosierungen in den Hintergrund. Verwendung findet Detomidin bei Rind und Pferd zur Sedation und Prämedikation.

Pharmakodynamik Detomidin (**Abb. 4.25**) besitzt eine 100-fach höhere Affinität zu α_2-Adrenozeptoren als Xylazin. Es bewirkt beim Pferd einen rasch einsetzenden, bis zu etwa 3 h anhaltenden Bewusstseinsverlust, der mit Analgesie und leichter Anästhesie einhergeht. Die Wirkung tritt nach i. v. Injektion innerhalb von 3–5, nach i. m. Applikation innerhalb von 10–15 min ein. Die Tiere lassen Kopf und Oberlippe hängen, die Muskeln der Nüstern relaxieren. In höherer Dosierung nehmen Pferde eine Sägebockstellung ein. Die analgetische Wirksamkeit bei viszeralen Schmerzen ist stärker ausgeprägt als bei Xylazin. Detomidin hat sich daher als Prämedikation für chirurgische Eingriffe beim Pferd in Kombination mit Ketamin bewährt.

Pharmakokinetik Zur Sedation von Pferden kann Detomidin sublingual appliziert werden. Es wird über die kutane Schleimhaut rasch resorbiert und anschließend umfangreich hepatisch metabolisiert. Die Bioverfügbarkeit beträgt bei dieser Verabreichungsform nur etwa 22 %. Die Eliminationshalbwertszeit liegt beim Pferd bei etwa 1 h, beim Rind geringfügig höher.

Dosierung Bei Rind und Pferd wird mit einer Dosis von 0,02–0,04 mg/kg i. v. oder i. m. eine etwa 1-stündige Sedierung erreicht. In einer Dosierung von 0,08 mg/kg i. v. hält die Wirkung bis zu 3 h an. Bei der sublingualen Applikation werden 0,04 mg/kg verabreicht.

Nebenwirkungen Beim Pferd werden nach anfänglicher Hypertension ein Blutdruckabfall, eine Abnahme des arteriellen Sauerstoffdrucks (Hypoxie) sowie Bradykardie, Hypothermie, Hypoventilation, Diurese, Schwitzen und Tremor beschrieben.

CAVE

Im Gegensatz zu Xylazin soll Detomidin beim trächtigen Rind keinen Abort auslösen. Dennoch empfiehlt es sich, Detomidin nicht im letzten Monat der Trächtigkeit einzusetzen.

Wartezeit Die Injektionspräparate für Pferd und Rind sind mit Wartezeiten von bis zu 2 Tagen auf essbare Gewebe und Milch belegt. Das für Pferde verfügbare orale Gel weist eine Wartezeit von 0 Tagen auf.

Medetomidin, Dexmedetomidin

STECKBRIEF MEDETOMIDIN, DEXMEDETOMIDIN

Medetomidin ist ein Razemat, bestehend aus dem pharmakologisch aktiven D-Isomer Dexmedetomidin und dem in therapeutischen Dosierungen inaktiven L-Isomer. Dexmedetomidin verfügt grundsätzlich über dieselben pharmakologischen Eigenschaften wie die übrigen sedativ-hypnotischen Analgetika, die einzelnen Wirkungen werden lediglich bei sehr viel niedrigeren Dosierungen erreicht. Aufgrund der hohen Wirkpotenz wird Dexmedetomidin auf die Körperoberfläche bezogen dosiert.

Pharmakodynamik Dexmedetomidin (Abb. 4.25) weist im Vergleich zu Xylazin eine etwa 10-fach höhere Selektivität und 100-fach höhere Affinität zu α_2-Adrenozeptoren auf. Daraus resultiert eine um etwa 20-fach gesteigerte Wirkpotenz, aber keine Zunahme der maximalen Wirkstärke. Da bereits mit relativ niedrigen Dosierungen die maximale Wirkstärke erreicht wird, führt eine Dosiserhöhung oft nicht zu einer stärkeren Ausprägung der Wirkungen, sondern es nimmt lediglich die Wirkdauer zu. Medetomidin und Dexmedetomidin werden ebenfalls zur Sedation und Narkoseprämedikation eingesetzt. Für eine ausreichende Analgesie ist die Kombination mit einem Analgetikum vom Opioidtyp erforderlich. In höheren Dosierungen wirken Medetomidin und Dexmedetomidin zusätzlich noch anxiolytisch. Aufgrund der hohen Wirkpotenz werden Medetomidin und Dexmedetomidin auf die Körperoberfläche bezogen dosiert.

Pharmakokinetik Dexmedetomidin wird in der Leber durch Hydroxylierung und N-Methylierung metabolisiert und überwiegend als Glukuronid renal ausgeschieden. Bei Funktionsstörungen der Leber kann die Elimination verzögert sein. Nach i. v. Applikation tritt die Wirkung innerhalb von 1 min ein. Die Eliminationshalbwertszeit von Dexmedetomidin beträgt beim Hund 40–50, bei der Katze 60 min.

Dosierung Für Dexmedetomidin werden folgende Richtwerte angegeben:

- Katze: 40 µg/kg
- Hund: 375 µg/m^2 Körperoberfläche i. v.; bis 500 µg/m^2 Körperoberfläche i. m.

Medetomidin wird in der 2-fachen Dosis angewendet.

Bei Überdosierung hilft Atipamezol in 5-facher (Medetomidin) bzw. 10-facher (Dexmedetomidin) Dosis.

CAVE

Bei versehentlicher Selbstinjektion von Medetomidin und Dexmedetomidin können beim Anwender eine starke Sedation und Blutdruckschwankungen auftreten.

Nebenwirkungen Die Nebenwirkungen sind denen der übrigen Substanzen dieser Gruppe ähnlich.

Kontraindikationen Medetomidin und Dexmedetomidin sollen grundsätzlich nicht bei Tieren mit Erkrankungen des Herz-Kreislauf-Systems angewendet werden.

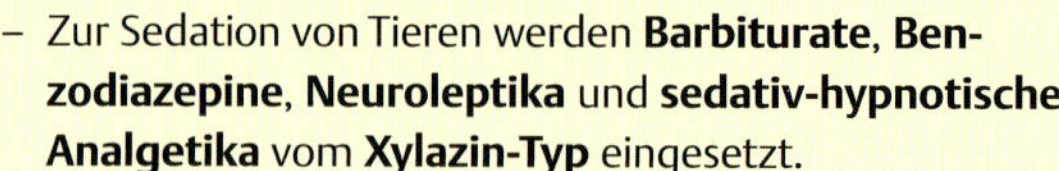

- Zur Sedation von Tieren werden **Barbiturate**, **Benzodiazepine**, **Neuroleptika** und **sedativ-hypnotische Analgetika** vom **Xylazin-Typ** eingesetzt.
- **Barbiturate** bewirken eine dosisabhängige Sedation, Hypnose und Narkose. Heute werden **Phenobarbital** zur Epilepsiebehandlung und **Pentobarbital** zur Euthanasie von Tieren eingesetzt.
- **Benzodiazepine** zeichnen sich neben der sedativ-hypnotischen Wirkung zusätzlich durch anxiolytische, muskelrelaxierende, antikonvulsive und appetitsteigernde Eigenschaften aus. Je nach Wirkpotenz und stoffspezifischen Eigenschaften werden diese bei individuellen Indikationen eingesetzt.
- **Neuroleptika** besitzen psychosedative Eigenschaften, die zum besseren Handling aggressiver und erregter Tiere bei Untersuchungen, Transporten und Umgruppierungen ausgenutzt werden. Darüber hinaus wird der Fluchtreflex unterbunden. Weitere Indikationsgebiete sind die Narkoseprämedikation und Neuroleptanalgesie. Einzelne Neuroleptika werden auch bei allergischen Erkrankungen und als Antiemetika eingesetzt.
- **Sedativ-hypnotische Analgetika** besitzen eine den Opioiden ähnliche analgetische und eine zusätzliche muskelrelaxierende Wirkung, die beim Wiederkäuer am stärksten, beim Schwein am schwächsten ausgeprägt ist. **Xylazin** und seine Derivate **Romifidin**, **Detomidin** und **Medetomidin** unterscheiden sich in ihrer Wirkpotenz und ihrem Nebenwirkungsprofil. Die grundsätzlichen speziesspezifischen Wirkunterschiede bleiben jedoch erhalten. Sie werden zur Sedation und zusammen mit anderen Analgetika zur Analgesie und Prämedikation kombiniert.

4.5 Zentrale Muskelrelaxanzien

DEFINITION **Zentrale Muskelrelaxanzien** setzen durch Angriff an Synapsen im zentralen Nervensystem den Muskeltonus herab. Sie werden zum Ablegen von Pferden, zur Narkoseprämedikation und zur Behandlung spastischer Muskelverspannungen eingesetzt. Im Gegensatz zu peripher wirksamen Muskelrelaxanzien besteht bei dieser Stoffgruppe keine Gefahr der Atemlähmung.

Veterinärmedizinisch von Bedeutung sind Guaifenesin und Diazepam, z. B. zum Ablegen von Pferden, in geeigneter Kombination mit Anästhetika. Bei spastischen Verspannungen der Skelettmuskulatur können Benzodiazepine (S. 157) eingesetzt werden.

4.5.1 Guaifenesin

STECKBRIEF GUAIFENESIN

Guaifenesin setzt den Muskeltonus durch selektive Blockade von Interneuronen im Rückenmark, Hirnstamm und den subkortikalen Hirnregionen herab. Es wird wie Diazepam zur Sedation und zum Ablegen von Pferden eingesetzt.

Pharmakodynamik Guaifenesin (**Abb. 4.26**) greift modulierend in den monosynaptischen Eigenreflex der motorischen Einheit ein und setzt damit die Muskelspannung und Eigenreflexaktivität herab. Diese Wirkung ist bei spastischen Zuständen der Muskulatur besonders stark ausgeprägt. In niedrigen Dosierungen (30–50 mg/kg i. v.) bewirkt Guaifenesin eine Sedation. Höhere Dosierungen von 80–120 mg/kg dagegen setzen den Muskeltonus so stark herab, dass sich Pferde meist ohne größere Schwierigkeiten niederlegen oder niederlegen lassen. Die Zwerchfellmuskulatur wird nicht beeinflusst. Da Guaifenesin keine analgetische Wirkung besitzt, kommt es häufig in Kombination mit sedativ-hypnotischen Analgetika oder Ketamin zum Einsatz. Die Wirkungsdauer ist relativ kurz, für eine Dosis von 100 mg/kg werden 15–30 min angegeben. Behandelte Tiere können innerhalb von 45 min nach der Verabreichung wieder stehen. Guaifenesin wirkt zudem sekretionsfördernd und kann als Sekretolytikum verwendet werden.

Pharmakokinetik Beim Pferd wird Guaifenesin demethyliert und anschließend als Glukuronid über die Nieren ausgeschieden. Die Eliminationshalbwertszeit beträgt durchschnittlich 75 min, bei Ponystuten etwa die Hälfte.

Dosierung Zum Ablegen von Pferden werden 100 mg/kg i. v. infundiert. Zur Aufrechterhaltung einer Anästhesie kann Guaifenesin in einer Konzentration von 100 mg/kg/h per Dauertropfinfusion verabreicht werden.

CAVE

Bei paravenöser Injektion ist die Gefahr von Thrombophlebitiden gegeben. Aufgrund des großen Injektionsvolumens kann es bereits während der Infusion zu Ataxien kommen.

Nebenwirkungen Wässrige Guaifenesinlösungen sind instabil und enthalten 1,2-Propylenglykol als Lösungsvermittler, der Hämolyse verursachen kann. In therapeutischen Dosen kann ein geringer Blutdruckabfall mit Tachypnoe beobachtet werden. Die Wirkung auf das Atemsystem ist gering. Guaifenesin verstärkt die zentral dämpfende Wirkung von Narkotika.

Toxizität Die therapeutische Breite von Guaifenesin ist groß. Erst bei 4-facher Überdosierung kommt es zum Tod durch Herzversagen und Atemlähmung. Die akut letale Dosis wird für das Pferd mit 460 mg/kg angegeben.

Wartezeit Guaifenesin besitzt keinen MRL-Wert. Es ist in der VO(EG)122/2013 gelistet und darf beim Lebensmittel liefernden Pferd unter Einhaltung einer Wartezeit von 6 Monaten eingesetzt werden.

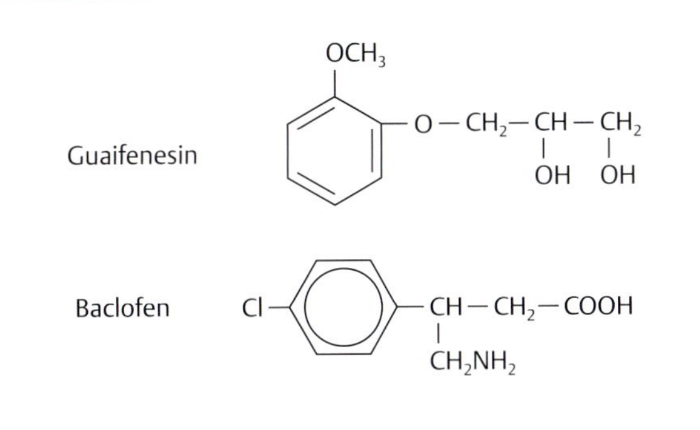

Abb. 4.26 Zentrale Muskelrelaxanzien.

4.5.2 Baclofen

STECKBRIEF BACLOFEN

Baclofen ist ein zentral wirkendes Myotonolytikum zur Behandlung spastischer Zustände der Skelettmuskulatur und der Harnleiter.

Pharmakodynamik Baclofen (**Abb. 4.26**) ist ein Chlorophenylderivat der GABA und ein spezifischer Agonist an $GABA_B$-Rezeptoren. Auf Rückenmarksebene hemmt es mono- und polysynaptische Reflexe, wodurch ein krankhaft erhöhter Muskeltonus normalisiert wird. Diese Wirkung kommt im Wesentlichen durch präsynaptische Hemmung der Freisetzung exzitatorischer Neurotransmitter zustande. Zusätzlich hemmt Baclofen Motoneurone direkt postsynaptisch. Für den klinischen Einsatz in der Tiermedizin existieren keine gesicherten Daten. Aufgrund seines spinalen Angriffspunkts kann Baclofen intrathekal angewendet werden.

Pharmakokinetik Die Eliminationshalbwertszeit wurde beim Hund mit 3,7 h bestimmt.

Dosierung Beim Hund wird eine Dosis von 3-mal täglich 1–2 mg/kg p. o. zur Behandlung von Harnleiterspasmen erwähnt.

Nebenwirkung Mit der spasmolytischen Wirkung geht eine allgemeine Dämpfung zentralnervöser Funktionen einher. Bei Überdosierung wurden Speicheln, Erbrechen, zentrale Depression, Hyperthermie, Koma, Tremor, Muskelschwäche und schließlich eine Lähmung der Zwerchfellmuskulatur beobachtet. Erste Vergiftungserscheinungen traten bereits nach einer Aufnahme von 1,3 mg/kg auf.

CAVE

Baclofen soll nicht bei Katzen und trächtigen Hündinnen angewendet werden. Anfallsleiden und Niereninsuffizienz stellen weitere Gegenanzeigen dar.

FAZIT ZENTRALE MUSKELRELAXANZIEN 

- Zentrale Muskelrelaxanzien werden zum Ablegen von Pferden und zur Behandlung eines spastisch erhöhten Muskeltonus eingesetzt.

Spez. Pharmakologie

4.6 Antiepileptika

DEFINITION **Epilepsien** sind charakterisiert durch zentral bedingte wiederkehrende spontane Anfälle. Sie zählen in der Veterinärmedizin zu den häufigsten chronischen neurologischen Erkrankungen bei Hund und Katze.

Der Status epilepticus stellt eine Notfallsituation dar, die durch eine länger anhaltende Anfallsaktivität gekennzeichnet ist. Je länger die Anfallsaktivität dauert, desto schwieriger wird es, diese durch Antiepileptika zu unterbrechen.

4.6.1 Kennzeichen und Wirkweise von Antiepileptika

STECKBRIEF ANTIEPILEPTIKA

Antiepileptika werden für die Therapie von Epilepsien eingesetzt, in der Regel in Form einer Langzeitapplikation. Durch die kontinuierliche Applikation von Antiepileptika wird versucht, im Sinne einer symptomatischen Therapie die Anfallsaktivität zu unterdrücken. In Notfallsituationen mit anhaltender Anfallsaktivität ist ein rasches therapeutisches Handeln erforderlich, sodass bevorzugt Wirkstoffe mit einer kurzen Latenzzeit Anwendung finden.

In der Humanmedizin steht eine Vielzahl von Antiepileptika zur Verfügung, unter denen Neurologen die für eine spezifische Epilepsieform und einen individuellen Patienten am besten geeignete Substanz auswählen. Leider ist die Zahl geeigneter Antiepileptika für Hund und Katze aufgrund verschiedener Aspekte eingeschränkt. Insbesondere limitiert beim Hund die rasche Metabolisierung vieler Antiepileptika die Auswahl, da nur bei einzelnen Substanzen unter Anwendung praktikabler Applikationsintervalle therapeutische Plasmakonzentrationen kontinuierlich aufrechterhalten werden können (**Tab. 4.8**). In Bezug auf Katzen fehlen andererseits für viele Substanzen pharmakokinetische Daten. Über den Hauptwirkungsmechanismus und die Applikationsart veterinärmedizinisch eingesetzter Antiepileptika informiert **Tab. 4.9**.

4.6.2 Phenobarbital

STECKBRIEF PHENOBARBITAL

Phenobarbital (**Abb. 4.27**) verstärkt als $GABA_A$-Rezeptor-Agonist die hemmende Neurotransmission. Es gilt als einer der Wirkstoffe der ersten Wahl in der Dauertherapie caniner und feliner Epilepsien.

Pharmakodynamik Die Wirkung von Phenobarbital beruht vorwiegend auf einem Agonismus am $GABA_A$-Rezeptor und einer damit verbundenen Verstärkung der hemmenden Neurotransmission. In therapeutischen Konzentrationen erhöht Phenobarbital die Dauer der Öffnung des $GABA_A$-Rezeptor-assoziierten Chloridkanals. Weitere Wirkungsmechanismen werden diskutiert, es ist allerdings ungeklärt, inwieweit diese bei therapeutischer Dosierung zur Wirksamkeit beitragen.

Bei Dauertherapie mit Phenobarbital kann es zur Ausprägung einer Toleranz gegenüber der sedativ-hypnoti-

Tab. 4.8 Eliminationshalbwertszeiten von Antiepileptika bei Hund, Katze und Mensch.

Antiepileptikum	Hund	Katze	Mensch
aktuell für den Hund zugelassene Antiepileptika			
Phenobarbital	64 ± 15 h (Beagle: 32 ± 4,8 h)	34–43 h	10–100 h
Imepitoin	1,5–2 h	?	~ 8 h
Kaliumbromid	ca. 24 Tage	ca. 10 Tage	10,5–14 Tage
humanmedizinisch zugelassene Antiepileptika (Auswahl)			
Diazepam*	2–5 h	15–20 h	34 ± 11 h
Clonazepam*	1,4 ± 0,3 h (dosisabhängig)	?	24–36 h
Levetiracetam**	2,3–3,1 h	?	6–8 h
Zonisamid**	13 h	?	50–63 h
Gabapentin**	3–4 h	?	6–9 h
Pregabalin**	6,2–7,4 h	?	ca. 6 h
Felbamat**	5–7 h	?	16–22 h
Phenytoin***	4,4 ± 0,78 h	24–108 h	15–20 h (dosisabhängig)
Primidon*** (unverändert)	9–12 h (Beagle: 5,1 ± 0,8 h)	7 h	6–12 h

Die Angaben umfassen in Abhängigkeit von der Informationsquelle den Mittelwert und die Standardabweichung bzw. Minimal- und Maximalwerte.
? = keine Daten verfügbar
* veterinärmedizinische Anwendung (Umwidmung) beim Status epilepticus und bei Clusteranfällen
** Anwendung durch Veterinärneurologen in der Add-on-Therapie bei Resistenz gegenüber tiermedizinisch zugelassenen Wirkstoffen (Umwidmung), Evidenz für Wirksamkeit sehr unterschiedlich mit oft limitierter Datenlage
*** Anwendung in der Veterinärmedizin nicht empfohlen

Tab. 4.9 Hauptwirkungsmechanismus und Applikationsart veterinärmedizinisch eingesetzter Antiepileptika.

Antiepileptikum	Hauptwirkungsmechanismus	Applikationsart
Aktuell für den Hund zugelassene Antiepileptika		
Phenobarbital	Agonist am $GABA_A$-Rezeptor (Barbituratbindungsstelle)	p. o.
Imepitoin	partieller, niedrig affiner Agonist an der Benzodiazepin-Bindungsstelle des $GABA_A$-Rezeptors	p. o.
Kaliumbromid	Verstärkung GABAerger Neurotransmission	p. o.
Humanmedizinisch zugelassene Antiepileptika (Auswahl)		
Diazepam*	Agonist am $GABA_A$-Rezeptor (Benzodiazepinbindungsstelle)	i. v., rektal
Clonazepam*	Agonist am $GABA_A$-Rezeptor (Benzodiazepinbindungsstelle)	i. v.
Levetiracetam**	Bindung an synaptisches Vesikelprotein SV2A	p. o.
Zonisamid**	Modulation spannungsabhängiger Natrium- und Kalziumkanäle sowie der GABA-Freisetzung	p. o.
Gabapentin**	Modulation spannungsabhängiger Kalziumkanäle (α2δ) und des GABA-Turnovers	p. o.
Pregabalin**	Modulation spannungsabhängiger Kalziumkanäle (α2δ)	p. o.
Felbamat**	Modulation spannungsabhängiger Natrium- und Kalziumkanäle, Interaktion mit $GABA_A$- und NMDA-Rezeptoren	p. o.

* veterinärmedizinische Anwendung (Umwidmung) beim Status epilepticus und Clusteranfällen

** Anwendung durch Veterinärneurologen in der Add-on-Therapie bei Resistenz gegenüber tiermedizinisch zugelassener Wirkstoffe (Umwidmung), Evidenz für Wirksamkeit sehr unterschiedlich mit oft limitierter Datenlage

schen Wirkung kommen. In seltenen Fällen kann sich langfristig eine Toleranz gegenüber der antikonvulsiven Wirkung ausbilden. Zur Toleranzentwicklung tragen Adaptationsmechanismen (funktionelle Toleranz) und eine ausgeprägte Enzyminduktion (metabolische Toleranz) bei. Außerdem führt Phenobarbital bei Dauerbehandlung zur Entwicklung einer physischen Abhängigkeit, sodass es bei plötzlichem Absetzen zu schwersten Entzugserscheinungen, z. B. einem lebensbedrohlichen Status epilepticus, kommen kann.

Pharmakokinetik Phenobarbital wird nach oraler Gabe vollständig resorbiert. Maximale Plasmakonzentrationen werden nach etwa 4–8 h erreicht. Die Plasmaproteinbindung beträgt beim Hund ca. 45 %. Die Eliminationshalbwertszeit liegt beim Hund zwischen 40 und 90 h, mit erheblichen rassespezifischen Unterschieden. Beim Beagle wird Phenobarbital schneller eliminiert, mit einer Eliminationshalbwertszeit von nur 32 h. Bei der Katze liegt die Eliminationshalbwertszeit zwischen 34 und 43 h. Ein Steady state wird nach etwa 8–14 Tagen erreicht.

Phenobarbital wird zu etwa einem Drittel unverändert renal eliminiert, der Rest wird zum unwirksamen p-Hydroxyphenobarbital oxidiert und, großteils in glukuronidierter Form, renal eliminiert.

Indikationen, Dosierung Zur Dauertherapie der Epilepsie wird Phenobarbital initial einschleichend dosiert, beginnend mit einer Tagesdosis von 5 mg/kg. Eine Verteilung der Tagesdosis auf zwei Applikationen wird grundsätzlich empfohlen, da konstantere Plasmaspiegel erreicht werden (d. h. 2-mal täglich 2,5 mg/kg). Aufgrund der relativ langen Eliminationshalbwertszeit dauert es mindestens 14 Tage, bis konstante Plasmakonzentrationen erreicht sind und die Wirksamkeit beurteilt werden kann. Unter Berücksichtigung der individuellen Nebenwirkungen kann die Phenobarbitaldosierung bei Ausbleiben eines Therapieerfolgs vorsichtig schrittweise erhöht werden.

Zur Therapie des Status epilepticus wird Phenobarbital in Kombination mit Benzodiazepinen eingesetzt, um das Wiederauftreten der Anfallsaktivität nach Abklingen der Benzodiazepin-Wirkung zu vermeiden.

CAVE

Wie bei allen Antiepileptika sollten Dosisreduktionen oder das Absetzen von Phenobarbital schrittweise bzw. ausschleichend erfolgen.

Nebenwirkungen, Toxizität Zu den Nebenwirkungen von Phenobarbital zählen Sedation, Ataxie, Polyphagie und Polydypsie. Die Sedation ist initial sehr ausgeprägt, wird allerdings durch die selektive Toleranzentwicklung nach etwa einwöchiger Therapie abgeschwächt.

Da in der Dauertherapie eine Leberschädigung eintreten kann, sollte alle 6 Monate eine Überprüfung der Leberfunktion erfolgen und ein Gallensäurestimulationstest durchgeführt werden. Sehr selten sind idiosynkratische akute hepatotoxische Reaktionen zu verzeichnen. Reversible Störungen der Hämatopoese treten ebenfalls nur sehr selten auf. Hinsichtlich einer Schilddrüsendiagnostik ist zu beachten, dass Thyroxinkonzentrationen während einer Dauertherapie mit Phenobarbital reduziert sein können.

Wechselwirkungen Phenobarbital induziert Cytochrom-P450-Enzyme, wodurch bei chronischer Applikation die Eliminationshalbwertszeit von Phenobarbital, aber auch von zahlreichen anderen Wirkstoffen progressiv verkürzt werden kann. Die Enzyminduktion ist daher bei der Kombination mit anderen Wirkstoffen sowie bei vorausgegangener Phenobarbital-Applikation zu berücksichtigen. Zudem kann Phenobarbital die Wirkung anderer zentral dämpfender Substanzen verstärken.

Kontraindikationen Phenobarbital sollte bei schweren Leber- und Nierenfunktionsstörungen und bei Intoxikationen mit zentral dämpfenden Substanzen nicht eingesetzt werden.

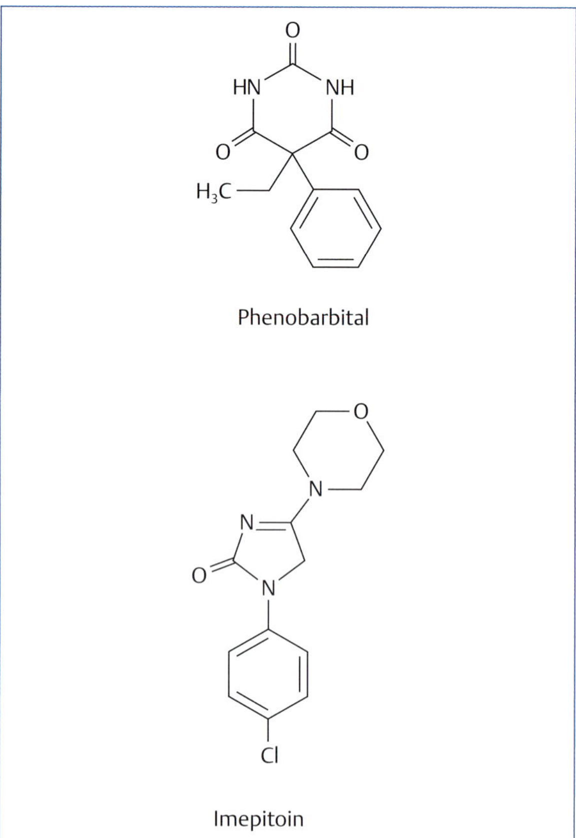

Abb. 4.27 Phenobarbital und Imepitoin.

4.6.3 Imepitoin

STECKBRIEF IMEPITOIN

Imepitoin (**Abb. 4.27**) ist ein neues Antiepileptikum, das spezifisch für die Dauertherapie von Epilepsien bei Hunden entwickelt wurde. Es wirkt als niedrig-affiner, partieller Agonist an der Benzodiazepin-Bindungsstelle des $GABA_A$-Rezeptors.

Pharmakodynamik Aufgrund der Entwicklung von Toleranz und Abhängigkeit bei der wiederholten Anwendung von Benzodiazepinen bestand seit Längerem das Ziel, Liganden an der Benzodiazepin-Bindungsstelle des $GABA_A$-Rezeptors zu entwickeln, die optimierte Eigenschaften aufweisen. Imepitoin ist ein partieller Agonist an der Benzodiazepin-Bindungsstelle, der im Vergleich zu klassischen Benzodiazepinen eine niedrige Affinität aufweist. Durch diese besonderen Eigenschaften in Bezug auf Affinität und intrinsische Aktivität scheint aus längerer Anwendung von Imepitoin keine Toleranzentstehung zu resultieren. Zudem lassen Studienergebnisse auf ein deutlich geringeres Abhängigkeitspotenzial schließen als bei klassischen Benzodiazepinen.

Neben der Wirkung an der Benzodiazepin-Bindungsstelle des $GABA_A$-Rezeptors kann Imepitoin auch die Funktion spannungsabhängiger Ca^{2+}-Kanäle modulieren. Bisherige Daten deuten allerdings daraufhin, dass die Modulation der $GABA_A$-Rezeptor-Funktion den Hauptwirkungsmechanismus von Imepitoin darstellt.

Pharmakokinetik Imepitoin weist eine gute orale Bioverfügbarkeit auf (> 92 %). Die Plasmaproteinbindung ist mit 60–70 % bei Hunden gering. Bei der Metabolisierung von Imepitoin entstehen vier inaktive Hauptmetaboliten. Der Wirkstoff wird rasch eliminiert. Die Plasma-Eliminationshalbwertszeit liegt bei etwa 2 h; aufgrund der galenischen Zubereitung kommt es aber trotz der kurzen Halbwertszeit durch retardierte Resorption zu wirksamen Konzentrationen bei nur 2-mal täglicher Behandlung.

Indikationen, Dosierung Imepitoin ist zugelassen für die Dauertherapie zur Reduktion der Frequenz generalisierter Anfälle bei idiopathischen Epilepsien des Hundes. Empfohlen wird eine initiale Dosierung von 2-mal täglich 10 mg/kg. Falls keine ausreichende Wirkung erzielt wird, kann unter Berücksichtigung der individuellen Verträglichkeit eine stufenweise Steigerung der Dosierung (50–100 % Schritte) bis zu einer Maximaldosis von 2-mal täglich 30 mg/kg erfolgen. Nach bisherigen Erfahrungen ist es bei der Kombination mit Phenobarbital unter Umständen erforderlich, Dosierungen der Kombinationspartner anzupassen.

Laut Herstellerangaben wurde die Eignung für das therapeutische Management eines Status epilepticus oder von Clusteranfällen (Serienanfällen) bislang nicht geprüft. Daher sollten in diesen Fällen andere etablierte Wirkstoffe Anwendung finden.

CAVE

Zu beachten ist, dass eine Umstellung der Therapie von einem Wirkstoff zu einem anderen oder das Absetzen eines Wirkstoffs grundsätzlich schrittweise erfolgen sollte.

Nebenwirkungen, Toxizität Imepitoin besitzt eine relativ gute Verträglichkeit. Zu den Nebenwirkungen, die selten zu beobachten sind, zählen transiente Polyphagie in der Initialphase der Behandlung, Hyperaktivität oder Somnolenz bis Apathie, Ataxie, Polyurie, Polydypsie, gesteigerte Salivation, Erbrechen, Durchfall und Nickhautvorfall.

4.6.4 Bromide

STECKBRIEF BROMIDE

Kalium- und Natriumbromid werden bereits seit 1857 in der Epilepsietherapie eingesetzt. Sie begünstigen eine Hyperpolarisation, indem sie Chloridkanäle der Zellmembran passieren. Während Bromide aufgrund ihrer geringen therapeutischen Breite in der Humanmedizin durch neuere Substanzen weitestgehend verdrängt wurden, wird Kaliumbromid in der Veterinärmedizin auch heute noch beim Hund angewendet. Der Einsatz erfolgt dabei insbesondere in Kombination mit Phenobarbital bei schwierig therapierbaren Epilepsieformen. Von der Monotherapie wird aufgrund der geringen therapeutischen Breite vielfach abgeraten.

Pharmakodynamik Bromidionen werden im Organismus nicht von Chloridionen differenziert. Da die Bromidionen die Chloridkanäle der Zellmembran schneller passieren als die Chloridionen, können sie zur Hyperpolarisation der Membran beitragen und die Erregungsausbreitung limitieren. Zudem scheinen Bromide die vermehrte Ausbildung hemmender Synapsen zu induzieren.

Pharmakokinetik Bromidionen werden gut aus dem Magen-Darm-Kanal resorbiert und verteilen sich wie Chloridionen. Das Verteilungsvolumen beträgt etwa 0,2–0,4 l/kg. Die Ausscheidung der Bromidionen erfolgt, da der Organismus diese nicht von Chloridionen unterscheidet, stets proportional zu Chloridionen; beide unterliegen in der Niere einer extensiven Rückresorption. Die Halbwertszeit ist daher sehr lang. Sie beträgt beim Hund etwa 24 Tage. Es besteht somit eine ausgeprägte Neigung zur Kumulation, weshalb angesichts der geringen therapeutischen Breite eine intensive Therapiekontrolle erforderlich ist. Außerdem vergehen aufgrund der langen Eliminationshalbwertszeit 2–3 Monate, bis konstante Plasmaspiegel erreicht werden.

Indikationen, Dosierung Kaliumbromid wird vorwiegend bei Hunden als Zusatzbehandlung eingesetzt, wenn mit alleiniger Phenobarbital-Applikation keine zufriedenstellende Anfallskontrolle erzielt werden kann, d. h., wenn eine Resistenz gegenüber Phenobarbital vorliegt. Empfohlen werden für den Hund Dosierungen von 30–40 mg/kg/Tag verteilt auf zwei Applikationen. In der Kombinationstherapie sollte zunächst mit 30 mg/kg/Tag begonnen werden. Höhere Dosierungen können zu kumulativen Vergiftungen (Bromismus) führen. Bei Erfahrung mit der Kaliumbromid-Therapie kann allerdings versucht werden, initial über etwa 6 Tage höhere Dosierungen einzusetzen, um schneller therapeutische Plasmakonzentrationen zu erreichen und den Zeitraum bis zum Erreichen konstanter Plasmaspiegel zu verkürzen.

Nebenwirkungen, Toxizität Da die therapeutische Breite von Kaliumbromid gering ist, sollte eine Kontrolle der Serumkonzentrationen erfolgen. Zu den Nebenwirkungen der Bromide zählen Verhaltensänderungen, die sich in Form einer Sedation ausprägen können, aber auch mit erhöhter Reizbarkeit verbunden sein können. Neben der Induktion einer Pankreatitis sind außerdem gastrointestinale Störungen wie Anorexie, Obstipation und Gastritis möglich. Von einem Bromismus der Haut spricht man bei Veränderungen, die mit Dermatitis, Juckreiz und Knotenbildung einhergehen können. Bei Katzen wird die Anwendung von Kaliumbromid aufgrund der häufig zu beobachtenden asthmatischen Reaktionen von vielen Autoren abgelehnt.

4.6.5 Primidon

Aus Gründen einer schlechteren Verträglichkeit und höheren Kosten sollte Primidon, dessen Wirkung durch den Hauptmetaboliten Phenobarbital geprägt ist, heute keine Anwendung mehr finden. Für weitere Information wird auf frühere Auflagen dieses Lehrbuches verwiesen.

4.6.6 Benzodiazepin-Derivate

STECKBRIEF BENZODIAZEPIN-DERIVATE

Bei einem Status epilepticus als lebensbedrohliche Notfallsituation muss die Anfallsaktivität schnellstmöglich unterbrochen werden. Daher sind i.v. injizierbare Antiepileptika mit rasch einsetzender Wirkung zu verwenden. Diese Voraussetzungen werden erfüllt durch die Benzodiazepine Diazepam, Lorazepam, Midazolam und Clonazepam, die Mittel der ersten Wahl für die Therapie des Status epilepticus darstellen.

Pharmakodynamik Benzodiazepine wirken als Agonisten am $GABA_A$-Rezeptor und verstärken dadurch die hemmende Neurotransmission. In therapeutischen Konzentrationen erhöhen sie die Frequenz der GABA-bedingten Öffnung des Rezeptor-assoziierten Chloridkanals. Die erhöhte Chloridleitfähigkeit führt zu einer Hyperpolarisation der Neurone und einer Reduktion der zellulären Erregbarkeit. Im Gegensatz zu den Barbituraten ist die Wirkung der Benzodiazepine abhängig von der GABA-Konzentration. Dadurch ist die Wirksamkeit bei Erschöpfung der GABA-Speicher limitiert, wodurch Benzodiazepine eine größere therapeutische Breite als Barbiturate aufweisen.

Pharmakokinetik Nach i. v. Injektion erreichen Diazepam, Lorazepam, Midazolam und Clonazepam innerhalb von 1 min therapeutisch relevante Konzentrationen im Gehirn. Die Eliminationshalbwertszeit von unverändertem Diazepam beträgt beim Hund etwa 2–4 h und bei der Katze etwa 15–20 h. Zu beachten ist allerdings, dass Diazepam sehr schnell und umfassend zu schwächer wirksamen Metaboliten umgewandelt wird.

CAVE

Aufgrund der schnellen Metabolisierung von Diazepam ist bei Hunden mit einem frühzeitigen Nachlassen der antikonvulsiven Wirkung zu rechnen, sodass Anfallsaktivität nach zunächst erfolgreicher Kontrolle des Status epilepticus erneut auftreten kann und damit eine Wiederholungsbehandlung erfordert. Dieser Situation kann gegebenenfalls durch Kombination mit Phenobarbital vorgebeugt werden, da dieses eine längere Wirkungsdauer beim Hund aufweist.

Die Eliminationshalbwertszeit von Clonazepam ist dosisabhängig (Sättigungskinetik): Sie beträgt beim Hund 1–2 h bei einer Dosierung von 0,1–0,2 mg/kg, steigt allerdings bis um das 10-Fache an, sobald die Plasmakonzentration oberhalb von 50 ng/ml liegt.

Die Eliminationshalbwertszeit von Midazolam beträgt beim Hund etwa 1–1,5 h.

Indikationen, Dosierung Die Benzodiazepine Diazepam und Clonazepam werden aufgrund des raschen Wirkungseintritts zur Therapie des Status epilepticus oder von Anfallsserien eingesetzt. Zur Terminierung der Anfallsaktivität werden Dosierungen von 0,5–1,0 mg/kg Diazepam i. v. bzw. 0,05–0,2 mg/kg Clonazepam i. v. eingesetzt. Beim Hund kommt Midazolam in einer Dosierung von 0,06–0,3 mg/kg i. v. oder i. m. zur Anwendung. Eine Dauertropfinfusion von Benzodiazepinen ist ebenfalls möglich. Dabei ist eine Interaktion der Wirkstoffe mit Plastikmaterialien zu berücksichtigen. In der Notfallsituation kann Diazepam zudem rektal appliziert werden, wodurch eine frühzeitige Intervention durch den Patientenbesitzer möglich ist.

Aufgrund der raschen Ausbildung einer Toleranz gegenüber dem antikonvulsiven Effekt können Benzodiazepine beim Hund nicht in der Dauertherapie von Epilepsien eingesetzt werden. Bei Katzen ist die Toleranzentwicklung nicht so ausgeprägt. Berichte über idiosynkratische Reaktionen in Form einer seltenen, aber letalen hepatischen Nekrose bei Katzen haben aber dazu geführt, dass Diazepam auch bei dieser Spezies heute nur noch in Ausnahmefällen in der Langzeittherapie eingesetzt wird. Es bleibt zu prüfen, ob andere Benzodiazepine, die nicht einer hepatischen Metabolisierung unterliegen, als sicherer einzustufen sind.

Nebenwirkungen, Toxizität Zu den Nebenwirkungen von Benzodiazepinen zählen Sedation, Ataxie, anterograde Amnesie sowie Polyphagie, die insbesondere bei Katzen zu beobachten ist. Bei dieser Spezies ist nach Dauertherapie mit Diazepam auch in seltenen Fällen eine fatale hepatische Nekrose beschrieben worden.

Zu beachten ist das ausgeprägte psychische und physische Abhängigkeitspotenzial der Benzodiazepine.

CAVE

Ein abruptes Absetzen von Benzodiazepinen nach mehrtägiger oder längerer Anwendung ist mit Entzugssymptomen verbunden, die sich unter anderem durch Tremor, Krampfanfälle, Hyperthermie und Vokalisation äußern und lebensbedrohlich sein können.

Das Entzugssyndrom hält in der Regel über mehrere Tage an. Nach einer längeren Applikation sind Benzodiazepine in jedem Fall ausschleichend zu dosieren.

Wechselwirkungen Benzodiazepine können die Wirkung anderer zentral depressiver Substanzen verstärken. Durch eine hohe Plasmaproteinbindung können diese aus der Bindung verdrängt werden, wodurch die Wirkung gesteigert wird.

Kontraindikationen Benzodiazepine sollten bei Myasthenia gravis und bei Intoxikationen mit zentral depressiven Substanzen vermieden werden. Das Bestehen einer Leber- oder Niereninsuffizienz ist als relative Kontraindikation zu betrachten.

4.6.7 Weitere Antiepileptika

Zahlreiche Antiepileptika, die beim Menschen eingesetzt werden, sind für die Epilepsietherapie bei Tieren als ungeeignet einzustufen. Dazu zählen z. B. die Antiepileptika Phenytoin, Carbamazepin, Oxcarbazepin und Valproinsäure, die aufgrund der pharmakokinetischen Gegebenheiten nicht für die Dauertherapie bei Hund und Katze geeignet sind. Die Anwendung der Antiepileptika Lamotrigin oder Vigabatrin ist beim Hund mit speziesspezifischen schweren Nebenwirkungen verbunden und sollte daher unterbleiben.

Unter den Antiepileptika der neueren Generation (**Abb. 4.28**) ist für verschiedene Substanzen ein antikonvulsiver Effekt beim Hund beschrieben worden. Leider fehlen zurzeit umfassende Erfahrungen oder valide klinische Daten, auf deren Basis evidenzbasierte Empfehlungen gegeben werden können. Der Einsatz neuerer Antiepileptika ist nach bisherigen Erkenntnissen insbesondere bei Hunden mit einer Resistenz gegenüber Phenobarbital als Zusatztherapie zu erwägen.

Levetiracetam bindet an ein Protein (SV2A) der synaptischen Vesikel, wodurch wahrscheinlich die synaptische Freisetzung von Neurotransmittern moduliert wird. Beim Menschen gilt Levetiracetam als exzellent verträgliches Antiepileptikum. Bei einer Subgruppe von Patienten wird allerdings über verstärkte Reizbarkeit und teilweise sogar

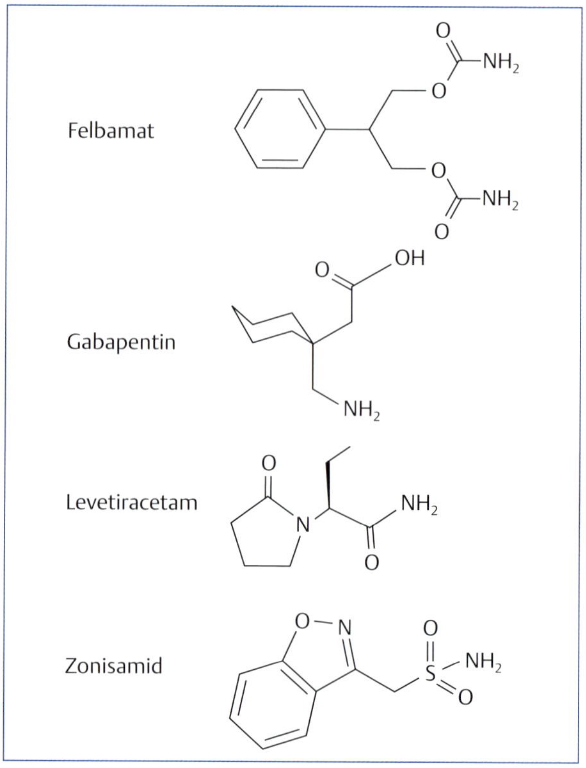

Abb. 4.28 Chemische Struktur neuerer Antiepileptika mit Zulassung in der Humanmedizin.

aggressives Verhalten berichtet. Eine negative Beeinflussung des Verhaltens ist bislang bei Tieren nicht beschrieben worden. Allerdings sollten aufgrund der Beobachtungen in der Humanmedizin Tierbesitzer auf diesen Aspekt aufmerksam gemacht werden. Bei Hunden, bei denen sich zunächst ein möglicher Therapieerfolg abzeichnet, scheint sich nicht selten eine Toleranz gegenüber dem antikonvulsiven Effekt von Levetiracetam zu entwickeln.

Die Wirkung von **Zonisamid** scheint primär durch die Hemmung der aktivitätsabhängigen Öffnung von Natriumkanälen vermittelt zu sein. Die Eliminationshalbwertszeit liegt bei 16,4 h. Aufgrund dieser relativ langen Eliminationshalbwertszeit ist Zonisamid aus pharmakokinetischer Sicht das Antikonvulsivum der neueren Generation mit der besten Eignung für die Dauertherapie beim Hund. Zu den Nebenwirkungen von Zonisamid gehören Sedation, Ataxie, Erbrechen und Keratokonjunktivitis sicca. In klinischen Studien konnten in einigen Fällen mögliche Therapieerfolge, die sich zunächst abzeichneten, nicht langfristig aufrechterhalten werden. Dies kann u. a. auf eine Toleranzentwicklung zurückzuführen sein.

Gabapentin wurde als Analogon des hemmenden Neurotransmitters GABA entwickelt. Die Wirkung beruht allerdings nicht auf einem Agonismus an GABA-Rezeptoren, sondern scheint primär durch eine Modulation der Funktion spannungsabhängiger Ca^{2+}-Kanäle vermittelt zu sein. Dabei bindet Gabapentin an die modulatorische α2δ-Untereinheit von Subtypen spannungsabhängiger Ca^{2+}-Kanäle. Gabapentin gilt in der Humanmedizin als gut verträglich. Im Gegensatz zu anderen Spezies bildet der Hund einen N-Methyl-Metaboliten. Vorteilhaft ist, dass Gabapentin und seine Metaboliten ausschließlich renal eliminiert werden, sodass keine Interaktionen mit anderen Antiepileptika oder anderen Wirkstoffen basierend auf einer Beeinflussung der hepatischen Metabolisierung zu erwarten sind. Andererseits kann bei Niereninsuffizienz eine Dosisreduktion erforderlich sein. Problematisch ist die relativ kurze Eliminationshalbwertszeit beim Hund (3–4 h), durch die es schwierig erscheint, konstant therapeutische Plasmakonzentrationen aufrechtzuerhalten.

Pregabalin bindet wie Gabapentin an die α2δ-Untereinheit von Subtypen spannungsabhängiger Ca^{2+}-Kanäle. Die Eliminationshalbwertszeit liegt beim Hund bei 6,2–7,4 h. Bisherige Daten deuten auf eine sehr gute Verträglichkeit von Pregabalin bei Hunden hin. Zu den häufigen Nebenwirkungen gehören Sedation und Ataxie.

Felbamat hemmt die aktivitätsabhängige Öffnung von Natriumkanälen und moduliert die Neurotransmission durch eine Interaktion mit $GABA_A$-Rezeptoren sowie einen Antagonismus an einem Subtyp der Glutamatrezeptoren (NMDA-Rezeptor). In der Humanmedizin wird Felbamat aufgrund von seltenen, aber fatalen hepatotoxischen Effekten und Dyskrasien nur noch in Ausnahmefällen eingesetzt. In der Veterinärmedizin lässt der zurzeit begrenzte Einsatz eine Aussage bezüglich vergleichbarer Nebenwirkungen nicht zu. Eine regelmäßige Blutuntersuchung und Überprüfung der Leberfunktion ist daher grundsätzlich bei einer Anwendung von Felbamat zu empfehlen. Beim Hund wird Felbamat durch Cytochrom-P450-Enzyme metabolisiert. Eine erhöhte Metabolisierungsrate wurde bei jungen Hunden beschrieben. Die Eliminationshalbwertszeit liegt bei 5–7 h. Als Nebenwirkungen wurden bei Hunden reversible hämatologische Veränderungen und Keratokonjunktivitis sicca beschrieben.

FAZIT ANTIEPILEPTIKA 

- Aktuell sind für die Dauertherapie einer Epilepsie bei Hunden die Wirkstoffe **Phenobarbital**, **Imepitoin** und **Kaliumbromid** zugelassen. Diese Antiepileptika wirken insbesondere durch eine Verstärkung der GABAergen Neurotransmission. Während Phenobarbital und Imepitoin sowohl für die initiale Monotherapie als auch für eine Kombinationstherapie zum Einsatz kommen, wird Kaliumbromid vorwiegend in Kombination angewendet. Zur Therapie von Epilepsien bei Katzen findet derzeit bevorzugt Phenobarbital unter Beachtung der Umwidmungsvoraussetzungen Anwendung.
- Falls sich mit den genannten veterinärmedizinischen Antiepileptika keine Therapieerfolge erzielen lassen, werden humanmedizinische Antiepileptika in Kombination verwendet. Dabei sind speziesspezifische Besonderheiten in Bezug auf Verträglichkeit und Pharmakokinetik dringend zu beachten.

4.7 Zentral erregende Stoffe

DEFINITION Zentral erregende Stoffe stimulieren die Atem- und Kreislauftätigkeit. Je nach Angriffspunkt können **zentrale Analeptika**, **ganglienstimulierende Stoffe** und **Psychostimulanzien** unterschieden werden. Zentrale Analeptika stimulieren das Atem- und Kreislaufzentrum im Stammhirn direkt, sie werden auch als **Stammhirnanaleptika** bezeichnet. Ganglienstimulierende Stoffe regen vitale Gehirnfunktionen durch Aktivierung **peripherer Ganglien** an. Psychostimulanzien schließlich greifen in noradrenerge, dopaminerge und serotoninerge Transmittersysteme ein.

Neben den eigentlichen zentral erregenden Stoffen verfügen die Methylxanthine ebenfalls über eine zentral stimulierende Komponente, die zusammen mit ihren peripheren Wirkungen zur allgemeinen Stützung der Atem- und Kreislauffunktion ausgenutzt wird. Zentrale Analeptika besaßen früher eine bedeutende Rolle bei der Behandlung der Barbituratvergiftung, werden heute in dieser Indikation aber nicht mehr eingesetzt.

4.7.1 Ganglienstimulierende Stoffe

Doxapram

STECKBRIEF DOXAPRAM 

Doxapram ist ein Atemanaleptikum. Es wird bei postnarkotischen, postoperativen und medikamentös bedingten Atemstörungen sowie bei der Neugeborenenasphyxie eingesetzt.

Spez. Pharmakologie

Pharmakodynamik Doxapram (**Abb. 4.29**) ist ein Pyrrolidonderivat, das seine atem- und kreislaufstimulierende Wirkung vorwiegend durch Aktivierung von Chemorezeptoren im Carotissinus und im Aortenbogen vermittelt. In höheren Dosen wird zusätzlich das Atemzentrum direkt stimuliert. Nach i. v. Injektion tritt der atemanaleptische Effekt sofort ein. Er hält allerdings aufgrund seiner schnellen Umverteilung nur kurz (ca. 5 min) an. Doxapram kann bei Bedarf nachdosiert werden. Es wirkt blutdrucksteigernd, in höheren Dosierungen kann diesem Effekt eine kurze hypotensive Phase vorangehen.

Pharmakokinetik Doxapram verteilt sich gleichmäßig im gesamten Organismus und wird schnell metabolisiert. Die Metabolite werden renal und biliär ausgeschieden.

Dosierung

- Katze, Hund: 1–2 mg/kg nach Inhalationsnarkose, bis zu 5 mg/kg nach Injektionsnarkose
- Lamm, Kalb, Fohlen: 2,5–10 bzw. 40–100 mg/kg i. v., i. m., s. c., p. o. zur Behandlung der Neugeborenenasphyxie

Aufgrund der guten Resorption über die Schleimhäute kann Doxapram bei der Neugeborenenasphyxie in die Maulhöhle geträufelt werden.

Nebenwirkungen Die therapeutische Breite zwischen atemanaleptischer und konvulsiver Dosis ist sehr groß. Überdosierungen können Tremor und Krämpfe auslösen, die sich durch Benzodiazepine und Barbiturate antagonisieren lassen. Infolge der Hyperventilation ist die Entwicklung einer respiratorischen Alkalose möglich. Zudem erhöhen hohe Dosen von Doxapram den kardialen Sauerstoffverbrauch und lösen eine zerebrale Hypoxie durch Vasokonstriktion aus.

Wartezeit Das derzeit im Handel befindliche Präparat besitzt bei Lebensmittel liefernden Tieren eine Wartezeit von 2 Tagen auf essbare Gewebe.

Amphetaminderivate

STECKBRIEF AMPHETAMINDERIVATE

Die Psychostimulanzien vom Amphetamin-Typ stellen indirekt wirkende Sympathomimetika dar. Sie werden beim Hund zur Behandlung des hyperkinetischen Syndroms und der Narkolepsie eingesetzt.

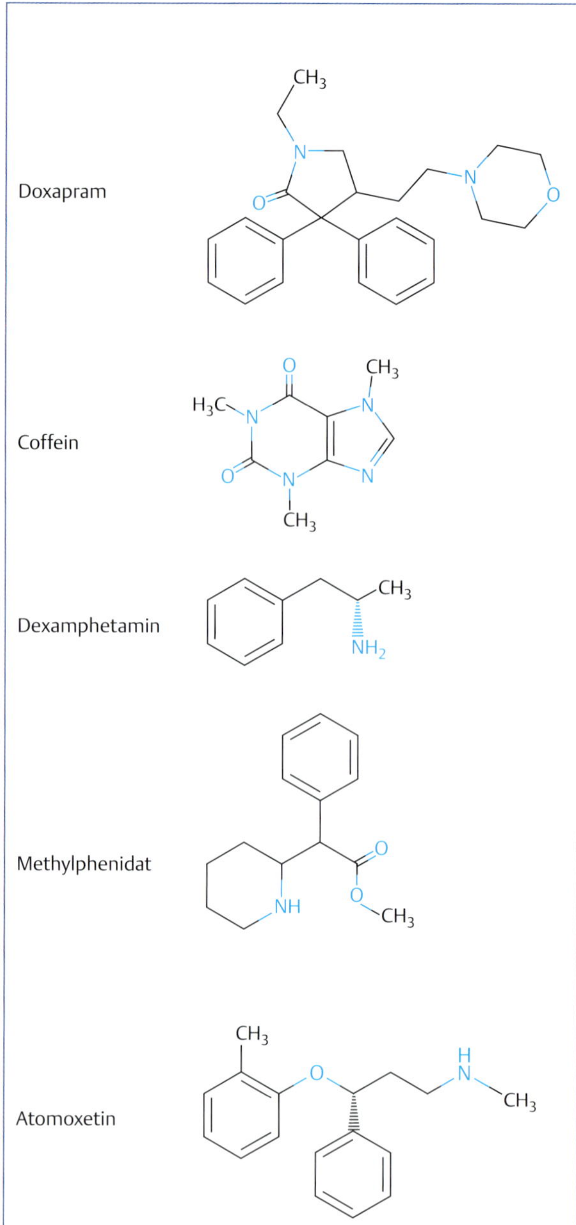

Abb. 4.29 Strukturformeln zentral stimulierender Stoffe.

Pharmakodynamik Amphetamin und **Methylphenidat** sind Substrate für Monoaminotransporter, die in der Plasmamembran und den Membranen der Speichervesikel dopaminerger, noradrenerger und adrenerger Neurone lokalisiert sind. Beide Stoffe liegen als Razemat vor, wobei das (S)-(+)-Enantiomer des Amphetamins (Dexamphetamin) und das D-threo-Methylphenidat die pharmakologisch aktiven Enantiomere darstellen (**Abb. 4.29**). Amphetamin und Methylphenidat bewirken einen Anstieg der Noradrenalin- und Dopaminkonzentrationen im synaptischen Spalt und besitzen so eine allgemein euphorisierende und zentral stimulierende Wirkung. Ihre kreislaufstimulierende Wirkung ist dabei gering. Strukturell nicht mit Amphetamin verwandt ist Atomoxetin, ein selektiver Hemmstoff des Noradrenalintransporters, der in therapeutischen Dosierungen auch NMDA-Rezeptoren blockiert. Aufgrund ihrer suchtpotenten Wirkung und der damit verbundenen Missbrauchsgefahr unterliegen alle Amphetaminderivate der Betäubungsmittelgesetzgebung.

Pharmakokinetik Amphetamin und Methylphenidat besitzen beim Hund eine biologische Halbwertszeit von 4,5 und 0,85 h. Sie werden schnell hepatisch in 4-Hydroxyamphetamin bzw. Ritalinsäure metabolisiert und etwa je zur Hälfte als Glukuronid und Sulfat eliminiert. Um die kurze Wirkdauer zu kompensieren, stehen für die Humanmedizin verschiedene Sustained-Release-Formulierungen zur Verfügung. Hierbei beträgt die Bioverfügbarkeit von Methylphenidat beim Hund ca. 30 %, die Eliminationshalbwertszeit 6,1 h (im Vergleich zu 1,1 h bei der nichtretardierten Form). Durch Anhebung des pH-Wertes im Magen kann die Resorption gesteigert, die Exkretion über die Nieren durch Alkalisierung des Harnes verzögert werden. Atomoxetin besitzt eine orale Bioverfügbarkeit von ca. 80 %. Es wird beim Beagle hepatisch in 4-Hydroxyatomoxetin und N-Demethylatomoxetin umgewandelt. Die Elimination der Metabolite erfolgt als Glukuronid und Sulfat über Harn und Galle. Die terminale Halbwertszeit beträgt ca. 3,5 h.

Dosierung

- Dexamphetamin: 0,05–0,025 mg/kg p. o. zur Behandlung der Narkolepsie bei Hund und Katze
- Methylphenidat: 3-mal täglich 2–4 mg/kg p. o. zur Behandlung des hyperkinetischen Syndroms beim Hund

Atomoxetin befindet sich aktuell noch in der klinischen Prüfung.

Nebenwirkungen Die wiederholte Verabreichung von Amphetamin und Methylphenidat kann rasch zur Tachyphylaxie führen. Bei Überdosierung treten Nebenwirkungen wie Tachykardie, Tachypnoe und Tremor auf.

> **CAVE**
> Psychostimulanzien vom Amphetamin-Typ dürfen nicht zusammen mit MAO-Hemmern verabreicht werden!

Methylxanthine

STECKBRIEF METHYLXANTHINE 

Die zentral stimulierende Wirkung von Methylxanthinen (Coffein, Theophyllin) ist im Vergleich zu anderen Psychoanaleptika (z. B. Amphetamine, Kokain) nur relativ schwach, sodass vor allem die peripheren Wirkungen der Methylxanthine therapeutisch ausgenutzt werden.

Pharmakodynamik Coffein ist ein Alkaloid, das über eine Dämpfung mediothalamischer Strukturen die Großhirnrinde stimuliert. Daneben kommt es zu einer Erregung autonomer Zentren des Gehirns, die zusammen eine leicht atem- und kreislaufanaleptische Wirkung bedingen. Auf zellulärer Ebene werden die zentralen Wirkungen von Coffein hauptsächlich durch Blockade von Adenosin A_1-Rezeptoren vermittelt. Auch die Steigerung des Herzminutenvolumens wird zentral vermittelt. Erst oberhalb therapeutischer Dosen kommt es durch Hemmung von Phosphodiesterasen zum Anstieg des intrazellulären cAMP-Gehalts und damit zur Steigerung der Kontraktilität und Herzfrequenz. Dagegen wirkt Theophyllin sehr viel stärker auf Phosphodiesterasen. Es führt dadurch zu einer Erhöhung von cAMP in Herz-, Gefäß- und Bronchialmuskulatur und zu einer therapeutisch nutzbaren Herzstimulation sowie Broncholyse. Die Wirkungen ähneln denen von β-Sympathomimetika, die cAMP über eine Stimulation der Synthese erhöhen. Die Theophyllinderivate Diprophyllin und Etamiphyllin haben MRL-Werte, sind aber in Deutschland analog zu Coffein und Theophyllin nicht als Tierarzneimittel im Handel.

Pharmakokinetik Coffein wird gut und schnell aus dem Magen-Darm-Kanal resorbiert und in der Leber rasch zu seinen entsprechenden Monomethylderivaten und Paraxanthin, in geringem Maße auch zu Theophyllin und Theobromin demethyliert. Koffein kann auch oxidiert und nachfolgend glukuronidiert oder sulfatiert werden. Das Verteilungsvolumen entspricht etwa dem Gesamtkörperwasser. Die Eliminationshalbwertszeit beim Hund beträgt 4,25 h. Sie ist bei Leberinsuffizienz verlängert. Beim Pferd wird Coffein nicht metabolisiert und unverändert mit einer Eliminationshalbwertszeit von ca. 22 h ausgeschieden. Theophyllin wirkt ähnlich wie Coffein nur relativ kurz, zudem sind tierartliche Unterschiede zu beachten (Halbwertszeiten: Hund 6, Katze 8, Schwein 11, Pferd 10–17 h).

Dosierung

- Coffein und Theophyllin: bei allen Tierarten 5–10 mg/kg i.v. oder p. o.

Nebenwirkungen Bei Überdosierung kann Tachykardie und Muskelrigor sowie eine vermehrte Harnproduktion beobachtet werden. Die letale Dosis liegt bei parenteraler Gabe bei mehr als 100 mg/kg.

Sonstiges Für Coffein ist wie für Diprophyllin und Etamiphyllin ein MRL-Wert festgelegt. Es kann daher bei Lebensmittel liefernden Tieren angewendet werden.

FAZIT ZENTRAL ERREGENDE STOFFE

- Zentral erregende Stoffe werden in der Tiermedizin zur Steigerung der Atem- und Kreislauftätigkeit sowie zur Behandlung von psychomotorischen Störungen eingesetzt.
- Aus der Gruppe der ganglienstimulierenden Stoffe wird **Doxapram** vor allem bei der Neugeborenenasphyxie und der postoperativen Atemdepression eingesetzt.
- Psychostimulanzien vom **Amphetamin-Typ** werden dagegen zur Behandlung des hyperkinetischen Syndroms des Hundes und der Narkolepsie verwendet.

4.8 Antidepressiva

STECKBRIEF ANTIDEPRESSIVA 

Verschiedene psychiatrische Erkrankungen wie z. B. Depression oder Angststörungen werden mit einer Imbalance bestimmter Neurotransmittersysteme in Verbindung gebracht. So scheinen Depressionen insbesondere durch eine relative Unterfunktion des serotonergen und noradrenergen Systems gekennzeichnet zu sein. Ziel der antidepressiven Therapie ist es also, unter Berücksichtigung der möglichen pathophysiologischen Mechanismen die serotonerge und noradrenerge Neurotransmission zu verstärken. In der Tiermedizin spielen Wirkstoffe aus der Gruppe der Antidepressiva insbesondere bei der Therapie angstassoziierter Störungen beim Hund eine Rolle.

4.8.1 Monoamin-Rückaufnahme-Inhibitoren

STECKBRIEF MONOAMIN-RÜCKAUFNAHME-INHIBITOREN

Monoamin-Rückaufnahme-Inhibitoren hemmen die Wiederaufnahme von Monoaminen in die präsynaptische Zelle. Infolge erhöht sich die Konzentration der Monoamine im synaptischen Spalt.

Die verwendeten Wirkstoffe beeinflussen in erster Linie die Wiederaufnahme von Serotonin und Noradrenalin. Der Eintritt der Wirkung ist erst nach mehrwöchiger Therapie (2–4 Wochen) zu erwarten. Daher kann der Effekt nicht durch die schnell einsetzende Beeinflussung der Monoaminkonzentration im synaptischen Spalt vermittelt sein. Vielmehr geht man heute davon aus, dass die Therapie mit Monoamin-Rückaufnahme-Inhibitoren komplexe Veränderungen in den Expressionsraten verschiedener Rezeptorsysteme induziert und dass diese Effekte die Wirkung der Substanzgruppe vermitteln.

Die älteste Subgruppe bilden **nicht selektive Monoamin-Rückaufnahme-Inhibitoren**, die chemisch von trizyklischen Neuroleptika abgeleitet wurden und daher auch als **trizyklische Antidepressiv**a bezeichnet werden. Hinsichtlich der Beeinflussung der Aktivität lassen sich verschiedene Subgruppen trizyklischer Antidepressiva unterscheiden: psychomotorisch aktivierende Substanzen vom Desipramin-Typ und psychomotorisch dämpfende Substanzen vom Amitryptilin-Typ. Stoffe des Imipramin-Typs sind durch eine intermediäre Wirkung gekennzeichnet. In der Humanmedizin wird die Gruppierung der Wirkstoffe in Abhängigkeit vom Verhalten des Patienten bei der individuellen Therapiewahl berücksichtigt.

Eine Weiterentwicklung stellen **selektive Rückaufnahme-Inhibitoren** dar, die z. B. ausschließlich die Wiederaufnahme von Serotonin (z. B. Fluoxetin, Paroxetin) oder von Noradrenalin (z. B. Reboxetin) beeinflussen. Substanzen dieser Gruppen weisen eine größere therapeutische Breite auf als die trizyklischen Antidepressiva. Es liegen allerdings bislang in Deutschland nur begrenzte veterinärmedizinische Erfahrungen mit diesen Stoffen vor.

Clomipramin

STECKBRIEF CLOMIPRAMIN

Clomipramin (**Abb. 4.30**) ist ein Antidepressivum, das präferenziell die Wiederaufnahme von Serotonin hemmt. Es ist zugelassen zur Unterstützung einer Verhaltenstherapie bei der Behandlung von trennungsbedingten Verhaltensauffälligkeiten bei Hunden.

Pharmakodynamik Clomipramin hemmt die Wiederaufnahme von Serotonin um das 10-Fache stärker als die Wiederaufnahme von Noradrenalin. Der aktive Metabolit Desmethylclomipramin hingegen hat einen stärker ausgeprägten Effekt auf die Noradrenalinwiederaufnahme. Neben der Beeinflussung der Monoamine besitzt der Wirkstoff eine anticholinerge Wirkung und einen α_1-adrenolytischen Effekt.

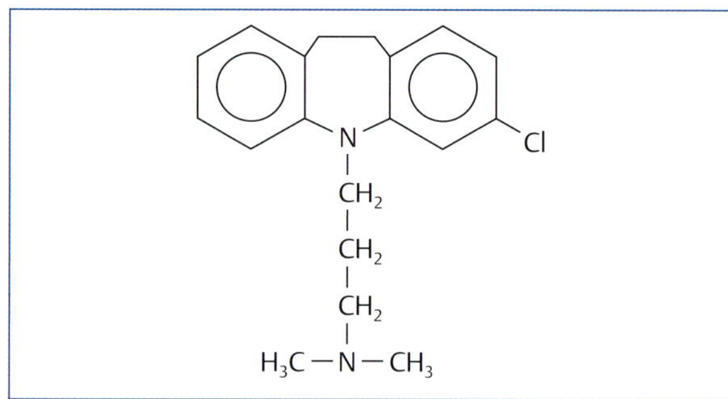

Abb. 4.30 Clomipramin.

Pharmakokinetik Nach oraler Applikation wird Clomipramin zu 80 % im Gastrointestinaltrakt resorbiert. Allerdings beträgt die Bioverfügbarkeit aufgrund eines ausgeprägten First-Pass-Effektes lediglich 25 %. Maximale Plasmakonzentrationen werden nach 2 h erreicht. Hauptmetabolit ist Desmethylclomipramin, das sowohl zur pharmakologisch erwünschten Wirkung als auch zu den Nebenwirkungen nach Clomipramin-Applikation beiträgt. Allerdings wird Desmethylclomipramin beim Hund in geringerem Ausmaß gebildet als beim Menschen. Die Elimination erfolgt nach Leberpassage vorwiegend über den Darm (80 %) und in geringerem Anteil renal. Die Eliminationshalbwertszeit von Clomipramin beträgt etwa 6,5 h, diejenige des Metaboliten Desmethylclomipramin ca. 3,5 h.

Indikation, Dosierung Clomipramin wird verwendet für die Therapie von trennungsassoziierten Verhaltensauffälligkeiten und von Zwangsstörungen des Hundes. Die Pharmakotherapie sollte dabei in Kombination mit einer in der Regel aufwendigen Verhaltenstherapie erfolgen.

Empfohlen wird eine Tagesdosis von 2–4 mg/kg p. o., die auf zwei Einzeldosen zu verteilen ist.

In klinischen Studien wird zum Teil über partielle Erfolge berichtet, wonach durch eine Verhaltenstherapie bei gleichzeitiger Applikation von Clomipramin schneller Fortschritte erzielt werden können als bei alleiniger Verhaltenstherapie. Andere Autoren berichten allerdings über ein Fehlen therapeutischer Effekte von Clomipramin. Daher ist der therapeutische Nutzen der Substanz zurzeit nicht eindeutig einzustufen.

Nebenwirkungen, Toxizität Zu den Nebenwirkungen von Clomipramin zählen Sedation sowie gastrointestinale Störungen wie Erbrechen, Inappetenz und Diarrhö. Infolge der anticholinergen Wirkung sowie von lokalanästhetischen Effekten können Herzrhythmusstörungen mit Überleitungsstörungen, Extrasystolen und Bradykardie induziert werden.

Wechselwirkungen Clomipramin darf nicht zusammen mit Monoaminoxidase-Hemmstoffen appliziert werden. Bei einem Wechsel zur anderen Substanzgruppe ist ein zeitlicher Abstand von mehreren Wochen einzuhalten. Infolge einer hohen Plasmaproteinbindung kann Clomipramin andere Substanzen aus der Bindung verdrängen und deren Wirkung steigern. Aufgrund der pharmakodynamischen und pharmakokinetischen Eigenschaften verstärkt Clomipramin die Wirkung von Antiarrhythmika, Anticholinergika, Sympathomimetika, Cumarinderivaten sowie zentral dämpfenden Arzneimitteln.

Kontraindikationen Clomipramin reduziert die Krampfschwelle und sollte daher nicht bei erhöhter Krampfneigung, z. B. bei Epilepsiepatienten, eingesetzt werden. Aufgrund der kardialen Effekte ist Vorsicht geboten bei Tieren mit kardiovaskulären Dysfunktionen. Wegen der anticholinergen Wirkung sollte Clomipramin zudem bei Patienten mit Engwinkelglaukom, Keratokonjunktivitis sicca, reduzierter gastrointestinaler Motilität oder Harnverhalten möglichst vermieden werden.

4.8.2 Hemmstoffe der Monoaminoxidase

STECKBRIEF MAO-HEMMSTOFFE

Diese Untergruppe der Antidepressiva hemmt die Monoaminoxidase, welche als intrazelluläres Enzym die oxidative Desaminierung der Monoamine vermittelt.

Die **Monoaminoxidase A** (MAO-A) ist neuronal lokalisiert und verstoffwechselt Noradrenalin und Serotonin. Hemmstoffe dieser Monoaminoxidase-Isoform wurden in der Humanmedizin als Antidepressiva eingesetzt. Aufgrund von Nebenwirkungen wurden viele Vertreter dieser Gruppe durch besser verträgliche Antidepressiva mit anderem Wirkungsmechanismus verdrängt. Zugelassen sind heute noch **Moclobemid** als reversibler Hemmstoff und das schlechter verträgliche **Tranylcypromin** als irreversibler Hemmstoff. Beide Substanzen werden nicht in der Veterinärmedizin eingesetzt.

Die **Monoaminoxidase B** (MAO-B) wird in Gliazellen exprimiert und verstoffwechselt Dopamin und Phenylethylamin. Hemmstoffe dieser Isoform haben insbesondere humanmedizinische Bedeutung bei der Therapie des Morbus Parkinson. In Kombination mit der Dopamin-Vorstufe L-DOPA eingesetzt, verlängern Hemmstoffe der MAO-B die Wirkungsdauer durch Verzögerung des Dopamin-Abbaus. Beobachtungen zufolge ist die Anwendung bei Parkinsonpatienten mit einem zusätzlichen antidepressiven Effekt verbunden, weshalb ein Vertreter der Substanzgruppe, das Selegin, hinsichtlich seiner Eignung für die Verhaltenstherapie beim Hund überprüft und zugelassen wurde.

Selegilin

STECKBRIEF SELEGILIN

Selegilin (**Abb. 4.31**) ist ein Monoaminoxidase-Hemmstoff, der für die Unterstützung einer Therapie bei angstbezogenen Verhaltensproblemen des Hundes zugelassen ist.

Pharmakodynamik Selegilin oder R-(−)-Deprenyl hemmt in niedrigen Konzentrationen selektiv die MAO-B, in höheren Konzentrationen auch die MAO-A. In therapeutischer Dosierung konnte beim Hund allerdings weder eine relevante Beeinflussung des zerebralen Metabolismus von Dopamin noch von Serotonin nachgewiesen werden. Diskutiert wird, ob die Erhöhung der Konzentration von Phenylethylamin, einem durch MAO-B verstoffwechselten Neuromodulator, zur Wirkung beiträgt. Daneben induziert Selegilin das Enzym Superoxiddismutase, welches als Radikalfänger fungiert.

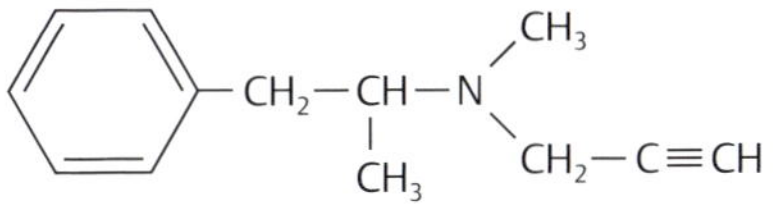

$C_6H_5-CH_2-CH(CH_3)-N(CH_3)-CH_2-C{\equiv}CH$

Abb. 4.31 Selegilin.

Pharmakokinetik Nach oraler Applikation wird Selegilin fast vollständig resorbiert. Die orale Bioverfügbarkeit beträgt 65–95 %. Selegilin erreicht besonders hohe Konzentrationen im Gehirnparenchym. Im Plasma fällt die Konzentration schnell ab, sodass die Substanz dort in der Regel bereits nach 1 h nicht mehr nachweisbar ist. Als wirksame Metaboliten werden (−)-Amphetamin und (−)-Metamphetamin gebildet, die allerdings im Vergleich zu den entsprechenden (+)-Enantiomeren nur eine schwache zentrale Wirkung aufweisen.

Indikation, Dosierung Selegilin ist zugelassen für die Therapie angstassoziierter Verhaltensauffälligkeiten des Hundes wie z. B. trennungsassoziierter Verhaltensprobleme. Die Pharmakotherapie hat dabei in Kombination mit einer in der Regel aufwendigen Verhaltenstherapie zu erfolgen. Empfohlen wird eine Tagesdosis von 0,5 mg/kg p. o. Mit einem Wirkungseintritt ist erst nach einer Latenzzeit von 2 Wochen zu rechnen. Bislang fehlen überzeugende Daten aus kontrollierten klinischen Studien, die eine therapeutische Wirksamkeit der Substanz nachhaltig belegen.

Nebenwirkungen, Toxizität In seltenen Fällen treten gastrointestinale Nebenwirkungen wie Erbrechen, Diarrhö und Hypersalivation auf. In klinischen Prüfungen wurde bei 10 % der behandelten Hunde eine Verstärkung bestehender Aggressivität, bei weiteren 10 % eine Induktion aggressiven Verhaltens beschrieben. Die Tierbesitzer sind daher auf die Möglichkeit einer Beeinflussung des Aggressionsverhaltens hinzuweisen.

Wechselwirkungen Selegilin darf nicht in Kombination oder unmittelbar nach einer Therapie mit trizyklischen Antidepressiva eingesetzt werden. Zu vermeiden ist auch die gemeinsame Gabe mit Sympathomimetika, zentral dämpfenden Pharmaka, Prolaktinhemmstoffen sowie dem Opioid Pethidin (Meperidin).

Kontraindikationen Wegen der MAO-B-Hemmung und der damit möglicherweise verbundenen Beeinflussung des dopaminergen Systems darf Selegilin nicht bei tragenden oder laktierenden Hündinnen eingesetzt werden, da eine Verminderung der Prolaktinsekretion induziert werden könnte.

FAZIT ANTIDEPRESSIVA 

- Wirkstoffe aus der Gruppe der Antidepressiva werden in der Veterinärmedizin vorwiegend für das Management angstassoziierter Verhaltensstörungen beim Hund eingesetzt.
- Die Grundlage der Therapie ist dabei eine Verhaltenstherapie, die – falls erforderlich – durch eine Pharmakotherapie unterstützt werden kann.
- Für die Anwendung bei Hunden sind aktuell zwei Wirkstoffe zugelassen: Clomipramin hemmt insbesondere die Wiederaufnahme von Serotonin. Selegilin (R-(–)-Deprenyl) hemmt die MAO-B.
- Bei beiden Substanzen ist mit einem Wirkungseintritt erst nach einer längeren Latenzzeit zu rechnen. Sie dürfen nicht miteinander kombiniert werden, und bei einem Wechsel der Therapie sollte ein Abstand von mehreren Wochen eingehalten werden.

Danksagung

Die Autoren sind Herrn Prof. U. Ebert, Prof. H.-H. Frey und Prof. R. Schulz für die Genehmigung zur Übernahme von Teilen ihrer Texte, Abbildungen und Tabellen aus der 2. Auflage dieses Werkes dankbar.

(Weiterführende) Literatur

[1] Boothe DM. Small animal clinical pharmacology and therapeutics. 2. Aufl. Philadelphia: WB Saunders; 2011

[2] Campbell JR, Lawson DD. The signs and stages of anaesthesia in domestic animals. Vet Rec 1958; 70: 545–550

[3] Crowell-Davis S, Murray T. Veterinary psychopharmacology. 1. Aufl. Ames, Iowa, USA: Wiley-Blackwell Publishing; 2005

[4] Giovannoni MP, Ghelardini C, Vergelli C, Dal Piaz V. Alpha2-agonists as analgetic agents. Med Res Rev 2009; 29: 339–368

[5] Goodman and Gilman's The pharmacological basis of therapeutics. 12. Aufl. New York, USA: McGraw-Hill Companies Inc.; 2005

[6] Hemmings HC, Akabas MH, Goldstein PA, Trudell JR, Orser BA, Harrison NL. Emerging molecular mechanisms of general anesthetic action. Trends Pharmacol Sci 2005; 26: 503–510

[7] Livingston A. Pain and analgesia in domestic animals, Handb Exp Pharmacol 2010; 199: 159–189

[8] Löscher W: Pharmakologische Grundlagen zur Behandlung von Epilepsie bei Hund und Katze. Prakt Tierarzt 2003; 84: 574–586

[9] Löscher W, Frey H-H: Pharmacokinetics of diazepam in the dog. Arch Int Pharmacodyn 1981; 254: 180–195

[10] Platt S, Olby N. BSAVA Manual of canine and feline neurology. West Sussex: John Wiley and Sons; 2004

[11] Potschka H, Volk HA, Pekcec A. Aktueller Stand und Trends in der Epilepsietherapie bei Hund und Katze. Tierärztl Praxis 2009; 37: 211–214

[12] Price HL et al. The uptake of thiopental by body tissues and its relation to the duration of narcosis. Clin Pharmacol Ther 1960; 1: 16–22

5 Lokalanästhetika

A. Richter

5.1 Einleitung

Ziel der Lokalanästhesie ist die örtlich begrenzte Schmerzausschaltung ohne Beeinträchtigung des Bewusstseins. Die hierzu verwendeten Lokalanästhetika bewirken eine reversible Unterbrechung der Entstehung und Fortleitung von Aktionspotenzialen über sensible Nervenfasern. Ihre Wirksamkeit ist dabei der durch Kälte (z. B. durch Einsprühen mit Chlorethylspray) erzeugten lokalen Betäubung überlegen. Lokalanästhetika werden lokal in die Umgebung von Nervenfasern appliziert (S. 183).

5.2 Pharmakodynamik

Lokalanästhetika binden an spannungsabhängigen Natriumkanälen in den Nervenzellmembranen und blockieren so den Einstrom von Natriumionen (**Abb. 5.1**). Dadurch wird die Depolarisation an Nervenmembranen gehemmt und somit die Fortleitung von Aktionspotenzialen am Ort der Wirkung unterdrückt. Die meisten Lokalanästhetika binden mit besonders hoher Affinität am Natriumkanalprotein, wenn der Natriumkanal häufig vom offenen in den anschließend inaktivierten Zustand übergeht, sodass die Substanzen bei einer hochfrequenten Abfolge von Aktionspotenzialen stärker wirksam sind. Die Substanzen stabilisieren den inaktivierten Zustand der Natriumkanäle. In sehr hohen Konzentrationen hemmen Lokalanästhetika auch andere Ionenkanäle, z. B. Kaliumkanäle.

Die blockierende Wirkung der Lokalanästhetika ist an dünnen Nervenfasern stärker als an dickeren Fasern. Die Funktionen der sensiblen afferenten Nerven, wie der schmerzleitenden marklosen C-Fasern, fällt daher bereits bei niedrigeren Konzentrationen aus als die Erregung der dünnen myelinisierten Aδ-Fasern (vermitteln Schmerz-

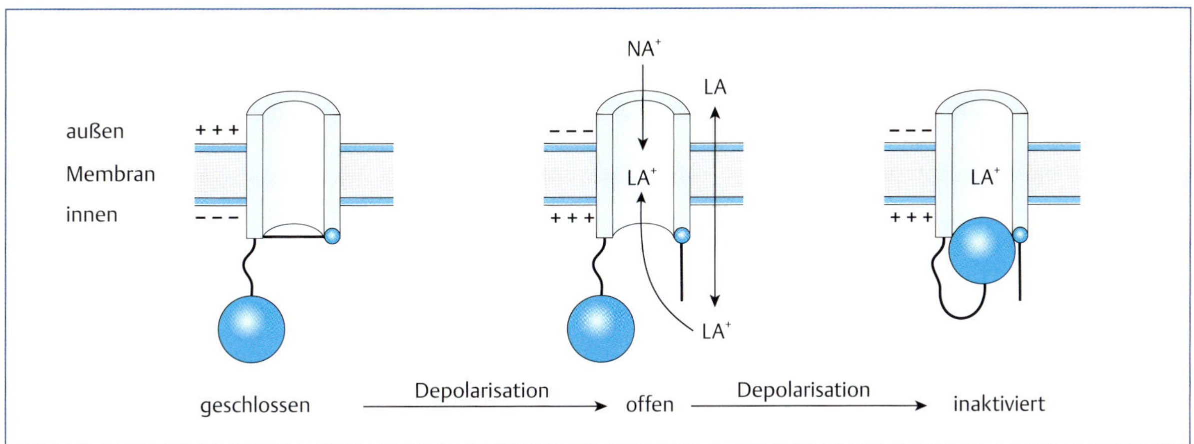

Abb. 5.1 Schematische Darstellung zum Wirkungsmechanismus der Lokalanästhetika. Während eines Aktionspotenzials werden Natriumkanäle in der Nervenzellmembran durch die Bewegung von Spannungssensoren (blau) und einer intrazellulären Schleife des Kanalproteins vom geschlossenen in den offenen und anschließend in einen inaktivierten Zustand versetzt. Eine nachfolgende Repolarisation überführt den Kanal wieder in den offenen Zustand. Lokalanästhetika (LA) blockieren diese Kanäle, somit die Depolarisation und folglich die Entstehung und Fortleitung von Erregungen. In der ungeladenen Form diffundieren die Lokalanästhetika durch die Membran. Intrazellulär nimmt der Anteil der geladenen Form (LA^+) zu. Als Kation bindet das Lokalanästhetikum an der Bindungsstelle in der Pore. Die Affinität ist besonders groß, wenn der Kanal vom offenen in den inaktivierten Zustand übergeht. Der inaktive Zustand wird durch das Lokalanästhetikum verlängert.

und Temperaturempfinden), der größeren myelinisierten Aγ- und Aβ- (leiten Berührungs-, Druckreize) sowie der motorischen Aα-Fasern. Die sensiblen Empfindungen aus der peripher zur Einwirkung des Lokalanästhetikums gelegenen Region verschwinden daher in folgender Reihenfolge: Schmerz – Temperatur – Berührung – Druck. Empfindlich sind auch postganglionäre sympathische Fasern, deren Blockade eine Verminderung der Vasokonstriktion nach sich zieht. Dadurch lässt sich die unerwünschte gefäßerweiternde Wirkung der meisten Lokalanästhetika erklären. Zuletzt und nur in hohen Konzentrationen hemmen Lokalanästhetika auch motorische Fasern. Die Funktionen kehren bei nachlassender Wirkung in umgekehrter Reihenfolge zurück.

5.3 Pharmakokinetik

STECKBRIEF LOKALANÄSTHETIKA

Lokalanästhetika bestehen aus einer lipophilen aromatischen Gruppe, einer Zwischenkette und (abgesehen von Benzocain) einer hydrophilen Aminogruppe (ein sekundäres oder meist tertiäres Amin). Die aromatische Gruppe ist mit der Zwischenkette entweder über eine Esterbindung (Lokalanästhetika vom Ester-Typ) oder über eine Amidgruppe (Lokalanästhetika vom Amid-Typ) verbunden (**Abb. 5.2**). Lokalanästhetika vom Ester-Typ (z. B. Procain) werden bereits am Applikationsort und nach Resorption im Blut rasch hydrolytisch gespalten und damit inaktiviert (Ausnahme: Cocain). Verantwortlich hierfür sind Esterasen, die ubiquitär im Plasma und Gewebe vorkommen. Die Metabolisierung der Lokalanästhetika vom Amid-Typ (z. B. Lidocain) erfolgt dagegen erst in der Leber. Dort werden sie durch Monooxygenasen oxidativ dealkyliert bzw. hydroxyliert und anschließend durch die Carboxylesterase hydrolysiert.

Lokalanästhetika sind schwach basische Amine, die nur als saure Salze (z. B. als Hydrochlorid) wasserlöslich sind. Daher haben die Injektionslösungen einen pH-Wert zwischen 4 und 6. Besondere Bedeutung kommt dem pK_a-Wert der Wirkstoffe zu, weil dieser neben dem pH-Wert des Milieus den Ionisationsgrad bestimmt, was für die Wirksamkeit der Lokalanästhetika wichtig ist. Der pK_a-Wert der gebräuchlichen Lokalanästhetika liegt zwischen 7,8 und 9 (**Tab. 5.1**). In den sauren Injektionslösungen sind die Lokalanästhetika ionisiert. Nach Injektion in das Gewebe mit einem physiologischen pH-Wert von 7,4 liegen je nach pK_a-Wert nur noch 3–20 % des Wirkstoffs in der unionisierten Form vor. Lokalanästhetika erreichen ihre Bindungsstelle am Natriumkanal in ausreichendem Maße nur in unionisierter (lipophiler) Form mittels Diffusion durch die Zellmembran (**Abb. 5.1**). Bei niedrigem pH-Wert, wie im entzündlichen Gewebe (pH bei Laktatazidose u. U. < 6,0), sind nur noch ganz geringe Anteile (z. B. bei Procain nur 0,1 %) ungeladen. Dies erklärt, warum es im entzündeten Gewebe zu einem **Wirkungsverlust** oder zu einer abgeschwächten Wirkung kommen kann. Um hochaffin im Natriumkanal binden zu können, müssen Lokalanästhetika wieder in die ionisierte (protonierte) Form übergehen. Daher nimmt ihre Wirkung experimentell im alkalischen Milieu ebenfalls ab.

Die Lipidlöslichkeit (d. h. der Öl/Wasser-Verteilungskoeffizient) der ungeladenen Form weist zwischen den Vertretern der Lokalanästhetika große Unterschiede auf. Tetracain hat durch Substitution einer Butylgruppe an der aromatischen Gruppe (**Tab. 5.1**) einen rund 58-fach höheren Verteilungskoeffizienten als Procain. Im Gegensatz zu Procain kann Tetracain daher intakte Schleimhäute penetrieren und ist zur Oberflächenanästhesie geeignet.

Nicht nur die Eignung zur Oberflächenanästhesie wird von der Lipophilie bestimmt, sondern auch der **Wirkungseintritt**. Je höher der Anteil an ungeladenen Molekülen ist

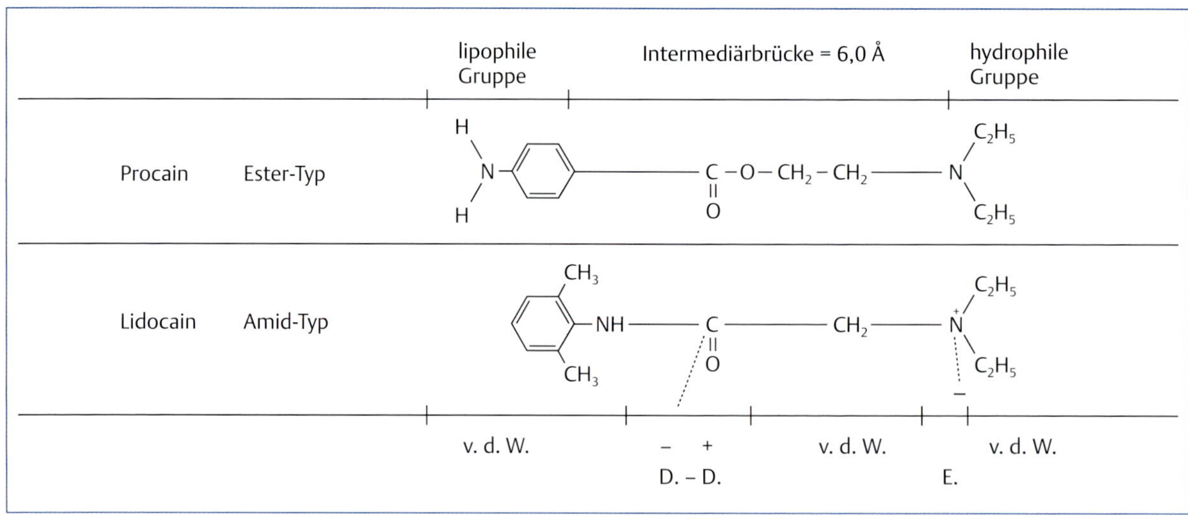

Abb. 5.2 Grundstrukturen von Lokalanästhetika des Ester- und Amid-Typs am Beispiel von Procain und Lidocain. Die protonierte Form, wie hier am Beispiel von Lidocain gezeigt, nimmt im sauren Milieu zu; D.–D. = Dipol-Dipol-Bindung, E. = elektrostatische Bindung, v.d.W. = van-der-Waal'sche-Kräfte.

und je höher deren Lipophilie ist, desto schneller kann die Diffusion durch die Membran zur Bindungsstelle erfolgen (**Abb. 5.1**), desto schneller setzt folglich die Wirkung ein. Entscheidend sind auch die Proteinbindung und der Konzentrationsgradient zwischen Applikationsort und dem Endoneuralraum, d. h., Injektionen von Lösungen mit zu geringen Konzentrationen sind nicht ausreichend wirksam. Zu hohe Konzentrationen sind ebenfalls zu vermeiden, weil hier die Gefahr eines zu schnellen Übertritts ins Blut und somit von Vergiftungen (S. 185) besteht.

Die **Wirkungsdauer** der Lokalanästhesie hängt wesentlich von der Art der Metabolisierung ab. Wie oben beschrieben, werden die Lokalanästhetika vom Ester-Typ schneller abgebaut als die vom Amid-Typ, wirken daher in der Regel kürzer. Eine besondere Bedeutung hat aber auch der Abtransport des Lokalanästhetikums vom Wirkort über das Blut. Die Diffusion der Stoffe vom Gewebe ins Blut, d. h. die Resorption, wird stark von der Durchblutungsrate bestimmt. Synthetische Lokalanästhetika haben im Gegensatz zum Cocain (S. 185) einen gefäßerweiternden Effekt und erhöhen somit die Durchblutung im betreffenden Gebiet, was ihre Resorption beschleunigt, folglich die lokale Wirkung verkürzt. Um den Effekt zu verlängern, werden Lokalanästhetika daher oft mit vasokonstriktorischen Stoffen (Sperrkörpern) wie Adrenalin und Noradrenalin kombiniert.

5.3.1 Vasokonstriktorische Zusätze (Sperrkörper)

Die Verlängerung der lokalanästhetischen Wirkung durch Zusatz von Adrenalin wurde schon 1903 entdeckt. Die sogenannten Sperrkörper (S. 86), d. h. vasokonstriktorisch wirkende Stoffe wie die Catecholamine Adrenalin und Noradrenalin, bewirken durch Verminderung der Durchblutung einen verzögerten Abtransport der Lokalanästhetika. Diese hoch wirksamen Catecholamine (Dosierung von Adrenalin bei systemischen Applikationen bis zu 1 µg/kg) werden den Injektionslösungen in geringen Konzentrationen zugesetzt (Verdünnungen von 1:80 000 bis 1:200 000; z. B. 0,01 mg Adrenalin plus 20 mg Lidocain pro ml). Die Dauer der Lokalanästhesie kann z. B. bei Lidocain durch Adrenalinzusatz mehr als verdoppelt werden. Während Adrenalin (Epinephrin) auch in Tierarzneimitteln als Sperrkörper enthalten ist, sind Zusätze von Noradrenalin und Felypressin (ein kaum antidiuretisch wirksames Analogon des Vasopressins) auf humanmedizinische Präparate beschränkt.

Der Sperrkörperzusatz verlängert nicht nur die Dauer der lokalen Wirkung eines Lokalanästhetikums, sondern reduziert durch verzögerten Übergang des Lokalanästhetikums in die Blutbahn auch das Risiko systemischer Wirkungen, d. h. unerwünschter Wirkungen (S. 185) auf das Herz und das ZNS. Außerdem vermindern Sperrkörper die lokale Blutungsneigung (nach Abklingen der Wirkung folgt aber nicht selten eine reaktive Hyperämie mit erhöhter postoperativer Blutungsneigung). Die Minderdurchblutung im Operationsgebiet unter Einwirkung der Sperrkörper bringt andererseits auch eine erhöhte Infektionsgefahr mit sich.

CAVE

Aufgrund der Infektionsgefahr ist die Anwendung von Sperrkörpern im infizierten Gewebe kontraindiziert. Auch dürfen diese keinesfalls in Regionen angewendet werden, die durch Endarterien versorgt werden, d. h. an sogenannten Akren wie Ohren, Zehen, Zitzen, da hier die Gefahr von Nekrosen infolge der Minderdurchblutung besteht.

Bei versehentlicher intravasaler Injektion verursachen die Catecholamine einen Blutdruckanstieg, Tachykardien bis hin zu lebensbedrohlichen Tachyarrhythmien. Bei Felypressin ist die reaktive Hyperämie weniger ausgeprägt als bei den Catecholaminen und arrhythmogene Wirkungen sind nicht bekannt, es wirkt aber koronarkonstriktorisch.

5.4 Indikationen und Anwendungsformen der Lokalanästhetika

Hauptindikation der Lokalanästhetika ist die Schmerzausschaltung bei chirurgischen Eingriffen. Eine Narkose und die damit verbundenen Risiken lassen sich mit der Lokalanästhesie vor allem bei kleineren Eingriffen vermeiden. Bei Tieren ist meistens eine Prämedikation mit einem Sedativum erforderlich. In der Tiermedizin werden Lokalanästhetika auch zu diagnostischen Zwecken (Lahmheitsdiagnostik) verwendet, wobei Frakturen oder Fissuren ausgeschlossen sein müssen. Zur Anwendung kommen Lokalanästhetika zudem in Kombination mit anderen Wirkstoffen zur Linderung von Juckreiz und Schmerzen (topische Applikationen). Bei diesen Indikationen sind systemische Wirkungen (S. 185) der Lokalanästhetika unerwünscht. Intravenöse Injektionen (ohne Sperrkörper) haben hingegen systemische Wirkungen auf das Herz und das ZNS zum Ziel und sollen zur Behandlung von Herzrhythmusstörungen (S. 204) und eines Status epilepticus (S. 174) dienen.

KLINISCHER BEZUG Hinsichtlich der Schmerzausschaltung werden je nach Art der Anwendung folgende Formen der Lokalanästhesie unterschieden:
- Oberflächenanästhesie
- Infiltrationsanästhesie
- Leitungsanästhesie
- Rückenmarkanästhesie
- intravenöse Regionalanästhesie

Nicht jedes Lokalanästhetikum ist für alle Anwendungsarten geeignet (**Tab. 5.1**).

Zur **Oberflächenanästhesie** wird das Lokalanästhetikum direkt auf die zu betäubenden Schleimhäute gebracht (z. B. des Auges bei ophthalmologischen Operationen), somit Endigungen sensibler Nerven (Nozizeptoren) blockiert. Auf intakter Haut kann hingegen wegen mangelnder Penetration der Lokalanästhetika meist keine ausreichende Wirkung erzielt werden. Bei Auftragung auf verletzter Haut ist zu beachten, dass insbesondere bei großflächigen Läsionen systemische Wirkungen auftreten können. Zur Oberflächenanästhesie kommen Lokalanästhetika in Form von Lösungen, Sprays, Salben oder Pudern zur Anwendung. Auch die Injektion von Lokalanästhetika in Gelenke kann als Oberflächenanästhesie aufgefasst werden.

Bei der **Infiltrationsanästhesie** wird das Lokalanästhetikum intra- oder üblicherweise subkutan in das Operationsgebiet injiziert. Es diffundiert zu den Nervenfasern und -endigungen in der Umgebung der Injektionsstelle(n). Hierfür werden im Vergleich zur Leitungsanästhesie relativ große Mengen vom Lokalanästhetikum benötigt. Insofern ist die Gefahr systemischer Wirkungen hierbei größer und ein Sperrkörperzusatz sinnvoll.

Zur **Leitungsanästhesie** erfolgt eine perineurale Injektion des Lokalanästhetikums, d. h., es wird in die unmittelbare Umgebung eines größeren Nervs appliziert, der das Operationsgebiet innerviert. Mit relativ geringen Mengen des Lokalanästhetikums können somit größere Gebiete anästhesiert werden. Ein Vorteil ist auch, dass das Gewebe im Operationsgebiet nicht durch das Lokalanästhetikum beeinflusst wird (z. B. Blutungsneigung). Beispiele stellen diagnostische Injektionen an den Nerven der Gliedmaßen und die Anästhesie des N. infraorbitalis dar.

Die **Rückenmarkanästhesie** ist eine Art der Leitungsanästhesie, bei der das Lokalanästhetikum rückenmarknah injiziert wird und somit große Körpergebiete anästhesiert werden. Das Rückenmark umhüllen von innen nach außen die Pia mater (eine dünne Schicht aus Stützzellen, die direkt dem Rückenmark aufliegen), die Arachnoidea mater (unter der ein mit Liquor cerebrospinalis gefüllter Subarachnoidalraum liegt) und als äußere Begrenzung die Dura mater, die sich in ein inneres und äußeres Blatt teilt (das äußere Blatt ist gleichzeitig die Knochenhaut der Wirbelkörper des Wirbelkanals). Zwischen innerem und äußerem Blatt der Dura mater liegt der sogenannte Periduralraum, in den bei der **Epiduralanästhesie** (Syn.: **Periduralanästhesie**) das Lokalanästhetikum injiziert wird, das nun durch die Dura mater diffundiert und die Nervenleitung subdural blockiert. Bei der **Spinalanästhesie** erfolgt die Injektion mit Durchstechen der Dura mater in den Subarachnoidalraum, sodass das Lokalanästhetikum sich nun frei im Liquor ausbreitet und Rückenmark sowie Nervenfasern im Spinalkanal innerhalb weniger Minuten betäubt. Für die Ausschaltung der Empfindung werden im Vergleich zur Periduralanästhesie wesentlich geringere Mengen des Lokalanästhetikums benötigt, da das Ausbreitungsvolumen kleiner und die Diffusionsstrecke geringer ist. Die Epiduralanästhesie wird in der Tiermedizin bevorzugt, weil die Wirkung besser lokal begrenzt werden kann und dadurch sicherer ist als die Spinalanästhesie. Bei hohen Anästhesien muss mit Verlust der Stehfähigkeit und durch Ausschaltung der Rami communicantes mit Blutdruckabfall gerechnet werden. Die Rückenmarkanästhesie kommt bei geburtshilflichen, gynäkologischen, urologischen und anderen Operationen im Beckenbereich zur Anwendung. Kontraindiziert ist sie bei Gerinnungsstörungen (Gefahr von Blutungen in den Wirbelkanal), Sepsis und lokalen Infektionen im Injektionsgebiet.

Die **intravenöse Regionalanästhesie** wird für kürzere Eingriffe an den Extremitäten angewendet – häufig vor allem bei Wiederkäuern. Dabei wird das Lokalanästhetikum in eine durch Anlegen einer Manschette nicht durchblutete Vene gespritzt, verteilt sich über das peripher des Staus gelegene Gefäßsystem und betäubt die Nervenendigungen im Gewebe innerhalb von circa 10 min. Die Manschette sollte erst frühestens nach 15 min entfernt werden, um systemische Wirkungen und Intoxikationen zu vermeiden.

Tab. 5.1 Grundstrukturen, pK_a-Werte und Anwendungsgebiete von häufig genutzten Lokalanästhetika.

Substanz	lipophile Gruppe	Zwischenkette	hydrophile Gruppe	pK_a	Anwendungsgebiete
Benzocain	$H_2N-C_6H_4-$	$-C(=O)-O-CH_2-CH_3$		2,8*	Oberflächenanästhesie
Procain	$H_2N-C_6H_4-$	$-C(=O)-O-CH_2-CH_2-$	$-N(C_2H_5)_2$	9,0	Infiltrations-, Leitungsanästhesie
Tetracain	$H(C_4H_9)N-C_6H_4-$	$-C(=O)-O-CH_2-CH_2-$	$-N(CH_3)_2$	8,6	Oberflächenanästhesie
Oxybuprocain	$H_3C-CH_2-CH_2-CH_2-O-C_6H_3(H_2N)-$	$-C(=O)-O-CH_2-CH_2-$	$-N(CH_2CH_3)-CH_2-CH_3$	8,9	Oberflächenanästhesie
Lidocain	$(CH_3)_2C_6H_3-NH-$	$-C(=O)-CH_2-$	$-N(C_2H_5)_2$	7,8	Oberflächen-, Infiltrations-, Leitungs-, Rückenmarkanästhesie
Bupivacain	$(CH_3)_2C_6H_3-NH-$	$-C(=O)-$	Piperidinring, $N-C_4H_9$	8,1	Leitungs-, bevorzugt Rückenmarkanästhesie
Mepivacain	$(CH_3)_2C_6H_3-NH-$	$-C(=O)-$	Piperidinring, $N-CH_3$	7,9	Infiltrations-, Leitungsanästhesie
Prilocain	$(CH_3)C_6H_4-NH-$	$-C(=O)-CH(CH_3)-$	$-N(H)-C_3H_7$	7,9	Infiltrations-, Leitungsanästhesie

* Ionisation ist nur an der Aminogruppe möglich.

5.5 Nebenwirkungen, Toxizität

Bei bestimmungsgemäßer Anwendung von Lokalanästhetika treten selten unerwünschte Wirkungen auf. Wie oben erwähnt, können die meisten Lokalanästhetika infolge einer gefäßerweiternden Wirkung die Blutungsneigung am Ort der Applikation erhöhen. Aufgrund einer mehr oder weniger stark ausgeprägten gewebsreizenden Wirkung sollten wiederholte Anwendungen in kurzen Zeitabständen an derselben Stelle unterbleiben. Allergien treten häufiger bei Lokalanästhetika vom Ester-Typ (z. B. Procain) auf.

Zu bedenken ist, dass Lokalanästhetika nicht nur periphere Nerven blockieren können. Werden nach ihrer Resorption zu hohe Blutkonzentrationen erreicht, resultiert eine **Hemmung der Erregungsbildung und -fortleitung am Herzen** (negativ chronotrope, inotrope, dromotrope und bathmotrope Wirkungen). Es kann zur Bradykardie, Abnahme der Kontraktionskraft und Verlangsamung der Erregungsleitung bis hin zu lebensgefährlichen Herzrhythmusstörungen (AV-Block) kommen. Die vasodilatatorische Wirkung führt zusammen mit den Effekten auf das Herz (Abnahme des Herzminutenvolumens) zu einem Blutdruckabfall bis hin zum Kreislaufversagen. Lokalanästhetika können die Blut-Hirn-Schranke passieren und somit zur **Hemmung der Neurone des ZNS** führen. Da zunächst inhibitorische Neurone ausfallen, treten initial zentrale Erregungserscheinungen auf, wie Ruhelosigkeit, Erbrechen, Nystagmus, Tremor (meist erste Vergiftungssymptome), bis hin zu generalisierten Krämpfen. Aufgrund der zentral stimulierenden Wirkung werden Lokalanästhetika manchmal missbräuchlich beim Doping von Pferden in niedrigen Dosierungen systemisch eingesetzt. Bei steigenden Konzentrationen folgt durch Ausfall erregender Nervenzellen ein Stadium der zentralen Depression (Koma, Atemlähmung). Bei schnellen systemischen Applikationen bleibt oft die zentrale Stimulation aus.

Häufige Ursache für Vergiftungen, d. h. unerwünschte Effekte auf Herz und ZNS, sind versehentliche intravasale Injektionen sowie extravasale Applikationen zu hoch konzentrierter Lösungen bzw. zu hoher Injektionsvolumina. Auch abweichende Verhältnisse am Applikationsort, die eine beschleunigte Resorption begünstigen (verstärkte Durchblutung, erhöhte Gefäßpermeabilität), können systemische Wirkungen nach sich ziehen. Neonatal kann die Plasmaproteinbindung vermindert und die Metabolisierung verzögert sein, woraus sich eine erhöhte Gefahr systemischer Wirkungen ergibt. Bei Lokalanästhetika vom Amid-Typ ist die Vergiftungsgefahr bei Lebererkrankungen infolge eines reduzierten Abbaus erhöht.

KLINISCHER BEZUG Zur Vermeidung von Vergiftungen sollten folgende **Vorsichtsmaßnahmen** beachtet werden:

- Einhaltung der empfohlenen Grenzdosis und Konzentration
- Spritze vor Injektion aspirieren, um intravasale Applikationen zu vermeiden
- gute Fixierung der Tiere, um Fehlinjektionen vorzubeugen
- genaue Beobachtung der Tiere bei der Injektion (Verhalten, Atmung)

Sobald sich Symptome einer Intoxikation bemerkbar machen, muss die Applikation sofort gestoppt werden. Zur Unterbrechung von Krämpfen ist ein **Benzodiazepin** (z. B. Diazepam) i.v. zu verabreichen. Barbiturate sind hierfür weniger gut geeignet, weil sie die atemdepressive Wirkung der Lokalanästhetika verstärken. Im Falle einer zentralen Depression muss eine **Beatmung** vorgenommen werden. Zentrale Analeptika sind hingegen kontraindiziert (Gefahr schwerer Krämpfe). Bei starkem Blutdruckabfall ist eine **Schockbehandlung** vorzunehmen (Volumensubstitution, Dopamin, ggf. Adrenalin oder ein β-Sympathomimetikum).

5.6 Vertreter der Lokalanästhetika

Viele Substanzen wirken lokalanästhetisch, so z. B. Phenothiazine (Neuroleptika, Antihistaminika), Xylazin und Antidepressiva, werden jedoch nicht zur Lokalanästhesie eingesetzt. Geeignete Lokalanästhetika müssen folgende Anforderungen erfüllen:

- rasch einsetzende örtliche Schmerzausschaltung
- Wirkung hält ausreichend lange an und ist reversibel
- nach Resorption erfolgt eine rasche Metabolisierung (Vermeidung toxischer systemischer Wirkungen auf das Herz und ZNS)
- Wasserlöslichkeit
- Sterilisierbarkeit
- Gewebeverträglichkeit

Nur **Procain** und **Lidocain** stehen zurzeit als Tierarzneimittel zur Lokalanästhesie als Monopräparate zur Verfügung und spielen in der Veterinärmedizin die größte Rolle. Folgende Wirkstoffe haben als Lokalanästhetika eine mehr oder weniger große Bedeutung in der Tiermedizin erlangt.

5.6.1 Lokalanästhetika vom Ester-Typ (Aminoester)

Cocain

Cocain ist das älteste klinisch genutzte Lokalanästhetikum (**Abb. 5.3**). Dieses Alkaloid wurde 1859 aus den Blättern des Cocastrauches (*Erythroxylon coca*) isoliert und kam erstmals 1884 zur Oberflächenanästhesie am Auge zur Anwendung. Im Gegensatz zu anderen (synthetischen) Lokalanästhetika wirkt es vasokonstriktorisch, sodass ein Sperrkörperzusatz zu Cocain überflüssig ist. Während seine lokalanästhetische Wirkung auf Blockade von Natriumkanälen basiert, beruht die vasokonstriktorische Wirkung auf einer Hemmung der Wiederaufnahme von Noradrenalin in die Nervenendigungen, weswegen Noradrenalin länger im synaptischen Spalt

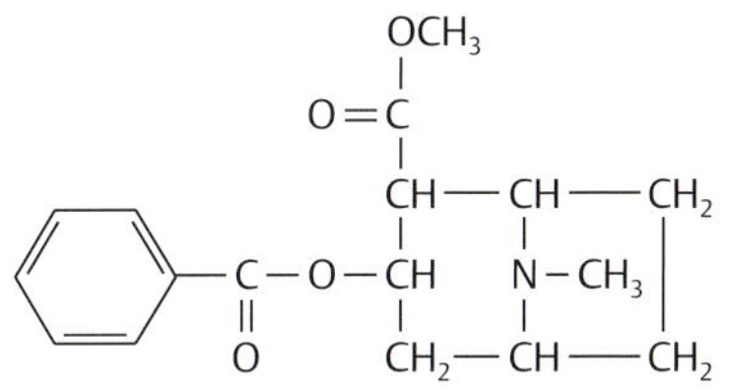

Abb. 5.3 Cocain.

verbleibt und Adrenozeptoren aktiviert. Diese indirekt sympathomimetische Wirkung (S. 92) erklärt auch weitere Effekte wie Tachykardie und Mydriasis. Cocain ruft eine starke zentrale Stimulation mit euphorischen Zuständen hervor, was die Gefahr der missbräuchlichen Anwendung bedingt. Aufgrund der Suchtpotenz wird die Anwendung von Cocain (nicht hingegen von synthetischen Lokalanästhetika) durch das Betäubungsmittelgesetz eingeschränkt. Cocain darf vom Tierarzt nur zur Lokalanästhesie am Kopf angewendet werden. Zur Oberflächenanästhesie am Auge hat Cocain gegenüber anderen Lokalanästhetika den Vorteil, dass es weniger reizend wirkt. Bei Nachdosierungen besteht aber die Gefahr einer Schädigung der Kornea. Die Wirkungsdauer beträgt konzentrationsabhängig bis zu 2 h. Cocain wird heute nur noch selten in der Veterinärmedizin angewendet. Gründe sind sicherlich die betäubungsmittelrechtlichen Einschränkungen und ein Verbot der Anwendung bei den zur Lebensmittelgewinnung dienenden Tieren. Nachteilig ist insbesondere, dass Cocain nicht sterilisiert werden kann (hitzelabil) und die Zubereitungen nur kurz haltbar sind. Da es keine Fertigarzneimittel mit Cocain auf dem Markt gibt, müssen Cocain-Rezepturen (Augentropfen, -salbe) immer frisch in der Apotheke hergestellt werden. Diese Nachteile, insbesondere die Suchtpotenz und die relativ hohe systemische Toxizität des Cocains, führten zur Suche nach synthetischen Lokalanästhetika, bei denen die Endung -cain (abgeleitet Cocain) beibehalten wurde.

Procain

Procain repräsentiert den Prototyp der synthetischen Lokalanästhetika, die keine euphorisierenden und indirekt sympathomimetischen Wirkungen haben. Es kommt seit 1905 zur Anwendung. Procain hat im Vergleich zu anderen Lokalanästhetika die geringste gewebsschädigende und systemtoxische Wirkung. Das Pferd zeigt eine relativ hohe Sensibilität des ZNS gegen Procain. Bei i. v. Verabreichung niedriger Dosen kommt es für einige Minuten zu Erregungserscheinungen, weshalb Procain unter die Doping-Bestimmungen fällt. Bei Procain und anderen Lokalanästhetika vom Ester-Typ mit para-ständiger Aminogruppe (Benzocain, Tetracain, Oxybuprocain) treten Allergien häufiger auf als bei Lokalanästhetika vom Amid-Typ. Die antibakterielle Wirkung von Sulfonamiden im Applikationsgebiet kann abgeschwächt werden.

Zur Oberflächenanästhesie ist Procain nicht geeignet, weil seine Inaktivierung schneller ist als seine Penetration durch Haut oder Schleimhaut. Procain ist in Form von Injektionslösungen als Tierarzneimittel – auch zur Anwendung bei den zur Lebensmittelgewinnung dienenden Tieren – auf dem Markt verfügbar (mit und ohne Sperrkörperzusatz). Es wird in Konzentrationen von 0,5–4 % zur Infiltrations- und Leitungsanästhesie verwendet (**Tab. 5.2**). Höher konzentrierte Lösungen wirken gewebsreizend. Die Wirkung tritt nach etwa 5–10 min ein und dauert ca. 30 min (mit Sperrkörpern ca. 60 min). Die Wartezeit beträgt für essbares Gewebe und Milch 1–5 Tage (variiert je nach Präparat aus nicht ersichtlichen Gründen).

Tetracain

Tetracain wirkt etwas schneller, deutlich länger (bis zu 6 h) und rund 10-mal stärker als Procain. Dadurch ist Tetracain gut zur Oberflächenanästhesie geeignet. Allerdings ist Tetracain stärker gewebsreizend als Cocain. Zudem ist Tetracain etwa 10-fach toxischer als Procain (**Tab. 5.2**). Selbst bei Verwendung zur Oberflächenanästhesie als 2 %ige Zubereitung kann es bei kleinen Tieren zu resorptiven Vergiftungen kommen.

Als Oberflächenanästhetikum am Auge wird in der Humanmedizin anstelle von Tetracain heute bevorzugt Oxybuprocain verwendet, weil es weniger reizend ist. Zur Lokalanästhesie bei Tieren sind zurzeit keine Arzneimittel mit Tetracain als Monopräparate im Handel.

Oxybuprocain

Oxybuprocain wird in der Ophthalmologie als 0,4 %ige Lösung zur Anästhesie der Schleimhäute und der Cornea angewendet. Es ist stärker lokalanästhetisch wirksam als Cocain. Die Wirkung setzt schnell ein (nach ca. 1 min), hält aber nur kurz an (10–30 min). Zu häufige Nachdosierungen führen zu Korneaschäden. Oxybuprocain darf bei den zur Lebensmittelgewinnung dienenden Tieren im Gegen-

Tab. 5.2 Konzentrationen bei verschiedenen Anwendungsarten und toxische Grenzwerte von häufig genutzten Lokalanästhetika. Die niedrigen Konzentrationen gelten für Kleintiere, während beim Großtier die höheren Konzentrationen angewendet werden können.

Substanzen	gebräuchliche Konzentrationen in %			toxische Grenzwerte in mg/kg	
	Oberflächenanästhesie	Infiltrationsanästhesie	Leitungs- und Epiduralanästhesie	ohne Sperrkörper	mit Sperrkörper
Cocain	2–4, nur am Auge	–	–	–	–
Procain	–	0,5–2	1–4	10	20
Tetracain	0,5–1	(0,1–0,2)	(0,1–0,2)	1	–
Oxybuprocain	0,4	–	–	–	–
Lidocain	(2–5)	0,5–1	1–2	5	10
Bupivacain	–	(0,25–0,5)	0,25–0,5	1	–
Mepivacain	–	0,5–1	1–2	5	10

(Konzentrationsangaben in Klammern) begrenzte Eignung
– nicht geeignet bzw. nicht üblich

satz zu Tetracain nicht verabreicht werden, findet jedoch bei Equiden und Kleintieren zunehmenden Einsatz zur Lokalanästhesie bei kleineren Eingriffen am Auge (z. B. Entfernung von Fremdkörpern).

Benzocain

Benzocain ist wegen des Fehlens der hydrophilen Aminogruppe unter physiologischen Bedingungen nicht ionisiert und wasserunlöslich. Es unterscheidet sich von den anderen Lokalanästhetika auch in der Art der Blockade spannungsabhängiger Natriumkanäle, indem es nicht von intrazellulär am Kanalprotein bindet. Benzocain ist nicht ausreichend stark wirksam, um eine Schmerzausschaltung bei chirurgischen Eingriffen zu erzielen. Die Indikation besteht als Dermatikum vielmehr in der Linderung von Juckreiz und Schmerzen, z. B. bei juckenden Dermatosen. Dazu wird Benzocain in Konzentrationen bis zu 20 % in unterschiedlichen Arzneiformen (Salben, Gele, ölige Lösungen) verabreicht. Bei wiederholter Anwendung führt Benzocain leicht zur Sensibilisierung. Vereinzelt wurde Methämoglobin-Bildung nach Benzocain-Anwendung beobachtet. Es wird in der Veterinärmedizin selten verwendet; Tierarzneimittel mit Benzocain sind nicht im Handel.

5.6.2 Lokalanästhetika vom Amid-Typ (Säureamide)

Lidocain

STECKBRIEF LOKALANÄSTHETIKA VOM AMID-TYP

Lidocain als bekanntester Vertreter aus der Gruppe vom Amid-Typ kann für alle Formen der Lokalanästhesie eingesetzt werden, da es sich durch eine relativ geringe systemische Toxizität, eine gute Gewebsverträglichkeit, eine rasch einsetzende Wirkung (etwa nach 1–5 min) und eine längere Wirkungsdauer (konzentrationsabhängig bis zu 2 h, mit Sperrkörpern bis zu 4 h) auszeichnet.

Lidocain ist etwa doppelt so wirksam wie Procain. Zur Oberflächenanästhesie für Eingriffe am Auge ist Lidocain nur in hoher Konzentration von 4–5 % geeignet; hier ist es Cocain, Tetracain und Oxybuprocain unterlegen.

Außer der Anwendung als Lokalanästhetikum wird Lidocain im Notfall auch i. v. als Antiarrhythmikum (S. 204) und zur Behandlung eines Status epilepticus (S. 174) angewendet. Lidocain kommt bei Pferden aufgrund einer prokinetischen Wirkung auf den Dünndarm auch i. v. zur Prävention eines postoperativen paralytischen Ileus zum Einsatz. Für diese Indikationen sind Präparate mit Sperrkörperzusatz streng kontraindiziert.

Humanmedizinische Präparate sind unter anderem in Form von Injektionslösungen und zur Oberflächenanästhesie als Spray oder Gel (Gleitmittel zur Erleichterung der endotrachealen Intubation, z. B. **Xylocain**) auf dem Markt. Als Tierarzneimittel zur Anwendung bei Hund, Katze und Pferd ist Lidocain als Injektionslösung im Handel. Enthalten ist es außerdem zu 1 % in Kombinationspräparaten zur Behandlung schmerzhafter Entzündungen am Auge (Keratitis, Konjunktivitis, Blepharitis) und der Haut bei Hund und Katze.

Die Wartezeit beträgt 5 Tage für essbare Gewebe und Milch (Pferd).

Bupivacain

Unter den Lokalanästhetika vom Amid-Typ ist Bupivacain am stärksten wirksam (vergleichbar mit Tetracain). Die Wirkung setzt zwar langsamer ein, Bupivacain wirkt aber wesentlich länger (bis zu 6 h) und stärker als Lidocain. Die toxische Wirkung (insbesondere auf das Herz) ist ebenfalls erhöht. Aus diesen Gründen wird Bupivacain hauptsächlich zur Rückenmarkanästhesie eingesetzt. In den üblicherweise verwendeten Konzentrationen von 0,25–0,5 % ist es gut gewebsverträglich. Bupivacain wird in der Pferdepraxis auch zur postoperativen Analgesie und zur Behandlung der Laminitis angewendet. In Deutschland sind keine Tierarzneimittel mit Bupivacain im Handel.

Mepivacain

Mepivacain ist bei etwas geringerer Toxizität dem Lidocain sehr ähnlich. Der Wirkungseintritt ist schnell und die Wirkungsdauer liegt zwischen 1,5 und 3 h. Zur Oberflächenanästhesie am Auge ist Mepivacain nicht geeignet. Mepivacain wird in 0,5–2 %igen Lösungen zur Infiltrations- und Leitungsanästhesie genutzt. Als Tierarzneimittel ist es zurzeit nicht im Handel.

Weitere Wirkstoffe vom Amid-Typ

Prilocain und **Articain** ähneln in ihrer Wirkungspotenz dem Lidocain, wobei ihre Toxizität etwas geringer sein soll. Diese Lokalanästhetika finden zur Infiltrations- und Leitungsanästhesie Anwendung. **Ropivacain** ist vom Bupivacain abgeleitet und zur Leitungsanästhesie geeignet. Es wirkt bis zu 12 h. Diese Wirkstoffe sind nicht als Tierarzneimittel im Handel.

FAZIT LOKALANÄSTHETIKA 

Lokalanästhetika hemmen über reversible Blockade von Natriumkanälen in den Nervenfasern die Reizleitung. Sie haben in der Anästhesie bei Tieren eine große Bedeutung. Procain, als Vertreter der Lokalanästhetika vom Ester-Typ, und Lidocain, ein Lokalanästhetikum vom Amid-Typ, spielen in der Tiermedizin die größte Rolle. Bei korrekter Anwendung sind sie gut verträglich.

Danksagung

Die Autorin ist Herrn Prof. E. Werner für die Genehmigung zur Übernahme von Teilen des Textes aus der 2. Auflage dankbar.

(Weiterführende) Literatur

[1] Heavner JE. Local anaesthetics. Curr Opin Anaesthesiol 2007; 20: 336–342

[2] McClure HA, Rubin AP. Review of local anaesthetic agents. Minerva Anestesiol 2005; 71, 59–74

6 Pharmakologie des Herz-Kreislauf-Systems

M. Mevissen, A. Kovacevic

6.1 Einleitung

Das Herz-Kreislauf-System ist eine physiologische Einheit. Ist die Funktion eines Teiles dieses Komplexes gestört, hat dies nicht nur Auswirkungen auf das gesamte System, sondern auch auf andere Organe, deren Funktion ihrerseits im Allgemeinen von einem ungestörten Herz-Kreislauf-System abhängig ist. In der Veterinärmedizin spielen neben akuten Herz-Kreislauf-Erkrankungen die chronischen Herz-Kreislauf-Erkrankungen bei Hund und Katze eine größere Rolle. Die Herz-Kreislauf-Erkrankungen und deren gezielte Pharmakotherapie lassen sich im Wesentlichen in die folgenden pathophysiologischen Zustände einteilen:

1. Insuffizienz der myokardialen Funktion
2. Störungen der kardialen Erregungsbildung und Reizleitung
3. Störungen der peripheren Zirkulation

Im Folgenden werden für jeden der vorgenannten Zustände die pathophysiologischen Charakteristika und darauf aufbauend die pharmakotherapeutischen Optionen besprochen. Störungen des Koronarkreislaufs werden in diesem Lehrbuch nicht in einem eigenen Kapitel hervorgehoben, da sie bei Tieren kaum eine Rolle spielen. Die beim Menschen häufigen Störungen des Koronarkreislaufs basieren auf atherosklerotischen Veränderungen der Koronararterien, die beim Tier spontan kaum vorkommen. Die Pharmaka, die in der Humanmedizin bei der koronaren Herzkrankheit eingesetzt werden – β-Rezeptorenblocker, organische Nitrate und Ca^{2+}-Antagonisten – werden bei anderen Indikationen abgehandelt.

6.2 Physiologische/pathophysiologische Grundlagen des Herzens

6.2.1 Regulation der myokardialen Leistung

Für die ungestörte Funktion des Herzens müssen folgende Voraussetzungen erfüllt sein:

- ungestörte Übertragung der transmembranösen Elektrolytverschiebungen (insbesondere Erhöhung des zytosolischen Ca^{2+}) auf die Funktion der kontraktilen Elemente des Myokards (= elektromechanische Kopplung)
- ungestörte, nur durch das vegetative Nervensystem beeinflusste, autonome Erregungsbildung und -leitung
- eine für den Bedarf des Myokards angepasste Versorgung des Herzens mit Substraten und Sauerstoff zur Bereitstellung der für die Kontraktion erforderlichen Energie

Sind diese Bedingungen nicht erfüllt, folgen daraus die Krankheitsbilder Herzinsuffizienz, Rhythmusstörungen und koronare Herzkrankheit.

6.2.2 Herzinsuffizienz

Die **Herzinsuffizienz** ist charakterisiert durch ein Missverhältnis zwischen geleisteter Herzarbeit, also dem geförderten Blutvolumen, und der erforderlichen Perfusion der übrigen Organe (Abb. 6.1). Sie wird beeinflusst durch die myokardiale **Vorlast** (abschätzbar an den kardialen Füllungsdrücken) und die myokardiale **Nachlast** (abschätzbar durch den diastolischen arteriellen Blutdruck).

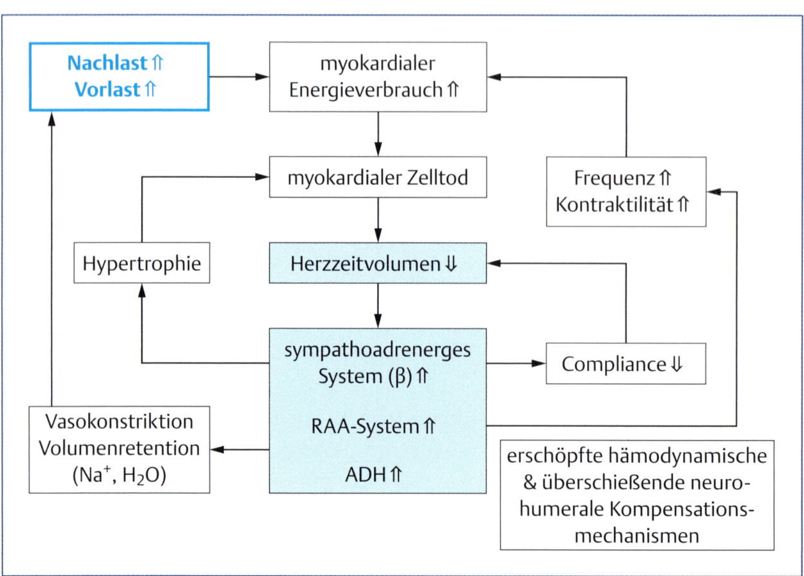

Abb. 6.1 Circulus vitiosus der Herzinsuffizienz.

Vorlast

DEFINITION Unter Vorlast versteht man die Kräfte, die am Ende der Diastole zur Dehnung der kontraktilen Muskelfasern der Herzventrikel führen. Sie entsprechen unter physiologischen Bedingungen der am Ende der Diastole herrschenden Wandspannung (T) in der linken Herzkammer.

Die Vorlast wird beeinflusst vom enddiastolischen Druck (p) im Ventrikel, vom Radius (r) des Ventrikels sowie von der Ventrikelwanddicke (d). Das Gesetz von La Place verbindet diese Größen in der Formel:

$$T = \frac{p \times r}{2 \times d} \qquad (6.1)$$

Die Spannung des Ventrikels nimmt dabei nicht linear mit der Dehnung zu. Durch die Größe der Vorlast wird beim gesunden Herzen die Kontraktionskraft des Herzens determiniert. Die Kontraktionskraft des Herzens ist von der Sarkomerlänge abhängig. Diese Beziehung wurde von Frank und Starling beschrieben.

Nachlast

DEFINITION Als Nachlast werden jene Kräfte bezeichnet, die der Kontraktion der Muskulatur der Herzkammern entgegenwirken und somit den Blutauswurf aus den Herzkammern in das Blutgefäßsystem begrenzen.

Die Nachlast wird vor allem durch zwei Faktoren bestimmt: den arteriellen Blutdruck und die Steifigkeit (Compliance) der Arterien. Auch die Nachlast kann wie die Vorlast mit der Wandspannung T umschrieben werden. Durch eine Abnahme des totalen peripheren Widerstandes kann die Nachlast reduziert werden. Vor- und Nachlast sind direkt korreliert, indem nämlich eine große Vorlast direkt zu einer Zunahme der Nachlast führt.

Bei zunehmender Wandspannung nimmt dabei der Sauerstoffverbrauch im Myokard zu. Vasodilatatoren führen damit nebst einer Reduktion der Vor- und/oder Nachlast zusätzlich zu einem reduzierten Sauerstoffverbrauch im Myokard.

Insbesondere aber wird die Herzarbeit bestimmt durch die myokardiale Kontraktilität. Dementsprechend kann die Funktion des Herzens verbessert werden durch die beiden Prinzipien

- Steigerung der myokardialen Kontraktilität und
- Entlastung des Herzens durch Verminderung von Vor- und Nachlast.

Formen der Herzinsuffizienz

Die myokardiale Herzinsuffizienz ist eine **systolische Funktionsstörung**, bei der das während der diastolischen Füllung in die Ventrikel eingeströmte Blut nicht in ausreichender Menge weitergepumpt werden kann. Die durch eine verminderte Kontraktilität (verminderte Inotropie) resultierende Verminderung der Auswurffraktion (= ejection fraction) hat eine Stauung des Blutes in der Peripherie zur Folge, woraus sich durch die gestörte Homöostase eine vermehrte Ansammlung von Flüssigkeit im vaskulären und Extravasalraum ergibt (**Abb. 6.1**).

KLINISCHER BEZUG Liegt eine Insuffizienz vorwiegend des linken Herzens vor, so kommt es zu Stauungen im Lungenkreislauf mit entsprechenden respiratorischen Störungen, insbesondere Dyspnoe und Husten. Bei einer Insuffizienz vorwiegend des rechten Herzens staut sich das venöse Blut in den peripheren Organen und führt z. B. zu Aszites.

Von einer **diastolischen Funktionsstörung** spricht man, wenn die Relaxation des Myokards (Lusitropie) beeinträchtigt, d. h. verlangsamt ist.

Kompensationsmechanismen bei Herzinsuffizienz

Der Organismus hat verschiedene Möglichkeiten, die Leistungen des Herzens den aktuellen Bedürfnissen (z. B. bei Belastung) anzupassen. Er verfügt aber auch über **Kompensationsmechanismen**, um einer drohenden Herzinsuffizienz – wenigstens in den Anfangsstadien – entgegenzuwirken. Wesentliche Kompensationsmechanismen sind:

- Aktivierung des Sympathikus
- Renin-Adenosin-Aldosteron-System
- Frank-Starling-Mechanismus und Remodeling

Aktivierung des Sympathikus

Durch die verminderte Auswurfleistung des linken Herzens wird der Barorezeptorenreflex aktiviert und der Sympathikustonus steigt. Es kommt zu einer Erhöhung des Herzminutenvolumens, und zwar überwiegend über eine Steigerung der Herzfrequenz und der Kontraktilität, während das Schlagvolumen verhältnismäßig wenig ansteigt. Der erhöhte Sympathikustonus bewirkt eine Vasokonstriktion durch Stimulation von α-adrenergen Rezeptoren, wirkt einem drohenden Blutdruckabfall bei einer Herzinsuffizienz entgegen und begünstigt den venösen Rückstrom des Blutes. Es ist einleuchtend, dass die Aktivierung des Sympathikus für akute Situationen, z. B. bei besonderen physischen Belastungen, und bei akuter Gefahr einer myokardialen Dekompensation wirksam und wünschenswert ist. Für den chronischen Zustand ist dieser Kompensationsmechanismus jedoch eher kritisch zu bewerten, da er durch den erhöhten Sauerstoffbedarf sowie die Steigerung der myokardialen Nachlast das Herz stark belastet und sich daher für dieses Organ eher ungünstig auswirkt. Aus epidemiologischen Untersuchungen in der Humanmedizin kann sogar der Schluss gezogen werden, dass die chronische Aktivierung des Sympathikus und/oder des Renin-Angiotensin-Systems die Prognose der Patienten verschlechtert, woraus sich therapeutische Strategien ergeben. In diesem Zusammenhang ist die Anwendung der ACE-Hemmer und der β-Rezeptorenblocker zu nennen.

Renin-Angiotensin-Aldosteron-System

Eine übermäßige Flüssigkeitsretention ist ein wichtiges Symptom bei Herzinsuffizienz. Die dazu führenden Mechanismen sind dieselben, die physiologischerweise z. B. bei dehydrierten Tieren zur Volumensubstitution und Blutdruckregulation verwendet werden. Eine verminderte renale Perfusion führt zu einer reduzierten Filtrationsrate in die Glomerula. Dadurch wird die Sekretion von Renin aus dem juxtaglomerulären Apparat stimuliert. Über die Aktivierung von Angiotensinogen wird Angiotensin I (A I) gebildet, das durch ACE (Angiotensin-converting-Enzym) in das aktive Angiotensin II (A II) gespalten wird. Angiotensin II wirkt einerseits vasokonstriktorisch und führt andererseits direkt zu einer vermehrten Sekretion von Aldosteron aus der Nebennierenrinde. Dadurch werden in der Niere vermehrt Na^+ und Wasser resorbiert und die Entstehung von Ödemen gefördert. Aldosteron fördert ebenfalls die kardialen Umbauprozesse (Remodeling) und dadurch die Entwicklung einer Myokardfibrose. Diese Mechanismen normalisieren beim hypovolämischen Patienten die Druck- und Volumenverhältnisse, während sie beim Herzpatienten zu einer das Herz stark belastenden Zunahme der Vorlast führen.

Frank-Starling-Mechanismus

Die dritte Möglichkeit für die Regelung der Herztätigkeit, insbesondere bei drohender Herzinsuffizienz, ist der Frank-Starling-Mechanismus. Die Tätigkeit des Herzens lässt sich über einen weiten Bereich in einer Funktionskurve (Frank-Starling-Kurve) beschreiben (**Abb. 6.2**). Bei steigender Füllung des linken Ventrikels kommt es zu einer stärkeren Vordehnung des Myokards, die mit einem erhöhten Schlagvolumen beantwortet wird, um einer Stauung des Blutes vorzubeugen. Erst bei Füllungsdrücken oberhalb von ca. 25 mmHg bricht dieses wirkungsvolle endogene Regulationssystem zusammen. Im Stadium einer manifesten Herzinsuffizienz verläuft die Frank-Starling-Kurve in charakteristischer Weise flacher und damit ineffizient: Das Herz kann auf erhöhte Füllungsdrücke nicht mehr adäquat mit einer Erhöhung des Schlagvolumens reagieren. Aufgabe der Pharmakotherapie muss es sein, die Kurve wieder in eine Richtung zu verschieben, die den physiologischen Verhältnissen nahekommt. Die verfügbaren pharmakologischen Optionen bieten dabei unterschiedliche Möglichkeiten, auf das Funktionsdiagramm des Herzens einzuwirken (**Abb. 6.2**). **Herzwirksame Glykoside** steigern die myokardiale Kontraktilität und erhöhen dadurch das Schlagvolumen, was gleichzeitig durch die verbesserte Pumpfunktion die Füllungsdrücke senkt. Die in der Peripherie ansetzenden vasodilatierenden Substanzen haben eine andere Wirkung: als **Nachlastsenker** senken sie im Wesentlichen den arteriellen Blutdruck. Der verminderte periphere Gefäßwiderstand gestattet es dem Herzen, leichter sein Schlagvolumen aufrecht zu erhalten. Die **Vorlastsenker** verringern dagegen die kardialen Füllungsdrücke, indem sie das Blut in den Venen sammeln (Venous pooling), wodurch weniger Blut zum Herzen zurückfließt. Entsprechend wird durch die Vor- und Nachlastsenker die Frank-Starling-Kurve in eine andere Richtung verschoben als durch die herzwirksamen Glykoside.

Daraus lässt sich für die Pharmakologie ableiten, dass eine erhöhte systolische Kraftentwicklung – also eine **positiv inotrope Wirkung** – durch Substanzen erreicht werden kann, die entweder über eine Erhöhung des transmembranösen Ca^{2+}-Einwärtsstromes die Konzentration des freien zytosolischen Ca^{2+} ermöglichen oder die Sensibilität der Myofibrillen-ATPase für das verfügbare intrazelluläre Ca^{2+} erhöhen. Demgegenüber wirken Substanzen, die die Transportkapazität der Ca^{2+}-Carrier-Systeme erniedrigen, **negativ inotrop**. Die wichtigsten Anionen-Carrier-Systeme, die für die myokardiale Kontraktionskraft von Bedeutung sein können, sind in **Abb. 6.3** schematisch dargestellt.

Pharmakotherapeutisch wird die Steigerung der Kontraktionskraft erzielt durch (**Tab. 6.1**):

- herzwirksame Glykoside
- direkte oder indirekte Sympathikomimetika

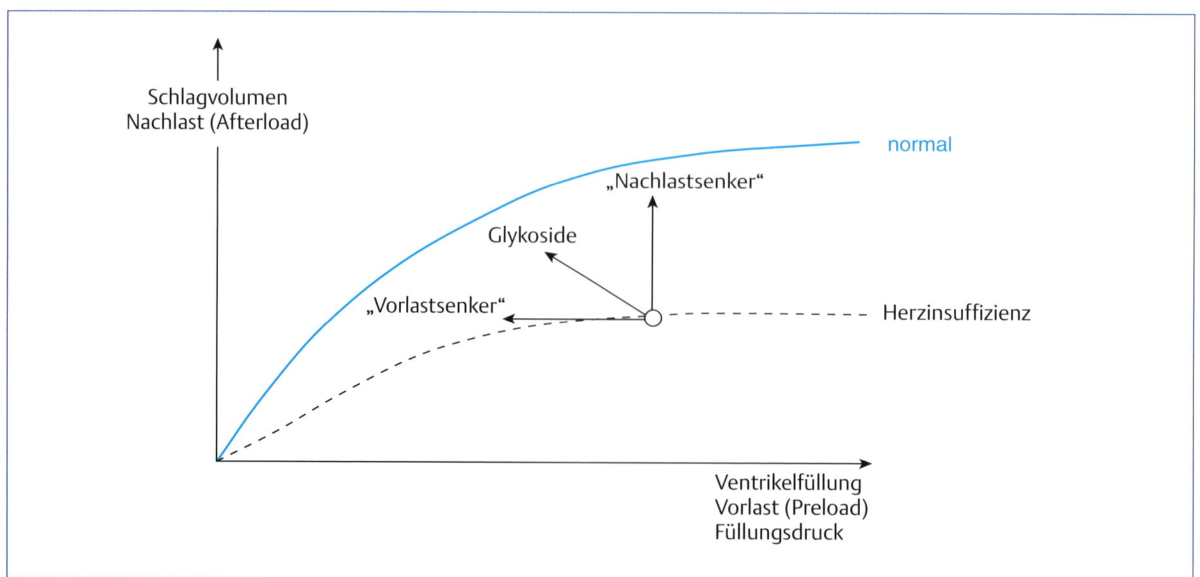

Abb. 6.2 Frank-Starling-Kurve und deren Beeinflussung durch Pharmaka.

- Phosphodiesterase(PDE)-Hemmer (Pimobendan)
- Ca^{2+}-Sensitizer (Pimobendan)
- Methylxanthine

6.2.3 Herzwirksame Glykoside

STECKBRIEF HERZWIRKSAME GLYKOSIDE

Als herzwirksame Glykoside bezeichnet man eine Reihe von Inhaltsstoffen aus diversen Pflanzen (insbesondere Fingerhutarten, *Strophanthus*-Arten, Meerzwiebel, Maiglöckchen), die eine positiv inotrope Wirkung verursachen (**Tab. 6.1**). Sie haben eine einheitliche chemische Grundstruktur (**Abb. 6.4**).

Bestandteil der chemischen Struktur ist ein Steroidgerüst. Jedoch sind die Ringe sterisch anders miteinander verbunden als bei den Sexualhormonen, den Nebennierenrindenhormonen, dem Cholesterin, den Gallensäuren oder dem Vitamin D. Die Ringe A und B sowie C und D weisen eine cis-Verknüpfung auf, während die Ringe B und C eine trans-Verknüpfung haben. In Position 14 befindet sich eine OH-Gruppe in β-Stellung. In Position 17 ist der Ring D in β-Stellung mit einem ungesättigten Laktonring verknüpft. Handelt es sich bei dem Substituenten um einen 5-gliedrigen Ring, werden die Substanzen Cardenolide (z. B. aus den Glykosiden der Fingerhutarten), bei Vorkommen eines 6er-Ringes (z. B. bei den Glykosiden aus der Meerzwiebel) dagegen Bufadienolide genannt. Ein Steroid mit Lakton wird als Genin oder Aglykon bezeichnet. In Position 3 des Ringes A befindet sich eine OH-Gruppierung, an die glykosidisch verschiedene Zuckerreste gebunden sind. An diese Position werden bis zu 4 Zuckermoleküle gekoppelt, wobei neben Glukose auch seltene Zuckerarten wie Digitoxose, Cymarose und Rhamnose vorkommen. Der letzte Zucker wiederum kann durch chemische Synthese acetyliert oder methyliert sein.

ZUM WEITERLESEN Herzwirksame Glykoside wie Bufadienolide werden von einigen Tierarten endogen produziert, und sie kommen in der Haut gewisser Krötenarten als Abwehrgift vor.

Tab. 6.1 Übersicht zu den Wirkstoffen zur Behandlung der Herzinsuffizienz.

Wirkstoffgruppe/ Wirkstoff	Wirkungsmechanismus	Indikation
herzwirksame Glykoside		
Digoxin, β-Methyldigoxin, β-Acetyldigoxin	▪ Hemmung der membranständigen Na^+/K^+-ATPase	▪ systolische Dysfunktion ▪ supraventrikuläre Tachyarrhythmien
$β_1$-Sympathomimetika		
Dobutamin	▪ Aktivierung von $β_1$-adrenergen Rezeptoren	▪ Notfalltherapie: systolische Dysfunktion
Dopamin	▪ Aktivierung von $β_1$-adrenergen Rezeptoren ▪ in hohen Dosen Stimulation der α-adrenergen Rezeptoren und Dopaminrezeptoren	▪ systolische Dysfunktion ▪ akutes oligurisches Nierenversagen ▪ Bradykardien bei Inhalationsnarkosen ▪ Schock
PDE-Hemmer		
Methylxanthine (Coffein, Theophyllin)	▪ Hemmung von Phosphodiesterasen ▪ Blockade der Adenosinrezeptoren ▪ Freisetzung von Ca^{2+} aus intrazellulären Speichern	▪ systolische Dysfunktion ▪ Sinus-Bradykardie oder Stillstand ▪ AV-Block II. Grades
Amrinon, Milrinon, Enoximon	▪ Hemmung der Phosphodiesterase III	▪ kurzfristige Behandlung systolischer Dysfunktion ▪ Wirkungen: Hemmung der Vor- und Nachlast (Vasodilatation), positiv inotrop, nur bei höheren Schweregraden
Pimobendan	▪ Hemmung der Phosphodiesterase III	▪ systolische Dyfunktion
Sildenafil	▪ Inhibitor der cGMP-spezifischen Phosphodiesterase-V (Vorkommen in Lunge und Corpus cavernosum)	▪ pulmonäre Hypertension
Ca^{2+}-Sensitizer		
Pimobendan	▪ Sensibilisierung kontraktiler Elemente und PDE-Hemmung	▪ dilatative Kardiomyopathie, Mitral-/Trikuspidalklappen-Insuffizienz
Weitere Wirkstoffgruppen		
Antiarrhythmika	▪ **Tab. 6.3**	▪ **Tab. 6.3**
Vasodilatatoren	▪ **Tab. 6.4**	▪ **Tab. 6.4**
Diuretika	▪ **Tab. 8.1**	▪ **Tab. 8.1**

Spez. Pharmakologie

Die wichtigsten Vertreter der herzwirksamen Glykoside sind **Digitoxin, Digoxin** mit seinen Derivaten β-Methyldigoxin und β-Acetyldigoxin sowie Strophanthin. Sie werden auch jetzt noch vollständig aus Pflanzen gewonnen (z. B. aus dem roten oder weißen Fingerhut) bzw. chemisch halbsynthetisch hergestellt. Einige andere in Handel befindliche herzwirksame Glykoside (z. B. Lanatosid C, [Methyl-]Proscillaridin oder aus *Convallaria*-Arten gewonnene Substanzen) sowie auch Digitoxin spielen therapeutisch in der Veterinärmedizin keine Rolle.

Die Unterschiede zwischen den einzelnen Herzglykosiden bestehen in den an das Genin gebundenen Zuckerresten sowie insbesondere in der verschieden hohen Anzahl der hydrophilen (z. B. -OH, -CHO) Substituenten am Genin, die die physikochemischen Eigenschaften der Substanz und damit das pharmakokinetische Verhalten bestimmen. Die Herzglykoside besitzen aber alle die gleiche Wirkungsqualität, die auf einem einheitlichen Wirkungsmechanismus beruht, der durch die Geninstruktur vorgegeben ist. Die zwischen den Glykosiden bestehenden Unterschiede in der Wirkungsquantität basieren auf ihren unterschiedlichen pharmakokinetischen Profilen. Sie haben Auswirkungen auf Dosis, Dosierungsintervall und Applikationsweg. Da **Digoxin** das einzige natürliche Digitalisglykosid ist, das in der veterinärmedizinischen Praxis verwendet wird, werden andere Substanzen in diesem Kapitel nicht besprochen.

Digoxin, β-Methyldigoxin und β-Acetyldigoxin

Pharmakodynamik Der molekulare Wirkungsmechanismus der herzwirksamen Glykoside beruht im Wesentlichen auf der Hemmung der membranständigen Na^+/K^+-ATPase (**Abb. 6.3**). Aufgabe dieses Enzyms ist es, gegen den Gradienten Na^+ aus der Zelle herauszubefördern, K^+ dagegen in die Zelle hinein. Durch die glykosidinduzierte Hemmung des Enzyms kommt es pulsatil zu einer relativ geringen Erhöhung der intrazellulären Na^+-Konzentration. Diese Na^+-Ionen können ihrerseits durch ein zweites transmembranöses Carriersystem gegen Ca^{2+}-Ionen aus dem Extrazellularraum ausgetauscht werden (**Abb. 6.3**). Dieses Austauschsystem ist nur dem Herzmuskel eigen, woraus sich erklären lässt, dass die kontraktilen Zellen anderer Organe durch Glykoside nicht beeinflusst werden. Diese ge-

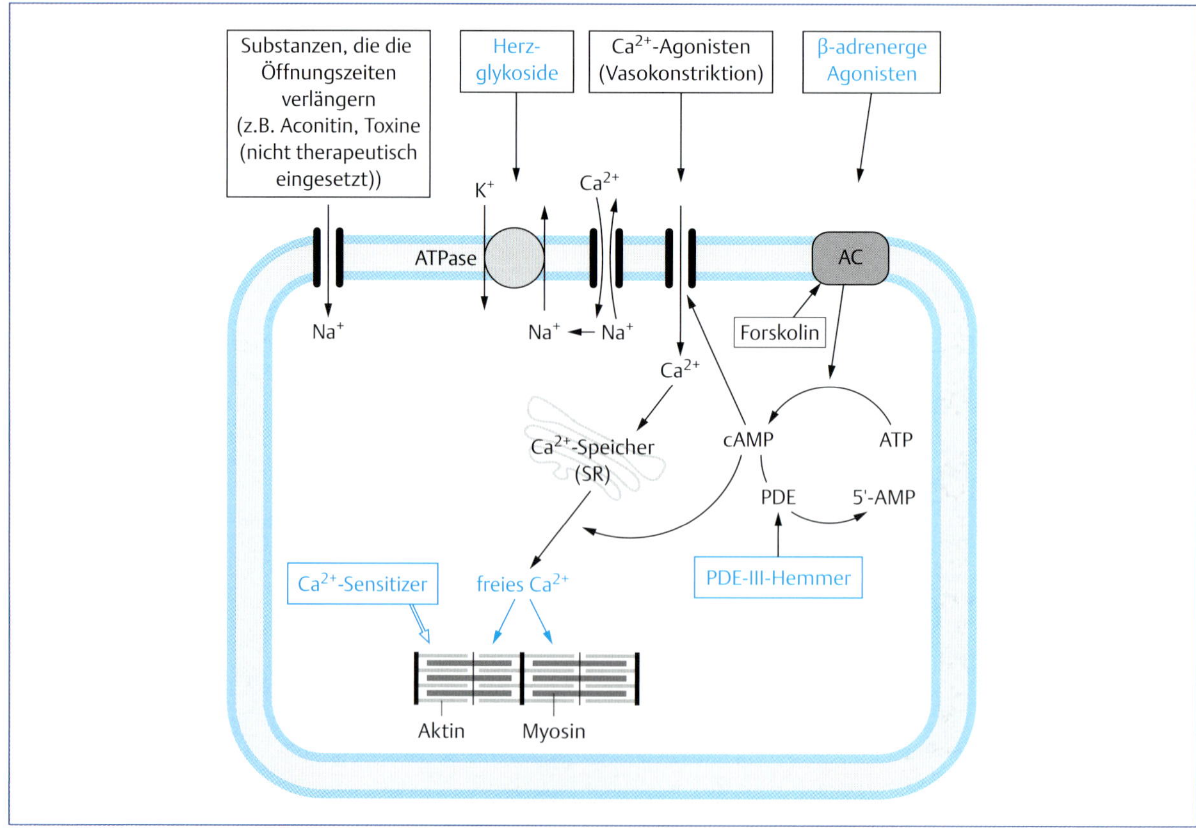

Abb. 6.3 Schematische Darstellung der Wirkungsmechanismen positiv inotroper Substanzen. *S. R.* = sarkoplasmatisches Retikulum. Für die Kontraktion der Muskulatur – auch am Herzen – spielt die Konzentration der freien Ca^{2+}-Ionen im Zytosol eine herausragende Rolle. Der Einstrom von Ca^{2+} aus dem Extrazellularraum während der Depolarisation in die Myokardzelle und die darauffolgende zusätzliche Freisetzung von Ca^{2+} aus den intrazellulären Depots, z. B. dem sarkoplasmatischen Retikulum (dem sogenannten longitudinalen System), sind Voraussetzungen für die Kontraktion der einzelnen Herzmuskelzelle. Eine Herzkontraktion tritt ein, wenn die freie zytosolische Ca^{2+}-Konzentration von ca. 10^{-7} auf 10^{-5} mol/l ansteigt. In diesem Zustand wird die Ca^{2+}-abhängige Myofibrillen-ATPase aktiviert, wodurch letztlich die Querbrückenbildung zwischen dem Troponin der Aktinfilamente und dem Myosinköpfchen ermöglicht und damit eine Kontraktion ausgelöst wird. Die Ca^{2+}-Ionen dienen dabei nicht nur der zeitlichen Koordination von Erregung und Kontraktion, sondern regulieren die systolische Kraftentwicklung auch in quantitativer Hinsicht. Der erhöhte freie Ca^{2+}-Gehalt ist andererseits aber auch verantwortlich dafür, dass Enzyme aktiviert werden, die das Ca^{2+} nach der Kontraktion wieder sequestrieren, sodass es zu einer schnelleren Relaxation kommt (lusitrope Wirkung).

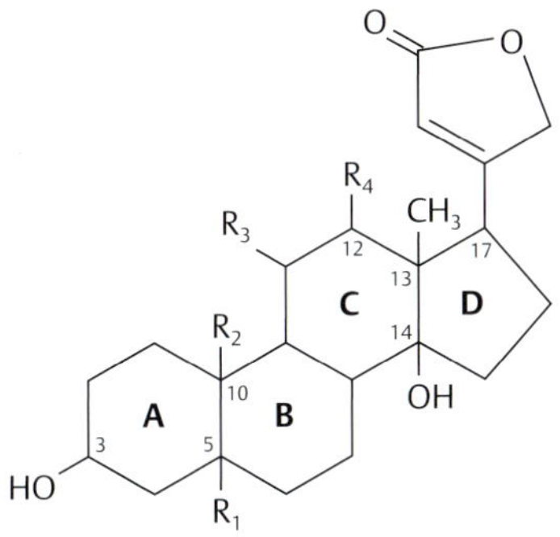

	R_1	R_2	R_3	R_4
Digitoxigenin	H	CH_3	H	H
Digoxigenin	H	CH_3	H	OH
k-Strophanthidin	OH	CHO	H	H

Abb. 6.4 Herzwirksame Glykoside.

ringe – für den Gesamtgehalt der Zelle unbedeutende – Erhöhung der Ca^{2+}-Konzentration hat eine Triggerfunktion. Sie bewirkt, dass bei der Depolarisation aus den intrazellulären Speichern (transversale Tubuli und endoplasmatisches Retikulum) mehr Ca^{2+} freigesetzt wird, das seinerseits die Interaktion zwischen den kontraktilen Proteinen Aktin und Myosin verbessert und damit die Kontraktionsgeschwindigkeit erhöht. In der Diastole wird dagegen die Wiederaufnahme von Ca^{2+} in die intrazellulären Speicher gefördert und damit die Relaxation verbessert.

Es ist zu beachten, dass es durch die glykosidische Hemmung der Na^+/K^+-ATPase zu weiteren Elektrolytverschiebungen kommt. Dies trifft insbesondere für die K^+-Ionen zu, deren Konzentration intrazellulär abnimmt. Der physiologische Gradient, der durch hohe intrazelluläre K^+-Konzentrationen gekennzeichnet ist, wird vermindert. Im Vordergrund stehen jedoch Nebenwirkungen, die die Beeinflussung des Erregungsbildungs- bzw. Reizleitungssystems betreffen.

KLINISCHER BEZUG Elektrolytverschiebungen, die sich durch andere Umstände (z. B. durch anhaltende Diarrhö, Erbrechen sowie durch Pharmaka wie z. B. Diuretika und Kortikoide) ergeben, haben einen Einfluss auf Wirkung und Nebenwirkungen von Glykosiden; Hypokaliämie verstärkt die Wirkung der Glykoside, während Hyperkaliämie deren Wirkung abschwächt, da Kalium mit den Glykosiden um dieselben Bindungsstellen der membranständigen Na^+/K^+-ATPase konkurriert.

Durch die Glykoside werden im Ventrikel – besonders in der linken Kammer – die Druckanstiegsgeschwindigkeit und die Relaxation ($\pm$ dp/dt_{max}) beschleunigt und damit die Pumpfunktion des Herzens verbessert.

Die durch die herzwirksamen Glykoside induzierte positiv inotrope Wirkung wird aber, im Gegensatz zu den Effekten der β-adrenergen Stimulatoren, nicht von einer Erhöhung der Herzfrequenz begleitet, sondern es kommt eher zu einer **Bradykardie**, die vermutlich über einen vagotonen Mechanismus zustande kommt. Im Vorhof wird – möglicherweise über den verminderten zentralvenösen Druck – die Erregungsleitung gehemmt, was sich im EKG in typischer Weise in einer **Verlängerung der PQ-Zeit** manifestiert. Die positiv inotrope und die negativ chronotrope Wirkung gewährleistet eine Ökonomisierung der Herzarbeit. Aus der Verlängerung der Überleitungszeit ergibt sich für die Digitalisglykoside eine von der Herzinsuffizienz unabhängige Indikation bei Vorhofflattern. Die Abnahme der Herzfrequenz führt per se zu einem verminderten myokardialen Sauerstoffverbrauch; zudem wird die Diastolendauer relativ verlängert, wodurch der Einstrom von Blut in das Koronarsystem verbessert wird. Beide Phänomene tragen zur Ökonomie der Herzarbeit bei.

Die Verbesserung der myokardialen Funktion in der Systole (Kontraktion) und in der Diastole (Relaxation) führt zu einer **Abnahme der Füllungsdrücke**; der venöse Rückstrom zum Herzen wird erleichtert, wodurch Flüssigkeit aus dem Extravasal- in den Intravasalraum verschoben werden kann. Die Folge sind Verminderung der Vor- und Nachlast und des myokardialen Sauerstoffverbrauches. Dies wird unterstützt durch eine vermehrte Diurese, die auf einer Verbesserung der Nierendurchblutung beruht.

Die erwünschten Wirkungen der Glykoside lassen sich erkennen an der Verbesserung des Allgemeinbefindens, besonders an der Verminderung von Dyspnoe und peripheren Ödemen; sie sind objektivierbar durch die Abnahme der Herzfrequenz, durch die Verlängerung der PQ-Zeit im EKG sowie eine Verkleinerung des Herzens im Röntgenbild und schließlich mithilfe der Echokardiografie oder von invasiven Techniken, die anhand von diversen hämodynamischen Kriterien die Verbesserung der myokardialen Funktion nachweisen. Durch Hemmung der Na^+/K^+-ATPase wirken Herzglykoside auch depolarisierend an anderen erregbaren Geweben. So kommt es über eine Erregung zentraler Vaguskerne und einer gesteigerten Empfindlichkeit der Barorezeptoren in Gefäßen, deren Funktion bei Patienten mit Herzinsuffizienz reduziert ist, zu einem erhöhten Tonus des Parasympathikus und einem geringeren Tonus des Sympathikus. An glatten Gefäßmuskeln haben Herzglykoside direkt einen Anstieg der intrazellulären Ca^{2+}-Konzentration und eine Tonussteigerung zur Folge. Beim Patienten resultiert als Nettoeffekt allerdings eine Abnahme des Gefäßtonus, bedingt durch die Abnahme des Sympathikotonus. Da Digitalisglykoside die Aktivität des Parasympathikus am Sinusknoten und am AV-Knoten steigern, resultiert eine Verminderung der Sinusknotenfrequenz. Demzufolge sind die Herzglykoside geeignet, Vorhofektopien und Vorhoftachyarrhythmien zu verhindern.

Pharmakokinetik Die pharmakokinetischen Eigenschaften der einzelnen Glykoside resultieren einerseits aus deren unterschiedlichen physikalischen und chemischen Eigenschaften, insbesondere dem Löslichkeitsverhalten in Lipoiden oder Pufferlösungen, was durch die Anzahl der CHO- oder OH-Substituenten am Genin sowie durch Methyl- oder Acetylsubstitution am Zucker bedingt wird. Andererseits sind aber auch tierartspezifische Unterschiede in der

Tab. 6.2 Pharmakokinetische Kenngrößen herzwirksamer Glykoside (Richtwerte). Angaben zu den verschiedenen Spezies nur, soweit therapierelevante Unterschiede bestehen.

Glykosid	Proteinbindung (%)	Resorptionsquote nach oraler Applikation (%)	Eliminationshalbwertszeit (Stunden)				Erhaltungsdosis p. o. (µg/kg pro Tag)				therapeutische Plasmakonzentration (ng/ml)
			Mensch	Hund	Katze	Pferd	Mensch	Hund	Katze	Pferd	
β-Methyldigoxin	~ 50	80–90	33–55	28	67	28	2	10	7,5	3–5	0,7–1,5
β-Acetyldigoxin*	~ 40	70–90	33–55	28	40	20	3,5	20	10	(10)–20	0,7–1,5
Digoxin	~ 27	> 80	32–48	27–31	33–55	29	–	5–10	7–10	2,2	0,7–2,0

* Die Acetylgruppe wird bei der enteralen Resorption quantitativ abgespalten, daher unterscheiden sich die pharmakokinetischen Kenngrößen von Digoxin und seinem β-Acetyl-Derivat nicht wesentlich.

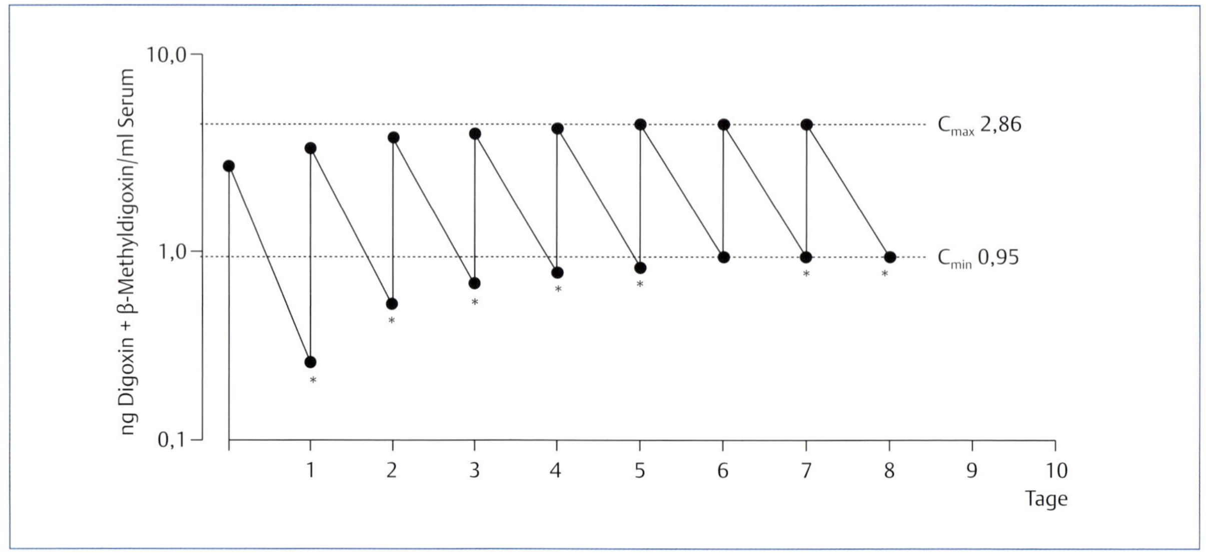

Abb. 6.5 Plasmakonzentrationsverlauf von β-Methyldigoxin bei einmal täglicher Anwendung von 0,01 mg/kg oral beim Hund; ● = berechnete Daten aus pharmakologischen Kenngrößen, * = aus Plasmaproben bestimmte Konzentrationen.

Pharmakokinetik zu beachten. Die Lipidlöslichkeit nimmt in der Reihenfolge Strophanthin < Digoxin < β-Methyldigoxin zu. In der gleichen Reihenfolge nehmen prinzipiell auch die enterale Resorptionsrate, die Plasma-Protein-Bindung, die Eliminationshalbwertszeit, der Anteil des biliär eliminierten Wirkstoffs sowie das Ausmaß des enterohepatischen Kreislaufs zu. Allerdings gibt es auch hier bemerkenswerte Speziesunterschiede. Eine Übersicht über wichtige pharmakokinetische Kenngrößen ausgewählter Glykoside ist in **Tab. 6.2** zu finden. Es ist darauf hinzuweisen, dass nicht für alle Kriterien Daten bei den einzelnen Spezies vorliegen. Die pharmakokinetischen Kenndaten weisen darauf hin, dass einige Glykoside zum Teil erst durch Kumulation bei mehrmaliger Applikation die konstanten wirksamen Plasmakonzentrationen erreichen, die für einen anhaltenden pharmakodynamischen Effekt erforderlich sind. Dies ist insbesondere dann der Fall, wenn das Dosierungsintervall deutlich kürzer ist als die Eliminationshalbwertszeit.

Den aufgrund der pharmakokinetischen Kenngrößen errechneten und den durch aktuelle Bestimmung beobachteten Verlauf der Plasmakonzentrationen von β-Methyldigoxin beim Hund bei langsamer Sättigung zeigt **Abb. 6.5**; die Zufuhr der Erhaltungsdosis (0,01 mg/kg p. o., 1-mal täglich) erfolgte vom ersten Tag an.

Es zeigt sich eine gute Übereinstimmung der theoretischen und der aktuellen Messwerte. Generell wird nach 5 Halbwertszeiten der Steady state erreicht, welcher eine therapeutische Serumkonzentration (1–2 ng/ml) gewährleistet. Der Verlauf der Plasmakonzentrationen lässt erkennen, dass die minimalen Plasmakonzentrationen im Steady state bei ca. 0,9 ng/ml liegen (also über 0,7 ng/ml, was als minimal wirksame Konzentration gilt), die Maxima bei ca. 2–3 ng/ml. Bei Auslassen einer Tagesdosierung würde die Plasmakonzentration aber bereits im Laufe eines Tages unter die Wirksamkeitsgrenze fallen. Zwar werden mit dem in **Abb. 6.5** gezeigten Dosierungsschema bereits am 1. Tag der Behandlung kurzfristig wirksame Plasmakonzentrationen erreicht, aber erst etwa ab dem 4. Tag liegen sie kontinuierlich im therapeutischen Bereich. Dennoch sollte man, außer in Fällen, in denen Eile geboten ist, diese langsame Sättigung vorziehen, um das Therapieschema möglichst einfach zu halten und um Nebenwirkungen durch zu hohe Anfangsdosen bei schneller Sättigung (die ersten 2–3 Tage doppelte Dosis) zu vermeiden.

Für die Therapie ist außerdem noch zu beachten, dass sich die Freisetzungsraten eines Wirkstoffs aus den festen Zubereitungsformen (z. B. Tabletten, Dragees, Kapseln) verschiedener Hersteller unterscheiden können, mit der Konsequenz, dass sich auch die erreichten Plasmakonzentrationen erheblich unterscheiden können. Angesichts der geringen therapeutischen Breite ist es daher empfehlenswert, mit dem Handelspräparat eines Herstellers für jeweils ein Glykosid Erfahrungen zu sammeln und einen Präparatewechsel innerhalb eines Wirkstoffs zu vermeiden.

Bei Wiederkäuern können Herzglykoside nicht oral verwendet werden, da sie im Vormagen durch die körpereigene Flora gespalten und damit unwirksam werden. In Deutschland und in der Schweiz sind Digoxin und seine Derivate für Tiere, die der Lebensmittelgewinnung dienen, nicht zugelassen.

Indikationen Historisch wurden die Herzglykoside bei Herzinsuffizienz mit systolischer Dysfunktion (d. h. reduzierte Kontraktilität des Myokards) eingesetzt. Derzeit stellen Vorhofarrhythmien die primäre Indikation von Digoxin beim Hund dar. Bei Hunden mit Herzinsuffizienz werden positiv inotrope Substanzen wie Pimobendan bevorzugt. Die klinische Indikation für Digoxin ist daher den Vorhofarrhythmien vorbehalten, wobei Herzglykoside hier oft mit anderen Antiarrhythmika (Beta-Blocker, Diltiazem) kombiniert werden.

Dosierung Die erwünschte pharmakodynamische Wirkung kann anhand des klinischen Wirkungsbildes erfasst werden; zusätzlich ist auf die unten genannten Nebenwirkungen zu achten.

Aufgrund der zuvor beschriebenen pharmakokinetischen Spezies- und Substanzunterschiede sowie wegen der geringen therapeutischen Breite ist bei der Dosierung der Glykoside besondere Sorgfalt zu verwenden. Die in Tab. 6.2 genannten Dosierungen können – wie auch die anderen Werte – nur als Richtgrößen gelten. Auf jeden Fall muss **gewichtsbezogen individuell** dosiert werden.

Eine Kontrolle des Plasmaspiegels von **Digoxin** ist 8 Tage nach Therapiebeginn einzuleiten. Die Blutprobe sollte 8 h nach der Medikation entnommen werden. Allenfalls die Verdopplung oder Halbierung der genannten Richtwerte für die Dosierung sind bei der Einstellung der Therapie zu erwägen. Unterschiede können z. B. darauf beruhen, dass die Körperoberfläche evtl. eine korrektere Bezugsgröße darstellt als das gesamte oder „fettfreie" Körpergewicht (daraus folgt, dass kleinere Hunde mit < 20 kg etwas höhere Dosen, größere Hunde mit > 20 kg etwas niedrigere Dosen erhalten sollten). Eine Initialdosis von 5–10 µg/kg p. o. gilt als Richtgröße. Bei Hunden über 20 kg empfiehlt es sich, die Dosis über die Körperoberfläche zu bestimmen (0,22 mg/m^2). Nach 5–7 Tagen sollte die Serumkonzentration 1–2 ng/ml betragen. Da die Elimination der Glykoside im Wesentlichen renal erfolgt, ist bei eingeschränkter Nierenfunktion die Dosis zu reduzieren (z. B. ist bei Verminderung der Kreatininclearance um 50 % die Dosis von Digoxin 30–50 % zu reduzieren).

Bei der chronischen Herzinsuffizienz müssen durch mehrmalige Applikation der Erhaltungsdosis erst die wirksamen Plasmakonzentrationen aufgebaut werden. Bei der chronischen Therapie kommt daher die orale Applikation (als Tablette oder Tropfen, z. B. im Futter) in Frage. Hierfür eignen sich die aus dem Magen-Darm-Kanal zuverlässig und gleichmäßig resorbierbaren lipoidlöslichen Glykoside, also z. B. Digoxin und sein Derivat β-Methyldigoxin, mit denen die meisten Erfahrungen vorliegen. Ist die Eliminationshalbwertszeit (Tab. 6.2) länger als 24 h, genügt eine tägliche Applikation. Nach 5 Halbwertszeiten wird auf diese Weise ein steady state der wirksamen Plasmakonzentrationen des Glykosids erreicht, d. h., die zugeführte und eliminierte Substanzmenge erreicht ein Gleichgewicht (Abb. 6.5). Soweit Eile geboten ist, kann das Erreichen des Steady state – unter Kontrolle des klinischen Bildes – abgekürzt werden, indem man bei den ersten 2–3 Applikationen die doppelte Erhaltungsdosis verabfolgt. Gegebenenfalls empfiehlt es sich, diese auf zwei Einzelgaben pro Tag zu verteilen, auch wenn die Erhaltungsdosis nur einmal täglich verabreicht werden muss.

Im deutschen Sprachraum liegen die meisten Erfahrungen mit **β-Methyldigoxin** vor. Die orale Erhaltungsdosis beträgt bei Hunden 0,005–0,01 mg/kg täglich. Wie Abb. 6.5 zeigt, werden kontinuierlich minimal wirksame Plasmakonzentrationen etwa ab dem 4. Behandlungstag erreicht.

Falls Unsicherheiten darüber bestehen, ob die angewendete Dosis im individuellen Fall richtig gewählt ist, können Informationen über die Plasmakonzentration bei den Patienten helfen, die richtige Einstellung zu finden. Eine für jedes Labor durchführbare immunologische Methode (ELISA) steht kommerziell zur Verfügung. Allerdings liegen Erfahrungen mit diesem Assay nur beim Hund vor. Bei Katzen soll er nicht anwendbar sein. Größere klinische Laboratorien der Humanmedizin bestimmen in aller Regel kurzfristig routinemäßig die Plasmakonzentration von Glykosiden.

Bei nicht ausreichendem Erfolg empfiehlt sich bei der Behandlung der Herzinsuffizienz zusätzlich der Einsatz von herzentlastenden Pharmaka, z. B. Diuretika und Vasodilatatoren, insbesondere ACE-Hemmer (S. 210) oder von Pimobendan (S. 199), das phosphodiesterasehemmende und Ca^{2+}-sensitivierende Eigenschaften hat.

KLINISCHER BEZUG Herzglykoside sollten nur bei schweren Formen der Herzinsuffizienz (NYHA-Klasse II/III–IV) und/oder bei supraventrikulären Rhythmusstörungen angewendet werden.

Nebenwirkungen Da die therapeutische Breite der herzwirksamen Glykoside sehr gering ist, ist bei der Behandlung mit diesen Wirkstoffen besonders auf die Nebenwirkungen zu achten. Bereits die Verdopplung der Plasmakonzentration der Pharmaka über den therapeutischen Bereich kann zu Nebenwirkungen führen. Nebenwirkungen können sowohl kardialer als auch extrakardialer (Zentralnervensystem, Gastrointestinaltrakt) Natur sein. Die Empfindlichkeit ist dabei bei den Tierarten sehr unterschiedlich ausgeprägt. Besonders empfindlich ist die Katze, während Hunde in der Regel eine größere Toleranz gegenüber höheren Plasmaspiegeln besitzen. Am häufigsten sind kardiale Nebenwirkungen, die sich in Form von Herzrhythmusstörungen äußern, gefolgt von gastrointestinalen Störungen (Erbrechen, Diarrhö, Anorexie; vermittelt über parasympathomimetische Wirkung). Inappetenz oder Lethargie sind Symptome, die ebenfalls bei relativer Überdosierung von Herzglykosiden auftreten. Die starke Verlängerung der Überleitungszeit (PQ-Zeit im EKG) bis zum AV-Block (1., 2. oder sogar 3. Grades) sowie das Auftreten ventrikulärer Extrasystolen (in diversen Formen und Ausprägungen bis zum Kammerflattern) sind wichtige und bedrohliche Zeichen einer Überdosierung und zwingen gegebenenfalls zum temporären Absetzen der Glykoside oder gar zum Ergreifen von Gegenmaßnahmen.

Gegenmaßnahmen Bedrohliche AV-Blöcke können mit Atropin (Atropinum sulfuricum: 0,025–0,05 mg/kg s.c., beim Pferd 0,01 mg/kg s.c., 3-mal täglich) antagonisiert werden. Bei ventrikulären Extrasystolen empfiehlt sich die Anwendung von Lidocain (i.v. Injektion von 2–4 mg/kg, weitere Infusion von 50 µg/kg pro min) oder von Phenytoin (2–4 mg/kg langsam i.v. injiziert oder 35 mg/kg p.o. 3-mal täglich über 2–3 Halbwertszeiten des Glykosids). Auch die Infusion von Kaliumsalzen kann erfolgreich sein, da Kalium mit Digitalis um die Bindungsstelle der Na^+/K^+-ATPase konkurriert. Medizinalkohle bindet Digoxin und hemmt die Resorption von Digoxin nach oraler Aufnahme um ca. 96 %. Somit stellen die orale Applikation von Medizinalkohle sowie die Magenentleerung Maßnahmen nach akuter Aufnahme von Digoxin dar. In der Humanmedizin hat sich bei lebensbedrohlichen Intoxikationen die Anwendung von aus Schafplasma gewonnenen polyklonalen Antikörpern gegenüber Digitalisglykosiden (Digitalis-Antidot; verfügbar in allen Vergiftungszentralen, Adressen und Telefonnummern in der Roten Liste) als schnell und äußerst zuverlässig wirksam erwiesen. Das Fab-Fragment bindet das antigene Epitop des Digoxin. Gemäß Angaben aus zwei Fallberichten sind diese Antikörper auch beim Tier wirksam. Auf die hohen Kosten dieser lebensrettenden Therapie muss allerdings hingewiesen werden (1200 US $/25-kg-Labrador).

Toxizität Höhere Digitaliskonzentrationen wirken durch Hemmung der Na^+/K^+-ATPase toxisch. Mit zunehmender Konzentration kommt es zum intrazellulären K^+-Verlust und Na^+-Anstieg. Eine weitere Erhöhung der Digitaliskonzentration führt zu einer Ca^{2+}-Überladung des sarkoplasmatischen Retikulums, die sich in Form oszillatorischer Freisetzung und Wiederaufnahme von Ca^{2+}-Ionen äußert. Toxische Dosen von Digitalisglykosiden führen außerdem zu einer Sympathikuserregung.

CAVE

Digoxin wird aktiv durch P-Glykoprotein transportiert. Daher besteht ein größeres Risiko für das Auftreten toxischer Effekte bei bestimmten Hunderassen (z. B. Collies, Australian Shepherds), die möglicherweise eine MDR-1-Allel-Mutation besitzen (multidrug-resistance, MDR). Katzen sind aufgrund ihrer Glukuronierungsdefizienz empfindlicher für Digitalisglykoside.

Wechselwirkungen Pharmaka, die die Homöostase der Elektrolyte beeinflussen, können die Wirkung der Glykoside modifizieren. Hier sind besonders Stoffe zu nennen, die eine Hypokaliämie verursachen. Zu diesen Substanzen zählen die Thiazid- oder Schleifendiuretika, die Gluco- und Mineralocorticoide sowie Laxanzien. Solche Pharmaka verstärken die Wirkungen und Nebenwirkungen der Glykoside, was eine Dosisreduktion erforderlich machen kann. Gleiches gilt für das Antiarrhythmikum Chinidin und den Ca^{2+}-Antagonisten Verapamil. Beide Substanzen vermindern den Abbau der Glykoside, insbesondere von Digoxin, und erhöhen damit deren Plasmakonzentration. Der Ca^{2+}-Antagonist Diltiazem hingegen führt zu einem variablen, mäßigen Abfall der Digoxin-Clearance und/oder des Verteilungsvolumens. Die kombinierte Infusion von Kalziumsalzen und herzwirksamen Glykosiden ist nicht zu empfehlen, da sie zu einer unkalkulierbaren Verstärkung der kardialen Wirkungen und Nebenwirkungen führen kann. Darüber hinaus ist eine optimale Dosierung beider Komponenten meist nicht gewährleistet. Deshalb sind auch die im Handel verfügbaren fixen Kombinationen von diversen Wirkstoffen mit Digitalisglykosiden generell abzulehnen.

Substanzen, die die enterale Resorption von Pharmaka hemmen (z. B. Aktivkohle oder Metoclopramid) können die Wirkung enteral verabfolgter Glykoside ebenso abschwächen.

Wegen der erhöhten Gefahr von ventrikulären Extrasystolen sollte nicht gleichzeitig mit β-Sympathomimetika (z. B. Orciprenalin) und herzwirksamen Glykosiden behandelt werden, auch wenn beide Substanzen synergistische positiv inotrope Wirkungen entfalten.

Kontraindikationen Herzwirksame Glykoside sind kontraindiziert bei diversen Rhythmusstörungen (z. B. AV-Block II. und III. Grades, ventrikuläre Tachykardie), die bedrohlich verstärkt werden können, sowie bei Hypokaliämien und Hyperkalzämien. Extreme Vorsicht bei der Anwendung von Digitalisglykosiden ist bei Glomerulonephritis und Subaortenstenosen geboten.

6.2.4 Andere positiv inotrope Pharmaka

STECKBRIEF POSITIV INOTROPE PHARMAKA

Zu den Substanzen, die eine positiv inotrope Wirkung über eine Erhöhung des intrazellulären Ca^{2+}-Gehaltes induzieren (**Abb. 6.3**), gehören außer den zuvor abgehandelten herzwirksamen Glykosiden:

- β_1-Sympathomimetika
- Phosphodiesterasehemmer (besonders spezifische PDE-III-Hemmer)
- Substanzen, die den Na^+-Einstrom verbessern
- Substanzen, die den Ca^{2+}-Einstrom über den spannungsabhängigen Kanal fördern

Nur die beiden erstgenannten Stoffklassen sind als pharmazeutische Präparate verfügbar (**Tab. 6.1**), alle anderen dienen allein zu Forschungszwecken. Ihre Einführung in die Therapie ist gegenwärtig aus verschiedenen Gründen wenig wahrscheinlich.

Die geringe therapeutische Breite der herzwirksamen Glykoside hat zur Suche nach Substanzen mit anderen chemischen Strukturen geführt, die über einen differenten pharmakologischen Wirkungsmechanismus eine positiv inotrope Wirkung entfalten. Ausgehend von der Tatsache, dass die intrazelluläre Konzentration der Ca^{2+}-Ionen eine zentrale Funktion in der Kaskade der bei der Kontraktion ablaufenden Prozesse hat, bewirken fast alle positiv inotrop wirkenden Pharmaka, also nicht nur die herzwirksamen Glykoside, letztendlich eine Erhöhung des intrazellulären Ca^{2+}-Gehaltes. Eine Überladung der Zelle geht insbesondere bei einer Erhöhung der Herzfrequenz mit erhöhtem Sauerstoffverbrauch einher. **Ca^{2+}-Sensitizer (Pimobendan)** dagegen steigern die Kontraktionskraft des Myokards, indem sie die intrazelluläre Ca^{2+}-Utilisation verbessern, was einer Sensibilisierung der kontraktilen Proteine für Ca^{2+} entspricht.

Alle diese Substanzen bewirken – wenn auch über verschiedene Mechanismen – eine Steigerung der Verfügbarkeit des intrazellulären freien Ca^{2+}. Dadurch können sie potenziell Arrhythmien hervorrufen und steigern den Sauerstoffverbrauch des Herzens. Bei länger andauernder Therapie müssen diese unerwünschten Wirkungen in Betracht gezogen werden. Eine positiv inotrope Wirkung, die durch **Ca^{2+}-Sensitivierung** induziert wird (z. B. Pimobendan), kann daher als sicherste Möglichkeit angesehen werden. Da bei Patienten mit chronischer Herzinsuffizienz oder nach längerer Stimulation mit endogenen oder exogenen Catecholaminen die Dichte und Sensitivität der β-Rezeptoren abnimmt, lässt auch die Wirkung der positiv inotropen Sympathomimetika nach. Demzufolge muss die Dosierung erhöht werden.

Agonisten der β_1-Rezeptoren des adrenergen Systems

Dobutamin

Pharmakodynamik Dobutamin ist ein Sympathomimetikum, das vorwiegend über Stimulation von β_1-adrenergen Rezeptoren wirkt (s. Kap. 2.3.1). Durch eine rezeptorvermittelte Aktivierung der AC wird die Bildung von cAMP gesteigert. Die erhöhte cAMP-Konzentration führt über eine Proteinkinase zu einer Phosphorylierung spannungsabhängiger Ca^{2+}-Kanäle, die für eine Zunahme des langsamen Ca^{2+}-Einwärtsstroms während der Depolarisationsphase des Aktionspotenzials verantwortlich sind.

Die durch Dobutamin induzierte positiv inotrope Wirkung ist dosisabhängig und geht nur mit einer geringen Erhöhung der Herzfrequenz einher. Zur zusätzlichen Nachlastsenkung wird zuweilen gleichzeitig Nitroprussid-Natrium in der gleichen Dosierung gegeben.

Pharmakokinetik Da Dobutamin bei der Passage über den Magen-Darm-Kanal und die Leber in kaum wirksame Metaboliten umgewandelt und selbst bei i. v. Applikation nur eine kurzer, wenige Minuten anhaltender Effekt erzielt wird, empfiehlt es sich, die Substanz mittels i. v. Infusion zuzuführen. Die Wirkung tritt dann innerhalb von 2 min ein und hält etwa 10 min an. Nach etwa 72 h ist eine Toleranzentwicklung zu beobachten.

Die Infusion muss unter Kontrolle der hämodynamischen Parameter (zumindest der Herzfrequenz) erfolgen, lässt sich aber durch die kurze Halbwertszeit der Substanz entsprechend gut steuern, indem die Tropfgeschwindigkeit je nach beobachteter Wirkung erhöht oder erniedrigt wird (z. B. Verdopplung oder Halbierung).

Indikationen und Dosierung Dobutamin kommt bei akutem Herzversagen (dilatative Kardiomyopathie, Herzklappenerkrankungen), das durch systolische Dysfunktion charakterisiert ist, als Notfallmedikament zum Einsatz.

> **KLINISCHER BEZUG** In der Veterinärmedizin wird Dobutamin in Notfällen zur Therapie von **akutem Herzversagen** bei Hunden verwendet. Die Dosen liegen zwischen 1–20 µg/kg pro min und können nach Wirkung titriert werden. Bei anästhesierten Patienten genügen geringere Dosen (1–5 µg/kg pro min).

Nebenwirkungen Die Anwendung von Dobutamin kann bestehende Arrhythmien verstärken oder solche sogar induzieren.

Sonstige Sympathomimetika

Die pharmakodynamische Wirkung von **Dopamin** ist dosisabhängig. In niedrigen Dosen, 0,5–1,5 µg/kg pro min, führt es insbesondere zu einer Dilatation der Nierengefäße, was die Nierentätigkeit steigert, während positiv inotrope Effekte (β_1-Rezeptoren) bei Dosen von 1–10 µg/kg pro min auftreten. In hohen Dosen, über 10–12 µg/kg pro min, bewirkt Dopamin durch Stimulation der α-adrenergen Rezeptoren eine periphere Vasokonstriktion und damit einen erhöhten Blutdruck. Dopamin wird bei systolischer Dysfunktion sowie bei akutem Nierenversagen eingesetzt und wie Dobutamin als frisch zubereitete Lösung i. v. infundiert.

Orciprenalin (S. 89) wirkt agonistisch an β_1- wie auch β_2-Rezeptoren. Die als pharmazeutisches Produkt zur Verfügung stehende Lösung muss entsprechend der erforderlichen Dosierung (ca. 10–30 µg/kg pro min) zubereitet werden. Die positiv inotrope Wirkung, die unmittelbar nach Beginn der intravenösen Injektion einsetzt, ist von einer stark frequenzsteigernden Wirkung begleitet. Dies führt zu einem erhöhten Sauerstoffbedarf des Herzens und ist damit aus pathophysiologischer Sicht (im Sinne der Ökonomisierung der Herzarbeit) eher unerwünscht, da das bereits erkrankte Organ so nur wenig entlastet wird. Gleiches gilt für andere Sympathomimetika. Der Einsatz von allen β-Sympathomimetika ist daher auf die Anwendung bei kardialen Notfällen zu beschränken.

PDE-Hemmer

DEFINITION Die Phosphodiesterase (PDE) ist ein intrazelluläres Enzym, das den Abbau von cAMP oder von cGMP bewirkt. Diese beiden Stoffe sind sekundäre Botenstoffe für eine Reihe von rezeptorvermittelten Effekten und nur eine Stufe in der Kaskade, in deren Folge weitere Enzyme (z. B. Kinasen) aktiviert werden.

Eine Erhöhung der intrazellulären cAMP-Konzentrationen erfolgt z. B. bei der Stimulation der β-Rezeptoren. Wenn der Abbau von cAMP durch PDE-Hemmer vermindert wird, kommt es ähnlich der Wirkung von β-Sympathomimetika zu einer Erhöhung von cAMP (**Abb. 6.3**). PDE-Hemmer wirken auch dann noch, wenn Catecholamine wegen der bei Herzinsuffizienz beobachteten Abnahme der β-Adrenozeptoren bereits unwirksam sind. Es sind mindestens 11 Isoformen der PDE bekannt. Für die kardialen Effekte ist die PDE III von Bedeutung. PDE-V-Inhibitoren werden bei der pulmonären arteriellen Hypertension eingesetzt.

Zu den lange bekannten und verfügbaren PDE-Hemmern gehören die Purinderivate (Methylxanthine) **Coffein** und **Theophyllin**. Da diese keine spezifische PDE blockieren, haben sie eine Reihe von extrakardialen Wirkungen, z. B. zentral stimulierende Effekte. Ihre Anwendung als positiv inotrope Substanzen spielt daher keine therapeutische Rolle. Spezifische Hemmer der PDE III sind in der Humanmedizin für die kurzfristige Behandlung der Herzinsuffizienz zugelassen. Zu diesen Stoffen gehören **Milrinon** und **Enoximon**. Auch **Pimobendan** ist ein PDE-III-Inhibitor, hat jedoch zusätzlich Ca^{2+}-sensitivierende Eigenschaften und ist deshalb unter dieser Wirkung beschrieben. Pimobendan wurde speziell für den veterinärmedizinischen Gebrauch beim Kleintier entwickelt. Neben der positiv inotropen Wirkung bewirken die PDE-III-Inhibitoren gleichzeitig eine Relaxation von Arteriolen und Venolen und senken dadurch die Nach- und Vorlast („**Inodilatatoren**"). In der Folge kommt es zu einem Blutdruckabfall und einem verminderten venösen Rückstrom, woraus die Senkung der Füllungsdrücke resultiert. Die Verminderung der myokardialen Vor- und Nachlast ist bei der Herzinsuffizienz ein hämodynamisch sehr erwünschter Effekt, weil dies das Organ entlastet und ökonomischer arbeiten lässt. Dem kann allerdings – abhängig vom endogenen Sympathikus – eine geringe, durch die Gefäßdilatation induzierte reflektorische Erhöhung der Herzfrequenz gegenüberstehen.

Tatsächlich ist die objektive Besserung der Patienten mit Herzinsuffizienz während der Behandlung mit PDE-III-Inhibitoren belegt. Weiterhin ist deren therapeutische Breite deutlich größer ist als die der herzwirksamen Glykoside. Eine Verdopplung der Dosis (oder Plasmakonzentrationen) über den therapeutischen Bereich hinaus beinhaltet kein Gefahrenpotenzial, insbesondere besteht kein Risiko für Störungen des Erregungsbildungs- und -leitungssystems. Wegen der spezifischen enzymhemmenden Wirkung sind zudem kaum extrakardiale Nebenwirkungen zu befürchten.

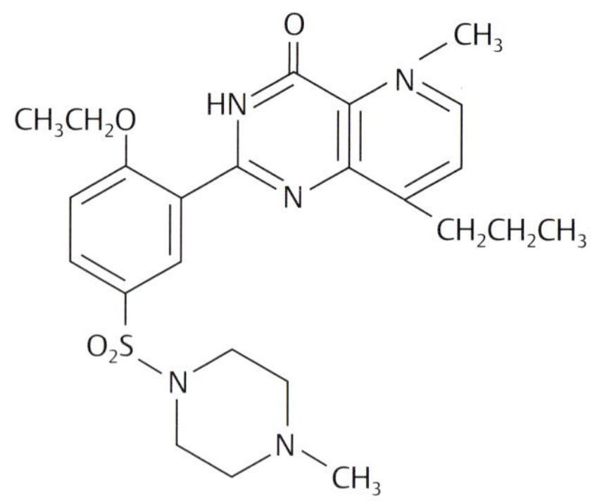

CH_3CH_2O, HN, O, N, CH_3, N, $CH_2CH_2CH_3$, O_2S, N, N, CH_3

Abb. 6.6 Sildenafil.

Aufgrund des Wirkungsmechanismus wird aber klar, dass die PDE-III-Hemmer nur wirken können, wenn genügend Substrat (cAMP) zur Verfügung steht, was einen pathologisch erhöhten endogenen Sympathikustonus voraussetzt. Allerdings gibt es hinreichend Belege dafür, dass ein erhöhter Sympathikustonus bei der akuten Herzinsuffizienz ein wichtiger und effektiver Kompensationsmechanismus ist. Bemerkenswert ist jedoch, dass die PDE-III-Hemmer die Symptomatik verbessern. Es bestehen jedoch auch Hinweise darauf, dass diese Substanzen die Prognose quod ad vitam eher ungünstig beeinflussen können. Aus dieser Tatsache erklärt sich die stark eingeschränkte Indikationsstellung in der Humanmedizin.

Obwohl klinische Untersuchungen an Hunden mit Herzinsuffizienz und Kardiomyopathie positive Ergebnisse erbracht haben, stehen Milrinon und Enoximon nicht als veterinärmedizinische Präparate zur Verfügung. Kardiovaskuläre Effekte von **Amrinon** und **Mirinon** sind speziesabhängig. Beim Hund kann die myokardiale Kontraktilität in gleichem Ausmaß gesteigert werden wie mit einem β-Adrenozeptoragonisten.

Sildenafil (**Abb. 6.6**) ist ein hochselektiver Inhibitor der cGMP-spezifischen PDE-V. Diese Substanz bewirkt einen Konzentrationsanstieg von zyklischem Guanosinmonophosphat (cGMP), was zur Vasodilatation der Lungenarterien führt. Die cGMP-spezifische PDE-V ist im Corpus cavernosum sowie in der Lunge vorhanden, und die Konzentrationen dieses Enzyms sind bei pulmonal-arterieller Hypertonie erhöht. Sildenafil war der erste klinisch anwendbare selektive Hemmstoff der PDE-V. Die in der Humanmedizin zugelassene Substanz wurde ursprünglich als neues vasodilatatorisches Wirkprinzip entwickelt; die gleichzeitig erektionsfördernde Wirkung von Sildenafil war ein Zufallsbefund. Sildenafil wird beim Hund in einer Dosierung von 0,5–2,7 mg/kg p. o. bei pulmonal-arterieller Hypertonie zur Reduktion des erhöhten Drucks eingesetzt. Konventionelle systemische Vasodilatatoren haben keine Präferenz für die Arterien der Lunge und sind daher für die Behandlung dieser Erkrankung weniger geeignet.

PDE-V-Inhibitoren potenzieren die Wirkung organischer Nitrate und anderer Substanzen, die zu einer Freisetzung von Stickstoffmonoxid führen; die gemeinsame Anwendung ist daher kontraindiziert.

Ca^{2+}-Sensitizer

Einen völlig anderen Wirkungsmechanismus von positiv inotropen Substanzen stellt die Sensibilisierung der kontraktilen Proteine gegenüber Ca^{2+} dar (**Abb. 6.3**). **Abb. 6.7** veranschaulicht diesen Effekt. Es zeigt sich, dass das Pharmakon die Konzentrations-Wirkungs-Kurve von Ca^{2+} für die Kontraktionskraft nach links verschiebt. Daraus leitet sich ab, dass bei gegebener Ca^{2+}-Konzentration eine größere Kraftentwicklung stattfindet oder zur Erlangung einer definierten Kontraktion geringere Ca^{2+}-Konzentrationen an den kontraktilen Proteinen benötigt werden. Dies hat möglicherweise energetische Vorteile. Darüber hinaus ist dieses pharmakologische Profil im Sinne der Vermeidung von Rhythmusstörungen eventuell vorteilhaft.

Pimobendan (**Abb. 6.8**) ist eine Substanz, die neben der PDE-III-inhibierenden auch Ca^{2+}-sensitivierende Eigenschaften aufweist. Im Vergleich zu anderen positiv inotrop wirkenden Substanzen (z. B. Digoxin, Milrinon), die einen Anstieg der intrazellulären Kalziumkonzentration bewirken, steigert Pimobendan die Affinität der Ca^{2+}-empfindlichen Myofilamente (Troponin C) und führt somit zu einer erhöhten Kontraktilität ohne Steigerung des myokardialen Sauerstoffbedarfes. Weiterhin sind verminderte Thrombozytenaggregation, entzündungshemmende Wirkungen und eine verbesserte kardiale Relaxation (Lusitropie) beschrieben. Phosphodiesterase III und V kommen in der glatten Muskulatur der Gefäße vor, daher bewirkt Pimobendan ebenfalls eine Reduktion der Vor- und Nachlast. Energetische Untersuchungen zeigen, dass die Steigerung der myokardialen Kontraktilität unter Pimobendan ökonomischer erfolgt als unter reinen PDE-III-Hemmern. Pimobendan hat sich in einer Reihe von bemerkenswert gut kontrollierten Untersuchungen an Hunden mit Herzinsuffizienz (dilatative Kardiomyopathie, DCM; chronische Endokardiose der Mitralklappen) als wirksam erwiesen. In Vergleichsuntersuchungen mit Digoxin (in allerdings sehr niedriger Dosierung) verbesserte Pimobendan die Symptomatik mehr als das herzwirksame Glykosid. Die Herzfrequenz erhöhte sich nicht. Befunde aus klinischen Studien, z. B. an den besonders gefährdeten Dobermann-Pinschern, deuten darauf hin, dass sowohl die Lebensqualität als auch die Lebenserwartung der Hunde verbessert werden kann.

Nach den Resultaten der PROTECT-Studie ist dem Pimobendan auch eine protektive/prophylaktische Wirkung in der sogenannten „okkulten“ Phase der dilatativen Kardiomyopathie (DCMP) beim Dobermann zuzuschreiben. Nachweislich betrug die mediane Überlebungszeit der Studienpopulation unter Pimobendan 623 Tage, während Hunde aus der Plazebogruppe 466 Tage überlebten. Fraglich ist, ob diese positive und signifikante Beeinflussung der Überlebungszeit auch für andere Hunderassen mit einer okkulten DCMP zutrifft.

Bei Hunden mit atrioventrikulären Herzklappenerkrankungen konnte Pimobendan im Vergleich zu dem ACE-Inhibitor Benazepril Lebensqualität und Lebensdauer deutlich steigern. Pimobendan wird meistens in Kombination mit Diuretika, ACE-Hemmern und Digoxin eingesetzt, was jedoch zu einem drastischen Blutdruckabfall führen kann. Sonst sind für Pimobendan nur wenige Nebenwirkungen

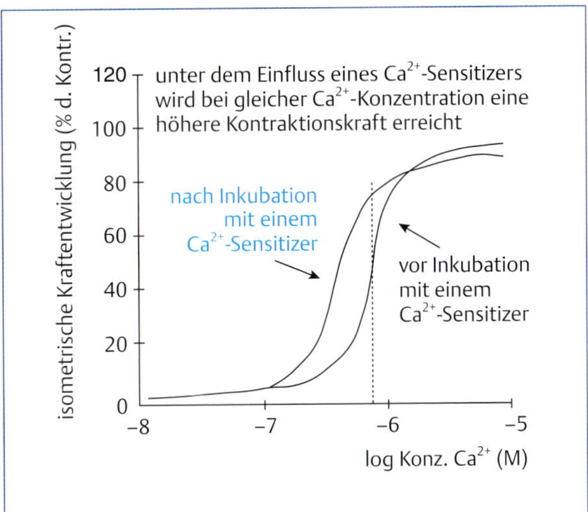

Abb. 6.7 Kraftentwicklung von kontraktilen Proteinen bei steigenden Ca^{2+}-Konzentrationen vor und nach Inkubation mit einem Ca^{2+}-Sensitizer.

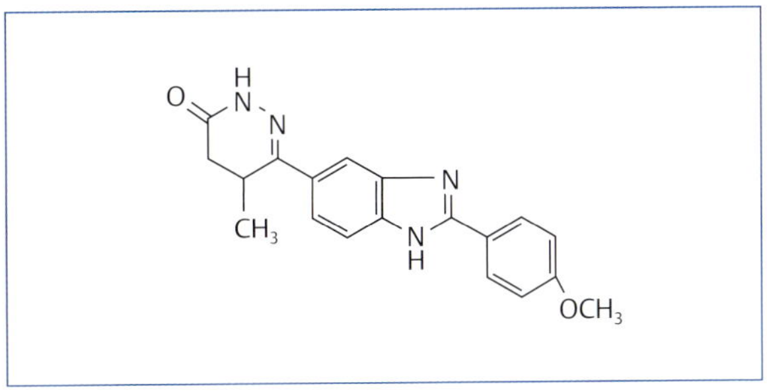

Abb. 6.8 Pimobendan.

beschrieben (z. B. Erbrechen). Ein antiarrhythmischer Effekt konnte in klinischen Studien nicht bestätigt werden. Die täglichen oralen Dosen liegen bei 0,2–0,5 mg/kg. Die pharmakokinetische Halbwertszeit beträgt zwar nur ca. 1 h, da aber ein wirksamer Metabolit mit langer Halbwertszeit gebildet wird, genügt die 1–2-malige tägliche Anwendung, um die Wirkung kontinuierlich aufrechtzuerhalten. Da die Clearance überwiegend (~ 95 %) hepatisch erfolgt, ist eine Dosisanpassung bei niereninsuffizienten Patienten nicht erforderlich, wohl aber bei Patienten mit schweren Leberfunktionsstörungen. Insgesamt ist Pimobendan gut verträglich. Nur selten treten positiv chronotrope Effekte auf. In diesen Fällen ist eine Dosisreduktion erforderlich. Weitere seltene Nebenwirkungen sind gastrointestinale Störungen (Anorexie, Erbrechen).

Eine neue Studie belegt, dass Katzen mit hypertropher Kardiomyopathie, die zusätzlich zur konventionellen Therapie (ACE-Hemmer, Diuretika, β-Blocker) Pimobendan erhielten, gleichfalls eine signifikant längere Überlebungszeit hatten.

Pimobendan ist kontraindiziert bei Aorten- oder Pulmonalstenosen.

6.2.5 Weitere Wirkstoffe zur Therapie der chronischen Herzinsuffizienz

Für die Behandlung der Herzinsuffizienz spielen auch Diuretika, besonders Schleifendiuretika (S. 239) und ACE-Hemmer (S. 210), eine wichtige Rolle. Große Bedeutung haben in der Humanmedizin zudem einige β-Rezeptorenblocker (S. 100) , wie **Carvedilol**, **Metoprolol** und **Bisoprolol**, trotz ihrer negativ inotropen Wirkung. Diese Substanzen verbessern nur bei langfristiger Anwendung die Symptomatik, wirken sich dann aber offensichtlich in beeindruckendem Maße auf die Prognose und Überlebensdauer der Patienten aus (**Tab. 6.1**). Die Stoffe werden zusätzlich zur Basismedikation (Digitalisglykoside, Pimobendan, Diuretika, ACE-Hemmer) gegeben. Die Therapie muss mit äußerst niedrigen Dosen (ca. ¼ der Erhaltungsdosis) begonnen und langsam gesteigert werden, um Verschlechterungen der Symptomatik zu Beginn der Therapie oder gar fatale Zwischenfälle zu vermeiden. Derzeit liegen limitierte Daten zur Wirksamkeit und Pharmakokinetik von Bisoprolol vor, während Studien zu Carvedilol und Metoprolol durchgeführt wurden. Beide Wirkstoffe führten zu einer verbesserten kardialen Perfusion und einer Senkung des Blutdrucks und der Herzfrequenz. Im Vergleich zu anderen selektiven β-Blockern, wie Metoprolol, Esmolol und Atenolol, ist Carvediol ebenfalls ein α-Blocker, was eine Reduktion der Nachlast bedingt. Das Verhältnis β-Blockade zu α_1-Blockade beträgt beim Hund 10–100:1. Die Vasodilatation wird primär auf eine α_1-Blockade zurückgeführt, wobei eine Antagonisierung von Ca^{2+}-Kanälen bei höheren Dosierungen ebenfalls zu dieser Wirkung beiträgt. Weiterhin sind Radikalfängereigenschaften, antioxidative Wirkungen, Hemmung der Lipidperoxidation und antimitogene Effekte beschrieben. Patienten mit chronischer Herzinsuffizienz zeigen eine erhöhte sympathische Stimulation, die eine Downregulation von β_1-Rezeptoren nach sich zieht. Die vorteilhaften Effekte von Carvedilol bei Patienten mit Herzinsuffizienz resultieren primär aus der Blockade der β_1-Rezeptoren, die der Downregulation dieser β-Rezeptoren entgegenwirkt. Die durch die α-Blockade ausgelöste Dilatation der Gefäße bewirkt eine Senkung des peripheren Widerstandes. Carvedilol wird in der Veterinärmedizin als Add-on-Therapie von dilatativer Kardiomyopathie (Dosis 0,4 mg/kg p. o., 2-mal täglich) und bei Endokardiose/Mitralregurgitation (Dosis 1,0 mg/kg p. o., 2-mal täglich) verwendet.

6.2.6 Antiarrhythmika

Elektrophysiologische Grundlagen

Für die Funktion des Herzens sind die autonome elektrische Erregungsbildung (Bathmotropie) und Erregungsleitung (Dromotropie) Voraussetzung für die elektromechanische Kopplung. Diesen elektrischen Vorgängen liegen rhythmische Potenzialänderungen zugrunde, die durch schnelle Permeabilitätsänderungen der Zellmembranen für Ionen und damit durch extra-intrazelluläre Elektrolytverschiebungen zustande kommen. Diese Vorgänge können als Aktionspotenzial abgeleitet und aufgezeichnet werden.

Im Herzen gehen die entstehenden elektrischen Impulse vom Sinusknoten als dem Schrittmacher im rechten Vorhof aus und pflanzen sich zeitlich verschoben über den Vorhof, den AV-Knoten, das His-Bündel auf die beiden Ventrikel zu den Purkinjefasern und schließlich auf das Myokard fort. Die **Aktionspotenziale** haben durch die unterschiedliche Beteiligung der Kationen Na^+, K^+, Ca^{2+} an den Potenzialänderungen kein einheitliches Aussehen in den einzelnen Abschnitten des Herzens. **Abb. 6.9** zeigt ein Aktionspotenzial von Zellen des Sinusknotens sowie von Purkinjefasern.

Vereinfacht dargestellt kommt es zu folgenden Abläufen im Aktionspotenzial: Der steile Anstieg in der Phase 0 ergibt sich durch eine schlagartige Steigerung der Permeabilität für den Na^+-Einwärtsstrom bei einem bestimmten Schwellenpotenzial während der Depolarisation. In der Phase 1 nimmt der Na^+-Strom wieder ab, in der Plateauphase 2 kommt es zu einer Erhöhung der Ca^{2+}-Permeabilität, während in der Phase 3, der Repolarisation, die Permeabilität für K^+ nach extrazellulär zunimmt. In der Phase 4 schließlich erfolgt durch Abnahme der K^+-Leitfähigkeit eine langsame Depolarisation, bis das kritische Schwellenpotenzial erneut überschritten wird und sich die schnelle Depolarisation der Phase 0 wiederholt. In den Zellen mit Schrittmacherfunktion (also besonders im Sinusknoten) wird außerdem der sympathikusabhängige langsame Ca^{2+}-Einwärtsstrom aktiv. Die Steilheit des Anstieges der Na^+-Leitfähigkeit ist ein Maß für die Leitungsgeschwindigkeit. Die Phase 4 ist in den Zellen des Sinus- und AV-Knotens am meisten ausgeprägt, kann aber auch in den Zellen des Erregungsleitungssystems gemessen werden. Die Steilheit der Phase 4 bestimmt den Abstand zweier Erregungen und somit die Herzfrequenz sowie das Schwellenpotenzial und steht unter dem Einfluss des Vagus (Abflachung) respektive Sympathikus (Zunahme der Steilheit).

Im Verlauf eines Aktionspotenzials am Herzen sind die Na^+-Kanäle, die als Triggermechanismus agieren, erst wieder aktivierbar, wenn während der Repolarisationsphase −50 mV unterschritten werden. Oberhalb dieser elektrischen Schwelle ist die Herzmuskelzelle gegen eintreffende elektrische Ströme, die z. B. von vorgeschalteten Zellen des Reizleitungssystems eintreffen, refraktär. Auf diese Schwelle folgt eine Periode, in der relativ starke Ströme ein

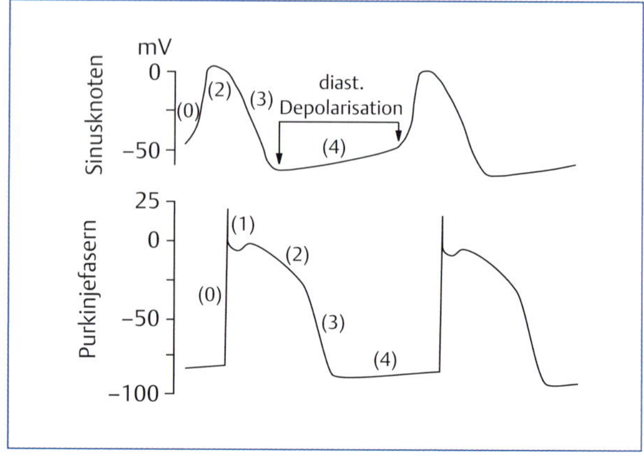

Abb. 6.9 Aktionspotenziale im Sinusknoten (obere Bildhälfte) und in den Purkinjefasern (untere Bildhälfte).

(evtl. deformiertes) Aktionspotenzial erzwingen, ehe die Zelle wieder uneingeschränkt auf elektrische Impulse mit dem Auslösen eines eigenen, normalen Aktionspotenzials reagiert. Aus diesem Ablauf leiten sich die Begriffe **absolute** und **relative Refraktärzeit** ab. Die zeitliche Unempfindlichkeit der Herzzellen gegenüber elektrischen Impulsen verhindert die Tetanisierbarkeit des Herzens, was funktionell auch nicht sinnvoll wäre, da die Ventrikel ihre Pumpfunktion nur bei zeitlich abgesetzten Einzelkontraktionen erfüllen können.

Herzrhythmusstörungen können durch gestörte Erregungsbildung und/oder -leitung zustande kommen und sowohl ventrikulären als auch supraventrikulären Ursprungs sein. Eine Erregung tritt dann auf, wenn das kritische Schwellenpotenzial erreicht ist, das durch verschiedene Faktoren verändert werden kann. Herzrhythmusstörungen können kardiale oder extrakardiale Ursachen haben. Die Ätiologie von Arrhythmien ist daher vielfältig. Mögliche Ursachen sind z. B. myokardiale Herzinsuffizienz und Ischämien. Insbesondere können bestimmte Pharmaka K^+-Verluste auslösen (chronisch hohe Dosen z. B. von Diuretika, Herzglykosiden, Antiarrhythmika), die die Entstehung von Arrhythmien begünstigen.

Nach ihrer Manifestation unterscheidet man **tachykarde** (Sinustachykardie, supraventrikuläre Tachykardie, Extrasystolen, Vorhof- bzw. Kammerflimmern) und **bradykarde** (Sinusbradykardien, sinoatrialer Block oder AV-Block) Rhythmusstörungen.

DEFINITION Antiarrhythmika sind Arzneimittel zur Beseitigung von Störungen der regelmäßigen Schlagfolge des Herzens.

Ziel der pharmakologischen antiarrhythmischen Therapie ist häufig die Verlängerung der Refraktärzeit, um Teile des Herzens vor den Folgen von irregulären Erregungen, insbesondere aus sekundären Zentren, zu schützen. Diese irregulären Erregungen (= **Extrasystolen**) erweisen sich als besonders gefährlich, wenn sie im EKG als Kammererregung während der Repolarisation erfolgen (sogenanntes „R-auf-T"-Phänomen), weil dieses oft in ein plötzliches Kammerflattern und -flimmern mit akuter Lebensgefahr übergeht.

Verzögerungen oder Unterbrechungen der Erregungsleitung sind hauptsächlich im Vorhof und im AV-Knoten von Bedeutung; sie zeichnen sich im EKG in der **Verlängerung der PQ-Zeit** ab. Eine spezielle Form der Erregungsleitungsstörung ist die sogenannte kreisende Erregung (**Reentry-Phänomen**). Während einer normalen Herzaktion kommt jede Erregung nach Aktivierung der Ventrikelmuskulatur zum Erlöschen, da sie dann nur mehr von refraktärem, also schwer oder überhaupt nicht erregbarem Gewebe umgeben ist. Bei einer kreisenden Erregung ist die Leitungsbahn in der normalen Richtung der Erregungsausbreitung blockiert, aber die Erregung durchläuft die Leitungsbahn retrograd unter langsamerer Geschwindigkeit und kann auf diese Weise asynchron in Myokardzellen Impulse auslösen (**unidirektionaler Block**). Ziel der Therapie dieser Form der Leitungsstörung ist es, die Leitungsgeschwindigkeit in dem betreffenden Gebiet zu erhöhen (Vermeidung des unidirektionalen Blocks) oder die retrograde Impulsausbreitung zu blockieren, um die asynchrone Erregungsausbreitung zu verhindern (Überführung des unidirektionalen Blocks in einen bidirektionalen Block).

Störungen der Erregungsbildung und Erregungsleitung ziehen, zumindest wenn sie gehäuft auftreten, eine Beeinträchtigung der kardialen Leistung nach sich und können für das Individuum lebensbedrohlich sein. Bei Erregungsbildungsstörungen wird die Tätigkeit des physiologischen Schrittmachers im Sinusknoten des rechten Vorhofes beeinträchtigt, bei Reizleitungsstörungen wird die Überleitung zu den nachfolgenden Teilen des Herzens (z. B. vom Vorhof zur Kammer) gehemmt. Erst durch die Koordination der einzelnen Vorgänge wird eine normale Funktion des Herzens gewährleistet. Durch Störungen des Erregungsbildungs- und Reizleitungssystems können einerseits Kammersystolen ausfallen und damit hämodynamisch effektiv werden. Andererseits können kompensatorisch sekundäre Schrittmacherzentren und Leitungsbahnen aktiviert werden und damit supraventrikuläre und ventrikuläre Extrasystolen auslösen, was sich ebenfalls hämodynamisch bemerkbar macht. Da die sekundären Zentren und Bahnen mit einer anderen, nämlich langsameren Grundfrequenz arbeiten, sind unkoordinierte elektrische Abläufe die Folge. Dies kann einen Herzstillstand nach sich ziehen, weil das elektrophysiologische Zusammenspiel in den einzelnen Herzteilen auf Störungen sehr anfällig reagiert.

Zu den **Arrhythmien** gehören **supraventrikuläre** (vom Vorhof ausgehende) und **ventrikuläre** Tachykardien, Flattern und Flimmern. Die Diagnose der Rhythmusstörungen geschieht durch Beurteilung des EKGs, insbesondere durch die Vermessung der einzelnen Streckenabschnitte (P-Dauer, PQ, QRS, QT). Vereinzelt auftretende Unregelmäßigkeiten (< 1 Ereignis/min) bedürfen keiner Behandlung; bei gehäuftem Auftreten, insbesondere bei Salven oder wenn die Erregungen polytopen Ursprungs sind, ist eine Therapie angezeigt. Vor einer Behandlung mit Antiarrhythmika, die zu den Substanzen mit einer sehr geringen therapeutischen Breite gehören, ist zu klären, ob die Rhythmusstörungen eine Ursache haben, die durch andere Maßnahmen beseitigt werden kann.

Antiarrhythmisch wirkende Pharmaka

STECKBRIEF ANTIARRHYTHMIKA

Die Antiarrhythmika sind chemisch sehr unterschiedlich und sehr heterogen (**Abb. 5.2**, **Tab. 5.1**, **Abb. 6.10**). Nach Vaughan-Williams werden sie daher nach ihrem primären Wirkungsmechanismus in die Klassen I bis IV eingeteilt. Diese Klassifizierung berücksichtigt den Einfluss der Substanzen auf das Aktionspotenzial hauptsächlich aufgrund der Änderung der transmembranösen Permeabilität für Kationen (**Tab. 6.3**) und beruht auf ihrer Interaktion mit a) Ionenkanälen (Klasse I, III und IV), Rezeptoren (Klasse II) oder Ionenpumpen (Herzglykoside).

Die **Klasse I** ist gekennzeichnet durch eine Hemmung des Na^+-Einwärtsstroms (Phase 0 des Aktionspotenzials) während der Depolarisation und damit deren Verlängerung. Diese Klasse wurde von Harrison untergliedert (A, B, C) nach dem Einfluss auf die Dauer des gesamten Aktionspotenzials sowie der Zeit für die Erholung des Na^+-Kanals.

Die **Klasse II** wird durch die β-Rezeptorenblocker repräsentiert, die eine Verlängerung der diastolischen Depolarisation bewirken (Phase 4 des Aktionspotenzials).

Die **Klasse III** ist charakterisiert durch eine Hemmung des K^+-Auswärtsstroms, wodurch es zu einer Verlängerung der Repolarisationszeit und damit des gesamten Aktionspotenzials kommt.

Die **Klasse IV** beinhaltet Substanzen, die den Ca^{2+}-Einwärtsstrom hemmen und damit hauptsächlich die diastolische Depolarisation am Sinus- und AV-Knoten verlängern, deren Aktionspotenzial im Wesentlichen durch die Ca^{2+}-abhängigen langsam fortgeleiteten Potenziale bestimmt wird.

KLINISCHER BEZUG Die beschriebenen Einflüsse der Antiarrhythmika auf die transmembranösen Kationenkanäle bergen andererseits auch das Risiko einer veränderten Homöostase und können dadurch selbst Arrhythmien auslösen. Daraus folgt, dass Antiarrhythmika, besonders die der Klasse I, generell eine geringe therapeutische Breite haben und nur unter strenger Kontrolle – mindestens eines EKGs – eingesetzt werden dürfen. Verbreiterungen von PQ, QRS und QT um mehr als 20 % von den Normwerten erfordern eine Dosisreduktion.

Antiarrhythmika der Klasse I

Klasse I Antiarrhythmika haben die typische amphiphile Struktur der Lokalanästhetika. Durch Hemmung des Na^+-Kanals verlängern sie die Refraktärzeit; ihr lipophiler Anteil verankert sich in der Wand des Na^+-Kanals, während ihr hydrophiler Anteil die Kanalpore blockiert und so den Durchfluss der Na^+-Ionen senkt.

Antiarrhythmika der Klasse IA

Diese Substanzen bewirken neben ihrer Hemmung des Na^+-Einwärtsstromes in geringerem Umfang auch eine Verminderung des K^+-Auswärtsstromes, sodass neben der

Chinidin

Phenytoin

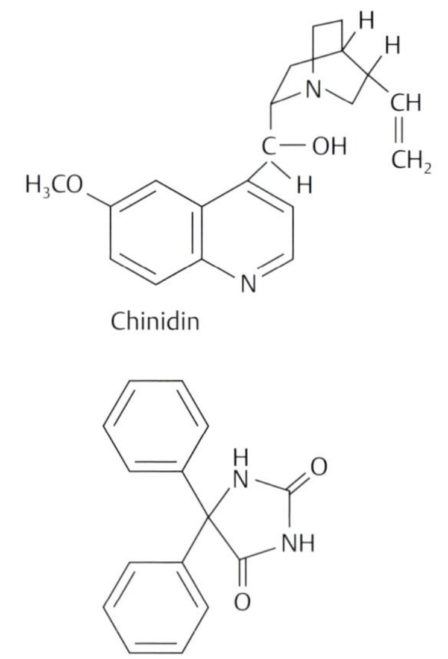

Abb. 6.10 Antiarrhythmika der Klasse I.

Verlängerung der schnellen Depolarisation (Phase 0), die sich besonders in den Purkinjefasern manifestiert, auch die Repolarisation (Phase 3) sowie die diastolische Depolarisation (Phase 4) abgeflacht werden.

Damit sind das gesamte Aktionspotenzial und die Refraktärzeit verlängert. Im EKG zeigen sich diese Wirkungen als Verlängerungen der PQ-, QT- und QRS-Zeiten. Die Erregungsausbreitung wird verlangsamt, und damit kann bei kreisender Erregung ein unidirektionaler Block in einen bidirektionalen Block überführt werden. Die Automatiebereitschaft, also die Aktivierung sekundärer Schrittmacher, wird besonders im Vorhof, weniger in den Ventrikeln, vermindert, ebenso die Ausbreitungsgeschwindigkeit ektopischer Erregungen.

Chinidin

Pharmakodynamik Chinidin ist ein optisches Isomer von Chinin, dem es im Wirkungsspektrum ähnelt. Pharmakodynamisch besitzt Chinidin eine anticholinerge und eine schwache α-sympatholytische Wirkung. Durch die anticholinerge Wirkung (vagolytisch) wird der hemmende Einfluss auf die Frequenz im Sinusknoten und die AV-Überleitung aufgehoben. Somit bleibt die Reizbildung unbeeinflusst, während ektopische Reize im Vorhofmyokard unterdrückt werden.

Im EKG: QRS-Verbreiterung, PR- und QT-Verlängerung. Besonders auf ektopische Reizbildung im Vorhof wirkend, während eine Wirkung auf die Erregungsbildung in den Kammern erst bei hohen Dosierungen auftritt.

Pharmakokinetik Chinidin wird nach oraler Gabe zu 50–70 % resorbiert, interindividuelle Schwankungen sind zu berücksichtigen. Das Verteilungsvolumen beträgt 2,9 l/kg beim Hund und 15 l/kg beim Pferd. Daraus resultiert eine Halbwertszeit von ca. 5,6 h beim Hund und von 8,5 h beim Pferd, sodass die Anwendung mehrmals täglich erfolgen

Tab. 6.3 Antiarrhythmika nach der Einteilung von Vaughan-Williams.

Klasse	Wirkungsweise		besonders wirksam bei Rhythmusstörungen	Vertreter (*Erfahrung in der Veterinärmedizin)
IA	Hemmung des Na^+-Einwärtsstromes, Verlängerung der schnellen Depolarisation (Phase 0)	Verlängerung des Aktionspotenzials, geringe Verlängerung der diastolischen Depolarisation (Phase 4) und der Repolarisation (Phase 3) durch zusätzliche Hemmung der Ca^{2+}- und K^+-Leitfähigkeit	supraventrikuläre Tachyarrhythmien, Vorhofflattern und -flimmern, ventrikuläre Tachyarrhythmien und Extrasystolen	▪ Chinidin* ▪ Disopyramid
IB		Verkürzung des Aktionspotenzials, Verbesserung der K^+-Leitfähigkeit	ventrikuläre Extrasystolen Kammerflattern und -flimmern bes. infolge Myokardinfarkt bzw. Digitalisüberdosierung	▪ Lidocain* ▪ Phenytoin*
IC		Dauer des Aktionspotenzials unverändert	supraventrikuläre und ventrikuläre Tachyarrhythmien und Extrasystolen	▪ Propafenon*[1] ▪ Flecainid
II	Verlängerung der diastolischen Depolarisation (Phase 4); Hemmung des Einflusses endogener Catecholamine		supraventrikuläre und ventrikuläre Tachyarrhythmien, Vorhofflattern und -flimmern	▪ β-Rezeptorenblocker ▪ Propranolol* ▪ Atenolol* ▪ Esmolol* ▪ Carvedilol*
III	Hemmung des K^+-Auswärtsstromes, Verlängerung der Repolarisation (Phase 3)		ventrikuläre Tachyarrhythmien, Extrasystolen, Kammerflattern und -flimmern	▪ Sotalol[2] ▪ Amiodaron[3]
IV	Hemmung des potenzialgesteuerten Ca^{2+}-Einwärtsstromes, Verlängerung der diastolischen Depolarisation (Phase 4), besonders im Sinusknoten und im AV-Knoten		supraventrikuläre Tachyarrhythmien, Kammerflattern und -flimmern	▪ Verapamil* ▪ Gallopamil ▪ Diltiazem*

[1] hat ebenfalls Eigenschaften der Klasse II und IV
[2] hat ebenfalls Eigenschaften der Klasse II
[3] besitzt Eigenschaften aller Klassen

muss, um konstante, wirksame Plasmakonzentrationen zu erreichen. Chinidin wird in der Leber metabolisiert und etwa zur Hälfte unverändert renal eliminiert.

Indikationen Generell werden Antiarrhythmika der Klasse IA bei supraventrikulären Tachyarrhythmien eingesetzt. Beim Hund finden sie auch zur Prophylaxe und Therapie von ventrikulären Tachyarrhythmien Anwendung. Chinidin wird vor allem in der Pferdemedizin zur Therapie von supraventrikulären Tachykardien (Vorhofflimmern/Vorhofflattern) zur „Kardiokonversion" erfolgreich eingesetzt.

Dosierung Die orale Dosis zur Therapie von ventrikulärer Tachykardie liegt bei ca. 6–16 mg/kg Chinidinsulfat 3–4-mal täglich beim Hund. Zur Kardiokonversion werden Dosierungen von 6–11 mg/kg i. m. Chinidinglukonat in einem Intervall von 6 h beim Hund verwendet. Alternativ kann Chinidinsulfat beim Hund in einer Dosierung von 6,6–22 mg/kg i. m. zum Einsatz kommen. Beim Pferd werden bis zum Auftreten der Kardiokonversion Dosen von 1,1–2,2 mg/kg i. v. Chinidinglukonat alle 10 min gegeben. Die maximale i. v. Gesamtdosis beträgt 12 mg/kg. Alternativ kann Chinidinsulfat oral mittels Nasenschlundsonde in einer Dosis von 22 mg/kg alle 2 h bis zur Kardiokonversion verabreicht werden. Chinidin hat ein enges therapeutisches Fenster; **unerwünschte Wirkungen** können bereits im therapeutischen Dosisbereich auftreten. Wirksame Plasmakonzentrationen beim Pferd sind 0,5–3 µg/ml, während die toxische Grenze bereits ab 5 µg/ml erreicht ist.

Nebenwirkungen Hier sind besonders die fast allen Antiarrhythmika eigene negativ inotrope Wirkung, paradoxe Tachykardien (u. a. infolge der vagolytischen Wirkung), heterotope Erregungsbildungen, Blutdruckabfall bis Kollaps, Erbrechen, neurologische Störungen wie Fotophobie und Unruhe sowie bei Pferden Diarrhö, Ataxie, Kolik, Urticaria und selten Lahmheiten zu nennen.

Wechselwirkungen Chinidin eignet sich nicht zur Behandlung von Herzrhythmusstörungen infolge der Überdosierung herzwirksamer Glykoside. Chinidin selbst vermindert die renale Clearance von Digoxin und erhöht deshalb dessen Plasmakonzentration. Durch Phenobarbital kann infolge Enzyminduktion die Clearance von Chinidin erhöht und damit der Verlust an Wirkung induziert werden. Hypokaliämien verstärken die Wirkung von Chinidin.

CAVE

Wegen der besonders hohen Toxizität bei Katzen darf Chinidin bei dieser Spezies nicht eingesetzt werden.

Antiarrhythmika der Klasse IB

Diese Substanzen bewirken neben einer Hemmung der Depolarisation (Phase 0) eine Beschleunigung der Repolarisation infolge der Steigerung der K^+-Leitfähigkeit, wodurch sich das Aktionspotenzial verkürzt. Der Ausstrom von K^+-Ionen wird beschleunigt, was die Repolarisationsphase verringert. Die Substanzen der Klasse IB haben keinen nennenswerten Einfluss auf die Schrittmacherpotenziale des Sinusknotens sowie im AV-Knoten, schwächen aber an geschädigten Purkinjefasern die diastolische Depolarisation ab. Damit eignen sich die Substanzen zur Unterdrückung heterotroper Schrittmacher in den Purkinjefasern der Ventrikel. Bei Vorliegen von kreisenden Erregungen können diese aufgehoben werden.

Lidocain

Pharmakodynamik Ein Vorteil von Lidocain (**Abb. 5.2**, **Tab. 5.1**) ist, dass es praktisch nur pathologisch hohe Frequenzen und Extraerregungen (**ektopische Erregungsbildung**) beeinflusst und die „normalen" Erregungsabläufe unbeeinflusst lässt. Dabei hängt die Bindung des Antiarrhythmikums vom Aktivitätszustand des Kanals ab. Die Affinität ist groß, solange der Kanal geöffnet oder inaktiviert ist. Lidocain wirkt bevorzugt am Ventrikel und reduziert die Na^+-Leitfähigkeit am stärksten im depolarisierten Gewebe bei höheren Frequenzen. Diesen Effekt nennt man **use dependence**.

Pharmakokinetik Lidocain ist ein Lokalanästhetikum, das ohne Sperrkörper (Adrenalin) als Antiarrhythmikum angewandt wird. Der Unterschied von Lidocain und Mexiletin besteht vor allem darin, dass Lidocain wegen eines hohen First-Pass-Effektes nicht p. o. verabreicht werden kann, während Mexiletin eine gute orale Bioverfügbarkeit besitzt. Die Halbwertszeit von Lidocain beträgt beim Hund 0,9 h, während die Halbwertszeit von Mexiletin 3–4 h beträgt; Mexiletin ist jedoch nicht mehr erhältlich.

Indikationen Die Substanzen eignen sich zur Unterdrückung heterotroper Schrittmacher in den Purkinjefasern der Ventrikel. Bei Vorliegen von kreisenden Erregungen können diese aufgehoben werden. Lidocain eignet sich besonders zur antiarrhythmischen Behandlung von ventrikulären Tachyarrhythmien, Kammerflimmern und Herzglykosidintoxikation.

Dosierung Lidocain wird mit Initialdosis (2–4 mg/kg in 1–3 min) gegeben, gefolgt von einer kontinuierlichen intravenösen Infusion (25–100 µg/kg pro min). Die wirksamen Plasmakonzentrationen liegen im Bereich von 2–6 µg/ml. Bei intravenöser Gabe von > 4 mg/kg muss mit Nebenwirkungen gerechnet werden.

CAVE

Lidocain sollte bei Katzen nur mit größter Vorsicht eingesetzt werden (Dosis: 0,2–0,5 mg/kg).

Die wirksame Initialdosis liegt bei dieser Tierart bei 0,25–0,5 mg/kg i. v., gefolgt von einer Infusion (10–40 µg/kg i. v.). Die hohe Empfindlichkeit liegt darin begründet, dass die Glukuronidierung bei Katzen eingeschränkt ist. Dieser Mechanismus ist für die Elimination von Lidocain besonders wichtig.

Nebenwirkungen Diese betreffen das Herz kaum, da Lidocain nur geringgradig kardiodepressiv und kaum negativ dromotrop wirkt. Im Vordergrund stehen zentralnervöse Symptome, welche dosisabhängig von Sedation bis hin zur zentralen Stimulation reichen. Zu beobachten sind insbesondere Nystagmus, Anorexie und Ataxie. Diese sind aber wegen der kurzen Eliminationshalbwertzeit meist selbstheilend. Bei Leberfunktionsstörungen ist mit einer Kumulation zu rechnen.

Wechselwirkungen Chloramphenicol verstärkt die Wirkung durch Abnahme der Clearance, während Barbiturate die Wirkung durch Enzyminduktion vermindern.

Phenytoin

Pharmakodynamik Phenytoin hat ein ähnliches Wirkprofil wie Lidocain.

Pharmakokinetik Im Gegensatz zu Lidocain kann Phenytoin auch oral angewendet werden, die Bioverfügbarkeit beträgt beim Hund ca. 40 %. Die therapeutischen Plasmakonzentrationen liegen im Bereich von 10–15 µg/ml. Die Eliminationshalbwertszeit beträgt beim Hund ca. 3–5 h, bei Pferden 8 h. Da Phenytoin die Enzyme des eigenen Abbaus induziert, kommt es bei chronischer Anwendung zu einer Abnahme der Halbwertszeit auf ca. die Hälfte, was bei der Dosierung zu beachten ist. Wegen der Unfähigkeit der Katzen zur phenolischen Hydroxylierung, über die Phenytoin metabolisch abgebaut wird, beträgt dessen Halbwertszeit bei dieser Tierart 42 h!

Indikationen Diese Substanz wird bei Digitalis-induzierten ventrikulären Arrhythmien beim Hund verwendet. Studien an Pferden haben gezeigt, dass Phenytoin bei ventrikulären Arrhythmien wirksam ist.

Dosierung Phenytoin kommt beim Hund in einer Dosierung von 2–4 mg/kg langsam i. v. zum Einsatz, wobei eine Gesamtdosis von 10 mg/kg nicht überschritten werden sollte. Bei oraler Anwendung liegt die Dosis bei 30–50 mg/kg alle 8 h. Katzen dürfen infolge der langen Halbwertszeit maximal 2–3 mg/kg als orale Tagesdosis erhalten. Bei Pferden beträgt die empfohlene orale Dosis 10–20 mg/kg 2-mal täglich.

Wechselwirkungen Von den für das Lidocain genannten Wechselwirkungen ist auch das Phenytoin betroffen.

Antiarrhythmika der Klasse IC

Antiarrhythmika der Klasse IC bewirken eine selektive Hemmung des schnellen Na^+-Einwärtsstroms und verlängern die Erholungszeit des Na^+-Kanals. Da im Gegensatz zu den Antiarrhythmika der Klassen IA und IB sowohl die Ca^{2+}- als auch die K^+-Leitfähigkeit unbeeinflusst bleiben, wird die Refraktärzeit nicht verlängert, die Dauer des Aktionspotenzials ändert sich nicht.

Im EKG zeigt sich eine Verlängerung des QRS-Komplexes. Neuere Substanzen, die zu dieser Klasse gehören (Encainid und Flecainid), haben in humanmedizinischen Studien eine Verschlechterung der Prognose quod ad vitam bewirkt, was der Verbreitung dieser Substanzen hinderlich war. In der Veterinärmedizin liegen nur Erfahrungen mit Propafenon vor, das aber zusätzlich geringe Eigenschaften der Klasse II und IV haben soll. Allerdings ist unklar, in welchem Umfang diese Teileffekte an der antiarrhythmischen Gesamtwirkung teilhaben.

Propafenon

Pharmakodynamik Propafenon verzögert die Erregungsausbreitung sowohl im Vorhof als auch die Überleitung im Ventrikel, AV- und His'schen Bündel. Die Verlängerung der atrioventrikulären Überleitungszeit ist frequenzabhängig. Im EKG wird eine Ausdehnung der PQ-Strecke unter Propafenon beobachtet.

Pharmakokinetik Nach oraler Gabe wird Propafenon zwar nahezu vollständig resorbiert, es unterliegt jedoch einem ausgeprägten First-Pass-Effekt, sodass die Bioverfügbarkeit nur bei etwa 20 % liegt. Ein hohes Verteilungsvolumen von rund 3 l/kg weist auf einen Abstrom ins Gewebe hin. Die Eliminationshalbwertszeit liegt beim Hund nach intravenöser Gabe bei ca. 1 h, nach oraler Gabe bei ca. 4 h.

Indikationen Spezifische Indikationen sind Vorhofflimmern und supraventrikuläre Tachykardie beim Hund.

Dosierung Als Dosis werden beim Hund 2–3 mg/kg 3-mal täglich empfohlen. Da die Elimination hauptsächlich durch die hepatische Clearance bestimmt wird, muss bei Patienten mit manifester Störung der Leberfunktion eine Dosisanpassung erfolgen. Wegen der kurzen Halbwertszeit bei i. v. Zufuhr empfiehlt sich als Alternative zur Injektion die Dauerinfusion in einer Dosis von 0,008 mg/kg pro min.

Nebenwirkungen Nicht kardiale Nebenwirkungen von Propafenon sind besonders gastrointestinale Störungen, z. B. Erbrechen.

Antiarrhythmika der Klasse II, β-Rezeptorenblocker

Ursächlich für die Entstehung supraventrikulärer Tachyarrhythmien ist oft ein erhöhter Sympathikustonus, wobei die Effekte über adrenerge β-Rezeptoren vermittelt werden. Unter diesem Einfluss wird das maximale diastolische Potenzial angehoben, und das Schwellenpotenzial zur Öffnung des Na^+-Kanals erniedrigt. Da diese Vorgänge über einen erhöhten Ca^{2+}-Einstrom zustande kommen, wirkt sich ein erhöhter Sympathikustonus vermehrt dort aus, wo das Aktionspotenzial wesentlich durch die Ca^{2+}-Leitfähigkeit bestimmt wird. Dies ist vor allem im Sinusknoten und im AV-Knoten der Fall.

Antiarrhythmika der Klasse II wirken durch Blockade der β-Rezeptoren. Dadurch wird die diastolische Depolarisation insbesondere im Sinusknoten verlangsamt, weshalb es zu einer Erniedrigung der Herzfrequenz kommt. Supraventrikuläre Tachyarrhythmien, einschließlich Vorhofflimmern und -flattern, lassen sich so gezielt behandeln. Aber auch ektopische Erregungen im Ventrikel können durch β-Blocker unterdrückt werden.

Aufgrund dieses Wirkungsspektrums sind β-Rezeptorenblocker in der Lage, z. B. den plötzlichen Herztod bei Schweinen und Windhunden unter Belastungssituationen zu verhindern. Die für manche β-Blocker beschriebene lokalanästhetische (auch als chinidinartig bezeichnete) Qualität ist eine Komponente, die der antiarrhythmischen Wirkung der Klasse I entspricht. Sie tritt nur bei sehr hohen Plasmakonzentrationen, z. B. bei schneller intravenöser Zufuhr, auf und ist therapeutisch ohne wesentliche Bedeutung.

Von den **Nebenwirkungen** der β-Blocker sind insbesondere die kardiodepressiven, also die negativ inotropen Effekte zu beachten, weswegen sie bei dekompensierter Herzinsuffizienz prinzipiell nicht eingesetzt werden dürfen. Zudem führen β-Blocker über einen nicht klar verstandenen Mechanismus zu einer Blutdrucksenkung. Bei länger andauernder Therapie kommt es allerdings zu einer „Downregulation" der β-Rezeptoren, wodurch ein Wirkungsverlust entsteht. Aufgrund der $β_2$-Hemmung sind weitere Nebenwirkungen möglich (stärker ausgeprägt für Propranolol als für Atenolol): bronchiale Obstruktion, Hypoglykämie bei Diabetes mellitus, Auslösen von Wehentätigkeit. Eine latente Herzmuskelinsuffizienz kann durch den fehlenden sympathomimetischen Antrieb manifest werden. Zentralnervöse Nebenwirkungen äußern sich dosisabhängig als Erregungserscheinungen, Krämpfe oder zentrale Dämpfung. Propranolol reichert sich aufgrund der stärkeren Lipophilie stärker im Gehirn an als Atenolol und führt daher eher zu zentralnervösen Nebenwirkungen.

Wegen der Gefahr der Kardiodepression und der Unterdrückung der Depolarisation im Sinusknoten dürfen β-Rezeptorenblocker nicht schnell intravenös injiziert werden. Die kombinierte Gabe von β-Blockern mit Ca^{2+}-Antagonisten vom Typ Verapamil oder Diltiazem ist strikt zu vermeiden, da sich die verzögernde Wirkung auf die AV-Überleitung addieren und es zu einem AV-Block kommen kann.

In der Veterinärmedizin liegen Erfahrungen bisher überwiegend mit nicht kardioselektiven β-Rezeptorenblockern (S. 100) vor, die also sowohl an den $β_1$- als auch an den $β_2$-Rezeptoren antagonistisch wirken. Dies scheint insofern gerechtfertigt, da die Nebenwirkungen der $β_2$-Rezeptorenblockade (insbesondere Bronchokonstriktion bei prädisponierten Patienten) in der Veterinärmedizin nur von untergeordneter Bedeutung sind. Ein typischer Vertreter ist **Propranolol**. Es wird nach oraler Gabe gut absorbiert, doch aufgrund des hohen First-Pass-Effekts beträgt die Bioverfügbarkeit beim Hund lediglich 2–27 %. Die Dosis von Propranolol wird bei kardialen Arrhythmien für den Hund mit 0,1–0,5 mg/kg p. o. alle 8 h oder 0,02 mg/kg i. v. (langsam bis zu einer Gesamtdosis von 1 mg/kg) angegeben. Bei der Katze beträgt die orale Dosis 2,5–10 mg/kg und die intravenöse Dosis 0,02 mg/kg.

Weiterhin liegen Erfahrungen mit den selektiven $β_1$-Blockern **Atenolol** und **Esmolol** vor. Atenolol hat eine Bioverfügbarkeit von 80–90 % und die Halbwertszeit beträgt ca. 5–6 h beim Hund und ca. 3,5 h bei der Katze. Esmolol dagegen hat eine sehr kurze Halbwertszeit (< 10 min) und kann daher nur intravenös verabreicht werden. Die orale Dosis von Atenolol beim Hund beträgt 0,25–1 mg/kg 2-mal täglich, die der Katze 6,25–12,5 mg/kg 1-mal täglich. Esmolol wird intravenös zunächst als Bolus (0,25–0,5 mg/kg), anschließend mittels Infusion (0,01–0,2 mg/kg) bei Hund und Katze verabreicht.

Antiarrhythmika der Klasse III

Diese Substanzklasse ist durch eine spezifische Wirkung auf die Repolarisationsphase gekennzeichnet, wobei insbesondere in den Purkinjefasern die Dauer des Aktionspotenzials und damit die Refraktärzeit verlängert werden. Das maximale diastolische Potenzial sowie die schnelle Depolarisation der Phase 0 werden durch diese Substanzen nicht wesentlich beeinflusst. Hauptindikation dieser Antiarrhythmika ist die Langzeitbehandlung von ventrikulären Rhythmusstörungen und Tachyarrhythmien.

Zu dieser Substanzklasse zählen **Sotalol** und **Amiodaron**. **Sotalol** ist ein Antiarrhythmikum, das Eigenschaften der Klasse II und der Klasse III besitzt. Bei niedriger Dosierung überwiegen die β-Rezeptor-blockierenden Eigenschaften, während bei höherer Dosierung der K^+-Auswärtsstrom gehemmt und somit die Repolarisation verzögert wird.

Wie die meisten β-Rezeptorenblocker ist Sotalol ein Racemat, bestehend aus zwei Stereoisomeren. Während nur das linksdrehende Isomer β-rezeptorenblockierende Eigenschaften hat, ist die antiarrhythmische Wirkung der Klasse III auch dem rechtsdrehenden Isomer eigen. Im Sinusknoten wird die spontane Depolarisation verlangsamt, die Frequenz des Sinusknotens nimmt ab. Dadurch lassen sich Sinustachykardien, besonders in Stresssituationen, verhindern. In klinischen Studien konnte gezeigt werden, dass Sotalol bei Boxern mit ventrikulären Tachyarrhythmien wirksam ist. Die orale Bioverfügbarkeit dieser Substanz beträgt ca. 90 % bei Hunden.

Amiodaron blockiert ebenfalls den Na^+-Einstrom in die Zelle und hat zudem Effekte auf den Ca^{2+}-Kanal (Blockade). Es besitzt somit Eigenschaften aller vier Klassen.

In der Veterinärmedizin liegen jedoch keine umfangreichen Erfahrungen mit Amiodaron und Sotalol vor, deswegen können auch keine allgemeingültigen Richtlinien hinsichtlich der Dosierung angegeben werden.

Antiarrhythmika der Klasse IV, Ca^{2+}-Antagonisten

Diese Substanzen hemmen den transmembranösen Ca^{2+}-Einstrom durch Blockade von L-Typ-Ca^{2+}-Kanälen. Da der Ca^{2+}-Einwärtsstrom im Herzen wichtig ist für die Depolarisation (Sinusknoten), die Überleitung (AV-Knoten) und die elektromechanische Koppelung, wirken Ca^{2+}-Kanalblocker negativ dromotrop und negativ inotrop. Die Na^+-Leitfähigkeit bleibt hingegen unbeeinflusst, weshalb die Substanzen im Wesentlichen dort wirken, wo langsam fortgeleitete Potenziale von Bedeutung sind, nämlich im Sinus- und AV-Knoten. Durch die negativ inotrope Wirkung nimmt der Sauerstoffverbrauch im Herzen ab.

Aufgrund ihres Wirkungsmechanismus sind die Ca^{2+}-Antagonisten bei supraventrikulären Tachyarrhythmien, einschließlich Vorhofflattern und -flimmern, indiziert. Da sich der verminderte Ca^{2+}-Einstrom auch in den glatten Muskelzellen der Blutgefäße bemerkbar macht, sind Ca^{2+}-Antagonisten zudem potente Vasodilatatoren. Dies trifft insbesondere für das Koronarsystem zu. Je nachdem, ob die Wirkung überwiegend am Herzen oder an den Blutgefäßen eintritt, bestehen jedoch erhebliche Unterschiede zwischen den Substanzen dieser Klasse. Kalziumkanalblocker gehören zu den Antiarrhythmika, könnten aber aufgrund der klinischen Wirkungen auch zu den Nachlastsenkern gezählt werden. **Nifedipin** setzt vorwiegend im arteriellen Strombett und schwächer am Herzen an. **Verapamil** hingegen entfaltet ausgeprägtere Wirkungen am Herzen. Infolge der Vasodilatation kommt es bei Nifedipin zu einer reflektorischen Aktivierung des Sympathikus, wodurch die Ca^{2+}-antagonistische Wirkung auf das Erregungsbildungs- und Reizleitungssystem überspielt wird und damit nicht mehr therapeutisch nutzbar ist. **Diltiazem** nimmt eine Mittelstellung ein, elektrophysiologisch steht die Substanz dem Verapamil auch bei systemischer Anwendung nahe.

Durch die Abnahme der Depolarisationsgeschwindigkeit wird die Herzfrequenz unter Verapamil gesenkt, die AV-Überleitung verzögert. Gleichzeitig ist jedoch auch mit einer negativ inotropen Wirkung zu rechnen, durch die der Sauerstoffverbrauch im Herzen abnimmt. Wie zuvor erwähnt, ergibt sich eine synergistische Wirkung auf die AV-Überleitung mit β-Rezeptorenblockern, weswegen diese beiden Stoffklassen nicht zusammen verwendet werden sollten. Aufgrund des Wirkungsmechanismus kann es zu Hypotension, Sinusbradykardie und AV-Blöcken kommen, ferner sind Müdigkeit und Anorexie zu nennen.

In der Veterinärmedizin liegen Erfahrungen mit Verapamil und Diltiazem vor. Verapamilhydrochlorid kommt bei supraventrikulären Tachyarrhythmien des Hundes zum Einsatz. Die Substanz kann in Dosen von 0,05–0,15 mg/kg langsam i. v. injiziert werden. Bei oraler Gabe ist ein hoher First-Pass-Effekt zu berücksichtigen, und die Bioverfügbarkeit beträgt bei Hunden nur ca. 10–20 %. Daraus ergeben sich Einzeldosen von 1–5 mg/kg oral. Durch die kurze Halbwertszeit von ca. 2 h ist die Substanz mindestens alle 6 h zu verabreichen, um wirksame Plasmakonzentrationen zu erzielen. Die für Vasodilatatoren übliche reflektorische Erhöhung der Herzfrequenz wird durch die direkte negativ chronotrope Wirkung von Diltiazem unterbunden. Die Dosis beim Hund beträgt 0,5–1,5 mg/kg p. o. 3-mal täglich.

Wie bei β-Rezeptorenblockern treten als **Nebenwirkungen** negativ inotrope Effekte, AV-Block, bei längerer Anwendung auch Obstipationen und Ödeme (infolge kardialer Dekompensation) auf.

Andere Antiarrhythmika

Herzwirksame Glykoside besitzen eine negativ chronotrope Wirkung, die wohl überwiegend über die vagotone Komponente dieser Substanzen zustande kommt und sich als Nebenwirkung in AV-Überleitungsstörungen manifestiert. Umgekehrt haben sich die herzwirksamen Glykoside (z. B. β-Methyl-Digoxin) gerade deswegen bei Vorhofflimmern und -flattern bewährt. Sie sind allerdings kontraindiziert bei Arrhythmien ventrikulären Ursprungs. Einzelheiten über herzwirksame Glykoside sind dem entsprechenden Kapitel (S. 191) zu entnehmen.

In seltenen Fällen wird es nötig sein, auch **bradykarde Rhythmusstörungen** zu behandeln. Dies trifft insbesondere zu, wenn eine Verbesserung der AV-Überleitung angestrebt wird. Dazu gehört auch das Durchbrechen eines unidirektionalen Blockes bei kreisender Erregung. Als Substanzen kommen hierfür **β-Rezeptorenagonisten** und **Parasympatholytika** infrage. Als β-Rezeptorenagonist empfiehlt sich **Orciprenalin**, das wegen der kurzen Halbwertszeit und der mangelhaften Resorption nach oraler Anwendung als intravenöse Infusion anzuwenden ist (Dosis 0,1–0,3 µg/kg pro min).

Als Parasympatholytikum ist **Atropin** geeignet, das bei Hund und Katze in einer Dosis von 0,02–0,04 mg/kg s. c., i. m. oder i. v. injiziert werden kann. Beim Pferd liegen die Dosen bei 0,01–0,02 mg/kg i. v. Weitere Angaben sind im Kapitel zu den Parasympatholytika (S. 72) zu finden.

6.3 Kreislaufsystem

6.3.1 Regulationsmechanismen

DEFINITION Das Kreislaufsystem bildet mit dem Herzen eine funktionelle Einheit, die man mit dem Begriff **Hämodynamik** bezeichnet. Diese beinhaltet die Tätigkeit des gesamten Herz-Kreislauf-Systems.

Änderungen in der Funktion des peripheren Kreislaufs haben Auswirkungen auf das Herz und umgekehrt. Letztlich ist der arterielle Blutdruck kybernetisch als eine geregelte Größe in einem Regelkreis anzusehen. Die Aufrechterhaltung eines adäquaten Perfusionsdrucks (arterieller Blutdruck) für alle Organe stellt die wichtigste Aufgabe der Kreislaufregulation dar. Vereinfacht dargestellt erfolgt die **Regelung des Blutdrucks** in folgender Weise: Presso- oder Barorezeptoren, die sich hauptsächlich in der Wand des Carotissinus, des Aortenbogens und in den Vorhöfen befinden, dienen als Messfühler eines Regelkreises, über den der mittlere arterielle Blutdruck durch Anpassung von Herzzeitvolumen und totalem peripherem Widerstand konstant gehalten wird. Diese Rezeptoren reagieren im Wesentlichen auf Dehnung und leiten ihre Impulse über vagale Afferenzen zu den Kreislaufzentren im ZNS, die als Regler fungieren. Hier werden die eingehenden Informationen unter Beteiligung übergeordneter Zentren mit dem Sollwert verglichen. Bei verstärkter Erregung der Pressorezeptoren werden die postganglionären sympathischen Efferenzen gehemmt, die parasympathischen Nerven zum Herzen erregt. Im Bereich der Widerstandsgefäße kommt es durch die Abnahme des sympathisch-adrenerg vermittelten Gefäßtonus zu einer Abnahme des peripheren Widerstandes. Da der arterielle Blutdruck nach dem Ohmschen Gesetz ($U = I \times R$) proportional dem Herzminutenvolumen und dem totalen peripheren Widerstand ist, können auch beide Variablen zur Regulierung beitragen. Das Herzminutenvolumen seinerseits ist ein Produkt aus Schlagvolumen und Herzfrequenz und kann in beiden Anteilen sowohl sympathisch als auch vagal beeinflusst werden. Der periphere Widerstand wird im Wesentlichen über den Tonus der Arteriolen via adrenerge α_1- und β_2-Rezeptoren des Sympathikus geregelt.

Unabhängig von dieser Regelung des arteriellen Blutdrucks zur Aufrechterhaltung der Blutzufuhr haben Gehirn und Nieren als Organe, die besonders sensibel auf eine auch nur kurzfristige Verminderung des Sauerstoffangebotes reagieren, eine **Autoregulation**, die bewirkt, dass selbst bei Änderungen des Blutdrucks in einem gewissen Rahmen der Blutfluss in diese Organe konstant aufrechterhalten wird, was durch Widerstandsänderung des lokalen Gefäßbettes reguliert wird. Im Herzen schließlich wird der Blutfluss in die Koronararterien gemäß dem aktuellen Sauerstoffbedarf (grob abgeschätzt als Produkt aus Herzfrequenz und systolischem Blutdruck) reguliert, was insbesondere unter Belastungsbedingungen von Bedeutung ist.

Die langfristige Regulation des Blutdrucks erfolgt vor allem durch Anpassung des Blutvolumens an die jeweilige Kreislaufsituation. Ein Anstieg des arteriellen Blutdrucks führt zu einer erhöhten renalen Flüssigkeitsausscheidung. An der Optimierung der Volumenregulation sind das Renin-Angiotensin-Aldosteron-System, das antidiuretische Hormon (ADH) und natriuretische Peptide beteiligt.

Der Blutdruck lässt sich auch gezielt durch Pharmaka regulieren, wenn bei bestimmten Krankheiten eine Sollwertverstellung stattgefunden hat und mit der Therapie der normale physiologische Sollwert wieder erreicht werden soll. Diese Situation ist bei der essenziellen arteriellen Hypertonie in der Humanmedizin gegeben, deren Ätiologie nach wie vor ungeklärt ist und die als Sollwertverstellung des arteriellen Blutdrucks angesehen werden kann. In der Veterinärmedizin spielt der erhöhte Blutdruck als Krankheit keine wesentliche Rolle, und das Vorkommen von pulmonaler Hypertonie und pulmonal-arterieller Hypertonie ist eher selten. Bei der nicht invasiven Blutdruckmessung am wachen Tier kann durch den Messvorgang ein stressbedingter Blutdruckanstieg ausgelöst werden, sodass sich daraus Probleme für eine exakte Diagnose oder für die Therapiekontrolle ergeben können. Für die Behandlung des erhöhten Blutdrucks eignen sich:

- Sildenafil (S. 196)
- Vasodilatatoren mit unterschiedlichen Wirkungsmechanismen

Die Vasodilatatoren werden aber auch bei anderen Indikationen eingesetzt. So ist unter anderem ihre Fähigkeit, die kardiale Vor- und Nachlast zu senken, von therapeutischer Bedeutung. Daraus ergibt sich die zunehmende Anwendung der Vasodilatatoren bei der Behandlung der Herzinsuffizienz.

Spez. Pharmakologie

6.3.2 Vasodilatatoren

STECKBRIEF VASODILATATOREN

Die Vasodilatatoren gehören chemisch keiner einheitlichen Klasse an. Dies spiegelt gleichzeitig die Vielfalt der biochemischen Mechanismen wieder, über die die Erweiterung der Gefäße vermittelt wird. Aus hämodynamischer Sicht lassen sich die Vasodilatatoren in drei Gruppen von Pharmaka einteilen:

1. Pharmaka, die Widerstandsgefäße, also die kleinen Arterien und Arteriolen, erweitern
2. Pharmaka, die Kapazitätsgefäße, also die Venen, erweitern
3. Pharmaka, die in einem ausgewogenen Verhältnis arterielle und venöse Gefäße erweitern

Die Dilatation der arteriellen und/oder venösen Widerstandsgefäße bewirkt eine Senkung der Nachlast, die der venösen Gefäße eine Senkung der Vorlast.

Aus dieser Einteilung lässt sich auch das jeweils bevorzugte Indikationsgebiet der einzelnen Substanzen ableiten.

Vasodilatatoren, die überwiegend die Widerstandsgefäße erweitern

Diese Substanzen kommen in der Humanmedizin im Wesentlichen zur Senkung des arteriellen Blutdrucks zum Einsatz. Nachteilig wirkt sich allerdings aus, dass reflektorisch der Sympathikustonus erhöht wird, wodurch die Herzschlagfrequenz deutlich steigt. Um dieser Belastung des Herzens entgegenzuwirken, werden die Substanzen oft mit β-Rezeptorenblockern kombiniert angewandt. Es ist aber zu beachten, dass die reflektorisch induzierte Tachykardie bei den Spezies, die ihre Herzfrequenz überwiegend über das parasympathische System regulieren (z. B. der Hund), durch β-Blocker kaum zu hemmen ist. Ein weiteres gemeinsames Charakteristikum vieler arterieller Vasodilatatoren ist die bei chronischer Anwendung verminderte renale Ausscheidung von Wasser und Elektrolyten, was sich in der Bildung von Ödemen bemerkbar macht. Für diesen Effekt ist möglicherweise weniger die verminderte renale Perfusion als die reflektorische Aktivierung des Renin-Angiotensin-Aldosteron-Systems verantwortlich.

KLINISCHER BEZUG In der Veterinärmedizin ist das Indikationsgebiet der arteriellen Vasodilatatoren sehr begrenzt. Da die Substanzen zuverlässig den arteriellen Blutdruck senken, können sie unter Beachtung der oben genannten unerwünschten Wirkungen bei akuter oder chronischer Hypertonie eingesetzt werden. Weiterhin ist der Einsatz von Vasodilatatoren zur Vor- und Nachlastsenkung bei der Therapie von Herzinsuffizienz relevant.

Die längsten und umfangreichsten Erfahrungen liegen mit **Dihydralazin** und **Hydralazin** vor, dennoch ist der genaue biochemische Wirkungsmechanismus nicht aufgeklärt. Hydralazin wird vorwiegend bei Mitralklappeninsuffizienz eingesetzt. Weitere **Indikationen** sind Aortenklappeninsuffizienz bei Hund und Katze, ventrikulärer Septumdefekt sowie erhöhter Blutdruck. Da bei der Therapie der Hypertonie eine Gegenregulation mit Aktivierung des Sympathikus induziert wird, die eine Steigerung der Herzkontraktilität und der Herzfrequenz bewirkt, ist oft die Verabreichung von α-adrenergen Blockern notwendig. Die Einzeldosis von Hydralazin liegt bei 0,1–0,5 mg/kg i. v. beim Hund. Wegen der eingeschränkten Bioverfügbarkeit (**First-Pass**-Effekt) muss die Substanz bei oraler Anwendung in Einzeldosen von 0,5–3 mg/kg (Dosisintervall: 12 h) dosiert werden. Die Wirkung hält etwa 6 h an, daher muss bei chronischer Gabe ein dreimal tägliches Dosisintervall gewählt werden. **Nebenwirkungen** sind Hypotonie, Anorexie, Erbrechen und Diarrhö. Da Hydralazin die glomeruläre Filtrationsrate erhöht, sind **Interaktionen** mit Digoxin und Furosemid beschrieben: Digoxin wird schneller ausgeschieden, und bei Administration von Furosemid sind eine erhöhte Diurese und eine gesteigerte Natriumausscheidung zu berücksichtigen.

Eine überwiegend arterielle Vasorelaxation bewirken schließlich die **Ca^{2+}-Antagonisten**, die bevorzugt an der glatten Gefäßmuskelzelle den Ca^{2+}-Einstrom an den potenzialgesteuerten Kanälen vom L-Typ hemmen und damit den Gefäßmuskeltonus senken. Die Relaxation ist ausgeprägt an den Widerstandsgefäßen diverser Areale, aber im Gegensatz zu anderen Substanzen besonders eindrucksvoll im Koronargebiet. Die Ca^{2+}-Antagonisten mit den potentesten gefäßrelaxierenden Wirkungen sind die Dihydropyridine, deren bekanntester Vertreter **Nifedipin** ist. Im Gegensatz zu Verapamil und zu anderen Kalziumkanalblockern stehen bei den Dihydropyridinen die Wirkungen auf die Blutgefäße eindeutig im Vordergrund. Durch die Vasodilatation kommt es zu einer reflektorischen Sympathikuserregung, wodurch die Ca^{2+}-antagonistische Wirkung im Erregungsbildungs- und Reizleitungssystem überspielt wird und damit therapeutisch nicht mehr nutzbar ist Die Einzeldosen liegen bei 0,002–0,01 mg/kg bei i. v. Injektion, bei oraler Anwendung bei 0,01–0,1 mg/kg. Da die Wirkung bei intravenöser Zufuhr nur ca. 1 h und bei oraler Anwendung nur ca. 6 h anhält, muss die Substanz für einen langfristigen Effekt – meistens Senkung des arteriellen Blutdrucks – mehrmals täglich verabreicht werden. Neuere Substanzen mit einem günstigeren pharmakokinetischen Profil, besonders mit längerer Halbwertszeit, brauchen dagegen nur ein- bis zweimal täglich gegeben zu werden. Zu diesen Substanzen zählen **Nitrendipin** und **Amlodipin**. In der Veterinärmedizin wird vorzugsweise Amlodipin bei Mitralklappeninsuffizienz und Bluthochdruck eingesetzt. Für diese Substanz liegen klinische Studien vor und pharmakokinetische Parameter für den Hund sind bekannt (Bioverfügbarkeit ~ 90 % im Vergleich zu 65 % beim Menschen, Plasmahalbwertszeit ~ 30 h nach oraler Applikation, Verteilungsvolumen ~ 2,5 l/kg, Proteinbindung ~ 95 %). Die orale Dosis für Amlodipin beim Hund wird mit 0,1–0,5 mg/kg (Dosisintervall: 24 h) und bei der Katze mit 0,625–1,25 mg/kg (Dosisintervall: 24 h) angegeben.

Tab. 6.4 Übersicht zu den Vasodilatatoren.

Wirkstoffgruppe/Wirkstoff	Wirkungsmechanismus	Indikation
Vasodilatatoren, die überwiegend die arteriellen Widerstandsgefäße erweitern		
Hydralazin, Dihydralazin	▪ unbekannt	▪ kongestive Herzinsuffizienz (Vasodilatator) ▪ Bluthochdruck ▪ akute arterielle Thromboembolie
Kalziumkanalblocker		
Nifedipin, Nitrenpidin	▪ Ca^{2+}-Antagonist	▪ Bluthochdruck (Katze) ▪ Senken der Nachlast bei Hunden mit myokardialem Versagen und Intoleranz gegenüber ACE-Hemmern
Amlodipin	▪ Ca^{2+}-Antagonist	▪ Bluthochdruck (Katze) ▪ Senken der Nachlast bei Hunden mit myokardialem Versagen und Intoleranz gegenüber ACE-Hemmern
Vasodilatatoren, die überwiegend die Kapazitätsgefäße relaxieren		
organische Nitrate		
Nitroglycerin,Isosorbiddinitrat, Isosorbid-5-Mononitrat	▪ Stimulation der löslichen zytoplasmatischen Guanylatcyclase	▪ Notfalltherapie bei kongestiver Herzinsuffizienz
Nitroprussid-Natrium	▪ Stimulation der löslichen zytoplasmatischen Guanylatcyclase	▪ Notfalltherapie bei kongestiver Herzinsuffizienz
Substanzen, die arterielle und venöse Gefäße dilatieren		
Prazosin	▪ α_1-Adrenozeptor-Blocker	▪ Hypertension ▪ Vor- und Nachlastsenker ▪ allerdings schnelle Toleranzentwicklung
ACE-Inhibitoren		
Imidapril, Lisinopril, Enalapril, Ramipril, Benazepril	▪ ACE-Hemmer	▪ Vor- und Nachlastsenkung ▪ Hypertonie ▪ nephrotisches Syndrom ▪ chronische Niereninsuffizienz
Sartane		
Losartan, Valsartan, Irbesartan, Telmisartan	▪ spezifischer Angiotensin-II-Rezeptor-Subtyp-1-Antagonist (AT_1-Antagonist)	▪ Reduktion der Proteinurie bei chronischer Nierenerkrankung der Katze ▪ (Unverträglichkeit von ACE-Inhibitoren)

Vasodilatatoren, die überwiegend die Kapazitätsgefäße relaxieren

Die Substanzen, die vorwiegend gefäßerweiternd an der glatten Muskulatur der Venen wirken, vermitteln ihren Effekt über eine Kaskade von biochemischen Reaktionen. Auslöser ist die Stimulation der löslichen zytoplasmatischen Guanylatcyclase, wodurch es zu einem Anstieg von cGMP kommt, der seinerseits eine Verminderung der freien zytosolischen Ca^{2+}-Konzentration und damit eine Verminderung des Tonus der glatten Gefäßmuskulatur zur Folge hat.

Eine zentrale Stellung in diesem System nimmt **Stickstoffmonoxid (NO)** ein, das die erwähnte Aktivierung der Guanylatcyclase bewirkt und aus verschiedenen Vasodilatatoren, zum Teil unter Vermittlung von SH-Gruppen, freigesetzt werden kann. Zu diesen Substanzen zählen die **organischen Nitrate** und **Nitroprussid-Natrium**. Diese Substanzen imitieren den endogenen „Endothelium-derived relaxing factor" (EDRF), der erst 1986 als NO identifiziert worden ist. Dessen Freisetzung aus dem Endothel wird durch verschiedene andere Mediatoren (u. a. Acetylcholin, Bradykinin, Serotonin, ADP) stimuliert und hat unter anderem an der Tonusregulierung der glatten Gefäßmuskelzellen wesentlichen Anteil. Die Erforschung dieses neuen endogenen Mediatorsystems wurde 1998 mit dem Nobelpreis gewürdigt. NO ist das kleinste endogen gebildete bioaktive Molekül. Es wird aus der Aminosäure L-Arginin durch drei Isoformen der NO-Synthase synthetisiert (neuronale NO-Synthase, induzierbare NO-Synthase und endotheliale NO-Synthase). NO relaxiert nicht nur die Gefäße, es hemmt auch die Thrombozytenaggregation und -adhäsion. Weiterhin vermindert es die Adhäsion von Leukozyten durch eine reduzierte Expression von Adhäsionsmolekülen, und die Proliferation von glatten Gefäßmuskelzellen wird inhibiert.

Durch die präferentiell venorelaxierende Wirkung haben die organischen Nitrate in der Humanmedizin ihre Indikation insbesondere bei der Behandlung der koronaren Herzkrankheit. Das „Venous pooling" bewirkt eine Verminderung des venösen Rückstroms und damit eine Herzentlastung.

Typischerweise fällt unter dem Einfluss der organischen Nitrate der linksventrikuläre enddiastolische Druck, die myokardiale Wandspannung lässt nach, wodurch der extravasale koronare Widerstand sinkt. Der verminderte Sauerstoffbedarf des Herzens und die Umverteilung des Blutes im Koronarsystem zugunsten der Ischämie-gefährdeten endokardnahen Schichten bewirken eine bessere Ausbalancierung von Sauerstoffangebot und -nachfrage. Die Senkung des arteriellen systolischen, aber nicht des diastolischen Drucks kommt durch eine verbesserte Dehnbarkeit der großen Arterien, besonders der Aorta, zustande.

KLINISCHER BEZUG In der Veterinärmedizin ist die Koronarinsuffizienz nicht nur äußerst selten, sondern auch schwer zu diagnostizieren. Da die organischen Nitrate aber gleichzeitig durch ihre myokardiale Vorlastsenkung das Herz entlasten, werden sie auch für die Behandlung der Herzinsuffizienz eingesetzt.

In dieser Indikation können sie auch in der Veterinärmedizin von Vorteil sein.

Im Gegensatz zu arteriellen bewirken venöse Vasodilatatoren nur einen geringen Anstieg der Herzfrequenz.

Die genannten biochemischen und hämodynamischen Wirkungsmechanismen sind allen organischen Nitraten (**Nitroglycerin**, **Isosorbiddinitrat**, **Isosorbid-5-Mononitrat**) eigen, die Substanzen unterscheiden sich aber durch ihre pharmakokinetischen Profile. **Nitroglycerin** wird in der Leber nahezu vollständig in weniger oder ganz inaktive Metaboliten überführt. Die orale Bioverfügbarkeit beträgt weniger als 10 %. Daher ist die orale Anwendung dieser Substanz nicht zu empfehlen. Zudem hat die Substanz eine Halbwertszeit von 1–4 min, sodass sie nur für Akutanwendungen (z. B. intravenöse Infusion von 1–3 µg/kg pro min) oder eine transdermale Applikation infrage kommt. Es ist zu beachten, dass Nitroglycerin schnell in Plastik (PVC) migriert (40–80 % des Nitroglycerins werden in den PVC-Schläuchen des Infusionsbestecks absorbiert). Daher müssen spezielle, PVC-freie Sets verwendet werden. Für die langzeitige Anwendung empfehlen sich **Isosorbiddinitrat** und sein Hauptmetabolit **Isosorbid-5-Mononitrat** (IS-5-MN). Die pharmakokinetische Halbwertszeit von IS-5-MN beträgt beim Hund 1,5 h (beim Menschen ca. 5 h), für andere Spezies liegen keine Erfahrungen vor. IS-5-MN muss bei chronischer Anwendung beim Hund in einer Dosierung von 0,5–2 mg/kg p. o. 2-mal täglich gegeben werden. Andererseits sind konstante Plasmaspiegel zu vermeiden, da diese zu einer Toleranzentwicklung, also zum Verlust der Wirkung durch chronische Anwendung, führen. Deshalb ist auch die Anwendung von Retardpräparaten oder die kontinuierliche Applikation von Nitroglycerinpflastern nicht sinnvoll, da sich mit diesem Applikationsmodus keine anhaltende Wirkung aufrechterhalten lässt. Neuere Untersuchungen deuten darauf hin, dass die Bildung freier reaktiver Radikale, die durch die Verstoffwechselung von Nitraten entstehen, für diese Toleranzentwicklung verantwortlich ist. Als typische Nebenwirkung werden für alle organischen Nitrate in der Humanmedizin Kopfschmerzen angegeben. Bei gründlicher Beobachtung lassen sich die typischen Symptome auch an Hunden vermuten (Lichtscheuheit und Pressen der Pfoten gegen den Kopf).

In der Notfallmedizin hat sich zur kontrollierten blutdrucksenkenden Wirkung (z. B. unter Operationsbedingungen) die Infusion von **Nitroprussid-Natrium** bewährt. Da die Substanz eine Halbwertszeit von nur wenigen Minuten besitzt, kann sie nur bei intravenöser Infusion gut gesteuert werden. Nach Beenden der Infusion ist die Vasodilatation reversibel, und häufig wird eine Vasokonstriktion beobachtet (Rebound-Effekt). Die Entwicklung einer Toleranz ist bei Nitroprussid-Natrium nicht beschrieben. Die Dosis beträgt 0,5–5 µg/kg pro min. Die Substanz muss als Lösung frisch zubereitet werden, die Lösung ist licht- und hitzeempfindlich.

Substanzen, die arterielle und venöse Gefäße dilatieren

Dieses Wirkprofil erfüllen die Inhibitoren des Angiotensin-converting-Enzyms, die Antagonisten am Angiotensin-II-Typ1-Rezeptor (AT_1-Antagonisten), aber auch die selektiven Antagonisten der adrenergen α_1-Rezeptoren (**Abb. 6.11**).

ACE-Hemmer

Pharmakodynamik Das **Renin-Angiotensin-Aldosteron-System** ist ein endogener Regulationsmechanismus, der die Homöostase von Wasser und Elektrolyten steuert, aber auch an der Regulation des Gefäßtonus beteiligt ist. Das in der Niere gebildete Enzym Renin setzt aus dem in der Leber gebildeten Angiotensinogen das aus zehn Aminosäuren bestehende Peptid Angiotensin I (A I) frei, das seinerseits durch ACE in Angiotensin II (A II), ein Peptid mit acht Aminosäuren, überführt wird. A II ist das wesentliche Agens dieses Systems: Es ist einer der potentesten endogenen Vasokonstriktoren und bewirkt darüber hinaus die Freisetzung von Aldosteron aus der Nebenniere, das für die Reabsorption von Na^+ und Wasser zur Aufgabe hat. Schließlich ist A II eine Substanz, die das Wachstum des glatten Gefäßmuskels und der Herzmuskelzellen stimuliert. Unter bestimmten Voraussetzungen induziert es jedoch eine Hypertrophie der Gefäßwand, wodurch das Lumen von Blutgefäßen eingeengt werden kann. Durch die Stimulation von Wachstumsfakturen ruft A II zudem eine myokardiale Fibrose hervor. Weiterhin stimuliert A II die Vasopressinfreisetzung (= Antidiuretisches Hormon) aus der Hypophyse und gewährleistet die glomeruläre Filtration bei Blutdruckabfall. **ACE-Hemmer** inhibieren die Freisetzung von A II aus A I, wodurch die oben genannten Wirkungen unterdrückt werden. Da ACE als Dipeptidylcarboxypeptidase nicht spezifisch für A I ist, sondern auch das Nonapeptid Bradykinin, das Decapeptid Kallidin und das Unadecapeptid Substanz P spaltet und inaktiviert, steigen diese Peptide unter ACE-Inhibition an. Sowohl Kinine (Bradykinin und Kallidin) als auch Substanz P können aus Endothelzellen die endogenen Vasodilatatoren NO und Prostacyclin (PGI_2) bzw. PGE_2 freisetzen. Durch die Anreicherung dieser direkt und indirekt vasodilatatorisch wirkenden Peptide sind die kardiovaskulären Wirkungen der

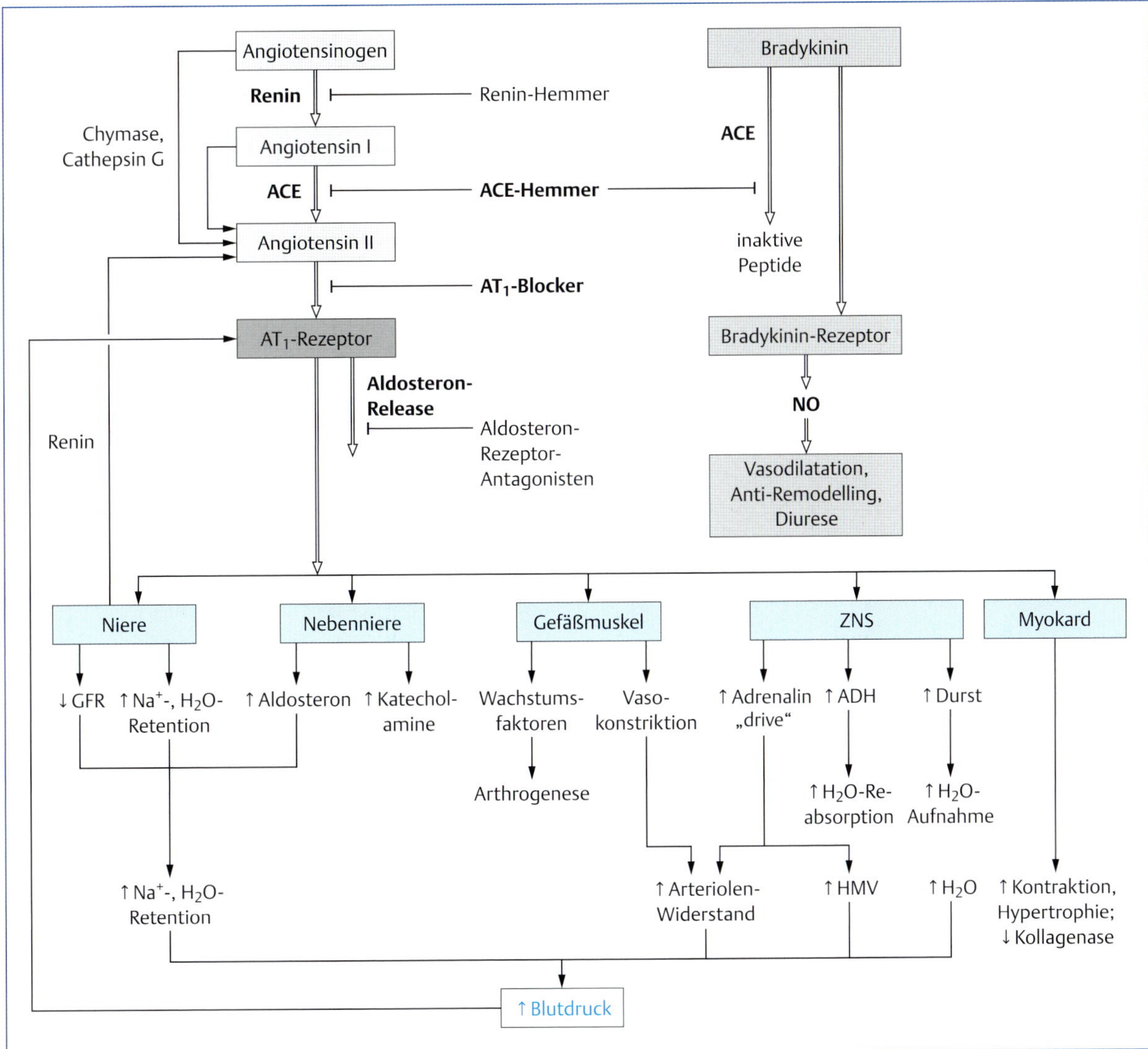

Abb. 6.11 Das Renin-Angiotensin-Aldosteron-System: Renin, eine Protease, spaltet das Protein Angiotensinogen in das inaktive Dekapeptid Angiotensin I. Das Angiotensin Converting Enzym (ACE) spaltet Angiotensin I; es resultiert das aktive Oktapeptid Angiotensin II, welches den Angiotensin-II-Typ1-Rezeptor (AT_1) aktiviert, was in einer Vielzahl von Effekten resultiert; GFR = glomeruläre Filtrationsrate.

ACE-Hemmer nicht nur eine Folge der Reduktion von Angiotensin II, sondern auch der Hemmung des Abbaus dieser Peptide. Die langfristigen Wirkungen der ACE-Hemmer lassen sich mit dem Wegfall der Angiotensin-II-Wirkungen erklären (**Abb. 6.11**). Hierzu zählen der Abfall des arteriellen Blutdruckes, die Verminderung des Tonus arterieller und venöser Gefäße und die Abnahme des intraglomerulären Drucks in der Niere. Daraus resultieren eine Verbesserung der Nierenfunktion sowie eine Entlastung des Herzens durch Verminderung der myokardialen Vor- und Nachlast.

Pharmakokinetik Von der großen Anzahl der in den letzten Jahren entwickelten ACE-Hemmer liegen Ergebnisse aus Untersuchungen zum therapeutischen Einsatz beim Tier für die Substanzen **Imidapril, Lisinopril, Enalapril, Ramipril** und **Benazepril** vor (**Abb. 6.12**). Der Prototyp dieser Stoffklasse ist der humanmedizinisch eingesetzte Wirkstoff Captopril. Dieser wird in der Veterinärmedizin aber

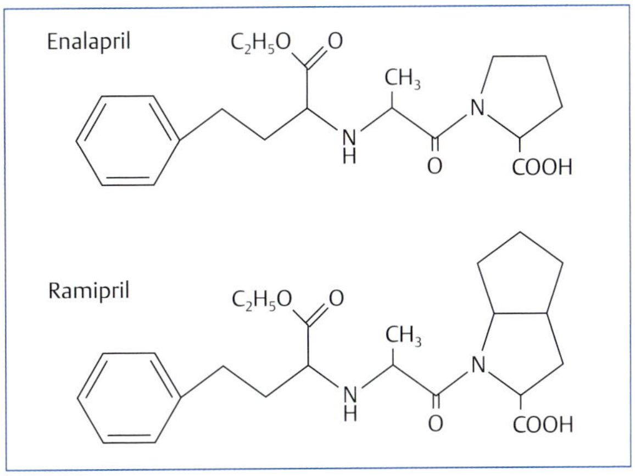

Enalapril

C_2H_5O O CH$_3$ N NH O COOH

Ramipril

C_2H_5O O CH$_3$ N NH O COOH

Abb. 6.12 ACE-Hemmer.

immer weniger verwendet, da andere ACE-Hemmer geringere Nebenwirkungen haben. Generell zeigen diese Substanzen ähnliche Effekte. Es bestehen jedoch Unterschiede hinsichtlich der Wirkungsdauer und Nebenwirkungen. Während Lisinopril (wie Captopril) direkt nach oraler Gabe wirksam ist, sind andere ACE-Hemmer Prodrugs, die erst durch Metabolisierung in die wirksame Säureform überführt werden. Die Ausscheidung von ACE-Inhibitoren erfolgt überwiegend mittels renaler Filtration, daher sind die Substanzen im Falle einer Niereninsuffizienz niedriger zu dosieren.

Die Wirkungsdauer von **Enalapril** und Ramipril beträgt 12–14 h. Enalapril ist pharmakologisch wenig aktiv. Es wird nach oraler Gabe in der Leber zu Enalaprilat hydrolisiert. Dessen Affinität für die Bindung von A I ist etwa 200 000-mal größer als die des ACE, die Enzymhemmung etwa 200-mal effektiver als die von Enalapril. Die Bioverfügbarkeit von Enalapril-Maleat beträgt beim Hund ca. 60 %; Höchstkonzentrationen im Serum werden 3–4 h nach oraler Gabe erreicht. Die Eliminationshalbwertszeit von Enalapril liegt bei ca. 11 h.

Benazepril wird beim Hund nach oraler Verabreichung schnell absorbiert und in der Leber zu Benazepril metabolisiert. Die terminale Halbwertszeit beträgt ca. 3,5 h, wobei eine zusätzliche langsame Eliminationsphase beim Hund beschrieben ist. Wie alle anderen ACE-Hemmer werden auch Benazepril und Benazeprilat in erster Linie über die Niere ausgeschieden. Eine mäßige Nierensuffizienz führt jedoch zu keiner signifikanten Veränderung der Ausscheidung, da die biliäre Exkretion offensichtlich kompensierend ansteigt.

Indikationen ACE-Hemmer sind v. a. indiziert bei der Behandlung der Hypertonie, besonders aber bei der Behandlung der chronischen Herzinsuffizienz zur Herzentlastung, der DCMP und der chronischen Niereninsuffizienz der Katze. ACE-Hemmer verbessern die klinische Symptomatik bei Hunden und Katzen primär durch eine Reduktion von Vor- und Nachlast sowie verminderte Ödembildung. Einige gut kontrollierte Studien haben ergeben, dass sie dadurch auch bei Hunden die Symptomatik der Herzinsuffizienz (kongestive Herzinsuffizienz, dilatative Kardiomyopathie, Mitralklappeninsuffizienz) vermindern und offenbar auch die Prognose quod ad vitam verbessern können.

Eine protektive/prophylaktische Wirkung von **Benazepril** wurde zudem bei der okkulten Form der DCMP des Dobermanns nachgewiesen. Ob diese positive Beeinflussung auch bei anderen Hunderassen mit dieser Form einer Herzerkrankung zutrifft, ist fraglich. Der Verlauf bei chronischer Endokardiose beim Hund durch Benazepril konnte nicht beobachtet werden. Somit liegt kein wissenschaftlicher Hinweis vor, welcher die Gabe von ACE-Hemmern in der asymptomatischen Phase der Mitralendokardiose rechtfertigt.

Eine neue Indikation für ACE-Hemmer sind Nierenerkrankungen, die mit Proteinverlust einhergehen.

Dosierung Die für Enalapril empfohlene Dosis zur Langzeitbehandlung, insbesondere der Herzinsuffizienz von Hunden, beträgt bei oraler Anwendung 0,5 mg/kg 1(–2)-mal täglich. Im Falle von Benazepril liegt die empfohlene orale Dosis bei 0,3–0,5 mg/kg täglich für den Hund und 0,2–0,7 mg/kg täglich für die Katze.

Nebenwirkungen Hier ist für den Hund insbesondere Azotämie zu nennen, die primär durch eine verminderte glomeruläre Filtrationsrate bedingt ist. Nebenwirkungen wie Vomitus, Anorexie und Diarrhö sind bei neueren ACE-Inhibitoren nicht beschrieben. Starker Blutdruckabfall steht besonders dann zu befürchten, wenn die Patienten gleichzeitig mit anderen Vasodilatatoren behandelt werden oder einen Volumenmangel und/oder ein stimuliertes Renin-Angiotensin-Aldosteron-System aufweisen. Dies kann z. B. bei Vorbehandlung mit Diuretika der Fall sein. Der beim Menschen typisch trockene Husten unter ACE-Inhibitoren ist bei therapeutischen Studien in der Veterinärmedizin eher selten beobachtet worden.

Kontraindikationen Bei Mitral- oder Aortenstenose sind ACE-Hemmer kontraindiziert.

AT_1-Antagonisten und Antagonisten der adrenergen α_1-Rezeptoren

Pharmakologisch ähnlich wie die ACE-Hemmer wirken die **AT_1-Rezeptorenblocker**. Dabei handelt es sich um spezifische nicht-kompetitive Hemmstoffe des Angiotensin-II-Rezeptors (Subtyp 1), der normalerweise eine Erhöhung des Blutdrucks bewirkt. Einige AT_1-Antagonisten besitzen zudem Zulassungen für die chronische Herzinsuffizienz. Sie heben die Wirkung von A II auf, das durch die ACE-resistente Chymase gebildet wird. Im Vergleich zu ACE-Inhibitoren hemmen die Sartane den Abbau von Bradykinin nicht. Somit fällt die initiale Hypotonie schwächer aus, und der beim Menschen häufiger durch ACE-Hemmer induzierte Husten, der auf einen Bradykinin-Anstieg zurückzuführen ist, bleibt bei den AT_1-Rezeptorblockern aus. Typische Vertreter sind **Losartan**, **Valsartan**, **Irbesartan** und **Telmisartan** (Abb. 6.11). Weitreichende Erfahrungen in der Veterinärmedizin liegen noch nicht vor. Da im Gegensatz zum Menschen bei Hunden infolge der Behandlung mit ACE-Hemmern kein Husten auftritt, bleibt der klinische Einsatz der AT_1-Rezeptorblocker in der Veterinärmedizin wahrscheinlich beschränkt auf Patienten, die sonstige Unverträglichkeiten bei Behandlung mit ACE-Hemmern zeigen. Telmisartan ist für Katzen als Lösung zur peroralen Therapie zugelassen und wird bei Proteinurie infolge chronischer Nierenerkrankungen eingesetzt.

Neben den ACE-Hemmern wirken auch **selektive Antagonisten der adrenergen α_1-Rezeptoren** sowohl arteriell als auch venös vasodilatierend. Bei der Behandlung der Herzinsuffizienz haben sich diese Substanzen jedoch nicht durchgesetzt, weil in humanmedizinischen Untersuchungen gezeigt worden ist, dass sie hinsichtlich der Langzeitwirkungen den ACE-Hemmern unterlegen sind. Für die Behandlung des hohen Blutdrucks sind sie dagegen nach wie vor indiziert. Die meisten Erfahrungen liegen für **Prazosin** vor. Beim Hund haben sich für die Langzeitbehandlung von systemischem oder pulmonalem Bluthochdruck orale Dosen von 0,15 mg/kg 3-mal täglich als wirksam erwiesen. Der reflektorische Anstieg der Herzschlagfrequenz ist stärker als unter ACE-Hemmern, aber geringer als der unter reinen Vasodilatatoren. Da die Blockade der adrenergen α_1-Rezeptoren offensichtlich die endogenen Regulationsmechanismen stärker beeinträchtigt als die Blutdrucksenkung über andere pharmakologische Wege, sollte die Therapie mit diesen Wirkstoffen mit einer niedrigen Dosierung (ca. ein Viertel bis die Hälfte) in den ersten Tagen begonnen werden.

FAZIT PHARMAKOLOGIE DES HERZ-KREISLAUF-SYSTEMS

Die Basistherapie der Herzinsuffizienz beinhaltet folgende therapeutische Aspekte:

- pharmakologische Blockierung des Renin-Angiotensin-Aldosteron-Systems (**Abb. 6.11**) und des Sympathikus (ACE-Inhibitoren, AT_1-Rezeptorantatonisten, Beta-Blocker)
- Senkung der Vor- und Nachlast (ACE-Inhibitoren, AT_1-Rezeptorantatonisten)
- Förderung von Natrium- und Wasserausscheidung (Diuretika)
- Steigerung der Kontraktionskraft (Herzglykoside, Pimobendan)

ACE-Hemmer sind Bestandteil der Basistherapie der chronischen Herzinsuffizienz. ACE-Hemmer inhibieren die Bildung von Angiotensin II, aber auch den Abbau von Kininen, wie z. B. Bradykinin, was die im Folgenden genannten Effekte bedingt:

- Senkung der Vor- und Nachlast bzw. venöse und arterielle Vasodilatation u. a. auch durch Hemmung der Inaktivierung von Bradykinin, einem starken endogenen Vasodilatator
- Hemmung der Natrium- und Wasserrückresorption durch Verminderung der Freisetzung von Aldosteron; erhöhte Diurese
- Reduktion des Sympathikotonus und somit der durch α_1-Rezeptoren vermittelten Vasokonstriktion
- Hemmung der Zellmigration und Zellproliferation; Fibrose („Remodeling")

Zur Therapie der chronischen Herzinsuffizienz (in allen Stadien) werden die ACE-Inhibitoren zusammen mit Diuretika angewendet. Mit zunehmenden Dekompensationsgrad kommen Kombinationen mit Beta-Blockern, Pimobendan (Senkung der Vor- und Nachlast) und ggf. Herzglykosiden (bei supraventrikulären Tachyarrhythmien) zum Einsatz. Bei hypertrophen Formen sind kardial wirksame Ca^{2+}-Antagonisten indiziert. Vasodilatatoren (Nitrate, Nifedipin, Amlodipin) ergänzen die Basistherapie. AT_1-Rezeptorenblocker stellen eine Alternative zu ACE-Inhibitoren dar, wobei weitere klinische Studien in der Veterinärmedizin notwendig sind. Beta-Rezeptorenblocker werden zur Verringerung der neuroendokrinen Aktivierung und bei Vorliegen von Tachyarrhythmien eingesetzt.

Danksagung

Die Autoren sind Herrn Prof. G. Sponer dankbar für die Genehmigung, Teile des Kapitels aus der 2. Auflage übernehmen zu dürfen.

(Weiterführende) Literatur

[1] Atkins CE, Keene BW, Brown WA, Coats JR, Crawford MA, DeFrancesco TC, Edwards NJ, Fox PR, Lehmkuhl LB, Luethy MW, Meurs KM, Petrie JP, Pipers FS, Rosenthal SL, Sidley JA, Straus JH. Results of the veterinary enalapril trial to prove reduction in onset of heart failure in dogs chronically treated with enalapril alone for compensated, naturally occurring mitral valve insufficiency. J Am Vet Med Assoc. 2007 Oct 1;231(7):1061–9.

[2] Baggot JD: Clinical Pharmacokinetics in veterinary Medicine. Clin Pharmacokin 2002; 22: 254–273

[3] Fox PR, Sisson D, Moise NS: Canine and feline Cardiology. Principles and Practice. 2nd ed. Philadelphia: WB Saunders; 1999

[4] Gordon SG, Kittleson MD: Drugs used in the management of heart disease and cardiac arrhythmia, Chapter 17, 380–457. In: Maddison, JE Page SW, Church DB (Eds.): Small Animal Clinical Pharmacology. 2nd ed. Saunders; 2008

[5] Häggström J, Boswood A, O'Grady M, Jöns O et al. Effect of pimobendan or benazepril hydrochloride on survival times in dogs with congestive heart failure caused by naturally occurring myxomatous mitral valve disease: the QUEST study. J Vet Intern Med. 2008; 22(5):1124–35

[6] Kvart C, Haggstrom J, Pedersen HD, Hansson K, et al. Efficacy of enalapril for prevention of congestive heart failure in dogs with myxomatous valve disease and asymptomatic mitral regurgitation. J Vet Intern Med 16(1):80–8, 2002.

[7] Kittleson MD, Kienle RD: Small Animal cardiovascular Medicine. Mosby, Inc. St. Louis, MO 63 146, U.S.A.; 1998

[8] O'Grady MR, O'Sullivan ML, Minors SL, Horne R. Efficacy of benazepril hydrochloride to delay the progression of occult dilated cardiomyopathy in Doberman Pinschers. J Vet Intern Med 2009; 23: 977–83

[9] Plumb D: Veterinary drug handbook. 8st. ed. PharmaVetInc., Stockholm, Wisconsin (WILEY-Blackwell Publishing); 2015

[10] Reina-Doreste Y, Stern JA, Keene BW, Tou SP, Atkins CE, DeFrancesco TC, Ames MK, Hodge TE, Meurs KM. Case-control study of the effects of pimobendan on survival time in cats with hypertrophic cardiomyopathy and congestive heart failure. J Am Vet Med Assoc. 2014; 245(5):534–9

[11] Summerfield NJ, Boswood A, O'Grady MR, Gordon SG, Dukes-McEwan J, Oyama MA, Smith S, Patteson M, French AT, Culshaw GJ, Braz-Ruivo L, Estrada A, O'Sullivan ML, Loureiro J, Willis R, Watson P. Efficacy of pimobendan in the prevention of congestive heart failure or sudden death in Doberman Pinschers with preclinical dilated cardiomyopathy (the PROTECT Study). J Vet Intern Med. 2012; 26(6):1337–49

7 Pharmakologie des Wasser- und Elektrolythaushalts

T. Lutz, M. Gernert

7.1 Physiologische Grundlagen

7.1.1 Flüssigkeitsräume des Organismus

Der tierische Organismus besteht zu einem großen Prozentsatz aus Wasser, das sich auf die verschiedenen Flüssigkeitsräume verteilt. Der durchschnittliche Gesamtwassergehalt beträgt ca. 60 % des Körpergewichts (bis zu 75 % bei Jungtieren) und schwankt bei adulten Tieren physiologischerweise v. a. in Abhängigkeit vom Körperfettgehalt. Je grösser der Fettgehalt, desto niedriger der Wassergehalt. Das Gesamtkörperwasser teilt sich bei Adulten zu ca. 60 % in die intrazelluläre und zu ca. 40 % in die extrazelluläre Flüssigkeit auf (Abb. 7.1).

Für die Beibehaltung physiologischer Abläufe im Körper besitzt das extrazelluläre Kompartiment (inneres Milieu, Homöodynamik) erhebliche Bedeutung. Zur Extrazellulärflüssigkeit zählen das Blutplasma (intravasales Kompartiment) sowie die interstitielle und transzelluläre Flüssigkeit bzw. Lymphe (extravasales Kompartiment). Nicht zuletzt ist das Blutplasma der einzige Flüssigkeitsraum des Organismus, der leicht zugänglich ist und dessen Zusammensetzung deshalb für die Diagnose vieler Erkrankungen von größter Bedeutung ist. Wichtig zu bedenken ist dabei, dass das Blutplasma nur einen kleinen Teil der Gesamtkörperflüssigkeit darstellt (Abb. 7.1).

Die Körperflüssigkeiten werden u. a. nach ihrer Osmolalität bzw. Tonizität (effektive Osmolalität) charakterisiert. Für die Bestimmung der Osmolalität einer Körperflüssigkeit existieren verschiedene Näherungsformeln, in die typischerweise die Na^+-, Glukose- und Harnstoffkonzentration einfließen, z. T. auch noch weitere Bestandteile wie z. B. K^+ (Tab. 7.3).

Bei isotonen Verhältnissen werden keine Flüssigkeitsbewegungen zwischen verschiedenen Flüssigkeitsräumen

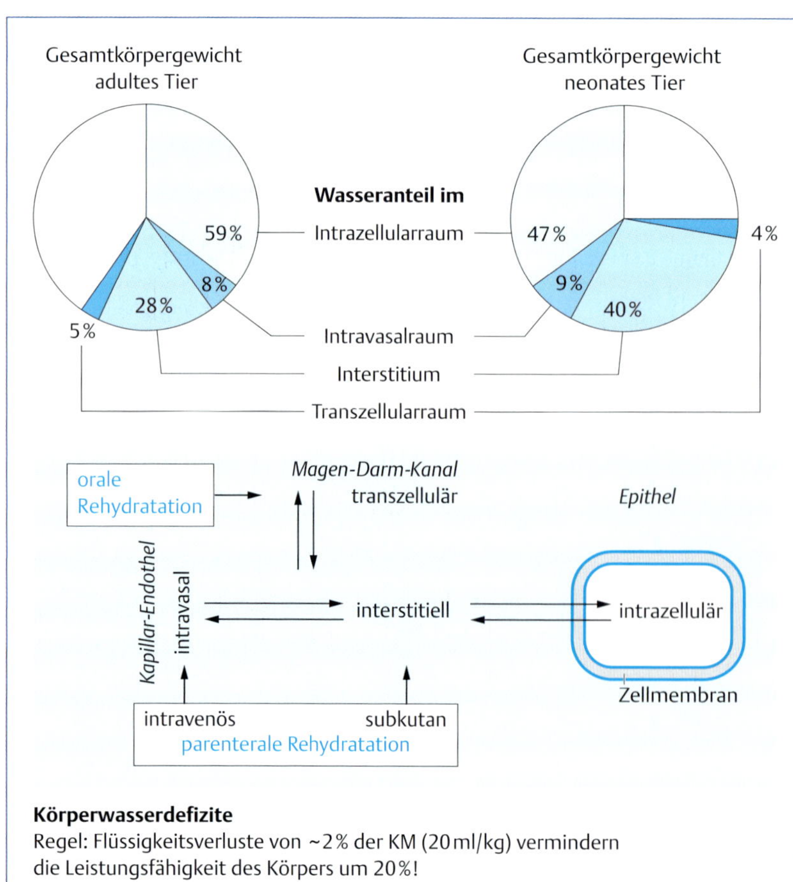

Abb. 7.1 Anteil des Gesamtkörperwassers an der Körpermasse eines Tieres (ca. 60 % beim adulten und ca. 75 % beim neonaten Tier) sowie die relative Verteilung auf die verschiedenen Flüssigkeits-Kompartimente (Angaben in % des Gesamtkörperwassers). Die extrazelluläre Flüssigkeit teilt sich auf in den Intravasalraum, die interstitielle Flüssigkeit und den sogenannten Transzellularraum. Die relative Größe des Transzellularraums ist speziesspezifisch unterschiedlich. Der untere Teil der Abbildung stellt die Routen der Rehydratation, die biologischen Membranen sowie die Folgen bei Flüssigkeitsdefiziten dar.

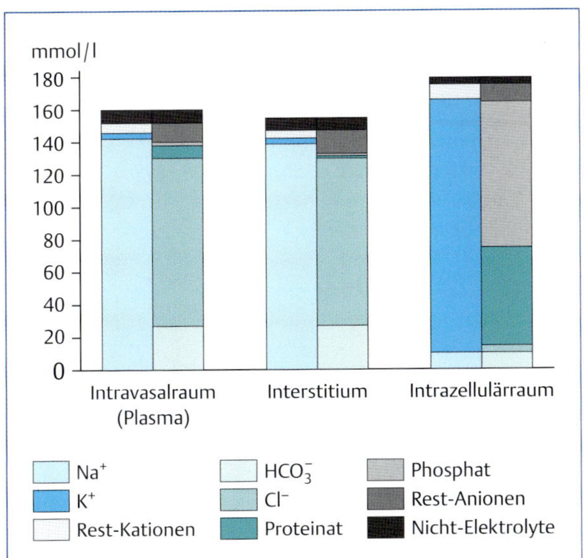

Abb. 7.2 Zusammensetzung der Körperflüssigkeiten im Blutplasma (Intravasalraum), in der interstitiellen Flüssigkeit und im Intrazellularraum. Die mengenmäßig wichtigsten Kationen (links; Na^+, K^+) und Anionen (rechts; HCO_3^-, Cl^-, Proteinat, Phosphat) sind angegeben. Die weiteren Kationen und Anionen sind unter Rest-Kationen bzw. -Anionen zusammengefasst.

ausgelöst. Eine Hypotonie im Extrazellularraum führt zu einem Flüssigkeitsübertritt in Zellen und damit zu deren Anschwellen, bei Hypertonie tritt Wasser aus den Zellen in den Extrazellularraum aus, die Zellen schrumpfen. Zellen können auf Tonizitätsunterschiede u. a. durch Aufnahme oder Abgabe von Elektrolyten (eine Hemmung der Na^+/K^+-Pumpe führt z. B. zu einem Zellödem), durch den Auf- oder Abbau hochmolekularer Substanzen und durch die Abgabe (z. B. bei hypoton bedingter Zellschwellung) oder Aufnahme der Aminosäure Taurin reagieren. Taurin ist eine Aminosäure (β-Amino-Sulfonsäure), die nicht in Proteine eingebaut wird, die aber eine der am häufigsten vorkommenden freien Aminosäuren im Organismus ist. Neben seiner Rolle als Bestandteil konjugierter Gallensäuren ist eine der physiologischen Wirkungen von Taurin diejenige der Osmoregulation.

Im extrazellulären Flüssigkeitsraum bilden für den zwischen intra- und extravasalem Kompartiment stattfindenden transkapillären Flüssigkeits- und Substanzaustausch niedermolekularer Substanzen hydrostatische und kolloidosmotische Druckgradienten, Konzentrationsunterschiede sowie Permeabilitäts- und Reflexionskoeffizienten (= Starling-Kräfte) die Grundlage. Der Hauptunterschied in der Zusammensetzung dieser Flüssigkeiten liegt im Proteingehalt des Intravasalraums (**Abb. 7.2**), der für den kolloidosmotischen Druck verantwortlich ist. Ein Anstieg des hydrostatischen (z. B. Verminderung des venösen Blutrückstroms) oder Abfall des kolloidosmotischen Drucks (z. B. bei starkem Proteinmangel) führt zu einem vermehrten Flüssigkeitsaustritt in das Gewebe und zur Bildung von Ödemen.

Als wichtige Regelgrößen der Extrazellulärflüssigkeit gelten:

- **Isovolämie** (physiologische Flüssigkeitsvolumina)
- **Isoionie** (physiologische Elektrolytkonzentrationen)
- **Isotonie** (physiologischer osmotischer Druck)
- **Isosmie** (physiologischer kolloidosmotischer Druck)
- **Isohydrie** (physiologisches Säure-Basen-Gleichgewicht)

Pathologische Veränderungen des extrazellulären Milieus sind keine selbstständigen Erkrankungen, sondern oft die Folge primärer Organdysfunktionen, z. B. gastrointestinale Störungen (Diarrhö) → Dehydratation mit nicht respiratorischer (metabolischer) Azidose; Leberinsuffizienz (mangelhafte Syntheseleistung) → Ödem, nicht respiratorische (metabolische) Alkalose; Niereninsuffizienz (unzureichende Elimination) → Dysionie mit nicht respiratorischer Azidose. Ein mögliches Verenden derart erkrankter Tiere ist selten allein durch die primär gestörte Organfunktion bedingt, sondern häufig entscheidend durch die sekundäre homöodynamische Insuffizienz verursacht (z. B. Diarrhö → Exsikkose → hypovolämischer Schock → Exitus letalis). Demzufolge ist eine wirksame **Flüssigkeitstherapie** (Wasser, Elektrolyte, Kolloide, Nährstoffe) zur Normalisierung des extrazellulären Milieus das vordringliche Ziel der intensivmedizinischen Behandlung derart erkrankter Tiere.

7.1.2 Funktionen der Elektrolyte

Die Elektrolyte des Körpers üben sehr unterschiedliche, lebenswichtige Funktionen aus. So sind Na^+ und K^+ entscheidend an der Regulation des extra- und intrazellulären Flüssigkeitsvolumens beteiligt (osmotisches Wasserbindungsvermögen). Chlorid ist im Extrazellularraum das wichtigste Gegenion zum Na^+, intrazellulär wird diese Funktion von Phosphaten und Proteinen (bzw. den Seitenketten der jeweiligen Aminosäuren) wahrgenommen (**Abb. 7.2**).

Darüber hinaus nehmen die stark basischen Kationen (Na^+, K^+ u. a.) sowie die stark sauren Anionen (Cl^-, Laktat u. a.) als sog. strong ion difference (SID-Wert) Einfluss auf das Säure-Basen-Gleichgewicht (S. 218) im Körper. Als starke Kationen und Anionen bezeichnet man dabei Ionen von Salzen, die bei physiologischen pH-Verhältnissen praktisch vollständig dissoziiert sind. Die Bedeutung von Cl^- erklärt sich u. a. aus dem meist reziproken Verhältnis mit Bicarbonat, wie z. B. bei einer hypochlorämische Azidose. Na^+ und K^+ besitzen daneben wichtige Funktionen bei allen bioelektrischen Vorgängen. So ist der zwischen Intra- und Extrazellularraum herrschende Gradient für K^+-Ionen entscheidend für das Ruhemembranpotenzial erregbarer Zellen verantwortlich, der Einstrom von Na^+ ist an den meisten erregbaren Zellen Grundlage des Aktionspotenzials. Darüber hinaus sind die Elektrolyte Ca^{2+}, Mg^{2+} und $HPO_4^{2-}/H_2PO_4^-$ für zahlreiche spezifische Körperfunktionen unerlässlich: Ca^{2+} u. a. für die Skelettbildung, bei bioelektrischen Prozessen im Rahmen der Transmitter-Freisetzung und des membranstabilisierenden Effekts von Ca^{2+} wie auch bei der Blutgerinnung. Mg^{2+} ist ein Gegenspieler zum Ca^{2+} bei der Freisetzung von Neurotransmittern. Die Bedeutung der Phosphate liegt ebenfalls in der Skelettbildung, daneben sind energiereiche Phosphate die wichtigsten Energiespeicher im Organismus, und Phosphat stellt ein wichtiges Puffersystem dar.

7.1.3 Regulation der Wasser- und Elektrolytbilanzen

Das Gesamtvolumen des Extrazellularraums wird v. a. durch den Gesamt-Na^+-Gehalt des Körpers bestimmt, da Na^+ quantitativ das wichtigste Kation und damit für die Osmolalität des Extrazellularraums bestimmend ist (**Abb. 7.2**). Wichtigstes Hormon für die Steuerung der Na^+-Bilanz ist das Aldosteron aus der Nebennierenrinde, unter dessen Einfluss es z. B. zu einer vermehrten Na^+-Rückresportion in der Niere, im Dickdarm oder in den Speicheldrüsen (Wiederkäuer) kommt, sowie die Gegenspieler von Aldosteron, die sog. natriuretischen Peptide. Die Osmolalität und damit die herrschende Na^+-Konzentration wird v. a. durch die Wasserbilanz kontrolliert, an der das antidiuretische Hormon (ADH; Vasopressin) beteiligt ist. Unter dem Einfluss von ADH werden im distalen Tubulus in der Niere Wasserkanäle ins Epithel eingebaut, die eine effiziente Wasserrückresorption aus der Tubulusflüssigkeit ermöglichen.

7.1.4 Pathologische Veränderungen des Flüssigkeitshaushalts

Defizitäre Veränderungen des Flüssigkeitshaushalts können als **Dehydratation** (extrazellulärer Volumenmangel) oder als **Hypovolämie** (Blutplasmamangel) auftreten (**Abb. 7.3**). Sie zählen zu den häufigsten Störungen der Homöodynamik bei Tieren. Besonders Jungtiere erreichen relativ schnell lebensgefährliche Volumenmangelzustände (**Abb. 7.1**). Das Gegenstück, die Volumenexpansion der Extrazellulärflüssigkeit, wird als **Hyperhydratation** bezeichnet. Eine vorwiegend im Interstitium erfolgende pathologische Flüssigkeitsansammlung ist das **Ödem** (isotone Hyperhydratation), das auf Imbalancen im Flüssigkeitsaustausch zwischen Intravasal- und Extravasalraum beruht. Die **Abb. 7.3** skizziert die möglichen Veränderungen im Volumen und der Zusammensetzung der Flüssigkeitskompartimente sowie die dadurch ausgelösten Flüssigkeitsbewegungen.

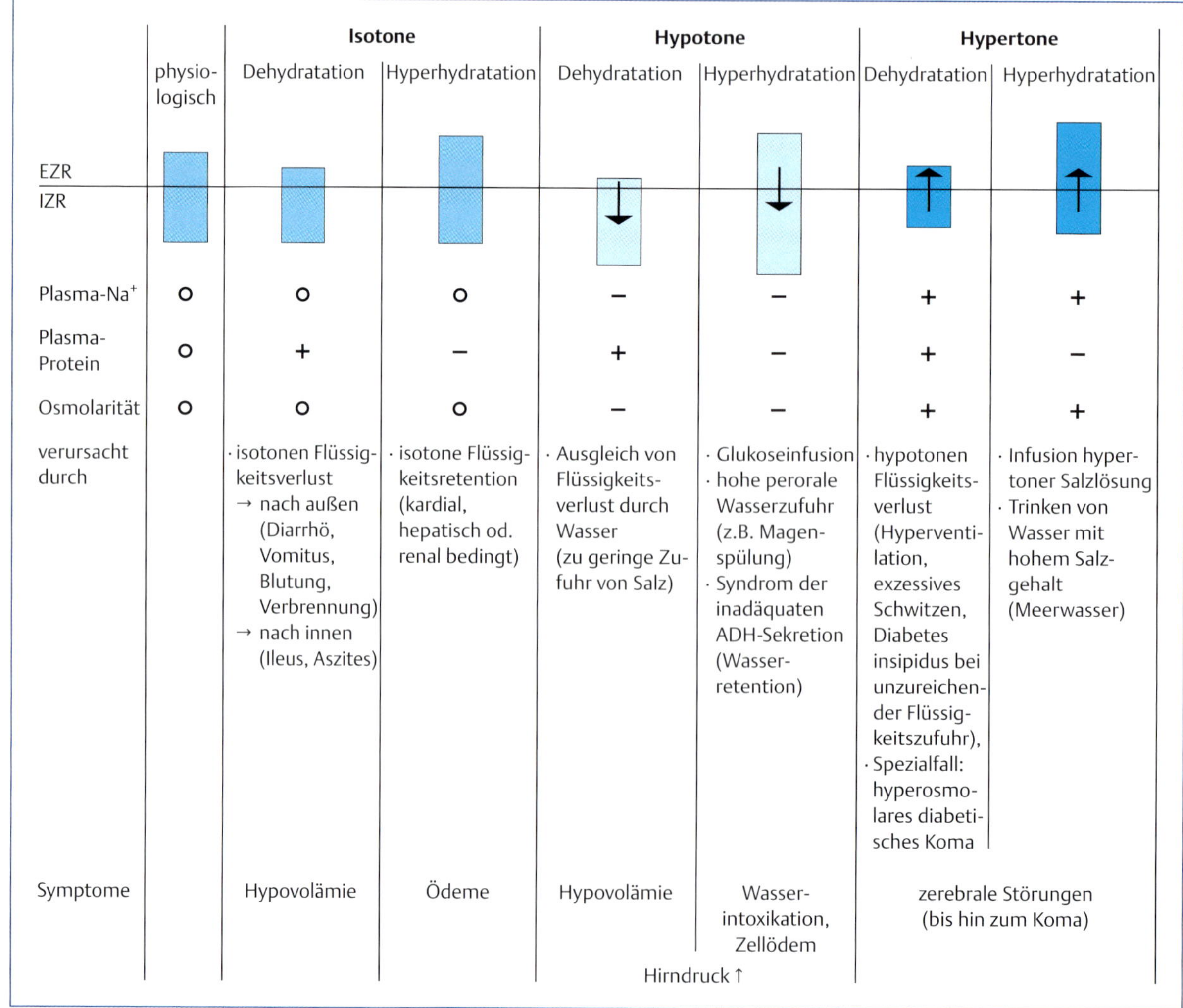

Abb. 7.3 Natrium- und Wasserhaushalt. Die Pfeile geben die Richtung einer Volumenänderung des IZR an, die durch eine Zunahme oder Abnahme der Osmolarität des EZR entsteht. Je nach Zustand (isoton, hypoton oder hyperton) kann sich die Konzentration von Natrium bzw. von Proteinen verändern und somit eine De- oder Hyperhydratation herbeiführen.

7.1.5 Pathologische Veränderungen des Elektrolythaushalts

Ursachen von behandlungsbedürftigen Elektrolytimbalancen können bei Tieren sein:

- eine negative oder positive Bilanzstörung
- eine maladaptative Regulation
- eine Volumenänderung des Elektrolytlösungsraumes

Beispielhaft seien hier Na^+- und K^+-Störungen genannt. So kann eine Ursache für eine Hypernatriämie ein reines Wasserdefizit sein, z. B. bei primärer Hypodipsie, Diabetes insipidus oder bei sehr hohen Umgebungstemperaturen kombiniert mit Wassermangel. Ein Verlust hypotoner Flüssigkeit kann bei Erbrechen oder Durchfall auftreten, daneben bei osmotischer Diurese (z. B. bei Diabetes mellitus) oder bei chronischem Nierenversagen sowie letztlich bei einem zu starken Zugewinn gelöster Teilchen, d. h. einer Salzvergiftung oder einer (Fehl-)Infusion mit hypertonen Lösungen (**Abb. 7.3**). Endokrinopathien mit Hypernatriämie findet man z. T. beim Hyperaldosteronismus der Katze oder beim Hyperadrenokortizismus des Hundes.

Mögliche Ursachen für eine Hyponatriämie sind bei normaler Plasma-Osmolalität eine Hyperproteinämie, bei erhöhter Plasma-Osmolalität eine starke Hyperglykämie oder bei erniedrigter Plasma-Osmolalität Flüssigkeitsverluste über den Verdauungstrakt. Hypoadrenokortizismus kann ebenso wie eine lang andauernde Therapie mit Diuretika zu Hyponatriämie führen.

Eine Hyperkaliämie entsteht zumindest bei normaler Nierenfunktion selten durch eine übermäßige Aufnahme von K^+, außer bei iatrogen bedingten Infusionszwischenfällen mit K^+-reichen Lösungen. Häufiger tritt eine Hyperkaliämie infolge einer sog. Translokation auf, d. h., wenn vermehrt K^+ aus dem Intra- in den Extrazellularraum transloziert wird; dies ist z. B. bei Azidosen und bei Insulin-Mangel der Fall (**Abb. 7.4**).

Eine weitere häufige Ursache ist die verminderte renale Ausscheidung, z. B. bei bestimmten Formen des Nierenversagens, aber auch bei Mangel an Mineralocorticoiden.

Ursachen für Hypokaliämie sind z. B. eine vermehrte Translokation von K^+ in den Intrazellularraum bei Alkalosen oder vermehrte K^+-Verluste über den Verdauungstrakt oder die Nieren. Auch die längerfristige Therapie mit Infusionslösungen, die nicht zur Deckung des Flüssigkeitserhaltungsbedarfs ausgelegt sind, kann wegen der zu geringen K^+-Konzentration zu K^+-Mangelerscheinungen führen.

Für die Therapie von mittel- bis hochgradigen Störungen des Elektrolythaushalts sind neben dem Abstellen der primären Ursachen der Grunderkrankung die kurzfristige Elektrolytsubstitution oder die induzierte gesteigerte Ionenexkretion über die Nieren oft lebensrettend. Abweichend davon werden die gering- bis mittelgradigen Elektrolytstoffwechselstörungen oft durch diätetische Maßnahmen behandelt.

7.1.6 Steuerung des Säure-Basen-Haushalts

Der pH-Wert in den Körperflüssigkeiten wird in sehr engen Grenzen konstant gehalten (Isohydrie). Störungen des Säure-Basen-Haushalts werden bei Tieren häufig als Folge pathologischer Zustände beobachtet und erfordern neben ihrer Korrektur immer auch eine kausale Behandlung.

Die Aufrechterhaltung der pH-Konstanz erfolgt durch ein Zusammenspiel renaler und respiratorischer Regulationsmechanismen mit verschiedenen Puffersystemen in den Körperflüssigkeiten. Störungen des Säure-Basen-Haushalts werden deshalb typischerweise auch in respiratorische und metabolische (nicht respiratorische) eingeteilt. Daneben spielt auch der Austausch von Kationen gegen Wasserstoffionen zwischen dem Intra- und Extrazellularraum eine bedeutende Rolle für die Regulation des Säure-Basen-Gleichgewichts (**Tab. 7.1**, **Abb. 7.4**).

Bei Verschiebungen des Blut-pH-Werts unter 7,35 spricht man von einer Azidose, bei Werten über 7,45 von einer Alkalose. Nicht mehr mit dem Leben vereinbar sind pH-Werte < 7,0 oder > 7,8.

Ein ausgeglichener Säure-Basen-Haushalt bedingt ein ausgeglichenes Verhältnis zwischen der Produktion bzw. Aufnahme von Säure bzw. Säureäquivalenten (z. B. CO_2 im

Tab. 7.1 Regulationsmechanismen des Säure-Basen-Haushalts.

Regulationsmechanismus	Regelgröße
respiratorisch	▪ CO_2-Abatmung
renal	▪ H^+/HCO_3^--Exkretion ▪ H^+/HCO_3^--Rückresorption (Reabsorption)
Ionenaustausch	▪ K^+ (Na^+, Ca^{2+}, Mg^{2+}) ↔ H^+ ▪ intrazellulär ↔ extrazellulär
Puffersysteme	▪ Bicarbonat ▪ Phosphat ▪ Proteine ▪ Hämoglobin

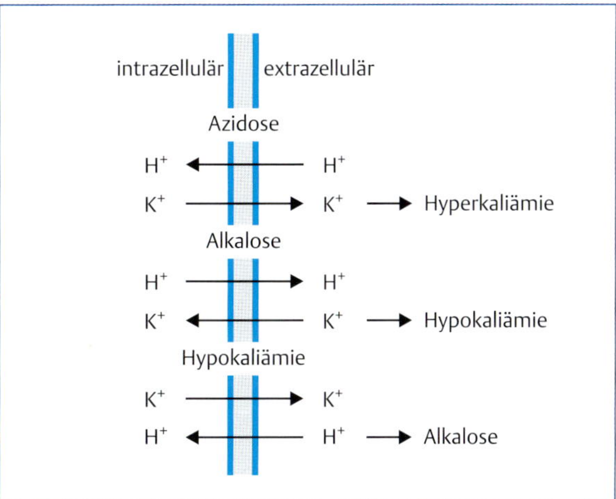

Abb. 7.4 Verschiebungen von Wasserstoff- und Kaliumionen zwischen Intra- und Extrazellularraum bei Störungen des Säure-Basen-Haushalts und bei Hypokaliämie.

oxidativen Stoffwechsel; nicht flüchtige Säuren, d. h. vor allem Phosphor- und Schwefelsäure; Verbrauch bzw. Verlust von Bicarbonat, z. B. über Speichel oder Nieren) und deren Ausscheidung bzw. Verbrauch (CO_2-Abatmung; Ausscheidung von Protonen in freier Form oder als titrierbare Säure; Verstoffwechselung von Protonen durch die Überführung von organischen Salzen in deren Säuren, d. h. z. B. Citrat → Citronensäure).

Im Organismus sind verschiedene Puffersysteme ausgebildet, die pH-Veränderungen bei drohendem Ungleichgewicht im Säure-Basen-Haushalt minimieren sollen. Der diagnostisch wichtigste Puffer ist das Bicarbonat-Kohlensäure-System (7.1), daneben tragen v. a. Hämoglobin, Plasmaproteine und Phosphate zur Pufferung bei. Die Gesamtmenge aller Puffersysteme beträgt ca. 48 mmol/l.

$$HCO_3^- + H^+ \leftrightarrow H_2CO_3 \leftrightarrow CO_2\uparrow + H_2O \qquad (7.1)$$

7.1.7 Beschreibung des Säure-Basen-Status

Der Säure-Basen-Haushalt in Körperflüssigkeiten wird traditionell nach dem **Henderson-Hasselbalch-Modell** beurteilt. Als Basis dient die Puffergleichung:

$$pH = pK + \log\frac{[HCO_3^-]}{\alpha \times pCO_2} \qquad (7.2)$$

In der Gleichung stellt α den Löslichkeitskoeffizienten für CO_2 im Blut bei 37 °C dar (αCO_2 = 0,226 mMol/l × kPa). Im Blut werden mittels geeigneter Elektroden direkt die H^+-Ionen und der CO_2-Partialdruck (pCO_2; physikalisch gelöste CO_2-Moleküle) bestimmt (7.1). Bei einem normalen pH-Wert von 7,4 beträgt das Verhältnis von HCO_3^- : H_2CO_3 = 20:1 (pK_a des Puffersystems ca. 6,4). Jede Verschiebung dieses Verhältnisses bedeutet eine Störung, wobei das Ausmaß der Imbalancen anhand der Abweichung des gemessenen Standardbicarbonats vom Normalwert (ca. 24 mmol/l) bzw. von der Gesamtpufferbase (ca. 48 mmol/l) als Basenüberschuss bzw. base excess (BE) ermittelt und zur Dosisberechnung des Korrekturbedarfs herangezogen wird. Physiologischerweise liegt der BE zwischen + 1 und – 3 mmol/l. Wichtig zu bedenken bei diesem Modell ist, dass die Bicarbonat-Konzentration und der BE nicht direkt gemessen, sondern anhand der Puffergleichung (7.2) bzw. über Nomogramme berechnet werden.

Gemäß dem **Stewart-Modell** des Säure-Basen-Haushalts wird die Puffergleichung als zwar richtig, aber für biologische Flüssigkeiten unvollständig kritisiert. Der in (7.2) vermittelte Eindruck, dass der pH im Blut außer vom pK-Wert (hier 6,4) nur vom logarithmierten Quotienten $[HCO_3^-]/\alpha \times pCO_2$ abhängig sein soll, ist nicht korrekt. Nachweisbar nehmen alle Elektrolyte und ebenso verschiedene Pufferionen (v. a. Phosphate und Proteine = schwache Säuren bzw. Basen der Aminosäuren-Seitenketten) Einfluss auf den H^+-Gehalt. Weil Elektrolyte und Phosphate sowie Proteine den Blut-pH mit bestimmen, in (7.2) jedoch ohne Berücksichtigung bleiben, kann der im Blut direkt gemessene pH als notwendige Ausgangsgröße für die Kalkulation von $[HCO_3^-]$ für diesen Vorgang „fehlerhaft" sein.

Das Stewart-Modell geht von drei primären, voneinander unabhängigen Variablen aus. Es sind 1. der pCO_2 (= respiratorische Achse, unverändert zum Henderson-Hasselbalch-Modell) und 2. die neuartigen, nicht respiratorischen, d. h. metabolischen Variablen (strong ion difference = SID) sowie 3. die Gesamtmenge der Pufferionen (acid total = A_{tot}). Unter SID wird die Differenz zwischen den Gesamtkonzentrationen für stark basische Kationen und stark saure Anionen verstanden, z. B.:

$$\text{Serum-}[SID_3]\text{mMol/l} = [Na^+] + [K^+] - [Cl^-]\ \text{mMol/l} \qquad (7.3)$$

oder

$$\text{Serum-}[SID_4]\text{mMol/l} = [Na^+] + [K^+] - [Cl^-] - [\text{Lactat}]\ \text{mMol/l} \qquad (7.4)$$

Das $[A_{tot}]$ reflektiert die Gesamtkonzentration an schwachen, d. h. im Blut unvollständig dissoziierten Basen und Säuren:

$$\text{Serum-}[A_{tot}]\ \text{mMol/l} = [\text{Albumin}]\ \text{g/l} \times (0,123 \times \text{pH-Wert} - 0,631) + [P_{anorg.}]\ \text{mMol/l} \times (0,309 \times \text{pH-Wert} - 0,469) \qquad (7.5)$$

Mit anderen Worten ist die Modellberechnung nach **Henderson-Hasselbalch** nicht primär falsch, aber sie gilt streng genommen nur unter klar definierten Bedingungen. Die Gültigkeit ist gegeben, wenn es sich bei der Beschreibung des Säure-Basen-Haushalts um reine Veränderungen des CO_2-Partialdrucks handelt und sich die Konzentration der nicht flüchtigen Pufferionen (Proteine, Phosphat) und anderen Elektrolyte im Normalbereich befindet. Dann entspricht die SID der Bicarbonatkonzentration.

Die Stewart-Variablen des Blutes, die den Zustand im gesamten Extrazellularraum reflektieren, werden von bestimmten Organen reguliert, wie pCO_2 von der Lunge, [SID] von Magen-Darm-Kanal und Nieren sowie $[A_{tot}]$ hauptsächlich von der Leber und bei Proteinurie auch von den Nieren. Die Variablen stellen sekundär den pH-Wert in den Körperflüssigkeiten ein. Es wird die Abhängigkeit des Säure-Basen-Haushalts im Körper von den physiologischen bzw. pathologischen Organfunktionen und den aus ihnen hervorgegangenen Stewart-Variablen deutlich.

Im Vergleich zu den indirekt ermittelten Blut-$[HCO_3^-]$ und -[BE] ermöglichen die direkt gemessenen Stewart-Variablen Serum-[SID] und -$[A_{tot}]$ erstens einen differenzierteren Einblick in die Ätiopathogenese von nicht respiratorischen Störungen des Säure-Basen-Haushalts, wie Beteiligung der Elektrolyte und Proteine am diagnostizierten Zustand des Organismus. Zweitens ermöglichen die Stewart-Variablen eine prospektive Wirksamkeitsbewertung der oralen und parenteralen Flüssigkeitstherapie.

Eine basisch wirkende Infusionslösung ist die bekannte $NaHCO_3$-Lösung. Als kristalline Lösung ergeben sich folgende Werte:

isotone $NaHCO_3$-Lösung (1,3 %ig): $[Na^+] = 150$ mMol/l + $[HCO_3^-] = 150$ mMol/l, d. h. $[SID_{3,4}] = +150$ mMol/l; protein- und phosphatfreie Lösung, d. h. $[A_{tot}] = 0$ mMol/l; vgl. Formeln (7.3), (7.4) und (7.5). Die basische Wirkung der Infusionslösung erklärt sich mit beiden Modellen des Säure-Basen-Haushalts unterschiedlich. Nach der traditionellen Henderson-Hasselbalch-Theorie wirken die Anionen in der Lösung wie folgt: $HCO_3^- + H^+ \rightarrow H_2CO_3 \rightarrow CO_2 \uparrow + H_2O$. Über die pulmonale CO_2-Ausscheidung werden die H^+-Ionen im Körper verbraucht, d. h., es wird ein basischer Effekt erzielt. Abweichend davon wirkt nach dem Stewart-Modell allein Natrium als stark basisches Kation. Nach Zufuhr von Na^+-Ionen erhöht sich zwangsläufig die Konzentration von Serum-$SID_{3,4}$, was eine elektrolytbedingte basische Reaktionslage für den Organismus hervorruft; vgl. Formeln (7.3), (7.4).

Mit dem Stewart-Modell wird nachvollziehbar, dass folgende Lösungen eine andere Wirksamkeit besitzen, so z. B. die bei Tieren relativ häufig verwendete:

isotone NaCl-Lösung (0,9 %ig): $[Na^+] =$ 153 mMol/l – $[Cl^-] =$ 153 mMol/l, d. h. $[SID_{3,4}] = 0$ mMol/l protein- und phosphatfreie Lösung, d. h. $[A_{tot}] = 0$ mMol/l und

Ringerlösung: $[Na^+] = 147$ mMol/l + $[K^+] =$ 4 mMol/l – $[Cl^-] = 156$ mMol/l, d. h. $[SID_{3,4}] = -5$ mMol/l protein- und phosphatfreie Lösung, d. h. $[A_{tot}] = 0$ mMol/l; vgl. Formeln (7.3), (7.4) und (7.5).

Im Blut bzw. der Extrazellulärflüssigkeit der Tiere existieren unter physiologischen Bedingungen deutlich höhere Werte für Serum-$[SID_{3,4}] = 38–45$ mMol/l und Serum-$[A_{tot}] = 9–15$ mMol/l. Es ist leicht nachvollziehbar, dass nach der Infusion von isotoner NaCl-Lösung oder Ringerlösung in Abhängigkeit vom applizierten Volumen eine mehr oder weniger ausgeprägte Verminderung der Konzentrationen von Serum-$SID_{3,4}$ (= saure Wirkung) und -A_{tot} (= basische Wirkung) beim Patienten auftreten muss. Als Nettoeffekt ergibt sich für beide Lösungen eine saure Wirksamkeit für den Organismus.

7.2 Flüssigkeits- und Elektrolyttherapie bei Störungen der Isovolämie

DEFINITION **Dehydratation** (extrazellulärer Volumenmangel) und/oder **Hypovolämie** (Blutplasmamangel) zählen zu den häufigsten Störungen der Homöodynamik bei Tieren. Besonders Jungtiere erreichen relativ schnell lebensgefährliche Volumenmangelzustände (**Abb. 7.1**). Die Volumenexpansion der Extrazellulärflüssigkeit wird als **Hyperhydratation** bezeichnet. Eine vorwiegend im Interstitium erfolgende pathologische Flüssigkeitsansammlung ist das **Ödem** (isotone Hyperhydratation).

7.2.1 Dehydratation und Hypovolämie

Die wirksame Therapie einer Dehydratation bzw. Hypovolämie erfolgt bei Mensch und Tier durch Substitution der dem Organismus verloren gegangenen Flüssigkeit, Elektrolyte sowie weiterer Körperbausteine. Diese Behandlung wird als Flüssigkeitstherapie bezeichnet und berücksichtigt die einzusetzende Menge (S. 219), den Zufuhrweg (S. 220) peroral oder parenteral, die Zusammensetzung (S. 220) und die Verabreichungsgeschwindigkeit (S. 224). Außerdem ist dabei stets auch die Bekämpfung der für die exsikkotischen (austrocknenden) Zustände des Körpers verantwortlichen Primärerkrankung, z. B. gastrointestinale oder renale Insuffizienz, miteinzubeziehen.

Menge an Substitutionslösung

Für eine wirksame Flüssigkeitstherapie ist im konkreten Erkrankungsfall zuerst die für den Patienten erforderliche Menge an zu verabreichender(n) Lösung(en) festzustellen. Hierzu sind möglichst exakte Kenntnisse notwendig über:

- das aktuelle Volumendefizit
- den Flüssigkeitserhaltungsbedarf (adulte Großtiere: 40–70 ml je kg KM und Tag; adulte Kleintiere mit einer KM von 5–10 kg und Neugeborene: 70–90 ml je kg KM und Tag)
- die fortlaufenden Flüssigkeitsverluste infolge Andauerns der Primärkrankheit (**Tab. 7.2**)

Tab. 7.2 Beispiele für die Errechnung des Gesamtbedarfs an Flüssigkeit unterschiedlich erkrankter Tiere (Angaben in l; KM = Körpermasse).

Parameter für die Bestimmung des gesamten Flüssigkeitsdefizits	(A) Hund (12 kg) mit moderatem Durchfall und Erbrechen (Dehydratation: ~ 7 % der KM)	(B) Kalb (50 kg) mit hochgradigem Durchfall (Dehydratation: ~ 10 % der KM)	(C) Pferd (500 kg) mit moderatem Durchfall (Dehydratation: ~ 8 % der KM)
aktuelles Flüssigkeitsdefizit	(70 ml/kg) → 0,84	(100 ml/kg) → 5,0	(80 ml/kg) → 40,0
Flüssigkeitserhaltungsbedarf 40–70 ml/kg pro Tag	(60 ml/kg) → 0,72	(70 ml/kg) → 3,5	(40 ml/kg) → 20,0
fortlaufende Flüssigkeitsverluste pro Tag	(50 ml/kg) → 0,60	(60 ml/kg) → 3,0	(20 ml/kg) → 10,0
Summe der Flüssigkeitsverluste	Σ = 2,16	Σ = 11,5	Σ = 70,0

Spez. Pharmakologie

Tab. 7.3 Bestimmung verschiedener klinischer Zustände des Wasser- und Elektrolythaushalts sowie der Osmolalität anhand labordiagnostischer Werte.

Parameter	Berechnung
extrazelluläres Volumendefizit (EZV-D)	$^{1}\text{EZV-D (l)} = 0,2 \times \text{KM (kg)} \times \left(1 - \frac{\text{Hämatokrit}_{\text{Norm}}}{\text{Hämatokrit}_{\text{Patient}}}\right)$
Plasma-Volumendefizit (Pl-D)	$^{1}\text{Pl-D (ml)} = 50 \times \text{KM (kg)} \times \left(1 - \frac{\text{Hämatokrit}_{\text{Norm}}}{\text{Hämatokrit}_{\text{Patient}}}\right)$
extrazelluläres Volumendefizit (EZV-D)	$\text{(EZV-D)} = 4 \times \text{Pl} - \text{D}$
Wasser-Defizit bei Hypernatriämie	$H_2O\ \text{(l)} = 0,6 \times \text{KM(kg)} \times \left(1 - \frac{140}{[\text{Na}^+]\ \text{(mMol)}}\right)$
Na-Defizit bei hyponatriämischer Dehydratation	$\text{Na}^+\ \text{(mMol)} = 0,6 \times \text{KM(kg)} \times (140 - [\text{Na}^+]\ \text{(mMol/l)})$
Na-Bedarf bei Wasserintoxikation (Anstieg des Plasma-Na⁺ auf 125 mMol/l)	$\text{Na}^+\ \text{(mMol)} = 125 - [\text{Na}^+]\ \text{(mMol/l)} \times 0,6 \times \text{KM (kg)}$
Plasma-Osmolalität (mOsmol/l)	$\text{Plasma}_{\text{Osmo}} = 189\ [\text{Na}^+\text{(mMol/l)}] + 1,38\ [\text{K}^+\text{(mMol/l)}] + 1,03\ [\text{Harnstoff (mMol/l)}] + 1,08\ [\text{Glukose (mMol/l)}] + 7,45$
osmolale Lücke (gap)	^{2}osmolale Lücke = gemessene Osmolalität – kalkulierte Osmolalität

[1] Anstelle der Hämatokritwerte können ebenso die Befunde des Serum(Plasma)proteins oder –albumins Verwendung finden.
[2] Ein Anstieg der Werte für die osmotische Lücke (> 10 mOsmol/l) signalisiert Volumen- und Tonizitätsstörungen im inneren Milieu des Organismus!

Außer den wichtigen klinischen Symptomen können unterstützend labordiagnostische Befunde zur Ermittlung von Flüssigkeits- und Elektrolytdefiziten des Körpers herangezogen werden (**Tab. 7.3**). Auf der Grundlage des so ermittelten Gesamtbedarfs an Flüssigkeit sowie der vom erkrankten Tier noch selbstständig aufgenommenen flüssigen Nahrung wird aktuell zu jeder Behandlung die erforderliche Menge an zu verabreichender(n) Lösung(en) festgelegt. Hierbei sind bei den unterschiedlich intensiv erkrankten Tieren z. T. erhebliche, bei den Großtieren noch häufig unterschätzte Flüssigkeitsmengen zu substituieren (**Tab. 7.2**, Beispiel Pferd). Mit der Flüssigkeit gehen dem erkrankten Organismus ebenso unterschiedliche Mengen an Elektrolyten verloren. Quantitativ bedeutungsvoll betrifft das Defizit (S. 225) die Na^+- und K^+-Ionen sowie eine äquivalente Menge an Anionen, wie Cl^-- und HCO_3^--Ionen.

Zufuhrweg und Zusammensetzung

Die Flüssigkeitstherapie kann entsprechend der Indikation und Tierart oral und/oder parenteral (i.v., s. c., i.m., i.p.) erfolgen. Die unterschiedlichen Möglichkeiten der Flüssigkeitszufuhr an Tiere sind mit differenzierten Wirkungen auf den erkrankten Organismus verbunden (**Tab. 7.4**).

Orale Rehydratation und Zusammensetzung von Diättränken:

Als günstiger Weg der Rehydratation gilt die **orale Substitution**. Sie entspricht weitgehend den natürlichen Verhältnissen der Nahrungsaufnahme und ist relativ einfach sowie kostengünstig, v. a. auch, da die Lösungen nicht steril sein müssen. Die über den Darmkanal in den Organismus gelangenden Flüssigkeiten bzw. Elektrolyte können vorteilhafter reguliert werden als z. B. nach einer parenteralen Stoßapplikation.

KLINISCHER BEZUG Im Allgemeinen gilt, dass bis zu einer Dehydratation von etwa 8 % (Flüssigkeitsverlust: 80 ml/kg KM) die alleinige orale Rehydratation ausreichend ist.

Als Inhaltsstoffe von wirksamen **Diättränken** bei Tieren haben sich verschiedene Elektrolyte, wie Na^+- und K^+-Ionen als Kationen sowie Cl^--, HCO_3^--, Acetat-, Citrat- oder Laktat-Ionen als Anionen, in Kombination mit organischen Substanzen, wie Glukose und Aminosäuren (Glycin), bewährt. Die **Na^+-Ionen** gelten als das „osmotische Skelett" des Extrazellularraumes. Durch ihre unterschiedliche renale Ausscheidung (Renin-Angiotensin-Aldosteron-System) reguliert der Organismus entscheidend sein Volumen an extrazellulärer Flüssigkeit (S. 214). Daher, und weil die Resorption von Glukose und Aminosäuren Na^+-abhängig erfolgt, sollten Na^+-Ionen in keiner wirksamen Diättränke fehlen. Die K^+-Ionen sind die quantitativ wichtigsten intrazellulären Kationen. Ihr extra-/intrazellulärer Gradient beeinflusst nachhaltig das Membranpotenzial an allen erregbaren Zellen (z. B. Nerven- und Muskelzellen), aber auch an nicht erregbaren Zellen. Hyper- oder Hypokaliämie füh-

Tab. 7.4 Indikationen und Kontraindikationen sowie Vor- und Nachteile unterschiedlicher Routen der Flüssigkeitszufuhr.

	oral	intravenös	subkutan
Indikationen	▪ geringe bis mittelgradige Dehydratation ▪ Flüssigkeitszufuhr für Erhaltungsumsatz oder Nahrungsergänzung	▪ mittelgradige bis starke Dehydratation, Kollaps oder Schock ▪ schnell wirksamer Flüssigkeitsersatz (Koma) ▪ hypertoner und kolloidaler Flüssigkeitsersatz (Dauertropf)	▪ geringe bis mittelgradige Dehydratation ▪ Flüssigkeitszufuhr für den Erhaltungsumsatz ▪ Venenpunktion nicht möglich (z. B. bei sehr kleinen Tieren)
Kontraindikationen	▪ unstillbares Erbrechen	▪ schnelle Zufuhr kaliumhaltiger oder hypertoner Lösungen	▪ periphere Kreislaufinsuffizienz, z. B. stark verzögerte Kapillarfüllungszeit ▪ Verabreichung gewebereizender Lösungen ▪ erneute Flüssigkeitszufuhr, bevor frühere Gaben absorbiert sind
Vorteile	▪ natürliche Verabreichungsart → regulative Funktionalität ▪ leichte Durchführbarkeit bei freiwilliger Nahrungsaufnahme ▪ ökonomisch	▪ schneller Flüssigkeitsersatz und Verbesserung der Nierenperfusion ▪ Katheter: Zufuhrgeschwindigkeit regulierbar, parenterale Ernährung, Blutprobenentnahme, Messen des zentralen Venendrucks (ZVD)	▪ geringere Patientenüberwachung ▪ langsame Resorption (Absorption) schützt vor zu schneller renaler Elimination
Nachteile	▪ Schlundsonde bei nicht freiwilliger Aufnahme ▪ Gefahr der Aspirationspneumonie sowie „Luft“-Verabreichung	▪ Patientenbetreuung aufwendig ▪ Katheter: Gefahr der Thromboembolie oder Infektion	▪ ungenügende Flüssigkeitsresorption bei Kreislaufinsuffizienz ▪ verringerte Resorptionsgeschwindigkeit bei anhaltender subkutaner Zufuhr (> 2–3 Tage)

ren zur Über- oder Untererregbarkeit, z. B. am Myokard, mit markanten Veränderungen im Elektrokardiogramm. Vor allem bei Durchfallerkrankungen (S. 217) von Tieren können Kaliumdefizite im Körper entstehen, wobei häufig gleichzeitig im Blut eine Hyperkaliämie als Folge einer metabolischen Azidose (S. 217) vorliegt.

Die starken, d. h. vollständig dissoziierten Elektrolyte des Körpers nehmen als basische Kationen (Na^+, K^+ u. a.) sowie saure Anionen (Cl^-, Laktat u. a.) stets auch Einfluss auf den Säure-Basen-Status. Ob die applizierte Elektrolytlösung im Körper neutral, azidogen oder alkalogen wirkt, kann am Wert für die strong ion difference, SID (S. 218), der Lösung erkannt werden.

Die gleichzeitige Anwesenheit von **Glukose** und **Aminosäuren**, z. B. Glycin, mit **Na^+-Ionen** in Diättränken verbessert gegenseitig die enterale Resorptionsgeschwindigkeit. An den Enterozyten existiert für diese organischen Substanzen ein sekundär aktiver, natriumabhängiger Cotransport über die apikale Membran der Epithelbarriere. Nachfolgend wird ein vorteilhafter osmotischer Gradient erzeugt, und der transepitheliale Wasserflux vom Darmlumen in den Organismus kann stattfinden (Nettoresorption ↑). Auf diese Weise wird einer möglichen Malabsorption bei durchfallkranken Tieren entgegengewirkt. Zudem kann die damit einhergehende Eindickung des Darminhalts zum Sistieren des Durchfalls beitragen. Auf diesem Gesamtkonzept beruht die WHO-Lösung, die zur Behandlung der Cholera für den Menschen entwickelt wurde und neben weiteren Anionen und Kationen Na^+ und Glukose in einem molaren Verhältnis von etwa 1:1 enthält.

Neben den zuvor genannten Vorteilen führt die enteral absorbierte Glukose im Körper zur vermehrten Bildung und Sekretion von Insulin, das seinerseits den Kaliumtransport günstigerweise von extra- nach intrazellulär erhöht. Schließlich stellt Glukose für den erkrankten Organismus eine leicht verfügbare Energiequelle dar. Der für die enterale Resorption wichtige Mechanismus der Energie und Sauerstoff verbrauchenden Na^+/K^+-ATPase an der basolateralen Enterozytenmembran bleibt bei den erkrankten Tieren relativ lange Zeit erhalten. Dagegen ist vor allem bei einer durch Viren oder Kryptosporidien induzierten osmotischen Diarrhö relativ frühzeitig mit einem Aktivitätsverlust membranständiger Verdauungsenzyme, wie Laktase oder Peptidase, zu rechnen (Maldigestion). Demzufolge sollten in Diättränken Substanzen enthalten sein, die möglichst ohne Verdauung (z. B. monomere Kohlenhydrate statt Disaccharide) absorbiert werden können. Als vorteilhafte Konzentration der Elektrolyte in Diättränken gilt hypo- bis isoton.

Die beigefügte Glukose und die Aminosäure(n) sollten zusammen den Betrag von ~ 3 % nicht wesentlich übersteigen, denn sonst wächst die Gefahr der Nichtresorption der verabreichten Stoffe mit nachfolgender osmotischer Diarrhö und möglicher Dysbiose. Orale Rehydratationslösungen erreichen oft eine hypertone Osmolalität. Nach der Zufuhr solcher Diättränken wird eine initiale Flüssigkeitsverschiebung in das Darmlumen bis zur Isotonie der Ingesta verursacht, ehe die erwünschten Resorptionsvorgänge stattfinden. Andere gebrauchsfertige Diätträنken sind isoton und vermeiden dann eine durch den zuvor beschriebenen Prozess induzierte initiale Verstärkung der Wasserverluste.

Durchfallkranke Jungtiere (Kalb, Fohlen, Ferkel oder Welpe) sollten vor allem aus energetischen Gründen weiterhin unvermindert mit Milch ernährt werden. Zusätzlich sind den Tieren geeignete Diättränken, entweder gemischt in der Milch oder allein als Zwischentränke, zur Normalisierung ihres defizitären Elektrolyt- und Wasserhaushalts zu verabreichen. Der Elektrolytgehalt in der Milch genügt zwar für das physiologische Wachstum der jungen Tiere, kann jedoch nicht die beim Durchfall teilweise beträchtlichen fäkalen Elektrolyt- und Flüssigkeitsverluste kurzfristig wirksam ausgleichen. Bekanntlich verenden die meisten durchfallkranken Jungtiere an Exsikkose (hypovolämischer Schock). Für eine wirksame Flüssigkeitssubstitution ist 1. Energie (hochverdauliche Milchnährstoffe) für den aktiven Transport der Osmolyte über das Darmepithel und 2. ein ausreichender Betrag an Elektrolyten und Flüssigkeit (Diättränken) zum Aufbau der für die intestinale Wasserresorption notwendigen transmembranen osmotischen Gradienten sowie zur osmotischen Bindung des Körperwassers in den Kompartimenten erforderlich. Werden durchfallkranke Tiere nur mit Diättränken ohne Milch über Tage ernährt, können nachteilig eine negative Energiebilanz (Abmagerung) und eine bereits in wenigen Stunden einsetzende Anpassung der Verdauungsenzyme an eine sehr niedrige Aktivität auftreten. Bei der Wiederaufnahme der physiologischen Milchtränkung nach Erkrankungsende weisen derartig behandelte Jungtiere plötzlich eine erhebliche Diskrepanz zwischen sehr niedriger Enzymaktivität und hohen Anforderungen an die notwendige Verdauungsleistung, z. B. für Milchfett oder Milchproteine, auf. Als Folge dieser Imbalance können Maldigestion und osmotische Diarrhö resultieren. Nach Zufuhr organischer Anionen (Acetat, Glutamat) können diese in den Enterozyten als Energiequelle metabolisiert werden und so die Neubildung der Epithelzellen besonders fördern.

Für die Behandlung der Durchfallerkrankung bei Jungtieren existieren zahlreiche gebrauchsfertige Diättränken bzw. -lösungen in mehr oder weniger unterschiedlicher Zusammensetzung. Sie werden unter dem Begriff „orale Rehydratationstränken" (ORT) zusammengefasst, im Englischen oral rehydration solutions (ORS). In diesem Zusammenhang ist bedeutsam, dass die fäkalen Verluste an z. B. Na^+- und K^+-Ionen der an Diarrhö erkrankten Jungtiere (Fäzes-pH-Wert ↑) oft zur metabolischen Azidose führen können. Letztere führt zur Verminderung der Sauglust (ZNS-Funktion ↓) und damit zur Inappetenz der erkrankten Tiere. Zur wirksamen Bekämpfung der azidotischen Stoffwechsellage sollten die ORT einen SID_3-Wert ≥ 90 mMol/l aufweisen.

KLINISCHER BEZUG Übersteigt der Flüssigkeitsverlust bei Tieren etwa 8 % der KM (80 ml/kg KM), wird zur oralen Rehydratation zusätzlich oder bei starker Inappetenz allein die parenterale Substitutionstherapie erforderlich. Bei ausgeprägter Exsikkose (hypovolämischer Schock) mit Flüssigkeitsverlusten > 10 % bleibt als wirksame Alternative nur die intravenöse Flüssigkeitszufuhr.

Parenterale Rehydratation und Zusammensetzung von Infusionslösungen

Infusionslösungen werden meist i.v. verabreicht, bei sehr kleinen Tieren auch s. c. oder i.p. (für den s. c. und i.p. Zufuhrweg nur isotone Elektrolytlösungen verwenden!). Eine Übersicht über Indikationen, Kontraindikationen, Vorteile und Nachteile gibt **Tab. 7.4**.

Es existiert eine Vielzahl von unterschiedlich zusammengesetzten Infusionslösungen. Sie können in die beiden großen Gruppen

- kristalloide und
- kolloidale Lösungen

unterteilt werden.

Kristalloide Infusionslösungen Diese enthalten Elektrolyte sowie niedermolekulare organische Substanzen, wie Monosaccharide (Glukose, Fruktose), Zuckeralkohole (Sorbitol, Xylitol), Aminosäuren (essenziell, nicht essenziell) oder Lipidemulsionen (Triglyzeride, ungesättigte Fettsäuren, Glycerol). Entsprechend ihrem Verwendungszweck werden sie bezeichnet als:

a) **Ersatzlösung** (Zusammensetzung ähnlich der extrazellulären Flüssigkeit, z. B. Vollelektrolytlösung oder Basislösung)
b) **Erhaltungslösung** (relativ natriumarm sowie kaliumreich in Annäherung an die Zusammensetzung der intrazellulären Flüssigkeit [**Abb. 7.2**], zur Substitution von Flüssigkeitsverlusten über die Haut und die Lunge [insensible Verluste])
c) **Korrekturlösung** (Behebung eines speziellen pathologischen Zustandes, z. B. metabolische Azidose mit $NaHCO_3$-Lösung oder z. B. Energiedefizit mit hypertoner Kohlenhydratlösung)

NaCl-Lösungen Eine weithin bekannte kristalloide Infusionslösung ist die 0,9 %ige **NaCl-Lösung**. Sie ist zwar isoton, aber nicht „physiologisch". Ihr zu hoher Chloridgehalt (153 mMol/l, physiologisch Serum-$[Cl^-]$ = 95–115 mMol/l) führt bei Anwendung größerer Volumina zur Hyperchlorämie bzw. metabolischer Azidose (S. 218) im Organismus. Die isotone NaCl-Lösung kann bei Tieren zum extrazellulären Volumenersatz von Natriumverlusten mit konsekutiver Hyponatriämie (S. 225) sowie zur Behandlung einer metabolischen Alkalose verwendet werden. **Hypertone NaCl-Lösungen** (3–5 %ig) sind zur Therapie starker Hyponatriämien in Begleitung mit einem Wasserüberschuss, z. B. bei der hypotonen Hyperhydratation („Wasserintoxikation"), einzusetzen. Sie sollten langsam und nur i.v. verabreicht werden. Schließlich wird zunehmend über den erfolgreichen Einsatz von hypertonen NaCl-Lösungen (1,7 %, 3 %, 5 %, 7,5 %), teilweise unter Zusatz von Kolloiden, als „letztem" Behandlungsversuch gegen die lebensgefährlichen Schockreaktionen bei stark exsikkotischen (komatösen) Tieren berichtet. Die i.v. Gabe der **stark hypertonen NaCl-Lösung** (7,5 %ig: 2350 mOsmol/l gegenüber blutisoton: 300 mOsmol/l) als Stoßapplikation erzwingt eine kurzzeitige (Minuten) Hyperosmolalität im Plasma und damit eine ausgeprägte Einwärtsfiltration von Flüssigkeit mit nachfolgender Normalisierungstendenz lebenswichtiger hämodynamischer Funktionen. Die Verwendung von Kolloiden erhöht bis zu ihrem Abbau die kolloidosmotische Wasserbindungsfähigkeit des Blutes und verlängert damit die Wirkungsdauer der Lösung (Stunden). Als maximale Dosis dürfen bei dieser Behandlung 6–8 ml der 7,5 %igen NaCl-Lösung (ohne oder mit Kolloiden) je kg KM nicht überschritten werden. Es empfiehlt sich eine Initialdosis für die hochgradig kranken Tiere von 2–4 ml 7,5 %ige NaCl-Lösung (ohne oder mit Kolloiden) je kg KM. Diese Dosierung darf bei ausbleibender Wirkung nur einmal wiederholt werden, sonst ist bei den Tieren mit extremer Hypernatriämie (> 170 mMol/l, physiologische Serum-[Na^+] = 140 mMol/l) und damit zwangsläufig Hypervolämie sowie nachfolgendem Herzversagen zu rechnen.

Hypotone NaCl-Lösungen (0,45 %ig) werden hauptsächlich gemeinsam mit Kohlenhydraten und KCl als Erhaltungslösung genutzt.

Ringerlösung In anderen Infusionslösungen wird das Natrium außer mit Chlorid noch mit weiteren Anionen, wie Hydrogencarbonat, Acetat oder L-Laktat, gemischt. Als bekannter Vertreter dieser Gruppe gilt die Ringerlösung. Ihr Indikationsgebiet ist als Basislösung (mit HCO_3^--Ionen) der Ersatz von extrazellulärer Flüssigkeit oder als Korrekturlösung (mit Acetat- oder L-Laktat-Ionen) die Behandlung von metabolischer Azidose.

Nähr- bzw. Energielösungen Eine wichtige Gruppe von Infusionslösungen enthält energetisch verwertbare Substanzen. Sie werden als **Nähr**- oder **Energielösung** bezeichnet und sind für die parenterale Ernährung (S. 232) sehr bedeutungsvoll. Zur Behandlung von Energiedefiziten finden häufig Kohlenhydratlösungen Anwendung. Mit 54 g Glukose oder Fruktose (Gemisch beider Monosaccharide → Invertzucker) je 1 l Lösung werden isotone Konzentrationen erreicht. Als hauptsächliche Indikation derartiger Lösungen gilt die Zufuhr von schnell verwertbarer Energie an den erkrankten Organismus. Ein Volumenersatz von extrazellulärer Flüssigkeit ist mit den elektrolytfreien Kohlenhydratlösungen kaum zu erreichen. So bleiben z. B. nach Applikation einer isotonen Glukoselösung nur maximal 5 % des zugeführten Volumens im intravasalen Flüssigkeitsraum zurück, was in etwa dem physiologischen Plasmavolumenanteil des Körpers entspricht (**Abb. 7.1**). Demzufolge können Kohlenhydratlösungen nicht effektiv als Zufuhr für den Flüssigkeitserhaltungsumsatz des Organismus herangezogen werden. Gelangen sie trotzdem zum Einsatz, ist beim Patienten mit einer Elektrolytdepletion (renale Ausscheidung) zu rechnen, und nachfolgend entstehen Hyponatriämie, -chlorämie, -kaliämie sowie -magnesämie. Fernerhin sollten reine Kohlenhydratlösungen möglichst nicht s. c. verabfolgt werden, weil in diesem substituierten hypoionen Flüssigkeitspool extrazelluläre Elektrolyte einwandern (Diffusion) und sich danach eine Hyposmolalität mit hypovolämischer Schockgefahr für den Organismus entwickeln kann.

Weitere Nährlösungen enthalten anstelle von Kohlenhydraten ein Aminosäurengemisch oder eine Fettemulsion. Ihr Einsatz ist im Rahmen der parenteralen Ernährung (S. 232) bedeutungsvoll.

Kolloidale Infusionslösungen Kolloidale Infusionslösungen enthalten synthetische oder natürliche Kolloide, die Einfluss auf den intravasalen kolloidosmotischen Druck nehmen. Der kolloidosmotische Druck regelt die Verteilung des Wassers zwischen intravasalem und interstitiellem Kompartiment. Die kolloidalen Infusionslösungen können in Vergleich zum Blutplasma hypo- bis isoonkotisch (**Plasmaersatzstoffe**) oder hyperonkotisch (**Plasmaexpander**) sein. Bei der Verwendung von hyperonkotischen Lösungen wird Wasser aus dem Extrazellularraum in die Blutbahn gezogen.

KLINISCHER BEZUG Als Indikation für eine Verabreichung kolloidaler Lösungen an Tiere gelten hypovolämische Schockerscheinungen (intravasaler Volumenmangel) mit mikrozirkulatorischer Insuffizienz, wie Blutviskositätssteigerung, Erythrozyten- und Trombozytenaggregation (Thrombosegefahr), ischämische Gewebehypoxie u. a.

Hauptvertreter der natürlichen Kolloide ist Albumin. Als künstliche Kolloide stehen Gelatine und Hydroxylethylstärke zur Verfügung. Ihre Gabe direkt in die Blutbahn erhöht dort den onkotischen Druck und stabilisiert nachfolgend das Blutplasmavolumen. Auf diese Weise wird einer Steigerung der Blutviskosität entgegengewirkt, und die beim anhaltenden Schock vor allem in den Kapillaren drohende Gefahr der Erythrozyten- und Thrombozytenzusammenballung („Sludge-Phänomen") reduziert sich.

Albumin Als natürliches Kolloid kann bei Tieren **Albumin** genutzt werden. Sein Wirksamkeitsvorteil beruht u. a. auf der längeren Verweildauer im Körper (Halbwertszeit ~3 Tage). Da bei Tieren artspezifische Albuminlösungen kaum im Handel sind, wird für solche Zwecke das Blutplasma von Spendertieren gewählt. Als Indikationsgebiete von Albuminlösungen bzw. Blutplasma gelten Hypoproteinämie (Plasma-[Protein]: < 35 g/l, adult oder < 45 g/l, neonatal), Hypoalbuminämie (< 15 g/l), Hypovolämie und, nur für Blutplasma, Hämostasestörungen. Das an die erkrankten Tiere verabfolgte Plasma normalisiert den intravasalen onkotischen Druck sowie das Flüssigkeitsvolumen (1 g Albumin bindet 18 g Flüssigkeit) und enthält u. a. Immunglobuline sowie Gerinnungsfaktoren. Die für eine wirksame Behandlung erforderliche Plasmamenge ergibt sich aus der Intensität der vorhandenen Störung, wobei der veränderte Plasmaproteingehalt als Orientierungshilfe gelten kann (**Tab. 7.5**).

ZUM WEITERLESEN Für neugeborene Tiere mit einem nur mangelhaften Betrag an maternalen Antikörpern verleiht eine Plasmamenge von 20–30 ml je kg KM einen relativen unspezifischen Schutz gegen neonatale Septikämien.

Das Blutplasma kann von verschiedenen klinisch und serologisch gesunden, artspezifischen Spendern gepoolt und in Portionen tiefgefroren bis zu etwa 2 Jahre ohne nachweisbare Wirksamkeitsverluste gelagert werden.

Gelatinepräparate Im geringeren Umfang werden Gelatinelösungen eingesetzt. Sie verfügen über eine nur kurze Verweildauer im Blut (Halbwertszeit < 2–4 h) und damit

Tab. 7.5 Kalkulation der Plasmamenge zur Transfusion bei Tieren.

Rechenschritt				Ergebnis
erwünschter PP-Wert[1] (g/l)	–	Rezipienten-PP-Wert (g/l)	=	Defizit an PP (g/l)
Defizit an PP (g/l)	×	Rezipienten-KM × 0,05[2] (kg)	=	Gesamtdefizit an PP (g)
Gesamtdefizit an PP (g)	:	Donoren-PP-Wert (g/l)	=	**erforderliche Donorenplasmamenge (l)**

[1] PP = Plasma(Serum)-protein
[2] Faktor 0,05 = 5 % der KM als Blutplasmavolumen (für Neonate: Faktor 0,07 verwenden)
Rezipient = Empfängertier, Donor = Spendertier

über einen nur geringen Volumeneffekt. Außerdem zeigen sie unter den künstlichen Kolloiden die relativ häufigsten Unverträglichkeitsreaktionen, z. B. mit Störungen der Blutgerinnung. Schließlich werden sie aus Rinder-Rohstoffen produziert, sodass ein infektiöses Risiko (z. B. BSE) nicht immer ausgeschlossen werden kann.

Hydroxyethylstärke-Lösungen Aufgrund der beschriebenen Situation wird gegenwärtig Hydroxyethylstärke (HES) bevorzugt verwendet. Das Polysaccharid HES wird aus Amylopectin hergestellt und weist unterschiedliche Molmassen zwischen 70 000 und 200 000 Da auf. Verfügbar sind 6- oder 10 %ige Lösungen. Nach Verabreichung an Tiere wird HES durch die Amylase des Blutes metabolisiert, wobei 24 h post infusionem noch etwa ein Drittel der zugeführten Menge an hochmolekularer HES kolloidosmotisch aktiv ist. Das Wasserbindungsvermögen von HES beträgt ähnlich wie für Gelatine etwa 15 ml je 1 g Substanz. Demzufolge verfügt nur die 10 %ige HES-Infusionslösung über eine geringe Expanderwirkung für das Blutplasmavolumen. HES beeinflusst die Mikrozirkulation ähnlich wie die früher verwendeten Dextrane, sodass fast übereinstimmende Indikationsgebiete vorliegen: kolloidaler Volumenersatz, Hämodilution und Thromboseprophylaxe. Die Dosierung sollte 1,5 g HES/kg/Tag nicht übersteigen. Die Infusionsgeschwindigkeit von HES-Lösungen ist über die Erfassung des Hämatokrits (Verdünnungseffekt im Blut) zu kontrollieren. Als Nebenwirkung der HES-Infusion können bei Überdosierung unerwünschte Effekte auf das Blutgerinnungsprofil entstehen.

Verabreichungsgeschwindigkeit

Nach Kenntnis der Menge, des Zufuhrweges sowie der Inhaltsstoffe bleibt als vierter Wirksamkeitsfaktor der Flüssigkeitstherapie die Festlegung der Verabreichungsgeschwindigkeit.

Bei hochgradiger Dehydratation, z. B. hypovolämischer Schock, ist ein rascher intravenöser Flüssigkeitsersatz von 2–3 ml/kg/min für die ersten 0,5 h nicht selten lebensrettend. Danach kann bei Tieren je Stunde etwa einmal das Blutvolumen (7–8 % der KM, d. h. 70–80 ml/kg) relativ sicher verabfolgt werden.

KLINISCHER BEZUG Als allgemeine Regel der Zufuhrgeschwindigkeit gilt, dass das kalkulierte Flüssigkeitsdefizit des Patienten zur Hälfte in 6 h, zu drei Viertel in 24 h sowie vollständig in 48 h ausgeglichen werden sollte. Als für Tiere praktikable Infusionsgeschwindigkeit (geringe Volumenbelastung ↔ begrenzte Infusionsgesamtdauer) können 5–10 ml/kg/h empfohlen werden.

Wird die zulässige Applikationsgeschwindigkeit für den Patienten deutlich überschritten, kommt es zum Anstieg des zentralen Venendrucks (Flüssigkeitsstau vor dem rechten Herzen mit Druckanstieg > 8–10 cm Wassersäule) mit nachfolgender Gefahr eines Lungenödems, erschwerter Atmung, serösen Nasenausflusses, Unruhe sowie kardialer Insuffizienz. Bei Verwendung von kristalloiden Infusionslösungen treten nach zu schneller Applikation durch die entstehende Hyposmie die lebensgefährlichen Folgen im Körper eher und deutlicher auf als nach Zufuhr von kolloidalen Lösungen. Aufgrund der beschriebenen Reaktionen ist der Infusionsvorgang bei Tieren bezüglich Verträglichkeit und Wirksamkeit immer gut zu überwachen.

7.2.2 Hyperhydratation und Ödeme

Entsprechend den wesentlichen Ursachen von Ödemen bei Tieren, wie Proteinmangel, Blutstauung oder toxinbedingte Permeabilitätsstörungen, ist eine kausale Therapie einzuleiten.

Bei einem **Proteinmangel** sind möglicherweise Ernährungsstörungen, z. B. beim Hungerödem, zu beseitigen oder erhöhte Eiweißverluste über den Gastrointestinaltrakt (Diarrhö) bzw. die Nieren (glomeruläre Insuffizienz) zu stoppen. Andererseits kann ebenso eine Hypoproteinämie durch unzureichende Eiweißbildung in der Leber (hepatische Insuffizienz) entstehen, sodass eine Stabilisierung dieser Organfunktion, z. B. durch geeignete Aminosäurenzufuhr im Rahmen der sog. „Leberschutztherapie" (S. 314), anzuraten ist.

Nicht selten treten bei Tieren **Stauungsödeme** auf, deren erfolgreiche Behandlung durch Normalisierung der kardiovaskulären Funktionen (S. 188) erreicht werden kann.

Für die Ödeme mit **erhöhter vaskulärer Permeabilität** sind zahlreiche Mediatoren verantwortlich, deren Wirkung im Körper durch geeignete Pharmaka zurückgedrängt werden muss.

Eine wirksame **Therapie** von **Ödemen** gelingt daher zuerst durch Beseitigung oder Verminderung ihrer funktionellen Ursachen im Körper. In zweiter Hinsicht sind die überschüssige Flüssigkeit bzw. überzähligen Elektrolyte durch eine verstärkte Diurese aus dem Organismus zu eliminieren.

Neben den Ödemen (isotone Hyperhydratation) kommt es bei Tieren seltener zur **hypotonen Hyperhydratation** („Wasserintoxikation"). Durch plötzliche Aufnahme großer Mengen an elektrolytarmem Wasser entsteht im Blut eine hypotone Volumenexpansion, die, beginnend ab einer Osmolalität von ~ 180 mOsmol/kg, zur Hämolyse führen kann. Zur Behandlung akuter Fälle ist die i.v. Zufuhr von hypertoner NaCl-Lösung (3–5 %ig) mit dem Ziel der Normalisierung des osmotischen Drucks im Plasma erforderlich (**Tab. 7.3**). Außerdem ist die Trinkwasserzufuhr für die Tiere auf den Bedarf zu korrigieren.

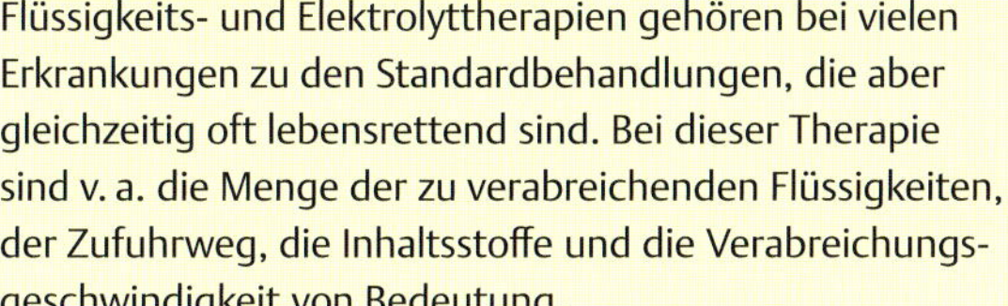

FAZIT FLÜSSIGKEITS- UND ELEKTROLYTTHERAPIE

Flüssigkeits- und Elektrolyttherapien gehören bei vielen Erkrankungen zu den Standardbehandlungen, die aber gleichzeitig oft lebensrettend sind. Bei dieser Therapie sind v. a. die Menge der zu verabreichenden Flüssigkeiten, der Zufuhrweg, die Inhaltsstoffe und die Verabreichungsgeschwindigkeit von Bedeutung.

7.3 Elektrolyttherapie bei Störungen der Isoionie

Die Elektrolyte des Körpers üben sehr unterschiedliche, lebenswichtige Funktionen aus. So sind Na^+ und K^+ entscheidend an der Regulation des extra- und intrazellulären Flüssigkeitsvolumens beteiligt (osmotisches Wasserbindungsvermögen). Darüber hinaus nehmen die stark basischen Kationen (Na^+, K^+ u. a.) sowie die stark sauren Anionen (Cl^-, Laktat u. a.) als SID-Wert Einfluss auf das Säure-Basen-Gleichgewicht (S. 218) im Körper. Außerdem ist der intra-/extrazelluläre Gradient für K^+-Ionen entscheidend für das Ruhemembranpotenzial, der Na^+-Gradient für das Aktionspotenzial erregbarer Zellen verantwortlich. Nicht zuletzt sind die Elektrolyte Ca^{2+}, Mg^{2+} und HPO_4^{2-}/$H_2PO_4^-$ für zahlreiche spezifische Körperfunktionen unerlässlich.

Als Regelgröße des Elektrolytstoffwechsels gilt allein die ionisierte Fraktion der verschiedenen Elektrolyte im Plasma, nicht ihre Gesamtkonzentration, wie $a = f \times c$ (a = Aktivität, f = Aktivitätskoeffizient, c = Konzentration). Die verschiedenen Plasmaelektrolyte weisen abhängig vom aktuellen pH einen unterschiedlichen Aktivitätskoeffizienten auf, der für einwertige Ionen im Allgemeinen sehr viel höher liegt, z. B. $f_{Na+} = 0{,}99$, fCa_{2+} oder $fMg_{2+} = {\sim}\,0{,}50$.

Ursachen von behandlungsbedürftigen Elektrolytimbalancen (S. 214) können bei Tieren sein:

1. eine negative oder positive Bilanzstörung
2. eine maladaptative Regulation
3. eine Volumenänderung des Elektrolytlösungsraumes

Für die Therapie von mittel- bis hochgradigen Störungen der Isoionie sind neben der Behandlung der Grunderkrankung die kurzfristige Elektrolytsubstitution oder die erzwungene gesteigerte Ionenexkretion über die Nieren oft lebensrettend; gering- bis mittelgradige Elektrolytstoffwechselstörungen werden meist durch diätetische Maßnahmen behandelt.

7.3.1 Natrium

Mit folgender Formel können näherungsweise Elektrolytdefizite bei dehydratisierten Tieren ermittelt werden (**Tab. 7.3**).

$$\text{Plasmakationen} = \frac{\text{austauschbares Natrium } (Na_e) + \text{austauschbares Kalium } (K_e)}{\text{Gesamtkörperwasser (GKW)}} \quad (7.6)$$

Hyponatriämie

DEFINITION Eine Hyponatriämie liegt vor, wenn die Plasma-$[Na^+] < 135$ mMol/l ist.

Bei der Behandlung der **Hyponatriämie** ist Klarheit darüber zu schaffen, ob der Patient dehydratisiert, hyperhydratisiert oder euhydratisiert ist. Eine Korrektur sollte mit der Rate von 1 mMol Na^+/kg/h bei akuter Hyponatriämie und von < 0,5 mMol Na^+/kg/h bei chronischer Hyponatriämie erfolgen.

Liegt eine Hyponatriämie **mit Dehydratation** vor, ist nach Kalkulation des Defizits (**Tab. 7.3**) Natrium mit isotoner NaCl-Lösung oder Ringerlösung zu substituieren.

Die Behandlung der Hyponatriämie **mit Hyperhydratation** ist von der Ursache der Wasserretention im Körper abhängig. Eine Verringerung der Na^+-Zufuhr mit der Nahrung ist für solche Fälle anzuraten, in denen eine exzessive Na^+-Retention im Organismus vorliegt, wie bei Leberinsuffizienz, nephrotischem Syndrom oder Herzinsuffizienz. Abweichend davon sind beim Syndrom der Vasopressin-Überproduktion im Organismus eine Hyperhydratation und gleichzeitig ausgeprägte renale Na^+-Verluste nachweisbar. Für solche Patienten ist die NaCl-Zugabe zur Nahrung plus Trinkwasserreduktion vorteilhaft.

Die Hyponatriämie **mit Euhydratation** sollte diätetisch korrigiert werden.

Insgesamt ist festzustellen, dass eine erfolgreiche Behandlung der Hyponatriämie bei Tieren die Beseitigung der Ursache(n) der Elektrolytstörung erforderlich macht. Bleibt die ätiologische Komponente unerkannt oder unberücksichtigt, gelingt die langfristige Korrektur der Plasma-Na^+-Konzentration beim Patienten meistens nicht.

Hypernatriämie

DEFINITION Bei einer Plasma-[Na^+] > 150 mMol/l ist eine Hypernatriämie gegeben.

Die Therapie der **Hypernatriämie** ist von der Ab- oder Anwesenheit einer Dehydratation abhängig. Eine Korrektur ist stets ausreichend langsam mit der Rate von < 0,5 mMol Na^+/kg/h vorzunehmen.

Bei **Salzintoxikation** (= geringe oder keine Dehydratation) sind die Korrektur der Ernährung (salzarm) sowie eine ausreichende Trinkwasserzufuhr (elektrolytarm) wichtig (**Tab. 7.3**). In hochgradigen Fällen und bei intakter Herz-Kreislauf- sowie Nierenfunktion kann parenteral elektrolytfreie hypotone Glukoselösung (< 5,4 %ig) zugeführt werden (nach kurzfristiger Metabolisierung der Glukose ist nur noch osmotisch freies Wasser im Organismus wirksam).

Liegt die Hypernatriämie gemeinsam **mit einer Dehydratation** vor, ist die einzuleitende Behandlung vom Schweregrad der Elektrolytstörung abhängig. In milden Fällen ist die hypernatriämische Dehydratation über eine Korrektur der Flüssigkeitszufuhr zu beseitigen. Zusätzlich ist die i. v. Gabe einer isotonen Glukoselösung (5,4 %ig) über eine Periode von 6–12 h als Dauertropfinfusion hilfreich. Bei mittelgradiger sowie schwerer Hypernatriämie mit Dehydratation, z. B. beim Hund mit Hyperadrenokortizismus und Vomitus, ist die lebensgefährliche Elektrolytstörung ausreichend langsam und zielstrebig zu korrigieren. Eine zu schnelle Normalisierung der stark erhöhten Plasma-Na^+-Werte kann zu einem „Rebound-Effekt" mit Gehirnödem und nachfolgendem Exitus letalis führen. Daher sollte zuerst der Flüssigkeitsvolumenmangel des Patienten durch i.v. Zufuhr einer Vollelektrolytlösung bis zur Normalisierung der Kapillarfüllungszeit (< 3 s) behandelt werden. Danach kann die Hypernatriämie mit Halbelektrolytlösungen oder elektrolytfreien Glukoselösungen weiter korrigiert werden. Falls die Therapie innerhalb von 6 h nicht zur Verminderung der erhöhten Plasma-[Na^+] führt oder bedrohliche neurologische Symptome die Lebensgefahr beim Patienten anzeigen, ist die hypernatriämische Dehydratation „aggressiv" zu behandeln. Hierzu sind Diuretika wie Furosemid (S. 239) plus hypotone Glukoselösung, z. B. 2,5 %ig, langsam i.v. zu verabreichen und der Plasma-Na^+- sowie der Plasma-K^+-Gehalt sorgfältig zu überwachen.

7.3.2 Kalium

Hypokaliämie

DEFINITION Bei einer Plasma-[K^+] < 3,5 mMol/l spricht man von Hypokaliämie.

Bei Vorliegen einer **Hypokaliämie** und Abwesenheit einer gleichzeitigen Alkalose signalisiert dieser Zustand für den Organismus eine negative K^+-Bilanz. Zur Verabreichung von Kalium an Tiere stehen Kaliumchlorid (KCl), Kaliumhydrogencarbonat ($KHCO_3$) und, seltener im Gebrauch, Kaliumphosphat (K_2HPO_4, KH_2PO_4) zur Verfügung. Besonders für Kleintiere, wie Hund, Katze, die außer einer Hypokaliämie zusätzlich Erbrechen aufweisen können, ist KCl vorteilhaft, weil neben der K^+-Zufuhr gleichzeitig der Chloridverlust derart erkrankter Tiere behandelt wird. Besteht nur eine geringe negative K^+-Bilanz, ist die orale bzw. bei vorhandenem Vomitus der Tiere die s. c. Gabe von KCl oder von mit K^+-Ionen angereicherten polyionischen Elektrolytlösungen (> 5 mMol Kalium/l) zu favorisieren. Falls die K^+-Ionen infolge ausgeprägter Hypokaliämie i.v. verabreicht werden müssen, ist ihre Zufuhrgeschwindigkeit mit maximal 0,5 mMol K^+/kg/h zu begrenzen. Bei Überdosierung (Plasma-[K^+] > 10 mMol/l) erhöht sich das Ruhemembranpotenzial der erregbaren Zellen (Depolarisation), und es entstehen lebensbedrohliche kardiale Nebenwirkungen, wie Bradykardie, Rhythmusstörungen, AV-Block, Kammerflimmern und Herzstillstand. Nach der Infusion von kaliumhaltigen Lösungen verringern sich anfänglich die Plasma-K^+-Werte als Folge des Verdünnungseffektes, einer erhöhten renalen Elimination sowie eines gesteigerten zellulären K^+-Einstroms. Besonders die Kombination von K^+-Ionen mit Glukose beschleunigt den insulinabhängigen K^+-Transport in die Zelle, sodass die mögliche Gefahr einer infusionsbedingten Hyperkaliämie vermindert wird. Der Behandlungserfolg von K^+-Gaben an Tiere lässt sich labordiagnostisch nur schwer nachweisen, weil die intrazelluläre K^+-Konzentration routinemäßig nicht erfasst wird. Es bleibt die indirekte Kalkulation des Elektrolytdefizits. Für Tiere fehlen exakte Angaben der K^+-Zufuhr während einer negativen Bilanz im Körper. Als Orientierungshilfe für die K^+-Substitution sind die in **Tab. 7.6** angegebenen Werte heranzuziehen.

Tab. 7.6 Angaben zur Kaliumsubstitution bei Tieren.

K^+-Defizit	Plasma-K^+-Konzentration (mMol/l)	erforderliche K^+-Substitution (mMol/kg/d)	K^+-Konzentration in Lösungen (mMol/l)
kein	5,5–3,5	0,5–1	5
gering	3,4–3,0	2–3	20
moderat	2,9–2,5	4–6	30
stark	< 2,5	7–9	40–50

Hyperkaliämie

DEFINITION Eine Hyperkaliämie ist bei Plasma-[K^+] > 5,5 mMol/l gegeben.

Die Therapie einer **Hyperkaliämie** gelingt durch i.v. Applikation von kaliumarmen isotonen Elektrolytlösungen. Durch eine solche Infusion wird die Diurese angeregt (K^+-Exkretion ↑) und der K^+-Einstrom in die Zellen gesteigert (extrazelluläres K^+ ↓). Bei extremer Hyperkaliämie (> 10 mMol/l) bewirkt die zusätzliche Verabreichung von Insulin und isotoner Glukoselösung (1 IE Insulin auf 100 ml einer 5,4 %igen Glukoselösung) eine nachhaltige Erhöhung des

K^+-Einstromes in die Zellen, da durch Insulin die Na^+/K^+-Pumpe (Na^+/K^+-ATPase) an der Zellmembran aktiviert wird; die gleichzeitige Zugabe von Glukose soll eine Insulin-induzierte Hypoglykämie verhindern. Die „kardiotoxische" Wirkung der Hyperkaliämie kann durch Zufuhr von Ca^{2+}-Ionen, wie z. B durch 0,5 ml/kg einer 10 %igen Kalziumgluconatlösung (S. 227), reduziert werden. Außer der symptomatischen Behandlung der Hyperkaliämie ist (sind) stets die Ursache(n) der Elektrolytstörung zu erfassen und, falls möglich, zu beseitigen. Der Therapieerfolg sollte durch mehrmalige Bestimmung der Plasma-K^+-Konzentration sowie gegebenenfalls durch EKG-Aufzeichnungen am Patienten überwacht werden.

Weil Natrium und Kalium im Körper sehr eng gegensinnig reguliert werden, kann der Na^+/K^+-Quotient im Plasma (physiologisch: > 27) diagnostisch zur Bestimmung von Elektrolytstörungen und außerdem zur Therapieüberwachung vorangehender Imbalancen vorteilhaft herangezogen werden.

7.3.3 Kalzium

Hypokalzämie

DEFINITION Von einer Hypokalzämie spricht man, wenn die Gesamtfraktion der Plasma-[Ca^{2+}] < 2,0 mMol/l oder deren ionisierte Fraktion < 1,1 mMol/l ist.

Die **Hypokalzämie** als bedeutsame Störung der Ca^{2+}-Homöodynamik kommt bei Tieren relativ häufig vor. Die akute Senkung der Plasmakalziumwerte geht bei monogastrischen Tieren mit einer Übererregbarkeit des Nervensystems (Tetanie) einher. Die Ursache dafür ist die Verschiebung der Membranschwelle in negativere Werte, sodass jede kleine Depolarisation ein Aktionspotenzial auslöst (= Übererregbarkeit; membranstabilisierender Effekt von Ca^{2+}). Typische elektrokardiografische Befunde sind: tiefe und breite T-Welle, verlängertes QT-Intervall und Bradykardie. Eine Hypokalzämie beim Wiederkäuer führt oft zu Paresen (z. B. Gebärparese), da die Ca^{2+}-abhängige Neurotransmitterfreisetzung reduziert ist.

Die Behandlung der Hypokalzämie erfolgt mit i.v. Zufuhr von kalziumhaltigen Lösungen, wie Kalziumgluconat ($C_{12}H_{22}CaO_{14} \times H_2O$)- bzw. Kalziumborogluconat- sowie selten Kalziumchlorid-($CaCl_2$)-Zubereitungen. Als Vorteil der Kalziumgluconatlösung gilt ihre gute Gewebeverträglichkeit, sodass diese Infusionslösung auch s. c. gegeben werden kann. Außerdem soll nach Substitution von Kalziumgluconat bei hypokalzämischen Rindern der gestörte Kalziumstoffwechsel effektiver behoben werden als z. B. nach Gabe von $CaCl_2$-Lösungen. Der Zusatz von Borsäure (BH_3O_3) verbessert die Löslichkeit des Kalziumgluconats, sodass auch > 10 %ige Lösungen, z. B. 24 %ig, ohne Ausfällung zum Einsatz kommen können.

Die wirksame Therapie einer akuten Hypokalzämie erfordert die Kalziumverabreichung in folgender Dosierung:

- Kleintiere 5–15 mg (0,12–0,37 mMol) Ca^{2+}/kg KM
- Großtiere 20–25 mg (0,50–0,62 mMol) Ca^{2+}/kg KM

Bei Verwendung z. B. einer 10 %igen Kalziumgluconatlösung bedeutet die angegebene Dosis für Kleintiere eine Menge von 0,5–1,5 ml/kg (gewöhnlich zwischen 5 und 10 ml für die meisten Kleintiere). Für Großtiere bedeutet die angegebene Ca^{2+}-Dosierung beim Einsatz z. B. der 24 % igen Kalziumgluconatlösung entsprechend 1,1–1,3 ml/kg, für ein adultes Rind (450 kg KM) also etwa 550 ml Infusionslösung. Wird für die Kalziumsubstitution bei Tieren eine $CaCl_2$-Lösung verwendet, ist auf strenge i.v. Injektion zu achten. Bei paravenöser Injektion ist mit Gewebenekrosen zu rechnen. $CaCl_2$ ist in den Lösungen infolge eines beachtlichen Nebenwirkungsrisikos meistens < 10 %ig enthalten und mit $MgCl_2$ (~ 3 %ig) sowie Glukose (5 %ig) kombiniert. Derartige Infusionslösungen sind stark hyperton und wirken im Körper erheblich azidotisch (Cl^--Ionen!). Im Unterschied zu den organischen Kalziumverbindungen führen die anorganischen Kalziumzubereitungen bei Rindern nicht zur Normalisierung der bei Hypokalzämie häufig bestehenden Hypophosphatämie.

CAVE

Für die Funktion der quer gestreiften Muskelzellen einschließlich des Herzens ist die Beibehaltung eines physiologischen extra-/intrazellulären Kalziumgradienten (normalerweise ca. 2500:1) von grundlegender Bedeutung.

Im Überschuss verabreichte Ca^{2+}-Ionen entfalten eine schädliche Wirkung. Daher sind die kalziumhaltigen Lösungen in der oben angegebenen Dosierung ausreichend langsam innerhalb von 10–20 min zu infundieren. Als allgemeine Empfehlung, z. B. für Rinder mit 450 kg KM, gilt die Zufuhrgeschwindigkeit von 1 g Kalzium je Minute. Während der Infusion ist die Herzfunktion zu überwachen und beim Auftreten von Dysrhythmien oder Bradykardie die Zufuhr ggf. zu stoppen. Nach Normalisierung der Herzfrequenz kann die Infusion mit geringerer Infusionsgeschwindigkeit fortgesetzt werden. Die nachteiligen Effekte der erhöhten Plasma-Ca^{2+}-Werte können wirkungsvoll durch i.v. Gaben von Mg^{2+}-Ionen, z. B. 10 %ige $MgSO_4$-Lösung, 100–400 ml für ein erwachsenes Rind, sowie Atropin vermindert werden (Normalisierung des extra-/intrazellulären Kalziumgradienten).

Eine einmalige Ca^{2+}-Substitution bei Patienten mit akuter Hypokalzämie ist meistens nicht ausreichend. Die Ca^{2+}-Ionen verteilen sich nach der Infusion vorwiegend im extrazellulären Kompartiment (adult: ~ 25 % der KM). Die oben für das Kalzium angegebene Dosierung würde etwa ein Zehntel des extrazellulären Gesamtkalziumbestandes der Tiere substituieren. Falls innerhalb von 6 h nach der Kalziuminfusion keine Besserung des Erkrankungszustandes (klinische Symptome, ionisiertes Plasma-[Ca^{2+}] ↑) nachweisbar wird, ist eine Nachbehandlung anzuraten. Bei Verwendung von Kalziumgluconatlösungen ist dabei verstärkt die s. c. Injektion zu nutzen.

Zahlreiche kommerzielle kalziumhaltige Lösungen enthalten außer den Ca^{2+}-Ionen zusätzlich Mg^{2+}- und/oder Phosphationen. Zur Behandlung der einfachen Hypokalzämie sind weder Mg^{2+}- noch Phosphationen erforderlich. In nicht wenigen Fällen ist der hypokalzämische Zustand bei

Tieren sogar mit einer Hypermagnesiämie verbunden. Andererseits ist während einer Hypokalzämie häufig auch eine Hypophosphatämie (S. 228) zu beobachten. In solchen Fällen wäre die Zufuhr von Phosphationen scheinbar angebracht. Jedoch ist bei Tieren nach erforderlicher Korrektur des gestörten Kalziumstoffwechsels häufig sekundär eine Normalisierung des Plasma-Phosphatgehaltes ohne zusätzliche Phosphatsubstitution festzustellen. Demnach ist ein nachhaltiger therapeutischer Effekt der Mg^{2+}- und Phosphationen bei der Behandlung einer Hypokalzämie von Tieren kaum zu erwarten. Andererseits sind nach Verwendung dieser Elektrolyte bei hypokalzämischen Tieren bisher keine nachteiligen Wirkungen beschrieben worden. Das gleichzeitige Vorhandensein von Mg^{2+}-Ionen reduziert die möglichen myokardialen Irritationen nach Zufuhr von Ca^{2+}-Ionen an die Tiere, weil der membranale Auswärtstransport von Kalzium an der Myokardzelle teilweise magnesiumabhängig (S. 229) verläuft.

Hyperkalzämie

DEFINITION Persistiert im Plasma von Tieren ein Ca^{2+}-Gesamtgehalt von > 3,0 mMol/l oder > 1,7 mMol/l der ionisierten Fraktion, liegt eine Hyperkalzämie vor.

Für die Behandlung der Hyperkalzämie sind die parenterale Flüssigkeitstherapie, Diuretika (Furosemid), $NaHCO_3$, Glucocorticosteroide oder eine Kombination der verschiedenen Möglichkeiten empfehlenswert (**Tab. 7.7**). Das Ziel der parenteralen Flüssigkeitstherapie ist eine extrazelluläre Volumenexpansion mit nachfolgendem Absinken des ionisierten Plasma-Ca^{2+}-Gehaltes und Anregung der Diurese (renale Ca^{2+}-Exkretion ↑). Die Verabreichung von geeigneten Diuretika, d. h. Schleifendiuretika (S. 239), an hyperkalzämische Patienten soll die renale Ca^{2+}-Ausscheidung „erzwingen". Da bei dieser Behandlung ebenso die Wasserausscheidung über die Nieren ansteigt, ist auf eine ausreichende Rehydratation des Patienten zu achten. Die Zufuhr von $NaHCO_3$-Lösungen (8,4 %ig = 1-molar oder 4,2 %ig = 0,5-molar) ist für solche Patienten vorteilhaft, die außer Hyperkalzämie noch eine metabolische Azidose aufweisen. Durch Korrektur des gestörten Säure-Basen-Gleichgewichts wird ein Teil des ionisierten Plasma-Ca^{2+} in die proteingebundene Ca^{2+}-Fraktion überführt, und nachfolgend reduzieren sich die hyperkalzämischen Effekte im Körper. Letztere sind allein vom Gehalt des ionisierten Ca^{2+} im Plasma abhängig. Die Verwendung von Glucocorticosteroiden ist für Kleintierpatienten anzuraten, deren Hyperkalzämie mit tumorösen Erkrankungen einhergeht. Durch diese Pharmaka werden u. a. eine verminderte Ca^{2+}-Rückresorption aus den Knochen, eine reduzierte enterale Ca^{2+}-Resorption sowie eine erhöhte renale Ca^{2+}-Exkretion erzielt.

7.3.4 Phosphat

Hypophosphatämie

DEFINITION Sinken die Plasma-Phosphatwerte auf < 0,8 mMol/l (Kleintiere) oder < 1,0 mMol/l (Großtiere), liegt eine beginnende Hypophosphatämie vor.

Bei der Behandlung der **Hypophosphatämie** stehen im Vordergrund:

1. Verminderung bzw. Abstellen von Ursachen, die zur klinischen Hypophosphatämie führen
2. orale Gabe von Phosphat
3. parenterale Verabreichung von Phosphatlösungen

Welche der Behandlungsarten für einen konkreten Erkrankungsfall empfehlenswert ist, hängt von der Intensität der Hypophosphatämie sowie vor allem von den klinischen Symptomen der Phosphordepletion des Patienten ab.

Die i.v. Phosphatinjektion ist mit Risiken behaftet, weil sich nachfolgend u. a. eine Hypokalzämie mit Tetanie, Hyperphosphatämie und sogar Mineralisierung des weichen Bindegewebes entwickeln können. Eine verlässliche Dosierung der Phosphatgabe an Tiere kann nicht angegeben werden, weil der hauptsächlich intrazelluläre Wirkungsort der Phosphationen einer direkten Bestimmung nicht zugänglich ist. Als Orientierungshilfe für die Phosphatdosierung sollte vom extrazellulären Gesamtbestand des Anions ausgegangen werden:

Tab. 7.7 Behandlungsmöglichkeiten bei Hyperkalzämie.

Therapie	Dosierung	Indikation	Bemerkungen
Volumenexpansion durch Flüssigkeitszufuhr (0,9 %ige NaCl)	70–120 ml/kg/d	s. c. bei geringer Hyperkalzämie, i. v. bei moderater bis starker Hyperkalzämie	Kontraindikation: periphere Ödeme, Herz- oder Kreislaufinsuffizienz
Diuretikum, z. B. Furosemid	2–4 mg/kg*	moderate bis starke Hyperkalzämie	ausreichende Flüssigkeitszufuhr erforderlich
alkalisierende Pharmaka wie $NaHCO_3$	$NaHCO_3$ (8,4 %ig) ml = BE × 0,3–0,5 × kg/d	starke Hyperkalzämie	Bestimmung des Säure-Basen-Haushalts erforderlich
Glucocorticosteroide, z. B		moderate bis starke Hyperkalzämie, z. B. bei tumorbedingten Hyperkalzämien	sofortige Anwendung erschwert die Differenzialdiagnose der Hyperkalzämie
• Prednisolon	1–2,2 mg/kg		
• Dexamethason	0,1–0,22 mg/kg		

* verteilt auf mehrere Gaben
BE = base excess

$$\left[\text{Phosphat}_{\text{anorg.}}\right] \text{ im EZR in mMol} = \text{KM (kg)} \times 0,20 \times \text{physiologisches Plasma-}\left[\text{Phosphat}_{\text{anorg.}}\right] \quad (7.7)$$

Etwa ein Zehntel bis ein Fünftel des errechneten Betrags sollten je parenteraler Phosphatbehandlung an Tiere mit akuter Hypophosphatämie verabreicht werden. Die Wirksamkeit der Phosphatzufuhr ist durch wiederholte Bestimmung des Plasma-[$\text{Phosphat}_{\text{anorg.}}$] zu kontrollieren.

Die orale Phosphatverabreichung an Tiere ist relativ sicher, wobei für eine optimale enterale Resorption der Mineralstoffe das Verhältnis Kalzium:Phosphor = 2:1 betragen sollte. Bezüglich der täglich zu verabreichenden Menge ist vom entsprechenden Phosphorbedarf der Tiere auszugehen.

Hyperphosphatämie

DEFINITION Ein Anstieg der Plasma-Phosphatkonzentration über den Referenzwert hinaus (beachte: Jungtiere besitzen mit 2,3–2,9 mMol/l höhere physiologische Phosphatwerte als Adulte mit 0,8–2,0 mMol/l) wird als Hyperphosphatämie bezeichnet.

Eine **Hyperphosphatämie** führt in der Regel zur Verminderung des Plasma-Ca^{2+}-Gehaltes, weil im Körper das Kalzium-Phosphat-Löslichkeitsprodukt, [Ca^{2+}] × [Phosphat], annähernd konstant gehalten wird.

Für die Therapie der Hyperphosphatämie stehen folgende Möglichkeiten zur Verfügung:

- verminderte Phosphataufnahme
- Korrektur der hyperphosphatämischen Ursachen
- extrazelluläre Volumenexpansion, z. B. mit 0,9 %iger NaCl-Lösung oder elektrolytfreier isotoner Glukoselösung oder/und
- Verabreichung von phosphatbindenden Substanzen

Zur Behandlung der oft ausgeprägten Hyperphosphatämie von urämischen Tieren werden der Nahrung u. a. „Phosphatbinder" zugesetzt, beispielsweise Aluminiumhydroxid oder -carbonat, Kalziumacetat, -carbonat oder -citrat. Als übliche Dosierung der Phosphatbinder sind 90–100 mg/kg/Tag, aufgeteilt auf täglich 2–3 Fütterungen, zu wählen. Wird das bei Kleintieren vorteilhaft phosphatbindende Kalziumacetat verwendet, genügt bei gleichem Effekt die Dosierung von 50–60 mg/kg/Tag. Die stärkste Bindung des Nahrungsphosphats wird dann erzielt, wenn eine der angeführten Substanzen gleichzeitig mit der Futterdiät verabfolgt wird. Die Wirksamkeit der Behandlungsmaßnahmen gegen die Hyperphosphatämie ist mit wiederholter Bestimmung der Plasma-[$\text{Phosphat}_{\text{anorg.}}$] und, viel besser, der renalen fraktionellen Phosphatausscheidung (FE) zu kontrollieren. Hierbei gilt:

$$\text{FE}_{\text{Phosphat}}(\%) = \frac{\text{Plasma}_{\text{Phosphat}}}{\text{Urin}_{\text{Phosphat}}} \times \frac{\text{Urin}_{\text{Creatinin}}}{\text{Plasma}_{\text{Creatinin}}} \times 100 \quad (7.8)$$

7.3.5 Magnesium

Hypomagnesiämie

DEFINITION Beträgt die Plasma-[Mg^{2+}] < 0,6 mMol/l, spricht man von Hypomagnesiämie.

Die Behandlung der akuten, nicht selten lebensgefährlichen **Hypomagnesiämie** bei Wiederkäuern (z. B. bei Weidetetanie) erfordert die i.v. Zufuhr von Mg^{2+}-Ionen. Befinden sich die Tiere bereits im Koma und zeigen ausgeprägte Konvulsionen, ist zusätzlich eine Sedation vorteilhaft. Die Konvulsionen entstehen aufgrund der fehlenden modulierenden Wirkung von Mg^{2+} auf den Ca^{2+}-Einstrom an Synapsen, und damit aufgrund einer übermäßigen Freisetzung von Neurotransmittern. Als wirksame Dosis gegen die Hypomagnesiämie des Rindes wird die i.v. Gabe von 4–6 mg (0,16–0,25 mMol) Mg^{2+} je kg KM und Tag empfohlen. Zur Verfügung stehen Infusionslösungen, die Magnesiumsalze wie Magnesiumchlorid, Magnesiumsulfat oder Magnesiumglukonat enthalten.

Die Zufuhrgeschwindigkeit der magnesiumhaltigen Lösung muss ausreichend langsam erfolgen, weil die Mg^{2+}-Ionen im Überschuss toxisch wirken. Der als Dosis empfohlene Mg^{2+}-Betrag sollte daher innerhalb von etwa 15–20 min infundiert werden. Die gleichzeitige parenterale Verabreichung von Mg^{2+}- und Ca^{2+}-Ionen (S. 227) in Lösungen ist vorteilhaft, weil sich beide Kationen bezüglich ihrer unerwünschten kardialen und neuromuskulären Effekte neutralisieren und daher das Nebenwirkungsrisiko solcher Infusionen herabgesetzt wird. Dagegen dürfen kaliumhaltige Infusionslösungen zur Therapie einer akuten Hypomagnesiämie möglichst keine Anwendung finden, weil Kalium im Körper die hypomagnesiämischen Effekte verstärkt. Der klinisch feststellbare Behandlungserfolg sollte sich innerhalb von 3–6 h nach Mg^{2+}-Zufuhr einstellen. Allerdings ist zu beachten, dass trotz Auffüllung des extrazellulären Mg^{2+}-Bestandes beim Patienten das Kation relativ langsam die Blut-Hirn-Schranke überwindet. Dieser Umstand kann beim hypomagnesiämischen Patienten trotz exogener Mg^{2+}-Zufuhr ein längeres Fortdauern des Mg^{2+}-Defizits im Liquor cerebrospinalis bewirken, wodurch die zerebralen Störungen (Konvulsionen) anhalten und sogar der Tod des Tieres bei annähernder Normomagnesiämie möglich ist. In Erkrankungsfällen mit erforderlicher Nachbehandlung von Mg^{2+}-Ionen ist auch die s. c. Applikation verstärkt zu nutzen, z. B. für ein Rind 300–350 ml einer 15 %igen $MgSO_4$-Lösung, verteilt auf mehrere Depots am Körper. Gelingt bei stark tetanischen Rindern oder Schafen infolge heftiger, unkoordinierter Bewegungen der Tiere keine i.v. Infusion, ist die Verabfolgung eines magnesiumhaltigen Klistiers eine alternative Therapie: 60 g $MgCl_2 \times 6\ H_2O$ in 250–500 ml körperwarmem Wasser. Die auf diese Weise verabreichten Mg^{2+}-Ionen werden relativ rasch absorbiert.

Hypermagnesämie

DEFINITION Von einer Hypermagnesämie spricht man bei Plasma-[Mg^{2+}] > 1,2 mMol/l.

Eine **Hypermagnesiämie** tritt bei Tieren seltener auf. Zur Therapie ist die i.v. Verabreichung von Ca^{2+}-Ionen, z. B. Kalziumgluconatlösung, zu empfehlen, weil die Ca^{2+}-Ionen als direkte Antagonisten der Mg^{2+}-Ionen gelten.

FAZIT ELEKTROLYTTHERAPIE BEI STÖRUNGEN DER ISOIONIE

Störungen der Isoionie führen zu typischen, z. T. lebensbedrohlichen Krankheitszuständen, die sich aus der physiologischen Wirkung der jeweiligen Elektrolyte erklären lassen. Eine Korrektur dieser Störungen kann im Akutfall lebensrettend sein. Wichtig ist bei der Korrektur vieler dieser Störungen, dass diese relativ langsam erfolgen muss, um evtl. toxische Nebenwirkungen zu vermeiden.

7.4 Therapie von Störungen des Säure-Basen-Haushalts

DEFINITION Bei Verschiebungen des Blut-pH-Werts unter 7,35 besteht eine Azidose, über 7,45 eine Alkalose. Lebensbedrohliche Zustände werden bei pH-Werten < 7,0 oder > 7,8 erreicht.

Der pH-Wert in den Körperflüssigkeiten wird in sehr engen Grenzen konstant gehalten (Isohydrie). Störungen des Säure-Basen-Haushalts werden bei Tieren häufig als Folge pathologischer Zustände beobachtet und erfordern neben ihrer Korrektur immer auch eine kausale Behandlung.

Die Aufrechterhaltung der pH-Konstanz erfolgt durch ein Zusammenspiel renaler und respiratorischer Regulationsmechanismen mit verschiedenen Puffersystemen in den Körperflüssigkeiten und durch Austausch von Kationen gegen Wasserstoffionen zwischen dem Intra- und Extrazellularraum (**Tab. 7.1**). Ein diagnostisch wichtiger Puffer ist das Bicarbonat-Kohlensäure-System (7.1).

Die Therapie richtet sich nach der Art der vorliegenden Störung des Säure-Basen-Haushalts, die entweder metabolischer oder respiratorischer Ursache sein kann. Während bei den respiratorischen Imbalancen Veränderungen des pCO_2 im Mittelpunkt stehen, sind bei den metabolischen Formen von Azidose und Alkalose Verschiebungen des Bicarbonatspiegels auslösend, gekennzeichnet durch einen negativen BE (Bicarbonatdefizit) bei azidotischen und einen positiven BE (Bicarbonatüberschuss) bei alkalotischen Stoffwechsellagen (**Tab. 7.8**).

Bei Störungen des Säure-Basen-Haushalts kommt es zu charakteristischen Veränderungen des Serumkaliums und -kalziums, die auch bei der Korrektur solcher Störungen zu beachten sind. So versucht der Körper, pH-Veränderungen im Extrazellularraum durch Gegentransport von Wasserstoffionen über die Zellmembran im Austausch mit anderen Kationen, besonders mit Kalium, zu kompensieren. Dadurch entsteht bei einer Azidose eine Hyperkaliämie durch intrazelluläre Aufnahme von Wasserstoffionen im Tausch gegen intrazelluläres Kalium sowie durch vermehrte renale Rückresorption von Kalium. Bei einer Alkalose kommt es durch umgekehrte Ionenflüsse zu einer Hypokaliämie (**Abb. 7.4**). Mit sinkendem pH-Wert nimmt außerdem der Anteil an ionisiertem und damit biologisch aktivem Kalzium zu.

Tab. 7.8 Plasmawerte bei Störungen des Säure-Basen-Haushalts.

Störung	pH	pCO_2	HCO_3^-	Cl^-
respiratorische Azidose	↓	⇧	↑	(↓)
respiratorische Alkalose	↑	⇩	↓	0
metabolische Azidose	↓	↓	⇩	(↑)
metabolische Alkalose	↑	↑	⇧	↓

⇧ ⇩ initiale Veränderungen
↑ ↓ sekundäre Veränderungen

7.4.1 Respiratorische Säure-Basen-Störungen

Respiratorische Formen der Azidose oder Alkalose, bei denen initial Veränderungen des pCO_2 durch Störungen der Atmung dominieren, können zumeist durch respiratorische Maßnahmen reguliert werden.

Bei **respiratorischer Azidose** kommt es infolge insuffizienter Atmung, z. B. bei medikamentös bedingter zentraler Atemdepression (durch Opioide, Barbiturate, Narkotika) oder durch pathologische Veränderungen in Alveolen und Atemwegen, zu einem Anstieg des pCO_2. Therapeutische Maßnahmen sind die Verabreichung von reinem Sauerstoff oder bei Opioid-Atemdepression von Carbogen (95 % O_2 + 5 % CO_2). Unter reinem Sauerstoff kann es allerdings durch fehlende Atemstimulation bei zu starkem Abfall des pCO_2 zu einer Apnoe kommen, sodass eine mechanisch assistierte Beatmung erforderlich wird. Medikamentös bedingte Atemdepressionen können, soweit verfügbar, mit spezifischen Antagonisten behandelt werden, z. B. mit Naloxon bei Opioid-bedingter Atemdepression oder mit Yohimbin oder Atipamezol nach Überdosierung von α_2-Sympathomimetika wie Xylazin oder Medetomidin. Von begrenztem Wert ist Doxapram, das z. B. bei der Asphyxie der Neugeborenen eingesetzt wird. Seine Wirkung ist nicht ausreichend bei Narkotika-bedingter Ateminsuffizienz. In schweren Fällen einer respiratorischen Azidose kann die Gabe von Basen als Protonenakzeptoren angezeigt sein. Hierbei ist Tris-Puffer (S. 231) der Vorzug vor Natriumbicarbonat (S. 231) zu geben, da dieser den pCO_2 des Blutes ohne Beanspruchung der Lungenfunktion senkt.

Respiratorische Alkalosen entstehen durch zu starke CO_2-Abatmung infolge Hyperventilation, z. B. bei Übererregung, hohem Fieber, Lungenembolien, Tetanien, Salicylatvergiftung. Die Therapie besteht in einer Rückatmung der CO_2-haltigen Exspirationsluft und eventueller Sedation.

7.4.2 Metabolische Azidose

Bei dieser am häufigsten vorkommenden Störung des Säure-Basen-Haushalts ist die initiale Veränderung ein Bicarbonatdefizit (negativer BE) infolge direkten Bicarbonatverlusts (z. B. bei sekretorischer Diarrhö) oder bei übermäßiger Säurebelastung (z. B. bei Keto- oder Laktatazidose, Niereninsuffizienz, Methanol-, Phenol- oder Salicylatvergiftung). Derartige Störungen sind die Indikationsgebiete für die Zufuhr von Lösungen, die Basen als Protonenakzeptoren enthalten. Am besten geeignet sind die konjugierten Basen schwacher Säuren, deren pK_a-Wert nahe dem Blut-pH-Wert liegt und die deshalb nach der Gleichung von Henderson und Hasselbalch (7.2) in diesem pH-Bereich die größte Kapazität zur Abpufferung überschüssiger Wasserstoffionen besitzen:

$$pH = pK_a + \log\frac{[Base]}{[Säure]} \quad (7.9)$$

Verwendung findet hierzu in erster Linie Natriumbicarbonat, ferner labile Anionen (wie Laktat oder Acetat) und als weitere Base Trometamol (Tris-Puffer).

Die Dosis zur Korrektur des Bicarbonatdefizits errechnet sich nach folgender Formel:

$$-BE \times 0,3 \times kg = mMol/Tier \quad (7.10)$$

> **ZUM WEITERLESEN** Die teilweise noch verwendeten Angaben in mval oder mEq entsprechen im Falle des einwertigen Bicarbonats zahlenmäßig der heute allein gebräuchlichen Angabe in mMol.

Zur Vermeidung einer Überpufferung werden von dieser Dosis 50 % sofort und der Rest fraktioniert nach Bedarf verabreicht. Folgen einer Überpufferung können Alkalose, Hypokaliämie durch zu schnelle Verschiebung des Kaliums in den Intrazellularraum, Hypokalzämie durch Abfall des aktiven ionisierten Kalziums und Gewebehypoxie durch erschwerte Abdissoziation des Sauerstoffs vom Hämoglobin sein.

Eine direkte Zufuhr von Protonenakzeptoren ist allerdings nur bei ausgeprägter metabolischer Azidose erforderlich. Bei milderen Formen genügt im Allgemeinen eine Infusionstherapie mit kaliumarmen Voll- oder Halbelektrolytlösungen, z. B. Ringer- oder Ringer-Laktat-Lösung. Dadurch kommt es zu einer Verbesserung der Gewebs- und Nierenperfusion und damit zur Beseitigung der Azidose durch Laktatabtransport und renale Kompensationsmechanismen.

Natriumbicarbonat

Bicarbonat (Hydrogencarbonat) ist die erste Dissoziationsstufe der Kohlensäure mit einem pK_a von 6,4. Mit diesem „Routinepuffer" kann das zentrale Elektrolytdefizit bei metabolischer Azidose ersetzt werden, wobei allerdings in der Regel nicht die Ursache der Azidose beseitigt wird. Bei der Abpufferung entsteht nach der Formel in (7.1) Kohlensäure, die zu CO_2 und H_2O zerfällt. Die Wasserstoffionen bleiben an Wasser gebunden, während die CO_2-Spannung im Blut ansteigt. Das überschüssige CO_2 muss abgeatmet werden, sodass der Einsatz von Bicarbonat das Vorhandensein einer ausreichenden Atemfunktion voraussetzt.

Natriumbicarbonat steht als Lösungen in Konzentrationen von 1,4 % (isoton; 6 ml = 1 mMol), 4,2 % und 8,4 % (stark hyperton; 1 ml = 1 mMol) zur Verfügung. Intravenös verabreichte Bicarbonationen verteilen sich schnell und gleichmäßig im Extrazellularraum, können jedoch Zellmembranen und die Blut-Hirn-Schranke nur langsam überwinden. Die Infusionsrate sollte deshalb 1,5 mMol/kg/h nicht überschreiten. Bei zu schneller Infusion kann ein erhebliches Missverhältnis der pH-Werte im Blut einerseits und in den Zellen und im Liquor cerebrospinalis andererseits entstehen. Als Folge kann es durch weiterbestehende Hyperventilation zu einer Hypokapnie und erhöhter Gefährdung des Übergangs in eine Alkalose kommen. Weitere Folgen können ein Blutdruckabfall und besonders bei Katzen ZNS-Störungen sein.

Überschüssige Bicarbonationen werden renal ausgeschieden, wodurch es zu einem auch therapeutisch ausnutzbaren Anstieg des pH-Wertes im Harn und dadurch zu einer beschleunigten Ausscheidung von sauren Arznei- und Giftstoffen kommen kann, während die renale Elimination von basischen Substanzen durch vermehrte Rückresorption möglicherweise verzögert ist.

Bei Zumischung von Bicarbonat zu kalzium- und magnesiumhaltigen Lösungen können Ausfällungen auftreten.

Natriumlaktat, -acetat und -malat

Eine indirekte Form der Bicarbonatzufuhr kann durch die Verabreichung labiler Anionen wie Laktat, Acetat und des seltener gebräuchlichen Malats erfolgen. Diese organischen Säuren werden im Intermediärstoffwechsel unter Verbrauch von Protonen über den Zitronensäurezyklus unter Bildung von CO_2 und H_2O umgesetzt, woraus Kohlensäure entsteht, die zu Bicarbonat dissoziieren kann. Aus diesen labilen Anionen wird Bicarbonat in äquimolaren Mengen gebildet. Die Wirkung erfolgt protrahiert mit dem Vorteil einer „weichen" Abpufferung vor allem bei intrazellulärer und zerebrospinaler Azidose und einer dadurch geringeren Gefahr einer Überpufferung. Voraussetzung ist eine ausreichende Kapazität des Intermediärstoffwechsels. Laktatgabe setzt ferner eine ausreichende Leberfunktion voraus, während Acetat auch in anderen Geweben verstoffwechselt werden kann. Eine Hypoglykämie kann die Bicarbonatbildung reduzieren. Laktat ist weiterhin bei allen Zuständen ungeeignet, die zu Laktatstau und Laktatazidose führen können (z. B. Hypoxie, Schock).

Trometamol

Ein weiteres therapeutisches Prinzip zur Behandlung von Azidosen stellt Trometamol („Tris-Puffer", [Tris-hydroxymethyl]-aminomethan) dar. Diese Amin-haltige Base mit einem pK_a von 7,82 neutralisiert direkt Kohlensäure unter Bildung von Bicarbonat, wodurch der pCO_2 ohne Beanspruchung der Lungenfunktion absinkt.

$$\begin{aligned} CO_2 + H_2O &\leftrightarrow H_2CO_3 + (CH_2OH)_3\text{-C-NH}_2 \\ &\leftrightarrow (CH_2OH)_3\text{-C-NH}_3^+ + HCO_3^- \end{aligned} \quad (7.11)$$

Dieser Puffer ist somit auch begrenzt bei akuter respiratorischer Azidose anwendbar. Trometamol ist ferner indiziert, wenn eine zusätzliche Natriumbelastung nicht erwünscht ist. Tris-Puffer entfaltet wegen seiner schnellen Verteilung auch im Intrazellularraum eine Pufferwirkung. Die Ausscheidung des überwiegenden Teils einer Dosis erfolgt schnell renal in ionisierter Form durch glomeruläre Filtration ohne tubuläre Rückresorption, sodass eine therapeutisch durchaus erwünschte osmotische Diurese auftritt. Ein Teil der Dosis wird jedoch nur sehr langsam ausgeschieden mit der Gefahr der Kumulation. Von der isotonen 3,6 %igen Lösung sollen maximal 1 mMol/kg/h und höchstens 5 mMol/kg/Tag zugeführt werden.

Bei zu schneller Infusion kann es durch rasches Absinken des pCO_2 insbesondere bei respiratorischer Azidose zu einer Atemdepression kommen. Deshalb sollte bei dieser Indikation immer eine Beatmungsmöglichkeit zur Verfügung stehen.

7.4.3 Metabolische Alkalose

Metabolische Alkalosen sind in der Regel durch Kalium- und Chloridmangel z. B. bei anhaltendem Erbrechen, durch Diuretika oder durch Hunger bei Herbivoren verursacht. Durch Austausch von intrazellulärem Kalium gegen extrazelluläre Wasserstoffionen verstärkt sich die Alkalose unter Ausbildung einer intrazellulären Azidose (**Abb. 7.4**). Die Behebung von Alkalosen gelingt demzufolge im Allgemeinen durch Beseitigung der bestehenden ursächlichen Elektrolytdefizite und Umkehrung der Ionenflüsse durch Zufuhr von Kaliumchloridlösung (S. 226), bei hypochlorämischem Erbrechen zusammen mit isotoner Kochsalzlösung (S. 225). Durch diese Therapiemaßnahmen kommt es vielfach auch bei Alkalosen anderer Ursache zu einer Erniedrigung des pH-Wertes. Der Einsatz von Protonendonatoren in Form verschiedener Säureäquivalente ist deshalb nur bei schweren metabolischen Alkalosen, und wenn keine Hypokaliämie vorliegt, erforderlich. Als Donatoren von Chlorid und Wasserstoffionen können Salzsäure (isotone 0,58 %ige Lösung in 5 %iger Glukoselösung), Ammoniumchlorid oder das Hydrochlorid der Aminosäuren L-Arginin und L-Lysin angewendet werden. Die Dosierung richtet sich nach dem Basenüberschuss oder Chloriddefizit entsprechend der Formel:

$$+\text{BE} \times 0{,}3 \times \text{kg} = \text{mMol/Tier} \tag{7.12}$$

50 % des Defizits werden sofort, der Rest nach Bedarf ausgeglichen.

Ammoniumchlorid ist das Mittel der ersten Wahl. Beim Zerfall werden Chlorid- und Wasserstoffionen freigesetzt, die Bicarbonat unter Bildung von Kohlensäure binden, die als CO_2 abgeatmet wird.

$$\begin{aligned} NH_4Cl &\rightarrow NH_3 + Cl^- + H^+ + HCO_3^- + Na^+ \\ &\rightarrow NaCl + H_2CO_3 \rightarrow CO_2 + H_2O \end{aligned} \tag{7.13}$$

Das entstehende Ammoniak wird in der Leber zu Harnstoff verstoffwechselt. Der Einsatz von Ammoniumchlorid setzt deshalb eine ausreichende Leber- und Nierenfunktion zur Vermeidung einer Hyperammonämie und Azotämie voraus. Die Zufuhr von NH_4Cl als 1,9 %ige isotone Lösung soll 0,25 mMol/kg/h und 1 mMol/kg/Tag nicht überschreiten. Überschüssiges Ammoniumchlorid wird renal ausgeschieden und führt dort zu einer Absenkung des pH-Wertes. Dieser Effekt kann therapeutisch zur Ausscheidungsbeschleunigung basischer Arznei- und Giftstoffe ausgenutzt werden.

In Fällen, bei denen Ammoniumchlorid kontraindiziert ist, z. B. bei eingeschränkter Leberfunktion, kann ersatzweise das Hydrochlorid der Aminosäure Arginin verwendet werden, wobei die Aminosäure verstoffwechselt wird und die verbleibende Salzsäure Bicarbonat puffert und durch das stabile Anion Chlorid ersetzt. Lysinhydrochlorid führt leicht zu Aminosäureimbalancen und sollte deshalb nicht mehr angewendet werden.

Der Einsatz von Salzsäure sollte nur streng zentralvenös und als letzte Maßnahme bei Versagen aller anderen Therapieansätze erfolgen.

FAZIT THERAPIE VON STÖRUNGEN DES SÄURE-BASEN-HAUSHALTS

Störungen des Säure-Basen-Haushalts gehen oft mit Störungen der Elektrolyt-Homöostase einher. Dies ist bei den entsprechenden Behandlungsmethoden zu beachten. Die häufigste Störung des Säure-Basen-Haushalts stellt die metabolische Azidose dar.

7.5 Prinzipien der parenteralen Ernährung

DEFINITION Unter der parenteralen Ernährung ist die i.v. Verabreichung von Nährstoffen wie Kohlenhydraten, Proteinen und Lipiden zu verstehen. Sie kann bei den erkrankten Tieren vollständig oder partiell erfolgen.

Als **Indikationen** der parenteralen Ernährung von Tieren gelten ausgeprägte gastrointestinale Dysfunktionen. Außerdem müssen Tiere mit deutlicher Inappetenz und Katabolismus aufgrund anderweitiger Erkrankungen oder Störungen teilweise oder vollständig parenteral ernährt werden.

Die parenterale Ernährung ist nicht indiziert bei Patienten mit funktionell intaktem Gastrointestinaltrakt, kurzer Dauer der mangelhaften oder fehlenden Nahrungsaufnahme (< 2–3 Tagen), infauster Prognose der Primärkrankheit sowie in solchen Erkrankungsfällen, in denen die entstehenden Kosten den zu erwartenden Nutzen weit übersteigen (Nutztiere).

Die Durchführung der parenteralen Ernährung bei Tieren weist Vor- und Nachteile auf. Als beachtlicher Vorteil ist die essenzielle Energiezufuhr an den erkrankten Organismus ohne Nutzung von gastrointestinalen Funktionen zu nennen. Außerdem kann nach einem Nahrungsentzug kurzfristig zur vollständigen parenteralen Ernährung übergegangen werden, während das Wiedereinsetzen der oralen Nahrungsaufnahme allmählich (Adaptation der Verdauungsenzyme) erfolgen muss. Nachteile der totalen parenteralen Ernährung von Tieren sind die Verwendung von oft kostspieligen Nährlösungen, der Aufwand zur i.v. Gabe (Venenverweilkatheter mit Dauertropfinfusion), die personelle und labordiagnostische Überwachung sowie die Möglichkeit einer Infektion bei unsterilem Arbeiten. Hinzu kommt bei über Tage anhaltender, alleiniger parenteraler Nahrungszufuhr eine Atrophie der gastrointestinalen Schleimhaut sowie des Pankreasepithels mit Enzymmaladaptation. Nachfolgend wächst die Gefahr einer enteralen Dysbiose oder sogar einer Translokation von Keimen aus dem Darmlumen in die mesenterialen Lymphknoten bzw. in den übrigen Organismus. Es ist empfehlenswert, eine anhaltende parenterale Ernährung von Tieren, falls irgend möglich, mit mindestens geringer oraler Nahrungszufuhr zu kombinieren. Für die Durchführung der parenteralen Ernährung und die Absicherung eines Behandlungserfolges bei Tieren sind Kenntnisse wichtig über

- die Auswahl geeigneter Nährstoffe/Nährstofflösungen,
- ihre erforderliche Menge und
- ihre Infusionsgeschwindigkeit.

7.5.1 Geeignete Nährstofflösungen

Mit Abstand am häufigsten gelangen bei Tieren zur Energiesubstitution die **Kohlenhydratlösungen** Glukose ($C_6H_{12}O_6$), Fruktose ($C_6H_{12}O_6$), Sorbitol (6-wertiger Zuckeralkohol: $C_6H_{14}O_6$) sowie Xylitol (5-wertiger Zuckeralkohol: $C_5H_{12}O_59$] zum Einsatz. Glukose ist als schnell wirksamer und optimal verwertbarer Lieferant von metabolisierbarer Energie (oxidativer und anaerober Abbau) für den tierischen Organismus gut geeignet. Ihre Verwertung setzt ein funktionstüchtiges endokrines Pankreas (Insulin) voraus.

Namentlich bei adulten Großtieren hat sich zur Energiezuführung ein Monosaccharidgemisch von Glukose und Fruktose im Mengenverhältnis 1:1 als **Invertzuckerlösung** bewährt. Bei erhöhter Ketokörperbildung bringt die Zufuhr von Invertzuckerlösungen Vorteile, weil Fruktose, abweichend von der Glukosewirkung, einen beachtlichen antilipolytischen und damit antiketogenen Effekt aufweist. Für die Anwendung von Invertzuckerlösung ist einschränkend zu beachten, dass Fruktose bei Neugeborenen nahezu gar nicht und in den ersten Lebenswochen deutlich langsamer metabolisiert wird.

Als weitere Kohlenhydrate sind in einigen Infusionslösungen **Sorbitol** oder **Xylitol** enthalten. Ihre Metabolisierung und damit ihre energetische Verwertung im Körper erfolgen über den Weg des Fruktosestoffwechsels. Als Halbwertszeit für bei adulten Tieren parenteral zugeführtes Sorbitol werden ~ 25 min angegeben. Einschränkend ist zu beachten, dass Neugeborene Sorbitol bzw. Xylitol ebenso wie Fruktose nennenswert nicht metabolisieren können.

Neben Kohlenhydratlösungen eignen sich zur parenteralen Substitution von Energie an erkrankte Tiere auch **Lipidemulsionen**. Derartige Lipidzubereitungen enthalten vor allem langkettige, mehrfach ungesättigte Fettsäuren, wie Öl-, Palmitin-, Linolen- und Stearinsäure sowie Phospholipide und Glycerol. Die in solchen Lösungen emulgierten Fettpartikel haben einen ähnlichen Aufbau wie die im Körper, z. B. in den Enterozyten gebildeten Chylomikronen. Die Verwertung der i.v. verabreichten Lipidpartikel erfolgt durch periphere Lipoproteinlipasen. Als Vorteile der Anwendung von Lipidemulsionen ist ihr relativ hoher Energiebetrag (1 g Fett = 39,4 kJ) sowie die annähernde Isotonie der Lösungen anzugeben. Die parenterale Zufuhr von Lipiden kann ohne Anpassungszeit sofort an die Tiere erfolgen. Die Verwendung von Lipidlösungen bei Tieren mit pathologischer Hyperlipämie (milchig-trübes Plasma mit erhöhten Werten an triglyzeridhaltigen Lipoproteinen) oder Hyperlipidämie (unveränderte Plasmafarbe mit erhöhtem Gehalt an Triglyzeriden, Cholesterin, Phospholipiden) sowie mit Pankreatitis ist kontraindiziert. Die Abwesenheit einer Hypertriglyzeridämie im Plasma des Patienten (Labortest) genügt als Nachweis für den unbedenklichen Einsatz von Lipidnährlösungen.

Ein weiterer wichtiger Nährstoff der parenteralen Ernährung sind die **Aminosäuren**. Sie sind in kristallinen Infusionslösungen als Gemisch essenzieller Verbindungen verfügbar und erfüllen die Aufgabe der parenteralen Protein- bzw. Stickstoffzufuhr an den erkrankten Organismus. Ihre Verabreichung an die Tiere unterstützt die Proteinsynthese und spart den Abbau von Gewebeproteinen zur Glukoneogenese, d. h., die katabole Stoffwechsellage bei Erkrankungen wird gebremst. Nachteil der oft konzentrierten Aminosäurenlösungen ist ihre relativ hohe Osmolalität. Sie macht eine genaue Beachtung der Infusionsgeschwindigkeit erforderlich. Neben den Standard-Aminosäurenlösungen gibt es auch solche für spezifische klinische Anforderungen bei Tieren. So werden für hochgradig erkrankte Tiere mit „aggressivem" Hypermetabolismus vor allem verzweigtkettige Aminosäuren (Isoleucin, Leucin, Valin), bei Leberfunktionsstörungen methioninhaltige Aminosäurengemische zur „Leberschutztherapie" (S. 314), bei Niereninsuffizienz histidinhaltige Lösungen oder bei gastrointestinalen Störungen glutaminhaltige Aminosäurenzubereitungen empfohlen.

Der Bedarf an parenteral zu verabreichendem Protein für den konkreten Erkrankungsfall eines Tieres errechnet sich als relativer Betrag zum Gesamtenergieaufkommen. Die Aminosäuren können im Gemisch mit Kohlenhydraten, Elektrolyten oder Vitaminen verabreicht werden.

7.5.2 Erforderliche Mengen

Hauptaufgabe der parenteralen Ernährung ist die Zufuhr eines für den Patienten adäquaten Betrags an Energie und Protein. Um im konkreten Erkrankungsfall die erforderlichen Mengen an Nährstoffen kalkulieren zu können, ist von speziesübergreifenden Bedarfsnormen auszugehen.

7.5.3 Applikationsgeschwindigkeit

Die optimale energetische Ausnutzung von parenteral zugeführten Kohlenhydratlösungen bei Tieren setzt die Beachtung der Applikationsgeschwindigkeit voraus. Sie beträgt für Glukose 0,5 g/kg/h und für Fruktose sowie Sorbitol und Xylitol 0,25 g/kg/h. Unter Verwendung der für Glukose angegebenen Zufuhrgeschwindigkeiten müssten Hund und Pferd folgende Infusionen erhalten:

- Hund mit 15 kg KM: maximale Infusionsgeschwindigkeit 7,5 g Glukose/h; Zufuhr von insgesamt 166 g Glukose erfordert einen Infusionszeitraum von etwa 22 h.
- Pferd mit 500 kg KM: maximale Infusionsgeschwindigkeit 250 g Glukose/h; Zufuhr von 2313 g Glukose erfordert einen Infusionszeitraum von etwa 9 h.

Nach Überschreitung der Infusionsgeschwindigkeit ist mit einer Hyperglykämie zu rechnen, und Glukose geht über die Nieren verloren. Übersteigen die Plasmaglukosewerte etwa 11 mMol/l bei monogastrischen Tieren sowie etwa 6,5 mMol/l bei Wiederkäuern, wird die tubuläre Rückresorptionskapazität für die Substanz („Nierenschwelle") überschritten, und es entwickelt sich eine Glukosurie. Auf diese Weise verlässt die zugeführte Glukose ohne energetische Nutzung und diuretisch wirkend den Organismus. Wird die Zufuhrgeschwindigkeit von Kohlenhydratlösungen sehr deutlich überzogen, z. B. nach Stoßapplikation von hypertonen Zuckerlösungen, können bei den Tieren hyperosmolare Störungen wie gesteigerte osmotische Diurese (= Flüssigkeitsverlust), Müdigkeit, Somnolenz und in schweren Fällen zerebraler Schock auftreten. Bei Leberinsuffizienz des Probanden kann eine übermäßige Fruktose- oder Zuckeralkoholverabreichung Ikterus sowie Hyperlaktatämie bzw. sogar Laktazidose initiieren oder verstärken.

Als Applikationsgeschwindigkeit allein für Aminosäurenlösungen sollten bei Tieren etwa 100 mg Aminosäurengemisch je kg pro h nicht überschritten werden. Diese Zufuhr bedeutet z. B. für eine 10 %ige Lösung (100 g Aminosäuren/l) die Verabreichung von etwa 1 ml/kg/h.

FAZIT PARENTERALE ERNÄHRUNG 

Die parenterale Ernährung ist in der Veterinärmedizin weniger stark als in der Humanmedizin verbreitet. Sie kann aber unter bestimmten Bedingungen notwendig sein, wenn eine Ernährung der Tiere mit anderen Methoden nicht möglich ist. Zu beachten sind dann die Art der zu verabreichenden Lösungen, die erforderlichen Mengen und die zu wählende Infusionsgeschwindigkeit.

Danksagung

Die Autoren sind Prof. Dr. med. vet. H. Hartmann und Prof. Dr. med. vet. F. R. Ungemach sehr dankbar, da Teile des Kapiteltextes, der Abbildungen und der Tabellen dem von ihnen verfassten entsprechenden Kapitel aus der 3. Auflage entnommen sind.

(Weiterführende) Literatur

[1] DiBartola S. Fluid, electrolyte and acid-base disorders in small animal practice. 4th Ed. St. Louis: Elsevier Saunders; 2012

[2] Kaneko JJ, Harvey JW, Bruss ML (Eds). Clinical biochemistry of domestic animals. 6th Ed. Amsterdam: Elsevier Academic Press; 2008

[3] Khajuria A, Krahn J. Osmolality revisited – deriving and validating the best formula for calculated osmolality. Clin Biochem 2005; 38: 514–519

[4] Nelson RW, Couto CG (Eds). Small animal internal medicine. 5th Ed. St. Louis: Elsevier Mosby; 2014

[5] Smith BP (Ed). Large animal internal medicine. 5th Ed. St. Louis: Elsevier Mosby; 2015

[6] Stockham SL, Scott MA (Eds). Fundamentals of veterinary clinical pathology. 2nd Ed. Oxford: Blackwell Publishing; 2008

8 Pharmakologie der Niere

W. Löscher, H.-H. Frey

8.1 Mechanismen der Urinbildung

Die Niere ist das wichtigste Organ zur Aufrechterhaltung der Homöostase im Wasser- und Elektrolythaushalt. Außerdem spielt sie eine entscheidende Rolle bei der Elimination von harnpflichtigen körpereigenen Substanzen (z. B. Harnstoff, Harnsäure, Kreatinin etc.) sowie Fremdstoffen. Bei der Urinbildung laufen die folgenden Prozesse in der Niere ab:

1. glomeruläre Filtration
2. tubuläre Rückresorption
3. tubuläre Sekretion

8.1.1 Glomeruläre Filtration

Bei der glomerulären Filtration wird ein Ultrafiltrat des Blutes gebildet. Die Bildung dieses Filtrats ist abhängig vom Blutdruck und vom osmotischen Druck des Blutes. Bei Werten unterhalb von etwa 40 mmHg findet keine Filtration mehr statt. Unter Normalverhältnissen beträgt der glomeruläre Plasmafluss etwa 10 ml/kg/min und die Filtratmenge etwa 2 ml/kg/min, also ein Fünftel, sodass das gesamte Plasmavolumen des Körpers innerhalb von 20–30 min filtriert wird. Um das zu ermöglichen, erhalten die Nieren etwa ein Viertel des Herzminutenvolumens, obwohl die Nieren nur etwa 0,3–0,5 % des Körpergewichts ausmachen. Neben Blutdruck und osmotischem Druck des Blutes kann die glomeruläre Filtration sekundär durch Arzneimittel beeinflusst werden, z. B. durch Herzglykoside, blutdrucksenkende und auch pressorisch wirksame Stoffe.

8.1.2 Tubuläre Rückresorption

Beim Durchlaufen des Tubulusapparates erfolgt größtenteils die Rückresorption des im Glomerulum abgepressten Primärurins; weniger als 1 % werden unter Normalbedingungen als Urin ausgeschieden. Bei diesem Prozess folgt Wasser im Wesentlichen den Ionen Na^+ und Cl^-, die einem aktiven Transport aus dem Nephron unterliegen. Dadurch werden Na^+ und Cl^- im gesamten Nephron aus dem Primärurin entfernt: im proximalen Konvolut, im aufsteigenden Schenkel der Henle-Schleife und auch im distalen Konvolut.

K^+ wird im proximalen Konvolut ebenfalls aktiv rückresorbiert, in den distalen Abschnitten des Nephrons aber sezerniert. Diese Sekretion ist vom Na^+-Angebot im Nephron abhängig. Sie spielt eine wichtige Rolle bei großem Angebot, z. B. der Wirkung von Diuretika des Thiazid-Typs oder auch bei Schleifendiuretika, bei denen K^+-Verluste obligat sind, während sie andererseits bei sehr verdünntem Urin zu vernachlässigen ist.

Daneben findet im gesamten Nephron auch ein Austausch von Na^+ gegen H^+ bzw. von K^+ gegen H^+ statt, bei dem H^+-Ionen aktiv sezerniert werden. Dieser Vorgang ist wichtig für den normalen Säure-Basen-Haushalt.

Gegen eine Übersäuerung ist der Urin durch verschiedene Puffersysteme geschützt:

1. Wasser und CO_2 werden rückresorbiert und in den Tubuluszellen durch die **Carboanhydrase** zu H_2CO_3 synthetisiert. Dieses ionisiert, und das HCO_3^--Anion kann als **Natriumbicarbonat** oder als Kohlensäure, die wieder in Wasser und CO_2 zerfällt, mit dem Urin ausgeschieden werden. Bei Hemmung der Carboanhydrase wird zu wenig H^+ bereitgestellt, wodurch hauptsächlich $NaHCO_3$ ausgeschieden wird. Der Urin ist dann alkalisch, und die Stoffwechsellage des Organismus verschiebt sich durch Basenverlust in Richtung einer Azidose.
2. Bei Erschöpfung des Puffers ist ein weiterer Austausch von H^+ gegen Na^+ möglich: Sekundäres Natriumphosphat, Na_2HPO_4, wird in primäres Natriumphosphat, NaH_2PO_4 überführt. Der Urin wird damit sauer, aber eine Übersäuerung durch freie H^+-Ionen ist verhindert.
3. Als drittes Puffersystem kann NH_3 in der Niere sezerniert werden und mit H^+ zu NH_4 reagieren; das Ammoniumion wirkt einer Übersäuerung entgegen.

Zahlreiche körpereigene Stoffe, die nicht ausgeschieden werden sollen, werden durch tubuläre Rückresorption dem Harn entzogen. Die einzelnen Abschnitte im Tubulusapparat haben sich dabei auf bestimmte Substanzen spezialisiert. Andere Stoffe, die der Körper nicht mehr braucht oder die schädlich sind, bleiben im Primärharn. Die Rückresorption von Fremdstoffen wird beeinflusst durch deren Lipidlöslichkeit, den pK_a-, den pH-Wert im Urin und den Urinfluss. Sie erfolgt im Wesentlichen durch Diffusion des nicht ionisierten Anteils. Die Bestimmung der renalen Clearance (S. 40) gibt einen Anhalt über das renale Handling des Stoffes.

8.1.3 Tubuläre Sekretion

Mithilfe der tubulären Sekretion wird hauptsächlich die schnelle Ausscheidung von körperfremden Stoffen gewährleistet. Die tubuläre Sekretion hat von den körperfremden Stoffen besonders für starke Säuren und Basen Bedeutung. Beispiele für eine solche Ausscheidung durch aktiven Transport sind Penicillin, p-Aminohippursäure und Phenolrot.

8.2 Diuretika

DEFINITION Diuretika sind Wirkstoffe, die in die Rückresorptionsvorgänge im Nephron eingreifen und damit eine Mehrausscheidung von Elektrolyten und Wasser bewirken.

Während normalerweise weniger als 1 % des im Glomerulum filtrierten Primärurins effektiv zur Ausscheidung kommen, können z. B. durch Schleifendiuretika bis zu 30 % des Glomerulumfiltrates ausgeschieden werden. Ideal wäre eine Mehrausscheidung von Wasser und Elektrolyten in dem Verhältnis, in dem sie im Extrazellularraum vorliegen. Tatsächlich haben aber alle bis heute entwickelten Diuretika ein mehr oder weniger spezifisches Ausscheidungsmuster an Elektrolyten, das von den physiologischen Verhältnissen abweicht und bei längerer Behandlung zu Störungen des Elektrolyt- sowie des Säure-Basen-Haushaltes führen kann.

In der Humanmedizin ist das Interesse an der Entwicklung neuer Diuretika in den letzten Jahrzehnten groß gewesen, da Diuretika die Basistherapie des arteriellen Hochdrucks darstellen. Die hypotensive Wirkung, eigentlich eine Nebenwirkung der Diuretika, ist damit zur erwünschten Hauptwirkung dieser Arzneimittelgruppe geworden. Da Hochdruckerkrankungen in der Veterinärmedizin keine größere Rolle spielen, erfolgt der Einsatz von Diuretika beim Tier hauptsächlich in der spezifischen diuretischen Indikation, z. B.:

- zur Ausschwemmung von – meist kardialen – Ödemen
- beim drohenden Nierenversagen (z. B. bei Schock)
- als forcierte Diurese bei Vergiftungen
- zur Volumenentlastung bei Herzinsuffizienz

Je nach Indikation werden dabei unterschiedliche Gruppen von Diuretika verwendet. Eine Langzeitbehandlung ist in diesen Indikationen, mit Ausnahme der Herzinsuffizienz, eher selten, deshalb spielen auch die Nebenwirkungen der Gruppe in der Veterinärmedizin eine untergeordnete Rolle.

Tab. 8.1 gibt einen Überblick über die wichtigsten heute auf dem Markt befindlichen Diuretika. In der Veterinärmedizin sind derzeit lediglich Furosemid, Spironolacton und Torasemid zugelassen (sowie Trichlormethiazid in Kombination mit Dexamethason zur Ödembehandlung beim Rind), daneben spielen aber die Benzothiadiazine zumindest in der Kleintierpraxis eine gewisse Rolle, da sie eine mildere und mehr protrahierte Wirkung als die Schleifendiuretika haben. Diese Gruppen sollen deshalb im Folgenden näher abgehandelt werden; die in der Veterinärmedizin weniger wichtigen Stoffe sind nur kurz beschrieben. **Tab. 8.2** zeigt schematisch den Einfluss verschiedener Diuretika auf die Ausscheidung von Wasser und Elektrolyten.

8.2.1 Osmotische Diuretika

STECKBRIEF OSMOTISCHE DIURETIKA

Osmotische Diuretika sind Stoffe, die in hohen Dosen gegeben und glomerulär filtriert werden, aber nicht oder nur zu einem geringen Teil der tubulären Rückresorption unterliegen. Damit lassen sich im Tubulusurin hohe Konzentrationen dieser Diuretika erreichen, die osmotisch Wasser zurückhalten.

Pharmakodynamik Hauptvertreter ist der 6-wertige Zuckeralkohol **Mannitol** (Syn.: Mannit, **Abb. 8.1**). Sorbitol hat eine vergleichbare Wirkung, wird aber kaum verwendet. Mannitol bewirkt eine hohe Wasserausscheidung, während die Elektrolytkonzentration im Normalbereich verbleibt oder leicht reduziert ist. Trotzdem kommt es infolge des hohen Urinvolumens auch zu einer Mehrausscheidung von Elektrolyten. Die Durchblutung der Niere wird durch Mannitol stark erhöht, sodass es zu einem Auswascheffekt im Nierenmark kommt.

Pharmakokinetik Mannitol ist stark hydrophil, wird daher enteral kaum resorbiert und als Diuretikum i. v. verabreicht. Mannitol verteilt sich rasch im Extrazellularraum und penetriert aufgrund seiner Hydrophilie nicht die Blut-Hirn-Schranke. Es wird kaum metabolisiert, sondern primär unverändert durch glomeruläre Filtration renal ausgeschieden. Die Blutkonzentration von Mannitol fällt rasch nach Applikation ab (Halbwertszeit beim Menschen etwa 100 min).

Indikationen Mannitol ist zur forcierten Diurese bei Vergiftungen und bei drohendem Nierenversagen geeignet, aber heute in dieser Indikation durch die Schleifendiuretika weitgehend ersetzt. Eine Spezialindikation stellen neurochirurgische Operationen dar, da es unter der Wirkung von Mannitol zu einer reversiblen Schrumpfung des Gehirns sowie zur Ausschwemmung von Hirnödemen kommt und der Chirurg damit Platz für seinen Eingriff gewinnt. Generell sind Hirnödeme eine Indikation für Mannitol, da durch die i. v. Injektion einer hypertonen Lösung Wasser in den intravasalen Raum gezogen wird. Oral wird Mannitol als mildes Laxans verwendet (z. B. vor Darmspiegelungen).

Dosierung Zur Diurese ist Mannitol in Dosen von 1–1,5 g/kg i. v. zu verabreichen, da der Stoff oral nicht resorbiert wird. Dazu ist die Injektion von etwa 10 ml/kg Wasser erforderlich. Dieses hohe Volumen bedeutet zusammen mit der osmotischen Wirkung, als deren Folge Wasser aus dem Intrazellularraum in den Extrazellularraum verschoben wird, eine nicht unerhebliche Belastung des Organismus.

Kontraindikation Durch die aus der i. v. Applikation von Mannitol resultierende Erhöhung des Blutdrucks ist Mannitol nicht zur Behandlung von Ödemen aufgrund einer Herzinsuffizienz geeignet, da das Herz unnötig belastet werden würde.

Tab. 8.1 In Deutschland im Handel befindliche Diuretika.

Gruppe	Freiname
osmotische Diuretika	▪ Mannitol
Carboanhydrase-Hemmstoffe	▪ Acetazolamid
Benzothiadiazine	▪ Hydrochlorothiazid ▪ Bendroflumethiazid
chemisch verschieden, aber gleicher Wirktyp wie Benzothiadiazine	▪ Chlortalidon ▪ Mefrusid
Schleifendiuretika	▪ Furosemid ▪ Bumetanid ▪ Torasemid
kaliumsparende Diuretika	▪ Triamteren ▪ Amilorid
Aldosteron-Antagonisten	▪ Spironolacton

```
       CH2OH
         |
  HO — C — H
         |
  HO — C — H
         |
   H — C — OH
         |
   H — C — OH
         |
       CH2OH
```

Abb. 8.1 Mannitol.

Tab. 8.2 Wasser- und Elektrolytausscheidung während der Diurese. Durchschnittswerte für Mensch und Hund.

Substanz	Volumen	pH-Wert	Na^+	K^+	Cl^-	HCO_3^-
	ml/min		mmol/l	mmol/l	mmol/l	mmol/l
Kontrolle	1	6	50	15	60	1
Mannitol	10	6,5	50	15	70	4
Acetazolamid	3	8,2	70	60	15	120
Benzothiadiazine	3	7,4	150	25	150	25
Schleifendiuretika	8	6	140	10	155	1
kaliumsparende Diuretika	2	7,2	130	5	110	15

8.2.2 Carboanhydrase-Hemmstoffe

Wirkweise der Carboanhydrase

Das Enzym **Carboanhydrase** kommt vor allem im proximalen Konvolut, sowohl im Zytoplasma als auch an der Zellmembran, vor und katalysiert die Synthese:

$$HCO_3^- + H^+ \leftrightarrow H_2CO_3 \leftrightarrow CO_2\uparrow + H_2O \quad (8.1)$$

Die Kohlensäure dissoziiert zu Bicarbonat- und H^+-Ionen. Die Letzteren werden über einen Antiport gegen Na^+ in den Tubulus ausgeschieden.

Acetazolamid

STECKBRIEF ACETAZOLAMID

Acetazolamid, der letzte Vertreter der Carboanhydrase-Hemmstoffe, hat eine Sulfonamidgruppe im Molekül (**Abb. 8.2**). Ein schwacher diuretischer Effekt war bereits bei einzelnen Sulfonamiden aufgefallen, und nachdem man den Zusammenhang zwischen Carboanhydrase-Wirkung und diuretischer Wirkung entdeckt hatte, wurden zahlreiche Stoffe aus dieser Gruppe synthetisiert, von denen in diuretischer Indikation nur Acetazolamid auf dem Markt geblieben ist.

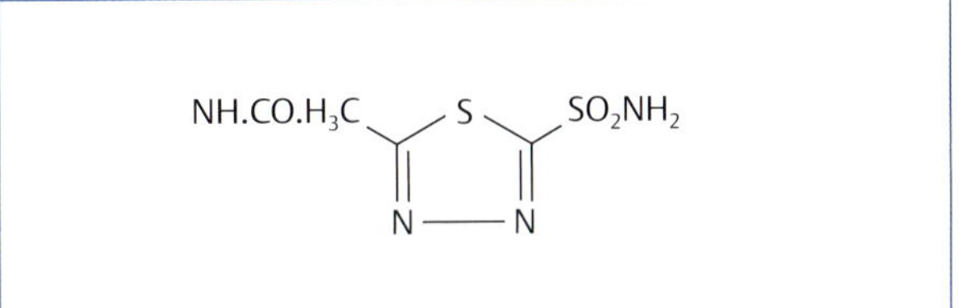

Abb. 8.2 Acetazolamid.

Pharmakodynamik Die Sulfonamidgruppe bindet in ihrer anionischen Form SO_2NH^- wahrscheinlich an ein Zn-Atom der Carboanhydrase im proximalen Konvolut der Niere (**Abb. 8.3**) und hemmt damit die Synthese von Kohlensäure und die Bereitstellung von Protonen. Dadurch steht nachfolgend kein H^+ mehr zur Verfügung, das gegen Na^+ ausgetauscht werden könnte. Damit kommt es zu einer vermehrten Ausscheidung von Bicarbonat und Na^+ (**Tab. 8.2**). Der Urin reagiert infolgedessen stark alkalisch (pH-Wert über 8,0), und durch Basenverlust entwickelt sich eine Azidose, die den diuretischen Effekt begrenzt. Gleichzeitig kommt es durch das hohe Na^+-Angebot im distalen Tubulus zu einem verstärkten Austausch gegen K^+.

CAVE

Bei längerer Behandlung mit Acetazolamid besteht die Gefahr einer Hypokaliämie.

Die diuretische Wirkung von Acetazolamid ist nicht sehr stark, da die Veränderungen im proximalen Konvolut beim weiteren Durchlauf durch das Tubulussystem teilweise kompensiert werden. Die effektive Ausscheidung von Na^+ beträgt 5–8 % der glomerulär filtrierten Menge, die von Wasser nur 2–5 % des Glomerulumfiltrats.

Pharmakokinetik Acetazolamid wird gut aus dem Magen-Darm-Kanal resorbiert. Die Verteilung ist durch die feste Bindung an die Carboanhydrase bestimmt. Die Ausscheidung erfolgt in unveränderter Form durch die Nieren.

Indikationen Acetazolamid wird als Diuretikum kaum mehr gebraucht. Eher findet es Anwendung zur Behandlung eines Glaukoms, da es auch im Auge die Carboanhydrase und damit die Bildung des bicarbonatreichen Kammerwassers hemmt und zu einer Reduktion des Augeninnendrucks führt. Im Pankreas wird gleichfalls die Sekretion des bicarbonathaltigen Pankreassaftes reduziert (Einsatz bei akuter Pankreatitis). Die Erhöhung der CO_2-Spannung im Zentralnervensystem ist mit einem antikonvulsiven Effekt verbunden.

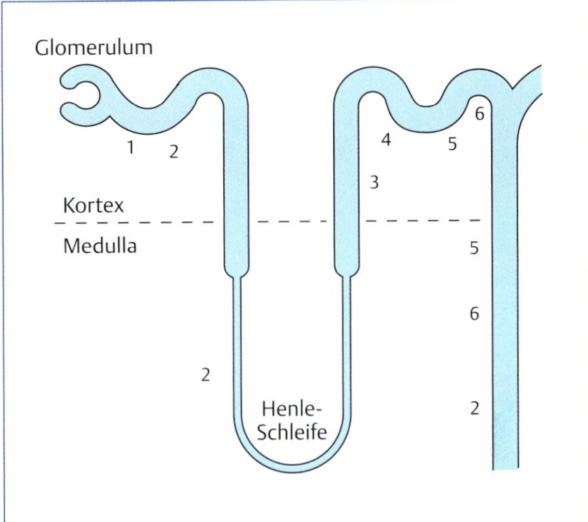

Abb. 8.3 Angriffspunkte der verschiedenen Diuretika im Nephron. **1** Acetazolamid, **2** Mannitol, **3** Schleifendiuretika, **4** Benzothiadiazine, **5** kaliumsparende Diuretika, **6** Spironolacton.

Dosierung Acetazolamid wird in Dosen von 5–10 mg/kg p. o. gegeben.

Nebenwirkungen Anregung der Atmung durch erhöhte CO_2-Spannung und Hemmung der Jod-Aufnahme in die Schilddrüse. Letzteres ist von der Carboanhydrase-Hemmwirkung unabhängig.

8.2.3 Benzothiadiazine (Thiazide)

STECKBRIEF BENZOTHIADIAZINE (THIAZIDE)

Thiazide sind Diuretika, die sich von den Sulfonamiden ableiten. Ihre Wirkung beruht im Wesentlichen auf einer Hemmung des Na^+/Cl^--Cotransports im distalen Tubulussystem.

Auf der Suche nach stärkeren Hemmstoffen der Carboanhydrase stieß man in den 1950er-Jahren auf Chlorothiazid, das zwar eine gewisse Hemmwirkung auf die Carboanhydrase entfaltete, aber daneben einen von diesem Enzym unabhängigen diuretischen Effekt zeigte. Chlorothiazid war verhältnismäßig schwach wirksam, es waren Dosen

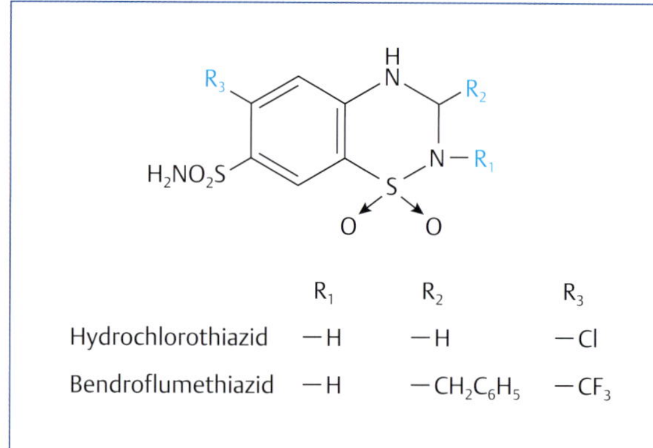

Abb. 8.4 Benzothiadiazin-Diuretika (Thiazide).

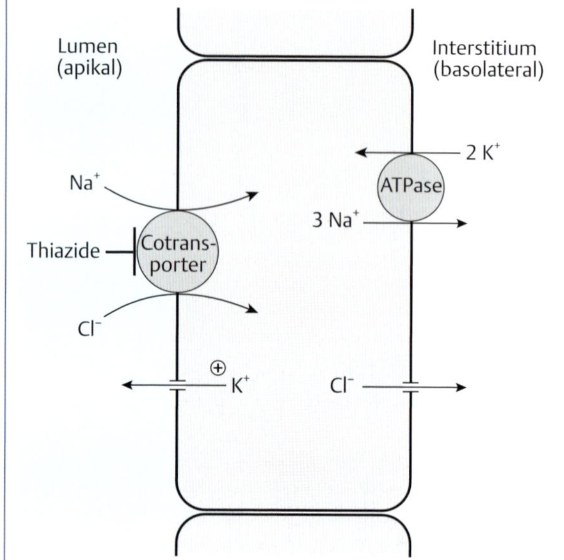

Abb. 8.5 Ionenfluss im distalen Tubulussystem und Wirkung der Thiazide: Die basolaterale Na^+/K^+-ATPase erzeugt einen elektrochemischen Gradienten in der Zelle, der auf der apikalen Seite einen Na^+/Cl^--Cotransport induziert. Cl^- verlässt die Zelle durch einen basolateralen Cl^--Kanal. Thiazide hemmen den Na^+/Cl^--Cotransport und bewirken damit eine hohe Na^+- und Cl^--Ausscheidung mit dem Urin. K^+ wird aufgrund des hohen Na^+-Angebots im Tubulus vermehrt aus der Zelle in den Tubulus abgegeben, und die hohe Strömungsgeschwindigkeit im Tubulus vermindert die Rückresorption. Dies erklärt die starken K^+-Verluste während einer Thiazid-Diurese; ⊕ = indirekte Förderung durch Thiazide.

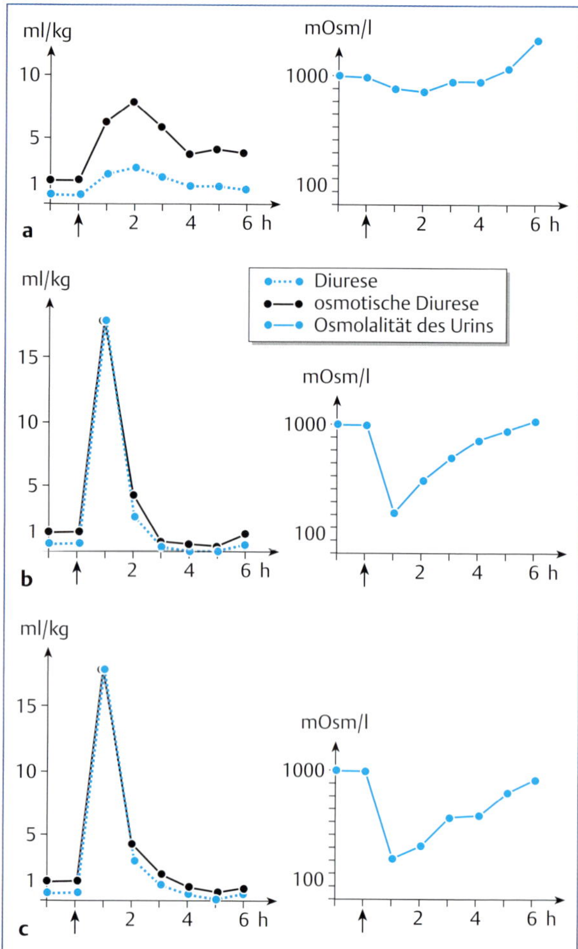

Abb. 8.6 Vergleich der Wirkung von Thiaziden und Schleifendiuretika beim Hund [1].
a: 0,5 mg/kg Bendroflumethiazid i. v.
b: 2 mg/kg Furosemid i. v.
c: 0,05 mg/kg Bumetanid i. v.

von 10–30 mg/kg erforderlich. Der Stoff ist heute nicht mehr im Handel. Nach Hydrierung der Doppelbindung im Thiadiazin-Teil des Moleküls fand man stärker wirksame Vertreter, nämlich **Hydrochlorothiazid** (wirksame Dosis 1 mg/kg), und konnte durch Substitution des Moleküls die Wirksamkeit weiter erhöhen, z. B. bei **Bendroflumethiazid**, das bereits in Dosen von 0,1 mg/kg wirkt (**Abb. 8.4**). Beide Substanzen waren auch als Tierarzneimittel zugelassen, sind aber nur noch als Humanarzneimittel erhältlich (Bendroflumethazid nur noch in Kombinationspräparaten zur Blutdrucksenkung bei Hypertonie).

Pharmakodynamik Die Thiazide werden durch tubuläre Sekretion in das Nephron ausgeschieden, sodass dort eine hohe Arzneimittelkonzentration erreicht wird. Dadurch wird besonders im distalen Nephron der Na^+/Cl^--Cotransport gehemmt, weshalb maximal 10–15 % der filtrierten Na^+-Menge zur Ausscheidung gelangen (**Abb. 8.5**).

Die Carboanhydrase-Hemmwirkung findet schon im proximalen Konvolut statt, sie wird aber beim Durchlauf durch das Nephron weitgehend ausgeglichen. Durch das hohe Na^+-Angebot im distalen Tubulus kommt es zu einer verstärkten Ausscheidung von K^+, durch den Salz- und Flüssigkeitsverlust außerdem zu einer Aktivierung des Renin-Angiotensin-Aldosteron-Systems mit einer erhöhten Aldosteron-Sekretion, die ebenfalls die K^+-Ausscheidung verstärkt. Besonders zu Beginn einer Behandlung kann es dadurch zu stärkeren K^+-Verlusten kommen. Infolge der Hemmung der Carboanhydrase ist der Urin leicht alkalisch, im Gegensatz zu Acetazolamid ist die diuretische Wirkung der Benzothiadiazine jedoch pH-unabhängig. Bei längerer Behandlung ist deshalb eine Kombination mit kaliumsparenden Diuretika angezeigt.

Durch die Thiazide werden mehr Elektrolyte als Wasser ausgeschieden (**Abb. 8.6**) und der Urin ist hyperton.

Das hat zu dem Schlagwort der saluretischen Wirkung geführt, das man aber besser vermeidet, da es inzwischen kritiklos auch für die Schleifendiuretika gebraucht wird. Die Ca^{2+}-Rückresorption wird im distalen Tubulus angeregt, deshalb ist der Einsatz von Benzothiadiazinen bei Oxalatsteinen u. U. sinnvoll.

Die hypotensive Wirkung der Benzothiadiazine ist nicht voll geklärt. Zunächst spielen die Wasser- und Elektrolytverluste eine Rolle, später kommt es zu einer Verminderung des peripheren Widerstands, vielleicht als Folge von Elektrolytverschiebungen im Gefäß.

KLINISCHER BEZUG Bei Diabetes insipidus haben Benzothiadiazine eine antidiuretische Wirkung (S. 244), und zwar sowohl bei zentralem als auch bei renalem Diabetes insipidus.

Pharmakokinetik Die Benzothiadiazine werden nach oraler Gabe gut, wenn auch nicht besonders schnell resorbiert. Die Diurese beginnt im Allgemeinen nach 1 h. Die Plasmaproteinbindung beträgt 65 % bei Hydrochlorothiazid, 93 % bei Bendroflumethiazid (Hund). Die Ausscheidung erfolgt durch glomeruläre Filtration und tubuläre Sekretion. Da die Thiazide im Nephron auch einer Rückresorption unterliegen, entspricht ihre Clearance nur der von Inulin. Die Plasmahalbwertszeit beträgt für Bendroflumethiazid beim Hund etwa 2,5 h; für Hydrochlorothiazid werden 2 h für das Pferd und lediglich 20 min für den Hund angegeben. Bei dem letzteren Wert handelt es sich wahrscheinlich um die Halbwertszeit der Verteilungsphase. Die Wirkung hält dosisabhängig 6–12 h an.

Indikationen Ödeme bei Herz- und Nierenerkrankungen sowie bei portalen Stauungen, präpartale Ödeme an Euter und Gesäuge. Unterstützend bei Herzinsuffizienz. Diabetes insipidus. Bendroflumethiazid steht als Diuretikum nur in Kombination mit dem kaliumsparenden Diuretikum Amilorid oder dem β-Blocker Propranolol und dem Vasodilatator Hydralazin zur Behandlung von Bluthochdruck zur Verfügung.

Dosierung Die folgenden Dosen sind Tagesdosen, die auf 2 Einzeldosen verteilt werden können:

- Hydrochlorothiazid: bei Katze und Hund 0,5–2,0 mg/kg i. m., s. c. oder p. o.
- Bendroflumethiazid: bei allen Tierarten 0,1–0,2 mg/kg p. o.

Nebenwirkungen Bei längerer Behandlung mit Benzothiadiazinen kann es zu einer Hypokaliämie kommen. Zu deren Vermeidung stehen Präparate mit Kaliumchlorid zur Verfügung, oder die Thiazide können mit kaliumsparenden Diuretika kombiniert werden. Da in der Veterinärmedizin Diuretika im Allgemeinen nur kurzfristig zum Einsatz kommen, ist die Gefahr einer Hypokaliämie gering, bei längerer Behandlung sind die Elektrolyte von Zeit zu Zeit zu kontrollieren. Die Glukosetoleranz kann als Folge einer Hemmung der Insulinfreisetzung und vermehrter Glykogenolyse in der Leber vermindert sein. Eine eventuelle Erhöhung der Harnsäure-Werte spielt möglicherweise beim Dalmatiner eine Rolle.

Insgesamt gesehen sind die Benzothiadiazine eine sehr gut verträgliche Stoffklasse mit einer außerordentlich großen therapeutischen Breite. Überdosierungen sind deshalb im Allgemeinen unbedenklich, sie führen lediglich zu einer Verlängerung der Wirkung.

Wechselwirkungen Bei gleichzeitiger Behandlung mit Glucocorticoiden ist der K^+-Verlust erhöht. Die Wirkung von Herzglykosiden verstärkt sich durch den K^+-Verlust, weshalb die Dosierung u. U. zu reduzieren ist. Die Insulinwirkung wird abgeschwächt.

Kontraindikationen Leberkoma, schwere Hypokaliämie, schwere Nierenfunktionsstörung, Sulfonamidallergie.

Den gleichen Wirktyp wie Benzothiadiazine haben **Chlortalidon** und **Mefrusid**, die sich chemisch von den Thiaziden unterscheiden. Chlortalidon zeichnet sich beim Menschen durch eine lange Wirkungsdauer aus (48 h), vom Haustier sind keine entsprechenden Werte bekannt. Mefrusid ist etwa so wirksam wie Hydrochlorothiazid, Chlortalidon muss etwas höher dosiert werden (2–3 mg/kg).

8.2.4 Schleifendiuretika

STECKBRIEF SCHLEIFENDIURETIKA

Diese nach ihrem Angriffspunkt im Nephron benannte Gruppe wird im angelsächsischen Sprachbereich auch als „High-ceiling"-Diuretika bezeichnet. Damit soll zum Ausdruck gebracht werden, dass mit einer maximal wirksamen Dosis erheblich mehr Na^+ (etwa 7 mmol/kg) zur Ausscheidung gebracht werden kann als mit den Benzothiadiazinen (ca. 2 mmol/kg). Hauptvertreter sind **Furosemid** und **Bumetanid** (**Abb. 8.7**, **Abb. 8.8**). Ethacrynsäure, die keine Sulfonamidstruktur und einen etwas divergenten Wirkungsmechanismus hat, ist in Deutschland nicht mehr im Handel, und einige der neueren Schleifendiuretika (Piretanid, Azosemid, Torasemid) haben bislang kaum Bedeutung in der Veterinärmedizin erlangt. Torasemid wurde allerdings für Hunde zur Behandlung der klinischen Symptome, einschließlich Ödeme und Flüssigkeitsansammlungen, im Zusammenhang mit einer kongestiven Herzinsuffizienz zugelassen.

Pharmakodynamik Die Schleifendiuretika wirken von der luminalen Seite des aufsteigenden Schenkels der Henle-Schleife, wo sie sich Cl^--Bindungsstellen anlagern und damit den **$Na^+/K^+/2Cl^-$-Cotransporter NKCC2** hemmen (**Abb. 8.8**). Das lumenpositive transzelluläre Potenzial, das die Rückresorption von Elektrolyten begünstigt, nimmt ab und damit auch die Rückresorption von Ca^{2+} und Mg^{2+} aus dem Tubulus. Die K^+-Ausscheidung ist erhöht, teils als Folge der geringeren Rückresorption, teils bedingt durch eine verstärkte Ausscheidung infolge der hohen Na^+-Konzentration im Tubulusurin. Sie erreicht jedoch nicht das Ausmaß der Thiazid-Wirkung. Die Ca^{2+}-Ausscheidung ist ebenfalls erhöht. Furosemid hat eine schwache Hemmwirkung auf die Carboanhydrase, die für die Wirkung aber keine Rolle spielt.

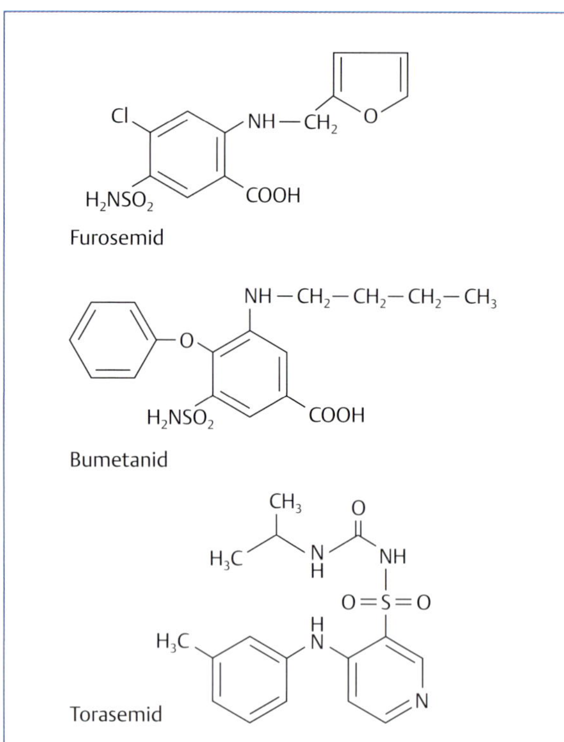

Abb. 8.7 Schleifendiuretika.

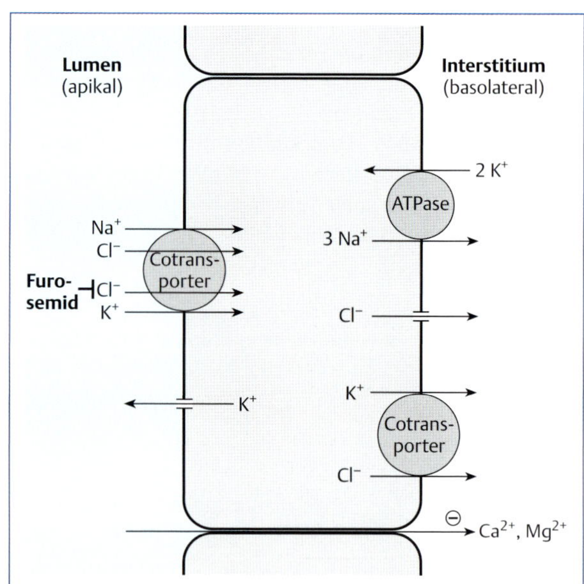

Abb. 8.8 Ionenfluss im aufsteigenden Ast der Henle-Schleife und Wirkung von Schleifendiuretika (Furosemid): Durch die Na^+/K^+-ATPase an der basolateralen Seite der Zelle wird ein elektrochemischer Gradient erzeugt, der einen apikalen $Na^+/K^+/2Cl^-$-Cotransport unterhält. K^+ wird durch apikale Kanäle wieder ausgeschieden, die Cl^--Ionen verlassen die Zelle basolateral teils durch einen cAMP-abhängigen Kanal, teils durch einen K^+/Cl^--Cotransport. Furosemid bindet an eine der beiden Cl^--Bindungsstellen des $Na^+/K^+/2Cl^-$-Cotransporters (NKCC 2) und hemmt damit den gesamten Cotransport. Es kommt unter seiner Wirkung zu einer stark vermehrten Ausscheidung aller drei Ionen mit dem Tubulusurin. Das lumenpositive transepitheliale Potenzial sinkt auf 5–10 mV (normal 30–50 mV) und hemmt die interzelluläre Ausscheidung von Ca^{2+} und Mg^{2+}. Diese indirekte Wirkung der Schleifendiuretika ist durch ⊖ gekennzeichnet.

Die Konzentrationsfähigkeit der Niere und der kortikomedulläre Konzentrationsgradient werden durch Schleifendiuretika aufgehoben, es kommt zur Ausscheidung eines isoosmotischen Urins (**Abb. 8.6**).

Für Furosemid besteht im Bereich von 0,1–20 mg/kg i. v. eine steile Dosis-Wirkungs-Beziehung, Bumetanid ist 20-40-mal stärker (0,005–1 mg/kg). Mit maximal wirksamen Dosen wird eine Ausscheidung von 50–70 ml/kg Wasser und 5–7 mmol/kg Na^+ innerhalb von 4–6 h erreicht. Wegen der damit verbundenen starken Kreislaufbelastung liegen die klinischen Dosen im unteren Drittel der Dosis-Wirkungs-Kurve. Die Wirkung setzt nach i. v. Injektion sofort ein, erreicht in der ersten halben Stunde ihr Maximum und ist nach 2–3 h beendet. Nach oraler Gabe wird das Maximum nach 1 h erreicht und die Wirkung hält 5–6 h an. Mit hohen Dosen (5–10 mg/kg Furosemid) ist beim Rind über eine 12–48 h anhaltende Wirkung berichtet worden.

Bei maximal wirksamen Dosen werden 30–40 % des glomerulär filtrierten Na^+ und Wassers ausgeschieden. Durch Probenecid lässt sich die Wirkung der Schleifendiuretika blockieren; es hemmt organische Anionentransporter (OATs), über die Schleifendiuretika aktiv in die Niere aufgenommen werden müssen, um wirken zu können.

Die Nierendurchblutung und die Reninsekretion werden durch Schleifendiuretika erhöht. Diese Wirkung beruht auf einer vermehrten Freisetzung von Prostaglandinen.

Die starke diuretische Wirkung führt zu einer hypotensiven Wirkung, die von kurzer Dauer ist. Deshalb sind die Schleifendiuretika den Benzothiadiazinen bei der Hochdruckbehandlung unterlegen.

Pharmakokinetik **Furosemid** wird nach oraler Gabe relativ gut resorbiert, die Bioverfügbarkeit liegt bei 50–60 %. Furosemid und Bumetanid sind zu 85–90 % plasmaproteingebunden. Das Verteilungsvolumen von Furosemid liegt beim Hund bei 0,52 l/kg, beim Pferd bei 0,66 l/kg, während für den Menschen nur 0,1 l/kg angegeben werden. Ein kleiner Teil von Furosemid wird im Organismus zur unwirksamen 4-Chlor-5-sulfamylanthranilsäure metabolisiert. Bumetanid wird zu einem größeren Anteil unmetabolisiert ausgeschieden. Die Ausscheidung erfolgt überwiegend renal durch glomeruläre Filtration und tubuläre Sekretion. Die Eliminationshalbwertszeit von Furosemid beträgt nach i. v. Injektion beim Hund 12–15 min, beim Pferd 30 min, nach oraler Gabe kann sie, als Folge der protrahierten Resorption, 4 h betragen. Bumetanid hat nach i. v. Injektion beim Hund eine Halbwertszeit von 9 min.

Torasemid hat bei Hunden ein Verteilungsvolumen von 0,14 l/kg und die terminale Halbwertszeit beträgt 7,0 h. Die Bioverfügbarkeit nach oraler Applikation beträgt etwa 90 %.

Die außerordentlich schnelle Ausscheidung der Schleifendiuretika führt dazu, dass ihre Wirkung nach oraler Gabe praktisch stärker ist als nach i. v. Injektion. In den ersten Minuten nach i. v. Verabreichung werden sie so stark renal eliminiert, dass Wasser nicht entsprechend folgen kann und ein Teil der Dosis „ungenutzt“ bleibt. Es ist deshalb nicht erforderlich, bei oraler Gabe höher zu dosieren.

Indikationen Nicht entzündliche Ödeme (kardiale Ödeme, Lungenödem, Gehirnödem, Ödeme von Euter oder Gesäuge); Herzinsuffizienz (in leichten Fällen als alleinige Behandlung, sonst intermittierend zur Unterstützung einer anderen Behandlung), Epistaxis (Nasenbluten) bei Rennpferden, forcierte Diurese bei Vergiftungen, Niereninsuffizienz. Unterstützend bei Hufrehe. Flüssigkeitsansammlungen in Körperhöhlen (Aszites, Hydrothorax, Hydroperikard).

ZUM WEITERLESEN Schleifendiuretika inhibieren neben dem renalen $Na^+/K^+/2Cl^-$-Cotransporter NKCC 2 auch den ubiquitär vorkommenden $Na^+/K^+/2Cl^-$-Cotransporter NKCC 1. Veränderungen der Funktionalität von neuronalem NKCC 1 scheinen bei einer Reihe von Hirnerkrankungen (z. B. Epilepsie und Autismus) eine Rolle zu spielen, weswegen die therapeutische Anwendung von Bumetanid bei solchen Erkrankungen diskutiert wird. Da Bumetanid aufgrund seiner Carboxylgruppe (**Abb. 8.7**) im Blut fast komplett ionisiert vorliegt, penetriert es jedoch kaum ins Gehirn. Erste klinische Untersuchungen mit Bumetanid bei schwer zu behandelnden Neugeborenenkrämpfen verliefen negativ.

Dosierung **Furosemid** wird wie folgt dosiert:

- Katze, Hund: 1,0–2,0 mg/kg i. v., i. m. oder p. o.
- Rind: 0,5–1,0 mg/kg i. v. oder i. m., 2,0–4,0 mg/kg p. o.
- Pferd: 0,5–1,0 mg/kg i. v. oder i. m.

Diese Dosen können 1–2-mal am Tag gegeben werden, bei längerer Behandlung ist eine Kontrolle der Serumelektrolyte angezeigt. Eine Kombination mit kaliumsparenden Diuretika ist möglich. Hohe Dosierungen (5–10 mg/kg) sind zur forcierten Diurese und zur Behandlung eines drohenden Nierenversagens indiziert. Die hohe orale Dosierung beim Rind erklärt sich aus der protrahierten und nicht vollständigen Resorption aus dem Pansen; auch eine mikrobielle Zersetzung ist durchaus möglich.

CAVE

Sollen Schleifendiuretika bei bewusstlosen Patienten zum Einsatz kommen, so ist für ausreichenden Flüssigkeitsersatz zu sorgen.

Bumetanid ist nicht als Tierarzneimittel zugelassen, aber beim Hund sehr gut untersucht. Bei dieser Tierart können Dosen von 0,05–0,1 µg/kg i. v., s. c., i. m. oder p. o. gegeben werden. Pferde setzen innerhalb von 20–40 min nach i. v. Injektion von 10–20 µg/kg spontan Urin ab.

Torasemid ist für Hunde im Handel und wird in einer Dosierung von 0,1–0,6 mg/kg 1-mal täglich p. o. verabreicht.

Nebenwirkungen Die Nebenwirkungen sind überwiegend die Folge des starken diuretischen Effekts; es kommt zu Hämokonzentration und adaptiven Kreislaufveränderungen, bei längerer Behandlung auch zu Hyponatriämie und Hypokaliämie. Bei einer Dosis von 8 mg/kg Furosemid i. v. ist über eine positive Benzidin-Reaktion (Blutnachweis) im Urin berichtet worden. Hohe Dosen, wie sie zur forcierten Diurese oder zur Behandlung eines drohenden Nierenversagens Anwendung finden, können zu vorübergehender oder auch persistierender Taubheit führen. Kreuzallergien mit Sulfonamiden sind selten. Furosemid hat weder einen Einfluss auf die Rennleistung von Pferden noch auf die Milchleistung von Kühen (normale Dosierung vorausgesetzt). LD_{50}-Werte für verschiedene Tierarten liegen zwischen 300 und 800 mg/kg für Furosemid und zwischen 70 und 330 mg/kg für Bumetanid.

Wechselwirkungen Die ototoxische Wirkung von Aminoglykosid-Chemotherapeutika wird ebenso wie die nephrotoxische Wirkung von Cephalosporinen verstärkt. Gleiches gilt aufgrund der K^+-Verluste für Herzglykoside. Nach hohen Dosen Furosemid ist ein Anstieg der Digoxin-Konzentrationen auf toxische Werte beschrieben worden (Hypovolämie?). Hemmstoffe der Prostaglandin-Synthese schwächen die Wirkung der Schleifendiuretika ab.

Kontraindikationen Niereninsuffizienz mit Anurie, schwere Hyponatriämie oder Hypokaliämie, Hypotonie, Leberkoma.

Wartezeit Furosemid: 1 Tag für essbare Gewebe und Milch.

8.2.5 Kaliumsparende Diuretika

STECKBRIEF KALIUMSPARENDE DIURETIKA

Die kaliumsparenden Diuretika **Triamteren** und **Amilorid** (**Abb. 8.9**) sind im Gegensatz zu den bisher besprochenen Diuretika Basen. Sie haben ihren Angriffspunkt im distalen Tubulus contortus und in den Sammelrohren, wo sie auf der luminalen Seite befindliche Na^+-Kanäle blockieren (**Abb. 8.10**). Damit wird die apikale Membran hyperpolarisiert und das transepitheliale Potenzial reduziert. Auf diese Weise vermindert sich die Treibkraft für die K^+-Ausscheidung.

Pharmakodynamik Die Wirkung kaliumsparender Diuretika ist von Aldosteron unabhängig. Bei einer K^+-Belastung ist die K^+-Ausscheidung normal. Der natriuretische Effekt macht 3–5 % des Glomerulumfiltrates aus, ist also relativ gering. Die kaliumsparenden Diuretika werden meist mit Benzothiadiazinen oder Schleifendiuretika kombiniert, um die mit diesen verbundenen K^+-Verluste zu verhindern.

Pharmakokinetik Beide Stoffe werden vom Darmkanal resorbiert. Die Bioverfügbarkeit ist bei Triamteren gut, bei Amilorid beträgt sie maximal 25 %. Die Ausscheidung erfolgt renal, Amilorid wird unverändert, Triamteren an

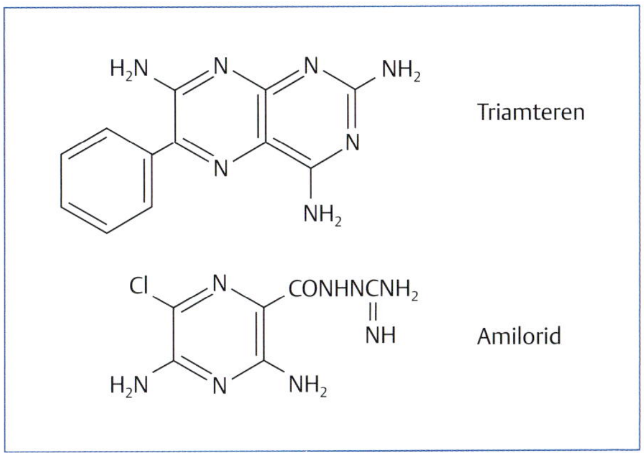

Abb. 8.9 Kaliumsparende Diuretika.

Schwefelsäure gekoppelt ausgeschieden. Beim Menschen beträgt die Halbwertszeit für Triamteren 3 h, für Amilorid 9 h. Daten vom Haustier sind nicht bekannt.

Indikationen Veterinärmedizinische Indikationen sind kaum gegeben, allenfalls finden sie bei einer Dauerbehandlung mit Thiaziden oder Schleifendiuretika Anwendung, um stärkeren Kaliumverlusten vorzubeugen. Bei Herzglykosid-Überdosierungen können die Stoffe zur Vermeidung der sonst auftretenden K^+-Verluste gegeben werden.

Dosierung Als Richtdosierung für die orale Anwendung gelten 0,1–0,5 mg/kg Amilorid und 3–5 mg/kg Triamteren. Toxische Dosen sind beim Hund bekannt: 2 mg/kg Amilorid und 30 mg/kg Triamteren.

Nebenwirkungen Unter der Anwendung kaliumsparender Diuretika kann es bei Patienten mit eingeschränkter Nierenfunktion zur Hyperkaliämie kommen.

8.2.6 Aldosteron-Antagonisten

STECKBRIEF ALDOSTERON-ANTAGONISTEN

Während Aldosteron über direkte Rezeptoren im distalen Tubulus und den Sammelrohren zur Na^+- und Wasserretention bei vermehrter K^+-Ausscheidung führt, haben Aldosteron-Antagonisten den entgegengesetzten Effekt. Sie verhindern an den entsprechenden Rezeptoren in der Niere die Bildung eines Aldosteron-abhängigen Proteins, das für die Mineralocorticoid-Wirkung verantwortlich ist. Damit erhöht sich die Na^+-Ausscheidung, während K^+ retiniert wird.

Pharmakodynamik, Pharmakokinetik Einziger Vertreter der Aldosteron-Antagonisten ist **Spironolacton**, das im Organismus vollständig zu **Canrenon** umgewandelt wird (**Abb. 8.11**). Der Metabolit, der sich beim Menschen durch eine lange Halbwertszeit (20 h) auszeichnet, ist der eigentliche Träger der Wirkung. Spironolacton wird gut aus dem Magen-Darm-Kanal resorbiert. Seine Wirkung in der Niere ist an die Anwesenheit von Aldosteron gebunden und nimmt mit steigender Aldosteronkonzentration zu, z. B. bei Herzinsuffizienz. Der natriuretische Effekt ist schwach, etwa 2 % des Glomerulumfiltrates werden ausgeschieden.

Indikationen Wegen seines kaliumsparenden Effekts wird Spironolacton wie Amilorid und Triamteren mit Benzothiadiazinen und Schleifendiuretika kombiniert. Es ist indiziert bei Ödemen als Folge einer Aldosteron-Hypersekretion.

Eine neuere Indikation für Spironolacton, für die die Substanz auch für Hunde zugelassen wurde, ist die kongestive Herzinsuffizienz durch valvuläre Regurgitation in Kombination mit einer Standardtherapie. Hierfür gibt es auch ein Kombinationspräparat mit dem ACE-Blocker Benazepril. Langzeitstudien zeigten, dass die zusätzliche Verabreichung von Spironolacton das Morbiditäts- und Mortalitätsrisiko herzinsuffizienter Hunde senkt. Neben der Senkung der Vorlast des Herzens durch die extrazelluläre Volumenabnahme beugt Spironolacton auch den noch nicht vollständig erklärbaren kardiovaskulären Wirkungen von Aldosteron vor, die durch myokardiale und vaskuläre Fibrosierung gekennzeichnet sind. Spironolacton wirkt somit der Hypertrophie von Herz und Gefäßen und der Progression einer Herzinsuffizienz entgegen.

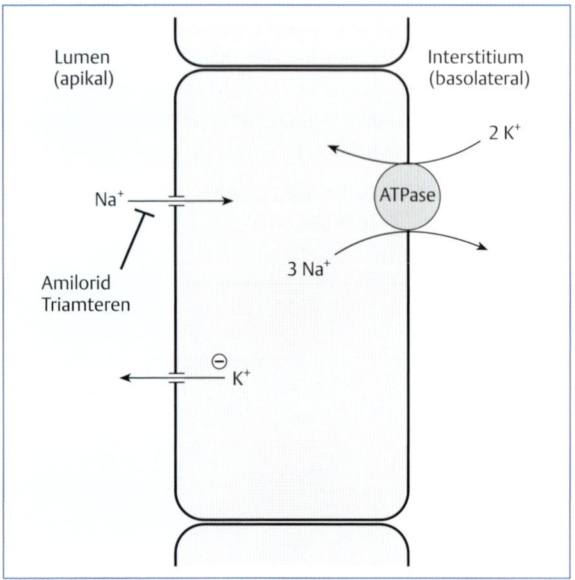

Abb. 8.10 Ionenfluss im Sammelrohr der Niere und Wirkung der kaliumsparenden Diuretika: Der durch die basolaterale Na^+/K^+-ATPase induzierte elektrochemische Gradient bewirkt einen Na^+-Einstrom durch Kanäle auf der luminalen Seite. K^+ wird durch apikale Kanäle in das Tubuluslumen ausgeschieden. Amilorid und Triamteren hemmen den apikalen Na^+-Kanal, vermindern das lumennegative transzelluläre Potenzial auf 15–25 mV und hemmen damit indirekt die K^+-Ausscheidung in den Tubulusurin ⊖.

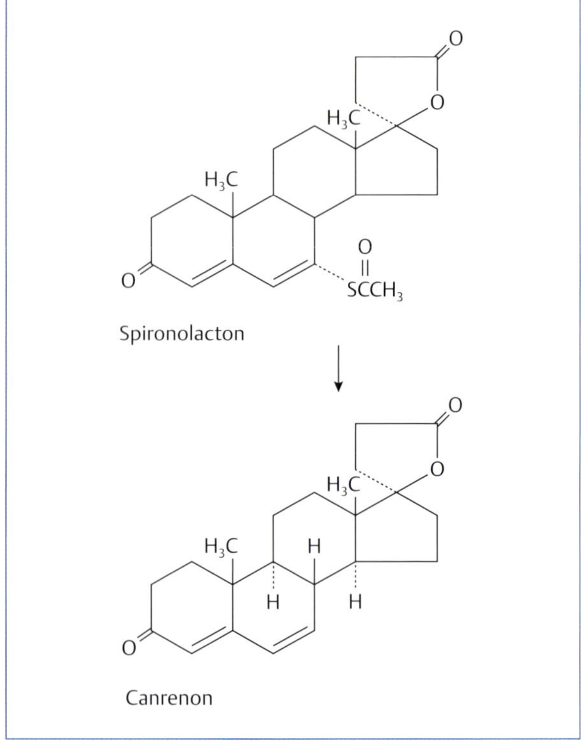

Abb. 8.11 Stoffwechsel von Spironolacton.

Dosierung Die Dosierung beträgt 1–4 mg/kg p. o.

Nebenwirkungen Hyperkaliämie, besonders bei Niereninsuffizienz. Gynäkomastie kann auftreten.

8.2.7 Methylxanthinderivate

Methylxanthine, speziell **Aminophyllin**, eine Verbindung von Theophyllin und Ethylendiamin, gehören im engeren Sinne nicht zu den Diuretika, haben aber eine diuretische Wirkung, die sich in erster Linie hämodynamisch erklären lässt. Durch Erhöhung des Herzminutenvolumens kommt es zu einer verbesserten Durchblutung der Niere und damit zu einem Abbau des Konzentrationsgradienten in diesem Organ (Auswascheffekt), was einem direkten Eingriff in das Gegenstromprinzip der Henle-Schleife entspricht. Auch die Hemmung der Phosphodiesterase führt zu einer direkten Inhibierung der Na^+- und Cl^--Rückresorption. Wirksame Dosen liegen bei 5–10 mg/kg p. o.. Methylxanthine werden kaum noch als Diuretika eingesetzt, sodass der diuretische Effekt eher als Nebenwirkung bei anderen Indikationen (S. 269) anzusehen ist.

FAZIT DIURETIKA

Diuretika bewirken eine Mehrausscheidung von Wasser und Elektrolyten über die Niere und haben wichtige (zum Teil vitale) Indikationen wie Ausschwemmung von Ödemen (beim Lungenödem Notfallmedikamente), drohendes Nierenversagen, Vergiftungen, Volumenentlastung bei Herzinsuffizienz und, beim Menschen, Bluthochdruck.

8.3 Antidiuretische Stoffe

8.3.1 Antidiuretisches Hormon (ADH, Vasopressin)

Das antidiuretische Hormon (ADH) wird im Hypothalamus gebildet und im Hypophysenhinterlappen gespeichert. Adäquater Reiz für seine Ausschüttung ist eine Dehydratation. Osmorezeptoren sprechen bereits auf eine Schwankung des osmotischen Drucks um 1–2 % an. Auch Volumenrezeptoren, besonders im Thoraxbereich, sind an der Regulation beteiligt. Bei einem Mangel von ADH kommt es zum Diabetes insipidus, der durch starke Wasserverluste und Durst gekennzeichnet ist. ADH ist ein Nonapeptid, das beim Menschen und den meisten Säugetieren identisch ist, lediglich beim Schwein ist das Arginin in 8-Stellung durch Lysin (Lypressin) ersetzt (**Abb. 8.12**).

Pharmakodynamik Bereits in sehr geringen Dosen kommt es zu einer erhöhten Rückresorption von Wasser in den distalen Abschnitten des Nephrons ohne eindeutige Beeinflussung der Elektrolytausscheidung. Der Wirkungsmechanismus besteht in einer vermehrten Bildung von für Wasser durchlässigen Poren (Aquaporinen) in der Nierenzelle. Da auch Harnstoff vermehrt rückresorbiert wird, zeichnen sich diese Poren durch ein größeres Kaliber aus. Als sekundärer Transmitter wirkt cAMP, das unter der Wirkung von ADH vermehrt gebildet wird. Die antidiuretische Wirkung kommt über den Vasopressin-V2-Rezeptor zustande.

In 10–100-fach höherer Dosierung hat ADH einen vasokonstriktorischen Effekt, daher der Name Vasopressin, der auf einer direkten Wirkung auf die Gefäßmuskulatur beruht (V1-Rezeptor). Da auch die Koronargefäße betroffen sind, kann es sekundär zu Herzwirkungen (Ischämie, u. U. Herztod) kommen.

Durch synthetische Abwandlung des Moleküls ist es gelungen, diese beiden Eigenschaften des ADH-Moleküls zu trennen. Desmopressin (1-Desaminocystein-8-D-argininvasopressin) ist ein reiner V2-Agonist, hat also nur die antidiuretische Wirkung, während die vasopressorische Wirkung bei dem V1-Agonisten Felypressin (2-Phenylalanin-8-lysinvasopressin) ohne wesentliche antidiuretische Wirkung ausgeprägt ist. Auch die konstriktorische Wirkung auf die Koronargefäße soll bei Felypressin geringer sein; es wird bei Überempfindlichkeit gegen Adrenalin als Sperrkörper (S. 182) eingesetzt.

Pharmakokinetik Desmopressin muss als Peptidhormon parenteral gegeben werden, bei Applikation auf die Nasenschleimhaut lässt sich eine protrahierte Resorption und damit eine verlängerte Wirkung erzielen. Oral sind sehr hohe Dosen erforderlich, um eine vergleichbare Wirkung zu erzielen. Es wird durch Peptidasen in Plasma, Leber und Niere abgebaut. Seine Eliminationshalbwertszeit im Plasma beträgt beim Menschen 3–4 h im Gegensatz zu wenigen Minuten bei ADH.

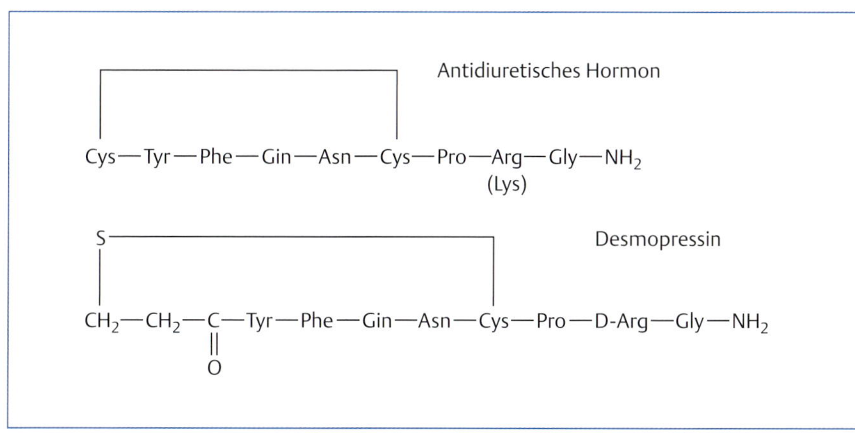

Abb. 8.12 Antidiuretisches Hormon und Desmopressin.

Indikationen Diabetes insipidus als Folge einer Unterfunktion des Hypophysenhinterlappens. Differenzialdiagnose zwischen zentralem und renalem Diabetes insipidus.

Dosierung In der Humanmedizin werden Dosen von Desmopressin von etwa 0,3 µg/kg nasal oder parenteral gegeben. Mit höheren Dosen (0,2–1,2 mg/d für den Menschen) lässt sich auch bei oraler Gabe eine Wirkung erzielen. Veterinärmedizinische Erfahrungen mit Desmopressin fehlen, Vasopressin steht als Arzneimittel nicht mehr zur Verfügung.

Nebenwirkungen Wasserretention

Kontraindikationen Epilepsie und Asthma bronchiale gelten als relative Kontraindikationen.

Zur Antagonisierung der Wirkungen von Vasopressin stehen nicht peptidische Vasopressinrezeptor-Antagonisten (z. B. Relcovaptan, Tolvaptan, Conivaptan) zur Verfügung. Diese auch als „Aquaretika" bezeichneten Substanzen führen zu einer vermehrten Ausscheidung von freiem Wasser ohne begleitende Natriurese oder Kaliurese, was bei Hypoosmolarität infolge übermäßiger ADH-Sekretion, aber auch bei chronischer Herzinsuffizienz und Leberzirrhose therapeutisch genutzt wird.

8.3.2 Andere Stoffe mit antidiuretischer Wirkung

Die **Benzothiadiazine** (S. 237) haben bei zentralem und renalem Diabetes insipidus eine antidiuretische Wirkung. Diese wird wahrscheinlich durch die Na^+-Depletion und dadurch reduzierte Osmolarität im Extrazellularraum (verminderter Durst!) hervorgerufen. Außerdem haben die Stoffe einen vasopressinähnlichen Effekt und lösen durch Hemmung der Phosphodiesterase einen Anstieg von cAMP wie ADH aus. Die Wirkung ist schwächer als diejenige von ADH, aber es kann eine 50 %ige Reduktion des Urinvolumens erreicht werden. Ein niedriges Na^+-Angebot verstärkt die Wirkung.

KLINISCHER BEZUG Benzothiadiazine haben den Vorteil, auch bei renalem Diabetes insipidus antidiuretisch zu wirken und können selbst bei herzgeschädigten Patienten gegeben werden. Auf K^+-Verluste ist zu achten.

Das Antiepileptikum Carbamazepin (S. 174) stimuliert die ADH-Sekretion und wirkt dadurch antidiuretisch.

FAZIT ANTIDIURETISCHE STOFFE

Antidiuretische Stoffe werden vor allem beim Diabetes insipidus therapeutisch eingesetzt. In der Veterinärmedizin kommen v. a. Derivate von Vasopressin wie auch Benzothiadiazine zur Anwendung.

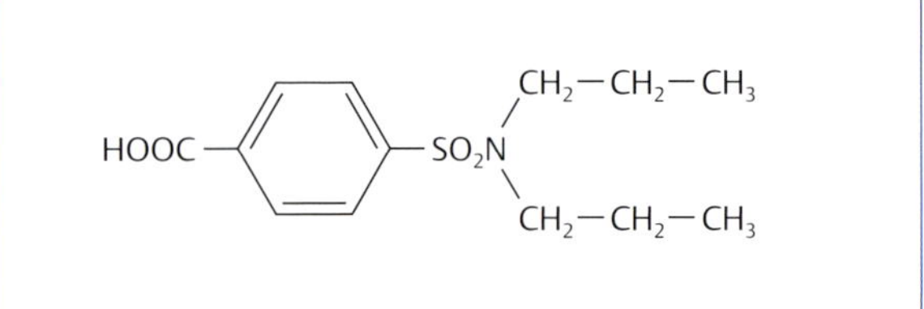

Abb. 8.13 Probenecid.

8.4 Hemmstoffe des tubulären Transportes

Zahlreiche stark saure Arzneimittel, z. B. Benzylpenicillin, Schleifendiuretika und Salicylsäure, werden durch aktive tubuläre Sekretion in der Niere ausgeschieden. Dieser Sekretionsprozess lässt sich durch Stoffe hemmen, die eine Affinität zum selben Carriersystem haben. Bei gleicher Affinität wird die Sekretion des Pharmakons konzentrationsabhängig reduziert, bei hoher Affinität des Hemmstoffs und fehlender oder langsamer Dissoziation vom Carrier kann eine fast vollständige Blockade des Transports die Folge sein.

ZUM WEITERLESEN Hemmstoffe des tubulären Transports wurden zu Beginn der Penicillin-Ära entwickelt, um die Ausscheidung des damals noch sehr teuren Stoffes zu verzögern. Von diesen Medikamenten ist heute noch Probenecid auf dem Markt.

Probenecid (**Abb. 8.13**) inhibiert organische Anionentransporter (OATs) in den Tubuluszellen und damit die aktive Sekretion organischer Säuren vom Blut in die Niere. Dadurch wird z. B. die tubuläre Sekretion von Benzylpenicillin so stark gehemmt, dass dieses fast nur durch glomeruläre Filtration ausgeschieden wird und sich damit die Halbwertszeit etwa verdoppelt. In gleicher Weise wird die renale Elimination von Röntgenkontrastmitteln und Salicylsäure verzögert. Beim Menschen ist mit hohen Probenecid-Konzentrationen eine urikosurische Wirkung verbunden. Der Stoff wird nach oraler Gabe in 2–4 h resorbiert und mit einer Halbwertszeit von 12 h beim Hund, 1,5 h bei Pferd und Schaf und 1 h bei der Ziege ausgeschieden. Probenecid ist größtenteils an Plasmaproteine gebunden. Außer bei stark alkalischem Urin wird es glomerulär filtriert, tubulär sezerniert und fast vollständig rückresorbiert. Ein geringer Anteil unterliegt der Hydroxylierung oder Glukuronidierung. Probenecid hemmt auch Transportvorgänge in anderen Organen, z. B. dem Zentralnervensystem. Zur vollen Wirkung sind Konzentrationen von etwa 200 µg/ml Plasma erforderlich. Probenecid findet veterinärmedizinisch kaum Verwendung, gilt aber in der experimentellen Medizin als spezifischer Hemmstoff von Säuretransportern. Illegal spielt Probenecid beim Doping eine Rolle, um den Urinnachweis dopingrelevanter Substanzen zu erschweren.

(Weiterführende) Literatur

[1] Frey H-H. Pharmacology of bumetanide. Postgrad Med J 1975; 51: Suppl. 6, 14–18

[2] Wile D. Diuretics: a review. Ann Clin Biochem 2012; 49:419–31

9 Pharmakologie des Blutes

M. Gernert

9.1 Einleitung

Gefäßendothel, Thrombozyten und die im Plasma vorkommenden gerinnungsfördernden und gerinnungshemmenden Faktoren bilden ein komplexes System zur physiologischen Blutstillung und Wundheilung bei Verletzungen. Unerwünschte Aktivierung des Systems kann zu erhöhter Thromboseneigung und zur Bildung von Thromben führen. Um Blutgerinnungsprozesse zu hemmen bzw. bereits vorhandene Thromben wieder aufzulösen, werden verschiedene Gruppen von **Antithrombotika** (z. B. Antikoagulanzien) eingesetzt.

Hämostyptika (blutstillende Mittel) hingegen werden zur Förderung von Wundheilungsprozessen eingesetzt.

Die Hauptfunktion der Erythrozyten ist der Transport von Hämoglobin und damit von Sauerstoff. Eine Verminderung der Sauerstofftransportkapazität des Blutes und damit eine Sauerstoffunterversorgung von Körpergewebe ist das Hauptproblem bei Patienten mit Anämie. **Antianämika** (Therapeutika zur Behandlung von Anämien) werden am Ende des Kapitels abgehandelt.

9.2 Antithrombotika

DEFINITION Antithrombotika greifen in die Hämostase (Blutstillung) ein und können dadurch intravasale Thromben prophylaktisch verhindern oder bereits vorhandene Thromben auflösen.

Die Hämostase kann in mehrere Phasen eingeteilt werden, zwischen denen enge funktionelle und zeitliche Beziehungen bestehen, sodass eine scharfe Abgrenzung nicht möglich ist:

- vaskuläre Phase (Gefäßkontraktion)
- Thrombozytenaggregation (zelluläre Hämostase)
- Blutgerinnung (plasmatische Hämostase)
- Fibrinolyse

Drei Gruppen von Antithrombotika werden unterschieden:

- **Thrombozytenaggregationshemmer**: hemmen die für die Thrombusbildung entscheidenden Funktionen der Blutplättchen; vorrangig zur Prophylaxe arterieller Thromben

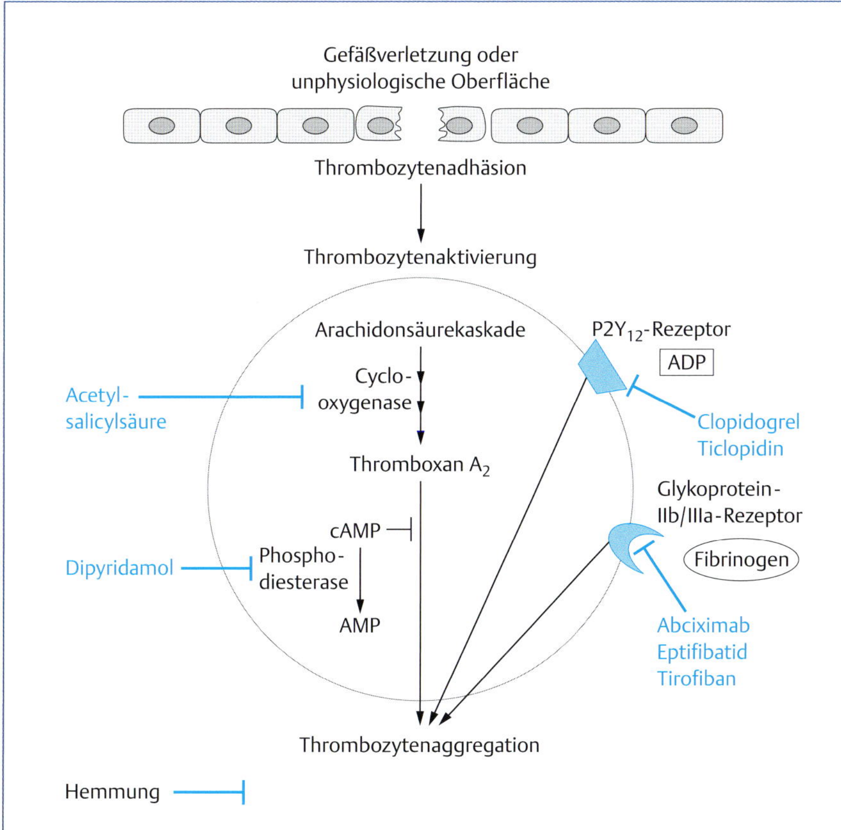

Abb. 9.1 Wirkungsmechanismen von Thrombozytenaggregationshemmern.

- **Antikoagulanzien**: setzen die Gerinnungsfähigkeit des Blutes herab, indem sie die Bildung von Fibrin verhindern; vorrangig zur Prophylaxe und Behandlung venöser Thromben; haben die größte klinische Bedeutung
- **Fibrinolytika**: lösen bereits gebildetes Fibrin auf

9.2.1 Thrombozytenaggregationshemmer

STECKBRIEF THROMBOZYTEN-AGGREGATIONSHEMMER

Thrombozytenaggregationshemmer verhindern die Aggregation von Blutplättchen und wirken dadurch einer Thrombusbildung vorrangig im arteriellen Bereich entgegen.

Thrombozytenaggregation

Neben der Blutgerinnung ist die Thrombozytenaggregation entscheidend daran beteiligt, die Hämostase aufrechtzuerhalten. Thrombozyten zeigen Adhäsion und aggregieren als Folge zahlreicher Stimuli wie beispielsweise Gefäßverletzung, arteriosklerotische Veränderungen, unphysiologische Oberflächen.

Physiologisch kommt es nach Verletzung eines Blutgefäßes schnell zur lokalen Vasokonstriktion, zur Adhäsion von Thrombozyten (**Abb. 9.1**) sowie zur Initiierung der Blutgerinnung mit dem Ziel, blutende Wunden zu verschließen und so den Blutverlust zu begrenzen.

Der aus Endothelzellen stammende von-Willebrand-Faktor schafft eine Anheftungsbrücke zwischen den Thrombozyten und infolge der Verletzung exponierten subendothelialen Strukturen wie Kollagen. Die angehefteten Thrombozyten setzen nun verschiedene Mediatoren wie z. B. ADP, Serotonin und Thromboxan A_2 frei, die die Thrombozytenaggregation vorantreiben. Innerhalb der Thrombozyten wird die Arachidonsäurekaskade in Gang gesetzt, in der Arachidonsäure mittels konstitutiv exprimierter COX-1 über Zwischenstufen u. a. zu dem potenten Aggregationsförderer Thromboxan A_2 umgesetzt wird. Ein zentraler Prozess bei der Aggregation ist zudem die Veränderung des cAMP-Levels im Thrombozyten. Eine cAMP-Erhöhung hemmt die Aggregation, eine Erniedrigung fördert

Tab. 9.1 Übersicht über Thrombozytenaggregationshemmer.

Wirkstoffgruppe	Substanzen	Pharmakodynamik	Pharmakokinetik	Nebenwirkungen
COX-Hemmer	Acetylsalicylsäure	▪ hemmt irreversibel COX und damit die Bildung von prothrombotischem Thromboxan A_2 (und antithrombotischen Prostacyclinen)	▪ Plättchenfunktion 7–10 Tage nach Absetzen wieder vollständig ▪ orale Gabe	▪ erhöhte Blutungsneigung ▪ gastrointestinale Blutungen ▪ peptische Ulzera
ADP-Rezeptor-Antagonisten (Thienopyridine)	Clopidogrel, Ticlopidin	▪ nicht kompetetiver $P2Y_{12}$-Rezeptor-Antagonismus, dadurch Hemmung der Bindung von ADP an Blutplättchen ▪ indirekte Hemmung der Bindung von Fibrinogen an Blutplättchen	▪ beide Substanzen sind Prodrugs ▪ maximale Wirkung erst einige Tage nach Behandlungsbeginn ▪ Plättchenfunktion 7–10 Tage nach Absetzen wieder vollständig ▪ orale Gabe	▪ erhöhte Blutungsneigung ▪ gastrointestinale Störungen ▪ Leukopenie ▪ bessere Verträglichkeit von Clopidogrel gegenüber Ticlopidin
Glykoprotein-IIb/IIIa-Rezeptor-Antagonisten	Abciximab (monoklonales Antikörperfragment), Eptifibatid (zyklisches Peptid), Tirofiban (Nicht-Peptid)	▪ Hemmung der Bindung u. a. von Fibrinogen an Blutplättchen, z. T. auch Hemmung von Bindungsstellen der Blutgefäßwände ▪ vermeiden sehr nachdrücklich Verklumpungen ▪ erhöhen das Blutungsrisiko allerdings deutlich	▪ Wirkungsdauer Stunden bis Tage ▪ Substanzen nicht säurefest, daher i. v. Injektion	▪ erhöhte Blutungsneigung ▪ je nach Substanz Thrombozytopenie, Hypotonie, gastrointestinale Störungen, Fieber
Phosphodiesterase-hemmer	Dipyridamol	▪ hemmen den Abbau von cAMP, wodurch die Blutplättchenaggregation verhindert wird ▪ zudem Vasodilatation über Hemmung von Adenosintransportern ▪ synergistische Effekte mit Acetylsalicylsäure	▪ orale Gabe in Kombination mit Acetylsalicylsäure	▪ Hypotonie

sie. Die Aggregation der Thrombozyten untereinander wird über die Bindung von Fibrinogen und Kalzium an Glykoprotein-IIb/IIIa-Rezeptoren der Plättchenmembran vermittelt.

Wirkstoffgruppen

Als Thrombozytenaggregationshemmer sind heute Stoffe aus sehr unterschiedlichen Untergruppen auf dem Markt, die an verschiedenen Stellen des vielstufigen Prozesses der Thrombozytenaggregation eingreifen (Übersicht siehe **Tab. 9.1** und **Abb. 9.1**).

Indikationen Prophylaxe und Behandlung vorwiegend von arteriellen Thromben und thromboembolischen Erkrankungen.

Wechselwirkungen Gerinnungshemmer verstärken das durch Thrombozytenaggregationshemmer verursachte Blutungsrisiko.

Kontraindikationen Bestehende Blutungen oder Blutungsneigungen. Auch bei erhöhter Blutungsgefahr, z. B. bei Magen-Darm-Ulzera, und zeitnah zu größeren operativen Eingriffen dürfen die meisten Thrombozytenaggregationshemmer nicht eingesetzt werden. Auch schwerer Bluthochdruck ist eine Kontraindikation.

Acetylsalicylsäure

Acetylsalicylsäure gehört zur Gruppe der NSAID. Details zu Pharmakokinetik, Nebenwirkungen, Wechselwirkungen, Toxizität und Kontraindikationen siehe Kapitel über NSAID (S. 379).

Pharmakodynamik Acetylsalicylsäure hemmt irreversibel die COX. Im Gegensatz zu anderen NSAID ist Acetylsalicylsäure in der Lage, auch in niedrigen Dosierungen irreversibel die COX in Thrombozyten zu hemmen, wodurch die Prostaglandinsynthese und die Bildung u. a. von Thromboxan A_2 in Thrombozyten gehemmt wird. Dadurch verlieren die Thrombozyten für ihre Lebenszeit von 7–10 Tagen die Fähigkeit zur Thromboxan-A_2-abhängigen Aggregation, da sie als kernlose Blutbestandteile nicht in der Lage sind, die COX neu zu synthetisieren. Der durch Acetylsalicylsäure hervorgerufene Effekt auf die zelluläre Hämostase kann daher erst durch Bildung neuer Thrombozyten aufgehoben werden.

Ein physiologischer Gegenspieler der Thrombozytenaggregation ist Prostacyclin, das in Thrombozyten über cAMP aggregationshemmend wirkt. Neben der Hemmung der Thromboxan-A_2-Bildung hemmt Acetylsalicylsäure die analoge Bildung von Prostacyclin. Allerdings ist diese Hemmung schwächer ausgeprägt als die von Thromboxan A_2.

Pharmakokinetik Acetylsalicylsäure wird nach oraler Gabe schnell aus dem Magen-Darm-Trakt resorbiert. Die irreversible Hemmung der Thrombozyten-COX setzt daher schnell ein. Die Plasmahalbwertszeit ist speziesabhängig. Die Metabolisierung von Acetylsalicylsäure schließt eine Glukuronidierung in der Leber mit ein.

Die Katze ist nur beschränkt zur Glukuronidierung befähigt, weswegen Plasmahalbwertszeit und Toxizität von Acetylsalicylsäure hier ansteigen. Da zudem die Thrombozyten bei der Katze vergleichsweise reaktiv sind, was eine höhere Dosierung der Acetylsalicylsäure erforderlich machen würde, ist der Einsatz zur Thrombozytenaggregationshemmung bei dieser Spezies umstritten.

ADP-Rezeptor-Antagonisten: Clopidogrel, Ticlopidin

Clopidogrel und Ticlopidin sind Thienopyridine. Zur Hemmung der Thrombozytenaggregation bei Hund und Katze wird derzeit bevorzugt Clopidogrel eingesetzt.

Pharmakodynamik Clopidogrel und Ticlopidin sind Prodrugs, welche zunächst durch Cytochrom P450 in der Leber in ihre aktiven Metaboliten verstoffwechselt werden. Die aktiven Metaboliten binden irreversibel an den $P2Y_{12}$-Rezeptor und führen zu dessen Inaktivierung, wodurch die ADP-induzierte Thrombozytenaggregation gehemmt wird.

9.2.2 Antikoagulanzien

STECKBRIEF ANTIKOAGULANZIEN

Antikoagulanzien setzen die Gerinnungsfähigkeit des Blutes herab. Sie werden entsprechend ihrem Wirkungsmechanismus in direkte und indirekte Antikoagulanzien oder entsprechend ihrer Verabreichung in parenterale und orale Antikoagulanzien eingeteilt (**Tab. 9.2**).

Indikationen von Antikoagulanzien sind:

- in vitro: Antikoagulanzien werden zur Gerinnungshemmung bei Transfusionen oder in Blutproben für Laborbestimmungen verwendet. Kalziumionen (früher: Faktor IV) sind für alle Gerinnungsschritte mit Ausnahme der ersten beiden im intrinsischen Weg erforderlich. Diese Kalziumionenabhängigkeit wird im Laboralltag ausgenutzt. Neben Heparinen kommen daher Kalziumionenkomplexbildner wie Citrat, EDTA oder Oxalat als In-vitro-Antikoagulanzien zum Einsatz.

Tab. 9.2 Parenterale und orale Antikoagulanzien.

Wirkstoff/Wirkstoffgruppe	Wirkungsmechanismus
parenterale Antikoagulanzien	
Heparin	Heparine hemmen indirekt bestimmte Gerinnungsfaktoren
niedermolekulare Heparine	
Heparinoide	
Hirudin	hemmt direkt Thrombin
orale Antikoagulanzien	
Cumarinderivate	indirekte Antikoagulation durch Hemmung der Vitamin-K-abhängigen Carboxylierung bestimmter Gerinnungsfaktoren
neue orale Antikoagulanzien, NOAK	direkte Hemmung bestimmter Gerinnungsfaktoren, daher auch als direkte orale Antikoagulanzien, DOAK, bezeichnet

- in vivo: Antikoagulanzien wie Heparine, Cumarinderivate oder Hirudin werden zur Thromboseprophylaxe und Thrombosebehandlung verwendet. In letzterem Falle sollen sie vorrangig verhindern, dass sich ein bestehender Thrombus vergrößert.

Blutgerinnung

Die Blutgerinnung (**Abb. 9.2**) ist ein komplexer Vorgang, der letztendlich zur Bildung von unlöslichem Fibrin aus dem im Plasma vorhandenen löslichen Fibrinogen führt. Beteiligte Gerinnungsfaktoren liegen zunächst als inaktive Faktoren vorrangig im Blut vor. Sie werden beispielsweise bei Gefäßverletzung kaskadenartig in aktive Faktoren umgewandelt (meist durch proteolytische Abspaltung aus der inaktiven Form). Die meisten Gerinnungsfaktoren wirken erst in einem Komplex mit Cofaktoren, Kalziumionen und Phospholipiden optimal. Den meisten Gerinnungsfaktoren ist eine römische Zahl zugewiesen (**Tab. 9.3**). Die aktive Form wird durch ein kleines **a** hinter der Zahl gekennzeichnet. Aus historischen Gründen ist die Zahl VI nicht

Tab. 9.3 Blutgerinnungsfaktoren.

Faktor	Weitere Bezeichnungen
I	Fibrinogen
II	Prothrombin
früher: III	Gewebefaktor (TF, tissue factor)
früher: IV	Kalzium
V	Proaccelerin
VII	Proconvertin
VIII	antihämophiles Globulin A
IX	antihämophiles Globulin B, Christmas-Faktor
X	Stuart-Prower-Faktor
XI	Rosenthal-Faktor (PTA, plasma thromboplasmin antecedent)
XII	Hageman-Faktor
XIII	fibrinstabilisierender Faktor

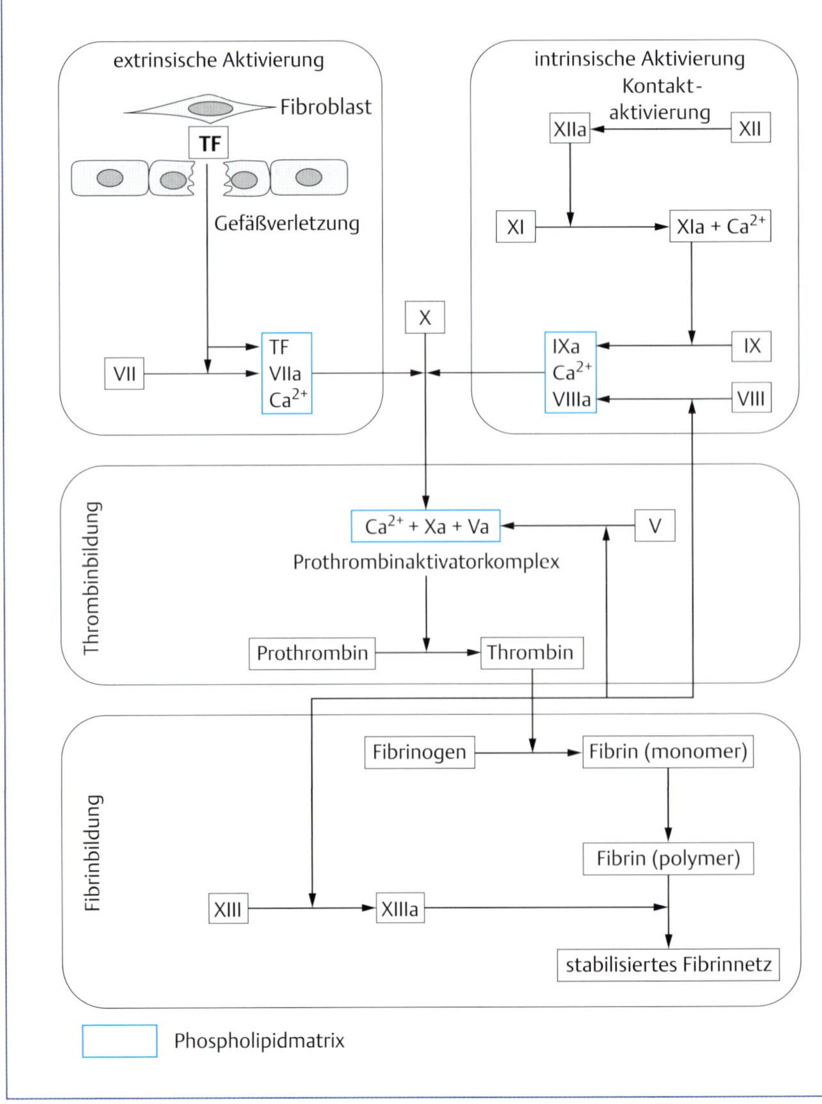

Abb. 9.2 Schema der Blutgerinnung: Dargestellt sind die intrinsische und die extrinsische Aktivierung des Prothrombinaktivatorkomplexes, der schließlich die Bildung von Thrombin einleitet und damit die Fibrinbildung induziert. Die meisten Gerinnungsfaktoren wirken nur in Anwesenheit der Phospholipidmatrix optimal.

(mehr) vergeben, der entsprechende Faktor ist identisch mit Faktor Va.

Das Schlüsselenzym bei der Bildung von Fibrin ist Thrombin, eine Serinprotease. Die Bildung von Thrombin (IIa) aus Prothrombin (II) wird durch den Prothrombinaktivatorkomplex (Prothrombinasekomplex) vermittelt. Dieser besteht aus Faktor Xa, Faktor Va, Phospholipid und Kalzium. Faktor Xa ist in diesem Komplex die aktive Protease. Der Faktor X kann über den extrinsischen oder den intrinsischen Weg zu Faktor Xa aktiviert werden.

Extrinsische Aktivierung

Die Blutgerinnung wird in vivo bei Gefäßverletzung hauptsächlich über den extrinsischen Weg aktiviert (**Abb. 9.2**). Dieser Weg beginnt mit dem Gewebefaktor (TF, tissue factor), der nach Gefäßverletzung, aber auch bei entzündlichen Vorgängen u. a. subendothelial von Fibroblasten freigesetzt bzw. exprimiert wird. Der Gewebefaktor aktiviert Faktor VII zu Faktor VIIa. Der Gewebefaktor bildet dann mit Faktor VIIa in Anwesenheit von Kalziumionen einen Komplex, der den Faktor X sehr schnell in Faktor Xa umwandelt.

Intrinsische Aktivierung

Die intrinsische Aktivierung der Blutgerinnung (**Abb. 9.2**) ist vergleichsweise komplex und verhältnismäßig langsam. Sie beginnt mit einer Kontaktaktivierung von Faktor XII zu Faktor XIIa. Die Kontaktaktivierung erfolgt an einer blutneutralen Fremdoberfläche, z. B. an Kollagenfasern, aber auch an entzündlich oder degenerativ veränderten Gefäßendothelien. Faktor XIIa bewirkt die Aktivierung von Faktor XI zu Faktor XIa. Faktor XIa bewirkt in Gegenwart von Kalziumionen die Aktivierung von Faktor IX zu Faktor IXa. Faktor IXa bildet dann in Anwesenheit von Kalziumionen und dem durch Thrombin aktivierten Faktor VIIIa einen Komplex, der schließlich Faktor X in Faktor Xa umwandelt.

Fibrinbildung

Auf der gemeinsamen Endstrecke des extrinsischen und intrinsischen Weges bildet sich der Prothrombinaktivatorkomplex, an dem die Aktivierung von Thrombin aus Prothrombin abläuft (**Abb. 9.2**). Thrombin selbst ist proteolytisch wirksam. Hauptsubstrat für das Thrombin ist Fibrinogen. Thrombin katalysiert die Umwandlung von Fibrinogen zu Fibrin, indem es vom Fibrinogen zwei niedermolekulare Peptide (Fibrinopeptide A und B) abspaltet. Die dabei entstehenden Fibrinmonomere polymerisieren und bilden dadurch ein Fibrinnetz. Der fibrinstabilisierende Faktor XIIIa, der auch durch Thrombin aktiviert wurde, stabilisiert nun das Fibrinnetz enzymatisch, indem er die Bildung kovalenter Bindungen zwischen den Fibrinmonomeren induziert. Zudem baut er α_2-Plasmininhibitor in das Netz ein, wodurch das Fibrinnetz vor einem Abbau durch Plasmin geschützt wird.

Ein positiver Rückkopplungsmechanismus der Blutgerinnung kommt dadurch zustande, dass Thrombin über seine Hauptwirkung der Fibrinogenspaltung hinaus noch die Gerinnungsfaktoren V und VIII aktiviert. Zudem setzen bereits Spuren von Thrombin aus den Thrombozyten u. a. weitere Phospholipide frei.

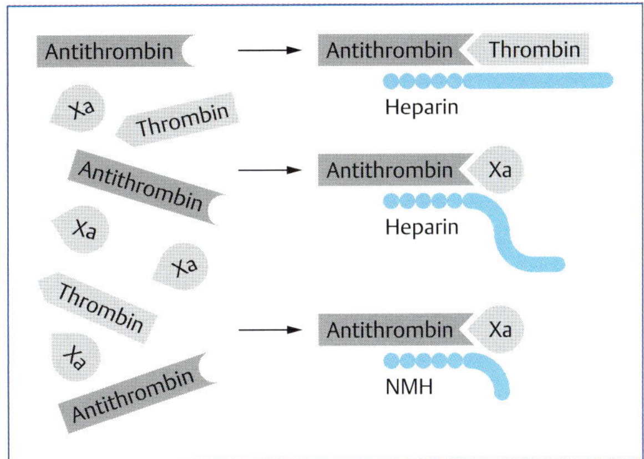

Abb. 9.3 Hauptsächlicher Wirkungsmechanismus von Heparin und niedermolekularen Heparinen (NMH).

Physiologische Hemmfaktoren der Blutgerinnung

Eine überschießende Aktivierung der Gerinnung kann physiologischerweise durch folgende Inhibitoren verhindert werden:

- Antithrombin (AT, früher AT III) wird in der Leber gebildet und gehört zum Inhibitortyp der Serpine (**Ser**in**p**roteas**ein**hibitoren). AT inaktiviert insbesondere die aktivierten Gerinnungsfaktoren IIa (Thrombin) und Xa (vergl. **Abb. 9.2**), aber auch IXa, XIa und XIIa durch äquimolare Komplexbildung. Heparin beschleunigt die Inaktivierung durch AT (**Abb. 9.3**).
- TFPI (tissue factor pathway inhibitor) wird in Endothelzellen gebildet und hemmt die extrinsische Aktivierung von Faktor X zu Faktor Xa. TFPI bindet zunächst an den Faktor Xa und neutralisiert dessen katalytische Aktivität. Der Xa/TFPI-Komplex hemmt nun den TF/VIIa-Komplex (vergl. **Abb. 9.2**) des extrinsischen Weges.
- Thrombomodulin wird an der Oberfläche von Endothelzellen exprimiert und bindet Thrombin im äquimolaren Verhältnis. Der Thrombin-Thrombomodulin-Komplex ist nicht mehr in der Lage, Fibrinogen zu spalten, aktiviert aber Protein C.
- Aktiviertes Protein C (APC) inaktiviert zusammen mit einem Cofaktor (Protein S) in Gegenwart von Kalzium und einer Phospholipidmatrix die Faktoren Va und VIIIa durch proteolytischen Abbau.

Zudem wird Heparin biosynthetisiert und in Mastzellen gespeichert. Ein angeborener oder erworbener Mangel einzelner physiologischer Inhibitoren der Blutgerinnung kann zu einem erhöhten Thromboserisiko führen.

Parenterale Antikoagulanzien

Heparin

Die Geschichte von Heparin beginnt 1916, als der Medizinstudent J. McLean zufällig eine gerinnungshemmende Substanz aus Hundeleber isolierte, der sein Doktorvater W. H. Howell dem ursprünglichen Fundort entsprechend den Namen Heparin gab.

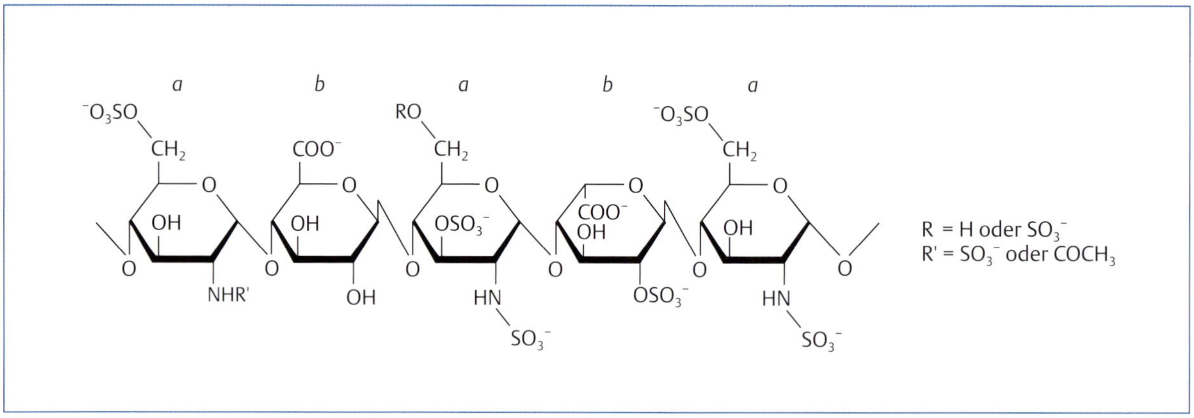

Abb. 9.4 Pentasaccharidsequenz von Heparin, die mit hoher Affinität an AT bindet; **a** = sulfatierte Glucosamine; **b** = Uronsäuren.

Heparin (unfraktioniertes Heparin, UFH) stellt ein Gemisch von Verbindungen mit unterschiedlichen Kettenlängen dar (Molekulargewicht 6 000 bis 30 000 Da). Es ist ein sulfatiertes Glucosaminoglykan, besitzt aber keinen einheitlichen Molekülaufbau, sondern ist vielmehr ein Gemisch von Disaccharideinheiten. Diese bestehen aus jeweils einem Aminozucker (D-Glucosamin) und einer Uronsäure (D-Glucuronsäure oder L-Iduronsäure). Als funktionelle Gruppen enthält Heparin Sulfatreste. Diese liegen in Form einer Sulfamidgruppe oder als Schwefelsäureester vor. Die Sulfatreste bedingen die stark negative Ladung des Heparinmoleküls. Für die antikoagulatorische Wirkung ist eine Pentasaccharidsequenz aus drei sulfatierten Glucosaminen und zwei Uronsäuremolekülen verantwortlich (**Abb. 9.4**). Diese Pentasaccharidsequenz kommt unregelmäßig in den Polysaccharidketten des Heparins vor.

Die Biosynthese und Speicherung von Heparin findet in Mastzellen u. a. in der Leber, Lunge oder dem Darm statt. Das zu therapeutischen Zwecken verwendete Heparin wird aus Schweinedarmmukosa gewonnen.

Pharmakodynamik Unfraktioniertes Heparin mit einer Kettenlänge von mindestens 18 Monosacchariden hemmt die Blutgerinnung, indem es die normalerweise langsam verlaufende Inaktivierung von Thrombin durch AT beschleunigt. Dies geschieht durch eine Konformationsänderung der Bindungsstelle von AT und durch Bildung ternärer Komplexe mit AT und Thrombin (**Abb. 9.3**). Der Heparin-AT-Komplex fördert auch die Inaktivierung des Gerinnungsfaktors Xa (**Abb. 9.3**). Hierfür reichen niedermolekulare Heparine (S. 251) mit weniger als 18 Monosacchariden aus, die die Pentasaccharidsequenz enthalten. Heparin bewirkt außerdem die Freisetzung des physiologischen Gerinnungs-Inhibitors TFPI. Der Heparin-AT-Komplex inaktiviert neben Thrombin und Faktor Xa zudem weitere Faktoren (IXa, XIa und XIIa), wenngleich schwächer ausgeprägt.

Aufgrund seiner zahlreichen negativen Ladungen kann Heparin mit einer Reihe von körpereigenen Stoffen Komplexe bilden und sich an zelluläre Membranen anlagern. Dies erklärt neben seiner gerinnungshemmenden auch seine vielfältigen weiteren Wirkungen im Organismus. Beispielsweise besitzt Heparin einen lipolytischen Effekt und verursacht in geringem Maße eine Freisetzung von Gewebe-Plasminogenaktivator (t-PA), der für die Fibrinauflösung notwendig ist. An die Oberfläche von Endothelzellen gebundenes Heparin verstärkt deren negative Ladung und verbessert dadurch die antithrombogenen Eigenschaften des Endothels. In höheren Konzentrationen begünstigt Heparin jedoch die Aggregation der Blutplättchen.

Pharmakokinetik Unfraktioniertes Heparin wird nur in sehr geringen Mengen intestinal resorbiert und muss daher parenteral verabreicht werden. Die Bioverfügbarkeit beträgt bei gesunden Hunden nach s. c. Injektion etwa 30–50 %. Nach i. v. oder s. c. Injektion von therapeutischen Dosen werden zunächst die zellulären Bindungsstellen durch Heparin abgesättigt. Erst danach ist die Dosis-Wirkungs-Beziehung linear und der therapeutisch wirksame Heparinspiegel wird erreicht.

Nach einmaliger i. v. Injektion kommt es initial zu einer schnellen Elimination aus dem Blut. Dieser rasch ablaufende Sättigungsprozess kommt dadurch zustande, dass das polyanionische Heparin am Gefäßendothel, an Makrophagen sowie an Plasmaproteine bindet. Zusammen mit der geringen Bioverfügbarkeit wird ein Abschätzen des Heparinspiegels erschwert, was eine entsprechende Überwachung notwendig macht. Bereits nach einer Zirkulationszeit sind etwa 30–40 % des i. v. injizierten Heparins aus dem Kreislauf eliminiert. Danach folgt eine langsamere, dosisabhängige Elimination mit einer Halbwertszeit von 1–2 h.

Bei dermaler Applikation von unfraktioniertem Heparin in Form von Salben sind die resorbierten Mengen außerordentlich gering. Perkutan ist daher keine Therapie im Sinne einer systemischen Thromboseprophylaxe möglich. Jedoch können mit ausreichend hoch konzentrierten Salben in der Epidermis und im Corium Wirkstoffspiegel erreicht werden, für die bei oberflächlichen Hämatomen, Venenentzündungen und Thrombosen eine ausreichende Wirkung angenommen werden kann.

Heparin wird zum Teil in der Leber unter Beteiligung des Enzyms Heparinase metabolisiert und zudem durch das retikuloendotheliale System inaktiviert. Die Ausscheidung erfolgt teilweise als desulfatierte Verbindung über die Niere. Mit zunehmendem Polymerisationsgrad und Schwefelgehalt der Heparinketten nimmt die Ausscheidungsgeschwindigkeit ab, die Speicherung im Organismus zu. Bei Einschränkung der Nierenfunktion oder der Leberfunktion ist die Eliminationshalbwertszeit verlängert.

Heparin ist nicht plazentagängig und tritt nicht in die Milch über.

Indikationen In vivo wird Heparin zur Thrombosebehandlung eingesetzt, um das Weiterwachsen von Thromben zu verhindern und das Risiko für thromboembolische Komplikationen zu reduzieren. Eine postoperative Thromboseprophylaxe spielt bei einigen Tierarten (z. B. Hund und Katze) aufgrund der schnellen postoperativen Mobilität eine untergeordnete Rolle. Eine Thromboseprophylaxe kann hier aber indiziert sein, um z. B. bei der Behandlung mit Herzwurm-Adultiziden (makrozyklische Laktone wie z. B. Milbemycinoxim) das Risiko für thromboembolische Komplikationen durch abgestorbene Herzwürmer zu verringern. Die Anwendung von Heparin bei disseminierter intravasaler Koagulation (DIC) ist umstritten.

Bei oberflächlichen Thrombosen und Hämatomen sowie bei Thrombophlebitiden insbesondere des Pferdes kommen Heparinsalben zur Anwendung.

In vitro wird Heparin als Antikoagulans bei Transfusionen und Laboruntersuchungen von Blutproben eingesetzt.

Dosierung Heparin wird in IE dosiert (1 mg entspricht etwa 170 IE) und ist als Natrium- oder Kalziumsalz auf dem Markt. Dosierungsangaben in der Literatur variieren stark und hängen von der Indikation ab. Für manifeste Thrombosen lassen sich keine Dosierungsempfehlungen formulieren. Hier muss individuell anhand von Gerinnungstests angepasst werden.

Nebenwirkungen Bei der Therapie mit Heparin besteht wie bei allen Antikoagulanzien ein erhöhtes Blutungsrisiko, z. B. Haut- und Schleimhautblutungen. Weitere Nebenwirkungen sind heparininduzierte Thrombozytopenien (HIT). Diese können schnell auftreten (bei i. v. Injektion häufig sofort bzw. nach s. c. Injektion innerhalb von 2–4 Tagen), sind reversibel und vermutlich auf flüchtige Plättchenaggregate zurückzuführen. Seltener sind heparininduzierte Thrombozytopenien, die auf immunologischen Mechanismen beruhen. Hier ist die Heparintherapie sofort abzubrechen, da es sonst unter Umständen zu schweren thromboembolischen Komplikationen kommt. Beim Menschen können zudem nach längerer Behandlung reversibel Osteoporose und Haarausfall auftreten. Allergische Reaktionen sind möglich, klingen aber in der Regel spontan ab.

Wechselwirkungen Die antikoagulatorische Wirkung von Heparin und damit auch die erhöhte Blutungsneigung wird durch alle Substanzen verstärkt, die selbst gerinnungshemmend wirken bzw. die Thrombozytenfunktion beeinflussen. Hierzu gehören Acetylsalicylsäure, Cumarinderivate, Dipyridamol, Dextrane. Eine Abschwächung der Heparinwirkung kann möglicherweise durch Antihistaminika, Digitalisglykoside und Tetracycline bedingt sein.

Toxizität Die Toxizität von Heparin kann als gering eingestuft werden, allerdings steigt bei Überdosierung das Blutungsrisiko. Beim Auftreten stärkerer Blutungen wirkt Protamin als Antidot. Protamin ist ein Polykation aus dem Lachs und verwandten Fischen, welches das Polyanion Heparin durch Komplexbildung neutralisiert. Protamin kann Überempfindlichkeitsreaktionen auslösen und sollte wegen der Nebenwirkungen auf Atmung und Kreislauf langsam i. v. injiziert werden. Zu beachten ist, dass Protamin bei Überdosierung selbst einen antikoagulierenden Effekt entfaltet.

Kontraindikationen Vermutete oder bestehende Blutungsneigung, ausgeprägte Thrombozytopenien, schwere Leber- und Nierenerkrankungen. Eine i. m. Gabe ist kontraindiziert, da sie zu extensiven Hämatomen führen kann.

Niedermolekulare Heparine

Es hat sich gezeigt, dass eine Verringerung des Molekulargewichts von Heparin beim Menschen und bei einigen Tierarten zu einer Verbesserung der Bioverfügbarkeit, einer längeren Halbwertszeit (Behandlungsintervall reduzierbar auf bis zu einmal täglich) und zu einem geringeren Risiko einer Thrombozytopenie durch verminderte Interaktion mit Thrombozyten führt. Neben unfraktioniertem Heparin sind daher auch fraktionierte, niedermolekulare Heparine (NMH) wie z. B. **Certoparin**, **Dalteparin**, **Enoxaparin**, **Nadroparin**, **Reviparin** oder **Tinzaparin** im Handel. Ihre Molekulargewichte bewegen sich zwischen 4 000 und 7 000 Da. Sie werden mittels verschiedener Depolymerisationsverfahren (chemisch, enzymatisch, physikalisch) aus unfraktioniertem Heparin hergestellt, sodass sich die Substanzen in ihrer Molekülgröße, Pharmakokinetik und gerinnungshemmenden Aktivität unterscheiden.

Pharmakodynamik Gemeinsam ist den NMH, dass sie vorwiegend den Gerinnungsfaktor Xa hemmen (**Abb. 9.3**), da eine Kettenlänge von weniger als 18 Monosacchariden vorliegt. Hingegen werden Thrombin und die Thrombozytenfunktionen wesentlich weniger beeinflusst. NMH bewirken auch die Freisetzung von TFPI. Die lipolytische Wirkung der NMH ist deutlich geringer als die des unfraktionierten Heparins. Ein Nachteil der NMH gegenüber unfraktioniertem Heparin ist, dass Protamin als Antidot weniger wirksam ist.

Pharmakokinetik Die NMH haben beim Menschen und bei einigen Tierarten mehrere Vorteile gegenüber unfraktioniertem Heparin. Die Bioverfügbarkeit der NMH ist deutlich höher und wird nach s. c. Gabe mit > 90 % angegeben, was die Vorhersehbarkeit der Plasmaspiegel sicherer werden lässt. Die Notwendigkeit der Überwachung der Plasmaspiegel ist daher bei Verwendung von Standarddosierungen nicht in allen Fällen gegeben und beschränkt sich vorrangig auf einige Patienten oder Patientengruppen wie z. B. Jungtiere oder stark übergewichtige Patienten. Im Vergleich zu unfraktioniertem Heparin weisen die NMH eine geringere Affinität zu Plasmaproteinen, Endothelzellen und Blutplättchen auf. Die Halbwertszeit beträgt beim Menschen 3–5 h. Die Pharmakokinetik ist bei den verschiedenen NMH deutlich unterschiedlich. Es liegen zunehmend mehr Kinetikstudien z. B. über Dalteparin und Enoxaparin für verschiedene Tierarten einschließlich Hund, Katze und Pferd vor. Es hat sich gezeigt, dass der

Vorteil einer verlängerten Halbwertszeit bei Hund und Katze nicht gegeben ist. Vergleichbar den Beobachtungen beim Menschen zeigen NMH beim Pferd jedoch auch die Vorteile der längeren Halbwertszeit, wodurch größere Behandlungsintervalle möglich sind. Wenngleich kostenintensiver als unfraktioniertes Heparin, bieten NMH zudem den Vorteil, dass der Hämatokritwert nicht nennenswert beeinflusst wird, was insbesondere bei Intensivpatienten von Bedeutung ist, sodass NMH (hier vorrangig Tinzaparin) klinisch beim Pferd eingesetzt werden.

Indikationen Prinzipiell wie bei unfraktioniertem Heparin.

Aufgrund der verbesserten pharmakokinetischen Parameter (bessere Bioverfügbarkeit, längere Halbwertszeit) haben NMH in der Humanmedizin unfraktioniertes Heparin bei vielen Indikationen verdrängt. Auch bei der Behandlung verschiedener Tierarten setzen sich NMH aufgrund der verbesserten Kinetik gegenüber unfraktioniertem Heparin mehr und mehr durch. Indikationen sind beispielsweise beim Pferd neben Thromboseprophylaxe und -behandlung auch die postoperative Thromboseprophylaxe und die disseminierte intravasale Koagulation. Die Anwendung von NMH bei der Hufrehe-Behandlung und -Prophylaxe ist hingegen nicht unumstritten. Da der Vorteil einer verlängerten Halbwertszeit von NMH bei Hund und Katze nicht gegeben ist, erscheint eine klinische Anwendung derzeit unter wirtschaftlichen Aspekten bei diesen Tieren nicht gerechtfertigt. Sie haben jedoch möglicherweise zur Prophylaxe der Aortenthrombose bei der Katze Wirkungsvorteile gegenüber unfraktioniertem Heparin.

Kontraindikationen Wie bei unfraktioniertem Heparin.

Heparinoide

Heparinoide sind halbsynthetische sulfatierte Polysaccharide mit einerseits heparinähnlicher und andererseits chondroprotektiver Wirkung. Zu den Heparinoiden gehören Natriumpentosanpolysulfat (Pentosanpolysulfat-Natrium) und Chondroitinpolysulfat (Mucopolysaccharidpolyschwefelsäureester, polysulfatiertes Glykosaminoglykan). Beide Substanzen sind aufgrund ihrer chondroprotektiven Aktivität für die Anwendung bei nicht infektiösen Erkrankungen des Bewegungsapparates (z. B. Osteoarthritis) und zur Behandlung von Lahmheiten bei posttraumatischen und degenerativen Gelenkerkrankungen von Hund bzw. Pferd zugelassen.

Pharmakodynamik Neben der chondroprotektiven Wirkung verzögern Heparinoide die Blutgerinnung. Pentosanpolysulfat hemmt unabhängig von AT den Gerinnungsfaktor Xa. Die antithrombotische Wirksamkeit der Heparinoide ist jedoch geringer als die der Heparine.

Indikationen Aufgrund ihrer chondroprotektiven Wirkung werden Heparinoide bei nicht infektiösen Erkrankungen des Bewegungsapparates und zur Behandlung von Lahmheiten bei posttraumatischen und degenerativen, aseptischen Gelenkerkrankungen von Hund und Pferd eingesetzt. In der Humanmedizin kommen Heparinoide in Form von Salben zur Behandlung von Thrombophlebitiden und Hämatomen zum Einsatz. Natriumpentosanpolysulfat wird zudem in der Humanmedizin systemisch (s. c. Applikation) zur peri- und postoperativen Prophylaxe von venösen Thrombosen angewendet.

Kontraindikationen Vermutete oder bestehende Blutungsneigung, ausgeprägte Thrombozytopenien, schwere Leber- und Nierenerkrankungen, Infektionen. Nicht in akut entzündete oder infizierte Gelenke injizieren.

Hirudin

Hirudin ist ein blutgerinnungshemmender Wirkstoff aus dem medizinischen Blutegel (*Hirudo medicinalis*). Es ist ein einkettiges Protein aus 65 Aminosäuren (Molekularmasse 7 000 Da). Hirudin ist ein potenter, selektiver Thrombininhibitor. Im Gegensatz zum Heparin wirkt Hirudin unabhängig von AT. Durch Komplexbildung mit Thrombin wird ein inaktiver Enzym-Inhibitor-Komplex gebildet, der sich durch eine außerordentlich geringe Dissoziation auszeichnet. Hirudin hemmt zudem fibringebundenes Thrombin und die durch Thrombin ausgelöste Thrombozytenaggregation. Die enterale Resorption von Hirudin ist zu vernachlässigen. Bei s. c. Gabe wird es nahezu vollständig resorbiert. Die Halbwertszeit nach i. v. Injektion beträgt etwa 1 h (Mensch). Die Elimination erfolgt hauptsächlich über die Nieren. Hirudine können Blutungskomplikationen und die Bildung von Hirudin-Antikörpern induzieren.

Das natürliche Hirudin wurde in vitro zu diagnostischen Zwecken von Blutproben verwendet. Hirudin kann gentechnologisch hergestellt werden. Gentechnologisch hergestellte rekombinante Hirudine (r-Hirudine, Desulfatohirudine) wie Desirudin kommen in der Humanmedizin zur Prophylaxe thromboembolischer Komplikationen nach Hüftgelenk- oder Kniegelenkersatzoperationen und als Heparinersatz bei schwerer, heparininduzierter Thrombozytopenie sowie bei extrakorporaler Zirkulation in Betracht. In der Veterinärmedizin hat die In-vivo-Anwendung von Hirudin keine praktische Bedeutung.

Orale Antikoagulanzien

Cumarinderivate

STECKBRIEF CUMARINDERIVATE

Cumarinderivate sind indirekt wirksame Antikoagulanzien, da sie Gerinnungsfaktoren nicht direkt hemmen, sondern vielmehr die Reaktivierung von Vitamin K_1 durch das Enzym Vitamin-K_1-Epoxidreduktase kompetitiv hemmen und dadurch die Vitamin-K-abhängige Carboxylierung der Gerinnungsfaktoren II, VII, IX und X stören. Im Gegensatz zu Heparin werden Cumarinderivate oral verabreicht und eignen sich daher auch für Langzeitbehandlungen.

Die Geschichte der oralen Antikoagulanzien beginnt bereits 1922, als bei Rindern in Nordamerika nach Aufnahme von faulendem Süßklee teilweise tödliche Blutungskomplikationen auftraten („sweet clover disease", Süßkleekrankheit). 1941 wurde **Bishydroxycumarin** (**Dicumarol**) als

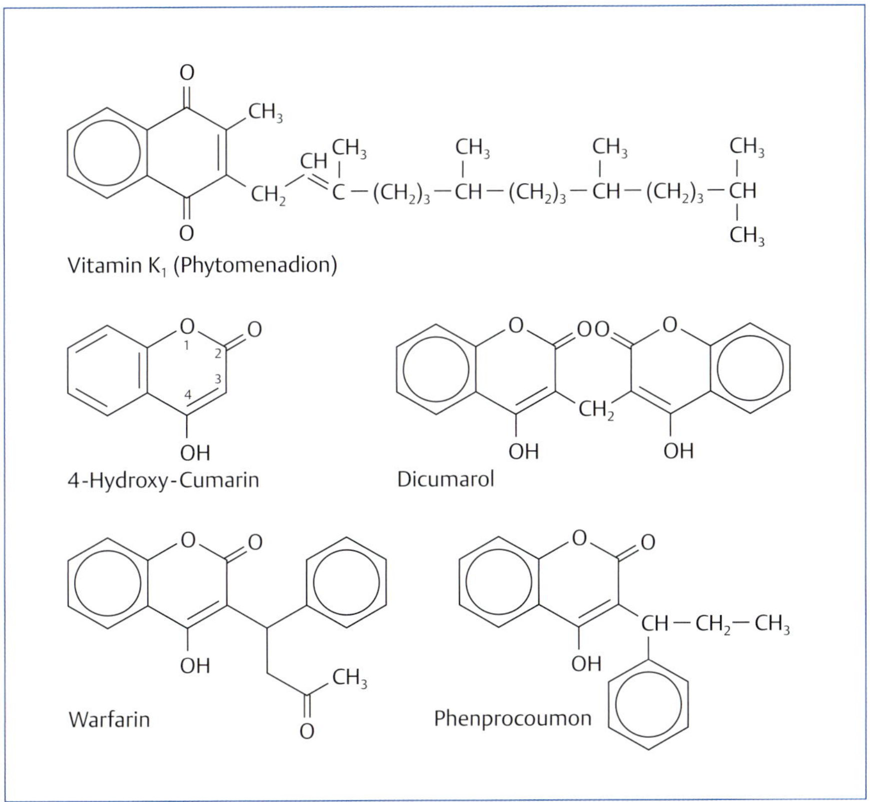

Abb. 9.5 Cumarinderivate und strukturelle Ähnlichkeit zum Vitamin K_1.

Auslöser der Süßkleekrankheit beschrieben. Dicumarol entsteht bei der Vergärung von Süßklee aus Cumarin, welches selbst keine antikoagulatorische Aktivität besitzt. Noch im gleichen Jahr erfolgte der erste Einsatz von Dicumarol beim Menschen. Später folgten weitere antikoagulatorisch wirksame Cumarinderivate wie **Warfarin**, das 1948 als Rodentizid eingeführt wurde und ein paar Jahre später als Natriumsalz klinische Anwendung bei thromboembolischen Zuständen in der Humanmedizin fand. Später kam u. a. **Phenprocoumon** hinzu. Weitere Substanzen der neueren (zweiten) Generation wie die Indandionderivate (S.598) werden ausschließlich als Rodentizide verwendet. Chemisch unterscheidet man bei den Cumarinderivaten Dicumarole und Monocumarole, die beide aus 4-Hydroxy-Cumarin ableitbar sind (**Abb. 9.5**).

Pharmakodynamik Die auch als Vitamin-K-Antagonisten bezeichneten Cumarinderivate hemmen die Vitamin-K-abhängige Carboxylierung der Gerinnungsfaktoren II, VII, IX, X sowie der antikoagulatorischen Faktoren Protein C und Protein S in der Leber, wodurch deren Plasmakonzentration gesenkt wird. Damit sind sie indirekt wirksame Antikoagulanzien. Anders als Heparin sind Cumarinderivate daher in vitro unwirksam.

In der Leber werden die Vorläuferproteine der Gerinnungsfaktoren synthetisiert. Als abschließender Schritt kommt es dann normalerweise zur Carboxylierung terminaler Glutamylreste (**Abb. 9.6**). Diese Carboxylierung resultiert in der oxidativen Inaktivierung von Vitamin K. Das dabei entstehende Vitamin-K-Epoxid wird durch die Epoxidreduktase zu Vitamin-K-Chinon umgesetzt, das durch die Vitamin-K-Reduktase zum Hydrochinon umgewandelt wird, das nun wieder für die Carboxylierung der Vorstufen der Gerinnungsfaktoren zur Verfügung steht. Vitamin-K-Antagonisten entfalten aufgrund ihrer Strukturähnlichkeit zu Vitamin K ihre Wirkung dadurch, dass sie die Epoxidreduktase und die Vitamin-K-Reduktase kompetetiv hemmen (**Abb. 9.6**), wodurch Vitamin K nicht mehr regeneriert werden kann, sich Vitamin-K-Vorräte schnell erschöpfen und schließlich die Carboxylierung der Vorstufen der Faktoren II, VII, IX, X unterbunden wird. Die im Blut bereits vorhandenen aktivierten Gerinnungsfaktoren werden aufgebraucht und kontinuierlich durch Freisetzung aus der Leber ersetzt, nun jedoch als physiologisch inaktive Acarboxy-Formen.

Die Wirkungslatenz der Cumarinderivate hängt von der Eliminationsgeschwindigkeit der im Blut vorhandenen funktionsfähigen Vitamin-K-abhängigen Gerinnungsfaktoren ab, d. h. von ihrer Halbwertszeit. Diese beträgt für die Vitamin-K-abhängigen Faktoren mit Ausnahme von Faktor VII 2–3 Tage. Die Halbwertszeit für den Faktor VII beträgt lediglich etwa 4–6 h (Hund). Nach Beendigung der Verabreichung von Cumarinderivaten hält die gerinnungshemmende Wirkung noch einige Tage an, bis eine ausreichend Menge carboxylierter Gerinnungsfaktoren vorliegt.

Pharmakokinetik Cumarinderivate werden nach oraler Gabe rasch und nahezu vollständig resorbiert. Die Resorption ist von der Anwesenheit von Gallensäuren abhängig. Die Bioverfügbarkeit von Warfarin ist deutlich größer als die von Dicumarol. Cumarinderivate werden größtenteils (> 97 %) an Plasmaproteine gebunden. Phenprocoumon z. B. hat eine Albuminbindung von 99 %; der freie (d. h. der wirksame) Anteil beträgt damit nur 1 %. Eine Verdrängung

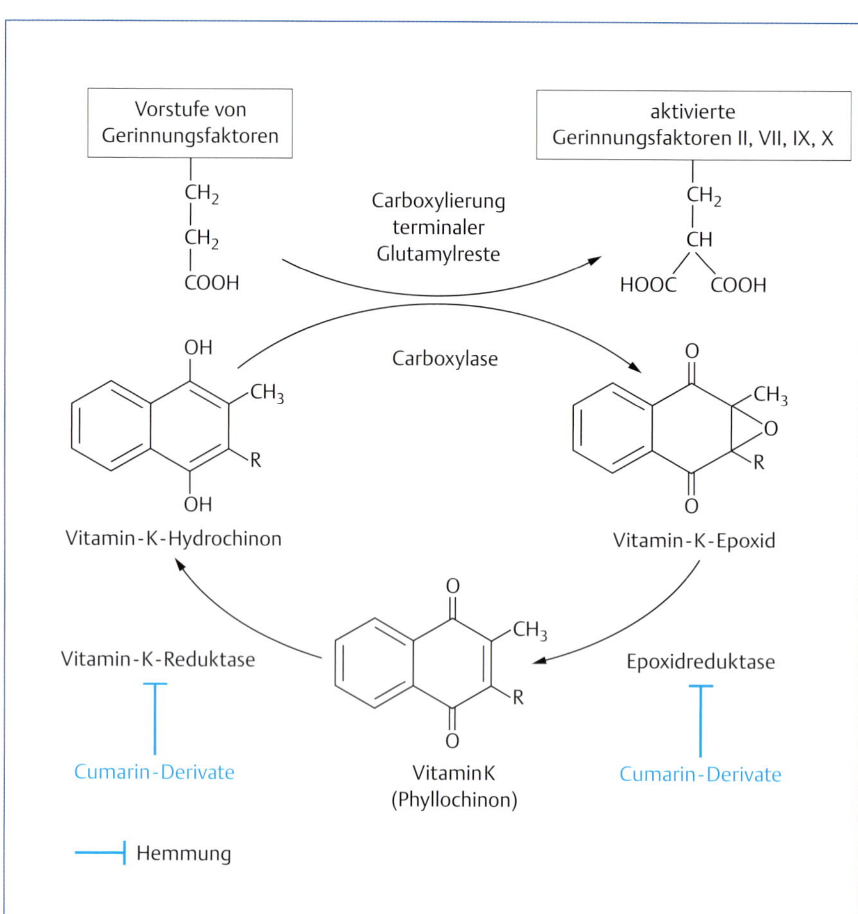

Abb. 9.6 Wirkungsmechanismus von Cumarinderivaten.

aus der Albuminbindung um nur 1 % führt daher zu einer Verdoppelung des wirksamen Anteils. Die Plasmaproteinbindung ist reversibel und zum Teil für die lange Eliminationshalbwertszeit verantwortlich, die für Warfarin bei etwa 36–50 h und für Phenprocoumon bei etwa 80–270 h liegt. Dicumarol, Warfarin und Phenprocoumon werden durch Leberenzyme zu inaktiven Metaboliten hydroxyliert, die renal und biliär ausgeschieden werden.

Die Wirkungsstärke der Cumarinderivate kann sich interindividuell deutlich unterscheiden, was u. a. auf genetisch bedingt unterschiedliche Metabolisierungsraten, Resorptionsstärken und auf unterschiedliche Diäten (Vitamin-K-Gehalt) zurückzuführen ist. Darüber hinaus zeigen Cumarinderivate Wechselwirkungen mit einer Vielzahl anderer Substanzen. Cumarinderivate passieren die Plazentaschranke und gehen in die Milch über.

Indikationen Langzeitprophylaxe thromboembolischer Erkrankungen. Bei akuten Indikationen kann eine Überbrückung der Wirkungslatenz mit Heparin erfolgen. In der Veterinärmedizin sind Cumarinderivate weniger gebräuchlich. Allerdings werden sie, nach initialer Heparingabe, beim Pferd und vereinzelt beim Hund in der Langzeitbehandlung und -prophylaxe von Thrombosen, z. B. Phenprocoumon zur Behandlung von Lahmheiten infolge thrombotischer Gefäßverschlüsse, verwendet. Hierbei ist eine sorgfältige Überwachung der Gerinnungshemmung unverzichtbar, um Blutungskomplikationen zu verhindern.

Dosierung Aufgrund der interindividuellen und speziesspezifischen Variabilität der Wirkungsstärke von Cumarinderivaten ist eine Laborüberwachung der Prothrombinaktivität essenziell für die klinische Anwendung. Die gängigste Methode für Dosisanpassungen ist der Prothrombinzeit(Thromboplastinzeit)-Test nach Quick, ein labormedizinischer Parameter zur Überprüfung der (extrinsischen) Blutgerinnung. Das Messergebnis in Sekunden kann über eine Referenzkurve kalibriert und als Prozent der Norm (Quick-Wert) ausgedrückt werden. Eine optimale Dosierung liegt vor, wenn der Quick-Wert auf etwa 25 % der Norm vermindert ist. Bei der Verwendung von Phenprocoumon beim Pferd wird eine Verminderung des Quick-Wertes auf 20–30 % der Norm empfohlen. Eine Verabreichung von Vitamin K_1 kann die blutgerinnungshemmende Wirkung der Cumarinderivate umkehren. Dies ist klinisch bei Überdosierung und bei versehentlicher Aufnahme von Cumarinderivaten (S. 598) von Bedeutung.

Nebenwirkungen Blutungskomplikationen sind die wichtigsten unerwünschten Wirkungen bei der Therapie mit Cumarinderivaten. Blutungen können vergleichsweise harmlos auftreten (sehr oft Hämatome) oder bedrohlicher sein, z. B. bei Blutungen aus den ableitenden Harnwegen und bei akuten Blutungen im Magen-Darm-Trakt. Lebensbedrohliche Blutungen sind selten, aber gefürchtet. Die Gefahr ist bei sorgfältiger individueller Dosisanpassung mithilfe des Prothrombinzeit-Tests geringer. Bei kleineren

Blutungen (Nasen- und Gingivalblutungen) reicht es meist, die Antikoagulanzientherapie für 2–3 Tage unter Kontrolle mittels Prothrombinzeit-Test zu unterbrechen. Bei schwereren Blutungen muss Vitamin K und eventuell Prothrombinkomplex-Konzentrat verabreicht werden. Gefürchtet, wenn auch sehr selten, ist die Cumarinnekrose, eine Nekrose von Haut- und Unterhautfettgewebe, die typischerweise innerhalb der ersten Therapietage auftritt. Die Ursache hierfür ist darin zu sehen, dass nach Gabe von Cumarinderivaten die Konzentration des antikoagulatorischen Protein C unter Umständen schneller absinken kann als die der Gerinnungsfaktoren. Aus Mangel an Inhibitoren der Blutgerinnung kann es daher während der initialen Phase der Therapie mit Cumarinderivaten zu einem erhöhten Thromboserisiko kommen. Eine Cumarinderivat-Therapie wird daher üblicherweise zunächst parallel mit der Gabe von Heparin begonnen.

Wechselwirkungen Zahlreiche Substanzen können mit der gerinnungshemmenden Wirkung der Cumarinderivate fördernd oder hemmend interagieren (**Tab. 9.4**).

Toxizität Die akute Toxizität ist stark speziesabhängig. Monogastrier reagieren empfindlicher als Wiederkäuer. Die Gefährdung von Hunden und anderen Heimtieren geht vor allem von Gift enthaltenden Ködern aus, aber auch die Aufnahme von Kadavern vergifteter Ratten oder Mäuse kann zu Intoxikationen führen. Die Blutungsneigung entsteht mit einer zeitlichen Verzögerung von 3–5 Tagen, da der initial auftretende Mangel an Faktor VII lediglich mit einem moderat gesteigerten Blutungsrisiko verbunden ist. Weiterführende Details zur Toxizität von Cumarinderivaten und zur Behandlung mit Vitamin K1 (Phytomenadion) als Antidot bei Vergiftungen mit Cumarinderivaten siehe Kapitel Rodentizide (S. 598). Je nach Zustand des Patienten und nach Art des Cumarinderivats muss die Vitamin-K_1-Behandlung in einer niedrigeren Erhaltungsdosis parenteral oder oral teilweise über Wochen fortgeführt werden. Mit dem Wirkungseintritt von Vitamin K_1 ist nach ca. 6–12 h zu rechnen, da die Synthese einer ausreichenden Menge funktioneller Gerinnungsfaktoren eine gewisse Zeit erfordert. Eine Transfusion von Blut bzw. Plasma zur Substitution Vitamin-K-abhängiger Gerinnungsfaktoren zur Wiederherstellung der Gerinnungsfähigkeit des Blutes ist selten erforderlich, z. B. bei akuten Blutungen mit stark erniedrigtem Hämatokrit.

Kontraindikationen Blutungen und Blutungsneigung, Magen- und Darmulzera, ausgeprägte Thrombozytopenie.

Neue orale Antikoagulanzien (NOAK)

Für die Humanmedizin wurden in den letzten Jahren verschiedene sogenannte neue orale Antikoagulanzien entwickelt, die gegenüber den Cumarinderivaten den Vorteil einer geringeren interindividuellen Variabilität der Wirkungsstärke aufweisen, wodurch Routineüberwachungen der Gerinnungshemmung nach Verabreichung standardisierter Dosierungen häufig unnötig werden. Ein weiterer Vorteil ist, dass sie weniger Wechselwirkungen haben als Cumarinderivate.

Neue orale Antikoagulanzien (NOAK) hemmen direkt selektiv den Gerinnungsfaktor Thrombin (Faktor IIa-Hemmer: **Dabigatran**) oder den Gerinnungsfaktor Xa (Faktor Xa-Hemmer: **Rivaroxaban**, **Apixaban**). Sie gehören damit zu den direkten Antikoagulanzien und werden daher auch als direkte orale Antikoagulanzien, DOAK, bezeichnet.

Ein wesentlicher Nachteil der NOAK ist zurzeit noch das Fehlen spezifischer Antidote, die zur Normalisierung der Gerinnung (z. B. bei Blutungskomplikationen oder vor Notfalleingriffen) verwendet werden können. Derartige Antidote befinden sich jedoch derzeit in der humanmedizinischen Entwicklung. Weitere Nachteile gegenüber den Cumarinderivaten sind das Fehlen verlässlicher Biomarker für die Überwachung der Antikoagulation und die höheren Kosten.

Die Bioverfügbarkeit von Apixaban nach oraler Gabe wird beim Menschen mit 50 %, beim Hund mit 80 %, beim Kaninchen mit 3 % angegeben. Der Metabolismus von Apixaban ist bei Menschen und einigen Tierarten (außer Kaninchen) qualitativ ähnlich, quantitativ jedoch unterschiedlich. Das pharmakologisch aktive Dabigatran wird als Prodrug Dabigatranetexilat verabreicht und entsteht im Plasma und der Leber durch Esterasen-katalysierte Hydro-

Tab. 9.4 Wechselwirkung von Cumarinderivaten, eingeteilt nach Wirkungsmechanismen.

Wechselwirkung	Wirkstoff
Steigerung der Biotransformation der Cumarinderivate durch Induktion mikrosomaler Enzyme	Chloralhydrat, Phenobarbital, Haloperidol, Trifluperidol, Griseofulvin, Benzodiazepine
Hemmung der Biotransformation der Cumarinderivate	Fenyramidol, Analgetika aus der Pyrazolonreihe, Monoaminoxidasehemmer, Methylphenidat
Verdrängung der Antikoagulanzien aus ihrer Proteinbindung	Phenylbutazon, Salicylate, Diphenylhydantoin, Sulfonamide, Tolbutamid, Fenyramidol
Beeinflussung von Stoffwechselvorgängen in der Leber, die für die Bildung der Gerinnungsfaktoren von Bedeutung sind	Chinidin, Phenothiazine, Coffein, Disulfiram, Ethanol, Chloramphenicol, Chlortetracyclin, Streptomycin, Neomycin, Salicylate
Erhöhung der Affinität der Antikoagulanzien zum Rezeptor	anabol wirksame Steroide, Clofibrat
Blockade der Resorption von Vitamin K aus dem Gastrointestinaltrakt	Laxanzien (Paraffinöl), Chloramphenicol, Neomycin, Chinidin

(Nach: Klöcking HP. Pharmakologie des Blutes. In: Frey HH, Löscher W (Hrsg.). Lehrbuch der Pharmakologie und Toxikologie für die Veterinärmedizin. 2. Aufl. Stuttgart: Enke Verlag, 2002; S. 206.)

lyse. Die Halbwertszeiten der NOAK sind kürzer als die der Cumarinderivate. Unerwünschte Nebenwirkungen sind Blutungskomplikationen, wobei sich für Dabigatran beim Menschen ein geringeres Risiko für intrakranielle Blutungen, aber ein höheres Risiko für gastrointestinale Blutungen gezeigt hat.

Humanmedizinische Indikationen sind Prophylaxe venöser Thromboembolien nach orthopädischen Operationen, Prävention ischämischer Schlaganfälle und systemischer Embolien bei Vorhofflimmern, Therapie und Rezidivprophylaxe von Lungenembolien und tiefen Venenthrombosen. In der Veterinärmedizin haben die NOAK noch keine praktische Bedeutung.

9.2.3 Fibrinolytika

DEFINITION Fibrinolytika sind Substanzen, die direkt oder indirekt das körpereigene fibrinolytische System aktivieren und dadurch die Auflösung von bereits gebildetem Fibrin induzieren.

Das Fibrinolysesystem

Das fibrinolytische System hat zwei wichtige physiologische Funktionen. Einerseits soll das bei der Blutstillung gebildete Fibrin wieder aufgelöst werden, andererseits schützt sich der Organismus vor intravasalen Fibrinablagerungen, wodurch eine Thrombusbildung verhindert wird.

Im Fibrinolysesystem (**Abb. 9.7**) wird als zentraler Schritt das Proenzym Plasminogen durch Plasminogenaktivatoren in das fibrinolytisch aktive Enzym Plasmin umgewandelt. Plasmin wiederum führt die enzymatische Spaltung des unlöslichen Fibrins in lösliche Fibrinspaltprodukte durch. Plasminogen weist eine hohe Affinität zum Fibrin auf und reichert sich daher im Thrombus an. Somit kann Plasmin nach seiner Aktivierung unmittelbar auf sein Substrat Fibrin einwirken. Nach der Spaltung von Fibrin erfolgt die Freisetzung von Plasmin. Dieses wird durch Bindung an α_2-Plasmininhibitor irreversibel inaktiviert. Plasmin spaltet neben Fibrin auch Fibrinogen sowie die Gerinnungsfaktoren V und VIII.

Die Fibrinolyse kann durch verschiedene endogene oder exogene Substanzen aktiviert oder gehemmt werden. Der physiologisch bedeutendste Plasminogenaktivator ist der **Gewebe-Plasminogenaktivator** (t-PA, tissue-type plasminogen activator). An der Gefäßwand gebildete Fibringerinnsel induzieren die Freisetzung von t-PA aus dem Gefäßendothel. Der lokal freigesetzte t-PA bildet mit Fibrin und fibringebundenem Plasminogen einen ternären Komplex, der zur schnellen Umwandlung von Plasminogen in Plasmin führt. Das aktivierte Plasmin bleibt am Fibrin fixiert und spaltet dieses in lösliche Bruchstücke, wodurch sich der Komplex wieder auflöst. t-PA wird schnell in der Leber inaktiviert oder durch den Plasminogenaktivator-Inhibitor-1 (PAI-1) durch Komplexbildung gehemmt. PAI-1 wird vorwiegend in Endothelzellen gebildet und von dort u. a. durch Thrombin, Endotoxin oder Zytokine freigesetzt. Neben t-PA ist **Urokinase** (u-PA, Urokinase-type plasminogen activator) ein physiologischer Plasminogenaktivator, die aber vorwiegend in andere Vorgänge (außerhalb der Fibrinolyse) funktionell integriert ist. Sowohl t-PA als auch Urokinase sind Serinproteinasen, die eine bestimmte Peptidbindung im Plasminogenmolekül spalten.

Eine Über- oder Unteraktivität des fibrinolytischen Systems kann entsprechend zu Hämorrhagien oder zur Bildung von Thromben führen.

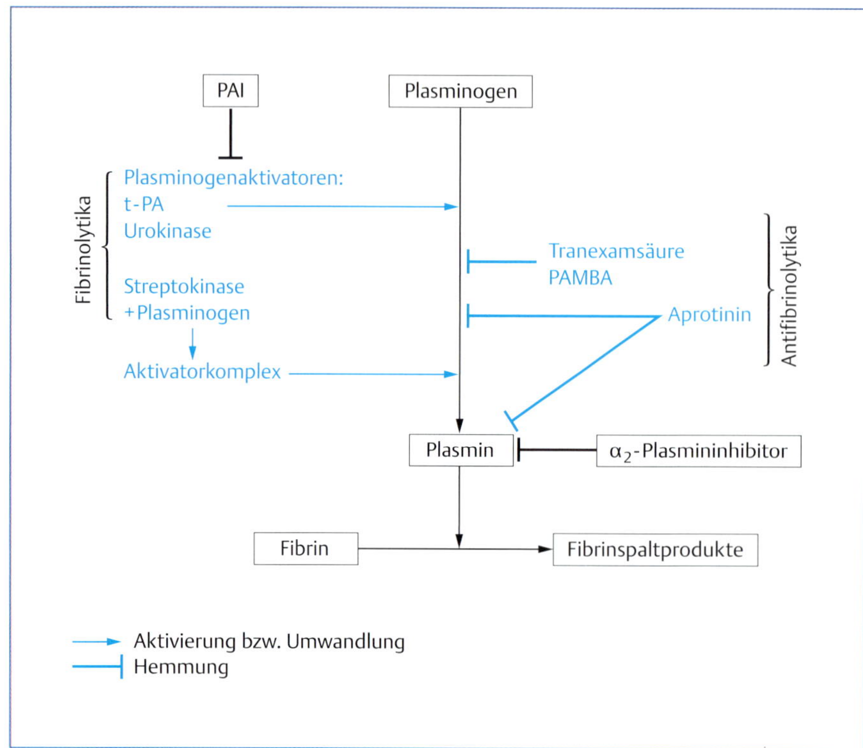

Abb. 9.7 Schema der Fibrinolyse: Die Fibrinolyse kann durch Fibrinolytika wie den Gewebe-Plasminogenaktivator (t-PA) aktiviert werden. Streptokinase bildet zunächst mit Plasminogen einen Aktivatorkomplex, der dann Plasminogen zu Plasmin umwandeln kann. Plasminogenaktivatoren können durch Plasminogenaktivator-Inhibitoren (PAI) gehemmt werden. Ein physiologischer Inhibitor von Plasmin ist α_2-Plasmininhibitor. Die Fibrinolyse kann durch Antifibrinolytika (S. 259) gehemmt werden. Aprotinin ist ein physiologischer Inhibitor der Fibrinolyse.

Übersicht zu den Fibrinolytika

STECKBRIEF FIBRINOLYTIKA

Fibrinolytika verstärken die Umwandlung von Plasminogen zu dem aktiven fibrinolytischen Enzym Plasmin (**Abb. 9.7**). Plasminogen kommt in der freien (löslichen) Form im Plasma vor und gebunden an Fibrin im formierten Fibringerinnsel.

Fibrinolytika der **ersten Generation** (u. a. Streptokinase, Urokinase) aktivieren direkt sowohl das freie, im Blut zirkulierende als auch das gebundene Plasminogen. Der Nachteil der Aktivierung des freien Plasminogens ist das damit verbundene höhere Risiko systemischer Blutungen, da Plasmin im gesamten Blutkreislauf aktiviert wird.

Fibrinolytika der **zweiten Generation**, zu denen t-PA und rekombinante t-PA wie Alteplase, Reteplase und Tenecteplase gehören, zeigen eine deutliche Plasminaktivierung erst nach zusätzlicher Bindung an Fibrin. Daher aktivieren sie vergleichsweise selektiv nur das am Fibringerinnsel gebundene Plasminogen, was den Vorteil hat, dass Plasmin und damit die Fibrinolyse hier vorwiegend lokal am Gerinnsel aktiviert wird.

Bei der Thrombosebehandlung erfolgt begleitend zur fibrinolytischen Therapie eine Behandlung mit Antikoagulanzien, um eine Rethrombose zu verhindern. Da sich dadurch die Blutungsneigung erhöht, ist eine sorgfältige Patientenüberwachung erforderlich. Im Gegensatz zu Fibrinolytika haben Antikoagulanzien wie Heparin oder Cumarinderivate keinen oder nur einen geringen Effekt auf bereits gebildetes Fibrin.

Streptokinase

Streptokinase ist ein einkettiges Polypeptid (Molekulargewicht 47 kDa), das von β-hämolysierenden Streptokokken gebildet wird. Sie kann aus dem Kulturfiltrat gewonnen werden.

Pharmakodynamik Streptokinase bildet mit körpereigenem Plasminogen einen äquimolaren Komplex (Aktivatorkomplex), der die Fibrinolyse indirekt aktiviert (**Abb. 9.7**). Streptokinase selbst ist proteolytisch unwirksam, der Aktivatorkomplex hingegen ist in der Lage, weitere Plasminogenmoleküle in Plasmin umzuwandeln und damit die Fibrinolyse in Gang zu setzen. Bei zu hoher Dosierung von Streptokinase steht kein nicht im Komplex vorliegendes Plasminogen mehr zur Umwandlung zur Verfügung. Der Aktivatorkomplex wandelt fibringebundenes und freies, im Blut zirkulierendes Plasminogen um.

Die Wirksamkeit von Streptokinase hinsichtlich der Aktivierung von Plasminogen zu Plasmin ist speziesabhängig. Streptokinase aktiviert neben dem Plasminogen von Menschen und anderen Primaten auch das Plasminogen von Hund, Katze und Kaninchen. Bei anderen Tieren (Ratte, Maus, Meerschweinchen, Huhn, Schwein, Schaf, Rind) erfolgt die Aktivierung nur in Gegenwart von Streptokinase und Humanplasminogen, also durch den Aktivatorkomplex. Bei einigen Tieren (Frosch, Fisch, Truthahn) ist Plasminogen weder durch Streptokinase allein noch durch Zusatz von Humanplasminogen aktivierbar. Auch beim Pferd wird keine ausreichende Plasminogenaktivierung erreicht.

Indikationen Streptokinase kann u. a. zur Reinigung von blutverschmutztem chirurgischem Material (z. B. Katheter und Endoskope) eingesetzt werden.

Eine systemische In-vivo-Anwendung von Streptokinase ist begleitend bei akuten peripheren arteriellen Embolien und Thrombosen, bei Lungenembolien, schweren Venenthrombosen und akutem Myokardinfarkt denkbar. Mehrere Gründe verhindern jedoch meist eine praktische Anwendung. Die Anwendung ist bei einigen Spezies aufgrund der geringen Wirksamkeit nicht gegeben. Zudem sind Substanzen wie t-PA, die selektiv fibringebundenes Plasminogen aktivieren, von Vorteil gegenüber der Streptokinase, die auch freies (lösliches) Plasminogen aktiviert. Schließlich stellt Streptokinase ein Antigen dar, gegen das Antikörper gebildet werden können. Eine Folgetherapie mit Streptokinase ist daher u. U. kontraindiziert. In der Veterinärmedizin hat die Verwendung von Streptokinase zur Behandlung thromboembolischer Erkrankungen aus den genannten Gründen keine große Bedeutung.

Kontraindikationen Blutungen oder Blutungsneigung, frische Operationen, Hypertension, hoher Antistreptokinasetiter.

Urokinase

Ein weiterer Plasminogenaktivator ist Urokinase (u-PA), die unter Einwirkung von z. B. Kallikrein aus Pro-Urokinase gebildet wird. Urokinase kann aus menschlichem Urin oder Nierenzellkulturen gewonnen oder gentechnologisch hergestellt werden.

Pharmakodynamik Urokinase ist proteolytisch wirksam und wandelt Plasminogen direkt in Plasmin um. Vergleichbar der Streptokinase wandelt Urokinase sowohl fibringebundenes als auch frei zirkulierendes Plasminogen in Plasmin um, sodass eine Aktivierung der Fibrinolyse nicht lokal beschränkt bleibt. Da es sich um ein humanes Protein handelt, besitzt Urokinase gegenüber Streptokinase in der Humanmedizin den Vorteil der geringeren Inaktivierung durch Antikörper, hat aber im Vergleich zu t-PA den Nachteil, nicht selektiv lokal am Fibringerinnsel zu wirken. In der Veterinärmedizin hat die Verwendung von Urokinase zur Behandlung thromboembolischer Erkrankungen keine große Bedeutung.

t-PA und rekombinante t-PA

Der Gewebe-Plasminogenaktivator t-PA gehört zu den vorwiegend selektiv an Fibringerinnseln wirkenden Fibrinolytika, was ihn für die klinische Anwendung attraktiv macht. Die kommerziellen Produkte für therapeutische Zwecke werden vorwiegend gentechnologisch hergestellt und haben aufgrund dieser Thrombusspezifität die therapeutische Anwendung von Streptokinase und Urokinase auch in der Tiermedizin weitgehend verdrängt. **Alteplase** (rt-PA, rekombinanter humaner t-PA) ist eine einkettige Serinprotease mit einem Molekulargewicht von etwa 70 kDa. Die N-terminale Region enthält eine hochaffine Fibrinbindungsstelle, die C-terminale Region das katalytische Zentrum. Weitere rekombinante t-PA-Varianten sind **Reteplase** (r-PA) und **Tenecteplase** (TNK-t-PA).

Pharmakodynamik Wie t-PA katalysieren auch die rekombinanten t-PA die Umwandlung von Plasminogen zu Plasmin. Im Gegensatz zu Streptokinase und Urokinase, die im gesamten Kreislaufsystem aktiv sind, wirken t-PA und die rekombinanten t-PA vorwiegend lokal am Thrombus, da deren biologische Aktivität vom Vorhandensein von Fibrin abhängt. Plasminogen und t-PA bzw. die rekombinanten t-PA lagern sich unter Bildung eines ternären Komplexes an Fibrin an. Die hohe Affinität zum fibringebundenen Plasminogen bewirkt eine effektive lokale Fibrinolyse, während die systemische Plasminogenaktivierung vergleichsweise gering ist. Unterschiede zwischen Alteplase, Reteplase und Tenecteplase bestehen u. a. hinsichtlich der Ausprägung der Thrombusspezifität und der Eliminationshalbwertszeit. Ein Vorteil von t-PA bzw. rekombinanten t-PA ist die geringere Gefahr, Blutungskomplikationen zu verursachen. Allerdings ist nicht unstrittig, inwieweit die Häufigkeit für systemische Blutungskomplikationen im Vergleich zur Streptokinaseanwendung tatsächlich vermindert ist.

Pharmakokinetik Die rekombinanten t-PA werden infundiert. Nach Beendigung der Infusion werden sie initial schnell eliminiert (Alteplase, Eliminationshalbwertszeit beim Menschen 3–7 min) oder zeigen eine etwas längere Eliminationshalbwertszeit (Reteplase und Tenecteplase, Eliminationshalbwertszeit beim Menschen 15–30 min).

Indikationen Die kommerziellen Produkte werden rekombinant aus humaner DNA hergestellt, sind aber dennoch auch veterinärmedizinisch wirksam. Zusammen mit Antikoagulanzien wird Alteplase, seltener auch Reteplase, bei Hund und Katze zur thrombolytischen Therapie bei arteriellen Gefäßthrombosen, Lungenembolien und tiefen Venenthrombosen eingesetzt. Alteplase wird z. B. bei der Katze (zusammen mit einem Antikoagulans) u. a. zur Behandlung der Aortenthrombose und von peripheren arteriellen Verschlüssen eingesetzt. Die Rezidivneigung bei der Aortenthrombose der Katze ist vergleichsweise hoch und lässt sich mit den meisten (zusätzlich verabreichten) Antikoagulanzien nur schwer verhindern (eine Ausnahme stellt hier möglicherweise die Kombination mit niedermolekularen Heparinen dar).

Auch für das Pferd liegen Kinetik- und Wirksamkeitsstudien für Alteplase vor, ein Einsatz als Fibrinolytikum ist jedoch derzeit aus wirtschaftlichen Gründen (hohes Körpergewicht beim Pferd erfordert große Substanzmengen) stark begrenzt.

Nebenwirkungen Blutungen und erhöhte Blutungsneigung. Eine gefürchtete Komplikation bei der Behandlung von arteriellen Thromboembolien ist das „Reperfusionssyndrom", das auftreten kann, wenn sich der Thrombus auflöst und die distal vom Thrombus erhöhten Mengen an Kalium und Säuren in den Blutkreislauf gelangen. Die resultierende Hyperkaliämie und metabolische Azidose kann unbehandelt tödlich verlaufen. Eine sorgfältige Therapieüberwachung ist daher notwendig.

Wechselwirkungen Durch die gleichzeitige Gabe von Fibrinolytika und Antikoagulanzien erhöht sich die Blutungsgefahr. Dies erfordert eine sorgfältige Überwachung des Patienten. Auch die gleichzeitige oder vorherige Gabe von Thrombozytenaggregationshemmern erhöht die Blutungsneigung.

Kontraindikationen Blutungen oder Blutungsneigung, frische Operationen, Hypertension.

FAZIT ANTITHROMBOTIKA 

Verschiedene Antithrombotika-Gruppen stehen zur Verfügung, mit denen die Entstehung von Thromben verhindert oder bereits vorhandene Thromben aufgelöst werden sollen. Die Prophylaxe und Behandlung venöser Thromben mit Antikoagulanzien hat dabei die größte klinische Bedeutung.

9.3 Hämostyptika

DEFINITION Hämostyptika sind blutstillende Wirkstoffe. Sie sind gerinnungsfördernd, vasokonstriktorisch oder antifibrinolytisch wirksam (**Abb. 9.8**).

Eine Übersicht über verschiedene Gruppen von Hämostyptika gibt **Abb. 9.8**.

9.3.1 Lokale Hämostyptika

STECKBRIEF LOKALE HÄMOSTYPTIKA

Lokale Hämostyptika dienen der Kontrolle persistierender kapillärer Blutungen bei ansonsten intakten Koagulationsmechanismen. Die ideale Substanz sollte gut wirksam bei minimaler Gewebereaktion sein, dabei gut sterilisierbar und leicht anzuwenden. Lokale Hämostyptika sind bei kleineren, kapillären Blutungen, blutenden Oberflächen und zum Verschluss kleinerer Blutungen während oder nach operativen Eingriffen indiziert. Sie sind nicht ausreichend wirksam bei Blutungen aus größeren Arterien oder Venen.

Unspezifische, lokale Hämostyptika

Eiweißdenaturierende Verbindungen bewirken eine unspezifische, lokale Ausfällung und Denaturierung von Plasmaproteinen, wodurch Arteriolen, Venolen und Kapillaren verstopft werden können. Eine Stillung kleiner kapillärer Blutungen kann auf diese Weise z. B. mit **Eisen(III)chloridlösung, Kaliumaluminiumsulfat (Alumen), Chromium(VI) oxid** und **3 %iger Wasserstoffperoxidlösung** erreicht werden, allerdings bleibt umliegendes Gewebe nicht von der unspezifischen Wirkung verschont.

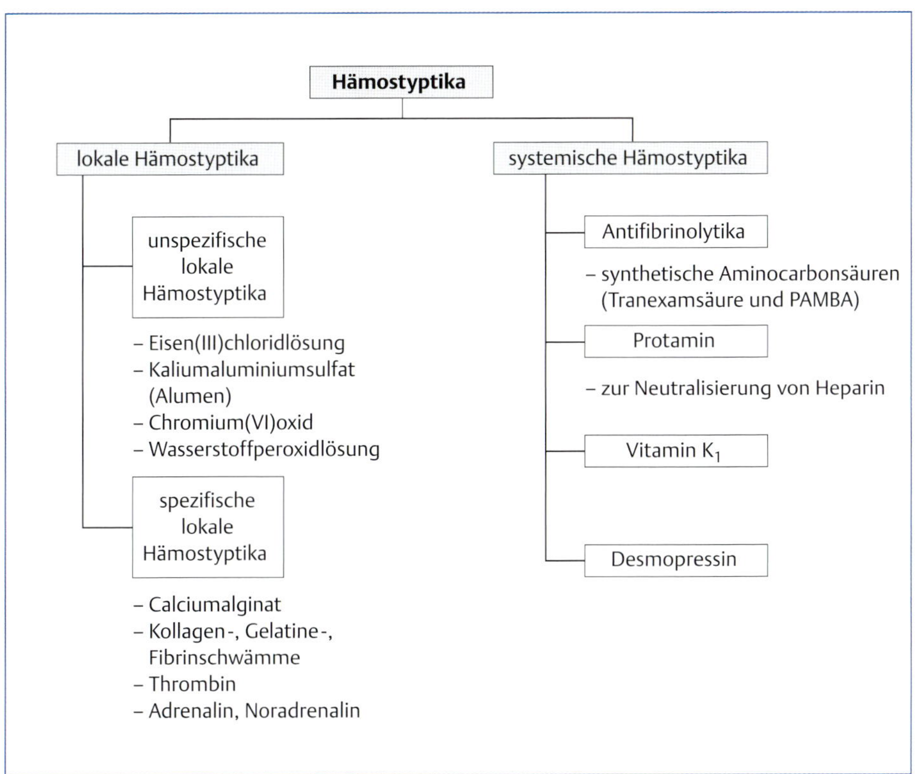

Abb. 9.8 Übersicht über Hämostyptika.

Spezifische, lokale Hämostyptika

Eine spezifische lokale Blutstillung kann über verschiedene Mechanismen erreicht werden:

- Hochmolekulare Biopolymere führen durch ihre Oberflächeneigenschaften zur intrinsischen Aktivierung der Blutgerinnung (Kontaktaktivierung). Hier kommen **Kalziumalginat**, **Kollagen-**, **Gelatine-** oder **Fibrinschwämme** infrage, die eine strukturelle Matrix für die Blutgerinnung und Blutgerinnselbildung liefern. Die meisten hier eingesetzten Substanzen werden nach unterschiedlichen Zeitintervallen vom Körper absorbiert.
- Einsatz von Enzymen, die an der Blutgerinnung beteiligt sind: Lokale Applikation von **Thrombin** induziert die Bildung von Fibrin aus Fibrinogen (**Abb. 9.2**). Thrombin kann in Verbindung mit z. B. Gelatineschwämmchen verwendet werden, darf aber nicht in größere Gefäße gelangen.
- Die lokale Blutstillung kann durch vasokonstriktorisch wirksame Substanzen wie **Adrenalin** oder **Noradrenalin** erreicht werden, allerdings ist die Wirkdauer aufgrund des schnellen Abbaus der Substanzen kurz.

9.3.2 Systemische Hämostyptika

STECKBRIEF SYSTEMISCHE HÄMOSTYPTIKA

Je nach Ursache der Blutung erfolgt mit systemisch wirksamen Hämostyptika ein generell hemmender Eingriff in die Fibrinolyse bzw. ein generell fördernder Eingriff in Gerinnungsvorgänge.

Antifibrinolytika

Ein physiologischer Inhibitor der Fibrinolyse ist Aprotinin (**Abb. 9.7**), ein basisches, einkettiges Polypeptid, welches u. a. die an der Fibrinolyse beteiligten Proteasen Plasmin und Kallikrein hemmt, indem es mit ihnen einen inaktiven Enzym-Inhibitor-Komplex bildet.

Bei den therapeutisch eingesetzten Antifibrinolytika handelt es sich um synthetische Aminocarbonsäuren. Sie hemmen die Fibrinolyse und werden bei hyperfibrinolytischen Zuständen eingesetzt. Fibrinolytisch bedingte Blutungen können z. B. bei hämorrhagischem Schock, nach bakteriellen Infektionen, nach Operationen oder bei iatrogen bedingten Plasminämien auftreten.

Synthetische Aminocarbonsäuren

Als synthetische Antifibrinolytika stehen die zu den Lysin-Analoga gehörenden Aminocarbonsäuren **Tranexamsäure** (**4-Aminomethylcyclohexancarbonsäure**, **AMCA**) und **ρ-Aminomethylbenzoesäure** (**PAMBA**) zur Verfügung (**Abb. 9.8**, **Abb. 9.9**). Die auch zu den synthetischen Aminocarbonsäuren gehörende ε-Aminocapronsäure (EACA) ist in Deutschland nicht zugelassen.

Pharmakodynamik Synthetische Antifibrinolytika hemmen die Fibrinolyse, indem sie die Lysinbindungsstellen am Plasmin(ogen) blockieren, wodurch die Bindung an Fibrin verhindert wird. Sie verhindern zudem die Wirkung von Plasminogenaktivatoren, die an Fibrin gebundenes Plasminogen aktivieren (**Abb. 9.7**). Der Effekt der synthetischen Aminocarbonsäuren ist an ihre freie Amino- und Carboxylgruppe gebunden.

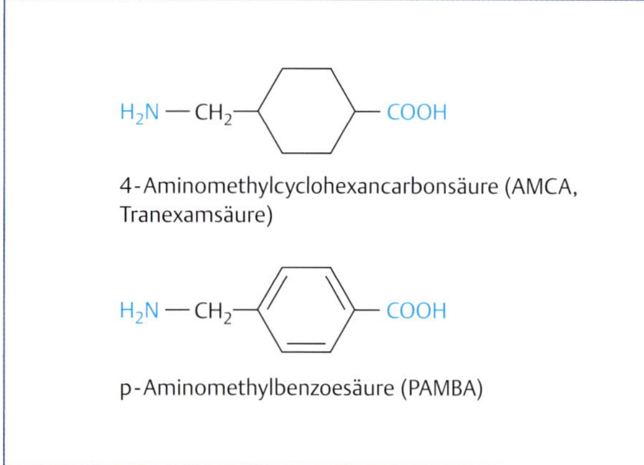

Abb. 9.9 Synthetische Aminocarbonsäuren.

Pharmakokinetik Die synthetischen Aminocarbonsäuren sind auch oral wirksam. Die Ausscheidung erfolgt in unveränderter Form über die Nieren.

Indikationen Blutungen fibrinolytischer Genese infolge lokaler oder generalisierter Hyperfibrinolyse. Bei schweren Blutungen als Zusatzmaßnahme, z. B. bei traumatisch-hämorrhagischen Schockformen und postoperativen Blutungskomplikationen.

Nebenwirkungen Nach oraler Gabe können gastrointestinale Störungen, wie z. B. Erbrechen beim Hund, auftreten.

Zu unerwünschten Wirkungen kommt es möglicherweise auch, wenn Antifibrinolytika bei hyperfibrinolytischen Zuständen eingesetzt werden, die Folge physiologischer Gegenregulation sind, wie dies z. B. bei disseminierter intravasaler Koagulation der Fall sein kann. Die Hemmung einer derartigen reaktiven Fibrinolyse verhindert unter Umständen die Auflösung von Mikrothromben in der Endstrombahn. Arterielle, thromboembolische Komplikationen sind möglich.

Protamin

Protamin ist ein Antagonist bei heparinevozierten Hämorrhagien. Das direkt wirksame Antikoagulans Heparin wird mit dem basischen Protamin durch Komplexbildung inaktiviert (S. 249), wodurch es zur Unterbrechung der Heparinwirkung im Blut kommt. Protamin wird in Form von Protaminsulfat i. v. gegeben und besitzt selbst antikoagulatorische Eigenschaften, was bei der Dosierung beachtet werden muss. Die Dosierung hängt sowohl von der Menge des applizierten Heparins als auch vom Zeitpunkt der letzten Heparin-Gabe ab.

Vitamin K_1

Vitamin K wird für die Carboxylierung der Gerinnungsfaktoren Prothrombin, VII, IX und X in der Leber benötigt (**Abb. 9.6**). Für den therapeutischen Einsatz von Vitamin K_1 (Phytomenadion) gibt es im Wesentlichen zwei Indikationen:

- Überdosierung/Vergiftung mit indirekt wirksamen Antikoagulanzien (Cumarinderivate, Indandione), die die Vitamin-K-abhängige Carboxylierung der zuvor genannten Gerinnungsfaktoren hemmen (S. 252). Die Wirkung von Vitamin K setzt mit zeitlicher Verzögerung ein, da die fehlenden Gerinnungsfaktoren erst nach und nach durch Freisetzung aus der Leber ersetzt werden.
- Andere durch Vitamin-K-Mangel bedingte Hypokoagulationen, z. B. bei Fettresorptionsstörungen (insbesondere Cholestase), Vitamin-K-Mangel durch langfristige Sulfonamidbehandlungen oder bei ernährungsbedingtem Vitamin-K-Mangel.

Desmopressin

Desmopressin ist ein synthetisches Vasopressinderivat, das die Freisetzung des von-Willebrand-Faktors aus dem Endothel bewirkt. Desmopressin kann zur Behandlung von Blutungen bei Vorliegen des von-Willebrand-Syndroms eingesetzt werden. Eine wiederholte Verabreichung von Desmopressin führt zur Entleerung der von-Willebrand-Faktor-Speicher, sodass Desmopressin nur akut eingesetzt werden kann. Die Wirksamkeit von Desmopressin beim Hund ist geringer als beim Mensch.

FAZIT HÄMOSTYPTIKA 

Eine Blutstillung kann über verschiedene Mechanismen erreicht werden. Je nach Indikation ist dabei eine lokale oder eine systemische Wirkung vorzuziehen.

9.4 Antianämika

DEFINITION Antianämika umfassen eine heterogene Gruppe von Wirkstoffen zur Behandlung von Anämien. Therapeutisches Ziel bei der Verwendung von Antianämika ist die Anhebung des Hämoglobinwerts.

Je nach vorliegender Art der Anämie haben unterschiedlichste Wirkstoffe einen therapeutischen Effekt. Im Folgenden wird lediglich eine Auswahl dieser Wirkstoffe dargestellt. Für Wirkstoffe, die im Folgenden nicht besprochen werden, wird auf andere Kapitel des Buches oder auf weiterführende Literatur verwiesen, z. B. Immunsuppressiva, Knochenmarkstimulanzien, Plasmaexpander.

9.4.1 Anämien

DEFINITION Anämie (Blutarmut) ist definiert als eine pathologische Verminderung der Konzentration des Hämoglobins und/oder eine Verminderung des Hämatokrits (prozentualer Anteil der zellulären Elemente am Blutvolumen), üblicherweise ohne dass ein deutlich reduziertes Blutvolumen vorliegt. Da der vorwiegende Anteil der zellulären Blutbestandteile aus Erythrozyten besteht, ist ein verminderter Hämatokrit vor allem ein Hinweis auf einen verminderten Anteil an Erythrozyten.

Die Anzahl zirkulierender Erythrozyten im Blut ist normalerweise innerhalb eines engen Bereichs reguliert, um einerseits zu verhindern, dass eine zu hohe Dichte von Erythrozyten den Blutfluss stört und andererseits eine ausreichende Sauerstofftransportkapazität des Blutes sicherzustellen.

Die **Ursachen für Anämien** sind vielfältig. Sie können erworben oder angeboren sein. Sie können als eigenständige Erkrankung auftreten oder ein Symptom einer anderen Grunderkrankung sein. Ursachen für erworbene Anämien können z. B. Mangelerkrankungen, Blutverluste, Erkrankungen des blutbildenden Systems, ein vermehrter Blutabbau, Nierenerkrankungen, Hormonstörungen, Tumorerkrankungen oder chronisch-entzündliche Erkrankungen sein. Für eine zielgerichtete, erfolgreiche Therapie muss zunächst die Art der vorliegenden Anämie identifiziert werden.

Die Lebensdauer der Erythrozyten beträgt bei Säugetieren je nach Spezies etwa 50–160 Tage. Abgebaute Erythrozyten werden ständig durch Neubildung ersetzt. Die Anzahl der Erythrozyten wird also von der Bildungs- und Abbaurate bestimmt, während der Hämoglobingehalt u. a. von verfügbarem Eisen abhängig ist. Neben Eisen haben weitere Schwermetalle (Kobalt, Kupfer) Bedeutung für die Blutbildung. Die durch Kobalt- oder Kupfermangel verursachten Anämien (Vorkommen besonders bei Schafen) sind meist nicht so stark ausgeprägt wie die Eisenmangelanämie.

Anämien lassen sich nach der Erythrozytenmorphologie (normo-, mikro-, makrozytär), nach dem Hämoglobingehalt (normo-, hypo-, hyperchrom) und nach der Erythropoese (regenerativ oder nicht regenerativ) unterteilen:

Bei **regenerativen Anämien** ist die Erythrozytenbildung selbst nicht gestört. Regenerative Anämien können nach akuten oder chronischen Blutungen auftreten (Blutungsanämie) oder aus einer abnormal hohen Zerstörung der Erythrozyten (hämolytische Anämie) resultieren. Die hämolytische Anämie kommt u. a. beim Hund, bei der Katze und beim Pferd vor und kann viele verschiedene Ursachen haben. Zumeist ist sie immunvermittelt, aber auch Toxine, Tumoren und Befall mit Blutparasiten sind ätiologisch von Bedeutung. Bei regenerativen Anämien wird die Primärkrankheit behandelt.

Bei **nicht regenerativen Anämien** liegt eine Störung der Bildung oder Ausreifung der Erythrozyten vor, die Ursachen dafür sind vielfältig. Beispielsweise kommt es bei zahlreichen chronischen Erkrankungen reaktiv zu einer verminderten Erythropoese, z. B. durch Downregulierung von Erythropoetinrezeptoren im Rahmen von chronisch-entzündlichen Erkrankungen bei Hund und Katze.

Aplastische Anämien resultieren aus einem Verlust der erythrozytenbildenden Stammzellen im Knochenmark.

Bei **hypoproliferativen Anämien** liegt ein Mangel (z. B. bei Nierenerkrankungen) oder eine verminderte Ansprechbarkeit auf das Hormon Erythropoetin vor, das vorrangig in der Niere synthetisiert wird und die Bildung von Erythrozyten im Knochenmark vermittelt.

Megaloblastische Anämien (hyperchrom, makrozytär) entstehen bei Vitamin-B_{12}- oder Folsäuremangel. Vitamin B_{12} (ein kobalthaltiges Vitamin) und Folsäure beeinflussen spezifische Reaktionen der DNA-Synthese in der Zellteilung. Bei einem Vitamin-B_{12}- bzw. Folsäuremangel wird somit die Entwicklung schnell proliferierender Zellen wie die der Erythrozyten gestört. Im Knochenmark reifen die Stammzellen der Erythrozyten nicht vollständig aus, sondern es werden Megaloblasten gebildet, bei denen einige Teilungsschritte unterbleiben. Die Erythropoese sistiert daher auf einer intermediären Stufe, wobei die entstehenden Makrozyten ins Blut abgegeben werden und eine kürzere Lebenszeit haben als normale Erythrozyten. Neben der Anämie kann sich **Vitamin-B_{12}-Mangel** in Appetitverlust, Gewichtsabnahme, Erbrechen und Durchfällen äußern.

Bei Wiederkäuern, die in der Lage sind, Vitamin B_{12} mithilfe enterischer Bakterien im Vormagen bzw. im Dickdarm zu synthetisieren, beruht ein Vitamin-B_{12}-Mangel vorwiegend auf einer unzureichenden Kobaltzufuhr. Kobalt ist Bestandteil von Vitamin B_{12} (Cobalamin), weshalb ein Mangel gleichfalls zu Anämie, aber auch zu Wachstumsstörungen führt. Die durch **Kobaltmangel** bedingte Anämie wird dadurch verstärkt, dass Kobalt normalerweise die Synthese von Erythropoetin in der Niere steigert. Wenngleich in Deutschland selten, sind Kobaltmangelanämien u. a. beim Schaf bekannt, insbesondere bei Weidehaltung. Hier kann es zum Verlust der Sauerstoffbindungskapazität bis zu 30 % des Normalwerts kommen. Anämien aufgrund von **Folsäuremangel** spielen in der Veterinärmedizin keine große Rolle, da Folsäure sowohl mikrobiell im Magen-Darm-Trakt gebildet wird als auch in Futtermitteln enthalten ist. Neben hyperchromen, makrozytären Anämien kann eine ungenügende Folsäureresorption bei Hühnern zu Mangelerscheinungen wie schlechte Federbildung und Depigmentation führen. Bei Hund und Katze haben megaloblastische Anämien keine große Relevanz.

Eine auch in der Veterinärmedizin bedeutende Form der Anämie ist die **Eisenmangelanämie** (hypochrome, mikrozytäre Anämie). Eisen ist für den Organismus ein essenzielles Metall. Ein Mangel daran ist die häufigste Ursache der durch Störung der Hämoglobinsynthese bedingten Anämien. Der Blutfarbstoff Hämoglobin ist zu etwa 30–33 % Bestandteil der kernlosen Erythrozyten und besteht zu 4–5 % aus Farbstoffkomponenten (4 Häm-Moleküle) und zu 95–96 % aus einem Protein (Globin). Der Hämoglobingehalt in den Erythrozyten hängt von dem verfügbaren Eisen sowie dem spezifischen Protein ab. Ein Mangel an Eisen oder das Unvermögen, es wegen fehlender anderer Faktoren wie Kupfer zu nutzen, oder ein Mangel an Nahrungsproteinen können eine hypochrome Anämie verursachen.

Zu Eisenmangel kann es aufgrund folgender Ursachen kommen:

- erhöhter Eisenbedarf (Wachstum, Trächtigkeit, Infektionserkrankungen)
- verminderte Zufuhr von Eisen mit der Nahrung (in der Regel keine Relevanz bei Fleischfressern)
- Eisenverlust, z. B. durch chronische Blutungen (bedeutendste Ursache für Eisenmangel bei Fleischfressern)
- Eisenresorptionsstörungen, z. B. bei Enteritis
- Eisenverteilungsstörungen

Veterinärmedizinisch bedeutsam ist die Eisenmangelanämie vorrangig bei Jungtieren (insbesondere bei Ferkeln und Kälbern). Sie kommt dadurch zustande, dass Eisen für

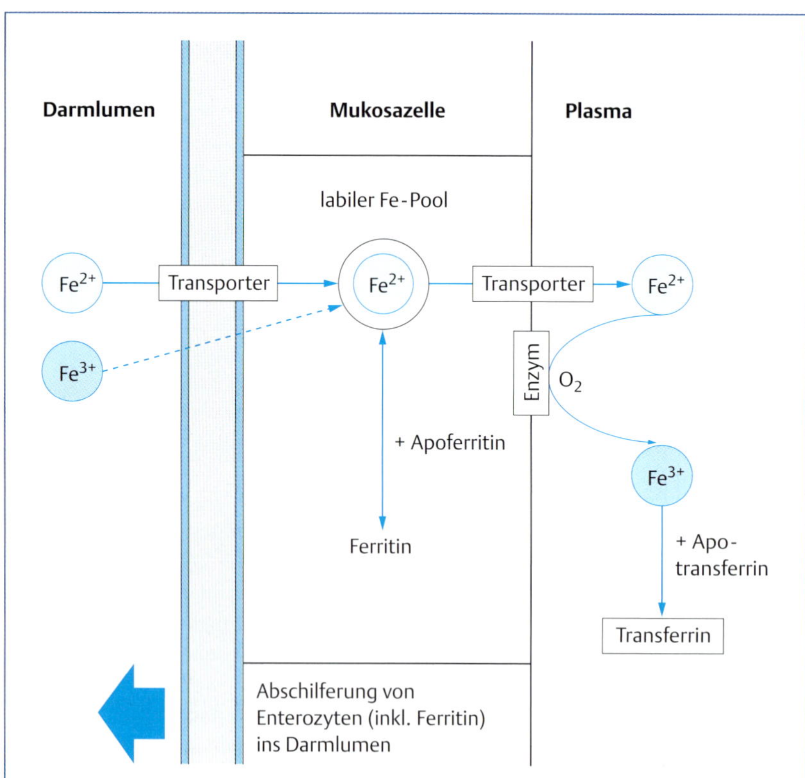

Abb. 9.10 Eisenresorption im proximalen Duodenum. Eisen wird vorwiegend in zweiwertiger Form mithilfe eines Metalltransporters aus dem Darmlumen resorbiert. In der Mukosazelle kann Eisen als Ferritin gespeichert oder ins Plasma transportiert werden, wo es in dreiwertiger Form als Transferrin transportiert wird.

die wirtschaftlich geforderten hohen Wachstumsraten notwendig, aber in der Muttermilch nicht ausreichend verfügbar ist, weshalb es üblicherweise postnatal substituiert werden muss.

9.4.2 Eisen

Für ein besseres Verständnis der Pharmakodynamik einer Eisensubstitution werden im Folgenden kurz die Grundlagen des Eisenstoffwechsels dargestellt.

Grundlagen des Eisenstoffwechsels

Gebundenes Eisen aus der Nahrung wird bei saurem pH im Magen aus seinem Komplex freigesetzt. Die Resorption der Eisenionen erfolgt dann erst im oberen Dünndarm (Duodenum und proximales Jejunum, **Abb. 9.10**). Zweiwertiges Eisen (Fe^{2+}) ist bei pH 7 im Duodenum besser löslich als dreiwertiges Eisen (Fe^{3+}) und deshalb leichter aufzunehmen. Da im neutralen pH-Bereich des Duodenums vergleichsweise schnell wieder unlösliche Eisenkomplexe gebildet werden, stehen die resorbierbaren Eisenionen nur kurzzeitig zur Verfügung.

Die Resorption der freien Eisenionen in die Mukosazellen des Duodenums erfolgt durch ein Transportsystem, dessen Aktivität dem Bedarf angepasst ist. Dadurch wird in der Nahrung vorliegendes Eisen normalerweise nur zu einem geringen Teil aufgenommen (beim Mensch etwa 10 %), um die normalen täglichen Eisenverluste durch Abschilferung von Darmepithelzellen und über die Haut auszugleichen. Bei Eisenmangel werden dagegen größere Menge Eisen aus der Nahrung resorbiert (beim Mensch bis zu 50 %). In den Mukosazellen komplexieren die Eisenionen mit Apoferritin zu Ferritin, einer Speicherform des Eisens. Ferritingebundenes Eisen aus abgeschilferten Enterozyten gelangt in tiefere Darmabschnitte und geht so für die Resorption verloren.

Im Blut wird Eisen in dreiwertiger Form gebunden an β_1-Globulin als Transferrin transportiert. Transferrin bindet über spezifische Rezeptoren an Zielzellen, nach Internalisierung gibt es sein Eisen wieder ab. Eisenionen stehen so für die Hämoglobinsynthese sowie für die Synthese von Myoglobin und Enzymen zur Verfügung. Nicht direkt verwendetes Eisen kann in den Mukosazellen des Duodenums und in Leber, Milz und Knochenmark als Ferritin gespeichert (Eisendepots) und im Bedarfsfall wieder mobilisiert werden. Zusätzlich ist eine Speicherung als Hämosiderin im retikuloendothelialen System möglich. Aus dem Abbau von Erythrozyten gewonnenes Eisen verwendet der Organismus wieder, sodass normalerweise nur kleine Mengen Eisen aus der Nahrung resorbiert werden müssen.

Die Verteilung von Eisen im Organismus ist in **Tab. 9.5** dargestellt. Die normale Plasmakonzentration von Eisen beträgt 1 µg/ml. Dies entspricht einer normalen Transfer-

Tab. 9.5 Verteilung von Eisen im Organismus.

Eisen		ungefährer Anteil des Körpereisens
Funktionseisen	Transferrin	0,1 %
	Hämoglobin	60–70 %
	Myoglobin	3–7 %
	Funktionsenzyme	0,1 %
Depoteisen	Ferritin, Hämosiderin	25 %

rinsättigung von etwa 30 %. Wenn die Speicherkapazität von Ferritin und Hämosiderin erschöpft ist, erhöht sich die Sättigung von Transferrin. Transferrin kann nun kein weiteres Eisen aus dem Darmepithel aufnehmen. Als Folge kommt es zur Kumulation in Ferritinspeichern in den Mukosazellen und vermutlich zur Downregulation der Metalltransporter an der luminalen Membran, wodurch die Resorption weiteren Eisens aus dem Darmlumen weitgehend unterdrückt wird (Mukosablock). Dieser Mukosablock der Eisenresorption gilt als wichtiger limitierender Faktor, der den Körper vor exzessiver Eisenkumulation schützt. Ist die Kapazität des Mukosablocks durch orale Aufnahme unphysiologisch hoher Eisenmengen erschöpft, kommt es zu Epithelschädigungen, bei Überschreiten der Eisenbindungsfähigkeit von Transferrin im Plasma (parenterale Eisenapplikation) zur Eisenvergiftung. Bei Eisenmangel stehen vermehrt freie Bindungsstellen für Eisen zur Verfügung, wodurch sich die resorbierte Eisenmenge erhöht.

Eisensubstitution

Eine Substitution von Eisen kann oral oder parenteral erfolgen, allerdings hat die parenterale Verabreichung in der Veterinärmedizin die größere praktische Bedeutung.

Orale Eisensubstitution Zur oralen Eisensubstitution werden bevorzugt Eisenkomplexe mit niedrigen Stabilitätskonstanten verwendet, z. B. Eisen(II)sulfat. Die orale Eisensubstitution ist wegen der Sättigung der duodenalen Mukosazellen mit Eisen eingeschränkt. Es werden höchstens 50 % des Eisens resorbiert. Der Zusatz von z. B. Ascorbinsäure bewirkt, dass Eisen im leichter resorbierbaren zweiwertigen Zustand gehalten wird.

Parenterale Eisensubstitution Für die parenterale Eisensubstitution kommen nur Präparate mit Eisen in gebundener, schwer löslicher Form in Frage, z. B. Eisen(III)dextran-Komplex als i. m. Injektion. Vergiftungen durch zu schnelle Resorption können so vermieden werden. Die Trennung des Eisens vom Polysaccharid erfolgt nach dem Transport über das Blut in retikuloendothelialen Zellen. Das freie Eisen wird dann im Blutplasma wieder als Transferrin transportiert. Im Gegensatz zur oralen Substitution werden Eisen(III)-Verbindungen nach i. m. Applikation innerhalb etwa einer Woche in ausreichendem Maße resorbiert. Ungefähr 60 % nimmt der Körper innerhalb von drei Tagen nach der Injektion auf und bis zu 90 % nach 1–3 Wochen. Der Rest wird langsam über Monate resorbiert. Die Resorption nach parenteraler Applikation erfolgt vermutlich unter Mithilfe von Makrophagen größtenteils über den Lymphweg.

Indikationen Prophylaxe und Therapie von Eisenmangelanämien, insbesondere neonatal bei Jungtieren (Ferkel und Kälber), aber auch beispielsweise beim adulten Hund bei chronischem Blutverlust und als Zusatztherapie bei Erythropoetinsubstitution. Bei Anämien, die nicht durch Eisenmangel bedingt sind, ist die Eisengabe unwirksam oder schädlich.

Nebenwirkungen Nach oraler Gabe können gastrointestinale Beschwerden durch lokale Reizungen auftreten. Zu hohe Eisenkonzentration führen zur Ineffizienz des Mukosablocks und demzufolge zu Epithelschädigungen. Bei oraler Überdosierung sind Schleimhautschäden mit blutigem Durchfall bis hin zur Ulzeration möglich. Die i. m. Injektion kann starke Gewebsreaktionen auslösen. Anaphylaktoide Reaktionen treten selten, doch meistens innerhalb weniger Stunden nach Injektion auf.

Wechselwirkungen Zahlreiche Komponenten in der Nahrung beeinflussen die Resorption von Eisen. Seine Löslichkeit und damit die Resorption wird durch Zuckermoleküle und organische Säuren wie Ascorbinsäure erhöht, durch Phosphate, Oxalate und Bicarbonat vermindert.

Bei gleichzeitiger Gabe mit Tetracyclinen entstehen schwer lösliche Komplexe, die schlecht resorbiert werden. Die Verabreichung mit anderen Präparaten in der Mischspritze ist generell nicht zu empfehlen.

Toxizität Eisenvergiftungen sind selten. Eine gewisse Gefahr besteht vor allem bei parenteraler Überdosierung, da der Organismus keine effektiven Mechanismen besitzt, um überschüssiges Eisen zu entfernen. Bei Überschreiten der Bindungsfähigkeit von Transferrin im Plasma können so freie Eisenionen im Blut vorliegen, was zur Gefäßdilatation, Gefäßwandschädigung und zu Blutgerinnungsstörungen mit Hämorrhagien bis hin zum Kreislaufkollaps führt. Neben einer Schocktherapie ist hier eine Bindung von Eisen mittels Deferoxamin (ein Eisenkomplexbildner) indiziert. Deferoxamin muss zum frühestmöglichen Zeitpunkt parenteral gegeben werden, um freie Eisenionen zu binden und so über die Nieren auszuscheiden. Es empfiehlt sich, Deferoxamin nicht p. o. zu verabreichen, da es zwar Eisen vorübergehend bindet, jedoch dessen Bioverfügbarkeit verbessert und so eher die enterale Resorption fördert.

Bei oraler Überdosierung kann es sinnvoll sein, Erbrechen auszulösen (nicht nach spontan hämorrhagischem Erbrechen). Unterstützend wirkt auch die orale Gabe von Natriumbicarbonat, um gelöstes Eisen im Darmlumen zu präzipitieren.

Folgende letale Dosen werden für Eisensulfat angegeben:

- Katze: 80 mg/kg i. v.
- Hund: 600 mg/kg p. o., 80 mg/kg i. v.
- Pferd 10 mg/kg i. v.

Verlässliche Angaben über die Toxizität beim Schwein liegen nicht vor.

Eine chronische Eisenvergiftung ist sehr selten. Sie entwickelt sich bei Schweinen, wenn ihr Futter mehr als 3 000 mg/kg enthält.

Kontraindikationen Überempfindlichkeit gegenüber Eisen (III)dextran oder Eisen(III)sorbitol. Akute renale Infektionen. Anämien, die nicht durch Eisenmangel bedingt sind. Kranke, besonders an Durchfällen leidende Jungtiere sind von der Behandlung auszuschließen.

9.4.3 Kobalt

Kobalt ist Bestandteil von Vitamin B_{12} und von verschiedenen Enzymen. Kobaltmangel kann daher bei Wiederkäuern infolge ungenügender Vitamin-B_{12}-Bildung im Pansen zur hyperchromen, makrozytären Anämie, zu Appetitverlust und fortschreitender Schwäche sowie zu Wachstumsstörungen führen. Da Vitamin B_{12} bei Wiederkäuern im Magen-Darm-Trakt gebildet wird, muss die Gabe von Kobaltsalzen p. o. erfolgen. Die meisten Kobaltverbindungen werden langsam und unvollständig über den Darm aufgenommen. Nicht resorbiertes Kobalt wird mit dem Kot ausgeschieden, resorbiertes über die Niere.

Indikationen Therapie von kobaltmangelbedingten Anämien, z. B. bei Schafen.

Nebenwirkungen Kobalt ist in der Lage, die Schilddrüsentätigkeit zu hemmen. Zudem kann eine Hyperglykämie durch vorübergehende Zerstörung der α-Zellen des Pankreas auftreten. Da Kobalt das hämatopoetische System stimuliert, kommt es möglicherweise zu einer Überproduktion von Erythrozyten.

Toxizität Ein Überschuss an Kobalt kann zu Myokardschäden führen.

9.4.4 Erythropoietin

Bei chronischen Erkrankungen der Niere bildet diese zu wenig Erythropoetin, mögliche Folge ist eine hypoproliferative Anämie. Humanes, rekombinantes Erythropoetin (rHuEPO) kann bei Hunden und Katzen mit chronischer Niereninsuffizienz und konsekutiver Anämie i. m. oder s. c., beim Hund auch i. v. substituiert werden. Dies hat jedoch keine große praktische Relevanz, da bei chronischer Niereninsuffizienz die resultierende Anämie nicht der limitierende Faktor ist. Darüber hinaus ist rHuEPO bei chronischer Niereninsuffizienz bei Hund und Katze aufgrund der Nebenwirkungen nur unter Vorbehalt anzuwenden. Im Falle von nicht regenerativen Anämien unklarer Genese beim Hund kann der Einsatz von rHuEPO hingegen sinnvoll sein, da hier selbst bei ausreichend hohen Erythropoetinspiegeln teilweise positive Wirkungen erzielt werden.

Parenteral verabreichtes rHuEPO stimuliert die Erythrozytenproduktion, kann aber als Nebenwirkung Hypertonien und Eisenmangel auslösen. Üblicherweise muss daher neben Erythropoetin auch Eisen exogen zugeführt werden, um die Erythrozytensynthese gewährleisten zu können. Die Antikörperbildung gegen rHuEPO (20–70 % Inzidenz bei Hund und Katze) begrenzt häufig den Erfolg der Behandlung auf einige Wochen bis Monate. Kontraindikationen sind unkontrollierte Hypertension und Hypersensitivität gegenüber rHuEPO.

FAZIT ANTIANÄMIKA 

Wie eine Anämie behandelt wird, hängt davon ab, welche Ursache ihr zugrunde liegt. Für eine zielgerichtete Therapie von Anämien muss daher zunächst deren Ursache oder die Grunderkrankung diagnostiziert werden.

Danksagung

Die Autorin ist Herrn Prof. Dr. R. Mischke (Klinik für Kleintiere, Tierärztliche Hochschule Hannover) für die hilfreiche fachliche Unterstützung bei einigen Aspekten des Kapitels dankbar.

(Weiterführende) Literatur

[1] Bäumer W, Herrling GM, Feige K. Pharmacokinetics and thrombolytic effects of the recombinant tissue-type plasminogen activator in horses. BMC Vet Res. 2013; 9: 158

[2] Brunton LL, Blumenthal DK, Murri N, Dandan RH, Knollmann BC (Eds.). Goodman & Gilman's The Pharmacological Basis of Therapeutics. 12th Edition. New York: McGraw-Hill; 2011

[3] Mischke R, Schmitt J, Wolken S, Böhm C, Wolf P, Kietzmann M. Pharmacokinetics of the low molecular weight heparin dalteparin in cats. Vet J. 2012; 192: 299–303

[4] Mischke R, Schönig J, Döderlein E, Wolken S, Böhm C, Kietzmann M: Enoxaparin: pharmacokinetics and treatment schedule for cats. Vet J. 2014; 200: 375–381

[5] Naigamwalla DZ, Webb JA, Giger U. Iron deficiency anemia. Can Vet J. 2012; 53: 250–256

[6] Pirmohamed M, Kamali F, Daly AK, Wadelius M. Oral anticoagulation: a critique of recent advances and controversies. TiPS 2015; 36: 153–163

[7] Smith SA. Antithrombotic therapy. Top Companion Anim Med. 2012; 27: 88–94

[8] Zhang D, He K, Raghavan N, Wang L, Mitroka J, Maxwell BD, Knabb RM, Frost C, Schuster A, Hao F, Gu Z, Humphreys WG, Grossman SJ. Comparative metabolism of 14C-labeled apixaban in mice, rats, rabbits, dogs, and humans. DMD 2015; 37: 1738–1748

10 Pharmakologie des Atmungsapparates

M. Mevissen, G. Abraham

10.1 Einleitung

10.1.1 Physiologische und pathophysiologische Grundlagen des Atmungsapparates

Die Hauptaufgabe des Atmungsapparates aller Säugetiere ist, den Transport und die Diffusion der ein- und ausgeatmeten Gase zu gewährleisten. Die ausreichende Versorgung der Zellen mit Sauerstoff und die Elimination von Kohlendioxid aus dem Organismus stehen dabei im Vordergrund. Im Blut liegt das Kohlendioxid gelöst als Kohlensäure vor, und somit spielt die Atmung, die zentral über die Medulla oblongata gesteuert wird, eine wichtige Rolle bei der Regulation des Säure-Basen-Haushalts.

Das Organsystem wird funktionell in luftleitende (Nasenhöhle, Trachea, Bronchien und Bronchiolen) und respiratorische Abschnitte (Bronchioli respiratorii, Alveolen) gegliedert. Das respiratorische Atemwegsepithel bedeckt als Oberflächenepithel die oberen und unteren Atemwege und besitzt histologisch und physiologisch ähnliche Eigenschaften. Neben der Hauptfunktion als Organ der äußeren Atmung wird die innere Oberfläche des Respirationstraktes – so wie die Haut als äußeres Integument des Körpers – ständig externen chemischen und physikalischen Umwelteinflüssen und schädigenden Noxen ausgesetzt. Im Gegensatz zur Haut verfügt der Respirationstrakt jedoch über keine dem Stratum corneum vergleichbare mechanische Barriere.

Lungen- und Atemwegserkrankungen bei Haus- und Nutztieren zählen weltweit zu den häufigsten Tierkrankheiten und führen zu hohen wirtschaftlichen Verlusten. Ein aus mehreren Komponenten bestehendes und ausgeprägtes Abwehrsystem spielt dabei eine wichtige Rolle. Das Zilien-tragende Atemwegsepithel (sog. Flimmerepithel) verhindert als physikalische Barriere, dass Krankheitserreger eindringen können. Darüber hinaus sind es die Schleimsekretion einerseits, Makrophagen und weitere immunologische Abwehrmechanismen andererseits, welche den Organismus schützen. In der Schleimschicht werden eingeatmete Mikroorganismen gefangen und können so durch den rhythmischen Zilienschlag nach oben abtransportiert und ausgehustet werden. Eine solche intakte mukoziliäre Clearance ist die Grundvoraussetzung für den Abtransport von inhalierten Fremdstoffen und Detritus und stellt somit den wichtigsten Mechanismus zum Schutz der Atemwege dar. In den unteren Atemwegen spielt das Surfactant, das von Alveolarepithelzellen (Pneumozyten II) gebildet und sezerniert wird, eine wichtige Rolle bei der Regulation der Oberflächenspannung in den Alveolen und somit beim Gasaustausch, aber auch bei der immunologischen Abwehr. Die komplexe zelluläre Zusammensetzung des Atemwegsepithels liefert Schlüsseleigenschaften für die Lungenabwehr und epitheliale Homöostase.

Das Kaliber der luftleitenden Atemwege ist für die Luftströmung und den Atemwegswiderstand entscheidend. Es wird, abgesehen von den passiven Schwankungen durch die Zugkräfte der Lunge, durch Kontraktion oder Relaxation der glatten Muskulatur der Atemwege, die über die gesamten luftleitenden Wege bis hin zu den Alveolargängen verteilt ist, nerval reguliert. Der Tonus der glatten Muskulatur unterliegt im Wesentlichen der Steuerung durch das autonome Nervensystem und nicht selten durch die Interaktion mit dem Atemwegsepithel. Die Kontraktion der Bronchialmuskulatur durch die parasympathischen Nerven, die die muskarinergen Rezeptoren stimulieren und darüber hinaus die Sekretion der seromukösen Drüsen und auch der Becherzellen steigern, ist funktionell von Bedeutung. Hingegen wird die Bronchodilatation durch die Aktivierung der sympathischen Innervation via Stimulation der β_2-adrenergen Rezeptoren der glatten Atemwegsmuskeln ausgelöst. Bei gesunden Tieren herrscht ein funktionelles Gleichgewicht zwischen den beiden Ästen des vegetativen Nervensystems im Respirationstrakt. Ein funktioneller Defekt dieses Nervensystems im Zusammenwirken mit vermehrter Freisetzung chemischer Mediatoren ruft eine Kontraktion der glatten Muskulatur hervor, und stellt somit eine wesentliche Ursache der bronchialen Hyperreagibilität mit nachfolgender Verengung der Atemwege (sog. Bronchokonstriktion) bei Atemwegserkrankungen dar. Erkrankungen der Atemwege können infektiöser, entzündlicher oder spastischer Natur sein, wobei auch Kombinationen dieser Noxen auftreten können. Neben präventiven Maßnahmen (z. B. Vermeidung der Inhalation von Allergenen) und kausalen Behandlungen mit Antibiotika (S. 402), Antimykotika (S. 449) und Antiparasitika (S. 455) erfolgen symtomatische Behandlungen.

Eine symptomatische Behandlung hat folgende Ziele:

- Linderung der Kardinalsymptome der Entzündung
- Lösung von Bronchospasmus
- Steigerung der Sekretproduktion und der mukoziliären Clearance
- Hemmung des Hustenreflexes bei unproduktivem Husten
- ggf. Stimulation der Atmung bei Atemdepression

Hierbei helfen Pharmaka wie Bronchodilatatoren (Bronchospasmolytika), Anticholinergika, Entzündungshemmer (in der Regel Glucocorticoide), Expektoranzien, Mukolytika und Antitussiva. Atemanaleptika und Rhinologika werden im Zusammenhang mit Atemdepression bzw. mit bestimmten Erkrankungen der Nasenhöhlen und Nasennebenhöhlen lokal verwendet. Die Pharmakologie der Substanzen, die bei der Behandlung von Lungenödemen und der pulmonalen Hypertension zum Einsatz kommen, ist im Kapitel zur Herzinsuffizienz (S. 188) beschrieben.

Das Aufheben der Bronchokonstriktion mittels Bronchodilatatoren (Bronchospasmolytika), die Anregung der Sekretproduktion und des -transports (mukoziliäre Clearance) durch Expektoranzien und Mukolytika sowie die Unterdrückung der Inflammation mithilfe von Entzündungshemmern sind die primären Therapieziele bei chronisch obstruktiven Atemwegserkrankungen. Häufigkeit bzw. Schweregrad eines Anfalls bestimmen die Anwendung und Dosierung von Bronchospasmolytika.

10.2 Bronchospasmolytika

10.2.1 Obstruktive Atemwegserkrankungen

Der basale Tonus der glatten Atemwegsmuskulatur wird im Wesentlichen durch den N. vagus (Parasympathikus) via cholinerge Rezeptoren und zu geringem Anteil durch den Sympathikus via adrenerge Rezeptoren kontrolliert.

Es liegen Erkenntnisse vor, wonach bei chronischen und zum Teil auch akuten Erkrankungen der Atemwege eine komplexe Interaktion zwischen den entzündlichen Prozessen und dem autonomen Nervensystem sowie dessen Rezeptoren stattfindet. Beispiele hierfür sind neben den **allergischen chronischen Bronchitiden** zahlreicher Tierarten vor allem das **feline Asthma** und die **Recurrent Airway Obstruction** (RAO) des Pferdes (ähnlich dem Asthma bronchiale des Menschen). Solche Atemwegserkrankungen werden heute als entzündliche ödematöse Erkrankungen verstanden, die durch eine bronchiale Hyperreagibilität mit nachfolgender variabler (reversibel oder irreversibel) Atemwegsobstruktion (Bronchospasmus) charakterisiert sind. Die Mechanismen, die der bronchialen Übererregbarkeit zugrunde liegen, sind vielfältig, in ihrer Bedeutung für das Krankheitsgeschehen aber immer noch nicht eindeutig abgeklärt.

ZUM WEITERLESEN RAO ist eine chronische neutrophile entzündliche Erkrankung der Atemwege, die mit anfallsartig wiederkehrenden, aber reversiblen Atemwegsobstruktionen und bronchialer Hyperreagibilität adulter Pferde einhergeht.

Klinische Symptome einer obstruktiven Atemwegserkrankung sind v. a. durch entzündliche Vorgänge und die Kontraktion der glatten Muskulatur bedingt und äußern sich durch:

- Dyspnoe
- Husten
- vermehrte Schleimproduktion (Hyperkrinie, Dyskrinie)
- Bronchokonstriktion

Ziel der pharmakologischen Intervention ist es, die bronchiale Hyperreagibilität zu unterbrechen und Entzündungserscheinungen sowie Atemwegsobstruktion zu reduzieren, um so Symptomfreiheit und normale Leistungsfähigkeit bei den betroffenen Tieren zu erreichen.

10.2.2 Wirkungsweise der Bronchospasmolytika

STECKBRIEF BRONCHOSPASMOLYTIKA

Bronchospasmolytika (Syn.: Bronchodilatatoren) wurden zur Asthma-Behandlung beim Menschen entwickelt. Sie beeinflussen den Tonus der Atemwegsmuskulatur über das autonome Nervensystem. Zur Anwendung kommen drei verschiedene Substanzklassen (**Tab. 10.1**), die sich hinsichtlich ihres Wirkungsmechanismus unterscheiden:

- β_2-Sympathomimetika
- Methylxanthine
- Anticholinergika (Muskarinrezeptor-Antagonisten)

In der Veterinärmedizin sind bei obstruktiven Atemwegserkrankungen β_2-Sympathomimetika Mittel der ersten Wahl.

Bronchodilatatoren relaxieren die kontrahierte glatte Muskulatur der Atemwege und heben den Bronchospasmus bei obstruktiven Atemwegserkrankungen auf bzw. beugen diesem vor (bronchoprotektive Wirkung). Um zugleich eine antiphlogistische Wirkung zu erzielen, werden Bronchospasmolytika häufig in Kombination mit Glucocorticoiden (S. 372) verwendet. Zur Behandlung des Asthma bronchiale beim Menschen ist der frühzeitige Einsatz von Glucocorticoiden angeraten, da diese in alle Prozesse der Entzündungsreaktion eingreifen.

Bronchodilatatoren können oral, inhalativ oder parenteral verabreicht werden. Dem inhalativen Applikationsweg ist bei Asthmatherapie der Vorzug zu geben, da hierüber hohe lokale Wirkstoffkonzentrationen in Bronchien und Bronchioli erreicht werden und weniger systemische Nebenwirkungen auftreten. Dies gilt insbesondere für Glucocorticoide, β_2-Sympathomimetika und Anticholinergika. Auch bei Tieren (Pferd, Kleintiere) kommen zunehmend Dosieraerosole (feine Flüssigkeitströpfchen) zur schnellen Behebung von Bronchospasmus zum Einsatz. Aufgrund der noch nicht ausgereiften Entwicklung der Applikatoren und Masken muss jedoch meist auf parenterale und/oder orale Formulierungen zurückgegriffen werden.

10.2.3 β_2-adrenerge Rezeptoragonisten

STECKBRIEF β_2-ADRENERGE REZEPTOR-AGONISTEN

β_2-adrenerge Rezeptoragonisten (**β_2-Agonisten**) sind Mittel der ersten Wahl bei der Behandlung von obstruktiven Atemwegserkrankungen. Sie sind ohne Zweifel die am stärksten wirksamen und die am häufigsten eingesetzten Bronchodilatatoren. Nicht selektive β-adrenerge Rezeptoragonisten wurden aufgrund von unerwünschten kardialen Wirkungen infolge der β_1-adrenergen Rezeptorstimulation durch die spezifisch über β_2-adrenerge Rezeptoren wirksamen Sympathomimetika ersetzt. Diese unterscheiden sich hinsichtlich der Wirkdauer. ▶

So hält die Wirkung von **Salbutamol**, **Terbutalin** und **Fenoterol** etwa 3–6 h an, die von **Clenbuterol**, **Salmeterol** und **Formoterol** dagegen mehr als 12 h. Kurz wirksame β_2-Agonisten sind Mittel der Wahl zur Behandlung akuter Exazerbation bei Asthma-ähnlichen Zuständen und zur Vorbeugung von obstruktiven Ventilationsstörungen, während die lang wirksamen β_2-Agonisten für die Dauertherapie indiziert sind (**Tab. 10.1**).

Das lang wirksame Sympathomimetikum **Clenbuterol** ist der einzige β_2-Agonist, der als Tierarzneimittel zur Bronchospasmolyse bei Pferden zugelassen ist. Ansonsten ist in Deutschland die Anwendung aller β_2-selektiven Wirkstoffe in dieser Indikation bei Lebensmittel liefernden Tieren verboten, wohingegen in der Schweiz Tierarzneimittel für Rinder und Kälber zugelassen sind. Für Terbutalin gibt es klinische Erfahrung zur Behandlung von felinem Asthma.

Tab. 10.1 Pharmaka zur symptomatischen Behandlung bei Atemwegserkrankungen.

Wirkstoffgruppe/Wirkstoff	Wirkungsmechanismus	Indikation und Bedeutung
Bronchospasmolytika		
β-adrenerge Rezeptoragonisten		
Salbutamol, Terbutalin, Fenoterol	• kurz wirksame β_2-Agonisten – Aktivierung des β_2-Rezeptors	• Mittel der Wahl zur Behandlung akuter Exazerbationen bei Asthma-ähnlichen Zuständen und zur Behandlung von chronisch obstruktiven Ventilationsstörungen
Clenbuterol, Salmeterol, Formoterol	• lang wirksame β_2-Agonisten – Aktivierung des β_2-Rezeptors	• obstruktive Atemwegserkrankungen
Methylxanthine		
Theophyllin, Aminophyllin	• Hemmung von Phosphodiesterasen • Blockade Adenosinrezeptoren • Freisetzung von Ca^{2+} aus intrazellulären Speichern	• Bronchospasmus verschiedener Genese
Anticholinergika		
Atropin, Ipratropium, Butylscopolamin, Ipratropiumbromid, Tiotropium	• Muskarin-Rezeptor-Antagonisten	• Bronchokonstriktion bei Asthma oder RAO
Expektoranzien		
Sekretolytika		
Ammoniumchlorid	• Reflexsekretolytikum • direkte Stimulation von Bronchialdrüsen	• Atemwegserkrankungen mit Dyskrinie
verschiedene pflanzliche Extrakte (Saponine, Guaifenesin)	• Reflexsekretolytikum • Reizung der Magenschleimhaut und Aktivierung der Bronchialsekretion via N. vagus	• Atemwegserkrankungen mit Dyskrinie
Bromhexin, Dembrexin (Bromhexin-Derivat)	• Aktivierung Mukoprotein-spaltender Enzyme • gastrointestinale Reizung mit vermehrter bronchialer Sekretion • vermehrte Bildung von Surfactant	• Atemwegserkrankungen mit Dyskrinie
Ambroxol	• Aktivierung Mukoprotein-spaltender Enzyme	• Atemwegserkrankungen mit Dyskrinie
Mukolytika		
Acetylcystein, Carbocystin	• Spaltung von Disulfid-Brückenbindungen der Mukoproteine	• Atemwegserkrankungen – Verflüssigung von viskösem Schleim
Atemanaleptika		
Doxapram	• Stimulation der Chemorezeptoren im Carotis- und Aortenbereich	• Atemdepression (Indikationen siehe Text)
Methylxanthine	• Stimulation des Atemzentrums	• Atemdepression; schwache Wirkung, daher nicht für den Notfall

Tab. 10.1 Fortsetzung

Wirkstoffgruppe/Wirkstoff	Wirkungsmechanismus	Indikation und Bedeutung
Antitussiva		
Opiate/Opioide		
Codein, Hydrocodon	▪ μ-Opiatrezeptor-Agonist	▪ starker unproduktiver Reizhusten
Dextromethorphan	▪ NMDA-Rezeptor-Antagonist; genauer antitussiver Mechanismus ist nicht bekannt	▪ starker unproduktiver Reizhusten
Rhinologika		
Naphazolin	▪ α-Rezeptoragonist	▪ Rhinoskopie mit möglicher Biopsieentnahme im Nasenbereich – Hemmung der Durchblutung im Nasenbereich – Verhinderung von starken Blutungen.
Ephedrin	▪ indirektes β-Sympathomimetikum	▪ Schwellung der Nasenschleimhaut; Anwendung (Spray, Tropfen, Humanmedizin); Wirkungen auf das Herz sind zu beachten

RAO = Recurrent Airway Obstruction des Pferdes

Pharmakodynamik Alle β_2-Agonisten bewirken eine Bronchodilatation durch unmittelbare Stimulation der β_2-adrenergen Rezeptoren der glatten Atemwegsmuskulatur. Die Besetzung dieser Rezeptoren mit den entsprechenden Agonisten führt zur Aktivierung der G_S-Protein-AC-cAMP-PKA-Signalwege, die wiederum durch Phosphorylierung der regulatorischen Schlüsselproteine eine Relaxation der Bronchialmuskulatur hervorrufen. In vivo kommt es dadurch zur schnellen Bronchospasmolyse und Abnahme des Atemwegswiderstands. Der über β_2-Agonisten vermittelten Relaxation der glatten Atemwegsmuskulatur liegen folgende molekularen Mechanismen zugrunde:

- Verminderung der Ca^{2+}-Konzentration durch die Rückspeicherung des Kalziums aus dem Zytosol in die intrazellulären Speicher (endoplasmatisches Retikulum) und die Entfernung des Elements aus der Zelle
- Hemmung des Phospholipase-C-Inositoltriphosphat (IP_3)-Signalwegs und der Ca^{2+}-Mobilisation
- Hemmung der Aktivität der Myosin-Leichte-Ketten-Kinase
- Aktivierung der Myosin-Leichte-Ketten-Phosphatase
- Erhöhung der Leitfähigkeit Ca^{2+}-abhängiger K^+-Kanäle, welche die glatten Muskelzellen der Atemwege repolarisieren und die Sequestration von Ca^{2+} in die intrazellulären Speicher stimulieren. Intrazellulär scheint die Relaxation der glatten Atemwegsmuskulatur alternativ durch die Kopplung des β_2-adrenergen Rezeptors an K^+-Kanäle und unabhängig von cAMP-Akkumulation induziert zu sein.

Ferner ist anzunehmen, dass β_2-Agonisten die Bronchodilatation nicht nur durch unmittelbare Aktivierung der glattmuskulären β_2-adrenergen Rezeptoren, sondern auch indirekt durch Hemmung der Freisetzung bronchokonstriktorischer Mediatoren aus den Entzündungszellen und Atemwegsnerven vermitteln. Mechanistisch handelt es sich um 1) die Prävention der Mediatorfreisetzung aus pulmonalen Mastzellen (über β_2-adrenerge Rezeptoren), 2) die Erhöhung der Ziliaraktivität und der mukoziliären Clearance (über β_2-adrenerge Rezeptoren), 3) die Suppression der mikrovaskulären Durchlässigkeit sowie 4) die Hemmung der cholinergen Neurotransmission. Ob β_2-Agonisten antientzündliche Effekte bei chronisch obstruktiven Atemwegserkrankungen (wie Asthma oder RAO) haben, wird kontrovers diskutiert, wobei deren inhibitorische Eigenschaft auf die Mediatorfreisetzung aus Mastzellen und mikrovaskuläre Durchlässigkeit als solche aufgefasst werden kann. Dennoch scheinen β_2-Agonisten im Gegensatz zu Glucocorticoiden keinen signifikanten antiphlogistischen Effekt bei chronisch obstruktiven Atemwegserkrankungen zu haben.

Akute metabolische Effekte, die aus Aktivierung der β_2-adrenergen Rezeptoren resultieren, sind Hyperglykämie, Hypokalämie und Hypomagnesämie.

Clenbuterol (S. 90) hat eine über β_2-Rezeptoren vermittelte proteinanabole sowie lipolytische Wirkung, weshalb es verbotenerweise bei Sportpferden (Doping!) sowie häufiger als illegales Masthilfsmittel angewendet wurde.

Pharmakokinetik Clenbuterol liegt in Arzneimitteln als Hydrochlorid (HCl) vor. Nach oraler Aufnahme wird es schnell und fast vollständig resorbiert. Plasmakonzentrationen steigen nach oraler Applikation schnell an und erreichen bei Mensch, Hund, Ratte und Kaninchen nach 2–3 h ihre höchsten Werte. Auch beim Pferd werden 2 h nach oraler Gabe von 0,8 μg/kg Clenbuterol die maximalen Plasmaspiegel von 0,45–0,75 ng/ml erreicht. Beim Rind ist dies erst nach 7–12 h der Fall. Die orale Bioverfügbarkeit für Clenbuterol liegt beim Menschen bei 90 %, beim Pferd noch weit darüber. Das Verteilungsvolumen für Clenbuterol beträgt 1 l/kg und die Proteinbindung 45–68 %. Im Allgemeinen unterliegen β-Agonisten mit halogenierten Ringsystemen der Oxidation und Konjugation. Clenbuterol wird dagegen nicht konjugiert, sondern zu etwa 43 % in unveränderter Form und überwiegend über die Nieren ausgeschieden. Die Eliminationshalbwertszeit beim Pferd beträgt 10–13 h und beim Rind 9–24 h. Die Harnkonzentration von Clenbuterol ist ca. 100-mal höher als die Plasmakonzentration. Die Substanz kann für ca. 12 Tage nach der letzten oralen Applikation im Harn nachgewiesen werden. Bei Applikation von Clenbuterol als Aerosol (per inhalationem) setzt die Wirkung innerhalb weniger Minuten ein und dauert über 12–16 h an.

Indikationen Clenbuterolhydrochlorid wird therapeutisch als spezifischer β_2-Agonist zur Behandlung von obstruktiven Atemwegserkrankungen bei Pferden (z. B. RAO/chronic obstructive pulmonary disease, COPD) oral eingesetzt. In Deutschland sind Tierarzneimittel mit Clenbuterol beim Rind lediglich als Injektionslösungen zur Tokolyse zugelassen. In der Schweiz sind sowohl Injektionspräparate als auch Granulat für die Therapie von Atemwegserkrankungen aufgrund von Bronchospasmus erlaubt. Die Anwendung von Clenbuterol bei Masttieren ist in Deutschland generell verboten. Beim Kleintier findet v. a. Terbutalin als Bronchodilatator Anwendung für Tracheobronchitiden, Trachealkollaps oder Lungenödem. Bei felinem Asthma hat sich der Einsatz von Salbutamol oder Albuterol in Kombination mit Fluticason per Inhalator empirisch bewährt.

Dosierung Clenbuterol: Beim Pferd und Rind sind 0,8 µg/kg 2-mal täglich angeraten. Die Applikation kann i. m., i. v., p. o. oder inhalativ erfolgen. Falls keine Besserung eintritt, wird empfohlen, die Dosis jeweils für 3 Tage auf 1,6 µg/kg, 2,4 µg/kg und 3,2 µg/kg zu erhöhen.

Terbutalin: Bei oraler Gabe liegen die empfohlenen Dosierungen für Hund und Katze bei 0,3–5 mg pro Tier 2-mal täglich (je nach Körpergewicht). Bei der Katze können auch 0,01 mg/kg s. c. verabreicht werden.

Nebenwirkungen Nebenwirkungen treten vor allem bei oraler und parenteraler Verabreichung auf, weniger nach Inhalation. Sie sind dosisabhängig und ergeben sich aus der Stimulation der extrapulmonalen β_1- oder β_2-adrenergen Rezeptoren. Die unerwünschten Wirkungen reichen von Tachykardie (mit Rhythmusstörungen), Muskeltremor, vermehrtem Schwitzen und Unruhe bis hin zu Hypokalämie und Hyperglykämie (erhöhte Glukoneogenese). Die Effekte auf das Herz resultieren in der Regel aus der Stimulation von kardialen β_1-adrenergen Rezeptoren und treten vor allem dann auf, wenn die Dosis des Agonisten erhöht wird.

CAVE
Clenbuterol kann beim Hund schon nach therapeutischer Dosierung (0,8 µg/kg) zu Herzmuskelnekrosen führen.

Die Langzeitanwendung von β_2-Agonisten kann zur Wirkungsabschwächung führen. Die Toleranz (S. 53) beruht häufig auf der verminderten Sensitivität und der Downregulation der β_2-adrenergen Rezeptoren. In-vivo- und In-vitro-Studien zeigen, dass Glucocorticoide die Entwicklung von β_2-Agonisten-vermittelter Toleranz in den Atemwegen verhindern, und die Abnahme der pulmonalen β_2-adrenergen Rezeptorzahl verhindern bzw. umkehren.

KLINISCHER BEZUG Wird ein lang wirksamer β_2-Agonist längere Zeit als Monotherapie eingesetzt, so muss dessen Dosis infolge der Toleranzentwicklung sukzessiv erhöht werden.

Wechselwirkungen Die Kombination mit Glucocorticoiden und Phosphodiesterasehemmern hat eine Wirkungsverstärkung, aber auch stärkere Nebenwirkungen zur Folge. Clenbuterol kann durch β-Blocker (z. B. Propranolol) antagonisiert werden. Bei Kombination mit anderen systemischen Sympathomimetika (z. B. Terbutalin) treten die unerwünschten Wirkungen von Clenbuterol verstärkt auf. Die gleichzeitige Gabe von Clenbuterol und Atropin führt zu additiver Gefäßerweiterung und Blutdrucksenkung, zusammen mit Inhalationsnarkotika sind Herzrhythmusstörungen mögliche Folgen. Trizyklische Antidepressiva oder Monoaminooxidaseinhibitoren können die vaskulären Effekte von Terbutalin und Clenbuterol potenzieren.

Kontraindikationen Die Anwendung von Clenbuterol beim Hund ist obsolet, da bereits in therapeutischen Dosen Herzmuskelnekrosen beobachtet wurden. β_2-Agonisten hemmen die Motilität der Uterusmuskultur. Deshalb sollten sie nicht in der letzten Trächtigkeitsperiode zum Einsatz kommen, es sei denn, dass eine Geburtsverzögerung bzw. Wehenhemmung (Tokolyse) wie beim Kaiserschnitt erwünscht ist. Bei Pferden mit Verdacht auf eine tachykarde Herzrhythmusstörung ist auf die Anwendung von Clenbuterol zu verzichten, da durch die β-mimetische Wirkung am Herzen das Krankheitsbild noch verschlechtert werden kann.

Wartezeit Die Wartezeit beträgt 28 Tage für essbare Gewebe. Clenbuterol darf bei Tieren, die der Milchgewinnung dienen, nicht angewendet werden.

10.2.4 Methylxanthine (Xanthine)

STECKBRIEF METHYLXANTHINE

Methylxanthine sind leicht bis mäßig wirksame Bronchodilatatoren und werden als Mittel der zweiten Wahl angesehen. Theophyllin (Gabe p. o. oder i.v.) hat einen positiven klinischen Effekt auf die Asthmasymptomatik und Lungenfunktion bei obstruktiven Atemwegserkrankungen. Viele unerwünschte Arzneimittelwirkungen und eine sehr enge therapeutische Breite, die regelmäßige Spiegelkontrollen im Blut erforderlich macht, bedingen, dass Theophyllin in der Routinebehandlung bei der RAO oder dem felinen Asthma heute nur eingeschränkt eine Rolle spielt.

Pharmakodynamik Methylxanthine werden seit 1930 weltweit als oral wirksame Medikamente zur Behandlung von obstruktiven Atemwegserkrankungen wie dem Asthma bronchiale des Menschen (v. a. bei episodischen Asthmaanfällen) eingesetzt. Zu den klinisch verwendeten Xanthinen gehören Theophyllin und Aminophyllin. Theophyllin hat strukturelle Ähnlichkeit zu den anderen Methylxanthinen wie Koffein und Theobromin. Das Ethylendiaminsalz des Theophyllins, das sog. Aminophyllin, ist besser wasserlöslich und kann i. v. bei asthmatischen Exazerbationen angewendet werden. Theophyllin ist der einzige als Bronchodilatator eingesetzte natürliche Vertreter der Methylxanthine. Seine Verwendung zur Langzeittherapie von Asthmatikern ist rückläufig, da es eine geringe therapeutische Breite besitzt und die Inzidenz der auftretenden Nebenwirkungen selbst bei therapeutischer Dosierung hoch ist. Für Kleintiere gilt Theophyllin als gut verträglich, wobei dies nicht durch Evidenz-basierte Studien belegt ist. Im Gegensatz zu Clenbuterol ist die Anwendung von Theophyllin als Bronchodilatator bei Lebensmittel liefernden Tieren erlaubt.

Der Wirkungsmechanismus von Theophyllin ist bisher nicht vollständig geklärt. Neben der relaxierenden Wirkung auf die glatte Muskulatur der Bronchien hat Theophyllin zahlreiche nicht bronchodilalatorische Effekte (antiinflammatorisch, Beeinflussung von Entzündungszellen), die bei der Therapie von obstruktiven Atemwegserkrankungen gleichfalls von Nutzen sind. Die möglichen Wirkungsmechanismen für diese pharmakologischen Effekte von Theophyllin sind:

- Hemmung von Phosphodiesterasen (PDE): Neben der unspezifischen Hemmung dieser Enzyme erhöht Theophyllin gleichzeitig die intrazellulären cAMP-Spiegel, was zur bronchodilatatorischen Wirkung erheblich beiträgt.
- Antagonismus der Adenosinrezeptoren: In therapeutischer Konzentration ist Theophyllin ein potenter Blocker der Adenosinrezeptoren, deren Stimulation normalerweise die Kontraktion der Bronchialmuskulatur sowie die Freisetzung von Mediatoren (z. B. Histamin) von Mastzellen und basophilen Granulozyten fördert. Somit können auch die entzündungshemmenden Effekte von Theophyllin erklärt werden.
- Andere Wirkungen: Theophyllin erhöht die Plasmacatecholaminspiegel, hemmt den Ca^{2+}-Einstrom in die Entzündungszellen sowie den Prostaglandineffekt, wobei diese Wirkungen nur in hohen Dosen beobachtet werden, somit zur Entzündungshemmung wenig beitragen.

Die PDE-Hemmung unter Theophyllin sollte zu synergistischer Interaktion mit β-Sympathomimetika durch cAMP-Erhöhung führen, was aber klinisch nicht überzeugend bewiesen werden konnte.

Pharmakokinetik Nach oraler Aufnahme wird Theophyllin schnell und vollständig resorbiert. Bei Hunden, Katzen und Pferden liegt die orale Bioverfügbarkeit bei 91 %, 91–100 % bzw. 100 %. Theophyllin wird bei allen Spezies primär in der Leber zu 3-Methylxanthin metabolisiert, lediglich 10 % der verabreichten Dosis werden unverändert über die Niere ausgeschieden. Theophyllin verteilt sich im gesamten Extrazellularraum und in allen Geweben (Vd: 0,46 l/kg bei der Katze; 0,82 l/kg beim Hund; 0,82 l/kg beim Rind; 0,85–1,02 l/kg beim Pferd). Die Plasmaproteinbindung beträgt beim Hund 7–14 %. Theophyllin ist plazentagängig, in der Milch erreichen die Konzentrationen 70 % des Plasmaspiegels. Die Eliminationshalbwertszeit ist speziesabhängig und wurde für die Katze mit 7,8 h bestimmt, für den Hund mit ca. 5,7 h und für das Pferd mit 12–17 h.

Indikationen Theophyllin wird bei allen Tierarten therapeutisch zur Bronchodilatation eingesetzt, v. a. bei Myokardversagen mit Lungenödem und bei Bronchospasmus.

Dosierung Theophyllin bzw. Aminophyllin kann p. o. oder i.v. verabreicht werden. Die i.m. Injektion ist sehr schmerzhaft. Zur i.v. Injektion empfiehlt es sich, Theophyllin mit 100 ml 5 %iger Glukose oder isotoner Kochsalzlösung zu verdünnen. Die Infusionsgeschwindigkeit sollte 25 mg/min nicht überschreiten. Die Dosierung wird wie folgt angegeben:

- Katze: 5 mg/kg p. o.
- Hund: 5–15 mg/kg 2-mal täglich i. v. oder p. o.
- Pferd: initial 10 mg/kg p. o., dann 5 mg/kg p. o. täglich zur Erhaltung über 10–14 Tage; 15 mg/kg i. v.

Nebenwirkungen Die Anwendung von Methylxanthinen wird durch die sehr enge therapeutische Breite limitiert, die regelmäßige Blutspiegelbestimmungen erfordert. Ab Plasmaspiegeln von 20 µg/ml (beim Pferd > 15 µg/ml) ist mit schweren Nebenwirkungen zu rechnen, die sich von dem gesteigerten cAMP-Gehalt und der Blockade der Adenosin-A_1-Rezeptoren ableiten lassen. Dazu gehören zentralnervöse Erregung, Tachykardie, Tachyarrhythmien, Erbrechen, Diarrhö und Stimulation der Magensäuresekretion. Bei Hunden und Katzen können darüber hinaus Polyurie/Polydipsie und Polyphagie auftreten. Beim Pferd hat Theophyllin einen besonders engen therapeutischen Index, und das Risiko unerwünschter Wirkungen ist deutlich höher als bei anderen Tierarten. Zudem ist die bronchospasmolytische Wirksamkeit geringer als die der $β_2$-Agonisten.

Wenn die Langzeitanwendung von Theophyllin vorgesehen ist, empfiehlt es sich, die Plasmakonzentration des Wirkstoffs routinemäßig zu ermitteln und zu überwachen, um die optimale Dosis einstellen zu können. Beim Hund sollten Serumspiegel von 8–10 µg/ml, beim Pferd von 15 µg/ml nicht überschritten werden.

Wechselwirkungen Folgende Substanzen können die Plasmaspiegel von Theophyllin reduzieren: Barbiturate, Aktivkohle, Ketoconazol, Rifampin und β-adrenerge Agonisten. Glucocorticoide, β-Blocker, Makrolide, Cimetidin, Ca^{2+}-Kanal-Blocker, Fluorchinolone (z. B. Enrofloxacin) und Allopurinol dagegen erhöhen dessen Plasmakonzentrationen und verstärken somit synergistisch die Wirkung. Schleifendiuretika (z. B. Furosemid) können die Plasmaspiegel von Theophyllin sowohl erhöhen als auch erniedrigen. Bei gleichzeitiger Anwendung von Ephedrin und Isoprenalin sind Herzarrhythmien möglich. Ketamin erhöht die Gefahr zentralnervöser Anfälle.

Kontraindikationen Bei Patienten mit Herzerkrankungen, Herzarrhythmien, neurologischen Erkrankungen (z. B. Epilepsie), Magenulzera, Hyperthyreose und Nieren- bzw. Leberfunktionsstörungen ist Theophyllin kontraindiziert.

10.2.5 Anticholinergika

STECKBRIEF ANTICHOLINERGIKA

Der Botenstoff, der die Wirkung des Parasympathikus (u. a. die Verengung der Bronchien) vermittelt, ist Acetylcholin. Pharmaka, die die Wirkung des Parasympathikus und damit des Acetylcholins hemmen, bezeichnet man als Anticholinergika oder Parasympatholytika (S. 72). Da sie eine Relaxation der glatten Muskelzellen der Atemwege bewirken, werden sie auch als Bronchospasmolytika eingesetzt.

Pharmakodynamik Atemwege sind primär von dem parasympathischen Teil des autonomen Nervensystems innerviert, der über den Neurotransmitter Acetylcholin die Muskarin-Rezeptoren der glatten Muskulatur aktiviert und so deren Kontraktion bewirkt. Die Stimulation des cholinergen Systems (in der Regel der M_3-Muskarin-Rezeptoren) führt zur Bronchokonstriktion bei Asthma oder RAO. Anticholinergika hemmen durch Blockade der Interaktion von Acetylcholin mit dem Muskarin-Rezeptor die Fortleitung vagaler Efferenzen. Pharmakologische Effekte sind Bronchodilatation, Inhibition der Schleimsekretion und des Hustenreizes. Neben β_2-Agonisten und Methylxanthinen zählen Anticholinergika zu den effektiven Bronchodilatatoren.

Indikationen Anticholinergika sind Mittel der ersten Wahl zur COPD-Behandlung bei Menschen, zur Therapie von Asthma gelten sie als Mittel der zweiten Wahl. In den seltenen Fällen, in denen Patienten inhalative β_2-Sympathomimetika nicht vertragen, stellen sie eine wirkungsvolle Alternative dar.

Das natürliche Alkaloid **Atropin**, der Prototyp der Muskarin-Rezeptor-Antagonisten, wurde über mindestens zwei Jahrhunderte zur Behandlung von Asthma-ähnlichen Zuständen beim Menschen verwendet. Auch beim Pferd kam es lange Zeit zur Relaxation der Bronchialmuskultur bei der RAO (auch sog. Heaves) zum Einsatz.

Quartäre Derivate der natürlichen Alkaloide wie **Ipratropium** und **Butylscopolamin** sind stark polare Verbindungen und werden nach oraler Verabreichung nicht resorbiert. Sie kommen daher nur **inhalativ** zum Einsatz. **Ipratropiumbromid** ist ein kurz wirksamer, unspezifischer Hemmstoff der Muskarin-Rezeptoren (Atrovent, Halbwertszeit: 4–6 h) und wird beim Pferd als Aerosol in einer Dosis von 1–3 µg/kg verwendet. Das neuere **Tiotropium** ist dagegen lang wirksam (Halbwertszeit: 15–20 h) und ein präferenzieller M_3-Muskarin-Rezeptor-Antagonist. Dieser wird erfolgreich bei COPD-Patienten eingesetzt, wobei die Inhalation nur 1-mal täglich erforderlich ist. Bisher gibt es keine Studien und Erfahrungen mit diesem Wirkstoff bei Pferden mit RAO.

Nebenwirkungen Beim Atropin sind selbst in geringer Dosierung kardiale und gastrointestinale Nebenwirkungen (S.71) zu beobachten. Darum kann Atropin nur einmalig zur Durchbrechung eines Bronchospasmus bei RAO-Pferden verwendet werden. Die topischen Anticholinergika rufen nur wenig unerwünschte Wirkungen hervor, verringern aber dennoch die mukoziliäre Clearance.

10.3 Glucocorticoide

Glucocorticoide kommen in der Humanmedizin seit 1950 zur Behandlung des Asthma bronchiale zum Einsatz. Per Inhalation sind sie die am stärksten wirksamen und am besten untersuchten Medikamente zur Dauertherapie, dabei überaus kosteneffektiv. Ihr Einsatz wird möglichst frühzeitig empfohlen. Auch in der Veterinärmedizin sind sie zur Behandlung obstruktiver Bronchitiden unverzichtbar geworden.

Pharmakodynamik Unter allen zur Behandlung von chronischen Atemwegserkrankungen verwendeten Pharmaka wirken Glucocorticoide am stärksten antiphlogistisch und vermindern somit auch entzündliche Reaktionen wie Schleimbildung und die Zerstörung des Atemwegsepithels. Darüber hinaus verstärken sie die Effekte von β_2-Agonisten (permissiver Effekt) über die Steigerung der Expression und Empfindlichkeit von β_2-adrenergen Rezeptoren und wirken so der Toleranzentwicklung entgegen. Studien haben gezeigt, dass Dexamethason die Clenbuterol-vermittelte Downregulation der β_2-adrenergen Rezeptoren der Pferdelymphozyten verhindert.

Indikationen, Anwendung Der Einsatz von Glucocorticoiden empfiehlt sich bei allen obstruktiven Atemwegserkrankungen. Hierzu zählen allergische Bronchitiden wie auch die feline Tracheobronchitis und die RAO des Pferdes. Im Hinblick auf die Kontrolle der **RAO** wurde die klinische Bedeutung der oralen Prednisolon-Formulierungen sowie der Injektionsformulierung von Dexamethason überprüft. Dabei war jeweils eine Verbesserung der klinischen Symptomatik zu beobachten. Allerdings gilt es zu bedenken, dass durch wiederholte parenterale Gabe von Glucocorticoiden unerwünschte Nebenwirkungen auftreten, weshalb diese nur kurzzeitig gegeben werden sollten.

Die topische Verwendung inhalativer Glucocorticoide bietet demgegenüber Vorteile. Speziell entwickelte Esterformen werden lokal gespalten und erreichen darum lediglich geringe Plasmakonzentrationen. Folglich rufen sie auch kaum systemische Nebenwirkungen hervor. Inhalativ verabreichte Glucocorticoide bei Tieren (insbesondere beim Pferd) sind **Fluticasonpropionat**, **Beclomethasondipropionat** und **Budesonid**. Vor allem Budesonid zeichnet sich durch starke lokale Wirkungen im Respirationstrakt aus, wohingegen systemische Effekte aufgrund der raschen Inaktivierung in der Leber gering sind. Die Wirkstoffe werden als Dosier-Aerosole (metered dose inhaler) mithilfe eines speziellen Inhalationssystems verabreicht. Die Effektivität solcher Inhalationstherapien soll nach bisherigen Studien bei 18–46 % liegen.

Pharmakokinetik, Dosierungen, weitere Indikationen, Nebenwirkungen, Kontraindikationen und Wechselwirkungen sind im entsprechenden Kapitel zu den Glucocorticoiden (S. 372) nachzulesen.

10.4 Expektoranzien

STECKBRIEF EXPEKTORANZIEN

Der Einsatz von Expektoranzien hat folgende therapeutischen Ziele: Durch Erhöhung des Sekretvolumens und Herabsetzung der Viskosität sollen die bronchiale Reinigung erleichtert, visköser Schleim und mit dem Schleim auch inhalierte Fremdpartikel entfernt werden. Die Reizung der Hustenrezeptoren ist hierdurch gemindert, das „Abhusten" erleichtert.

Als Expektoranzien kommen zwei verschiedene Stoffgruppen zum Einsatz: die Sekretolytika und Mukolytika (**Tab. 10.1**). Sie verbessern die Transportfähigkeit des Schleims durch zusätzliche Sekretion von Wasser oder im Falle der Mukolytika durch das Aufbrechen von Makromolekülen des Schleims mit der Folge einer verringerten Viskosität (**Abb. 10.1**).

Der **Schleim**, der den Respirationstrakt auskleidet, wird von den Becherzellen und submukösen Drüsen sezerniert. In der Schleimhaut befinden sich darüber hinaus Flimmerepithelzellen, die den Mukus rachenwärts befördern. Der Schleim bildet eine untere Solphase sowie eine darüber liegende Gelphase. Die physiologische Funktion der Schleimproduktion besteht darin, Bakterien, Staub, Zellbruchstücke u. a. zu binden und diese über das Flimmerepithel kontinuierlich zu entfernen. Bei Bronchitis und Pneumonie verändert sich die Zusammensetzung und damit die Viskosität des Schleims, sodass die Gelschicht den Flimmerepithelzellen stärker aufliegt als die Solschicht. Dadurch sind die ziliäre Bewegung und der Schleimtransport erschwert. Es kommt zur Dyskrinie und Störung der mukoziliären Clearance und demzufolge zu einer Obliteration des Tracheobronchialbaumes. Die Sauerstoffversorgung und die Lungenperfusion verschlechtern sich. Husten ist ein nachgeordneter Reinigungsreflex des Bronchialbaumes, der insbesondere dann zum Tragen kommt, wenn der primäre Mechanismus, die mukoziliäre Clearance, nicht funktioniert oder plötzlich überlastet wird.

Ist die Reinigungsfunktion des Hustens durch Dyskrinie beeinträchtigt, kommen Expektoranzien zum Einsatz. Sie werden beim produktiven Husten eingesetzt und bewirken, dass zähes, in der Zusammensetzung pathologisch verändertes Sekret durch Erhöhung des Sekretvolumens (Sekretolytika) und durch Herabsetzung der Viskosität (Mukolytika) leichter mobilisiert werden kann (Sekretomotorika). Dies sorgt für eine Entlastung der Hustenrezeptoren in den großen Atemwegen; der Hustenreiz lässt nach, da sich die Effektivität des Hustens erhöht.

Aufgrund der verbesserten Fließfähigkeit ist der Transport des Schleims durch das Flimmerepithel wie auch das Abhusten erleichtert. Expektoranzien werden bei akuten oder chronischen Atemwegserkrankungen unterschiedlichster Ätiologie eingesetzt, die durch eine abnormale oder erhöhte Schleimproduktion (Dyskrinie) gekennzeichnet sind. Chronischer Husten, vermehrte Schleimproduktion (Auswurf) und Dyspnoe sind charakteristische Symptome chronisch obstruktiver Bronchitiden (z. B. RAO).

10.4.1 (Reflex-)Sekretolytika

Reflexsekretolytika

Zu den Reflexsekretolytika gehört eine Vielzahl von Expektoranzien pflanzlicher Herkunft, vor allem ätherische Öle, Saponine, Radix ipecacuanhae und Guaifenesin sowie anorganische Salze wie Ammoniumchlorid. Nach oraler Verabreichung beruht die Wirkung auf einer über die Reizung der Magenschleimhaut vermittelten Erregung des N. vagus, was zu einer Steigerung der Bronchialsekretion führt. Bei inhalativer Gabe stimulieren diese Substanzen die Sekretion der Bronchialdrüsen durch direkte Reizung der

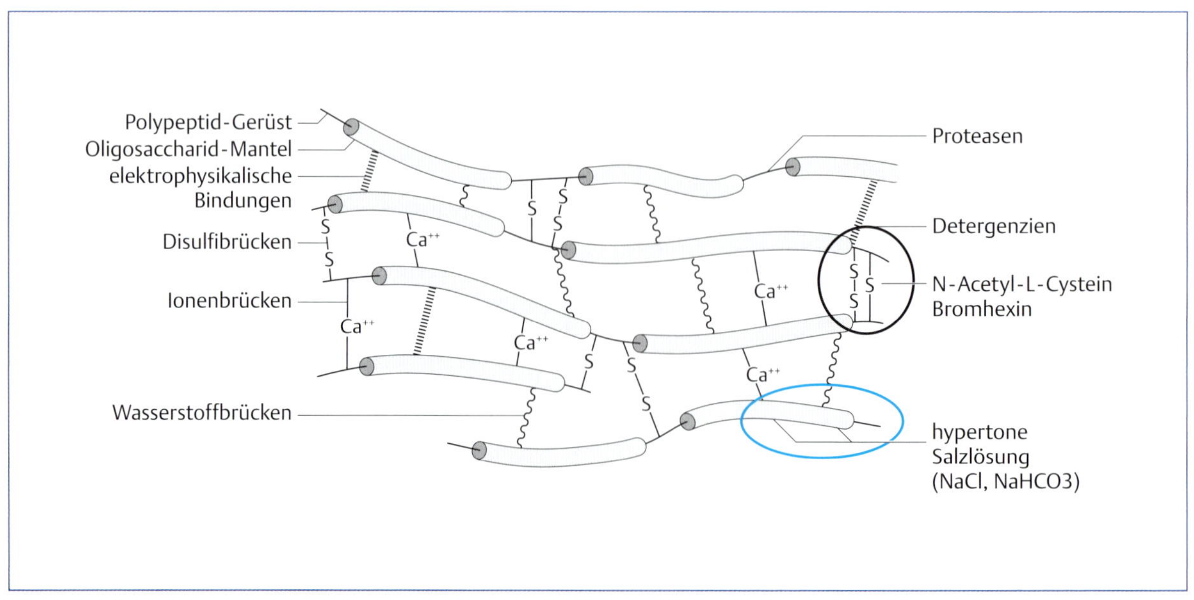

Abb. 10.1 Vernetzung von Schleimfäden mit Angriffspunkten von Substanzen.

Bronchialschleimhaut. Die klinische Wirksamkeit von ätherischen Ölen, Saponinen und Radix ipecacuanhae ist in der Veterinärmedizin nicht genau belegt.

Ammoniumchlorid ist als Expektorans in veterinärmedizinischen Kombinationspräparaten enthalten. Die wesentliche Indikation von Ammoniumchlorid ist allerdings die Ansäuerung des Harns zur Prävention von Harnsteinen sowie die Steigerung der renalen Exkretion von Toxinen und organischen Basen. Nebenwirkungen sind Reizung der Magenschleimhaut und Hyperventilation. Bei Überdosierung kann Ammoniumchlorid Azidose sowie Lungenödem verursachen. Die orale Dosis beträgt 20–30 mg/kg, wobei eine Tagesdosis von 50–100 mg/kg nicht überschritten werden sollte.

CAVE

Reflexsekretolytika können bei der Katze einen Spasmus der oberen Atemwege (Larynx, Pharynx) hervorrufen und sind daher unter besonderer Vorsicht anzuwenden.

Sekretolytika

In der Veterinärmedizin häufig verwendete Sekretolytika sind **Bromhexin** und dessen Derivat **Dembrexin**. Diese Substanzen werden zur Verflüssigung des Schleims eingesetzt. Ein weiterer aktiver Metabolit des Bromhexins, **Ambroxol**, der ebenfalls zur Schleimverflüssigung dient, ist nur als humanmedizinisches Präparat im Handel.

Bromhexin

Pharmakodynamik Bromhexin (**Abb. 10.2**) ist ein Sekretolytikum zur oralen und parenteralen Anwendung. Es löst in den peribronchialen Drüsen eine Steigerung der serösen Sekretion aus, wodurch es zur vermehrten Bildung eines Bronchialschleims mit geringerer Viskosität kommt. Bromhexin wirkt einerseits direkt auf saure Glykoproteine innerhalb der Drüsenzellen der Submukosa und durch Aktivierung Mukoprotein-spaltender Enzyme, andererseits indirekt über einen durch gastrointestinale Reizung vermittelten vagalen Reflex mit vermehrter bronchialer Sekretion. In kontrollierten Studien an verschiedenen Haustieren wurde eine signifikante Abnahme der Viskosität des Bronchialschleims nachgewiesen. An der isolierten Trachea des Hundes führt Bromhexin zu einem Anstieg von Amplitude und Frequenz des Zilienschlages. Ursache hierfür ist wahrscheinlich eine veränderte Konsistenz des Schleims, da die Zilienbewegung abhängig von dessen physikalischen Eigenschaften ist. Die Bromhexinderivate stimulieren die sekretorische Aktivität der Typ-II-Pneumozyten und erhöhen die Freisetzung und Synthese von Surfactant.

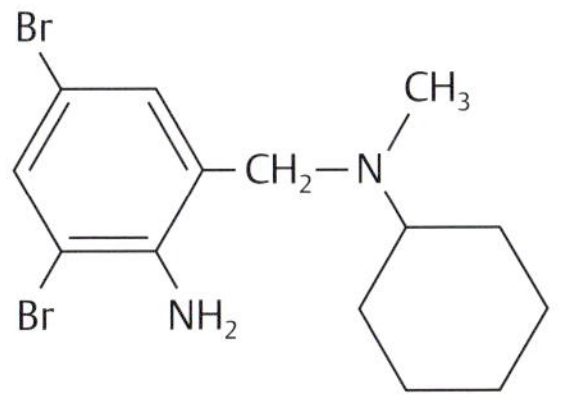

Br
CH$_3$
CH$_2$—N
Br
NH$_2$

Abb. 10.2 Bromhexin.

Pharmakokinetik Die systemische Bioverfügbarkeit nach oraler Gabe beträgt bei Hund und Pferd nur etwa 5–6 %, was auf einen starken hepatischen First-Pass-Effekt schließen lässt. Maximale Blutspiegel werden bei oraler Gabe nach 1 h erreicht. Hinsichtlich Metabolismus (besonders beim Grad der Konjugation) und Elimination bestehen beträchtliche Unterschiede zwischen den Tierarten. So beträgt die Eliminationshalbwertszeit bei Hund und Pferd ca. 3–4 h, bei der Ratte dagegen ca. 9–11 h. Beim Hund findet man ca. 36 % der verabreichten Substanz als freie und konjugierte Metaboliten im Urin und ca. 55 % in den Fäzes wieder, beim Kaninchen sind es dagegen 77 % im Urin und 15 % in den Fäzes. Beim Pferd wird Bromhexin zu Hydroxybromhexin und Desmethylbromhexin metabolisiert. Rückstandsuntersuchungen von Bromhexin bei Kalb und Schwein zeigten deutlich höhere Konzentrationen in der Leber und im Fettgewebe als im Muskelgewebe, in der Lunge und in den Nieren. In der Leber und der Lunge wurden drei unterschiedliche Metabolite, teilweise konjugiert, teilweise in freier Form gefunden. In der Milch von Kühen ließen sich Spuren von Bromhexin nachweisen, deren Konzentration sehr schnell abnahm.

Indikationen Bei akuter und chronischer Bronchitis mit abnormaler oder erhöhter Schleimbildung und gestörter mukoziliärer Clearance sowie beim Atemnotsyndrom der Neugeborenen infolge Fruchtwasseraspiration kann Bromhexin zur unterstützenden Behandlung angewandt werden.

Dosierung Bromhexin wird in folgender Dosierung gegeben:

- Katze, Hund: 0,5 mg/kg i. m. oder 0,5–1,0 mg/kg p. o.
- Schwein: 0,3 mg/kg i. m. oder p. o.
- Rind, Pferd: 0,15 mg/kg i. m. oder 0,3 mg/kg p. o.

Bei chronischen Erkrankungen ist die orale Gabe über mehrere Wochen möglich.

Nebenwirkungen Vereinzelt können lokale Schleimhautreizungen im Gastrointestinaltrakt auftreten.

Wechselwirkungen Die gesteigerte Sekretionsförderung führt zu einer vermehrten Ausscheidung von Immunglobulinen sowie Antibiotika in das Bronchialsekret. Bei gleichzeitiger Gabe von Bromhexin und Antibiotika kommt es zu erhöhten Wirkstoffspiegeln von antibakteriell wirksamen Substanzen im Lungengewebe und Bronchialbaum. Die Kombination mit β_2-adrenergen Agonisten (z. B. Clenbuterol) erleichtert das Abhusten des Sekrets.

Wartezeit Essbare Gewebe:

- Schwein: 0–2 Tage
- Rind: 3 Tage

Nicht bei Kühen anwenden, deren Milch in den Verkehr gebracht wird.

Spez. Pharmakologie

Dembrexin

Dembrexin (**Abb. 10.3**) ist ein Derivat von Bromhexin und wirkt in ähnlicher Weise auf die Bronchialsekretion, den Sekrettransport (durch Steigerung der Ziliarbewegung) und die Surfactantbildung. Dembrexin besitzt derzeit für das Pferd die größte Bedeutung unter den Sekretolytika.

Die Dosierung beträgt 0,6 mg/kg p. o. 2-mal täglich. Nach oraler Gabe wird die Substanz gut resorbiert, trotzdem ist die Bioverfügbarkeit mit ca. 30 % relativ gering, da durch einen intensiven First-Pass-Effekt eine schnelle Metabolisierung erfolgt. Die Halbwertszeit beim Pferd beträgt 1–3 h.

Dieser Wirkstoff ist als Bronchosekretolytikum zur oralen Anwendung beim Pferd für die gleichen Anwendungsgebiete wie Bromhexin geeignet. Kontraindikationen sind beginnendes Lungenödem sowie Nieren- und/oder Leberfunktionsstörungen. Für Dembrexin besteht für essbares Gewebe eine Wartezeit von 3 Tagen.

Ambroxol

Die pharmakodynamischen Wirkungen von Ambroxol (Hydroxybromhexin = einer der Metaboliten von Bromhexin) entsprechen denen von Bromhexin. Ambroxol wird nach oraler Gabe schnell und vollständig resorbiert. Bei Hund und Mensch beträgt die Plasmahalbwertszeit 20–25 h, beim Kaninchen nur 2 h. Die Ausscheidung erfolgt bei Mensch und Kaninchen fast ausschließlich renal, während beim Hund daneben auch eine biliäre Exkretion besteht. Beim Pferd unterliegt Ambroxol trotz der Ähnlichkeit mit Bromhexin anscheinend einem anderen Metabolismus: Die bei Bromhexin gefundenen Metaboliten wurden im Urin von Pferden, denen Ambroxol verabreicht wurde, nicht nachgewiesen.

10.4.2 Mukolytika

■ Acetylcystein, Carbocystein

Pharmakodynamik Acetylcystein (ACC) ist das N-Acetylderivat der natürlich vorkommenden Aminosäure L-Cystein. ACC (chem.: N-Acetyl-L-cystein) enthält im Molekül eine freie, reaktive Sulfhydrylgruppe, die mit den Disulfid-Brückenbindungen der Mukoproteine reagiert und diese spaltet (**Abb. 10.4**).

Die Disulfid-Brückenbindungen der Mukoproteine werden so durch Bildung von gemischten Disulfiden und einer freien Sulfhydrylgruppe im Bronchialschleim reduziert. Dadurch wird die Quervernetzung gebrochen und die Viskosität des Schleims herabgesetzt. Von Bedeutung für die Wirkung dieser Substanz könnten auch ihre antioxidativen Eigenschaften sein. Reaktive Oxidationsmittel, die das umliegende Gewebe angreifen und so Entzündungsgeschehen unterhalten, entstehen aus Entzündungszellen. Die SH-Gruppen-Reagenzien sind in der Lage, diese Substanzen abzufangen. Carbocystein ist dem ACC zwar chemisch ähnlich, eine freie SH-Gruppe fehlt jedoch und Mukoproteine können nicht gespalten werden.

Pharmakokinetik ACC wird nach oraler Verabreichung gut resorbiert und in der Leber in die Aminosäuren Cystein und Cystin umgewandelt (deacetyliert). Seine orale Bioverfügbarkeit ist aufgrund des hohen First-Pass-Effekts sehr gering (ca. 10 %). Die Elimination von ACC und seinen Metaboliten erfolgt fast ausschließlich in Form inaktiver Metaboliten (anorganische Sulfate, Diacetylcystein) über die Nieren.

Nach inhalativer Gabe beginnt die Schleimverflüssigung bereits nach 1 min, die maximale Wirkung erfolgt nach 5–10 min. Nach oraler Gabe werden in der Lunge hohe Konzentrationen erreicht, wobei ca. 50 % der dort ankommenden Wirkstoffmenge noch aktive Sulfhydrylgruppen besitzen.

Indikationen ACC wird in der Veterinärmedizin bei Atemwegserkrankungen als Mukolytikum zur Verflüssigung von viskösem Schleim angewendet. Bei Kleintieren wird ACC auch als Antidot bei Vergiftungen mit Paracetamol sowie mit Blättern der Sagopalme verwendet.

Dosierung Es wird zwischen oraler und inhalativer Gabe unterschieden.

Orale Gabe: Exakte Dosisangaben für die Mukolyse bei Tieren liegen nicht vor. Bei Katze und Hund wird eine Dosis von 3–5 mg/kg 3-mal täglich empfohlen. Beim Pferd beträgt die Richtdosis 20 mg/kg 2–3-mal täglich über einen Zeitraum von 13–20 Tagen. Bei der Paracetamolintoxikation von Hund und Katze werden deutlich höhere Dosierungen gebraucht (initial 150 mg/kg p. o. oder i. v.).

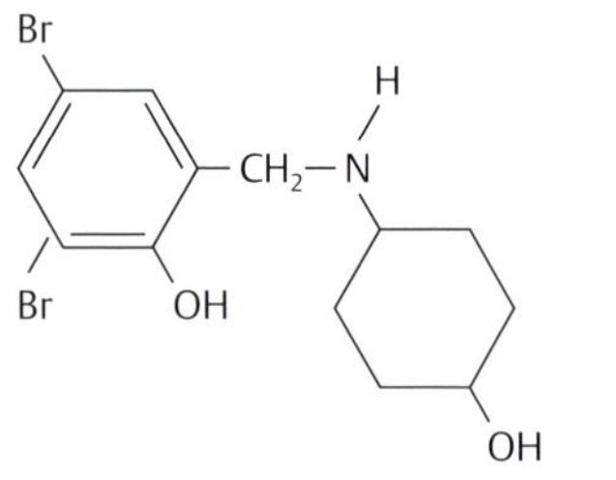

Abb. 10.3 Dembrexin.

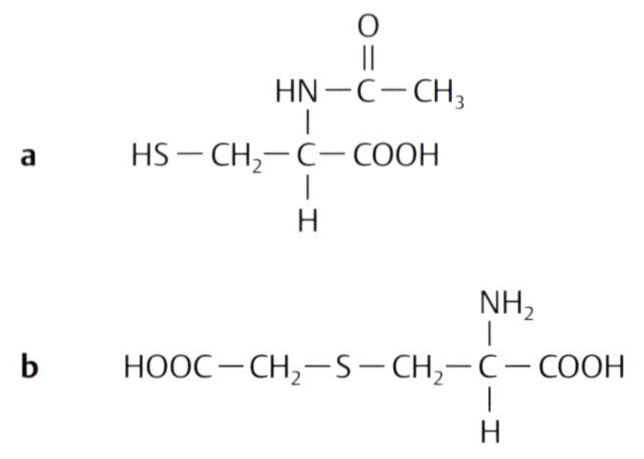

Abb. 10.4 ACC (**a**) und Carbocystein(**b**).

Inhalative Gabe: Als Mukolytikum wird ACC üblicherweise in Form einer 10–20 %igen Lösung mittels direkter Applikation (Vernebelung oder intratracheale Instillation) verabreicht. Die empfohlene Dosis beträgt für den Hund 5 mg/kg bis zu 3-mal täglich in Form einer 10–20 %igen Lösung bei einem pH von 7–9 und für das Pferd 5–10 ml/50 kg (als 10 %iges Aerosol) 2-mal täglich.

Nebenwirkungen Nach inhalativer Gabe kann es zu einer reflektorischen Bronchokonstriktion kommen. Daher empfiehlt sich die kombinierte Verabreichung mit bronchodilatatorisch wirkenden Pharmaka, z. B. β_2-Sympathomimetika. Nach oraler Gabe können gelegentlich gastrointestinale Nebenwirkungen auftreten.

Wechselwirkungen ACC erleichtert die Penetration von Antibiotika in den Bakterien enthaltenden Schleim. Bei der Verabreichung von Antibiotika über Aerosole kommen diese deshalb häufig in Kombination mit ACC zur Anwendung. Tetracycline und Cephalosporine werden durch ACC inaktiviert. Daher ist bei der kombinierten Applikation dieser Arzneimittel ein zeitlicher Abstand von etwa 4 h einzuhalten.

Toxizität Die Toxizität von ACC ist gering.

10.4.3 Verschiedene Expektoranzien

Bei Dehydratation kommt es zur Produktion von zähem Bronchialschleim. Die orale oder parenterale Aufnahme von Flüssigkeit ist daher eine einfache und geeignete Methode, die Viskosität von zähem Schleim zu vermindern. Eine Sekretolyse kann auch durch Inhalation von Wasserdampf erreicht werden. Zur Infusion sind hypertone Lösungen wie Ringerlaktat oder Natriumchlorid geeignet, während hypotone Lösungen möglicherweise einen Bronchospasmus auslösen. Beim Pferd ist eine Sekretolyse auch durch „Masseninfusion" von isotoner Natriumchloridlösung zu erreichen. Zu diesem Zweck können 30 l/500 kg mit einer Infusionsgeschwindigkeit von 10 l/h an 3 aufeinanderfolgenden Tagen i.v. verabreicht werden.

10.5 Analeptika

DEFINITION Als respiratorische Analeptika werden Stoffe bezeichnet, die eine direkte oder indirekte (über periphere Chemorezeptoren) stimulierende Wirkung auf das medulläre Atemzentrum haben und zu einer verstärkten Atmung führen (**Tab. 10.1**).

In höheren Dosierungen haben diese Stoffe allerdings keine alleinige stimulierende Wirkung auf das Atemzentrum, sondern erregen andere Strukturen des Zentralnervensystems und beeinflussen ebenfalls die Herz-Kreislauffunktionen. Bereits bei geringer Überdosierung ist mit einer Stimulierung motorischer Hirn- und Rückenmarkzentren zu rechnen, und es kann zum Auftreten von Krämpfen kommen. Die Dosierung der Analeptika muss daher sehr vorsichtig nach Wirkung erfolgen. Die Dauer der Stimulierung ist bei allen Analeptika kurz. Analeptika führen zu einem erhöhten Sauerstoffbedarf des Organismus, wodurch der Effekt verbesserter Sauerstoffversorgung wieder eingeschränkt werden kann. Grundsätzlich sollte deshalb eine Beatmung bevorzugt werden, wenn die Möglichkeit dazu besteht.

Als **Indikationen** kommen praktisch nur noch Vergiftungen mit Stoffen in Frage, die eine atem- und kreislaufdepressive Wirkung haben, sowie die Asphyxie der Neugeborenen. In der Humanmedizin spielen Analeptika für die Behandlung von Vergiftungen, die eine Atemdepression zur Folge haben, aber keine Rolle mehr, da in diesen Fällen eine Therapie mit Beatmung, Dialyse und verstärkter Diurese erfolgt. In der tierärztlichen Praxis sind diese Möglichkeiten nicht immer vorhanden, sodass Analeptika hier noch zum Einsatz kommen. Allerdings ist immer zu überlegen, ob die durch eine Substanz hervorgerufene Atem- und Kreislaufdepression durch einen spezifischen Antagonisten (Antidota!) dieses Stoffes aufgehoben werden kann (z. B. Naloxon bei Vergiftungen mit Opiaten, Atipamezol bei Überdosierung von Analgetika vom Xylazin-Typ).

Nach der Wirkungsweise unterscheidet man **Stammhirnanaleptika**, die ihre Wirkung hauptsächlich in der Medulla oblongata entfalten, und **Rückenmarkanaleptika**, die ihren Hauptangriffspunkt im Rückenmark haben. Der Prototyp der Stammhirnanaleptika, Pentetrazol, ist in Deutschland und in der Schweiz nicht mehr im Handel. Zu den Rückenmarkanaleptika zählt Strychnin, das allerdings therapeutisch nicht mehr verwendet wird und ausschließlich toxikologische Bedeutung hat.

10.5.1 Doxapram

Doxapram ist in der Veterinärmedizin das einzige zentrale Analeptikum (S. 175), das therapeutisch als Atemstimulans verwendet wird. Präparate mit diesem Wirkstoff sind in der Schweiz nicht zugelassen.

Pharmakodynamik Doxapram ist ein monohydriertes Pyrrolidinonderivat. Die Atemstimulation erfolgt hauptsächlich über eine Stimulation der Chemorezeptoren im Carotis- und Aortenbereich, während die direkte Erregung des Atemzentrums eine untergeordnete Rolle spielt. Es kommt zu einer vorübergehenden Erhöhung der Atemfrequenz und des Atemzugvolumens. Die Verbesserung der Atmung spiegelt sich in der Änderung des Säure-Basen-Gleichgewichts und der Steigerung der Sauerstoffsättigung des Blutes wider. Eine erhöhte arterielle Oxygenierung findet jedoch nicht immer statt, da zum Teil durch die erhöhte Atemarbeit auch mehr Sauerstoff verbraucht und CO_2 produziert wird. In therapeutischen Dosen sind im EEG keine Hinweise für eine konvulsive Wirkung nachweisbar. Doxapram erregt auch andere Regionen des Zentralnervensystems. Aufgrund der großen therapeutischen Breite des Wirkstoffs treten Krämpfe erst bei einer etwa 70–75-mal höheren Dosis auf, als für eine atemstimulierende Wirkung nötig ist. Doxapram bewirkt eine Blutdruckerhöhung, die auf eine Aktivierung des sympathischen Nervensystems zurückgeführt wird.

Pharmakokinetik Nach i.v. Verabreichung setzt die Wirkung schnell ein und nimmt bereits nach 5–6 min ab. Der Wirkstoff verteilt sich gut in die Gewebe. Doxapram wird in der Leber umfangreich metabolisiert. Beim Hund ließen sich 11 Metaboliten nachweisen, die innerhalb von 24–48 h nach der Verabreichung über den Harn und die Fäzes ausgeschieden werden. Die Eliminationshalbwertszeit von Doxapram beträgt ca. 2,4–4 h.

Indikationen Doxapram ist zur Anwendung bei Pferd, Fohlen, Kalb, Lamm, Hund, Katze sowie bei Zootieren geeignet:
- medikamentös bedingte Atemdepression
- Atemstimulation bei postnarkotischen und postoperativen Atemstörungen
- Asphyxie bei Neugeborenen
- Verkürzung von Narkosen bzw. der Nachschlafdauer (z. B. bei Barbituraten und Inhalationsanästhetika)
- Wiedererlangen der laryngopharyngealen Reflexe bei Patienten mit milder respiratorischer und ZNS-Depression infolge einer zu tiefen Anästhesie
- Larynxdysfunktion oder -paralyse

Dosierung Die Verabreichung erfolgt unter Beobachtung des Patienten und sollte je nach Wirksamkeit innerhalb des angegebenen Dosisbereiches entsprechend angepasst werden.
- Katze, Hund: 1–2(5) mg/kg i. v.
- Pferd: 0,5–1 mg/kg i. v.

Die Dosis kann erforderlichenfalls wiederholt werden.

Asphyxie der Neugeborenen (i. v., i. m., s. c. oder sublingual zu verabreichen):
- Katze: 1–2 mg, Gesamtdosis
- Hund: 1–5 mg, Gesamtdosis
- Kalb, Lamm, Fohlen: 0,5–2,0 mg/kg

Nebenwirkungen Blutdruckanstieg, ab einer Dosis > 4 mg/kg kann es zu einem initialen Blutdruckabfall kommen. Bei Überdosierung ist mit Hyperventilation und nachfolgender reduzierter CO_2-Spannung zu rechnen (Gefahr einer respiratorischen Alkalose). Ferner können Tremor, Krämpfe und Herzarrhythmien auftreten.

Wechselwirkungen Analgetika vom Morphintyp (erhöhte Krampfbereitschaft), Narkose mit halogenierten Kohlenwasserstoffen, Sympathomimetika, Atropin (Herzarrhythmie). Doxapram kann beim Hund die Wirkung von Xylazin und Acepromazin antagonisieren. Auch beim Rind wurde eine antagonistische Wirkung von Doxapram gegenüber Xylazin festgestellt.

Kontraindikationen Obstruktion der Atemwege, Schilddrüsenüberfunktion, Hypertonie, Koronarerkrankungen.

Wartezeit 2 Tage für essbare Gewebe.

10.5.2 Methylxanthine

Zu den Methylxanthinen gehören Coffein und Theophyllin (S. 269). Methylxanthine haben neben der zentral erregenden Wirkung stark ausgeprägte periphere Wirkungen (S. 198), die therapeutisch ausgenutzt werden. Die zentral erregende Wirkung ist vor allem in der Großhirnrinde ausgeprägt, und es kommt erst bei höheren Dosen zur Stimulation des Stammhirns und somit des Atem- und des Herz-Kreislaufzentrums. Die atemstimulierenden Wirkungen sind sehr viel schwächer ausgeprägt als bei den Stammhirnanaleptika und reichen nicht aus, um eine Atem- und Kreislaufdepression bei Narkosezwischenfällen aufzuheben; diese Wirkstoffe sind somit als Atemanaleptika nicht geeignet.

10.5.3 Kohlendioxid

Kohlendioxid ist als metabolisches Abfallprodukt eine physiologisch die Atmung stark stimulierende Substanz. Früher wurde eine Mischung aus 5 % CO_2 in Sauerstoff als Stimulans bei Atemdepression während einer Narkose empfohlen. Heute findet Kohlendioxid in der Anästhesiologie zur Stimulierung des Atemzentrums keine Anwendung mehr. Während einer Narkose ist das Atemzentrum in der Regel durch einen erhöhten CO_2-Partialdruck beeinträchtigt, sodass durch Zugabe von Kohlendioxid die Gefahr einer Azidose mit der möglichen Folge eines Herzstillstandes besteht.

10.6 Antitussiva

Husten ist ein physiologischer Reflex, der der Elimination von Fremdkörpern oder großer Schleimmengen aus den Atemwegen dient. Somit ist eine Unterdrückung des Hustenreizes nur dann sinnvoll, wenn dieser belastend und nicht produktiv ist. Der Einsatz von Antitussiva sollte daher dem trockenen, starken, anhaltenden, schwächenden oder schmerzhaften Husten vorbehalten sein. Anwendung finden Antitussiva auch nach Operationen im Brust- oder Bauchbereich. Bei Atemwegserkrankungen mit starker Sekretion oder während einer Therapie mit Expektoranzien sind Antitussiva pharmakologisch nicht sinnvoll.

Verschiedene Wirkstoffe können den Hustenreflex direkt oder indirekt vermindern. Stark wirksame Antitussiva sind Opioide, die den Hustenreflex durch einen direkten Effekt auf das Hustenzentrum im Zentralnervensystem unterdrücken. Die wichtigsten Vertreter dieser Substanzklasse sind nach wie vor Codein, Dihydrocodein und Dextromethorphan (**Tab. 10.1**). Die hustendämpfende Wirkung der Opioidantitussiva steigt in der Rangfolge: Hydrocodon → Codein → Dextromethorphan.

10.6.1 Codein

Codein (**Abb. 4.13**) ist ein natürliches Opiat, das am meisten in der Veterinärmedizin angewendet wird. Fröhner erwähnt „Codeinum phosphoricum" in seiner „Arzneimittellehre für Tierärzte" bereits vor über 100 Jahren als Antitussivum beim Hund. Codein ist ein Betäubungsmittel, aber Zubereitungen bis zu 2,5 % oder bis zu 100 mg je abgeteilte Form gelten als ausgenommene Zubereitungen und fallen daher nicht unter das Betäubungsmittelgesetz.

Pharmakodynamik Codein ist zu etwa 0,5 % im Opium enthalten. Durch Methylierung an der phenolischen Hydroxylgruppe des Morphinmoleküls gehen die für ein Antitussivum unerwünschten atemdepressiven, analgetischen und suchterzeugenden Eigenschaften stark zurück, während die hustendämpfende Wirksamkeit erhalten bleibt.

Pharmakokinetik Nach oraler Aufnahme wird Codein schnell resorbiert. Die Metabolisierung erfolgt in der Leber, wobei 90 % als inaktive Form und etwa 10 % demethyliert als Morphin vorliegen. Die Ausscheidung erfolgt hauptsächlich über die Niere, und die Halbwertszeit beträgt ca. 2,5–4 h.

Indikationen Codein wird angewendet bei trockenem, unproduktivem Reizhusten, bei chronischen, schwächenden oder schmerzhaften Hustenzuständen sowie nach Operationen im Brust- und Bauchbereich.

Dosierung Codein wird als Codeinum phosphoricum p. o. angewendet. Wegen der relativ kurzen Wirkungsdauer ist eine 3–4-malige tägliche Gabe erforderlich.

- Katze: 0,1 mg/kg p. o., wird jedoch selten verwendet
- Hund: 0,5–2 mg/kg p. o.
- Pferd: bis 4 mg/kg p. o.

Nebenwirkungen Mögliche Nebenwirkungen von Codein sind Sedation und unerwünschte Effekte im Gastrointestinaltrakt (Erbrechen, Anorexie, Konstipation und Ileus). Bei der Katze können Opiate durch ZNS-Stimulation Erregungszustände, Tremor oder Krämpfe hervorrufen.

Kontraindikationen Starke Bronchialsekretion sowie obstruktive Atemwegserkrankungen und Krankheitszustände, bei denen eine Atemdepression vermieden werden muss. Codein sollte nicht gleichzeitig mit Expektoranzien verabreicht werden.

10.6.2 Dextromethorphan

Pharmakodynamik Dextromethorphan ist das d-Isomer von 3-Methoxy-N-Methylmorphin, das im Gegensatz zu seinem l-Isomer keine analgetische und eine geringere suchterzeugende Wirkung hat. Die sedative Wirkung ist geringer im Vergleich zu Codein. Der genaue Wirkungsmechanismus, über den die antitussive Wirkung vermittelt wird, ist nicht bekannt. Obwohl die Substanz ein NMDA-Rezeptor-Antagonist ist, sind die Dextromethorphan-Bindungsstellen nicht beschränkt auf Gehirnregionen mit NMDA-Rezeptoren. Der Wirkstoff reduziert die Dopamin- und Serotoninwiederaufnahme und bindet mit sehr hoher Affinität an spezifische Bindungsstellen im ZNS. Im Gehirn vom Meerschweinchen wurden zwei verschiedene Bindungsstellen nachgewiesen, solche mit hoher Affinität für den Wirkstoff und solche mit geringer Affinität. Diese unterscheiden sich von bekannten Neurotransmitterbindungsstellen und von denjenigen der Opioide, weshalb Dextromethorphan heute nicht mehr zu den Opioiden zählt.

Pharmakokinetik Bei Hund und Katze kommt es nach oraler Gabe zu einem Wirkungseintritt nach 15–30 min. Dextromethorphan wird mittels Demethylierung in der Leber hauptsächlich zu Dextrorphan metabolisiert mit anschließender Konjugation der Desmethylmetaboliten zu Glukuroniden und Sulfaten.

Dosierung Die Dosierung bei Katze und Hund beträgt 0,5–2 mg/kg p. o. und bei Pferden 25–75 mg/Pferd. Eine 3–4-malige tägliche Gabe wird empfohlen.

Nebenwirkungen Eine minimale sedative Wirkung bzw. eine allgemein verminderte Aktivität kann bei Kleintieren auftreten. Der Hauptmetabolit von Dextromethorphan, Dextrorphan, führt zu dosisabhängigen Stereotypien und zu Ataxie.

10.6.3 Hydrocodon

Hydrocodon (Dihydrocodeinon) hat als Opioid eine ausgeprägte antitussive Wirkung, die stärker ist als die von Codein. Wegen seiner Suchtpotenz unterliegt es dem Betäubungsmittelrecht und sollte nur angewendet werden, wenn Codein nicht ausreichend wirkt. Die orale Dosis beim Hund wird mit 0,22–0,25 mg/kg alle 6–12 h angegeben. Die Wirkungsdauer beträgt etwa 2 h. Die Nebenwirkungen entsprechen denen von Codein.

10.6.4 Andere Antitussiva

Der partielle Opiat-Agonist-Antagonist **Butorphanol** wird beim Hund, neben vielen anderen Indikationen, auch als Antitussivum gebraucht in der Dosierung von 0,5–1 mg/kg alle 6–12 h p. o. oder s. c. Das Opiat **Diphenoxylat** ist als Hydrochlorid mit Atropin in vielen Ländern zur Modulation der Magen-Darm-Motilität auf dem Markt. In einer Dosierung von 0,2–0,5 mg/kg p. o. alle 12 h wird es vor allem in englischsprachigen Ländern mit gutem Erfolg auch als Antitussivum eingesetzt. Als Nebenwirkung kann Obstipation auftreten.

10.7 Rhinologika

DEFINITION Unter Rhinologika versteht man Pharmaka, die im Bereich der Nase und der Nasennebenhöhlen angewendet werden (**Tab. 10.1**).

Da bei unseren Haustieren die Luft ausschließlich durch die Nase in die Lungen gelangt, verursachen verstärkte Sekretion und Schwellung der Schleimhäute, z. B. durch Infektionen, eine deutliche Behinderung der Atmung. Neben einer kausalen Therapie der Infektion ist das Offenhalten der Luftwege in der Nase wesentlicher Teil der Behandlung. Hierzu gibt es eine Reihe von humanmedizinischen Präparaten, die auch beim Kleintier Anwendung finden. Sie werden ausschließlich lokal verabreicht und enthalten zur Abschwellung der Schleimhäute geeignete Stoffe. Zur lokalen Applikation stehen α-Sympathomimetika (S. 87) zur Verfügung. Sie kontrahieren die Gefäße (lokale Vasokonstriktion). Die im Interstitium vorhandene Flüssigkeit, die das Anschwellen der Schleimhaut bedingt, fließt über die Venen ab, wodurch die Sekretion abnimmt. Die Nasenatmung wird erleichtert. Nach Abklingen der vasokonstriktorischen Wirkung kommt es aber zu einer Phase der reaktiven Hyperämie mit einem erneuten Austritt von Plasmaflüssigkeit in das Interstitium. Die Schleimhäute schwellen wieder an, sodass häufige Behandlungen nötig werden. Da es durch die Vasokonstriktion zum Sauerstoffmangel im Bereich der Schleimhäute kommen kann, sind Schäden der Nasenschleimhaut (z. B. Atrophie) eine Gefahr häufiger Applikationen von α-Sympathomimetika.

Zur lokalen Anwendung eignen sich vor allem **Imidazolinderivate**, die in vielen humanmedizinischen „Schnupfenmitteln" enthalten sind. Im Einzelnen handelt es sich um die direkt α-sympathomimetisch wirkenden Stoffe Naphazolin, **Tetryzolin**, Oxymetazolin und **Xylometazolin**. Da diese Medikamente kaum resorbiert werden, sind Vergiftungen selten, können aber u. U. bei Welpen vorkommen. Es besteht dann die Gefahr zentraler Wirkungen, besonders von Atemstörungen. Naphazolin (evtl. in Kombination mit kleinen Mengen von Lidocain) wird zudem bei Hund und Katze mit gutem Erfolg eingesetzt, um die Durchblutung bei Rhinoskopien mit möglicher Biopsieentnahme im Nasenbereich zu drosseln und so die Gefahr von starken Blutungen bei entzündeter Schleimhaut zu reduzieren.

Neben den Imidazolin-Derivaten wird **Ephedrin** zur Abschwellung der Nasenschleimhaut verwendet. Ephedrin beeinflusst als indirekt wirkendes β-Sympathomimetikum unspezifisch die β_1- und β_2-Adrenozeptoren, besitzt aber auch indirekt α-sympathomimetische Wirkung (S. 92). Es ist in humanmedizinischen „Nasentropfen" enthalten.

Bei lymphoplasmazellulären Rhinitiden ohne erkennbaren Erreger werden bei Hund und Katze vermehrt auch topische Glucocorticoidpräparate wie Betamethason oder Triamcinolon kurzzeitig eingesetzt. Clotrimazol wird zumeist als 1 %ige Lösung bei Hunden mit langen Nasen und Aspergillosebefall eingesetzt. Die Lösung wird während einer Narkose über einen Foleykatheter instilliert und sollte etwa 1 h lokal wirken. Falls die Nasennebenhöhlen mit betroffen sind, so kann diese topische Therapie mit einer Trepanation kombiniert werden.

10.8 Inhalationstherapie

In der Humanmedizin und auch zunehmend in der Veterinärmedizin hat die inhalative Verabreichung von Arzneimitteln heute eine wichtige Bedeutung. Die Lungen eignen sich dank ihrer großen inneren Oberfläche zur Aufnahme gasförmiger Stoffe und Aerosole. Letztere werden vor allem zur lokalen Therapie (Laryngitis, Trachitis, Bronchitis, RAO, Asthma und COPD) eingesetzt.

Zu dieser Art der Verabreichung muss das Arzneimittel in Form von inhalierbaren Partikeln vorliegen. Dabei ist vor allem die Größe der Partikel von Bedeutung. Partikel mit einem Durchmesser von > 20 µm gelangen in den Nasen- und Kehlkopfbereich, solche mit 10–30 µm erreichen die Trachea, Partikel von 2–10 µm dringen bis in die Bronchien vor. Partikel von < 2 µm erreichen die Alveolen. Etwa 90 % der Partikel mit einer Größe < 0,5 µm werden wieder ausgeatmet. Im Allgemeinen sind Aerosole nicht monodispers (d. h., alle Partikel haben die gleiche Größe), sondern sie bestehen aus Partikeln unterschiedlicher Größe (polydispers). Die Diffusionswege sind sehr kurz, daher tritt der Effekt sehr schnell ein. Die Dosierung ist jedoch ohne großen apparativen Aufwand recht schwierig.

Verteilung und Deposition der Partikel sind von vielen Faktoren abhängig. Neben der Partikelgröße sind ebenfalls Partikeldichte und Partikeloberfläche sowie Strömung und Turbulenzen in der eingeatmeten Luft von Bedeutung. Wichtige Mechanismen der Deposition sind das Verhalten der Partikel infolge ihrer Massenträgheit und Sedimentationsvorgänge. Die Abscheidung infolge der Massenträgheit tritt bei plötzlichen Änderungen der Strömungsrichtung auf (Ein-/Ausatmung), wobei größere Partikel sich in der Nase und den bronchialen Bifurkationen ablagern. Die Sedimentation wird bestimmt durch den aerodynamischen Partikeldurchmesser und den Durchmesser der luftführenden Wege sowie von Atemvolumen und Atemfrequenz.

Die Herstellung der Aerosole erfolgt mittels Druckluft, Ultraschall oder – als neue Entwicklungen – mittels sogenannter **metered dose inhalers (MDIs)** bzw. **dry powder inhalers (DPIs)**. Die Erzeugung von Aerosolen mit geringen Partikeldurchmessern mittels Druckluftzerstäubern erfordert leistungsstarke Kompressoren mit einem Durchfluss von 8–10 l/min. Sinnvoll ist eine Steuerung, die verhindert, dass die Ausatmung gegen das erzeugte Arzneimittelaerosol erfolgt. Druckluft- und Ultraschallzerstäuber bedürfen einer gründlichen Reinigung und Desinfektion, um eine Kontamination der Lunge mit Bakterien und Pilzen zu verhindern. MDIs sind mit einem bei hohem Druck verflüssigten, inerten Gas und dem Arzneimittel befüllte Behälter, bei denen eine definierte Dosis des Arzneimittelaerosols in eine Vorkammer gepumpt und mittels eines durch die Einatmung gesteuerten Ventils über ein Mundstück mit geringem Totraum inhaliert wird. Dry powder inhalers enthalten portionierte Mengen des Arzneimittelpulvers und erzeugen das Aerosol mittels der durch die Einatmung entstehenden Energie. Durch MDI verabreichte Aerosole erreichen schnell ihren Wirkort und die Gefahr einer Kontamination ist gering, zudem sind die Geräte handlich und benötigen keine externe Energiezufuhr. Diese Form der Aerosolverabreichung mittels MDIs gibt es bereits für veterinärmedizinische Anwendungen.

Vorteile einer inhalativen Applikation sind die gezielte Abgabe des Arzneimittels an das Zielorgan, eine geringe Latenzzeit bis zum Wirkungseintritt, eine geringere Dosis als bei oraler oder parenteraler Gabe, ein vermindertes Auftreten von systemischen Nebenwirkungen und eine erhöhte Bioverfügbarkeit durch die Verhinderung der gastrointestinalen und hepatischen Metabolisierung. Nachteilig sind eine Behinderung der Arzneimittelverteilung durch starke Sekretion oder Bronchokonstriktion, eine mögliche lokale Toxizität des Arzneimittels, die Gefahr der Kontamination der Lunge durch Bakterien und Pilze und ein hoher apparativer Aufwand.

In der Veterinärmedizin wurden inhalative Applikationen über entsprechende Masken (Inhalationssystem) bereits mit Erfolg bei Pferden zur Behandlung von RAO eingesetzt. Zunehmend finden MDIs auch bei Hunden und Katzen Verwendung, wobei vor allem bei felinem Asthma die lokale Anwendung von Salbutamol zusammen mit Fluticason mit einem Inhalator die systemische Applikation von Glucocorticoiden und Bronchodilatatoren als Standardtherapie langsam aber sicher verdrängt. Bisher mit MDIs eingesetzte Arzneimittel sind vor allem Glucocorticoide, Mukolytika und Bronchospasmolytika sowie Antibiotika, Antimykotika und Anticholinergika (z. B. Ipatropium).

KLINISCHER BEZUG Bei inhalativer Zufuhr von Arzneimitteln gelangen auch substanzielle Anteile in den systemischen Kreislauf. Der First-Pass-Effekt und die extrahepatische Inaktivierung spielen daher eine wichtige Rolle zur Vermeidung von unerwünschten Arzneimittelwirkungen.

FAZIT PHARMAKOLOGIE DES ATMUNGSAPPARATS

- **β_2-Sympathomimetika und Glucocorticoide** sind First-Line-Therapieoptionen bei obstruktiven Atemwegserkrankungen von Tieren wie RAO/COPD. Diese Arzneimittel wirken nicht kausal, verbessern jedoch die Lebensqualität der Patienten.
- Für **Anticholinergika und Methylxanthine** gibt es eingeschränkte Erfahrung in der Veterinärmedizin, wobei diese auch als Mittel der zweiten Wahl zur Bronchodilatation eingesetzt werden können. Eine sinnvolle und kurzfristige Indikation für Parasympatholytika/Anticholinergika ist eine anfallsartige Exazerbation obstruktiver Atemwegserkrankungen.
- Moderne **Expektoranzien** sind unterstützende Therapeutika zur Verbesserung der Atemwegsfunktion. Sie erleichtern das Abhusten und sind von immensem Vorteil als Zusatz(add-on)-Therapie zu Bronchospasmolytika. Es ist generell anzuraten, je nach Beeinträchtigung der Lungenfunktion optimale Stufentherapien einzuführen.
- Der Einsatz von zentral wirksamen **Antitussiva** ist nur bei unproduktivem Reizhusten sinnvoll. Sie dürfen nicht in Kombination mit Expektoranzien und Bronchodilatatoren verwendet werden.

Danksagung

Die Autoren sind Dr. B.-D. Görlitz und Prof. Dr. I. A. Burgener dankbar für die Genehmigung, Teile des Kapitels aus der 2. und 3. Auflage übernehmen zu dürfen.

(Weiterführende) Literatur

[1] Padrid P. Use of inhaled medications to treat respiratory diseases in dogs and cats. Journal American Animal Hospital Association 2006; 42: 165–169

[2] Padrid P, Church DB. Drugs used in the management of respiratory diseases, Chapter 18, 458–468. In: Maddison JE, Page SW, Church DB (Eds.). Small Animal Clinical Pharmacology. 2nd ed. Saunders; 2008

[3] Plumb DC: Veterinary drug handbook. 6st. ed. PharmaVetInc., Stockholm, Wisconsin (Blackwell Publishing); 2008

[4] Rozanski EA, Bach JF, Shaw SP. Advances in respiratory therapy. Veterinary Clinics of North America: Small Animal Practice 2007; 37: 963–974

11 Pharmakologie der Verdauung

J. Geyer, A. W. Herling

11.1 Pharmakologie des Magens

11.1.1 Anatomische und (patho-)physiologische Grundlagen

Die Verdauungssysteme der Nutz-, Haus- und Heimtiere unterscheiden sich ganz erheblich. Therapeutika mit Wirkungen auf den Magen- und Darmkanal sind selten bei allen Tierspezies universell einsetzbar. Die mehrhöhligen Vormägen der Wiederkäuer entziehen sich einer selektiven Therapie. Trotz der unterschiedlichen vergleichend-anatomischen Gegebenheiten (mehrhöhlig-zusammengesetzter Magen der Wiederkäuer, einhöhlig zusammengesetzter Magen von Pferd und Schwein und einhöhliger Magen von Hund und Katze) hat jede Tierart einen Magenbereich, der mit einer Drüsenschleimhaut (glanduläre Mukosa) ausgestaltet und die durch bestimmte Zelltypen gekennzeichnet ist (**Tab. 11.1**).

In den sekretorischen Zellen des Magens werden täglich speziesabhängig bis zu einigen Litern Magensaft sezerniert (Schaf 4–6 l, Hund 1,3 l/kg Futter). Dieser ist für die Aufschließung und Verdauung der Nahrung essenziell. Funktionell wichtige Bestandteile sind Salzsäure, mehrere Pepsine sowie Muzin, die von unterschiedlichen Zellen der Magenschleimhaut und in verschiedenen Arealen im Magen gebildet und sezerniert werden. Die proteolytisch aktiven Pepsine stammen aus einer inaktiven Vorstufe, dem Pepsinogen, das von den Hauptzellen des Magenfundus sezerniert wird. Die mukösen Nebenzellen produzieren als Schutzschicht gegen die Salzsäure Schleim (Muzin). Die

Tab. 11.1 Zellen der glandulären Magenmukosa, ihre Produkte und Effekte auf die Magenphysiologie.

Zelle	Produkt	Effekt
Parietalzelle (Belegzelle)	HCl	aktiviert Pepsinogen, unterstützt die Verdauung
Hauptzelle	Pepsinogen	initiiert die Proteinverdauung
Nebenzelle	Mukus	Schutz der Magenmukosa vor Selbstverdauung
G-Zelle	Gastrin	stimuliert die Säuresekretion der Parietalzellen direkt und indirekt über Histamin
D-Zelle	Somatostatin	stimuliert das Mukosawachstum, hemmt die Säuresekretion der Parietalzellen
ECL-Zelle	Histamin, endokrine Peptide	stimuliert die Säuresekretion der Parietalzellen

Schleimschicht ist bicarbonatreich und erfüllt mehrere Aufgaben: Sie ist Gleitschicht, auf der Nahrungsbestandteile in Richtung Fundus wandern, und sie wirkt als Kationenaustauscherschicht, in der Protonen gegen Natriumionen ausgetauscht und mit Bicarbonat abgepuffert werden. Die Schleimschicht stellt damit eine Diffusionsbarriere für den sauren Magensaft dar, sodass unter ihr in Mukosanähe nahezu neutrale pH-Bedingungen herrschen. Eine ungenügende Schleimbildung und/oder eine zu lange und zu starke Säurebildung sowie eine zu geringe Kapillardurchblutung sind Ursachen der Entstehung von Magen- und Duodenalulzera. Muzin- und Pepsinsekretion sind therapeutisch nicht individuell beeinflussbar. Im Vordergrund einer therapeutischen Beeinflussung der Magensaftsekretion steht daher die Hemmung der Sekretion der Salzsäure.

Magensäuresekretion

Die salzsäureproduzierende Parietalzelle (Belegzelle) liegt in der Tiefe der Magendrüsenschläuche des Magenfundus (Abb. 11.1). Salzsäure (HCl) wird für den Aufschluss des Futters und die Aktivierung von Pepsinogen (Sekretionsprodukt der Hauptzellen) benötigt. Auf der basolateralen, der Blutseite zugewandten Membran, verfügt die Parietalzelle über mehrere unterschiedliche Rezeptoren, über die die Säuresekretion induziert wird: Histamin H_2-, Gastrin- und den muskarinergen M_3-Rezeptor für Acetylcholin (Abb. 11.1). Ein weiterer muskarinerger Rezeptor (M_1) befindet sich im parasympathischen Ganglion. Eine Blockade (S. 72) dieses Rezeptors durch Pirenzepin blockiert die cholinerg stimulierte Magensäuresekretion.

Histamin wird aus enterochromaffinen (ECL-)Zellen der Magenschleimhaut freigesetzt und gelangt parakrin an seinen H_2-Rezeptor. Gastrin stammt aus G-Zellen im Magenantrum und erreicht endokrin über das Blut den Gastrin-Rezeptor. Acetylcholin wird aus Nervenendigungen vagaler Nerven entlassen; diese Stimulation der Magensäure erfolgt neurokrin. Die parakrinen, endokrinen und neurokrinen Stimulationswege belegen die Komplexizität der Regulation der Magensäuresekretion. Gleichzeitig steht die Parietalzelle unter dem Einfluss inhibitorischer Botenstoffe, wie z. B. von Somatostatin, Sekretin und Prostaglandinen.

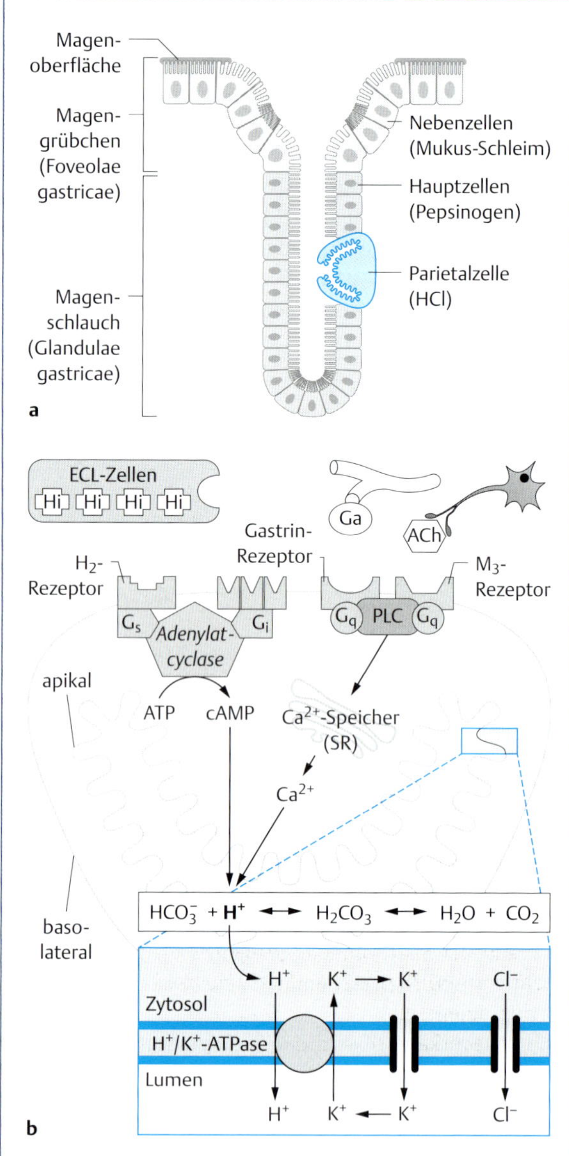

Abb. 11.1 Salzsäureproduktion der Parietalzelle. **a** Lokalisation der salzsäureproduzierenden Parietalzelle in der Magendrüsenschleimhaut. **b** Die Parietalzelle ist durch ein weit in das Zytosol hineinreichendes tubulosekretorisches Kanalsystem gekennzeichnet. Dieses Kanalsystem wird durch Einstülpungen der apikalen Zellmembran gebildet, in der die Protonenpumpe (H^+/K^+-ATPase) lokalisiert ist. Diese Protonenpumpe vermittelt den terminalen Schritt der zellulären Salzsäureproduktion der Magenschleimhaut. Im Zytosol der Zelle liegt der pH-Wert bei 7,4, während im sekretorischen Kanalsystem der pH-Wert 1–2 beträgt. Damit wird über der apikalen Membran ein pH-Gradient von 1:1 000 000 aufrechterhalten. Die Protonen (H^+) der Salzsäure (HCl) werden über die Carboanhydrase-Reaktion bereitgestellt. Die AC wird über den G_s gekoppelten Histamin-H_2-Rezeptor durch Histamin stimuliert und über G_i gekoppelte Rezeptoren für Prostaglandine, Somatostatin und Sekretin gehemmt. ACh = Acetylcholin, ECL = enterochromaffine Zelle, G = Gastrin, G_q = G_q-gekoppelter Rezeptor, PLC = Phospholipase C.

Eine maximale HCl-Sekretion ergibt bei Fleischfressern einen pH-Wert im Magensaft von etwa 1,0, bei Wiederkäuern (Labmagen) und Pferden einen pH-Wert von 2–3, der durch Nahrungsbestandteile auf Werte von 3–4 abgepuffert wird. Zur Bildung der Salzsäure benötigt die Parietalzelle Protonen sowie Chloridanionen. Protonen werden unter Mitwirkung des zytosolischen Enzyms Carboanhydrase nach Bildung und spontaner Dissoziation der Kohlensäure bereitgestellt. Für ein lumenwärts sezerniertes Proton wird ein Bicarbonatanion kontraluminal abgegeben. Im Austausch dazu erfolgt von der Blutseite her die Aufnahme von Chlorid.

Protonen- und Chloridabgabe erfolgen in die zu einer Vakuole zusammenfließenden zytosolischen Kanälchen der Parietalzelle. Die Protonen werden dabei durch eine **aktive Pumpe**, die **H^+/K^+-ATPase**, sezerniert. In der nicht sezernierenden, ruhenden Parietalzelle befindet sich das Enzym in zytosolischen Vesikeln. Durch einen Anstieg von cAMP sowie intrazellulärem Kalzium wird das Enzym aus den Vesikeln in die luminale Zisternenmembran transloziert.

ZUM WEITERLESEN Die H^+/K^+-ATPase gehört zu einem Subtyp der P-ATPasen; es sind Isoenzyme der Na^+/K^+-ATPase. Während Protonen gegen einen Konzentrationsgradienten von ca. 1:1 000 000 in die Kanälchen gepumpt werden, erfolgt die Aufnahme von Kalium im Austausch 1:1 elektroneutral aus dem extrazellulären Medium. Hierbei wird pro gepumptem Proton ein ATP gespalten und das Enzym so phosphoryliert.

An die Sekretion der Protonen (H^+) ist die von Chlorid (Cl^-) gekoppelt. Diese dient der Regulierung des Membranpotenzialanstiegs während der H^+-Sekretion. Sie erfolgt durch gesonderte, vom Membranpotenzial abhängige, in der Wand der Säurevakuole gelegene Cl^--Kanäle und geschieht vermutlich passiv entlang eines elektrochemischen Chloridgradienten.

Bei Wiederkäuern wird der Säuregrad auch durch die flüchtigen Fettsäuren, Essigsäure, Propionsäure und Buttersäure, die während der Vormagenverdauung gebildet werden, beeinflusst. Die Konzentration dieser organischen Säuren beträgt 100–150 mmol/l. Damit tragen sie erheblich zum Magen-pH-Wert der Wiederkäuer bei.

Pathogenese der ulzerativen Gastropathie

Die Pathogenese von Magen- und Duodenalulzera ist bisher nicht umfassend geklärt. Zum Schutz der Magenschleimhaut vor Selbstverdauung besteht im Magenmilieu ein Gleichgewicht zwischen aggressiven (z. B. Magensäuresekretion und Gallensäurenreflux) und protektiven (z. B. Prostaglandinsyntheserate, Mukus- und Bicarbonatsekretion, Durchblutung) Faktoren. Belastungssituationen (Stress) bei Mensch und Tier können dieses Gleichgewicht nachhaltig stören und haben somit eine pathogenetische Bedeutung für die Entstehung von Magenulzera. Dies wird u. a. bei der beim Mensch und Hund seltenen Erkrankung des Zollinger-Ellison-Syndroms, einer tumorösen Entartung der Gastrin-sezernierenden G-Zellen im Magen-Darm-Trakt (Gastrinom), offenbar. Hier bestehen immer Magenulzera infolge der durch Gastrin induzierten übersteigerten Magensäuresekretion.

Bereits 1910 wurde der Zusammenhang zwischen Magensäure und Ulkus publiziert, der in der Aussage mündete: keine Säure – kein Ulkus. Der therapeutische Siegeszug der Magensäuresekretionshemmer bei der Ulkusbehandlung des Menschen in den letzten 30 Jahren bestätigt pharmakologisch diese Aussage. Die Hemmung der Magensäuresekretion zur Ulkusbehandlung hat sich als ein funktionierendes Therapieprinzip erwiesen. Ist ein Ulkus erst einmal vorhanden, verhindert der saure Magensaft eine Heilung. Liegt jedoch der pH-Wert des Magensaftes durch pharmakologische Hemmung der Magensäuresekretion im mehr neutralen Bereich, sind die Voraussetzungen für die Abheilung der Ulzera geschaffen.

11.1.2 Ulkustherapeutika

Grundsätzlich basiert die Behandlung von Ulzera des oberen Magen-Darm-Traktes (Refluxesophagitis, Magen- und Duodenalulzera) im Wesentlichen auf drei allgemeinen Therapieprinzipien, die in **Tab. 11.2** dargestellt und aufgeschlüsselt sind .

Tab. 11.2 Therapieprinzipien der ulzerativen Gastropathie.

allgemeines Wirkprinzip	Wirkungsmechanismus		Wirkstoffe
Magensäuresekretionshemmung	Hemmung der H^+/K^+-ATPase		Omeprazol, Pantoprazol, Lansoprazol
	Hemmung der stimulatorischen Rezeptortypen	Histamin-H_2	Cimetidin, Ranitidin, Famotidin
		M_1 und M_3	Pirenzepin (M_1), Atropin (M_1, M_3)*
		Gastrin	Proglumid*, Benzotript*, Lorglumid*, Loxiglumid*
	Aktivierung der inhibitorischen Rezeptortypen	Prostaglandin	Misoprostol (PGE_1)
		Somatostatin	Somatostatin*, Octreotid*
		Sekretin	Sekretin*
Neutralisation der Magensäure	Säureneutralisation mit Antazida und folglich Hemmung der Aktivierung von Pepsinogen zu Pepsin		Aluminiumhydroxid, -phosphat, Magnesiumhydroxid, Kalzium-, Magnesiumcarbonat
„Zytoprotektion“	Abdeckung der Ulzera**		Sucralfat

* heute nur noch von experimentellem oder untergeordnetem Interesse
** als adjuvante Therapie

Die klassischen Indikationen der Ulkustherapeutika sind die Ulzera im oberen Magen-Darm-Trakt (Refluxesophagitis, Magen- und Duodenalulzera). Die hierfür benötigte Behandlungsdauer beträgt mindestens 4–8 Wochen und in manchen Fällen auch länger, sofern der pH-Wert des Magensaftes dauerhaft über 4 liegen sollte. Für diese Indikationsfelder werden heute nahezu ausschließlich die hoch wirksamen Protonenpumpeninhibitoren und Histamin-H_2-Rezeptorantagonisten eingesetzt.

Neben diesen klassischen Indikationen finden Ulkustherapeutika als sogenannte „Magenschutz"-Therapie bei unbestimmten Oberbauchbeschwerden, wie z. B. Gastritiden, aber auch in Verbindung mit bekannt magenschädigenden Arzneistoffen, wie z. B. nichtsteroidalen entzündungshemmenden Stoffen (NSAID), für kürzere Behandlungsintervalle Anwendung. In diesem Indikationsfeld kommen auch die anderen Ulkustherapeutika, wie z. B. Misoprostol, Antazida und Sucralfat, zum Einsatz.

Pharmakologie der Magensäuresekretion

Bei der Therapie der ulzerativen Gastropathie haben sich Protonenpumpeninhibitoren (Hemmstoffe der H^+/K^+-ATPase) und Histamin-H_2-Antagonisten durchgesetzt. Protonenpumpeninhibitoren hemmen den terminalen enzymatischen Schritt der Säuresekretion. Damit sind sie in ihrem Hemmprofil den Histamin-H_2-Rezeptorantagonisten überlegen. Das Anticholinergikum Pirenzepin und das Prostaglandin Misoprostol sind auch für die Humantherapie zugelassen, haben aber nur marginale Bedeutung erlangt.

Entsprechend den Rezeptortypen auf der Parietalzelle lässt sich die Magensäuresekretion mit Histamin, Gastrin und Carbachol (einem Acetylcholin-Analogon) stimulieren und mit Somatostatin, Sekretin und Prostaglandinen inhibieren (**Abb. 11.1**, **Tab. 11.2**). Dementsprechend kann die Säuresekretion auch mit analogen Rezeptorantagonisten für die stimulatorischen Rezeptortypen gehemmt werden. In der Humantherapie der Ulkuskrankheit (Magen- und Duodenalulzera) finden insbesondere Histamin-H_2-Rezeptorantagonisten, selterner Anticholinergika Anwendung. Gastrinantagonisten sind nur von experimenteller Bedeutung. Mit Rezeptoragonisten für die inhibitorischen Rezeptortypen lässt sich ebenfalls eine Säuresekretionshemmung erzielen. Dabei müssen die Peptidhormone Somatostatin und Sekretin wegen ihrer kurzen Plasmahalbwertszeit infundiert werden; eine Therapie, die aus wirtschaftlichen Gründen nur am Menschen eingesetzt wurde und keine breite Anwendung erreicht hat. Prostaglandine (PGE_1, PGE_2, PGI_2 = Prostacyclin) bewirken eine Säuresekretionshemmung und stimulieren die Bicarbonat- und Mukussekretion sowie die Durchblutung der Magenschleimhaut. Die Therapie mit dem für die Ulkusbehandlung zugelassenen synthetischen PGE_1-Analogon Misoprostol hat allerdings keine große Bedeutung in der Humanmedizin erlangt.

Im pharmakologischen Experiment, bei dem die Magensäuresekretion gezielt mit Histamin, Gastrin oder Carbachol stimuliert wird, ergibt sich für die verschiedenen Rezeptorantagonisten ein unterschiedliches Hemmprofil (**Tab. 11.3**). Histamin-H_2-Rezeptorantagonisten hemmen die mit Histamin und Gastrin stimulierte Säuresekretion, nicht aber die Carbachol-induzierte Säuresekretion über den Acetylcholin-Rezeptor. Die Hemmung der Gastrin-stimulierten Sekretion beruht auf der zusätzlichen Histaminfreisetzung durch Gastrin aus den ECL-Zellen in der Magenschleimhaut (**Abb. 11.1**). Gastrinantagonisten und Anticholinergika hemmen nur jeweils ihre Rezeptor-spezifische Stimulationsart und sind damit nur partiell wirksam.

Die Protonenpumpe stellt den terminalen Schritt für alle drei Mechanismuskaskaden der Säuresekretion dar (**Tab. 11.3**); daher ist das Wirkprofil durch Hemmstoffe der H^+/K^+-ATPase den reinen Rezeptorantagonisten überlegen.

Dieses einzigartige Hemmprofil bestätigt die überragende Bedeutung der Protonenpumpe (H^+/K^+-ATPase) auf der apikalen Membran der Parietalzelle für die Säuresekretion.

Protonenpumpeninhibitoren (Hemmstoffe der H^+/K^+-ATPase)

STECKBRIEF PROTONENPUMPENINHIBITOREN

Die Protonenpumpeninhibitoren Omeprazol, Lansoprazol, Pantoprazol gehören zu der Klasse der substituierten Benzimidazole (**Abb. 11.2**). Sie sind für die Humantherapie zugelassen, Omeprazol auch für das Pferd. Die Protonenpumpeninhibitoren haben eine Serumhalbwertszeit von ca. 1 h. Da diese Hemmstoffe irreversibel an die H^+/K^+-ATPase binden, führen sie zu einer lang anhaltenden (bis zu 3 Tagen) Magensäuresekretionshemmung. Diese lange Wirkdauer korreliert für diese Substanzgruppe also nicht mit der Pharmakokinetik (physikalisch messbare Substanzkonzentrationen im Blut), sondern mit der Neusyntheserate der Protonenpumpe und dem Turnover des Magenepithels.

Pharmakodynamik Protonenpumpeninhibitoren hemmen den terminalen Schritt der Säuresekretion. Sie sind somit mit ihrem Hemmprofil den reinen Rezeptorantagonisten überlegen (**Tab. 11.3**). Ein weiterer Grund der Überlegenheit basiert auf der langen pharmakodynamischen Wirkdauer (**Abb. 11.3**), die eine 1-mal tägliche Applikation rechtfertigt.

Der Grund für die lange Wirkdauer liegt in den molekularen Mechanismen der Protonenpumpenhemmung begründet. Die H^+/K^+-ATPase der kanalikulären Membran der Parietalzellen ist empfindlich gegenüber Stoffen mit SH-Gruppen-blockierender Wirkung:

- Aufgrund ihrer physikochemischen Eigenschaften sind Inhibitoren vom Omeprazol-Typ schwache Basen mit einem pK_a-Wert von 4, d. h., bei diesem pH-Wert liegt Omeprazol zu je 50 % in der ionisierten und der nicht ionisierten Form vor. Ausschließlich die nicht ionisierte Form, die bei neutralen pH-Werten im Blut überwiegt, ist in der Lage, biologische Membranen frei zu durchdringen. Protonenpumpeninhibitoren vom Omeprazol-Typ werden damit von der Zelle durch passive Diffusion

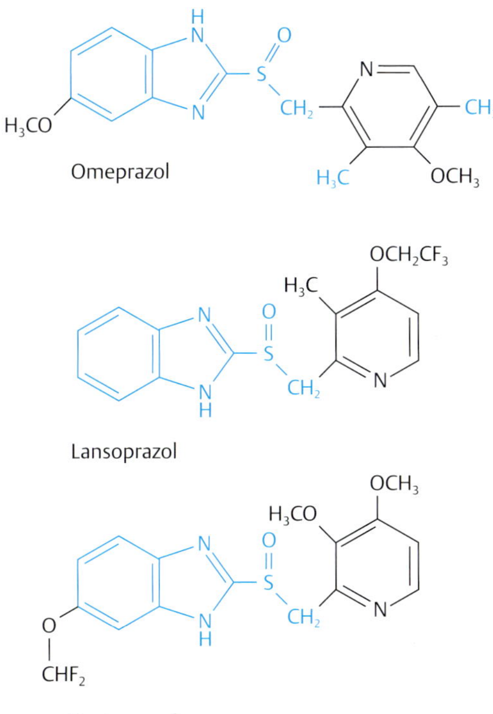

Omeprazol

Lansoprazol

Pantoprazol

Abb. 11.2 Strukturformeln der Protonenpumpeninhibitoren Omeprazol, Lansoprazol, Pantoprazol.

Tab. 11.3 Wirkprofil von Magensäuresekretionshemmern auf die unterschiedlich stimulierte Magensäuresekretion im pharmakologischen Experiment.

Pharmaka	Stimulanz		
	Histamin	**Gastrin**	**Acetylcholin (Carbachol)**
Histamin-H_2-Antagonisten (Cimetidin, Ranitidin, Famotidin)	+++	++	–
Gastrinantagonisten (Proglumid)	–	+++	–
Anticholinergika (Pirenzepin, Atropin)	–	–	+++
Protonenpumpen-(H^+/K^+-ATPase)-Hemmstoffe (Omeprazol, Lansoprazol, Pantoprazol)	+++	+++	+++

+ = Hemmung der Magensäuresekretion
– = keine Hemmung der Magensäuresekretion

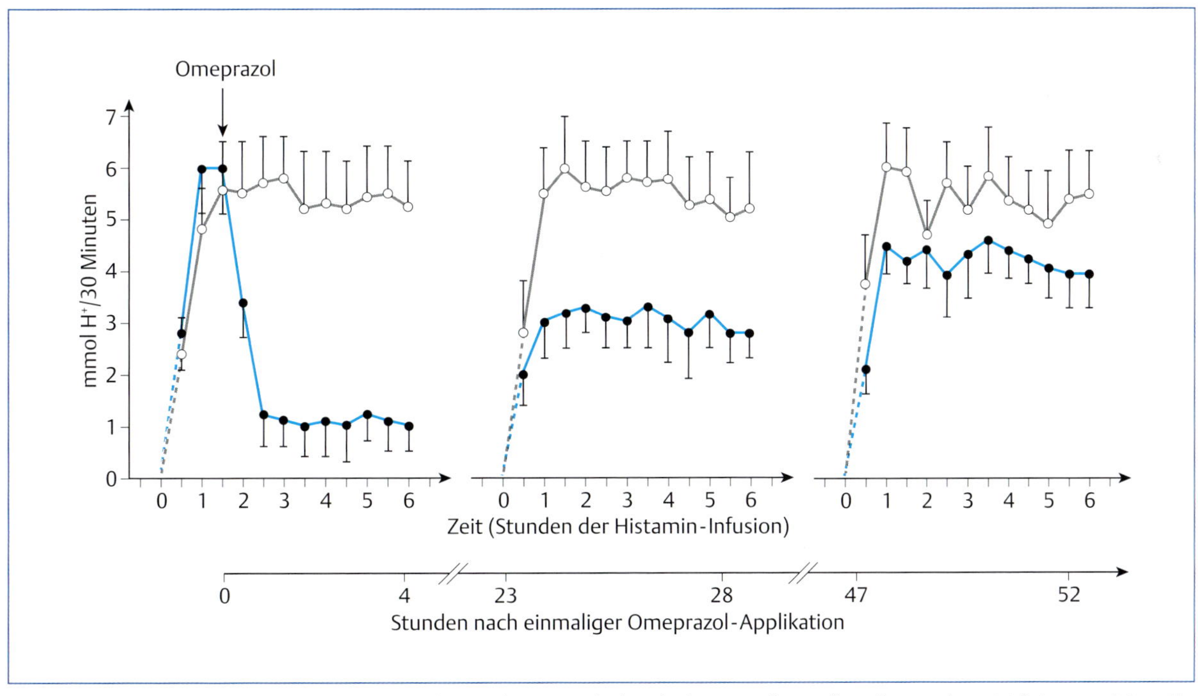

Abb. 11.3 Experimentelle Hemmung der Säuresekretion beim Beagle (Heidenhain-Pouch-Hund) nach einmaliger Injektion von 0,3 mg/kg Omeprazol i. v. auf die wiederholte, durch Histamin induzierte Säuresekretion. Die Säuresekretion wurde an drei aufeinanderfolgenden Tagen bei zwei Gruppen (Kontrollgruppe offene Kreise bzw. Omeprazolbehandlungsgruppe schwarze Messpunkte) durch eine Histamininfusion (0,1 mg/kg/h i. v.) stimuliert. Die Wirkung des am 1. Tag einmalig verabreichten Omeprazols ist auch am 3. Tag noch vorhanden, hat aber gegenüber dem 1. Tag deutlich nachgelassen. [Nach Herling AW, Petzinger E. Pharmakologische Hemmung der Magensäuresekretion: ihre Bedeutung für die Therapie der ulzerativen Gastropathie. Tierärztl Prax 2005; 33 (G): 258–65]

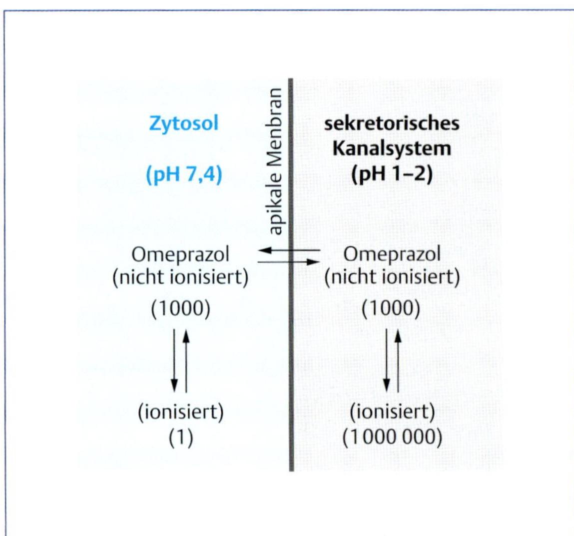

Abb. 11.4 Ionenfalle und Omeprazolanreicherung in der Parietalzelle: Durch das saure Ionenmilieu in dem tubulosekretorischen Kanalsystem der Parietalzelle (pH 1–2) kommt es zur Anreicherung von Omeprazol um das zig Tausendfache gegenüber dem Zytosol (pH 7).

der ungeladenen Form aufgenommen und diffundieren durch die apikale Membran in das saure kanalikuläre System der Parietalzelle. Omeprazol ($pK_a = 4$) wird hier protoniert und erlangt dadurch eine positive Ladung, welche verhindert, dass das Molekül wieder aus der Zelle heraus diffundieren kann. Diese physikochemischen Eigenschaften im Zusammenhang mit der einzigartigen Morphologie des intrazellulären Kanalsystems (**Abb. 11.1**) und seinem stark sauren Milieu (pH 1–2) führen zu einer Akkumulation von Omeprazol (ionisierte Form) im sauren Kanalsystem der Parietalzelle (Ionenfallenprinzip, **Abb. 11.4**).

- Alle Inhibitoren vom Omeprazol-Typ sind chemisch säurelabil, d. h., sie unterliegen im sauren Milieu einem chemischen Umlagerungsprozess. Er führt zu einem Sulfenamid, das eine kovalente Bindung mit Sulfhydrylgruppen (SH-Gruppen) der Protonenpumpe eingeht und damit die H^+/K^+-ATPase inhibiert (**Abb. 11.5**). Diese Hemmung ist irreversibel, sodass die lange Wirkdauer von Omeprazol der biologischen Halbwertszeit der H^+/K^+-ATPase entspricht. Damit bestimmt die Neusyntheserate der H^+/K^+-ATPase die Wirkdauer von Omeprazol. Diese ist somit deutlich länger als die Plasmahalbwertszeit des Omeprazols.

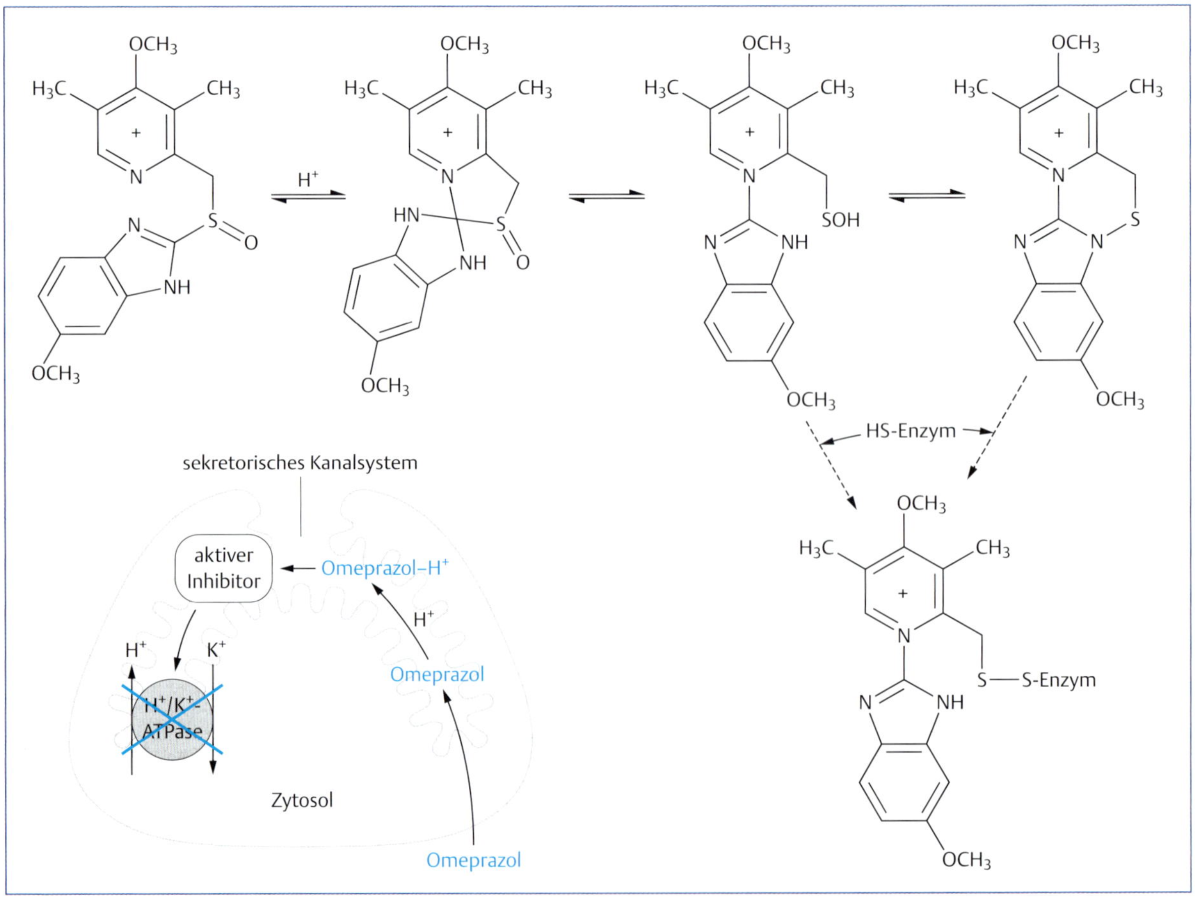

Abb. 11.5 Wirkung von Omeprazol auf die Parietalzelle: Säureaktivierung und irreversible Hemmung der H^+/K^+-ATPase. Omeprazol wirkt als Pro-Drug. Der Stoff enthält eine Sulfoxyfunktion, die in saurem Milieu (unter pH 4) mit SH-Gruppen der H^+/K^+-ATPase unter Bildung einer Disulfidbrücke reagiert. Dabei wird das Pyridylmethylsulfinyl-Benzimidazol in der Parietalzelle in die aktive kurzlebige ($t_{1/2} = 3$ min) Sulfensäure-/Sulfensäureamidform überführt. Die kovalente Bindung hemmt das Enzym irreversibel. Die Wirkdauer entspricht der Resyntheserate des Enzyms [9].

- Dieser chemische Umlagerungsprozess darf nicht bereits im Magensaft, sondern erst in der Parietalzelle erfolgen. Daher erfordert die Säureinstabilität der Protonenpumpeninhibitoren für die therapeutische orale Anwendung eine säuregeschützte galenische Formulierung, die das Molekül bei der Magenpassage nach oraler Applikation vor einem vorzeitigen chemischen Umlagerungsprozess schützt. Der Umlagerungsprozess in den aktiven Inhibitor (Sulfenamid) darf erst nach enteraler Absorption, systemischer Verteilung und Transport über das Blut bis zur Zielzelle in der Magenschleimhaut und nachfolgender Akkumulation im sauren Kanalsystem der Parietalzelle erfolgen. Dort wird es von der in der apikalen Membran lokalisierten Protonenpumpe gebunden (**Abb. 11.6**).

Pharmakokinetik Untersuchungen zur Pharmakokinetik bestehen für den Hund und das Pferd. Wird Omeprazol in einer galenischen Form angeboten, in der es die Magenpassage intakt übersteht, beträgt die enterale Bioverfügbarkeit bei wiederholter Gabe bis zu 65 %. Das Verteilungsvolumen liegt bei 0,31 l/kg. Im Blut ist Omeprazol zu mehr als 95 % an Plasmaproteine gebunden. Es wird rasch metabolisiert und im Sinne eines First-pass-Effekts mit einer kurzen Halbwertszeit von ca. 40–60 min (Hund, Ratte, Mensch) über Leber und Niere ausgeschieden.

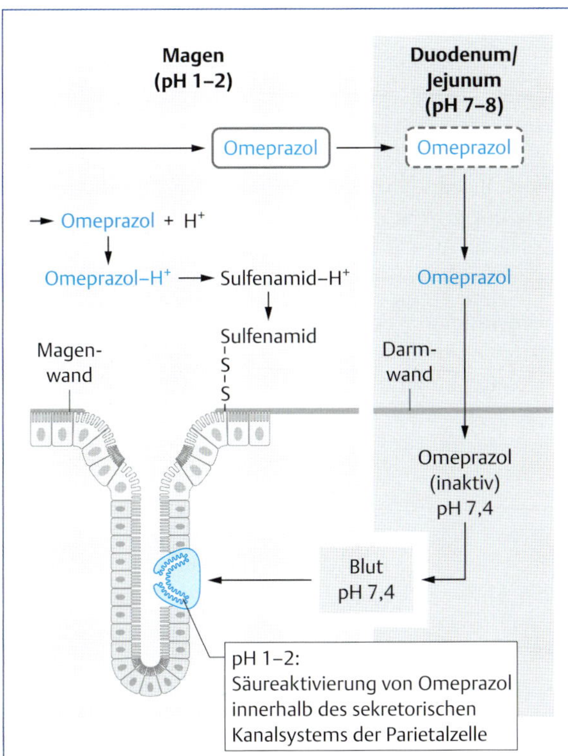

Abb. 11.6 Säureaktivierung von Omeprazol und Galenik: Die säuregeschützte galenische Formulierung garantiert, dass Omeprazol das saure Mileu des Magensaftes unbeschadet übersteht und bis in den Dünndarm gelangt, wo es freigesetzt und enteral resorbiert wird. Nach systemischem Transport über das Blut gelangt dann Omeprazol als intaktes Molekül bis zur Parietalzelle. Dort wird es im sekretorischen Kanalsystem säureaktiviert und hemmt die H^+/K^+-ATPase. Bei ungeschützter Formulierung würde die Säureaktivierung bereits im Magensaft bei der Magenpassage stattfinden; das aktivierte und reaktive Sulfenamid würde an Oberflächen SH-Gruppen binden und nicht bis zu seinem Zielort, der Parietalzelle, gelangen können [9].

Dosierung Die Protonenpumpeninhibitoren vom Omeprazol-Typ sind im Dosisbereich von 0,1–1 mg/kg säuresekretionshemmend wirksam. Die Tagesdosis beim Menschen liegt bei 20–40 mg und steht in der Darreichungsform von säuregeschützten Mikrokapseln zur Verfügung. Das für Pferde zugelassene Omeprazolpräparat ist dagegen eine Paste, die in einer Dosierung von 2–4 mg/kg p. o. täglich bis zu 4 Wochen bei Pferden und Fohlen über 70 kg eingesetzt wird. Die Bioverfügbarkeit von Omeprazol aus der Pastendarreichung beträgt nur ca. 10 %. Die Dosisempfehlung beim Hund liegt bei 0,7–1,5 mg/kg 1-mal täglich als Kapsel p. o., ebenfalls über mehrere Tage.

Nebenwirkungen Omeprazol beeinflusst die Biotransformation von oralen Antikoagulanzien (Cumarine, Warfarin u. ä.), Benzodiazepinen (Diazepam, Midazolam), β-Blockern (Propranolol) und Anilinderivaten (Paracetamol).

Infolge der Magensäuresekretionsblockade steigen kompensatorisch die Gastrinspiegel im Blut an (Hypergastrinämie). Nach Langzeitbehandlung bis zu 12 Wochen wurde eine über Gastrin vermittelte Aktivierung und Proliferation enterochromaffiner Zellen beobachtet, die zu Karzinoid-Tumoren in der Magenschleimhaut von Ratten und Mäusen nach 2 Jahren Behandlung geführt hat. Ähnliche Beobachtungen wurden auch nach Dauertherapie mit Ranitidin (H_2-Rezeptorblocker) gemacht. Die Karzinoid-Befunde haben sich aber als Nager-spezifisch herausgestellt. Beim Menschen und anderen Tierarten führt jede Behandlung mit wirksamen Magensäuresekretionshemmern zu einem Gastrinanstieg im Blut (physiologischer Feedback-Mechanismus), der aber nie so ekzessiv ist wie insbesondere bei der Ratte.

Histamin-H_2-Rezeptorblocker

STECKBRIEF HISTAMIN-H_2-REZEPTORBLOCKER

Die Histamin-H_2-Antagonisten verdrängen Histamin kompetitiv und reversibel vom H_2-Rezeptor. An H_1-Rezeptoren besitzen sie keine therapeutisch nutzbare Wirksamkeit. Es sind daher keine Antiallergika. Histamin-H_2-Rezeptorantagonisten hemmen die Histamin- und partiell auch die Gastrin-induzierte Säuresekretion. Auf die vagal induzierte Säuresekretion haben sie keine Wirkung. Da es sich um einen kompetitiven Mechanismus handelt, ist ihre Wirksamkeit von der Anwesenheit der Substanz im Blut und damit von der Serumhalbwertszeit ($t_{1/2}$) abhängig. Im Gegensatz zu den Protonenpumpeninhibitoren korreliert daher für die H_2-Rezeptorblocker die Wirkdauer mit der Pharmakokinetik.

Von Ash und Schild wurde 1966 ein zweiter Histaminrezeptor (H_2-Rezeptor) postuliert, der nicht durch den Histaminantagonisten Mepyramin blockiert wurde. Sie beobachteten, dass Mepyramin nur die über H_1-Rezeptoren vermittelten Histamin-induzierten Kontraktionen des Meerschweinchenileums, aber nicht die Histamin-induzierte Säuresekretion blockierte. Histamin-H_2-Rezeptoren kommen vor allem im

Magen und am Herzen vor. Am Herzen gibt es deutliche Speziesbesonderheiten. So besitzen Hunde dort wenige Histamin-Rezeptoren (sowohl H_1 und H_2), während Meerschweinchen und Katzen auf Histamin mit einer Tachykardie und positiver Inotropie reagieren, die von H_2-Blockern unterdrückt wird. Über H_2-Rezeptoren soll auch die Vasodilatation an Pulmonalgefäßen vermittelt werden, während H_1-Rezeptoren dort eine Vasokonstriktion auslösen. Von therapeutischer Bedeutung sind die H_2-Rezeptoren am Magen.

Vor Einführung der Protonenpumpeninhibitoren hatten die Histamin-H_2-Rezeptorantagonisten seit Anfang der 70er-Jahre die Ulkustherapie in der Humanmedizin revolutioniert: In den nachfolgenden Jahren nahmen die chirurgische Intervention (Magenteilresektion), die Anwendung von Antazida und die Dauer der Krankenhausaufenthalte der Ulkuspatienten drastisch ab. Cimetidin hat in seiner Molekülstruktur einen Histidinring, der auch im Histamin als zentrales Strukturelement vorhanden ist. Dieser ist jedoch nicht essenziell für eine antagonistische Wirkung am Histamin-H_2-Rezeptor, wie die Beispiele Ranitidin und Famotidin zeigen (**Abb. 11.7**).

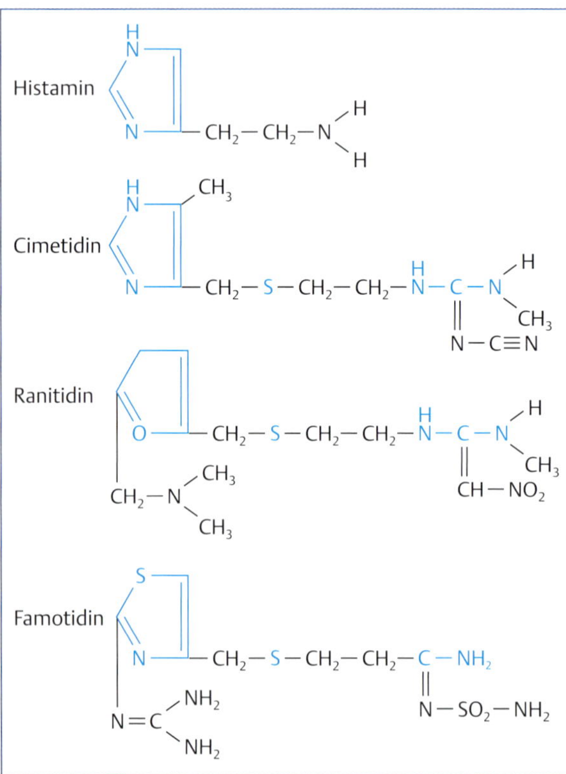

Abb. 11.7 Chemische Struktur von Histamin und Histamin-H_2-Rezeptorantagonisten.

Pharmakodynamik Die Magensäuresekretionshemmung durch Histamin-H_2-Rezeptorantagonisten ist nicht so effektiv und nicht so lang andauernd wie bei den Protonenpumpeninhibitoren. Ihre Wirkung basiert auf der kompetitiven Verdrängung von Histamin am H_2-Rezeptor des Magens. Daher ist ihr Hemmprofil auf die Säuresekretion (**Tab. 11.3**) nicht so umfassend wie bei den Protonenpumpeninhibitoren. Histamin-H_2-Rezeptorantagonisten inhibieren die Histamin- und die Gastrin-stimulierte, jedoch nicht die über die muskarinergen M_1- und M_3-Rezeptoren stimulierte Magensäuresekretion.

Aufgrund des kompetitiven Mechanismus am H_2-Rezeptor ist auch die Wirkdauer der verschiedenen H_2-Rezeptorantagonisten abhängig von ihrem pharmakokinetischen Profil, das um ein Vielfaches unterschiedlicher ist als bei den Protonenpumpeninhibitoren. Grundsätzlich ist die Wirkdauer von Histamin-H_2-Rezeptorantagonisten deutlich geringer als die von Protonenpumpeninhibitoren, sodass eine 2–4-malige Applikation der Rezeptorantagonisten pro Tag erforderlich ist. Nur so kann eine für die Ulkustherapie erforderliche, ausreichend lange Anhebung des Magen-pH-Wertes im Tagesverlauf erreicht werden (**Tab. 11.4**).

Pharmakokinetik Angaben zur Pharmakokinetik sind gleichfalls in **Tab. 11.4** aufgeführt. Alle H_2-Rezeptorantagonisten können p. o. gegeben werden; sie haben eine gute enterale Bioverfügbarkeit (50–80 %). Eine begrenzte Metabolisierung tritt in der Leber auf, die die Metaboliten mit der Galle abführt. Die Wirkstoffe können auch in die Milch ausgeschieden werden.

Nebenwirkungen Von Cimetidin, jedoch nicht von Ranitidin, sind Interferenzen mit der Biotransformation an hepatozellulären Monooxygenasen bekannt. Cimetidin wird dabei so fest an die Cytochrom-P450-Proteine gebunden, dass diese für die Umwandlung zahlreicher Fremdstoffe vorübergehend ausfallen, wie beispielsweise von Benzodiazepinen (Diazepam, Triazolam, Chlorodiazepoxid), zentralen Analgetika (Morphin), Antiepileptika (Carbamazepin, Phenytoin), Antiarrhythmika (Lidocain, Mexiletin), oralen Antikoagulanzien (Warfarin) und anderen. Betroffen sind sowohl Entgiftungs- wie Giftungsreaktionen. Im letzteren Falle hatte Cimetidin einen hepatoprotektiven Effekt; es verhinderte tierexperimentell die Bildung reaktiver Metaboliten des Tetrachlorkohlenstoffs in der Le-

Tab. 11.4 Charakteristika von H_2-Rezeptorantagonisten.

Wirkstoff	relative Wirksamkeit zu Cimetidin	Pharmakokinetik Serumhalbwertszeit ($t_{1/2}$)	Pharmakodynamik Wirkdauer einer Einzeldosis	Dosierung (Einzeldosis)	Behandlungsintervall
Cimetidin	1	3–4 h (Msch.)	4–6 h	10–20 mg/kg bzw. 8,8 mg/kg (Pfd.)	4-mal täglich
Ranitidin	4-fach stärker	6–8 h (Msch.), 2 h (Hd.)	8–10 h	4 mg/kg bzw. 2,2 mg/kg (Pfd.)	2-mal täglich
Famotidin	20-fach stärker	8–10 h (Msch.)	10–12 h	0,5 mg/kg	2-mal täglich

ber. Daraus kann jedoch keine generelle Wirkung von Cimetidin als Leberschutzstoff abgeleitet werden. Ein Anstieg der Serumtransaminasen ist möglich. Cimetidin, jedoch nicht Ranitidin, geht mit Plasmaproteinen Bindungen ein und kann andere Pharmaka, z. B. Lidocain, verdrängen.

Anticholinergika

STECKBRIEF ANTICHOLINERGIKA

Eine Vagusreizung stimuliert die Sekretion des Magensafts über M_3-Rezeptoren auf der Parietalzelle (**Abb. 11.1**). Acetylcholin wird dabei von postganglionären Neuronen in der Nähe der Parietalzellen freigesetzt; klassische Parasympatholytika wie **Atropin** hemmen die durch Vagusreizung stimulierte Säuresekretion.

Anticholinergika haben zwar eine gute Wirksamkeit auf die basale Säuresekretion, da diese vagal vermittelt ist, jedoch wirken sie deutlich schwächer bei der stimulierten Säuresekretion. Wie Histamin-H_2-Rezeptorantagonisten haben sie daher aufgrund der verschiedenartigen Stimulationswege der Magensäuresekretion nur ein eingeschränktes Hemmprofil (**Tab. 11.3**).

Für die Ulkustherapie beim Menschen ist Pirenzepin (**Abb. 11.8**) zugelassen. Es handelt sich dabei um einen Muskarin-M_1-Rezeptorantagonisten. Die inhibitorische Wirkung auf die Magensäuresekretion wird durch die Hemmung von neuronalen M_1-Rezeptoren vermittelt, sodass die Acetylcholinfreisetzung aus vagalen Nervenendigungen in der Magenschleimhaut gehemmt ist und damit die Aktivierung des auf der Parietalzelle befindlichen M_3-Rezeptors ausbleibt. Pirenzepin ist gut wasserlöslich. Daher werden im Darm nach oraler Gabe nur 10–30 % resorbiert.

Prostaglandine

Prostaglandine wie PGE_1, PGE_2, 16,16-Dimethyl-PGE_2 und PGI_2 (Prostacyclin) aktivieren ihre inhibitorischen Rezeptoren auf der basolateralen Membran der Parietalzelle und wirken so hemmend auf die Magensäuresekretion (**Abb. 11.1**, **Tab. 11.1**). Hinzu kommt, dass E-Prostaglandine (PGE_1: **Misoprostol**, **Abb. 11.9**; PEG_2: **Enprostil**) und PGI_2 über eigene Gefäßrezeptoren vasodilatorisch wirken. Sie steigern lokal die Durchblutung der Magen- und Darmschleimhaut und induzieren Schleim- und Bicarbonatsekretion. Durch diese Kombination von Säurehemmung, Steigerung von Durchblutung, Schleim- und Bicarbonatsekretion haben Prostaglandine eine zytoprotektive Wirkung am Magen.

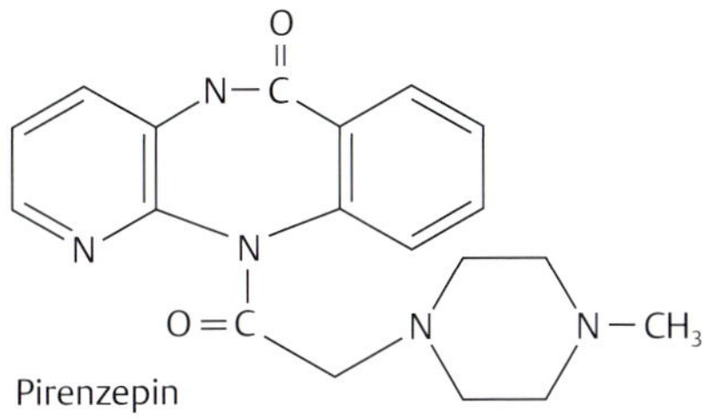

KLINISCHER BEZUG Stabilere, synthetisch hergestellte Prostaglandin-Analoga wie **Misoprostol** und **Enprostil** sind prophylaktisch sehr gut wirksam gegen NSAID-induzierte Magenulzera.

Pirenzepin

Abb. 11.8 Chemische Struktur von Pirenzepin (Anticholinergikum).

Antazida

STECKBRIEF ANTAZIDA

Antazida sind Puffer- und Adsorptionssubstanzen, die einen Teil der bereits sezernierten Salzsäure chemisch neutralisieren. Sie sind zur vorübergehenden, keinesfalls längerfristigen Beeinflussung des pH-Wertes im Magensaft nur dann einsetzbar, wenn keine gravierenden, pathologischen Grundleiden vorliegen.

Pharmakodynamik Antazida neutralisieren die Magensäure, binden Gallensäuren aus dem Duodenum und stimulieren die Bereitstellung schleimhautprotektiver Prostaglandine. Durch Abpufferung der Säure kann im Sinne einer Rückmeldung „Es fehlt Säure!" ein bereits gestörtes Regelsystem der Säuresekretion noch stärker aktiviert werden. Damit erklärt sich die überschießende Säurebildung nach Antazidaeinsatz (Rebound-Effekt). Die wichtigsten Verbindungen sind schwache Basen wie **Aluminiumhydroxid** und **Magnesiumoxid** oder Salze schwacher Säuren wie **Kalziumcarbonat**, **Magnesiumcarbonat**, **Natriumbicarbonat** und **Magnesiumtrisilikat**.

Pharmakokinetik Antazida unterscheiden sich in ihrer jeweiligen Neutralisierungskapazität, der Verzögerung des Wirkungseintritts sowie in ihren unerwünschten Wirkungen. Die weitaus meisten Präparate sind Kombinationen aus Aluminiumhydroxid mit Magnesiumhydroxid und/oder Kalziumcarbonat. In Anwesenheit von Salzsäure werden Chloridsalze des Aluminiums gebildet.

Indikationen Aufgrund des Rebound-Effekts ist der Nutzen einer alleinigen Antazidatherapie bei manifesten Geschwüren mehr als fraglich. Zu den Indikationen gehört auch eine vorübergehende, durch die Futterzusammensetzung bedingte Hyperazidität.

Dosierung Die Dosierungsempfehlungen sind für Tiere uneinheitlich. Wichtig ist eine häufige, mehrmals tägliche, orale Einnahme zur Vermeidung einer Säureexazerbation (Rebound).

Nebenwirkungen Die häufigste unerwünschte Wirkung der Magnesiumpräparate ist eine Diarrhö, bei Aluminiumhydroxidpräparaten dagegen eine Obstipation. Es kann eine unkontrollierte Bakterienentwicklung im Darm auftreten. Zusätzlich sind Hypernatriämie, Magnesiumtoxizität und Hypophosphatämie möglich. Letztere entsteht aufgrund der Bildung von Aluminiumphosphat.

Spez. Pharmakologie

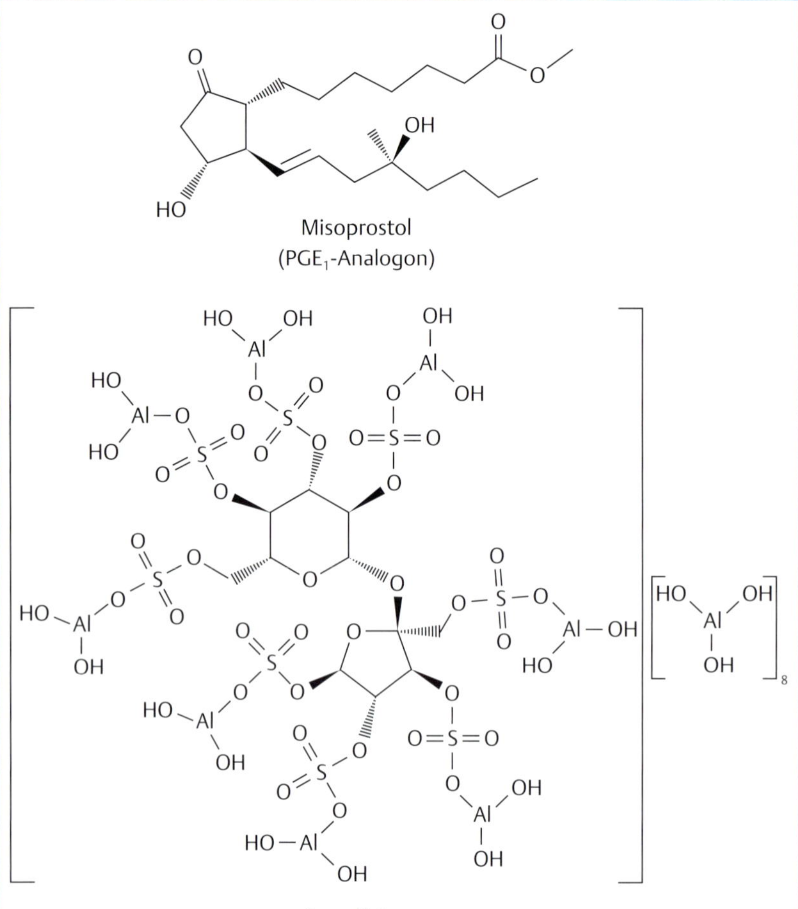

Misoprostol
(PGE$_1$-Analogon)

Sucralfat

Abb. 11.9 Zytoprotektiva am Magen.

Wechselwirkungen Antazida binden Pharmaka und stören so deren Resorption. Dies gilt insbesondere für Tetracycline, Herzglykoside (Digoxin) und Cimetidin.

Zytoprotektiva

Sucralfat, ein Komplex aus sulfatiertem Rohrzucker und Aluminiumhydroxid, hat eine zytoprotektive Wirkung (**Abb. 11.9**). Nach oraler Aufnahme bildet das Präparat an der Basis der Geschwürkrater einen anhaftenden, gelartigen Schutzfilm, der das Gewebe vor weiterer Zerstörung durch Säure, Pepsin und Gallensäuren schützt. Dabei inaktiviert es Pepsin und Gallensäuren. Gleichzeitig induziert es in der intakten Mukosa die Bildung zytoprotektiver Prostaglandine. Sucralfat ist daher neben der Behandlung akuter Magengeschwüre auch von prophylaktischem Nutzen bei rekurrierenden Ulzera. Das Gel wird praktisch nicht resorbiert und innerhalb von 48 h mit den Fäzes ausgeschieden. Etwa 3–5 % einer oralen Dosis erscheinen in dieser Zeit auch im Urin. An der Geschwüroberfläche haftet es ca. 6 h.

FAZIT PHARMAKOLOGIE DES MAGENS

- Die Magensäuresekretion ist komplex geregelt und wird durch Histamin (parakrin), Gastrin (endokrin) und Acetylcholin (neurokrin) über ihre spezifischen Rezeptoren (H_2-, Gastrin-, M_3-Rezeptor) auf der basolateralen ▸ Membran der salzsäureproduzierenden Parietalzelle des Magens stimuliert. Die in der apikalen Membran lokalisierte Protonenpumpe (H^+/K^+-ATPase) stellt den terminalen enzymatischen Schritt für alle drei Mechanismuskaskaden der Säuresekretion dar.
- Bei der Therapie der ulzerativen Gastropathie („Ohne Säure kein Ulkus“) haben sich Hemmstoffe der H^+/K^+-ATPase (z. B. Omeprazol, Pantoprazol) und Histamin-H_2-Antagonisten (z. B. Cimetidin, Ranitin) durchgesetzt. Inhibitoren der H^+/K^+-ATPase hemmen den terminalen enzymatischen Schritt der Säuresekretion. Damit sind sie in ihrem Hemmprofil den Histamin-H_2-Rezeptorantagonisten und Anticholinergika (z. B. Pirenzepin) überlegen. Darüber hinaus zeichnen sie sich durch ihre lange Wirkdauer (irreversible Enzymhemmung) aus. Demgegenüber ist die Wirkdauer der Histamin-H_2-Antagonisten und Anticholinergika aufgrund des kompetitiven Rezeptorantagonismus mit der jeweiligen Pharmakokinetik korreliert und somit deutlich kürzer.
- Prostaglandine (Misoprostol) und Sucralfat haben zytoprotektive Wirkungen an der Magenmukosa.
- Antazida neutralisieren chemisch einen Teil der bereits sezernierten Salzsäure. Sie werden nur zur vorübergehenden Beeinflussung des pH-Wertes im Magensaft eingesetzt, wenn keine gravierenden pathologischen Grundleiden vorliegen.

11.1.3 Pansen-aktive Pharmaka

Die Funktionen des Magen-Darm-Traktes unterliegen im Besonderen der nervalen Beeinflussung durch das enterische Nervensystem und damit u. a. durch cholinerge und serotoninerge Neurone und lokale Hormone. Eine Besonderheit bei den Vormägen der Wiederkäuer ist, dass hier nicht die Säuresekretion Grundlage des Nahrungsaufschlusses ist, sondern die bakterielle Vergärung. Hierfür ist eine ausreichende Durchmischung der Nahrungsbestandteile entscheidend. Daher befasst sich die Pansenpharmakologie im Wesentlichen mit den Motilitätsstörungen der Vormägen.

Ruminatoria

STECKBRIEF RUMINATORIA

Ruminatoria sind Stoffe, die die Funktionen der Vormägen anregen. Sie sind nur am vollentwickelten System der Vormägen, d. h. bei Kälbern ab dem 3. Monat, wirksam. Echte Ruminatoria mit organselektiver Wirkung auf die Motilität der Vormägen bzw. auf die dortigen Resorptions- und Sekretionsprozesse gibt es nicht. Die üblichen Parasympathomimetika wirken auch auf (Lab-)Magen und Darm.

Direkte Parasympathomimetika wie **Carbachol** (Carbaminoylcholin) rufen eher unkoordinierte, spastische und funktionslose Kontraktionen der Vormägenmuskulatur hervor. Unter Umständen tritt dabei eine Paralyse auf, die Fehlgärungen provoziert. Unter Carbachol kann es zur Beeinträchtigung des Ruktus kommen. Carbachol stimuliert auch die Speichelsekretion, die bereits durch indirekte vagusvermittelte Reflexe ausgelöst werden kann. Weniger unerwünschte Wirkungen haben die indirekten Parasympathomimetika **Neostigmin** und **Physostigmin**. Neostigmin ist nicht gehirngängig und daher besser geeignet. Es steigert eher die Frequenz als die Stärke der Pansenkontraktionen. Bei Schafen unterdrücken **Opioide** die Frequenz und Amplitude der Pansenmotorik, während der Opioidantagonist **Naloxon** diese stimuliert.

Eine Hemmung der Vormägenmotilität ist häufig eine Folge von Störungen des Pansensaftmilieus (Pansenazidose). In diesen Fällen ist die Wiederherstellung der physiologischen Verdauungsprozesse wichtiger als eine pharmakologische Therapie mit Ruminatoria. Dies geschieht durch Entfernung des Panseninhaltes, Ersatz durch frischen funktionsfähigen Pansensaft, Korrektur des übersäuerten pH-Wertes im Pansen und im Blut mit bicarbonathaltigen Puffern sowie durch eine orale Therapie mit Antibiotika.

Antizymotika

STECKBRIEF ANTIZYMOTIKA 

Antizymotika sind Stoffe, die Fehlgärungen und ihre Folgen im Pansen reduzieren (Antitympanika). Lassen sich Gärgase nicht durch den Ruktus entfernen, werden sie durch die Motorik des Pansens mit Flüssigkeit zu kleinblasigem Schaum vermischt. Durch fermentationshemmende Antiseptika (z. B. Terpentinöl, Formaldehyd) sowie oberflächenaktive Öle (Silikonöle, Polysiloxane) wird dieser Prozess unterbrochen.

Schaumbrechende Eigenschaften haben polymerisiertes Dimethylsilikon und **Dimethylpolysiloxan**, das eine chemisch inerte, visköse Flüssigkeit ist, die 2–5 %ig eingesetzt wird. Organische Silikone finden meist in Kombination mit fermentationshemmenden Antizymotika Verwendung (fixe Kombination von Dimethylpolysiloxan mit Formaldehyd). Als oberflächenaktive Detergenzien eignen sich auch **Polyethylenglykol** und **Isooctylalkohol** sowie **Poloxalen**. Während diese Stoffe in den Vormägen der Wiederkäuer gute Wirksamkeit zeigen, ist ihre Anwendung bei Pferden gegen Schaumbildung im Blinddarm weit weniger sicher, da sie kaum zum Wirkort gelangen.

FAZIT PANSEN-AKTIVE PHARMAKA 

- Die Pansen-aktiven Arzneistoffe unterteilen sich in Ruminatoria und Antizymotika.
- Ruminatoria wirken auf die Motilität der Vormägen. Indirekte Parasympathomimetika (Neostigmin) sind dabei den direkten (Carbachol) vorzuziehen, da sie eher geregelte Motiliätswellen auslösen.
- Antizymotika sind Stoffe, die Fehlgärungen und ihre Folgen (Schaumbildung) im Pansen reduzieren (Antitympanika), z. B. organische Silikone (Dimethylpolysiloxan).

11.2 Pharmakologie des Darmes

11.2.1 Anatomische und physiologische Grundlagen

Die Verdauungsvorgänge im Dünn- und Dickdarm werden durch die Darmmotilität (Kontraktion und Peristaltik) und die Bereitstellung größerer Mengen von Verdauungsflüssigkeiten (Speichel-, Magen- und Pankreassaft, Gallenflüssigkeit) bestimmt. Die **Darmmotilität** entscheidet wesentlich über die intestinale **Transitzeit** und damit über die Verweildauer der Nahrungsbestandteile im Verdauungstrakt. Sie kann mit nicht resorbierbaren Markersubstanzen, wie z. B. Chromoxid, gemessen werden. Die intestinale Transitzeit variiert stark zwischen verschiedenen Tierarten. Sie ist für die kleinen Wiederkäuer am längsten, während sie bei Fleischfressern kaum mehr als 48 h beträgt (**Tab. 11.5**).

KLINISCHER BEZUG In den Vormägen der Wiederkäuer werden feste Arzneistoffe sehr lange zurückgehalten, was bei der oralen Gabe von Pharmaka berücksichtigt werden muss. Die Verweildauer in den Vormägen kann durch Ausnützen des Schlundrinnenreflexes nach Eingabe flüssiger Arzneimittelzubereitungen erheblich verkürzt werden.

Die Steuerung der Verdauungsvorgänge im Darm sowie die Bereitstellung der Verdauungsflüssigkeiten aus Magen, Darm, Leber und Pankreas werden durch hierarchisch geordnete Regulationsprozesse gesteuert. Hieran sind zahlreiche lokale Regulatorproteine mit teils autokriner und endokriner Funktion beteiligt (**Tab. 11.6**). Das Zusammenspiel aller Faktoren, welche die Darmmotilität und die Verdauungsvorgänge steuern, ist überaus komplex und damit auch störungsanfällig. Dies erklärt die Häufigkeit des Auftretens von Verdauungsstörungen.

Tab. 11.5 Transitzeit der Nahrung durch den gesamten Verdauungstrakt.

Spezies	Passagezeit
Mensch	1–2 Tage
Hund	1–2 Tage
Geflügel	2–6 Tage
Schwein	4–5 Tage
Pferd	4–5 Tage
Rind	12–13 Tage
Schaf	16–21 Tage

Regulation der Darmmotilität

Die Muskulatur des Verdauungssystems besteht im Wesentlichen aus zwei Schichten glatter Muskelzellen: einer äußeren longitudinalen Muskelschicht und einer inneren zirkulären Muskelschicht. Die Motilität des **Dünndarms** wird von rhythmischen, lokalen Kontraktionen kurzer Segmente sowie von peristaltischen Kontraktionen längerer Darmabschnitte getragen. Erstere erfolgen beim Hund mit einer Frequenz von 10–15 pro min und beruhen im Wesentlichen auf einer Kontraktion der inneren Ringmuskulatur. Die Fortleitung der Kontraktionen und damit die Entstehung einer Peristaltik werden durch ein kompliziertes, fein abgestimmtes Wechselspiel aus Kontraktionen der Ring- und Längsmuskelfasern bewirkt. Dabei spielen rhythmische elektrische Erregungsimpulse, sog. **MMCs** (migrierende myoelektrische Komplexe), eine Rolle. Diese stammen aus dem Auerbach-Plexus (Plexus myentericus), welcher zwischen den beiden Muskelschichten gelegen ist, und dem Meissner-Plexus (Plexus submucosus), welcher zwischen Submukosa und innerer Ringmuskulatur lokalisiert ist. Initiation und Weiterleitung der MMCs unterliegen dem lokalen Darmnervensystem. Dagegen wird die Periodik von noradrenergen Fasern des zentralen Nervensystems gesteuert.

Tab. 11.6 Regulatorproteine im Verdauungstrakt.

Substanz	Hauptwirkung
Mukosa	
Gastrin	fördert die Säure- und Pepsinogensekretion im Magen
Sekretin	hemmt die Gastrinfreisetzung, fördert die Bicarbonatsekretion des Pankreas
Cholecystokinin	steigert die exokrine Enzymsekretion (Pankreas-Proenzyme, Pepsinogen)
Neurotensin	moduliert Motilität, Säuresekretion und Fettverdauung
Motilin	fördert die Magen-Darm-Motilität
Ghrelin	wirkt appetitanregend
GIP (gastric inhibitory polypeptide = - glucose-dependent insulinotropic peptide)	hemmt die Magenmotilität
Enteroglukagon (Glicentin)	hat Glukagon-analoge Wirkung und hemmt die Säuresekretion
Somatostatin	hemmt parakrin die Säuresekretion, hemmt die Gastrin- und Pepton-induzierte Säuresekretion
Plexus	
Substanz P	moduliert den viszeralen Schmerz, fördert die Motilität
VIP (vasoactive intestinal polypeptide)	stimuliert die intestinale Wasser- und Elektrolytsekretion, hemmt die Säure- und Pepsinsekretion, relaxiert die glatte Muskulatur
Enkephaline	fördern die Natrium-, Chlorid- und Wasserresorption im Dünndarm
Bombesin (GRP = gastrin-releasing peptide)	fördert die Gastrinfreisetzung
Somatostatin	moduliert über Interneurone die Freisetzung von Peptidtransmittern
Cholecystokinin	entleert die Gallenblase
Galanin	hemmt die basale Gastrinsekretion

ZUM WEITERLESEN Neben der nervalen Steuerung wird die Motilität des Gastrointestinaltraktes auch durch zahlreiche Peptidhormone reguliert. So fördert **Motilin**, welches von M-Zellen im Duodenum gebildet wird und im Plasma nach Nahrungsaufnahme ansteigt, die Magen- und Darmmotilität. **GIP** (gastric inhibitory polypeptide = glucose-dependent insulinotropic peptide) hemmt dagegen die Magenmotilität und ist darüber hinaus an der nahrungsbedingten Insulinsekretion beteiligt. **Ghrelin**, das aus der Magenmukosa stammt, wirkt über Rezeptoren im ZNS appetitanregend. Eine pathologische Abnahme des Tonus und der Kontraktilität der glatten Darmmuskulatur kann zum Ileus führen. Die Ursachen hierfür können vielfältig sein. Insbesondere spielen starke (Operations-)Traumen, extreme Schmerzen, Peritonitis oder Toxine eine Rolle.

Die Motilität des **Dickdarms** wird besonders stark durch das Nahrungsvolumen beeinflusst. Dies betrifft vor allem die postgastrischen Fermentierer Pferd, Schwein und Kaninchen. Insbesondere beim Pferd haben die Blinddarmfüllung als mechanischer Reiz sowie flüchtige Fettsäuren als chemischer Reiz einen großen Anteil an der Entstehung peristaltischer Muskelkontraktionen. So bewirkt zum Beispiel eine Verdopplung des Zäkumvolumens eine 8-fach stärkere Kontraktionsaktivität und eine 4-fach höhere Passagegeschwindigkeit im Dickdarm. Bei Hund und Katze wird die Füllung des Colons vor allem durch den **Ileozäkalsphinkter** gesteuert. Dieser besitzt adrenerge β_2-Rezeptoren, welche eine Relaxation auslösen können, sowie α_1-Rezeptoren, welche kontraktorisch wirken. Darüber hinaus können Kontraktionen des Ileums den Sphinkter öffnen, während solche des Colons den Sphinkter schließen. Der Ileozäkalsphinkter wird im Gegensatz zum Magenpylorus nicht durch die lokalen Hormone Gastrin, Cholecystokinin und Sekretin gesteuert.

Störungen der Dickdarmmotorik haben zur Folge, dass lokale Gärkammern entstehen, in denen sich Gase und Bakterientoxine bilden können. Bei Durchfällen sistiert häufig jegliche Dickdarmmotorik oder es kommt zu unkoordinierten, unproduktiven Kontraktionen.

Regulation der Flüssigkeitsresorption

Neben seiner Bedeutung als Verdauungsorgan ist das Darmsystem auch ein wichtiges **Wasserresorptionsorgan**, dessen Effizienz der Niere in nichts nachsteht. So werden mit den Fäzes nicht mehr als 1 % des ursprünglichen Flüssigkeitsgehalts des Darminhalts ausgeschieden, während etwa 99 % im Verlauf der Darmpassage resorbiert werden. Die größte Resorptionskapazität für Wasser hat der Dünndarm. Hierbei muss beachtet werden, dass der Dünndarm Flüssigkeit nicht nur resorbieren, sondern auch sezernieren kann. Resorptive Zellen befinden sich ausschließlich an der Spitze der Dünndarmvilli, während die Flüssigkeitssekretion von Zellen in der Tiefe der Darmkrypten ausgeht (**Abb. 11.10**).

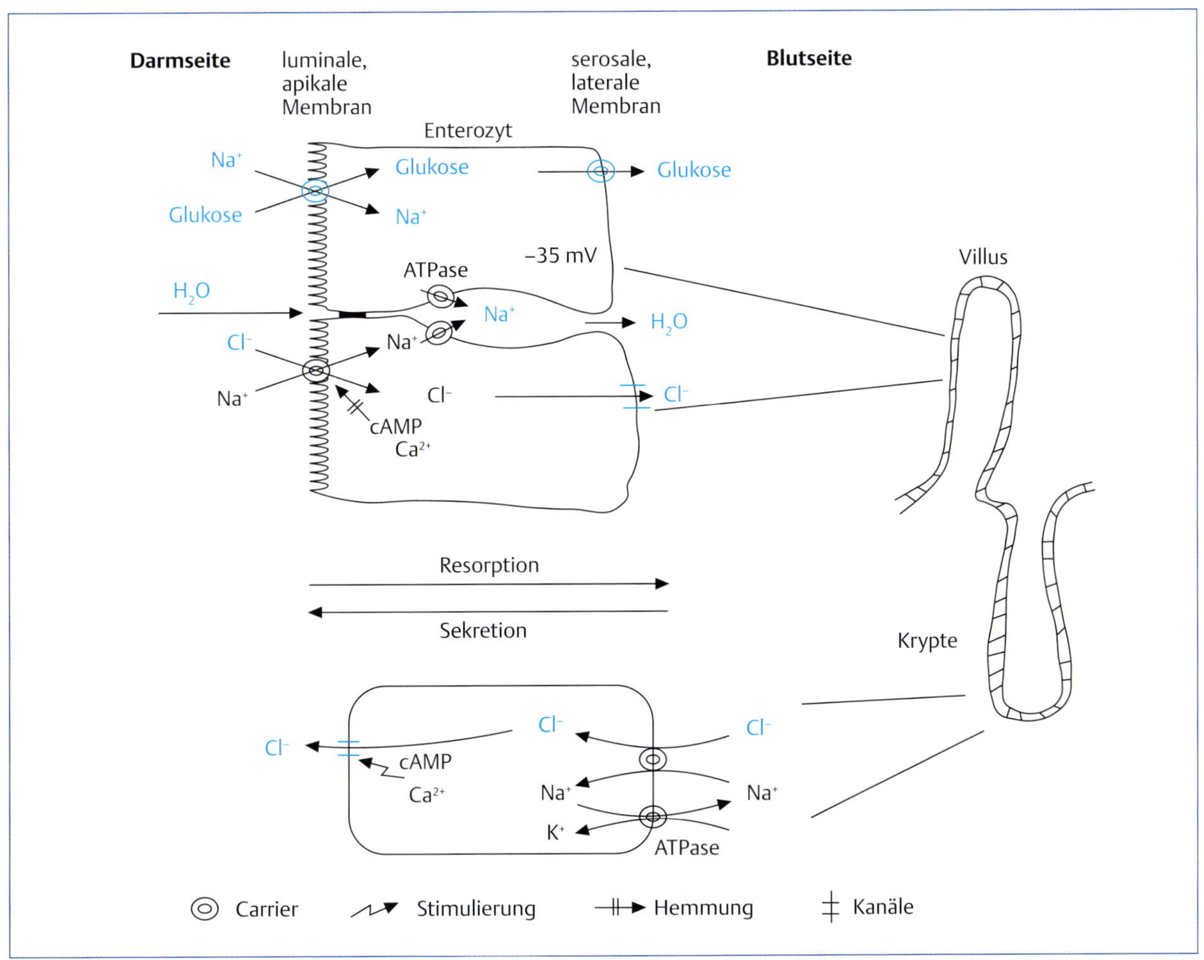

Abb. 11.10 Bewegungen von Natrium, Chlorid und Wasser bei der Flüssigkeitsresorption und Sekretion im Dünndarm.

Erstellt man eine gastrointestinale Flüssigkeitsbilanz für einen 20 kg schweren Hund, so stammen von dem ca. 2,7 l umfassenden Nahrungsbrei etwa 80 % aus endogener Produktion (Speichel, Magensaft, Pankreassaft, Gallenflüssigkeit und Dünndarmsekret). Insgesamt werden 87 % der Flüssigkeit im Dünndarm und 12 % im Dickdarm resorbiert. Die Effektivität der Wasserresorption, gerade bei kleineren absoluten Flüssigkeitsmengen, ist jedoch im Dickdarm am größten.

KLINISCHER BEZUG Insgesamt wird die intestinale Flüssigkeitsbilanz durch den Quotienten aus Resorption und Sekretion bestimmt. Physiologisch besteht ein deutliches Übergewicht der Resorption. Bei neugeborenen Tieren, vor allem bei Ferkeln, Kaninchen und Meerschweinchen, ist die Sekretionsleistung jedoch besonders groß, sodass Störungen in der Resorption leicht Durchfälle hervorrufen können. Auch endogene Hormone, wie das vasoaktive intestinale Polypeptid (VIP), das im Pankreas gebildet wird, oder Gallensäuren (cholangene Diarrhö) fördern die Sekretion und/oder blockieren die Resorption. Dies kann zur Bildung dünnbreiiger Fäzes führen. Bereits eine Verdopplung des normalen Flüssigkeitsgehalts der Fäzes tritt als Durchfall in Erscheinung.

Bakterielle Enterotoxine

Bakterielle Enterotoxine, welche von Darmbakterien wie *Vibrio cholerae*, *Escherichia coli*, *Salmonella*-Spezies, Shigellen, *Yersinia*-Spezies u. a. gebildet werden, können auf vielfältige Weise das Verhältnis zwischen Sekretion und Resorption im Darm stören. Bedeutsam ist dabei die sog. **sekretorische Diarrhö**, bei welcher es zu einer durch Enterotoxine ausgelösten Elektrolytsekretion im Darm kommt. Bakterienbedingte Durchfallerkrankungen sind besonders bei Jungtieren häufig.

Eines der auch tierpathogenen Enterotoxine ist das hitzelabile **LT-Toxin**, welches von bestimmten enterotoxischen *Escherichia-coli*-Stämmen (ETEC) gebildet wird. Es ist funktions- und strukturhomolog zum **Choleratoxin** aus *Vibrio cholerae*, welches die reiswasserartigen Durchfälle bei der Cholera des Menschen auslöst. LT-Toxin und Choleratoxin werden aufgrund ihrer Molekülstruktur als sog. AB-Toxine bezeichnet. Mit ihrer Bindungskomponente (B) binden sie mit hoher Affinität an bestimmte Membranganglioside der eukaryontischen Zielzelle. Nachfolgend wird das Toxin über Endozytose aufgenommen und schließlich in das Zytosol eingeschleust. Für das Choleratoxin ist Monosialogangliosid GM_1 ein spezifischer Membranrezeptor, während das LT-Toxin auch an andere Ganglioside binden kann. Die A-Komponente enthält die enzymatische Aktivität einer ADP-Ribosyltransferase. Diese spaltet Nikotinamid-Adenin-Dinukleotid (NAD) in ADP-Ribose und Nikotinsäure. Dabei wird ADP-Ribose auf einen Argininrest der α-Untereinheit eines heterotrimeren G_s-Proteins übertragen, was als **ADP-Ribosylierung** bezeichnet wird. Dies führt zu einer Blockade der GTPase-Aktivität des G-Proteins, was einer Blockade des Abschaltmechanismus entspricht. Das G_s-Protein ist dadurch persistierend aktiv und führt nachgeschaltet zu einer Daueraktivierung der Adenylatcyclase, der Bildung von cAMP und einer Aktivierung der cAMP-abhängigen Proteinkinase PKA (**Abb. 11.11**). Als Folge kommt es zu einer Aktivierung des **CFTR-Proteins** (cystic fibrosis transmembrane conductance regulator) in der Bürstensaummembran, welches daraufhin große Mengen Chlorid sezerniert. Diesem folgen Natriumionen und Wasser passiv, was schließlich die bei Cholerapatienten be-

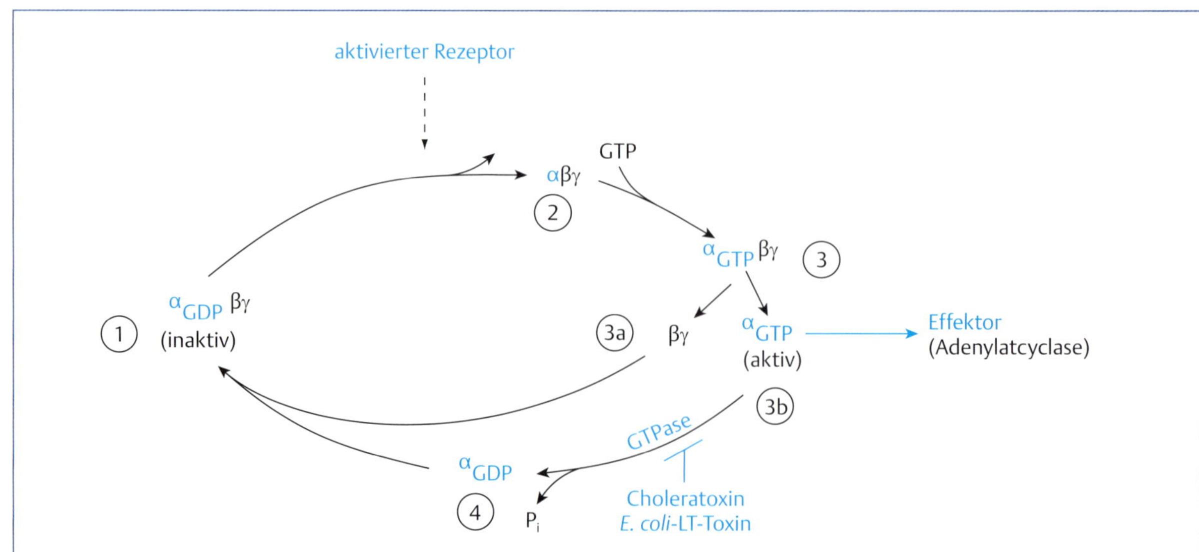

Abb. 11.11 Aktivierungs-Inaktivierungs-Zyklus bei G-Protein gekoppelten Rezeptoren mit Daueraktivierung der AC durch enterotoxin-vermittelte ADP-Ribosylierung.
1 = Inaktives G-Protein, die α-Untereinheit hat GDP gebunden.
2 = Rezeptorvermittelte Aktivierung des heterotrimären G_s-Proteins mit Austausch von GDP durch GTP.
3 = Zerfall des G-Proteins und Aktivierung der AC durch die α-Untereinheit.
4 = Inaktivierung des G-Proteins durch intrinsische GTPase-Aktivität; die Inaktivierung des G-Proteins wird über ADP-Ribosylierung durch das Cholera- oder LT-Toxin blockiert; Daueraktivierung der AC und Bildung großer Mengen cAMP.

obachteten lebensbedrohlichen Elektrolyt- und Wasserverluste verursacht.

ZUM WEITERLESEN Nicht alle Stämme einer Bakterienspezies sind enteropathogen. Eine wichtige Rolle spielen adhäsive Proteine, z. B. die *E.-coli*-Adhäsine K88, 987 P, K99, F41, welche in den Fimbrien lokalisiert sind. Sie vermitteln den Kontakt zwischen Bakterienzelle und Enterozyt, sodass das freigesetzte Enterotoxin lokal von der Darmzelle aufgenommen werden kann. Im Darmlumen selbst ist wenig freies Enterotoxin vorhanden, weshalb diese Enterotoxine nicht ausreichend über Aktivkohle adsorbiert werden können.

11.2.2 Prokinetika

STECKBRIEF PROKINETIKA

Prokinetika sollen den Transit des Magen-Darm-Inhalts erhöhen. Sie tun dies, indem sie in die nervale Steuerung der Magen-Darm-Motilität eingreifen und können daher nicht selektiv auf den Magen oder den Darm wirken. Da das enterische Nervensystem nicht bei allen Tierarten die gleichen Signale und Neurotransmitter nutzt, muss mit Speziesunterschieden in der Wirkung von Prokinetika gerechnet werden. Von klinischer Bedeutung als Prokinetikum ist im Wesentlichen Metoclopramid (MCP), welches aber vor allem als Antiemetikum Anwendung findet.

Für den einhöhligen Magen haben motilitätsfördernde Pharmaka hauptsächlich bei der Therapie der **Refluxesophagitis** eine Bedeutung. Hierbei kommt es zu einem fehlgeleiteten Übertritt von Magensäure in den Esophagus. Die Ursache ist ein unzureichender Verschluss des präantralen Esophagus durch den unteren Schließmuskel der Speiseröhre. Bei bestimmten Hunderassen spielt als Ursache der Esophagusschwäche die Autoimmunerkrankung **Myasthenia gravis** eine Rolle. Bei stark gefülltem Magen, durch nervöse und psychische Belastung, durch eine Zwerchfellhernie oder durch Arzneistoffe wie Sympathomimetika, Asthma-Aerosole, Nitropräparate, Anticholinergika und andere, die glatte Muskulatur erschlaffende Stoffe ist der Verschluss der Speiseröhre unvollständig. Die aus dem Magen aufsteigende Magensäure verätzt dann die Schleimhaut des Esophagus, wodurch es zu Entzündungen, Blutungen und Geschwüren kommen kann. Auch können infolge der Narbenbildung sog. peptische Strikturen am Esophagus auftreten, die die Passage stark einschränken.

Metoclopramid

Ein therapeutischer Ansatz der Refluxesophagitis und ihrer Komplikationen ist die Förderung der orthograden **Magenmotilität** mithilfe von Metoclopramid. Weiterhin ist Metoclopramid ein Therapeutikum gegen postoperative Darmlähmung beim Pferd.

Pharmakodynamik Metoclopramid ist ein Antagonist an 5-HT_3-Rezeptoren und ein Agonist an präsynaptischen 5-HT_4-Rezeptoren des Magens (**Abb. 11.20** und **Tab. 11.10**). Dadurch steigert es die **Acetylcholinfreisetzung** aus Neuronen des enterischen Nervensystems. Damit einher geht ein prokinetischer Impuls auf Magen- und Darmkontraktionen, der auch zur Verhinderung eines Darmverschlusses nach Darmoperationen genutzt werden kann. Am unteren Esophagus, am Magen und Duodenum wird zudem die Empfindlichkeit der glatten Muskulatur auf cholinerge Reizung aufgrund eines Antagonismus zu **Sekretin** erhöht, was ebenfalls zu einer gesteigerten Magen- und Darmmotorik beiträgt. Die Magenentleerung wird beschleunigt, ein Reflux von Magensaft in den Esophagus verhindert. Metoclopramid ist auch Antagonist an Dopamin-D_2-Rezeptoren, wodurch es antiemetisch wirkt.

Pharmakokinetik Metoclopramid hat eine hohe enterale Bioverfügbarkeit von 70 %. Der Wirkungseintritt liegt bei 1 h nach Verabreichung, und die Wirkung hält über einige Stunden an.

Indikationen Hauptindikation für Metoclopramid in der Veterinärmedizin ist zunächst die Hemmung von chemisch ausgelöstem Erbrechen (S. 309). Sofern eine Esophagitis durch dauerhaftes Erbrechen entstanden ist, zeigt Metoclopramid wegen des antiemetischen Effekts eine gute Wirkung. Wird Metoclopramid bei bestehendem Ulkus angewendet, ist Folgendes zu beachten: Erfolgt die Magenentleerung durch die prokinetische Wirkung zu früh und fehlt dem Duodenum eine effektive Bicarbonatsekretion, dann verschlechtert Metoclopramid die Prognose von Duodenalgeschwüren. Metoclopramid wird als Begleittherapeutikum daher nur bei Geschwüren mit Lokalisation im Magen empfohlen. Metoclopramid und das verwandte, nur peripher wirkende **Domperidon** haben keinen direkten Effekt auf die Säure- und Pepsinsekretion. Im Gegensatz zum Magen und Dünndarm wirkt Metoclopramid am Dickdarm nicht motilitätssteigernd. Bei Atonien des Dickdarms werden daher peripher wirksame Parasympathomimetika wie Neostigmin (S. 69) eingesetzt.

Dosierung Für Hund und Katze werden 0,5–1,0 mg Metoclopramid/kg auf 3 Einzeldosen pro Tag verteilt p. o., rektal, i. m., s. c. oder i. v. gegeben. Die Therapiedauer sollte 3 Tage nicht überschreiten.

Weitere Prokinetika

Eine deutliche Steigerung der Magenmotorik bei Hund und Kaninchen tritt überraschenderweise auch durch das Makrolid-Antibiotikum **Erythromycin** auf, das ein Agonist an **Motilinrezeptoren** ist. Beim Hund hat auch der H_2-Rezeptorblocker **Ranitidin** am Antrum, Dünndarm und Colon einen prokinetischen Effekt. Am empfindlichsten reagiert das Antrum, gefolgt von Duodenum und Colon. Die Wirkung setzt fast augenblicklich nach der Injektion ein, ist kurzfristig, hält aber an Duodenum und Antrum über 1 h an. Da die Ranitidin-stimulierte Motorik durch Atropin aufgehoben werden kann, geht man von einem über Acetylcholin vermittelten Effekt aus. Diese Wirkung am Verdauungstrakt des Hundes ist spezifisch für das Ranitidin. Anderen H_2-Rezeptorblockern (z. B. Cimetidin) fehlt sie. Es wurde angenommen, dass dieser Ranitidin-Effekt durch Hemmung der Acetylcholinesterase zustande kommt.

11.2.3 Antidiarrhoika

Durchfall ist ein Symptom, das immer dann auftritt, wenn der Flüssigkeitsgehalt der Fäzes unnatürlich hoch ist. Dies kann bei einer erhöhten Passagezeit infolge einer Hypermotilität der Fall sein oder wird durch vermehrte Flüssigkeitssekretion (**sekretorische Diarrhö**) und/oder verminderte Flüssigkeitssresorption verursacht. Bei der klassischen Form der sekretorischen Diarrhö, welche z. B. durch das Choleratoxin oder das *E.-coli*-LT-Enterotoxin ausgelöst wird, ist die Darmschleimhaut histologisch völlig intakt. Durch Entzündungsprozesse kann es aber auch zu einer Atrophie der Mikrovilli im Dünndarm und nachfolgend zu einer **Malabsorptionsdiarrhö** kommen. Schließlich ist Durchfall ein häufiges Symptom von **Arzneimittelvergiftungen** (Tab. 11.7).

Bei der Behandlung von Durchfällen (Tab. 11.8) stehen folgende Therapieziele im Vordergrund:

- Normalisierung von **Flüssigkeitssekretion und -resorption** mit antisekretorischen Pharmaka und oraler Rehydratation
- Normalisierung der **Darmmotilität** mit motilitätshemmenden Pharmaka
- Hemmung der **Entzündung** mit nichtsteroidalen entzündungshemmenden Mitteln (NSAID)

Bei schweren Störungen der mikrobiellen Darmflora sowie bei infektiösen Darmerkrankungen können darüber hinaus Antibiotika, Chemotherapeutika und Darmantiseptika angewendet werden. Dies ist insbesondere dann sinnvoll, wenn die auslösende Ursache bekannt ist. Ein unkritischer Umgang mit **Antibiotika** bei Durchfallerkrankungen ist dagegen klar abzulehnen, da es zu erheblichen Nebenwirkungen, einer Störung der Pansen- und Darmflora sowie zu einer Resistenzselektion kommen kann. Schließlich stehen die sogenannten **Enterostyptika** zur Verfügung, zu welchen unspezifisch wirkende Stoffe mit adsorbierenden, adstringierenden und gerbenden Wirkungen zählen. Die Wirksamkeit dieser Stoffe ist jedoch nur teilweise belegt. Nicht zu vernachlässigen bei Durchfallerkrankungen sind diätetische Maßnahmen, welche häufig weitere therapeutische Maßnahmen erübrigen.

Tab. 11.7 Ursachen von Durchfällen.

Kasuistik von Durchfällen	Beispiele
Durchfall als Zeichen toxischer Wirkungen	
▪ Pharmaka-induzierter Durchfall	Herzglykosidüberdosierung, Morphinentzug, Antibiotika-Kolitis nach Chloramphenicol, Clindamycin und Chlortetracyclin, Chinidin
▪ Bakterientoxine	Choleratoxin, LT/ST-Toxine von enterotoxischen *E.-coli*-Stämmen (ETEC), Toxine von *Clostridium perfringens*, *Yersinia enterocolitica*
Durchfall als Folge von Hormonstörungen	VIP (pankreatische Cholera), Serotonin (Dünndarmkarzinoid)
Durchfall als Folge von Resorptionsstörungen	Malabsorption von Milchzucker (Laktoseintoleranz), Malabsorption bei Glutenunverträglichkeit, Malabsorption von Gallensäuren (cholangener Durchfall)
Durchfall als Folge von Entzündungen nach invasiven Infektionen	Salmonellose, Shigellose, Rota-, Parvo-, Coronaviren
Durchfall als Folge eines Parasitenbefalls	Kokzidiose
Durchfall durch Schimmelpilze	Histoplasmose

Tab. 11.8 Übersicht zu den Antidiarrhoika.

Wirkstoffgruppe/ Wirkstoff	Wirkungsmechanismus	Bedeutung
Opioide		
Loperamid	▪ Agonist an μ- und δ-Opioidrezeptoren	▪ Verlängerung der Transitzeit, antisekretorische Wirkung
Anticholinergika		
N-Butylscopolamin, Glykopyrrolat	▪ Antagonisten an M-Rezeptoren	▪ motilitätsdämpfende und spasmolytische Wirkung
α_2-Agonisten		
Xylazin, Berberin	▪ Agonisten an α_2-Rezeptoren	▪ antisekretorische Wirkung
Adstringenzien		
Bismutsubsalicylat → Salicylsäure	▪ Prostaglandinsynthesehemmung	▪ antiinflammatorische und antisekretorische Wirkung

Peripher wirksame Opioidrezeptor-Agonisten

STECKBRIEF PERIPHER WIRKSAME OPIOIDREZEPTOR-AGONISTEN

Opioide haben durch ihre Bindung an μ- und an δ-Opioidrezeptoren sowohl eine Wirkung auf die Darmmotilität als auch auf die Sekretion. Über die μ-Rezeptoren im Plexus myentericus kommt es zu einer Steigerung segmentaler Kontraktionen, während im Gegenzug die peristaltischen Kontraktionen vermindert werden. Hierdurch kommt es zu einer Verlängerung der Transitzeit im Darm. Über die δ-Rezeptoren haben Opioide darüber hinaus eine antisekretorische Wirkung. Aus diesen Gründen werden Opiate schon seit der Antike verwendet, um Durchfall zu kontrollieren. Von Bedeutung in der Veterinärmedizin ist vor allem Loperamid.

Loperamid

Loperamid ist ein Abkömmling des Pethidins, dem ältesten vollsynthetischen Opioid (**Abb. 11.12**). Es hat auch Strukturverwandtschaft zu dem Neuroleptikum Haloperidol. Obwohl Loperamid an μ-Opioidrezeptoren binden kann, hat es keine zentralen euphorisierenden und analgetischen Wirkungen (S. 150) und damit praktisch kein Suchtpotenzial. Dies liegt daran, dass Loperamid an der Blut-Hirn-Schranke mit dem MDR1-P-Glykoprotein (multidrug-resistance, MDR) interagiert, welches durch einen Effluxtransport das Eindringen von Loperamid in das ZNS verhindert. P-Glykoprotein ist auch an der hepatobiliären Elimination des Loperamids beteiligt. Darüber hinaus wird Loperamid in der Leber in erheblichem Maße metabolisiert (First-Pass-Metabolismus), was die insgesamt geringe Bioverfügbarkeit und die niedrigen Plasmaspiegel nach oraler Gabe erklärt. Durch seine Bindung an glattmuskuläre μ-Opioidrezeptoren hemmt Loperamid wie auch andere Opioide die Peristaltik von Dünn- und Dickdarm. Über δ-Rezeptoren hat es darüber hinaus einen antisekretorischen Effekt. In der Summe steigert Loperamid damit die Nettowasserresorption und hemmt deutlich die fäkale NaCl-Ausscheidung. Mechanistisch geht man davon aus, dass Opioide im Darm präsynaptisch die Freisetzung von Acetylcholin hemmen und gleichzeitig postsynaptische Acetylcholin-Effeke modulieren.

CAVE

Bei Hunden mit homozygotem Defekt im MDR1-Gen fehlt die Barrierefunktion von P-Glykoprotein in der Blut-Hirn-Schranke, weshalb Loperamid hier auch zentral-opioide Effekte verursachen kann. Häufig betroffen sind Collie, Australian Shepherd, Shetland Sheepdog, Weißer Schäferhund, einige Windhunderassen und auch Mischlinge. Dabei steht klinisch eine zentrale Dämpfung im Vordergrund, welche durch Naloxon antagonisierbar ist.

Die Dosierungsangaben beim Hund reichen von 0,08–0,2 mg/kg 3-mal täglich p. o. Loperamid ist ein wirksames Prophylaktikum bei Wettkampfhunden, um vor dem Rennen stressinduzierte Durchfälle zu vermeiden. Vor allem ist Loperamid jedoch ein Mittel gegen schwere, unstillbare, überwiegend katharrhalische Durchfälle. Hier sollte es mit **oralen Rehydratationslösungen** kombiniert werden. Je blutiger der Durchfall, umso geringer ist jedoch die Wirksamkeit der oralen Rehydratation, da diese eine intakte Darmschleimhaut voraussetzt. Bei der Katze können 0,04–0,16 mg/kg 2-mal täglich p. o. gegeben werden, allerdings könnten Katzen exzitatorisch auf die Therapie reagieren. Für andere Spezies bilden 0,1 mg/kg 2-mal täglich p. o. einen Richtwert. Die Eliminationshalbwertszeit liegt für den Menschen bei 7–15 h.

Die Wirkungen von Loperamid können durch den Opioid-Antagonisten Naloxon zum größten Teil wieder aufgehoben werden. Dies gilt auch für dessen zentrale Effekte

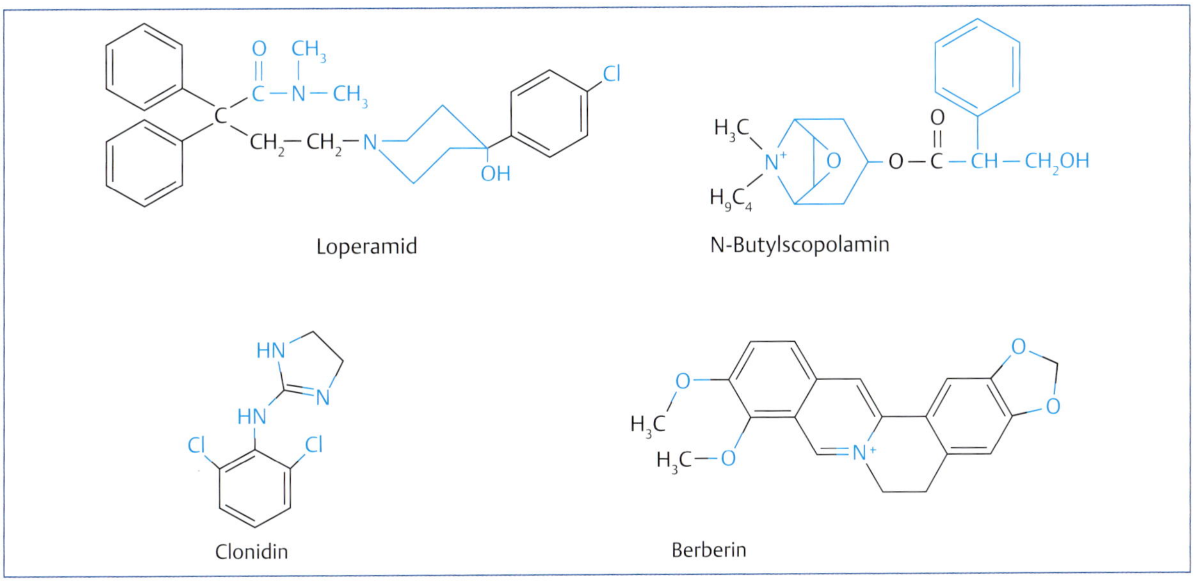

Abb. 11.12 Antidiarrhoika mit antisekretorischer Wirkung im Darm: Loperamid, N-Butylscopolamin, Clonidin, Berberin.

Spez. Pharmakologie

bei Hunden mit Defekt im MDR1-Gen, dabei ist aber die kurze Halbwertszeit von Naloxon zu beachten.

ZUM WEITERLESEN Unabhängig von der Opioidrezeptorinteraktion hat Loperamid auch antiparasitäre Eigenschaften. Es zerstört das Tegument von im Darm parasitierenden Würmern der Gattung *Acantocephala* (Kratzer) bei Schweinen und Fischen. Bei Schweinen, die mit 1–1,5 mg/kg Loperamid 2-mal täglich p. o. an 3 aufeinanderfolgenden Tagen behandelt wurden, kam es zu einer 100 %igen Reduktion der Eiabgänge von *Macracanthorhynchus hirudinaceus* und zur Wurmfreiheit. Bei Forellen betrug die orale Dosierung 50 mg/kg, 1–2-mal täglich, 3 Tage lang. Auch hier wurde vollständige Wurmfreiheit erreicht. Als Fischbad in einer Dosierung von 50 mg/l tötete Loperamid innerhalb einer halben Stunde sämtliche *Acantocephala*-Würmer (*Neoechinorhynchus rutili, Echinorhynchus truttae*) ab. Dabei hatte es eine wesentlich geringere Toxizität als Niclosamid (1 mg/l) und war wirksamer als Praziquantel und Levamisol (beide 500 mg/l).

Anticholinergika und Metamizol

STECKBRIEF ANTICHOLINERGIKA

Anticholinergika hemmen kompetitiv die Wirkung von Acetylcholin und setzen dadurch u. a. den stimulierenden Einfluss des N. vagus auf die glatte Muskulatur des Darmtraktes herab. Aufgrund der daraus resultierenden motilitätsdämpfenden und spasmolytischen Wirkung werden sie auch zur Behandlung von Durchfallerkrankungen eingesetzt.

An der glatten Muskulatur des Darmtrakts bewirkt eine Stimulation des N. vagus eine generelle Zunahme der Darmmotorik. Die cholinergen Synapsen kommen vor allem in der Zirkularmuskulatur vor. Dieser parasympathisch gesteuerte Teil der Motorik wird lokal von zahlreichen endogenen Regelkreisen moduliert, an denen Peptidhormone und Nahrungsinhaltsstoffe beteiligt sind. Darüber hinaus löst eine cholinerge Rezeptorstimulation im Dünn- und besonders im Dickdarm eine Chloridsekretion aus. Hieran sind sowohl nikotinerge Rezeptoren an Nerven als auch muskarinerge Rezeptoren an Schleimhautepithelzellen beteiligt. Von alters her kamen daher die Parasympatholytika **Atropin** (Syn.: Hyoscyamin) und **Scopolamin** (Syn.: Hyoscin) wegen ihrer motilitätsdämpfenden und spasmolytischen Wirkung auch zur Behandlung von Durchfallerkrankungen zum Einsatz.

Die dabei auftretenden unerwünschten zentralen Wirkungen wurden für das Scopolamin durch Anfügen einer Butylgruppe am Stickstoff beseitigt, wobei die Substanz N-Butylscopolamin entstand (Abb. 11.12). Diese trägt durch den quaternären Stickstoff eine permanent positive Ladung und kann daher nicht mehr die Blut-Hirn-Schranke passieren. **N-Butylscopolamin** hat somit nur noch periphere anticholinerge und spasmolytische Wirkung. Dies trifft auch für das quaternäre **Glycopyrrolat** zu. Beide Substanzen blockieren in therapeutisch relevanten Konzentrationen überwiegend muskarinerge Acetylcholin-Rezeptoren.

Allerdings ist Acetylcholin nicht der einzige Botenstoff mit stimulierender Wirkung auf die Darmfunktionen. Daher haben Anticholinergika klinisch auch nur eine begrenzte Wirksamkeit gegen Durchfälle. Vielmehr muss die dämpfende Wirkung der Anticholinergika auf die Darmmotorik sehr kritisch betrachtet werden. Sinnvoll ist deren Einsatz eigentlich nur, wenn der Durchfall durch einen erhöhten Parasympathikotonus verursacht wurde, z. B. bei psychogener Ursache oder nach Überdosierung bzw. Vergiftung mit Parasympathomimetika.

CAVE

Anticholinergika dämpfen sowohl die rhythmisch segmentalen Kontraktionen also auch die propulsive peristaltische Motorik, was per se schwere Durchfälle mit intestinaler Paralyse und Ileus auslösen kann. Daher dürfen Anticholinergika auch nur unter strenger Indikationsstellung als Antidiarrhoika eingesetzt werden.

Klar im Vordergrund steht die spasmolytische Wirkung der Anticholinergika. Gerade die Kombination von **N-Butylscopolamin** mit dem Analgetikum **Metamizol** hat sich bei Magen-Darm-Spasmen als sehr wirkungsvoll erwiesen. Dies gilt insbesondere für die schmerzhaften kolikartigen Zustände des Pferdes. Die empfohlene Dosierung liegt hier bei 25 mg/kg Metamizol und 0,2 mg/kg Butylscopolamin i. v. Die Kombination kann aber auch zur Behandlung von Spasmen der glatten Muskulatur des Magen-Darm-Traktes sowie der Gallen- und Harnwege bei Hunden, Rindern und Schweinen angewendet werden. Dabei kann auch eine Behandlung mit Metamizol alleine hilfreich sein, das neben der zentralen und peripheren analgetischen Komponente auch noch eine periphere spasmolytische Wirkung aufweist. Ein antiinflammatorischer Effekt ist für Metamizol erst bei sehr hohen Dosierungen vorhanden. Nähere Informationen zu N-Butylscopolamin (S. 72) als Antagonist von Acetylcholin und Metamizol (S. 383) als NSAID sind den jeweiligen Kapiteln dieses Buches zu entnehmen.

α_2-Agonisten als antisekretorische Pharmaka

Adrenerge Rezeptoren vom α_2-Typ kommen an sympathisch innervierten Organen in der präsynaptischen Nervenmembran vor. Dort hemmen sie im Sinne einer negativen Rückkopplung die Freisetzung von Noradrenalin. Darüber hinaus findet man α_2-Adrenozeptoren auch postsynaptisch und sogar außerhalb des Nervensystems, z. B. an B-Zellen des Pankreas, Fettzellen, Thrombozyten, Mastzellen und in der Speicheldrüse. Eine Aktivierung von α_2-Rezeptoren, z. B. durch das Antihypertensivum **Clonidin** (Abb. 11.12) oder das stärker zentral wirkende strukturverwandte **Xylazin**, führt über ein G_i-Protein zum Absinken des intrazellulären cAMP-Spiegels. Im Verdauungssystem hemmen α_2-Agonisten daher die cAMP-stimulierte, an Chlorid- und Bicarbonationen gekoppelte Wassersekretion in das Darmlumen.

KLINISCHER BEZUG Das natürliche Alkaloid **Berberin** (Abb. 11.12), welches in der Berberitze *Berberis aristata* vorkommt, hat ebenfalls eine potenziell antisekretorische Wirkung, welche über den α_2-Rezeptor vermittelt wird. Die Berberitze wurde in der Volksmedizin in Indien und China seit über 3 000 Jahren als Antidiarrhoikum eingesetzt. Sie spielt auch in der Phytotherapie der Veterinärmedizin eine Rolle, wenngleich bislang aussagekräftige klinische Studien an Tieren fehlen.

Begleitende Therapiemaßnahmen bei Durchfällen

Massive, länger anhaltende Durchfälle sind mit einem starken Elektrolytverlust von Natrium, Kalium und Chlorid verbunden. Weiterhin kommt es zu Blut-Azidose, Hypoglykämie, Muskelschwäche und allgemeiner Dehydratation mit Anstieg des Hämatokrits. Das Kaliumdefizit des Körpers ist dabei immer größer als der intestinale Kaliumverlust, da in der Niere Natrium im Austausch gegen Kalium rückresorbiert wird und damit zusätzlich Kalium verloren geht. Zu den wichtigsten unterstützenden Maßnahmen einer Diarrhö-Behandlung gehören die Korrektur des Blut-pH-Wertes (S. 230) und der Ausgleich des Elektrolytverlustes (S. 225) durch **orale Rehydratation**. Bei Durchfällen mit Entzündung und Zerstörung der Darmschleimhaut sind auch entzündungshemmende Substanzen, vor allem NSAID (S. 379), indiziert.

Orale Rehydratationstherapie

KLINISCHER BEZUG Dem Ersatz der Wasser- und Elektrolytverluste, welche bei einer Diarrhö auftreten, kann lebensrettende Bedeutung zukommen. Eine besondere Relevanz hat hierbei die **orale Rehydratation** mit glukosehaltigen Elektrolytlösungen. Diese Maßnahme erfordert jedoch eine funktionell intakte Darmschleimhaut. Daher ist die Wirksamkeit der oralen Rehydratation bei rein sekretorischen, katarrhalischen Diarrhöen am besten. Nach großflächiger Schleimhautzerstörung sind jedoch zuerst oder in Kombination entzündungshemmende Therapeutika anzuwenden.

Grundlage der oralen Rehydratation ist die forcierte Rückresorption von Natrium über aktive Transportprozesse im Darm, welcher Wasser nachfolgt. Von besonderer Bedeutung ist dabei der **s**odium-dependent **gl**ucose **t**ransporter (SGLT), der in der apikalen Membran der Darmepithelzellen lokalisiert ist und hier physiologischerweise Glukose aus dem Darmlumen aufnimmt. Dieser Transport von Glukose ist funktionell an den zelleinwärts gerichteten Transport von Natrium gekoppelt. Natrium folgt dabei einem elektrochemischen Gradienten, was die Vorgänge normalerweise energetisiert. Bei optimaler Stöchiometrie (2 Natrium-Ionen plus 1 Molekül Glukose) können dabei aber auch erhebliche Mengen Natrium aus dem Darmlumen aufgenommen werden. Besonders wirksam im Sinne einer oralen Rehydratation sind daher Lösungen, welche Natriumchlorid und Glukose enthalten. Weniger effektiv sind solche mit **3-O-Methylglukose** oder bestimmten **Aminosäuren**, welche nach dem gleichen Prinzip funktionieren. Zu beachten ist, dass im Darm nur Glukose und Galaktose, nicht jedoch Fruktose natriumgekoppelt resorbiert werden. Die von der WHO für den Menschen empfohlenen Rehydratationslösungen haben sich auch in der Veterinärmedizin bewährt. Die intraperitoneale Applikation einer oralen Rehydratationslösung ist unsinnig.

ZUM WEITERLESEN Transportmechanismen für Natrium entwickeln sich im Dünn- und Dickdarm erst allmählich nach der Geburt. Dies betrifft sowohl die Amilorid-sensitive Natriumresorption als auch den an Glukose und Aminosäuren gekoppelten Natrium-Kotransport. Aus therapeutischer Sicht ist es unglücklich, dass gerade in der ersten Lebenswoche die Resorption von Natrium, Glukose, Alanin, Lysin und lysinhaltigen Dipeptiden (beim Ferkel) abnimmt und erst danach wieder ansteigt. Dieser Prozess ist Ausdruck eines Austausches von fetalen Enterozyten gegen reife, adulte Zellen. Die erste Lebenswoche von Ferkeln ist völlig auf die Resorption von kolostralen Immunglobulinen ausgerichtet. Daher ist in dieser Phase auch die Säuresekretion im Magen unterdrückt. Gleichzeitig fehlen der Darmschleimhaut die kohlenhydratspaltenden Enzyme Sucrase und Maltase, welche erst in der zweiten Lebenswoche auftreten und deren Erscheinen im distalen Dünndarm durch den epidermalen Wachstumsfaktor EGF und Dexamethason induziert werden kann. Bei der Auswahl von Rehydratationslösungen sind diese Veränderungen zu beachten.

Adsorbenzien und aufsaugende Stoffe

STECKBRIEF ADSORBENZIEN

Bei unkomplizierten Durchfallerkrankungen finden nicht resorbierbare Adsorbenzien eine breite Anwendung. Ihre Wirkung ist auf die unspezifische Adsorption von schädlichen Stoffen im Gastrointestinaltrakt ausgerichtet. Dies können Bakterientoxine, Giftstoffe oder auch lokal reizende Stoffe sein. Klinisch spielen **Aktivkohle**, **Kaolin**, **Pektin**, **Siliziumdioxid** und **Huminsäuren** die größte Rolle. Die therapeutische Wirksamkeit von Adsorbenzien bei Durchfallerkrankungen ist jedoch nicht ausreichend belegt. Entsprechend stellt die Therapie von Durchfallerkrankungen auch keine begründete Indikation für den Einsatz von Adsorbenzien dar. Vielmehr haben diese ihre Berechtigung zur Adsorption und Elimination von Giftstoffen im Rahmen der Behandlungen von Vergiftungen (S. 589). Beachtet werden muss, dass auch oral verabreichte Arzneistoffe von Adsorbenzien gebunden werden und dadurch ihre therapeutische Wirkung verlieren können.

Aktivkohle gilt als ein Universaladsorbenz für nicht ionisierte Stoffe und ist aufgrund ihrer Porosität durch eine sehr große innere Oberfläche gekennzeichnet. Die empfohlene Menge an Aktivkohle beträgt bei den Haustierspezies zwischen 20 und 120 mg/kg, die als Drench, mit Wasser vermischt, p. o. eingegeben werden.

Bei **Kaolin** handelt es sich um ein natürliches Aluminiumsilikat (weißer Ton). Es wird für Hunde mit bis zu 8 g, für Kälber und Fohlen mit 15–60 g und für Pferde und Kühe mit 50–200 g empfohlen. Kaolinverfütterung kann bei

Pferden aber die Bildung von Darmsteinen verursachen. Zu beachten ist auch, dass Kaolin nicht in der Lage ist, *E.-coli*-Enterotoxine zu adsorbieren.

Pektine sind polymere Kohlenhydrate sehr unterschiedlicher Molekulargröße, welche z. B. aus Schalen von Äpfeln oder Zitrusfrüchten gewonnen werden. Ernährungsphysiologisch zählen sie zu den Ballaststoffen. Aus therapeutischer Sicht wird mit Pektinen lediglich eine „Wasserkosmetik" betrieben, da letztendlich die beim Durchfall verloren gegangene Gesamtmenge an Flüssigkeit nicht wesentlich reduziert wird. Allenfalls ändert sich die Konsistenz der Fäzes, indem der Stuhl geformter erscheint. Dies kann zu der Fehldiagnose führen, dass der Durchfall sich gebessert hat. Pektine verdicken auch den sog. unstirred waterlayer, eine ca. 200–300 µm dicke Wasserschicht, die den Enterozyten aufliegt und in der eigene pH-Verhältnisse herrschen. Sie hemmen dadurch die Resorption von Nahrungsinhaltsstoffen und Gallensäuren. Pektine werden häufig mit Kaolin im Verhältnis 1 % zu 25 % kombiniert. Die therapeutische Wirksamkeit ist aber weder für die Einzelkomponenten, noch für die Kombination eindeutig belegt.

ZUM WEITERLESEN Pektine bestehen zum größten Teil aus α-1,4-glykosidisch verknüpften D-Galacturonsäureeinheiten. Die Hydroxylgruppen des Säuregerüsts sind teilweise mit Neutralzuckern substituiert, während die Carboxylgruppen mit Methanol verestert sind. Der Veresterungsgrad erlaubt eine Einteilung in Klassen. Pektine lagern Wasser ein, wobei Hydrokolloide entstehen, und gelieren dabei, ohne wesentlich zu quellen. Aus diesem Grund werden Pektine auch als Verdickungsmittel in Lebensmitteln zugesetzt.

Bei **Colestyramin** handelt es sich um ein anionisches Austauscherharz, welches in der Lage ist, verschiedene Darminhaltsstoffe zu absorbieren. Vor allem werden Gallensäuren, Steroidhormone und z. B. Herzglykoside an Colestyramin gebunden. Die längerfristige Anwendung führt zu einer Senkung des Cholesterolspiegels im Blut. Jedoch ist der allgemeine Nutzen von Colestyramin bei Durchfällen fraglich. Eine Ausnahme bildet lediglich die cholangene, Gallensäure induzierte Diarrhö, welche z. B. nach Ileumresektion auftreten kann.

Zu den Adsorbenzien zählen auch **Siliziumdioxid**, was eine noch stärker adsorbierende Wirkung haben soll als Aktivkohle, sowie **Huminsäuren**, welche aus Humus, Torf, Moor oder Braunkohle gewonnen werden. Diese spielen insbesondere bei Vergiftungen eine Rolle, ihre Wirkung bei Durchfallerkrankungen ist jedoch nicht eindeutig belegt.

Adstringenzien und gerbende Stoffe

STECKBRIEF ADSTRINGENZIEN UND GERBENDE STOFFE

Adstringierend wirkenden pflanzlichen Gerbstoffen wird vielfach eine antidiarrhoische Wirkung zugesprochen, welche auf einer unspezifischen oberflächlichen Proteindenatuierung der Darmschleimhaut beruhen soll. Hierdurch soll ein Schutz der Schleimhaut, eine Hemmung der Sekretion, eine Blutstillung sowie eine Verringerung der Resorption toxischer Stoffe erreicht werden. Allerdings ist der therapeutische Nutzen dieser Substanzen zur Therapie von Durchfallerkrankungen nicht eindeutig belegt, sodass deren Einsatz nicht rational begründet werden kann. Eine Ausnahme bildet hier nur das Bismutsalicylat, welches durch seinen antiinflammatorisch und antisekretorisch wirkenden Salicylatanteil bei enterotoxinbedingten Diarrhöen und zur allgemeinen Symptomabschwächung bei bestehenden Diarrhöen von Nutzen sein kann.

Bei **Tannin** (Gerbsäure) und **Tannalbin** (Komplex aus Tannin und Albumin) handelt es sich um hydrolysierbare Gerbstoffe pflanzlichen Ursprungs. Chemisch sind Tannine wasserlösliche Polyphenole mit zahlreichen ortho-ständigen phenolischen OH-Gruppen, über welche sie Quervernetzungen mit Proteinen und anderen Makromolekülen eingehen können. Dabei entstehen überwiegend unlösliche Komplexe. Betroffen sind vor allem Proteine mit einem hohen Prolingehalt, wie z. B. Kollagen. Durch ihre Einlagerung in die sog. amorphen Bereiche des bindegewebigen Kollagens werden biologische Funktionen der Schleimhaut irreversibel beeinträchtigt. Um diese zu restituieren, ist eine Schleimhautregeneration erforderlich. Therapeutisch von Bedeutung sind nur die enzymatisch oder durch Säure hydrolysierbaren Gallotannine (**Abb. 11.13**). Durch Komplexierung mit Albumin (Tannalbin) oder anderen Proteinen verhindert man dabei eine vorzeitige Hydrolyse und Inaktivierung dieser Tannine im Dünndarm.

ZUM WEITERLESEN Hydrolysierbare Tannine (**Abb. 11.13**) sind aus einem zentralen Kohlenhydratkern aufgebaut, dessen Hydroxylgruppen mit Gallussäure, Ellagsäure oder Hexahydroxydiphensäure verestert sind. Dagegen bestehen kondensierte Tannine aus polymerisiertem Flavan-3-ol und/oder Flavan-3,4-diol. Hydrolysierbare Tannine werden zum größten Teil aus chinesischen Pflanzengallen gewonnen, die bis zu 75 % an Gallotanninen enthalten. Außerdem findet man sie in den Blättern der Stieleiche, der Rinde der Esskastanie, in Blättern des Sumachbaumes und in Früchten des Tarabaumes. In Futterpflanzen, wie Luzerne, Wicke, Buschklee, Hasenklee und Esparsette, sowie in Hirsekörnern sind überwiegend kondensierte Tannine enthalten. Polyphenole werden auch in Äpfeln, Johannisbeeren, Bananen, vielen anderen Früchten sowie in Tee und Wein gefunden. Die Inaktivierung solcher pflanzlicher Polyphenole ist eine der wichtigsten endogenen Aufgaben der Biotransformationsenzyme in Leber und Darm.

Auch **kolloidales Silber** und **Bismut-/Wismutsalze** (Wismutgallat, -citrat, -nitrat und -salicylat) haben adstringierende Eigenschaften. Basisches Bismutsubsalicylat wird

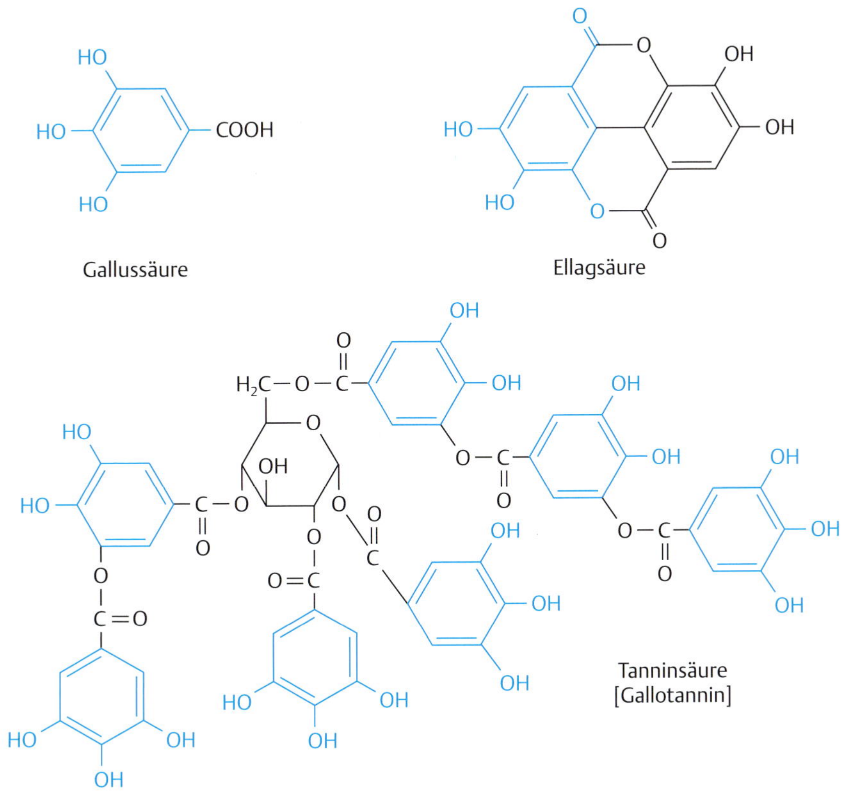

Abb. 11.13 Hydrolysierbare Tannine und ihre Polyphenolkomponenten.

bei der Eradikation von *Helicobacter*-Infektionen im Gastrointestinaltrakt (Triple-Therapie mit einem Protonenpumpeninhibitor und Metronidazol oder Amoxicillin) angewendet und hat auch einen prophylaktischen Nutzen bei der humanen Form der Reisediarrhö. Aus Bismutsalicylat wird im Darm Salicylsäure freigesetzt, welche durch die Prostaglandinsynthesehemmung eine antiinflammatorische und antisekretorische Wirkung hat. Diese kann zur Abschwächung der Symptome bei bestehender Diarrhö sowie prophylaktisch bei enterotoxinbedingter Diarrhö ausgenutzt werden. Da die Salicylsäure-Komponente aus dem Darm resorbiert werden kann, sollte die Anwendung bei Patienten mit Blutungsneigung sowie bei Katzen (Metabolisierungsdezifit) nur mit Vorsicht erfolgen.

FAZIT ANTIDIARRHOIKA

- Die Steuerung der Motilität, Sekretion und Resorption im Darm ist ausgesprochen komplex. Bei Störungen kann es daher leicht zu Durchfallerkrankungen kommen, welche ganz unterschiedliche Ursachen haben können.
- Bei der Therapie ist zunächst die Suche nach der Ursache entscheidend, um spezifische Maßnahmen einleiten zu können. Zu diesen gehören z. B. die Therapie mit Antibiotika bei Durchfällen bakterieller Ursache, die Anwendung von Adsorbenzien wie Aktivkohle zur Bindung und Elimination von Giftstoffen oder die Gabe von entzündungshemmenden Therapeutika bei Durchfällen, die mit Entzündung und einer Zerstörung der Darmschleimhaut einhergehen.
- Bei der Therapie einer sekretorischen Diarrhö, welche z. B. durch bakterielle Enterotoxine ausgelöst werden kann, ist die Anwendung von Loperamid in Kombination mit einer oralen Rehydratation besonders wirkungsvoll.
- Grundsätzlich sollte die Wirkung diätetischer Maßnahmen bei Vorliegen einer Diarrhö nicht unterschätzt werden.

11.2.4 Laxanzien

DEFINITION **Laxanzien** sind Pharmaka, die in unterschiedlichen Abschnitten im Darm die Entleerung von Darminhalt fördern. Ihre Wirksamkeit kann mild (Aperitiva), mittelstark (Purgantia) bis stark (Purgativa, Drastika) sein. Voraussetzung für ihre Anwendung ist die Passagegängigkeit des Darms. Ist diese nicht gegeben, z. B. beim Ileus, dürfen Laxanzien nicht verabreicht werden.

Eine **Obstipation** kann die physiologische Folge von Trockenfutternahrung, Tränkemangel, starker Schweißabsonderung u. ä. sein. Obstipation ist jedoch auch ein Symptom organischer Erkrankungen. Hierzu zählen Darmerkrankungen, wie Megakolon, Darmkarzinome, Darmverwachsungen und Rektumgeschwüre, aber auch Erkrankungen der Leber mit Störung der Gallensekretion. Darmlähmung (Ileus) nach Bauchhöhlenoperationen führt ebenso zur Obstipation wie motorische Überfunktionen, die eine spastische Verkrampfung im Kolon bedingen. Auch nervale Störungen des Defäkationsreflexes spielen eine Rolle. Zahlreiche Pharmaka führen zu Verstopfungen, vor allem Antazida, zentrale Analgetika, Sedativa, Anticholinergika sowie Röntgenkontrastmittel wie Bariumsulfat. Analog der Diarrhö ist die Obstipation ein Symptom, welches einer sorgfältigen Abklärung bedarf.

Seit alters her werden zahlreiche Mittel mit die Darmentleerung anregender bis abführender Wirkung benutzt. In der Veterinärmedizin ist die Anwendung von Laxanzien bei Lebensmittel liefernden Tieren durch behördliche Verbote erheblich eingeschränkt. Oftmals wird aber vor Operationen oder Geburten ein leerer (Mast-)Darm gewünscht. Auch vor der Gabe von Bariumsulfat als Kontrastmittel ist eine Entleerung des Darmes von Nutzen. Dann sind mild und schonend wirkende Laxanzien indiziert.

STECKBRIEF WIRKUNGSPRINZIPIEN VON LAXANZIEN

Therapeutisch nutzbar sind drei Wirkungsprinzipien der Laxanzien (**Tab. 11.9**):

1. Verbesserung der Gleiteigenschaften von bereits geformtem Kot
2. Anregung der Darmperistaltik
3. Steigerung des Flüssigkeitsgehalts der Fäzes

Demgemäß unterscheidet man 4 Gruppen von Laxanzien:

- Gleitmittel (Wirkungsprinzip 1)
- Füll- und Quellmittel (Wirkungsprinzip 2)
- salinische und osmotisch wirkende Mittel (Wirkungsprinzip 2 und 3)
- antiabsorptiv und sekretagog wirkende Stoffe (Wirkungsprinzip 3)

Tab. 11.9 Übersicht Laxanzien.

Substanz	Wirkungsmechanismus	Bedeutung
Gleitmittel		
Paraffinöl	▪ Schmiereffekt	▪ schonend abführend
Glycerol		
Natriumdioctylsulfosuccinat		
Mucilaginosa		
Quellmittel		
Agar-Agar	▪ Quelleffekt mit Volumenzunahme, z. T. auch Schmiereffekt	▪ Verkürzung der Transitzeit
Methylcellulose, Carboxymethylcellulose		
Leinsamen, Flohsamen		
Makrogole		
osmotische Laxanzien		
Magnesiumsulfat-Heptahydrat (Bittersalz), Natriumsulfat-Dekahydrat (Glaubersalz)	▪ schwer resorbierbar, osmotisch wirksam	▪ Volumenzunahme mit Anregung der Peristaltik
Mannitol, Sorbitol	▪ schwer resorbierbar, osmotisch wirksam	
Lactulose	▪ schwer resorbierbar, osmotisch wirksam	
Sekretagoga		
Rizinusöl	▪ Reizwirkung auf die Darmmukosa, gesteigerte Elektrolyt- und Flüssigkeitssekretion in das Darmlumen	▪ Beschleunigung der intestinalen Transitzeit
Bisacodyl, Natriumpicosulfat		
Anthra-Glykoside, Demodine		

Gleitmittel

STECKBRIEF GLEITMITTEL

Bei den Gleitmitteln handelt sich um einhüllende, schleimige oder ölige Stoffe (Lubrikanzien), die einen schlüpfrigmachenden (engl. lubricant) Schmiereffekt haben. Da sie abdeckend und reizmildernd sind, wirken sie schonend abführend. Aus dieser Gruppe stehen Paraffinöl, Glycerol, Natriumdioctylsulfosuccinat und natürliche Schleimstoffe, wie Leinsamen und Flohsamen, zur Verfügung.

Paraffinöl

Paraffinöl ist ein Mineralöl und stammt aus der Destillation von Petroleum. Die Viskosität des Öls ist von seiner Zusammensetzung aus gesättigten Kohlenwasserstoffen mit der Summenformel $C_nH_{2n}+2\,H$ abhängig, wobei die Zahl „n" zwischen 20 und 45 liegt. Man unterscheidet zwischen einer dickflüssigen Form (Paraffinum subliquidum) und einer dünnflüssigen Form (Paraffinum perliquidum). Im Darm wird Paraffinöl transzellulär nicht resorbiert. Allerdings gelangen geringe Mengen über die Lymphwege in Mesenteriallymphknoten. Dort wird resorbiertes Paraffin abgelagert, und es können insbesondere bei längerer Anwendung Granulome entstehen. Da Paraffinöl hydrophob und nicht mit Wasser mischbar ist, überzieht es die Darmmukosa mit einem Ölfilm, der ein Resorptionshindernis für wasserlösliche Darminhaltsstoffe darstellt. Selbst die Resorption der lipidlöslichen Vitamine A, D, E und K kann gehemmt sein. Eine häufige Verabreichung von Paraffinöl sollte daher insbesondere bei Jungtieren unterbleiben. Nach oraler Einnahme setzt die Wirkung erst nach mehreren Stunden ein. Paraffinöl darf nicht in die Lunge gelangen wegen der Gefahr einer Aspiration und Lipidpneumonie.

Insbesondere beim **Pferd** kommt Paraffinöl bei chronischer Obstipation und Verstopfungskolik gern zum Einsatz. Es wird dazu auch mit salinischen Abführmitteln kombiniert. Hierfür beträgt die Dosis Paraffinöl 0,5–2,0 ml/kg p. o. (falls erforderlich Wiederholung nach einem Tag). **Hunde** erhalten wiederholt 0,5–1 Esslöffel p. o.

Glycerol

Glycerol (Syn.: Glycerin) wird nur rektal als Klistier oder Suppositorium verabreicht. In dieser Form ist die Anwendung sicher und wird daher in der Humanmedizin auch bei Kleinkindern durchgeführt. Diese Applikationsform ist auch bei Tieren erlaubt, die der Lebensmittelgewinnung dienen. Die orale Einnahme größerer Mengen an Glycerol sowie die i.v. Injektion würden jedoch zur Hämolyse führen. Der dreiwertige Alkohol ist in jedem Verhältnis mit Wasser mischbar. Zur Anwendung kommt in der Regel eine 85 %ige hypertone Lösung, sodass ein Wassereinstrom in das Darmlumen eintritt, welcher zusätzlich einen gewissen Reizeffekt hat. Dadurch wird der Defäkationsreflex stimuliert. Die Wirkung tritt innerhalb von 2 h ein.

Natriumdioctylsulfosuccinat

Natriumdioctylsulfosuccinat (Docusat-Natrium) ist ein anionisches Detergenz, das aufgrund seiner oberflächenaktiven Wirkung eine Stuhlerweichung hervorrufen kann (**Abb. 11.14**). Neuere Daten zeigen zusätzlich eine sekretagoge Wirkung. Natriumdioctylsulfosuccinat hat einen um 24–48 h verzögerten Wirkungseintritt. Es wird bei Hund und Katze mit 1–5 mg/kg p. o. in Tablettenform gegeben.

Natürliche Schleimstoffe

Bei den sog. **Mucilaginosa** handelt es sich um natürliche Schleimstoffe. Diese kommen z. B. in Hafer-, Reis-, Gersten-, Sago- oder Leinsamenschleim vor und können p. o. verabreicht werden. Auch in den gemahlenen Schalen des indischen Flohsamens *Plantago ovata* (**Psyllium-Pulver**) sind Schleimstoffe enthalten, die in Verbindung mit Wasser eine gelartige Konsistenz annehmen und dabei stark

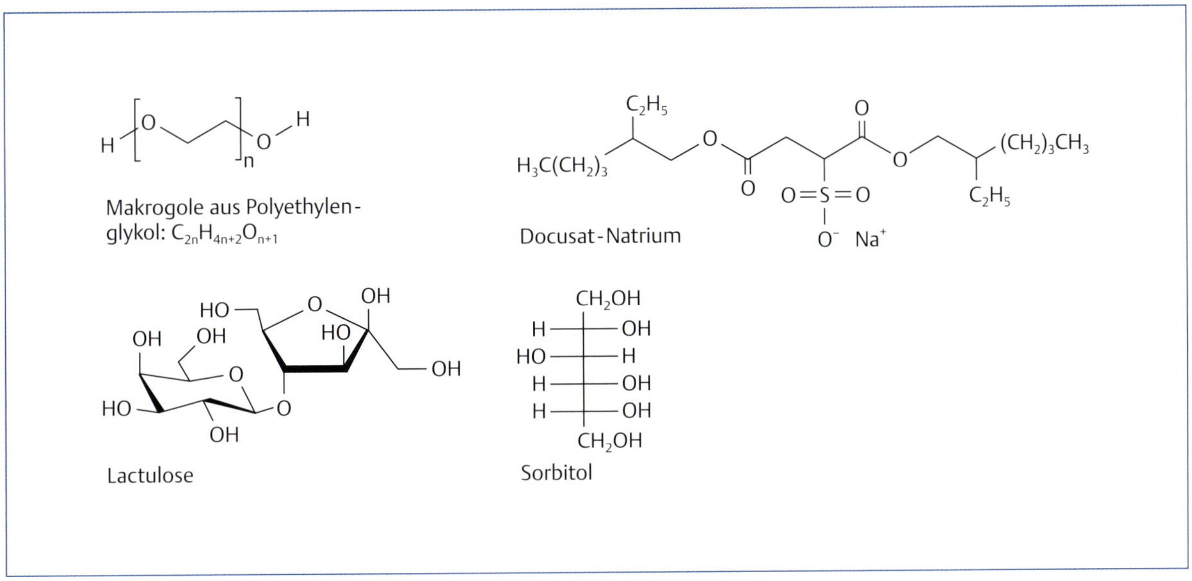

Makrogole aus Polyethylenglykol: $C_{2n}H_{4n+2}O_{n+1}$

Docusat-Natrium

Lactulose

Sorbitol

Abb. 11.14 Laxanzien mit bevorzugter Wirkung im Dickdarm.

aufquellen. Mucilaginosa haben daher sowohl Eigenschaften von Gleitmitteln als auch von Quellstoffen. Sie sollten immer mit ausreichend Wasser eingenommen werden.

Quellmittel

STECKBRIEF QUELLMITTEL

Reine Quellmittel bewirken keinen zusätzlichen Flüssigkeitseinstrom in das Darmlumen, sondern nehmen bereits im Darmlumen vorhandenes Wasser auf. Daher müssen sie mit ausreichend Flüssigkeit verabreicht werden. Es kommt zu einer deutlichen Volumenzunahme des Darminhalts, woraus ein Dehnungsreiz resultiert, der peristaltische Kontraktionen erzeugt und die Transitzeit verkürzt. Zu den Quellstoffen zählen neben Flohsamen und Leinsamen vor allem die Makrogole, für welche es bei Tieren aber keine gesicherten Erfahrungen gibt.

Quellmittel müssen mit ausreichend Flüssigkeit oder bereits vorgequollen p. o. verabreicht werden. Zu diesem Typ von Laxanzien gehören **Agar-Agar**, **Methylcellulose**, **Carboxymethylcellulose**, **Leinsamen** und **Flohsamen**. Agar-Agar wird aus Seetang gewonnen. Methylcellulose und Carboxymethylcellulose sind teilsynthetische hochmolekulare Polysaccharide. Leinsamen und Flohsamen haben nicht nur Quelleigenschaften, sondern enthalten auch zahlreiche Schleimstoffe (S. 301). Flohsamen hat ein noch höheres Quellvermögen als Leinsamen und kann in Gegenwart von Wasser auf ein Mehrfaches seines Volumens aufquellen. Wenn nicht genügend Tränke vorhanden ist, haben Quellmittel eine vorübergehend obstipierende Wirkung. Insgesamt tritt die abführende Wirkung mit Verzögerung ein und entspricht der Dauer einer Magen-Darm-Passage.

Die Polysaccharide Methylcellulose und Carboxymethylcellulose finden mit 0,1 g/kg überwiegend bei Hund und Katze Verwendung und dienen bevorzugt zur Entfernung spitzer Fremdkörper. Während sie bei Fleischfressern nur wenig verdaut und resorbiert werden, können bei Pflanzenfressern osmotisch wirksame Abbauprodukte im Dickdarm auftreten.

Eine eigene Kategorie der Füllmittel stellen die **Makrogole** dar (**Abb. 11.14**). Hierbei handelt es sich um Polyethylenglykole, die in großen Volumina getrunken oder per Magensonde appliziert werden müssen. Sie sind in unterschiedlichen Molekulargewichten, die durch eine Zahl (z. B. Makrogol 4 000) ausgedrückt wird, verfügbar. Polyethylenglykole werden praktisch nicht resorbiert und binden das aufgenommene Flüssigkeitsvolumen so fest, dass dieses bis zum Enddarm durchgereicht wird. Dadurch ist der Stuhl weicher. Makrogole werden bei chronischer Verstopfung und bei Koprostase sowie vor Darmoperationen verwendet. Bei Tieren existieren allerdings keine gesicherten Erfahrungen zum Einsatz von Makrogolen.

Osmotische Laxanzien

STECKBRIEF OSMOTISCHE LAXANZIEN

Einen mit den pflanzlichen Quellmitteln vergleichbaren Volumeneffekt haben die **salinischen Laxanzien** und die **Zuckeralkohole**. Hierbei handelt es sich um schwer resorbierbare Stoffe, die aus osmotischen Gründen Körperwasser in das Darmlumen hineinziehen. Aus diesem Grund dürfen sie nicht bei dehydrierten Patienten eingesetzt werden und es muss eine ausreichende Flüssigkeitszufuhr sichergestellt sein. Die Volumenzunahme erzeugt einen Dehnungsreiz, der die Peristaltik anregen soll. Als salinische Laxanzien stehen Bittersalz und Glaubersalz sowie als unresorbierbare Zuckeralkohole Mannitol, Sorbitol und Lactulose zur Verfügung.

Osmotische Laxanzien eignen sich zur präoperativen Darmentleerung sowie postoperativ nach abdominalen Operationen zur Entlastung der für die Defäkation notwendigen Bauchpresse. Unter ihrer Anwendung kommt es infolge der Kaliumverluste zu einer Wirkungsverstärkung von Herzglykosiden. Darüber hinaus können eine Malabsorption von Nahrungsbestandteilen sowie eine verminderte Resorption von p. o. verabreichten Arzneistoffen auftreten.

CAVE

Eine Daueranwendung salinischer Abführmittel ist zu vermeiden, da diese zu unbilanzierten Wasser- und Elektrolytverlusten sowie zu einer Belastung des Kreislaufs führen.

Salinische Laxanzien

Zu den salinischen Laxanzien zählen die **schwer resorbierbaren Salze** Magnesiumsulfat und Natriumsulfat. Diese sind vor allem im Dünndarm wirksam. Zum Teil können diese Salze im Dickdarm bakteriell zu Schwefelwasserstoff reduziert werden. Als Begleitsymptom der Anwendung kann daher Flatulenz auftreten. Salinische Laxanzien können als isotone, hypotone oder hypertone Tränkelösung eingesetzt werden. Die hypertonen Lösungen wirken zwar am stärksten, sollten aber aufgrund der starken Flüssigkeitsverluste vermieden werden. Salinische Laxanzien sind indiziert, wenn eine starke und schnell einsetzende Abführwirkung erforderlich ist, wie z. B. bei Vergiftungen. Sie können mit Paraffinöl kombiniert werden.

Magnesiumsulfat-Heptahydrat (Syn.: Bittersalz) dissoziiert im Darm vollständig. Sowohl Magnesium als auch das Sulfatanion sind schwer resorbierbar (max. 20 % Bioverfügbarkeit). Wegen des bitteren Geschmacks verweigern Tiere, insbesondere Katzen, oftmals die orale Aufnahme. Magnesiumsulfat gilt als mildes Abführmittel, dessen Wirkung bei Hund und Katze nach 2–3 h, bei Pferden nach 3–12 h und bei Wiederkäuern nach 12–18 h einsetzt. Es ist zur Darmentleerung vor Geburten und Operationen sowie als Abführmittel bei Vergiftungen geeignet. Magnesiumsulfat soll jedoch nicht bei entzündlichen Magen-Darm-Erkrankungen eingesetzt werden. Bei zu häufiger Anwendung kann eine Hypermagnesiämie mit zentraler Dämpfung auftreten. Hunde erhalten 10–25 g, Katzen 2–5 g, Geflügel 1–2 g, Kühe 60–120 g, Schafe 7,5–15 g, Schweine 15–30 g und Pferde 30–60 g. Dies entspricht in etwa einer Dosierung von 0,5–1 g/kg. Pferde vertragen Bittersalz nicht besonders gut. Sie erhalten daher nur 0,2 g/kg. Bittersalz kann in einer 2–3 %igen Lösung auch als Klistier verwendet werden. Eine 3,7 %ige Lösung wäre isoton.

Natriumsulfat-Dekahydrat (Syn.: Glaubersalz, von dem Chemiker Johann R. Glauber 1625 beschrieben) ist leichter resorbierbar als Bittersalz. Neben seiner abführenden Wirkung hat es auch einen diuretischen Effekt. Beim Pferd wird zur Behandlung einer Dickdarmobstipation eine 3–4 %ige Lösung per Nasenschlundsonde eingegeben. Bei zu starker Wirkung können Kolikschmerzen auftreten. Natriumsulfat reagiert mit Barium- und Bleiverbindungen und bildet mit diesen unresorbierbare schwefelsaure Metallsalze. Es hat daher auch eine Bedeutung als laxierend wirkendes Mittel bei Schwermetallvergiftungen. Für alle Tierarten können 0,5–1 g/kg als 3,2 %ige isotone Lösung in Wasser gegeben werden. Zur Vermeidung einer Dehydratation ist dabei auf eine ausreichende Flüssigkeitszufuhr zu achten. Schweine erhalten vor Geburten zur Prophylaxe des Metritis-Mastitis-Agalaktie-Komplexes 0,5–1,0 g/kg Natriumsulfatpulver ins Futter bzw. 10–20 ml der isotonen Lösung p. o.

Unresorbierbare Zuckeralkohole

Milder laxativ wirksam sind die unresorbierbaren Zuckeralkohole **Mannitol** und **Sorbitol**, welche als 20 %iges Klysma angewendet werden können. Dabei kommt es schnell zur Auslösung einer Defäkation. Die gleichen Stoffe führen i.v. injiziert zu einer forcierten osmotischen Diurese (S. 236). Bei Mannitol handelt es sich um einen 6-wertigen Zuckeralkohol, der aus Manna gewonnen wird. Da Mannitol süß schmeckt, wird es gerne als Geschmackskorrigenz in Lebensmitteln zugesetzt. Mannitol wird im Darm teilweise metabolisiert. Dabei entstehen Metacetonsäure und Buttersäure. Die osmotische Wirkung einer 20 %igen Mannitollösung ist groß, die laxierende Wirkung bei oraler Aufnahme jedoch mild. Sie tritt nach 0,5–5 h auf. Laxierend wirkende Dosen sind für Schweine 50–100 g, Hund 10–50 g und Katze 2–10 g.

Ähnlich wirkt **Lactulose**, welche auch für Einläufe verwendet werden kann (**Abb. 11.14**). Die Wirkung beruht auf der Auslösung des Defäkationsreflexes. Bei oraler Aufnahme ist Lactulose ein mildes Laxans. Es handelt sich um ein künstliches Disaccharid aus Fruktose und Galaktose, das erstmals 1930 synthetisiert wurde. Den Enterozyten fehlt ein Lactulose spaltendes Enzym. Nach oraler Aufnahme werden vom Menschen daher nur maximal 2,8 % resorbiert und danach unverändert im Urin ausgeschieden. Entsprechend tritt nach Anwendung von Lactulose auch keine Hyperglykämie auf. Im Dickdarm findet jedoch eine bakterielle Metabolisierung von Lactulose durch Laktobazillen und Streptokokken statt, in deren Folge überwiegend Milchsäure, daneben Ameisensäure und Essigsäure entstehen. Sowohl durch den osmotischen Effekt im Dünndarm, als auch durch eine säurebedingte Peristaltikanregung im Dickdarm wirkt p. o. aufgenommene Lactulose abführend.

Sekretagoga mit Reizwirkung auf die Darmmukosa

STECKBRIEF SEKRETAGOGA

Sekretagoga sind stark wirkende Abführmittel, welche eine Reizwirkung auf die Darmmukosa ausüben und in den Regelkreis der intestinalen Wasser- und Elektrolytresorption eingreifen. Dabei kommt es zu einer vermehrten Bildung von Prostaglandinen und zyklischen Nukleotiden, welche eine gesteigerte Elektrolyt- und Flüssigkeitssekretion in das Darmlumen auslösen (sekretagoge und hydragoge Wirkung) und gleichzeitig Resorptionsprozesse vermindern (antiresorptive Wirkung). Darüber hinaus wird die Darmmotilität gesteigert und damit die intestinale Transitzeit beschleunigt. Therapeutisch genutzte Sekretagoga sind Rizinusöl, Phenolphthalein-Derivate und Anthra-Glykoside.

Das früher benutzte Crotonöl ist obsolet. Es enthält kanzerogene Phorbolester, sodass die Anwendung nicht mehr zulässig ist. Podophyllum und Bariumchlorid sind wegen ihrer zu drastischen Wirkung obsolet.

Rizinusöl

Rizinusöl stammt aus gepressten Samen des Wunderbaumes *Ricinus communis*. Die laxative Wirkung war bereits in Ägypten und Mesopotamien vor 2500 Jahren bekannt. Diese wird ausgelöst durch die Ricinolsäure, eine einfach ungesättigte Monohydroxyfettsäure, die durch Pankreaslipasen aus den Triglyzeriden des Rizinusöls freigesetzt wird (**Abb. 11.15**). Die Wirksamkeit von Rizinusöl ist somit von der Aktivität dieser Lipasen abhängig. Neben Rizinusöl wird auch Leinsamenöl verwendet. Aus diesem wird Linolensäure freigesetzt, deren laxative Wirkung aber wesentlich geringer ist. Ricinolsäure führt sowohl über direkte Effekte auf die Darmschleimhaut als auch durch die Freisetzung der Prostaglandine E_1 und $F_{2\alpha}$ sowie des Plättchen-aktivierenden Faktors PAF in den Enterozyten zu einem Anstieg von cAMP und zu einer Stimulierung der Chlorid-abhängigen Flüssigkeitssekretion aus den Darmkrypten in das Lumen. Gleichzeitig wird die Peristaltik im Dünndarm sehr stark angeregt, im Dickdarm aber gemindert. Durch die hemmende Wirkung auf den Dickdarm unterbleibt die Bildung von Haustren, die den Darminhalt sonst kammern würden. Die Transitzeit wird verkürzt und es kommt zum Abgang weicher bis halbflüssiger Fäzes. Die Wirkung tritt bei kleinen Tieren nach 2–6 h, bei Großtieren nach 12–18 h ein. Bei erwachsenen Wiederkäuern ist die Wirkung unsicher. Kalb, Fohlen und Schwein erhalten 30–180 ml p. o. und Katzen 3–10 ml.

CAVE

Ricinolsäure gilt als Histaminliberator, worauf Hunde besonders empfindlich reagieren. Rizinusöl sollte daher bei Hunden nicht angewendet werden.

ZUM WEITERLESEN Die in den Subtropen vorkommende Pflanze *Ricinus communis* enthält auch ein hoch toxisches, lektinartiges, aus zwei Proteinketten bestehendes Protein, das **Rizin**, welches in geringsten Mengen die Proteinbiosynthese in eukaryontischen Zellen blockieren kann. Rizin wird durch Hitze und Säurebehandlung inaktiviert. Es ist nicht im Rizinusöl enthalten. Bei Verfütterung der pflanzlichen Pressrückstände an Tiere kann es aber zu lebensbedrohlichen Vergiftungen kommen.

Diphenolische Laxanzien

Die diphenolischen Laxanzien leiten sich vom **Phenolphthalein** und dessen Isatin-Derivaten ab, die selbst obsolet sind. Verwendet wird nur noch **Bisacodyl** und dessen Sulfatesterform **Natriumpicosulfat** (Abb. 11.15). Beide wirken vorwiegend am Dickdarm. Ihre Anwendung ist verboten bei Tieren, die der Lebensmittelgewinnung dienen. Bei Bisacodyl sind die phenolischen OH-Gruppen mit Essigsäure, bei Natriumpicosulfat mit Schwefelsäure verestert. Diese Esterformen sind magenverträglicher. Die Pharmakokinetik von Bisacodyl ist komplex: Im Dünndarm werden teilweise nach Deacetylierung bis zu 82% einer Dosis resorbiert. Über die Pfortader gelangt die Substanz in die Leber. In der Leber werden die OH-Gruppen mit Glucuronsäure konjugiert und über die Galle in den Dünndarm sezerniert. Das polare Glucuronid unterliegt dort nicht der Resorption. Da für eine laxative Wirkung die freien Phenole nötig sind, müssen die Glucuronid- und Essigsäureester hydrolysiert werden. Dies geschieht durch mikrobielle Hydrolasen im Dickdarm, sodass dort dann auch die Wirkung eintritt. Gleichzeitig wird die Phenolform des Bisacodyls aber erneut resorbiert, womit ein **enterohepatischer Kreislauf** entsteht. Wegen dieser Kinetik tritt die laxative Wirkung nach oraler Aufnahme erst nach Stunden, bei rektaler Applikation dagegen bereits nach 30 min auf.

Der pharmakologische Wirkungsmechanismus der diphenolischen Laxanzien ist nicht völlig geklärt. Es scheint zu einer unspezifischen Reizwirkung auf die Darmschleimhaut zu kommen, durch welche die Flüssigkeitsresorption gestört wird. Im Unterschied zum Bisacodyl weist Natriumpicosulfat keine Leberpassage auf. Die Substanz wirkt daher schneller. Diphenole können entzündliche Leberveränderungen hervorrufen. Insbesondere bei Leberstörungen ist Natriumpicosulfat dem Bisacodyl vorzuziehen. Bisacodyl wirkt bei Hund und Katze nach 6–8 h bei einer Dosis von 1 mg/kg p. o. Bei größeren Hunden soll die Maximaldosis nicht über 10–15 mg/Tier betragen.

Anthrachinon-Derivate und Anthra-Glykoside

Anthrachinon-Derivate bilden die wirksamen Komponenten in zahlreichen pflanzlichen Laxanzien, welche z. B. aus Chinesischem Rhabarber, Amerikanischer Faulbaumrinde, Aloe, Sennesblättern oder Senneswurzeln und -früchten

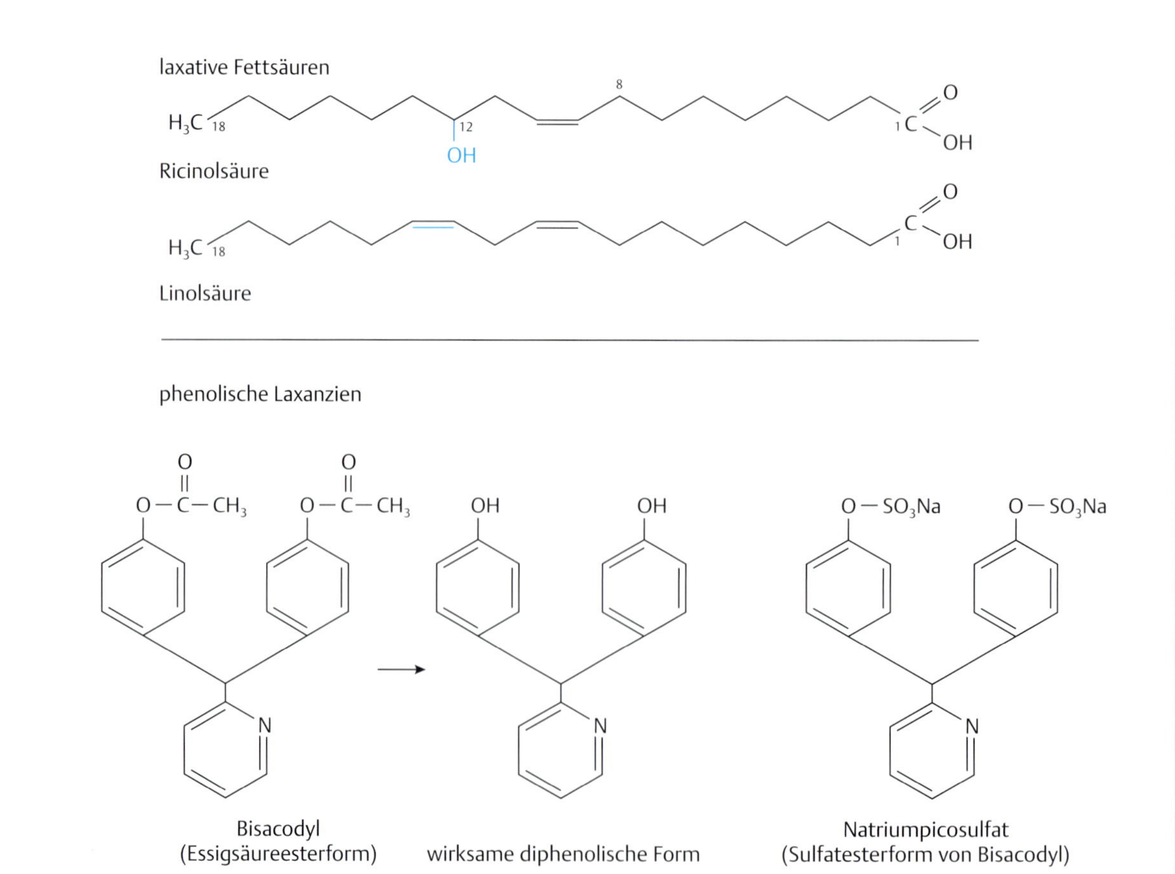

laxative Fettsäuren

Ricinolsäure

Linolsäure

phenolische Laxanzien

Bisacodyl (Essigsäureesterform)

wirksame diphenolische Form

Natriumpicosulfat (Sulfatesterform von Bisacodyl)

Abb. 11.15 Laxanzien mit stimulierender Wirkung auf die Flüssigkeitssekretion im Dünndarm (laxative Fettsäuren) und Dickdarm (phenolische Laxanzien).

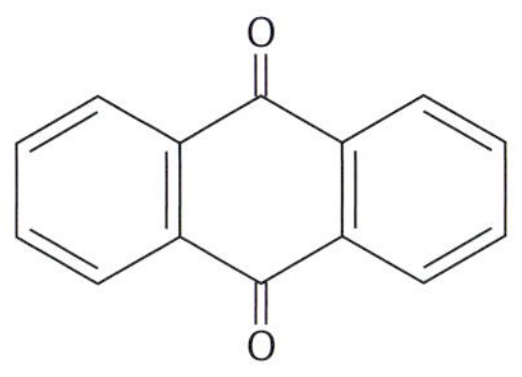

Anthrachinon

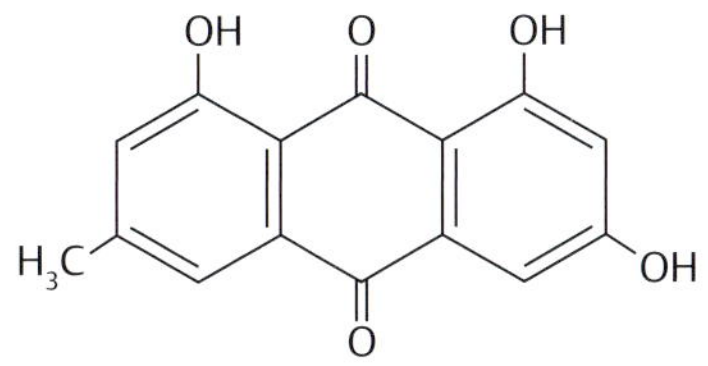

Emodin (Anthrachinonderivat)

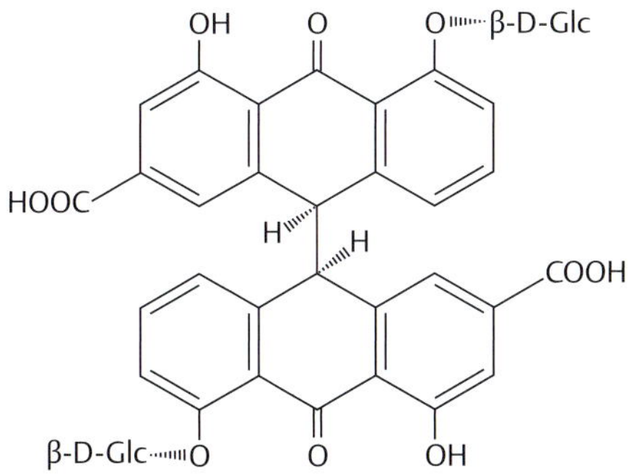

Sennosid A (Anthra-Glykosid)

Abb. 11.16 Anthrachinonderivate und Anthra-Glykoside.

gewonnen werden. Sie liegen hierbei in Form von **Anthra-Glykosiden** vor, wobei der Zuckerrest entweder in O-glykosidischer Bindung (z. B. Sennosid A und B, Glucofrangulin) oder in C-glykosidischer Bindung (z. B. Aloin, Cascaroside) vorliegt. Neben den Anthra-Glykosiden enthalten viele Pflanzen auch entsprechende Aglykone, die sog. **Emodine** (Abb. 11.16). Anthra-Glykoside und Emodine wirken fast ausschließlich im Dickdarm (**Dickdarmlaxanzien**), wobei Emodine dort auch aus den Anthra-Glykosiden durch hydrolytische Abspaltung des Zuckerrestes freigesetzt werden können. Die entstehenden Aglykone weisen teilweise einen mit Bisacodyl vergleichbaren enterohepatischen Kreislauf auf. Synthetische Verteter dieser Gruppe, wie das Dantron, sind nicht mehr als Tierarzneimittel im Handel. Jedoch stehen noch Phytotherapeutika in Form von Pflanzenextrakten bzw. pflanzlichen Auszügen zur Verfügung.

Anthra-Glykoside und Antrachinon-Derivate beschleunigen die Dickdarmpassage durch Stimulation der peristaltischen Motilität bei gleichzeitiger Hemmung stationärer Dickdarmkontraktionen. Sie haben keinen Einfluss auf die Dünndarmpassage. Weiterhin steigern die Aglykone den Flüssigkeitseinstrom in das Darmlumen, wozu die Glykoside dieser Substanzen nicht in der Lage sind. Am Zustandekommen dieser Effekte sind Prostaglandin E_2, Serotonin, Acetylcholin und weitere lokale Mediatoren beteiligt.

Da die Wirkung auf den Dickdarm konzentriert ist, sind die pflanzlichen Anthra-Glykoside besonders für das Pferd geeignet. Aloe wird hierbei in einer Dosis von 8–30 g/Tier empfohlen. Sennoside kommen mit 0,25–0,35 mg/kg auch bei Hund und Katze zum Einsatz. Bei erwachsenen Wiederkäuern sind die pflanzlichen Glykoside nicht sicher wirksam. Aufgrund der potenziell genotoxischen Wirkung einiger Vertreter wird die Anwendung bei trächtigen Tieren nicht empfohlen.

FAZIT LAXANZIEN 

- Eine Obstipation kann vielfältige, zum Teil auch schwerwiegende Ursachen haben. Zunächst ist also eine genaue Diagnose angezeigt, die auch die bestehende Medikation und diätetische Situation mit erfassen sollte. In bestimmten Situationen ist auch eine gezielte Darmentleerung notwendig.
- Um die Entleerung des Darminhalts zu fördern, stehen verschiedene Laxanzien zur Verfügung, welche die Gleitfähigkeit von bereits geformtem Kot verbessern können (z. B. Gleitmittel wie Paraffinöl, Glycerol), die Darmperistaltik anregen (z. B. Quellmittel wie Flohsamen) oder den Flüssigkeitsgehalt der Fäzes steigern (z. B. osmotische Laxanzien, wie Glaubersalz oder Lactulose, sowie Sekretagoga, wie Rizinusöl oder Phenolphthalein-Derivate).
- Laxanzien dürfen grundsätzlich nur angewendet werden, wenn die Passagefähigkeit des Darmes sichergestellt ist. Darüber hinaus muss bei allen osmotisch wirksamen Laxanzien auf eine ausreichende Flüssigkeitszufuhr geachtet werden.
- Obwohl viele der genannten Mittel schon sehr lange bekannt sind und angewendet werden, ist die klinische Wirksamkeit nicht immer eindeutig belegt. Laxanzien sollten daher nie unkritisch angewendet werden.

11.2.5 Therapeutika bei entzündlichen Darmerkrankungen

Entzündungshemmende Arzneistoffe gehören in einigen Fällen, z. B. bei den idiopathisch entzündlichen Dickdarmerkrankungen (IBD-Komplex; inflammatory bowel disease) von Hund und Katze, zu den kausalen Therapiemaßnahmen einer Durchfallbehandlung. Zur Verfügung stehen die 5-Aminosalicylsäure-Derivate **Sulfasalazin** und **Olsalazin** (Abb. 11.17).

Mesalazin ist die 5-Aminosalicylsäure (5-ASA), **Olsalazin** und **Sulfasalazin** sind Doppelmoleküle aus 5-ASA + 5-ASA bzw. 5-ASA plus dem Sulfonamid Sulfapyridin (**Abb. 11.17**). Während Mesalazin im Dünndarm wirkt, tritt die entzündungshemmende Wirkung der Doppelmoleküle erst im Dickdarm auf. Sie werden im Sinne von Prodrugs durch Dickdarmbakterien anaerob-reduktiv gespalten, sodass im Falle von Sulfasalazin sowohl eine entzündungshemmende Wirkung als auch eine Sulfonamidwirkung

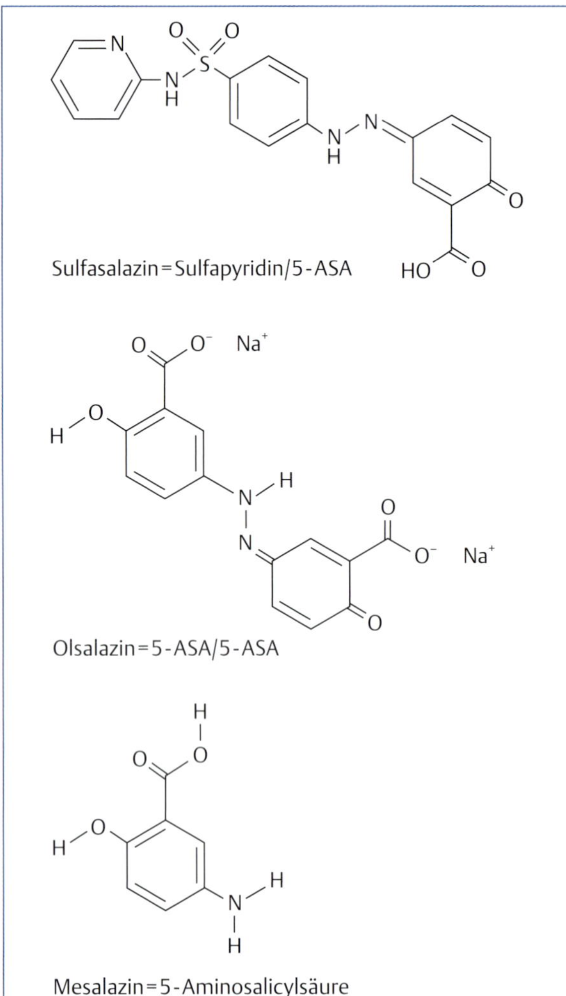

Abb. 11.17 5-Aminosalicylsäure-Derivate (5-ASA) in Kombination mit einem Sulfonamid (Sulfasalazin) bzw. als Doppelmolekül (Olsalazin). Die Spaltung der Doppelmoleküle erfolgt durch bakterielle Enzyme im Kolon.

eintritt (**Abb. 11.18**). **Sulfasalazin** findet bei Hunden in einer Dosierung von 50–60 mg/kg pro Tag p. o. Anwendung. Die Dosis kann in 3 Einzeldosen aufgeteilt werden, sodass eine Einzeldosis 3 g nicht überschreitet. Die Therapiedauer beträgt 3–5 Tage bis zu 2 Wochen. Bei Hunden werden die unerwünschten Wirkungen wie Keratokonjunktivitis sicca, Knochenmarkdepression und Hautvaskulitis auf den Sulfonamidanteil zurückgeführt. Bei der Katze sind Salicylsäure-Derivate wegen der bestehenden Phenolintoleranz grundsätzlich problematisch. Katzen tolerieren daher täglich nur 15 mg/kg, evtl. auf 2 Dosen verteilt. Während einer mehrtägigen Therapie können bei Katzen Inappetenz und Erbrechen auftreten.

Besonders bei blutigen Durchfällen haben sich NSAID (S. 379), insbesondere **Acetylsalicylsäure** und **Indometacin**, als nützlich erwiesen. Die Präparate können hierfür sowohl p. o. als auch parenteral gegeben werden. Bei bestimmten Diarrhöformen kommt es zur Villiatrophie und u. U. zu nekrotisierender Enteritis. Hierbei wird die Bildung einiger Entzündungsmediatoren von den NSAID unterdrückt.

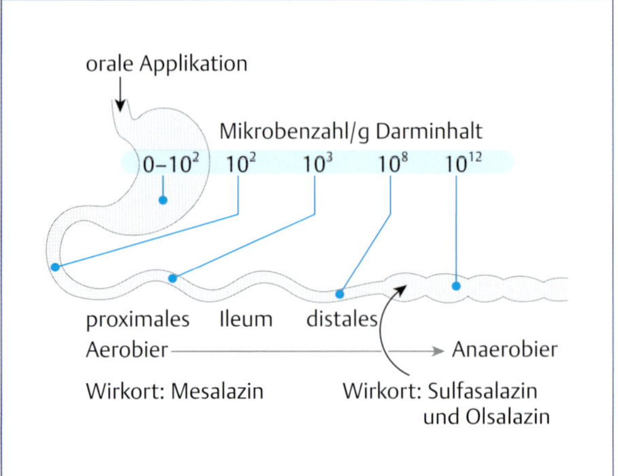

Abb. 11.18 Der beabsichtigte Wirkungsort der 5-Aminosalicylsäure-Derivate ist von der Bakterienbesiedlung abhängig. Mit dem Anstieg der Keimzahl kommt es unter anaeroben Bedingungen zur Spaltung und Reduktion der Doppelmoleküle.

11.2.6 Antiadiposita

STECKBRIEF ANTIADIPOSITA

Zur Gewichtsreduktion können beim Hund die Antiadiposita (Abmagerungsmittel) **Dirlotapid** und **Mitratapid** eingesetzt werden, welche das mikrosomale Triglyzerid-Transfer-Protein MTP hemmen. Diese Substanzen sollten erst zum Einsatz kommen, wenn diätetische Maßnahmen und vermehrte körperliche Aktivität zur Gewichtsreduktion nicht erfolgreich waren. In jedem Fall muss die Behandlung von solchen Maßnahmen begleitet werden.

Das mikrosomale Triglyzerid-Transfer-Protein befindet sich physiologischerweise im endoplasmatischen Retikulum der Enterozyten im oberen Dünndarm und der Hepatozyten und ist hier am intrazellulären Triglyzerid-Transport beteiligt.

In den **Enterozyten** ist MTP verantwortlich für die Bildung von Chylomikronen und in Hepatozyten für die Bildung von VLDL (very low densitiy lipoproteins). Bei der enteralen Resorption von Fetten werden zunächst mit dem Futter aufgenommene Triglyzeride im Duodenum und Jejunum durch Lipasen in Glyzerin und Fettsäuren gespalten und dann als Einzelkomponenten in die Enterozyten aufgenommen. Dort erfolgt die Resynthese von Triglyzeriden und deren Einbau in transportfähige Lipoproteine, die Chylomikronen. Diese Chylomikronen werden in die Lymphe für die weitere Verteilung im Organismus abgegeben.

Die **Leber** bildet Triglyzeride durch die Re-Veresterung von Fettsäuren. Die Fettsäuren stammen dabei entweder aus der Neusynthese (Lipogenese) der Hepatozyten oder aber aus dem Pool freier Fettsäuren im Serum, die aus peripheren Fettdepots über Lipolyse freigesetzt wurden. In Hepatozyten werden Triglyzeride in transportfähige Lipoproteine eingebaut und als VLDL ins Blut abgegeben.

Chylomikronen und VLDL sind triglyzeridreiche Lipoproteine, die aufgrund ihrer Zusammensetzung (Apolipoprotein, Cholesterin, Triglyzeride und Phospholipide) im wässrigen Milieu des Serums transportfähig sind. Dem MTP kommt dabei eine Schlüsselrolle für den intrazellulären Transport und Einbau der Triglyzeride in die Lipoproteine zu.

Dirlotapid

Entsprechend dem Wirkungsmechanismus ist als Indikation für Dirlotapid die Übergewichtigkeit (Adipositas, Obesitas) des Hundes zu nennen. Durch die Hemmung von MTP in den Enterozyten des Darms und in der Leber wird die Cholesterin- und Triglyzeridkonzentration im Blut gesenkt. Klinische und pharmakodynamische Daten zeigen, dass die Wirksamkeit von **Dirlotapid** nach der oralen Verabreichung auf einer primär lokalen Wirkung im Darm beruht. Die selektive Hemmung von MTP im Darm verringert dabei die intestinale Fettresorption und ist wesentlich stärker zu bewerten als der Effekt auf hepatisches MTP. Neben der reinen Inhibierung der intestinalen Triglyzeridresorption spielen für die Gewichtsreduktion aber offenbar weitere Faktoren eine Rolle. Als Folge der Verringerung der Fettresorption im Darm reduziert Dirlotapid den Appetit und damit die Nahrungsaufnahme bei Hunden. Dabei kommt der **verringerte Appetit** offenbar über die Freisetzung von Darmhormonen aus enteroendokrinen Zellen infolge der intestinalen **MTP-Hemmung** zustande. Diese Darmhormone werden auch als Inkretine bezeichnet, wie z. B. glucagon-like peptide-1 (GLP-1) und polypeptide-YY (PYY). Diese Inkretine bewirken im Hypothalamus die appetitzügelnde Wirkung über die Bindung an ihre spezifischen Rezeptoren (GLP-1-Rezeptor, Y-Rezeptoren). Etwa 90 % des Gewichtsverlustes resultieren aus der verringerten Futteraufnahme infolge der schnelleren Sättigung, lediglich 10 % sind eine direkte Folge der reduzierten Fettresorption. Dirlotapid wird über Monate verabreicht und die Dosis nach Behandlungserfolg monatlich angepasst. Die Anfangsdosis beträgt 0,05 mg/kg 1-mal täglich und kann bis auf 1 mg/kg gesteigert werden. Eine monatliche Reduktion des Körpergewichts von ca. 3 % sollte dabei die Richtgröße für die monatliche Dosisanpassung sein. Bei optimaler Einstellung kann nach einer halbjährigen Behandlung ein Gewichtsverlust von 18–20 % erwartet werden.

Mitratapid

Mitratapid wird zur unterstützenden Behandlung von Übergewicht und Fettleibigkeit bei erwachsenen Hunden angewendet, sollte aber in jedem Fall durch diätetische Maßnahmen der Gewichtsreduktion begleitet werden. Bei wiederholtem Erbrechen oder Durchfall sowie bei einer sehr deutlichen Minderung des Appetits ist die Verabreichung zu unterbrechen. Zudem empfiehlt es sich, die Blutwerte unter Behandlung regelmäßig zu kontrollieren. Arzneimittelwechselwirkungen wurden vor Zulassung des Präparates nicht speziell untersucht. Bei der Verabreichung weiterer Arzneistoffe ist daher eine besondere Überwachung ratsam. Mitratapid wird einmal täglich mit 0,63 mg/kg dosiert. Die Behandlung erfolgt zweimalig für jeweils 3 Wochen, wobei zwischen den Behandlungsintervallen ein zeitlicher Abstand von 2 Wochen liegen sollte. Während der Anwendung ist das Gewicht des Tieres regelmäßig zu überprüfen. Mit einer raschen Gewichtszunahme nach Ende der Behandlung muss ohne begleitende diätetische Maßnahmen gerechnet werden.

11.3 Pharmakologie des Erbrechens

Erbrechen ist ein Schutzreflex. Hunde erbrechen leicht, Pferde aus anatomischen Gründen dagegen nicht. Auch Vögel und Reptilien können erbrechen. Der Ruktus der Wiederkäuer ist streng genommen kein Erbrechen. Im Unterschied zum Ruktus sind peristaltische Magenkontraktionen beim Erbrechen nicht erforderlich. Hier erzwingt die Bauchpresse passiv die Entleerung des gefüllten Magens. Erbrechen kann durch Emetika ausgelöst und therapeutisch mit Antiemetika behandelt werden.

11.3.1 Anatomische und (patho-)physiologische Grundlagen

Der Vorgang des Erbrechens wird wesentlich vom Brechzentrum gesteuert und ausgelöst. Dieses ist in der Medulla oblongata im Hirnstamm lokalisiert. Das Brechzentrum koordiniert die dem Erbrechen zugrundeliegenden motorischen Vorgänge: Verschluss der Epiglottis, Anhebung des weichen Gaumens, Erschlaffung der Kardia, Kontraktion des Pylorus und Kontraktion der Bauchmuskeln zur passiven Kompression des Magens. Grundsätzlich kann Erbrechen durch chemische, mechanische oder sensorische Reize ausgelöst werden. Das Brechzentrum erhält und verarbeitet dabei Signale aus verschiedenen Quellen (**Abb. 11.19**).

Störungen der Gleichgewichtsorgane im Innenohr (Labyrinth) verursachen Reise- und Bewegungskrankheiten (**Kinetosen**), welche mit Erbrechen einhergehen können. Die Signale laufen dabei vom Vestibularapparat über Fasern des VIII. Gehirnnervs (N. vestibularis) zum Brechzentrum. Für dieses Signal spielen Histamin-H_1-Rezeptoren und Muskarin-M-Rezeptoren eine Rolle.

Afferente Signale aus der Magenregion verlaufen parasympathisch im N. vagus sowie als spinale Afferenzen über sympathische Nerven und gelangen dann über den Nucleus tractus solitarii und die Area postrema zum **Brechzentrum**. Zum Auslösen dieser peripheren Signale spielen Serotonin-5-HT_3-Rezeptoren eine wichtige Rolle. Serotonin wird z. B. durch Bakterientoxine, Zytostatika oder Strahlentherapie aus den enterochromaffinen Zellen des Magens freigesetzt. Des Weiteren erreichen mechanische Reize aus der Pharynx-/Larynxregion über den IX. Gehirnnerv die Medulla oblongata. Da die Auslösung des Erbrechens in diesen Fällen peripher erfolgt, spricht man auch von **peripherem Erbrechen**.

Zentrales Erbrechen kann dagegen direkt über die Area postrema ausgelöst werden. Diese gehört zu den zirkumventrikulären Organen und liegt am Boden des 4. Ventrikels in der Medulla oblongata. Die Blutgefäße in der Area postrema sind fenestriert, daher besteht keine Blut-Hirn-Schranke. Besonders wichtig in der Area postrema ist die

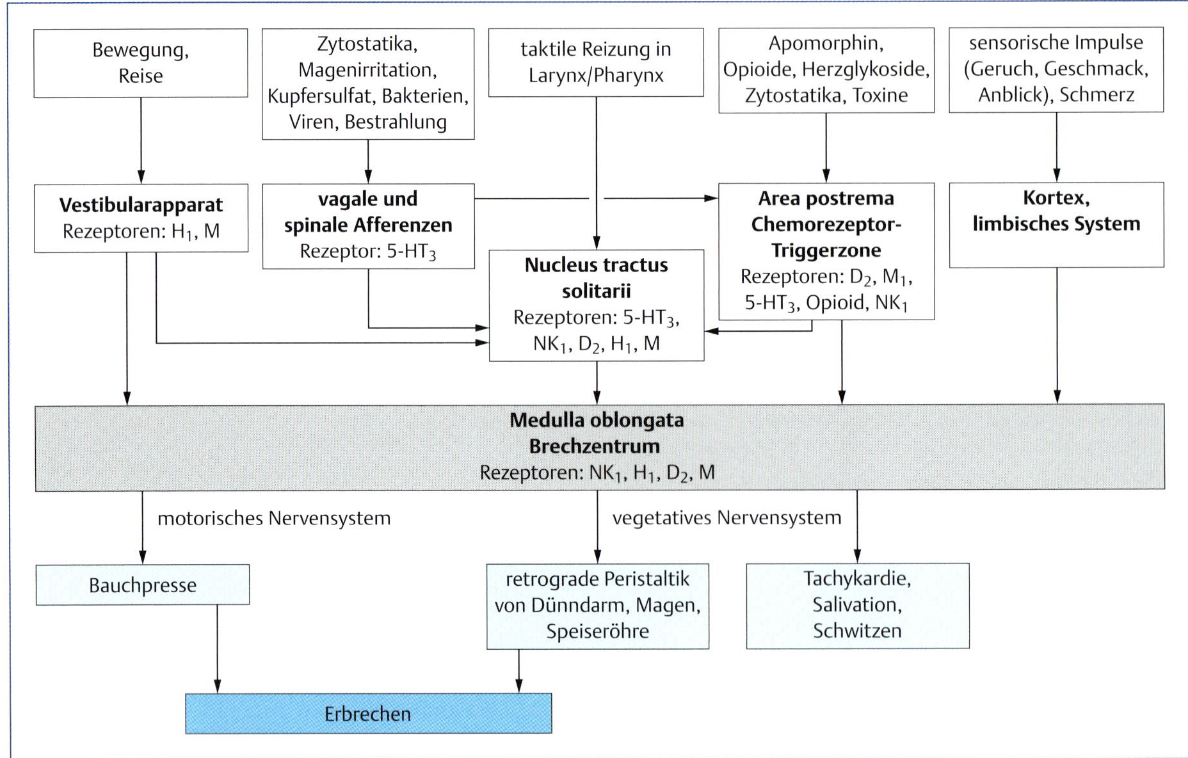

Abb. 11.19 Schematische Darstellung der Reize und Rezeptoren, welche beim Erbrechen eine Rolle spielen.

sog. **Chemorezeptor-Triggerzone**, die eine hohe Dichte von Chemorezeptoren aufweist. Hierzu gehören Dopamin-D_2-Rezeptoren, Opioidrezeptoren, 5-HT_3-Rezeptoren, M_1-Rezeptoren, Neurokinin-NK_1-Rezeptoren und viele andere mehr. An diesen können im Blut zirkulierende Toxine und Arzneistoffe angreifen und so Erbrechen hervorrufen. Als Beispiele wären Arzneistoffe wie Herzglykoside, Zytostatika, Opioide oder Xylazin oder auch Gifte wie Secale-Alkaloide und Strychnin zu nennen.

Schließlich erreichen das Brechzentrum auch Signale von höheren Zentren, beispielsweise dem Kortex oder dem Limbischen System, was bei Erbrechen aufgrund von Schmerzen, Emotionen, visuellen Reizen oder Gerüchen eine Rolle spielt.

ZUM WEITERLESEN Neben den genannten Transmitter- und Rezeptorsystemen, welche am Prozess des Erbrechens beteiligt sind, spielt auch Substanz P eine entscheidende Rolle. Substanz P wurde ursprünglich von Euler und Gaddum aus Pferdedarm und Gehirn als „Substanz Pferd" isoliert und später durch Lembeck wegen seiner Bedeutung für die Schmerzweiterleitung im Rückenmark als substance pain bezeichnet. Substanz P ist ein wichtiger Regulator der Reflexleitung zum Brechzentrum und bildet gemeinsam mit Neurokinin A und Neurokinin B die Gruppe der Tachykinine.

11.3.2 Antiemetika

STECKBRIEF ANTIEMETIKA

Antiemetika wirken antagonistisch an D_2-Rezeptoren, H_1-Rezeptoren, M-Rezeptoren, NK_1-Rezeptoren und 5-HT_3-Rezeptoren, welche die Weiterleitung von Brechimpulsen und die Auslösung des Vomitus im Brechzentrum (Area postrema) vermitteln. In der Veterinärmedizin kommen vor allem Metoclopramid (D_2- und 5-HT_3-Antagonist) und Maropitant (NK_1-Antagonist) zum Einsatz.

Tab. 11.10 gibt einen Überblick über wichtige Antiemetika und deren Rezeptorinteraktionen. Antiemetisch wirken stets die **Antagonisten** an den genannten Rezeptoren.

Muskarin-Rezeptor-Antagonisten

Muskarin-Rezeptor-Antagonisten (M-Antagonisten) eignen sich besonders zur Unterdrückung des vom Labyrinth ausgehenden Erbrechens. Während an der Area postrema M_1-Antagonisten wirksam sind, ist dies bei M_2-Antagonisten am N. solitarius, N. ambiguus und N. vestibularis der Fall. Am effektivsten, vor allem zur Prophylaxe, ist **Scopolamin**, daneben auch **Atropin**. M-Antagonisten sind bei **Kinetosen** (Reise-, Bewegungskrankheit) wirksam. Die Einnahme sollte etwa 1 h vor Antritt der Reise erfolgen. M-Antagonisten sind mehr oder weniger starke Parasympatholytika (S. 72). Daher muss bei der Anwendung mit dem Auftreten unerwünschter Wirkungen gerechnet werden, wie z. B. mit Mundtrockenheit, Sehstörungen, Tachykardie und motorischer Unruhe.

Tab. 11.10 Wirkprofil wichtiger Antiemetika auf Neurotransmitterrezeptoren.

Wirkstoff	Klasse	D_2-Antagonist	H_1-Antagonist	M-Antagonist	NK_1-Antagonist	$5\text{-}HT_3$-Antagonist
Scopolamin	Anticholinergikum	+	–	+ + + +	+	–
Cyclizin	Antihistamin	–	+ + + +	+ + +	–	–
Diphenhydramin	Antihistamin	+	+ + + +	–	–	–
Promethazin	Antihistamin	+ +	+ + + +	+	–	–
Chlorpromazin	Phenothiazin	+ + + +	+ + + +	+ +	–	+
Haloperidol	Butyrophenon	+ + + +	–	–	–	–
Domperidon	Benzimidazol	+ + +	–	–	–	–
Metoclopramid	Benzamid	+ + +	–	–	–	+ +
Ondansetron	Setron	–	–	–	–	+ + + +
Maropitant	NK-Antagonist	–	–	–	+ + + +	–

Wirkung: keine (–), schwach (+), mittel (+ +), stark (+ + +), sehr stark (+ + + +)

Spez. Pharmakologie

Histamin-Rezeptor-Antagonisten

Histamin-Rezeptor-Antagonisten eignen sich ebenfalls zur Behandlung von Kinetosen, daneben auch zur Therapie des urämischen und postoperativen Erbrechens. Es sind stets H_1-Antagonisten (S. 387), die sowohl Strukturabkömmlinge des Piperazins (**Cyclizin**, **Cinnarizin**) und des Ethanolamins (**Diphenhydramin**, **Dimenhydrinat**, **Doxylamin**) sein können oder zu den Phenothiazinen gehören, wie das **Promethazin** (Abb. 11.20). Promethazin wirkt am stärksten, da es sowohl antihistaminerge wie auch anticholinerge und antidopaminerge Wirkungen hat. Eine unerwünschte Wirkung der H_1-Antagonisten ist die Müdigkeit bzw. zentrale Dämpfung. Sie scheint für den antiemetischen Effekt von großer Bedeutung zu sein, da ausschließlich peripher wirkende H_1-Antihistaminika (z. B. Fexofenadin) keinen antiemetischen Effekt besitzen. Das in der Veterinärmedizin noch gebräuchliche Diphenhydramin hat nur schwache antiemetische Wirkung beim Hund, die aber für Transporte ausreichend ist.

Dopamin-Rezeptor-Antagonisten

Dopamin-Rezeptor-Antagonisten zählen bei chemisch ausgelöstem Erbrechen an der Chemorezeptor-Triggerzone (CTZ) zu den am stärksten wirksamen Antiemetika, sind aber bei Kinetosen in der Regel ungeeignet. In der CTZ befinden sich viele D_2-Rezeptoren. Daher haben D_2-antagonistische Arzneistoffe, wie die Neuroleptika (S. 161), eine zentral antiemetische Wirkung. Während viele Neuroleptika, wie z. B. Chlorpromazin, mit zahlreichen Rezeptoren interagieren, sind die Butyrophenon-Neuroleptika **Haloperidol** (Abb. 11.20) und **Azaperon** recht spezifisch für den D_2-Rezeptor. Unerwünschte Wirkungen sind Sedation sowie teilweise Blutdruckkrisen. Die nach Dauerbehandlung beim Menschen vorkommenden extrapyramidalen Nebenwirkungen werden bei Tieren nicht beobachtet. **Domperidon** (Abb. 11.20) ist ein selektiver, peripherer D_2-Antagonist, der (fast) nicht die Blut-Hirn-Schranke passiert, aber an der CTZ der Area postrema wirken kann. Während eine Sedation fehlt, kann nach höheren Dosen oder bei längerer Anwendung aufgrund der Prolaktin freisetzenden Wirkung Galaktorrhö auftreten. Domperidon steigert wie Cyclizin den Tonus des Esophagussphinkters und stimuliert die Peristaltik. Nach intravenöser, jedoch nicht nach oraler Aufnahme sind Herzarrhythmien aufgetreten.

Metoclopramid

Ein weniger spezifischer D_2-Antagonist ist das Aminomethoxybenzamid **Metoclopramid** (Abb. 11.20). Es blockiert auch serotonerge $5\text{-}HT_3$-Rezeptoren. Metoclopramid ist einer der besten Hemmstoffe des zentralen Apomorphin-Erbrechens beim Hund in einer Dosierung von 0,5 mg/kg s. c. Brechreize aus der Magenschleimhaut werden dagegen erst bei 40-fach höherer Dosierung unterdrückt. Bei Kinetosen ist Metoclopramid nicht sicher wirksam. Nach oraler Aufnahme unterliegt Metoclopramid einer hepatogenen First-Pass-Elimination. Die Halbwertszeit beträgt beim Hund 90 min. Metoclopramid hat ähnliche Nebenwirkungen wie Domperidon. Da es jedoch deutlich besser hirngängig ist, treten stärker zentrale antidopaminerge Wirkungen hervor (Sedation). Daneben wirkt es prokinetisch am Gastrointestinaltrakt (S. 293).

$5\text{-}HT_3$-Serotonin-Rezeptor-Antagonisten (Setrone)

Eine antiemetische Substanzklasse mit zentraler und peripherer Wirkung bilden die **Setrone**. Dabei handelt es sich um $5\text{-}HT_3$-Antagonisten mit den Prototypen **Ondansetron** und **Granisetron** (Abb. 11.20). Granisetron kann p. o., Ondansetron dagegen i. v. gegeben werden. Granisetron hat entfernte chemische Verwandtschaft zum Cocain. Ondansetron und Granisetron besitzen Strukturanalogien zum Serotonin.

Pharmakodynamik Setrone sind kompetitive Serotonin-Rezeptor-Antagonisten mit hoher Rezeptorselektivität an $5\text{-}HT_3$-Rezeptoren in der Chemorezeptor-Triggerzone (CTZ) sowie im Magen-Darm-Trakt. Mittels Rezeptorbindungsstudien wurden $5\text{-}HT_3$-Rezeptoren in hoher Dichte in der Area postrema aller untersuchten Tierspezies sowie

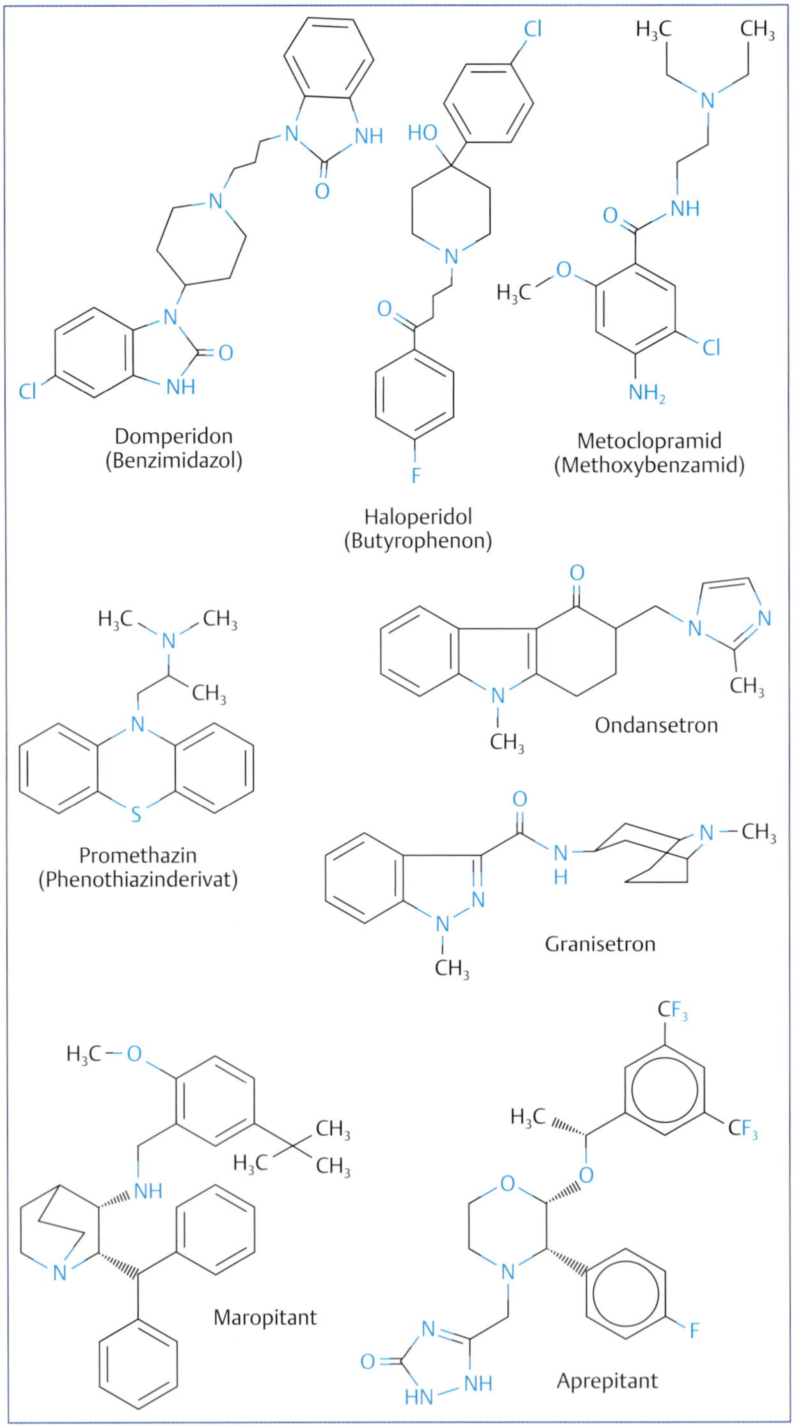

Domperidon
(Benzimidazol)

Haloperidol
(Butyrophenon)

Metoclopramid
(Methoxybenzamid)

Promethazin
(Phenothiazinderivat)

Ondansetron

Granisetron

Maropitant

Aprepitant

Abb. 11.20 Antiemetika verschiedener Stoffklassen.

im Nucleus tractus solitarii und dem dorsalen Motornucleus des N. vagus gefunden. Außerdem enthält die Substantia gelatinosa des Rückenmarks 5-HT_3-Rezeptoren. Die Rezeptoren vermitteln eine Natrium-getragene, schnelle Depolarisation der Nervenfasern. Durch die Antagonisten wird der Erregungsablauf unterbrochen. Ondansetron hat keine Wirkungen an adrenergen Rezeptoren, H_1-Rezeptoren, M-Rezeptoren und 5-HT_1/5-HT_2-Rezeptoren. In hohen Konzentrationen antagonisiert es aber H_2-Rezeptoren. Ondansetron gelangt in das ZNS und wirkt dort zusätzlich angstlösend.

Dosierung Ondansetron ist mit 0,5 mg/kg beim Hund unwirksam, um Apomorphin-induziertes zentrales Erbrechen zu antagonisieren, wirkt in dieser Dosierung aber gegen peripheres, am Magen ausgelöstes Erbrechen sowie bei Chemotherapie-induziertem Erbrechen. Ondansetron besitzt beim Hund eine große therapeutische Breite. Überdosierungen äußern sich in Ataxie und Krämpfen.

NK_1-Antagonisten

Erst 1984 erkannte man an Hunden die Bedeutung von Substanz P als Ligand der NK_1-Rezeptor-vermittelten Auslösung von Brechimpulsen. Das emetogene Peptid kann gemeinsam mit Serotonin die Area postrema erreichen, nachdem es entweder peripher aus enterochromaffinen Zellen des Magens und des Darmes in die Blutbahn abgegeben oder aus sensorischen Nervenendigungen freigesetzt wurde, die in unmittelbarer Nähe zum Brechzentrum sowie zum Nucleus tractus solitarii gelegen sind. Somit ist sowohl peripheres wie zentrales Erbrechen über NK_1-Rezeptoren auslösbar. Auch bei bewegungsinduziertem Erbrechen und insbesondere bei Erbrechen aufgrund von Chemotherapie können NK_1-Antagonisten wie **Maropitant** eingesetzt werden.

Pharmakodynamik Das seit 2006 in der Veterinärmedizin beim Hund verwendete Maropitant ist ein nicht peptidischer, kompetitiver Antagonist der Substanz P am NK_1-Rezeptor (**Abb. 11.20**). Die Verbindung gehört wie das seit 2000 in der Humanmedizin eingesetzte **Aprepitant** zu einer chemisch nicht sehr einheitlichen Gruppe von Tachykinin-Rezeptorliganden, deren Affinität zum NK_1-Rezeptor im Falle von Aprepitant etwa 1000-fach höher ist als zum NK_3-Rezeptor und sogar 10 000-fach höher ist als zum NK_2-Rezeptor. Diese Stoffe wurden in der Humanmedizin eigentlich entwickelt, um in Ergänzung zu den Setronen das sog. verzögert auftretende Erbrechen nach einer Chemotherapie mit Zytostatika zu unterdrücken. Für diese Indikation ist beim Menschen die Kombination aus NK_1-Antagonisten mit Setronen sowie Glucocorticoiden wirksamer als die Alleintherapie. Dagegen wird Maropitant beim Hund sehr vielseitig als Antiemetikum eingesetzt.

Pharmakokinetik Maropitant hat ein großes scheinbares Verteilungsvolumen von 4–6 l/kg Körpermasse und eine Halbwertszeit von 4–5 h beim Hund und von 13–16 h bei der Katze. Die nicht peptidischen NK_1-Antagonisten werden durch das Cytochrom-P450-System metabolisiert und zu über 90 % über die Leber ausgeschieden. Da Maropitant auch Affinität zu Kalzium- und Kalium-Ionenkanälen hat, bestehen Vorbehalte bei der Therapie von Patienten mit EKG-Abnormitäten sowie bei Herzpatienten unter Therapie mit Kalziumkanalblockern.

Dosierung Für den Hund werden 1–2 mg/kg p. o. oder s. c. verabreicht. Gegen Kinetosen muss eine 4-fach höhere Dosierung (8 mg/kg p. o.) einige Zeit vor Antritt der Reise gegeben werden. Bei dieser höheren Dosierung trat als häufigste unerwünschte Wirkung Hypersalivation und Würgereiz sowie gelegentlich Zittern auf. Neben dem Hund ist das Präparat auch bei der Katze gegen bewegungsinduziertes Erbrechen wirksam. Experimentell wurde Maropitant auch beim Frettchen mit Erfolg eingesetzt. Bei der oralen Anwendung von 1–2 mg/kg beträgt die Bioverfügbarkeit etwa 25 % beim Hund und bis zu 50 % bei der Katze. Bei Katzen unterdrückt 1 mg/kg Maropitant das Xylazin-induzierte Erbrechen über 24 h.

11.3.3 Emetika

STECKBRIEF EMETIKA

Emetika wirken entweder zentral oder peripher. Zentrales Erbrechen kann beim Hund durch Apomorphin und bei der Katze vor allem durch Xylazin ausgelöst werden. Beim Hund wirken nicht selten auch therapeutische Dosen von Herzglykosiden emetisch. Peripheres Erbrechen wird über gastrale Reflexe durch chemische Irritanzien ausgelöst. Therapeutisch notwendig ist die Auslösung des Erbrechens zum Entfernen von Giftstoffen, zur schonenden Entleerung von verschluckten stumpfen Fremdkörpern sowie zur Vorbereitung vor Operationen in Narkose.

Apomorphin

Apomorphin entsteht durch Kochen von Morphin in Mineralsäuren (**Abb. 11.21**).

Pharmakodynamik Über Opioidrezeptoren hat Apomorphin zentral erregende Wirkungen, die vor allem bei Katzen und Pferden ausgeprägt sind (Dopingmittel). Über μ-Opioidrezeptoren im Brechzentrum kann es sogar antiemetisch wirken. In niedrigen Dosierungen ist es aber ein Agonist an Dopamin-D_2-Rezeptoren und stimuliert damit die Area postrema. Die emetische Apomorphinwirkung ist bei allen Tieren (mit Ausnahme von Schweinen) so stark, dass es nicht i. v. injiziert werden darf; ein langsames Anfluten ist günstiger.

Dosierung Apomorphinhydrochlorid wird s. c. (0,08 mg/kg), i. m. (0,03 mg/kg), aber auch p. o. sowie durch Eintropfen in den Lidsack (wenige Tropfen einer wässrigen Lösung, 0,25 mg/kg) appliziert. Es ist in wässriger Lösung nicht stabil (Grünfärbung bei Licht- und Luftzutritt). Salzsäure stabilisiert das Alkaloid. Die Wirkung tritt nach 2–3 min ein und hält ca. 15 min an.

Wechselwirkungen Der Brechreiz nach Applikation von Apomorphin ist sehr ausgeprägt und führt häufig zur Erschöpfung. Daher ist Apomorphin bei kreislauflabilen Patienten wegen der Gefahr eines Kollapses nicht geeignet. Die Wirkungsdauer lässt sich durch D_2-Antagonisten wie Neuroleptika (v. a. durch Haloperidol) verkürzen. Beim Auftreten von unstillbarem Erbrechen kann als Antidot Naloxon eingesetzt werden.

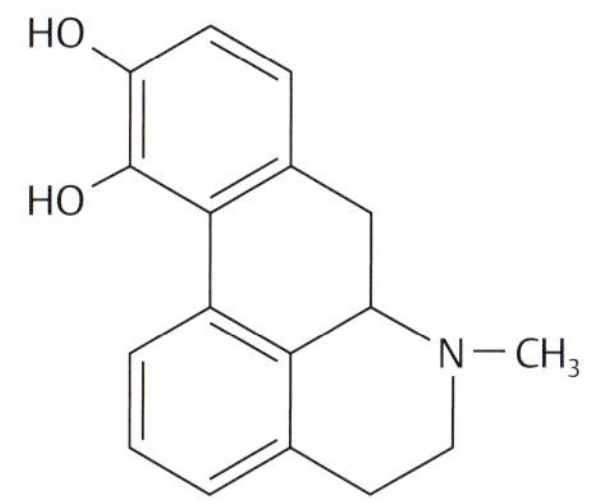

Abb. 11.21 Apomorphin.

Xylazin

Xylazin ist ein sedativ wirkender Agonist an zentralen α_2-adrenergen Rezeptoren (S. 165). In einer Dosis von 1–3 mg/kg i. m. erzeugt es sofortiges Erbrechen sowie Defäkation bei Katzen und Hunden. Bei Katzen ist die emetische Wirkung sicher. Die Wirkungsdauer ist kürzer als bei Apomorphin. In dieser Dosis erzeugt Xylazin darüber hinaus Sedation. Sowohl die emetische als auch die sedative Wirkung kann durch Yohimbin und andere α_2-Antagonisten wie Atipamezol aufgehoben werden.

Peripher wirkende Emetika

Peripheres Erbrechen kann beim Hund über eine Magenspülung mit lauwarmer 1,2 %iger **Kochsalzlösung** ausgelöst werden. Kochsalzlösungen dürfen jedoch nicht bei Schweinen eingesetzt werden. Ebenso wirkt eine wässrige 1–4 %ige **Kupfersulfatlösung** bei Hund und Schwein emetisch. Gleiches gilt für **Zinkacetat** und **Zinksulfat**.

Eisensalze und **Colchicin** lösen peripheres Erbrechen aus, ohne dass diese Wirkung therapeutisch genutzt werden kann. Schließlich irritieren **NSAID** die Magenschleimhaut und können so Erbrechen auslösen, was therapielimitierend ist. Das früher verwendete pflanzliche Emetikum **Ipecacuanha** (Ipecac) enthält die Alkaloide Emetin und Cephaelin, die stärker die Dünndarmschleimhaut als die Magenschleimhaut reizen. Ipecac ist heute wegen unsicherer Wirkung ebenso obsolet wie der **Brechweinstein** (Antimonkaliumtartrat).

FAZIT PHARMAKOLOGIE DES ERBRECHENS

- Der Vorgang des Erbrechens wird durch das Brechzentrum in der Medulla oblongata ausgelöst und gesteuert. Erbrechen kann durch Emetika zu therapeutischen Zwecken gezielt ausgelöst werden, wobei bei der Katze vor allem Xylazin und beim Hund Apomorphin zum Einsatz kommen.
- Erbrechen kann als Schutzreflex des Körpers angesehen werden, sollte aber unter bestimmten Umständen mit Antiemetika therapiert werden. Antiemetika wirken unterschiedlich gegen das peripher oder zentral ausgelöste Erbrechen. In der Veterinärmedizin steht vor allem der NK_1-Rezeptorantagonist Maropitant zur Verfügung. Antiemetisch wirken darüber hinaus D_2-Rezeptorantagonisten (Haloperidol, Azaperon oder Domperidon), 5-HT_3-Rezeptorantagonisten (Ondansetron) sowie H_1-Rezeptorantagonisten (Diphenhydramin, Promethazin).
- Bei Kinetosen sind Anticholinergika wie Scopolamin besonders wirksam. Beim Einsatz von Zytostatika kommt es sehr häufig zum Erbrechen, welchem bereits prophylaktisch mit der Verabreichung von Maropitant entgegengewirkt werden kann.

11.4 Pharmakologie der Leber und der Gallenwege

Die Leber ist ebenso Stoffwechsel- wie Eliminationsorgan. Sie ist das größte innere Sekretionsorgan des Körpers. Bei fast allen Tierspezies besteht zwischen Körper- und Lebermasse eine sehr enge Beziehung. Das Lebergewicht adulter Tiere kann nach folgender Formel abgeschätzt werden:

$$\text{Lebergewicht in Gramm} = a \times (x^{0,87}) \qquad (11.1)$$

x = Körpermasse in Gramm
Faktor a: 0,08–0,1 je nach Spezies

Leberzellen kommen über das Portalblut mit sämtlichen im Gastrointestinaltrakt (Ausnahme: Rektum) resorbierten Arzneistoffen und Giftstoffen in Kontakt. Für alle Fremdstoffe hat die Leber dabei die zentrale Aufgabe der Biotransformation und Ausscheidung.

Die Pharmakologie der Leber befasst sich mit **Störungen der Biosynthese, Speicherung und Ausscheidung** von körpereigenen und körperfremden Stoffen. Eine Bedeutung haben auch toxische Leberschäden, welche mitunter durch Arzneistoffe ausgelöst werden können. Kritisch ist dabei vor allem die fortschreitende Zerstörung der Feinarchitektur der Leber, an deren Ende eine Leberzirrhose stehen kann. Oftmals ist die Leber Auffangorgan von **metastasierenden Tumoren**, deren Primärlokalisation sich außerhalb der Leber, häufig in Darm oder Niere, befindet. Dagegen sind **primäre Lebertumore** bei Katzen und Hunden wesentlich seltener als beim Menschen, insbesondere wegen des Fehlens eines Pendants zur chronischen Virushepatitis. Lebertumore werden konservativ mit klassischen antineoplastischen Chemotherapeutika (S. 525) behandelt. Allerdings sprechen Lebertumore mitunter schlecht auf diese Therapie an, da es durch die endogen bereits hohe Expression von multidrug-Effluxtransportern, wie MDR1 oder BCRP (breast cancer resistance protein), leicht zu dem Phänomen der multidrug-Resistenz kommen kann.

11.4.1 Transportprozesse in der Leber

An der Aufnahme und dem Efflux von Fremdstoffen bzw. deren Metaboliten und Konjugaten sind verschiedene Transportsysteme beteiligt (**Abb. 11.22**). Aufnahmetransporter in der basolateralen, dem Blut zugewandten Membran arbeiten meist im Sinne einer erleichterten Diffusion, also entlang eines Konzentrationsgradienten, oder sind durch den Cotransport/Antiport von Ionen energetisiert. Die Effluxtransporter der kanalikulären Membran, welche in die Gruppe der ATP-binding cassette(ABC)-transporter gehören, werden dagegen durch die direkte Hydrolyse von ATP primär energetisiert. Darum können sie Fremdstoffe und deren Metabolite auch gegen einen Konzentrationsgradienten in die Gallekanalikuli transportieren. In Ergänzung der hepatischen Biotransformation (S. 42), unterteilt in Phase I und Phase II, wird der Fremdstofftransport in die Leberzelle analog dieser Nomenklatur als Phase 0 und der kanalikuläre Efflux als Phase III bezeichnet. In Phase 0 entscheidet sich dabei mehr qualitativ, welche Stoffe in die Le-

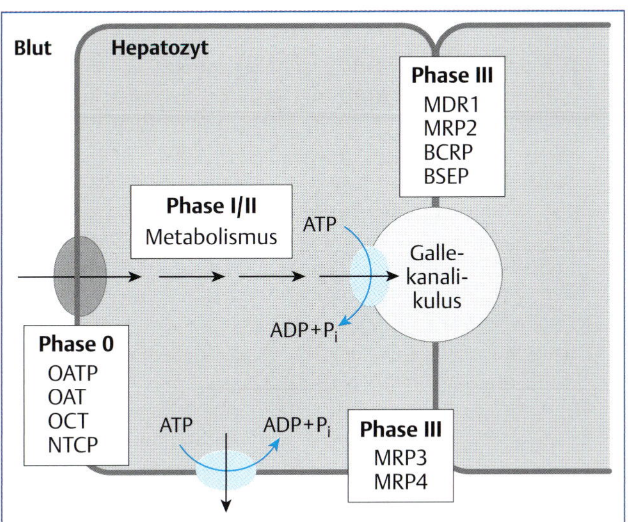

Abb. 11.22 Fremdstoff transportierende Transportsysteme in der Leberzelle. Mit dem Portalblut angelieferte Fremdstoffe werden in der basolateralen Hepatozytenmembran von Aufnahmetransportern, wie OATPs (organic anion transporting polypeptide), OATs (organic anion transporter) oder OCTs (organic cation transporter), in die Leberzelle transportiert (Phase 0). Gallensäuren werden natriumabhängig über NTCP (Na^+/taurocholate cotransporting polypeptide) und natriumunabhängig über OATPs in Leberzellen aufgenommen. Nach Phase I und Phase II Biotransformation können Fremdstoffmetabolite und -konjugate dann über ABC-Effluxtransporter, wie MDR1 (multidrug-resistance-transporter 1), MRP2 (MDR related protein 2), oder BCRP (breast cancer resistance protein) in die Gallenkanalikuli ausgeschleust werden (Phase III). Gallensäuren werden in der kanalikulären Membran über BSEP (bile salt export pump) transportiert. Bei einer Störung der kanalikulären Sekretion kann es zum Schutz der Hepatozyten über MRP3/MRP4 zu einem Rücktransport von gallepflichtigen Fremdstoffmetaboliten in das Blut kommen.

ber transportiert werden, während die Ausschleusung der Fremdstoffmetabolite in die Galle während der Phase III mehr quantitativ und weniger selektiv erfolgt. Die stark ausgeprägten hepatobiliären Transportprozesse nutzen auch viele Gallengangskontraststoffe, welche sich Carrier-vermittelt in einem Konzentrationsverhältnis von 1000:1 (Galle:Plasma) anreichern können. Nähere Informationen zu den Gallengangskontraststoffen finden sich in der 3. Auflage dieses Lehrbuches.

11.4.2 Toxische Leberschäden

Die Leber ist primärer Zielort von sog. **Hepatotoxinen.** Dies sind Gifte mit ausschließlicher oder weitgehend organspezifischer Wirkung, in deren Folge fast immer ein Anstieg der Transaminasen Alanin-Aminotransferase (ALT; Syn.: GPT) und Aspartat-Aminotransferase (AST; Syn.: GOT), seltener von Bilirubin, Gallensäuren oder Ammoniak auftritt. Bei Verlust der Zellintegrität werden weiterhin Laktatdehydrogenase (LDH) und Glutamatdehydrogenase (GLDH) freigesetzt. Mithilfe der enzymatischen Leberdiagnostik können das Ausmaß, die Lokalisation und die Art einer Leberschädigung eingeschätzt werden. Hierbei sind tierartliche Besonderheiten zu berücksichtigen. Leberspezifisch bei der Katze sind Erhöhungen der alkalischen Phosphatase (AP), der AST und GLDH, beim Hund zusätzlich der ALT. Beim Pferd gelten γ-Glutamyltranspeptidase (γ-GT), das in der kanalikulären Membran der Hepatozyten vorkommt, und das mitochondriale Enzym GLDH als leberspezifische Serummarker.

Kupfer, Natriumselenat, Methylquecksilber, Phalloidin, Dimethylnitrosamin, Pyrrolizidinalkaloide (Seneciose), Tetrachlorkohlenstoff, 1,2-Dichlorethan, Styrenoxid, chlorierte Biphenyle, Ethyl- und Allylalkohol, Aflatoxine und andere Mykotoxine sind primär hepatotoxisch. Sie wirken entweder selbst oder werden von der Leber im Zuge der Biotransformation gegiftet. In manchen Fällen werden Fremdstoffe und ihre Metaboliten an der Zellmembranoberfläche kovalent an Membranproteine gebunden. Diese Komplexe können dann allergen wirken und idiosynkratische, unvorhersehbare Arzneimittelunverträglichkeiten mit fulminantem Verlauf (Typ der Halothanhepatitis) verursachen.

ZUM WEITERLESEN Unter der andauernden Behandlung einer Epilepsie mit Primidon allein oder in Kombination mit anderen Antikonvulsiva, insbesondere Phenytoin, entwickelt sich bei 6–14,6 % der Hunde eine chronische, langsam ablaufende Hepatitis. Darüber hinaus gibt es beim Hund idiosynkratische Lebertoxizitäten nach der Gabe von sog. potenzierten Sulfonamiden, nämlich Trimethoprim-Sulfadiazin bzw. Ormetoprim-Sulfadimethoxin. Diese sind zwar selten, können aber mit einer Zeitverzögerung von einigen Tagen höchst dramatisch verlaufen. Beim Hund waren in den USA 20 % aller der FDA (Food and Drug Administration) gemeldeten Arzneistoff-induzierten Hepatopathien auf diese Sulfonamid-Hyperreaktivität zurückzuführen. Nur die Kombination beider Chemotherapeutika ist problematisch. Von Katzen wird diese dagegen ohne vergleichbare Leberschäden gut vertragen. Man vermutet, dass oxidative, von Cytochrom-P450 gebildete Sulfonamidmetabolite (Sulfonamidhydroxylamine) die beobachteten Leberzellnekrosen verursachen.

Aus statistischen Unterlagen geht hervor, dass ca. 10 % der Leberschäden bei Hund und Katze durch **Arzneistoffe** verursacht wurden. Neben den in **Tab. 11.11** genannten Arz-

Tab. 11.11 Arzneistoffe, die beim Kleintier Leberschäden hervorrufen können.

Tierart	Arzneistoff (alphabetisch)
Hund	Carprofen, Danacrin-HCl, Diethylcarbamazin, Diethylcarbamazin-Oxibendazol, Glucocorticoide, Lomustin, Mebendazol, Mitotane, Nitrofurantoin, Phenytoin, Phenobarbital, Primidon, Thioacetarsamid, Trimethoprim-Sulfadiazin, Trimethoprim-Sulfonamide, Ormetoprim-Sulfadimethoxin, Xylitol
Katze	Diazepam, Griseofulvin, Methimazol, Stanozolol
Hund und Katze	Paracetamol, Amoxicillin, Amoxicillin-Clavulansäure, Azol-Antimykotika, Azathioprin, Galaktosamin, Tetracycline

neistoffen sind zahlreiche weitere Substanzen bekannt, die lebertoxisch wirken. Hinzu kommen Belastungen aus lebertoxischen Kontaminanten der Nahrung (z. B. Mykotoxine) und der Umwelt.

KLINISCHER BEZUG Erstaunlich ist die **Kompensations-** und **Regenerationsfähigkeit** der Leber. Ein Verlust von bis zu ⅔ der funktionellen Masse kann überlebt und innerhalb einiger Wochen regeneriert werden. Daher treten Lebererkrankungen oft erst in einem späten Krankheitsstadium in Erscheinung.

11.4.3 Leberschutztherapie

Leberschutztherapeutika stellen häufig Kombinationen von Aminosäuren, Zuckern, Vitaminen und anderen Stoffen dar und sind zur Unterstützung der kompensatorischen Regenerationsfähigkeit der Leberparenchymzellen gedacht. Sie sind jedoch nicht in der Lage, die Leber in ausreichender Weise vor Noxen zu schützen. Ihre klinische Wirksamkeit ist nicht zweifelsfrei belegt. Eine Ausnahme bildet lediglich das aus Mariendisteln stammende Silibinin, dessen hepatoprotektive Wirkung in verschiedenen Studien nachgewiesen wurde.

Silibinin und Mariendistelextrakte

Extrakte aus den Früchten der **Mariendistel** *Silibum marianum* werden seit alters her in der Phytotherapie bei Leberintoxikationen und Leberparenchymerkrankungen des Menschen eingesetzt. **Silymarin** ist dabei der leberwirksame Komplex aus Silybin (Syn.: Silibinin), Silydianin und Silychristin (**Abb. 11.23**).

Pharmakodynamik Das Monopräparat **Silibinin** ist für die Therapie der Knollenblätterpilzvergiftung des Menschen zugelassen. Silibinin bzw. das wasserlösliche **Silibinindihydrohemisuccinat-Dinatrium** vermag dabei die Aufnahme der Peptidgifte Phalloidin und Amanitin aus *Amanita phalloides* in die Leberzellen zu hemmen. Silibinin schützt zudem die Membran bei Prozessen der Lipidperoxidation und wird daher gegen Vergiftungen mit chlorierten Kohlenwasserstoffen (z. B. Tetrachlorkohlenstoff) eingesetzt. Weiterhin unterstützt es die Behandlung der durch D-Galactosamin und Phenylhydrazin ausgelösten Hepatitis und der durch **Paracetamol** verursachten Leberschäden. Als Begleittherapie wird es bei Leberzirrhose und alkoholbedingten Leberschäden empfohlen. Es hemmt die Leberfibrose (antifibrotischer Effekt) und senkt den hepatischen Prokollagengehalt. Andererseits tritt auch eine Stimulation der ribosomalen RNA-Polymerase, bestimmter RNA-Fraktionen und damit der Proteinsynthese auf, wodurch die Regeneration der Leber gefördert wird. Bei Entzündungen nicht hepatischen Ursprungs zeigte Silibinin eine antiinflamma-

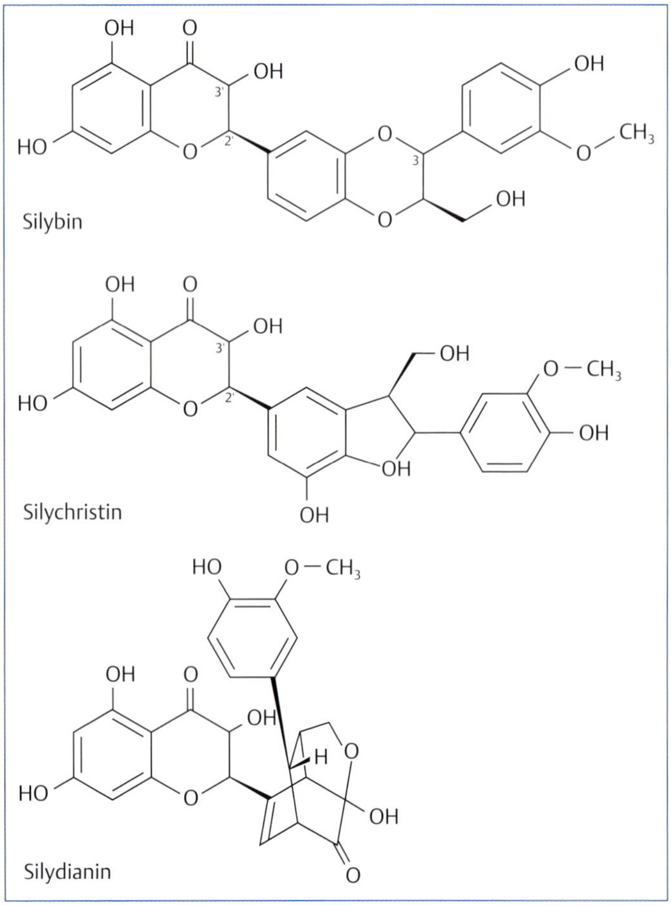

Abb. 11.23 Hepatoprotektive Wirkstoffkomponenten des Silymarins aus *Silibum marianum*.

torische Wirkung, weil es die Leukozytenmigration hemmen kann. Des Weiteren schreibt man Silibinin antiapoptotische und immunmodulatorische Eigenschaften zu.

Pharmakokinetik Silibinin unterliegt einem enterohepatischen Kreislauf. Seine orale Bioverfügbarkeit beträgt etwa 10 %. Es wird in Form von Sulfat- und Glucuronsäure-Metaboliten in die Galle ausgeschieden.

Dosierung Es werden 30–40 mg/kg Silymarin 2–3-mal täglich p. o. angegeben. In einer Studie zur Verminderung der Gentamycin-induzierten Nephropathie des Hundes kamen 1-mal täglich 20 mg/kg Silymarin in Kombination mit 1-mal täglich 25 mg/kg Vitamin E p. o. für insgesamt 9 Tage zur Anwendung.

Aminosäuren, Vitamine und Spurenelemente

Die Anwendung von **Methionin** und **Cholin** im Rahmen der Leberschutztherapie geht auf die Beobachtung zurück, dass bei Hunden ein Fehlen dieser Substanzen in der Nahrung zu einer fettigen Infiltration der Leber und darauffolgender Zirrhose führt. Tatsächlich mobilisiert Cholin Triglyzeride aus der Leber, indem es die Synthese von transportfähigen Phospholipiden (Phosphatidylserin, Phosphatidylcholin) ermöglicht. Beim Menschen und bei Primaten ist die Versorgung mit Cholin durch Stoffwechselwege jedoch stets gesichert und bei ausreichender Eiweißernährung auch die von Methionin. In der Humanmedizin gibt es damit keinen überzeugenden Beweis einer prophylaktischen oder therapeutischen Wirksamkeit dieser Stoffe bei Leberschäden. In der Veterinärmedizin werden Cholin und Cholinsalze für Schweine, Fohlen und Truthühner empfohlen. Bei Hunden kam Cholin schon zur Behandlung der Fettleber nach Aufnahme chlorierter Kohlenwasserstoffe zum Einsatz.

Cystein, **Cysteamin**, **Methionin**, **N-Acetylcystein** und ähnliche schwefelhaltige Stoffe können Sauerstoffradikale binden und molekularen Singletsauerstoff inaktivieren. Daher haben diese Stoffe zumindest eine gewisse Schutzwirkung gegenüber „oxidativem Stress" in der Leber. Methionin wird darüber hinaus zu Cystein verstoffwechselt, was die Synthese von Glutathion unterstützen kann. Bei durch Paracetamol verursachter Leberschädigung wirkt N-Acetylcystein der Erschöpfung der Glutathionreserven der Leber entgegen, welche für die Entgiftung des Paracetamols benötigt werden.

Neben Glutathion ist auch Zink protektiv wirksam gegen Leberschädigungen, an denen Sauerstoffradikale beteiligt sind. Zur Supplementierung bei chronischen Lebererkrankungen wurde Hunden eine Präparation aus Zinkacetat, Zinkgluconat und Zinksulfat p. o. gegeben, was einer Menge von 1–5 mg/kg an elementarem Zink, verteilt auf 2 Dosen pro Tag, entsprach. Die Zinkplasmaspiegel dürfen unter Therapie aber nicht mehr als 800 ppm erreichen.

Die Supplementation von Vitaminen und Spurenelementen bei chronischen Lebererkrankungen ist weniger im therapeutischen Sinne, sondern vielmehr im Sinne einer Stütztherapie zu sehen. Vor allem für die **Vitamine des B-Komplexes**, **Vitamin A** und **E** sowie **Nikotinsäure** und **Pantothensäure** wird eine unterstützende Wirkung auf regenerative Prozesse in der Leber angenommen.

11.4.4 Therapie der hepatischen Enzephalopathie

CAVE

Bei Lebererkankungen kann die Kapazität der Leber zur Entgiftung von Ammoniak gestört sein. Erhöhte Ammoniakspiegel im Blut können dabei im zentralen Nervensystem eine **hepatische Enzephalopathie** verursachen, welche unbehandelt mit hepatischem Koma und Nierenversagen tödlich verlaufen kann.

Ein wichtiges therapeutisches Ziel ist dabei die Senkung der intestinalen Ammoniakproduktion. Folgende Therapiemaßnahmen stehen zur Verfügung:

- diätetische Maßnahmen zur Reduktion des Stickstoffeintrags
- orale Anwendung von Chemotherapeutika (z. B. Neomycin, Rifaximin, Metronidazol u. ä.) zur Reduktion der Ammoniakbildung durch Darmbakterien
- Laxanzientherapie mit Lactulose zur Senkung des Darm-pH-Wertes auf ≤ 6,0

Lactulose

Lactulose ist ein synthetisches Disaccharid aus D-Galaktose und D-Fruktose in β-1–4-glykosidischer Bindung. Sie ist strukturverwandt zur Laktose (Milchzucker), welche aus D-Galaktose und D-Glukose in β-1–4-glykosidischer Bindung besteht, wird aber im Darm weder enzymatisch gespalten, noch resorbiert. Erst die Darmbakterien im Colon verwerten die zugeführte Lactulose, wobei Laktat und Pyruvat entstehen. Diese senken den pH-Wert im Colon deutlich, was zu einer Hemmung proteolytischer Bakterien und damit zu einer Reduktion der Ammoniakbildung führt. Zusätzlich kommt es zu einem laxativen Effekt (S. 303). Bedingt durch den sauren pH-Wert diffundiert Ammoniak aus dem Blut in den Darm und protoniert dort zu NH_4^+ (Ammoniak-pH-Falle im Darm). Durch diese Prozesse wird die Ammoniakbelastung des Körpers signifikant reduziert. Die Anwendung von Lactulose empfiehlt sich darum nicht nur bei hepatischer Enzephalopathie, sondern prophylaktisch auch bei **chronischen Lebererkrankungen** und bei **Leberzirrhose**.

Hunden wird Lactulose zur Milderung der hepatischen Enzephalopathie in einer Menge von 2,5–25 ml 3-mal täglich p. o. eingegeben. Katzen mit **feliner Hepatolipidose** erhalten Lactulose in einer Menge von 2,5–5 ml 3-mal täglich p. o. Bei dieser Erkankung besteht oft eine längere Phase der Anorexie (2–3 Wochen). Therapeutisch entscheidend ist daher auch eine ausreichende Futteraufnahme, die eventuell erzwungen werden muss. Zur Appetitanregung können auch die Benzodiazepine **Oxazepam** und **Lorazepam** sowie **Diazepam** in Dosierungen von 0,1–0,3 mg/kg Anwendung finden.

11.4.5 Biosynthesestörungen der Leber und ihre Therapie

Gerinnungsstörungen

Lebererkrankungen können mit Biosynthesestörungen und demzufolge mit einer verminderten Bildung von körpereigenen Stoffen einhergehen. So werden z. B. das gesamte Albumin und der überwiegende Teil der Globuline im Blut von der Leber gebildet. Ein Abfall des Serumalbumins tritt aber erst bei einem Verlust von mehr als 80 % der funktionellen Lebermasse ein und zeigt somit das Endstadium einer Lebererkrankung an. Charakteristisches Symptom ist der hepatogene Aszites.

Von klinischer Bedeutung sind eher Störungen der Blutgerinnung, die schon frühzeitig nach Leberschädigung infolge akuter und chronischer Entzündung, Septikämie, Tumorbefall oder Hepatotoxinen in Erscheinung treten. Alle im Plasma gelösten Gerinnungsproteine stammen von der Leber. Nur die Faktoren III und VIII können zusätzlich extrahepatisch gebildet werden. Infolge des Ausfalls von Gerinnungsfaktoren ist die Blutungsneigung erhöht und die Blutungszeit verlängert. Die fehlenden Faktoren müssen dann im Sinne einer Substitutionstherapie zugeführt werden.

Porphyriebedingte Photodermatitis

Die hepatische Porphyrie ist Ausdruck einer überhöhten Biosyntheseleistung in der Leber, die eine Überproduktion von körpereigenen Porphyrinen zur Folge hat. Dabei ist die Bildung von **δ-Aminolävulinsäure (ALA)** über die ALA-Synthase und damit der geschwindigkeitsbestimmende Schritt der Porphyrin-/Hämsynthese gesteigert. Der Porphyringehalt ist insbesondere in der Haut erhöht, weshalb es nachfolgend zum Auftreten einer Photodermatitis kommen kann. Der hepatischen Porphyrie liegen häufig genetische Ursachen zugrunde, sie kann aber auch durch sog. porphyrinogene Arzneistoffe ausgelöst werden (**Tab. 11.12**).

ZUM WEITERLESEN **Porphyrien** können aber auch nach Aufnahme sog. porphyrinogener Stoffe auftreten, welche zu einer Photosensibilisierung der Haut führen. Sind die Stoffe selbst Porphyrine, wie z. B. **Fagopyrin** aus Buchweizen oder **Hypericin** aus getüpfeltem Johanniskraut, so ist die Leber an der Photosensibilisierung ursächlich nicht beteiligt (primäre toxische Photosensibilität). Bei polygastrischen Tieren stellt zudem das **Phylloerythrin** eine mögliche Ursache hepatogener Porphyrien dar. Phylloerythrin entsteht im Pansen aus Chlorophyll. Ein Teil wird nach Resorption von der Leber in die Galle ausgeschieden. Dieser Ausscheidungsweg kann insbesondere dann gestört sein, wenn mit den Futterpflanzen auch hepatotoxische Mykotoxine aufgenommen werden, welche die Leber schädigen. Demzufolge wird Phylloerythrin vermehrt in die Haut eingelagert (sekundäre Porphyrie).

Bei Porphyrie kann es zum Auftreten einer **Photodermatitis** kommen. Dieser liegt eine Zellschädigung durch lichtabhängige Oxidationen von Proteinen, Lipiden und Nukleinsäuren zugrunde, wobei die Lichtenergie durch eine chromophore Gruppe des porphyrinogenen Stoffes (des Photosensitizers) absorbiert und in chemische Energie überführt wird. Therapeutische Maßnahmen bestehen im Verbringen der Tiere in lichtgedämmte Räume, dem Absetzen des Photosensitizers bzw. einer Fütterungsumstellung sowie der Anwendung einer antioxidativen Therapie mit **β-Carotin** und **antioxidativen Schutzstoffen**. In der Humanmedizin steht auch niedrig dosiertes Chloroquin zur Verfügung, welches Porphyrine komplexieren kann und diese renal ausscheidbar macht.

Tab. 11.12 Arzneistoffe mit porphyrinogenem Potenzial.

Wirkstoffgruppe	Arzneistoff
Hypnotika/Sedativa/Tranquilizer	▪ Barbiturate ▪ Phenothiazine
Antiinfektiva	▪ Chloroquin ▪ Chloramphenicol ▪ Sulfonamide
Steroide	▪ Estrogene ▪ Androgene ▪ Progesteron
Sulfonylharnstoffe	▪ Tolbutamid ▪ Chlorpropamid
Verschiedene	▪ Hexachlorbenzol ▪ anorg. Quecksilberverbindungen ▪ Hexachlorhexan ▪ Chlordan ▪ Allylisopropylacetamid

β-Carotin

Pharmakodynamik β-Carotin (**Abb. 11.24**) ist ein in Wasser unlöslicher Kohlenwasserstoff, der insgesamt 9 konjugierte Doppelbindungen enthält und in *Daucus carota* (Möhre) mit ca. 0,1 % enthalten ist. Die Doppelbindungen können Lichtenergie absorbieren. Da alle Carotinoide mehr oder weniger autoxidabel sind und damit bei Lagerung an der Luft an Schutzwirkung verlieren, sollten pharmazeutisch hergestellte Produkte verwendet werden. Diesen sind zum Teil noch weitere Antioxidanzien, z. B. Tocopherole und Ascorbinsäure, zugesetzt.

Pharmakokinetik β-Carotin wird als lipophile Substanz im Magen-Darm-Trakt unter Vermittlung von Gallenflüssigkeit und Pankreassaft gut resorbiert. Die Leber kann daraus Retinal und nachfolgend Vitamin A_1 (Retinol) synthetisieren. Ein Molekül β-Carotin liefert dabei zwei Moleküle Vitamin A_1. Im Körper liegen 80–85 % der Carotinoide im Fettgewebe vor, 8–12 % in der Leber und 2–3 % im Muskel. β-Carotin wird auch in die Haut eingelagert und kann dort an den unbehaarten Stellen zu einer bräunlichen Pigmentierung führen. Diese Einlagerung begründet seinen Epithelschutzcharakter. Die Lichtschutzwirkung von β-Carotin tritt jedoch erst nach Wochen auf.

Dosierung Für β-Carotin werden 0,14–1,4 mg/kg/Tag als Anfangsdosis und 0,35 mg/kg/Tag als Erhaltungsdosis empfohlen.

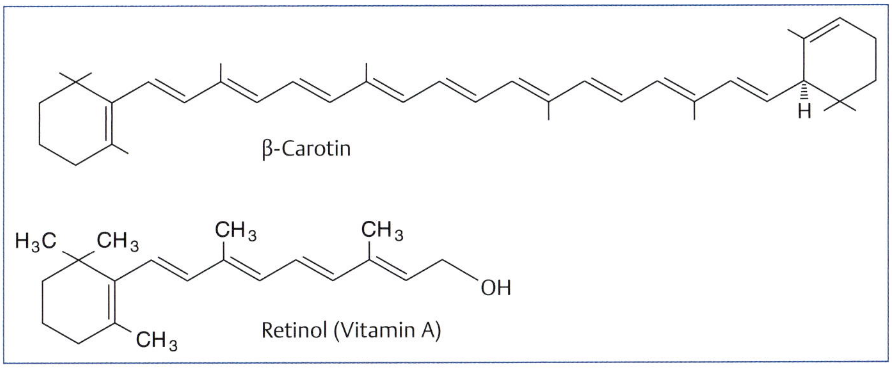

Abb. 11.24 β-Carotin und Retinol.

CAVE

Hoch dosiertes Vitamin A/Retinol hat erwiesenermaßen teratogene Wirkungen. So stimulieren Retinolrezeptoren im Zellkern die Expression spezifischer Gene, z. B. für das Wachstumshormon, für den transforming growth factor β (TGF-β) und für den Rezeptor des Melanozyten stimulierenden Hormons (MSH-R). Eine Anwendung bei trächtigen Tieren ist daher zu vermeiden.

Antioxidative Schutzstoffe

Neuerdings werden auch schwefelhaltige, antioxidativ wirkende Schutzstoffe bei Photodermatitis eingesetzt. Die Wirkung dieser Mercaptoverbindungen beruht auf der Bindung von Singletsauerstoff unter Bildung von Thioperoxiden. Hierfür empfiehlt sich im Besonderen **N-Acetylcystein**, das aus dem gleichen Grund auch gegen den Ischämie-Reperfusionsschaden bei Herz- und Lungeninfarkten und gegen die Kardiotoxizität von Adriamycin verwendet wird. N-Acetylcystein wirkt auch auf indirektem Weg. Es liefert intermediär Cystein für die Biosynthese von reduziertem Glutathion, welches zur enzymatischen Reduktion von Sauerstoffradikalen via Glutathion-Peroxidase erforderlich ist.

11.4.6 Kupferspeicherkrankheit und ihre Therapie

Eine seltene genetische Kupferspeicherkrankheit der Leber ist die **Kupferleber der Bedlington-Terrier**. Auch beim West Highland White Terrier, Skye Terrier und einigen anderen Hunderassen sind Kupferspeichererkrankungen beschrieben worden, deren Genetik nicht einheitlich ist. Bei den Bedlington-Terriern ist durch eine Mutation im sog. MURR1-Gen (Syn.: COMMD1-Gen) der Transport von Kupfer aus den Lysosomen zu den Gallekanälchen gestört, sodass Kupfer nur unvollständig biliär eliminiert werden kann. Bei betroffenen Hunden werden 5–50-mal höhere Leberkupfergehalte als normal gefunden (3 000–11 000 µg/g gegen < 350 µg/g in der Trockenmasse der Leber), was zu einer oxidativen Schädigung der Mitochondrien in der Leber führt. Die Erkrankung verläuft in verschiedenen Schweregraden, welche von chronisch-aktiver Hepatitis bis hin zu massiven hepatischen Nekrosen reichen.

KLINISCHER BEZUG Zur Verzögerung der Kupfer-Kumulation ist **kupferarmes Diätfutter** (ohne Leber- und Gehirnanteile) sowie die orale Gabe von Zinksalzen empfehlenswert. **Zinksulfat** oder **Zinkgluconat** werden dabei mit 2–3 mg/kg/Tag 30–60 min vor einer Fütterung verabreicht. Das Zink induziert eine intestinale Form von kupferbindenden Metallothioneinen in der Darmmukosa und soll gleichzeitig die Kupferausscheidung mit den Fäzes erhöhen. Zur Komplexierung des Kupfers wird weiterhin **D-Penicillamin**, eine SH-Gruppe tragende D-Aminosäure (**Abb. 11.25**), eingesetzt. Da die Erkrankung angeboren ist und progressiv verläuft, ist zwar keine Heilung, wohl aber eine Besserung der Lebermorphologie möglich. Zumindest bei der humanen Kupferspeicherkrankheit (Morbus Wilson) wird auch das aliphatische Amin **Trientin** (Triethylentetramin, kurz TETA; **Abb. 11.25**) eingesetzt, welches als Chelatbildner mit zweiwertigen Kupferionen wasserlösliche Komplexe bilden kann.

D-Penicillamin

Die initiale Dosis für **D-Penicillamin** beträgt 10–15 mg/kg 2-mal täglich (ca. 250 mg für Bedlington-Terrier täglich) jeweils 30 min vor der Futtergabe. D-Penicillamin (**Abb. 11.25**) wird in gleicher Dosierung (10–15 mg/ kg alle 12 h) auch zur Verzögerung der Fibrose bei der in Schüben verlaufenden chronisch-aktiven Hepatitis des Hundes gegeben.

CAVE

Bei der Anwendung von Penicillamin muss darauf geachtet werden, dass kein Racemat aus D- und L-Penicillamin eingesetzt wird. Im Gegensatz zu D-Penicillamin ist L-Penicillamin toxisch, denn es hemmt kompetitiv den Einbau von L-Valin in Proteine oder wird an dessen Stelle selbst eingebaut. Es konkurriert ferner mit der Aufnahme von L-Valin und L- Methionin in Zellen.

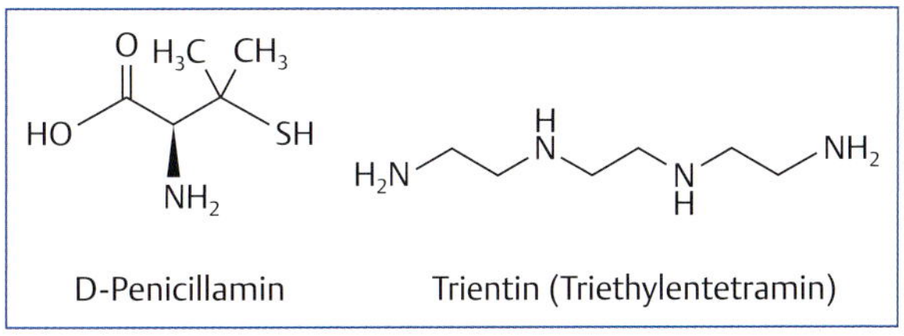

Abb. 11.25 Komplexbildner für Kupfer.

Bei oraler Gabe werden nach 1–2 h maximale Blutspiegel erreicht. Die orale Bioverfügbarkeit beträgt ca. 65 %. Die Ausscheidung von Penicillamin bzw. Penicillamindisulfid erfolgt überwiegend renal und ist nach 7–12 h weitgehend abgeschlossen. Der Verteilungsraum von D-Penicillamin ist der Extrazellularraum. Daher nimmt der Kupfergehalt der Leber bei dieser täglichen Therapie nur langsam und erst über Wochen, Monate, ja sogar Jahre ab.

11.4.7 Therapie der Cholestase

DEFINITION Eine Beeinträchtigung der Ausscheidungsfunktion der Leber, die zu einer Stagnation des Gallenflusses führt, wird als Cholestase bezeichnet. Man unterscheidet extra- und intrahepatische Cholestasen. Bei der extrahepatischen Cholestase kommen als Ursachen eine posthepatische Verlegung des Galleabflusses durch obstruktive Prozesse (Gallensteine, Neoplasmen) oder eine Atresie der Gallenwege in Frage. Bei der intrahepatischen Form liegt eine Schädigung des Leberparenchyms z. B. durch Fremdstoffe vor, wodurch es zu einer Störung der Gallenbildung kommt.

Cholestasen manifestieren sich klinisch in **Ikterus** und **Pruritus**. Hierfür sind erhöhte Serumspiegel von Gallenpigmenten (Bilirubin und Bilirubinabkömmlinge) sowie von Gallensäuren verantwortlich. Außerdem treten Enzyme, die normalerweise in der Galle vorhanden sind, wie alkalische Phosphatase (AP), Leucinaminopeptidase und γ-GT, vermehrt im Serum auf.

Der therapeutische Ansatz war ursprünglich, die Gallenbildung mit sog. **Choleretika** zu forcieren, was allerdings funktionell intakte Leberparenchymzellen voraussetzt und daher bei intrahepatischer Cholestase nur bedingt wirksam ist. Im Bereich der Phytotherapie stehen zahlreiche pflanzliche Zubereitungen aus Schöllkraut, Artischocke, Javanischer Gelbwurzwurzel oder Löwenzahnwurzel zur Verfügung, welche an der gesunden Leber cholagog wirken. Beim Menschen steigerte z. B. die intraduodenale Applikation von Artischockenextrakt, der die Bitterstoffe **Cynarin** und **Cynaropikrin** enthält, das sezernierte Gallenvolumen signifikant. Vergleichbare Steigerungen ließen sich durch Curcumin aus Gelbwurzwurzel oder Taraxacin aus dem Milchsaft der Löwenzahnwurzel erzielen. Zerkleinerte Pflanzen werden in Form von Aufgüssen sowohl Pflanzen- als auch Fleischfressern p. o. gegeben. Die Gesamtmenge an zerkleinerter Löwenzahnwurzel soll für Rinder täglich 15–50 g, für Pferde 10–25 g, für Schafe und Ziegen 3–10 g, für Schweine 2–5 g, für Hunde 0,2–2 g, für Katzen 0,5–1 g und für Hühner 0,1–0,5 g betragen. Eine kausale Therapie muss jedoch eine Regeneration der Leberparenchymzellen zum Ziel haben, wobei die wichtigste Maßnahme in der Identifizierung und dem Vermeiden des auslösenden Agens liegt.

Ursodeoxycholsäure

Pharmakodynamik Ursodeoxycholsäure ist eine Gallensäure, die in hohen Konzentrationen in der Galle von Bären vorkommt (**Abb. 11.26**). Ursodeoxycholsäure ist als Dihydroxygallensäure deutlich lipophiler als Cholsäure (Trihydroxygallensäure) und bewirkt eine starke Stimulation des gallensäureabhängigen Gallenflusses. Wird Ursodeoxycholsäure therapeutisch zugeführt, so verschiebt sich im Gesamtgallensäurepool das Verhältnis von membranschädigenden und cholestatischen Gallensäuren in Richtung untoxischer Gallensäuren. Nach Daueranwendung bei zirrhotischen Humanpatienten beobachtete man auch eine Verzögerung der degenerativen Zellabbauprozesse sowie eine Hemmung der Zellproliferation in den Gallengängen. Dies wurde als Schutz- bzw. Umkehreffekt bei cholestatischen Lebererkrankungen bezeichnet. Detaillierte Untersuchungen an Patientenkollektiven ergaben, dass Ursodeoxycholsäure in zahlreichen Fällen die funktionellen und biochemischen Leberfunktionsparameter auch schwer vorgeschädigter Lebern verbessert, ohne jedoch den entzündlichen und histologischen Prozess im Zirrhosestadium nennenswert zu verändern.

Pharmakokinetik Ursodeoxycholsäure wird zu über 90 % enteral über Gallensäuretransporter resorbiert, mit dem Portalblut zur Leber transportiert und dort mit Taurin (Hund, Katze) oder Glycin (Hund) konjugiert. Katzen sind hierbei im Nachteil, da sie obligat Taurin-abhängig sind und durch Ursodeoxycholsäuregabe eine mäßige Depletion an Taurin auftreten könnte. Die konjugierte Form der Ursodeoxycholsäure wird in die Galle abgegeben und anschließend aus den Gallengängen wieder zurückresorbiert. Neben diesem intrahepatischen Kreislauf unterliegen alle Gallensäuren auch einem enterohepatischen Kreislauf, durch den etwa 90 % der mit der Galle in den Darm abgegebenen Gallensäuren rückresorbiert werden. Durch diese besondere Kinetik ist ein zeitlich lang anhaltender therapeutischer Effekt zu erzielen, wie er bei chronischen Erkrankungen der Leber gewünscht ist.

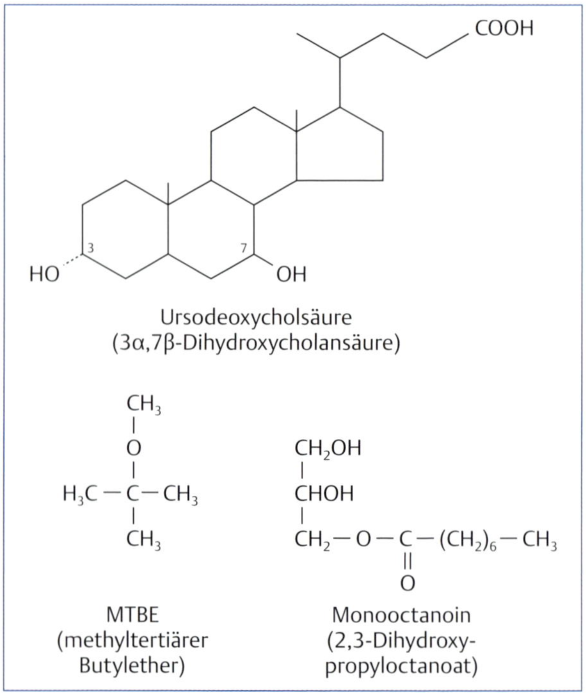

COOH
HO
OH
Ursodeoxycholsäure
(3α,7β-Dihydroxycholansäure)

$H_3C-C(CH_3)_2-O-CH_3$
MTBE
(methyltertiärer Butylether)

$CH_2OH-CHOH-CH_2-O-C(=O)-(CH_2)_6-CH_3$
Monooctanoin
(2,3-Dihydroxypropyloctanoat)

Abb. 11.26 Stoffe zur Auflösung von Gallensteinen.

Dosierung Bei Menschen, die auf eine Lebertransplantation warten, wird Ursodeoxycholsäure in einer Dosis von 4–12 mg/kg/Tag als ein **Mittel der Wahl** zur Besserung der Symptome bei der primären biliären Zirrhose und anderen **chronischen cholestatischen Lebererkrankungen** angesehen. Therapeutische Erfahrungen mit Ursodeoxycholsäure bei Leberschäden von Tieren liegen nur vereinzelt vor. Für einen rationalen Einsatz dieser Gallensäure im Rahmen cholestatischer Erkrankungen müsste zunächst ein Nachweis über die Änderung des Gesamtgallensäurepools erbracht werden. Ursodeoxycholsäure ist beim Tier auch zur Behandlung autoimmunologischer Lebererkrankungen geeignet, welche mit Hepatitis, Cholangitis und progressiver biliärer Zirrhose einhergehen. Bei Hunden und Katzen beträgt die Dosis 10–15 mg/kg 1-mal täglich oder die Hälfte 2-mal täglich p. o. in Form von Kapseln. Die Therapie sollte 3–4 Monate andauern und im Falle der Besserung biochemischer Blutmarker fortgesetzt werden.

11.4.8 Chemische Auflösung von Gallensteinen

Im Gegensatz zum Menschen, bei dem Gallensteine zum Teil auch ohne Symptomatik sehr häufig anzutreffen sind, treten sie bei Tieren sehr viel seltener auf. Bei Hunden werden bei weniger als 1 % der Patienten mit Lebererkrankungen Gallensteine gefunden. Aufgrund der Zusammensetzung unterscheidet man reine Cholesterolsteine, reine Pigmentsteine aus Gallenfarbstoffen des Hämabbaus sowie gemischte Steine mit variablem Gehalt an Gallenpigment, Cholesterol und Kalziumsalzen. Die Steinbildung ist nicht einfach die Folge einer „Eindickung“ der Gallenflüssigkeit, sondern hängt von dem Wechselspiel zwischen steinfördernden und steinverhindernden Stoffen der Galle, dem **lithogenen Index** der Gallenflüssigkeit, ab. Auch spielen Kristallisationskerne, die bei Entzündungen oder parasitärem Befall der Gallenblase auftreten können, als Auslöser der Steinbildung eine Rolle.

Die Cholesterolsteinbildung wird physiologischerweise durch detergierende Gallensäuren, das sind vor allem amidierte Trihydroxygallensäuren, und durch Phospholipide in der Gallenflüssigkeit verhindert. Letztere bilden gemischte Molekülaggregate, sog. Mizellen, durch die Cholesterol in Lösung bleibt. Der hohe Anteil von Trihydroxygallensäuren in der Hundegalle scheint für das seltene Auftreten einer Cholesterolsteinbildung beim Hund verantwortlich zu sein. Neben der chirurgischen Entfernung und der Lithotripsie werden beim Menschen Cholesterolsteine durch eine mehrmonatige orale Therapie mit der stark choleretisch wirkenden **Ursodeoxycholsäure** aufgelöst (**Abb. 11.26**). Eine Auflösung in Stunden lässt sich durch die Gabe des Monoglycerids **Monooctanoin** und des organischen Lösungsmittels **methyltertiärem Butylether** (MTBE) nach Punktion bzw. Katheterisierung der Gallenblase erreichen. Zu beachten ist, dass MTBE bei intraperitonealer Fehlapplikation starke Entzündungen hervorrufen kann. Selbst bei sachgerechter Anwendung können Nekrosen des Gallenblasenwandepithels auftreten.

FAZIT PHARMAKOLOGIE DER LEBER UND DER GALLENWEGE

Die Leber hat eine enorme Reserve- und Regenerationskraft, sodass Lebererkrankungen meist erst in einem fortgeschrittenen Stadium klinisch sichtbar werden. Häufig treten Leberschäden infolge einer Arzneitherapie oder durch die Aufnahme von Hepatotoxinen aus Nahrung und Umwelt auf. Das aus Mariendisteln stammende Silymarin kann dabei ein Schutztherapeutikum sein.

Weitere therapeutische Maßnahmen bei Lebererkrankungen sind Lactulose bei hepatischer Enzephalopathie, β-Carotin im Rahmen einer antioxidativen Therapie der Porphyrie bedingten Photodermatitis, D-Penicillamin bei der Kupferspeicherkrankheit einiger Hunderassen sowie Ursodeoxycholsäure zur unterstützenden Therapie bei Cholestase und zum Auflösen von Cholesterolsteinen in den Gallenwegen. Diese Maßnahmen können weitestgehend als unspezifisch angesehen werden.

11.5 Pharmakologie des exokrinen Pankreas

Das Pankreas erfüllt zwei völlig unterschiedliche Funktionen. Während das **endokrine Pankreas** die größte Bedeutung für die Regulation der Blutglukose-Homöostase hat, ist das **exokrine Pankreas** wegen der Sekretion seiner zahlreichen Verdauungsenzyme, seiner Bicarbonatsekretion und der Sekretion des intrinsic factors, der für die Vitamin-B_{12}-Absorption notwendig ist, für den Nahrungsaufschluss sowie für die Aktivierung bzw. Inaktivierung bestimmter Peptidhormone essenziell. Hier soll die Pharmakologie des exokrinen Pankreas besprochen werden.

11.5.1 Anatomische und physiologische Grundlagen

Die funktionelle Einheit des exokrinen Pankreas sind die Azini (**Abb. 11.27**). Als Azini bezeichnet man die traubenförmigen Drüsenendstücke, die die Läppchenstruktur des Pankreas bilden und die einen gemeinsamen Abflussgang haben. Hervorzuheben ist die dichte Packung an Zymogengranula in den Azinuszellen. In ihnen sind die Zymogene (Proenzyme, **Tab. 11.13**) enzymatisch inaktiv bzw. sind freie Enzyme durch Enzyminhibitoren blockiert. Dadurch wird eine Selbstverdauung im Normalzustand ausgeschlossen. An der basolateralen Membran tragen Azinuszellen Rezeptoren für Überträgerstoffe, insbesondere für Acetylcholin, über die die Abgabe des Pankreassaftes auch vegetativ gesteuert werden kann. Aufgrund der Sekretion großer Mengen an Bicarbonat ist der Pankreassaft stets alkalisch. Dadurch wird die Magensäure nach Entleerung in das Duodenum neutralisiert. Die noch unwirksamen Zymogene der Proteasen, Phospholipasen, Ribonukleasen und Deoxyribonukleasen sowie die bereits enzymatisch intakte α-Amylase und Pankreaslipase werden im Duodenum aktiv.

Tab. 11.13 Wichtige Enzyme und Zymogene des Pankreassekretes; ihre Bedeutung für Funktion, Pathogenese und Diagnose der Pankreaserkrankungen.

Substanz	Wirkung
Trypsinogen	Zymogen, MG 24 kDa. Hat ca. 30 % Anteil am gesamten Enzymgehalt des Pankreassaftes. Gemisch aus kationischem (⅔ Anteil), anionischem (⅓ Anteil) und Mesotrypsinogen (< 1 % Anteil). Mutierte Formen haben Bedeutung für die hereditäre Pankreatitispathogenese bei Mensch und Hund (vermutet). Trypsinogen like immunoreactivity im Serum ist hochsignifikant erniedrigt (≤ 2 µg/l) bei Pankreasinsuffizienz.
Trypsin	Serin-Protease (Endopeptidase), MG 23,8 kDa. Ist im Pankreas noch blockiert; wird im Duodenum aktiviert. Selbstaktivierung aus Trypsinogen ergibt sog. α- bzw. β-Trypsin.
Chymotrypsinogen	Zymogen, MG 24 kDa. Wird durch Trypsin aktiviert. Chymotrypsinogen C zerstört im Pankreas aktives Trypsin durch proteolytische Spaltung.
Chymotrypsin	Chymotrypsinnachweis im Kot; übersteht kaum intakt die Darmpassage beim gesunden Tier.
Elastase-1, pankreatische Elastase 1	Metalloproteinase. Diagnostisches Enzym im Stuhl zur Bewertung der Pankreasfunktion. Wird durch α_1-Antitrypsin gehemmt.
Cathepsin B	Lysosomale Protease; kann intrazellulär Trypsinogen aktivieren.
Phospholipase A	Wird durch Trypsin aktiviert; generiert Lysolecithin aus Phosphatidylcholin.
Lipase	Liegt aktiv im Pankreas vor. Wird als pankreatische Lipase (PLI) diagnostisch mittels Serumimmuntest bei Hund und Katze gemessen.
α-Amylase	Liegt aktiv vor. Spaltet α-glykosidische Bindungen.

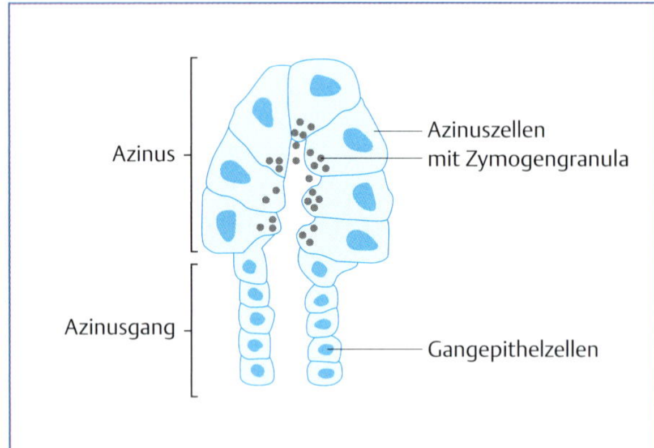

Abb. 11.27 Ansammlung von Azinuszellen mit abführendem Azinusgang. Von den Azinuszellen wird proteinreiches, zymogenhaltiges Sekret gebildet, das in den abführenden Gängen mit dem dort gebildeten wässrigen, elektrolythaltigen und bicarbonatreichen Sekret vermischt wird. Während dünnflüssiges Sekret gut abfließen kann, ruft ein hoch visköses Sekret Entzündungen hervor.

KLINISCHER BEZUG Bei einer Pankreatitis kommt es durch die entzündlichen Zellschädigungen zum Übertritt von pankreatischen Verdauungsenzymen aus den exokrinen Azini in die Blutbahn. Die Lipase und α-Amylase werden zu diagnostischen Zwecken herangezogen. Für die Diagnostik akuter wie chronischer Pankreatitiden bei Hund und Katze sind Immunoassays der organ- und tierspezifischen pankreatischen Lipase (cPLI und fPLI) besser geeignet als der klassische enzymatische Lipase- oder α-Amylase-Test. Von Nutzen ist auch die Ultraschalldiagnostik mit Nachweis des Pankreasödems sowie peripankreatischer Fettnekrosen.

Für die physiologische Funktion des Pankreas ist die geregelte Durchblutung des Organs, die unter Kontrolle des N. vagus steht, von großer Bedeutung. Beeinträchtigungen der Durchblutung haben unmittelbar Konsequenzen auch für die exokrine Pankreasfunktion. Unter bzw. nach einem Schock kommt es fast obligat zu einer Erhöhung der Pankreasenzymaktivität von Amylase und Lipase im Serum. Dies geht oft mit einer sog. ödematisierten Pankreatitis einher. Bei systemischem Blutdruckabfall erhöht sich der Pankreasgefäßwiderstand durch die Gegenregulation von Angiotensin. Eine Blockade des RAAS (Renin-Angiotensin-Aldosteron-System) mit ACE-Hemmern normalisiert den Gefäßwiderstand im Pankreas. An Hunden löst die Pankreasischämie eine Stase bedingte, ödematisierte Pankreatitis aus. Aus einer ödematisierten Pankreatitis wird durch Hemmstoffe der NO-Bildung sowie Bradykininantagonisten eine nekrotisierende Pankreatitis. Bei bestehender Pankreatitis forciert eine Ischämie die Entzündung erheblich.

KLINISCHER BEZUG Eine Therapiemaßnahme zur Milderung des Verlaufs der akuten Pankreatitis ist die Gabe von ACE-Hemmern sowie die Hämodilution von etwa 20 % des Blutvolumens mit Plasmaexpandern zur Verbesserung der Mikrozirkulation im Pankreas.

Die Dysfunktion des Sphinkter oddi ist für die Entstehung rekurrierender Pankreatitiden mit verantwortlich. Er reguliert an der Papilla vateri die gemeinsame Abgabe von Galle und Pankreassaft in das Duodenum. Aufgrund der besonderen Anatomie arbeitet der Sphinkter wie eine Ansaugpumpe, durch die sowohl die Gallenflüssigkeit als auch das Pankreassekret angesaugt und in das Duodenum entlassen wird. Im Normalfall ist eine Regurgitation von Flüssigkeiten retrograd aus dem Duodenum zurück in die jeweiligen Ausführungsgänge ausgeschlossen. Bei einer vegetativen Dysfunktion des Sphinkters oddi oder einer Erhöhung des Abflusswiderstandes durch (Gallen-)Steine, Vernarbungen, Entzündungen oder Muskelspasmen kann es jedoch zur Regurgitation von Gallenflüssigkeit über den Pankreasgang in das Pankreas kommen. In diesem Falle wird bei ständig wiederkehrendem Reflux eine akut rezidivierende respektive chronische sog. biliäre Pankreatitis ausgelöst.

Neben akuter bzw. chronischer Entzündung sowie einer idiopathischen Pankreatitis, die den Großteil der klinischen Pankreasfälle ausmachen, kommt auch die Pankreasinsuffizienz, d. h. ein Mangel an sezernierten Pankreasenzymen, vor.

11.5.2 Pathogenese der Pankreatitis

Pankreatitiden stellen inhomogene Krankheitsbilder dar mit zum Teil multifaktorieller Genese und variablem klinischem Verlauf, sodass sie nur schwer als einheitliche Entität zu verstehen sind.

Grundsätzlich ist für die Entstehung von Pankreatitiden die vorzeitige, bereits in den Pankreasazini ablaufende Autoaktivierung von proteolytisch inaktivem Trypsinogen zum aktiven Trypsin von pathophysiologischer Bedeutung. Dadurch kommt es graduell zu milden bis schweren Formen der Pankreasautodigestion.

Normalerweise werden die Trypsinogene erst im Dünndarm durch das dort im Bürstensaum vorliegende Enzym Enteropeptidase aktiviert. Dabei kommt es zur Abspaltung eines kurzen 8-Aminosäurepeptids TAP (Trypsinaktivierungspeptid). Das im Dünndarm aktivierte Trypsin kann seinerseits alle anderen Zymogene im Dünndarm wirksam machen und damit die vollständigen Enzymaktivitäten des Pankreassaftes herstellen (Abb. 11.28). Bereits im sezernierten Pankreassaft liegt jedoch ein kleiner Teil des Trypsins in aktiver Form vor. Dieser entsteht durch Autokatalyse des Trypsinogens bzw. wird vermutlich auch durch intrazelluläre Enzyme, wie Cathepsin B, aus den Lysosomen gefördert. Auch für die Autokatalyse ist die Abspaltung des TAP entscheidend. TAP fördert selbst die Autokatalyse von Trypsinogen. Im physiologischen Fall ist eine intrapankreatische Aktivierung von Trypsinogen durch Enterokinase ausgeschlossen, da das Enzym nicht im Pankreas vorkommt. Unter pathologischen Situationen kann es aber zum Reflux von bereits durch duodenale Enterokinase aktiviertem Pankreassaft durch den Pankreasgang in das Organ kommen, wodurch eine massive Selbstverdauung eingeleitet wird.

Pankreatitiden können akut oder chronisch verlaufen. Eine **akute Pankreatitis** ist eine plötzlich auftretende Entzündung des Pankreas und stellt ein hochakutes Krankheitsbild dar, das durch schweres Erbrechen, Futterverweigerung (Anorexie), abdominale Kolikschmerzen, Durchfall, Dehydratation unterschiedlichen Grades, Kreislaufkollaps und Schock charakterisiert ist. In mehr als 80 % der akuten Pankreatitisfälle von Hund und Katze ist die Ursache unbekannt (idiopathische Pankreatitis). Beim Hund kann stark fetthaltige Nahrung mit Hypertriglyzeridämie sowie Überfressen zur akuten Pankreatitis führen. Exogene Einflüsse wie Durchblutungsstörungen, Reflux von Gallensäuren, Toxine oder bestimmte Arzneistoffe verkomplizieren diese u. U. zu einer nekrotisierenden, hoch dramatisch verlaufenden Entzündung. Eine bakterielle Kontamination des nekrotisierenden Pankreasgewebes bis hin zur systemischen Sepsis sind weitere mögliche Folgen der akuten Pankreatitis. Um dies zu verhindern, sind Antibiotikagaben (Fluorchinolone bzw. Breitspektrum-Laktamantibiotika) zwingend erforderlich.

Chronische Pankreatitiden stellen schubartig verlaufende oder persistierende Entzündungen des Pankreas dar. Sie führen nach längerem Bestehen zu einer ungenügenden Sekretion von Verdauungsenzymen (exogene Pankreasinsuffizienz) bis hin zu fibrotischen Organveränderungen. Daraus resultiert eine verminderte Futterverdauung mit Diarrhö (z. B. Steatorrhö durch gestörte Fettverdauung) und Gewichtsverlust. Die entzündlich-fibrotischen Organveränderungen können auch zu einer Beeinträchtigung des endokrinen Pankreas führen (endokrine Pankreasinsuffizienz) mit konsekutivem Diabetes mellitus (S. 353).

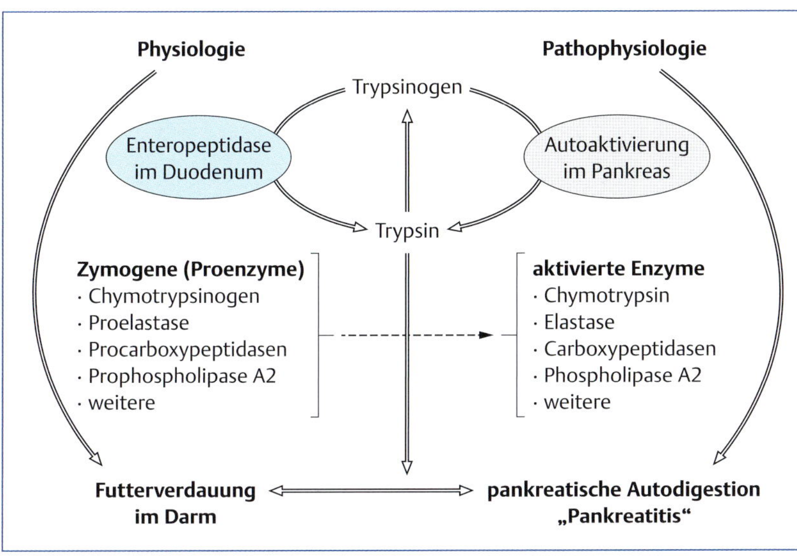

Abb. 11.28 Die Bedeutung der Aktivierung von Zymogenen (Proenzymen) des Pankreassaftes für die Physiologie der enteralen Verdauung und Pathophysiologie der Pankreatitis (pankreatische Autodigestion).

Spez. Pharmakologie

11.5.3 Therapie der Pankreatitiden

Aufgrund der vielgestaltigen Pathogenese der Pankreatitiden erfolgt die Therapie aller Pankreatitisformen überwiegend symptomatisch. Die Behandlung richtet sich somit in erster Linie nach dem individuellen klinischen Bild und Verlauf. Allgemeine Therapieprinzipien sind in **Tab. 11.14** dargestellt. Eine der Pankreatitisform angemessene Fütterungsdiät ist dabei essenziell.

Am Beginn steht eine Regulation der Pankreassekretion durch eine strikte anfängliche Nahrungskarenz (Nulldiät). Sofern bekannt, sind auslösende Faktoren (Arzneistoffe) abzusetzen. Die Therapie richtet sich nach dem Grad der Symptome. Die meisten der akuten Pankreatitisfälle verlaufen mild. Bei schweren Verlaufsformen sind jedoch bis zu 15 % nicht beherrschbar und letal. Die durch Erbrechen verloren gegangenen Elektrolyt- und Flüssigkeitsmengen müssen reinfundiert werden. Diese Maßnahme ist essenziell und reicht bei leichteren Schweregraden in Verbindung mit einer länger anhaltenden Diätfütterung mit fett- und eiweißarmem, aber kohlenhydratreichem Futter sowie einer Schmerzbehandlung, bei schweren Formen auch mit Opioid-Analgetika, aus. Bei Hunden zeigt nur etwas mehr als die Hälfte der Fälle Schmerzreaktionen, während dies beim Menschen praktisch 100 % sind. Als Antiemetikum ist **Maropitant** beim Hund sehr gut geeignet.

Umstritten ist der Einsatz von **Somatostatin** sowie von seinem langlebigen Analogon Octreotid (S. 361). Während Octreotid keinen Nutzen hatte, bewirkten Somatostatin-Infusionen über 72 h eine Besserung der Symptome sowie eine Abnahme der Amylase-Blutgehalte. Aus wirtschaftlichen Gründen ist aber die Anwendung von Somatostatin in der Veterinärmedizin kaum vorstellbar.

Serin-Protease-Inhibitoren sind von Anfang an von therapeutischem Interesse für die Pankreatitistherapie gewesen. **Aprotinin** wird aus der Rinderlunge gewonnen und kam ursprünglich zur Behandlung von akuten Pankreatitiden zum Einsatz. Es handelt sich um ein 58 Aminosäuren und 6,5 kDa großes Protein, dessen physiologische Bedeutung weiterhin unklar ist, obwohl es bereits seit 1936 bekannt ist. Neben Trypsin (K_i = 0,06 pmol/l) hemmt es vergleichbar stark Chymotrypsin sowie Plasmin (K_i = 1 nmol/l) und, wenn auch deutlich schwächer, Kallikrein (K_i = 30 nmol/l). Die Hemmung von Kallikrein dient zur biologischen Standardisierung, sodass seine Wirksamkeit in Kallikrein-Hemmeinheiten (KIU = Kallikrein inhibitory units) bestimmt wird. Die Aprotinin-Hemmwirkungen sind beim Hund um den Faktor 5–15 stärker als beim Menschen. Bei der Anwendung von Aprotinin zur Therapie der akuten Pankreatitis kam die Heilwirkung meist zu spät.

KLINISCHER BEZUG Für den Aprotinin-Einsatz zur Pankreatitistherapie empfiehlt es sich, eine Gesamtdosis von mehreren, 4–40 Millionen KIU über 5 Tage verteilt vorzunehmen. Auch kann eine Peritoneallavage unter Zusatz von Aprotinin versucht werden. Dies soll einer durch die Proteasen verursachten systemischen Entzündung vorbeugen.

Tab. 11.14 Allgemeine Therapieprinzipien bei Pankreatitis.

Therapieprinzip	Pankreatitisform	Maßnahme	Therapieziel
Diät	akut	Nulldiät für 2–3 Tage	Hemmung der verdauungsbedingten Pankreassekretion
	chronisch	angepasst an das klinische Bild	Normalisierung der Verdauung bei exokriner Insuffizienz
Normalisierung der Pankreasdurchblutung	akut	ACE Hemmer	Aufrechterhaltung der Mikrozirkulation
	akut	Nitroprussid-Na (NO-Donator)*	
	akut	Bradykinin-Agonisten*	
	akut	Flüssigkeitssubstitution	
Vomitus-Therapie	akut	Antiemetika, z. B. Maropitant	Verhinderung weiteren Flüssigkeitsverlustes
Ruhigstellung des exokrinen Pankreas	akut	Anticholinergika	Hemmung der weiteren Pankreassekretion
	akut	Somatostatin, Octreotid	
Schmerz-Therapie	akut	Opiate (z. B. Buprenorphin)	Verminderung der Schmerzwahrnehmung
Hemmung der Autodigestion	akut (chronisch)	Protease-Inhibitoren, z. B. Aprotinin	Hemmung der Enzymaktivität und Enzymaktivierung
antioxidative Therapie	(akut) chronisch	Vitamin E	Abfangen von vermehrten ROS** infolge der Entzündung
Antiinflammation	(akut) chronisch	Glucocorticoide (Prednisolon)	Hemmung der Entzündung
Substitution von Verdauungsenzymen	chronisch	Pankreasextrakt (Pankreatin)	Normalisierung der Verdauung bei exokriner Insuffizienz

* nur von experimentellem Interesse
** ROS = reaktive Sauerstoffspezies

Weiterhin wird die Gabe von **Antioxidanzien** (Vitamin E) zur Unterdrückung von entzündungsbedingten Sauerstoffradikalen im Pankreasgewebe angeraten. **Glucocorticoide** sind ausschließlich zur Therapie der chronischen Formen sinnvoll. Wenn überhaupt, sind bei akuter Pankreatitis nur kurz wirksame Glucocorticoide geeignet. Ihr Einsatz wird kontrovers gesehen, aber hinsichtlich der Autoimmunpankreatitiden von Hund und Katze, die mit lymphoplasmazytärer Infiltration einhergehen, als sehr gut beurteilt. Hier ist **Prednisolon** das Mittel der Wahl.

11.5.4 Pankreasinsuffizienz und Steatorrhö

In den meisten Fällen resultiert die Pankreasinsuffizienz bei Tieren aus dem fibrotischen Umbau des Organs nach immer wiederkehrenden chronischen Entzündungsattacken. Die Prozesse bestehen oft über lange Zeiträume, in denen ein Verlust von 90 % des funktionellen Pankreasgewebes auftreten kann, ehe sie sich in einer Pankreasinsuffizienz klinisch manifestieren. Beim Hund ist die Pankreasinsuffizienz weiterhin Folge einer Pankreasazinusatrophie (PAA) infolge einer lymphozytären Pankreatitis mit Infiltration von CD3-positiven Lymphozyten. Es handelt sich um eine Autoimmunkrankheit, die bei jungen Hunden auftritt. Die Enzymsekretion sinkt auf weniger als 10 % des Normalwertes. Die Zellverluste betreffen meist nur die Azini, sodass kein Diabetes vorliegen muss. Pankreasatrophie bei der Katze ist eine Erkrankung des älteren Individuums. Häufig waren dabei chronische Enteritiden vorausgegangen, die zu chronisch rezidivierenden Pankreatitiden geführt hatten. Bei Fleischfressern führt der Ausfall der Pankreassaftabgabe zum Auftreten von Fettstühlen, sog. Steatorrhö, die eine salbenartige Konsistenz und einen eigentümlichen Fettglanz besitzen. Ursache ist der Mangel an Pankreaslipase, der nicht ausreichend durch die Magenlipase kompensiert werden kann. Dagegen ist die Verdauung von Kohlenhydraten und Eiweißen durch enterale Proteasen und durch Amylase aus der Speicheldrüse ausreichend gewährleistet. Auch ein Synthesemangel an duodenaler Enteropeptidase kann eine Pankreasinsuffizienz begünstigen.

In allen Fällen der exokrinen Pankreasinsuffizienz erfolgt eine Substitutionstherapie der Pankreasenzyme durch **Pankreatin**, einen standardisierten Extrakt aus Schweinepankreas, der außer Lipase auch Amylase und weitere Proteasen enthält. Die Pankreatin-Präparate müssen mit einem säurefesten Überzug versehen sein, da sonst die Pankreaslipase im Magen inaktiviert wird. Auch gibt es galenische Zubereitungen, bei denen die Enzyme in säurestabilen Mikrospheren enthalten sind, die im Magen aus der primären Kapsel freigesetzt werden. Sie verteilen die Enzyme im Chymus gleichmäßiger bis in das Duodenum, wo sie sich im alkalischen Duodenalmilieu auflösen. Fleischfresser können alternativ auch mit frischem rohem Pankreas gefüttert werden. Die vorherige Gabe von Protonenpumpeninhibitoren oder H_2-Blockern soll den Lipaseabbau durch die Magensäure mindern. Immerhin werden aber mehr als 80 % der Lipase und 65 % des Trypsins bei einer Magenpassage zerstört.

Durch die fehlende Sekretion des intrinsic factors kommt es zu einem Abfall von Vitamin B_{12}. Bei einem Serummangel muss durch regelmäßige Injektionen das Vitamin substituiert werden.

FAZIT PHARMAKOLOGIE DES EXOKRINEN PANKREAS 

- In den Azinuszellen des exokrinen Pankreas sind die Zymogene (Proenzyme) enzymatisch inaktiv bzw. sind freie Enzyme durch Enzyminhibitoren blockiert. Dadurch wird eine Selbstverdauung im Normalzustand ausgeschlossen. Grundsätzlich ist für die Entstehung von Pankreatitiden die vorzeitige, bereits in den Pankreasazini ablaufende Autoaktivierung von Zymogenen von pathophysiologischer Bedeutung. Dadurch kommt es graduell zu milden bis schweren Formen der Pankreasautodigestion.
- Pankreatitiden können akut (hoch akutes Krankheitsbild) oder chronisch verlaufen bis hin zu fibrotischen Organveränderungen mit ungenügender Sekretion von Verdauungsenzymen (exogene Pankreasinsuffizienz).
- Aufgrund der vielgestaltigen Pathogenese erfolgt die Therapie aller Pankreatitisformen überwiegend symptomatisch.
- Die Behandlungsmöglichkeiten umfassen u. a. die Normalisierung der Pankreasdurchblutung (ACE-Inhibitor, Flüssigkeitssubstitution), bei Erbrechen die Gabe von Antiemetika (Maropitant), die Minderung der Autodigestion durch Hemmung der Verdauungsenzyme mit Protease-Inhibitoren (Aprotinin) sowie eine antiinflammatorische (Glucocorticoide) und antioxidative (Vitamin E) Therapie. Bei exokriner Pankreasinsuffizienz werden Verdauungsenzyme (Pankreatin) substituiert.

Danksagung

Die Autoren sind Prof. Dr. med. vet. E. Petzinger sehr dankbar, da Teile des Kapiteltextes, der Abbildungen und der Tabellen dem von ihm verfassten entsprechenden Kapitel aus der 3. Auflage entnommen sind.

(Weiterführende) Literatur

[1] Allescher HD, Ahmad S, Kostka P, Kwan CY, Daniel EE. Distribution of opioid receptors in canine small intestine: implications for function. Am J Physiol 1989; 256: G966–G974

[2] Atillasoy E, Berk PD. Fulminant hepatic failure: pathophysiology, treatment, and survival. Annu Rev Med 1995; 46: 181–191

[3] Bishop MA, Steiner JM, Moore LE, Williams DA. Evaluation of the cationic trypsinogen gene for potential mutations in miniature schnauzers with pancreatitis. Can J Vet Res 2004; 68: 315–318

[4] Bonnie LHK. Efficacy of orally administered maropitant citrate in preventing vomiting associated with hydromorphone administration in dogs. J Am Vet Med Assoc 2014; 244: 1164–1169

[5] Center SA. Metabolic, antioxidant, nutraceutical, probiotic and herbal therapies relating to the management of hepatobiliary disorders. Vet Clin Small Anim 2004; 34: 67–172

[6] Chen J-M, Férec C. Chronic pancreatitis: Genetics and Pathogenesis. Annu Rev Genomics Hum Genet 2009; 10: 3.1–3.25

[7] Elwood C, Devauchelle P, Elliott J, Freiche V, German AJ, Gualtieri M et al. Emesis in dogs: a review. J Small Anim Pract 2010; 51: 4–22

[8] Fantini L, Tomassetti PJ, Pezzilli R. Management of acute pancreatitis: current knowledge and future perspectives. World J Emerg Surg 2006; 16: 1–6

[9] Herling AW, Petzinger E. Pharmakologische Hemmung der Magensäuresekretion: Ihre Bedeutung für die Therapie der ulzerativen Gastritis. Tierärztl Prax 2005; 33(G): 258–265

[10] Hultgren BD, Stevens JB, Hardy RM. Inherited chronic progressive hepatic degeneration in Bedlington Terriers with increased liver copper concentrations: clinical and pathologic observations and comparison with other copper-associated liver diseases. Am J Vet Res 1986; 47: 365–377

[11] Kromer W. Endogenous and exogenous opioids in the control of gastrointestinal motility and secretion. Pharm Rev 1988; 40: 121–162

[12] Lotersztajn S, Julien B, Teixeira-Clerc F, Grenard P, Mallat A. Hepatic fibrosis: molecular mechanisms and drug targets. Ann Rev Pharmacol Toxicol 2005; 45: 605–628

[13] Petzinger E, Geyer J. Drug transporters in pharmakokinetics. Naunyn-Schmiedeberg's Arch Pharmacol 2006; 372: 465–475

[14] Rau SE, Barber LG, Burgess KE. Efficacy of maropitant in the prevention of delayed vomiting associated with administration of doxorubicin to dogs. J Vet Intern Med 2010; 24: 1452–1457

[15] Smith M, Kocher M, Hunt BJ. Aprotinin in severe acute pancreatitis. Int J Clin Pract 2009; 64: 84–92

[16] Trepanier LA. Idiosynkratic toxicity associated with potentiated sulfonamides in the dog. J Vet Pharmacol Therap 2004; 27, 129–138

[17] Trepanier L. Acute vomiting in cats. J Feline Med Surg 2010; 12: 225–230

[18] Wilson DV, Evans AT, Mauer WA. Influence of metoclopramide on gastroesophageal reflux in anesthetized dogs. Am J Vet Res 2006; 67: 26–31

12 Endokrinpharmakologie

U. Ebert, A.W. Herling, H. Potschka

12.1 Grundlagen

Für die Informationsübertragung zwischen Organen und Zellen bedient sich der Organismus spezifischer chemischer Substanzen. Die Zellen des Nervensystems übertragen schnell und gezielt Informationen direkt auf andere Zellen, indem sie aktivierende, hemmende oder modulierende Neurotransmitter ausschütten. Die Zellen des endokrinen Systems schütten dagegen Hormone ungezielt in extrazelluläre Flüssigkeiten aus, wobei die Zellen der Zielorgane über spezifische Rezeptoren die Informationen selektieren. Nach der klassischen Definition werden Hormone von spezialisierten Drüsenzellen (Hormondrüsen) gebildet und ins Blut abgegeben, über das sie spezifische Rezeptoren auf oder in den Zielzellen erreichen und aktivieren (**endokrine Wirkung**). Viele Zellen sind auch in der Lage, die benachbarten Zellen durch Abgabe von Gewebshormonen (z. B. Zytokine) in die Extrazellularflüssigkeit unmittelbar zu beeinflussen (**parakrine Wirkung**). Teilweise wirken Hormone auf die sie synthetisierenden und sezernierenden Zellen selbst (**autokrine Wirkung**). Das endokrine System ist besonders gut in der Lage, übergreifende Zellfunktionen andauernd und global zu steuern, um damit komplexe physiologische Regelkreise zu kontrollieren und generelle Anforderungen auf teils zyklische Veränderungen (Wachstum, Pubertät, Fertilität) zu vermitteln.

KLINISCHER BEZUG Die klassischen Hormone werden von spezialisierten Gewebsdrüsen, teilweise auch von Zellen des Nervensystems (**Neurohormone**, wie z. B. Oxytocin) produziert und sind für die normale Stoffwechselfunktion, für die Körperentwicklung und für die Fertilität essenziell. Eine reduzierte endogene Hormonproduktion führt daher zu klinisch relevanten Fehlfunktionen, die in der Regel nur durch Substitution des Hormons oder durch Gabe von Agonisten der Rezeptoren auf den Zielzellen behoben werden können. Eine überschießende Hormonsekretion oder die übermäßige Zufuhr von Hormonagonisten führt meist ebenfalls zu klinischen Symptomen, die durch Entfernung der Hormondrüse oder durch Rezeptorantagonisten behandelt werden können.

Beim Einsatz eines Hormons oder eines Hormonrezeptorantagonisten ist zu beachten, dass die endogene Hormonproduktion einem komplexen **Regelkreis** unterliegt, an den die Behandlung kontinuierlich angepasst werden muss. Dabei kann das Ziel der Behandlung entweder die gezielte Beeinflussung der Hormonwirkung durch Gabe in physiologischen Dosierungen oder eine besondere pharmakologische Wirkung sein, die nur bei sehr hohen Dosierungen über kurze Zeit erreicht wird.

Biochemisch können die meisten Hormone **vier strukturellen Gruppen** zugeordnet werden. Die biochemischen Eigenschaften einer Hormongruppe bedingen auch relativ ähnliche pharmakokinetische und pharmakodynamische

Eigenschaften. Die meisten endogenen Hormone sind **peptidische Hormone**. Sie sind entweder einfache Peptide von wenigen Aminosäuren Länge (z. B. einige hormonfreisetzende, sog. Releasing-Hormone des Hypothalamus und die Neurohormone der Neurohypophyse) oder größere Proteine (z. B. andere Releasing-Hormone und Adenohypophysenhormone wie Wachstumshormon und Prolaktin) oder hochmolekulare Glykoproteine (z. B. Gonadotropine und schilddrüsenstimulierendes Hormon der Adenohypophyse). Die Aminosäuresequenz der peptidischen Hormone verschiedener Tierarten ist unterschiedlich. Trotzdem wirken viele dieser Hormone, insbesondere die Glykoproteine, im Allgemeinen speziesübergreifend und können daher bei mehreren Tierarten und nicht nur bei der homologen Spezies therapeutisch genutzt werden. Für den Nachweis und die Konzentrationsbestimmung der peptidischen Hormone im Blut ist jedoch meist ein artspezifischer diagnostischer Test notwendig. Laborparameter, die nicht mit den für die jeweilige Tierart validierten Nachweisverfahren ermittelt wurden, sind für die tierärztliche Diagnostik oft wertlos.

Eine weitere wichtige Hormongruppe bilden die **Steroide**, die in mehreren enzymatischen Stoffwechselschritten aus dem Zellmembranbaustein Cholesterol gebildet werden. Zu den Steroiden gehören die vor allem in den Gonaden gebildeten Sexualhormone und die Hormone der Nebennierenrinde (Corticoide). In ihrer Struktur gibt es keine Speziesunterschiede, aber die biochemischen Synthesewege, das Muster der verschiedenen Steroide einer Klasse und teilweise ihr Bildungsort (z. B. bei den Estrogenen) weisen tierartliche Besonderheiten auf.

Die dritte Gruppe besteht aus Hormonen und Neurohormonen, die ausgehend von der Aminosäure **Tyrosin** gebildet werden. Zu dieser Gruppe gehören das Schilddrüsenhormon Thyroxin, die Catecholamine Adrenalin und Noradrenalin aus dem Nebennierenmark und der Neurotransmitter Dopamin.

Eine letzte größere Gruppe sind die **Prostaglandine**, die biochemisch zu den Eicosanoiden zählen und sich von der Arachidonsäure, einer Fettsäure, ableiten. Wegen ihrer kurzen Halbwertszeit wirken sie meist lokal, haben aber eine starke Wirkung auf den Reproduktionszyklus und in der Entzündungsmediation.

Für den Einsatz von Hormonen in der Tiermedizin ergeben sich folgende Hauptanwendungsgebiete:

- Therapie von Krankheitszuständen
- Hormonsubstitution bei ungenügender endogener Sekretion: z. B. GnRH- oder LH-wirksame Präparate bei Zyklus- und Ovulationsstörungen oder Thyroxin bei Schilddrüsenunterfunktion
- Hemmung der endogenen Ausschüttung oder Hormonwirkung: z. B. Dopaminagonisten zur Hemmung der Prolaktinsekretion bei Scheinträchtigkeit der Hündin oder Einsatz von Gestagenen oder Antiandrogenen bei Prostatahyperplasie der Rüden
- diagnostische Überprüfung der endokrinen Funktion
- Provokationstests endokriner Regelkreise durch Hormongabe: z. B. eine Erhöhung des Testosteronspiegels durch Stimulation der Hoden mit dem FSH-wirksamen humanen Choriongonadotropin (hCG) oder eine Abnahme der Cortisolsekretion durch negatives Feedback bei Gabe von synthetischen Glucocorticoiden
- biotechnische Maßnahmen
- Eingriff in den Regelkreis gesunder Tiere, um die Fertilität zu beeinflussen: z. B. gezielte Brunstinduktion durch Terminierung der Gelbkörperphase mit Prostaglandin $F_{2\alpha}$ oder Auslösung einer Superovulation mittels FSH oder equinem Choriongonadotropin (eCG) beim Rind oder Läufigkeitsunterdrückung durch Gestagene bei der Hündin
- Leistungssteigerung durch Hormongabe: z. B. Steigerung der Milchleistung durch Wachstumshormon beim Rind
- pharmakologische Wirkung: z. B. Immunsuppression durch Glucocorticoide
- besondere Wirkungen von Hormonen bei weit höheren als physiologischen Dosierungen: z. B. entzündungshemmende Wirkung von Glucocorticoiden

In vielen Fällen werden nicht die endogenen Hormone eingesetzt, sondern abgeleitete synthetische Substanzen, die ebenfalls an den spezifischen Rezeptor binden, aber deutlich bessere pharmakokinetische Eigenschaften (längere Halbwertszeit, stärkere Wirksamkeit) als das endogene Hormon haben (z. B. Dexamethason für die glucocorticoide Wirkung).

12.2 Regulation der Synthese und Sekretion von Hormonen

Die Synthese und die Sekretion der meisten Hormone werden ihrerseits durch übergeordnete Hormone und letztendlich durch das Zentralnervensystem reguliert (**Tab. 12.1**). Die übergeordneten, an der Regulation der Hormondrüsen beteiligten Hormone werden als **trope Hormone** bezeichnet und im **Hypophysenvorderlappen (Adenohypophyse)** oder im **Hypothalamus** gebildet und sezerniert.

Die Synthese und Freisetzung dieser adenohypophysären Hormone werden durch Freisetzungshormone (**Releasing-Hormone**) aus dem Hypothalamus stimuliert.

Es handelt sich hierbei um Glykoprotein- oder Peptidhormone (**Tab. 12.1**).

Neben der Freisetzung durch stimulierende Releasing-Hormone können Hormone der Adenohypophyse auch durch hypothalamische Faktoren gehemmt oder stimuliert werden. So unterdrückt Somatostatin die Wachstumshormonausschüttung, und die Freisetzung des Peptidhormons Prolaktin aus dem Hypophysenvorderlappen wird durch den Neurotransmitter Dopamin gehemmt. Die Stimulation der Prolaktinausschüttung erfolgt durch Prolaktin-releasing-Peptid, ein aus Rinderhypothalamus isoliertes Peptid mit vielfältigen weiteren modulatorischen Funktionen auf die Hormonhomöostase und den Stoffwechsel.

Der Hypothalamus, und damit letztendlich das Zentralnervensystem, ist zwar der Ausgangspunkt für die Ausschüttung der meisten Hormone, aber die freigesetzten Hormone haben ihrerseits wiederum einen Einfluss auf die Adenohypophyse oder den Hypothalamus. In der Regel hemmen sie dabei entweder direkt die Freisetzung des Hy-

Tab. 12.1 Hormonelle Regulation über Hypothalamus und Hypophysenvorderlappen.

hypothalamisches Releasing-Hormon	Adenohypophysenhormon	primäres Zielorgan
Gonadotropin-releasing-Hormon (GnRH)	luteinisierendes Hormon (LH)	Gonaden
Gonadotropin-releasing-Hormon (GnRH)	follikelstimulierendes Hormon (FSH)	Gonaden
Wachstumshormon-releasing-Hormon (GHRH)	Wachstumshormon (growth hormone, GH = Somatotropin, ST)	Leber u. a. Organe
Thyreotropin-releasing-Hormon (TRH)	schilddrüsenstimulierendes Hormon (TSH)	Schilddrüse
Corticotropin-releasing-Hormon (CRH)	adrenocorticotropes Hormon (ACTH)	Nebennierenrinde

Pulsatil ausgeschüttete hypothalamische Releasing-Hormone erreichen über ein Kapillarnetz die Adenohypohyse und stimulieren die Sekretion der tropen Hormone, deren freie Konzentration im Plasma die Ausschüttung von Sexualhormonen aus den Gonaden, von T_3 und T_4 aus der Schilddrüse und der Glucocorticoide aus der Nebennierenrinde kontrolliert.

pophysenhormons, das ihre eigene Ausschüttung stimuliert, oder sie erreichen diesen Effekt indirekt über die Hemmung der Releasing-Hormon-Freisetzung. Einen solchen Mechanismus bezeichnet man als **negative Rückkopplung** (**negatives Feedback**). In wenigen Fällen kann ein Hormon über die eigenen tropen Hormone auch die eigene Freisetzung stimulieren, was eine sich selbst verstärkende **positive Rückkopplung** (**positives Feedback**) darstellt. Ein ideales Beispiel für diese komplexen Regelkreise ist die Ausschüttung der Sexualhormone. Die durch FSH und LH freigesetzten Estrogene und Progesteron aus den Ovarien bzw. Androgene aus den Hoden hemmen die GnRH-Ausschüttung im Hypothalamus, was wiederum die Ausschüttung von FSH und LH reduziert (negatives Feedback). Abhängig vom Fortpflanzungszyklus können Estrogene jedoch die LH-Sekretion auch stimulieren. So führt das bei Wiederkäuern in der Brunst von den präovulatorischen Follikeln vermehrt sezernierte 17β-Estradiol zu einer drastisch verstärkten LH-Sekretion (LH-Peak), was schließlich die Ovulation auslöst (positives Feedback).

Trotz dieses komplexen Regelkreises ändert sich die Sekretion vieler Peptidhormone nicht langsam und kontinuierlich, sondern sie werden in relativ kurzen Perioden pulsatil sezerniert. Der Effekt der Hormone auf das Zielorgan hängt dann stark von der Frequenz und Amplitude der Sekretion ab. Eine dauerhaft erhöhte Hormonkonzentration kann dabei zur Reduktion der Rezeptorendichte und einem Wirkungsverlust führen.

Je nach Struktur wird die Synthese der Hormone auch unterschiedlich reguliert. Während die meisten Peptid- und kleinen Proteinhormone synthetisiert, in zellulären Vesikeln gespeichert und bei Bedarf aus den Vesikeln freigesetzt werden, stehen bei Glykoproteinhormonen, dem Schilddrüsenhormon Thyroxin, Steroiden und Prostaglandinen inaktive Vorläufer bereit, woraus nach Bedarf durch enzymatische Aktivität sehr schnell aktive Hormone synthetisiert werden können. Auch nach der Freisetzung hängt die Wirkungsdauer der Hormone sehr stark von ihren strukturellen Eigenschaften ab. Peptid- und Proteinhormone sind gut im Blut löslich und werden rasch durch Proteasen abgebaut. Steroide und Thyroxin sind schlecht wasserlöslich; ihr Transport im Blut erfolgt gebunden an hormonspezifische große Proteine. Das verlängert einerseits ihre biologische Halbwertszeit, weil sie so der renalen Filtration entgehen, moduliert aber auch ihre Bioverfügbarkeit, weil nur die ungebundenen Hormone an ihren Wirkort in der Zelle gelangen können.

12.3 Wirkungsmechanismen von Hormonen

Hormone entfalten ihre Wirkung in der Regel über spezifische Rezeptoren. Ob ein Hormon in einem Organ bzw. einer bestimmten Zelle des Organs eine Wirkung hervorrufen kann, hängt davon ab, ob die Zellen den Hormonrezeptor besitzen. Neben einer kontinuierlichen Expression von Hormonrezeptoren können Zellen diese auch zeitlich befristet ausbilden, z. B. abhängig vom Reproduktionszyklus, oder durch vorhergehende Hormonbindung verlieren.

Therapeutisch wird die Hormonwirkung meist durch Substitution des natürlichen Hormons, seltener durch Rezeptoragonisten erzielt. Für die Hemmung der Hormonwirkung können entweder Substanzen mit antagonistischer Wirkung am Rezeptor verwendet werden oder, speziell bei peptidischen Hormonen, Antikörper eingesetzt werden. Unter Umständen bildet der Körper selbst Antikörper gegen ein wiederholt injiziertes artfremdes Hormon und reduziert dessen Wirkung, z. B. bei Pferden, die zur Ovulationsinduktion mit humanem Choriongonadotropin behandelt werden.

12.3.1 Wirkungsmechanismus von peptidischen Hormonen und Prostaglandinen

Peptid-, Protein- und Glykoproteinhormone sind hydrophil und können Zellmembranen nicht passieren. Ihre Wirkung wird daher über Rezeptoren in der Zellmembran vermittelt. Die spezifischen Rezeptoren sind Transmembran-Proteinkomplexe, die aus einer extrazellulären Bindungsdomäne, einer Membranverankerung und einer intrazellulären Informationstransduktionsdomäne bestehen. Die Bindung des Hormons an den Rezeptor bewirkt eine Konformationsänderung des Proteinkomplexes, die über ein G-Protein eine intrazelluläre Second-Messenger-Kaskade aktiviert, z. B. die Umwandlung von ATP zu cAMP durch die AC. cAMP aktiviert die Proteinkinase A, die wiederum andere Enzyme durch Phosphorylierung aktiviert (**Abb. 12.1**).

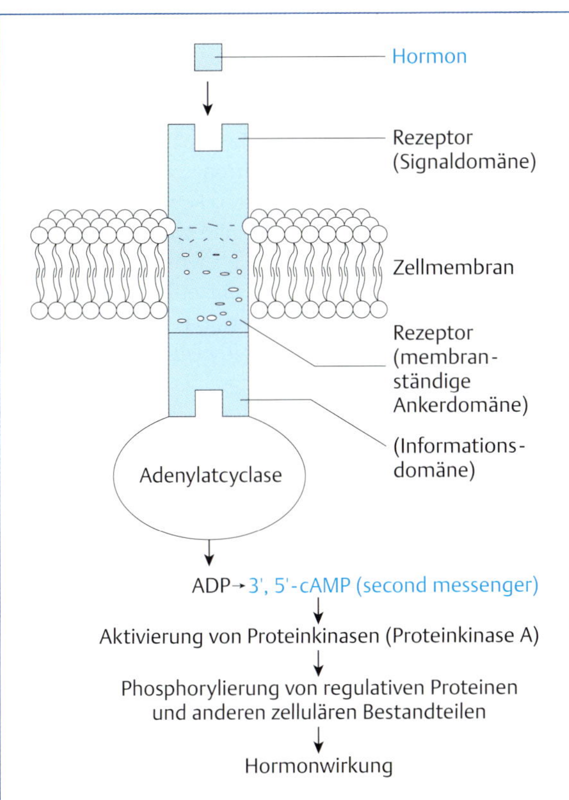

Abb. 12.1 Wirkungsweise eines Peptidhormons über Bindung an einen Rezeptor in der Zellmembran und Aktivierung eines intrazellulären Informationssystems, wie z. B. der AC/cAMP. [mit Dank an Professor Martin Oettel]

Die Wirkung der peptidischen Hormone auf Organe ist daher von der Expression der Rezeptoren auf der Zelloberfläche und der Art des nachgeschalteten Second-Messenger-Systems abhängig. Die dauerhafte Anwesenheit des Hormons am Rezeptor kann zu einer schnellen Internalisierung und/oder einer längerfristigen Reduzierung der Rezeptorzahl (Downregulation) führen. Die Zellen sprechen dann vermindert oder gar nicht mehr auf das Hormon an. Eine Dauermedikation mit Hormonen unterbricht die normalen Regelkreise und hat eine antagonistische Wirkung. So kann ein kurze Gabe von GnRH die Freisetzung von FSH/LH in der Hypophyse zwar stimulieren, eine Dauermedikation mit GnRH aber die LH-Sekretion zum Erliegen bringen, was gezielt für eine physiologisch paradoxe Hemmung der Sekretion des nachgeschalteten Hormons eingesetzt wird.

Prostaglandine vermitteln ihre Wirkung ebenfalls über G-Protein-gekoppelte Rezeptoren in der Zellmembran, durch die intrazelluläre Second-messenger-Systeme aktiviert werden.

12.3.2 Wirkungsmechanismus von Steroid- und Schilddrüsenhormonen

Steroidhormone sind hydrophob, können Zellmembranen passieren und binden an Rezeptoren im Zytoplasma in der Zelle. Es entsteht ein Hormon-Rezeptor-Komplex, der aktiv in den Zellkern transportiert wird (Translokation). Dort bindet der Komplex an rezeptorspezifische Promotorbereiche der DNA und induziert die mRNA-Synthese (**Abb. 12.2**). Die mRNA führt im Zytoplasma zur Synthese der für die spezifische Hormonwirkung notwendigen Proteine. Die Rezeptoren der Steroidhormone sind teilweise nicht völlig spezifisch, sodass z. B. synthetische Gestagene auch an Androgen- und Glucocorticoidrezeptoren binden können. Wenn dabei ein synthetisches Gestagen mit dem körpereigenen Hormon am Rezeptor konkurriert, aber einen vergleichsweise geringeren Effekt aufweist, resultiert daraus sogar eine antagonistische Wirkung. Sowohl für Steroid- als auch für die Schilddrüsenhormone wurde ein weit schnellerer Effekt auf den Stoffwechsel beobachtet als über Proteinsynthese (dauert Stunden bis Tage) zu erwarten ist, weshalb zusätzliche Rezeptoren mit schnelleren Aktivierungssystemen auf den Mitochondrien, im Zytosol oder in der Plasmamembran diskutiert werden.

12.4 Metabolismus von Hormonen

Hormone können nur dann als Informationsträger dienen, wenn ihre Wirkung zeitlich begrenzt ist. Ihre Wirkung und ihre Anreicherung im Zielorgan werden daher durch enzymatische Metabolisierung im Zielorgan und in der Leber, teilweise auch in Niere, Lunge, Fettgewebe und anderen Organen kontrolliert.

Die Spaltung und Inaktivierung peptidischer Hormone erfolgt in der Leber, in der Niere und in den jeweiligen Zielorganen. Steroidhormone werden ebenfalls in Leber, Niere oder Zielorganen durch enzymatische Kopplung mit Schwefelsäure oder Glucuronsäure inaktiviert. Durch die Kopplung erhöht sich die Wasserlöslichkeit, was die rasche Ausscheidung der Metaboliten über Harn und Kot ermöglicht. Die Schilddrüsenhormone T_3 und T_4 werden primär in Leber und Niere einerseits durch spezifische Dejodasen über eine Abspaltung der Jodatome inaktiviert, andererseits decarboxyliert oder desaminiert, ebenfalls über Sulfonsäure- und Glucuronsäurekopplung löslich gemacht und über die Galle ausgeschieden. Freigesetztes Jod wird größtenteils wieder in die Schilddrüse aufgenommen. Über den enterohepatischen Kreislauf erfolgt die Rückresorption der in den Darm abgegebenen Glucuronide. Prostaglandine werden durch verschiedene spezifische Enzyme rasch inaktiviert, z. B. durch Dehydrogenasen in Lunge, Milz und Niere und durch Reduktasen im Fettgewebe, sodass bereits nach einer Lungenpassage nur noch minimale Konzentrationen im Blut nachweisbar sind.

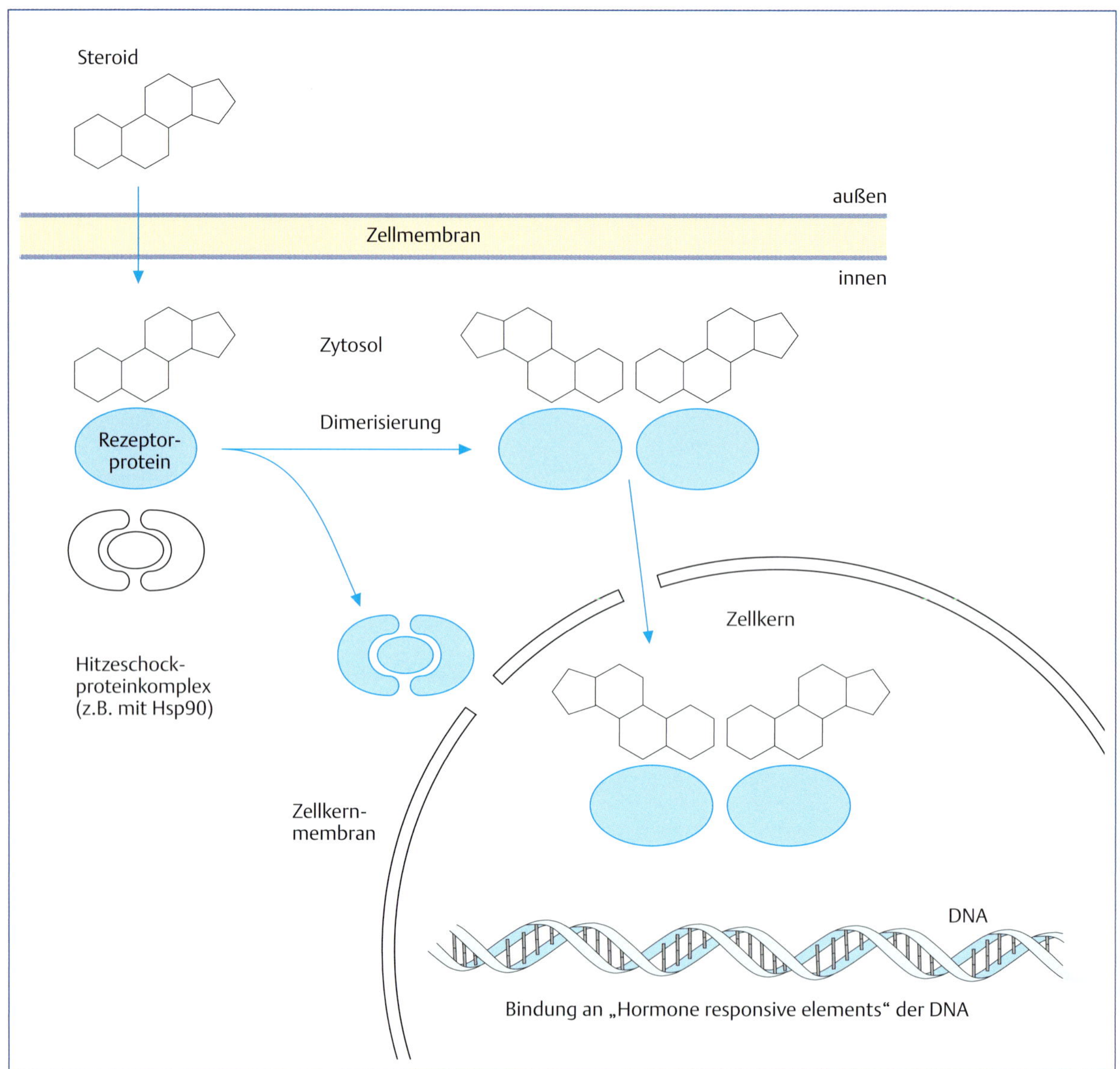

Abb. 12.2 Wirkungsweise eines Steroidhormons über Bindung an einen intrazellulären Rezeptor und Aktivierung der mRNA-Transkription im Zellkern. [mit Dank an Professor Martin Oettel]

12.5 Endokrinpharmakologie der Fortpflanzung

12.5.1 Gonadotropin-releasing-Hormon und Analoga

STECKBRIEF GONADOTROPIN-RELEASING-HORMON

Beim Gonadotropin-releasing-Hormon (GnRH) handelt es sich um ein in bestimmten Arealen des Hypothalamus gebildetes Dekapeptid. Die Aminosäuresequenz des Hormons ist bei allen Säugetieren identisch. Therapeutische Anwendung finden GnRH und GnRH-Analoga insbesondere zur Ovulationsinduktion und bei Störungen der Ovulation.

Die Sekretion von GnRH in das hypothalamohypophysäre Pfortadersystem wird durch adrenerge Neurotransmission induziert. Über dieses Gefäßsystem gelangt GnRH in den Hypophysenvorderlappen. Eine GnRH-Synthese konnte auch in den Gonaden und der Plazenta verschiedener Tierarten nachgewiesen werden, deren physiologische Bedeutung ist allerdings noch unklar.

GnRH und GnRH-Analoga

Pharmakodynamik GnRH stimuliert im Hypophysenvorderlappen über die Aktivierung membranständiger Rezeptoren die Synthese und Sekretion der Gonadotropine LH (luteinisierendes Hormon) und FSH (follikelstimulierendes Hormon). Damit steuert GnRH in zentraler Weise die Regulation der Fortpflanzung sowohl beim weiblichen als auch beim männlichen Tier.

Physiologischerweise wird GnRH pulsatil freigesetzt, was dementsprechend auch für die Gonadotropine aus

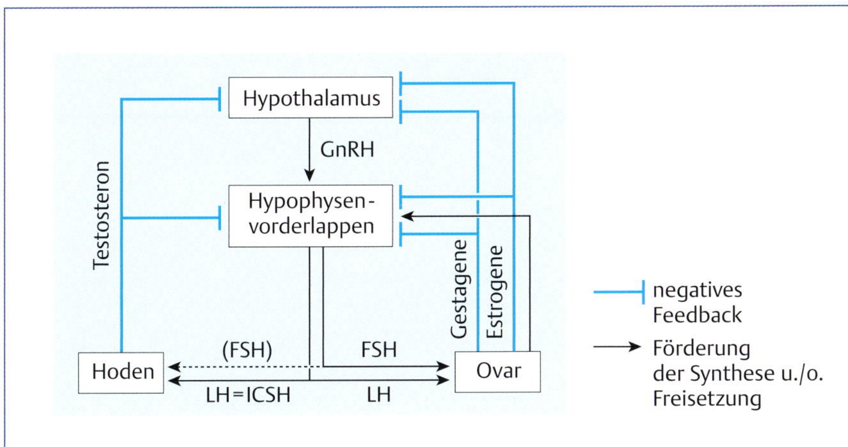

Abb. 12.3 Regulation der Synthese und Freisetzung von GnRH und Gonadotropinen; ICSH = interstitial-cell-stimulating hormone.

dem Hypophysenvorderlappen gilt. Da LH in der Hypophyse in Vesikeln gespeichert vorliegt, FSH dagegen neu synthetisiert wird, ist die GnRH-induzierte LH-Sekretion wesentlich ausgeprägter als diejenige von FSH. Die Frequenz der GnRH-Freisetzung, die freigesetzte GnRH-Menge, aber auch die Ansprechbarkeit der Adenohypophyse gegenüber GnRH variieren im Laufe des weiblichen Zyklus. Der Estradiolanstieg vor der präovulatorischen Gonadotropinausschüttung sensibilisiert dabei die Adenohypophyse gegenüber GnRH. Dieser positive Feedback-Mechanismus ist Voraussetzung für die starke LH-Ausschüttung, die entscheidend für die Ovulationsinduktion ist. Bei Vorliegen eines Gelbkörpers, d. h. im Diestrus oder während der Gravidität, wird die GnRH-Sekretion durch Progesteron gehemmt (negative Rückkopplung). Progesteron wirkt dabei vor allem auf die Frequenz der pulsatilen GnRH-Sekretion (**Abb. 12.3**).

Die pulsatile Einwirkung von GnRH bestimmt die aus der Adenohypophyse freigesetzte Menge an Gonadotropinen. Therapeutisch ist dementsprechend die physiologische Situation nachzuahmen. Durch eine Erstinjektion von GnRH kann die Hypophyse sensibilisiert werden, sodass eine Zweitinjektion nach 30–90 min zu einem deutlich stärkeren LH-Anstieg führt (**Priming-Effekt**). Erfolgt die Zweitinjektion hingegen erst nach mehreren Stunden, so ist kein Sensibilisierungseffekt mehr zu erwarten. Eine Dauereinwirkung oder ein zu frequenter Einsatz von GnRH kann zu einer Downregulation der Rezeptoren und einer Desensibilisierung der Hypophyse führen.

Im Handel befindliche Präparate enthalten **synthetisch hergestelltes GnRH (Gonadorelin)** oder **GnRH-Analoga**. **Buserelin** und **Deslorelin** sind Nonapeptide, die eine etwa 100-fach bzw. 150-fach stärkere Wirkung aufweisen als GnRH. Bei dem GnRH-Analogon **Lecirelin** handelt es sich ebenfalls um ein Nonapeptid. Dieses soll sich gegenüber GnRH insbesondere durch eine längere Bindungsdauer an den spezifischen Rezeptoren der Hypophyse und damit eine längere Wirkungsdauer auszeichnen. **Peforelin** ist ein Dekapeptid, bei dem die Aminosäuresequenz in den Positionen 5–8 von der Sequenz des GnRH abweicht.

Pharmakokinetik GnRH und die GnRH-Analoga sind p. o. verabreicht unwirksam, da die Peptide rasch im Gastrointestinaltrakt enzymatisch gespalten werden. Sie sind daher per i. v. Injektion zu geben. Eine alternative Applikationsform ist die s. c. Implantation, die mit einem speziellen Injektor erfolgt. Da das Hormon an spezifische Rezeptoren in der Adenohypophyse bindet, reichern sich GnRH und GnRH-Analoga rasch im Erfolgsorgan an. Nach parenteraler Verabreichung werden GnRH und die GnRH-Analoga mit einer Halbwertszeit von wenigen Minuten aus dem Plasma eliminiert. Der Abbau erfolgt durch enzymatische Hydrolyse.

Indikationen GnRH-wirksame Substanzen kommen zur Stimulation der LH- und FSH-Sekretion zum Einsatz (**Tab. 12.2**). GnRH und GnRH-Analoga können bei Wiederkäuern zur Ovulationsinduktion im Estrus genutzt werden. Bei diesen Tierarten dauert auch der physiologische, präovulatorische LH-Peak nur einige Stunden. Daher reicht die durch GnRH oder dessen Analoga in therapeutischen Dosierungen ausgelöste LH-Sekretion aus, um den physiologischen LH-Peak dieser Tierarten nachzuahmen, sodass GnRH-Injektionen ovulationsauslösend wirken. Des Weiteren werden GnRH und GnRH-Analoga beim Rind eingesetzt, um sicherzustellen, dass der Sexualzyklus nach dem Abkalben ungestört anläuft. Bei dieser Indikation erfolgt eine einmalige GnRH-Injektion zwischen dem 12. und 18. Tag post partum. Zu dieser Zeit ist bei den meisten Kühen ein auf LH ansprechender Follikel in einem Ovar vorhanden. Die Behandlung soll gewährleisten, dass dieser Follikel zur Ovulation gelangt und nicht atresiert, persistiert oder zystisch entartet. Ist der Zyklus induziert, werden die Tiere meistens regelmäßig wieder brünstig und können nach Ablauf der Rastzeit belegt werden. Die GnRH-Behandlung erfolgt z. T. in Kombination mit Prostaglandin $F_{2\alpha}$ (z. B. Tag 1: GnRH zur Ovulationsinduktion oder Stimulierung eines Gelbkörpers; Tag 7: $PGF_{2\alpha}$ zur Luteolyseinduktion; Tag 9: GnRH zur Ovulationsinduktion und Besamung nach etwa 24 h).

Therapeutisch werden GnRH und GnRH-Analoga beim Rind zur **Behandlung von Ovarialzysten** und bei **verzögerter Ovulation** verwendet.

Tab. 12.2 Klinisch bedeutende Indikationen für den Einsatz von GnRH und GnRH-Analoga bei Tieren.

Einsatzgebiet	Tierart	Indikationen
Therapie und Biotechnik	Rind	▪ Ovarialzysten ▪ verzögerte Ovulation ▪ Stimulation des Gelbkörpers in der frühen Lutealphase ▪ Ovulationsinduktion
	Schaf/Ziege	▪ verzögerte Ovulation ▪ Ovulationsinduktion
	Schwein	▪ Ovulationsauslösung nach vorhergehender Rauscheinduktion
	Pferd	▪ Ovulationsinduktion (subkutanes Implantat)
	Kaninchen	▪ Ovulationsinduktion
	Hund/Frettchen	▪ Induktion einer transienten Unfruchtbarkeit bei männlichen Tieren
Diagnostik	alle Tierarten	▪ Stimulationstest zur Überprüfung der Hypophysenfunktion ▪ Stimulationstest zur Überprüfung der endokrinen Hodenfunktion (besser mit hCG)
	Hund/Katze	▪ Stimulationstest bei Verdacht auf Restovargewebe

KLINISCHER BEZUG Den Ovarialzysten liegt pathogenetisch eine unzureichende endogene LH-Sekretion zugrunde, sodass trotz Follikelwachstum eine Ovulation ausbleibt. Durch GnRH oder dessen Analoga wird die Ovulation und nachfolgende Luteinisierung eines Follikels, nicht aber der Zyste selbst ausgelöst. Voraussetzung für einen Therapieerfolg ist daher, dass neben der Zyste ein ausreichend entwickelter Tertiärfollikel vorhanden ist, dessen Ovulation mit der Behandlung stimuliert werden kann. Nach Ovulation des Follikels und Ausbildung eines Gelbkörpers bildet sich die Zyste langsam zurück. Die induzierte Ovulation ermöglicht dabei nur selten eine Konzeption, da die Fertilität einer nach längerer Zyklusblockade ovulierten Eizelle in der Regel reduziert ist. Das heißt, in diesen Fällen ist die Wiederherstellung der Zyklusaktivität das Therapieziel.

Bei der Stute, bei der der präovulatorische LH-Peak mehrere Tage dauert, kann eine einmalige GnRH-Injektion aufgrund der zu geringen Wirkdauer nicht zur Ovulationsterminierung verwendet werden. Bei dieser Tierart kommt zur Ovulationsinduktion in der Rosse daher vorwiegend das LH-wirksame humane Choriongonadotropin (hCG) zum Einsatz, das eine wesentlich längere Halbwertszeit als GnRH hat. Eine Alternative sind s. c. implantierbare Depotpräparate, die über einen Zeitraum von etwa 2 Tagen ein GnRH-Analogon freisetzen.

Ein Einsatz von GnRH zur Ovulationsinduktion bei Hündinnen oder Katzen wird vorgeschlagen. Kontrollierte Studien, die Empfehlungen hinsichtlich Dosierung und Anwendungszeitpunkt sowie eine Abschätzung des Therapieerfolges erlauben, liegen bislang allerdings nicht vor. Beim Kaninchen finden GnRH und dessen Analoga zur Ovulationsinduktion und zur Verbesserung der Konzeptionsrate Anwendung.

In der Humanmedizin werden GnRH-Präparate bei **Fertilitätsstörungen** von Männern und Frauen sowie bei Kryptorchismus über batteriegesteuerte Infusionsgeräte pulsatil injiziert und dabei ein endogenes GnRH-Sekretionsmuster möglichst exakt nachgeahmt. Solche Behandlungen wären grundsätzlich auch in der Veterinärmedizin denkbar. Eine Therapie des Kryptorchismus mittels wiederholter GnRH-Anwendung wurde z. B. bei Rüden versucht. Da Kryptorchismus vererbt werden kann, sollten Rüden mit dieser Störung allerdings von der Zucht ausgeschlossen werden.

Mit einer GnRH-Langzeittherapie oder wiederholter Injektion von hohen Dosierungen, d. h. mit einem kontinuierlich erhöhten GnRH-Wirkspiegel, lässt sich gezielt eine Rezeptor-Downregulation auslösen. Die Hypophyse wird für GnRH refraktär, und die LH- und FSH-Sekretion ist reduziert. Der Downregulation geht dabei stets eine initiale Phase der Stimulation voraus. Eine Hemmung der Gonadotropinsekretion durch langfristige GnRH-Therapie wird in der Humanmedizin z. B. zur Therapie von Prostata- oder Mammakarzinomen oder bei Endometriose angewandt. In der Veterinärmedizin ist bislang lediglich ein GnRH-Analogon zur Reduzierung der Gonadotropinsekretion zugelassen. In Form von subkutanen Implantaten wird Deslorelin bei männlichen Hunden und Frettchen zur Erzielung einer vorübergehenden Unfruchtbarkeit appliziert. Zur Anwendung bei anderen Tierarten oder für andere Indikationen wurde bislang kein Präparat in Deutschland zugelassen. Experimentell ließ sich bei Hündinnen eine Unterdrückung des Zyklus erreichen. Bei Katzen konnte durch kontinuierliche GnRH-Anwendung die Rückbildung der Gelbkörper mit konsekutiven Aborten oder Fruchtresorptionen induziert werden. Für Stuten mit Ovarialtumoren (Granulosa-Thecazelltumoren) wird eine GnRH-Behandlung über 10 Tage 2-mal täglich vorgeschlagen. Diese Behandlung soll zu einer Größenreduktion des Tumors führen und somit dessen operative Entfernung erleichtern.

Dosierung

- GnRH: Rind 0,25–1 µg/kg i. m.
- Buserelin: Rind 10–20 µg/Tier, Kaninchen 0,8 µg/Tier, Stute 20–40 µg/Tier i. v., i. m., s. c., Jungsau 10 µg/Tier
- Lecirelin: Rind 100 µg/Tier i. m., Kaninchen 0,5–0,8 µg/Tier
- Peforelin: primipare Sauen 37,5 µg/Tier, pluripare Sauen bzw. nach Zyklusblockade bei Jungsauen 150 µg/Tier

Diagnostische Anwendung In der Diagnostik wird GnRH zur Überprüfung der Hypophysenfunktion sowie der endokrinen Gonadenfunktion und als Test auf das Vorhandensein von Gonadengewebe benutzt.

KLINISCHER BEZUG Die **Überprüfung der Hypophysen- und Hodenfunktion** mittels GnRH-Stimulationstest ist bei Hengsten ein etabliertes Verfahren. Vor und wiederholt nach Injektion des GnRH-Agonisten Buserelin wird die LH- und/oder die Testosteronsekretion bestimmt. Bei ausschließlicher Testosteronbestimmung und ausbleibender Reaktion auf GnRH kann allerdings nicht differenziert werden, ob eine Dysfunktion auf der Ebene der Hypophyse oder der Hoden vorliegt. Zur Untersuchung der endogenen Hodenfunktion ist daher ein Stimulationstest mit dem extrahypophysären Gonadotropin hCG, d. h. einem LH-wirksamen Medikament, zu bevorzugen (**Abb. 12.4**).

Ein GnRH-Stimulationstest kann auch bei angeblich kastrierten männlichen Tieren mit Verdacht auf Kryptorchismus oder bei weiblichen Tieren mit Verdacht auf Ovarrestsyndrom durchgeführt werden.

Nebenwirkungen, Toxizität GnRH und Analoga können durch Überstimulation zu einer Hypertrophie der Ovarien mit Ausbildung sehr großer Zysten führen. Die Ruptur solcher Ovarien kann einen lebensbedrohlichen Zustand verursachen. Bei Stuten erhöht die Gabe von GnRH bzw. dessen Analoga das Risiko einer Zwillingsgravidität. Es wird diskutiert, dass eine frühe GnRH-Anwendung post partum bei Kühen durch die nachfolgende Progesterondominanz eine bakterielle Besiedlung des Endometriums fördert. Bei s. c. Implantation waren zudem lokale Reaktionen an der Implantationsstelle zu beobachten.

Kontraindikationen Bei bakterieller Endometritis kann die Anwendung von GnRH durch Induktion der Ovulation, nachfolgende Ausbildung eines Corpus luteum und damit assoziierte Progesterondominanz das bakterielle Wachstum fördern.

Wartezeit Für fast alle aktuell im Handel befindlichen Präparate mit GnRH oder GnRH-Analoga besteht keine Wartezeit. Eine Ausnahme stellt das Deslorelin-Implantat für Stuten dar, bei dem die Wartezeit 7 Tage beträgt.

GnRH-Antagonisten

Alternativ zur Dauertherapie mit GnRH-Agonisten kann die Gonadenfunktion auch durch GnRH-Antagonisten reduziert werden. Ein Vorteil liegt darin, dass eine sofortige Hemmung der Gonadenfunktion erfolgt und dieser nicht wie bei den Agonisten erst eine stimulierende Phase vorausgeht. GnRH-Antagonisten wurden bei Tieren experimentell getestet. Sie führten z. B. bei männlichen Hunden zu einer Reduzierung der Testosteronfreisetzung, und bei der Katze ließen sich Aborte und Fruchtresorptionen auslösen. GnRH-Antagonisten stehen für die praktische Anwendung in der Veterinärmedizin noch nicht zur Verfügung, könnten in Zukunft jedoch Eingang in die Therapie finden.

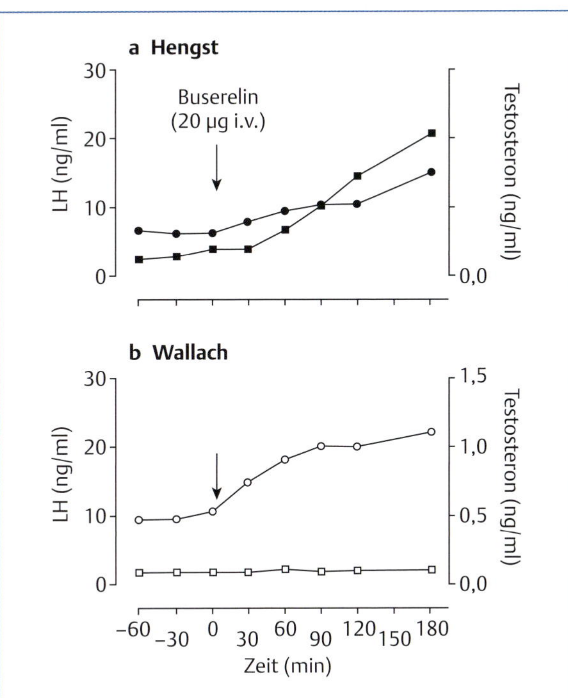

Abb. 12.4 Konzentrationen von LH (●,○) und Testosteron (■, □) im Blut eines Hengstes und eines Wallachs vor und nach Injektion des GnRH-Analogons Buserelin (29 µg).

12.5.2 Hypophysäre Gonadotropine

STECKBRIEF GONADOTROPINE

Das follikelstimulierende Hormon (FSH) und das Luteinisierungshormon (LH) gehören zu den im Hypophysenvorderlappen synthetisierten Gonadotropinen. Bei beiden Hormonen handelt es sich um Glykoproteine, die tierartliche Unterschiede in der Struktur und im Zuckeranteil aufweisen. Eine Kombination von FSH und LH kann zur Induktion einer Superovulation eingesetzt werden.

Die Moleküle umfassen eine α- und eine β-Kette, von denen die β-Kette für die hormonelle Wirkung maßgeblich ist. Beide Hormone werden pulsatil aus der Adenohypophyse freigesetzt. Die LH-Sekretion ist dabei sehr eng an die GnRH-Sekretion gekoppelt. FSH wird in der Hypophyse nicht gespeichert und nach der Synthese kontinuierlich in das Blut freigesetzt. Seine Sekretion ist daher weniger eng an GnRH gekoppelt als diejenige von LH. Beide hypophysären Gonadotropine regulieren in wesentlicher Weise die weibliche und männliche Gonadenfunktion und die Synthese der Sexualhormone.

Pharmakodynamik FSH stimuliert Wachstum und Reifung der Follikel in den Ovarien. Es aktiviert zudem in den Granulosazellen das Enzym Aromatase, das die Synthese von Estrogenen aus der Androgenvorstufe bewirkt (Umwandlung von Androstendion zu Estradiol-17β). Bei männlichen Tieren fördert FSH zusammen mit Testosteron die Spermatogenese durch Stimulation der Sertolizellen in den Hodenkanälchen.

LH ist verantwortlich für die Auslösung der Ovulation. In der präovulatorischen Phase überschreitet die Estrogenkonzentration einen kritischen Schwellenwert, wodurch Estrogen ein positives Feedback ausüben kann. Auf einen plötzlichen GnRH-Anstieg folgt dann ein ausgeprägter LH-Anstieg, der die Ovulation initiiert. In den Theca-interna-Zellen der Follikel induziert LH die Synthese von Androgenen aus Cholesterin. Beim männlichen Tier wird LH auch als Interstitial-Cell-stimulating-Hormon (ICSH) bezeichnet. Es stimuliert die Synthese und Freisetzung von Testosteron, das über den Mechanismus der negativen Rückkopplung die LH-Freisetzung hemmt.

Pharmakokinetik Die hypophysären Gonadotropine sind nach oraler Gabe wirkungslos, da sie im Magen-Darm-Trakt enzymatisch verdaut werden. Nach parenteraler Anwendung wird der größte Anteil beider Hormone in der Leber enzymatisch degradiert und über die Niere eliminiert. Da LH einen geringeren Kohlenhydratanteil aufweist als FSH, ist die Eliminationshalbwertzeit von LH deutlich kleiner als die von FSH.

Indikationen und Dosierung Gereinigtes LH wird in der Veterinärmedizin bislang nicht reproduktionsmedizinisch verwendet. Rekombinante LH-Fragmente wurden experimentell erzeugt, stehen aber in therapeutisch verwendbaren Mengen bislang nicht zur Verfügung.

In Deutschland sind keine reinen FSH-Präparate als Tierarzneimittel zugelassen. Weltweit findet FSH im Rahmen biotechnischer Maßnahmen bei Nutztieren zur Stimulation des Follikelwachstums Verwendung. Beim Rind wird FSH als Alternative zum equinen Choriongonadotropin (eCG) zur Auslösung einer Superovulation im Rahmen des Embryotransfers eingesetzt.

In Deutschland ist derzeit ausschließlich ein Präparat verfügbar, das aus Schweinehypophysen gewonnen wird. FSH und LH sind in diesem Präparat in einem Verhältnis von etwa 1:1 enthalten. Für die Induktion einer Superovulation erweist sich ein hoher Anteil an LH als ungünstig, da die Ovulation vorzeitig stimuliert wird. Von Vorteil ist daher, dass durch die kürzere Halbwertszeit von LH die FSH-Wirkung in dem Mischpräparat dominiert. Die empfohlene Gesamtdosis beträgt 800 IE verteilt auf 4 Tage oder 1000 IE verteilt auf 5 Tage. Dabei ist die Dosierung im Tagesverlauf nach Anleitung sukzessive zu reduzieren (Tag 1–4 jeweils 2-mal täglich 150 IE,125 IE, 75 IE und 50 IE FSH und LH oder Tag 1–5 jeweils 2-mal täglich 150 IE, 125 IE, 100 IE, 75 IE und 50 IE FSH und LH). Etwa 60–72 h nach Behandlungsbeginn wird $PGF_{2\alpha}$ zur Luteolyse appliziert.

Nebenwirkungen, Toxizität Zu den unerwünschten Wirkungen von FSH gehören die Induktion einer zystischen endometrialen Hyperplasie, unerwünschte Superovulationen und follikuläre Zysten. Außerdem sind anaphylaktische Reaktionen möglich. LH kann eine Überstimulation der Ovarien mit Rupturgefahr hervorrufen.

Wartezeit Die Wartezeit für das aktuell zugelassene FSH/LH-Präparat beträgt 0 Tage.

12.5.3 Extrahypophysäre Gonadotropine

Choriongonadotropine (CG) werden ausschließlich bei Primaten und Equiden in der Plazenta gebildet. Ihre Sekretion steht nicht unter der Kontrolle von GnRH. Die Choriongonadotropine wirken in der Trächtigkeit auf die Ovarien des Muttertieres. Sie stellen eine ausreichende Progesteronsekretion in bestimmten Phasen der Frühgravidität sicher. Von veterinärmedizinischer Bedeutung sind die Choriongonadotropine des Pferdes (equines Choriongonadotropin, eCG; syn. PMSG, pregnant mare serum gonadotropin) und des Menschen (humanes Choriongonadotropin, hCG).

Equines Choriongonadotropin

STECKBRIEF EQUINES CHORIONGONADOTROPIN 

Das eCG ist ein Glykoprotein mit einem hohen Kohlenhydratanteil und besteht aus einer α- und einer β-Untereinheit. Es wird während der frühen Trächtigkeit (40.–140. Tag) von fetalen trophoblastischen Zellen gebildet. Die synthetisierenden trophoblastischen Zellen entstammen dem Choriongürtel und wandern um den 36.–38. Tag der Trächtigkeit in das Endometrium ein, wo sie die endometrial cups bilden. Für den reproduktionsmedizinischen Einsatz wird eCG aus dem Serum trächtiger Stuten gewonnen. Aufgrund seiner FSH- und LH-ähnlichen Wirkung bei verschiedenen Spezies wird eCG zur Stimulierung des Follikelwachstums eingesetzt.

Pharmakodynamik eCG wird bei Stuten in den maternalen Blutkreislauf sezerniert und entfaltet an den Ovarien eine LH-ähnliche Wirkung. Nach Anwendung bei anderen Spezies hat eCG einen FSH- und LH-ähnlichen Effekt. So werden FSH- und LH-Rezeptoren in den Ovarien aktiviert. Bei männlichen Tieren stimuliert eCG die Sertolizellen des Hodens.

Pharmakokinetik eCG ist nach oraler Gabe wirkungslos, da es im Magen-Darm-Trakt enzymatisch verdaut wird. Der größte Anteil von eCG wird in der Leber abgebaut und über die Nieren eliminiert. Die Plasmaeliminationshalbwertszeit weist erhebliche tierartliche Unterschiede auf.

Indikationen und Dosierung In der Reproduktionsmedizin wird eCG vor allem bei biotechnischen Maßnahmen zur **Stimulierung des Follikelwachstums** verwendet. Da eCG eine wesentlich längere Eliminationshalbwertszeit aufweist als FSH, ist in der Regel nur eine Injektion erforderlich. eCG kann zum Beispiel zur Stimulierung multipler Ovulationen (Superovulation) für den Embryotransfer beim Rind (2000–3 000 IE), zur Stimulation des Follikelwachstums bei Sauen nach dem Absetzen der Ferkel (750–1000 IE) sowie zur Stimulation des Follikelwachstums und damit zur Vorverlegung der Zuchtsaison bei saisonal zyklischen Schafrassen (400–700 IE) eingesetzt werden. Eine Behandlung von Schafen ab Ende Juni kann dabei die Zuchtsaison vorverlegen, ohne dabei die Trächtigkeitsraten zu reduzieren. Bei Schweinen und Schafen wird die eCG-

Behandlung in der Regel mit Gestagenen, hCG und/oder GnRH kombiniert.

Bei Hündinnen kann durch kombinierte Anwendung von eCG (5 Tage) und einmalig hCG am 5. Tag der Behandlung eine Läufigkeit ausgelöst werden. Bei Katzen lassen sich multiple Ovulationen durch Kombination von eCG und hCG induzieren. Da bei kurzfristig wiederholter Behandlung von Katzen die Wirksamkeit durch Antikörperbildung erheblich nachlässt, sollte bei einer Wiederholungsbehandlung ein Intervall von mind. 4 Monaten zwischen beiden Hormonsubstitutionen liegen. Zu beachten ist, dass aktuell weder für Hunde noch für Katzen ein Arzneimittel in Deutschland zugelassen ist.

Nebenwirkungen eCG stellt für alle Säugetiere mit Ausnahme der Equiden ein Fremdprotein dar. Es kann daher allergische inkl. anaphylaktischer Reaktionen auslösen. Allergische Reaktionen werden beim Rind selten beobachtet. Hingegen bilden Katzen rasch Antikörper, die eCG inaktivieren und damit dessen Wirkung reduzieren. Daher ist eCG bei Katzen in der Regel schlecht wirksam, wenn es in kürzeren Abständen appliziert wird.

Bei Hunden kann eine Anwendung über mehrere Tage Auslöser einer Estrogenintoxikation sein, da anhaltend unphysiologisch hohe Estradiolkonzentrationen entstehen. Der Hund ist hierbei besonders empfindlich, da Estradiol beim Hund in geringerem Maß an Plasmaproteine gebunden wird.

Zu den unerwünschten Effekten zählen des Weiteren eine ungewollte Superovulation und Superfekundation, eine übermäßige Stimulation der Ovarien und eine vorzeitige Luteinisierung unreifer Follikel.

Kontraindikationen eCG sollte bei bekannter Allergie gegen den Wirkstoff nicht angewendet werden.

Wartezeit Bei aktuell im Handel befindlichen Präparaten beträgt die Wartezeit 0 Tage.

Humanes Choriongonadotropin

STECKBRIEF HUMANES CHORIONGONADOTROPIN

Das humane Choriongonadotropin (hCG, Syn.: Urofollitropin) ist ein Glykoprotein, das eine α- und eine β-Untereinheit umfasst. Es wird bei Frauen während der frühen Schwangerschaft (bis zum 70. Tag) von trophoblastischen Zellen im Choriongewebe der Plazenta synthetisiert. Für den reproduktionsmedizinischen Einsatz wird hCG aus dem Urin schwangerer Frauen gewonnen. Die Anwendung in der Veterinärmedizin erfolgt vorwiegend zur Ovulationsinduktion.

Pharmakodynamik hCG erhält und stimuliert die luteale Progesteronproduktion, die bei Frauen bis zur 7. Schwangerschaftswoche essenziell ist.

Die Anwendung von hCG bei weiblichen Tieren stimuliert ebenfalls den Gelbkörper zur Progesteronproduktion. Außerdem kann hCG zur Ovulationsinduktion genutzt werden. Bei männlichen Tieren wirkt hCG auf die Leydig-Zwischenzellen der Hoden und stimuliert die Androgenproduktion. Außerdem fördert hCG den Descensus testis.

Pharmakokinetik hCG ist nach oraler Gabe wirkungslos, da es im Magen-Darm-Trakt enzymatisch verdaut wird. Nach i. m. Injektion treten maximale Plasmakonzentrationen nach etwa 6 h auf. Der größte Anteil von hCG wird in der Leber abgebaut und über die Nieren eliminiert. Die Plasmaeliminationshalbwertszeit weist erhebliche tierartliche Unterschiede auf.

Indikationen hCG wird in der Therapie überwiegend zur **Ovulationsinduktion** eingesetzt. Bei Rind, Schaf und Schwein stellt es für diese Indikation eine Alternative zum GnRH dar. In Analogie zum GnRH kann hCG bei Follikelzysten, bei verzögerter Ovulation, bei Follikelatresie und zur Ovulationsterminierung im Rahmen der künstlichen Besamung eingesetzt werden. Beim Schwein wird hCG grundsätzlich in Kombination mit eCG eingesetzt. Bei der Stute ist hCG aufgrund seiner im Vergleich zu GnRH wesentlich längeren Halbwertszeit eine gute Alternative zur Ovulationsinduktion. Voraussetzung für einen Behandlungserfolg ist das Vorhandensein eines ausreichend entwickelten Follikels. Bei Stuten in der Rosse, die Follikel mit mindestens 35–40 mm Durchmesser und entsprechende estrusinduzierte Veränderungen des Genitales aufweisen, führt die hCG-Injektion bei über 80 % der Stuten innerhalb von 48 h zur Ovulation.

Bei Hündinnen kann durch kombinierte Anwendung von eCG (5 Tage) und einmalig hCG am 5. Tag der Behandlung eine Läufigkeit ausgelöst werden. Bei Katzen ließen sich multiple Ovulationen durch Kombination von eCG und hCG induzieren. Da bei kurzfristig wiederholter Behandlung von Katzen die Wirksamkeit durch Antikörperbildung erheblich nachlässt, sollte bei einer Wiederholungsbehandlung ein Intervall von mind. 4 Monaten zwischen beiden Hormonsubstitutionen liegen.

Dosierung Für die einzelnen Tierarten werden folgende Dosierungsbereiche angegeben:

- Hund: 20–50 IE/kg i. v.
- Rind: 6–10 IE/kg i. v.
- Stute: 6 IE/kg i. v.

Diagnostische Anwendung In der Diagnostik wird hCG zum Nachweis von Gonadengewebe verwendet. Wichtigste Indikation ist der Verdacht auf einseitigen Kryptorchismus und erfolgter chirurgischer Entfernung des anderen, in das Skrotum abgestiegenen Hodens. Bei Durchführung eines hCG-Stimulationstests wird vor und nach Injektion von hCG die Testosteronkonzentration im Plasma bestimmt.

Durch Bestimmung des Effektes von hCG auf die Testosteronproduktion lässt sich auch die endokrine Hodenfunktion – z. B. bei Fertilitätsstörungen männlicher Tiere – überprüfen. Zwar gibt auch die basale Testosteronkonzentration einen gewissen Hinweis auf das Vorhandensein und die Funktion der Hoden, die Testosteronkonzentration unterliegt jedoch starken Schwankungen und wird durch zahlreiche Faktoren wie Alter des Tieres, Jahreszeit, Tageszeit oder sexuelle Aktivität beeinflusst. Zur Analyse der endokrinen Hodenfunktion sollte daher statt der ausschließli-

Spez. Pharmakologie

chen Bestimmung der basalen Testosteronkonzentration in jedem Fall ein hCG-Stimulationstest durchgeführt werden.

Vergleichbare Stimulationstests beim weiblichen Tier sind vor allem bei Hunden und Katzen von Interesse, da sich hier gelegentlich die Frage stellt, ob ein mit unbekanntem Vorbericht gekauftes oder übernommenes Tier ovarektomiert ist oder nicht. Beim weiblichen Tier wird dabei nach hCG-Gabe der Verlauf der Plasmaestradiolkonzentration bestimmt. Aufgrund der niedrigen Konzentrationen von Estradiol beim Hund liefert dieser Test allerdings in vielen Fällen keine auswertbaren Resultate.

Nebenwirkungen hCG stellt für alle Säugetiere ein Fremdprotein dar. Es kann daher allergische inkl. anaphylaktischer Reaktionen auslösen. Katzen bilden rasch Antikörper, die hCG inaktivieren und damit dessen Wirkung reduzieren. Daher ist hCG bei Katzen in der Regel schlecht wirksam, wenn es in kürzeren Abständen appliziert wird. Auch bei Stuten kann bei wiederholter Anwendung die Wirksamkeit durch Antikörperbildung reduziert werden.

Unerwünschte Effekte resultieren des Weiteren aus einer übermäßigen Stimulation der Ovarien. Die Ruptur der vergrößerten Ovarien löst u. U. lebensbedrohliche Situationen aus. Bei Stuten kann die Anwendung von hCG in der frühen Trächtigkeit einen Abort auslösen, möglicherweise infolge der Erhöhung des Estrogenspiegels durch hCG.

Beim Schwein induziert die alleinige Anwendung von hCG die Bildung multipler Zysten.

Kontraindikationen hCG sollte bei bekannter Allergie gegen den Wirkstoff nicht angewendet werden. Wegen der Gefahr eines Aborts darf hCG bei Stuten nicht während der frühen Trächtigkeit appliziert werden.

Wartezeit Bei aktuell im Handel befindlichen Präparaten beträgt die Wartezeit 0 Tage.

12.5.4 Prolaktin

STECKBRIEF PROLAKTIN

Prolaktin ist ein im Hypophysenvorderlappen synthetisiertes Peptidhormon. Es steht unter einer stimulierenden Regulation durch das Prolaktin-releasing-Peptid sowie unter einer hemmenden Regulation durch den Neuromodulator und Transmitter Dopamin (Prolaktin-release-inhibiting-Faktor). Während Prolaktin nicht therapeutisch eingesetzt wird, kann der Dopamin-Agonist Cabergolin basierend auf einer Modulation der endogenen Prolaktinproduktion zur Therapie der Scheinträchtigkeit bei Hündinnen angewendet werden.

Pharmakodynamik Prolaktin zeigt bei einigen Spezies **stimulierende Effekte auf die Gonadenfunktion**. So hat es z. B. bei Ratte, Maus, Hamster, Hund und Nerz in Abhängigkeit vom Reproduktionsstadium eine luteotrope, d. h. Gelbkörper-stimulierende Wirkung. Bei männlichen Tieren verschiedener Spezies verstärkt Prolaktin die LH-Wirkung am Hoden und wirkt so bei der Aktivierung der endokrinen Hodenfunktion synergistisch mit LH. Bei saisonal zuchtaktiven Spezies ist eine Beteiligung von Prolaktin an jahreszeitabhängigen Schwankungen der Fortpflanzungsaktivität postuliert worden. Weiterhin wird Prolaktin speziesspezifisch eine Funktion für die Initiation und den Erhalt der Laktation zugeschrieben. Beim Hund kommt es auch bei nicht tragenden weiblichen Tieren unter Prolaktineinfluss im letzten Drittel des Metestrus zur Gesäugeanbildung bis hin zur Milchbildung (Lactatio sine graviditate); begleitend sind Verhaltensänderungen zu beobachten, wie sie üblicherweise tragende Hündinnen zeigen (Unruhe, Nestbauverhalten).

Indikation und Dosierung Prolaktin selbst findet als Arzneimittel keine Verwendung. Hingegen kann die endogene Prolaktinsekretion durch Dopaminagonisten moduliert werden. Bei der Therapie der **Scheinträchtigkeit** und Lactatio sine graviditate der Hündin findet der Dopaminagonist **Cabergolin** (5 µg/kg/Tag p. o.) über mehrere Tage Anwendung. Infolge der Behandlung kommt es zu einer Abnahme der Plasmaprolaktinkonzentration. Der früher im Handel befindliche Dopaminagonist Bromocriptin hatte durch die Stimulation von zentralnervösen Dopamin-Rezeptoren stärkere Nebenwirkungen (Erbrechen) und eine geringere Wirkungsdauer als Cabergolin. Neben der Therapie der Scheinträchtigkeit bei Hündinnen ist Cabergolin auch zur Unterdrückung der Laktation in anderen klinischen Situationen sowie zur Unterstützung der Behandlung von Eklampsie und von Mastitis mit begleitender Milchsekretion zugelassen.

Eine Verwendung von Dopaminagonisten zur **Abort- und Geburtsinduktion** wurde bei Hündinnen beschrieben. Allerdings sind die im Handel befindlichen Präparate nicht für diese Indikation zugelassen. Da die Trächtigkeit der Hündin über die gesamte Dauer von den Graviditätsgelbkörpern gestützt und deren Funktion etwa ab Mitte der Trächtigkeit durch Prolaktin stimuliert wird, kommt es ab diesem Zeitraum unter einer Cabergolin-Behandlung zu einer raschen Abnahme der Progesteronkonzentration und zum Abort bzw. zur Geburt. Vor dem 30. Tag der Gravidität sind Dopaminagonisten zur Abortinduktion bei der Hündin nicht geeignet. Die Effektivität der Dopaminagonisten kann durch gleichzeitige Verabreichung von $PGF_{2\alpha}$ verbessert werden.

12.5.5 Sexualsteroide

Grundlagen

STECKBRIEF SEXUALSTEROIDE

Zu den Sexualsteroiden gehören **Gestagene**, **Estrogene** und **Androgene**. Sie werden in den Hoden und Ovarien, aber auch in der Nebenniere und Plazenta gebildet. Synthetische Steroidhormonderivate mit optimierten pharmakokinetischen Eigenschaften werden in der Veterinärmedizin zur Beeinflussung von Reproduktionsfunktionen eingesetzt.

Steroidsynthese Die Enzymausstattung der Gewebe bestimmt, welche Steroide über entsprechende Zwischenstufen produziert werden. Die Metabolisierung der Steroide

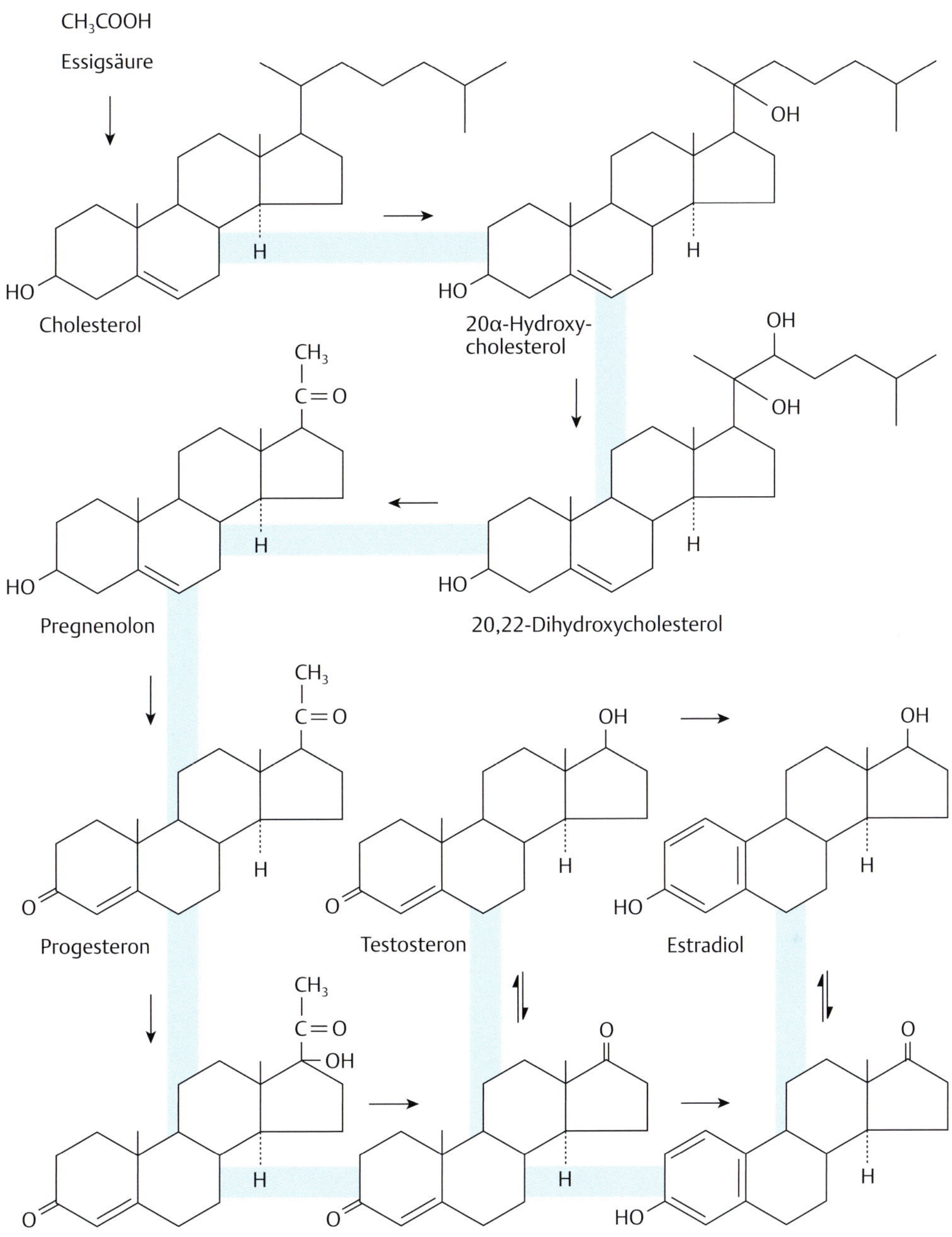

CH_3COOH
Essigsäure
Cholesterol
20α-Hydroxycholesterol
20,22-Dihydroxycholesterol
Pregnenolon
Progesteron
Testosteron
Estradiol
17α-Hydroxyprogesteron
Androstendion
Estron

Abb. 12.5 Biosynthese von Steroidhormonen aus Cholesterol über den Delta-4-Stoffwechselweg.

kann auch außerhalb des endokrinen Systems stattfinden. So werden z. B. im ZNS Androgene in Estrogene und in den akzessorischen Geschlechtsdrüsen Testosteron in Dihydrotestosteron umgewandelt. Ausgangsmolekül für die Synthese der Sexualsteroide ist das Cholesterol. Im Delta-4-Stoffwechselweg vollzieht sich die Steroidsynthese in mehreren Zwischenschritten von Cholesterol über Pregnenolon, Progesteron, 17α-Hydroxyprogesteron und Androstendion zu Testosteron, das zu Estradiol aromatisiert oder in seinen Zielgeweben zu 5α-Dihydrotestosteron umgewandelt wird (**Abb. 12.5**). Alternativ kann die Testosteronsynthese im Delta-5-Stoffwechselweg vom Cholesterol ausgehend über Pregnenolon, 17α-Hydroxypregnenolon und Dehydroepiandrosteron zu Testosteron und weiter zu Estradiol erfolgen.

Pharmakokinetik Steroide sind relativ kleine Moleküle, die aufgrund ihrer Lipophilie eine gute Membrangängigkeit aufweisen. Im Blut sind Steroidhormone zu einem großen Anteil an Plasmaproteine gebunden. Dadurch wird die Wasserlöslichkeit der Steroide verbessert und die biologische Halbwertszeit durch Reduktion der renalen Filtration verlängert. Die Bindungsproteine modifizieren auch die Bioverfügbarkeit der Steroide, da diese nur in nicht gebundener Form in die Zelle gelangen und dort wirksam werden können. Wichtigstes Organ für die Metabolisierung der Steroide ist die Leber. Die Ausscheidung nach Oxidation, Reduktion und Hydroxylierung erfolgt über den Kot. Nach Glukuronidierung oder Sulfatierung kann die Eliminierung auch über die Niere erfolgen.

KLINISCHER BEZUG Der Nachweis von Metaboliten der Sexualsteroide im Kot kann zur **Diagnostik von Fortpflanzungsfunktionen** (z. B. Bestimmung des Sexualzyklusstadiums, Trächtigkeitsdiagnostik) genutzt werden. Dies ist z. B. bei Zootieren von Interesse, wenn eine klinische Untersuchung des Tieres oder eine Blutentnahme nicht möglich ist.

Einsatz von Sexualsteroiden Steroide können chemisch synthetisiert und verändert werden. Synthetische Steroidhormonderivate stehen als kostengünstige Medikamente zur Verfügung. Sie weisen z. T. eine erhöhte oder verlängerte Wirkung, eine höhere Spezifität oder eine bessere Anwendbarkeit (z. B. oral) auf als die natürlich vorkommenden Steroidhormone, die oral wegen der raschen Metabolisierung nicht wirksam sind. Sexualsteroide werden in der Tiermedizin und Tierproduktion vor allem zur **Beeinflussung von Reproduktionsfunktionen** genutzt, daneben kommen Androgene und Estrogene aufgrund ihrer anabolen Effekte auch als **Wachstumspromotoren** zum Einsatz, was jedoch für Lebensmittel liefernde Tiere nicht erlaubt ist.

Einteilung Nach der Anzahl der Kohlenstoffatome werden verschiedene Gruppen von Steroidhormonen unterschieden. Zu den **C_{21}-Steroiden** gehören z. B. das Gelbkörperhormon Progesteron und seine synthetischen Derivate Medroxyprogesteronacetat, Chlormadinonacetat und Megestrolacetat, aber auch die in der Nebennierenrinde synthetisierten Corticosteroide (Cortison, Cortisol). Die Gruppe der **C_{19}-Steroide** umfasst unter anderem die männlichen Geschlechtshormone und die in der Tiermedizin bislang nicht verwendeten 19-Norgestagene (z. B. Levonorgestrel, Norethisteronacetat, Desogestrel, Dienogest). **Steroide mit 18 C-Atomen** stellen die Estrogene (z. B. 17β-Estradiol, Estron, Estriol, Equilin, Equilenin) dar. Weiterhin gibt es nichtsteroidale Verbindungen, die wie Sexualsteroide oder wie Steroidantagonisten wirken (Stilbene wie Estrogene, Methallibur hinsichtlich der Hemmung der GnRH-Sekretion als Gestagen, Tamoxifen als Antiestrogen, Flutamid als Antiandrogen).

Estrogene

STECKBRIEF ESTROGENE

Zu den Estrogenen im klassischen Sinn gehören die körpereigenen Estrogene (Estradiol, Estron und Estriol), die auch synthetisch hergestellt werden können. Estradiol ist dabei das potenteste natürlich vorkommende Estrogen. Estron besitzt nur etwa ein Drittel der Wirkung und Estriol nur etwa ein Zehntel der biologischen Aktivität von Estradiol. Weiterhin zählen die synthetisch hergestellten Estrogenderivate dazu. Zu diesen gehören die sog. Stilbene (Diethylstilbestrol und Dienestrol). Aufgrund potenzieller kanzerogener Effekte ist ihr Einsatz bei Lebensmittel liefernden Tieren grundsätzlich verboten. In Anbetracht des erheblichen Nebenwirkungspotenzials bei der Anwendung von Estrogenen sind alternative therapeutische Möglichkeiten grundsätzlich vorzuziehen.

In bestimmten Pflanzen, wie z. B. spezifischen Kleearten, können sog. Phytoestrogene (z. B. Zearalenone) vorkommen. Falls weibliche Tiere mit dem Futter größere Mengen an Phytoestrogenen aufnehmen, können Fertilitätsstörungen auftreten.

Estrogene werden in den Granulosazellen der Ovarfollikel, aber auch in den Leydig-Zellen des Hodens gebildet. Hengste und Eber produzieren im Vergleich zu anderen männlichen Haustieren größere Estrogenmengen in den Hoden. Im Urin tragender Stuten finden sich hohe Konzentrationen konjugierter Estrogene (Equilin, Equilenin).

Pharmakodynamik Estrogene sind bedeutend für das Wachstum der weiblichen Geschlechtsorgane und für die Ausbildung der sekundären Geschlechtsmerkmale. Sie stimulieren bei weiblichen Tieren das Sexualverhalten und dienen der Vorbereitung des Genitales auf Bedeckung und Gametentransport. Estrogene bewirken dabei eine Veränderung der Vaginalschleimhaut und des Endometriums mit Hyperämisierung und Proliferation, eine Hypertrophie des Myometriums und eine Erhöhung der Spontankontraktilität. Je nach Zyklusphase können Estrogene eine negative oder positive Rückkopplung auf die Gonadotropinsekretion ausüben. Wenn die Estrogenkonzentration einen kritischen Schwellenwert erreicht, lösen Estrogene ein positives Feedback aus, was eine plötzliche Erhöhung der GnRH- und LH-Ausschüttung bedingt und für die Auslösung des präovulatorischen LH-Peaks Voraussetzung ist. Des Weiteren wird der Aufbau der Milchdrüse durch Estrogene gefördert. Hinsichtlich bestimmter Effekte von Estrogenen bestehen deutliche tierartliche Unterschiede. So wirken Estrogene beim Schwein luteotrop, während bei Kühen eine luteolytische Wirkung beschrieben ist. Im Zusammenhang mit der Vorbereitung zur Geburt induzieren Estrogene im Myometrium die Expression von Oxytocinrezeptoren (Sensibilisierung des Myometriums für Oxytocin). Sie sind damit bedeutend für das Einsetzen der Wehentätigkeit.

Über die Steuerung von Fortpflanzungsfunktionen hinaus beeinflussen Estrogene auch den Kohlenhydrat- und Eiweißstoffwechsel, die Muskulatur, das Skelett, das Herz-Kreislauf-System, die Hämatopoese und Blutgerinnung.

Estrogene stimulieren die Sekretion von Wachstumshormon und Wachstumsfaktoren und wirken proteinanabol.

Estrogene binden an Rezeptoren im Zytoplasma (Estrogenrezeptoren: ERα und ERβ). Im Zellkern bindet der resultierende Hormonrezeptorkomplex mit hoher Affinität an die DNA und beeinflusst die Synthese der mRNA. Dadurch wird die nachfolgende Synthese von Proteinen moduliert, wodurch z. B. die Enzymausstattung der Zellen maßgeblich beeinflusst werden kann und die eigentliche Hormonwirkung vermittelt wird.

Pharmakokinetik Estrogene werden in der Leber metabolisiert. Diese Metabolisierung unterliegt speziesspezifischen Unterschieden. Nach Glucuronidierung und Sulfatierung werden die Metaboliten über die Galle und den Urin eliminiert. Nach bakterieller Hydrolyse im Darm können Estrogene erneut resorbiert werden, sodass sie einem enterohepatischen Kreislauf unterliegen. Im Blut sind Estrogene in hohem Maß an Plasmaproteine gebunden. Da Estrogene beim Hund eine geringe Affinität für die Plasmatransportproteine aufweisen, liegt ein deutlich geringerer Anteil im Blut in proteingebundener Form vor. Dadurch erklärt sich die erhöhte Empfindlichkeit dieser Spezies gegenüber der myelotoxischen Wirkung der Estrogene.

Indikationen und Dosierung Estrogene wie Estradiolbenzoat kamen früher bei Hündinnen für die Nidationsverhütung und damit die Verhinderung einer Trächtigkeit nach einer vom Besitzer ungewünschten Bedeckung zum Einsatz. Dadurch sollte der Transport des Embryos im Eileiter beeinflusst (tube locking) sowie eine Implantation verhindert werden. Wegen der damit verbundenen Risiken (Nebenwirkungen!) ist die Anwendung für diese Indikation nicht mehr zu empfehlen.

Die Harninkontinenz der Hündin nach erfolgter Kastration kann theoretisch mit Estrogenen behandelt werden. Für die Indikation ist aktuell ein Präparat mit Estriol in Deutschland zugelassen. Die empfohlene Dosierung für den Therapiebeginn beträgt dabei 1 mg/Tier 1-mal täglich. Je nach Therapieerfolg ist eine individuelle Anpassung der Dosierung und Applikationsintervalle ratsam. Da auch bei dieser Indikation das myelotoxische Potenzial der Estrogene zu berücksichtigen ist, sind andere Therapiemöglichkeiten wie die Behandlung mit Sympathomimetika zu bevorzugen.

Durch Gabe von Estrogenen lassen sich bei benigner Prostatahyperplasie und bei Neoplasien der Prostata kurzfristige Behandlungserfolge erzielen. Andererseits kann durch Estrogene eine squamöse Hyperplasie mit erneuter Vergrößerung der Prostata ausgelöst werden, die zudem eine erhöhte Gefahr bakterieller Besiedlung birgt. Daher ist in diesen Fällen eine Kastration vorzuziehen.

Früher waren für Kühe Kombinationspräparate im Handel, die Progesteron und Estradiolbenzoat enthielten. Als Vaginalspirale in der Vagina platziert, unterdrücken diese infolge der Gestagenfreisetzung die Zyklusfunktion. Durch die Estrogenfreisetzung in der letzten Phase vor der Entfernung wurde die nachfolgende Induktion der Brunst gefördert. In den heutigen Präparaten zur Brunstsynchronisation verzichtet man auf den Estrogenanteil. Für Tiere, die der Lebensmittelgewinnung dienen, sind Estrogene grundsätzlich nicht zugelassen.

Nebenwirkungen Mögliche Nebenwirkungen der Estrogene sind Störungen des hämatopoetischen Systems mit Thrombozytopenie, Leukopenie und nicht regenerativer Anämie. Die Knochenmarkdepression kann innerhalb von mehreren Wochen ausheilen oder über längere Zeit persistieren und zum Tod des Tieres führen. Die Panzytopenie äußert sich durch chronische Blutungen, Anämie und Immunsuppression. Bei längerer Verabreichung von Estrogenen muss das Blutbild wegen möglicher Störungen des hämatopoetischen Systems regelmäßig kontrolliert werden. Besonders sensibel nach therapeutischer Gabe reagieren Hunde, da diese aufgrund der niedrigen Plasmaproteinbindung einen besonders hohen Anteil frei im Blut zirkulierender Estrogene aufweisen. Katzen sind weniger empfindlich, allerdings sind auch bei dieser Spezies Fälle einer Knochenmarkdepression beschrieben.

Estrogene verstärken den stimulatorischen Einfluss von endogenem Progesteron auf den Uterus und fördern gleichzeitig durch Zervixdilatation das Einwandern von Bakterien. In Zyklusphasen, die unter ausgeprägtem Progesteroneinfluss stehen, erhöht die Anwendung von Estrogenen (Nidationsverhütung nach Fehlbedeckung) das Risiko einer Pyometra.

Bei Rüden kann die Langzeitbehandlung mit Estrogenen eine squamösen Metaplasie mit Vergrößerung der Prostata induzieren. Zudem ist die Gefahr von aufsteigenden bakteriellen Infektionen gegeben.

Bei Kühen und Stuten fördert die Gabe von Estrogenen die Zystenbildung. Auch wurde bei Kühen über einen Rückgang der Milchleistung berichtet.

Beim Umgang mit estrogenhaltigen Präparaten sollte dringend beachtet werden, dass Estrogene als lipophile Substanzen gut über Haut und Schleimhäute resorbiert werden können.

Wechselwirkungen Der Effekt von Estrogenen kann durch gleichzeitige Gabe von Substanzen, die eine mikrosomale Enzyminduktion verursachen, reduziert werden. Estrogene verstärken die Wirkung von Glucocorticoiden. Des Weiteren erhöhen sie die Konzentration des Plasmaproteins, das Schilddrüsenhormone spezifisch bindet. Bei bestehender Hypothyreose und Dauertherapie mit Levothyroxin muss daher gegebenenfalls die Dosierung des Levothyroxins erhöht werden.

Kontraindikationen Die Gabe von Estrogenen während der Trächtigkeit ist kontraindiziert, da Missbildungen des Urogenitaltraktes und eine Knochenmarkdepression beim Fetus mögliche Folgen sind. Außerdem kann es zu einer Erschlaffung der Zervix mit konsekutivem Abort kommen.

Antiestrogene

In der Humanmedizin finden die synthetischen Antiestrogene **Tamoxifen** und **Clomiphen** Verwendung. Beide Wirkstoffe sind für die Veterinärmedizin nicht zugelassen. Bei Mammatumoren der Hündin war nach Behandlung mit Antiestrogenen kein Therapieerfolg zu verzeichnen. Der Einsatz von Antiestrogenen in der Tiermedizin wurde daher nicht weiterverfolgt.

Spez. Pharmakologie

Gestagene

STECKBRIEF GESTAGENE

Progesteron wird als endogenes Gestagen im Corpus luteum und bei einzelnen Spezies auch in der Plazenta gebildet. Als reproduktionsmedizinisch nutzbare Wirkstoffe stehen Progesteron sowie verschiedene **synthetische Gestagene** zur Verfügung (**Abb. 12.6, Abb. 12.7**). Diese Wirkstoffe finden insbesondere zur Zyklusunterdrückung sowie zur Estrus- bzw. Ovulationssynchronisation Anwendung.

Bei Verwendung synthetischer Gestagene ist zu beachten, dass diese sich hinsichtlich ihrer Rezeptorbindung und damit ihrer Wirkung bei den verschiedenen Spezies deutlich unterscheiden (**Abb. 12.6**). Während das natürliche Progesteron bei allen Tierarten gut wirksam ist, kommen insbesondere bei Pferd und Schwein nur wenige der synthetischen Gestagene als Wirkstoffe infrage.

Pharmakodynamik Gestagene beeinflussen das Endometrium, sodass die Voraussetzungen für die Plazentation und die Erhaltung der Trächtigkeit geschaffen sind. Ausgehend vom Progesteron wurden verschiedene Derivate

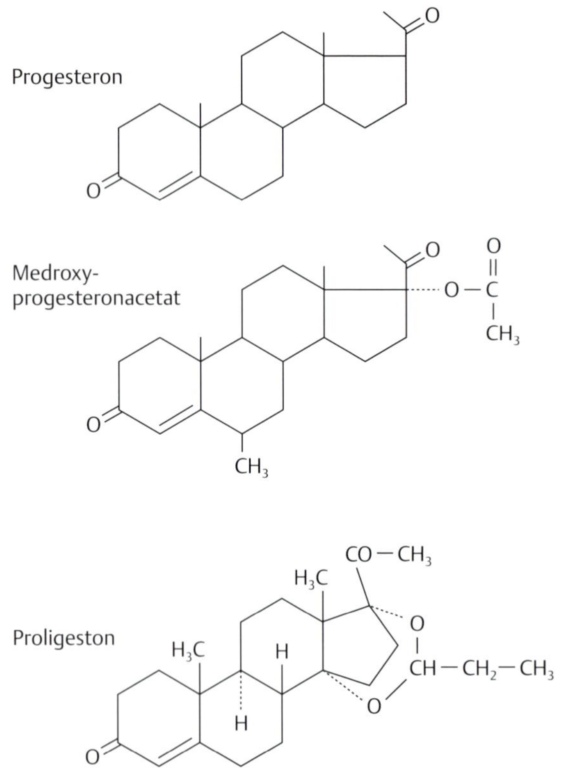

Progesteron

Medroxy-
progesteronacetat

Chlormadinonacetat

Proligeston

Abb. 12.6 Chemische Struktur von Gestagenen, die sich vom 19-Nortestosteron ableiten (C_{21}-Steroide).

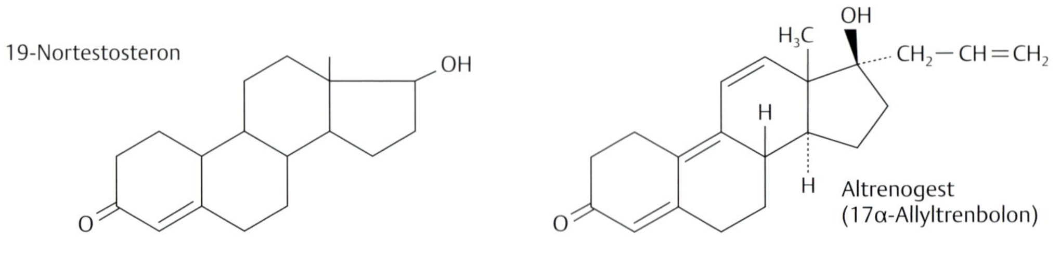

19-Nortestosteron

Altrenogest
(17α-Allyltrenbolon)

Abb. 12.7 Chemische Struktur von 19-Nortestosteron und von dem Gestagen Altrenogest (C_{19}-Steroide).

entwickelt, die sich durch eine unterschiedliche Ausprägung der Teilwirkungen des Progesterons auszeichnen.

Nach vorausgehendem Estrogeneinfluss bewirken Gestagene am Genitale einen Zervikalverschluss, die Überleitung in die endometriale Sekretionsphase, die Verminderung der Spontankontraktilität des Myometriums und eine zentral dämpfende Wirkung. Für die Erhaltung der Trächtigkeit sind die Hemmung der Hypothalamus-Hypophysen-Achse und die reduzierte LH-Freisetzung von Bedeutung. Es können unter diesem Einfluss zwar noch Follikel angebildet werden, diese gelangen aber nicht mehr zur Ovulation. Reproduktionsmedizinisch ist die Unterdrückung des Sexualzyklus und in begrenzter Weise auch die trächtigkeitserhaltende Wirkung von Progesteron und von synthetischen Gestagenen von Nutzen.

Zu den weiteren physiologischen Effekten von Progesteron zählt die Unterstützung der Milchdrüsenentwicklung und der Milchbildung.

Progesteron induziert eine Insulinresistenz und wirkt somit diabetogen.

KLINISCHER BEZUG Aufgrund der Induktion einer Insulinresistenz durch Progesteron kann bei Tieren mit Diabetes mellitus die Kontrolle des Blutglukosespiegels im Ablauf des Sexualzyklus variieren und in Phasen mit Progesterondominanz verschlechtert sein.

Da Progesteron die 5α-Reduktase und damit die Umwandlung von Testosteron in das potentere Dihydrotestosteron hemmt, besitzt es im Weiteren eine antiandrogene Wirkung.

Gestagene binden an Rezeptoren im Zytoplasma. Im Zellkern bindet der Hormonrezeptorkomplex mit hoher Affinität an die DNA und beeinflusst die Synthese der mRNA. Dadurch wird die nachfolgende Synthese von Proteinen moduliert, wodurch z. B. die Enzymausstattung der Zellen maßgeblich beeinflusst werden kann und die eigentliche Hormonwirkung vermittelt wird.

Pharmakokinetik Unverändertes Progesteron weist nach oraler Gabe keine relevante Bioverfügbarkeit auf. Daher wird Progesteron zu reproduktionsmedizinischen Zwecken per Injektion verabreicht oder lokal in den Genitaltrakt (Spirale, Schwämmchen) eingebracht. Durch i. m. Injektion von Kristallsuspensionen ist ein begrenzter Depoteffekt zu erzielen.

Gestagene werden in der Leber metabolisiert und nach Glukuronidierung und Sulfatierung über die Galle und den Urin eliminiert. Im Blut liegt der größte Anteil der Gestagene proteingebunden vor.

Indikationen und Dosierung Basierend auf der reversiblen Zyklushemmung werden Gestagene insbesondere zur Zyklusunterdrückung sowie zur Estrus- bzw. Ovulationssynchronisation verwendet (**Tab. 12.3**).

Bei Hunden, Katzen, Wild- und Zootieren, kann durch orale Dauermedikation mit synthetischen Gestagenen (z. B. **Medroxyprogesteronacetat**, **Chlormadinonacetat**) eine Zyklusunterdrückung mit dem Ziel der Kontrazeption und der Populationskontrolle durchgeführt werden. Eine Alternative ist das Progesteronderivat **Proligeston** das mit mehrmonatigem Intervall in Form eines Depotpräparates s. c. zu verabreichen ist. Die Gabe von Gestagenen zur Läufigkeitsunterdrückung sollte bei Tieren erfolgen, die sich im Anestrus, d. h. im Stadium der vollkommenen Ovarruhe, befinden. In der Praxis bedeutet dies, dass bei Hündinnen die erste Hormongabe frühestens 3 Monate nach einer beobachteten und spätestens 1 Monat vor der nächsten zu erwartenden Läufigkeit vorzunehmen ist. Durch die Gestagengabe wird eine Lutealphase imitiert, der dann ein erneutes Anestrusstadium folgt. Die Zyklusblockade geht damit über die eigentliche Wirkungsdauer der Gestagene hinaus, sodass Depotgestagene wie Proligeston in Intervallen von 4–6 Monaten gegeben werden. Die schwerwiegenden Nebenwirkungsrisiken sind zu berücksichtigen und abzuwägen.

Zur **Zyklussynchronisation** werden Gestagene in Abhängigkeit von der Spezies über einen Zeitraum von 1–3 Wochen verabreicht. Die Applikation erfolgt dabei je nach Tierart und arzneimittelrechtlicher Zulassung der entsprechenden Präparate entweder täglich p. o., wiederholt **injiziert**, als Progesteron freisetzendes **Implantat** s. c. platziert oder in Form von Progesteron abgebenden **Intravaginalspiralen**, -spangen oder -schwämmchen (Rind, Schaf, Ziege, Pferd). Die Applikationsformen aktuell in Deutschland im Handel befindlicher Präparate sind in **Tab. 12.3** dargestellt. Unabhängig von der Applikationsform tritt bei den behandelten Tieren etwa 2–4 Tage nach dem Ende der Gestagen-

Tab. 12.3 Gestagenpräparate in der Tiermedizin.

Stoffgruppe	Beispiel	Anwendungsform
Progesteron	Progesteron	vaginales Wirkstofffreisetzungssystem
synthetische Gestagene	Altrenogest (Allyltrenbolon)	oral
	Chlormadinon	oral
	Delmadinonacetat*	intramuskuläre/subkutane Injektion
	Medroxyprogesteronacetat	oral
	Osateronacetat*	oral
	Proligeston	subkutane Injektion
Antigestagene	Aglepriston	Injektion

* *ausgeprägte antiandrogene Wirkung, die therapeutisch genutzt werden kann*

behandlung der Estrus ein. Die Ovulation während des induzierten Estrus erfolgt dann tierartspezifisch. Das ist vor allem beim Pferd aufgrund der langen und variablen Dauer der Rosse von Bedeutung. Eine Estrussynchronisation führt bei dieser Tierart daher nicht zu einer Ovulationssynchronisation. Hingegen ist bei Wiederkäuern der Zeitpunkt der Ovulation innerhalb der induzierten oder synchronisierten Brunst relativ zuverlässig vorhersehbar.

Die **Ovulationsinduktion** durch eine mehrtägige bis mehrwöchige Gestagenbehandlung erfolgt zum einen bei Tieren mit Zyklusstörungen, zum anderen bei den saisonal zyklischen Tierarten Schaf und Pferd mit dem Ziel, das Einsetzen ovulatorischer Zyklen innerhalb des Jahres vorzuverlegen. Die Gestagenbehandlung imitiert dabei die Funktion eines endogenen Gelbkörpers. Während der Behandlung wird die GnRH- und infolgedessen die LH-Sekretion gehemmt. Unter FSH-Wirkung kommt es jedoch wie in einer natürlichen Lutealphase zur Stimulierung des Follikelwachstums. Nach dem Ende der Gestagenbehandlung erfolgt dann eine vermehrte LH-Sekretion, die eine Ovulation auslöst. Nach einer länger dauernden Zyklusblockade (z. B. Ovarialzysten beim Rind, saisonale Azyklie bei Schaf oder Pferd) ist die Fertilität dieser ersten Ovulation in der Regel reduziert. In diesen Fällen ist allerdings die Induktion eines ovariellen Zyklus als Therapieerfolg zu werten. Zur Verkürzung der saisonalen Azyklie bei Schafen wird die Gestagenbehandlung meist mit der Gabe von FSH oder eCG am Ende der Gestagentherapie kombiniert.

Gestagene kommen zum Teil bei Fleischrindern prophylaktisch zum Einsatz, um die Phase der bei Ammenkühen auftretenden Laktationsazyklie zu verkürzen. Eine entsprechende Behandlung wird auch zur Prophylaxe von Ovulationsstörungen bei Milchkühen vorgeschlagen.

Bei Stuten lassen sich Gestagene in Form des p. o. zu verabreichenden **Altrenogest/Allyltrenbolon** oder mittels Intravaginalspiralen zuführen. Bei beiden Arzneiformen besteht eine gute Wirksamkeit, allerdings sind Progesteron freisetzende Intravaginalspiralen bislang nur für Rinder zugelassen.

Zur **Rauscheinduktion bei Jungsauen** wird eine 14–20-tägige Gestagenbehandlung (Altrenogest/Allyltrenbolon) mit einer nachfolgenden eCG- und GnRH-Injektion verbunden. Die synthetischen Gestagene Chlormadinon und Medroxyprogesteronacetat sind beim Schwein zwar grundsätzlich ebenfalls wirksam, die Fertilität in der so induzierten Rausche ist jedoch reduziert (geringere Zahl an Ferkeln pro Wurf, Risiko der Entstehung von Ovarialzysten), sodass diese Gestagene aus wirtschaftlichen Gründen in der Schweineproduktion nicht zur Anwendung kommen. Eine wiederholte Injektion des natürlichen Progesterons wäre beim Schwein möglich, ist jedoch im Allgemeinen nicht wirtschaftlich. Zudem ist derzeit ausschließlich Altrenogest (Allyltrenbolon) für diese Indikation beim Schwein zugelassen.

Eine Gestagenbehandlung zur **Unterstützung der Trächtigkeit** beim Hund ist umstritten. Progesteronbehandlungen trächtiger Hündinnen können eine Maskulinisierung weiblicher Welpen und eine Verzögerung der Geburt bewirken. Nur bei Vorliegen endokriner Störungen, die mit kontinuierlich zu geringen Plasmaprogesteronkonzentrationen einhergehen (luteale Insuffizienz), ist ein Nutzen der oralen Progesteronsubstitution vorstellbar.

Zur Sicherstellung einer Trächtigkeit werden Gestagene auch beim Pferd verwendet. Bei tragenden Stuten mit Koliken kann es infolge einer Endotoxin-induzierten Prostaglandinfreisetzung zur Luteolyse und nachfolgend zum Abort kommen. Bei solchen Stuten können über 10 Tage Gestagene entweder in Form von Allyltrenbolon p. o. oder als natürliches Progesteron per injectionem gegeben werden. Diese Behandlung ist aber nur vor dem 150. Tag der Trächtigkeit, d. h. vor der Phase der plazentären Progesteronsynthese, sinnvoll. Bei Stuten mit chronisch-degenerativen Veränderungen des Endometriums, die nur bedingt in der Lage sind, eine Frucht auszutragen, kann durch eine Gestagenbehandlung (Allyltrenbolon vom 5.–100. Tag der Trächtigkeit) das Risiko der embryonalen Mortalität verringert werden.

Über Gestagenbehandlungen zur Trächtigkeitserhaltung beim Rind liegen keine Untersuchungsergebnisse vor. Da beim Rind das trächtigkeitserhaltende Progesteron über den gesamten Verlauf der Gravidität vom Trächtigkeitsgelbkörper freigesetzt wird, müsste eine solche Behandlung während der gesamten Trächtigkeit erfolgen. Eine exogene Progesteronzufuhr könnte sich hierbei über eine negative Rückkoppelung auch negativ auf die körpereigene Progesteronsynthese auswirken.

Gestagene mit ausgeprägtem antiandrogenem Effekt, wie z. B. Delmadinonacetat oder Osateronacetat, werden zur Unterdrückung des Androgeneinflusses bei Prostatahyperplasie sowie bei Tumoren der Prostata oder der Zirkumanaldrüsen eingesetzt.

Für die einzelnen Tierarten werden folgende Dosisbereiche angegeben:

- Chlormadinonacetat
  - Hund: 1,5–3 mg/kg p. o. im Anestrus im Abstand von 4–6 Monaten
  - Rind: 0,02 mg/kg p. o. über 17–20 Tage (nicht vor 15. Tag post partum)
  - Pferd: 0,02 mg/kg p. o. über 17–20 Tage
- Proligeston
  - Katze: 20 mg/kg s. c.
  - Hund: 12–30 mg/kg (abh. vom Gewicht; 5–10 kg KG: 25–30 mg/kg s. c.; 30–45 kg KG: 12–15 mg/kg s. c.
- Medroxyprogesteronacetat
  - Hund: 2,5–5 mg/kg i. m. oder 0,5 mg/kg p. o.
- Altrenogest
  - Sau: 20 mg/Tier/Tag 18 Tage p. o.
- Osateronacetat
  - Hund: 0,25–0,5 mg/kg 1-mal täglich über 7 Tage p. o.

Nebenwirkungen, Toxizität Bei Anwendung von Progesteron freisetzenden Scheidenspiralen wird ein gehäuftes Auftreten von Vaginitiden beobachtet. Bei Kühen ist zudem beschrieben, dass eine längere Gestagenbehandlung die Fertilität in der nach Ende der Behandlung auftretenden Brunst reduzieren kann.

Bei der Anwendung von Gestagenen beim Kleintier ist zu beachten, dass sich durch die Induktion einer Insulinresistenz bei bestehender diabetogener Stoffwechsellage ein Diabetes mellitus manifestieren kann. Infolge der Suppression der Hypothalamus-Hypophysen-Achse wird auch die Stimulation der Nebennierenrinde reduziert, was bei langfristiger Gabe von Gestagenen möglicherweise zu einer Nebennierenrindenatrophie führt.

Die Stimulation des Endometriums kann eine zystische Hyperplasie zur Folge haben, außerdem wird die Entstehung von Uterusinfektionen begünstigt. Dies gilt insbesondere, wenn die Gestagengabe in einer Zyklusphase erfolgt, in der der Genitaltrakt unter Estrogeneinfluss steht. Bei der Anwendung von Progesteronderivaten zur Läufigkeitsunterdrückung beim Hund treten zudem gehäuft Mammatumoren auf.

Bei männlichen Tieren können Gestagene durch die Hemmung der Hypothalamus-Hypophysen-Achse die Spermatogenese negativ beeinflussen.

Wechselwirkungen Da Gestagene die adrenokortikale Suppression verstärken, sollten sie nicht in Kombination mit Glucocorticoiden eingesetzt werden. Außerdem addiert sich bei der Kombination beider Wirkstoffgruppen deren diabetogene Wirkung.

Kontraindikationen Da Gestagene diabetogen wirken, ist die Anwendung bei Tieren mit Diabetes mellitus kontraindiziert. Bei Hyperplasie des Endometriums, entzündlichen und infektiösen Erkrankungen des Uterus dürfen keine Gestagene eingesetzt werden. Bei Hündinnen sollten Gestagene nicht während der Laktation zum Einsatz kommen, da die Hemmung der Prolaktinsekretion die Laktationsleistung beeinträchtigen kann. Bei Kühen ist ein Einsatz vor dem 15. Tag post partum zu vermeiden.

Da Gestagene eine adrenokortikale Suppression bewirken, sind sie bei Tieren mit Nebenniereninsuffizienz kontraindiziert.

Die Anwendung von Gestagenen zur Läufigkeitsunterdrückung bei Hündinnen ist im Proestrus, Estrus und Metestrus sowie vor der ersten Trächtigkeit zu vermeiden. Bei Tieren mit Mammatumoren sollten Gestagene nicht zum Einsatz kommen.

Eine Gestagengabe in der Endphase der Trächtigkeit kann die Geburt verzögern, sodass die Feten zu groß werden und absterben.

Wartezeit Die Wartezeiten für essbare Gewebe betragen bei aktuell zugelassenen Präparaten:

- Altrenogest: 9 Tage
- Chlormadinon: 7 Tage
- Progesteron 0 Tage

Die Wartezeit für Milch beträgt bei Chlormadinon 2 Tage.

Antigestagene

STECKBRIEF ANTIGESTAGENE

Antigestagene sind hormonähnliche Steroide, die mit hoher Affinität an den Progesteronrezeptor binden, ohne selbst eine Gestagenwirkung hervorzurufen. In Abhängigkeit vom Anwendungszeitpunkt kann das Antigestagen Aglepriston zur Nidationsverhütung, zum Trächtigkeitsabbruch oder zur Geburtseinleitung bei Hündinnen eingesetzt werden.

Pharmakodynamik Für die veterinärmedizinische Anwendung ist **Aglepriston** als Antigestagen für den Hund zugelassen. Aglepriston bindet beim Hund mit 3-fach höherer Affinität an den Rezeptor als Progesteron. Durch eine kompetitive Rezeptorblockade kommt es zur **Reduktion bzw. Aufhebung der endogenen Progesteronwirkung**.

Indikationen und Dosierung Antigestagene heben die trächtigkeitserhaltende Wirkung der Gestagene auf. Bei der Hündin kann Aglepriston zur Nidationsverhütung und zum Trächtigkeitsabbruch zwischen Tag 1 und 45 der Trächtigkeit eingesetzt werden. Während der frühen Trächtigkeit (bis Tag 25) liegen die Erfolge bei bis zu 100 %. Bei einer späteren Anwendung (Tag 26–45) ist in etwa 95 % der Fälle mit einem Abort innerhalb der nächsten 7 Tage zu rechnen. Die Dosierung liegt bei 10 mg/kg 2-mal im Abstand von 24 h.

Ab dem 58. Tag der Trächtigkeit kann Aglepriston zur Geburtseinleitung verwendet werden. Nach dem Ablauf der passiven Phase der Geburt setzen jedoch meist keine aktiven Wehen ein, sodass zusätzlich wehenauslösende Medikamente (Oxytocin) zu verabreichen sind. Des Weiteren ist die Anwendung von Aglepriston zur konservativen Behandlung der Pyometra beschrieben. Für diese Indikation kann Aglepriston bei Hündinnen mit ungestörter Ovarfunktion in der Phase des Diestrus zum Einsatz kommen. Der antigestagene Effekt führt dann zu einer Zervixöffnung, die bei gleichzeitig erhöhter Kontraktilität den Abfluss des uterinen Inhalts ermöglicht.

Die Anwendung von Aglepriston ist auch bei Katzen beschrieben, allerdings ist der Wirkstoff für die Spezies bislang nicht zugelassen.

Nebenwirkungen Zu den Nebenwirkungen zählen gastrointestinale Symptome, Anorexie, Nervosität, Abgeschlagenheit sowie lokale Entzündungsreaktionen an der Injektionsstelle.

Androgene

STECKBRIEF ANDROGENE

Androgene werden vorwiegend in den Leydig-Zwischenzellen des Hodens gebildet, geringere Mengen auch in der Nebennierenrinde. In den meisten Zielorganen repräsentiert die reduzierte Form des Testosterons, das 5α-Dihydrotestosteron, das eigentlich biologisch wirksame Androgen. Daneben spielen die ebenfalls in den Leydig-Zwischenzellen synthetisierten, schwächer wirksamen Androgene Androstendion und Dehydroepiandrostendion eine Rolle für die Regulation der männlichen Sexualfunktion. Aus arzneimittelrechtlichen Gründen ist die therapeutische Anwendung unter Nutzung der anabolen Wirkung auf die Kleintiermedizin beschränkt. Allerdings sind auch bei Kleintieren therapeutische Alternativen grundsätzlich vorzuziehen.

Bei weiblichen Tieren werden Androgene in der Theka interna der Ovarfollikel als Vorstufe der Estrogene gebildet und physiologischerweise rasch zu Estrogenen umgewandelt. Bei Stuten und Kühen mit Thekazelltumoren kann die

Androgensynthese gesteigert sein. Eine messbare Testosteronkonzentration in Blutproben von Stuten oder Kühen ist daher stets ein Hinweis auf die tumoröse Entartung eines Ovars.

Pharmakodynamik Androgene stimulieren die Ausbildung der primären und sekundären männlichen Geschlechtsmerkmale, das Fortpflanzungsverhalten beim männlichen Tier und die Funktion der akzessorischen Geschlechtsdrüsen. Außerdem sind sie für den Ablauf der Spermatogenese verantwortlich. Darüber hinaus haben Androgene anabole Effekte auf den Eiweiß- und Nukleinsäurestoffwechsel. Sie bewirken eine Positivierung der Stickstoffbilanz im Organismus. Androgene beschleunigen Wachstumsprozesse, was sich in einer Zunahme des Körpergewichts und der Körpergröße äußern kann. Zudem haben sie einen positiven Einfluss auf die Erythropoese. Durch gezielte Abwandlung des Testosteronmoleküls wurden verschiedene Derivate entwickelt, bei denen die anabole Wirkung besonders ausgeprägt ist.

Körpereigene Androgene sowie deren Derivate hemmen durch negative Rückkopplung die Freisetzung von LH und damit die endogene Testosteronfreisetzung. Durch Reduktion der FSH-Freisetzung im Zuge einer negativen Rückkopplung kann auch die Spermatogenese gehemmt werden. Mit diesen Effekten ist auch bei exogener Zufuhr von androgen und anabol wirksamen Steroiden zu rechnen.

Androgene binden an Rezeptoren im Zytoplasma. Im Zellkern bindet der resultierende Hormonrezeptorkomplex mit hoher Affinität an die DNA und beeinflusst die Synthese der mRNA. Dadurch wird die nachfolgende Synthese von Proteinen moduliert, wodurch z. B. die Enzymausstattung der Zellen maßgeblich beeinflusst werden kann und die eigentliche Hormonwirkung vermittelt wird.

Pharmakokinetik Bei oraler Gabe weist Testosteron durch einen ausgeprägten First-Pass-Effekt keine relevante Bioverfügbarkeit auf. Die Halbwertszeit von Testosteron beträgt etwa 10 min. Durch Veresterung am C_{17} des Testosteronmoleküls kann die orale Bioverfügbarkeit, die Wirksamkeit und die Halbwertszeit positiv beeinflusst werden. Eine relevante Bioverfügbarkeit nach oraler Gabe ließ sich insbesondere mit dem Testosteron-Undecanoat erreichen, welches unter Umgehung der Leber über das Lymphsystem die Blutbahn erreicht.

Indikationen In den USA dürfen anabole Steroide als Masthilfsmittel eingesetzt werden. So findet z. B. Trenbolonacetat in der Rindermast Verwendung. In der EU ist die Gabe von Sexualhormonen und von Derivaten inkl. der anabol wirksamen Steroide bei Lebensmittel liefernden Tieren zur Verbesserung der Mastleistung verboten.

Aus diesem Grund ist die Anwendung in der tierärztlichen Praxis auf einzelne Indikationen in der Kleintiermedizin beschränkt. Aktuell befinden sich in Deutschland allerdings keine Präparate im Handel, daher müssen entsprechende Formulierungen ggf. aus dem Ausland bezogen werden. Hierbei sind die jeweiligen arzneimittelrechtlichen Bestimmungen zu beachten. In Einzelfällen lassen sich die anabolen Effekte von Nandrolon bei katabolen Zuständen oder zur Stimulation der Erythropoese nutzen. Zu den möglichen Indikationen zählen die Rekonvaleszenz nach schweren operativen Eingriffen, chronische Leber- und Nierenerkrankungen, Muskeldystrophie und bestimmte Anämien. Der Einsatz hat unter Berücksichtigung der Nebenwirkungen zu erfolgen. Mögliche therapeutische Alternativen, wie z. B. die Anwendung von rekombinantem Erythropoetin, sind in der Regel vorzuziehen.

CAVE

Die missbräuchliche Verwendung androgener und anabolwirksamer Steroide bei Sportpferden verstößt sowohl gegen arzneimittelrechtliche Vorschriften als auch gegen die Dopingbestimmungen der Pferdesportverbände.

Nebenwirkungen Androgenwirksame Substanzen können eine Retention von Elektrolyten und Wasser bedingen. Verschiedene Vertreter besitzen zudem ein hepatotoxisches Potenzial. Durch Hemmung der Gonadotropinsekretion sind bei weiblichen Tieren Zyklusstörungen und eine Laktationshemmung, bei männlichen Tieren eine Hemmung der Spermatogenese und ggf. eine Hodenatrophie zu beobachten. Nach Absetzen der Substanzen kann die induzierte Oligo- oder Azoospermie von einer Phase mit kurzfristig erhöhter Spermienproduktion abgelöst werden. In der Humanmedizin versucht man dieses Reboundphänomen reproduktionsmedizinisch zu nutzen.

Prostatahypertrophie aufgrund direkter stimulatorischer Effekte sowie Verhaltensänderungen mit gesteigertem Sexualverhalten und erhöhter Aggressivität zählen gleichfalls zu den möglichen Nebeneffekten androgen wirksamer Substanzen.

Bei Jungtieren besteht zudem die Gefahr eines vorzeitigen Epiphysenfugenschlusses und damit assoziierter Wachstumsstörungen.

Wechselwirkungen Stoffe mit androgener Wirkung potenzieren durch Konkurrenz um die Plasmaproteinbindungsstelle die Effekte von Antikoagulanzien. Da sie zudem die Blutglukose reduzieren können, ist bei Patienten mit Diabetes mellitus u. U. eine Anpassung der Insulindosis erforderlich.

Kontraindikationen Eine Anwendung von Substanzen mit androgener Wirkung bei trächtigen Tieren kann die Sexualdifferenzierung und -entwicklung weiblicher Feten nachteilig beeinflussen.

Antiandrogene

Bei den Antiandrogenen unterscheidet man steroidale Verbindungen (z. B. **Cyproteronacetat**) mit direkt antiandrogener wie auch antigonadotroper Wirkung von den nichtsteroidalen Antiandrogenen vom Flutamid-Typ, denen eine Hemmwirkung auf die Gonadotropinsekretion fehlt. Als Antiandrogen kommt bei Hunden mit Prostatahypertrophie, Prostatatumoren oder Tumoren der Zirkumanaldrüsen z. T. das für den Menschen zugelassene Cyproteronacetat zum Einsatz. Dieses wirkt zudem als Gestagen, womit es durch Nachahmung der negativen Rückkopplung auch die Gonadotropinsekretion hemmt. Die reduzierte Stimulation der Gonaden durch LH führt dann zu einer verminderten Androgenfreisetzung. Die aktuelle Zulassungssituation und die Umwidmungsvoraussetzungen sind zu beachten. Aktuell befinden sich alternative Präparate für diese Indikation im Handel, die für die veterinärmedizinische Anwendung zugelassen sind.

Auch Gestagene reduzieren indirekt durch die Hemmung der Gonadotropinsekretion die Androgenfreisetzung. Bei Hunden werden z. B. die Gestagene **Delmadinonacetat** und **Osateronacetat** für dieselben Indikationen wie die spezifischeren Antiandrogene verwendet.

12.5.6 Oxytocin

STECKBRIEF OXYTOCIN

Oxytocin ist ein Nonapeptid, das in den Nervenzellen des Nucleus supraopticus und Nucleus paraventricularis des Hypothalamus gebildet wird. Es wird durch Neurosekretion in den Hypophysenhinterlappen transportiert und dort in Vesikeln an Neurophysin gebunden und gespeichert. Oxytocin reguliert die Milchabgabe sowie die Kontraktionsaktivität des Uterus zum Zeitpunkt der Geburt und im Frühpuerperium. Diese Wirkungen können therapeutisch unter anderem bei Milchejektionstörungen, Wehenschwäche und Nachgeburtsverhalten ausgenutzt werden.

Die Freisetzung von Oxytocin aus der Hypophyse erfolgt durch nervale Stimuli über entsprechende Reflexbögen. Auslösende Reize sind der Saug- bzw. Melkvorgang wie auch die Dilatation von Zervix und Vagina. Beim Rind wird Oxytocin zusätzlich zyklusabhängig im Gelbkörper synthetisiert, wobei es neben dem Prostaglandin $F_{2\alpha}$ eine bedeutende Rolle bei der Rückbildung des Gelbkörpers spielt.

Pharmakodynamik Oxytocin bewirkt eine Kontraktion der glatten Muskulatur von Genitale und Milchdrüse und ist damit an der Regulation der Milchabgabe, der Steuerung der Wehen, aber auch am Transport von Eizellen und Spermien im weiblichen Genitale beteiligt. Am Uterus löst es rhythmische Kontraktionen aus, die von 3–5 min andauernden Refraktärphasen abgelöst werden. Bei Überdosierung verkürzen sich die Refraktärphasen, woraus eine Dauerkontraktion resultieren kann. Die Oxytocinwirkung auf den Uterus ist am deutlichsten, wenn dieser unter Estrogeneinfluss steht. Estrogene erhöhen nicht nur die Anzahl der Oxytocinrezeptoren, sondern auch die Konzentration an Inositoltriphosphat und Diacylglycerol, wodurch die intrazelluläre Kalziumkonzentration und damit die Kontraktilität grundlegend gesteigert werden. In der Phase der späten Trächtigkeit, während der Geburt und im Frühpuerperium kann Oxytocin daher die Kontraktionsaktivität des Uterus steigern. Der Anstieg von Oxytocin zur Geburt hin wird dabei durch das fortschreitende Abfallen der Progesteronkonzentration und den Anstieg der Estrogenkonzentration bestimmt.

In der Milchdrüse induziert Oxytocin die Kontraktion der Myoepithelzellen. Daraus resultieren eine Erhöhung des intramammären Drucks und ein Übertreten der Milch aus den Alveolen in die Zisterne. Diese Milchejektion ist Voraussetzung für die Milchgewinnung beim Melkvorgang.

Während der Geburt freigesetztes Oxytocin ist zudem durch Effekte im Zentralnervensystem für die Etablierung maternaler Verhaltensmuster von Bedeutung.

Pharmakokinetik Als Peptid wird Oxytocin nach oraler Aufnahme im Gastrointestinaltrakt rasch enzymatisch abgebaut. Es ist daher parenteral zu verabreichen.

Nach i. v. Injektion setzt die Wirkung von Oxytocin sehr schnell ein, bei i. m. Injektion ist mit einem Wirkungseintritt nach 3–5 min zu rechnen. Die Ausscheidung erfolgt überwiegend über die Niere. Die Eliminationshalbwertszeit beträgt speziesabhängig zwischen 3–22 min.

Indikationen und Dosierung Therapeutisch wird Oxytocin bei **Milchejektionsstörungen**, zum Ausmelken des Euters in der **Mastitistherapie** sowie zur Verstärkung oder Auslösung der Wehen bei primärer **Wehenschwäche** verwendet. Empfohlene Dosierungen betragen bei Katze und Hund 0,3–1 IE/Tier, beim Schwein 20–40 IE/Tier, bei Rind und Pferd 40–50 IE/Tier und bei Schaf und Ziege 10–30 IE/Tier. Oxytocin kann i. m., s. c. oder i. v. injiziert werden. Die i. v. Injektion sollte sehr langsam erfolgen. Je nach Bedarf ist die Anwendung zu wiederholen. Alternativ kann bei bestimmten Indikationen eine Dauertropfinfusion sinnvoll sein. Bei einer sekundären Wehenschwäche (Sistieren der Wehen infolge Erschöpfung des Muttertieres) empfiehlt es sich, Oxytocin in Kombination mit Kalzium und Glukose zu verabreichen. Dadurch wird die Kontraktionskraft des Myometriums erhöht und gleichzeitig die erforderliche Energie bereitgestellt. Zur Einleitung der Geburt und zur Expulsion von pathologischem Uterusinhalt bei Endometritiden kommt Oxytocin in der Veterinärmedizin nur beim Pferd infrage, nicht bei anderen Tierarten. Außerdem kann Oxytocin bei Nachgeburtsverhalten (Retentio secundinarum) über die gesteigerte Kontraktilität des Myometriums den Abgang der Nachgeburt fördern.

Mit dem **Oxytocin-Analogon Carbetocin** steht ein Langzeitderivat mit einer Wirkung von bis zu 6 h zur Verfügung. Dieses kann vor allem zur Stimulation von Wehen bei Rind und Schwein verwendet werden. Die empfohlene Dosis beträgt für das Rind 175–350 µg/Tier und für das Schwein 100–210 µg/Tier i.m. oder s. c.

CAVE

In allen Fällen, in denen die Gefahr einer Überdosierung von Oxytocinpräparaten besteht (z. B. Wehenschwäche bei der Hündin, Geburtseinleitung oder Therapie einer Nachgeburtsverhaltung bei Stuten), sollte besser Oxytocin selbst verwendet werden, da dessen Wirkung aufgrund der kurzen Halbwertszeit gut steuerbar ist.

Nebenwirkungen Mögliche Folgen bei unsachgemäßer Anwendung von Oxytocin sind uterine Hyperkontraktilität mit Tetanus uteri, Uterusruptur, Geburtsverhaltung oder Fruchttod. Oxytocin weist eine geringfügige antidiuretische Wirkung auf. Bei gleichzeitiger Infusion größerer Volumina kann daher eine Wasserintoxikation auftreten.

Wechselwirkungen Die wehenfördernden Effekte von Oxytocin werden durch gleichzeitige Anwendung von Adrenolytika und Prostaglandinen verstärkt.

Kontraindikationen Oxytocin darf nicht eingesetzt werden bei Geburtshindernissen, mangelnder Zervixöffnung, Lageanomalien, zu großer Frucht oder Krampfwehen.

12.5.7 Secalealkaloide

Zu den Secalealkaloiden der Ergometringruppe gehören **Ergometrin** und **Methylergometrin**. Beide haben über die Stimulierung von α-Adrenozeptoren und Serotoninrezeptoren eine **uterotone Wirkung** (S. 98). Bei einem Einsatz zur Wehenverstärkung besteht jedoch die Gefahr einer Überdosierung mit daraus resultierenden Dauerkontraktionen des Myometriums, intrauteriner Asphyxie des Fetus und Uterusrupturen.

Indikationen für Ergometrinpräparate wären postpartale Uterusblutungen und puerperale Uterusatonien. Es sind jedoch derzeit keine entsprechenden Arzneimittel für Tiere zugelassen.

12.5.8 Prostaglandine

STECKBRIEF PROSTAGLANDINE

Prostaglandine sind endogene Derivate der Arachidonsäure. Letztere wird aus den Phospholipiden der Zellmembran freigesetzt. Prostaglandin $F_{2\alpha}$ ($PGF_{2\alpha}$) und dessen Analoga werden vor allem zur Induktion der Luteolyse mit dem Ziel der Zyklusverkürzung oder der Abort- bzw. Geburtseinleitung eingesetzt. Die ausgeprägten tierartlichen Unterschiede in der Wirksamkeit in verschiedenen Zyklus- und Trächtigkeitsphasen sowie in der Verträglichkeit sind zu beachten.

Detaillierte Ausführungen zur Gruppe der Prostaglandine als endogene Mediatoren sowie zu deren pharmakologischer Beeinflussung finden sich im Kapitel zu den peripher und zentral wirksamen Mediatoren (S. 118). An dieser Stelle soll ausschließlich die Wirkung und der Einsatz von $PGF_{2\alpha}$ und dessen Analoga besprochen werden.

$PGF_{2\alpha}$ entsteht über verschiedene Zwischenstufen aus Arachidonsäure auf einem COX-abhängigen Weg. Zunächst wird das zyklische Endoperoxid Prostaglandin G_2 gebildet. Nach Umwandlung in das strukturell ähnliche Endoperoxid Prostaglandin H_2 entstehen daraus enzymatisch oder nicht enzymatisch die verschiedenen Prostaglandine, zu denen das **$PGF_{2\alpha}$** zählt (Abb. 12.8).

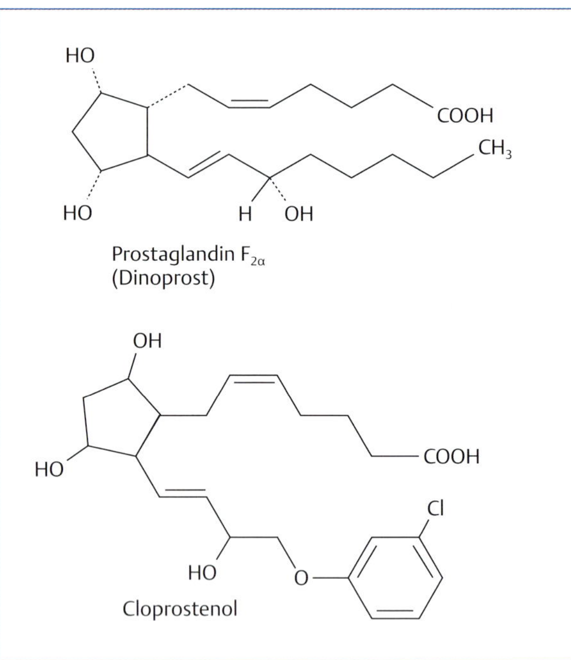

Abb. 12.8 Chemische Struktur von Prostaglandin $F_{2\alpha}$ und Cloprostenol.

Pharmakodynamik $PGF_{2\alpha}$ wird gegen Ende der Gelbkörperphase im Endometrium vieler Säugetiere, wie z. B. bei Pferd, Rind, Schwein, Schaf und Meerschweinchen, gebildet. Es wirkt luteolytisch, d. h., bei nicht trächtigen Tieren mit funktionellem Gelbkörper führt es zur Degeneration des Corpus luteum, zur Beendigung der Lutealphase und Beginn eines neuen Estrus. $PGF_{2\alpha}$ hat eine hemmende Wirkung auf die Progesteronsynthese der Lutealzellen, reduziert den Blutfluss zum Gelbkörper und stimuliert die Lutealzellen zu vermehrter Oxytocinsekretion. Oxytocin fördert eine weitere $PGF_{2\alpha}$-Freisetzung, die wiederum auf den Gelbkörper zurückwirkt. Folge ist eine rasche Abnahme der Progesteronsekretion. Durch Apoptose, d. h. einen aktiven Zelltod, erfolgt dann die strukturelle Rückbildung des Gelbkörpers. Der genaue Mechanismus der Luteolyse ist komplex und variiert speziesspezifisch.

$PGF_{2\alpha}$ verursacht Kontraktionen der Uterusmuskulatur, was beim Gametentransport, im Geburtsablauf und für den Abgang der Nachgeburt eine wesentliche Rolle spielt. Vor der Geburt ist $PGF_{2\alpha}$ verantwortlich für die Luteolyse und die Aufhebung des Progesteronblocks. $PGF_{2\alpha}$ induziert damit wesentliche geburtseinleitende Vorgänge.

$PGF_{2\alpha}$ beeinflusst daneben auch die glatte Muskulatur anderer Organe. So werden die Kontraktion der Bronchialmuskulatur und die Motilität im Gastrointestinaltrakt gesteigert. Beim Hund ist eine geringe Vasokonstriktion zu verzeichnen, die zu einer Erhöhung des Gefäßwiderstandes und des systemischen Blutdrucks führt.

Mit dem Ziel, die direkten Effekte von $PGF_{2\alpha}$ (Dinoprost) auf die Muskulatur zu reduzieren, die spezifische luteolytische Wirkung zu erhöhen und die pharmakokinetischen Eigenschaften zu optimieren, wurden verschiedene $PGF_{2\alpha}$-Analoga entwickelt. Dazu zählen Cloprostenol und Luprostiol.

Pharmakokinetik Prostaglandine werden in den verschiedenen Geweben gebildet und sehr rasch metabolisiert und inaktiviert. Der Abbau der Prostaglandine erfolgt in Lunge, Leber und Niere, daneben aber auch in allen anderen Geweben. Der Hauptmetabolit von $PGF_{2\alpha}$, 15-Keto-13,14-dihydro-$PGF_{2\alpha}$, besitzt eine Halbwertszeit von etwa 3–8 min. Die Elimination der Prostaglandine und ihrer Metaboliten erfolgt vorwiegend über die Niere.

Tab. 12.4 Eignung von Prostaglandinen zur Zyklusverkürzung sowie zur Abort- und Geburtseinleitung bei verschiedenen Tierarten.*

Tierart	Zyklusverkürzung	Aborteinleitung	Geburtseinleitung
Rind	+ + + (ab Tag 5 des Zyklus wird Luteolyse induziert)	+ + + (in der Mitte der Trächtigkeit geringere Zuverlässigkeit)	+ + + (gleichzeitig Stimulation der Lungenreife des Fetus)
Schaf	+ + + (ab Tag 5 des Zyklus wird Luteolyse induziert)	–	–
Ziege	+ + + (ab Tag 5 des Zyklus wird Luteolyse induziert)	+ + +	+ + + (gleichzeitig Stimulation der Lungenreife des Fetus)
Schwein	+ (ab Tag 12 des Zyklus wirksam)	+ + +	+ + +
Pferd	+ + + (ab Tag 5 des Zyklus wird Luteolyse induziert)	+ (nur im 1. Trächtigkeitsmonat sinnvoll)	– (Gefährdung des Fetus/Neonaten)
Hund	–	+ + (erst ab Tag 30 der Trächtigkeit möglich, wegen erheblicher Nebenwirkungen in Kombination)	+ + (erhebliche Nebenwirkungen in Kombination)

*Bei der Anwendung sind die aktuellen rechtlichen Bestimmungen und die Zulassungen einzelner Präparate zu beachten.
+ + + = starke Wirkung; + + = mittlere Wirkung; + = geringe Wirkung; – = keine relevante oder zuverlässige Wirkung

Die Plasmaeliminationshalbwertszeit der verschiedenen $PGF_{2\alpha}$-Analoga ist sehr unterschiedlich und beträgt 1–34 h (z. B. Cloprostenol 28 h).

Indikationen und Dosierung $PGF_{2\alpha}$ und seine Analoga werden in der Tiermedizin fast ausschließlich zur **Induktion der Luteolyse** mit dem Ziel der Zyklusmanipulation oder der Geburts- bzw. Abortinduktion verwendet (**Tab. 12.4**). Sie sind für diese Indikationen jedoch tierartspezifisch nur in bestimmten Phasen des Sexualzyklus bzw. der Trächtigkeit wirksam. So führen $PGF_{2\alpha}$ und seine Analoga bei Rind, Pferd, Schaf und Ziege in den ersten 5 Tagen nach der Ovulation, d. h. während der Ausbildung des Gelbkörpers, nicht zur Rückbildung des Gelbkörpers und Verkürzung des Zyklus. Die Gelbkörper des Schweins sprechen bis 12 Tage post ovulationem nicht auf $PGF_{2\alpha}$ an, beim Hund wirkt $PGF_{2\alpha}$ in der frühen Lutealphase ebenfalls nicht zuverlässig luteolytisch. Bei allen diesen Tierarten erfolgt nach $PGF_{2\alpha}$-Anwendung nur eine vorübergehende Abnahme der lutealen Progesteronsekretion, die dann innerhalb von wenigen Stunden wieder zunimmt. Wird $PGF_{2\alpha}$ zur Geburts- oder Abortinduktion verwendet, so ist zu bedenken, dass dabei lediglich eine Rückbildung des oder der Trächtigkeitsgelbkörper erzielt wird. Die plazentäre Progesteronkonzentration hingegen bleibt unbeeinflusst. Daher sind Prostaglandine z. B. bei Schaf und Pferd ab dem 70. Tag nicht mehr zum Abbruch der Trächtigkeit verwendbar. Beim Rind bleibt der Trächtigkeitsgelbkörper zwar über die gesamte Gestationsdauer die wichtigste Progesteronquelle, gegen Mitte der Trächtigkeit wird jedoch zusätzlich auch Progesteron in der Plazenta gebildet. Etwa vom 150.–240. Tag führt daher $PGF_{2\alpha}$ auch beim Rind nicht in jedem Fall zum Abbruch der Trächtigkeit oder muss zumindest in vielen Fällen wiederholt im Abstand von einigen Tagen injiziert werden.

Beim Hund wird die zur Geburtseinleitung verwendete Prostaglandindosis aufgrund der bei dieser Tierart sehr ausgeprägten Nebenwirkungen möglichst niedrig gehalten und auf mehrere Injektionen verteilt. Zur Abort- und Geburtseinleitung bei der Hündin kommen heute kombinierte Behandlungen mit $PGF_{2\alpha}$ und Dopaminagonisten zum Einsatz.

Für $PGF_{2\alpha}$ (Dinoprost) werden folgende Dosisbereiche angegeben:

- Schwein: 0,03–0,07 mg/kg (bis 10 mg/Tier)
- Rind: 0,05–0,07 mg/kg (25–35 mg/Tier)
- Pferd: 0,01 mg/kg (bis 5 mg/Tier)

Nebenwirkungen

CAVE

Der Hund ist besonders empfindlich gegenüber den Nebenwirkungen von $PGF_{2\alpha}$ und dessen Analoga. Wegen der geringen therapeutischen Breite bei dieser Spezies sollten entsprechende Präparate nur mit Vorsicht eingesetzt werden.

Auch beim Pferd sind häufig Nebenwirkungen zu verzeichnen, hingegen fallen diese bei Wiederkäuern und Schwein deutlich milder aus. Insbesondere werden Kontraktionen der glatten Muskulatur des Gastrointestinaltraktes und der Blutgefäße ausgelöst. Zu den häufigsten unerwünschten Wirkungen zählen Schwitzen, eine Erhöhung der Atem- und Herzfrequenz, vermehrter Kotabsatz, vermehrter Speichelfluss und erhöhte Körpertemperatur. Beim Pferd sind besonders häufig ein Anstieg der Körpertemperatur und starkes Schwitzen zu beobachten. Bei Schweinen sind Erytheme, Pruritus, gesteigerter Kot- und Urinabsatz, Ataxie, Hyperpnoe, Dyspnoe, Bauchmuskelspasmen, Salivation sowie verändertes Verhalten mit Vokalisation und Nestbauverhalten beschrieben.

Bei Hund und Katze können Abdominalschmerz, Erbrechen, Kot- und Urinabsatz, Pupillenerweiterung bzw. später Pupillenverengung, Tachykardie, Unruhe, Inkoordination, Fieber, Hypersalivation und Dyspnoe auftreten. Beim Hund sind Todesfälle möglich.

Da die $PGF_{2\alpha}$-Analoga eine größere Spezifität hinsichtlich der luteolytischen Wirkung aufweisen, ist die Nebenwirkungsrate sämtlicher Analoga geringer als diejenige von $PGF_{2\alpha}$.

Kontraindikationen $PGF_{2\alpha}$ und dessen Analoga dürfen außer zum Zweck der Aborts- oder Geburtseinleitung nicht an trächtige Tiere appliziert werden. Aufgrund der bronchospastischen Wirkung ist die Anwendung von $PGF_{2\alpha}$ und Analoga bei Patienten mit chronisch obstruktiven Lungenerkrankungen zu vermeiden. Des Weiteren sollten $PGF_{2\alpha}$ und dessen Analoga nicht bei Hunden mit kardialen Erkrankungen zum Einsatz kommen. Gleiches gilt beim Vorliegen einer geschlossenen Form der Pyometra, da durch die Steigerung der Uteruskontraktilität die Rupturgefahr erhöht wird.

CAVE

$PGF_{2\alpha}$ und Analoga können durch die Haut resorbiert werden und Bronchospasmen und Fehlgeburten auslösen. Der Hautkontakt ist zu vermeiden (undurchlässige Handschuhe tragen). Schwangere Frauen sowie Personen mit respiratorischen Problemen (Asthmatiker) sollten den Umgang mit diesen Tierarzneimitteln vermeiden.

Wartezeit

- $PGF_{2\alpha}$ (Dinoprost): 1–3 Tage
- Cloprostenol: bis zu 2 Tage (je nach Präparat)
- Luprostiol: 15–20 Tage (je nach Spezies!)

12.5.9 Tokolytika

STECKBRIEF TOKOLYTIKA

Zur Tokolyse, d. h. zur Reduktion oder Aufhebung der Wehentätigkeit, werden β_2-Sympathikomimetika (S. 90) verwendet. Für die veterinärmedizinische Anwendung ist aktuell Clenbuterol zur Tokolyse zugelassen.

Indikationen und Dosierung Tokolytika werden eingesetzt, um durch Ruhigstellung des Myometriums und Aufhebung der Wehentätigkeit geburtshilfliche Maßnahmen wie Stellungs- und Haltungskorrekturen oder das partielle Vorlagern des Uterus nach extraabdominal bei Durchführung einer Schnittentbindung zu erleichtern. In selteneren Fällen kann es erforderlich sein, durch Wehenhemmung den Geburtsablauf zu verzögern. Sinnvolle Gründe hierfür sind eine zu starke Wehentätigkeit bei noch ungenügender Öffnung des weichen Geburtskanals oder die Notwendigkeit, ein Muttertier zur Geburtshilfeleistung zunächst in eine Klinik zu transportieren. Eine Geburtsverschiebung mit Tokolytika als Managementmaßnahme ist wegen der Gefahr der Fruchtschädigung abzulehnen.

Weitere Indikationen sind eine Erweiterung der Geburtswege sowie die Lösung von Zervixspasmen.

Clenbuterol wird für die Tokolyse beim Rind mit einer Dosierung von 0,6–0,8 µg/kg eingesetzt.

Nebenwirkungen β_2-Sympathikomimetika können eine Tachykardie und Tachypnoe induzieren. Infolge einer Vasodilatation macht sich bei operativen Eingriffen (Sectio caesarea) u. U. eine gesteigerte Blutungsneigung negativ bemerkbar.

CAVE

Clenbuterol sollte grundsätzlich nicht bei Hunden verwendet werden, da schon bei geringen Dosierungen Herzmuskelnekrosen auftreten können.

Für weitere detaillierte Informationen zu dieser Wirkstoffgruppe wird auf das Kapitel zu den β2-Sympathikomimetika (S. 90) verwiesen.

FAZIT ENDOKRINPHARMAKOLOGE DER FORTPFLANZUNG 

- Gonadotropin-releasing-Hormon und Analoga werden für verschiedene reproduktionsmedizinische Indikationen eingesetzt (**Tab. 12.2**). Zu unterscheiden ist dabei zwischen einer kurzfristigen Anwendung zur Stimulation der FSH- und LH-Sekretion und einer Langzeittherapie mit dem Ziel einer Rezeptor-Downregulation und Reduktion der FSH- und LH-Sekretion.
- Während hypophysäre Gonadotropine nur begrenzt Anwendung finden, werden extrahypophysäre Gonadotropine z. B. für die Induktion des Follikelwachstums (v. a. eCG) und die Ovulationsinduktion (v. a. hCG) genutzt.
- Für die Therapie einer Scheinträchtigkeit kann der Dopaminagonist Cabergolin eingesetzt werden.
- Wegen ausgeprägter Nebenwirkungen finden die Estrogene nur noch limitierte Anwendung. Estriol ist bei der Hündin für das Management der Harninkontinenz nach Kastration zugelassen. Gestagene hingegen werden häufiger verwendet. Das Einsatzgebiet umfasst die Zyklusunterdrückung, Estrus- und Ovulationssynchronisation (**Tab. 12.3**). Die Anwendung von Androgenen ist auf einzelne Indikationen in der Kleintiermedizin beschränkt, bei denen z. B. versucht werden kann, anabole Effekte bei Rekonvaleszenz nach schweren Erkrankungen oder Operationen zu nutzen.
- Oxytocin kommt v. a. bei Milchejektionsstörungen, Wehenschwäche und Nachgeburtsverhalten zum Einsatz. Das Oxytocin-Analogon Carbetocin ist durch eine längere Wirkungsdauer charakterisiert.
- $PGF_{2\alpha}$ und dessen Analoga werden für verschiedene reproduktionsmedizinische Indikationen wie z. B. die Zyklusverkürzung, Abort- oder Geburtseinleitung eingesetzt (**Tab. 12.4**). Das Nebenwirkungspotenzial dieser Wirkstoffe ist zu beachten, wobei sich Hunde und Pferde als besonders empfindlich erweisen.

12.6 Nebennierenhormone

In den Nebennieren werden verschiedene Hormone synthetisiert. Während im **Nebennierenmark** die **Catecholamine Adrenalin** und **Noradrenalin** gebildet und über Aktivierung des autonomen Nervensystems (S. 84) ausgeschüttet werden, erfolgt in der **Nebennierenrinde** die Synthese der **Corticosteroide**.

STECKBRIEF CORTICOSTEROIDE

Corticosteroide sind C_{21}-Steroide und werden aus Cholesterol gebildet. Sie können in Mineralocorticoide und Glucocorticoide mit verschiedenen Wirkungen und Regelkreisen unterschieden werden. Mineralocorticoide regulieren den Wasserhaushalt und werden über das renale Renin-Angiotensin-System (S. 210) kontrolliert. Die Glucocorticoide haben neben der namensgebenden Beeinflussung des Kohlenhydratstoffwechsels vielfältige weitere Stressadaptationsfunktionen. Ihre Synthese und Freisetzung wird durch das Adenohypophysenhormon ACTH stimuliert, das wiederum unter Kontrolle des CRH steht.

12.6.1 Mineralocorticoide

Pharmakodynamik Das wichtigste endogene Mineralocorticoid ist **Aldosteron**. Mineralocorticoide wirken in erster Linie in der Niere, wo sie über die Rückresorption von Natrium- und Chloridionen zu einer passiven Wasserretention führen.

Bei einer pathologisch erhöhten Mineralocorticoidwirkung werden indirekt andere Ionen (Kalium, Kalzium, Phosphat) verstärkt ausgeschieden. Im Extremfall resultieren daraus eine Natriumretention, Hypokaliämie und Ödeme. Dieser pathologische Zustand kann durch Tumoren in der Adenohypophyse (vermehrte ACTH-Ausschüttung) oder in der Nebennierenrinde oder durch Glucocorticoide in hohen Dosierungen (unspezifische mineralocorticoide Wirkung) eintreten.

Indikationen und Dosierung Mineralocorticoide werden nur zur Substitution bei **primärer Nebenniereninsuffizienz (Morbus Addison)** verwendet. **Aldosteron** hat wegen fehlender oraler Verfügbarkeit (First-Pass-Metabolismus in der Leber) und seiner kurzen Halbwertszeit hierfür jedoch keine Bedeutung. Ein weiteres endogenes Mineralocorticoid, **Desoxycorticosteron**, ist zwar 25–50-mal schwächer wirksam als Aldosteron, war aber als Acetat (DOCA) wegen seiner längeren Halbwertszeit und geringen Kosten das bevorzugte Mineralocorticoid. Heute wird das synthetische **Fludrocortison**, ein 9α-fluoriertes Cortisol, verwendet. Im Gegensatz zu den endogenen Mineralocorticoiden hat es zusätzlich eine 10-mal schwächere glucocorticoide Wirkung, ist aber oral verfügbar und hat beim Menschen eine Halbswertszeit von 3 h bei einer Wirkungsdauer von 18 h. Bei Tieren ist Fludrocortison (20–50 µg/kg 1-mal täglich) nur bei Nebenniereninsuffizienz von Hund und Katze indiziert.

12.6.2 Glucocorticoide

STECKBRIEF GLUCOCORTICOIDE 

Hauptvertreter der endogenen Glucocorticoide ist bei fast allen Tierarten **Cortisol**. Daneben haben **Cortison** und **Corticosteron** (Hauptvertreter bei Nagern) in verschiedenen Tierarten eine große Bedeutung.

Neben Cortisol bzw. seinem metabolischen Vorläufer Cortison werden auch verschiedene synthetische Präparate verwendet, bei denen durch Modifikation des Grundgerüsts eine stärkere glucocorticoide Wirkung bei gleichzeitiger Abschwächung oder Verlust der mineralocorticoiden Wirkung erzielt wurde. Zudem zeichnen sich diese durch eine längere Halbwertszeit und damit Wirkdauer aus.

Typische Vertreter synthetischer Glucocorticoide sind **Prednisolon** bzw. sein metabolischer Vorläufer **Prednison** und **Methylprednisolon**. Die an den Steroid-Kohlenstoffatomen C_6 oder C_9 fluorierten Prednisolonderivate **Triamcinolon**, **Betamethason**, **Dexamethason** und **Flumethason** besitzen eine noch viel höhere Glucocorticoidwirkung, die die Stärke von Cortisol um das bis zu 700-Fache übertrifft.

Wirkungen

Generelle Wirkung Glucocorticoide sind in erster Linie wegen ihrer Wirkung auf den Kohlenhydrat- und Proteinstoffwechsel bekannt. Sie haben jedoch vielfältige weitere Effekte, die eine Anpassung an ungünstige äußere Bedingungen bis hin zu Stressreaktionen erlauben. Diese kardiovaskulären, zentralnervösen, antiinflammatorischen, immunsuppressiven und antiallergischen Wirkungen sind teilweise auch therapeutisch nutzbar. Dabei kommen in der Regel pharmakologische Dosierungen zum Einsatz, durch die Konzentrationen im Körper erzielt werden, welche die der körpereigenen Glucocorticoide bei Weitem übersteigen.

Wirkungen auf den Stoffwechsel Glucocorticoide führen zu einem erhöhten Glukoseumsatz bei abnehmender Glukosetoleranz und Insulinempfindlichkeit. Während in der Leber der Glykogenstoffwechsel zunimmt, um Glykogen für einen erhöhten Glukosebedarf bereitzustellen, wird in allen anderen Organen die Proteinsynthese reduziert, es kommt sogar zu einem Proteinabbau, um Glukoneogenese aus Aminosäuren zu fördern. Diese katabole Wirkung auf den Proteinstoffwechsel führt zu einer negativen Stickstoffbilanz und unter chronischen Bedingungen zu Gewebsatrophie, insbesondere zu Muskelschwund und dünnerer Haut. Weiterhin beeinflussen Glucocorticoide auch den Fettstoffwechsel. Durch Verstärkung der lipolytischen Wirkung von Glukagon, ACTH und Adrenalin werden Fettdepots mobilisiert. Bei chronisch erhöhten Glucocorticoiden führt dies jedoch zu einer Umverteilung der Fettdepots: Einer Abnahme in den Extremitäten steht eine Zunahme in Rumpf, Nacken und Gesicht gegenüber (Cushing-Syndrom).

Wirkung auf den Wasser- und Elektrolythaushalt Die natürlichen und ein Teil der synthetischen Glucocorticoide

Spez. Pharmakologie

besitzen eine, wenn auch schwächere mineralocorticoide Wirkung. Daher werden Natriumionen verstärkt rückresorbiert. Indirekt vergrößert sich dadurch das extrazelluläre Flüssigkeitsvolumen bis hin zu Ödemen. Andererseits steigern Glucocorticoide die glomeruläre Filtration und Wasserausscheidung in der Niere, woraus Hypokaliämie und metabolische Alkalose resultieren können. Eine vermehrte renale Kalziumausscheidung und eine reduzierte Kalziumaufnahme aus dem Darm könnten zwar therapeutisch bei Hyperkalzämie genutzt werden, erhöhen aber bei hochdosierter chronischer Glucocorticoidtherapie das Risiko von Osteoporose.

Antiinflammatorische und immunsuppressive Wirkungen Unabhängig vom Auslöser hemmen Glucocorticoide sowohl akute Entzündungsreaktionen, wie Vasodilatation, Kapillardurchlässigkeit und Migration von Leukozyten, als auch chronische Entzündungsreaktionen, wie Kapillar- und Fibroblastenproliferation und Kollagenablagerung. Dies ist auf einen lokalen Effekt im Entzündungsgebiet zurückzuführen. Glucocorticoide stabilisieren zelluläre Membranen. Dadurch wird die Integrität der Mitochondrien und der gesamten Zelle aufrechterhalten und die Freisetzung von lysosomalen Enzymen verhindert. Eine weitere antiinflammatorische Wirkung von Glucocorticoiden ergibt sich aus der überaus effektiven Hemmung der Produktion von Prostaglandinen und Leukotrienen. Einerseits reduzieren Glucocorticoide die Prostanglandinsynthese durch eine relativ schnelle Hemmung der mRNA-Translation von COX-2. Dieses Enzym katalysiert die Bildung von Prostaglandinen aus Arachidonsäure. Andererseits blockieren Glucocorticoide mit Verzögerung, aber länger anhaltend die Arachidonsäurekaskade komplett. Dies wird durch Rezeptoren vermittelt, die über DNA-Bindung im Zellkern die Synthese von Annexin A1 (früher: Lipocortin) induzieren, einem Inhibitor der Phospholipase A_2 und damit des zentralen Enzyms für die Arachidonsäureproduktion. Eine detaillierte und komplette Beschreibung dieser Effekte findet sich im Kapitel zur Pharmakologie der Entzündung (S. 372).

Wirkungen auf das kardiovaskuläre System Glucocorticoide erhöhen in vielen Zellen die Anzahl der Adrenozeptoren und haben so einen permissiven Effekt auf Catecholamine. Dadurch wirken sie positiv inotrop, erhöhen die Ansprechbarkeit der Kapillaren auf Adrenalin und unterstützen durch die periphere Vasokonstriktion ihre eigene antiexsudative Wirkung bei Schockzuständen.

Weitere Wirkungen Das ZNS wird indirekt über Glucocorticoidwirkungen auf den Stoffwechsel, den Elektrolythaushalt und die Durchblutung beeinflusst. Glucocorticoide steigern aber auch direkt die Erregbarkeit des Gehirns und verbessern meist das subjektive Allgemeinbefinden. Der Tierbesitzer kann dies als rasche Besserung der Krankheit fehlinterpretieren, weil Tiere nach Behandlung mit Glucocorticoiden wieder aktiv werden und fressen. In manchen Fällen kommt es bei Hund und Katze zu einer übersteigerten Erregung, die sich in Bösartigkeit äußert, oder umgekehrt zu Depressionsverhalten.

Das Blutbild wird durch Glucocorticoide ebenfalls verändert. Während die Zahl der eosinophilen Leukozyten stark abfällt, nimmt die einiger anderer Blutzellen, wie z. B. Thrombozyten, zu.

Glucocorticoide haben einen starken Einfluss auf Wachstum und Zellteilung. Die DNA-Synthese und Zellteilung werden gewebespezifisch gehemmt. So inhibieren Glucocorticoide die Proliferation von Fibroblasten, Epidermis, Thymozyten oder Zellen der Magenschleimhaut, nicht aber von Knochenmark und Darmschleimhaut. Generell können über längere Zeit hochdosierte Glucocorticoide schlecht heilende Magen-Darm-Ulzera und bei Jungtieren eine Wachstumsdepression hervorrufen.

Synthese und Sekretion Die Konzentration an Glucocorticoiden im Blut wird durch einen Regelkreis aus drei Hormonen kontrolliert. Eine Abnahme an freiem Cortisol führt zu einer Ausschüttung von CRH im Hypothalamus. CRH bewirkt in der Adenohypophyse eine Freisetzung von ACTH, was wiederum die Synthese und Sekretion von Glucocorticoiden aus der Nebennierenrinde stimuliert. Die negative Rückkopplung dieses Regelkreises wird durch die freien Glucocorticoide im Blut erreicht und verläuft in zwei Phasen. Zunächst wird sehr schnell die weitere Freisetzung von CRH und ACTH gehemmt, bei längerfristig erhöhter Glucocorticoidkonzentration kommt es aber zusätzlich zu einer Hemmung der ACTH-Synthese. Diese negative Rückkopplung wird auch durch exogene Zufuhr von synthetischen Glucocorticoiden aktiviert. Eine lang anhaltende Behandlung unter hoher Dosierung führt daher zu einer Reduktion der endogenen Glucocorticoidproduktion bis hin zu einer Atrophie der Nebennierenrinde.

CAVE

Das plötzliche Absetzen eines lang wirksamen oder chronisch verabreichten exogenen Glucocorticoids ist zu vermeiden, da sich die ACTH-Sekretion und nachgeschaltet die Nebennierenrindenfunktion und endogene Glucocorticoid-Produktion erst nach einiger Zeit wieder normalisieren.

Entsprechend ihrer Funktion, dem Organismus die Einstellung auf eine stressvolle Umgebungssituation zu ermöglichen, ist die Konzentration an Glucocorticoiden im Blut nicht immer gleich. Die Sekretion von CRH, ACTH und Glucocorticoiden unterliegt einem zirkadianen Rhythmus. Die maximale Konzentration wird beim Menschen morgens um die Aufstehenszeit erreicht, die minimale Konzentration nachts im Tiefschlaf. Auch der Hund folgt dieser Tagesrhythmik. Entsprechend ihrer Lebensweise haben nachtaktive Tiere einen umgekehrten Rhythmus mit einem Maximum zu Beginn der Dunkelphase. Beispiele hierfür sind Ratte und Maus, aber auch die Katze. Unter physiologischen Bedingungen ist dieser vom ZNS vorgegebene zirkadiane Rhythmus sehr stabil, er kann sich aber unter chronischen Stressbedingungen (häufigere und länger dauernde Sekretionsspitzen) abschwächen oder verloren gehen.

Indikationen und Dosierung

Fehlfunktion der Hypothalamus-Hypophysen-Nebennierenrindenachse Durch verschiedene Ursachen kann es zu einer Fehlfunktion der Hypothalamus-Hypophysen-Nebennierenrindenachse kommen. Eine pathologisch erhöhte endogene Glucocorticoidkonzentration liegt bei **Hyperadrenokortizismus** (**Cushing-Syndrom**) vor. Man unterscheidet zwischen einem primären Cushing-Syndrom, bei dem ein Nebennierenadenom oder -karzinom unreguliert Glucocorticoide ausschüttet, und einem weitaus häufigeren (80–85 %) sekundären Cushing-Syndrom. In letzterem Falle wird die Glucocorticoidfreisetzung durch eine überhöhte ACTH-Konzentration verursacht, die wiederum von einem hypophysären oder ektopischen ACTH-produzierenden Adenom oder Karzinom herrührt. Ein Cushing-Syndrom kann auch durch längere Behandlung mit exogen zugeführten Glucocorticoiden induziert werden.

Eine pathologisch erniedrigte Glucocorticoidkonzentration liegt bei **Hypoadrenokortizismus** vor. Man unterscheidet zwischen einer **primären Nebenniereninsuffizienz** (**Morbus Addison**), die auf eine adrenokortikale Schädigung zurückzuführen ist, und einer sekundären Nebenniereninsuffizienz, bei der zu wenig ACTH durch Schädigung von Hypophyse und/oder Hypothalamus produziert wird. Allerdings müssen etwa 90 % der Zellen der Nebennierenrinde zerstört sein, bevor es zu klinischen Symptomen kommt.

Fehlfunktionen der Hypothalamus-Hypophysen-Nebennierenrindenachse werden nur bei Kleintieren behandelt. Für eine exakte Diagnose werden verschiedene Tests eingesetzt:

- **ACTH-Stimulationstest**
  - Die Cortisolkonzentration wird nach Gabe von synthetischem ACTH (Hund: 0,5 µg/kg KG, i. m. [3]) bestimmt. Bei Hyperadrenokortizismus nimmt sie deutlich zu, bei Hypoadrenokortizismus erfolgt jedoch keine oder nur eine geringe Zunahme.
- **Dexamethason-Hemmtest, niedrigdosiert**
  - Bei gesunden Tieren führt bereits eine geringe Gabe des synthetischen, hoch wirksamen Glucocorticoids Dexamethason (Hund: 0,01 mg/kg i. v.) über einen ACTH-Rückgang zu einer Abnahme der Cortisolkonzentration im Plasma nach 4–8 h. Bei hypophysär bedingtem sekundären Hyperadrenokortizismus ist die Cortisolabnahme schwächer, bei adrenokortikalem primären Hyperadrenokortizismus, der auf ACTH-Rückgang nicht anspricht, bewirkt Dexamethason keine Abnahme der Cortisolsekretion.
- **Dexamethason-Hemmtest, hochdosiert**
  - Durch die stärkere Wirkung von höher dosiertem Dexamethason (Hund, Katze: 0,1 mg/kg i. v.) können sehr ausgeprägte Effekte auf die Cortisolkonzentration beobachtet werden. Bei hypophysär bedingtem sekundären Hyperadrenokortizismus nimmt Cortisol im Plasma bei 80 % der Tiere innerhalb von 8 h deutlich ab, während bei adrenokortikalem primären Hyperadrenokortizismus wiederum keine Abnahme erfolgt.

Hyperadrenokortizismus Bei Hyperadrenokortizismus wurde beim Hund früher das Antimycoticum **Ketoconazol** eingesetzt, das durch die reversible Hemmung der Glucocorticoidsynthese auch eine antiglucocorticoide Wirkung hat. Inzwischen kommt das Steroid **Trilostan**, ein weiterer reversibler Inhibitor der Glucocorticoidsynthese (Hemmung der 3β-Hydroxysteroid-Dehydrogenase), zum Einsatz (Hund: täglich 2–10 mg/kg p. o. unter ACTH-Stimulationstestkontrolle).

Alternativ sollte bei Hyperadrenokortizismus eine Entfernung der Glucocorticoid-produzierenden Zellen durch operative oder chemische Adrenalektomie oder indirekt durch Hypophysektomie oder Bestrahlungstherapie in Erwägung gezogen werden. Bei Nebennierentumoren wird die befallene Nebenniere entfernt und das Tier mit Corticosteroiden substituiert, bis die zweite, meist atrophierte Nebenniere ihre Funktion wieder aufnimmt. Ist die Entfernung eines hypophysären Tumors nicht möglich, müssen beide Nebennieren entfernt und die Patienten lebenslang mit Corticosteroiden substituiert werden. Statt einer Adrenalektomie kann auch eine Behandlung mit **Mitotane** erfolgen, das eine selektive Zytotoxizität für Zellen der Nebennierenrinde besitzt (Hund: täglich 50 mg/kg p. o. über 5–10 Tage, danach Kontrolle mittels ACTH-Stimulationstest und evtl. wöchentlich 12,5–50 mg/kg auf Dauer).

Nebenniereninsuffizienz Bei einer primären Nebenniereninsuffizienz sollte ein kurz wirksames Glucocorticoid mit zusätzlicher mineralocorticoider Wirkung eingesetzt werden, z. B. Cortisol (Hund, Katze: täglich 1–2 mg/kg p. o.). Es empfiehlt sich, die Applikation möglichst zu der Tageszeit der natürlichen Glucocorticoid-Maximalkonzentration (Hund: morgens; Katze: abends) vorzunehmen. Prednisolon ist trotz der stärkeren Wirkung (0,25–0,5 mg/kg p. o.) für die langfristige Substitution weniger geeignet, weil die mineralocorticoide Wirkung bei der empfohlenen Dosis zu schwach ist. Stattdessen kommt auch eine Therapie mit dem Mineralocorticoid Fludrocortison (S. 347) wegen seiner zusätzlichen glucocorticoiden Wirkung in Betracht. Eine akute Nebenniereninsuffizienz wird durch i. v. Injektion von wasserlöslichen Glucocorticoid-Estern behandelt, wie z. B. von Cortisol, Prednisolon oder Dexamethason.

Applikationsformen Glucocorticoide sind als freie Alkohole praktisch unlöslich in Wasser und kaum löslich in anderen Lösungsmitteln, jedoch oral gut verfügbar und finden daher als Tabletten für Hund und Katze Anwendung. Für die anderen Tierarten und generell für verschiedene Indikationen sind jedoch auch wasserlösliche Ester erhältlich, die je nach Injektionsart (Notfalltherapie, i. v.; Depotwirkung, i. m.) mehr oder weniger rasch in die aktiven Glucocorticoide umgewandelt werden. Für explizit lokale Wirkungen kommen auch Suspensionen zum Einsatz, die z. B. nach intraartikulärer Injektion eine lang anhaltende entzündungshemmende Wirkung entfalten. Eine detaillierte Beschreibung der verschiedenen Glucocorticoide und ihrer Applikationsformen für Indikationen, bei denen pharmakologische Wirkungen erzielt werden sollen, befindet sich im Kapitel zur Pharmakologie der Entzündung (S. 372).

KLINISCHER BEZUG Außer zur Substitution sollte eine Langzeittherapie mit Glucocorticoiden nur unter großem Vorbehalt erfolgen. Dabei ist sehr schnell eine Schwellendosis überschritten, was zu den oben beschriebenen nachteiligen Wirkungen von Glucocorticoiden (Cushing-Syndrom) führt. Zudem wird die endogene Glucocorticoidproduktion durch den Feedback-Mechanismus lang anhaltend gehemmt. Es empfiehlt sich deshalb, eine Langzeittherapie nie schlagartig, sondern ausschleichend zu beenden. Selbst lokale Depots können zu diesen systemischen Wirkungen führen.

Pharmakologische Wirkungen Bei akuten allergischen Reaktionen und chronischen Entzündungen wird die antiinflammatorische und immunsuppressive Wirkung von Glucocorticoiden unter hoher Dosierung ausgenutzt. Während bei anaphylaktischen oder Endotoxinschockzuständen, nicht jedoch beim septischen Schock, hochdosierte Prednisolon- oder Methylprednisoloninjektionen (10–30 mg/kg i. v. alle 6–12 h) zur Unterstützung der Schockbehandlung Anwendung finden, kommen bei allergischen Bronchial- und Hauterkrankungen niedrigere Dosierungen (Prednisolon 0,5–1 mg/kg, Dexamethason 0,05–0,2 mg/kg, jeweils p. o. oder i. m.) und lokale Behandlungen (Dermatocorticoid-Salben) in Betracht. Für lokale Entzündungen, z. B. im Gelenk, werden häufig Kristallsuspensionen mit Depotwirkung (z. B. Dexamethason: 4–8 mg beim Großtier; 0,4–2 mg beim Kleintier, intraartikulär) verwendet. Eine ausführliche Beschreibung der therapeutischen Verwendung von Glucocorticoiden bei Entzündungen befindet sich im Kapitel zur Pharmakologie der Entzündung (S. 372).

Eine weitere therapeutisch genutzte Wirkung stellt die Geburts- bzw. Aborteinleitung ab dem letzten Drittel der Trächtigkeit dar. Glucocorticoide dienen dem Fetus als Signal zur Induktion der Geburt, indem die Synthese von Estrogenen in der Plazenta erhöht, das Endometrium für Oxytocin sensibilisiert und der Gelbkörper zurückgebildet wird. Dies funktioniert am zuverlässigsten beim Rind, wo die Geburt etwa 18–36 h nach der Injektion (Dexamethason 20–30 mg; Flumethason 10–15 mg) erfolgt. Bei anderen Tierarten wirken die Glucocorticoide in dieser Hinsicht weniger zuverlässig.

Nebenwirkungen und Kontraindikationen Die Nebenwirkungen von Glucocorticoiden lassen sich aus deren vielfältigen pharmakodynamischen Wirkungen ableiten und treten normalerweise nur bei länger dauernder, hochdosierter Glucocorticoidverabreichung oder bei Anwendung von Depotpräparaten auf. Insbesondere die immunsuppressive und antiproliferative Wirkungen erhöhen das Infektionsrisiko, verzögern die Wundheilung und führen zu Muskelschwund, Osteoporose und Wachstumsverzögerung (S. 372). Grundsätzlich ist eine kurzfristige Anwendung selbst unter hoher Dosierung gut verträglich und hat praktisch keine Nebenwirkungen. Demgegenüber ist jede länger dauernde Glucocorticoidverabreichung, wenn sie nicht durch primäre Nebenniereninsuffizienz indiziert ist, mit Risiken behaftet. Dies trifft insbesondere für Depotpräparate zu, selbst wenn sie für eine lokale Behandlung der Haut, des Auges oder eines Gelenks bestimmt sind.

Unter Glucocorticoidtherapie kann es zu einer reduzierten Immunität und erhöhter Infektionsanfälligkeit kommen. Die Anwendung ist daher bei bakteriellen und viralen Infektionen kontraindiziert. In Ausnahmefällen kann bei gleichzeitiger Gabe von Antibiotika ein Einsatz von Glucocorticoiden bei Patienten mit bakterieller Infektion erwogen werden. Da auch bei infektiös bedingten Entzündungen meist eine rasche Besserung eintritt, kann allerdings der Krankheitsverlauf maskiert werden, weshalb die Entzündungssymptome nach Absetzen des Glucocorticoids umso stärker wiederkehren. Entsprechend kontraindiziert sind Glucocorticoide im Zeitraum einer Impfung, da die Ausbildung der Immunreaktion unterdrückt wird.

CAVE

Mit Ausnahme der gezielten Geburtseinleitung beim Rind sollten Glucocorticoide grundsätzlich bei keiner Tierart während der Trächtigkeit angewendet werden, da bei hoher Dosierung oder längerer Behandlung stets die Gefahr eines Aborts besteht.

FAZIT NEBENNIERENHORMONE 

- Die Nebennieren bestehen aus zwei anatomisch und funktionell verschiedenen Bereichen. Im **Nebennierenmark** werden **Adrenalin** und **Noradrenalin** gebildet und über Aktivierung des autonomen Nervensystems (S. 84) ausgeschüttet. In der **Nebennierenrinde** erfolgt die Synthese der **Corticosteroide**. Ein komplexer Rückkopplungsregelkreis, der den Hypothalamus, die Hypophyse und die Nebennierenrinde umfasst, kontrolliert deren Ausschüttung. Der Status dieses Regelkreises kann durch diagnostische Tests bestimmt werden.
- **Mineralocorticoide** führen über Rückresorption von Natrium- und Chloridionen in der Niere zu einer verminderten Wasserausscheidung.
- **Glucocorticoide** haben vielfältige Effekte, die eine Anpassung der Tiere an ungünstige äußere Bedingungen bis hin zu Stressreaktionen erlauben. Neben der namensgebenden Aktivierung des Glukosestoffwechsels für die Bereitstellung von Glukose (im Bedarfsfall auch durch Proteinabbau) werden proliferative Stoffwechselaktivitäten, Entzündungs- und Immunreaktionen und die periphere Durchblutung gehemmt.
- Bei einer Unterfunktion der Nebennierenrinde (Morbus Addison) werden insbesondere modifizierte oder synthetische Glucocorticoide zur Hormonsubstitution eingesetzt. Bei einer Überfunktion (Cushing-Syndrom) ist entweder die chirurgische Entfernung oder das selektiv für die Nebenniere toxische Mitotane indiziert. Beides macht nachfolgend eine dauerhafte Glucocorticoid-Substitution erforderlich. Am häufigsten kommen stark wirksame synthetische Glucocorticoide therapeutisch zum Einsatz, wie beispielsweise bei der Schockbehandlung, Suppression von Immun- und Entzündungsreaktionen und Aborteinleitung beim Rind. ►

- Durch die Unterbrechung des körpereigenen Regelkreises und aufgrund der vielfältigen Einflüsse auf den Stoffwechsel können bei lang anhaltender Gabe von Glucocorticoiden ernsthafte Nebenwirkungen auftreten. Hierbei sind insbesondere das erhöhte Infektionsrisiko, eine reduzierte Wundheilung, Muskel- und Hautatrophie, Wachstumsverzögerung, Osteoporose und Abort zu nennen.

12.7 Endokrinpharmakologie des Glukose-, Fettsäure- und Proteinstoffwechsels

12.7.1 Physiologisch-biochemische Grundlagen

Als Stoffwechsel werden die komplexen Prozesse der Umwandlung von Makronährstoffen wie Proteinen, Kohlenhydraten,Lipiden (im Gegensatz zu Mikronährstoffen wie Mineralstoffen und Vitaminen) in für den Organismus verwertbare Stoffe verstanden. Jeder Organismus benötigt permanent Energie für die Aufrechterhaltung der Körperfunktionen (Grundumsatz, Wachstum, Muskelkontraktion, Körpertemperatur usw.). Im Stoffwechsel werden Poly- und Monosaccharide, Fette sowie Proteine umgebaut, um Energie in Form von Adenosintriphosphat (ATP), Reduktionsäquivalente und Bausteine für Biosynthesen zu generieren. Alle Makronährstoffe sind gleichzeitig auch als Bausteine für den Organismus von Bedeutung (Proteine: Rezeptoren, Enzyme, Signalmoleküle; Kohlenhydrate: Bestandteil von Struktur-, Signalmolekülen; Lipide: Membranen, Signalmoleküle). Zur Energiegewinnung dienen hauptsächlich Kohlenhydrate und Fettsäuren, Proteine hingegen nur in Ausnahmesituationen (postabsorptiv). Über den akuten Bedarf hinaus aufgenommene Proteine und Kohlenhydrate können in Fettsäuren umgebaut und als Triglyzeride gespeichert werden. Insulin ist das zentrale Hormon, das die fein abgestimmten Prozesse des Glukose- und Fettsäurestoffwechsels reguliert. Darüber hinaus sind das Wachstumshormon (engl. growth hormone = GH) und die Schilddrüsenhormone (Thyroxin und Trijodthyronin) essenziell an der Steuerung der vielgestaltigen Stoffwechselvorgänge (wie z. B. Wachstum, Reifung, Grundumsatz, Thermoregulation) beteiligt.

Physiologie und Biochemie des Insulins

Insulin ist ein Peptidhormon, das aus zwei durch Schwefelbrücken miteinander verbundenen Aminosäureketten besteht: Kette A = 21 Aminosäuren; Kette B = 30 Aminosäuren (**Abb. 12.9 a**). Die Synthese erfolgt im Pankreas in den β-Zellen der Langerhans'schen Inseln in Form eines Peptidstranges, dem Proinsulin. Nach Ausbildung von drei Disulfidbrücken und der dadurch gewährleisteten richtigen Faltung des Insulinmoleküls entsteht durch Abtrennung der C-Kette (C-Peptid) das freie Insulin (**Abb. 12.9 b**). Insulin wird aus den β-Zellen der Langerhans'schen Inseln fein reguliert freigesetzt. Weitere Zelltypen in den Langerhans'schen Inseln sind die α-, δ- und PP-Zellen. In **Tab. 12.5** sind die Charakteristika der Zelltypen in den Langerhans'schen Inseln zusammengefasst. Alle Sekretionsprodukte der unterschiedlichen Zelltypen sind Peptide.

Sekretion (Regulation der Insulinfreisetzung)

Die Insulinsekretionsrate der β-Zellen ist fein abgestimmt auf die Konzentration der Glukose im Blut. Bei Anstieg der Blutglukose gelangt diese auch vermehrt in die pankreatische β-Zelle. Dort wird die Glukose in die Glykolyse eingeschleust und über Citratzyklus und Atmungskette bis zur Energiegewinnung (ATP-Anstieg) verstoffwechselt. ATP (genauer: das ATP/ADP-Verhältnis) führt zur Blockade eines ATP-abhängigen K^+-Kanals. Der K^+-Ausstrom wird vermindert und das Membranpotenzial sinkt, bis spannungsabhängige Ca^{2+}-Kanäle aktiviert werden. Der Einstrom von Ca^{2+} initiiert die Freisetzung von Insulin aus den Speichergranula (**Abb. 12.10**).

Fettsäuren sind für die glukosestimulierte Insulinfreisetzung essenziell: Langkettige Fettsäuren sind über die intrazelluläre Verschaltung der Signalwege von Bedeutung, und kurzkettige Fettsäuren (Butyrat, Propionat) bestimmen insbesondere bei Wiederkäuern die Rate der Insulinfreisetzung. Darüber hinaus stimulieren Aminosäuren (v. a. Arginin) und Ketonkörper ebenfalls die Insulinsekretion. Über die reine Substratsteuerung hinaus wird die Insulinsekretion zusätzlich durch endokrine und neurokrine Faktoren moduliert (**Tab. 12.6**).

Tab. 12.5 Charakteristika der verschiedenen Zelltypen der Langerhans'schen Inseln des endokrinen Pankreas.

Charakteristikum	**Zelltyp**			
	α	**β**	**δ**	**PP**
Peptid	Glukagon (GLP-1, GLP-2)	Insulin, C-Peptid, Amylin	Somatostatin	pankreatisches Polypeptid
Lokalisation innerhalb der Insel	peripher	zentral	peripher	peripher
Zellanteil/Insel	10–20 %	60–80 %	5 %	< 1 %
Sekretionsgranula	200–300 nm	250–400 nm	150–400 nm	100–200 nm

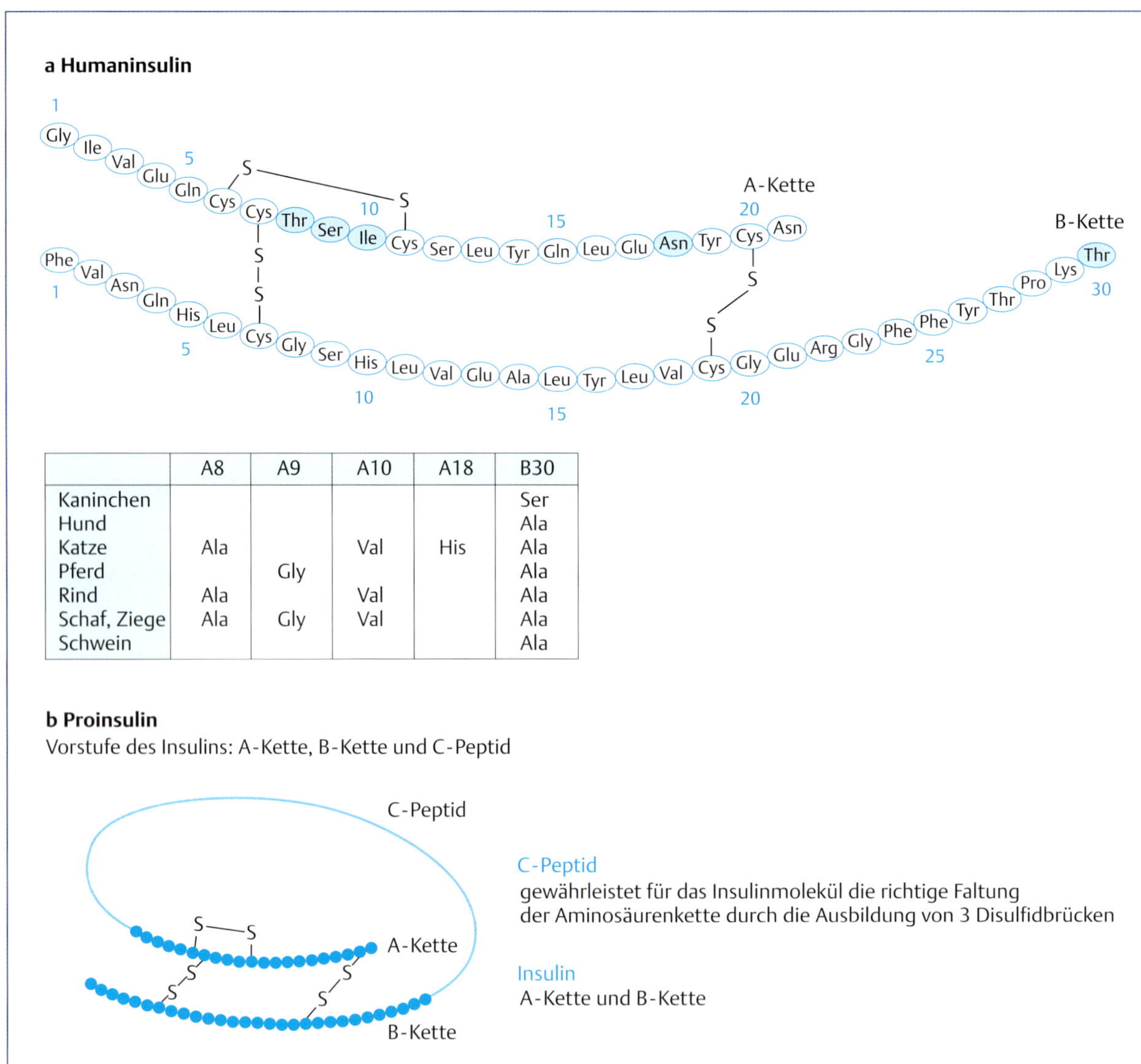

	A8	A9	A10	A18	B30
Kaninchen					Ser
Hund					Ala
Katze	Ala		Val	His	Ala
Pferd		Gly			Ala
Rind	Ala		Val		Ala
Schaf, Ziege	Ala	Gly	Val		Ala
Schwein					Ala

Abb. 12.9 a) Aminosäuresequenz von Humaninsulin und die Sequenzunterschiede zu den aufgeführten Tierarten. **b)** Proinsulin mit C-Peptid als einsträngige Polypeptidkette zur Gewährleistung der richtigen Faltung durch Ausbildung von drei Disulfidbrücken im Insulinmolekül.

Tab. 12.6 Modulatoren der endogenen Insulinsekretion aus β-Zellen des Pankreas.

Insulinsekretion	endokrine Faktoren	neurokrine Faktoren
Stimulation	▪ Glukagon ▪ GLP-1 ▪ glucose-dependent insulinotropic peptide (= gastric inhibitory polypeptide, GIP)	▪ Acetylcholin (N. vagus) ▪ Noradrenalin (β_2) ▪ NW* der β-Blocker: Sekretionshemmung
Hemmung	▪ Somatostatin ▪ Insulin	▪ Noradrenalin (α_2)

* NW = Nebenwirkung

Insulinrezeptor

Der membranständige Rezeptor (Glykoprotein) besteht aus je zwei α- und β-Untereinheiten (Tetramer). Die beiden α-Untereinheiten bilden die Bindungsdomäne für das Insulinmolekül, und die beiden β-Untereinheiten durchdringen die Membran und besitzen eine Tyrosinkinaseaktivität. Nach der Rezeptoraktivierung kommt es zur Konformationsänderung, wobei die Tyrosinkinaseaktivität der β-Untereinheit autokatalytisch aktiviert wird. Auf diesem Weg werden in der Zelle weitere Signalproteine phosphoryliert und so die zell- und organspezifischen Wirkungen von Insulin intrazellulär vermittelt.

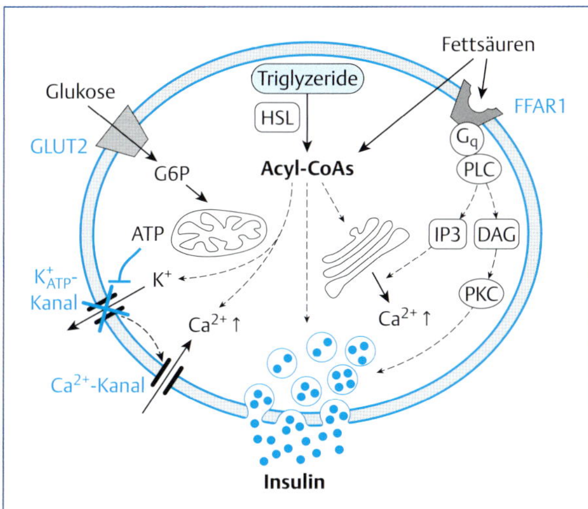

Abb. 12.10 Glukose- und Fettsäuremetabolismus sowie Mechanismen der Insulinsekretion der pankreatischen β-Zelle in den Langerhans'schen Inseln. Glukose wird durch den Glukosetransporter GLUT 2 (nicht insulinreguliert, er ermöglicht einen Ausgleich zwischen extrazellulärer und intrazellulärer Glukosekonzentration) aufgenommen und wird bis zur Energieumwandlung in ATP verstoffwechselt. Der ATP-Anstieg führt zum Verschluss eines ATP-abhängigen Kaliumkanals, zur Depolarisierung der Membran und der Öffnung von Ca^{2+}-Kanälen. Der Einstrom von Ca^{2+} führt zur Sekretion von Insulin. Sulfonylharnstoffe blockieren direkt den ATP-abhängigen Kaliumkanal und bewirken somit eine Insulinfreisetzung. Fettsäuren wirken einerseits über die Aktivierung eines Fettsäure-bindenden Rezeptor (GPCR, FFAR1 = free fatty acid receptor 1), andererseits können sie entweder von der Zelle aufgenommen oder aus intrazellulärem Triglyzerid durch HSL freigesetzt und ebenfalls bis zum ATP verstoffwechselt werden. Fettsäuren sind für die glukosestimulierte Insulinsekretion essenziell erforderlich. G6P = Glukose-6-Phosphat; K^+_{ATP} = ATP-abhängiger Kaliumkanal; Ca^{2+}-Kanal = spannungsabhängiger Ca^{2+}-Kanal, Acyl-CoAs = aktivierte Fettsäuren; HSL = hormonsensitive Lipase, PLC = Phospholipase C, DAG = Diazylglyzerol, IP_3 = Inositol-3-Phosphat, PKC = Proteinkinase C.

Wirkungen von Insulin

Die Hauptwirkungen von Insulin sind (**Abb. 12.11**):

- **Fettgewebe**: Hemmung der Lipolyse, d.h. Abfall der freien Fettsäuren im Blut
- **Leber**: Hemmung der Glukoseproduktion durch Stimulation der Glukokinase und Glykogensynthese sowie Hemmung der Glukoneogenese
- **Skelettmuskel**: Stimulation der Glukoseaufnahme und Verstoffwechselung (Glykogensynthese und Glukoseoxidation)

Weitere Wirkungen von Insulin sind die Stimulation der Lipogenese (Fettsäuresynthese) und Triglyzeridsynthese (Fettsäureveresterung) in Fettgewebe und Leber, die Proteinsynthese sowie die Hemmung der Ketogenese in der Leber.

12.7.2 Diabetes mellitus

Das Wort „Diabetes" stammt aus der Altgriechischen Sprache und bedeutet „Harnruhr", d.h. die renale Ausscheidung großer Flüssigkeitsmengen (Polyurie). Im Unterschied zum Diabetes insipidus (Vasopressin-Mangel oder Vasopressin-Rezeptordefekt) ist der **Diabetes mellitus** (honigsüß) die „Zuckerharnruhr": Eine Hyperglykämie oberhalb der Nierenschwelle (Mensch: ca. 10 mmol/l; Hund: ca. 12 mmol/l; Katze: ca. 18 mmol/l) ist die Ursache für die Glukose im Harn (Glukosurie). Es gibt dabei zwei Hauptformen mit unterschiedlichen Ursachen:

- Typ-1-Diabetes
  - Insulinmangel nach autoimmunem Untergang der Insulin-produzierenden β-Zellen des Pankreas
  - wird in der Humanmedizin überwiegend bei Kindern (< 10 Jahre) erstmals diagnostiziert
  - der autoimmun bedingte Untergang der β-Zellen erfolgt über einige Wochen
  - macht etwa 5 % der Diabetiker aus

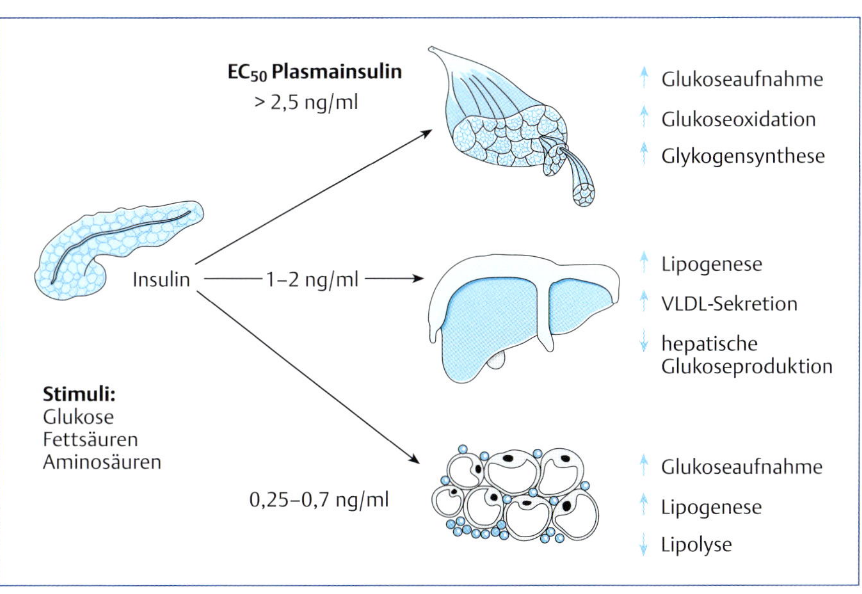

Abb. 12.11 Stoffwechselwirkungen von Insulin an den insulinsensitiven Erfolgsorganen Muskel, Leber und Fettgewebe.

- Typ-2-Diabetes
  - Insulinresistenz durch Störungen der intrazellulären Insulinsignalkaskade (Insulinwirkung ist verringert)
  - wird in der Humanmedizin im mittleren und höheren Alter erstmals diagnostiziert und wird begünstigt durch Obesitas und Bewegungsmangel
  - macht etwa 90–95 % der Diabetiker aus

In der Humanmedizin unterscheidet man noch weitere, seltenere Diabetes-Typen:

- LADA (latent autoimmune diabetes of the adults)
  - „verzögerter" Typ-1-Diabetes
  - die autoimmun bedingte Zerstörung der β-Zellen erfolgt über mehrere Jahre bis Jahrzehnte
- MODY (maturity onset diabetes of the young)
  - derzeit 5 Gendefekte bekannt (MODY 1–5)

Darüber hinaus gibt es noch andere spezifische Diabetestypen, die Folge von Erkrankungen des exokrinen Pankreas (z. B. Pankreatitis, Tumoren), endokriner Organe (z. B. Cushing-Syndrom Akromegalie) oder medikamentös-chemisch (z. B. Glucocorticoide) bedingt sind, sowie den Gestationsdiabetes, eine erstmals während der Trächtigkeit aufgetretene/diagnostizierte Glukosetoleranzstörung, die die Erstmanifestation eines Diabetes einschließt (im letzten Drittel der Gravidität besteht eine physiologische Insulinresistenz).

Das Hauptsymptom bei allen Diabetesformen ist die Hyperglykämie. Jedoch liegt jeder Diabetesform eine spezifische Pathophysiologie zugrunde.

Typ-1-Diabetes-mellitus (Insulinmangeldiabetes)

Pathophysiologisch liegt dem **Typ-1-Diabetes** eine unzureichende oder fehlende Sekretion von Insulin aus den β-Zellen zugrunde. Infolge eines plötzlichen autoimmun vermittelten Untergangs der insulinbildenden β-Zellen des Pankreas kommt es zum Insulinmangel (Hypoinsulinämie). Klinische Symptome treten erst nach Untergang von 90 % der β-Zellen auf. Der Wegfall der Insulinhemmung auf die adipozytäre Lipolyse führt zu einem Anstieg der freien Fettsäuren im Blut, die in der Leber vermehrt zu Ketonkörpern umgebaut werden (Acetoacetat und β-Hydroxybutyrat) und bei fehlender Insulinsubstitution über eine Ketoazidose innerhalb von wenigen Wochen zum Tod führen. Darüber hinaus haben die Störungen 1. der Glukoseaufnahme in Muskel- und Fettzellen, 2. der peripheren Verstoffwechselung und 3. der Hemmung der hepatischen Glukoseproduktion eine Hyperglykämie zur Folge. Diese geht einher mit Glukosurie, Polyurie und Polydipsie.

Typ-2-Diabetes-mellitus (nicht insulinabhängiger Diabetes, „Altersdiabetes")

Das zentrale Element des Typ-2-Diabetes ist die Störung der Insulinwirkung infolge einer Insulinresistenz mit meist relativem Insulinmangel (typischerweise Störung der glukoseabhängigen Insulinsekretion). Im Gegensatz zur Hypoinsulinämie beim Insulinmangeldiabetes (Typ 1) ist der Typ-2-Diabetes durch eine Hyperinsulinämie gekennzeichnet. Das noch gebildete Insulin reicht nicht aus, um den ganzen Stoffwechsel zu regeln, sodass auch hier Glukose über den Urin ausgeschieden wird. Eine diabetische Ketoazidose entsteht eher selten. Mit der Zeit kann der relative Insulinmangel in einen absoluten Insulinmangel übergehen. Manifestationsfördernde Faktoren sind die Fütterung/Ernährung (Überernährung oder Mangel an ballaststoffhaltiger Nahrung), Fettsucht (Obesitas), Mangel an Bewegung und das Alter (Insulinresistenz nimmt im Alter zu). Der Insulinresistenz beim Typ-2-Diabetes liegt keine Störung des Insulinrezeptors zugrunde (keine Downregulation oder gestörte Tyrosinkinaseaktivität), sondern eine Beeinträchtigung der intrazellulären Signalkaskade.

Diabetes mellitus bei Tieren

Diabetes kommt bei Hunden und Katzen vor, bei anderen Tierarten eher selten. Häufig wird die Diagnose erst in einem späteren Erkrankungsstadium gestellt, in dem ein Insulinmangel (Hypoinsulinämie) vorliegt, entweder aufgrund eines Typ-1-Diabetes oder aber aufgrund einer sehr späten Typ-2-Diabetes-Ätiologie. Der Insulinmangeldiabetes beim Hund könnte ein LADA-Typ sein, und der Typ-2-Diabetes tritt vor allem bei fettleibigen Katzen auf.

12.7.3 Therapie des Diabetes mellitus

Der Diabetes mellitus bei Tieren wird behandelt mit

- **Insulinen** zur Substitution bei Insulinmangeldiabetes (Typ-1-Diabetes, LADA), aber auch bei relativem Mangel (Typ-2-Diabetes). Insuline stehen für die Therapie in unterschiedlichen Formulierungen zur Verfügung.
- Sulfonylharnstoffen als Insulinreleaser. Sie setzen insulinproduzierende β-Zellen voraus, sind daher bei Typ-1-Diabetes und LADA unwirksam und werden nur zur Therapie des Typ-2-Diabetes verwendet.

Glukagon kommt in der Notfalltherapie bei einer durch Überdosierung von Antidiabetika induzierten Hypoglykämie zum Einsatz.

Insulin

Früher wurde Insulin aus dem Pankreas von Schlachttieren gewonnen. Schweineinsulin unterscheidet sich in einer Aminosäure (B30) und Rinderinsulin in 3 Aminosäuren (A8, A10, B30) von Humaninsulin (**Abb. 12.9 a**). Heute findet beim Menschen überwiegend gentechnologisch (rekombinant, d. h. in genetisch veränderten Bakterien) hergestelltes Insulin Anwendung, das in seiner Aminosäuresequenz dem des Humaninsulins entspricht. Von untergeordneter Bedeutung ist heutzutage noch das aus Schweinepankreata isolierte Insulin mit semisynthetischem Aminosäureaustausch an B30. Da Schweineinsulin in seiner Aminosäuresequenz demjenigen des Hundes entspricht, wird dieses Insulin (unverändertes „tierisches Insulin" aus Schweinepankreas) zur Therapie beim Hund angewendet. Tierisches Insulin hat aufgrund von Begleiteiweißen antigene Wirkung (Bildung von Antikörpern) und muss deshalb im Herstellungsprozess aufwendig gereinigt werden.

Biochemische Charakteristika des Insulinmoleküls sind begründet durch:

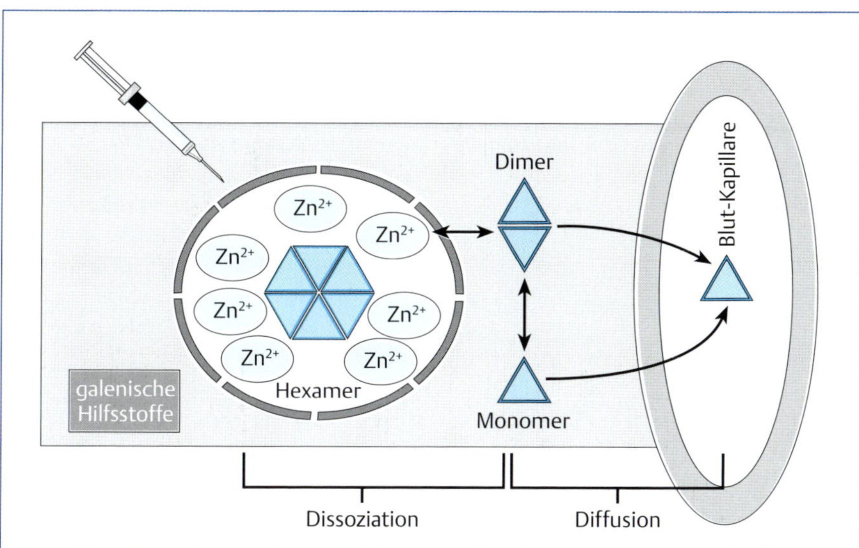

Abb. 12.12 Ereignisse nach s. c. Injektion von Insulin. Insulin aggregiert zu Hexameren, die je nach den galenischen Hilfsstoffen unterschiedlich stabil sind und damit für das zeitliche Wirkprofil (Verzögerungsprofil) unterschiedlicher Insulinformulierungen verantwortlich sind. Biologisch wirksam ist schließlich das monomere Insulin, das in die Blutbahn gelangt.

- die Polypeptidstruktur (nur parenterale Anwendung möglich)
- die enzymatische Degradation an der Injektionsstelle
- den sauren Charakter (pH < 6)
- die Selbstaggregationsneigung zu Hexameren, d. h., immer sechs Insulinmoleküle lagern sich zusammen, insbesondere bei Konzentrationen von 100 µmol/l; nach Resorption aus dem subkutanen Depot ist Insulin im Blut nur als Monomer biologisch wirksam (**Abb. 12.12**)
- das hohe Molekulargewicht (MG = 5 808); dadurch langsame Diffusion im Gewebe und verzögerter Wirkungseintritt

Ein Maßstab für die Aktivität ist: 1 mg Insulin = 20–25 IE. Da Insulin als Peptidhormon (Monomer) im Plasma nur eine Halbwertszeit von ca. 10 min hat, aber eine Insulintherapie eine ganztägige Blutglukoseeinstellung zum Ziel hat, wurden Insulinformulierungen mit längerer Wirkdauer entwickelt. Dies geschah durch Zusatz galenischer Hilfsstoffe (z. B. Protamin, Zn^{2+}, Surfen, Acetat), die die Hexamerbildung an der s. c. Injektionsstelle stabilisieren, somit eine Verzögerung der Resorption von der Injektionsstelle und damit eine verlängerte Wirkdauer bewirken.

Die Insulinforschung hat in den letzten Jahren zu Insulinanaloga geführt, die durch gezielten Austausch einzelner Aminosäuren im Insulinmolekül die inhärente Aggregationsneigung zu Hexameren abschwächen (kurz wirksame Insulinanaloga zur prandialen Anwendung, d. h. vor der Mahlzeit; sie liegen nur als Di- und Monomere an der Injektionsstelle vor) oder verstärken (lang wirksame Insulinanaloga = Basalinsuline; sie liegen als stabilisierte Hexamere an der Injektionsstelle vor).

Es sind ca. 40 verschiedene Insulinpräparate in zwei Konzentrationen, U40 (40 IE/ml) und U100 (100 IE/ml), für die Diabetestherapie beim Menschen auf dem Markt. Sie werden in schnell, intermediär und lang wirksame Insuline unterschieden (**Tab. 12.7**).

Pharmakodynamik Die therapeutische Anwendung basiert auf der Kenntnis der bekannten physiologischen Wirkungen von Insulin auf den Stoffwechsel.

Pharmakokinetik Die Plasmahalbwertszeit des monomeren Insulins beträgt ca. 10 min. Bestimmend für die Wirkdauer ist die Resorptionsverzögerung von der s. c. Injektionsstelle, die durch die jeweilige Formulierung festgelegt ist. Insulin wird vor allem in der Leber durch enzymatische Spaltung der Disulfidbrücken inaktiviert. Das Hauptabbauorgan ist die Leber; die Nieren sind von geringerer Bedeutung.

Indikationen und Dosierung Im Gegensatz zur Insulintherapie bei Menschen, bei der ein möglichst physiologisches Insulintagesprofil in Abhängigkeit von den drei Mahlzeiten erreicht werden soll (Basalinsulin 1-mal täglich plus ein (ultra-)kurz wirksames Insulin jeweils vor den Mahlzeiten), wird in der Diabetestherapie bei Tieren eine einmalige Injektion pro Tag ca. ½–1 h vor der Hauptfütterung praktiziert. Die Angabe zur Wirkdauer bezieht sich bei allen Insulinen (außer dem für Hund und Katze zugelassenen Präparat) auf das Profil am Menschen. Erfahrungsgemäß ist die Wirkdauer bei Hund und Katze eher kürzer, sodass eine einmalige Injektion auch von lang wirksamen Basalinsulinen in der kurativen Praxis nicht ausreichend sein kann.

Eine weitere Problematik besteht darin, dass insbesondere bei Katzen die handelsüblichen Konzentrationen (U40 = 40 IE/ml, U100 = 100 IE/ml) für eine applizierbare Dosis pro kg gegebenenfalls verdünnt werden müssen. Erfolgt die Verdünnung bei Insulinformulierungen mit Aqua dest. oder üblichen isotonischen/isoionischen Lösungen, kann das Verzögerungsprofil durch die Veränderung der Formulierungskonzentration erheblich gestört sein und die pharmakologische Wirkung (Wirkstärke und Wirkdauer) von der erwarteten Wirkung abweichen.

Tab. 12.7 Verschiedene Insulinpräparate.

Insulintyp	Beispiele	chemische Eigenschaften	Wirkungsweise
schnell wirkende Insuline			
ultrakurz wirksame oder Bolus-Insuline	▪ Insulin lispro ▪ Insulin aspart ▪ Insulin glulisin	▪ Insulinanaloga (Monomere)	▪ schneller Wirkungseintritt ▪ kurze Wirkung ▪ werden bei der intensiven Insulintherapie (Msch.) als prandiales Insulin unmittelbar vor jeder Mahlzeit s. c. appliziert
Normalinsulin/Altinsulin	–	▪ 100 % gelöstes Insulin, das nicht an Depotstoffe gebunden ist	▪ i. v. Applikation: Wirkungsdauer ist auf wenige Minuten beschränkt ▪ s. c. Applikation: Wirkungseintritt nach 15–30 min; max. Wirkung nach 1–2 h; Wirkungsdauer 6–8 h
intermediär wirkende Insuline			
mittellang wirkende Verzögerungsinsuline	▪ z. B. NPH-Insulin (neutrales Protamin-Insulin Hagedorn)	als Depotstoffe dienen Surfen, Protamin und Zn^{2+}	▪ Wirkungseintritt nach 1–2 h ▪ Wirkdauer von 10–12 h ▪ ein Präparat aus 70 % kristallinem und 30 % amorphem Zn^{2+}-Insulin (isoliertes Insulin aus Schweinepankreata) entspricht in seiner Aminosäuresequenz der des Hundes (**Abb. 12.9** a) und ist für Hund und Katze zugelassen
lang wirkende Insuline			
Basalinsuline	Insulin glargin	Insulinanalogon mit molekularinhärent stabilisierter Hexamerbildung an der Injektionsstelle und damit langer Wirkdauer	▪ Wirkungseintritt nach 1–2 h ▪ max. Wirkung nach 4–10 h ▪ Gesamtwirkdauer beträgt 16–24 h (u. U. ist eine einmalige Injektion ausreichend) ▪ insbesondere für diabetische Hunde und Katzen, bei denen eine Blutglukoseeinstellung mit dem für diese Tierarten zugelassenen intermediär wirksamen Insulin nur schwer oder eingeschränkt möglich ist
	Insulin detemir	Insulinmolekül mit ankondensierter Fettsäure; die verlängerte Wirkung vermitteln die starke Selbstassoziation von Insulindetemir-Molekülen an der Injektionsstelle und die Albuminbindung im Blut über die Fettsäureseitenkette	

KLINISCHER BEZUG Die Behandlung eines Diabetes mellitus erfordert stets eine Dosierung nach individueller Einstellung, die sich an dem Blutglukoseverlauf nach Insulininjektion orientiert. Das Dosierungsschema muss auf die Fütterungshäufigkeit pro Tag (1- oder 2-mal täglich) abgestimmt sein. Dabei legt der Blutglukoseverlauf nach Anwendung des Insulins die Injektionshäufigkeit pro Tag fest (1- oder 2-malige Injektion).

Ziel der Diabetestherapie bei Tieren ist die Absenkung der Hyperglykämie unter die Nierenschwelle für die Glukoseausscheidung im Harn zur Vermeidung einer durch Glukosurie bedingten Polyurie und Polydipsie. Zudem soll die Kataraktentstehung verhindert werden. Der Katarakt bei diabetischen Tieren ist kein diabetischer Spätschaden im eigentlichen Sinn, zumal er auch sehr schnell, z. T. innerhalb von wenigen Wochen, nach Erkrankungsbeginn auftreten kann.

ZUM WEITERLESEN Ziel der Diabetestherapie in der Humanmedizin ist nicht nur die Blutglukoseeinstellung, sondern die damit langfristig gekoppelte Verzögerung des Auftretens von diabetischen Spätschäden. Eine jahrzehntelange Diabeteskarriere hat unweigerlich Folgen. Sie werden unterteilt in mikrovaskuläre (Retinopathie, Nephropathie, Neuropathie) und makrovaskuläre (Herzinfarkt, Schlaganfall, periphere Verschlusskrankheit) Spätschäden. Der Diabetes bei Tieren führt durch die deutlich kürzere Lebenserwartung selten zu den vom Menschen bekannten diabetischen Spätschäden.

Bei Hunden beträgt die Initialdosis zu Beginn der Therapie 1 IE/kg KG, entweder als 1-malige s. c. Injektion oder aufgeteilt auf 2 Injektionen. Um die Erhaltungsdosis zu bestimmen, empfiehlt es sich, die Tagesdosis um ca. 10 % der Initialdosis zu erhöhen oder zu vermindern, abhängig von den Messwerten der Blutglukose. Stufenweise Dosisanpassungen sollen nicht häufiger als alle 3–4 Tage erfolgen. Zur Vermeidung einer Hypoglykämie ist die Blutglukose auf Werte knapp unter der Nierenschwelle einzustellen, d. h. Normalisierung der Polydipsie.

Unerwünschte Wirkungen Bei Überdosierung dominiert die pharmakodynamische Wirkung auf die Blutglukose mit der Folge einer Hypoglykämie. Diese tritt insbesondere dann auf, wenn das diabetische Tier nach der Injektion des Insulins das Futter verweigert oder erbricht. Als Notfalltherapie muss dann Glukose verabreicht (5–10 g/Hund i. v.) oder Glukagon (Ampullen zu 1 mg) s. c. appliziert werden. Eine Allergisierung aufgrund der Peptidstruktur ist selten. Bei der Verwendung von tierischen Insulinen trat dies früher infolge der biologischen Begleitproteine (unzureichende Aufreinigung) häufiger auf.

Sulfonylharnstoffe

STECKBRIEF SULFONYLHARNSTOFFE

Sulfonylharnstoffe sind oral wirksame Antidiabetika. Sie bewirken die Freisetzung von Insulin aus β-Zellen des Pankreas. Die eigentliche Wirkung auf den Stoffwechsel wird durch endogen freigesetztes Insulin vermittelt. Damit ist die pharmakologische Wirksamkeit von Sulfonylharnstoffen an das Vorhandensein von insulinproduzierenden β-Zellen in den Langerhans'schen Inseln des Pankreas gekoppelt. Sulfonylharnstoffe werden zur Therapie bei Typ-2-Diabetes eingesetzt; sie sind unwirksam bei Typ-1-Diabetes oder LADA.

Sulfonylharnstoffe verdanken ihren Namen einem gemeinsamen Molekülstrukturelement, das in allen Wirkstoffen vorkommt. Wirkstoffe dieser Klasse sind **Glibenclamid**, **Glimepirid**, **Gliclazid** (Abb. 12.13).

Pharmakodynamik Der pharmakologische Wirkungsmechanismus der Sulfonylharnstoffe beruht auf der direkten Blockade des ATP-abhängigen K^+-Kanals in der pankreatischen β-Zelle, der auch bei dem physiologischen Insulinsekretionsprozess funktionell beteiligt ist (**Abb. 12.10**). Sie bewirken somit eine Insulinfreisetzung unabhängig vom Energiestoffwechsel der Zelle und unabhängig von den Blutglukosespiegeln. Selbst bei einer Normo- oder gar Hypoglykämie würden Sulfonylharnstoffe eine Insulinfreisetzung bewirken und damit die Hypoglykämie verstärken.

Pharmakokinetik Nach oraler Gabe erfolgt eine schnelle enterale Resorption. Im Blut wird Glibenclamid, wie die meisten Derivate, zu einem sehr hohen Anteil an Plasmaproteine (> 98 %) gebunden. Die Plasmahalbwertszeit beträgt 5 h, bei anderen Sulfonylharnstoffderivaten bis zu 10 h. Die Wirkdauer liegt zwischen 10 und 18 h, sodass mit einer zweimaligen Gabe pro Tag die Blutglukose kontrolliert werden kann. Glibenclamid wird über die Niere eliminiert. Die meisten Sulfonylharnstoffderivate weisen ein vergleichbares kinetisches Profil auf.

Indikationen und Dosierung Sulfonylharnstoffe stellen neben Metformin die Basistherapie des Typ-2-Diabetes beim Menschen dar. Eine Therapie des Typ-2-Diabetes bei übergewichtigen Katzen kann mit Sulfonylharnstoffen versucht werden. Die Dosierung von Glibenclamid beträgt bei der Katze 0,25–0,5 mg/kg 2-mal täglich p. o.

Nebenwirkungen Bei Überdosierung dominiert die pharmakodynamische Wirkung des endogen freigesetzten Insulins auf die Blutglukose mit der Folge einer Hypoglykämie.

Glibenclamid

Glimepirid

Gliclazid

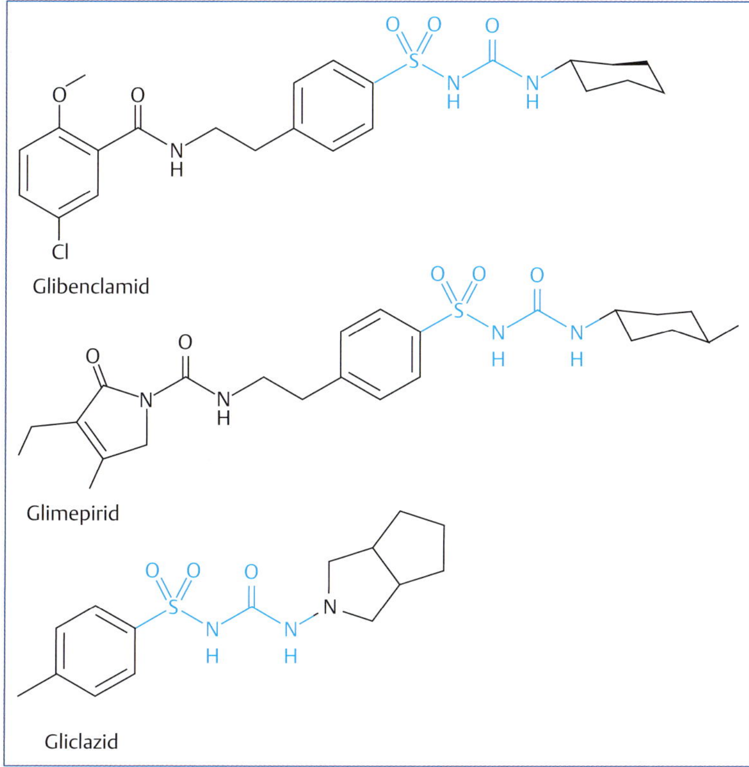

Abb. 12.13 Chemische Strukturen von Sulfonylharnstoffen.

Da die Wirkdauer mehrere Stunden beträgt und somit aus einer Überdosierung eine mehrstündige Hypoglykämie resultiert, ist eine einmalige Glukagoninjektion als Gegenmaßnahme nicht ausreichend. Eine Glukoseinfusion oder mehrmalige orale Gabe von Glukose (10 g/Hund) über Stunden ist notwendig, um die Hypoglykämie zu beheben (Kontrolle der Blutglukose).

Wechselwirkungen Eine Kombination mit Insulin und ACE-Inhibitoren verstärkt die Blutzuckersenkung, die gleichzeitige Gabe von Glucocorticoiden vermindert sie.

ZUM WEITERLESEN In der Humanmedizin stehen noch weitere Antidiabetika zur Verfügung, die aber bisher keinen Einzug in die Diabetestherapie bei Tieren gefunden haben:

- Injizierbare Antidiabetika (s. c.)
  - **GLP-1-Mimetika**: Glukagon-like Peptide-1 (GLP-1) ist ein endogenes Darmpeptid und gehört zu den Inkretinen, das bei einer Mahlzeit von enteroendokrinen Zellen des Darmes (L-Zellen sezernieren GLP-1) freigesetzt wird und die Glukose-stimulierte Insulinfreisetzung an der β-Zelle amplifiziert.
- Orale Antidiabetika
  - **DPP-IV-Inhibitoren**: Dipeptidyl-Peptidase-IV (DPP-IV) inaktiviert das endogene GLP-1. DPP-IV Hemmstoffe verhindern diese Inaktivierung und bewirken somit über Inkretin-Verstärkung eine verbesserte Insulinfreisetzung aus den β-Zellen.
  - **Metformin**: Ein altes Präparat, das die Basistherapie des Typ-2-Diabetes darstellt mit bisher nicht vollständig aufgeklärtem Wirkungsmechanismus.
  - **Glukosidase-Inhibitoren**: Hemmstoffe von Pankreasenzymen, welche die Disaccharid-Spaltung im Darm bewirken; somit steht weniger Glukose zur Resorption aus dem Darm zur Verfügung.
  - **PPARγ-Agonisten**: Peroxisom-Proliferation-aktivierender-Rezeptor γ (PPARγ) ist ein Transkriptionsfaktor, der u. a. für die Adipozytogenese verantwortlich ist. Durch die pharmakologische Aktivierung dieses Rezeptors kommt es zu einer Vermehrung von Adipozyten und einer Umverteilung von Fett aus den ektopischen Speicherungen in Muskel und Leber (verursacht die muskuläre und hepatische Insulinresistenz) zurück ins Fettgewebe. Damit werden Muskel und Leber wieder sensitiver für Insulin.
  - **SGLT-2-Inhibitoren**: Substanzen, die den renalen Glukose-Transporter (SGLT-2) hemmen, führen zu einem erhöhten Glukoseverlust über die Nieren und wirken so antidiabetisch.

Glukagon

STECKBRIEF GLUKAGON

Glukagon ist ein Peptidhormon bestehend aus 29 Aminosäuren (**Abb. 12.14**). Es wird als Notfallmedikament zur Behandlung von schweren Hypoglykämien (Blutglukose: < 2 mmol/l) eingesetzt, denen eine absolute oder relative Überdosierung von Antidiabetika zugrunde liegt.

Endogenes Glukagon entsteht in den α-Zellen der Langerhans'schen Inseln (**Tab. 12.5**) proteolytisch aus einem Vorläuferpeptid, dem Präpro-Glukagon. Dieses Präpro-Glukagon wird auch in Mukosazellen des Darmes (L-Zellen) synthetisiert und umfasst unter anderem die Sequenz von Glukagon. Die proteolytische Spaltung und Freisetzung von Glukagon erfolgt in den pankreatischen α-Zellen. Die Freisetzung wird bei Hypoglykämien induziert und durch Insulin und Somatostatin gehemmt.

Pharmakodynamik Glukagon stimuliert primär und unmittelbar die Glykogenolyse in der Leber. Der Glukagonrezeptor gehört zur Familie der G-Protein-gekoppelten Rezeptoren und ist über ein G_s-Protein mit der AC gekoppelt. Die Rezeptoraktivierung bewirkt einen cAMP-Anstieg und somit eine Aktivierung der Proteinkinase A, die die Glykogenphosphorylase phosphoryliert; die phosphorylierte Form ist aktiv, Glykogen wird abgebaut und Glukose aus der Leber freigesetzt (**Abb. 12.15**). Gleichzeitig erfolgt die Phosphorylierung der Glykogensynthase; sie ist in der phosphorylierten Form inaktiv, d. h., die Glykogensynthese ist gehemmt. Der Glukagonrezeptor ist ebenfalls auf Adipozyten lokalisiert. Die Rezeptorstimulation bewirkt hier eine Aktivierung der Lipolyse (Freisetzung von freien Fettsäuren). Beide Mechanismen haben zum Ziel, endogene Energiesubstrate (Glukose, freie Fettsäuren) bei Energiemangelzuständen zu mobilisieren.

Eine längerfristige Erhöhung der endogenen Glukagonspiegel bewirkt über Enzyminduktion eine Stimulation der glukoneogenetischen Enzyme in der Leber und somit eine Erhöhung der hepatischen Glukoseproduktion.

Pharmakokinetik Infolge der Peptidstruktur beträgt die Plasmahalbwertszeit nur wenige Minuten. Die Wirkung ist somit kurz.

Indikationen und Dosierung Glukagon wird in erster Linie als Notfallmedikament zur akuten Anhebung der Blutglukose bei durch Überdosierung von Insulinen oder Sulfonylharnstoffen induzierten schweren Hypoglykämien (Blutglukose < 2 mmol/l) eingesetzt.

KLINISCHER BEZUG Bei Hypoglykämien durch Überdosierungen von lang wirksamen Insulinen (Depotinsulinen) oder Sulfonylharnstoffen reicht eine einmalige Glukagoninjektion nicht aus. Da Glukagon über die Mobilisierung von Glukose aus Leberglykogenreserven wirkt und bei mehrmaliger Glukagoninjektion der Gehalt an Glykogen abnimmt, sind die Wirkungen abgeschwächt. Unter diesen Umständen muss Glukose mehrmals p. o. oder i. v. verabreicht werden.

His—Ser—Gln—Gly—Thr—Phe—Thr—Ser—Asp—Tyr—Ser—Lys—Tyr—
Leu—Asp—Ser—Arg—Arg—Ala—Gln—Asp—Phe—Val—Gln—Trp—Leu—
Met—Asn—Thr

Abb. 12.14 Aminosäuresequenz (Primärstruktur) von Glukagon.

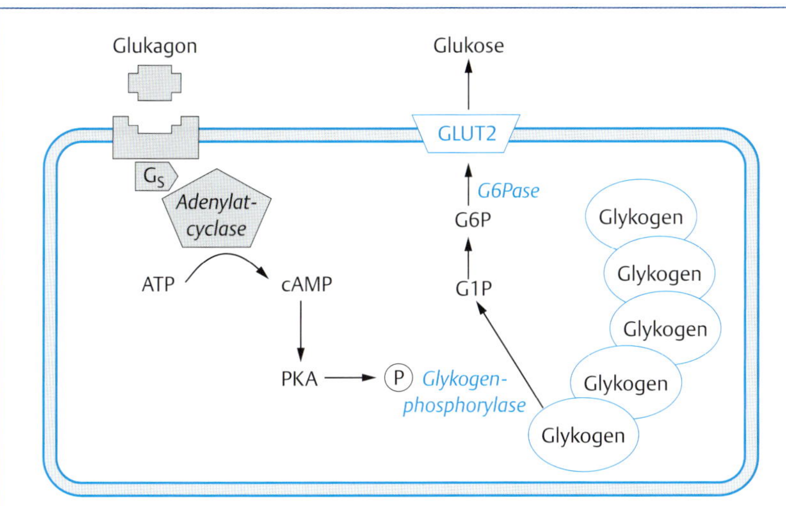

Abb. 12.15 Funktionsschema der Glukagonwirkung auf die hepatische Glykogenolyse. Nach Bindung von Glukagon an seinen Rezeptor kommt es zur Stimulation der AC und dem Anstieg von intrazellulärem cAMP. cAMP aktiviert eine Proteinkinase A, die die Glykogenphosphorylase phosphoryliert und damit in die aktive Form überführt, sodass Glykogen über G1 P bis zu G6 P abgebaut wird. G6 P wird über die G6Pase zu Glukose abgebaut und über GLUT 2 (nicht insulinreguliert) ins Blut abgegeben. cAMP = zyklisches Adenosinmonophosphat; G1P = Glukose-1-Phosphat; G6P = Glukose-6-Phosphat; G6Pase = Glukose-6-Phosphatase; PKA = Proteinkinase A.

Glukagon ist pharmakologisch bereits bei 1 µg/kg s. c. oder i. v. bei Hund und Katze wirksam. Eine Überdosierung (z. B. 1 mg/Hund) in der Notfallsituation einer Hypoglykämie ist dabei unkritisch.

FAZIT ENDOKRINPHARMAKOLOGIE DES GLUKOSE-, FETTSÄURE- UND PROTEINSTOFFWECHSELS ✘

- Hyperglykämie ist das Kennzeichen aller Diabetesformen. Jeder Diabetesform (Typ-1, LADA, Typ-2 etc.) liegt eine eigene Pathophysiologie zugrunde. Ziel der Diabetestherapie bei Tieren ist die Absenkung der Hyperglykämie unter die Nierenschwelle für die Glukoseausscheidung im Harn zur Vermeidung einer durch Glukosurie bedingten Polyurie und Polydipsie.
- Subkutan applizierte Insuline stellen die Basistherapie der Diabetesbehandlung bei Tieren dar. Es gibt kurz-, intermediär- und lang wirksame Insuline. Die Wirkdauer des jeweiligen Insulins ist abhängig von der galenischen Formulierung, die die Resorptionsgeschwindigkeit aus dem subkutanen Depot bestimmt.
- Das für Hund und Katze zugelassene Insulin ist ein intermediär wirksames Insulin aus 70 % kristallinem und 30 % amorphem Zn^{2+}-Insulin (isoliertes Insulin aus Schweinepankreata; entspricht in seiner Aminosäuresequenz der des Hundes).
- Lang wirksame Insulinanaloga sind Insulin glargin und Insulin detemir. Sie finden ebenfalls bei Hund und Katze zur Blutglukoseeinstellung Verwendung.
- Sulfonylharnstoffe sind oral wirksame Antidiabetika. Sie bewirken die Freisetzung von Insulin aus β-Zellen des Pankreas. Damit ist die pharmakologische Wirksamkeit von Sulfonylharnstoffen an das Vorhandensein von insulinproduzierenden β-Zellen in den Langerhans'schen Inseln des Pankreas gekoppelt. Sulfonylharnstoffe werden zur Therapie bei Typ-2-Diabetes eingesetzt.
- Glukagon wird als Notfallmedikament zur Behandlung von schweren Hypoglykämien (Blutglukose: < 2 mmol/l) eingesetzt, die durch absolute oder relative Überdosierung von Antidiabetika verursacht worden sind.

12.8 Endokrinpharmakologie des Wachstums

Wachstum ist ein komplex regulierter Vorgang unter Beteiligung aller Zelltypen in allen Geweben. Zentrales Element der Wachstumssteuerung ist das hypophysäre Wachstumshormon (Somatotropin = ST, engl.: growth hormone = GH).

12.8.1 (Patho-)Physiologische/ biochemische Grundlagen

Strukturell ist GH ähnlich wie Prolaktin aufgebaut. In der Hypophyse existieren monohormonale somatotrope Zellen, die ausschließlich GH freisetzen, und somatomammotrope Zellen, die sowohl GH als auch Prolaktin sezernieren. Die GH-Sekretion erfolgt pulsatil und unterliegt einem zirkadianen Tagesrhythmus. Sie steht durch das GH-releasing-Hormon (GHRH, Peptidhormon aus 44 Aminosäuren) unter einem stimulierenden und durch Somatostatin (Tetradekapeptid = 14 Aminosäuren) unter einem hemmenden Einfluss des Hypothalamus, wobei sezerniertes GHRH für die Höhe des GH-Pulses im Blut verantwortlich ist und der Abfall der Somatostatinsekretion den GH-Puls auslöst. Ein peripheres Signal, das die hypophysäre GH-Sekretion stimuliert, ist das in der Magenmukosa synthetisierte Ghrelin (GH-release inducing, Peptidhormon aus 119 Aminosäuren; aktive Form mit einer Oktanoyl-Veresterung). Zusätzlich zu der GH-freisetzenden Wirkung ist Ghrelin eines der stärksten peripheren Signale, das in der Hypophyse Hunger und damit gesteigerte Nahrungsaufnahme bewirkt (**Abb. 12.16**). Über die gesteigerte Nahrungsaufnahme wird die ausreichende Bereitstellung der für das GH-induzierte Wachstum notwendigen Nährstoffe sichergestellt.

Die durch GH ausgelösten Wirkungen lassen sich in direkt und indirekt vermittelte Wirkungen unterscheiden. Erstere werden über die Bindung von GH an GH-Rezeptoren auf Erfolgszellen ausgelöst. Hierzu gehört die Wirkung auf das Fettgewebe und den Lipidstoffwechsel und die

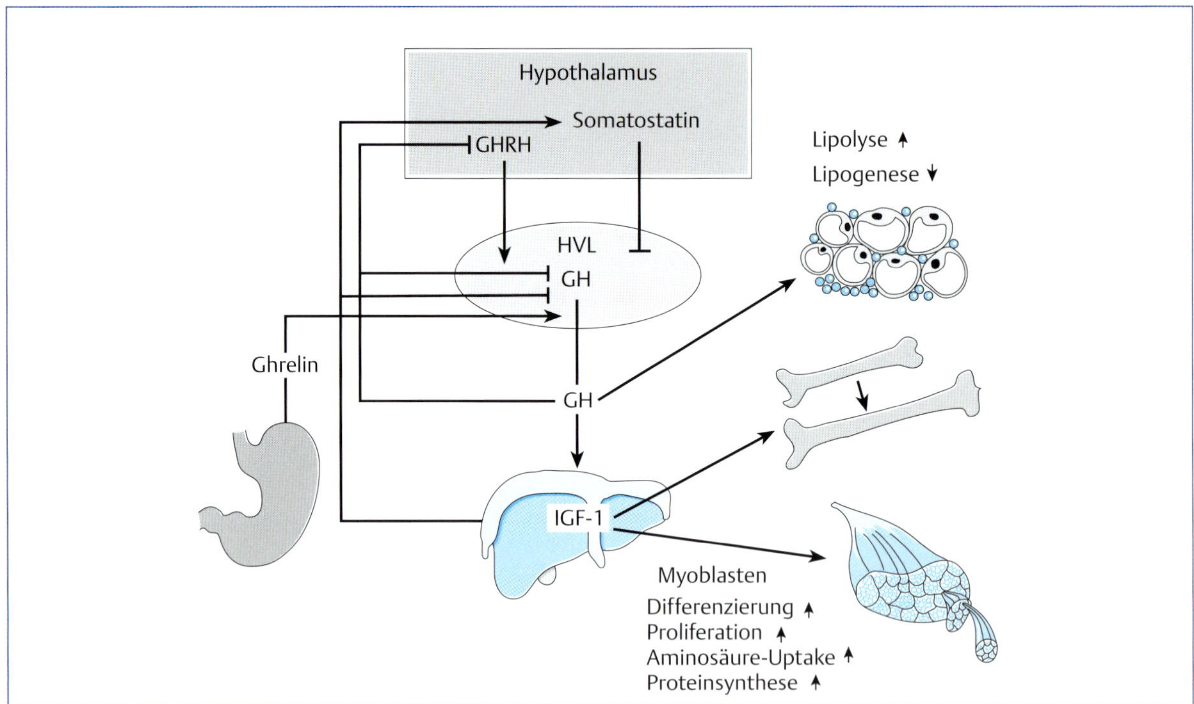

Abb. 12.16 Schematische Darstellung der Regulation und der Wirkungen von Wachstumshormon (GH). Somatostatin hemmt und GHRH stimuliert die GH-Freisetzung aus der Hypophyse. GH bewirkt an Fettzellen eine Hemmung der Lipogenese und eine Steigerung der Lipolyse und an der Leber die Freisetzung von IGFs (direkte Wirkungen). IGF vermittelt indirekt die GH-Wirkungen auf das Wachstum. IGF stimuliert das Längenwachstum der Knochen und das Muskelwachstum durch Stimulation der Differenzierung und Proliferation der Myoblasten sowie durch Steigerung der Aminosäureaufnahme und Proteinsynthese (indirekte Wirkung). An der Hypophyse und dem Hypothalamus bestehen Feedback-Hemmungen durch zirkulierendes GH und IGF. Das aus dem Magen freigesetzte Ghrelin stimuliert direkt die GH-Sekretion aus der Hypophyse. GH = growth hormone/Wachstumshormon, GHRH = growth hormone-releasing hormone, HVL = Hypophysenvorderlappen, IGF = Insulin-like growth factor.

Freisetzung von weiteren Wachstumsfaktoren aus der Leber. An Fettzellen stimuliert GH die Lipolyse und hemmt die Lipogenese. Bei den indirekt vermittelten Wirkungen sind weitere endokrin wirksame Faktoren zwischengeschaltet. Dabei handelt es sich um die Wachstumsfaktoren IGF-1 und IGF-2 (Insulin-growth factor-1 = Somatomedin C und Insulin-growth factor-2 = Somatomedin A), die durch GH vor allem aus der Leber freigesetzt werden (**Abb. 12.16**) und strukturelle Ähnlichkeit zum Insulin haben (ca. 50 % Homologie zu Insulin und ca. 70 % zueinander). IGF-1 besteht aus 79 Aminosäuren. Es wird zum einen als Hormon ins Blut freigesetzt, zum anderen entwickelt es lokal parakrine und autokrine Effekte. IGF-1 bindet an einen spezifischen IGF-1-Rezeptor, der auf fast jeder Zelle vorhanden ist und das Zellwachstum stimuliert wie auch die Apoptose inhibiert. Die höchsten IGF-1-Konzentrationen im Blut werden während der Pubertät gemessen, die niedrigsten vor der Pubertät und im höheren Alter. IGF-2 ist das primäre Somatomedin A beim Fetus. IGF-2 bindet an den IGF-1- und an einen IGF-2-Rezeptor, dessen Signalfähigkeit post natum verloren geht. Die Bedeutung des IGF-2-Rezeptors besteht später darin, dass über die Bindung an den IGF-2-Rezeptor die freie Konzentration von IGF-2, die zur Bindung an den IGF-1-Rezeptor zur Verfügung steht, feinreguliert wird. Aufgrund der strukturellen Ähnlichkeit von IGF-1 zu Insulin bindet IGF-1 auch an den Insulinrezeptor sowie Insulin an den IGF-1-Rezeptor (jeweils mit ca. 100-fach niedriger Affinität).

GH ist durch IGF-1 (**Abb. 12.16**) insbesondere an der physiologischen Steuerung des Skelett- und Muskelwachstums beteiligt. IGF-1 stimuliert die Proliferation von Chondrozyten, möglicherweise hat auch GH eine direkte Wirkung auf die Differenzierung von Chondrozyten; beides trägt zum Knochenwachstum bei. Am Muskel bewirkt IGF-1 eine Stimulation der Aminosäureaufnahme und der Proteinbiosynthese sowie eine Stimulation der Differenzierung und Proliferation von Myoblasten; beides trägt zum Muskelwachstum bei.

GH kann zudem extrahypophysär in Milchdrüsengewebe gebildet werden; der Nachweis gelang erstmals bei Hündinnen. Das Zusammenspiel von Prolaktin und GH für das Wachstum und die Differenzierung von Milchdrüsenzellen hat nicht nur Einfluss auf die Physiologie der Milchdrüse während der Laktation, sondern ist bei bestimmten Mammatumoren von entscheidender pathophysiologischer Bedeutung.

Diagnostik

Da die Bestimmung der basalen GH-Konzentration häufig nicht ausreicht, um eine normale von einer pathologisch reduzierten GH-Sekretion zu unterscheiden, kann bei Verdacht auf eine Unterfunktion der somatotropen Achse ein Stimulationstest durchgeführt werden. Die GH-Sekretion kann beim Hund spezifisch durch die Injektion von GHRH (humanes GHRH, 1 µg/kg i. v.) stimuliert werden. Früher wurden auch das α_2-Sympathikomimetikum Clonidin (10–30 µg/kg i. v.) oder Xylazin (100 µg/kg i. v.) dazu verwandt. Bei intakter Hypophysenfunktion steigt die Plasma-GH-Konzentration innerhalb von 15–30 min nach der Injektion auf mindestens 50 ng/ml an. Ähnliche Tests sind prinzipiell auch bei anderen Tierarten als dem Hund möglich. Die Anwendung von Stimulationstests zur Überprüfung der GH-Sekretion wird besonders dadurch limitiert, dass nur in wenigen Speziallabors Nachweisverfahren für GH etabliert sind. Da GH ein speziesspezifisches Hormon ist, sind die absoluten Messwerte, die mit einem nicht für die jeweilige Tierart validierten Verfahren ermittelt wurden, für die tierärztliche Diagnostik im Allgemeinen wertlos; eine gewisse Aussagekraft hat dann nur der GH-Anstieg nach einem Stimulationstest.

12.8.2 Therapie von Wachstumsstörungen

Eine GH-Hypersekretion bewirkt, solange die Epiphysenfugen noch nicht geschlossen sind (d. h. vor der Pubertät), einen generellen Riesenwuchs (Gigantismus), nach Schluss der Epiphysen wachsen nur noch die Akren verstärkt (Akromegalie). Ursachen für eine pathologisch erhöhte GH-Wirkung können eine primäre hypophysäre Überfunktion, eine zu starke hypothalamische Stimulation durch GHRH und eine zu geringe Somatostatinsekretion sein. Beim Hund scheint das Größenwachstum der Riesenrassen offenbar durch eine länger andauernde und erhöhte GH-Sekretion im präpubertären Alter bedingt zu sein, während bei Zwergrassen ein schnellerer Abfall der GH-Sekretion das Größenwachstum negativ beeinflusst. Eine pathologische GH-Hypersekretion bei Tieren ist dagegen selten. Bei der Hündin kann im Diöstrus durch exzessive extrahypophysäre GH-Produktion in der Milchdrüse eine Weichteil-Akromegalie (dominante Zunahme von Hautfalten an Kopf und Hals) verursacht werden. Derartige Veränderungen sind auch durch exogen zugeführte Gestagene im Rahmen einer Läufigkeitsunterdrückung möglich.

Eine zu geringe Stimulation der GH-Sekretion, hypophysäre Unterfunktionen oder eine erhöhte Somatostatinwirkung führen zu Zwergwuchs. Ein retardiertes Wachstum kann bei Welpen der Rasse Deutscher Schäferhund vorkommen und wird meist durch eine kongenitale hypophysäre Unterfunktion verursacht.

Growth hormone (GH) – Wachstumshormon

STECKBRIEF GROWTH HORMONE – WACHSTUMSHORMON

Das Wachstumshormon (Somatotropin = ST, engl.: growth hormone = GH) reguliert komplexe physiologische Prozesse wie Wachstum und Stoffwechsel. Es ist ein aus ca. 190 Aminosäuren bestehendes monomeres Protein aus dem Hypophysenvorderlappen, das erhebliche Speziesunterschiede aufweist. In den USA ist bovines Somatotropin (gentechnisch hergestellt = rbST, rbGH) zur Steigerung der Milchleistung bei Kühen als Arzneimittel zugelassen.

Pharmakodynamik Die Anwendung basiert auf der Kenntnis der physiologischen Wirkung von GH als Wachstumsfaktor.

Bei Wachstumsstörungen aufgrund einer GH-Unterfunktion (Zwergwuchs) könnten grundsätzlich das Wachstumshormon selbst und sein Releasing-Hormon GHRH verwendet werden. Aufgrund der Speziesspezifität von GH und der ausschließlichen Verfügbarkeit von rhGH ist eine therapeutische Intervention mit GH in der Tiermedizin nicht sinnvoll. Bei den hypothalamischen Releasing-Hormonen liegt meist keine ausgeprägte Speziesspezifität vor, da sie weniger komplex (kürzere Aminosäuresequenz) aufgebaut sind. GHRH steht als Diagnostikum für den Menschen zur Verfügung; eine Therapie bei hypothalamisch bedingtem Zwergwuchs dürfte kaum von praktischer Relevanz sein und wäre bei hypophysär bedingtem Zwergwuchs wirkungslos.

Biotechnische Anwendung Bovines Wachstumshormon (bST, bGH) kann zur Steigerung der Milchleistung beim Rind eingesetzt werden. Für diese Indikation ist es bisher nur in den USA, nicht aber in den Ländern der Europäischen Gemeinschaft zugelassen. Bei laktierenden Kühen führt die Verabreichung von rbGH (rbST) zu einer Steigerung der Milchleistung (10 % über 300 Tage). Diese Wirkung beruht einerseits auf der erhöhten Bereitstellung von Energie (Fettsäuren aus der Lipolyse) durch GH für die Milchbildung und andererseits auf einer durch IGF-1 vermittelten Reduktion des Zelluntergangs im Milchdrüsengewebe (reduzierte Apoptose und gesteigerte Proliferation). Der Einsatz von GH als Leistungsförderer (bei Milchkühen zur Steigerung der Milchleistung, bei Mastrindern und Schweinen zur Steigerung der Futterverwertung und Muskelmasse) ist mit der Verfügbarkeit von rekombinantem bovinem Wachstumshormon (rbST, rbGH) wirtschaftlich interessant geworden.

12.8.3 Somatostatin

STECKBRIEF SOMATOSTATIN

Somatostatin (growth hormone-inhibiting hormone = GHIH, Somatotropin release inhibiting factor = SRIF, growth hormone-release inhibiting factor = GHRIF) ist ein zyklisches Peptidhormon mit einer Disulfidbrücke, bestehend aus 14 Aminosäuren (Tetradekapeptid). Es hat eine hemmende Wirkung auf zahlreiche Sekretionsvorgänge. Neben einem synthetisch hergestellten **Tetradekapeptid-Somatostatin** steht auch ein verkürztes zyklisches Oktapeptid (**Octreotid**, **Abb. 12.17**) zur Verfügung, das eine höhere Wirksamkeit am Rezeptor besitzt und auch als „Long-acting-release (LAR)"-Formulierung zur i. m. Injektion erhältlich ist.

Pharmakodynamik Die Synthese von Somatostatin erfolgt physiologischerweise nicht nur im Hypothalamus, von wo aus es eine inhibitorische Wirkung auf die Freisetzung mehrere Hypophysenhormone (GH, TSH, ACTH) ausübt, sondern auch weit verbreitet im peripheren Nervensystem und Gastrointestinaltrakt, wo es ebenfalls hemmend auf

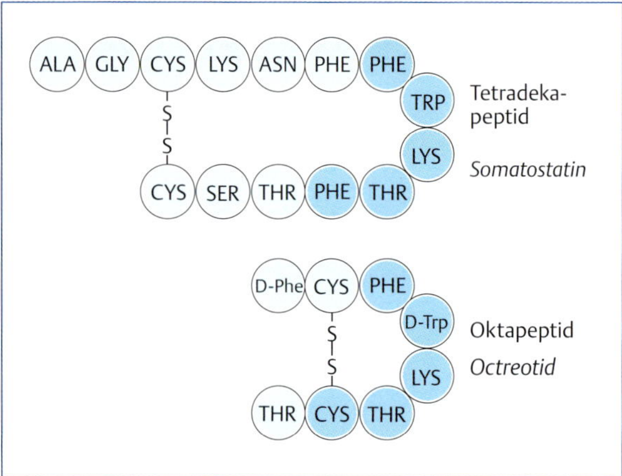

Abb. 12.17 Aminosäuresequenz von Somatostatin (Tetradekapeptid) und dem wirksameren Analogon, dem Octreotid (Oktapeptid). Durch die D-Aminosäuren ist der Abbau verzögert und somit die Serumhalbwertszeit länger als beim Tetradekapeptid.

die Freisetzung von Sekundärpeptidhormonen wirkt. So wird Somatostatin in den δ-Zellen des endokrinen Pankreas gebildet (**Tab. 12.5**) und moduliert parakrin inhibitorisch die Sekretion von Insulin aus den β-Zellen (**Tab. 12.6**) und die von Glukagon aus den α-Zellen. Im Gastrointestinaltrakt hemmt Somatostatin die Freisetzung mehrerer Peptidhormone, wie z. B. Sekretin, Gastrin und Pepsin. Über die Beeinflussung der Sekretinfreisetzung übt Somatostatin eine inhibitorische Wirkung auf die exokrine Pankreassekretion aus. Zudem reduziert Somatostatin die Magensäuresekretion, zum einen über die Hemmung der Gastrinfreisetzung, zum anderen über einen direkten inhibitorischen Effekt auf die Histamin- und Gastrin-stimulierte Säuresekretion an der Parietalzelle der Magenschleimhaut.

Indikationen und Anwendung Die pharmakotherapeutischen Anwendungen ergeben sich aus den vielfältigen physiologischen Wirkungen von Somatostatin: Neben Akromegalie, endokrin aktiven Tumoren des Gastrointestinaltraktes (z. B. Insulinom, Gastrinom, Karzinoide) sind auch die Prophylaxe postoperativer pankreatischer Komplikationen und schwere akute Blutungen aufgrund von Ulzeropathien des Magens oder Duodenums beispielhaft zu nennen. Der therapeutische Nutzen bei hypothalamisch bedingter Akromegalie beim Hund ist umstritten und sollte, wenn überhaupt, mit der LAR-Formulierung des Oktapeptids unter regelmäßiger Kontrolle der GH- bzw. IGF-1-Konzentrationen im Blut durchgeführt werden.

Die synthetisch hergestellten Präparate sind als Peptide parenteral zu verabreichen. Die Serumhalbwertszeit des Tetradekapeptids beträgt nur wenige Minuten, während sie für das Oktapeptid deutlich länger ist.

FAZIT ENDOKRINPHARMAKOLOGIE DES WACHSTUMS

- **Growth hormone (GH)** ist ein regulatorisches Hormon komplexer physiologischer Prozesse wie Wachstum und Stoffwechsel. Seine Freisetzung induziert das growth hormon releasing hormon (GHRH). Da GHRH weniger speziesspezifisch ist als GH und als Diagnostikum für die Humanmedizin zur Verfügung steht, kann es zur endogenen Freisetzung von GH zu diagnostischen oder therapeutischen Zwecke verwendet werden.
- **Somatostatin** ist ein Peptid des Hypothalamus und zahlreicher peripherer Organe (z. B. Darm, Pankreasinseln). Es hat eine hemmende Wirkung auf zahlreiche Sekretionsvorgänge (Hormone, Neurotransmitter, Pankreassekretion, Magensäuresekretion etc.).

12.9 Endokrinpharmakologie der Schilddrüse

12.9.1 Physiologisch-biochemische Grundlagen

Die Schilddrüse nimmt wichtige Steuerfunktionen für Wachstum und Entwicklung sowie die Aufrechterhaltung des basalen Stoffwechsels und der Thermoregulation wahr. Sie produziert die beiden Hormone **Thyroxin** (3,5,3',5'-Tetrajodthyronin, T_4) und **Trijodthyronin** (3,5,3'-Trijodthyronin, T_3). Biosynthetisches Hauptprodukt der Schilddrüse ist T_4. T_3 wird in geringerem Umfang gebildet. Beim Hund entstammen ca. 40 % des T_3 im Serum (beim Menschen etwa 20 %) direkt der Schilddrüse. Das übrige T_3 entsteht vor allem in Leber und Nieren durch Abspaltung eines Jodatoms vom T_4 (**Abb. 12.18**).

Synthese und Freisetzung der Schilddrüsenhormone

Die Schilddrüsenfunktion wird durch hypophysäres TSH (Thyreoidea-stimulierendes Hormon, Polypeptid mit fast 200 Aminosäuren) reguliert und unterliegt damit auch der hypothalamischen Kontrolle durch TRH (Thyreotropin-releasing-Hormon, Tripeptid) sowie der Feedback-Hemmung frei zirkulierender Schilddrüsenhormone. An der Regulation der TSH-Freisetzung sind auch Somatostatin und Dopamin beteiligt (**Abb. 12.18**). Die follikuläre Hormonsynthese in der Schilddrüse ist darüber hinaus essenziell abhängig von einer angemessenen alimentären Jodaufnahme durch den Organismus. Zur Synthese der Schilddrüsenhormone wird Jod zunächst in den Follikeln der Schilddrüse in die Tyrosinreste des Thyreoglobulins eingebaut, sodass Monojodtyrosin oder Dijodtyrosin entstehen. In den Schilddrüsenfollikeln erfolgt auch die Speicherung der Schilddrüsenhormone eben durch die Bindung an Thyreoglobulin, ein dimeres Protein. Die Kopplung von zwei Dijodtyrosin-Molekülen führt dann zur Bildung von T_4 und die Kopplung von Dijodtyrosin und Monojodtyrosin zur Bildung von T_3 (**Abb. 12.19**).

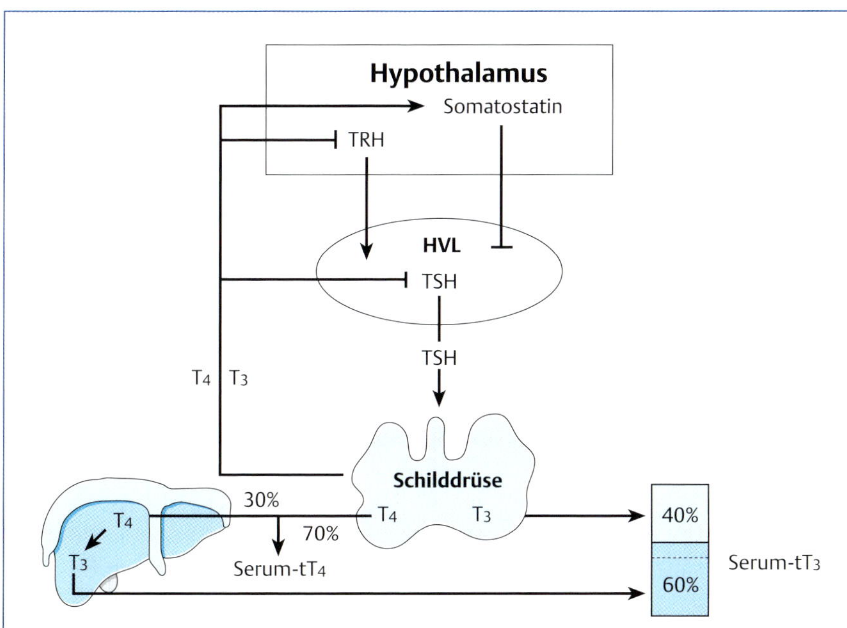

Abb. 12.18 Schematische Darstellung der Regulation der Synthese und Freisetzung von Schilddrüsenhormonen. Somatostatin hemmt und TRH stimuliert die TSH-Freisetzung aus der Hypophyse. TSH stimuliert die Freisetzung von T_3 und T_4 aus der Schilddrüse. Das Gesamt-T_3 (tT_3) im Serum entstammt zum kleineren Teil direkt aus der Schilddrüse. Der größte Teil entstammt aus der hepatischen Transformation von T_3 aus T_4. Beide Schilddrüsenhormone üben eine Feedback-Hemmung auf die Hypophyse und den Hypothalamus aus. HVL = Hypophysenvorderlappen; tT_3 = Gesamt-(totales)Trijodthyronin; tT_4 = Gesamt-(totales)Thyroxin; TRH = Thyreotropin-releasing-Hormon; TSH = Thyreoidea-stimulierendes Hormon. Der Anteil 40 %/60 % von Serum tT_3 bezieht sich auf die Situation beim Hund.

Wirkungen der Schilddrüsenhormone

T_4 und T_3 sind überwiegend im Blut an Thyroxin-bindendes Globulin (TBG) gebunden und damit biologisch inaktiv. Weniger als 1 % des T_4 und des T_3 liegen im Serum in freier Form vor. Das freie T_3 (fT_3) ist das biologisch aktive Schilddrüsenhormon. Es besitzt eine ca. 5-fach stärkere Hormonwirkung als das freie T_4 (fT_4) und ist die eigentliche Wirkform der Schilddrüsenhormone. Das Isomer, bei dem am inneren Benzolring nur ein und am äußeren Ring zwei Jodatome vorkommen, wird als reverses Trijodthyronin bezeichnet – es ist ein Abbauprodukt des Thyroxins und eine biologisch inaktive Form von T_3 (**Abb. 12.19**). Die Halbwertszeit von T_4 im Blut beträgt beim Hund 10–15 h, diejenige von T_3 etwa 6 h.

Molekular wirken die Schilddrüsenhormone über die Bindung an Transkriptionsfaktoren im Zellkern und die Regulation von Genfamilien in fast allen Zellen mit Auswirkungen auf Stoffwechsel, Wachstum und Reifung. Sie wirken im Organismus überwiegend permissiv und konditionieren die Zellmembran für die Wirkungen anderer Hormone. Sie üben eine stimulatorische Wirkung auf die Expression der Entkopplungsproteine der Atmungskette (uncoupling proteins = UCP) und der ATP-abhängen Na^+/K^+-ATPase aus und bewirken somit eine erhöhte Stoffwechselrate mit gesteigertem Sauerstoffverbrauch. Die Funktion der Entkopplungsproteine und ein Teil der bei der ATP-Bildung und Spaltung entstehenden Wärme tragen zur Thermogenese bei. Weiterhin haben die Schilddrüsenhormone eine Wirkung auf bestimmte Organsysteme (z. B. Herz: po-

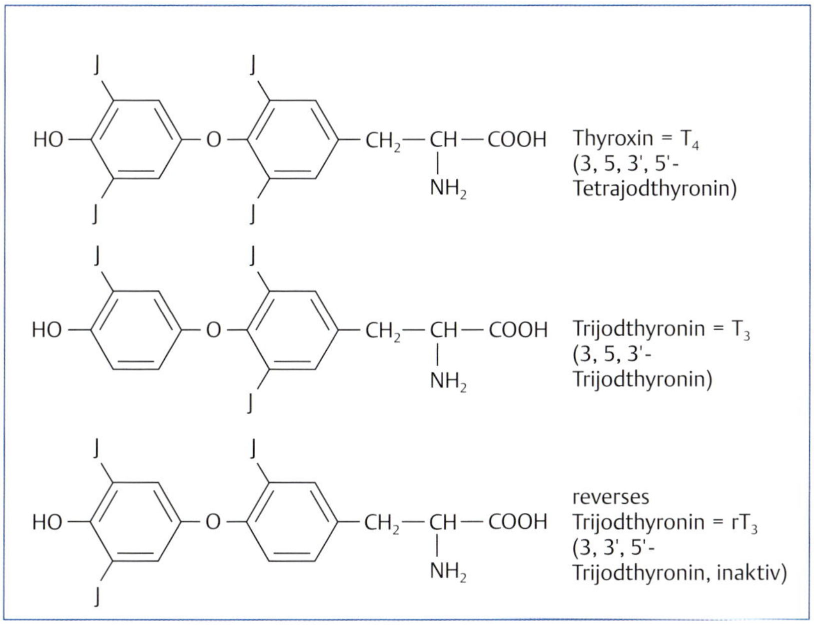

HO–(J,J)–O–(J,J)–CH_2–CH(NH_2)–COOH Thyroxin = T_4 (3, 5, 3', 5'-Tetrajodthyronin)

HO–(J)–O–(J,J)–CH_2–CH(NH_2)–COOH Trijodthyronin = T_3 (3, 5, 3'-Trijodthyronin)

HO–(J,J)–O–(J)–CH_2–CH(NH_2)–COOH reverses Trijodthyronin = rT_3 (3, 3', 5'-Trijodthyronin, inaktiv)

Abb. 12.19 Chemische Struktur der Schilddrüsenhormone T_3 und T_4 sowie des inaktiven Isomers rT_3.

sitiv inotrop und chronotrop) und sind für die fetale Entwicklung von Nerven- und Skelettsystem essenziell. Ein Mangel oder ein Überschuss an Schilddrüsenhormonen hat Auswirkungen auf nahezu alle Organsysteme. Als Euthyreose wird der Zustand einer normalen Schilddrüsenfunktion bezeichnet.

12.9.2 Pathophysiologie

Fehlfunktionen der Schilddrüse

Unterfunktionen der Schilddrüse (Hypothyreosen) Hypothyreosen äußern sich in multisystemischen Stoffwechselstörungen und sind unter anderem durch Inaktivität, Gewichtszunahme, Alopezie und Hautveränderungen, neurologische Symptome, Störungen des Sexualzyklus bei Hündinnen und Zwergwuchs bei Welpen gekennzeichnet.

Formen der Schilddrüsenunterfunktion bei Hunden sind

- die **kongenitale Hypothyreose** als Folge einer unzureichenden fetalen Ausbildung der Schilddrüse. Diese Form ist selten und wird kaum diagnostiziert, da sie bei entsprechendem Ausmaß zwangsläufig zum frühen Tod der Welpen führt.
- die erworbene **primäre Hypothyreose**, deren Ursache eine Schädigung der Schilddrüsenzellen infolge einer akuten Thyreoiditis, einer meist chronisch verlaufenden Autoimmunthyreoiditis, ist.
- die erworbene **sekundäre Hypothyreose**, die aufgrund unzureichender TSH-Sekretion (z. B. hypophysäre Neoplasien) in der Hypophyse auftreten kann.
- die erworbene **tertiäre Hypothyreose**, die als Folge einer Störung der TRH-Sekretion im Hypothalamus auftreten kann; diese Form ist bislang nur beim Menschen beschrieben.
- die erworbene **durch Jodmangel (endemisch)** verursachte Hypothyreose, die früher endemisch vorkam, aber seit der kommerziellen Verfügbarkeit von Tierfutter und Diäten praktisch an Bedeutung abgenommen hat.

Hyperthyreose Primäre Hyperthyreosen sind oftmals auf Neoplasien (häufig Karzinome bei Hunden und Adenome bei Katzen) der Schilddrüse zurückzuführen. Ob die Tumoren mit einer Eu-, Hypo- oder Hyperthyreose einhergehen, hängt davon ab, wieweit die funktionelle Aktivität der Schilddrüse erhalten bleibt. Ursache einer bei älteren Katzen auftretenden Hyperthyreose sind vor allem benigne Schilddrüsentumoren (Adenome). Die vergrößerte Schilddrüse ist häufig palpierbar, die T_3- und T_4-Konzentration im Blut ist erhöht, die Reaktion auf einen TSH-Stimulationstest kann infolge einer negativen Rückkoppelung der Schilddrüsenhormone verringert sein, aber auch normal ausfallen.

Diagnostik bei Fehlfunktionen der Schilddrüse

Zur Überprüfung der Schilddrüsenfunktion können die basalen Konzentrationen an Gesamt-T_4 (totalem $T_4 = tT_4$) und Gesamt-T_3 (tT_3), also der gebundenen und freien Form, sowie die freien Hormonkonzentrationen (fT_4, fT_3) im Plasma oder Serum bestimmt werden. Da das T_4 das Hauptsekretionsprodukt der Schilddrüse darstellt und tT_3 und fT_3 davon abhängig sind, basiert die Diagnostik vor allem auf der Bestimmung von tT_4 und fT_4. Weiterhin kann mit für den Hund validierten analytischen Methoden TSH bestimmt werden.

Stimulationstests zur funktionellen Überprüfung der Hypophysen- und Schilddrüsenfunktion erfolgen mit TRH und mit TSH. Beim **TRH-Stimulationstest**, der sowohl primäre (Schilddrüsenfunktionsstörung) als auch sekundäre, d. h. hypophysär bedingte Hypothyreosen erfasst, werden bei Hunden und Katzen 0,2 mg TRH (synthetisch hergestelltes TRH, Tripeptid) parenteral injiziert und davor sowie 4–6 h danach Blutproben entnommen. Bei der **TSH-Stimulation** bei Hund und Katze werden vor sowie 4–6 h nach Injektion von TSH (rekombinantes humanes TSH = rhTSH) in einer Dosis von 50–100 µg Blutproben für die Bestimmung von tT_4 entnommen. Eine Zunahme der tT_4-Konzentration um das 1,5-Fache auf mindestens 2,5 µg/ml spricht für eine ausreichende Schilddrüsenfunktion. Eine ausbleibende T_4-Konzentrationszunahme nach TSH deutet auf eine primäre, d. h. durch Störungen im Bereich der Schilddrüse bedingte Hypothyreose hin. Die Diagnose einer Hypothyreose darf niemals allein auf der klinisch-chemischen Analytik der Schilddrüsenhormone basieren, sondern muss insbesondere auch auf einer sorgfältigen Anamnese und der klinischen Symptomatik beruhen.

12.9.3 Therapie der Schilddrüsenfehlfunktionen

Substitutionstherapie bei Hypothyreosen

STECKBRIEF PRÄPARATE ZUR SUBSTITUTION VON SCHILDDRÜSENHORMONEN

Levothyroxin (synthetisches T_4), das infolge starker Bindung an TBG im Blut eine längere Halbwertszeit hat, wird hauptsächlich für die Substitutionstherapie bei Hypothyreosen verwendet. Die Dosis muss individuell eingestellt werden und sollte bei Hunden mit 10 µg/kg 2-mal täglich p. o. morgens und abends begonnen werden.

Liothyronin (synthetisches T_3) ist ebenfalls als Arzneimittel verfügbar und wird zur schnellen Hormonsubstitution nach Schilddrüsenresektion eingesetzt.

Die Therapie von **Hypothyreosen** hat eine Substitution der Schilddrüsenhormone zur Erreichung und Aufrechterhaltung einer euthyreoten Stoffwechsellage mit physiologischen tT_4-Konzentrationen im Blut von 2–3 µg/ml zum Ziel.

Ein merkbarer Therapieerfolg tritt wegen der transkriptionellen Wirkungsweise der Schilddrüsenhormone erst nach einigen Tagen auf; andererseits können die pharmakologischen Wirkungen bis zu 2 Wochen nach dem Absetzen anhalten. Die Dosis sollte anhand des Therapieerfolges und der gemessenen tT_4-Konzentrationen im Serum 4–6 Wochen nach Behandlungsbeginn adaptiert werden. Bei Überdosierungen können auch beim Tier Symptome einer Thyreotoxikose auftreten (Hecheln, Nervosität, Übererregbarkeit, Polyurie, Polydipsie, Polyphagie).

CAVE

Aufgrund der Herz-Kreislauf-Wirkungen der Schilddrüsenhormone können bei zu schneller initialer Einstellung kardiale Nebenwirkungen wie Tachykardie, Arrhythmien sowie Ischämien mit Herzmuskelnekrosen bis hin zur Herzinsuffizienz auftreten. Hinzu kommen allgemeine Erregbarkeit, Durchfall, Gewichtsverlust und bei längerer Überdosierung Osteoporosen.

Thyreostatika-Therapie bei Hyperthyreosen

STECKBRIEF THYREOSTATIKA

Thyreostatika hemmen die Schilddrüsen-Peroxidase und blockieren damit die Jodoxidation, Thyreoglobulin-Jodierung und damit letztendlich die Synthese von T_4 und T_3. In der Tiermedizin angewendete Thyreostatika sind **Thiamazol** (Syn.: Methimazol), **Propylthiouracil** und **Carbimazol** (Abb. 12.20).

Thyreostatika werden v.a. bei Hyperthyreosen aufgrund gutartiger Adenome eingesetzt, wie z.B. häufig bei der felinen Hyperthyreose. Bei Vorliegen von Karzinomen steht dagegen immer die chirurgische Thyreodektomie im Vordergrund. Postoperativ ist sodann zwangsläufig eine Substitutionstherapie mit Levothyroxin und ggf. auch Parathormon erforderlich. Die bei der Therapie am Menschen durchgeführte Verabreichung von **radioaktivem Jod** ist bei Tieren nur von untergeordneter Bedeutung und Spezialkliniken vorbehalten.

Thyreostatika interferieren weder mit der Aufnahme von Jod in die Schilddrüse, noch behindern sie die Freisetzung von bereits gebildetem T_4 und T_3. Thiamazol wird bei der Katze in einer Dosis von 5–20 mg/Tier p.o. 1-mal täglich angewendet. Für Propylthiouracil liegt der empfohlene Dosisbereich bei Hund und Katze zwischen 10–15 mg/kg p.o. Carbimazol kommt als Retardformulierung in einer Dosis von 15 mg/kg 1-mal täglich bei Katzen zum Einsatz. Um die optimale Dosis zu finden, sind anfangs in vierwöchigen Abständen, später alle 3–6 Monate die tT_4-Serumkonzentrationen zu bestimmen. Als **Nebenwirkungen** einer thyreostatischen Therapie können Lethargie, Erbrechen, Anorexie sowie hämatologische Veränderungen (Leukopenie, Lymphozytose, Thrombozytopenie, Neutropenie) auftreten.

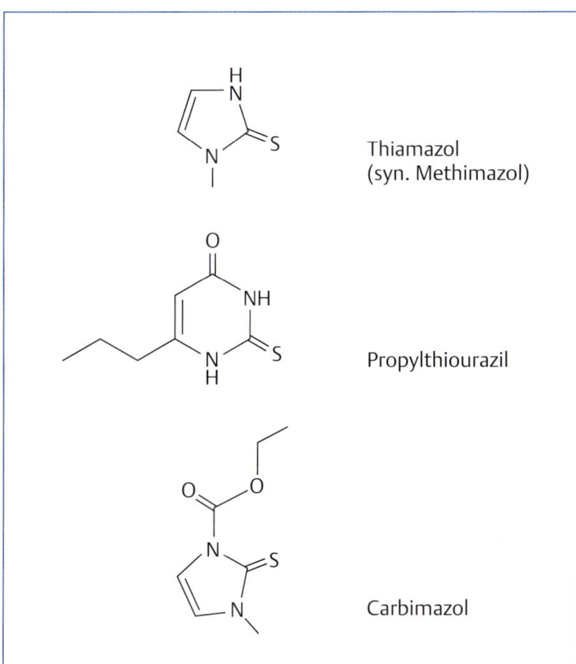

Abb. 12.20 Chemische Strukturen von Thyreostatika.

Bei Masttieren wurden Thyreostatika missbräuchlich zur **Steigerung der Gewichtszunahme** eingesetzt. Der Masteffekt beruht neben einer Senkung des Grundumsatzes überwiegend auf einer stärkeren Füllung des Magen-Darm-Traktes infolge verringerter Peristaltik und auf einer vermehrten Wassereinlagerung im Gewebe. Die Anwendung von Thyreostatika ist bei Lebensmittel liefernden Tieren generell verboten.

FAZIT ENDOKRINPHARMAKOLOGIE DER SCHILDDRÜSE

- Die Schilddrüse synthetisiert die Hormone Thyroxin (T_4) und Trijodtyronin (T_3), die im Blut überwiegend an Thyroxin-bindendes Globulin (TBG) gebunden sind. T_4 kann in Leber und Nieren in T_3 überführt werden. Schilddrüsenhormone nehmen in ihrer freien Form (vor allem fT_3, das eigentlich wirksame Schilddrüsenhormon) wichtige Steuerfunktionen für Wachstum und Entwicklung sowie die Aufrechterhaltung des basalen Stoffwechsels und der Thermoregulation wahr. Ihre Wirkungsweise ist vorwiegend transkriptionell, d.h., ein merkbarer Therapieerfolg tritt erst nach einigen Tagen auf.
- Bei der Therapie einer Hypothyreose wird das Schilddrüsenhormon **Thyroxin (T_4)** substituiert, das endogen in Trijodthyronin (fT_3) überführt wird.
- Bei der Therapie der Hyperthyreose kommen **Thyreostatika (Thiamazol, Propylthiouracil, Carbimazol)** zum Einsatz, die die Hormonsynthese in der Schilddrüse hemmen.
- Die Dosis sollte anhand des Therapieerfolges und der gemessenen tT_4-Konzentrationen im Serum 4–6 Wochen nach Behandlungsbeginn überprüft und ggf. adaptiert werden.

12.10 Endokrinpharmakologie des Kalziumstoffwechsels

12.10.1 Physiologisch-biochemische Grundlagen

Kalzium ist mengenmäßig der am stärksten vertretene Mineralstoff im Organismus. Nahezu die gesamte Menge (99 %) des im Körper vorkommenden Kalziums befinden sich in Knochen und Zähnen, die durch das kalziumreiche Hydroxylapatit, $Ca_5(PO_4)_3(OH)$, Stabilität und Festigkeit erhalten. Darüber hinaus fungieren die Knochen als Speicher für Kalzium. In Mangelsituationen kann Kalzium aus den

Knochen freigesetzt und für andere Aufgaben im Organismus zur Verfügung gestellt werden. Die extrazelluläre Kalziumkonzentration im Blut wird in sehr engen Grenzen (2,2–2,6 mmol/l) konstant gehalten. Die intrazelluläre Konzentration ist ca. 10 000-fach niedriger. Kalzium ist für viele Membranfunktionen und Zellstoffwechselvorgänge von entscheidender Bedeutung. Zahlreiche physiologische Vorgänge, wie z. B. Muskelkontraktion, Nervenleitung und sekretorische Vorgänge vieler Drüsenzellen, werden durch die Erhöhung der intrazellulären Kalziumkonzentration ausgelöst. Kalzium ist beteiligt an der Blutgerinnung und an vielen Enzymreaktionen.

Der Konstanterhaltung der Kalziumkonzentration im Serum kommt somit eine entscheidende Bedeutung für den Gesamtstoffwechsel zu. Sie wird durch eine komplexe Interaktion regulatorischer Faktoren sichergestellt. Dazu gehören Parathormon aus der Nebenschilddrüse, Calcitonin aus den C-Zellen der Schilddrüse und 1,25-Dihydroxycholecalciferol als physiologisch aktive Form des Vitamin D. Die Wirkorte dieser Regulatoren sind der Darm (für die Kalziumresorption), der Knochen (als Kalziumspeicher) und die Nieren (für die Kalziumausscheidung).

12.10.2 Parathormon und Calcitonin

STECKBRIEF PARATHORMON UND CALCITONIN

Parathormon wird in den Nebenschilddrüsen gebildet. Es handelt sich um ein Polypeptid aus 84 Aminosäuren. Die Aminosäuresequenz 1–27 enthält die hormonelle Aktivität.

Calcitonin (Syn.: Thyreocalcitonin) wird in den C-Zellen (parafollikuläre Zellen) der Schilddrüse als Peptidhormon bestehend aus 32 Aminosäuren gebildet. Beide Hormone weisen speziesspezifische Unterschiede in der Aminosäuresequenz auf, die aber wohl nicht zum Wirkungsverlust bei heterologer Anwendung führen.

Parathormon steht als Arzneimittel nicht zur Verfügung, Calcitonin für die Anwendung am Menschen schon. Sein Einsatz zur Therapie der Osteoporose ist aber umstritten.

Synthese und Sekretion

Parathormon und Calcitonin werden wie viele Peptidhormone in einer Prähormonform synthetisiert, im endoplasmatischen Retikulum und Golgi-Apparat enzymatisch in die wirksame Form überführt und in dieser Form ins Blut sezerniert. Wichtigste Funktion beider Hormone ist die Aufrechterhaltung des Kalziumspiegels in der extrazellulären Flüssigkeit: Bei Absinken der Kalziumkonzentration im Serum wird Parathormon, bei Anstieg Calcitonin in das Blut abgegeben. Aufgrund der Peptidstruktur liegt die Halbwertszeit im Serum im Bereich weniger Minuten.

Wirkungen

Parathormon und Calcitonin wirken entgegengesetzt auf die Konstanterhaltung der extrazellulären Kalziumkonzentration. Parathormon erhöht die enterale Kalziumresorption, fördert die Mobilisation von Kalzium und Phosphat aus dem Knochen und erhöht die tubuläre Kalziumrückresorption und Phosphatausscheidung in der Niere. Entsprechend entgegengesetzt erhöht Calcitonin den Kalziumeinbau in das Hydroxylapatit des Knochens und fördert die renale Ausscheidung von Kalzium. Parathormon stimuliert die 1α-Hydroxylase im proximalen Nierentubulus und damit die Aktivierung des Vitamin D; aus 25-Hydroxycholecalciferol wird vermehrt 1,25-Dihydroxycholecalciferol. Diese Vitamin-D-Aktivierung führt zu einer Verstärkung der Parathormonwirkung. Die Kalziumfreisetzung aus dem Knochen erfolgt mittels Resorption von Knochenmineral durch Osteozyten bzw. Osteoklasten. Bei chronischer Parathormoneinwirkung auf den Knochen erhöht sich die Zahl der Osteoblasten, woraus ein höherer Knochenumbau resultiert. Parathormon stimuliert insgesamt jedoch stärker den Knochenabbau als den -aufbau. Im Darm bewirkt Parathormon über eine Stimulierung der renalen 1,25-Dihydroxycholecalciferol-Synthese indirekt eine vermehrte Kalzium- und Phosphataufnahme. Kalziumarme Fütterung stimuliert die Parathormonsekretion.

Pathophysiologie

Funktionsstörungen der Nebenschilddrüse können sich in Form einer Überfunktion (Hyperparathyreoidismus) oder Unterfunktion (Hypoparathyreoidismus) äußern. Beide Formen sind erst spät im Krankheitsverlauf durch unphysiologische Kalziumkonzentrationen im Serum mit den dazugehörigen Symptombildern gekennzeichnet.

Bei der Überfunktion unterscheidet man den primären Hyperparathyreoidismus als Folge von endokrin wirksamen Tumoren der Parathyreoidea, und den sekundären aufgrund von Niereninsuffizienz (renaler Kalziumverlust), Kalzium- und Vitamin-D-Mangel bzw. enteraler Malabsorption. Die Krankheitssymptome der Überfunktion sind anfänglich unspezifisch und teilweise nur schwach ausgeprägt und sind im Falle des sekundären Hyperparathyreoidismus durch die Primärerkrankung (Niereninsuffizienz, Malabsorption) dominiert. Im späteren Verlauf kann es zur Demineralisierung der Knochen (Osteoporose) bis hin zu Spontanfrakturen kommen.

Eine Unterfunktionssymptomatik mit nachfolgender Hypokalzämie ergibt sich immer zwangsläufig nach vollständiger Thyreodektomie, wenn gleichzeitig die Parathyreoidea mit entfernt wurde. Das klinische Bild ist durch die Hypokalzämie bedingten Störungen dominiert und gekennzeichnet durch neurologische und neuromuskuläre Symptome (Störung der Erregungsleitung) wie z. B. Muskelzittern, Unruhe, Schreckhaftigkeit, Schwäche, steifer Gang, Tetanie, Hyperthermie.

KLINISCHER BEZUG Im Vordergrund der Therapie einer Hypokalzämie steht die Substitution von Kalzium. Im akuten Fall bei Tetanien kann dies durch i. v. Infusionen (z. B. Ca-Glukonat) erfolgen, im chronischen Fall durch Anpassung der alimentären Zufuhr von Kalzium und Vitamin D.

FAZIT ENDOKRINPHARMAKOLOGIE DES KALZIUMSTOFFWECHSELS

- Nahezu die gesamte Menge (99 %) des im Körper vorkommenden Kalziums befindet sich in den Knochen und verleiht ihnen Stabilität. Gleichzeitig fungieren diese aber auch als Kalziumspeicher. Die intrazelluläre Kalziumkonzentration ist ca. 10 000-fach niedriger als die extrazelluläre Konzentration im Blut (2,2–2,6 mmol/l). Kalzium ist für zahlreiche physiologische Vorgänge, wie z. B. Muskelkontraktion, Nervenleitung und sekretorische Vorgänge vieler Drüsenzellen, von Bedeutung.
- Der Konstanterhaltung der Kalziumkonzentration im Serum kommt somit eine entscheidende Bedeutung zu. Sie wird durch regulatorische Faktoren sichergestellt: Parathormon aus der Nebenschilddrüse, Calcitonin aus den C-Zellen der Schilddrüse und 1,25-Dihydroxycholecalciferol (aktive Form des Vitamin D). Die Wirkorte dieser Regulatoren sind der Darm (für die Kalziumresorption), der Knochen (als Kalziumspeicher) und die Nieren (für die Kalziumausscheidung).

Danksagung

Die Autoren sind Herrn Prof. Aurich für die Genehmigung zur Übernahme von Teilen seiner Texte, Abbildungen und Tabellen aus der 2. Auflage dieses Werkes dankbar.

(Weiterführende) Literatur

Fortpflanzung

[1] Aurich C. Reproduktionsmedizin beim Pferd: Gynäkologie, Andrologie, Geburtshilfe. 2. Aufl. Berlin: Paul Parey Verlag; 2008

[2] Boothe DM. Small animal clinical pharmacology and therapeutics. 2. Aufl. Philadelphia: WB Saunders; 2012

Nebennierenhormone

[3] Reusch CE: Primärer Hypoadrenokortizismus beim Hund (Morbus Addison). Kleintierpraxis 2015; 60(9): 480–502

Diabetes

[4] Catchpole B, Ristic JM, Fleeman LM, Davison LJ. Canine diabetes mellitus: can dogs teach us new tricks? Diabetologia 2005; 48: 1948–1956

[5] Gilor C, Graves TK. Synthetic insulin analogs and their use in dogs and cats. Vet Clin Small Anim 2010; 40: 297–307

[6] Rand JS. Management of Feline Diabetes. Aust Vet Pract 1997; 27: 68–78

[7] Rucinsky R, Cook A, Haley S, Nelson R, Zoran DL. Diabetes managmeent guidelines for dogs and cats. J Am Anim Hosp Assoc. 2010; 46: 215–224

Wachstumshormon

[8] Barbano D. bST Fact Sheet, US Food and Drug Administration, Center for Food Safety and Applied Nutrition, FDA Prime Connection; 2008

[9] Favier RP, Mol JA, Kooistra HS, Rijnberk A. Large body size in the dog is associated with transient GH excess at young age. J Endocrinol 2001; 170: 479–484

[10] Mol JA, Latinga van Leeuwen IS, van Garderen E, Selman PJ, Oosterlaken-Dijksterhuis MA, Schalken JA, Rijnberk A. Mammary growth hormone and tumorigenesis – Lessons from the dog. Veterinary Quaterly 1999; 21: 111–115

[11] Rijnberk A, Kooistra HS, Mol JA. Endocrine diseases in dogs and cats: similarities and differences with endocrine diseases in humans. Growth Hormone & IGF Research 2003; 13: 158–S 164

Schilddrüsenhormone

[12] Daminet S, Fifle L, Paradis M, Duchateau L, Moreau M. Use of recombinant human thyroid-stimulating hormone for thyrotropin stimulation test in healthy, hypothyroid and euthyroid sick dogs. Can Vet J 2007; 48: 1273–1279

[13] Diaz-Espineira MM, Galac S, Mol JA, Rijnberk A, Kooistra HS. Thyrotropin-releasing hormone-induced growth hormone secretion in dogs with primary hypothyroidism. Domest Anim Endocrinol 2008; 34; 176–181

[14] Ferguson D. Testing for Hypothyroidism in dogs. Vet Clin North Am Small Anim Pract 2007; 37: 647–669

Spez. Pharmakologie

13 Pharmakologie der Entzündung und der Allergie

M. Kietzmann, W. Bäumer

13.1 Mediatoren und Wirkungsmechanismen

DEFINITION Die Entzündung (Inflammatio) ist eine Reaktion des Organismus auf vorrangig von außen einwirkende, schädigende Reize. Im Gefolge eines Reizes laufen komplexe Veränderungen zur Abgrenzung und Beseitigung eingedrungener Fremdkörper oder Erreger sowie Reaktionen zur Reparatur von Gewebedefekten ab. Die Entzündung ist durch Exsudation, Zellinfiltration und Zelltransformation, Phagozytose sowie Resorption und Lysis eingedrungener Fremdstoffe und Erreger gekennzeichnet.

Als **Hauptsymptome** von Entzündungen sind – vorrangig bei akuten Prozessen – zu beobachten:

- Hyperämie (Rubor)
- Temperaturanstieg (Calor)
- Exsudation (Tumor)
- Funktionsstörung (Functio laesa)
- Schmerz (Dolor)

Von zentraler Bedeutung sind im Entzündungsgeschehen die Vasodilatation und die Veränderung der Permeabilität des Gefäßendothels. Die Erhöhung der Permeabilität führt zum Austritt von Blutzellen und von Serumkomponenten aus dem Gefäßsystem.

Ursachen einer Entzündung können vielfältiger Natur sein:

- Infektionen
  - bakterielle und virale Infektionen (einschließlich Endotoxine)
  - Mykosen
  - Parasitosen
- allergische Reaktionen (S. 390)
- physikalische Ursachen
  - Temperatur (Wärme, Hitze, Kälte)
  - energiereiche Strahlen (UV/IR)
  - mechanische (traumatische) Veränderungen
- chemische Ursachen
  - organische und anorganische Chemikalien
  - pflanzliche Gifte
  - tierische Gifte

Zahlreiche Mediatoren (S. 108) spielen bei Entzündungen eine wesentliche Rolle (**Tab. 20.3**). Sie werden bei Störungen im Gewebestoffwechsel gebildet, freigesetzt und wirken zumeist unmittelbar im Bereich ihrer Freisetzung. Neben ihrer Funktion bei pathophysiologischen Prozessen sind verschiedene Mediatoren jedoch auch von physiologischer Bedeutung (z. B. Prostaglandine hinsichtlich der Luteolyse oder des Schutzeffektes im Magen).

Nachfolgend werden einige für das Entzündungsgeschehen wesentliche Mediatoren besprochen. Die biologischen Effekte der Mediatoren werden zumeist über Rezeptoren vermittelt. Die Stoffe, die aus entzündlichem Exsudat zu isolieren sind, können unter dem Begriff Entzündungsmediatoren zusammengefasst werden. Zu den **Entzündungsmediatoren** gehören neben den Eicosanoiden Cytokine, Chemokine, biogene Amine (Histamin), PAF (platelet activating factor), Bradykinin, Komplementspaltprodukte (C 3a, C 5a) sowie Sauerstoffradikale (O_2^--Superoxidradikale). Die entzündlichen Reaktionen beruhen in der Regel auf dem Zusammenwirken verschiedener Mediatoren.

13.1.1 Prostaglandine, Thromboxan, Leukotriene

Prostaglandine (PG), Thromboxan (TX) und Leukotriene (LT) spielen sowohl physiologisch als auch pathophysiologisch eine wichtige Rolle. Sie entfalten ihre Wirkung über spezifische G-Protein-gekoppelte Prostaglandin- und Leukotrien-Rezeptoren. Die Mediatoren werden zusammen als Eicosanoide (S. 118) bezeichnet, da sie aus Eikosatetraensäure (Syn.: **Arachidonsäure**) gebildet werden.

Die Eicosanoide stellen aus pharmakologischer Sicht besonders wichtige Mediatoren der Entzündung dar, da an ihrer Bildung beteiligte Enzyme (COX) einen der wichtigen Angriffspunkte für entzündungshemmende Pharmaka darstellen.

Arachidonsäurekaskade Als Ausgangssubstrat für die Entstehung der Eicosanoide liegt Arachidonsäure im Organismus als Bestandteil der Membranphospholipide vor. Eine Arachidonsäurefreisetzung erfolgt in erster Linie über eine Aktivierung der Phospholipase A_2 (zytosolische PLA_2), die aus dem Phospholipid den in 2-Stellung befindlichen Fettsäurerest abspaltet. Auch über eine Aktivierung der Phospholipase C, die aus Phospholipiden Diacylglycerol (DAG) entstehen lässt, wird Arachidonsäure freigesetzt. Wird ein Inositolphosphatid durch Phospholipase C gespalten, so entsteht neben Diacylglycerol ein Inositolphosphat (IP_3). Dieses mobilisiert intrazellulär Kalziumionen, während das DAG die Proteinkinase C aktiviert, die wiederum eine wichtige Rolle bei der Steuerung der Zellproliferation spielt.

Arachidonsäure wird über Prostaglandin G_2 und Prostaglandin H_2 zu Prostaglandin E_2, Prostaglandin $F_{2\alpha}$, Prostaglandin D_2 und Prostaglandin I_2 (Prostacyclin) sowie zu Thromboxan A_2 (TXA_2) metabolisiert. Das Schlüsselenzym dieser Reaktionen ist die COX. Man unterscheidet heute eine konstitutive Form (COX-1) der COX und eine induzier-

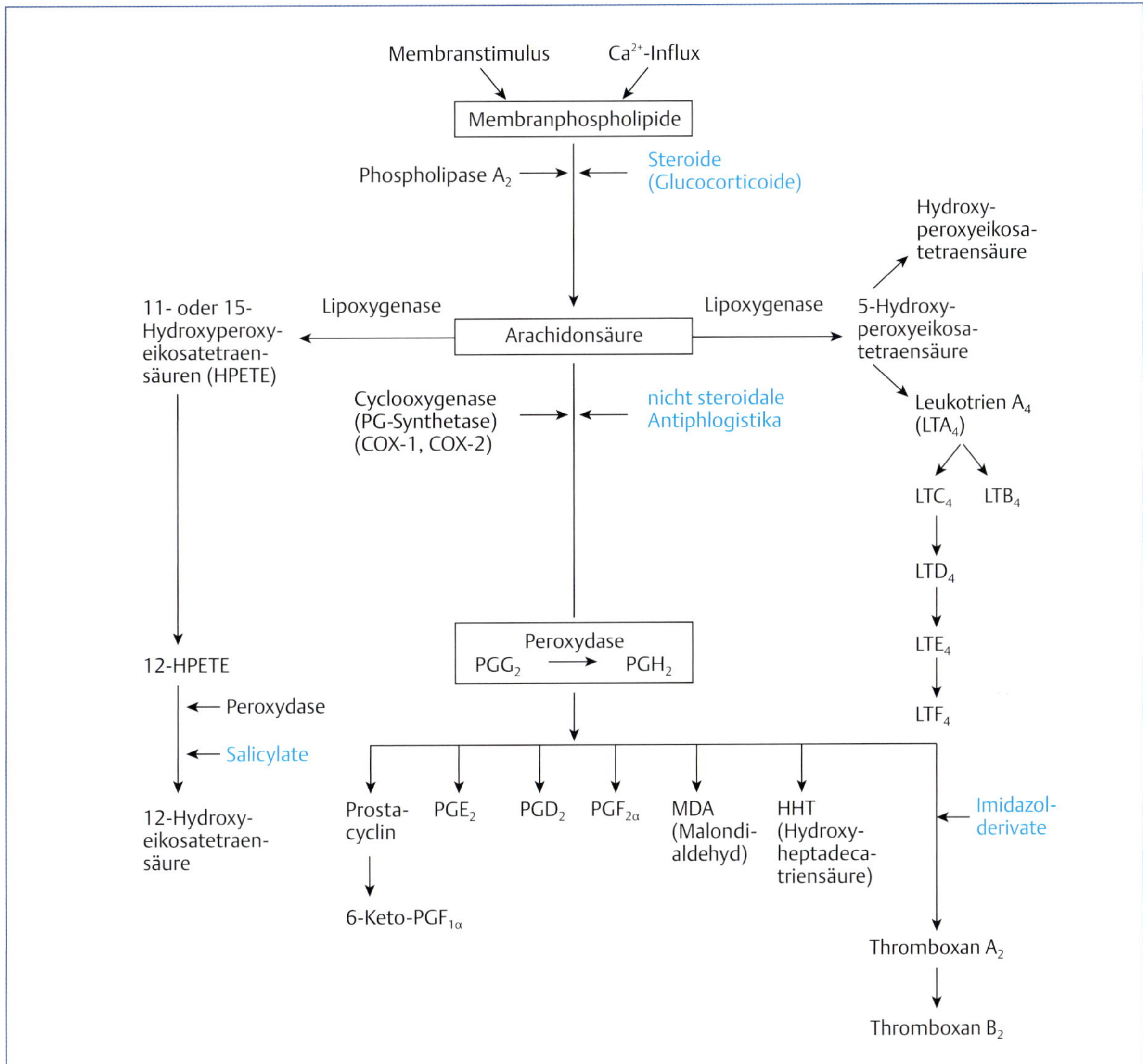

Abb. 13.1 Biosynthese von Produkten der Arachidonsäure; Hemmstoffe = blau.

bare Form (COX-2) des Enzyms (S. 379). Die Nomenklatur der Prostaglandine basiert auf der Struktur der Prostansäure. Zwei Seitenketten von 7 bzw. 8 C-Atomen sind über einen Cyclopentanring verknüpft. Die Prostaglandine der 2-Serie haben 2 Doppelbindungen.

Auf der anderen Seite entstehen über 5-Hydroperoxyeicosatetraensäure 5-Hydroxyeicosatetraensäure und Leukotriene. Diese Reaktion wird von der 5-Lipoxygenase katalysiert. Weitere Lipoxygenasen sind die 8-, 9-, 11- und 12-Lipoxygenase. Die Leukotriene erhielten ihren Namen wegen der erstmaligen Entdeckung in Leukozyten und der Tatsache, dass sie bei insgesamt vier Doppelbindungen drei konjugierte Doppelbindungen enthalten (-triene). Leukotrien A_4 stellt eine kurzlebige Zwischenstufe der Bildung von Leukotrien B_4 einerseits und der Peptidoleukotriene Leukotrien C_4, Leukotrien D_4 und Leukotrien E_4 dar. Die Peptidoleukotriene wurden früher unter dem Begriff SRS-A (slow reacting substance of anaphylaxis) zusammengefasst. Leukotrien C_4 entsteht durch die Bindung von Glutathion an Leukotrien A_4. Diese Reaktion wird durch Glutathion-S-Transferase katalysiert. Durch Abspaltung des Glutamatrestes entsteht Leukotrien D_4, das durch Abspaltung von Glycin zu Leukotrien E_4 umgewandelt wird. Wie die Prostaglandine werden auch die Leukotriene sehr schnell metabolisiert.

In **Tab. 13.1** sind insbesondere für das Entzündungsgeschehen wesentliche Effekte von Eicosanoiden zusammengefasst. Vor allem die prostaglandinvermittelte Vasodilatation und die Steigerung der Gefäßpermeabilität im Rahmen der Ödembildung sowie die Beteiligung an Schmerzreaktionen (gemeinsam mit Bradykinin) sind wichtige Wirkungen der Prostaglandine. Leukotrien B_4 wirkt chemotaktisch und stellt damit einen wesentlichen Faktor im Rahmen der Leukozyteninfiltration dar. Leukotrien C_4 und die daraus entstehenden Leukotriene D_4 und E_4 sind beispielsweise an einer allergisch bedingten Bronchokonstriktion beteiligt.

Tab. 13.1 Beteiligung von Eicosanoiden bei pathophysiologischen Prozessen (nach Golbs u. Scherkl, 1996).

Eicosanoid	Schmerz	Gefäßpermeabilität	Gefäßtonus	Thromozytenaggregation	Leukozyten	Bronchien
PGE_2	Auslösung*	Zunahme	Dilatation	Inhibierung	–	Dilatation
PGD_2	Auslösung*	–	Kontraktion	Inhibierung	Chemotaxis	Konstriktion
PGI_2**	Auslösung*	Zunahme*	Dilatation	Inhibierung	–	–
PGF_2	–	–	Kontraktion	–	–	Konstriktion
TXA_2	–	–	Kontraktion	Stimulierung	–	Konstriktion
LTB_4	–	Zunahme	–	–	Chemotaxis	–
LTC_4	–	Zunahme*	Kontraktion	–	–	Konstriktion
LTD_4	–	Zunahme*	Kontraktion	–	–	Konstriktion

* abhängig von der Tierspezies
** Prostacyclin

13.1.2 Histamin

Histamin ist wie 5-Hydroxytryptamin ein biogenes Amin, das durch Decarboxylierung aus L-Histidin gebildet wird. Die Verteilung und der Stoffwechsel von Histamin zeigen große speziesspezifische Variationen. Als gegenüber Histamin besonders empfindlich sind Meerschweinchen und Pferd zu nennen.

Freisetzung Histamin liegt in Mastzellen und basophilen Granulozyten an Heparin gebunden (Speicherform) vor. Seine Freisetzung erfolgt durch Aktivierung mastzellständiger Enzyme oder durch Aktivierung G-Protein-gekoppelter Rezeptoren mit nachfolgend erhöhter intrazellulärer Ca^{2+}-Konzentration. Adrenalin hemmt die Freisetzung von Histamin aus den Mastzellen über eine Erhöhung des cAMP-Gehalts.

Wirkung Die Histaminwirkung lässt sich verschiedenen Rezeptoren (H_1, H_2, H_3, H_4) zuordnen (**Tab. 13.2**). Der Histaminfreisetzung (S. 108) kommt insbesondere bei allergischen Prozessen sowie bei pseudoallergischen Reaktionen (Histaminliberation) eine wichtige Rolle zu.

Über Histamin-Rezeptoren vermittelte Wirkungen des Histamins spielen im Entzündungsgeschehen und bei allergischen Reaktionen eine wichtige Rolle. Insbesondere sind hier die Vasodilatation (Arteriolen, Venolen) und Vasokonstriktion (Arterien, Venen) sowie die Steigerung der Gefäßpermeabilität zu nennen. Histamin ist auch an der Entstehung von Juckreiz und Schmerz beteiligt; jedoch kommt Histamin hier nicht die alleinige Schlüsselrolle zu. Daher sind Antihistaminika bei der Behandlung juckender Dermatosen (S. 399) des Hundes nur von sehr begrenztem Wert.

Auch am Herzen entfaltet Histamin eine direkte Wirkung im Sinne einer Steigerung von Herzfrequenz und Kontraktilität. Indirekt werden diese Histaminwirkungen durch die Förderung der Freisetzung von Catecholaminen teilweise antagonisiert. Bedingt durch eine Mobilisation von Ca^{2+}-Ionen kommt es an glattmuskulären Organen (Bronchien, Darm) zur Kontraktion. Über H_2-Rezeptoren steigert Histamin zudem die Magensäure- und Pepsinsekretion (S. 108). Während der H_3-Rezeptor im allergischen Geschehen nur eine untergeordnete Rolle zu spielen scheint, kommt dem H_4-Rezeptor besondere Bedeutung zu, da er vor allem auf Immunzellen (T-Zellen, eosinophile Zellen, Mastzellen, dendritische Zellen) exprimiert ist. In Tiermodellen zu allergischem Asthma und allergeninduziertem Juckreiz konnten H_4-Rezeptor-Antagonisten eine deutliche Wirkung erzielen. Es bleibt abzuwarten, ob diese Ergebnisse auf die Haussäugetiere übertragbar sind.

13.1.3 Hydroxytryptamin (Serotonin, 5-HT)

Aufgrund seiner vasokonstriktorischen Wirkung, die besonders an Lungen- und Nierengefäßen feststellbar ist, spielt 5-HT, das zu 90 % in den enterochromaffinen Zellen des Magen-Darm-Traktes und in geringerer Menge in Thrombozyten, Mastzellen und dem ZNS vorliegt, auch im Entzündungsgeschehen eine Rolle. 5-HT fördert auch die Freisetzung von Histamin. Bei einigen Tierarten (Labornager) führt das biogene Amin zu einer Steigerung der Kapillarpermeabilität. Weitere wichtige Wirkungen (S. 110) sind eine Bronchokonstriktion, Effekte am Darm und im ZNS.

Tab. 13.2 Wirkung des Histamins nach Rezeptoren.

H_1-Rezeptoren	H_2-Rezeptoren	H_3-Rezeptoren	H_4-Rezeptoren
• Gefäßkonstriktion und Permeabilitätserhöhung • Bronchialkonstriktion • Uteruskontraktion • Darmkontraktion • Adrenalinausschüttung	• Gefäßdilatation • Bronchialdilatation • Uterusrelaxation • Zunahme der Magensaftsekretion • Herzmuskelkontraktion • Tachykardie • Inhibierung der Histaminfreisetzung aus Mastzellen	• Autoregulation der Freisetzung von Histamin	• wichtig für Chemotaxis von Immunzellen • Modulation der Cytokin- und Chemokinsekretion von Immunzellen • Vermittlung von Juckreiz

Tab. 13.3 Wirkungen (Auswahl) des Bradykinins (nach Golbs u. Scherkl, 1996).

Organsystem	biologischer Effekt
Nervensystem (sensorische Fasern)	Stimulation von Nervenendigungen und Auslösung von Schmerzen durch Depolarisation
Kreislaufsystem	Senkung des peripheren Gefäßwiderstandes, Erhöhung des Minutenvolumens, der Herzfrequenz und des Schlagvolumens
Kapillaren	Dilatation
Venolen	Konstriktion, Erhöhung der Gefäßpermeabilität, Kontraktion der Endothelzellen
Bronchien	Konstriktion
Uterus	speziesabhängige Kontraktion

13.1.4 Bradykinin

Bradykinin ist ein aus 9 Aminosäuren bestehendes Peptid. Das Kinin wirkt über Bradykinin-Rezeptoren (B_1, B_2). Über B_1-Rezeptoren wird bei Gewebsschädigung eine Konstriktion von Arterien und Venen ausgelöst, über B_2-Rezeptoren dagegen ein der Histaminwirkung (über H_1-Rezeptoren) vergleichbarer Effekt. Obwohl Bradykinin nicht als Entzündungsmediator im engen Sinne gesehen werden kann, ist seine Rolle bei verschiedenen entzündlichen Prozessen unbestritten (**Tab. 13.3**).

13.1.5 PAF

Freisetzung PAF (platelet activating factor) entsteht aus Phospholipiden der Zellmembran. Da PAF im Plasma rasch inaktiviert wird, bleibt die Wirkung auf den Synthese- und Freisetzungsort beschränkt. PAF stammt aus Zellen des strömenden Blutes, z. B. Thrombozyten, Granulozyten, Monozyten, Makrophagen und Endothelzellen sowie Nierenmarkzellen und Nierenmesangialzellen (**Abb. 13.2**).

Wirkung PAF wirkt aggregationsfördernd an Thrombozyten (Thrombozytenaktivierung) und ist an akuten Entzündungsreaktionen sowie an immunologischen Reaktionen beteiligt. Er erhöht die lokale Gefäßpermeabilität. PAF induziert wiederum auch die Bildung von Leukotrien B_4.

13.1.6 Komplementsystem

Das Komplementsystem umfasst zahlreiche Komponenten. Zu diesen gehören u. a. die **Anaphylatoxine C 3a, C 4a** und **C 5a**.

Wirkung C 5a ist ein kleines Peptid, das gemeinsam mit C 3a auf Mastzellen, Granulozyten und die glatte Muskelzellen einwirkt. Damit werden entzündliche Prozesse initiiert. Diese Spaltprodukte wirken spasmogen, z. B. am Uterus von Meerschweinchen und Ratten, an der Meerschweinchenaorta und -hohlvene sowie permeabilitätssteigernd an Hautgefäßen. An letzterem Prozess sind auch Eicosanoide, z. B. Thromboxan A_2 und Leukotriene, beteiligt. Dies bestätigt wiederum, dass die Wirkung der Komplementspaltprodukte eng mit anderen Mediatorsystemen verknüpft ist. Das Anaphylatoxin C 3a führt zu Histaminfreisetzung, Kontraktion der glatten Muskulatur, gesteigerter Eicosanoidsynthese und Tachykardie. Ebenfalls wirkt es chemotaktisch auf Granulozyten und Monozyten. Die Effekte von C 5a resultieren aus einer Histaminfreisetzung; es kommt zur Kontraktion der glatten Muskulatur, Aggregation von Thrombozyten, Adhäsion von Entzündungszellen am Endothel, Stimulation des „Oxidative burst", Freisetzung lysosomaler Enzyme (z. B. Elastase) und Anregung der Leukotriensynthese.

Die chemotaktische Wirksamkeit der Komplement-Spaltprodukte (besonders C 5a) auf polymorphkernige Leukozyten ist außerordentlich hoch, ähnlich wie die von Leukotrien B_4. Diese Wirkung fördert die Aktivierung von Leukozyten sowie die Freisetzung von Lysozymen und reaktiven Sauerstoffspezies.

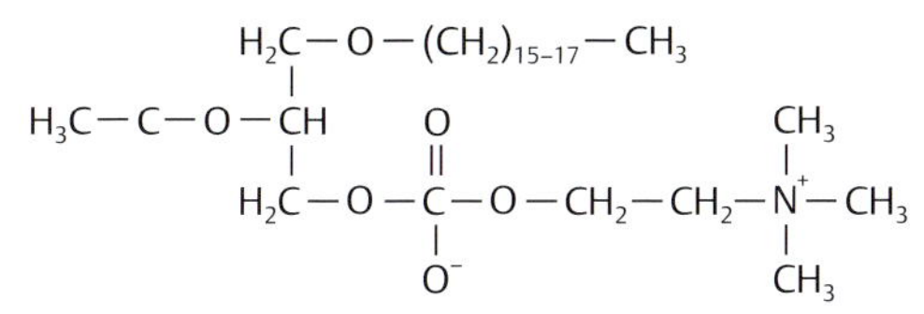

```
                H2C — O — (CH2)15–17 — CH3
                 |
H3C — C — O — CH         O                 CH3
                 |         ||                 |
                H2C — O — C — O — CH2 — CH2 — N+ — CH3
                           |                  |
                           O-                 CH3
```

Abb. 13.2 PAF (platelet activating factor).

13.1.7 Radikale

Freisetzung

Als reaktive Sauerstoffspezies stellen das **Superoxid-Radikal-Anion** (O_2^-) und das **Hydroxyl-Radikal** (OH^-) wichtige Radikale dar, die sich vom molekularen Sauerstoff ableiten. Phagozyten sind die wichtigste Quelle von Sauerstoffspezies während eines entzündlichen Vorgangs. Monozyten, Makrophagen und polymorphkernige Leukozyten sind in der Lage, durch die in der Zellmembran lokalisierte NADPH-Oxidase die Bildung von Radikalen zu katalysieren; die Radikale werden in den Extrazellularraum abgegeben. Die Stimulierung der Phagozyten zur Radikalbildung kann durch eine Vielzahl von infektiösen und nicht infektiösen Agenzien, endogenen und xenogenen Stoffen erfolgen.

Wirkung Letztlich führen freie Radikale im subzellulären Bereich zu folgenden Reaktionen:
- Depolymerisation von Kollagenen
- Lyse/Oxidation von Lipiden
- Denaturierung von Enzymen
- Inaktivierung von a_1-Antitrypsin
- Bildung leukotaktischer Faktoren durch Interaktion mit Arachidonsäuremetaboliten

13.1.8 Cytokine, Chemokine

An der Entzündungsreaktion sind zahlreiche Cytokine (S. 551) und Chemokine wesentlich beteiligt. Unter der Einwirkung von Glucocorticoiden kommt es beispielsweise zu einer Verminderung der Bildung der sogenannten inflammatorischen Cytokine Interleukin-1 (IL-1), IL-6 und TNF α (tumor necrosis factor α).

FAZIT ENTZÜNDUNGSMEDIATOREN

Entzündungsmediatoren sind eine heterogene Klasse von lokalen Botenstoffen mit zum Teil redundanter Funktion. Prostaglandine, Leukotriene und Thromboxan sind Vertreter aus der Gruppe der Arachidonsäuremetaboliten. Histamin und Serotonin sind biogene Amine. Weitere lokale Botenstoffe sind Bradykinin, PAF, die Anaphylatoxine C 3a, C 4a und C 5a und Sauerstoffradikale. Eine große Bedeutung kommt auch den zahlreichen Cytokinen und Chemokinen in der akuten und chronischen Entzündungsreaktion zu.

13.2 Entzündungshemmende Pharmaka

13.2.1 Glucocorticoide

STECKBRIEF GLUCOCORTICOIDE

Neben ihrer physiologischen Funktion als wichtige Regulatoren zahlreicher Funktionen im Organismus kommt den Glucocorticoiden – insbesondere nach Verabreichung höherer Dosierungen – eine wichtige Rolle als antiinflammatorisch, antiproliferativ und immunsuppressiv wirksamen Pharmaka zu.

Glucocorticoide gelangen durch passive Diffusion in die Zelle. Ihre Wirkung erklärt sich in erster Linie durch ihre Bindung an Zytosolrezeptoren. Es sind zu unterscheiden:

- genomische Wirkungen über zytoplasmatische Rezeptoren, welche letztlich im Zellkern als Transkriptionsfaktoren wirken
- nicht genomische Wirkungen über zytoplasmatische Rezeptoren
- nicht genomische Wirkungen über membrangebundene Rezeptoren
- unspezifische Membraneffekte

Die antiinflammatorische Wirkung der Glucocorticoide wurde um 1950 entdeckt. Neben der Substitutionstherapie beruht das Hauptindikationsgebiet der Glucocorticoide heute auf deren pharmakologischen Wirkungseigenschaften. Grund für die Suche nach neuen synthetischen Glucocorticoiden war in erster Linie die den natürlichen Glucocorticoiden anhaftende mineralocorticoide Wirkung.

Biochemie der Glucocorticoide

Gemeinsamer Vorläufer aller natürlichen Glucocorticoide ist Cholesterol. Aus diesem entstehen die Steroidhormone (S. 347) durch Abspaltung der ganzen oder eines Teils der Seitenkette sowie durch zusätzliche Modifikation des Moleküls. Das Grundgerüst des Cholesterols bildet ein Steran, ein aus drei miteinander kondensierten sechsgliedrigen Ringen (A, B, C) und einem fünfgliedrigen Ring (D) bestehendes Molekül. Die Kohlenstoffatome des Moleküls werden mit arabischen Ziffern bezeichnet (**Abb. 13.3**).

Natürliche Glucocorticoide

Das wichtigste der natürlichen Glucocorticoide ist bei den meisten Spezies das **Cortisol**. Bei Vögeln und Nagetieren stellt hingegen **Corticosteron** das Hauptglucocorticoid dar, das auch beim Wiederkäuer in geringerer Menge (im Vergleich zum Cortisol zu etwa 25 %) vorkommt.

Die natürlichen Glucocorticoide weisen einige gemeinsame Strukturmerkmale auf. Sie bestehen aus 21 Kohlenstoffatomen, tragen in Position 21 eine Hydroxylgruppe und in Position 3 und 20 Ketogruppen (**Abb. 13.3**). Die Bedeutung der Strukturmerkmale der Glucocorticoide lässt sich am Beispiel von Progesteron und Desoxycorticosteron deutlich machen. Letzteres unterscheidet sich vom Progesteron in seiner Molekülstruktur nur durch eine zusätzliche Hydroxylgruppe in Position 21. Dieser Substituent bedingt jedoch die von dem Gestagen Progesteron völlig abweichende biologische Funktion des Desoxycorticosterons als Gluco- und Mineralocorticoid.

Synthetische Glucocorticoide

Das erste erfolgreich in der Therapie eingesetzte Glucocorticoid war **Hydrocortison** (Cortisol). Schon bald wurden Glucocorticoide mit dem Ziel synthetisiert, die glucocorticoide Wirkungspotenz dieser Steroide zu steigern und gleichzeitig deren mineralocorticoide Wirkung zu vermindern oder gänzlich auszuschalten. Die heute verfügbaren hochwirksamen synthetischen Glucocorticoide erfüllen diese Vorgaben. Allerdings ist bei den synthetischen Glucocorticoiden das Wirkungsspektrum qualitativ nicht verändert. Eine Dissoziation der Wirkung, wie sie beispielsweise hinsichtlich der antiinflammatorischen und der immunsuppressiven Wirkung wünschenswert wäre, ist somit nicht gegeben. **Tab. 13.4** gibt einen Überblick über Molekülveränderungen, die bei der Synthese topisch anzuwendender Glucocorticoide vorgenommen wurden.

Tab. 13.4 Molekülveränderungen, die bei der Synthese topisch anzuwendender Glucocorticoide vorgenommen wurden.

Molekülveränderung	Position im Molekül
Einführung einer Doppelbindung	C-1 = C-2
Halogenierung (Fluor, Chlor)	C-6, C-7, C-9
Hydroxylierung	C-16
Methylierung	C-16, C-6
Veresterung	C-17, C-21
Acetonid	C-16, C-17
Einführung einer OH-Gruppe	C-16

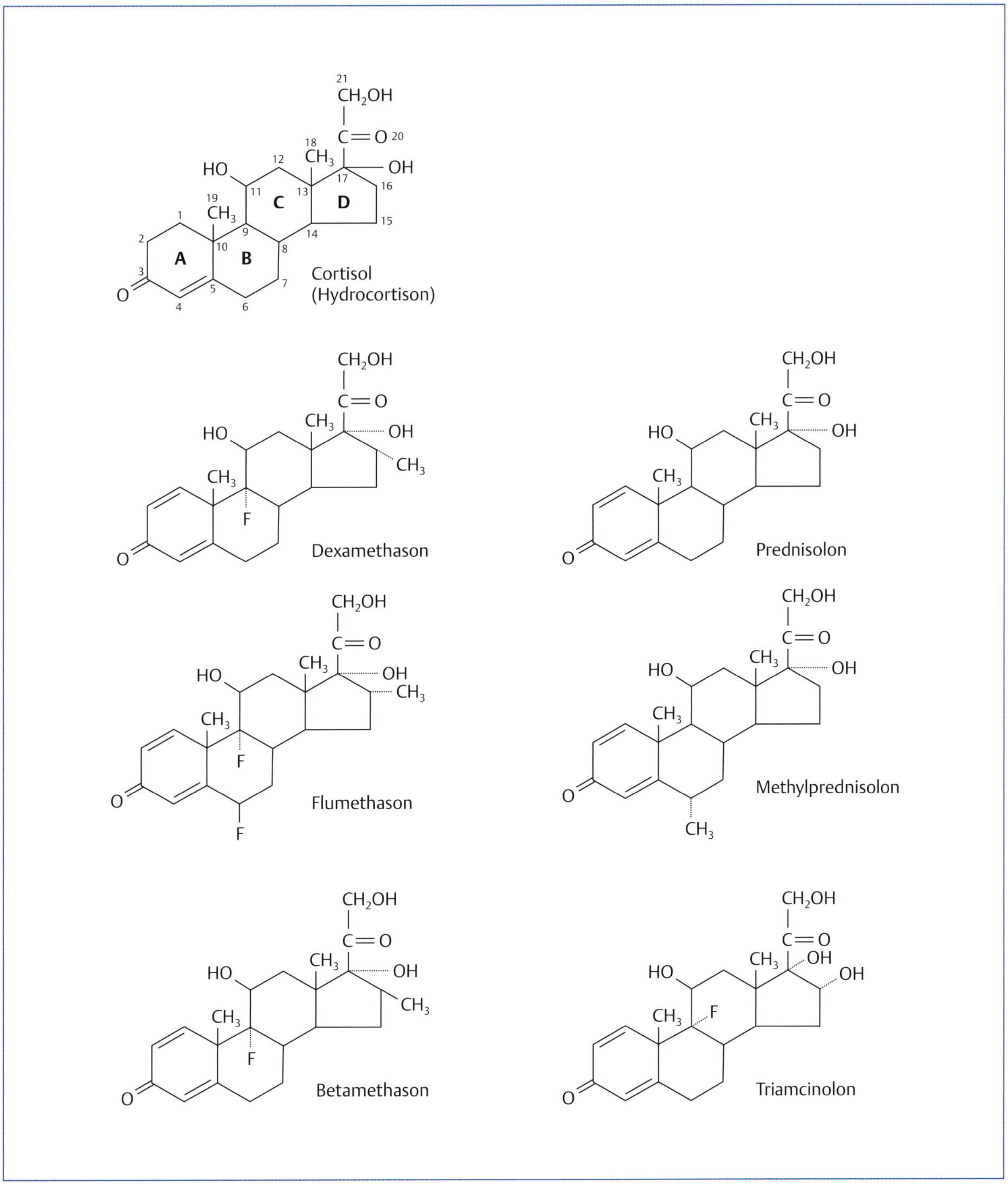

Abb. 13.3 Chemische Struktur von Cortisol und einigen synthetischen Derivaten.

Ein erster Schritt bei der Synthese neuer Glucocorticoide (**Tab. 13.5**, **Tab. 13.6**) war die Einführung einer Doppelbindung zwischen Position 1 und 2. Prednison und Prednisolon waren als Produkt dieser Molekülveränderung gegenüber Hydrocortison um den Faktor 4–5 wirksamere Glucocorticoide. Ihre mineralocorticoide Wirkung war auf etwa die Hälfte reduziert. Eine in Position 16 eingeführte Methylgruppe hatte mit Methylprednisolon eine weitere, allerdings nur geringgradige Verminderung der mineralocorticoiden Wirkung bei fast gleicher glucocorticoider Potenz zum Ergebnis. Eine zusätzliche Hydroxylierung oder Methylierung in Position 16 bedeutet eine weitere Verminderung der mineralocorticoiden Wirkung. Eine wichtige Epoche begann mit der Halogenierung des Steroidmoleküls in Position 6, 7 und/oder 9. Mit den halogenierten Glucocorticoiden wurde eine erhebliche Wirkungssteigerung bei nahezu völligem Fehlen der Mineralocorticoidwirkung erreicht (z. B. Dexamethason und Triamcinolon).

Eine weitere Beeinflussung der pharmakokinetischen und pharmakodynamischen Wirkungseigenschaften der Glucocorticoide stellte die Einführung von Seitengruppen in Position 21 und 17 dar. Die Veresterung des Steroids mit

Tab. 13.5 Verschiedene Glucocorticoide: Relative Aktivitäten auf den Kohlenstoff- und Elektrolythaushalt sowie die entzündungshemmenden Effekte (nach Oettel, 1996).

Wirkung	Cortisol	Prednisolon	Triamcinolon	Methylprednisolon	Dexamethason	Flumethason	Betamethason
Glukoneogenese	1	4	3	5	25	25	30
Entzündungshemmung	1	4	3	5	29	30	30
Elektrolytbeeinflussung	1	0,8	0	0	0	0	0

Tab. 13.6 Verschiedene Glucocorticoide (nach Ungemach, 2006): Vergleich der Wirkungsstärken.

Glucocorticoide	Glucocorticoide – Wirkung (Cortisol = 1)	Vergleichbare glucocorticoide Dosen beim Hund (mg/kg)	Dauer der NNR-Suppression* (h)	Mineralocorticoide Wirkung (Cortisol = 1)
kurz wirksame				
Cortisol (Hydrocortison)	1	2	<12	1
Cortison	0,8	2,5	<12	0,8
mittellang wirksame				
Prednisolon	4–5	0,5	12–36	0,8
Prednison	3–4	0,5	12–36	0,8
6-Methylprednisolon	5	0,4	12–36	0,5
lang wirksame				
Triamcinolon	5	0,4	36–72	0
Dexamethason	30	0,1	36–72	0
Betamethason	30–40	0,07	36–72	0
Flumethason	700	0,01	36–72	0

* bei Haustieren

kurzkettigen Fettsäuren (z. B. Acetat, Propionat, Butyrat u. a.) bedeutet eine Steigerung der Lipophilie des Moleküls. Diese so veränderten pharmakokinetischen Eigenschaften bedingen damit einen augenfälligen pharmakodynamischen Unterschied zwischen veresterten und nicht veresterten Glucocorticoiden.

Verschiedene Glucocorticoide werden als Acetonide (C-16, C-17-Acetonid) verwendet. Ein Beispiel hierfür ist Triamcinolonacetonid. Auch die Acetonide unterscheiden sich in ihrer Pharmakokinetik und ihrer pharmakodynamischen Wirkungspotenz von dem nicht veränderten Molekül. So ist Triamcinolon-16,17-acetonid im Vergleich zu Triamcinolon in seiner Wirkung deutlich potenter.

Wirkung der Glucocorticoide

Wirkungspotenz Die glucocorticoide Wirkungspotenz einzelner Präparate wird im Vergleich zum natürlichen Glucocorticoid (Cortisol) Hydrocortison angegeben. Dabei wird die Wirkungspotenz von Cortisol gleich eins gesetzt. Die Wirkungspotenz hängt von der Bindungsaffinität des Steroids an spezifische Glucocorticoidrezeptoren der Zelle ab, wird aber auch in erheblichem Umfang durch dessen pharmakokinetischen Eigenschaften bestimmt. Einen großen Einfluss auf die passiven Diffusionsprozesse des Wirkstoffs im Organismus, die diesen schließlich zur und in die Zielzelle gelangen lassen, hat die Lipophilie des Moleküls. Daneben sind der Ionisationsgrad sowie das Ausmaß der Eiweißbindung und der Metabolisierung von Bedeutung. Bei der Beurteilung der Wirkungspotenz eines Steroids muss zusätzlich berücksichtigt werden, dass der Wirkungseintritt auf zellulärer Ebene zwar rasch ist, der erwünschte klinische Effekt jedoch erst mit zeitlicher Verzögerung eintritt. Ursache hierfür ist, dass die Wirkung der Steroidhormone in erster Linie über eine Beeinflussung der Transkription und Bildung spezifischer mRNA mit nachfolgender Synthese von Proteinen vermittelt wird.

Die synthetischen Glucocorticoide sind durch unterschiedliche Substituenten charakterisiert, die eine Steigerung der glucocorticoiden Wirkungspotenz bei verminderter bis fehlender mineralocorticoider Wirkung bedingen. **Tab. 13.5** und **Tab. 13.6** fassen Angaben zur glucocorticoiden und mineralocorticoiden Wirkungspotenz einiger Glucocorticoide einschließlich deren **glucocorticoider Äquivalenzdosis** zusammen.

Pharmakodynamik Von besonderer Wichtigkeit ist die mit einer Latenz von einigen Stunden eintretende **Blockade der Arachidonsäurekaskade**. Glucocorticoide hemmen indirekt die Phospholipase A_2, indem sie die Synthese von Lipocortin (Annexin-A1), einem spezifischen Hemmprotein dieses Enzyms, induzieren. Dadurch kommt es zu einer verringerten Freisetzung von Arachidonsäure aus Zellmembranen, sodass weniger Substrat für die Bildung von Prostaglandinen über den COX-Weg und von Leukotrienen über den Lipoxygenaseweg zur Verfügung steht.

Glucocorticoide greifen somit auf einer früheren Stufe in den Arachidonsäurestoffwechsel ein als die nichtsteroidalen entzündungshemmenden Stoffe (**Abb. 13.1**) und unterdrücken nicht nur die Bildung von Prostaglandinen, sondern auch von Leukotrienen, von denen das LTB_4, wie bereits erwähnt, eine wichtige Rolle als chemotaktischer Faktor spielt.

Glucocorticoide besitzen in höherer Konzentration einen schnell einsetzenden membranstabilisierenden Effekt, der sich auf praktisch alle biologischen Membranen erstreckt. Dadurch können z. B. die Degranulation und Ausschüttung von Entzündungsmediatoren, insbesondere von Histamin, aus Mastzellen und Basophilen sowie die Freisetzung gewebsschädigender lysosomaler Enzyme verhindert werden. Aus der Herabsetzung der Kapillarpermeabilität resultiert zudem eine Verminderung exsudativer Prozesse.

Wirkung auf zellulärer und molekularer Ebene Die Glucocorticoidrezeptoren sind aus verschiedenen Untereinheiten aufgebaut. Sie besitzen neben einer hormonbindenden und einer DNA-bindenden Untereinheit eine Untereinheit am NH_2-terminalen Ende des Rezeptormoleküls, die die Aktivität des Rezeptors in erheblichem Umfang bestimmt. Es konnte nachgewiesen werden, dass Änderungen der Aminosäurezusammensetzung in dieser Region des Eiweißmoleküls den glucocorticoiden Effekt um den Faktor 10–20 variieren. Das NH_2-terminale Ende der Rezeptormoleküle zeigt erhebliche Unterschiede in der Aminosäurenzusammensetzung, während die DNA- und die steroidbindenden Untereinheiten ein sehr hohes Maß an Analogie aufweisen.

Der Glucocorticoidrezeptor gehört zu einer „Rezeptorsuperfamilie", die sich durch Strukturanalogien auszeichnet. So ließ sich zeigen, dass verschiedene Steroidhormon-, Vitamin- und Schilddrüsenhormon-Rezeptoren (Glucocorticoid-, Mineralocorticoid-, Progesteron-, Estrogen-, Vitamin-D 3-, Schilddrüsenhormon-Rezeptor u. a.) Strukturanalogien aufweisen, die das Vorhandensein einer Rezeptorsuperfamilie belegen. Auch der Ah-Rezeptor ist dieser Rezeptorsuperfamilie zuzuordnen.

Genomische Wirkungen über zytoplasmatische Rezeptoren Der Glucocorticoidrezeptor ist im Zytosol mit einem Hitzeschockprotein-Dimer (hsp 90) verbunden. Es wird angenommen, dass die Bindung des hsp-90-Dimers an das Rezeptormolekül Voraussetzung für die Bindung des Glucocorticoids an die glucocorticoidbindende Untereinheit des Rezeptors ist. Nach der Bindung des Glucocorticoids an den Rezeptor wird das hsp-90-Dimer abgespalten und der Rezeptor in den Zellkern transloziert. Die Abspaltung des hsp-90-Dimers ermöglicht die Reaktion der DNA-bindenden Untereinheit des Rezeptors mit der DNA, die durch das hsp 90 maskiert war. Eine zusätzliche Interaktion mit anderen Transkriptionsfaktoren ist nachgewiesen. Die Wirkung des Glucocorticoids wird somit über die Modulation der Genexpression vermittelt. **Abb. 13.4** zeigt schematisch die Wirkung von Glucocorticoiden auf Rezeptorebene. Die Interaktion des Rezeptors mit der DNA modifiziert also über die mRNA eine Veränderung der Proteinsynthese. Die Hemmung der Prostaglandinsynthese durch Glucocorticoide wird auf diesem Wege induziert. Als Hinweis auf diesen Mechanismus ist zu werten, dass eine Hemmung der RNA- oder Proteinsynthese die Steroidwirkung inhibiert. Die Glucocorticoidwirkung ist somit zeitabhängig, rezeptorvermittelt und von der RNA- und Proteinsynthese abhängig. Unter der Einwirkung von Glucocorticoiden produzieren zahlreiche Zellen (neutrophile Granulozyten, Makrophagen, Nieren- und Lungenzellen u. a.) Proteine mit Phospholipase-A_2-hemmender Aktivität (Lipocortine). Glucocorticoide entfalten auch eine COX-hemmende Wirkung (Inhibition der COX-2-Induktion).

Nicht genomische Wirkungen Zusätzlich interagiert der ligandengebundene Glucocorticoidrezeptor auch DNA-bindungsunabhängig und damit wahrscheinlich als Monomer auf Proteinebene mit anderen Transkriptionsfaktoren (z. B. NFκB oder AP-1, **Abb. 13.4**). Weiterhin entfalten Glucocorticoide Wirkungen über in die Zellmembranen (z. B. von Entzündungszellen) eingelagerte Rezeptoren und über unspezifische Membraneffekte.

Immunsuppressive Wirkung Glucocorticoide hemmen die chemotaktisch bedingte Leukozyteninfiltration und die Freisetzung lysosomaler Enzyme. Sie führen zu einer Umverteilung von T-Lymphozyten im Organismus, was eine Abnahme der T-Lymphozytenzahl in der Peripherie zur Folge hat. Polymorphkernige Leukozyten sind im Blut dagegen vermehrt nachzuweisen. Die Zahl der im Blut vorhandenen basophilen Granulozyten wird durch Glucocorticoide reduziert, gleichzeitig deren Degranulation gehemmt. Demzufolge fällt der Histamingehalt des Blutes unter Glucocorticoidbehandlung ab. Die Zahl der Thrombozyten ist ebenfalls vermehrt, während die Erythrozytenzahl unverändert bleibt.

Durch Hemmung der IL-2-Freisetzung wird die Proliferationsrate der T-Lymphozyten reduziert. Die in den T-Lymphozyten ablaufende Synthese verschiedener Zytokine ist ebenfalls vermindert, die Bildung von TNF α (tumor necrosis factor α) in Makrophagen herabgesetzt. Es kommt zu einer verringerten Bildung der sogenannten inflammatorischen Zytokine IL-1, IL-6 und TNF. IL-1 aktiviert die Phospholipase A_2 und induziert damit die gesteigerte Synthese von Eicosanoiden; auch diese Reaktionskette wird durch Glucocorticoide unterbrochen.

Im lymphatischen Gewebe führen Glucocorticoide zu regressiven Veränderungen, wodurch die zelluläre und humorale Abwehr beeinträchtigt ist. Die Aktivierung von Makrophagen wird gehemmt, die Phagozytoseaktivität herabgesetzt und die Bindung von Antikörpern an Effektorzellen vermindert. Die Antigen-Antikörper-Reaktion selbst bleibt unbeeinflusst, eine längerdauernde, hochdosierte Anwendung hat aber eine Verminderung der Antikörperbildung zur Folge. Aus diesen verschiedenen Wirkungen resultieren ein antiexsudativer Effekt bei akuten Entzündungen, eine Hemmung überschießender bindegewebiger Reaktionen und leukozytärer Infiltrationen bei chronischen Entzündungsprozessen sowie eine antiallergische Wirkung (**Tab. 13.7**).

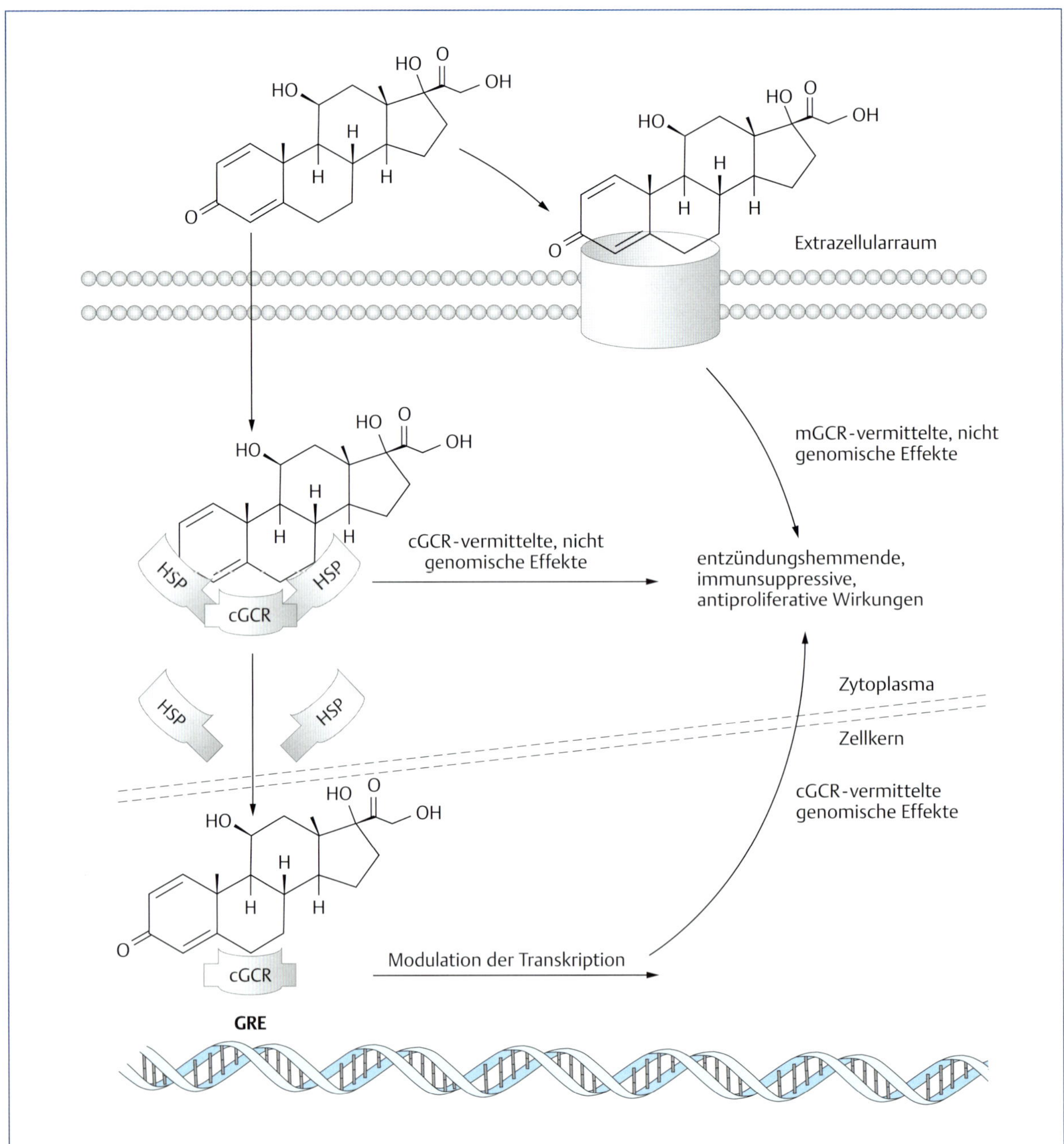

Abb. 13.4 Genomische und nicht genomische Effekte der Glucocorticoide. cGCR = zytosolischer Glucocorticoidrezeptor; mGCR = membranständiger Glucocorticoidrezeptor. cGCR-vermittelte nicht genomische Effekte sind beispielsweise die Bindung des GCR an Transkriptionsfaktoren wie NFκB oder AP-1 und Hemmung ihrer Kernlokalisation. Zu den bisher erkannten mGCR-vermittelten Effekten gehört die Induktion von Apoptose mGCR-positiver Leukozyten.

Tab. 13.7 Wirkungen von Glucocorticoiden auf Zellen des Abwehrsystems.

Zelltyp	Effekt
Lymphozyten	Abnahme der Lymphozytenzahl im Blut durch Umverteilung, verminderte T-Zellproliferation nach Antigenkontakt, zytotoxischer Effekt auf T-Zellen
Makrophagen, Monozyten	Monozytopenie, verminderte chemotaktische und bakterizide Aktivität, verminderte Degranulation, verminderte Phagozytoseaktivität
neutrophile Granulozyten	Neutrophilie, verminderte bakteriolytische und zytolytische Aktivität, verminderte Adhärenz und Degranulation, verminderte Phagozytoseaktivität
eosinophile und basophile Granulozyten	Eosinopenie, Abnahme der Zahl basophiler Granulozyten, verminderte Histaminkonzentration im Blut

Antiproliferative Wirkung Schon lange ist bekannt, dass Glucocorticoide die Wundheilung verlangsamen. Dies hängt wesentlich mit der Hemmung der Bildung und Freisetzung zahlreicher chemotaktischer Faktoren und Wachstumsfaktoren zusammen. Die Freisetzung von Interleukin-1, das einen positiven Einfluss auf das Wundheilungsgeschehen besitzt, wird durch Glucocorticoide gehemmt. Die Glucocorticoide inhibieren die Granulation, den Wundverschluss sowie die Fibroblastenproliferation. Die Turnoverrate der Zellen sowie die DNA-Syntheserate werden durch Glucocorticoide vermindert. Eine maximale Hemmung der DNA-Synthese tritt binnen 24 h ein.

Die antiproliferative Wirkung der Glucocorticoide führt zu einer Hemmung des Wachstums von Fibroblasten und zu einer verminderten Vaskularisation im Entzündungsgewebe. Weiterhin wird die Kollagensynthese gehemmt.

Pharmakokinetik und Indikationen

Die folgenden Tabellen fassen Angaben zur Pharmakokinetik und zur Anwendung (Dosierung) von Glucocorticoiden bei Haustieren zusammen (**Tab. 13.8**, **Tab. 13.9**, **Tab. 13.10**, **Tab. 13.11**).

Wie **Tab. 13.8** ausweist, werden Steroidmoleküle im Blut in hohem Maß eiweißgebunden transportiert. Während für endogene Glucocorticoide die spezifische Bindung an Transcortin überwiegt, sind die synthetischen Glucocorticoide fast ausschließlich an Albumin gebunden. Eine Ausnahme stellt Prednisolon dar, das auch an Transcortin gebunden wird.

Nebenwirkungen

Glucocorticoide entfalten neben den genannten erwünschten Wirkungen eine Reihe unerwünschter Wirkungen, die bei ihrem therapeutischen Einsatz stets zu beachten sind. **Tab. 13.12** fasst die wichtigsten Nebenwirkungen zusammen.

Tab. 13.8 Pharmakokinetische Parameter von Glucocorticoiden (nach Ungemach, 2006).

Parameter	Cortisol	Prednisolon	Dexamethason
orale Resorption (%), Mensch	80	85	80
Proteinbindung (%), Mensch	95	75	70
Verteilungsvolumen (l/kg)	0,3 (Mensch)	2,2 (Hund)	1,2 (Hund, Rind)
Halbwertszeit (min), Mensch	80–120	150–240	150–250
Hund	80–120	80–180	110–150
Rind	80–120	150–210	290–390
Pferd	80–120	ca. 100	180–200

Tab. 13.9 Entzündungshemmende (Pferd, Hund) und gluconeogenetische (Rind) Aktivitäten verschiedener Glucocorticoide; Cortisol = 1 (nach Oettel, 1996).

Wirkung	Methylprednisolon	Prednisolon	Dexamethason	Flumethason	Triamcinolon	Betamethason
relative Entzündungshemmung (Pferd und Hund)	5	4	29	30	3	30
relative gluconeogenetische Potenz (Rind)	–	–	25	25	3	–

Tab. 13.10 Glucocorticoidester: Löslichkeit, Applikationsform, Resorption und Wirkdauer (nach Ungemach 2006).

Substanz		Wasserlöslichkeit	Applikationsart	Resorption	Dauer der Cortisolsuppression
freier Alkohol		keine	oral (i. m.)	schnell	2–3 Tage[1]
Glucocorticoidester	**wässrige Lösungen:** ▪ Dihydrogenphosphat ▪ Hydrogensuccinat ▪ (Hemisuccinat) ▪ Tetrahydrogenphthalat	hoch	i. v., i. m.	i. m.: 30–60 min	über 2 Tage[2]
	Kristallsuspensionen: ▪ Acetat ▪ Diacetat ▪ Acetonid (Acetalform)	niedrig	i. m., intraartikulär	langsam bis sehr langsam (2–14 Tage)	über 14 Tage[3] (Acetonid mehrere Wochen[4])

[1] Dexamethason (Rind)
[2] Prednisolon-21-Hydrogensuccinat (Rind)
[3] Prednisolon-21-Acetat (Rind)
[4] Triamcinolon 16α; 17α-Acetonid (Pferd)

Tab. 13.11 Indikationsgebiete für Glucocorticoide bei Tieren und Prednisolondosierungen (nach Ungemach 2006).

Indikationen	Prednisolondosis (mg/kg)*
NNR-Insuffizienz (primäre und sekundäre)	0,25–0,5
allergische Erkrankungen und Autoimmunkrankheiten	
anaphylaktischer Schock**	10–30
Endotoxinschock**	
Bronchialasthma**	1–4
allergische Rhinitis	1
Urticaria	1–3
allergische Hautkrankheiten	lokal
Pruritus	1–4
Pemphigus	
Lupus erythematodes	
Kollagenosen	
hämolytische Anämie	
Thrombozytopenie	
Polyarthritis	
Eosinophilie	
Panostitis	
Enteritis	
Granulome	
ulzeröse Colitis	
akute nicht infektiöse Entzündungen	
traumatische Arthritis, Osteoarthritis	2–4
Tendovaginitis, Periostitis	
Diskopathie	
interstitielle Pneumonie	
MMA-Syndrom der Sauen**	–
Otitis externa**	lokal
Ekzemazerbationen, exfoliative Dermatitis	lokal
entzündliche und traumatische Augenerkrankungen	lokal
lymphatische Tumoren	
Leukose, Lymphosarkom	0,5–2
Sonstige	
Hyperkalzämie**	1–2
primäre Ketose des Rindes**	
Gebärpareseprophylaxe	

* soweit es sich um Indikationen beim Hund handelt
** als Zusatzbehandlung

Tab. 13.12 Nebenwirkungen und Gegenanzeigen von Mineralo- und Glucocorticoiden (nach Ungemach 2006).

Nebenwirkungen	Gegenanzeigen
mineralocorticoide Wirkung	
Natriumretention mit Ödembildung, Hypokaliämie	kongestive Herzinsuffizienz, chronische Niereninsuffizienz
glucocorticoide Wirkung	
ACTH-Suppression	
NNR-Inaktivitätsatrophie	
Immunsuppression, Infektionsrisiko	Abwehrschwäche, virale Infektionen, Systemmykosen, septische Prozesse, Vorsicht bei akuten Infektionen, aktive Immunisierung
verzögerte Wundheilung	Geschwüre
Hautverdünnung	
Magen-Darm-Ulzera	Magen-Darm-Ulzera
Arthropathie	aseptische Knochennekrose
Osteoporose	Osteoporose, Hypokalzämie
Muskelschwund	
Wachstumsverzögerung	
Hufrehe	
verminderte Glukosetoleranz	Diabetes mellitus
diabetogene Wirkung	
Polyphagie, Polydipsie, Polyurie	
Erniedrigung der Krampfschwelle	
Hepatopathie (Hund)	
Thromboseneigung	
Hypertonie	
Glaukom	Glaukom
Katarakt	
Teratogenität (?)	
Abortauslösung (Hund)	
Geburtsauslösung (Schaf, Rind)	Rinder: letztes Drittel der Trächtigkeit
verminderte Milchleistung (Rind)	
Cushing-Syndrom	

Lokale Behandlung

Zur lokalen Behandlung entzündlicher Erkrankungen der Haut, des Auges und des äußeren Gehörgangs werden häufig glucocorticoidhaltige Präparate eingesetzt. Durch die Verwendung solcher Externa (S. 397) werden am Wirkort relativ hohe Corticosteroidkonzentrationen bei gleichzeitig geringerer Gefahr systemischer Nebenwirkungen erreicht.

Lokal am Auge finden Glucocorticoide in Augensalben oder Augentropfen bei akuten oder chronischen, nicht infektiösen Entzündungen Anwendung. Glucocorticoide penetrieren gut in die vorderen Augenabschnitte und erreichen die Kammerflüssigkeit. Zu beachten sind eine Infektionsgefahr mit Penetration der Keime in die Cornea (bei Zubereitungen ohne Antibiotika) sowie die Gefahr von Corneaulzerationen vor allem bei Vorliegen von Epithelläsionen, Glaukom und Katarakt.

Kontraindikationen für die lokale Anwendung von Glucocorticoiden am Auge sind infektiöse Augenentzündungen (bakterielle und virale Entzündungen, Augenmykosen) und Epithelläsionen der Hornhaut.

Zur lokalen Anwendung im Gehörgang stehen verschiedene Kombinationspräparate zur Verfügung, die in Kombination mit Antibiotika und Antiparasitika als Glucocorticoide Hydrocortison, Prednisolon, Betamethason, Dexamethason, Triamcinolonacetonid oder Mometason enthalten.

Die lokal (im Bereich der Atemwege) eingesetzten Glucocorticoide Desonid und Budesonid entfalten bei guter lokaler Wirkung nahezu keine systemischen Wirkungen. Die Reduzierung unerwünschter systemischer Wirkungen erklärt sich durch eine sehr rasche Metabolisierung, bei der unwirksame Metaboliten entstehen.

13.2.2 NSAID

Synonyme: Non-steroidal antiinflammatory drugs, nichtsteroidale entzündungshemmende Stoffe, nichtsteroidale Antiphlogistika, schwache Analgetika

STECKBRIEF NICHTSTEROIDALE ENTZÜNDUNGSHEMMENDE STOFFE (NSAID)

Die Wirkung nichtsteroidaler entzündungshemmender Stoffe (NSAID) beruht auf einer Hemmung der COX und damit der Prostaglandinsynthese. Prostaglandinen kommt eine Schlüsselstellung hinsichtlich der Entzündungsprozesse und der Schmerzentstehung zu. Derzeitig stehen zahlreiche NSAID zur Verfügung, die entweder beide Isoformen der COX oder auch selektiv oder präferenziell die COX-2 hemmen, überwiegend jedoch die COX-1. Entsprechend ihrer Funktion werden sie unterteilt in:

- **reversible Enzymhemmer** (z. B. Propionsäurederivate)
- **irreversible Enzymhemmer** (z. B. Acetylsalicylsäure)
- **Enzymhemmer mit zusätzlicher antioxidierender Wirkung**

Eine nicht an den Funktionen orientierte Differenzierung klassifiziert die wichtigsten NSAID in die Derivate der schwachen Carbonsäuren, die sauren Enole und die Oxicame. Zu den Carbonsäuren zählen die Salicylsäurederivate (z. B. Acetylsalicylsäure), die Propionsäurederivate (z. B. Ketoprofen, Naproxen, Vedaprofen, Carprofen), die Essigsäurederivate (Diclofenac, Indometacin) und die Anthranolsäurederivate (Fenaminsäurederivate: Flunixin, Tolfenaminsäure, Meclofenaminsäure). Die sauren Enole sind durch die Pyrazolone (z. B. Metamizol), die Pyrazolidine (Phenylbutazon, Oxyphenbutazon) vertreten. Zu den Oxicamen gehört z. B. Meloxicam.

Wie bereits beschrieben, sind Entzündungsprozesse durch die Freisetzung einer Vielzahl von Mediatoren gekennzeichnet, die über die Erregung von Nociceptoren und afferenten Nervenbahnen die Vermittlung und Wahrnehmung des Schmerzes im zentralen Nervensystem bedingen. Von diesen Mediatoren (Eicosanoide, Histamin, Kinine, Serotonin) sind es insbesondere die **Prostaglandine** (**Eicosanoide**), denen eine Schlüsselstellung hinsichtlich der Entzündungsprozesse und der Schmerzentstehung zukommt. Die Synthese der Prostaglandine erfordert u. a. die oxidative Zyklisierung ungesättigter Fettsäuren aus der Arachidonsäurekaskade, was durch die katalytische Aktivität der COX erreicht wird. Eine Hemmung dieser Enzymaktivitäten führt vornehmlich zu einer reduzierten Synthese von Prostaglandinen und letztlich zu einer Schmerzreduktion.

Acetylsalicylsäure ist ein seit mehr als 100 Jahren bekanntes, schmerzstillendes Arzneimittel. Die analgetische Wirkung der Acetylsalicylsäure beruht auf einer irreversiblen Hemmung (Acetylierung) der COX. Neue Erkenntnisse haben gezeigt, dass Isoformen der COX existieren, von denen COX-1 physiologischerweise (konstitutiv) in hohen Konzentrationen exprimiert wird (z. B. Magenschleimhaut, Niere). Dagegen ist die COX-2 ein induzierbares Isoenzym (S. 385), das sich mit dem Fortschreiten der Entzündungsprozesse zunehmend anreichert.

Pharmakokinetik Ein Einfluss der Fütterung auf die Bioverfügbarkeit der NSAID wird nach oraler Gabe bei Pflanzenfressern beschrieben. Flunixin, Phenylbutazon oder Meclofenaminsäure binden sich an die Rohfaseranteile des Futters (Heu) und verzögern somit deren enterale Resorption (Zäkum, Kolon) zum Teil über viele Stunden. Diese Beobachtung könnte auch das Auftreten von Ulzerationen im Bereich des Dickdarmes bei Equiden erklären.

Die Plasmaproteinbindung fast aller NSAID ist sehr hoch und liegt deutlich oberhalb von 90 %, allein die der Salizylate ist niedriger (etwa 50 %). Weiterhin zeigt sich, dass sie einem enterohepatischen Kreislauf unterliegen. Bezüglich der Verteilung der NSAID im Körper ist deren Anreicherung im Entzündungsexsudat (saurer pH-Bereich) von Bedeutung.

Die renale Ausscheidung der freien Substanzen oder von deren Konjugaten hängt von der Funktion der Leber und der Nieren ab. Die Konjugierung der Pharmaka ist bei Neugeborenen und während des ersten Lebensmonats schwach entwickelt, sodass in dieser Entwicklungsstufe derartige Substanzen zurückhaltend für die Therapie genutzt werden sollten. Gleiches gilt für ältere Tiere mit Niereninsuffizienz.

Indikationen Die analgetische Wirkung der NSAID hängt zum einen davon ab, wie stark das verwendete Pharmakon die COX-2 hemmt, zum anderen auch von der Qualität des Schmerzes. Allgemein finden die NSAID bei Schmerzen Verwendung, wie sie im Zusammenhang mit Entzündungen oder unter postoperativen Bedingungen auftreten. Viszeralen Schmerz dämpfen sie weniger effektiv; allein Flunixin wird in diesem Zusammenhang eine stärkere analgetische Komponente, z. B. beim Pferd, zugeordnet.

Nebenwirkungen Die unerwünschten Wirkungen der NSAID sind besonders nach hohen Dosierungen vielfältig, da diese Substanzen mit einer Vielzahl biochemischer Mechanismen interferieren. Insbesondere die toxischen Effekte werden jedoch der Hemmung der COX-1 zugeordnet.

Da Prostaglandine die Mikrozirkulation des Blutes durch ihre dilatierende Wirkung auf die Gefäße fördern, geht eine Hemmung der Synthese dieser endogenen Substanzen mit einer reduzierten Durchblutung z. B. der Mukosa (Erosionen) oder der Niere (tubuläre Nephritis) ein. Diese Nebenwirkungen reflektieren die wesentlichsten Nachteile der NSAID.

Die sehr effiziente Hemmung der Prostaglandinsynthese durch NSAID ließ vermuten, dass durch diese Pharmaka eine Störung der Fruchtbarkeit bedingt werden kann. Die derzeitigen Informationen lassen einen derartigen Zusammenhang nicht erkennen.

Salicylsäurederivate

Acetylsalicylsäure

Von den Salizylaten ist die Acetylsalicylsäure das am häufigsten angewendete Analgetikum und entzündungshemmende Pharmakon (**Abb. 13.5**). Acetylsalicylsäure ist für die orale Anwendung bei Schweinen zugelassen zur Fiebersenkung bei infektiösen Erkrankungen und zur Prophylaxe anaphylaktischer Reaktionen bei der Colienterotoxämie.

Pharmakodynamik Acetylsalicylsäure hemmt sowohl COX-1 als auch COX-2 und damit die Prostaglandin- und Thromboxan-A_2-Synthese, indem das in der aktiven Seite des Enzyms befindliche Serin irreversibel acetyliert wird. Der klinische Effekt beschränkt sich nicht allein auf die Entzündungsprozesse. So kommt es durch das fehlende Thromboxan A_2 zu einer Hemmung der Blutgerinnung als Folge einer gestörten Thrombozytenaggregation. Die Regeneration der Funktion erfordert eine Neusynthese des irreversibel gehemmten Enzyms. Da die kernlosen Blutplättchen nicht in der Lage sind, Proteine zu synthetisieren, kann der permanente Effekt auf das Enzymsystem der Thrombozyten und damit auf die Gerinnung erst durch die Bildung neuer Blutplättchen aufgehoben werden.

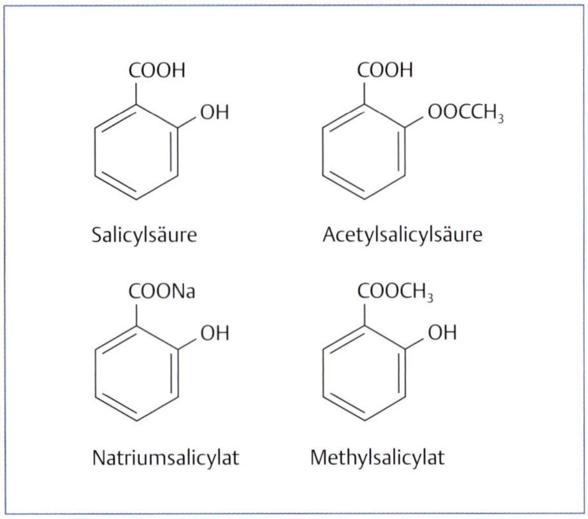

COOH, OH — Salicylsäure
COOH, $OOCCH_3$ — Acetylsalicylsäure
COONa, OH — Natriumsalicylat
$COOCH_3$, OH — Methylsalicylat

Abb. 13.5 Salicylsäure und Derivate.

Pharmakokinetik

KLINISCHER BEZUG Aufgrund des niedrigen pK_a-Wertes der Acetylsalicylsäure von 3,5 liegt die schwache Säure im sauren Milieu des Magens überwiegend nicht ionisiert vor. Daher findet eine Resorption bereits in diesem Organ statt. In den Zellen der Magenschleimhaut liegt der pH im neutralen bis schwach alkalischen Bereich, sodass die Säure nun überwiegend ionisiert vorliegt. Dies bedingt eine Anreicherung in der Magenschleimhaut.

Das Auftreten gastrointestinaler Nebenwirkungen kann durch die Anreicherung in der Schleimhaut mit nachfolgender Hemmung der Prostaglandinsynthese erklärt werden. Im zunehmend neutralen bis basischen Milieu des Dünndarms steigt zwar die Ionisation der Verbindung, die sehr große Resorptionsfläche des Darmes gewährt aber trotzdem eine rasche Aufnahme des nicht dissoziierten Pharmakons in den Blutkreislauf.

Die hohe Kapazität des Blutes und nahezu aller Gewebe, Acetylsalicylsäure innerhalb weniger Minuten zu deacetylieren, gestattet keine zuverlässigen Angaben über gewebespezifische Halbwertszeiten dieser Verbindung. Der Hauptmetabolit der Salicylsäurederivate ist die Salicylsäure, die ubiquitär in Pflanzen, beispielsweise in Alfalfa (Luzerne) und in Weidenrinden, vorkommt. Bei Pflanzenfressern kann man daher Salicylsäure bei entsprechender Fütterung auch bei nicht behandelten Tieren im Harn finden. Salicylsäure, die selbst eine schwächere analgetische und antiinflammatorische Wirkung besitzt, wird renal ausgeschieden. Im eher sauren Urin von Fleischfressern liegt Salicylsäure überwiegend nicht ionisiert vor; eine Rückresorption findet statt. Im alkalischen Pflanzenfresserurin ist Salicylsäure überwiegend ionisiert. Dieser Unterschied erklärt die vergleichsweise langsamere Ausscheidung des Stoffes bei Fleischfressern. Die Plasmahalbwertszeiten betragen für Pferd und Ziege 1 h, für das Schwein 6, den Hund 9 und für die Katze 38 h. Der Mangel an Glucuronyltransferase der Katze erklärt die extrem lange Halbwertszeit. Auf Neugeborene aller Spezies trifft dieser Enzymmangel allgemein während der ersten drei Lebenswochen zu.

Nebenwirkungen, Wechselwirkungen, Toxizität Die Salicylsäurederivate werden im sauren Milieu des Magens resorbiert, sodass die hohen Konzentrationen in den Mukosazellen deren Übersäuerung bedingen. Gleichzeitig fehlt durch die Hemmung der konstitutiven COX-1 die Schutzfunktion der Prostaglandine, die sonst die Produktion von Schleimstoffen im Magen-Darm-Bereich fördern. Außerdem entfällt durch die geringe Prostaglandinkonzentration deren vasodilatierende Funktion, sodass eine lokale Gefäßkonstriktion einsetzt. Die Folge ist eine verminderte Durchblutung der Schleimhaut mit lokaler Hypoxämie. Ähnliche Prozesse vollziehen sich in der Niere, die u. a. zu einer Papillennekrose führen können. Somit fördern die

COX-Hemmer die Ausbildung von Erosionen und Ulzera im Magen-Darm-Bereich sowie Niereninsuffizienzen, insbesondere bei chronischer Anwendung.

Durch die pathophysiologischen Veränderungen im Gastrointestinaltrakt können größere Blutmengen in das Darmlumen gelangen und durchaus zum hypovolämischen Schock führen. Als wesentlichste Nebenwirkung ist die Störung der Hämostase durch die verminderte Synthese von Thromboxan A_2 zu nennen.

CAVE

Die Katze ist nur beschränkt fähig, Arzneimittel zu glucuronidieren. Bei dieser Spezies kann es deshalb zu einer Kumulation der Salicylsäure und damit zur Salicylatintoxikation kommen.

Salicylatintoxikationen manifestieren sich in Hyperventilation, respiratorischer Alkalose, Fieber, Hypotension, in Konvulsionen und schließlich im Koma. Neben der Katze sind Neugeborene aller Spezies während der ersten Lebenswochen mangelhaft mit Glucuronyltransferase ausgestattet.

Dosierung Empfohlene Dosierungen bei Anwendung p. o. sind:

- Katze: 10 mg/kg alle 2 Tage (Kumulationsgefahr!)
- Hund: 10–25 mg/kg 2-mal täglich
- Schwein: 50 mg/kg 1-mal täglich über das Futter
- Pferd: 25 mg/kg 2-mal täglich

Natriumsalicylat

Natriumsalicylat ist zugelassen zur unterstützenden Behandlung bei akuten Atemwegserkrankungen von Kälbern und Puten sowie beim Schwein zur Schmerzlinderung als unterstützende Behandlung bei muskuloskeletalen Erkrankungen. Zudem ist Natriumsalicylat in einem Kombinationsprodukt zur Anwendung bei Tauben enthalten.

Pharmakodynamik, Indikationen Diese Verbindung (**Abb. 13.5**) besitzt wie die Acetylsalicylsäure die Fähigkeit zur irreversiblen Inaktivierung der COX, sodass sich durch die reduzierte Bildung von Prostaglandinen ein analgetischer und antipyretischer Effekt einstellt. Vergleichbar zur Acetylsalicylsäure wird der viszerale Schmerz nur gering beeinflusst.

Dosierung

- Schwein: 35 mg/kg täglich über 3–5 Tage mit dem Trinkwasser
- Kalb: 20 mg/kg 2-mal täglich über 1–3 Tage mit dem Trinkwasser oder der Tränke (Milch/Milchaustauscher)
- Pute: 100 mg/kg täglich über 3 Tage mit dem Trinkwasser

Nebenwirkungen, Toxizität siehe Acetylsalicylsäure

Methylsalicylat und Salicylsäure

Beide Stoffe werden äußerlich (S. 400) angewendet.

Propionsäurederivate

Pharmakodynamik Die Derivate der Propionsäure besitzen analgetische, entzündungshemmende und antipyretische Aktivitäten, indem sie die Funktion der COX hemmen (**Abb. 13.6**). Während **Ibuprofen** und **Ketoprofen** in ihrer Wirkung und Potenz der Acetylsalicylsäure vergleichbar sind, sind **Carprofen**, **Vedaprofen**, **Flurbiprofen** und **Naproxen** deutlich potenter als diese.

Pharmakokinetik Nach oraler Applikation werden die Substanzen gut resorbiert, die Plasmaproteinbindung liegt bei mehr als 95 %, was bei Vorliegen anderer Pharmaka gleichen Charakters eine gegenseitige Verdrängung erwarten lässt.

Carprofen (**Abb. 13.6**) gehört zur Gruppe der Arylpropionsäurederivate. Es hat analgetische, entzündungshemmende und antipyretische Wirkungseigenschaften. Nach

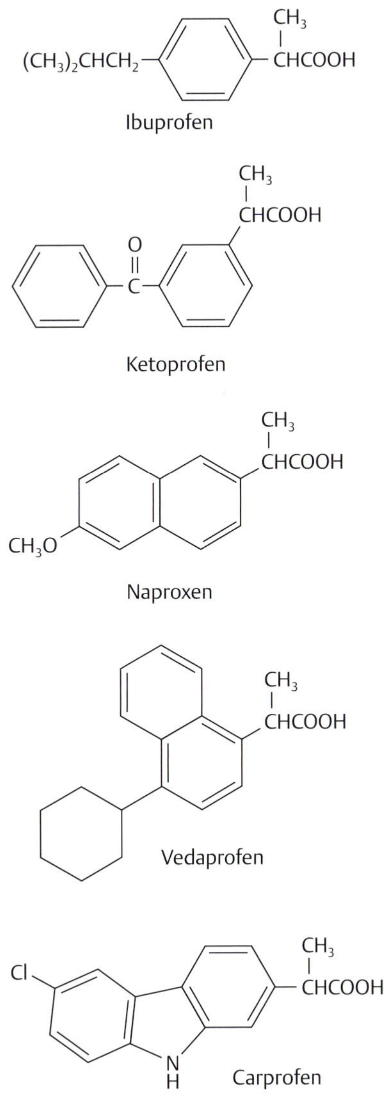

$(CH_3)_2CHCH_2$ — CH_3 — CHCOOH
Ibuprofen

CH_3 — CHCOOH — O — C
Ketoprofen

CH_3 — CHCOOH — CH_3O
Naproxen

CH_3 — CHCOOH
Vedaprofen

Cl — CH_3 — CHCOOH — N H
Carprofen

Abb. 13.6 Propionsäurederivate.

experimentellen Untersuchungen an Labornagern wurde die therapeutische Wirkung als dem Indometacin 3–15-fach überlegen beschrieben.

Bei Pferden wirkt Carprofen ebenso stark analgetisch wie Flunixin. In Entzündungsgebiete erfolgt eine schnellere Penetration als in nicht entzündete Bereiche. Wie auch für Phenylbutazon und Flunixin wird angenommen, dass die Abflutung aus Exsudaten langsamer erfolgt als aus dem Plasma. Damit hält die Wirkung von Carprofen im Entzündungsbereich länger an, als die Plasmahalbwertszeit vermuten lässt. Die Halbwertszeiten betragen beim Pferd 20, beim Hund 5–12, bei der Katze 8–20 h und beim Rind 30–60 h.

Ketoprofen (Abb. 13.6) ist für Pferde, Rinder und Schweine zugelassen und in seiner entzündungshemmenden, antipyretischen und analgetischen Wirkung mit Carprofen vergleichbar. Bei Gelenkserkrankungen setzt die Wirkung erst nach etwa 12 h ein und hält etwa 24 h an.

Vedaprofen (Abb. 13.6) ist ein für die Anwendung beim Pferd zugelassenes Arylpropionsäurederivat mit entzündungshemmender, antipyretischer und analgetischer Wirkung. Das Pharmakon liegt als Racemat vor; beide Enantiomere sind starke Hemmer der COX. Nach oraler Applikation wird das Pharmakon schnell resorbiert. Die Bioverfügbarkeit beträgt 90 %, nimmt jedoch bei gleichzeitiger Fütterung beträchtlich ab. Die Halbwertszeit liegt für das Pferd bei 8 h.

Die Plasmahalbwertszeit von **Naproxen** beträgt nach enteraler Applikation bei Pferd und Schwein etwa 4 h, während für den Hund Halbwertszeiten von 72 h (35 h beim Beagle) angegeben werden. **Ibuprofen** löste beim Hund in Dosierungen, die zu therapeutisch wirksamen Plasmaspiegeln führen (12–15 mg/kg, 2–3-mal täglich p.o.), bereits nach 2–4 Tagen starke gastrointestinale Störungen aus. Es befinden sich keine Naproxen, Ibuprofen oder Flurbiprofen enthaltenden Tierarzneimittel im Handel.

Dosierung Propionsäurederivate werden wie folgt dosiert:

- Carprofen:
  - Katze, Hund: 2–4 mg/kg p.o., i.m., s.c.
  - Rind, Pferd: 0,7 mg/kg i.v.
- Ketoprofen:
  - Schwein, Rind: 3 mg/kg über 1–3 Tage
  - Pferd: 2,2 mg/kg

Vedaprofen liegt als Gel für die orale Anwendung beim Pferd vor. Es wird 2-mal täglich mit einer Anfangsdosis von 2 mg/kg gegeben, Erhaltungsdosis 1 mg/kg über maximal 2 Wochen.

Toxizität Ähnlich wie die anderen COX-Hemmer bewirken die Propionsäuredrivate Schäden an der Mukosa des Gastrointestinaltraktes, insbesondere wenn sie p.o., jedoch nicht mit dem Futter gegeben werden.

Essigsäurederivate

Ketorolac

Pharmakodynamik Das Indolderivat hemmt die COX und damit die Synthese der Prostaglandine. Es ist in Deutschland nicht zugelassen, wird jedoch in anderen europäischen Ländern beim Pferd eingesetzt. Ketorolac hat eine sehr gute orale Bioverfügbarkeit; die Proteinbindungsrate liegt bei 99 %.

Toxizität Nach oraler Applikation beim Hund wurden perforierende Ulzerationen des Intestinaltraktes (Jejunum, Ileum) beschrieben, die sehr wahrscheinlich auf den ausgeprägten enterohepatischen Kreislauf bei dieser Spezies zurückzuführen sind. Beim Pferd treten zentralnervöse Störungen auf. Eine spezifische Therapie der Indometacin-Intoxikation ist nicht bekannt, Erkrankungen müssen symptomatisch behandelt werden.

Diclofenac

Pharmakodynamik, Pharmakokinetik Das sehr potente Phenylessigsäurederivat (Abb. 13.7) wirkt analgetisch, antipyretisch und antiinflammatorisch. Nach oraler Applikation wird es schnell resorbiert. Die Plasmaproteinbindung beträgt 95 %, die Bioverfügbarkeit 50 %.

Toxizität Die Nebenwirkungen von Diclofenac entsprechen qualitativ denen der Acetylsalicylsäure, die kritischen Dosierungen liegen aber erheblich niedriger. Bei der ungeprüften Übernahme humanmedizinischer Dosierungen sind bei Hunden Nebenwirkungen bis hin zu Todesfällen aufgetreten. Bei einer Dosierung von 1 mg/kg p.o. wurde Diclofenac von Hunden nur bei einer Behandlung von bis zu 3 Tagen ohne gastrointestinale Nebenwirkungen vertragen.

Indometacin

Pharmakodynamik Das Indolderivat hemmt die COX und damit die Synthese der Prostaglandine. Es ist kein zugelassenes Tierarzneimittel.

Toxizität siehe Ketorolac

> **CAVE**
> Aufgrund ungenügender Informationen sollten die Essigsäurederivate beim Tier nicht eingesetzt werden; zudem besteht keine Zulassung als Tierarzneimittel.

Fenaminsäurederivate

Flunixin

Pharmakodynamik, Pharmakokinetik Flunixin (Abb. 13.7) repräsentiert einen der stärksten COX-Hemmer mit vornehmlich analgetischen und antipyretischen Komponenten. Die pharmakologische Wirkung reicht über die Zeit der Anwesenheit im Blut hinaus. Es wird sowohl konjugiert als auch unkonjugiert über die Niere und wahrscheinlich auch über die Fäzes des Pferdes eliminiert. Bei einer Bioverfügbarkeit von 80 % sind folgende Plasmahalbwertszeiten beschrieben: Hund 6–10 h; Ziege, Rind 8 h; Pferd 1,5 h.

Klinisch hat sich Flunixin zur Behandlung von Schmerzen bewährt, die vom Bewegungsapparat und von intestinalen Spasmen (Kolik) ausgehen. Dies gilt insbesondere für das Pferd. Analgetische Wirkungen sind beim Pferd bis 1,5 Tage nach einmaliger i.v. Applikation beschrieben. Flunixin darf wegen der geringen lokalen Irritation bei Pferd und Rind auch i.m. appliziert werden. Für das Rind steht es

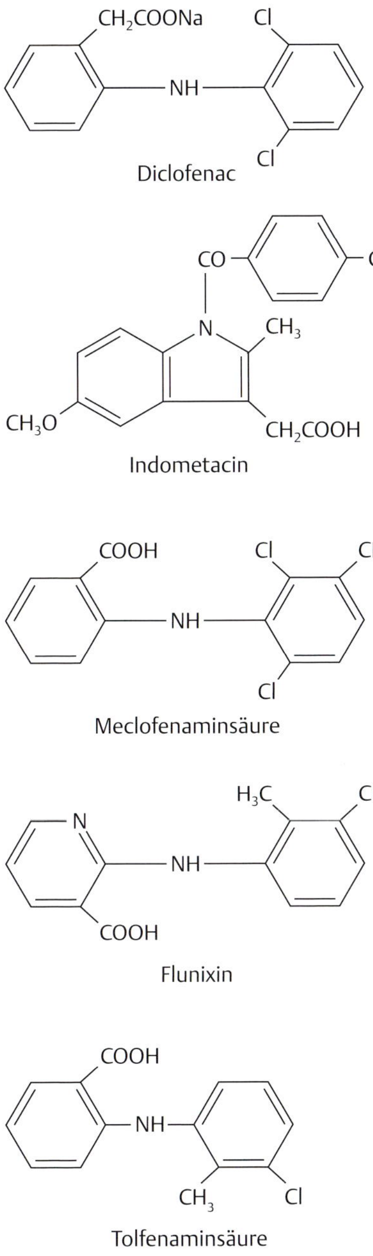

Abb. 13.7 Derivate der Essigsäure und Fenaminsäure.

zusätzlich als Inhaltsstoff eines dermal zu applizierenden Präparats (Spot on) mit systemischer Wirkung zur Verfügung.

Dosierung

- Hund: 1–2 mg/kg
- Rind: 2,2 mg/kg (bei dermaler Applikation 3,3 mg/kg)
- Pferd: 1,1 mg/kg

Toxizität Nach mehrtägiger, wiederholter Applikation wurden beim Pony Ulzera der Schleimhaut der Maulhöhle (Zunge, Gaumen, Zahnfleisch, Lippen) sowie des Magens beschrieben.

Tolfenaminsäure

Pharmakodynamik, Pharmakokinetik

Tolfenaminsäure (**Abb. 13.7**) ist ein Anthranilsäurederivat, dessen Wirkungsstärke der von Indometacin und Flunixin vergleichbar ist. Die Substanz wird gut und schnell resorbiert (subkutane Bioverfügbarkeit 100 %, orale Bioverfügbarkeit 70 %). Maximale Plasmakonzentrationen von 5–8 µg/ml werden in der ersten Stunde erreicht. Die Proteinbindung liegt bei 99 %. Bei Halbwertszeiten von 2–4 h (Katze) und 4–6 h (Hund) ist die Ausscheidung trotz geringer Metabolisierungsrate und enterohepatischem Kreislauf nach 1–2 Tagen fast vollständig abgeschlossen, obwohl in entzündlichen Exsudaten bis zu 36 h lang wirksame Konzentrationen nachgewiesen wurden.

Dosierung Katze, Hund: 4 mg/kg p. o. über maximal 3 Tage, einmalig i. m. (Hund) oder s. c. (Katze)

Meclofenaminsäure

Meclofenaminsäure, bei entzündlichen Erkrankungen des Bewegungsapparates beim Pferd eingesetzt, befindet sich nicht mehr im Handel. Für diesen p. o. zu verabreichenden Stoff ist insbesondere bei gleichzeitiger Heufütterung eine verzögert einsetzende Wirkung zu erwähnen (erst nach 1–4 Tagen), obwohl binnen Stunden maximale Konzentrationen erreicht werden.

Saure Enole: Pyrazolone, Pyrazolidine

Metamizol (Dipyron)

Pharmakodynamik, Pharmakokinetik Metamizol besitzt neben der analgetischen, entzündungshemmenden und antipyretischen Komponente auch schwach spasmolytische Eigenschaften (**Abb. 13.8**). Der Nutzen einer klinischen Anwendung des Monopräparates beim Pferd für die Behandlung intestinaler Spasmen und gesteigerter Darmperistaltik wird kontrovers diskutiert. Die im Experiment erzeugte Stimulation der Darmaktivität, bedingt durch cholinerge, serotoninerge und histaminerge Mechanismen, lässt sich nur unerheblich durch Metamizol beeinflussen.

KLINISCHER BEZUG Eine Kombination von Metamizol (Analgetikum) mit Butylscopolamin (Spasmolytikum) hat sich in der Klinik bewährt und steht dem Tierarzt als Kombinationspräparat zur Verfügung.

Günstige Effekte wurden für Metamizol bei Arthritiden, Neuritiden, Sehnenscheidenentzündungen, Koliken, Schlundverstopfung, fieberhaften Mastitiden und in der perioperativen Schmerzbehandlung berichtet.

Hauptmetabolit ist 4-Methylaminoantipyrin (4-MAA). Wegen der sehr raschen Metabolisierung wird dieser Metabolit in pharmakokinetischen Studien gemessen. Seine Plasmahalbwertszeit beträgt beim Hund etwa 5 h und beim Pferd etwa 2 h.

Dosierung Hund, Schwein, Wiederkäuer, Pferd: 20–50 mg/kg, i. v.

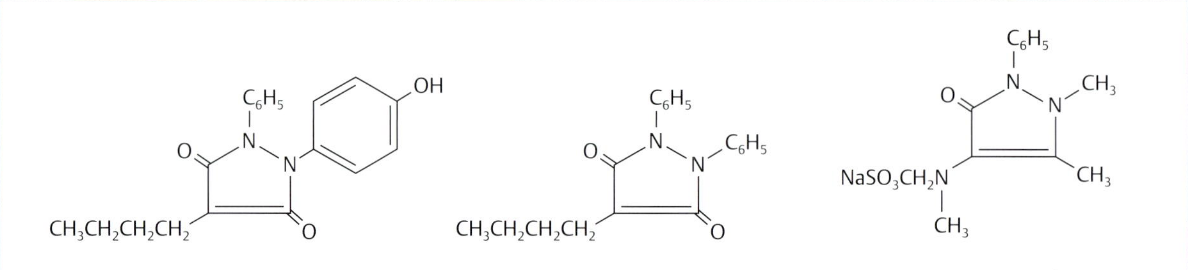

$$\text{Oxyphenbutazon} \qquad \text{Phenylbutazon} \qquad \text{Metamizol}$$

Abb. 13.8 Saure Enole.

Wechselwirkungen, Toxizität Auffallend ist insbesondere, dass Metamizol die durch Phenothiazine bedingte Hypothermie erheblich verstärkt. Die simultane Anwendung mit Enzyminduktoren, z. B. mit Phenylbutazon oder Barbituraten, führt zu einer schnelleren Metabolisierung und damit zu einer verkürzten Wirkdauer des Analgetikums. Überdosierungen sind von zentralnervös bedingten Krämpfen, Blutdruckabfall und Koma begleitet. Besonders problematisch ist der Effekt des Pharmakons auf die Blutbildung. Beim Menschen haben sich nach chronischer Applikation schwere Schäden des Blutbildes (Agranulozytose, Leukopenie), Porphyrie (gestörte Hämoglobinsynthese) und toxische epidermale Nekrobiose (Absterben epidermaler Zellen) gezeigt.

Phenylbutazon

Pharmakodynamik Das Pyrazolonderivat (**Abb. 13.8**) besitzt analgetische, entzündungshemmende und antipyretische Wirkungen aufgrund einer irreversiblen Hemmung der COX.

KLINISCHER BEZUG Schmerzen, die ihre Ursache in Entzündungen des Bewegungsapparates haben, lassen sich beim Hund und besonders erfolgreich beim Pferd behandeln. Es ist einer der besten entzündungshemmenden Arzneistoffe für Equiden und wurde bei dieser Spezies am häufigsten angewendet.

Pharmakokinetik Die Plasmahalbwertszeiten spiegeln nicht das Verhalten in entzündetem Gewebe wider (längere Verweilzeit); sie werden für Pferd und Hund mit 3–10 h angegeben, bei der Ziege mit 20 h, während sie beim Rind 30–80 h und beim Menschen 72 h betragen. Die Elimination von Phenylbutazon ist dosisabhängig, sodass die Halbwertszeiten mit zunehmender Dosis steigen; sie verlängern sich mit abnehmendem pH-Wert des Harns (renale Rückresorption). Gleiches wird nach der kombinierten Anwendung strukturähnlicher NSAID, z. B. Isopyrin, beobachtet.

Phenylbutazon besitzt eine außerordentlich hohe Plasmaproteinbindung (97 %), sodass Arzneimittel mit ähnlich hohen Affinitäten (z. B. Cumarine) sich gegenseitig aus der Bindung verdrängen können. Phenylbutazon wird zu Oxyphenbutazon metabolisiert (**Abb. 13.8**), das dem Phenylbutazon vergleichbare pharmakologische Wirkungen entfaltet. Die Plasmahalbwertszeit von Oxyphenbutazon beträgt beim Pferd 4 h und beim Hund 0,5–1 h. Als Präparat ist Oxyphenbutazon selbst nicht mehr im Handel.

Dosierung Der Literatur können verschiedene Dosierungsschemata (p. o., i. v.) für die einzelnen Spezies entnommen werden. Die Anwendung bei Tieren, die der Lebensmittelgewinnung dienen, ist nicht mehr gestattet. Insgesamt wird empfohlen, bei längerfristigen Behandlungen die Dosis zu reduzieren.

- Katze: 10 mg/kg i. v.
- Hund: initial 20 mg/kg i. v. für 2 Tage, gefolgt von 10–20 mg/kg p. o.; alternativ 15 mg/kg p. o. 2-mal täglich
- Pferd: 4,5 mg/kg pro Tag, verteilt auf drei Einzelgaben

CAVE
Phenylbutazon muss bei i. v. Applikation sehr langsam injiziert werden, um einem Schock vorzubeugen.

Nebenwirkungen, Toxizität Die chronische Applikation von Phenylbutazon bedingt eine Induktion mikrosomaler Enzyme der Leber, die dessen beschleunigten Abbau zur Folge hat. Unter Phenylbutazon werden Natrium- und Chloridionen retiniert. Insgesamt wird die Nierendurchblutung durch Phenylbutazon als Folge der reduzierten Prostaglandinsynthese vermindert (Prostaglandine dilatieren Nierengefäße). Orale Gaben bewirken aufgrund der Hemmung von COX-1 Ulzerationen des Magen-Darm-Traktes, die beim Pferd (besonders bei Ponies) zu Blutungen und Proteinverlust in den Darm führen. Als pathologische Veränderungen finden sich Schädigungen der Gefäßwände (Venen), in den Nieren werden Nephritiden und später Nekrosen beobachtet.

Toxische Effekte sind für das hämatopoetische System beschrieben, wobei längerfristige Applikationen zu aplastischer Anämie, Neutropenie und Thrombozytopenie führen.

Suxibuzon

Pharmakodynamik Suxibuzon ist ein Prodrug von Phenylbutazon. Die klinische Wirkung entspricht daher der von Phenylbutazon (S. 384).

Pharmakokinetik Nach oraler Gabe wird Suxibuzon gut resorbiert und in der Leber zu Phenylbutazon und Oxyphenbutazon metabolisiert. Im Plasma ist Suxibuzon selbst daher praktisch nicht nachweisbar. Im Plasma des Pferdes werden nach oraler Gabe von Suxibuzon maximale Phenylbutazon-Konzentrationen binnen 4–5 h erreicht.

Dosierung Pferden sind gemäß Dosierungsempfehlung 2-mal täglich 6,25 mg/kg p. o. zu verabreichen.

Nebenwirkungen, Toxizität Das Nebenwirkungsprofil entspricht dem von Phenylbutazon.

Oxicame

Meloxicam

Pharmakodynamik, Pharmakokinetik Meloxicam hat eine Präferenz für COX-2 (vergleichbar mit Carprofen, nicht jedoch mit Coxiben). Es wird nach oraler Gabe vollständig resorbiert; maximale Plasmakonzentrationen ergeben sich nach 2–4,5 h. Nach mehrfacher täglicher oraler Gabe wird ein ausgeglichener Plasmaspiegel von 1–1,5 µg/ml in einem Zeitraum von 3–5 Tagen erreicht. Im therapeutischen Dosierungsbereich besteht eine lineare Beziehung zwischen der verabreichten Dosis und der Plasmakonzentration. Die Bindung an Plasmaproteine beträgt ungefähr 97 %. Das Verteilungsvolumen liegt bei ca. 0,3 l/kg. Die Eliminationshalbwertszeit für Meloxicam ist für den Hund mit 24 h angegeben, beim Pferd liegt sie bei nur 2–3 h. Für die Katze wird eine Halbwertszeit von 11–30 h nach parenteraler und oraler Gabe beschrieben. Die Ausscheidung erfolgt zu ungefähr 75 % mit den Fäzes, der Rest mit dem Urin.

Dosierung

- Katze: 0,1–0,3 mg/kg p. o.
- Hund: 0,2 mg/kg p. o.
- Pferd: 0,6 mg/kg p. o.

Nebenwirkungen, Toxizität Trotz der vergleichsweise höheren COX-2-Selektivität weist Meloxicam das für NSAID typische Nebenwirkungsspektrum auf. Allerdings führte eine Überdosierung von Meloxicam in einer Studie an Hunden, täglich 0,4 mg/kg p. o. verabreicht, auch nach einer Behandlung von mehr als 4 Wochen zu keinen Intoxikationserscheinungen.

Anilinderivate

Zu dieser Gruppe gehört **Paracetamol** (**Abb. 13.9**). Acetanilid und Phenacetin sind nicht mehr im Handel (Nephrotoxizität). Die Anilinderivate wirken vornehmlich über ihre Metaboliten analgetisch und antipyretisch.

Indikationen Für die Anwendung beim Schwein ist Paracetamol als Antipyretikum zugelassen. Die beanspruchte Indikation umfasst die symptomatische Behandlung zur Fiebersenkung bei akuten infektiösen Atemwegserkrankungen.

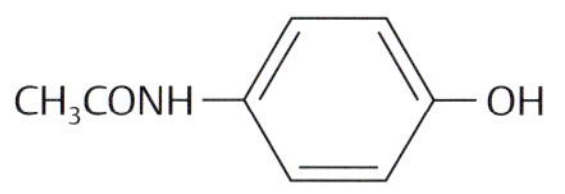

CH_3CONH–(C₆H₄)–OH

Paracetamol

Abb. 13.9 Paracetamol.

> **CAVE**
> Die therapeutische Anwendung von Paracetamol ist bei der Katze grundsätzlich kontraindiziert.

Nebenwirkungen, Toxizität Anilinderivate oxidieren Hämoglobin zu Methämoglobin und verursachen eine Hämolyse. Höhere Paracetamoldosen führen zu Leber- und Nierenschäden. Paracetamol ist ein Metabolit von Phenacetin; aus Paracetamol selbst kann das stark nephrotoxisch wirkende Phenacetin jedoch nicht entstehen.

Eine Konjugation mit Gluthation wirkt der Toxizität entgegen, sodass als Antidot bei Vergiftungen die Vorstufen des Glutathions (Methionin und Cystein) appliziert werden sollten. Mit gleichem Ziel kommt ACC zum Einsatz.

Coxibe

Coxibe sind hochselektive COX-2-Inhibitoren mit einer etwa 300–800-fach stärkeren Inhibition der COX-2 gegenüber der COX-1. Diese Selektivität wird mithilfe der IC 50 für tierartspezifische COX-1 und COX-2 bestimmt. Durch die geringe Beeinflussung der COX-1 soll das ulzerogene Potenzial gegenüber unspezifischen COX-Inhibitoren geringer sein. Coxibe sind lipophil und können daher die Blut-Hirn-Schranke passieren und inhibieren so auch die zentralnervöse PGE_2-Synthese. Daher haben sie auch eine Wirkung bei chronischen neuropathischen Schmerzen. Die COX-2 ist nicht nur ein durch Entzündung induzierbares Enzym, sondern ist auch konstitutiv in Niere, ZNS und Uterus vorhanden und spielt für die Abheilung von Magen-Darm-Ulzerationen eine Rolle. So verheilen Magen-Darm-Ulzera unter COX-2-Inhibitoren-Gabe verzögert. COX-2-Hemmer verschieben das Gleichgewicht zwischen Thromboxan A_2 und Prostacyclin zugunsten des aggregationsfördernden Thromboxans A_2. In der Humanmedizin führten die bei längerfristiger Anwendung aufgetretenen kardiovaskulären Nebenwirkungen (Herzinfarkte, Schlaganfälle) 2004 zur Marktrücknahme von Rofecoxib. Allerdings wurden auch bei Langzeituntersuchungen bisher keine kardiovaskulären Nebenwirkungen beim Einsatz von Coxiben bei Tieren beobachtet.

Firocoxib

Pharmakodynamik, Pharmakokinetik Firocoxib (**Abb. 13.10**) war das erste in Deutschland für den Hund zugelassene Coxib. Mittlerweile ist Firocoxib auch für die Behandlung der Osteoarthritis beim Pferd zugelassen. Im Vollblut vom Hund zeigt Firocoxib eine 384-fache Selektivität für COX-2 im Vergleich zur COX-1. Das heißt, dass in therapeutischen Dosierungen die COX-1-Hemmung vernachlässigbar gering ist. Firocoxib ist zugelassen zur Linderung von Schmerzen und Entzündungen im Zusammenhang mit Osteoarthritis bei Hunden.

Firocoxib wird nach oraler Gabe zu etwa 40 % resorbiert. Maximale Plasmakonzentrationen (0,5 µg/ml) sind nach etwa 1–1,5 h erreicht. Firocoxib wird zu etwa 96 % an Plasmaproteine gebunden. Die Eliminationshalbwertszeit

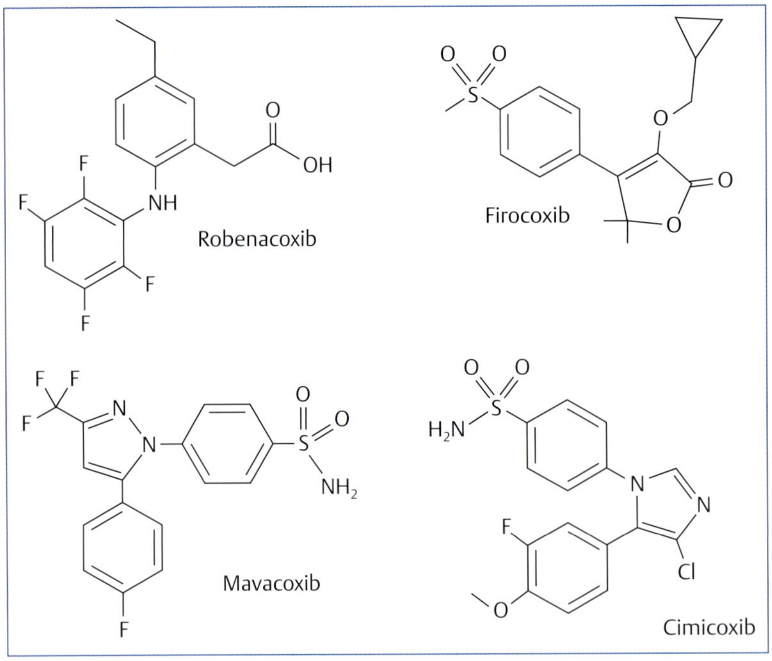

Robenacoxib Firocoxib Mavacoxib Cimicoxib

Abb. 13.10 Robenacoxib, Firocoxib, Mavacoxib, Cimicoxib.

liegt bei 7,6 h. Die Hauptmetabolisierung erfolgt durch Desalkylierung und Glucuronidierung in der Leber mit anschließender biliärer Elimination.

Dosierung
- Hund: 5 mg/kg/Tag
- Pferd: 0,1 mg/kg/Tag i.v oder p.o. (über maximal 14 Tage)

Nebenwirkungen Im Vordergrund stehen gelegentlich beobachtetes Erbrechen und Durchfall. Bei 3–5-facher Überdosierung werden Inappetenz, Gewichtsverlust, Duodenalulzera und Vakuolisierungen (ohne entzündliches Infiltrat) im Bereich des Thalamus beobachtet. Bei Überdosierungen treten zusätzlich Leberveränderungen (subklinische periportale Leberverfettung) auf, für die junge Hunde (< 7 Monate) besonders empfindlich sind. Es wird empfohlen, bei wiederholtem Durchfall, okkultem Blut in den Fäzes und bei Veränderungen von Nieren- und Leberwerten die Behandlung abzubrechen.

Kontraindikationen Nicht anwenden bei Tieren unter 10 Wochen oder unter 3 kg KG.

Wartezeit Pferd: 26 Tage auf essbares Gewebe

Robenacoxib

Pharmakodynamik, Pharmakokinetik Robenacoxib (**Abb. 13.10**) ist für Hunde und Katzen in Form von Injektionslösung und Tabletten zugelassen. Die Selektivität für die COX-2 ist so hoch, dass unter therapeutischen Dosierungen die COX-1-Inhibition vernachlässigbar gering ist.

Die orale Bioverfügbarkeit liegt zwischen 50 (Katze) und 85 % (Hund). Nach oraler Applikation werden maximale Blutkonzentrationen nach 30 min erreicht. Das Verteilungsvolumen ist gering, die Proteinbindung sehr hoch (99 %). Bei Hunden hat Robenacoxib eine Halbwertszeit von 0,7 h, bei Katzen von etwa 1,1 h. Robenacoxib wird hauptsächlich in der Leber metabolisiert und biliär ausgeschieden.

Dosierung
- Katze: 1–2,4 mg/kg p.o. 1-mal täglich
- Hund: 1–2 mg/kg p.o. 1-mal täglich; als Injektion 2 mg/kg s.c. etwa 1 h vor der Operation

Nebenwirkungen Die beschriebenen Nebenwirkungen sind unspezifisch oder typisch für eine Hemmung der COX (Inappetenz, Erbrechen, weiche Fäzes, Durchfall). Die therapeutische Breite soll bei > 5 liegen.

Kontraindikationen Nicht anwenden bei Magen-Darm-Ulzera und Lebererkrankungen. Keine gleichzeitige Gabe von anderen NSAID oder Glucocorticoiden. Nicht anwenden bei Tieren mit einem Körpergewicht unter 2,5 kg oder jünger als 4 Monate. Aufgrund ungenügender Datenlage keine Anwendung bei trächtigen oder säugenden Tieren.

Mavacoxib

Pharmakodynamik, Pharmakokinetik
Mavacoxib (**Abb. 13.10**) ist ein COX-2-Inhibitor mit extrem langer Wirksamkeit. Die Selektivität zur COX-2 (Vergleich von IC 50 im Vollblut von Hunden) ist etwa 200-fach. Mavacoxib ist für den Hund bei Schmerz und Entzündung im Zusammenhang mit degenerativen Gelenkerkrankungen zugelassen.

Nach oraler Gabe wird Mavacoxib nahezu vollständig resorbiert (bei gleichzeitig gefütterten Hunden). Der COX-2-Inhibitor liegt im Blut zu 98 % an Plasmaproteine gebunden vor. Die Halbwertszeit ist mit 14–19 Tagen extrem lang (sehr wenige Tiere zeigen Halbwertszeiten zwischen 40–80 Tagen). Hieraus ergibt sich das ausgedehnte Dosisintervall von 14 Tagen bis zu 4 Wochen. Die Elimination erfolgt hauptsächlich biliär in unveränderter Form.

Dosierung Die Dosierung für den Hund beträgt 2 mg/kg unmittelbar vor oder zur Fütterung. 1. Wiederholung nach 14 Tagen, danach monatlich, maximal über 6,5 Monate.

Nebenwirkungen Für NSAID typische Nebenwirkungen wie Inappetenz, Erbrechen und Durchfall werden gelegentlich beschrieben.

Kontraindikationen Nicht anwenden bei Magen-Darm-Ulzera und Lebererkrankungen. Keine gleichzeitige Gabe von anderen NSAID oder Glucocorticoiden. Nicht anwenden bei Tieren mit einem Körpergewicht unter 5 kg oder jünger als 12 Monate. Keine Anwendung bei trächtigen und laktierenden Hündinnen.

Cimicoxib

Pharmakodynamik, Pharmakokinetik Der COX-2-Inhibitor Cimicoxib (**Abb. 13.10**) ist zur Behandlung von Schmerzen und Entzündungen bei Osteoarthritis und zum perioperativen Schmerzmanagement bei orthopädischer und Weichteilchirurgie bei Hunden zugelassen. Die orale Bioverfügbarkeit beträgt zwischen 40 und 50 %, maximale Blutspiegel werden nach etwa 2–3 h erreicht. Die Eliminationshalbwertzeit liegt bei etwa 1,5 h. Cimicoxib wird extensiv metabolisiert. Die Ausscheidung seiner Metaboliten erfolgt zum Teil biliär, zum Teil renal. Es gibt deutliche interindividuelle Unterschiede in der Metabolisierungsrate, sodass extensive metabolizers und poor metabolizers unterschieden werden. Die Plasmahalbwertszeit von poor metabolizers ist deutlich verlängert (5–6 h).

Dosierung Die empfohlene Dosierung zur Behandlung der Osteoarthritis beim Hund liegt bei 2 mg/kg über maximal 6 Monate.

Nebenwirkungen Vorübergehende gastrointestinale Nebenwirkungen (Erbrechen, Durchfall) werden relativ häufig beobachtet, Magen-Darm-Ulzera eher selten.

Kontraindikationen Nicht anwenden bei bereits bestehenden Magen-Darm-Ulzera und Lebererkrankungen. Keine gleichzeitige Gabe von anderen NSAID oder Glucocorticoiden. Nicht anwenden bei Hunden die jünger als 10 Wochen sind, bei Zuchttieren, trächtigen oder laktierenden Hündinnen.

■ Duale COX/5-LOX-Hemmstoffe

Pharmakodynamik, Pharmakokinetik

Tepoxalin (**Abb. 13.11**) ist der erste in Deutschland zugelassene duale COX/5-LOX-Inhibitor. Sowohl in vitro als auch in vivo (Hemmung der Thromboxan-A_2-Synthese im Blut) zeigt sich eine stärkere Hemmung der COX-1 gegenüber der COX-2. Tepoxalin verfügt in vitro auch über einen inhibitorischen Effekt auf den proinflammatorischen Transkriptionsfaktor NFκB. Es ist zugelassen für die Behandlung von Entzündung und Schmerz bei akuten und chronischen Erkrankungen des Bewegungsapparats.

Tepoxalin wird nach oraler Gabe schnell resorbiert. Maximale Plasmakonzentrationen (1,2 µg/ml) sind bereits nach 1–3 h erreicht. Tepoxalin unterliegt einem starken First-Pass-Effekt und wird sehr schnell in seinen ebenfalls aktiven Carboxylsäuremetaboliten umgewandelt (maximale Plasmakonzentrationen des Metaboliten: 2–4 µg/ml). Dieser ist ein starker COX-Hemmer, inhibiert jedoch nicht die 5-Lipooxygenase, sodass die COX/5-LOX-Inhibition nur in den ersten Stunden nach oraler Gabe zum Tragen kommt. Die Proteinbindung beträgt etwa 98 %. Tepoxalin wird zu 99 % biliär über die Fäzes ausgeschieden.

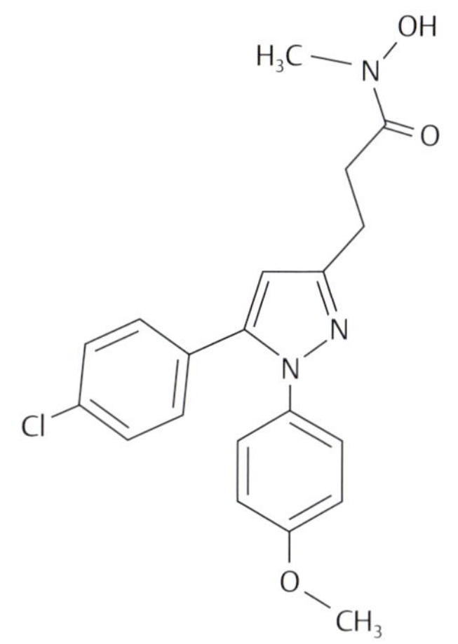

Abb. 13.11 Tepoxalin.

Dosierung Hund: 10 mg/kg/Tag (bis maximal 4 Wochen), derzeit in Deutschland nicht im Handel

Nebenwirkungen Das Nebenwirkungsprofil ist das für nichtsteroidale Antiphlogistika übliche wie Erbrechen, Durchfall, Inappetenz. Allerdings zeigte sich bei Labornagern ein im Vergleich zu Naproxen geringerer ulzerogener Effekt bei gleicher antiinflammatorischer und analgetischer Potenz. Tepoxalin gilt auch bei Hunden mit mäßig eingeschränkter Nierenfunktion und bei älteren Hunden als sicher.

Kontraindikationen Aufgrund fehlender Untersuchungen nicht anwenden bei trächtigen, säugenden sowie zur Zucht vorgesehenen Hündinnen. Hunde unter 6 Monaten sollten nicht mit Tepoxalin behandelt werden.

13.2.3 Antihistaminika

Als Antihistaminika werden Stoffe bezeichnet, die die Wirkungen von Histamin (S. 370) direkt an Histamin-Rezeptoren hemmen. H_2-Rezeptoren sind nur im Magen (S. 285) von therapeutischer Bedeutung. Insbesondere im Rahmen der Behandlung allergisch bedingter Entzündungen kommt den H_1-Antihistaminika Bedeutung zu.

Struktur Die Grundstruktur fast aller H_1-Antihistaminika ist Ethylamin (R–C–C–N; R = C, N oder O). Diese Struktur findet sich auch im Histamin. Im Gegensatz zu Histamin, das eine primäre Aminogruppe enthält, besitzen die meisten H_1-Rezeptor-Antagonisten eine tertiäre Aminogruppe, verbunden über eine 2–3 C-Atome enthaltende Kette mit zwei aromatischen Substituenten. Die Strukturen einiger H_1-Antihistaminika sind in **Abb. 13.12** und **Abb. 13.13** dargestellt.

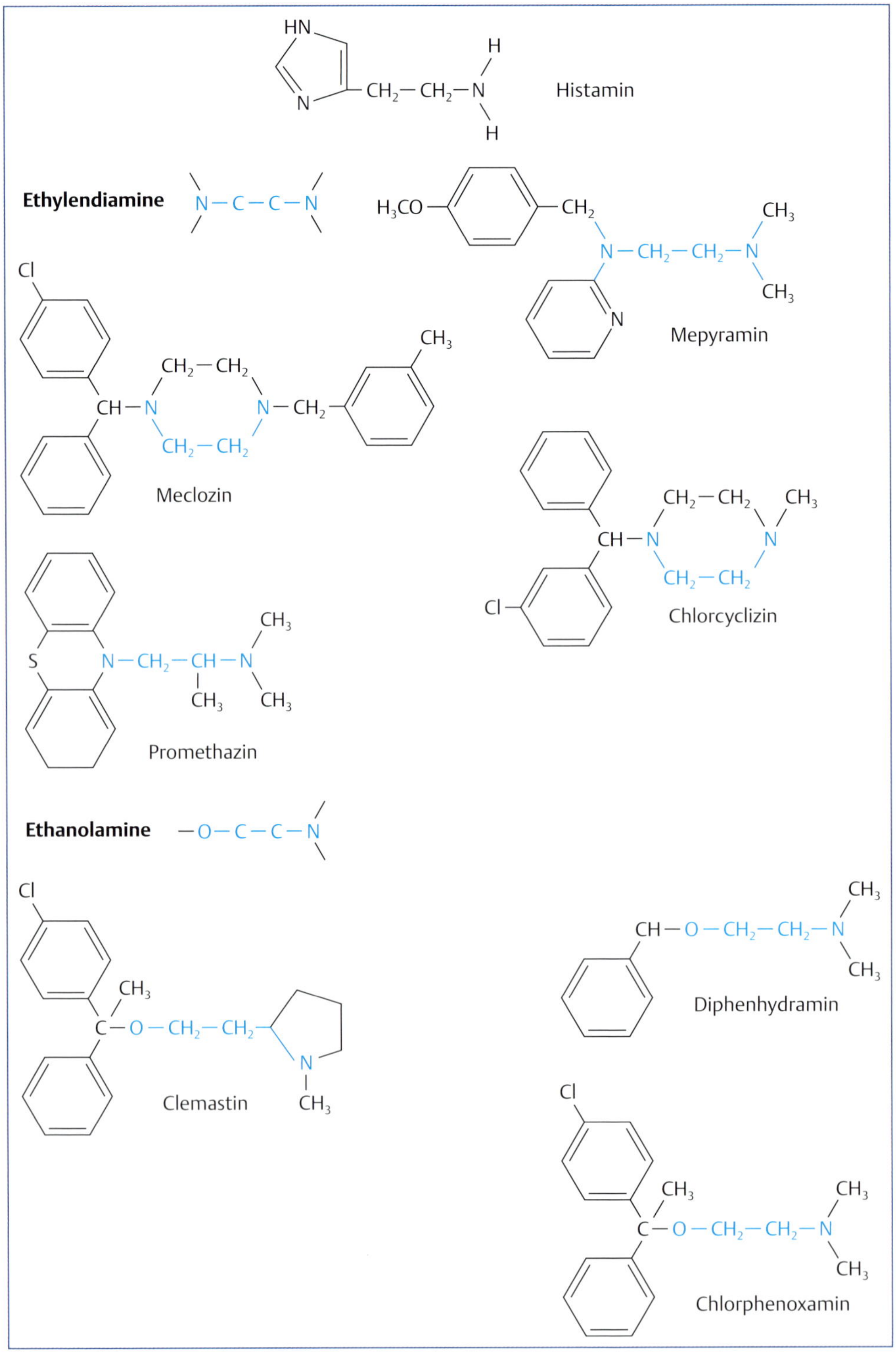

Abb. 13.12 Histamin und verschiedene H_1-Antihistaminika (siehe auch **Abb. 13.13**).

Pharmakodynamik Die Wirkung der H_1-Antihistaminika beruht auf einer selektiven, kompetitiven Histaminverdrängung am H_1-Rezeptor; sie besitzen keine Wirkung auf H_2-Rezeptoren. Pharmakologisch wirken die klassischen H_1-Antihistaminika als inverse Agonisten, d. h., nach Bindung vermindern sie die konstitutive Aktivität des Rezeptors. In Folge werden die konstriktorischen Histaminwirkungen an der glatten Muskulatur und die permeabilitätserhöhende Wirkung im Kapillarbereich unterdrückt, nicht aber die relaxierenden und sekretionsfördernden Effekte. Auch der Einfluss von Histamin auf den Kreislauf unterliegt – in Abhängigkeit von der Spezies – nur einer partiellen Inhibition, da dort über H_2-Rezeptoren vermittelte Wirkungen beteiligt sind.

Gerade H_1-Antihistaminika der ersten Generation besitzen eine nur relativ geringe Rezeptorspezifität. Neben dem histaminantagonisierenden Effekt treten auch antiadrenerge, anticholinerge und antiserotonerge Wirkungen

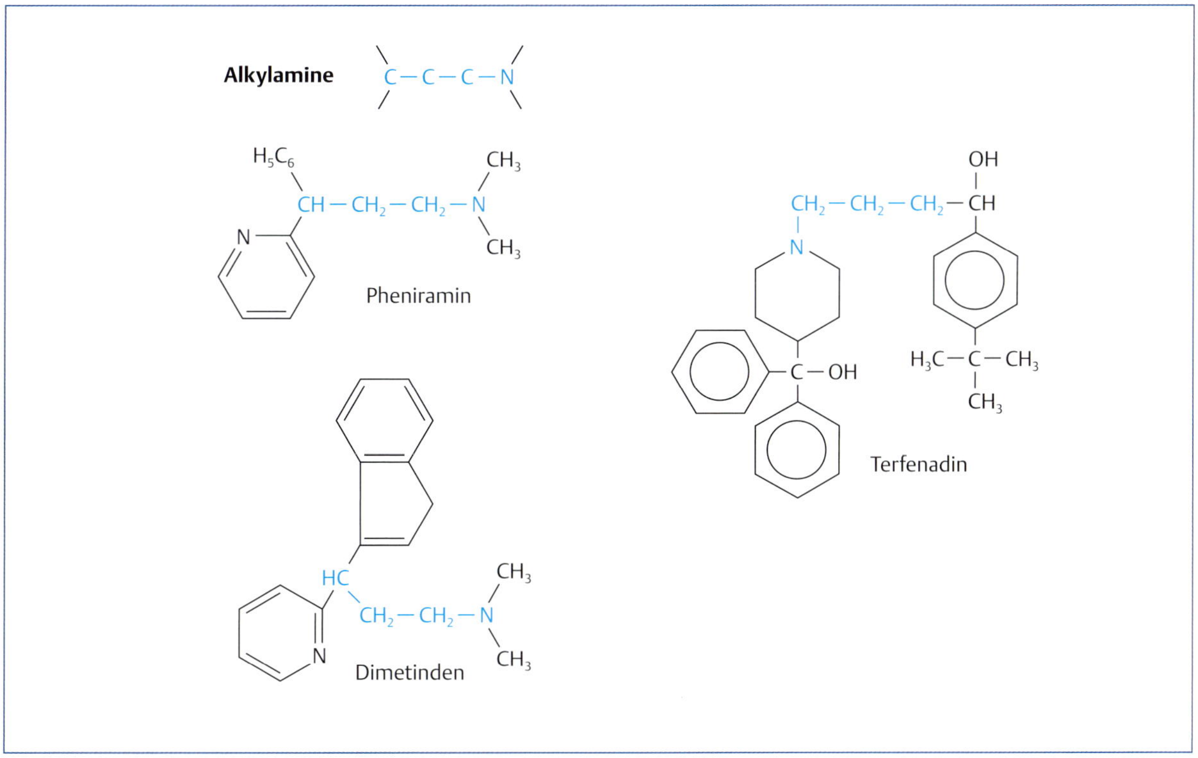

Abb. 13.13 Weitere H_1-Antihistaminika (siehe auch **Abb. 13.12**).

auf. Zusätzlich zeigen sich nach Gabe von H_1-Antihistaminika zentral dämpfende Wirkungen, die bei einigen Derivaten so stark sind, dass sie therapeutisch genutzt werden (z. B. Diphenhydramin, Promethazin). Einige neuere H_1-Blocker, wie beispielsweise Cetirizin und Loratadin, besitzen keine oder nur geringfügige sedative Wirkungen, da sie bzw. ihre wirksamen Metaboliten die Blut-Hirn-Schranke kaum überwinden können. Eine therapeutisch genutzte, zentrale antihistaminerge Wirkung ist eine Dämpfung des Brechzentrums, die zu einer antiemetischen Wirkung (S. 309) vor allem bei Kinetosen führt.

Auf die Eigenschaften und Wirkungen von Histamin sowie die Mechanismen seiner Freisetzung wurde bereits in vorangegangenen Abschnitten (S. 370) näher eingegangen. Die Effekte von Histamin können durch Wirkstoffe aus verschiedenen Stoffgruppen aufgehoben werden (z. B. durch Phenothiazinderivate). Die Bezeichnung Antihistaminika ist jedoch nur solchen Substanzen vorbehalten, die direkt am Histamin-Rezeptor angreifen und somit die Histaminwirkung kompetitiv antagonisieren.

Am peripheren Nervensystem haben manche H_1-Antihistaminika (z. B. Diphenhydramin, Promethazin, Mepyramin) lokalanästhetische Wirkung, ein Effekt, der bei lokaler Anwendung in der antipruriginösen Therapie ausgenutzt wird. Allerdings zeigen klinische Erfahrungen, dass Antihistaminika bei der Behandlung des Juckreizes von Hunden und Katzen nur eine moderate Wirkung zeigen, da über den H_1-Rezeptor vermittelte Effekte nicht zentral an der Entstehung des Juckreizes (S. 399) beteiligt sind. Eine teilweise dennoch zu beobachtende klinische Wirksamkeit mag auf die zentral dämpfende Wirkung der Stoffe zurückzuführen sein. Neuere Antihistaminika (Cetirizin, Loratadin u. a.), die die Blut-Hirn-Schranke kaum bzw. nicht überwinden, haben nur eine geringe klinisch feststellbare Wirkung auf den Juckreiz. Es erscheint jedoch sinnvoll, H_1-Antihistaminika mit anderen Immunmodulatoren (z. B. Prednisolon) zu kombinieren. Dies kann zu einer dramatischen Reduktion des Glucocorticoid-Einsatzes führen, da die Kombination offensichtlich überadditiv wirkt. Neuere Untersuchungen weisen auf eine Bedeutung des H_4-Rezeptors bei der Entstehung des Juckreizes hin. Dies muss jedoch für die veterinärmedizinisch relevanten Zieltierarten geprüft werden.

Tab. 13.13 Dosierung von H_1-Antihistaminika.

Wirkstoff	Dosis (mg/kg)
Cetirizin	Katze: 1 p. o.; Hund: 2 p. o. alle 12 h; Pferd: 0,4 p. o. alle 12 h
Hydroxyzin	Hund: 0,5–2 p. o. alle 8 h
Dimenhydrinat	Hund: 1–1,5 p. o., i. m., i. v.
Diphenhydramin	Hund: 2–4 p. o., i. v. alle 12 h
Chlorphenamin	Hund: 0,5 p. o. alle 12 h
Promethazin	Hund: 0,5–1 p. o., i. m., i. v. alle 8 h

Pharmakokinetik, Dosierung H_1-Antihistaminika (**Tab. 13.13**) werden bei monogastrischen Tieren nach oraler Gabe ausreichend gut resorbiert, jedoch nicht bei Wiederkäuern. Erste Wirkungen treten nach weniger als 1 h auf. Die Wirkungsdauer beträgt je nach Substanz 8–12 h. Die neueren, die Blut-Hirn-Schranke nicht passierenden Antihistaminika weisen einschließlich ihrer aktiven

Hauptmetaboliten eine deutlich längere Eliminationshalbwertszeit auf als die älteren.

Bei i. v. Gabe tritt die Wirkung praktisch sofort ein, aber die dabei auftretende Stimulierung oder Sedation des ZNS und andere Nebenwirkungen lassen diese Applikationsart wenig geeignet erscheinen. Bei i. m. Injektion treten nur selten Nebenwirkungen auf, sie wird deswegen häufig angewendet.

Indikationen Klinisch werden H_1-Antihistaminika zur Antagonisierung der Reaktion des Körpers auf endogenes Histamin bei verschiedenen allergisch bedingten Erkrankungen (Urtikaria, Juckreiz, Konjunktivitis) und als zusätzliche Maßnahme bei anaphylaktischen Reaktionen eingesetzt. Bedeutung haben die Antihistaminika weiterhin wegen ihrer zentral dämpfenden und antiemetischen Wirkung (S. 309). Für den Einsatz bei Tieren, die der Lebensmittelgewinnung dienen, sind keine Antihistaminika zugelassen. Allerdings befindet sich Chlorpheniramin (Chlorphenamin) in Tabelle 1 der Verordnung (EU) 37/2010 (www.vetidata.de/pdfs/eu/2010_0037.pdf), womit ein Einsatz beim Lebensmittel liefernden Tier erlaubt ist.

Nebenwirkungen Die wichtigste Nebenwirkung ist die sedative Wirkung von H_1-Antihistaminika. Die antiadrenerge, anticholinerge und antiserotonerge Wirkung führt zu unerwünschten Folgen in Form von Blutdruckabfall, Diarrhö oder Obstipation. Einige der Substanzen zeigten im Tierversuch teratogene Effekte, sodass H_1-Antihistaminika während der Trächtigkeit nur bei strenger Indikationsstellung eingesetzt werden sollten. Weiterhin können Überempfindlichkeitsreaktionen – vor allem bei lokaler Anwendung – auftreten.

FAZIT ENTZÜNDUNGSHEMMENDE PHARMAKA

Der Einsatz von Glucocorticoiden als Entzündungshemmer und Immunsuppressiva (in höheren Dosen) ist weit verbreitet. Man kann grob nicht halogenierte, schwächer wirksame Glucocorticoide (Prototyp: Prednisolon) von halogenierten, stärker wirksamen (Prototyp Dexamethason) unterscheiden. Neben den Glucocorticoiden nehmen die nichtsteroidalen Antiphlogistika einen großen Platz in der Therapie von Entzündungen ein. Diese können in traditionelle NSAID mit unspezifischer COX-Hemmung und modernere COX-2-selektive NSAID eingeteilt werden.

Ob die COX-2-Inhibitoren wirklich ein besseres Nebenwirkungspotenzial besitzen, ist bisher für die Tiermedizin noch mit keiner Studie belegt worden.

Gerade im Rahmen der allergischen Entzündung werden (wenn möglich präventiv) H1-Antihistaminika eingesetzt. Die Wirkung bei allergischen Hauterkrankungen und Juckreiz beim Hund sind jedoch nur moderat.

13.3 Allergische Reaktionen

DEFINITION Als Allergie definiert man eine veränderte Empfindlichkeit, die durch einen primären Kontakt (Behandlung) mit einer Fremdsubstanz oder einem Mikroorganismus verursacht und bei einem späteren Kontakt (Behandlung) manifest wird.

Allergien und durch Überempfindlichkeitsreaktionen verursachte Erkrankungen von Tier und Mensch spielen eine zunehmende Rolle. Sie beruhen auf spezifischen immunologischen Reaktionen des Organismus mit teilweise lebensbedrohlichen Folgen.

Von den allergischen Reaktionen sind sogenannte **anaphylaktoide Reaktionen** abzugrenzen, die durch Histaminliberatoren verursacht werden. Dabei ist die Symptomatik vergleichbar mit einer echten allergischen Reaktion. Beispielsweise können

- Tubocurarin (insbesondere beim Hund),
- Morphin (i. v., Hund),
- Polyvinylpyrrolidon (Hund),
- Dextran (Ratte),
- Lösungsvermittler (Cremophor beim Hund),
- Röntgenkontrastmittel

und verschiedene andere Stoffe eine Histaminfreisetzung aus den Mastzellen auslösen.

Allergien auf Arzneimittel sind eine häufige Nebenwirkung, die in ihrer Bedeutung auch beim Tier zuzunehmen scheint. Ihnen muss ein Kontakt mit demselben oder einem chemisch nahe verwandten Stoff vorausgegangen sein. Wenn frühestens 7–10 Tage später ein zweiter Kontakt stattfindet, kann eine allergische Reaktion als Ergebnis einer Antigen-Antikörper-Interaktion auftreten. Die Reaktionen einer Arzneimittelallergie sind an sich unspezifisch in ihrer Manifestation, sie können von leichten Hauterscheinungen bis zum anaphylaktischen Schock reichen. Es sind jedoch gewisse tierartspezifische und arzneimittelspezifische Lokalisationen bekannt.

Abgrenzung Im Einzelfall muss eine Arzneimittelallergie gegenüber einer „normalen" Toxizität bzw. Überempfindlichkeit (Idiosynkrasie) abgegrenzt werden. Dies kann auf verschiedenen Wegen erfolgen:

1. **Vorkommen:** Eine Toxizität sollte bei normaler therapeutischer Dosierung sehr selten sein; sie zeigt Dosisabhängigkeit. Eine Überempfindlichkeit ist genetisch bedingt und betrifft einen ganz bestimmten Stoff oder eine Stoffgruppe, für die die Dosis-Wirkungs-Beziehung im Vergleich zur normalen Toxizität nach links verschoben ist. Bei der Allergie besteht eine genetische Prädisposition, die sich u. U. auf eine Vielzahl von Stoffen unterschiedlicher chemischer Struktur erstreckt. Nahezu jeder Organismus kann eine allergische Reaktion entwickeln.
2. **Dosis-Wirkungs-Beziehung:** Bei der Allergie besteht im Gegensatz zu Toxizität und Überempfindlichkeit keine Dosis-Wirkungs-Beziehung, die Symptome können z. B. durch wenige Mikrogramm Penicillin oder einen Bienenstich ausgelöst werden.

3. Ein **vorausgegangener Kontakt** ist bei der Allergie erforderlich. Er kann aber z. B. durch Penicillin in der Milch oder pilzbefallenes Futter erfolgt sein und ist oftmals nicht zu eruieren.
4. **Chemische Spezifität:** Bei Toxizität und Überempfindlichkeit bestehen chemische Struktur-Wirkungs-Beziehungen, es wird also stets ein Organsystem reagieren. Solche Beziehungen fehlen bei der Allergie. Lokalisation und Erscheinungsbild können bei einem Allergen stark wechseln.
5. **Mechanismus:** Bei der Allergie lassen sich zirkulierende Antikörper oder immunologische Gewebsreaktionen gegen das Allergen nachweisen. Diese fehlen dagegen bei Toxizität und Überempfindlichkeit.

Auslöser Arzneimittel sind im Allgemeinen keine vollwertigen Antigene, sondern Haptene, die sich erst durch kovalente Bindung an ein Protein anlagern müssen, um eine Antikörper(Immunglobulin)-Bildung anzuregen. Es ließ sich zeigen, dass chemisch reaktionstüchtige Moleküle besonders leicht Allergien auslösen. Dabei braucht es durchaus nicht das unveränderte Arzneimittel zu sein, das als Hapten wirkt. Bei Penicillin kann z. B. die durch β-Lactamasen entstandene Penicillansäure diese Rolle übernehmen.

Eine Arzneimittelallergie kann sehr spezifisch auf ein Arzneimittel beschränkt bleiben (z. B. Benzylpenicillin), sie kann als Gruppenallergie auftreten (z. B. gegen alle Penicilline), und sie kann als Kreuzallergie auch zwischen Arzneimittelgruppen bestehen, die ähnliche chemische Gruppierungen im Molekül haben (z. B. Sulfonamide und Estertyp-Lokalanästhetika, die beide eine p-Aminobenzoesäuregruppe im Molekül haben).

Einteilung Eine Arzneimittelallergie kann sich als Sofortreaktion manifestieren, oder sie kann sich langsamer innerhalb von Stunden oder Tagen entwickeln; man spricht dann von Intermediär- oder Spätreaktionen. Immunologisch unterscheidet man vier Typen von allergischen Reaktionen:

1. **Typ-I-Reaktionen** (anaphylaktische allergische Reaktionen) sind durch das verstärkte Auftreten von Immunglobulinen, besonders IgE, gekennzeichnet. Frei zirkulierende Antigene reagieren mit zellständigen Antikörpern (**Abb. 13.14**). Bei entsprechender Disposition und Kontakt mit spezifischen Antigenen reagiert der tierische Organismus mit einer ausgeprägten Bildung von Immunglobulinen (IgE). Die IgE-Antikörper heften sich an der Oberfläche von Mastzellen oder basophilen Granulozyten an. Kommt es zu einem weiteren Kontakt zwischen einem Antigen und dem IgE-Antikörper, so werden zwei Antigenbindungsstellen überbrückt. Der damit ausgelöste Reiz führt u. a. durch einen Ca^{2+}-Einstrom zur Aktivierung der Phospholipase und zur Freisetzung von Leukotrienen, Histamin und PAF. Durch diese Mediatoren werden Sekundärreaktionen in Gang gesetzt.

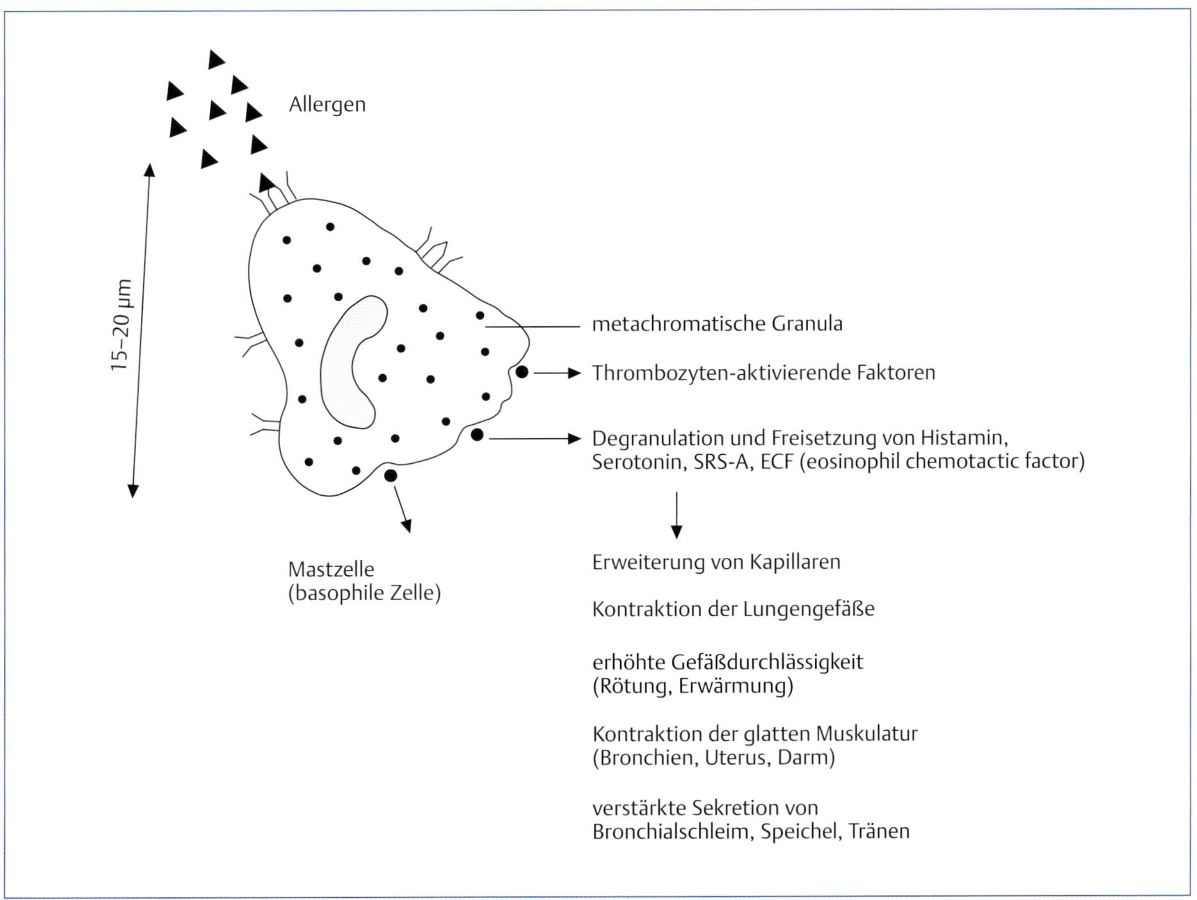

Abb. 13.14 Allergische Reaktion Typ I.

Diese führen zur Erweiterung von Kapillaren, zur Kontraktion der Lungengefäße und der glatten Muskulatur, zu erhöhter Gefäßdurchlässigkeit sowie zur verstärkten Sekretion von Bronchialschleim, Speichel und Tränenflüssigkeit. Klinisch stellen Urtikaria, allergische Rhinitis, Asthma und der anaphylaktische Schock Typ-I-Reaktionen dar. Der anaphylaktische Schock tritt bei intravasaler Zufuhr des Antigens auf, wenn bereits zirkulierende zellgebundene Antikörper vom Typ des Immunglobulin E (IgE) vorhanden sind. Er äußert sich als Hypotension bis zum Kollaps, Bronchokonstriktion und Larynxödem mit entsprechender Atemnot und kann ohne Behandlung innerhalb von Minuten zum Tod führen. Nach Impfungen, z. B. MKS- und Tollwutschutzimpfung, kann es zu unerwünschten Typ-I-Reaktionen bei Rindern kommen. An körpereigene Proteine gebundene Stoffe, die als Haptene wirken, lösen ebenfalls allergische Reaktionen aus. Zu diesen Stoffen gehören Penicilline, Streptomycin, Tetracycline, Chloramphenicol, Neomycin, Corticosteroide und zahlreiche weitere Stoffe, bei denen funktionelle Gruppen in para-Stellung angeordnet sind (z. B. Sulfonamide).

2. Die allergischen **Reaktionen vom Typ II** (zytotoxische allergische Reaktion) sind durch ausgedehnte Zellzerstörungen gekennzeichnet, deren Ursachen in komplementbindenden Antikörpern zu sehen sind. An Zellen gebundene Antigene reagieren hier mit zirkulierenden Antikörpern. Beispielsweise lagern sich Penicillin, Aminosalicylsäure und Phenacetin an die Erythrozytenoberfläche an. Damit wird diese Zelle so verändert, dass sie vom Organismus als „fremd" angesehen wird (**Abb. 13.15**). Als Antikörper fungiert hier vor allem IgM, weniger IgG. Folgen der Reaktion sind Opsonierung und Aktivierung des Komplementsystems mit zytotoxischer Reaktion. Von klinischer Bedeutung sind als Typ-II-Reaktionen Autoimmunerkrankungen (wie Autoimmunzytopenie und Infertilität), sehr selten Arzneimittelallergien (Salicylate, Barbiturate, Phenylbutazon, Metamizol, Chloramphenicol) und Transfusionszwischenfälle.
3. Die **Typ-III-Reaktionen** (allergische Immunkomplex-Erkrankungen) sind durch die Bildung von Immunkomplexen aus zirkulierendem Antigen und zirkulierendem Antikörper gekennzeichnet. Diese Komplexe sind biologisch hoch aktiv und führen nach Komplementaktivierung zur Gewebeschädigung. Aus neutrophilen Granulozyten werden proteolytische Enzyme (**Abb. 13.16**) freigesetzt, die zu einer Gewebezerstörung führen. Bei Ablagerung derartiger Komplexe im Gewebe kommt es zu einer lokalen Reaktion, der Arthus-Reaktion. Bei Ablagerung im Zirkulationssystem (Gefäßwände) führen diese Komplexe zu akuten oder chronischen Erkrankungen (Serumkrankheit). In Organsystemen mit hoher Durchblutung werden bei Antigenüberschuss die Immunkomplexe in die Gefäßwand eingelagert. Als Resultat treten Entzündungsvorgänge der Gefäßwände (Vaskulitiden) auf. Bei der **Arthus-Reaktion** (Immunkomplexbildung mit zirkulierenden Antikörpern) führt die Komplexbildung zur Freisetzung von Anaphylatoxin, Ansammlung von neutrophilen Granulozyten und Thrombozytenaggregation. Es kommt schließlich zu einer Gefäßerweiterung mit Ödematisierung des Gewebes, einer Thrombose sowie Gewebezerstörung aufgrund einer Freisetzung von Kollagenasen, Proteasen und Elastasen (**Abb. 13.17**). Auslösende Arzneistoffe können im Einzelfall beispielsweise Procain, Phenylbutazon, Aminoglykoside oder Sulfonamide sein.
4. **Typ-IV-Reaktionen** sind Immunreaktionen vom verzögerten Typ, wie sie beispielsweise bei der Tuberkulinreaktion oder auch bei der Transplantatabstoßung auftreten. Hierzu werden auch die allergischen Kontaktder-

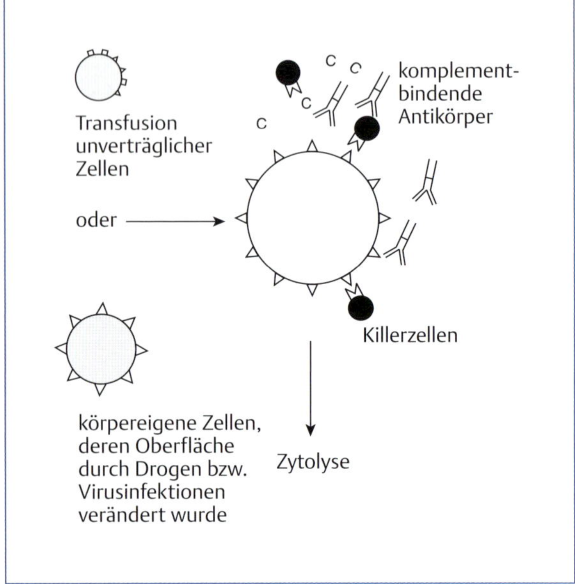

Abb. 13.15 Allergische Reaktion Typ II: An Zellen gebundene Antigene reagieren mit zirkulierenden Antikörpern. Diese Opsonierung und Aktivierung des Komplementsystems führt zu Zytolyse und vermehrter Phagozytose der Zellen durch Makrophagen.

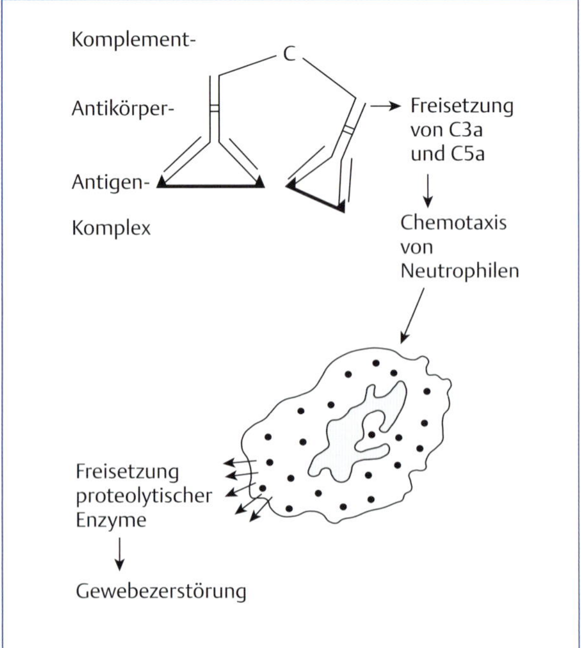

Abb. 13.16 Allergische Reaktion Typ III.

matitiden gerechnet. Man unterscheidet zellvermittelte zytotoxische Reaktionen und verzögerte allergische Reaktionen. Antigen und Antikörper sind zellgebunden (Abb. 13.18). Bei dieser Überempfindlichkeitsreaktion kommt es zur durch Antigene ausgelösten Freisetzung von Chemokinen aus sensibilisierten T-Zellen. Aufgrund der Freisetzung von Chemokinen sammeln sich vermehrt mononukleäre Zellen an, was eine Gewebezerstörung zur Folge hat. Bei diesem Reaktionstyp wird der Höhepunkt der Erkrankung im Gegensatz zu den Typen I–III erst nach mindestens 1 Tag erreicht. Es ist anzunehmen, dass im Verlauf einer zellvermittelten Immunreaktion auftretende Effekte auf verschiedene Mechanismen zurückzuführen sind. Auch Autoimmunerkrankungen spielen bei diesem Typ eine Rolle. Auslöser dieses seltenen Reaktionstyps können beispielsweise Procain, Streptomycin, Insulin oder Phenothiazine sein.

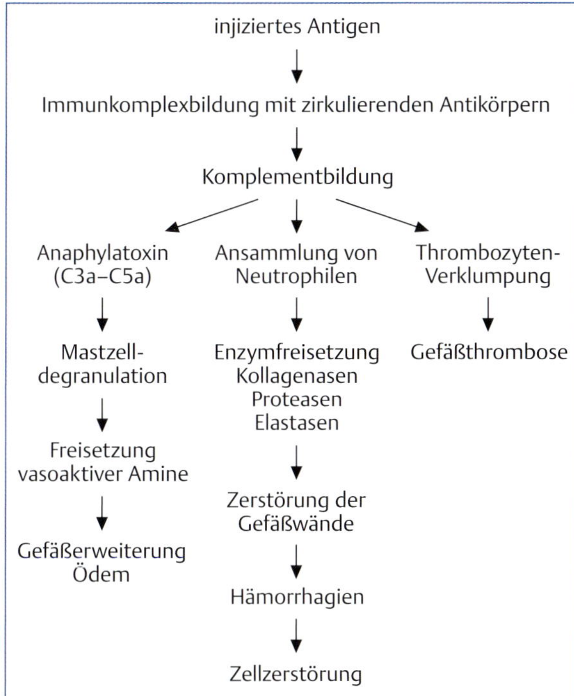

Abb. 13.17 Schematische Darstellung der Arthus-Reaktion [5].

Therapie Bei der Behandlung allergischer Erkrankungen kommen Glucocorticoide (S. 372), Antihistaminika (S. 387) und Immunsuppressiva (S. 553) zum Einsatz.

Die Therapie allergischer Symptome ist stets symptomatisch, die Hoffnungen, die man ursprünglich in die Antihistaminika gesetzt hatte, haben sich nicht erfüllt. Beim anaphylaktischen Schock setzt man Adrenalin wegen seiner kombinierten α- und β-stimulierenden Wirkung ein. Neben dem günstigen Einfluss auf den Kreislauf (erhöhtes Herzminutenvolumen, Vasokonstriktion durch den α-Effekt, Verbesserung der peripheren Durchblutung durch β-Wirkung) hat es auch einen bronchodilatatorischen Effekt. Bei einer Bronchokonstriktion können auch andere β-Mimetika und Glucocorticoide angewendet werden. Antihistaminika haben bei Hauterscheinungen, die überwiegend durch Histamin verursacht sind (Urtikaria), eine Wirkung, während bei chronischen Kollagenreaktionen entzündungshemmende Pharmaka steroidaler wie nichtsteroidaler Art zum Einsatz kommen.

Die beim Menschen und bei Hunden gelegentlich geübte Hyposensibilisierung durch intrakutane Injektionen sehr kleiner Mengen des bekannten oder vermuteten Antigens in steigender Dosierung beruht wahrscheinlich auf

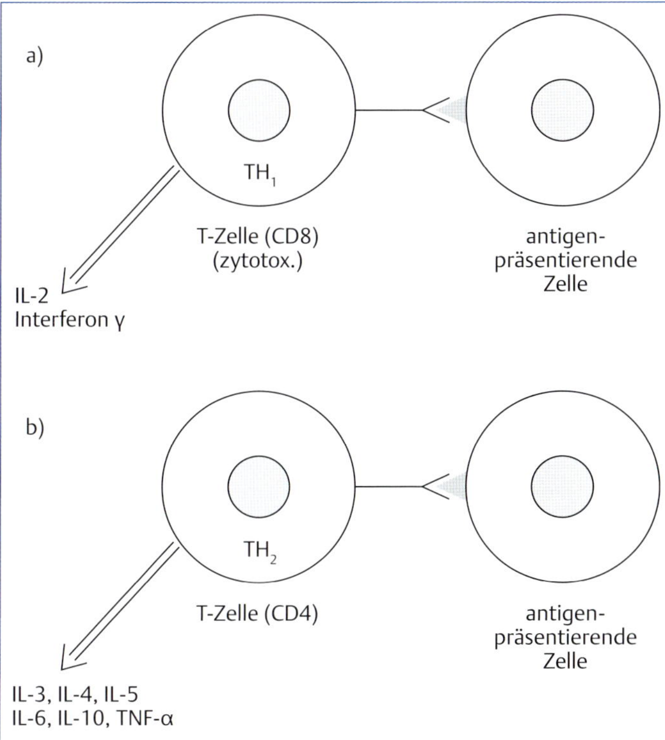

Abb. 13.18 Allergische Reaktion Typ IV; **a** = zellvermittelte zytotoxische Reaktion; **b** = verzögerte allergische Reaktion. Antigen und Antikörper sind zellgebunden. Bei dieser Überempfindlichkeitsreaktion kommt es zur durch Antigene ausgelösten Freisetzung von Zytokinen und Chemokinen aus sensibilisierten T-Zellen. In der Folge der Freisetzung von Chemokinen sammeln sich vermehrt mononukleäre Zellen an, was eine Gewebezerstörung zur Folge hat. Die allergische Kontaktdermatitis ist eine typische Typ-IV-Reaktion.

Spez. Pharmakologie

einer vermehrten Bildung von IgG, das das Antigen im Kreislauf bindet und damit vom zellständigen IgE fernhält. Es wird diskutiert, dass zusätzlich regulatorische T-Zellen induziert werden und so eine Toleranz (S. 547) ausgebildet werden kann.

FAZIT ALLERGISCHE REAKTIONEN

Allergische Reaktionen werden klassischerweise in vier Typen eingeteilt. **Typ-I-Reaktionen** sind charakterisiert durch eine Mastzell- (und Basophilen-) Degranulation, was zu einer akuten Freisetzung von Mediatoren wie Histamin führt. Geschieht dies nicht nur lokal, sondern systemisch, kann dies in seiner Extremform zum anaphylaktischen Schock führen. Die allergischen **Reaktionen vom Typ II** (zytotoxische allergische Reaktion) sind gekennzeichnet durch an Zellen gebundene Antigene. Diese Zellen (z. B. Erythrozyten) werden als „fremd" erkannt und zerstört. Dies zeigt sich klinisch z. B. in Form einer hämolytischen Anämie. Die **Typ-III-Reaktionen** (allergische Immunkomplex-Erkrankungen) sind durch die Bildung von Immunkomplexen aus zirkulierendem Antigen und zirkulierendem Antikörper gekennzeichnet. Diese Komplexe können sich an den Wänden kleiner Gefäße anlagern und dort eine Vaskulitis induzieren. Bei **Typ-IV-Reaktionen** unterscheidet man zellvermittelte zytotoxische Reaktionen und verzögerte allergische Reaktionen. Antigen und Antikörper sind zellgebunden, der Höhepunkt der entzündlichen Reaktion ist in der Regel nach 24–48 h erreicht (typisches Beispiel ist die allergische Kontaktdermatitis oder Tuberkulinreaktion).

(Weiterführende) Literatur

[1] Adams, HR. Histamine, Serotonine and their Antagonists. In: Riviere JE, Papich MG (Eds.): Veterinary Pharmacology & Therapeutics. 9. Aufl. Ames, Iowa, USA: Wiley-Blackwell, 2009; S. 411–428

[2] Bäumer W, Roßbach K. Histamin als Immunmodulator. J Deutsch Dermatol Ges 2010; 8: 495–504

[3] Burke A, Smyth EM, FitzGerald GA. Analgesic-antipyretic agents; pharmacotherapy of gout. In: Goodman A, Gilman A (Eds.). The Pharmacological Basis of Therapeutics. 11. Aufl. New York, Oxford, Beijing, Frankfurt, Sao Paulo, Sydney, Tokyo, Toronto: Pergamon Press, 2006; S. 671–736

[4] Clark TP. The clinical pharmacology of cyclooxygenase-2-selective and dual inhibitors. Vet Clin Small Anim 2006; 36: 1061–1085

[5] Golbs S, Scherkl R. Pharmakologie der Entzündung und Allergie. In: Frey H-H, Löscher W. (Hrsg.): Lehrbuch der Pharmakologie und Toxikologie für die Veterinärmedizin. Stuttgart: Ferdinand Enke Verlag 1996; S. 424–444

[6] Lees, P. Analgesic, Antiinflammatory, Antipyretic Drugs. In: Riviere JE, Papich, MG (Eds.). Veterinary Pharmacology & Therapeutics. 9. Aufl. Ames, Iowa, USA: Wiley-Blackwell, 2009; S. 457–492

[7] Maddison JE, Page SW, Church DB. Small animal clinical pharmacology. 2. Aufl. Edinburgh: Saunders Elsevier; 2008

[8] Oettel M. Endokrinpharmakologie. In: Frey HH, Löscher W (Hrsg.). Lehrbuch der Pharmakologie und Toxikologie für die Veterinärmedizin. 1. Aufl. Stuttgart: Enke, 1996; S. 370–423

[9] Ungemach FR. Pharmaka zur Beeinflussung von Entzündungen. In: Löscher W, Ungemach FR, Kroker R (Hrsg.). Pharmakotherapie bei Haus- und Nutztieren. 8. Aufl. Stuttgart: Enke, 2006; S. 389–432

14 Pharmakologie der Haut

M. Kietzmann

14.1 Einleitung

Die äußere Umhüllung des Körpers besteht aus einer funktionellen Gemeinschaft von Haut, Haaren und Hautanhangsgebilden. Dem sich aus den Schichten Epidermis, Dermis und Subkutis zusammensetzenden Organ kommen zahlreiche Funktionen zu. Neben dem mechanischen Schutz gegenüber Umwelteinflüssen hat die Haut auch Bedeutung als immunkompetentes Organ. Sinnesfunktionen sowie die Beteiligung an der Temperaturregulation und der Regulation des Wasserhaushaltes sind weitere wichtige Funktionen. Diese Aufgaben können nur durch ein geordnetes Zusammenwirken der einzelnen Hautkompartimente wahrgenommen werden. Krankheitsbedingte Störungen einzelner Hautfunktionen können für den Organismus bereits eine wesentliche Belastung darstellen.

14.2 Aufbau der Haut

Die Haut setzt sich aus den drei Schichten **Epidermis** (Oberhaut), **Dermis** (Lederhaut) und **Subkutis** (Unterhaut) zusammen. Die Epidermis ist mit der darunter befindlichen Dermis eng verbunden. Die epidermalen Basalzellen sitzen bandartig der Basallamina auf. In der Dermis, die sich aus Kollagenfaserbündeln, elastischen Fasern, Bindegewebezellen und der Grundsubstanz zusammensetzt, befinden sich Blut- und Lymphgefäße. Diese Gefäße formen oberflächliche und tiefe Netze, von denen Kapillarschleifen bis in die Spitzen des bindegewebigen Papillarkörpers reichen. Hauptbestandteil der Grundsubstanz sind Proteoglykane. Der unter der Dermis befindlichen Subkutis kommt im Rahmen der Arzneistoffverteilung eine Reservoirfunktion zu.

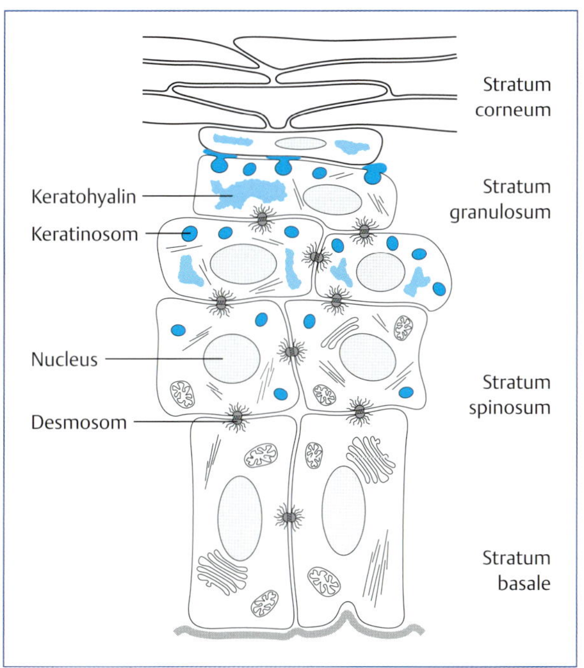

Abb. 14.1 Schematische Darstellung des Aufbaus der Epidermis.

Die Epidermis ist als äußerer Zellverband der Haut ektodermalen Ursprungs. Mit den Schichten Stratum basale, Stratum spinosum, Stratum granulosum und Stratum corneum stellt sie ein mehrschichtiges, verhornendes Plattenepithel dar (**Abb. 14.1**). Die überwiegende Zahl der epidermalen Zellen sind Keratinozyten. Zusätzlich finden sich in geringerer Zahl Langerhans-Zellen, Merkel-Zellen und Melanozyten. Die Dicke der Epidermis unterliegt erheblichen tierartlichen Unterschieden. Auch sind regionale Schwankungen der Epidermisdicke auffällig, wobei in behaarten Hautpartien allgemein eine geringere Epidermisdicke vorliegt. Regionen mit besonderer mechanischer Beanspruchung weisen ein erheblich verdicktes Stratum corneum auf. Beim Hund, einem in der Veterinärdermatologie häufigen Patienten, liegt die Epidermisdicke der Körperhaut bei durchschnittlich 15–45 µm.

In der Oberhaut besteht ein Gleichgewicht von Zellerneuerung und Zellverlust. Der im Stratum basale ablaufenden Zellproliferation schließt sich in den oberen Zelllagen des Stratum spinosum und Stratum granulosum die Differenzierung der Zellen an, die mit dem Übertritt in die Hornschicht endet. In der Basalzellschicht ist nur ein geringer Teil der Zellen teilungsaktiv, während sich der weitaus größere Anteil in einer Ruhephase befindet. Eine Hautirritation (z. B. Verletzung) hat den Eintritt eines größeren Anteiles von Zellen aus der Ruhephase in den Mitosezyklus zur Folge.

Im Verlauf der Differenzierung flachen die Zellen ab und wandern zur Oberfläche der Epidermis, wo sie schließlich als Korneozyten an der Ausbildung der Hornschicht beteiligt sind. Die zunehmende Keratinisierung der Strukturproteine, die Bildung von Keratohyalin, die Entstehung und schließlich die Exozytose von Keratinosomen (Odland bodies) sind Charakteristika der Keratinozytendifferenzierung. Störungen der Keratinisierung gehen mit biochemisch nachweisbaren Veränderungen der aufgeführten Differenzierungsreaktionen einher.

Die Aggregation der Keratinfilamente beginnt mit der im oberen Stratum granulosum ablaufenden Bildung von Filaggrin aus Profilaggrin, welches aus dem Stratum spinosum stammt. Das in unteren Zellagen synthetisierte Involucrin lagert sich im Übergangsbereich zur Hornschicht an der Innenseite der Zellen an und wird durch die epidermale Transglutaminase zu einer stabilen Auskleidung der Zellen (cornified envelope) vernetzt. Im Übergangsbereich vom lebenden Teil der Epidermis zur Hornschicht ist ein massiver Abfall des Wassergehaltes des Gewebes auffällig. Dies belegt die wichtige Funktion der Hornschicht bei der Regulation der transepidermalen Wasserabgabe. Neben der Steuerung des transepidermalen Wasserverlustes spielt die Hornschicht als Penetrationsbarriere und Reservoir eine wichtige Rolle, die bei der dermalen Arzneimittelapplikation beachtet werden muss.

14.2.1 Die Hornschicht als Penetrationsbarriere

Die Hornschicht stellt ein hochdifferenziertes, lebenswichtiges physikochemisches Speicher- und Barrieresystem dar, dessen Struktur und Funktion durch die Differenzierung der Keratinozyten erhalten wird. Sie ist die wichtigste Penetrationsbarriere der Haut.

Die Korneozyten sind in eine lipophile Matrix eingebettet, deren Lipide (insbesondere Ceramide) den lipidhaltigen Keratinosomen entstammen, die bereits in den lebenden Epidermisschichten gebildet werden. Die Lipide gelangen im Übergangsbereich zur Hornschicht durch Exozytose in den Interzellularraum.

Die Ceramide repräsentieren eine heterogene Gruppe von Sphingolipiden, die in der Hornschicht maßgeblich an der Verzahnung benachbarter Lipiddoppelschichten beteiligt sind. Ein weiterer wichtiger Bestandteil der Hornschicht ist Cholesterol. Dieses wird in den unteren Epidermisschichten gebildet, im Stratum spinosum und im Stratum granulosum durch eine Sulfotransferase unter Energieverbrauch zu einem bedeutenden Anteil sulfatiert und im Grenzbereich zur Hornschicht als Cholesterolsulfat in den Interzellularraum abgegeben. In der Hornschicht spaltet eine Steroidsulfatase den Sulfatrest ab. Die interkorneozytären Lipidlamellen werden damit destabilisiert; Hornschuppen schilfern ab. Die Bedeutung dieser biochemischen Reaktionskette wird am Beispiel der X-chromosomalen Ichthyosis deutlich, bei der ein genetisch bedingter Mangel an Steroidsulfatase und damit eine erhöhte Cholesterolsulfatkonzentration im Stratum corneum vorliegt.

KLINISCHER BEZUG Zur Unterstützung der Barrierefunktion der Hornschicht sind verschiedene Lipidkomplexe im Angebot, die der physiologischen Lipidzusammensetzung nachempfunden sind. Diese Lipidkomplexe sollen topisch appliziert werden, um die Barrierefunktion bei vorliegender Störung, beispielsweise bei atopischer Dermatitis, rasch wiederherzustellen.

14.3 Penetration und Resorption von Arzneimitteln durch die Haut

Aufgrund des Aufbaus des Stratum corneum können lipophile Stoffe gut durch die Hornschicht penetrieren. Dies gilt im Sinne einer erwünschten Wirkung für Arzneistoffe und auch für toxikologisch relevante Stoffe. Die Passage durch die Hornschicht erfolgt zumeist interzellulär, d. h., der Wirkstoff diffundiert durch die zwischen den Korneozyten befindlichen Lipidschichten. Neben dieser passiven Diffusion durch die Hornschicht kommt der Aufnahme durch „Shunts“ (z. B. Haarfollikel, Drüsen usw.) Bedeutung zu, da hier die Barrierefunktion der Hornschicht teilweise umgangen werden kann.

Nach der topischen Applikation eines Wirkstoffs besteht initial ein großes Konzentrationsgefälle zwischen dem Vehikel (Lösungsmittel, Salbengrundlage) und dem Stratum corneum, sodass die Substanz gemäß ihrer physikalisch-chemischen Eigenschaften durch passive Diffusion in die Hornschicht gelangt. Die Hornschicht fungiert nun im Sinne eines Reservoirs, aus dem der Wirkstoff in tiefer gelegene Hautschichten diffundiert. Dort ist ein exponentieller Abfall der Wirkstoffkonzentration messbar. Wegen der Reservoirfunktion der Hornschicht kann die Wirkstoffkonzentration in der Haut über eine längere Zeit aufrechterhalten werden. Dies ist insofern beachtenswert, als teilweise zu kurze Behandlungsintervalle bei topischer Behandlung mit Wirkstoffen gewählt werden. So ist es sehr häufig nicht sinnvoll, ein Glucocorticoid mehrmals täglich auf die Haut aufzutragen, da nachgewiesen werden konnte, dass topisch verabreichte Glucocorticoide noch über Tage aus dem Hornschichtdepot in die tiefer liegenden Hautschichten freigesetzt werden.

Ein durch die Epidermis diffundierender Stoff kann bereits hier und auch in der Dermis metabolischen Veränderungen unterworfen sein. So wird topisch appliziertes Benzoylperoxid bereits in der Haut in zwei Moleküle Benzoesäure gespalten. **Abb. 14.2** fasst die Prozesse der transdermalen Penetration, Metabolisierung und Resorption schematisch zusammen.

Die Geschwindigkeit und die Menge der Aufnahme einer Substanz in das Stratum corneum werden nur in begrenztem Umfang durch die im Vehikel vorhandene Konzentration des Wirkstoffs bestimmt.

KLINISCHER BEZUG Bei der Beurteilung der dermalen Resorption ist es zusätzlich wichtig, der als Vehikel verwendeten Grundlage (z. B. Salbengrundlage) und Formulierung (z. B. Liposomen) Rechnung zu tragen, da diese sowohl die Barrierefunktion der Hornschicht maßgeblich beeinflussen kann als auch den Wirkstoff in unterschiedlichem Ausmaß freisetzt. Nach topischer Applikation erfolgt die Resorption einer lipophilen Substanz in der Regel am schnellsten aus einer eher hydrophilen Grundlage und umgekehrt. Die dermale Penetrationsrate kann beispielsweise durch Penetrationsförderer wie Dimethylsulfoxid oder auch durch Salicylsäure maßgeblich gesteigert werden.

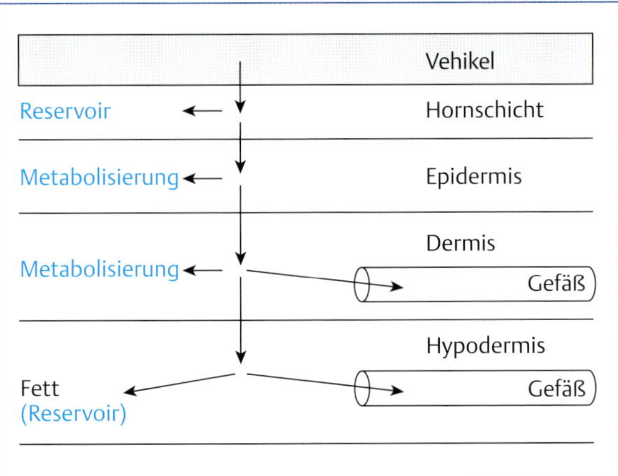

Abb. 14.2 Schematische Darstellung der dermalen Penetration, Metabolisierung und Resorption.

Die Bedeutung der Haut als Applikationsort auch für systemisch wirkende Arzneistoffe zeigt sich am Beispiel des nichtsteroidalen Antiphlogistikums Flunixin (S. 382), welches beim Rind auch transdermal als Spot-On-Präparat mit systemischer Wirkung verabreicht werden kann, oder des Anthelminthikums Emodepsid (S. 481), welches bei Katzen nach lokaler Applikation auf die Haut eine systemische antiparasitäre Wirkung entfaltet.

14.4 Galenische Formulierungen

Als klassische Zubereitungsformen für Lokaltherapeutika sind Lösung, Creme, Salbe, Schüttelmixtur, Paste und Puder zu nennen. **Tab. 14.1** gibt einen Überblick über die Anwendung verschiedener Formulierungen bei akuten bis chronischen Krankheitsprozessen. Bei der Verwendung von Dermatika ist den Eigenwirkungen enthaltener Grund- und Hilfsstoffe Rechnung zu tragen, von denen als Beispiel die okklusive Wirkung von Vaselin, einer hydrophoben Salbengrundlage, erwähnt sei. Bei akuten Prozessen wie allergischen Hautreaktionen sind solche Formulierungen kontraindiziert. Bei akuten Krankheitsprozessen der Haut sind kühlende Grundlagen zu bevorzugen. Durch Auswahl einer falschen Grundlage kann trotz Verwendung geeigneter Wirkstoffe ein Therapieerfolg infrage gestellt sein.

KLINISCHER BEZUG Zur Behandlung einer Hautfläche von 100 cm^2 sind etwa 2 g Lösung, 0,8 g Puder oder 4 g Salbe bzw. Creme notwendig.

14.5 Wirkstoffgruppen und Wirkstoffe

Bei der lokalen Behandlung von Dermatosen der Tiere kommen verschiedene Wirkstoffgruppen zum Einsatz, deren pharmakologische und klinische Wirksamkeit nicht in allen Fällen belegt ist. Bezüglich der pharmakologischen Eigenschaften der verwendeten Chemotherapeutika, Antimykotika und Antiparasitika wird auf entsprechende Kapi-

Tab. 14.1 Effekte der verschiedenen Grundlagen bei akuten bis chronischen Hauterkrankungen.

Grundlage	Erkrankung	Effekt	Tiefenwirkung
• feuchter Umschlag • Puder • Schüttelmixtur • Hydrogel	akut	• kühlend • trocknend • entzündungshemmend ↑	geringer ↑
• Lösung • Hydrogel • Creme • Kühlsalbe	subakut		
• Salbe • Fettsalbe • Pflaster	chronisch	↓	↓
• Okklusion	–	• wärmestauend • mazerierend • aktivierend	höher

tel dieses Buches verwiesen. Es ist an dieser Stelle darauf hinzuweisen, dass Kombinationspräparate, wie sie in vielfältiger Form verwendet werden, oftmals nicht sinnvoll (S. 399) sind. Dies gilt beispielsweise für fixe Kombinationen von Chemotherapeutika, Antiparasitika, Antimykotika und Glucocorticoiden (S. 397), wie sie zur Behandlung der Otitis externa im Handel sind.

14.5.1 Hautreinigungsmittel

Ist vor einer Untersuchung und Behandlung von Hunden und Katzen eine schonende Reinigung der Haut erforderlich, so sollten, wenn eine alleinige Verwendung von Wasser nicht ausreichend ist, nur gut hautverträgliche und nicht parfümierte Shampoos (z. B. Baby-Shampoos) eingesetzt werden. Beispielsweise sind Alkylsulfate, die Bestandteil verschiedener Shampoos sind, weniger gut hautverträglich als Alkylsulfonate. Shampoos mit Zusätzen von Wirkstoffen (Selen, Schwefel, Ethyllactat u. v. a.) sind in diesem Zusammenhang nicht indiziert. Auch ist es nicht sinnvoll, für die Anwendung beim Menschen bestimmte Präparate, die den Säureschutzmantel der Haut erhalten, einzusetzen, da der Hund keinen derartigen Säureschutzmantel der Haut besitzt.

14.5.2 Glucocorticoide zur externen Anwendung

Allgemeine Behandlungsprinzipien

Pharmakodynamik Die für die dermatologische Therapie wichtigen **pharmakologischen Effekte** sind durch die antiinflammatorischen, immunsuppressiven und antiproliferativen Wirkungseigenschaften der Glucocorticoide begründet. Insbesondere werden diese wegen ihrer antiinflammatorischen und juckreizlindernden Wirkung eingesetzt, die durch eine Hemmung der Bildung und Freisetzung von Entzündungsmediatoren zustande kommt (z. B. Eicosanoide, Zytokine). Einzelheiten zum Wirkungsmechanismus der Glucocorticoide sind in den Kapiteln zur Endokrinpharmakologie (S. 347) und zur Pharmakologie der Entzündung und Allergie (S. 372) dargelegt.

Pharmakokinetik Der überwiegende Teil eines topisch applizierten Glucocorticoids penetriert nicht in und durch die Haut. Es bestehen jedoch erhebliche Unterschiede der Resorptionsrate bei verschiedenen Spezies und in einzelnen Körperregionen. Während bei kleinen Labortieren teilweise 20 % eines lokal auf die Haut applizierten Glucocorticoids resorbiert werden, liegt der Anteil bei größeren Haussäugetieren und beim Menschen oftmals unter 1 %. Trotz der vergleichsweise geringen resorbierten Wirkstoffmenge ist zu beachten, dass der resorbierte Anteil, der auch systemische Wirkungen entfaltet (z. B. Cortisolsuppression), im Urin nachweisbar ist.

CAVE
Wie konkrete Fälle belegen, sind bei den im Sport eingesetzten Tieren (Pferd) auch geringe im Urin nachweisbare Mengen an Glucocorticoiden ein dopingrelevanter Tatbestand. Dies gilt nicht nur für dermale Anwendungen, sondern auch für andere lokale Anwendungen von Glucocorticoiden (z. B. Gelenksbehandlungen, Anwendung am Auge etc.).

Hinsichtlich der Pharmakokinetik systemisch angewendeter Glucocorticoide wird auf die Ausführungen in den Kapiteln zur Endokrinpharmakologie (S. 347) und zur Pharmakologie der Entzündung und Allergie (S. 372) verwiesen.

Indikationen Die Glucocorticoide stellen eine in der Dermatologie sehr häufig verwendete Arzneistoffgruppe dar. Bei zahlreichen entzündlichen und immunologisch bedingten Hauterkrankungen sind sie Mittel der Wahl. Die Erkrankungen machen teilweise eine lebenslange Applikation von Glucocorticoiden erforderlich.

KLINISCHER BEZUG Beispielhafte **Indikationen** sind in der Veterinärdermatologie verschiedene Ekzemformen, die atopische Dermatitis und Autoimmunerkrankungen der Haut.

Anwendung Glucocorticoide werden bei den Haussäugetieren zumeist systemisch appliziert. Bei der **systemischen Anwendung** ist oral anwendbaren Glucocorticoiden mit kürzerer Wirkungsdauer der Vorzug zu geben, da so die Therapie besser gesteuert werden kann. Zumeist erfolgt eine systemische Glucocorticoidbehandlung beim Hund mit Prednisolon. Die **Dosierung** ist individuell festzulegen und bei notwendiger längerfristiger Applikation im Behandlungsverlauf zur Minimierung unerwünschter Wirkungen auf die niedrigste noch wirksame Dosis zu reduzieren. Neben der Verminderung der Dosis kommt auch eine Verlängerung des Dosierungsintervalls in Betracht.

Zur **lokalen Anwendung** wurden zahlreiche Dermatocorticoide entwickelt, die basierend auf dem beim Menschen durchgeführten Vasokonstriktionstest als schwach, mittelstark, stark und sehr stark wirksam eingestuft werden. Die durch eine Vasokonstriktion im Behandlungsgebiet bedingte Abblassung der Haut ist mit der Wirkungsstärke der Dermatocorticoide korreliert und wird mit einem Score-System kategorisiert; sie unterliegt allerdings dem Einfluss der verwendeten galenischen Formulierung. **Tab. 14.2** zeigt eine Einordnung der Dermatocorticoide nach ihrer **Wirkungspotenz** im Vasokonstriktionstest. So ist Cortisol (Syn.: Hydrocortison) als schwach wirksam einzustufen, während Clobetasol-17-propionat eines der am stärksten wirksamen Glucocorticoide bei topischer Anwendung ist. Halogenierte Glucocorticoide sind in der Regel wirkungsstärker als nicht halogenierte Steroide. Die Veresterung des Steroidmoleküls hat eine Wirkungssteigerung unterschiedlichen Ausmaßes zur Folge, die zum Teil durch die veränderten pharmakokinetischen Eigenschaften (gesteigerte Lipophilie) erklärt werden kann (**Tab. 14.2**).

Für den Gebrauch in der Veterinärmedizin steht mit einem Cortisolaceponat enthaltenden Hautspray eine auch an behaarter Haut verwendbare Formulierung zur Verfügung. Cortisolaceponat gilt als ein sogenanntes „Soft Steroid“. Nach lokaler Anwendung sind systemische Effekte nicht zu erwarten. Auch ein immunsuppressiver Effekt und eine Verdünnung der Haut sollen nicht auftreten.

Als neuere Form der Behandlung, die zunehmend Eingang in die Therapie bei Hund und Katze findet, sind glucocorticoidhaltige Shampoos zu nennen. Der Vorteil der Anwendung derartiger Shampoos ist darin zu sehen, dass eine topische Ganzkörperbehandlung einfach durchzuführen ist. Diese kann eine systemische Gabe mit unerwünschten systemischen Wirkungen möglicherweise ersetzen. Die Verwendung von Liposomen oder Mikroemulsionen als Arzneistoffträger, die eine Steigerung der in die Haut aufgenommenen Wirkstoffmenge herbeiführen sollen, stellt eine in der klinischen Prüfung befindliche und daher noch nicht für den therapeutischen Einsatz verfügbare Alternative dar.

Tab. 14.2 Einstufung von Glucocorticoiden zur topischen Anwendung nach ihrer Wirkungspotenz.

Wirksamkeit/ Gruppe	Freiname	Prozent in der Formulierung
schwach wirksam (Gruppe I)	Cortisol	1,0
	Cortisolacetat	1,0
	Prednisolon	0,4
mittelstark wirksam (Gruppe II)	Cortisolaceponat	0,1
	Dexamethason	0,1
	Cortisolbutyrat	0,1
	Betamethasonvalerat	0,05
	Triamcinolonacetonid	0,1
	Prednicarbat	0,25
stark wirksam (Gruppe III)	Betamethasondipropionat	0,05
	Mometasonfuroat	0,1
sehr stark wirksam (Gruppe IV)	Fluocinolonacetonid	0,2
	Diflucortolonvalerat	0,3
	Clobetasolpropionat	0,05

CAVE

Die lokale Anwendung sehr potenter Glucocorticoide sollte unterlassen werden. Wenn überhaupt, sind sie zur Vermeidung systemischer Nebenwirkungen nur kurzzeitig in begrenzten Hautbereichen einzusetzen; bei großflächigen Dermatosen empfiehlt es sich, schwächere Glucocorticoide zu verwenden beziehungsweise eine systemische Behandlung vorzunehmen.

Nebenwirkungen Auf die pharmakologischen Nebenwirkungen systemisch applizierter Glucocorticoide wird in den Kapiteln zur Endokrinpharmakologie (S. 347) und zur Pharmakologie der Entzündung und Allergie (S. 372) eingegangen.

Eine beachtenswerte lokale Nebenwirkung ist die **Hautverdünnung**, die mit einfachen Methoden der Hautdickenmessung erfasst werden kann. Diese Wirkung ist allen topisch verabreichten Glucocorticoiden in unterschiedlichem Ausmaß zu eigen. Die Abnahme der Hautdicke ist vornehmlich durch eine Verminderung der Grundsubstanz in der Dermis begründet. Die antiproliferative Wirkung trägt hierzu aufgrund der geringen Dicke der Epidermis nur unwesentlich bei, stellt jedoch einen wesentlichen pharmakologischen Effekt dar, der bei der Behandlung hyperproliferativer Hauterkrankungen genutzt wird. Die Hautverdünnung hat eine gesteigerte Verletzbarkeit der Haut zur Folge. Auch ist das Auftreten infektiös bedingter Hauterkrankungen gesteigert. Nach Beendigung der Glucocorticoidapplikation erreicht die Haut binnen Tagen bis Wochen wieder die Ausgangsdicke.

KLINISCHER BEZUG Eine Reduktion der lokalen unerwünschten Wirkungen ist durch die Verwendung schwächer wirksamer Glucocorticoide und durch die Verlängerung des Applikationsintervalls möglich. Bei der Sequenzialtherapie wird die Therapie nach Einleitung mit einem stärker wirksamen Glucocorticoid mit einem weniger potenten Wirkstoff fortgesetzt (z. B. Einleitung der Behandlung mit Diflorason-17,21-diacetat und Fortsetzung mit Cortisol). Bei der Intervalltherapie ist das behandlungsfreie Zeitintervall verlängert, teilweise unter fortgesetzter Behandlung mit wirkstofffreien Basispräparaten. Selbst bei einem 3-tägigen Behandlungsintervall konnte beim Menschen noch eine signifikante Verdünnung der Haut gemessen werden.

Kombinationen von Glucocorticoiden und Chemotherapeutika

Kombinationspräparate zur topischen Anwendung, wie sie in vielfältiger Form verwendet werden, sind in der Regel aus verschiedenen Gründen als **nicht sinnvoll** einzustufen. Dies gilt beispielsweise für Kombinationen von Glucocorticoiden mit Antibiotika/Chemotherapeutika, Antiparasitika und Antimykotika, wie sie zur Behandlung der Otitis externa im Handel sind. Neben der Resistenzproblematik, die sich bei der topischen Applikation von Chemotherapeutika stellt, kommt der Schwierigkeit einer adäquaten Dosierung der einzelnen Bestandteile der fixen Kombinationen Bedeutung zu. Wie angeführt wurde, muss die applizierte Glucocorticoidmenge individuell angepasst werden. Dies ist bei Verwendung fixer Kombinationen nicht möglich, da die anderen enthaltenen Wirkstoffkomponenten bei Verminderung der Dosis zu gering dosiert werden würden. Weiterhin ist die lokale Anwendung von Chemotherapeutika bei zahlreichen bakteriell bedingten Hauterkrankungen (z. B. Pyodermien) nicht sinnvoll; in diesen Fällen ist eine systemische Behandlung mit einem entsprechend wirksamen Chemotherapeutikum (z. B. Sulfonamide, Makrolide, Lincomycin, Cefalexin, Enrofloxacin) erforderlich. Hierbei ist die Anwendung von Glucocorticoiden in der Regel kontraindiziert, sodass entsprechende Kombinationspräparate nicht zur Anwendung kommen sollten.

14.5.3 Calcineurininhibitoren (Tacrolimus, Pimecrolimus)

Die Makrolide Tacrolimus und Pimecrolimus werden als Salbenformulierungen mit Erfolg bei verschiedenen Hauterkrankungen (immunvermittelte Dermatosen) eingesetzt, so bei der atopischen Dermatitis, bei discoidem Lupus erythemathodes. Ein häufig angewendeter Behandlungsplan sieht eine initiale Behandlungsphase mit zweimal täglicher Gabe vor. Das Behandlungsintervall soll dann auf 24 h verlängert werden; teilweise wird die Behandlungshäufigkeit noch weiter reduziert. Als Veterinärspezialitäten stehen diese Calcineurininhibitoren nicht zur Verfügung. Als systemisch einzusetzender Calcineurininhibitor kommt Ciclosporin A (S. 555) zum Einsatz. Als Nebenwirkung dermal applizierter Calcineurininhibitoren ist ein transient auftretendes Brennen der Haut beschrieben. Beide Stoffe werden durch die Haut kaum resorbiert, sodass systemische Nebenwirkungen nicht zu erwarten sind.

14.5.4 Antihistaminika

Die lokale und/oder systemische Anwendung von H_1-Antihistaminika erweist sich bei der Behandlung von Hauterkrankungen des Hundes und der Katze nur in Einzelfällen als erfolgreich, da die alleinige Hemmung der Histaminwirkung nicht ausreichend ist. Andere Mediatoren, wie zum Beispiel Leukotriene, Prostaglandine und Cytokine, spielen beim Hund eine wichtige Rolle in der Pathophysiologie verschiedener Hauterkrankungen. Die beobachteten Wirkungen lokal angewendeter Antihistaminika sind bei behandelten Tieren nach verschiedenen Studien nicht besser als bei mit Placebo behandelten Tieren.

14.5.5 Janus-Kinase-Inhibitoren

Mit Oclacitinib steht aus der Gruppe der Janus-Kinase (JAK)–Inhibitoren ein sehr wirksamer Arzneistoff zur Verfügung, der bei allergisch bedingten, mit Juckreiz einhergehenden Hauterkrankungen eingesetzt werden soll. Weitergehende Angaben zu den JAK-Inhibitoren finden sich im Kapitel zu den Immunpharmaka (S. 557).

Oclacitinib wird nach oraler Gabe gut resorbiert (Bioverfügbarkeit ca. 90 %). Maximale Plasmakonzentrationen sind binnen 1 h erreicht. Oclacitinib wird überwiegend in metabolisierter Form biliär und renal ausgeschieden; die Halbwertszeit liegt bei etwa 4 h. Daher ist der Wirkstoff beim Hund initial in einer Dosis von 0,4–0,6 mg/kg 2-mal täglich p. o. zu verabreichen. Beginnend nach zwei Wochen soll die Weiterbehandlung mit dieser Dosis 1-mal täglich erfolgen.

14.5.6 Benzoylperoxid

Benzoylperoxid ist ein in der Veterinär- und Humanmedizin häufig eingesetzter Wirkstoff. Während beim Menschen die Behandlung der Akne im Vordergrund steht, findet der Stoff in der Veterinärmedizin bei der Behandlung der Seborrhö des Hundes und als zusätzliche Maßnahme bei der Behandlung der Pyodermie Anwendung, die durch die systemische Gabe von Antibiotika (z. B. Cephalexin) über mehrere Wochen erfolgt. Der therapeutische Effekt von Benzoylperoxid beruht auf seiner antiseptischen, sebosuppressiven und die Keratinozytenproliferation hemmenden Wirkung. Benzoylperoxid wird bereits in der Haut vollständig zu Benzoesäure metabolisiert. Während dieser Metabolisierungsschritt beim Menschen bereits in der Epidermis nachweisbar ist, findet die Verstoffwechselung beim Hund überwiegend in der Dermis statt.

Beim Hund wirkt Benzoylperoxid in Konzentrationen von mehr als 3 % hautirritierend. Humanspezialitäten, die 5–10 % Benzoylperoxid enthalten, sollten daher beim Tier nicht verwendet werden. Benzoylperoxid enthaltende Veterinärarzneimittel sind in Deutschland derzeit nicht im

Handel; jedoch ist ein zugelassenes Präparat in Österreich verfügbar.

Beim Hund finden in der Regel Shampoos oder Waschlotionen mit bis zu 3 % Benzoylperoxid Anwendung.

CAVE

Benzoylperoxid ist **bei Katzen** und allgemein bei sehr jungen Tieren aufgrund der eingeschränkten Verträglichkeit von Benzoesäure **kontraindiziert.**

14.5.7 Selendisulfid, Schwefel

Das nur wenig wasserlösliche Selendisulfid verringert bei lokaler Anwendung eine gesteigerte epidermale Zellproliferation. Es hemmt Sulfhydrylgruppen enthaltende Enzyme. Selendisulfid wird zudem eine antimykotische und eine antiseptische Wirkung zugeschrieben. Als Indikationsgebiet gilt beim Hund die Behandlung von hyperproliferativen Keratinisierungsstörungen wie die Seborrhö. Nach Anwendung von Selendisulfid, die zumeist mit 2,5 % Wirkstoff enthaltenden Formulierungen erfolgt, sind Hautirritationen nicht selten. Eine Selendisulfid vergleichbare pharmakologische Wirkung entfaltet Schwefel.

14.5.8 Retinoide

Es ist lange bekannt, dass ein Mangel an Vitamin A Verhornungsstörungen der Haut zur Folge hat. Daher fanden in der Vergangenheit zahlreiche Versuche statt, Keratinisierungsstörungen mit Retinol zu behandeln. Die zur Erzielung therapeutischer Wirkungen zu verabreichende Vitamin-A-Dosis war jedoch so hoch, dass eine Hypervitaminose herbeigeführt wurde. Für die dermatologische Therapie stehen verschiedene Retinoide zur Verfügung, die systemisch oder lokal appliziert werden. Vitamin-A-Säure (Tretinoin) findet zur topischen Behandlung Anwendung. Zur Therapie der Psoriasis des Menschen wird beispielsweise das aromatische Retinoid Acitretin p. o. eingesetzt, das die Keratinozytendifferenzierung beeinflusst. Auch bei der Behandlung von Keratinisierungsstörungen des Hundes liegen mit Retinoiden positive Erfahrungen vor. Es ist allerdings auf das **hohe teratogene Wirkungspotenzial** der Vitamin-A-Derivate hinzuweisen, die daher nur bei äußerst strenger Indikationsstellung zum klinischen Einsatz kommen dürfen.

14.5.9 Salicylsäure, Harnstoff, Milchsäure, Ethylactat

Salicylsäure wirkt keratolytisch und kommt daher bei Hyperkeratosen zum Einsatz. Sie wird durch die Haut gut resorbiert. Daher sind insbesondere bei großflächiger Applikation schwere Vergiftungen mit teilweise letalem Ausgang möglich. Besondere Vorsicht ist bei der Katze geboten. Die keratolytische Wirkung erklärt sich einerseits durch die Spaltung von Disulfid- und Wasserstoffbrücken. Zusätzlich kommt es über eine Aktivierung der Cholesterolsulfatase zu einer verminderten Adhärenz der Korneozyten. Die Keratinozytenproliferation bleibt unbeeinflusst.

Keratolytisch wirksam sind auch Harnstoff, Milchsäure, Ethyllactat und zahlreiche andere Stoffe. Harnstoff ist in Kombinationspräparaten (z. B. mit Glucocorticoiden) enthalten, wo er als Penetrationsförderer dient. Harnstoff steigert den Wassergehalt der Epidermis. Milchsäure und Ethyllactat, aus dem bereits auf der Hautoberfläche Milchsäure und Ethanol entstehen, wirken zudem antiseptisch.

14.5.10 Methylsalicylat

Methylsalicylat wirkt bei lokaler Anwendung hautreizend und hyperämisierend. Die pharmakologischen Effekte bleiben auf den Bereich der Einreibung beschränkt.

Der Salicylsäuremethylester (**Abb. 13.5**) wird zur topischen Anwendung bei Lahmheiten, Sehnenscheidenentzündungen und rheumatischen Erkrankungen verwendet.

Bereits in der Haut wird Methylsalicylat durch dort lokalisierte Esterasen zu Salicylsäure demethyliert. Die Halbwertszeiten variieren erheblich bei den Spezies und betragen 22–45 h bei der Katze, 7–12 h bei Hund und Schwein sowie 1 h bei Pferd und Wiederkäuern.

CAVE

Großflächige Einreibungen, insbesondere bei Jungtieren oder Katzen, führen zu einer Kumulation der Salicylsäure, wodurch Ataxien, Erbrechen, Hyperpnoe und Alkalose bedingt werden können. Auch über Todesfälle wurde berichtet.

14.5.11 Campher, Thymol, Menthol

Die aus ätherischen Ölen gewonnenen Substanzen Campher, Thymol und Menthol werden in der Dermatologie aufgrund ihrer juckreizlindernden und antiseptischen Wirkung eingesetzt. Zudem wirken die Substanzen hyperämisierend (sog. counterirritants) und entzündungshemmend. Auch für ätherische Öle ist eine eingeschränkte Verträglichkeit für Katzen und Jungtiere zu beachten.

14.5.12 Schieferölsulfonate (Ammoniumbituminosulfonat, Ichthyol)

Ammoniumbituminosulfonat (Ichthyol) wird durch trockene Destillation aus schwefelreichem Schieferöl gewonnen, gereinigt und in eine wasserlösliche Salzform überführt. Die Zahl der Inhaltsstoffe – vorwiegend gesättigte und ungesättigte Kohlenwasserstoffe – liegt bei über 10 000. Helles Ammoniumbituminosulfonat hat eine im Vergleich zu dunklem Ammoniumbituminosulfonat stärkere Wirkung. Das Stoffgemisch wirkt antiseptisch, resorptionsfördernd, juckreizlindernd, entzündungshemmend und phagozytosefördernd.

Ichthyol hemmt eine durch chemotaktische Faktoren induzierte Migration von Leukozyten. Eine Verminderung der Freisetzung von Leukotrien B_4 aus polymorphkernigen Leukozyten wurde nachgewiesen. Als Indikationen zur Anwendung von bis zu 50 % Ichthyol enthaltenden Formulierungen sind Abszessreifung, Furunkulose, Phlegmone, verschiedene entzündliche Hauterkrankungen und – in niedriger Konzentration von weniger als 2 % angewendet – eine Beschleunigung der verzögerten Wundheilung zu nennen. Letzteres ist jedoch nur bei verzögerter Wundheilung indiziert, da der normale, ungestörte Heilprozess pharmakologisch nicht wesentlich beschleunigt werden kann.

14.5.13 Teere (Steinkohlenteer, Holzteer)

Die Inhaltsstoffe von Teeren wirken juckreizlindernd, entzündungshemmend und antiseptisch. Die epidermale Zellproliferation wird gehemmt. Teere enthalten kanzerogene Substanzen. Zudem kommt es in der Haut zu einer Induktion wirkstoffmetabolisierender Enzyme, die bei der Entstehung kanzerogener Metaboliten aus Fremdstoffen beteiligt sind. Obwohl eine durch Teer induzierte Kanzerogenese bisher klinisch nicht sicher nachgewiesen werden konnte, ist dessen Anwendung sehr kritisch zu beurteilen.

14.5.14 Polyvinylpyrrolidon-Jod

Das Iodophor Polyvinylpyrrolidon-Jod wird in der Veterinärdermatologie häufig zur Haut- und Schleimhautdesinfektion (S. 520) sowie auch zur Wundbehandlung eingesetzt. Es enthält etwa 10 % verfügbares Jod. Unverträglichkeitsreaktionen sind für Polyvinylpyrrolidon-Jod beschrieben (Jodallergie, Histaminfreisetzung durch Polyvinylpyrrolidon). Einen positiven Effekt im Sinne einer Beschleunigung der Wundheilung entfaltet Polyvinylpyrrolidon-Jod bei Verwendung von Zubereitungen mit einem Wirkstoffgehalt von 1 %, während in Präparaten zur Desinfektion in der Regel 10 % Wirkstoff enthalten sind.

14.5.15 Lebertran, Zinkoxid, Dexpanthenol

Lebertran (Oleum jecoris) enthält hauptsächlich Glyceride ungesättigter Fettsäuren und die Vitamine A und D. Ihm wird eine wundheilungsfördernde Wirkung zugeschrieben. Lebertran findet äußerlich zumeist in Kombination mit Zink (Zinkoxid) Anwendung.

Mit der Indikation Wundheilungsförderung werden auch Dexpanthenol enthaltende Formulierungen zur topischen Anwendung verwendet; zugelassene Veterinärprodukte befinden sich nicht auf dem Markt.

14.5.16 Nachtkerzen- und Fischöl

In den letzten Jahren kommen bei der Behandlung von Hauterkrankungen in zunehmendem Maß Präparate zum Einsatz, die Nachtkerzen- und Fischöl enthalten. Der Grundgedanke dieser Behandlung besteht darin, dass ein Mangel an essenziellen Fettsäuren zu charakteristischen Veränderungen der Haut führt. Beim Hund sind dies eine trockene, schuppende Haut, glanzloses Fell, Alopezie, Pruritus, Otitiden und schließlich Infektionen und Seborrhoe. Bei verschiedenen Hauterkrankungen (atopische Dermatitis, Psoriasis vulgaris, Acrodermatitis enteropathica) wurde eine veränderte Zusammensetzung der epidermalen Lipide festgestellt. Die in den Ölen enthaltenen ungesättigten Fettsäuren sollen durch eine Beeinflussung der Prostaglandin- und Leukotriensynthese eine Heilung der Erkrankungen herbeiführen. Nachtkerzenöl („Evening primrose oil"), das aus *Oenothera*-Arten gewonnen wird, enthält etwa 70 % Linolsäure sowie 10 % γ-Linolensäure. Die Wirkung dieser ungesättigten Fettsäuren lässt sich durch die Bildung von Prostaglandinen der 1-Serie (PGE_1 und $PGF_{1\alpha}$) erklären, da diese im Gegensatz zu den Prostaglandinen der 2-Serie weniger proinflammatorisch wirksame Mediatoren darstellen. γ-Linolensäure wird in 15-Hydroxy-Linolensäure umgewandelt, die zudem die Leukotriensynthese hemmt. Das verwendete Fischöl enthält die n-3-Fettäuren Eikosapentaensäure und Docosahexaensäure. Eikosapentaensäure kann in einer durch die Δ-6-Desaturase katalysierten Reaktion in Docosahexaensäure umgewandelt werden. Die n-3-Fettsäuren verdrängen die n-6-Substrate von der Cyclo- und Lipoxygenase; es entstehen mit Prostaglandinen der 3-Serie und den Leukotrienen LTB_5 sowie LTC_5, LTD_5 und LTE_5 weniger proinflammatorisch aktive Metaboliten. Die entzündungshemmende Wirkung von LTB_5, das in einer durch die 5-Lipoxygenase katalysierten Reaktion aus Eikosapentaensäure entsteht, wird auf seine Affinität zu LTB_4-Rezeptoren und die Verdrängung des proinflammatorischen LTB_4 vom Rezeptor zurückgeführt. Die im Schrifttum erwähnten Behandlungserfolge für diese oft in Kombination eingesetzten Öle variieren in weitem Umfang.

FAZIT PHARMAKOLOGIE DER HAUT 

Die Haut weist als äußerlich zugängliches Organ die Besonderheit auf, dass sowohl eine lokale (topische) als auch systemische Behandlung mit Arzneistoffen möglich ist. Bei äußerlicher Arzneistoffanwendung kommt der Hornschicht als wichtigster Penetrationsbarriere besondere Bedeutung zu. Besonders relevante Wirkstoffe bzw. Wirkstoffgruppen sind bei der Behandlung von Hauterkrankungen die Glucocorticoide, bei denen hinsichtlich ihrer Wirkungspotenz sehr große Unterschiede bestehen, Calcineurininhibitoren oder der Janus-Kinase-Inhibitor Oclacitinib.

(Weiterführende) Literatur

[1] Greaves MW, Shuster S (Eds.). Pharmacology of the skin. Vol. I–II. Handbook Exp Pharmacol Toxicol 87/I–II. Berlin, Heidelberg, New York, London, Paris, Tokyo: Springer-Verlag; 1989

[2] Lubach D, Kietzmann M. Dermatokortikoide. Stuttgart, Berlin: Verlag W. Kohlhammer; 1992

[3] Maddison JE, Page SW, Church DB. Small animal clinical pharmacology. 2. Aufl. Edinburgh: Saunders Elsevier; 2008

[4] Niedner R, Ziegenmayer J (Hrsg.). Dermatika. Stuttgart: Wiss. Verlagsgesellschaft; 1992

[5] Noli C, Scarampella F, Toma S. Praktische Dermatologie bei Hund und Katze. 3. Aufl. Hannover: Schlütersche Verlagsgesellschaft; 2013

[6] Scott DW, Miller WH, Griffin CE. Muller and Kirk's small animal dermatology. 6. Aufl. Philadelphia: Saunders; 2001

Spez. Pharmakologie

15 Antibiotika und antibakteriell wirksame Chemotherapeutika

A. Richter, R. Scherkl

15.1 Einführung

Die Entdeckungen der ersten antibakteriell wirksamen Arzneistoffe mit einer akzeptablen systemischen Verträglichkeit zählen zu den Sternstunden der Medizingeschichte, weil damit viele Infektionserkrankungen erstmals erfolgreich **kausal** behandelt werden konnten. Die „antibiotische Ära" begann mit der klinischen Anwendung von Sulfanilamid im Jahre 1936 und der großtechnischen Produktion von Penicillin seit 1943. Als Alexander Fleming 1945 den Nobelpreis für die Entdeckung des Penicillins entgegennahm, warnte er schon vor der Möglichkeit, dass Bakterienpopulationen zunehmend ihre Empfindlichkeit gegen Antibiotika verlieren, d. h. resistent werden. Diese Annahme fand mit wachsendem Antibiotikaeinsatz schon bald Bestätigung. Im Wettlauf mit der globalen Zunahme von Antibiotikaresistenzen wurden seitdem über 100 Wirkstoffe verschiedener Antibiotikaklassen (**Abb. 15.1**) gegen bakterielle Infektionserkrankungen als Human- und Tierarzneimittel entwickelt. In den letzten Jahrzehnten sind nur wenige Neuentwicklungen hinzu gekommen, da die Entwicklungskosten für neue Wirkstoffe heute einerseits sehr hoch sind und andererseits die Wirkungsverluste durch Resistenzentwicklungen die Vorteile neuer Antibiotika schnell aufheben können, sodass für die pharmazeutische Industrie relativ geringe Anreize für Investitionen bestehen. Um den Wettlauf gegen die Antibiotikaresistenzen zu gewinnen und das Zusteuern auf eine „postantibiotische Ära" zu vermeiden, ist daher ein verantwortungsvollen Antibiotikaeinsatz (S. 403) in der Tier- und Humanmedizin ausschlaggebend.

15.1.1 Begriffliche Einordnung

Paul Ehrlich führte 1906 den Begriff **Chemotherapie** ein für die selektive Abtötung von Krankheitserregern ohne erhebliche Schädigung des Organismus. Die Entwicklung von antibakteriell wirksamen Substanzen beruht auf diesem sogenannten Konzept der **„selektiven Toxizität"**, d. h. einer Abtötung bzw. Schädigung von Mikroorganismen ohne erhebliche Beeinträchtigung des Wirtsorganismus. Paul Ehrlich war wesentlich an der Entwicklung von

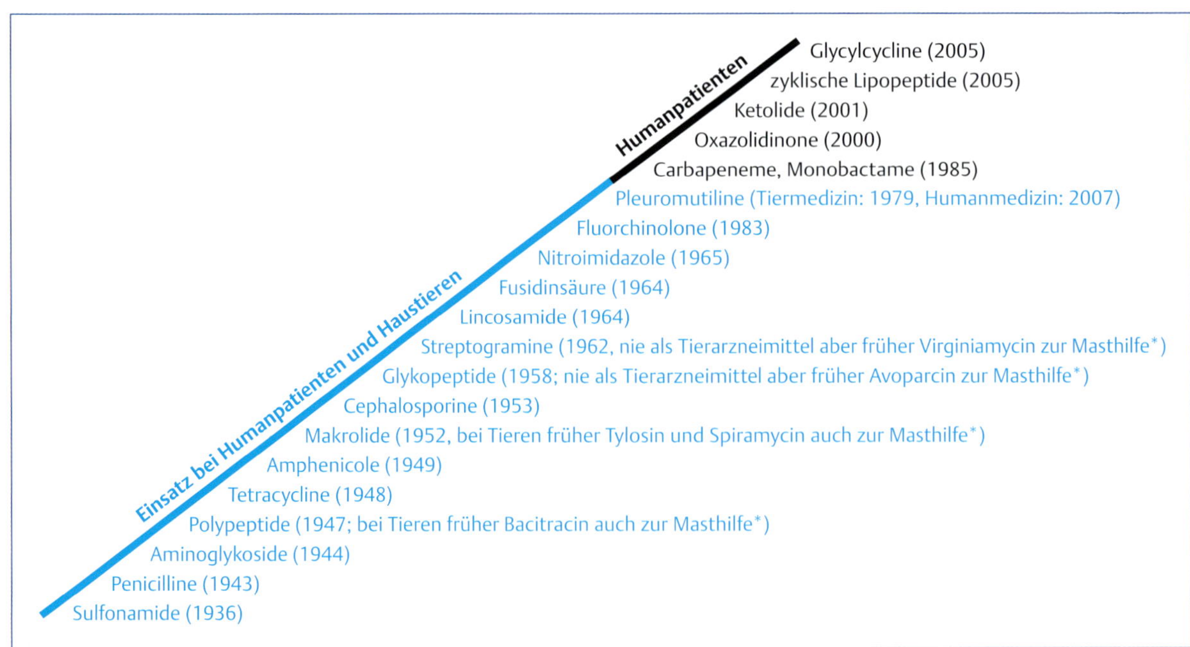

Abb. 15.1 Entwicklung verschiedener Antibiotikaklassen. Die Zahlen geben das Jahr der Markteinführung an. Den verschiedenen Antibiotikaklassen sind teils neuere Wirkstoffe zuzuordnen, die als Tierarzneimittel und/oder Humanarzneimittel angewendet werden. Die Carbapeneme, Monobactame und die seit 2000 neu eingeführten Antibiotikaklassen sind der Humanmedizin vorbehalten. * = Einige Antibiotika wurden aufgrund ihrer Effekte auf die Darmflora als Futterzusatzstoffe (keine Arzneimittel) zur Steigerung der Mastleistung (Masthilfe, d. h. „Wachstumsförderung" bzw. „Leistungsförderung") ohne tierärztliche Verordnung angewendet bis zum Verbot aller antibakteriell wirksamen Leistungsförderer (Deutschland 1999; EU-weit 2006). Darunter waren auch Wirkstoffe aus den Antibiotikaklassen der Glykopeptide und Streptogramine, die als Humanarzneimittel eine Bedeutung gegen multiresistente Problemkeime erlangt haben (Vancomycin, Teicoplanin bzw. Quinupristin, Dalfopristin). Weiteres zu antibakteriell wirksamen Leistungsförderern siehe 2. Auflage des Buches.

Arsphenamin (organische Arsenverbindung) beteiligt, das 1910 als erstes antibakterielles Antiinfektivum gegen Syphilis unter dem Handelsnamen Salvarsan Marktreife erlangte. Unter dem Begriff **Chemotherapeutika** wurden synthetisierte Substanzen mit Wirksamkeit gegen Krankheitserreger eingeordnet (z. B. Sulfonamide). Der Begriff **Antibiotika** bezieht sich hingegen auf alle selektiv antibakteriell wirksamen Stoffe, die von verschiedenen Mikroorganismen (vorwiegend Bodenbakterien und -pilzen) gebildet werden, d. h. natürlichen Ursprungs sind (z. B. Penicillin). Auf diese Unterscheidung wird heute im Allgemeinen verzichtet, weil viele Antibiotika heute nicht mehr biotechnologisch produziert, sondern chemisch hergestellt (z. B. Tetracycline) bzw. chemisch modifiziert werden (z. B. Aminopenicilline). Antibakteriell wirksame Pharmaka werden heute bevorzugt unter dem Begriff Antibiotika zusammengefasst. Sie gehören zur übergeordneten Gruppe der **Antiinfektiva**, zu denen auch Virostatika, Antimykotika, Antiparasitika und im weitesten Sinne auch Desinfektionsmittel (nur lokal anzuwenden) zählen. Der Begriff **antimikrobiell** wirksame Substanz wird häufig synonym für „antibakteriell" verwendet, schließt jedoch eine Wirksamkeit gegen andere „Mikroben" ein (z. B. Pilze, Protozoen). Antibiotika wirken aber in der Regel ausschließlich gegen Bakterien.

15.1.2 Einsatz von Antibiotika

Um der Selektion von resistenten Bakterien nicht Vorschub zu leisten, ist es wichtig, Antibiotika nur bei medizinischer Notwendigkeit anzuwenden. Letztere ist bei schweren bakteriell bedingten Erkrankungen gegeben, die durch das körpereigene Immunsystem nicht abgewehrt werden können. Dieser Forderung wird in verschiedenen Bereichen der Medizin offenbar nicht gebührend Rechnung getragen, denn nach heutigen Schätzungen werden pro Stunde (!) viele Tonnen Antibiotika weltweit produziert. In einigen Ländern kommen Antibiotika auch heute noch zum Zweck der Mastleistungssteigerung bei Tieren zum Einsatz. In den EU-Ländern sind solche antibakteriell wirksamen Leistungsförderer als Futterzusatzstoffe hingegen seit 2006 generell verboten, in Deutschland bereits seit 1999 (**Abb. 15.1**). Die Verkaufszahlen antibiotikahaltiger Arzneimittel für Tiere liegen in den meisten EU-Ländern, so insbesondere auch in Deutschland, auf hohem Niveau. In Deutschland und anderen EU-Ländern hat dies wichtige arzneimittelrechtliche Änderungen nach sich gezogen mit der Zielsetzung, den Verbrauch zu reduzieren.

Laut zentralen Datenerhebungen von 2011–2014 (www.bvl.bund.de) wurden an Tierärzte allein in Deutschland rund 1250–1700 Tonnen antibakterielle Wirkstoffe in Form von Fertigarzneimitteln pro Jahr zur Anwendung bei Tieren bzw. zur Abgabe an Tierhalter geliefert. Innerhalb der letzten Jahre haben die Mengen abgenommen. Wie in den Vorjahren lagen die Hauptabgabemengen 2014 bei den Penicillinen (450 t) und Tetracyclinen (342 t), gefolgt von Sulfonamiden (121 t), Makroliden (109 t), Polypeptid-Antibiotika (Colistin, 107 t) und Aminoglykosiden (38 t). Des Weiteren wurden rund 12 t Fluorchinolone und etwa 4 t Cephalosporine der 3. und 4. Generation abgegeben. Da nicht nur die Mengen, sondern auch die Wirkungspotenz und die daran zu messenden Tagesdosen zu berücksichtigen sind, ist der Verbrauch an Fluorchinolonen nicht zu unterschätzen. Der größte Anteil des Antibiotikaverbrauchs entfällt insgesamt auf Masttierbestände.

Die **Einsatzgebiete von Antibiotika** umfassen in der Veterinärmedizin die Prophylaxe, die sogenannte Metaphylaxe und die Therapie. Bei der **Therapie** mit Antibiotika werden ausschließlich Tiere behandelt, die aufgrund einer bakteriellen Infektion Krankheitssymptome aufweisen. Als **Metaphylaxe** gilt die Verabreichung von Antibiotika an eine gesamte Tiergruppe zu einem Zeitpunkt, an dem nur einige Tiere der Gruppe Symptome zeigen. Die metaphylaktische Anwendung von Antibiotika lässt sich nur dann begründen, wenn zu erwarten ist, dass noch symptomfreie Tiere bereits infiziert sind und dadurch bald erkranken werden. **Prophylaxe** ist definiert als die Verabreichung von Antibiotika an klinisch gesunde Tiere zur Vermeidung einer bakteriellen Infektion. Eine Prophylaxe ist in der Regel strikt abzulehnen und nur in bestimmten Fällen indiziert (z. B. unter bestimmten Umständen perioperativ, Trockensteller in Beständen mit Mastitisproblematik). Die sogenannte Einstallungsprophylaxe ist abzulehnen und kann im begründeten Einzelfall nur dann tierärztlich als „metaphylaktische Maßnahme" gerechtfertigt werden, wenn ein Problemkeim durch bakteriologische Untersuchungen (Art des Erregers, Resistenzlage) eindeutig identifiziert wurde, die Pathogenität des Erregers massive Gesundheitsprobleme im Tierbestand erwarten lässt und ad hoc keine anderen Maßnahmen zur Vermeidung getroffen werden können. Generell ist zu überprüfen, ob sich durch andere nachhaltig wirksame Maßnahmen wie ein verbessertes Hygiene- und Haltungsmanagement wiederholte Anwendungen von Antibiotika vermeiden lassen.

Jeder Anwendung eines Antibiotikums muss das Bedenken von Risiken vorausgehen. Hierbei ist zum einen die mögliche Forcierung der Resistenzproblematik zu bedenken, die zum Verlust der kausalen Therapiemöglichkeiten schwerer bakteriell bedingter Erkrankungen führen kann. Zum anderen werden gleichzeitig kommensale Bakterien bekämpft, die als Bestandteil der physiologischen Keimflora u. a. für die Verdauung wie auch die Aktivierung des Immunsystems sehr nützlich sind. Die **Reduzierung und Optimierung des Antibiotikaeinsatzes** bei Tieren zur Vermeidung von Resistenzselektionen und von Therapieversagen setzt neben einer ordnungsgemäßen Diagnostik die Auswahl geeigneter Wirkstoffe sowie deren korrekte Anwendung (Dosis, Dosisintervalle, Applikationsart, Behandlungsdauer) voraus. Allgemeine Aspekte hierzu werden nachfolgend der Beschreibung einzelner Antibiotikaklassen vorangestellt.

15.2 Allgemeine Charakteristika von Antibiotika und Begriffsbestimmungen

15.2.1 Pharmakodynamik

Wirktyp (Wirkungstyp)

Durch Angriff an bestimmten bakteriellen Strukturen wirken Antibiotika

1. **bakterizid** (**Bakterizidie** = irreversible Schädigung und Abtötung einer Bakterienpopulation) oder
2. **bakteriostatisch** (**Bakteriostase** = reversible Hemmung des Wachstums bzw. der Vermehrung einer Bakterienpopulation).

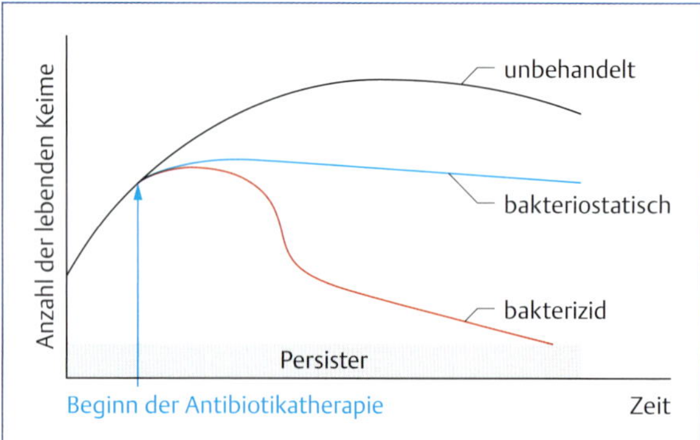

Abb. 15.2 Einfluss von Antibiotika auf die Zahl der überlebenden Bakterien (Ordinate) in Abhängigkeit von der Zeit, die ein Antibiotikum in effektiven Konzentrationen einwirkt (Abszisse). Ohne Behandlung nimmt die Zahl der überlebenden Bakterien zu (schwarze Linie), während sie durch ein bakterizid wirkendes Antibiotikum schnell abnimmt (rote Linie). Durch eine bakteriostatisch wirkende Substanz kommt es in Verbindung mit der körpereigenen Immunabwehr zu einer langsameren Abnahme der Zahl (blaue Linie). Sogenannte Persister („nicht oder langsam wachsende Keime") werden unabhängig vom Wirktyp nicht durch ein Antibiotikum erfasst. Persister sind Bakterien, die unter Antibiotikaeinfluss weder sterben noch – wie im Falle von Resistenzen – wachsen.

Dieses als **Wirktyp** oder Wirkungstyp (**Tab. 15.1**) bezeichnete Charakteristikum eines Antibiotikums stellt ein wichtiges Auswahlkriterium dar. Wie in **Abb. 15.2** dargestellt, bewirken bakterizid wirkende Antibiotika durch Abtötung der Bakterien eine schnelle Reduktion der Bakterienpopulation. Bei einer Bakteriostase hängt die Abnahme hingegen stärker von der körpereigenen Immunabwehr ab. Daher ist ein bakterizid wirkendes Antibiotikum bei Immundefiziten bzw. bei gleichzeitiger Gabe immunsuppressiver Arzneimittel zu bevorzugen. Nachteile des durch Bakterizidie bedingten raschen Anstiegs von toten Keimen bzw. Bakterienbestandteilen können allerdings darin bestehen, dass die damit gebildeten entzündungsauslösenden Substanzen vom Wirtsorganismus nicht entsprechend schnell beseitigt werden. Werden sowohl ruhende als auch proliferierende Keime von einem Antibiotikum abgetötet, spricht man von einer **primär bakteriziden** Wirkung (Aminoglykoside, Fluorchinolone), während eine Abtötung von ausschließlich proliferierenden Bakterien als **sekundär bakterizide Wirkung** (z. B. β-Lactam-Antibiotika) bezeichnet wird. Entsprechend erfolgt auch eine Unterscheidung in **konzentrationsabhängige und zeitabhängige Bakterizidie** (S. 409).

Wirkungsmechanismen

Hauptangriffspunkte bei **bakteriziden Wirkungen** sind die Zellwand, Zellmembran und die Nukleinsäuren der Bakterien (**Abb. 15.3**). An der Zellwand greifen β-Lactam-Antibiotika (z. B. Penicilline, Cephalosporine) in die Synthese des Peptidoglykangerüsts (Murein) ein, das in der Säugetierzelle nicht existiert. Eine Störung der Zellwandsynthese führt zum Platzen und zur Lysis der Bakterienzelle (**bakteriolytisch**). Die in der Humanmedizin verwendeten Glykopeptidantibiotika interferieren auf einer anderen Stufe mit der Mureinsynthese. Zur Lysis der Bakterienzelle führen auch Substanzen, die eine direkte (Polymyxine) oder indirekte (Aminoglykoside) Schädigung der bakteriellen Zellmembran bewirken. Ebenfalls bakterizid wirken die sog. Gyrasehemmer (Fluorchinolone), indem sie die bakterielle

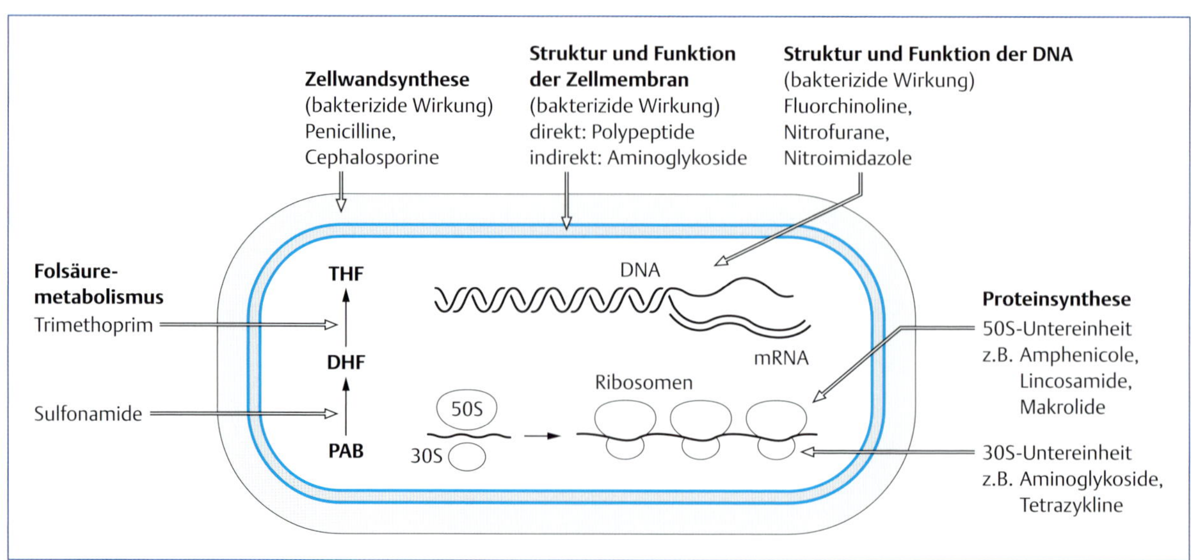

Abb. 15.3 Angriffsorte von Antibiotika in Bakterien; PAP = p-Aminobenzoat, DHF = Dihydrofolat, THF = Tetrahydrofolat.

Tab. 15.1 Wichtige Charakteristika der tiermedizinisch relevanten Antibiotika. Vereinfachte Übersicht: Besonderheiten bei einzelnen Tierarten sowie zu bestimmten Wirkstoffen (z. B. Verträglichkeit, erweitertes Spektrum, pharmakokinetische Besonderheiten) sind nicht berücksichtigt.

Wirkstoffklasse	Wirkstoffe	Wirktyp/ Wirkungsmechanismus	Wirkungsspektrum	therapeutische Breite[1]	Nebenwirkungen*	Gewebegängigkeit (V_d)[2]
Aminoglykoside	Apramycin, Gentamicin, Kanamycin, Neomycin, Spectinomycin, Streptomycin, Dihydrostreptomycin	primär bakterizid (konzentrationsabhängig) Bildung von „Nonsense-Proteinen“, Störung der Zellmembran-Permeabilität	gramnegativ, z. T. grampositiv	gering (systemisch) bis mittel (oral/lokal)	Neurotoxizität, Ototoxizität, Nephrotoxizität	gering
Amphenicole (Fenicole)	Chloramphenicol, Florfenicol	bakteriostatisch Hemmung der Proteinsynthese	breit: grampositiv und gramnegativ	mittel/groß	Knochenmarksuppression	groß (auch Blut-Hirn-Schranke)
β-Lactame: Penicilline	Aminopenicilline (Ampicillin, Amoxicillin)	sekundär bakterizid (zeitabhängig) Hemmung der Zellwandsynthese	breit: grampositiv und gramnegativ	groß	Allergiepotenzial, Kreuzallergie möglich zwischen β-Lactamen	mittel
	Amoxicllin + Clavulansäure	sekundär bakterizid (zeitabhängig) Hemmung der Zellwandsynthese	auch β-Lactamasebildner	groß	Allergiepotenzial, Kreuzallergie möglich zwischen β-Lactamen	mittel
	Benzylpenicillin	sekundär bakterizid (zeitabhängig) Hemmung der Zellwandsynthese	grampositiv (Pasteurellen)	groß	Allergiepotenzial, Kreuzallergie möglich zwischen β-Lactamen	mittel
	Cloxacillin, Oxacillin	sekundär bakterizid (zeitabhängig) Hemmung der Zellwandsynthese	grampositiv	groß	Allergiepotenzial, Kreuzallergie möglich zwischen β-Lactamen	mittel
β-Lactame: Cephalosporine	frühe Generationen: z. B. Cefalexin	sekundär bakterizid (zeitabhängig) Hemmung der Zellwandsynthese	grampositiv, z. T. gramnegativ	groß	Allergiepotenzial, Kreuzallergie möglich zwischen β-Lactamen	mittel
	neuere Generation: z. B. Cefoperazon, Cefovecin, Ceftiofur, Cefquinom	sekundär bakterizid (zeitabhängig) Hemmung der Zellwandsynthese	breit: grampositiv und gramnegativ, β-Lactamasebildner	groß	Allergiepotenzial, Kreuzallergie möglich zwischen β-Lactamen	mittel
Fluorchinolone	Danofloxacin, Difloxacin, Enrofloxacin, Ibofloxacin, Marbofloxacin, Orbifloxacin, Pradofloxacin	primär bakterizid (konzentrationsabhängig) Gyrasehemmung	breit: grampositiv und gramnegativ, Mykoplasmen	groß	gelenkschädigend beim Jungtier	groß
Fusidane	Fusidinsäure	bakteriostatisch Hemmung der Proteinbiosynthese	grampositive Kokken	groß	lokal Reizung	groß

Tab. 15.1 Fortsetzung

Wirkstoffklasse	Wirkstoffe	Wirktyp/ Wirkungsmechanismus	Wirkungsspektrum	therapeutische Breite[1]	Nebenwirkungen*	Gewebegängigkeit $(V_d)^2$
Lincosamide	Clindamycin, Lincomycin, Pirlimycin	bakteriostatisch Hemmung der Proteinbiosynthese	grampositiv, Mykoplasmen, Pasteurellaceae	mittel	gastrointestinale Störungen	groß
Makrolide	Erythromycin, Gamithromycin, Spiramycin, Tildipirosin, Tilmicosin, Tulathromycin, Tylosin, Tylvalosin	bakteriostatisch Hemmung der Proteinbiosynthese	grampositiv, Mykoplasmen, Pasteurellaceae	mittel bis groß	gastrointestinale Störungen	groß
Pleuromutiline	Tiamulin, Valnemulin	bakteriostatisch Hemmung der Proteinbiosynthese	grampositiv, Mykoplasmen, Pasteurellaceae	groß	Unverträglichkeit mit Ionophoren	groß
Polypeptide	Colistin	bakterizid (konzentrationsabhängig?) Störung der Zellmembran-Permeabilität	gramnegativ	groß (oral/lokal) bis gering (systemisch)	Neurotoxizität	gering
	Polymyxin B	bakterizid (konzentrationsabhängig?) Störung der Zellmembran-Permeabilität	gramnegativ	groß (oral/lokal) bis gering (systemisch)	Neurotoxizität	gering
	Bacitracin	bakterizid Hemmung der Zellwandsynthese	grampositiv (*Clostridium perfringens*)	groß (oral)	– (lokal)	gering
Sulfonamide	Sulfadiazin, Sulfadoxin, Sulfadimidin u. a.	bakteriostatisch Hemmung der Folsäuresynthese	breit: grampositiv und gramnegativ, Protozoen	mittel	potenziell nephrotoxisch, Schockgefahr bei i. v. Anwendung	mittel
	Kombination mit Trimethoprim	bakterizid im günstigen Dosisverhältnis (zeitabhängig) Hemmung der Folsäuresynthese	breit: grampositiv und gramnegativ, Protozoen	mittel	potenziell nephrotoxisch, Schockgefahr bei i. v. Anwendung	mittel
Tetracycline	Chlortetracyclin, Oxytetracyclin, Tetracyclin, Doxycyclin	bakteriostatisch Hemmung der Proteinbiosynthese	breit: grampositiv und gramnegativ, Mykoplasmen, Chlamydien	mittel	Störungen der Odontogenese, des Knochenwachstums	groß

[1] Therapeutische Breite: Klassifizierung erfolgt für Nebenwirkung bei Überdosierung in groß (> 3), mittel (3–2) und gering (< 2). Nebenwirkungen sind nur beispielhaft genannt.
[2] Gewebegängigkeit: Einteilung erfolgt nach dem scheinbaren Verteilungsvolumen V_d (l/kg) als gering ($V_d < 0{,}25$, keine/kaum Gewebeverteilung), mittel ($V_d < 0{,}6$, Gewebespiegel max. wie Blutspiegel), groß ($V_d \geq 0{,}6$, gute Gewebepenetration); einzelne Wirkstoffe können sich durch Anreicherung in bestimmten Geweben auszeichnen (z. B. bestimmte Makrolide im infizierten Lungengewebe; gute Knochengängigkeit von Lincosamiden).
* Beachte tierartliche Besonderheiten oder Vorerkrankungen (z. B. Niereninsuffizienz).

Topoisomerase hemmen. Topoisomerasen sind im Zellkern lokalisiert und für das „DNA-Supercoiling" sowie für die DNA-Synthese wichtig. Zur Bakterizidie führen auch direkte Schädigungen der DNA über die Bildung von reaktiven Metaboliten, wie dies durch reduktive Prozesse bei Nitrofuranen und Nitroimidazolen hervorgerufen wird. Die Hemmung der Transkription über die Beeinflussung von DNA- und RNA-abhängigen Polymerasen durch Ansamycine hat ebenfalls bakterizide Effekte.

Bakteriostatische Wirkungen entfalten sich durch Störungen der Proteinsynthese an den Ribosomen oder durch Eingriff in die Folsäuresynthese. Zur Proteinsynthese werden die in der mRNA enthaltenen genetischen Informationen an den Ribosomen in eine korrespondierende Peptidkette übersetzt (Translation). Die dazu benötigten aktivierten Aminosäuren werden von der tRNA zu den Codons der mRNA transportiert, wo das Enzym Peptidylsynthase die Quervernetzung der Aminosäuren katalysiert. Antibiotika wirken dabei an 30S- oder 50S-Untereinheiten von Ribosomen, die im Gegensatz zu eukaryontischen Zellen für Bakterien zur Proteinsynthese essenziell sind. Angriffspunkt der Tetracycline ist die 30S-Untereinheit des Ribosoms. Sie hemmen dort das Andocken des tRNA-Aminosäure-Komplexes. Aminoglykoside interagieren ebenfalls mit dieser Untereinheit, wobei sie Ablesefehler an der mRNA induzieren. Durch Einbau falscher Aminosäuren werden „Nonsense"-Proteine gebildet und u. a. in die Bakterienmembran inkorporiert (indirekte Membranschädigung), worüber die bakterizide Wirkung erklärt wird. Amphenicole interferieren mit der Peptidyltransferase und ihren Substraten durch Hemmung der Bildung der Peptidbindungen, sodass die Elongation der Peptidketten gestört wird. Auch Makrolide, Lincosamide und weitere Antibiotikaklassen greifen an 50S-Ribosomen an und verhindern dort die Translokation eines neugebildeten Aminosäure-t-RNA-Komplexes. Sulfonamide und Diaminopyrimidine, wie z. B. Trimethoprim, beeinflussen hingegen den Bakterienstoffwechsel durch Störung der Folsäuresynthese, die für viele Bakterien essenziell ist, während eukaryontische Zellen exogene Folsäure aufnehmen können. Sulfonamide sind kompetitive Antagonisten der p-Aminobenzoesäure, die als Vorstufe der bakteriellen Folsäuresynthese dient. Diaminopyrimidine hemmen einige Syntheseschritte später die Bildung von Tetrahydrofolat. Dadurch wird die Synthese von Purinbasen und von Desoxy-Thymidinmonophosphat, die für die DNS-Replikation notwendig sind, gehemmt.

Die Wirkungsmechanismen wichtiger Antibiotika sind in **Tab. 15.1** aufgeführt.

Wirkungspotenz (MHK) und Wirkungsspektrum

Die antibakterielle **Wirkungspotenz** eines Antibiotikums wird durch die In-vitro-Empfindlichkeit als **minimale Hemmkonzentration (MHK)** angegeben. Die MHK ist die geringste Konzentration eines Antibiotikums, durch die bestimmte Bakterien in vitro im Wachstum gehemmt bzw. abgetötet werden. Damit ein Antibiotikum überhaupt wirksam werden kann, muss bei dem ursächlichen Erreger der Angriffsort des Wirkstoffs vorhanden und erreichbar sein. Relevant sind hierfür unter anderem die äußeren Strukturen der Bakterien. **Grampositive Bakterien** weisen eine starke, aus Proteoglykanen bestehende Mureinschicht auf, die für die Stabilität gegenüber einem hohen osmotischen Druck eine wichtige Rolle spielt. **Gramnegative Bakterien** besitzen eine zusätzliche äußere Membran mit selektiver Permeabilität, aber eine nur dünne Mureinschicht (siehe Lehrbücher zur Mikrobiologie). Wenn in einem Bakterium die Zielstruktur für ein Antibiotikum nicht vorhanden ist, besitzt es eine sogenannte intrinsische (Syn.: natürliche oder primäre) Resistenz. Wie im Kapitel zu den Antibiotikaresistenzen (S. 410) näher beschrieben, existiert sie bereits vor einem Kontakt mit dem Antibiotikum (z. B. *E. coli* gegen Benzylpenicillin). Diese primär resistenten Keime fallen folglich nicht in das Wirkungsspektrum eines Antibiotikums. Daher ist die Erregeridentifizierung (S. 410) für die Auswahl eines Antibiotikums von großem Wert. Bei den sogenannten **Persistern** handelt es sich zwar um Keime einer Bakterienspezies, bei denen der Angriffsort vorhanden ist, die sich aber in einer Phase geringen oder fehlenden Wachstums befinden und daher nicht vom Antibiotikum erfasst werden bzw. durch andere Faktoren, wie Biofilme, vor dem Angriff eines Antibiotikums geschützt sind.

Das **Wirkungsspektrum** gibt an, welche Erregerarten unter Einbeziehung der MHK von einem Antibiotikum erfasst werden. Zu beachten sind hierbei aber auch die pharmakokinetischen Eigenschaften (**Tab. 15.1**) des Wirkstoffs (wird die MHK am Infektionsort erreicht?) und toxikologische Aspekte (sind Dosierungen, die zum Erreichen der MHK am Infektionsort führen, für den Wirtsorganismus noch verträglich?). Bei der Auswahl der Wirkstoffklasse muss sichergestellt sein, dass mit dem gewählten Wirkstoff die an der Infektion beteiligten Erreger sicher gehemmt bzw. abgetötet werden. **Breitspektrum-Antibiotika** zeichnen sich durch eine Wirksamkeit sowohl gegen grampositive als auch gramnegative Bakterien aus. Ihr Einsatz ist vor allem bei Mischinfektionen oder bei der sogenannten „kalkulierten Therapie" gerechtfertigt, d. h. bei schweren Erkrankungen, die einer sofortigen Behandlung bedürfen, sodass zu diesem Zeitpunkt noch keine Befunde einer bakteriellen Diagnostik vorliegen können. Dabei ist allerdings zu beachten, dass unabhängig von erworbenen Resistenzen (S. 410) auch bei Breitband-Antibiotika ganz entscheidende Lücken im Wirkungsspektrum bestehen können. **Schmalspektrum-Antibiotika** zeichnen sich hingegen durch eine hohe Wirkungspotenz gegen bestimmte Krankheitserreger aus (z. B. Oxacillin: sehr niedrige MHK gegen *S. aureus*). Ihr Vorteil besteht oftmals auch darin, dass sie die physiologische Keimflora in geringerem Maße beeinträchtigen als Breitspektrum-Antibiotika. Dies kann für die Verträglichkeit günstig sein und bringt geringere Risiken der Resistenzselektion bei kommensalen Keimen mit sich. Daher sind Schmalspektrum-Antibiotika bei der Auswahl möglichst zu bevorzugen.

KLINISCHER BEZUG Sowohl bei Breitspektrum- als auch bei Schmalspektrum-Antibiotika können die MHK-Werte in unterschiedlichen Bakterienpopulationen bei einzelnen Tierarten variieren. Zu beachten ist, dass die klinische Wirksamkeit eines Antibiotikums, die auch maßgeblich von der Pharmakokinetik abhängt, nur bei den Tierarten und Indikationen (Erreger, Infektionsherd) geprüft wurde, für die ein entsprechendes Arzneimittel bestimmt ist.

Nebenwirkungen, Toxizität, Kontraindikationen

Durch spezifische Angriffsorte in Bakterienzellen kann zwar eine **selektive Toxizität** gegen die Krankheitserreger erzielt werden, aber durch Störung der natürlichen Keimflora des Wirtsorganismus werden häufig Nebenwirkungen hervorgerufen, wie Durchfall, immunsuppressive Wirkungen und Begünstigung von Pilzinfektionen. Die in Tab. 15.1 genannte **therapeutische Breite** berücksichtigt nicht diese gängigen Nebenwirkungen sowie **spezies-, rassespezifische und altersabhängige Besonderheiten** sowie bestehende **Vorerkrankungen**. Die sehr gut verträglichen Penicilline haben beispielsweise zwar allgemein eine sehr große therapeutische Breite, d. h. bei vielfacher Überdosierung ist nicht mit schwerwiegenden Nebenwirkungen zu rechnen, bei Kleinnagern wie Meerschweinchen können jedoch bereits therapeutische Dosierungen zu tödlichen enteralen Dysbakterien führen. Auch die Applikationsart kann entscheidenden Einfluss auf die Verträglichkeit nehmen. So werden Wirkstoffe mit einer in Tab. 15.1 bezeichneten geringen therapeutischen Breite bevorzugt lokal bzw. bei fehlender enteraler Resorption auch oral angewendet (z. B. Neomycin). Allerdings sind auch Vorerkrankungen zu berücksichtigen. So ist die lokale Anwendung von Aminoglykosiden in den äußeren Gehörgang bei einem perforierten Trommelfell aufgrund des erhöhten ototoxischen Risikos kontraindiziert. Bei einer bestehenden Dehydratation werden nephrotoxische Effekte (z. B. der Sulfonamide) verstärkt. Fluorchinolone sind für erwachsene Tiere zwar in der Regel gut verträglich, bei Jungtieren (insbesondere bei Hunden im Alter von < 1 Jahr) können sie hingegen schwerwiegende Gelenkknorpelschäden hervorrufen. Besteht eine Niereninsuffizienz, sind potenziell nephrotoxische Antibiotika wie Aminoglykoside, Sulfonamide und ältere Cephalosporine kontraindiziert. Auch zur perioperativen Prophylaxe sind solche Antibiotika nicht Mittel der 1. Wahl. Bei anderen renal eliminierten Wirkstoffen sind u. U. Dosisanpassungen erforderlich, um eine Kumulation zu vermeiden (z. B. Tetracycline). Für einige Antibiotika ist die Verträglichkeit durch bestehende Lebererkrankungen deutlich herabgesetzt, weil sie nicht mehr effizient konjugiert werden, somit durch eine verzögerte Elimination kumulieren (z. B. für Chloramphenicol, Gyrasehemmer und Sulfonamide). Vorsicht ist auch bei überwiegend biliär eliminierten Stoffen (z. B. Erythromycin) geboten.

Wechselwirkungen: Kombinationen von Antibiotika

Bestimmte Kombinationen von antibakteriell wirksamen Stoffen können als sinnvoll erachtet werden:

1. Sulfonamide und Diaminopyridine (z. B. Trimethoprim) aufgrund der Sequenzialeffekte in der Folsäuresynthese (die Dosierung beider Wirkstoffe muss dabei auf speziesspezifische pharmakokinetische Unterschiede angepasst sein)
2. β-Lactam-Antibiotika und Aminoglykoside durch die erhöhte Membranpenetration der Aminoglykoside und Erweiterung des Spektrums

β-Lactamase-Inhibitoren (z. B. Clavulansäure) wirken zwar selbst nicht ausreichend antibakteriell, erhöhen jedoch die Wirksamkeit von β-Lactam-Antibiotika (z. B. Amoxicillin plus Clavulansäure) gegenüber Bakterien, die bestimmte β-Lactamasen bilden.

In vielen Fällen muss hingegen mit **unerwünschten** physikochemischen, pharmakokinetischen oder pharmakodynamischen Interaktionen gerechnet werden, mit der Folge, dass:

- die antibakterielle Wirksamkeit der Einzelkomponenten abnimmt oder entfällt und Resistenzselektionen begünstigt werden. Dies ist z. B. bei der Kombination von bakteriostatisch mit bakterizid wirkenden Antibiotika der Fall. Die bakterizide Wirkung auf proliferierende Keime entfällt (z. B. eines Penicillins), weil die Vermehrung durch einen bakteriostatisch wirksamen Stoff gehemmt wird (z. B. Tetracyclin). Grundregeln hierzu sind in Abb. 15.4 dargestellt. Bei den vorteilhaften bzw. möglichen Kombinationen hängt die Sinnhaftigkeit von speziellen Faktoren ab, wie dem ursächlichen Erreger;

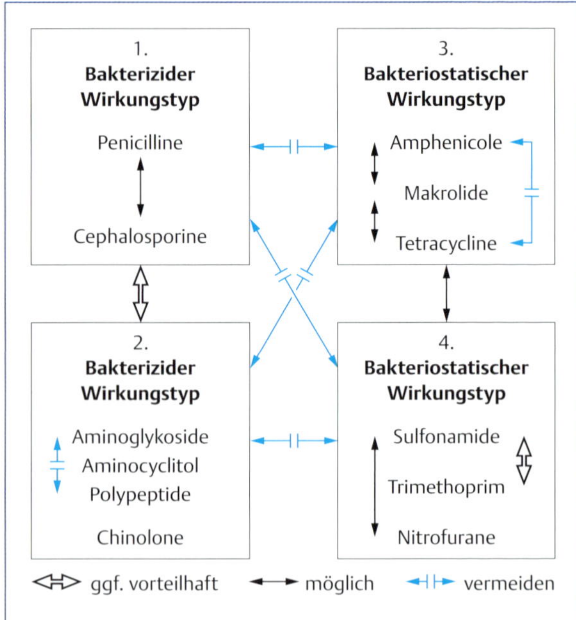

Abb. 15.4 Grundregeln zur Kombination von Antibiotika in Abhängigkeit vom Wirktyp. Nur wenige Kombinationen von Antibiotika bieten generelle Vorteile (Sulfonamide + Diaminopyrimidine). In Abhängigkeit von weiteren Faktoren, wie Erreger und Infektionsort, kann im Einzelfall die Kombination sinnvoll sein. Bestimmte Kombinationen sind prinzipiell zu vermeiden.

- sich die Nebenwirkungen verstärken;
- neue unerwartete Wirkungsqualitäten auftreten.

Einige Arzneimittel enthalten neben einem Antibiotikum auch symptomatisch wirksame Stoffe, wie antiphlogistisch wirksame Glucocorticoide. Zu beachten ist hierbei die immunsuppressive Wirkung der Glucocorticoide (S. 347). Daher sind sie mit bakterizid wirkenden Antibiotika zu kombinieren.

15.2.2 Bedeutung der Pharmakokinetik für die Wirksamkeit von Antibiotika

Die pharmakokinetischen Eigenschaften (Bioverfügbarkeit, Verteilungsvolumen bzw. Gewebegängigkeit, Eliminationswege und -geschwindigkeit) eines Antibiotikums sind entscheidende Auswahlkriterien, damit die MHK des Wirkstoffs am Infektionsort ausreichend lange erreicht wird.

Das Ausmaß der Resorption (**Bioverfügbarkeit**) und die Resorptionsgeschwindigkeit hängen nicht nur von der Applikationsart ab, sondern teils auch erheblich von der Salzform eines Antibiotikums (z. B. wird Tylosin als Phosphatsalz kaum enteral resorbiert) und den galenischen Formulierungen (entscheidend für die Freisetzung des Antibiotikums aus der Arzneiform). Für die Auswahl der Applikationsart und der Darreichungsform ist auch der Zustand des Patienten zu bedenken. Die Bioverfügbarkeit kann durch eine gleichzeitige Futtergabe (z. B. Tetracycline durch Kalzium-reiches Futter) deutlich reduziert sein, ebenso wie durch gleichzeitige Verabreichung anderer Arzneimittel (z. B. orale Gabe bestimmter Antidiarrhoika beeinträchtigt nachweislich die Resorption von Aminopenicillinen).

Da die **Gewebepenetration** eines Antibiotikums sowohl von dessen chemisch-physikalischen Eigenschaften als auch den Verhältnissen im Gewebe (u. a. pH-Wert, Durchblutungsrate, Kapillartyp, Protein-, Fettgehalt) bestimmt wird, können sich durch das Krankheitsgeschehen Änderungen in der Verteilung ergeben. Ein Antibiotikum mit einem großem **Verteilungsvolumen (Vd)** ist auszuwählen (**Tab. 15.1**), wenn Infektionen in schwer zugänglichen Geweben (Knochen-, Knorpelgewebe, Zentralnervensystem) vorliegen. Dies gilt auch für intrazellulär lokalisierte Erreger, wozu Chlamydien gehören. Trotz eines hohen Verteilungsvolumens werden nicht in allen Geweben gleichermaßen hohe Konzentrationen erreicht. Dies ist einer der Gründe, weshalb die Beachtung der angegebenen Indikationen nach Organsystemen für die verschiedenen Antibiotika wichtig ist. Ist der Infektionsort mangelhaft durchblutet oder durch Abszesse abgekapselt, können die MHK auch bei einem Wirkstoff mit einem hohen Verteilungsvolumen meist nicht erreicht werden. Chirurgische Maßnahmen haben in solchen Fällen im Vordergrund zu stehen.

Die MHK-Werte müssen für eine gewisse Zeitdauer am Infektionsort erreicht werden, um eine antibakterielle Wirksamkeit zu erzielen. Daran gemessen, ist nicht nur die **Eliminationsgeschwindigkeit** des Wirkstoffs, sondern auch die Formulierung (z. B. wässrige vs. ölige Injektionslösungen) für die Wahl der Einzeldosis, der Dosierungsintervalle und Behandlungsdauer entscheidend. Welche Spitzenkonzentrationen erforderlich sind und über welchen Zeitraum die MHK-Werte überschritten werden müssen, hängt außerdem vom Wirktyp ab. Danach werden sogenannte **zeitabhängige Antibiotika** (Regelfall) oder **konzentrationsabhängige Antibiotika** (die primär bakterizid wirksamen Aminoglykoside, Fluorchinolone, Streptogramine) unterschieden.

Die meisten Antibiotika wirken zeitabhängig, d. h. für ihre Wirksamkeit ist die Zeitspanne entscheidend, innerhalb der die Wirkstoffkonzentration im Zielgewebe oberhalb der MHK liegt (**Abb. 15.5**). Bei zeitabhängigen Antibiotika müssen somit die Dosishöhe und das Applikationsintervall so gewählt werden, dass die MHK über den gesamten Behandlungszeitraum möglichst nicht unterschritten wird. Für die Wirksamkeit ist die Fläche unter der MHK-Zeit-Kurve (area under the curve, **AUC**) bzw. die „Zeit oberhalb der MHK" entscheidend. Vor allem bei den bakteriostatisch wirkenden Antibiotika und immuninsuffizienten (neutropenischen) Patienten kommt es andernfalls zu Rückschlägen im Therapieerfolg und zur Förderung von Resistenzen.

Bei den konzentrationsabhängigen Antibiotika ist die Wirksamkeit stärker vom Erreichen einer ausreichend hohen Spitzenkonzentration (**C_{max}**) abhängig (**Abb. 15.5**). Nach kurzfristiger Einwirkung hoher Wirkstoffspiegel (ein Mehrfaches der MHK) folgt bei diesen Wirkstoffen ein relativ **langer postantibiotischer Effekt**, d. h., die noch nicht abgetötete Bakterienpopulation (grampositive und gramnegative) ist nach Einwirkung einer hohen Aminoglykosid- oder Fluorchinolon-Spitzenkonzentration für einige Stunden nicht vermehrungsfähig, obwohl die MHK-Werte unterschritten werden. Daher reicht bei den konzentrationsabhängigen Antibiotika meist eine nur einmal tägliche Verabreichung bei mehrtägiger Behandlung.

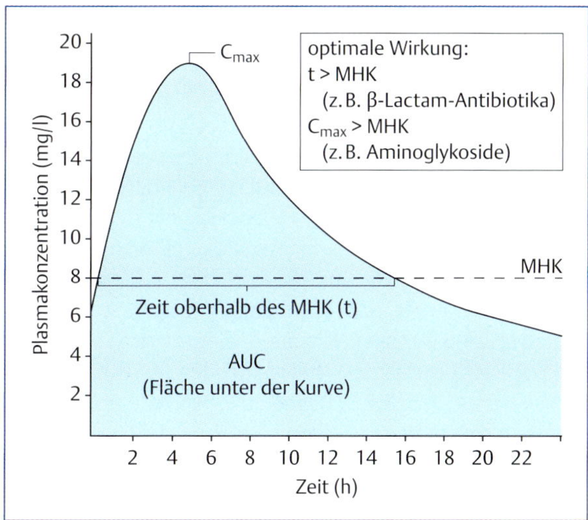

Abb. 15.5 Zeitabhängige (Regelfall) und konzentrationsabhängige Bakterizidie (z. B. Aminoglykoside).

FAZIT WAHL DES ANTIBIOTIKUMS

Auswahlkriterien für ein Antibiotikum sind:
- Wirktyp (bakterizide Wirkung v. a. bei Immunschwäche bevorzugen)
- hohe Wirkungspotenz gegen den ursächlichen Erreger (niedriger MHK-Wert)
- wenn möglich, sind „Schmalspektrum-Antibiotika" zu bevorzugen
- pharmakokinetische Eigenschaften (Bioverfügbarkeit, Verteilung, Elimination), die ausreichend hohe Konzentrationen über einen gewissen Zeitraum im infizierten Gewebe gewährleisten
- gute Verträglichkeit; keine Gegenanzeigen bezüglich Tierart, Alter, Grunderkrankung
- Vermeidung unsinniger Wirkstoffkombinationen

15.3 Grundlagen der Antibiotika-Resistenzen

Das Wesen der Antibiotikaresistenz besteht darin, dass sich Bakterien in therapeutisch erreichbaren Konzentrationen noch vermehren. Resistenz, d. h. die Unempfindlichkeit von Bakterien gegenüber Antibiotika, ist in vitro quantitativ messbar durch die minimale Hemmkonzentration (MHK) und variiert in Abhängigkeit vom Wirkstoff, den zu untersuchenden Bakterien (Stämme, Isolate) und den jeweils vorliegenden Resistenzmechanismen und unterliegt bezüglich erworbener Resistenzen regionalen Schwankungen. Resistenzen können ohne vorherigen Kontakt mit einem Antibiotikum bei allen Stämmen einer Keimspezies als sogenannte **intrinsische (natürliche, primäre) Resistenz** existieren, weil der Angriffspunkt des Antibiotikums in der Bakterienzelle fehlt bzw. durch Penetrationsbarrieren (z. B. äußere Membran gramnegativer Keime) für ein Antibiotikum nicht erreicht werden kann. Während diese Resistenzen im Wirkungsspektrum eines Antibiotikums von vornherein einkalkuliert werden können, stellen die **erworbenen Resistenzen**, die zum Verlust der Wirksamkeit eines oder diverser Antibiotika gegen ursprünglich empfindliche Keime führen, ein erhebliches Problem dar. Die erworbenen Resistenzen können auf Veränderungen eines bakteriellen Genoms (Mutation) oder auf Erwerb eines Resistenzgens (übertragbare Resistenz) basieren. Solch ein „Genpool der Resistenzen" in Subpopulationen stellt für die Bakterien allgemein eine Überlebensstrategie dar. Erst unter Einsatz des entsprechenden Antibiotikums erhalten diese genetisch veränderten Bakterien nun einen entscheidenden Selektionsvorteil gegenüber empfindlichen Keimen der Population.

KLINISCHER BEZUG Zu den Faktoren, die die Resistenzselektion begünstigen, gehören:
- Menge des Einsatzes (z. B. unnötiger, falscher Einsatz)
- Art des Antibiotikums (z. B. Resistenzmechanismus)
- zu niedrige Dosen (nur empfindliche Subpopulationen sterben, Vorteil für resistente Keime)
- zu lange Dosisintervalle
- zu kurze Behandlungsdauer

Die Geschwindigkeit der Resistenzentwicklung variiert bei verschiedenen Wirkstoffen auch in Abhängigkeit von den Resistenzmechanismen.

Resistenzmechanismen bei Bakterien lassen sich in **drei Hauptgruppen** einteilen:
- enzymatische Inaktivierung der Wirkstoffe
- Veränderungen an den zellulären Angriffsstellen der Wirkstoffe
- verminderte intrazelluläre Akkumulation der Wirkstoffe

Die **enzymatische Inaktivierung** durch eine hydrolytische Spaltung spielt bei den β-Lactam-Antibiotika eine wichtige Rolle. Bakterien, die durch genetische Veränderungen zur Bildung von β-Lactamasen befähigt sind, weisen Resistenzen gegenüber dieser Wirkstoffklasse auf. Über 100 verschiedene β-Lactamasen mit unterschiedlichem Substratspektrum sind bekannt, darunter einige, die sich nicht durch Clavulansäure inaktivieren lassen. Eine andere Weise der enzymatischen Inaktivierung besteht in chemischen Modifikationen (Bsp. Chloramphenicol-Acetyltransferasen).

Bakterielle **Modifikationen ihrer zellulären Angriffsstelle** für Wirkstoffe können z. B. durch Methylierung der Zielstruktur an den Ribosomen (z. B. bei der gleichzeitig bestehenden Resistenz gegenüber Makroliden und Lincosamiden) oder durch anderweitigen Schutz der Angriffsstellen (z. B. bei der Tetracyclinresistenz) zustande kommen. Auch ein **Ersatz von Zielstrukturen** durch funktionell analoge, unempfindliche Zielstrukturen führt zu Resistenzen (z. B. bei Sulfonamiden).

Verminderte Konzentrationen von Antibiotika in den Bakterien basieren entweder auf einem gesteigerten Transport der Substanzen aus der Bakterienzelle, also vermehrter Ausschleusung durch Bildung von Effluxproteinen (z. B. Tetracycline) oder auf einer verminderten Aufnahme der Wirkstoffe in die Bakterienzelle durch Bildung von Permeabilitätsbarrieren (Penicilline).

Für die Resistenz gegenüber einer bestimmten Wirkstoffklasse können verschiedene Resistenzmechanismen verantwortlich sein (z. B. Penicilline). Meistens bringen die genetischen Veränderungen eine gleichzeitige Resistenz gegen mehrere Vertreter einer Antibiotikaklasse mit sich, weil sie chemisch verwandt sind und einen vergleichbaren Angriffsort aufweisen. Auch wenn Antibiotika unterschiedlicher Wirkstoffklassen an die gleiche Zielstruktur in der Bakterienzelle binden, können Kreuzresistenzen auftreten (z. B. Makrolide und Lincosamide). Solche gleichzeitigen Resistenzen gegenüber chemisch ähnlichen Antibiotika werden als **Kreuzresistenz** bezeichnet. Kreuzresistenzen können innerhalb einer Wirkstoffklasse **komplett** sein (z. B. alle Sulfonamide) oder in selteneren Fällen **partiell** bestehen (z. B. gegen Streptomycin, aber nicht gegen andere Aminoglykoside).

Die Resistenzmechanismen können durch Spontanmutationen, als sogenannte **chromosomale Resistenzen**, auch ohne Kontakt mit einem Antibiotikum in einer Bakterienpopulation entstehen. Erst in Anwesenheit des Antibiotikums, gegen das eine Resistenz erworben wurde, erhält die resistente Subpopulation einen Selektionsvorteil und vermehrt sich stärker als sensible Keime. Besonders rasche

Verbreitungen finden die sogenannten **übertragbaren (extrachromosomalen) Resistenzen**, bei denen die Resistenzgene unabhängig von der Zellteilung von einem Bakterium auf ein zweites Bakterium derselben oder einer anderen Spezies und anderer Genera („horizontaler Gentransfer") übertragen werden. Sie beruht auf dem Erwerb zusätzlicher „extrachromosomaler Erbinformationen", die als **mobile genetische Elemente** bezeichnet werden (z. B. Plasmide, Transposons, Gene für den Tranferprozess). Neben einem „horizontalen" Transfer können die mobilen genetischen Elemente bei der Zellteilung eines Bakteriums auch „vertikal" an die Tochterzellen weitergegeben werden. Die **Transferprozesse** erfolgen z. B. über Konjugation (Austausch von Resistenzen über direkten Zellkontakt) oder Transduktion (Übertragung mittels Bakteriophagen). **Plasmide** sind extrachromosomale, doppelsträngige, meist ringförmige DNA-Moleküle unterschiedlicher Größe, die sich unabhängig von der Teilung des Bakteriums vermehren können, sodass in einem Bakterium diverse Plasmide vorhanden sein können. Wie in **Abb. 15.6** dargestellt, spielt für den Transfer vor allem die Konjugation eine wichtige Rolle. **Transposons** („springende Gene"), die ebenfalls aus doppelsträngiger DNA bestehen und prinzipiell zum Ortswechsel (Transposition) befähigt sind, können sich nicht eigenständig replizieren, sondern müssen sich dazu in vermehrungsfähige Plasmide oder in das Bakteriengenom integrieren.

Plasmide und Transposons spielen eine große Rolle für die Verbreitung von Multiresistenzen (= **Mehrfachresistenzen**) bzw. Parallelresistenzen. Unter einer **Multiresistenz** versteht man, wenn Bakterien gleichzeitig gegen drei oder mehr Antibiotikaklassen resistent sind, also auch gegen diverse Antibiotika, die sich im Gegensatz zur Kreuzresistenz nicht strukturell und in ihren Wirkungsmechanismen ähneln. Der Begriff **Parallelresistenz** präzisiert dabei, dass mehrere unterschiedliche Resistenzgene auf dem gleichen mobilen genetischen Element co-lokalisiert sind und über Co-Transfer ein Bakterium ad hoc gegen diverse Antibiotika unempfindlich wird. Ein Transfer kann prinzipiell auch von apathogenen (kommensalen) auf pathogene Keime erfolgen. Durch die Anwendung eines antimikrobiellen Wirkstoffs kommt es folglich zur Co-Selektion, d. h., nicht nur die Resistenzrate gegenüber des angewendeten Wirkstoffs, sondern auch gegenüber solchen, die nicht zum Einsatz kommen, wird erhöht.

Der Transfer von resistenten Keimen und von Resistenzgenen ist zwischen Tier und Mensch möglich. Dies kann nicht nur über direkten Kontakt, sondern über verschiedene Wege (Lebensmittel, Umwelt) erfolgen. Die globale Zunahme von multiresistenten Keimen gibt Anlass zur Sorge auf eine „Panresistenz" zuzusteuern, d. h., dass auch **Reserveantibiotika** mit derzeitig noch geringen Resistenzraten (z. B. Fluorchinolone) am Ende ihre Wirksamkeit verlieren und somit keine Möglichkeiten mehr zur erfolgreichen Bekämpfung bestimmter bakterieller Erkrankungen bestehen. Um der Verbreitung von multiresistenten Keimen, wie **MRSA (Methicillin-resistente *Staph. aureus*)** und *Enterobacteriaceae*, die als sogenannte ESBL-Bildner (S. 413) Breitspektrum-β-Lactamasen bilden, nicht Vorschub zu leisten, sind Tierärzte zum verantwortungsvollen Umgang mit Antibiotika verpflichtet. Als Reserveantibiotika (engl.: antibiotics of last resort) werden Wirkstoffe bezeichnet, die nicht für einen Einsatz ohne strenge Indikation vorgesehen sind und die insbesondere der Therapie gegen Problemkeime, wie multiresistente Erreger, vorbehalten sein sollten. Die Zuordung der Antibiotikaklassen in die „Reserve-" versus „Standard-Antibiotika" ist dabei sehr umstritten. Die World Health Organisation (WHO) stuft zum Beispiel neben den Fluorchinolonen, den Cephalosporinen der 3. und 4. Generation und den Glykopeptiden auch Makrolide als „critically important antimicrobials" ein. Andererseits können Wirkstoffe wie die Polypeptide (Colistin), die lange Zeit in der Humanmedizin aufgrund ihrer schlechten Verträglichkeit eine untergeordnete Rolle spielten, durch die Zunahme von Multiresistenzen gegenüber besser verträglichen Antibiotika eine zentrale Bedeutung bekommen.

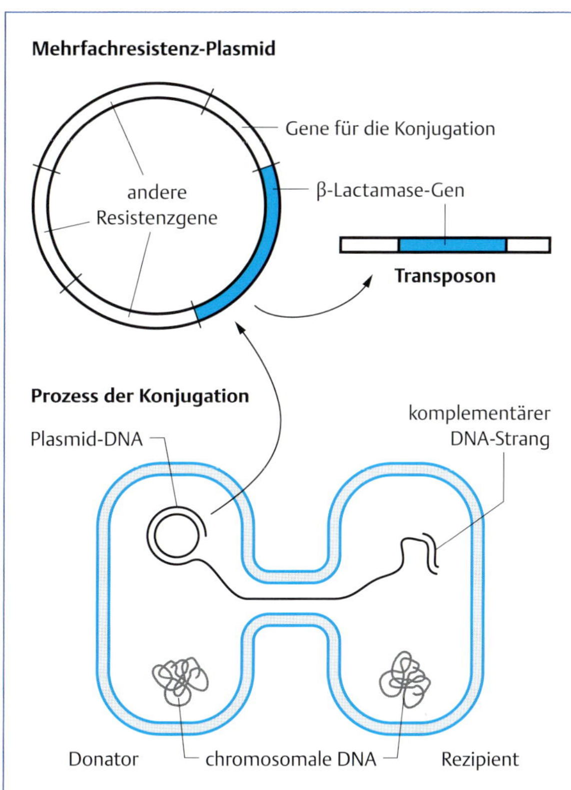

Abb. 15.6 Transfer von Resistenzinformationen über direkten Zellkontakt und Einbau in Plasmide (Konjugation) und Weitergabe von Resistenzgenen (β-Lactamase-Gen) über bewegliche DNA-Stücke (Transposons) an Rezipienten [2].

15.4 Grundregeln der Antibiotikatherapie

GRUNDREGELN DER ANTIBIOTIKATHERAPIE

Zur Vermeidung von Resistenzselektionen und Therapieversagen sind Leitregeln für den Antibiotikaeinsatz zu beachten [6]. Dazu gehören insbesondere:

1. Vermeidung eines unnötigen Antibiotikaeinsatzes
2. korrekte Anwendung
   1. Verabreichung therapeutischer Dosierungen
   2. Einhaltung der Dosisintervalle
   3. Einhaltung einer angemessenen Therapiedauer
3. Auswahl geeigneter Antibiotika und Präparate, keine unsinnigen Kombinationen (S. 408)

Jede Therapie und Metaphylaxe setzt eine medizinische Notwendigkeit voraus. Um festzustellen, ob eine Erkrankung überhaupt bakteriell bedingt ist (zumindest mit großer Wahrscheinlichkeit), bedarf es immer angemessener **klinischer Untersuchungen**. Da die Symptome alleine noch keinen Aufschluss über die Art und Resistenzlage eines Erregers geben, sollte möglichst vor Beginn der antibiotischen Behandlung eine **bakteriologische Diagnostik** mit Erregeridentifizierung und Empfindlichkeitsprüfungen/ Antibiogramm (Methoden siehe Lehrbücher zur Mikrobiologie) eingeleitet werden.

KLINISCHER BEZUG Die Ergebnisse der In-vitro-Empfindlichkeitsprüfung von Bakterien (wie MHK) müssen hinsichtlich der Aussicht auf Therapieerfolg (in vivo) interpretiert werden. Über die sogenannten **klinischen Grenzwerte** (breakpoints) erfolgt eine Unterscheidung in sensibel, intermediär und resistent. Hierfür sind viele Aspekte zu berücksichtigen, wie Dosierung, Applikationsart und -form und pharmakokinetische Parameter in der jeweiligen Tierart sowie der Infektionsort. Zur Einschätzung ziehen Bakteriologen nach Möglichkeit bestimmte Standards heran. Die Aussage **sensibel** impliziert, dass eine durch diesen Erreger verursachte Erkrankung unter Einhaltung der Dosierungsanweisungen mit dem entsprechenden Wirkstoff höchstwahrscheinlich erfolgreich behandelt werden kann. Die Einordnung **intermediär** besagt, dass die Therapie erfolgreich sein kann, sofern sich der Wirkstoff am Infektionsort anreichert oder wenn eine Überdosierung vorgenommen wird, was eine ausreichende Verträglichkeit des Wirkstoffs voraussetzt. Der Befund **resistent** besagt, dass die am Infektionsort erreichbare Wirkstoffkonzentration wahrscheinlich nicht ausreicht, um den Erreger effizient in seinem Wachstum zu hemmen bzw. abzutöten. Klinische Grenzwerte bieten dem Tierarzt folglich eine wichtige Entscheidungshilfe bei der Auswahl des am besten geeigneten Antibiotikums. Zu berücksichtigen ist jedoch, dass trotz der Aussage „sensibel“ eine eingeschränkte Wirksamkeit durch besondere Bedingungen am Infektionsort (z. B. abgekapselte Prozesse, anaerobe Bedingungen) oder durch Persister bestehen kann.

Durch bakteriologische Untersuchungen wird die gezielte Auswahl eines Antibiotikums mit einem schmalen Wirkungsspektrum und hoher Wirkungspotenz (niedrigen MHK-Werten) gegen den/die ursächlichen Erreger möglich. Da die bakteriologischen Ergebnisse in der Regel erst nach einigen Tagen vorliegen, muss in Fällen schwerer Erkrankungen, die einer sofortigen Behandlung bedürfen (z. B. bakteriell bedingte Pneumonien), allein auf Grundlage der klinischen Diagnostik eine Antibiose ggf. mit einem Breitspektrum-Antibiotikum eingeleitet werden („kalkulierte Therapie“). Auch für diese sogenannte kalkulierte Therapie (empirisch gegen unbekannte Erreger) sind die oben genannten Auswahlkriterien, wie pharmakokinetische Eigenschaften eines Antibiotikums, sowie epidemiologische Kenntnisse (häufig beteiligte Keime, allgemeine Resistenzsituation) zu berücksichtigen. Probenmaterial für die bakteriologische Diagnostik sollte jedoch möglichst vor dem Einsatz eines Antibiotikums gewonnen werden.

Gerade wenn größere Tiergruppen therapeutisch oder metaphylaktisch (S. 403) behandelt werden, ist die bakteriologische Diagnostik nicht zu vernachlässigen. Nur durch die zwischenzeitlich vorliegenden Ergebnisse kann im Falle eines Therapieversagens auf ein wahrscheinlich wirksames Antibiotikum gewechselt werden. Ein **Therapieversagen**, das unter anderem auf Resistenzen beruhen kann (andere Gründe sind z. B. Fehldiagnosen, falsche Auswahl oder Anwendung, besondere Bedingungen am Infektionsort), lässt sich im Allgemeinen nach 2–3-tägiger Behandlung beurteilen, denn meistens sollten die klinischen Symptome unter der Therapie nach 1–3 Tagen abklingen.

Um Rezidive und Resistenzselektionen zu vermeiden, muss eine Antibiotikagabe immer einige Tage über das Abklingen der Symptome hinaus fortgesetzt werden. Darauf sind die Tierhalter auch explizit hinzuweisen. In der Regel reicht eine 3–7-tägige Behandlung aus, einige Erkrankungen (z. B. Schweinedysenterien durch *Brachyspira hyodysenteriae*) bedürfen aber auch einer längeren Therapie. Therapeutische Dosierungen und Dosierungsintervalle, die auf der Grundlage der Erregerempfindlichkeit und der pharmakokinetischen Eigenschaften des Antibiotikums festgelegt sind, müssen eingehalten werden, um Therapieversagen zu vermeiden und den weniger empfindlichen bzw. resistenten Bakterien keinen Selektionsvorteil zu verschaffen. Die Verabreichung von Antibiotika in Form von oral anzuwendenden Pulvern über das Futter oder Trinkwasser in Tierbeständen ist zwar praktikabel, aber mit einigen Problemen behaftet, wie Schwierigkeiten bezüglich der korrekten Dosierung und Kontaminationen von Stallböden und Stalleinrichtungen (z. B. Rohrleitungen) mit antibakteriell wirksamen Stoffen. Um die Problematik zu minimieren, sind Leitregeln zu beachten, wie der Einsatz von geeigneten Dosiergeräten und ausreichende Spülungen der Rohrleitungen am Ende der Behandlung. Weitere Informationen hierzu siehe Leitfaden „Orale Anwendung von Tierarzneimitteln im Nutztierbereich über das Futter oder das Wasser“.

15.5 Wirkstoffklassen und Vertreter

15.5.1 β-Lactam-Antibiotika

STECKBRIEF β-LACTAM-ANTIBIOTIKA

Zu den β-Lactam-Antibiotika gehören die
- **Penicilline**,
- **Cephalosporine**
- und die humanmedizisch angewendeten Carbapeneme (z. B. Imipenem) und Monobactame (Aztreonam).

Die Bezeichnung dieser Antibiotikagruppe beruht darauf, dass alle Wirkstoffe einen viergliedrigen **β-Lactam-Ring** in ihrer Struktur aufweisen (**Abb. 15.7**), der für die antibakterielle Wirkung essenziell ist. Die Zerstörung des β-Lactam-Rings durch Magensäure oder die enzymatische Spaltung durch bakterielle β-Lactamasen hat einen Verlust der antibakteriellen Wirksamkeit zur Folge.

ZUM WEITERLESEN Der erste Vertreter der β-Lactam-Antibiotika war Penicillin (Benzylpenicillin), das von dem Schimmelpilz *Penicillium notatum* gebildet wird. Die Entdeckung des Penicillins geht auf eine Zufallsbeobachtung durch Alexander Fleming im Jahr 1928 zurück. Auf einer verschimmelten Kultur war das Wachstum von Staphylokokken ausgeblieben. Alexander Fleming zog daraus die richtige Schlussfolgerung und postulierte, dass der Pilz eine antibakteriell wirksame Substanz bildet. Über zehn Jahre vergingen bis Florey und Chain die klinische Wirksamkeit erforschten und schließlich eine Optimierung der Gewinnung aus *Penicillium chrysogenum* den breiten therapeutischen Einsatz im 2. Weltkrieg ermöglichte.

Der Ausgangswirkstoff Benzylpenicillin ist zwar auch heute noch für viele Indikationen Mittel der ersten Wahl, jedoch wurden über 50 Substanzen der β-Lactam-Gruppe entwickelt. Die Synthese von **Penicillinen** baut dabei auf der fermentativ hergestellten **6-Aminopenicillansäure** auf (**Abb. 15.7**). Mit der Zielsetzung das Wirkungsspektrum zu erweitern, die Stabilität gegen bakterielle β-Lactamasen zu erhöhen und die pharmakokinetischen Eigenschaften, wie orale Bioverfügbarkeit und Wirkungsdauer, zu verbessern, wurden weitere Penicilline entwickelt. Die **Cephalosporine** als zweite große Gruppe der β-Lactame leiten sich aus der **7-Aminocephalosporansäure** ab (**Abb. 15.7**). Cephalosporine unterscheiden sich ebenfalls in ihrem Spektrum und in ihren pharmakokinetischen Eigenschaften. Die in der Humanmedizin eingesetzten **Carbapeneme** und **Monobactame** als weitere Strukturen der β-Lactame stehen nicht als Tierarzneimittel zur Verfügung und werden daher nachfolgend nicht berücksichtigt.

Clavulansäure besitzt ebenfalls einen β-Lactam-Ring. Sie hat zwar nur eine sehr geringe antibakterielle Aktivität, hemmt jedoch bestimmte bakterielle β-Lactamasen, sodass die Wirksamkeit von Penicillinen gegenüber β-Lactamase-bildenden Bakterien verbessert wird.

Struktur-Wirkungs-Beziehungen sind sowohl für Penicilline als auch für Cephalosporine gut charakterisiert. Substitutionen an der 6-Aminopenicillansäure bzw. an der 7-Aminocephalosporansäure haben einen entscheidenden Einfluss auf das Wirkungsspektrum gegen verschiedene Bakterien sowie die pharmakokinetischen Eigenschaften, wie nachfolgend bei den einzelnen Wirkstoffen besprochen. Allgemein weisen die β-Lactam-Antibiotika ein Molekulargewicht zwischen 300 und 500 Da auf. Sie sind besonders im leicht sauren pH-Bereich gut wasserlöslich und nicht sehr stabil gegen Licht und hohe Temperaturen, was bei der Lagerung dringend zu beachten ist.

Pharmakodynamik Die β-Lactam-Antibiotika wirken sekundär **bakterizid**. Sie greifen hemmend in die Zellwandsynthese ein, indem sie das Endstadium der Peptidoglykan-Synthese bei proliferierenden Bakterien inhibieren (**Abb. 15.8**). Das **Peptidoglykangerüst** der bakteriellen Zellwand wird auch als **Murein** bezeichnet. Diese Struktur ist für die physikalische Stabilität der Bakterienzelle wichtig und kommt in der Säugetierzellmembran nicht vor, was die selektive Toxizität gegen Bakterien erklärt. β-Lactam-Antibiotika binden sich mit mittlerer bis hoher Affinität über ihren β-Lactam-Ring irreversibel an die sogenannten **Penicillin-bindenden Proteine (PBP)** wie die **Mureinsynthase**, die als **Transpeptidasen** die Glykanstränge über kurze Peptidketten quervernetzen und damit das Peptidoglykanskelett aufbauen und stabil halten. Die Hemmung der Mureinsynthese durch die β-Lactam-Antibiotika hat einen Bruch in der Bakterienzellwand zur Folge. Dadurch werden Autolysine aktiviert, die eine weitere Schädigung der Zellwand hervorrufen. Infolge des osmotischen Gradienten schwillt die Bakterienzelle an und lysiert.

Wie in **Abb. 15.9** schematisch dargestellt, sind die PBP an der inneren (zytoplasmatischen) Membran der Bakterien lokalisiert. Um diesen Angriffsort zu erreichen, muss ein β-Lactam-Antibiotikum folglich zunächst äußere bakterielle Barrieren überwinden. Die bei grampositiven Bakterien vorhandene dicke Mureinschicht wird durch β-

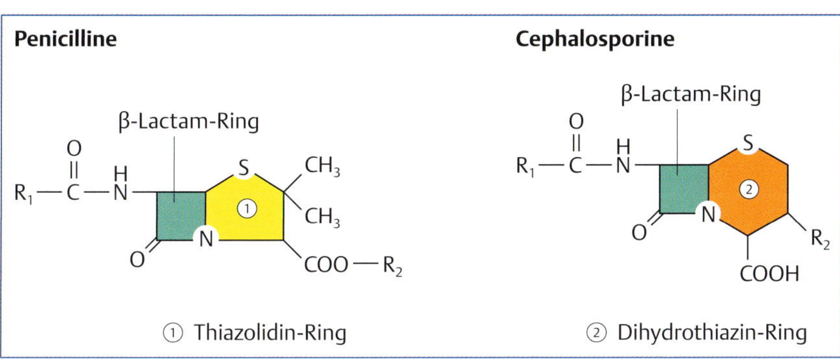

Abb. 15.7 Grundstrukturen von β-Lactamen.

Spez. Pharmakologie

Lactame wie Benzylpenicillin leicht passiert. Gramnegative Bakterien weisen hingegen mit der äußeren Membran eine größere Barriere für die Passage zu den PBP auf. Nur bestimmte β-Lactam-Antibiotika wie Aminopenicilline und neuere Cephalosporine mit einem positiven Ladungszustand können die äußere Membran der gramnegativen Keime über die negativ geladenen Porine leicht durchdringen. Darauf basiert ein **unterschiedliches Wirkungsspektrum** der zu den β-Lactam-Antibiotika gehörenden Wirkstoffe.

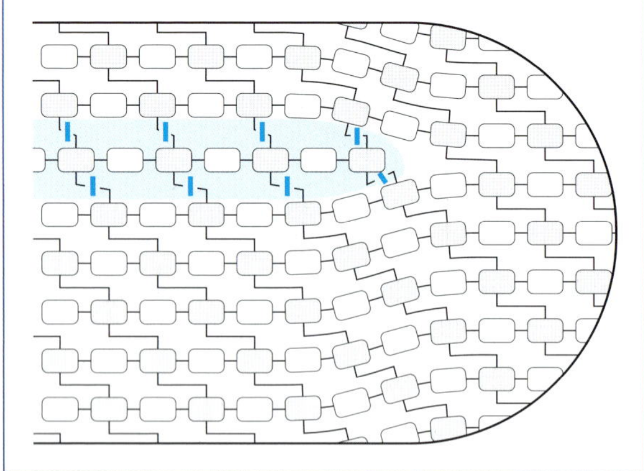

Abb. 15.8 Aufbau des Mureingerüsts (Peptidoglykangerüst) der Bakterienzellwand. Murein besteht aus Strängen, die aus N-Acetylglucosamin (weißes Rechteck) und N-Acetylmuraminsäure (graues Rechteck) aufgebaut und über Aminosäurebrücken (lange Verbindungslinien) miteinander verbunden sind. In der Wachstumsphase werden die Stränge getrennt und neue Stränge (blau hinterlegt) dazwischen gelagert. β-Lactame verhindern die zum Einbau der neuen Stränge notwendige „Transpeptidierung" (blaue senkrechte Striche) durch irreversible Bindung an bestimmte Transpeptidasen (Penicillin-bindende Proteine, PBP), die sogenannten Mureinsynthasen.

Resistenzen Resistenzen gegen β-Lactam-Antibiotika beruhen auf unterschiedlichen Mechanismen:

- enzymatische Inaktivierung durch β-Lactamasen (Hydrolyse des β-Lactam-Rings)
- Bildung von PBP mit geringer Affinität für β-Lactam-Antibiotika
- Veränderung der äußeren Membran (Penetrationsbarriere)

Am weitesten verbreitet ist die durch **β-Lactamasen** vermittelte Resistenz. Dabei handelt es sich um bakterielle Enzyme, die den β-Lactam-Ring hydrolysieren, wodurch die β-Lactam-Antibiotika inaktiviert werden (**Abb. 15.10**). Die genetische Information zur Synthese der β-Lactamasen kann sowohl chromosomal als auch plasmidisch gebunden sein. Unter therapeutischem Selektionsdruck treten ständig neue Varianten auf. Je nach Ansatzpunkt werden auch die Begriffe Penicillinasen, Cephalosporinasen und Carbapenemasen verwendet. Das Substratspektrum der annähernd 200 verschiedenen β-Lactamasen, die heute bekannt sind (Klasse A, B, C, D) und die sich in einzelnen Aminosäuren unterscheiden, ist jedoch sehr variabel und nicht auf bestimmte β-Lactame beschränkt. So können die sogenannten **Extended-Spectrum-β-Lactamasen (ESBL)** sowohl Penicilline (z. B. Aminopenicilline) als auch in unterschiedlichem Maße die Cephalosporine (auch neuere der 3. Generation) inaktivieren. ESBL lassen sich durch Clavulansäure blockieren, sodass ein gleichzeitig verabreichtes Antibiotikum gegen ESBL-bildende Keime wirksam sein kann. Allerdings gibt es auch β-Lactamasen, die durch Clavulansäure nicht erfasst werden, wie z. B. widerstandsfähige Cephalosporinasen. Durch Kombinationen mit β-Lactamase-Inhibitoren lassen sich folglich nicht alle Resistenzen gegen β-Lactam-Antibiotika aufheben, zumal auch andere der oben genannten Resistenzmechanismen zugrunde liegen können.

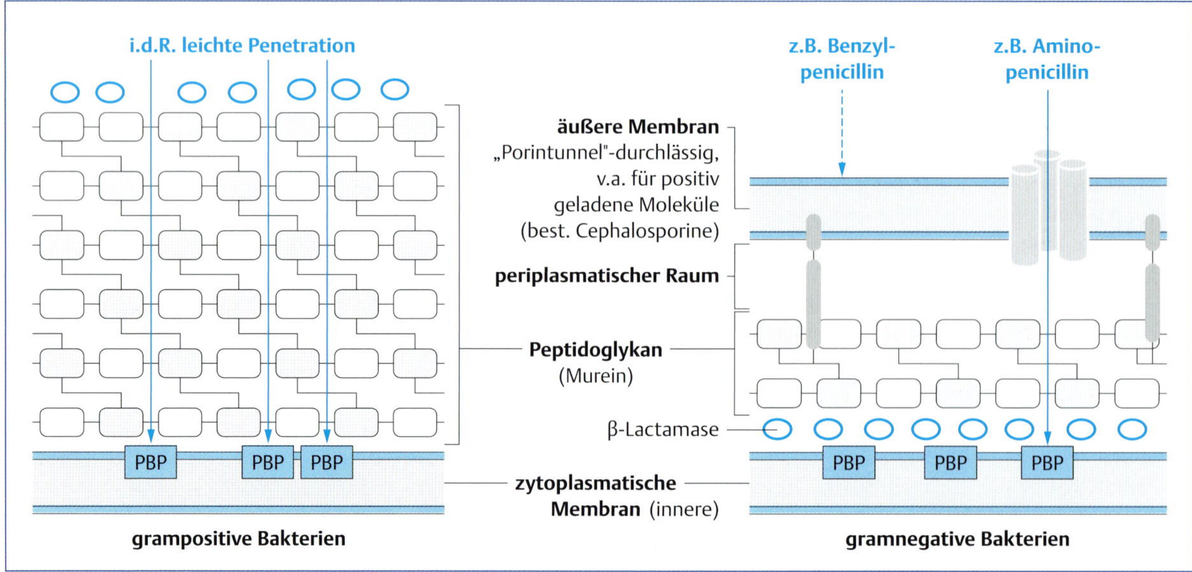

Abb. 15.9 In Abhängigkeit vom Zellwandtyp ist die Penetration der β-Lactam-Antibiotika und damit das Erreichen der Zielstrukturen, wie der Angriff an Protein-bindenden Proteinen (PBP), an verschiedenen Bakterien nicht gleichermaßen möglich. Bei gramnegativen Bakterien stellt die äußere Membran eine Barriere für einige Penicilline dar, sodass sich ihr Wirkungsspektrum auf grampositive Keime reduziert. Penicillinasen, die äußerlich (z. B. Benzylpenicillin) oder an der inneren Membran (blaue Kreise) lokalisiert sind, können zur Zerstörung bestimmter Penicilline führen. Weitere Erklärungen siehe Text.

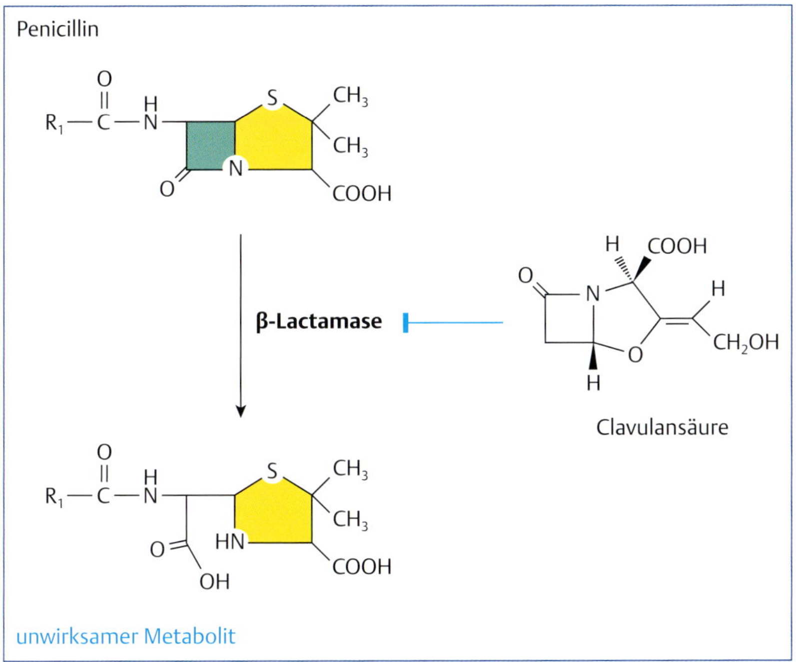

Penicillin

β-Lactamase

Clavulansäure

unwirksamer Metabolit

Abb. 15.10 Angriff der bakteriellen **β-Lactamasen** an einem Penicillinmolekül. Durch hydrolytische Spaltung des β-Lactam-Rings wird Penicillin inaktiviert. Clavulansäure kann sich an das aktive Zentrum bestimmter β-Lactamasen binden und somit diese bakteriellen Enzyme blockieren.

Pharmakokinetik Die pharmakokinetischen Eigenschaften der einzelnen β-Lactam-Antibiotika sind sehr unterschiedlich und werden daher bei den einzelnen Untergruppen bzw. Wirkstoffen genauer besprochen. Allgemein verteilen sich β-Lactame im Extrazellularraum, sodass intrazellulär lokalisierte Bakterien nicht erreicht werden. Die intakte Blut-Hirn-Schranke wird nicht überwunden. Größtenteils werden β-Lactam-Antibiotika unverändert ausgeschieden. Im Vordergrund steht dabei die renale Exkretion über glomeruläre Filtration und tubuläre Sekretion.

Indikationen Im Hinblick auf ihr variables Wirkungsspektrum haben β-Lactam-Antibiotika keine einheitlichen Indikationen. Grundsätzlich sind sie **nicht geeignet**

a) aufgrund ihres Wirkungsmechanismus gegen zellwandlose Bakterien (Mykoplasmen) und langsam wachsende Bakterien (z. B. Mykobakterien);
b) aufgrund ihrer pharmakokinetischen Eigenschaften gegen obligat intrazellulär wachsende (z. B. Chlamydien) bzw. intrazellulär persistierende Keime (z. B. Salmonellen).

Nebenwirkungen, Kontraindikationen In der Regel sind die β-Lactam-Antibiotika sehr gut verträglich. Als häufigste Nebenwirkung treten allergische Reaktionen auf, die über die hydrolytische Spaltung des β-Lactam-Rings zu Penicilloinsäuren und die damit verbundene Bildung immunogener Penicilloat-Protein-Konjugate initiiert werden. Außerdem sind gastrointestinale Störungen durch Veränderungen der Darmflora nicht selten. Bei Kleinnagern und bei Kaninchen können Penicilline tödlich verlaufende Enterokolitiden auslösen.

Penicilline

STECKBRIEF PENICILLINE

Penicilline weisen zwar einen einheitlichen Wirktyp (sekundär bakterizid) und Wirkungsmechanismus (Mureinsynthese-Hemmung) auf, sie unterscheiden sich jedoch aufgrund ihrer Substituenten an der 6-Aminopenicillansäure in ihrer Säurestabilität (und somit in der oralen Bioverfügbarkeit), in der Wirkungsdauer, ihrem Wirkungsspektrum und der Penicillinasestabilität (**Tab. 15.2**).

Veterinärmedizinisch relevante Penicilline sind

- **Benzylpenicillin** (Penicillin G),
- **Depotpenicilline** (Procain-, Benzathin-Penicillinester), bei denen an der Injektionsstelle retardiert Benzylpenicillin freigesetzt wird,
- **Penethamat**, das sich als basische veresterte Form des Benzylpenicillins durch hohe Konzentrationen im Euter auszeichnet,
- **Phenoxypenicilline**, die sich durch eine Säurestabilität auszeichnen; dazu gehören **Phenoxymethylpenicillin (Penicillin V)** und weitere humanmedizinisch gebräuchliche Wirkstoffe, wie Propicillin und Azidocillin,
- **Isoxazolylpenicilline**, die gegen viele Penicillinasen stabil sind, wie **Cloxacillin**, **Oxacillin**, **Nafcillin** und humanmedizinisch eingesetzte Wirkstoffe (Dicloxacillin, Flucloxacillin),
- **Aminopenicilline**, die ein breiteres Wirkungsspektrum aufweisen, so **Ampicillin** und das oral besser verfügbare **Amoxicillin**.

In der Humanmedizin spielen weitere Penicilline, wie die Acylaminopenicilline (Piperacillin, Mezlocillin), aufgrund ihres noch weiteren Wirkungsspektrums gegen gramnegative Bakterien in der klinischen Anwendung eine Rolle. Einige weitere Penicilline, die einst entwickelt wurden, ha-

Tab. 15.2 Übersicht zu den Unterschieden veterinärmedizinisch gebräuchlicher Penicilline.

Penicillin	R_1	Säurestabilität	Wirkungsdauer	Spektrum	Penicillinasestabil
Grundstruktur (6-Aminopenicillansäure)*	R_1—C(=O)—NH—; S; CH_3; CH_3; N; O; COO—R_2				
Substitution an R_1					
Penicillin G	C_6H_5—CH_2—	nein (i. m., i. v.)	wenige Stunden	vorwiegend grampositiv	nein
Depot-Penicilline (R_2: Procain-Penicillin, Benzathinsalze)	C_6H_5—CH_2—	nein (s. c., i. m.)	**Tage** bis Wochen	vorwiegend grampositiv	nein
Oral-Penicilline (Phenoxymethyl-Penicillin)	C_6H_5—O—CH_2—	**ja**	wenige Stunden	vorwiegend grampositiv	nein
Isoxazolyl-Penicilline (Oxa-, Cloxacillin)	N; O; CH_3	teils	wenige Stunden	eng (gegen Kokken)	**ja** (1. Vertreter Methicillin)
Aminopenicilline (Ampicillin, Amoxicillin)	C_6H_5—CH(NH_2)—	ja	wenige Stunden	**breiter** (gramnegativ + grampositiv)	nein

* Substitutionen an R_2 beeinflussen v. a. die Pharmakokinetik:
R_2 = H, Na, K: leicht löslich, schnell und kurz wirkend
R_2 = Procain, Benzathin: schwer löslich, langsam wirkend

ben aktuell weder in der Human- noch in der Tiermedizin eine Bedeutung.

Benzylpenicillin, Salze und Ester

Benzylpenicillin zeichnet sich als das älteste Penicillin durch eine hohe Wirkungspotenz gegen bestimmte grampositive Erreger wie z. B. Streptokokken (**Tab. 15.3**) aus, was sich in den niedrigen MHK von teils 0,001 µg/ml in vitro ausdrückt. Das **Wirkungsspektrum** umfasst überwiegend grampositive Bakterien. Das Wirkungsoptimum liegt im pH-Bereich zwischen 6–6,5.

Benzylpenicillin, eine schwache Säure, hat **als Natrium- oder Kalium-Salz** allerdings den Nachteil, dass es mehrmals täglich parenteral injiziert bzw. infundiert werden muss. Durch Ersatz des Natriums oder Kaliums mit einem nicht metallischen Kation wie Procain oder Benzathin entstehen die sogenannten **Depotpenicilline**, deren Löslichkeit stark herabgesetzt ist, sodass nach s. c. oder i. m. Injektion nur eine langsame Resorption des Benzylpenicillins erfolgt. Daraus resultieren nach Gabe von **Benzylpenicillin-Procain** bzw. **Benzylpenicillin-Benzathin** lang anhaltende Serumspiegel.

Als eine weitere Variante von Benzylpenicillin ist **Penethamat** zu betrachten. Wie bei den Depotpenicillinen ist der eigentliche Wirkstoff das Benzylpenicillin. Penethamat-Hydrojodid stellt eine basische veresterte Form des Benzylpenicillins dar und erreicht aufgrund des basischen Charakters eine höhere Konzentration in der Milchdrüse.

Zu beachten ist, dass die Stabilität der Lösungen stark vom pH und der Temperatur abhängt. Penicillin G wird bei einem pH unter 4 oder über 9 rasch inaktiviert, ebenso bei hohen Temperaturen.

Resistenz Alle β-Lactamase-bildenden Bakterien führen zur Resistenz gegenüber Benzylpenicillin, einschließlich der Depotformen und Penethamat. Die Weitergabe der oben genannten Resistenzmechanismen kann chromoso-

Tab. 15.3 Wirkungsspektrum von Benzylpenicillin.

Spezies	MHK (µg/ml)
Actinomyces spp.	0,25–0,5
Arcanobacterium pyogenes, Syn. *Trueperella pyogenes*	0,001–0,04
Bacillus anthracis	0,007–3,0
Clostridium perfringens	0,01–0,75
Corynebacterium renale	0,0006–0,0
Erysipelothrix rhusiopathiae	0,006–0,1
Fusobacterium necrophorum	0,00075–1,5
Haemophilus spp.	0,125–0,4
Leptospira icterohaemorrhagiae	0,002–3,5
Listeria monocytogenes	0,125–1
Staphylococcus aureus	0,01–0,5
Streptococcus pyogenes	0,001–0,25
Streptococcus agalactiae	0,01–0,1

mal (gramnegative Keime) oder über Plasmide (*Staphylococcus aureus*) erfolgen. Innerhalb der Penicillingruppe bestehen Kreuzresistenzen. Die gegenwärtige Resistenzsituation ist von der Art der Keime sowie der Besiedelung verschiedener Tierarten abhängig und unterliegt regionalen Schwankungen. Wie Daten aus dem nationalen Resistenzmonitoring tierpathogener Bakterien (GERM-Vet) des Bundesamts für Verbraucherschutz und Lebensmittelsicherheit [8] zeigen, sind beispielsweise über 50% der Isolate von *Staphylococcus aureus* gegen Penicilline resistent.

Pharmakokinetik Da die **Alkalisalze** des Benzylpenicillins säurelabil sind, wird der β-Lactam-Ring durch die Magensäure bei monogastrischen Tieren zerstört. Bei Wiederkäuern kommt es zum enzymatischen Abbau in den Vormägen. Daher ist Benzylpenicillin generell nicht zur oralen Applikation geeignet. Nach i. m. Applikation der Natrium- bzw. Kalium-Salze werden maximale Blutspiegelwerte bereits nach 15–30 min erreicht. Die Proteinbindung beträgt bei Hund, Rind und Schaf 30–35%, beim Pferd rund 50%. Mit Ausnahme der Niere, in der bis zu 3-fach höhere Wirkstoffkonzentrationen als im Serum beobachtet werden, sind die Gewebespiegel niedriger als intravasal. Das Verteilungsvolumen beträgt 0,3–0,5 l/kg. Die Verteilung in den Pleuraraum und in die Gelenke ist beispielsweise mäßig. Die Blut-Hirn-Schranke wird kaum passiert, weshalb das neurotoxische Risiko gering ist. Die Serumhalbwertszeiten betragen nur 0,6–0,7 h, was Injektionen im Abstand von 4–6 h bzw. Infusionen erforderlich macht. Die Elimination erfolgt zu über 90% renal, wobei ca. 20% glomerulär filtriert und 80% tubulär sezerniert werden. Etwa 10% werden metabolisiert (Hauptmetabolit freie Benzylpenicillinsäure).

Bei den Procain- bzw. Benzathin-**Depotformen** wird Benzylpenicillin durch Dissoziation protrahiert freigesetzt, sodass nach parenteraler Applikation therapeutisch wirksame Serumkonzentrationen für 24–36 h erreicht werden. Für Procain-Benzylpenicillin beträgt die Halbwertszeit nach i. m. Applikation 4 (Schwein, Kalb) bzw. 15 h (Pferd). Dabei ist jedoch zu beachten, dass die maximalen Wirkstoffspiegel erst nach etwa 3–10 h erreicht werden (abhängig von Tierart, Alter, s. c. oder i. m. Injektion). Um einen schnellen Wirkungseintritt zu erzielen, ist daher eine Kombination mit schnell verfügbarem Benzylpenicillin in Form von Natrium- oder Kaliumsalzen sinnvoll. Ein weiteres schwer wasserlösliches Depotpenicillin stellt Benzylpenicillin-Benethamin dar, das ausschließlich zur intramammären Applikation beim Rind gegen Mastitiden bestimmt ist.

Penethamat-Hydrojodid hat als basische Form des Benzylpenicillins einen pK_a-Wert von 8,5. Im Serum liegt es daher überwiegend in der nicht ionisierten Form vor und ist ausreichend lipophil, um die Blut-Milch-Schranke zu passieren. In der Milch liegt ein niedrigerer pH Wert (ca. 6,5) als im Blut vor, sodass der ionisierte Anteil des Penethamats in der Milch zunimmt. In dieser ionisierten Form ist Penethamat weniger lipophil und diffundiert dadurch in geringerem Maße zurück in das Blut („Ionisationsfalle“). Daher reichert sich Penethamat im Euter an, wobei das Konzentrationsverhältnis Milch zu Blut bei etwa 5–6:1 liegt. In der Milchdrüse wird Benzylpenicillin aus der Bindung freigesetzt. Diese pharmakokinetischen Eigenschaften sind zwar günstig für die parenterale Mastitisbehandlung, allerdings kann Penethamat mit einem Verteilungsvolumen von > 0,6 l/kg auch besser die Blut-Hirn-Schranke passieren, was ein erhöhtes neurotoxisches Risiko mit sich bringt.

Indikationen Benzylpenicillin gilt als Mittel der ersten Wahl gegen empfindliche grampositive Erreger. Niedrige MHK-Werte sind für die in **Tab. 15.3** genannten Bakterien bekannt. Für viele Tierarzneimittel sind als Indikationen Mastitiden, Atemwegs-, Harnwegs- und Hautinfektionen genannt.

Dosierung Die Angabe der Dosierung erfolgt heute teils noch in internationalen Einheiten (IE). Dabei entspricht 1 IE = 0,6 µg Benzylpenicillin als Natrium-Salz (1 Mio IE = 0,6 g). Die Dosisangaben variieren z. B. in Abhängigkeit von Salz/Ester, Darreichungsform, Organsystem und Erreger, gegen die ein Penicillin bestimmungsgemäß zur Anwendung kommt. Die Dosisbereiche für Benzylpenicillin liegen zwischen 10 000–100 000 IE/kg. Benzylpenicillin ist als Natrium- oder Kalium-Salz mehrmals täglich i. m. oder i. v. zu injizieren. Die Depotformen sind im Abstand von 24–48 h i. m. oder s. c. zu verabreichen. Penethamat wird beim Rind 1-mal täglich in einer Dosis von 10 000 IE/kg i. m. verabreicht. Die Behandlungsdauer beträgt in der Regel 3–7 Tage.

Nebenwirkungen, Toxizität Penicilline gelten zwar als die Antibiotika mit größter therapeutischer Breite, sie können jedoch bei Kleinnagern durch Störungen der Darmflora zu **schweren Enteritiden** und **tödlichen Enterotoxämien** führen. Meerschweinchen, Hamster und Chinchilla gelten als besonders empfindlich. Nach oraler Verabreichung treten diese Symptome häufiger auf als nach parenteraler Applikation und verlaufen in den meisten Fällen tödlich. Auch bei Kaninchen sind orale Applikationen zu vermeiden. Gelegentlich können auch bei anderen Tierarten mildere Durchfälle auftreten.

Als häufigste Nebenwirkungen treten unabhängig von der Art der Zufuhr **allergische Reaktionen** mit einer Inzidenz von 2–2,5 % (Mensch) auf. Bei Tieren werden Penicillinallergien als weniger häufig beschrieben. Dabei werden kutane Reaktionen bis hin zum anaphylaktischen Schock beobachtet. Innerhalb der gesamten Penicillingruppe kommt es zu „Kreuzallergien", in seltenen Fällen auch zur Kreuzallergie mit Cephalosporinen.

Penicilline sind $GABA_A$-Rezeptor-Antagonisten und können daher bei Erreichen hoher Konzentrationen (ab 0,18 mg/ml) im Gehirn zu **Krampfanfällen** führen, die mit Antikonvulsiva (Benzodiazepine, Barbiturate) zu behandeln sind. Neurotoxische Effekte treten aber nur bei extremen Überdosierungen und zu schneller Injektion oder bei Schädigung der Blut-Hirn-Schranke (Meningitiden) auf. Niereninsuffizienz und Urämie (gestörte Blut-Hirn-Schranke) können diese Nebenwirkung begünstigen. Da Penethamat die Blut-Hirn-Schranke besser passiert, sollte es nur in den empfohlenen therapeutischen Dosierungen angewendet werden.

Beim Schwein, selten beim Pferd, treten nach Applikation der Depotformen Unverträglichkeiten wie Hyperthermie, Erbrechen, Inkoordination und Abort auf, die auf Procain zurückzuführen sind.

Wechselwirkungen Da Benzylpenicillin nur gegenüber proliferierenden Keimen wirksam ist, sollte es nicht mit bakteriostatisch wirksamen Substanzen wie Tetracyclinen, Chloramphenicol, Makroliden und Lincosamiden kombiniert werden. Sinnvoll können hingegen Kombinationen mit einem Aminoglykosid sein, weil dessen Penetration in die Bakterienzelle durch Penicilline gefördert und dadurch eine synergistische Wirkung erzielt wird. Außerdem wird das Wirkungsspektrum erweitert. Sinnvolle Kombinationen bestehen außerdem aus einem Depotpenicillin mit einem schnell verfügbaren Benzylpenicillin, um eine schnelle und lang anhaltende Wirkung zu erzielen.

Substanzen, die ebenfalls tubulär sezerniert werden (z. B. Probenecid) verzögern die Elimination, was seit der effizienten und kostengünstigen Produktion der Penicilline schon lange nicht mehr therapeutisch genutzt wird.

Es bestehen viele galenische Inkompatibilitäten, so gegenüber Sulfonamiden, Metallionen, Aminosäuren, Ascorbinsäure und Vitamin-B-Komplex (keine Mischspritzen!).

Kontraindikationen Kontraindiziert ist die i.v. Applikation von Depotpenicillinen und Penethamat. Langwirksame Formulierungen mit Depotpenicillinen sollten nur bei sicherer Diagnose verabreicht werden. Als Gegenanzeige gelten Infektionen mit Penicillinase-bildenden Erregern und Allergien. Penicilline sollen nicht äußerlich angewendet werden, weil durch Kontakt mit der Haut eine erhöhte Sensibilisierungsgefahr besteht (auch für den Anwender ist ein Hautkontakt zu vermeiden). Grunderkrankungen, die zu höheren Penicillinkonzentrationen im Gehirn und somit zu Krämpfen führen können, wie eine schwere Niereninsuffizienz (Oligurie, Anurie), stellen Kontraindikationen dar.

Kontraindiziert sind Penicilline generell bei Kleinnagern sowie zur oralen Applikation beim Kaninchen.

Wartezeit Die Wartezeiten variieren z. B. nach Salz/Ester. Beispiele:

- wässrige Zubereitungen als Natrium-Salz (Rind, Schwein): essbare Gewebe 5 Tage, Milch 4 Tage
- wässrige Zubereitungen als Kalium-Salz (Hühner, Puten): essbare Gewebe 1 Tag
- Benzylpenicillin-Procain (Rind, Schaf, Ziege, Pferd): essbare Gewebe 10 Tage, Milch 4 Tage
- Penethamat (Rind): essbare Gewebe 10 Tage, Milch 4 Tage

Phenoxypenicilline

Phenoxypenicilline werden auch als **Oralpenicilline** bezeichnet, weil sie im pH-Bereich von 1–5 stabil sind und somit nicht durch die Magensäure zerstört werden. Die bessere Säurestabilität kommt durch Einführung eines Sauerstoffatoms in die Benzyl-Seitenkette zustande (**Tab. 15.2**). Dadurch wird eine orale Bioverfügbarkeit von über 50 % erzielt. Andere Eigenschaften entsprechen denen des Benzylpenicillins (S. 416). Die ebenfalls oral bioverfügbaren Aminopenicilline haben in der Tiermedizin insgesamt eine wesentlich größere Bedeutung. Das einzige bei Tieren angewendete Oralpenicillin ist **Phenoxymethylpenicillin (Penicillin V)**. Es ist für Hühner zur Prävention der Mortalität der durch *Clostridium perfringens* hervorgerufenen nekrotischen Enteritis zugelassen und wird in einer Dosis von 13,5–20 mg/kg über 5 Tage mit dem Trinkwasser verabreicht (Wartezeit für essbare Gewebe 2 Tage, Eier 0 Tage).

Penicillinasefeste Isoxazolylpenicilline

Die Isoxazolylpenicilline zeichnen sich durch eine höhere Stabilität gegen β-Lactamasen aus. Da sie über längere polare Seitenketten (**Tab. 15.2**) verfügen, können die bakteriellen Enzyme schlechter angreifen. Gegen β-Lactamase-produzierende Staphylokokken sind sie 250-fach besser wirksam als Benzylpenicillin. Allerdings ist die Wirkungspotenz gegenüber anderen Benzylpenicillin-sensiblen Bakterien verringert (**Tab. 15.4**), sodass ihre Indikation nur in der Bekämpfung von β-Lactamase-bildenden Staphylokokken liegt („**Staphylokokken-Penicilline**"). Veterinärmedizinisch werden aus dieser Gruppe **Oxacillin** und **Cloxacillin** angewendet, während in der Humanmedizin hauptsächlich Dicloxacillin und Flucloxacillin Bedeutung haben.

Isoxazolylpenicilline sind zwar ausreichend oral bioverfügbar (30–50 %) und werden bei Humanpatienten p. o. verabreicht, Tierarzneimittel mit Oxacillin und Cloxacillin sind jedoch ausschließlich zur lokalen Anwendung bestimmt. Neben der Anwendung am Auge spielen vor allem intramammäre (1000 mg Wirkstoff/Euterviertel) und intrauterine Applikationen eine Rolle. In vielen Euterinjektoren und Uterusstäben finden **sich Kombinationen von Oxacillin oder Cloxacillin mit dem breit wirksamen Aminopenicillin Ampicillin**. Sinn der Kombination ist, dass sich die Penicilline in ihrem Spektrum ergänzen und die peni-

Tab. 15.4 Wirkungsspektrum von Isoxazolylpenicillinen.

Spezies	MHK (µg/ml)		
	Oxacillin	Cloxacillin	Dicloxacillin
Bacillus anthracis	0,25–0,3	0,5	–
Clostridium spp.	0,2	–	–
Staphylococcus aureus	0,04–25	0,04–50	0,02–50
Streptococcus agalactiae	0,06–0,25	0,5	0,25
Streptococcus pneumoniae	0,024–0,15	0,1–0,15	0,25
Streptococcus pyogenes	0,006–0,4	0,03	0,006

cillinasefesten Wirkstoffe die Wirkung der empfindlichen Aminopenicilline verbessern.

Weitere Eigenschaften sind bereits bei den Penicillinen beschrieben. Ergänzend hierzu sollte als Nebenwirkung beachtet werden, dass wiederholt schwere akute Mastitiden mit septikämischem Verlauf, hervorgerufen durch *Bacillus cereus*, in Verbindung mit dem vorangegangenen Einsatz von Oxacillin- und Cloxacillin-haltigen Euterinjektoren in der Trockenstehperiode gebracht wurden.

ZUM WEITERLESEN Zu den penicillinasefesten Wirkstoffen gehört auch **Methicillin**, das früher als Testsubstanz für bakteriologische Empfindlichkeitsprüfungen verwendet wurde („Stellvertretersubstanz der penicillinasefesten Penicilline"). Methicillin hat schon lange keine therapeutische Bedeutung mehr, aber bestimmte multiresistente Stämme sind danach international benannt („Methicillin-resistente *Staphylococcus aureus*" Stämme, **MRSA-Stämme**). Die Plasmid-vermittelte Resistenz dieser Stämme beruht auf Veränderungen in den Zielstrukturen (PBP) der Penicilline (S. 413), sodass auch penicillinasefeste Wirkstoffe gegen MRSA unwirksam sind. Bei Methicillinresistenz besteht eine komplette Kreuzresistenz mit allen Penicillinen, z. T. auch mit Cephalosporinen.

Aminopenicilline („Breitspektrum-Penicilline")

Zu den Aminopenicillinen gehören **Ampicillin** (Prototyp) und **Amoxicillin**. Durch die Substitution einer Aminogruppe an der Benzyl-Seitenkette (**Abb. 15.11**) konnte das Wirkungsspektrum stark erweitert werden, sodass auch gramnegative Bakterien erfasst werden (**Tab. 15.5**). Im Gegensatz zu den vorher genannten Penicillinen handelt es sich bei den Aminopenicillinen somit um **Breitspektrum-Antibiotika**. Dennoch sind Lücken im Wirkungsspektrum zu verzeichnen (z. B. gegen *Pseudomonas aeruginosa*).

Pharmakodynamik Durch ihre Aminogruppe können Ampicillin und Amoxicillin (**Abb. 15.11**) die äußere Membran gramnegativer Bakterien passieren und so die PBP erreichen (**Abb. 15.9**). Dadurch erfassen sie u. a. Salmonellen, *E. coli*, *Haemophilus* und Listerien. Das Wirkungsspektrum der beiden Wirkstoffe ist vergleichbar. Die Erweiterung des Spektrums geht allerding mit einer Abnahme ihrer Wirkungspotenz (höhere MHK) gegenüber grampositiven Kokken im Vergleich zu Benzylpenicillin einher (**Tab. 15.5**). Aminopenicilline gehören zu den am häufigsten angewendeten Antibiotika bei Tieren. Teils sind die Resistenzraten entsprechend hoch (z. B. bei *E.-coli*-Isolaten von verschiedenen Tierarten). Aminopenicilline sind nicht penicillinasefest, weshalb Kombinationen mit dem **β-Lactamase-Inhibitor Clavulansäure** sinnvoll sind (**Abb. 15.10**). Durch diese Kombination können andere Resistenzmechanismen jedoch nicht kompensiert werden.

Tab. 15.5 Wirkungsspektrum von Ampicillin und Amoxicillin.

Spezies	MHK (µg/l)	
	Ampicillin	Amoxicillin
Bacillus anthracis	0,03–0,06	–
Bacillus subtilis	0,08	–
Staphylococcus aureus	0,125–15	0,125–8
Streptococcus agalactiae	0,01–0,5	0,06–25
Corynebakterien	0,08–0,15	–
Escherichia coli	1–52	1–128
Enterobacter aerogenes	0,8–50	–
Fnterococcus	0,6–6	–
Salmonella spp.	0,5–32	1–512

R_1–C₆H₄–CH(NH_2)–CONH–(Penicillin-Grundgerüst mit S, CH_3, CH_3, N, O, COOH)

R_1 = H Ampicillin
R_1 = OH Amoxicillin

Abb. 15.11 Struktur der Aminopenicilline Ampicillin und Amoxicillin.

Pharmakokinetik Aminopenicilline sind zur oralen Applikation geeignet, weil sie gegenüber der Magensäure ausreichend stabil sind. Das zuerst entwickelte Ampicillin weist allerdings nur eine relativ geringe orale Bioverfügbarkeit (30–50 %) auf. Amoxicillin wird hingegen zu 70–80 % resorbiert. Im Gegensatz zu Amoxicillin wird durch gleichzeitige Futteraufnahme die Resorption von Ampicillin weiter reduziert. Auch aufgrund einer zuverlässigeren Resorption ist Amoxicillin daher zur oralen Verabreichung zu bevorzugen. Die Verteilung im extrazellulären Raum und die Elimination entsprechen weitgehend denen der anderen Penicilline (S. 415). Die Eliminationshalbwertszeiten unterscheiden sich bei einzelnen Tierarten kaum und liegen bei ca. 1 h.

Indikationen Aminopenicilline haben eine große veterinärmedizinische Bedeutung bei der Behandlung von Erkrankungen des Respirations-, Gastrointestinal- und Urogenitaltraktes, die durch grampositive und gramnegative Erreger hervorgerufen werden. Für Wiederkäuer, Schweine, Geflügel, Pferde, Hunde und Katzen sind viele Arzneimittel zur oralen und parentalen Applikation im Handel.

Dosierung Die Richtdosierungen betragen 10 mg/kg bei Nutztieren und 20 mg/kg bei Hund und Katze 2-mal täglich p. o. bzw. parenteral.

Nebenwirkungen, Toxizität Aminopenicilline sind gut verträglich; Nebenwirkungen, Kontraindikationen und Wechselwirkungen entsprechen denen des Benzylpenicillins (S. 416). Ein Nachteil des Ampicillins ist darin zu sehen, dass es aufgrund der geringeren enteralen Resorptionsquote durch den im Darm verbleibenden Anteil stärkere Auswirkungen auf die Darmflora hat als Amoxicillin und somit bei oraler Gabe eher zu Durchfällen führen kann.

Wartezeit Die Wartezeiten differieren stark in Abhängigkeit von der galenischen Zubereitung und der Applikationsform.

β-Lactamase-Inhibitoren

Clavulansäure ist in Kombination mit Amoxicillin als Tierarzneimittel in Tablettenform und als Injektionslösung für Hunde, Katzen, Rinder und Schweine im Handel. Sie ist ein Fermentationsprodukt von *Streptomyces clavuligerus* und gehört zusammen mit anderen, in der Humanmedizin gebräuchlichen Wirkstoffen (Sulbactam, Tazobactam) zu den β-Lactamase-Inhibitoren.

Pharmakodynamik Trotz einer β-Lactam-Struktur besitzt Clavulansäure keine nennenswerte antibakterielle Aktivität, blockiert jedoch die Wirkung der β-Lactamasen durch eine hochaffine und kovalente Bindung am aktiven Zentrum (**Abb. 15.10**). Durch Acylierung des Enzyms wird die β-Lactamase irreversibel inaktiviert. Daher wird Clavulansäure in Kombination mit Amoxicillin zur Therapie von Infektionen mit β-Lactamase-bildenden Bakterien angewendet. Da Clavulansäure die Wand von grampositiven und gramnegativen Bakterien penetriert, kann sie sowohl extrazelluläre als auch intrazelluläre β-Lactamasen hemmen. Zu beachten ist jedoch, dass Clavulansäure anderen Resistenzmechanismen, wie Veränderungen der PBP, nicht entgegenwirkt und auch nicht sämtliche Formen der β-Lactamasen hemmt.

Pharmakokinetik Clavulansäure wird nach oraler Verabreichung gut resorbiert und verteilt sich gut auch in schwer zugänglichen Geweben (z. B. Synovia, Knochen). Bei einer Halbwertszeit von ca. 1h wird Clavulansäure wie andere β-Lactame hauptsächlich unverändert renal eliminiert, sodass sie die Wirksamkeit von Amoxicillin auch bei Harnwegsinfekten unterstützt. Bei Kombinationen mit β-Lactam-Antibiotika müssen die Dosierungsverhältnisse auf die Aktivität und die pharmakokinetischen Eigenschaften beider Komponenten angepasst sein. Üblicherweise beträgt das Dosierungsverhältnis 4:1 (z. B. für Hunde 10 mg Amoxicillin und 2,5 mg Clavulansäure/kg 2-mal täglich).

Cephalosporine

STECKBRIEF CEPHALOSPORINE

Zu den Cephalosporinen zählt eine große Gruppe halbsynthetischer Derivate der 7-Aminocephalosporansäure, deren Ausgangsprodukt (Cephalosporin C) aus dem Pilz *Cephalosporium acremonium* gewonnen wurde. Daneben stammen auch strukturverwandte Cefamycine aus *Streptomyces*-Arten.

Aus klinisch-therapeutischer Sicht bietet sich eine Differenzierung in **parenteral zu verabreichende Wirkstoffe** mit oder ohne Stabilität gegen β-Lactamasen und in **Oralcephalosporine** (zur oralen Applikation geeignete Wirkstoffe) an. Üblich ist jedoch auch eine Einteilung in 4 Gruppen („**Generationen**"), die in Abhängigkeit von ihrem In-vitro-Wirkungsspektrum erfolgt (**Tab. 15.6**).

Viele der einst entwickelten Cephalosporine werden heute nicht mehr in der Human- oder Tiermedizin eingesetzt. Aufgrund der Fülle verschiedener Cephalosporine sollen nachfolgend nur die veterinärmedizinisch relevanten Wirkstoffe besprochen werden.

Einteilung und Vertreter Aufgrund ihrer Substituenten an der Aminocephalosporansäure, insbesondere an den Positionen 3 und 7 (**Tab. 15.6**), unterscheiden sich die Cephalosporine in ihrem Wirkungsspektrum und ihren pharmakokinetischen Eigenschaften.

Hinsichtlich des In-vitro-Wirkungsspektrums erfolgt eine Einteilung in 4 Generationen:

1. Generation Cephalosporine der 1. Generation weisen ein vergleichbares Wirkungsspektrum auf, das **vorwiegend gegen grampositive Kokken** gerichtet ist. Veterinärmedizinisch relevante Vertreter sind die zur lokalen (intramammären, intrauterinen) Applikation bestimmten Cephalosporine **Cefapirin**, **Cefalonium** (Cefazolin aktuell nicht mehr in Handel) und das Oralcephalosporin **Cefalexin**. Diese Cephalosporine wirken vor allem gegen Streptokokken und Staphylokokken, weisen aber keine oder eine nur schwache Wirkung gegen gramnegative Bakterien auf. Sie sind instabil gegenüber β-Lactamasen gramnegativer Bakterien. Die meisten Wirkstoffe (z. B. Cefalexin) sind auch nicht wirksam gegen grampositive β-Lactamase-Bildner. Keine Wirksamkeit besteht z. B. gegen *Pseudomonas* spp., *Bacteroides* und *Enterobacter* spp.

2. Generation Cephalosporine der 2. Generation haben kein einheitliches Wirkungsspektrum, prinzipiell ist dieses **etwas breiter gegen gramnegative Keime** angelegt. Aus dieser Gruppe mit verschiedenen Vertretern (z. B. Cefuroxim) werden derzeitig keine Wirkstoffe in der Tiermedizin angewendet. Die Cephalosporine der 2. Generation besit-

Tab. 15.6 Grundstrukturen der Cephalosporine.

Cephalosporin	R_1	R_2	Wirkungsspektrum	Applikationsart
Grundstruktur (7-Aminocephalosporansäure)	O ‖ H R_1—C—N— S N O R_2 COOH	–	–	–
acetylierte Cephalosporine (1. Generation)	CH_2— S	—CH_2—O—CO—CH_3	nicht wirksam gegen *Pseudomonas*	▪ parenteral: Cefacetril ▪ oral: Cefalexin ▪ intramammär: Cefalonium
β-Lactamase-instabile Cephalosporine (2. Generation)	N—CH_2— N N N	—S—C—S—CH_3 ‖ N N	etwas breiter wirksam gegen gramnegative Bakterien	-
Aminocephalosporine (3. Generation)	CH— | NH_2 CH— | NH_2	uneinheitlich (z. B. –CH_3, –Cl oder Ringsysteme)	Breitspektrum-Cephalosporine, wirksam gegen *Pseudomonas*	▪ parenteral: Ceftiofur, Cefoperazon, Cefovecin
cephalosporinasefeste Cephalosporine (4. Generation)	CH— | OH N C— ‖ H_2N S N—O—CH_3	—CH_2—S—N—CH_3 N N	Breitspektrum-Cephalosporine, wirksam gegen *Pseudomonas*, höhere β-Lactamase-Stabilität	▪ nur parenteral: Cefquinom, Cefepim u. a.

zen im Vergleich zur 1. Generation eine besserer Wirksamkeit gegen einige gramnegative Keime (z. B. *Proteus*, *E. coli*, *Klebsiella*), jedoch eine geringere Potenz gegen grampositive Bakterien. Sie sind größtenteils ebenfalls wenig stabil gegenüber β-Lactamasen gramnegativer Bakterien und sind z. B. nicht ausreichend gegen *Pseudomonas aeruginosa* wirksam.

3. Generation und 4. Generation (Breitspektrum-Cephalosporine) Der Gruppe 3 sind die veterinärmedizinisch bedeutsamen Vertreter **Cefoperazon** (intramammäre Applikation) sowie **Ceftiofur** (s. c., i. m.) und **Cefovecin** (s. c.) zuzuordnen. Diese Cephalosporine zeigen gute Wirksamkeit gegen viele gramnegative Bakterien bei leichtem Aktivitätsverlust gegen grampositive Erreger. Die Wirksamkeit gegen *Pseudomonas aeruginosa* variiert und ist mit Ausnahme von Cefoperazon in vivo oft enttäuschend. Basierend auf einer verbesserten Wirksamkeit gegen *Pseudomonas* wird eine weitere Gruppe der Cephalosporine der 4. Generation (oder der Gruppe 3b) definiert. Das parenteral zu verabreichende **Cefquinom** (i. v., i. m., s. c.) ist als Zwitterion mit einer positiv geladenen Seitenkette chemisch-strukturell der 4. Generation zuzurechnen und kann dadurch, wie z. B. auch das Cefpirom, eine höhere β-Lactamase-Stabilität aufweisen. Insgesamt zeichnen sich die Cephalosporine der 3./4. Generation durch ihr breites Wirkungsspektrum und eine höhere β-Lactamase-Stabilität aus. Die äußere Membran der gramnegativen Keime kann gut penetriert werden. Zu beachten sind dennoch gewisse Lücken im Spektrum (**Tab. 15.7**). So sind einige Keime wenig empfindlich oder resistent (z. B. *Bacteroides fragilis*, Enterokokken). Da die Resistenzsituation für Breitspektrum-Cephalosporine der 3. und 4. Generation noch relativ gut ist, dürfen diese Antibiotika nur bei strenger Indikation angewendet werden und gelten daher als sogenannte **Reserveantibiotika**.

Tab. 15.7 Vergleichendes Wirkungsspektrum von Cephalosporinen.

Spezies	1. Generation	2. Generation	3. Generation
Streptococcus pneumoniae	+ + + / + +	+ + + / + +	+ + + + / + + +
Bacteroides fragilis	R	+ / R	+ + / + (R)
Corynebacterium spp.	+ + + / + +	–	–
Escherichia coli	+ +	+ + + / + +	+ + +
Enterobacter spp.	R	+ / R	+ +
Haemophilus influenzae	+ + / +	+ + + / + +	+ + + +
Klebsiella pneumoniae	+ + / +	+ +	+ + + + / + + +
Listeria monocytogenes	+ + / R	–	–
Pasteurella spp.	+ + + / + +	+ + + / + +	+ + + + / + + +
Proteus mirabilis	+ + / +	+ + + / + +	+ + + + / + + +
Pseudomonas aeruginosa	R	R	+ + / + (R)
Salmonella spp.	+ +	+ +	+ + +
Staphylococcus aureus	+ + + / + +	+ + + / + +	+ +
Staphylococcus epidermidis	+ + / + (R)	+ + / + (R)	+ + (R)
Enterokokken	R	R	R

+ + + + = hoch wirksam; + + + = gut wirksam; + + = wirksam; + = schwach wirksam; R = resistent.

Pharmakokinetik Die Resorption des **oral wirksamen** Cephalosporins Cefalexin erfolgt bei Hund und Katze schnell und nahezu vollständig. Maximale Plasmakonzentrationen werden innerhalb von 2 h erreicht. Die Eliminationshalbwertszeit wird mit etwa 2,5–3 h angegeben.

Bei den **parenteral zu applizierenden** (i. m. oder s. c.) Cephalosporinen Cefovecin (für Hunde und Katzen), Ceftiofur (für Rind und Schwein) und Cefquinom (für Rind, Schwein, Pferd im Handel) zeigen sich erhebliche Unterschiede in den An- und Abflutungsgeschwindigkeiten, was teils maßgeblich durch die Formulierung bestimmt ist. Cefovecin erreicht nach s. c. Injektion innerhalb von 2–6 h Spitzenkonzentrationen im Plasma, hingegen erst nach etwa 2 Tagen Spitzenkonzentrationen im Gewebe. Es wird stark an Plasmaproteine gebunden und nur langsam unverändert über die Nieren eliminiert mit einer Halbwertszeit von rund 5–7 Tagen. Dadurch ergibt sich nach einmaliger Applikation eine Wirkungsdauer von 14 Tagen (!). Auch unter den Ceftiofur-Präparaten finden sich sogenannte **„Single Shot Antibiotika“**, d. h. Antibiotika, die aufgrund ihrer langen Wirkungsdauer nur einmalig zu verabreichen sind. Dies kann zwar Vorteile haben (Praktikabilität, weniger Injektionsstress, sichere Dosierung), andererseits ist die Therapieumstellung im Falle eines Therapieversagens erschwert und die Auswirkungen auf die Resistenzselektionen sind unklar. Bei Ceftiofur ist die lange Wirkungsdauer über 6–7 Tage nur auf Langzeitformulierungen (Kristallsuspensionen mit retardierter Wirkstofffreisetzung) beschränkt. Ceftiofur erreicht nach Applikation in Form von Lösungen innerhalb von rund 1 h Spitzenkonzentrationen, nach Injektion als Kristallsuspension hingegen erst nach 12–22 h. Ceftiofur wird schnell zu Desfuroylceftiofur metabolisiert, das ebenfalls antibakteriell wirksam ist. Die Halbwertszeit dieses Hauptmetaboliten liegt bei 12–17 h, sodass – abgesehen von den Kristallsuspensionen – tägliche Injektionen vorzunehmen sind.

Das scheinbare Verteilungsvolumen der Cephalosporine überschreitet nur selten das des Extrazellularraums. Im Allgemeinen erfolgt eine Penetration in die Pleural-, Perikard- und Synovialflüssigkeit. Die Blut-Hirn-Schranke wird kaum passiert, allerdings können bei Vorliegen von Meningitiden mehrfach höhere Konzentrationen im Gehirn erreicht werden. So erklärt sich, dass die Mortalitätsrate einer durch *Streptococcus-suis*-Infektion bedingten Meningitis bei Schweinen durch Ceftiofur gesenkt wird. Abgesehen von Ceftiofur werden die anderen veterinärmedizinisch wichtigen Cephalosporine überwiegend unverändert renal durch glomeruläre Filtration und tubuläre Sekretion eliminiert.

Indikationen, Dosierung Hauptindikation des Oralcephalosporins Cefalexin sind **Hautinfektionen** mit Staphylo- und Streptokokken bei Hund und Katze. Die Dosierung beträgt 15–30 mg/kg 2-mal täglich für 5 Tage (maximal 3 Wochen). Eingesetzt werden Cephalosporine der 1. Generation außerdem gegen **Mastitiden**, bedingt durch Infektionen mit Penicillin-sensiblen und -resistenten Staphylokokken, anderen grampositiven Kokken sowie *E. coli*. Gegen diese Mastitiden werden auch Cephalosporine der 3. Generation (Cefoperazon) und 4. Generation (Cefquinom) lokal am Euter eingesetzt.

Cephalosporine der 3. und 4. Generation zeichnen sich durch ihr breites Spektrum, z. B. bei Mischinfektionen, und teils auch durch eine Wirksamkeit gegen *Pseudomonas aeruginosa* aus. Cefovecin wird bei Hund und Katze gegen Infektionen der Harnwege, Weichteile und Haut (Kokken, Pasteurellen, *E. coli*, *Proteus*, Anaerobier) in einer einmalig zu applizierenden Dosis von 8 mg/kg s. c. eingesetzt. Ceftiofur wird bei Schwein und Rind gegen Atemwegserkrankungen, Panaritium, Septikämie, Polyarthritis, Polyserositis (Pasteurellen, *Actinobacillus pleuropneumoniae*, Streptokokken, *Haemophilus somnus*, *Fusobacterium*, *Bacteroides*) in Dosierungen von täglich 1–3 mg/kg s. c. oder i. m. über 3–5 Tage verabreicht. Cefquinom als Cephalosporin der 4. Generation wird bei Rindern, Schweinen und Pferden systemisch angewendet gegen Atemwegsinfektionen (*Pasteurella multocida*, *Mannheimia haemolytica*, *Actinobacillus pleuropneumoniae*, *Streptococcus suis*), Klaueninfektionen, akuten *E.-coli*-Mastitiden, *E.-coli*-Septikämie und MMA-Komplex in Dosierungen von 1–2,5 mg/kg s. c., i. m. oder i. v. in der Regel täglich über bis zu 5 Tage verabreicht.

Nebenwirkungen, Wechselwirkungen Heute eingesetzte Cephalosporine zeichnen sich durch eine insgesamt gute Verträglichkeit aus. Bei Kleinnagern, insbesondere Chinchilla, Meerschweinchen und Hamster, sind schwere Verlaufsformen antibiotikainduzierter Enterotoxämie beschrieben. Bei anderen Tierarten, wie Hund und Katze, können leichtere Formen gastrointestinaler Störungen auftreten. Zu beachten ist ein gewisses **nephrotoxisches Potenzial**, das auf die Bildung von Immunkomplexen in der glomerulären Basalmembran oder auf die Kumulation von Eosinophilen im Interstitium zurückzuführen ist. Insbesondere das kaum noch verwendete Cefaloridin bewirkt dosisabhängig direkte tubuläre Nekrosen nach Kumulation im Gewebe. Andere Cephalosporine sind zwar weniger toxisch, aber bei längerer Verabreichung (bzw. bei lang wirksamen Cephalosporinen), bestehenden Nierenerkrankungen und durch Wechselwirkung mit nephrotoxischen Wirkstoffen (wie z. B. Aminoglykoside, nichtsteroidalen entzündungshemmenden Stoffen/NSAID) sowie durch den gleichzeitigen Einsatz von Diuretika (z. B. Furosemid) kann es zur Schädigung der Nieren kommen. Teils beruht die Wechselwirkung auch auf Verdrängungen aus der Plasmaproteinbindung (z. B. Furosemid). Von den Nebenwirkungen sind neben allergischen Reaktionen, deren Inzidenz allerdings niedriger sein soll als bei den Penicillinen, schmerzhafte lokale Reaktionen nach i. m. oder s. c. Injektion zu nennen.

Kontraindikationen Als Gegenanzeigen sind bestehende Nierenschäden sowie eine Penicillinallergie zu nennen, da eine Kreuzreaktivität von bis zu 15 % vorliegen kann. Weiteres s. Penicilline (S. 415).

Wartezeit Die Wartezeiten variieren stark in Abhängigkeit von den Formulierungen.

15.5.2 Aminoglykosid-Antibiotika

STECKBRIEF AMINOGLYKOSID-ANTIBIOTIKA

Seit der Isolierung von Streptomycin im Jahre 1944 durch Selman Waksman spielen Aminoglykoside eine wichtige Rolle bei der Bekämpfung von Infektionen, insbesondere gegen gramnegative Stäbchenbakterien (**Tab. 15.8**). Aminoglykoside werden biosynthetisch oder semisynthetisch entweder aus *Streptomyces*-Arten (dann Suffix –ycin, wie Neomycin) oder *Micromonospora*-Arten (dann Bezeichnung –icin, wie Gentamicin) gewonnen. Die chemische Struktur basiert auf Aminozuckern, die über glykosidische Bindungen mit Hydroxylgruppen von Amino- oder Guanin-substituiertem Cyclohexanol verknüpft sind (**Abb. 15.12**). Die freien OH-Gruppen sind für die Hydrophilie und Stabilität in kristalliner Form verantwortlich, bilden aber auch Angriffsziele für inaktivierende Bakterienenzyme. Aufgrund der Aminogruppen sind diese Wirkstoffe basische Polykationen mit pK_a-Werten zwischen 7,2 und 8,8. In saurem Milieu, in dem die Aminogruppen protoniert sind, nimmt die antibakterielle Wirksamkeit der Aminoglykoside ab.

Folgende Aminoglykoside spielen in der Tiermedizin eine Rolle:

- **Gentamicin** (vergleichsweise besser verträglich bei günstigerer Resistenzlage)
- **Apramycin, Kanamycin, Neomycin** (bevorzugt oral oder lokal anzuwenden)
- **Spectinomycin** (= Aminocyclitol, keine Animozucker, in therapeutischer Dosis nur bakteriostatisch)
- **Streptomycin** (ungünstige Resistenzlage, heute nur noch intramammär in Kombination mit Benzylpenicillin)

Weitere Aminoglykoside, die in der Humanmedizin angewendet werden, sind Amikacin, Nitilimicin, Paromycin und Tobramycin.

Pharmakodynamik Die **primär bakterizid** wirksamen Aminoglykoside gelten aufgrund ihres breiten Wirkungsspektrums und des raschen Wirkungseintritts als wichtige Therapeutika bei akuten Infektionserkrankungen. Das **Wirkungsspektrum** der Aminoglykoside umfasst eine Vielzahl von Erregern mit einem Schwerpunkt gegen aerobe gram-

Tab. 15.8 Minimale Hemmkonzentrationen (MHK, µg/ml) von Aminoglykosiden gegenüber veterinärmedizinisch relevanten Erregern.

Spezies	Gentamicin	Neomycin	Kanamycin
Pseudomonas aeruginosa	0,1–2,0	2,5–15,0	0,25–1
Escherichia coli	0,4–2,0	1,0–15,0	5–6
Salmonella spp.	0,5–6,0	0,5–10,0	0,6–1
Pasteurella multocida	0,8–3,0	0,5–5,0	–
Staphylococcus aureus	0,15–4,0	0,25–5,0	0,5–1
Streptococcus faecalis	5,0–50	10,0–50,0	15,0
Clostridium spp.	0,5–3,0	10,0–>200	–
Erysipelothrix rhusiopathiae	0,1–2,0	–	–

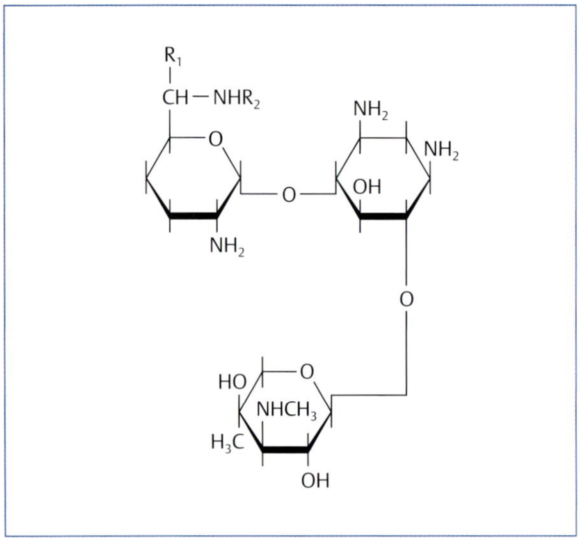

Abb. 15.12 Gentamicin C. Das Aminoglykosid kommt in 3 Formen vor, wobei R_1 und R_2 durch -H oder -CH_3 repräsentiert werden.

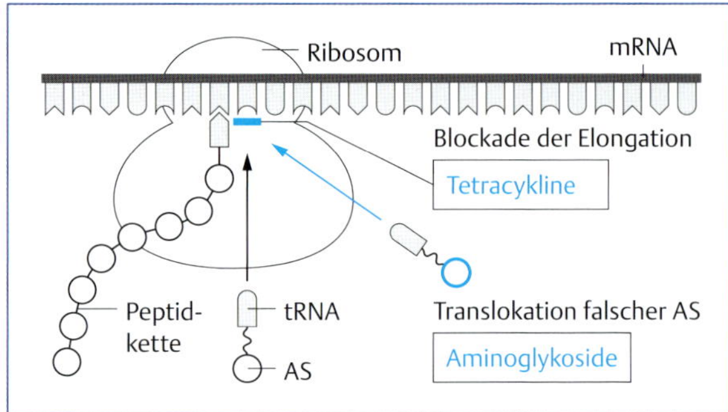

Abb. 15.13 Wirkungsmechanismus von Aminoglykosid-Antibiotika (Bildung von „Nonsens"-Proteinen) im Vergleich zu Tetracyclinen (Hemmung der Proteinsynthese).

negative Keime einschließlich Pseudomonas, wobei diese bei einer MHK von 1–4 µg/ml (abhängig vom Wirkstoff) als empfindlich gelten (Tab. 15.8). Bei septikämischen Verlaufsformen wird die synergistische Wirkungssteigerung durch Kombination mit β-Lactam-Antibiotika ausgenutzt. Durch diese Kombination lässt sich auch ein breiteres Spektrum gegen grampositive Bakterien erzielen.

Der **Wirkungsmechanismus** geht von einer Bindung an die ribosomale 30s-Untereinheit aus, wobei die Proteinsynthese nicht blockiert wird (wie z. B. durch Tetracycline), aber über eine Interaktion mit Translokationsvorgängen Fehlsteuerungen der Proteinsynthese verursacht werden (Abb. 15.13). Die dabei gebildeten „Nonsense"-Proteine vermitteln eine bakterizide Wirkung. Darauf sind vermutlich die Störungen der Membranpermeabilität zurückzuführen.

Die Passage zu den Ribosomen können Aminoglykoside teils über Poren der äußeren bakteriellen Membran nehmen. Zusätzlich penetrieren sie auch direkt durch die Lipopolysaccharid-Doppelschicht der äußeren Membran, wenn sie zweiwertige Kationen verdrängen, die zur Stabilisation der Quervernetzung der Lipopolysaccharid-Doppelschicht beitragen. Dies setzt allerdings ein basisches oder neutrales Milieu voraus (daher Wirkungsabnahme im sauren Milieu). Im periplasmatischen Raum müssen Aminoglykoside durch Aufnahme eines H^+-Ions positiv geladen sein, um die innere Membran passieren zu können. Dieser Prozess kann nur bei oxidativer Energiegewinnung ablaufen, sodass die Aufnahme unter anaeroben Bedingungen sistiert (Wirkungsabnahme in mangeldurchbluteten Geweben). Bei anaerobem Stoffwechsel sind alle Bakterien unempfindlich gegen Aminoglykoside (wird durch Antibiogramme nicht berücksichtigt). Bei einer Sepsis werden daher zwar die Keime im Blut abgetötet, aber keine ausreichenden Wirkungen im oftmals anaeroben oder sauren Milieu des Sepsisherds erzielt.

Charakteristisch für die Aminoglykoside ist ihre **konzentrationsabhängige Bakterizidie**. Dabei ist die Erstexposition von Bakterien mit einem Aminoglykosid am stärksten wirksam (first exposure effect) und hält auch nach Unterschreiten der MHK-Werte für viele Stunden an (postantibiotischer Effekt).

Resistenz Plasmid-vermittelte Resistenzen gegenüber Aminoglykosiden beruhen auf der Bildung von **Aminoglykosid-modifizierenden Enzymen** (Acetyl-, Adenyl-, Phosphotransferasen), die im periplasmatischen Raum zu Modifikationen der Amino- oder Hydroxylgruppen führen. Dadurch wird die positive Ladung der Moleküle verhindert, was eine mangelnde Passage der inneren Membran zur Folge hat. Die verschiedenen Aminoglykoside sind nicht gleichermaßen empfindlich gegenüber diesen enzymatischen Veränderungen. Dies erklärt die zu beobachtenden **partiellen Kreuzresistenzen**. So bestehen bei einer Resistenz gegen Streptomycin oftmals keine Resistenzen gegen Neomycin, Kanamycin und Gentamicin. Bei einer Gentamicin-Resistenz hingegen bestehen auch Resistenzen gegenüber den anderen Aminoglykosiden.

Pharmakokinetik Die stark polaren kationischen Eigenschaften bestimmen auch die Pharmakokinetik. So werden die hydrophilen Aminoglykoside nach oraler Gabe kaum enteral resorbiert, sodass sich die antibakterielle Wirkung auf den Magen-Darm-Trakt beschränkt. Daher werden Aminoglykoside oral nur zur Behandlung von bakteriellen Darmerkrankungen verabreicht. Es erfolgt keine enterale Inaktivierung, sodass eine quantitative Ausscheidung der Wirkstoffe via Fäzes stattfindet. Bei lokaler Anwendung werden Aminoglykoside kaum über die intakte Haut oder Schleimhaut resorbiert. Um systemische Wirkungen zu erzielen, sind parenterale Applikationen vorzunehmen. Das Verteilungsvolumen ist durch die limitierte Membranpassage auf den extrazellulären Raum begrenzt (ca. 0,2 l/kg). Die Passage durch die Blut-Hirn-Schranke ist gering. Die Proteinbindungen betragen ca. 20 %. Die Ausscheidung erfolgt durch glomeruläre Filtration, die Eliminationshalbwertszeiten liegen bei ca. 2 h. Zu beachten ist, dass sich Aminoglykoside in der Nierenrinde und in der Perilymphe des Innenohrs anreichern, worüber die toxischen Wirkungen zu erklären sind.

Indikationen, Dosierung Im Hinblick auf die unterschiedliche systemische Verträglichkeit der Aminoglykoside unterscheiden sich die einzelnen Vertreter in ihren Indikationen. Eine wichtige Indikation für **parenterale Applikationen** (i. v., i. m., s. c.) besteht in der Therapie von Septikämien (in Kombination mit Penicillinen). Hierfür wird in der Tiermedizin insbesondere **Gentamicin** angewendet, während andere Aminoglykoside hierfür eine zu hohe Toxizität aufweisen. Ansonsten sollte Gentamicin nur bei schweren, durch Gentamicin-empfindliche Erreger (*Pseudomonas* spp., Klebsiellen, *Proteus*) hervorgerufenen Infektionskrankheiten des Respirations-, Digestions- und Urogenitalsystems eingesetzt werden. Allgemeine Dosisempfehlungen erstrecken sich meist auf Injektionen von 3–5 mg/kg 2-mal täglich über 3–5 Tage. Gentamicin ist in zahlreichen Tierarzneimitteln zur parenteralen, oralen und lokalen Applikation für viele Tierarten im Handel. Für Injektionslösungen (i. m., s. c., i. v.) sind lange Wartezeiten einzuhalten (essbare Gewebe von Rind, Kalb, Pferd: 95 Tage, Schwein: 60 Tage; Milch: 3 Tage).

Bei der **oralen Verabreichung** steht die Behandlung *E.-coli*-induzierter Enteritiden im Vordergrund (**Apramycin, Gentamicin, Neomycin, Spectinomycin**). Viele Arzneimittel mit diesen Wirkstoffen sind für Nutzgeflügel, Schweine und Wiederkäuer im Handel. Trotz der geringen enteralen Resorption sind teils Wartezeiten von über 14 Tagen für essbares Gewebe einzuhalten.

Zur **lokalen Behandlung** von Infektionen der Augen, Ohren, der Haut, der Analdrüsen und der Milchdrüse kommen prinzipiell alle Aminoglykoside infrage. In sehr vielen Tierarzneimitteln ist Neomycin auch in Kombination mit Antimykotika und wirksamen Glucocorticoiden enthalten. Da die antiphlogistische Wirkung der Glucocorticoide meist nur initial erwünscht ist, sind solche fixen Kombinationen aufgrund der immunsuppressiven Effekte kritisch zu sehen. In der Veterinärmedizin ist Streptomycin, das als erster Stoff dieser Gruppe isoliert wurde, heute nur noch in Kombination mit Benzylpenicillin zur intramammären Behandlung auf dem Markt. Aufgrund der toxischen Potenz und einer ungünstigen Resistenzlage sollte auf die Anwendung von Streptomycin verzichtet werden.

Nebenwirkungen

CAVE

Aminoglykoside gehören zu den weniger gut verträglichen Antibiotika. Im Vordergrund stehen dabei **nephro- und ototoxische Wirkungen.** Daher sind Überdosierungen und systemische Applikationen über einen zu langen Zeitraum (> 10 Tage) zu vermeiden.

Aminoglykoside akkumulieren in den Lysosomen der proximalen Tubuluszellen und induzieren darüber eine Einschränkung der Nierenfunktion. Die systemische Verträglichkeit variiert bei einzelnen Vertretern dieser Antibiotikaklasse. Da die Ladungsdichte der Aminoglykosidmoleküle mit der Zahl der Aminogruppen korreliert, kumuliert z. B. Neomycin stärker in den Nierenzellen als Gentamicin. Daher werden Neomycin und andere oben beschriebene Aminoglykoside ausschließlich bzw. bevorzugt lokal (z. B. am Auge, intramammär) oder oral angewendet (Darminfektionen). Spectinomycin ist zwar weniger toxisch, hat aber eine geringere Wirkungspotenz, sodass bakterizide Konzentrationen im Organismus kaum erreicht werden (nachteilig ist auch die schnelle Resistenzentwicklung). Aminoglykoside reichern sich aufgrund elektrophysiologischer Besonderheiten in den Haarzellen des Innenohrs an und führen zu irreversiblen Verlusten der Sinneshärchen. Schädigungen des N. cochlearis und N. vestibularis haben Taubheit und Gleichgewichtsstörungen zur Folge. Als weitere Nebenwirkung sind neuromuskuläre Blockaden zu nennen. Hierüber kann bei postoperativer Anwendung eines Aminoglykosids eine sogenannte „Recurarisierung“ erfolgen, d. h., dass die nachlassende Wirkung des peripheren Muskelrelaxans wieder verstärkt und u. U. ein Atemstillstand provoziert wird. Zur postoperativen Infektionsprophylaxe sind Aminoglykoside aber aufgrund des nephrotoxischen Potenzials in der Regel ohnehin nicht empfehlenswert. Zur Verträglichkeit der Aminoglykosid-Antibiotika sind auch tierartliche Unterschiede zu beachten. Insbesondere bei Ziervögeln und Tauben scheint das toxische Potenzial erhöht zu sein. Dies gilt auch für Neonaten. Allergische Reaktionen können bei allen Tierarten auftreten, sind jedoch selten. Bei lokaler Anwendung von Neomycin können Kontaktdermatitiden induziert werden.

Wechselwirkungen, Kontraindikationen Bei einer bestehenden Nierenschwäche sowie in Kombination mit anderen nierentoxischen Wirkstoffen ist die Gefahr der Nephrotoxizität erhöht. Als Wechselwirkungen sind nephrotoxische Potenzierungen in Kombination mit Schleifendiuretika (z. B. Furosemid), Antibiotika (z. B. ältere Cephalosporine), Immunsuppressiva (Ciclosporin) bekannt. Aminoglykoside bewirken eine Verstärkung neuromuskulärer Blockaden durch Muskelrelaxanzien.

CAVE

Systemisch sollten Aminoglykosid-Antibiotika nicht eingesetzt werden bei trächtigen Tieren, Neonaten, Ziervögeln, bei Niereninsuffizienz sowie bei Vorschädigungen des Innenohrs. Eine lokale Anwendung im Gehörgang, z. B. zur Behandlung einer Otitis externa, darf nicht bei offenem Trommelfell erfolgen.

15.5.3 Tetracycline

STECKBRIEF TETRACYCLINE

Tetracycline wirken **bakteriostatisch.** Sie gehören neben den Aminopenicillinen zu den in Deutschland am häufigsten eingesetzten Antibiotika in der Tiermedizin, was u. a. auf ihr sehr breites Wirkungsspektrum zurückgeführt werden kann. Tetracycline werden von *Streptomyces*-Arten gewonnen und bestehen aus 4 linear kondensierten Sechserringen. Die verschiedenen in der Human- und Veterinärmedizin therapeutisch genutzten Wirkstoffe unterscheiden sich lediglich durch Substituenten an unterschiedlichen Ringpositionen (**Abb. 15.14**). Es handelt sich um amphotere Verbindungen, die mit bi- und trivalenten Kationen (insbesondere Ca^{2+}, Mg^{2+}, Al^{3+}, Fe^{3+}) schwer lösliche Chelate bilden, was u. a. für Interaktionen mit Futterbestandteilen und anderen Arzneistoffen relevant ist. In kristalliner Form sind alle Tetracycline stabil, weniger in wässriger Lösung.

Folgende Wirkstoffe sind in zahlreichen Tierarzneimitteln im Handel:
- Tetracyclin
- Chlortetracyclin
- Oxytetracyclin
- Doxycyclin (neuere Verbindung)

In der Humanmedizin kommen weitere Wirkstoffe wie Minocyclin und Tetracyclinderivate (Glycylcycline) zur Anwendung.

Pharmakodynamik Tetracycline haben eine **bakteriostatische Wirkung**. Sie erreichen den periplasmatischen Raum passiv über die Porin-Proteine. An der Passage der inneren Membran sind aktive Transportsysteme beteiligt. In der Bakterienzelle erfolgt die Bindung an die ribosomale 30S-Untereinheit. Dadurch wird die Bindung der Aminoacyl-tRNA an die Akzeptorregion der Ribosomen blockiert (**Abb. 15.13**), sodass die Initiation und Elongationsphase der **Proteinsynthese gehemmt** wird. Tetracycline zeichnen sich durch ein **sehr breites Wirkungsspektrum** aus. Erfasst werden zahlreiche grampositive und gramnegative, aerobe und anaerobe Infektionserreger inkl. Leptospiren und Borrelien sowie zellwandlose Mykoplasmen, Chlamydien und Rickettsien. Dabei werden auch intrazellulär befindliche Krankheitserreger erreicht. Zudem hemmen Tetracycline einige Protozoen, und behüllte Viren werden ebenfalls gehemmt. Die für die antibakterielle Wirksamkeit erforderlichen MHK-Werte variieren speziesspezifisch stark und unterliegen auch regionalen Schwankungen (**Tab. 15.9**). Im Allgemeinen gelten als Grenzen der Empfindlichkeit 0,5–4 µg/ml. Das Spektrum aller Tetracycline ist vergleichbar, wobei für Doxycyclin eine höhere Aktivität gegen *Staphylococcus aureus* beschrieben ist.

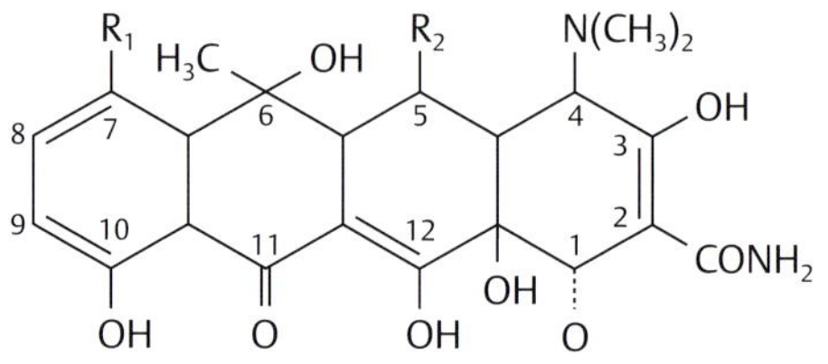

R_1, R_2 = H	Tetracyclin
R_1 = Cl	Chlortetracyclin
R_2 = OH	Oxytetracyclin
R_2 = OH und C6 = ohne OH	Doxycyclin

Abb. 15.14 Struktur der Tetracycline.

Resistenz Primär resistent sind *Proteus* spp. und *Pseudomonas aeruginosa*. Sehr **stark verbreitet sind erworbene Resistenzen** u. a. bei *E. coli*, Salmonellen, Pasteurellen, Clostridien, Staphylokokken und Streptokokken. Daher ist der Einsatz von Tetracyclinen heute in der Regel nur nach einem Empfindlichkeitsnachweis der Erreger zu empfehlen. Innerhalb der Gruppe bestehen Kreuzresistenzen. Bei den Plasmid-vermittelten Resistenzen liegen häufig Mehrfachresistenzen vor. Dabei codieren die Plasmide ein Transportsystem (Efflux-Pumpen), worüber bereits in die Bakterien aufgenommene Tetracyclinmoleküle aktiv aus der Zelle ausschleust werden (Efflux). Weitere Resistenzmechanismen besteht in einem Schutz der ribosomalen Bindungsstelle sowie der Reduktion von Porinproteinen in der

Tab. 15.9 Minimale Hemmkonzentrationen (MHK, µg/ml) von Tetracyclinen gegenüber veterinärmedizinisch relevanten Erregern.

Spezies	Tetracyclin	Chlortetracyclin	Oxytetracyclin
Chlamydia spp.	0,02–1	0,13–1	0,01–0,5
Mannheimia haemolytica	0,3	–	0,5–150
Streptococcus agalactiae	–	0,03–4,8	–
Staphylococcus aureus	0,6–8	0,2	0,2–3,2
Salmonella spp.	2–15	0,8–15	1,6–6,3
Proteus mirabilis	15	–	–
Proteus vulgaris	–	100	30–100
Enterobacteriaceae	2–15	–	–
Escherichia coli	1–32	–	0,3–150
Klebsiella spp.	0,5–64	–	0,2–3,1
Mycoplasma spp.	1,6–25	–	1,2–63

äußeren Membran gramnegativer Keime, was eine verminderte Penetration der Tetracycline zur Folge hat.

Pharmakokinetik Die älteren Tetracycline werden meist nur bis zu 50 % aus dem Magen-Darm-Trakt resorbiert. Für Doxycyclin ist aufgrund einer höheren Lipophilie eine bessere orale Bioverfügbarkeit beim Hund beschrieben (ca. 70 %). Die orale Bioverfügbarkeit aller Tetracycline wird nicht nur vom Füllungszustand des Magens, sondern auch maßgeblich von den Futterbestandteilen beeinflusst. So kann ein hoher Kalziumgehalt im Futter durch Bildung von schwer löslichen Chelaten die Resorption der Tetracycline stark reduzieren. Tetracycline besitzen mit einem Verteilungsvolumen über 1 l/kg eine gute Gewebegängigkeit (z. B. in das Knochengewebe). Durch die Chelatbildung können sie sich im Knochen anreichern. Die Plazentarschranke wird ebenfalls passiert. Im Liquor werden keine ausreichenden Konzentrationen zur Behandlung von Meningitiden und Enzephalitiden erreicht. Tetracycline werden zum größten Teil unverändert renal durch glomeruläre Filtration oder biliär eliminiert. Die Eliminationshalbwertszeiten liegen je nach Wirkstoff und Tierart in der Regel bei bis zu 10 h. Bei sogenannten Long-Acting-Präparaten können über 2–4 Tage wirksame Spiegel erreicht werden.

Indikationen, Dosierung Allgemeine Indikationen stellen Infektionen der Atemwege, des Urogenital- und des Magen-Darm-Traktes sowie der Haut dar. Aufgrund der ungünstigen Resistenzlage muss sichergestellt sein, dass die Erreger Tetracyclin-sensibel sind. Eine primäre Indikation liegt bei Infektionen mit Chlamydien, Rickettsien und Campylobacter vor.

Zur oralen, parenteralen und lokalen Anwendung sind viele Tierarzneimittel mit Tetracyclinen auf dem Markt, wobei Tetracyclin und Oxytetracyclin parenteral in Dosen von 5–15 mg/kg 2-mal täglich und Chlortetracyclin mit 20–50 mg/kg p. o. auf mehrere Einzeldosen verteilt zum Einsatz kommen. Doxycyclin wird gegen akute und subakute Atemwegserkrankungen in einer Dosis von 10–25 mg/kg 1–2-mal täglich p. o. bei Hunden, Schweinen, Kälbern, Geflügel und Tauben angewendet.

Nebenwirkungen Tetracycline weisen eine Reihe von Nebenwirkungen auf, die teils speziesspezifisch sind. So treten bei schneller i. v. Injektion bei Pferd, Rind und Hund Kreislaufstörungen auf, die bei Großtieren bis zum Kollaps (evtl. durch den Lösungsvermittler) führen können. Insbesondere nach i. m. Gabe können lokale Irritationen bis zu Nekrosen auftreten (insbesondere durch Long-Acting-Präparate). Durch Reizung der Darmwand oder durch Störungen der physiologischen Darmflora kann es zu Überwucherung mit Tetracyclin-resistenten Keimen kommen, die zu gastrointestinalen Störungen und bis zu **Enterokolitiden** führen können. Als besonders empfindlich gelten Pferde und Kleinnager. Durch Veränderungen der physiologischen Flora kann die Verdauungsfähigkeit pflanzlicher Nahrung abnehmen und Pansentympanien können gefördert werden. Insbesondere bei Überdosierungen oder durch Kumulation bei Nierenfunktionsstörungen können fettige Leberdegenerationen auftreten. Bei geringer Hautpigmentierung ist nach intensiver Lichteinwirkung das Auftreten einer **Photodermatitis** möglich. Das Immunsystem wird beeinflusst, indem Chemotaxis und Phagozytoseaktivität herabgesetzt werden.

Ablagerung von Tetracyclin-Kalzium-Orthophosphat-Chelaten in Knochenwachstumszonen (Gelbverfärbungen von Kalbsröhrenknochen) und im Zahnschmelz führen zu Wachstumsstörungen und gelblich-braunen Verfärbungen der Zähne sowie zu Zahnschmelzhypoplasien.

Kontraindikationen, Wechselwirkungen Als Gegenanzeigen gelten Resistenzen, schwere Leber- und Nierenfunktionsstörungen, die orale Verabreichung an ruminierende Wiederkäuer und Pferde sowie bedingt auch Trächtigkeit und die Verabreichung an in der Wachstumsphase stehende Tiere und während der Odontogenese.

Aus den Interaktionen mit polyvalenten Kationen ergeben sich zahlreiche Wechselwirkungen (Inkompatibilitäten in Mischspritzen und z. B. oral verabreichte Antazida).

Wartezeit Die Wartezeiten variieren stark in Abhängigkeit von der Applikationsart und den Formulierungen. Zum Beispiel betragen sie bei Injektionslösungen mit Langzeitwirkung bis zu 35 Tage für essbare Gewebe.

15.5.4 Makrolid-Antibiotika

STECKBRIEF MAKROLID-ANTIBIOTIKA

Die makrozyklischen Laktone sind lipophile Substanzen mit einem zentralen 14–16-gliedrigen Laktonring, der mit glykosidisch gebundenen Neutral- oder Aminozuckern verknüpft ist. Dadurch erhalten die Makrolide einen basischen Charakter und sind im sauren Milieu sehr instabil. In der Therapie werden zur Verbesserung der Bioverfügbarkeit und der Wasserlöslichkeit verschiedene Salze und Ester eingesetzt.

Makrolide wurden früher aus *Streptomyces*-Arten gewonnen. Als erster Vertreter dieser Gruppe ließ sich 1952 **Erythromycin** aus *Streptomyces erythreus* isolieren. Später wurden Makrolide halb- oder vollsynthetisch hergestellt. Ester werden an der Hydroxylgruppe in 2-Stellung, Salze an der Aminogruppe gebildet.

Anhand des jeweiligen Laktonrings werden Makrolide in 3 Gruppen eingeteilt:

- **14-gliedriger Laktonring: Erythromycin** (humanmedizinsch: Roxithro-, Flurithro-, Clarithromycin)
- **15-gliedriger Laktonring: Tulathromycin**, Azithromycin (beide Substanzen werden zu den Azaliden gezählt), **Gamithromycin**
- **16-gliedriger Laktonring: Tylosin, Spiramycin, Tilmicosin** und **Tylvalosin** (Kitasamycin: nicht mehr im Handel)

Von veterinärmedizinischer Bedeutung sind die älteren Vertreter **Erythromycin, Tylosin, Spiramycin** sowie die neueren Wirkstoffe **Gamithromycin, Tilmicosin, Tylvalosin** und **Tulathromycin**. Die synthetisch hergestellten Makrolide wie Roxithromycin und Clarithromycin haben in der Humanmedizin aufgrund ihrer verbesserten Bioverfügbarkeit und Säurestabilität eine große therapeutische Bedeutung. Sie sind der Humanmedizin vorbehalten.

Pharmakodynamik Makrolid-Antibiotika wirken **bakteriostatisch**. Ähnlich den Lincosamiden liegt der Angriffspunkt der Makrolide bei den ribosomalen 50S-Untereinheiten. Sie **hemmen die Proteinsynthese** durch kovalente Bindungen an Proteine des Peptidyltransferase-Zentrums. Über eine Störung der Elongationsphase wird die Translokation der Peptidyl-t-RNA von der Akzeptor- zur Donorstelle gestört (**Abb. 15.3**).

Das **Wirkungsspektrum** umfasst folgende veterinärmedizinisch relevante Erreger (**Tab. 15.10**):

- grampositive Bakterien
- einige gramnegative Bakterien wie *Haemophilus* und Anaerobier
- zellwandlose Bakterien wie Mykoplasmen

Resistenz Gegen Makrolide können sich rasch Resistenzen entwickeln, wobei die Übertragung durch Plasmide erfolgen kann. Dabei sind folgende Mechanismen von Bedeutung:

- Enzymatische Methylierung des Bindungsortes am Ribosom: Diese Resistenz schließt die sogenannte MLS-Resistenz ein, d. h., es werden **M**akrolide, **L**incosamide und **S**treptogramine (wie das früher als Futterzusatzstoff verwendete Virginiamycin) einbezogen.
- Inaktivierung durch enzymatische Spaltung des Laktonrings
- Ausschleusung aus den Bakterienzellen durch energieverbrauchende Prozesse (z. B. bei Staphylokokken)

Pharmakokinetik Die orale Bioverfügbarkeit der veterinärmedizinisch eingesetzten Makrolide ist gering, hängt aber auch wesentlich von der Salzform ab. Die als Salze (Tartrate, Phosphate, Laurylsulfat) oder Ester (wie Estolat, Adipat, Ethylsuccinat) vorliegenden Makrolide werden entweder hydrolytisch oder enzymatisch in die wirksame Basenform umgewandelt. Aufgrund ihrer basischen Eigenschaften reichern sich Makrolide in Geweben gegenüber den im Serum erreichbaren Konzentrationen an. Daraus resultiert ein hohes Verteilungsvolumen im Bereich von 1–2 l/kg. In einzelnen Geweben wie Lunge, Leber und Euter werden 3–10-fache und noch höhere Konzentrationen als im Serum erreicht. Auch intrazelluläre Keime und schwer zugängliche Gewebe (Knochen) werden erreicht. Anhaltend hohe Konzentrationen in entzündeten Geweben können insbesondere bei den neuen Wirkstoffen über deren Anreicherungen in phagozytierenden Zellen erklärt werden. Der Grad der Metabolisierung ist unterschiedlich. So wird Erythromycin in einem größeren Umfang N-demethyliert als Tilmicosin und damit auch deaktiviert, während aus Spiramycin ein pharmakologisch wirksamer Metabolit, Neospiramycin, gebildet wird. Die pharmakokinetischen Kenngrößen sind in **Tab. 15.11** zusammengefasst.

Die orale Bioverfügbarkeit unterliegt starken individuellen Schwankungen und wird von der Darreichungsform und Futteraufnahme geprägt. Sie beträgt beispielsweise bei Tilmicosin und Tylosin ca. 20 %, bei Kitasamycin bis zu 30 % und bei Spiramycin ca. 45 %, während die Erythromycin-Base zu 9 % und Ester zu ca. 25 % verfügbar sind.

Indikationen, Dosierung Allgemein zeichnen sich die Makrolide durch ihre hohe Wirkungspotenz gegen verschiedene Erreger von Atemwegserkrankungen (Bronchopneumonien, Rhinitis) aus, wie Mykoplasmen, *Pasteurella multocida* und *Mannheimia haemolytica*. Zudem erreichen sie für einen langen Zeitraum hohe Wirkstoffspiegel im Lungengewebe. Hauptindikationen bestehen daher in der Therapie bakterieller Atemwegsinfekte. Zur Therapie der Schweinedysenterie kommt Tylosin zum Einsatz, wobei jedoch regional hohe Resistenzraten des Erregers (*Brachyspira hyodysenteriae*) zu beachten sind. Spiramycin erreicht hohe Konzentrationen im Speichel und hat daher eine Bedeutung für die Behandlung von Infektionen der Maulhöhle (Stomatitis, Gingivitis) bei Kleintieren.

Tilmicosin Bei Kälbern werden nach parenteraler Applikation von 10 mg/kg im Serum 1–2 mg/ml nach 1 h erreicht,

Tab. 15.10 Minimale Hemmkonzentrationen (MHK, µg/ml) von Makrolid-Antibiotika. Als empfindlich werden Erreger mit einer MHK < 1 µg/ml eingestuft.

Spezies	Tilmicosin	Erythromycin	Tylosin	Spiramycin
Arcanobacterium pyogenes, Syn. *Trueperella pyogenes*	0,024	0,02–0,04	0,06–0,25	0,025–32
Clostridium perfringens	3,1	–	0,05–50	–
Escherichia coli	50	–	25–50	–
Erysipelothrix rhusiopathiae	0,2	–	0,06–0,5	0,2
Fusobacterium necrophorum	3,1	–	0,8–6,25	–
Mycoplasma gallisepticum	0,05	–	0,1–10	0,02–8
Mycoplasma hyopneumoniae	0,08	–	0,05–1	0,06–1
Mycoplasma hyorhinis	12,5	–	0,4–0,8	0,25–2
Mycoplasma meleagridis	–	–	1–10	0,5–6
Pasteurella multocida	0,4–25	–	32–64	1–32
Staphylococcus aureus	0,78	0,2–0,4	0,5– > 128	2– > 128
Streptococcus pyogenes	–	0,007–0,03	0,1–0,8	0,1–0,5
Streptococcus suis	3,1	–	0,125–128	> 256

während die Konzentrationen in der Lunge 8–96 h post applicationem um ein Mehrfaches höher liegen (bis 45-fach) und nach 24 h ein Maximum erreicht haben. *Mannheimia haemolytica* mit einer MHK von 1–2 µg/ml wird bei einer Behandlung mit 20 mg/kg innerhalb von 7 Tagen eliminiert. Zur Behandlung von Lungen- und Atemwegsinfektionen, hervorgerufen durch *Pasteurella multocida* und *Mannheimia (Pasteurella) haemolytica* bei Rindern, wird eine einmalige s. c. oder i. m. Injektion von 10 mg/kg empfohlen. Tilmicosin (**Abb. 15.15**) wird auch als Fütterungsarzneimittel bei Schweinen und Geflügel gegen Pneumonien eingesetzt.

Tylosin Nur in der Veterinärmedizin wird Tylosin (**Abb. 15.16**) als Base in Injektionslösungen und als Tartrat oder Phosphat oral eingesetzt. Zu beachten sind z. T. hohe Resistenzraten, wie z. B. bei *Mycoplasma gallisepticum* und *Staphylococcus aureus*. Tylosin wird ebenfalls zur Behandlung von Atemwegserkrankungen, aber auch bei Arthritis des Kalbes, Campylobacterinfektionen bei Schafen und Mykoplasmosen beim Geflügel angewendet. Als Dosierungen werden zur parenteralen Anwendung bei Kalb und Schwein 10–20 mg/kg 2-mal täglich und beim Hund 10 mg/kg 2-mal täglich über 2–4 Tage empfohlen, für die orale Verabreichung 25 mg/kg beim Kalb 2-mal täglich bzw. 25–100 mg/kg beim Ferkel. Hühner und Puten können entsprechend über das Futter oder das Tränkewasser behandelt werden.

Tyvalosin Als Strukturanalogon zu Tylosin wird Tyvalosin (früher Acetylisovaleryltylosin) u. a. zur Therapie und Prävention der enzootischen Pneumonie beim Schwein mit einer Dosierung von 2,125 mg/kg über 7 Tage eingesetzt.

Erythromycin Das Anwendungsspektrum von Erythromycin (**Abb. 15.17**) umfasst Mastitiden, Atemwegserkrankungen, Mykoplasmosen und Clostridieninfektionen beim Geflügel sowie Leptospirosen. Erythromycin wird in verschiedenen Darreichungsformen angeboten. Intramuskulär zu verabreichende Dosen betragen 11 mg/kg beim Kalb, 3–7 mg/kg beim Schwein. Hund und Katze erhalten p. o. 30 mg/kg in 3 Dosen über den Tag verteilt, während Puten und Hühner 120 mg/kg verabreicht bekommen. Bei Kühen werden auch Produkte zur Mastitisbehandlung und zum Trockenstellen eingesetzt.

Spiramycin Der Einsatz von Spiramycin (**Abb. 15.18**) ist u. a. bei Mastitiden angezeigt, die durch Streptokokken, Staphylokokken sowie Mykoplasmen verursacht werden.

Tab. 15.11 Pharmakokinetische Eigenschaften von Makroliden.

Wirkstoff	Halbwertszeit (h)	Proteinbindung (%)	Elimination (%)
Tilmicosin	6 (Kalb), 2,5–3,0 (Rind)	20–25 (Rind, Schaf)	70–80 % in den Fäzes (Kalb), 65 % in den Fäzes (Rind)
Erythromycin	1,5 (Schaf), 1,0 (Hund)	38–45 (Rind)	5–15 % renal
Tylosin	2,5 (Rind)	35–45 (Rind, Schaf)	90 % in den Fäzes
Spiramycin	28 (Rind), 6 (Schwein)	30 (Rind, Schaf)	überwiegend renal
Tulathromycin	90 (Rind, Schwein)	–	70 % in den Fäzes (Schwein)

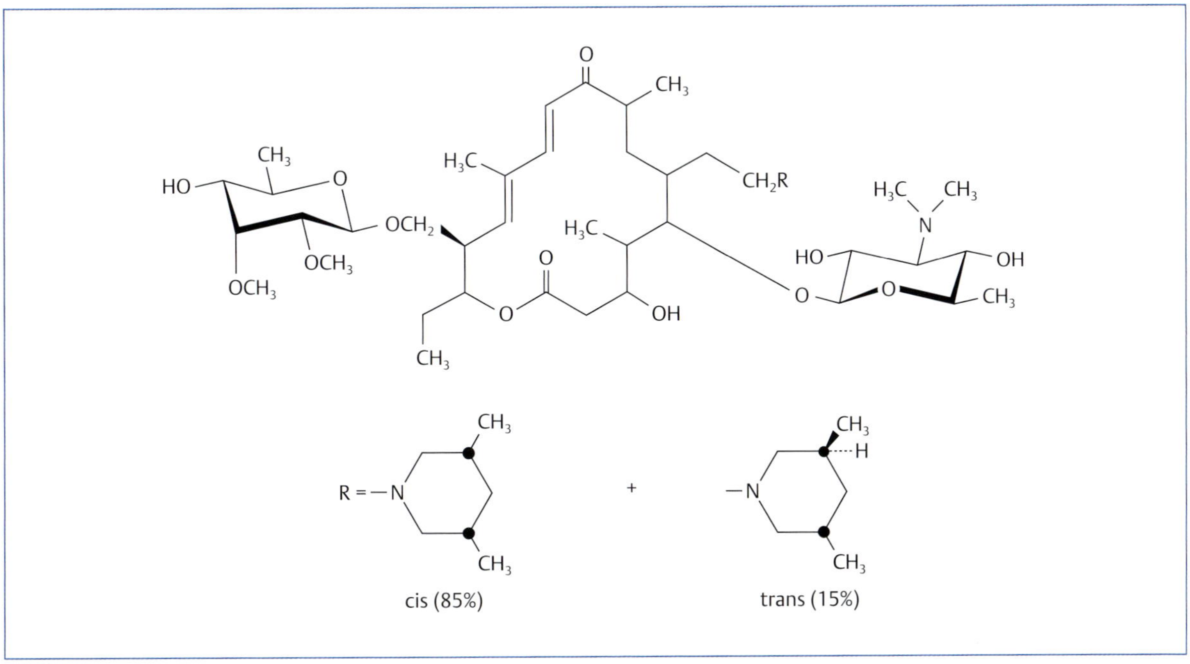

Abb. 15.15 Tilmicosin.

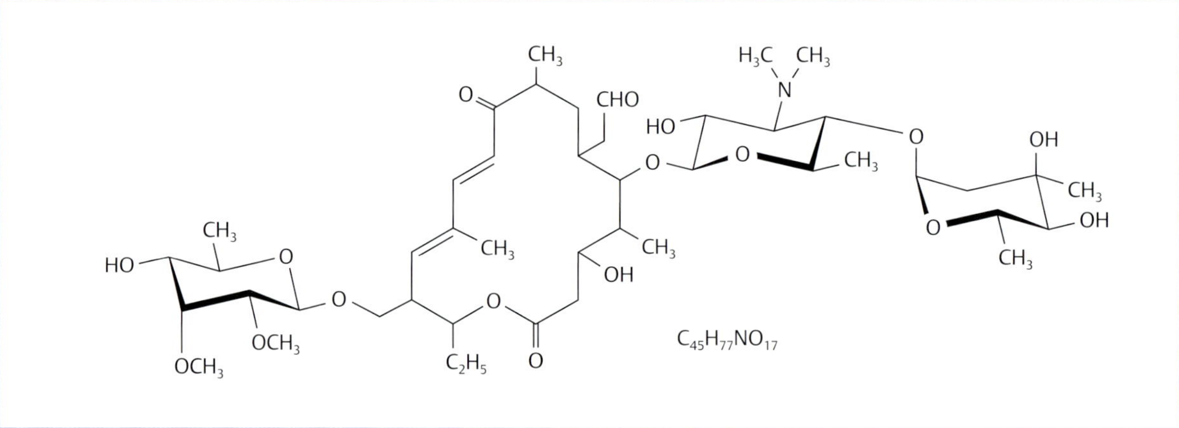

$C_{45}H_{77}NO_{17}$

Abb. 15.16 Tylosin.

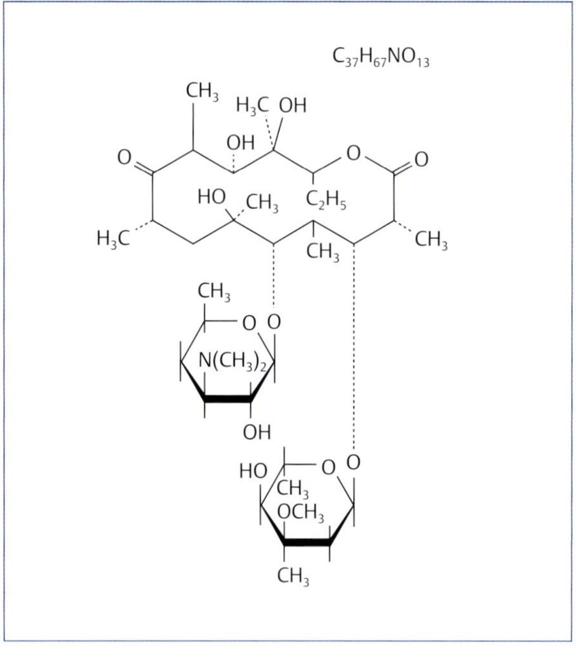

$C_{37}H_{67}NO_{13}$

Abb. 15.17 Erythromycin.

Hinzu kommen Arthritiden, Atemwegserkrankungen, Mykoplasmosen des Geflügels und Erkrankungen der Mundhöhle beim Hund. Schweine erhalten parenteral 25–50 mg/kg, Rinder 20 mg/kg und Geflügel 50–100 mg/kg 1-mal täglich. Die oralen Dosierungen betragen ca. 20 mg/kg beim Schwein und 250 mg/kg beim Geflügel über die Tränke. Zur Behandlung von Stomatitis und Gingivitis beim Hund werden 30 mg Spiramycin in Kombination mit 15,5 mg Metronidazol/kg/Tag eingesetzt.

Tulathromycin Zur Therapie und Metaphylaxe von Atemwegserkrankungen wird bei Rindern und Schweinen Tulathromycin mit einer Dosierung von 2,5 mg/kg einmalig angewendet Die maximale Konzentration im Plasma wird nach ca. 30 min erreicht und beträgt 0,5–0,6 µg/ml. Die Konzentrationen in der Lunge sind höher, das Verteilungsvolumen beträgt 11–13 l/kg.

Gamithromycin Das halbsynthetische Azalidantibiotikum Gamithromycin gehört zur Gruppe der Makrolide. Es besitzt einen 15-C-Laktonring mit einem alkylierten Stickstoffatom in 7α–Position. Diese chemische Besonderheit erleichtert eine schnelle Absorption bei physiologischem pH-Wert und eine lange Wirkungsdauer im Zielorgan, der

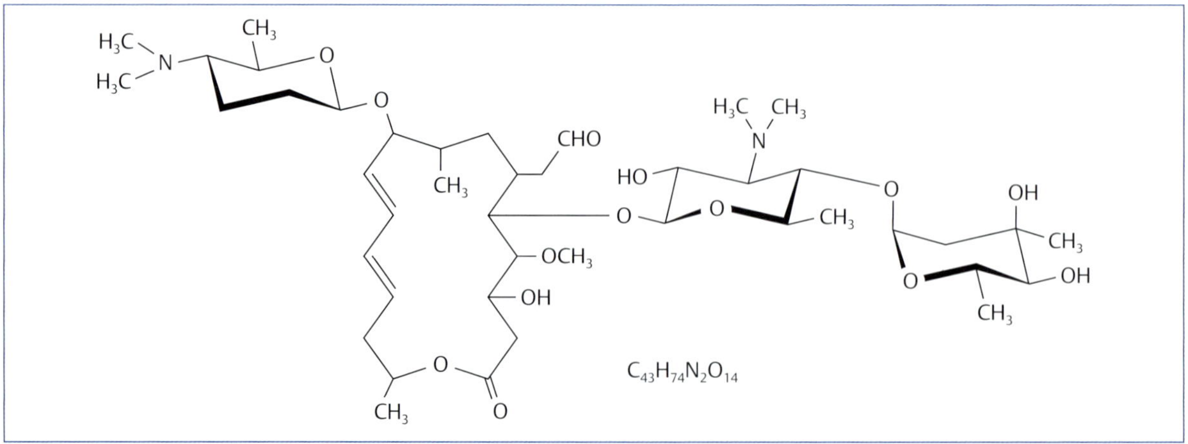

$C_{43}H_{74}N_2O_{14}$

Abb. 15.18 Spiramycin.

Lunge. Das Verteilungsvolumen beträgt im Steady State 25 l/kg. In klinischen Studien ließ sich die antibakterielle Wirksamkeit gegenüber *Mannheimia haemolytica* (MHK 0,5 µg/ml), *Pasteurella multocida* (MHK 1 µg/ml) und *Histophilus somni* (MHK 1 µg/ml) nachweisen. Gamithromycin wird daher zur Therapie und Metaphylaxe von Atemwegserkrankungen beim Rind, hervorgerufen durch die o. g. Erreger, eingesetzt. Es erwies sich als geeignetes Medikament zur Metaphylaxe der bovine respiratory disease: Sein Einsatz führte zu einer Reduktion der Neuerkrankungen, und die Morbiditätsrate der behandelten Rinder fiel um 65 % ab. Maximale Plasmakonzentrationen werden nach 30–60 min erreicht, die Halbwertszeit beträgt mehr als 2 Tage. Empfohlen ist eine Dosierung von einmalig 6 mg Gamithromycin/kg s. c. in den Halsbereich.

Kitasamycin Ursprünglich wurde Kitasamycin beim Schwein zur Behandlung von Pneumonien und Dysenterien oral und parenteral mit einer Dosis von 20 mg/kg verwendet. Beim Geflügel wurden zur Bekämpfung von Mykoplasmeninfektionen 50 mg/kg über das Trinkwasser verabreicht. Kitasamycin ist zurzeit in Deutschland nicht im Handel.

Nebenwirkungen Erythromycin kann dosisabhängige Motilitätssteigerungen an der glatten Muskulatur bewirken, was nach oraler Anwendung Erbrechen und Durchfälle auslösen kann. Dysbakteriosen können in schweren Formen bei Pferden und Kleinnagern auftreten, sodass der Einsatz bei diesen Spezies unter strenger Aufsicht nur in Notfällen erfolgen sollte. Generell verursachen Makrolide nach parenteraler Gabe starke lokale Reizerscheinungen. Erythromycinestolat soll intrahepatische Cholestasen auslösen, weswegen es kaum noch Verwendung findet.

CAVE

Tilmicosin weist eine **kardiovaskuläre Toxizität** auf, die beim Schwein nur nach **parenteraler** Injektion in Erscheinung tritt. Besonders Hunde sind empfindlich, weshalb Tilmicosin bei dieser Spezies kontraindiziert ist. Da auch der Mensch sehr empfindlich ist, muss nach Selbstinjektion ein Arzt aufgesucht werden. Auch Tulathromycin kann in zu hohen Dosen kardiotoxisch wirken.

Wechselwirkungen Erythromycin hemmt Cytochrom-P450-abhängige Monooxygenasen. Deswegen sind Wechselwirkungen mit Theophyllin, Benzodiazepinen, Digoxin und Phenobarbital möglich. Erythromycin wirkt bei gleichzeitiger Gabe von Ionophoren toxisch.

Kontraindikationen Tilmicosin und Tulathromycin sollten weder i. v. noch bei laktierenden Tieren angewendet werden. Entsprechende Kreuzresistenzen der Makrolide zu Lincosamiden sind zu beachten.

Wartezeit

- **Erythromycin**:
  - Schwein, essbare Gewebe 30 Tage (i. m./s. c.)
  - Rind, essbare Gewebe 30 Tage (i. m./s. c.); Milch 8 Tage (i. m./s. c.) bzw. 7 Tage (i.mamm.) bzw. 3 Tage (Salze, Base)
  - Kalb, Huhn und Pute, essbare Gewebe 3 Tage; Ei 0 Tage (p. o.)
- **Tylosin**:
  - Schwein, essbare Gewebe 0–1 Tag (orale Applikation) bzw. 7–9 Tage (parenterale Applikation)
  - Rind, essbare Gewebe 28–35 Tage; Milch 5 Tage (parenterale Applikation)
  - Schaf, essbare Gewebe 17 Tage (orale Applikation)
  - Hühner, essbare Gewebe 1 Tag; Eier 0 Tage (parenterale Applikation)
  - Puten (Truthühner), essbare Gewebe 2 Tage; Eier 0 Tage (parenterale Applikation)
- **Tylvalosin**:
  - Hühner und Puten (Truthühner), essbare Gewebe 2 Tage
  - Sonstige, essbare Gewebe 2 Tage
- **Tilmicosin**:
  - Schwein, essbare Gewebe 21 Tage (Inj.-Lsg.) bzw. 12–14 Tage (Vormischung)
  - Rind, essbare Gewebe 70 Tage (Inj.-Lsg.); Milch 36 Tage
  - Kalb, essbare Gewebe 42 Tage
  - Schafe, essbare Gewebe 42 Tage; Milch 18–36 Tage
  - Huhn, essbare Gewebe 12 Tage (Tränke)
  - Puten, essbare Gewebe 19 Tage (Vormischung)
- Tulathromycin:
  - Schwein, essbare Gewebe 33 Tage
  - Rind, essbare Gewebe 49 Tage
- Gamithromycin:
  - Rind, essbare Gewebe 64 Tage

15.5.5 Lincosamide

STECKBRIEF LINCOSAMIDE

Die beiden in der Veterinärmedizin verwendeten Lincosamide **Lincomycin** und **Clindamycin** bestehen aus zwei Heterozyklen, der substituierten Aminosäure Prolin und einem schwefelhaltigen Aminozucker-Galacto-Octapyranring, die über eine Amidbindung verknüpft sind (**Abb. 15.19**). Beide Substanzen sind wasserlöslich und bei pH 2–9 stabil. Darüber hinaus wurde das halbsynthetische Lincosamid **Pirlimycin** zur intramammären Anwendung beim Rind zugelassen.

Pharmakodynamik Durch Hemmung der Proteinsynthese wirken Lincosamide **bakteriostatisch**. Lincosamide binden sich an die 50S-Untereinheiten der Ribosomen, wodurch die Aminoacyl-tRNA-Bindung an die Peptidyltransferase gestört wird. Diese Reaktion interagiert mit der Bindung von Makroliden, weshalb entsprechende Wechselwirkungen und vergleichbare Resistenzentwicklungen zu beachten sind.

Das **Wirkungsspektrum** der Lincosamide entspricht weitgehend dem der Makrolide. Neben grampositiven Erregern und Mykoplasmen werden aber **auch anaerobe gramnegative Bakterien** erfasst (**Tab. 15.12**). Clindamycin entfaltet gegenüber Erregern wie *Clostridium perfringens* eine wesentlich höhere Aktivität als Lincomycin.

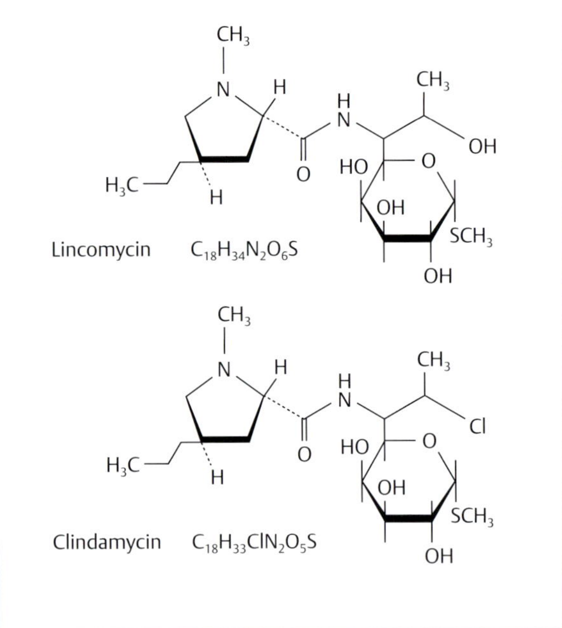

Lincomycin $C_{18}H_{34}N_2O_6S$

Clindamycin $C_{18}H_{33}ClN_2O_5S$

Abb. 15.19 Lincosamide.

Tab. 15.12 Minimale Hemmkonzentrationen (MHK, µg/ml) von Lincosamiden gegenüber veterinärmedizinisch relevanten Erregern.

Spezies	Lincomycin
Clostridium perfringens	0,1–4,0
Fusobacterium necrophorum	0,05
Staphylococcus aureus	0,05–1,5
Streptococcus pyogenes	0,02–1,25
Brachyspira hyodysenteriae	12,5–200

Resistenz Beide Substanzen weisen Kreuzresistenzen auf. Eine Resistenzentwicklung ist plasmidcodiert und wird durch eine Methylierung des Adenins in der 50S-Untereinheit der Ribosomen verursacht.

Pharmakokinetik Beide Wirkstoffe werden parenteral, oral und topisch (Uterus, dermal) verabreicht. Dabei zeigen sich folgende prinzipielle Unterschiede:

- Clindamycin ist nach oraler Verabreichung besser bioverfügbar.
- Clindamycin wird an Plasmaproteine mit 80–90 % wesentlich stärker gebunden als Lincomycin mit 20–30 %.
- Clindamycin kann im Gegensatz zu Lincomycin über das Futter verabreicht werden, ohne dass die Bioverfügbarkeit wesentlich beeinflusst wird.
- Clindamycin erreicht auch intrazellulär wirksame Konzentrationen und reichert sich in Leukozyten an, wodurch es zu den Infektionsorten transportiert wird.

Lincomycin und Clindamycin sind lipophil, penetrieren Membranen sehr leicht und erreichen aufgrund dieser Eigenschaften und des daraus resultierenden **hohen Verteilungsvolumens** von über 1 l/kg in **Knochen- und Weichteilgeweben**, Haut, Lunge und Synovia hohe Wirkstoffkonzentrationen. Die bei empfindlichen Erregern benötigten Serumkonzentrationen von 1 µg/ml bleiben in vielen Geweben länger als 8 h im therapeutischen Bereich.

Die Hauptmetabolismuswege sind Demethylierung und Sulfoxidation. Nach oraler Applikation wird Lincomycin biliär und über die Fäzes eliminiert, während nach parenteraler Anwendung die renale Ausscheidung überwiegt. Die Halbwertszeit beträgt ca. 3–5 h. Etwa 20–30 % der Gesamtdosis von Lincomycin und nur 5–10 % von Clindamycin werden über die Nieren ausgeschieden. Auffällig ist die hohe Konzentration von Lincomycin in der Galle, die bis zum 30-Fachen der Serumkonzentration betragen kann. Beide Substanzen passieren die Blut-Milch-Schranke, während die Blut-Hirn-Schranke nur unwesentlich passiert wird. Pirlimycin reichert sich aufgrund des basischen pK_a-Wertes von 8,5 im sauren Milieu wie der Milch an. Nach intramammärer Verabreichung werden 10–13 % renal und 24–30 % über die Fäzes ausgeschieden.

Indikationen, Dosierung **Lincomycin** ist indiziert bei Staphylokokkeninfektionen, falls Resistenzen oder Allergien gegenüber β-Lactamen vorliegen, sowie bei Mykoplasmen- und Anaerobierinfektionen. Speziell können akute und chronische Infektionen des Respirationstraktes, Infektionen des Knochengewebes, Gelenk- und Klauenentzündungen, Dermatitiden, Mundhöhleninfektionen, Mykoplasmeninfektionen der Schweine und des Geflügels, Schweinedysenterie und durch Clostridien verursachte Enteritiden des Geflügels mit Lincomycin behandelt werden. Bei Katzen und Hunden werden 20 mg/kg 2-mal täglich p. o. über 3–7 Tage empfohlen. Bei i. m. Applikationen beträgt die Dosis für Hund, Katze und Schwein 10 mg/kg 2-mal täglich über 3–7 Tage.

Clindamycin wird bei Hunden und Katzen zur Behandlung von infizierten Wunden, Abszessen, Pyodermie, Mundhöhlen- und Zahninfektionen eingesetzt, die durch Clindamycin-empfindliche Staphylo-, Streptokokken, *Bacteroidaceae, Fusobacterium necrophorum, Clostridium perfringens* bedingt sind. Eine weitere Indikation ist Osteomyelitis, bedingt durch *Staphylococcus aureus*. Die Dosis beträgt 5,5 mg/kg p. o. alle 12 h über 7–10 Tage; beim Vorliegen von Osteomyelitis 11 mg/kg p. o. alle 12 h über 4, maximal 12 Wochen.

Für **Pirlimycin** gelten folgende Anwendungsgebiete: Behandlung subklinischer Mastitiden bei laktierenden Kühen. Das Wirkungsspektrum umfasst Staphylokokken (auch Penicillinase-positive) und Streptokokken, einschließlich *Streptococcus agalactiae, Streptococcus dysgalactiae* und *Streptococcus uberis. E. coli* wird nicht erfasst. Die Anwendung von **Pirlimycin** bleibt auf das Euter beschränkt: 50 mg/infiziertes Euterviertel im Abstand von 24 h. Bei den durch Koagulase-negative Staphylokokken hervorgerufenen Mastitiden erfolgt die Behandlung über 2 Tage, bei subklinischen Mastitiden über 8 Tage.

Nebenwirkungen Nebenwirkungen erstrecken sich auf den Gastrointestinaltrakt, wo die anaerobe physiologische Flora des Colons beeinflusst wird. Dadurch können sich resistente Stämme von *Clostridium difficile* ungehemmt vermehren, und über Endotoxinbildung kann sich das Krankheitsbild einer Typhlokolitis entwickeln, das insbesondere bei Pferden, Kaninchen und Hamstern zum Tode führen kann. Auch subtherapeutische Dosen können bei Milchrindern und Schafen Abort und Diarrhö verursachen.

Wechselwirkungen Additive Wechselwirkungen können bei gleichzeitiger Verabreichung neuromuskulär blockierender Substanzen auftreten. Lincomycin sollte auf keinen Fall mit anderen Substanzen vermischt werden, da zahlreiche Inkompatibilitäten bekannt sind.

Kontraindikationen Als Gegenanzeige ist zu beachten, dass zwischen Lincomycin und Clindamycin vollständige Kreuzresistenzen und zu Makroliden partielle Kreuzresistenzen bestehen. Bei schweren Nieren- und Lebererkrankungen verlängern sich die Eliminationshalbwertszeiten bis auf das Doppelte.

Die Behandlung mit Pirlimycin ist kontraindiziert bei Isolaten mit einer MHK > 2 µg/ml, bei *E.-coli*-Infektionen und bei tastbaren Euterveränderungen aufgrund chronischer, subklinischer Mastitiden.

Wartezeit

- **Lincomycin**: Schwein, essbare Gewebe 7 Tage
- **Pirlimycin**: Rind, essbare Gewebe 23 Tage; Milch 5 Tage

15.5.6 Polypeptid-Antibiotika

STECKBRIEF POLYPEPTID-ANTIBIOTIKA

Zu den Polypeptiden zählen die **Polymyxine Polymyxin B und Colistin (Polymyxin E) sowie Bacitracin**. Bei den Polymyxinen handelt sich um verzweigte zyklische Dekapeptide, die durch endständige hydrophobe Fettsäurereste amphotere Eigenschaften haben, während dem Bacitracin der Fettsäurerest fehlt. Dadurch weisen sie ein unterschiedliches Wirkungsspektrum auf: Polymyxine wirken vorwiegend gegen gramnegative Bakterien, Bacitracin gegen grampositive Bakterien.

Pharmakodynamik Die Polymyxine (Molekulargewicht > 1000 Da) Colistin und Polymyxin B reagieren mit Phospholipidkomponenten von Zellmembranen und erhöhen dadurch die Permeabilität. Dies führt zum Verlust von essenziellen Plasmabestandteilen, wodurch bei gramnegativen Bakterien **bakterizide Wirkungen** erzielt werden. Bacitracin greift in die bakterielle Murein-Biosynthese ein, indem es den Membrantransport der Murein-Bausteine hemmt. Daraus ergibt sich eine bakterizide Wirkung gegen grampositive Bakterien.

In **Tab. 15.13** sind die minimalen Hemmkonzentrationen (MHK) für die in der Veterinärmedizin verwendeten Stoffe Colistin und Polymyxin B zusammengefasst. Als untere Grenze der Empfindlichkeit von Bakterien gelten 3–5 µg/ml. Aufgrund ihres hohen Molekulargewichts und ihrer Bindung auch an Membrankomponenten von eukaryonten Zellen werden Zellbarrieren nicht passiert und somit nur extrazellulär lokalisierte Erreger erfasst. Diese Eigenschaften prägen auch das pharmakokinetische Verhalten.

Resistenz Die Resistenzrate ist relativ niedrig und wird meist chromosomal determiniert, vor Kurzem wurden auch Plasmid-gebundene Colistin-Resistenzen beschrieben. Etwa 2–10 % von *E. coli* und Klebsiellen sowie 4–20 % von *Pseudomonas* spp. sind gegen Colistin oder Polymyxin B resistent.

Tab. 15.13 Minimale Hemmkonzentrationen (MHK, µg/l) von Colistin und Polymyxin B gegenüber veterinärmedizinisch relevanten Erregern.

Spezies	Colistin	Polymyxin B
Escherichia coli	0,1–3	0,1–3
Haemophilus influenzae	0,5–5	0,1–2
Pseudomonas aeruginosa	0,1–5	0,1–3
Pasteurella spp.	0,2–5	0,1–1
Salmonella spp.	0,3–5	0,2–2
Shigella spp.	0,2–3	0,1–3
Klebsiella pneumoniae	0,4–6	0,2–3

Pharmakokinetik Nach oraler Verabreichung erfolgt keine oder eine nur sehr geringe Resorption, die allerdings durch Mukosaläsionen begünstigt werden kann. Nach parenteraler Verabreichung werden Halbwertszeiten zwischen 4–5 h ermittelt. Die Gewebebindung ist hoch, 24 h nach i. v. Applikation werden z. B. beim Kalb Werte von 50 % ermittelt. Die Verteilung beschränkt sich auf den extrazellulären Raum. Eine nennenswerte Biotransformation findet nicht statt, die Elimination erfolgt überwiegend renal.

Indikationen, Dosierung Aufgrund ihrer toxischen Eigenschaften werden Polymyxin B und Colistin in der Humanmedizin nur bei sehr schweren Infektionen mit multiresistenten Bakterien systemisch eingesetzt. Der Einsatz in der Veterinärmedizin ist allgemein **auf topische und orale Applikationen** beschränkt. Da z. B. Colistinsulfat kaum enteral resorbiert wird und dadurch bei oraler Applikation eine akzeptable Verträglichkeit hat, findet es zur Behandlung von **Darminfektionen** mit gramnegativen Keimen (z. B. *E. coli*) beim Geflügel, Schwein und Rind Anwendung. Parenterale Applikationen sind nur bei septikämischen Prozessen mit multiresistenten gramnegativen Bakterien wie *E. coli*, Salmonellen, Pseudomonaden oder Klebsiellen gerechtfertigt.

Die Dosierungen betragen bei Colistin 2–18 mg/kg bei oraler und parenteraler Applikation. Oral verabreicht kann Polymyxin B mit 7–8 mg/kg (Hund) dosiert werden. Polymyxin B wird v. a. lokal gegen Infektionen der Haut, des äußeren Gehörgangs und gegen Analbeutelinfektionen bei Kleintieren angewendet. Bei Lebensmittel liefernden Tieren darf Polymyxin B nicht angewendet werden.

Bacitracin-Zink wird beim Kaninchen gegen epizootische Enterokolitis im Zusammenhang mit Infektionen durch *Clostridium perfringens* in einer Dosis von 420 IE/kg pro Tag über das Trinkwasser für die Dauer von 14 Tagen verabreicht.

Bacitracin und Tyrothricin befinden sich zur Anwendung beim Menschen in zahlreichen Dermatika (mit z. T. sinnlosen Kombinationen) und sind gegen grampositive Erreger wirksam.

Nebenwirkungen Aufgrund ihrer zytotoxischen Wirkungen treten nach therapeutischen Dosierungen neurotoxische und muskelrelaxierende Wirkungen mit Parästhesien, Ataxien, neuromuskulären Blockaden mit peripherer Atemlähmung sowie nephrotoxische Wirkungen auf.

CAVE

Aufgrund der toxischen Eigenschaften von Polypeptid-Antibiotika sind Kombinationen mit potenziell nephro- und neurotoxischen Substanzen sowie das Vorliegen von Nierenfunktionsstörungen absolute **Gegenanzeigen.**

Wartezeit

- Colistin
  - oral: essbare Gewebe von Schwein, Rind, Kalb, Huhn 2 Tage; Milch, Eier 0 Tage
  - intramuskulär: essbare Gewebe von Schwein, Kalb, Rind 20 Tage; nicht bei laktierenden Tieren
- Bacitracin
  - essbare Gewebe 2 Tage (Mastkaninchen)

15.5.7 Fenicole (Amphenicole)

STECKBRIEF FENICOLE

Zu dieser Gruppe von Antibiotika zählen **Chloramphenicol**, **Florfenicol** (Florphenicol) und **Thiamphenicol**. Sowohl Chloramphenicol als auch Florfenicol sind in Deutschland zugelassen, während Thiamphenicol nur in anderen EU-Mitgliedstaaten auf dem Markt ist. Chloramphenicol wurde aus *Streptomyces venezuelae* isoliert und ab 1950 aufgrund seiner einfachen Struktur synthetisch hergestellt. Fenicole sind Phenylethylamin-Derivate, wobei Thiamphenicol anstelle der Nitrogruppe des Chloramphenicols eine Sulfongruppe und Florfenicol anstelle des Chlorsubstituenten Fluor aufweist (**Abb. 15.20**).

Pharmakodynamik Fenicole wirken **bakteriostatisch**. Sie **hemmen die Proteinsynthese** in Bakterien, in einem geringeren Ausmaß aber auch in eukaryonten Zellen. Aufgrund ihrer lipophilen Eigenschaften dringen sie in die Bakterienzelle sowohl durch passive Diffusion als auch durch erleichterte Diffusionsprozesse ein. Ihre Bindung erfolgt über die Propandiolseitenkette an Rezeptoren der Peptidyltransferase in den 50S-Untereinheiten der Ribosomen. Dadurch werden die Bindungen zwischen dem Enzymkomplex und seinen Aminosäuresubstraten so beeinflusst, dass die Bildung der Peptidketten gestört wird.

Die Fenicole besitzen ein **sehr breites Wirkungsspektrum**. **Chloramphenicol** ist gegenüber einer Vielzahl grampositiver und gramnegativer Bakterien wirksam. Unwirksamkeit besteht bei Borrelien, Klebsiellen, *Pseudomonas aeruginosa* und Mykobakterien, wechselnde Wirksamkeit bei *Staphylococcus aureus*, *E. coli*, Shigellen und *Clostridium* spp. Als sensibel gelten Erreger mit einer MHK < 8 µg/ml. **Florfenicol** weist ebenfalls ein breites Wirkungsspektrum gegenüber grampositiven und gramnegativen Erregern auf. Insbesondere Infektionserreger bei bovinen respiratorischen Erkrankungen wie Pasteurellen, *Haemophilus somnus* und *Arcanobacterium pyogenes* (Syn. *Trueperella pyogenes*) sind hochsensibel.

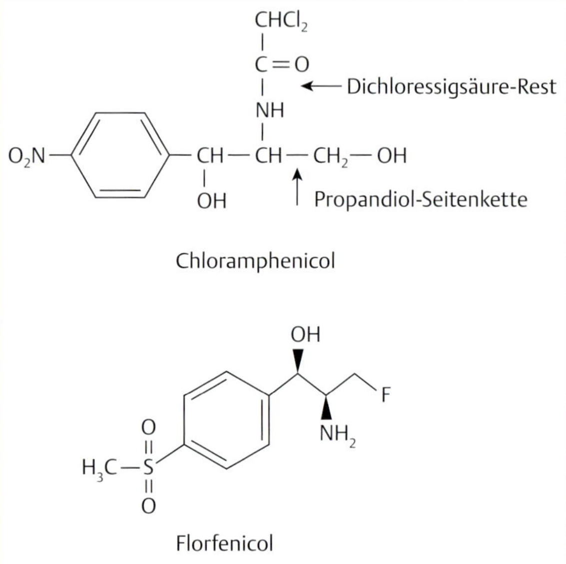

Abb. 15.20 Chloramphenicol, Florfenicol.

Resistenz Resistenzen entstehen überwiegend durch R-Plasmid-induzierte Enzyme, die die freien Hydroxylgruppen acetylieren. Die Resistenzlage ist insgesamt günstig.

Pharmakokinetik **Chloramphenicol** wird zu 80–90 % nach oraler Gabe resorbiert. Es besitzt ein hohes Verteilungsvolumen (> 1 l/kg). Da Chloramphenicol sehr lipophil ist und bei physiologischem pH-Wert in nicht ionisierter Form vorliegt, passiert es Lipoproteinbarrieren und erreicht u. a. entsprechend hohe, auch therapeutisch wirksame Konzentrationen im Liquor cerebrospinalis und Kammerwasser. Auch die Plazentarschranke wird passiert. Die Proteinbindung beträgt zwischen 30 % und 46 %. Chloramphenicol wird mit Ausnahme der Katze bei allen Spezies fast vollständig biotransformiert, wobei eine Dehalogenierung, Deacetylierung sowie Reduktionen der Nitrogruppe zum Amin stattfinden. Über eine Kopplung mit Glucuronsäure am primären Alkohol werden über 80–90 % als Glucuronid über die Niere tubulär sezerniert. Bei der Katze werden 25 % aufgrund der langsamen Glucuronidierung unverändert ausgeschieden. Florfenicol wird ebenfalls gut resorbiert und weist eine gute Verteilung auf. Nach i.m. Anwendung von Florfenicol-Präparaten wird beim Rind und beim Schwein ein wirksamer Blutspiegel über 48 h aufrechterhalten. Die maximale Serumkonzentration wird nach 3,3 h erreicht. Als Halbwertszeiten wurden ca. 18 h beim Rind und 3,6 h beim Schwein ermittelt. Im „Steady state" ergibt sich ein Verteilungsvolumen von 0,77 bzw. 0,95 (Schwein) l/kg.

Indikationen, Dosierung Wegen des möglichen Auftretens aplastischer Anämien nach einer Behandlung mit Chloramphenicol sind die Indikationen beim Menschen sehr begrenzt worden und beschränken sich auf Typhus und Paratyphus abdominalis (wenn Fluorchinolone nicht anwendbar sind), schwere Allgemeininfektionen, die durch andere Chemotherapeutika nicht behandelbar sind, und spezifische Erkrankungen wie Hirnabszess und Meningitiden.

CAVE

In der Veterinärmedizin ist der Einsatz von Chloramphenicol bei Lebensmittel liefernden Tieren aufgrund potenzieller Induktion irreversibler aplastischer Anämien durch Rückstände verboten.

Chloramphenicol kann nur bei Hund und Katze zur Behandlung bakterieller Infektionen eingesetzt werden. Folgende Dosierungen werden vorgeschlagen: 30 mg/kg 2-mal täglich i. m. oder p. o. Die Behandlungsdauer beträgt in der Regel 7 Tage.

Florfenicol wird zur Behandlung von respiratorischen Erkrankungen bei Rindern und Schweinen nach Infektionen mit *Pasteurella multocida*, *Mannheimia haemolytica*, *Actinobacillus* und Mykoplasmen eingesetzt. Dosierung: 20 mg/kg i. m. im Abstand von 48 h.

Nebenwirkungen

CAVE

Beim Menschen kann die Anwendung von Chloramphenicol irreversible aplastische Anämien hervorrufen, die zwar nur sehr selten auftreten, aber oft tödlich verlaufen. Neben einer genetischen Prädisposition scheinen DNA-Schädigungen durch die bei der Reduktion der Nitrogruppe entstehenden Radikalanionen zum Krankheitsbild beizutragen.

Bei Thiamphenicol und Florfenicol sind diese Nebenwirkungen nicht zu erwarten. Tiere scheinen diese Nebenwirkungen nicht zu zeigen, es treten aber die auch beim Menschen bekannten dosisabhängigen **reversiblen Knochenmarkdepressionen** auf, die beim Hund ab 250 mg/kg und bei der Katze ab 120 mg/kg von ZNS-Depression, Gewichtsverlust und Erbrechen begleitet sind. Die klinischen Folgen der vielfältigen Hemmung von Mitochondrienfunktionen, das sog. Gray-Syndrom mit Erbrechen, Zyanose bis zum kardiovaskulären Kollaps, treten entweder bei noch nicht ausgebildeter Metabolisierung bei Neugeborenen oder bei Überdosierung auf; bei Tieren wurde dieses Phänomen nicht beobachtet. Für Florfenicol sind derartige Wirkungen nicht bekannt.

Wechselwirkungen Chloramphenicol wirkt immunsuppressiv, deswegen sollten keine gleichzeitigen Vakzinierungen stattfinden. Aufgrund der Hemmung mikrosomaler Enzyme entstehen zahlreiche Wechselwirkungen mit anderen Arzneimitteln.

Kontraindikationen Als Gegenanzeigen gelten i. v. Injektionen unveresterter Verbindungen, die Lösungsvermittler enthalten, aufgrund möglichen Kreislaufversagens. Florfenicol darf nicht bei laktierenden Rindern angewendet werden.

Wartezeit

- Schwein: 18–20 Tage
- Rind: 30 Tage (i. m.) bzw. 44 Tage (s. c.)

15.5.8 Pleuromutilin-Gruppe

STECKBRIEF PLEUROMUTILINE

Zu den Pleuromutilinen zählen die semisynthetischen Substanzen **Tiamulin** (Abb. 15.21) und **Valnemulin**, die sich strukturell sehr ähnlich sind.

Pharmakodynamik Der Wirkungsmechanismus der Pleuromutiline beruht auf einer Interaktion mit der 50S-Untereinheit der Ribosomen. Durch Hemmung der Proteinsynthese wird eine **bakteriostatische Wirkung** erzielt. Beide Substanzen werden nur in der Veterinärmedizin eingesetzt.

Das **Wirkungsspektrum** umfasst grampositive und gramnegative Erreger. Angaben zu minimalen Hemmkonzentrationen sind für Tiamulin in **Tab. 15.14** aufgeführt.

Resistenz Die Resistenzsituation ist teilweise ungünstig.

Pharmakokinetik Valnemulin wird nach oraler Gabe nahezu zu 100 % resorbiert, auch Tiamulin weist eine hohe orale Bioverfügbarkeit auf. Die Resorption von Valnemulin

Tab. 15.14 Minimale Hemmkonzentrationen (MHK, µg/ml) von Tiamulin gegenüber veterinärmedizinisch relevanten Erregern.

Spezies	Tiamulin
Actinobacillus pleuropneumoniae	0,625–0,8
Arcanobacterium pyogenes, Syn. Trueperella pyogenes	0,024
Clostridium perfringens	0,4–0,625
Escherichia coli	0,78–<50
Mycoplasma gallisepticum	<0,05–0,78
Mycoplasma hyorhinis	0,08–0,1
Mycoplasma meleagridis	0,25
Pasteurella multocida	12,5
Staphylococcus aureus	0,25–>128
Brachyspira hyodysenteriae	0,03–0,5

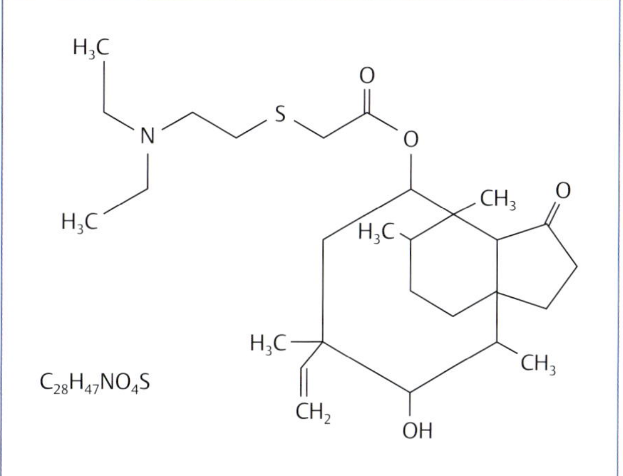

Abb. 15.21 Tiamulin.

nach oraler Verabreichung an Schweine erfolgt sehr rasch: Nach Gabe von 10 mg/kg wird bereits 1,85 h später die C_{max} erreicht. Es konnten mehrere Metaboliten identifiziert werden, die meisten befinden sich in Galle und Leber. Sie zeigen das intakte Pleuromutilingrundgerüst mit oxidierten Seitenketten oder Ringoxidationen. Die Elimination erfolgt zu mehr als 80 % über die Fäzes.

Indikationen, Dosierung **Tiamulin**: Dysenterie, enzootische Pneumonie und Haemophilus-Pleuropneumonie beim Schwein sowie Mycoplasmen-Pneumonie (chronic respiratory disease, CRD) und Sinusitis beim Huhn mit einer Dosierung von 10 mg/kg p. o. und einer **Behandlungsdauer** von 10 Tagen.

Valnemulin wurde über ein zentrales Verfahren in ganz Europa als Vormischung zur Behandlung der Dysenterie, enzootischen Pneumonie sowie für die Behandlung klinischer Symptome bei der Ileitis (porcine proliferative Enteropathie) der Schweine zugelassen. Dabei kommen 10–12 mg/kg für bis zu 4 Wochen zur Anwendung. Zur ebenfalls zugelassenen Indikation „Verminderung des Auftretens klinischer Symptome bei Colitis (porcine Spirochätose)" gelten Dosierungen von 1–1,5 und 3–4 mg Valnemulin/kg.

In der Vergangenheit wurde ein Ruhen der Zulassung für Valnemulin erwirkt, da insbesondere im skandinavischen Raum bei einer großen Zahl von Schweinen Nebenwirkungen in Form schwerer Depressionen, Bewegungsstörungen, Hyperthermie etc., die teilweise zum Tode führten, beobachtet wurden. Nachdem in der Zwischenzeit genetisch bedingte Rassendispositionen (dänische und schwedische Landrasse) als Ursache der Unverträglichkeitsreaktionen identifiziert werden konnten und entsprechende Warnhinweise in die Produktinformationen aufgenommen wurden, wurde das Ruhen der Zulassung zurückgenommen.

Nebenwirkungen, Wechselwirkungen Im Fall von Tiamulin liegen Berichte über das Auftreten von Erythemen nach der Verabreichung vor, deren Pathogenese unklar ist.

CAVE

Bei gleichzeitiger Anwendung von Ionophoren, wie Monensin, Salinomycin und Narasin, und den Pleuromutilinen treten schwerwiegende Wechselwirkungen auf, die mit Herzrhythmusstörungen, Muskelschwächen, Paraplegien einhergehen und tödlich enden.

Wartezeit

- **Tiamulin:**
  - Schweine, essbare Gewebe 6–14 Tage bzw. 1 Tag bei Prävention (2,0 mg/kg)
  - Hühner, essbare Gewebe 1 Tag; Eier 0 Tage
  - Puten (Truthühner), essbare Gewebe 4 Tage
  - Kaninchen, essbare Gewebe 0 Tage
- **Valnemulin**
  - Schwein, essbare Gewebe 1 Tag
  - Kaninchen, essbare Gewebe 0 Tage

15.5.9 Sulfonamide

STECKBRIEF SULFONAMIDE

Vor der Einführung der Penicilline waren die Sulfonamide die wichtigsten Wirkstoffe zur Behandlung bakterieller Infektionen. Entdeckt wurde die Wirkung 1935 von Domagk, der die Wirksamkeit des Azofarbstoffs Prontosil gegen experimentelle Kokkeninfektionen zeigte. Prontosil war nach unserer heutigen Definition ein „Prodrug", aus dem die aktive Komponente Sulfanilamid (p-Aminobenzolsulfonsäureamid) im Organismus erst durch Reduktion gebildet werden muss (**Abb. 15.22**). Die Bezeichnung Sulfonamide wird in der organischen Chemie für alle Amide aromatischer Sulfonsäuren verwendet. Im Laufe der Zeit wurden Tausende von Sulfonamid-Derivaten synthetisiert, von denen jedoch nur einige in die medizinische Praxis eingeführt wurden. Dabei zeigte sich, dass eine Substitution des Amidstickstoffs (N_1) mit einem heterozyklischen Rest im Allgemeinen eine Steigerung der Wirkungsintensität sowie eine Verbesserung verschiedener anderer Eigenschaften (Löslichkeit, Kinetik, Acetylierungsquote, Verträglichkeit) bewirkt. Demgegenüber hat die Substitution der aromatischen Aminogruppe (N_4) in der Regel einen Verlust der antibakteriellen Aktivität und eine Verringerung der Resorption zur Folge. Die freie para-Aminogruppe (N_4) ist eine essenzielle Voraussetzung für die Wirksamkeit. Eine Substitution ist nur mit solchen Gruppen möglich, die im Körper metabolisch wieder entfernt werden können.

Pharmakodynamik Der Wirktyp der Sulfonamide ist **bakteriostatisch**. Der Wirkungsmechanismus beruht auf einer Synthesehemmung der bakteriellen Folsäure, einem wichtigen Baustein in der bakteriellen DNA-, RNA- und Eiweißsynthese. Sulfonamide hemmen durch Substratkonkurrenz zur p-Aminobenzoesäure kompetitiv die Dihydropteroinsäure-Synthetase. Über diesen Eingriff wird die für wachsende und sich vermehrende Mikroorganismen essenziell wichtige Folsäuresynthese und damit die Bakterienentwicklung gehemmt, wodurch die körpereigenen Abwehrkräfte in die Lage versetzt werden, die Bakterien abzutöten.

Für Bakterien in der Ruhephase ist die Folsäuresynthese nicht von essenzieller Bedeutung. Sulfonamid-empfindlich sind daher nur proliferierende Bakterien, die Folsäure selbst synthetisieren müssen. Die Wirkung von Sulfonamiden auf empfindliche Krankheitserreger tritt nicht sofort ein, sondern ist auch von der Zeit abhängig, während der die von den Erregern schon synthetisierte Folsäure erst verbraucht wird. Aus diesem Grunde besitzen Sulfonamide eine **hohe therapeutische Aktivität in den frühen Stadien** einer akuten Infektion, da die Infektionserreger zu diesem Zeitpunkt eine von großer Folsäureproduktion begleitete hohe Teilungsrate aufweisen. Das retikuloendotheliale System des Wirtsorganismus ist zu dieser Zeit aktiviert und in der Lage, die durch das Sulfonamid in ihrer Vermehrungsfähigkeit und Vitalität geschädigten Keime zu phagozytieren. Bei chronisch verlaufenden Infektionen ist die Wirkung von Sulfonamiden dagegen weit weniger effektiv, da

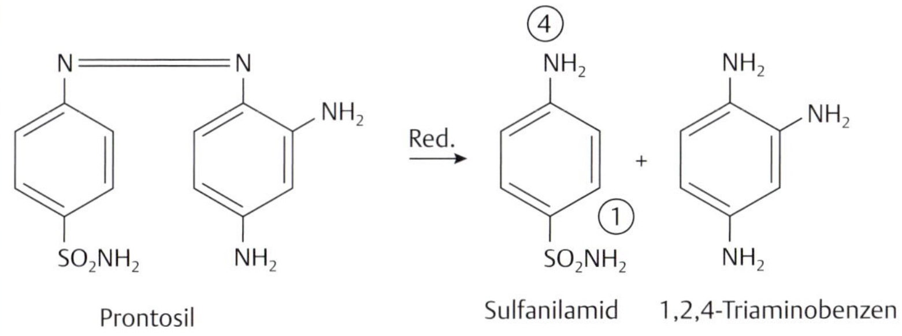

Abb. 15.22 Bildung von Sulfanilamid aus Prontosil.

u. a. die Phagozytose nicht zur Beseitigung der im Wachstum gehemmten Keime ausreicht.

Gegen Protozoen wirken Sulfonamide aufgrund ihres Wirkungsmechanismus nur in den Entwicklungsstadien Schizogonie und Gametogonie.

Erreger, die fertige Folsäure aus der Umgebung aufnehmen und nutzen können, besitzen eine natürliche Resistenz. Da Mensch und Tier Folsäure nicht selbst synthetisieren können, sondern diese mit der Nahrung aufnehmen, bietet sich für die Sulfonamide kein entsprechender biochemischer Angriffspunkt im Wirtsorganismus.

Sulfonamide erreichen ihr Wirkungsoptimum bei pH-Werten zwischen 5,5 und 7,5 und haben sowohl in vitro als auch in vivo ein **sehr breites Wirkungsspektrum**. Es umfasst neben zahlreichen grampositiven und gramnegativen Keimen auch Chlamydien und einige Protozoenarten (Kokzidien, Toxoplasmen). Bei veterinärmedizinisch relevanten Infektionserregern haben Sulfonamide eine z. T. sehr hohe antibakterielle Aktivität, durch Resistenzbildung ist aber eine Vielzahl von Erregern weniger empfindlich bis völlig resistent. Bei empfindlichen Keimen liegen die MHK-Werte zwischen 0,1 und 64 µg/l.

In Analogie zum Wirkungsmechanismus der Sulfonamide bei Bakterien wird auch bei Kokzidien die für den Aufbau der Schizontenkerne notwendige Folsäuresynthese gehemmt. Das Maximum der Wirkung tritt dabei erst bei der zweiten Schizontengeneration ein. Dadurch verbleibt eine bestimmte Anzahl der Schizonten aus der ersten Generation, deren Menge aber nicht mehr zu einem klinischen Ausbruch der Kokzidiose führt. Das kann zu einer erwünschten Immunitätsausbildung führen.

Resistenz Die therapeutische Zuverlässigkeit der Sulfonamide ist infolge zahlreicher resistenter Bakterienstämme in den letzten Jahrzehnten zunehmend eingeschränkt. Die Resistenz verschiedener Stämme von primär Sulfonamid-empfindlichen Bakterien kann durch natürliche Selektion, Spontanmutationen, Enzymadaptation oder wie bei gramnegativen Erregern durch Übertragung von resistenztragenden Plasmiden entstehen. Ursachen für die Entwicklung einer Resistenz scheinen vor allem eine erhöhte bakterielle Synthese von p-Aminobenzoesäure als kompetitivem Antagonisten der Sulfonamide und/oder eine Veränderung der Dihydropteroinsäure-Synthetase zu sein. Eine einmal entwickelte Resistenz ist im Allgemeinen irreversibel und erstreckt sich stets auf die ganze Gruppe der Sulfonamide, nicht aber auf andere Chemotherapeutika. Aufgrund häufiger Resistenzen sollte vor der Anwendung von Sulfonamiden ein **Antibiogramm** erstellt werden.

Pharmakokinetik Viele Sulfonamide werden nach oraler Gabe als Natrium-Salz unabhängig von gleichzeitiger Nahrungsaufnahme gut aus dem Darm aufgenommen, auch bei einer topischen Anwendung muss mit einer Aufnahme in den Organismus gerechnet werden. Bei Hund und Saugkalb ist die Resorption sehr gut. Ähnlich günstig liegen die Verhältnisse bei Schwein und Pferd. Für Wiederkäuer wird die enterale Resorption im Allgemeinen als etwas langsamer angegeben, die Bioverfügbarkeit z. B. von Sulfamerazin liegt bei ca. 70 %. Im Vergleich zu den klassischen Antibiotika beeinflussen Sulfonamide die Vormagenflora des Wiederkäuers in wesentlich geringerem Maße, sodass relativ große Mengen, wie sie für die systemische Therapie notwendig sind, oral verabreicht werden können. Voraussetzung für die systemische Wirkung ist, dass das Sulfonamid kontinuierlich in ausreichender Menge aus dem Pansen in den Darm übertritt.

Eine besondere Gruppe bezüglich der Resorption bilden die nach oraler Gabe schwer resorbierbaren Sulfonamide (z. B. Formosulfathiazol), die zum größten Teil im Darmkanal verbleiben und daher bei Infektionen des Gastrointestinaltraktes eingesetzt werden.

Bei lokaler Anwendung ist zu beachten, dass Sulfonamide durch die in Eiter und Gewebeautolysaten vorkommende p-Aminobenzoesäure inaktiviert werden können.

Die meisten Sulfonamide sind in Wasser schwer, die therapeutisch üblichen Natrium-Salze dagegen gut löslich.

Legt man die Halbwertszeiten zugrunde, so ist folgende Einteilung der Sulfonamide möglich:

1. Kurzzeit-Sulfonamide (bis zu 8 h)
2. Mittelzeit-Sulfonamide (8–16 h)
3. Langzeit-Sulfonamide (mehr als 16 h)

Die für den Menschen gültige Klassifizierung ist auf Tiere nicht übertragbar, da zwischen den einzelnen Spezies große Unterschiede bestehen und die Halbwertszeit im Vergleich zum Menschen allgemein kürzer ist. Eine Zusammenstellung der Halbwertszeiten für unterschiedliche Tierarten ist bei den einzelnen Sulfonamiden in **Tab. 15.15** aufgeführt.

Wie die Halbwertszeiten weisen auch andere pharmakokinetische Kenndaten wie Proteinbindung (15–90 %) und Verteilungsvolumen große Schwankungen bei den

Tab. 15.15 Sulfonamide.

			Halbwertszeiten in Stunden								
Sulfonamid	**R**	**pK_a**	**Rind**	**Schaf**	**Ziege**	**Schwein**	**Pferd**	**Hund**	**Katze**	**Huhn**	**Mensch**
Grundstruktur	Sulfonamide R_2HN – SO_2NHR_1										
Sulfanilamid	–H	10,4	5–6	3–10	3–10	–	9	–	–	1–3	9–11
Sulfamethoxazol	C, N, CH_3	5,7	2–11	2	–	3	5	8–12	10	4–6 (Eier)	8–12
Sulfathiazol	S, N	7,2	2–10	2	2	2–11	3	4	–	1	4
Sulfapyridin	N	–	10	–	–	12	–	5	–	–	–
Sulfadiazin	N, N	6,24	3–7	3–7	7	8	3–10	7–10	12–17	–	10–24
Sulfadimidin	N, CH_3, N, CH_3	7,4	8–11 bzw. 25 (Kalb)	3–10	3–8	9–16	10–13	4–16	–	7–10	3–15
Sulfamerazin	N, CH_3, N	6,95	6–9	5–13	6–13	8–21	5–9	4–12	20	–	15–30
Sulfadoxin	N, N, H_3CO, OCH_3	6,12	10–15	11	6–11	6–9	15–16	22–80	–	–	170–200
Sulfamethoxypyridazin	N, N, OCH_3	7	10–15	7–15	10	10	15	20–24	–	–	36–40

Tab. 15.15 Fortsetzung

			Halbwertszeiten in Stunden								
Sulfonamid	**R**	**pK$_a$**	**Rind**	**Schaf**	**Ziege**	**Schwein**	**Pferd**	**Hund**	**Katze**	**Huhn**	**Mensch**
Sulfadimethoxin	(Pyrimidinring mit N, OCH_3, N, OCH_3)	6	10–12	8–9	8	6–17	11–18	8–13	10	9–10	40
Sulfaquinoxalin	(Chinoxalinring mit N, N)	5,5	4	–	–	–	–	–	–	16–22	–

verschiedenen Tierarten auf. Im Blutplasma werden Sulfonamide reversibel an Plasmaeiweiß, vor allem an die Albuminfraktion, gebunden. Da die absolute Proteinmenge und der Anteil des Albumins an der Gesamtfraktion tierartlich variieren, ergeben sich unterschiedliche Werte für den plasmagebundenen und damit für den Sulfonamidanteil, der für die Verteilung auf alle Stoffwechselräume nicht verfügbar ist.

Bei verschiedenen Tierarten ist die Plasmakonzentration der Sulfonamide abhängig vom Lebensalter; mit zunehmendem Alter sinken die Plasmaspiegel trotz gleicher Dosierung. Die altersabhängigen Werte weisen in der Zeitfolge keinen regelmäßigen Verlauf auf.

Das Verteilungsvolumen entspricht dem Körperwasser. Sulfonamide verfügen über eine gute Gewebepenetration, sie passieren die Plazentarschranke, einige sind auch ZNS-gängig und können in Gelenke gelangen. Sulfonamide sind in der Synovia, Prostata, Amnionflüssigkeit, Pleura und im Peritoneum nachweisbar. Mit der Milch erfolgt nur eine geringe Ausscheidung durch passive Diffusion.

Der Metabolismus der Sulfonamide ist ebenfalls tierartlich verschieden stark ausgeprägt, wobei in der Leber in unterschiedlichem Ausmaß an der N_4-Position eine Acetylierung durch das Enzymsystem N-Acetyltransferase und Acetylcoenzym A oder in geringem Umfang eine Glucuronidierung stattfindet. Die Metabolisierung der Sulfonamide verläuft beim Hund, der kaum acetylieren kann, langsamer als bei anderen Spezies, weshalb Sulfonamide für den Hund erhöht toxisch sind.

Sulfonamide werden hauptsächlich sowohl in freier als auch konjugierter Form über die Nieren ausgeschieden. Die acetylierten, unwirksamen Produkte werden glomerulär filtriert und tubulär sezerniert, aber nicht rückresorbiert. Die freien unkonjugierten Sulfonamide werden ebenfalls glomerulär filtriert und bei saurem pH-Wert des Urins in nicht ionisierter Form verstärkt rückresorbiert. In alkalischem Urin liegen die meisten Sulfonamide in ionisierter Form vor. Sie können daher nur in geringem Umfang in das Plasma rückdiffundieren. Die renale Sulfonamidclearance ist deshalb beim Pflanzenfresser höher als beim Fleischfresser und Schwein. Mit steigendem pH-Wert des Urins sinkt die Halbwertszeit.

CAVE

Bei niedrigem pH-Wert des Urins, wie dies bei Fleischfressern physiologischerweise der Fall ist, oder bei Erkrankungen, bei denen der Urin-pH gesenkt oder der renale Urinfluss erniedrigt ist, können Sulfonamide, deren Löslichkeit dann verringert ist, in den Nierentubuli auskristallisieren und zu schweren Nebenwirkungen führen.

Indikationen, Dosierung Die Indikationen der Sulfonamide umfassen u. a. akute Infektionen des Respirations-, Gastrointestinaltraktes, Urogenitaltraktes, Mastitiden, Septikämien, Haut- und Wundinfektionen, Kokzidiosen.

Therapeutische Plasmakonzentrationen sollen mindestens über 3, besser aber über 5–7 Tage aufrechterhalten werden. Die Applikationsarten und Dosierungen variieren bei den einzelnen Vertretern und werden nachfolgend dort genannt.

Nebenwirkungen Nach oraler Verabreichung hoher Dosen können bei allen Spezies Verdauungsstörungen auftreten. Beim Rind z. B. kann es zu einer Hemmung der Zelluloseverdauung kommen, die 2–3 Tage nach der Behandlung zurückgeht.

Sulfonamide sind im sauren Harn der Fleischfresser schlecht löslich. Durch die Harnkonzentrierung in den Tubuli kann es beim Fleischfresser zur **Ausfällung von Kristallen in den Nierentubuli** kommen. Die Obstruktion der Tubuli kann bis zur Anurie führen. Zu Beginn treten Symptome wie Inappetenz, Hämaturie, Kristallurie, Nierenkoliken und zwanghafter Harnabsatz auf. Die Behandlung ist sofort abzubrechen und ausreichend Flüssigkeit – u. U. mit Zusatz von Natriumbicarbonat – zuzuführen.

Sulfonamide bewirken eine **Verminderung der Vitamin-K-Synthese**. Bei Geflügel und anderen Vögeln können Blutgerinnungsstörungen auftreten, die mit massiven Hämorrhagien einhergehen. Ein derartiges hämorrhagisches Syndrom ist auch bei Schweinen nach oraler Gabe beschrieben worden.

Bei Hunden kann während der Sulfonamid-Therapie eine Keratokonjunktivitis sicca entstehen. Außerdem wurden fokale Retinitis, Knochenmarkdepressionen und aseptische Polyarthritis beobachtet.

Bei Früh- und Neugeborenen kann durch die Verdrängung von Bilirubin aus der Plasmaproteinbindung ein Kernikterus ausgelöst werden. Die Anwendung von systemisch wirksamen Sulfonamiden bei trächtigen Tieren und Neugeborenen erfordert deshalb strengste Indikationsstellung.

Durch Sulfonamide verursachte allergische Reaktionen (Exantheme, Urticaria, Fieber) sind bei Tieren von untergeordneter Bedeutung. Injektionslösungen von Sulfonamiden sind im Allgemeinen alkalisch und verursachen lokal Gewebsirritationen und Nekrosen. Die zu schnelle i. v. Injektion von Sulfonamiden kann zu Muskelschwäche, Blindheit, Ataxie und Kreislaufkollaps führen.

Toxizität Nach oraler Überdosierung kommt es akut zu Verdauungsstörungen (z. B. Hemmung der Zelluloseverdauung beim Rind). Besonders bei Vögeln und Geflügel können Blutgerinnungsstörungen mit massiven Hämorrhagien verursacht werden. Zusätzlich zu den beschriebenen Nebenwirkungen können bei starker Überdosierung ZNS-Stimulation und Myelindegenerationen auftreten.

Wechselwirkungen Die in der Humanmedizin häufig zitierte Verdrängung von stark plasmaproteingebundenen Arzneimitteln (z. B. orale Antidiabetika, Salicylate, Methotrexat, Warfarin, Thiazid-Diuretika, Probenecid, Phenytoin) unterliegt wegen anderer und meist geringerer Proteinbindung tierartlich bedingten Unterschieden. Bei gleichzeitiger Gabe von Phenylbutazon ist die Wahrscheinlichkeit größer, dass derartige Wechselwirkungen auftreten.

Lokalanästhetika aus der Gruppe der p-Aminobenzoesäureester (z. B. Procain) heben die Wirkung von Sulfonamiden lokal auf. Durch die Hemmung der Vitamin-K-Synthese verstärken Sulfonamide die antikoagulierende Wirkung von Cumarinderivaten.

Kontraindikationen Gegenanzeigen sind Resistenzen und Überempfindlichkeit gegen Sulfonamide, Überempfindlichkeit gegen Thiazide und Sulfonylharnstoffe, schwere Leber- und Nierenfunktionsstörungen, verminderte Flüssigkeitsaufnahme bzw. Flüssigkeitsverluste (z. B. durch Exsikkose) und Schädigung des hämatopoetischen Systems. Die Gefahr des Auskristallisierens von Sulfonamiden im sauren Harn der Fleischfresser oder bei Erkrankungen, die mit einer Erniedrigung des Harn-pH-Wertes einhergehen, kann durch ausreichende Flüssigkeitszufuhr während der Therapie reduziert werden.

CAVE

Intravenöse Injektionen von Sulfonamiden müssen langsam vorgenommen werden, andernfalls sind Muskelschwäche, Blindheit, Ataxie und Kreislaufkollaps mögliche Folgen. Wegen zahlreicher chemisch-physikalischer Inkompatibilitäten sind Mischspritzen zu vermeiden.

Sulfonamide mit veterinärmedizinischer Bedeutung

Im Folgenden sind die Sulfonamide aufgeführt, die in der Tiermedizin eingesetzt werden. Generell gilt derzeit für den Einsatz von Sulfonamiden bei Tieren, dass sie nicht bei Geflügel angewendet werden dürfen, dessen Eier zum menschlichen Verzehr bestimmt sind, sowie nicht bei Stuten, deren Milch als Lebensmittel dient. Strukturformeln und Halbwertszeiten sind in **Tab. 15.15** aufgeführt.

Sulfaclozin

Sulfaclozin ist beim Geflügel deutlich weniger toxisch als andere Sulfonamide. Zu Vergiftungserscheinungen kommt es erst bei Dosen, die erheblich über den therapeutisch eingesetzten Dosierungen liegen.

Dosierung Huhn, Pute: 50–100 mg Sulfaclozin/kg/Tag über 5 Tage

Sulfadimethoxin

Der therapeutische Blutspiegel von Sulfadimethoxin soll zwischen 20 und 30 µg/ml liegen. Die Toxizität von Sulfadimethoxin ist außerordentlich gering.

Die Gefahr von Kristallausfällungen in der Niere durch Überschreiten der Löslichkeitsgrenze ist bei ausreichender Flüssigkeitszufuhr und bestimmungsgemäßer Dosierung im Vergleich zu anderen Sulfonamiden auch beim Hund nur gering. Bei Hühnern ist die Gefahr von Nebenwirkungen geringer als bei anderen Sulfonamiden.

Dosierung Hund, Katze: Initialdosis 40 mg/kg p. o., Pferd 1000 mg/l Trinkwasser

Sulfadimidin

Die therapeutische Blutkonzentration von Sulfadimidin soll zwischen 20 und 50 µg/ml liegen. Die Toxizität von Sulfadimidin ist gering. Eine Ausnahme machen Hühner, bei denen bereits im therapeutischen Dosisbereich toxische Effekte auftreten können. Bei legenden Zierhühnern sinkt die Legeleistung nach Anwendung von Sulfadimidin. Sulfadimidin wird bei vielen Tierarten angewendet.

Dosierung
- Rind, Pferd, Schwein, Schaf, Ziege: 50–100 mg/kg 1-mal täglich i. v., i. m., s. c. oder p. o.
- Hund, Katze: Initialdosis 130 mg/kg, Erhaltungsdosis 65 mg/kg 1–2-mal täglich p. o., s. c. oder i. v.
- Kaninchen: 75–100 mg/kg p. o.
- Chinchilla, Nerz: 50–100 mg/kg p. o.
- Meerschweinchen: 100 mg/kg p. o.
- Ziertauben, Zierhühner: 50 mg/kg p. o.
- Ziervögel: 200 mg/100 ml Trinkwasser über 5 Tage
- Schlangen, Echsen: 25 mg/kg i. m., bei Kokzidiose 50 mg/kg p. o.
  Igel: 4 Tropfen 20 %ige Lösung zur oralen Anwendung/100 g KG p. o. oder 200 mg/kg s. c.

Sulfamethoxypyridazin

Der therapeutische Blutspiegel von Sulfamethoxypyridazin soll zwischen 20 und 50 µg/ml liegen. Die Gefahr der Auskristallisation in den Nierentubuli ist auch beim Hund wegen der guten Urinlöslichkeit von Sulfamethoxypyridazin im Vergleich zu den anderen Sulfonamiden gering.

Bei Hunden kommt es nach längerer Verabreichung von 40 mg/kg 1-mal täglich durch Hemmung der Synthese von Schilddrüsenhormonen zu reversiblen Schilddrüsenhyperplasien. Insbesondere bei jungen Hunden ist an die möglichen Folgen einer Hypothyreose zu denken.

Dosierung

- Pferd, Schwein, Rind, Schaf: 50–75 mg/kg 1-mal täglich i. v., i. m. oder s. c.
- Hund: 35–55 mg/kg 2-mal täglich p. o.
- Kaninchen: 20 mg/kg s. c., i. m. oder p. o. mit dem Futter über 6–8 Tage

Wartezeit

- **Sulfadimidin**:
  - Schwein, essbare Gewebe 10–12 Tage
  - Ferkel, Läufer, essbare Gewebe 12 Tage
  - Rinder, essbare Gewebe 10 Tage; Milch 5 Tage
  - Kälber bis 5 Mon., essbare Gewebe 12 Tage
  - Schafe, essbare Gewebe 8 Tage; Milch 3 Tage
  - Ziegen, essbare Gewebe 10 Tage; Milch 5 Tage
  - Pferde, essbare Gewebe 12 Tage
  - Hühner, essbare Gewebe 14 Tage
- **Sulfamethoxypyridazin**:
  - Schwein, Rind, Kalb, Schaf, Pferd, essbare Gewebe 10 Tage; Milch 5 Tage
- **Sulfadimethoxin**:
  - Schwein, essbare Gewebe 10 Tage
  - Rind, essbare Gewebe 10 Tage; Milch 5 Tage
  - Pferd, essbare Gewebe 10–12 Tage
  - Kaninchen, essbare Gewebe 14 Tage
- **Sulfaclozin**:
  - Huhn, essbare Gewebe 16 Tage
  - Pute, essbare Gewebe 21 Tage
- **Sulfadiazin**:
  - Schweine, Ferkel und Läufer, essbare Gewebe 10 Tage
  - Rinder und Kälber bis 5 Mon., essbare Gewebe 10 Tage
  - Schafe und Lämmer, essbare Gewebe 10 Tage
  - Ziegen und Lämmer, essbare Gewebe 10 Tage
  - Pferde und Fohlen, essbare Gewebe 10–14 Tage
- **Sulfadoxin**:
  - Schwein, essbare Gewebe 5 Tage (i. v.), 14 Tage (i. m.)
  - Rind, essbare Gewebe 4 Tage (i. v.), 14 Tage (i. m.); Milch 4 Tage
  - Pferd, essbare Gewebe 5 Tage (i. v.), 10–14 Tage (i. m.)

15.5.10 Trimethoprim und Kombinationen von Trimethoprim mit Sulfonamiden

Trimethoprim

STECKBRIEF TRIMETHOPRIM

Trimethoprim gehört zu den Hemmstoffen der Dihydrofolsäure-Reduktase vom **Diaminopyrimidin**-Typ (**Abb. 15.23**) und ist nahezu in allen Sulfonamid-haltigen Tierarzneimitteln als sinnvolle Kombination enthalten. Baquiloprim könnte zwar für den Einsatz in der Tiermedizin vorteilhaft sein, da es eine längere Halbwertszeit als Trimethoprim (Rind 10 h, Hund 15 h) und ebenfalls einen MRL-Wert für Lebensmittel liefernde Tiere hat, es gibt aber in Deutschland bislang kein zugelassenes Arzneimittel mit diesem Wirkstoff.

Pharmakodynamik Trimethoprim hemmt die Reduktion der Dihydrofolsäure und blockiert damit die bakterielle Nukleinsäuresynthese. Es wirkt **bakteriostatisch** insbesondere gegenüber Staphylokokken und Streptokokken (**Abb. 15.24**).

Pharmakokinetik Die Halbwertszeit von Trimethoprim ist bei den Haussäugetieren sehr viel kürzer als beim Menschen, außerdem variiert sie je nach Tierart. Sie beläuft sich beim Menschen auf 10 h, während sie bei Rind 1, Kalb

Trimethoprim

Abb. 15.23 Trimethoprim.

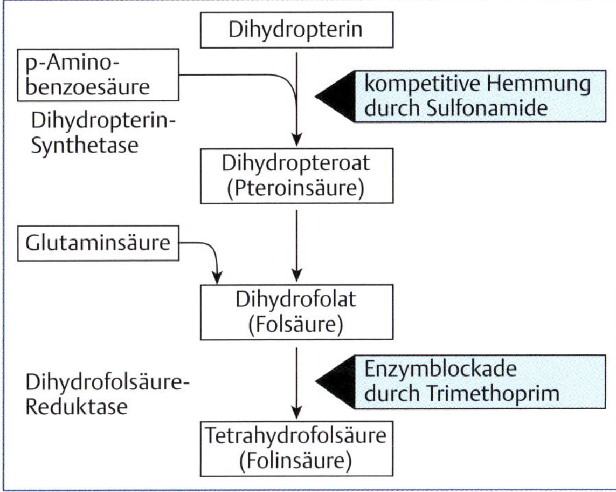

Abb. 15.24 Wirkungsmechanismus der Sulfonamide und des Trimethoprims.

7, Ziege 1, Schaf 0,5, Schwein 2,5, Pferd 3, Hund 3 und Huhn 1 h beträgt. Beim Wiederkäuer wird Trimethoprim im Pansen durch die Mikroben abgebaut. Die in der Humanmedizin gebräuchliche Monotherapie mit Trimethoprim hat wegen der schnellen Elimination bei Tieren wenig Sinn.

Indikationen, Dosierung Als Monopräparat wird Trimethoprim in der Veterinärmedizin als intramammär zu verabreichendes Präparat beim Rind verwendet, wobei aufgrund des begrenzten Wirkungsspektrums und möglicher Resistenzen besonders bei Streptokokken die Erstellung eines Antibiogramms unbedingt erforderlich ist. Dosierung beim Rind: 200 mg/Euterviertel mindestens 3-mal im Abstand von 12 h.

Kontraindikationen Bei Resistenzen und Überempfindlichkeit gegenüber Trimethoprim, schweren Nierenfunktionsstörungen und Schädigungen des hämatopoetischen Systems ist Trimethoprim kontraindiziert.

Wartezeit

- essbare Gewebe 2 Tage
- Milch 1 Tag

Kombinationen von Trimethoprim mit Sulfonamiden

Wesentlich größere Bedeutung hat Trimethoprim in Kombination mit Sulfonamiden, vor allem in Form von Injektionslösungen. Durch die Kombination verschiedener Sulfonamide mit Trimethoprim kann eine Potenzierung der Sulfonamideffekte und damit eine Steigerung der antimikrobiellen Wirksamkeit (Synergismus) dieser Substanzen erreicht werden.

Pharmakodynamik Sulfonamid und Trimethoprim hemmen die bakterielle Folsäuresynthese an zwei aufeinanderfolgenden Schritten, die synergistische Wirkung wird auch als **Sequenzialeffekt** bezeichnet. Kombinationspräparate beider Stoffe üben einen „doppelt gesicherten" bakteriostatischen Effekt aus und ermöglichen u. a. eine verminderte Dosierung des Sulfonamidanteils, ohne die antimikrobielle Wirkung zu senken. Es kann sogar eine bakterizide Wirkung auftreten, aber nur dann, wenn am Wirkort ein Konzentrationsverhältnis von 1 Teil Trimethoprim zu 20 Teilen Sulfonamid besteht. Dies wird beim Menschen durch Kombination mit mittellang wirkenden Sulfonamiden wie Sulfamethoxazol in einem Mischungsverhältnis von 1:5 zumindest vorübergehend im Blut erreicht. Bei den derzeit auf dem Markt befindlichen Kombinationspräparaten ist dieser Vorteil jedoch nicht immer gegeben, da vor allem die tierartlichen Unterschiede in der Eliminationsgeschwindigkeit beider Substanzen kaum Berücksichtigung finden. Bei der Kombination von Trimethoprim mit beim Tier mittellang wirksamen Sulfonamiden (z. B. Sulfadimidin, Sulfamerazin) kann aufgrund der schnellen Elimination von Trimethoprim ein optimales Konzentrationsverhältnis kaum erreicht werden. Deswegen sind Kombinationen mit Sulfamethoxazol oder Sulfadiazin mit einem vorgesehenen Dosierungsintervall von 24 h nicht zu empfehlen.

Andererseits werden bei Kombinationen mit beim Tier lang wirksamen Sulfonamiden wie Sulfadoxin niedrige Dosierungen von 15–25 mg/kg einmal täglich vorgeschlagen, aus denen während der „trimethoprimlosen" Zeit zum Teil lange Phasen subtherapeutischer Plasmakonzentrationen resultieren, die die Resistenzentwicklung fördern. Wenn überhaupt, können lediglich letztgenannte Präparate unter Anwendung der Höchstdosis des Sulfonamids empfohlen werden.

Bei der Anwendung von Kombinationen aus Trimethoprim und Sulfonamiden muss zusätzlich berücksichtigt werden, dass aufgrund der ungünstigen Resistenzsituation gegenüber Sulfonamiden auch die Kombination in der empfohlenen hohen Dosierung teilweise ungenügend wirkt.

Nebenwirkungen Die in der Humanmedizin gebräuchlichen Trimethoprim/Sulfonamid-Kombinationen haben bei den Haussäugetieren andere und meist viel kürzere Halbwertszeiten, sodass eine wirkungsvolle Chemotherapie mit derartigen Präparaten kaum möglich ist.

Da beim Pferd nach i. v. Injektion gehäuft lebensbedrohliche anaphylaktische Schockreaktionen auftreten können, ist Folgendes zu beachten: Vorinjektion einer geringen Menge mit Beobachtung des Patienten sowie langsamer Hauptinjektion, Verabreichung einer körperwarmen Injektionslösung sowie sofortiger Abbruch der Injektion bei ersten Zeichen einer Unverträglichkeitsreaktion.

Es sind derzeit Kombinationen mit Sulfadiazin, Sulfadimethoxin, Sulfadoxin und Sulfadimidin verfügbar.

Kontraindikationen Gegenanzeigen sind Resistenzen oder Überempfindlichkeiten gegenüber Trimethoprim oder Sulfonamiden.

Wartezeit Die Wartezeiten werden vom Sulfonamidanteil bestimmt.

15.5.11 Nitrofurane

STECKBRIEF NITROFURANE

Nitrofurane sind synthetische Verbindungen, die aufgrund ihrer breiten antimikrobiellen **Wirkung gegen Bakterien (v. a. gramnegative) und Protozoen** mit relativ günstiger Resistenzsituation therapeutische Bedeutung erlangt haben.

Pharmakodynamik Die essenzielle Struktur-Wirkungs-Voraussetzung ist eine Nitrogruppe in Position 5 des Furanrings (**Abb. 15.25**). Es wird angenommen, dass bei der Reduktion der 5-Nitrogruppe durch mikrobielle Nitroreduktasen reaktive Zwischenprodukte gebildet werden und ein Redoxzyklus ausgelöst wird, wobei sehr reaktive Sauerstoffradikale entstehen. Diese reaktiven Intermediate können mit zellulären Makromolekülen, insbesondere mit Proteinen und Nukleinsäuren reagieren, mit der Folge einer Beeinträchtigung der Protein- und Nukleinsäuresynthese, **Schädigung der DNA in Form von Doppelstrangbrüchen und gestörter Energiebilanz**. Bakterien sind wegen ihrer höheren Nitroreduktaseaktivität empfindlicher als

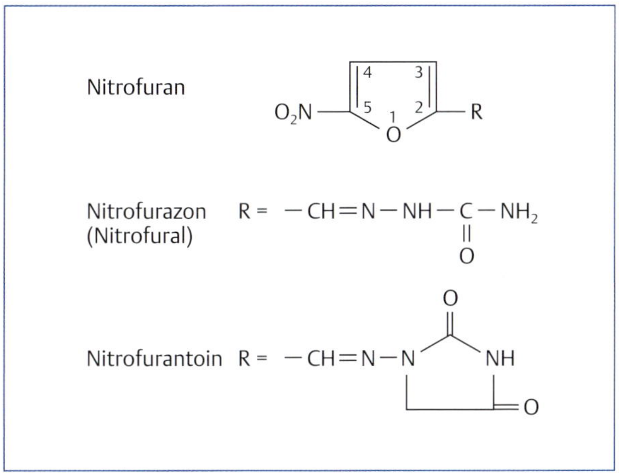

Nitrofuran O_2N – (Furanring, Positionen 1–5) – R

Nitrofurazon (Nitrofural) R = $-CH{=}N-NH-C(=O)-NH_2$

Nitrofurantoin R = $-CH{=}N-N$ (Hydantoinring)

Abb. 15.25 Nitrofurane.

Säugerzellen. Dennoch können auch in eukaryontischen Zellen durch eine derartige reduktive metabolische Aktivierung von Nitrofuranen über verschiedene Oxidoreduktasen genotoxische Effekte ausgelöst werden. Für **Furazolidon**, nicht jedoch für **Nitrofurantoin**, wurden bei Ratten und Mäusen kanzerogene Effekte mit erhöhter Rate des Auftretens verschiedener Tumorformen nachgewiesen. Aufgrund des derzeitigen Erkenntnisstandes ist es nicht möglich, daraus resultierende Risiken für den Konsumenten von Lebensmitteln, die von Nitrofuran-behandelten Tieren gewonnen wurden, mit hinreichender Sicherheit abzuschätzen und für den Verbraucher unbedenkliche Rückstandshöchstmengen für Nitrofurane in tierischen Lebensmitteln festzusetzen. Deshalb wurde Mitte 1995 die Anwendung von Nitrofuranen bei Lebensmittel liefernden Tieren in allen Mitgliedsstaaten der Europäischen Union verboten. Nitrofurane sind dadurch veterinärmedizinisch nur noch von geringer Bedeutung. Lediglich bei Tieren, die nicht der Lebensmittelgewinnung dienen, können noch humanmedizinische Präparate eingesetzt werden, die allerdings nur mit den Wirkstoffen Nitrofurazon (Nitrofural) zur äußerlichen Anwendung auf Wunden und am Auge sowie Nitrofurantoin zur Desinfektion der ableitenden Harnwege zur Verfügung stehen.

Pharmakokinetik Nitrofurantoin wird im Unterschied zu den meisten anderen Nitrofuranen nach oraler Gabe schnell und umfangreich in intakter Form resorbiert. Genaue Angaben zur Bioverfügbarkeit beim Hund fehlen. Bei dieser Spezies wird die Plasmaproteinbindung mit nur 12 % angegeben. Nitrofurantoin wird sehr schnell renal ausgeschieden, sodass sich keine wirksamen Blut- und Gewebespiegel außer in der Lunge aufbauen können. Die Plasmahalbwertszeit beträgt 25 min, ca. 40 % der Dosis erscheinen innerhalb von 3–4 h in unveränderter Form im Harn. Dadurch werden in den ableitenden Harnwegen hohe antibakteriell wirksame Konzentrationen erreicht, die sogar gegen Pseudomonaden und *Proteus* spp. wirksam sind.

Nebenwirkungen Nitrofurantoin kann bei Hunden gastrointestinale Störungen mit Erbrechen auslösen. Aufgrund des oben beschriebenen molekularen Mechanismus der Interaktion reaktiver Zwischenstufen des Nitrofuranabbaus mit der DNA besitzen diese Wirkstoffe mutagene und genotoxische Eigenschaften. Trotz der mutagenen Effekte wurden bei Tieren keine teratogenen und embryotoxischen Wirkungen beobachtet. Nitrofurane besitzen eine spermizide Wirkung, sodass eine Anwendung bei männlichen Zuchttieren nicht erfolgen sollte.

Indikationen, Dosierung Nitrofurantoin wird als „Hohlraumtherapeutikum" bezeichnet, da es aufgrund seiner pharmakokinetischen Eigenschaften nur im Lumen der ableitenden Harnwege eine Wirkung entfaltet. Es ist bei Hunden zur Behandlung akuter und chronisch rezidivierender Harnwegsinfektionen geeignet, wofür 4 mg/kg 2–3-mal täglich für eine Dauer von bis zu 10 Tagen p. o. verabreicht werden.

Im Hinblick auf heute verfügbare besser, verträgliche Alternativen sollte Nitrofurantoin nur noch nach sorgfältiger Nutzen-Risiko-Abwägung angewendet werden.

Als einziges Nitrofuran ist noch Furazolidon für Brieftauben zur Behandlung von Infektionen des Magen-Darm-Traktes, hervorgerufen durch *E. coli*, zugelassen.

15.5.12 Nitroimidazole

STECKBRIEF NITROIMIDAZOLE

Nitroimidazol-Derivate sind synthetische Chemotherapeutika mit Wirksamkeit gegen verschiedene Bakterien, insbesondere anaerobe und mikroaerobe Arten, und Protozoen wie Trichomonaden und Histomonaden. Die wichtigsten in der Veterinärmedizin genutzten Verbindungen waren Metronidazol, Dimetridazol, Ronidazol und Ipronidazol, die außer Metronidazol auch als Futterzusatzstoffe zur Verhütung der Histomoniasis bei Truthühnern eingesetzt wurden.

Wirkungsvoraussetzung ist eine Nitrogruppe in Position 5 des Imidazolrings (**Abb. 15.26**). Nitroimidazole besitzen somit hinsichtlich der für die Wirksamkeit entscheidenden Strukturmerkmale eine Ähnlichkeit zur Gruppe der Nitrofurane und aufgrund des ähnlichen Wirkungsmechanismus über Nitroreduktion ein genotoxisches und kanzerogenes Wirkungspotenzial. Für diese Wirkstoffe konnten deshalb ebenfalls keine für den Verbraucher unbedenklichen Rückstandshöchstmengen in Lebensmitteln tierischer Herkunft abgeleitet werden. Somit besteht ein EU-weites Anwendungsverbot für diese Nitroimidazole, sowohl als Arzneimittel als auch als Futterzusatzstoffe bei Lebensmittel liefernden Tieren. Durch dieses Verbot ist eine derzeit nicht zu schließende Therapielücke bei der Bekämpfung der Histomoniasis von Puten entstanden.

Pharmakokinetik Die Datenlage zur Pharmakokinetik von Nitroimidazolen ist lückenhaft. Soweit bekannt, werden Nitroimidazole nach oraler Gabe schnell und teilweise bis zu 95 % resorbiert. Die Verteilung erfolgt in alle Organe, wobei zum Blutplasma vergleichbare Konzentrationen erreicht werden, die für Metronidazol im bakterizid wirksamen Bereich liegen. Die Plasmahalbwertszeit beträgt für

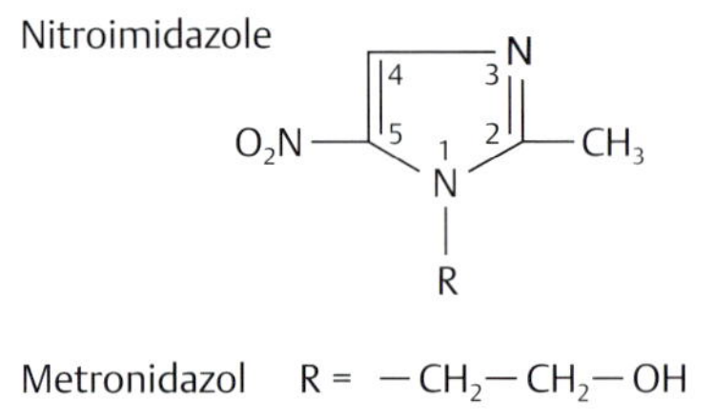

Nitroimidazole

O_2N – Imidazolring (Positionen 1–5, N1, N3) – CH_3; N1–R

Metronidazol R = $-CH_2-CH_2-OH$

Abb. 15.26 Metronidazol.

Metronidazol bei Monogastriern 6–10 h. Die Biotransformation zu zahlreichen Metaboliten erfolgt sowohl über oxidative Prozesse, wobei Abbauprodukte mit noch intakter Ringstruktur entstehen, als auch über die Reduktion der 5-Nitrogruppe mit Bildung aktiver Intermediate, die mit Makromolekülen interagieren. Die Ausscheidung erfolgt hauptsächlich renal, wobei über 80 % als Metaboliten erscheinen, die zum Teil noch in biologisch aktiver Form mit intakter Ringstruktur vorliegen. Ein variabler Anteil wird über die Galle sezerniert und mit den Fäzes ausgeschieden.

Indikationen, Dosierung **Dimetridazol** und **Ronidazol** sind gegen Clostridien, *Campylobacter*, *Bacteroides* spp., Histomonaden und Trichomonaden mit MHK-Werten von bis zu 1 µg/ml wirksam. Es bestehen nur noch Zulassungen zur Metaphylaxe der Trichomonose der Brieftaube.

Als weiteres Nitroimidazol wird Carnidazol bei Brieftauben zur Behandlung von *Trichomonas gallinae* eingesetzt.

Metronidazol wird in Kombination mit **Spiramycin** beim Hund zur Therapie von Stomatitiden, Gingivitiden etc. verwendet.

Metronidazol steht in Form von Humanarzneimitteln zur Verfügung, die bei Hunden und Katzen zur Behandlung von Anaerobierinfektionen, z. B. im Maulbereich, oder als Prophylaxe vor Operationen im Gastrointestinalbereich in einer Dosis von 20 mg/kg umgewidmet werden können. Bei diesen Indikationen werden auch Kombinationen mit Spiramycin angewendet. Eine Resistenzentwicklung gegenüber Nitroimidazolen tritt nur selten auf.

Nebenwirkungen Nitroimidazole besitzen im Allgemeinen eine akzeptable Verträglichkeit, haben aber ein mutagenes und kanzerogenes Potenzial. Nur bei starker, akzidenteller Überdosierung können zentralnervöse Symptome mit Ataxie und Tremor bis hin zu Krämpfen auftreten. Intramuskuläre und subkutane Injektionen sind schlecht lokal verträglich. Bei verschiedenen Wirkstoffen wurden Störungen der Spermatogenese festgestellt. Eindeutige Hinweise auf teratogene und embryotoxische Effekte fehlen. Trotzdem sollen Nitroimidazole nicht bei trächtigen Tieren angewendet werden.

15.5.13 Chinolone (Gyrasehemmer)

STECKBRIEF CHINOLONE (GYRASEHEMMER)

Eine wichtige Weiterentwicklung auf dem Gebiet der antibakteriellen Wirkstoffe sind die Hemmstoffe des bakteriellen Enzyms Gyrase. Fluorchinolone, die als zweite Generation der Gyrasehemmer in den 1980iger-Jahren entwickelt wurden, zeichnen sich durch ein breites Wirkungsspektrum und günstige pharmakokinetische Eigenschaften aus. Sie haben als sogenannte Reserveantibiotika eine große Bedeutung zur Therapie schwerer bakterieller Erkrankungen erlangt, gegen die andere Antibiotika aufgrund von Resistenzen nicht wirksam sind.

Einteilung Aufgrund ihrer chemischen Struktur und ihrer Entwicklung lassen sich die Gyrasehemmer in zwei Generationen einteilen. Als gemeinsames Strukturmerkmal besitzen die Verbindungen dieser Wirkstoffgruppe entweder ein 4-Chinolon- oder ein strukturähnliches Naphtyridin-, Cinnolon- oder Pyridopyrimidingrundgerüst, das in Position 3 eine Carboxylgruppe trägt (**Abb. 15.27**). Vertreter der ersten Generation ist u. a. das Naphtyridinderivat **Nalidixinsäure**. Dieser Prototyp der Gyrasehemmstoffe wurde auch als Tierarzneimittel eingesetzt. Die älteren Gyrasehemmer haben jedoch aufgrund eines schmaleren Spektrums (nur gramnegative Bakterien) und einer schlechten Verträglichkeit keine therapeutische Bedeutung erlangt. Als ein wesentlicher Nachteil erwies sich auch die schnelle Resistenzentwicklung. Mit der Einführung einer Fluorsubstitution in Position 6 der 4-Chinoloncarbonsäure konnte eine erhebliche Wirkungsverbesserung erzielt werden (**Abb. 15.27**). Diese Fluorchinolone (zweite Generation) zeichnen sich vor allem durch ein breites Wirkungsspektrum, eine sehr geringe Resistenzentwicklung und verbesserte pharmakokinetische Eigenschaften aus. Einige dieser Verbindungen wurden wegen Unverträglichkeiten vom Markt genommen, es verbleiben jedoch einige gut verträgliche Vertreter. Zu den ersten Fluorchinolonen zählen in Position 7 Piperazin-substituierte Verbindungen wie Norfloxacin, Ofloxacin, Ciprofloxacin und das veterinärmedizinisch bedeutsame **Enrofloxacin** (**Abb. 15.27**).

Die Fluorchinolone werden derzeit in 4 Gruppen eingeteilt:

- **Gruppe I**: orale Fluorchinolone mit im Wesentlichen auf Harnwegsinfektionen eingeschränkter Indikation, z. B. Norfloxacin
- **Gruppe II**: systemisch anwendbare Fluorchinolone mit breiter Indikation; als Humanarzneimittel z. B. Ofloxacin, Ciprofloxacin; als Tierarzneimittel z. B. **Danofloxacin**, **Difloxacin**, **Enrofloxacin**, **Marbofloxacin**, **Orbifloxacin**
- **Gruppe III**: Fluorchinolone mit verbesserter Aktivität gegen grampositive Bakterien und „atypische“ Erreger wie Mykoplasmen, Legionellen und Chlamydien; nur als Humanarzneimittel, z. B. Levofloxacin, tiermedizinisch **Pradofloxacin** bei Hunden
- **Gruppe IV**: Fluorchinolone mit verbesserter Aktivität gegen grampositive Bakterien und „atypische“ Erreger sowie gegen Anaerobier; nur als Humanarzneimittel, z. B. Moxifloxacin

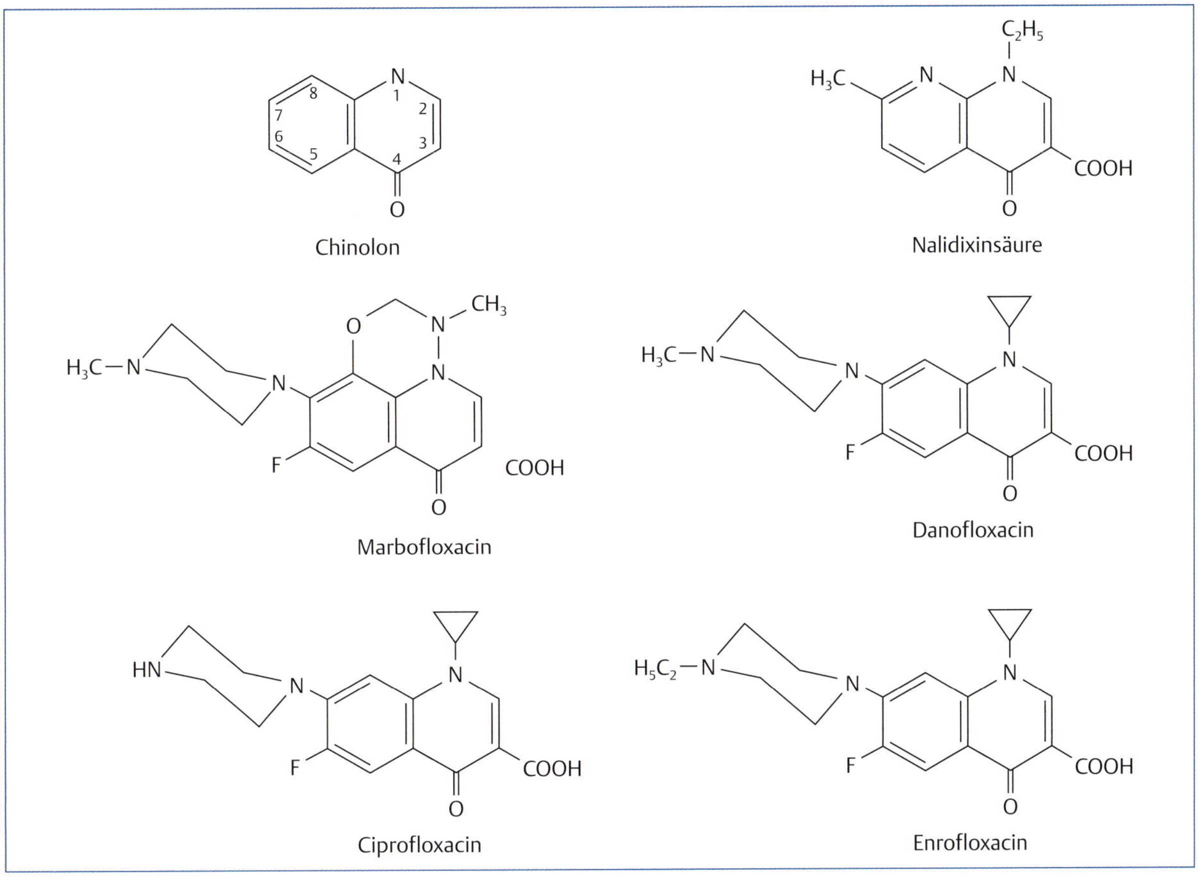

Abb. 15.27 Gyrasehemmer.

Pharmakodynamik Alle Fluorchinolone wirken **primär bakterizid** und haben ein **breites Wirkungsspektrum**. Die antibakterielle Wirkung beruht auf einer **Hemmung der bakteriellen Gyrase**, wofür die entscheidenden strukturellen Voraussetzungen der Stickstoff in Position 1, die Carboxylgruppe in Position 3 und die Ketogruppe in Position 4 des Chinolons sind (**Abb. 15.27**). Das Enzym Gyrase ist eine bakterielle Topoisomerase II, die aus einem Tetramer von je 2 A- und B-Untereinheiten besteht. Über die in **Abb. 15.28** gezeigte Reaktionsfolge bewirkt dieses Enzym durch Aufspaltung der Zucker-Phosphat-Bindung beider DNA-Stränge und ihre Wiederverknüpfung eine ATP-abhängige Überspiralisierung („Supercoiling") der ringförmigen bakteriellen DNA-Doppelhelix in entgegengesetzter („negativer") Drehrichtung. In der entstehenden negativ-superhelikalen Form ist das DNA-Molekül räumlich wesentlich kompakter. Nur so kann die ca. 1300 µm lange zirkuläre, doppelsträngige DNA-Helix in der kleinen Bakterienzelle (rund 2 × 1 µm) untergebracht werden. Die Überspiralisierung ist aber auch für den geregelten Ablauf von DNA-Funktionen wie Replikation, Transkription und Reparatur von wichtiger Bedeutung. Fluorchinolone binden wahrscheinlich magnesiumabhängig an die im Komplex mit der DNA vorliegende A-Untereinheit der Gyrase und hemmen damit den Wiederverschluss der DNA-Stränge. Dadurch kann die DNA-Polymerasenreaktion nicht mehr weiter ablaufen. Fluorchinolone inhibieren ferner vor allem in grampositiven Bakterien die Topoisomerase IV, die eine wichtige Rolle bei der Entspannung und Aufteilung der DNA während der Zellteilung spielt. In Anwesenheit von Sauerstoff kommt es zu einer schnell einsetzenden bakteriziden Wirkung. Da die Hemmung der verschiedenen Topoisomerasen nur einen bakteriostatischen Effekt erklärt, müssen noch weitere, bisher noch nicht näher bekannte Wirkungsmechanismen, z. B. an der bakteriellen Zellwand, beteiligt sein. Hierfür spricht auch die Beobachtung, dass Hemmungen der Proteinsynthese durch Chloramphenicol und Hemmung der RNA-Synthese durch Rifampicin die Bakterizidie der Fluorchinolone unterbindet.

Das **Wirkungsspektrum** der Fluorchinolone erstreckt sich auf die meisten grampositiven und gramnegativen Erreger (**Tab. 15.16**). Bei den veterinärmedizinisch eingesetzten Fluorchinolonen der Gruppe II besteht gute Wirksamkeit gegenüber Staphylokokken, bei Streptokokken wurde verschiedentlich nur eine mäßige Wirksamkeit beobachtet. Pseudomonaden und *Enterobacteriaceae* sind im Allgemeinen hochempfindlich, Anaerobier und Enterokokken hingegen mäßig bis unempfindlich. Eine Wirksamkeit besteht außerdem gegen Chlamydien, Mykobakterien und Mykoplasmen (**Tab. 15.16**). Die Wirksamkeit gegen diese Erreger sowie gegen Anaerobier ist bei den Fluorchinolonen der Gruppen III und IV wesentlich verbessert. Der Effekt der Fluorchinolone kann durch ein anaerobes und saures Milieu (pH < 6) vermindert sein. Auch ein langsames Bakterienwachstum und die Bildung von Chelatkomplexen mit di- und trivalenten Metallionen (z. B. Mg^{2+}, Al^{3+}) kann die Wirksamkeit beeinflussen.

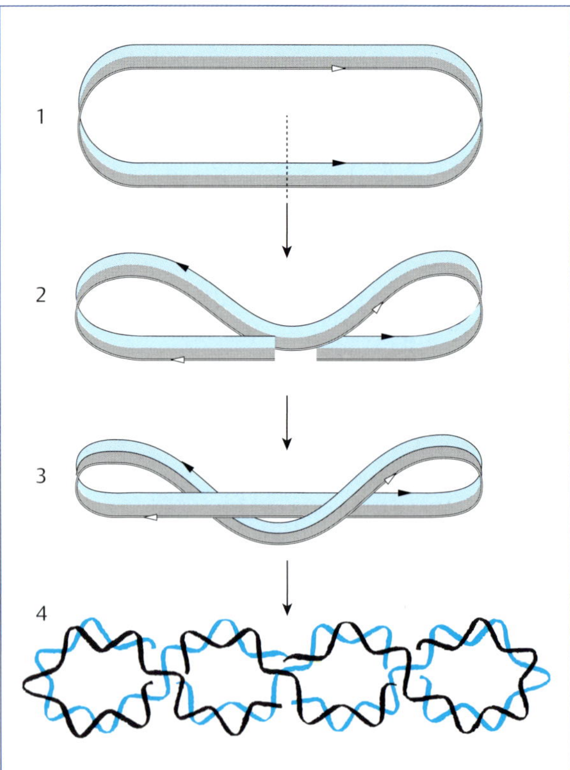

Abb. 15.28 Wirkungsmechanismus der bakteriellen Gyrase: Nach Bildung eines ternären Komplexes der bakteriellen DNA mit den A- und B-Untereinheiten der Gyrase werden durch die A-Untereinheit beide DNA-Stränge durch Spaltung der Zucker-Phosphat-Bindung zerschnitten (**1**), durch die B-Unterheit unter ATP-Verbrauch die Überspiralisierung eingeführt (**2**) und anschließend die beiden DNA-Stränge durch die A-Untereinheit wieder verschlossen (**3**), sodass durch vielfache derartige Reaktionen ein stark verdrilltes DNA-Molekül entsteht (**4**). Gyrasehemmer wirken auf die A-Untereinheit und hemmen den Wiederverschluss (**3**).

Resistenz Die Resistenzsituation ist bei den Fluorchinolonen (noch) günstig. Als empfindlich gelten Keime mit einer MHK < 2 µg/ml. Die Resistenzen sind überwiegend chromosomal bedingt. Allerdings wurden in jüngster Zeit bei Klebsiellen und *E. coli* Plasmid-induzierte Resistenzen beobachtet. Weiterhin wurden bei *Enterobacteriaceae* Mehrfachresistenzen auch gegenüber Cephalosporinen der 3. Generation und Gentamicin beschrieben. Die chromosomalen Resistenzmechanismen sind entweder eine verminderte Affinität der Gyrase oder seltener eine Beeinträchtigung der Permeabilität der Bakterienzelle für Chinolone. Resistenzen wurden beobachtet z. B. bei *Staphylococcus aureus*, *Campylobacter jejuni* (inkl. Geflügel), *E. coli* oder Salmonellen, wobei im Allgemeinen über 80 % der untersuchten Stämme noch ausreichend empfindlich waren. Bei Pseudomonaden kann es während der Therapie zu einer Resistenzzunahme kommen. Hier liegt der Anteil resistenter Stämme bereits im Bereich von 30–40 %. Höhere Resistenzraten von 20–50 % finden sich auch bei *Proteus* spp., Enterokokken, Streptokokken und Mikrokokken. Die in der intensiven Kälberhaltung regional vorkommende Chinolonresistenz von Salmonellen war bisher nur auf bestimmte vielfach resistente Stämme beschränkt. Es besteht immer Kreuzresistenz innerhalb der gesamten Gruppe der Gyrasehemmer.

Tab. 15.16 Minimale Hemmkonzentrationen (MHK) von Enrofloxacin gegen veterinärmedizinisch relevante Bakterien in vitro.

Spezies	MHK (µg/ml)
Staphylococcus aureus	0,03–0,5
Streptococcus spp.	0,25–2
Streptococcus agalactiae	0,25–1
β-hämolysierende Streptokokken	0,25–1
Streptococcus faecalis	1,6–3,1
Escherichia coli	0,016–0,031
Salmonella typhimurium	0,031–0,25
Klebsiella spp.	0,016–0,031
Proteus spp.	0,06–0,25
Bordetella bronchiseptica	0,5–2
Pasteurella spp.	0,008–0,12
Pseudomonas aeruginosa	0,2–2
Brucella canis	0,12–0,5
Clostridium spp.	1–16
Bacteroides fragilis	0,8–12,5
Mycoplasma hyorhinis	1,6–3,1
Mycoplasma bovis	0,12–0,25
Mycoplasma galliseptikum	0,06–0,08

Pharmakokinetik Die Fluorchinolone besitzen günstige pharmakokinetische Eigenschaften, wobei keine wesentlichen Unterschiede zwischen den verschiedenen Wirkstoffen und bei den einzelnen Tierarten bestehen. Die Mehrzahl der Fluorchinolone wird nach oraler und parenteraler Gabe **rasch und gut zu 60– > 90 % resorbiert**. Die Spitzenkonzentrationen im Plasma liegen bei therapeutischen Dosen im Bereich von 1,5–5 µg/ml und werden nach oraler Gabe bei Monogastriern in 1–4 h erreicht. Die Plasmaproteinbindung beträgt 10–20 %, in Einzelfällen bis zu 40 %. Fluorchinolone sind gut gewebegängig und verteilen sich rasch in alle Gewebe. Das bei allen Wirkstoffen **hohe Verteilungsvolumen** von 2–4 l/kg zeigt an, dass die Gyrasehemmer in den Intrazellularraum übergehen (somit auch in phagozytierende Zellen) und sich im Gewebe anreichern können. Die Gewebekonzentrationen in Lunge, Bronchialschleimhaut, Knochen und Haut können das 3–10-Fache der Blutplasmaspiegel erreichen. Fluorchinolone, insbesondere auch die zur Anwendung bei Tieren vorgesehenen Piperazin-substituierten Wirkstoffe, werden nur zu einem Anteil von bis zu 20 % metabolisiert. Teilweise werden wirksame Metaboliten gebildet, wie z. B. Ciprofloxacin durch Dealkylierung von Enrofloxacin. Die Biotransformation erfolgt hauptsächlich am Piperazinring in Form einer N-Demethylierung. Bei Tieren wurden auch mikrobiologisch unwirksame Glukuronid- und Sulfatkonjugate nachgewiesen. Fluorchinolone werden überwiegend renal in wirksamer Form durch glomeruläre Filtration und tubuläre Sekretion ausgeschieden. Innerhalb von 2 Tagen erscheinen ca. 80 % im Harn. Der Rest wird biliär sezerniert und über die Fäzes ausgeschieden. Verschiedentlich überwiegt die biliäre Ausscheidung den Umfang der renalen Ausscheidung, z. B. bei adulten Rindern oder im Falle von Enrofloxacin beim Hund. Die Eliminationshalbwertszeiten liegen für alle Wirkstoffe und Spezies im Bereich von 2–10 h. Fluorchinolone haben keine Kumulationsneigung und bilden keine persistenten Rückstände.

Indikationen, Dosierung Fluorchinolone sollten aufgrund ihres breiten Wirkungsspektrums, der noch günstigen Resistenzsituation auch gegen Problemkeime und wegen ihrer guten Gewebegängigkeit nicht zur Behandlung banaler Infektionen und nicht zu länger dauernder oraler Bestandsbehandlung, sondern als Reservemittel bei bakteriellen Infektionskrankheiten eingesetzt werden, deren Bekämpfung erfahrungsgemäß therapeutische Probleme bereitet. Hierzu zählen Infektionen mit intrazellulär gelegenen Keimen, Lungen- und tiefe Atemwegsinfektionen, schwer zugängliche Infektionsorte wie Haut, Knochen und Knochenmark, Prostatitis, komplizierte Infektionen des Urogenitaltraktes, schwere Enteritiden, MMA-Komplex bei Sauen, Staphylokokkeninfektionen, orale Pseudomonadenbekämpfung. Orbifloxacin ist derzeit nur zur lokalen Anwendung bei akuter Otitis externa in Kombination mit dem Glucocorticoid Mometason und dem Antimykotikum Posaconazol für Hunde zugelassen. Pradofloxacin wird zur Behandlung von Wundinfektionen, Pyodermien, akuten Harnwegsinfektionen und schwerwiegenden Infektionen des Zahnfleisches und Zahnhalteapparates beim Hund und bei Katzen zur Therapie akuter Infektionen der oberen Atemwege und Wundinfektionen bei Katzen eingesetzt.

Die Dosierung beträgt bei Haus- und Nutztieren oral oder parenteral für Enrofloxacin 2,5–5 mg/kg (bei Schweinen 1–2 mg/kg), für Difloxacin 10 mg/kg (Huhn, Pute) und 5 mg/kg (Hund), für Danofloxacin 1,25 mg/kg und für Marbofloxacin 1–2 mg/kg. Aufgrund des ausgeprägten **postantibiotischen Effekts** von Fluorchinolonen, der zu einer nachhaltigen Hemmung des Bakterienwachstums auch nach Unterschreitung der minimalen Hemmkonzentration führt, ist eine einmalige tägliche Verabreichung in der Regel ausreichend.

Nebenwirkungen, Toxizität Fluorchinolone haben keinen direkten Angriffspunkt in Zellen höherer Lebewesen, da die der bakteriellen Gyrase entsprechende Topoisomerase II von Säugerzellen ca. 1000-fach weniger empfindlich gegenüber diesen Wirkstoffen ist. Im Tierversuch zeigten alle Fluorchinolone nur eine geringe akute Toxizität mit LD_{50}-Werten von 1–2 g/kg bei Ratte und Maus. Als Nebenwirkungen können gastrointestinale Symptome und zentralnervöse Erregung auftreten. Die ZNS-Wirkung scheint bei älteren Gyrasehemmern stärker ausgeprägt zu sein, dennoch sollte der Einsatz von Gyrasehemmern bei Patienten mit akut oder chronisch erhöhter Krampfbereitschaft vermieden werden. Im Zusammenhang mit der Anwendung von Gyrasehemmern wurde auch von Störungen der Hämatopoese sowie in seltenen Fällen von einer Phototoxizität berichtet. In Studien zur chronischen Toxizität traten bei übertherapeutischen Dosen nur leichte reversible Störungen der Leber- und Nierenfunktion sowie der Spermatogenese auf. Mit Ausnahme einer anscheinend für Fluorchinolone spezifischen Schädigung des Gelenkknorpels wurden keine irreversiblen toxischen Effekte beobachtet. Der **chondrotoxische Effekt** als Folge einer Chelatbildung mit Magnesium im Knorpelgewebe trat bei allen untersuchten Tierarten auf, wobei junge wachsende Hunde vor allem großer Rassen am empfindlichsten reagierten. Dabei kam es nach mehrtägiger Anwendung bereits bei der doppelten therapeutischen Dosis zu Erosionen und Exfoliationen des Gelenkknorpels bis hin zur Chondrolyse mit der Folge schmerzhafter Arthropathien.

Unter Berücksichtigung dieses Nebenwirkungspotenzials sind Fluorchinolone bei allen Tierarten gut verträglich. Bei intensiverer Überwachung der Anwendung von Gyrasehemmern beim Menschen wurden auch bei hoch dosierter Therapie Nebenwirkungen bei weniger als 10 % der Patienten beobachtet. Im Vordergrund standen gastrointestinale Störungen mit Übelkeit, Erbrechen, Inappetenz und Durchfall. ZNS-Komplikationen wie Unruhe, Schlaflosigkeit, Tremor und Krämpfe fielen vor allem bei den älteren Gyrasehemmern auf, während dieses Nebenwirkungspotenzial bei den Fluorchinolonen offensichtlich weniger ausgeprägt ist. Trotzdem sollen diese Gyrasehemmer nicht bei Tieren mit zentralem Anfallsleiden angewendet werden. Weiterhin wurden Störungen der Hämatopoese sowie Exantheme infolge von Phototoxizität berichtet. Die Inzidenz von Überempfindlichkeitsreaktionen ist mit < 1 % relativ gering.

Wechselwirkungen Wechselwirkungen mit anderen Arzneimitteln resultieren aus einer Hemmung des Cytochrom-P450-IA2-Isoenzyms durch Fluorchinolone. Dadurch kann es zu einer klinisch relevanten Verzögerung des Abbaus von Methylxanthinen, z. B. von Theophyllin, kommen. Bei oraler Gabe zusammen mit mineralischen Antazida und zweiwertigen Kationen wird die Resorption von Gyrasehemmern vermindert. Beim Menschen ist eine Verstärkung der zentralnervösen Nebenwirkungen durch gleichzeitige Anwendung von nichtsteroidalen und steroidalen Antiphlogistika bekannt. Berichte über antagonistische Effekte durch kombiniert verabreichte Bakteriostatika wie Makrolide, Chloramphenicol, Tetracycline oder Clindamycin sind uneinheitlich. Kombinationen von Fluorchinolonen mit anderen Antibiotika sind nicht sinnvoll.

Kontraindikationen Wegen ihres chondrotoxischen Effekts ist die Anwendung von Fluorchinolonen bei wachsenden Hunden und Katzen bis zu einem Alter von mindestens einem Jahr kontraindiziert. Aber auch bei anderen Spezies und bei adulten Tieren ist aus diesem Grund eine längerfristige Anwendung dieser Wirkstoffe insbesondere bei Bestehen von Gelenkerkrankungen zu vermeiden. Eine Anwendung soll auch nicht bei trächtigen und säugenden Hunden und Katzen erfolgen, obwohl aus Tierversuchen bisher keine negativen Erfahrungen bekannt sind.

Wartezeit

- **Enrofloxacin**
  - Ferkel, essbare Gewebe 5 Tage
  - Schwein, essbare Gewebe 13 Tage
  - Kalb, essbare Gewebe i. v. 5 Tage, s. c. 13 Tage
  - Rind, essbare Gewebe 5–7 Tage (i. v.), 12–15 Tage (s. c.); Milch 3 Tage (i. v.), 5 Tage (s. c.)
  - Schafe, essbare Gewebe 4 Tage; Milch 3 Tage
  - Ziege, essbare Gewebe 6 Tage; Milch 4 Tage
  - Kaninchen, essbare Gewebe 15 Tage
  - Huhn, essbare Gewebe 7–9 Tage; Eier 9 Tage bzw. nicht anwenden oder nicht bei Junghennen, die weniger als 14 Tage/4 Wochen vor der ersten Eiablage stehen
  - Pute, essbare Gewebe 11–13 Tage; Eier: nicht anwenden bzw. nicht bei Junghennen, die weniger als 14 Tage/4 Wochen vor der ersten Eiablage stehen
- **Difloxacin**
  - Rind, essbare Gewebe 46 Tage
  - Huhn und Pute, essbare Gewebe 1 Tag
- **Danofloxacin**
  - Schwein, essbare Gewebe 4 Tage
  - Rind, essbare Gewebe 5–8 Tage; Milch 3–4 Tage
- **Marbofloxacin**
  - Schwein, essbare Gewebe 4 Tage
  - Rind, essbare Gewebe 5–6 Tage; Milch i. m. 2 Tage, i. v. 3 Tage, s. c. 1,5 Tage

15.5.14 Weitere Antibiotika

Ein weiteres Antibiotikum, das als Tierarzneimittel zur Verfügung steht, ist die **Fusidinsäure**, die bei Hunden lokal gegen Konjunktivitiden angewendet wird. Fusidinsäure wirkt durch Proteinsynthesehemmung bakteriostatisch, zeichnet sich durch eine gute Wirksamkeit gegen Staphylokokken aus und kommt auch gegen Hautinfektionen zum Einsatz.

Wie einleitend erwähnt, wurden weitere Antibiotika für die humanmedizinische Anwendung entwickelt, die zur Therapie von oft lebensbedrohlichen Infektionen mit resistenten Bakterien (z. B. MRSA) zu reservieren sind. Dazu gehören Carbapeneme (S. 413), **Glykopeptid-Antibiotika** (Vancomycin, Teicoplanin) sowie **Lipopeptide** (Daptomycin). Zur Gruppe der **Streptogramine** zählt die Kombination Quinupristin/Dalfopristin. Diese zyklischen Peptide inaktivieren Donor- und Akzeptorregionen der Peptidyltransferase und werden gegen MRSA und Vancomycin-resistente Enterokokken eingesetzt. Das **Oxazolidon** Linozolid spielt ebenfalls eine Rolle zur Behandlung schwerer Erkrankungen durch multiresistente Bakterien. **Ketolide** und **2-Pyridone** sind Weiterentwicklungen der Makrolide und der Gyrasehemmer. Eine Weiterentwicklung der Tetracycline stellen die **Glycylcycline** (Telithromycin) dar, die gegen β-Lactam- und Makrolid-resistente Erreger von Pneumonien angewendet werden. In der Entwicklung befinden sich **Lantibiotica** (Proteine mit der Aminosäure Lanthionin) sowie das zyklische Depsipeptid **Teixobactin**, die als Hoffnungsträger gegen Antibiotika-resistente Bakterien gelten.

FAZIT ANTIBIOTIKA UND ANTIBAKTERIELL WIRKSAME CHEMOTHERAPEUTIKA

- Seit der Entdeckung des Penicillins 1928 sind Antibiotika zu einem der wichtigsten Instrumente in der Behandlung von bakteriellen Infektionskrankheiten bei Mensch und Tier geworden. Inzwischen jedoch sind diese potenten Medikamente durch die Zunahme von Antibiotikaresistenzen nicht mehr verlässlich effektiv.
- Während in den letzten Jahren vor allem grampositive Infektionserreger wie Methicillin-resistente *Staphylococcus aureus* (MRSA) und Glykopeptid-resistente Enterokokken (VRE) im Vordergrund des Interesses standen, rückt jetzt auch das zunehmende Auftreten von gramnegativen Infektionserregern, die neben anderen Antibiotikagruppen auch gegen alle β-Lactam-Antibiotika resistent sind (ESBL), in den Fokus.
- Jeder Einsatz von Antibiotika in der Humanmedizin und Veterinärmedizin kann zur Entwicklung von Resistenzen führen. Das Risiko steigt bei ungezieltem Einsatz, subtherapeutischer Dosierung, nicht angemessenen Dosierungsintervallen/Behandlungszeiträumen.
- Der Einsatz von Antibiotika ist bei bakteriellen Erkrankungen gerechtfertigt, bei denen die Immunabwehr versagt. Einige neue Wirkstoffe sind zwar der Humanmedizin vorbehalten, jedoch stehen viele Antibiotika als Tierarzneimittel zur Verfügung. Die Auswahl des Wirkstoffs setzt neben einer sorgfältigen Diagnostik, Berücksichtigung des Infektionsortes und des Zustands des Patienten adäquate Kenntnisse zu den pharmakodynamischen und -kinetischen Eigenschaften der Antibiotika voraus. Nur durch Optimierung und Reduzierung des Antibiotikaeinsatzes kann der weiteren Zuspitzung der Resistenzproblematik Einhalt geboten werden. Antibiotika sind nicht dazu bestimmt, Mängel in den Haltungsbedingungen, Managementfehler oder mangelhafte Hygienezustände in Tierbeständen zu kompensieren.

Danksagung

Die Autoren danken Prof. Dr. F. R. Ungemach und Prof. Dr. R. Kroker, da Teile des Textes, der Abbildungen und der Tabellen dem von ihnen mitverfassten Kapitel aus der 3. Auflage entnommen sind.

(Weiterführende) Literatur

[1] Giguère S, Prescott JF, Baggot JD, Walker RD, Dowling PM (Eds.). Antimicrobial Therapy in Veterinary Medicine. Fourth Edition. Iowa: Blackwell Publishing; 2006.

[2] Richter A, Böttner A, Goossens L, Hafez HM, Hartmann K, Kehrenberg C, Kietzmann M, Klarmann D, Klein G, Krabisch P, Kühn T, Luhofer G, Schulz B, Schwarz S, Sigge C, Waldmann KH, Wallmann J, Werckenthin C. Mögliche Gründe für das Versagen einer antibakteriellen Therapie in der tierärztlichen Praxis. Prakt Tierarzt 2006; 87: 624–631.

[3] Richter A, Hafez HM, Böttner A, Gangl A, Hartmann K, Kaske M, Kehrenberg C, Kietzmann M, Klarmann D, Klein G, Luhofer G, Schulz B, Schwarz S, Sigge C, Waldmann K-H, Wallmann J, Werckenthin C. Verabreichung von Antibiotika in Geflügelbeständen. Tierärztl Praxis 2009; 37: 321–329.

[4] Schwarz S, Kadlec K, Silley P (Eds.). Antimicrobial Resistance in Bacteria of Animal Origin. Steinen: Zett-Verlag; 2013

[5] Selbitz HJ, Truyen U, Valentin-Weigand P (Hrsg.). Tiermedizinische Mikrobiologie, Infektions- und Seuchenlehre. 10. Auflage. Stuttgart: Enke Verlag; 2015

Wichtige Internet-Adressen

[6] Antibiotika-Leitlinien der Bundestierärztekammer, 2015; www.bundestieraerztekammer.de/index_btk_abll.php

[7] Bundesministerium für Ernährung und Landwirtschaft: Orale Anwendung von Tierarzneimitteln im Nutztierbereich über das Futter oder das Wasser; www.bmel.de/DE/Tier/Tiergesundheit/Tierarzneimittel/_texte/Umgang-Tierarzneimittel.html#123

[8] GERM-Vet. German resistance monitoring program of clinically relevant veterinary pathogenic bacteria (Resistenzmonitoring tierpathogener Bakterien des Bundesamts für Verbraucherschutz und Lebensmittelsicherheit); www.bvl.bund.de/DE/05_Tierarzneimittel/01_Aufgaben/05_AntibiotikaResistenz/Antibiotika_Resistenz_node.html

16 Antimykotika

M. Kietzmann, C. Rundfeldt

16.1 Allgemeines

16.1.1 Pilze als Krankheitsursache

Durch Pilze verursachte Erkrankungen spielen bei den Haustieren eine wichtige Rolle, wobei neben Dermatomykosen (äußerliche oder Hautmykosen) auch systemischen Mykosen (innere oder Organmykosen) und Mykotoxikosen Bedeutung zukommt. Pilze sind meist fakultativ pathogen. Bei Zusammentreffen von mehreren Faktoren, insbesondere bei hohem Infektionsdruck, verminderter Immunabwehr oder bei ungünstigen Umwelteinflüssen, kommt es zur Erkrankung. Beispiele für Mykosen sind Trichophytie, Mikrosporie, Hefemastitis, Candidiasis, Malassezia-Infektion oder Aspergillose. Die Schädigung des Organismus beruht entweder auf der progressiven Infektion (Mykose), der Freisetzung von Toxinen (Mykotoxine) oder auch auf einer durch die Pilze verursachten Sensibilisierung. Das Auftreten von Mykosen kann durch verschiedene Arzneimittel begünstigt werden. Hierzu zählen z. B. Antibiotika, nichtsteroidale entzündungshemmende Mittel (NSAID, Glucocorticoide) und immunsuppressiv wirkende Arzneimittel (Ciclosporin, Zytostatika).

Die krankheitsverursachenden Pilze werden im medizinischen Bereich allgemein in **Dermatophyten**, **Hefen** und **Schimmelpilze** (sog. **DHS-System**) eingeteilt (**Tab. 16.1**), da sich eine botanische Klassifikation im medizinischen Bereich nicht bewährt hat. Neben den Dermatophyten, Hefen und Schimmelpilzen verursachen auch dimorphe Pilze Mykosen; diese treten allerdings überwiegend außerhalb Europas auf.

Bei den Pilzen handelt es sich um einzellige bis vielzellige, teilweise hochorganisierte Gebilde. Für den Einsatz von Antimykotika ist es wichtig zu wissen, dass Pilzzellen wie pflanzliche Zellen neben der Zellmembran eine Zellwand besitzen. Das Sterin **Ergosterol** ist ein wichtiger Bestandteil der Pilzzellmembran. Es gewährleistet die dichte und parallele Lagerung der Membranphospholipide, die reich an ungesättigten Fettsäuren sind. Der Ein- und Ausbau der Sterine ermöglicht eine rasche Änderung der Membranfluidität der Zellen. In tierischen Zellen stellt Cholesterol dieses für die Membranfunktion wichtige Sterin dar.

Tab. 16.1 Einteilung der Mykosen und für ihre Behandlung geeignete Arzneistoffe (-gruppen).

Einteilung nach dem DHS-System	Gattungen (Beispiele)	Wirksame Arzneimittel(-gruppen)	
		oberflächlich	systemisch
Dermatophyten	• *Trichophyton* • *Microsporon*	• Allylamine • Azole • verschiedene Lokalantimykotika	• Azole • Griseofulvin • Terbinafin
Hefen	• *Candida* • *Cryptococcus*	• Azole • Polyen-Antibiotika • Flucytosin	• Amphotericin B • Flucytosin • Azole
	• *Malassezia*	• Azole	-
Schimmelpilze	• *Aspergillus*	-	• Amphotericin B • Azole • Flucytosin

16.1.2 Wirkweise von Antimykotika

STECKBRIEF ANTIMYKOTIKA

Antimykotika sind an oder in Tieren oder Menschen (lokal oder systemisch) eingesetzte Medikamente zur Behandlung oberflächlicher oder systemischer Mykosen. Dagegen versteht man unter Fungiziden Pilzvernichtungsmittel, die nicht am oder im Tier oder Menschen zur Anwendung kommen. Als fungizide Wirkung bezeichnet man die Abtötung der Pilzzelle. Fungistatische Wirkung bedeutet eine Verhinderung der Vermehrung der Pilzzellen.

Als Angriffspunkte für Antimykotika sind zu nennen (**Abb. 16.1**):
- Ergosterol-Synthese (Azole, Allylamine, Tolnaftat)
- Ergosterolfunktion in der Zellmembran (Polyen-Antibiotika)
- DNA- und RNA-Synthese (Flucytosin)
- β-(1,3)-D-Glycansynthese in der Zellwand (Echinocandine)
- Störung der Mikrotubulifunktion (Griseofulvin)

Aufgrund der im Vergleich zu Bakterien größeren Ähnlichkeit zwischen Pilzzellen und tierischen Zellen, die sich auch in den in die Zellmembran eingelagerten Sterinen manifestiert, ist das Nebenwirkungspotenzial einiger Antimykotika bei systemischer Anwendung höher als bei antibakteriellen Präparaten.

Zur aktiven Immunisierung gegen Pilzinfektionen stehen auch Impfstoffe zur Verfügung.

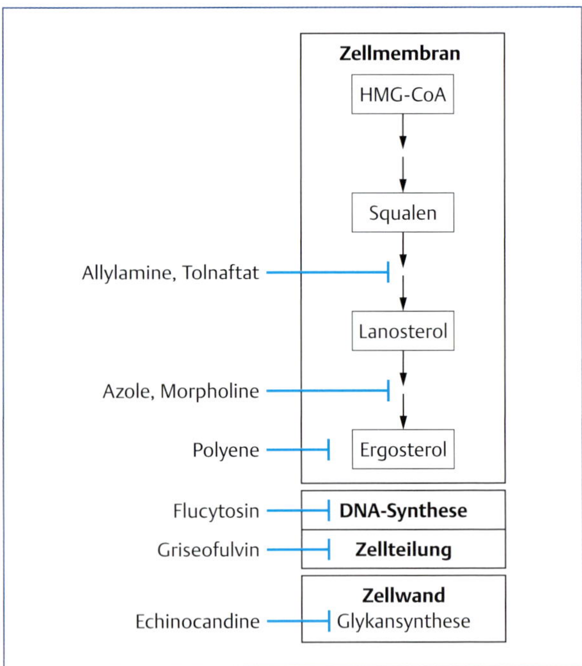

Abb. 16.1 Angriffspunkte von Antimykotika auf zellulärer Ebene.

16.2 Wirkstoffgruppen

16.2.1 Polyen-Antibiotika

Die als Antimykotika eingesetzten Polyen-Antibiotika (**Abb. 16.2**) werden von *Streptomyces*-Arten gebildet. Sie sind durch einen lipophilen, aus 4–7 konjugierten Doppelbindungen aufgebauten Molekülteil gekennzeichnet, der in einem Lactonring oder in einer aliphatischen Kette enthalten sein kann. Neben diesem sehr lipophilen, starren Molekülteil besitzen die Polyen-Antibiotika verschiedene funktionelle Gruppen und glykosidisch gebundene Aminozucker; dieser Molekülteil ist hydrophil. Diese besondere Molekülstruktur, durch die sich die als Antimykotika eingesetzten Polyen-Antibiotika **Amphotericin B**, **Nystatin** und **Natamycin** (syn. Pimaricin) auszeichnen, bedingt deren physikalisch-chemische Eigenschaften (**Abb. 16.2**).

Pharmakodynamik Die Wirkung der Polyen-Antibiotika ist **fungistatisch** (auch gegenüber ruhenden Zellen) bis **fungizid**. Polyen-Antibiotika reagieren über ihren lipophilen Molekülteil mit dem in die Membran der Pilzzellen eingelagerten Ergosterol. Diese Interaktion führt zu einer Störung der Membranstruktur. Da die für die Membranfunktion wichtige Aufgabe des Ergosterols darin besteht, die parallele und dichte Lagerung der Phospholipide samt der darin enthaltenen ungesättigten Fettsäuren zu gewährleisten, resultiert eine „Lockerung" des Phospholipidverbands der Zellmembran. Die hydrophilen Molekülteile mehrerer, in der Zellmembran ringförmig zusammengelagerter Polyene können zudem „Poren" bilden, durch die die Pilzzellen Elektrolyte und andere Zellbestandteile (Aminosäuren, Zucker, Nukleinsäuren) verlieren. Im Gegensatz zu tierischen Zellen sind Bakterien gegenüber Polyen-Antibiotika unempfindlich, da bei ihnen ein entsprechender Angriffspunkt fehlt.

Das Wirkungsspektrum (**Tab. 16.1**) von Polyen-Antibiotika umfasst insbesondere Hefen (alle Polyen-Antibiotika) und Schimmelpilze (vorwiegend Amphotericin B). Die einzelnen Erreger sind gegenüber Polyen-Antibiotika unterschiedlich empfindlich. Sekundäre Resistenzen entwickeln sich praktisch nicht.

Pharmakokinetik Polyen-Antibiotika sind kaum bis gar nicht wasserlöslich und chemisch sowie gegenüber Lichteinwirkung instabil. Die systemische Anwendung wird durch eine sehr schlechte systemische Verträglichkeit limitiert. Von den genannten Stoffen kommt Nystatin als Bestandteil zugelassener Tierarzneimittel lokal und auch oral (keine Resorption) zum Einsatz, während Amphotericin B und Natamycin systemisch (i. v.) und lokal verwendet werden. Derzeit befinden sich jedoch keine Tierarzneimittel mit diesen Wirkstoffen im Handel.

Dosierung Nystatin steht als Bestandteil eines Kombinationspräparates (weitere Inhaltsstoffe: Neomycin, Thiostrepton, Triamcinolon) insbesondere zur Behandlung von Otitiden und Hautmykosen von Hund und Katze zur Verfügung. Für Nystatin ist auch die orale Anwendung beim Hund (10 000–20 000 I.E./kg) mit dem Ziel einer lokalen Wirkung auf den Schleimhäuten des Verdauungstraktes beschrieben.

Natamycin findet bei Rind und Pferd äußerlich in einer Konzentration von 0,1 % Anwendung, steht jedoch aktuell

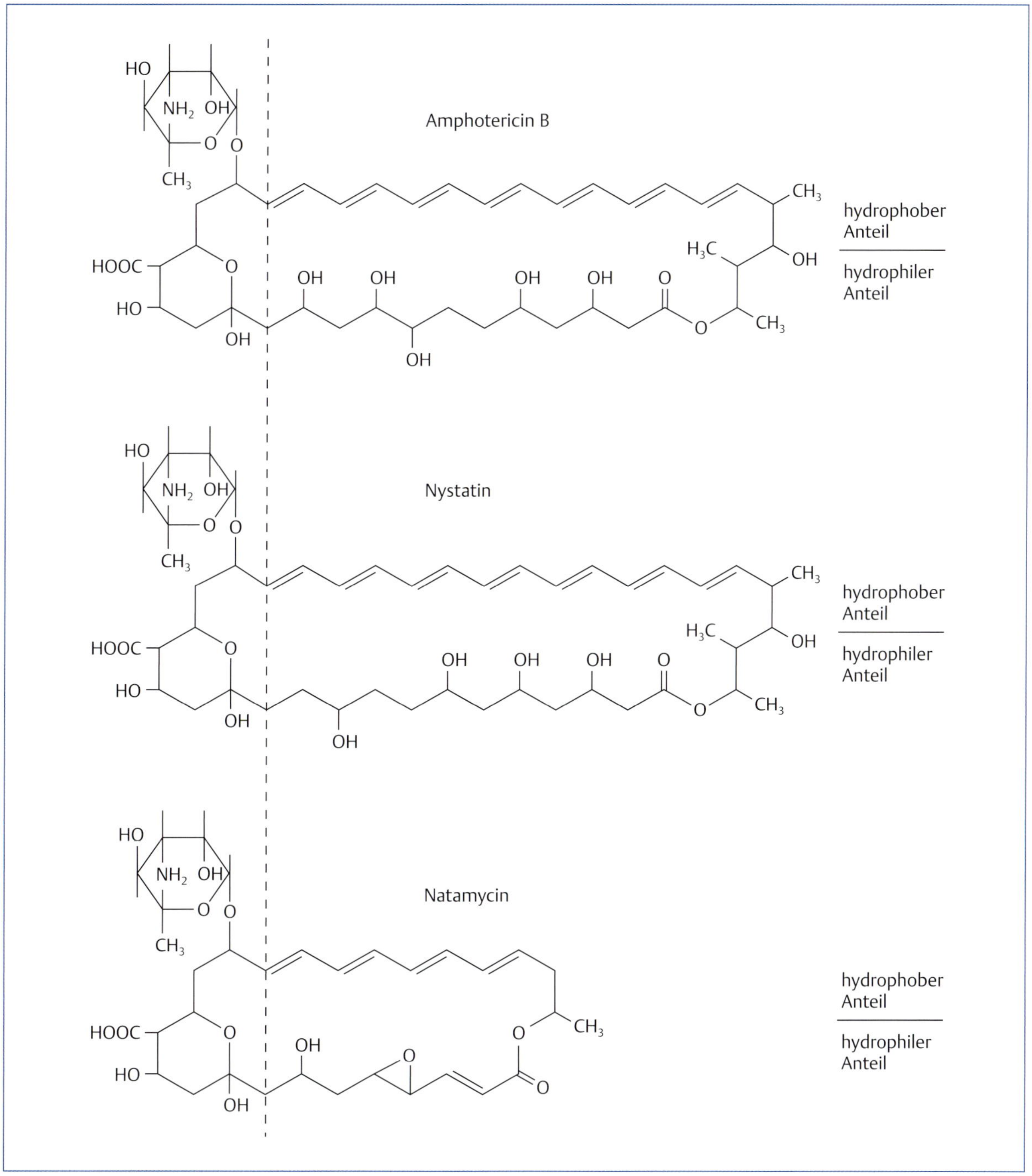
Amphotericin B
hydrophober Anteil
hydrophiler Anteil
Nystatin
hydrophober Anteil
hydrophiler Anteil
Natamycin
hydrophober Anteil
hydrophiler Anteil

Abb. 16.2 Polyen-Antibiotika.

nicht als Tierarzneimittel zur Verfügung. Nach der Behandlung mit Natamycin sollen die Tiere aufgrund der phototoxischen Wirkung über einige Stunden nicht dem Sonnenlicht ausgesetzt werden.

Nebenwirkungen Während die Polyen-Antibiotika nach systemischer Anwendung als sehr schlecht verträglich einzustufen sind, ist ihnen bei lokaler Anwendung eine gute bis sehr gute Verträglichkeit zuzuschreiben. Die sehr schlechte Verträglichkeit des systemisch applizierten Amphotericin B beruht in erster Linie auf einer dem antimykotischen Effekt an der Pilzzelle analogen Interaktion mit Sterinen der Wirtszelle (Cholesterol). Es treten zum Teil irreversible Nierenschäden, Myelosuppression und Sensibilisierungsreaktionen auf. Neuartige Formulierungen von Amphotericin B (Liposomen, kolloidale Dispersion) sollen eine bessere Verträglichkeit aufweisen, da durch eine gesteigerte Aufnahme in Leber- und Lungengewebe eine Anreicherung des Wirkstoffs in den Nieren limitiert wird.

Da Polyen-Antibiotika nach topischer Applikation auf Haut und Schleimhäute (einschließlich der Gabe p.o.) praktisch nicht resorbiert werden, sind die Stoffe nach lokaler Applikation sehr gut verträglich.

Wechselwirkungen Da Azole und Allylamine die Ergosterol-Synthese hemmen, ist eine kombinierte Anwendung von Polyen-Antibiotika, deren Wirkung auf der Bindung an das Ergosterol beruht, mit diesen Wirkstoffen nicht sinnvoll.

16.2.2 Azole (Imidazole, Triazole)

Unter dem Sammelbegriff Azole werden Stoffe aus den Gruppen der **Imidazole** (Diazole) und **Triazole** (Antimykotika) sowie Benzimidazole (S.474) zusammengefasst (**Abb. 16.3**). Den für die antimykotische Wirkung der Azole essenziellen Molekülteil stellt ein unsubstituierter Imidazolring dar.

Pharmakodynamik Azole sind **Breitspektrum-Antimykotika**, deren Wirkung auf einer Hemmung der Sterol-Demethylase, d. h. der Umsetzung von Lanosterol zu Ergosterol, beruht (**Abb. 16.1**). Daneben wird den Azolen eine direkte Membranwirkung zugeschrieben, die eventuell durch die Einlagerung von Methyl-Sterinen in die Membran bedingt ist. Auch soll es zu einer Schädigung von Pilzhyphen durch Anreicherung von Peroxiden kommen. Die Azole wirken **fungistatisch bis fungizid**. Beispiele sind die Methylimidazole **Clotrimazol** (topisch), **Enilconazol** (topisch), **Miconazol** (topisch) und **Ketoconazol** (p. o.) sowie die Triazole **Itraconazol** (p. o.) und **Posaconazol** (lokal). Diese Azole sind in Deutschland in zugelassenen Tierarzneimitteln enthalten. Die Wirkungspotenz von Itraconazol ist im Vergleich zu Fluconazol und Ketoconazol höher.

Fluconazol (p. o., i. v.) ist ein Beispiel für ebenfalls bei Tieren verwendete Azole (keine zugelassenen Tierarzneimittel in Deutschland).

Azole sind zum Teil auch gegen grampositive Bakterien (bakteriostatischer Effekt) und gegen Trichomonaden wirksam.

Ein weiteres Triazol ist beispielsweise **Voriconazol**, das bereits beim Pferd bei Pilzinfektionen des Auges und bei Psittaciden und Falken zur systemischen Behandlung der Aspergillose erfolgreich eingesetzt wurde.

Pharmakokinetik Azole wie Clotrimazol werden durch die Haut in nur sehr geringer Menge resorbiert. Bei Clotrimazol gilt dies auch für die Schleimhäute (< 10 %). Die Resorptionsrate p. o. verabreichter Azole aus dem Magen-Darm-Trakt ist variabel, ausreichend hoch bei Itraconazol, Fluconazol, Ketoconazol und Voriconazol. Antazida vermindern die orale Bioverfügbarkeit deutlich, die Verabreichung zusammen mit der Nahrung erhöht die Bioverfügbarkeit. Die Plasmaproteinbindung ist hoch (> 90 %). Azole reichern sich in den Geweben an; sie werden in der Leber metabolisiert (vermehrt nach Enzyminduktion) und überwiegend mit der Galle ausgeschieden.

Indikationen, Dosierung Clotrimazol wird beim Hund **topisch** als Bestandteil eines Kombinationspräparats (weitere Inhaltsstoffe: Dexamethason und Marbofloxacin) zur Behandlung von Otitiden verwendet. Miconazol (enthalten in einem Kombinationspräparat mit Polymyxin B und Prednisolon) dient ebenfalls der Behandlung von Mykosen des Gehörgangs und der Haut von Hund, Katze und Meerschweinchen. Enilconazol kommt bei Dermatomykosen von Hund, Pferd und Rind topisch als Bestandteil einer Emulsion zum Einsatz. Posaconazol ist in einem Kombinationspräparat mit Mometasonfuroat und Orbifloxacin enthalten, welches beim Hund zur Behandlung akuter Otitiden, insbesondere verursacht durch *Malassezia pachydermatis*, bestimmt ist.

Als für die **systemische Anwendung** bei Tieren zugelassene Azole werden Itraconazol bei Katzen in Dosierungen von 5–10 mg/kg p. o. und Ketoconazol bei Hunden in Dosierungen von 10 mg/kg p. o. zur Behandlung von systemischen Mykosen und Dermatomykosen eingesetzt. Itraconazol reichert sich nach systemischer Gabe in der Haut und im Besonderen im Talgdrüsensekret an; hier werden über bis zu zwei Wochen Konzentrationen erreicht, die die Plasmakonzentration bis zum 10-Fachen überschreiten. Es ist zu beachten, dass zwischen dem Behandlungsbeginn und der klinischen Wirkung eine mindestens mehrtägige Zeitspanne liegt.

Nebenwirkungen Azole weisen bei lokaler und auch bei systemischer Anwendung in der Regel eine gute Verträglichkeit auf. Nach systemischer Gabe können sie in Einzelfällen zu gastrointestinalen Störungen, Leberfunktionsstörungen, neurotoxischen Effekten (Benommenheit) und teilweise zu allergischen Reaktionen führen. Eine Hemmung der Lymphozytenproliferation mit konsekutiver Immunsuppression sind weitere mögliche Folgen. Beim Hund wird das Auftreten ulzerativer Dermatitiden nach Verabreichung höherer Dosierungen von Itraconazol beschrieben. In diesen Fällen ist das Arzneimittel sofort abzusetzen; nach Abklingen der Symptome kann ein erneuter Behandlungsversuch mit niedrigerer Dosis vorgenommen werden. Bei Graupapageien wirkt Itraconazol hepatotoxisch.

Im Tierexperiment erwiesen sich Azole als teratogen; dies stellt eine Anwendungsbeschränkung dar.

Wechselwirkungen

> **CAVE**
> Azole hemmen Cytochrom-P450-abhängige Metabolisierungsreaktionen, wodurch auch die Verstoffwechselung anderer Stoffe beeinträchtigt wird. Daher kann es bei systemischer Anwendung von Azolen zu schwerwiegenden Arzneimittelinteraktionen kommen.

16.2.3 Allylamine

Zu dieser Stoffgruppe zählen Naftifin und Terbinafin (**Abb. 16.4**), die lokal und systemisch (nur Terbinafin) als Breitspektrum-Antimykotika eingesetzt werden. Sie sind nicht als Tierarzneimittel im Handel. Eine Anwendung bei Tieren, die der Lebensmittelgewinnung dienen, ist nicht erlaubt.

Pharmakodynamik Allylamine wirken gegen **Hefen fungistatisch**, gegen **Dermatophyten und Schimmelpilze fungizid**. Sie hemmen die Squalenepoxidase und somit wie die Azole letztlich die Ergosterol-Synthese (**Abb. 16.1**).

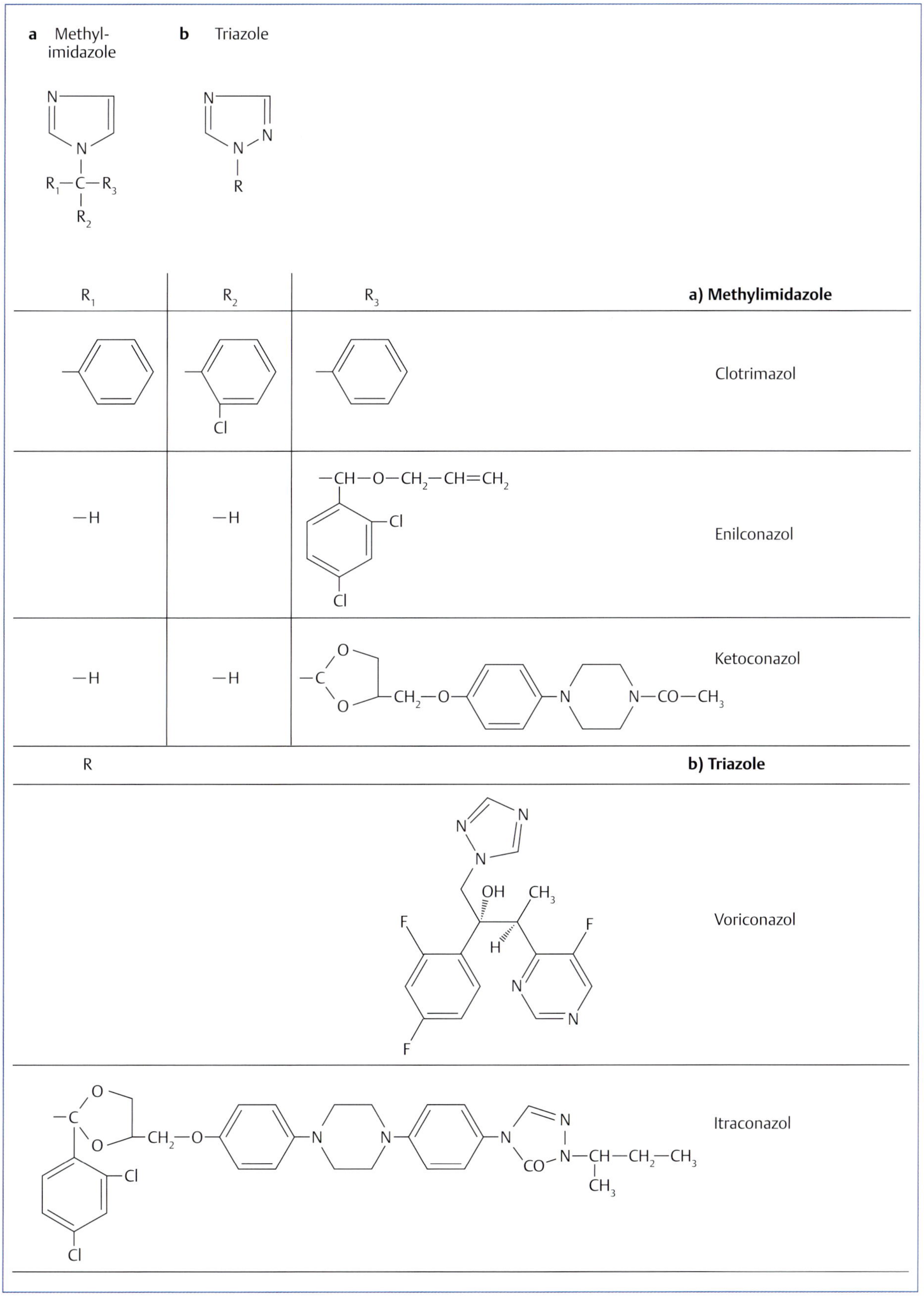

a Methyl-imidazole

b Triazole

R_1	R_2	R_3	**a) Methylimidazole**
	Cl		Clotrimazol
—H	—H	—CH—O—CH_2—CH=CH_2, Cl, Cl	Enilconazol
—H	—H	—C, O, O, —CH_2—O—, N, N—CO—CH_3	Ketoconazol

R	**b) Triazole**
N, N, N, OH, CH_3, F, H, F, N, N, F	Voriconazol
O, —C, O, —CH_2—O—, N, N, N, N, CO, N—CH—CH_2—CH_3, CH_3, Cl, Cl	Itraconazol

Abb. 16.3 Azole.

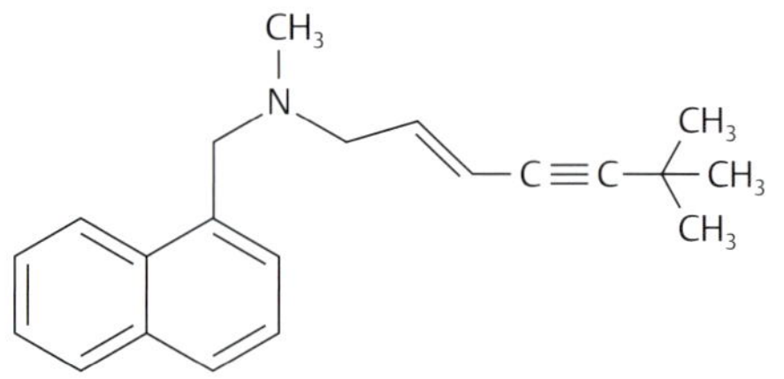

Abb. 16.4 Terbinafin.

Pharmakokinetik Während nach oraler Gabe etwa 80 % aufgenommen werden, ist die Resorption durch die Haut gering. Allylamine reichern sich in der Haut und in Hautanhangsgebilden an. Die Elimination erfolgt überwiegend renal.

Indikationen, Dosierung Terbinafin wird bei Hund und Katze in Dosierungen von 10–40 mg/kg 1-mal täglich p. o. zur Behandlung von Dermatomykosen verabreicht, bei Pferden reicht eine Dosierung von 750 mg/Tag.

Nebenwirkungen Aufgrund einer vergleichsweise geringeren Empfindlichkeit der tierischen Squalenepoxidase sind Allylamine insbesondere bei lokaler Applikation gut und selbst nach systemischer Anwendung verhältnismäßig gut verträglich. Als unerwünschte Wirkungen stehen gastrointestinale Beschwerden im Vordergrund. Allergien gegenüber den Wirkstoffen sind beschrieben.

16.2.4 5-Flucytosin

Das fungistatisch bis fungizid wirkende 5-Flucytosin (5-Fluorcytosin;) wird gegen Hefe- und Schimmelpilzinfektionen eingesetzt (Abb. 16.5). Eine Anwendung bei Tieren, die der Lebensmittelgewinnung dienen, ist nicht erlaubt.

Pharmakodynamik Nach aktiver Aufnahme in die Pilzzelle beruht die Wirkung von 5-Flucytosin auf der Umwandlung in 5-Fluorouracil, das als Antimetabolit in der Pilzzelle wirkt; die Thymidilatsynthetase wird gehemmt. Bei längerfristiger Anwendung treten Resistenzen auf, zudem sind genetisch bedingte primäre Resistenzen bei bis zu 50 % der Stämme von *Candida albicans* zu finden.

Pharmakokinetik Flucytosin wird nach oraler Gabe nahezu vollständig resorbiert und in unveränderter Form überwiegend renal ausgeschieden. Eine Dosisanpassung ist bei vorliegender Niereninsuffizienz geboten. Flucytosin kommt bei schwerwiegenden Mykosen auch in Kombination mit Amphotericin B zur Anwendung.

Dosierung Flucytosin wird bei Hund und Katze in Dosierungen von 25–50 mg/kg p. o. im Abstand von 6 h verabreicht.

Nebenwirkungen Aufgrund einer geringeren Empfindlichkeit tierischer Zellen (die Umwandlung von Flucytosin

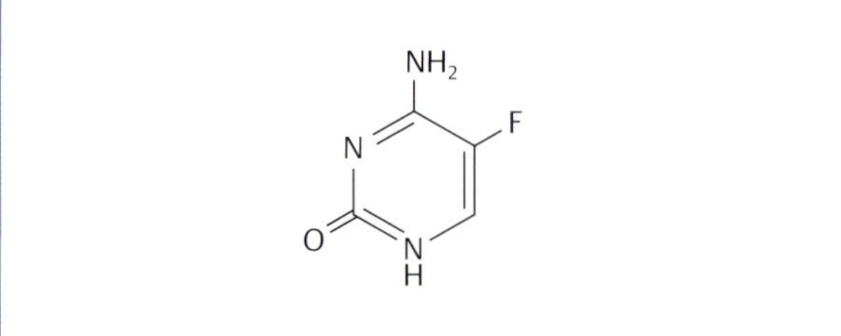

Abb. 16.5 5-Flucytosin.

in Fluorouracil erfolgt in der tierischen Zelle in nur sehr geringem Umfang) ist eine verhältnismäßig gute Verträglichkeit gegeben. Wichtigste unerwünschte Wirkung des p. o. und i. v. verabreichbaren Wirkstoffs sind gastrointestinale Störungen, Hepatotoxizität, reversible Störung der Hämatopoese sowie neurotoxische Effekte.

16.2.5 Griseofulvin

Das Benzofuran Griseofulvin (aus verschiedenen *Penicillium*-Arten gewonnen) wirkt **gegen Dermatophyten fungistatisch** (Abb. 16.6). Es wird p. o. eingesetzt; eine Anwendung bei Tieren, die der Lebensmittelgewinnung dienen, ist nicht erlaubt. Als Tierarzneimittel ist es nicht mehr im Handel.

Pharmakodynamik Griseofulvin reichert sich in keratinhaltigen Zellen an, was seine Wirkung gegen Dermatophyten erklärt. Es wird aktiv in die Pilzzelle aufgenommen. Seine Wirkung beruht auf einer Hemmung der RNA-Synthese und einer nachfolgenden Störung des Zellwandaufbaus. Griseofulvin bindet auch an Tubulin, wodurch die Spindelbildung und damit die Zellteilung gestört werden.

Pharmakokinetik Die Resorption nach oraler Gabe wird maßgeblich durch die Formulierung beeinflusst; sie schwankt zwischen 25–75 %, wobei die beste Resorptionsrate bei ultramikronisierten Präparaten (< 2 µm Partikelgröße) gegeben ist. Fetthaltige Nahrung steigert die Resorption. Die Ausscheidung erfolgt überwiegend biliär und auch renal.

Dosierung In Abhängigkeit von der Partikelgröße kommt Griseofulvin beim Hund p. o. in Dosierungen von 25 mg/kg (mikronisierte Form) bzw. 12,5 mg/kg (ultramikronisierte Form) zur Anwendung.

Nebenwirkungen Die Toxizität wird allgemein als gering eingestuft. Im Tierversuch erwies sich Griseofulvin als mu-

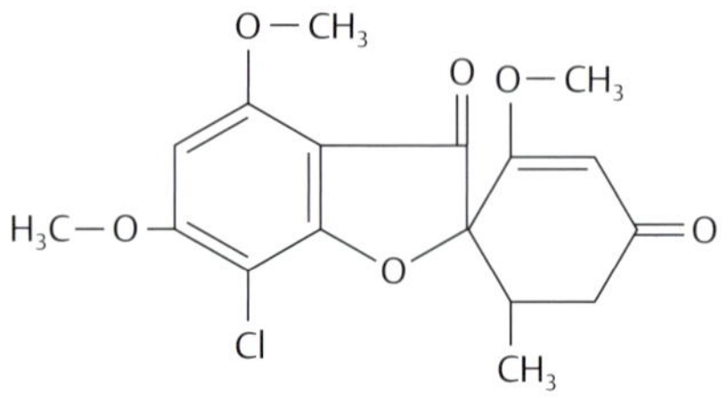

Abb. 16.6 Griseofulvin.

tagen und embryotoxisch. Als unerwünschte Wirkungen sind insbesondere bei Fleischfressern gastrointestinale Störungen, Leukopenien und allergische Reaktionen zu nennen.

16.2.6 Echinocandine

Die Echinocandine sind zyklische Hexapeptide, die **fungizid** gegen *Aspergillus* und *Candida* (auch bei vorliegender Resistenz gegen Azole oder Polyen-Antibiotika) wirken. Echinocandine sind halbsynthetische Derivate des Naturprodukts Pneumocandin. Mit Caspofungin, Micafungin und Anidulafungin stehen als Humanmedikamente aus dieser Wirkstoffgruppe neuere Antimykotika zur Verfügung, die ihre Wirkung über eine Hemmung der β-(1,3)-D-Glycansynthese in der Zellwand der Pilzzellen entfalten. Echinocandine werden im Darm nicht aufgenommen und daher bei Aspergillose i. v. verabreicht.

16.2.7 Lokalantimykotika

Das Carbanilsäurederivat **Tolnaftat** wirkt vergleichbar zu den Allylaminen (S. 452) durch eine Hemmung der Squalensynthese **fungizid gegen Dermatophyten**. Es wird lokal zumeist in 1 %igen Formulierungen verwendet.

Die Pyridinderivate **Ciclopirox** und **Octopirox** sind gut verträgliche Breitspektrum-Antimykotika, die gut in die Haut und in Hautanhangsgebilde (Zehennägel) penetrieren und sich in verhornendem Epithel anreichern. Die antimykotische Wirkung wird über eine Störung der Membranfunktion der Pilzzelle erklärt.

Aus der Gruppe der Morpholine wird der Stoff Amorolfin ebenfalls bei Nagelmykosen eingesetzt.

Die antimykotische Wirkungsqualität der aliphatischen Carbonsäure **Undecilensäure** ist bereits seit 1938 bekannt. Undecilensäure kommt zumeist als Undecilensäureethanolamid und als Undecilensäurephenylester zur Verwendung. Es wird vermutet, dass die antimykotische Wirkung durch eine kompetitive Verdrängung von den für die Pilzzelle lebensnotwendigen Fettsäuren zustande kommt. In vivo ist die Wirksamkeit im Vergleich zu In-vitro-Studien geringer, da die Penetration des Stoffes durch Alkali-, Kalzium- und Zinksalze erschwert ist. Durch die gleichzeitige Applikation von Keratolytika (S. 400) kann die Penetration wiederum verbessert werden.

Auch **Schwefel** (z. B. kolloidaler Schwefel) und Schwefelverbindungen werden seit langer Zeit wegen ihrer antimykotischen Wirkung äußerlich angewendet. Schwefel ist zudem in Kombinationspräparaten enthalten (z. B. mit Undecilensäure). Weitere Stoffe oder Stoffgruppen mit antimykotischer Wirkung sind Halogene und halogensubstituierte Verbindungen, Phenolderivate, verschiedene Farbstoffe, Salicylsäureverbindungen, quaternäre Ammoniumverbindungen, auf die in den jeweiligen Kapiteln eingegangen wird.

Der Stoff **Malachitgrün** (Brillantgrün) wird bei Mykosen und Ichthyphthiriusbefall von Zierfischen verwendet. Die Verwendung des Triphenylmethanfarbstoffs bei Lebensmittel liefernden Tieren ist nicht erlaubt.

FAZIT ANTIMYKOTIKA 

Die als Antimykotika am häufigsten eingesetzten Wirkstoffe beziehungsweise Wirkstoffgruppen erreichen ihre antimykotische Wirkung über einen Einfluss auf die für Pilzzellen spezifische Ergosterolsynthese (Polyen-Antibiotika, Azole, Allylamine), die DNA-(RNA-)Synthese (Flucytosin), die Glycansynthese (Echinocandine) oder auch die Hemmung der Mikrotubulifunktion (Griseofulvin). In ihrem Wirkungsspektrum unterscheiden sie sich bezüglich ihrer Wirkung gegen Dermatophyten, Hefen und Schimmelpilze. Die Wirkstoffe werden in Abhängigkeit von der jeweiligen Indikation und den pharmakokinetischen Wirkstoffeigenschaften entweder topisch oder systemisch eingesetzt.

17 Antiparasitika

A. Richter, S. Steuber

DEFINITION Antiparasitika sind Arzneimittel, die therapeutisch und zur Vorbeugung gegen Endo- und Ektoparasiten eingesetzt werden.

Aufgrund der starken Verbreitung von Parasitosen bei Haustieren gehören antiparasitäre Chemotherapeutika in der tierärztlichen Praxis zu den am häufigsten angewendeten Arzneimitteln. Ektoparasiten, die auf dem Körper des Wirts parasitieren (Arthropoden), sowie Endoparasiten (Protozoen, Würmer) leben auf Kosten des Wirts und schädigen ihn. Oft werden die Folgen des Parasitenbefalls nicht sofort sichtbar, obwohl es bereits zu einer Leistungsminderung kommt. Krankheitssymptome und Leistungseinbußen durch Parasitenbefall erfordern **kausale Behandlungen** mit Antiparasitika. Die Parasitenbekämpfung bei Tieren hat auch eine hygienische Bedeutung, weil einige Parasiten auf den Menschen übergehen können (z. B. Flohbefall, Täniose, Toxokarose, Echinokokkose).

KLINISCHER BEZUG Der Einsatz antiparasitärer Chemotherapeutika stellt nur **eine** Komponente in der Parasitenbekämpfung dar. Wichtig sind flankierende hygienische Maßnahmen, wie Haltungs-, Futterhygiene, Bekämpfung von Zwischenwirten und Vektoren und Mitbehandlung von Lagerstätten, um den Parasitendruck und somit Re-Invasionen zu vermindern. Antiparasitika werden in der Regel nach einer bestimmten Behandlungsstrategie angewendet, wobei der Zeitpunkt, die Frequenz und die Dauer des Einsatzes von den Entwicklungszyklen und den Lebensräumen der Parasiten, saisonalen Schwankungen des Infestationsdrucks (z. B. Weidesaison), Ausbildung von Immunität (bei adulten Wirtstieren) und Resistenzentwicklungen bei den Parasiten abhängen.

Die Auswahl eines Antiparasitikums richtet sich nach vielen Kriterien, wie Art der Parasiten (Lokalisation, Entwicklungsstadien, Physiologie), Wirkungsspektrum, Verträglichkeit (für Zieltierart, Anwender, Umwelt), Verfügbarkeit zugelassener Arzneimittel (für die zu behandelnde Tierart und für die Indikation) sowie der Praktikabilität in der Anwendung.

In den letzten Jahrzehnten wurden viele neue Antiparasitika für Tiere entwickelt und somit die Bekämpfungsoptionen von Parasitosen deutlich verbessert. Die Beurteilung eines antiparasitären Chemotherapeutikums erfolgt nach folgenden Gesichtspunkten:

1. **Wirksamkeit und Wirkungsspektrum**: Ein ideales Antiparasitikum sollte gegen alle Entwicklungsstadien eines Parasiten wirken. Eine Wirksamkeit von 100 % gegen alle Entwicklungsstadien von Parasiten ist jedoch nur selten erwünscht, weil dadurch dem Wirtsorganismus die antigene Stimulation entzogen würde. Bestimmte zooanthroponotische Parasiten müssen allerdings zu 100 % abgetötet werden, wie beispielsweise der Fuchsbandwurm (*Echinococcus multilocularis*), der beim Menschen nach Verschlucken von Bandwurmeiern tumorartig wuchernde Finnen vorzugsweise in der Leber zur Folge haben kann. Anzustreben ist weiterhin ein breites Wirkungsspektrum gegen verschiedene Gattungen, Familien und Ordnungen von Parasiten, was für einige „Wurmmittel", z. B. Benzimidazole (S. 474), und für sogenannte Endektozide wie Avermectine (S. 506) und Milbemycine (S. 508) erfüllt ist.
2. Bedeutend ist auch die **Persistenz der Wirkung**: Sie spiegelt den Zeitraum wider, in dem nach einer Behandlung keine relevante Re-Infektion durch die bekämpften Parasiten zu erwarten ist. Interessant ist dieser Wirksamkeitsparameter vor allem bei der strategischen Weidebehandlung von Tieren, bei denen in Abhängigkeit von der Präpatenzzeit mehrere Wiederholungsbehandlungen gegen Weideparasitosen erforderlich sind. Sie können durch das langsame Depletionsverhalten (Ausscheidung des Wirkstoffs) eines Antiparasitikums reduziert werden bzw. entfallen. Relevanz hat die Wirkungsverlängerung vor allem dann, wenn besonders pathogene Weideparasiten wie z. B. *Ostertagia*, *Cooperia* oder *Dictyocaulus* zu bekämpfen sind. Aufgusspräparate (Spot on oder Pour on) und Pansen-Boli mit langsamer Wirkstoffabgabe über Monate zeigen eine lange Persistenz der Wirkung. Neuartige subkutane Injektionsformulierungen mit protrahierter Wirkstoffabgabe (z. B. Moxidectin) können ebenfalls über mehrere Monate wirken. Die lokale Verträglichkeit solcher „Long-Acting"-Formulierungen kann aber mitunter Probleme bereiten. Eine lange Wirkungspersistenz bringt häufig auch ein ungünstiges Rückstandsverhalten mit entsprechend ausgedehnten Wartezeiten mit sich.
3. **Therapeutische Breite**: Der Wirkstoff sollte selektiv toxisch auf Parasiten wirken, d. h. untoxisch für den Wirtsorganismus sein. Die selektive Toxizität für den Parasiten setzt voraus, dass der Wirkstoff nur an Strukturen angreift, die im Wirtsorganismus nicht vorhanden sind. Viele Antiparasitika erfüllen diese Forderung nicht, sodass Nebenwirkungen beim Wirtstier möglich sind. Durch Anwendungsfehler kann es bei einigen Antiparasitika zu schweren Vergiftungen beim Haustier kommen.
4. **Einfache Anwendungen** von Antiparasitika sind praktisch und ökonomisch wichtig. So ist z. B. beim prophylaktischen Einsatz von Kokzidiostatika in Geflügelbeständen die Möglichkeit der oralen Verabreichung über das Trinkwasser erforderlich. Pharmazeutische Entwicklungen von therapeutischen Systemen ermöglichen einfache äußerliche Applikationen (Ohrclips, Halsbänder, lang wirksame Aufgusspräparate).
5. **Rückstände** sind für Antiparasitika, die zur Anwendung bei Lebensmittel liefernden Tieren vorgesehen sind, zu berücksichtigen. **Wartezeiten** (in der Schweiz Absetzfristen), die auf der Basis von EU-weit gültigen Rückstandshöchstmengen (engl.: maximum residue limits, **MRL**) festzulegen sind, betragen für einige Antiparasitika mehrere Wochen, was ökonomisch problematisch sein kann. Ein ideales Antiparasitikum hätte eine kurze oder keine Wartezeit. Für Antiparasitika mit langer Persistenz muss jedoch immer eine längere Wartezeit in Kauf genommen werden. Auch kann das Anwendungsverbot von Arzneimitteln gegen Leberegelbefall bei Milchkühen in der Laktation, die an einer Fasciolose leiden, zum Therapienotstand führen.
6. **Wirkstoffresistenz**: Die Anwendung von Antiparasitika kann zu einer Selektion von Parasitenstämmen führen, die eine erbliche Resistenz gegen den jeweiligen Wirkstoff haben. Resistenzprobleme sind insbesondere durch die routinemäßige Anwendung von Kokzidiostatika in der Intensivhaltung von Geflügel zu beobachten. Da sich durch geeignete Hygienemaßnahmen weder in der Geflügelmast noch in der Aufzucht von Legehennen eine Kokzidieninfektion sicher verhindern lässt, müssen Aufzuchttiere vorbeugend durch **Kokzidien-wirksame Futtermittelzusatzstoffe** behandelt werden. Dies hat über die Jahrzehnte zu erheblichen Resistenzproblemen geführt. Ein Kokzidien-Isolat kann dabei nicht nur gegen einen Wirkstoff, sondern gegen zahlreiche Wirkstoffe einer Substanzklasse mit gleichem Wirkungsmechanismus resistent sein, was als **Nebenresistenz** bezeichnet wird. Strategisch versucht man, der Resistenzentwick-

lung durch wechselnden Einsatz verschiedener Wirkstoffklassen (sog. Rotations- oder Shuttleprogramme), z. B. zwischen zwei Mastdurchgängen, zu begegnen. Entwickeln Kokzidien dann Resistenzen gegen Wirkstoffe mit unterschiedlichem Wirkprofil, so bezeichnet man diese Form der Resistenz als **Multi-** oder **Mehrfachresistenz**. Zunehmende Beachtung findet die Resistenzproblematik auch bei der Bekämpfung von Helminthosen, wie beim roten Magenwurm der kleinen Wiederkäuer (*Haemonchus contortus*) sowie bei kleinen Palisadenwürmern des Pferdes (kleine Strongyliden), bei denen Resistenzen von 50–80 % gegen Benzimidazole gefunden werden. Das zunehmende Wissen um die Resistenzverbreitung hat jüngst dazu geführt, **neue Behandlungskonzepte** zu entwickeln. Die bisher gängige Praxis, alle Tiere einer Weide zu behandeln, betrachtet man mittlerweile kritisch, da auf diesem Wege die sensible Parasitenpopulation zu stark zugunsten der vorhandenen resistenten Parasitenpopulation ausgedünnt wird. Besondere Vorbehalte gibt es aus diesen Gründen gegen Bekämpfungsstrategien, die Behandlungen mit anschließendem Weideumtrieb vorsehen. Heute wird vielmehr gefordert, sogenannte „Refugien" in einer Herde für die normal empfindliche Parasitenpopulation zu belassen und nur Teile einer Herde (z. B. nur Jungtiere, nicht jedoch Muttertiere; nur Tiere mit hoher Ausscheidung von Parasiteneiern; nur besonders geschwächte Tiere) zu behandeln.

7. **Umweltverträglichkeit**: Endo- oder Ektoparasitika wirken auch gegen Invertebraten, die z. B. im Ökosystem „Weide" als natürliche Destruenten (Erdnematoden, Dungkäfer, Milben) auftreten. Die Anwendung dieser Wirkstoffe kann daher in relevantem Ausmaß die Umwelt kontaminieren und beeinträchtigen. Mit einer Reform des europäischen und deutschen Arzneimittelrechts bestehen konkrete Anforderungen an ökotoxikologische Prüfungen von Tierarzneimitteln. Unter Berücksichtigung der Zieltierarten und der Anwendungsmodalitäten wird die Umweltverträglichkeit durch das Umweltbundesamt geprüft. Die Umweltrisikobewertung erfolgt nach einem zweiphasigen Konzept. In Phase I wird das mögliche Ausmaß der Umweltexposition beurteilt. Eine vertiefte Umweltprüfung (Phase II) ist für Endo- bzw. Ektoparasitika verpflichtend, die bei zur Lebensmittelgewinnung dienenden Tieren während der Weideperiode Anwendung finden sollen. Unter Berücksichtigung des Expositionsgrads (Anwendungshäufigkeit, Abbaurate und Verhalten der Wirksubstanz in Böden und Oberflächengewässern) und der Wirkungsmechanismen ist hierbei zu beurteilen, in welchem Umfang ein Antiparasitikum die ökologisch relevante aquatische bzw. terrestrische Fauna beeinträchtigt (akute Toxizität auf repräsentative Indikatororganismen wie Regenwurm, Dungkäfer). Gegebenenfalls sind zusätzliche, umfangreichere Studien zur chronischen Toxizität sowie zur Kumulation des Wirkstoffs im Biotop erforderlich. Die ökotoxikologische Bewertung bezieht sich bisher nur auf die Anwendung, nicht jedoch auf Lagerung oder Entsorgung von Tierarzneimitteln.

17.1 Antiprotozoika

17.1.1 Protozoen als Krankheitsursache

Protozoen sind einzellige, eukaryontische Organismen. Von den rund 20 000 beschriebenen Arten lebt nur ein kleiner Teil parasitisch. Parasitäre Protozoen kommen bei praktisch allen Haustierarten vor, wobei einige eine große veterinärmedizinische Bedeutung haben. So ist eine nutzbringende Rinderzucht in weiten Teilen Afrikas durch die von den Tsetsefliegen übertragene Trypanosomosis (Nagana) massiv erschwert, und eine intensive Geflügelzucht wäre weltweit ohne Antiprotozoika kaum möglich. Einen Überblick über die in der Veterinärmedizin wichtigen Protozoengattungen gibt **Tab. 17.1**.

Die **Vermehrung** erfolgt bei vielen Arten nur ungeschlechtlich durch einfache Zweiteilung (Schizogonie). Bei den Apicomplexa und Ciliophora kommt noch eine geschlechtliche Generation hinzu (Gamogonie). Dabei werden bei den Apicomplexa besondere geschlechtlich differenzierte Formen gebildet: weibliche Makrogameten und männliche Mikrogameten. Nach der Befruchtung der Makro- durch die Mikrogameten entsteht eine Zygote, die bei einigen Arten von einer dauerhaften Hülle umgeben ist (Oozyste).

Eine Reihe von parasitischen Protozoen hat nur einen **Wirt** (z. B. *Eimeria* spp.), während bei anderen der Entwicklungszyklus neben dem Wirbeltierwirt auch Arthropoden, gelegentlich auch Nematoden oder einen anderen Vertebraten einschließt. Bei zweiwirtigen Protozoen werden die Wirte, in denen die geschlechtliche Entwicklung stattfindet, als **Endwirte**, und diejenigen, in denen nur eine ungeschlechtliche Vermehrung erfolgt, als **Zwischenwirte** bezeichnet.

Pathologische Prozesse und damit verbundene klinische Erscheinungen treten dabei sowohl beim Zwischenwirt (z. B. *Babesia* spp. und *Trypanosoma* spp. bei diversen Tierarten, *Toxoplasma-gondii*-Infektionen beim Schaf und Hund) als auch beim Endwirt auf (z. B. *Eimeria*-spp.-Infektionen beim Geflügel). Für umfassende Informationen zur Pathologie wie auch zur Epidemiologie und Diagnostik muss in diesem Rahmen auf die Spezialliteratur verwiesen werden.

Eine **Übersicht** über die wichtigsten **Protozoenerkrankungen** bei Tieren gibt **Tab. 17.2**, wobei die in Mitteleuropa bedeutenden Protozoen berücksichtigt sind, auf deren

Tab. 17.1 Auszug aus der aktuellen Systematik der Protozoen mit Angabe der Gattungen, die in der Veterinärmedizin eine wichtige Rolle spielen.

Stamm	Gattung
Sarcomastigophora	*Trypanosoma, Leishmania, Giardia, Hexamita, Histomonas, Trichomonas, Tritrichomonas, Tetratrichomonas, Pentatrichomonas, Entamoeba, Acanthamoeba, Hartmannella, Naegleria*
Apicomplexa	*Hepatozoon, Eimeria, Isospora, Cystoisospora, Toxoplasma, Neospora, Hammondia, Besnoitia, Sarcocystis, Cryptosporidium, Leucocytozoon, Plasmodium, Babesia, Theileria*
Microspora	*Nosema, Encephalitozoon*
Ciliophora	*Balantidium*

Tab. 17.2 Protozoenerkrankungen bei Tieren.

Erreger	Pferd + Esel	Rind	Schaf + Ziege	Schwein	Geflügel	Hund	Katze	Kaninchen	Nager+	Papageien	Schildkröten	Schlangen	Echsen	Bienen
Trypanosoma	●*	●*	●*	●*	–	●*	–	–	–	–	–	●*	●*	–
Leishmania	–	–	–	–	–	●	–	–	–	–	–	–	–	–
Giardia	–	●	–	–	–	●	●	–	●	●	–	–	–	–
Hexamita	–	–	–	–	–	–	–	–	●	–	●	–	–	–
Histomonas	–	–	–	–	●	–	–	–	–	–	–	–	–	–
Trichomonas	–	–	–	–	●	–	–	–	●	–	–	–	–	–
Tritrichomonas	–	●	–	–	–	–	–	–	–	–	–	–	●	–
Tetratrichomonas	–	–	–	–	–	–	–	–	–	–	–	–	●	–
Entamoeba	–	–	–	●	–	●	–	–	–	–	●	●	●	–
Klossiella	●	–	–	–	–	–	–	–	–	–	–	●	–	–
Eimeria	–	●	●	–	●	–	–	●	–	–	–	–	–	–
Isospora	–	–	–	●	–	●	●	–	–	–	–	–	–	–
Cystoisospora	–	–	–	–	–	●	●	–	–	–	–	–	–	–
Toxoplasma	–	–	●	●	–	●	●	●	●	–	–	–	–	–
Neospora	–	●	–	–	–	●	–	–	–	–	–	–	–	–
Sarcocystis	●	●	●	●	●	●	●	●	●	–	–	–	–	–
Cryptosporidium	●	●	–	–	●	–	●	●	●	–	–	–	–	–
Babesia	●*	●*	–	●*	–	●	–	–	●	–	–	–	–	–
Theileria	●*	●*	●*	–	–	–	–	–	–	–	–	–	–	–
Nosema	–	–	–	–	–	–	–	–	–	–	–	–	–	●
Encephalitozoon	–	–	–	–	–	–	–	●	–	–	–	–	–	–
Balantidium	–	–	●	–	–	–	–	–	–	–	–	–	–	–
Hepatozoon	–	–	–	–	–	●*	–	–	–	–	–	–	–	–
Cytauxzoon	–	–	–	–	–	–	●	–	–	–	–	–	–	–

* von tropenmedizinischer Bedeutung; „Nager +" = Meerschweinchen, Goldhamster, Mäuse
– = nicht betroffen

chemotherapeutische Bekämpfung mit Antiprotozoika sich dieses Kapitel konzentriert.

17.1.2 Einteilung der Antiprotozoika

DEFINITION Allgemein sind **Antiprotozoika** Wirkstoffe, die therapeutisch, pro- oder metaphylaktisch gegen Protozoeninfektionen eingesetzt werden. Diese Pharmaka lassen sich zwei großen Anwendungsgebieten zuordnen, und zwar Erkrankungen durch **Hämoprotozoen** und **Darmprotozoen**.

Die eine Gruppe umfasst Pharmaka, die zur Bekämpfung von vektorübertragenen Protozoenerkrankungen (engl.: **vector borne diseases**) eingesetzt werden. Diese Protozoen parasitieren im Wirtstier bevorzugt im Blut und in blutbildenden Organen extra- und intrazellulär, weshalb sie auch als **Hämoprotozoen** bezeichnet werden. Hierzu gehören die Gattungen der **Trypanosomen** und **Leishmanien** (Stamm der Geißelträger: Sarcomastigophora, Klasse: Kinetoplastida) sowie **Theilerien** und **Babesien** (Unterstamm der Apicomplexa, Ordnung: Piroplasmorida). Der Entwicklungszyklus dieser Blutparasiten ist komplex und schließt eine Reihe von Arthropoden ein. Entsprechend sind Epidemiologie und Bekämpfung dieser Parasitengruppe sehr eng mit der Biologie und Bekämpfung der **Vektoren** (Erreger-übertragende Zwischenwirte) verbunden. Die zur Vorbeugung und Bekämpfung der Vektoren wichtigen Wirkstoffgruppen (Insektizide und Akarizide) sind im Kapitel zu den Mitteln gegen Ektoparasiten (S.486) beschrieben. Die Blutparasiten spielen vor allem in tropischen und subtropischen Regionen eine dominierende Rolle. Mit zunehmendem Tierverkehr in mediterrane und tropisch-subtropische

Regionen (Ferienreisen, Pferdesportveranstaltungen) sowie im Zuge des Klimawandels nehmen diese Parasiten auch in den temperierten Regionen Mitteleuropas an Bedeutung zu. Ein merklicher Anstieg ist bei den zum CVBD-Komplex (**canine vector borne diseases**) zählenden Erkrankungen mit Leishmanien und Babesien beim Hund sowie Babesien beim Pferd festzustellen.

Die andere große Gruppe umfasst Wirkstoffe gegen obligate **Darmprotozoen**, vor allem **Kokzidien** (Apicomplexa, Klasse der Conoidasida). Sie werden zur Prophylaxe vorwiegend als Futtermittelzusatzstoffe, einzelne Wirkstoffe aber auch zur Therapie als Tierarzneimittel eingesetzt. Die mit der Intensivierung der Tierhaltung (vor allem Geflügelzucht, Rinder- und Schweinemast) verbundenen idealen Entwicklungsbedingungen für Kokzidien und andere Parasiten führten zu einem enormen Infektionsdruck, was einen konstanten Einsatz von Antikokzidia notwendig macht. Heute steht eine breite Palette von Wirkstoffen zur Verfügung, die den ständig steigenden Anforderungen an die Wirksamkeit, das Wirkungsspektrum, die ökologische Verträglichkeit, aber auch an die Verbrauchersicherheit gerecht werden müssen. Zudem ist durch den permanenten prophylaktischen Einsatz im Allgemeinen mit rascher Resistenzentwicklung zu rechnen, was den ständigen Bedarf an neuen Wirkstoffen mit neuen Wirkungsmechanismen nach sich zieht.

ZUM WEITERLESEN Futtermittelzusatzstoffe werden nach europäischem Futtermittelrecht nur noch im Gemeinschaftsverfahren zugelassen (Verordnung EG 1831/2003). Übergangsregeln gelten für Zusatzstoffe, die bereits auf dem Markt sind und gemäß der Richtlinie 70/524/EWG zugelassen wurden. Im Gegensatz zu Arzneimitteln werden sie nicht von Tierärzten verordnet, sondern vom Futtermittelhersteller direkt dem Futtermittel beigemischt und auf Entscheidung des Tierhalters eingesetzt. Gegen Kokzidien werden diese Futtermittelzusatzstoffe ausschließlich zur Prophylaxe, nicht hingegen zur Therapie angewendet. Zur Therapie dürfen nur zugelassene Arzneimittel von Tierärzten verordnet werden.

17.1.3 Mittel gegen Hämoprotozoen

STECKBRIEF MITTEL GEGEN HÄMOPROTOZOEN

Zur Behandlung von vektorübertragenen Hämoprotozoenerkrankungen steht in der Tiermedizin eine heterogene, jedoch recht überschaubare Gruppe von Pharmaka zur Verfügung, die an unterschiedlichen Wirkorten im spezifischen Stoffwechsel der parasitischen Einzeller angreifen (**Tab. 17.3**).

- Zur Therapie der Babesiose bei Rind, Pferd und Hund findet hauptsächlich das Carbanilid **Imidocarb** Einsatz. Bei Lebensmittel liefernden Tieren erweist sich jedoch eine Wartezeit von 213 Tagen (z. B. Schweiz, Frankreich) für essbare Gewebe als Behandlungsnachteil.
- Als Mittel der ersten Wahl (first line drugs) werden zur Therapie der Leishmaniose des Hundes die 5-wertige Antimonverbindung **N-Methylglucamin-Antimoniat** zur Injektion bzw. das synthetische Phospholipid **Miltefosin** zur oralen Gabe verwendet. Darüber hinaus steht als gut verträglicher Kombinationspartner und zur Langzeitprophylaxe nach erfolgreicher Therapie das Purinanalogon **Allopurinol** zur oralen Verabreichung zur Verfügung. Eine vollständige Erregereliminierung wird nicht erreicht.
- Eine wichtige Rolle bei der Vorbeugung und Behandlung der Trypanosomose der Tiere spielen in Afrika das aromatische Diamidin **Diminazen** und die Aminophenanthridin-Trypanozide **Ethidium** und **Isometamidium**. Sie sind allerdings sehr schlecht gewebeverträglich, aufgrund ihres Wirkprinzips in hohen Dosen genotoxisch (DNA-interkalierend) und in Europa nicht zugelassen.

Tab. 17.3 Verschiedene Mittel gegen Hämoprotozoen.

Substanz	Wirkungsmechanismus	Bedeutung
Diamidine		
Pentamidin-Isethionat	Interferenz mit DNA-Synthese	Hunde-Leishmaniose (Second-line-Wirkstoff)
Diminazen-Aceturat	Interferenz mit DNA-Synthese	tropenmedizinische Bedeutung: Trypanosomen, Babesien
Carbanilide		
Imidocarb	Interferenz mit DNA-Synthese	Behandlung der Babesiose
Aminophenanthridine		
Ethidium	hemmt die Replikation der DNA sowie die Synthese der RNA	tropenmedizinische Bedeutung: Trypanosomen
Isometamidium	hemmt die Replikation der DNA sowie die Synthese der RNA	tropenmedizinische Bedeutung: Trypanosomen
Verschiedene		
N-Methylglucamin-Antimoniat	selektive Hemmung von Enzymen der Glykolyse und der β-Oxidation von Fettsäuren	Hunde-Leishmaniose (First-line-Wirkstoff)
Allopurinol	selektive Hemmung der Nukleinsäure-Biosynthese	Hunde-Leishmaniose (Second-line-Wirkstoff)
Miltefosin	Störung der Zellmembranfunktion	Hunde-Leishmaniose (First-line-Wirkstoff)

Das Auftreten von vektorübertragenen protozoären Erkrankungen ist in unseren Regionen noch vergleichsweise selten, sodass zugelassene Hämoprotozoika im deutschsprachigen Bereich derzeit nicht verfügbar sind. Einige Erreger und ihre Vektoren breiten sich jedoch nach Norden aus. Auch der wachsende Import erkrankter Tiere (z. B. Hunde aus dem mediterranen Raum) konfrontiert den Tierarzt zunehmend mit diesen Erregern.

Im Falle eines solchen Therapienotstands muss dann entweder auf humanmedizinische Arzneimittel (d. h. mit einer Zulassung in Deutschland, z. B. Allopurinol oder Pentamidin gegen Leishmaniose beim Hund) oder auf Tierarzneimittel, die in anderen Mitgliedstaaten der EU zugelassen sind (z. B. Imidocarb, Miltefosin in Frankreich), zurückgegriffen werden. Nachfolgend findet sich ein kurzer Überblick über gebräuchliche Mittel gegen Hämoprotozoen. Da insbesondere Leishmaniosen und Babesiosen beim Hund als eingeschleppte Infektionskrankheiten an Bedeutung gewinnen, sind entsprechende Therapievorschläge in **Tab. 17.4** zusammengestellt.

Diamidine

Ursprünglich waren aliphatische Diamidine als Blutzuckersenker bekannt. Die Ringsubstitution führte zu einer Reihe von aromatischen Diamidinen mit trypanozider Wirksamkeit ohne nennenswerte Blutzuckersenkung. Hierzu gehören **Pentamidin-Isethionat** und **Diminazen-Aceturat** (**Abb. 17.1**), von denen in Deutschland veterinärmedizinisch keines zugelassen ist.

Pharmakodynamik Der Wirkungsmechanismus der aromatischen Diamidine ist nicht genau bekannt, scheint sich aber nach bisherigen Informationen auf verschiedenen Stufen abzuspielen. Im Vordergrund soll die Interferenz mit der **DNA-Synthese** im Parasiten stehen. Diamidine binden rasch und irreversibel an die DNA-enthaltenden Organellen der Parasiten. Grund für die Bindung ist die hohe Affinität zu Adenin und Thymin enthaltenden Nukleinsäuren. Die Folge der Bindung ist eine Replikationshemmung der DNA. Als weitere Komponenten im Wirkungsmechanismus wird eine **Hemmung der Synthese biogener Amine** beschrieben. Als ursächlich ist hier eine Enzymhemmung im Polyaminstoffwechsel (der S-Adenosyl-Methionin-Decarboxylase) anzusehen. Dadurch entsteht ein Mangel an biogenen Aminen wie Spermin, Spermidin oder Putrescin, die für die Ausreifung der Protozoen wichtig sind. Weiterhin sollen Diamidine die **aerobe Glykolyse hemmen**. Für Diminazen wurden auch immunmodulatorische (z. B. Hemmung proinflammatorischer Zytokine) Eigenschaften gezeigt. Es ist allerdings völlig offen, in welcher Relation die angeführten Mechanismen zum Tragen kommen.

Das **Wirkungsspektrum** umfasst Babesien und Trypanosomen. Besonders ausgeprägt ist die Wirkung auf Babesien. Zusätzlich wird eine antibakterielle Wirkung gegen *Brucella* und *Streptococcus* spp. beschrieben.

Pharmakokinetik Maximale Plasmaspiegel können bereits nach 15–45 min erreicht sein. Die Ausscheidung ist beim Rind bi- und beim Schaf triphasisch. Die Halbwertszeit ist für das Rind initial mit 2 h und terminal mit 188 h angegeben. Für das Schaf beträgt die terminale Halbwertszeit 13 h. Die Ausscheidung erfolgt hauptsächlich renal (>80 %). Die höchsten Rückstandswerte wurden in den Nieren und in der Leber gemessen.

Dosierung Rind, Schaf, Pferd: 3,5 mg/kg i. m.

KLINISCHER BEZUG Mit einem Verschwinden der klinischen Symptome ist innerhalb von 24 h zu rechnen. Wegen erheblicher Toxizität sollte Diminazen jedoch **nicht bei Kameliden** und **bei Hunden nur im absoluten Notfall** (3,5 mg/kg verteilt auf 3 Tagesdosen) verabreicht werden.

Nebenwirkungen Das enorme toxische Potenzial der Diamidine ist bei jeder Anwendung in Betracht zu ziehen. Bezeichnend für die Gruppe der Diamidine ist die Empfehlung, sie tief i. m. zu injizieren, damit lokale Reizungen nicht sofort sichtbar werden. Zu rechnen ist nach systemischer Applikation mit arterieller Dilatation, Blutdrucksenkung, fettiger Degeneration der Leber, der Nieren und des Myokards. Dementsprechend werden klinisch Ikterus, Erbrechen und Diarrhö beobachtet. Beim Hund sind auch Fälle von hämorrhagischer Enzephalopathie nach Gabe von Diminazen beschrieben.

Von den Diamidinen ist **Diminazen-Aceturat** (**Abb. 17.1**) von besonderer tropenmedizinischer Bedeutung.

Carbanilide

Zu den Carbaniliden gehört **Imidocarb**, das als Dipropionat in Anwendung ist (**Abb. 17.2**). Es handelt sich um ein weltweit sehr häufig verwendetes Babesizid, das z. B. in Frankreich und Großbritannien, nicht aber in Deutschland zugelassen ist. Es wird therapeutisch zur Erregerelimination und zur Prophylaxe einer Babesiose verwendet (**Tab. 17.4**).

Pharmakodynamik Zum Wirkungsmechanismus ist nur wenig bekannt. Er dürfte aber mit dem der Diamidine vergleichbar sein. Imidocarb verursacht bei Babesien Veränderungen in Form und Anzahl der Kerne sowie Vakuolisation des Zytoplasmas.

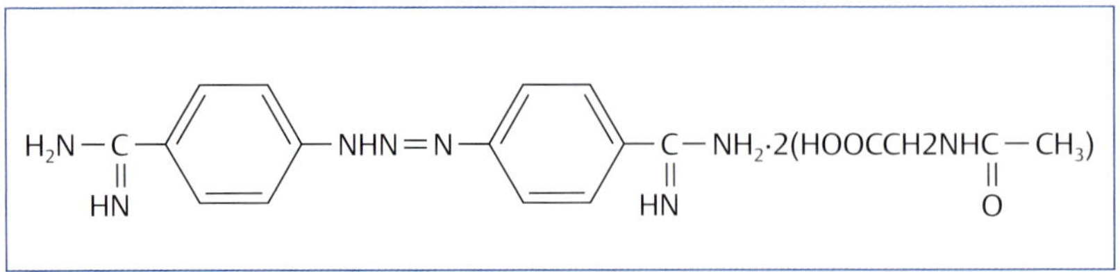

Abb. 17.1 Diminazen-Aceturat.

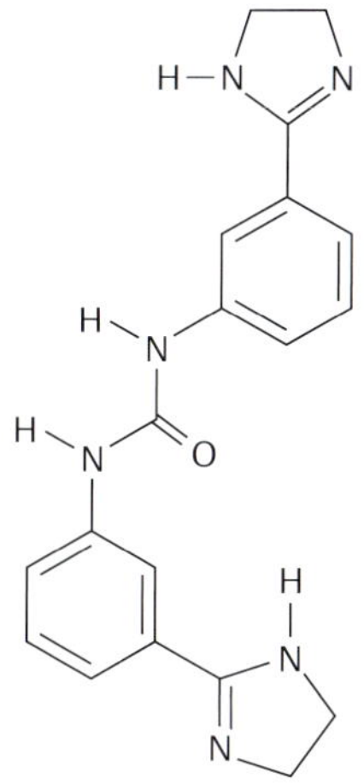

Abb. 17.2 Imidocarb.

Pharmakokinetik Beim Rind wird Imidocarb nach s. c. Injektion infolge starker Plasma- und Gewebsbindung nur langsam eliminiert (nach 10 Tagen weniger als die Hälfte). Die Hauptausscheidung erfolgt als Muttersubstanz über den Urin.

Dosierung (als Salz)

- Rind
  - *Babesia divergens* (Weiderot): zur Therapie einmalig 1,2 mg/kg s. c.; zur Prophylaxe exponierter Tiere (4 Wochen) 3 mg/kg s. c.
- Hund
  - *Babesia canis*: zur Therapie einmalig 3 mg/kg i. m./s. c.; zur Prophylaxe (4–6 Wochen) 6 mg/kg i. m./s. c.
- Pferd
  - *Babesia caballi*: zur Therapie/Prävention einmalig, zur Erregerelimination 2-mal im Abstand von 3 Tagen je 2,4 mg/kg i. m./s. c.
  - *Theileria equi*: 2,4 mg/kg i. m. im Abstand von 24 h; zur Erregerelimination (Erfolg etwa 60 %) 4-mal 4,8 mg/kg im Abstand von 3 Tagen

Nebenwirkungen Sie sind hauptsächlich durch eine Hemmung der Cholinesterase bestimmt. Eine Therapie mit Parasympatholytika (Atropin) kann versucht werden. Beim Hund zeigen sich u. a. Erbrechen, Diarrhö, Blutdruckabfall.

Toxizität Eine Toxizität auf Leber und Nieren wurde beschrieben. Wegen der geringen therapeutischen Breite nicht i. v. anwenden; bei Rindern zudem nicht wiederholt anwenden.

Wechselwirkungen Vor, während und nach einer Imidocarb-Behandlung ist die gleichzeitige Anwendung von Wirkstoffen, die Hemmstoffe der Cholinesterase sind (z. B. organische Phosphorsäureester zur Bekämpfung von Zecken) für einige Tage auszusetzen.

Wartezeit Da die Elimination langsam erfolgt, sind in der Schweiz Absetzfristen von 213 Tagen für essbare Gewebe des Rindes und von 6 Tagen für Milch vorgeschrieben.

> **CAVE**
> Beim Pferd kann das zur Erregerelimination von ***Theileria equi*** vorgesehene Therapieschema bereits behandlungsbedürftige toxische Symptome hervorrufen. Zudem reagieren Esel, Maulesel und Maultiere sehr empfindlich auf eine Imidocarb-Behandlung.

Bei der Pferdetheileriose ist eine Aufteilung der höheren Tagesdosis zu erwägen, um toxische Symptome zu vermeiden. In jedem Fall ist Atropin als Antidot der Cholinesterasehemmung bereitzuhalten. Bei Eseln und deren Kreuzungen ist eine Dosierung von 2,4 mg/kg pro Injektion in keinem Fall zu überschreiten.

Aminophenanthridine

Von den Aminophenanthridin-Derivaten sind **Ethidium** (Homidium) und **Isometamidium** als Trypanozide vordringlich in Afrika im Einsatz (**Abb. 17.3**). Sie werden als Chloride oder Bromide verwendet. Phenanthridine sind in Europa unbedeutend und werden deshalb nur kurz beschrieben.

Pharmakodynamik Als Wirkungsmechanismus wird die Interkalation beschrieben. Dabei handelt es sich um eine Bindung an benachbarte Basenpaare der DNA-Doppelhelix. Die stabilen DNA-Wirkstoffkomplexe verhindern die Replikation der DNA und die Synthese der RNA.

Dosierung

- Ethidium
  - Rind, kleine Wiederkäuer: 1 mg/kg i. m.
- Isometamidium
  - Hund: 1 mg/kg i. m.
  - Rind, Büffel, kleine Wiederkäuer: zur Therapie 0,25–0,5 mg/kg i. m.; zur Prophylaxe 1 mg/kg für 2–4 Monate
  - Pferd, Kamel: 0,5 mg/kg als Kurzzeitinfusion

Nebenwirkungen Phenanthridinderivate haben eine sehr schlechte Gewebeverträglichkeit. Wegen der dermonekrotischen Wirkung wird eine tiefe i. m. Injektion empfohlen, um sichtbare Gewebsnekrosen zu vermeiden.

> **ZUM WEITERLESEN** Die Trypanosomose stellt in Afrika noch immer die bedeutenste vektorübertragene Erkrankung der Tiere dar, an der jährlich mehr als 3 Millionen Rinder (FAO) sterben. Sie behindert nachhaltig die Entwicklung in der Tierhaltung und macht südlich der Sahara den ständigen präventiven und kurativen Einsatz von trypanoziden Wirkstoffen wie Diminazen erforderlich. Trypanozide machen in Tsetsefliegen-infestierten Gebieten allein etwa 40 % des Tierarzneimittelmarktes aus. Produktfälschung, Qualitätsmängel, ungeeignete Lagerung sowie falsche Schätzung des Tiergewichts verhindern nicht nur die Genesung erkrankter Tiere, sondern verschärfen zunehmend die Resistenzlage gegenüber Trypanoziden. Über erhebliche Resistenzprobleme wird mittlerweile aus 17 afrikanischen Staaten berichtet.

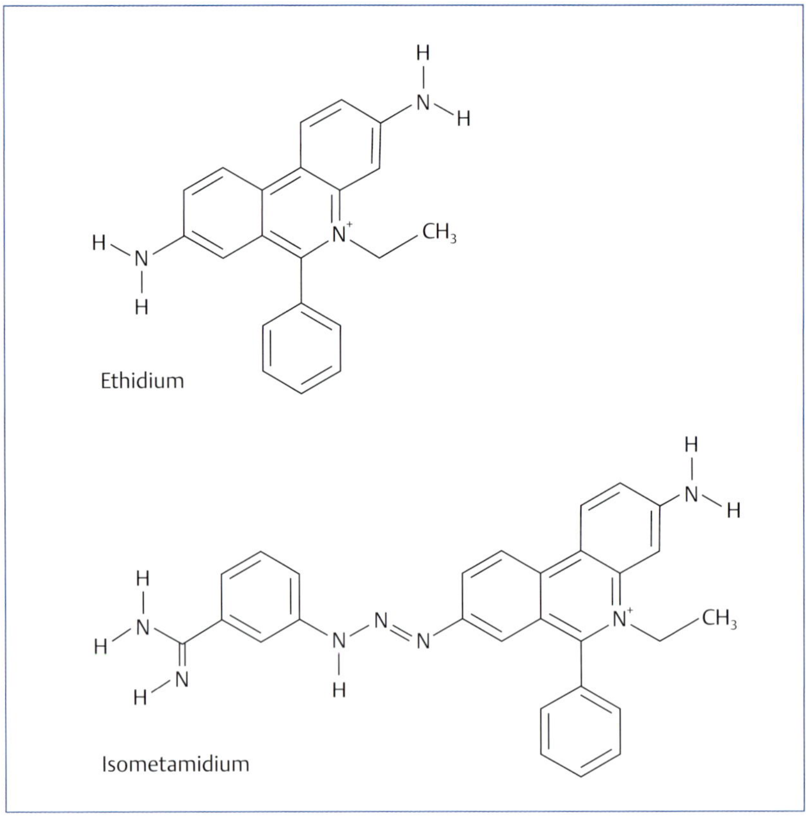

Abb. 17.3 Aminophenanthridine.

N-Methylglucamin-Antimoniat

Als ein Mittel der Wahl zur Leishmaniose-Behandlung bei Hunden gilt die pentavalente Antimonverbindung **N-Methylglucamin-Antimoniat** (z. B. in Frankreich erhältlich).

Pharmakodynamik Antimoniate hemmen selektiv parasitäre Enzyme der Glykolyse und β-Oxidation von Fettsäuren. Beide Angriffspunkte führen infolge eines mangelnden Angebotes an ATP zu einer massiven Energieverarmung des Parasiten.

Dosierung 100 mg/kg s. c. oder i. v. täglich für mindestens 3–4 Wochen (**Tab. 17.4**). Die Behandlung sollte verlängert werden, wenn das klinische Bild dies erfordert. Sofern täglich mehrere Injektionen möglich sind, empfiehlt es sich, die Tagesdosis auf zwei Injektionen von je 50 mg/kg im Abstand von 12 h zu verteilen. Bei eingeschränkter Nierenfunktion ist die Anfangsdosis zu halbieren und entsprechend dem klinischen Bild langsam zu steigern. Die i. v. Injektion sollte langsam erfolgen, um Kreislaufkollaps und Erbrechen vorzubeugen. Von der i. m. Verabreichung ist wegen des Risikos steriler Abszesse und Lahmheit abzuraten. Oftmals wird nach 10 Behandlungstagen eine 10–14-tägige Therapiepause (u. a. wegen Leukopenie) empfohlen.

Nebenwirkungen Eine mögliche Erhöhung der Serumamylase ist beschrieben. Es wird eine Unterbrechung der Behandlung bis zur Normalisierung der Werte empfohlen. Krankheitsbedingte Leber- und Nierenschäden können sich unter der Therapie weiter verschlechtern. Versuchsweise ist dann der Wechsel auf weniger hepato- und nephrotoxische Stoffe (z. B. Miltefosin, Allopurinol) in Betracht zu ziehen.

Allopurinol

Als Behandlungsalternative bzw. Ergänzung zur Antimoniatbehandlung wird seit einigen Jahren Allopurinol, ein Purinanalogon, eingesetzt (**Abb. 17.4**). Bei diesem Wirkstoff handelt es sich eigentlich um ein human- bzw. veterinärmedizinisch (z. B. bei den zur Urolithiasis neigenden Dalmatinern) genutztes Gichtmittel. Anfang der 80er-Jahre wurde es dann bei therapieresistenten Leishmaniosefällen des Menschen (Kala Azar) eingesetzt. In Deutschland ist es nur als Humanarzneimittel auf dem Markt.

Pharmakodynamik Die leishmanizide Wirkung von Allopurinol beruht auf einer selektiven Hemmung der Nukle-

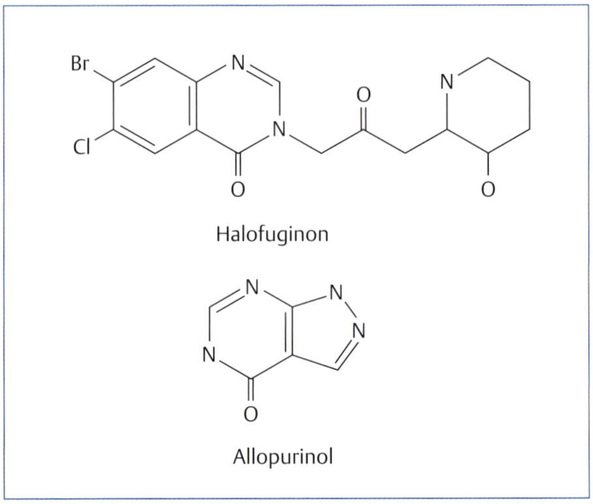

Abb. 17.4 Halofuginon und Allopurinol.

Tab. 17.4 Wirkstoffe und Dosierungen bei durch Hämoprotozoen verursachten Erkrankungen beim Hund.

Wirkstoffe	Dosierung	Behandlungsdauer	Bemerkungen
Leishmaniose			
N-Methyl-glucamin-Antimoniat	100 mg/kg s. c.	geteilt in 2 Tagesdosen, täglich für mindestens 3–4 Wochen	▪ bei Nierenschädigung Anfangsdosen halbieren ▪ während der Behandlung Überwachung der Leber, Nieren- und Herzfunktion ▪ kontraindiziert bei Herz-, Nieren- und Leberinsuffizienz, ggf. zu Miltefosin wechseln
Miltefosin	2 mg/kg p. o.	mit dem Futter 1-mal täglich für 4 Wochen	▪ mögliche Nebenwirkungen sind Diarrhö und Erbrechen, Therapieabbruch ist aber nicht erforderlich
Allopurinol	täglich 20 mg/kg p. o. verteilt auf 2–3 Dosen; (Behandlungsintervall 12 bzw. 8 h); kein festes Dosierungsschema definiert	≥ 5 Wochen (in Einzelfällen bis zu 12 Monaten)	▪ Hinweis: Die initiale Kombination mit Antimoniaten ist zu empfehlen und scheint effektiver zu sein als die Wirkung der Einzelwirkstoffe ▪ seltene Nebenwirkungen sind: Erbrechen, Diarrhö, Xanthin-Urolithiasis, Knochenmarkdepression
Babesiose			
Imidocarb-dipropionat	3–6 mg/kg s. c.	einmalig	▪ keine Erregerelimination ▪ höhere Dosis ggf. zur Chemoprophylaxe nutzen

insäure-Biosynthese. Aufgrund seiner Strukturverwandtschaft zur Purinbase Hypoxanthin findet es Eingang in den parasitären Purinstoffwechsel. Nach Umbau zum Triphosphatderivat wird es mit letztendlich für den Parasiten toxischer Wirkung anstelle von ATP in die RNA eingebaut.

Dosierung Ein festes Dosierschema ist bisher nicht definiert. Empfohlen wird gegenwärtig die orale Langzeitbehandlung in einer Dosis von täglich 20 mg/kg. Unabhängig von der Fütterung liegt die Bioverfügbarkeit bei etwa 50–90 %. Die Eliminationshalbwertszeit beträgt 2 h. Eine Aufteilung der Gesamtdosis auf 3-mal 7 mg/kg alle 8 h bzw. 2-mal 10 mg/kg alle 12 h ist daher empfehlenswert. Bereits nach einer 5-wöchigen Behandlung kann es zur klinischen Heilung kommen. Um Rückfällen vorzubeugen, wird oftmals aber über mehrere Monate weiterbehandelt. Dennoch sind Rezidive nicht sicher auszuschließen. Um einen therapeutischen Synergieeffekt zu erreichen, kann N-Methylglucamin-Antimoniat mit Allopurinol in der vorgeschlagenen Dosierung kombiniert werden. Auch die Anschlussbehandlung mit Allopurinol nach erfolgter Antimoniat-Therapie reduziert das Risiko von Rückfällen.

Nebenwirkungen Allopurinol zeigt nur ein geringes Nebenwirkungspotenzial. Von Vomitus, Diarrhö und Xanthinurolithiasis (Konkremente im Harn) wird berichtet. Beim Menschen sind einzelne Fälle von Knochenmarkdepression bekannt.

Miltefosin

Bei Miltefosin (**Abb. 17.5**) handelt es sich um ein synthetisches Phospholipid, das ursprünglich in der Krebstherapie zur Behandlung von Hautmetastasen bei Brustkrebs Einsatz fand. Seine hervorragende In-vitro-Aktivität gegen Leishmanien ist aber seit Längerem bekannt. Heute ist es in Deutschland humanmedizinisch sowie in mediterranen Ländern Europas zur Bekämpfung der Hundeleishmaniose verfügbar.

Pharmakodynamik Die spezifischen Wirkungsmechanismen von Miltefosin gegen Leishmanien sind noch nicht vollständig geklärt. Das Hauptziel von Miltefosin scheint jedoch die Lipidbiosynthese zu sein, da es dosisabhängig den Metabolismus von Phospholipiden in der Zellmembran von Leishmanien beeinträchtigt. In vitro konnte zudem gezeigt werden, dass Miltefosin durch Wechselwirkung mit Glykosomen und Glykosylphosphatidylinositol-Ankern das Eindringen der Leishmanien (besonders *Leishmania donovani*) in Makrophagen hemmt. Sie scheinen auch für das intrazelluläre Überleben der Leishmanien essenziell zu sein.

Pharmakokinetik Nach oraler Gabe wird Miltefosin beim Hund fast vollständig resorbiert. Hohe Wirkstoffspiegel sind besonders in den Organen messbar, zu denen Leishmanien eine besondere Affinität entwickeln (u. a. Haut, Milz). Auch in Makrophagen scheint sich der Stoff anzureichern. Von therapeutischem Nutzen ist die langsame Eliminationshalbwertszeit von 160 h. Miltefosin wird fast vollständig über den Kot ausgeschieden.

H_3C … O–P(=O)(O⁻)–O–CH_2CH_2–$N^+(CH_3)_3$

Abb. 17.5 Miltefosin.

Dosierung Die Dosierung beträgt 2 mg/kg täglich mit dem Futter über 28 Tage. Bereits nach 2 Wochen sollten sich die Symptome einer Leishmaniose signifikant vermindern, eine Erregerelimination ist jedoch nicht zu erwarten. Die gleichzeitige Gabe von 10 mg/kg Allopurinol täglich wird beschrieben.

Nebenwirkung Dominant sind Vomitus (15 %) und Diarrhö (10 %) für mehrere Tage. Diese Nebenwirkungen sollten jedoch im Regelfall nicht zum Abbruch der Therapie führen.

ZUM WEITERLESEN In Europa sind für den Hund zur aktiven Immunisierung auch sogenannte Immunmodulatoren gegen Leishmanien-Infektion zugelassen. Hierzu werden die immunmodulatorischen Eigenschaften eines ex-sekretorischen Proteins (ESP) von *Leishmania infantum* (100 µg) bzw. des Antiemetikums Domperidon genutzt.

Als Wirkprinzip des ESP wurde die nachhaltige Induzierung einer gegen Leishmanien gerichteten, zellvermittelten Immunität (d. h. erhöhte Makrophagen-Aktivität, T-Zell Lymphproliferation mit Sekretion von Interferon-γ, positive T-Zell-vermittelte Immunantwort gegen Leishmanien) nachgewiesen. Die Immunität beträgt etwa 1 Jahr.

Domperidon hingegen bewirkt eine akute Freisetzung von Prolaktin über die Blockade des D 2-Dopamin-Rezeptors in der Hirnanhangsdrüse. Da Prolaktin gleichfalls die protektive zellvermittelte Immunantwort stimuliert, wird nach regelmäßiger täglicher Gabe von 0,5 mg/kg Domperidon über einen Monat nicht nur das Risiko einer aktiven Infektion mit *Leishmania infantum* durch Schmetterlingsmücken gesenkt, sondern auch das klinische Bild einer leichten bis mittelschweren Leishmaniose nachhaltig verbessert. In endemischen Gebieten sollten jährlich 3 Behandlungszyklen erfolgen. Als Nebenwirkung ist jedoch infolge des hohen Prolaktinspiegels im Einzelfall Galaktorrhö nicht auszuschließen.

17.1.4 Mittel gegen Darmprotozoen

Antikokzidia

In der Veterinärmedizin haben Kokzidiosen eine große Bedeutung. Kokzidien leben in der Regel im Darm und bewirken ausgedehnte Gewebezerstörungen. Sie befallen nicht nur Geflügel, sondern auch Rinder, Schafe, Ziegen, Schweine, Hunde, Katzen und Kaninchen. Die beiden wichtigsten Arten sind *Isospora*, die vor allem Hunde, Katzen und Menschen befällt, und *Eimeria*, die für die bedeutenden Kokzidiosen beim Haushuhn verantwortlich ist. Parasitäre Kokzidien vermehren sich innerhalb weniger Tage massiv. Die Übertragung der Kokzidien erfolgt fäkal.

STECKBRIEF KONTROLLE DER KOKZIDIOSE

Die Geflügelproduktion ist ohne Kontrolle der Kokzidiose im heutigen Maßstab nicht möglich. Hierbei ist zwischen präventiver und kurativer Verabreichung von Antikokzidia zu unterscheiden. Allerdings ist die Verabreichung an Legehennen untersagt, da eine Übertragung des Kokzidiostatikums in das Hühnerei nicht auszuschließen ist. Zur **Prävention** der Geflügelkokzidiose stehen Wirkstoffe zur Verfügung, die kontinuierlich mit dem Futter oder Trinkwasser verabreicht werden müssen. ▶

- **Sulfonamide** waren in den 40er-Jahren die ersten zur Prävention eingesetzten Substanzen. Heute werden sie aber allein oder in Kombination mit Trimethoprim nur noch therapeutisch genutzt.
- **Ionophore Polyether** (Lasalocid, Monensin, Salinomycin u. a.) scheinen in Hinblick auf Resistenzentwicklung befriedigend zu sein, obwohl sich auch hier Resistenzen ausbilden, ohne dass eine klinische Kokzidiose sichtbar wird. Prophylaktisch sind sie derzeit noch die Substanzen der Wahl. Sie eignen sich aber nicht bei Puten (unzureichende Verträglichkeit).
- Die **Triazinderivate** sind sowohl zur Prophylaxe in Form von Futtermittelzusatzstoffen (**Diclazuril**) als auch zur Therapie (**Toltrazuril**) beim Auftreten erster Krankheitssymptome (Junghenne, Masthuhn, Pute) zugelassen. Es besteht noch eine günstige Resistenzlage.
- **Nicarbazin**, **Robenidin** und **Halofuginon** sind zur Rotationsbehandlung geeignet, um die Resistenzbildung zu verzögern.

Zur **Prävention von Wirkstoffresistenzen** werden beim Geflügel entweder Kombinationen empfohlen, oder man verabreicht verschiedene Substanzen mit unterschiedlichen Wirkungsmechanismen in Rotation. Wegen Resistenzproblemen und der Rückstandsproblematik unterliegen die als Futtermittelzusatzstoffe zugelassenen Antikokzidia beim Geflügel der Zulassung über europäisches Gemeinschaftsrecht gemäß EG-Verordnung 1831/2003 in Verbindung mit der EG-Verordnung 429/2008, in der einheitliche Durchführungsbestimmungen zur Bewertung und Zulassung von Futtermittelzusatzstoffen festgelegt werden. Diese Verordnung sieht bei Histomono- und Kokzidiostatika vorzugsweise in der letzten Phase einer befristeten Geltungsdauer zusätzlich eine Feldüberwachung zur Resistenzentwicklung vor. Futtermittelzusatzstoffe in der Tierernährung gelten grundsätzlich nicht als Tierarzneimittel.

ZUM WEITERLESEN Bei andauernden Bestandsproblemen, Multiresistenz und als Alternative zum Einsatz von Kokzidiostatika stehen mittlerweile für Hühnerküken **attenuierte Lebendimpfstoffe** in Form von abgeschwächten Kokzidienarten (sporulierte Oozysten) zur Verfügung. Sie werden über das Trinkwasser oder durch Versprühen direkt auf die Küken verabreicht. Ihre Vorteile sind in der hohen Verträglichkeit, fehlender Wartezeit bei Schlachtung und einer im Vergleich zu aktiven Substanzen besseren Verbraucherakzeptanz zu sehen. Zudem besteht kein Überdosierungsrisiko. Die Impfstoffe eignen sich allerdings nur für Küken in Bodenhaltung, da ansonsten die zur Immunitätsausbildung erforderliche mehrmalige Aufnahme von Oozysten über den Kot nicht möglich ist. Allerdings dürfen während der 4-wöchigen Periode der Immunitätsausbildung keine Antikokzidia oder Antibiotika mit Wirkung auf Kokzidien verabreicht werden. Durch den Einsatz von Impfstoffen soll sich die Resistenzlage der Kokzidiostatika verbessern (Reversion). Vakzine sind für Broiler und Legehennenküken verfügbar.

Kokzidiosen können aber auch bei Mastrindern, Lämmern, Ferkeln und Kaninchen Probleme bereiten. Zur Behandlung stehen neben den älteren Sulfonamiden zusätzlich die Triazinderivate Diclazuril (Kälber, Lämmer) und Toltrazuril (Kälber, Ferkel) zur Verfügung.

Carbozyklische Polyether (Ionophore)

Die kokzidiostatisch wirkenden Polyether (**Abb. 17.6**) sind fermentativ gewonnene Naturprodukte aus verschiedenen *Streptomyces*- und *Actinomadura*-Arten. Hierzu gehören **Monensin** (aus *Streptomyces cinnamonensis*), **Lasalocid** (aus *Streptomyces lasaliensis*), **Narasin** (aus *Streptomyces aureofaciens*), **Salinomycin** (aus *Streptomyces albus*), **Maduramicin** (aus *Actinomadura yumaensis*) und **Semduramicin** (aus *Actinomadura roseorufa*).

Pharmakodynamik Der Wirkungsmechanismus beruht darauf, dass sich die Verbindungen in Lipidphasen von Zellmembranen einlagern und Kationen wie Na^+, Ca^{2+} und K^+ passiv durch die Membranen passieren lassen. Die Substanzen werden aufgrund dieses Wirkungsmechanismus auch als **Ionophore** bezeichnet. Der Effekt verändert sowohl das osmotische als auch das elektrochemische Gleichgewicht der Zellen. Diese Wirkung ist nicht streng auf parasitäre Protozoen beschränkt, sondern schließt auch Bakterien (bakterizide Wirkung) und Zellen des Wirtsorganismus ein. Die Selektivität der toxischen Wirkung auf Protozoen genügt aber für den insgesamt sicheren Einsatz als Futtermittelzusatzstoffe. Die Wirkung richtet sich vorwiegend gegen die Sporozoiten und Merozoiten. Deshalb müssen die Ionophore kontinuierlich verabreicht werden, um dem ständigen Infektionsdruck entgegenzuwirken.

Indikationen Die klinische Anwendung konzentriert sich primär auf die Verwendung als Futtermittelzusatzstoffe für Geflügel. Beim Kaninchen ist die Anwendung dieser Stoffgruppe trotz allgemein guter Wirkung aufgrund eingeschränkter Verträglichkeit derzeit auf das Ionophor Salinomycin begrenzt. Futtermittelzusatzstoffe in der Tierernährung gelten grundsätzlich nicht als Tierarzneimittel und dürfen daher weder umgewidmet noch verordnet werden.

Toxizität

CAVE

Ionophore sind relativ **toxisch** für Tiere, wobei hiervon **besonders Pferde** betroffen sind (1–3 mg/kg Monsensin bzw. 0,2 mg/kg Salinomycin können tödlich wirken!). Die gleichzeitige Gabe von Pleuromutilinen kann den metabolischen Abbau (unerwünscht) hemmen.

Aufgrund der Toxizität der Ionophore verbietet sich der Einsatz höherer Dosen als Futtermittelzusatzstoff auch bei den Zieltierarten. Pathologisch-anatomisch zeigen sich bei Intoxikationen Skelett- und Myokardschäden. Die Zellschädigungen können auf die ionophore Wirkung zurückgeführt werden. Vergiftungssymptome bestehen in gastrointestinalen Störungen (Anorexie, Erbrechen, Durchfall), Kreislaufstörungen (Tachyarrhythmien, Schock), Dyspnoe, Ataxie, gestörten Reflexen, Festliegen, Polyurie und Myoglobinurie.

Wechselwirkungen

Zu beachten sind bei allen Ionophoren ausgeprägte Wechselwirkungen mit den Pleuromutilinen Tiamulin und Valnemulin, da diese wahrscheinlich den metabolischen Abbau der Ionophore kompetitiv hemmen. Die Vergiftungssymptomatik ist daher mit einer Überdosierung von Ionophoren vergleichbar. Besonders betroffen sind Monensin, Salinomycin, Narasin und Maduramicin, weniger dagegen Semduramicin und Lasalocid.

Monensin

Monensin (**Abb. 17.6**) ist ein Na^+-Ionophor und praktisch gegen alle Kokzidienarten wirksam. Zusätzlich zur Verwendung beim Geflügel ist der therapeutische Einsatz von Monensin mit einer Dosierung von 1 mg/kg p. o. über 10 Tage gegen Kokzidiose bei Rindern und Schafen bekannt, aber nicht zugelassen. Lämmer und Kälber reagieren empfindlicher und sollten in dieser Indikation mit geringeren Dosen behandelt werden. Monensin kam früher auch als Leistungsförderer bei Mastrindern zur Anwendung. Der Einsatz als Wachstumsförderer ist allerdings seit 2006 verboten. In Deutschland und der Schweiz ist Monensin als Futtermittelzusatzstoff zugelassen.

ZUM WEITERLESEN Die antibiotischen Eigenschaften (vorwiegend gegen grampositive Bakterien) von Monensin werden auch zur Vorbeugung einer möglichen Ketose während der peripartalen Phase bei Milchkühen und Färsen genutzt. Das Wirkprinzip eines intraruminal verabreichten Bolus besteht darin, das durch täglich Freisetzung von 335 mg Monensin über 95 Tage präventiv das Populationsverhältnis der Pansenfauna zugunsten Propionsäure-bildender Bakterien verändert wird. In der Folge kommt es bei gleichzeitgem Anstieg von Glukose (Propionsäure als Substrat) zur Senkung von Ketonkörpern im Blut.

Dieses Anwendungsgebiet wird nicht unkritisch gesehen, da der Anstieg des Ketoserisikos in der Trockenstehphase bei heutigen Milchkühen auch durch die kontinuierliche Zucht auf höhere Milchleistung bedingt ist. Die Hochleistungskühe geraten in dieser Phase dann häufig in eine durch Kraftfuttergabe nicht mehr zu kompensierende Energieimbalance. Nach derzeitiger Erfahrung liegt die durchschnittliche Ketoseinzidenz bei etwa 5 %. Auf die Milchleistung zeigt die Anwendung offensichtlich aber keinen missbrauchsrelevanten Effekt.

Lasalocid

Wie Monensin wird Lasalocid (**Abb. 17.6**) als Futtermittelzusatzstoff zur Kontrolle der Geflügelkokzidiose eingesetzt. Praktisch alle *Eimeria* spp. sind empfindlich. Neben der Prophylaxe ist noch der mögliche therapeutische Einsatz beim Rind in einer Dosis von 3 mg/kg p. o. über 30 Tage erwähnenswert. Auf diese Dosen reagieren auch Kryptosporidien empfindlich. Die Resorption nach oraler Gabe ist sehr gering. Die systemische Wirkung kann sich eventuell in der Freisetzung von Catecholaminen aus Neuronen und chromaffinen Zellen sowie Histamin aus Mastzellen äußern. Auch eine Insulinfreisetzung ist beschrieben. In Deutschland und der Schweiz ist Lasalocid lediglich als Futtermittelzusatzstoff zugelassen.

Salinomycin

Das Wirkungsspektrum ähnelt dem des Monensins. Besonders asexuelle Entwicklungsstadien der Kokzidien sind empfindlich, generell besteht bessere Wirkung gegen *E. tenella* und *E. acervulina* als durch Monensin und Lasalocid. Der Einsatz als Prophylaktikum beim Mastgeflügel steht

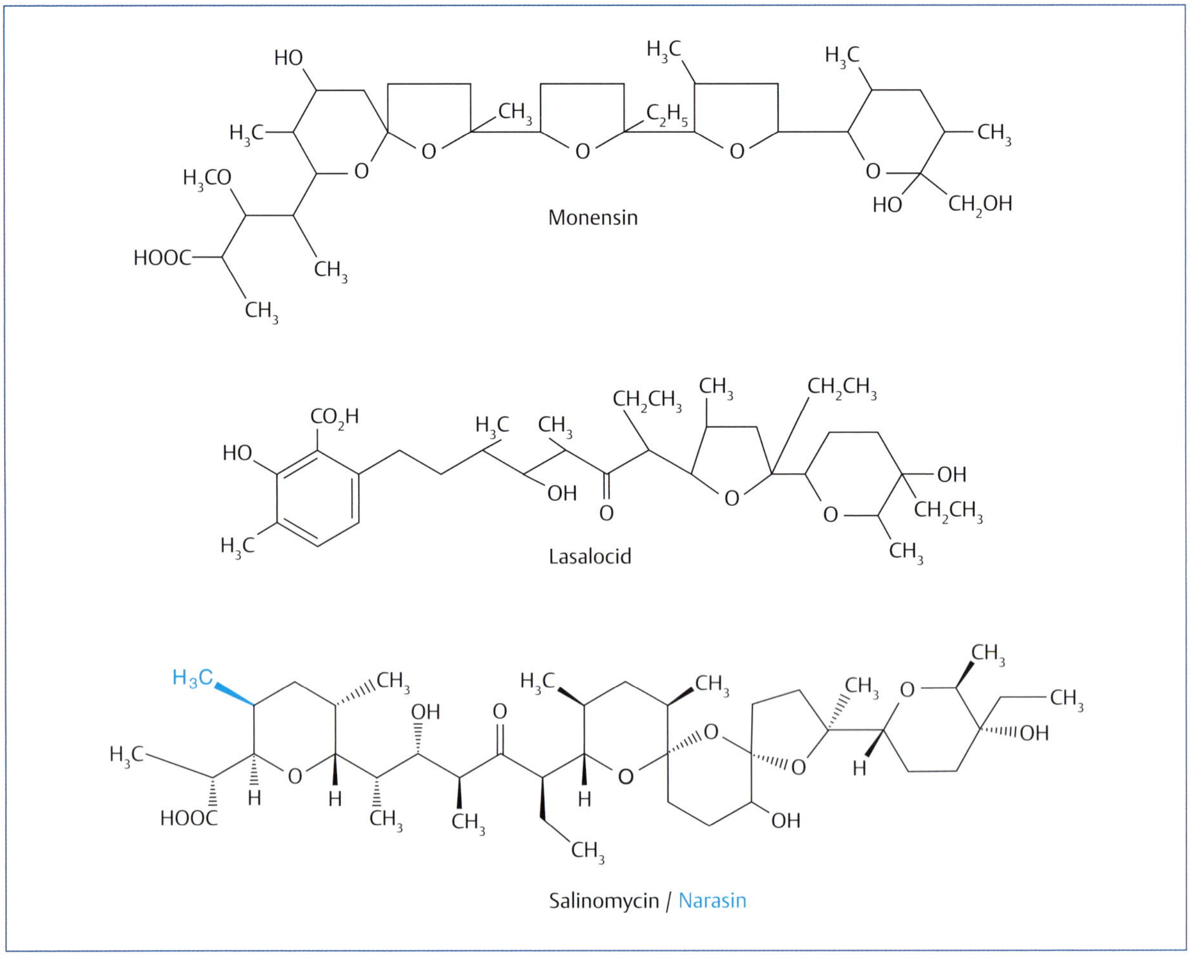

Abb. 17.6 Beispiele für kokzidiostatisch wirkende Polyether: Monensin, Lasalocid, Salinomycin.

im Vordergrund. Neben der kokzidiostatischen Wirkung sind für Salinomycin (**Abb. 17.6**) auch antibakterielle Eigenschaften beschrieben. Die Resorption ist gering, über 90 % der Gesamtdosis werden über die Fäzes ausgeschieden. In Deutschland und der Schweiz ist Salinomycin nur als Futtermittelzusatzstoff zugelassen.

Narasin

Narasin, ein Derivat des Salinomycins, unterscheidet sich vom Salinomycin nur durch eine zusätzliche Methylgruppe. Es ist praktisch wirksam gegen alle intestinalen und zäkalen Kokzidien, insgesamt aber wohl etwas schwächer als Salinomycin. Nur der Einsatz als Futtermittelzusatzstoff zur Prophylaxe bei Masthähnchen ist empfohlen. Zur Potenzierung der Wirkung ist es zusätzlich auch in fixer Kombination 1:1 mit dem Carbanilid Nicarbazin im Angebot und kann so zum Beispiel gut als Maststarter in Shuttleprogrammen (Wechsel mit anderen Ionophoren) eingesetzt werden. Von der Anwendung bei Legehennen oder bei anderen Tierspezies ist wegen möglicher Toxizität abzuraten. Durch unbeabsichtigte Gabe von fehlgemischtem Futter sind schwerwiegende Intoxikationen mit Todesfolge bei Puten, Kaninchen (LD_{50} von ca. 12 mg/kg) und beim Hund (ab 1,2 mg/kg) beschrieben. Bei gleichzeitiger Verabreichung von Erythromycin, Sulfachlorpyrazin und Sulfaquinoxalin ist durch die reduzierte Wasser- und Futtermittelaufnahme mit Wachstumsdepressionen zu rechnen. Eine ausgeprägte Unverträglichkeit besteht darüber hinaus wie bei vielen Ionophoren auch mit Pleuromutilin-Antibiotika.

Maduramicin

Maduramicin, ein Fermentationsprodukt von *Actinomadura yumaensis*, ist ein neueres Kokzidiostatikum aus der Reihe der Ionophore, das seit Ende der 80er-Jahre in Deutschland und der Schweiz als Futtermittelzusatzstoff bei Masthühnern in einer Dosis von 5 mg/kg Futter Anwendung findet. In vivo zeigt es sich älteren Ionophoren in seiner Wirkung überlegen, wodurch sich Vorteile in der Körpergewichtsentwicklung der Hühner ergeben. Soweit in den letzten Jahren partielle oder vollständige Resistenzbildung gegenüber Maduramicin nachgewiesen wurde, erstreckte sich diese zumeist auch als Nebenresistenz auf andere Vertreter der Ionophoren wie Monensin oder Salinomycin. Bei der Zubereitung ist auf eine gleichmäßige Einmischung zu achten, da bereits ab der doppelten Tagesdosis mit reduzierter Futteraufnahme und verminderter Gewichtszunahme zu rechnen ist. Es gibt Hinweise auf ein erhebliches kardiotoxisches Potenzial von Maduramicin bei Rindern. Von Todesfällen bei Kälbern durch versehentliche Verabreichung von verunreinigtem Futter wurde berichtet.

Semduramicin

Das Kokzidiostatikum Semduramicin ist der jüngste eingeführte Futtermittelzusatzstoff in Europa aus der Reihe der Polyetherionophore. Semduramicin wird als Fermentationsprodukt aus *Actinomadura roseorufa* gewonnen und in einer Dosierung von 20–25 mg/kg Alleinfutter zur Mast von Hühnern eingesetzt. Es zeigt ein breites Wirkungsspektrum gegen Sporozoiten, Trophozoiten und Schizonten der pathogenen Kokzidienarten des Geflügels. Hervorzuheben ist die gute präventive Wirkung gegen *E. maxima*, wo es sich offensichtlich überlegen gegenüber anderen Ionophoren zeigt. Gegenüber *E. tenella* ist die Wirkung besser als bei Salinomycin und vergleichbar mit Maduramicin. Bei einer Dosis von 20 mg/kg Alleinfutter sollen gegenüber älteren Ionophoren allerdings keine wesentlichen Vorteile mehr bestehen. Bei Resistenzbildung ist grundsätzlich mit Nebenresistenz zu anderen Wirkstoffen dieser Gruppe zu rechnen. Semduramicin unterliegt beim Geflügel einem intensiven Metabolismus, wobei weniger als 10 % der verabreichten Dosis unverändert ausgeschieden werden. Die Ionophor-Unverträglichkeit mit dem Pleuromutilinantibiotikum Tiamulin ist beim Semduramicin geringer ausgeprägt.

ZUM WEITERLESEN Die Verschleppung von Antikokzidia aus vorherigen Herstellungsprozessen von Futtermitteln in eine Zubereitung für eine andere Zieltierart ist unter den Praxisbedingungen einer Futtermühle oftmals unvermeidbar. Dieses Problem bezeichnet man als Kreuzkontamination oder Carry-Over-Problematik. Daher erfolgte mit der Richtlinie 2009/8/EG eine Ergänzung zu den Höchstgehalten für Kokzidiostatika, die aufgrund von Verschleppungen in Futtermitteln für Nichtzieltierarten vorhanden sein dürfen. Sie sollte je nach Zieltierart nicht mehr als 1–3 % betragen. In der Vergangenheit kam es immer wieder zu schwerwiegenden Intoxikationen mit z. B. Narasin-kontaminierten Futtermitteln in Putenherden, bei Kaninchen, Pferden und Hunden.

Sulfonamide und Kombinationen mit Trimethoprim

Sulfonamide waren die ersten Substanzen, die in der Geflügelmast als Kokzidiostatika eingesetzt wurden. Sie wirken nur mäßig gegen die frühen asexuellen Stadien der Kokzidien, aber stark kokzidiostatisch gegen Schizonten der zweiten Generation. Der Wirkungsmechanismus der Sulfonamide besteht in der Hemmung der Folsäuresynthese. Die Wirkung wird durch Sequenzhemmung in Kombination mit Trimethoprim (S. 441), einem Blocker der Dihydrofolsäurereduktase, gesteigert.

Von den Sulfonamiden findet **Sulfadimidin** häufig als Einzelsubstanz Verwendung. Andere werden mit Trimethoprim kombiniert. Sulfonamidkombinationen mit den Diaminopyrimidinen Pyrimethamin oder Diaveridin sind zur Bekämpfung der Kokzidiose wegen fehlender Rückstandshöchstmengen in Kombination nicht mehr zugelassen. Nähere Informationen zu diesen Wirkstoffkombinationen sind der 2. Auflage zu entnehmen.

Bei insgesamt ungünstiger Resistenzsituation ist der therapeutische Erfolg nach Einsatz von Sulfonamiden gegen Kokzidien oftmals begrenzt. Zwischen den Sulfonamiden besteht Gruppenresistenz.

Dosierung für Sulfadimidin

- Hund, Schwein, Ferkel, Rind, Kalb, Pferd, Fohlen: anfänglich 100 mg/kg parenteral, dann für weitere 3–4 Tage orale Erhaltungsdosis von 50 mg/kg
- Schaf, Ziege: 100 mg/kg täglich für 5–7 Tage
- Hühner: 100 mg/kg täglich mit dem Futter (intermittierende Behandlung 3 Tage – 2 Tage Pause – 2 Tage)

Wartezeit für Sulfadimidin (Absetzfrist abweichend in Klammern)

- Schwein, essbare Gewebe: 12 (14) Tage
- Rind, essbare Gewebe: 12 (10) Tage; Milch: 5 Tage
- Schaf, essbare Gewebe: 8 Tage; Milch: 3 Tage
- Ziege, essbare Gewebe: 10 Tage; Milch: 5 Tage
- Pferd, essbare Gewebe: 10 Tage;
- Huhn, essbare Gewebe: 14 Tage

Die Kombination aus **Sulfonamiden plus Trimethoprim** kommt vorwiegend therapeutisch bei der Kokzidiose der Wiederkäuer, Fleischfresser, Schweine und Kaninchen zum Einsatz. Die Kombination mit Trimethoprim führt zu einer überadditiven Wirkungsverstärkung, woraus eine erhebliche Dosisreduzierung der Einzelkomponenten möglich wird. Für die Kombination mit Trimethoprim haben sich **Sulfadoxin, Sulfadiazin** und **Sulfadimidin** bewährt.

Dosierungsbeispiele für Sulfonamide plus Trimethoprim

- Katze, Hund: 20 mg/kg Sulfadoxin-Trimethoprim (5:1)/kg parenteral für mindestens 5 Tage
- Schwein: 15 mg Sulfadiazin-Trimethoprim (5:1)/kg 2-mal täglich p. o. für mindestens 5 Tage
- Kälber (Schweiz): 30 mg Sulfadimidin-Trimethoprim (5:1)/kg täglich p. o. für mindestens 5 Tage

Wartezeit für Sulfonamide plus Trimethoprim

- Schwein, essbare Gewebe: 10 Tage
- Kälber, essbare Gewebe: 10 Tage (Schweiz)

Triazin-Derivate

Zu dieser neueren chemischen Klasse von Synthetika mit Triazin-Partialstruktur gehören **Toltrazuril**, **Diclazuril** und **Clazuril** (Abb. 17.7). Es handelt sich um Kokzidiozide mit breitem Wirkungsspektrum, vergleichbar mit den ionophoren Polyetherantibiotika. Clazuril fand Anwendung bei Taubenkokzidiose (*E. labbeana, E. columbarum*), wird derzeit aber nicht weiter angeboten.

Toltrazuril

Pharmakodynamik Das symmetrische Triazinonderivat ist wirksam gegen eine Vielzahl von *Eimeria*- und *Isospora*-Arten beim Geflügel und auch bei Säugetieren. Alle intrazellulären Stadien der Schizogonie und der geschlechtlichen Gamogonie sind empfindlich. Nach Ausbildung der Oozystenwand ist Toltrazuril aber unwirksam. Als maßgeblicher Wirkungsmechanismus wird primär die Hemmung von Enzymen der parasitären Atmungskette, aber auch die Störung der nukleären Pyrimidinsynthese und damit der Kernteilung vermutet. Feinstrukturell äußert sich die Wirkung in einer Schwellung des endoplasmatischen Retikulums und Golgiapparates sowie abnormen strukturellen Veränderungen im perinukleären Bereich.

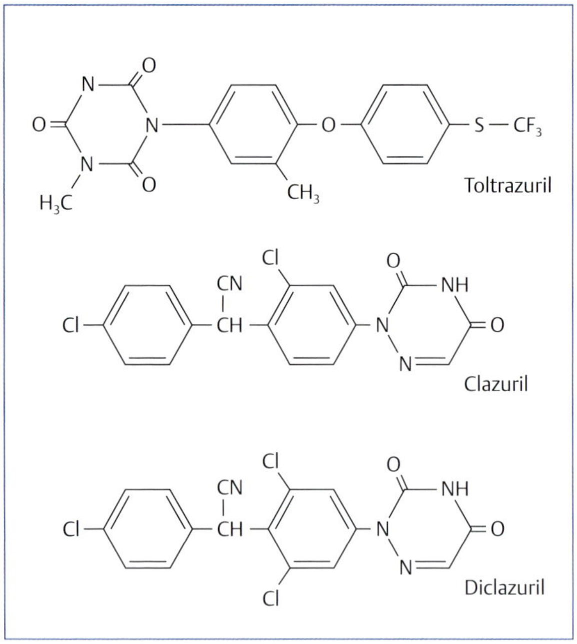

Abb. 17.7 Triazin-Derivate.

Pharmakokinetik Bei **Kälbern** und **Ferkeln** wird Toltrazuril nach oraler Verabreichung nur langsam zu mindestens 70 % resorbiert. Maximale Plasmakonzentrationen sind frühestens nach 1–2 Tagen erreicht. Die Elimination erfolgt ebenfalls langsam, beim Hund mit einer Halbwertszeit von etwa 6 Tagen, beim Schaf von 9 Tagen. Als Hauptmetabolit entsteht Toltrazurilsulfon, das ebenfalls mit erheblicher Verzögerung ausgeschieden wird (beim Schwein Serumhalbwertszeit: > 14 Tage). Die Ausscheidung von Toltrazuril und seinen Metaboliten erfolgt überwiegend mit den Fäzes.

Indikationen Toltrazuril ist als Arzneimittel zur Metaphylaxe oder Therapie der Kokzidiose von Hühnern (*E. acervulina, E. brunetti, E. maxima, E. necatrix, E. tenella, E. mitis*) und Puten (*E. adenoides* und *E. meleagrimitis*) zugelassen. Weiterhin bestehen Zulassungen zur Vorbeugung klinischer Symptome einer Kokzidiose für Kälber (*E. bovis, E. zuernii*), bei Schaflämmern in Stallhaltung (*E. crandallis, E. ovinoidalis*) und für neugeborene Ferkel (*Isospora suis*) in bekannten Problembeständen. Dabei werden immer zusätzliche Maßnahmen im Hygienebereich erforderlich. Die Behandlung sollte nur während der Präpatenz erfolgen, da nach Vorliegen von Darmläsionen der therapeutische Nutzen einer Behandlung unbefriedigend ist.

Für den Hund ist eine fixe Kombination mit dem Anthelminthikum Emodepsid (S. 481) als oral zu verabreichende Suspension zur Vermeidung der weiteren Ausscheidung von Kokzidien (*I. ohioensis complex, I. canis*) zugelassen. Durch die Behandlung wird das Risiko erneuter Erkrankungen insbesondere bei gemeinsamer Gruppen- oder Zwingerhaltung reduziert.

ZUM WEITERLESEN Das Kokzidiozid Ponazuril, der Hauptmetabolit von Toltrazuril, ist in den USA zur Behandlung der equinen protozytären Myeloenzephalitis (EPM), verursacht durch *Sarcocystis neurona*, zugelassen. Die EPM gehört in den USA zu den häufigsten neurologischen Erkrankungen der Equiden. Das Pferd ist für *S. neurona*, einen heteroxen apicomplexen Einzeller, lediglich ein Fehlwirt, der versehentlich beim Grasen oder Trinken aufgenommen wird. Endwirt ist das Opossum (Oozystenausscheider), weshalb die Krankheit nur in den USA endemisch ist. Zwischenwirte sind u. a. Katze, Waschbären und Stinktiere. Für die Behandlung ist die tägliche Verabreichung von 5 mg/kg p. o. über 28 Tage erforderlich.

Dosierung

- Hund: 9 mg/kg p. o. als Suspension
- Ferkel im Alter von 3–5 Tagen: 20 mg/kg p. o. als Suspension
- Kälber: 15 mg/kg p. o. als Suspension
- Huhn, Pute: 7 mg/kg über das Trinkwasser entweder kontinuierlich über 48 h oder über einen Zeitraum von 8 h pro Tag an zwei aufeinanderfolgenden Tagen

Darüber hinaus ist eine gute Wirkung beim Kaninchen belegt. Eine Zulassung besteht aber nicht. Folgende Dosen werden beim Kaninchen zur Therapie gewählt: 10 mg/kg p. o. über 4 Tage oder 25 mg/l Trinkwasser an 2 Tagen; Wiederholung nach 5 Tagen.

Wartezeit

- Ferkel, essbare Gewebe: 77 Tage (die lange Absetzfrist lässt keine Schlachtung als Spanferkel zu)
- Kälber, essbare Gewebe: 63 Tage
- Lämmer, essbare Gewebe: 42 Tage
- Huhn: 21 Tage, nicht bei Junghennen nach der 15. Woche bzw. Legehennen anwenden (nur D)
- Pute, essbare Gewebe: 18 Tage (nur D)

Ökotoxizität Ponazuril (Toltrazurilsulfon), der Hauptmetabolit von Toltrazuril, ist toxisch für Pflanzen. Er wird im Erdreich mit einer Halbwertszeit von über einem Jahr nur sehr langsam abgebaut, weshalb der Stoff auch ein Risiko für das Grundwasser darstellt. Daher darf Gülle und Dung behandelter Kälber nur stark verdünnt (1:3 mit unbehandeltem Dung) auf Felder bzw. von Lämmern aus Stallhaltung nur jedes dritte Jahr auf das gleiche Feld ausgebracht werden.

Diclazuril

Diclazuril gehört chemisch zu den Benzenacetonitrilen. Es ist zur Kokzidiosebekämpfung als Futtermittelzusatzstoff bei Masthühnern (**Tab. 17.5**) und als Tierarzneimittel für Lämmer und Kälber zugelassen. Seine Verträglichkeit ist sehr gut. Die 100-fache therapeutische Dosis wirkt bei Hühnern über 11 Tage verabreicht nicht toxisch. Auch Kälber und Lämmer vertragen die 5-fache Dosis symptomlos.

Pharmakodynamik Im Gegensatz zum Toltrazuril ist die Wirkung von Diclazuril in Abhängigkeit von der Eimerienspezies selektiv auf bestimmte Entwicklungsstadien beschränkt (z. B. *E.-necatrix*-Schizogonie 2, *E.-maxima*-Zygoten). Der molekulare Mechanismus ist dabei noch nicht geklärt. Nebenresistenz mit Toltrazuril ist beschrieben.

Pharmakokinetik Die Resorption ist bei Lämmern nur sehr gering und nimmt mit zunehmendem Alter ab. Die Hauptausscheidung erfolgt daher über die Fäzes. Bei Kälbern ist die Pharmakokinetik vergleichbar.

Tab. 17.5 Als Futtermittelzusatzstoffe in Europa und der Schweiz zugelassene Antikokzidia und Histomonostatika (Gemeinschaftsregister der Futtermittelzusatzstoffe gemäß Verordnung 1831/2003, Schweiz: Anhang 2.5.5 FMBV, Forschungsanstalt Agroscope des BLW Stand 2/2016).

Wirkstoff	Spezies	Höchstalter (Wochen)	Konzentration im Alleinfutter (mg/kg)	Wartezeit (Tage)	Geltungsdauer	sonstige Hinweise
Decoquinat	Masthühner	–	20–40	3	2014*	–
Monensin-Na	Masthühner	–	100–125	1	2017/2021	gefährlich für Einhufer
	Junghennen	16	100–120	1	2022	gefährlich für Einhufer
	Truthühner	16	60–100	1	2017/2021	gefährlich für Einhufer
Robenidin	Masthühner	–	30–36	5	2021	–
	Truthühner	–	30–36	5	*	–
	Mast-/Zuchtkaninchen	–	50–66	5	2021	–
Lasalocid-Na	Masthühner	–	75–125	5	*	gefährlich für Einhufer
	Junghennen	16	75–125	–	*	gefährlich für Einhufer
	Truthühner	16	75–125	5	2020	gefährlich für Einhufer
	Fasan, Perlhühner, Wachteln, Rebhühner (außer Legegeflügel)	–	75–125	5	2021	gefährlich für Einhufer
Halofuginon	Masthühner	–	2–3	5	unbegrenzt	–
	Junghennen	16	2–3	–	unbegrenzt	–
	Truthühner	12	2–3	5	unbegrenzt	–
Narasin	Masthühner	–	60–70	1	*	gefährlich für Einhufer
Nicarbazin	Masthühner	–	125	1	2020	–
Narasin/ Nicarbazin (1:1)	Masthühner	–	80–100	5	2020	gefährlich für Einhufer
Salinomycin-Na	Masthühner	–	50–70	1–3	2015/18	gefährlich für Einhufer
	Junghennen	12	50		*	gefährlich für Einhufer
	Mastkaninchen	–	20–25	5	*	gefährlich für Einhufer
Maduramicin-Ammonium	Masthühner	–	5–6	3	2021	gefährlich für Einhufer
	Truthühner	16	5	5	*	gefährlich für Einhufer
Diclazuril	Masthühner	–	1	0	2020	–
	Junghennen	16	1	0	2023	–
	Perlhühner	–	1	0	2021	–
	Masttruten	12	1	0	2021	–
	Kaninchen	–	1	1	2018	–
Semduramicin-Na	Masthühner	–	20–25	5	2016	–

* Anhängiger Antrag auf Verlängerung; bis zum Entscheid Stoffe weiterhin verkehrsfähig.

Indikationen Vorbeugung (Metaphylaxe) einer Kokzidiose bei Lämmern, verursacht durch *E. crandallis* und *E. ovinoidalis*, bei Kälbern durch *E. bovis* und *E. zuernii*. Das Vorliegen einer Kokzidiose ist vor der Behandlung zu bestätigen. Um den Infektionsdruck zu senken, sind immer alle Tiere einer Herde zu behandeln. Besonders bei Stallhaltung sind zudem begleitende Hygienemaßnahmen erforderlich. Durch Kokzidieninfektion induzierte Darmwandläsionen können durch die Behandlung nicht mehr beeinflusst werden, sodass die bereits an roter Ruhr erkrankten Tiere symptomatisch behandelt werden sollten.

Dosierung

- Kälber, Lämmer: 1 mg/kg p. o.
- Masthuhn, Junghennen, Masttruten, Perlhühner, Kaninchen: 1 mg/kg Futter als Zusatzstoff

Weitere nachgewiesene Dosierungen zur oralen Vorbeugung/Behandlung einer Kokzidiose ohne aktuelle Zulassung:

- Ziege: 1 mg/kg p. o.
- Fasan/Rebhuhn: 2 mg/kg Futter

Wartezeit

- Kalb, Lamm: 0 Tage
- Mast- und Perlhühner, Masttruten: 0 Tage
- Kaninchen: 1 Tag

Nicarbazin

Nicarbazin zählt chemisch zu den Carbaniliden und stellt eine äquimolare Mischung der beiden in **Abb. 17.8** gezeigten Strukturen dar. Es ist bereits seit 1955 im Einsatz und in der EU als Futtermittelzusatzstoff auch in fixer 1:1-Kombination mit Narasin zugelassen, da die Resistenzsituation für den Stoff beim Geflügel insgesamt ungünstig ist. Als Wirkungsmechanismus wird eine Hemmung der Folsäuresynthese beschrieben. Nicarbazin ist vom kokzidioziden Typ mit vordringlicher Wirkung auf die 2. Schizontengeneration.

Die Anwendung als Futtermittelzusatzstoff (125 mg/kg) oder in fixer Kombination mit dem Ionophor Narasin (80–100 mg/kg) beschränkt sich auf Masthähnchen. Truthühner und Kaninchen dürfen nicht behandelt werden.

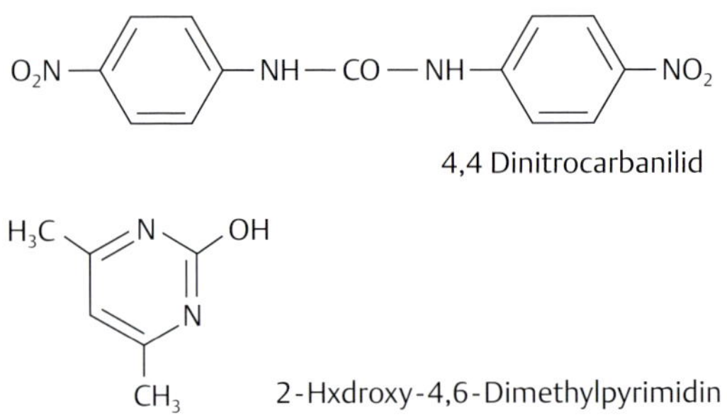

Wartezeit

- Masthuhn: 5 Tage (als fixe Kombination); 1 Tag (als Einzelstoff)

Abb. 17.8 Nicarbazin.

Robenidin

Robenidin ist ein Guanidin mit der in **Abb. 17.9** dargestellten Struktur. Als Wirkungsmechanismus wird eine Hemmung der oxidativen Phosphorylierung beschrieben. Eine kokzidiostatische Wirkung gegen reife Schizonten der ersten Generation und eine kokzidiozide Wirkung gegen die zweite Generation der Schizonten sind beschrieben.

Robenidin ist als Futtermittelzusatzstoff für Mast- und Truthühner (30–36 mg/kg Futter) sowie Kaninchen (50–66 mg/kg Futter) zugelassen. Robenidin eignet sich nicht für Legehennen, da es zu unerwünschter Geschmacksveränderung von Eiern behandelter Hennen kommen kann.

Über Resistenzentwicklung beim Kaninchen (u. a. *E. magna*) wird berichtet.

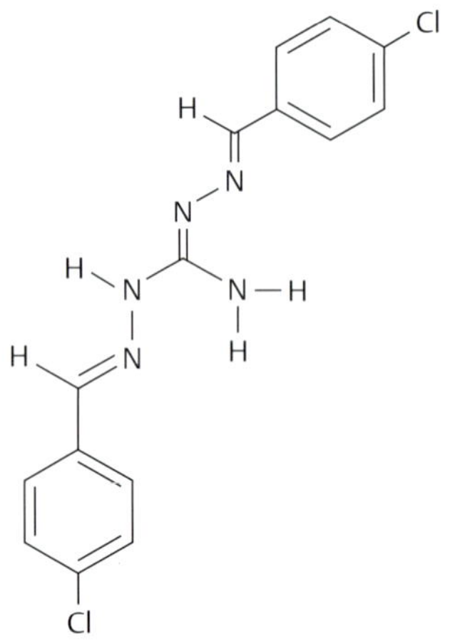

Wartezeit Masthuhn/Truthahn/Kaninchen: 5 Tage

Abb. 17.9 Robenidin.

Chinolone

Von den Chinolonen ist als Kokzidiostatikum nur noch Decoquinat (**Abb. 17.10**) bei Masthühnern im Einsatz, während das bevorzugt mit Clopidol kombinierte Methylbenzoquat keine weitere Verwendung findet. Chinolone sind unlöslich in Wasser, werden kaum resorbiert und sind deshalb nur von geringer Wirtstoxizität. Als Wirkungsmechanismus für die kokzidiostatische Wirkung ist eine Hemmung des Elektronentransports und damit der mitochondrialen Respiration der Kokzidien beschrieben. Die selektive Toxizität für die Parasiten ist allerdings hoch. Decoquinat ist in den USA als pulverförmiger Milchzusatz auch bei Kälberkokzidiose in einer Tagesdosis von 0,5 mg/kg zugelassen.

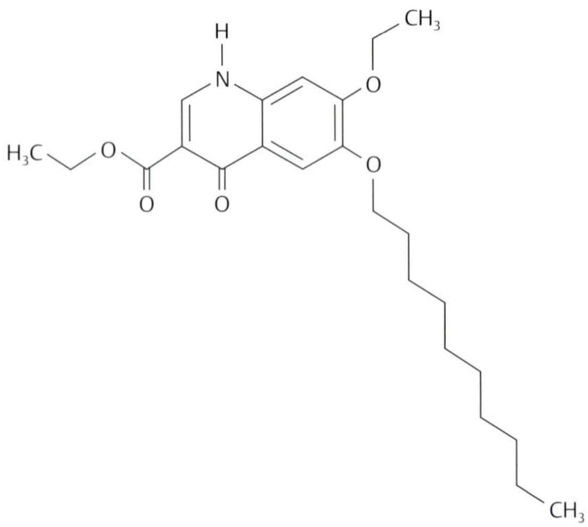

Abb. 17.10 Decoquinat.

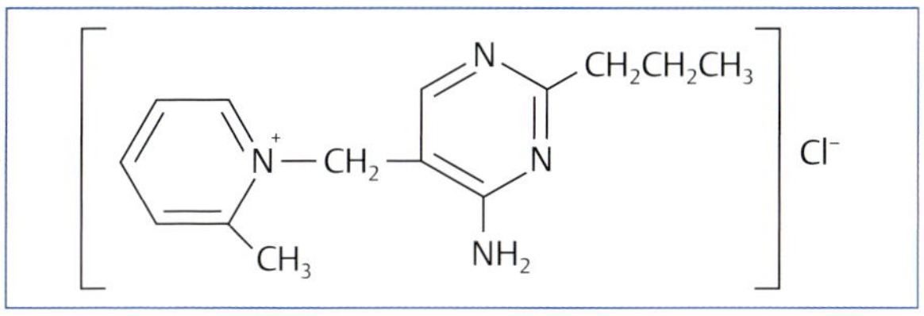

Abb. 17.11 Amprolium.

Amprolium

Das Kokzidiostatikum Amprolium (Abb. 17.11) ist chemisch eng mit Thiamin verwandt. Der Stoff ist als Tierarzneimittel zur Behandlung einer intestinalen Kokzidiose bei Hühnern (Broiler, Jung-, Lege-, Zuchthennen) und Truthühnern in Deutschland, nicht jedoch in der Schweiz zugelassen. Als Futtermittelzusatzstoff zur Prävention steht Amprolium ebenfalls nicht mehr zur Verfügung.

Pharmakodynamik Als Wirkungsmechanismus wird die kompetitive Hemmung des Thiamin-Transports (Vit. B_1) von *Eimeria* spp. beschrieben, wodurch die überlebenswichtige Kohlenhydratsynthese der Parasiten gestört wird. Dagegen ist bei der empfohlenen Dosis das entsprechende Thiamintransportsystem im Wirtstier unempfindlich. Der Stoff wirkt hauptsächlich kokzidiostatisch auf asexuelle Entwicklungsstadien (Schizonten) der Eimerien.

Resistenz Resistenzen sind weit verbreitet. Sie werden durch eine verminderte Bindungsaffinität des Transportsystems für Amprolium verursacht. Die zur Wirkungsverstärkung früher eingesetzte Kombination mit anderen Kokzidiostatika wie Ethopabat oder Sulfonamiden ist in Deutschland und der Schweiz jedoch nicht mehr zugelassen.

Pharmakokinetik Die systemische Bioverfügbarkeit nach oraler Gabe an Hühner wird als gering (< 10 %) angegeben. In der Literatur finden sich aber auch Berichte über eine deutlich höhere Bioverfügbarkeit (> 50 %), was in der galenischen Zusammensetzung der untersuchten Formulierungen begründet sein mag. Das Verteilungsvolumen liegt nach oraler Gabe bei etwa 0,4 l/kg. Die Gesamtelimination folgt einem 2-Kompartiment-Modell mit einer Halbwertszeit von etwa 6 h.

Dosierung 20 mg/kg täglich für 5–7 Tage über das Trinkwasser

Wechselwirkungen Als Thiaminanalogon kann die Wirksamkeit von Amprolium durch die gleichzeitige Gabe von Vitamin-B-haltigen Präparaten antagonisiert werden.

Wartezeit Huhn, Pute, essbare Gewebe: 0 Tage.

Halofuginon

Halofuginon (Abb. 17.4) ist ein halogeniertes Derivat des Pflanzenalkaloids Febrifugin, das aus dem Wurzelextrakt von *Dichroa febrifuga* gewonnen wird. Dieser Wurzelextrakt kam viele Jahrhunderte in der traditionellen chinesischen Medizin zur Behandlung der Malaria zum Einsatz. In Form des Hydrobromides ist es als Futtermittelzusatzstoff zur Prophylaxe der Kokzidiose bei Trut-, Jung- und Masthühnern zugelassen. Die kokzidiozide Wirkung erstreckt sich praktisch auf alle bei Hühnern und Truthühnern vorkommenden *Eimeria*-Arten. Generell wirkt Halofuginon auf alle frühen Entwicklungsstadien von Eimerien, primär jedoch auf die 1. Schizontengeneration. Als Nebenwirkung ist bekannt, dass Halofuginon bereits in niedrigen Konzentrationen spezifisch die Kollagensynthese aviärer Hautfibroblasten hemmt, wodurch nach längerer Anwendung die Haut von Masthühnern im Verarbeitungsprozess zur stärkeren Rissbildung neigen kann.

Darüber hinaus ist Halofuginon-Lactat in einer Tagesdosis von 100 µg Halofuginonbase/kg p.o. an 7 aufeinanderfolgenden Tagen zur Vorbeugung bzw. Behandlung einer durch *Cryptosporidium parvum* verursachten Diarrhö bei neugeborenen Kälbern wirksam. Die Behandlung sollte möglichst innerhalb von 24–48 h nach der Geburt bzw. innerhalb der ersten 24 h nach dem Einsetzen des Durchfalls beginnen. Dabei sind alle Kälber, die Kontakt mit erkrankten Neugeborenen hatten, sowie alle im Bestand neugeborenen Kälber in gleicher Weise zu behandeln. Die therapeutische Breite ist bei Kälbern gering. Daher sollten die täglichen Dosisintervalle strikt eingehalten werden, zumal der Stoff nach oraler Anwendung nur langsam aus dem Körper eliminiert wird. Bereits bei der dreifachen Dosis können toxische Symptome wie blutiger Durchfall mit Dehydrierung, Anorexie, Apathie sowie Kachexie beobachtet werden. Bestehen Anzeichen einer Überdosierung, ist die Behandlung sofort abzubrechen und das Tier mit unverdünnter Milch zu tränken.

Wartezeit Kalb, essbare Gewebe: 13 Tage

Ökotoxizität Halofuginon sollte nicht in offene Gewässer gelangen, da es für Fische und andere in Gewässern lebende Tiere toxisch sein kann.

Prophylaxe der Histomonose beim Geflügel

Unter den Darmparasiten spielt neben den Kokzidien veterinärmedizinisch noch *Histomonas meleagridis* als Erreger der Schwarzkopfkrankheit bei Puten eine Rolle. Für die früher wegen ihrer guten Wirksamkeit verwendeten **Nitroimidazole** (Dimetridazol, Ronidazol, Ipronidazol) gilt ein **Anwendungsverbot** in der EU und der Schweiz. Es besteht daher bei Ausbruch dieser Erkrankung eine Therapielücke. Die Vorbeugung muss sich derzeit auf die Bekämpfung des Blinddarmwurms des Huhnes (*Heterakis gallinarum*), durch dessen Eier und Larven diese Trichomonaden übertragen werden, sowie von Stapelwirten (Regenwürmer) beschränken.

Weitere Darmprotozoen und ihre chemotherapeutische Bekämpfung

Empfehlungen zur Behandlung von Erkrankungen, die durch verschiedene weitere Darmprotozoen hervorgerufen werden, sind Tab. 17.6 zu entnehmen.

Tab. 17.6 Kurze Übersicht über Erkrankungen, die durch verschiedene Darmprotozoen verursacht werden, sowie über die zum Therapieversuch empfohlenen Wirkstoffe.

Erkrankung	Erreger	Tierart	Wirkstoff
Giardiosen	*Giardia* spp.	▪ Katze ▪ Hund	▪ Fenbendazol[1] ▪ Albendazol[2] ▪ Metronidazol[2, 3]
Hexamitosen	*Hexamita* spp.	▪ Heimtiere	▪ Dimetridazol[4]
Trichomoniasis	*T. gallinarum* *T. gallinae*	▪ Ziervögel ▪ Brieftauben	▪ Dimetridazol[4] ▪ Ronidazol[4] ▪ Carnidazol[4] ▪ Furazolidon[3]
Entamoeba-Infektion	*E. histolytica* andere *Entamoeba* spp.	▪ Katze ▪ Hund ▪ Reptilien	▪ Metronidazol[2,3] ▪ Chloroquin[3]
Cystoisosporose	*Cystoisospora* spp.	▪ Katze ▪ Hund	▪ Sulfonamide ▪ Toltrazuril[2]
Isosporose	*Isospora suis*	▪ Schwein	▪ Sulfonamide (Sulfadimidin, Sulfaguanidin)
Toxoplasmose	*T. gondii*	▪ Katze ▪ Hund	▪ Clindamycin (Ktz.)[2] ▪ Sulfonamide (Ktz.) ▪ Spiramycin (Ktz.)[3] ▪ Toltrazuril (Ktz.)[2] ▪ Clindamycin (Hd.) ▪ Sulfonamide (Hd.)
Neosporose	*Neospora* spp.	▪ Hund ▪ Rind u. a.	▪ Clindamycin (Hd.) ▪ Trimethoprim-Sulfonamide (Rd. u. a.)
Sarkozystosen	*Sarcocystis* spp.	▪ Katze ▪ Hund u. a.*	▪ Trimethoprim-Sulfonamide
Cryptosporidiosen	*Cryptosporidium parvum*	▪ Rind	▪ Halofuginon[2] ▪ Lasalocid[2]

[1] In Deutschland besteht eine Zulassung für Hunde: Fenbendazol 50 mg/kg für 3 Tage.
[2] In Deutschland für die Tierart bzw. das Anwendungsgebiet nicht zugelassen.
[3] In Deutschland nur als Humanpräparat zugelassen. Gesetzliche Bestimmungen beachten (AMG, § 56a Abs. 1 und 2; Kaskadenregelung).
[4] In Deutschland nur für Brieftauben zugelassen.
* Zusätzlich sind zahlreiche Haus- und Heimtierarten End- oder Zwischenwirte von Sarkosporidien. Eine Therapie ist meistens nicht angezeigt.

FAZIT ANTIPROTOZOIKA

Unter Antiprotozoika versteht man Substanzen, die zur Behandlung und Prophylaxe von durch Protozoen hervorgerufene Darm- oder Bluterkrankungen eingesetzt werden. Dabei führen Wirkstoffe gegen die Geflügelkokzidiose, eine protozoäre Darmenteritis, die durch parasitäre Einzeller der Gattung Eimeria verursacht wird, die Gruppe der ökononomisch bedeutsamen Antiprotozoika an. Ohne diese sogenannten **Antikokzidia** wäre die heutige intensive Broilerproduktion undenkbar. Der direkte Lebenszyklus der Eimerien (kein Zwischenwirt), das enorme Vermehrungspotenzial bei gleichzeitig hoher Tenazität der Oozysten in der Umwelt würde einen Geflügelbestand innerhalb kürzester Zeit ökonomisch zusammenbrechen lassen.

Diese Antikokzidia werden daher vorwiegend prophylaktisch als Futtermittelzusatzstoffe bei Masthühnern, Junghennen und Truthühnern im Gesamtbestand über das Futter eingesetzt. Die größte Stoffgruppe stellen die sogenannten **ionophoren Polyetherantibiotika** (z. B. Monensin, Lasalocid, Salinomycin, Maduramycin) dar, deren Wirkprinzip in der Vermittlung eines massiven Einstroms von Kationen in die Eimerienzellen liegt, wodurch das transmembranöse Ionengefälle irreversibel gestört wird. Diese Stoffe sind allerdings für andere Tiere wie Pferde hochtoxisch. Weitere eingesetzte Futtermittelzusatzstoffe sind das Guanidinderivat Robenidin, welches die oxidative Phosphorylierung in den Eimerien-Mitochondrien hemmt, sowie Decoquinat, ein Chinolon, das den Elektronentransport in den Mitochondrien der Parasiten inhibiert. Halofuginon, ein Chinazolinderivat aus *Dichroa febrifuga*, einem Hortensiengewächs, findet nicht nur als Futtermittelzusatzstoff zur Prophylaxe bei Mast- und Truthühnern Einsatz, sondern darüber hinaus auch als Tierarzneimittel zur Vorbeugung einer Kryptosporidiose bei neugeborenen Kälbern. Von den neueren gut verträglichen Triazinderivaten eignet sich Toltrazuril mit Wirkung auf Enzyme der mitochondrialen Atmungskette zur Metaphylaxe und Therapie der Kokzidiose bei zahlreichen Tierarten (z. B. Huhn, Kalb, Ferkel, Hund), während Diclazuril als Tierarzneimittel lediglich bei Lämmern, als Futtermittelzusatzstoff auch bei Mast- und Truthühnern sowie ▸

Kaninchen zugelassen ist. Der permanente Einsatz von Antikokzidia in der Geflügelzucht macht **regelmäßige Wirkstoffrotation** erforderlich, um im Betrieb Resistenzen vorzubeugen. Zur Behandlung der Kokzidiose der Wiederkäuer, Fleischfresser und Schweine werden zudem Sulfonamide (z. T. potenziert mit Trimethoprim) therapeutisch eingesetzt, sind aber nur mäßig wirksam.

Hämoprotozoen wie Babesien, Leishmanien und Trypanosomen spielen primär in subtropischen und tropischen Regionen eine Rolle, werden aber durch Klimaerwärmung und Globalisierung zunehmend auch bei uns angetroffen. Für diese Erkrankungen sind in Deutschland derzeit allerdings keine Tierarzneimittel zugelassen.

17.2 Anthelminthika

STECKBRIEF ANTHELMINTHIKA

Arzneimittel gegen Würmer (Helminthen) werden als Anthelminthika bezeichnet. Die **Wirkungsmechanismen** von Anthelminthika bestehen in folgenden Eingriffen bei den Helminthen:

Neuromuskuläre Erregungsübertragung:

- direkte oder indirekte (Acetylcholinesterasehemmung) cholinomimetische Wirkung (spastische Paralyse)
- Erhöhung der Leitfähigkeit für Chloridionen; GABA-mimetische Wirkung (schlaffe Paralyse)

Diese Mechanismen führen meistens nicht zur Abtötung, sondern nur zur spastischen bzw. schlaffen Paralyse der Würmer, sodass diese ausgeschieden werden können. Die Lähmung der Würmer ist teilweise reversibel, d. h., sie erholen sich möglicherweise wieder. Dieser Effekt wird als **vermifuge Wirkung** bezeichnet. Zur Unterstützung der Helminthen-Ausscheidung kann in diesem Fall die Gabe von Laxanzien sinnvoll sein.

Metabolismus:

- Hemmung der Glukoseaufnahme und damit Verarmung an Glykogen und ATP
- Unterbrechung des Glykogenmetabolismus durch Blockade phosphorylierender Enzyme
- Hemmung der Glykolyse durch Bindung von Sulfhydrylgruppen von Enzymen
- Hemmung mitochondrialer Reaktionen (Fumarat-Reduktase) und somit der Succinatbildung aus Fumarat
- Hemmung von Phosphorylierungen, die an einen Elektronentransport gekoppelt sind (ATP-Generation)
- Hemmung der Tubulinpolymerisation in Mikrotubuli
- Schädigung (Vakuolisation) des Tegumentums

Diese Mechanismen führen meistens zur Abtötung der Parasiten, was als **vermizide Wirkung** bezeichnet wird.

Anthelminthika haben in der Veterinärmedizin bedingt durch die weite Verbreitung und das breite Spektrum an parasitären Würmern bei Haustieren eine sehr große Bedeutung. Die Art der Tierhaltung bietet meist gute Voraussetzungen für ein sicheres Überleben von parasitären Würmern. Das trifft besonders für Weidetiere zu, die wiederholt auf kontaminierten Flächen grasen, sodass Eier und Larven immer wieder frisch aufgenommen werden. Bei Gesellschaftstieren wie Hunden und Katzen können Infestationen über die Umgebung (z. B. mit Kot verunreinigte Grünflächen) oder durch die Aufnahme von Larven mit dem Futter aus Organen von sekundären Parasitenträgern auftreten. Außerdem spielen Flöhe als Zwischenwirte für die Übertragung bestimmter Bandwürmer eine Rolle.

Bei den **Helminthosen** der Tiere stehen der Stamm Plathyhelminthika, dem die Trematoden (Saugwürmer) und Cestoden (Bandwürmer) zuzuordnen sind, und der Stamm Nematoda (Faden- oder Rundwürmer) im Vordergrund. Die stark verbreiteten und artenreichen Nematoden parasitieren in der adulten Form häufig im Magen und im Darm, während wandernde Larven verschiedene Organe des Körpers erreichen. Cestoden sind meistens im Intestinum lokalisiert. Zu den Trematoden gehört der in unseren Breiten oft vorkommende Leberegel, der in den Gallengängen von Schafen und Rindern parasitiert.

Die klinischen und pathologischen **Auswirkungen** von Helminthen auf ihre Wirtstiere sind vielfältig. Im Gastrointestinaltrakt können sie dem Wirt wichtige Nährstoffe entziehen (Cestoden), können Mukosazellen im Darm zerstören (Strongyliden), Blut saugen (*Haemonchus*), zu Obstruktionen (Ascariden, Cestoden) und auch zur Hypersensitivität des Darms auf immunologischer Grundlage führen (Nematoden). Zu den Folgen in anderen Organsystemen zählen u. a. Gewebezerstörungen in der Lunge sowie eine Atembeeinträchtigung (*Dictyocaulus, Crenosoma*), ausgedehnte Gewebsschädigungen in der Leber (unreife Trematoden) und Kalzinose sowie Fibrose der großen Gallengänge (adulte Trematoden). Echinokokkenzysten verursachen ebenfalls eine Gewebezerstörung in der Leber.

Zielsetzungen bei der Entwicklung von Anthelminthika

Zur Behandlung von Helminthosen wurden früher schlecht verträgliche Mittel systemisch eingesetzt, wie Kupfersulfat, Arsenik-Verbindungen, pflanzliche Alkaloide (z. B. Arecolin) und Wurmfarn. Mit der Entdeckung der anthelminthischen Wirkung von Phenothiazin (1938) erfolgte der erste Schritt in die gezielte anthelminthische Chemotherapie. Die Einführung von Thiabendazol zu Beginn der 60er-Jahre war ein weiterer bedeutender Fortschritt, dem eine Reihe weiterer Anthelminthika mit immer breiterem Wirkungsspektrum und breiterem therapeutischen Sicherheitsindex folgten. Ein Anthelminthikum sollte gegen alle Entwicklungsstadien (extra- und intraintestinal) der Helminthen sicher wirksam sein. Ein breites Wirkungsspektrum umfasst verschiedene Gattungen und Familien, teils sogar verschiedene Stämme, wie Nematoden und Cestoden sowie Nematoden und Arthropoden. Heute stehen einige gut verträgliche und breit wirksame Arzneimittel gegen Helminthosen für Tiere zur Verfügung. Weitere Fortschritte bestehen in Optimierungen therapeutischer Systeme mit konstanten Wirkstofffreisetzungen (z. B. Ohrclips, Boli, Aufgusspräparate).

Spez. Pharmakologie

KLINISCHER BEZUG Trotz dieser Fortschritte kann auf eine **Wurmdiagnostik** nicht verzichtet werden, denn einige Helminthen, wie bestimmte Bandwürmer, können durch Breitspektrumanthelminthika wie Benzimidazole nicht bzw. nicht zuverlässig abgetötet werden. Zur Vermeidung von Zoonosen ist insbesondere bei Tieren, die im engen Kontakt zum Menschen stehen (Hund, Katze), eine Wurmfreiheit (Echinococcus, Ascariden) anzustreben. Mitteln mit höchster Wirkungspotenz ist somit ggf. der Vorzug vor Breitspektrumanthelminthika zu geben. Auch um geeignete Behandlungszeitpunkte, Wiederholungsbehandlungen und Maßnahmen gegen Zwischenwirte festzulegen, ist die Wurmdiagnostik essenziell.

Über **Resistenzen** gegen Anthelminthika wurde erstmals 1954 berichtet: *Haemonchus contortus* verhielt sich resistent gegenüber Phenothiazin. Seither entwickelten sich weltweit Resistenzen **gegen Benzimidazole, Morantel, Levamisol** sowie ältere Stoffe, die heute nicht mehr als Anthelminthika angewendet werden (Phenothiazin, Organophosphate). Gegen neuere Benzimidazole kommen im deutschsprachigen Raum häufig Resistenzen beim roten Magenwurm der kleinen Wiederkäuer (*Haemonchus contortus*) sowie bei kleinen Palisadenwürmern des Pferdes (kleine Strongyliden) vor. Problematisch sind insbesondere Multiresistenzen, wie sie für Trichostrongyliden des Schafes gegen Benzimidazole, Levamisol und makrozyklische Laktone beschrieben sind. Gegen Letztere zeigt sich auch zunehmend der Pferdespulwurm (*Parascaris equorum*) unempfindlich. Die Resistenzentwicklung bei Helminthen erfolgt im Unterschied zur bakteriellen Resistenz relativ langsam über viele Generationen des Parasiten. Meist wird eine Gruppenresistenz auf chemisch verwandte oder über gleiche Mechanismen wirkende Anthelminthika entwickelt. Eine solche „Nebenresistenz" ist z. B. für Levamisol und Morantel bekannt. Während hierbei mehrere Gene beteiligt sind, ist für die Ausbildung der Resistenz gegen Thiabendazol vermutlich ein einzelnes Gen verantwortlich. Das könnte der Grund dafür sein, dass sich die Resistenz gegen Thiabendazol rascher entwickelt. Würmer, die Resistenzgene tragen, sind wahrscheinlich in allen Populationen vorhanden. Die fortgesetzte Behandlung mit dem gleichen Anthelminthikum (gleiche Substanzklasse) selektiert also resistente Individuen. Ein Selektionsdruck entsteht auch durch Unterdosierung und unkritische, breite Anwendung von Anthelminthika. Um die Entwicklung von Resistenzen zu verzögern, eignet sich die Rotationsbehandlung mit unterschiedlichen Anthelminthika verschiedener Wirkungsmechanismen. Die Rotation sollte jedoch nicht in einer Helminthengeneration, sondern erst in Folgegenerationen vorgenommen werden. Auch wird bei Herdenhaltung mittlerweile der selektive, gezielte Einsatz (sog. targeted treatment) bei nur schwer erkrankten Tieren favorisiert. Hierdurch bleibt auf der Weide infolge der weiteren Ausscheidung von Wurmeiern unbehandelter Tiere eine Anthelminthika-sensible Wurmpopulation länger erhalten (sog. Refugium). Ein spontanes Verschwinden von einmal aufgetretenen Resistenzen ist aber auch bei ausbleibendem Selektionsdruck infolge eines langen Verzichts auf ein bestimmtes Anthelminthikum nicht zu erwarten.

17.2.1 Mittel gegen Nematoden (Rundwürmer)

Nematodenmittel kommen nicht nur therapeutisch, sondern häufig auch vorbeugend im Rahmen von Behandlungsprogrammen insbesondere bei Weidetieren zum Einsatz. Auch zur Vermeidung intrauteriner und galaktogener Wurminfestationen bei Welpen, Ferkeln und Fohlen werden diese Arzneimittel oft prophylaktisch an die Muttertiere verabreicht.

ZUM WEITERLESEN Viele Wirkstoffe, die früher häufig bei Haustieren gegen Nematoden Anwendung fanden, haben heute keine Bedeutung mehr, weil ihr Wirkungsspektrum sehr eng ist (z. B. Pyrvinium gegen Oxyuren) oder weil sie eine geringe therapeutische Breite haben, so z. B. **Phenothiazin, Diaethylcarbamacin, Naphthalin, Organophosphate** (Metrifonat, auch als Trichlorfon bezeichnet), **Phenolverbindungen** und **Tetrachlorkohlenstoff** (siehe 1. und 2. Auflage). **Nitroscanat**, ein Breitspektrum-Anthelminthikum, das lange Zeit bei Carnivoren gegen Nematoden und Bandwürmer zum Einsatz kam, steht heute nicht mehr als Tierarzneimittel zur Verfügung, weil es durch besser verträgliche Anthelminthika verdrängt wurde (weitere Angaben zu diesem Wirkstoff finden sich in der 2. Auflage).

Zur Nematodenbekämpfung werden heute am häufigsten Stoffe mit einem breiten Wirkungsspektrum aus der Gruppe der Benzimidazole und der makrozyklischen Laktone (antiparasitäre Makrolide) angewendet. Andere hier beschriebene Nematodenmittel haben im Hinblick auf oben genannte Rotationsbehandlungen gegen Resistenzentwicklungen sowie aufgrund einer guten Wirkungspotenz gegen bestimmte Helminthosen bei einzelnen Tierarten dennoch einen hohen Stellenwert (**Tab. 17.7**).

Benzimidazole

STECKBRIEF BENZIMIDAZOLE

Benzimidazole zeichnen sich durch ein breites Wirkungsspektrum aus. Insbesondere neuere Vertreter dieser Wirkstoffgruppe erfassen nicht nur alle intra- und extraintestinalen Entwicklungsstadien (auch histotrope, ruhende Larvenstadien) der Nematoden, sondern teils auch Cestoden und Trematoden (Leberegel). Neben einer larviziden und vermiziden Wirkung werden auch Eier der Nematoden abgetötet (ovizid). Das Benzimidazol der Wahl variiert jedoch in Abhängigkeit von der Helminthenart und von der Wirtstierspezies. Insgesamt sind die Benzimidazole gut verträglich, allerdings müssen tierartspezifische teratogene Effekte dieser Wirkstoffe berücksichtigt werden.

Alle Benzimidazole leiten sich von der Grundstruktur aus Benzol- und Imidazolring ab (**Abb. 17.12**). Den ersten Vertretern dieser Stoffgruppe, Thiabendazol (Markteinführung 1964), Parbendazol (1967) und Cambendazol (1970), die heute nicht mehr als Anthelminthika im Handel sind, folgten laufend weitere Benzimidazole wie **Mebendazol** (1971), **Oxibendazol** (1973), **Fenbendazol** (1974), **Oxfen-**

Tab. 17.7 Verschiedene Mittel gegen Nematoden.

Wirkstoffgruppe	Wirkungsmechanismus	Wirkung gegen	Vertreter
Benzimidazole	▪ Hemmung der Tubulinpolymerisation ▪ Hemmung der Glukoseaufnahme ▪ Hemmung von mitochondrialen Enzymen	▪ Nematoden (intra-, extratestinal) ▪ teils gegen Cestoden ▪ Trematoden (Albendazol)	▪ Albendazol ▪ Febantel ▪ Fenbendazol ▪ Flubendazol ▪ Mebendazol ▪ Netobimin ▪ Oxfendazol
Pyrimidine	▪ agonistische Wirkung an M- und N-Cholinozeptoren	▪ Magen-Darm-Nematoden	▪ Pyrantel ▪ Oxantel
Imidazothiazole	▪ direkte cholinerge Effekte	▪ Nematoden (intra-, extraintestinal)	▪ Levamisol
Makrolide	▪ Hemmung der nervalen Inhibition	▪ Nematoden (intra-, extraintestinal) ▪ Ektoparasiten	▪ Avermectine ▪ Milbemycine
Verschiedene	▪ GABA-agonistische Wirkung	▪ Askariden	▪ Piperazin
	▪ Sekretinrezeptoren-Aktivierung	▪ Magen-Darm-Nematoden	▪ Emodepsid
	▪ agonistische Wirkung an N-Cholinozeptoren	▪ Magen-Darm-Nematoden	▪ Monepantel

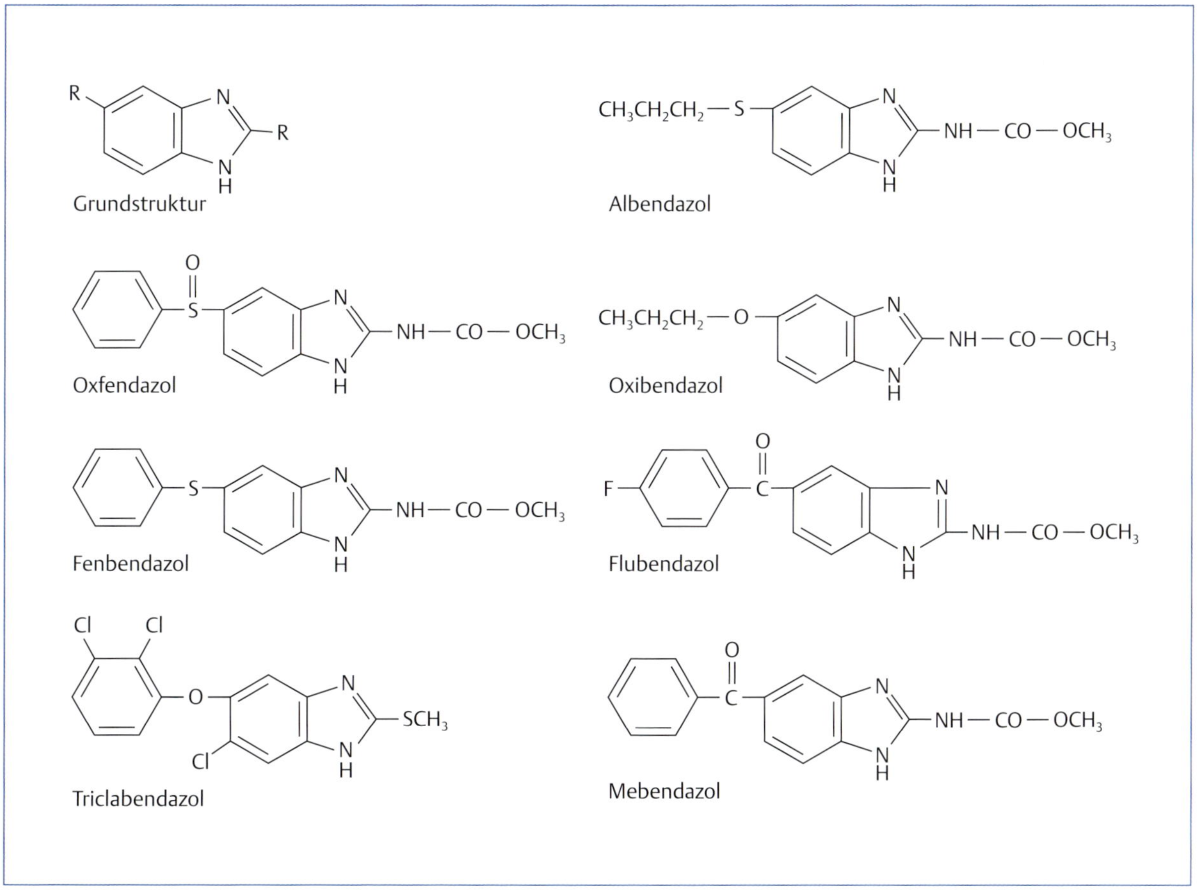

Abb. 17.12 Benzimidazole.

dazol (1975) und **Albendazol** (1976). Diese zeichnen sich insbesondere durch eine verbesserte Wirksamkeit und Verträglichkeit aus, was über strukturelle Modifikationen, wie z. B. Substitutionen am Kohlenstoff in Position 5 des Benzenrings, erzielt wurde. **Triclabendazol** nimmt aufgrund seines Wirkungsspektrums gegen Trematoden eine Sonderstellung ein. **Febantel** und **Netobimin** sind veterinärmedizinisch gebräuchliche Vertreter aus der Gruppe der sogenannten **Probenzimidazole**, die im Wirtsorganismus erst zu den wirksamen Benzimidazolen Fenbendazol bzw. Albendazol metabolisiert werden (Prodrugs).

Die Erweiterung des Wirkungsspektrums ist insbesondere auf Veränderungen der pharmakokinetischen Eigenschaften zurückzuführen.

Pharmakodynamik Benzimidazole stören durch Hemmung der Polymerisation von Tubulin die Mikrotubuli-Bildung. Dies zieht Störungen der Spindelbildung in der Mitose (bei Eiern, Larven und adulten Formen relevant), eine Schädigung der Zytoskelett-Bildung bei juvenilen und adulten Helminthen sowie eine Hemmung der Aufnahme und des Transports von Nährstoffen nach sich. Nicht nur eine verringerte Aufnahme von Glukose, sondern auch die Hemmung der Fumarat-Reduktase, eines mitochondrialen Enzyms der Helminthen, hat eine Erschöpfung der Energiereserven (Glykogen, ATP) zur Folge. Die letale Wirkung auf die Helminthen tritt verzögert nach 2–3 Tagen ein und erfordert eine ausreichend lange Kontaktzeit mit dem Anthelminthikum, was oft nur durch wiederholte Applikationen oder Langzeitformulierungen zu erzielen ist. Die ovizide Wirkung durch Hemmung der Spindelbildung setzt hingegen bereits nach ca. 8 h ein. Bei Cestoden kann die Polymerisationshemmung (mit Mebendazol) zu einer Schädigung des Tegumentums führen, sodass der Parasit durch proteolytische Darmenzyme des Wirtes verdaut wird. Diese Wirkung tritt noch langsamer ein als die Hemmung des Energiemetabolismus bei Nematoden.

Pharmakokinetik Die Wirkung auf verschiedene extra- und intraintestinale Entwicklungsstadien und adulte Parasiten sowie die Breite des Wirkungsspektrums gegen Helminthen werden in erster Linie durch die kinetischen Eigenschaften der einzelnen Benzimidazole bestimmt. Benzimidazole sind allgemein lipophile Verbindungen, die oral zur Anwendung kommen. Zielsetzung ist eine zwar ausreichende enterale Resorption, damit extraintestinale Formen erfasst werden, andererseits soll die Resorption aber nicht zu schnell erfolgen, damit ausreichend lange Kontaktzeiten im Magen-Darm-Trakt eine zuverlässige Wirksamkeit gegen intestinale Parasitenstadien gewährleisten. Bei Carnivoren erfolgen die Magen-Darm-Passage und die Resorption von Benzimidazolen in der Regel relativ schnell, weshalb oft nur bei wiederholter Gabe eine zuverlässige Wirksamkeit gegen intestinale Formen besteht. Einige Benzimidazole (Oxfendazol, Fenbendazol, Albendazol) unterliegen einem enteroenteralen Kreislauf, sodass in der Darmwand ausreichende Konzentrationen zur Abtötung der dort lokalisierten histotropen Phasen der Parasiten gegeben sind. Benzimidazole bzw. deren aktive Metaboliten, die biliär ausgeschieden werden, können in den Gallengängen so hohe Wirkstoffkonzentrationen erreichen, dass eine gute Wirksamkeit gegen die dort parasitierenden Leberegel besteht.

Die Biotransformation von Benzimidazolen ist variabel. Decarboxylierung und Hydroxylierung in Position 4 oder 5 des Phenylrings sind beschrieben. Oxfendazol, Fenbendazol und Albendazol werden in der Leber zu aktiven Metaboliten umgewandelt, die mit der Galle oder durch Sekretion wieder in den Darm gelangen. Aufgrund einer hohen Verteilung und einer langsamen Elimination sind für handelsübliche Benzimidazole teils lange Wartezeiten einzuhalten, die je nach Tierart und Wirkstoff variieren.

Nebenwirkungen, Toxizität, Benzimidazole sind bei Haus-, Wild- und Zootieren sehr gut verträglich. Selbst Überdosierungen um ein 10-Faches der therapeutischen Dosis bleiben ohne Vergiftungssymptome.

> **CAVE**
> Zu beachten ist, dass Benzimidazole aufgrund ihrer antimitotischen Wirkung teratogene oder embryotoxische Eigenschaften haben, die schon in therapeutischen Dosisbereichen auftreten können.

Bei männlichen Zuchttieren ist es besser, ein anderes Anthelminthikum auszuwählen, denn nach Langzeitbehandlung mit hohen Dosen wurden Fertilitätsstörungen bei verschiedenen Tierarten beobachtet. Vereinzelt treten bei Vögeln eine Minderung der Legeleistung und Schlupfrate, häufiger auch Mauserstörungen auf.

Wechselwirkungen Beim Pferd sind gastrointestinale Störungen bei gleichzeitiger Gabe von Oxfendazol und Dichlorvos beschrieben. Ansonsten bestehen aber keine Wechselwirkungen zwischen Cholinesterasehemmern und Benzimidazolen. Durch gleichzeitige Verabreichung von Bromsalan-Fasziolíziden (in Deutschland nicht zugelassen) kann es zu akuten Intoxikationen und zu Todesfällen kommen.

Kontraindikationen Aufgrund ihrer teratogenen und embryotoxischen Eigenschaften besteht für Benzimidazole bei einzelnen Tierarten in der frühen Trächtigkeit (z. B. Albendazol bei Rind und Schaf) oder während der gesamten Trächtigkeit (z. B. Fenbendazol und Oxfendazol beim Hund) eine Kontraindikation. Prinzipiell ist bei graviden Tieren größte Vorsicht geboten. Wenn überhaupt ein Einsatz von Benzimidazolen während der Trächtigkeit erfolgt, muss die therapeutische Dosis strikt eingehalten werden.

Albendazol

Albendazol wirkt gegen alle wichtigen Nematoden, ihre Larven (auch histotrope und inhibierte Formen) sowie in höheren Dosen gegen adulte Leberegel (> 12 Wochen) und verschiedene Cestoden. Auch gegen extraintestinale Parasiten ist eine Wirksamkeit beschrieben. Albendazol ist lipophil und wird relativ umfangreich resorbiert (zu rund 50 %). In der Leber erfolgt die Metabolisierung zu Albendazolsulfoxid. Dieses ist noch anthelminthisch aktiv und mitverantwortlich für die gute extraintestinale Wirksamkeit. Teils wird das Sulfoxid durch die Pansen- und Darmflora wieder zu Albendazol reduziert. Durch die biliäre Ausscheidung der Albendazolmetaboliten lassen sich auch in den Gallengängen gegen Leberparasiten wirksame Konzentrationen erreichen. Albendazol steht als Arzneimittel **gegen Nematoden und gegen Leberegel** für Rinder und Schafe zur Verfügung.

Netobimin, das in Österreich, jedoch bisher noch nicht in Deutschland zugelassen ist, gehört zu den Probenzimidazolen, das durch Bakterien der Pansen- und Darmflora zum anthelminthisch wirksamen Albendazol metabolisiert wird. Sein Wirkungsspektrum entspricht dem Albendazol.

Dosierung

- Rind: 7,5 mg/kg (10 mg/kg gegen Leberegel) p. o.
- Schaf: 5 mg/kg (7,5 mg/kg gegen Leberegel) p. o.
- Pferd: 5 mg/kg p. o.

Für Pferde ist Albendazol in Deutschland und in der Schweiz nicht zugelassen.

Kontraindikationen Wegen des teratogenen Risikos ist Albendazol bei trächtigen Schafen (gesamte Trächtigkeit) und bei Kühen im ersten Monat der Trächtigkeit kontraindiziert.

Wartezeit
- Rind, essbare Gewebe: 21–28 Tage (je nach Präparat); Milch: 5 Tage
- Schaf, essbare Gewebe: 10–14 Tage (je nach Präparat); Milch: 5 Tage

Fenbendazol

Fenbendazol steht als Arzneimittel für verschiedene Tierarten (Rind, Schaf, Schwein, Pferde, Hunde, Katzen und Brieftauben) zur Verfügung. Es ist aktiv gegen alle wichtigen Nematoden, einschließlich inhibierter Larven. Es hat keine ausreichende Wirksamkeit gegen Trematoden und gegen Cestoden bei Pferden (Anoplocephaliden) sowie bei Hunden und Katzen (außer Tänien). Daher ist es in Kombination mit dem wirksamen Cestodenmittel Praziquantel im Handel. Hingegen wirkt Fenbendazol bei 3-tägiger Anwendung gut gegen die akute Giardiose bei Hunden.

Pharmakokinetik Fenbendazol wird nach oraler Gabe nur zum geringen Teil und langsam resorbiert. Die Passage durch die Vormägen erfolgt bei Wiederkäuern sehr verzögert, bei Carnivoren dagegen schnell, sodass bei Hund und Katze höhere Dosierungen erforderlich sind. Fenbendazol wird in der Leber zum ebenfalls aktiven Sulfoxid-Metaboliten Oxfendazol umgewandelt (Ausnahme: Pferd), das selbst therapeutisch zum Einsatz kommt. Oxfendazol gelangt biliär und durch direkte enterale und abomasale Sekretion zurück in den Gastrointestinaltrakt und trägt somit einen wesentlichen Anteil an der Gesamtwirkung. Bei Wiederkäuern beträgt die Eliminationshalbwertszeit 21–35 h, je nach Applikation in den Labmagen oder Pansen, bei Monogastriern 10–12 h. Die Ausscheidung erfolgt überwiegend über die Fäzes, in die Milch gehen nur geringe Mengen über. Fenbendazol besitzt bei allen Tieren eine sehr große Sicherheitsbreite.

Dosierung
- Katze, Hund: 50 mg/kg p. o. an 3 aufeinanderfolgenden Tagen (teratogen)
- Schwein: 5 mg/kg p. o.
- Rind: 7,5 mg/kg p. o.
- Schaf: 5 mg/kg p. o.
- Pferd: 7,5 mg/kg p. o., bei Parascaris-equorum-Befall auch 10 mg/kg p. o.

Nebenwirkungen Fenbendazol kann bei Tauben Mauserstörungen verursachen. Bei Hunden wurden nach dreifacher Überdosierung teratogene Wirkungen beobachtet.

Wartezeit
- Schwein, essbare Gewebe: 5 Tage
- Rind, essbare Gewebe: 7–9 Tage; Milch: 6 Tage; Bolus wirksam über 200 Tage (als Bolus nicht bei Kühen anwenden, deren Milch für den menschlichen Verzehr vorgesehen ist)
- Schaf, essbare Gewebe: 10 Tage
- Pferd, essbare Gewebe: 7–20 Tage

Die Wartezeiten können je nach Präparat variieren.

Flubendazol

Flubendazol wird p. o. an Schweine, Hunde, Katzen und Hühner gegen Nematoden verabreicht. Beim Huhn ist auch eine Wirkung gegen den Cestoden *Raillietina cesticillus* vorhanden, allerdings nur mit einer Stärke bis zu 70 %. Beim Hund besteht eine cestozide Teilwirkung gegen *Taenia pisiformis* (< 75 %), bei der Katze eine gute Wirksamkeit gegen *Hydatigera taeniaeformis* nach 3-tägiger Anwendung.

Pharmakokinetik Flubendazol ist äußerst schlecht löslich und wird kaum resorbiert. Die Toxizität ist entsprechend gering. Die maximalen Plasmaspiegel von Flubendazol betragen höchstens 10 % derjenigen von Mebendazol, dem nicht halogenierten Derivat.

Dosierung
- Katze, Hund: 22 mg/kg p. o. über 2 Tage, bei Tänien- bzw. Peitschenwurmbefall über 3 Tage
- Schwein: 5 mg/kg p. o. oder 30 mg/kg im Mischfutter
- Hühner: 30 mg/kg im Mischfutter für 7 Tage gegen Nematoden oder 60 mg/kg im Mischfutter für 7 Tage gegen Cestoden

Kontraindikationen Nicht an trächtige und säugende Katzen verabreichen. Nicht angezeigt bei Zuchthunden und -katzen unter einem Jahr.

Wartezeit in Abhängigkeit von den Präparaten:
- Schwein, essbare Gewebe: 4–14 Tage
- Huhn, essbare Gewebe: 2–4 Tage; Eier: 0 Tage

Oxfendazol

Oxfendazol ist der aktive Sulfoxydmetabolit von Fenbendazol. Oxfendazol hat ein breites Wirkungsspektrum gegen häufig vorkommende Magen-Darm-Nematoden und Monezia bei Rind und Schaf sowie Lungenwürmer. Zum größten Teil werden auch inhibierte larvale Stadien erfasst, außerdem bestimmte Cestoden. Oxfendazol hat sich besonders bei Wiederkäuern bewährt. Es wird bei Rindern zu Beginn der Weidesaison auch als Bolus in den Pansen appliziert.

Pharmakokinetik Die orale Bioverfügbarkeit ist mit bis zu 50 % verhältnismäßig hoch. Maximale Plasmakonzentrationen werden aber erst nach ca. 30 h erreicht. Die Halbwertszeit liegt bei Wiederkäuern zwischen 25 und 30 h. In der Leber, bei Wiederkäuern teilweise auch schon im Pansen, wird Oxfendazol zu seinem Thiometaboliten Fenbendazol reduziert, der wiederum in der Leber zu Oxfendazol oxidiert werden kann. Alle Stufen sind anthelminthisch wirksam und unterliegen zum Teil einer Sekretion in den Labmagen. Dadurch lassen sich bei Wiederkäuern relativ lang anthelminthische Konzentrationen aufrechterhalten. Die Ausscheidung von Muttersubstanz und Metaboliten erfolgt zu über 80 % mit dem Kot.

Dosierung
- Rind: 4,5 mg/kg p. o. oder intraruminal
- Schaf: 5 mg/kg p. o. oder intraruminal

Nebenwirkungen Oxfendazol ist mit einem Sicherheitsindex von etwa 5–10 zwar gut verträglich, erwies sich aber bei verschiedenen Tierarten als teratogen, so z.B. beim Schaf bei der 4,5-fachen therapeutischen Dosis. Oxfendazol darf daher nicht bei tragenden Tieren angewendet werden. Boli sind nur für ruminierende Tieren bestimmt.

Wartezeit

- Rind, essbare Gewebe: 14 Tage (Boli 180 Tage); Milch: 5 Tage
- Schaf, essbare Gewebe: 14 Tage

Febantel

Febantel ist als Probenzimidazol eine Vorstufe für Fenbendazol (**Abb. 17.13**). Sein Wirkungsspektrum entspricht dem von Fenbendazol (S.477) und Oxfendazol (S.477). Febantel wird rasch enteral resorbiert und zu seinen aktiven Metaboliten umgewandelt. Diese sind hoch wirksam gegen adulte und larvale Stadien der meisten intestinalen Nematoden und gegen Lungenwürmer. Allerdings ist die Wirkung gegen Trichuren und Strongyliden meistens begrenzt. Beim Hund wird *Trichuris vulpis* erreicht, Haken- und Spulwürmer sowie Cestoden aber nicht mit Sicherheit, weshalb Kombinationen mit Pyrantel und dem Bandwurmmittel Praziquantel Anwendung finden. Für Febantel und das Pyrimidin Pyrantel sind synergistische Wirkungen gegen Nematoden nachgewiesen.

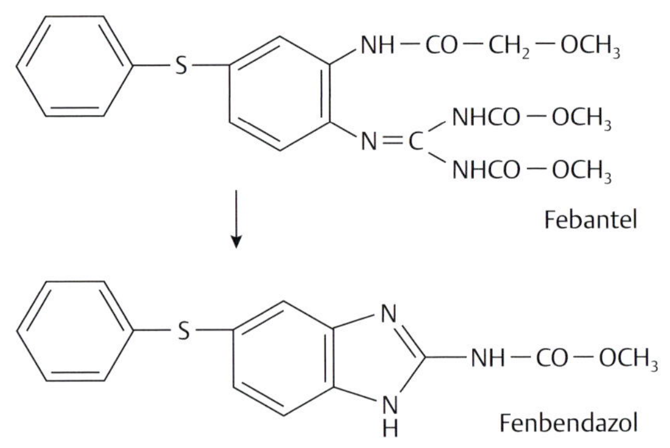

Pharmakokinetik Febantel wird bei allen Tierarten zu über 40 % enteral resorbiert. Aktive Metaboliten gelangen biliär in den Darm zurück. Die Halbwertszeiten für Febantel liegen zwischen 24 h (Schaf) und 3 Tagen (Schwein).

Dosierung (p. o.)

- Hund: 15 mg/kg p.o. in Kombination mit 14,4 mg/kg Pyrantelembonat, auch mit 5 mg/kg Praziquantel
- Schwein: 5 mg/kg p.o.
- Rind: 7,5 mg/kg p.o.
- Schaf: 5 mg/kg p.o.
- Pferd: 6 mg/kg p.o.

Nebenwirkungen Die Verträglichkeit von Febantel ist gut, die Sicherheitsspanne reicht bis zum 10-Fachen der empfohlenen Dosis. Aufgrund des entstehenden Metaboliten Oxfendazol als Wirkprinzip muss mit teratogenen und embryotoxischen Wirkungen gerechnet werden. Bei Welpen kann es in therapeutischen Dosen zu einer kurzfristigen Gewichtsreduktion kommen.

Wartezeit

- Schwein, essbare Gewebe: 6 Tage
- Rind und Schaf, essbare Gewebe: 14 Tage; Milch: 4 Tage
- Pferd, essbare Gewebe: 20 Tage; nicht bei Stuten anwenden, deren Milch für den menschlichen Verzehr vorgesehen ist

Mebendazol

Mebendazol, ein älteres Benzimidazol, ist wirksam gegen zahlreiche Nematoden, jedoch nur teilweise gegen die Larvenstadien. Auch gegen Cestoden ist die Wirksamkeit begrenzt. Mebendazol steht als Monopräparat zur Behandlung von Nematoden bei Pferden, Hunden und Katzen zur Verfügung. Für Schafe ist es als Drench in Kombination mit dem Salicylsäureanilid Closantel (**Abb. 17.20**) im Falle von Mischinfektion mit Leberegeln (> 6 Wochen alte *Fasciola hepatica*) oder Nasendasselfliegen-Larven (*Oestrus ovis*) zugelassen.

Abb. 17.13 Febantel und Fenbendazol.

Pharmakokinetik Die enterale Resorption von Mebendazol ist verhältnismäßig gering, sie liegt bei Hunden unter 10 %. Das Verteilungsvolumen variiert je nach Tierart. Mebendazol wird rasch und fast vollständig zu inaktiven Metaboliten umgewandelt. Die Ausscheidung nicht resorbierter Anteile erfolgt unverändert über die Fäzes.

Dosierung

- Katze: 22 mg/kg p.o. über 3–4 Tage
- Hund: 20 mg/kg p.o. über 3–5 Tage
- Schaf: 15 mg/kg + 10 mg Closantel/kg p.o.
- Pferd: 5–10 mg/kg p.o.

Nebenwirkungen Die Verträglichkeit ist gut, der Sicherheitsindex liegt bei 20. Obwohl bei Nagern nach Gabe von Mebendazol teratogene Effekte auftreten, sind solche bei den Zieltierarten nicht beobachtet bzw. beim Hund erst in 5-facher Überdosierung nachgewiesen worden. Mebendazol kann bei Hunden gelegentlich Durchfall und Erbrechen, in Einzelfällen bereits in therapeutischen Dosen toxische Leberschäden hervorrufen. Bei chronischer Anwendung oder Wiederholungsbehandlungen ist das Risiko einer hepatotoxischen Wirkung erhöht.

Wartezeit

- Schaf, essbare Gewebe: 65 Tage (als Kombinationspräparat); nicht an Schafe verabreichen, deren Milch für den menschlichen Verzehr vorgesehen ist
- Pferd, essbare Gewebe: 28 Tage; nicht bei Stuten anwenden, deren Milch für den menschlichen Verzehr vorgesehen ist

Ökotoxizität Mebendazol und Closantel sind potenziell toxisch für Dung-Organismen. Systematische Schafherden-Behandlungen sollten daher nur nach Ende der Fliegensaison im Herbst oder im Frühjahr erfolgen. Für 7 Tage nach der Behandlung ist auf einen Weidegang zu verzichten.

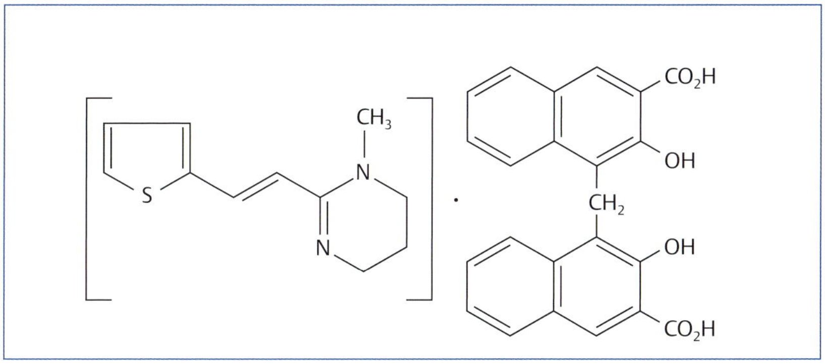

Abb. 17.14 Pyrantelpamoat.

Pyrimidine

Zur Gruppe der Tetrahydropyrimidine, bei denen es sich um zyklische Amidine handelt (Abb. 17.14), gehören **Pyrantel** und Morantel. Morantel ist nicht mehr im Handel. Ein weiterer Vertreter dieser Gruppe, das **Oxantel**, ist nur als Kombinationspräparat mit Pyrantel und Praziquantel für Hunde verfügbar. Pyrantel wird heute noch häufig zur Bekämpfung der wichtigsten Magen-Darm-Nematoden bei Pferden, Hunden und Katzen prophylaktisch und therapeutisch eingesetzt. Da der Wirkungsmechanismus und das Wirkungsspektrum der Pyrimidine vergleichbar sind, beschränken sich nachfolgende Beschreibungen auf Pyrantel.

Pyrantel

STECKBRIEF PYRANTEL

Pyrantel steht als schwer lösliches Embonat (Pamoat) zur oralen Verabreichung gegen intestinale Nematoden bei Pferden, Hunden und Katzen zur Verfügung. Pyrantelembonat wird im Gegensatz zur freien Base oder anderen Salzformen nur in sehr geringem Maße aus dem Magen-Darm-Trakt resorbiert, was für die gute Verträglichkeit und für die Einschränkung des Wirkungsspektrums entscheidend ist. Es wirkt folglich nicht gegen extraintestinale Parasiten wie gegen Lungenwürmer und extraintestinale Larvenstadien. Eine hohe Wirksamkeit besteht jedoch gegen reife und unreife Nematoden im Darmlumen.

In Kombination mit Febantel ist gegenüber Magen-Darm-Nematoden des Hundes (z. B. Hakenwürmer) eine Wirkungspotenzierung (S. 478) beschrieben. Da Pyrantel gegen Cestoden unwirksam ist, wird es in Kombination mit den cestoziden Isochinolinderivaten Praziquantel bzw. Epsiprantel bei Hunden und Katzen eingesetzt. Gegen Trematoden besteht keine Wirksamkeit. Eine vollständige Entwurmung bei Welpen ist nur durch Wiederholungsbehandlungen erreichbar.

Pharmakodynamik Der Wirkungsmechanismus der Pyrimidine basiert auf einer direkten agonistischen Wirkung an M- und N-Cholinozeptoren. In höheren Konzentrationen kommt noch eine Hemmung der Acetylcholinesterase hinzu. Folge ist eine spastische Paralyse der Nematoden. Aufgrund ihres Wirkungsmechanismus können die Pyrimidine bei Benzimidazolresistenz eingesetzt werden. Pyrantelresistenzen sind gegenwärtig in Europa noch nicht von Bedeutung.

Pharmakokinetik Die Resorption von Pyrantelembonat erfolgt verzögert und nur zu einem geringen Teil, sodass es auch noch in den unteren Darmabschnitten ausreichend wirksam ist. Resorbiertes Pyrantel wird sehr schnell in der Leber metabolisiert und durch Hydroxylierung inaktiviert. Die Ausscheidung erfolgt überwiegend über den Kot in teilweise unveränderter Form.

Dosierung Pyrantelembonat wird als Salz wie folgt dosiert:

- Katze: 57,6 mg/kg p. o., auch mit 5 mg/kg Praziquantel
- Hund: 14,4 mg/kg p. o., auch mit 5 mg/kg Praziquantel bzw. 5,5 mg Epsiprantel (cestozid); zudem auch mit 57,6 mg Oxantel-Embonat (gegen *Trichuris vulpis*)
- Pferd: 6,6 mg/kg p. o.

Nebenwirkungen Aufgrund der geringen oralen Bioverfügbarkeit und schnellen Metabolisierung besitzt Pyrantelpamoat bei allen Spezies nach oraler Gabe eine große therapeutische Breite. Gelegentlich treten Erbrechen und Diarrhö auf. Bei parenteraler Anwendung wäre mit parasympathomimetischen Vergiftungssymptomen zu rechnen.

Wechselwirkungen Eine Verstärkung der Wirkung ist durch andere direkte und indirekte Parasympathomimetika sowie durch depolarisierende Muskelrelaxanzien (z. B. Suxamethonium) zu erwarten. Praktische Bedeutung haben Wechselwirkungen mit anderen parasympathomimetisch wirkenden Antiparasitika, so mit Ektoparasitika (Organophosphate und Carbamate). Eine gleichzeitige Gabe sollte daher vermieden werden. Antidot im Falle von Vergiftungserscheinungen ist Atropin.

Wartezeit Pferd, essbare Gewebe: 0–1 Tag

Imidazothiazole

Aus der Gruppe der Imidazothiazole ist heute nur noch **Levamisol** für die Therapie bedeutend (Abb. 17.15). Als erstes Anthelminthikum dieser Stoffgruppe kam Tetramisol zum Einsatz, ein Racemat mit der l-Isoform von Levamisol. Seit Levamisol als Träger der Wirksamkeit gegen Nematoden erkannt wurde, findet Tetramisol keine Anwendung mehr, zumal Levamisol besser wirksam und verträglich ist. Nachfolgende Beschreibungen beziehen sich daher ausschließlich auf Levamisol.

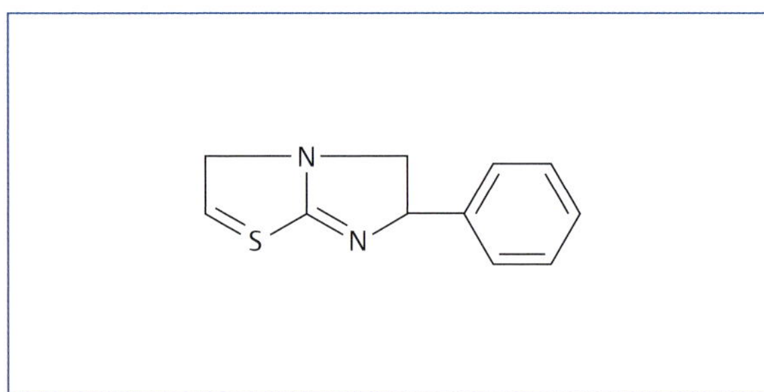

Abb. 17.15 Levamisol.

Levamisol

Pharmakodynamik Der Wirkungsmechanismus von Levamisol basiert auf seinen direkten cholinergen Effekten. In höheren Dosen kommt eine Hemmung der Acetylcholinesterase hinzu. Zusätzlich wurde eine Hemmung des Enzyms Fumarat-Reduktase nachgewiesen, deren Potenz aber zu gering erscheint, als dass sie zum Wirkungsmechanismus in vivo beitragen könnte. Die cholinergen Mechanismen von Levamisol führen zu einer sehr schnell eintretenden spastischen Paralyse bei Parasiten. Die Wirkungsstärke von Levamisol hängt weniger von der Dauer der Einwirkungszeit, sondern eher von der Höhe der Konzentration am Parasiten ab.

Die **immunmodulatorischen Eigenschaften** von Levamisol haben insbesondere in der Humanmedizin große Aufmerksamkeit gefunden. Auch veterinärmedizinisch wurde versucht, seine immunstimulierende Wirkung auszunutzen. Begrenzte therapeutische Erfahrungen liegen bei Hunden mit chronisch entzündlichen Erkrankungen (rheumatoide Arthritis) vor. Eine Verbesserung des Immunstatus in Form einer Wiederherstellung ausreichender T-Zellpopulationen war mit 25–30 % der anthelminthisch wirksamen Dosierung zu erreichen.

Das **Wirkungsspektrum** von Levamisol umfasst die wichtigsten gastrointestinalen und extraintestinalen Nematoden, auch ihre Larvenstadien. Levamisol wird bei Benzimidazolresistenz eingesetzt. Es gibt jedoch bereits Hinweise auf Mehrfachresistenzen gegen Levamisol und Benzimidazole bei Trichostrongyliden kleiner Wiederkäuer in Europa. Mit Pyrantel ist eine Nebenresistenz möglich.

Pharmakokinetik Die Bioverfügbarkeiten nach oraler, topischer und parenteraler (i. m., s. c.) Verabreichung liegen nahe beieinander. Die maximalen Blutspiegel sind aber nach i. m. Injektion mit Werten bis zu 10 µg/ml etwa doppelt so hoch wie nach oraler Gabe. Maximale Plasmakonzentrationen werden bereits nach 1 h erreicht. Die Metabolisierung ist umfassend. Innerhalb von 24 h werden 90 % der Dosis renal ausgeschieden. Die Halbwertszeit beim Rind beträgt 4 h.

Dosierung

- Rind, Schaf, Schwein: 7,5 mg/kg p. o., 8 mg/kg s. c./i. m., Rückenaufguss (nur Rind) 10 mg/kg
- Geflügel: bei Askariden 20 mg/kg, bei *Capillaria/Syngamus* 30 mg/kg über das Futter oder Trinkwasser
- Igel (Schweiz): 2 mg/kg s. c.

Nebenwirkungen

CAVE

Die Verträglichkeit von Levamisol ist als mäßig zu bezeichnen. Bereits bei der doppelten therapeutischen Dosis können muskarin- und nikotinartige Wirkungen auftreten. Als Antidot ist Atropin wirksam.

Levamisol wird sowohl aus dem Magen-Darm-Trakt als auch über die intakte Haut rasch resorbiert. Die Injektionslösung wirkt an der Injektionsstelle lokal reizend. Auch bei der Aufgussbehandlung können Hautirritationen und Haarausfall vorkommen. Anwender sollen sich daher mit Handschuhen schützen. Levamisol kann bei trächtigen Igelweibchen zum Abort führen.

Kontraindikationen Nicht bei Tieren anwenden, deren Milch oder Eier für den menschlichen Verzehr vorgesehen sind.

Wartezeit

- Schwein, essbare Gewebe: 14 Tage (p. o.), 8–14 Tage (p. inj.)
- Rind, essbare Gewebe: 21 Tage (p. o.), 8–14 Tage (p.inj.), 22–25 Tage (Pour on)
- Schaf, essbare Gewebe: 21 Tage (p. o.), 14 Tage (p.inj.)
- Geflügel (Huhn, Perlhuhn, Pute, Gans, Ente, Taube, Fasan), essbare Gewebe: 14 Tage

Makrolide

Neben den oben beschriebenen Anthelminthika finden die sehr breit wirksamen makrozyklischen Laktone (**Avermectine** und **Milbemycine**) sehr häufig Anwendung gegen Nematoden. Da sie sowohl gegen Nematoden als auch gegen Ektoparasiten (S. 503) hoch wirksam sind, werden diese Makrolide auch als **Endektozide** bezeichnet. Diese lipophilen Stoffe wirken gegen intestinale und extraintestinale Nematoden; auch gegen inhibierte Larvenstadien sind sie gut wirksam. Diese Stoffgruppe ist in einem der folgenden Kapitel (S. 503) weiter beschrieben.

Weitere Anthelminthika gegen Nematoden

Die hier beschriebenen Anthelminthika haben eine Bedeutung bei einzelnen Tierarten und gehören keiner größeren Stoffgruppe von Anthelminthika an.

Piperazin

Piperazin (**Abb. 17.16**) wird schon seit den 50er-Jahren als Anthelminthikum in der Veterinärmedizin eingesetzt. Lange Zeit war es das Mittel der Wahl gegen Nematoden. Von den damals entwickelten Salzformen findet heute nur noch Piperazincitrat Anwendung. Wegen des verhältnismäßig schmalen Wirkungsspektrums wurde Piperazin durch die oben beschriebenen Stoffgruppen verdrängt. Aufgrund seiner sehr guten Wirkung gegen Askariden und Oxyuren findet es jedoch noch Anwendung. Adulte Parasiten sind empfindlicher gegenüber Piperazin als jüngere Stadien. Im Darmlumen befindliche Larven und immature Adulte werden in der Regel noch erfasst, Piperazin ist je-

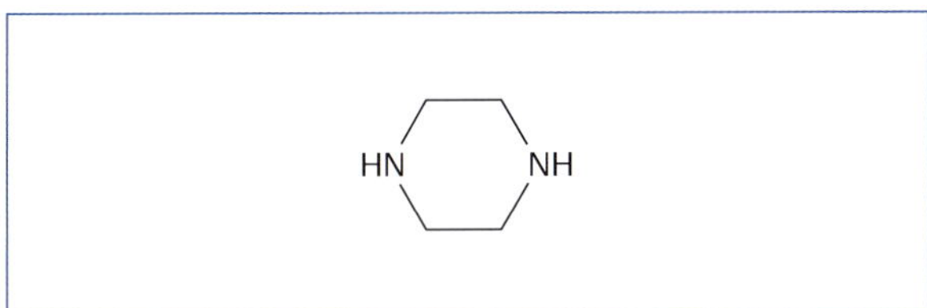

Abb. 17.16 Piperazin.

doch nicht gegen histotrope Formen und gegen sich häutende Larven wirksam. Deshalb sind teils Wiederholungsbehandlungen nötig.

Pharmakodynamik Die schlaffe Paralyse der Nematoden durch Piperazin wird auf eine GABA-agonistische Wirkung zurückgeführt. So kommt es zur Austreibung gelähmter, aber noch lebensfähiger Parasiten. Piperazin greift außerdem in den intermediären Stoffwechsel ein. Es senkt den Phospholipidgehalt und hemmt die Bildung von Succinat. Hinzu kommt eine anticholinerge Wirkung.

Pharmakokinetik Piperazincitrat wird rasch resorbiert und erreicht maximale Blutspiegel nach 2 h. Bereits 30 min nach oraler Applikation ist Piperazin im Urin nachweisbar. 30–40 % der oralen Dosis werden über die Nieren ausgeschieden. Die Gesamtausscheidung ist nach 1–3 Tagen abgeschlossen. Piperazin geht beim Geflügel in Eier über, erreicht dort ein Maximum innerhalb von 2 Tagen und ist bis zu 17 Tage als Rückstand nachweisbar.

Dosierung Als Piperazincitrat:

- Schwein: 90–120 mg/kg p. o.
- Pferd: 180–400 mg/kg p. o.
- Huhn: 100–330 mg/kg p. o.
- Brieftaube: 240–500 mg/kg p. o.

Nebenwirkungen, Toxizität Über Jahrzehnte wurde die gute Verträglichkeit von Piperazin bestätigt. Die orale LD_{50} an der Maus beträgt 11,4 g/kg. Unter normalen Bedingungen und in therapeutischen Dosen können sowohl junge als auch trächtige Tiere risikoarm behandelt werden. Bei Überdosierung treten Emesis, Diarrhö sowie neurologische Symptome (Koordinationsstörungen,Tremor) auf.

Wechselwirkungen Pyrantel und Levamisol können die Wirkung von Piperazin herabsetzen. Laxanzien schwächen die Piperazinwirkung ab.

Kontraindikationen Bei starkem Askaridenbefall sind Obstruktionen des Darmlumens mit Rupturgefahr durch massenhaft und gleichzeitig gelähmte Würmer zu befürchten. In solchen Fällen sind Benzimidazole zu bevorzugen, bei welchen die Abtötung der Würmer prolongiert erfolgt.

Wartezeit

- Schwein, essbare Gewebe: 4 Tage
- Huhn, essbare Gewebe: 2 Tage; Eier: 5 Tage

Emodepsid

Emodepsid ist ein halbsynthetisches Derivat eines zyklischen Depsipeptids (enthalten neben Peptid- auch Esterbindungen, **Abb. 17.17**). Es wurde 1990 erstmals als Fermentationsprodukt des Pilzes *Mycelia sterilia* isoliert und hat eine hohe Wirkungspotenz gegen diverse Nematoden bei vielen Tierarten, wie z. B. Geflügel, Hund, Katze, Rind, Schaf und Pferd. Bislang ist der Wirkstoff jedoch nur für Hunde und Katzen in Tablettenform und als Spot-on-Präparat in Kombination mit Praziquantel zur gleichzeitigen Bekämpfung von Nematoden und Cestoden zugelassen. Zur oralen Applikation steht Emodepsid für Hunde auch in Kombination mit den Antikokzidium Toltrazuril (S. 467) zur Verfügung.

Pharmakodynamik Die nematozide Wirkung von Emodepsid beruht auf einer Stimulation präsynaptischer Sekretinrezeptoren an der neuromuskulären Endplatte von Nematoden, wodurch es über eine Freisetzung inhibitorischer, postsynaptisch wirkender Neurotransmitter zu Paralyse und Tod des Parasiten kommt.

Pharmakokinetik Nach topischer Verabreichung werden innerhalb von 3 Tagen maximale Serumkonzentrationen von 32 µg/l erreicht. Bei oraler Applikation beträgt die Bioverfügbarkeit rund 50 %. Die orale Gabe sollte nach Futterentzug erfolgen. Emodepsid verteilt sich in alle Gewebe mit höchsten Konzentrationen im Fettgewebe und wird von dort langsam wieder freigesetzt. Die Elimination erfolgt daher sehr langsam mit einer Halbwertszeit von 9 Tagen. Es wird überwiegend über die Fäzes ausgeschieden.

Dosis

- Katze: 3 mg/kg dermal
- Hund: 1 mg/kg p. o.

Nebenwirkungen, Toxizität Bei bis zu 5-facher Überdosierung wurden gelegentlich kurzzeitiges Muskelzittern, Koordinationsstörungen und Trägheit beobachtet. Bei MDR1 (multidrug-resistance1)-defekten (-/-) Hunderassen wie Collies (S. 503) ist die therapeutische Breite reduziert, d. h., schon bei Verdopplung der empfohlenen Dosis wurden kurzzeitiges, leichtes Zittern und Ataxie beobachtet. Diese Symptome klingen ohne Behandlung vollständig ab. Eine Fütterung kurz vor oder kurz nach der Tabletteneingabe kann die Häufigkeit der Überdosierungssymptome verstärken und gelegentlich zu Erbrechen führen. Ein spezifisches Gegenmittel ist nicht bekannt. Trotz Hinweisen auf eine Beeinträchtigung der embryofetalen Entwicklung bei Labortieren soll Emodepsid bei trächtigen und laktierenden Katzen angewendet werden können. Für den Hund liegen jedoch keine Untersuchungen vor.

Kontraindikationen Der Einsatz von Emodepsid ist kontraindiziert bei Katzenwelpen, die jünger als 8 Wochen oder leichter als 0,5 kg sind, und bei Hundewelpen, die jünger als 12 Wochen oder leichter als 1 kg sind.

CAVE

Da Emodepsid ein Substrat für die P-Glykoprotein-Effluxpumpe ist, sollte es nicht gleichzeitig mit anderen Arzneimitteln angewendet werden, die Substrat oder Hemmstoff von P-Glykoprotein sind (makrozyklische Laktone, Erythromycin, Prednisolon oder Ciclosporin).

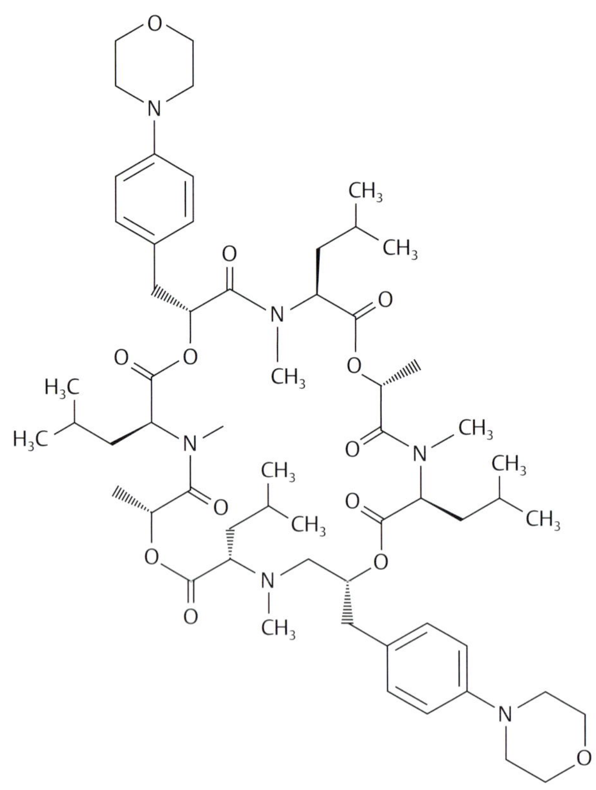

Abb. 17.17 Emodepsid.

Monepantel

Monepantel ist ein stark lipophiles Amino-Acetonitrilderivat (Abb. 17.18), das als neues Breitspektrum-Anthelminthikum gegen Magen-Darm-Nematoden bei Schafen zur Anwendung kommt.

Pharmakodynamik Monepantel bindet an einer Nematoden-spezifischen Untereinheit (Hco-MPTL-1) des nikotinergen Acetylcholin-Rezeptors und bewirkt dadurch nach initialen Kontraktionen eine Paralyse und den Tod der Parasiten. Monepantel führt innerhalb von 3 Tagen zu einer 100 %igen Reduktion der im Kot ausgeschiedenen Wurmeier. Aufgrund des spezifischen Wirkungsmechanismus besitzt Monepantel sowohl eine selektive Toxizität für Nematoden, folglich eine gute Verträglichkeit für Säugetiere, als auch eine Wirksamkeit gegen Nematoden, die resistent gegenüber anderen Anthelminthika-Klassen sind. Nach 10-facher Überdosierung waren keine Nebenwirkungen zu beobachten. Monepantel kann auch bei tragenden und laktierenden Mutterschafen angewendet werden.

Pharmakokinetik Monepantel wird nach oraler Gabe schnell resorbiert und unterliegt einem starken First-Pass-Effekt, bei dem die ebenfalls anthelminthisch wirksamen Sulfon-Metaboliten entstehen. Die Eliminationshalbwertszeit für Monepantelsulfon beträgt nach oraler Verabreichung 4,4 Tage. Die Ausscheidung von Monepantel und Monepantelsulfonat erfolgt teils über die Fäzes.

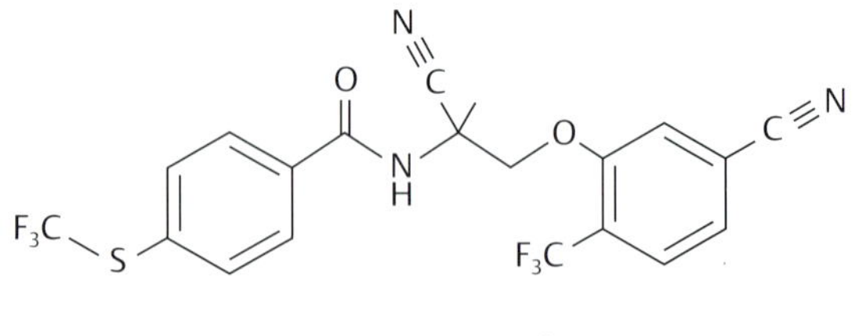

Monepantel

Abb. 17.18 Monepantel.

Dosierung

- Schaf: 2,5 mg/kg p. o.

Wartezeit

- Schaf, essbare Gewebe: 7 Tage; nicht bei Tieren, deren Milch für den menschlichen Verkehr vorgesehen ist

17.2.2 Mittel gegen Cestoden (Bandwürmer)

Die gegen Nematoden eingesetzten Anthelminthika haben nur eine begrenzte Wirksamkeit gegen Cestoden, insbesondere gegen solche, die bei Fleischfressern (*Echinococcus, Dipylidium*) und Schafen (*Mesocestoides*) parasitieren. Heute stehen spezifische, gut verträgliche Cestodenmittel (Cestodizide) zur Verfügung, die teils als Kombinationspräparate mit Nematodenmitteln im Handel sind. Cestoden sind durch Anheftung ihres Kopfes (Skolex) an die Mucosa im Darm lokalisiert. Wenn nach Einwirkung von Cestodenmitteln der Skolex intakt bleibt, regeneriert der Parasit innerhalb von ca. 3 Wochen. Wegen der wichtigen hygienischen Bedeutung für den Menschen ist bei der Behandlung von Cestodenbefall bei Fleischfressern, besonders bei einer Echinokokkose, das Therapieziel eine vollständige, d. h. 100 %ige Beseitigung der Parasiten.

ZUM WEITERLESEN Diverse Anthelminthika haben heute nur noch **historische Bedeutung**. Hierzu gehören **pflanzliche Mittel**, wie die schlecht verträgliche **Kamala** und die Rhizome des **Wurmfarns**. **Kürbiskerne** (Inhaltsstoff Cucurbitin) sind zwar völlig untoxisch, aber auch ebenso unsicher wirksam. Erwähnenswert ist ferner **Arecolin**, ein parasympathomimetisch wirkendes Alkaloid aus der Betelnusspalme. Lange Zeit wurde dieser Wirkstoff in Form schwer resorbierbarer Salze (**Arecolin-Acetarsol**) zur Bandwurmbehandlung bei Hunden eingesetzt. Infolge der direkten Aktivierung muskarinerger Rezeptoren kommt es zur spastischen Paralyse der Würmer sowie zur Anregung der Darmperistaltik beim Wirtsorganismus, sodass die Austreibung der gelähmten Bandwürmer verstärkt wird. Die Austreibung des Skolex ist aber zu unsicher. Gewisse Bedeutung hatten gut verträgliche, oral anzuwendende **Zinnverbindungen** (Gemische von metallischem Zinn und Dibutyl-Zinndilaurat) zur Bekämpfung von Darmcestoden beim Geflügel in einer Dosierung von 120–250 mg/kg.

Es folgte eine Reihe von **synthetischen Stoffen** zur Bandwurmbekämpfung, wie **Resorantel, Bunamidin** und **Niclosamid**, die gut gegen Tänien wirksam sind. Niclosamid ist gut verträglich und wird auch heute noch in der Humanmedizin eingesetzt, ist jedoch gegen einige veterinärmedizinisch bedeutsame Cestoden nicht zuverlässig wirksam und daher nicht als Tierarzneimittel verfügbar (weitere Angaben zu Niclosamid siehe 2. Auflage). Dagegen ist Nitroscanat (S. 474) gleichzeitig gegen Nematoden und Cestoden der Fleischfresser, inklusive Echinokokken, befriedigend wirksam, wurde jedoch durch besser verträgliche Mittel verdrängt und ist heute nicht mehr als Tierarzneimittel auf dem Markt.

Zur spezifischen **Bekämpfung von Cestoden** finden heute nur noch **Praziquantel** und **Epsiprantel** in der tierärztlichen Praxis Anwendung. Diese Wirkstoffe sind zur Erweiterung des Wirkungsspektrums auch in Kombination mit Febantel, Pyrantel oder Endektoziden im Handel. Praziquantel wird in der Humanmedizin nicht nur gegen Cestoden, sondern auch gegen Trematoden (z. B. Pärchenegel) eingesetzt. Veterinärmedizinische Bedeutung haben diese Benzazepine zur Bandwurmbekämpfung bei Fleischfressern, Schafen und Pferden, während bei anderen Tierarten Benzimidazole gegen dort relevante Cestoden wirksam sind (z. B. Tänien, *Monezia, Raillietina*). Praziquantel und Epsiprantel führen zur **Tegumentumschädigung** und wirken somit cestozid mit Absterben des Skolex. Ein zusätzlicher Vorteil des Praziquantels besteht in der zum Teil auch vorhandenen Wirksamkeit gegen unreife extraintestinale Stadien, z. B. bei Cysticercose.

Bei der Bandwurmbekämpfung bei Hund und Katze ist zu beachten, dass Flöhe Zwischenwirte für *Dipylidium caninum* sein können, weshalb besonders bei Befall mit dem Gurkenkernbandwurm eine gleichzeitige Flohbekämpfung erforderlich wird. Die Therapie einer gesicherten Echinokokkose (z. B. Fuchsbandwurm, *Echinococcus multilocularis*) sollte wegen des Infektionsrisikos für den Menschen nur unter besonderen Sicherheitsvorkehrungen in einer Klinik erfolgen. Aus Sicherheitsgründen sollten die Hunde dann an zwei aufeinanderfolgenden Tagen mit Praziquantel oder Epsiprantel behandelt werden. Die betroffenen Räumlichkeiten sind hinterher zu reinigen und zu desinfizieren. Zur Prophylaxe des Fuchsbandwurms bei mausenden Hunden wird eine monatliche Behandlung empfohlen.

Praziquantel

Praziquantel (Abb. 17.19) ist das Mittel der Wahl gegen Cestoden, einschließlich der Echinokokkeninfektionen der Fleischfresser. Es hat ausgezeichnete Wirksamkeit gegen alle Altersstadien der bei Hund und Katze vorkommenden Cestoden. Echinokokken werden bereits mit üblicher therapeutischer Dosis abgetötet, *Diphyllobothrium latum* benötigt eine höhere Dosis. Das Wirkungsspektrum von Praziquantel umfasst ferner *Moniezia* des Schafes, die Anoplocephalidose des Pferdes, Cysticercose und Schistosomosis des Rindes sowie Cestoden beim Menschen. Zur Anwendung kommt Praziquantel auch gegen Haut- und Kiemenbandwürmer bei Zierfischen.

Pharmakodynamik Praziquantel bewirkt eine Schädigung des Tegumentums am vorderen Bandwurmabschnitt. Dadurch steigt die Ca^{2+}-Permeabilität, und es kommt in der Folge zur starken Kontraktion sowie zum Absterben des Parasiten. Durch Verdauungsenzyme des Wirtes mazeriert der Wurm und wird somit nicht in toto, sondern in Teilen mit dem Kot ausgeschieden. Eine Suche nach dem Skolex im Kot, wie bei älteren Bandwurmmitteln zur Überprüfung des Behandlungserfolgs erforderlich, erübrigt sich daher für Praziquantel.

Pharmakokinetik Nach oraler Applikation wird Praziquantel schnell und fast vollständig resorbiert. Maximale Plasmakonzentrationen sind nach ca. 2 h erreicht. Praziquantel wird auch nach dermaler Anwendung bei der Katze schnell über die Haut resorbiert. Die Verteilung erfolgt in alle Organe, was die gute Wirksamkeit auch gegen extraintestinale Cestodenstadien erklärt. Bemerkenswert ist eine Anreicherung in Leber und Dünndarm. Praziquantel wird in aktiver Form in das Darmlumen rücksezerniert. Somit kann es in relativ hohen Konzentrationen die sonst schlecht angreifbaren jungen Stadien von *E. granulosus* in den Lieberkühn'schen Krypten unter dem Mucus erreichen. In der Leber wird Praziquantel rasch inaktiviert. Die Halbwertszeit liegt bei 2–3 h.

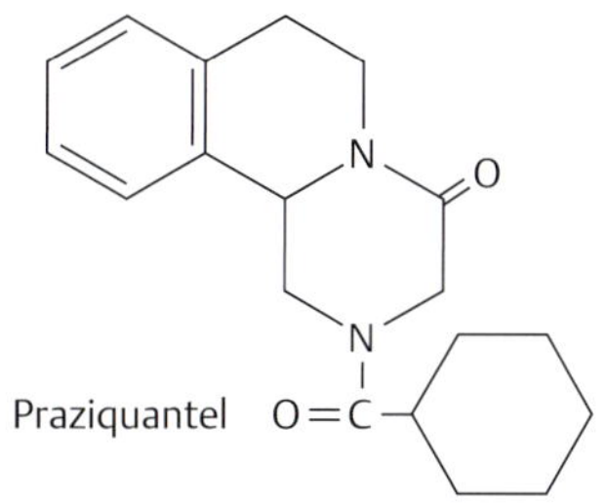

Praziquantel N N O O=C

Abb. 17.19 Praziquantel.

Spez. Pharmakologie

Dosierung

- Katze, Hund: 5 mg/kg i. m., s. c. oder p. o. mit dem Futter; zur Echinokokkenbekämpfung ist die i. m. Injektion vorzuziehen; bei dermaler Applikation (Katze) 8 mg/kg
- Schaf: 3,5 mg/kg p. o.
- Pferd: 1 mg/kg p. o.

Nebenwirkungen Die Verträglichkeit von Praziquantel ist mit einem Sicherheitsfaktor von ca. 40 gut. Gelegentlich wird beim Hund Erbrechen beobachtet. Bei subkutaner und dermaler Applikation können lokale Reizungen auftreten. Bei Schafen wird die 5-fache therapeutische Dosis symptomlos vertragen. Bei Pferden ist die therapeutische Breite > 5. Bei starkem Befall kann es durch abgestorbene Bandwürmer zu vorübergehenden kolikartigen Erscheinungen und Durchfall kommen.

Wartezeit

- Schaf, essbares Gewebe: 0 Tage; Milch: 0 Tage
- Pferd, essbares Gewebe: 0 Tage

Epsiprantel

Epsiprantel ist ein dem Praziquantel chemisch ähnliches Cestodenmittel, das für den Hund als Kombinationspräparat mit Pyrantelembonat zur oralen Applikation im Handel ist. Es ist nach einmaliger Verabreichung hoch wirksam gegen die üblichen Bandwürmer von Hunden (*Dipylidium*, *Taenia* und *Echinococcus*). Epsiprantel wirkt direkt auf Bandwürmer und eliminiert sie meist vollständig (Wirksamkeit > 99 %). Aufgrund des Verdauungsprozesses ist es möglich, dass im Kot nach der Behandlung keine Bandwurmteile mehr sichtbar sind. Wesentliche Unterschiede zu Praziquantel bestehen hinsichtlich der Pharmakokinetik. Im Gegensatz zu Praziquantel wird es nur zu einem sehr geringen Anteil enteral resorbiert, sodass bei oraler Applikation **nur darmständige Bandwürmer** abgetötet werden. Weitere Eigenschaften (Pharmakodynamik und Verträglichkeit) entsprechen denen des Praziquantels.

Dosierung

- Katze (Schweiz): 2,75 mg/kg p. o.
- Hund: 5,5 mg/kg p. o.

17.2.3 Mittel gegen Trematoden (Saugwürmer)

Trematoden sind nicht segmentierte, flache Würmer, die höchstens einige Zentimeter lang werden. Die wichtigsten bei Haustieren auftretenden Trematoden sind der Große Leberegel (*Fasciola hepatica* und *Fasciola gigantica*) bei Wiederkäuern, der Kleine Leberegel (*Dicrocoelium dendriticum*) bei Wiederkäuern und Schweinen, die Pansenegel (*Paramphistomum*) bei Wiederkäuern sowie die Lungenegel (*Paragonimus*) bei Hunden und Katzen.

Die Fasciola-Infestation ist im mitteleuropäischen Raum bei Weitem die bedeutendste Trematodenerkrankung. Sowohl die unreifen als auch die reifen Leberegel (*Fasciola hepatica*) schädigen in erheblichem Ausmaß die Leber der befallenen Tiere. Aus den p. o. aufgenommenen Zysten treten die beweglichen Metacercarien, die die Dünndarmwand durchdringen, dann die Peritonealhöhle durchwandern und schließlich die Leberkapsel penetrieren. Dieser Vorgang dauert etwa 4 Tage. Während der nächsten Wochen wandern die Egel durch das Lebergewebe und siedeln sich ca. 8 Wochen nach Infestation in der adulten Form in den Gallengängen an. Die entstehenden ausgedehnten Parenchymschäden mit Hämorrhagien äußern sich oft als klinische Zeichen der akuten Fasziolose innerhalb von 6–8 Wochen nach Zystenaufnahme. Cercarien können aus dem Darm Bakterien (z. B. Clostridien) mitschleppen, die mitunter zu schweren Erkrankungen führen. Ungefähr 10–12 Wochen nach der Infektion erreichen die Egel ihre Geschlechtsreife. In den Gallengängen leben sie oft paarweise und führen zur Hyperplasie, Kalzinose und progressiven Okklusionen.

Im Hinblick auf die enorme Bedeutung der Fasziolose besteht seit Langem großes Interesse an der Entwicklung wirksamer Chemotherapeutika gegen verschiedene Stadien des Leberegels, d. h., das Wirkungsspektrum der Trematodenmittel ist auf diesen Parasiten ausgerichtet. Leberegelmittel, sogenannte **Fasciolizide**, sollten gegen verschiedene Entwicklungsstadien wirksam sein.

ZUM WEITERLESEN Die ältesten, seit 1921 eingesetzten Mittel sind **aliphatische chlorierte Kohlenwasserstoffe**, z. B. Tetrachlorkohlenstoff und Hexachlorethan. Diese Verbindungen wie auch **diphenolische Verbindungen**, z. B. Hexachlorophen, sind aufgrund einer begrenzten Wirksamkeit und einer geringen therapeutischen Breite schon lange obsolet. Die neueren phenolischen Verbindungen **Bromfenofos, Niclofolan** und **Nitroxinil** sind zwar besser verträglich, jedoch nicht gut wirksam gegen juvenile Egel. Diese Stoffe sind nicht mehr im Handel.

Als Fasciolizide werden heute insbesondere Wirkstoffe aus der Gruppe der **Benzimidazole** (Albendazol, Triclabendazol) und der **Salicylsäureanilide** (Closantel) verwendet, die sich durch einen hohen Grad der biliären Exkretion auszeichnen, somit hohe Konzentrationen in den Gallengängen erreichen. Beim Rind kommt außerdem Clorsulon, ein Sulfonamidderivat, zum Einsatz. Abgesehen von Triclabendazol ist diesen Verbindungen gemeinsam, dass ihre fasciolizide Wirkung auf einer **Entkoppelung der mitochondrialen oxidativen Phosphorylierung oder Hemmung der Glykolyse** beruht. Hierüber kommt es im Parasiten zur Energieverarmung und zum Tod. Bei zu hohen Dosierungen werden Konzentrationen im Wirtsorganismus erreicht, die auch zur Hemmung der oxidativen Phosphorylierung beim Wirtstier und somit zu toxischen Effekten führen.

Benzimidazole

Unter den bereits als Nematodenmittel oben beschriebenen Benzimidazolen wirkt das gut verträgliche Albendazol gut gegen große und kleine Leberegel, was u. a. auf einer starken biliären Ausscheidung (S. 476) beruht. Juvenile Stadien unter 6 Wochen werden aber nur zu einem geringen Prozentsatz (bis 25 %) abgetötet. Hier weist das Benzimidazol Triclabendazol (**Abb. 17.12**) eine überlegene Wirksamkeit auf.

Triclabendazol

Triclabendazol zeichnet sich durch eine fasciolizide Wirkung gegen alle Altersstufen des Leberegels aus, eignet sich somit sowohl zur Bekämpfung der akuten als auch der chronischen Fasziolose. Die Wirkung richtet sich vorwiegend gegen *Fasciola hepatica*. Es hat, anders als chemisch verwandte Benzimidazole, keinen Effekt auf Nematoden, sondern nur auf Trematoden.

Pharmakodynamik Der Wirkungsmechanismus von Triclabendazol unterscheidet sich von dem der anderen Benzimidazole. Triclabendazol greift vermutlich am Tegumentum der adulten und juvenilen Leberegel an. Es führt zur Vakuolisierung, Disruption und zum völligen **Verlust der Tegumentumzellen**.

Pharmakokinetik Triclabendazol wird nach oraler Gabe zu über 70 % aus dem Darm resorbiert und schnell und nahezu vollständig metabolisiert. Es unterliegt einem starken First-Pass-Metabolismus in der Leber. Durch Oxidation entstehen Triclabendazolsulfoxid und -sulfon, wobei Triclabendazolsulfoxid die aktive Komponente ist. Im Gegensatz zu anderen nematoziden Benzimidazolen binden die Triclabendazolmetaboliten sehr stark an Plasmaalbumin und werden dadurch langsamer über die Galle ausgeschieden. Hauptmetaboliten in der Galle sind freies Triclabendazolsulfoxid und Sulfat-konjugiertes, hydroxyliertes Triclabendazolsulfoxid. Die lange Eliminationshalbwertszeit bringt entsprechende Wartezeiten mit sich.

Dosierung

- Rind: 12 mg/kg p. o. (Wasserbüffel benötigen die doppelte Dosis)
- Schaf: 10 mg/kg p. o.
- Ziege: 5 mg/kg p. o.

Bemerkenswert sind die Befunde an Wiederkäuern, nach denen 15 mg/kg p. o. juvenile Leberegel und 2,5 mg/kg p. o. 12 Wochen alte Leberegel bis zu 100 % erfassen. Mit abgestuften Zwischendosen sind spezifische Altersformen behandelbar.

Nebenwirkungen Die Verträglichkeit ist gut. Der Sicherheitsindex wird mit 16–27 angegeben. Bei Schaf und Rind wurden 200 mg/kg p. o. symptomlos vertragen. Es gibt keine Hinweise auf teratogene oder embryotoxische Wirkungen.

Wartezeit

- Rind, essbare Gewebe: 56 Tage
- Schaf, essbare Gewebe: 31 Tage

Nicht zugelassen für die Anwendung bei Rindern bzw. Färsen im letzten Drittel der Trächtigkeit oder bei Mutterschafen, deren Milch für den menschlichen Verzehr bestimmt ist, einschließlich während der Trockenstehzeit.

Salicylsäureanilide

Anthelminthika aus der Gruppe der Salicylsäureanilide sind hochwirksame Fasciolizide und haben teils auch nematozide Effekte. Ihr Wirkungsmechanismus beruht auf der Entkoppelung der oxidativen Phosphorylierung. Ihre Wirkung gegen *Fasciola hepatica* und *Fasciola gigantica* steht im Vordergrund. Einige Vertreter dieser Stoffgruppe sind heute nicht mehr als Tierarzneimittel im Handel, so Oxyclozanid und Rafoxanid. Angaben zu diesen Wirkstoffen finden sich in der 2. Auflage.

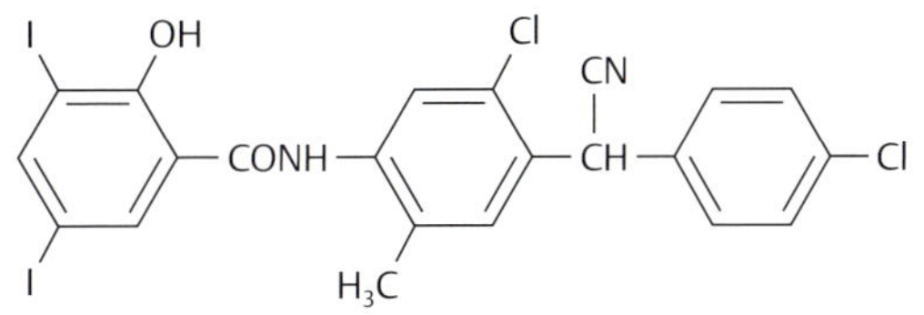

Abb. 17.20 Closantel.

Closantel

Closantel (**Abb. 17.20**) ist ein oral und parenteral applizierbares Anthelminthikum, das sehr effektiv gegen adulte Leberegel (> 90 % bei 12 Wochen alten) und auch relativ gut wirksam ist gegen immature, 6–8 Wochen alte Stadien (ca. 50 %). Closantel besitzt außerdem eine sehr gute Wirkung gegen einige Nematoden (z. B. *Haemonchus contortus*) sowie gegen Larvenstadien einiger Arthropoden (z. B. Dassellarven). Es wird beim Rind auch in Kombination mit dem Makrolid Ivermectin, beim Schaf mit dem Benzimidazol Mebendazol zur Erweiterung des Wirkungsspektrums angewendet.

Pharmakodynamik Der Wirkungsmechanismus ist nicht endgültig aufgeklärt. Die Entkopplung der oxidativen Phosphorylierung ist vermutlich sekundär und basiert auf Membran-assoziierten Mechanismen, die zu Ionen- und Flüssigkeitstransportstörungen führen.

Pharmakokinetik Closantel wird langsam resorbiert, die Bioverfügbarkeit beträgt 50 %. Maximale Blutspiegel sind erst nach 2–3 Tagen erreicht. Die Ausscheidung erfolgt überwiegend in unveränderter Form und zu 80 % biliär. Die Eliminationshalbwertszeit beträgt 16–23 Tage.

Dosierung

- Rind: 10 mg/kg p. o. in einmaliger Dosierung; 20 mg/kg als Spot on mit Ivermectin
- Schaf: 10 mg/kg p. o. in einmaliger Dosierung

Nebenwirkungen, Toxizität Closantel weist eine günstige therapeutische Breite auf; auch höhere Dosierungen werden gut toleriert. Rinder vertragen p. o. bis zum 6-Fachen, Schafe bis zum 4-Fachen der therapeutischen Dosis symptomlos. Bei stärkeren Überdosierungen kommt es zu Inappetenz, unkoordinierten Bewegungen, allgemeiner Schwäche, Sehstörungen bis hin zur Blindheit. Beim Rind können ab einer oralen Dosis von 82 mg/kg Todesfälle auftreten. Bei parenteraler Verabreichung ist Closantel schlechter verträglich.

Kontraindikationen Closantel ist nicht zugelassen für die Anwendung bei Rindern/Mutterschafen, deren Milch für den menschlichen Verzehr bestimmt ist, einschließlich während der Trockenstehzeit.

Wartezeit

- Rind und Schaf, essbare Gewebe: 24–65 Tage

Clorsulon

Clorsulon ist ein Aminobenzoldisulphonamid (**Abb. 17.21**), dessen fasciolizide Wirkung auf einer Hemmung der Glykolyse und einer damit verbundenen Energieverarmung beruht. Es findet nur in Kombination mit Ivermectin beim Rind Anwendung und wird s.c. appliziert. Die Resorption nach oraler und subkutaner Applikation erfolgt rasch. Höchstwerte im Blut sind 8 h nach subkutaner Applikation erreicht. Im Plasma liegt Clorsulan stark an Proteine und Erythrozyten gebunden vor. Es wird zum großen Teil (ca. 50 %) unverändert renal eliminiert. Die Dosis beträgt in der Kombination mit Ivermectin beim Rind lediglich 2 mg/kg s.c. (anstatt 7 mg/kg), weshalb nur adulte Stadien sicher abgetötet werden. Somit bleibt eine sinnvolle Anwendung dieser Kombination zumeist nur auf die Zeit nach der Aufstallung beschränkt. Die Wartezeit beträgt 66 Tage für essbares Gewebe. Eine Anwendung ist wie für die anderen oben genannten Trematodenmittel nicht erlaubt bei Kühen, deren Milch für den menschlichen Verzehr bestimmt ist.

FAZIT ANTHELMINTHIKA

Innerhalb der letzten fünfzig Jahre wurden viele Anthelminthika („Entwurmungsmittel") als Tierarzneimittel entwickelt, die sich durch eine verbesserte Wirksamkeit und Verträglichkeit auszeichnen. Sie werden in Abhängigkeit von ihrem Wirkungsspektrum in Breitspektrum-Anthelminthika, Nematoden- (gegen Rundwürmer), Cestoden- (gegen Bandwürmer) und Trematodenmittel (gegen Saugwürmer) unterteilt.

Zu den Breitspektrum-Anthelminthika gehören die Benzimidazole, die neben extra- und intestinalen Stadien der Nematoden auch bestimmte Cestoden erfassen. Albendazol ist darüber hinaus auch gegen Trematoden wirksam. Eine breite Wirksamkeit gegen Nematoden besitzen zudem die makrozyklischen Laktone (Avermectine, Milbemycine), die aufgrund ihrer abtötenden Wirkung auf Ektoparasiten den Endektoziden zugeordnet werden.

Spezifische Nematodenmittel, zu denen Pyrimidine (Pyrantel, Oxantel), das Imidazothiazol Levamisol, Piperazincitrat sowie die neueren Wirkstoffe Emodepsid und Monepantel gehören, zeichnen sich durch eine hohe Wirkungspotenz gegen bestimmte Nematoden aus. Ihr Einsatz hat auch eine Bedeutung zur Vermeidung von Resistenzselektionen bei Nematoden gegenüber den Breitspektrum-Anthelminthika.

Zu Bekämpfung bestimmter Bandwürmer, die bei Carnivoren, Pferden und Schafen eine Rolle spielen, werden aufgrund einer sicheren Wirksamkeit spezifische Cestodenmittel, insbesondere Praziquantel, eingesetzt.

In Anbetracht der regionalen Bedeutung des Leberegelbefalls bei Wiederkäuern stehen Trematodenmittel im Vordergrund, die hohe Wirkstoffkonzentrationen in den Gallengängen erreichen. Hierzu gehören neben Albendazol insbesondere das gegen alle Stadien wirksame Triclabendazol, ein Benzimidazol, dem die Wirksamkeit gegen Nematoden fehlt, sowie die Salicylsäureanilide Closantel und Clorsulon.

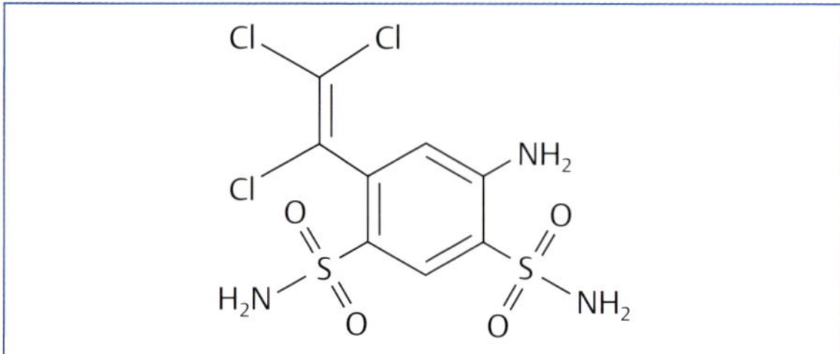

Abb. 17.21 Clorsulon.

17.3 Mittel gegen Ektoparasiten

STECKBRIEF EKTOPARASITIKA

Ektoparasitika sind Arzneimittel, die zur Bekämpfung von auf oder in der tierischen Haut angesiedelten Parasiten bzw. deren Entwicklungsstadien eingesetzt werden.

Die Wirkung der heute beim Tier eingesetzten Ektoparasitika beruht in den meisten Fällen auf **neurotoxischen Effekten**, sodass Larven, Nymphen bzw. Puppen und adulte Formen erfasst werden, während eine ovizide Wirkung meistens nicht besteht. Neurotoxische Ektoparasitika können in Abhängigkeit von der Dosis und Expositionsdauer eine Paralyse bewirken, d. h. eine insektifuge Wirkung (Knock-down-Effekt) haben, und schließlich zum Tod führen (insektizid bzw. akarizid, Kill-Effekt). Gute Repellentwirkung haben die Pyrethroide.

Wichtige **Mechanismen der Neurotoxizität** sind:

- Verlängerung der Öffnungszeit spannungsabhängiger Natriumkanäle: Pyrethroide (sowie früher angewendete zyklische Chlorkohlenwasserstoffe)
- Blockade spannungsabhängiger Natriumkanäle: Indoxacarb
- direkte und indirekte parasympathomimetische Wirkungen: Organophosphate, Carbamate, Chlornikotinoide
- Verstärkung oder Hemmung GABA-gesteuerter Chloridkanäle: makrozyklische Laktone, Phenylpyrazole (Fipronil, Pyriprol,), Isoxazoline (Fluralaner, Afoxolaner)
- Affinität zu Octopamin-sensitiven Rezeptoren im ZNS der Arthropoden (Amitraz)

Die sogenannten **Insektenwachstumsregulatoren** wirken hingegen dosis- bzw. zeitabhängig auf präadulte Entwicklungsstadien von Insekten, während adulte Stadien nicht abgetötet werden:

- als Analogon zum Juvenilhormon mit Störung der Reifung und Häutung: Pyriproxyfen, S-Methopren
- als Hemmstoffe der Chitinsynthese mit z. B. fehlender Ausbildung des zum Schlupf erforderlichen Eizahnes: Lufenuron
- Störung des Häutungs- und Verpuppungprozesses: Dicyclanil

Die beim Haustier relevanten Ektoparasiten zählen zum Stamm der Arthropoden mit den Insekten (Hexapoda wie Flöhe, Läuse) und Spinnentieren (Arachnida wie die Acarina: Räudemilben, Zecken). Ektoparasitika sollen folglich **insektizid** bzw. **akarizid** wirken (daher auch als Ektoparasitizide oder Ektozide bezeichnet). Hervorzuheben ist, dass viele Insektizide und Akarizide, die zur übergeordneten Gruppe der Schädlingsbekämpfungsmittel (**Pestizide**; peste = Schädling) gehören, als Biozide (z. B. Pflanzenschutzmittel) auf dem Markt sind. Sie dürfen nicht bei Haustieren angewendet werden. Nur wenn die Stoffe für therapeutische oder prophylaktische Zwecke als Tierarzneimittel zugelassen sind, ist ihre Anwendung bei Haustieren erlaubt.

Ziele beim Einsatz der Ektoparasitika sind die Ausmerzung oder zumindest die Reduktion von Arthropoden, die als Lästlinge oder Schädlinge direkt Krankheiten verursachen (z. B. Dermatosen, Anämien), Krankheiten übertragen (z. B. Babesiose, Borreliose, Sommermastitis, Keratokonjunktivitis) oder die Tiere stark beunruhigen und so zu Leistungseinbußen führen. Die Wirkung richtet sich sowohl gegen permanent als auch gegen temporär auf den Tieren lebende Ektoparasiten, insbesondere gegen Räude- oder Vogelmilben, Zecken, Haarlinge, Federlinge, Läuse, Flöhe sowie gegen Stechmücken, Bremsen, stechende, leckende und saugende Fliegen. Arachniden durchlaufen die Entwicklungsstadien Ei, Larve, Nymphe und Adulte. Insekten entwickeln sich vom Ei über die Larve und Puppe zum adulten Tier (Imago).

Pharmakodynamik Insektizide und Akarizide wirken je nach Aufnahmeweg durch die Arthropoden als Kontakt-, Fraß- oder Atemgifte. Nicht ausreichend wirksam gegen die meisten Ektoparasitosen bei Tieren sind Stoffe mit rein abschreckender Wirkung, sogenannte Repellents (Repellenteffekt, Anti-Feeding-Effekt), wenn sie nur für wenige Stunden wirken. Solche Stoffe werden oft beim Menschen angewendet (z. B. Diethyltoluamid/DEET zur Mückenabwehr). Ihre Wirkungsmechanismen umfassen je nach Wirkstoff vor allem die Blockade oder die Öffnung spannungsabhängiger Natriumkanäle, direkte und indirekte parasympathomimetische Wirkungen, Verstärkung oder Hemmung GABA-gesteuerter Chloridkanäle oder Eingriffe in die Insektenentwicklung.

Heute stehen sehr viele Ektoparasitika in unterschiedlichen Zubereitungen und **Applikationsformen** zur Verfügung, wobei nur beim Geflügel Engpässe zu verzeichnen sind. Die Bekämpfung von Ektoparasiten erfolgt in erster Linie lokal am Ort des Parasitenbefalls, d. h. **dermal** und in der **Umgebung** der Tiere. Zur externen Behandlung eines Ektoparasitenbefalls eignen sich insbesondere bei stark verschmutztem Fell Bade- und Waschlösungen. Vor dem Ausspülen der Wirkstofflösungen ist auf eine ausreichend lange Kontaktzeit zu achten. Für den Kill-Effekt müssen immer wirksame Konzentration für eine gewisse Zeit am Ort des Befalls, unter Umständen auf der gesamten Körperoberfläche einschließlich gewissen Rückzugsgebieten (z. B. Schenkelfalten), erreicht werden. Regengüsse, Ablecken, verschmutztes und verfilztes Fell wie auch Hyperkeratosen können Wirkungsminderungen zur Folge haben.

Bei leichterem Befall und geringerer Fellverschmutzung können puderförmige Zubereitungen (z. B. gegen Flöhe, Läuse, Federlinge) mit einer Residualwirkung von 3–7 Tagen oder Sprays ohne Residualwirkung (gegen Fliegen und Stechmücken) zum Einsatz kommen. Für landwirtschaftliche Nutztiere empfiehlt sich gegen Zecken ein Dippen, z. B. in Form von Tauchbädern (Sprungdips) oder Waschen der befallenen Körperregionen. Zudem stehen bei Hunden und Katzen systemisch anwendbare Stoffe (Isoxaline) zu Verfügung, bei denen die Wirkung erst durch die Blutmahlzeit der Parasiten zum Tragen kommt. Zu beachten ist aber, dass auch bei topischer Anwendung **systemische Wirkungen** auftreten können, was für viele Ektoparasitika erwünscht ist. Bei lipophilen Substanzen oder Anwendung in Form von Emulsionen oder öligen Lösungen können Wirkstoffe auch in die Haut eindringen. Die Applikation über ein Aufgießverfahren (Pour on, Spot on) erzielt gleichfalls ausreichend hohe Blutspiegel, sodass der jeweilige Stoff nach Aufnahme von Körperflüssigkeiten (Lymphe, Blut) durch die Arthropoden als Fraßgift wirken oder im Wirtsorganismus sich entwickelnde Larvenformen abtöten kann. In verschiedenen Fällen, z. B. gegen Larvenstadien im Wirtsorganismus (wie Dassellarven), muss jedoch eine zusätzliche oder alleinige systemische Behandlung erfolgen.

Die Festlegung einer sinnvollen **Behandlungsstrategie** muss sich immer an den Entwicklungszyklen der zu bekämpfenden Ektoparasiten und den Haltungsbedingungen der Haustiere orientieren. Um Reinfestationen vorzubeugen, ist beispielsweise bei Räudeausbrüchen immer der gesamte Bestand zu behandeln. Da den meisten Ektoparasitika eine ovizide Wirkung fehlt, kommen häufig Kombinationen mit einem larvizid wirkenden Stoff zum Einsatz oder es müssen **Wiederholungsbehandlungen** erfolgen. Solche Intervallbehandlungen erübrigen sich bei sehr lang wirksamen Stoffen bzw. Formulierungen, weil nach der Behandlung schlüpfende Parasiten noch erfasst werden, ehe sie zur Eiablage fähig sind. Um Parasiten in ihren Rückzugsgebieten, z. B. in Ställen oder Lagerstätten, auszumerzen, sollten zusätzlich zur therapeutischen Maßnahme auch eine gründliche Reinigung und Entseuchung der Umgebung beispielsweise mit Pyrethroiden vorgenommen werden. Speziell für die Flohbekämpfung sind hierfür auch die oben genannten Insektenwachstumsregulatoren zur Unterbrechung des Reproduktionszyklus im Angebot. **Saisonale Maßnahmen** sind wichtig gegen blutsaugende Arthropoden, die Vektoren für Krankheiten sind, wie Borreliose und Babesiose durch Zecken, Leishmaniose durch Phlebotomen (Schmetterlingsmücken), Dirofilariose durch Stechmücken. Hierzu sind Formulierungen erforderlich, die einen Langzeitschutz während der Ektoparasitensaison gewährleisten. Zu diesem Zweck sollten wirksame **Repellents** ausgewählt werden. Hierzu zählen v. a. die Pyrethroiden. Auch für Amitraz ist eine schwache Repellentwirkung beschrieben. Zur **Langzeitprophylaxe** kommen insbesondere Halsbänder und Ohrclips zur Anwendung, über die der Wirkstoff puderförmig oder gasförmig (Vaporeffekt) aus dem Trägerstoff retardiert freigesetzt wird. So kann u. U. ein mehrmonatiger Schutz bestehen, der aber oft nicht die distal gelegenen Körperregionen umfasst. Vor allem die Wirkung gegen Zecken ist begrenzt. Auch andere Formulierungen wie Spot-on-Präparate können einen mehrwöchigen Schutz bieten.

Wirkstoffe Heute stehen gut wirksame und gut verträgliche Wirkstoffe zur Behandlung von Ektoparasitosen bei Haustieren zahlreich zur Verfügung (Tab. 17.8).

Tab. 17.8 Übersicht zu heute eingesetzten Ektoparasitika bei Haustieren.

Wirkstoffgruppe	Wirkungsmechanismus	Vertreter
Pyrethrine, Pyrethroide	Öffner von spannungsabhängigen Natriumkanälen	Tab. 17.9
Semicarbazone, Oxadiazine	Blockade spannungsabhängiger Natriumkanäle	▪ Metaflumizon ▪ Oxadiazin
Organophosphate	Inhibition der Acetylcholinesterase (schwer reversibel)	▪ Coumafos ▪ Dimpylat ▪ Fenthion ▪ Phoxim ▪ Tetrachlorvinphos
Carbamate	Inhibition der Acetylcholinesterase (reversibel)	▪ Propoxur
Neonicotinoide	Aktivierung nikotinerger Cholinozeptoren	▪ Imidacloprid ▪ Nitenpyram ▪ Dinotefuran
Phenylpyrazole	Blockade von GABA-gesteuerten Chloridkanälen	▪ Fipronil ▪ Pyriprol
Isoxazoline	Blockade von GABA-gesteuerten Chloridkanälen	▪ Fluralaner ▪ Afoxolaner
Triazapentadiene	antagonistische Wirkung an Octopamin-Rezeptoren	▪ Amitraz
Lakton*	Aktivierung nikotinerger Cholinozeptoren; Öffnung von GABA-gekoppelten Chloridkanälen	▪ Spinosad
Insektenwachstumsregulatoren	Chitinsynthesehemmer	▪ Lufenuron ▪ Triflumuron ▪ Diflubenzuron ▪ Fluazoron
	Juvenilhormonagonisten	▪ Methopren ▪ Pyriproxifen

* andere makrozyklische Laktone (antiparasitäre Makrolide: Avermectine, Milbemycine) siehe Endektozide

ZUM WEITERLESEN Diverse ehemals als Ektoparasitika eingesetzte Stoffe, wie Schwefel, Arsenik, Teerpräparate, Phenolderivate sowie die pflanzlichen Stoffe Rotenon (aus Derriswurzeln) und Nikotin, spielen heute aufgrund einer mangelnden Wirksamkeit und/oder zu hoher Toxizität keine Rolle mehr zur Parasitenbekämpfung.

Die Einführung der **chlorierten zyklischen Kohlenwasserstoffe** (Organochlorverbindungen), deren Prototyp DDT (Dichlordiphenyltrichlorethan) ist, brachte früher aufgrund der sehr guten insektiziden Wirkung einen bedeutenden Fortschritt in der Schädlingsbekämpfung. Allerdings wurden diese Insektizide zum großen Teil in den 70er-Jahren wegen ihrer sehr langen Persistenz in der Umwelt mit Anreicherung in der Nahrungskette verboten. Auch die Anwendung der Wirkstoffe Bromociclen und Lindan ist bei Tieren, die der Lebensmittelgewinnung dienen, seit einigen Jahren nicht mehr erlaubt. Seit 2008 besteht ein europaweites Verkehrsverbot für Lindan, das als einziger Wirkstoff dieser Gruppe noch zur Anwendung bei Mensch und Kleintieren zugelassen war.

Die **Anforderungen an Ektoparasitika** bezüglich ihrer chemischen Stabilität, ihrer Verträglichkeit für die Wirtstiere, für Mensch und Umwelt sind heute sehr hoch. In den letzten Jahrzehnten wurden viele neue Ektoparasitika mit folgenden **Zielsetzungen** entwickelt:

- zuverlässige und schnelle Wirkung gegen alle Entwicklungsstadien
- hohe Selektivität für Arthropoden
- geringe Toxizität für die Zieltierart und den Anwender
- keine lange Persistenz in der Umwelt (geringe Ökotoxizität) und im Tier (Rückstände)
- zur Prophylaxe: lang wirksame Formulierungen

Toxizität, Ökotoxizität Zu fordern ist, dass die selektive Toxizität für Ektoparasiten hoch und für Nützlinge wie Bienen und für Warmblüter gering ist. Viele der verfügbaren Wirkstoffe (z. B. Organophosphate, makrozyklische Laktone) sind jedoch für Warmblüter mehr oder weniger toxisch und besitzen z. T. eine ausgeprägte Schadwirkung auf Fische. Wegen möglicher Fisch- und Bienentoxizität sowie einer Kumulationsgefahr in der Umwelt muss dafür gesorgt werden, dass keine unkontrollierten Wirkstoffmengen in die Umwelt gelangen. Zu bedenken ist, dass die mit den Fäzes ausgeschiedenen Substanzen, besonders Avermectine, die Nützlingsfauna unterdrücken können. Mit Ektoparasitika kontaminierte Gegenstände (Behältnisse, Applikationsutensilien) sowie nicht verbrauchte Arzneimittelreste sollen verpackt über Sondermüllabgabe entsorgt werden.

KLINISCHER BEZUG Beim Wirtstier kann es durch Ektoparasitika auch nach äußerlicher Anwendung zu resorptiven **Vergiftungen** kommen, vor allem bei Vorliegen großflächiger Hautläsionen (z. B. bei Räude), durch Ablecken behandelter Hautpartien oder Fehler in der Anwendung (z. B. mangelhaftes Auswaschen von Shampoos). Besonders empfindlich sind junge Tiere unter 3 Monaten sowie kranke und geschwächte Tiere. Tierartspezifische Besonderheiten (z. B. Pyrethroide bei Katzen) sowie rassespezifische Überempfindlichkeiten (z. B. makrozyklische Laktone bei Collis) sind zur Vermeidung von Intoxikationen bei Haustieren zu berücksichtigen.

Weiterhin sind **Wechselwirkungen** mit vergleichbar neurotoxisch wirkenden Stoffen (z. B. verschiedene Anthelminthika) möglich, sodass deren gleichzeitige Anwendung zu starken Nebenwirkungen führen kann. Zur Gewährleistung der Anwendersicherheit sollen bei der Behandlung des Tieres Schutzhandschuhe, eventuell auch Schutzkleidung getragen werden. Essen, Rauchen und Trinken während der Anwendung sind zu vermeiden. In geschlossenen Räumen ist für eine gute Belüftung zu sorgen. Sprays sollten nicht entgegen der Windrichtung angewendet werden. Ein enger Kontakt mit frisch behandelten Tieren ist zu vermeiden. Dies gilt insbesondere für Kleinkinder und Haustiere, die Insektenhalsbänder tragen. Die Persistenz der heute eingesetzten Wirkstoffe gilt als akzeptabel. Im Sinne des Verbraucherschutzes ist die Einhaltung der Wartezeiten selbstverständlich streng zu beachten.

Die **Resistenzentwicklung** bei Arthropoden nimmt weltweit insbesondere bei Zecken zu. Es sind Mehrfach-, Gruppen- und Kreuzresistenzen beschrieben. Sie basieren auf einer Selektion genetisch resistenter Individuen, die bereits vor (d. h. präadaptiv) dem Einsatz des Ektoparasitikums in der Population vorhanden sind. Begünstigend wirken ein lang anhaltender Selektionsdruck bei häufiger Anwendung, aber auch bei Verwendung von Langzeitformulierungen während der Stallhaltung, längerfristige Unterdosierung und falscher Einsatz im Hinblick auf die Entwicklungszyklen und Kombinationen.

17.3.1 Pyrethrine und Pyrethroide

Schon seit über hundert Jahren sind Extrakte aus Blüten von Chrysanthemenarten, das sogenannte **Pyrethrum**, als Insektizide im Gebrauch. Wirksame Inhaltsstoffe sind **Pyrethrine** (Abb. 17.22) und Cinerine. Es sind rasch wirksame **Kontaktgifte**, die sich durch eine **starke Repellentwirkung** („Fuß-Rückzieh-Effekt", „Anti-Feeding-Effekt") auf Arthropoden und eine niedrige Toxizität für Warmblüter auszeichnen. Neben ihrer Verwendung als Haushaltsinsektizide (sog. Biozide) sind sie nur noch als Spray zur Behandlung von Kleinnagern im Handel. Nachteil der natürlichen Verbindungen ist, dass sie unter Lichteinwirkung sehr instabil sind, daher nur so kurze Zeit wirken, dass sich Parasiten aus der Paralyse rasch wieder erholen können. Durch chemische Derivierung konnten diese Nachteile erfolgreich umgangen werden.

Seit 1973 gibt es chemische Abkömmlinge von Pyrethrinen, die sogenannten **Pyrethroide**, die eine wesentlich höhere Lichtstabilität haben als die natürlichen Pyrethrine, somit als Insektizide sehr wirksam sind und ebenso wie die natürlichen Pyrethrine eine geringe Warmblütertoxizität aufweisen. Sie kommen in der Landwirtschaft und im Haushalt zum Einsatz und sind in zahlreichen Ektoparasitika für Tiere enthalten. Diese dienen der Abwehr und Bekämpfung von stechenden, beißenden und saugend-leckenden Insekten wie Weidestechfliegen, Kopffliegen, Bremsen, Flöhen, Zecken. Sie werden bei Haustieren in

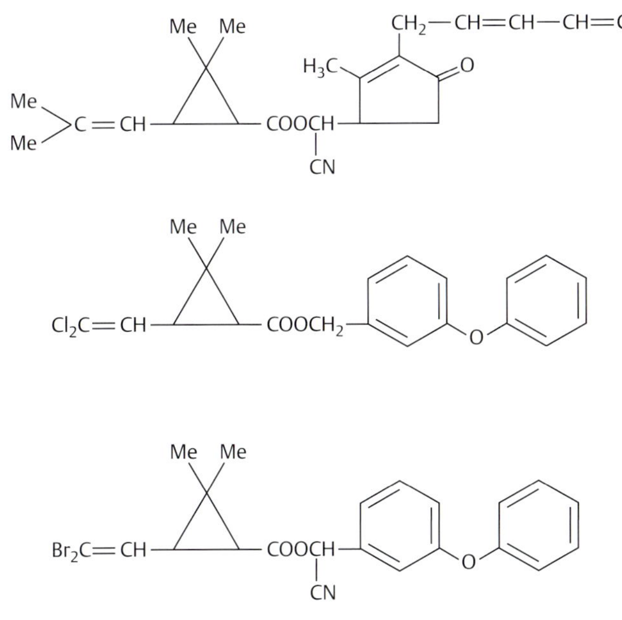

Pyrethrin I

Permethrin (Typ-I-Pyrethroid)

Deltamethrin (Typ-II-Pyrethroid)

Abb. 17.22 Pyrethrin. Beispiel für ein Typ-I-Pyrethroid (Permethrin) und für ein Typ-II-Pyrethroid (Deltamethrin).

Tab. 17.9 Marktübersicht zugelassener Pyrethroide (Stand 2015).

Stoff	Applikation	Nutztiere	Heimtiere	Wartezeit*
Cyfluthrin	Pour-on-Lösung	Rind	–	E 0, M 0
Cypermethrin	Ohrclip	Rind	–	E 0, M 0
Deltamethrin	Pour-on-Lösung	Rind/Schaf	–	E 1–35, M 0–1
	Halsband	–	Hund	–
Flumethrin	Plastikstrips	Biene	–	H 0
	Pour-on-Lösung	Rind	–	E 5, M 8
Flumethrin (+ Propoxur oder Imidacloprid)	Halsband	–	Hund/Katze	–
Permethrin	Ohrclip	Rind	–	E 0
	Shampoo	–	Hund	–
	Spot-on-Lösung	–	Hund	–
	Emulsion, Lotion oder Spray	Pferd	–	–
Permethrin (+ Imidacloprid, Indoxacarb, Fipronil oder Dinotefuran)	Spot-on-Lösung	Hund	–	–

* E = essbare Gewebe; M = Milch, H = Honig

Form von Pudern, Shampoos, Aufgusspräparaten, Halsbändern und Ohrclips angewendet (Tab. 17.9).

Zu den Pyrethroiden gehört eine Vielzahl lipophiler chemischer Verbindungen. Chemisch sind die klassischen Pyrethroide Ester der Cyclopropancarbonsäure, die vereinfacht in **Typ-I-Pyrethroide** ohne Substitution am α-Kohlenstoff (z. B. Permethrin) und in **Typ-II-Pyrethroide** mit Cyano-Substitution am α-Kohlenstoff (z. B. Cypermethrin, Deltamethrin) eingeteilt werden (Abb. 17.22). Für jeden Typ ist eine charakteristische Vergiftungssymptomatik beschrieben. Von den Typ-I-Pyrethroiden wird heute noch Permethrin verwendet. Permethrin stellt das erste fotostabile Pyrethroid dar, was durch Einführung des Phenoxybenzylalkohols in Verbindung mit einer Dichlorovinyl-Seitenkette gelang. Zu den ebenfalls fotostabilen und potenteren Typ-II-Cyanopyrethroiden gehören **Cyfluthrin**, **Cypermethrin**, **Deltamethrin** sowie **Flumethrin** (Tab. 17.9). Zur Bekämpfung der Varroose (S. 509) bei Bienen werden Flumethrin-haltige Kunststoffstrips in die Wabengassen eingesetzt. In Norwegen ist Cypermethrin in Form von einstündigen Kurzzeitbädern (5 µg/l) auch zur Bekämpfung von Ektoparasiten bei Lachsen zugelassen.

Pyrethroide werden **nur äußerlich** angewendet. Für Schafe und Rinder stehen Rückenaufguss(Pour-on)-Präparate mit einer Wirkung von bis zu 4 Wochen zur Verfügung. Zudem sind für Rinder Permethrin- oder Cypermethrin-haltige Kunststoff-Ohrclips mit verzögerter Wirkstoffabgabe im Angebot, wodurch eine Wirkungsdauer von bis zu 5 Monaten erzielt wird. Für Hunde sind diverse Präparate im Handel (Tab. 17.9). Durch Kombination von Flumethrin mit Propoxur oder Imidacloprid im Hundehalsband ließ sich eine verbesserte Wirkung über 7–8 Monate erreichen. Spot-on-Präparate mit Pyrethroiden allein oder in Kombination mit anderen Ektoparasitika (S. 495), die für Hunde im Handel sind, gewähren für ca. 4 Wochen einen Schutz vor Ektoparasiten. Sie dürfen jedoch nicht bei Katzen angewendet werden.

Pharmakodynamik Durch passive Penetration gelangen die lipophilen Pyrethrine und Pyrethroide durch die Insektenkutikula und verteilen sich im ganzen Insektenkörper. Sie hemmen die Inaktivierung neuronaler Na^+-Kanäle, sodass die Öffnungszeit der Kanäle verlängert wird und der anhaltende Na^+-Einstrom zur Dauerdepolarisation führt. Der Wirkungsmechanismus erklärt die charakteristischen Symptome bei den Arthropoden. Nach initialen Erregungszuständen (Hyperlokomotion) infolge anfänglicher spontaner Depolarisation der Zellmembran folgen Koordinationsstörungen (Knock-down-Effekt) und nach genügend langer Einwirkungszeit Lähmung und Tod (Kill-Effekt) der Parasiten. Besonders empfindlich sind sensorische Neuronen, neurosekretorische Zellen und Nervenendigungen, was den „Fuß-Rückzieh-Effekt" und somit die gute Repellentwirkung erklärt.

Die Insekten sind in der Lage, Pyrethroide zu metabolisieren. Dies erfolgt durch eine Oxidase, die durch Piperonylbutoxid blockiert werden kann. Daher ist durch Kombination der Pyrethroide mit **Piperonylbutoxid** eine Wirkungsverlängerung und damit eine Erhöhung des Kill-Effekts zu erreichen. Die selektive Toxizität für Parasiten kann dadurch bis zum Faktor 10 erhöht werden, obwohl diese Substanz selbst keine insektizide Eigenwirkung besitzt. Für Warmblüter ist Piperonylbutoxid nur geringgradig toxisch (LD_{50} Ratte: 7,5 g/kg p. o.). Zurzeit ist diese Kombination nicht als Tierarzneimittel im Handel.

Pharmokinetik Pyrethroide werden von Warmblütern bei äußerlicher Anwendung kaum resorbiert und schnell überwiegend durch Hydrolyse gespalten. Sie entfalten somit bei bestimmungsgemäßer Anwendung nur eine lokale Wirksamkeit und sind keine starken Rückstandsbildner. Tierartspezifisch kommt es bei Hühnern zu einer Anreicherung im Gehirn.

Indikationen Das Indikationsgebiet der Pyrethroide erstreckt sich auf die Abwehr und Bekämpfung aller oberflächlich auf der Haut parasitierenden Arthropoden, während zur Räudebekämpfung anderen Mitteln der Vorzug zu geben ist. Die gute repellierende Wirkung wird besonders bei Verwendung von Ohrclips zur Abwehr jeglicher Art von Bremsen, Weidestech-, Augen- oder Kopffliegen ausgenutzt. Bei der Anwendung von Ohrclips sind allerdings die distalen Körperregionen einschließlich des Euters nur mäßig geschützt. Bemerkenswert ist die protektive Wirkung deltamethrin- oder flumethrinhaltiger Halsbänder gegen den Stich von Schmetterlingsmücken (Phlebotomen) mit einem Antifeeding-Effekt von > 95 % während einer Mückensaison. Eine repellierende Wirkung auf Sandmücken für 1–2 Wochen wird aber auch mit permethrinhaltigen Spray- oder Spot-on-Formulierungen erzielt. Indirekten Schutz vor einer Infektion mit Babesien oder Ehrlichien über die braune Hundezecke (*Rhipicephalus sanguineus*) gewähren überdies Flumethrin-haltige Halsbänder. Bei Reisen in endemische Mittelmeerregionen lässt sich auf diese Art die Übertragung zahlreicher vector borne diseases (Leishmaniose, Babesiose, Ehrlichiose) auf Hunde verhindern.

Dosierung Für Wasch-, Aufguss- oder Spot-on-Formulierungen:

- **Cyfluthrin**
  - Rind: 0,2–0,4 mg/kg
- **Flumethrin**
  - Rind: 2 mg/kg
- **Deltamethrin**
  - Rind: 0,25–1,5 mg/kg (die höhere Dosis ist zur Behandlung der Räude vorgesehen)
  - Schaf: 0,75–1,5 mg/kg
- **Permethrin**
  - Hund: 50–100 mg/kg
  - Rind und Schaf: 1–2 mg/kg

Die Dosierungen hängen stark von der Formulierung und dem verwendeten Lösungsmittel ab.

Nebenwirkungen Bei bestimmungsgemäßer Anwendung sind gelegentlich kurz andauernde Übererregungserscheinungen beschrieben. Besonders bei sehr kleinen Hunderassen kann es zu Parästhesien nach Behandlung mit Pyrethroiden kommen, die ca. 12–24 h andauern. Permethrin wirkt irritierend auf empfindliche Hautpartien, Schleimhäute und Augen. Lokal können Pruritus und Erythembildung auftreten.

Wechselwirkungen Pyrethroide sollen aufgrund neurotoxischer Potenzierungen nicht zusammen mit Organophosphaten angewendet werden.

Toxizität Die akute dermale Toxizität von Pyrethroiden ist bei der Anwendung auf intakter Haut unbedeutend, da sie dermal kaum resorbiert und durch Esterhydrolyse rasch gespalten werden (z. B. dermale LD_{50} der Ratte für Permethrin > 4 000 mg/kg oder für Cypermethrin > 1600 mg/kg). Beim Vorliegen großflächiger Hautläsionen sollte Permethrin jedoch nicht angewandt werden, da die Gefahr resorptiver Vergiftungen besteht. Bei oraler Verabreichung ist die Toxizität ebenfalls erhöht, hängt aber auch von der Art des verwendeten Vehikels ab. Insbesondere die Cyano-substituierten Pyrethroide können bei Verwendung von Lösungsmitteln mit lipophilen Eigenschaften eine hohe akute orale Toxizität entwickeln.

Die **Symptomatik einer Vergiftung** weist bei Kleinnagern charakteristische Unterschiede zwischen den **Typ-I- und Typ-II-Pyrethroiden** auf. Die Typ-I-Pyrethroide verursachen zunächst einen ausgeprägten Tremor, gefolgt von Hyperaktivität, Hyperthermie und schließlich Erschöpfung. Eine Typ-II-Vergiftung ist dagegen gekennzeichnet durch ausgeprägtes Speicheln mit Hypothermie, Tremor, klonisch-tonischen Krämpfen und einer finalen Choreoathetose.

> **CAVE**
>
> Katzen sind aufgrund ihrer Glucuronidierungsschwäche empfindlicher gegenüber Permethrin und anderen Pyrethroiden. Die minimale toxische Dosis für die dermale Exposition liegt unter 100 mg/kg. Wiederholt wurden bei **Katzen Permethrinvergiftungen** beobachtet.

Ursachen für Permethrinintoxikationen bei Katzen lagen im Ablecken von Permethrinprodukten während der Fellpflege (auch von behandelten Hunden, die im selben Haushalt leben) oder in der topischen Applikation von zu stark konzentrierten Spot-on-Präparaten, die für Hunde bestimmt sind. Innerhalb von 1–72 h nach Permethrinaufnahme können folgende Vergiftungssymptome (in Reihenfolge der Häufigkeit) auftreten: Muskelzuckungen, Hyperthermie, generalisierter Tremor, Anfälle, Hyperästhesie, Ataxie, Erbrechen, Dyspnoe, Hypothermie. Ein spezifisches Antidot gibt es nicht. Neben einer Dekontamination sind symptomatische Behandlungen (Benzodiazepine zur Kontrolle der Krämpfe sowie Infusionen) vorzunehmen. Bei rechtzeitiger Behandlung ist die Prognose gut; in der Regel erholen sich die Katzen innerhalb von einigen Tagen.

Die **Anwendersicherheit** wird für Pyrethroide als hoch eingestuft, es gibt jedoch Personen, die auf diese Stoffe mit Kopfschmerzen, Taubheitsgefühlen und anderen Überempfindlichkeitserscheinungen reagieren. Ein Hautkontakt, bei dem lokale Parästhesien auftreten können, ist zu vermeiden. Kleinkinder und Säuglinge sind von pyrethroidhaltigen Halsbändern fernzuhalten.

Ökotoxizität Pyrethroide sind für nützliche Arthropoden wie z. B. Bienen hochtoxisch. Gleiches gilt für Fische und Reptilien, jedoch nicht für Vögel. Nicht nur die Pyrethrine, sondern auch die lichtstabileren Pyrethroide werden in der Umwelt jedoch relativ schnell zersetzt, sodass eine Persistenz in der Umwelt nicht vorhanden ist.

Wartezeit Hierzu wird auf die Angaben in **Tab. 17.9** verwiesen.

17.3.2 Natriumkanalblocker: Metaflumizon und Indoxacarb

Das Semicarbazon Metaflumizon und das Oxadiazin Indoxacarb (**Abb. 17.23**) gehören als Hemmstoffe spannungsabhängiger Natriumkanäle zu einer neueren Klasse von Insektiziden (engl.: sodium channel inhibitor insecticides, SCI). Metaflumizon und Indoxacarb werden als Spot-on-

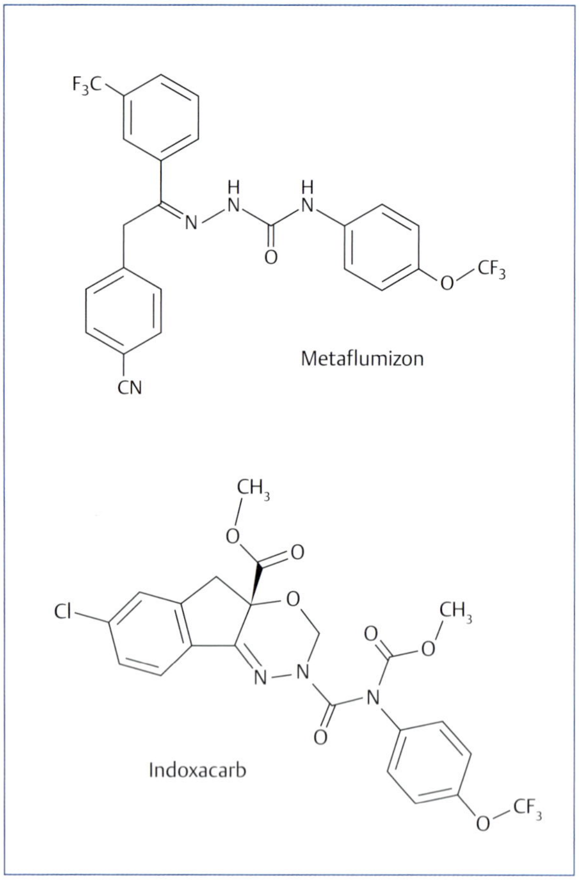

Abb. 17.23 Metaflumizon, Indoxacarb.

Formulierungen zur Flohbekämpfung bei Hunden und Katzen angewendet. Metaflumizon ist in Kombination mit Amitraz und Indoxacarb zusammen mit Permethrin auch zur Zeckenbekämpfung bei Hunden im Handel.

Pharmakodynamik Metaflumizon und Indoxacarb binden selektiv an bestimmten spannungsabhängigen Natriumkanälen und stören somit die Reizleitung, was zur Paralyse und zum Tod von Flöhen führt. Ähnlich wie durch Lokalanästhetika, bestimmte Antikonvulsiva und Antiarrhythmika stabilisieren diese Insektizide die Natriumkanäle im inaktiven Zustand. Die Bindungsstelle an den Natriumkanälen wurde noch nicht genau identifiziert, sodass die Grundlage für eine selektive Toxizität für Metaflumizon nicht vollständig bekannt ist. Für Indoxacarb liegt die Erklärung der selektiven Toxizität und der guten Verträglichkeit für Säugetiere in der spezifischen Toxifizierung bei Insekten. Indoxacarb ist eine Arzneimittelvorstufe (Präinsektizid), die von den Insekten vorwiegend p. o., zum geringeren Teil auch über die Kutikula aufgenommen wird. Im Darm der Flöhe erfolgt die enzymatische Abspaltung einer Carbomethoxygruppe und somit die Freisetzung des aktiven Metaboliten (**Abb. 17.23**), der spannungsabhängige Natriumkanäle blockiert. Bereits innerhalb von 4 h nach der Anwendung kommt es hierüber zum Erliegen der Nahrungsaufnahme, gefolgt vom Sistieren der Eiablage sowie von Lähmung und Tod innerhalb von 4–48 h. Bei Flöhen wurde für Indoxacarb neben der Wirksamkeit gegen adulte Stadien auch eine Wirksamkeit gegen sich entwickelnde larvale Stadien in der unmittelbaren Umgebung der behandelten Tiere nachgewiesen.

Pharmakokinetik Nach äußerlicher Verabreichung als Spot-on-Präparat ist der maximale Wirkungsgrad innerhalb von 48 h zu erwarten. Metaflumizon verteilt sich über die Hautoberfläche (wie auch das zeckenwirksame Amitraz) und wird kaum über die Haut resorbiert. Infolge der Persistenz auf der Haut soll der Schutz gegen Flöhe und Zecken für 56 Tage andauern. Indoxacarb persistiert nach einmaliger dermaler Applikation über 4 Wochen in der Haut und im Fell. Indoxacarb wird nur partiell über die Haut resorbiert und in der Leber in verschiedene Metaboliten verstoffwechselt, deren Ausscheidung vorwiegend über die Fäzes erfolgt. Die Umwandlung in die aktive Form findet bei Säugetieren nur in geringem Maße statt.

Indikationen Zur Prophylaxe und Behandlung von Flohbefall.

Dosierung Zur einmaligen dermalen Anwendung:

- Metaflumizon: Katze 40 mg/kg, Hund 20 mg/kg
- Indoxacarb: Katze 25 mg/kg, Hund 15 mg/kg

Nebenwirkungen Neben lokalen Hautirritationen sind nach Ablecken kurzzeitig vermehrter Speichelfluss, bei Katzen in seltenen Fällen auch gastrointestinale Symptome (z. B. Erbrechen, verminderte Nahrungsaufnahme) oder reversible neurologische Symptome (z. B. Koordinationsstörungen, Zittern, Ataxie) zu beobachten. Langzeiterfahrungen zu dieser Stoffgruppe gibt es bislang nicht.

Toxizität Entsprechende Studien ergaben eine geringe Toxizität für Vertebraten.

Kontraindikationen Die Verträglichkeit bei Welpen (< 8 Wochen) sowie bei trächtigen oder laktierenden Tieren ist nicht untersucht.

17.3.3 Organophosphate (Alkylphosphate)

STECKBRIEF ORGANOPHOSPHATE

Bei dieser Stoffklasse handelt es sich um organische **Phosphorsäureester**, d. h. um Ester oder Amide der Phosphorsäure, Phosphonsäure oder Phosphinsäure. Chemisch leiten sich alle Organophosphate, auch als Alkylphosphate bezeichnet, von der Phosphorsäure-Grundstruktur ab (**Abb. 17.24**). Der **Wirkungsmechanismus** besteht in einer Inhibition der Acetylcholinesterase, d. h. einer indirekt parasympathomimetischen Wirkung. Organophosphate werden heute ausschließlich äußerlich angewendet.

ZUM WEITERLESEN Die erste Verbindung wurde bereits 1854 synthetisiert. Es folgte die Synthese einer Fülle weiterer, teils hochtoxischer Verbindungen, die zum Teil im Krieg als Kampfgifte eingesetzt wurden. Einige Organophospate mit geringerer Toxizität finden heute noch Verwendung als Pflanzenschutzmittel, zur Malariabekämpfung und als Ektoparasitika zur Anwendung bei Haustieren. Als Endoparasitika wurden sie jedoch von besser verträglichen Anthelminthika (S. 473) verdrängt. Eini-

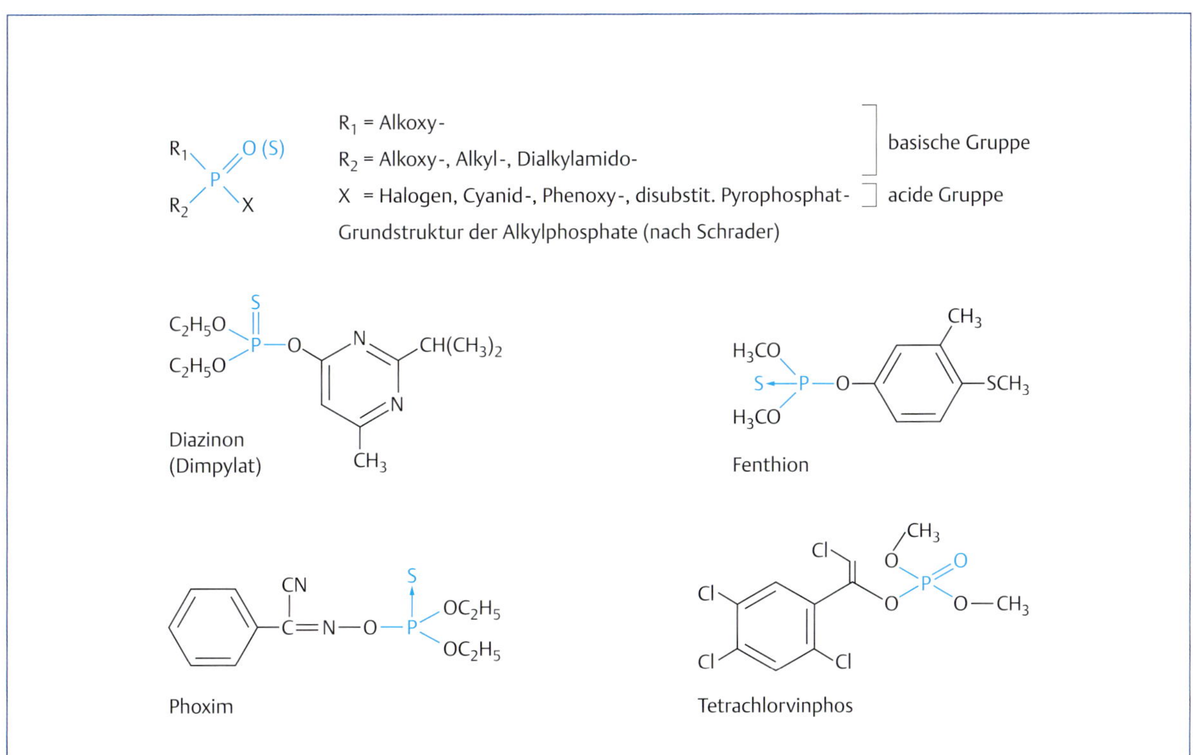

Abb. 17.24 Organophosphate (Beispiele).

ge Organophosphate, wie Cythioat, Dichlorvos und Trichlorfon, sind heute nicht mehr als Antiparasitika im Handel. Für weitere Angabe zu diesen Wirkstoffen wird daher auf die 2. Auflage verwiesen.

Pharmakodynamik Organophosphate inhibieren die Acetylcholinesterase und haben damit eine indirekt parasympathomimetische Wirkung. Die Cholinesterase wird durch diese Stoffe phosphoryliert und dadurch irreversibel (S. 71) gehemmt, sodass der Effekt erst durch Neusynthese des Enzyms nachlässt. Die insektizide/akarizide Wirkung ergibt sich aus einer übermäßigen Anhäufung von freigesetztem Acetylcholin bzw. Butyrylcholin bei Insekten und einer somit verstärkten Aktivierung von Cholinozeptoren. Die parasympathomimetische Wirkung an den neuromuskulären Synapsen der Parasiten führt zur spastischen Paralyse und schließlich zum Tod (auch über Wirkung an anderen Insektenorganen). Die höhere Toxizität der Alkylphosphate für Ektoparasiten als für Vertebraten basiert im Wesentlichen darauf, dass die Organophosphate eine höhere Affinität und festere Bindung an die Enzyme der Parasiten als an jene des Wirtsorganismus haben. Außerdem werden einige Verbindungen von Warmblütern rasch, von Arthropoden aber nur langsam entgiftet.

Resistenz Resistenzen gegen Organophosphate sind bei Fliegen und Zecken bekannt und liegen häufiger vor als bei Pyrethroiden.

Pharmakokinetik Bei Alkylphosphaten handelt es sich um sehr lipophile Verbindungen, die leicht über die Kutikula bzw. dermal, enteral und pulmonal resorbiert werden. Das Schicksal im Organismus hängt von der Reaktionsfähigkeit der esterspaltenden Enzyme ab. Da nur Warmblüter die zur Ethanolabspaltung erforderlichen Esterasen besitzen, nicht aber die Insekten, resultiert eine relativ geringe Warmblütertoxizität bei voller insektizider Wirkung. Die entstandenen Metaboliten sind untoxisch.

Indikationen, Formulierungen Auf Arthropoden wirken Alkylphosphate als Kontakt- und Fraßgifte, flüchtige Verbindungen wie **Dimpylat** (Diazinon) und **Phoxim** auch als Atemgifte. Weitere heute noch eingesetzte organische Phosphorsäureester sind Coumafos (S. 512), **Fenthion** und **Tetrachlorvinphos**. Ihr Indikationsgebiet ist der oberflächliche Befall mit Insekten, Zecken und Milben. Nach der Resorption können sie ihre Wirksamkeit auch über Blut- und Gewebespiegel als Fraßgifte gegen tief in der Haut lokalisierte Räudemilben und gegen Wanderlarven entfalten. Sie sind in verschiedenen Arzneiformen zur äußerlichen Anwendung auf dem Markt: als Lösungen (Spot on, Pour on), Emulsion (Coumafos gegen Varroose) und als Halsbänder.

Nebenwirkungen Lokale Reizungen (insbesondere bei Verwendung von Halsbändern) und allergische Reaktionen kommen vereinzelt vor. Der Grad der Hemmung von Serumcholinesterasen ist in therapeutischen Dosen beim Wirtstier gering und in den meisten Fällen ohne klinische Relevanz. Selbst die heute verwendeten mindertoxischen Organophosphate besitzen jedoch im Vergleich zu Pyrethroiden eine relativ geringe therapeutische Breite, weshalb auch bei äußerlicher Anwendung die vorgeschriebenen Dosierungen und Anwendungshinweise genau einzuhalten sind, um parasympathomimetische Effekte zu vermeiden. Weitere Nebenwirkungen sind eine verzögert einsetzende Neurotoxizität bei Hühnern und Schafen sowie erhöhte Abortgefahr bei hochträchtigen Tieren.

Toxizität, Ökotoxizität Resorbierte Organophosphate werden rasch zu untoxischen Metaboliten abgebaut und in 1–2 Tagen zu über 90 % ausgeschieden, sodass nicht mit einer sehr langen Persistenz von Rückständen bei Nutztieren zu rechnen ist. In der Umwelt sind Organophosphate ebenfalls wenig beständig. Die Bienen- und Fischtoxizität ist substanzabhängig, z. B. hoch bei Dimpylat und gering bei Coumafos. Für Vertebraten haben die heute noch verwendeten Alkylphosphate eine geringe Toxizität, jedoch sind Katzen unter einem Jahr und Windhunde empfindlicher. Behandlungsfehler (zu hohe Dosierungen, Verwechslungen von Mitteln für Katzen und Hunde, Anwendung bei großflächigen Hautläsionen u. a.) können jedoch zu **Vergiftungen bei Haustieren** führen. Die Vergiftungssymptomatik umfasst alle parasympathomimetischen Erscheinungen (S. 60), wie Salivation, Bronchospasmus und erhöhte Bronchosekretion, Bradykardie, Kreislaufkollaps, Erbrechen, vermehrten Harn- und Kotabsatz sowie zentralnervöse Störungen. Als spezifisches Antidot ist Atropin einzusetzen; ggf. können Cholinesterase-Reaktivatoren wie Obidoxim (S. 71) zum Einsatz kommen.

Anwendersicherheit Wegen des schnellen Penetrationsvermögens durch die Haut sind insbesondere Kleinkinder in den ersten Tagen von behandelten Tieren fernzuhalten.

Wechselwirkungen Wechselwirkungen mit cholinerg wirkenden Verbindungen (z. B. Pyrantel, Levamisol), Hemmstoffen der Cholinesterase (z. B. Carbamate) oder mit Neuroleptika der Phenothiazingruppe sind in Form von gegenseitiger Wirkungsverstärkung zu erwarten.

Kontraindikationen Organophosphate sollten nicht bei unter 1 Jahr alten Katzen, geschwächten und hochtragenden Tieren sowie auf großflächigen Hautläsionen oder auf Schleimhäuten angewendet werden. Vorsicht besteht bei Windhunden (Fälle erhöhter Empfindlichkeit sind nicht auszuschließen). Leber- und Nierenerkrankungen sowie alle Zustände, bei denen zusätzliche parasympathomimetische Wirkungen unerwünscht sind (Herzinsuffizienz, Bronchospasmus, Epilepsie, Kolikneigung), gelten als Kontraindikationen.

Coumafos

Coumafos ist ein heterozyklischer Phosphorsäureester mit geringer Toxizität nach dermaler Applikation (LD_{50} Ratte: 860 mg/kg dermal). Oral ist der Stoff relativ toxisch (LD_{50} Maus: 28–113 mg/kg p. o.). Indikationsgebiet ist die Bekämpfung der Varroosis bei Bienen (S. 512).

Dimpylat (Diazinon)

Diazinon (**Abb. 17.24**) ist ein heterozyklischer Phosphorsäurester mit moderater Säugertoxizität (LD_{50} Hund: > 300 mg/kg p. o.), das in zahlreichen Präparaten in Form von Halsbändern für Hunde und Katzen auf dem Markt ist. Die Wirksamkeit gegen Zecken und Flöhe beträgt ungefähr 4 Monate.

Fenthion

Fenthion (**Abb. 17.24**) ist ein Phenyl-derivatisierter Phosphorsäureester mit systemischer Wirkung. Es steht als Arzneimittel nur noch zur Anwendung bei Katzen zur Verfügung. Seine Säugertoxizität ist gering bis mäßig (LD_{50} Ratte: 240–360 mg/kg p. o.). Als topisch anwendbare Spot-on-Formulierung wird Fenthion innerhalb von 8 h nahezu vollständig dermal resorbiert. Wiederholungsbehandlungen sind nach 3–4 Wochen vorzunehmen.

Nebenwirkungen Direkt nach der Anwendung können Speicheln, Unruhe und Fluchtverhalten auftreten, die auf den Geruch des Produktes zurückgeführt und nicht als Zeichen einer Vergiftung gewertet werden. Die Symptome klingen auch nach kurzer Zeit ohne Behandlung ab. Vereinzelt waren Haarausfall, Juckreiz und Ekzeme im Bereich der Auftragungsstelle zu beobachten.

Dosierung Katze: 6–15 mg/kg (äußerlich)

Phoxim

Phoxim (**Abb. 17.24**) wird gegen Räudemilben, Läuse, Haarlinge, Fliegen, Zecken und Fliegenlarven als Lösung zur Sprüh- und Waschbehandlung sowie als Aufgusspräparat bei Schafen und Schweinen angewendet. Zur Behandlung der Schafräude kommt es in Form von Tauchbädern zum Einsatz. Gegen Räude ist nach 7–10 Tagen eine Wiederholungsbehandlung angezeigt. In der Schweiz findet Phoxim darüber hinaus auch Anwendung bei Rindern. Die Säugertoxizität ist nach oraler Verabreichung moderat, bei dermaler Applikation gering (LD_{50} Meerschweinchen: 250 mg/kg p. o.; Ratte > 2000 mg/kg p. o. bzw. dermal > 5 000 mg/kg).

Dosierung
- Schwein: 30 mg/kg (Aufgusspräparat)

Sprüh- oder Waschbehandlungen erfolgen mit einer 0,05 %igen Gebrauchslösung, bei schwerer Räudeinfestation (z. B. Sarcoptesräude der Schweine) mit einer bis zu 0,1 %igen Lösung.

Wartezeit
- Schwein, essbare Gewebe: 29 Tage als Waschemulsion, 17 Tage als Pour-on-Formulierung
- Schaf, essbare Gewebe: 35 Tage als Waschemulsion (nicht bei Milchschafen anwenden)
- Rind (nur Schweiz), essbare Gewebe: 30 Tage (nicht bei Kühen anwenden, deren Milch für den menschlichen Konsum vorgesehen ist)

Tetrachlorvinphos

Tetrachlorvinphos (**Abb. 17.24**) ist ein weiterer Phenyl-derivatisierter Phosphorsäureester in Hunde- und Katzenhalsbändern mit nur geringer Säugertoxizität (LD_{50} Ratte: 500–2000 mg/kg p. o.). Die Dauer der Wirksamkeit wird mit bis zu 8 Monaten angegeben.

17.3.4 Carbamate

STECKBRIEF CARBAMATE

Carbamate (Salze und Ester der Carbamidsäuren: $R_2N–COOH$), die als indirekte Parasympathomimetika (S. 69) systemisch eingesetzt werden (z. B. Neostigmin gegen Darm- und Blasenatonie), besitzen keine ausreichende insektizide Wirkung. Nur Verbindungen mit erhöhter Lipophilie sind insektizid und akarizid wirksam. Viele lipophile Carbamate werden heute als Pestizide in der Landwirtschaft angewendet. Carbamate wirken als Fraß- und Kontaktgift gegen saugende und beißende Arthropoden. Aus dieser Stoffgruppe finden heute nur noch **Propoxur** (Abb. 17.25) und **Bendiocarb** als Ektoparasitika bei Haustieren Anwendung, wobei im deutschsprachigen Raum zurzeit nur Propoxur als Tierarzneimittel zugelassen ist.

Nicht mehr im Handel ist Carbaril, für das ein genotoxisch-karzinogenes Potenzial angenommen wird.

Pharmakodynamik Vergleichbar zu den Organophosphaten wirken Carbamate als Cholinesterase-Hemmstoffe und stören somit die neuromuskuläre Erregungsübertragung im Parasiten. Dadurch kommt es rasch zum Knock-down-Effekt. Die indirekte cholinerge Wirkung und die Wirkungsdauer nehmen mit steigender Lipophilie zu und sind bei Insekten stärker ausgeprägt und länger anhaltend als bei Warmblütern. Im Gegensatz zu den Organophosphaten sind Carbamate reversible Hemmer der Acetylcholinesterase. Das Enzym wird carbamyliert, was innerhalb von Minuten reversibel ist, jedoch eine deutlich verlängerte Wirkung von Acetylcholin an den Synapsen mit sich bringt.

Indikationen, Formulierungen Propoxur ist in Flohhalsbändern, Shampoos und Pudern enthalten. Es wird zusätzlich noch als Spray und Stift angeboten. Die Wirksamkeit ist gut gegen Flöhe, Läuse, Haarlinge und Zecken. Sprays, Shampoos oder Puder eignen sich im Allgemeinen nur zur Initialbehandlung und müssen in regelmäßigen Abständen erneut appliziert werden. Die Persistenzwirkung der Halsbänder ist für Flöhe mit 4–5 Monaten, für die gegenüber Carbamaten insgesamt weniger empfindlichen Zecken mit etwa 2 Monaten angegeben. Durch Kombination des primär insektiziden Propoxurs mit dem besonders gegen Zecken wirksamen Pyrethroid Flumethrin verlängert sich die Wirkung von Halsbändern gegen Zecken und Flöhe.

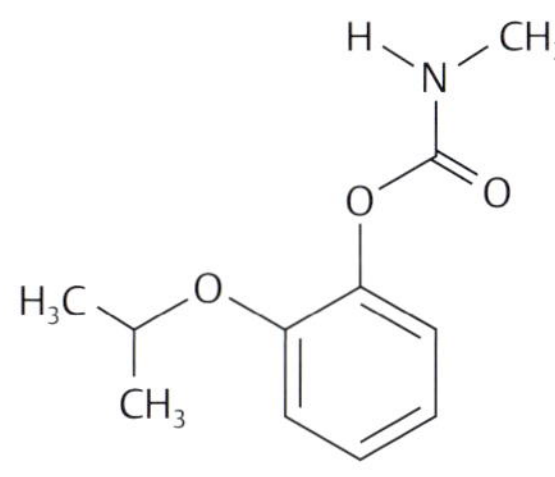

Abb. 17.25 Propoxur.

Toxizität, Öktoxikologie Die akute Toxizität von Propoxur (LD_{50} Ratte: 100 mg/kg p. o.) ist nur mäßig.

Als Antidot kommt Atropin in Frage. Der Cholinesterase-Reaktivator Obidoxim (S. 71) ist bei Carbamat-Vergiftungen kontraindiziert. Carbamate sind sowohl fisch- als auch bienentoxisch. Resistenzen sind seltener als bei Organophosphaten, aber häufiger als bei Pyrethroiden.

Kontraindikationen Wegen erhöhter Resorptionsgefahr stellen großflächige Hautläsionen eine Gegenanzeige dar.

17.3.5 Neonicotinoide

STECKBRIEF NEONICOTINOIDE

Nikotinderivate, die eine höhere Stabilität als das natürliche Alkaloid Nikotin aufweisen, kommen seit längerer Zeit im Pflanzenschutz zum Einsatz. Zur Abgrenzung gegenüber den strukturverwandten und am gleichen Rezeptor angreifenden, klassischen Nikotinoiden (z. B. Nikotin, Anabasin) wurde für diese Substanzklasse der Begriff **„Neonicotinoide"** eingeführt. Die Vertreter **Imidacloprid** und **Nitenpyram** finden seit einigen Jahren auch als Ektoparasitika bei Tieren Anwendung. Da sie chlorierte Verbindungen darstellen, bezeichnet man sie als Chlornicotinoide. **Dinotefuran**, ein Nitroguanidin, zählt zu den nicht halogenierten Neonicotinoiden (**Abb. 17.26**) und wird neuerdings auch in Kombination mit anderen Wirkstoffen, z. B. Pyriproxifen (S. 502), bei Hunden und Katzen zur Flohbekämpfung eingesetzt.

Alle Neonicotinoide unterscheiden sich in ihrem Wirkungsmechanismus von den oben genannten, ebenfalls parasympathomimetisch wirkenden Organophosphaten

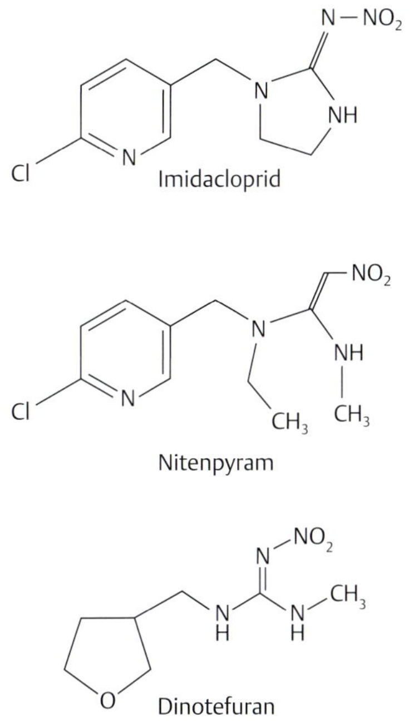

Abb. 17.26 Neonicotinoide.

und Carbamaten. Sie haben eine sehr hohe Affinität zu postsynaptischen nikotinergen Acetylcholinrezeptoren im Nervensystem von Insekten, hingegen nur eine geringe Affinität zu Nikotinrezeptoren von Säugetieren, sodass sie eine wesentlich höhere selektive Toxizität für Arthropoden aufweisen als die indirekt parasympathomimetisch wirkenden Antiparasitika. Für die ausgeprägte insektizide Wirkung der Stoffgruppe ist der Chloronicotinyl-Anteil in diesen Verbindungen essenziell (**Abb. 17.26**). Sie zeichnen sich insbesondere durch eine sehr gute pulizide Wirksamkeit aus, weshalb sie insbesondere zur Flohbekämpfung bei Hunden und Katzen dienen. Während **Imidacloprid** (Spot on, Halsband) und **Dinotefuran** (Spot on) äußerlich angewendet werden, kommt **Nitenpyram** oral (Tabletten) zur Anwendung. Imidacloprid steht auch als Spot-on-Präparat für Kaninchen und Frettchen zur Verfügung.

Pharmakodynamik Durch die stark agonistische Wirkung der Neonicotinoide an postsynaptischen nikotinergen Cholinozeptoren im Nervensystem von Insekten kommt es zu einer Dauerdepolarisation an den Nerven mit initialem Tremor und anschließender Paralyse, Schädigung der Ganglien, Nerven und Muskeln und schließlich zum Tod der Insekten. Die pulizide Wirkung tritt schnell ein und hält lange an, weil Neonicotinoide von Insekten nur sehr gering über die Cholinesterase abgebaut werden. Innerhalb von 24 h sterben die auf dem Tier befindlichen Flöhe, sodass es zu keiner Eiablage nach der Blutmahlzeit mehr kommt. Die Neonicotinoide sind gut verträglich bei Vertebraten, weil sie eine ca. 1000-fach geringere Affinität zu Nikotinrezeptoren an der neuromuskulären Endplatte von Säugern wie auch eine nur sehr kurz anhaltende Wirkung haben. Zudem ist die Blut-Hirn-Schranke bei Säugetieren für diese Wirkstoffe kaum permeabel. Im Gehirn von Vertebraten wurden auch keine spezifischen Bindungsstellen gefunden.

Resistenz Resistenzentwicklungen spielen bislang keine Rolle.

Pharmakokinetik Nach Spot-on-Applikation werden die Neonicotinoide über die Talgschicht der Haut innerhalb von ca. 6 h über die gesamte Körperoberfläche verteilt und bleiben auf Haut und Fell haften. Dadurch hält die pulizide Wirkung bis zu 4 Wochen nach äußerlicher Anwendung an. Für Flöhe wirken sie als Kontaktgift. Bei Vertebraten ist die Resorption über die Haut gering. Der bittere Geschmack der Formulierung verhindert ein Ablecken und folglich die orale Aufnahme größerer Wirkstoffmengen. Neonicotinoide werden nach oraler Aufnahme und Resorption schnell metabolisiert und innerhalb von ca. zwei Tagen zum größten Teil renal eliminiert. Im Gegensatz zu Imidacloprid und Dinotefuran kommt Nitenpyram systemisch zur Anwendung und wirkt überwiegend als Fraßgift. **Nitenpyram** wird nach bestimmungsgemäßer oraler Verabreichung schnell resorbiert, sodass nach 10–20 min wirksame Blutkonzentrationen erreicht sind. Nach ca. 6 h sind rund 90 % der adulten Flöhe nach einer Blutmahlzeit abgetötet. Über 90 % der Dosis werden bei Hunden und Katzen innerhalb von 1–2 Tagen renal ausgeschieden, zum größten Teil in unveränderter Form. Die Eliminationshalbwertszeiten betragen etwa 3 h beim Hund und 8 h bei der Katze. Nitenpyram hat keine Langzeitwirkung. Daher sind zusätzlich Maßnahmen gegen unreife Flohstadien, z. B. Chitinsynthesehemmer (S. 500), oder wiederholte tägliche Behandlungen bis zur Abtötung der Flohpopulation erforderlich.

Indikationen Neonicotinoide sind zur Behandlung und Vorbeugung eines Flohbefalls (Imidacloprid, Dinotefuran) bzw. zur Sofortbehandlung gegen adulte Flöhe (Nitenpyram) angezeigt. Gegen Zecken und Räudemilben sind die Chlornicotinoide nicht wirksam. Zur Erweiterung des Wirkungsspektrums sind daher Kombinationen mit Pyrethroiden (z. B. mit Permethrin) oder endektoziden Makroliden (Moxidectin) als Spot-on-Präparate im Handel.

Dosierung

- **Imidacloprid** bei Katze, Hund, Kaninchen: 10–40 mg/kg äußerlich
- **Dinotefuran**: je nach Kombination 6–42 mg/kg äußerlich
- **Nitenpyram** bei Katze, Hund: minimal effektive Dosis 1 mg/kg p. o.

Nebenwirkungen Die Neonicotinoide sind insgesamt gut verträglich. Die therapeutische Breite wird für Imidacloprid nach äußerlicher Anwendung mit > 5, für Nitenpyram nach oraler Gabe mit > 50 angegeben. Imidacloprid kann vereinzelt eine vorübergehende Salivation nach dem Ablecken des Wirkstoffs hervorrufen. In seltenen Fällen waren Irritationen durch die Spot-on-Formulierung an der Applikationsstelle zu beobachten, Augen- und Schleimhautkontakt soll deshalb vermieden werden. Nach oraler Gabe von Nitenpyram kann eine initial stark erhöhte Flohaktivität vorübergehend zu verstärktem Juckreiz beim behandelten Tier führen.

Toxizität Aus den oben genannten Gründen ist die Vertebratentoxizität der Chlornicotinoide gering.

Symptome einer Imidaclopridvergiftung nach akzidenteller oraler Aufnahme von mehr als der 3-fachen therapeutischen Dosis sind zentralnervöse Störungen (Tremor bis hin zu Krämpfen, Ataxie), Mydriasis und Atemstörungen. Vergleichbare Symptome sind für Nitenpyram erst bei mehr als 100-facher Überdosierung bekannt. Sie verschwinden spontan innerhalb von 24 h. Ein spezifisches Antidot ist nicht bekannt, d. h., Atropin ist nicht wirksam.

Bei **Anwendern** wurden vereinzelt Überempfindlichkeitsreaktionen (Parästhesien, Urtikaria) nach Kontakt mit Imidacloprid-haltigen Spot-on-Präparaten beobachtet.

Ökotoxikologie Chlornicotinoide sind ungiftig für Fische, wirbellose Wasserorganismen und Vögel. Problematisch ist jedoch ihre Bienentoxizität.

Wechselwirkungen mit gängigen Wirkstoffen (auch Insektenwachstumsregulatoren zur Bekämpfung von Flohlarven bzw. -puppen) sind nicht bekannt.

Kontraindikationen Spot-on-Formulierungen sollen bei Hunden oder Katzen unter 8 Wochen nicht angewendet werden. Besondere Vorsicht ist im Falle von Katzenwelpen bei Benzylalkohol-haltigen Lösungen geboten. Nitenpyram ist bei Tieren, die jünger als 4 Wochen sind bzw. unter 1 kg wiegen, kontraindiziert.

17.3.6 Phenylpyrazole: Fipronil und Pyriprol

STECKBRIEF PHENYLPYRAZOLE

Fipronil und **Pyriprol** (Abb. 17.27) sind schnell wirkende Kontaktgifte mit insektizider und akarizider Wirksamkeit. Fipronil ist als Ektoparasitikum zur äußerlichen Anwendung (Spot-on-Formulierung, Spray) gegen Flöhe und Zecken bei Hund und Katze im Handel. Pyriprol wird als Spot-on-Lösung bei Hunden angewendet.

Pharmakodynamik Der Wirkungsmechanismus besteht in einer Blockade von GABA-gesteuerten Chloridkanälen. Durch den funktionellen Ausfall der GABAergen Hemmung kommt es zu einer starken Erhöhung der ZNS-Aktivität und zum Tod des Arthropoden. Die geringe Säugetiertoxizität ist durch die schwache Bindungsaffinität an die GABA-Rezeptor-gesteuerten Chloridkanäle von Vertebraten bedingt. Phenylpyrazole besitzen einen sehr guten Knockdown-Effekt auf Flöhe. Bereits 24 h nach dem Kontakt sind alle adulten Flöhe abgestorben. Fipronil ist auch zur Sanierung flohverseuchter Haushalte geeignet. Nach 3–5 Behandlungen in monatlichen Abständen wird dies ohne zusätzliche Umgebungsbehandlung erreicht. Insbesondere die Kombination mit Methopren (S. 502), einem Insektenwachstumshemmer mit ovizider und larvizider Wirkung, ist dazu gut geeignet. Pyriprol führt innerhalb von 1–2 Tagen zum Absterben von Flöhen und Zecken.

Pharmakokinetik Nach dermaler Applikation verteilen sich die Phenylpyrazole in den oberflächlichen Hautschichten, den Talgdrüsen und auf den Haaren. Bei der Spot-on-Anwendung erfolgt die Ausbreitung in die Peripherie durch passive Diffusion via Sebum. Im Gegensatz zu Fipronil wird Pyriprol über die Haut resorbiert (Bioverfügbarkeit ca. 50 %). Da dieser Prozess sehr langsam verläuft (Absorptionshalbwertszeit 21±14 Tage) und Pyriprol in der Leber schnell zu Sulfon- und Sulfoxidderivaten metabolisiert wird, erreichen die Blutspiegel nur sehr geringe Werte. Die Ausscheidung der Metaboliten erfolgt überwiegend renal. Für die lange Wirkungsdauer der Phenylpyrazole werden die feste Haftung im Haarkleid und die langsame Ausscheidung aus den Talgdrüsen verantwortlich gemacht. Der Residualeffekt bietet über mindestens einen Monat Schutz vor Wiederbefall mit Flöhen und Zecken. Die etwas kürzere Persistenz von Fipronil bei Katzen mag durch das intensive Putzverhalten bedingt sein. Wie bei anderen äußerlich angewendeten Ektoparasitika kann sich die Wirkungsdauer durch Baden und Regengüsse verkürzen.

Indikationen, Formulierungen In Abhängigkeit von der Formulierung persistiert die pulizide Wirkung von Fipronil bei Katzen und Hunden für maximal 6–12 Wochen. Bei Zeckenbefall des Hundes hält die Wirkungs weniger lang an. Auch gegen Haarlinge (*Trichodectes canis*) kann Fipronil therapeutisch eingesetzt werden. Zudem ist eine gute Wirkung gegen Läuse und Ohrmilben (2 Tropfen/etwa 9 mg in den Ohrkanal) beschrieben. Es besteht jedoch keine Zulassung für diese Indikationsgebiete. Für die verfügbare Pyriprol-Formulierung liegt die Wirkungsdauer bei mindestens einem Monat.

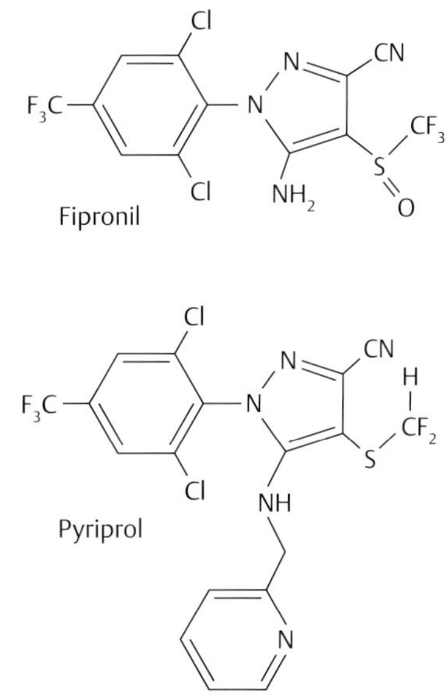

Fipronil wird als 0,25 %ige Sprühlösung zur Ganzkörperbehandlung oder als Spot-on-Formulierung zur Bekämpfung von Flöhen, Zecken und Haarlingen angewendet. Pyriprol ist als Spot-on-Lösung im Handel und nur bei Hunden zur Floh- und Zeckenbekämpfung erprobt.

Abb. 17.27 Fipronil, Pyriprol.

Dosierung

- Fipronil (Katze, Hund): 7,5–15 mg/kg äußerlich (je nach Formulierung)
- Pyriprol (Hund): 12,5 mg/kg äußerlich

Nebenwirkungen Als Nebenwirkungen sind lokale Reaktionen an der Applikationsstelle (Fellverfärbungen, Alopezie, Juckreiz, Erythem) beschrieben. Durch das Ablecken der verabreichten Fipronil-Formulierung sind keine unerwünschten Wirkungen zu erwarten, da die akute orale LD_{50} bei über 640 mg/kg für Hunde und 320 mg/kg für Katzen liegt. Die Sprayformulierung mit Fipronil enthält einen hohen Alkoholanteil. Um Reizungen der Atemwege bei empfindlichen Tieren auszuschließen, sollte besonders die Behandlung mehrerer Tiere eines Haushaltes vorzugsweise im Freien durchgeführt werden. Fipronil ist für Hunde und Katzen somit insgesamt gut verträglich, nicht hingegen für Kaninchen, Igel und Hühnervögel. Es ist weder teratogen, noch mutagen und kann somit bei trächtigen und laktierenden Hunden und Katzen zur Anwendung kommen. Neben lokalen Reaktionen sind nach Pyriprol-Anwendungen als sehr seltene Nebenwirkungen innerhalb der ersten 24 h neurologische Symptome (Lethargie, Ataxie, Krämpfe) und gastrointestinale Störungen (Erbrechen, Durchfall) genannt.

Toxizität Bei den Zieltierarten ist die Toxizität nach topischer Anwendung gering, weil die Wirkstoffe kaum (Fipronil) bzw. sehr langsam (Pyriprol) kutan resorbiert werden. Selbst die Behandlung mit der 5-fachen durchschnittlichen

Dosis ist gut verträglich. Es ist allerdings darauf zu achten, dass die Wirkstoffe nicht auf verletzte Hautareale (z. B. bei Flohdermatitis) aufgetragen oder bei zu jungen Tieren angewendet werden.

CAVE

Kaninchen reagieren besonders empfindlich auf Fipronil. Bereits nach Gabe von 8 mg/kg p. o. kann es zu Todesfällen kommen. Ebenfalls als sehr sensibel gelten **Igel und Hühnervögel**. Im Falle von Vergiftungen stehen neurologische Symptome (Tremor und Krämpfe) im Vordergrund. Spezifische Gegenmittel sind nicht bekannt.

Kontraindikationen Die Spot-on-Formulierung darf nicht bei Hunden mit einem Körpergewicht unter 2 kg angewendet werden. Von einer Spraybehandlung sind Tiere mit Hautläsionen sowie kranke und rekonvaleszente Tiere generell auszuschließen. Bei Kaninchen und Hühnervögeln wie auch beim Igel ist Fipronil kontraindiziert. Dies gilt auch für Pyriprol. Zudem sollte Pyriprol nicht bei Katzen angewendet werden, weil es bei dieser Spezies nicht erprobt ist und die dermale Resorption erhöhte Risiken mit sich bringen kann.

17.3.7 Isoxazoline: Fluralaner und Afoxolaner

STECKBRIEF ISOXAZOLINE

Die Isoxazoline **Fluralaner** und **Afoxolaner** (**Abb. 17.28**) sind neuere systemisch eingesetzte Stoffe zur Bekämpfung von Flöhen und Zecken bei Hunden. Diese Ektoparasitika sind als Kautabletten im Handel.

Pharmakodynamik Die insektiziden und akariziden Wirkungen von Fluralaner und Afoxolaner beruhen auf einer Hemmung von Chloridkanälen, die insbesondere durch Bindungen an GABA-Rezeptoren vermittelt wird. Dies führt zu einer spastischen Lähmung und innerhalb von 8–12 h zum Tod der Parasiten. Wie bei den Phenylpyrazolen (S. 497) lässt sich die selektive Toxizität für Arthropoden auf eine wesentlich geringere Empfindlichkeit der GABA-Rezeptoren im Nervensystem von Säugetieren zurückführen. Die antiparasitäre Wirksamkeit hält für 8–12 Wochen an.

Pharmakokinetik Fluralaner und Afoxolaner werden bei oraler Applikation schnell aus dem Magen-Darm-Trakt resorbiert. Maximale Plasmakonzentrationen sind innerhalb eines Tages erreicht. Flöhe und Zecken nehmen die Wirkstoffe mit der Blutmahlzeit auf. Die Wirkung beginnt bei Flöhen (*Ctenocephalides felis*) innerhalb von 8 h, bei Zecken (Tod) innerhalb von 12–48 h nach der Anheftung. Die lange antiparasitäre Wirkungsdauer kann auf die hohen Verteilungsvolumina und die langsame Elimination mit dementsprechend langer Persistenz der Wirkstoffe im Wirtsorganismus zurückgeführt werden. Bei Hunden wird Afoxolaner teils zu hydrophilen Verbindungen metabolisiert. Die Ausscheidung der Metaboliten und der Muttersubstanz er-

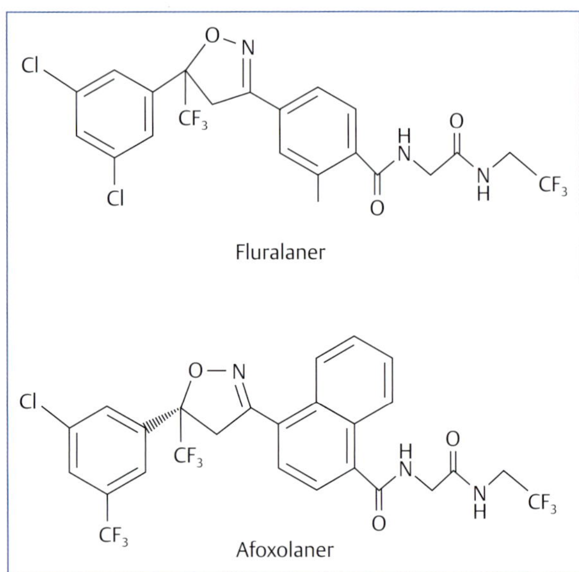

Abb. 17.28 Fluranaler, Afoxolaner.

folgt über Urin und Galle. Fluralaner wird hingegen zu rund 90 % unverändert mit dem Kot eliminiert.

Dosierung

- Afoxolaner: 2,7–6,9 mg/kg p. o.
- Fluralaner: 25–56 mg/kg p. o.

Nebenwirkungen Die Isoxazoline gelten als sehr gut verträglich. In klinischen Studien zu Fluralaner waren gelegentlich Appetitlosigkeit, Erbrechen und Durchfall zu beobachten. Langzeiterfahrungen zu diesen Wirkstoffen liegen noch nicht vor.

17.3.8 Triazapentadiene: Amitraz

STECKBRIEF TRIAZAPENTADIENE

Die Triazapentadiene sind seit 1972 als eine eigenständige chemische Gruppe von Ektoparasitika bekannt. Der einzige veterinärmedizinisch bedeutsame Vertreter ist das Formamidin Amitraz (**Abb. 17.29**). Amitraz wird äußerlich gegen Zecken und Räudemilben angewendet. Es wirkt gut akarizid. Gegen Flöhe ist es nur in Kombination mit anderen Ektoparasitika wie Fipronil und Metaflumizon ausreichend wirksam.

Pharmakodynamik Die Wirkung von Amitraz wird auf eine antagonistische Wirkung an Octopamin-Rezeptoren im Gehirn der Parasiten zurückgeführt. Bei Arthropoden führt dies zu Übererregbarkeit, Paralyse und Tod. Amitraz wirkt nur schwach repellierend. Pharmakologische Untersuchungen an Warmblütern haben gezeigt, dass Amitraz agonistisch an α_2-Adrenorezeptoren und zusätzlich schwach antiserotoninerg wirkt. Damit werden die unten genannten Nebenwirkungen beim Wirtstier erklärt.

Pharmakokinetik Die dermale Resorption von Amitraz beträgt beim Hund und bei Schweinen weniger als 40 %. Es wird schnell in der Leber metabolisiert und inaktiviert.

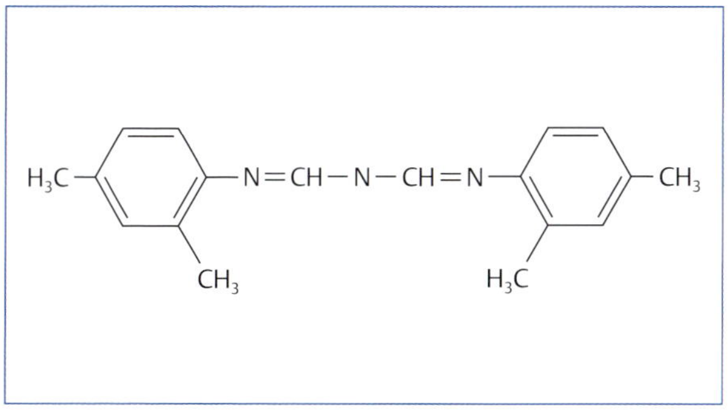

Abb. 17.29 Amitraz.

Beim Pferd ist Amitraz im Blutplasma etwas länger als bei anderen Tierarten nachweisbar, worin die mögliche Ursache für die größere Empfindlichkeit der Equiden gegenüber Amitraz bestehen mag. Die Exkretion erfolgt überwiegend renal. Nach dermaler Applikation sind innerhalb von 24 h bereits mehr als 60 % der verabreichten Dosis ausgeschieden.

Indikationen, Formulierungen Amitraz als 0,05 %ige Waschemulsion gilt als Mittel der Wahl zur Behandlung der Demodikose (*Demodex canis*) beim Hund. In Kombination mit Fipronil und Methopren sowie mit Metaflumizon ist es zudem in Form von Spot-on-Formulierungen zur Behandlung und Vorbeugung von Floh- und Zeckenbefall beim Hund zugelassen. Der Schutz hält für ca. 4–6 Wochen an. Resistenzen sind grundsätzlich möglich, in Deutschland jedoch nicht bekannt.

Dosierung

- Hund: Zur Herstellung der gebrauchsfertigen 0,05 %igen Amitraz-Emulsion ist das Wirkstoffkonzentrat 1:100 in Wasser zu emulgieren.
- Erfahrungswerte liegen auch für andere Tierarten zur Räudebehandlung vor. Bei Rindern kann es als 0,025 % ige Emulsion, bei Schweinen als 0,05 %ige Emulsion gegen Räude angewendet werden.

Wiederholungsbehandlungen sind bis zur vollständigen Heilung der Räude (Kontrolle durch Hautgeschabsel) in 5–7-tägigen Abständen vorzunehmen. Anwender müssen dabei Schutzkleidung und Handschuhe tragen.

Nebenwirkungen Mit Ausnahme von Pferd und Katze besitzt Amitraz im Allgemeinen eine gute Verträglichkeit. Bei Pferden und Katzen können bereits in therapeutischen Dosierungen Intoxikationserscheinungen auftreten. Hierzu zählen u. a. Inappetenz, Bradykardie, Hypotension, Sedation, Ataxien, Tremor. Aber auch bei Hunden kann es nach Waschbehandlungen zu Sedation, nach kurzem Blutdruckanstieg zu Hypotension, Bradykardie, Hypothermie, Erbrechen und Hyperglykämie kommen, ferner wird die Motilität des Gastrointestinaltraktes herabgesetzt. Diese Nebenwirkungen sind in den meisten Fällen (auch nach Ablecken) jedoch gering ausgeprägt und spontan reversibel.

Als Antidot einer **Intoxikation** kann der selektive α_2-Rezeptorantagonist Atipamezol eingesetzt werden.

Ökotoxikologie Amitraz ist fischtoxisch. Restflüssigkeit darf daher nicht in Gewässer gelangen.

Kontraindikationen Gegenanzeigen bestehen für Katzen und Pferde sowie für Chihuahuas. Amitraz sollte auch nicht bei Hundewelpen unter 3 Monaten angewendet werden. Die Demodikosebehandlung mit Amitraz ist kontraindiziert bei Patienten mit Glaukom, Bradykardie oder Hyperthermie. Bei trächtigen Hündinnen fehlen ausreichende Kenntnisse zur Verträglichkeit.

17.3.9 Spinosad

Spinosad wird von dem Bodenbakterium *Saccharopolyspora spinosa* gebildet. Es stellt ein Gemisch aus den makrozyklischen Laktonen Spinosyn A und Spinosyn D dar, die aus einem tetrazyklischen Ringsystem mit Amino- und Neutral-Zuckerresten bestehen (**Abb. 17.30**). Spinosad ist seit 2011 zur Flohbekämpfung für Hunde und Katzen in Tablettenform zugelassen. Für Hunde ist es auch in Kombination mit Milbemycinoxim im Handel.

Pharmakodynamik Die insektizide Wirkung basiert auf einer Aktivierung des nikotinergen Acetylcholinrezeptors, an dem die Spinosyne an einer anderen Stelle als die Neonicotinoide binden. Spinosad verlängert zudem die Öffnung der GABA-Rezeptor-gekoppelten Chloridkanäle und bewirkt somit eine Hyperpolarisation der Membranen, was die insektizide Wirkung verstärkt. Nach initialen Erregungserscheinungen folgt Paralyse und Tod der Flöhe. Für hohe Dosierungen ist zwar eine Wirksamkeit gegen Zecken beschrieben, einen repellierenden Effekt weist Spinosad aber nicht auf. Spinosad wird überwiegend als Fraßgift aufgenommen und zeigt einen sehr schnellen Wirkungseintritt, sodass alle Flöhe innerhalb eines Tages abgetötet sind.

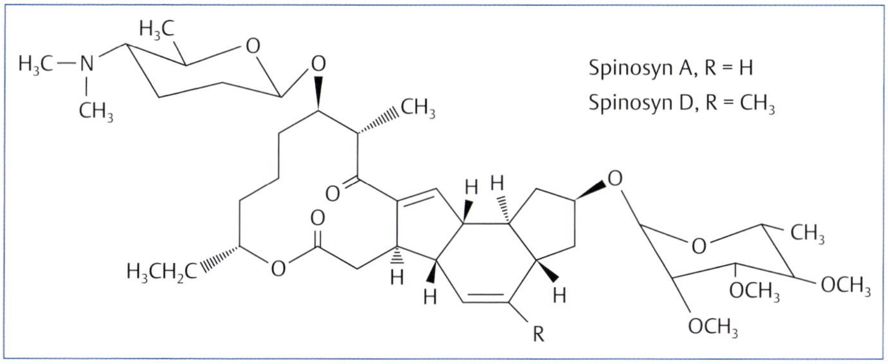

Abb. 17.30 Spinosad.

Pharmakokinetik Spinosad wird nach oraler Gabe der Tablettenform zu über 70 % enteral resorbiert und erreicht nach 2–4 h Spitzenkonzentrationen im Blut. Es hat ein hohes Verteilungsvolumen, weshalb die Elimination nur langsam erfolgt (terminale Halbwertszeit circa 30 h). Die insektizide Wirkung hält somit etwa 4 Wochen an. Die Ausscheidung erfolgt überwiegend über die Fäzes.

Indikationen Therapie und Prophylaxe des Flohbefalls (*Ctenocephalides* spp.)

Dosierung Für die systemische Anwendung werden folgende Dosierungen empfohlen:

- Katze: 50–75 mg/kg p. o.
- Hund: 45–70 mg/kg p. o.

Zur Unterbrechung des Lebenszyklus der Flöhe kann eine wiederholte Gabe nach 4 Wochen erfolgen.

Nebenwirkungen Häufig verursacht Spinosad bei Hunden und Katzen nach der Applikation Erbrechen. Gelegentlich treten auch Durchfall, Lethargie, Ataxie und Krämpfe auf. Spinosad ist wie die Avermectine (S. 506) ein Substrat des P-Glykoproteins (canines MDR-1). Ein neurotoxisches Potenzial für Hunde mit einem MDR1-Gendefekt wurde in Behandlungsversuchen bei Ivermectin-empfindlichen Collies zwar nicht nachgewiesen, eine erhöhte Empfindlichkeit ist jedoch nicht völlig auszuschließen. In sehr seltenen Fällen waren bei Hunden Störungen des Sehvermögens bis hin zur Blindheit sowie andere Augenerkrankungen zu beobachten.

CAVE

Da Spinosad ein Substrat des P-Glykoproteins ist, können Interaktionen mit anderen P-Glykoprotein-Substraten auftreten.

Kontraindikationen Bei epileptischen Hunden und Katzen ist grundsätzlich Vorsicht geboten. Weiterhin soll Spinosad nicht bei Hunden und Katzen im Alter von unter 14 Wochen zur Anwendung kommen. Die Unbedenklichkeit ist für Welpen und für trächtige Tiere nicht ausreichend geprüft. Spinosad wird mit der Milch von laktierenden Tieren ausgeschieden und somit von Welpen aufgenommen.

17.3.10 Insektenwachstumsregulatoren

STECKBRIEF INSEKTENWACHSTUMSREGULATOREN

Insektenwachstumsregulatoren (engl.: insect growth regulators, IGR) sind Wirkstoffe, die hochselektiv in präadulte Entwicklungsphasen von Arthropoden eingreifen. Da der spezifische Angriffspunkt bei Säugern und Geflügel fehlt, ergibt sich eine sehr gute Verträglichkeit für den Wirtsorganismus. Die insektizide Wirkung dieser Stoffe beruht auf folgenden Eingriffen bei den Arthropoden:

- Chitinsynthesehemmung (Lufenuron, Triflumuron, Diflubenzuron)
- als Juvenilhormonanaloga (Methopren, Pyriproxyfen)
- Unterbrechung der Häutung und Verpuppung (Dicyclanil)

Diese Wirkstoffe haben ausschließlich ovizide und larvizide Wirkungen, während adulte Arthropoden nicht abgetötet werden. Daher muss bei bereits bestehender Ektoparasitose eine kombinierte Behandlung mit einem adultizid wirkenden Mittel erfolgen. Insbesondere bei starkem Flohbefall am Tier und in der Umgebung ist die Hemmung der Flohentwicklung durch Kombination der oben genannten Mittel mit Insektenwachstumsregulatoren sehr sinnvoll. Hier hat die Einführung der Wachstumsregulatoren erheblich zur Verbesserung strategischer Bekämpfungsmaßnahmen beigetragen, da nun erstmalig auch die nicht am Tier parasitierenden juvenilen Entwicklungsstadien (z. B. Larven und Puppen von Flöhen) in der Umgebung ohne größere Risiken bekämpft werden können, somit eine Reinfestation verhindert wird.

Indikationen Hauptanwendungsgebiete für Insektenwachstumsregulatoren in der Veterinärmedizin sind bei Hunden und Katzen die Vorbeugung und Bekämpfung eines Flohbefalls, bei Schafen die Hautmyiasis sowie der Lausbefall (Tauchbäder, Sprayformulierungen etc.), bei Rindern der Befall mit Zecken und die Bekämpfung von Stallfliegen über den Dung. Dicyclanil, ein Insektenwachstumshemmer aus der Gruppe der Pyrimidinamine, ist zur Vorbeuge des Schmeißfliegenbefalls bei Schafen durch äußerliche Anwendung geeignet, jedoch derzeit nicht als Tierarzneimittel im Handel.

Chitinsynthesehemmer

STECKBRIEF CHITINSYNTHESEHEMMER

Die meisten Chitinsynthesehemmer besitzen ein relativ breites Wirkungsspektrum gegenüber Flöhen, Läusen, Mücken und anderen Arthropoden. Abgesehen von Fluazoron haben sie aber keine ausgeprägte Wirkung gegen Zecken und Milben.

Die Chitinsynthese wird durch die Benzoylphenyl-Harnstoffe **Lufenuron**, **Triflumuron** und **Diflubenzuron** sowie das Harnstoffderivat **Fluazoron** gehemmt. Diese Stoffe interferieren mit der Chitinpolymerisation und auch mit der anschließenden Einlagerung der Chitinketten in die Kutikula der Arthropoden. Dies führt zur Malformation der Kutikula und die Ekdysis kann nicht abgeschlossen werden. Der Wirkungsmechanismus ist noch nicht vollständig aufgeklärt.

Fluazoron wird aufgrund seiner guten akariziden Wirkung als 2,5 %ige Aufguss-Formulierung beim Rind gegen einwirtige Zecken der Gattung *Boophilus* in Australien und Lateinamerika eingesetzt. In Europa besteht für Fluazuron jedoch keine Zulassung.

Triflumuron und Diflubenzuron finden bei Ektoparasitosen der Zier- und Nutzfische Anwendung, so z. B. in Norwegen gegen Seelausbefall (*Lepeophtheirus salmonis*) auf Lachsfarmen (täglich 3 mg/kg für 14 Tage als Futterpellets, basierend auf dem mittlerem Startgewicht der Fische). Aufgrund des breiten Wirkungsspektrums gegenüber Fliegen, Läusen und Mücken dient es in den USA als Sustained-release-Formulierung zur Kontrolle von Stechfliegen und anderen Stall-

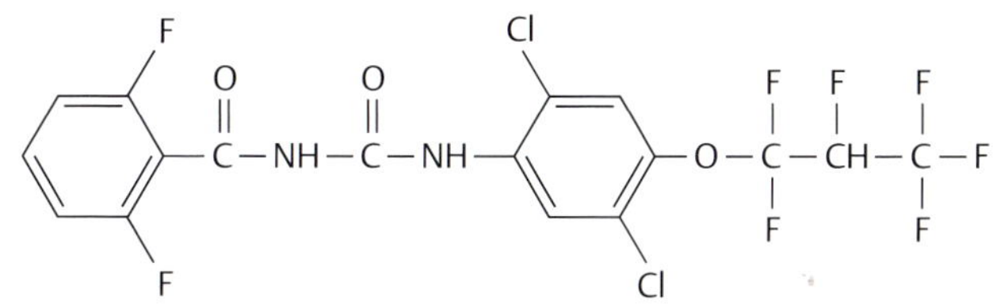

Abb. 17.31 Lufenuron.

fliegen. Diflubenzuron und Triflumuron sind im deutschsprachigen Raum nicht auf dem Markt. Im Folgenden soll daher nur der Wirkstoff Lufenuron besprochen werden (für weitere Angaben zu Diflubenzuron siehe 2. Auflage).

Lufenuron

Der Chitinsynthesehemmer Lufenuron (**Abb. 17.31**) ist in Deutschland und der Schweiz als Arzneimittel zur Flohbekämpfung für Kleintiere im Handel. Bei einem manifesten Flohbefall sind zunächst alle Tiere initial mit einem geeigneten Adultizid zu bekämpfen.

Pharmakodynamik Nach der Aufnahme des Wirkstoffs durch adulte Flöhe mit der Blutmahlzeit von systemisch behandelten Wirtstieren gelangt Lufenuron transovariell in die Floheier. Durch die Hemmung der Chitinsynthese verhindert Lufenuron konzentrationsabhängig die Entwicklung der Flöhe bereits während der Embryogenese oder bei der Häutung der Larvalstadien. Die Ovizidie beruht auf der Malformation des larvalen Chitinzahnes, wodurch es zur Schlupfunfähigkeit der Flohlarven kommt. Auch ein Teil der adulten Flöhe (bis zu 25 %) kann durch Schwächung der Endokutikula während der folgenden Blutaufnahme und Eiproduktion abgetötet werden.

Pharmakokinetik Nach oraler Gabe werden beim Hund im Mittel 60 %, bei Katzen etwa 35 % des Wirkstoffs aus dem Darm resorbiert. Die orale Bioverfügbarkeit lässt sich durch gleichzeitige Gabe von Futter steigern. Nach der Aufnahme mit dem Futter sind innerhalb von 24 h maximale Blutspiegel erreicht. Aufgrund seiner Lipophilie reichert sich Lufenuron in Fettdepots an, worauf die sehr lange Eliminationshalbwertszeit von 27 Tagen bei Hunden bzw. von 34–38 Tagen bei Katzen beruht. Wirksame Blutspiegel bleiben mindestens 1 Monat erhalten. Eine injizierbare Depotformulierung für Katzen ermöglicht wirksame Blutkonzentrationen von Lufenuron (50–100 µg/l) für etwa 6 Monate. Die Eliminationshalbwertszeit verlängert sich bei der Depotform auf über 90 Tage. Wirksame Blutspiegel werden aber erst nach 21 Tagen erreicht, sodass bei bestehendem Befall sofort wirksame Flohmittel anzuwenden sind. Vorteilhaft ist die Depotformulierung insbesondere bei einer mangelnden Compliance des Tierhalters bzw. bei Katzen, die sich oralen Anwendungen stark widersetzen.

Dosierung Die empfohlene Dosierung für Lufenuron beträgt:

- Katzen: einmal monatlich 30 mg/kg p.o. während der Flohsaison oder einmal 10 mg/kg s.c. für 6 Monate
- Hunde: einmal monatlich 10 mg/kg p.o.

Nebenwirkungen Vereinzelt ist bei Katzen nach der Anwendung der Injektionsformulierung eine schmerzlose Schwellung für bis zu 6 Wochen aufgetreten.

Toxizität, Ökotoxizität Die Toxizität ist für Wirtstiere, Vögel und Fische sehr gering. Ökologische Probleme sind nicht bekannt.

Wechselwirkungen Wechselwirkungen mit anderen Insektiziden sind nicht bekannt.

Kontraindikationen Die Injektionsformulierung für Katzen darf aufgrund des Anteils an Polyvinylpyrrolidon (Histaminliberator) in keinem Fall bei Hunden angewendet werden.

Juvenilhormonagonisten (JHA)

STECKBRIEF JUVENILHORMONAGONISTEN

Synthetische Juvenilhormonagonisten (JHA) sind Verbindungen, die am entsprechenden Juvenilhormonrezeptor agonistisch wirken und durch den unphysiologischen Stimulus das empfindliche hormonale Wechselspiel zwischen Wachstums- und Häutungshormon in der larvalen Insektenentwicklung irreversibel stören. In der insektiziden Entwicklung besitzt das Juvenilhormon essenzielle Bedeutung für das Larvenwachstum (besonders der Larve 1) und wirkt dem für die Reifung und Verpuppung verantwortlichen Häutungshormon (Ecdyson) entgegen. Physiologischerweise wird das Juvenilhormon durch larvale Esterasen inaktiviert. Die agonistisch wirkenden synthetischen Juvenoide greifen somit in das komplexe Zusammenspiel beider Hormone während der Metamorphose ein und unterbrechen auf diesem Wege die Entwicklung zum Imago. **Je nach Expositionszeitpunkt** kommt es zur **Ovizidie, Larvizidie** oder zum **Tod** im Puppenstadium.

Veterinärmedizinisch genutzte JHA sind **Methopren** (S-Methopren) und **Pyriproxifen**, wobei Ersteres ein Strukturanalogon zum natürlichen Hormon darstellt, während das neuere Pyriproxifen chemisch nicht mit dem Juvenilhormon verwandt ist (**Abb. 17.32**). Sie sind bereits in sehr geringen Konzentrationen wirksam. Schon 0,0015 mg/kg Methopren im Larvalfutter inhibiert die Entwicklung zu adulten Flöhen um 50 %. Insbesondere bei der Bekämpfung des Flohbefalls sind daher die JHA neben den Chitinsynthesehemmern als ergänzende Maßnahme zu einer initialen Adultizidbehandlung unverzichtbar geworden, da sie in Sprühformulierungen zur wirtsnahen Umgebungsbehandlung (z. B. Teppichböden) in Wohnungen geeignet sind.

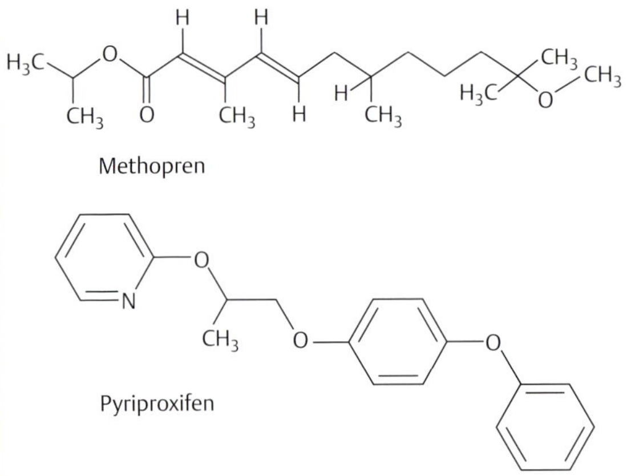

Abb. 17.32 Juvenilhormonagonisten.

Methopren

Methopren (Abb. 17.32) ist als Tierarzneimittel in Kombination mit dem adultizid wirksamen Fipronil als Spot-on-Lösung für Hund und Katze zur Bekämpfung von Flöhen, Zecken und Haarlingen zugelassen. Für Hunde ist eine zusätzliche Kombination mit Amitraz, für Katzen eine 4er-Kombination mit dem cestoziden Praziquantel und dem endektoziden Eprinomectin im Handel.

Sein Einsatz erfolgt ferner in der Landwirtschaft und als 0,007–0,15 %ige Sprühlösung zusammen mit 0,5 % Permethrin zur Raumentwesung und zur Umgebungsbehandlung bei Flohbefall.

Dosierung Die empfohlenen Dosierungen liegen bei:

- Katze und Hund: 6 mg/kg dermal (in Kombination mit Fipronil)
- Frettchen: 60 mg/Tier (in Kombination mit 50 mg/Tier Fipronil)

Nebenwirkungen Keine bekannt. Methopren ist weder augen- noch hautreizend.

Toxizität, Ökotoxizität Der Stoff besitzt nur eine geringe Säugetiertoxizität. Die akute LD_{50} bei Ratten liegt bei > 35 g/kg p. o. Für die Verträglichkeit des Wirkstoffs spricht zudem, dass dieser zur Getreidebehandlung und als Trinkwasserzusatz zur Kontrolle von Moskitos von der WHO genehmigt ist.

Methopren unterliegt einem schnellen Abbau im Boden und ist empfindlich gegen UV-Bestrahlung, zersetzt sich bei Sonneneinstrahlung somit schnell. Es ist weder fisch- noch bienentoxisch.

Pyriproxifen

Pyriproxifen (Abb. 17.32) besitzt eine bessere Wirksamkeit als Methopren und unterliegt keinerlei Inaktivierung durch larvale Esterasen. Zudem ist es im Gegensatz zu Methopren stabil gegen UV-Strahlen. Bei Flöhen kommt es neben der starken Hemmung der präadulten Entwicklungsstadien auch zur Störung der Fertilität adulter Flöhe. Lebensfähige Eier werden von diesen Flöhen nicht mehr abgelegt. Pyriproxifen ist zur Verhinderung der Flohentwicklung für Katzen als Spot-on-Lösung zugelassen (Kombination mit Dinotefuran). Für Hunde ist eine Kombination mit Dinotefuran und Permethrin im Handel. Die Wirkungsdauer wird mit bis zu 3 Monaten angegeben.

Dosierung in Kombination mit anderen Wirkstoffen:

- Katze: 4–70 mg/kg dermal
- Hund: 0,6 mg/kg dermal

Nebenwirkungen In seltenen Fällen werden Pruritus, Erbrechen und Durchfall beobachtet, die schnell spontan verschwinden. Bis zum 5-Fachen der empfohlenen Dosis waren keine weiteren unerwünschten Wirkungen zu beobachten.

Toxizität, Ökotoxizität Auch Pyriproxifen ist nur von geringer Vertebratentoxizität. Die akute LD_{50} für die Ratte beträgt über 5 g/kg p. o. Pyriproxifen ist jedoch toxisch für Fische und Crustaceen. Im Wasser ist der Stoff aber nicht löslich.

FAZIT MITTEL GEGEN EKTOPARASITEN

Basierend auf der großen Bedeutung der Ektoparasitosen bei Haustieren erfolgte eine rasante Entwicklung von Tierarzneimitteln zur Prävention des Parasitenbefalls, insbesondere gegen Flöhe und Zecken, und zur Behandlung bestehender Parasitosen, z. B. Räudeerkrankungen.

Alle Ektoparasitika, die zur Abtötung von adulten Arthropoden führen, haben eine neurotoxische Wirkung. Unter den älteren Wirkstoffen zeichnet sich die Gruppe der Pyrethroide durch ihre herausragende Repellentwirkung aus. Die Acetylcholinesterase-Hemmstoffe aus der Gruppe der Organophosphate und Carbamate wurden zum großen Teil durch Wirkstoffe mit einer selektiven Toxizität für Arthopoden verdrängt. Die selektive Toxizität beruht dabei auf einer spezifischen Toxifizierung bei Insekten (Indoxacarb) oder auf Bindung in den Arthropoden an spezifische Stellen der Natriumkanäle (z. B. Metaflumizon), der Cholinozeptoren (Neonicotinoide wie Imidacloprid) oder der GABA-gesteuerten Chloridkanäle (Phenylpyrazole wie Fipronil; Isoxazoline wie Fluralaner; makrozyklische Laktone). Wie sich am Beispiel von Amitraz zeigt, das an Arthropoden-spezifischen Octapamin-Rezeptoren bindet, ist eine solche Selektivität nicht mit dem Fehlen von Nebenwirkungen gleichzusetzen. Bei der Auswahl eines Ektoparasitikums spielen Kenntnisse über tierart- und rassespezifische Unverträglichkeiten (z. B. Fipronil bei Kaninchen, Permethrin-Spot-on-Lösungen bei Katzen, Amitraz bei Pferden und Katzen) wie auch über ein begrenztes Wirkungsspektrum (Imidacloprid gegen Flöhe, nicht gegen Zecken) eine Rolle.

Wirkstoffen, die in die Entwicklung der Arthropoden als Chitinsynthesehemmstoffe (wie Lufenuron) oder als Juvenilhormonanaloga (Methopren, Pyriproxyfen) eingreifen, fehlt die Wirksamkeit gegen adulte Arthropoden, sie zeichnen sich jedoch durch eine sehr gute Verträglichkeit für alle Vertebraten aus.

17.4 Makrolide als Endektozide

STECKBRIEF ENDEKTOZIDE

Die sehr breit wirksamen Antiparasitika aus der Gruppe der **Avermectine** („verm" für vermizide Wirkung und „ekt" für ektozide Wirkung) und aus der Gruppe der **Milbemycine** sind chemisch den **makrozyklischen Laktonen** zuzuordnen (Abb. 17.33), zu denen auch antibakterielle Makrolide und fungistatische makrozyklische Polyene gehören. Die hier zu betrachtenden Makrolide sind jedoch eine eigenständige Arzneimittelgruppe, die weder eine bakteriostatische noch fungizide Wirkung haben. Sie beeinflussen vielmehr GABA- und Glutamat-gesteuerte Chloridkanäle, die eine wichtige Rolle in peripheren Interneuronen von Nematoden und in neuromuskulären Synapsen von Arthropoden spielen. Dadurch verfügen sie über eine bemerkenswert breite antiparasitäre Wirkung **gegen Endo- (Nematoden) und gleichzeitig auch gegen Ektoparasiten (Arthropoden)**. Sie werden deshalb unter dem Sammelbegriff **Endektozide** zusammengefasst. Keine Wirksamkeit hingegen besteht gegen Cestoden und Trematoden.

Als erstes Endektozid kam **Ivermectin** (Abb. 17.33) 1981 als Tierarzneimittel zum Einsatz. Danach folgte eine Reihe weiterer Avermectine. Dabei handelt es sich um Fermentationsprodukte des in Japan als natürlicher Bodenorganismus vorkommenden Strahlenpilzes *Streptomyces avermitilis*. Die strukturverwandten Milbemycine sind Fermentationsprodukte des Strahlenpilzes *Streptomyces cyanogriseus* oder *hygroscopicus* var. *aureolacrimosus*. Sie sind Aglykone der Avermectine mit einem sehr ähnlichen makrozyklischen Laktonring ohne Disaccharidseitenkette. Einige Derivate der makrozyklischen Laktone werden auch als Pestizide im Pflanzenbau verwendet.

Wie nachfolgend beschrieben, weisen die verschiedenen Avermectine und Milbemycine viele Gemeinsamkeiten auf. Daher werden bei den einzelnen Wirkstoffen nur Besonderheiten herausgestellt.

Pharmakodynamik Die schnelle Immobilisation der Parasiten in Form einer schlaffen Paralyse durch die Endektozide wird auf eine Aktivierung zelleinwärts gerichteter Cl^--Ströme und eine daraus resultierende Hyperpolarisation der betroffenen Strukturen zurückgeführt. Dieser Effekt wurde an Muskeln und Neuronen von Askariden, an Insektenneuronen und an Neuronen von Vertebraten überzeugend demonstriert. Chloridkanäle bleiben in Anwesenheit von Avermectinen und Milbemycinen über sehr lange Zeit offen und leitend. An Glutamat-gesteuerten Chloridkanälen in Nerven- und Muskelzellen der Parasiten ließ sich eine hochaffine Bindung nachweisen. Die antiparasitären Makrolide potenzieren in höherer Dosierung auch die Wirkung des inhibitorischen Neurotransmitters GABA, indem sie die Affinität des GABA-Rezeptors für GABA sowie die Affinität der Bindungsstelle für Benzodiazepine am GABA-Rezeptor-Komplex erhöhen. Diese Wirkungen der Avermectine scheinen durch eine eigenständige Bindungsstelle am GABA-Rezeptor-Komplex vermittelt zu sein. In relativ hohen Konzentrationen wird auch die Freisetzung von GABA erhöht. Infolge der GABA-Potenzierung kommt es an Nervenzellmembranen zu einem Chlorideinstrom über die länger geöffneten Ionenkanäle. Avermectine scheinen zusätzlich eine eigenständige, GABA-unabhängige Wirkung am $GABA_A$-Rezeptor zu entfalten. Synergistisch zur Wirkung an den Glutamat-gesteuerten Kanälen resultiert eine Hyperpolarisation der Membranen.

Da GABA- und Glutamat-gesteuerte Chloridkanäle eine wichtige Rolle in peripheren Interneuronen von Nematoden und in neuromuskulären Synapsen von Arthropoden spielen, wirken antiparasitäre Makrolide zuverlässig gegen diese Parasiten. Keine Wirksamkeit besteht gegen Cestoden und Trematoden, bei denen GABA und Glutamat keine Bedeutung als Neurotransmitter im peripheren Nervensystem haben. Dadurch weisen sie eine natürliche Resistenz auf. Chloridkanäle bei Invertebraten werden mit nanomolaren Avermectin-Konzentrationen beeinflusst, während bei Vertebraten mikromolare Konzentrationen erforderlich sind. Die geringere Potenz bei Vertebraten mag, neben der für Avermectine relativ effizienten Blut-Hirn-Schranke, zur selektiven Toxizität für Parasiten beitragen. Bei Säugetieren sind in der Regel nur geringe Gehirnkonzentrationen nachzuweisen. Der wichtigste Grund hierfür scheint zu sein, dass makrozyklische Laktone Substrate für die MDR1-Gen-exprimierte P-Glykoprotein-Effluxpumpe sind, die bei Säugern bis auf wenige rassespezifische Ausnahmen bzw. genetische Prädispositionen (z. B. Collies) in der Blut-Hirn-Schranke vorkommt. Durch einen schnellen Auswärtstransport über die Blut-Hirn-Schranke werden die Gehirnkonzentrationen niedrig und unterhalb der toxischen Grenzwerte gehalten. Wie für Ivermectin nachweisbar war, erreichen sie nicht mehr als 10 % der Plasmaspiegel. Ivermectin kann aber schon in relativ niedrigen Dosierungen auch an Neuronen des Säugetiergehirns zur GABA-Potenzierung führen. Zentralnervöse Störungen treten in der Regel jedoch wegen der viel geringeren Affinität der Laktone für den GABA-Rezeptor von Säugern, wegen fehlender Glutamat-gesteuerter Chloridkanäle bei Säugetieren und der niedrigen Wirkspiegel im Gehirn erst in Dosen auf, die weit über den antiparasitär wirksamen Dosierungen liegen. Ivermectin weist deshalb eine hohe selektive Toxizität gegen Nematoden und Arthropoden auf.

Das **Wirkungsspektrum** der antiparasitären Makrolide ist sehr breit. Es umfasst adulte Parasiten und die meisten larvalen Stadien von allen wichtigen Magen-Darm-Nematoden und Lungenwürmern. Auch extraintestinale Formen wie intraarterielle Wanderlarven von Strongyliden beim Pferd sowie histotrope und inhibierte Formen sind inbegriffen. Sie wirken auch gegen Magen- und Haut-Habronematose (Sommerwunden), gegen Mikrofilarien sowie gegen alle Stadien der Magendasseln (*Gasterophilus* spp.) und Hautdasseln (*Hypoderma bovis*). Gegen die bei Wiederkäuern vorkommenden Magen-Darm-Nematoden der Gattungen *Cooperia*, *Nematodirus* und *Trichuris* ist in Abhängigkeit von der Formulierung der Makrolide eine nur variable Wirksamkeit gegen Larval- und Adultstadien vorhanden. Beim Pferd gilt dies für *Parascaris equorum*. Die Wirkung gegen Ektoparasiten erstreckt sich insbesondere auf Läuse, Räude- und Ohrmilben. Avermectine besitzen keine ovizide Wirkung.

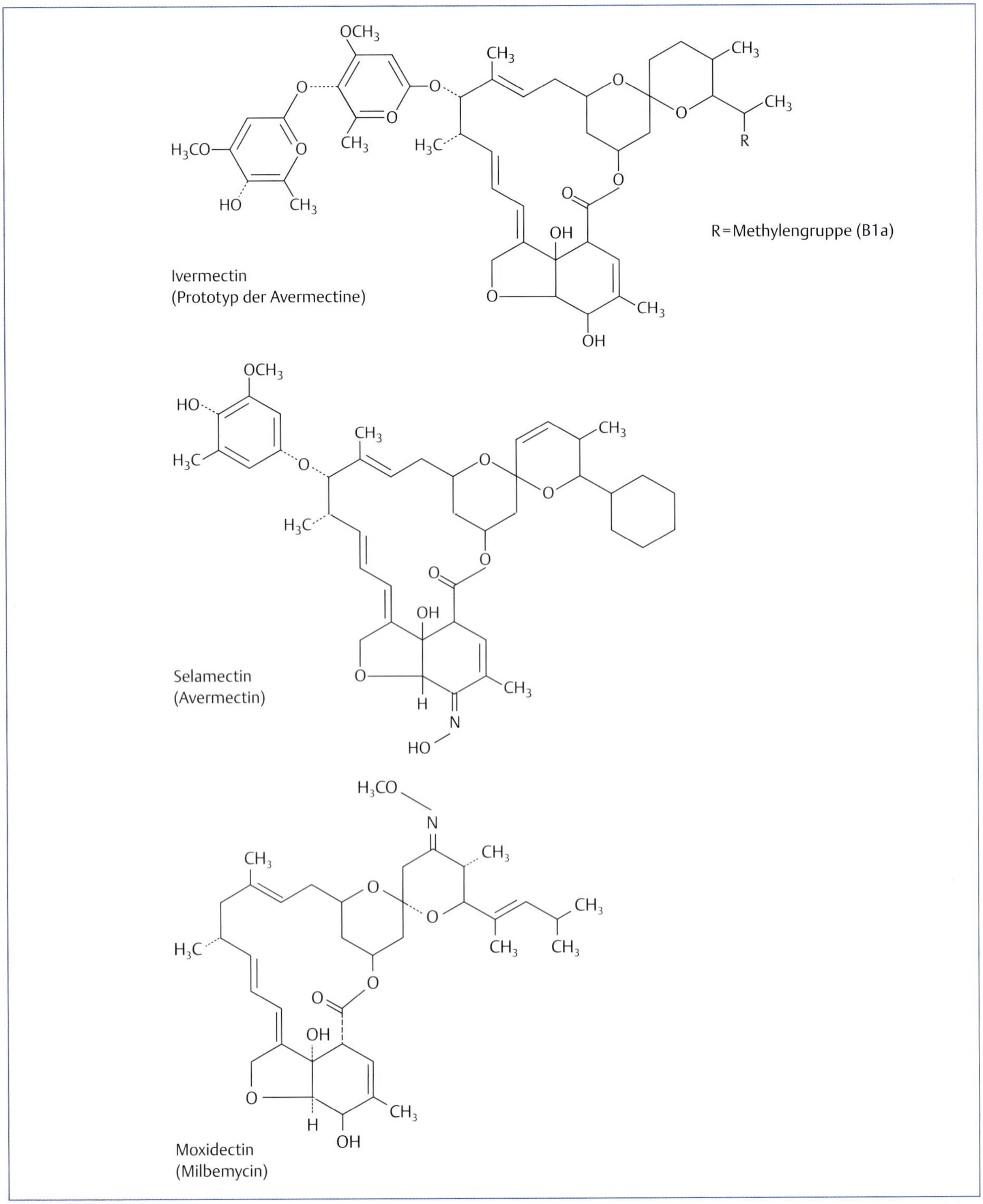

Abb. 17.33 Avermectine und Milbemycine (Beispiele).

Pharmakokinetik Avermectine und Milbemycine sind lipophile Verbindungen, die relativ langsam eliminiert werden. Zur Vermeidung bedenklicher **Rückstände** sind allgemein **lange Wartezeiten** einzuhalten. Diese Stoffe werden auch über längere Zeiträume mit der Milch ausgeschieden, weshalb ein Einsatz teils bei laktierenden Tieren untersagt ist.

Resistenzsituation und Resistenzmechanismen Seit Einführung des Ivermectins vor über 30 Jahren wurde besonders bei pathogenen Schafnematoden (*Haemonchus contortus*) eine zunehmende Resistenzselektion festgestellt, so in Schottland, der Slowakei und Spanien. In anderen europäischen Ländern (einschließlich Deutschland) scheint die Situation beim Schaf noch günstig zu sein. In der Schweiz wurden Makrolidresistenzen punktuell bei Rasseschafen und -ziegen als Folge von Importen aus Südafrika festgestellt. Untersuchungen in Rinderbeständen (Deutschland, Belgien, Schweden) ergaben eine teilweise verminderte Wirkung bei *Cooperia oncophora* und *Ostertagia ostertagi*. Auch der Pferdespulwurm (*Parascaris equorum*) zeigt sich vereinzelt resistent gegenüber Avermectinen. Grundsätzlich kann zwischen den verschiedenen Makroliden Nebenresistenz bestehen. Makrolide sind wie viele andere Anthelminthika gute Substrate für das transmembrane Transporter-P-Glykoprotein. Experimentell ließ sich zeigen, dass die Behandlung mit Ivermectin auf entsprechende P-Glykoprotein-Allele selektiert. Durch verstärkte Genexpression dieser Effluxpumpen können die Makrolide dann effektiv aus der Parasitenzelle geschleust werden. Als ein möglicher spezifischer Resistenzmechanismus gegenüber Makroliden wird auch ein Einzelnukleotid-Polymorphismus im Gen einer Untereinheit des Glutamat-gesteuerten Chloridkanals angenommen, wodurch die Empfindlichkeit des Kanals für Makrolide reduziert ist. Die Relevanz dieses Mechanismus ist aber noch unklar.

Indikationen Aus dem breiten Wirkungsspektrum der Endektozide ergeben sich diverse Indikationen gegen parasitäre Nematoden und Arthopoden. Erfasst werden adulte und meist auch larvale Stadien von nahezu allen Magen-Darm-Nematoden und Lungenwürmern, inklusive extraintestinaler Formen wie z. B. intraarterielle Wanderlarven sowie histotrope und inhibierte Formen. Gegen enzystierte Larvenstadien kleiner Strongyliden in der Dickdarmschleimhaut sowie gegenTrichuren (Peitschenwurm) besteht nur begrenzte Wirksamkeit. Weitere Indikationen sind Augenwürmer (*Thelazia* sp.), Magen- und Haut-Habronematose (Sommerwunden), Mikrofilarien von *Onchocerca* spp., alle parasitischen Stadien der Magendassel (*Gasterophilus* spp.) und Hautdassel (*Hypoderma bovis*). Das Spektrum gegen Ektoparasiten umfasst Flöhe, Haarlinge (nur Aufguss), Läuse, Ohrmilben (*Otodectes*) und die Räudemilben *Sarcoptes*, *Chorioptes* (nur Aufguss) und *Psoroptes* spp. (nur Injektion).

Nebenwirkungen Endektozide kommen bei Rindern, Rotwild, Pferden, Schweinen, Schafen, Ziegen, Hunden und Katzen zur Anwendung. Bei diesen Zieltierarten ist die Verträglichkeit in der Regel gut, die Sicherheitsspanne liegt über 30. Dosiserhöhungen und Änderungen der Applikationsart sind jedoch zu vermeiden. Für einige Hunderassen besteht eine erhöhte Toxizität.

Toxizität **Intoxikationen** treten erst nach mehr als 10- (Pferd) bis 30-facher (Rind) Überdosierung auf. Sie sind gekennzeichnet durch **ZNS-Depression** mit Somnolenz bis hin zu komatösen Zuständen, Ataxie, akustische und taktile Übererregbarkeit, Tremor, Salivation und Mydriasis. Besonders empfindlich gegenüber Ivermectin reagieren Schildkröten und Hunde.

CAVE

Bei vielen Hunderassen ist eine besondere **Unverträglichkeit gegenüber Ivermectin** bekannt. Die Ursache liegt in einer bei bestimmten Rassen häufig vorkommenden **Defektmutation des MDR1-Gens**, wodurch es zu einer mangelnden Expression des MDR1-P-Glykoprotein-Transporters in der Blut-Hirn-Schranke kommt.

Die verminderte Expression der P-Glykoprotein-Effluxpumpe hat einen verminderten Auswärtstransport der antiparasitären Laktone aus dem Hirngewebe und somit das Erreichen neurotoxischer Konzentrationen im Gehirn zur Folge. Bereits ab einer Ivermectindosis von 0,05 mg/kg zeigen überempfindliche Hunde starke Sedation, bei Dosen von 0,2–0,6 mg/kg ist mit komatösen Zuständen zu rechnen, die bis zu etwa 2 Wochen anhalten können. Betroffen sind kurz- und langhaarige Collies, englische Hirtenhunde wie Shetland Sheepdogs, Old English Sheepdogs, Australian Shepherds, Border Collies und Bobtails. Über Vergiftungssymptome nach Applikation therapeutischer Dosierungen wurde aber auch bei Mischlingshunden und Hunden anderer Rassen, z. B. Windhunden oder weißen Schäferhunden, berichtet. Etwa die Hälfte der Tiere überlebt bei symptomatischer Vergiftungsbehandlung. Ein spezifisches Antidot ist nicht verfügbar. Der GABA-Antagonist Picrotoxin ist in der Regel nicht wirksam. Die Überempfindlichkeit besteht wahrscheinlich für alle Avermectine und Milbemycine. Dabei scheinen Ivermectin und Doramectin allerdings potentere Substrate für den MDR1-P-Glykoprotein-Transporter zu sein als Selamectin oder Moxidectin.

Ökotoxizität Antiparasitäre Laktone werden in noch wirksamer Form mit dem Kot ausgeschieden und, je nach klimatischen Umständen, nur langsam abgebaut. Die längste in der Außenwelt gefundene Halbwertszeit beträgt 240 Tage. Die Ausscheidungen im Kot können die für den Abbau von Dung wichtigen Insekten und ihre Larven abtöten, sodass der Zerfall von Dung auf Weiden stark verzögert wird. Avermectine und Milbemycine sind sehr toxisch für Wasserlebewesen. Deshalb sollen Arzneimittelreste nicht in Gewässer gelangen. Im Boden gebundene Makrolide werden nur langsam freigesetzt, sodass eine Gefährdung von Wasserorganismen nicht auftritt.

Wechselwirkungen Da makrozyklische Laktone Substrat für die P-Glykoprotein-Effluxpumpe sind, sollten sie nicht gleichzeitig mit anderen Arzneimitteln angewendet werden, die Substrat von P-Glykoprotein sind (z. B. Acepromazin, Butorphanol, Doxyclyclin, Ciclosporin, Emodepsid, Spinosad).

Kontraindikationen Antiparasitäre Makrolide dürfen nicht bei Schildkröten und Echsen eingesetzt werden. Bei Hunden sollten nur für diese Tierart zugelassene Präparate zur Anwendung kommen. Bei den oben genannten Rassen ist besondere Vorsicht geboten. Es stehen diagnostische Tests mittels PCR auf den MDR1-Defekt zur Verfügung. Generell dürfen antiparasitäre Makrolide nicht i. v. verabreicht werden, in der Regel auch nicht i. m.

KLINISCHER BEZUG Bei Anwendung eines Aufgusspräparats sind Handschuhe zu tragen. Prinzipiell sind jeglicher Kontakt mit Haut, Schleimhaut und Augen sowie die orale Aufnahme zu vermeiden.

17.4.1 Avermectine

Avermectine sind natürliche Stoffwechselprodukte des in Japan vorkommenden Bodenorganismus *Streptomyces avermitilis*. Sie wurden 1975 entdeckt und 1981 wegen ihrer antiparasitären Wirkung in die veterinärmedizinische Therapie eingeführt. Die heute verfügbaren Präparate werden als mikrobielle Metaboliten in Fermentern gewonnen und partialsynthetisch hergestellt.

Chemisch gesehen, produziert der Strahlenpilz *Streptomyces avermitilis* durch Fermentation 4 homologe Paare von sehr nahe verwandten Verbindungen: Avermectin A_1, A_2, B_1 und B_2. Insgesamt handelt es sich um lipophile Verbindungen. Das teilsynthetische, chemisch eng verwandte **Ivermectin** stellt ein Gemisch von 80% 22, 23-Dihydro-Avermectin B_{1a} und 20% 22, 23-Dihydro-Avermectin B_{1b} dar. Weitere heute tiermedizinisch eingesetzte Avermectine sind **Doramectin**, **Eprinomectin** und **Selamectin**.

Persistenz Von praktischem Interesse für die strategische Bekämpfung von Weideparasiten sind die anhaltenden Wirkspiegel der Makrolide, die einen erneuten Nematodenbefall verhindern. In **Tab. 17.10** sind die jeweiligen Persistenzzeiten gegen Reinfektionen mit Nematoden beim Rind aufgeführt.

Ivermectin

Pharmakokinetik Ivermectin ist ein stark lipophiles, im wässrigen Medium praktisch unlösliches Avermectin (**Abb. 17.33**). Enteral oder aus subkutanen Depots wird der Wirkstoff rasch resorbiert. Die Bioverfügbarkeit beträgt nahezu 100%. Maximale Plasmakonzentrationen werden ca. 4 h nach oraler Dosierung erreicht. Hohe und besonders lang anhaltende Wirkstoffspiegel sind im Fett und in der Leber vorhanden. Maximale Blutspiegel liegen im Bereich von 20–30 ng/ml. Die Halbwertszeit beim Schwein beträgt 0,5, beim Rind 3 Tage. Unabhängig von der Applikationsart erfolgt die Ausscheidung des kaum metabolisierten Wirkstoffs zu 98% über den Kot.

Indikationen und Formulierungen Wie bereits aufgeführt, gibt es für Ivermectin viele Indikationen gegen Nematoden und Ektoparasiten.

Für **Rinder und Schafe** bestehen in Deutschland und der Schweiz Zulassungen als Injektionsformulierungen. Außerdem ist ein Aufgusspräparat zur Anwendung bei Rindern und Rotwild auf dem Markt. Eine fixe Kombination von Ivermectin mit dem fasziliziden Wirkstoff Clorsulon (S. 486) wird bei Rindern angewendet.

Zur Behandlung von Magen-Darm-Rundwürmern, Räudemilben und Läusen bei **Schweinen** ist Ivermectin als Injektionsformulierung, als oral anzuwendende Pulver und

Tab. 17.10 Persistenzzeiten verschiedener Makrolid-Endektozide in Tagen (Zeitintervall nach Behandlung, in der mit keiner nennenswerten Neuinfektion zu rechnen ist) beim Rind. Die Angaben haben lediglich orientierenden Charakter, da zur Berechnung der Persistenzzeiten unterschiedliche Versuchsansätze gewählt werden können (modifiziert nach: Barth D, Rehbein S. Persistence of anthelmintic efficacy: the need to classify terminology. Vet Rec 1997; 141: 655–656).

Makrolid	*Ostertagia* spp.	*Cooperia* spp.	*Trichostrongylus axei*	*Oesophagostomum radiatum*	*Haemonchus placei*	*Nematodirus Helvetianus*	*Dictyocaulus viviparus*
Doramectin, Pour on	35	28–35*	28	21	35*	–	42
Doramectin, p.inj.	21*–28	21	–	–	(21)	–	28*–35
Eprinomectin, Pour on	28	21	21	28	14	14	21*–28
Ivermectin, Pour on	14–21	14	14	14–21	14*	–	21–28
Ivermectin p.inj.	21	14	14*	21*	14	–	28
Moxidectin, Pour on	28*–35	(14)	(21–28)	–	(28)	–	42
Moxidectin p.inj.	35	–	–	–	–	–	42
Moxidectin, „Long acting" s. c.	120	–	90	150	90	–	120

Zahlen ohne Klammern: Angabe beruht auf deutscher Zulassung
Zahlen in Klammern: Angabe aus der Literatur
* Angabe beruht auf amerikanischer FDA-Zulassung
– keine Angabe

als Fütterungsarzneimittel im Angebot. Eine vollständige Tilgung von Sarcoptes-Milben ist erst nach einer Behandlungsdauer von einer Woche gesichert. Hierauf ist beim Umsetzen in räudefreie Bestände zu achten. Wegen fehlender ovizider Wirkung kann zudem bei Läusebefall eine wiederholte Ivermectin-Behandlung notwendig werden.

Für das **Pferd** stehen oral anzuwendende Arzneiformen zur Verfügung. Zusätzlich wird Ivermectin auch in fixer Kombination mit Praziquantel (1–1,5 mg/kg) als Gel oder Paste zur Erweiterung des Wirkungsspektrums gegen Bandwürmer angeboten. Diese Kombination ist vorzugsweise kurz vor bzw. am Ende der Weidesaison anzuwenden.

Für die Behandlung von Ohrmilben bei **Katzen** ist ein Ivermectin-haltiges Gel im Handel.

Dosierung Empfohlene Dosierungen für Ivermectin:

- Hund: 0,006 mg/kg p. o. (keine Zulassung in Deutschland)
- Schwein: 0,3 mg/kg s. c., 0,1 mg/kg p. o. über 7 Tage
- Rind/Rotwild: 0,2 mg/kg s. c., 0,5 mg/kg Pour on
- Schaf: 0,2 mg/kg s. c.
- Pferd: 0,2 mg/kg p. o.

Kontraindikationen Injektionsformulierungen eignen sich nicht für Pferde, da am Applikationsort lokale Reizungen auftreten. Ivermectin darf zudem nicht bei Tieren angewendet werden, deren Milch für den menschlichen Verzehr vorgesehen ist. Hieraus resultiert auch ein Anwendungsverbot bei trockenstehenden Milchkühen (einschließlich Färsen), tragenden Schafe und bei Stuten (einschließlich Maidenstuten), die der Milchgewinnung dienen, innerhalb von 60 Tagen (Schweiz: 28 Tage) vor dem Abkalben bzw. Abfohlen.

Für den **Hund** besteht keine Zulassung. Lediglich in den USA ist Ivermectin zur prophylaktischen Anwendung gegen Herzwurmerkrankungen (*Dirofilaria immitis*) in niedriger Dosierung erlaubt. In Mitteleuropa spielt dieser Parasit bisher keine wesentliche Rolle. Ivermectin sollte aufgrund einer mäßigen Verträglichkeit nicht bei Hunden angewendet werden.

Wartezeit Für essbare Gewebe gelten je nach Applikationsart und Formulierung:

- Schwein: 12 Tage (p. o.), 35 Tage (p.inj.); Schweiz: 28–42 Tage (p. inj.)
- Rind: 15 Tage (Pour on), 42 Tage (p.inj.); Schweiz: 28 Tage
- Schaf: 42 Tage
- Rotwild: 22 Tage
- Pferd: 18–35 Tage; Schweiz: 14–30 Tage

Doramectin

Doramectin entstammt der Fermentation eines biotechnologisch veränderten *Streptomyces avermitilis*.

Pharmakodynamik Der Wirkungsmechanismus, das -spektrum und die Indikationen entsprechen dem der makrozyklischen Laktone. Doramectin liegt als 1 %ige ölige Injektionslösung sowie als äußerlich anwendbare Pour-on-Formulierung vor.

Pharmakokinetik Die unpolare Cyclohexylgruppe in Position C-25 des Makrolidgerüstes (Substitution an R– des Ivermectins, **Abb. 17.33**) bewirkt eine vorteilhafte Pharmakokinetik bei Rind, Schaf und Schwein mit lang anhaltenden Wirkstoffspiegeln. Nach s. c. Injektion werden beim Rind und Schaf nach 2–3 Tagen, nach topischer Anwendung beim Rind erst nach 9 Tagen maximale Plasmakonzentrationen gemessen. Die langen Eliminationshalbwertszeiten des Endektozids von 6 bzw. 10 Tagen (Pour on) beim Rind und 45 Tagen beim Schaf bringen einen langen Schutz vor Reinfektionen mit sich (**Tab. 17.10**). 14 Tage nach der s. c. Anwendung sind dann beim Rind mehr als 85 % des Wirkstoffs unverändert über die Fäzes ausgeschieden.

Beim Schwein ist als Ausnahme von den Avermectinen eine i.m. Verabreichung vorgesehen. Maximale Blutspiegel werden erst nach etwa 3–4 Tagen erreicht. Die lange Eliminationhalbwertszeit von 6–8 Tagen ist der des Rinds vergleichbar und erklärt einen Schutz vor möglichen Reinfektionen mit Räudemilben für annähernd 3 Wochen.

Dosierung Es gelten folgende Dosierungsempfehlungen:

- Schwein: 0,3 mg/kg i. m.
- Rind: 0,2 mg/kg s. c. oder 0,5 mg/kg als Aufguss (Pour on)
- Schaf: 0,2 mg/kg s. c.

Nebenwirkungen Die Verträglichkeit für die Zieltierarten ist gut. Rinder und Schafe tolerieren die 3-fache, Schweine die 10-fache therapeutische Dosis ohne Vergiftungssymptome.

Kontraindikationen Doramectin darf nicht bei Tieren angewendet werden, deren Milch für den menschlichen Verzehr vorgesehen ist. Anwendungsverbot besteht zudem für trächtige Kühe 60 Tage vor dem Abkalben bzw. bei Schafen 70 Tage vor dem Ablammen.

Wartezeit

- Schwein, essbare Gewebe: 77 Tage; Schweiz: 49 Tage
- Rind, essbare Gewebe: 35 Tage (Pour on), 70 Tage (p. inj.); Schweiz: 35–42 Tage
- Schaf, essbare Gewebe: 70 Tage; Schweiz: 35 Tage

Eprinomectin

Bei Eprinomectin, einem 4-Epi-acetylamino-4"-desoxy-Avermectin B_1, handelt es sich um das bisher potenteste Breitspektrum-Endektozid, das für die topische Anwendung entwickelt wurde. Ein besonderer Vorteil von Eprinomectin liegt darin, dass es unter den Makroliden einen besonders tiefen Milch-Plasma-Verteilungskoeffizienten ($\leq 0{,}2$) besitzt, was seine problemlose Anwendung bei laktierenden Kühen erlaubt. Für das Rind sind dermal anzuwendende Monopräparate zur Behandlung von Nematoden und Ektoparasiten zugelassen. Eine speziell für Katzen entwickelte Spot-on-Lösung enthält neben Eprinomectin auch Fipronil, S-Methopren sowie das Cestodenmittel Praziquantel.

Pharmakokinetik Eprinomectin wirkt systemisch und wird beim Rind nach topischer Applikation in genügendem Maße (ca. 30 %) resorbiert. Bei langsamer Resorption sind maximale Plasmakonzentrationen nach etwa 2 Tagen erreicht. Eprinomectin wird kaum metabolisiert. Die Ausscheidung erfolgt hauptsächlich über die Fäzes. Von Vorteil ist, dass nur maximal 0,5 % der Dosis über die Milch (keine Wartezeit!) ausgeschieden werden.

Dosierung

- Katze: 0,5 mg/kg (dermal, Spot on)
- Rind: 0,5 mg/kg als Aufguss (Pour on)
- Ziege: 1 mg/kg als Aufguss (Pour on; nur Schweiz)

Wartezeit

- Rind, essbare Gewebe: 15 Tage (Schweiz: 0 Tage); Milch: 0 Tage
- Ziege (Schweiz), essbare Gewebe: 15 Tage; Milch: 0 Tage

Selamectin

Selamectin, ein partialsynthetisches Monosaccharid-Derivat von Doramectin (**Abb. 17.33**), steht seit einigen Jahren als Endektozid zur topischen Anwendung bei Hunden und Katzen zur Verfügung. Bei überempfindlichen Hunderassen ist eine bessere Verträglichkeit beschrieben.

Indikationen Hervorzuheben ist die ausgeprägte Wirkung gegen Flöhe mit einer Langzeitwirkung von einem Monat. Ein rascher Knock-down-Effekt (12–24 h) verhindert zudem die Eiablage nach dem Saugakt. Auch Läuse, Haarlinge, Ohr- und Räudemilben werden sicher erfasst. Eine sehr gute Wirkung besteht außerdem gegen eine Reihe von adulten Nematoden. Die vorbeugende mikrofilarizide Wirkung gegen die durch Stechmücken übertragene Herzwurmerkrankung ist belegt. Adulte Würmer sind aber therapieresistent.

Pharmakokinetik Nach topischer Anwendung wurde eine systemische Bioverfügbarkeit von etwa 5 % bei Hunden und ca. 75 % bei Katzen festgestellt. Deshalb sind bei Katzen maximale Wirkstoffspiegel im Blut bereits nach ca. 15 h, bei Hunden aber erst nach 3 Tagen erreicht. Beim Hund beträgt die Halbwertszeit 11 Tage, bei Katzen 8 Tage nach dermaler Applikation. Nach nur geringem Metabolismus erfolgt die Exkretion vornehmlich über die Fäzes.

Dosierung als Spot-on-Applikation:

- Katze, Hund: 6 mg/kg, einmalig bei Ohrmilbenbefall der Katze, monatlich zur Floh/Herzwurm-Prophylaxe, zweimalig im Abstand von einem Monat bei Sarcoptes-Räude des Hundes

Nebenwirkungen Für Katzen und Hunde (auch Ivermectin-sensitive mit MDR-1-Defekt) ist eine gute Verträglichkeit beschrieben. Bei Katzen waren gelegentlich transiente fokale Alopezien und Hautreizungen zu beobachten.

Kontraindikationen Selamectin ist kontraindiziert bei Tieren unter 6 Wochen.

17.4.2 Milbemycine

Verschiedene Varianten des Strahlenpilzes *Streptomyces* produzieren Aglykone der Makrolide, genannt Milbemycine. Die Milbemycine wurden zwar vor den Avermectinen entdeckt, ihre antiparasitären Eigenschaften aber erst später erkannt. Inzwischen sind das partialsynthetische **Moxidectin** (**Abb. 17.33**) und in begrenztem Umfang die Naturprodukte **Milbemycin D** und **Milbemycinoxim** veterinärmedizinisch im Einsatz. Milbemycin D wird in Japan bei Hunden gegen Rundwürmer und prophylaktisch gegen Herzwürmer eingesetzt, ist jedoch in Europa nicht als Arzneimittel zugelassen (weitere Angaben siehe 2. Auflage).

Moxidectin

Moxidectin (**Abb. 17.33**) ist ein Breitspektrum-Antiparasitikum mit Wirkung gegen eine Vielzahl von Endo- und Ektoparasiten. Für Pferde ist es als Monosubstanz oder in fixer Kombination mit dem cestoziden Praziquantel zur oralen Anwendung im Handel. Für Rinder sind verschiedene Injektionslösungen sowie eine Pour-on-Formulierung verfügbar. Interessant ist eine neuartige ölige Depotformulierung („Long acting"), die in höherer Dosierung von 1 mg/kg bei Tieren mit einem Körpergewicht über 100 kg in das lockere, rückseitige Ohrgewebe injiziert wird. Durch protrahierte Wirkstoffabgabe werden über 3–5 Monate wirksame Plasmaspiegel gegen Neuinfektion mit Nematoden (**Tab. 17.10**) erzielt. Für Schafe ist neben einer Injektionslösung zusätzlich eine 0,1 %ige Suspension zur oralen Anwendung im Angebot. Injektionsformulierungen werden in der Schweiz nicht vermarktet.

Für **Hunde, Katzen** und Frettchen wird eine fixe Kombination aus Moxidectin und Imidacloprid (insektizid gegen adulte Flöhe und Haarlinge) mit dadurch sehr breitem Wirkungsspektrum gegen Mischinfektionen aus Nematoden und Ektoparasiten angeboten. Hervorzuheben ist die gute Wirkung gegen alle Arten der Räude. Soweit ein Gefährdungspotenzial durch Reisen in den Mittelmeerraum besteht, eignet sich Moxidectin darüber hinaus zur Vorbeugung einer Herzwurmerkrankung mit Schutzwirkung von 4 Wochen.

Resistenz Berichte über Resistenzen liegen für Nematoden beim Schaf vor, besonders für *Cooperia* spp., seltener bei *Trichostrongylus axei* oder *Ostertagia* spp. In Deutschland sind sie jedoch bisher noch ohne große Bedeutung.

Pharmakokinetik Beim **Rind** erreicht Moxidectin maximale Blutkonzentration etwa 10 h nach einer Injektion, bei Depotformulierungen nach etwa 48 h. Aufgrund seiner ausgeprägten Lipophilie verteilt sich Moxidectin bevorzugt im Fettgewebe, in dem mehr als 10-fach höhere Konzentrationen als in allen anderen Geweben erreicht werden. Ein sehr hohes Verteilungsvolumen (Rind: 2,4 l/kg; Pferd 4,1 l/kg) sowie die lange Eliminationshalbwertszeit von bis zu 28 Tagen machen die lange Persistenzwirkung dieses Stoffes verständlich.

Bei **Schafen** liegt die orale Bioverfügbarkeit lediglich bei etwa 20 %, beim Pferd bei 40 %, weshalb die lokale Wirksamkeit im Darm hervorragend ist. Beim Pferd verdient die über 2 Wochen anhaltende Wirkung gegen kleine Strongyliden sowie die Unterdrückung der Eiausscheidung bei kleinen Strongyliden für 3 Monate besondere Beachtung. Moxidectin unterliegt einer begrenzten Biotransformation durch Hydroxylierung. Es wird zu über 90% mit dem Kot ausgeschieden, zu 60% unverändert, der Rest in Form verschiedener Metaboliten.

Nach topischer Anwendung an **Hunden** und **Katzen** verteilt sich Imidacloprid innerhalb von 24 h in wirksamer Konzentration über die Haut, während Moxidectin langsam über die Haut resorbiert wird. Maximale Plasmakonzentrationen sind daher erst nach Tagen (Hund 4–9 Tage, Katze 1–2 Tage) erreicht. Wie bei anderen Tieren erfolgt die Ausscheidung nur sehr langsam, sodass wirksame Blutspiegel über einen Monat erhalten bleiben.

Dosierung

- Katze: 1 mg/kg (Spot on)
- Hund: 2,5 mg/kg (Spot on)
- Rind: 0,2 mg/kg s. c., 0,5 mg/kg (Pour on)
- Schaf: 0,2 mg/kg i. m., p. o.
- Pferd: 0,4 mg/kg p. o.

Nebenwirkungen Besonders bei schweren **Rindern** sind nach Anwendung der Depotformulierung Schwellungen an der Injektionstelle zu beobachten, die in 1% der Fälle in Abszesse übergehen. Nur selten können zudem nach der Injektion spezifische Nebenwirkungen wie Depression und Ataxie auftreten.

Bei Pferden werden in seltenen Fällen transiente Schlaffheit der Unterlippe, unsicherer Gang, abdominale Schmerzen, Krämpfe und Schwellung des Maules beobachtet. Wegen fehlender Untersuchungen sollte zudem die fixe Kombination mit Praziquantel nicht bei tragenden Stuten Anwendung finden.

Bei Hund und Katze treten bisweilen durch die Anwendung der Spot-on-Formulierung vorübergehend Juckreiz, Hautrötung und Erbrechen auf. Nur sehr selten treten bei Hunden nach Verabreichung des Tierarzneimittels vorübergehende Lethargie, Unruhe und Appetitlosigkeit auf.

Kontraindikationen Moxidectin darf bei Hunde- und Katzenwelpen, die jünger als 7 oder 9 Wochen sind, sowie Fohlen unter 4 Monaten nicht angewendet werden.

Wartezeit

- Rind, essbare Gewebe: 14 Tage (Pour on), 65 Tage (p. inj.), 108 Tage (s. c. Depotformulierung); Milch: 0 Tage
- Schaf, essbare Gewebe: 14 Tage (Pour on), 70 Tage (p. inj.); Schweiz als Drench: 7 Tage; Milch: 5 Tage (p. o., p. inj.)
- Pferd, essbare Gewebe: 32–64 Tage; Schweiz: 28 Tage

Als Injektionsformulierung ist Moxidectin nicht bei Tieren anzuwenden, deren Milch für den menschlichen Verzehr vorgesehen ist, auch nicht bei Färsen 60 Tage (als Depotformulierung 80 Tage) vor dem Abkalben bzw. bei Schafen 70 Tage vor dem Ablammen.

Milbemycinoxim

Milbemycinoxim steht in fixer Kombination mit dem cestoziden Praziquantel oder dem Insektenwachstumsregulator Lufenuron oder mit Spinosad in Tablettenform für Hunde und Katzen zur Verfügung. Es wird in dieser Kombination präventiv gegen Herzwürmer und therapeutisch gegen Flöhe sowie Haken-, Spul- und Peitschenwürmer eingesetzt. Es ist gut geeignet zur Herzwurm-Prophylaxe bei Reisen in herzwurmendemische Gebiete (z. B. Italien).

Pharmakokinetik Milbemycinoxim wird gut aus dem Magen-Darm-Trakt resorbiert und bevorzugt im Fettgewebe eingelagert. Die Elimination erfolgt langsam, wodurch insbesondere zur Herzwurmprophylaxe in mediterranen Regionen Schutz vor Reinfektion über einen Monat gewährleistet ist.

Dosierung

- Katze: 2 mg/kg p. o., bei Bedarf einmal monatlich
- Hund: 0,5 mg/kg p. o., bei Bedarf einmal monatlich

Nebenwirkungen Mit einer therapeutischen Breite von 20 scheint Milbemycinoxim beim Hund – auch bei empfindlichen Rassen (aber geringere therapeutische Breite, daher immer genau dosieren!) – besser verträglich zu sein als Ivermectin. Dennoch können insbesondere bei jungen Tieren Lethargie, Ataxie und Muskelzittern sowie gastrointestinale Symptome auftreten.

FAZIT ENDEKTOZIDE

Die makrozyklischen Laktone, denen die Avermectine und die Milbemycine zuzuordnen sind, finden bei Tieren eine häufige Anwendung gegen Ektoparasiten und Nematoden. Da ihnen eine Wirksamkeit gegen Cestoden und Trematoden fehlt, werden sie auch in Kombinationen mit anderen Antiparasitika eingesetzt. Ein Nachteil der Avermectine und Milbemycine zur Ektoparasitenabwehr besteht in der mangelnden repellierenden Wirkung.

17.5 Varroose der Bienen

Die durch die aus Ostasien eingeschleppte Bienenmilbe (*Varroa destructor*) hervorgerufene Varroose stellt neben der bösartigen Faulbrut (*Paenibacillus larvae*) die derzeit wichtigste seuchenhafte Erkrankung der westlichen Honigbiene (*Apis mellifera*) dar. Unbehandelt kann sie innerhalb weniger Jahre zum Tode eines befallenen Bienenvolkes führen. Sie wird gegenwärtig als das Hauptproblem in der Haltung von Honigbienen angesehen. Als gute imkerliche Praxis gilt, alle Bienenvölker im Rahmen eines integrierten Behandlungskonzepts mehrmals im Jahr gegen Varroose zu behandeln.

17.5.1 Behandlung der Varroose

STECKBRIEF MITTEL ZUR BEHANDLUNG DER VARROOSE

Für die Behandlung befallener Bienenvölker stehen verschiedene Wirkstoffe zur Verfügung (**Tab. 17.11**), die im Regelfall außerhalb der Trachtzeit (d. h. nach dem letzten Honigflug) und im Rahmen eines integrierten Behandlungskonzepts angewendet werden. Vertreter folgender Wirkstoffgruppen finden Einsatz:

- aus der Gruppe der **organischen Säuren** vorzugsweise **Ameisensäure**, da diese auch Wirkung in den Brutzellen entfaltet; später – in der brutfreien Zeit – kommen zudem **Milch- bzw. Oxalsäure** zum Einsatz;
- das **phenolische Thymol** als natürlicher Vertreter ätherischer Öle, welches aber erst nach mehrwöchiger Anwendung ausreichende Wirkung entfaltet;
- das synthetische **Typ II-Pyrethroid Flumethrin**, das jedoch eine ungünstige Resistenzlage aufweist;
- das synthetische **Organophosphat Coumafos**, das sowohl diagnostisch als auch therapeutisch eingesetzt werden kann.

Folgende **Behandlungsprinzipien** sind zu beachten:

- Die Bekämpfung der Varroose ist möglichst durch biotechnische Maßnahmen (Entnahme von Drohnenbrut in der Trachtzeit) zu unterstützen, da Varroa-Milben bevorzugt diese Brutzellen zur eigenen Reproduktion befallen.
- Um das Risiko einer Re-Infestation zu reduzieren, sind sämtliche Bienenvölker eines Standes bzw. in einem Territorium zeitgleich zu behandeln. Der Behandlungszeitpunkt sollte mit imkerlichen Nachbarn koordiniert werden.
- Akarizide dürfen im Allgemeinen erst nach der letzten Tracht oder nach dem letzten Honigschleudern eingesetzt werden.
- Der Behandlungserfolg (Milbenfall ≤ 1/Tag) sollte aufgrund der zuweilen schwankenden Wirksamkeit sowie der ungünstigen Resistenzlage bestimmter Akarizide (z. B. Flumethrin) nach der Behandlung über einige Wochen kontrolliert werden.
- Die in der verdeckelten Bienenbrut parasitierenden besonders gefährlichen „Brutmilben“ werden bei einigen Stoffen nur zum Teil erreicht. Im Allgemeinen ist eine zusätzliche Behandlung in den brutfreien frühen Wintermonaten erforderlich.

17.5.2 Organische Säuren

Ameisensäure

Von den zugelassenen Akariziden entwickelt lediglich Ameisensäure auch eine Wirkung gegen *Varroa destructor* in der verdeckelten Brut. Nach deutscher Standardzulassung wird sie im Bienenstock als 60 %ige Säure in einem säurefesten Gefäß an einem Leerrahmen befestigt und verdunstet über eine geeignete Verdunstungsfläche (Papierfilz) gleichmäßig in die Zarge. Eine neuartige Darreichungsform nutzt bei gleichem Verdunstungsprinzip eine sukrosehaltige Gelmatrix mit eingebetteter Ameisensäure (68,2 g), die umhüllt von Papierstreifen flach auf die Rähmchen einer Zarge gelegt werden. Ameisensäure 85 % ist seit 2014 in Österreich zugelassen.

Pharmakodynamik Das Wirkprinzip der Ameisensäure beruht auf der selektiven Atmungshemmung und Übersäuerung (Azidose) der Milben, sobald eine Luftkonzentration von 500 ppm erreicht wird. Durch Hemmung der Atmungskette in den Mitochondrien wird die Energieversorgung der Milben beeinträchtigt. Bienen besitzen dagegen eine bessere Puffer- und Metabolisierungskapazität, sodass Auswirkungen auf die Bienenpopulation erst bei höheren Säurekonzentrationen in der Stockluft auftreten. Dennoch sind behandlungsbedingte Brutschäden und Bienentod besonders bei den empfindlichen Jungbienen in der Schlupfphase nicht immer auszuschließen. Für ausreichend Zugang zu Frischluft während der Behandlung ist zu sorgen.

Resistenz Aufgrund des Wirkungsmechanismus sind Resistenzen gegen Ameisensäure nicht zu erwarten.

Behandlungsempfehlungen Ameisensäure sollte nur zur Behandlung voll entwickelter Bienenvölker mit mehr als

Tab. 17.11 Mittel zur Bekämpfung der Varroose.

Wirkstoffgruppe	Wirkungsmechanismus	Vertreter	Bedeutung
Organische Säuren	selektive Atmungshemmung und Übersäuerung (Azidose) der Milben	Ameisensäure	vorzugsweise zur Spätsommerbehandlung nach der Honigernte mit Wirkung in befallene Bienenbrut
	unspezifische Ätzwirkung	Milchsäure	vorzugsweise zur Winterbehandlung
	unspezifische Ätzwirkung	Oxalsäure	vorzugsweise zur Winterbehandlung
Verschiedene	Proteindenaturierung nach Einatmung	Thymol	vorzugsweise zur Spätsommerbehandlung nach der Honigernte
	Hemmung der Cholinesterasen	Coumafos	vorzugsweise zur Spätsommerbehandlung; hohe Wirkung auch bei niedrigen Temperaturen
	Öffnung spannungsabhängiger Na^+-Kanäle mit anhaltender Dauerdepolarisation	Flumethrin	vorzugsweise zur Spätsommerbehandlung; mitunter ungünstige Resistenzsituation

10 000 Bienen (6 Brutwaben) zum Einsatz kommen. Der günstigste Zeitpunkt ist nach dem Abschleudern und vor der Brutpause. Die Wirkstoffkonzentration (Dampfdruck) wird wesentlich von der herrschenden Außentemperatur (mindestens 12 °C, aber höchstens 25–29 °C) beeinflusst, sodass insbesondere in Spättrachtgebieten mit oftmals tiefer Nacht- und suboptimaler Zargentemperatur mit verminderter Wirkung auf *Varroa* zu rechnen ist. Bei hohen Temperaturen nur am späten Nachmittag bzw. am Abend einsetzen.

Dosierung Bei einer empfohlenen Dosis im Spätsommer (vor der Brutpause) von 6–10 g 60 %ige Ameisensäure pro Zarge und Tag beträgt die verdunstete Gesamtdosis einer 10-tägigen Behandlung etwa 85 g Ameisensäure 60 % je Zarge. Gelförmige Streifen werden in einer Gesamtdosis von 136,4 g Ameisensäure (2 Streifen) je Bienenstock für 7 Tage angewendet.

Nebenwirkungen Zu Behandlungsbeginn ist möglicherweise eine erhöhte Bienenaktivität mit Verlust der Königinnenakzeptanz zu beobachten. Initiale Brut- und Bienenverluste sind nicht auszuschließen. Im Allgemeinen können diese Brutverluste jedoch kompensiert werden.

Toxizität Nach Überdosierung und Behandlung bei Außentemperaturen über 30 °C sind erhöhte Brutmortalität, Abschwärmen und Königinnenverluste zu erwarten. Zur Verbesserung der Stockluft können als Gegenmaßnahme zusätzliche Eingänge in verschiedenen Höhen des Bienenstocks angelegt werden. Das Vorhandensein einer Königin ist 2 Wochen nach Aufbringung zu überprüfen.

Wartezeit Organische Säuren wie Ameisen-, Oxal- oder Milchsäure sind natürlich vorkommende Inhaltsstoffe des Honigs, die diesem eine leicht säuerliche Note verleihen. Eine Behandlung mit organischen Säuren während der Tracht (Honigflug) führt daher nicht zwangsläufig zu einem gesundheitlich bedenklichen Produkt, sodass speziell für die 1-wöchige Streifenanwendung mit natürlicher Ameisensäure nach Behandlung 0 Tage Wartezeit für Honig gilt.

KLINISCHER BEZUG Untersuchungen haben gezeigt, dass Behandlungen mit organischen Säuren zuweilen zu einer Erhöhung des natürlichen Säuregehaltes im Honig führen, was nach Honig-Verordnung unzulässig ist. Daher rät der deutsche Imkerbund eindringlich von Frühjahrs- und weiteren Zwischentrachtbehandlungen mit Ameisensäure in den verschiedenen Formulierungen ab. Jeglicher Einsatz sollte erst nach der letzten Honigernte erfolgen.

ZUM WEITERLESEN In Spättrachtgebieten bzw. beim Vorliegen ungünstiger Witterungsbedingungen (sehr kühle Witterung) und bei gleichzeitiger Resistenz gegenüber synthetischen Varroaziden (Flumethrin, Coumafos) kann es bei der Behandlung der Varroose der Honigbienen zu einem Therapienotstand kommen. In diesen Fällen bietet ein in Österreich zugelassenes Ameisensäure-Präparat in höherer Konzentration (85 %ige Lösung) Vorteile. Die Wahl eines geeigneten Verdunsters ist aber zu beachten, um Schäden am Volk zu vermeiden.

Milchsäure

Pharmakodynamik Eine Zulassung besteht für 15 %ige Milchsäure im Sprühverfahren. Der Effekt beruht wahrscheinlich auf einer unspezifischen Ätzwirkung der Milchsäure auf die Milben. Es gibt Hinweise, dass die Behandlungsergebnisse bei Milchsäure etwas schlechter als die der anderen zugelassenen organischen Säuren sind.

Resistenz Aufgrund des Wirkungsmechanismus sind Resistenzen gegen Milchsäure nicht zu erwarten.

Dosierung Bei Außentemperaturen von 4–10 °C werden im Abstand von 1–5 Wochen 2-mal 8 ml 15 %ige Milchsäure gleichmäßig auf jede Seite einer mit Bienen besetzten Wabe gesprüht. Brutfreiheit sollte Voraussetzung sein, da Milchsäure nicht in gedeckelter Brut wirkt.

Behandlungsempfehlungen Milchsäure ist vorzugsweise zur Winterbehandlung einzusetzen. In Ausnahmefällen kann sie auch bei der Sommerbehandlung (z. B. bei Ablegerbildung, Jungvölkern) Anwendung finden, dann ist aber auf Schonung der ungedeckelten Brut zu achten. Es empfiehlt sich, Schutzkleidung anzulegen.

Nebenwirkungen, Toxizität Die Verträglichkeit ist mäßig. Bei doppelter Dosis bzw. Außentemperaturen unter 4 °C ist mit einem rapiden Anstieg des Totenfalls bei den Bienen zu rechnen.

Wartezeit Bei Sommerbehandlung sollte die Honigernte immer erst nach der Tracht im Folgejahr vorgenommen werden.

Oxalsäure-Dihydrat

Oxalsäure, ein natürlicher Bestandteil vieler Gemüsesorten (z. B. Spinat, Rhabarber, Sauerklee), entwickelt vergleichbar der Milchsäure optimale Wirkung nur im Spätherbst während der **brutfreien Zeit**, da es ebenfalls keinen Einfluss auf verdeckelte Brut nimmt. Zur einmaligen Anwendung kommt ein handwarmes Zucker-Wasser-Gemisch (1:1) mit einem Anteil von 3,5 % Oxalsäure-Dihydrat. Als **Wirkungsmechanismus** wird angenommen, dass die visköse, gut haftende Träufellösung durch Trophallaxis (sozialer Futteraustausch) gleichmäßig unter den Bienen verteilt wird und dort aufgrund des niedrigen pH-Werts kontaktakarizid auf *Varroa destructor* wirkt. Die Verträglichkeit gegenüber Bienen ist begrenzt, da bereits ab einer Konzentration > 4,5 % bzw. bei mehrmaliger Anwendung der empfohlenen 3,5 %igen Gebrauchslösung mit vermehrtem Bienentotenfall sowie schlechterer Auswinterung und Frühjahrsentwicklung der Völker zu rechnen ist. Auch eine Stockbehandlung im Sommer wird von Bienen schlecht toleriert. Bei der Anwendung ist auf adäquate **Schutzkleidung** zu achten (säurefeste Handschuhe, Schutzbrille), da die Oxalsäure-Dihydratlösung stark ätzend wirkt.

Resistenz Aufgrund des Wirkungsmechanismus sind Resistenzen gegen Oxalsäure nicht zu erwarten.

Dosierung Einmalig je nach Volksstärke 30–50 ml der 3,5 % Oxalsäure-Dihydrat-Zuckerlösung im Oktober/November auf die bienenbesetzten Wabengassen träufeln. Je

Wabengasse werden etwa 5–6 ml aufgebracht. Die Wirkung setzt verzögert ein, sodass der Milbenfall noch mehr als 3 Wochen andauert. Nicht mit Oxalsäure nachbehandeln! Die Außentemperatur muss zur optimalen Wirkungsentfaltung mindestens 3 °C betragen.

Wartezeit Nach der Behandlung darf Honig erst im darauffolgenden Frühjahr gewonnen werden.

17.5.3 Thymol

Die Phenolverbindung Thymol kommt in ätherischen Ölen bestimmter Blütenpflanzen als natürlicher Bestandteil (Thymian, Oregano, Quendelkraut) vor. Im Bienenstock erfolgt die **Anwendung** mittels imprägnierter Schwammstreifen (15 g Thymol je Streifen) oder in Gelschalen mit 25 % Thymol, aus denen der Wirkstoff in die Magazinluft für 2 bzw. 3–4 Wochen sublimiert. Die Anwendung ist im Anschluss unmittelbar zu wiederholen (Gesamtdauer: 4–8 Wochen). Als Wirkungsmechanismus wird Proteindenaturierung nach Einatmung oder Kontakt vermutet.

Behandlungsempfehlungen Es empfiehlt sich, die Wirkstoffträger möglichst im Spätsommer nach der Honigernte und bei abnehmender Brut auf die Rahmen zu stellen. Die Außentemperatur sollte während der Behandlung zwischen 15–30 °C liegen. Höhere Temperaturen führen zu Unruhe und Anstieg der Bienenmortalität.

Resistenz Aufgrund der unspezifischen Wirkung sind Resistenzen nicht zu erwarten. Durch die Art der Anwendung (Verdunsten) ist ähnlich der Ameisensäure aber mit Wirkungsschwankungen zu rechnen.

Wartezeit Nicht vor oder während der Tracht einsetzen, da Thymol den Honiggeschmack verfälscht.

> ZUM WEITERLESEN Gegen die ebenfalls in Europa bei Honigbienen verbreitete winzige Tracheenmilbe (Erreger: *Acarapis woodi*, **Acarapiose**) ist derzeit kein Tierarzneimittel zugelassen. Es gibt aber Hinweise, dass **Thymol** und **Ameisensäure** Tracheenmilben teilweise miterfassen. Weitere gefährliche Parasiten, wie die asiatische *Tropilaelaps*-Milbe und der ursprünglich in Afrika beheimatete kleine Beutenkäfer (*Aethina thumida*) wurden bislang in Deutschland noch nicht nachgewiesen.

17.5.4 Coumafos

Coumafos steht als Emulsion zum direkten Beträufeln der Bienen entlang der Wabengassen zur Verfügung. Die **Behandlung** erfolgt bei normal entwickelten Völkern mit 50 ml einer frisch zubereiteten 0,064 %igen Gebrauchsemulsion. Bei geschwächten bzw. bei Ablegevölkern ist die Menge entsprechend dem Wabenbesatz zu reduzieren (10–25 ml). Die Emulsion wird von den Bienen p. o. aufgenommen und via sozialen Nahrungsaustausch im Volk verteilt. Die Aufnahme des Wirkstoffs durch die Milben geschieht letztlich systemisch beim Saugakt über die Hämolymphe.

Wie bei allen Organophosphaten beruht das **Wirkprinzip** auf der Hemmung der Cholinesterasen. Die hierdurch hervorgerufene Acetylcholinkumulation an den Synapsen führt zur Dauererregung und zum Tod des Parasiten.

Behandlungsempfehlung Zur Therapie ist die zweimalige Anwendung im Abstand von 7 Tagen erforderlich, für diagnostische Zwecke der Varroose genügt die einmalige Anwendung. Bei Brutfreiheit werden mehr als 90 % der Milben erreicht. Bienentotenfall tritt bei exakter Anwendung in etwa 1 % ein.

Brutfreiheit ist zu empfehlen, da die in der verdeckelten Brut parasitierenden Milben nicht erreicht werden. Als wesentlicher Vorteil gilt, dass die Behandlung auch noch bei 5 °C erfolgen kann.

Wartezeit Die Behandlung ist im Spätsommer außerhalb der Tracht vorzunehmen, im Frühjahr spätesten 6 Wochen vor Trachtbeginn.

17.5.5 Flumethrin

Dieses Pyrethroid steht in Form eines Kunststoffstreifens (Gehalt 3,6 mg Flumethrin) zur Verfügung. Für ein mittelstarkes Volk sind 4 Stück, für Ableger, Jungvölker etc. 2 Stück für die Dauer von 4–6 Wochen in den Brutraum einzuhängen. Die Kunststoffstreifen werden von der Biene beidseitig belaufen, wodurch eine kontinuierliche Aufnahme des Wirkstoffs gewährleistet ist. Die homogene Verteilung im Volk erfolgt durch sozialen Kontakt.

Resistenz Resistenz gegenüber Pyrethroiden ist verbreitet und sollte bei der Anwendung Berücksichtigung finden. Hierfür stehen geeignete Resistenztests zur Verfügung. Um die Resistenzsituation nicht weiter zu verschlechtern, empfiehlt es sich, mit Flumethrin nur zu behandeln, falls im Test noch mindestens 90 %ige Wirkung auf Milben des Behandlungsstandortes erreicht wird.

Behandlungsempfehlung Die Therapie schließt sich im Allgemeinen an die Honigernte Ende Juli bis Anfang August an. Eine Brutfreimachung ist nicht notwendig, da auch die täglich aus den Brutzellen nachschlüpfenden Milben durch die lang anhaltende Wirkung der Strips erreicht werden. Die Wirksamkeit beträgt bei günstiger Resistenzlage über 90 %.

Kontraindikationen Nicht gleichzeitig mit anderen Wirkstoffen gegen Varroose oder Nosematose einsetzen.

> **FAZIT WIRKSTOFFE GEGEN VARROOSE**
>
> Die Varroose stellt in der heutigen Imkerei die am stärksten verbreitete Erkrankung der westlichen Honigbiene (*Apis mellifera*) dar. Sie hat seit ihrer unbeabsichtigten Einschleppung Ende der 70er-Jahre über ostasiatische Bienen (*Apis cerana*) regelmäßig zum Zusammenbruch unbehandelter Bienenvölker geführt. Daher müssen heute alle Bienenvölker am Ende der Trachtzeit (Honigernte) mehrmals durch den Imker gegen die parasitische Bienenmilbe (*Varroa destructor*) behandelt werden. Hierfür stehen organische Säuren (Ameisen,- Milch-, Oxalsäure) und Thymol als natürliche Vertreter der Varroazide zur Verfügung. Sie besitzen im Allgemeinen jedoch einen nicht so hohen Wirkungsgrad wie synthetische Substanzen. Ihr Vorteil liegt aber im fehlenden Resistenzrisiko. Von den synthetischen Akaraziden sind das Typ-II-Pyrethroid Flumethrin sowie das Organophosphat Coumafos zur Bekämpfung zugelassen. Diese zeigen zwar eine sehr gute Wirkung, Resistenzbildungen sind bei Milben jedoch verbreitet.

18 Desinfektionsmittel

D. Fux, V. Sexl

DEFINITION Unter Desinfektion versteht man das Abtöten infektiöser pathogener Mikroorganismen. Der Vorgang des Desinfizierens soll ein Objekt so weit keimfrei machen, dass es selbst keine Infektion mehr verursachen kann. Dies steht im Unterschied zur Sterilisation – einem Zustand der völligen Keimfreiheit (**Abb. 18.1**).

Der Einsatz von Desinfektionsmitteln (**Tab. 18.3**) ist für die Erhaltung der Gesundheit von Mensch und Tier im klinischen Bereich, für die Absicherung vieler Produktionsabläufe der Lebensmittelindustrie, aber auch für die Limitierung von Erregerpopulationen bei vielen anderen Prozessen essenziell. Es können Räume, Gerätschaften, (Ab-) Wasser, Tierkadaver, Abfälle, aber auch die äußere Haut (z. B. Hände, Operationsfelder, Euterzitzen), Schleimhäute und innere Körperoberflächen (z. B. Uterus) desinfiziert werden. Diese Maßnahmen sind wichtiger Bestandteil einer aseptischen Arbeitsweise. Desinfektionsmittel werden gegen Bakterien, Pilze, Viren und Protozoen eingesetzt, ihre Wirksamkeit gegen Parasiten ist gering. Einen Überblick über gängige Desinfektionsmittel und deren Wirkungsspektrum gibt **Tab. 18.1**.

Chemische Desinfektionsmittel (Desinfizienzien) greifen oftmals denaturierend in die Struktur (z. B. Membranen) und/oder hemmend in den Stoffwechsel (z. B. Protein-, Enzymdenaturierung oder DNA-Schädigung) von Mikroorganismen ein und sollen diese unabhängig von ihrem Funktionszustand abtöten bzw. inaktivieren und entfernen. Nachdem diese Wirkungen nicht auf Mikroorganismen beschränkt sind, besitzen Desinfektionsmittel auch toxische Eigenschaften (**Abb. 18.2**).

Für die Anwendung von Desinfektionsmitteln gibt es unterschiedliche Empfehlungslisten, in denen sämtliche Handelspräparate mit geprüfter Wirksamkeit, Konzentrations- und Zeitangaben angeführt werden. Die Deutsche Veterinärmedizinische Gesellschaft erstellt eine derartige Liste für Präparate zum Einsatz in der Stall- und Lebensmittelhygiene (DVG-Liste), das Robert-Koch-Institut (RKI-Liste) sowie der Verbund für Angewandte Hygiene (Desinfektionsmittelliste des VAH) für Desinfektionsmittel zur hygienischen/chirurgischen Handdesinfektion, Instrumenten- und Flächendesinfektion sowie zur Antiseptik.

Wichtige Anwendungsbereiche für Desinfektionsmittel sind:

- Hautdesinfektion (Operationsvorbereitung, Injektionsstellen, Euterhygiene usw.)
- Händedesinfektion – hygienische und chirurgische (Infektionsprophylaxe, Operateur usw.)
- Raumdesinfektion – v. a. in Aerosolform, als Dampf oder Gas (OP-Räume, Labore, Stallanlagen, Lagerräume)
- Desinfektion von Transportmitteln
- Wasserdesinfektion – v. a. zur Seuchenprophylaxe
- Tier-/Seuchenhygiene und -bekämpfung – Desinfektion auf der Basis medizinischer oder veterinärmedizinischer Gesetze und Verordnungen
- Desinfektionsmaßnahmen bei der Gewinnung tierischer Lebensmittel und Rohstoffe (Milch, Eier, Häute)

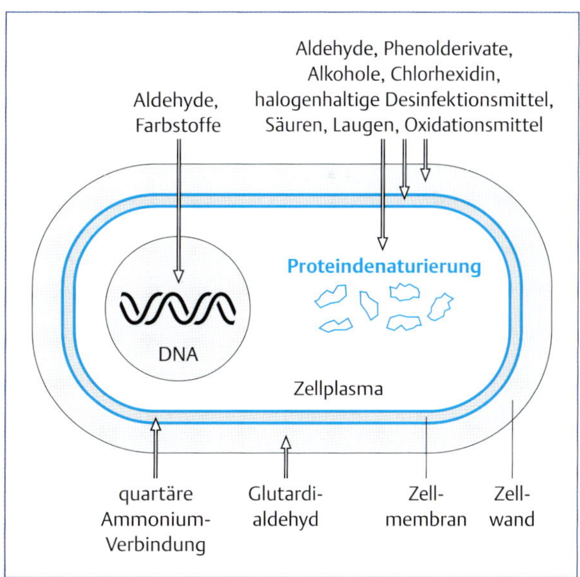

Abb. 18.2 Angriffsorte und Wirkungsmechanismen von Desinfektionsmitteln.

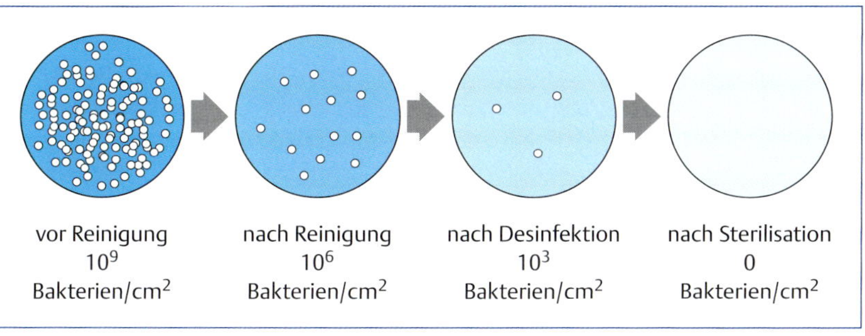

Abb. 18.1 Keimreduktion durch Reinigung, Desinfektion und Sterilisation.

Tab. 18.1 Wirkungsspektrum von Desinfektionsmitteln.

Desinfektionsmittel	Bakterien		Sporenbildner	Viren		Pilze
	grampositiv	gramnegativ		behüllt	unbehüllt	
Aldehyde	+	++	(+)	+	+	+
Alkohole	++	+	–/+	–	–	–
Chlorhexidin	++	++	-	+	-	-
Detergenzien	++	+	–	+	–	–
Farbstoffe	++	–/+	–	–	–	+
halogenhaltige Verbindungen	++	+	–	+	+	–
Laugen	+	+	–	++	+	–
organische Säuren	++	+	–	+	–	(+)
Oxidationsmittel	+++	++	++	++	++	++
Phenolderivate	+	–	–	+	+	+

– = schlecht; + = gut; + + = sehr gut; + + + = sehr gut und schnell

- Desinfektion in der Lebensmittelbe- und -verarbeitung (Fleisch- und Getränkeindustrie, Molkereien usw.)
- Tierkörperbeseitigung

Anforderungen an Desinfektionsmittel Zu wesentlichen Anforderungskriterien an chemische Desinfektionsmittel zählen:

- breites antimikrobielles Spektrum
- rasch eintretende und ausreichend lange Wirksamkeit mit hoher Stabilität
- Anwendungs- und Anwenderfreundlichkeit (geringe Toxizität, gute Haut-/Materialverträglichkeit, einfache Handhabung)
- Umweltfreundlichkeit (z. B. biologische Abbaubarkeit)

Die Wirksamkeit von Desinfektionsmitteln ist neben einer ausreichend hohen Konzentration und angepassten Einwirkdauer von verschiedenen Faktoren abhängig. Starke Beeinträchtigungen ergeben sich beispielsweise durch die Feuchtigkeit auf Oberflächen, die Temperatur („Kältefehler") und den pH-Wert am Anwendungsort, aber auch durch Bindung an organische Stoffe (Eiweißbestandteile, Wundsekrete, Blut, Kot, Futter), den sog. Eiweißfehler. Durch eine Koagulation von Proteinen wird das Desinfektionsmittel „verbraucht". Des Weiteren kann es zum Einschluss der Krankheitserreger im koagulierten Material kommen.

Ebenso kann die Wirksamkeit von Desinfektionsmitteln aufgrund natürlicher oder durch Mutationen erworbener Resistenzmechanismen eingeschränkt sein. Diese können Unempfindlichkeiten gegen einzelne, aber auch mehrere verschiedene Wirkstoffe auslösen (Kreuzresistenz).

Die natürliche Resistenz ist durch besondere zelluläre Strukturen, Enzymausstattungen oder Stoffwechselprodukte verursacht. So sind Mykobakterien von einer Lipid-Wachsschicht ummantelt, die ein Eindringen von Chlorhexidin und organischen Säuren verhindert. Eine vielschichtige Protein-Lipid-Hülle schützt Sporen vor Alkoholen und Phenolen. Unbehüllte Viren zeigen eine geringere Empfindlichkeit für membranwirksame QAVs (quaternäre Ammoniumverbindungen) und Chlorhexidin als Viren mit einer Lipidhülle. Eine Hülle aus Chitin macht Wurmeier und Kokzidien-Oozysten besonders widerstandsfähig. Die Resistenz von Pilzen gegen Formaldehyd geht auf endogene Enzyme zurück, die Formaldehyd inaktivieren. Auch die Sekretion von Polysacchariden, die eine schützende Schleimschicht (sog. Biofilm) bilden, vermindert die Empfindlichkeit vieler Bakterien (insb. Pseudomonaden).

Im Gegensatz dazu ist die Formaldehydresistenz bei *E. coli* eine erworbene Unempfindlichkeit, die auf eine Plasmid-vermittelte Synthese von Dehydrogenasen zurückgeht. Plasmide statten Staphylokokken mit Effluxtransportern aus, die das Eindringen von Chlorhexidin und Acridinfarbstoffen verhindern. In *Listeria monocytogenes* wird die Wirkung von Benzalkoniumchlorid durch ein Transposon codiertes Transporterprotein eingeschränkt.

Um trotz Resistenzmechanismen ein umfassendes Wirkungsspektrum bei der Desinfektion zu erreichen, werden in handelsüblichen Präparaten oft mehrere Wirkstoffklassen kombiniert. Gängige Kombinationen sind Tenside mit Aldehyden oder Glutardialdehyd. Aber auch Mehrfachkombinationen wie Peroxide mit Tensiden und organischen Säuren kommen zum Einsatz. Wichtige Eigenschaften von Desinfektionsmitteln sowie deren Empfindlichkeit gegenüber wirkungsabschwächenden äußeren Faktoren fasst **Tab. 18.2** zusammen.

Anwendung von Desinfektionsmitteln Eine gründliche und sorgfältige Reinigung ist die Grundlage einer effizienten Desinfektion. Bei der Stalldesinfektion hat sich in Abhängigkeit vom Verschmutzungsgrad die Durchführung mehrerer Reinigungsmaßnahmen vor der eigentlichen Desinfektion etabliert. Nach der trockenen Beseitigung grober Verunreinigungen erfolgt eine mehrstündige Einweichphase, in der eingetrocknete Schmutzpartikel unter Verwendung von Reinigungstensiden auf- bzw. angelöst werden. Anschließend sind die Oberflächen mit kaltem oder heißem Wasser im Hochdruckverfahren, bei empfindlichen Oberflächen im Niederdruck-Schaumverfahren von den Verunreinigungen zu befreien. Lipophile, wasser-

Tab. 18.2 Beeinflussbarkeit der Wirkungsaktivität und andere Eigenschaften von Desinfektionsmitteln.

Desinfektionsmittel	Abhängigkeit		Aktivität an Grenzflächen	Umweltbelastung Wasser, Boden/Mensch	Rückstände	
	Schmutz/Eiweiß/Fett	Temperatur			direkt	Geruch/Geschmack
Aldehyde	+	+ + +	–/ + +	+ / + + +	–	+ +
Detergenzien	+ + +	+	+ + +	+ / + +	+	–
halogenhaltige Verbindungen	+ + +	+ / + + +	–	+ / + +	+	–/ +
Laugen	–	–	+ +	+ / + +	+	–
organische Säuren	–/ +	+	–	+	–/ +	–
Oxidationsmittel	+ +	–/ +	–	+ / + +	–	–
Phenolderivate	–	+	+ +	+ / + + +	+ + +	+ + +

– = nicht; + = gering; + + = mittel; + + + = stark

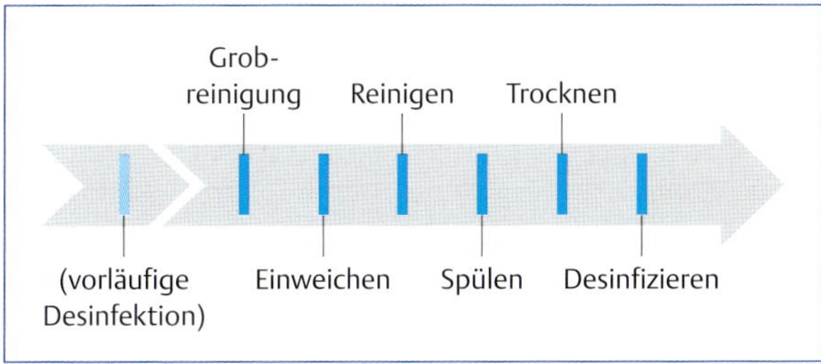

Abb. 18.3 Schritte einer Desinfektion.

unlösliche Verschmutzungen werden unter Verwendung von alkalischen Reinigungsmitteln gelöst und anschließend mit Wasser vollständig entfernt, um eine Reaktion mit Desinfektionsmitteln („Seifenfehler") zu vermeiden. Vor dem Aufbringen des Desinfektionsmittels müssen die gereinigten Flächen vollständig trocken sein, um einen Wirkungsverlust durch Verdünnung zu vermeiden. Bei der anschließenden Ausbringung des Desinfektionsmittels ist auf eine vollständige Benetzung der Oberfläche, die vorgegebene Mindesteinwirkzeit und optimale Umgebungstemperatur zu achten (**Abb. 18.3**). Anwenderschutz-Maßnahmen (Atemschutz, Lüftung) sind zu ergreifen. Bei zoonotischen oder aerogen-übertragbaren Erregern wird zur Vermeidung von Infektion und Verbreitung bereits vor der Grobreinigung eine erste Desinfektionsmaßnahme durchgeführt (vorläufige Desinfektion).

18.1 Aldehyde (Alkanale)

Die Aldehyde gehören zu den reaktionsfreudigsten Verbindungen. Sie sind sehr unbeständig und bilden in Abhängigkeit von pH und Temperatur unwirksame Additions-/Polymerisationsprodukte. Aldehyde finden breite Anwendung in der Desinfektion und Antiseptik.

Wirkung Aldehyde reagieren mit Amino-, Thiol-, Carboxyl-, Hydroxid- und/oder Sulfhydrylgruppen in zellulären Eiweißmolekülen und Nukleinsäuren und denaturieren diese. Dies führt zu Störungen an biologischen Membranen sowie zur Inhibition zellulärer Enzyme und damit des Zellstoffwechsels.

Einsatzbereiche Die zur Desinfektion und Antiseptik eingesetzten Aldehyde besitzen ein sehr breites Wirkungsspektrum. Sie wirken bakterizid, viruzid, sporozid und fungizid. Die Bakterizidie umfasst auch säurefeste Stäbchen. Äußere Faktoren, z. B. Eiweißbestandteile (Fleisch, Blut, Eiter), Fette, Schmutzpartikel und auch Wasserschichten beeinflussen die Wirksamkeit der Aldehyde negativ (Eiweißfehler). Durch die starke Eiweißdenaturierung wird Formalin (wässrige Formaldehydlösung) zur Organ- und Gewebekonservierung genutzt (Anatomie, Pathologie).

CAVE

Aldehyde verändern Geruch und Geschmack von biologischen Materialien, weshalb ihr Einsatz zur Trinkwasserdesinfektion oder in der Lebensmittelhygiene nicht möglich ist.

18.1.1 Formaldehyd (Methanal, HCHO)

Formaldehyd wird als 2 %iges Gas oder als 3–5 %ige wässrige Lösung zur Raum- und Pflanzgut- bzw. zur Oberflächendesinfektion verwendet. Eine ausreichende Wirkung erfordert mind. 20 °C sowie eine intensive Reinigung der zu desinfizierenden Flächen durch seinen großen Eiweißfehler. Die Wirkung von Formaldehyd tritt rasch ein, ist aber auch nur von geringer Dauer. Wiederholte Anwendungen oder Kombinationen mit anderen Präparaten sind daher häufig notwendig.

Einsatzbereiche Wässrige 5–10 %ige Formaldehydlösungen werden lokal zur Behandlung der Moderhinke bei Schafen (sog. Schafpanaritium) als Klauenbad angewendet. Die Möglichkeit des Bakterienwachstums unter der gehärteten Klauenhornschicht (vor allem Anaerobier) ist zu beachten. Routinemäßig findet Formaldehyd ebenso für die Desinfektion von Fischeiern Verwendung, bevor diese in einen Teich eingebracht werden.

Aufgrund seiner starken proteindenaturierenden Wirkung findet 4–8 %ige Formaldehydlösung als Formalin eine weitverbreitete Anwendung zur Gewebefixierung in der Anatomie und Pathologie.

Tab. 18.3 Übersicht zu den wichtigsten in der Veterinärmedizin gebräuchlichen Desinfektionsmitteln.

Wirkstoffgruppe	Substanz	Anwendungsgebiet
Aldehyde	Formaldehyd	Klauenhygiene, Stalldesinfektion
	Glutardialdehyd	Stall-, Instrumentendesinfektion
Alkohole	Ethanol	Hände-, Instrumentendesinfektion
	Isopropanol	Haut-, Hände-, Instrumentendesinfektion
	Propylenglykol	Raumluftdesinfektion
Biguanidinderivate	Chlorhexidin	Haut-, Schleimhautdesinfektion
	Hexetidin	Schleimhautdesinfektion
Detergenzien	quartäre Ammoniumverbindungen oder Invertseifen (kationenaktiv)	Hand-, Flächen-, Instrumentendesinfektion
	Amphotenside oder Ampholytseifen	Lebensmittelverarbeitung
Farbstoffe	Methyl-p-Rosanilin oder Kristallviolett (Triphenylmethanderivat)	Hautmykosen (Fisch)
	Tetramethyl-p-Rosanilin oder Malachitgrün (Triphenylmethanderivat)	Antiparasitikum, Hautmykosen (Fisch, Reptilien)
	Acriflavin (Anilinfarbstoff)	Aquariendesinfektion, Hautmykosen (Fisch)
	Ethacridinlactat (Anilinfarbstoff)	Wundbehandlung
Halogene/halogen-haltige Verbindungen	Chlor	Wasserdesinfektion
	Hypochlorit	Oberflächendesinfektion
	Chlorkalk	Oberflächendesinfektion
	Chloramine	Wasser-, Haut-, Wunddesinfektion
	Jod	Haut-, Wunddesinfektion
	Jodophore	Haut-, Wund-, Flächendesinfektion
Laugen	Natriumhydroxid	Flächendesinfektion, Tierseuchenbekämpfung
	Kalziumhydroxid (Kalkmilch)	Desinfektion, Teichwirtschaft/Aquakulturen
organische Säuren	Zitronensäure	Lebensmittelverarbeitung
	Salicylsäure	Haut-, Handdesinfektion
	Milchsäure	Haut-, Handdesinfektion
	Ameisensäure	Stalldesinfektion
Oxidationsmittel	Ozon	Trinkwasser
	Wasserstoffperoxid	Wund-, Raumdesinfektion
	Kaliumpermanganat	Hautmykosen, -parasiten (Fisch, Reptilien)
	Peressigsäure	Flächen-, Mistdesinfektion (Tierseuchenbekämpfung)
Phenolderivate	m-Kresol (Alkylphenol)	Instrumentendesinfektion
	p-Chlor-m-Kresol (Alkylphenol)	Flächendesinfektion
	o-Phenylphenol (Diphenylderivat)	Hautdesinfektion
	Hexachlorophen (Diphenylderivat)	Hautdesinfektion
Schwermetall-verbindungen	Kupfersulfat	Klauenhygiene
	Zinksulfat	Klauenhygiene

Toxizität Die Freisetzung von gasförmigem Formaldehyd führt zu einer Reizung des oberen Respirationstrakts sowie der Konjunktiven. Schweine sind besonders empfindlich. Formaldehyd bringt eine hohe Allergiegefährdung für den Menschen mit sich (Kontaktekzeme). Akute Vergiftungen mit Formaldehyd drohen durch Einatmen von Dämpfen oder durch orale Aufnahme wässriger Lösungen. Nach inhalativer Langzeitexposition wurden vereinzelt Karzinome im Nasen-Rachen-Raum und Leukämie beobachtet. Formaldehyd gilt somit für den Menschen als krebserzeugend.

KLINISCHER BEZUG Zur routinemäßigen Stalldesinfektion in der Geflügelhaltung wird häufig Formaldehyd-Dampf oder -Nebel (Aerosol) verwendet. Unter Einhaltung der mikrobiziden Wirkstoffkonzentration (5 g/m³), langer Einwirkdauer (mind. 6 h) und einer Mindesttemperatur von 21 °C erzielt Formaldehyd eine effiziente Keimtötung auf den benetzten Oberflächen. Liegt die Oberflächentemperatur unter 18 °C, so ist die Wirkung von Formaldehyd stark herabgesetzt, bei 10 °C sogar vollkommen aufgehoben. Derartige Temperaturverluste sind beispielsweise an Kältebrücken in Wänden und Böden, Futter- und Wasserleitungen, sowie Einlassöffnungen von Lüftungsanlagen zu finden. Auf diesen Oberflächen bleiben Krankheitserreger aufgrund einer eingeschränkten Formaldehydwirkung weitestgehend erhalten. Die gewünschte ganzheitliche Stalldesinfektion durch Formaldehyd ist somit unvollständig und ungenügend.

18.1.2 Glutardialdehyd (Pentandial)

Wirkung Glutardialdehyd (**Abb. 18.4**) besitzt durch zwei reaktive Aldehydgruppen eine sehr hohe Wirksamkeit. Neben der Proteindenaturierung zerstört es durch eine Vernetzung (cross-linking) von Proteoglykanen Bakterienwände. Sein Wirkungsspektrum gleicht dem von Formaldehyd mit einer leicht eingeschränkten Fungizität. Von Vorteil ist der rasche Wirkungseintritt. Glutardialdehyd wird langsamer als Formaldehyd abgebaut, besitzt aber ebenso einen hohen Kältefehler (mind. 15 °C erforderlich).

Einsatzbereiche Seit den 60er-Jahren des vergangenen Jahrhunderts werden Glutardialdehyddämpfe vor allem zur Desinfektion thermolabiler Materialien in Isolatoren benutzt (Instrumentendesinfektion). Es besitzt eine gute sporozide Wirksamkeit und ein gutes Durchdringungsvermögen gegenüber Verpackungsmaterial (z. B. von Polyethylenfolien um Kanülen). Glutardialdehyd findet ebenso Verwendung bei der Stalldesinfektion (Geflügelhaltung).

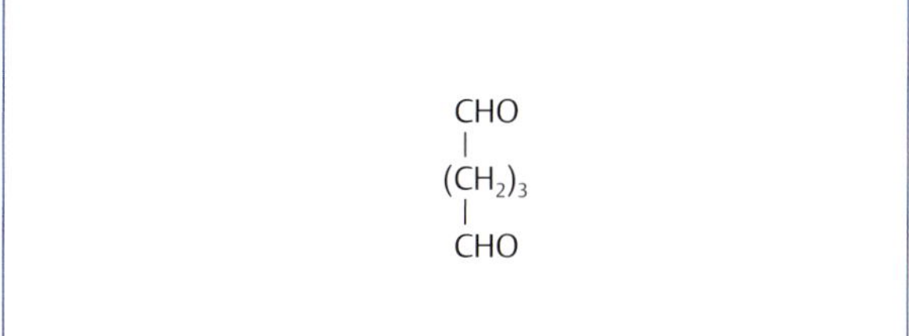

Abb. 18.4 Glutardialdehyd.

18.2 Alkohole

Die desinfizierende Wirkung der Alkohole Methanol und Ethanol ist lange bekannt. Hauptsächlich sind einwertige Alkohole (Ethanol und Propanol), die in jedem Verhältnis mit Wasser mischbar sind, und einige mehrwertige, wie 1,2-Propylenglykol und Triethylenglykol, als Desinfektionsmittel in Gebrauch.

Wirkung Die antiseptischen Eigenschaften der Alkohole beruhen auf ihrer Lipidlöslichkeit und dem Eiweiß-denaturierenden Effekt. In Abhängigkeit von der Konzentration am Wirkungsort und der Einwirkungsdauer werden bakterizide und sogar sporozide Wirkungen erreicht. Zunächst nimmt in ansteigender Konzentration bis zu 80 % die mikrobizide Wirksamkeit der einwertigen Alkohole Ethanol, Isopropanol und n-Propanol zu. Da keine oder nur geringe dehydrierende Effekte auftreten, penetrieren diese Alkohole gut durch Zellmembranen und koagulieren Eiweiß. Hoch konzentrierte Alkohole, z. B. 96 %iger Ethanol, führen zu einer Dehydratation organischer Bakterienmembranen. Es können äußerlich „stabile“, undurchdringbare Membranschichten entstehen, die ein Eindringen in die Erreger und somit eine bakterizide Tiefenwirkungen unterbinden. Auf diesen Effekt lässt sich die schlechte bakterizide Wirkung des 96 %igen Ethanols zurückführen; Sporen lassen sich durch hoch konzentrierte Alkohole somit vermehrungsfähig konservieren.

Toxizität Alkoholische Desinfizienzien können bei häufiger Anwendung zur Hautaustrocknung und Hautreizung führen.

18.2.1 Ethanol (C_2H_5OH)

Ethanol besitzt die beste antiseptische Wirkung in 50–80 %iger Konzentration. Durch Kombination mit Alkalien (1 %ig) oder Peressigsäuren (0,2–0,5 %ig) wird seine Wirkung auf Mykobakterien, Sporen und Viren erweitert. Ethanol findet hauptsächlich zur chirurgischen Hände- und Instrumentendesinfektion Verwendung.

18.2.2 Isopropanol und n-Propanol

Isopropanol und n-Propanol sind in 20–90 %iger Zubereitung wirksamer als Ethanol. Durch ihre langsamere Verdunstung wirken sie länger. Die Kombination mit Peressigsäure erhöht die Wirkung von Propanol durch ein verbessertes Eindringen in die Erregerzelle. Angewandt werden diese Alkohole zur Hände-, Haut- und Instrumentendesinfektion sowie im Lebensmittelbereich.

18.2.3 Propylenglykole

Propylenglykole besitzen in 8–20 %iger Konzentration gute bakterizide und antimykotische Eigenschaften. Kombinationen von 1,2-Propylenglykol (**Abb. 18.5**), z. B. mit Benzoesäureestern, erhöhen die antiseptische Wirkung. Propylenglykole (Propandiole) kommen als Lösungsmittel für Raumluftdesinfizienzien zum Einsatz. 1,2-Propandiol kann auch allein hierfür genutzt werden (0,2 mg/l Luft).

```
    H   H
    |   |
H — C — C — CH3
    |   |
    OH  OH
```

Abb. 18.5 1,2-Propylenglykol.

18.3 Chlorhexidin, Hexetidin

Chlorhexidin (Hexamethylen-bis-chlorphenyl-biguanid) kommt als Antiseptikum zur Operationsvorbereitung, Wundbehandlung und in der Veterinärmedizin als Zitzendip zur Anwendung. Das Biguanidinderivat ist eine kationenaktive Verbindung mit sehr guter und schnell einsetzender bakterizider Wirkung, vor allem gegen grampositive Erreger. Chlorhexidin-Lösung wird zur lokalen Behandlung von Schleimhautläsionen in der Maulhöhle oder zur Kropfspülung verwendet. Weiterhin gibt es Chlorhexidinhaltige Sprays, Pasten und Gele.

Hexetidin hat sich in der Medizin hauptsächlich zur Mund- und Rachendesinfektion bewährt, kann aber auch auf anderen Schleimhäuten in Konzentrationen von 0,1–0,2 % angewendet werden. Hexetidin ist gut verträglich und hat eine sehr geringe Toxizität.

18.4 Detergenzien (Tenside)

STECKBRIEF TENSIDE

- gute Tiefenwirkung
- oberflächenaktiv
- Seifenfehler
- kein Kältefehler
- begünstigen die Wirkung von anderen Desinfektionsmitteln (Kombi-Präparate)
- geringe Toxizität

Die strukturell heterogene Gruppe der Tenside ist aufgrund ihrer amphiphilen Eigenschaften gut wasserlöslich und oberflächenaktiv. Bis auf Ampholytseifen weisen Tenside einen großen Eiweißfehler auf.

Einteilung Man unterscheidet ionogene und nicht ionogene Tenside. Antimikrobielle Wirkungen entfalten vorrangig ionogene Verbindungen. Diese werden in folgende Gruppen eingeteilt:

- anionenaktive Verbindungen (Alkaliseifen, Sulfonate; Verwendung als Reinigungsmittel; wenig antimikrobiell wirksam)
- kationenaktive Verbindungen (Invertseifen, quartäre Ammoniumverbindungen)
- amphotere Verbindungen (Ampholytseifen, Amphotenside)

Wirkung Neben ihren bioziden Eigenschaften zeichnen sich diese Substanzen durch ihre großen Reinigungs-, Netz- und Dispergierwirkungen aus. Aufgrund ihrer guten oberflächenaktiven Wirkung dringen Tenside tief in Risse und andere Unebenheiten ein. Wegen des engen Wirkungsspektrums und der guten benetzenden Eigenschaften werden sie mit anderen antiseptisch wirkenden Stoffen kombiniert, deren Eindringen sie erleichtern.

Der mikrobizide Wirkungsmechanismus der ionogenen Tenside beruht auf einer partiell reversiblen Adsorption an die Zellmembranen von Mikroorganismen. Dadurch erhöht sich die Durchlässigkeit der Membranen, es folgt der Austritt von Zellinhaltsstoffen. Stark lipidhaltige Membranen setzen die Wirksamkeit der Tenside herab.

Toxizität Die Toxizität ist gering. Gelegentlich sind Schleimhautreizungen zu verzeichnen. Das umweltbelastende Potenzial der Tenside ist geprägt von dem verzögerten biologischen Abbau durch Mikroorganismen. Es können Halbwertszeiten von mehr als 10 Tagen entstehen.

18.4.1 Kationenaktive Substanzen

Vertreter der kationenaktiven Tenside sind quartäre Ammoniumverbindungen (QAV). Im Gegensatz zu den klassischen anionischen Tensiden wird der hydrophile Anteil der quartären Ammoniumverbindungen (z. B. Benzalkoniumchlorid) durch eine einfach positiv geladene Ammoniumgruppe gestaltet. Deswegen bezeichnet man QAV auch als Invertseifen. Anionische Tenside führen zur Inaktivierung der QAV (Seifenfehler). Die bakterizide Wirkung ist im alkalischen Bereich besonders ausgeprägt. Das enge Wirkungsspektrum der QAV umfasst grampositive Bakterien und Pilze sowie vereinzelte gramnegative Keime und Viren. Keine Wirksamkeit zeigen sie bei Sporen und Mykobakterien.

Einsatzbereiche Invertseifen kommen allgemein zur Flächendesinfektion in Stallungen und in der Lebensmittelindustrie nach vorangegangener Reinigung zum Einsatz. Darüber hinaus werden sie in wässrigen Lösungen zur Hände- und als Zusatz bei der Instrumentendesinfektion verwendet.

18.4.2 Amphotere Substanzen

Amphotere Substanzen, sog. Ampholytseifen oder Amphotenside, besitzen elektropositive und elektronegative Gruppen. Sie entfalten ihre Membranwirkung nur im alkalischen Bereich (pH 8,0). Im Gegensatz zu anderen Tensidgruppen wird die Wirkung der Amphotenside durch eiweiß- oder fetthaltige Substanzen kaum beeinträchtigt; ihre Wirksamkeit nimmt aber in Gegenwart von anderen Seifen ab (Seifenfehler).

Einsatzbereiche Die wichtigsten Anwendungsbereiche der Amphotenside liegen in der Lebensmittelverarbeitung. Daneben dienen sie auch als Zusatz in Hautantiseptika.

18.5 Farbstoffe

STECKBRIEF FARBSTOFFE

Farbstoffe können organische Gewebe und Zellbestandteile anfärben, was zu diagnostischen Zwecken (Histologie, Hämatologie) genutzt wird. Vereinzelte Farbstoffe finden aufgrund bakterizider und fungizider Eigenschaften Verwendung als Desinfektionsmittel oder Antiseptika.

18.5.1 Triphenylmethanabkömmlinge

Methyl-p-Rosanilin (Kristallviolett) wird zu Färbezwecken in der Histologie und Bakteriologie eingesetzt. Als antimykotischer Wirkstoff kommt es bei der Behandlung von Hautmykosen der Zierfische zur Anwendung.

Tetramethyl-p-Rosanilin (Malachitgrün) dient als Antiparasitikum, z. B. bei Befall von Zierfischen mit *Ichthyophthirius multifiliis* (Ichthyophthiriose; „Pünktchenkrankheit"). Malachit ist als Kation gut wasserlöslich und somit oral verfügbar. Nach Metabolisierung zum lipophilen Leucomalachit erreicht es die in der Haut eingekapselten Parasiten („Pünktchen"). Durch DNA-Interferenzen bewirkt es Chromosomenbrüche und hemmt zusätzlich die Atmungskette der Parasiten. Aufgrund dieser kanzerogenen und mutagenen Wirkung ist die Verwendung von Malachitgrün bei Speisefischen und anderen zur Lebensmittelgewinnung dienenden Tieren nicht zugelassen. Bei Reptilien findet Malachitgrün als topisches Therapeutikum bei mykotischen Dermatitiden Anwendung.

18.5.2 Acridinfarbstoffe

Unter den Anilinfarbstoffen sind **Ethacridin** und **Acriflavin** für die tierärztliche Praxis von Bedeutung. Es handelt sich um Farbstoffe mit hoher bakteriostatischer und bakterizider Wirksamkeit bei grampositiven Bakterien. Sie zeigen Tiefenwirkung und in Konzentrationen von bis zu 2,0 % gute Haut- und Schleimhautverträglichkeit. Ihr großer Nachteil besteht in der intensiven Gelbfärbung von Textilien, Behandlungsumfeld und Haut des Anwenders. **Ethacridinlactat** ist in Wasser löslich und wird als lokales Antiseptikum (0,01 %–1 %) zur Wundbehandlung und Spülung von Wundhöhlen verwendet. Zudem ist es in verschiedenen wundheilungsfördernden Salben enthalten.

Acriflavin findet wegen seiner Wasserlöslichkeit und antiseptischen Wirkung insbesondere Anwendung bei der Behandlung von bakteriellen Infekten und Hautmykosen der Zierfische sowie zur Desinfektion von Aquarienwasser.

CAVE

Eine Nutzung von Farbstoffen bei den zur Lebensmittelgewinnung dienenden Tieren ist in der Europäischen Union untersagt.

18.6 Halogene und halogenhaltige Verbindungen

Halogene werden seit Langem zur Desinfektion und Antisepsis eingesetzt. Vor allem Chlor und Jod sowie deren Verbindungen finden breite Anwendung.

Wirkung Halogene und ihre Verbindungen bewirken eine Schädigung der Erregerzellmembran (oberflächliche Eiweißdenaturierung) und eine Störung der Eiweißsynthese. Zwischenprodukte tragen zur Wirkung bei (**Abb. 18.6**).

Toxizität Die Toxizität der Halogene und der Halogen-abspaltenden Verbindungen ist unterschiedlich. Chlordämpfe beeinträchtigen den Respirationstrakt. Die kurzzeitige Einwirkung hoch konzentrierten Chlorgases führt zu einem Stimmritzenkrampf und Erstickungsanfällen. Bei Jod und seinen Verbindungen besteht die Gefahr allergischer Symptome.

18.6.1 Chlor und Chlorverbindungen

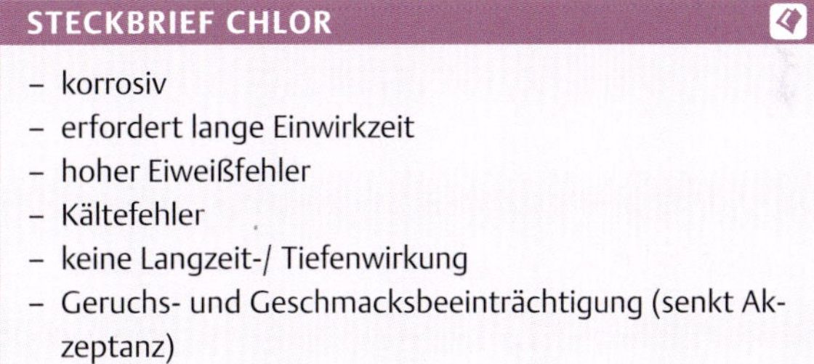
STECKBRIEF CHLOR

- korrosiv
- erfordert lange Einwirkzeit
- hoher Eiweißfehler
- Kältefehler
- keine Langzeit-/ Tiefenwirkung
- Geruchs- und Geschmacksbeeinträchtigung (senkt Akzeptanz)

Die antimikrobiellen Wirkungskomponenten dieser Substanzgruppe sind Chlor, Chlorwasserstoff, unterchlorige Säure sowie Sauerstoff als Intermediärprodukt.

Wirkung Chlor, Sauerstoff und Chlorwasserstoff verändern und zerstören die Erregerzellmembran durch Proteindenaturierung und führen intrazellulär zu Enzymblockaden. Chlor abspaltende Desinfektionsmittel wirken bakterizid auf grampositive und gramnegative Bakterien. Sie haben ebenso viruzide und in geringerem Maße sporozide Effekte. Selbst Protozoen werden geschädigt. Das Wir-

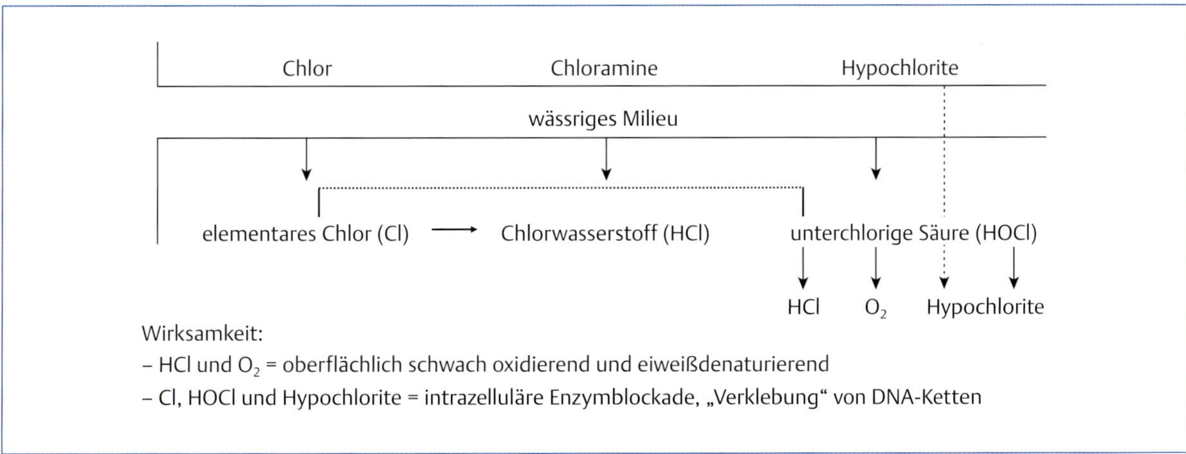

Abb. 18.6 Ausgangssubstanzen und Zwischenprodukte Chlor abspaltender Stoffe.

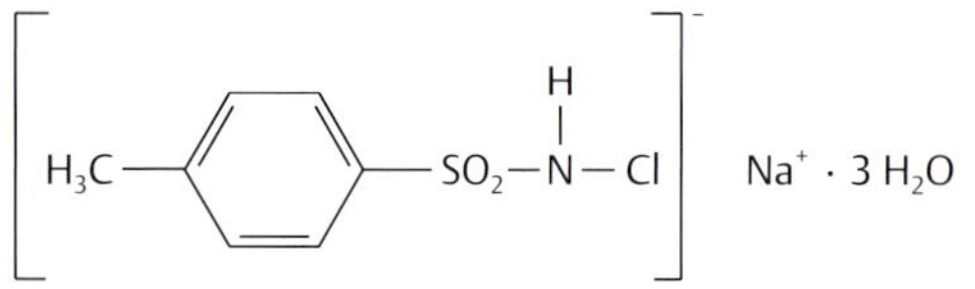

$$\left[H_3C-\langle\bigcirc\rangle-SO_2-\underset{}{\overset{H}{N}}-Cl \right]^- \; Na^+ \cdot 3\,H_2O$$

Abb. 18.7 Tosylchloramid-Natrium (Chloramin T).

kungsoptimum der Chlorverbindungen liegt bei einem pH-Wert um 7,0 und einer Temperatur > 15 °C. Sie zeigen somit eine starke Temperaturabhängigkeit und sind bei Kälte nicht wirksam.

Einsatzbereiche **Chlor** ist ein gelbgrünes, stechend riechendes Gas, das 2,5-mal schwerer als Luft ist und sich bis zu etwa 0,5 % in Wasser löst. Chlor wird vor allem zur Wasserdesinfektion benutzt. Dabei entstehen die desinfizierend wirkende unterchlorige Säure (HClO) und Chlorwasserstoff (HCl).

Hypochlorite kommen als Alkali- oder Erdalkaliverbindungen (z. B. KClO, NaClO) zur Anwendung. Sie zerfallen durch Hydrolyse in unterchlorige Säure und Hydroxide, weshalb sie trocken und kühl aufzubewahren sind. Hypochlorite werden in wässriger Lösung zur Oberflächendesinfektion angewendet. **Chlorkalk** (Kalziumhypochlorit, Ca $(ClO)_2$) enthält 35 % aktives Chlor und zerfällt unter der Einwirkung von Licht und Feuchtigkeit in Chlorgas und Sauerstoff. Chlorkalk wird vor allem in tropischen Gebieten zur Oberflächendesinfektion von Mülldeponien, Fäkalien, Tierkadavern u. ä. benutzt.

Chloramine sind organische oder anorganische Chlor-Stickstoff-Verbindungen. In wässrigen Lösungen entwickeln sich aus Chloraminen freies Chlor und unterchlorige Säure. Ammoniak, z. B. in Stallungen, katalysiert diesen Zerfall sehr stark, sodass kurzfristig größere Chlormengen frei werden können. Wässrige Chloraminlösungen finden breite Anwendung, z. B. zur Trinkwasser-, Wasser- und Abwasserdesinfektion, zur Haut-, und Wundantisepsis sowie zur Desinfektion bei der Milchgewinnung und -verarbeitung. Ein sehr häufig eingesetztes Chloramin ist **Chloramin T** (Tosylchloramid-Natrium, **Abb. 18.7**).

Toxizität Die Inhalation von 1,0–5,0 Vol% Chlor bewirkt innerhalb von Minuten reflektorischen Atemstillstand. Eine langfristige Einwirkung von niedrigeren Chlorkonzentrationen verursachen Konjunktivitiden und Bronchitiden, im schwersten Fall ein interstitielles Lungenödem. Bei der Anwendung von Chlorkalk kommt es neben der Freisetzung von Chlor zur Entstehung von Kalziumhydroxid, das Verätzungen der Haut oder Schleimhäute bewirken kann.

18.6.2 Jod und Jodverbindungen

Jodverbindungen werden zur Antiseptik und Desinfektion eingesetzt. Ihr Wirkungsmechanismus entspricht dem der Chlorverbindungen. Da Jod den Geruch und den Geschmack von Wasser sowie von tierischen Geweben beeinflusst, wird seine Anwendung zur Wasserdesinfektion und in der Lebensmittelhygiene vermieden.

Elementares Jod ist in Wasser schlecht, aber gut in lipophilen Medien wie Ether oder Alkohol löslich. Die Wasserlöslichkeit (0,02 %) kann durch die Kombination mit Alkalijodiden (vor allem Kaliumjodid) verbessert werden (Lugol'sche Lösung). Jod hat eine gute bakterizide Wirkung. Das Wirkungsoptimum liegt bei einem pH von 6,0–8,0. Zu beachten ist der Eiweißfehler. Streptokokken sind gegenüber Jod besonders empfindlich. Jodlösungen sind gut haut- und schleimhautverträglich und werden zur präoperativen Hautantiseptik, Wundbehandlung, Spülung von Körperhöhlen (Uterusspülungen) und Zitzendesinfektion im Rahmen der Mastitis-Prophylaxe benutzt. Die Resorption von Jod ist gering.

Jodoform (Trijodmethan) setzt bei Kontakt mit tierischem Gewebe Jod frei. Der dabei entstehende intensive Jodgeruch und die nur gering desinfizierende Wirksamkeit haben zu einer starken Einschränkung der Jodoformanwendung in der tierärztlichen Praxis geführt. Lokale Anwendung findet der zusätzlich austrocknende Jodoform-Ether (4–10 %ige Lösung) zur Behandlung der Strahlfäule beim Pferd. Zu beachten ist, dass Jodoform-Ether leicht verdunstet und feuergefährlich ist.

Jodophore, z. B. Polyvidon-Jod, sind amphiphile, Jodhaltige Polymere mit großer Stabilität und guter Wasserlöslichkeit. Bei tiefen Temperaturen bleibt die Wirksamkeit erhalten. Das pH-Wirkungsoptimum der Jodophore liegt zwischen 3,0–6,0, was eine gute Wirksamkeit auch bei stark entzündlichen Veränderungen garantiert. Sie besitzen eine starke Oberflächenaktivität, penetrieren gut und werden durch Blut, Serum u. ä. nur wenig in ihrer Wirkung beeinträchtigt. Durch die gute Hautverträglichkeit finden sie in der Wundbehandlung und zur Zitzendesinfektion Anwendung. Darüber hinaus kommen sie auch in der Flächendesinfektion zum Einsatz. Polyvidon kann beim Hund allerdings als Histaminliberator wirken.

Toxizität Ein chronisches Einwirken von Jod kann bei Mensch und Tier zu Jodallergien (Jodekzem) führen. Das Einatmen von Joddämpfen verursacht Reizungen der Schleimhäute in den oberen Luftwegen.

18.7 Laugen

Die wichtigsten Vertreter der alkalischen Desinfektionsmittel sind Natrium- und Kalziumhydroxid. Durch die Freisetzung von OH^--Ionen bewirken Laugen eine Denaturierung von Proteinstrukturen.

18.7.1 Natriumhydroxid

Natriumhydroxid (NaOH) wird als wässrige Lösung (Natronlauge) verwendet. Es entfaltet bakterizide und viruzide Effekte, wobei pH-Werte > 11 bei Bakterien und > 13 bei Viren zu einem „pH-Schock“ (Denaturierung der Proteine und damit Zelltod) führen. Nur säurefeste Stäbchen wie z. B. Mykobakterien sind unempfindlich. Die Wirksamkeit von Natriumhydroxid ist temperaturunabhängig und kann durch Zusatz von Frostschutzmitteln selbst bei –10 °C noch ausgebildet sein. Da Natriumhydroxid ein hohes Durchdringungsvermögen aufweist, beeinflussen eiweiß- und fetthaltige Substanzen sowie Schmutzpartikel dessen Wirksamkeit kaum. Verwendung findet Natronlauge zur Flächendesinfektion, in Durchfahrbecken und zur Flüssigmistdesinfektion im Rahmen der Tierseuchenbekämpfung.

18.7.2 Kalziumhydroxid (Kalkmilch)

Kalziumhydroxid entsteht unter starker Wärmeentwicklung aus Kalziumoxid (Branntkalk, Ätzkalk, CaO) und wirkt gegen Bakterien und Viren, nicht aber gegen Sporen und Mykobakterien. Die Wärmeentwicklung erlaubt den Einsatz von Kalziumoxid auch bei geringen Temperaturen. Ihren Einsatz findet Kalkmilch zur Desinfektion von Teichwirtschaften und Aquakulturen sowie zur Flüssig–und Festmistdesinfektion. Die starke Hitzeentwicklung ist zu beachten.

Toxizität Ein häufiger Kontakt der äußeren Haut mit Laugen, z. B. durch Desinfektionswannen, kann zu Kolliquationsnekrosen führen, was Eintrittspforten für Erreger schafft. Der Kontakt alkalischer Lösungen mit Schleimhäuten ist unbedingt zu vermeiden. Bei oraler Aufnahme von Natriumhydroxidlösungen kann es zu Esophagus- und Magenperforation kommen. Schutzmaßnahmen sind einzuhalten.

KLINISCHER BEZUG Zur **Teichdesinfektion** wird Branntkalk (0,5–1 kg/m³) in das abgefischte Teichwasser zugegeben. Ein pH-Wert von mindestens 12 über 3 Tage tötet Viren und Bakterien ab. Im Anschluss wird das desinfizierte Teichwasser nach behördlicher Genehmigung abgelassen und auf den schlammbedeckten Boden des entleerten Teiches erneut Branntkalk (bis 1 kg/m² Teichfläche) ausgebracht. Durch das Wiederbefüllen des gekalkten Teiches mit Wasser („Löschen") entsteht Hitze, welche die desinfizierende Wirkung von Branntkalk unterstützt. Nachdem der pH-Wert unter 9 bzw. 8,5 gesunken ist, kann der Teich mit Fischen neu besetzt werden. Während der Desinfektionsmaßnahmen ist der Zugang für Wassergeflügel oder andere Tiere durch eine Netzbespannung zu verhindern.

18.8 Organische Säuren

Die konservierende Wirkung organischer und anorganischer Säuren wird seit vielen Jahrhunderten zur Haltbarmachung von Lebensmitteln und Futtermitteln genutzt. Zitronensäure findet im Lebensmittelbereich Anwendung, Salicyl- und Milchsäure bei der täglichen Zitzendesinfektion im Rahmen der Mastitisprophylaxe. Zur Stalldesinfektion wird 20 %ige Ameisensäure verwendet.

Wirkung Die antimikrobielle Wirksamkeit der Säuren tritt bei einem pH-Wert < 2,6 ein, und es kann von einem „pH-Schock" in Analogie zur Wirkung von Laugen gesprochen werden. Bei pH-Werten > 3,5 sind die meisten Erreger gegenüber einer Säureeinwirkung nur mehr wenig empfindlich.

Organische Säuren wirken vornehmlich bakterizid. So kann 1 %ige Milchsäure zur Hände- und Glasgerätedesinfektion, in 6 %iger Konzentration (pH 1,9) auch gegen bestimmte pathogene Erreger wie beispielsweise Salmonellen eingesetzt werden. In Kombination mit anderen Substanzen werden organische Säuren im Lebensmittelbereich auch in niedrigeren Konzentrationen angewandt.

Toxizität Die Haut- und Schleimhautverträglichkeit organischer Säuren ist bei ordnungsgemäßer Anwendung vergleichsweise gut. Toxische Wirkungen treten nach oraler Aufnahme oder nach Kontakt mit großen Mengen höher konzentrierter organischer Säuren auf.

18.9 Oxidationsmittel

Die antimikrobielle Wirkung, aber auch die mögliche Toxizität beruht maßgeblich auf der Entstehung von nativem (atomarem) Sauerstoff. Dessen Freisetzung erfolgt meist rasch und ist von geringer Dauer (unter 1 h).

Wirkung Zu den wesentlichen antimikrobiell wirksamen Oxidationsmitteln zählen Ozon, Wasserstoffperoxid und Peressigsäure. Der aus diesen Verbindungen freigesetzte atomare Sauerstoff führt zu einer Schädigung von Zellmembranen und dringt in die Erregerzellen ein. Es kommt zu einer Oxidation von Zellbestandteilen, einschließlich der Enzymproteine. Peressigsäure verursacht zusätzlich eine pH-Wert-Verschiebung, was die Wirkung begünstigt. Aus dem atomaren entsteht molekularer Sauerstoff, der kaum antimikrobiell wirkt und nicht als Desinfektionsmittel anzusehen ist.

Oxidationsmittel wirken bakteriostatisch bis bakterizid. Ozon entwickelt eine viruzide Wirkung, während Peressigsäure zusätzlich antimykotische und sporozide Effekte aufweist.

18.9.1 Ozon (O_3)

Ozon ist ein unangenehm stechend riechendes Gas, das in jeder Sauerstoffatmosphäre bei elektrischen Entladungen, z. B. bei Gewitter, entstehen kann. Auch die Einwirkung ultravioletter Strahlung auf Luftsauerstoff führt zur Bildung von Ozon, was bei der Sterilisation von Operationsräumen genutzt wird (UV-Strahler). Als Nebenprodukte können dabei toxische Stickoxide (NO_x) entstehen. Die Ozon-Herstellung und -Lagerung in Druckbehältern ist aufwendig und teuer, seine Anwendung im medizinischen Bereich daher limitiert.

Einsatzbereiche Haupteinsatzbereich für Ozon ist die Desinfektion von Trinkwasser. Im Wasser zerfällt Ozon relativ schnell, sodass seine Wirkung rasch einsetzt, aber nur von kurzer Dauer ist. Im Vergleich zu anderen Desinfektionsmitteln, wie z. B. Chlor, hinterlässt die Anwendung von Ozon keine Rückstände. Ozon hat eine gute Wirksamkeit gegen bestimmte Bakterienspezies (vor allem Staphylokokken), aber auch gegen Viren und bestimmte Protozoen.

Aufgrund des schnellen Zerfalls und wegen seines geringen Eindringungsvermögens in biologisches Material ist Ozon zur Lebensmittelkonservierung nur wenig geeignet.

Toxizität Ozon ist toxisch. Erste Anzeichen einer Vergiftung bei niedriger Konzentration sind Schleimhautreizung und Übelkeit.

18.9.2 Wasserstoffperoxid (H_2O_2)

Wasserstoffperoxid kommt in unterschiedlich hoch konzentrierten wässrigen Lösungen zum Einsatz. Es ist vor Licht geschützt und kühl aufzubewahren.

Wirkung Wasserstoffperoxid zerfällt rasch unter dem Einfluss von zellulären Hydroperoxidasen (Katalasen) und setzt atomaren Sauerstoff frei. Sauerstoff penetriert gut durch organische Membranen, z. B. auch durch die unversehrte Haut, und wirkt konzentrationsabhängig bakteriostatisch (0,2–0,3 %ig), bakterizid (0,5–3,0 %ig) und antimykotisch (bis 10 %ig). Eine inaktivierende Wirkung gegenüber Viren (z. B. 3 %ig bei Myxoviren) besteht ebenfalls.

Einsatzbereiche Neben antimikrobiellen Effekten besitzt Wasserstoffperoxid in wässriger Lösung auch bleichende Wirkungen (z. B. Haare, Textilien). Wasserstoffperoxid-Lösungen werden zur antiseptischen Versorgung von verschmutzten und schlecht heilenden Wunden verwendet. Der reinigende und antiseptische Effekt von Wasserstoffperoxid wird durch leukozytäre Enzyme in eitrigen Wunden beeinträchtigt, sodass wiederholte Spülungen nötig sind (Eiweißfehler). Antiseptische Wasserstoffperoxid-Lösungen (3 %ig) werden auch zur Wunddesinfektion im Mund- und Rachenraum angewandt. Ein neuartiges Kondensationsverfahren erlaubt den Einsatz von Wassersstoffperoxid zur Raumdesinfektion.

Toxizität Die Toxizität von gebräuchlichen Wasserstoffperoxid-Lösungen ist gering. Bei der Einwirkung des konzentrierten Wirkstoffs steht die Bleichwirkung im Vordergrund (Haare, Textilien).

Verwandte Verbindungen Weitere Sauerstoff freisetzende Substanzen sind Natrium-, Magnesium- und Zinkperoxid sowie Additionsprodukte des Wasserstoffperoxids mit Harnstoff (Glyoxide). Es handelt sich um feste Substanzen, die als Pulver oder Tabletten eingesetzt werden können und somit gut lagerungsfähig sind. Alle diese Verbindungen zerfallen unter der Einwirkung von Feuchtigkeit und setzen dabei atomaren Sauerstoff frei. Glyoxide finden vor allem in der Humanmedizin und Zahnheilkunde als Bleich- und Desinfektionsmittel Anwendung.

18.9.3 Kaliumpermanganat ($KMnO_4$)

Wirkung Unter Feuchtigkeitseinfluss zerfällt das dunkelviolette und stark hygroskopische Kaliumpermanganat langsam in Sauerstoff und Braunstein (Manganoxid; MnO_2). Dabei entfaltet der atomare Sauerstoff desinfizierende bzw. antiseptische Wirkungen, während Braunstein einen oberflächlich adstringierenden Effekt besitzt.

Einsatzbereiche Kaliumpermanganat entfaltet bakterizide und viruzide Wirkungen. Es wird bei Zierfischen (insbes. Koi) zur Behandlung von bakteriellen und mykotischen Hautinfektionen sowie bei Befall mit einzelligen Hautparasiten (*Trichodina* spp.) verwendet. Als 0,5 %ige Badelösung oder Lösung zur topischen Applikation (0,01 %) kommt es auch bei Reptilien zur Behandlung von Hautmykosen und ektoparasitären Protozoen zum Einsatz.

Toxizität Bei versehentlicher Anwendung von zu hoch konzentrierten Lösungen kann es auf der Haut, insbesondere auf Schleimhäuten, zu Verätzungen kommen. Das Einmischen von Kaliumpermanganat in das Teichwasser bei der Behandlung von Zierfischen hat möglicherweise das Absterben von Algen und somit einen Sauerstoffmangel zur Folge. Während der Anwendung muss daher eine ausreichende Sauerstoffversorgung gewährleistet sein.

18.9.4 Peressigsäure

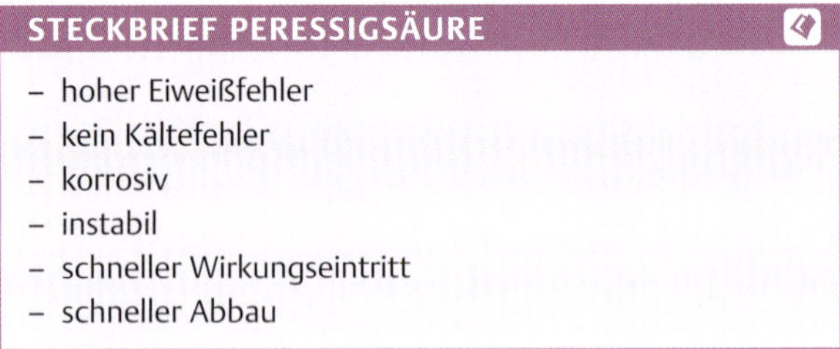

STECKBRIEF PERESSIGSÄURE

- hoher Eiweißfehler
- kein Kältefehler
- korrosiv
- instabil
- schneller Wirkungseintritt
- schneller Abbau

Peressigsäure (Abb. 18.8) entsteht bei der Mischung von Essigsäure und Wasserstoffperoxid, in die sie auch wieder zerfällt. Ohne Zusatz von Stabilisatoren ist Peressigsäure sehr instabil. Die Sauerstofffreisetzung wird durch Biomoleküle, insbesondere Metallionen, katalysiert. Bei der Anwendung von Peressigsäure ist deren starke korrosive Wirkung gegenüber Nichtedelmetallen zu beachten. Hoch konzentrierte Peressigsäure sollte daher in Kunststoffbehältern mit Sicherheitsverschluss transportiert werden.

Wirkung Peressigsäure besitzt eine schnell einsetzende, hohe antimikrobielle Wirksamkeit. Sie resultiert aus der Freisetzung von atomarem Sauerstoff und Essigsäure. Peressigsäure wirkt bakterizid, viruzid, in Kombination mit Ethanol auch sporozid; ebenso wurde eine antimykotische Wirkung beschrieben.

Peressigsäure entwickelt ihre Wirksamkeit in sehr niedrigen Konzentrationen (0,005–1,0 %). Konzentrationen bis 0,2 % können auch auf Schleimhäuten, z. B. in der Mundhöhle oder im Uterus, zum Einsatz kommen.

Einsatzbereiche Peressigsäure wird in der Humanmedizin, der Veterinärmedizin und in der Lebensmittelhygiene verwendet. Sie eignet sich zur Flächen- und Flüssigmistdesinfektion und stellt durch ein sehr breites Wirkungsspektrum ein wichtiges Desinfektionsmittel bei der Tierseuchenbekämpfung dar. Adeno-, Herpes-, Arbo- und Enteroviren werden durch eine 0,2–0,4 %ige Peressigsäurelösung innerhalb von 2–4 min inaktiviert.

$$\underset{\text{Peressigsäure}}{H_3C-\overset{\overset{\displaystyle O}{\|}}{C}-O-OH} + H_2O \longrightarrow \underset{\text{Essigsäure}}{H_3C-\overset{\overset{\displaystyle O}{\|}}{C}-OH} + H_2O_2$$

Abb. 18.8 Peressigsäure.

Toxizität Die Gasphase der leicht flüchtigen Peressigsäure bewirkt auf den Schleimhäuten des Nasen-Rachen-Raumes eine leichte Reizung, die mit erhöhter Sekretbildung einhergehen kann. Der Kontakt mit konzentrierten Persäurelösungen (> 2 %) führt zu Hautverätzungen.

18.10 Phenolderivate

Phenolderivate werden als Desinfektionsmittel zur Grob- bzw. Oberflächendesinfektion in Stallungen und in der Kommunalhygiene eingesetzt. Phenole zeichnen sich durch einen geringen Eiweißfehler aus.

Phenol oder auch Karbolsäure (Hydroxybenzen) ist eine wasserlösliche farblose kristalline Masse mit charakteristischem Geruch. Es fand im 19. Jahrhundert zur Antisepsis breite Anwendung, hat aber heute aufgrund seiner hohen Toxizität keine Bedeutung mehr. Phenol selbst wurde durch abgeleitete Derivate ersetzt, die als Desinfektionsmittel eine wichtige Rolle spielen. Die Alkyl- und Halogenderivate des Phenols besitzen geringere Toxizität.

Wirkung Phenolderivate sind durch die polare Hydroxylgruppe und den lipophilen Benzolring amphiphil. Sie werden an der Bakterienoberfläche gebunden, diffundieren ins Zellinnere und denaturieren Eiweiß. Das Wirkungsspektrum von Phenolderivaten umfasst gramnegative Bakterien und Mykobakterien, nicht aber Sporen. Die Wirkung ist pH-abhängig und im sauren Bereich am höchsten.

Toxizität Phenolderivate werden über Haut und Schleimhäute rasch resorbiert und in lipidreiche Organe verteilt. Nach Oxidation und Konjugation an Schwefel- oder Glucuronsäure erfolgt die Ausscheidung über die Niere. Der Harn kann sich grünlich-schwarz verfärben. Katzen zeigen aufgrund ihrer Glucuronidierungsschwäche gegenüber Phenolderivaten eine sehr hohe Empfindlichkeit.

Die hohe Beständigkeit der Verbindungen ist ökologisch zu bedenken. Halbwertszeiten von mehr als 20 Tagen sind keine Seltenheit. Auch Geschmacksveränderungen des Trinkwassers sind bei minimalen Gehalten an Phenolderivaten möglich.

18.10.1 Alkylphenole

STECKBRIEF ALKYLPHENOLE

Von den Alkylphenolen finden insbesondere m-Kresol und seine Derivate als Desinfektionsmittel Verwendung. Diese sind durch folgende Eigenschaften charakterisiert:
- vordergründig antiparasitäre Verwendung (Oozyten, Wurmeier)
- kein Kältefehler
- Geruchsbeeinträchtigung

Praktische Bedeutung als Desinfektionsmittel besitzt das Methylphenol **m-Kresol** (Abb. 18.9). Seine geringe Wasserlöslichkeit wird durch seine Emulgierbarkeit mit Seifen oder Tensiden kompensiert. Diese Kombinationspräparate besitzen einen guten Reinigungseffekt, ein ausgezeichnetes Penetrationsvermögen (Kot, Schmutz usw.) und eine gute desinfizierende Wirksamkeit.

Abb. 18.9 m-Kresol.

Durch eine halogene para-Substitution (insbesondere Chlorierung) wird die bakterizide und fungizide Wirkung der Phenolderivate erhöht. Das **p-Chlor-m-Kresol** ist Bestandteil vieler handelsüblicher Desinfektionsmittel. Chlorkresol ist etwa 5-fach stärker bakterizid als m-Kresol, dabei aber weniger toxisch.

Policresulen ist ein Polymer aus m-Kresol-Sulfonsäure, welches lokal als Desinfizienz und Adstringens bei Haustieren eingesetzt wird.

18.10.2 Diphenylderivate

Eine Reihe von Verbindungen mit zwei Benzolringen entfaltet bakteriostatische und antimykotische Wirkungen.

o-Phenylphenol (Abb. 18.10) besitzt gute fungistatische Eigenschaften. Seine Wirksamkeit beruht auf einer Schädigung der Zellmembran. Es ist zusammen mit Alkoholen häufig Bestandteil von Lösungen zur Hautdesinfektion.

Hexachlorophen (Abb. 18.11) wirkt bakteriostatisch vorwiegend gegen grampositive Keime. Außerdem besitzt es fungistatische Effekte. Gemeinsam mit anderen Wirkstoffen, z. B. Undecylensäure, wird Hexachlorophen auch als Antimykotikum eingesetzt.

Abb. 18.10 o-Phenylphenol.

Abb. 18.11 Hexachlorophen.

18.11 Schwermetallverbindungen

Schwermetallverbindungen (Quecksilber, Silber, Kupfer, Blei) besitzen gute bakteriostatische, bakterizide und fungizide **Wirkungen**, aber kaum antivirale oder sporozide Effekte. Viele Verbindungen haben jedoch nur mehr historische Bedeutung. Seit Jahrhunderten wurden sie zur Behandlung schlecht heilender Wunden sowie als Fäulnis hemmende Stoffe benutzt. Silbernitrat fand Anwendung in der Behandlung der Augen-Gonorrhö.

Schwermetalle sind **zytotoxisch**. Durch die Bindung an SH-Gruppen denaturieren sie Proteine; Enzyminhibition und Membranschädigung sind die Folgen. Kupfer- oder Silberionen sind auch in kleinsten Mengen in wässrigen Verdünnungen wirksam (oligodynamische Wirkung). Die langsame, aber ständige Anlagerung der elektropositiven Metallionen an die elektronegativen Zellmembranen führt langfristig zu antimikrobiellen Wirkungen.

Kupfersulfat (Kupfervitriol) wird wegen seiner bakteriziden, antimykotischen und algoziden Wirkung genutzt. Seine Kristalle sind leicht wasserlöslich und kommen als 10 %ige Lösung beim Schaf lokal zur Behandlung der Moderhinke zur Anwendung. Bei der Nutzung zur Algenbekämpfung (Phytoplanktontoxine) sind Resistenzentwicklungen zu beobachten. Beim Einsatz in Aquarien besteht Intoxikationsgefahr für Zierfische.

Zinksulfatlösung (12–15 %) kommt bei infektiösen Klauenerkrankungen zum Einsatz.

18.12 Anwendung von Desinfektionsmitteln bei Lebensmittel liefernden Tieren

Die Anwendung von Desinfektionsmitteln unterliegt unterschiedlichen Rechtsvorschriften. Per definitionem sind Desinfektionsmittel zur Anwendung auf der Haut Arzneimittel und werden durch das **Arzneimittelgesetz (AMG)** geregelt. Hierunter fallen Stoffe zur Wunddesinfektion, Operationsvorbereitung oder Desinfektion der Haut vor Injektionen und Blutabnahme. Wirkstoffe für die Verwendung in Bereichen, in denen Tiere untergebracht, gehalten oder befördert werden, sowie Stoffe zur Trinkwasserdesinfektion und Anwendung im Lebens- und Futtermittelbereich gelten als Biozide. Diese unterliegen dem **Chemikaliengesetz (ChemG)** sowie der **Biozid-Verordnung (EU) 528/2012**. Die Anwendung von Stoffen zur Desinfektion von Medizinprodukten wird wiederum durch das **Medizinproduktegesetz (MPG)** geregelt.

Unabhängig vom Einsatzbereich besteht für jedes Desinfektionsmittel grundsätzlich eine Zulassungspflicht. Zusätzliche Anwendungsbeschränkungen von arzneilich-definierten Desinfektionsmitteln **für Lebensmittel liefernde Tiere** werden durch die EU-Verordnung 37/2010 ausgesprochen. Unter besonderer Beachtung der Umweltverträglichkeit wird die Verwendung in **biologischen Betrieben** überdies durch die EU-Bio-Verordnungen 834/2007 und 889/2008 reglementiert.

KLINISCHER BEZUG Das **Hygienemanagement von biologischen Tierhaltungen** (Bio-Betrieben) stellt durch die Einschränkung der verwendbaren Desinfektionsmittel eine Herausforderung dar. Besonders deutlich wird dies bei Krankheitsfällen mit Erregern, die eine hohe Toleranz gegen Desinfektionsmittel aufweisen. In einer konventionellen Schweinehaltung wird Kresol für eine gezielte Elimination von Spulwurmeiern verwendet. Zusammen mit einer angepassten Anthelminthika-Therapie lässt sich die Infektionsrate innerhalb weniger Monate deutlich reduzieren. In Biobetrieben ist die Anwendung von Kresol untersagt; gleichzeitig sind aber die nach EU-Bio-VO zugelassenen Desinfektionsmittel gegen Parasiteneier wenig wirksam. Hier erfolgt die Erregerelimination/-reduktion durch mehrmaliges sorgfältiges Entmisten und Reinigen, strategischen Einsatz von Anthelminthika kombiniert mit thermischen Desinfektionsmaßnahmen (Heißdampf, Abflammen) und langen Trocknungszeiten (min. 14 Tage). Diese Maßnahmen senken die Infektionsrate erst nach vielen Monaten. Vergleichbare Ergebnisse wie in konventionellen Betrieben werden durch dieses Prozedere jedoch nicht erreicht.

18.13 Entsorgung

Desinfektionsmittel können schädigend auf die Umwelt wirken. Reste sind daher ordnungsgemäß und umweltverträglich zu entsorgen. Weggießen in die Gülle, in öffentliche Gewässer, Teiche oder das kommunale Abwassersystem ist grundsätzlich verboten.

FAZIT DESINFEKTIONSMITTEL

Die sachgemäße Anwendung von Desinfektionsmitteln ist eine wichtige Maßnahme zur effektiven Infektionsprophylaxe und Tierseuchenbekämpfung sowie zur Sicherung der Lebensmittelgewinnung und –verarbeitung. Das Wirkungsspektrum vieler Desinfektionsmittel umfasst bakterielle und virale Krankheitserreger, nur wenige einzelne wirken auf Pilze und Parasiten(-eier). Die Wirksamkeit von Desinfektionsmitteln ist konzentrations- und zeitabhängig und kann durch verschiedene exogene Einflussfaktoren wie Temperatur, pH-Wert und Eiweiße beeinträchtigt sein. Durch ihre unspezifischen Wirkungsmechanismen können Desinfektionsmittel eine hohe Toxizität aufweisen. Umfassende Empfehlungen und Hinweise zur Anwendung der unterschiedlichen Desinfizienzien sind in verschiedenen Desinfektionsmittellisten zusammengetragen.

Danksagung

Dieses Kapitel „Desinfektionsmittel" stützt sich auf das gleichnamige Kapitel der vorherigen Auflage. Die Autorinnen danken Herrn Prof. Dr. Ivo Schmerold für die Genehmigung, Teile seines Textes, einschließlich Abbildungen und Tabellen, in die neue Auflage zu übernehmen.

(Weiterführende) Literatur

[1] Biozid-Verordnung (EU) Nr. 528/2012

[2] DVG Merkblatt. Desinfektionsmaßnahmen/Tierstall; www.beratungsring-online.de/fileadmin/Downloads/Formulare/DVG_Liste_Desinfektionsmittel_Tierhaltung.pdf

[3] EU-Bio-Verordnungen 834/2007 und 889/2008. VERORDNUNG (EU) Nr.37/2010 DER KOMMISSION vom 22. Dezember 2009 über pharmakologisch wirksame Stoffe und ihre Einstufung hinsichtlich der Rückstandshöchstmengen in Lebensmitteln tierischen Ursprungs.

[4] Liste der vom Robert Koch-Institut geprüften und anerkannten Desinfektionsmittel und –verfahren; Bundesgesundheitsblatt – Gesundheitsforschung – Gesundheitsschutz. Berlin, Heidelberg: Springer-Verlag; 2013; Vol 56:1706–1728; www.rki.de

[5] 8. Liste der nach den Richtlinien der DVG (4. Auflage) geprüften und als wirksam befundenen Desinfektionsmittel für den Lebensmittelbereich (Handelspräparate; Stand 27. Januar 2015); www.desinfektion-dvg.de

[6] 13. Liste der nach den Richtlinien der DVG geprüften und als wirksam befundenen Desinfektionsmittel für den Tierhaltungsbereich (Handelspräparate; Stand 1.Februar 2015); www.desinfektion-dvg.de

19 Antineoplastika

A. Rex, M. Hamann

In der Veterinärmedizin steht die chirurgische Behandlung von Tumoren im Vordergrund, jedoch hat der vor allem empirische Einsatz von zytostatisch wirkenden Pharmaka in den letzten Jahren zugenommen und wächst weiter. Zu vielen der bei Hund und Katze eingesetzten Zytostatika liegen keine ausführlichen Untersuchungen hinsichtlich der pharmakokinetischen Parameter beim Kleintier vor. Dosierungen der Zytostatika im klinischen Alltag werden anhand der Ergebnisse aktueller Studien angepasst. Sie sind hier nach bestem Wissen exemplarisch angegeben.

19.1 Ursachen der Karzinomentstehung

Der eigentliche Mechanismus der Karzinogenese ist noch nicht vollständig geklärt. Es kann jedoch als sicher gelten, dass das Karzinom-Risiko mit einer zunehmenden Exposition zu potenziell karzinogenen Faktoren ansteigt.

Als Karzinogene kommen chemische Substanzen, ionisierende Strahlen, UV-Strahlen wie auch bestimmte Viren in Frage (**Abb. 19.1**). Die Beteiligung von chronischen Entzündungsprozessen bei der Entstehung von Karzinomen wird diskutiert. Eine Karzinogenese kann durch Exposition von DNA-bindenden Substanzen und einer daraus resultierenden Genmutation (genotoxisch) oder durch die Induktion einer erhöhten Zellvermehrung oder eine Blockade des Zelltodes (nicht genotoxisch) erfolgen. Im Normalfall wird die Weitergabe eines spontan entstandenen DNA-Schadens durch Reparaturenzyme oder ein Stoppen des Zellzyklus durch Tumorsuppressoronkogene mit nachfolgender Apoptose verhindert. Eine Mutation von Tumorsuppressorgenen kann in Tumorzellen zum Ausbleiben der Apoptose und zum Überleben der Tumorzelle führen.

Die Empfindlichkeit einer Zelle gegenüber Karzinogenen ist bei proliferierenden Zellen größer als bei Zellen, die sich in der Ruhephase befinden. Die meisten Zellen eines Zellverbandes befinden sich in dieser als G_0 bezeichneten Ruhephase (**Abb. 19.2**), während sich nur wenige Zellen im Proliferationszyklus befinden. In schnell wachsenden Tumorgeweben befindet sich jedoch ein größerer Anteil in der relativ empfindlichen DNA-Synthesephase.

19.2 Allgemeine Therapieprinzipien

STECKBRIEF ZYTOSTATIKA

Zielsetzung einer Therapie mit Zytostatika ist fast ausschließlich die Behandlung maligner Tumore. Kennzeichen der Malignität sind ein rasches, infiltrierendes und destruktives Wachstum infolge enzymatischer Histolyse und Lokomotion der Zellen, Zellkernpolymorphien und Zellatypien, Entdifferenzierung des Gewebes mit Verlust typischer gewebseigener Strukturen, Vermeidung der Apoptose, Induktion der Angiogenese zur Tumorversorgung sowie Metastasen und eine hohe Rezidivneigung. Eine Vielzahl von Pharmaka unterschiedlichster Struktur kommt in der zytostatischen Therapie zum Einsatz. Zytostatika wirken unselektiv auf alle sich teilenden Zellen. Sie können die DNA- und RNA-Synthese verhindern; sie verursachen Chromosomenaberrationen, beeinträchtigen die Funktion der Mikrotubuli und damit die Zellteilung sowie die Proteinsynthese.

Je nach Zielsetzung unterscheidet man:

a) **Kurative Therapie**: Ziel der Therapie ist die vollständige Rückbildung aller Tumorherde, begleitet von der Rückbildung aller subjektiven Symptome und damit eine potenzielle Heilung der Patienten. Beispiele für eine kurative Therapie sind maligne Lymphome und Hodentumore.
b) **Palliative Therapie**: Eine palliative zytostatische Therapie führt im Normalfall zu einer Teilremission, d. h., die Tumormasse wird verkleinert oder ein weiteres Wachstum vorübergehend gehemmt. Ziele der palliativen Therapie sind die Linderung tumorbedingter Symptome

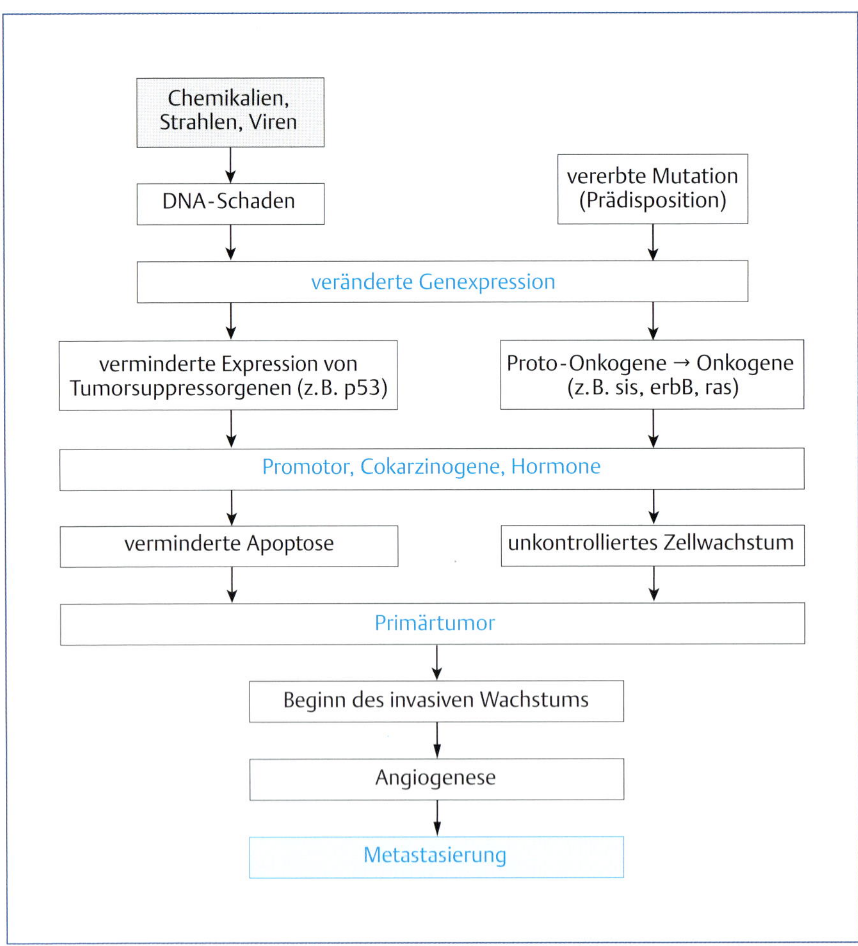

Abb. 19.1 Schematische Darstellung der Karzinomentstehung.

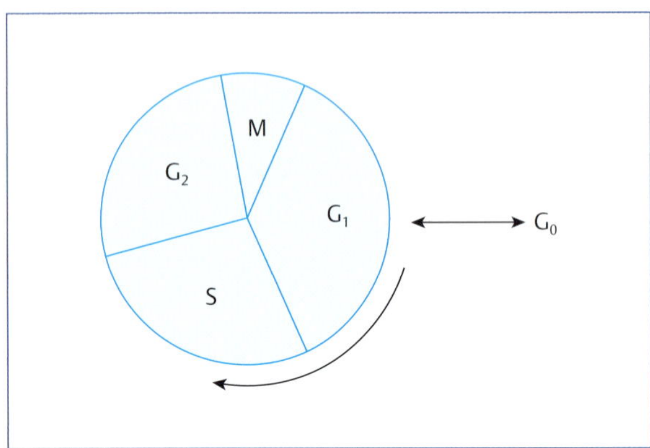

Abb. 19.2 Schematische Darstellung des Zellzyklus: G_0 = Ruhephase (Zellen, die nicht an der Teilung teilnehmen), G_1 = präsynthetische Phase (keine enge zeitliche Begrenzung), S-Phase = DNA-Synthesephase (bis 10 h, höchste Empfindlichkeit gegenüber Zytostatika), G_2 = postsynthetische Phase (bis 2 h), M = Mitosephase (1 h).

und damit eine Verbesserung der Lebensqualität sowie eine längere Überlebenszeit des Patienten.

c) **Adjuvante und neoadjuvante Therapie**: Nach einer chirurgischen oder radiologischen kurativen Tumortherapie zielt die anschließende adjuvante zytostatische Behandlung auf die Elimination vermuteter restlicher Tumorzellen und eventueller Mikrometastasen unterhalb der diagnostischen Nachweisgrenze von 0,5–1 cm ab, um Rezidive zu verhindern. Im Rahmen einer neoadjuvanten Therapie wird präoperativ die Tumormasse verringert, um damit die Operationsaussichten zu verbessern.

19.2.1 Wirkmechanismen von Zytostatika

Ein Zytostatikum verzögert oder verhindert den Zellzyklus. Besonders betroffen sind Zellen, die eine hohe Proliferationsrate aufweisen. Zytostatika hemmen unselektiv das Zellwachstum; eine relative Selektivität auf das Tumorgewebe wird allein durch die hohe Teilungsrate der Tumorzellen erreicht, wobei auch andere sich schnell teilende Zellen im Organismus betroffen sind.

In jedem Gewebe können proliferierende Zellen von nicht proliferierenden Zellen unterschieden werden. Das Verhältnis von sich teilenden Zellen zu ruhenden Zellen beträgt in malignen Geweben 1:10–20, während in normalen Geweben ein Verhältnis von bis zu 1:1000 vorliegt.

Eine zytostatische Chemotherapie weist im Vergleich zu anderen pharmakologischen Behandlungen einige Besonderheiten auf:

KLINISCHER BEZUG Zytostatika werden wegen ihrer linearen Dosis-Wirkungs-Beziehungen und ihrer geringen therapeutischen Breite im Regelfall bis hin zu toxischen Wirkungen und in Relation zur Körperoberfläche des Patienten dosiert (mg/m^2).

Für Hund und Katze berechnet sich die Dosierung wie folgt [2]:

$$\text{Dosierung Hund} = \frac{10,1 \times \text{Körpergewicht (g)}^{2/3}}{104} \qquad (19.1)$$

$$\text{Dosierung Katze} = \frac{10,0 \times \text{Körpergewicht (g)}^{2/3}}{104} \qquad (19.2)$$

Dosierungsangaben in mg/kg KG werden für Zytostatika nur angegeben, wenn erwünschte oder unerwünschte Wirkungen von der absolut verwendeten Arzneimittelmenge abhängen. Ein Beispiel ist die kardiotoxische Wirkung von Doxorubicin.

Tumorzellen unterscheiden sich von normalen Körperzellen im Wesentlichen nur durch ihr ungehemmtes Wachstum. Im Gegensatz zur antiinfektiven Chemotherapie ist eine spezifische Elimination der Tumorzellen bisher nicht möglich. Daher schädigt eine zytostatische Chemotherapie auch gesunde Zellen.

Es besteht eine hohe interindividuelle Variabilität in der Empfindlichkeit der Patienten gegenüber den Wirkungen der Zytostatika.

Zytostatika werden häufig in Kombination eingesetzt. Der klinische Gebrauch dieser Zytostatikakombinationen beruht oft auf empirisch gewonnenen Daten.

Proliferierende Zellen durchlaufen den Zellzyklus. Sie können aber auch in die Ruhephase (G_0) der nicht proliferierenden Zellen eintreten, während nicht proliferierende Zellen wieder in den Zellzyklus eingebracht werden können. Zytostatika wirken generell nur gegen den proliferierenden Zellanteil. Allgemein gilt, dass ein kleiner Tumor prozentual mehr proliferierende Zellen besitzt und damit der Anteil sensibler Tumorzellen höher ist.

Eine iatrogene Erhöhung des proliferierenden Zellanteils durch eine Synchronisation der Zellteilung kann zu einer erhöhten zytostatischen Wirkung beitragen. Eine vorübergehende Blockierung der Zellen in der Mitosephase, beispielsweise hervorgerufen durch die Gabe einer unterschwelligen Dosis von Mitosehemmstoffen wie Vincristin, bewirkt teilweise eine Phasensynchronisation im Zellzyklus. Daran schließt sich eine Zytostatikagabe in der S-Phase an, in der die höchste Empfindlichkeit gegenüber der Pharmakawirkung besteht.

Eine weitere Möglichkeit zur besseren Wirksamkeit ist die Kombination von Zytostatika, die ein unterschiedliches Profil unerwünschter Arzneimittelwirkungen besitzen. Die kombinierte Anwendung ermöglicht eine Wirkungssteigerung ohne eine zusätzliche Erhöhung der Toxizität.

Aufgrund der unterschiedlichen Wirkungsmechanismen kann man phasenspezifische und phasenunspezifische Zytostatika unterscheiden. Antimetabolite und Mitosehemmstoffe wirken phasenspezifisch nur in bestimmten Phasen des Zellzyklus. Daher ist bei der Anwendung dieser Pharmaka eine ausreichende Dauer der zytostatischen Therapie entscheidend für die antineoplastische Wirkung (**Tab. 19.1**).

Tab. 19.1 Übersicht über die verschiedenen Gruppen zytostatischer Substanzen (mit Vertretern), geordnet nach der Phase des Zellzyklus, in der die Wirkstoffe eingreifen, und dem jeweiligen Wirkungsmechanismus.

Wirkphase	Wirkungsmechanismus	Substanzgruppen	Vertreter
unspezifisch	▪ Einbau in DNA und RNA, Hemmung der DNA-und RNA-Synthese, Hemmung der Topoisomerase II	▪ Anthracycline	▪ Doxorubicin
unspezifisch	▪ Abbau von Asparagin zu Asparaginsäure, Störung der Proteinsynthese	▪ Asparaginase	▪ L-Asparaginase
unspezifisch + S-Phase	▪ Einbau in DNA, Hemmung der RNA- und Proteinsynthese	▪ Actinomycine	▪ Actinomycin D
unspezifisch, aber S-Phase empfindlicher	▪ Alkylierung der DNA	▪ alkylierende Substanzen ▪ Mitomycin ▪ Platinverbindungen	▪ Cyclophosphamid ▪ Mitomycin C ▪ Cisplatin
S-Phase	▪ „falsche" Nukleotide in DNA und RNA	▪ Pyrimidinanaloga	▪ 5-Fluorouracil
S-Phase	▪ Einbau des Cytosinanalogons in die DNA, Hemmung der DNA-Polymerase	▪ Cytarabin	▪ Cytarabin
S-Phase	▪ Inhibition der Purinbiosynthese ▪ „falsche" Nukleotide in DNA und RNA	▪ Purinanaloga	▪ 6-Mercaptopurin
S-Phase	▪ Hemmung der Dihydrofolatreduktase ▪ Inhibition der Purinbiosynthese	▪ Folsäureantagonisten	▪ Methotrexat S
S-Phase + G_1-Phase	▪ Hemmung der Adenosin-Desaminase ▪ Bildung von Desoxyribosylnukleotiden gehemmt	▪ Pentostatin	▪ Pentostatin
S-Phase + G_2-Phase	▪ Hemmung der Topoisomerase I oder II, Hemmung der DNA-Replikation	▪ Topoisomerase-Hemmer	▪ Topotecan ▪ Etoposid
G_2-Phase	▪ DNA-Fragmentierung	▪ Bleomycin	▪ Bleomycin
M-Phase	▪ Bildung der Mikrotubuli verhindert: Mitosehemmung	▪ Vincaalkaloide	▪ Vincristin M
M-Phase	▪ Abbau von Mikrotubuli verhindert: Mitosehemmung	▪ Taxane	▪ Docetaxel

Phasenunspezifische Zytostatika, wie alkylierende Substanzen, einige Antibiotika und Platinkomplexverbindungen, sind in allen Phasen des Zellzyklus wirksam. Hier ist die Konzentration der Substanz entscheidend für die Wirkung. Deshalb werden diese Substanzen häufig intermittierend und höher dosiert verabreicht.

19.2.2 Allgemeine unerwünschte Arzneimittelwirkungen von Zytostatika

Zytostatika haben einen sehr kleinen therapeutischen Index. Aus dem generellen Wirkungsprinzip der Zytostatika heraus muss bei allen bisher verwendeten Mitteln dieser Gruppe bereits in therapeutischen Dosen von obligaten unerwünschten Wirkungen ausgegangen werden. Die Häufigkeit und der Schweregrad der unerwünschten Arzneimittelwirkungen hängen von verschiedenen Faktoren ab, wie applizierter Dosis pro Zeiteinheit, Applikationsform, zeitlicher Abfolge der Applikationen, Gabe als Mono- oder Kombinationschemotherapie und Patientenmerkmalen. Um Zytostatika in optimaler Dosierung sicher einzusetzen und unerwünschte Arzneimittelwirkungen zumindest zu verringern, sind genauere Kenntnisse zur Pharmakokinetik und Pharmakodynamik der Zytostatika und zu möglichen Arzneimittelwechselwirkungen vorteilhaft.

CAVE

Gleichzeitig mit der Hemmung des neoplastischen Gewebes ist auch mit einer funktionellen Störung der sich schnell erneuernden Gewebe zu rechnen (z. B. Knochenmark, Schleimhaut des Gastrointestinaltrakts, Keimdrüsen, Haarwurzeln). Die unerwünscht toxischen Wirkungen von Zytostatika können lebensbedrohend sein.

Bei der Gabe oraler Begleitmedikamente ist generell zu beachten, dass deren Einnahme und Resorption durch die bei einer intensiven zytostatischen Chemotherapie häufig auftretende orale und gastrointestinale Mukositis erheblich beeinflusst werden kann.

CAVE

Zytostatika sind aufgrund ihres Wirkungsmechanismus potenziell mutagen, kanzerogen und teratogen. Bei einer zytostatischen Behandlung von trächtigen Tieren ist eine teratogene Schädigung zu erwarten.

Die Knochenmarktoxizität ist zumeist die dosislimitierende Nebenwirkung von Zytostatika (Ausnahme: Bleomycin, Vincristin, L-Asparaginase). Granulozyten und Thrombozyten erreichen durchschnittlich 10–14 Tage nach Beginn der zytostatischen Therapie ihre Tiefstwerte. In der Chemotherapie von Tumoren wird solch ein Maximum der Leukozytopenie auch als Nadir bezeichnet. Bei lang anhaltender Neutropenie ist gegebenenfalls die Gabe von hämatopoetischen Wachstumsfaktoren (z. B. granulocyte colony-stimulating factor/G-CSF oder Granulocyte-monocyte colony-stimulating factor/GM-CSF) indiziert.

Tumorlyse-Syndrom Das Tumorlyse-Syndrom ist mögliche Folge eines raschen Tumorzerfalls während der zytostatischen Therapie, der am häufigsten bei Tumoren mit einer hohen Proliferationsrate und einer hohen Sensibilität gegenüber der zytostatischen Therapie auftritt. Das Tumorlyse-Syndrom ist durch eine schwere metabolische Störung gekennzeichnet. Es können Hyperurikämie mit Uratnephropathie, Hyperphosphatämie mit Hypokalzämie, Hyperkaliämie, Hypoglykämie, selten disseminierte intravasale Gerinnung auftreten. Damit ergibt sich eine Gefährdung der Patienten durch akutes Nierenversagen und Herzrhythmusstörungen.

Eine Alkalisierung des Harns sowie eine Verbesserung der Diurese tragen zur Verhinderung der Uratnephropathie bei. Die Gabe von Allopurinol und rekombinanter Uratoxidase zur verminderten Bildung bzw. zum beschleunigten Abbau von Harnsäure können die Ausbildung der Nephropathie verhindern. Eine erweiterte Therapiemöglichkeit wäre eine Hämodialyse bei progredienter Nierenfunktionsstörung. Eine Kaliumsenkung und Kalziumgabe mildern oder verhindern die Herzrhythmusstörungen.

Zytostatika-induziertes Erbrechen Zytostatika können Erbrechen zentral durch eine Reizung der chemorezeptiven Triggerzone der Area postrema am Boden des IV. Ventrikels und/oder peripher durch eine Schädigung enterochromaffiner Zellen im Gastrointestinaltrakt mit Serotoninfreisetzung sowie eine Aktivierung des Brechzentrums durch viszerale afferente Nervenfasern auslösen. Beteiligte Rezeptoren sind v. a. Serotonin-5-HT_3-Rezeptoren und Dopamin-D_2-Rezeptoren.

Zytostatika-induziertes Erbrechen wird durchschnittlich in 15–20% aller Hunde und Katzen unter zytostatischer Behandlung beobachtet. Substanzen mit einer hohen emetischen Potenz sind z. B. Cisplatin (> 50%), Dacarbazin, Cyclophosphamid (ca. 30%), Methotrexat, Actinomycin D.

Zur Verhinderung eines antizipatorischen Erbrechens als Folge einer Konditionierung nach vorangegangener Übelkeit und Erbrechen ist eine prophylaktische Antiemetikagabe bereits vor dem ersten Therapiezyklus anzustreben. Die Gabe des Antiemetikums sollte 15–30 min vor der erstmaligen Zytostatikagabe erfolgen und nach Ende der Therapie fortgesetzt werden.

KLINISCHER BEZUG Zur Prävention des akuten Zytostatika-induzierten Erbrechens bei stark emetogenen Zytostatika sind 5-HT_3-Antagonisten (Ondansetron: Hund 0,1 mg/kg i. v. oder p. o.; Katze 0,1–0,2 mg/kg s. c. oder i. v.; Dolasetron: Katze 0,6 mg/kg i. v.) in Kombination mit Glucocorticoiden und Neurokinin-1-Antagonisten (Maropitant: Hund 1–2 mg/kg s.c oder p. o.; Katze 1 mg/kg) oder der Opioid-Agonist/Antagonist Butorphanol (Hund: 0,4 mg/kg i. m.) Mittel der Wahl. Bei mäßig emetogenen Zytostatika kann der Einsatz von Metoclopramid (Hund 0,5–1 mg/kg/Tag; Katze 1–2 mg/kg/Tag i. v.), möglicherweise in Kombination mit Glucocorticoiden, ausreichend sein.

Eine Prävention des akuten Zytostatika-induzierten Erbrechens mindert das Risiko des verzögerten Erbrechens deutlich. Zur Prophylaxe des verzögerten Zytostatika-induzierten Erbrechens werden Glucocorticoide in Kombination mit Neurokinin-1-Antagonisten p. o. empfohlen. Die zusätzliche Gabe eines Neuroleptikums und/oder eines

Antihistaminikums und/oder eines Benzodiazepins kann einen therapeutischen Nutzen haben.

19.3 Pharmaka

19.3.1 Alkylierende Substanzen

STECKBRIEF ALKYLIERENDE SUBSTANZEN

Alkylierende Substanzen können phasenunspezifisch in jedes Stadium des Zellzyklus eingreifen. Eine besondere Sensitivität besteht in der S-Phase während der DNA-Replikation. Alle alkylierenden Substanzen weisen eine deutliche und dosislimitierende Knochenmarktoxizität auf. Die Leukopenie erreicht ihr Nadir nach 7–14 Tagen.

Alkylierende Substanzen verfügen über reaktive Molekülzentren. Diese elektrophilen Zentren reagieren mit den nukleophilen Molekülzentren anderer Verbindungen. Durch kovalente Bindungen an Guanin, Cytosin oder Adenosin mit Übertragung eines Alkylrestes kommt es zu Veränderungen der DNA und RNA. Folge der Alkylierung sind Strangbrüche der DNA, abnorme Basenpaarungen, Vernetzungen der DNA-Stränge, Störungen der RNA-Synthese oder DNA/RNA-Proteinvernetzungen (cross-links).

Bei gleichem Wirkungsmechanismus unterscheiden sich die einzelnen Vertreter der alkylierenden Substanzen in ihrer Pharmakokinetik und in spezifischen unerwünschten Wirkungen.

Die alkylierenden Substanzen leiten sich historisch vom Giftgas Schwefel-Lost (Senfgas, Bis[2-chlorethyl]sulfid) ab. Die hohe Toxizität dieser Substanz verhinderte eine therapeutische Ausnutzung der beobachteten antiproliferativen Wirkung im hämatopoetischen und lymphatischen System. Der 1942 erstmals getestete Stickstoff-Lost (Bis-[2-chlorethyl]-methylamin) erwies sich als weniger toxisch (**Abb. 19.3**, **Abb. 19.4**).

Cyclophosphamid

Pharmakodynamik Cyclophosphamid (**Abb. 19.5**) ist ein Stickstoff-Lost-Derivat aus der Gruppe der Oxazaphosphorine. Es ist ein Prodrug, das in der Leber durch das Cytochrom P450 zum aktiven 4-Hydroxycyclophosphamid metabolisiert und dann in die Metabolite Phosphorsäureamid-Lost und Acrolein umgesetzt wird. Acrolein selbst weist keine antineoplastische Aktivität auf, ist aber für die urotoxischen Nebenwirkungen nach einer Cyclophosphamidgabe verantwortlich (Abb. 19.5).

Pharmakokinetik Cyclophosphamid wird aus dem Gastrointestinaltrakt gut resorbiert. Die Blutspiegel nach i. v. und oraler Applikation sind bioäquivalent. Cyclophosphamid und die Metabolite passieren die Blut-Hirn-Schranke, die Plazenta und gehen in die Milch über.

Die mittlere Halbwertszeit von Cyclophosphamid im Serum beträgt bei Ratten und Hunden 0,5–1 h. Bei wiederholter Gabe ist eine Enzyminduktion mit einer Verkürzung

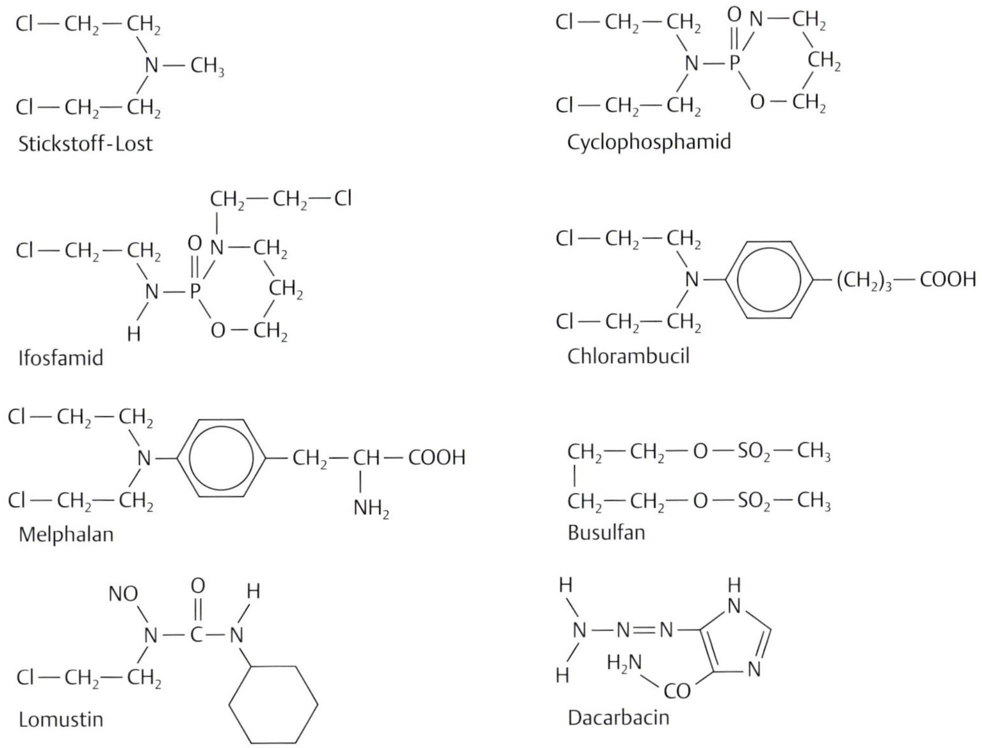

Stickstoff-Lost

Cyclophosphamid

Ifosfamid

Chlorambucil

Melphalan

Busulfan

Lomustin

Dacarbacin

Abb. 19.3 Strukturformeln ausgewählter alkylierender Substanzen.

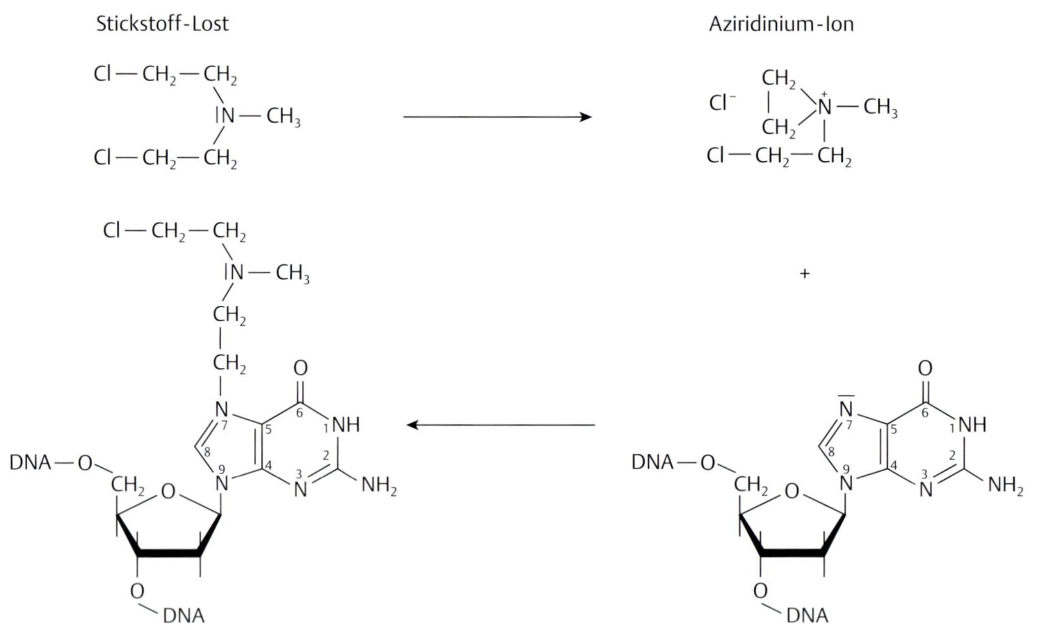

Stickstoff-Lost

Aziridinium-Ion

Abb. 19.4 Aktivierung und Wirkungsmechanismus einer Stickstoff-Lost-Verbindung.

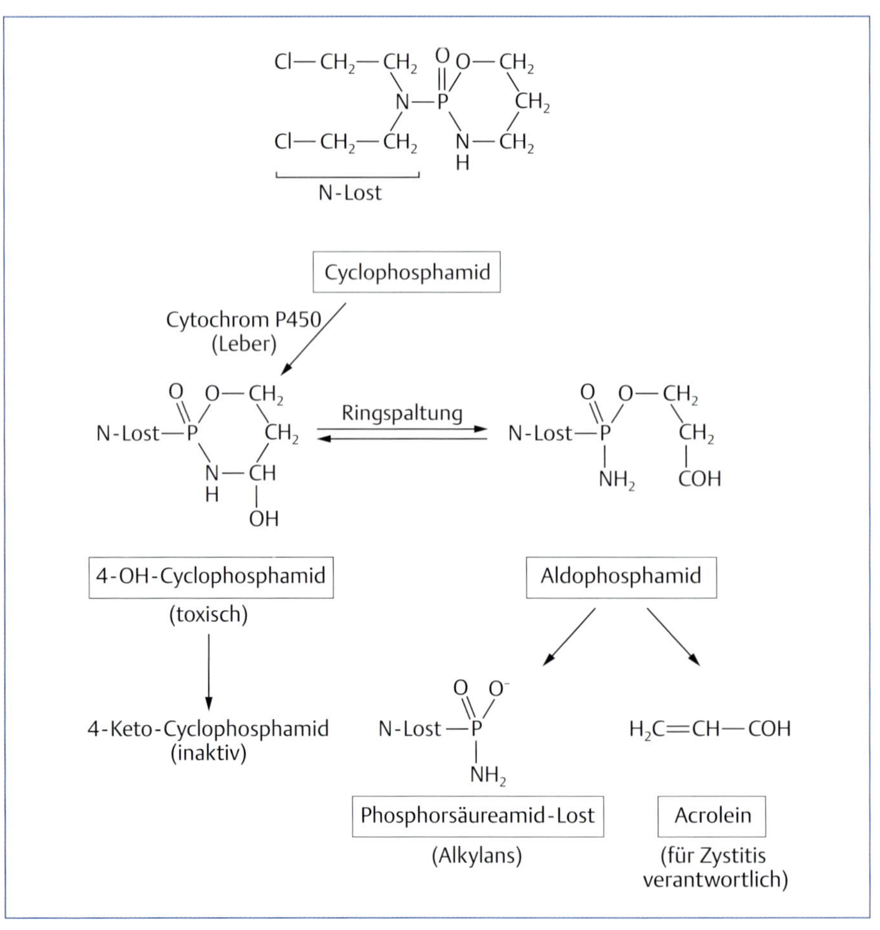

Abb. 19.5 Metabolisierung von Cyclophosphamid.

der Halbwertszeit zu beobachten. Cyclophosphamid selbst bindet kaum an Plasmaproteine, aber die Metabolite sind bis zu 60 % an Plasmaproteine gebunden.

Cyclophosphamid und seine Metaboliten werden zum größten Teil renal ausgeschieden. Bei bestehender Niereninsuffizienz ist die Dosis zu reduzieren.

Eine eingeschränkte Leberfunktion hat eine Verzögerung der Biotransformation von Cyclophosphamid zur Folge, und es kommt zu einem Anstieg der Halbwertszeit.

Indikationen Sarkome, hämatologische Erkrankungen

Dosierung Katze, Hund: wöchentlich 50 mg/m²/Tag p. o. an 4 aufeinanderfolgenden Tagen, dann 3 Tage Pause

Nebenwirkungen **Hämatotoxizität**: Knochenmarkdepression mit Leukopenie und Neutropenie. Die Leukopenie erreicht ihr Nadir 10–14 Tage nach Gabe einer Einzeldosis. Thrombozytopenie und Anämie werden seltener beschrieben.

Gastrointestinaltrakt: Häufig auftretende Übelkeit und Erbrechen; Anorexie, Diarrhö und Stomatitis sind seltener zu beobachten.

Urogenitaltrakt: Häufig wird durch den Metaboliten Acrolein eine sterile hämorrhagische Zystitis hervorgerufen. Eine begleitende Therapie mit dem Thiol-Donator Mesna oder N-Acetylcystein und die Absicherung einer ausreichenden Diurese können die Schwere und die Inzidenz der hämorragischen Zystitis vermindern.

Hepatotoxizität: Die akute Toxizität von Cyclophosphamid ist im Vergleich zu anderen Zytostatika verhältnismäßig gering. Bei einmaliger i. v. Injektion beträgt die LD_{50} beim Hund 40 mg/kg und beim Kaninchen 130 mg/kg.

Eine chronische Gabe toxischer Dosen führt zu Leberläsionen im Sinne einer Zellverfettung mit anschließender Leberzellnekrose. Die Schwellendosis für eine hepatotoxische Wirkung liegt beim Kaninchen bei 100 mg/kg, beim Hund bei 10 mg/kg.

Cyclophosphamid und der Metabolit Acrolein können ein **Harnblasenkarzinom** induzieren.

Eine reversible **Alopezie** ist möglich.

Eine Kreuzresistenz mit strukturverwandten Zytostatika, wie z. B. Ifosfamid, kann bestehen.

Wechselwirkungen Die gleichzeitige Gabe von Allopurinol führt zu einer Halbwertszeitverlängerung mit verstärkter Myelotoxizität. Verstärkende Wirkung von oralen Antidiabetika und Hemmung der Pseudocholinesterase mit Wirkungsverstärkung von nicht depolarisierenden Muskelrelaxanzien.

Ifosfamid

Pharmakodynamik Ifosfamid ist ein Analogon von Cyclophosphamid. Wie Cyclophosphamid ist Ifosfamid ein Prodrug, das vorzugsweise in der Leber hydroxyliert wird. Die aktive alkylierende Substanz ist der Metabolit Isophosphamid-Lost, während der Metabolit Acrolein für die urotoxische Wirkung verantwortlich ist. Das phasenunspezifische Ifosfamid greift an den Phosphodiesterbrücken der DNA an und führt zu Strangbrüchen und Quervernetzungen der DNA.

Eine Kombinationstherapie mit der Platinverbindung Cisplatin führt zu einer höheren Toxizität mit Leukopenie, renaler Toxizität und ZNS-Toxizität.

Pharmakokinetik Ifosfamid wird oral gut resorbiert. Es besteht eine lineare Dosis-Plasmakonzentrations-Beziehung. Ifosfamid verteilt sich schnell im gesamten Organismus. Ifosfamid, aber nicht die aktiven Metaboliten, passiert die Blut-Hirn-Schranke. Ifosfamid kann die Plazenta passieren und in die Muttermilch übertreten. Die Halbwertszeit liegt bei Katzen bei 3 h. Die Plasmaproteinbindung ist gering. Ifosfamid wird hepatisch zu Isophosphamid-Lost und Acrolein hydroxyliert oder alternativ oxidiert, nachfolgend werden die Chlorethylseitenketten dealkyliert. Die Elimination erfolgt überwiegend renal. Da die Metabolisierung sättigbar ist, steigt der unmetabolisiert ausgeschiedene Anteil bei höheren Dosierungen.

Indikationen Lymphome, Sarkome

Dosierung

- Katze: 900 mg/m² i. v. alle 21 Tage
- Hund: 350 mg/m² i. v.

Nebenwirkungen **Hämatotoxizität**: Knochenmarkdepression mit Leukopenie und Neutropenie. Die Leukopenie erreicht ihr Nadir 10–14 Tage nach Gabe einer Einzeldosis. Thrombozytopenie und Anämie werden seltener beschrieben.

Gastrointestinaltrakt: Häufig auftretende Übelkeit und Erbrechen. Anorexie, Diarrhö und Stomatitis sind seltener zu beobachten.

Urogenitaltrakt: Häufiger als bei Cyclophosphamid wird eine sterile hämorrhagische Zystitis hervorgerufen. Eine Prophylaxe und begleitende Therapie mit dem Thiol-Donator Mesna oder N-Acetylcystein und die Absicherung einer ausreichenden Diurese sind erforderlich.

Ifosfamid kann eine reversible Nephrotoxizität mit Zylindrurie und Tubulusschäden verursachen, zudem ein Harnblasenkarzinom induzieren.

ZNS-Toxizität: Nach Gabe von Ifosfamid waren motorische Unruhe und tonisch-klonische Krämpfe zu beobachten.

Eine reversible Alopezie ist gleichfalls möglich.

Wechselwirkungen Es sind ähnliche Wechselwirkungen wie bei Cyclophosphamid beschrieben.

Chlorambucil

Pharmakodynamik Chlorambucil ist ein aromatisches Stickstoff-Lost-Derivat. Durch eine chemische Verknüpfung innerhalb des DNA-Stranges oder zwischen den einzelnen DNA-Strängen wird die Replikation der DNA verhindert.

Pharmakokinetik Chlorambucil wird nach oraler Gabe gut und schnell resorbiert. Die orale Bioverfügbarkeit beträgt zwischen 70–100 %, wobei eine interindividuelle Variabilität besteht. Bei gleichzeitiger Nahrungsaufnahme verringert sich die Resorption von Chlorambucil. Die höchsten Konzentrationen sind im Plasma, in der Leber und in den Nieren nachweisbar. Chlorambucil überschreitet die Blut-

Hirn-Schranke kaum. Die Halbwertszeit beträgt bei Hunden ungefähr 0,5–1,5 h. Chlorambucil ist zu über 95 % an Plasmaproteine gebunden. Es wird in der Leber fast vollständig zum zytostatisch aktiven Phenylessigsäure-Lost metabolisiert und weiter hydrolysiert. Die Ausscheidung von Chlorambucil und seiner Metaboliten erfolgt renal. Die Elimination von Chlorambucil ist von der Nierenfunktion unabhängig.

Indikationen Lymphozytäre Leukämie, Ersatz für Cyclophosphamid, da keine Zystitisgefahr.

Dosierung

- Katze: 2 mg/m² p. o. 2-mal wöchentlich
- Hund: 4–8 mg/m² alle zwei Tage

Nebenwirkungen **Hämatotoxizität**: dosisabhängige Knochenmarkdepression mit Leukopenie, Neutropenie und Thrombozytopenie

Gastrointestinaltrakt: bei hoher Dosierung Übelkeit, Erbrechen und Diarrhö

Wechselwirkungen Ähnliche Wechselwirkungen wie bei Cyclophosphamid.

Melphalan

Pharmakodynamik Melphalan ist ein Phenylalanin-Derivat des Stickstoff-Losts mit einer bifunktionellen alkylierenden Wirkung. Melphalan verbindet über die Bildung von Carboniumzwischenstufen zwei Guanosinbasen und damit zwei DNA-Stränge miteinander.

Pharmakokinetik Melphalan wird aus dem Gastrointestinaltrakt resorbiert. Es besteht jedoch eine deutliche Variabilität in der Resorptionsquote. Die Bioververfügbarkeit schwankt zwischen 60–100 %. Melphalan passiert teilweise durch aktiven Transport die Blut-Hirn-Schranke. Die Konzentrationen im Gehirn betragen ungefähr 10 % der Plasmakonzentrationen.

Die Halbwertszeit von Melphalan beträgt bei Hunden ungefähr 70 min. Melphalan wird spontan nicht enzymatisch hydrolysiert und renal ausgeschieden. Die Dosis ist bei bestehender Niereninsuffizienz zu reduzieren.

Indikationen Lymphome, Myelome, Ovarialkarzinom

Dosierung

- Katze: 2 mg/m² alle zwei Tage p. o.
- Hund: 2–4 mg/m²/Tag p. o. oder 20 mg/m² einmalig

Nebenwirkungen **Hämatotoxizität**: Knochenmarkdepression mit Leukopenie, Neutropenie und seltener Thrombozytopenie.

Gastrointestinaltrakt: Dosisabhängig, gelegentlich Übelkeit, Erbrechen und Diarrhö.

Nach i. v. Gabe sind anaphylaktische Reaktionen möglich.

Busulfan

Pharmakodynamik Carboniumionen werden aus den Methansulfongruppen des Bulsulfan freigesetzt und alkylieren DNA-Einzelstränge, RNA-Stränge, Strukturproteine und Enzyme. Der selektive Effekt von Busulfan auf die Granulozytopoese ist noch nicht vollständig geklärt.

Pharmakokinetik Nach i. v. Gabe steht Busulfan sofort und vollständig zur Verfügung. Busulfan wird nach oraler Gabe resorbiert. Es ist aber auch eine inter- und intraindividuelle Variabilität in der Bioverfügbarkeit (Hund 20–50 %) beschrieben. Busulfan passiert die Blut-Hirn-Schranke und erreicht in der Zerebrospinalflüssigkeit die gleichen Konzentrationen wie im Plasma. Die Halbwertszeit von Busulfan beträgt bei Hunden 0,8–1 h. Busulfan bindet zu 30 % irreversibel an Albumine.

Busulfan wird mit Glutathion konjugiert und anschließend in der Leber weiter zu inaktiven Metaboliten oxidiert.

Die Elimination erfolgt renal. Auswirkungen einer Nieren- oder Leberinsuffizienz auf die Elimination sind nicht bekannt, insbesondere bei Leberfunktionseinschränkungen könnte eine erhöhte Toxizität von Busulfan vorliegen.

Indikationen hämatologische Erkrankungen

Dosierung

- Katze: 3–4 mg/ m²/Tag p. o. bis Leukozyten = 15 000/µl
- Hund: 40 mg/m²/Tag p. o. für 10 Tage

Nebenwirkungen **Hämatotoxizität**: Knochenmarkdepression mit Leukopenie, Neutropenie und seltener Thrombozytopenie.

Schmerzhafte Gynäkomastie.

Nach Langzeittherapie tritt eine Hyperpigmentierung, teilweise verbunden mit Schwäche, Apathie und Gewichtsverlust ein. Nach sehr hohen Dosen ist eine Lebervenenthrombose möglich.

Lomustin

Pharmakodynamik Lomustin zerfällt nicht enzymatisch in ein Alkyldiazohydroxid, welches Cytosin- und Guaninbasen der DNA alkyliert und zu DNA-Strangvernetzungen führt, und ein Alkylisocyanat, das mit Proteinen reagiert und somit die DNA-Reparatur und RNA-Synthese stört.

Pharmakokinetik Lomustin wird nach oraler Gabe schnell und gut resorbiert und rasch mit einem First-Pass-Effekt metabolisiert. Die Halbwertszeit beträgt beim Hund ca. 20 min. Die aktiven Metaboliten passieren die Blut-Hirn-Schranke. Erhöhte Konzentrationen sind in Galle, Leber, Lunge und Nieren nachweisbar. Die aktiven Metaboliten haben eine Halbwertszeit bis zu 72 h und sind zu 60 % an Plasmaproteine gebunden. Die Elimination der Lomustin-Metabolite erfolgt renal.

Indikationen Lymphome, ZNS-Tumore, Mastzelltumore

Dosierung

- Katze: 50–60 mg/m² i. v. alle 4–6 Wochen
- Hund: 60–90 mg/m² i. v. alle 4–8 Wochen

Nebenwirkungen Am häufigsten treten eine verzögerte Myelosuppression (Nadir 7–28 Tage) und Übelkeit/Erbrechen auf. Bei Hunden werden des Öfteren hepatotoxische Effekte beobachtet. Ataxie und Apathie treten seltener auf.

Dacarbazin

Pharmakodynamik Die aktiven Metaboliten des Prodrugs Dacarbazin hemmen zellzyklusphasenunspezifisch die DNA-Synthese.

Pharmakokinetik Dacarbazin wird nach oraler Gabe nicht resorbiert. Nach parenteraler Anwendung verteilt es sich schnell in die Gewebe. Dacarbazin passiert die Blut-Hirn-Schranke nicht. Die Proteinbindung liegt bei 5 %. Die Halbwertszeit beträgt beim Menschen 0,5–3,5 h.

Dacarbazin wird in der Leber von Cytochrom P450 metabolisiert. Dabei entsteht der aktive N-demethylierte Metabolit 5-Aminoimidazol-4-carboxamid. Dacarbazin wird zu ca. 20–50 % unverändert renal durch tubuläre Sekretion ausgeschieden.

Indikationen Lymphome, Sarkome

Dosierung

- bei Katzen nicht empfohlen!
- Hund: 800–1000 mg/m² i. v. alle 3–4 Wochen

Nebenwirkungen Am häufigsten treten gastrointestinale Nebenwirkungen wie Übelkeit und Erbrechen auf. Hinzu kommen myelotoxische Effekte mit Leukopenie und Thrombozytopenie, die dosisabhängig und verzögert auftreten (Nadir nach 21–28 Tagen). Verstärkt allgemeine Krankheitssymptome wie Abgeschlagenheit, Schüttelfrost, Fieber und Myalgien.

Wechselwirkungen Myelotoxische Interaktionen mit anderen knochenmarktoxischen Pharmaka. Verstärkung der kardiotoxischen Wirkung von Adriamycin. Interaktionen mit Pharmaka, die über das Cytochrom P450 abgebaut werden, sind zu berücksichtigen.

19.3.2 Platinverbindungen

STECKBRIEF PLATINVERBINDUNGEN

Die chemische Struktur dieser Verbindungen enthält ein komplexgebundenes Platinatom. Die Wirkung beruht auf einer Hemmung der DNA-Replikation durch eine Quervernküpfung zweier benachbarter Guanin-Basen eines DNA-Stranges. Auf diese Weise wird die Struktur der DNA gestört und diese damit funktionsunfähig. Der Zellstoffwechsel kommt zum Erliegen und die Zelle leitet die Apoptose ein. Wie andere Zytostatika auch, wirken Platinverbindungen daher nicht nur auf schnell wachsende Tumorzellen, sondern in gewissem Grad auch auf gesunde Körperzellen.

Cisplatin

Pharmakodynamik Cisplatin ist der Prototyp anorganischer Platinkomplexverbindungen mit zytostatischer Wirkung. Es liegt extrazellulär als Prodrug vor. Cisplatin bindet an alle DNA-Basen, wobei die N-7-Positionen von Guanin und Adenin am empfindlichsten sind. Die Folge sind vor allem Einzelstrangvernetzungen und cross-links zwischen verschiedenen Adenin- und Guaninbasen (**Abb. 19.6**).

Pharmakokinetik Cisplatin ist parenteral zu verabreichen, da die Verbindung nach oraler Gabe im Magen hydrolysiert wird. Besonders hohe Gewebekonzentrationen lassen sich in Leber, Prostata und Niere nachweisen. Cisplatin durchdringt die Blut-Hirn-Schranke. Es wird kaum aus dem Peritonealraum resorbiert und ist deshalb für die regionale Instillation geeignet. Die Plasmaproteinbindung von Cisplatin liegt über 90 %.

Die Halbwertszeit des intakten Cisplatins beträgt beim Hund 20 min, die terminale Halbwertszeit für Gesamtplatin im Plasma ca. 5 Tage. Die Elimination von Cisplatin erfolgt zu 90 % renal durch glomeruläre Filtration und tubuläre Sekretion. Das restliche Cisplatin wird über die Galle und nachfolgend den Darm ausgeschieden.

Indikationen Sarkome, Plattenepithelkarzinome, Schilddrüsentumore

Dosierung

- bei Katzen wird die Anwendung nicht empfohlen
- Hund: 50–70 mg/m² i. v. alle 3–4 Wochen

Nebenwirkungen Besonders ausgeprägt sind gastrointestinale Wirkungen mit Übelkeit, Erbrechen und Mukositis. Dosislimitierend ist jedoch die Myelotoxizität mit Granulopenie und Thrombozytopenie (Nadir nach 7–17 Tagen).

Eine Besonderheit der Platinverbindungen ist die erhöhte Nephrotoxizität mit zum Teil irreversiblen Nierenschäden, die für Schwermetallverbindungen typisch sind. Eine ausreichend erhöhte Diurese kann die Nephrotoxizität abschwächen. Neurotoxische Wirkungen, wie periphere Parästhesien oder zentrale Krämpfe und Ototoxizität, sind gleichfalls zu beobachten.

Wechselwirkungen

KLINISCHER BEZUG Cisplatin wird als „Strahlensensitizer“ in der simultanen Chemo-Radiotherapie eingesetzt.

Die Kombination mit anderen myelotoxischen Substanzen erhöht die eigene knochenmarkdepressive Wirkung.

Eine Kombination mit Aminoglykosiden und Schleifendiuretika kann zu einer verstärkten Nephro- und Ototoxizität führen.

Die gleichzeitige Verabreichung von Chelatbildnern ist zu vermeiden.

Carboplatin

Pharmakodynamik Der Wirkungsmechanismus von Carboplatin entspricht dem von Cisplatin. Es werden DNA-Stränge vernetzt oder Basen innerhalb eines DNA-Stranges verbunden.

Pharmakokinetik Carboplatin wird parenteral verbreicht. Die höchsten Konzentrationen finden sich in Leber, Niere und Haut. Die Halbwertszeit von Carboplatin ist länger als bei Cisplatin. Sie beträgt bei Hunden ungefähr 1 h. Carboplatin ist zu ca. 85 % an Plasmaproteine gebunden. Die Elimination erfolgt zum Großteil über die Niere.

Indikationen gleichen denen von Cisplatin

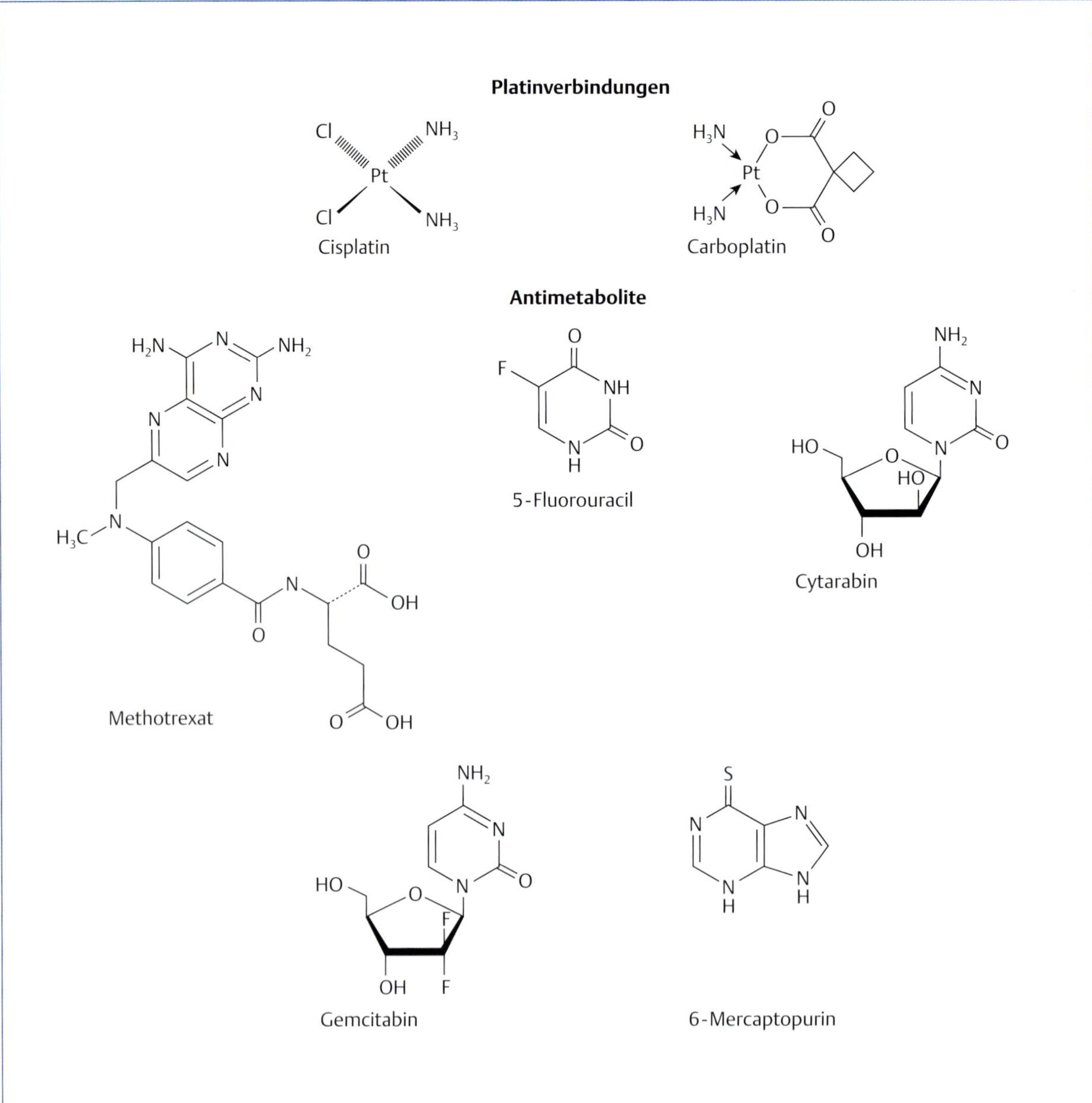

Abb. 19.6 Platinverbindungen und Antimetabolite.

Dosierung

- Katze: 180–200 mg/m² i. v. alle 4 Wochen
- Hund: 300 mg/m² i. v. alle 3 Wochen

Nebenwirkungen Die unerwünschten Wirkungen gleichen denen von Cisplatin. Neben deutlich reduzierten nephrotoxischen Wirkungen induziert Carboplatin in geringerem Grad als Cisplatin Anorexie, Übelkeit und Erbrechen. Die myelotoxischen Wirkungen sind jedoch stärker ausgeprägt mit einem Nadir vom 10.–14. Tag (Katze 21. Tag).

Wechselwirkungen Die möglichen Interaktionen gleichen denen von Cisplatin.

19.3.3 Antimetabolite

STECKBRIEF ANTIMETABOLITE

Die Antimetabolite sind Analoga physiologischer Substrate zur Synthese von Nukleinbasen. Sie hemmen damit die DNA- und RNA-Synthese. Da die DNA-Synthese in der S-Phase intensiviert ist, wirken die Antimetabolite phasenspezifisch.

Methotrexat

Pharmakodynamik Methotrexat ist ein Folsäureanalogon und unterscheidet sich nur durch eine Aminogruppe in der 4-Position von Folsäure (**Abb. 19.6**). Methotrexat hemmt kompetitiv die Dihydrofolat-Reduktase, die Dihydrofolat zu Tetrahydrofolat reduziert. Tetrahydrofolat wird als Car-

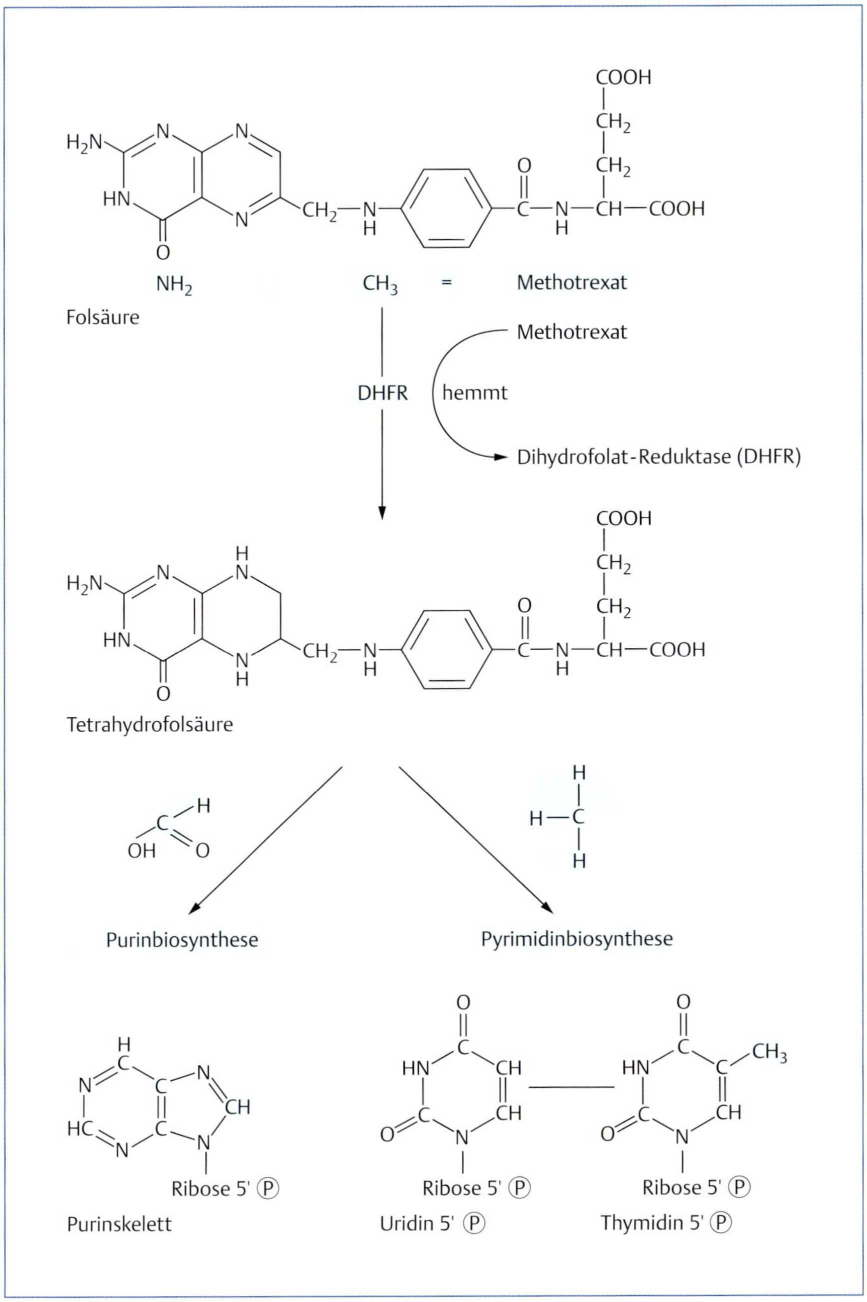

Abb. 19.7 Hemmung der Purin- und Pyrimidinsynthese durch Methotrexat.

rier für C 1-Gruppen bei der Synthese von Purin-Nukleotiden und Thymidylaten benötigt. Methotrexat führt zu einer Akkumulation zellulärer Folate und hemmt die DNA-Synthese und die DNA-Reparatur (**Abb. 19.7**).

Pharmakokinetik Niedrige Dosen werden nach oraler Gabe vollständig resorbiert, höhere Dosen weisen eine geringere Resorptionsquote auf.

Methotrexat verteilt sich durch aktiven Transport über den Folat-Carrier und passive Diffusion im gesamten inter- und intrazellulären Raum mit den höchsten Konzentrationen in Niere, Gallenblase, Milz, Leber, Darm und Haut. Methotrexat wird aus Pleuraergüssen und Aszites nur verzögert freigesetzt. Die Konzentration im Liquor kann bei einer Meningeosis leucaemica auf ein Drittel der Plasmakonzentration zunehmen.

Die Plasmaproteinbindung von Methotrexat liegt bei ca. 50 %. Die Halbwertszeit beträgt bei niedrigen Methotrexat-Dosen beim Hund ungefähr 1,5 h und ist nach hohen Dosen verlängert.

Methotrexat unterliegt einem ausgeprägten enterohepatischen Kreislauf, sodass maximal 10 % der verabreichten Dosis über die Fäzes zur Ausscheidung kommen.

80–90 % werden durch glomeruläre Filtration und aktive Sekretion im proximalen Tubulus eliminiert. Bei eingeschränkter Nierenfunktion, primär oder iatrogen (Kombination mit nichtsteroidalen entzündungshemmenden Mitteln/NSAID), ist mit einer verzögerten Elimination und erhöhter Toxizität zu rechnen. Die Methotrexat-Clearance korreliert mit der endogenen Kreatinin-Clearance.

Indikationen Lymphome

Dosierungen

- Katze: 0,8 mg/kg/Woche
- Hund: 2,5 mg/m²/Tag i. v., i. m., p. o.; 1.–4. h nach Applikation 1,5–2 mg Kalziumfolinat/m² (Leucovorin-Rescue)

Nebenwirkungen **Hämatotoxizität**: Knochenmarkdepression mit Leukopenie, und Thrombozytopenie sowie Neutropenie. Bei Überdosierung oder Niereninsuffizienz ohne adäquate Dosisanpassung ist eine schwere Knochenmarktoxizität mit Panzytopenie möglich.

Gastrointestinaltrakt: Bei geringen Dosen treten Übelkeit, Erbrechen und Mukositis (Stomatitis, Esophagitis, Enteritis) seltener auf. Bei Niereninsuffizienz oder Überdosierung sind lebensbedrohende Mukositiden zu beobachten. Eine Langzeittherapie mit Methotrexat geht mit gastrointestinalen Läsionen einher.

Die akute Toxizität (LD_{50}) von Methotrexat beträgt beim Hund nach einmaliger i. v. Injektion 15–60 mg/kg und bei oraler Gabe 120 mg/kg. Bei wiederholter Gabe sinkt die toxische Dosis deutlich.

Methotrexat ist **teratogen** und **embryotoxisch**.

KLINISCHER BEZUG Bei hoch dosierter Methotrexattherapie empfiehlt es sich, eine sogenannte „Leucovorin-Rescue" durchzuführen. Die Wirkung von Methotrexat wird hierbei durch Gabe von Kalziumfolinat antagonisiert, um die sonst obligaten schweren Knochenmarkdepressionen und Mukositiden zu verhindern. Häufig wird Kalziumfolinat nach der Methotrexatgabe mehrfach infundiert, bis die Methotrexat-Konzentration im Plasma eine kritische Grenze unterschritten hat.

Wechselwirkungen Bei sequenzieller Behandlung synergistische Wirkung mit 5-Fluorouracil. Nierenschädigung bei Kombination mit COX-Hemmern.

5-Fluorouracil

Pharmakodynamik 5-Fluorouracil ist ein antineoplastisch unwirksames Prodrug. Erst die aus 5-Fluorouracil synthetisierten „falschen" Nukleotide 5-Fluorouridintriphosphat (FUTP) und 5-Fluorodesoxyuridinmonophosphat (FdUMP) wirken zytostatisch. FUTP wird in die RNA eingebaut und hemmt damit die Proteinsynthese, während FdUMP die Thymidilat-Synthetase und damit nachfolgend die DNA-Synthese inhibiert, sodass es zu DNA-Strangbrüchen nach Einbau von phosphoryliertem FdUMP in die DNA kommt (**Abb. 19.8**).

Pharmakokinetik 5-Fluorouracil wird enteral resorbiert, unterliegt aber einem ausgeprägten First-Pass-Effekt. Es verteilt sich im gesamten Organismus und durchdringt die Blut-Hirn-Schranke. Die Halbwertszeit von 5-Fluorouracil beträgt dosisabhängig 5–20 min. 5-Fluorouracil wird zu den aktiven Metaboliten FUTP und FdUMP sowie zu den inaktiven Metaboliten 5-Fluorouridin, 5-Fluorodesoxyuridin und zu Uracil umgewandelt. Ungefähr 15 % der applizierten Menge werden innerhalb der ersten Stunde unverändert renal ausgeschieden.

Indikationen verschiedene Karzinome: Gastrointestinaltrakt, Blase, Mamma

Dosierungen

- Keine gesicherte Anwendung bei der Katze.
- Hund: 200 mg/m² i. v.

Nebenwirkungen Erhöhte **Neurotoxizität** bei Katzen.

Hämatotoxizität: Knochenmarkdepression mit Leukopenie und Thrombozytopenie bei mehrfacher Gabe pro Woche (Nadir: Tag 7–14 nach Gabe).

Gastrointestinaltrakt: Übelkeit und Erbrechen bei mehrfacher Gabe pro Woche. Schwere Mukositis und Diarrhö werden häufiger beobachtet.

Dihydropyrimidin-Dehydrogenase-(DPD)-Defizienz: Eine verminderte Enzymaktivität führt zu einer erhöhten Zytotoxizität. Schwere unerwünschte Wirkungen sind in ungefähr 50 % der Fälle Folge einer DPD-Defizienz.

Wechselwirkungen Bei sequenzieller Behandlung synergistische Wirkung mit Mercaptopurin. Wirkungsverlust durch Allopurinol. Nierenschädigung bei Kombination mit COX-Hemmern.

Cytarabin

Pharmakodynamik Die antineoplastische Wirkung von Cytarabin beruht auf einer selektiven Hemmung der DNA-Synthese während der S-Phase. Cytarabin unterscheidet sich nur durch eine Hydroxygruppe vom Nucleosid Desoxycytidin und wird intrazellulär in das Arabinosylcytosintriphosphat umgewandelt. Arabinosylcytosintriphosphat hemmt kompetitiv die DNA-Polymerase und führt über den Einbau zu einer Störung der DNA-Synthese (**Abb. 19.8**).

Pharmakokinetik Cytarabin wird parenteral appliziert. Nach oraler Gabe unterliegt es einem ausgeprägten First-Pass-Effekt, da die Cytidin-Desaminase in der Leber die Substanz rasch und nahezu vollständig zu dem inaktiven Metaboliten Ara-Uracil abbaut.

Cytarabin verteilt sich im gesamten Organismus und passiert die Blut-Liquor-Schranke. Im Liquor findet man bei Dauerinfusion 10–40 % der Plasmakonzentrationen.

Die Halbwertszeit beträgt beim Hund 70–90 min. Im Zentralnervensystem wird Cytarabin wegen der geringen lokalen Desaminase-Aktivität nur langsam mit einer Halbwertszeit bis 11 h eliminiert. Die Plasmaeiweißbindung von Cytarabin ist gering.

Ein kleiner Teil des Cytarabins wird intrazellulär mithilfe von Kinasen zum aktiven Arabinosylcytosintriphosphat phosphoryliert.

Die Elimination von Cytarabin erfolgt renal. Innerhalb von 24 h werden mehr als 70 % als inaktiver Metabolit Ara-Uracil und nur 4–10 % als unverändertes Cytarabin über die Niere ausgeschieden.

Indikationen Leukämien, Ersatz für Methotrexat

Dosierungen

- Katze: 100 mg/ m²/48 h i. v.
- Hund 200 mg/m²/Tag i. v. über 1–4 Tage

Nebenwirkungen Es werden vor allem Knochenmarkdepressionen mit Leukopenien beobachtet.

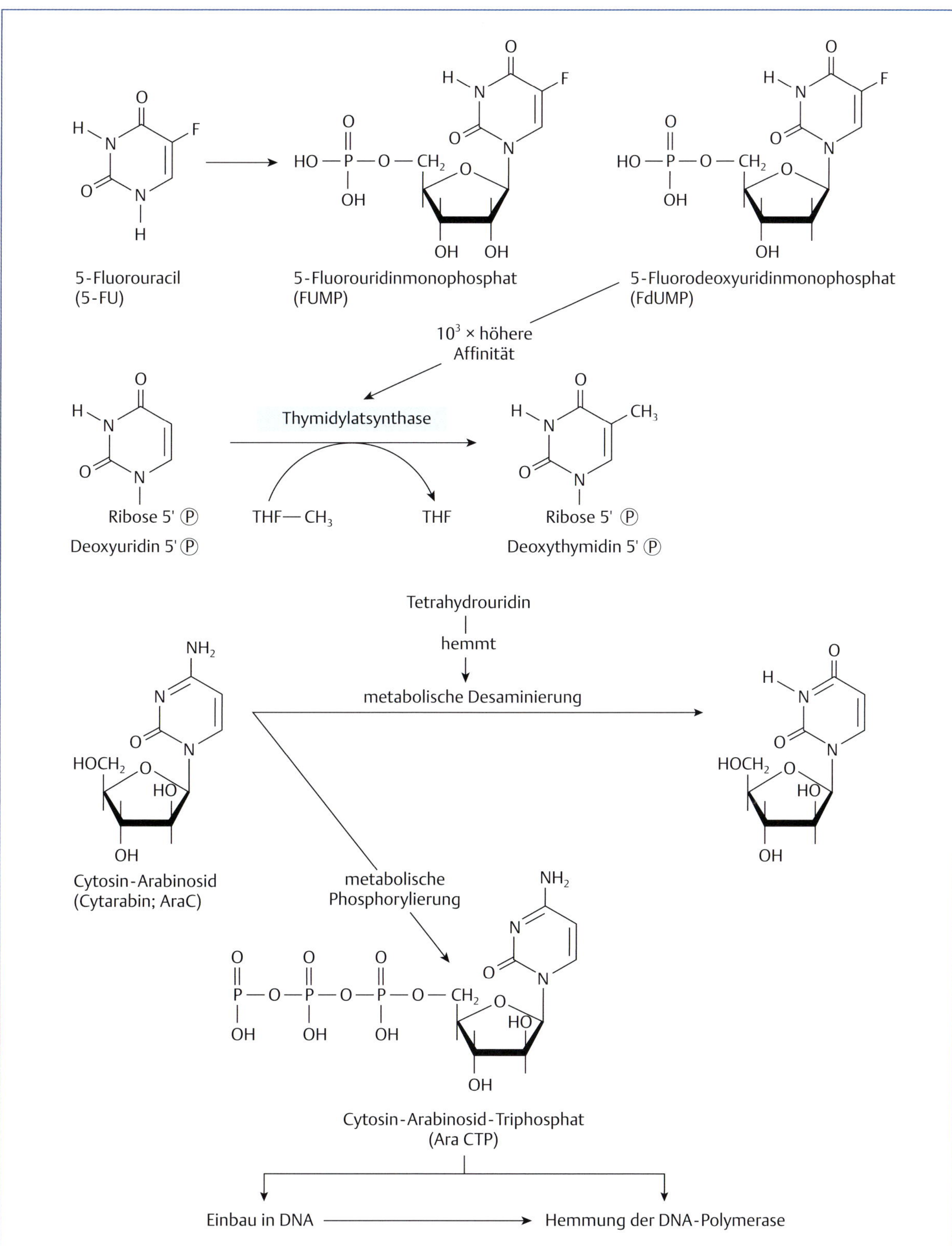

Abb. 19.8 Wirkungsmechanismus von Pyrimidinanaloga.

Gemcitabin

Pharmakodynamik Durch den Einbau als falsche Base hemmt Gemcitabin die Ribonukleotidreduktase und damit die DNA-Synthese.

Pharmakokinetik Gemcitabin wird ubiquitär durch die Cytidindeaminase zu Gemcitabinphosphaten metabolisiert. Die Halbwertszeit beträgt 1–1,5 h. Gemcitabin ist kaum an Plasmaproteine gebunden. Die Elimination über die Niere erfolgt fast vollständig als inaktiver Metabolit 2-

Desoxy-2,2-difluoruridin und nur zu weniger als 10 % als unverändertes Gemcitabin.

Indikationen Lymphome

Dosierungen

- Katze: 2 mg/kg i. v. wöchentlich für 2 Wochen, gefolgt von 1 Woche Pause
- Hund: 400 mg/m^2 i. v. wöchentlich für 3 Wochen, gefolgt von 1 Woche Pause

Nebenwirkungen Hemmung der Hämatopoese

6-Mercaptopurin

Pharmakodynamik 6-Mercaptopurin ist ein Derivat der Purinbase Hypoxanthin. Es hemmt in erster Linie nach intrazellulärer Metabolisierung zu Thioguanin-Nukleotiden die Umwandlung von Purinen zu Purinnukleotiden.

Pharmakokinetik 6-Mercaptopurin unterliegt bei oraler Gabe einem ausgeprägten First-Pass-Effekt. Die Bioverfügbarkeit schwankt zwischen 5–40 %. 6-Mercaptopurin passiert nur in geringem Maße die Blut-Hirn-Schranke. Die Spiegel im Liquor erreichen ungefähr 15 % der Konzentrationen im Plasma. Die Halbwertszeit von 6-Mercaptopurin beträgt bei Hunden ca. 1,5 h. Die aktiven Metaboliten haben jedoch eine längere Halbwertszeit. Die Metabolisierung erfolgt zum großen Teil intrazellulär. Der Metabolit 6-Thioharnsäure wird renal ausgeschieden.

Indikationen Lymphome, Leukämien

Dosierung

- Keine gesicherte Anwendung bei der Katze.
- Hund: 400 mg/m^2 i. v. wöchentlich für 3 Wochen, gefolgt von 1 Woche Pause

Nebenwirkungen Es werden vor allem Knochenmarkdepressionen mit Leukopenien beobachtet. Bei Dosen > 2 mg/kg/Tag vermehrt hepatotoxische Wirkungen.

Wechselwirkungen Eine gleichzeitige Gabe von Allopurinol verlängert die Halbwertszeit von 6-Mercaptopurin und führt vermehrt zu unerwünschten Wirkungen, da beide Substanzen um die Xanthinoxidase konkurrieren.

19.3.4 Antineoplastische Antibiotika

STECKBRIEF ANTINEOPLASTISCHE ANTIBIOTIKA

Antineoplastische Antibiotika wirken als Interkalanzien. Das bedeutet, sie binden nichtkovalent an die DNA, wodurch ein Andocken der DNA-Polymerasen behindert und damit die DNA-Replikation gehemmt wird. Sie haben in der Regel auch noch weitere Wirkungen auf Nukleinsäuren, aber ihre zytostatische Hauptwirkung beruht nach heutigen Erkenntnissen vornehmlich auf der Hemmung der Topoisomerase IIa. Interkalanzien sind in der Regel Antibiotika, die aus *Streptomyces*-Arten gewonnen werden.

Doxorubicin

Pharmakodynamik Doxorubicin (**Abb. 19.9**) ist ein aus dem Pilz *Streptomyces peuceticus* gewonnenes Antibiotikum aus der Klasse der Anthracycline.

Der exakte antineoplastische Wirkungsmechanismus von Doxorubicin ist nicht vollständig bekannt. Der zytostatische Effekt entspringt jedoch anscheinend der Interkalation zwischen DNA-Basenpaaren mit einer nachfolgenden Behinderung der DNA- und RNA-Synthese. Die Bildung freier Radikale und eine Chelatbildung mit Metallionen tragen zur Wirkung bei. Doxorubicin hemmt zusätzlich die Topoisomerase II.

Pharmakokinetik Doxorubicin wird nach i. v. Infusion rasch in die meisten Gewebe verteilt. Die höchsten Gewebekonzentrationen sind in Lunge, Nieren, Milz, Leber und Herz nachweisbar. Die Passage der Blut-Hirn-Schranke ist gering, aber bei Hirnmetastasen oder leukämischem Befall des Gehirns erhöht. Doxorubicin konzentriert sich rasch im Aszites (Toxizitätssteigerung), durchdringt die Plazentarschranke und geht in die Muttermilch über.

Doxorubicin hat eine kurze Verteilungshalbwertszeit, die Eliminationshalbwertszeit beträgt 30–50 h. Die Plasmaproteinbindung liegt bei ca. 75 %.

Doxorubicin wird fast vollständig in der Leber metabolisiert. Ein wichtiger Metabolit ist das aktive Doxorubicinol. Weitere Metabolite sind Glucuronide und Sulfatkonjugate. Die Ausscheidung erfolgt vornehmlich über die Galle und nachfolgend den Darm, nur 5–15 % der verabreichten Dosis werden renal eliminiert. Leberfunktionsstörungen oder Galleabflussbehinderungen führen daher zu einer Toxizitätssteigerung.

Indikationen Sarkome, Schilddrüsenkarzinome, Lymphome, Myelome, Mammakarzinom

Dosierung

- Katzen und Hunde unter 10 kg KG: 1 mg/kg i. v. alle drei Wochen; maximale Gesamtdosis beachten
- Hunde 30 mg/m^2 i. v. alle drei Wochen bei KG < 10 kg und Katzen 1 mg/kg; maximale Gesamtdosis beachten.

Nebenwirkungen Eine Besonderheit der Anthracycline besteht in ihrer besonders kardiotoxischen Wirkung mit passageren akuten Rhythmusstörungen sowie einer Kardiomyopathie als Spätfolge, die durch die Bildung freier Radikale verursacht wird. Die Kardiomyopathie ist durch die typischen Zeichen einer Herzinsuffizienz wie Tachykardie, Arrhythmie, Dyspnoe und Hypotonie gekennzeichnet. Zur Vermeidung dieser toxischen Wirkung soll die Gesamtdosis von 180–240 mg/m^2 Körperoberfläche bei Hunden und 150 mg/m^2 bei Katzen nicht überschritten werden. Die kardiotoxische Wirkung kann durch eine fraktionierte Gabe und die Verabreichung von Eisenchelatbildnern (parenteral: Deferoxamin; p. o.: Deferasirox) gemildert werden.

Weitere unerwünschte Wirkungen sind die Myelotoxizität (Nadir 10.–14. Tag) und gastrointestinale Wirkungen mit Übelkeit, Erbrechen und Mukositis.

Wechselwirkungen Innerhalb einer Kombinationstherapie mit anderen Zytostatika (z. B. Cytarabin, Cisplatin, Cyclophosphamid) können die Myelosuppression und gastrointestinale Toxizität der Doxorubicintherapie verstärkt werden. Eine Anwendung anderer negativ inotroper Substanzen (z. B. Kalziumantagonisten) oder eine Radiotherapie des Mediastinums erhöhen die Kardiotoxizität.

Eine gleichzeitige Gabe von Ciclosporin und Doxorubicin führt über eine gegenseitige Metabolisierungskonkurrenz zu erhöhten Konzentrationen im Plasma. Die Gabe von Barbituraten vermindert über eine Enzyminduktion die Konzentrationen im Plasma.

Daunorubicin

Pharmakodynamik Daunorubicin (**Abb. 19.9**) wurde zuerst aus *Streptomyces peuceticus* und *Streptomyces coeruleorubidus* isoliert. Die Wirkungen und Interaktionen entsprechen denen von Doxorubicin.

Mitoxantron

Pharmakodynamik Mitoxantron (**Abb. 19.9**) ist ein synthetisches Anthracendion und ähnelt chemisch den Anthracyclinen. Sein exakter Wirkungsmechanismus ist noch nicht vollständig bekannt. Es bildet Komplexe mit der DNA, die zu Strangbrüchen führen und hemmt die DNA- und RNA-Synthese sowie die Wirkung der Topisomerase II. Mitoxantron wirkt Zellzyklus(Phasen)-unspezifisch. Es führt zu einer Blockierung des Zellzyklus in der G_2-Phase.

Pharmakokinetik Mitoxantron verteilt sich rasch und vollständig ins Gewebe. Die Konzentrationen im Gewebe sind höher als im Plasma. Mitoxantron passiert die Blut-Hirn-Schranke nicht. Es wird bei Hunden mit einer mittleren Halbwertszeit von 28 h eliminiert. Die Proteinbindung von Mitoxantron beträgt beim Hund ungefähr 70–90 %.

Mitoxantron wird in der Leber zu 35 % zu inaktiven Metaboliten glucuronidiert, die restliche Menge unverändert renal ausgeschieden.

Indikationen Lymphome, Sarkome

Dosierung

- Katze: 6,5 mg/m^2
- Hund: 2,5–5 mg/m^2 i. v. alle 3 Wochen

Nebenwirkungen Mitoxantron hat deutlich geringere kardiotoxische Nebenwirkungen als die Anthracycline, dennoch sollte eine kumulative Gesamtdosis von 160 mg Mitoxantron pro m^2 Körperoberfläche nicht überschritten werden. Die Myelotoxizität ist ausgeprägter (Nadir 7.–14. Tag). Übelkeit und Erbrechen sind moderat. Mitoxantron kann eine akute myeloische Leukämie oder ein myelodysplastisches Syndrom auslösen.

Actinomycin D

Pharmakodynamik Actinomycin D (**Abb. 19.9**) ist ein Peptidantibiotikum, das aus *Streptomyces parvulus* gewonnen wurde. In vitro hemmen alle Actinomycine das Wachstum gramnegativer und -positiver Bakterien sowie einiger Pilze. Es ist jedoch so toxisch, dass eine Anwendung als antibakterielles Antibiotikum ausgeschlossen ist. Es interkaliert mit den Guanin-Nukleotiden der DNA, verursacht Einzelstrangbrüche, cross-links und blockiert die DNA-Polymerase. Actinomycin D wirkt nicht phasenspezifisch, ist aber in der S- und G_2-Phase besonders wirkungsvoll. Eine Hemmung der Topoisomerase II wird diskutiert.

Pharmakokinetik Actinomycin D ist stark reizend und wird deshalb i. v. verabreicht. Maximale Konzentrationen in Gewebe und Tumorzellen sind bereits nach 15 min erreicht. Actinomycin D überwindet die Blut-Hirn-Schranke nur geringfügig (< 10 %). Die Plasmaproteinbindung beträgt ca. 5 %. 30 % einer Dosis werden innerhalb einer Woche über den Urin und die Fäzes ausgeschieden, 15 % allein im Urin. Die terminale Eliminationshalbwertszeit beträgt bei Hunden ca. zwei Tage. Funktionseinschränkungen der Leber können die Elimination deutlich verlängern.

Indikationen Lymphome, Sarkome, Melanome, Nephroblastom

Dosierungen

- Keine gesicherte Anwendung bei der Katze.
- Hund: 0,5–0,7 mg/m^2 i. v. alle 3 Wochen

Wechselwirkungen Eine Kombination von Actinomycin D und Radiotherapie ohne ausreichenden zeitlichen Abstand führt zu einer Wirkungsverstärkung von Actinomycin D. Eine gleichzeitige Anwendung von Isofluran und Enfluran steigert aus bisher ungeklärten Gründen die Wirkung von Actinomycin D.

Bleomycin

Pharmakodynamik Bleomycin (**Abb. 19.9**) ist ein wasserlösliches Glykopeptid-Antibiotikum, das aus *Streptomyces*-Arten isoliert wurde. Bleomycin bindet an die DNA-Stränge und verursacht Einzelstrangbrüche. Es blockiert den Zellzyklus in der G_2- und der M-Phase.

Pharmakokinetik Bleomycin wird parenteral verabreicht. Es reichert sich in der Haut, der Lunge, dem Peritoneum und den Lymphen an. Ungefähr 30–40 % der Substanz werden im Gewebe metabolisiert. Die Ausscheidung erfolgt zu 60–70 % unverändert über die Niere. Die terminale Halbwertszeit beträgt bei Hunden ungefähr 1 h. Bei einer Einschränkung der Nierenfunktion ist eine Dosisreduktion erforderlich.

Indikationen Hodenkarzinom, Plattenepithelkarzinome

Dosierung

- Katze, Hund: 10–20 Einheiten/m^2 s. c. wöchentlich

Nebenwirkungen Die gefährlichste unerwünschte Wirkung ist eine interstitielle plasmazelluläre Pneumonie mit konsekutiver Lungenfibrose. Anaphylaktische Reaktionen mit akuten und schweren Fieberanfällen kommen vor. Häufig treten dosislimitierende Übelkeit, Erbrechen und Stomatitis sowie Erytheme an den Extremitäten auf. Eine geringgradige myelotoxische Wirkung mit passagerer Thrombozytopenie ist zu beobachten. Gelenk- und Muskelschmerzen werden oft beschrieben.

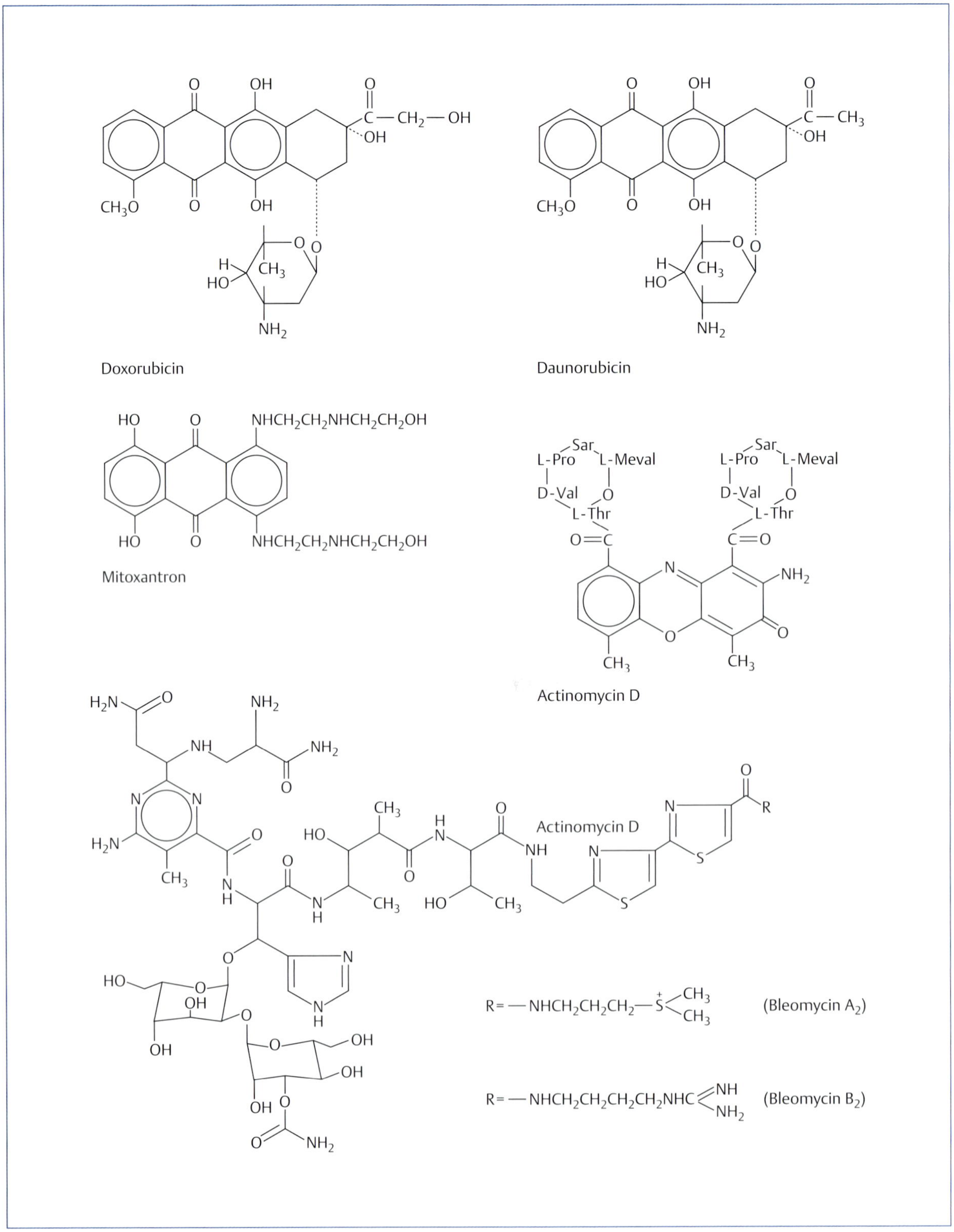
Doxorubicin
Daunorubicin
Mitoxantron
Actinomycin D
Actinomycin D
R= —NHCH2CH2CH2—S+(CH3)2 (Bleomycin A2)
R= —NHCH2CH2CH2CH2NHC(=NH)NH2 (Bleomycin B2)

Abb. 19.9 Antineoplatisch wirksame Antibiotika.

Wechselwirkungen Die Halbwertszeit von Bleomycin wird durch gleichzeitige Gabe von Cisplatin verlängert. Bei obstruktiven Lungenerkrankungen und bei Kombination mit lungentoxischen Zytostatika (Mitomycin C) ist die pulmonale Toxizität verstärkt.

19.3.5 L-Asparaginase

Pharmakodynamik L-Asparaginase katalysiert die Hydrolyse von L-Asparagin zu L-Asparaginsäure. Damit wird die für Tumorzellen essenzielle Aminosäure vermehrt abgebaut. Der entstehende Asparagin-Mangel verhindert die Proteinsynthese.

Pharmakokinetik L-Asparaginase wird oral nicht resorbiert. Die Plasmahalbwertszeit schwankt zwischen 14–22 h. L-Asparaginase wird zu Aminosäuren und Peptiden abgebaut.

Indikationen Lymphome, Mastzelltumore

Dosierung

- Katze: 10 000 Einheiten/kg i. p.
- Hund: 400 Einheiten/kg s. c., i. m.; maximale Gesamtdosis 10 000 Einheiten

Nebenwirkungen Hepatotoxizität, allergische Reaktionen

Wechselwirkungen Eine gleichzeitige Behandlung mit Vincristin verstärkt dessen Toxizität. Eine Vorbehandlung mit Methotrexat oder Cytarabin wirkt synergistisch, während eine nachfolgende Gabe die Wirkung der Asparaginase antagonisiert.

19.3.6 Vincaalkaloide

STECKBRIEF VINCAALKALOIDE

Vincaalkaloide sind Pflanzeninhaltsstoffe aus der Rosafarbenen Catharanthe und dem Kleinen Immergrün. Sie heften sich an das Protein Tubulin, wodurch die Ausbildung von Mikrotubuli nicht mehr möglich ist. Diese haben die Aufgabe, im Rahmen der M-Phase der Mitose die jeweiligen Chromosomenpaare der neu gebildeten Zellen auseinanderzuziehen.

Die Verteilung der Chromosomenpaare auf die Tochterzellen ist unverzichtbar wichtig für die Entstehung von Zellen. Da dieser Mechanismus beim Einsatz von Vincaalkaloiden nicht mehr gegeben ist, kommt es bei den neuen Zellen zur Apoptose. Eine weitere Wirkung liegt in der Hemmung bzw. Störung der DNA-Synthese und der RNA-Produktion und damit in Störungen der Proteinsynthese.

Vincristin

Pharmakodynamik Vincristin (**Abb. 19.10**) ist ein Mitosehemmer, der aus dem Ziergewächs *Vinca rosea* gewonnen wurde. Es bindet an Tubulin und führt zur Depolymerisation der mikrotubulären Proteine. Die durch die Depolymerisation verursachte tubuläre Dysfunktion verhindert die Formation des Spindelapparates, an dem sich während der Mitose die Chromosomen bewegen, und arretiert die Mitose in der Metaphase.

Pharmakokinetik Vincristin wird nach oraler Gabe praktisch nicht resorbiert und deshalb parenteral verabreicht. Es verteilt sich innerhalb von 15–30 min ins Gewebe und akkumuliert dort, durchdringt aber nicht die Blut-Hirn-Schranke. Es ist nicht bekannt, ob Vincristin in die Muttermilch übergeht. Die Plasmahalbwertszeit beträgt bei Hunden ca. 3 h. Die Plasmaproteinbindung liegt bei ca. 40 %. Vincristin wird überwiegend über die Galle und den Darm und nur zu 20 % renal renal ausgeschieden.

Indikationen Lymphome, Mastzelltumore, Weichteilsarkome

Dosierung

- Katze, Hund: 0,5–0,7 mg/m² i. v. 1-mal wöchentlich

Nebenwirkungen Myelotoxische Wirkung mit Leukopenie und Thrombozytopenie. Neurotoxische Effekte mit Sensibilitätsstörungen, Parästhesien, motorischen Ausfällen sowie Störungen des autonomen Nervensystems stehen bei Primaten und Katzen im Vordergrund; bei Hunden überwiegen Mukositiden und myelotoxische Effekte.

Wechselwirkungen Die Aufnahme von Vincristin in die Zelle wird durch Kalziumantagonisten und Reserpin gesteigert. Asparaginase scheint die Elimination von Vincristin zu verlangsamen und damit die Wirksamkeit zu steigern.

Bei gleichzeitiger Gabe von Mitomycin kann es zu einem ausgeprägten Bronchospasmus kommen.

Vinblastin

Pharmakodynamik Vinblastin wurde gleichfalls aus *Vinca rosea* extrahiert (**Abb. 19.10**). Die Tubulin-inaktivierende Wirkung ist mit der von Vincristin identisch.

Pharmakokinetik Resorption und Verteilung entsprechen denen von Vincristin. Die initialen und terminalen Halbwertszeiten betragen beim Hund 30 min und 3–5 h, wobei interindividuelle Schwankungen auftreten. Die Proteinbindung variiert zwischen 30–80 %. Zusätzlich erfolgt eine intensive Bindung an Erythrozyten, Leukozyten und Thrombozyten. Vinblastin wird in der Leber zum aktiven Metaboliten Deacetylvinblastin metabolisiert, überwiegend über Galle und Darm und zu 20 % unverändert renal ausgeschieden.

Indikationen Lymphome, Mastzelltumore

Dosierungen

- Katze, Hund: 2–3 mg/m² i. v. 1-mal alle 2–3 Wochen

Nebenwirkungen Vinblastin hat ähnliche unerwünschte Wirkungen wie Vincristin. Vinblastin induziert neurotoxische Symptome nach einer kumulativen Gesamtdosis von 1,44 mg/kg bei Katzen. Bei Hunden betrug die maximal tolerable Dosis 3,5 mg/m². Bei i. m. Injektionen wurden Gewebenekrosen und Hämorrhagien beobachtet.

Bei Hepatopathien ist die Vinblastintoxizität wegen der reduzierten Metabolisierung erhöht.

19.3.7 Taxane

STECKBRIEF TAXANE

Der Name lässt auf die ursprüngliche Herkunft dieser Zytostatika aus Eibengewächsen (*Taxus* spp.) schließen. Chemisch gesehen gehören die Taxane zu den Diterpenoiden. Auch sie greifen, ähnlich wie die Vincaalkaloide, in die Mitose ein, indem sie den Abbau des Spindelapparats hemmen und so dessen essenzielle Funktion in der Mitose unterbinden.

Paclitaxel

Pharmakodynamik Paclitaxel wurde aus der Rinde der Pazifischen Eibe isoliert (**Abb. 19.10**). Es stabilisiert die Mikrotubuli und hemmt deren physiologischen Umbau und damit die normale dynamische Reorganisation des mikrotubulären Netzwerks. Die Mitose wird phasenspezifisch in der Interphase gehemmt.

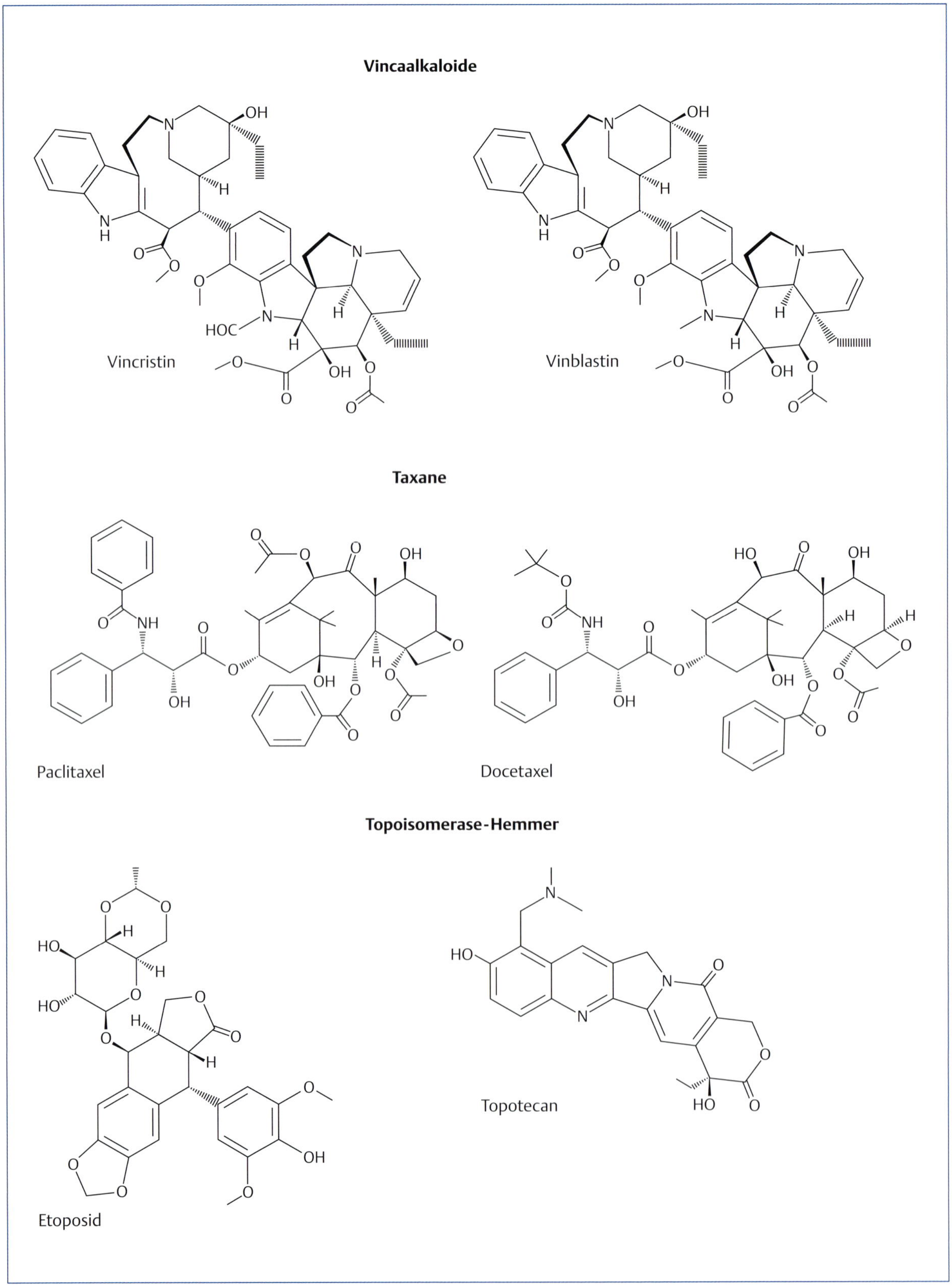

Vincaalkaloide

Vincristin

Vinblastin

Taxane

Paclitaxel

Docetaxel

Topoisomerase-Hemmer

Etoposid

Topotecan

Abb. 19.10 Therapeutisch genutzte Vincaalkaloide, Taxane und Topoisomerase-Hemmer.

Pharmakokinetik Paclitaxel kann in Abhängigkeit von der galenischen Zubereitung einer nicht linearen Pharmakokinetik unterliegen, wobei der Lösungsvermittler Cremophor EL, der bei Hunden als Histamin-Liberator wirkt, die entscheidende Rolle spielt. Paclitaxel wird parenteral verabreicht und verteilt sich im gesamten Organismus. Die Proteinbindung beträgt mehr als 90 %. Die Eliminationshalbwertszeit liegt zwischen geschätzten 3–53 h. Die Metabolisierung von Paclitaxel erfolgt hauptsächlich über das Cytochrom P450. Ungefähr 75 % der Substanz werden über die Galle und nachfolgend den Darm ausgeschieden. Die renale Elimination spielt eine untergeordnete Rolle.

Indikationen Mammakarzinom, Osteosarkom, Esophaguskarzinom, verschiedene Weichteilkarzinome

Dosierungen
- Katze: 80 mg/m^2 i. v. alle drei Wochen
- Hund: 120–130 mg/m^2 i. v. alle drei Wochen

Nebenwirkungen Myelosuppression mit Neutropenie, Thrombozytopenie und Leukopenie (Nadir 1 Woche). Gastrointestinale Wirkungen mit Übelkeit, Erbrechen und Mukositis. Relativ häufig treten periphere Neuropathien auf. Allergische Hauterscheinungen wie Flush und Urtikaria.

Wechselwirkungen Bei Kombination mit Doxorubicin oder Epirubicin ist deren Elimination verzögert und ihre kardiotoxische und myelotoxische Wirkung erhöht.

Cisplatin verlangsamt den Abbau von Paclitaxel und erhöht die Myelotoxizität.

Eine Kombination mit CYP3A4-Induktoren, z. B. Phenytoin, Carbamazepin und Barbituraten, beschleunigt die Elimination und vermindert den zytostatischen Effekt.

Docetaxel

Pharmakodynamik Docetaxel wurde aus der Europäischen Eibe gewonnen und hat den gleichen Wirkungsmechanismus wie Paclitaxel (**Abb. 19.10**). Es stablisiert die Mikrotubuli dauerhaft.

Pharmakokinetik Die Pharmakokinetik von Docetaxel ist linear und ähnelt der von Paclitaxel. Die terminale Halbwertszeit beträgt beim Hund ungefähr 0,5–1 h. Die interindividuellen Schwankungen betragen ca. 50 %.

Indikationen Mammakarzinom, verschiedene Weichteilkarzinome

Dosierung
- Katze: 1,5 mg/kg p. o.
- Hund: 30 mg/m^2

Nebenwirkungen Am wichtigsten sind die Myelotoxizität mit Neutropenie (Nadir 7 Tage) und gastrointestinale Nebenwirkungen, wie Übelkeit, Erbrechen, Stomatitis und Diarrhö.

Wechselwirkungen Docetaxel hat keinen Einfluss auf die Elimination von Doxorubicin. Das Antimykotikum Ketoconazol repräsentiert einen CYP3A4-Hemmer und verlängert die Halbwertszeit von Docetaxel.

19.3.8 Topoisomerase-Hemmer

STECKBRIEF TOPOISOMERASE-HEMMER

Topoisomerase I und II sind Enzyme, die reversible Unterbrechungen im DNA-Strang herstellen und damit zur Entspannung der supraspiralisierten DNA führen. Diese Entspiralisierung ist notwendig für die Transkription und Replikation der DNA. Die Hemmung der Topoisomerasen bewirkt irreguläre, nicht behebbare DNA-Brüche und spontane Vernetzungen. Man unterscheidet die Zytostatika je nach inhibiertem Enzym in Topoisomerase-I- und Topoisomerase-II-Inhibitoren:

- Topoisomerase-I-Inhibitoren
  - Camptothecin
  - Topotecan
  - Irinotecan
- Topoisomerase-II-Inhibitoren (Epipodophyllotoxine)
  - Etoposid = VP16
  - Teniposid = VM26

Als Prototypen für Topoisomerase-I- bzw. Topoisomerase-II-Hemmer sollen nachfolgend Topotecan und Etoposid näher erläutert werden. Des Weiteren wirken auch antineoplastische Antibiotika (S. 538) als Topoisomerase-IIa-Inhibitoren.

Topotecan

Pharmakodynamik Topotecan hemmt die Topoisomerase I, die für die Entdrillung der superhelikalen DNA benötigt wird, und führt zu Brüchen der DNA-Einzelstränge, die die Replikationsgabel der DNA blockieren (**Abb. 19.10**). Die zytotoxische Wirkung ist spezifisch für die S-Phase.

Pharmakokinetik Topotecan verteilt sich im gesamten Organismus und durchdringt die Blut-Hirn-Schranke. Ungefähr 30–40 % der Konzentrationen im Plasma sind bei Hunden im Gehirn nachweisbar. Die Plasmaproteinbindung von Topotecan ist niedrig. Es hat eine Halbwertszeit von 1–2 h bei Hunden. Ein großer Anteil von Topotecan wird unverändert renal ausgeschieden, bis zu 30 % werden hepatisch desmethyliert und glucuronidiert.

Indikationen Ovarialkarzinom, Bronchialkarzinom

Dosierungen
- Katze: 400 Einheiten/kg s. c. pro Woche
- Hund: keine gesicherte Dosierung

Nebenwirkungen Dosislimitierend ist oft die myelosuppressive Wirkung mit Neutropenie, Anämie und Thrombozytopenie. Topotecan ist nephrotoxisch und hepatotoxisch.

Wechselwirkungen Eine Kombination mit Cisplatin verlängert die Halbwertszeit.

Etoposid

Pharmakodynamik Etoposid (**Abb. 19.10**) ist ein teilsynthetisches Podophyllotoxin-Derivat, das die Topoisomerase-II (DNA-öffnendes Enzym) hemmt und zu DNA-Strangbrüchen führt. Es stoppt den Zellzyklus in der S- und G_2-Phase.

Spez. Pharmakologie

Pharmakokinetik Die Bioverfügbarkeit nach oraler Gabe beträgt beim Hund 15 % und zeigt große interindividuelle Variationen (6–60 %). Etoposid durchdringt die Blut-Hirn-Schranke kaum. Im Liquor werden 10 % der Plasmakonzentrationen gemessen. Das durchschnittliche Verteilungsvolumen liegt bei ca. 0,3 l/kg. Die höchsten Konzentrationen von Etoposid sind in Leber, Niere und Darm nachweisbar. Die Plasmahalbwertszeit beträgt beim Hund wenige Minuten. Etoposid ist zu mehr als 95 % an Plasmaproteine gebunden. Es wird in der Leber metabolisiert und zu etwa ⅓ biliär und über den Darm und zu etwa ⅔ renal ausgeschieden.

Indikationen Hämangiosarkom, Lymphome

Dosierung

- Keine gesicherte Anwendung bei der Katze.
- Hund: 50–100 mg/m²/Tag i. v., p. o.

19.3.9 Hormone

STECKBRIEF HORMONE

Bei hormonabhängigen oder hormonempfindlichen Tumoren lässt sich das Wachstum zum Teil durch geschlechtsspezifische Sexualhormone beeinflussen. Ein Absenken der eigengeschlechtlichen Hormone, die Gabe von Antagonisten oder von gegengeschlechtlichen Hormonen kann das Wachstum eines Karzinoms verlangsamen.

Die Gabe von Estrogenen und Antiestrogenen, Androgenen und Antiandrogenen ist eine adjuvante Behandlung zu einer chirurgischen, radiologischen und zytostatischen Behandlung.

Gonadotropin-Releasing-Hormon-Analoga

Pharmakodynamik Analoga des Gonadotropin-Releasing-Hormons senken den Androgenspiegel über einen negativen Feedback-Effekt und eine nachfolgend verminderte Synthese und Ausschüttung der Androgene im Hoden. Zu diesen Gonadotropin-Releasing-Analoga gehören u. a. Buserelin, Deslorelin, Goserilin und das vorwiegend in der Humanmedizin eingesetzte Leuprorelin (**Abb. 19.11**).

Dosierungen

- Buserelin
  - Katze: keine gesicherte Anwendung
  - Hund: 3-mal 25 µg/Tag s. c. über 3 Monate
- Deslorelin
  - Katze: Implantat 4,7 mg/kg s. c.
  - Hund: Implantat 6,6 mg s. c.
- Goserelin
  - Katze: keine gesicherte Anwendung
  - Hund: 60 µg/kg s. c. alle 3 Wochen

Nebenwirkungen Es werden Knochenschmerzen, Übelkeit und Erbrechen sowie Gewichtszunahme und Gynäkomastie beschrieben.

Hormonrezeptor-Antagonisten

Pharmakodynamik Ein hormonabhängiges Tumorwachstum lässt sich durch die Gabe von Hormonrezeptor-Antagonisten vermindern. Das Stilbenderivat Tamoxifen (**Abb. 19.11**), das als Partialagonist an den Estrogenrezeptoren wirkt, schaltet zum großen Teil die Wachstumsstimulierung der natürlichen Estrogene aus, was zur Behandlung des Mammakarzinoms ausgenutzt wird.

Indikationen Mammakarzinom

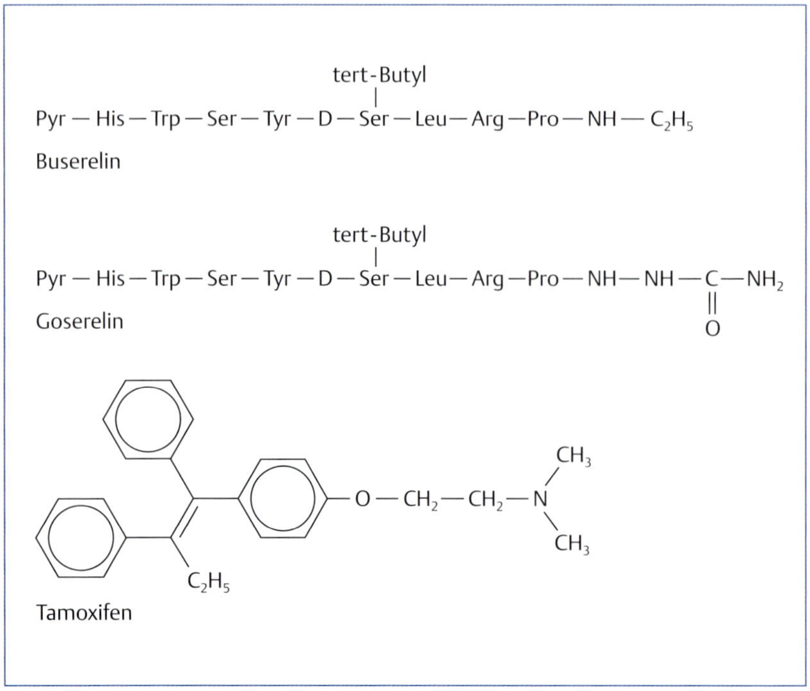

tert-Butyl
Pyr — His — Trp — Ser — Tyr — D — Ser — Leu — Arg — Pro — NH — C_2H_5
Buserelin

tert-Butyl
Pyr — His — Trp — Ser — Tyr — D — Ser — Leu — Arg — Pro — NH — NH — C(=O) — NH_2
Goserelin

O — CH_2 — CH_2 — N(CH_3)(CH_3), C_2H_5
Tamoxifen

Abb. 19.11 Hormone in der antineoplastischen Therapie.

Dosierung

- Keine gesicherte Anwendung bei der Katze.
- Tamoxifen, Hund: 1 mg/kg/Tag p. o.

Nebenwirkungen Tamoxifen kann selbst kanzerogen wirken. Selektive Estrogenrezeptor-Modulatoren wie Raloxifen sollen keine tumorinduzierende Wirkung mehr haben. Weiterhin sind nach Gabe von Tamoxifen und Raloxifen Endometriumhyperplasien, hepatotoxische Wirkungen, Osteoporose, Thromboembolien und bei nicht kastrierten Hündinnen Pyometra (bis zu 25 %) beschrieben.

Adrenocorticosteroide

Die zweite Hormongruppe, die zur Tumortherapie eingesetzt wird, setzt sich aus Abkömmlingen der Nebennierenrindenhormone zusammen.

Pharmakodynamik Dexamethason, Prednison und Prednisolon hemmen die Mitose von Lymphozyten.

Indikationen Leukämien, maligne Lymphome, Mastzelltumore

Dosierung Prednison, Katze und Hund: 40 mg/m^2 i. v. oder p. o. 1-mal täglich für 7 Tage, dann 20–25 mg/m^2 alle zwei Tage

Nebenwirkungen Unerwünschte Wirkungen von Steroiden (S. 347) wie Cushing-Syndrom, iatrogener Diabetes. Zusätzliche Immunsuppression.

Wechselwirkungen Nähere Ausführungen hierzu sind dem Kapitel zur Endokrinpharmakologie (S. 347) zu entnehmen.

19.3.10 Neuere Ansätze der antineoplastischen Pharmakotherapie

Aktuelle Ansätze der antineoplastischen Pharmakotherapie entstanden in der Humanmedizin nach Aufklärung molekularer Grundlagen der Karzinogenese und ermöglichen eine, zumindest teilweise, personalisierte Tumortherapie.

Wirkstoffe wie Proteinkinaseninhibitoren, monoklonale Antikörper (CL/MAb 231 zur Therapie caniner Lymphome), Tumorvakzine (z. B. Papillomavirus-Impfstoffe), Neoangiogenesehemmstoffe und Immunmodulatoren sind auch deshalb von veterinärmedizinischem Interesse, weil durch diese Substanzen zukünftig die therapeutischen Möglichkeiten erweitert werden können.

Diese Arzneimittel werden in der Veterinärmedizin bisher meist experimentell, aber nicht routinemäßig eingesetzt. Die folgenden Pharmaka sind beispielhaft vorgestellt.

Tyrosinkinase-Hemmer/Multikinasen-Hemmer

Eine exzessive Aktivierung von Tyrosinkinasen, die eine bedeutende Rolle bei der Signaltransduktion spielen, führt unter Umständen zu unkontrollierter Proliferation und/oder Apoptoseinhibition und nachfolgend zum Tumorwachstum. Die Hemmung einer hyperaktiven Tyrosinkinase durch monoklonale Antikörper kann einen zytostatischen Effekt entfalten (**Abb. 19.12**).

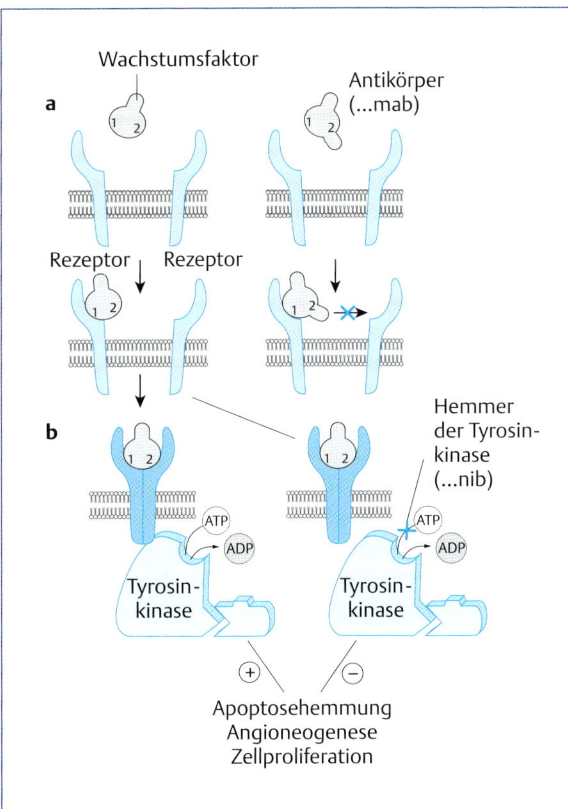

Abb. 19.12 Schematische Darstellung der hemmenden Wirkungen von Proteinkinase-Inhibitoren und monoklonalen Antikörpern auf tumorinduzierte Wachstumssignale.

Imatinib

Pharmakodynamik Imatinib hemmt die Tyrosinkinase-Aktivität in vitro und in vivo.

Pharmakokinetik Imatinib wird nach oraler Gabe bei hoher interindividueller Variabilität gut resorbiert. Die Bioverfügbarkeit von Imatinib beträgt fast 100 %. Gleichzeitige Fütterung vermindert die Resorptionsquote. Die Plasmaproteinbindung beträgt etwa 95 %. Imatinib wird durch das Cytochrom-P450-System zu einem aktiven Piperazinderivat demethyliert und vorwiegend hepatisch, aber auch renal eliminiert. Eine Leberinsuffizienz führt zu erhöhten Imatinibkonzentrationen.

Indikation Mastzelltumore

Dosierung

- Katze: 10 mg/kg/Tag p. o.
- Hund: 4,4 mg/kg/Tag p. o.

Nebenwirkungen Imatinib hat myelotoxische Wirkungen. Bei Hunden waren allgemein Anstiege der Transaminasen und geringe Abnahmen von Triglyzeriden und des Gesamtproteins sowie nach zweiwöchiger Behandlung eine schwere Lebertoxizität mit Leberzellnekrose, Gallengangsnekrose und Gallengangshyperplasie zu beobachten.

Wechselwirkungen Hemmstoffe des CYP3A4 wie Ketoconazol oder Erythromycin erhöhen die Konzentration von Imatinib deutlich. CYP3A4-Induktoren wie Dexamethason, Phenytoin oder Carbamazepin können die Imatinib-Konzentration signifikant vermindern. Imatinib hemmt in hohen Dosen die Metabolisierung von Paclitaxel.

Masitinib

Pharmakodynamik Der Tyrosinkinasehemmer Masitinib (**Abb. 19.13**) ist für die Therapie von Mastzelltumoren bei Hunden zugelassen.

Pharmakokinetik Masitinib wird nach oraler Gabe gut resorbiert. Es weist eine hohe Plasmaproteinbindung auf und hat bei Hunden eine Halbwertszeit von 4–6 h. Die Metabolisierung erfolgt in der Leber, die Ausscheidung über die Galle und nachfolgend den Darm.

Indikationen Mastzelltumore

Dosierung
- Katze: 50 mg/Katze/Tag für 4 Wochen
- Hund: 10–15 mg/kg/Tag alle 6 Monate

Nebenwirkungen Die unerwünschten Wirkungen ähneln denen von Imatinib.

Toceranib

Pharmakodynamik Toceranib (**Abb. 19.13**) blockiert verschiedene Tyrosinkinasen und ist für die Therapie von Mastzelltumoren bei Hunden zugelassen.

Pharmakokinetik Toceranib wird nach oraler Gabe gut resorbiert. Toceranib ist zu mehr als 90 % an Plasmaeiweiße gebunden und hat bei Hunden eine Halbwertszeit von 17±3 h. Die Metabolisierung erfolgt in der Leber, die Ausscheidung über die Galle und nachfolgend den Darm.

Indikation Mastzelltumore

Dosierung
- Katze: 3,0–3,25 mg/kg 3–4-mal wöchentlich p. o. oder i. v.
- Hund: 3,25 mg/kg/48 h p. o.

Nebenwirkungen Myelotoxische Wirkungen, Lebertoxizität, gastrointestinale Wirkungen mit Übelkeit, Erbrechen und Mukositis.

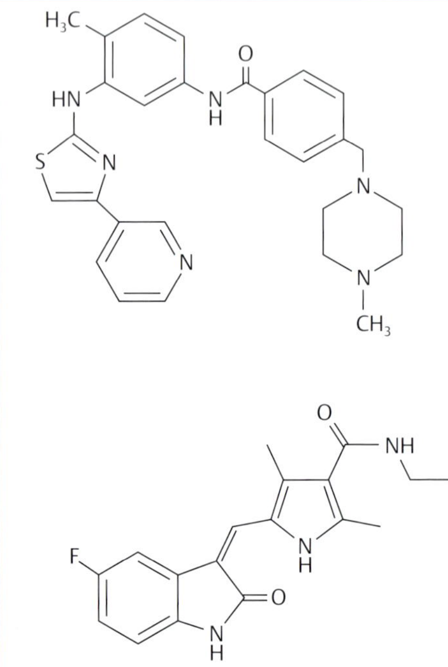

Abb. 19.13 Strukturformeln der Tyrosinkinase-Hemmer Masitinib und Toceranib.

Monoklonale Antikörper

Trastuzumab

Pharmakodynamik Trastuzumab ist ein monoklonaler Antikörper gegen den Rezeptor des humanen epidermalen Wachstumsfaktors (HER2). Es hemmt die Tumorzellproliferation durch eine Rekrutierung von Immunzellen, die Inhibition der intrazellulären Signalweiterleitung und der proteolytischen Spaltung des HER2 sowie durch eine antiangioneogenetische Wirkung. In ersten In-vitro-Studien hemmt Trastuzumab die Tumorzellproliferation auch im Gewebe von Hunden.

Pharmakokinetik Trastuzumab wird nicht resorbiert und deshalb parenteral verabreicht. Die Halbwertszeit beträgt beim Menschen ca. 1 Monat.

Indikation Mammakarzinom

Dosierung
- Keine gesicherte Dosierung bei Katze und Hund.

Nebenwirkungen Eine schwerwiegende Nebenwirkung ist die Kardiotoxizität, die bei einer Kombination mit Anthracyclinen deutlich verstärkt wird. Andere unerwünschte Wirkungen sind Fieber, Kopfschmerz, Erschöpfung, Übelkeit und Erbrechen.

FAZIT ANTINEOPLASTIKA

- Zytostatika dienen der Therapie von (malignen) Tumoren.
- Je nach Zielsetzung unterscheidet man:
  a) kurative Therapie: vollständige Rückbildung aller Tumorherde und Symptome – Heilung der Patienten
  b) palliative Therapie: Teilremission, d. h. Verkleinerung der Tumormasse, oder Verminderung des weiteren Wachstums zur Verbesserung der Lebensqualität und Verlängerung der Überlebenszeit
  c) adjuvante und neoadjuvante Therapie: prä- oder postoperative Verringerung der Tumorgröße zur Verbesserung einer chirurgischen oder radiologischen kurativen Tumortherapie
- Die Wirkung von Zytostatika beruht auf der Verzögerung oder Verhinderung des Zellzyklus in der Regel durch Eingriffe in Prozesse der DNA- oder RNA-Replikation, der Mitosehemmung bei der Zellteilung oder der Beeinflussung spezifischer Hormon- oder Wachstumsfaktor-Rezeptoren. ▸

- Die wichtigsten unerwünschten Arzneimittelwirkungen der Zytostatika sind Stoffklassen-spezifisch eine Knochenmarkstoxizität, ein Tumorlyse-Syndrom und gastrointestinale Symptome wie Zytostatika-induziertes Erbrechen und Mukositis. Zudem haben Zytostatika selbst ein kanzerogenes, mutagenes und teratogenes Potenzial.
- Die wichtigsten Zytostatikagruppen sind:
  - alkylierende Substanzen
  - Platinverbindungen
  - Antimetabolite
  - antineoplastische Antibiotika
  - Vincaalkaloide
  - Taxane
  - Topoisomerase-Hemmer
  - Hormone und Hormonanaloga sowie Hormonrezeptor-Antagonisten
  - Tyrosinkinase-Hemmer/Multikinase-Hemmer
  - monoklonale Antikörper

Danksagung

Die Autoren sind Herrn Prof. Nohl für die Genehmigung zur Übernahme von Teilen seiner Texte, Abbildungen und Tabellen in die neue Auflage dankbar.

(Weiterführende) Literatur

[1] Kessler M (Hrsg.). Kleintieronkologie – Diagnose und Therapie von Tumorerkrankungen bei Hunden und Katzen. 3. Aufl. Stuttgart: Enke Verlag; 2012

[2] Plump DC. Plumb's Veterinary Drug Handbook. 8. Aufl. Hoboken, NJ, USA: Wiley-Blackwell; 2008

[3] Withrow SJ, Vail DM. Withrow and MacEwen's Small Animal Clinikal Oncology. 5. Aufl. München: Elsevier; 2013

20 Immunpharmaka

W. Bäumer

20.1 Immunbiologische Grundlagen

Das Immunsystem ist das biologische Abwehrsystem höherer Lebewesen, das Gewebeschädigungen durch **Antigene** verhindert.

Das Immunsystem besitzt die grundlegende Fähigkeit, zwischen körpereigen oder körperfremd zu differenzieren und gegen die als körperfremd erkannten Substanzen mit Schutz- und Abwehrreaktionen zu antworten, sie somit für den Körper unschädlich zu machen. Das Immunsystem dient damit in erster Linie der Erhaltung der Integrität des Organismus. Als körperfremd werden nicht nur von außen eingedrungene Stoffe (z. B. Krankheitserreger) erkannt, sondern auch Zellen oder andere körpereigene Strukturen und Substanzen, wenn sie durch Veränderungen (z. B. Mutation, virusbedingte Konversion) antigene Eigenschaften erworben haben. Im Sinne seiner Gesamtfunktion sind demnach solche Funktionen des Immunsystems wie Erregerabwehr und Abwehr von entarteten Zellen, z. B. Tumorzellen, als gleichberechtigt und von gleicher Wichtigkeit für den Gesamtorganismus anzusehen.

Als mögliche Eintrittspforten für Krankheitserreger dienen Grenzflächen wie die Haut, Atemschleimhaut, Magen-, Darmschleimhaut. Diese sind daher durch das Immunsystem besonders geschützt. Allgemein wird daher oft vom MALT (mucosal-associated lymphoid tissue) gesprochen.

Zelluläre Bestandteile des Immunsystems sind antigenpräsentierende Zellen (dendritische Zellen, Makrophagen), Lymphozyten, Monozyten, Granulozyten, Plasmazellen, Mastzellen, Thrombozyten, Endothelzellen, natürliche Killerzellen (NK-Zellen), denen eine Abstammung von undifferenzierten Knochenmarkzellen gemeinsam ist. Auch Epithelzellen wie Keratinozyten, Atemepithelzellen und Enterozyten sind durch Sezernierung von Prostaglandinen, Cytokinen und Chemokinen an der Immunantwort beteiligt.

Es wird häufig zwischen angeborener und erworbener sowie zwischen humoraler und zellulärer Immunantwort unterschieden, wobei die enge Verzahnung dieser immunologischen Prozesse eine solche Einteilung nur aus didaktischen Gründen erlaubt. Im lebenden Organismus jedoch ergänzen, beeinflussen und bedingen sie sich wechselseitig. So bedürfen spezifische Immunreaktionen zur Vollendung der Abwehrleistung in der Regel der Phagozytose durch die unspezifisch wirkenden Makrophagen (unspezifische Effektoren der Immunantwort). Andererseits präsentieren die Makrophagen den Lymphozyten das Antigen in einer für die spezifische Erkennung aufbereiteten Form. Ebenso werden zelluläre Immunreaktionen von humoralen beeinflusst und umgekehrt.

In Abhängigkeit von den Eigenschaften der körperfremden Substanz, von ihrem Antigenitätsspektrum tritt jedoch von den genannten Funktionen die eine oder andere mehr oder weniger stark in den Vordergrund.

Lymphozyten Eine zentrale Stellung bei der Immunantwort nehmen die Lymphozyten ein. Dabei handelt es sich um in unterschiedlichen Populationen vorliegende immunkompetente Zellen, die mit humoralen oder zellver-

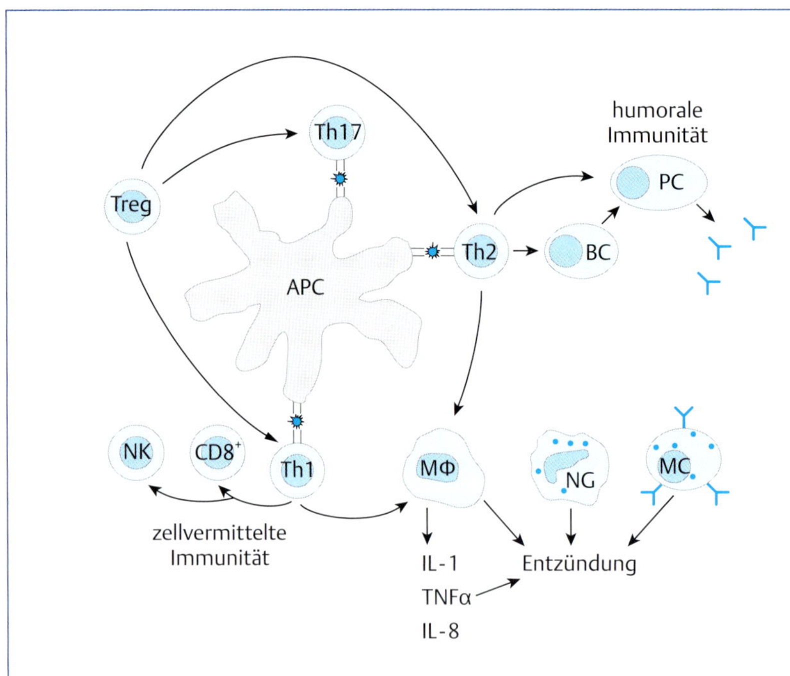

Abb. 20.1 Stark vereinfachte Darstellung der zellulären Interaktion, die zu einer zellvermittelten und/oder humoralen Immunität führt. Immunmodulatoren können an verschiedenen Punkten dieses Netzwerkes stimulierend oder hemmend einwirken. Die Pfeile stellen Signalwege durch Zytokine und andere Mediatoren dar. Regulatorische T-Zellen (Treg) wirken supprimierend auf Th 1-, Th 2- und Th 17-Zellen und sind wichtig für die Entwicklung und Beibehaltung immunologischer Toleranz. APC = antigenpräsentierende Zelle; BC = B-Lymphozyt, IL-1 = Interleukin 1; IL-8 = Interleukin 8, MΦ = Makrophage, MC = Mastzelle; NK = natürliche Killerzelle, Th 1, Th 2, Th 17, CD8 = T-Lymphozyten; PC = Plasmazelle; TNFα = Tumornekrosefaktor-α.

mittelten Reaktionen spezifisch auf ein von ihnen erkanntes Antigen reagieren.

Die **T-Lymphozyten** machen ihre Reifung zu immunkompetenten Zellen im Thymus durch und sind im Wesentlichen verantwortlich für die zelluläre bzw. zellvermittelte Immunität. Gleichzeitig sind sie maßgeblich an der Ausbildung des immunologischen Gedächtnisses beteiligt und wirken wie z. B. die T-Helfer-Zellen (Th-) und regulatorischen T-Zellen (Treg) als Regulator spezifischer immunologischer Reaktionen und bei der Antikörperbildung mit. Es werden klassischerweise Th 1- und Th 2-dominierte Immungeschehen differenziert (**Abb. 20.1**).

Diese Reaktionsformen unterscheiden sich z. B. durch das vorherrschende Cytokinmilieu. Asthma bronchiale ist eine typische Th 2-mediierte Entzündung, charakterisiert durch Cytokine wie Interleukin(IL)-4, IL-5 und IL-13. Th 1-Reaktionen mit den dominierenden Cytokinen Interferon (IFN) γ und IL-2 treten z. B. bei Autoimmunerkrankungen und der Tuberkulose auf. Eine naive Th-Zelle, die noch keinen Antigenkontakt hatte, differenziert sich erst nach Aktivierung funktionell in eine Th 1- oder eine Th 2-Zelle. Dies geschieht durch Signale, die sie von den antigenpräsentierenden Zellen (APC) empfängt. Wesentlich sind dabei die Cytokine, die von den APC sezerniert werden. So bewirkt Antigenerkennung in Gegenwart von IL-12 die Differenzierung von Th 1-Zellen und Antigenerkennung in Gegenwart von IL-4 die Differenzierung von Th 2-Zellen. Th 1- und Th 2-Zellen können bei überschießenden Reaktionen auch pathogen sein. Th 2-Zellen sind zentral für die Pathogenese allergischer Erkrankungen, und Th 1-Zellen galten jahrelang als wesentlich für die Pathogenese organspezifischer Autoimmunkrankheiten. Eine ganze Reihe experimenteller Befunde passten jedoch nicht in dieses dichotome Erklärungsmuster. So ist zum Beispiel seit Längerem bekannt, dass eine IFN-γ-Blockade bei manchen Autoimmunkrankheiten, insbesondere Arthritis, im Mausmodell zu einer Verschlechterung der Symptome führt. Diese Widersprüche konnten aufgeklärt werden durch eine neue T-Lymphozytenpolulation (Th 17-Zellen). IL-17-produzierende Zellen lassen sich nicht in das Th 1/Th 2-Schema eingliedern. Die T-Lymphozyten sezernieren IL-17 gemeinsam mit weiteren Cytokinen wie IL-22 und TNF-α. Es hat sich gezeigt, dass für die Differenzierung muriner Th 17-Zellen IL-6 und TGF-β die entscheidenden Faktoren sind. Th 17-Zellen spielen bei der Pathogenese von beispielsweise der rheumatoiden Arthritis eine zentrale Rolle. Es scheint jedoch deutliche Unterschiede in der Entwicklung und Funktion von Th 17-Zellen zwischen dem murinen und dem humanen System zu geben. Für veterinärmedizinisch relevante Spezies liegen bisher nur sehr wenige Daten vor.

Die **B-Lymphozyten** machen ihre Reifung in der Bursa fabricii bzw. im Bursa-Äquivalent der Säugetiere (Peyer-Plaques des Darmes, Knochenmark) durch und sind für die humorale Immunität verantwortlich. In ihrer ausgereiften Form liegen sie als Plasmazellen vor und sezernieren als solche die als Antikörper wirkenden **Immunglobuline**, von denen mehrere strukturell und funktionell unterschiedliche Klassen bekannt sind. Die für die Abwehrfunktionen bedeutsamsten Klassen sind IgM, IgG und IgA. Im Rahmen allergischer Reaktionen spielt vor allem IgE eine Rolle.

Die oben genannten Organe für die antigenunabhängige Reifung der B- und T-Lymphozyten werden auch als primäre lymphoide Organe bezeichnet. In den sekundären lymphoiden Organen (Milz, Lymphknoten, darmnahes Lymphgewebe u. a.) findet die spezifische Proliferation und Aktivierung der nach Antigenkontakt sensibilisierten B- und T-Zellen statt. Jedes Antigen stimuliert selektiv einen bestimmten Lymphozytenklon zur Proliferation und damit zur Bildung spezifischer Antikörper bzw. reifer T-Lymphozyten, während die übrige Lymphozytenpopulation unbeeinflusst bleibt. Auf diese Weise ist die hohe Spezifität der Immunantwort erklärbar.

Die Ausbildung von Lymphozyten zu „Gedächtniszellen" bewirkt, dass nach erneutem Kontakt mit dem spezifischen Antigen eine verstärkte Immunantwort (Boosterung) auftritt.

Lymphoide Zellen In jüngster Zeit rücken weitere Immunzellen in den Fokus der Immunologie: Diese lymphoiden Zellen sind eine recht heterogene Population von Zellen des angeborenen Immunsystems (innate lymphoid cells, ILC), die morphologisch Ähnlichkeiten zu Lymphozyten aufweisen, jedoch keine antigenspezifischen Rezeptoren tragen. Je nach Cytokinmuster, das diese Zellen stimuliert, und je nach Cytokinen, welche von diesen Zellen in Folge sezerniert werden, unterteilt man sie in drei Gruppen (ILC 1–3). Für allergische Reaktionen spielen vor allem ILC 2 eine entscheidende Rolle, da diese Zellen nach Stimulation mit z. B. IL-25 und IL-33 ihrerseits große Mengen an Th 2-Cytokinen, IL-5 und IL-13 sezernieren. Als Prototyp der ILCs könnte man die natürlichen Killerzellen (NK-Zellen) bezeichnen.

Allergische Reaktionen Unter bestimmten Bedingungen führt ein Antigenkontakt nach Bildung von Antikörpern bzw. sensibilisierten Lymphozyten nicht zu schützenden, sondern zu krankmachenden Effekten. Solche pathogenen Immunreaktionen, denen prinzipiell die gleichen Mechanismen zugrunde liegen wie der Immunitätsbildung, werden als Überempfindlichkeit oder allergische Reaktionen zusammengefasst. Nach ihrem Pathomechanismus werden die allergischen Reaktionen in die Typen I bis IV (S. 390) eingeteilt.

Immunologische Toleranz Bleibt nach Antigenkontakt eine immunologische Reaktion aus, wird dieser Zustand als immunologische Toleranz bezeichnet. Sie kann ein wichtiger Schutzmechanismus sein (z. B. Toleranz des graviden Tieres gegenüber dem eigenen Fetus), aber auch schwerwiegende nachteilige Folgen für den Organismus haben (z. B. Toleranz gegenüber Tumorgewebe oder Infektionserregern). Für die Erhaltung der Toleranz sind regulatorische T-Zellen (Treg) von zentraler Bedeutung (**Abb. 20.1**).

Tab. 20.1 fasst die Reaktionsformen des Abwehrsystems zusammen.

Pharmakologische Beeinflussung In der tierärztlichen Praxis gibt es mannigfaltige Situationen, in denen es sich anbietet, entweder das Immunsystem zu stärken (Immunstimulanzien) oder es zu supprimieren (Immunsuppressiva), wobei die Immunsuppression in der Pharmakotherapie beispielsweise durch den Einsatz von Glucocorticoiden den weitaus häufigeren Einsatz darstellt. Es gibt eine Vielzahl von Begriffen im Zusammenhang mit Immunpharmaka, wobei oft eine trennscharfe Abgrenzung nicht möglich ist:

- **Immunbiologika** bewirken einen aktiv erworbenen (Impfstoff) oder passiv übertragenen (Immunserum) spezifischen Schutz (Immunität) gegen definierte Immunogene (z. B. Krankheitserreger). Dieser Schutz ist an die Bildung oder Übertragung von spezifischen humoralen (Antikörper) oder zellulären (aktivierte Lymphozyten) Immunitätsfaktoren gebunden.
- **Immunmodulatoren** sind Stoffe, die eine antigenunabhängige, unspezifische pharmakologische Manipulation des Immunsystems ermöglichen. Dabei stehen entweder aktivierende Effekte im Vordergrund (Immunstimulanzien) oder aber suppressive (Immunsuppressiva). Immunmodulatoren sind sowohl nach ihrer Herkunft und Stoffzugehörigkeit als auch bezüglich ihrer Wirkungen und Angriffsorte sehr heterogen.
- **Antiallergika** entfalten ihre Wirkungen nur im weiteren Sinne auf oder über das Immunsystem. Sie kommen vor allem gegen die Symptome und pathologischen Folgen der die Überempfindlichkeit auslösenden, jedoch pharmakologisch schwer beeinflussbaren spezifischen Immunreaktion zum Einsatz. Unter anderem wird die Freisetzung allergieassoziierter Mediatoren, wie Histamin aus den Mastzellen, gehemmt (z. B. durch Glucocorticoide oder Cromoglicinsäure) oder aber die Mediatoren werden von ihren Rezeptoren an den Zielzellen kompetitiv verdrängt (z. B. durch Antihistaminika).

Die weiteren Ausführungen dieses Kapitels beschränken sich auf Immunstimulanzien und Immunsuppressiva (**Tab. 20.2**). Zu Immunbiologika (Impfstoffen) wird auf einschlägige Lehrbücher der Infektionskrankheiten bzw. Immunprophylaxe verwiesen, Antiallergika sind im Kapitel zur Pharmakologie der Entzündung und der Allergie (S. 368) aufgeführt.

Tab. 20.1 Reaktionsformen des Abwehrsystems nach Kontakt mit körperfremden Substanzen.

Reaktionsform	Charakterisierung
Resistenz	genetisch determinierte, unspezifische Immunität, z. B. Erkrankungen durch Erreger, die nicht von einer Tierart auf jede andere Tierart übertragbar sind (z. B. Schweinepest)
Immunität	Schutz durch Antikörper und antigenspezifische Lymphozyten, die spezifisch gegen ein bestimmtes Antigen gerichtet sind
immunologisches Gedächtnis	Entwicklung von „Gedächtniszellen", die nach erneutem Kontakt mit Antigen zu verstärkter Immunantwort führen
immunologische Toleranz	spezifische Reaktionslosigkeit gegenüber einem Antigen; für diese Reaktion sind regulatorische T-Zellen (Tregs) essenziell
Überempfindlichkeit (Allergie)	überschießende antigenspezifische Immunreaktion auf normalerweise harmlose Antigene

Tab. 20.2 Pharmaka zur Beeinflussung des Immunsystems.

Wirkstoffgruppe	Wirkungsmechanismus	Substanz	Anwendungsgebiete (Beispiele)
Immunstimulanzien			
rekombinante Cytokine	Veränderung der Transkription der Wirtszellproteine und als Folge eine Verhinderung der Virusreplikation	▪ rekombinantes felines Interferon ω	▪ unterstützend bei caniner Parvovirose, felinem Leukämievirus (FeLV) und felinem Immundefizienz-Virus
rekombinante humane Cytokine	Anregung der Granulopoese	▪ granulocyte-monocyte colony-stimulating factor	▪ Neutropenie
Paraimmunitätsinducer	Stimulation unspezifischer Abwehrmechanismen	▪ Parapoxvirus ovis	▪ infektiöse und/oder stressinduzierte Erkrankungen
synthetische Verbindungen	induzieren die Synthese von Interferonen und weiteren Cytokinen	▪ Imiquimod	▪ equines Sarkoid
Immunsuppressiva			
Corticosteroide	hemmen über die Modulation der Transkription sehr effektiv die Cytokin- und Chemokinsynthese in Immunzellen	▪ Prednisolon ▪ Dexamethason	▪ immunvermittelte Polyarthritis ▪ immunvermittelte hämolytische Anämie ▪ immunvermittelte Enteritiden
Antimetaboliten	Hemmung der DNA- und RNA-Synthese in den proliferierenden Lymphozyten, Störung der Coenzymbildung und -funktion	▪ Azathioprin	▪ immunvermittelte hämolytische Anämie ▪ Myasthenia gravis ▪ immunvermittelte Enteritiden
alkylierende Substanzen	Übertragung von Alkylgruppen, greifen damit in den Intermediärstoffwechsel v. a. von Nukleinsäuren, aber auch von Enzymen, Strukturproteinen und Zellwandbestandteilen ein	▪ Cyclophosphamid	▪ s. Antimetaboliten und Glucocorticoide (nur als 2. Wahl)
Calcineurininhibitoren	Hemmung der Aktivierung und Translokation von Transkriptionsfaktoren	▪ Ciclosporin A	▪ canine atopische Dermatitis ▪ Keratokonjunktivitis sicca
	Hemmung der Aktivierung und Translokation von Transkriptionsfaktoren	▪ Tacrolimus	▪ canine atopische Dermatitis (topisch)
Janus-Kinase-Inhibitoren	Modulation der Cytokinantwort	▪ Oclacitinib	▪ canine atopische Dermatitis und Juckreiz
Modulatoren des Sphingosin-1-Phosphat-Rezeptors	hemmen reversibel die Emigration von Lymphozyten aus dem lymphoiden Gewebe ins Blut	▪ Fingolimod	▪ bisher nur experimentell genutzt
Biologika	richten sich gegen immunkompetente Zellen, blockieren selektiv Immunreaktionen	▪ monoklonale Antikörper ▪ canines anti-NGF	▪ Osteoarthritis
	Stimulation der Immunantwort/Tumorantwort	▪ rekombinante Cytokine (equines IL-12, IL-18)	▪ unterstützend in der Tumortherapie

20.2 Immunstimulanzien

STECKBRIEF IMMUNSTIMULANZIEN

Durch Immunstimulanzien sind humorale oder zelluläre Faktoren des Abwehrsystems wie das Phagozytensystem, die Lymphozyten und das Komplementsystem einzeln oder in ihrem Zusammenwirken **unspezifisch** aktivierbar. Es kommt unter ihrem Einfluss ferner zu einer Synthese und Freisetzung von immunologisch aktiven Substanzen wie Interferonen, Cytokinen und Chemokinen (Tab. 20.3).

Zu den Substanzen, die in der Tiermedizin als Immunstimulanzien eingesetzt werden, gehören:

1. **Cytokine**: Neben **rekombinantem felinen Interferon ω** (rekombinantes Omega-Interferon feliner Herkunft), das zur Behandlung der caninen Parvovirose und Infektionen mit dem felinen Leukämievirus und Immundefizienz-Virus zugelassen ist, werden auch weitere **rekombinante** humane und zunehmend auch tierartspezifische **Cytokine** eingesetzt.
2. Ein **Paraimmunitätsinducer** auf Basis von inaktiviertem *Parapoxvirus ovis*: Er dient zur unterstützenden Therapie immungeschwächter Tiere, allerdings sind Ergebnisse aus größeren kontrollierten Studien zum Teil widersprüchlich.
3. **Imiquimod**, dessen hauptsächlicher Wirkungsmechanismus auf einer Aktivierung von Toll-like-Rezeptor 7 beruht: Imiquimod ist nicht als Tierarzneimittel zugelassen, zeigt aber in ersten klinischen Studien vielversprechende Wirksamkeit beim equinen Sarkoid und bei der topischen Behandlung von Hauttumoren bei Hund und Katze.

Insgesamt kann durch Immunstimulanzien die Abwehrleistung in begrenztem Maße erhöht oder aber – was für die meisten Immunstimulanzien typischer ist – die Wiederherstellung des geschwächten Immunsystems gefördert werden. Immunstimulanzien sind daher neben Impfstoffen und Chemotherapeutika veterinärmedizinisch vor allem für die Bekämpfung von Infektionskrankheiten interessant, zumal diese oft mit einer Schwächung des Immunsystems einhergehen.

20.2.1 Rekombinante Cytokine

Rekombinantes felines Interferon ω

IFN ω gehört wie IFN α und IFN β zum Typ-1-Interferon. Rekombinantes felines IFN ω wird in Seidenraupen exprimiert und aus diesen angereichert und aufgereinigt.

Pharmakodynamik Die körpereigene Typ-1-Interferon-Synthese wird durch intrazelluläre doppelsträngige RNA (viralen Ursprungs) induziert. Typ-1-Interferone binden an Membranrezeptoren, die sowohl auf virusinfizierten als auch nicht infizierten Zellen vorhanden sind. Die folgende Signaltransduktion bewirkt eine Veränderung der Transkription der Wirtszellproteine und als Folge eine Verhinderung der Virusreplikation, Hochregulation des major histocompatibility complex (MHC) I und Aktivierung von natürlichen Killerzellen.

Indikationen IFN ω ist für die Behandlung der caninen Parvovirose und Infektionen mit dem felinen Leukämievirus (FeLV) und felinen Immundefizienz-Virus (FIV) zugelassen. Es gibt jedoch eine Reihe von klinischen Studien zur Wirksamkeit von IFN ω über diese Indikationen hinaus. So existieren Untersuchungen z. B. zur Behandlung von feliner Herpeskeratitis und feliner infektiöser Peritonitis,

Tab. 20.3 Auswahl wichtiger Cytokine mit vorwiegend stimulierenden Eigenschaften.

Substanz	hauptsächliche Produzenten	wichtige Funktionen
granulocyte-monocyte colony-stimulating factor (GM-CSF)	T-Lymphozyten, Monozyten, Endothelzellen	• Differenzierung und Vermehrung myeloider Vorläuferzellen (z. B. Monozyten, dendritische Zellen, Granulozyten)
Interleukin-1 (IL-1α und IL-1β)	Monozyten	• pleiotropes proinflammatorisches Cytokin
Interleukin-2 (IL-2)	T-Lymphozyten	• Aktivierung und Proliferation von T-Lymphozyten, NK-Zellen
Interleukin-4 (IL-4)	T-Lymphozyten	• Aktivierung und Proliferation von Th 2-Zellen, B-Lymphozyten • Inhibition der Makrophagenaktivierung
Interleukin-8 (IL-8, CXCL 8)	Monozyten, Epithelzellen	• Chemotaxis (Aktivierung von Granulozyten und T-Lymphozyten)
Interleukin-12 (IL-12)	Monozyten, dendritische Zellen	• Aktivierung von Th 1-Zellen, NK-Zellen
Interleukin-17 (IL-17)	T-Lymphozyten	• Induktion proinflammatorischer Cytokine, beteiligt an Autoimmunerkrankungen
Interferone	Lymphozyten, Leukozyten, Fibroblasten	• antivirale Wirkung • Regulation der Antikörperbildung • NK-Zell-Stimulation • Aktivierung von Makrophagen
Tumornekrosefaktor-α (TNF-α)	Monozyten, viele andere Zellen	• pleiotropes proinflammatorisches Cytokin • Aktivierung vieler, auch nicht immunologischer Zellen

Spez. Pharmakologie

Katzenschnupfen und chronischer Gingivitis-Stomatitis-Oropharyngitis (z. T. topische Applikation) der Katze. In den meisten Studien zeigen sich moderate Reduktionen des klinischen Krankheitsverlaufs. Die Sterblichkeitsrate von Katzen, die mit FELV und/oder FIV infiziert sind, reduziert sich um etwa 20–30 %.

Dosierung Laut Herstellerangaben werden folgende Dosierungen empfohlen:

- Hunde (älter als 1 Monat): 2,5 Mio. IE/kg 1-mal täglich i. v. für 3 Tage
- Katzen: 1 Mio. IE/kg 1-mal täglich s. c. für 5 Tage. Drei gesonderte 5-Tages-Therapien sind jeweils vom Tag 0, Tag 14 und Tag 60 an durchzuführen.

Rekombinante humane Cytokine

Da Cytokine Schlüsselmoleküle bei der Regulation immunologischer Reaktionen sind (**Abb. 20.1**), liegt es nahe, rekombinante Cytokine therapeutisch zu nutzen. Aufgrund der recht hohen Sequenzhomologie zwischen einigen humanen und caninen bzw. felinen Cytokinen wurden einige klinische Studien mit rekombinanten humanen (rHu) Cytokinen durchgeführt. Es ist jedoch zu beachten, dass immer die Gefahr einer Antikörperbildung gegen rHu-Cytokine besteht, die einerseits einen Wirkungsverlust, anderseits aber auch eine Antikörperbildung gegen das körpereigene Cytokin bedeuten kann. **Granulocyte colony-stimulating factor (G-CSF)** dient dazu, die Granulopoese anzuregen (Neutropenie verursacht durch beispielsweise Parvovirose, felines Leukämievirus oder Knochenmarksaplasie). Die Dosierung liegt bei 10–100 µg/kg beim Hund und 2-mal täglich 3–10 µg/kg bei der Katze. Es gibt auch erste, vielversprechende Studien zu rekombinantem caninen G-CSF. RHu Interleukin-2 (IL-2) kam in einigen Studien unterstützend (neben chirurgischen Maßnahmen und/oder Chemotherapie) in der Tumortherapie zum Einsatz. Da die Cytokine nur kurze Zeit wirksam sind, sollen neu entwickelte Strategien dabei helfen, die Cytokinspiegel durch DNA-Vakzinierung lange in der Tumorregion aufrecht zu erhalten. Dieser Ansatz wurde beispielsweise im Rahmen der Melanombehandlung beim Pferd experimentell überprüft: Nach Einbringen der Plasmid-DNA von humanem Interleukin-12 (IL-12) in Tumormetastasen kam es zu einer Regression der Tumoren. Folgeuntersuchungen wurden mit rekombinantem equinen IL-12 und IL-18 durchgeführt. Auch dies führte zu deutlicher Tumorregression, sodass die DNA-Vakzinierung auch für die Tiermedizin eine zukunftsweisende Technologie darstellt.

20.2.2 Paraimmunitätsinducer

Zur Stimulation unspezifischer Abwehrmechanismen bei Hund, Katze, Pferd, Schwein und Rind kommen Paraimmunitätsinducer auf Basis von inaktiviertem *Parapoxvirus ovis* (Stamm D 1701) zum Einsatz.

Pharmakodynamik Auf zellulärer Ebene ist eine starke Induktion von Interleukin-2, Typ-1-Interferon und eine starke T-Zellproliferation messbar. Allerdings kann in vitro keine erhöhte Phagozytoseaktivität oder NK-Zellaktivität gemessen werden.

Publizierte Studien zur klinischen Wirksamkeit von inaktiviertem *Parapoxvirus ovis* bei verschiedensten, häufig multifaktoriellen Erkrankungen ergeben ein sehr heterogenes Bild. Während in einigen Untersuchungen positive Effekte auf den klinischen Verlauf beispielsweise von respiratorischen Herpesvirusinfektionen zu verzeichnen waren, zeigten Paraimmunitätsinducer beispielsweise keinerlei Wirkung bei der Behandlung der felinen Leukämie ausgelöst durch FeLV. In einer prospektiven Studie zum Einsatz bei caniner Parvovirose ließ sich keine Verbesserung der Symptome oder eine schnellere Genesung im Vergleich zur Placebogruppe feststellen. Insgesamt kann eine sichere Bewertung der Wirksamkeit nur durch placebokontrollierte, randomisierte Doppelblindstudien mit einer genügend hohen Stichprobenzahl erfolgen. Diesen Kriterien genügt aber der Großteil der publizierten Studien nicht.

Dosierung Die Dosisempfehlung entsprechend den Herstellerangaben lautet: Hunde und Katzen erhalten 1 ml des resuspendierten Produktes s. c., unabhängig vom Alter und Gewicht des Tieres. Pferden, Rindern und Schweinen sind 2 ml des resuspendierten Produktes i. m. zu verabreichen, unabhängig vom Alter und Gewicht des Tieres. Als Unterstützung in der Vorbeugung von infektiösen und/oder stressinduzierten Erkrankungen werden für jedes Tier 3 Injektionen je einer Dosis empfohlen. Das Schema für die Applikationen kann in Abhängigkeit vom erwarteten Verlauf einer Infektion oder dem Auftreten eines Stress-Ereignisses variieren:

a) Falls das erwartete Auftreten des Hauptinfektionsdrucks innerhalb einer Woche nach der ersten Injektion liegt, sollten die 3 Dosen in 48-h-Intervallen (Tag 0, Tag 2 und Tag 4) gegeben werden. Falls der Hauptinfektionsdruck innerhalb von 14 Tagen nach der ersten Injektion erwartet wird, sollten die zwei ersten Injektionen im Abstand von 48 h (Tag 0 und Tag 2) gegeben werden. Die 3. Injektion sollte in diesem Falle am Tag 9 verabreicht werden.
b) Als Unterstützung bei der Vorbeugung von stressinduzierten Erkrankungen wird die erste Dosis vorzugsweise 1–3 Tage vor der möglichen Infektion oder dem erwarteten Stress-Ereignis verabreicht. Die zwei weiteren Injektionen werden im 48-h-Intervall gegeben.

Daneben haben auch einige **Vitamine** (Vitamin A, C, E, B_{12}, Biotin, Folsäure) und **Spurenelemente** (Se, Zn, Fe, Cu, Li) im weitesten Sinne immunstimulierende Wirkungen, da sie in besonderem Maße an der Synthese von Abwehrfaktoren und der Aufrechterhaltung der immunbiologischen Homöostase beteiligt sind. Darüber hinaus sind auch pflanzliche Arzneimittel (S. 623) wie *Echinacea* spp. als Immunstimulanzien im Angebot.

20.2.3 Synthetische Verbindungen

Imiquimod

Imiquimod (**Abb. 20.2**) ist ein Imidazochinolin-Derivat, das in der Humanmedizin zur Behandlung von Feigwarzen, Basalzellkarzinomen und der aktinischen Keratose zugelassen ist. Imiquimod zeigt antivirale und antitumorale Aktivität. Durch Aktivierung von Immunzellen (v. a. Makrophagen) über den Toll-like-Rezeptor 7 wird die Synthese von Interferonen, TNF-α, IL-1, IL-6 und IL-8 induziert. In einer

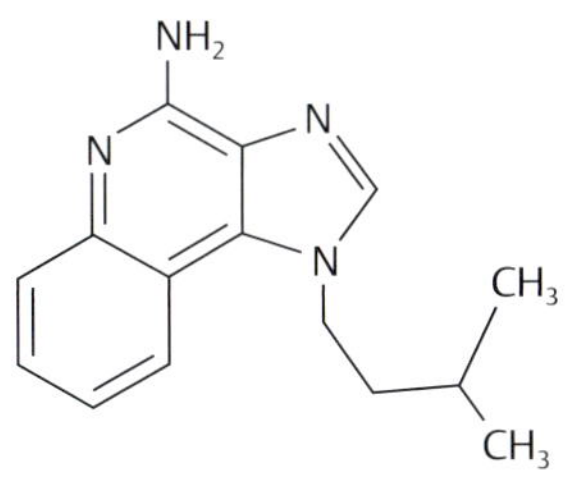

Abb. 20.2 Imiquimod.

Pilotstudie zur Behandlung des equinen Sarkoids hatte Imiquimod (5 %ige Salbe, 3-mal wöchentlich) bei mehr als 80 % der Pferde zu einer deutlichen Remission (Reduktion des Tumors > 75 %) geführt, die in dem Beobachtungszeitraum von 32 Wochen bestehen blieb. Fallberichtsstudien liegen auch für die (unterstützende) topische Behandlung von Hauttumoren bei Hund und Katze vor. Placebokontrollierte Langzeitstudien müssen diese vielversprechenden Befunde jedoch bestätigen.

FAZIT IMMUNSTIMULANZIEN

Als Immunstimulanzien werden in der Tiermedizin rekombinante Cytokine wie felines Interferon ω oder humaner/caniner granulocyte colony-stimulating factor (G-CSF) eingesetzt. Diese Mediatoren sollen spezifisch (G-CSF) Teile des Immunsystems aktivieren oder allgemein die Abwehr, z. B. gegen Virusinfektionen (felines Interferon ω), unterstützen. Diese allgemeine Unterstützung des Immunsystems soll auch durch Verabreichung von Parapoxvirus ovis bewerkstelligt werden. Imiquimod hat antitumorale und antivirale Wirkung durch Aktivierung des Toll-like-Rezeptors 7 und zeigt Erfolge bei der topischen Behandlung des equinen Sarcoids.

20.3 Immunsuppressiva

STECKBRIEF IMMUNSUPPRESSIVA

Immunsuppressiva sind Pharmaka, die zu einer Unterdrückung oder Abschwächung der Immunantwort (Immunsuppression) führen. Ähnlich anderen immunsuppressiven Maßnahmen bzw. Einflüssen sind ihre Wirkungen antigenunabhängig und die Angriffspunkte innerhalb des Immunsystems verschiedenartig.

Zu den Substanzen, die in der Tiermedizin als Immunsuppressiva eingesetzt werden, gehören:

- Corticosteroide
- Antimetaboliten
- alkylierende Substanzen
- Calcineurininhibitoren
- Janus-Kinase-Inhibitoren
- Modulatoren des Sphingosin-1-Phosphat-Rezeptors
- Biologika

Glucocorticoide (S. 372) finden bei einer Reihe von Autoimmunerkrankungen und Allergien Anwendung, zumeist ist die immunsuppressive Dosis höher als die zur Behandlung von Allergien.

Von den **Antimetaboliten** kommt vor allem **Azathioprin** zur Behandlung von Autoimmunerkrankungen bei Hunden zum Einsatz (Katzen sind sehr empfindlich!). Dosislimitierend sind Nebenwirkungen wie Knochenmarkdepression und Hepatopathien.

Es empfiehlt sich, nur dann auf **alkylierende Substanzen** wie **Cyclophosphamid** zurückzugreifen, wenn andere Immunsuppressiva nicht den gewünschten Effekt entfalten. Die starke zytostatische Wirkung reduziert die Proliferation und Aktivierung einer Reihe von Immunzellen, dies wird aber durch ein breites Nebenwirkungsspektrum (S. 529) erkauft.

Seit nunmehr über 10 Jahren dient der **Calcineurininhibitor Ciclosporin A** in der Tiermedizin zur Behandlung der atopischen Dermatitis. Die Wirksamkeit ist vergleichbar zu der von Glucocorticoiden, jedoch scheint Ciclosporin A besser verträglich zu sein. Allerdings ist die maximale Wirkung auf Juckreiz und Läsionen erst nach etwa 4–6 Wochen zu erwarten. Topisch findet Ciclosporin A zur Behandlung der Keratokonjunktivitis sicca Anwendung.

Oclacitinib ist der erste für die Tiermedizin zugelassene **Janus-Kinase-Inhibitor**. Es hilft dabei, den Juckreiz und die Entzündung bei der atopischen Dermatitis des Hundes zu reduzieren. Der Effekt (auf den Juckreiz) setzt innerhalb von Stunden ein. Bisherige Untersuchungen sprechen für ein geringes Nebenwirkungspotenzial, doch dies muss durch Langzeituntersuchungen bestätigt werden.

Obwohl nur wenige Daten für den Einsatz von **Modulatoren des Sphingosin-1-Phosphat-Rezeptors** in der Tiermedizin vorliegen, ist der Wirkungsmechanismus von **Fingolimod** so neuartig, dass in Zukunft der Einsatz für Immunerkrankungen auch in der Tiermedizin denkbar ist. Durch eine (reversible) Sequestrierung der Immunzellen entsteht eine Lymphopenie, der weder eine Induktion von Apoptose noch eine Hemmung der Proliferation zugrundeliegt.

Dadurch, dass **biotechnologische Verfahren** immer kostengünstiger werden, sind in naher Zukunft weitere tierartspezifische Antikörper gegen beispielsweise Cytokine und Wachstumsfaktoren zu erwarten. Ein zukunftsweisendes Beispiel ist der „caninisierte" **Anti-NGF(nerve growth factor)-Antikörper** zur Behandlung der Osteoarthritis des Hundes.

Entwicklung und Einsatz von Immunsupressiva gewannen in der Medizin mit der Erschließung von Möglichkeiten für die Organtransplantation und die Therapie von Autoimmunkrankheiten erheblich an Bedeutung. Enge Beziehungen bestehen auch zur Krebschemotherapie (S. 525). In der Tiermedizin haben sie – abgesehen von Indikationen in der experimentellen Veterinärmedizin – auch eine Bedeutung bei der Behandlung von Autoimmunkrankheiten und allergischen Erkrankungen erlangt, v. a. bei Hund und Katze.

20.3.1 Corticosteroide

Glucocorticoide entfalten neben entzündungshemmenden, antiallergischen und antiproliferativen auch immunsuppressive Wirkungen. Im Prinzip werden alle Ebenen der Immunreaktion beeinflusst, besonders aber die Effektorphase.

Pharmakodynamik Glucocorticoide hemmen über die Modulation der Transkription (S. 374) sehr effektiv die Cytokin- und Chemokinsynthese in Immunzellen. Dadurch ist die Kommunikation zwischen den Immunzellen massiv gestört. Dies zeigt sich z. B. in fehlender Leukozytenakkumulation in Entzündungsgebieten unter Glucocorticoidgabe. Zugleich zeigen sich die immunsuppressiven Eigenschaften zellulär vor allem durch die hemmende Wirkung auf das lymphatische System. T-Lymphozyten sind davon besonders betroffen. So vermindert die Gabe von Glucocorticoiden die Größe und den Lymphozytengehalt von Lymphknoten und Milz. Es kommt zum charakteristischen Glucocorticoid-Blutbild: allgemeine Lymphopenie, speziesabhängiger Abfall von T-Lymphozyten, Verschiebungen bei den Granulozyten (Abfall der eosinophilen, Anstieg der neutrophilen sowie der Gesamtzahl der Granulozyten). Die Aktivierung von Makrophagen wird gehemmt und die Phagozytoseaktivität herabgesetzt. Die Wirkung auf B-Lymphozyten und Plasmazellen ist weniger stark ausgeprägt. Doch gerade eine hoch dosierte, länger andauernde Anwendung führt zu einer Verminderung der Antikörperbildung.

Indikationen, Dosierung Für die Behandlung von Autoimmunkrankheiten des Hundes, z. B. die immunvermittelte Polyarthritis, den Lupus erythematodes, den Pemphiguskomplex und die immunvermittelte hämolytische Anämie, wird die Anwendung von Prednison/Prednisolon und stärker wirksamen Glucocorticoiden über einen Zeitraum von ca. 4–8 Wochen empfohlen. Anfänglich sind hohe parenterale Dosen (2,5–4 mg Prednison/kg) indiziert, nach ca. 1 Woche nur noch die Hälfte. Unter der Therapie sind die für Glucocorticoide (S. 372) bekannten Nebenwirkungen und Regeln der Langzeitanwendung (ausschleichende Therapie) zu beachten. Eine alternative oder kombinierte Therapie mit Azathioprin oder Cyclophosphamid kann angezeigt sein.

20.3.2 Antimetaboliten

Antimetaboliten wirken über eine Hemmung der Nukleinsäuresynthese immunsuppressiv. Zu ihnen zählen die Purin-, Pyrimidin- und Folsäureantagonisten. Praktische Bedeutung erlangten Azathioprin und in geringerem Umfang Methotrexat (S. 534).

Azathioprin

Azathioprin ist ein Imidazolyl-Derivat des 6-Mercaptopurins und wird in vivo in letzteres umgewandelt (**Abb. 20.3**). Aus 6-Mercaptopurin entstehen über komplizierte Stoffwechselwege weitere aktive (und inaktive) Metabolite. Die eigentlichen Wirkstoffe sind falsche Nukleobasen (6-Thioguanin-Nukleotide), die mit der DNA- und RNA-Synthese interferieren.

Durch die Xanthinoxidase wird 6-Mercaptopurin zur inaktiven 6-Thioharnsäure gespalten und in dieser Form mit dem Harn ausgeschieden.

Pharmakodynamik Die Immunsuppression kommt durch Hemmung der DNA- und RNA-Synthese in den proliferierenden Lymphozyten sowie durch Störung der Coenzymbildung und -funktion zustande. Der suppressive Effekt betrifft vorwiegend die zelluläre Immunität.

Indikationen, Dosierung Es liegen Erfahrungen zum Einsatz von Azathioprin für eine Reihe von Autoimmunerkrankungen vor. Azathioprin kommt z. B. zum Einsatz bei Myasthenia gravis, bei immunvermittelten Enteritiden (z. B. eosinophile/granulomatöse Enteritis) und der immunvermittelten hämolytischen Anämie. Es empfiehlt sich eine Kombination mit Glucocorticoiden, da diese komplementäre immunologische Effekte hat. Allerdings hat eine retrospektive Studie zum kombinierten Einsatz von Azathioprin und Prednisolon zur Behandlung der immunvermittelten hämolytischen Anämie beim Hund ergeben, dass die Kombination keinen Vorteil gegenüber der Monotherapie mit Prednisolon hat. Bei alleiniger Gabe von Azathioprin erhalten Hunde initial täglich 2 mg/kg. Je nach klinischem Bild kann eine Dosisreduktion auf < 1 mg/kg erfolgen. Katzen sind sehr empfindlich, sodasss einige Autoren gänzlich von der Anwendung bei dieser Tierart abraten. Eine Tagesdosis von 0,3 mg/kg sollte bei Katzen in jedem Falle nicht überschritten werden.

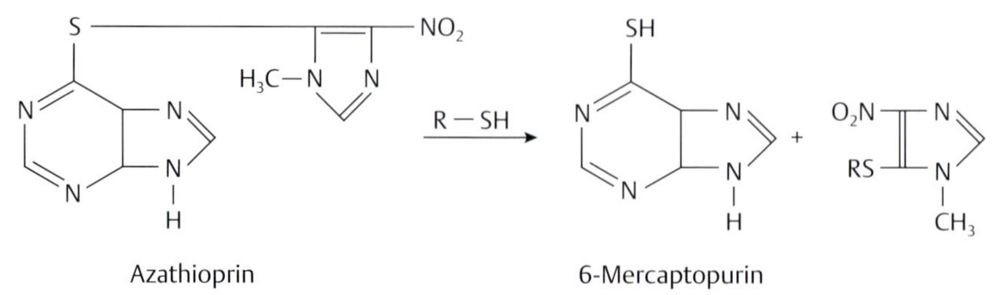

S, NO_2, H_3C–N, N, N, N, N, H, R–SH, SH, N, N, N, N, H, O_2N, N, RS, N, CH_3

Azathioprin → 6-Mercaptopurin

Abb. 20.3 Spaltung von Azathioprin zu 6-Mercaptopurin und Methylnitroimidazol in vivo. 6-Mercaptopurin wird weiter zu den eigentlichen Wirkstoffen (6-Thioguanin-Nukleotide) metabolisiert.

Nebenwirkungen Toxische Nebenwirkungen (Leukopenie u. a.) beruhen vor allem auf einer Knochenmarkdepression (Katze empfindlicher als der Hund). Des Weiteren sind Hepatopathien beschrieben. In der Regel sind die Nebenwirkungen nach Absetzen von Azathioprin reversibel.

20.3.3 Alkylierende Substanzen

Alkylierende Substanzen wirken durch Übertragung von Alkylgruppen und greifen damit in den Intermediärstoffwechsel vor allem von Nukleinsäuren, aber auch Enzymen, Strukturproteinen und Zellwandbestandteilen ein. Sie beeinflussen in erster Linie proliferierende Lymphozyten. Außer immunsuppressiven haben sie auch allgemein zytostatische Effekte (S. 529). Wegen ihrer multiplen Angriffspunkte bewirken die Alkylanzien eine länger andauernde Immunsuppression als die Antimetaboliten.

Cyclophosphamid

Die größte praktische Bedeutung kommt Cyclophosphamid zu.

Pharmakodynamik Cyclophosphamid hemmt die zelluläre und humorale Immunität. In vivo wird es erst nach Hydroxylierung in der Leber wirksam (über CYP-450-Enzyme). 4-Hydroxy-Cyclophosphamid steht mit dem ringoffenen Aldophosphamid im Gleichgewicht. Im Anschluss erfolgt eine nichtenzymatische Abspaltung von Acrolein und der eigentlich alkylierenden Substanz Chlorethylphosphorsäureamid (Syn.: Phosphorsäureamid-Lost).

Indikationen Der Einsatz von Cyclophosphamid ist v. a. dann indiziert, wenn fortschreitende Autoimmunerkrankungen vorliegen, die durch Glucocorticoide und Azathioprin nicht ausreichend zu beeinflussen sind.

Dosierung Bei Autoimmunkrankheiten des Hundes und der Katze wird die Gabe von Cyclophosphamid an jeweils 4 Tagen in der Woche in folgender Dosierung empfohlen:

- < 5 kg: 2,5 mg/kg p. o.
- 5–25 kg: 2,2 mg/kg p. o.
- > 25 kg: 1,5 mg p. o.

Nebenwirkungen Obwohl Cyclophosphamid im Vergleich zu den anderen Substanzen dieser Gruppe am wenigsten toxisch ist, können die Nebenwirkungen erheblich sein. Sie manifestieren sich vor allem an Geweben und Organen mit schneller Zellproliferation wie Knochenmark und Keimdrüsen (starke Hemmung der Blutbildung, Leukozytensturz, Haarausfall u. a.). Die Therapie sollte daher unter begleitender Kontrolle des Blutbildes erfolgen und dem Befund entsprechend modifiziert bzw. abgesetzt werden. Bei Langzeitgabe kann bei Hunden eine hämorrhagische Cystitis auftreten. Die Verabreichung von Mesna (2-Mercaptoethansulfonat-Natrium) reduziert die Gefahr von Cystitiden. Auch eine vorübergehende Sterilität war bei männlichen Hunden zu beobachten.

20.3.4 Calcineurininhibitoren

Zu den Calcineurininhibitoren gehören die beiden Makrolide Tacrolimus und Pimecrolimus sowie das zyklische Undecapeptid Ciclosporin A (**Abb. 20.4**), das in der Veterinärmedizin seit Jahren als Immunmodulator zunehmende Bedeutung erlangt. Über einen ähnlichen Wirkungsmechanismus führen Calcineurininhibitoren vor allem zu einer Inhibition der T-Zell-Aktivierung (**Abb. 20.5**).

Ciclosporin A

Ciclosporin A ist ein zyklisches Undecapeptid, das ursprünglich aus *Tolypocladium inflatum* und anderen Pilzspezies stammt, inzwischen aber synthetisiert wird. Es be-

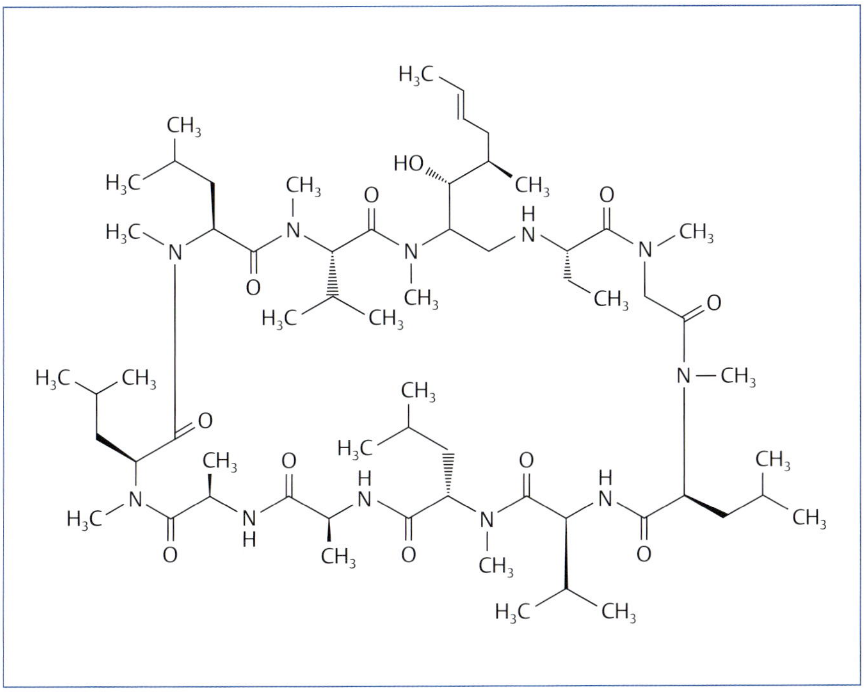

Abb. 20.4 Ciclosporin A.

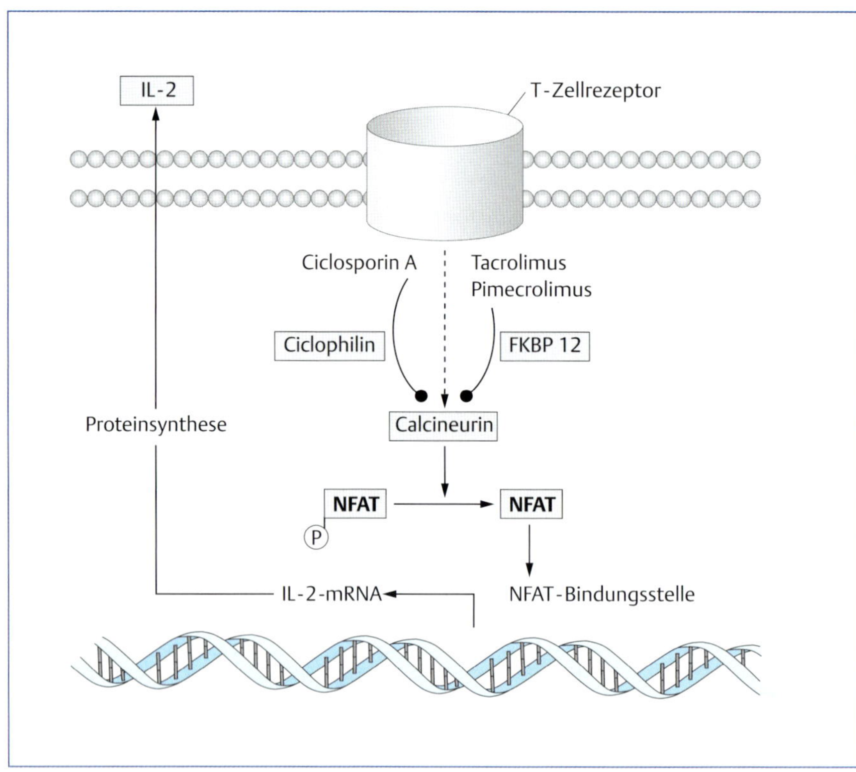

Abb. 20.5 Wirkungsweise von Calcineurininhibitoren. Ciclosporin A bindet an Cyclophilin, Tacrolimus und Pimecrolimus binden an das FK-bindende Protein (FKBP-12). Durch die Bindung an Cyclophilin bzw. FKBP-12 hemmt der entstandene Komplex die Proteinphosphatase Calcineurin. Dadurch wird die Aktivierung des Transkriptionsfaktors NFAT (nukleärer Faktor aktivierter T-Lymphozyten) gehemmt. So bleibt beispielsweise die Synthese von Interleukin-2 (IL-2) aus, das eine wichtige autokrine und parakrine Bedeutung bei der T-Zell-Aktivierung hat.

sitzt in der Humanmedizin eine große Bedeutung in der Transplantationsmedizin zur Verhinderung der Abstoßungsreaktion.

Pharmakodynamik Die immunsuppressive Wirkung beruht hauptsächlich auf der interleukinabhängigen (v. a. IL-2) T-Zell-Aktivierung. Das lipophile Ciclosporin A bindet an einen zytosolischen Rezeptor (Cyclophilin), der als Enzym Prolin-cis/trans-Isomerase identifiziert wurde. Der Komplex aus Ciclosporin A und Cyclophilin hemmt die Proteinphosphatase Calcineurin und damit die Aktivierung und Translokation von Transkriptionsfaktoren (v. a. Hemmung des nuclear factor of activated T cells (NFAT, **Abb. 20.5**). Allerdings zeigen jüngere Untersuchungen, dass NFAT nicht nur in T-Zellen vorhanden ist, sondern z. B. auch in antigenpräsentierenden Zellen, sodass Ciclosporin A auch deren Funktion supprimiert.

Pharmakokinetik Ciclosporin A wird schnell resorbiert (T_{max} nach ca. 1,5 h). Die orale Bioverfügbarkeit ist jedoch variabel (im Mittel 35 %) und wird bei gleichzeitiger Fütterung zudem noch weiter reduziert. Es empfiehlt sich darum, zur Fütterung einen Abstand von mindesten 2 h einzuhalten. Bei Hunden liegen therapeutische Wirkspiegel bei 0,1–0,5 µg/ml (gemessen im Vollblut). Die Eliminationshalbwertszeit beträgt beim Hund 9–12 h. Ciclosporin A wird hauptsächlich biliär ausgeschieden.

Indikationen Ciclosporin A wird in der Tiermedizin lokal am Auge zur Behandlung der Keratokonjunktivitis sicca und systemisch bei der chronischen atopischen Dermatitis des Hundes angewendet. Es liegen auch erste positive Erfahrungen für die Therapie der felinen atopischen Dermatitis vor. Für folgende weitere Erkrankungen ist eine klinische Wirksamkeit von Ciclosporin A gezeigt worden: perianale Fisteln, immunvermittelte Enteritiden (z. B. eosinophile/granulomatöse Enteritis), immunvermittelte hämolytische Anämie sowie selektive Aplasie der Erythropoese bei der Katze.

Dosierung

- Katze: 7 mg/kg 1-mal täglich p. o.
- Hund: 5 mg/kg 1-mal täglich p. o.; bei klinischer Besserung kann die Gabe auf 5 mg/kg alle 2 Tage reduziert werden

Nebenwirkungen, Wechselwirkungen Im Vordergrund stehen gelegentliche temporäre gastrointestinale Nebenwirkungen (Erbrechen, Durchfall). Selten kommt es zu Anorexie und Gingivahyperplasie. Es ist davon auszugehen, dass eine Langzeitbehandlung die Inzidenz bestimmter Tumorerkrankungen erhöhen kann. Während der Behandlung mit Ciclosporin A beobachtete Lymphadenopathien sollten regelmäßig kontrolliert werden. Die beim Menschen beobachteten Nephropathien und die Erhöhung des Blutdrucks treten bei Hunden und Katzen in der therapeutischen Dosierung nicht auf. Da entsprechende Studien beim Hund fehlen (Herstellerangabe), empfiehlt sich die Anwendung des Wirkstoffs bei Zuchthunden nur nach Nutzen-Risiko-Analyse. Ciclosporin A ist plazenta- und milchgängig, daher ist die Behandlung laktierender Hündinnen nicht ratsam. Zwei Wochen vor und zwei Wochen nach Ciclosporinbehandlung soll keine Impfung mit Lebendimpfstoffen erfolgen.

Stoffe, die Cytochrom P450 (CYP 3A4) hemmen (z. B. Erythromycin, Ketoconazol), führen zu einer erheblichen Erhöhung der Ciclosporin-A-Blutspiegel, sodass eine Dosisanpassung erforderlich ist. Induktoren von Cytochrom

P450 (z. B. Barbiturate) senken die Blutspiegel von Ciclosporin A. Ciclosporin A ist ein Substrat des multidrug-resistance-transporter 1 (MDR-1) und kann daher den Efflux anderer Substrate (z. B. makrozyklische Laktone) beeinträchtigen.

20.3.5 Janus-Kinase-Inhibitoren

Janus-Kinasen (JAK) sind intrazelluläre Tyrosin-Kinasen, die Cytokin-mediierte Signale über den JAK-STAT Signalweg weiterleiten. STAT steht für signal transducer and activator of transcription. Dies sind Proteine, die durch die JAKs phosphoryliert werden und dann in den Zellkern wandern, um die Transkription spezifischer Zielgene zu modulieren. Es gibt vier JAKs (JAK 1, 2, 3 und Tyrosin-Kinase 2 bzw. TYK2), die als Homo- oder Heterodimere die Signale von Cytokinen (und einigen Wachstumsfaktoren) über eine STAT-Phosphorylierung weiterleiten. JAK-STAT-Inhibitoren verhindern eine Aktivierung der JAKs und die nachfolgende Phosphorylierung der STATs. Dadurch laufen die Cytokin-Signale ins Leere. Je nach Spezifität der JAK-Inhibitoren lässt sich die spezifische Cytokinantwort mehr oder weniger gezielt modulieren.

Oclacitinib

Mit Oclacitinib (**Abb. 20.6**) ist der erste Janus-Kinase-Inhibitor in der Tiermedizin zugelassen.

Pharmakodynamik Oclacitinib hemmt über eine präferenzielle Inhibition der JAK 1/2 die Funktion einer Vielzahl von pro-inflammatorischen Cytokinen. Zu diesen Cytokinen zählt auch IL-31, das neben proinflammatorischen Signalen auch direkt Nerven aktivieren und so Juckreiz auslösen kann. Allerdings ist Oclacitinib nicht spezifisch für die an allergischen Reaktionen beteiligten Cytokine (und Wachstumsfaktoren), sondern beeinflusst auch solche, die z. B. bei der Immunabwehr oder der Hämatopoese eine Rolle spielen.

Pharmakokinetik Oral verabreichtes Oclacitinib-Maleat wird bei Hunden schnell und fast vollständig resorbiert (Bioverfügbarkeit von nahezu 90 %). Maximale Plasmakonzentrationen sind innerhalb 1 h erreicht. Der Fütterungszustand des Hundes hat keinen signifikanten Einfluss auf die Geschwindigkeit oder das Ausmaß der Resorption. Oclacitinib hat eine recht hohe scheinbare Verteilung von etwa 1 l/kg und weist eine Proteinbindung von ca. 68 % auf. Die Plasmahalbwertszeit liegt bei 4 h. Oclacitinib wird größtenteils metabolisiert ausgeschieden. Es kommt zu keiner nennenswerten Hemmung des Cytochrom-P450-Systems, was die Gefahr von Arzneimittelinteraktionen reduziert.

Dosierung Die empfohlene Initial-Dosierung beträgt 0,4–0,6 mg/kg 2-mal täglich. Diese ist nach 14 Tagen auf eine Erhaltungsdosis von 0,4–0,6 mg/kg 1-mal täglich zu reduzieren. Es liegen jedoch Berichte aus der Praxis vor, wonach diese Dosisreduktion zu einem Wiederkehren der Symptome (Juckreiz/Läsionen) führen kann. Daher sollte die Dosisanpassung individuell erfolgen.

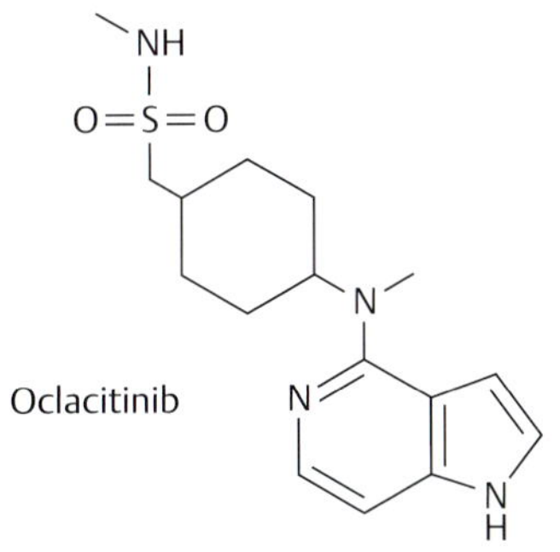

Abb. 20.6 Oclacitinib.

Nebenwirkungen Die häufigsten Nebenwirkungen sind Durchfall, Erbrechen und Anorexie, die bei etwa 2–5 % der behandelten Tiere auftreten. In einer publizierten Feldstudie zum Einsatz von Oclacitinib über 12 Wochen sind bei ca. 12 % der behandelten Tiere schwerwiegende Nebenwirkungen beschrieben, die aber überwiegend mit atopischer Dermatitis (Pyodermie, Hefeinfektion, Otitis externa) assoziiert waren. Demnach kommt es bei einigen Tieren zu einer transienten Leukopenie, wobei vor allem neutrophile Granulozyten reduziert sein können. Diese Leukopenie ist reversibel und scheint sich unter der Therapie zu normalisieren.

20.3.6 Modulatoren des Sphingosin-1-Phosphat-Rezeptors

Fingolimod

Fingolimod ist ein neuer Immunmodulator, der in der Humanmedizin zur Behandlung der multiplen Sklerose zugelassen ist. Es handelt sich um eine synthetische Nachbildung des natürlichen Wirkstoffs Myriocin aus dem Pilz *Isaria sinclairii* (**Abb. 20.7**).

Pharmakodynamik Fingolimod ist ein synthetisches Strukturanalogon zu Sphingosin. Sphingosin ist nicht nur ein wichtiger Bestandteil von Ceramiden und anderen Membranlipide, sondern ist in seiner phosphorylierten Form auch ein Mediator, der seine Wirkung über 5-G-Protein-gekoppelte Rezeptoren entfaltet. Fingolimod wird im Körper vergleichbar zu Sphingosin durch eine Kinase zu dem aktiven Wirkstoff phosphoryliert und wirkt dann an Sphingosin-Phosphat-Rezeptoren, die eine zentrale Rolle bei der Migration von Lymphozyten spielen. Das Einzigartige an dieser Immunmodulation ist, dass allein die Emigration von Lymphozyten aus dem lymphoiden Gewebe ins Blut reversibel gehemmt wird, ohne dass es zu einer Inhibition der Lymphozytenproliferation oder einer Apoptose kommt. Durch diese Lymphopenie lassen sich (überschießende) Immunreaktionen supprimieren. Erste tierexperimentelle Studien weisen darauf hin, dass Fingolimod nicht nur bei Autoimmunerkrankungen wie multipler Sklerose wirksam ist, sondern auch bei allergischen Erkrankungen wie Asthma und atopischer Dermatitis Anwendung finden kann. Eine Studie zur Pharmakokinetik und Pharmakodynamik bei Katzen zeigt, dass auch hier eine reversible Lymphopenie (und Neutropenie) ohne gravierende unerwünschte Wirkungen zu erzielen ist.

Spez. Pharmakologie

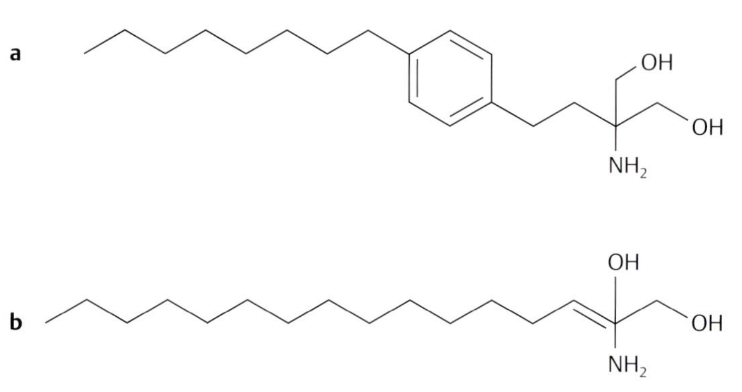

Abb. 20.7 Fingolimod (**a**) weist eine hohe strukturelle Homologie zu Sphingosin (**b**) auf. Beide Stoffe sind Substrat der Sphingosin-Kinase. Nach der Phosphorylierung sind Fingolimod und Sphingosin-1-Phosphat Liganden der Sphingosin-Rezeptoren, die eine zentrale Rolle bei der Steuerung der Lymphozytenzirkulation spielen.

Dosierung In experimentellen Studien liegt die orale Dosis von Fingolimod bei der Katze zwischen 0,05–0,3 mg/kg. Eine tägliche Gabe von 0,15 mg/kg über 30 Tage wurde gut vertragen. Beim Hund kamen in Studien zur Transplantatabstoßung Dosen von 0,03–3 mg/kg Fingolimod mit und ohne Kombination von Ciclosporin A zum Einsatz.

Nebenwirkungen Untersuchungen am Menschen weisen darauf hin, dass ein Langzeiteinsatz zu einer erhöhten Infektanfälligkeit führen kann. Dies gilt vor allem für Virusinfektionen. Es bleibt abzuwarten, ob sich Fingolimod als neuer Immunmodulator in der Human- und Veterinärmedizin etablieren wird.

20.3.7 Neue Entwicklungen von Biologika

Die Immunsuppression durch Biologika weist eine gewisse Spezifität auf, da Immunreaktionen selektiv blockiert werden. Während die chemischen Immunsuppressiva allgemein antiproliferative Wirkungen entfalten, richten sich die immunsuppressiv verwendeten Biologika in erster Linie gegen immunkompetente Zellen. Die Definition von Biologika ist meist sehr unscharf. Unter Biologika fallen in diesem Kapitel monoklonale Antikörper, rekombinante Cytokine (S. 551) und Fusionsproteine. Biologika werden als rekombinante Produkte hergestellt. Monoklonale Antikörper stammen in der Regel aus B-Zell-Hybridomen. Da dies häufig Maus-Antikörper sind, werden sie für die Anwendung am Menschen „humanisiert", d. h. immunologisch angepasst, um eine Immunreaktion gegen Fremdeiweiß zu unterbinden. Anpassungen an andere Zielspezies sind in der Entwicklung. Infliximab ist beispielsweise ein muriner Antikörper gegen das proinflammatorische Cytokin TNF-α, dessen konstanter Teil human ist (sogenannte Chimäre) und der u. a. zur Behandlung der rheumatoiden Arthritis und des Morbus Crohn zum Einsatz kommt. Fusionsproteine werden mit dem Ziel hergestellt, mehrere immunologische oder biologische Effektormechanismen mit ein- und demselben Produkt zu erreichen. Die Stoffnamen dieser Produkte enden mit „cept" (von „receptor"). So ist z. B. Etanercept ein Fusionsprotein, das aus der Ligandenbindungsdomäne des humanen Tumornekrosefaktor-Rezeptors 2 und der Fc-Untereinheit des humanen IgG1 zusammengesetzt ist. Etanercept fungiert als löslicher TNFα-Rezeptor und verhindert so, dass TNF-α seine biologische Funktion ausüben kann.

Durch die rasante Entwicklung der Biotechnologie sind nun erste Biologika mit hoher Spezifität zu Zieltierspezies (z. B. Hund) in klinischer Testung. Ein Erfolg versprechendes Beispiel ist ein „caninisierter" **monoklonaler anti-NGF** (nerve growth factor)-Antikörper, der sich in klinischer Testung zur Behandlung der Osteoarthritis des Hundes befindet. Erste Ergebnisse zeigen eine zu nichtsteroidalen Antiphlogistika vergleichbare schmerzlindernde Wirkung.

In der Tiermedizin findet normales **humanes Immunglobulin** (IVIg mit einem IgG-Anteil von 95 %) zur Behandlung schwerer Verlaufsformen der immunvermittelten hämolytischen Anämie des Hundes Einsatz.

Pharmakodynamik Die Immunglobuline besetzen die Fc-Rezeptoren von Makrophagen, sodass die Bindungsstellen gesättigt sind und zellgebundene Autoantikörper sich nicht mehr anlagern können. In vitro hat humanes Immunglobulin nachweislich das Binden von caninem IgG an Monozyten verhindert. Gleichzeitig wird die Phagozytose antikörperbeladener Erythrozyten unterbunden, was den möglichen Mechanismus zur Behandlung der Anämie darstellt. Weiterhin scheint humanes Immunglobulin auch die Funktion von B- und T-Zellen zu modulieren, weshalb Immunglobuline auch experimentell bei anderen Autoimmunerkrankungen Anwendung finden. Allerdings verbietet sich die breite Anwendung durch die sehr hohen Kosten.

Dosierung Das humane Immunglobulin wird i. v. als Dauertropf verabreicht (0,5–1,5 g/kg über 6–12 h). Es erfolgt eine Kombination mit weiteren Immunsuppressiva, wie z. B. Glucocorticoiden.

Nebenwirkungen Da humanes Immunglobulin in der Regel nur einmal verabreicht wird, treten kaum unerwünschte Wirkungen auf. Allerdings ist die Halbwertszeit bei Hunden kürzer (7–9 Tage) als beim Menschen, was auf eine endogene Antikörperbildung hinweisen kann. Daher ist bei wiederholter Gabe mit Hypersensitivierungsreaktionen zu rechnen.

FAZIT IMMUNSUPPRESSIVA

Immunsuppressiva stellen eine heterogene Klasse von Substanzen dar. Häufig werden Corticosteroide eingesetzt. Diese müssen in der Regel höher dosiert werden als beim Einsatz zur Behandlung von Allergien. Typische Vertreter sind Prednisolon und das stärker wirksame Dexamethason. Oft in Kombination mit Corticosteroiden werden Antimetaboliten wie das Azathioprin eingesetzt. Indikationen für diese Kombination sind u. a. Myasthenia gravis, immunvermittelte Enteritiden und die immunvermittelte hämolytische Anämie. Erst wenn diese Wirkstoffe nicht genügend wirksam sind, sollte auf alkylierende Substanzen wie Cyclophosphamid zurückgegriffen werden. Für die Behandlung allergischer Hauterkrankungen zeigen Corticosteroide eine gute Wirksamkeit wie auch das Ciclosporin A, dessen volle Wirkung sich aber erst innerhalb von 4–6 Wochen entfaltet. Der Vorteil des Janus-Kinase-Inhibitors Oclacitinib ist der sehr schnelle Effekt auf den Juckreiz und die Läsionen. Jedoch fehlen noch Langzeit-Sicherheits-Studien zu Oclacitinib.

Danksagung

Der Autor ist Herrn Prof. Dr. A. Strey für die Genehmigung zur Übernahme von Teilen seines Textes aus der 2. Auflage dieses Werkes (sowie Abbildungen und Tabellen) dankbar.

(Weiterführende) Literatur

[1] Day MJ. Immunomodulatory therapy. In Hillier A, Foster AP, Kwocka KW (Eds.). Advances in Veterinary Dermatology. Oxford, Iowa, Victoria: Blackwell Publishing; 2004; 5: 107–122

[2] Forsythe P, Paterson S. Ciclosporin 10 years on: indication and efficacy. Vet. Rec. 2014; 174 Suppl 2: 13–21.

[3] Linek M, Linek J, Kaps S, Mecklenburg L. Cyclosporin A: Ein Überblick über Anwendung, Wirksamkeit und Sicherheit bei Hunden. Tierärztl Praxis 2007; 35 (K): 333–343

[4] Moore CP. Immunomodulating agents. Vet Clin Small Anim 2004; 34: 725–737

[5] Nijkamp FP, Parnham MJ. Principles of Immunopharmacology. 3. Aufl. Basel, Boston, Berlin: Birkhäuser; 2011

21 Vitamine

W. Honscha

STECKBRIEF VITAMINE

Generell unterscheidet man **wasserlösliche** und **fettlösliche Vitamine**. Da vor allem die **wasserlöslichen Vitamine (Vitamine B und C)** von den meisten Tieren selbst bzw. von den im Magen-Darm-Trakt befindlichen Mikroorganismen gebildet werden, haben die **fettlöslichen (A, D, E, K) Vitamine** als Arzneimittel eine größere Bedeutung.

Eine andere **Einteilung der Vitamine** ist **hinsichtlich ihrer biologischen Funktion** möglich. Hier sind drei Hauptwirkungen der Vitamine zu nennen:

- Die Vitamine C, E und das Provitamin A (β-Carotin) fungieren als Antioxidanzien, indem sie direkt reaktive Sauerstoffspezies entgiften oder unterstützend bei der enzymatischen Umsetzung der Sauerstoffradikale durch die Katalase bzw. Glutathionperoxidase beteiligt sind.
- Die Vitamine B und K ermöglichen als Coenzyme wichtige anabole und katabole Stoffwechselwege und tragen so maßgeblich zur Funktionstüchtigkeit des Organismus bei.
- Die Regulation der Transkription und damit die Aktivität der Gene wird u. a. durch die Vitamine A und D beeinflusst. So stehen mehr als 50 Gene, die z. B. für verschiedene Wachstumsfaktoren, Hormone und Transkriptionsfaktoren kodieren, unter der transkriptionellen Regulation dieser Vitamine.

Der Begriff Vitamine wurde 1912 von Funk geprägt und bezeichnet eine chemisch uneinheitliche Gruppe von Verbindungen organischen Ursprungs, die essenziell für lebenswichtige Stoffwechselreaktionen sind. Im Gegensatz zum Menschen, der zur Eigensynthese der Vitamine nicht bzw. nur in unzureichendem Maße in der Lage ist, können verschiedene Tierarten ihren Vitaminbedarf ganz oder zumindest teilweise decken. Hierbei kommt der Resorption von Vitaminen, die durch im Gastrointestinaltrakt befindliche Mikroorganismen gebildet werden, eine besondere Bedeutung zu. Vitaminmangelzustände sind daher bei tierartgerechter Fütterung in der Regel nicht zu befürchten, da die heutigen Fertigfuttermittel ausreichend mit Vitaminen supplementiert sind und die Eigensynthese unterstützend hinzukommt.

Der heutige hohe Leistungsstand bei der Züchtung von Nutztieren und in der Mast sowie bei der Milch- und Eierproduktion führt jedoch zu einem erhöhten Vitaminbedarf der Tiere. Ferner sind in diesem Zusammenhang die Nutzung der Tiere zu sportlichen Zwecken und die Erhaltung der Gesundheit bei älteren Patienten zu nennen. Vitaminmangelzustände entwickeln sich stufenweise, sodass man zunächst von einer **Hypovitaminose** spricht, die dann ohne scharfe Abgrenzung in eine **Avitaminose** übergeht. Hierbei kommt es zunächst zu einer Entleerung der Gewebespeicher, gefolgt von einer Verringerung des Umsatzes und einer Reduktion der Ausscheidung der Vitamine. Bei

Fortschreiten der Mangelsituation fallen erste vitaminabhängige Stoffwechselreaktionen aus, und klinische Symptome werden sichtbar. Eine Avitaminose entspricht dem Vollbild der Mangelerkrankung und ist zu Beginn noch reversibel, führt jedoch schließlich zu irreversiblen Organ- und Gewebeschäden. Je nach Speicherfähigkeit für die einzelnen Vitamine treten erste Symptome eines Vitaminmangels nach unterschiedlich langen Zeiträumen auf (einige Tage bis hin zu mehreren Jahren). Als mögliche Ursachen für einen Vitaminmangel sind u. a. zu nennen:

- mangelnder Vitamingehalt im Futter
- ungenügende Futteraufnahme
- Störungen des Verdauungssystems (Diarrhö, Enteropathie), Resorptionsstörungen
- Therapie mit Antibiotika oder Chemotherapeutika (Sulfonamide) mit der Folge von Dysbakteriosen
- Leber- und Nierenfunktionsstörungen (eingeschränkte Synthese, Speicherfähigkeit)
- genetische Störungen, Störungen der Synthese bestimmter Vitamine
- verstärkter Vitamin-B_1-Abbau durch Thiaminasen
- Vergiftungen mit Cumarinen

Ein Überangebot von Vitaminen im Futter führt bei den meisten Mikronährstoffen zu einer verringerten Resorption. **Hypervitaminosen** mit damit einhergehenden ernsthaften Symptomen sind jedoch für die Vitamine A und D beschrieben. Daher wurden für die einzelnen Tierarten entsprechende Richtwerte für die Vitaminversorgung erarbeitet, um einerseits Hypervitaminosen und die nutzlose Gabe von Vitaminen zu verhindern, andererseits aber den leistungsabhängigen Bedarf der Tiere zu decken.

Über empfohlene Mengen an Vitaminzusätzen im Alleinfutter für verschiedene Tierarten informiert eine Broschüre, die von der Arbeitsgemeinschaft für Wirkstoffe in der Tierernährung herausgegeben wurde (www.awt-feed-additives.de).

21.1 Fettlösliche Vitamine

21.1.1 Vitamin A, Carotine

Vorkommen Vitamin A (Retinol) und dessen Derivate Vitamin-A-Aldehyd (Retinal) sowie die Vitamin-A-Säuren (Retinsäuren) und Retinylester (als Konjugationsprodukte mit Fettsäuren wie z. B. Palmitin-, Stearin-, Öl- und Linolsäure) kommen nur in Nahrungsmitteln tierischer Herkunft vor. Während in der Dorschleber bis zu 1 mg Vitamin A je Gramm Leber zu finden sind, schwanken die Vitamin-A-Gehalte in verschiedenen Organen in der Regel zwischen 30–560 µg pro kg Gewebe. Relativ hohe Gehalte mit bis zu 3 mg/kg Gewebe sind in Rindernieren zu finden. Carotine (vor allem β-Carotin), wie sie in grünen Pflanzenteilen und z. B. in Möhren vorkommen, können nach erfolgter Resorption in Retinol, Retinsäure und Retinylester umgewandelt werden. Daher bezeichnet man die Carotine auch als Provitamin A. Davon unabhängig entfaltet β-Carotin im Organismus auch eigenständige Wirkungen. Aufgrund der konjugierten Doppelbindungen kann Vitamin A schnell in Gegenwart von Luftsauerstoff, Wärme oder Licht oxidiert werden. Die Retinylester sind im Gegensatz dazu deutlich stabiler. Durch den Zusatz von Antioxidanzien wie z. B. Vitamin E lässt sich eine begrenzte Stabilisierung Vitamin-A-haltiger Präparate erzielen.

Pharmakodynamik Vitamin A hat sowohl intra- als auch extranukleäre Wirkungen. Vitamin A ist direkt in den **Sehzyklus** involviert, in dem es als 11-cis-Retinal zusammen mit Opsin das Rhodopsin bildet, das unter Einwirkung von Licht in all-trans-Retinal und Opsin zerfällt. Im Zellkern steuert Vitamin A weite Bereiche der Proliferation und der Differenzierung von Zellen (**Tab. 21.1**). Die exakte Regulation von mitotischen und apoptotischen Prozessen ist besonders essenziell bei Zellverbänden mit einer hohen Teilungsrate. Dies betrifft vor allem die Haut oder Hornhaut der Augen, sodass sich eine Unterversorgung mit Vitamin A gerade hier manifestiert. Aus diesem Grund spielt Vitamin A eine wichtige Rolle bei Regenerationsprozessen nach traumatischen Verletzungen von Geweben, aber auch im Rahmen von Tumorerkrankungen zur Wiederherstellung der Gewebshomöostase. Vitamin A fördert die zelluläre und humorale Immunantwort. Ebenso werden Maturationsprozesse während der Spermatogenese und der Oogenese sowie die Morphogenese von Geweben und Organen während der Embryonalentwicklung beeinflusst. Vitamin A bzw. Retinsäure regt in Granulosazellen die Synthese von Estrogen an, während β-Carotin die Progesteronbildung in den Gelbkörpern steigert und so maßgeblich die Funktionsfähigkeit der Uterusmukosa und die Implantation beeinflusst. Die Expression von Proteinen respektive deren Expressionsstärke wird dagegen vornehmlich über die Retinsäure durch Interaktion mit nukleären Rezeptoren reguliert (**Abb. 21.1**).

Die Oxidation von Retinol über Retinal zu Retinsäure erfolgt in einem zweistufigen, durch Dehydrogenasen vermittelten Prozess. Die entstehende all-trans-Retinsäure (all-trans-RA) kann durch Isomerisierung zu 9-cis-Retinsäure (9-cis-RA) umgesetzt werden. Diese Retinsäurederivate sind teilweise an ein zelluläres Retinsäure-Bindungsprotein vom Typ I (CRABP I), das mit Ausnahme der Haut (hier findet sich CRABP II) in nahezu allen Organen exprimiert wird, gebunden. In freier Form lagert sich all-trans-RA bevorzugt an den Retinsäure-Rezeptor (RAR) an, während 9-cis-RA sowohl mit RAR wie auch mit dem Retinsäure-X-Rezeptor (RXR) interagieren kann, nachdem die Retinsäurederivate über einen bisher unbekannten Mechanismus in den Zellkern gelangt sind. Die RXR-Homodimere bzw. die Heterodimere aus RAR und RXR binden dann an die entsprechenden Response-Elemente (RXRE, RARE) und können dadurch die Genaktivität induzieren. Dieser Mechanismus der Genregulation durch Vitamin-A-Metabolite betrifft eine Vielzahl von verschiedenen Genen und erinnert damit z. B. an die durch Glucocorticoide vermittelte Aktivierung von Genen.

Pharmakokinetik Da generell für die Resorption dieser fettlöslichen Vitamine und deren Vorstufen die Bildung von Micellen essenziell ist, ist die Resorptionsrate stark vom Lipidgehalt des Futters und einer funktionierenden Fettverdauung abhängig.

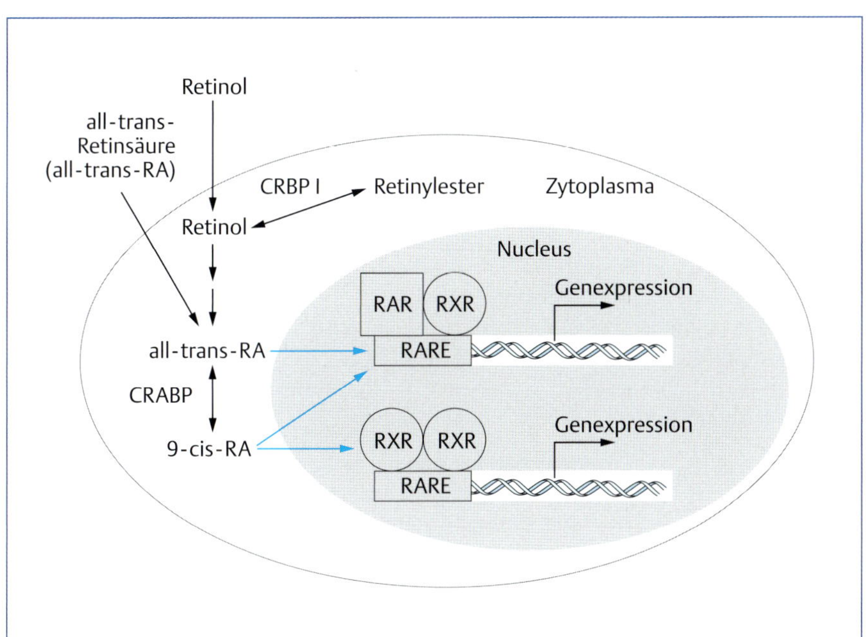

Abb. 21.1 Regulation der Genexpression durch Vitamin A. 9-cis-Retinsäure (9-cis-RA) und all-trans-Retinsäure (all-trans-RA) binden an verschiedene nukleäre Bindungsproteine wie RXR (Retinsäure-X-Rezeptor) und RAR (Retinsäure-Rezeptor), die dann mit RARE (Retinsäure-Response-Elementen) im Promotorbereich von nachgeschalteten Genen interagieren und so die Genaktivität beeinflussen. Nähere Details im Text [2].

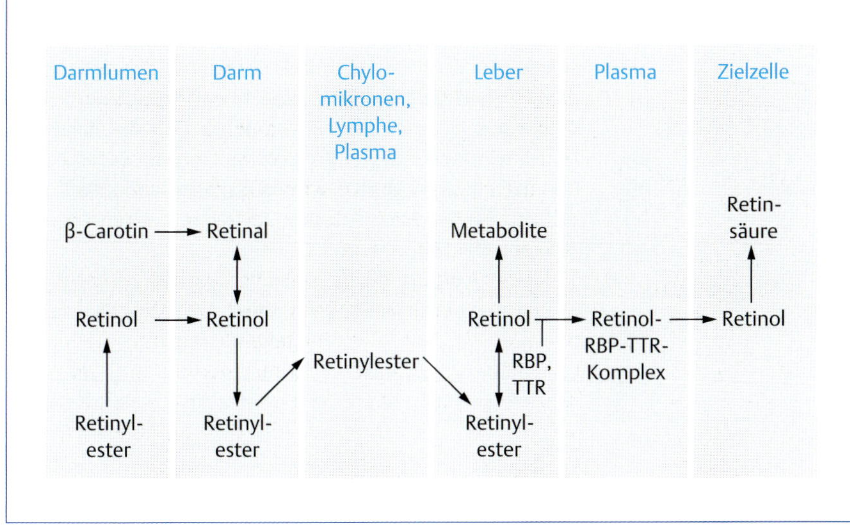

Abb. 21.2 Resorption und Verteilung von β-Carotin und Vitamin A [5].

Im Futter enthaltene Retinylester werden durch Pankreas-Lipasen bzw. Carboxylester-Hydrolasen zu Retinol umgesetzt; die Resorption erfolgt, in Micellen eingebaut, durch die Vermittlung des Retinolbindungsproteins vom Typ II (RBP II) über die Bürstensaummembran der Dünndarmepithelzellen (**Abb. 21.2**). In hohen Konzentrationen gelangt Retinol auch mittels passiver Diffusion in die Enterozyten. Die in sehr geringen Mengen im Futter vorkommende all-trans-Retinsäure, die jedoch im Vergleich zu Retinol 100–1000-fach stärker wirksam ist, gelangt über passive Diffusion in die Enterozyten und wird nach Bindung an Albumin systemisch verteilt. In den Darmzellen wird luminal resorbiertes β-Carotin zu Retinal, das zu Retinol reduziert wird. Als intrazelluläre Bindungsproteine für Retinol und Retinal fungieren aus der Gruppe der Fatty-acid-binding-Proteine die zellulären Retinolbindungsproteine I und II (CRBP I und II). Während CRBP I vor allem in Leber, Niere und Nebenhoden exprimiert wird, kommt CRBP II fast ausschließlich in Darmepithelzellen vor. Durch die Acyl-CoA-Retinol-Acyltransferase (ARAT), die nur freies Retinol umsetzen kann, und die Lecithin-Retinol-Acyltransferase (LRAT), die freies und an CRBP II gebundenes Retinol verstoffwechseln kann, entstehen als eigentliche Transportform wiederum Retinylester. Die so gebildeten Retinylester werden in Chylomikronen verpackt über Lymphe und Blut zur Leber transportiert. Ein kleinerer Anteil gelangt in Fett, Muskeln, Niere und Knochenmark. In der Leber werden die Retinylester nach Spaltung und erneuter Veresterung in Kupffer-Zellen gespeichert. Für die Abgabe in das Blut erfolgt eine Esterspaltung, und das freie Retinol bildet mit RBP und Transthyretin (TTR) einen Retinol-RBP-TTR-Komplex, der über den systemischen Kreislauf zu den Zielzellen gelangt. Hunde und andere Carnivoren sind nicht in der Lage, in der Leber RBP zu bilden, hier werden die Retinylester an Lipoproteine gebunden transportiert. In den Zielzellen wird dann aus freigesetztem Retinol die

Retinsäure. Der Metabolismus von Vitamin A und seinen Derivaten erfolgt größtenteils in der Leber durch Cytochrom-P450-Isoenzyme, wobei teilweise noch aktive Metabolite entstehen. Im Anschluss daran kommt es zur Glukuronidierung und Elimination über die Galle, bei der diese Phase-II-Metabolite teilweise im Sinne eines enterohepatischen Kreislaufs rezirkulieren.

Die Neonaten von Rindern, Schafen und Pferden weisen einen geringen Plasmagehalt an Vitamin A auf. Der Vitamin-A-Gehalt bei Pferden ist abhängig von der Höhe an β-Carotin im Futter und steigt dementsprechend mit der Verfütterung von Grünfutter. Nach Ausbildung der Vormägen bei Rindern und Schafen findet ein beträchtlicher mikrobieller Abbau von Vitamin A statt. Bei guter Versorgungslage reichen die Speicher für Vitamin A bei diesen Tierarten bei nachfolgender Unterversorgung für drei bis vier Monate. In dieser Zeit verringert sich jedoch auch die Speicherfähigkeit der Leber für dieses Vitamin.

Mangelzustände In **Tab. 21.1** sind zusammenfassend die physiologischen Funktionen von Vitamin A, die Folgen einer Unterversorgung und die toxischen Effekte einer Hypervitaminose dargestellt, wobei auffällt, dass in vielen Fällen gleichartige Effekte sowohl durch einen Vitamin-A-Mangel wie auch durch ein Überangebot ausgelöst werden können.

Wie sich aus der physiologischen Bedeutung ableiten lässt, stehen im Falle einer Unterversorgung (Hypovitaminose) mit Vitamin A und dessen Vorstufen zunächst **ophthalmologische Störungen** (Trübung der Kornea mit Nachtblindheit und Bindehautentzündungen), **Veränderungen der Schleimhäute** (insbesondere der Tracheal- und Bronchialschleimhaut) und epitheliale Veränderungen in Form von **follikulären Hyperkeratosen** im Vordergrund. Bei Avitaminosen (Entleerung der Speicher) treten **Fruchtbarkeitsstörungen** bis hin zu Unfruchtbarkeit und bei Feten **Wachstumsstörungen** der langen Röhrenknochen sowie Missbildungen des Gastrointestinal- und Urogenitaltrakts auf. Bei Neonaten führt die **Atrophie der Darmschleimhaut** zusätzlich zu einer Beschleunigung der sich ausbildenden Avitaminose. Vitamin-A-Mangel aufgrund falscher Fütterung (zu geringer Anteil an Pflanzen) ist auch bei Sumpf- und Wasserschildkröten beschrieben und äußert sich in hervorstehenden, verklebten Augen.

Toxizität Bei Hunden und Katzen findet auch bei über den Bedarf hinausgehender Aufnahme eine hohe Verwertung von Vitamin A statt. Bei einem Überangebot an Vitamin A, z. B. durch zusätzliche tägliche Verfütterung von Fisch-, Wiederkäuer- oder Schweineleber, sodass mehr als 10-fach höhere Konzentrationen von Vitamin A und dessen Ester auftreten, reagieren Hunde mit **ZNS-Störungen** in Form von Übererregbarkeit, Zittern und Verminderung der Futteraufnahme. Ferner sind **Haarausfall, Entkalkung der Knochen, Lahmheiten** und **Abfall der Thyroxin-Plasmaspiegel** zu beobachten. Katzen reagieren mit **Störungen des Knorpelgewebe**- und des Knochenwachstums. Bei Schweinen wurde eine hochgradige **Stützbeinlahmheit** festgestellt und im weiteren Verlauf bei moderat beeinträchtigtem Wachstum des Rumpfskeletts fanden sich star-

Tab. 21.1 Physiologische Bedeutung und Folgen einer Unterversorgung bzw. eines Überangebots an Vitamin A.

Funktion	Folgen einer Hypovitaminose/Avitaminose	Folgen einer Hypervitaminose
Bildung von Rhodopsin	Nachtblindheit	
Regulation des Wachstums und der Differenzierung bei Embryonen	Missbildungen, Absterben der Embryonen	Missbildungen
Förderung der Bildung von Wachstumsfaktoren und -hormonen	Wachstumshemmung	Wachstumshemmung
Regulation des Stoffwechsels von Epithel- und Drüsenzellen, Hemmung der Keratinbildung	metaplastische Verhornung der Epithelzellen, Xerophthalmie und Keratomalazie durch verminderte Tränendrüsensekretion	Schuppenbildung, Verhornung der Haut
Förderung der Funktion der Keimdrüsen (Estrogen- u. Progesteronsynthese in den Ovarien, Testosteronsynthese in den Interstitialzellen, Steigerung der Synthese des androgenbindenden Proteins in Sertolizellen, Teilung der Spermatozyten, Bildung von Spermien)	Unfruchtbarkeit	
Zunahme der Zahl der Osteoblasten und Stimulation der für die Mineralisierung der Knochen wichtigen alkalischen Phosphatase	Wachstumshemmung	Wachstumshemmung, Kalkeinlagerung in Sehnen und Gelenkkapseln, Exostosen, Spondylose
Stimulation von Makrophagen und Neutrophilen, Vermehrung von Plasmazellen, Abwehr von Tumorzellen	Infektanfälligkeit	
Erhaltung des Differenzierungszustands von Epithelzellen, Hemmung der Bildung von Tumorzellen	Tumorigenese	

ke **Deformationen der Gliedmaßen** mit deutlich verringertem Wachstum durch vorzeitigen Schluss der Epiphysenfugen.

Indikationen, Dosierung Vitamin-A-Präparate werden zur Förderung des Wachstums und der Fortpflanzung, zur Aktivierung des Immunsystems und zur Regeneration von Gewebe nach Verletzungen und Operationen eingesetzt. Neben einem Monopräparat zur oralen Anwendung sind verschiedene Kombinationspräparate mit tiermedizinischer Zulassung auf dem Markt. Häufig ist hierbei die Kombination mit Vitamin E zu finden, um dessen antioxidativen Effekt auszunutzen. Daneben ist auch die Kombination mit Vitamin D_3 im Angebot. Es ist zu beachten, dass Vitamin D_3 die Wirkung von Vitamin A auf den Knochenstoffwechsel verstärkt, sodass ein additiver Knochenresorptionseffekt ausgelöst werden kann. Die orale Gabe von Vitamin-A-Präparaten ist im Vergleich zur i. m. Injektion weniger effektiv hinsichtlich der Auffüllung der Speicher. Auch bei Schweinen ist die i. m. Injektion einer mit Wasser mischbaren Zubereitung anderen Applikationsformen vorzuziehen. Die i. m. Injektion einer öligen Vitamin-A-Lösung hat eine verzögerte Anflutung und Elimination zur Folge.

Für die einmalige **i.m. Gabe** werden folgende Dosierungen bezogen auf Retinol pro kg KG vorgeschlagen, wobei 1 IE Vitamin A 0,3 µg Retinol entspricht:

- Hund: 0,45 mg/kg i. m.
- Schwein: 0,9 mg/kg i. m.
- Rind: 0,9 mg/kg i. m.
- Kalb: 3,6 mg/kg i. m.
- Schaf, Ziege: 1,8 mg/kg i. m.
- Pferd: 0,45 mg/kg i. m.

Nach 4–6 Wochen ist die Verabreichung gegebenenfalls zu wiederholen.

Für die **orale Gabe** über zwei Tage werden pro kg KG und Tag folgende Dosierungen von Vitamin A vorgeschlagen:

- Hund, Katze: 0,5–1,5 mg/kg p. o.
- Ferkel: 0,5–1 mg/kg p. o.
- Läufer: 1–2 mg/kg p. o.
- Fohlen, Kalb, Schwein: 1 mg/kg p. o.
- Pferd, Rind: 0,25–0,5 mg/kg p. o.

Wartezeiten sind bei der oralen Verabreichung nicht einzuhalten. Die Wartezeit nach i. m. Gabe liegt zwischen 10 und 40 Tagen je nach Präparat.

Carotine

Carotine und Carotinoide aus grünen Pflanzenteilen werden nach Freisetzung aus der Proteinbindung in Micellen aufgenommen und gelangen dann in die Darmzellen. Dort erfolgt mit unterschiedlicher Effektivität bei den einzelnen Spezies die Umsetzung zu Retinal durch eine Dioxygenase (**Abb. 21.3**). Während Säuger zwischen 400–600 IE Vitamin A pro mg β-Carotin bilden, kann Geflügel aus 1 mg β-Carotin bis zu 1700 IE Vitamin A synthetisieren. Im Gegensatz zum Hund ist die Katze nicht zur Bildung von Retinal aus β-Carotin fähig. Die Aktivität der Dioxygenase, die außer in den Enterozyten noch in der Leber vorkommt, hängt von der Resorptionsrate an Vitamin A und β-Carotin ab. Die höchste Wirksamkeit ist bei β-Carotin gegeben, während α- und γ-Carotin nur noch zu ca. 50 % verwertbar

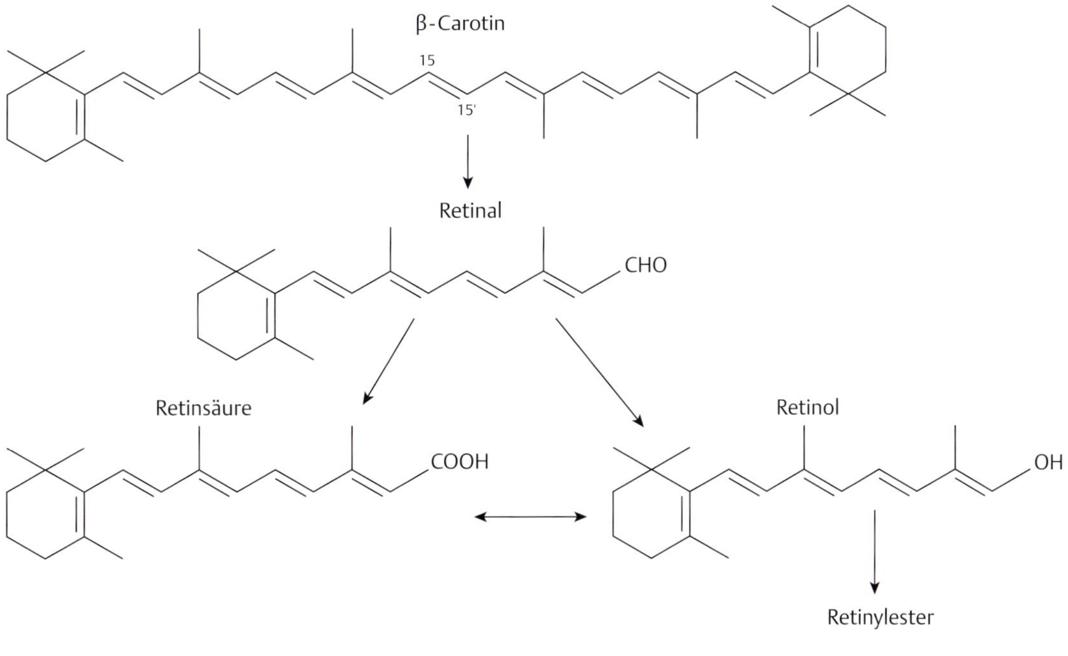

Abb. 21.3 Metabolismus von β-Carotin zu Vitamin A und dessen Derivaten.

Spez. Pharmakologie

sind. β-Carotin wird bei Pferd und Rind und in sehr geringen Mengen auch beim Schwein in Chylomikronen eingelagert, während Geflügel die Carotine in größerem Maße nach Bindung an Lipoproteine im Fett und im Dotter speichert. Bei Rindern werden 80 % des β-Carotins an Lipoproteine der HDL-Fraktion (high density lipoprotein) gebunden und zu Tertiärfollikel und Gelbkörper transportiert, während das an LDL (low density lipoprotein) angelagerte Carotin in die Milchdrüse gelangt, wo die Umsetzung zu Vitamin A erfolgt. Bei Pferden findet eine hohe Anreicherung von β-Carotin im Kolostrum statt, sodass es bei Fohlen zu einem beträchtlichen Anstieg der Plasmaspiegel kommt. Hohe Konzentrationen an β-Carotin sind auch im Ovar nachweisbar, wo es zu Vitamin A und später zu Retinsäure umgesetzt wird. Im Gegensatz zum Schwein, das β-Carotin in Lunge und Leber anreichert, findet beim Pferd keine Speicherung in der Leber statt. Da bei Rindern der transplazentare Transport von β-Carotin begrenzt ist und die Leber der Feten nur eine geringe Speicherfähigkeit für Vitamin A besitzt, sind die Neugeborenen auf die Aufnahme von Kolostrum angewiesen, um ausreichende Plasmaspiegel aufzubauen. Kälber sind in der Lage, enteral aufgenommenes β-Carotin effektiv in Vitamin A umzuwandeln, jedoch sinkt bei Kälbern, Lämmern und Schweinen mit steigender β-Carotinzufuhr das Umwandlungsverhältnis. Nach Ausbildung der Vormägen werden ca. 10–15 % des aufgenommenen β-Carotins abgebaut. Wiederkäuer nehmen während der Grünfutterperiode über den Bedarf hinausgehende Mengen an β-Carotin auf, während im Winter und im Frühjahr die Blutplasmaspiegel auf ca. ⅓ abfallen. Zu diesem Zeitpunkt können gehäuft Störungen der Fortpflanzung auftreten, indem die Ausreifung von Tertiärfollikeln gehemmt wird.

21.1.2 Vitamin D

Vorkommen Zu Beginn des 20. Jahrhunderts konnte gezeigt werden, dass die damals weit verbreitete Rachitis durch Bestrahlung mit UV-Licht heilbar ist. Zur gleichen Zeit kam versuchsweise erhitzter Lebertran zur Therapie der Rachitis zum Einsatz. Da durch die Erhitzung das darin befindliche Vitamin A zerstört wurde, kam man zu dem Schluss, dass es sich bei dem Stoff, der in der Lage ist, die Rachitis zu verhindern, um ein weiteres Vitamin handeln musste. Die Vitamine A, B und C waren zu diesem Zeitpunkt bereits bekannt, weshalb man den neu entdeckten Stoff als Vitamin D bezeichnete. Die heute von unseren Haustieren abverlangten hohen Leistungen, wie Milch- und Legeleistung, schnelles Wachstum bei Masttieren und große Wurfgrößen bei Zuchttieren, verlangen eine ausreichende Versorgung mit Kalzium, Phosphat und auch Vitamin D. Vitamin D kann über das Futter aufgenommen und auch selbst synthetisiert werden. Heu beispielsweise enthält ca. 500 IE/kg pflanzliches Vitamin D_2, Dorschlebertran 1–3-mal 10^5 IE/kg Vitamin D_3, wobei 1 IE 0,025 µg Vitamin D_3 entspricht.

Pharmakodynamik Vitamin D ist im Organismus im Zusammenspiel mit **Parathormon** und **Calcitonin** für die Aufrechterhaltung der **Kalzium- und Phosphathomöostase** im Blut und die Regulation der Knochendichte verantwortlich. Zu diesem Zwecke stimuliert es als Steroid die Transkription verschiedener Gene in Darm, Niere, Knochen und Nebenniere. Nach dem Eintritt in die Zielzellen wird Vitamin D an den intrazellulären **Vitamin-D-Rezeptor (VDR)** gebunden. Dieser verbindet sich mit dem **Retinoid-X-Rezeptor**. Das daraus entstehende Dimer wandert in den Zellkern und bindet dort an bestimmte Bindungssequenzen im Promotorbereich diverser Gene. Neben den klassischen Zielgeweben der kalzämischen Wirkung wird der VDR auch in vielen anderen Geweben exprimiert. So nimmt Vitamin D z. B. positiven Einfluss auf den Immunstatus, indem es die Myelopoese und die Leistungsfähigkeit von Leukozyten fördert. Durch eine Aktivierung von Suppressor-T-Lymphozyten hemmt Vitamin D Autoimmunerkrankungen. Außerdem hat das Vitamin einen Einfluss auf das Herz-Kreislaufsystem, das endokrine System sowie auf die Zelldifferenzierung und das Zellwachstum. Ferner ist für Nutztiere von Bedeutung, dass Vitamin D auch an der Regulation des **Magnesiumstoffwechsels** beteiligt ist. Im Pansenepithel der Wiederkäuer sind Rezeptoren für Vitamin D vorhanden, die eine Steigerung der Magnesiumresorption aus den Vormägen vermitteln. Gleichzeitig, und zwar mit größerer Intensität, wird durch Einschränkung der tubulären Rückresorption die renale Ausscheidung von Magnesium erhöht. Aus diesen Gründen tritt im Ergebnis der Gabe hoher Dosen von Vitamin D oder seiner Metaboliten eine **Hypomagnesiämie** auf.

Bei zu niedrigen Blutkalziumspiegeln fördert Vitamin D in der aktiven Form (1,25-Dihydrocholecalciferol, Calcitriol) die Resorption von Kalzium aus dem Darm durch Transkriptionssteigerung des Kalzium-bindenden Proteins Calbindin und den vermehrten Einbau von apikalen Kalziumkanälen und basolateralen Kalziumpumpen in die enteralen Epithelzellen. In hohen Dosen führt Vitamin D zu einer Aktivierung von Osteoklasten und damit zu einer Mobilisierung von Kalzium aus den Knochen.

Pharmakokinetik Die meisten Haussäugetiere können Vitamin D selbst synthetisieren. Eine Ausnahme bilden Hunde und Katzen, denen ausreichende Mengen an 7-Dehydrocholesterol in der Haut als Ausgangssubstanz fehlen. Die Eigensynthese von Vitamin D geschieht unter Einwirkung von UV-B-Strahlung in den basalen Zellen der Epidermis. Das Sterangerüst der Vitamin-D-Vorstufe 7-Dehydrocholesterol (**Abb. 21.4**) wird nach Aufnahme von Photonen im B-Ring gespalten, sodass Prävitamin D_3 entsteht (Photoisomerisierung). Dieses ist thermodynamisch instabil (Thermoisomerisierung) und wird in das Secosteroid Vitamin D_3 umgewandelt, anschließend mittels des Vitamin-D-bindenden Proteins auf dem Blutweg zur Leber transportiert und dort schließlich zu 25-Dihydroxycholecalciferol metabolisiert. Überschießende Vitamin-D-Konzentrationen durch starke Sonneneinstrahlung unterbleiben aufgrund der Photosensibilität von Prävitamin D_3, da eine weitere UV-Bestrahlung dieses in physiologisch inaktives **Lumisterol** und **Tachysterol** umwandelt. Da aus Lumisterol bei mangelnder UV-Bestrahlung und einem Bedarf an Vitamin D wieder Vitamin D_3 entstehen kann, dient es als effektiver Speicher. Bei nicht in Ställen gehalte-

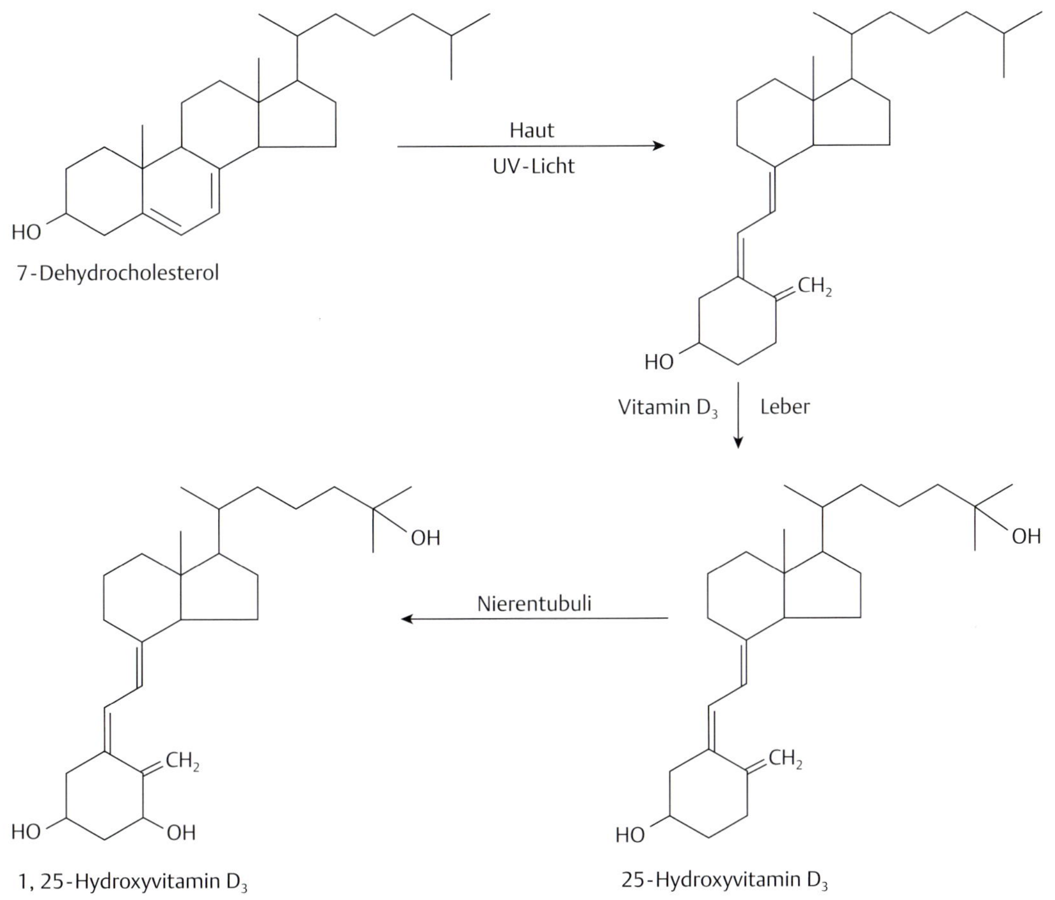

Abb. 21.4 Synthese von 1,25-Dihydroxyvitamin D_3.

nen Tieren sind bis zu 90 % des Vitamin-D-Bedarfs über die Eigensynthese in der Haut abgedeckt. Vitamin D kann aber auch über die Nahrung aus pflanzlichen Futtermitteln als **Ergocalciferol** (Vitamin D_2) oder häufiger als dessen Vorstufe **Ergosterol** aufgenommen werden. **Cholecalciferol** (Vitamin D_3) ist nur in tierischen Produkten zu finden. Bei Säugetieren haben Vitamin D_3 und Vitamin D_2 nahezu die gleiche biologische Wirksamkeit. Bei Vögeln hingegen findet nur eine geringe Bindung von Vitamin D_2 an das Vitamin-D-bindende Protein statt, sodass im Vergleich zu Vitamin D_3 nur 1–10 % der physiologischen Wirksamkeit erreicht werden.

Über die Nahrung aufgenommenes Vitamin D kann bei intakter Fettverdauung im Dünndarm resorbiert und mittels Chylomikronen über die Lymphe in das Blutgefäßsystem transportiert werden. Die Umwandlung zu **25-Hydroxycholecalciferol (Calcidiol)** erfolgt in der Leber durch mischfunktionelle Monoxygenasen (**Abb. 21.5**). Die Leber ist somit am Metabolismus von Vitamin D beteiligt, ist aber bei Säugetieren, im Gegensatz zu Fischen, kein Speicherort. Das aufgrund seiner Lipophilie im Fettgewebe befindliche Vitamin D sowie das an das Vitamin-D-bindende Protein gebundene 25-Hydroxycholecalciferol stellen die Vitamin-D-Depots der Säugetiere dar. Die Umwandlung in die biologisch aktive Form von Vitamin D, 1,25-Dihydroxycholecalciferol (Calcitriol), findet in den proximalen Tubuluszellen der Niere und vermittelt durch eine mitochondriale 1α-Hydroxylase statt. Während der Trächtigkeit erfolgt diese zweite Hydroxylierungsreaktion auch in der Plazenta. In einer weiteren Hydroxylierungsreaktion in der Niere kann 25-Hydroxycholecalciferol zu 24,25-Dihydroxycholecalciferol inaktiviert werden. Beide Hydroxylierungsreaktionen unterliegen physiologisch einer strengen Regulation. Parathormon aktiviert die Bildung von aktivem 1,25-Dihydroxycholecalciferol. Die Anwesenheit von 1,25-Dihydroxycholecalciferol selbst und Phosphat hemmen die Reaktion, was Hyperkalzämien verhindert. Im Gegensatz dazu wird die Bildung von biologisch inaktivem 24,25-Dihydroxycholecalciferol durch Parathormon gehemmt und durch 1,25-Dihydroxycholecalciferol und Phosphat stimuliert.

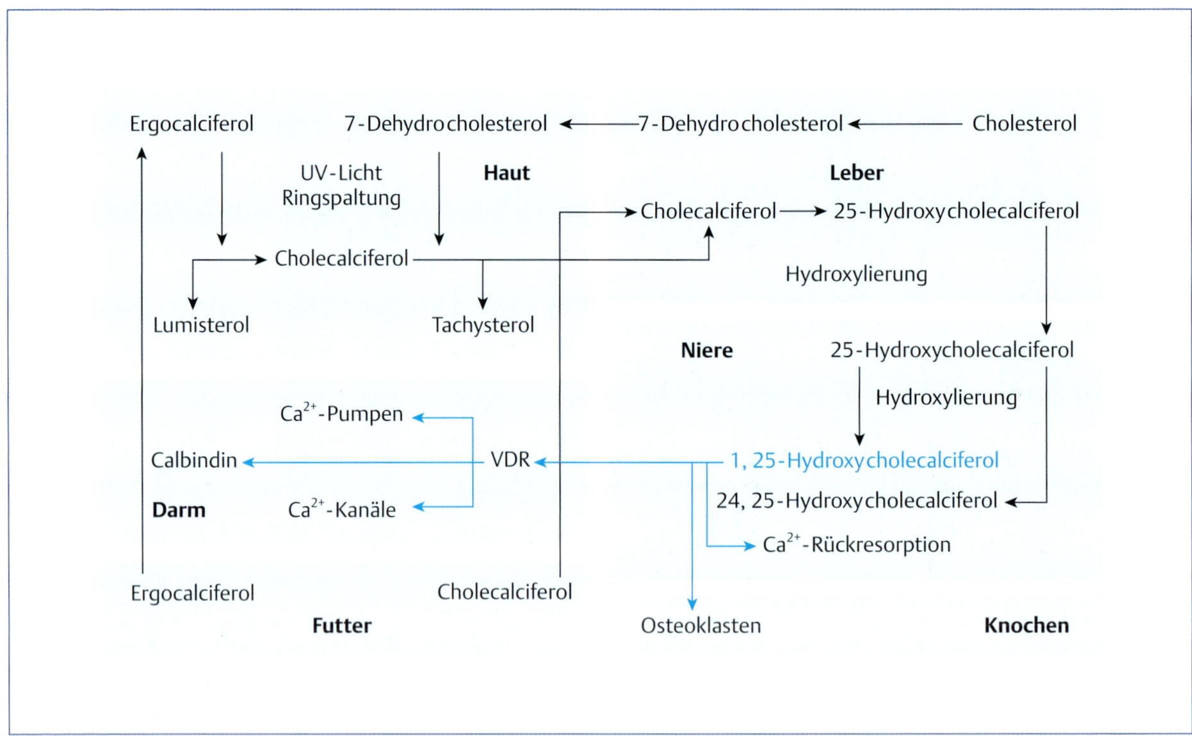

Abb. 21.5 Metabolismus von Vitamin D und seinen Vorstufen.

Mangelzustände Durch Vitamin-D-Mangel kommt es zu einer nicht ausreichenden Resorption von Kalzium und Phosphat aus dem Darm mit Auswirkungen auf den Mineral- und Knochenstoffwechsel, wodurch sich letztendlich ein Hyperparathyreoidismus entwickelt. Bei juvenilen Tieren äußert sich der Vitamin-D-Mangel als Rachitis. Die Knorpel der Epiphysenfugen verkalken nicht oder nur unzureichend. Das Längenwachstum wird inhibiert, und es kommt zu typischen Auftreibungen im Bereich der Epiphysen. Die wachstumsbedingte Gewichtszunahme und die mangelhafte Mineralisation der Knochen haben eine **Deformation des Skeletts** zur Folge. Der Zahnwechsel tritt nur verzögert ein, und es sind charakteristische Schmelzdefekte erkennbar. Bei adulten Tieren führt Vitamin-D-Mangel zu **Osteomalazie**. Das im Zuge des kontinuierlichen Umbaus von Knochensubstanz durch Osteoklasten abgebaute Knochengewebe kann beim Wiederaufbau durch Osteoblasten nur unzureichend mineralisiert werden. Bei lang anhaltendem Vitamin-D-Mangel kommt es zu **Mikrofrakturen** mit konsekutiven Deformationen der Knochen. Betroffen sind dabei hauptsächlich die mechanisch stark belasteten Knochen. Neuere epidemiologische Untersuchungen aus der Humanmedizin legen den Schluss nahe, dass ein Vitamin-D-Mangel auch bei der Pathogenese von chronischen Erkrankungen, wie z. B. Autoimmunerkrankungen (Diabetes Typ 1), entzündlichen Darmerkrankungen, Immunschwäche (Atemwegsinfekte) und kardiovaskulären Erkrankungen (arterielle Hypertonie), eine Rolle spielt. Ein Vitamin-D-Mangel findet sich häufig bei Krebspatienten und ist mit der Krankheitsprogression korreliert. Die Supplementierung mit Vitamin D senkte hierbei deutlich das relative Risiko, an Krebs zu erkranken bzw. das Risiko Metastasen zu entwickeln.

Zum Nachweis eines Vitamin-D-Mangels sollte die Serumkonzentration von 25-Hydroxycholecalciferol statt die des aktiven 1,25-Dihydroxycholecalciferol ermittelt werden, da 25-Hydroxycholecalciferol eine längere Halbwertszeit besitzt und im Vergleich zu 1,25-Dihydroxycholecalciferol weniger ausgeprägt kurzfristigen Regulationen unterliegt. Die labordiagnostische Bestimmung der 25-Hydroxycholecalciferolkonzentration ist auch deswegen sinnvoll, da eine von der 1,25-Dihydroxycholecalciferol-Serumkonzentration unabhängige positive Wirkung von 25-Hydroxycholecalciferol auf den Knochenstoffwechsel anzunehmen ist.

Vitaminmangelzustände können durch eine unzureichende UV-Bestrahlung, z. B. im Winter, eine unzureichende Versorgung über die Nahrung oder durch eine gestörte Metabolisierung des Vitamins entstehen. Ein zusätzlicher Kalziummangel im Futter oder ein erhöhten Bedarf, z. B. durch Laktation, hohe Legeleistung oder Wachstum, verstärken die Symptome.

Bei einigen Erkrankungen, z. B. Tuberkulose oder Sarkoidose, die mit einer Granulombildung einhergehen, steigt die Bildung des aktiven Metaboliten 1,25-Dihydroxycholecalciferol, was zur Ausbildung einer Hyperkalzämie führen kann.

Toxizität Bei übermäßiger Vitamin-D-Gabe über das Futter kann es zu Kalzium- und Phosphatablagerungen in Weichteilgeweben (z. B. Herz, Niere, Blutgefäße) kommen. Solche als Kalzinosen bezeichneten Erscheinungen sind beim Rind auch nach Aufnahme von Goldhafer (*Trisetum flavescens*) zu beobachten, da dieser glykosidisch gebundenes 1,25-Dihydroxycholecalciferol enthält. Die Verabreichung überhoher Dosen kann zu einer akuten Intoxikation mit plötzlichen Todesfällen führen, wie sie bei Schweinen, Pferden und Primaten beschrieben sind.

Indikationen Die klassische Anwendung für Vitamin D ist die Prophylaxe von Rachitis und Osteomalazie. Voraussetzung für einen Therapieerfolg ist dabei aber, dass auch ausreichende Mengen an Kalzium und Phosphat im Futter vorhanden sind. Weiterhin kommt Vitamin D zur Prophylaxe der Gebärparese beim Rind zum Einsatz. Nach der Kalbung muss der Kalziumhaushalt des Muttertieres von einem relativ geringfügigen Mehrbedarf durch den Fetus während der Gravidität zu einem wesentlich höheren Bedarf durch die Laktation (v. a. Hochleistungskühe) umgestellt werden. Vitamin D fördert die Kalzium- und damit auch die Phosphatresorption, gleichzeitig inhibiert es die Kalzium- und Phosphatausscheidung, wodurch deren Serumkonzentrationen ansteigen. Ferner ist bei dem Einsatz verschiedener Arzneimittel (z. B. Antiepileptika, Corticosteroide) zu bedenken, dass sie den Vitamin-D-Haushalt stören.

Dosierungen Zur Substitution bzw. zur Prophylaxe von Rachitis und Osteomalazie werden folgende Dosen an Vitamin D_3 pro kg KG appliziert, wobei 1 IE 0,025 µg Vitamin D_3 entspricht:

- Katze, Hund: 30–375 µg/kg (Katze bis 125 µg/kg) einmalig p. o.
- Ferkel: 25–250 µg/kg einmalig p. o., i. m., s. c.
- Läufer: 200 µg/kg einmalig p. o.
- Schwein: 5 µg/kg 1-mal täglich p. o. über 7 Tage oder 50 µg/kg einmalig i. m.
- Rind: 5–10 µg/kg 1-mal täglich p. o. über 7 Tage oder 25–50 µg/kg einmalig i. m.
- Fohlen, Kalb, Schaf, Ziege, Lamm: 40–100 µg/kg einmalig i. m.

Bei der oralen Anwendung sind keine Wartezeiten zu beachten. Nach Anwendung per injectionem sind Wartezeiten zwischen 10 und 20 Tagen einzuhalten.

Zur Prophylaxe der Gebärparese werden bei Rindern 250–500 µg/kg 6 Tage vor der Geburt i. m. oder s. c. verabreicht. Die Wartezeit beträgt 21 Tage für essbares Gewebe. Vitamin D_3 ist ebenfalls in verschiedenen Kombinationspräparaten enthalten.

21.1.3 Vitamin E

Vorkommen Der Begriff Vitamin E steht im Allgemeinen nur für **α-Tocopherol**, das die biologisch bedeutendste Verbindung mit Vitamin-E-Aktivität repräsentiert (**Abb. 21.6**). Weitere Vitamin-E-Formen sind β-, γ- und δ-Tocopherol und vier Tocotrienole (α, β, γ, δ). In der Natur wird Vitamin E von fotosynthetisch aktiven Pflanzen und Cyanobakterien gebildet. Einen besonders hohen Vitamin-E-Gehalt haben aufgrund ihrer Fettlöslichkeit pflanzliche Öle. Fleischfresser können ihren Bedarf mit dem Futter decken, da Vitamin E Bestandteil aller Membranen tierischer Zellen ist. Besonders hohe Vitamin-E-Konzentrationen liegen im Fettgewebe vor.

Pharmakodynamik Die wichtigste Wirkung von Vitamin E ist der Schutz vor Lipidperoxidation durch Radikale. Dies gilt vor allem für die mehrfach ungesättigten Fettsäuren in Membranen, Lipoproteinen und dem Depotfett. Durch den oxidativen Metabolismus, aber auch durch exogene Faktoren wie Schwermetalle, Ozon und Stickstoffdioxid reichern sich im Körper freie Radikale an, die Lipide mit ungesättigten Fettsäuren angreifen. Diese werden selbst zu Radikalen und setzen eine Kettenreaktion in Gang, die zur Schädigung von Membranen, aber auch von DNA oder Proteinen führt. Vitamin E kann durch die Umwandlung in ein sehr reaktionsträges Tocopheroxyl-Radikal diese Kettenreaktion unterbinden, wobei es selbst durch Vitamin C oder Ubichinon-Oxidoreduktasen wieder reduziert wird. Selenhaltige Glutathionperoxidasen schützen hydrophile Phasen des Organismus wie das Zytoplasma vor Schädigungen durch freie Radikale. Bei Selenmangel entstehen viele Radikale, die auch die Lipidmembranen angreifen können. Daher ist die Wirkung von Vitamin E als Oxidationsschutz und die selenhaltiger Glutathionperoxidasen synergistisch. Besonders gefährdete Zellen sind hierbei z. B. Muskelzellen, die nur oder hauptsächlich über selenhaltige Glutathionperoxidasen verfügen. Vitamin E schützt auch Vitamin A vor der Oxidation. Von besonderer Bedeutung ist diese Wirkung bei den Low-density-Lipoproteinen (LDL), da oxidiertes LDL nicht mehr normal verstoffwechselt, sondern von Makrophagen der Gefäßwände aufgenommen wird und damit die Arteriosklerose der Gefäße in Gang setzt. Mit diesem Mechanismus wäre gut erklärbar, warum eine gute Vitamin-E-Versorgung in einigen Studien einen schüt-

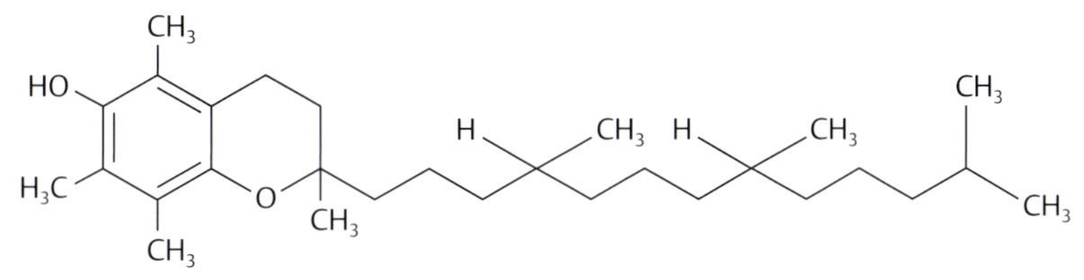

Abb. 21.6 Vitamin E.

zenden Effekt vor der Arteriosklerose hatte. Umgekehrt kann die negative Wirkung eines zu hohen Cholesterinspiegels z. T. durch Vitamin E kompensiert werden. Dieses hat zudem in mehrfacher Hinsicht positiven Einfluss auf die Leistung des Immunsystems. So verlängert Vitamin E die Lebensspanne phagozytierender Zellen wie Granulozyten, Makrophagen und Monozyten, indem es eine zu starke Wirkung von Superoxid-Anionen und Wasserstoffperoxid verhindert. Arachidonsäure ist eine in den Membranen der Leukozyten vorhandene Vorstufe für die entzündungsfördernden Leukotriene und Prostaglandine. Vitamin E ist einerseits für die Erhaltung der Arachidonsäure in den Membranen durch seine antioxidative Wirkung verantwortlich, andererseits hemmt Vitamin E die Phospholipase A_2. Vitamin E ist somit eine **entzündungsmodulierende Wirkung** zuzuordnen. Weiterhin ist es ein stimulierender Faktor für die Differenzierung von T-Lymphozyten.

Durch seine Eigenschaft als Antioxidans wird Vitamin E eine Schutzwirkung vor der Genese und Progression von Tumoren durch freie Radikale zugeschrieben. Für Heimtiere ist eine positive Beeinflussung von Alterungsprozessen durch Vitamin E zu nennen. Vitamin E spielt eine Rolle beim Schutz des Gehirns vor oxidativen Schäden. Eine Supplementierung mit Vitamin E steigert die Immunabwehr, was wichtig für alternde Organismen ist, da das Nachlassen der Immunreaktion zu einer alterstypisch erhöhten Morbidität und Mortalität führt. Oxidationsprozesse in der Augenlinse führen zum grauen Star (Cataracta senilis). Vitamin E kann diese Prozesse abmildern. Schließlich schützt Vitamin E Muskelgewebe vor oxidativen Schäden durch unter Arbeit physiologisch entstehende freie Radikale. Vitamin E hat ebenfalls einen positiven Einfluss auf die **Reproduktion**, da es die Funktionsfähigkeit der Fortpflanzungsorgane erhält und die Entwicklung der Embryonen fördert.

Pharmakokinetik Vitamin E wird bei physiologischer Fettverdauung im Dünndarm in Micellen eingebaut und resorbiert. Als ein Bestandteil der Chylomikronen gelangt es über das Lymphsystem in das Blut. Der Abbau der Chylomikronen erfolgt zum Teil bereits in den Kapillaren durch die Lipoprotein-Lipase. Vitamin E schützt schon hier die ungesättigten Fettsäuren vor Oxidation. Die Leber metabolisiert die verbliebenen Rückstände der Chylomikronen und das Vitamin E zu Very-low-density-Lipoproteinen (VLDL) und High-density-Lipoproteinen (HDL). Die VLDL werden dann durch die Lipoprotein-Lipase weiter zu LDL abgebaut, die dann über einen Rezeptor in die Zellen gelangen. HDL geben das in ihnen enthaltene Vitamin E direkt an die Zellen oder an Lipoproteine geringerer Dichte ab. Innerhalb der Zellen ist Vitamin E zunächst an ein Protein gebunden. Es reichert sich vor allem in den Membranen der Mitochondrien, aber auch in denen der Lysosomen und des endoplasmatischen Retikulums an. Aufgrund seiner Lipophilie sind auch im Depotfett hohe Mengen gespeichert. Von Bedeutung ist, dass durch eine hohe Zufuhr an Vitamin E eine dosisabhängige Anreicherung der Gewebe mit Vitamin E erreicht werden kann. Eine Verbesserung der Fleischqualität durch die Verhinderung von Lipidperoxyl-Verbindungen und gehemmter Methämoglobinbildung durch Vitamin E ist somit möglich.

Mangelzustände Ein Mangel von Vitamin E kann die Ursache mehrerer bedeutender Erkrankungen der Haustiere sein. Der Bedarf an Vitamin E steigt bei einem hohen Anteil von mehrfach ungesättigten Fettsäuren im Futter, einem Mangel an schwefelhaltigen Aminosäuren, Kupfer, Zink, Mangan und Riboflavin. Er ist entscheidend herabgesetzt durch eine ausreichende Versorgung mit Selen, das einen Bestandteil der Glutathionperoxidase darstellt. Daher wird die Versorgung mit Vitamin E zumeist in Kombination mit Selen betrachtet. Auch eine ausreichende Versorgung mit Vitamin C kann den Vitamin-E-Bedarf reduzieren, da dieses Vitamin E rekonstituieren kann.

Die Symptome des Vitamin-E-Mangels sind speziesabhängig unterschiedlich. Besonders wichtig als Myopathie ist die Weißmuskelkrankheit (white muscle disease, nutritional muscular dystrophy) bei Kalb und Lamm. Beim Pferd sind eine durch Vitamin-E-Mangel bedingte Skelettmuskeldegeneration und eine schlechte Rennkondition zu beobachten. Fohlen erkranken ebenfalls an der Weißmuskelkrankheit, aber auch an einer Fettgewebsnekrose, der Steatitis (yellow fat disease). Die Steatitis ist auch bei Katzen, Nerzen, Schweinen und Küken beschrieben. Bei Hunden verursacht **Vitamin-E-Mangel** eine Degeneration der quer gestreiften Muskulatur, beim adulten Rind Myoglobinurie. Beim Schwein schließlich treten Hepatosis dietetica, Skelettmuskeldegeneration, die Maulbeerherzkrankheit (mulberry heart disease, Mikroangiopathie) und Ulcus esophagogastricum auf. Beim Geflügel sind exsudative Diathesen und Enzephalomalazie bei Küken zu beobachten.

Bei allen Spezies kann es zu Störungen der Reproduktion durch embryonale Degeneration und Sterilität bei männlichen Individuen kommen.

KLINISCHER BEZUG Da Selen und Vitamin E in zwei aufeinanderfolgenden Schritten in den Fettstoffwechsel eingreifen (Vitamin E verhindert die Bildung toxischer Peroxide und Selen beseitigt die Peroxide mithilfe der Glutathionperoxidase), ist die Kombination beider Stoffe sinnvoll.

Toxizität Im Gegensatz zu den anderen fettlöslichen Vitaminen (A, D, K) kann Vitamin E über Leber und Nieren ausgeschieden werden, sodass Hypervitaminosen nicht zu befürchten sind.

Indikationen Bei der Anwendung von Vitamin E und Selen in der Tiermedizin steht die Prophylaxe von Mangelsituationen deutlich im Vordergrund, da klinisch deutlich ausgeprägte Erkrankungen von Muskulatur, zentralem Nervensystem, Leber und Fettstoffwechsel nur schwer zu behandeln sind. Eine häufige Indikation ist die Prophylaxe von Selen- und Vitamin-E-Mangel zur Verhinderung der Weißmuskelkrankheit, v. a. bei Fohlen, Kälbern, Lämmern, sowie der Maulbeerherzkrankheit bei Schweinen.

Dosierung Zur Therapie von durch Vitamin-E-Mangel ausgelösten Myopathien, Muskeldystrophien, der Weißmuskelerkrankung, Enzephalomalazien und zur Substitution werden folgende einmalige Dosen p. o. empfohlen, wobei keine Wartezeiten zu beachten sind:

- Katze: 7,5–30 mg
- Hund: 7,5–90 mg
- Ferkel, Läufer: 6–60 mg
- Rind, Pferd: 200–600 mg
- Fohlen: 90–200 mg

21.1.4 Vitamin K

Vorkommen Entsprechend der Herkunft unterscheidet man zwischen **Vitamin K_1** (aus grünen Pflanzenteilen, Phytomenadion), **Vitamin K_2** als bakterielles Syntheseprodukt, das auch von der bakteriellen Mikroflora der Vormägen und des Dickdarms gebildet wird, und dem synthetisch hergestellten **Vitamin K_3** (Menadion), das in der Tierernährung in Form stabilisierter Präparate verwendet wird. Der Name Vitamin K bezieht sich auf die Bedeutung dieses Vitamins für die **Koagulation des Blutes** nach Gefäßverletzungen. Von Vitamin K_2 lassen sich entsprechend der Zahl der Isoprenanteile des Naphtochinongrundgerüstes verschiedene Typen unterscheiden.

Pharmakodynamik Das biologische aktive Vitamin K_2, das als Bestandteil des aktiven Zentrums von Carboxylasen fungiert, ist an der Carboxylierung von Glutamatresten der Gerinnungsfaktoren II, VII, IX und X beteiligt, wodurch die aktiven Blutgerinnungsfaktoren in der Lage sind, bei Gefäßverletzungen über diese carboxylierten Glutamatreste Ca^{2+}-Ionen zu binden. Das bei dieser Reaktion gebildete Vitamin-K_2-epoxid wird in einer nachfolgenden Reaktion durch eine entsprechende Reduktase unter Verbrauch von NADH wieder in die Ausgangsverbindung zurückgeführt (**Abb. 21.7**). Die als Rodentizide (S. 598) eingesetzten Cumarinderivate (z. B. Warfarin, Dicumarol, Diphacinon) sowie die Verfütterung von Süßklee, der ebenfalls Dicumarol enthält, hemmen diese Rückreaktion, sodass nach Verbrauch der aktiven Gerinnungsfaktoren die Gerinnung nachhaltig gestört ist. Ferner ist Vitamin K wichtig für die **Mineralisierung der Knochen**, da für das in den Osteozyten gebildete Osteocalcin als Ca^{2+}-Transportprotein ebenfalls carboxylierte Glutamatreste essenziell für die Funktion sind. Mittlerweile konnten 14 dieser Vitamin-K-abhängigen Proteine identifiziert werden. Hierzu zählt unter anderem auch ein Protein, das der Gefäßkalzifizierung sowie Verschleißerscheinungen der Arterien entgegenwirkt.

Pharmakokinetik Die Resorption in die Enterozyten erfolgt über Micellen, wobei für die Aufnahme von Vitamin K_1 ein ATP-abhängiges Transportsystem nachgewiesen ist. Über die Lymphe gelangt dann Vitamin K in Form von Chylomikronen zur Leber, wo die Vitamine jedoch nur zu geringen Teilen gespeichert werden. In der Leber erfolgt die Metabolisierung von Vitamin K_1 und K_3 zum physiologisch aktiven Vitamin K_2, das dann in die Carboxylasen eingebaut wird.

Bei **Pferden und Rindern** ist der Bedarf an Vitamin K über das Grünfutter bzw. durch mikrobielle Synthese im drüsenlosen Abschnitt des Magens und im Dickdarm gedeckt. Bei i. v. Injektion größerer Mengen (> 200 mg Vitamin K_3 als Natriumbisulfitkomplex) können Nierenfunktionsstörungen und Muskelschwäche auftreten. Auch bei **Kälbern** zeigt sich bereits kurz nach der Geburt eine ausreichend hohe mikrobielle Synthese. Die Neonaten von **Hunden und Katzen** weisen zunächst nur geringe Gehalte an Gerinnungsfaktoren auf, sodass bei diesen Tierarten während des Wachstums ein erhöhter Vitaminbedarf gegeben ist. Das beim **Geflügel** im Dickdarm gebildete Vitamin K_2 wird nur zu einem geringen Anteil resorbiert. Da auch die Speicherfähigkeit für dieses Vitamin begrenzt ist, können beim Geflügel schnell **Mangelzustände** auftreten. Kokzidiosen verringern die Resorption des Vitamins noch zusätzlich.

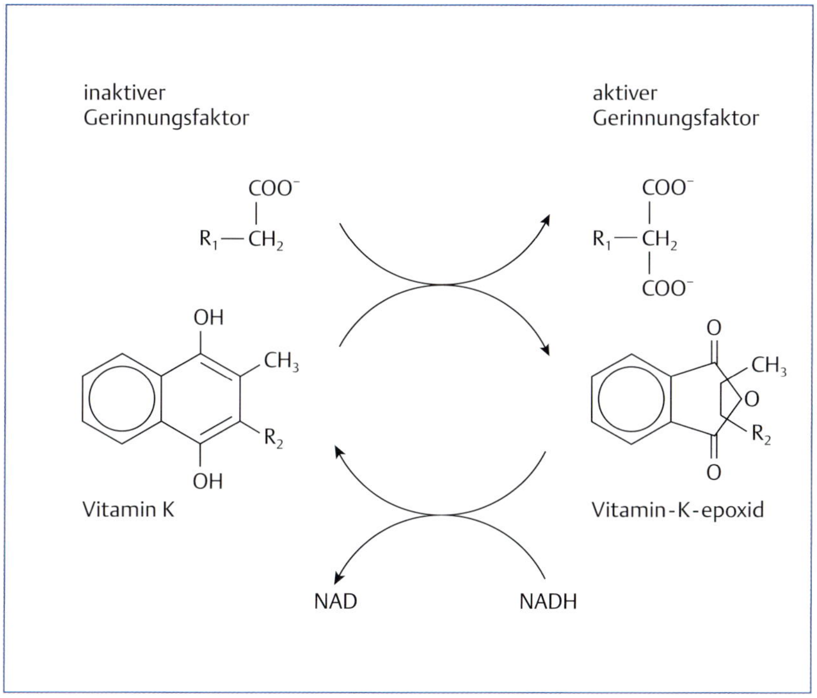

Abb. 21.7 Aktivierung der Gerinnungsfaktoren.

Indikationen, Dosierung Als Indikationen sind Mangelzustände und akute Vergiftungen mit Cumarin-Derivaten zu nennen. Mit Ausnahme von Geflügel und neugeborenen Hunden und Katzen sollte bei normalem Ernährungszustand keine Unterversorgung mit erhöhter Blutungsneigung auftreten.

Vitamin K_3 ist in Form von Multivitaminpräparaten für Heimtiere (Tauben, Brieftauben) wie auch in Kombination mit B-Vitaminen für Haus- und Nutztiere auf dem Markt. In der Regel sind bei Lebensmittel liefernden Tieren keine Wartezeiten einzuhalten.

Für die orale Gabe über 3–5 Tage werden pro kg KG und Tag folgende Dosierungen an Vitamin K_3 empfohlen:

- Hund, Katze: 5 mg/kg
- Ferkel, Läufer: 150 µg/kg
- Fohlen, Kalb, Sau: 50–100 µg/kg
- Pferd, Rind: 20–50 µg/kg

21.2 Wasserlösliche Vitamine

21.2.1 Vitamine der B-Gruppe

Vorkommen, Pharmakodynamik, Pharmakokinetik Zu der Gruppe der B-Vitamine gehören die Vitamine B_1, B_2, B_6 und B_{12} sowie Nikotinsäure und Nikotinsäureamid, die als Niacin zusammengefasst werden. Außerdem zählen zu dieser Gruppe Pantothensäure, Biotin und Folsäure (**Abb. 21.8**). Bei einigen Tierarten werden noch zusätzlich Cholin und Mesoinosit als B-Vitamine bezeichnet. Wie der **Tab. 21.2** zu entnehmen ist, fungieren alle zu dieser Gruppe von Vitaminen zählenden Verbindungen als **Coenzyme** und sind somit an nahezu sämtlichen wichtigen anabolen und katabolen Stoffwechselreaktionen beteiligt. Da die einzelnen Vertreter der B-Vitamine gemeinsam in der Natur vorkommen und damit fast nie ein isolierter Mangel an einer einzelnen Verbindung auftritt, sind die B-Vitamine im Folgenden gemeinsam für die verschiedenen Tierarten dargestellt.

Während Vitamin B_{12} nicht in pflanzlichen Futtermitteln enthalten ist, finden sich die anderen B-Vitamine in Grünfutter, Sojamehl und Futterhefe in ausreichenden Mengen. Bei monogastrischen Tieren wird die Versorgung über Zulagen oder Verfütterung von Fischmehl sichergestellt. Bei Wiederkäuern findet zwar eine bakterielle Eigensynthese statt (v. a. Vitamin B_{12}, sofern im Futter ausreichende Mengen an Kobalt für den Einbau als Zentralatom in Vitamin B_{12} enthalten sind), gleichzeitig werden jedoch z. T. größere Mengen dieser Vitamine aus Futtermitteln abgebaut (bis zu 50 %). Bei Schweinen, Pferden, Carnivoren und Geflügel findet ebenfalls eine Eigensynthese im Dickdarm statt, die Resorption erfolgt jedoch nur in geringem Umfang. Schafe weisen keine ausreichende Dickdarmsynthese auf. Im Allgemeinen werden die wasserlöslichen Vitamine gut resorbiert. Für die Aufnahme von Vitamin B_1, B_2, Niacin und Folsäure in die Epithelzellen existieren spezifische natriumabhängige Transportsysteme. In höheren Konzentrationen können diese Vitamine dann auch wie die anderen B-Vitamine über passive Diffusion die Membranbarriere überwinden. Ein Teil dient den Epithelzellen zur Bildung der Coenzyme, der größere Anteil wird direkt in das Blut abgeben. Aus Nikotinsäureamid entsteht durch Desaminierung im Dünndarm teilweise Nikotinsäure, beide Verbindungen sind zur Bildung von NAD^+ und $NADPH^+$ erforderlich.

Tab. 21.2 Bedeutung der B-Vitamine für die Bildung von Coenzymen und die wichtigsten Stoffwechselfunktionen.

Vitamin	wichtige Coenzyme	beteiligte Enzymsysteme/ Cofaktoren	Hauptfunktion
B_1 (Thiamin)	Thiaminpyrophosphat	α-Pyruvat- und α-Ketoglutarat-Dehydrogenase, Transketolase	Kohlenhydratstoffwechsel
B_2 (Riboflavin)	Flavinadenin-Dinukleotid (FAD), Flavin-Mononukleotid (FMN)	Enzyme der Atmungskette und des Fettabbaus	Energieumsatz
B_6 (Pyridoxin)	Pyridoxalphosphat	Transaminasen, Aminosäure-Decarboxylasen	Aminosäurestoffwechsel
B_{12} (Cobalamin)	Cyanocobalamin	Adenosyl-Cobalamin, Methylcobalamin	Propionatverwertung, Desoxynukleotid-Synthese, Methylierungsreaktionen, Methioninsynthese
Biotin	Carboxybiotin	Pyruvat-, Acetyl-CoA-Carboxylase	Fettsäurestoffwechsel (Carboxylasen, Bildung von Oxalacetat und Malonyl-CoA)
Folsäure	Tetrahydrofolsäure	–	Amino- und Nukleinsäurestoffwechsel (C 1-Stoffwechsel)
Niacin	NAD, NADP	Oxido-Reduktasen	Energieumsatz, Förderung der Glukoneogenese, antilipolytische Wirkung
Pantothensäure	Coenzym A	–	Synthese von Acetylcholin, Fettsäureabbau und -aufbau, Energieumsatz
Cholin	–	Lecithin	Fettstoffwechsel (lipotrope Wirkung), Erregungsübertragung

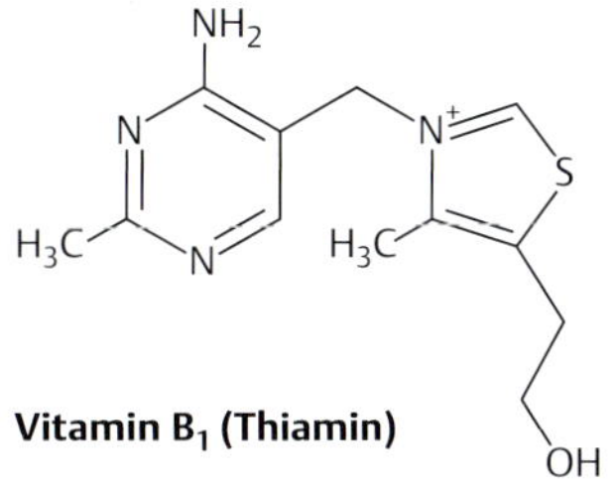

Vitamin B_1 (Thiamin)

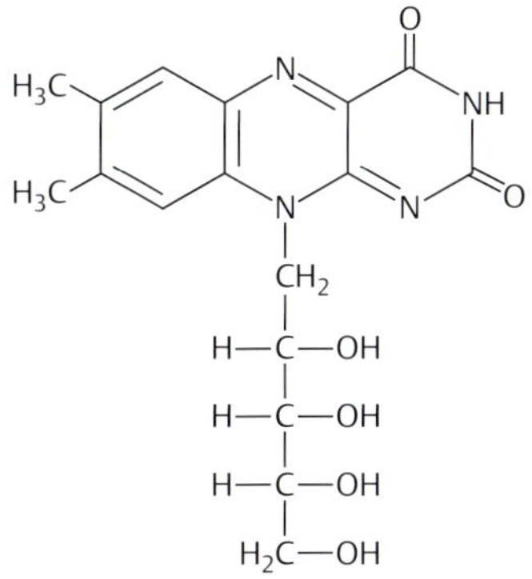

Vitamin B_2 (Riboflavin)

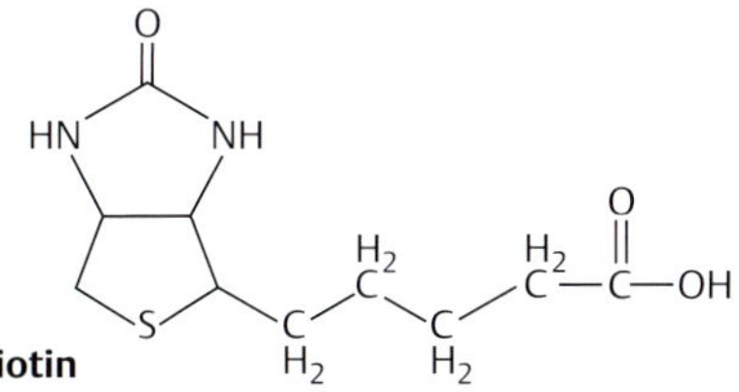

Biotin

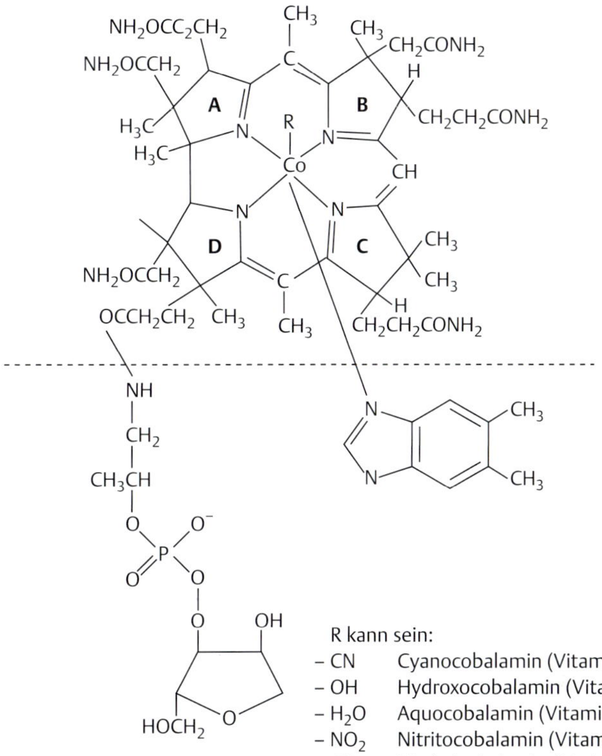

R kann sein:

– CN	Cyanocobalamin (Vitamin B_{12})
– OH	Hydroxocobalamin (Vitamin B_{12a})
– H_2O	Aquocobalamin (Vitamin B_{12b})
– NO_2	Nitritocobalamin (Vitamin B_{12c})
– CH_3	Methylcobalamin (Methyl-B_{12})
– 5'-Desoxyadenosyl	5'-Desoxyadenosyl-Cobalamin (Coenzym B_{12})

Vitamin B_{12} (Cobalamin) und dessen Derivate

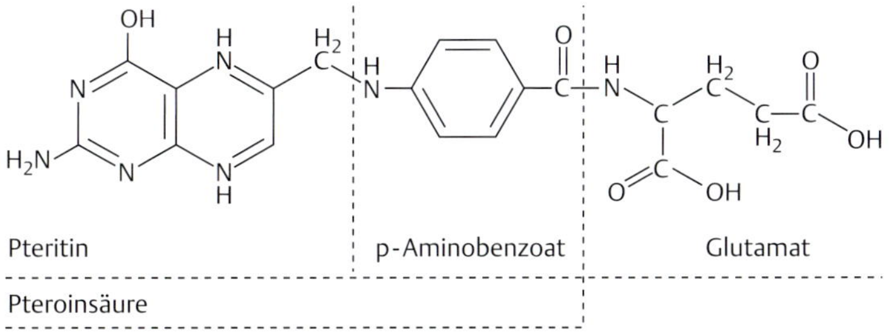

Pteritin | p-Aminobenzoat | Glutamat

Pteroinsäure

Pteroylglutamat = Folsäure

Folsäure

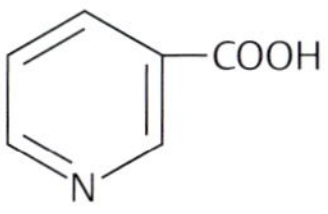

Nicotinsäure

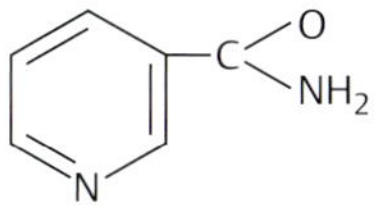

Nicotinamid

Niacin

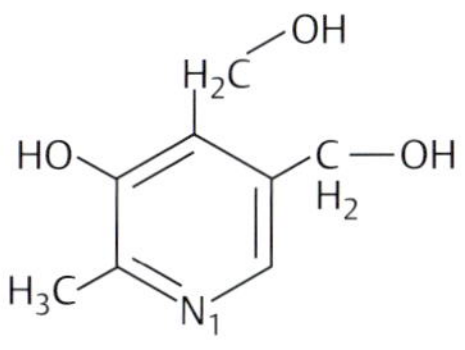

Vitamin B_6 (Pyridoxin)

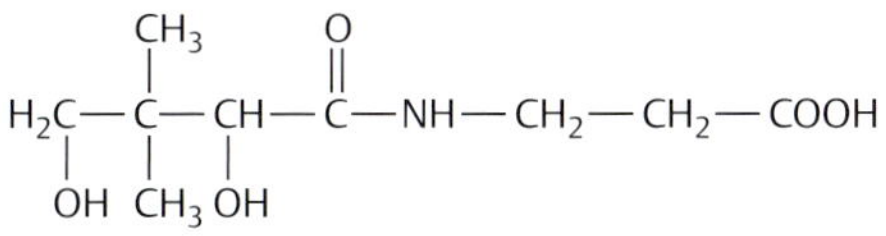

Pantothensäure

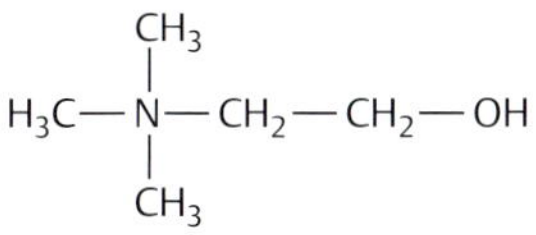

Cholin

Abb. 21.8 Strukturformeln der B-Vitamine.

Spez. Pharmakologie

Unterschiedliche Angaben sind der Literatur bezüglich der Existenz des „intrinsic factors" bei Wiederkäuern zu entnehmen. Wie für den Menschen nachgewiesen, bindet dieser bakteriell gebildetes Vitamin B_{12} und ist an dessen Resorption beteiligt. Gesichert ist jedoch, dass nach der Aufnahme in die Epithelzellen im Jejunum und Ileum eine Bindung an Transcobalamin für den Transport im Plasma erfolgt. Bei Hunden existiert ein genetischer Defekt hinsichtlich der Bindung des B_{12}-Komplexes im Ileum. Die daraus resultierende Unterversorgung äußert sich in Anämie und Abmagerung. Sulfonamide hemmen direkt die Folsäuresynthese, während Barbiturate das Transportsystem für Folsäure und somit deren Aufnahme in die Zelle inhibieren.

Im Allgemeinen können B-Vitamine nur in geringem Umfang in Leber, Niere und Herzmuskel gespeichert werden; bei Jungtieren ist die Kapazität noch zusätzlich vermindert. Bereits nach 2–3 Wochen sind bei fehlender Aufnahme daher die Speicher entleert, und die Tiere reagieren mit verringerter Futteraufnahme, was zu einer weiteren Progression des Vitaminmangels führt. Bei länger anhaltender Unterversorgung kann sich eine Hypertrophie des Herzmuskels entwickeln, weshalb die Tiere körperlichen Belastungen zunehmend nicht mehr gewachsen sind. **Tab. 21.3** fasst die Symptome einer Unterversorgung für verschiedene Tierarten zusammen.

Hypervitaminosen sind nicht bekannt, da über den Bedarf hinausgehende Mengen an diesen Vitaminen über die Nieren eliminiert werden.

Tab. 21.3 Symptome einer Unterversorgung mit einzelnen Vertretern der B-Vitamine bei verschiedenen Tierarten.

Vitamin	Geflügel	Schwein	Hund, Katze
B_1	Beri-Beri mit Abnahme der Atem- u. Herzfrequenz, Krämpfe, plötzlicher Tod	*	gesteigerte Erregbarkeit, Tetraparese, zentrales Vestibularsyndrom, Krämpfe, Leistungsfähigkeit ↓
B_2	Wachstum ↓, Hautveränderungen, ZNS-Störungen, Einwärtskrümmung der Zehen	Wachstum ↓, Schleimhautentzündungen, Diarrhö, Hautveränderungen, Ausreifung der Tertiärfollikel ist behindert, Skelettanomalien bei Ungeborenen, pränataler Tod	Schuppenbildung, Haarausfall, Kornealäsionen; bei Katzen: Linsentrübung, Leberverfettung und Hodenatrophie
B_6	Wachstum ↓, Schlupfraten ↓, Krämpfe, Erosionen in der Schleimhaut des Muskelmagens, Rückbildung des Ovars und der Hoden	Störungen des Nervensystems (Krämpfe), Hautentzündungen, mikrozytäre Anämie	Futteraufnahme ↓, Gewicht ↓, Anämie, Hypertrophie u. Dilatation des Herzens, Ataxie, Krämpfe, Störungen der Gewebedurchblutung, Atrophie der Nierentubuli bei Jungkatzen
B_{12}	–	Ataxie, Futteraufnahme ↓, Wachstum ↓, normozytäre Anämie, Erbrechen, Diarrhö, Fruchtbarkeit ↓	makrozytäre Anämie
Biotin	Schuppenbildung der Fußhaut mit borkigen Auflagerungen und Spalten, Glukoneogenese ↓ (durch verminderte Aktivität der Pyruvatcarboxylase)	Festigkeit des Klauenhorns ↓, Entzündungen an den Klauen (Klauenspalt), Hautentzündungen, Haarausfall, Follikelzahl ↓, Wurfgröße ↓	schuppige Hautentzündungen, Haarausfall, Diarrhö, stumpfes Fell
Cholin	Psoriasis, Auftreibung und Deformation der Tibia-Metatarsalgelenke bei bestehendem Mangandefizit	Fruchtbarkeit ↓, fettige Leberdegeneration	fettige Leberdegeneration
Folsäure	makrozytäre Anämie, Schlupffähigkeit ↓, Störungen der Befiederung, Wachstum ↓, Pigmentbildung der Haut ↓	*	Futteraufnahme ↓, abnormes Fressverhalten, Leukopenie, hypochrome Anämie
Niacin	Wachstum ↓, Entzündung und dunkle Verfärbung der Schleimhaut der Schnabelhöhle	Wachstum ↓, Hautentzündung, Anämie, Störungen des Nervensystems	Futteraufnahme ↓, Wachstum ↓, Schleimhautentzündungen, Diarrhö, Schwarzzungenkrankheit
Pantothensäure	Federausfall, Hautveränderungen, borkige Auflagerungen u. Fissuren am Schnabelwinkel, verdickte u. verklebte Augenlider	Futteraufnahme ↓, Wachstum ↓, Enteritis, Diarrhö, normozytäre Anämie, Hautveränderungen, Haarausfall, ruckartiges Vorstrecken der Hinterbeine (Paradeschritt)	Hund: Wachstum ↓, Krämpfe, Herz- und Atemfrequenz ↑, Leberverfettung

* nicht beschrieben

Pferde resorbieren nur in geringem Umfang das enteral gebildete Vitamin B_1. Adlerfarn und Sumpfschachtelhalm enthalten Thiaminasen, die das aufgenommene wie auch das im Verdauungstrakt gebildete Vitamin B_1 abbauen. Die Vitamin B_{12}-Synthese im Dickdarm ist bedarfsdeckend, sofern ausreichend Kobalt zur Verfügung steht. Das ebenfalls im Dickdarm der Pferde gebildete Biotin wird jedoch nicht in ausreichendem Maße verwertet, um Hufhorn in guter Qualität zu gewährleisten. Bei einem Vitamin-B-Mangel reduziert sich die Futteraufnahme der Tiere, was sich in einer Gewichtsreduktion bemerkbar macht. Die körperliche Belastbarkeit der Pferde nimmt mit Fortschreiten der Hypovitaminose deutlich ab, sodass selbst bei geringen Belastungen eine erhöhte Atem- und Herzfrequenz feststellbar ist. Im Falle einer Avitaminose kann sich eine Herzmuskelhypertrophie entwickeln.

Bei Schafen tritt ein Vitamin-B_{12}-Mangel v. a. auf Kobalt-armen Weiden auf. Milchaustauschpräparate für **Rinder und Schafe** enthalten bedarfsdeckende Mengen an Vitaminen. Mit steigender Aufnahme an Beifutter und Ausbildung der Vormägen steigt die mikrobielle Vitamin-B-Synthese, wobei deren Umfang wie auch der teilweise Abbau und die Resorption stark von der Zusammensetzung des Futters abhängig sind. Bei rohfaserreicher Fütterung ist die Vitamin-B-Zufuhr über Futter bzw. Eigensynthese sichergestellt. Konzentratreiches Futter mit hohem Kohlenhydratanteil führt hingegen zu einer starken Vermehrung der Mikroorganismen im Hauben-Pansenraum. Dadurch steigt der Bedarf an B-Vitaminen, weshalb es hier zur einer Unterversorgung v. a. mit Vitamin B_1, Niacin und Biotin kommen kann. Die Vermehrung Thiaminase-produzierender Bakterien verschärft die Situation zusätzlich. Bei länger andauernder Unterversorgung mit Vitamin B_1 tritt bei diesen Tieren eine Zerebrokortikalnekrose auf, da die Nervenzellen auf die Störung der Glukoseverwertung besonders empfindlich reagieren. Folge ist ein Opisthotonus (Krampf der Streckmuskulatur des Rückens) mit Blick nach oben, was zu der Bezeichnung „Sternguckerkrankheit" führte. Da bei Rindern die Synthese von Biotin nur in geringem Umfang stattfindet und dieses aus dem Futter nur zu 40–55 % resorbiert wird, ist die Versorgung mit diesem Vitamin bei den Tieren manchmal suboptimal. Geschwüre und Entzündungen an den Klauen sind mögliche Folgen.

Beim **Schwein** werden zwar alle B-Vitamine im Dickdarm bakteriell synthetisiert, allerdings ist die Resorption stark eingeschränkt (insbesondere für Vitamin B_1 und B_6). Da jedoch in Getreideschrot, Kartoffeln und Grünfutter ausreichend hohe Mengen an Vitamin B_1 und B_6 enthalten sind, kommt es nicht zu einer Hypovitaminose. Die in natürlichen Futtermitteln enthaltenen B-Vitamine sind entweder nur zu einem geringen Teil verwertbar (Niacin) oder decken nicht den Bedarf (B_2). Da im Falle des Niacins die Eigensynthese aus Tryptophan limitiert ist, wird es dem Mischfutter zugesetzt. Auch die Versorgung mit Biotin ist ohne Zulage an Grünfutter oder Hefepräparaten für Mast- oder Zuchtschweine oftmals nicht ausreichend, da in Getreideschrot wenig Biotin enthalten und dieses zudem schlecht verwertbar ist. Das über mikrobielle Synthese im Dickdarm gebildete Biotin wird nur zu einem geringen Teil resorbiert. Bei Zuchtsauen empfiehlt sich die Gabe von Folsäure, da dadurch die embryonale Sterblichkeitsrate nachweislich verringert werden kann. Bei einer Unterversorgung mit Vitamin B treten bei Schweinen zunächst Hypoglykämien auf.

Die Versorgung mit B-Vitaminen ist bei **Hunden und Katzen** in der Regel ausreichend, da Welpen über die Milch bedarfsdeckende Mengen aufnehmen und für Jungtiere und Adulte bei gemischter Fütterung mit Fleisch, Fleischprodukten, Milch, Gemüse und Kartoffeln keine Hypovitaminosen zu befürchten sind. Avidin, ein Glykoprotein aus dem Eiklar, bildet mit Biotin stabile Komplexe aus, sodass die übermäßige Verfütterung zu einem Biotinmangel führen kann. Die im Dickdarm durch mikrobielle Synthese gebildeten Vitamine werden nur noch zu einem geringen Anteil resorbiert. Da Katzen im Gegensatz zu Hunden Niacin nicht aus Tryptophan bilden können, enthält das Fertigfutter für Katzen einen höheren Anteil dieses Vitamins. Bei einseitiger Fütterung führen Mangelzustände einiger B-Vitamine zu Symptomen wie z. B. der **Schwarzzungenkrankheit**. Dabei entstehen aufgrund eines Mangels an Niacin Nekrosen in den oberen Gewebeschichten der Zunge, sodass diese dunkel verfärbt ist. Ein Folsäuremangel kann sich in einem abnormen Fressverhalten äußern, indem bei gleichzeitig verringerter Futteraufnahme auch ungenießbare Gegenstände gefressen werden.

Ein Vitamin-B-Mangel macht sich bei **Küken** bereits nach zwei Wochen bemerkbar, zumal die über die Dickdarmflora gebildeten B-Vitamine nur in sehr geringem Maße resorbiert werden. Hühnchen, die sehr nährstoffreiches Futter erhalten, können das sogenannte Fettleber- und Fettnierensyndrom entwickeln. Aufgrund der Störung der Glukoneogenese infolge eines Biotinmangels führt eine Unterbrechung der Futteraufnahme für nur einige Stunden zu einer Hypoglykämie, die durch Schädigung der Nervenzellen und den damit verbundenen Ausfall lebenswichtiger Zentren des Kreislaufs und der Atmung schnell zum Tode führen kann. Amprolium, das für Tauben zur Therapie der Kokzidiose zugelassen ist, hemmt kompetitiv den Transport von Vitamin B_1, weshalb unter der Therapie eine Unterversorgung möglich ist.

Indikationen, Dosierung Indikation für die Gabe von B-Vitaminen ist die Prophylaxe von Mangelzuständen nach Einschränkung oder Unterbrechung der Futteraufnahme für mehr als zwei Wochen, Verdauungsstörungen aufgrund von Pankreatitis oder Enteritis, Vergiftungen mit Adlerfarn und Sumpfschachtelhalm, Pansenazidosen, bei denen sich Thiaminase-bildende Mikroorganismen stark vermehrt haben, Dermatitiden, Anämien, ZNS-Störungen. Außerdem können B-Vitamine bei Zuchttieren im Verlauf der Trächtigkeit und bei geriatrischen Patienten zur Erhaltung der Leistungsfähigkeit und Stärkung des Immunsystems verabreicht werden.

Hierzu stehen v. a. Kombinationspräparate aus verschiedenen B-Vitaminen oder zusammen mit anderen Vitaminen (z. B. A, E, K) zur oralen oder parenteralen Anwendung zur Verfügung. Eine orale Anwendung in Form von Kapseln, Tropfen und Lösungen ist natürlich nur bei intaktem

Tab. 21.4 Dosierungsempfehlungen für Vitamin-B-haltige Präparate.

Tierart	B_1 (mg/kg)	B_2 (mg/kg)	B_6 (mg/kg)	B_{12} (µg/kg)	Niacin (mg/kg)	Pantothensäure (mg/kg)
Pferd, Rind (s. c., i. m.)	0,5	0,25	2	0,5	2,5	0,25
Kalb, Fohlen, Schwein (s. c., i. m.)	2	1	0,8	2	10	1
Ferkel, Läufer (s. c., i. m.)	1,5	0,8	0,6	1,5	7,5	0,8
Hund, Katze (p. o.)	0,5–2	0,1–0,5	2–5	1,5–3	0,2–1	20–40

Gastrointestinaltrakt sinnvoll. Wartezeiten sind nicht zu beachten.

Tab. 21.4 gibt Dosierungsempfehlungen für verschiedene Tierarten zur einmaligen s. c. oder i. m. Anwendung von Vitamin-B-Präparaten bzw. Dosierungen für die orale Gabe bei Hunden und Katzen bezogen auf das Körpergewicht der Tiere.

21.2.2 Vitamin C

Vorkommen Vitamin C, **L-Ascorbinsäure**, kommt natürlicherweise in frischen Grünfuttermitteln und Kartoffeln vor (Abb. 21.9). Der Vitamin-C-Gehalt der einzelnen Futterpflanzen schwankt jedoch stark je nach Anbau- und Lagerbedingungen und der Zubereitungsart. So kann durch den Prozess der Zerkleinerung die in vielen Pflanzen vorhandene Ascorbat-Oxidase freigesetzt und der Vitamin-C-Gehalt stark herabgesetzt werden. Das in verschiedenen Kohlarten als Ascorbigen A und B gebundene Vitamin C ist hingegen erst nach Erhitzung verfügbar. Nachteilig ist dabei, dass sich Vitamin C auch im Kochwasser löst und durch zu langes Erhitzen wiederum zerstört wird. Fleischfresser können ihren Bedarf über die Aufnahme Vitamin-C-haltiger Gewebe, wie z. B. Leber, decken.

Ein Teil des im Futter vorhandenen Vitamin C liegt als L-Dehydroascorbinsäure oxidiert vor. Diese gilt ebenfalls als Vitamin C, da sie vom Organismus zur L-Ascorbinsäure reduziert werden kann.

Pharmakodynamik Vitamin C stellt eines der wichtigsten wasserlöslichen **Antioxidanzien** im Organismus dar. Es fängt z. B. toxische Sauerstoffradikale wie Superoxid, Wasserstoffperoxid, Singulett-Sauerstoff und Hydroxyl- und Peroxylradikale ab. Es hat aber auch einen protektiven Einfluss auf die lipophilen Zellanteile, wie Membranen, da es oxidierte Tocopheroxylradikale wieder zu funktionsfähigem Tocopherol (Vitamin E) reduziert. Neben der Wirkung als Antioxidans schützt Vitamin C den Körper auch durch eine Beteiligung an verschiedenen Entgiftungsreaktionen. Vitamin C fungiert als Cofaktor bei zahlreichen Hydroxylierungsreaktionen toxischer Stoffwechselprodukte oder Fremdstoffe bei den in der Leber lokalisierten mischfunktionellen Oxygenasen. Zusätzlich stimuliert es die Aktivität der P450-Monooxygenasen. Die Toxizität von Schwermetallen, wie z. B. Blei, Selen, Vanadium und Cadmium, wird durch Vitamin C vermindert. Vitamin C im Futter hemmt die Bildung von Nitrosaminen bei den im Magen physiologisch vorliegenden niedrigen pH-Werten.

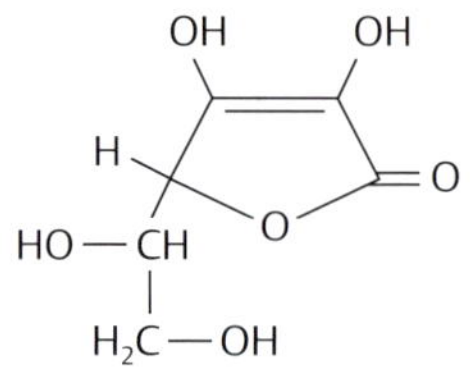

Abb. 21.9 Vitamin C.

Populär ist Vitamin C für seine **immunstimulierende Wirkung**. Die Wanderungsgeschwindigkeit von phagozytierenden Immunzellen, wie Monozyten, Makrophagen und Granulozyten, bei der Chemotaxis ist Vitamin-C-abhängig. Nach einer erfolgten Phagozytose wirkt Vitamin C im Zytoplasma der Zellen schützend vor einem Abbau der Zellen durch die ihnen eigenen lysosomalen Enzyme. Außerdem ist die Steigerung der Lymphopoese nach Aktivierung durch Mitogene von physiologischen Vitamin-C-Konzentrationen im Plasma abhängig.

Neben diesen protektiven Effekten ist Vitamin C an vielfältigen **Hydroxylierungsreaktionen** und somit an der Aufrechterhaltung der Funktionsfähigkeit des Organismus maßgeblich beteiligt. In Form der L-Ascorbinsäure kann es Elektronen abgeben und sich am Elektronentransfer beteiligen, in Form der Dehydroascorbinsäure dient es als Elektronenakzeptor. So stellt Vitamin C einen Cofaktor der **Kollagensynthese** dar. Prolin wird unter Mitwirkung von Vitamin C zu Hydroxyprolin hydroxyliert, Lysin zu Hydroxylysin. Beide Verbindungen werden für die Wundheilung und das Wachstum (Knochen, Knorpel und Dentin) benötigt, da sie zur Ausbildung von Quervernetzungen und zur Bildung der Tripelhelix des Kollagens notwendig sind. Ein Mangel an Vitamin C führt zum Auftreten von **Skorbut**. Diese gewebeerhaltenden bzw. -aufbauenden Reaktionen werden durch eine Vitamin-C-stimulierte Genexpression für die Kollagenbildung in den Fibroblasten unterstützt. In Chondrozyten und Osteoblasten stimuliert Vitamin C die Aktivität der alkalischen Phosphatase und fördert so die Mineralisierung der Knochen. L-Ascorbinsäure ist bei der Umwandlung von Folsäure in die aktive Form, die Tetrahydrofolsäure, beteiligt. Folsäure wird für die bei Zellteilungen notwendige DNA-Synthese benötigt. Zusätzlich zu diesen Grundbausteinen des genetischen Codes benötigt die

Zelle Aminosäuren zum Aufbau von Proteinen. So beteiligt sich Vitamin C an verschiedenen Hydroxylierungsreaktionen im Metabolismus von z. B. Tyrosin und in Form von Dehydroascorbinsäure bei der Umwandlung von Tryptophan zu 5-Hydroxytryptophan, einer Vorstufe des Serotonins. Die Informationsübermittlung innerhalb eines Organismus zur Anpassung an äußere Anforderungen durch die Umwelt und zur Regulation von komplexen Prozessen, wie die Reproduktion, kann über hormonelle Signale vermittelt werden. L-Ascorbinsäure ist hier z. B. an den Hydroxylierungsreaktionen zur Steroid-Biosynthese beteiligt. Vitamin C ist in hohen Konzentrationen in der Nebennierenrinde zu finden, da die Synthese der Glucocorticoide ascorbinsäureabhängig ist. Bei ausreichender Versorgung mit Vitamin C lässt sich somit Stress besser bewältigen, da durch Cortisol die Bereitstellung von Glukose und der Fettabbau zur Energiegewinnung gesteuert werden und Cortisol zusätzlich entzündungshemmend und immunsuppressiv wirkt.

Vitamin C ist an der Biosynthese der Catecholamine Noradrenalin und Adrenalin beteiligt. Auch für die Biosynthese von Carnitin wird Vitamin C benötigt.

Vitamin C fördert die Ausreifung und Erhaltung der Funktion der Keimdrüsen und der akzessorischen Geschlechtsdrüsen und fördert damit die **Fruchtbarkeit**.

Schließlich unterstützt Vitamin C die **Resorption von Fetten und anderen fettlöslichen Nahrungsbestandteilen** wie Vitamin A, E, D und K, da es an der Bildung der Cholesterol-7-hydroxylase beteiligt ist, einem Enzym für den Abbau von Cholesterol zu Gallensäuren. Vitamin C **erhöht die enterale Eisenresorption**, indem es die Bildung nicht resorbierbarer Komplexe von Eisen mit Phytaten, Tanninen und Polyphenolen hemmt. Außerdem reduziert es Fe^{3+} zum resorbierbaren Fe^{2+} und stimuliert dessen Einbau in das Eisenspeicherprotein Ferritin. Ein Zusatz von Vitamin C bei der diätetischen Darreichung von Eisen ist daher sinnvoll.

Bei **Vitamin-C-Mangel** wird die Aktivität der Peptidylglycin-α-amidierenden Monooxygenase in der Hypophyse und membranständig im Vorhof des Herzens herabgesetzt. Dadurch ist die Wirkung verschiedenster Peptid- und neuroendokriner Hormone beeinträchtigt, wie z. B. Calcitonin, Cholecystokinin, Corticotropin-releasing-Hormon, Gastrin, Thyreotropin-releasing-Hormon, Melanotropin, Oxytocin und Vasopressin.

Hypervitaminosen mit Vitamin C spielen in der Praxis kaum eine Rolle, da Überschüsse renal gut eliminiert werden. Lang andauernde hohe Vitamin-C-Gaben können bei entsprechender Disposition die Entstehung von Kalziumoxalat-Nierensteinen fördern. Hohe Einzeldosen hingegen führen zu osmotisch bedingten Durchfällen.

Pharmakokinetik L-Ascorbinsäure kann von den meisten Haussäugetieren in der Leber und von Vögeln in den Nieren selbst synthetisiert werden.

KLINISCHER BEZUG Primaten, Meerschweinchen, einige Fischarten und Schweine der Dänischen Landrasse sind auf eine diätetische Zufuhr von Vitamin C angewiesen, da ihnen das notwendige Enzym L-Gulonolacton-Oxidase durch einen genetischen Defekt fehlt. Auch der Hund benötigt Vitamin C in der Nahrung, da seine Eigensynthese für den Bedarf nicht ausreichend ist.

Diätetisches Vitamin C wird natriumabhängig über ein spezifisches Transportprotein (SVCT 1, sodium-dependent vitamin C transporter 1) im proximalen Dünndarm aufgenommen. Die Bioverfügbarkeit sinkt jedoch mit steigender Einzeldosis, da die Resorption von Vitamin C über den SVCT 1 einem negativen Rückkopplungsmechanismus unterliegt. Um die Resorption von Vitamin C sicherzustellen, sollte es daher statt in einer hohen Einzeldosis besser in mehreren niedrigeren Dosen über den Tag verteilt verabreicht werden. Außerdem kann die Anwesenheit weiterer Inhaltsstoffe des Futters (z. B. Flavonoide) die Vitamin-C-Resorption inhibieren. Die Aufnahme von Dihydroascorbinsäure aus dem Magen-Darm-Trakt ist umstritten. Dihydroascorbinsäure ist ein Substrat der GLUT(Glukose-Transporter)-Familie. Metabolisch aktive Zellen, wie z. B. Nerven-, Herz- und Muskelzellen, nehmen L-Ascorbinsäure natriumabhängig über einen Vitamin-C-Transporter (SVCT 2) auf. In der Leber synthetisiertes Vitamin C wird in das Blut entlassen. Bei nicht ausreichendem Angebot von Vitamin C über die Nahrung kommt die Versorgung der Darmepithelzellen apikal über den SVCT 1 zum Erliegen, weshalb diese das benötigte Vitamin C basolateral über den SVCT 2 aus dem Blut entnehmen. Vitamin C wird in der Niere glomerulär filtriert. Dem ungewollten Verlust von Vitamin C tritt eine aktive Rückresorption von Vitamin C in den proximalen Tubuli durch den SVCT 1 entgegen. L-Ascorbinsäure wird in die Milch sezerniert und kann die Plazentarschranke passieren.

Bei Wiederkäuern ist Vitamin C im Kolostrum und in niedrigeren Dosen in der Milch enthalten, Milchersatzpräparate sind entsprechend supplementiert. Nach Ausbildung der Vormägen wird Vitamin C im Pansen inaktiviert, weshalb eine orale Substitution nicht mehr sinnvoll ist.

Der Vitamin-C-Gehalt des Plasmas variiert bei den verschiedenen Tierarten je nach Gesundheitszustand in weiten Grenzen. Infektionskrankheiten und Parasitosen erhöhen den Verbrauch an Vitamin C besonders dann, wenn die Leber als Ort der Eigensynthese betroffen ist. Belastungen, wie starke Arbeit, Hitzeeinfluss oder Stress, steigern ebenfalls den Bedarf an Vitamin C. Die Plasmaspiegel können jahreszeitlich durch den unterschiedlichen Gehalt in den Futterpflanzen schwanken, bei alten Tieren sind sie generell erniedrigt. So kann auch bei Spezies, die zur Eigensynthese von Vitamin C in der Leber fähig sind, eine bedarfsorientierte Substitution sinnvoll sein.

Wechselwirkungen Die Gabe von Vitamin C erhöht die Resorption von Eisen und Aluminium (z. B. in Antazida) aus dem Gastrointestinaltrakt.

Indikationen Ascorbinsäure dient im Allgemeinen zur Unterstützung des Organismus bei Belastungen durch Arbeit, Stress, Infektions- und Tumorerkrankungen. Die Substitution von Futtermitteln soll auch Alterungsprozesse herauszögern und Gelenkerkrankungen wie Arthrose vorbeugen. Beim Geflügel erhöht Vitamin C die Legeleistung und Eischalenqualität.

Kontraindikationen Eine Überversorgung mit Vitamin C während der Trächtigkeit ist zu vermeiden, da sich die Feten an die unphysiologisch hohen Vitamin-C-Konzentrationen adaptieren. So kann es nach der Geburt trotz eigentlich ausreichender Versorgung mit Vitamin C zu Mangelsymptomen bei den Jungtieren kommen.

Dosierung Für die Vitamin-C-Supplementierung bei erhöhtem Bedarf, ausgelöst durch Infektionskrankheiten, Parasitosen oder haltungsbedingte Belastungen beim Geflügel, steht ein Monopräparat zur oralen Anwendung zur Verfügung. Hierbei werden Dosen von 7–70 mg/kg und Tag über die Tränke empfohlen. Wartezeiten sind dabei nicht zu beachten. Zur Behandlung von Skorbut bei Meerschweinchen sind Dosen in Höhe von 30–60 mg/kg p. o. angeraten, zum Ausgleich von Mangelerscheinungen bei Hund und Katze 20–30 mg/kg i. m. oder i. v. Ferner existieren diverse Kombinationspräparate zur oralen, i. m. und s. c. Anwendung, wobei teilweise Wartezeiten von 10 Tagen für essbares Gewebe bei den Nutztieren einzuhalten sind.

FAZIT VITAMINE 

Einteilung und medizinische Bedeutung

- Es werden die wasserlöslichen Vitamine B und C von den fettlöslichen Vitaminen A, D, E und K unterschieden.
- Die fettlöslichen Vitamine sind essenziell. Diese werden in der Regel in Micellen unter Vermittlung von entsprechenden Bindungsproteinen aus dem Magen-Darm-Trakt resorbiert und systemisch verteilt.
- Bei tierartgerechter Fütterung sind in der Regel keine Vitaminmangelzustände zu erwarten.
- Toxische Effekte in Form einer Hypervitaminose sind nur für die Vitamine A und D beschrieben, da bei einem Überangebot an Vitaminen die Resorption der Mikronährstoffe verringert ist.

Vitamin A

- Funktion: Vitamin A ist direkt in den Sehzyklus involviert und steuert im Zellkern die Proliferation und Differenzierung von Zellen. Retinsäure interagiert mit nukleären Rezeptoren und reguliert die Expressionsstärke von diversen Proteinen.
- Folgen von Fehlversorgungen: Nachtblindheit, Veränderungen der Schleimhäute, follikuläre Hyperkeratosen (Hypovitaminose), Fruchtbarkeits- und Wachstumsstörungen (Avitaminose); Wachstumsstörungen und Deformationen der Gliedmaßen (Hypervitaminose).

Vitamin D

- Für Hund und Katze essenziell.
- Funktion: Vitamin D ist zusammen mit Parathormon und Calcitonin für die Aufrechterhaltung der Kalzium- und Phosphathomöostase im Blut und die Regulation der Knochendichte verantwortlich.
- Folgen von Fehlversorgungen: Rachitis bei juvenilen Tieren, bei adulten Tieren Osteomalazie (Hypovitaminose); Kalzinosen (Hypervitaminose)

Vitamin E

- Funktion: Schutz der Membranen vor Lipidperoxidation durch Radikale, positiver Einfluss auf das Immunsystem und die Reproduktion, entzündungsmodulierend
- Folgen von Fehlversorgungen: Weißmuskelkrankheit bei Kalb und Lamm, Steatitis z. B. beim Fohlen, Maulbeerherzkrankheit beim Schwein, exsudative Diathesen beim Geflügel (Hypovitaminosen); Hypervitaminosen sind nicht zu befürchten.

Vitamin K

- Biologisch aktiv ist das Vitamin K_2.
- Funktion: beteiligt an der Aktivierung der Gerinnungsfaktoren II, VII, IX und X
- Folgen von Fehlversorgungen: erhöhte Blutungsneigung (Hypovitaminose) v. a. beim Geflügel (geringere Resorption, begrenzte Speicherfähigkeit) und bei neugeborenen Hunden und Katzen (geringer Gehalt an Gerinnungsfaktoren); Cumarinderivate aus der Gruppe der Rodentizide sowie Dicumarol aus Süßklee hemmen Vitamin K_2.

Vitamine der B-Gruppe

- Hierzu gehören die Vitamine B_1, B_2, B_6, B_{12}, Nikotinsäure, Nikotinsäureamid, Pantothensäure, Biotin und Folsäure.
- Funktion: Als Coenzyme sind sie an nahezu allen anabolen und katabolen Stoffwechselreaktionen beteiligt.
- Folgen von Fehlversorgungen: Leistungsdepression. Ein isolierter Mangel kommt fast nie vor. Verschiedene Arzneistoffe wie z. B. Sulfonamide und Amprolium, aber auch bestimmte Pflanzeninhaltsstoffe hemmen die Vitaminaufnahme bzw. bauen die Vitamine direkt ab. Auf diese Weise können Krankheitsbilder wie die Sternguckerkrankheit bei Rindern und Schafen entstehen, während die Schwarzzungenkrankheit bei Hunden durch eine einseitige Fütterung ausgelöst werden kann. Hypervitaminosen sind nicht zu befürchten.

Vitamin C

- Essenziell für Primaten, Meerschweinchen, Hunde, einige Fischarten und Schweine der Dänischen Landrasse.
- Funktion: Antioxidans, immunstimulierende Wirkung, beteiligt an zahlreichen Hydroxylierungsreaktionen (z. B. bei der Kollagensynthese).
- Folgen von Fehlversorgungen: Skorbut (Hypovitaminose); während der Trächtigkeit ist eine Überversorgung mit Vitamin C zu vermeiden, da sich die Feten an die unphysiologisch hohen Konzentrationen des Vitamins adaptieren.

(Weiterführende) Literatur

[1] Arbeitsgemeinschaft für Wirkstoffe in der Tierernährung e. V. Vitamine in der Tierernährung.www.awt-feedadditives.de

[2] Arnhold T: Untersuchungen zum Metabolismus von Vitamin A / Retinoiden im Hinblick auf eine Risikoabschätzung ihrer teratogenen Wirkung beim Menschen [Dissertation]. Braunschweig: Nat. wiss. Fakultät der Universität Braunschweig; 2000

[3] Bässler KH, Golly I, Loew D, Pietrzik K. Vitamin Lexikon. 3. Aufl. Köln: Komet Verlag GmbH; 2007

[4] Bayer W, Schmidt K. Vitamine in Prävention und Therapie. Stuttgart: Hippokrates Verlag; 2001

[5] Mutschler E, Geisslinger G, Krömer HK, Schäfer-Korting M. Arzneimittelwirkungen. 8. Aufl. Stuttgart: Wissenschaftliche Verlagsgesellschaft, 2001

Toxikologie

22 Toxikologie

H. Nägeli

22.1 Einführung

DEFINITION Der Begriff Toxikologie entstand um das Jahr 1800 durch Zusammenfügen der griechischen Worte für „Gift" (Toxicos) und „Lehre" (logos).Toxikos stammt von toxon (τόξον = Pfeil, Bogen) ab und bedeutet „zu Pfeil und Bogen gehörig". Somit bezieht sich dieses Wort ursprünglich auf das Pfeilgift, da Pfeilspitzen zwecks einer schnellen tödlichen Wirkung mit Giftstoffen präpariert wurden.

Die Toxikologie befasst sich mit den schädlichen Wirkungen von Fremdstoffen (Xenobiotika) auf lebende Organismen. Fremdstoffe können synthetische Chemikalien, aber auch natürliche Substanzen sein. Der Chemie sind über zwei Millionen Verbindungen bekannt, die Naturstoffe sind noch längst nicht alle erforscht, und täglich werden Dutzende von Stoffen erstmals synthetisiert. In der Praxis müssen wir mit rund 50 000 relevanten Giften rechnen, zu denen auch etwa 5 000 Arzneistoffe gehören.

Ein fundamentales Konzept der modernen Toxikologie – die dosisabhängige Giftdefinition – geht auf die visionären Thesen des Arztes und Alchemisten Theophrastus Bombastus von Hohenheim, genannt Paracelsus (1493–1541), zurück. In seiner dritten Defensio schrieb er im Jahre 1538:

„Alle Dinge sind Gift und nichts (ist) ohne Gift, allein die Dosis macht, dass ein Ding kein Gift ist."

Diese Giftdefinition impliziert, dass es von jedem Stoff eine Dosis gibt, die nicht toxisch ist. Tatsächlich zeigen Dosis-Wirkungs-Beziehungen, dass substanzbedingte Giftwirkungen in der Regel erst oberhalb einer bestimmten Schwellendosis oder Schwellenkonzentration auftreten. Expositionen gegenüber Noxen unter diesem Grenzwert sind demnach unbedenklich. In der modernen Toxikologie findet dieses Konzept der kritischen Schwellendosis oder Schwellenkonzentration breite Anwendung. So spricht man z. B. vom „no observed adverse effect level" (NOAEL), d. h. jener Giftmenge, die in einem Organismus keine erkennbaren Schädigungen hinterlässt, oder von der maximalen Arbeitsplatzkonzentration (MAK), d. h. der höchstzulässigen Konzentration eines Arbeitsstoffes (Gas, Dampf, Schwebestoff), die auch bei wiederholter und langfristiger Einwirkung zu keiner Gesundheitsbeeinträchtigung führt.

Als Ausnahme gilt das Prinzip des kritischen Schwellenwertes nicht für den speziellen Fall der Karzinogene mit genotoxischer (d. h. erbgutschädigender) Wirkung. Obwohl die Wahrscheinlichkeit einer Tumorbildung mit sinkender Dosis abnimmt, kann hierfür im Tierexperiment keine eindeutige Schwellendosis festgelegt werden. Daher ist bei genotoxischen Stoffen davon auszugehen, dass sogar ein einzelnes Giftmolekül eine DNA-Mutation auslösen könnte, die sich letztlich mit der Entstehung von Krebs (S. 581) manifestieren würde.

22.2 Beschreibung toxischer Wirkungen

Voraussetzung für jede Giftwirkung ist, dass eine **Exposition** stattfindet. Dazu muss das toxische Agens in Kontakt mit einer Körperoberfläche wie Haut, Auge oder Schleimhaut des Verdauungs- bzw. Respirationssystems kommen. Bei iatrogenen Giftexpositionen sind auch parenterale Applikationen möglich. **Lokale** toxische Effekte entstehen, wenn sich Gewebeschäden gleich an der ersten Kontaktstelle (z. B. Erosionen der Mundschleimhaut, Lungenödem) bilden. **Systemische** Effekte gibt es, wenn Substanzen vom ersten Kontaktort absorbiert werden und in entfernteren Organen Schäden (z. B. Leberzelldegeneration) anrichten. Systemisch wirkende Giftstoffe werden auch entsprechend ihrem primären Zielorgan eingeteilt, z. B. hepatotoxisch, nephrotoxisch, neurotoxisch usw. (**Tab. 22.1**).

Über Häufigkeit und Zeitdauer der Exposition lassen sich toxische Effekte wie folgt gliedern:

- **akut**: nur einmaliger Kontakt mit einem Giftstoff
- **subakut**: mehrfacher Kontakt über eine Periode von höchstens 5 % der Lebensspanne
- **subchronisch**: mehrfacher Kontakt über eine Periode von 5–20 % der Lebensspanne
- **chronisch**: mehrfacher Kontakt während längerer Zeit oder der ganzen Lebensspanne

Tab. 22.1 Beispiele für organtoxische Wirkungen.

Substanzen	primäres Zielorgan der Giftwirkung
Aflatoxine, Paracetamol, Pyrrolizidinalkaloide	Leber
Ethylenglykol, Cadmium, Oxalat	Nieren
Botulinustoxin, Carbamate, Organophosphate, Strychnin	Nervensystem
Diquat, Paraquat, flüchtige Kohlenwasserstoffe	Lunge
Aflatoxine, Dioxine, Thrichothecene	Immunsystem
Fumonisine (Schwein), Oxalat, Scillirosid, Taxin	Herz
Chlorat, Kohlenmonoxid, Kupfer, Nitrit, Zink	Erythrozyten

Tab. 22.2 Vergleich der akuten Toxizität (Maus) und der relativen Molekülmasse verschiedener Giftstoffe.

Gift	orale LD_{50} (µg/kg KG)	Molekülmasse (Da)
Botulinustoxin	0,01	~150 000
2,3,7,8-Tetrachlordibenzo-p-dioxin (TCDD)	200	322
Ricin	20 000	~65 000
Aflatoxin B_1	9 000	312
Strychnin	2000	334
Kaliumcyanid (Zyankali)	10 000	65
2,4-D (häufig gebrauchtes Herbizid)	347 000	221

Wichtig ist ferner, ob toxische Wirkungen **reversibel** oder **irreversibel** sind, d. h., ob Gewebe- und Organschäden nur vorübergehend einsetzen oder bestehen bleiben. Eine Toxizität ist **latent**, wenn vor Ausbruch der Vergiftungszeichen eine symptomfreie Zeit zu beobachten ist. Schließlich ist eine Toxizität **kumulativ**, wenn sich die Wirkungen nachfolgender Expositionen aufsummieren. Ein zentrales Merkmal ist die **Toxizität** von Substanzen, d. h. die Potenz der Giftigkeit bei stattfindender Exposition. Diese Eigenschaft wird als eine Menge der Substanz bezogen auf das Körpergewicht angegeben. Die stärksten Gifte sind nicht industrielle Chemikalien, sondern natürliche Toxine mit einer modularen Proteinstruktur, die sehr spezifisch auf den Organismus einwirken. Wie in **Tab. 22.2** dargelegt ist Botulinustoxin (S. 603) etwa eine Million Mal toxischer als Zyankali!

22.3 Toxikodynamik

22.3.1 Mechanismen toxischer Wirkungen

Für die Beurteilung der von Fremdstoffen ausgehenden Gefahren benötigen wir möglichst genaue Kenntnisse der zugrunde liegenden Wirkungsmechanismen. Im Folgenden sind die 12 relevantesten Prinzipien der Zell-, Gewebe- und Organschädigung aufgelistet.

Lokale Irritation Kontaktschäden entstehen z. B. durch Säuren, Laugen, Phenole oder Detergenzien. Die Schädigung wird durch Proteinfällung sowie Verseifung oder Auflösung der Lipidmembranen hervorgerufen. Lokale Irritationen entstehen auch durch Radikalbildung, wie z. B. bei Eisen (S. 613), oder Freisetzung von Entzündungsmediatoren, z. B. durch Schlangengifte (S. 617).

Enzymhemmung Toxische Substanzen können Fehlfunktionen durch Hemmung essenzieller Enzyme auslösen. Die Schadwirkung kommt durch Ansammlung eines im Überfluss vorhandenen Substrates, z. B. Acetylcholin durch Carbamate (S. 594), bzw. Mangel eines Produktes, z. B. Vitamin K_1 durch Hydroxycumarine (S. 598), zustande. Eine spezielle Form der Enzymhemmung ist die Blockierung der Atmungskette in der inneren Membran der Mitochondrien, z. B. wegen der Bindung von Cyanid (S. 614) an das Fe^{3+} der Cytochrom-Oxidasen.

Entkoppelung der Zellatmung Bei normalem Elektronentransport in den Mitochondrien verhindern Substanzen wie z. B. Bromethalin (S. 597) oder Dinitrophenol (S. 602) die nachfolgende ATP-Synthese, sodass die erzeugte Energie ungenutzt bleibt und in Form von Wärme abgeht.

Störung der Membranpotenziale Eine zentrale Funktion der Membranen von Nerven- oder Muskelzellen ist der Aufbau und Erhalt der Ionengradienten für Reizbildung und Erregungsleitung. Störungen dieser Membranfunktion, z. B. durch Pyrethroide (S. 596) oder Ionophore (S. 606) führen zur Beeinträchtigung neuronaler Aktivitäten bzw. zur Schädigung von Muskelzellen.

Nichtkovalente Rezeptorbindung Fremdstoffe können zelluläre Rezeptoren binden und somit rezeptorvermittelte Funktionen fehlleiten, wie z. B. bei Stimulation cholinerger Synapsen durch Nikotin (S. 596) oder Blockierung inhibitorischer Synapsen durch Strychnin (S. 599). Dieser Mechanismus gilt auch für hormonaktive Stoffe, die u. a. Rezeptoren des endokrinen Systems (z. B. Estrogenrezeptoren) besetzen. Gefürchtet sind deren Wirkungen auf die Fruchtbarkeit und als Tumorpromotoren (S. 581), nach maternaler Exposition manifestieren sich Schäden oft erst bei den Nachkommen.

Kovalente Interaktionen Giftstoffe können kovalente Bindungen mit Zielmolekülen der Zellen eingehen und somit deren Funktion beeinträchtigen. Auf diese Weise blockieren Übergangs- und Schwermetalle (S. 611) die Sulfhydrylgruppen von Proteinen, was zu Denaturierung und Funktionsverlust führt. Häufig erfolgt durch Biotransformation im Organismus eine Umwandlung von Fremdstoffen zu elektrophilen Metaboliten (S. 583), die Makromoleküle wie Nukleinsäuren, Lipide oder Proteine durch kovalente Reaktionen schädigen.

Tab. 22.3 Ausgewählte Beispiele für die Bildung von fremdstoffinduzierten Sauerstoffradikalen.

Mechanismen	auslösende Fremdstoffe
Cytochrom-P450, Prostaglandin-Synthase, andere Enzyme	Chinone (z. B. Adriamycin), polyzyklische aromatische Kohlenwasserstoffe
spontane nicht enzymatische Reaktionen	Eisen, Nitrofurane, Diquat, Paraquat
Phagozytose	mineralische Fasern, z. B. Asbestfasern

Oxidativer Stress Fremdstoffe können, wie in **Tab. 22.3** dargelegt, verschiedene Prozesse auslösen, die zur Bildung von **Sauerstoffradikalen** führen. Radikale sind instabile Verbindungen mit ungepaarten Elektronen im äußersten Orbital, die eine sehr hohe chemische Reaktivität aufweisen. Ausgangspunkt biologischer Radikale ist im Allgemeinen der molekulare Sauerstoff.

Reaktive Sauerstoffradikale entstehen durch Einfangen von Elektronen und deren Übertragung auf Sauerstoff (O_2), wobei das Superoxidradikalanion ($\cdot O_2^-$) entsteht. Die schrittweise Reduktion dieses Superoxidradikalanions führt über Wasserstoffperoxid (H_2O_2) zur Bildung des Hydroxylradikals ($\cdot OH$), das als stärkster oxidierender Metabolit die höchste Reaktivität gegenüber Makromolekülen besitzt.

Von **oxidativem Stress** spricht man, wenn die Bildungsrate der Sauerstoffradikale die Kapazität der antioxidativen Systeme (S. 583) übersteigt. Durch sekundären Angriff der Membranlipide entstehen Phospholipidradikale, die eine als **Lipidperoxidation** bezeichnete Kettenreaktion auslösen. Diese endet durch progressive Fragmentierung der Phospholipide im Zerfall der Zellmembranen.

DNA-Schädigung Genotoxische Fremdstoffe sind in der Lage, direkt oder nach metabolischer Aktivierung die DNA zu schädigen und damit Veränderungen des Erbgutes herbeizuführen. Genetische Veränderungen in Keimzellen bzw. somatischen Zellen, Embryonen oder Feten führen zu Erbkrankheiten, Krebs (S. 581) und Missbildungen (S. 582).

Redox-Störungen Fremdstoffe können dem Organismus durch Verschiebung physiologischer Redox-Gleichgewichte Schaden zufügen. So beruht die toxische Wirkung von Chlorat (S. 601) und Nitrit (S. 610) u. a. darauf, dass zweiwertiges Eisen (Fe^{2+}) im Hämoglobin zu Fe^{3+} oxidiert wird, wodurch nicht funktionsfähiges Methämoglobin entsteht.

Enzymatischer Abbau Einige Toxine wirken enzymatisch auf essenzielle Zielsubstrate im Organismus. Dazu gehören diverse bakterielle Enzyme, wie z. B. die bereits erwähnten Botulinustoxine oder die in Farn- und Schachtelhalmgewächsen enthaltene Thiaminase (S. 604).

Deregulierung von Signalnetzwerken Substanzen können auf Kaskaden der zellulären Signaltransduktion Einfluss nehmen. So sind z. B. Methylxanthine in der Lage, intrazelluläre Phosphodiesterasen, die den Abbau von zyklischem AMP (cAMP) vorantreiben, zu hemmen. Eine speziell zu beachtende Form der Signalstörung kommt bei der Teratogenese (S. 582) vor.

Immunvermittelte Wirkungen Fremdstoffe mit immunsuppressiver Wirkung, wie z. B. Trichothecene oder Dioxine (S. 615), schädigen den Organismus durch Begünstigung von Infektionen oder Tumorbildung. Andererseits können Fremdstoffe als Antigen erscheinen und zu allergischen Reaktionen führen, die sich im Extremfall mit anaphylaktischem Schock und Beeinträchtigung der Atem- oder Nierenfunktion äußern. Individuelle Überempfindlichkeiten (z. B. gegen Sulfonamide) verursachen Reaktionen wie das Stevens-Johnson-Syndrom oder die toxische epidermale Nekrolyse, die durch schwerste Haut- und Schleimhautläsionen gekennzeichnet sind.

22.3.2 Zelltod

Eine giftgeschädigte Zelle kann grundsätzlich auf mindestens zwei Arten sterben. Ursprung des **nekrotischen** Zelltodes ist ein Integritätsverlust der Zellmembran, wodurch es zum Wassereinstrom und Anschwellen der Zelle insgesamt sowie der Organellen kommt. Schließlich werden die Membranen gesprengt, der Zellkern und die Mitochondrien lösen sich auf. Die Zellen platzen und schütten ihren Inhalt ins Gewebe, was zu einer massiven Entzündungsreaktion mit zellulärer Infiltration führt. Als Spätfolge dieser Entzündungsreize kommt es zur **Fibrose** des betroffenen Gewebes, oder es bildet sich **Krebs**.

Beim **apoptotischen** Zelltod wird gerade das Gegenteil beobachtet. Der Begriff Apoptose stammt aus dem Griechischen und steht für das Fallen der Blätter von einem Baum oder einer Blüte. Der apoptotische Zelltod ist das Ergebnis einer aktiven, exakt regulierten Kaskade intrazellulärer Signale und läuft über folgende morphologisch erkennbare Schritte ab (**Abb. 22.1**). Zuerst kommt es zur Abrundung der sterbenden Zelle und Ablösung aus dem Zellverband (1). Es wird eine Kondensation des Chromatins sichtbar (2), und der Zellkern zergliedert sich in kleinere Fragmente (3). Die Plasmamembran bildet blasenartige Ausstülpungen (4). Diese schnüren sich komplett ab und bilden apoptotische Körperchen (apoptotic bodies), die Kernfragmente und Organellen enthalten. Es werden Phagozytosesignale an Nachbarzellen ausgesendet (5). Ein frühes Merkmal der Apoptose ist die Verschiebung von Phosphatidylserin von der inneren in die äußere Schicht der Zellmembran, womit die apoptotischen Körperchen zur phagozytotischen Aufnahme durch Nachbarzellen freigegeben werden. Eine Entzündungsreaktion bleibt bei der Apoptose weitgehend aus, weil die Zellmembran und die Membranen der Organellen während des ganzen Prozesses intakt bleiben, sodass keine Zellinhalte in den extrazellulären Raum gelangen.

Der Zellkern, die Zellorganellen sowie verschiedene Makromoleküle (Proteine, DNA) werden bei der Apoptose sorgfältig in kleinere Teile demontiert. Spezifische Proteasen (aus der Familie der Caspasen) schneiden Schlüsselproteine in Teilpeptide, und eine Nuklease zerlegt die DNA in Fragmente von ~180 Basenpaaren.

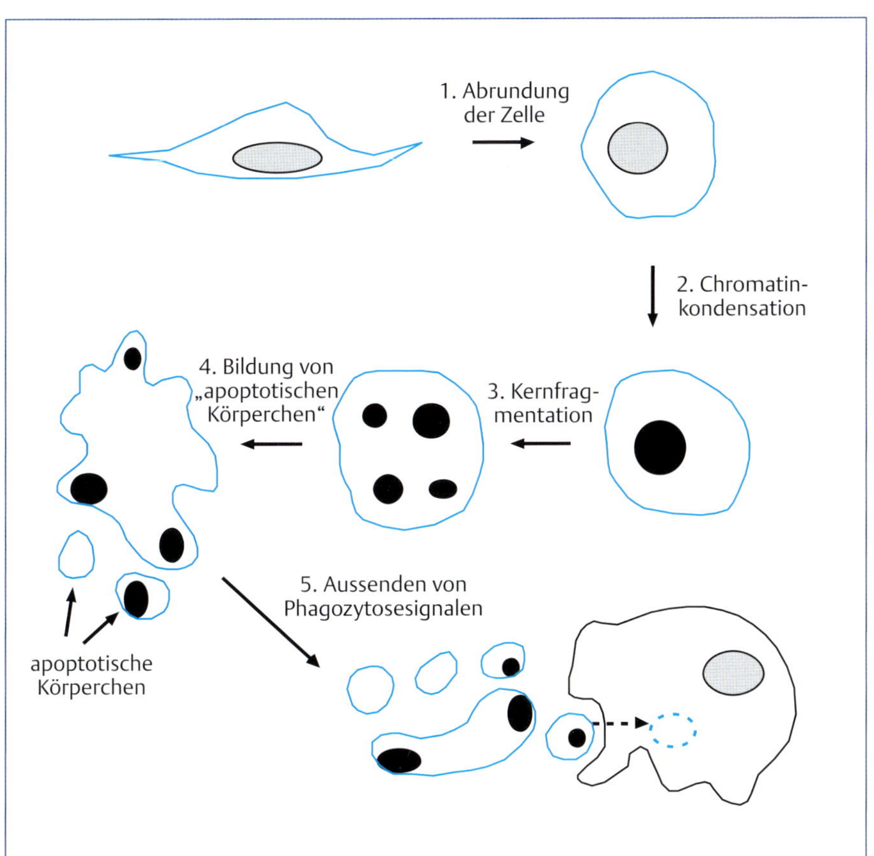

Abb. 22.1 Etappen des apoptotischen Zelltodes. Die einzelnen Schritte (1–5) sind im Text näher erläutert.

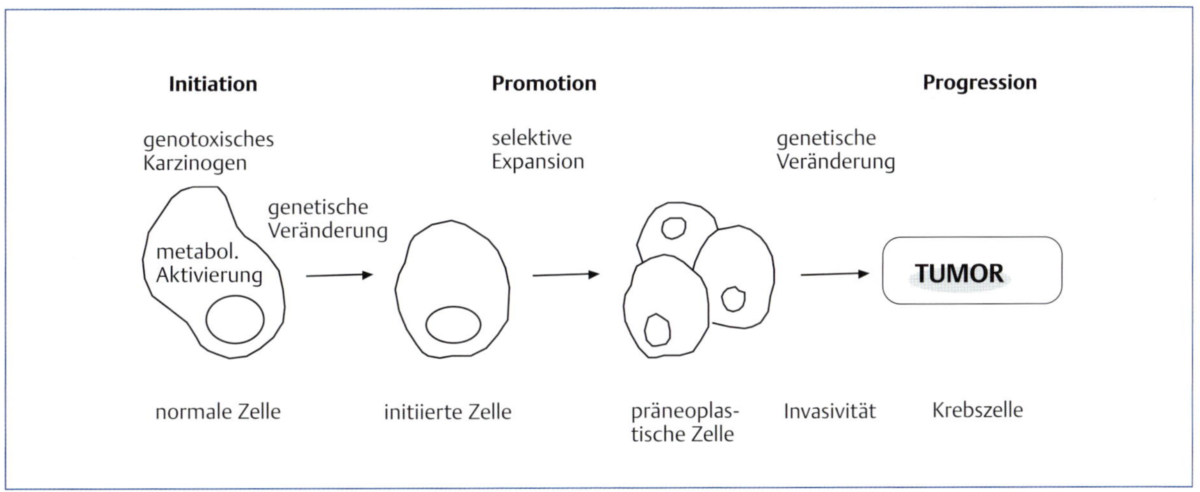

Abb. 22.2 Der Mehrstufenprozess der Karzinogenese.

22.3.3 Karzinogenese

Eine Fehlfunktion bzw. der Ausfall des apoptotischen Zelltodprogrammes führt zur klonalen Expansion genetisch veränderter Zellen, die schließlich zur Bildung von Krebs Anlass geben.

In über 50 % der menschlichen Tumore sind Mutationen oder Deletionen zu finden, die das Gen des Tumorsuppressorproteins p53 betreffen. Dadurch verliert p53 seine Fähigkeit zur Auslösung der Apoptose. Allgemein ist festzustellen, dass Defekte in der Auslösung oder Durchführung von Zelltodprogrammen ein generelles Merkmal aller Krebszellen darstellt.

Die Karzinogenese ist ein komplexer Mehrstufenprozess, der eine jahre- bzw. jahrzehntelange Latenzzeit zwischen initialer Karzinogeneinwirkung und dem Auftreten manifester Tumore aufweist. Der Prozess durchläuft drei aufeinanderfolgende Stadien, welche als Initiation, Promotion und Progression bezeichnet werden (**Abb. 22.2**). Die Initiationsphase ist durch das Auftreten irreversibler genetischer Veränderungen charakterisiert, wobei Punktmutationen, Insertionen, Deletionen oder Translokationen

Tab. 22.4 Karzinogene: Beispiele von Initiatoren und Promotoren.

Initiatoren (genotoxische Karzinogene)	Promotoren (nicht genotoxische Karzinogene)
Aflatoxine	Hormone (Estrogene, Androgene)
Cisplatin	Phorbolester
Nitrofurane	polychlorierte Biphenyle
Ptaquilosid (Inhaltsstoff des Adlerfarns)	Tetrachlordibenzo-p-dioxin

der DNA entstehen. Diese Genveränderungen aktivieren Protoonkogene (wie z. B. Rezeptor-Tyrosinkinasen oder andere Stimulatoren der Zellproliferation) und inaktivieren Tumorsuppressorgene (wie z. B. p53 oder andere Auslöser der Apoptose). Die Promotionsphase umfasst die klonale Expansion initiierter Zellen. Tumorpromotoren, die den Übergang in die Promotionsphase beschleunigen, wirken typischerweise über epigenetische (d. h. nicht genotoxische) Mechanismen proliferationsstimulierend und apoptosehemmend. In der Progressionsphase entstehen schließlich durch zusätzliche genetische Veränderungen (weitere Aktivierung von Protoonkogenen bzw. Inaktivierung von Tumorsupressorgenen) maligne Krebszellen, die mit den Eigenschaften des invasiven Wachstums und der Metastasierung ausgestattet sind. Die Karzinogenese beruht also auf dem komplexen Zusammenspiel von genetischen und epigenetischen Faktoren.

Fremdstoffe können entweder auf alle drei Phasen der Karzinogenese einwirken (**komplette Karzinogene**) oder nur auf einzelne Schritte. Man unterscheidet entsprechend ihrer Teilwirkung zwischen **Initiatoren** (= genotoxische Karzinogene) und **Promotoren** (= nicht genotoxische Karzinogene). Tumorinitiatoren wirken genotoxisch und lösen durch Schädigung der DNA genetische Veränderungen aus. Tumorpromotoren führen über rezeptorvermittelte Mechanismen zu Änderungen der Genexpressionsprogramme der Zellen. Beispiele sind in Tab. 22.4 aufgeführt.

22.3.4 Teratogenese

DEFINITION Teratogene sind biologische, chemische oder physikalische Einflussfaktoren, die am Embryo oder Fetus Fehlbildungen hervorrufen.

Durch Minderung der Fertilität (z. B. über Hemmung der Spermienproduktion) oder Beeinträchtigung der embryonalen bzw. fetalen Entwicklung können Fremdstoffe in die Reproduktion eingreifen. Oft hat die pränatale Toxizität einen letalen Ausgang, und es kommt zu Resorption oder Abort. Substanzbedingte Schädigungen des Embryos sowie Fetus können aber auch morphologische oder funktionelle Fehlbildungen zur Folge haben.

Die teratogene Wirkung von Substanzen ist durch folgende Kriterien gekennzeichnet:

- Die teratogene Dosis liegt unterhalb der Schwellendosis für die herkömmliche maternale Toxizität.

Tab. 22.5 Ausgewählte Beispiele für die Teratogenese durch Störung von Morphogengradienten.

teratogene Substanz	betroffenes Morphogen	häufigste Missbildungen und funktionelle Störungen (Mensch)
Ethanol	sonic hedgehog	Alkoholembryopathie: Wachstumsretardierung, Mikrozephalie, Hyperaktivität, Gesichtsfehlbildungen, Skelettfehlbildungen
Thalidomid	fibroblast growth factor	Amelie, Phokomelie, Anotie, Mikrotie, Herzdefekte
Vitamin A	Retinolsäure	Hydrozephalus, Anotie, Mikrotie, Herzdefekte, Mikrognatie

- Die teratogene Wirkung ist meist auf ein zeitlich enges Fenster der embryonalen oder fetalen Entwicklung begrenzt.
- Einflüsse während der **Organogenese** zu Beginn der embryonalen Entwicklung lösen die schwersten Missbildungen aus.
- Teratogene Stoffe wirken durch Beeinträchtigung von **Morphogenen** (Tab. 22.5).

Morphogene sind Signalmoleküle, die Musterbildungen während der Entwicklung steuern. Durch Konzentrationsgradienten vermitteln Morphogene räumliche Positionsinformation: Sie werden an einer Quelle gebildet, diffundieren in das umliegende Gewebe und induzieren Gen-Expressionsprofile in Abhängigkeit ihrer lokalen Konzentration.

Die Ursachen für störende Effekte auf Morphogengradienten sind nicht in jedem Fall geklärt. Neue Forschungsergebnisse weisen darauf hin, dass die teratogene Wirkung von Thalidomid durch Besetzung eines intrazellulären Rezeptors (genannt Cerebrosid) initiiert wird. Die Bindung an Cerebrosid verursacht eine Hemmung der Ubiquitinierung von Proteinen. Die Teratogenität anderer Fremdstoffe wie Ethanol, Methylquecksilber, Phenytoin oder Cocain wird derzeit mit der Produktion von reaktiven Sauerstoffradikalen in Zusammenhang gebracht. Wegen der in den Entwicklungsphasen noch ungenügenden Kapazität des antioxidativen Schutzsystems (S. 583) kommt es gemäß dieser These zur selektiven Schädigung des Embryos bzw. Feten, während dasselbe Schutzsystem im Muttertier die Radikale zu neutralisieren vermag. Zytostatika entfalten ihre teratogene Wirkung durch Hemmung der Zellproliferation während der embryonalen bzw. fetalen Entwicklung.

22.4 Modulierende Prozesse

Die Toxizität eines Giftstoffes wird durch mehrere Faktoren beeinflusst. So ist die gesundheitsschädigende Eigenschaft eine relative Größe, abhängig von der Qualität, Quantität und Aufnahmeroute des Stoffes sowie der physiologischen Kondition des betroffenen Individuums.

Tab. 22.6 Beispiele für die Giftung von Chemikalien durch Bildung elektrophiler Metaboliten.

Substanz	Enzym, das zur Giftung beiträgt	elektrophiler Metabolit	toxische Wirkung
Paracetamol	P450, Peroxidasen	N-Acetyl-p-benzo-chinonimin	Lebernekrosen
Aflatoxin B_1	P450	Aflatoxin-B_1-8,9-epoxide	Hepatokarzinogen
Allylalkohol	ADH	Allylaldehyd (Acrolein)	Lebernekrosen
Benzo(a)pyren	P450	Benzo(a)pyren-7,8-diol-9,10-epoxid	Karzinogen
Ethanol	ADH	Acetaldehyd	hepatische Fibrose

ADH = Alkoholdehydrogenase; P450 = Cytochrom-P450-Multienzymkomplex

22.4.1 Toxikokinetik

Faktoren und Mechanismen, die Aufnahme, Verteilung, Biotransformation und Ausscheidung von Giften beeinflussen, sind grundsätzlich identisch mit jenen, die im Kapitel Allgemeine Pharmakologie (S. 49) für Arzneimittel dargelegt sind. Trotzdem besteht ein Unterschied. Während die Pharmakokinetik der überwiegenden Mehrzahl von Arzneimitteln durch Reaktionen 1. Ordnung bestimmt wird, ist in der Toxikokinetik von Giftstoffen ein Übergang zu Reaktionen 0. Ordnung möglich, wenn höhere Konzentrationsbereiche erreicht und die Eliminationsmechanismen gesättigt sind. Die Elimination eines Giftstoffes kann in der initialen Resorptionsphase mit einer Kinetik 1. Ordnung erfolgen, bei Erreichen der Sättigungsgrenze der Eliminationsmechanismen auf 0. Ordnung übergehen und schließlich in der letzten Eliminationsphase wieder nach 1. Ordnung vor sich gehen. Liegt die Eliminationsrate eines Giftstoffes für längere Zeit im Sättigungsbereich, ist seine Verweildauer im Körper länger, als man aufgrund seiner Eliminationshalbwertszeit (berechnet in der Phase 1. Ordnung) annehmen würde.

22.4.2 Metabolische Aktivierung

Die Giftwirkung vieler Fremdstoffe beruht auf reaktiven Metaboliten, die erst im Organismus während der Biotransformation durch das Cytochrom-P450 oder andere Enzymsysteme gebildet werden. Bei diesem Prozess der "Giftung" entstehen elektrophile Metaboliten, die eine starke Tendenz zur Elektronenaufnahme haben und deshalb leicht mit elektronenreichen Atomen in nukleophilen Molekülen, d. h. solchen, die eine Tendenz zur Elektronenabgabe haben, reagieren. Die Bildung eines reaktiven Metaboliten bei der Biotransformation lässt sich am Beispiel des Schmerzmittels Paracetamol aufzeigen. Paracetamol (Acetaminophen) wird über verschiedene Zwischenstufen biotransformiert, es laufen gleichzeitig Phase-I- und Phase-II-Reaktionen ab (**Abb. 22.3**).

Ein Teil des Paracetamols gelangt direkt über Konjugationsreaktionen zu einer Ausscheidung aus dem Körper. Bei Erschöpfung dieser Mechanismen (bei hohen Dosen von Paracetamol bzw. bei Verbrauch des Konjugationspartners) ist die N-Hydroxylierung über Phase-I-Reaktionen der alternative Weg. Dabei entsteht ein reaktiver Metabolit, der durch die Glutathion-S-transferase mit Glutathion konjugiert wird. Sobald das zelluläre Glutathion aufgebraucht ist, reagiert der kumulierende reaktive Metabolit kovalent

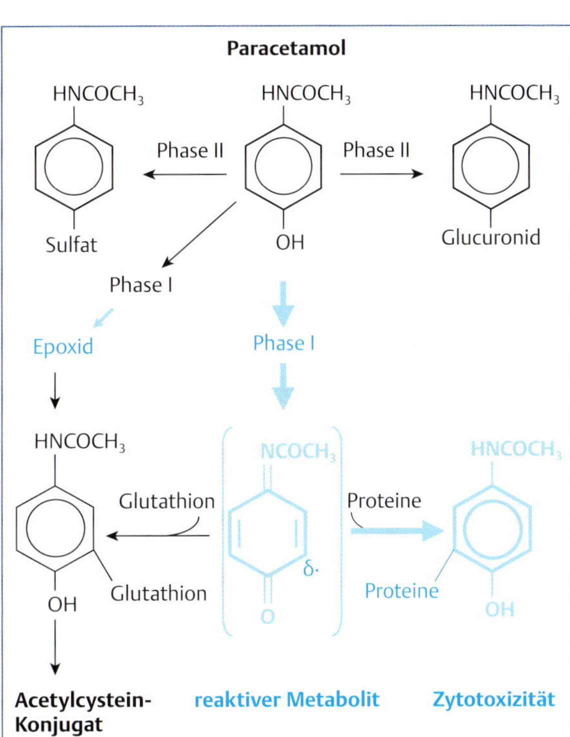

Abb. 22.3 Giftung (→) und Entgiftung (→) von Paracetamol (Acetaminophen).

mit Proteinen. Die zytotoxische Wirkung von Paracetamol beruht auf diesem Mechanismus. Versuche an Ratten haben gezeigt, dass der Ernährungsstatus die Empfindlichkeit für Paracetamol drastisch beeinflussen kann. Fasten führt zum Verlust des zellulären Glutathions, die Tiere sterben an einer Dosis von Paracetamol, die ad libitum gefütterte Tiere unbeschädigt überstehen können. Weitere Beispiele für Giftungsmechanismen durch Bildung elektrophiler Metaboliten sind in **Tab. 22.6** aufgeführt.

Stoffe wie Aflatoxin B_1 oder Benzo(a)pyren, die ihre Krebswirkung erst nach metabolischer Aktivierung entfalten, werde **Prokarzinogene** genannt.

22.4.3 Antioxidative Schutzsysteme

Die zellulären Schutzsysteme gegen Sauerstoffradikale umfassen Antioxidanzien wie die Vitamine A, E und C sowie Glutathion und die Enzyme Superoxiddismutase, Katalase und Glutathionperoxidase. Das Beispiel des Paracetamols illustriert die zentrale Bedeutung des Glutathionsystems bei der Entgiftung von reaktiven Metaboliten. Glutathion (GSH) ist ein Tripeptid (γ-Glutamylcysteinylglycin) und kommt intrazellulär in hohen Konzentrationen vor. Es ist in der Lage, über die Thiolgruppe des Cysteins direkt mit verschiedenen Sauerstoffradikalen zu reagieren, wobei ein Thiol-Radikal (GS•) entsteht. Zwei GS•-Radikale können unter Bildung von Glutathiondisulfid (GSSG) direkt miteinander reagieren. Das Enzym Glutathionperoxidase reguliert zusammen mit der Katalase die intrazelluläre H_2O_2-Konzentration und sorgt dafür, dass diese nicht zu hoch und somit die Belastung mit Radikalen tief gehalten wird. Die Glutathionperoxidasereaktion führt ebenfalls zur Bildung von Glutathiondisulfid unter Reduktion von Wasserstoffperoxid zu Wasser (22.1).

$$H_2O_2 + 2\ GSH \rightarrow 2H_2O + GSSG \qquad (22.1)$$

Um die antioxidative Kapazität in der Zelle aufrechtzuerhalten, muss schließlich noch das Verhältnis von GSH zu GSSG möglichst hoch gehalten werden. Dies wird durch die NADPH-abhängige Glutathionreduktase sichergestellt. Zum Glutathionsystem gehören ferner Enzyme, die GSH-Konjugate „entsorgen". Dies geschieht in einer mehrstufigen Reaktion, an deren Ende ein ACC-Konjugat als Ausscheidungsprodukt steht (**Abb. 22.4**).

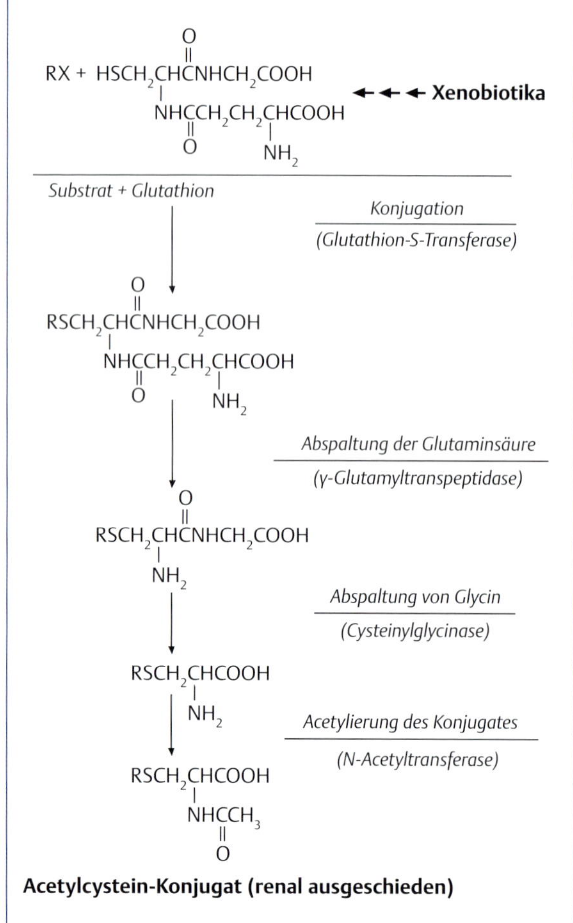

Abb. 22.4 Die Ausscheidung von Xenobiotika-Glutathion-Konjugaten

22.4.4 DNA-Reparatur und Regulation des Zellzyklus

Wie reagiert eine Zelle, deren Moleküle durch reaktive Metaboliten beschädigt wurden? Von größter Bedeutung sind die Reaktionen bei Schädigung der DNA, weil diese als einziges Makromolekül der Zelle nicht einfach ersetzt werden kann, sondern nach Schädigung repariert werden muss. Daher wird der Zustand der DNA ständig von einem aufwendigen Apparat von Reparaturproteinen überwacht. Spezialisierte Sensorproteine registrieren das Ausmaß der DNA-Schädigung und rekrutieren unterschiedliche Reparatursysteme. Dabei werden beschädigte DNA-Abschnitte ausgeschnitten und durch Neusynthese ersetzt. Bei übermäßiger DNA-Schädigung besteht eine erhöhte Gefahr für Mutationen und Entstehung von malignen Tumoren. In diesem Fall wird eine andere Strategie eingeschlagen: Über Aktivierung eines Signalnetzwerkes kann das apoptotische Zelltodprogramm ausgelöst werden, und die genetisch kompromittierte Zelle wird aus dem Gewebeverband entsorgt. Sowohl die Reparatur- als auch die Entsorgungsstrategie zielen darauf ab, die Stabilität des Erbgutes im Gesamtorganismus aufrechtzuerhalten.

DNA-Reparaturmechanismen sind in der Lage, Prioritäten zu setzen, um die am meisten gefährdeten DNA-Abschnitte, wie z. B. Gene, die gerade in Transkription sind, zuerst zu reparieren. Zudem sorgen Signalübertragungsproteine dafür, dass während des eigentlichen Reparaturvorgangs heikle Prozesse in der Zelle ruhen (Koordination des Reparaturvorgangs mit Transkription und Zellzyklus). Als Beispiel für die Funktionsweise dieser Koordinationsprozesse soll kurz das am besten untersuchte p53-Signalnetzwerk diskutiert werden (**Abb. 22.5**). Die Aufgabe des p53-Proteins in der Zelle besteht in der Unterdrückung der neoplastischen Transformation, was zur Bezeichnung „Tumorsuppressor-Protein p53" geführt hat. Das p53-Protein wird durch genotoxische Substanzen (Karzinogene, oxidative DNA-Schädigung) sowie Stressfaktoren (wie z. B. Hypoxie, Defizit an Nukleotiden) aktiviert. In dieser Aufgabe unterstützen es Schadensensoren wie ATM (ataxia telangiectasia-mutated), ATR (ATM and Rrd3-related), DNA-PK (DNA-abhängige Proteinkinase) oder PARP (Poly[ADP-ribose]Polymerase), die DNA-Strangbrüche oder einzelsträngige DNA registrieren.

Bei der Aktivierung von p53 bildet das Protein ein Tetramer, und in dieser Form wirkt es als Transkriptionsfaktor, d. h., es bindet an spezifische Sequenzen in den Promotoren von Genen, deren Expression aktiviert oder unterdrückt wird. Einzelne dieser Gene (z. B. p21) sind an der Zellzyklusregulation beteiligt; ihre Aktivierung führt zu einem Zellzyklusstopp. Dies schafft Zeit für die Reparatur von DNA-Schäden und verhindert, dass Veränderungen in der Basensequenz bei der DNA-Replikation weiterpropagiert werden und Mutationen auslösen. Außer bei DNA-Schäden wird das p53-Netzwerk bei den verschiedensten Störfällen aktiviert, wie z. B. bei einer Verschiebung des Redoxpotenzials, bei Absinken der intrazellulären ATP-Konzentration, bei einer toxininduzierten Hemmung der Mitose bzw. DNA- oder RNA-Synthese oder bei einem Defizit

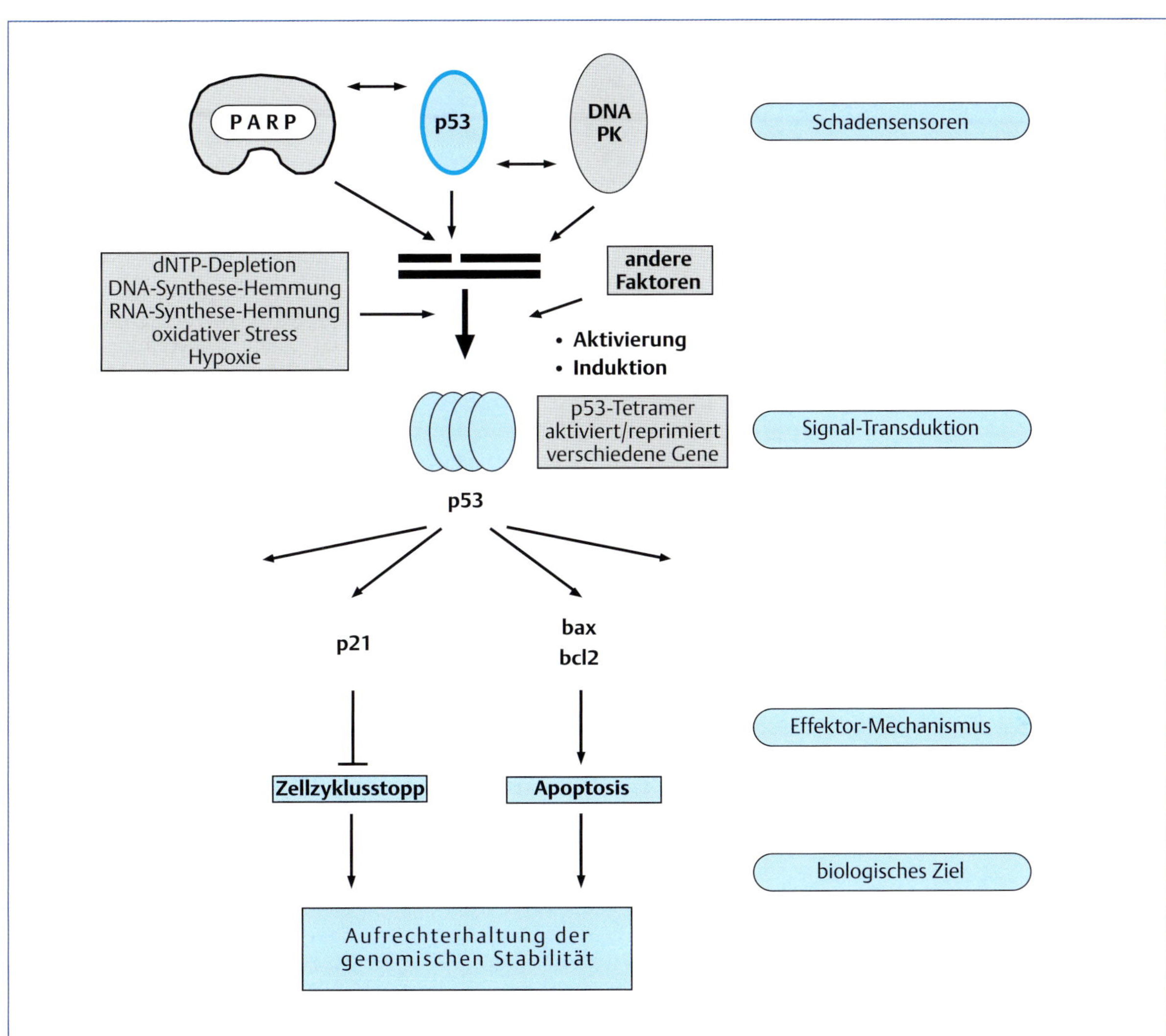

Abb. 22.5 Stark vereinfachtes Schema des DNA-Schaden-Signalnetzwerks. Die Integrität der DNA wird durch Schadensensorproteine (ATM, ATR, DNA-PK, PARP u. a.) überwacht, bei Vorliegen von DNA-Schäden werden sie aktiviert. Das p53-Protein wird bei Aktivierung über transkriptionelle, translationelle und posttranslationelle Mechanismen hochreguliert und bildet ein Tetramer. In dieser Form operiert es als Transkriptionsfaktor, der die Expression einer ganzen Genfamilie reguliert. Deren Genprodukte können wiederum spezifische Reaktionen auslösen, wie z. B. eine Zellzykluspause oder das apoptotische Programm.

an Nukleotiden für die DNA-Synthese. Das p53-Signalnetzwerk spielt also eine entscheidende Rolle in der Zelle für die erfolgreiche Bewältigung von unterschiedlichen Stresssituationen. Bei starker DNA-Schädigung, d. h. bei Vorliegen irreparabler DNA-Schäden, kann das p53-Signalnetzwerk als Notfallprogramm die Apoptose der Zelle auslösen, die Gefahr der Tumorbildung ist somit gebannt. In diesem Fall funktioniert das p53-Tetramer als Transkriptionsfaktor für Apoptosegene.

22.5 Die Arbeitsmethoden der Toxikologie

Die Toxikologie hat sich zunehmend auf Teilgebiete spezialisiert. Für die Veterinärmedizin sind vor allem folgende Arbeitsgebiete relevant:

Die **Arzneimitteltoxikologie** beschäftigt sich mit der Sicherheitsprüfung von neuen Präparaten. Diese erfolgt mehrstufig zuerst in präklinischen Studien mit Zellkulturen, isolierten Organen und Versuchstieren, danach in umfangreichen klinischen Studien mit Probanden sowie Patienten.

Die **Rückstandstoxikologie** beschäftigt sich mit der Beurteilung von chemischen Rückständen in Lebensmitteln. Dieses Gebiet ist auch für Tierärzte wichtig, da sie sich selbst an der Produktion von Lebensmitteln beteiligen oder eine Tätigkeit in der Lebensmittelindustrie ausüben.

Die **klinische Toxikologie** befasst sich mit der Prävention, Erkennung und effektiven Behandlung akuter und chronischer Vergiftungen.

Die **Umwelttoxikologie** bzw. **Ökotoxikologie** ist zu einem bedeutenden Teilgebiet herangewachsen. Für die Veterinärmedizin ist insbesondere der Einsatz von Arzneimitteln in der Landwirtschaft von Bedeutung, da diese auf verschiedene Wege in die Umwelt gelangen. Andererseits können Umweltkontaminanten die Gesundheit und Leistung von Nutztieren schmälern.

22.5.1 Toxizitätsprüfungen

Toxizitätsprüfungen sind bei der Entwicklung neuer Arzneimittel und Chemikalien gesetzlich vorgeschrieben. Je nach Art der Toxizität gestaltet sich die toxikologische Erfassung von Risiken für Mensch, Tiere und Umwelt unterschiedlich schwierig, der zeitliche und finanzielle Aufwand für solche Analysen kann enorme Ausmaße annehmen. Am schwierigsten sind die Risiken jener Wirkungen zu erfassen, die erst nach einer großen Latenzzeit in Erscheinung treten. Diese kann für karzinogene Stoffe mehr als dreißig Jahre betragen. Im Bereich der Umwelttoxikologie gibt es ebenfalls Wirkungen, deren Konsequenzen oft erst nach Jahrzehnten in ihrer vollen Bedeutung abgeschätzt werden können. Ein weiterer Aspekt in der toxikologischen Risikobeurteilung ist die Frage: Was ist ein akzeptables Risiko? Die Toxikologie kann hier nur Entscheidungsgrundlagen schaffen, die Antwort auf diese Frage wird von gesellschaftlichen Wertvorstellungen geprägt. Bei der Erfassung einer toxischen Wirkung hat sich weltweit eine Einteilung durchgesetzt, die von der Latenzzeit der möglichen Giftwirkung ausgeht. Man unterscheidet eine Prüfung auf akute, subakute, subchronische oder chronische Toxizität. Momentan laufen große Anstrengungen, auf akute Toxizitätstests zu verzichten sowie andere Testverfahren zu verfeinern, um die Anzahl der Versuchstiere zu reduzieren und die Aussagekraft zu steigern. Ein vollständiger Verzicht auf Tierversuche ist nicht möglich, weil mit keinem alternativen Prüfverfahren (Zellkulturen, isolierte Organe etc.) eine vergleichbar hohe Sicherheit der Voraussage für das Spektrum der möglichen Toxizität erzielt werden kann.

Akute Toxizität Bei einem akuten Toxizitätstest werden steigende Dosen einer Substanz einmalig verabreicht, dann die Auswirkungen des Giftes innerhalb von maximal 14 Tagen beurteilt. Daraus lässt sich die LD_{50} (letale Dosis 50 %) errechnen, d. h. die Dosis des Giftstoffes, bei der 50 % der behandelten Tiere die Testperiode nicht überleben.

Subakute Toxizität Die Toxizität wird nach täglicher – meist oraler – Verabreichung nach 14–28 Tagen bestimmt, wobei verschiedene Dosierungen zur Anwendung kommen. Die Testauswertung umfasst eine komplette klinische, labormedizinische sowie pathologische Beurteilung der Versuchstiere. Am aussagekräftigsten ist meist der histologische Befund. Der subakute Toxizitätstest dient auch für die Dosisfindung für Prüfungen auf subchronische Toxizität, die höchste Testdosis soll also im toxischen Bereich liegen.

Subchronische Toxizität Unterschiedliche Dosen werden über 90 Tage getestet. Die Beurteilung erfolgt prinzipiell nach denselben Kriterien wie bei der subakuten Toxizität, zusätzlich finden aber noch differenziertere und vertiefte Untersuchungsverfahren Anwendung.

Chronische Toxizität Die Testdauer richtet sich nach der erwarteten Exposition des Menschen (z. B. 6 Monate für ein Antibiotikum, mindestens 2 Jahre für ein potenzielles Karzinogen). Im Übrigen entspricht das Vorgehen der Prüfung auf subchronische Toxizität.

22.5.2 Mutagenese und Karzinogenese

Für die toxikologische Risikobeurteilung geht man davon aus, dass eine mutagene Substanz auch karzinogen ist. Diese Annahme wird durch zahlreiche Untersuchungen bestätigt. Allerdings nimmt man bei diesem Vorgehen auch falsch positive Testresultate in Kauf (d. h. „mutagene Wirkung in Bakterienkulturen, keine karzinogene Wirkung im Versuchstier"). Falls solche Substanzen für Produkte weiterentwickelt werden sollen, sind aufwendige Langzeittests mit Versuchstieren erforderlich.

Für den Nachweis der **tumorinitiierenden** Wirkung einer Substanz können relativ kostengünstige In-vitro-Genotoxizitätstests eingesetzt werden. Dazu wird insbesondere das Auftreten von Mutationen oder DNA-Strangbrüchen untersucht. Allerdings ist darauf zu achten, dass die Testsubstanzen in diesen Zellsystemen der gleichen Biotransformation unterliegen wie z. B. beim Menschen. Die Tests müssen deshalb aus mindestens zwei Komponenten bestehen, nämlich aus einem System, das die Biotransformation eines potenziellen Prokarzinogens bewirkt, und einem Indikatorsystem, das die genotoxische Wirkung erfasst. Für die Aktivierung von Prokarzinogenen werden in der Regel Leberextrakte verwendet, die Biotransformationsenzyme in angereicherter Form enthalten. Für die Beurteilung der genotoxischen Wirkung dienen u. a. folgende Indikatorsysteme:

- Quantifizierung von Mutationen in Bakterien (Beispiel: Ames-Test)
- Quantifizierung von Mutationen in Säugetierzellen (Beispiel: Maus-Lymphoma-Test)
- Quantifizierung von Chromosomenanomalien in Säugetierzellen (Beispiel: Micronucleus-Test)

Für den Nachweis der **tumorpromovierenden** Wirkung werden Versuchstiere mit einer bekannten Initiatorsubstanz vorbehandelt und anschließend mit der Prüfsubstanz in regelmäßigen Abständen über Monate (bzw. sogar während der gesamten Lebenszeit) behandelt (**Abb. 22.6**).

Das Modellexperiment 1 zeigt, dass Initiatoren per se keine Tumoren induzieren, dass aber die nachfolgende Verabreichung eines Promotors zur Tumorbildung Anlass gibt (Experiment 2), auch dann, wenn zwischen Initiations- und Promotionsphase ein längerer Zeitraum liegt (Experiment 3). Andere Behandlungsprotokolle führen nicht zur Manifestation der tumorpromovierenden Aktivität (Experimente 4 und 5), insbesondere wenn die Behandlungsintervalle zu groß gewählt werden (Experiment 6). Letzteres verdeutlicht, dass die tumorpromovierende Wirkung reversibel ist. Für die toxikologische Risikobeurteilung ist die Tatsache relevant, dass man für Initiatoren keine Schwellenkonzentration definieren kann und dass ihre Wirkung irreversibel ist, während für die Promotoren ein Grenzwert definiert werden kann, unterhalb dessen keine Schadwirkung zu erwarten ist. Viele Chemikalien, wie z. B. Aflatoxin B_1, haben jedoch sowohl initiierende wie auch promovierende Wirkqualitäten (komplette Karzinogene). Bei technisch unvermeidbaren Rückständen, wie z. B. bei geringsten Aflatoxinrückständen in der Milch, werden die tolerierbaren Grenzwerte derart tief angesetzt, dass die Wahrscheinlichkeit eines zusätzlichen Krebstodesfalls in

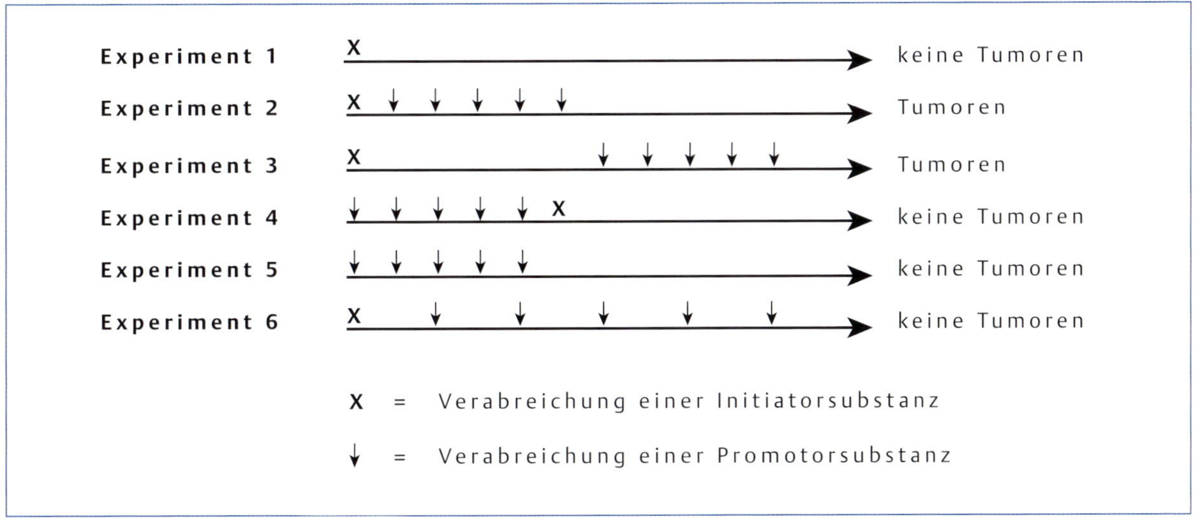

Abb. 22.6 Modellexperimente zur Erfassung der tumorpromovierenden Wirkung einer Substanz.

der Bevölkerung aufgrund der Rückstandsbelastung möglichst gering wird. Ein zusätzlicher Krebstodesfall pro 106 Menschenleben von 80 Jahren gilt im Vergleich zu gängigen Risiken (Verkehrsunfälle, Alkoholkonsum etc.) als akzeptabel.

22.5.3 Reproduktionstoxizität

Mit den vorgängig genannten Prüfverfahren lässt sich die schädliche Wirkung einer Testsubstanz auf die Fortpflanzung oder die Embryo- und Fetogenese nicht erfassen. Bei der „reprotoxikologischen" Prüfung werden Einflüsse auf den Fruchtbarkeitsindex (d. h. Prozentsatz der Paarungen, die zur Trächtigkeit führen), den Viabilitätsindex (Prozentsatz der Tiere, die eine bestimmte Zeitspanne nach der Geburt überleben), den Laktationsindex (Prozentsatz der Tiere, die auch eine 21-tägige Laktationsperiode überlebt haben) und andere Indizes erhoben. Die Testprotokolle sind so gestaltet, dass die Exposition sowohl in utero als auch über die Laktation erfolgt.

Versuche haben gezeigt, dass der Embryo in der Phase der Organogenese (beim Mensch in der 3.–7. Woche der Schwangerschaft) am empfindlichsten auf Gifteinflüsse reagiert. Für die Erfassung potenziell teratogener Stoffe konzentriert man sich deshalb auf das erste Trimester der Trächtigkeit von Versuchstieren. Ein typisches Testprotokoll beinhaltet eine Giftexposition im ersten Trimester sowie Gewinnung der Feten durch Kaiserschnitt. Letzteres ist u. a. deshalb nötig, weil die Muttertiere eine Tendenz haben, missgebildete Neugeborene aufzufressen. Danach erfolgt eine Analyse des Uterus (Gewicht, Beschaffenheit) und eine Bestimmung der Anzahl lebender, toter bzw. resorbierter Feten. Lebende Feten werden sorgfältig auf Missbildungen untersucht. Bei der Auswertung der Resultate ist zu berücksichtigen, dass jede Substanz in einer für das Muttertier toxischen Dosierung auch zu Missbildungen beim Fetus führen kann. Deshalb spricht man nur dann von einer teratogenen Wirkung, wenn die erforderliche Dosis wesentlich unter der maternalen Toxizitätsdosis liegt.

22.5.4 Arzneimittelsicherheit durch Pharmakovigilanz

Trotz extensiver Prüfverfahren können nach der Markteinführung von Arzneimitteln neue unerwartete Nebenwirkungen auftreten. Seltene Nebenwirkungen haben in den üblichen Prüfverfahren gar keine statistische Chance, wahrgenommen zu werden. Mit den Methoden der **Pharmakovigilanz**, d.h der kontinuierlichen Beobachtung von Arzneimitteln nach ihrer Markteinführung, lassen sich auch seltenere Nebenwirkungen erfassen. Die Pharmakovigilanz, in den meisten Ländern gesetzlich vorgeschrieben, basiert u. a. auf der Rückmeldung von unerwarteten Arzneimittelwirkungen durch die Herstellerfirmen sowie praktizierende Ärzte und Tierärzte. Die Rückmeldungen werden zentral erfasst, ausgewertet und neue Erkenntnisse über Arzneimittelnebenwirkungen umgehend publiziert.

22.5.5 Rückstandstoxikologische Beurteilung

Bei nicht karzinogenen Substanzen, die in Lebensmittel gelangen, wird im Tierversuch ein **no observed adverse effect level (NOAEL)** bestimmt. Dieser NOAEL ist die höchste im Toxizitätstest ermittelte Dosis, die in keinem der geprüften Parameter auf eine schädigende Wirkung hinweist. Es sollte hierfür die empfindlichste Spezies verwendet werden. Anhand des NOAEL lässt sich ein **acceptable daily intake (ADI)** definieren, d. h. jene Menge pro kg KG, die lebenslang aufgenommen beim Menschen keine Schadwirkungen erwarten lässt. Dabei wird meist ein Sicherheitsfaktor von 100–1000 eingebaut, da z. B. die Extrapolation von Toxizitätsdaten vom Tier auf den Menschen mit Unsicherheiten belastet ist. Der ADI ist deshalb um 100–1000-mal tiefer angesetzt als der NOAEL. Für Antibiotika wird zusätzlich ein mikrobieller ADI mit repräsentativen Darmbakterien erhoben, um Effekte auf die menschliche Darmflora auszuschließen. Für Kontaminanten, die in Lebensmittel gelangen, ist in ähnlicher Weise ein **tolerable daily intake (TDI)** zu errechnen, wobei häufig auch epidemiologische Studien am Menschen Berücksichtigung finden.

Ist einmal der ADI bzw. TDI festgelegt, muss noch die zulässige Höchstkonzentration in einzelnen Lebensmitteln errechnet werden, d. h., der ADI bzw. TDI muss auf den Lebensmittelkorb verteilt werden. Dieser hängt in starkem Maße von den Essgewohnheiten der Bevölkerung ab. Im EU-Raum gelten z. B. 1,5 kg Milch und 500 g Fleisch als Berechnungsgrundlage. Schließlich sind für Tierarzneimittel Wartezeiten bei den einzelnen Nutztierarten zu bestimmen. Dieser Parameter ist vor allem für die Tierärzteschaft von großer Bedeutung, soll sie doch den Tierhalter vor Verlusten bei der Schlachtung von behandelten Tieren bewahren. Selbstverständlich spielen hier die terminalen Eliminationshalbwertszeiten in den verschiedenen Geweben eine entscheidende Rolle.

FAZIT GRUNDLAGEN DER TOXIKOLOGIE 

Bei der Beurteilung einer möglichen Toxizität muss immer zwischen „Gefahren“ und „Risiken“ unterschieden werden. Viele Fremdstoffe stellen eine potenzielle Gefahr dar, aber das Risiko einer Vergiftung hängt von zusätzlichen Faktoren wie Zielspezies, Dosis, Aufnahmeweg, Expositionszeit, Wirkungsmechanismus und Schutzreaktionen ab.

22.6 Management von Vergiftungen

Die nächsten Abschnitte erläutern das praktische Vorgehen bei Vergiftungsfällen und bieten eine Auswahl praxisrelevanter Tiervergiftungen. **Abb. 22.7** vermittelt eine Übersicht der anamnestischen, diagnostischen und therapeutischen Maßnahmen.

Dabei sollten folgende Punkte beachtet werden:

Kausalität Plötzliche Erkrankungen lösen bei Tierhaltern einen meist unbegründeten Vergiftungsverdacht aus. Jedoch gilt eine Vergiftung erst dann als gesichert, wenn der Giftstoff oder ein aussagekräftiger Metabolit in Erbrochenem, Mageninhalt, Körperflüssigkeiten oder Geweben nachzuweisen war. Fehlt die toxikologische Analyse, wird der Vergiftungsfall als wahrscheinlich eingestuft, sofern Latenz und Symptome mit der vermuteten Noxe vereinbar sind.

Zeitfaktor Vergiftungen präsentieren sich häufig als Notfälle, gelegentlich sind sogar dramatische Massenvergiftungen zu bewältigen, aus denen beträchtliche Haftpflichtansprüche erwachsen können. Entsprechende diagnostische Erhebungen (z. B. Probengewinnung für die Analytik) müssen möglichst ohne Zeitverzögerung durchgeführt werden.

Forensische Fälle Vergiftungen, die auf fahrlässigen oder böswilligen Umgang mit Giften zurückzuführen sind, ziehen häufig zivil- oder strafrechtliche Verfahren nach sich. Damit eine Klage vor Gericht zugelassen wird, ist eine professionelle Beweissicherung nötig.

Therapie Die Behandlung erfolgt ähnlich wie bei anderen Notfällen, außer dass zur Verhütung der Giftresorption Dekontaminationsmaßnahmen zum Einsatz kommen.

22.6.1 Diagnostische Richtlinien

Anamnese

KLINISCHER BEZUG Durch Befragung des Tierbesitzers muss geklärt werden, **wann** der Patient **welches** Gift in **welcher** Menge und **wie** aufgenommen hat. Dazu sind die nachfolgend aufgeführten Angaben einzuholen.

Zeitpunkt der Giftaufnahme Entscheidend ist, ob die Giftexposition beobachtet oder auf andere Art nachgewiesen wurde. Bleibt die Vergiftung eine unbegründete Vermutung des Tierhalters, sind zuerst andere Krankheits- oder Todesursachen abzuklären.

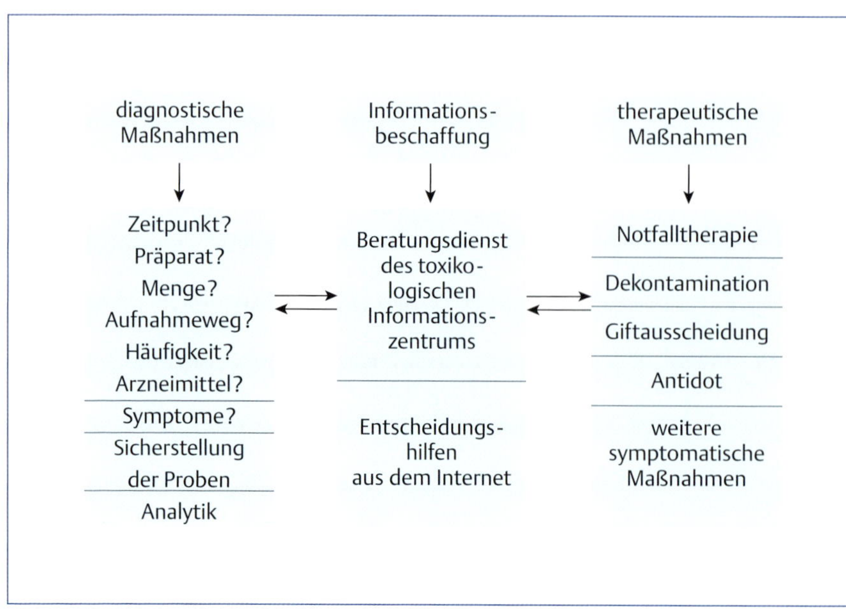

Abb. 22.7 Das Management von Vergiftungen. Zur Beschaffung von Informationen über Toxizität und möglichen Vergiftungsverlauf stehen toxikologische Beratungszentren sowie computerunterstützte Informationsdienste (S. 618) zur Verfügung.

Beschreibung des Giftstoffes, Name des Präparates und der Inhaltsstoffe Bereits beim ersten Anruf sollte der Tierbesitzer angehalten werden, verdächtigte Giftquellen mit Originalverpackung aufzubewahren und in die Praxis mitzubringen. Auch Reste von zerstörten Packungen sowie angefressenes oder erbrochenes Material sind – in einem Plastikbeutel verpackt – aufzubewahren und mitzunehmen.

Ungefähre Menge des Giftstoffes Die ungefähre Menge ist mit einfachen Begriffen wie „Spuren", „Messerspitze", „Kaffeelöffel" oder „Esslöffel" festzuhalten, im Falle von Tabletten oder Pillen mit deren Anzahl.

Aufnahmeweg Die Aufnahme des Giftstoffes kann p. o., inhalativ oder durch die Haut erfolgen. Zudem ist abzuklären, ob der Giftstoff noch im Fell oder an der Haut haftet.

Häufigkeit der Giftaufnahme und frühere Vorfälle Die Möglichkeit einer wiederholten Exposition bedarf ebenfalls der Abklärung.

Neben der Befragung des Tierhalters liefert insbesondere bei Pferden und Nutztieren auch die Inspektion des Futtertroges, der Futtervorräte, des Einstreumaterials und der näheren Umgebung der Tiere hilfreiche Erkenntnisse.

Klinische Untersuchung

Spezifische Symptome können schon bei der Erstuntersuchung zu einer Verdachtsdiagnose verhelfen. Ist der ursächliche Zusammenhang zwischen der Aufnahme eines Giftes und den beobachteten Krankheitserscheinungen weniger offensichtlich, sollte ein toxikologisches Informationszentrum befragt werden. Einige dieser Beratungszentren (S. 618) stellen elektronische Diagnostiksysteme zur Verfügung. Wichtige klinische Parameter wie Schluckreflex, Puls, Kapillarfüllungszeit, Körpertemperatur oder Nierenfunktion bestimmen das weitere therapeutische Vorgehen.

Proben für die Analytik

Zur Sicherstellung der Verdachtsdiagnose kann eine Laboruntersuchung veranlasst werden. Die dafür notwendigen Proben sind in **Tab. 22.7** aufgelistet.

Allerdings ist die chemische Analytik bei der Abklärung von Tiervergiftungen nur dann sinnvoll, wenn

- ein begründeter Verdacht auf eine Vergiftung besteht und andere Krankheits- bzw. Todesursachen ausgeschlossen werden konnten,
- die gezogenen Proben fachgerecht gesammelt und aufbewahrt wurden,
- die vergleichsweise hohen Laborkosten in einem vernünftigen Verhältnis zum Nutzen der zu erwartenden Information stehen.

Andererseits sind toxikologische Laboruntersuchungen für eine gerichtliche Beurteilung von Vergiftungsfällen unabdingbar. Das Material für die Analytik sollte von einem Untersuchungsantrag (Anamnese, Symptome, Verdachtsdiagnose, Medikamenteneinsatz) begleitet sein. Ferner sind vom Labor spezifische Informationen über die Probenerhebung einzuholen (Art und Menge der Proben, Probenaufbewahrung, Kühlung usw.). Eine Probenverfälschung durch schwermetallkontaminierte Kunststoffröhrchen sowie Zusatz von Desinfektions- oder Konservierungsmitteln ist zu vermeiden.

Amtliche Probeerhebungen

Bei Versicherungsfällen oder im Vorfeld von gerichtlichen Auseinandersetzungen muss die Probenasservierung für eine unanfechtbare Beweisführung wie folgt durchgeführt werden:

- Begleitung durch eine Amtsperson bei der Probensicherstellung
- Erhebungsprotokoll über Art, Inhalt, Entnahmestelle und Aufbewahrungsart der Proben
- Versiegelung und Kennzeichnung der Probenbehälter (Verfälschungsgefahr!)
- Unterschriften des Tierarztes, Tierbetreuers und der Amtsperson
- bei Sektionen einen Fachkollegen als Augenzeugen hinzuziehen

Lagerung, Versand und Analyse der Proben müssen lückenlos überprüfbar sein, damit jede Verwechslung oder Manipulation des Untersuchungsmaterials ausgeschlossen werden kann.

22.6.2 Therapeutische Richtlinien

Die Behandlung eines vergifteten Patienten geschieht nach den folgenden Grundsätzen:

- Erhaltung der Vitalfunktionen
- Dekontamination des Tieres und seiner Umgebung
- Einleitung von symptomatischen Maßnahmen
- Verabreichung eines Antidots (wobei es nur bei den wenigsten Vergiftungen möglich ist, ein spezifisches Antidot einzusetzen)

Tab. 22.7 Proben für toxikologische Untersuchungen.

von lebenden Tieren	von gestorbenen Tieren	aus der Umgebung der Tiere
Erbrochenes	Magen mit Inhalt	Futter- und Wasserproben (etwa 0,5 kg)
erste Magenspülflüssigkeit	Leber	Köder, Tabletten, Pillen usw.
Blut, Plasma, Serum	Niere	Proben jedes verdächtigen Materials
Harn	Blase mit Inhalt	Packungen oder sonstige Behältnisse, die die verdächtigten Substanzen enthalten
Haare	Fett	mögliche Giftpflanzen (ganze Pflanzen oder mindestens einen Ast)

Erhaltung der Vitalfunktionen

Atmung Durch Absaugen von Schleim und Erbrochenem werden die Atemwege freigelegt. Dann erfolgt die Beatmung mit Sauerstoff (Nasenkatheter, Sauerstoffmaske oder Sauerstoffkäfig). Notfalls ist eine Intubation erforderlich. Bei Lungenödem ist 4–8 mg/kg Furosemid i. v. angezeigt, wiederholbar nach 4–6 h. Eine Aspirationspneumonie wird antibiotisch versorgt.

Kreislauf Im Vordergrund steht der Volumenersatz durch Infusion von Flüssigkeit (Ringerlaktat oder Mischinfusion, erste Stunde bis 100 ml/kg, danach bis 200 ml/kg/Tag) und Plasmaersatzstoff (Hydroxyethylstärke: bis 20 ml/kg/Tag einer 6 %igen Lösung). Eine Bluttransfusion ist durchzuführen, wenn der Hämatokrit unter 20 % liegt, dabei sollten Blutgruppeninkompatibilitäten beachtet werden. Das erforderliche Blutvolumen lässt sich wie folgt berechnen: Volumen (in ml) = erwünschter Hämatokritanstieg (in %) × KG (in kg) × 2. Bei anaphylaktischem Schock wird Adrenalin i. v. in einer Dosisrate von bis zu 0,2 µg/kg/min appliziert (Gesamtdosis bis 100 µg/kg). Beim Auftreten von Herzarrhythmien und Kammerflimmern kann Lidocain (2 mg/kg i. v., nur ca. 30 min wirksam) zum Einsatz kommen.

ZNS Andauernde Krämpfe führen zu Hyperthermie, Azidose und – wegen der Freisetzung von Myoglobin aus Muskelzellen – zu Nierenschäden. Tiere mit Krampfanfällen müssen in eine reizarme Umgebung gebracht werden. Es empfiehlt sich, Krämpfe zuerst mit Diazepam in der Dosierung von 0,5–2,0 mg/kg (i. v., notfalls i. m.) anzugehen. Diese Dosis kann nach je 10 min wiederholt werden (Halbwertszeiten von Diazepam in Stunden: Hund 2–4; Katze 15–20; Pferd 7–22). Falls mit Diazepam keine Besserung eintritt, muss bei den Kleintieren Propofol (6 mg/kg i. v., jeweils 25 % der Gesamtdosis im Abstand von 30 Sekunden bis zum gewünschten Wirkungseintritt), Pentobarbital (nach Wirkung bis 15 mg/kg i. v.) oder Phenobarbital (5–10 mg/kg langsam i. v.) versucht werden (Vorsicht: Atemdepression!). Von einer Neuroleptanalgesie ist abzusehen, da diese die pressorische Kreislaufregulation beeinträchtigt, die Krampfanfälligkeit verstärkt und antiemetisch wirkt. Bei Hirnödem wird Mannitol (1 g/kg i. v. über 20 min) gefolgt von Furosemid (bis 5 mg/kg) verabreicht.

Nierenfunktion Wenn nach Wiederherstellung der Kreislauffunktion die Diurese ausbleibt (weniger als 1 ml Harn/kg KG und h), kommt Mannitol (bis 0,5 g/kg i. v.) oder Furosemid (bis 5 mg/kg i. v.) zum Einsatz. Mannitol kann nach 1 h wiederholt werden, ohne die tägliche Gesamtdosis von 2 g/kg zu überschreiten. Auch bei Furosemid ist die erneute Gabe nach 1 h möglich. Dopamin (bis 5 µg/kg/min i. v.) verbessert die Nierendurchblutung.

Dekontamination

Durch eine rasche Dekontamination lässt sich die gastrointestinale oder transdermale Resorption von Giftstoffen vermindern. Vergleichende Untersuchungen haben ergeben, dass mit Aktivkohle und Emesis weit größere Giftmengen abgefangen werden können als mit einer Magenspülung. Die Verabreichung von Aktivkohle ist die sicherste Methode nach oraler Giftaufnahme.

Aktivkohle (Carbo medicinalis) Stark adsorbierende Materialien werden aus pflanzlichen Quellen oder fossilen Brennstoffen gewonnen. Durch spezifische Verkohlungsverfahren entsteht eine adsorptive Oberfläche von über 1000 m^2/g! Nur wenige Giftstoffe werden nicht adsorbiert, wie z. B. Alkohole, Nitrit, Cyanid sowie Säuren und Laugen. Dosierung: 1–5 g/kg als 10 %ige Suspension in Wasser, p. o. Eine repetitive Anwendung in Intervallen von bis zu 8 h vermindert den enterohepatischen Kreislauf von Giftstoffen. Als Präparate stehen gebrauchsfertige aromatisierte Suspensionen zur Verfügung, die vom Tier auch spontan aufgenommen werden. Mithilfe von salinischen Laxanzien lässt sich die Elimination der kohleadsorbierten Giftstoffe beschleunigen: Glaubersalz (Natriumsulfatdecahydrat), 1 g/kg p. o. als 5 %ige Lösung. Die Verwendung von schleimhautreizenden (Anthrachinonderivate, Ricinusöl) oder potenziell toxischen Abführmitteln (Magnesiumsulfat) ist nicht empfehlenswert.

Emesis Emetika sind bei Hunden und Katzen während der Magenpassage (1 h für flüssige Stoffe, 2 h für feste Stoffe) indiziert. Beim Hund kommt Apomorphin zur Anwendung, das in kleineren Dosen auf die außerhalb der Blut-Hirn-Schranke liegenden dopaminergen D_2-Rezeptoren der Chemorezeptor-Triggerzone wirkt und innerhalb von einigen Minuten Erbrechen auslöst. Bei höheren Dosierungen überwiegt die antiemetische Wirkung über Opioidrezeptoren des ZNS, deshalb sollte eine sorgfältige (einmalige) Dosierung verabreicht werden. Apomorphin ist bei der Katze wegen der stark zentral erregenden Nebenwirkungen kontraindiziert. Dagegen wirkt bei Katzen der α_2-Agonist Xylazin schon in geringen (subsedativen) Konzentrationen emetisch. Dosierungen:

- Apomorphin (Hund): 0,08 mg/kg i. m., s. c. oder 0,25 mg/kg konjunktival; ausspülen, sobald Emesis einsetzt
- Xylazin (Katze): 1–2 mg/kg i. m. oder s.c, Wiederholung möglich

CAVE

Bei Bewusstlosigkeit, Schock, Krämpfen oder gestörtem Schluckreflex und nach Ingestion von ätzenden Substanzen, flüchtigen Mineralöldestillaten, organischen Lösungsmitteln oder Detergenzien ist der Einsatz von Emetika kontraindiziert.

Magenspülung Eine wichtige Indikation für die Magenspülung ist die Entfernung von festen, an der Magenschleimhaut haftenden Stoffen (z. B. Tabletten). Daneben dient sie der Gewinnung von Untersuchungsmaterial für die Laboranalyse. Nach Intubation und unter Anästhesie wird bei Kleintieren eine Magensonde eingeführt. Die Magenspülung wird mit lauwarmem Wasser durchgeführt und mit je 10 ml/kg 10–15-mal wiederholt. Es empfiehlt sich, die erste Spülflüssigkeit für die Analytik aufzubewahren. Nach der Spülung wird Aktivkohle in den Magen eingelassen. Beim Pferd ist die Magenspülung mittels Nasenschlundsonde möglich.

Kontraindiziert ist eine Magenspülung nach Aufnahme von flüchtigen Mineralöldestillaten, organischen Lösungsmitteln, ätzenden Substanzen oder Detergenzien.

Oberflächendekontamination Gegebenenfalls kann der Tierhalter angewiesen werden, Giftstoffe mit lauwarmem Leitungswasser von der Haut abzuwaschen (Handschuhe tragen!). Pulverförmige Giftstoffe lassen sich trocken abbürsten oder mittels Staubsauger entfernen. Bei einem wasserunlöslichen Giftstoff ist ein mildes Detergens erforderlich, und der Waschvorgang wird alternierend mit Speiseöl durchgeführt. Von Behandlungen mit organischen Lösungsmitteln, Säuren oder Laugen ist abzusehen. Bei stark klebenden Stoffen hilft nur, das Fell unter Vermeidung von Hautverletzungen zu scheren. Zur Dekontamination von Augen und Schleimhäuten ist die Spülung mit Leitungswasser oder isotoner Kochsalzlösung über mindestens 10 min fortzusetzen.

Förderung der Giftausscheidung

Forcierte Diurese Ist ein renaler Ausscheidungsweg für das Gift bekannt, so kann eine forcierte Diurese durchgeführt werden. Dosierung der hierfür verwendeten Diuretika:

- Furosemid: bis 5 mg/kg i. v., 1–3-mal täglich
- Mannitol: bis 0,5 g/kg i. v., in einer Infusionslösung (z. B. Ringerlaktat); Wiederholung je nach Wirkung, aber ohne Überschreitung der Tagesdosis von 2 g/kg

Ionenfalle Im ionisierten Zustand werden Säuren oder Basen nicht rückresorbiert. Deshalb lässt sich durch Alkalisierung des Harnes die Ausscheidung von organischen Säuren (z. B. Barbiturate, Salicylate) und durch Azidifizierung die Ausscheidung von Basen (z. B. Nikotin, Strychnin) steigern. Dosierungen:

- Alkalisierung mit Natriumbicarbonat: bis 2 mmol/kg, in einer Infusionslösung langsam i. v.; alle 4 h wiederholen, bis der Urin einen pH-Wert von 7,0 übersteigt
- Azidifizierung mit Ammoniumchlorid: bis 10 mg/kg/h i. v., jedoch nicht mehr als 50 mg/kg/Tag; Ziel: Urin-pH auf 5,5–6,5

Lipidinfusion Die Elimination lipophiler Neuro- und Kardiotoxine kann mit der i. v. Verabreichung einer 20 %igen Lipidemulsion beschleunigt werden. Durch die transient erhöhte intravasale Lipidkonzentration diffundieren lipophile Wirkstoffe vermehrt aus Gehirn, Herz oder anderen Geweben in die Lipidfraktion des Blutes und unterliegen somit der Elimination durch Metabolismus oder Ausscheidung. Anwendung findet diese Therapie bei Hunden (Vergiftungen mit Baclofen, Ivermectin oder Moxidectin), Katzen (Permethrin, Ivermectin) sowie Pferden (Ivermectin). Dosierung der 20 %igen Lipidemulsion:

- Hund: Bolus von 2 ml/kg KG i. v., dann 0,5 ml/kg/min über 30 min
- Katze, Pferd: Bolus von 1,5 ml/kg i. v., dann 0,25 ml/kg/min über 30 min

Die Therapie kann bei ungenügendem Effekt nach 12–18 h wiederholt werden.

Weitere symptomatische Maßnahmen

Azidosekorrektur Eine im Verlauf von Vergiftungen auftretende metabolische Azidose wird mit Ringerlaktat oder Natriumbicarbonat korrigiert. Der Bedarf an Natriumbicarbonat lässt sich nach der Formel (Bicarbonatdefizit oder BE) × 0,3 × KG (in kg) = mmol/Tier berechnen. Bei Blindpufferung kann bis 3 mmol/kg i. v. verabreicht werden, 50 % innerhalb der ersten Stunde, der Rest in einer Mischinfusion über 12 h.

Regulation der Körpertemperatur Wolldecken verwenden, um zu wärmen, kaltes Wasser zur Kühlung. Daneben können Hunde und Katzen durch Auftragen von Isopropylalkohol an Pfoten und Abdomen gekühlt werden. Wärmelampen und Wärmedecken führen leicht zu Überhitzung und sind deshalb bei unbeaufsichtigter Anwendung gefährlich.

Antibiotische Versorgung Bakterielle Infektionen nach Erosionen, Perforationen, Lungenödem oder Aspirationspneumonie werden mit Breitspektrum-Antibiotika behandelt.

Antiemetika Fortwährendes Erbrechen lässt sich mit Dopaminantagonisten (Metoclopramid, Domperidon) oder mit Maropitant, einem Neurokinin-1-Rezeptor-Antagonisten, unterbrechen. Dosierungen:

- Metoclopramid: 0,2–0,4 mg/kg, 3–4mal täglich s. c. (bei bestehendem Erbrechen) oder p. o., nicht länger als 3 Tage
- Domperidon: 0,3–0,5 mg/kg, 3-mal täglich p. o. oder Suppositorien rektal (bei bestehendem Erbrechen)
- Maropitant: 1-mal täglich 1 mg/kg s. c. (bei bestehendem Erbrechen) oder 1-mal täglich 2 mg/kg p. o. über maximal 5 Tage

Antidottherapie

DEFINITION Das Antidot ist ein Gegenmittel, das in den Organismus eingetretene Gifte über spezifische Wechselwirkungen inaktiviert.

Aus den bisher bekannten Antidotgruppen sind folgende Wirkungsmechanismen ableitbar:

- Das Antidot blockiert Rezeptoren für die Giftwirkung (Beispiele: Atropin verdrängt Acetylcholin von muskarinergen Acetylcholinrezeptoren, Atipamezol verdrängt Amitraz von α_2-Adrenozeptoren).
- Das Antidot bildet mit dem Gift einen Komplex und macht es dadurch unwirksam (Beispiele: Bindung von Eisen durch Deferoxamin, Sequestrierung von Cyanid durch Hydroxocobalamin).
- Das Antidot bildet mit dem Gift einen Komplex und beschleunigt dadurch seine Ausscheidung (Beispiel: Bindung von Blei oder Zink durch Kalzium-Dinatrium-EDTA).
- Das Antidot beschleunigt die metabolische Umwandlung des Giftes in ein ungiftiges Produkt (Beispiele: N-Acetylcystein liefert Cysteinreste für die Entgiftung durch Glu-

Toxikologie

tathion, Natriumthiosulfat Schwefel für die Umwandlung von Cyanid zu Thiocyanat).

- Das Antidot verhindert die metabolische Umwandlung einer wenig toxischen Vorstufe in ein Gift (Beispiel: 4-Methylpyrazol hemmt die Alkoholdehydrogenase, womit die Bildung von toxischen Metaboliten aus Ethylenglykol verzögert wird).
- Das Antidot stellt die normale Funktion wieder her, indem es den Schaden behebt (Beispiele: Vitamin K_1 erlaubt die Wiederherstellung der Blutgerinnungsfunktion, Methylenblau ermöglicht den Sauerstofftransport durch Rückführung von Methämoglobin in Hämoglobin).

Es folgt eine Zusammenstellung der Antidote, die sich bei Tiervergiftungen bewährt haben.

Atipamezol wirkt als kompetitiver Antagonist von α_2-Agonisten wie Xylazin, Medetomidin oder Amitraz. Dosierung beim Hund: bis 0,2 mg/kg i. m. Halbwertszeit: etwa 2 h.

Atropinsulfat wird als Antidot bei Vergiftungen mit Acetylcholinesterasehemmern eingesetzt. Atropin blockiert die Acetylcholinrezeptoren und verhindert somit eine überschießende cholinerge Reaktion. Leitdosis von Atropinsulfat bei Vergiftungen: Hund, Katze und Pferd 0,2 mg/kg; Wiederkäuer 0,5 mg/kg. Ein Drittel der Dosis ist langsam i. v., der Rest i. m. oder s. c. zu applizieren. Plasmahalbwertszeit von Atropin: 2–3 h. Bei Bedarf kann i. m. oder s. c. nachgespritzt werden.

Biphosphonate wie Pamidronsäure hemmen die Knochenresorption bei Vergiftungen durch Vitamin D (S. 609) oder dessen Derivate. Dosierung für den Hund: 1,3–2 mg/kg Pamidronsäure, langsam in einer 0,9 %igen NaCl-Lösung i. v. infundieren. Die Verabreichung kann nach 4 Tagen wiederholt werden. Bei zu rascher Anflutung können als Nebenwirkung Krämpfe, Arrhythmien und Nekrosen der Nierentubuli auftreten. Neben dem Kalziumspiegel sind auch die Harnstoff-, Kreatinin- und Magnesiumwerte im Blutserum zu kontrollieren. Der Wirkstoff reichert sich in den Knochen an (terminale Halbwertszeit um 300 Tage).

Chelatbildner kommen bei Übergangs- und Schwermetallvergiftungen (S. 611) zum Einsatz. Dabei handelt es sich um organische Moleküle, die mehrere Bindungsstellen auf das gleiche Metallatom richten. Es entstehen Komplexe (Chelate), die sich durch hohe Bindungsaffinitäten auszeichnen. Mit solchen Chelatbildnern können Schwermetalle im Organismus abgefangen und der renalen Ausscheidung zugeführt werden. Die Abhängigkeit der Bindungsaffinitäten vom pH des Milieus führt jedoch dazu, dass sich die Metalle – vor allem bei saurem Harn – in den Nierentubuli wieder ablösen und nephrotoxische Reaktionen auslösen. Weitere Nebenwirkungen der Chelattherapie entstehen wegen des Verlustes von essenziellen (körpereigenen) Metallen.

- **Kalzium-Dinatrium-EDTA ($CaNa_2EDTA$)** findet als Chelator bei Blei- und Zinkvergiftungen Verwendung. Dosierung: maximal 25 mg/kg in 5 %iger Glukoselösung, während 1 h i. v. infundieren; diese Behandlung kann 2–4-mal täglich 3–5 Tage lang durchgeführt werden. $CaNa_2EDTA$ ist auch s. c. injizierbar. Die Gesamtdosis von 0,5 g/kg KG darf nicht überschritten werden. Nach 3–5 Behandlungstagen ist eine Pause von mindestens 5 Tagen einzuschalten, bevor die $CaNa_2EDTA$-Therapie über 3–5 Tage fortgesetzt werden kann. Die dabei gebildeten EDTA-Komplexe kommen durch glomeruläre Filtration zur Ausscheidung, eine genügende Flüssigkeitversorgung sowie Kontrolle der Nierenfunktion ist daher unerlässlich. Die Plasmahalbwertszeit von $CaNa_2EDTA$ liegt zwischen 20 und 90 min. Nebenwirkungen: tubuläre Nierennekrosen.
- **Deferoxamin** ist ein Chelator mit hoher Affinität für Fe^{3+} und kommt deshalb als Antidot bei Eisenvergiftungen zum Einsatz. Verabreichung: Infusion von 15 mg/kg/h i. v.; die Maximaldosis liegt bei 80 mg/kg/Tag. Es erfolgen ein enzymatischer Abbau im Plasma und eine rasche Elimination über die Nieren. Nebenwirkungen: Lungentoxizität, braunrote Verfärbung des Harnes.
- **Dimercaptopropansulfonat (DMPS)** verfügt über zwei Sulfhydrylgruppen für die Bindung von Metallen und ist vor allem bei Vergiftungen mit Quecksilber indiziert. Dosierung: 5 mg/kg langsam (während 10 min) i. v. infundieren (6 Verabreichungen im Abstand von 4 h). Danach: 2 mg/kg p. o. alle 8–12 h. Orale Bioverfügbarkeit: etwa 50 %. Die Halbwertszeit des freien DMPS im Plasma beträgt < 2 h, die resultierenden Komplexe werden mit einer Halbwertszeit von 10 h renal ausgeschieden. Nebenwirkungen: Haut- und Schleimhautläsionen.
- **Dimercaptosuccinat (DMSA)** verfügt ebenfalls über zwei Sulfhydrylgruppen für die Bindung von Metallen und ist vor allem bei Arsen-, Blei- und Quecksilber-Vergiftungen Mittel der Wahl. Dosierung beim Hund: 10 mg/kg p. o. alle 8 h über 10 Tage. Für Vögel ist eine Dosierung von 25–35 mg/kg p. o. alle 12 h über 5 Tage empfohlen. Nach einer Behandlungspause von 2 Tagen kann die Therapie wiederholt werden. Vorteil: weniger toxisch als $CaNa_2EDTA$. Orale Bioverfügbarkeit: etwa 30 %. Die Halbwertszeit im Plasma beträgt < 3 h.
- **D-Penicillamin** weist eine hohe Affinität für Kupfer auf und wird deshalb bei Kupfervergiftungen eingesetzt. Dosierung: 15 mg/kg p. o. alle 2 h über 2 Wochen. Orale Bioverfügbarkeit: 40–70 %. Die Biotransformation erfolgt in der Leber (Halbwertszeit 1–3 h), die Penicillamin-Metallkomplexe werden renal eliminiert. Nebenwirkungen: Erbrechen, Glomerulonephritis, tubuläre Nierenschäden, Vitamin-B_6-Mangel, Überempfindlichkeitsreaktionen, Thrombozytopenie, Agranulozytose

Dimethylpolysiloxan (Dimeticon) unterbindet als Silikonderivat die Schaumbildung. Nach Aufnahme von Detergenzien vermindert es die Gefahr, dass Schaum in die Atemwege gelangt und den Gasaustausch in der Lunge blockiert. Dosierung: bis 10 mg/kg p. o. als 2–5 %ige Lösung in Wasser.

Ethanol ist ein kompetitiver Hemmer der metabolischen Giftung von Ethylenglykol (S. 614) und Methanol. Bei Hund und Katze verabreicht man initial 600 mg/kg in der Infusionslösung. Die intravenöse Erhaltungsdosis beträgt 100 mg/kg/h. Für den Hund steht als Alternative 4-Methylpyrazol (ein Alkoholdehydrogenase-Hemmer) zur Verfügung. Initialdosis: 20 mg/kg i. v., dann 15 mg/kg nach

12 und 24 h, schließlich 5 mg/kg nach 36 h. Bei Bedarf können weitere Verabreichungen (5 mg/kg i. v.) im Abstand von 12 h durchgeführt werden. Wichtig ist, dass sowohl Ethanol wie auch 4-Methylpyrazol nur wirksam sind, wenn die Antidottherapie innerhalb von wenigen Stunden nach Giftaufnahme einsetzen kann.

Flumazenil fungiert als kompetitiver Antagonist von Benzodiazepinen. Dosierung: 0,1–0,5 mg/kg i. v.; Plasmahalbwertszeit: etwa 1 h.

Methylenblau ist ein Redoxfarbstoff, der die enzymatische Umwandlung von Methämoglobin (Fe^{3+}) zu Hämoglobin (Fe^{2+}) beschleunigt und sich als Antidot bei Nitrat/Nitrit-Vergiftungen (S. 610) eignet. Bei einem Methämoglobinanteil von 8 % stellt sich ein Redox-Gleichgewicht ein, womit der Reduktionsvorgang sistiert. Mit der Rückführung auf diesen Methämoglobinwert ist die Gefahr der inneren Erstickung wegen Gewebsanoxie behoben. Methylenblau wird als 1 %ige Lösung langsam i. v. verabreicht. Die Dosierung beträgt bei Wiederkäuern 8,8 mg/kg, bei Pferden und Hunden 5 mg/kg, bei der Katze 1,5 mg/kg.

N-Acetylcystein wirkt als Antidot bei Vergiftungen mit Paracetamol. Es stellt Cystein für die Glutathionsynthese zur Verfügung und fördert somit die Entgiftung der zytotoxischen Paracetamolmetaboliten. Dosierung: 150 mg/kg p. o. oder i. v., dann 50 mg/kg alle 4 h.

Naloxon dient als Rezeptorantagonist bei Vergiftungen mit Opiaten. Die Dosierung liegt beim Hund im Bereich von 0,05 mg/kg i. v., i. m. oder s. c. Bei i. v. Applikation setzt der gewünschte Effekt (z. B. Linderung der Atemdepression) so schnell ein, dass nach Wirkung dosiert werden kann. Die Plasmahalbwertszeit von Naloxon beträgt 60–100 min.

Natriumnitrit, Natriumthiosulfat kommen als Antidote bei Cyanidvergiftungen (S. 614) zum Einsatz. Natriumnitrit ($NaNO_2$, als 1 %ige Lösung) wird in der Dosis von 16 mg/kg langsam i. v. und Natriumthiosulfat (Na_2SO_3, als 25 %ige Lösung) in der Dosis von 400 mg/kg i. v. verabreicht. Eine Wiederholung der Natriumthiosulfat-Applikationen ist bei Bedarf möglich. Natriumnitrit führt zur Bildung von Methämoglobin. Das dreiwertige Eisen im Methämoglobin bindet dann Cyanid, womit innerhalb kürzester Zeit ein beträchtlicher Teil des aufgenommenen Cyanids sequestriert wird. In der Leber erfolgt durch das Enzym Rhodanase mit einer gewissen Verzögerung die Umwandlung von Cyanid (CN–) in das weniger toxische Thiocyanat (SCN–). Weil die Mobilisierung von Schwefel limitierend ist, fördert Natriumthiosulfat diese Entgiftungsreaktion. Als Alternative zur Methämoglobinbildung besteht die Möglichkeit, Cyanid mit Hydroxocobalamin (75–150 mg/kg langsam i. v.) zu komplexieren.

Phytomenadion (Vitamin K_1) hebt die gerinnungshemmende Wirkung von Cumarinderivaten (S. 598) auf. Die Initialdosis (5 mg/kg bei Kleintieren, 1 mg/kg bei Rind und Pferd) wird p. o., s. c. (verteilt an mehreren Orten) oder i.v verabreicht. Die Erhaltungsdosis liegt bei 1 mg/kg p. o. 2-mal täglich. Eine maximale orale Bioverfügbarkeit dieses fettlöslichen Vitamins lässt sich bei Fleischfressern durch Vermischung in Büchsenfutter erreichen. Wurde ein Cumarinderivat der neueren Generation aufgenommen, ist die Therapie mit Vitamin K_1 über 3 Wochen fortzusetzen. Zur Kontrolle der Blutgerinnung empfiehlt es sich, 2–3 Tage nach Absetzen von Vitamin K_1 nochmals einen Quick-Test (Prothrombinzeit-Test) durchzuführen.

FAZIT MANAGEMENT VON VERGIFTUNGEN

Beim Management von Vergiftungen stehen Notfallmaßnahmen zur Erhaltung der Vitalfunktionen des Patienten im Vordergrund. Zur Beschaffung von spezifischen Informationen über Toxizität, Vergiftungsverlauf, Diagnose und Therapie stehen toxikologische Beratungszentren sowie computerunterstützte Informationsdienste zur Verfügung.

22.7 Vergiftungen mit Insektiziden und Akariziden

Schädlingsbekämpfungsmittel (Insektizide, Rodentizide und Molluscizide) sowie Giftpflanzen sind die wichtigsten Ursachen für Tiervergiftungen. Weitere Quellen von Vergiftungen sind Herbizide, Fungizide, Futter und Futterzusatzstoffe, Düngemittel, Metalle und einige industrielle Stoffe. Schließlich führen diverse Humanarzneimittel und – bei fehlerhafter Anwendung – auch Tierarzneimittel zu Vergiftungen. Falls nicht anders vermerkt, beziehen sich die Dosisangaben auf die akute Toxizität. Es ist im Rahmen eines Buchkapitels nicht möglich, toxische Dosen für alle Substanzen bei den verschiedenen Haustierarten aufzulisten. Für umfassendere Angaben wird deshalb auf computergestützte Informationsdienste (S. 618) und toxikologische Enzyklopädien verwiesen.

Die meisten Insektizide und Akarizide greifen bei der Zielspezies (Insekten, Milben) wie auch bei Wirbeltieren das Nervensystems an (**Tab. 22.8**). In der Regel zeichnen sich diese Wirkstoffe durch eine hohe Selektivität für Arthropoden aus, sodass akute Vergiftungsfälle nur infolge unsachgemäßer oder unvorsichtiger Anwendung auftreten können.

22.7.1 Amitraz

Allgemeines Amitraz ist in Form von Halsbändern für die Parasitenbekämpfung beim Hund zugelassen. Die orale LD_{50} von Amitraz beträgt für den Hund 250 mg/kg KG.

Tab. 22.8 Angriffspunkte verschiedener Insektizide und Akarizide.

Zielstruktur	Stoffklassen
Acetylcholinesterase	Organophosphate und Carbamate
Acetylcholinrezeptor	Nikotin, Neonicotinoide
α_2-Adrenozeptoren	Amitraz
Na^+-Kanäle	chlorierte zyklische Kohlenwasserstoffe, Pyrethroide
GABA-abhängige Synapsen	Avermectine, Milbemycine, Fipronil
mitochondriale Atmungskette	Dinitrophenole

Ursachen der Vergiftung Zwischenfälle ereignen sich meist wegen der Ingestion von Amitraz-getränkten Halsbändern durch Hunde.

Kinetik und toxische Wirkung Amitraz wird bei oraler Aufnahme umfangreicher resorbiert als über die Haut (transdermale Bioverfügbarkeit < 40 %). Danach wird der Wirkstoff vorwiegend als Konjugat renal ausgeschieden (Halbwertszeit ca. 24 h). Bei Säugern entfaltet Amitraz eine agonistische Wirkung an α_2-Adrenozeptoren, ähnlich wie Xylazin oder Medetomidin. Als Hauptmerkmal der Vergiftung ist eine zentrale Sedation zu erwarten.

Klinische Symptome und Diagnose Etwa 1 h nach Amitrazaufnahme manifestiert sich die Vergiftung mit Lethargie, Bradykardie, Blutdruckabfall und Hypothermie. Daneben treten gastrointestinale Symptome wie Hypersalivation, Erbrechen und Ileus auf. Weil häufig Hyperglykämie in Verbindung mit Polyurie festgestellt wird, besteht die Gefahr einer Verwechslung mit Diabetes.

Therapie Bei der Dekontamination können allfällige Halsbandteile unter endoskopischer Kontrolle aus dem Magen entfernt werden. Wegen der drohenden Magendilatation ist auf eine Gastrotomie unbedingt zu verzichten. Als Antidot bietet sich Atipamezol (S. 591) an, Atropinsulfat ist kontraindiziert.

Umwelttoxikologie Amitraz wird in der Umwelt rasch zersetzt, aufgrund der hohen Fischtoxizität sollte diese Substanz jedoch nicht in die Gewässer gelangen. Die LC_{50} (Konzentration im Wasser, bei der innerhalb von 96 h 50 % der Tiere sterben) liegt für Regenbogenforellen bei 0,74 mg/l.

22.7.2 Makrozyklische Laktone

Allgemeines Avermectine und Milbemycine sind sehr lipophile, in wässrigem Medium praktisch unlösliche Antiparasitika, die als Fermentationsprodukte von Strahlenpilzen gewonnen und nachträglich z. T. chemisch modifiziert werden.

Ursachen der Vergiftung Makrozyklische Laktone sind generell für die Parasitenbekämpfung zugelassen. Wegen ihrer Lipophilität können diese Wirkstoffe durch die Membranen der intakten Blut-Hirn-Schranke diffundieren. Eine P-Glykoproteinpumpe sorgt normalerweise dafür, dass diese Wirkstoffe wieder aus dem ZNS abtransportiert werden, sodass nie ein nennenswerter Wirkspiegel im Gehirn entsteht. Deshalb weisen makrozyklische Laktone im Prinzip eine sehr gute Verträglichkeit für den Wirtsorganismus auf. Zu toxischen Effekten kommt es erst nach mehr als 10–30-facher Überdosierung. Dies gilt auch für den Hund mit Ausnahme bestimmter Subpopulationen von Britischen Hütehunden und anderen Rassen. Diese empfindlichen Subpopulationen weisen eine Mutation im MDR1-Gen auf, das für die P-Glykoproteinpumpe kodiert. Dabei fehlen in der Gensequenz vier Nukleotide (4-Basenpaar-Deletion). Zum Beispiel beträgt die minimale toxische Dosis von Ivermectin beim Beagle 2,5 mg/kg KG (LD_{50}: 80 mg/kg KG), bei empfindlichen Collies ist die toxische Dosis schon im Bereich von 0,05 mg/kg erreicht (Anmerkung: neuere Wirkstoffe wie Milbemycinoxim oder Selamectin zeigen eine verbesserte Verträglichkeit bei Collies). Neugeborene Tiere und Schildkröten reagieren ebenfalls empfindlich auf Avermectine und Milbemycine.

Kinetik und toxische Wirkung Die orale Bioverfügbarkeit von Ivermectin beträgt bei Monogastriern 95 %, bei Wiederkäuern nur etwa 30 %. Die orale Bioverfügbarkeit von Selamectin ist 100 % bei der Katze und 60 % beim Hund, die transdermale Bioverfügbarkeit des gleichen Wirkstoffs liegt bei 75 % für Katzen und 5 % für Hunde. Die Ausscheidung der makrozyklischen Laktone erfolgt sehr langsam (Moxidectin: Halbwertszeit von 19 Tagen beim Hund) vorwiegend in unveränderter, d. h. aktiver Form über den Kot. Avermectine werden auch in die Milch ausgeschieden, ihr Einsatz verbietet sich deshalb bei laktierenden Kühen. Die toxische Wirkung beruht auf einer Potenzierung der inhibitorischen Aktivität von γ-Aminobuttersäure (GABA) im ZNS. Dabei wird die präsynaptische Freisetzung von GABA erhöht und gleichzeitig die postsynaptische Rezeptoraffinität für GABA gesteigert.

Klinische Symptome und Diagnose Mit einer Latenz von bis zu 12 h nach Applikation kommt es bei den empfindlichen Tieren zu einem Ausfall zentralnervöser Funktionen. Neben Apathie, Somnolenz, Hypothermie, Stupor und Koma werden auch Hypersalivation, Erbrechen, Mydriasis, Ataxie, Hyperästhesie und Tremor beobachtet. Es stehen Gentests für die Erkennung von Ivermectin-empfindlichen Hunden zur Verfügung. Zu beachten ist, dass homozygot betroffene (MDR1–/–) Individuen auch überempfindlich gegen Digoxin, Loperamid, Mexiletin und verschiedene Zytostatika sind.

Therapie Die Ausscheidung der makrozyklischen Laktone lässt sich durch Lipidinfusionen (S. 591) beschleunigen. Bis die Tiere wieder aus dem Koma erwachen, ist eine intensivmedizinische Betreuung mit Infusionen, Beatmung und künstlicher Ernährung notwendig. Ferner müssen Dekubitus- und Korneaschäden verhindert werden.

Umwelttoxikologie Avermectine persistieren in der Umwelt (Halbwertszeiten von bis zu 240 Tagen) und dürfen aufgrund ihrer Fischtoxizität nicht in Gewässer gelangen.

22.7.3 Carbamate und Organophosphate

Allgemeines Weil Carbamate und Organophosphate den gleichen Wirkungsmechanismus besitzen (Hemmung der Acetylcholinesterase), werden diese zwei Stoffgruppen zusammen besprochen. Die Säugetiertoxizität dieser Verbindungen ist sehr variabel. So reicht die orale LD_{50} von Organophosphaten für die Ratte von 0,5 mg/kg KG (Mipafox) bis über 1000 mg/kg KG (Buminafos, Chlorpyriphos-methyl).

Ursachen der Vergiftung Der Einsatz dieser Wirkstoffe als Pflanzenschutzmittel birgt bei unkontrollierter Lagerung oder unsachgemäßem Umgang auch Gefahren für Warmblüterorganismen. So können Futterstoffe mit Carbamaten oder Organophosphaten kontaminiert werden. Bei Nutz-

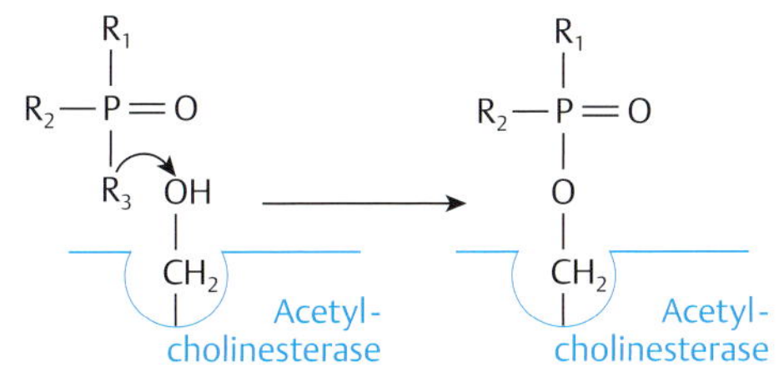

Abb. 22.8 Inaktivierung der Acetylcholinesterase durch Organophosphate. Die Hemmung der Acetylcholinesterase erfolgt über die Veresterung eines Serins, das im katalytischen Zentrum liegt. Dabei sind die Enzyme der Arthropoden um Zehnerpotenzen empfindlicher als die Acetylcholinesterase der Säugetiere. Die Organophosphate bewirken eine irreversible Hemmung der Acetylcholinesterase, bei den Carbamaten ist die Hemmung reversibel. In beiden Fällen kommt es zur Anreicherung von Acetylcholin und somit zur Stimulation von cholinergen Rezeptoren im vegetativen Nervensystem, an den motorischen Endplatten und im ZNS.

Tab. 22.9 Symptome der Vergiftung durch Acetylcholinesteraseblocker.

Organsystem	Wirkungen
Atemwege und Lunge	Laryngospasmus, Bronchospasmus, Dyspnoe und Atemgeräusche wegen erhöhter Bronchialsekretion, Lungenödem, Lähmung der Atemmuskulatur
Auge	Miosis, Tränenfluss
Bewegungsapparat	fibrilläre Muskelzuckungen, Tremor, steifer Gang, Lähmungen durch Erschöpfung der Skelettmuskulatur
Gastrointestinaltrakt	Salivation, Erbrechen, Kolik, Durchfall (Differenzialdiagnose: Pankreatitis!)
Harnapparat	Inkontinenz, Polyurie
Haut	Schweißausbrüche
Kreislauf	Bradykardie, Blutdruckabfall
ZNS	Angst, Unruhe, Krämpfe, Depression, Koma

tieren ist auch der unvorsichtige Einsatz von Fliegenbekämpfungsmitteln bei Nichteinhalten der Anwendungsvorschriften problematisch.

Kinetik und toxische Wirkung Carbamate und Organophosphate sind lipophil und können auf allen möglichen Wegen in den Organismus gelangen. Für beide Stoffgruppen ist eine rasche Biotransformation ohne nennenswerte Speicherung im Gewebe feststellbar. Einige Organophosphate (z. B. Parathion) werden zuerst in einen aktiven, toxischeren Metaboliten (Paraoxon) umgewandelt. Im Gegensatz zu den chlorierten zyklischen Kohlenwasserstoffen (S. 595) unterliegen Carbamate und Organophosphate auch in der Umwelt einem raschen Abbau und weisen daher eine geringe Neigung zur Persistenz auf. Carbamate und Organophosphate blockieren die membranständige Acetylcholinesterase, die für die Inaktivierung des Neurotransmitters Acetylcholin im synaptischen Spalt verantwortlich ist (**Abb. 22.8**).

Klinische Symptome und Diagnose Typische Symptome können bereits innerhalb von 1–2 h nach der Exposition auftreten und sind als Zeichen einer Vergiftung mit Acetylcholin zu verstehen. Man unterscheidet drei Symptomengruppen, die nebeneinander auftreten:

- Die Besetzung von muskarinergen Rezeptoren durch Acetylcholin bewirkt eine Stimulation des Parasympathikus.
- Die Besetzung von nikotinergen Rezeptoren führt zur Stimulation der neuromuskulären Endplatten in der Skelettmuskulatur.
- ZNS-Symptome ergeben sich durch die Acetylcholinanreicherung in zentralen cholinergen Bahnen.

Die einzelnen Symptome der Carbamat- oder Organophosphatvergiftung sind in **Tab. 22.9** geordnet nach Organsystemen aufgezeigt. Von diesen Symptomen sind die Veränderungen an den Bronchien (Bronchospasmus und Bronchialsekretion), die Bradykardie mit Herzrhythmusstörungen sowie die zentral bedingten Krämpfe unmittelbar lebensgefährlich.

Therapie Neben Dekontamination und symptomatischer Behandlung kommt Atropinsulfat (S. 591) als Antidot zum Einsatz. Von einer Behandlung mit „Reaktivatoren“ der Acetylcholinesterase (wie z. B. Obidoxim, 2–5 mg/kg i. v. oder i. m.) ist nach Meinung des Autors abzuraten, obwohl diese in der Literatur oft empfohlen wird. Unter Versuchsbedingungen fördern solche „Reaktivatoren“ die Wiederherstellung der Acetylcholinesteraseaktivität nach Organophosphatvergiftungen, jedoch ist deren Nutzen unsicher, wenn die Therapie erst mit Zeitverzögerung nach der Giftexposition einsetzen kann. Kontraindiziert sind die „Reaktivatoren“ bei Carbamatvergiftungen.

Umwelttoxikologie Zu beachten ist die Bienen- und Fischtoxizität. Aale sind z. B. besonders empfindlich gegenüber Disulfoton, das in Gewässern mit einer im Vergleich zu anderen Organophosphaten langen Halbwertszeit von 30–50 Tagen abgebaut wird.

22.7.4 Chlorierte zyklische Kohlenwasserstoffe

Allgemeines Hierbei handelt es sich um organische Verbindungen mit einem aromatischen Grundgerüst, wobei je nach Verbindungstyp eine unterschiedliche Anzahl von Wasserstoffatomen durch Chlor substituiert ist. Chlorierte zyklische Kohlenwasserstoffe kommen als Insektizide und Akarizide zum Einsatz, die bekanntesten Vertreter dieser Stoffgruppe sind Dichlordiphenyltrichlorethan (DDT), Aldrin, Dieldrin und Lindan. Wegen der extremen Neigung zur Kumulation in Nahrungsketten wurden starke gesetzliche Schranken gegen die Anwendung dieser Verbindungen aufgestellt. Jedoch ist in tropischen Gebieten eine wirksame Malariabekämpfung ohne gezielten Einsatz der chlorierten zyklischen Kohlenwasserstoffe nicht möglich.

Ursachen der Vergiftung In Europa sind organische Chlorkohlenwasserstoffe weitgehend verboten, nur noch wenige Vertreter dieser Substanzklasse – mit vergleichsweise kurzen Halbwertszeiten – besitzen eine Zulassung für human- oder veterinärmedizinische Zwecke. Insbesondere wird Lindan (das γ-Isomer von Hexachlorcyclohexan, Halbwertszeit um 24 h) als Gel, Emulsion oder Waschlösung zur äußeren Anwendung bei Hunden, Katzen und Pelztieren eingesetzt. Die orale LD_{50} von Lindan beträgt für die Katze 35 und für den Hund 30–200 mg/kg KG. Jungtiere sind empfindlicher als adulte Tiere.

Kinetik und toxische Wirkung Aufgrund ihrer hohen Lipophilität werden chlorierte zyklische Kohlenwasserstoffe sehr leicht resorbiert und im Fett über Jahrzehnte gespeichert. Ein gemeinsames Merkmal dieser Verbindungen ist ihre hohe Resistenz gegenüber enzymatischen Abbauprozessen. Bei deren Biotransformation greift das Cytochrom-P450-System den aromatischen Ring durch Oxidation zweier benachbarter Kohlenstoffe an. Sind diese halogeniert (also z. B. chloriert), ist der enzymatische Angriff beeinträchtigt und die Verbindungen weisen eine lange Persistenz auf. Sensorische und motorische Neuronen stellen den Wirkungsort der akut toxischen Aktivität der chlorierten zyklischen Kohlenwasserstoffe dar, wobei die Neuronen der Arthropoden um den Faktor 100 000 empfindlicher sind als jene der Säugetiere. Die Wirkstoffe lagern sich in die Phospholipidschicht der Nervenmembranen ein und behindern das Schließen der während der Depolarisation geöffneten Na^+-Kanäle. Dies führt zu einem vermehrten Na^+-Einstrom und damit bleibt die Nervenzelle auf einem gesteigerten Erregungsniveau. Durch repetitive Entladungen kommt es zu ZNS-Erregungen.

Klinische Symptome und Diagnose Die akuten Vergiftungssymptome betreffen fast ausschließlich das Nervensystem. Nach einer Latenz von bis zu wenigen Stunden stehen Mydriasis, Hyperästhesie, Blepharospasmus, Tremor und Zuckungen, die am Kopf beginnen und sich nach kaudal ausbreiten, im Vordergrund. Die Symptome setzen sich mit steifem Gang, Krämpfen, später Lähmungen und Atemstillstand fort. Die Körpertemperatur erhöht sich sehr schnell.

Therapie Da kein Antidot vorliegt, sind neben der Dekontamination nur symptomatische Maßnahmen gegen Krämpfe, Hyperthermie und Atemlähmung möglich.

Umwelttoxikologie Ein wichtiger Faktor für die globale Verteilung der chlorierten zyklischen Kohlenwasserstoffe wie DDT ist deren Verdampfung, Adsorption an Staubpartikel und Ausbreitung über Niederschläge. Kritisch ist die Bioakkumulation, d. h. die Anreichung entlang der Nahrungsketten, wodurch es zu besonders hohen Konzentrationen in Raubfischen, See- und Greifvögeln kommt. So sind chronische Schädigungen von DDT auf die Fruchtbarkeit von Vögeln, die an der Spitze der Nahrungskette stehen, bekannt geworden. Die Bildung von weichen und dünnwandigen Vogeleiern beeinträchtigte ihre Bebrütbarkeit und die Eier zerfielen in den Nestern.

22.7.5 Nikotin und Neonicotinoide

Allgemeines Nikotin ist ein im Nachtschattengewächs *Nicotiana tabacum* enthaltenes wasserlösliches Alkaloid mit ähnlicher Struktur wie Acetylcholin. Die orale LD_{50} für Hunde beträgt 9,2 mg/kg KG. Die als Neonicotinoide bezeichneten synthetischen Derivate (z. B. Imidacloprid) weisen eine sehr geringfügige Toxizität für Warmblüter auf und gehören zu den weltweit meist verkauften Insektiziden.

Ursachen der Vergiftung Die getrockneten Tabakblätter enthalten je nach Qualität 0,2–5 % Nikotin. Als Quellen für Vergiftungen kommen vor allem Zigaretten (3–30 mg Nikotin) oder Zigarren (bis zu 150 mg Nikotin) in Frage. Es können aber auch loser Tabak, Schnupftabak, Nikotinpflaster oder -tabletten aufgenommen werden.

Kinetik und toxische Wirkung Nikotin wird enteral, inhalativ oder transdermal resorbiert. Die Plasmahalbwertszeit beträgt rund 2 h. Neonicotinoide zeigen eine geringe ZNS-Penetration und werden nach dermaler Anwendung kaum resorbiert. Der Wirkstoff stimuliert die Acetylcholinrezeptoren im ZNS, im vegetativen Nervensystem und an der neuromuskulären Endplatte. Ähnlich dem Acetylcholin setzt Nikotin in der Nebenniere Adrenalin und im Hypothalamus Noradrenalin frei. Über Aktivierung der Chemorezeptor-Triggerzone führt Nikotin zu Erbrechen.

Klinische Symptome und Diagnose Innerhalb von 1 h nach Nikotinaufnahme sind Exzitation, Tremor, muskuläre Zuckungen, Krämpfe, Salivation, Erbrechen, Tenesmus, Polyurie, Tachypnoe und Lakrimation zu beobachten. Die Tiere zeigen eine gestreckte Haltung mit steifem Gang. Im späteren Stadium treten Lähmungen und Kreislaufschock auf. Nikotin kann im Harn, Mageninhalt, Vomitus oder Plasma nachgewiesen werden. Wichtigste Differenzialdiagnose: Carbamat- oder Organophosphatvergiftung.

Therapie Da kein spezifisches Antidot zur Verfügung steht, beschränkt sich die Behandlung auf die Dekontamination und auf symptomatische Maßnahmen.

22.7.6 Pyrethroide

Allgemeines Extrakte aus Blüten verschiedener Chrysanthemenarten waren schon in der alten chinesischen Kultur als Mittel gegen Ungeziefer bekannt. Die Lichtempfindlichkeit des natürlichen Extraktes der Chrysanthemen (Pyrethrum) hat zur Synthese von abgeleiteten Verbindungen, den Pyrethroiden, geführt. Diese Derivate sind mit Stickstoff, Schwefel oder Halogenen substituiert und weisen im Vergleich zu Pyrethrum eine höhere Fotostabilität und Lipophilität auf. Die orale LD_{50} der Pyrethroide für Warmblüter ist sehr unterschiedlich und bewegt sich im Bereich von 50–50 000 mg/kg KG, wobei die dermale Toxizität geringer als die orale ist. Pyrethroide werden häufig mit einem an sich untoxischen Synergisten (Piperonylbutoxid; orale LD_{50} für die Ratte 7,5 g/kg KG) angewendet, der die Biotransformationsfähigkeit der Arthropoden vermindert und somit die Pyrethroidwirkung verstärkt.

Ursachen der Vergiftung Allen Vertretern dieser Stoffgruppe ist eine hohe Selektivität für Arthropoden und eine niedrige Toxizität für Säugetiere, Vögel und Reptilien gemeinsam. Vergiftungsfälle können nur infolge unvorsichtiger Anwendungen auftreten. Nach Applikation auf großflächigen Hautläsionen besteht die Gefahr resorptiver Vergiftungen. Katzen sind wegen der verminderten Aktivität ihrer Glucuronyltransferase und ihres Fellpflegeverhaltens empfindlicher: Pyrethroidhaltige Aufgusspräparate dürfen aufgrund der hohen Wirkstoffmenge bei dieser Spezies nicht angewendet werden.

Kinetik und toxische Wirkung Pyrethroide werden nach dermaler Anwendung und bei intakten Hautbarrieren kaum systemisch resorbiert. Als Nervengifte verzögern sie das Schließen von Na^+-Kanälen in der Membran von Neuronen, ähnlich wie die chlorierten zyklischen Kohlenwasserstoffe. Durch die verlängerte Depolarisation kommt es zur ZNS-Erregung. Daneben wirken Pyrethroide irritierend auf Haut, Schleimhäute und Augen. Nach Inhalation können Rhinitis, Larynxödem sowie Reizungen der unteren Atemwege auftreten.

Klinische Symptome und Diagnose Die Vergiftung äußert sich durch lokale Reizungen und ZNS-Erregung. Dadurch entstehen Konjunktivitis, Husten, Dyspnoe, Hypersalivation, Erbrechen, Durchfall, Ataxie, Tremor, Krämpfe und Atemlähmung.

Therapie Bei Katzen kann die Ausscheidung von Pyrethroiden durch Lipidinfusionen (S. 591) beschleunigt werden. Da kein spezifisches Antidot zur Verfügung steht, beschränkt sich die weitere Behandlung auf die Dekontamination gefolgt von symptomatischen Maßnahmen.

Umwelttoxikologie Pyrethroide besitzen bessere Umwelteigenschaften als frühere Generationen von Pestiziden, wie beispielsweise Organophosphate oder chlorierte zyklische Kohlenwasserstoffe: Sie sind weniger toxisch für Säuger, Vögel und Reptilien sowie chemisch und enzymatisch relativ gut abbaubar. Trotzdem ist ihre hohe Toxizität gegenüber Fischen und aquatischen Kleinlebewesen problematisch, wenn unfallbedingte Einleitungen in die Gewässer erfolgen. Der LC_{50}-Wert von Permethrin für die Larven der Regenbogenforellen beträgt z. B. nur 0,6 µg/l.

22.8 Vergiftungen mit Rodentiziden

Rodentizide sind Mittel zur Vernichtung schädlicher Nagetiere. Haus- und Nutztiere sind grundsätzlich gefährdet, weil die infrage kommenden Wirkstoffe eine hohe Säugetiertoxizität besitzen. Die Wirkstoffe werden meistens in Köderform als Fraßgifte eingesetzt, wobei eine für dieses Verfahren geeignete Substanz idealerweise folgenden Anforderungen genügen sollte:

- Der Wirkstoff muss in den gegen Nager effektiven Konzentrationen geruch- und geschmacklos sein.
- Der Wirkungseintritt muss mit Verzögerung erfolgen; andernfalls verknüpfen die Artgenossen die Todesfälle mit der Aufnahme des Köders, weshalb dieser fortan gemieden wird.

Tab. 22.10 Angriffspunkte verschiedener Rodentizide.

Zielstruktur	Stoffklasse
Aminosäurestoffwechsel	Crimidin
Atmungskette	Phosphide
Kalziumstoffwechsel	Cholecalciferol
Erregungsleitung im ZNS	α-Chloralose
glycinabhängige Synapsen	Strychnin
Kalium-Bindungsstellen	Thallium
Lungenkapillaren	Alphanaphthylthioharnstoff
Na^+/K^+-ATPase	Scillirosid
oxidative Phosphorylierung	Bromethalin
Vitamin-K-Epoxidreduktase	Cumarinderivate

- Die Wirkung sollte auf die Schädlinge beschränkt sein; diese Selektivität lässt sich nur durch geeignete Köderwahl sowie zweckentsprechende örtliche und zeitliche Anwendung erreichen.

Auf dem Markt befindet sich eine breite Auswahl von Wirkstoffen mit entsprechender Vielfalt an Wirkprinzipien (**Tab. 22.10**). Im Folgenden werden nur die gängigsten Rodentizide einzeln besprochen.

22.8.1 Bromethalin

Allgemeines Bromethalin ist ein neurotoxischer Wirkstoff, der gegen Ratten und Mäuse eingesetzt wird. Die orale LD_{50} beträgt 4,7 mg/kg KG beim Hund und 1,8 mg/kg KG bei der Katze.

Ursachen der Vergiftung Vergiftungen ereignen sich durch die akzidentelle Aufnahme von Rattenködern.

Kinetik und toxische Wirkung Bromethalin wird innerhalb weniger Stunden vom Magen-Darm-Trakt resorbiert. Die Plasmahalbwertszeit beträgt bei der Ratte 6 Tage. Die Ausscheidung erfolgt hauptsächlich über die Galle, und es findet ein enterohepatischer Kreislauf statt. Durch Entkopplung der oxidativen Phosphorylierung verhindert Bromethalin den Aufbau von Energiereserven in Form von ATP (**Abb. 22.9**). Es entsteht ein ATP-Mangel, wobei die Bromethalinvergiftung durch das Erliegen der ATP-abhängigen Na^+/K^+-Membranpumpen im ZNS gekennzeichnet ist. Wegen der Inaktivierung dieser Pumpen können Ionengradienten nicht aufrechterhalten werden, und es bilden sich Hirnödeme.

Klinische Symptome und Diagnose Tödliche Dosen bewirken nach einigen Stunden eine starke ZNS-Erregung mit Hyperästhesie, Hyperreflexie, Tremor und Krämpfen. Niedrigere Dosen führen nach einigen Tagen zu Erbrechen, Ataxie, Parese und Paralyse. Bei der histopathologischen Untersuchung von verendeten Tieren fällt die Vakuolisierung der weißen Substanz im ZNS auf.

Therapie Die Dekontamination sollte mit repetitiver Verabreichung von Aktivkohle durchgeführt werden. Eine Behandlung des Hirnödems (z. B. mit Mannitol und Furosemid) ist meist erfolglos.

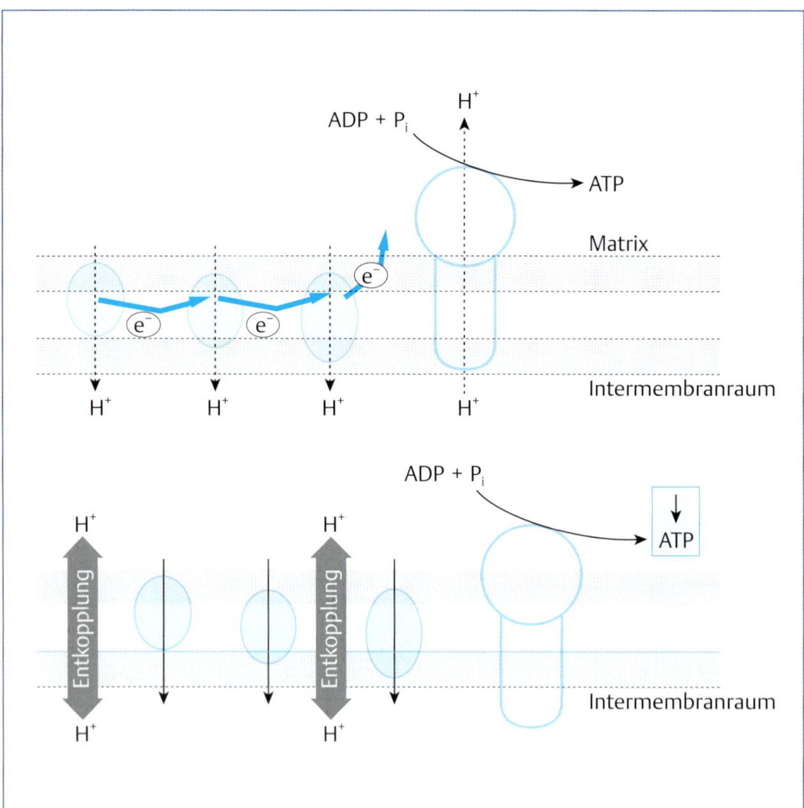

Abb. 22.9 Prinzip der Entkopplung der oxidativen Phosphorylierung. Normalerweise führt der Elektronentransport entlang der mitochondrialen Atmungskette an drei Stellen zur Bildung eines Protonengradienten, der für die Neubildung von ATP genutzt wird (oben). Durch Entkopplung dieser Prozesse entfällt der Protonengradient an der inneren mitochondrialen Membran, womit die ATP-Synthese ausbleibt (unten).

22.8.2 α-Chloralose

Allgemeines α-Chloralose ist ein Kondensationsprodukt von Glukose mit dem Hypnotikum Chloralhydrat. Dieser Wirkstoff führt zu einer starken Erniedrigung der Körpertemperatur und wird vor allem während der Winterzeit zur Vertilgung von Nagern eingesetzt. Die orale LD_{50} beträgt bei Kleintieren 300–600 mg/kg KG.

Ursachen der Vergiftung Zwischenfälle resultieren aus der Aufnahme von Ködern, wobei kleine Hunde und Katzen besonders empfindlich sind.

Kinetik und toxische Wirkung α-Chloralose ist ein Hypnotikum mit schwach analgetischer Wirkung. Neben der zentralen Depression bewirkt dieser Abkömmling des Chloralhydrats eine strychninartige Stimulation der Spinalreflexe, womit schon kleinste taktile oder akustische Reize zu Krämpfen führen. Daneben kommt es zu lokalen Schleimhautreizungen. Infolge der Beeinträchtigung der Temperaturregulation wird die Körpertemperatur in einem für Kleintiere tödlichen Ausmaß gesenkt.

Klinische Symptome und Diagnose Nach einer Latenzzeit von 1–4 h treten folgende Symptome auf: Ataxie, Hypothermie, Dyspnoe, Hyperästhesie, Tremor, Krämpfe und Aggressionen, aber auch Somnolenz und Narkose.

Therapie Hunde und Katzen lässt man am besten in warmer und ruhiger Umgebung ausschlafen. Bei starker Dyspnoe empfiehlt sich die Beatmung mit Sauerstoff.

22.8.3 Cumarinderivate

Allgemeines Die Ausgangssubstanz – Cumarin – ist ein natürlicher Duftstoff, der ähnlich wie die Schoten der Vanillepflanze riecht. Cumarin entsteht durch Glykosidspaltung beim Welken und Trocknen des Steinklees (*Melolitus* sp.) oder anderer Pflanzen. Erst durch die hydrolytische Aktivität von Schimmelpilzen wird aus Cumarin Dicumarol gebildet, das im Heu über Jahre persistiert und bei Nutztieren zur Süßkleekrankheit führt. Bei den synthetischen Wirkstoffen muss zwischen älteren Cumarinderivaten der ersten Generation (z. B. Warfarin) und weit potenteren Derivaten der neueren Generation (Brodifacoum, Bromadiolon, Difenacoum oder Diphacinon) unterschieden werden. Die orale LD_{50} von Warfarin liegt bei Hund und Katze im Bereich von 5–50 mg/kg KG, aber die repetitive Einnahme von nur 1 mg/kg/Tag kann zu schweren Vergiftungen führen. Für die neueren Derivate beträgt die toxische Dosis bei wiederholter Einnahme 0,1–0,5 mg/kg/Tag.

Ursachen der Vergiftung Haus- und Nutztiere sind durch Köder gefährdet, die synthetische Cumarinderivate enthalten. Monogastrier reagieren empfindlicher als Wiederkäuer. Bei Hund und Katze sind sogar Sekundärvergiftungen nach Aufnahme vergifteter Nagerkadaver möglich, sofern Cumarinderivate der neueren Generation zum Einsatz kommen.

Kinetik und toxische Wirkung Cumarinderivate werden vollständig aus dem Darm resorbiert. Im Blut findet eine starke Bindung an Plasmaalbumine statt. Die neueren Verbindungen weisen eine lange Eliminationshalbwertszeit

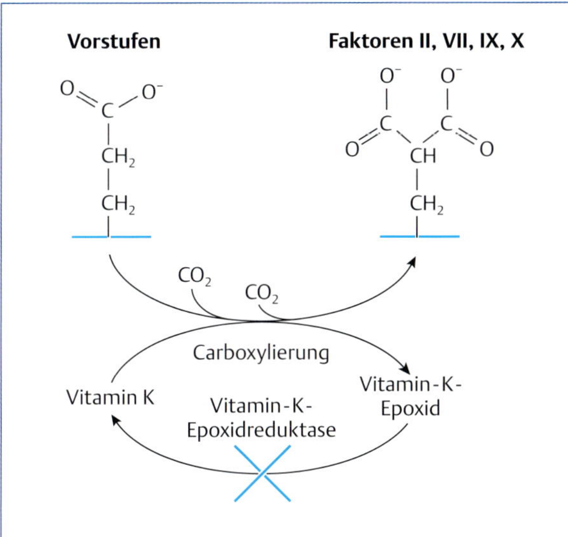

Abb. 22.10 Gerinnungshemmende Wirkung der Cumarinderivate. Die Gerinnungsfaktoren II, VII, IX und X werden in der Leber als inaktive Vorstufen synthetisiert. Im endoplasmatischen Retikulum werden dann diese Vorläufer durch Carboxylierung eines Glutaminsäurerestes in die aktiven Gerinnungsfaktoren überführt. Der Vorgang der Carboxylierung ist mit der Oxidation eines Cofaktors (Vitamin K_1) verbunden, wobei als Oxidationsprodukt das Vitamin-K_1-Epoxid entsteht. Die Rückführung dieses Epoxids in die ursprünglich aktive Form von Vitamin K_1 wird durch das Enzym Vitamin-K_1-Epoxidreduktase besorgt. Es ist dieser biochemische Schritt der Reaktivierung von Vitamin K_1, der durch die Cumarinderivate gehemmt wird.

von mehreren Tagen bis Wochen auf (Plasmahalbwertszeiten beim Hund: Warfarin, 15 h; Cumarinderivate der neueren Generation, 5 Tage). Die Cumarinderivate wirken als Vitamin-K_1-Antagonisten und hemmen dadurch die Carboxylierung von Gerinnungsfaktoren (**Abb. 22.10**).

Klinische Symptome und Diagnose Bis der Vorrat der betroffenen Gerinnungsfaktoren verbraucht ist, vergehen zwischen der Aufnahme des Wirkstoffs und dem Beginn einer Gerinnungsstörung 1–5 Tage. Danach äußert sich die Vergiftung durch multiple Hämorrhagien und Hämatome, besonders über den Gelenken. Es kann auch Hämatemesis, Hämoptyse, Nasenbluten oder blutiger Durchfall auftreten. Weitere Symptome sind Apathie, Anämie und Durst. Oft werden die Tiere mit Husten, Dyspnoe, Schwäche, Apathie, Hypothermie und hypovolämischen Schockzuständen vorgestellt. Manchmal haben die Tiere innere Blutungen (Hämatothorax, Hämatoperitoneum), ohne von außen sichtbare Blutungsneigungen vorzuweisen. Erblindung wegen Blutungen ins Augeninnere ist ebenfalls möglich. Diagnostisch sehr wertvoll ist die Tatsache, dass Faktor VII immer zuerst aufgebraucht wird, beim Hund beträgt die Halbwertszeit von Faktor VII z. B. nur 4–6 h. Als Indikator für die exogene (oder extrinsische) Gerinnungsaktivität – an dem Faktor VII direkt beteiligt ist – eignet sich der Prothrombinzeit-Test nach Quick. Während der Anfangsphase der Vergiftung ist der Quick-Test bereits verlängert, bevor klinisch manifeste Blutungen auftreten.

Therapie An erster Stelle steht die Behandlung mit Vitamin K_1 (S. 591). Da die Gerinnungsfaktoren zuerst neu synthetisiert werden müssen, vergehen bis zu einer Teilrestitution der Gerinnungsfähigkeit mindestens 12 h. Bei starkem Blutverlust ist deshalb – neben der intravenösen Flüssigkeitsversorgung – eine Bluttransfusion in Erwägung zu ziehen. Plasmaexpander sind kontraindiziert, weil diese die Blutgerinnung zusätzlich stören. Nicht angeraten sind auch Arzneimittel (z. B. Entzündungshemmer), die Cumarinderivate vom Plasmaalbumin verdrängen. Ferner sollen die betroffenen Tiere in einem ruhigen und warmen Raum untergebracht und weich gebettet werden.

22.8.4 Scillirosid

Allgemeines Scillirosid wurde als Inhaltsstoff der roten Meerzwiebel (*Scilla maritima*) entdeckt. Die minimale letale Dosis (oral) des rohen Meerzwiebelextraktes beträgt 145 mg/kg für den Hund und 100 mg/kg für die Katze.

Ursachen der Vergiftung Die Vergiftungsquelle für Haustiere liegt beim Einsatz von Scillirosid in Rattenködern.

Toxische Wirkung Durch Reizung der Schleimhäute wirkt Scillirosid als starkes Emetikum, außer bei Spezies wie der Ratte, die nicht erbrechen können. Im Übrigen ist Scillirosid ein Herzglykosid, das ähnliche Herzwirkungen erzeugt wie die Digitalisglykoside.

Klinische Symptome und Diagnose Eine Scillirosidvergiftung ist durch das Auftreten von Erbrechen, Durchfall, Hypotonie, Bradykardie, Arrhythmien und Kammerflimmern charakterisiert.

Therapie Nach der Dekontamination sind unter Überwachung der Herzaktivität mittels EKG die notwendigen symptomatischen Maßnahmen durchzuführen. Zudem ist eine Kontrolle der Serumelektrolyte erforderlich, weil eine Hypokaliämie die Herzglykosidwirkung von Scillirosid steigern könnte. Ferner kommen Atropin gegen Bradykardie und Phenytoin gegen Arrhythmien zum Einsatz.

22.8.5 Strychnin

Allgemeines Das Krampfgift Strychnin ist ein stabiles Alkaloid aus der Brechnuss (*Strychnos nux vomica*). Strychnin und Strychninsalze erscheinen als weiße, geruchlose, aber bitter schmeckende Pulver. Orale LD_{50} von Strychninsulfat in mg/kg KG: Hund 0,75; Katze 2; Schwein und Rind 0,5.

Ursachen der Vergiftung Die Verwendung von Strychnin zur Schädlingsbekämpfung ist in vielen Ländern gesetzlich eingeschränkt. Trotzdem werden Strychninköder gelegentlich gegen Vögel, Nager oder Füchse ausgelegt, wobei es zu akzidentellen Vergiftungen von Hunden und Katzen kommen kann. Sekundärvergiftungen durch Verzehr von strychninvergifteten Kadavern sind ebenfalls möglich.

Kinetik und toxische Wirkung Strychnin wird im Magen-Darm-Trakt schnell und vollständig resorbiert. Die Ausscheidung erfolgt zum Teil in unveränderter Form mit dem

Urin. Es handelt sich um ein Rückenmarkkonvulsivum, das seine Wirkung als kompetitiver Antagonist des inhibitorischen Neurotransmitters Glycin ausübt. Auf diese Weise beeinträchtigt Strychnin die reziproke Hemmung gegenseitiger Motoneuronen, womit der normale Ablauf koordinierter Bewegungen aufgehoben ist: Beuge- und Streckmuskeln werden an demselben Gelenk gleichzeitig zur maximalen Kontraktion gebracht. Deswegen können unter Strychnineinwirkung schon kleinste taktile, akustische oder optische Reize schmerzhafte Streckkrämpfe mit Erstickungsgefahr provozieren.

Klinische Symptome und Diagnose Wenige Minuten nach Giftaufnahme beginnt der klinische Verlauf mit Unruhe und intermittierenden Krampfanfällen am Gesamtkörper, jedoch bei vollem Bewusstsein. Der Tod kann innerhalb von 20–30 min infolge Atemlähmung eintreten und ist durch die schnelle Ausbildung der Totenstarre – oft in weniger als 2 h – gekennzeichnet. Die Verdachtsdiagnose kann durch den Strychninnachweis im Giftköder, Mageninhalt oder Urin bestätigt werden. Differenzialdiagnostisch ist eine Tetanusinfektion in Betracht zu ziehen.

Therapie Die betroffenen Tiere müssen in eine reizarme und verdunkelte Umgebung gebracht werden. Neben der raschen Dekontamination besteht nur die Möglichkeit, Krämpfe (Diazepam oder Barbiturate unter Intubation) sowie Atemlähmung und Hyperthermie symptomatisch zu behandeln.

22.8.6 Thallium

Allgemeines Der Verwendung von Thalliumsalzen (Thalliumacetat und -sulfat) als Rodentizide ist in vielen Ländern eingeschränkt, z. B. auf den Einsatz in geschlossenen Räumen. Die orale LD_{50} von Thalliumsulfat für Haustiere bewegt sich um 15–25 mg/kg KG.

Ursachen der Vergiftung Die Vergiftungsquelle liegt bei der Ausbringung von Ködern, die Thalliumsalze enthalten. Alte, schon längst vergessene Köder in Kellern, Scheunen, Fabrikräumen, Lagerhallen usw. bleiben nach Jahrzehnten noch gefährlich und können bei Aufräum- oder Umbauarbeiten freigelegt werden.

Kinetik und toxische Wirkung Nach Resorption im Verdauungstrakt wird Thallium über Nieren und Galle eliminiert, wobei täglich nur etwa 3 % des im Körper vorhandenen Thalliums zur Ausscheidung kommen. Das Thalliumion (Tl^+) unterscheidet sich in Größe und Ladung kaum vom Kaliumion (K^+), deshalb kann es Kalium von seinen normalen Bindungsstellen verdrängen. Enzyme, Ionenkanäle und Ionenpumpen verlieren somit ihre Funktionsfähigkeit.

Klinische Symptome und Diagnose Bei akuten Vergiftungen reagieren die Tiere mit Erregbarkeit, schmerzhaftem Abdomen, Salivation, Dyspnoe, Krämpfen sowie paralytischen Erscheinungen, oft mit tödlichem Ausgang. Bei Überleben treten Erbrechen und Durchfall auf. Alle Schleimhäute sind stark gerötet, Hauterytheme sind ebenfalls möglich. Beim chronischen Verlauf erkranken die Tiere zuerst mit milden gastroenteralen Symptomen. Nach 2–3 Wochen beginnt als Hauptmerkmal der Vergiftung die Alopezie um die Augen und an den Extremitäten, begleitet durch Erytheme und Hautekzeme. An den Fußballen sind Erosionen und Ulzera festzustellen. Ferner ist mit Komplikationen wie Bronchitis, Pneumonie oder Lungenödem zu rechnen. Der Thalliumnachweis in Köder, Mageninhalt, Leber, Niere, Urin oder Deckhaar stützt die Diagnose.

Therapie Neben der Dekontamination mit Aktivkohle und Glaubersalz unterbindet eine repetitive Verabreichung von Aktivkohle den enterohepatischen Kreislauf von Thallium. Zu diesem Zweck kann als Alternative Eisen-III-hexacyanoferrat (II), auch „Berliner Blau“ genannt, eingesetzt werden (Dosierung: 50 mg/kg p. o. alle 4 h). Weitere Maßnahmen sind Infusionen mit Kaliumzusatz (unter EKG-Kontrolle) sowie die antibiotische Versorgung der Haut- und Lungenläsionen.

22.9 Vergiftungen mit Mollusciziden

22.9.1 Metaldehyd

Allgemeines Metaldehyd ist ein leicht brennbares Polymer von Acetaldehyd, das als Kontakt- und Fraßgift gegen Nacktschnecken verwendet wird. Die orale LD_{50} für Säugetiere liegt bei 300–600 mg/kg KG.

Ursachen der Vergiftung Metaldehyd kommt hauptsächlich als Schneckengift zum Verkauf. In Schneckenkörnern liegt der Metaldehydanteil meist bei 3,5–5 %, diese werden von Hunden oder Katzen gelegentlich spontan aufgenommen. In Form von Tabletten fand reines Metaldehyd früher als Anzündemittel Verwendung, dafür stehen heute ungiftige Brennstoffe zur Verfügung.

Kinetik und toxische Wirkung Metaldehyd wandelt sich unter der Einwirkung von Magensäure in Acetaldehyd um, das schließlich zu Essigsäure oxidiert wird. Die Ausscheidung von Acetaldehyd und Essigsäure erfolgt über die Nieren. Ein Teil des polymeren Metaldehyds wird resorbiert und passiert die Blut-Hirn-Schranke. Die Halbwertszeit von Metaldehyd beträgt 24 h. Metaldehyd erzeugt eine lokale Reizung der Schleimhäute und vermindert die Produktion der γ-Aminobuttersäure (GABA) im Gehirn, was zu zentralen Exzitationen führt.

Klinische Symptome und Diagnose Im Vordergrund stehen Irritationen des Magen-Darm-Traktes und ZNS-Störungen. Typische Symptome der Metaldehydvergiftung sind Hypersalivation, Durchfall, Erbrechen, Mydriasis, Hyperästhesie, Inkoordination, Tremor, Krämpfe, Hyperthermie (shake and bake syndrome) und Koma. Köder oder Mageninhalt können einer „Brennprobe“ unterzogen werden: Metaldehyd brennt und bildet dabei charakteristische weiße Flocken.

Therapie Metaldehydvergiftete Tiere müssen dekontaminiert (Aktivkohle, Entfernung von haftenden Metaldehydbrocken durch Magenspülung) und symptomatisch behandelt werden. Die weiteren Maßnahmen richten sich vor allem gegen Krämpfe, Azidose und Hyperthermie.

Umwelttoxikologie Der vorschriftsgemäße Einsatz von metaldehydhaltigen Schneckenkörnern gefährdet die Igelpopulation nicht.

22.9.2 Methiocarb

Dabei handelt es sich um ein Carbamat, einen Hemmer der Acetylcholinesterase, der nicht nur als Insektizid und Akarizid, sondern auch gegen Schnecken zum Einsatz kommt. Im Vergleich zu Metaldehyd kommt dem Methiocarb eine größere umwelttoxikologische Bedeutung zu, denn es waren Sekundärvergiftungen von Igeln durch methiocarbgetilgte Schnecken experimentell nachweisbar. Die orale LD_{50} beim Hund ist 25 mg/kg KG. Für Kinetik, toxische Wirkung, klinische Symptome und Therapie der Vergiftung wird auf das vorherige Kapitel (S. 594) verwiesen.

22.9.3 Eisenphosphat

Schneckenkörner, die Eisen(III)phosphat enthalten, sind aufgrund der im Vergleich zu Methaldehyd oder Methiocarb geringeren Toxizität des darin vorkommenden dreiwertigen Eisens (S. 613) generell unproblematisch.

22.10 Vergiftungen mit Herbiziden

Die Unkrautbekämpfungsmittel setzen sich aus einer großen Anzahl von Verbindungen mit unterschiedlichen chemischen Strukturen und LD_{50}-Werten zusammen. Aus **Tab. 22.11** ist ersichtlich, dass Herbizide mit Ausnahme der Dinitrophenole und Dipyridiniumverbindungen wenig toxisch für Säugetiere sind. Trotzdem ist bei Aufnahme größerer Mengen oder als Folge unvorsichtiger Lagerung sowie Handhabung eine Vergiftung möglich, und die Tierhalter schreiben den Herbiziden erfahrungsgemäß viele Erkrankungen zu. Eine Gemeinsamkeit der Herbizidvergiftungen ist die unmittelbare Reizung der Schleimhäute, die sich meistens mit Anorexie, Speicheln, Erbrechen, Kolik und Durchfall äußert. Es sollen hier stellvertretend für die ganze Palette der Herbizide nur die Gruppen der Chlorate, Dinitrophenole, Dipyridiniumderivate und Phenoxycarbonsäuren besprochen werden.

Tab. 22.11 Die Toxizität der wichtigsten Herbizide.

Stoffklasse	Beispiel	akute orale LD_{50} für die Ratte (mg/kg KG)
Acetanilide	Alachlor	~ 1000
Anilinderivate	Benfluralin	> 10 000
Benzonitrile	Bromoxynil	190
Benzoesäuren	Dicamba	> 1000
Borate	Borax	~ 6 000
Chlorate	Natriumchlorat	> 1000
Cyanamide	Kalziumcyanamid	765
zyklische Carbonsäuren	Clopyralid	~ 5 000
Diazine	Bentazon	~ 1000
Dinitroaniline	Benfluralin	> 10 000
Dinitrophenole	Dinoterb	26
Dipyridiniumverbindungen	Paraquat, Diquat	40
Glycinderivate	Glyphosat	~ 5 000
Harnstoffderivate	Linuron	> 1000
Methyluracile	Bromacil	> 5 000
Phenoxycarbonsäuren	2,4-D	~ 700
Thiocarbamate	Butylat	~ 5 000
Triazine	Atrazin	> 3 000

22.10.1 Chlorate

Allgemeines Chlorate gehören zu den methämoglobinbildenden Stoffen.

Ursachen der Vergiftung Wiederkäuer und Hunde nehmen bei freiem Zugang – begünstigt durch fehlerhafte Lagerung oder Nichteinhalten der Anwendungsvorschriften – große Mengen von Natrium- oder Kaliumchlorat auf.

Toxische Wirkung Chlorate führen zur Oxidation des zweiwertigen Eisens (Fe^{2+}) im Hämoglobin zu dreiwertigem Eisen (Fe^{3+}), wobei Methämoglobin entsteht. Als Folge einer Verschiebung der Sauerstoff-Sättigungskurve kommt es zur ungenügenden Sauerstoffabgabe in der Peripherie: Methämoglobin führt zu Sauerstoffmangel im Gewebe. Im Allgemeinen treten Symptome ab einem Methämoglobinanteil von 10–20 % im Gesamthämoglobin auf, ab 30 % Methämoglobin ist die Blutfarbe deutlich ins Braune verändert, der Tod tritt bei 60–80 % Methämoglobin infolge innerer Erstickung ein.

Klinische Symptome und Diagnose Im Frühstadium dominieren die Folgeerscheinungen einer gastrointestinalen Irritation wie Erbrechen, Kolik und Durchfall. Dann findet die Methämoglobinbildung statt, womit sich das Blut schokoladenbraun verfärbt. Die Tiere reagieren mit Tachypnoe und Tachykardie, ferner besteht die Gefahr eines akuten Nierenversagens. Die Differenzialdiagnose gegenüber einer echten Zyanose erfolgt am einfachsten durch leichtes Schütteln von venösem Blut, das sich bei Methämoglobinämie nicht aufhellt.

Therapie Neben der Dekontamination kann eine Antidottherapie mit Methylenblau (S. 591) durchgeführt werden. Bei den symptomatischen Maßnahmen ist die Aufrechterhaltung der Kreislauf- und Nierenfunktion besonders wichtig.

22.10.2 Dinitrophenole

Allgemeines Dinitrophenole werden als Insektizide, Herbizide und Fungizide eingesetzt.

Ursachen der Vergiftung Unkontrollierte Aufnahme von Dinitrophenolen infolge fehlerhafter Lagerung, Nichteinhalten der Anwendungsvorschriften oder akzidentellem Besprühen der Tiere.

Kinetik und toxische Wirkung Dinitrophenole werden oral, dermal und inhalativ resorbiert. Neben der lokalen Reizung beruht die toxische Wirkung auf einer Entkopplung der oxidativen Phosphorylierung in den Mitochondrien. Als Folge kann die in der Atmungskette anfallende Energie nicht mehr in verwertbarer Form gespeichert werden, sondern geht als Abwärme ungenutzt verloren. Der Wirkungsmechanismus ähnelt damit dem Bromethalin (S. 597).

Klinische Symptome und Diagnose Die typischen Merkmale der Dinitrophenolvergiftung sind Schwäche, Müdigkeit, Hyperthermie, Tachykardie, Tachypnoe und starker Durst. Es besteht die Gefahr einer Verwechslung mit Infektionskrankheiten. Da Dinitrophenolverbindungen gelborange gefärbt sind, kann an den Körperöffnungen eine entsprechende Verfärbung erscheinen. Die Totenstarre tritt sehr schnell auf.

Therapie Dekontamination sowie symptomatische Maßnahmen; die Tiere müssen in eine ruhige Umgebung verlegt und mit kaltem Wasser oder Eis abgekühlt werden.

22.10.3 Dipyridiumverbindungen

Allgemeines Aufgrund der Wirkungsweise als Radikalbildner und des besonderen Gefährdungspotenzials wurde die Zulassung für Diquat und Paraquat in europäischen Ländern eingeschränkt.

Ursachen der Vergiftung Zwischenfälle ereignen sich bei Verwechslungen, unvorsichtiger Lagerung oder Fahrlässigkeit in der Ausbringung auf Weiden.

Kinetik und toxische Wirkung Für Paraquat liegt die orale Bioverfügbarkeit bei 25 %. In den Lungenparenchymzellen erreicht Paraquat eine 30–80-fach höhere Konzentration als im Serum. Der aufgenommene Wirkstoff wird unverändert über die Nieren ausgeschieden. Durch eine zyklische Reduktion-Oxidations-Reaktion induziert Paraquat die Bildung von reaktiven Sauerstoffspezies (**Abb. 22.11**).

Klinische Symptome und Diagnose Neben lokalen Haut- oder Schleimhautläsionen treten mit einer Latenz von 1–3 Tagen Kolik, Erbrechen, Durchfall, Polyurie, Hämaturie, Anurie (Niereninsuffizienz) und Krämpfe auf. Unabhängig vom Aufnahmeweg manifestiert sich später eine progrediente Lungenparenchymschädigung, die durch fibröse Verlegung der Alveolen zum Tod durch Ersticken führt.

Therapie Es kommen nur Dekontamination und symptomatische Maßnahmen infrage. Eine intensive Sauerstoffbeatmung ist kontraindiziert, weil der zusätzliche Sauerstoff die Lipidperoxidation in der Lunge beschleunigen könnte.

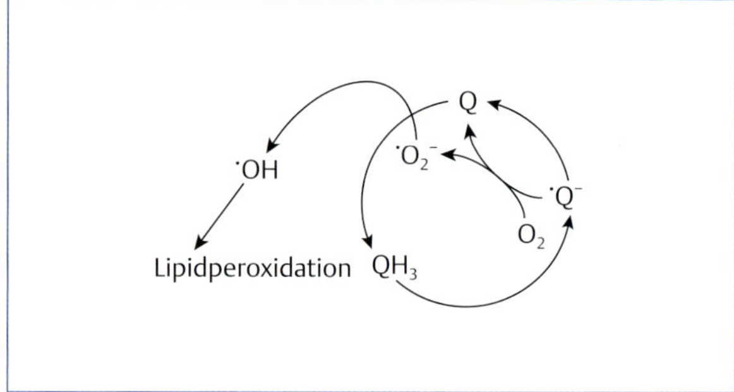

Abb. 22.11 Bildung von reaktiven Sauerstoffradikalen durch Paraquat oder andere Dipyridiniumverbindungen. Über eine zyklische Reduktion-Oxidations-Reaktion werden in der Gegenwart von Paraquat (Q) reaktive Sauerstoffspezies generiert. Im Zentrum des Schädigungsmechanismus steht das Superoxidradikalanion ($\bullet O_2^-$), das durch Radikalübergänge zum noch reaktionsfähigeren Hydroxylradikal ($\bullet OH$) überführt wird. Durch Lipidperoxidation der Zellmembranen greifen diese Sauerstoffradikale bevorzugt das Lungen- und Nierengewebe an. Die Lipidperoxidation ist eine Kettenreaktion: Ein Membranlipid nach dem anderen wird oxidativ geschädigt, was schließlich den Zelluntergang zur Folge hat.

22.10.4 Phenoxycarbonsäuren

Allgemeines Die Phenoxycarbonsäuren zeichnen sich durch eine geringe Säugetiertoxizität aus. Die minimal toxische Dosis von 2,4-D beträgt für den Hund 175 mg/kg KG.

Ursachen der Vergiftung Tiervergiftungen sind durch Einnahme großer Mengen dieser Herbizide als Folge unvorsichtiger Lagerung oder Handhabung verursacht.

Kinetik und toxische Wirkung Aufgrund der Reizwirkung auf die Schleimhäute im Magen-Darm-Trakt äußert sich die Vergiftung mit Anorexie, Pansenatonie, Kolik, Erbrechen und Durchfall. Daneben manifestiert sich beim Hund die Aufnahme toxischer Dosen von 2,4-D mit Myotonie.

Therapie Möglich sind nur Dekontamination und symptomatische Maßnahmen.

22.11 Vergiftungen mit Fungiziden

Fungizide werden in der Landwirtschaft sowie in Garten und Haus in bedeutendem Umfang eingesetzt. So finden diese Wirkstoffe Anwendung zum Schutz von Kulturpflanzen, als Saatgutbeizmittel und im Holzschutz. Eine hohe akute Toxizität bei Tieren haben Kupfer-, Quecksilber- und Zinnverbindungen. Daneben gelangen verschiedene Fungizide mit deutlich selektiveren Wirkungsspektren auf den Markt, wie z. B. die Carbaminsäurederivate, die sich durch eine sehr geringe Säugetiertoxizität auszeichnen (**Tab. 22.12**).

Aufgrund der generell geringen Gefährdung durch moderne Fungizide werden nur Vergiftungen mit Kupfer (S. 607) und Quecksilber (S. 607) aufgeführt.

Tab. 22.12 Die Toxizität einiger wichtiger Fungizide.

Stoffklasse	Beispiel	akute orale LD_{50} für die Ratte (mg/kg KG)
Anilinderivate	Anilazin	> 5 000
Benzimidazole	Fuberidazol	~ 1000
Carbaminsäure-derivate	Benomyl	> 10 000
Chinoxalinderivate	Oxythioquinox	~ 3 000
Dinitrophenole	Dinocap	~ 1000
Dithiocarbamate	Maneb	> 7 000
Kupfersalze	Kupfersulfat	300
Morpholine	Aldimorph	> 3 000
Organoquecksilber	Phenylquecksilber-acetat	50
Organozinn	Fentinacetat	125
Phthalsäurederivate	Captan	> 9 000
Thiocarbamate	Ferbam	> 4 000

22.12 Fütterungsbedingte Schadensfälle

22.12.1 Botulinustoxin

Allgemeines Botulismus wird durch die Neurotoxine von *Clostridium botulinum* (Typ A–G) verursacht. Diese Toxine bestehen aus zwei Proteinketten, die über eine Disulfidbrücke verbunden sind (**Abb. 22.12**). Die orale LD_{50} der Botulinustoxine beträgt für Säugetiere ~10 ng/kg KG.

Ursachen der Vergiftung Die Sporen von *C. botulinum* kommen ubiquitär in der Umwelt vor. Sie können jedoch nur in eiweißhaltigem Substrat (botulum = Würstchen) unter anaeroben Bedingungen, bei hoher Feuchtigkeit und pH > 4,5 auskeimen und Toxine bilden. Meistens erfolgt die Aufnahme der Toxine über Futter (Silage, Heu, Würfel), das mit Kadavern (z. B. Mäusen oder Ratten) kontaminiert ist. Daneben sind auch Formen der Enterotoxämie (viszeraler Botulismus) und Wundbotulismus bekannt. Die Sporen von *C. botulinum* sind sehr stabil und erst durch 30-minütiges Kochen bei 120°C zu zerstören. Das Toxin selbst wird schon durch Erhitzen auf 80°C (während 20 min) oder 100°C (während 1 min) inaktiviert.

Kinetik und toxische Wirkung Botulinus-Neurotoxine werden nach Ingestion oder Inhalation resorbiert (über Transzytose) und über die Blutbahn verteilt, ohne aber die Blut-Hirn-Schranke zu überqueren. Schließlich findet die Aufnahme der Neurotoxine durch periphere cholinerge Nervenendigungen mittels Endozytose statt. Dort blockieren Botulinus-Neurotoxine die vesikuläre Freisetzung von Acetylcholin. Die Wirkung kommt durch die proteolytische Aktivität der leichten Kette (**Abb. 22.12**) zustande. Diese spaltet enzymatisch sogenannte SNARE-Proteine, die für die Fusion der Acetylcholin-Vesikel mit der synaptischen Membran verantwortlich sind. Gehemmt werden sowohl parasympathische Nervenfasern wie auch die motorischen Endplatten.

Klinische Symptome und Diagnose Botulismus ist durch eine progressive Lähmung der Muskulatur gekennzeichnet. Dies manifestiert sich mit Zungenlähmung, Kau- und Schluckbeschwerden, Speicheln, Regurgitieren des Futters, reduzierter Pansen- und Darmmotorik, Obstipation, Tremor (shaker foal syndrome) und Lähmung des Schwanzes. In der Maulhöhle befinden sich Futterreste. Die Paralyse des Bewegungsapparats beginnt an den Hintergliedmaßen. Schließlich kommt es zu Festliegen und Asphyxie. Der Toxinnachweis (in Futter, Mageninhalt, Leber oder Blut) muss mittels Mäuseversuch durchgeführt werden, wobei auf die charakteristische „Wespentaille-Atmung“ zu achten ist. Zunehmend kommen alternative Methoden wie z. B. immunologische Verfahren zum Einsatz.

Therapie Das polyvalente Antitoxin (Dosis für das Pferd: 5 000 Einheiten i. m.) kann nur frei zirkulierendes, aber nicht das bereits in den Neuronen gebundene Toxin neutralisieren, ist also nur vor Ausbruch des ausgeprägten Krankheitsbildes wirksam. Insbesondere bei Fohlen sollte eine mechanische Beatmung in Erwägung gezogen werden. Für die Impfprophylaxe steht eine Vakzine mit inaktiviertem Toxoid zur Verfügung.

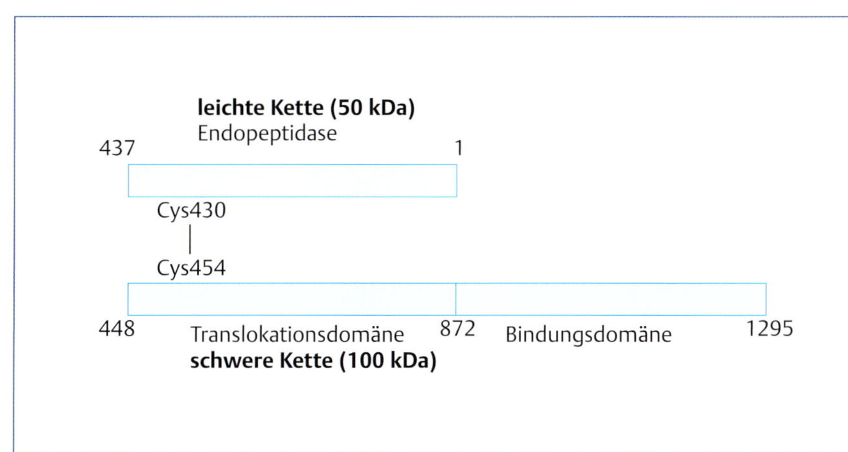

Abb. 22.12 Modulare Struktur der Clostridien-Neurotoxine. Die schwere Kette vermittelt die Andockung des Toxins an die Zielmembran (Bindungsdomäne) und die darauffolgende Internalisierung (Translokationsdomäne). Verantwortlich für die Wirkung an den cholinergen Nervenendigungen ist eine Endopeptidase-Aktivität der leichten Kette; diese unterbindet die Fusion der Acetylcholin-Vesikel mit der synaptischen Membran.

22.12.2 Giftpflanzen

Aus der riesigen Pflanzenvielfalt dienen nur wenige Arten als Futtergrundlage, da es einer überwiegenden Mehrheit der Pflanzen im Laufe der Evolution gelungen ist, sich mit Dornen, Stacheln, Verholzung und Giftstoffen vor Verzehr zu schützen. Im Allgemeinen ist die Pflanzentoxizität eine schwierig einzuschätzende Eigenschaft, denn der Wirkstoffgehalt unterliegt in qualitativer wie auch in quantitativer Hinsicht beträchtlichen Schwankungen. So ist der Giftgehalt abhängig von Vegetationsperiode, Witterung, Düngung, Bodenbeschaffenheit, Herbizideinsatz, Parasitenbefall oder weiteren Stressfaktoren. Eine detaillierte Besprechung aller wichtigen Pflanzengifte würde den Rahmen dieses Kapitels sprengen, deshalb sind nur einige stellvertretende Beispiele aufgeführt. Bei Notfällen empfiehlt es sich, eine computergestützte Giftpflanzen-Datenbank (S. 618) im Internet aufzusuchen.

Colchicin Colchicin ist das Hauptalkaloid der Herbstzeitlose (*Colchicum autumnale*) und besonders reichlich in den Samen und Blüten enthalten. Colchicin wirkt als Spindelgift: Es verhindert die Polymerisation von Tubulin und hemmt somit die Spindelbildung während der Zellteilung. Colchicin unterbindet auch weitere tubulinabhängige Prozesse wie die Leukozytenbeweglichkeit oder den Transport von Neurotransmittern. Das Vergiftungsbild ist von einer hämorrhagischen Enteritis mit Kolik und Durchfall geprägt. Ferner treten Schluckbeschwerden und Atemlähmung auf.

Cyanogene Pflanzen Viele Pflanzen enthalten Cyanid in gebundener Form als cyanogene Glykoside, so beispielsweise der Kirschlorbeer (*Prunus laurocerasus*), die Keime anderer Prunusarten (Bittermandeln, Pfirsich, Pflaumen) sowie der Flachs (*Linum usitatissimum*). Die cyanogenen Glykoside werden durch pflanzliche Enzyme – im Pansen der Wiederkäuer auch durch mikrobielle Enzyme – unter Freisetzung von CN– gespalten (**Abb. 22.13**). Symptome und Therapie der Cyanidvergiftung sind in einem der nachfolgenden Kapitel (S. 614) beschrieben.

Furocumarine Psoralen und andere Furocumarine sind fototoxische Stoffe, d. h., sie steigern die Empfindlichkeit der Haut gegen Sonnenlicht. Diese Verbindungen lagern sich zuerst in die DNA-Doppelhelix ein und sind dann fähig, unter Einwirkung von UV-Licht kovalente Basenaddukte und Quervernetzungen zu bilden. Die Schwere der zytotoxischen Reaktion hängt demnach nicht nur von der Konzentration und der Einwirkungszeit der phototoxischen Substanz, sondern auch von der Intensität der Sonnenbestrahlung ab. Furocumarine sind in besonders hoher Konzentration im Riesenbärenkraut (*Heracleum mantegazzianum*) zu finden.

Grayanotoxin Dieses Diterpen ist in den Blättern und Blüten von Gartenzierpflanzen der Gattung Rhododendron enthalten. Es verzögert die Schließung der Na^+-Kanäle, die für die Depolarisation von Neuronen verantwortlich sind. Die Aufnahme von Grayanotoxin führt zu Hypersalivation, Kolik, Krämpfen, gefolgt von Lähmung, Bradykardie, Dyspnoe und Tod durch Atemlähmung, wobei Ziegen besonders empfindlich sind. Die einheimischen Rhododendronarten („Alpenrosen") sind hingegen ungiftig.

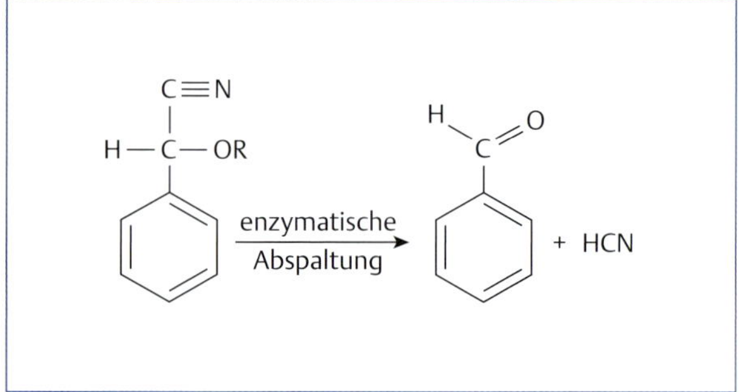

Abb. 22.13 HCN-Freisetzung durch enzymatische Spaltung von cyanogenen Glykosiden.

Tab. 22.13 Beispiele von nitratbildenden Pflanzen.

wissenschaftlicher Pflanzenname	deutscher Name
Avena sativa	Hafer
Beta vulgaris	Zuckerrübe
Brassica napus	Raps
Bryonia alba	weiße Zaunrübe
Cucurbita-Arten	Kürbisse
Daucus carota	Rübe
Helianthus-Arten	Sonnenblumen
Hordeum vulgare	Gerste
Lactuca sativa	Salat
Melilotus officinalis	Steinklee
Raphanus sativus	Rettich
Secale cereale	Roggen
Solanum tuberosum	Kartoffel
Triticum aestivum	Weizen
Zea mays	Mais

Herzwirksame Glykoside Die Herzglykoside der Digitalis- und Strophantusarten werden therapeutisch genutzt. Gleichartig wirkende Glykoside kommen auch in anderen Pflanzen vor. Dazu gehören die Meerzwiebel (S. 599), der Oleander (*Nerium oleander*), das Maiglöckchen (*Convallaria majalis*) oder das Pfaffenhütchen (*Euonymus europaeus*).

Nitrathaltige Pflanzen Es gibt über 100 Pflanzenarten, die Nitrat speichern. Einige Beispiele sind in **Tab. 22.13** aufgelistet.

Die intensive Stickstoffdüngung in der modernen Landwirtschaft führt zu hohen Nitratbelastungen des Bodens, des Grundwassers und der Kulturpflanzen, weshalb es zu Nitratvergiftungen (S. 610) kommen kann.

Oxalsäure Ampferarten, Aronstab-, Gänsefuß- und Sauerkleegewächse stellen wegen ihres Oxalsäuregehalts eine Gefahr für Herbivore dar. Oxalsäure wirkt lokal reizend, und bei massiver Exposition kommt es zu einem systemischen Kalziummangel mit Störungen der Herzfunktion (Bradykardie, Rhythmusstörungen), weil Kalzium in Form von unlöslichen Oxalatkomplexen ausgefällt wird. Durch Verstopfung der Tubuli mit Kalziumoxalatkristallen treten Nierenschäden auf. Bei Kleintieren ist die als Zimmerpflanze beliebte *Dieffenbachia* von Bedeutung. Diese Pflanze enthält scharfe Kalziumoxalatnadeln, die dichtgepackt in sogenannten Schießzellen gespeichert sind. Auf Druck werden die Nadeln herausgeschleudert, dringen in Haut und Schleimhäute ein und schädigen sie mechanisch. Daneben wirken diese Kalziumoxalatkristalle als Injektionsnadeln für gewebsschädigende Enzyme.

Ptaquilosid Farngewächse des Genus *Pteridium* (z. B. Adlerfarn, *P. aquilinum*) enthalten neben der Thiaminase (siehe weiter unten) eine DNA-alkylierende Substanz (Ptaquilosid), die sich mit verschiedenen Krankheitsbildern manifestieren kann. Akute Vergiftungen führen bei Wiederkäuern zu Gastroenteritis und Thrombozytopenie mit Schleimhautblutungen, die von außen als „Blutschwitzen" sichtbar werden. Die chronische Exposition manifestiert sich bei Rindern mit der „enzootischen Hämaturie", die durch Hämorrhagien in die Blase gekennzeichnet ist. Durch einen Synergismus zwischen Ptaquilosid und dem bovinen Papillomavirus entstehen multiple Tumoren in der Blase. Bei laktierenden Tieren stellt die Ausscheidung der genotoxischen Ptaquilosidrückstände in die Milch ein Krebsrisiko für die Verbraucher dar.

Pyrrolizidin-Alkaloide Diese Verbindungen kommen in den in Mitteleuropa heimischen Kreuzkräutern (*Senecio*) und in tropischen Heliotropiumarten vor. Bei der hepatischen Biotransformation entstehen reaktionsfähige Pyrrolderivate, die zu Quervernetzungen in der DNA führen. Die hepatotoxischen Auswirkungen sind kumulativ, auch bei Aufnahme kleiner Mengen der Pyrrolizidine über einen längeren Zeitraum. Weidetiere sind in der Zeit vor der Blüte gefährdet, denn die jungen, besonders giftstoffreichen Blattrosetten werden häufig gefressen, blühende Pflanzen dagegen eher gemieden. Nach wiederholter Aufnahme der Kreuzkräuter auf der Weide sowie in Form von Heu oder Silage treten Milchrückgang, Kolik, Durchfall, Rektumprolaps, Ikterus, Hepatoenzephalopathie und Leberzirrhose auf. Bei der Histopathologie der Leber (auch mittels Biopsie) sind charakteristische Megalozyten sichtbar.

Saponine Dabei handelt es sich um verschiedenartige Verbindungen, deren gemeinsame Eigenschaft darin besteht, dass sie in wässriger Lösung stark schäumen. Infolge ihrer Oberflächenaktivität wirken Saponine membranschädigend: Vergiftungen sind durch Zerstörung der Magen-Darm-Schleimhaut und Hämolyse gekennzeichnet. Saponine kommen in Pflanzen außerordentlich häufig vor, so z. B. in der Rosskastanie (*Aesculus hippocastanus*), im Alpenveilchen (*Cyclamen persicum*), im Efeu (*Hedera helix*) und in verschiedenen Hahnenfußgewächsen.

Solanin Viele Nachtschattengewächse, darunter die Kartoffel (*Solanum tuberosum*), enthalten potenziell giftige Alkaloide. Nur bei wenigen Arten, wie Tomate und Aubergine, werden diese Alkaloide während der Fruchtreifung so weitgehend entgiftet, dass die Früchte schließlich essbar sind. Solanin ist in allen Pflanzenteilen der Kartoffel enthalten, besonders hoch ist die Konzentration jedoch in den Beeren. Gefährlich sind auch die unreifen, grün gewordenen oder auskeimenden Kartoffelknollen, hier speziell die Schale. Wie andere Alkaloide ist Solanin hitzestabil. Es schädigt lokal die Schleimhäute und führt zu Krämpfen und Atemlähmung.

Taxin Für die Toxizität der Eibe (*Taxus baccata*) ist Taxin verantwortlich, das aus einem Alkaloidgemisch besteht. Alle Pflanzenteile, außer dem Fleisch der Beeren, sind toxisch. Zu Vergiftungen kommt es häufig bei Pferden und Wiederkäuern. Die Hauptwirkung geht auf eine Blockierung der Ca^{2+}- und Na^{+}-Kanäle am Herzmuskel zurück. Durch Unterbrechung der Reizbildung und Erregungsleitung führt diese kardiotoxische Komponente zu Bradykardie und Herzstillstand.

Thiaminase Farngewächse (z. B. Adlerfarn, *Pteridium aquilinum*) und Schachtelhalmgewächse (vor allem Vertreter der Gattungen *Equisetum*) enthalten hohe Mengen an Thiaminase. Wegen der Zerstörung von Vitamin B_1 führt die ständige Aufnahme dieser Pflanzen zur „Taumelkrankheit" bei Equiden. Die Symptome bestehen in Appetitverlust und Leistungsminderung. Im fortgeschrittenen Stadium der Vergiftung kommt es zu neurologischen Erscheinungen wie erhöhter Erregbarkeit, Ataxie und Lähmung der Hinterextremitäten. Diese Symptome können durch Verabreichung von Vitamin B_1 behoben werden. Bei Wiederkäuern, die Vitamin B_1 selbst synthetisieren, treten andere Giftstoffe des Adlerfarns in den Vordergrund (Ptaquilosid).

Thujon Dieses ätherische Öl ist in allen Pflanzenteilen von Zypressengewächsen enthalten, in besonders hohen Konzentrationen in *Thuja occidentalis* und *Thuja orientalis*. Es reizt die Schleimhäute und antagonisiert den GABA-Rezeptor im ZNS. Vergiftungen sind demnach durch Gastroenteritis, Erregung und Krämpfe gekennzeichnet.

Toxalbumine Toxische Proteine sind in den Samen der Ricinusstaude (*Ricinus communis*), in den Samen der Paternostererbse (*Abrus precatorius*), aber auch in den Kernen und Schoten der Gartenbohne (*Phaseolus vulgaris*) enthalten. Ricinusöl ist hingegen ungiftig. Ein toxisches Protein ist auch in der falschen Akazie (*Robinia pseudoacacia*) zu finden, wobei die Rinde und Samen besonders hohe Konzentrationen aufweisen. Als Proteine sind diese Giftstoffe hitzelabil, aber resistent gegen Verdauungsenzyme.

Ricin aus Ricinussamen ist eines der potentesten bekannten pflanzlichen Toxine. Bei oraler Aufnahme liegt die LD_{50} für die Maus um 30 mg/kg KG, bei inhalativer Aufnahme ist das Toxin um einen Faktor 1000 potenter. Ricin besteht aus zwei Polypeptidketten, die mit einer Disulfidbindung gekoppelt sind. Die A-Kette bildet die aktive Untereinheit, die für die Hemmung der ribosomalen Proteinsynthese verantwortlich ist. Als Enzym mit Glykosidase-Aktivität führt diese Domäne zur Entfernung einer Adeninbase aus der 28S-RNA. Die B-Kette ist ein Glykoprotein (Lectin), das die Internalisierung des Toxins durch Endozytose vermittelt. Die orale Aufnahme von Ricinusbohnen (Ricingehalt: 1–5 %) oder ungenügend erhitztem Extraktionsschrot ruft eine hämorrhagische Gastroenteritis mit Kreislaufkollaps hervor.

Robin aus der falschen Akazie besitzt agglutinierende Eigenschaften. Durch Bindung an Zuckermoleküle der Zelloberfläche hemmt dieses Lectin den Vorgang der Exozytose, wodurch der Zufluss von frischen Membranbestandteilen unterbunden wird. Dies beeinträchtigt physiologische Regenerationsprozesse der Zelloberfläche, sodass die betroffenen Membranen ihre Funktionsfähigkeit verlieren. Daraus folgen Gewebsnekrosen. Nach Ingestion geringer Giftmengen (70 g Rinde für das Pferd) stehen gastrointestinale Störungen (Kolik, Obstipation) im Vordergrund, größere Giftmengen (100 g Rinde für das Pferd) lösen zusätzlich zentralnervöse Störungen (Somnolenz, Exzitation, Festliegen) aus. Als weitere Komplikation kann es zur Hufrehe kommen.

Das Phasin aus der Gartenbohne und ähnliche Lectine anderer Leguminosen führen zu Schleimhautschäden im Gastrointestinaltrakt. Futtermittel, die ungekochte Bohnen oder Erbsen enthalten, können die resorptiven Funktionen des Darmes beeinträchtigen. Bei Nutztieren sind verminderte Gewichtzunahme, Wachstumshemmung und Abfall der Milchleistung zu verzeichnen. Bei höheren Dosen können Kolik, Durchfall und Dehydrierung auftreten.

Tropan-Alkaloide Tollkirsche (*Atropa belladonna*), Stechapfel (*Datura strammonium*), Engelstrompete (*Datura suaeolens*) oder Krainer Tollkraut (*Scopolia carniolica*) enthalten ein Gemisch aus Atropin, Scopolamin und weiteren Tropan-Alkaloiden. Bei Vergiftungen richtet sich die Symptomatik nach der aufgenommenen Menge. In tiefen Dosierungen überwiegen die parasympatholytischen Anzeichen wie trockene Schleimhäute, Durst, Magen-Darm-Atonie, Tympanie und Tachykardie. Bei höheren Dosen kommt es zu Erregung, Inkoordination, Krämpfen, Paralyse und Tod durch Atemlähmung.

22.12.3 Harnstoff

Allgemeines Harnstoff findet sowohl als Stickstoffquelle bei der Rinderfütterung wie auch als Düngemittel Verwendung.

Ursachen der Vergiftung Rinder vertragen Harnstoff im Futter bis maximal 1 % der Trockenmasse, diese Dosis kann jedoch durch langsame Gewöhnung erhöht werden. Somit ereignen sich Vergiftungen infolge der Harnstoffaufnahme durch nicht angefütterte Rinder oder wegen der Verwendung von harnstoffhaltigem Rinderfutter bei anderen Spezies. Auch führt die unkontrollierte Aufnahme von Harnstoff, z. B. aus offenstehenden Düngersäcken, zu Schadensfällen.

Kinetik und toxische Wirkung Bakterielle Ureasen im Pansen (bei Wiederkäuern) oder im Zäkum (bei den anderen Spezies) wandeln Harnstoff in Ammoniak um (Abb. 22.14). Die neurotoxische Wirkung von Ammoniak entsteht durch eine Umkehr der GABA-Wirkung (Exzitation statt Inhibition).

$$NH_2CONH_2 + H_2O \longrightarrow CO_2 + 2NH_3$$

$$NH_3 + H^+ \longrightarrow NH_4^+$$

Abb. 22.14 Hydrolytische Spaltung von Harnstoff und Protonierung von Ammoniak im sauren Milieu. Bedingung für die Resorption von Ammoniak ist ein hoher pH im Pansen oder Darmlumen, weil Ammoniak nur in der nicht ionisierten Form über die Membranen des Magen-Darm-Traktes aufgenommen werden kann.

Klinische Symptome und Diagnose Bei der Harnstoffvergiftung treten Speicheln, Pansenatonie, Tympanie und Kolik auf. Damit verbunden ist eine erhöhte neuromuskuläre Erregbarkeit, die zu Tremor, Zuckungen, Krämpfen, Tetanie und schließlich Lähmungen führt. Harnstoff kann im Futter oder Mageninhalt nachgewiesen werden.

Therapie Die Behandlung kommt meist zu spät und bleibt oft erfolglos. Ein Therapieversuch kann bei Rindern mit der Verabreichung von Essig (2 l/100 kg p. o.) zusammen mit kaltem Wasser (mindestens 5 l/100 kg p. o.) unternommen werden. Durch Ansäuerung des Panseninhaltes wird der Anteil von protoniertem, d. h. nicht resorbierbarem Ammoniak erhöht (Abb. 22.14).

22.12.4 Ionophore

Allgemeines Diese Polyether-Antibiotika werden gegen Kokzidieninfektionen eingesetzt. Stellvertretend für diese Stoffgruppe ist die orale LD_{50} von Monensin aufgeführt (in mg/kg KG): Hund > 10; Huhn 200; Kaninchen 42; Pferd 1–3; Rind 20–80; Schaf 12.

Ursachen der Vergiftung Während bei Hühnern, Kaninchen und Rindern Vergiftungen nur bei krassen Dosierungsfehlern auftreten, haben sich die Ionophore als sehr toxisch für Pferde erwiesen. Pharmakokinetische Wechselwirkungen mit anderen Wirkstoffen – z. B. wird der Metabolismus der Ionophore durch Tiamulin gehemmt – führen ebenfalls zu Vergiftungen.

Kinetik und toxische Wirkung Die verschiedenen Ionophore werden in einem unterschiedlichen Ausmaß enteral resorbiert. Die orale Bioverfügbarkeit von Monensin beträgt z. B. bei Kälbern 40 %. Ionophore bilden lipidlösliche Komplexe mit Kationen (Na^+, K^+, Ca^{2+}). Eingeschlossen in diesen Komplexen können die Kationen Lipidmembranen durchdringen, womit zelluläre Ionengradienten zusammenbrechen. Die Symptome lassen sich im Prinzip als Folge einer Zersetzung von Muskelgewebe erklären.

Klinische Symptome und Diagnose Die Vergiftungssymptome sind Anorexie, Herzinsuffizienz mit Tachykardie und Dyspnoe, Kolik, Durchfall, Muskelschwäche, Inkoordination und Myoglobinurie. Histopathologisch zeigen sich degenerative Myokard- und Skelettmuskelveränderungen, die von Mitochondrienschwellung und Vakuolisierung des endoplasmatischen Retikulums geprägt sind.

Therapie Entzug des ionophorenhaltigen Futters, symptomatische Behandlung.

22.12.5 Kochsalz (Natriumchlorid)

Ursachen der Vergiftung Eine Kochsalzvergiftung kann nur bei fehlender oder ungenügender Trinkwasserzufuhr auftreten. Am empfindlichsten sind Schweine, die schon nach 0,5 g NaCl/kg KG sterben können. Unkenntnis über den Kochsalzgehalt, Fehldosierungen oder schlechte Vermischung des Futters können zu einem Kochsalzüberangebot führen. Möglich sind auch Hundevergiftungen wegen der Aufnahme von Salzteig (Modelliermasse für Kinder) oder eingetrockneter Bouillon.

Kinetik und toxische Wirkung Kochsalz wird enteral rasch resorbiert und bei genügender Wasserzufuhr wieder renal ausgeschieden. Die Vergiftungssymptome sind auf die osmotische Aktivität des Kochsalzes zurückzuführen. Die erhöhte Natriumkonzentration im Plasma führt zu Dehydratation der Zellen und Wasseransammlung im Extrazellularraum.

Klinische Symptome und Diagnose Die Aufnahme von Salz in erhöhter Konzentration verursacht zuerst Durst, Erbrechen, Durchfall (beim Schwein eher Obstipation) und Kolik. Später bewirkt die Resorption von Salz ein Hirnödem, das mit Ataxie, Blindheit, Tremor, Krämpfen und Depression bis hin zum Koma einhergeht. Beim Schwein ist das histologische Bild einer eosinophilen Meningoenzephalitis für die Kochsalzvergiftung typisch.

Therapie Die Therapie besteht aus vorsichtiger Trinkwasserzufuhr sowie Entzug der versalzenen Futtermittel. Die Ausscheidung kann mit einem Schleifendiuretikum beschleunigt werden.

22.12.6 Kupfer

Allgemeines Kupfer ist ein essenzielles Element. Metallisches Kupfer ist ungiftig, Vergiftungen resultieren jedoch aus der oralen Aufnahme verschiedener Kupfersalze. Im Allgemeinen gelten Schafe als besonders empfindlich, weil deren Kupferbedarf mit einem Angebot von 10 mg/kg (bezogen auf das Trockengewicht) in der Gesamtration abgedeckt ist.

Ursachen der Vergiftung Akute Vergiftungen entstehen durch die Aufnahme kupferhaltiger Fungizide, kupferhaltiger Arzneimittel (z. B. Kupfersulfatlösungen für die Klauenpflege) oder von Mineralsalzkonzentraten. Die Ursachen für chronische Vergiftungen liegen in zu hohen Kupferzusätzen im Futter (> 15–20 mg/kg bezogen auf das Trockengewicht) oder ungleichmäßiger Verteilung des Kupfers in Futtergemischen. Die Toxizität hängt auch vom Kupfer-Molybdän-Verhältnis (Normalwert 4:1 bis 10:1) ab, weil die intestinale Resorption von Kupfer durch Molybdän herabgesetzt wird.

Kinetik und toxische Wirkung Kupfersalze werden nach oraler Aufnahme langsam resorbiert und rufen dabei lokale Verätzungen im Gastrointestinaltrakt hervor. Das resorbierte Kupfer kumuliert in der Leber, wo es in Lysosomen eingelagert wird. Beim Schaf ist die biliäre Ausscheidung von Kupfer im Vergleich zu anderen Spezies beschränkt. Sobald die vorhandenen Speicherkapazitäten überschritten werden, kann es zur schlagartigen Freisetzung des Kupfers aus den Hepatozyten kommen, was eine hämolytische Krise mit Methämoglobinbildung induziert. Diese plötzliche Entspeicherung der Leber wird durch Stressfaktoren wie Transport, Schur, Unruhe oder Hunger ausgelöst. Die Latenzzeit kann mehrere Monate betragen, aber auch eine chronische Kupferbelastung führt nach dieser Latenzzeit zum Ausbruch der akuten Symptomatik. Einen bedeutenden Beitrag zum toxischen Wirkungsmechanismus liefert die durch Kupferionen vermittelte Bildung von gewebsschädigenden Sauerstoffradikalen (S. 614). Eine Sonderform der Kupfervergiftung stellt die in einigen Hunderassen (besonders Bedlington-Terrier) verbreitete, rezessiv vererbte Kupferspeicherkrankheit dar. Dabei kommt es trotz normaler Kupferaufnahme zu einer fortschreitenden Kupferkumulation in der Leber mit anschließender Leberzelldegeneration.

Klinische Symptome und Diagnose Die Symptome einer akuten Kupfervergiftung sind Hypersalivation, Erbrechen, Durchfall und Kolik sowie grünblau verfärbte Fäzes. Später manifestiert sich die Vergiftung mit hämolytischer Anämie. Bei chronischer Exposition kommt es nach langer Latenz zuerst zu Anorexie, Schwäche und Depression. Anschließend zeigen die Tiere Hämolyse, Ikterus, Methämoglobinämie und Hämoglobinurie. Typischerweise verenden Schafe mit einer hämolytischen Krise und Niereninsuffizienz. Die Diagnose wird durch Bestimmung des Kupfergehaltes im Futter, Magen-Darm-Inhalt oder Leber gesichert.

Therapie Bei akuten Kupfervergiftungen steht der sofortige Entzug der Vergiftungsquelle im Vordergrund. Eine Therapie mit D-Penicillamin (S. 591) wird in der Praxis aus Kostengründen kaum durchgeführt. Als Alternative kann bei chronischer Belastung versucht werden, die Kupferspeicherung durch Molybdän- und Sulfatzufütterung zu reduzieren. Dosierung für Schafe: Ammoniummolybdat bis 500 mg pro Tag; Natriumsulfat bis 1 g pro Tag. Ein erhöhter Kupferspiegel lässt sich auf diese Weise in 3–6 Wochen reduzieren.

22.12.7 Quecksilber

Allgemeines In den Meeren wird das Quecksilber durch Mikroorganismen methyliert und in dieser organischen Bindung von Schalen-, Krustentieren und Fischen aufgenommen. Organisches Quecksilber wird entlang der marinen Nahrungskette bioakkumuliert. Bei chronischer Aufnahme über mehrere Monate sinkt die toxische Dosis von Organoquecksilber auf 0,075 mg/kg/Tag.

Ursachen der Vergiftung Metallisches Quecksilber ist bei oraler Aufnahme praktisch ungiftig, weil fast keine Resorption stattfindet. Bei Haustieren werden Vergiftungen durch organische und anorganische Quecksilberverbindungen hervorgerufen, wobei organisches Quecksilber eine deutlich höhere Toxizität aufweist. Eine mögliche Gefährdung geht von quecksilberhaltigen Futtermitteln aus.

Kinetik und toxische Wirkung Infolge ihrer Lipidlöslichkeit zeichnen sich Organoquecksilberverbindungen durch eine gute Resorbierbarkeit aus, einschließlich bei Hautkontakt. Quecksilber wird hauptsächlich in Nieren und Leber gespeichert und nur langsam mit dem Harn ausgeschieden. Die toxische Wirkung beruht auf der Reaktivität gegenüber freien Sulfhydrylgruppen in Proteinen.

Klinische Symptome und Diagnose Vergiftungen durch organisches Quecksilber manifestieren sich mit zentralnervösen Störungen wie Ataxie, Hyperästhesie, Tremor, Krämpfen und Paralysen. Abgesichert wird die Verdachtsdiagnose durch den Quecksilbernachweis im Gewebe.

Therapie Bei Tieren kommen meist nur Dekontamination sowie symptomatische Maßnahmen zur Anwendung. Die renale Quecksilberausscheidung kann durch Komplexierung mit Dithiolverbindungen – z. B. Dimercaptopropansulfonat (DMPS) oder Dimercaptosuccinat (DMSA) – beschleunigt werden. DMPS erweist sich insbesondere bei Organoquecksilbervergiftungen als wirksames Antidot (S. 591).

22.12.8 Schimmelpilztoxine (Mykotoxine)

Allgemeines Feldpilze (*Claviceps, Fusarium*) parasitieren auf Futterpflanzen im Feld, Lagerungspilze (*Aspergillus, Penicillium*) befallen das Futter nach der Ernte. Der Wassergehalt des Futters (mindestens 15 %) und die Luftfeuchtigkeit (mindestens 90 %) gehören zu den wichtigen Voraussetzungen für das Schimmelpilzwachstum. Akute Vergiftungen durch Schimmelpilzmetaboliten sind selten, viel häufiger verursachen Mykotoxine wirtschaftliche Einbußen wegen Fruchtbarkeitsstörungen, verminderter Gewichtszunahme, Leistungsabfall und erhöhter Anfälligkeit für Infektionskrankheiten.

Ursachen der Vergiftung Mykotoxine kommen in Stroh, Heu, Silage oder Kraftfutter vor. Die wichtigsten Mykotoxingruppen und die dazugehörigen Zielspezies sind in **Tab. 22.14** zusammengefasst. Im Allgemeinen reagieren Monogastrier (besonders Schweine) empfindlicher auf Mykotoxine als Wiederkäuer.

Diagnose Bei einem Verdacht auf Schimmelpilzvergiftung muss das Futter abgesetzt und untersucht werden. Da sowohl die Schimmelpilze wie auch die Mykotoxine unregelmäßig verteilt sind, ist es notwendig, mehrere Proben von je 0,5 kg an verschiedenen Orten zu entnehmen, z. B. in der Mitte und in der Peripherie eines Heuballens. Beschaffenheit, Farbe, Geruch und andere Merkmale des Futters sind zu protokollieren. Das Probematerial (am besten im getrockneten Zustand) kann in Papierbeuteln verschickt werden, luftdicht abgeschlossene Plastikbeutel oder Plastikbehälter eignen sich nur, wenn die Proben sofort tiefgekühlt werden. Neben der Analyse des Futters ist die Sektion und histologische Untersuchung eines verendeten oder schwer erkrankten Tieres in Betracht zu ziehen. Insgesamt sind über 350 verschiedene Mykotoxine bekannt, im folgenden Abschnitt sollen veterinärmedizinisch relevante Beispiele vorgestellt werden.

Aflatoxine Die Toxine von *Aspergillus flavus* sind häufig in Erdnüssen, Ackerbohnen, Baumwollsamen, Mais, Reis, Sojabohnen und Weizen zu finden. Aflatoxine kommen auch in der Milch vor, wenn laktierende Tiere befallenes Futter fressen. Die Belastung von Futtermitteln mit Aflatoxinen beschränkt sich in der Regel auf Importware (z. B. Erdnussextraktionsschrot), weil die optimale Temperatur für das Wachstum von *A. flavus* bei 30 °C liegt. Unter der Einwirkung von Cytochrom-P450 in der Leber entstehen aus den Aflatoxinen reaktionsfähige Epoxide, die mit Makromolekülen der Zelle – unter anderem mit der DNA – kovalente Bindungen eingehen. Im Zentrum der Aflatoxinwirkung steht somit die DNA-Schädigung. Vergiftungen sind gekennzeichnet durch Gewichtsverlust, verminderte Lebendmassezunahme, Rückgang der Milchleistung, Aszites, Leberzirrhose, Ikterus und Lebertumore. Aflatoxinrückstände in der Milch erhöhen das Leberkrebsrisiko, weshalb der Verbraucherschutz über die Festlegung von Grenzwerten und Kontrolle der Milch zu gewährleisten ist. Dagegen sind Rückstände in Organen oder Muskelfleisch ungefährlich, weil Aflatoxine im Gewebe kovalent gebunden und daher in unwirksamer Form vorliegen.

Tab. 22.14 Wichtige Mykotoxingruppen.

Mykotoxine	Zielspezies	Hauptwirkung	toxischer Mechanismus
Aflatoxine	alle Spezies	Hepatotoxizität, Karzinogenese, Immunsuppression	Bildung von DNA-Addukten
Ergotalkaloide	alle Spezies	Ischämie, Gangräne, Agalaktie (Pferd, Schwein)	adrenerge und serotonerge Stimulation, Hemmung der Prolaktinsekretion
Fumonisine	Pferd, Schwein	Neurotoxizität (Pferd), Herzinsuffizienz (Schwein)	Hemmung der Sphingolipidsynthese
Lolitreme	Pferd, Wiederkäuer	Neurotoxizität	reduzierte GABA-Synthese
Penitreme	alle Spezies	Neurotoxizität	Glycinantagonist
Ochratoxine	Schwein, Geflügel	Nephrotoxizität	Hemmung der Proteinsynthese
Trichothecene	alle Spezies	Anorexie, Erbrechen, Immunsuppression	Sekretion von Cholecystokinin, Hemmung der Proteinsynthese, Zytokinproduktion
Zearalenon	alle Spezies	Hyperestrogenismus	Aktivierung der Estrogenrezeptoren

Fumonisine Diese Toxine werden von Fusariumarten produziert und fast ausschließlich in Mais oder Maisprodukten nachgewiesen. Fumonisine rufen bei Equiden ein neuronales Syndrom hervor, das unter dem Begriff „equine Leukoenzephalomalazie" umschrieben wird. Klinisch manifestiert sich das Symptom mit Ataxie, Kreisbewegungen, Pharynxlähmung und Blindheit. Das histologische Bild ist geprägt von einer Kolliquationsnekrose der weißen Substanz im Großhirn. Als Ursache für die Entstehung dieser Krankheit wird eine Störung der Biosynthese von Sphingolipiden angesehen. Bei Schweinen führen Fumonisine zu Herzinsuffizienz, Lungenödem und Hydrothorax.

Mutterkornalkaloide Verursacht wird die Mutterkornvergiftung – auch Ergotismus genannt – durch den Pilz *Claviceps purpurea*, der parasitisch auf Roggen, Gerste, Weizen sowie auf verschiedenen Gräsern wächst. Dabei wird das Getreidekorn im Laufe von einigen Wochen zum harten, schwarzvioletten, bananenförmigen Mutterkorn umgebildet, das eine Länge von 15–35 mm erreicht. Für die Symptome der Mutterkornvergiftung sind toxische Lysergsäurederivate verantwortlich, die über α-Adrenozeptoren und Serotonin-Rezeptoren die glatte Muskulatur der Blutgefäße und der Uteruswand zur Kontraktion anregen. Durch Vasokonstriktion führen die Ergotalkaloide zu ischämischen Zuständen in der Peripherie, womit Gangräne an Ohren, Schnauze, Schwanz und Gliedmaßen entstehen. Tragende Tiere erleiden Frühgeburten. Beim Geflügel gangränisieren zuerst die Kamm- und Kehllappen. Neben dieser chronischen kann auch eine akute Form der Vergiftung in Erscheinung treten (Symptome beim Rind: Hyperthermie, Tachypnoe, Dyspnoe, vermehrtes Nasensekret, Hypersalivation). Beim Schwein und bei der Stute kommt es zur Hemmung der Prolaktinsekretion und Agalaktie.

Ochratoxine Diese Toxine sind Metaboliten von Aspergillus- und Penicilliumarten, die häufig in Gerste, Roggen und Hafer gefunden werden und auch in kälteren Regionen vorkommen. Am bekanntesten ist Ochratoxin A, das die Proteinbiosynthese blockiert. Der Phenylalanylteil von Ochratoxin A bindet dabei an die Phenylalanyl-t-RNA-Synthetase. Ein typisches Krankheitsbild ist die porcine Nephropathie. Es kommt zu Tubulusnekrosen, die zu schweren Beeinträchtigungen der Nierenfunktion – gekennzeichnet von Polydipsie und Polyurie – bis zum Nierenversagen führen.

Trichothecene Wichtigster Vertreter dieser Fusarientoxine ist Deoxynivalenol (DON, auch Vomitoxin genannt). Hohe Konzentrationen von Trichothecenen werden in gemäßigten Zonen vor allem in Weizen, Gerste, Hafer und Roggen ermittelt. DON regt die Sekretion von Cholecystokinin an, was zu Anorexie, Erbrechen (beim Schwein) und verminderter Gewichtszunahme bzw. Leistungsabfall führt. Daneben hemmen Trichothecene die Proteinbiosynthese durch Bindung an die ribosomale 60-S-Untereinheit. Dies löst die Ausschüttung von Zytokinen aus, die sich u. a. immunsuppressiv auswirken.

Zearalenon Dieses Fusarientoxin stimuliert Estrogen-Rezeptoren. Zearalenon kommt vor allem in Mais und anderen Getreidearten vor. Fressen Haustiere kontaminiertes Futter, folgen Zyklusanomalien, Pseudobrunst, Uterushypertrophie, Vulvaschwellung und Mumifizierung der Feten. Bei männlichen Tieren kommt es zu Feminisierungserscheinungen. Über Ausscheidung mit der Muttermilch können estrogene Wirkungen (z. B. Vulvaschwellung) bereits bei präpubertären Ferkeln hervorgerufen werden.

22.12.9 Schokolade (Theobromin)

Ursachen der Vergiftung Theobromin ist in Kakaopulver (bis 20 mg/g), Milchschokolade (bis 2 mg/g), dunkler Schokolade (bis 5 mg/g) und in Kochschokolade (bis 15 mg/g) zu finden. Weiße Schokolade enthält praktisch kein Theobromin. Missbräuchlich werden Theobromin und andere Methylxanthine zu Dopingzwecken verwendet. Die minimale letale Dosis (p. o.) beträgt für den Hund 100 mg Theobromin/kg KG.

Kinetik und toxische Wirkung Theobromin wird im Magen-Darm-Trakt resorbiert (orale Bioverfügbarkeit beim Hund 73 %). Der metabolische Abbau beginnt mit einer Demethylierung und anschließenden Konjugationsreaktionen. Die Theobrominausscheidung ist beim Hund im Vergleich zu anderen Spezies verlangsamt (Plasmahalbwertszeit bis 17,5 h). Die zentrale analeptische Wirkung beruht auf einem kompetitiven Adenosinantagonismus. Periphere Wirkungen (z. B. Tachykardie) entstehen durch Hemmung der Phosphodiesterase, die für den Abbau von zyklischem AMP (cAMP) verantwortlich ist.

Klinische Symptome und Diagnose Schon innerhalb von 2–4 h nach Aufnahme kommt es zu Erregung, Erbrechen, Ataxie, Tremor, Hyperästhesie, Krämpfen, Tachypnoe, Tachyarrhythmie und Polyurie.

Therapie Dekontamination und symptomatische Notfallmaßnahmen.

22.12.10 Vitamin D

Ursachen der Vergiftung Mehrere Quellen führen zu einem Überangebot an Vitamin D. Neben Dosierungs- oder Mischfehlern bei der Futterzubereitung ereignen sich Vergiftungen wegen der Aufnahme von Rattenködern, die mit Cholecalciferol (Vitamin D_3) versetzt sind. Ferner kommt es bei Hunden zu Vergiftungen durch die Ingestion von Humanarzneimitteln, die synthetische Derivate von Vitamin D (z. B. Calcipotriol, Tacalcitol) enthalten. Bei Herbivoren führen schließlich hohe Mengen an Cholecalciferol in gewissen Pflanzen – z. B. im Golfhafer (*Trisetum flavescens*) – zu Hypervitaminosen. Als Reinsubstanz verabreicht, liegt die orale toxische Dosis von Vitamin D_3 für den Hund bei 10 mg/kg KG, die LD_{50} beträgt 88 mg/kg. Wenn Hunde jedoch ein entsprechendes Rodentizidpräparat aufnehmen, sinkt die orale LD_{50} des darin enthaltenen Vitamin D_3 auf unter 10 mg/kg. Die letale Dosis von Calcipotriol liegt für den Hund bei 0,065 mg/kg.

Toxische Wirkung Eine einzelne toxische Dosis kann den Kalziumstoffwechsel so fehlleiten, dass multiple Mineralisationsherde (Kalziumphosphatablagerungen) im Weichteilgewebe entstehen. Es folgen schwerwiegende Organstörungen.

Klinische Symptome und Diagnose Nach einer Latenz von 1–2 Tagen zeigen die Tiere Lethargie, Anorexie, Erbrechen, Polyurie (wegen Blockierung der ADH-Wirkung), Durst, Paresen und Depression. Labordiagnostisch lässt sich die Hyperkalzämie und Hyperphosphatämie nachweisen. Histopathologisch ist die Gewebemineralisation gut sichtbar. Differenzialdiagnostisch müssen Hyperkalzämien, verursacht durch Tumoren, Hyperparathyreoidismus oder Niereninsuffizienz, ausgeschlossen werden.

Therapie Unter ständiger Überwachung der Kalziumkonzentration im Serum wird symptomatisch mit Antiemetika, Infusionen und Diuretika behandelt. Glucocorticoide vermindern die enterale Resorption von Kalzium, Aluminiumhydroxid vermindert die Resorption der Phosphate. Eine weitere Maßnahme ist Diätfutter mit niedrigem Kalziumgehalt. Bei Hunden kann als Antidot Pamidronsäure (S. 591) eingesetzt werden.

22.12.11 Xylitol

Ursachen der Vergiftung Die Verwendung dieses Zuckeralkohols als Süßstoff führt zu hypoglykämischen Krisen beim Hund. Xylitol ist in Kaugummi, Bonbons, Backwaren, Zahnpaste und generell in Lebensmitteln für Diabetiker enthalten. Die minimale toxische Dosis (p. o.) beträgt für den Hund 50 mg Xylitol/kg KG.

Kinetik und toxische Wirkung Nach rascher Resorption aus dem Gastrointestinaltrakt löst Xylitol beim Hund einen starken Insulinanstieg mit anschließender Hypoglykämie aus. Zusätzlich bewirkt Xylitol eine Degeneration der Leberzellen. Xylitol induziert auch bei Frettchen, Kaninchen, Rindern, Ziegen und Pavianen einen Insulinanstieg, nicht aber bei Pferden, Ratten, Rhesusaffen und Menschen.

Klinische Symptome und Diagnose Schon innerhalb von 30–60 min nach Aufnahme kommt es zu Erbrechen, Lethargie, Ataxie, Krämpfen, Ikterus, Koagulopathie und Koma. Differenzialdiagnosen: Insulinbehandlung, Insulinom, Insuffizienz der Nebennierenrinde.

Therapie Dekontamination, symptomatische Notfallmaßnahmen und Infusion von Glukose bei laufender Überprüfung der Glukosewerte im Blut. Daneben kann N-Acetylcystein als Leberschutz zum Einsatz kommen, bei Koagulopathie muss mit frischem oder gefrorenem Plasma behandelt werden.

22.13 Vergiftungen mit Düngemitteln

22.13.1 Nitrat/Nitrit

Allgemeines Vergiftungen durch Nitrat oder Nitrit kommen besonders bei landwirtschaftlichen Nutztieren vor. Für Wiederkäuer beträgt die minimale letale Dosis (p. o.) von Nitrat 400–750 mg/kg KG, Nitrit ist etwa 10-mal toxischer. Um allfällige Folgen einer chronischen Toxizität – wie z. B. Fertilitätsstörungen – zu verhindern, sollte das Futter für Rinder nicht mehr als 1 % Nitrat enthalten (bezogen auf das Trockengewicht).

Nitritbildung aus Nitrat:

$$NO_3^- + 2e^- + 2H^+ \longrightarrow NO_2^- + H_2O$$

Stickoxidbildung aus Nitrit:

$$NO_2^- + e^- + 2H^+ \longrightarrow NO + H_2O$$

Abb. 22.15 Umwandlung von Nitrat zu Nitrit und Stickoxid. Durch Bakterien wird Nitrat bereits im Speichel – bei Wiederkäuern vor allem in den Vormägen – zu Nitrit reduziert, womit sich die Toxizität um etwa einen Faktor 10 erhöht. Wegen der raschen Umwandlung von Nitrat zu Nitrit im reduzierenden Milieu des Pansens reagieren Wiederkäuer besonders empfindlich auf eine erhöhte Nitratexposition.

Ursachen der Vergiftung Eine wesentliche Vergiftungsquelle ist die Speicherung von Nitrat in den Futterpflanzen (S. 604). Ferner bildet die Kontamination des Futters mit nitrithaltigen Silierhilfsmitteln eine Gefahrenquelle. Auch der sorglose Umgang mit Nitratdüngern kann zu Vergiftungen führen.

Kinetik und toxische Wirkung Wie in **Abb. 22.15** dargestellt, wird Nitrat stufenweise in Nitrit und Stickoxid umgesetzt.

Bei akuten Vergiftungen sind die Schwerpunkte des Angriffs von Nitrat/Nitrit wie folgt:

- Reizung der Schleimhäute im Magen-Darm-Trakt
- Wie Chlorat (S. 601) bewirkt auch Nitrit eine Oxidation von Hämoglobin (Fe^{2+}) zu Methämoglobin (Fe^{3+}). Als Folge einer Verschiebung der Sauerstoff-Sättigungskurve kommt es zu ungenügender Sauerstoffabgabe in der Peripherie: Die Methämoglobinbildung führt deshalb zu Gewebeshypoxie.
- Dilatation der Blutkapillaren durch Stickoxid, das aus Nitrit gebildet wird; Stickoxid ist ein Botenstoff, der bei vielen Signalprozessen beteiligt ist und beispielsweise von Endothelzellen freigesetzt wird. Bei Nitrat/Nitrit-Vergiftungen entsteht ein Überschuss dieses Botenstoffes, der durch Erweiterung der Blutkapillaren den Blutdruck absinken lässt. Die Gewebehypoxie wird wegen der resultierenden Kreislaufinsuffizienz bei gleichzeitiger Methämoglobinbildung noch verstärkt.

Klinische Symptome und Diagnose Der Verlauf der Nitrat/Nitrit-Vergiftung ist beim Tier meistens akut. Das Krankheitsbild umfasst gastrointestinale Reizerscheinungen wie Salivation, Erbrechen, Durchfall oder Kolik. Wegen der Bildung von Methämoglobin und der Blutgefäßdilatation entsteht ein Sauerstoffmangelsyndrom. Darauf reagieren die Tiere mit Tachypnoe, Tachykardie und Hypothermie. Die Schleimhäute und das Blut werden durch Methämoglobin schokoladebraun gefärbt. Ferner kommt es zu unkoordinierten Bewegungen, Tremor und Krämpfen. Nach fortschreitender Zyanose verenden die Tiere im Koma. Bei chronischer Nitratexposition können Leistungsminderungen, Fruchtbarkeitsstörungen und Aborte auftreten. Nitrat und Nitrit können im Futter, Mageninhalt oder in Körperflüssigkeiten nachgewiesen werden.

Therapie Nach Entzug des nitrathaltigen Futters steht die Unterstützung des Kreislaufs mittels Infusionen oder Bluttransfusion im Vordergrund. Als Antidottherapie (S. 591) ist die i.v. Verabreichung von Methylenblau und Vitamin C möglich.

Umwelttoxikologie Die heutige Landwirtschaft nimmt eine Schlüsselstellung für die erhöhte Stickstoffbelastung der Umwelt ein. Stickstoffdünger erlauben zwar eine massiv gesteigerte landwirtschaftliche Produktivität, führen jedoch zu erhöhter Nitratexposition über das Trinkwasser.

22.13.2 Phosphate

Phosphatdünger sind für Säugetiere gering toxisch: Die orale LD_{50} von Natriumhydrogenphosphat für die Ratte beträgt z. B. 17 g/kg KG. Zwischenfälle sind daher nur durch Verunreinigungen, z. B. wegen Kontamination mit Fluorid oder Metallen wie Arsen (S. 611), Cadmium (S. 612), Chrom (S. 613) oder Quecksilber (S. 607), sowie nach Ingestion großer Phosphatmengen zu befürchten. Phosphatvergiftungen haben hauptsächlich gastrointestinale Irritationen zur Folge. Diese bewirken Salivation, Kolik und Durchfall. Die Behandlung besteht aus Dekontamination und symptomatischen Maßnahmen.

22.14 Vergiftungen mit Übergangs- und Schwermetallen

Darunter fallen essenzielle Elemente wie Eisen, Kupfer und Zink, aber auch Elemente wie Arsen, Blei, Cadmium, Quecksilber oder Thallium, die von Lebewesen nicht benötigt werden.

22.14.1 Arsen

Allgemeines Arsen ist ubiquitär verbreitet, und kleine Konzentrationen dieses Elements sind sowohl in Nahrungs- wie Futtermitteln oder im Trinkwasser zu finden. Metallisches Arsen ist ungiftig, geht aber leicht in Arsenik (As_2O_3) über. Die orale LD_{50} von Arsenik liegt für Säugetiere um 20 mg/kg KG.

Ursachen der Vergiftung Am gefährlichsten sind anorganische Arsenverbindungen.

Kinetik und toxische Wirkung Arsenverbindungen werden nach oraler Zufuhr weitgehend resorbiert, die Ausscheidung erfolgt vorrangig über die Nieren. Die Pathophysiologie des anorganischen Arsens ist von seiner hohen Reaktivität mit den Sulfhydrylgruppen der Proteine bestimmt.

Klinische Symptome und Diagnose Der akute Verlauf ist durch heftige Koliken mit Salivation, vermehrtem Durst, Niereninsuffizienz, Erbrechen, Durchfall, Krämpfen gefolgt von Erschöpfung und Koma gekennzeichnet. Bei chronischem Verlauf ist die Vergiftung in stärkerem Maße von unspezifischen Symptomen wie Anorexie und schlechtem Allgemeinbefinden begleitet. Daneben treten Alopezie und Hyperkeratosen auf. Arsen wird in Haaren, Horn und Knochen gespeichert, sodass Arsenbestimmungen in diesen Geweben auch lange Zeit nach der Exposition zum Nachweis einer erhöhten Aufnahme geeignet sind.

Therapie Die sofortige Giftentfernung steht an erster Stelle. Neben der Dekontamination sind symptomatische Maßnahmen zum Schutz der Magen-Darm-Schleimhaut und zur Kompensation von Wasser- und Elektrolytverlusten einzuleiten. Ferner kann ein Therapieversuch mit dem Komplexbildner Dimercaptopropansulfonat (S. 591) durchgeführt werden.

22.14.2 Blei

Allgemeines Die früher problematischen Emissionen durch bleihaltige Treibstoffe und Farben haben dank des Ersatzes durch bleifreie Produkte an Bedeutung verloren. Trotzdem stellt Blei noch eine wichtige Ursache für Vergiftungen dar. Die letale Dosis für Haustiere (p. o., bezogen auf Bleiacetat) liegt um 200–600 mg/kg KG. Bei repetitiver Aufnahme sinkt die letale Dosis auf 2–10 mg/kg/Tag.

Ursachen der Vergiftung Bleisalze besitzen einen süßen Geschmack und werden deshalb gerne aufgenommen. Projektile, Batterien sowie gebrauchte Motorenöle mit hohen Bleirückständen sind weitere Vergiftungsursachen. Auch bleiverseuchte Weiden im Zielbereich von Schießanlagen führen zu Vergiftungen. Bleihaltige Fischerutensilien gefährden die Wasservögel. Die Verwendung bleihaltiger Gewichte an Vorhängen oder Tischtüchern ist eine Vergiftungsquelle für Hunde, die solche Gegenstände verschlucken. Papageienarten in Gefangenschaft nehmen weiche bleihaltige Käfigbestandteile auf.

Kinetik und toxische Wirkung Nach oraler Aufnahme werden metallisches Blei bzw. Bleisalze nur langsam und in geringem Maße resorbiert. In der Regel kann man von einer Verfügbarkeit von 10 % ausgehen, wobei Milch die Resorption steigert und diese daher bei Jungtieren erhöht ist. Das metallische Blei in Schrotkugeln oder anderen Geschossen wird im Gewebe langsam gelöst und systemisch verteilt. Organische Bleiverbindungen werden, bedingt durch ihre Lipidlöslichkeit, fast vollständig enteral aufgenommen. Nach der Resorption liegen etwa 90 % des Bleis an Erythrozyten gebunden vor. Danach erfolgt eine Umverteilung zuerst in die Organe und schließlich ins Knochengewebe. Die Ausscheidung erfolgt äußerst langsam – während Monaten – über Harn, Kot und Milch. Im Mittelpunkt der toxischen Wirkung steht die Denaturierung von Enzymen durch Blockade der Sulfhydrylgruppen.

Klinische Symptome und Diagnose Blei hat drei Angriffsorte: den Magen-Darm-Trakt (Bleikolik), das Nervensystem (Bleikrämpfe, Bleilähmungen) und die Erythropoese (Bleianämie). Die lokale Wirkung von Blei ist ätzend. Bei der akuten Vergiftung ist deshalb vorwiegend das Bild lokaler Schädigungen und ihrer Folgeerscheinungen zu erwarten: Speicheln, Stomatitis, Erbrechen, Pansenatonie, Kolik, Durchfall, seltener Obstipation. Daneben finden sich zentralnervöse Symptome wie Ataxie, Hyperästhesie, Zittern, an der Kiefermuskulatur ansetzende Krämpfe, Opisthotonus, Tobsucht, Anlaufen gegen Hindernisse, Kreisbewegungen und Sehstörungen bis Blindheit. Die Erregung wird von einem Lähmungsstadium abgelöst, und die akute Vergiftung endet mit Sistierung der Atmung oder des Kreislaufes. Die chronische Form der Bleivergiftung ist von einer zunehmenden Verschlechterung des Allgemeinzustandes gekennzeichnet, die in Gewichtsabnahme und Leistungsabfall (Milchrückgang, Fruchtbarkeitsstörungen) ihren Ausdruck findet. Es können akute Schübe mit Kolik, Erregung und Blindheit auftreten. Daneben führen multiple Wirkungen auf die Erythropoese zu einer hypochromen, normozytären Anämie (**Abb. 22.16**). Im Harn lässt sich die Ausscheidung von δ-Aminolävulinsäure (δ-ALA) und Koproporphyrin III nachweisen. Oft zeigen die Erythrozyten eine basophile Tüpfelung, was jedoch nicht als sicheres Zeichen einer Bleivergiftung interpretiert werden darf.

Zur Sicherung der Diagnose dient der Nachweis von Blei im Futter, in verschiedenen Körperflüssigkeiten (Vollblut, Harn) oder Geweben (Leber, Niere, Knochen). Bei der histologischen Untersuchung können in den Tubulusepithelien der Nieren säurefeste Kerneinschlüsse erscheinen. Die Differenzialdiagnose ist sehr variantenreich: z. B. beim Rind Thiaminmangel, Hirnabszess, Hypomagnesämie, Ketose, Tollwut, Tetanus, Listeriose oder BSE.

Therapie Nach Beseitigung der Giftquelle erfolgt die kausale Therapie mittels Bindung und Ausscheidung des Bleis. Glaubersalz beschleunigt die Darmpassage und führt zur Ausfällung des p. o. aufgenommenen Bleis als Sulfatsalz, das schlecht resorbiert und deshalb mit dem Kot wieder hinausbefördert wird. Zur Ausscheidung des bereits resorbierten Bleis wird der Chelatbildner $CaNa_2EDTA$ (S. 591) parenteral angewendet. Daneben sind alle notwendigen symptomatischen Maßnahmen durchzuführen. Bei Kolikzuständen ist die Verabreichung eines Spasmolytikums angezeigt.

22.14.3 Cadmium

Allgemeines Die Einsatzgebiete für Cadmium haben sich drastisch reduziert. Trotzdem verbleiben Emissionen aus Industrie und Müllverbrennungsanlagen. Auch Klärschlamm enthält erhebliche Mengen an Cadmium, ebenso Phosphatdünger und fossile Brennstoffe. Diese Einträge gehen mit einer bedeutenden Speicherung in den oberen Bodenschichten einher, wobei Cadmium in einem größeren Ausmaß als andere Schwermetalle durch Pflanzen aufgenommen wird.

Ursachen der Vergiftung Mögliche Quellen für Cadmiumvergiftungen bei Tieren sind kontaminierte Futtermittel oder Phosphatdünger.

Kinetik und toxische Wirkung Cadmium wird nach oraler Aufnahme nur langsam und in begrenztem Umfang resorbiert. Zur stärksten Anreicherung von Cadmium kommt es in den Tubuluszellen der Nieren. Dort beträgt die Halbwertszeit von Cadmium beim Menschen bis zu 35 Jahre. Trotz einer Vielzahl von Studien konnte der toxische Wirkungsmechanismus von Cadmium noch nicht geklärt werden.

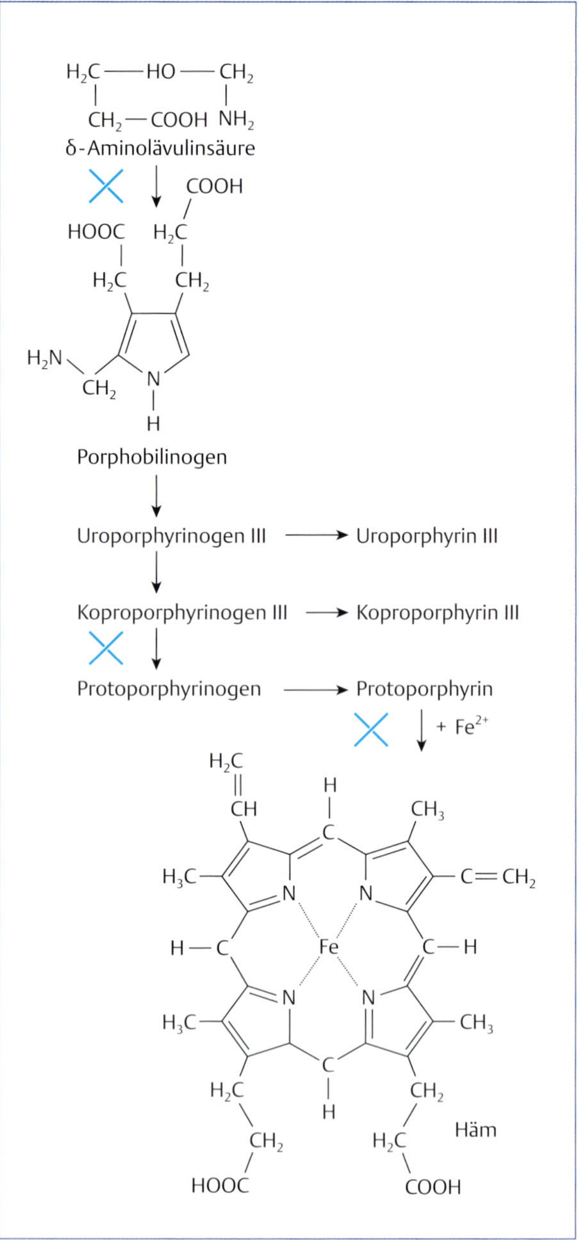

Abb. 22.16 Angriffspunkte von Blei in der Erythropoese. Wegen der Anreicherung von Blei in den Erythrozyten wird die Hämsynthese gleich an 3 verschiedenen Stellen gestört. Erstens hemmt Blei das Enzym δ-Aminolävulinsäuredehydratase, das die Vorstufe δ-Aminolävulinsäure (δ-ALA) zu Porphobilinogen kondensiert. Zweitens hemmt Blei auch die Decarboxylase, die Koproporphyrinogen III in Protoporphyrinogen umwandelt. Dadurch entsteht vermehrt dessen Dehydrierungsprodukt Koproporphyrin III, ein brauner Farbstoff. Drittens wird der Einbau von Fe^{2+} in den Protoporphyrinring gehemmt.

Klinische Symptome Akute Vergiftungen sind durch Emesis und Durchfälle gekennzeichnet. Über chronische Cadmiumvergiftungen bei Tieren liegen keine eindeutigen Aussagen vor, zu erwarten wären Nierenschäden, Wachstumsverminderung, Störungen der Skelettmineralisation und Beeinträchtigung der Fruchtbarkeit.

Therapie Die Entfernung der Giftquelle wird seitens des Autors als einzige mögliche Maßnahme angesehen. Insbesondere fehlen hinreichende klinische Erfahrungen, um den Nutzen einer Therapie mit Komplexbildnern zu belegen.

22.14.4 Chrom

Allgemeines Chrom kommt ubiquitär vor und wird als biologisch essenziell eingestuft.

Ursachen der Vergiftung Chrom und seine Verbindungen werden vielfältig genutzt, z. B. als Korrosionsschutz oder als Beiz-, Gerb- und Holzschutzmittel. Tiervergiftungen sind wegen kontaminierten Futters oder Wassers denkbar. Es gibt drei- und sechswertige Chromionen, am gefährlichsten sind die sechswertigen Chromsalze: Diese können bei oraler Aufnahme schon ab 10 mg/kg KG letale Folgen haben.

Kinetik und toxische Wirkung Chromionen werden in unterschiedlichem Umfang über die Haut, den Magen-Darm-Trakt und die Lungen resorbiert. Eine Speicherung im Gewebe findet nicht statt, sodass Leber und Niere nur vorübergehend nach Exposition erhöhte Chromwerte aufweisen. Die Ausscheidung erfolgt hauptsächlich über die Nieren. Die sechswertigen Chromsalze sind potente Oxidationsmittel, die auf alle Gewebe stark ätzend wirken.

Klinische Symptome und Diagnose Es entstehen entzündliche Veränderungen, Nekrosen und Perforationen am Eintrittsorgan (z. B. Haut, Mund, Nasen-Rachen-Raum oder Bronchien). Die Tiere reagieren mit Erbrechen, Durchfall und Kolik. Dann treten Hämolyse sowie Kapillarschädigungen mit Hämorrhagien und Ödemen auf, andere Organe wie Nieren, Lunge und ZNS sind ebenfalls betroffen.

Therapie Chelatbildner sind bei Chromvergiftungen wirkungslos, die Therapie wird symptomatisch durchgeführt.

22.14.5 Eisen

Ursachen der Vergiftung In der Praxis treten beim Tier eher Eisenmangelerkrankungen auf, Vergiftungen erfolgen fast ausschließlich durch Fehlapplikation oder Fehldosierung eisenhaltiger Arzneimittel. Chronische Vergiftungen infolge eines Eisenüberangebots im Futter sind unwahrscheinlich, da bei bedarfsüberschreitender Dosierung die Resorption aus dem Verdauungskanal reguliert wird. Die orale LD_{50} von Eisen(II)sulfat beträgt für Säugetiere 300–600 mg/kg KG.

Kinetik und toxische Wirkung Eisenverbindungen liegen in zwei- (Fe^{2+}) oder dreiwertiger (Fe^{3+}) Form vor. Fe^{2+} ist im Dünndarm wesentlich löslicher als Fe^{3+} und wird dementsprechend besser resorbiert. Im Blut ist Eisen jedoch in der dreiwertigen Form an das Transferrin gebunden. Aufgrund der toxischen Wirkung des freien Eisens werden zur Behandlung von Mangelkrankheiten dreiwertige Verbindungen meistens als Komplex, z. B. mit Dextran, verwendet. Diese Komplexe dürfen nicht i. v. injiziert werden.

$$Fe^{2+} + H_2O_2 \longrightarrow Fe^{3+} + {}^{\cdot}OH + OH^- \quad (1)$$

$$Fe^{3+} + {}^{\cdot}O_2^- \longrightarrow Fe^{2+} + O_2 \quad (2)$$

$$H_2O_2 + {}^{\cdot}O_2^- \longrightarrow {}^{\cdot}OH + OH^- + O_2 \quad (3)$$

Abb. 22.17 Radikalübergangsreaktionen. (**1**) Fenton-Reaktion: Bildung des Hydroxylradikals in der Gegenwart von Wasserstoffperoxid. (**2**) Reduktion des oxidierten Eisens (Fe^{3+}) durch Superoxidradikale und Rückführung zu Fe^{2+}. (**3**) Summenreaktion von (1) und (2), auch Haber-Weiss-Reaktion genannt. Diese Übergänge werden ebenfalls durch Cu^+/Cu^{2+} katalysiert.

Ähnlich den Vergiftungen mit Paraquat (S. 602) spielt beim Mechanismus der Zellschädigung durch Eisenionen die Radikalbildung eine bedeutende Rolle. Insbesondere sind Übergangsmetallionen wie Fe^{2+}/Fe^{3+} oder Cu^+/Cu^{2+} in der Lage, Sauerstoffspezies mit geringer Toxizität (H_2O_2 oder $\bullet O_2^-$) in das reaktivere Hydroxylradikal ($\bullet OH$) umzuwandeln (**Abb. 22.17**). Als zytotoxisches Oxidationsmittel setzt das Hydroxylradikal die Lipidperoxidation in Gang, die sich wie eine Kettenreaktion über Zellmembranen ausbreitet.

Klinische Symptome und Diagnose Die akute Vergiftung durch orale Aufnahme konzentrierter Eisenpräparate verläuft in Form von schweren Schleimhautreizungen, die sich mit Erbrechen, Kolik und Durchfällen äußern. Die lokale Ätzwirkung kann zur Perforation der Magen-Darm-Wand führen. In einer zweiten Phase kommt es zu Kapillarschädigungen mit Diapedesisblutungen und Ödemen. Schließlich treten Schock, Zyanose und Koma ein. Nach i.v. Verabreichung von Eisenpräparaten treten anaphylaktoide Reaktionen auf, die regelmäßig Todesfälle hervorrufen.

Therapie Als Antidot bietet sich der Chelatbildner Deferoxamin (S. 591) an.

22.14.6 Kupfer

Ursachen, Wirkung, klinische Symptome und Therapie bei Vergiftungen mit Kupfer (S. 607) wurden bereits an anderer Stelle besprochen.

22.14.7 Quecksilber

Ursachen, Wirkung, klinische Symptome und Therapie bei Vergiftungen mit Quecksilber (S. 607) wurden bereits an anderer Stelle besprochen.

22.14.8 Thallium

Ursachen, Wirkung, klinische Symptome und Therapie bei Vergiftungen mit Thallium (S. 600) wurden bereits an anderer Stelle besprochen.

22.14.9 Zink

Allgemeines Zink ist ein essenzielles Element und Bestandteil zahlreicher Enzyme. Die Toxizität von Zink ist relativ gering.

Ursachen der Vergiftung Hunde können Gegenstände aus Messing oder anderen Zinklegierungen verschlucken. Dazu zählen Münzen, Schrauben, Muttern oder Knöpfe. Eine weitere Vergiftungsquelle ist durch die umfangreiche Verwendung von Zinksalzen als Salben- und Pudergrundlage gegeben.

Kinetik und toxische Wirkung Zinksalze werden oral langsam und nur unvollständig resorbiert. Am Aufnahmeort zeigen sich ätzende Wirkungen auf die Schleimhäute. Beim Hund induziert Zink – ähnlich wie Kupfer (S. 607) – eine hämolytische Anämie. Beim Pferd stehen Störungen des Knochenwachstums im Vordergrund, weil Zink die intestinale Resorption von Kalzium und Kupfer hemmt.

Klinische Symptome und Diagnose Nach oraler Aufnahme von Zink treten Anorexie, Erbrechen, Durchfall, Kolik sowie Ulzera und Blutungen im Magen-Darm-Kanal auf. Die hämolytische Anämie wird begleitet durch Ikterus, Hämoglobinurie und Nierenversagen. Beim Pferd äußern sich Zinkvergiftungen hauptsächlich durch Osteochondrose, Hyperostosen und Lahmheit. Zur Diagnosesicherung dient die Zinkbestimmung im Serum. Allfällige Fremdkörper sind beim Kleintier mittels Röntgenuntersuchung zu identifizieren. Nach endoskopischer oder chirurgischer Entfernung können diese auf ihren Zinkanteil analysiert werden.

Therapie Neben der Fremdkörperentfernung besteht die Möglichkeit, die Zinkausscheidung mit $CaNa_2EDTA$ (S. 591) zu beschleunigen. Die symptomatische Therapie umfasst Bluttransfusionen, Flüssigkeitsversorgung sowie Maßnahmen zur Stabilisierung der Nierenfunktion.

22.15 Vergiftungen mit technisch-industriellen Stoffen

22.15.1 Cyanverbindungen

Allgemeines Als Cyanverbindungen werden Stoffe mit der funktionellen Gruppe –C≡N bezeichnet. Dazu gehören Blausäure (HCN) und deren Salze, die Cyanide. Als minimale letale Dosis (p. o.) der Blausäure und Cyanide wird für alle Säugetiere ein Bereich von 1–10 mg/kg KG angegeben. Die Toxizität der weiteren Derivate, wie z. B. der cyanogenen Glykoside, korreliert mit der Fähigkeit, Blausäure freizusetzen.

Ursachen der Vergiftung Eine potenzielle Gefahr geht von der umfangreichen industriellen Abgabe von Cyaniden als regelwidrige Abwasserkontamination aus. Die vorherrschende Ursache von Blausäurevergiftungen bei Tieren stellt jedoch die Aufnahme verschiedener Pflanzenarten (S. 604) dar, die Cyanverbindungen in Form blausäureabspaltender Glykoside (cyanogene Glykoside) speichern.

Kinetik und toxische Wirkung Da Blausäure sehr schnell durch biologische Membranen diffundiert, treten Vergiftungssymptome bereits nach wenigen Sekunden auf. Bei Ingestion anorganischer Salze können sich die ersten Symptome innerhalb von Minuten einstellen. Nur bei der Cyanidabspaltung von pflanzlichen Glykosiden ist mit einer längeren Latenz zu rechnen. Toxisch wirksam ist jedoch stets das Cyanidion (CN^-). Dieses hat eine besonders hohe Affinität zum dreiwertigen Eisen (Fe^{3+}), das als prosthetische Gruppe an den Cytochromoxidasen der mitochondrialen Atmungskette gebunden ist. Durch Komplexbildung unterbricht das Cyanidion die Atmungskette, womit der Aufbau von ATP durch oxidative Phosphorylierung zum Erliegen kommt. Weil Sauerstoff nicht mehr für die Energiegewinnung gebraucht wird, fließt sauerstoffreiches, d. h. hellrotes Blut, im gesamten Kreislaufsystem, also auch im venösen Bereich.

Klinische Symptome Cyanidvergiftungen sind durch einen akuten Verlauf charakterisiert. Große Mengen von leicht verfügbaren Cyanverbindungen führen innerhalb von Minuten zum Tode. Nach mittleren Dosen können Salivation, Dyspnoe und Polypnoe beobachtet werden. Im Anschluss zeigen die Tiere eine erhöhte Erregbarkeit, Opisthotonus und Konvulsionen. Die Schleimhäute sind hellrot gefärbt, der Mageninhalt und die Atemluft riechen nach Bittermandelöl. Im letzten Stadium der Vergiftung sistiert die Atmung.

Therapie Ein Therapieversuch kann mit Natriumnitrit und Natriumthiosulfat durchgeführt werden. Als Alternative zu Natriumnitrit kommt Hydroxocobalamin (S. 591) in Frage.

22.15.2 Frostschutzmittel (vor allem Ethylenglykol)

Allgemeines Glykole werden in der Technik vielfältig verwendet. Am bekanntesten ist der Einsatz als Frostschutzmittel in Automobilkühlern. Im Vordergrund steht dabei Ethylenglykol als Ursache von schweren Vergiftungen meistens bei Hunden (letale Dosis p. o.: 6,6 ml/kg KG). Diethylenglykol (Bremsflüssigkeit und Lösungsmittel für Farbstoffe) ist ähnlich toxisch; 1,2-Propylenglykol, das als Arzneimittelträger verwendet wird, hat beim Hund eine LD_{50} von 9 ml/kg KG.

Ursachen der Vergiftung Wegen des süßen Geschmacks wird Ethylenglykol spontan von Hunden aufgenommen.

Kinetik und toxische Wirkung Durch die Alkoholdehydrogenase wird Ethylenglykol in Metaboliten umgewandelt, z. B. zu Glykoaldehyd und Oxalat, die nephro- und neurotoxisch wirken. Die gleichen Stoffwechselprodukte verursachen auch eine metabolische Azidose.

Klinische Symptome In einer ersten Phase führt die Aufnahme von Ethylenglykol zu Ataxie, Durst und Bewusstlosigkeit. Dieser Zustand ist mit einem Alkoholrausch vergleichbar. Nach einer scheinbaren Erholung entwickelt sich 2–3 Tage nach Giftaufnahme eine Niereninsuffizienz mit Depression, Erbrechen, Durchfall, Oligurie und Azotämie. Bei der Harnuntersuchung fallen u. U. die Kalziumoxalatkristalle auf.

Therapie Es kann eine Magenspülung durchgeführt werden, diese Maßnahme kommt aber meistens zu spät. Als Gegenmittel findet Ethanol oder – nur beim Hund – 4-Methylpyrazol (S. 591) Anwendung. Die Antidottherapie muss der Bildung von nephrotoxischen Metaboliten zuvorkommen, die Behandlung darf also nicht später als 12 h nach Giftaufnahme einsetzen. Begleitende Infusionen dienen dazu, die Volumenversorgung sicherzustellen und die Azidose zu kontrollieren.

22.15.3 Mineralöldestillate

Ursachen der Vergiftung Zwischenfälle ereignen sich infolge Exposition mit Brennstoffen, Heizstoffen, technischen Lösemitteln oder anderen Mineralöldestillaten. Die Gefährlichkeit dieser Produkte ist proportional zu ihrem Gehalt an flüchtigen Kohlenwasserstoffen. Wenige ml Leichtbenzin, die in die Lunge aspiriert werden, sind tödlich. Altes Motorenöl ist weniger gefährlich, und ein Rind kann bis zu 2–3 l gut ertragen. Allerdings wird die Toxizität durch Beimengungen u. a. von Schwermetallen (S. 611) oder Dioxinen (S. 615) bestimmt.

Kinetik und toxische Wirkung Die hohe Lipidlöslichkeit hat zur Folge, dass Mineralöldestillate leicht resorbiert werden und multiple Organe (Nervensystem, Lunge, Leber, Nieren, Herz) schädigen.

Klinische Symptome und Diagnose Im Vordergrund der akuten Vergiftung stehen die Zeichen einer narkotischen Wirkung mit entsprechenden Exzitations- und Depressionserscheinungen. Durch Reizung der Magenschleimhaut können starkes Erbrechen und Durchfall auftreten. Beim Rind werden Anorexie, Schwäche, Pansenatonie, Petrolgeruch, Geruchsveränderung der Milch und schmieriger Kot beobachtet. Gelangen Tröpfchen von flüchtigen Kohlenwasserstoffen (z. B. Leichtbenzin) in die Bronchien, schließt sich als schwere Komplikation eine Aspirationspneumonie an.

Therapie Bei dermaler Exposition steht die Dekontamination von Fell und Haut im Vordergrund. Nach oraler Aufnahme von flüchtigen Kohlenwasserstoffen sind Emesis und Magenspülung wegen der Aspirationsgefahr kontraindiziert. Die Therapie beschränkt sich in diesem Fall auf symptomatische Maßnahmen: Es soll frisches Wasser angeboten und für eine ausreichende parenterale Versorgung mit Flüssigkeit gesorgt werden.

22.15.4 Dioxine

Allgemeines Polychlorierte Dibenzo-p-Dioxine und Dibenzofurane, umgangssprachlich Dioxine genannt, sind unerwünschte industrielle Nebenprodukte, die bei der Synthese von chlorierten Verbindungen wie auch bei Verbrennungsprozessen in der Gegenwart von Chlor entstehen. Diese Stoffgruppe umfasst über 200 Einzelverbindungen (sog. Kongenere) mit unterschiedlichem Grad der Giftigkeit. Dazu gesellen sich dioxinähnliche polychlorierte Biphenyle (PCB; **Abb. 22.18**). Das potenteste Dioxin-Kongener ist 2,3,7,8-Tetrachlordibenzo-p-dioxin oder abgekürzt TCDD. Diese Substanz wurde als „Sevesogift" bekannt und zeichnet sich durch eine besonders hohe biologische Wirksamkeit aus. Die niedrigsten akut toxischen Dosen im Tierversuch liegen bei wenigen µg/kg KG (LD_{50} beim Meerschwein um 1 µg/kg KG). Ferner ist TCDD der stärkste, bisher bekannt gewordene Tumorpromotor, und bei Labortieren führt schon eine geringe TCDD-Körperlast der Muttertiere (um 40 ng/kg) zu einer Verringerung der Spermienzahl bei männlichen Nachkommen.

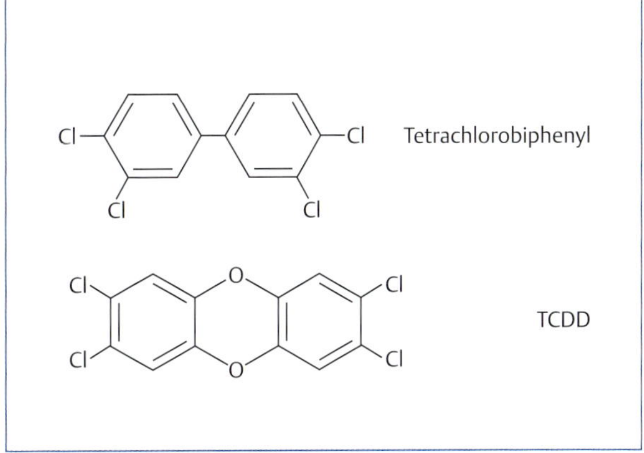

Abb. 22.18 Beispiele von aromatischen Kohlenwasserstoffen, die wegen der Chlorierung von Kohlenstoffen schlecht abbaubar sind. TCDD = 2,3,7,8-Tetrachlordibenzo-p-dioxin. PCB126 = Vertreter eines dioxinähnlichen polychlorierten Biphenyls. Obwohl die Produktion von PCBs verboten ist, persistieren große Mengen dieser Verbindungen in Deponien und Umwelt. Aufgrund ihrer planaren Molekülstruktur sind dioxinähnliche PCBs wie die Dioxine in der Lage, den zytoplasmatischen Aryl-Hydrocarbon-Rezeptor zu aktivieren.

Ursachen der Vergiftung Vergiftungen ereigneten sich u. a. wegen der Wiederverwertung von Dioxin- und PCB-kontaminierten Speiseölabfällen in Form von Tierfutter.

Kinetik und toxische Wirkung Die orale Bioverfügbarkeit der Dioxine schwankt im Bereich von 50–90 %. Die dermale Resorption ist geringer. Dioxine sind sehr widerstandsfähig (mit biologischen Halbwertszeiten von bis zu 20 Jahren) und reichern sich aufgrund ihrer Lipophilität im Fettgewebe an. Eine metabolische Umwandlung durch das Cytochrom-P450-System ist erschwert, weil benachbarte Kohlenstoffatome im Molekül chloriert sind (**Abb. 22.18**). Die Wirkungen der Dioxine auf Mensch und Tier sind sehr vielfältig und gehen auf die Interaktion mit einem zytoplasmatischen Rezeptor – dem Aryl-Hydrocarbon-Rezeptor – zurück. Die Aktivierung dieses „Dioxin-Rezeptors" bewirkt spezifische Veränderungen der Genexpression, welche für die vielseitigen Dioxineffekte verantwortlich sind.

Klinische Symptome Leber und Haut sind die Hauptzielorgane der akuten Dioxinvergiftung. Bekannt ist z. B. die Ödemkrankheit beim Geflügel, die durch Leberdegeneration und generalisierte Ödeme gekennzeichnet ist. Ferner werden bei Tieren Anorexie, Kachexie, multiple Tumore und teratogene Effekte beobachtet. Akne-ähnliche Hautveränderungen werden beim Menschen, anderen Primaten, haarlosen Mäusen und Kaninchen ausgelöst.

Umwelttoxikologie Die ökotoxikologische Bedeutung hängt mit der Volatilität, Adsorption an Staubpartikel, Lipidlöslichkeit und Persistenz der Dioxine zusammen: Infolge dieser Eigenschaften werden Dioxine global verteilt und reichern sich in Nahrungsketten an. Dioxinrückstände in Fleisch, Fisch, Milch, Milchprodukten und Eiern gefährden die Verbraucher.

22.16 Vergiftungen mit Gasen

22.16.1 Kohlenmonoxid (CO)

Allgemeines Kohlenmonoxid (CO) ist farb-, geruchs- und geschmacklos, kann also nicht wahrgenommen werden. Es hat die gleiche Dichte wie Luft und verteilt sich gleichmäßig in geschlossenen Räumen. Schon tiefe CO-Konzentrationen (ab 0,1 %) führen nach wenigen Stunden zu lebensbedrohlichen Folgeerscheinungen. Der MAK-Wert liegt bei 30 ppm (0,003 %). Hunde tolerieren einen Gehalt von 200 ppm über 90 Tage.

Ursachen der Vergiftung Die wichtigsten Quellen sind Verbrennungsprozesse, in denen CO_2 und CO in stark schwankenden Mengen entstehen. Maßgeblich für die Ausbeute von CO_2 und CO ist der verfügbare Sauerstoff: Sauerstoffmangel fördert die Entstehung von CO. So wird CO bevorzugt beim Einsatz von Verbrennungsmotoren in geschlossenen Räumen gebildet. Außerdem können schlecht ziehende, schadhafte oder falsch betriebene Holz-, Gas- oder Ölheizungen zu akut toxischen CO-Konzentrationen führen.

Kinetik und toxische Wirkung CO durchdringt nach Inhalation leicht die Alveolarmembranen in der Lunge und gelangt in das Blut. Dort lagert sich CO unter Verdrängung von Sauerstoff an das zweiwertige Eisen des Hämoglobins an. Dabei belegt CO die gleichen Koordinationsstellen von Fe^{2+} wie Sauerstoff, die Affinität von CO für Hämoglobin ist jedoch mehr als 100-fach größer als die von Sauerstoff. Bei Erreichen eines Hämoglobin-CO-Anteils von 60 % tritt innerhalb weniger Minuten der Tod ein.

Klinische Symptome und Diagnose Die Schleimhäute und das Blut nehmen eine helle kirschrote Farbe an. Die weiteren Symptome der CO-Vergiftung werden durch Sauerstoffmangel im Gewebe ausgelöst. Zuerst treten Polypnoe und ZNS-Ausfälle wie Bewusstlosigkeit und Krämpfe auf. Danach kommt es zu Schock, Zyanose und Atemstillstand. Die CO-Hämoglobinkomplexe lassen sich durch eine Spektralanalyse der Blutproben nachweisen. Bei der Sektion sind Myokardschäden und Leberdegeneration feststellbar.

Therapie Die Bindung von CO an Hämoglobin ist reversibel. So kann CO durch Beatmung mit Sauerstoff oder Verbringen in CO-freie Frischluft wieder abgegeben werden: Die Funktionsfähigkeit des Hämoglobins wird dabei wiederhergestellt.

22.16.2 Kohlendioxid (CO_2)

Ursachen der Vergiftung Kohlendioxid (CO_2) ist ubiquitär in der Atmosphäre verbreitet. Es ist wie CO farb-, geruchs- und geschmacklos. CO_2 ist jedoch schwerer als Luft, reichert sich daher in tiefen Bezirken geschlossener Räume (Keller, Jauchegruben oder Silos) an. CO_2 ist erst ab Konzentrationen von 10 % in der Einatmungsluft lebensgefährlich. Eine brennende Kerze erlischt bei etwa 8–10 % CO_2 und zeigt damit den Beginn der gefährlichen CO_2-Konzentrationen an. Der MAK-Wert liegt bei 5 000 ppm (0,5 %).

Kinetik und toxische Wirkung CO_2 durchdringt nach Inhalation die Alveolarmembranen. Im Blut wird CO_2 durch die Carboanhydrase der Erythrozyten in Kohlensäure umgewandelt, und es bildet sich eine im Extremfall tödliche respiratorische Azidose.

Klinische Symptome und Diagnose Kompensatorische Hyperpnoe, Tachykardie, Bewusstlosigkeit, Krämpfe, Koma, Atemstillstand.

Therapie Sofortige Beatmung oder Verbringen in Frischluft, Azidosekorrektur.

22.16.3 Schwefelwasserstoff (H_2S)

Allgemeines H_2S ist die giftigste Komponente von Jauchegas. Dieses Gas riecht intensiv nach faulen Eiern und ist bedeutend schwerer als die Luft, reichert sich daher in Kanälen und Gruben an. Die geruchliche Warnwirkung ist nur bei relativ geringen H_2S-Konzentrationen gegeben, höhere Konzentrationen (ab 150 ppm in der Atemluft) lähmen die Geruchsrezeptoren und können nicht mehr wahrgenommen werden. Typisch sind deshalb Reihenvergiftungen: Ein Bewusstloser soll aus einem H_2S-enthaltenden Raum geholt werden, der zur Rettung Nachsteigende erliegt ebenfalls, und ein Dritter unternimmt den nächsten Versuch. Der MAK-Wert liegt bei 10 ppm (0,001 %).

Ursachen der Vergiftung Die aus veterinärmedizinischer Sicht wichtigste Quelle von H_2S ist die bakterielle Zersetzung von schwefelhaltigen Proteinen in der Jauche. Es ist daher auf eine optimale Stallhygiene zu achten, um toxische Konzentration von H_2S in der Stallluft zu verhindern.

Toxische Wirkung Die Wirkungen von H_2S lassen sich durch seine chemischen Eigenschaften erklären. Als Säure hat H_2S eine Reizwirkung, womit lokale Irritationen an den Schleimhäuten bis hin zu einem Lungenödem auftreten. Als Reduktionsmittel inaktiviert H_2S eisenhaltige Enzyme, wobei die Hemmung von Cytochromoxidasen zur Stilllegung der mitochondrialen Atmungskette führt. Schließlich resultiert eine Lähmung des Atemzentrums.

Klinische Symptome und Diagnose Die Vergiftung ist gekennzeichnet durch Apathie, Dyspnoe, Husten, Lakrimation, Nasenausfluss, Keratokonjunktivitis, Zyanose, Hyperästhesie, Krämpfe und plötzlichen Tod. H_2S kann in der Umgebungsluft oder im Tierkörper nachgewiesen werden. Letzteres ist nur am frisch verendeten Tier möglich, da durch Verwesung ebenfalls Schwefelwasserstoff entsteht.

Therapie Als wichtigste Maßnahme steht die sofortige Zufuhr von Frischluft im Vordergrund.

22.17 Giftige Tiere

Infolge mehrerer Anfragen zur Toxizität von Tieren sollen schließlich noch einheimische Gifttiere kurz besprochen werden. Für umfassendere Angaben über Gifttiere wird auf die weiterführende Literatur (S. 618) am Ende des Kapitels verwiesen.

22.17.1 Amphibien

Praktisch alle Amphibien sezernieren Wirkstoffe, die als Abwehrsubstanzen gegen Mikroorganismen und natürliche Feinde benutzt werden. Toxisch wirken vor allem biogene Amine, membranschädigende Peptide, neurotoxische Alkaloide (z. B. das von Salamandern ausgeschiedene Samandarin) sowie Steroide mit digitalisähnlicher Wirkung. Diese Gifte werden in den über die Körperoberfläche verteilten Hautdrüsen produziert. Vergiftungsfälle treten auf, wenn Hunde mit einem Salamander, einer Kröte oder einem Molch spielen und diese verschlucken. Folgende Spezies können für Kleintiere gefährlich sein: Alpensalamander (*Salamandra atra*), Feuersalamander (*S. salamandra*), Erdkröte (*Bufo bufo*), Kreuzkröte (*B. calamita*), Wechselkröte (*B. viridis*), Teichmolch (*Triturus vulgaris*), Bergmolch (*T. alpestris*), Fadenmolch (*T. helveticus*) und Kammmolch (*T. cristatus*). Auch der Laich dieser Tiere ist giftig. Die Symptomatik ist in Abhängigkeit der aufgenommenen Spezies sehr variabel und reicht von gastrointestinalen Irritationen, Hornhauttrübungen, Ataxie, Krämpfen bis hin zu Atemlähmung. Es kann nur symptomatisch behandelt werden.

22.17.2 Giftschlangen

Schlangen produzieren ihr Gift in spezialisierten Speicheldrüsen. Beim Biss drückt die Kiefermuskulatur die Giftdrüsen aus, und das Sekret tritt durch den Giftzahn in die Wunde. Die Viperiden der alten Welt, zu denen auch die einheimische Kreuzotter (*Vipera berus*) und die im südlichen Europa vorkommenden *V. aspis* und *V. ammodytes* gehören, sezernieren hauptsächlich Hyaluronidasen, Phospholipasen und Proteasen. Kreuzottern produzieren nur wenig Gift und können höchstens für Kleintiere gefährlich sein. Viperngifte induzieren drei Symptomkomplexe, nämlich Gerinnungsstörungen, die sich als Thrombose und Verbrauchskoagulopathie äußern, Kreislaufschock und eine lokale Gewebeschädigung. Gegen die disseminierte intravasale Gerinnung erfolgt der Zusatz von Heparin zur Infusionslösung, ansonsten steht die Schockbehandlung (S. 590) im Vordergrund. Die lokale Gewebeschädigung führt zu heftigen Schwellungen und Schmerzen, weshalb Corticosteroide, Antihistaminika und Analgetika zur Anwendung kommen. Falls die Spezies der Giftschlange bekannt ist, kann nach Rücksprache mit einem örtlichen toxikologischen Informationszentrum und nach kutaner Verträglichkeitsprüfung ein spezifisches Antiserum i. m. verabreicht werden.

22.17.3 Insekten und Spinnentiere

Die Raupen des Eichenprozessionsspinners (*Thaumetopoea processionea*) führen bei Berührung zu Juckreiz, Konjunktivitis und Irritation der Atemwege bis hin zum Erstickungstod. Diese Raupen besitzen neben den üblichen langen Haaren noch eine Vielzahl kurzer, hohler Brennhaare, deren Kanal mit einer Drüsenzelle in Verbindung steht. Die Brennhaare brechen bei Berührung leicht ab, bohren sich in die Haut oder Schleimhaut ein und geben dort ihren Inhalt ab. Die Reizwirkung entsteht z. T. durch das in den Haaren enthaltene Enzym Phospholipase A_2, das durch Abspaltung der Arachidonsäure zur Prostaglandinbildung führt. Harmlos ist hingegen das Gift des Europäischen Skorpions (*Euscorpius italicus*), das u. a. aus Serotonin und Histamin besteht. Mögliche Symptome sind eine leichte Schwellung und Schmerzen sowie Hautrötung an der Einstichstelle. Das Giftgemisch der Hymenopteren (Bienen, Wespen, Hummeln und Hornissen) enthält biogene Amine, membranschädigende Peptide, neurotoxische Proteine sowie Hyaluronidase und ebenfalls Phospholipase A_2. Eine lebensbedrohende Gefährdung besteht nur bei Auslösung von allergischen Reaktionen mit anaphylaktischem Schock, die intensive Behandlung (S. 590) erfordern. Der in der Haut steckende Bienenstachel kann vorsichtig mit einer Pinzette entfernt werden, ohne auf den daran hängenden Giftsack zu drücken. Rasche Kühlung durch kaltes Wasser oder Eis verzögert die weitere Aufnahme des Insektengiftes im betroffenen Körperteil. Ferner spricht die lokale Reaktion an der Einstichstelle auf Glucocorticoidsalben an. Wenn eine Biene oder Wespe in den Rachen oder Hals sticht, kommt es oft zu Schwellungen, die zu Atemnot führen. In diesen Fällen wird mit Antihistaminika und Corticosteroiden behandelt.

FAZIT DIE WICHTIGSTEN TIERVERGIFTUNGEN

Vergiftungen sind selten und gehören nicht zum tierärztlichen Alltag in der Praxis. Erhebungen der Giftmeldezentralen zeigen, dass Vergiftungen bei Tieren vor allem durch Humanarzneimittel, falsch angewendete Tierarzneimittel, Insektizide, Akarizide, Rodentizide, Molluscizide, Pflanzen und Genussmittel erfolgen. Es kommen aber vereinzelt auch viele andere mögliche Vergiftungsursachen in Frage. Die Tierärzteschaft sollte jederzeit generelle Kenntnisse der Diagnose und Therapie von Tiervergiftungen abrufen können. Für ergänzende spezifische Informationen zu Giftstoffen stehen toxikologische Beratungszentren sowie computerunterstützte Informationsdienste zur Verfügung.

Danksagung

Der Autor dankt Felix Althaus für seine Beteiligung an den früheren Versionen des Kapitels.

(Weiterführende) Literatur

Toxikologische Enzyklopädien

[1] Ellenhorn MJ. Ellenhorn's medical toxicology. 2nd edition Baltimore, Maryland: Williams & Wilkins; 1997

[2] Gangolli S. The dictionary of substances and their effects. 2nd edition Cambridge: Royal Society of Chemistry; 1999

[3] Peterson ME, Talcott PA. Small animal toxicology. 3 rd edition St. Louis: Elsevier Saunders; 2013

[4] Teuscher E, Lindequist U. Biogene Gifte. 3. Aufl. Stuttgart: Wissenschaftliche Verlagsgesellschaft; 2010

Wichtige Internetadressen

[5] Computergestütztes Giftinformationssystem des Instituts für Veterinärpharmakologie und -toxikologie der Universität Zürich (inkl. Giftpflanzendatenbank und Diagnostiksystem), Schweiz: www.clinitox.ch

[6] Deutsche Giftberatungszentren: http://www.giftinfo.de

[7] European Association of Poison Centres and Clinical Toxicologists: www.eapcct.org

[8] Internationales Verzeichnis der Tox-Zentren: apps.who.int/poisoncentres

[9] Schweizerisches Toxikologisches Informationszentrum: www.toxi.ch

Besondere Therapierichtungen

23 Homöopathie und Phytotherapie in der Veterinärmedizin

A. Richter, W. Löscher

23.1 Einführung

Die wissenschaftlich gesicherte Pharmakotherapie von Erkrankungen bei Tier und Mensch gehört zu den wichtigsten medizinischen Entwicklungen des letzten Jahrhunderts. Durch die Entwicklung therapeutisch wirksamer und gesundheitlich unbedenklicher Arzneimittel können heute viele Erkrankungen der Haus- und Nutztiere erfolgreich behandelt oder verhindert werden. Neben der modernen, wissenschaftlich gesicherten Pharmakotherapie gibt es in Deutschland drei weitere „besondere Therapierichtungen", bei denen Arzneimittel verwendet werden: Homöopathie, Phytotherapie und die anthroposophisch orientierte Therapie. Von Ausnahmen einiger in der Humanmedizin gebräuchlicher Phytotherapeutika abgesehen, ist allen drei Therapierichtungen gemeinsam, dass sie wissenschaftlich nicht gesichert sind. Von den „besonderen Therapierichtungen" wurzelt die Phytotherapie in der traditionellen Medizin, die Homöopathie ist eher alternative Medizin. Die Bedeutung der „besonderen Therapierichtungen" in Deutschland wird durch die große Zahl der auf dem Markt befindlichen Phytotherapeutika und Homöopathika verdeutlicht. So gehört etwa ein Drittel aller in Deutschland zurzeit verkehrsfähigen Fertigarzneimittel (rund 55 000) zu diesen „besonderen Therapierichtungen". Obwohl der größere Teil der zahlreichen Homöopathika und Phytotherapeutika nur zur Anwendung beim Menschen registriert bzw. zugelassen ist, steht damit Tierarzt und Tierbesitzer eine Vielzahl von Präparaten zur Behandlung von Tieren zur Verfügung. Ähnlich wie in der Humanmedizin haben auch in der Veterinärmedizin die Verbreitung der Homöopathie und das Interesse an Phytotherapeutika in den letzten Jahrzehnten stark zugenommen. Die Leitlinie in der ökologischen Landwirtschaft, homöopathischen und phytotherapeutischen Arzneimitteln generell den Vorzug zu geben, ist bei genauerer Betrachtung solcher Arzneimittel aus pharmakologischer und toxikologischer Sicht allerdings schwer verständlich.

23.2 Homöopathie

Viele Tierärzte werden direkt von Tierbesitzern um eine homöopathische Behandlung ihres Tieres gebeten. Auch in Tierbeständen mit landwirtschaftlichen Nutztieren finden Behandlungen mit Homöopathika als Alternative zu konventionellen Behandlungen immer mehr Beachtung. Dabei werden Homöopathika auch pro- bzw. metaphylaktisch eingesetzt. Die wachsende Beliebtheit der Homöopathie ist sicher nicht nur auf eine veränderte Einstellung von Tierärzten und Tierbesitzern zum Einsatz „alternativer" Behandlungsmethoden zurückzuführen, sondern auch auf die teilweise unzureichende Wirkung vieler konventioneller pharmakotherapeutischer Methoden, die häufig auf Unterdosierungen oder verzettelten Therapiekonzepten beruht, sodass das Arzneimittel und nicht die Dosierung als unwirksam oder unzureichend wirksam für die jeweilige Indikation eingeschätzt wird. Eine sorgfältige Behandlung des Tieres oder Tierbestandes mit einem Homöopathikum (u. U. in Kombination mit Optimierung der Haltung u. ä.) kann dann dem Erfolg einer schlecht durchgeführten Behandlung mit einem konventionellen Arzneimittel überlegen erscheinen. Ein Verschmelzen der spezifisch therapeutischen Wirkung mit einer positiven Placebowirkung und Selbstheilungsvorgängen mag dabei alternativen Behandlungsverfahren den Anschein substanzieller Wirksamkeit verleihen. Ein als wichtig empfundener Vorteil homöopathischer Arzneimittel ist sicherlich, dass für die bei Nutztieren eingesetzten homöopathischen Arzneimittel ab einer Verdünnungsstufe (S. 622) von D 4 im Gegensatz zu konventionellen Präparaten bisher keine Wartezeit eingehalten werden muss.

23.2.1 Definitionen und Abgrenzungen der Homöopathie

DEFINITION Homöopathie ist das von dem deutschen Arzt Samuel Hahnemann am Übergang vom 18. zum 19. Jahrhundert entwickelte Therapieverfahren nach dem Grundsatz der **Simile-Regel**. Die Arzneimittel werden entsprechend dem Arzneimittelbild in verdünnter Form nach dem von Hahnemann entwickelten und im Homöopathischen Arzneibuch (HAB) festgelegten **Potenzierungsverfahren** bei Tieren eingesetzt, um therapeutisch entsprechende Regulationen in Gang zu setzen.

Homöopathie unterscheidet sich von der Phytotherapie (S. 625) und der wissenschaftlich gesicherten Pharmakotherapie vor allem durch:
- das Therapieprinzip (Simile-Regel)
- die Herstellung der homöopathischen Arzneimittel (Potenzierungsverfahren)

Homöopathen bezeichnen die konventionelle Pharmakotherapie als „Allopathie", d. h. eine Heilmethode, bei der im Gegensatz zur Homöopathie Krankheiten mit entgegengesetzt (allos = anders) wirkenden Medikamenten behandelt werden. Diese Bezeichnung wissenschaftlich begründeter, konventioneller Therapieformen ist ebenso abzulehnen wie die häufig von Homöopathen durchgeführte Abgrenzung von „Erfahrungsmedizin" und „Schulmedizin", da der Begriff „Schulmedizin" suggerieren soll, dass hier ein starres Gedankengebäude mit Dogmen vorliegt, die nicht in Frage gestellt werden. Vielmehr ist die Medizin eine Erfahrenswissenschaft, die laufend im Fluss ist, während homöopathische Behandlungsprinzipien auf 200 Jahre alten Dogmen beruhen.

Homöopathie ist kein Naturheilverfahren, da die Prinzipien der Homöopathie (z. B. die Wirkstoffpotenzierung) in der Natur keine Rolle spielen und eine von einem einzigen Arzt erdachte und erprobte „besondere Therapierichtung" nicht unter den Naturheilverfahren subsummiert werden kann.

Homöopathika sind nicht mit Phytotherapeutika gleichzusetzen, da bei der Herstellung von Homöopathika im Gegensatz zur Phytotherapie nicht nur Rohmaterialien pflanzlichen, sondern auch mineralischen oder tierischen Ursprungs verarbeitet werden. Es gibt Homöopathika, die die gleichen Inhaltsstoffe in den gleichen Konzentrationen enthalten wie Phytopharmaka bzw. konventionelle Arzneimittel („Allopathika"). Der Unterschied liegt in der Art der Herstellung (Potenzierung) der Homöopathika.

Homöopathisches Arzneimittel heißt nicht per se niedrige Wirkstoffkonzentration. Es werden (vor allem in der Veterinärmedizin) häufig „tiefe Potenzen", d. h. wenig verdünnte Wirkstoffe, verwendet.

23.2.2 Die Prinzipien der Homöopathie

Das Konzept der Homöopathie wurde von Hahnemann begründet und niedergelegt in seinem „Organon der Heilkunst". Dieses Konzept beinhaltet die folgenden Prinzipien:

1. das individuelle Krankheitsbild als Grundlage für die Auswahl einer spezifischen Arznei
2. die Ähnlichkeitsregel („Simile-Regel"), d. h., ein Stoff, der am Gesunden ein bestimmtes Symptom erzeugt, kann eine Krankheit mit diesem Symptom heilen
3. die Arzneiprüfung am gesunden Menschen als Grundlage für die Erstellung von „Arzneimittelbildern", die für die Auswahl von Arzneimitteln nach dem Simile-Prinzip benötigt werden
4. die Verabreichung nur einer Substanz (Monotherapie)
5. die Verabreichung der Arznei in der geringstmöglichen Dosis
6. die Arzneipotenzierung, d. h. die Verstärkung der Arzneiwirkung durch intensives Schütteln/Verreiben bei der Verdünnung

Das individuelle Krankheitsbild als Grundlage für die Auswahl einer spezifischen Arznei

Homöopathisch arbeitende Therapeuten teilen Krankheiten nicht nach „schulmedizinischen", d. h. kausalen Gesichtspunkten ein, sondern stellen unter Berücksichtigung der Gesamtheit der Symptome eines Patienten ein individuelles Krankheitsbild fest, das als Entscheidungsgrundlage für die Wahl eines geeigneten Homöopathikums dient. Die Homöopathie versteht sich deshalb als **Ganzheitstherapie**. Die am Patienten festgestellten Symptome werden unterschiedlichen Komplexen zugeordnet und auch unterschiedlich bewertet. Demnach sind z. B. „Lokalsymptome", die gleichbedeutend mit den klinischen Symptomen sind, als wenig individuell und deswegen wenig entscheidend für die Arzneimittelwahl anzusehen. Als wesentlich höherwertig gelten mehr subjektive Symptome, z. B. „Anlagesymptome" (d. h. die Konstitution des Patienten), „Verhaltenssymptome" und als Leitsymptome „Arzneisymptome", d. h. Schlüsselsymptome, die in jedem Fall vorhanden sein müssen, wenn homöopathische Mittel zum Einsatz kommen sollen. Weiterhin spielt die Anamnese bei der Aufnahme eines Falles eine erhebliche Rolle, um Besonderheiten und individuelle Züge der vorliegenden Erkrankung zu erfahren.

Ähnlichkeitsregel

Die am Patienten festgestellten individuellen Symptome führen durch Vergleich mit Arzneimittelbildern zur Wahl des Homöopathikums, dessen Ausgangssubstanz in ihren Effekten beim Gesunden den individuellen Symptomen des Patienten am meisten ähnelt, das heißt, Arzneimittelbild und Krankheitsbild (vor allem die hoch bewerteten Teile der Symptomatik, s. o.) sollen möglichst deckungsgleich sein. Vorstellung ist, dass das homöopathische Arzneimittel in potenzierter Form die Eigenregulationsvorgänge des Organismus anregen soll, um eine sanfte, schnelle und dauerhafte Wiederherstellung der Gesundheit zu erzielen. Ziel des Homöopathen ist also nicht die Beseitigung von Symptomen, sondern die ganzheitliche Heilung des Patienten. Bei der Wahl von Potenzierung und Dosis spielen Konstitution, Vorgeschichte und „Reizlage" des Patienten eine entscheidende Rolle. Aufgrund dieser Behandlungsprinzipien beschäftigen sich homöopathisch arbeitende Therapeuten meist sehr intensiv mit ihren Patienten.

Der Weg von den beim Kranken festgestellten Symptomen zur homöopathischen Arznei führt entweder 1. über die **persönliche Erfahrung** des Therapeuten bzw. die Kenntnis von bewährten Indikationen, 2. über **Arzneimittellehren**, die verschiedene Arzneimittelbilder zusammenfassen, oder 3. über sogenannte **Repertorien**, d. h. Symptomenverzeichnisse. Häufig wird nach wie vor das Ende des 19. Jahrhunderts von Kent verfasste Symptomenverzeichnis verwendet. Der „Kent" wird auch von vielen Veterinärhomöopathen verwendet, obwohl er ausschließlich Symptome am Menschen berücksichtigt. Das Ziel der homöopathischen Arzneiwahl („Arzneimitteldiagnose") ist die Erkennung des ähnlichsten homöopathischen Arzneimittels, des sogenannten **Simillimum**. Der Weg zum erfolgreichen Einsatz eines homöopathischen Mittels ist dementsprechend schwieriger und zeitaufwendiger als die übliche klinische Diagnose allein.

Zu beachten ist allerdings, dass bei Behandlung von landwirtschaftlichen Nutztieren, die zumeist in sehr großen Zahlen in Beständen gehalten werden, die Aufstellung eines individuellen Krankheitsbildes bzw. das Eingehen auf einzelne Tiere nicht möglich ist und zudem in Tierbeständen der prophylaktische bzw. metaphylaktische Einsatz von Arzneimitteln, d. h. in einem noch nicht erkrankten Bestand, eine größere Rolle spielt als ihre therapeutische Anwendung. Nichtsdestoweniger sind nach Vorstellung heutiger Veterinärhomöopathen auch homöopathische Behandlungen großer Tierbestände möglich. Die individuelle Anpassung der Arzneimittelwahl an die Ähnlichkeit zum Krankheitsbild des Einzeltieres weicht hier der Anpassung an die spezifisch endemische Situation des Bestandes und der dortigen Ausprägung des Krankheitsbildes bei der Mehrzahl der erkrankten Tiere. Hier wird neben der klinischen Diagnose also auch individualisiert, jedoch nicht auf der Ebene des Einzeltieres, sondern auf der Ebene der bestandsspezifischen Faktoren und Symptomatik. Die Anwendung homöopathischer Arzneimittel erfolgt dabei in großen Beständen über die Fütterung oder Tränke, gleichzeitig an kranke und gesunde Tiere. Dieser Weg der Verabreichung wird auch prophylaktisch genutzt.

Homöopathische Arzneimittelprüfung zur Erstellung von Arzneimittelbildern

Um beurteilen zu können, ob ein Stoff als homöopathisches Arzneimittel für einen bestimmten Zustand in Frage kommt, muss dieser Stoff in seinen Wirkungseigenschaften geprüft worden sein. Dies geschieht in der Homöopathie ausschließlich am gesunden Individuum, um eine mögliche Vermischung von Krankheitssymptomen mit Arzneimittelwirkungen von vornherein auszuschließen. Hahnemann untersuchte die Wirkungen verschiedener Stoffe mineralischer, pflanzlicher und tierischer Art in Selbstversuchen bzw. bei Familienangehörigen und Schülern. Aus den Beobachtungen resultierte eine Wirkungsbeschreibung („Arzneimittelbild"), die bis heute die Grundlage für die Wahl des homöopathischen Arzneimittels darstellt. Hahnemann prüfte zu Lebzeiten etwa 100 Mittel. Heute umfasst die Materia medica der Homöopathie ca. 2000 Mittel, darunter auch Krankheitsprodukte („Nosoden"; z. B. Eiter, Sputum, Eigenblut) und hochtoxische Stoffe (z. B. Quecksilber- und Arsenverbindungen).

Die Arzneimittelprüfung durch Tierversuche stößt in der humanmedizinischen Homöopathie auf Ablehnung, da von einer mangelnden Übertragbarkeit der Ergebnisse auf den Menschen ausgegangen wird. Dadurch gibt es kaum Arzneimittelbilder für das Tier, sodass in der veterinärmedizinischen Homöopathie größtenteils die für den Menschen ermittelten Arzneimittelbilder auf das Tier übertragen werden müssen. Zwar führte bereits Genzke, der 1837 eine „Homöopathische Arzneimittellehre für Tierärzte" herausbrachte, 67 Arzneimittelprüfungen an Hunden, Pferden und Rindern durch; im Vergleich zu den an menschlichen Probanden registrierten Arzneimittel-Prüfsymptomen waren die beim Tier ermittelten Prüfsymptome des gleichen Arzneimittels aber an Zahl und Wert geringer. Homöopathische Arzneimittelprüfungen an verschiedenen Tierspezies waren und sind auch weiterhin Gegenstand der Bemühungen von Veterinärhomöopathen. Für die homöopathische Behandlung kranker Tiere wurde und wird jedoch bis heute auf die Ergebnisse der Arzneimittelprüfungen am Menschen zurückgegriffen, wobei Tierärzte vorwiegend objektive Symptome und Zeichen aus den Prüfungen und weniger psychische Zeichen und Symptome verwenden. Die in der Humanhomöopathie am häufigsten eingesetzten homöopathischen Arzneimittel sind auch in der Tiermedizin diejenigen, die den Hauptteil aller Indikationen nach der Ähnlichkeitsregel abdecken (s. u.).

Zusätzlich zu den Arzneimittelprüfungen dienen Informationen aus der toxikologischen Literatur und Berichte über den therapeutischen Einsatz zur Abrundung der Wirkungscharakteristik homöopathischer Arzneimittel. Alles zusammen gibt das Arzneimittelbild eines Stoffes. Wie bereits ausgeführt, sind die verschiedenen Arzneimittelbilder in Arzneimittellehren zusammengefasst, und die Prüfsymptome lassen sich auch direkt in sogenannten Symptomenverzeichnissen (Repertorien) aufsuchen.

Monotherapie versus Kombinationstherapie

Hahnemann lehnte die Anwendung von „Komplexmitteln", d. h. Kombinationen aus homöopathischen Einzelmitteln, ab. Heute werden in der Homöopathie vielfach Kombinationen aus homöopathischen Einzelmitteln verwendet. Damit kann man nicht mehr von Homöopathie im engeren Sinne reden, da diese Mittelkombinationen selbst nicht einem Arzneimittelversuch am gesunden Probanden unterzogen wurden, sondern lediglich ihre einzelnen Komponenten. In diesem Zusammenhang ist aber zu beachten, dass Hahnemann auch Pflanzen oder Pflanzenteile als Einzelstoffe betrachtete, da in seiner Zeit noch nicht allgemein bekannt war, dass Pflanzenextrakte meist mehr als einen Wirkstoff enthalten. Die klassische Homöopathie stand aber mit der Forderung nach einer Monotherapie der modernen Pharmakotherapie näher als der modernen Homöopathie mit ihren unübersichtlichen Kombinationspräparaten.

Verabreichung eines Homöopathikums in der geringstmöglichen Dosis

Hahnemann verwendete ursprünglich kleinste wägbare und messbare Dosierungen von Stoffen mineralischer, pflanzlicher oder tierischer Art. Dabei stellte er fest, dass seine Patienten unangenehme Reaktionen auf die verordnete Arznei erlitten. Hahnemann bemühte sich daher, diese unerwünschten Reaktionen durch weitere Verringerung der Dosis zu vermeiden. Dies gelang ihm, indem er die Substanzen mit Wasser oder Alkohol verdünnte oder mit Laktose streckte. Diese Verdünnungen nahm er für gewöhnlich im Verhältnis von 1:100 vor. Dabei beobachtete Hahnemann, dass die erwünschte Wirksamkeit der Arznei erhalten blieb, die unerwünschte Erstreaktion aber unterblieb. In weiteren Untersuchungen meinte Hahnemann festzustellen, dass mit zunehmenden Verdünnungsschritten die erwünschte Wirkung der Arznei zunahm, sofern die zur Vermischung nötigen Schüttel- oder Reibevorgänge intensiv durchgeführt wurden. Allerdings hatte Hahnemann zunächst Bedenken gegen die Verwendung zu stark verdünnter (d. h. hochpotenzierter) Arzneien. Gegen Ende seiner Tätigkeit verwendete Hahnemann jedoch Verdünnungsschritte von 1:50 000 (LM-Potenzen). Hahnemanns Forderung, aufgrund seiner Erfahrungen nur homöopathische Arzneien in der geringsten möglichen Dosierung anzuwenden, wird heute selten beachtet. Der überwiegende Teil der in Deutschland zur Behandlung von Tieren registrierten Homöopathika enthält tiefe Potenzen (d. h. wenig verdünnte) Ausgangssubstanzen.

Die Arzneipotenzierung

Die genauen **Herstellungsvorschriften** für Homöopathika sind im **Homöopathischen Arzneibuch (HAB)** beschrieben. Homöopathika müssen nach diesen Vorschriften hergestellt werden! Unter **Potenzierung** wird die stufenweise Verdünnung fester oder flüssiger Zubereitungen nach der jeweils angegebenen Vorschrift verstanden.

Allgemeiner Herstellungsvorgang von Homöopathika

1. Gewinnung des Rohmaterials (pflanzlichen, mineralischen oder tierischen Ursprungs; z. B. Pflanzenteile), das den oder die Wirkstoffe enthält.
2. Verarbeitung des Rohmaterials zu Tinktur, Lösung oder Verreibung.

Tinktur: Inhaltsstoffe werden mit verdünntem Alkohol extrahiert bzw. mit Alkohol gemischt.

Lösungen: Lösliche Ausgangssubstanzen werden in Wasser oder Alkohol gelöst.

Verreibungen: Unlösliche Verbindungen werden mit Milchzucker verrieben.

Die so hergestellte „Stammlösung" heißt **Urtinktur** bzw. **Ursubstanz**; der Wirkstoffgehalt ist je nach Ausgangsmaterial unterschiedlich; teilweise entspricht die Urtinktur der 1. Dezimalverdünnung (D 1).

Verdünnung von Urtinktur bzw. Ursubstanz, meist in Zehnerschritten (Dezimalpotenzen, abgekürzt D) mit Wasser, verdünntem Alkohol, Milchzucker u. a. Bei **jedem** Verdünnungsschritt wird eine Potenzierung durchgeführt: bei flüssigen Zubereitungen durch 10 kräftige, nach abwärts (zum Erdmittelpunkt) geführte Schüttelschläge, bei festen Präparaten durch intensive Verreibung (insgesamt mindestens 1 h!).

Durch die Potenzierung soll die erwünschte Wirkung des Homöopathikums durch Freisetzung einer **Arzneikraft** zunehmen. Teilweise wird auch von einer **Wirkungsumkehr** ausgegangen. Die Arzneikraft soll in Form einer Informationsübertragung auf das Verdünnungsmedium übergehen, sodass das Verdünnungsmedium mit zunehmender Potenzierung zum Träger der spezifischen therapeutischen Information wird.

Durch die 1:10-Verdünnungsschritte und die jeweilige Potenzierung (d. h. Verschüttelung bzw. Verreibung nach homöopathischen Regeln) entstehen die **Dezimalpotenzen** (D 1, D 3, D 6, D 200 etc.). Daneben gibt es **Centesimalpotenzen** (C 1, C 2, C 3 etc.), bei denen die Verdünnungsreihe im Verhältnis von 1:100 hergestellt wird, und **LM-Potenzen** mit Verdünnungsschritten von 1:50 000.

Flüssige Potenzen werden als **Dilutionen** (abgekürzt Dil.) bezeichnet, pulverförmige als Verreibungen oder **Triturationen** (abgekürzt Trit.). Daneben gibt es Globuli (Streukügelchen), Salben und andere übliche Arzneiformen.

Wenn der Wirkstoffgehalt der Urtinktur bzw. Ursubstanz bekannt ist, ist eine Schätzung der am Patienten verabreichten Dosis möglich, z. B. bei D 3 oft 1 mg Wirkstoff pro 1 g Präparat, bei D 4 0,1 mg/g, bei D 5 10 µg/g, bei D 6 1 µg/g etc. Jenseits von D 23 dürfte gemäß der Loschmidt'schen Konstante kein Molekül der Ausgangssubstanz mehr enthalten sein.

KLINISCHER BEZUG Die verabreichte Menge des Präparates (d. h. die Dosis) ist meist unabhängig von der gewählten Verdünnung und richtet sich nach Tierart, Größe und Gewicht, z. B. bei Pferd und Rind 5–10 ml s. c. und/oder 3-mal täglich 30 Tropfen bzw. 6 Tabletten; bei kleinen Hunden und Katzen 1–2 ml s. c. und/oder 3-mal täglich 7 Tropfen bzw. 1 Tablette etc. In der Massentierhaltung werden Homöopathika oft mit Trinkwasser oder Futter verabreicht.

Je nach Verdünnung werden tiefe Potenzen (bis D 6), mittlere Potenzen (D 6–D 12–D 21) und hohe Potenzen bzw. Höchstpotenzen (z. B. LM-Potenzen) unterschieden. Richtlinien für die Wahl einer Potenzgruppe sind je nach „Schule" sehr heterogen; empfohlen werden z. B. tiefe Potenzen bei akuten Erkrankungen mit organischem Befund, mittlere Potenzen bei subakuten Erkrankungen mit funktionellen Störungen und hohe Potenzen bei chronischen Erkrankungen bzw. psychischen Symptomen.

Zusammenfassend soll also bei der Arzneimittelpotenzierung durch Verdünnung und intensive Bearbeitung der Ausgangssubstanzen eine stoffunabhängige (therapeutisch wirksame) Arzneikraft freigesetzt werden, die mit steigender Verdünnung zunimmt. Nach dieser Vorstellung sind also molekülllose Verdünnungen (> D 23 oder C 12) wirksamer als geringe Verdünnungen der Ausgangssubstanz. Außerdem soll teilweise durch die Verdünnung eine „Wirkungsumkehr" stattfinden.

Generell wird davon ausgegangen, dass Homöopathika durch die Arzneipotenzierung nur erwünschte und keine unerwünschten Wirkungen haben. Deshalb wird von Homöopathen auch jede Rückstandsgefährdung der Verbraucher durch die Anwendung von Homöopathika bei Nutztieren ausgeschlossen.

23.2.3 Die häufigsten Anwendungsgebiete für Homöopathika in der Veterinärmedizin

Hinsichtlich der Anwendungsgebiete von Homöopathika in der Veterinärmedizin werden von Verfechtern der Homöopathie mit Ausnahme von irreversiblen Organschäden praktisch keine Grenzen gesehen; auch der Einsatz in der Massentierhaltung soll Vorteile gegenüber konventionellen Behandlungsmethoden haben. Viele Verfechter der Veterinärhomöopathie führen dazu aus, dass alle Infektionskrankheiten, einige Stoffwechselkrankheiten, verschiedene hormonelle Störungen, alle funktionellen und manifesten Organerkrankungen, alle Tumorerkrankungen, alle immunologischen Erkrankungen sowie alle psychischen Erkrankungen und Verhaltensstörungen in den Zuständigkeitsbereich der Homöopathie fallen. Als Vorteile der Homöopathie gegenüber konventionellen pharmakotherapeutischen Verfahren werden die Rückstandsfreiheit tierischer Produkte und die geringeren Arzneimittelkosten der homöopathischen Präparate genannt.

Eine Marktübersicht zu in der Veterinärhomöopathie verwendeten Homöopathika erbrachte hinsichtlich der Anwendungsgebiete die folgenden Ergebnisse:

Häufigste Anwendungsgebiete für Veterinärhomöopathika:

- gynäkologische Erkrankungen/Fertilitätsstörungen
- Steigerung der körpereigenen Abwehr
- Erkrankungen des Gastrointestinaltraktes
- Erkrankungen von Haut, Euter und Atmungsorganen

In der Regel werden die beim Menschen üblichen Anwendungsgebiete direkt auf das Tier übertragen. Bei einigen Homöopathika findet die Simile-Regel wenig Beachtung, z. B. wird das spasmolytisch wirkende *Atropa belladonna* wie in der Allopathie bei Magen-Darm-Spasmen angewendet und Kalzium carbonicum bei Kalziumstoffwechselstörungen (Rachitis). Die heute auf dem Markt befindlichen Veterinärhomöopathika haben keine Zulassung, sodass die Angabe einer Indikation durch den Hersteller aufgrund fehlender Wirksamkeitsnachweise verboten ist.

23.2.4 Die wichtigsten Veterinärhomöopathika

Insgesamt werden nach einer Marktübersicht von Löscher und Richter ca. 150 verschiedene arzneilich wirksame Bestandteile in Homöopathika für Tiere verwendet. Die einzelnen registrierten Homöopathika sind überwiegend (ca. 75 %) für mehr als zwei Haustierarten bestimmt. Etwa 60 % der rund 180 Präparate sind ausschließlich als Injektionslösungen im Handel, ca. 15 % sowohl als Injektionslösung als auch zur oralen bzw. lokalen Anwendung und weitere 25 % nur zur oralen bzw. lokalen Anwendung. Bei flüssigen Präparaten dienen als Lösungsmittel häufig Ethanol (in Tropfen), bidestilliertes Wasser (enthält Verunreinigungen an Natrium, Kalium, Chlorid, Phosphat und Stickstoff in Größenordnungen von D 6–D 8) oder isotone Kochsalzlösung, bei festen Präparaten häufig Milchzucker.

Wartezeiten für Lebensmittel liefernde Tiere gibt es für Veterinärhomöopathika nicht, was einen Großteil der Attraktivität von Homöopathika in der landwirtschaftlichen Nutztierhaltung ausmacht. Für Stoffe, die in homöopathischen Tierarzneimitteln verwendet werden und deren Endkonzentration ein Zehntausendstel (in der Regel D 4) nicht übersteigen, ist die Festlegung von **Rückstandshöchstmengen** im Lebensmittel generell nicht erforderlich (Tabelle 1 der Verordnung EU Nr. 37/2010). Eine Ausnahme gilt für Präparate (Phytotherapeutika und Homöopathika), die Osterluzei (Inhaltsstoff Aristolochiasäure) oder Herbstzeitlose (Inhaltsstoff Colchicin) enthalten, denn ihre Anwendung ist bei Lebensmittel liefernden Tieren grundsätzlich verboten.

Häufigste wirksame Bestandteile in Homöopathika, die zur Anwendung bei Tieren registriert sind (* = verschreibungspflichtig, falls Potenz < D 4):

- *Aconitum napellus** (blauer Eisenhut; enthält Aconitin)
- *Apis mellificia* (Honigbiene)
- *Aristolochia clematitis* (Osterluzei; enthält Aristolochiasäure)
- *Arnica montana* (Arnika; enthält Helenalin)
- Arsenverbindungen* (Arsenicum album u. a.)
- *Atropa belladonna** (Tollkirsche; enthält Atropin)
- *Bryonia cretica* (rotfrüchtige Zaunrübe; enthält Cucurbitacin)
- Kalziumverbindungen
- *Echinacea angustifolia* (Sonnenhut)
- *Juniperus sabina** (Sadebaum)
- *Lachesis mutus* (Gift der Buschmeister-Viper)
- Phosphorus (Zubereitung aus gelbem Phosphor)
- *Pulsatilla pratensis** (Küchen- oder Kuhschelle; enthält Protoanemonin)
- Quecksilberverbindungen* (Mercurius solubilis u. a.)
- *Strychnos nux vomica** (Brechnuss; enthält Strychnin)
- Sulfur (Schwefelzubereitungen)
- *Symphytum officinalis* (Beinwell; enthält Pyrrolizidinalkaloide)
- *Veratrum album** (Weiße Nieswurz; enthält Protoveratrin)

Rund 25 % der Veterinärhomöopathika enthalten Substanzen als Urtinktur oder in tiefen Potenzen bis zu D 3; über die Hälfte (ca. 65 %) enthalten tiefe Potenzen zwischen Urtinktur bis einschließlich D 6. Etwa 65 % aller für Tiere registrierten homöopathischen Präparate enthalten mehr als einen Wirkstoff!

Zahlreiche der oben aufgeführten, in Veterinärhomöopathika verwendeten Wirkstoffe sind hochtoxisch, sodass bei Verabreichung tiefer Potenzen derartiger Stoffe an Lebensmittel liefernde Tiere eine Rückstandsgefährdung des Verbrauchers nicht auszuschließen ist, insbesondere wenn die Präparate ohne Wartezeit parenteral appliziert werden (Rückstandspersistenz im Bereich der Injektionsstelle!).

Einige der genannten Verbindungen wirken zudem karzinogen und mutagen, wie z. B. Aristolochiasäure, eine Nitroverbindung, die in der Osterluzei enthalten ist (als Homöopathika für Hund und Katze noch im Handel), und Arsenverbindungen.

23.2.5 Erklärungsmöglichkeiten für die Wirkung von Homöopathika

Eine homöopathische Behandlung kann zweifelsfrei zu therapeutischen Wirkungen bei Mensch oder Tier führen. Nach homöopathischer Vorstellung führen individuell (d. h. nach dem Simile-Prinzip) ausgewählte homöopathische Arzneimittel zu einer Induktion körpereigener Regulationsmechanismen (**Regulationstherapie**). Da die wichtigsten Prinzipien der Homöopathie (Simile-Prinzip, Potenzierung) bis heute nicht wissenschaftlich belegt werden konnten bzw. widerlegt worden sind, sind entweder tatsächlich in der Wissenschaft noch unbekannte Phänomene für die Wirkung von Homöopathika verantwortlich oder die Wirkung lässt sich auf naturwissenschaftlich nachvollziehbare (aber „nichthomöopathische") Effekte der Behandlung zurückführen.

Naturwissenschaftliche Erklärungsmöglichkeiten für die Wirkung von Homöopathika:

- Bis etwa D 6 sind substanzspezifische (d. h. pharmakologische) Wirkungen von Homöopathika vorstellbar.
- Von vielen der in tiermedizinischen Homöopathika verwendeten Wirkstoffe ist bekannt, dass sie unspezifische humorale und zelluläre Immunmechanismen (d. h. erregerunabhängige Abwehrkräfte) aktivieren. Dies würde z. B. die Wirkung des Einsatzes solcher Präparate zur Prophylaxe bzw. Metaphylaxe von Bestandserkrankungen in der Massentierhaltung erklären. Derartige Wirkungen sind bis etwa D 12 vorstellbar.
- Bei Einzeltieren wurde gezeigt, dass auch die parenterale Applikation von Wasser oder isotoner Kochsalzlösung zu einer Induktion von unspezifischen Immunmechanismen führt (Stress der Applikation, des Fixierens des Tieres etc.).
- Selbstheilung kann durch Suggestion (d. h. Placebowirkungen) induziert bzw. beschleunigt werden. Beim Tier sind dabei aktive, d. h. direkt vom Tierarzt auf das Tier ausgeübte, und „passive", d. h. vom Tierarzt über den Besitzer auf das Tier ausgeübte Placebowirkungen zu unterscheiden. Die Selbstheilung kann auch durch intensive Pflege und ähnliche Begleitmaßnahmen im Rahmen einer homöopathischen Behandlung gefördert werden.
- Ein Therapieerfolg kann „eingebildet" sein, z. B. durch Spontanheilung oder suggestive/subjektive Beurteilung des Behandlungserfolges durch Tierarzt und Tierbesitzer.

Für viele Anhänger der Homöopathie ist der wissenschaftliche Nachweis der Wirksamkeit homöopathischer Arzneimittel ein müßiges Anliegen, da sich für sie die Homöopathie in der Praxis täglich als real existierende und wirksame Heilmethode präsentiert („Erfahrungsmedizin"). Gerade der sogenannte Praxisbeweis ist jedoch oft ein untaugliches Mittel der Beweisführung, da er die subjektive Einstellung des Behandelnden (Tierarzt, Tierbesitzer) in für eine objektive Beweisführung unzulässiger Weise zur Messlatte macht. Dass die Privatstatistik eines einzelnen Praktikers nicht das probate Mittel der Wirksamkeitsbewertung homöopathischer Arzneimittel sein kann, sollte jedem Tierarzt klar sein. Gerade die historische Betrachtung der Homöopathie zeigt, dass die Ignoranz von Homöopathen gegenüber wissenschaftlichen Kriterien der Beweisführung zum völligen Verschwinden dieser Therapierichtung in einzelnen Ländern oder Epochen geführt hat. Als Konsequenz des heutigen Standards der Wirksamkeitsprüfung kann der Nachweis eines tatsächlich durch homöopathische Prinzipien erbrachten Behandlungserfolges nur in placebokontrollierten, verblindeten Studien erbracht werden. Dabei sind auch ein Standardarzneimittel und ein „nicht potenziertes" homöopathisches Präparat mit zu überprüfen. Ohne den klinischen Nachweis einer Wirkung homöopathischer Prinzipien wird die Homöopathie nicht als Lehrfach an Hochschulen akzeptiert werden. Häufiger Kritikpunkt von Homöopathen ist, dass das Individualitätsprinzip der Homöopathie im krassen Widerspruch zur Technik eines placebokontrollierten Blindversuchs stünde. Dass dem nicht so sein muss, wurde in mehreren Studien zum Wirksamkeitsnachweis von homöopathischen Arzneimitteln beim Menschen gezeigt, in denen das Individualitätsprinzip trotz Blindversuch und Placebokontrolle gewahrt blieb. Leider fehlen derartig unter Beachtung aller homöopathischen Prinzipien kontrolliert durchgeführte Studien bisher in der Veterinärmedizin weitgehend.

23.2.6 Pharmakologisch/toxikologische Bewertung von Homöopathika und homöopathischen Prinzipien

Die Homöopathie beruht auf Grundsätzen, die vor 200 Jahren mit den damaligen wissenschaftlichen Kenntnissen vereinbar waren, sich später aber als unzutreffend herausgestellt haben. Die Homöopathie zeichnet sich durch die Überbewertung von objektiven und subjektiven Symptomen aus. Zu Hahnemanns Zeiten waren die Ursachen von Erkrankungen nicht bekannt, damit also eine klare Unterscheidung zwischen Krankheit und Symptom nicht möglich. Erst nach seinem Tod wurden die Zusammenhänge zwischen Pathogenese, pathologischen Veränderungen und Symptomen erkannt, die die Möglichkeiten kausaler, statt symptomatischer Therapien eröffneten. Eine Behandlung von Symptomen ist heute unzulässig, wenn Möglichkeiten einer kausalen Therapie gegeben sind. Das Prinzip der Ähnlichkeitsregel, das lange vor Hahnemann bekannt war, trifft aus heutiger Sicht nur in wenigen Fällen (z. B. Digitalis, Amphetaminderivate) und auch da nur vordergründig zu. Bei nahezu allen Arzneimitteln mit belegter Wirksamkeit hat das Ähnlichkeitsprinzip bei therapeutischer Dosierung keine Gültigkeit. Zudem haben Nachprüfungen an Gesunden unter placebokontrollierten Doppelblindbedingungen ergeben, dass Homöopathika vielfach nicht die ihnen zugeschriebenen Wirkungen (Arzneibilder) zeigen, die Symptomenverzeichnisse also auf fehlerhaften und irreführenden Daten beruhen.

Das umstrittenste „Prinzip" der Homöopathie ist sicherlich die Arzneipotenzierung. Trotz vieler Versuche gelang es nicht, die Dynamisierung des Wirkstoffs und die Übertragung der nichtstofflichen Wirkung auf den Trägerstoff wissenschaftlich nachzuweisen. Man kann Hahnemann zugutehalten, dass die Abhängigkeit einer Wirkung vom Molekülgehalt von Lösungen in seiner Zeit nicht bekannt war und er davon ausging, dass es möglich sei, einen Arzneistoff beliebig zu verdünnen, weil die Loschmidt'sche Zahl ($6{,}022 \cdot 10^{23}$), d. h. die in 1 Mol aller Stoffe enthaltene konstante und begrenzte Anzahl von Atomen bzw. Molekülen, erst 1865 ermittelt wurde. Heute fällt auf, dass die von Hahnemann favorisierten Hochpotenzen zumindest in der Veterinärmedizin eine geringere Rolle spielen und überwiegend Präparate zum Einsatz kommen, deren Wirkstoffgehalt die Möglichkeit stofflich vermittelter Wirkungen zulässt. Die Wirkungsumkehr durch Verdünnung toxischer Stoffe lässt sich heute mit biomedizinischen Erkenntnissen erklären, ohne dass dafür mystische Vorstellungen der Arzneipotenzierung notwendig wären.

Zusammenfassend lässt sich sagen, dass die Grundlagen der Homöopathie dem Kenntnisstand des ausgehenden 18. Jahrhunderts entsprechen. Die daraus entwickelten Grundsätze sind nach heutigem Kenntnisstand überholt, und als Konsequenz werden die Mittel der klassischen Homöopathie nach falschen Grundsätzen ausgesucht (Simile-Prinzip).

Unstrittig ist, dass Homöopathika im Bereich tiefer Potenzen (bis D 6) teilweise pharmakodynamische (aber auch toxische) Wirkungen erzielen können, während ein pharmakodynamischer oder pharmakotherapeutischer Effekt von Homöopathika in mittleren und hohen Potenzen bisher wissenschaftlich nicht zweifelsfrei belegt ist. Daher sind Konventionen über geeignete Indikationen für homöopathische Behandlungen bei gleichzeitiger positiver und somit realistischer Einschätzung des Placeboeffektes und Berücksichtigung der Spontanheilung anzustreben. Dabei sollte selbstverständlich sein, dass eine wirksame Therapie nicht versäumt werden darf und potenziell gesundheitsgefährdende Mittel (wie allergisierende, mutagene oder karzinogene Substanzen) nicht ohne Notwendigkeit gegeben werden dürfen.

Abschließend sei aus der „Marburger Erklärung zur Homöopathie" (Erklärung des Fachbereichs Medizin der Universität Marburg, 1992) zitiert:

> Wir betrachten die Homöopathie nicht etwa als unkonventionelle Methode, die weiterer wissenschaftlicher Prüfung bedarf. Wir haben sie geprüft. Homöopathie hat nichts mit Naturheilkunde zu tun. Oft wird behauptet, der Homöopathie liege ein „anderes Denken" zugrunde. Dies mag so sein. Das geistige Fundament der Homöopathie besteht jedoch aus Irrtümern (Ähnlichkeitsregel, Arzneimittelbild, Potenzieren durch Verdünnen). Ihr Konzept ist es, diese Irrtümer als Wahrheit auszugeben. Ihr Wirkprinzip ist Täuschung des Patienten, verstärkt durch Selbsttäuschung des Behandlers.

FAZIT HOMÖOPATHIE 

Grenzen des Einsatzes von homöopathischen Arzneimitteln

Die Entscheidung, Homöopathika einzusetzen, liegt in der therapeutischen Freiheit des Tierarztes. Er darf dabei aber nicht vergessen, dass er verpflichtet ist, bei einem kranken Patienten die therapeutische Maßnahme anzuwenden, die nach derzeit herrschender Meinung als am wirksamsten gilt. Gibt es für eine bestimmte Krankheit eine allgemein als besonders wirksam anerkannte Behandlungsmethode, so dürfen auch Anhänger der Homöopathie in solchen Fällen nicht die besseren Erfolge der von der eigenen abweichenden Richtung außer Acht lassen!

Aufgrund obiger Ausführungen sollten Homöopathika nicht eingesetzt werden bei

- Vorhandensein wirksamerer konventioneller Arzneimittel bzw. Behandlungsmethoden;
- schweren Erkrankungen, bei denen die körpereigenen Abwehrmechanismen nicht mehr erhalten sind;
- toxischen Eigenwirkungen, z. B. karzinogenen, mutagenen oder allergenen Effekten (d. h. Wirkungen, für die sich keine unbedenkliche Schwellendosis festlegen läßt).

Als Konsequenz sollten Konventionen über geeignete Indikationen für homöopathische Behandlungen bei gleichzeitiger positiver und somit realistischer Einschätzung des Placeboeffektes und Berücksichtigung der Spontanheilung angestrebt werden!

23.3 Phytotherapie

DEFINITION Der Begriff Phytotherapie für die medizinische Anwendung von Pflanzen wurde von dem französischen Arzt Henri Leclerc (1870–1955) geprägt. Zur Heilpflanzenkunde gehören neben der Phytotherapie die Phytochemie (Analyse der chemischen Zusammensetzung), die Phytopharmazie (Qualität der Pflanze als Ausgangsprodukt und von pflanzlichen Zubereitungen wie z. B. Extrakten) sowie die Phytopharmakologie und -toxikologie (Pharmakodynamik und -kinetik von Arzneipflanzen bzw. von pflanzlichen Inhaltsstoffen).

Arzneipflanzen werden schon seit Jahrhunderten, z. T. Jahrtausenden, in verschiedenen Kulturkreisen zur Heilung (z. B. Arnikablüten), Linderung (z. B. Antidiarrhoika wie Eichenrinde) und zur Verhütung von Erkrankungen (z. B. *Echinacea purpurea*) empirisch verwendet. Der heutige Kenntnisstand zu therapeutisch erwünschten und unerwünschten Wirkungen von Heilpflanzen beruht weitgehend auf den traditionell überlieferten Erfahrungen durch die Anwendung beim Menschen. Aber auch in der Tiermedizin hat die Behandlung mit Heilpflanzen historische Bedeutung. Von der Phytotherapie ist die **Bachblütentherapie** (erdacht von Edward Bach) und die Kräuterheilkunde abzugrenzen, die teilweise auf rituellen Überlieferungen und Signaturenlehren basiert. Keinesfalls sollte die

Phytotherapie mit der Homöopathie verwechselt werden, denn in der Phytotherapie werden Heilpflanzen im Gegensatz zu den Homöopathika (S. 620), die zum großen Teil dieselben Pflanzen enthalten, nach „schulmedizinischen" Gesichtspunkten bezüglich der Indikationen und Dosis-Wirkungs-Beziehung angewendet. Die moderne Phytotherapie versteht sich daher als Gebiet der naturwissenschaftlich orientierten Medizin, obwohl wissenschaftliche Nachweise zur Wirksamkeit und Unbedenklichkeit für den überwiegenden Teil der Arzneipflanzen unzureichend sind oder fehlen.

STECKBRIEF PHYTOTHERAPIE

Die Phytotherapie stellt ein **Naturheilverfahren** dar. Entgegen laienhaften Vorstellungen sollten solche Naturheilverfahren nicht mit „sanfter Medizin" gleichgesetzt werden. Tatsächlich gelten viele Heilpflanzen heute wegen ihrer schlechten Verträglichkeit als obsolet (**Tab. 23.1**). Pauschale Aussagen über Wirksamkeit und Toxizität der pflanzlichen Arzneimittel verbieten sich, weil es sich um eine äußerst heterogene Arzneimittelgruppe (ca. 500 gebräuchliche Heilpflanzen) handelt, deren Beschreibung den Umfang dieses Lehrbuchs sprengen würde. Die Palette der Heilpflanzen reicht von stark wirksamen (Forte-Phytotherapeutika) wie Fingerhut und Tollkirsche bis zu schwach wirksamen Pflanzen (Mite-Phytotherapeutika) wie Kamille oder Pfefferminze.

23.3.1 Definition von Phytotherapeutika

Phytotherapeutika (Syn.: Phytopharmaka) bestehen ausschließlich aus pflanzlichen Bestandteilen. Pflanzen und Pflanzenteile wie Blüten (Flores), Blätter (Folia) und Wurzeln (Radix), in getrockneter Form als Drogen bezeichnet, dienen als Ausgangsmaterial für Arzneizubereitungen wie Presssäfte, Extrakte, Tinkturen, die wirksame Bestandteile von Fertigarzneimitteln sind. Wenn Pflanzen bzw. Pflanzenbestandteile zur Anwendung als Arzneimittel bestimmt sind, müssen sie Qualitätsanforderungen nach dem Arzneibuch erfüllen (im Gegensatz zu Futterpflanzen und Pflegemitteln).

Sofern ein Arzneimittel einen aus Pflanzen isolierten Wirkstoff enthält (z. B. Atropin, Ephedrin) ist es kein Phytotherapeutikum. Isolierten Reinsubstanzen fehlen die an der Gesamtwirkung beteiligten natürlichen Begleitstoffe der Heilpflanzen. Auch Kombinationen, wie sie in vielen Tierarzneimitteln zur Behandlung von Durchfall- und Atemwegserkrankungen zu finden sind, aus pflanzlichen Bestandteilen mit synthetischen Substanzen oder Antibiotika gelten nicht als Phytopharmaka. Hinsichtlich der arzneimittelrechtlichen Bestimmungen ist diese Definition wichtig, weil die Zulassung von Phytotherapeutika aufgrund der Zuordnung zu den „besonderen Therapierichtungen" erleichtert ist.

Statt pharmakologisch-toxikologischer und klinischer Prüfungen zum Nachweis der Wirksamkeit und Unbedenklichkeit können für Arzneimittel der „besonderen Therapierichtungen" medizinische Erfahrungen für die Zulassung bzw. Registrierung herangezogen werden. Die Kenntnisse zu erwünschten und unerwünschten Wirkungen beruhen bei den meisten Heilpflanzen daher vorwiegend auf dem traditionell überlieferten Erfahrungswissen aus der Humanmedizin, d. h., wissenschaftliche Belege fehlen hier weitgehend. Allerdings gaben solche Erfahrungswerte bezüglich einiger Arzneipflanzen Anlass zur Isolierung und Charakterisierung der wirksamen Inhaltsstoffe und führten schließlich zur Entwicklung einer ganzen Reihe von „konventionellen" hochpotenten Arzneimitteln wie Atropin, Cocain, Digoxin, Ephedrin, Morphin, Physostigmin und Reserpin, die zwecks genauer Dosierbarkeit aus heutiger Sicht ausschließlich als isolierte Wirkstoffe verwendet werden sollten. Pflanzliche Wirkstoffe wurden zum großen Teil chemisch modifiziert, um das Wirkungsspektrum auf die erwünschten Effekte einzugrenzen. Scopolamin, u. a. in Stechapfel und Bilsenkraut enthalten, hat neben der spasmolytischen auch zentral erregende Effekte. Durch Substituierung einer Butylgruppe ist das spasmolytisch wirksame N-Butylscopolamin (S. 72) entstanden, das nicht mehr die unerwünschten zentralen Wirkungen aufweist. Ein weiteres Ziel der chemischen Veränderungen natürlicher Pflanzeninhaltsstoffe sind Verbesserungen der pharmakokinetischen Eigenschaften, wofür β-Methyldigoxin (S. 192) ein bekanntes Beispiel darstellt. An der Suche nach neuen, bisher unbekannten Arzneipflanzen, z. B. aus anderen Kulturkreisen, und Pflanzeninhaltsstoffen besteht in der Pharmakologie – nicht nur in der Naturheilmedizin – ein großes Interesse, um neue Wirkstoffe bzw. Leitstrukturen zu entdecken. Zweifellos sind für viele pflanzliche Inhaltsstoffe die Wirkungen belegt und auch deren Wirkungsmechanismen nachgewiesen.

Um aber von der traditionellen Heilmethode zur wissenschaftlich fundierten Therapieform zu gelangen, besteht weiterhin ein großer Forschungsbedarf für Nachweise der Wirksamkeit (positives Zusammenwirken verschiedener Pflanzeninhaltsstoffe) und Unbedenklichkeit von Heilpflanzen, durch die sich ein rationales Phytotherapeutikum auszeichnet. Hierfür erschwerend ist die Tatsache, dass es sich bei Phytotherapeutika um „Vielstoffgemische" aus Wirkstoffen und Begleitstoffen handelt. Die Zusammensetzung und damit unmittelbare Qualität von Pflanzenextrakten wird in erheblichem Maß von der Gewinnung der Pflanzen (botanische Identität, genetische Faktoren, Umwelteinflüsse), ihrer Lagerung und dem Herstellungsverfahren der Extrakte bestimmt. Eine Reihe von experimentellen und klinischen Studien mit Johanniskraut oder Artischocken zeigten, dass die Ergebnisse je nach Extrakt deutlich variieren können. Trotz gewisser Qualitätsanforderungen (gemäß Arzneibuch-Monografien) zum Wirkstoffgehalt von Extrakten können sich Schwankungen im Gehalt einzelner Inhaltsstoffe ergeben. Dies erscheint insbesondere für Heilpflanzen, die Stoffe mit geringer therapeutischer Breite enthalten (z. B. herzwirksame Glykoside), problematisch. So ist die Anwendung eines Infusums aus Digitalisblättern, eine über Jahrzehnte hinweg gebräuchliche Rezeptur, heute strikt abzulehnen. Grundsätzlich sollten in der modernen Phytotherapie insofern nur standardisierte Extrakt-Präparate zum Einsatz kommen.

KLINISCHER BEZUG Die Wirkungen von Phytotherapeutika sind meist nicht sehr zielgerichtet auf ein bestimmtes Organsystem. Die komplexen Wirkungen beruhen darauf, dass wir es bei Phytopharmaka in der Regel mit einem Gemisch von vielen Inhaltsstoffen mit unterschiedlichen pharmakodynamischen Eigenschaften zu tun haben. In Pflanzen sind oft gleichzeitig Stoffe mit synergistischen und antagonistischen Wirkungen enthalten. So konnten für bestimmte Inhaltsstoffe aus *Panax ginseng* antibakterielle Wirkungen nachgewiesen werden, jedoch nicht für den Gesamtextrakt. Experimentelle und klinische Daten zu isolierten Pflanzeninhaltsstoffen lassen sich daher nicht ohne Weiteres auf die Wirksamkeit und Verträglichkeit der Arzneipflanze bzw. deren Zubereitungen übertragen. Pharmakodynamisch unwirksame Bestandteile können durch pharmakokinetische Einflüsse, beispielsweise auf die Resorption der wirksamen Inhaltsstoffe (z. B. reduzierte Resorption durch Gerbstoffe oder erhöhte Resorption durch Saponine), deutliche Auswirkungen auf erwünschte und toxische Effekte eines Phytotherapeutikums haben.

23.3.2 Stand in der Tiermedizin

Zwar gibt es eine Fülle von Tierarzneimitteln, die pflanzliche Bestandteile neben synthetischen Arzneistoffen oder Antibiotika enthalten, und viele pflanzliche Ergänzungsfuttermittel (z. B. Flohsamen zur Vorbeugung gegen Sandkoliken), die Zahl der Tier-Phytotherapeutika ist jedoch nur auf etwa 20 Präparate beschränkt. Tier-Phytotherapeutika werden, wie üblicherweise auch humanmedizinische Phytopharmaka, in der Regel oral oder lokal appliziert, während Tier-Homöopathika (S. 623) zum größten Teil als Injektionslösungen im Handel sind. Viele Präparate sind für alle Haustierarten bestimmt und enthalten im Gegensatz zu den Tier-Homöopathika meistens freiverkäufliche Pflanzen(-bestandteile), die eine geringe Toxizität besitzen, wie Eichenrinde und Kamillenblüten. Vermutlich aufgrund von erleichterten arznei- und lebensmittelrechtlichen Bestimmungen für Homöopathika sind hochpotente Pflanzen nicht als Phytotherapeutika, sondern als Homöopathika (ab D4) im Handel, denn Phytotherapeutika dürfen bei Tieren, die der Lebensmittelgewinnung dienen, nur dann angewendet werden, wenn sie in der Tabelle 1 der Verordnung EU Nr. 37/2010 aufgeführt sind. Einige Arzneipflanzen sind dort zwar gelistet, jedoch ist das Spektrum für Homöopathika diesbezüglich viel breiter (pauschal müssen für Homöopathika ab einer Endkonzentration von 1:10 000 keine Rückstandshöchstmengen festgelegt werden). Sofern Phytotherapeutika der Apothekenpflicht unterliegen, müssen im Falle der tierartlichen Umwidmung die Mindestwartezeiten der TÄHAV beachtet werden, z. B. mindestens 28 Tage für essbares Gewebe (für Homöopathika gilt hingegen eine Wartezeit von 0 Tagen).

Verschiedene Heilpflanzen, die teils in Homöopathika enthalten sind, gelten heute in der Phytotherapie aufgrund einer ungünstigen Nutzen-Risiko-Relation als obsolet (**Tab. 23.1**). Wie eine Befragung von Landwirten über Anwendung von Arzneipflanzen beim Rind ergab, steht die Anwendung von frei verkäuflichen Heilpflanzen zur Behandlung von Verdauungsstörungen (Kamillenblüten, Leinsamen, Enzian, Kümmel-, Fenchel-, Anisfrüchte, Pfefferminzblätter) und zur lokalen Wundbehandlung (z. B. Lärchenterpentin, Ringelblumen) im Vordergrund.

Tab. 23.1 Beispiele für Heilpflanzen, die aufgrund einer hohen Toxizität obsolet sind.

Pflanze	toxischer Inhaltsstoff	Stoffgruppe	frühere Indikation	Intoxikation
Aconitum napellus (Blauer Eisenhut)	Aconitin	Alkaloid	Neuralgien	Parästhesien, Herzstillstand
Areca catechu (Arekapalme)	Arecolin	Alkaloid	Anthelminthikum	Atemlähmung
Conium maculatum (Gefleckter Schierling)	Coniin	Alkaloid	Analgetikum	Konvulsionen, Atemlähmung
Chrysanthemum vulgare (Rainfarn)	β-Thujon	Terpen	Anthelminthikum	Nervengift
Hyoscyamus niger (Bilsenkraut)	l-Hyoscyamin (Atropin, Scopolamin)	Alkaloid	Spasmolytikum	Konvulsionen
Juniperus sabina (Sadebaum)	Sabinylacetat	Terpenderivate	Abortivum	nephro-, neurotoxisch
Nerium oleander (Oleander)	Oleandrin	Glykosid	Herzschwäche	wie Digitalis-Glykoside
Podophyllum peltatum (Fußblatt)	Podophyllotoxin	Lignane	Laxans	Mitosehemmung
Strychnos nux-vomica (Brechnuss)	Strychnin, Brucin	Alkaloide	Kreislaufschwäche	Streckkrämpfe
Veratrum album (Weiße Nieswurz)	Protoveratrin	Alkaloid	„Niespulver“	Hypotonie
Uragoga ipecacuanha (Brechwurzel)	Emetin	Alkaloid	Expectorans	u. a. Kapillargift

Die beschränkte Anzahl der Tier-Phytotherapeutika mag suggerieren, dass die Anwendung von Arzneipflanzen beim Tier wenig verbreitet ist. Die Bedeutung sollte jedoch nicht unterschätzt werden, denn bei Kleintieren und Heimtieren kommen humanmedizinische Präparate bzw. nicht registrierungspflichtige Heimtierarzneimittel zum Einsatz. Bei Lebensmittel liefernden Tieren spielen neben der Verwendung von angebauten Heilpflanzen durch den Tierhalter insbesondere handelsübliche Ergänzungsfuttermittel, die teils eine Vielzahl von Arzneipflanzen enthalten (z. T. mehr als 16 verschiedene Heildrogen in Kombination), eine Rolle.

Bei Tieren sind die Wirkungen und Dosierungen von Heilpflanzen zum größten Teil nicht belegt. Da der medizinische Einsatz von Heilpflanzen beim Tier bis zu Beginn des 20. Jahrhunderts einen hohen Stellenwert hatte, liegen hierzu zwar gewisse Erfahrungswerte vor, sie wurden jedoch nicht – wie für die Humanmedizin – nach modernem Wissenschaftsverständnis aufbereitet. Daher beruht die Anwendung von Heilpflanzen beim Tier vorwiegend auf Erfahrungen der Volks- und Humanmedizin.

23.3.3 Anwendungsgebiete und Grenzen des Einsatzes von Phytotherapeutika

Die weitverbreitete und unsinnige Auffassung, dass Phytotherapeutika im Gegensatz zu synthetischen Arzneistoffen nicht schaden können, sowie auch fälschlicherweise geweckte Hoffnungen an die Heilkraft von Pflanzen mindern das Ansehen der Phytotherapie. Weder Behauptungen wie „gegen jede Krankheit sei ein Kraut gewachsen" sind gerechtfertigt, noch darf man allen pflanzlichen Arzneimitteln pauschal eine Wirksamkeit absprechen, wie sich am Beispiel der anthrachinonhaltigen pflanzliche Laxanzien (S. 304) zeigt. Auch schwach wirksame Pflanzen mit äußerst geringer Toxizität sollten nicht ungeprüft als Placebos abgewertet werden. Dass sich Pflanzen im Sinne von Vielstoffgemischen als therapeutisch sinnvoll erweisen können, lässt sich z. B. für echte Kamille (*Matricaria recutita*), die entzündungshemmende ätherische Öle (Chamazulen), spasmolytisch wirksame Flavonoide (Quercetin) und reizmildernde Schleimstoffe enthält, zur Anwendung bei Magenschleimhautreizung gut nachvollziehen. Andererseits können Begleitstoffe pflanzlicher Arzneimittel die Verträglichkeit herabsetzen. So enthält roter Fingerhut (*Digitalis purpurea*) als Begleitstoffe Saponine, wie das Digitonin, das zur Behandlung einer Herzinsuffizienz keineswegs günstig wirkt (Gastroenteritis, Hämolyse). Ein positives Zusammenwirken von Wirk- und Begleitstoffen kann somit nicht generell für Arzneipflanzen unterstellt werden. Außerdem sind tierartliche Unterschiede – sofern bekannt – zu beachten. Zum Beispiel kann die ansonsten gut verträgliche Knoblauchzwiebel beim Hund zur hämolytischen Anämie führen. Ätherische Öle (z. B. Teebaumöl) sind für Katzen schlecht verträglich (u. a. zentralnervöse Störungen).

Phytopharmaka sind auch nach Auffassung von Befürwortern der Phytotherapie keine Arzneimittel der Akut- und Notfallmedizin. Indikationen bestehen vielmehr für „Befindlichkeitsstörungen", wie Appetitlosigkeit, Durchfall- und Erkältungskrankheiten, sowie zur Prävention (Stimulation der körpereigenen Abwehrkräfte gegen Infektionserkrankungen, z. B. durch *Echinacea purpurea*).

CAVE

Heilpflanzen mit geringer therapeutischer Breite (die dosisabhängigen Grenzen zwischen Heil- und Giftpflanze sind eng) sollten bei Tieren nicht angewendet werden, denn die therapeutischen Dosen sind für einzelne Tierarten nicht belegt.

Nach Frohne (1990) sind Pflanzen als riskant zu bewerten, die stark potente und toxische Stoffe enthalten und die in der modernen (humanmedizinischen) Pharmakotherapie daher als obsolet gelten (**Tab. 23.1**) oder von denen nur noch isolierte Substanzen verwendet werden, um toxische Wirkungen von Begleitstoffen zu vermeiden bzw. eine genauere Dosierbarkeit zu erzielen. Auch Pflanzen, die bei Überdosierung oder chronischer Anwendung erhebliche unerwünschte Wirkungen haben können, wie organotoxische oder kanzerogene Effekte, oder solche, die unerwünschte Nebenwirkungen bei zweifelhafter therapeutischer Wirksamkeit verursachen, sind als kritisch anzusehen.

Abgesehen von dem häufigen Problem allergischer bzw. phototoxischer Reaktionen auf verschiedene Pflanzeninhaltsstoffe, z. B. von *Arnica montana*, *Rhus toxicodendron* (Giftsumach) bzw. *Hypericum perforatum* (Johanniskraut), sind viele Pflanzen, die zum Teil noch heute (insbesondere als Homöopathika) angewendet werden, als „giftig" einzustufen. Viele Phytotherapeutika, die früher als Wurmmittel zum Einsatz kamen, wie thujonhaltige Pflanzen (z. B. Rainfarn), oder Drastika, wie Crotonöl und Podophyllin, sollten heute aufgrund ihrer schlechten Verträglichkeit auch in der Tiermedizin nur noch historische Bedeutung haben. Eine ganze Reihe von Pflanzen enthalten neuro- oder kardiotoxische Wirkstoffe. Einige Beispiele hierfür sind in **Tab. 23.1** aufgeführt. Pflanzen, die neurotoxische Substanzen enthalten, wie Blauer Eisenhut (Aconitin) und Brechnuss (Strychnin), gelten heute aufgrund einer zu hohen Toxizität und unzureichend belegter therapeutischer Wirksamkeit als obsolet. Neben Fingerhut und *Strophanthus*-Arten enthalten Adonisröschen (*Adonis vernalis*), Maiglöckchen (*Convallaria majalis*) und die als Rodentizid bekannte Meerzwiebel (*Scilla* bzw. *Urginea maritima*) herzwirksame Glykoside. Aus oben genannten Gründen sollten solche Pflanzen heute nicht mehr zur Therapie einer Herzinsuffizienz angewendet werden. Als Phytotherapeutika zur Behandlung leichter Formen der Herzschwäche und Herzmangeldurchblutungen sind Weißdorn-haltige Präparate (Tropfen) im Handel. Weißdorn (*Crataegus*) enthält keine herzwirksamen Glykoside und weist eine geringe akute und chronische Toxizität auf. Die therapeutische Wirkung (Steigerung des Koronarflusses, leicht positiv inotrope Wirkung) wird auf den Gehalt an Flavonoiden und Procyanidinen zurückgeführt (Hemmung der Phosphodiesterase). Zur Therapie schwerer Formen der Herzinsuffizienz bietet *Crataegus* keine Alternative zu konventionellen Arzneimitteln.

Pflanzeninhaltsstoffe, die systemisch wirken, können grundsätzlich Rückstände im Lebensmittel bilden. Da einige Heilpflanzen wie Brechnuss oder Belladonna-Blätter relativ hochtoxische Stoffe enthalten, ist nicht von der Annahme auszugehen, Heilpflanzen seien per se frei von jedem Risiko für den Verbraucher. Die Anwendung von *Aristolochia*- und Colchicin-haltigen Präparaten ist bei Lebensmittel liefernden Tieren aus Verbraucherschutzgründen verboten (Tabelle 2 der Verordnung EU Nr. 37/2010). Auch einige Heilpflanzen, wie Huflattich (*Tussilago farfara*), Kreuzkraut (*Senecio* ssp.) und Beinwell (*Symphytum officinalis*), die Pyrrolizidin-Alkaloide enthalten, gelten als kanzerogen (experimenteller Nachweis einer mutagenen und kanzerogenen Wirkung). Für anthrachinonhaltige Pflanzen mit laxierender Wirkung (Aloe, Faulbaumrinde, Sennesblätter) wurde aufgrund experimenteller Befunde eine mutagene und tumorpromovierende Wirkung diskutiert.

FAZIT PHYTOTHERAPIE 

Insgesamt ist die wissenschaftliche Basis der Phytotherapie in der Tiermedizin unzureichend. Abgesehen von arznei- und lebensmittelrechtlichen Einschränkungen in der Anwendung von Heilpflanzen bei Lebensmittel liefernden Tieren sollten solche Phytotherapeutika, die in der Humanmedizin aufgrund einer ungünstigen Nutzen-Risiko-Relation nicht gebräuchlich oder obsolet sind, auch nicht bei Tieren angewendet werden. Bei der Anwendung von Human-Phytotherapeutika müssen bekannte Unverträglichkeiten bei der zu behandelnden Tierart ausgeschlossen werden können.

(Weiterführende) Literatur

[1] Richter A, Löscher W. Homöopathika. In: Löscher W, Richter A, Potschka H (Hrsg.). Pharmakotherapie bei Haus- und Nutztieren. 9. Aufl. Stuttgart: Enke Verlag; 2014, S. 494–525

[2] Richter A, Löscher W. Phytotheraputika. In: Löscher W, Richter A, Potschka H (Hrsg.). Pharmakotherapie bei Haus- und Nutztieren. 9. Aufl. Stuttgart: Enke Verlag; 2014, S. 526–544

Sachverzeichnis

A

D

E

I

J

K

N

O

P

Q

R

S

T

U

V

W

X

Y

Z

α

β

γ

δ

ρ